Molekularbiologie der

Gene

Benjamin Lewin

Molekularbiologie der
Gene

Aus dem Englischen übersetzt von
Kurt Beginnen, Beate Bettenhausen, Ulrike Conrad-Willmann, Stefan Hartung, Julia Karow,
Lothar Seidler, Jorunn Wissmann und Maria Yiallouros

Spektrum Akademischer Verlag Heidelberg · Berlin

Originaltitel: Genes VI
Aus dem Englischen übersetzt von Kurt Beginnen, Beate Bettenhausen, Ulrike Conrad-Willmann, Stefan Hartung, Julia Karow, Lothar Seidler, Jorunn Wissmann und Maria Yiallouros

Englische Originalausgabe

Die Deutsche Bibliothek – CIP-Einheitsaufnahme
Lewin, Benjamin:
Molekularbiologie der Gene / Benjamin Lewin. Aus dem Engl. übers. von Kurt Beginnen ... – Heidelberg ; Berlin : Spektrum, Akad. Verl., 2002
(Spektrum-Lehrbuch)
Einheitssacht.: Genes VI <dt.>
ISBN 3-8274-1349-4

Lektorat: Frank Wigger, Sabine Loss (Ass.)
Redaktion: Adriana Radler-Pohl
Produktion: Katrin Frohberg
Umschlaggestaltung: Kurt Bitsch, Birkenau
Satz: Hagedorn Kommunikation, Viernheim
Druck und Bindung: Ebner & Spiegel GmbH, Ulm

Das **Titelbild** zeigt eine Computersimulation des potentiellen Verlaufs eines DNA-Doppelstranges. Obwohl diese ideale geometrische Konfiguration von realen DNA-Molekülen sicher nicht angenommen wird, darf man davon ausgehen, dass die langen Fäden des Erbmaterials in der Zelle keineswegs in einer fixierten, wohldefinierten Ordnung vorliegen, sondern sich ständig knoten und entknoten. Die Aufnahme ist hier mit freundlicher Genehmigung von Andrzej Stasiak vom Labor für Ultrastrukturanalyse der Universität Lausanne wiedergegeben. (Quelle: Katrich, V.; Olson, W. K.; Pieranski, P.; Dubochet, J.; Stasiak, A. *Properties of ideal composite knots.* In: *Nature* 388 (1997) S. 148–151.)

Spektrum Akademischer Verlag Heidelberg · Berlin

Vorwort

Diese sechste Auflage von *Genes* erscheint fast 15 Jahre nach der ersten, und die Genetik hat in dieser Zeit einen erstaunlichen Reifungsprozeß durchlaufen. Es ist heute selbstverständlich, daß der Gegenstand des vorliegenden Buches ein eigenständiges und einheitliches Fachgebiet darstellt. Bei der ersten Auflage schien es noch ein Wagnis, die Analyse prokaryotischer und eukaryotischer Molekularbiologie in einem einzigen Buch zusammenzufassen. Heute dagegen ist es völlig offensichtlich, daß ähnliche Methoden mit Erfolg bei ganz verschiedenen Organismen gleichzeitig anwendbar sind und daß die Informationen aus Bakterien, Hefe, Pflanzen und Tieren in eine einheitliche Auffassung der Funktionsweise von Genen einfließen können. Damit bestätigt sich auch Monods vor Jahren aufgestellte These, wonach das, »was für *E. coli* gilt, auch für Elefanten gilt« – wenn nicht im Detail, so doch zumindest im Sinne allgemeiner Prinzipien.

Natürlich hat sich im Laufe dieser Jahre mancher Perspektivenwechsel ergeben, und die vorliegende Auflage folgt dem Trend, genetische Systeme stärker in einem molekularbiologischen Kontext zu betrachten und weniger im Rahmen der formalen Genetik. Der vereinheitlichende Ansatz besteht darin, daß (beispielsweise) Transkription und Replikation in Form der Wechselwirkungen von einzelnen Proteinen und RNAs mit der DNA zu behandeln sind, wobei die Genetik bei Bakterien und Hefe zwar eine größere Rolle spielt, aber auch hier eindeutig der Molekularbiologie untergeordnet ist. Der gesamte Inhalt des Buches ist diesem Trend gemäß umgearbeitet worden, und selbstverständlich wurden alle Abschnitte auf den Stand der neuesten Literatur gebracht. Das Anspracheniveau ist in etwa gleich geblieben, obwohl ich mich mehr auf das allgemeine Bild konzentriert habe, insbesondere auf die Möglichkeit, Konzepte organismusübergreifend darzustellen. Weniger eingehend sind dagegen die Details von Einzelbeispielen behandelt.

Meinen vielen Kollegen, die einzelne Kapitel kommentiert haben, möchte ich meinen Dank aussprechen, darunter Tania Baker, Michael Chamberlin, Sally Elgin, Tony Hunter, Kevin Jarrell, Alan Lambowitz, Michael Levine, Rich Losick, Vivek Malhotra, Ira Mellman, Harry Noller, Tom Rapoport, James Roberts, Jeffrey Roberts, Paul Schimmel, Vivian Siegal und Robert Weinberg.

Cambridge, Massachusetts B. L.

Inhaltsübersicht

Einführung: Die Zelle als makromolekularer Komplex

I. Die DNA als Informationsträger

II. Vom Gen zum Protein

III. Die Expression prokaryotischer Gene

IV. Fortbestand und Vermehrung der DNA

V. Das eukaryotische Genom

VI. Genexpression bei Eukaryoten

VII. Zellwachstum, Krebs und Entwicklung

Epilog

Inhalt

II. Vom Gen zum Protein

III. Die Expression prokaryotischer Gene

IV. Fortbestand und Vermehrung der DNA

VI. Genexpression bei Eukaryoten

VII. Zellwachstum, Krebs und Entwicklung

Epilog

Einführung: Die Zelle als makromolekularer Komplex

Wir werden annehmen, die Struktur eines Gens sei diejenige eines riesigen Moleküls und nur unstetiger Veränderungen, welche aus einer Umgruppierung der Atome bestehen und zu einem isomeren Molekül führen, fähig. Die Umgruppierung kann sich dabei nur auf ein kleines Teilgebiet des Gens erstrecken, und es kann eine große Zahl verschiedener Umgruppierungen möglich sein.

Erwin Schrödinger, 1944

1. Proteine

Die Wissenschaft der Genetik begann, als man erkannte, daß ein Organismus nicht eine Kopie seiner selbst an die nächste Generation weitergibt, sondern ihr vielmehr das Erbmaterial bereitstellt, das die Information zur Konstruktion eines Tochterorganismus enthält. Zunächst strebte die Genetik an, die Eigenschaften dieses Materials und die Art und Weise, in der seine Information genutzt wird, zu definieren. Heute wissen wir, daß das genetische Material aus einer speziellen Molekülart besteht (Nucleinsäure), die sich in ihrer Struktur von anderen im Organismus enthaltenen Molekülarten (etwa Proteinen, Lipiden und Sacchariden) unterscheidet. Somit können wir unser Ziel molekularbiologisch umreißen: Wir versuchen, die Komplexität der lebenden Organismen auf die Eigenschaften der Moleküle, aus denen sie bestehen, zurückzuführen.

Das **Gen** ist die Einheit der genetischen Information. Das entscheidende Ergebnis der Arbeiten Gregor Mendels vor etwa hundert Jahren war die Erkenntnis, daß das Gen eine abgegrenzte Struktur ist. Das Zeitalter der Molekularbiologie begann 1945, als Erwin Schrödinger die These entwickelte, daß die physikalischen Gesetze zur Erklärung der Eigenschaften des genetischen Materials ungeeignet sein könnten, besonders bezüglich seiner Stabilität während der Vererbung über unzählige Generationen. Es war zwar zu erwarten, daß das Gen den bis dahin bekannten physikalischen Gesetzen gehorcht, aber möglicherweise würde die Charakterisierung des genetischen Materials zur Entdeckung neuer physikalischer Gesetze führen.

Heutzutage wissen wir natürlich, daß ein Gen ein riesiges Molekül ist und nur einen Teil der Gesamtlänge des genetischen Materials, das zahlreiche Gene umfaßt, darstellt. Ein Gen funktioniert nicht für sich allein, sondern es bedarf für sein Fortbestehen und seine Expression anderer zellulärer Bestandteile. Alle diese Vorgänge gehorchen den bekannten Gesetzen von Physik und Chemie; letztlich war es also nicht nötig, neue Gesetze zu postulieren.

Bei der Charakterisierung des genetischen Materials stellen sich zwei zentrale Fragen:

- Wie wird es originalgetreu kopiert, so daß es Generation für Generation fortbesteht und weitervererbt werden kann?
- Wie wird die Information von dem genetischen Material in den Aufbau jener Vielzahl anderer Strukturen umgesetzt, aus denen sich ein lebender Organismus zusammensetzt?

Das grundlegende Paradigma lautet, daß Gene Proteine codieren, die wiederum für die Synthese anderer Arten von Strukturen (einschließlich der Nucleinsäuren) verantwortlich sind. Die Sequenz eines Gens bestimmt die Sequenz eines Proteins und somit dessen molekulare Struktur. Die individuellen Strukturmerkmale sind jedoch nicht allein entscheidend für die Eigenschaften und Funktionen eines Moleküls. Die Lokalisation ist ebenfalls von Bedeutung. Eine Zelle besteht nicht nur aus Protoplasma in einem Membransäckchen, sondern jeder Strukturbestandteil nimmt eine bestimmte Position ein. Dies gilt nicht allein dafür, daß (beispielsweise) Membranen die äußere Umhüllung bilden und der Zellkern das genetische Material enthält; vielmehr hängt das dauerhafte Fortbestehen der Zelle von einer Generation zur nächsten von der Aufrechterhaltung einer sehr streng geordneten Struktur ab, in der einzelne Funktionen nur an den dafür vorgesehenen Stellen ausgeübt werden können.

Von entscheidender Bedeutung während der Entwicklung eines vielzelligen Organismus aus einer befruchteten Eizelle ist, daß sich die benötigten Einzelbestandteile an der richtigen Stelle befinden. Wir wissen, daß der Inhalt der ersten Zellen eines Embryos einiger bestimmter Spezies nicht gleichmäßig verteilt ist, denn unterschiedliche Bereiche des frühen Embryos bringen Zellabkömmlinge mit unterschiedlichen Eigenschaften hervor. Den Zusammenhang zwischen Lokalisation und Funktion bezeichnet man als **Positionsinformation**, wodurch die Wichtigkeit sowohl der Positionierung als auch der Struktur selbst verdeutlicht wird.

Sind die Eigenschaften der einzelnen molekularen Strukturen ausreichend, um für alle Eigenschaften der Zelle verantwortlich zu sein? Könnte man eine Zelle rekonstruieren, wenn man jeden einzelnen Bestandteil in reiner Form vorliegen hätte? Oder brauchen die Moleküle noch eine andere Form der Information, um an ihre Zielposition zu gelangen? Einige Zellbestandteile finden ihren richtigen Platz zu jeder Zeit, anderen können dies nur zum Zeitpunkt ihrer Synthese.

Die Herstellung eines funktionsfähigen Proteins erfolgt in einer Hierarchie von Interaktionen. Die Sequenz eines Gens bestimmt die Sequenz eines Proteins. Die Sequenz eines Proteins wiederum bestimmt seine eigene Molekularstruktur und diese die Positionierung des Proteins in der Zelle. Man sollte beachten, daß die Reihenfolge dieser Ereignisse bei verschiedenen Proteinen unterschiedlich sein kann; einige Proteine erhalten ihre Struktur vor ihrer Lokalisation, andere erreichen ihren Bestimmungsort, bevor sie ihre endgültige Struktur erlangt haben. Auf jeder Stufe erfaßt ein spezifischer Mechanismus die auf dieser Hierarchieebene verfügbare Information, um zur nächsten Ebene zu gelangen. Das Erkennen von Signalen in der Proteinsequenz bestimmt die Reihenfolge der Ereignisse. Die Hierarchie der Abläufe, die in diesem Buch besprochen werden sollen, ist in Abbildung 1.1 dargestellt.

In diesem Kapitel betrachten wir die verschiedenen Parameter, die auf die Struktureigenschaften biologischer Moleküle Einfluß nehmen. Dabei geht es nicht darum, die Grundlagen der Biochemie zu wiederholen; vielmehr soll der Kontext herausgearbeitet werden, in dem das genetische Material aktiv wird.

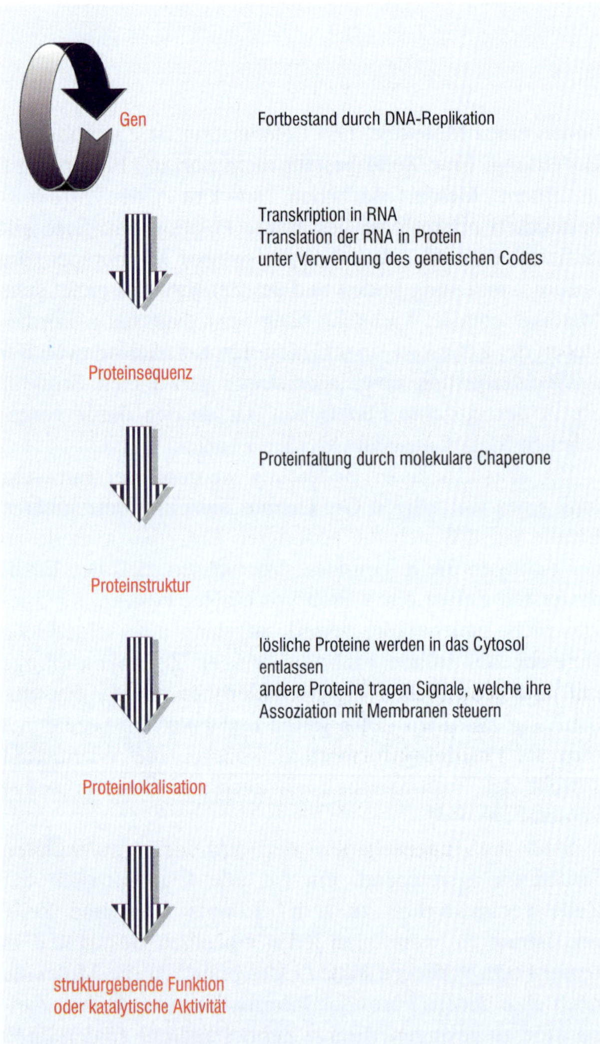

1.1 Proteine erhalten sowohl ihre Struktur als auch ihren Bestimmungsort über eine Hierarchie von Interaktionen. (Die Reihenfolge von Strukturdetermination und Lokalisation ist für manche Proteine umgekehrt.)

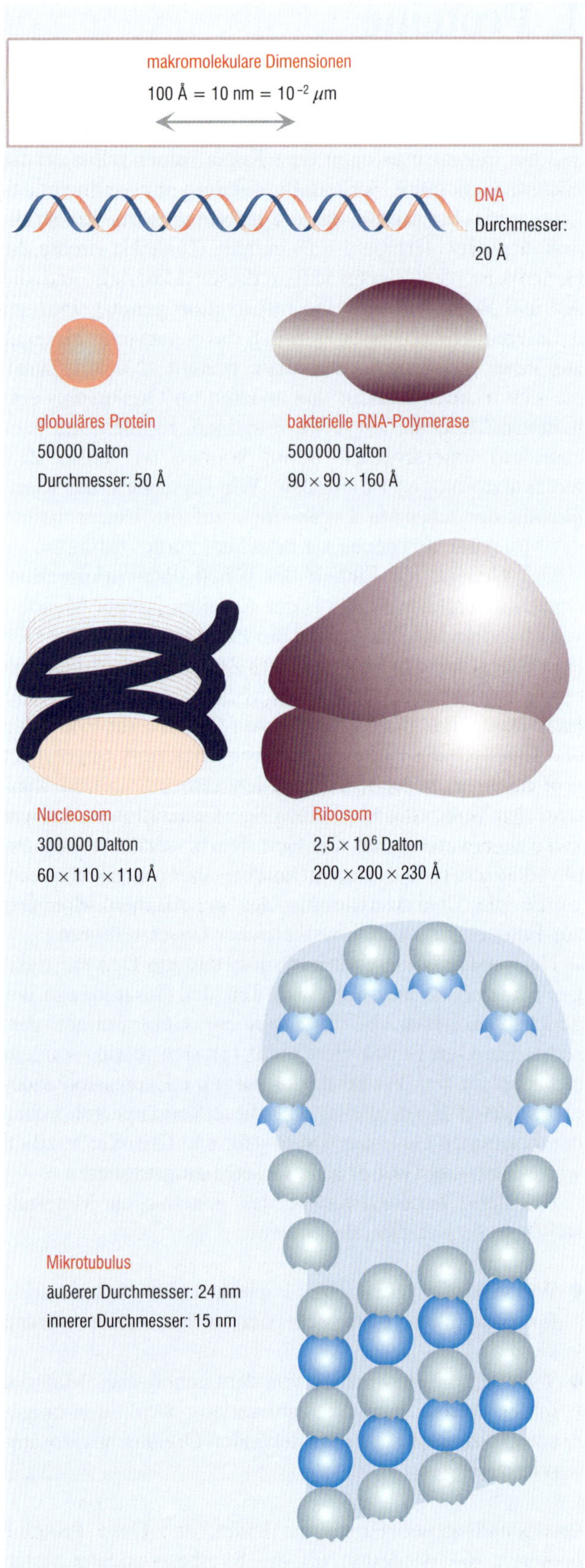

1.2 Makromoleküle haben eine Größe von 10–100 Å (1–10 nm).

Es ist sinnvoll, am Anfang die relativen Größenunterschiede einiger gängiger molekularer und zellulärer Strukturen zu betrachten. Fangen wir mit Makromolekülen an, wie sie Abbildung 1.2 zeigt (und die wir nachher noch im einzelnen erörtern werden). Ein DNA-Molekül besitzt nur einen Durchmesser von 20 Å (Ångström), aber es kann eine (fast) unbegrenzte Länge haben. Ein Protein mit einer Masse von 50 kD (ein Kilodalton entspricht 1 000 Dalton) in Form einer Kugel hätte einen Durchmesser von ungefähr 50 Å; ein Protein, das groß genug wäre, um eine DNA-Doppelhelix zu umfassen, könnte somit eine Masse von weniger als 25 kD haben. Proteine, die an der Genexpression, beispielsweise bei der RNA-Synthese oder DNA-Replikation, beteiligt sind, können sehr viel größer sein. Die bakterielle RNA-Polymerase hat eine Größe von 500 kD, die DNA-Polymerase 900 kD; die Ausmaße beider Proteine liegen zwischen 100 und 200 Å. In den Zellen höherer Organismen ist die DNA in Form eines zylindrischen Nucleosoms organisiert, das eine Masse von 300 kD, einen Durchmesser von 110 Å und eine Höhe von 60 Å hat.

Der Durchmesser eines Ribosoms (einer Maschinerie, die Proteine synthetisiert) ist vergleichbar mit dem eines Mikrotubulus (einer filamentösen Struktur, die am Aufbau des Zellskeletts beteiligt ist). Verglichen mit einer einzelnen Nucleinsäure oder einem Protein ist ein Ribosom sehr groß. Betrachtet man jedoch die zellulären Größenordnungen in Abbildung 1.3, so erscheint das Ribosom im Verhältnis zu einer Kernpore (einer Art von Verbindungskanal zwischen Kern und Cytoplasma) eher klein. Der Zellkern einer tierischen Zelle kann die 50fache Größe eines Bakteriums haben, und selbst ein einzelnes menschliches Chromosom ist in der Regel größer als ein Bakterium.

1.1 Makromoleküle werden durch die Polymerisation kleiner Moleküle zusammengesetzt

Alle Lebewesen bestehen aus Zellen. Die Moleküle, aus denen die einzelnen Zellen aufgebaut sind, lassen sich in zwei große Klassen einteilen:

- ◆ **Niedermolekulare Verbindungen** sind Substrate und Produkte der Stoffwechselwege, welche die Energie für die Lebensvorgänge der Zelle bereitstellen. Es lassen sich vier Hauptgruppen solcher „kleinen Moleküle" unterscheiden: **Zucker, Fettsäuren, Aminosäuren** und **Nucleotide**.
- ◆ **Zusammengesetzte Moleküle (Polymere)** bilden die strukturgebenden Bestandteile der Zelle und sind aus niedermolekularen Verbindungen zusammengesetzt. Wird ein solches Molekül in ein Polymer eingebaut, so spricht man meist von einer **Untereinheit** dieser Struktur (Tabelle 1.2). Die vier Arten solcher zusammengesetzter, großer Moleküle sind:
  - **Polysaccharide**, die aus Zuckermolekülen bestehen;
  - **Lipide**, die aus Fettsäuren bestehen;
  - **Proteine**, die aus Aminosäuren bestehen;
  - **Nucleinsäuren**, die aus Nucleotiden bestehen.

Jedes Polymer besteht aus mehreren Untereinheiten des jeweiligen Typs, wobei gewöhnlich die Enden der niedermolekularen Verbindungen miteinander verbunden sind. Ein biologisches Polymer entsteht in der Regel dadurch, daß einzelne Untereinheiten nacheinander über eine kovalente Bindung an die wachsende Kette gehängt werden. Da solche Molekülverbindungen unter physiologischen Bedingungen von sich aus stabil sind, kann ein Polymer in einer lebenden Zelle unbegrenzt lange erhalten bleiben, solange ein spezifischer Angriff auf die Bindung ausbleibt.

In jeder Polymerisationsreaktion wird bei der Bindung einer Untereinheit ein Wassermolekül abgespalten. Man nennt diesen Vorgang auch **Kondensationsreaktion**. Will man die Polymerisationsreaktion umkehren und eine

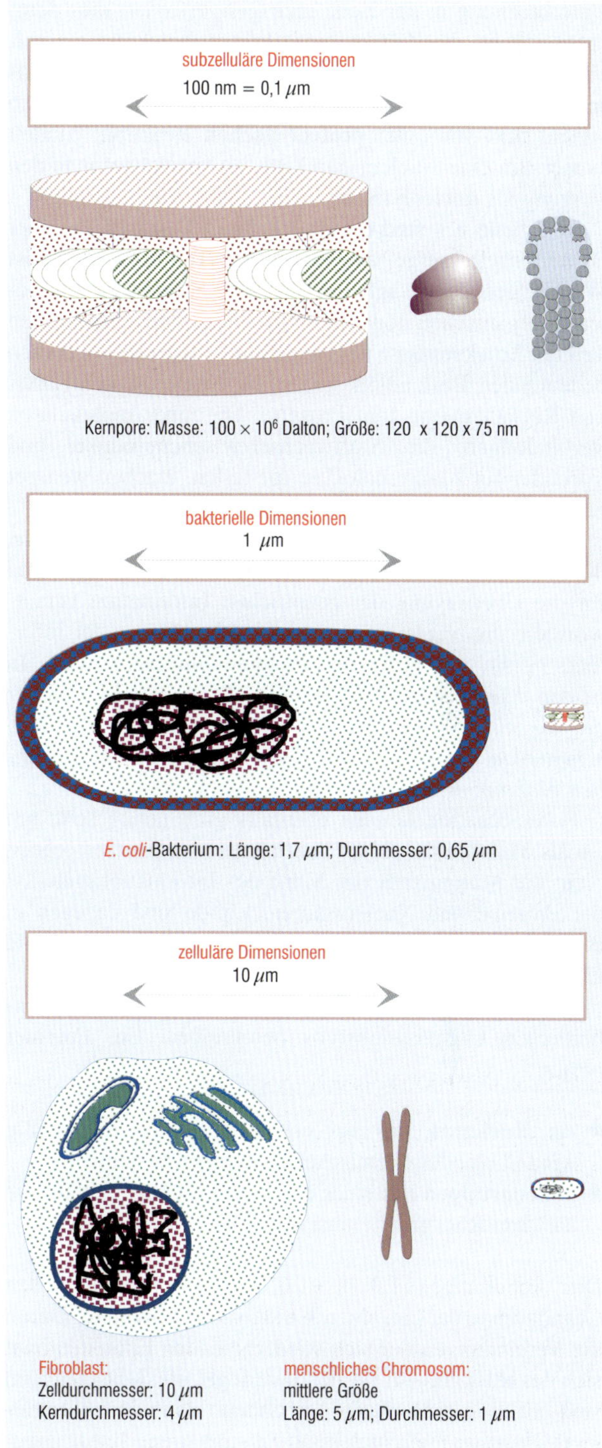

1.3 Zellorganellen haben (als grobe Richtwerte) Ausmaße von 0,1 μm (Mikrometer), Bakterien von 1 μm und eukaryotische Zellen von 10 μm. Zum Größenvergleich ist jede Struktur noch einmal in der nächstfolgenden Größenordnung dargestellt.

Unterbrechung in der Kette erzeugen, erfordert dies dementsprechend die Zugabe eines Wassermoleküls; ein solcher Vorgang gehört deshalb zur Klasse der **hydrolytischen** Reaktionen. Wird eine Proteinkette gespalten, so spricht man von einer **proteolytischen** Reaktion; handelt es sich um eine Nucleinsäurekette, so bezeichnet man den Vorgang als **nucleolytisch**.

In Tabelle 1.1 sind die molekularen Bestandteile einer Bakterienzelle aufgeführt. Der größte Teil ihrer Masse ist Wasser (genauer gesagt eine verdünnte Salzlösung mit vielen anorganischen Ionen). Proteine machen den größten Teil der Trockenmasse aus (ungefähr 15 %); einen weiteren bedeutenden Bestandteil stellen die Nucleinsäuren (DNA und RNA) dar (gut fünf Prozent). Die niedermolekularen Verbindungen, die Stoffwechselzwischenprodukte und Vorläufer für Makromoleküle darstellen, machen weniger als fünf Prozent der Zellmasse aus.

Proteine und Nucleinsäuren sind *sehr große Moleküle*, die man auch als **Makromoleküle** bezeichnet. Sie sind für die Übertragung der genetischen Information verantwortlich; die Nucleinsäuren sind hierbei Träger der Information, die mit Hilfe der Proteine umgesetzt wird. In beiden Fällen gilt: *Die Abfolge (Sequenz), in welcher die einzelnen Bausteine angeordnet sind, ist der entscheidende Faktor, der die Eigenschaften des entstehenden Makromoleküls bestimmt.*

Polysaccharide können ebenfalls groß genug sein, um sie als Makromoleküle zu bezeichnen; sie besitzen jedoch nicht die Komplexität (im Sinne des Informationsgehalts) der Proteine und Nucleinsäuren. Lipide sind dagegen in der Regel nicht groß genug, um sie als Makromoleküle klassifizieren zu können.

Biologische Polymere lassen sich im Rahmen eines einheitlichen Organisationstyps beschreiben. Ein Polymer besitzt:

- ein **Rückgrat**, das aus einer Reihe sich regelmäßig wiederholender chemischer Bindungen besteht;
- **Seitengruppen** mit einer charakteristischen Vielfalt, die aus dem Rückgrat herausragen.

Die Abbildungen 1.4 bis 1.6 zeigen schematisch den Grundaufbau der einzelnen biologischen Polymere. Durch die Verbindungen der sich wiederholenden Einheiten baut sich das Rückgrat auf (violett unterlegt); die Seitengruppen sind mit diesem Rückgrat verbunden (blau oder rot unterlegt). Proteine und Nucleinsäuren sind streng linear angeordnet; Polysaccharide können Verzweigungen aufweisen.

Tabelle 1.1: Die molekularen Bestandteile eines Bakteriums (Gesamtmasse: ungefähr 7×10^{-13} g)

Bestandteil	Anteil an der Zellmasse
anorganisch	
Wasser	70 %
anorganische Ionen	1 %
kleine organische Moleküle	
Kohlenhydrate	3 %
Aminosäuren	0,5 %
Nucleotide	0,5 %
große organische Moleküle	
Proteine	15 %
DNA	0,5 %
RNA	6 %
Polysaccharide	2 %
Lipide	2 %

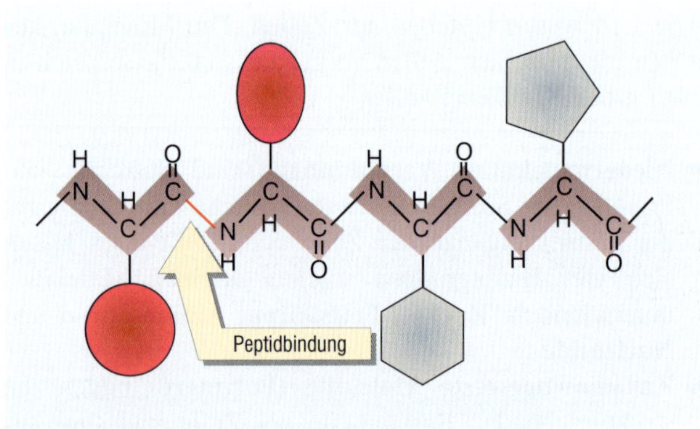

1.4 Proteine besitzen ein einfaches Polypeptidrückgrat und eine Vielzahl verschiedener Seitengruppen.

In Tabelle 1.2 sind die Bindungstypen im Rückgrat der Polymere und die Anzahl der möglichen verschiedenen Seitengruppen zusammengefaßt. Bezüglich der möglichen Arten von Seitengruppen zeigen Proteine eine große Variationsbreite, Nucleinsäuren eine geringere, während Polysaccharide sich kaum in ihren Seitengruppen unterscheiden. Im folgenden wird die Struktur der Proteine näher betrachtet; in Kapitel 4 werden die Eigenschaften der Nucleinsäuren eingehender behandelt.

Tabelle 1.2: Strukturvielfalt in biologischen Polymeren in Abhängigkeit von den Seitengruppen

Untereinheit	Rückgrat	Seitengruppe	Anzahl
Aminosäure	Peptidbindung	Aminosäure	20
Nucleotid	Zucker-Phosphat-Bindung	stickstoffhaltige Base	4
Zucker	glycosidische Bindung	Hydroxylgruppe oder Substituent	–

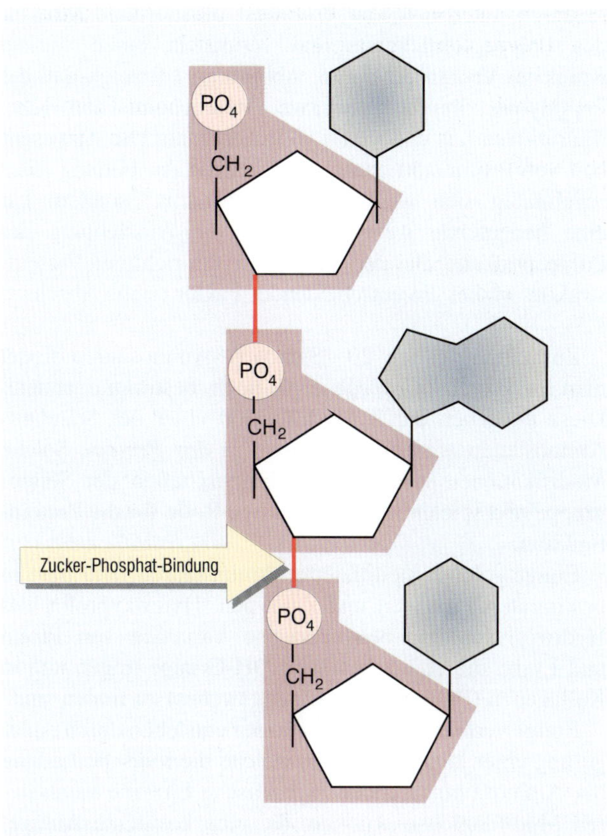

1.5 Nucleinsäuren bestehen aus einem Zucker-Phosphat-Rückgrat und nur vier verschiedenen Typen von Seitengruppen.

1.2 Proteine bestehen aus Aminosäureketten

Jedes Protein besteht aus einer charakteristischen Abfolge von Aminosäuren. Eine einzelne Aminosäure hat folgende Grundstruktur, wobei die Seitengruppe mit R bezeichnet ist:

$$\begin{array}{c} NH_2 \\ | \\ R{-}CH \\ | \\ HO{-}C{=}O \end{array}$$

Wie in Abbildung 1.7 gezeigt ist, werden die Aminosäuren über **Peptidbindungen** zu einer Kette verknüpft, indem die Carboxylgruppe ($-COOH$) einer Aminosäure mit der Aminogruppe ($-NH_2$) der nächsten durch eine Kondensationsreaktion verbunden wird. Ein **Peptid** wird aus wenigen über Peptidbindungen verknüpfte Aminosäuren aufgebaut. Ist die Aminosäurekette länger, so spricht man von einem **Polypeptid**. Den Ausdruck **Protein** benutzt man gewöhnlich, um die funktionelle Einheit zu beschreiben, die aus einer oder mehreren Polypeptidketten bestehen kann.

Die Richtung einer Polypeptidkette läßt sich gemäß der Orientierung ihrer Peptidbindungen definieren. Am einen Ende der Kette befindet sich eine Aminosäure mit einer freien NH_2-Gruppe, weshalb man dieses Ende als **Amino-** oder **N-terminales Ende** bezeichnet. Die Aminosäure am anderen Ende der Kette trägt eine freie COOH-Gruppe und wird als **Carboxyl-** oder **C-terminales Ende** definiert. Üblicherweise schreibt man Proteinsequenzen vom N-Terminus (links) zum C-Terminus (rechts).

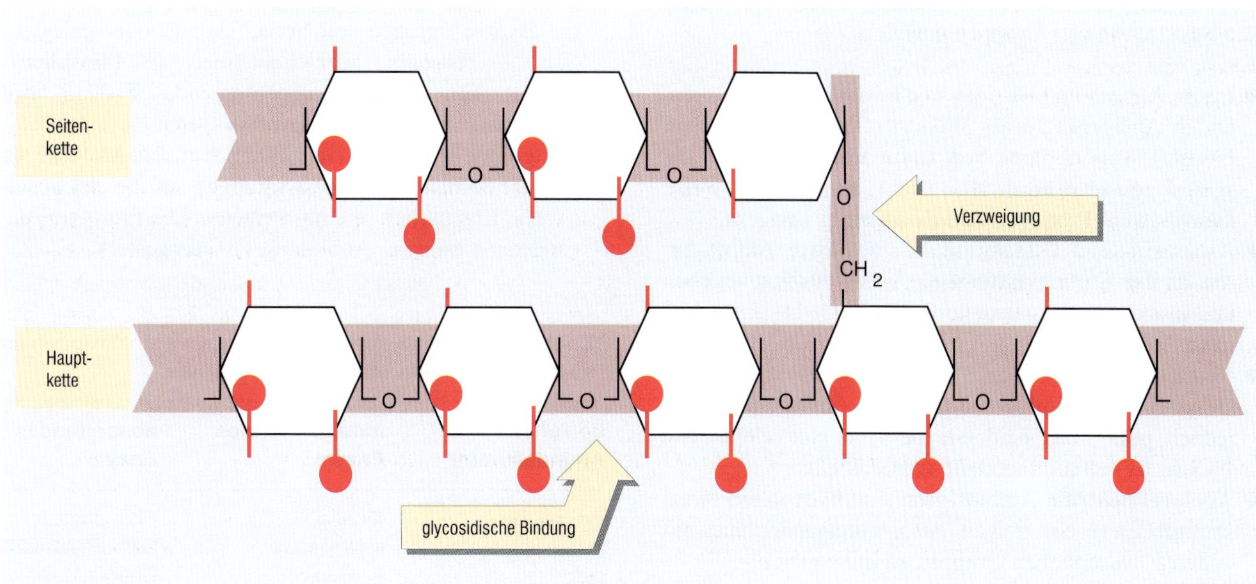

1.6 Polysaccharide haben ein Rückgrat aus gekoppelten Zuckermolekülen, die durch die Positionen ihrer Hydroxylgruppen charakterisiert sind. Obwohl die Kette verzweigt sein kann, gibt es in einem Polysaccharid nur geringe Variationsmöglichkeiten.

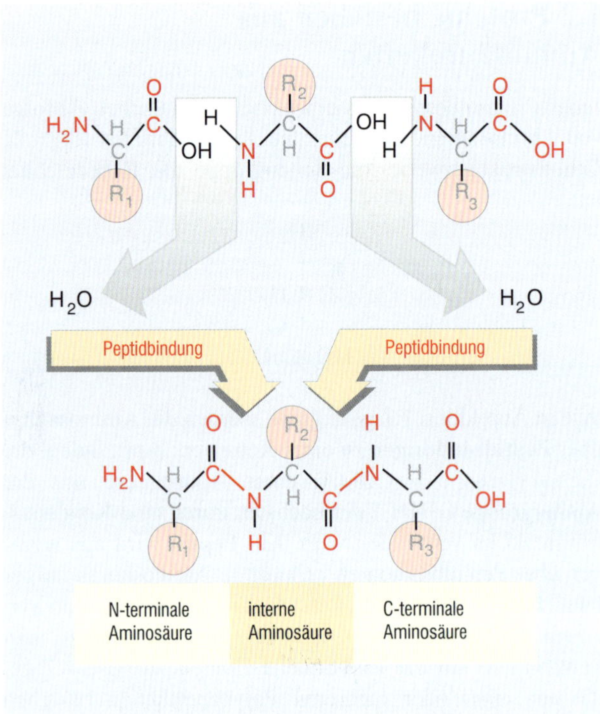

1.7 Eine Peptidbindung wird durch eine Kondensationsreaktion gebildet, bei der ein Wassermolekül frei wird.

Wie in Abbildung 1.4 zweidimensional dargestellt ist, bilden die Peptidbindungen ein zickzackförmiges Rückgrat, von dem die Seitengruppen abstehen. Jede Aminosäure trägt eine andere Seitengruppe, die bestimmt, welchen Beitrag sie für die Gesamtstruktur des Proteins leistet. Zur Proteinsynthese stehen 20 Aminosäuren zur Verfügung, deren Strukturformeln in Abbildung 1.8 gezeigt sind.

Bezüglich ihrer ionischen Ladungen lassen sich die Aminosäuren in vier Gruppen einteilen:

- Lysin, Arginin und Histidin sind **basische** Aminosäuren. Durch Anlagerung eines Wasserstoffions geht die freie (zweite) Aminogruppe von Lysin und Arginin in die positiv geladene Form NH_3^+ über. In ähnlicher Weise kann sich ein Proton an den Histidinring anlagern.
- Asparagin- und Glutaminsäure sind **saure** Aminosäuren, da ihre Carboxylgruppe ein Wasserstoffion abgeben und in die negativ geladene Form $O{=}C{-}O^-$ übergehen kann.
- **Neutrale** Aminosäuren haben keinerlei elektrische Gesamtladung. Einige der neutralen Aminosäuren sind jedoch **polar**, das heißt sie besitzen eine elektrische Ladungsverteilung innerhalb des Moleküls.
- **Apolare, neutrale** Aminosäuren sind **hydrophob** (wasserabstoßend). Sie neigen dazu, miteinander und mit anderen hydrophoben Gruppen zu interagieren.

Eine außergewöhnliche Aminosäure ist Prolin, da es das Stickstoffatom seiner Aminogruppe in einem Ring trägt. Dadurch unterbricht ein Prolinrest die normale Struktur des Polypeptidrückgrats und verursacht einen starken Knick im Verlauf der Kette. Abbildung 1.9 zeigt, daß die Peptidylprolylbindung in zwei stereochemischen Konfigurationen (*cis* und *trans*) vorliegen kann. Die Anwesenheit von Prolin stört daher nicht nur die Ausbildung jeder regelmäßig sich wiederholenden Struktur, sondern hat eine bedeutende Auswirkung auf die Ausrichtung der Polypeptidkette. Bei der Ausbildung der richtigen Proteinstruktur ist dies ein entscheidender Faktor (siehe Abschnitt 1.5).

Zusätzlich zu den 20 „Standard"-Aminosäuren findet man in Proteinen gelegentlich noch bestimmte andere. Diese entstehen durch **Modifikation** einer der Standard-Aminosäuren *nach ihrem Einbau in das Protein*. Solche Modifikationen verändern die Eigenschaften der Seitengruppe und spielen oft eine wichtige Rolle für die Proteinfunktion.

Einige solcher modifizierter Aminosäuren fand man in bestimmten Proteinen und Zelltypen. Hydroxyprolin und Hydroxylysin sind beispielsweise Varianten von Prolin und Lysin, die eine zusätzliche OH-Gruppe tragen und in Kollagenen (Proteinen des Bindegewebes) zu finden sind.

Einige verbreitete Modifikationen entstehen durch Anlagerung einer kleinen Gruppe, welche die ionische Ladung der Aminosäure verändert. Spezifische Enzyme katalysieren Modifikationsreaktionen, die eine kovalente Anlagerung bestimmter Gruppen an Proteine zur Folge haben. Diese Gruppen können durch die Wirkung anderer Enzyme wieder entfernt werden. Die verschiedenen Enzymarten, die diese Gruppen anfügen und entfernen, sind in Tabelle 1.3 aufgeführt. Ein modifizierendes Enzym kann spezifisch an einem bestimmten Zielprotein oder einer Gruppe von Zielproteinen wirken. Die zwei häufigsten Modifikationsarten sind in den Abbildungen auf Seite 10 gezeigt:

- Die Anlagerung einer Phosphatgruppe, gewöhnlich an die Hydroxylgruppe von Serin, Tyrosin oder gelegentlich an Threonin, bezeichnet man als **Phosphorylierung**. Ein phosphatgruppentragendes Protein wird manchmal auch **Phosphoprotein** genannt. Die Phosphatgruppe führt negative Ladungen in das Molekül ein und hat deshalb große Auswirkungen auf die elektrostatischen Eigenschaften eines Proteins. Die Phosphorylierungsreaktion ist in Abbildung 1.10 dargestellt.

Tabelle 1.3: Enzyme sind nötig, um kovalente Gruppen an Proteine anzufügen oder sie zu entfernen

betroffene Aminosäure(n)	modifizierendes Enzym	abspaltendes Enzym
Tyr Ser Thr	Kinase	Phosphatase
Lys	Methylase	Demethylase
Lys	Acetylase	Deacetylase
Pro Lys	Hydroxylase	–
Glu	γ-Carboxylase	–

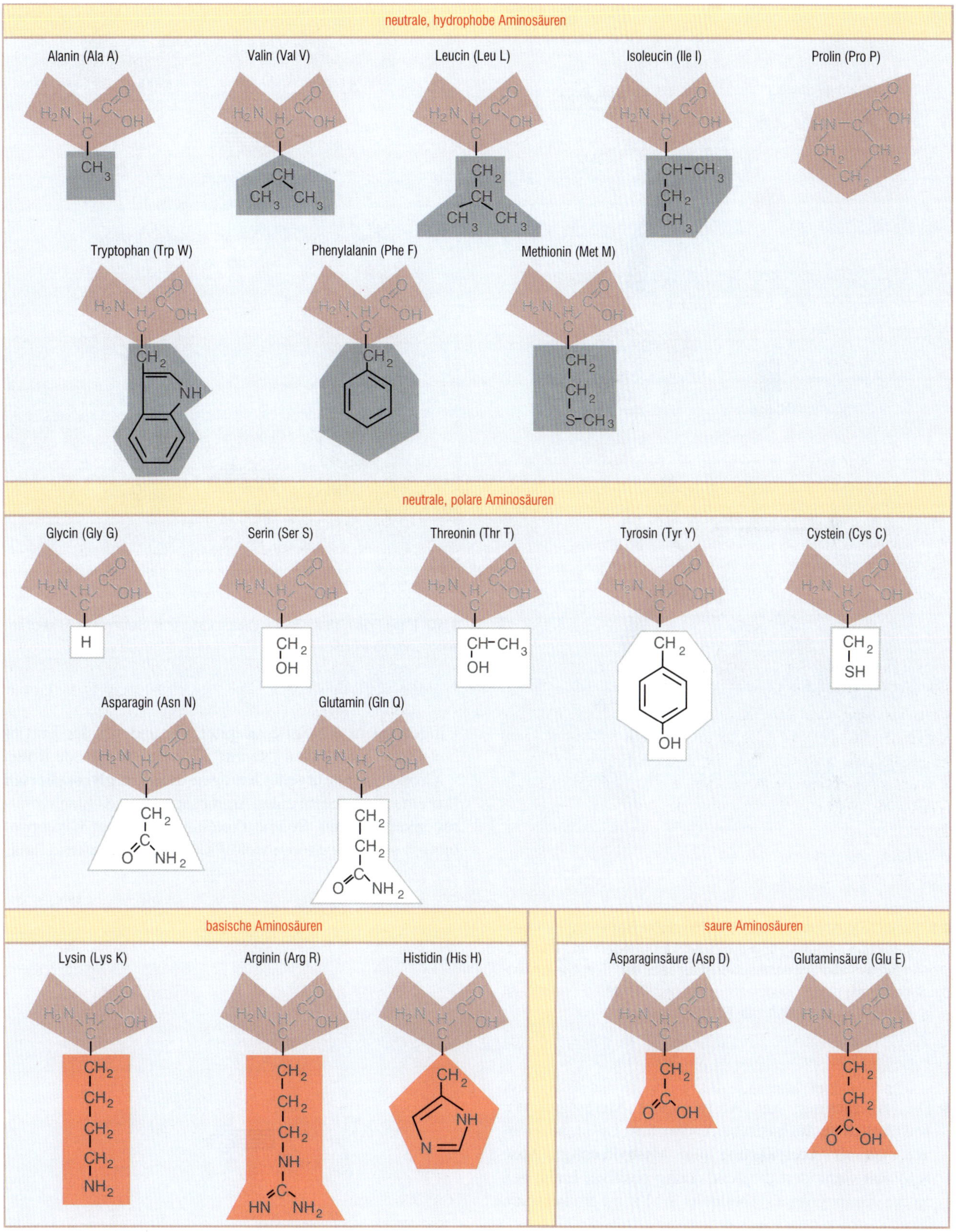

1.8 Aminosäuren teilt man gemäß der chemischen Natur ihrer Seitengruppen ein. Jede Aminosäure kann durch drei Buchstaben oder den Einbuchstabencode abgekürzt werden.

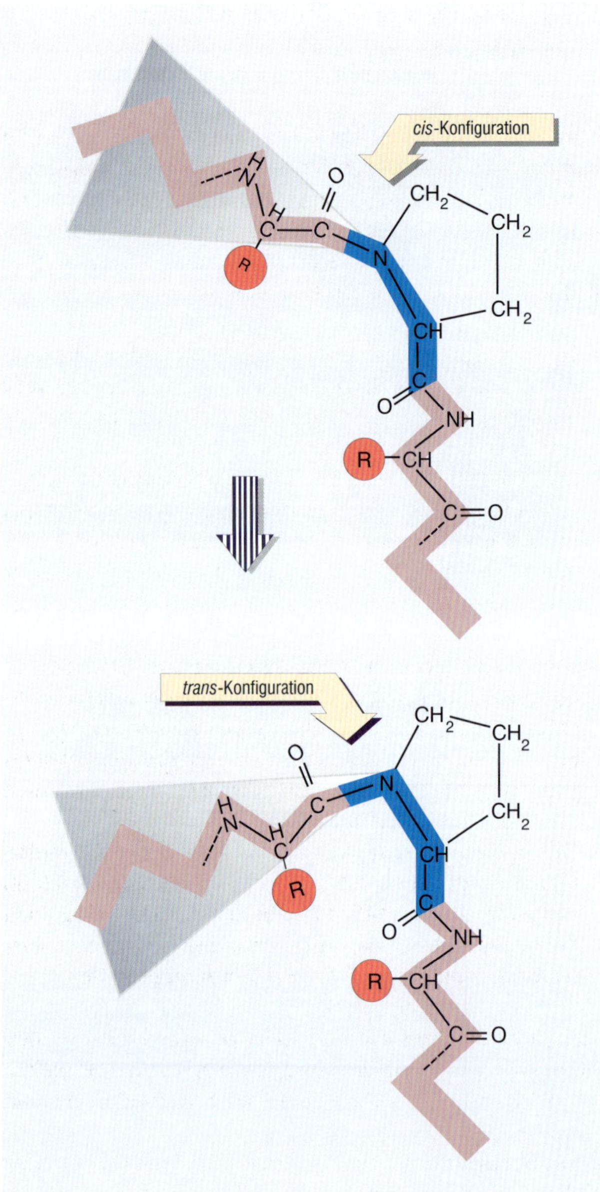

1.9 Prolin fügt einen Knick in die Polypeptidkette ein, weil sein Stickstoffatom in eine Ringstruktur eingebunden ist. Die Existenz zweier stereochemischer Formen der Peptidylprolinbindung (und die Konversion zwischen beiden Formen) ist eine wichtige Eigenschaft der Proteinstruktur.

◆ Die Anlagerung von Acetyl- oder Methylgruppen, gewöhnlich an die basische Aminosäure Lysin, bezeichnet man als **Acetylierung** und **Methylierung**. Diese Addition verhindert die Ausbildung positiver Ladungen an der Aminogruppe. Abbildung 1.11 zeigt ein Beispiel.

Die Modifikationsart, mit der wir uns am meisten beschäftigen werden, ist die Anlagerung und die Entfernung von Phosphatgruppen durch Kinasen und Phosphatasen. Diese Reaktionen spielen bei der Regulation des Zellzyklus (Kapitel 36), bei der Signalübertragung aus der äußeren

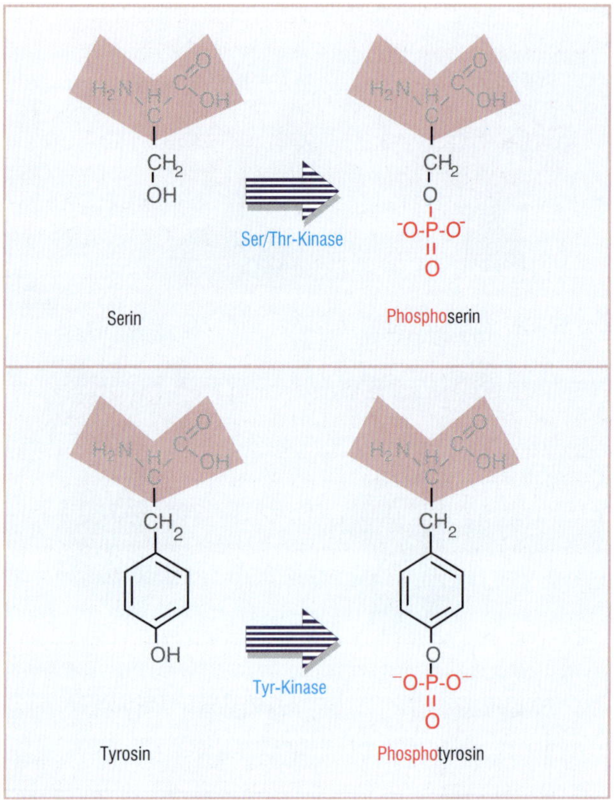

1.10 Eine Form der Kinase phosphoryliert Serin und Threonin, eine andere Form Tyrosin.

Umgebung in die Zelle (Kapitel 35) und bei der Entstehung von Tumorzellen (Kapitel 37) eine bedeutende Rolle.

Größere Strukturveränderungen treten in **glycosylierten** Proteinen auf, die an einer Aminosäure eine Kohlenhydratseitenkette tragen. Solche Proteine nennt man **Glycoproteine**; zu ihnen gehören viele Proteine, die in extrazellulä-

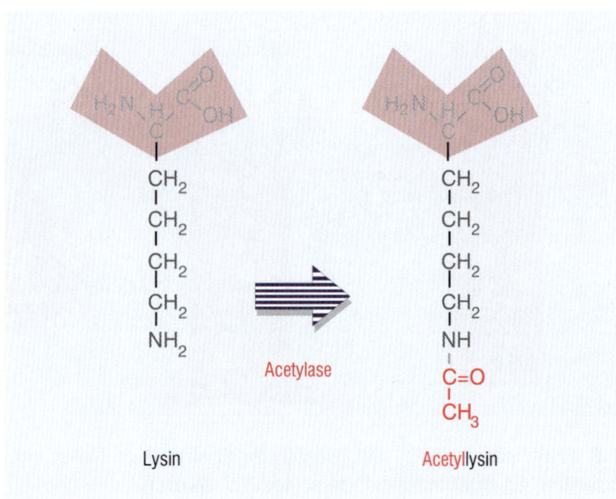

1.11 Durch eine Methylase oder, wie hier gezeigt, eine Acetylase wird die Aminogruppe von Lysin verändert.

ren Räumen wirken. Das Kohlenhydrat kann auf zwei verschiedene Arten an das Protein gekoppelt sein:

- Die häufigsten Verbindungen sind die ***N*-gekoppelten Oligosaccharide**, bei denen das Zuckermolekül an die Aminogruppe von Asparagin gebunden ist.
- In den weniger häufigen ***O*-gekoppelten Oligosacchariden** ist das Zuckermolekül an die Hydroxylgruppe von Serin oder Threonin angeheftet.

Die Kohlenhydrat-„Seitenketten" der Glycoproteine können sehr groß sein und nicht nur aus einfachen Zuckerresten, sondern aus komplex aufgebauten Oligosacchariden bestehen. Sie können einen bedeutenden Anteil an der Proteinmasse ausmachen und haben einen beträchtlichen Einfluß auf die Eigenschaften des Proteins. Ein Beispiel für eine Verbindung zwischen Asparagin und *N*-Acetylglucosamin (einem Aminoderivat der Glucose) in einer *N*-gekoppelten Kette ist in Abbildung 1.12 schematisch dargestellt. Die Glycosylierung hat nicht nur strukturelle Auswirkungen, sondern ist auch ein Bestandteil eines komplexen Mechanismus, der Proteine durch die Zelle transportiert, indem sie dafür sorgt, daß diese ihren richtigen Wirkungsort erreichen (Kapitel 34).

Diese Modifikationen sind bei weitem nicht die einzigen, die bei Proteinen vorkommen, es sind jedoch die bedeutendsten. Die wichtigste Aufgabe solcher Modifikationen ist es, das Repertoire der möglichen Proteinstrukturen und -funktionen noch mehr zu erweitern. Zusätzlich können Proteine sich natürlich noch mit einer Vielzahl von Gruppen nichtkovalent verbinden, die ihre Struktur oder Funktion mitbestimmen.

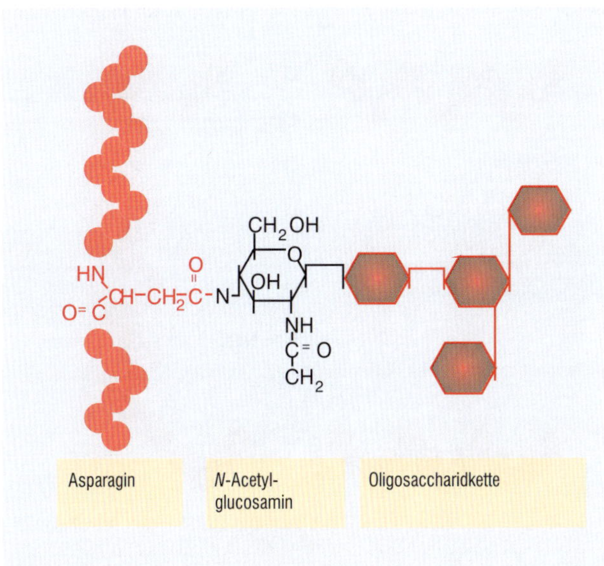

1.12 Ein *N*-gebundenes Glycoprotein besitzt eine Oligosaccharidkette, die an die Aminogruppe eines Asparaginrestes gekoppelt ist.

1.3 Das wäßrige Milieu bestimmt die Proteinkonformation

Eine entscheidende Eigenschaft eines Proteins ist seine Fähigkeit, eine dreidimensionale **Konformation** anzunehmen. Jedes Protein liegt in einer bestimmten Konformation (oder manchmal in einer Reihe von alternativen Konformationen) vor. Den Konformationszustand kann man auf verschiedenen Strukturebenen beschreiben:

- Die Abfolge der Aminosäuren in einer Polypeptidkette nennt man **Primärstruktur**. Diese lineare Sequenz stellt die wesentliche Information dar, die durch das genetische Material codiert wird.
- Die Primärstruktur faltet sich zur **Sekundärstruktur**, die den Verlauf des Polypeptidrückgrats des Proteins im Raum bestimmt. Diese Reaktion wird entweder durch eine besondere Eigenschaft der Primärstruktur hervorgerufen, oder sie benötigt die Hilfe anderer Proteine.
- Die **Tertiärstruktur** beschreibt die dreidimensionale Organisation aller Atome in einer Polypeptidkette, einschließlich des Polypeptidrückgrats und der Seitengruppen (R-Gruppen). Diese Ebene beschreibt die vollständige Struktur eines Proteins, das aus einer einzelnen Polypeptidkette besteht.
- Die höchste Organisationsebene findet man in **multimeren Proteinen**, die aus einem Zusammenschluß mehrerer Polypeptidketten bestehen. Die einzelnen Polypeptidketten, die ein multimeres Protein ausmachen, nennt man häufig **Proteinuntereinheiten**.

Verschiedene Arten von Wechselwirkungen zwischen den Aminosäuren bestimmen die Konformation eines Proteins. Sowohl kovalente als auch nichtkovalente Bindungen sind daran beteiligt.

Die häufigste Form der kovalenten Bindung bei der Ausbildung der Sekundärstruktur ist die Entstehung von Disulfidbrücken (S–S) zwischen zwei Cysteinresten (unter der Bildung von Cystin). Jedes der beiden Cysteine wird zunächst einzeln während der Proteinsynthese an die entsprechende Stelle der Polypeptidkette eingebaut. Die Kondensation der beiden SH-Gruppen mit nachfolgender Ausbildung einer S–S-Brücke erfolgt erst dann, wenn sie beim Einsetzen der Kettenfaltung in die korrekte Konformation in enge Nachbarschaft geraten. Ein Beispiel hierfür zeigt Abbildung 1.13.

Die Ausbildung **nichtkovalenter Bindungen** ist die Hauptantriebskraft bei der Faltung der Proteine in ihre richtige Konformation. Man kann vier Arten nichtkovalenter Wechselwirkungen in Proteinstrukturen unterscheiden:

- Ionenbindungen
- Wasserstoffbrücken
- hydrophobe Wechselwirkungen
- van-der-Waals-Kräfte

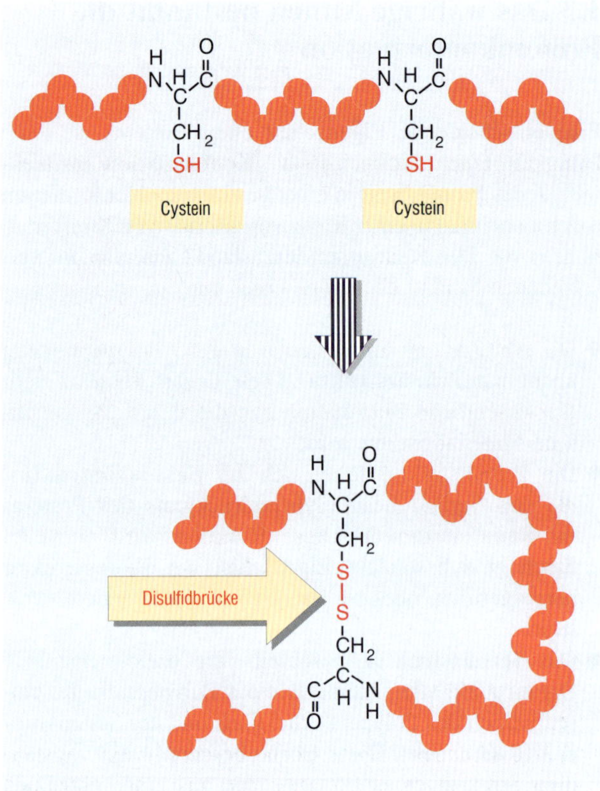

1.13 Durch die Ausbildung einer Disulfidbrücke zwischen den Sulfhydrylgruppen zweier Cysteinreste können zwei verschiedene Bereiche der Polypeptidkette miteinander verbunden werden.

Nichtkovalente Bindungen sind um mehr als einen Faktor zehn schwächer als kovalente Bindungen. In Tabelle 1.4 sind einige typische Werte für die Bindungsstärken der verschiedenen Bindungsarten zusammengestellt. Die Bindungsstärke wird von der Energie bestimmt, die bei der Ausbildung der Bindung frei wird (dies wird durch negative Werte angegeben). Je mehr Energie frei wird, desto stabiler ist die Bindung (da die entsprechende Energie nötig wäre, um die Bindung zu lösen).

Die Ausbildung nichtkovalenter Bindungen wird stark durch das wäßrige Milieu beeinflußt. Ein wichtiger Faktor bei solchen Reaktionen ist die Struktur des Wassers selbst, das ein vorübergehendes Netzwerk aus Verbindungen zwischen einzelnen Molekülen herstellt. Die hauptsächlich in diesem Netz wirkende Kraft sind die Wasserstoffbrücken.

Tabelle 1.4: Kovalente und nichtkovalente Bindungen unterscheiden sich deutlich in ihrer Bindungsstärke

Bindungstyp	Bindungsstärke (kcal/mol)
kovalente Bindung	–50 bis –100
Ionenbindung	–80 oder –1
Wasserstoffbrücken	–3 bis –6
van-der-Waals-Kräfte	–0,5 bis –1
hydrophobe Wechselwirkungen	–0,5 bis –3

Wasserstoffbrücken (H-Bindungen) sind schwache elektrostatische Bindungen, die sich zwischen einem Sauerstoffatom mit negativer Teilladung und einem Wasserstoffatom mit positiver Teilladung bilden, wie in den zwei Beispielen dargestellt:

$$\overset{\delta^+\ \delta^-}{>C=O} \ldots\ldots\ldots\ldots \overset{\delta^+\ \delta^-}{H\text{–}N}$$

$$\overset{\delta^+\ \delta^-}{>C=O} \ldots\ldots\ldots\ldots \overset{\delta^+\ \delta^-}{H\text{–}O}$$

(Das δ zeigt an, daß es sich um Partialladungen handelt.) Die Polarisierung der Bindungen C=O und N–H beziehungsweise O–H bewirkt, daß sich die beiden reagierenden Gruppen das Wasserstoffatom teilen (wodurch die Bindung ihren Namen erhält).

Wasserstoffbrücken bilden sich gewöhnlich zwischen den N–H- und C=O-Gruppen des Peptidrückgrats (Abbildungen 1.18 und 1.19). Abbildung 1.14 zeigt ein Beispiel einer Wasserstoffbrücken zwischen den Seitengruppen einer Proteinkette.

Die Ausbildung von Wasserstoffbrücken ist ein wichtiges Strukturmerkmal von Wasser in flüssiger Phase. Die meisten Wassermoleküle gehen zu jedem beliebigen Zeitpunkt Wasserstoffbrücken ein (Abbildung 1.15). Eine einzelne Bindung besteht jedoch lediglich für sehr kurze Zeit: Ihre durchschnittliche Halbwertszeit beträgt weniger als 10^{-9} Sekunden.

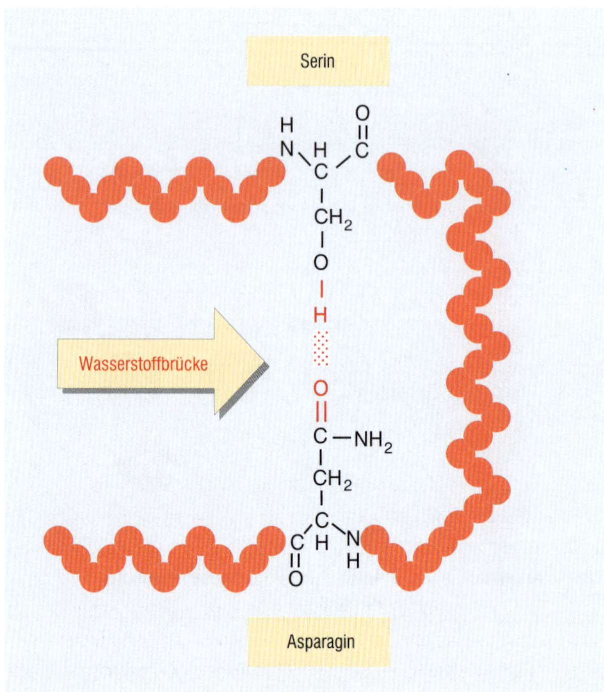

1.14 Zwischen den Seitengruppen polarer Aminosäuren können sich Wasserstoffbrücken ausbilden.

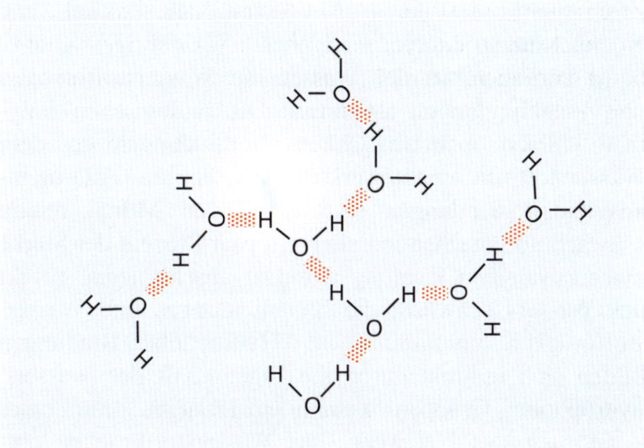

1.15 Wasser besteht aus einem Netzwerk von vorübergehend ausgebildeten Wasserstoffbrücken, bei denen das Sauerstoffmolekül eines Wassermoleküls mit dem Wasserstoff des nächsten verbunden ist.

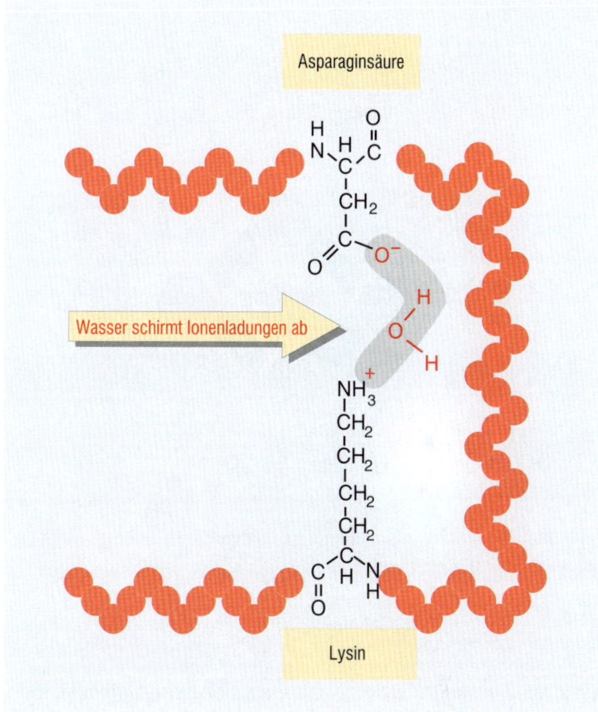

1.16 Basische und saure Aminosäuren eines Proteins können sich über Ionenbindung anziehen, in wäßriger Umgebung jedoch durch Wassermoleküle abgeschirmt werden.

Treffen Gruppen, die Wasserstoffbrücken ausbilden können, in Wasser aufeinander, so interagieren sie sowohl mit den Wassermolekülen als auch untereinander. Dies ist die Ursache dafür, daß die Bindungsstärke zwischen solchen Gruppen in Wasser schwächer sind, als sie es *in vacuo* wären. Das wäßrige Milieu hat also einen großen Einfluß auf die Struktur eines Proteins.

Da sich in einem Makromolekül zahlreiche Wasserstoffbrücken bilden können, kann ihr Beitrag zur Stabilität der Konformation beträchtlich sein. Die Schwäche der einzelnen Wasserstoffbrücken (sowie anderer nichtkovalenter Bindungen) erlaubt jedoch eine relativ leichte Auflösung dieser Bindung unter physiologischen Bedingungen. Dies ist ein wesentlicher Aspekt für die Funktion der Proteine und Nucleinsäuren.

Ionische Wechselwirkungen bilden sich zwischen Gruppen mit entgegengesetzten Ladungen. Die Stärke der Ionenbindung hängt in großem Maße von den Umgebungsbedingungen ab. In einem festen Kristall, beispielsweise in Kochsalz, hat die Wechselwirkung zwischen Na^+ und Cl^- eine Stärke, die mit einer kovalenten Bindung vergleichbar ist. In einer Lösung dagegen treten die Wassermoleküle mit den geladenen Gruppen in Wechselwirkung – man sagt, daß das Wasser die Ladungen **abschirmt** – und schwächen die Stärke der Ionenbindung soweit, daß sie mit der einer Wasserstoffbrücke vergleichbar ist.

Wie in Abbildung 1.16 gezeigt, sind an einer typischen Ionenbindung in einem Protein (oder zwischen zwei Proteinen) Anziehungskräfte zwischen sauren und basischen Aminosäuren beteiligt. Ionenkräfte können ebenso bei der Bindung eines Proteins mit einem anderem Molekül beteiligt sein. So könnte ein Protein eine Bindungsstelle besitzen, die eine positiv geladene Gruppe (oder eine Reihe von positiv geladenen Gruppen) enthält, die wiederum mit einer oder mehreren negativ geladenen Gruppe(n) eines Zielmoleküls reagieren kann. Die basischen Aminosäuren eines Proteins können beispielsweise mit den negativ geladenen Phosphatgruppen einer Nucleinsäure interagieren.

Hydrophobe Wechselwirkungen treten zwischen Aminosäuren mit apolaren Seitenketten auf, die sich zusammenlagern und somit Wasser ausschließen. Aus der Sicht des Wassers stören die hydrophoben Gruppen die Wechselwirkungen zwischen den Wassermolekülen. Wasser hat daher das Bestreben, die hydrophoben Gruppen zusammenzudrängen (ähnlich wie ein Öltropfen in wäßrigem Milieu gebildet wird). Abbildung 1.17 verdeutlicht diesen Effekt.

Wenn Aminosäuren mit hydrophoben Seitengruppen vom Wasser verdrängt werden, bildet sich im Inneren des Proteins ein Bereich, der für das Lösungsmittel (Wasser) unzugänglich bleibt. Aminosäuren lassen sich nach dem Grad ihrer Hydrophobizität in eine Skala einreihen; hierbei stellt man eine Beziehung her zwischen der Hydrophobizität der einzelnen Aminosäure und dem Bereich, den der hydrophobe Rest zum Proteininneren beisteuert. Auf dieser Skala sind die Aminosäuren mit aromatischen Ringen (Trp, Phe und Tyr) am stärksten hydrophob, während Leu, Val und Met weniger hydrophob sind.

Van-der-Waals-Kräfte werden erst bei ganz geringen Abständen wirksam, wenn sich zwei beliebige Atome anziehen. Die einzelnen Kräfte sind sehr schwach, können aber in dicht gepackten Regionen eines Makromoleküls, oder wenn zwei Makromoleküloberflächen nahe beieinander liegen, von Bedeutung sein.

Die Stabilität nichtkovalenter Bindungen kann man einschätzen, wenn man sie mit der durchschnittlichen Bewe-

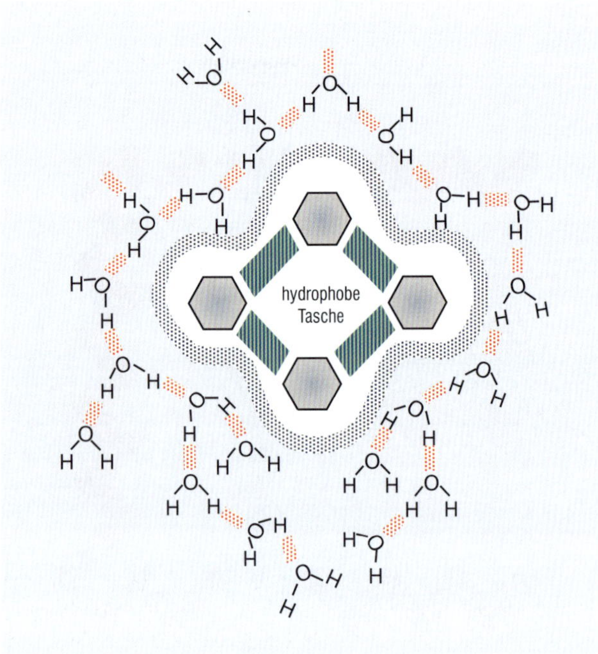

1.17 Wasser kann hydrophobe Gruppen zusammendrängen, um die Zerstörung seines Wasserstoffbrückennetzwerks zu verhindern.

gungsenergie bei 25 °C vergleicht, die bei –0,6 kcal/mol liegt. Eine Bindung ist stabil, wenn bei ihrer Ausbildung mehr Energie freigesetzt wird, als sie durch kinetische Bewegung aufnehmen kann. Bei einem Vergleich der in Tabelle 1.4 genannten Bindungsstärken wird ersichtlich, daß einige nichtkovalente Bindungen wenig stabil sind.

Die Aminosäuren eines Proteins können in jedem Teilbereich als Oberfläche betrachtet werden, deren Eigenschaften von der Zusammensetzung der Seitengruppen abhängt. Es können sich zwei Arten von Oberflächen in einer Proteinstruktur ausbilden, die in Verbindung mit Wasser entgegengesetzt reagieren:

- Eine **hydrophile Oberfläche** beinhaltet geladene oder polare Gruppen, die mit Wasser interagieren; das heißt, sie kann in wäßriger Umgebung ihre Funktion ausüben. Die Mehrheit der Proteinsequenzen sind nach diesem Prinzip aufgebaut (oder mindestens nicht genügend hydrophob, um Wasser auszuschließen).
- Eine **hydrophobe Oberfläche** enthält Gruppen, die nicht mit Wasser interagieren. Um eine solche Oberfläche zu erhalten, sind einige hydrophobe Aminosäuren nötig. Gewöhnlich handelt es sich bei einer hydrophoben Oberfläche um einen kleinen Bereich eines Proteins, der eine hydrophobe Tasche bildet oder ein nichtwäßriges Milieu findet. Summiert man die Hydrophobizitäten der einzelnen Aminosäuren, so läßt sich die Wahrscheinlichkeit abschätzen, mit der eine Region eines Proteins einen hydrophoben Bereich ausbildet. Dies wiederum hat weitreichende Konsequenzen für die Funktion eines Proteins, wie wir in Kapitel 2 sehen werden.

Zusammenfassend kann man sagen, daß Protein- und Nucleinsäurestrukturen weitgehend in wäßriger Umgebung vorliegen, in der Wasser die Wasserstoffbrücken und Ionenbindungen abschirmt. Die biologischen Polymere bilden mehrere lockere Verbindungen zu dem Wasserstoffbrückennetzwerk des Wassers aus. Alle nichtkovalenten Bindungen sind in diesem Milieu relativ schwach und machen lediglich ein paar Prozent der Stärke einer kovalenten Bindung aus. Der abschirmende Effekt des Wassers schwächt die Ionenbindungen und Wasserstoffbrücken unmittelbar ab. Hydrophobe Bindungen bilden sich indirekt durch die Eigenschaft des Wassers, hydrophobe Gruppen zusammenzudrängen, um einer Zerstörung des Netzwerks aus Wasserstoffbrücken entgegenzuwirken.

1.4 Proteinstrukturen sind extrem vielseitig

Proteine weisen als Folge ihrer Fähigkeit, eine enorme Bandbreite an Konformationen ausbilden zu können, eine hohe Formenvielfalt auf. Dennoch treten einige Typen von Sekundärstrukturen häufiger auf. Diese kommen durch die Ausbildung von Wasserstoffbrücken zwischen den NH- und den C=O-Gruppen eines Polypeptidrückgrats zustande. Häufig lagern sich einige Regionen mit gleichartiger Sekundärstruktur eng zusammen.

Die Ausbildung von Wasserstoffbrücken zwischen Gruppen der gleichen Polypeptidkette verursacht eine Drehung des Rückgrats zu einer Helix (Schraube). Die Form der ***α*-Helix** tritt am häufigsten auf (Abbildung 1.18). Man kann sich das Polypeptidrückgrat als Spirale auf der Oberfläche eines Zylinders vorstellen, von der die Seitengruppen seitlich abstehen. Die *α*-Helix wird von Wasserstoffbrücken stabilisiert, die sich zwischen der C=O-Gruppe einer Peptidbindung und der NH-Gruppe einer vier Aminosäurereste entfernten zweiten Peptidbindung bildet.

Die *α*-Helix ist eine häufig vorkommende Komponente innerhalb der Sekundärstrukturen von Proteinen. Einzelne *α*-Helix-Abschnitte sind häufig recht kurz; in einigen nucleinsäurebindenden Proteinen ist beispielsweise das Auftreten einzelner *α*-Helix-Abschnitte mit jeweils weniger als zehn Aminosäuren ein entscheidendes strukturelles Merkmal.

Eine Polypeptidkette kann aber auch durch Wasserstoffbrücken mit einer zweiten Kette, die in entgegengesetzter Richtung läuft, eine flächenartige Struktur ausbilden. Auch hier sind Wasserstoffbrücken zwischen der C=O-Gruppe einer Peptidbindung und der NH-Gruppe einer anderen beteiligt. Diese sogenannte ***β*-Faltblattstruktur** ist in Abbildung 1.19 dargestellt; sie tritt bevorzugt in Anwesenheit von Glycin- und Alaninresten auf. Diese Strukturart kann sich sowohl zwischen verschiedenen Polypeptidketten als auch zwischen zwei entsprechenden Bereichen einer einzelnen Polypeptidkette ausbilden; jedoch müssen die benachbarten Regionen entgegengesetzt orientiert sein.

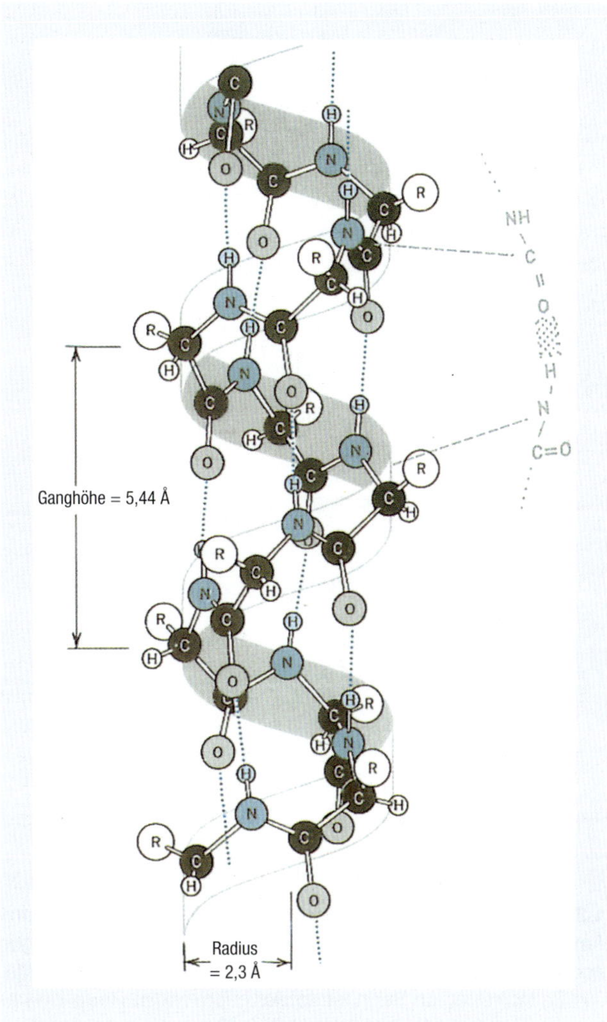

1.18 Die α-Helixstruktur eines Polypeptids wird durch Wasserstoffbrücken zwischen Aminosäuren stabilisiert, die vier Positionen voneinander entfernt liegen.

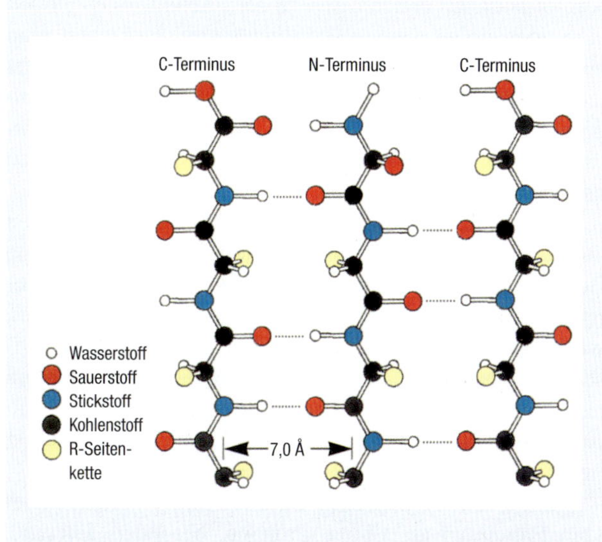

1.19 Die β-Faltblattstruktur wird durch Wasserstoffbrücken zwischen Aminosäuren unterschiedlicher Polypeptidketten (oder Bereichen der gleichen Kette mit gegenläufiger Richtung) stabilisiert.

Die Vielfalt der Proteinstrukturen für eine Polypeptidkette von beispielsweise 300 Aminosäuren wird in Abbildung 1.20 veranschaulicht.

- ◆ Eine völlig ausgestreckte Aminosäurekette würde eine Länge von 100 nm haben,
- ◆ als α-Helix geschraubt würde sich das Protein über 45 nm erstrecken,
- ◆ als β-Faltblatt hätte das Protein die Form eines flachen Würfels mit einer Größe von 7 × 7 nm und einer Höhe von 0,8 nm,
- ◆ und als Kugel mit verschiedenartigen Sekundärstrukturen hätte es einen Durchmesser von lediglich 2 nm.

Aufgrund der Fähigkeit der Atome, frei um einzelne kovalente Bindungen zu rotieren, sind auch alternative Konformationen möglich. Proteinkonformationen *können durch Rotation um solche Bindungen ineinander überführt werden, wobei sich die Positionen einzelner Atome verändern. Der Wandel von einer Konformation in eine andere erfordert daher nur das Öffnen und Schließen nichtkovalenter Bindungen.*

Da einzelne nichtkovalente Bindungen relativ schwach sind, genügt eine geringe Energiemenge, um einige nichtkovalente Kontakte durch andere zu ersetzen. Daher ereignen sich Veränderungen in der Proteinkonformation unter physiologischen Bedingungen mit Leichtigkeit. Jedes Protein kann im Prinzip eine unendliche Anzahl an möglichen

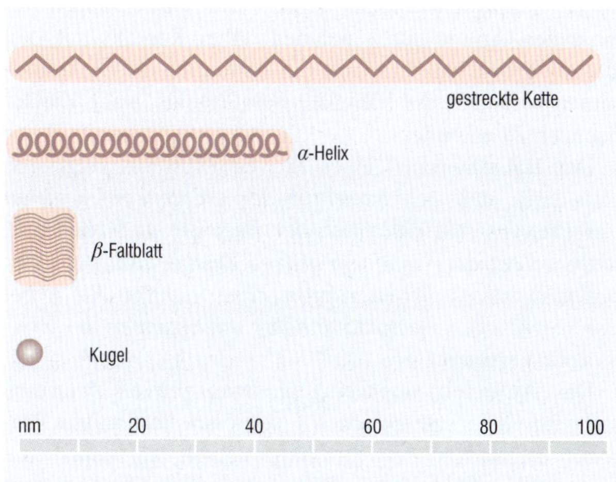

1.20 Wie aus den zahlreichen möglichen Formen einzelner Polypeptidketten mit jeweils der gleichen Anzahl an Aminosäuren ersichtlich ist, können Proteinstrukturen sehr langgezogen oder sehr kompakt sein.

Konformationen annehmen – in der Praxis werden jedoch eine oder einige wenige stark bevorzugt. Betrachtet man eine bestimmte Konformation eines Proteins, so bedeutet das nicht, daß die Position jedes Atoms statisch ist, sondern daß es gewisse Bewegungen um die „durchschnittliche“ Atomposition herum gibt, welche die Konformation bestimmt.

Nichtkovalente Bindungen sind bei Wechselwirkungen zwischen Proteinen und anderen Molekülen ebenfalls von Bedeutung. Eine niedermolekulare Verbindung, die über nichtkovalente Wechselwirkungen an ein Protein bindet, wird **Ligand** genannt. Die Spezifität einer Bindung zwischen Protein und Ligand hängt davon ab, ob das Protein an der Oberfläche funktionelle Gruppen besitzt, die mit den entsprechenden Gruppen des Liganden in Kontakt treten können.

Die Beziehung zwischen Struktur und Funktion hängt vom Proteintyp ab. Einige Proteine, besonders Enzyme, die Stoffwechselreaktionen katalysieren, haben ein **aktives Zentrum**, an dem die katalytische Reaktion stattfindet. Die Struktur dieses Zentrums, die durch das Nebeneinanderliegen einiger Aminosäuren entsteht, ist absolut entscheidend und erlaubt keinerlei Variationen. Andere Regionen des Proteins hingegen können verändert werden, ohne dessen katalytische Funktion zu beeinträchtigen.

In einem aktiven Zentrum befinden sich Aminosäuren, deren Seitengruppen an einer bestimmten chemischen Reaktion beteiligt sind oder spezifische Kontakte mit anderen Makromolekülen herstellen. Ein Beispiel hierfür ist das in Abbildung 1.21 gezeigte Chymotrypsin, in welchem drei Aminosäuren, die in der Primärstruktur weit voneinander entfernt liegen, in der Tertiärstruktur dicht zusammen kommen und das aktive Zentrum bilden. Die OH-Gruppe des Serins ist an der katalytischen Spaltung einer Peptidbindung in einem Zielprotein beteiligt.

Bei Proteinen, die Nucleinsäuren binden können, ist vermutlich das aktive Zentrum entsprechend der Zielsequenz, an die das Protein bindet, größer; die Seitengruppen der einzelnen Aminosäuren nehmen dabei Kontakt mit den Basen der Nucleinsäure auf. Ein Austausch dieser Aminosäuren verändert die Fähigkeit des Proteins, seine Zielsequenzen zu erkennen.

Das Hauptmerkmal eines aktiven Zentrums zeigt sich also darin, daß sich *innerhalb der Gesamtkonformation des Proteins (einschließlich der Bereiche außerhalb des aktiven Zentrums) in einem aktiven Zentrum Aminosäuren befinden, deren Seitengruppen eine wichtige Rolle bei der spezifischen Kontaktaufnahme mit Gruppen des Zielmoleküls spielen.*

Das Auftreten eines eingegrenzten aktiven Zentrums steht im Gegensatz zu jenen Funktionen bestimmter Proteine (besonders der Strukturproteine), an denen die gesamte Konformation beteiligt ist; jegliche Veränderung in einem solchen Protein beeinflußt dessen Funktionsfähigkeit. Die Proteine unterscheiden sich also in ihrem Ausmaß, Strukturveränderungen zu erfahren, ohne in ihrer Funktionsfähigkeit beeinträchtigt zu werden.

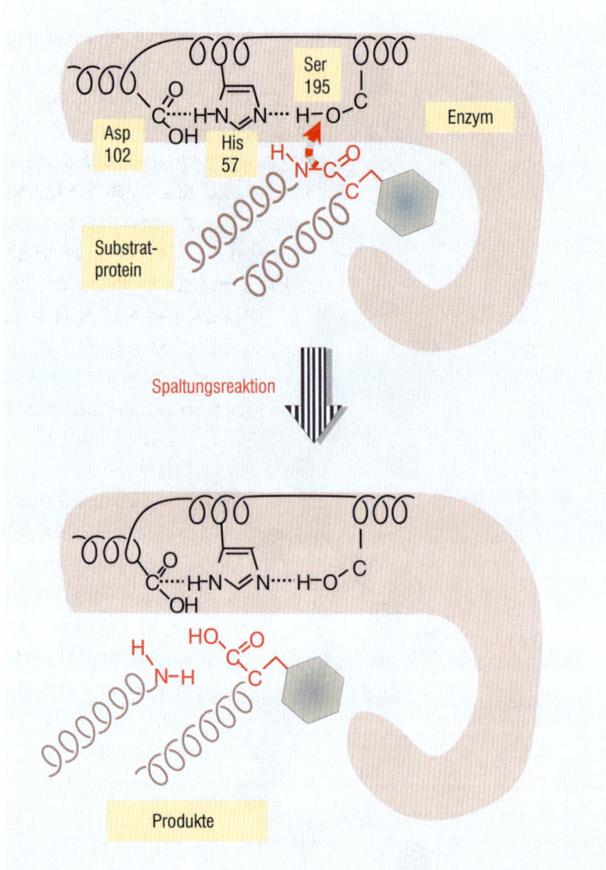

1.21 Das aktive Zentrum von Chymotrypsin beinhaltet drei Aminosäuren, die in der Primärsequenz weit auseinanderliegen und über Wasserstoffbrücken miteinander verbunden sind. Die Seitenkette von Serin ist an der chemischen Reaktion beteiligt, in der die Peptidbindung des Zielproteins hydrolysiert wird.

1.5 Wie falten sich Proteine in die richtige Konformation?

Unter welchen Bedingungen faltet sich die Primärstruktur in die richtige Struktur höherer Ordnung?

- *Faltet sich ein Protein aufgrund einer intrinsichen Eigenschaft der Primärstruktur?* In diesem Fall muß die Endstruktur immer die thermodynamisch stabilste sein und zu jeder Zeit nach der Polypeptidkettensynthese gebildet werden können.
- *Oder kann die korrekte Struktur nur während der Synthese des Polypeptids entstehen?* Dann wäre es möglich, daß sich eine weniger stabile Struktur behauptet, weil das Protein während seiner Synthese in dieser Konformation festgehalten wird.
- Läuft die Proteinfaltung spontan ab oder benötigt sie die Hilfe anderer Proteine?

Die Proteinfaltung verläuft gewöhnlich innerhalb von Sekunden oder noch schneller. Sie beginnt bereits, bevor ein Protein vollständig synthetisiert ist, und folgt vermutlich einem **sequenziellen Faltungsmechanismus**, bei dem die Reaktion bestimmte (wenn auch sehr kurzlebige) Zwischenstufen durchläuft. Dieser Prozeß wird durch das Zusammenbrechen von hydrophoben Seitenketten in den „Kern" des Proteins initiiert; dies geschieht innerhalb von Millisekunden. Die Einheiten der Sekundärstruktur, größtenteils α-Helices und β-Faltblattstrukturen, bilden sich in etwa gleichen Zeiträumen. Der Übergang dieser Struktur in die endgültige Tertiärstruktur geht langsamer vonstatten. Dieser Prozeß scheint kooperativ zu sein, so daß die Ausbildung einer Sekundärstrukturregion die Faltung der nächsten Region begünstigt und so weiter.

Die Beziehung zwischen Strukturen höherer Ordnung und der Primärstruktur läßt sich verdeutlichen, wenn man ein Protein durch Erhitzen oder chemische Behandlung **denaturiert** und somit seine Konformation zerstört. Durch eine Denaturierung werden die Wasserstoffbrücken und andere nichtkovalente Bindungen zerstört. Eine Ausnahme stellt die Spaltung der Disulfidbrücken dar, die durch eine Behandlung mit reduzierenden Agentien erreicht werden kann. Alle diese Veränderungen beeinflussen jedoch nur die *Konformation*; die Primärsequenz der Aminosäuren einer Polypeptidkette bleibt unverändert.

In einigen Fällen ergibt sich die Struktur höherer Ordnung unvermeidlich aus der Primärstruktur. Das Enzym Ribonuclease ist ein klassisches Beispiel hierfür. Dieses Protein kann nach seiner Denaturierung seine aktive Konformation durch die Umkehrung des Denaturierungsvorgangs wiedererlangen. *Die Primärstruktur enthält also die gesamte Information, die für die Ausbildung der Sekundärstruktur nötig ist.* Daher ist die Produktion von aktiver Ribonuclease ein unvermeidbares Ereignis, sobald die intakte Primärsequenz auf die geeigneten Bedingungen trifft.

In anderen Fällen können Proteine auch irreversibel denaturiert werden. Unter gewissen (nichtphysiologischen) Bedingungen kann ein Protein also mehrere verschiedene stabile Konformationen haben. In einigen Fällen kann sich die richtige Konformation möglicherweise *nur* während der Synthese des Proteins ausbilden. Der Grund hierfür könnte in spezifischen Wechselwirkungen zwischen bestimmten Bereichen des Proteins liegen, die nur in Abwesenheit anderer Regionen (die bis zu diesem Zeitpunkt noch nicht synthetisiert sind) stattfinden können.

Manchmal muß ein **Cofaktor**, der Teil des aktiven Proteins ist (wie beispielsweise die eisenbindende Hämgruppe der Cytochrome), vorhanden sein, damit die Polypeptidkette ihre richtige Konformation einnehmen kann. In multimeren Proteinen kann die Anwesenheit einer Untereinheit für die Faltung der anderen nötig sein.

Der Strukturerwerb eines Proteins während seiner Synthese ist kein spontaner Prozeß, sondern bedarf möglicherweise der Hilfe anderer Faktoren; genaugenommen ist die spontane Faltung eine relativ langsame Reaktion, die unter normalen zellulären Bedingungen einen begrenzenden Faktor darstellt. Durch verschiedene Arten zusätzlicher Funktionen kann die Proteinfaltung deutlich beschleunigt werden (Tabelle 1.5). Hierbei kann man zwei Gruppen unterscheiden: Enzyme, die spezifische Isomerisierungsschritte katalysieren, und Faktoren, die in stöchiometrischen Mengen direkte Auswirkungen auf die Faltung haben.

Die Ausbildung von Disulfidbrücken wird sowohl von dem umgebenden Milieu als auch von spezifischen Hilfsproteinen beeinflußt. Bei cytoplasmatischen Proteinen treten Disulfidbrücken eher selten auf, während sie in Exportproteinen häufig zu finden sind. Dies könnte auf die Differenz des Thiol-/Disulfidredoxpotentials zwischen dem inneren und äußeren Milieu zurückzuführen sein. Diese Potentialdifferenz vermag z. B. die Ausbildung von Disulfidbrücken im Inneren eines Bakteriums zu verhindern, während sie ihre Bildung im Periplasma (der Schicht, die das Bakterium umgibt) fördert.

Disulfidbrücken können sich spontan, jedoch relativ langsam *in vitro* bilden. Die $t_{1/2}$-Zeitdauer beträgt mehr als 15 Minuten, verglichen mit der Fähigkeit, korrekte Disulfidbrücken *in vivo* in einigen Sekunden auszubilden. (Die Reaktion wurde schon in Abbildung 1.13 dargestellt.) *In vivo* wird dieser Prozeß durch die Proteindisulfidisomerase (PDI) katalysiert. PDI ist ein außergewöhnliches Protein, da es, abgesehen von seiner Teilnahme an der Ausbildung von Disulfidbrücken, eine Vielzahl an Funktionen bezüglich der Proteinmodifikation erfüllt. Es ist nicht voll-

Tabelle 1.5: Für die Proteinfaltung sind sowohl katalytische als auch strukturelle Funktionen erforderlich

Proteinaktivität	Familien	Funktion	Auswirkung
katalytisch			
Proteindisulfidisomerase	Thioredoxin	Bildung von Disulfidbrücken	Verstärkung der Proteinfaltung
Peptidylpropylisomerase	Cyclophilin PPI	Bindungsänderung *cis/trans*	Verstärkung der Proteinfaltung
	FKBP PPI	Bindungsänderung *cis/trans*	Verstärkung der Proteinfaltung
stöchiometrisch			
Chaperone	Hsp-70 (DnaK) Hsp-60 (GroEL) Hsp-90	Bindung an unvollständig gefaltete Proteine	Verhinderung falscher Proteinfaltung

ständig geklärt, ob es lediglich bei der Erstentstehung einer Disulfidbrücke mithilft oder auch Umstrukturierungen von Disulfidbrücken katalysiert, die nicht korrekt gebildet wurden.

Prolin hat aufgrund seiner Ringstruktur einen einschränkenden Effekt auf die Proteinstruktur. Proteine, die Prolin enthalten, falten sich langsamer, da sich die Peptidylprolinbindung nicht unbedingt in die richtige stereochemische Konformation begibt. Das Enzym Peptidylprolylisomerase (PPI) katalysiert die *cis-trans*-Konversion, die in Abbildung 1.9 gezeigt wurde, und beschleunigt dadurch signifikant die Faltungsreaktion. Enzyme mit PPI-Aktivität können gemäß ihrer Fähigkeiten, bestimmte Wirkstoffe zu binden, in zwei Hauptgruppen unterteilt werden: Cyclophilin PPI bindet den Wirkstoff Cyclosporin A und FKBP PPI bindet FK506. Die Mitglieder der Cyclophilinklasse sind bisher besser charakterisiert. Sie unterscheiden sich in ihrer Spezifität von jenen, die eine allgemeine Wirkung haben (und an jedem Protein agieren können), und denen, die nur mit bestimmten Proteinen reagieren können. Obwohl die Kontrolle der Prolinisomerisation eine generelle Eigenschaft vieler Proteine ist, kann sie also auch dazu dienen, speziell die Reifung eines einzelnen Proteins zu kontrollieren.

Proteine, die in stöchiometrischen Mengen an der Faltung anderer Proteine beteiligt sind, nennt man **molekulare Chaperone** (sie werden in Kapitel 10 näher behandelt). Ein Chaperon bildet während der Faltung einen Komplex mit dem Protein, *ist aber nur während des Proteinaufbaus von Bedeutung und ist nicht Teil der reifen Proteinstruktur.* Die Hauptaufgabe eines Chaperons ist es, die Ausbildung falsch gefalteter Strukturen zu verhindern, in denen das Protein sonst während der Faltung „gefangen" wäre (Abbildung 1.22).

Chaperone haben zwei Aufgabenbereiche: Sie helfen einem neusynthetisierten Protein, seine richtige Konformation zu erreichen, und sie schützen möglicherweise ein Protein, das denaturiert wurde. In beiden Fällen ist ihre Reaktionsart die gleiche.

Chaperone wirken direkt auf höhergeordnete Strukturen. Sie können Eigenschaften einer Proteinstruktur erkennen, die nur während ihrer Synthese zugänglich sind oder wenn das Protein aus anderen Gründen einen ungefalteten Zustand einnimmt. Durch die Abschirmung solcher Regionen verhindert das Chaperon deren Teilnahme an falschen Faltungsreaktionen. Das Chaperon selbst induziert bei dem sich faltenden Protein keine Proteinstruktur, sondern spielt vielmehr eine schützende Rolle. Eine chaperonabhängige Reaktion ist ein Prozeß, der Energie verbraucht und der die Hydrolyse großer Mengen an ATP benötigt.

Chaperone erkennen den ungefalteten Zustand eines unter extremen Bedingungen denaturierten Proteins und binden an ein solches Protein. In der gleichen Weise, wie die Ausbildung einer unkorrekt gefalteten Struktur während der Proteinsynthese verhindert wird, schützt die chaperonvermittelte Reaktion ein denaturiertes Protein davor, eine irreversibel denaturierte Konformation anzunehmen.

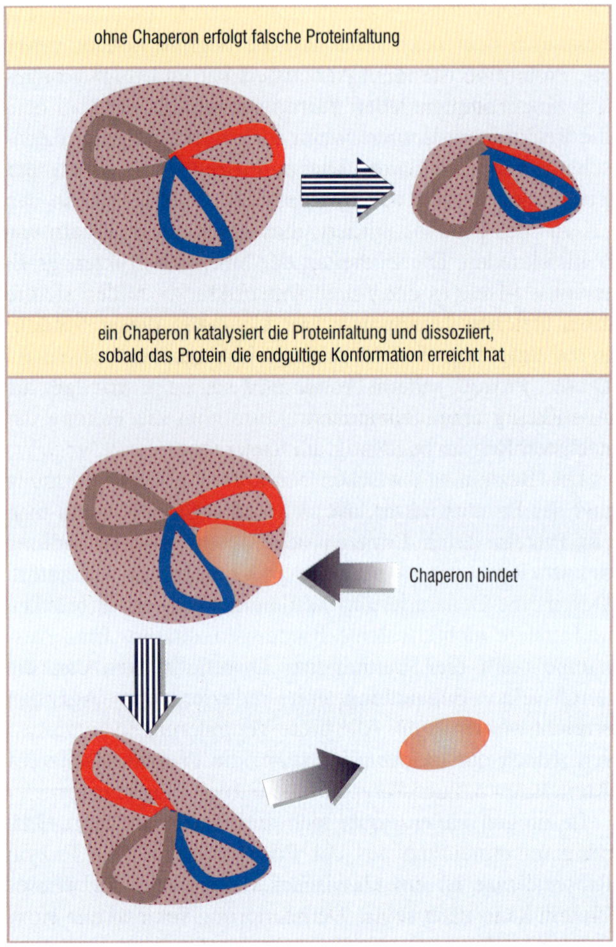

1.22 Ein Chaperon erkennt sein Zielprotein möglicherweise an dessen ungefaltetem Zustand während der Synthese und kann Regionen abschirmen, die andernfalls die richtige Faltung behindern würden. Dies bringt das Zielprotein dazu, sich in korrekter Weise zu falten. Chaperone binden nicht (beziehungsweise lösen sich davon) an vollständig gefaltete Proteine.

Somit ist die Funktion der Chaperone während einer Streßsituation die gleiche wie während der Proteinsynthese.

Beim Transport eines Proteins von einer Zellregion in die andere können sich schwerwiegende Strukturveränderungen in der Proteinkonformation ereignen. Wird ein Protein beispielsweise durch eine Membran transportiert, so sollte es sich in einem weitgehend ungefalteten Zustand befinden. Dies macht es unmöglich, die Endkonformation schon während der Synthese zu erlangen. Chaperone sind sowohl vor als auch nach dem Proteintransport nötig, da das Protein vor dem Transport in einem ungefalteten Zustand gehalten werden muß und an seinem Bestimmungsort seine Endkonformation erhält (Kapitel 10).

In welchem Stadium der Proteinsynthese wird ein Chaperon an der Proteinfaltung beteiligt? Der Prozeß startet vermutlich, sobald sich ein bestimmtes Stück einer Polypeptidkette im Cytoplasma befindet – vielleicht die ersten

50 Aminosäuren. Es folgen mehrere Zyklen von Wechselwirkungen mit einem oder mehreren Chaperonen, bevor die endgültige Tertiärstruktur erreicht ist und die Chaperone das Protein verlassen können.

Der Vorgang der Proteinfaltung scheint ein komplizierterer Prozeß zu sein, als ursprünglich angenommen wurde. Wir wissen, daß die Primärsequenz eines Proteins entscheidend über seine höheren Strukturen bestimmt. Manchmal ist sie die einzige Determinante, während in anderen Fällen zusätzliche Wechselwirkungen nötig sind, damit die endgültige Konformation entsteht. In jedem Fall aber wird die Primärstruktur, wenn sie in der geeigneten Umgebung synthetisiert wird, ihre richtige höhergeordnete Konformation annehmen.

Obwohl die höhere Struktur aus der Primärstruktur folgt, kann die gleiche allgemeine Tertiärstruktur durch unterschiedliche Primärstrukturen bestimmt werden. Die Globinproteine (der roten Blutkörperchen) verschiedener Spezies unterscheiden sich z. B. erheblich in ihren Sequenzen, besitzen aber dennoch die gleiche Tertiärstruktur.

Ein wichtiger Punkt ist, daß ein Protein aus **Domänen** bestehen kann. Eine Domäne ist eine (relativ) unabhängige Region eines Proteins. In einigen Fällen nimmt dieser betreffende Teil seine Konformation unabhängig vom Rest der Polypeptidkette an. Einige globuläre Proteine bestehen aus abgegrenzten Domänen, die durch „Spalten" getrennt sind.

Eine Domäne kann eine funktionelle Einheit darstellen, die mit einer speziellen Aktivität des Proteins assoziiert ist, beispielsweise mit der Fähigkeit, Reaktionen zu katalysieren, gewisse Liganden zu binden oder spezifisch mit anderen Arten von Domänen in Wechselwirkung zu treten. Die Länge bekannter Domänen schwankt zwischen 30 und 300 Aminosäureresten. Gewisse Domänentypen findet man in Proteinen mit besonderer Lokalisation, beispielsweise an der Zelloberfläche. Die Abbildung 1.23 zeigt anhand zweier extrazellulärer Blutproteine, daß jedes als eine Reihe von Domänen dargestellt werden kann, wobei einige Domänen in beiden Proteinen vorkommen und eine Domäne mehrfach in einem Protein auftauchen kann.

Eine Domäne kann aber auch eine Evolutionseinheit sein. Sie könnte als funktionelles Polypeptid oder Teilbereich eines Peptids entstanden sein und sich später mit anderen Domänen verbunden haben, um ein neues Protein mit zusätzlichen Eigenschaften zu bilden. Manchmal bindet ein Substrat in der Spalte zwischen den Domänen.

Allosterische Proteine können ihre Konformation wechseln, wobei jede Konformation unterschiedliche biologische Eigenschaften hat. Der Übergang zwischen den Konformationen ist abhängig von der Wechselwirkung des Proteins mit einem Cofaktor oder mit anderen Proteinen.

Die Folgen eines allosterischen Übergangs sind in Abbildung 1.24 illustriert. Der Konformationswechsel wird durch eine Wechselwirkung an der Effektorbindungsstelle ausgelöst, wodurch sich die Struktur und die Funktion der Substratbindungsstelle (oder des aktiven Zentrums) verändert. Allosterische Übergänge betreffen *ausschließlich* die Konformation – sie verändern nicht die Primärsequenz – und beruhen im wesentlichen auf dem Lösen und Schließen von Wasserstoffbrücken.

Das Wesen der Allosterie zeigt sich in der Fähigkeit einer niedermolekularen Verbindung, an spezifischer Stelle an ein Protein zu binden, wodurch dessen Konformation so verändert wird, daß sich die Aktivität des Proteins wandelt. Den gleichen Effekt findet man auch bei der Genregulation, wobei auch hier die Wirksamkeit eines Proteins, das die Genexpression kontrolliert, von der Anwesenheit einer niedermolekularen Verbingung abhängt.

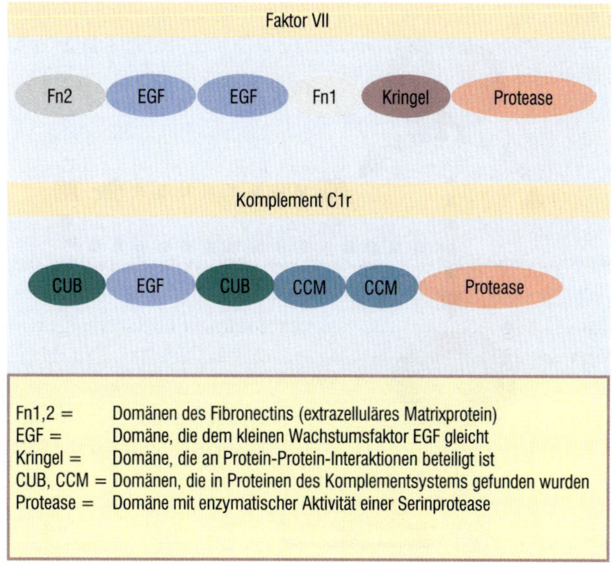

1.23 Zahlreiche Domänen sind in unterschiedlichen Proteinen zu finden.

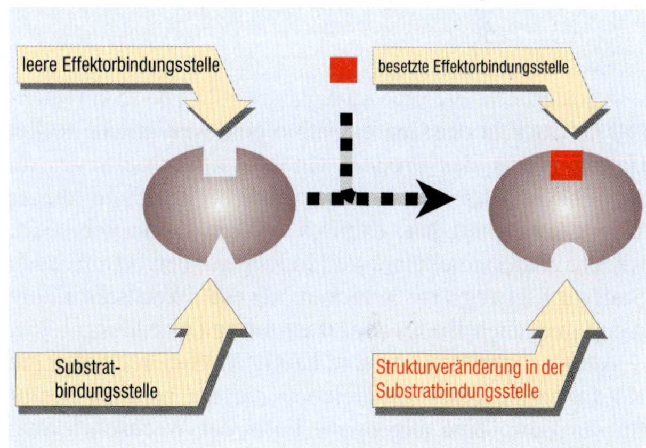

1.24 Sobald eine spezifische niedermolekulare Verbindung in die Effektorbindungsstelle gelangt, geht das allosterische Protein in eine andere Konformation über, was zu Struktur- und Funktionsveränderungen in der zweiten, der sogenannten Substratbindungsstelle, führt.

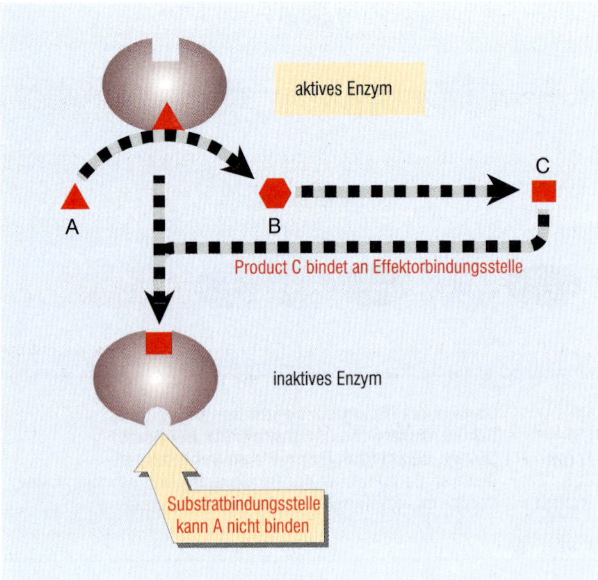

1.25 Endprodukthemmung entsteht, wenn das Effektormolekül, welches die Enzymaktivität hemmt, gleichzeitig das Endprodukt des Reaktionsweges ist, an dem das Enzym teilnimmt.

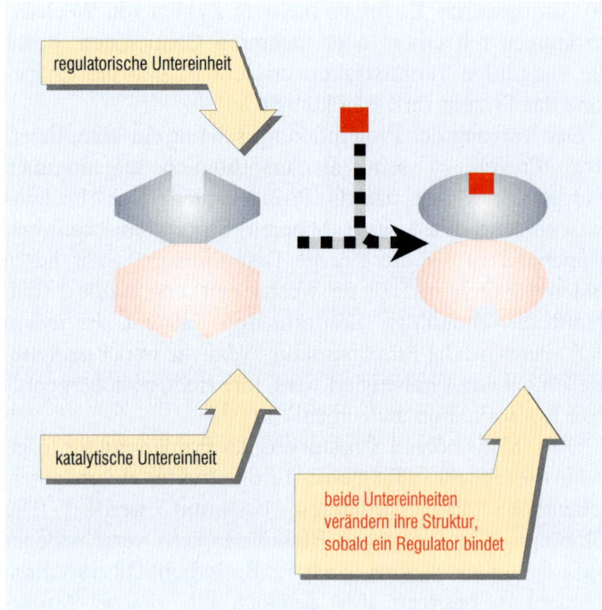

1.26 Besteht ein allosterisches Protein aus einer regulatorischen und einer katalytischen Untereinheit, so kann die Bindung eines Effektormoleküls an die regulatorische Untereinheit die katalytische Untereinheit hemmen oder aktivieren.

Allosterische Proteine spielen sowohl in der Stoffwechsel- als auch in der Genregulation eine wesentliche Rolle. Häufig bindet das Produkt eines Stoffwechselweges an ein Enzym, das einen frühen Schritt innerhalb dieses Weges katalysiert hat; dadurch wird es daran gehindert, weitere niedermolekulare Verbindung auf den betreffenden Stoffwechselweg zu schicken. Diese Wechselwirkung nennt man auch **Endprodukthemmung** (Abbildung 1.25).

Allosterische Proteine sind häufig Multimere, wobei die Konformation einer Untereinheit die der anderen beeinflussen kann. Eine allgemeine Form der Wechselwirkung ereignet sich, wenn das Protein aus zwei verschiedenen Untereinheiten besteht, wobei die eine die regulatorische (Effektorbindungs-)Stelle und die andere die katalytische (Substratbindungs-)Stelle enthält. Wenn man die in Abbildung 1.24 gezeigte Wechselwirkung auf ein Dimer überträgt, ist das Ergebnis so, wie in Abbildung 1.26 dargestellt. Die Bindung des Effektormoleküls an die regulatorische Untereinheit verursacht eine Strukturänderung der Substratbindungsstelle der katalytischen Untereinheit. Eine solche Veränderung ist möglicherweise entweder für die Aktivierung oder die Hemmung der katalytischen Funktion verantwortlich.

Eine andere interessante Reaktion ereignet sich, wenn ein allosterisches Protein aus mehreren identischen Untereinheiten besteht. Die Bindung eines Effektormoleküls an eine der Untereinheiten erleichtert die Bindung weiterer Effektoren an andere Untereinheiten. Dieser Effekt wird durch die Bindung der ersten niedermolekularen Verbindung ausgelöst und verstärkt, so daß das Protein charakteristischerweise sehr schnell von einem zum anderen Zustand umschlägt (Abbildung 1.27). Dies ist eine wichtige Eigenschaft von Regulationsproteinen.

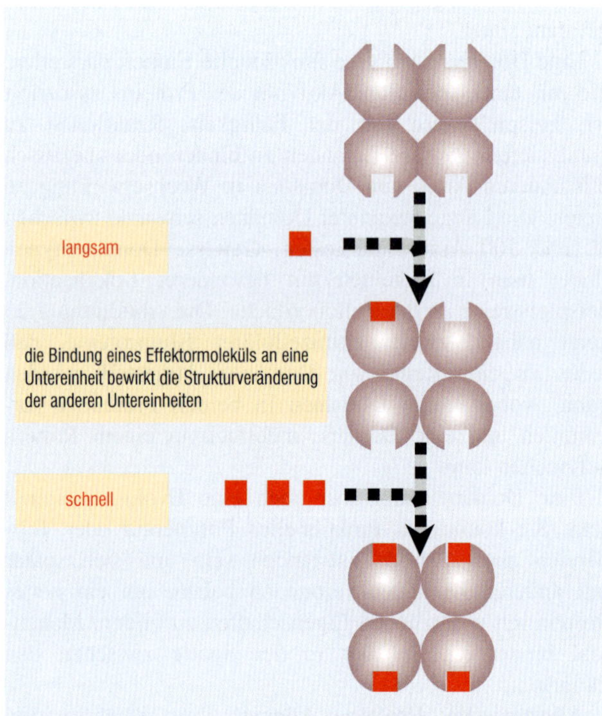

1.27 Ist ein allosterisches Protein ein Multimer aus identischen Untereinheiten, so kann die Bindung eines Effektormoleküls an eine Untereinheit zu einer Strukturveränderung führen, welche die Bindung an die anderen Untereinheiten erleichtert.

Zusammenfassung

Die strukturgebenden, katalytischen und regulatorischen Aktivitäten der Zellproteine sind direkt oder indirekt für Stoffwechselvorgänge (Umwandlung niedermolekularer Verbindungen) und den Zusammenbau polymerer Moleküle (welche die Ultrastruktur der Zelle ausmachen) verantwortlich. Die Primärstruktur eines Proteins besteht aus einer linearen Kette kovalent verknüpfter Aminosäuren. Die Strukturen höherer Ordnung werden durch diese Primärstruktur bestimmt – manchmal von ihr allein, manchmal unter Mitwirkung von Liganden oder anderen Proteinen. Die Proteinkonformation hängt von zahlreichen, jeweils schwachen nichtkovalenten Wechselwirkungen ab. Generell entfalten Proteine ihre Aktivität in wäßriger Umgebung, sie können jedoch auch einzelne hydrophobe Bereiche haben. Chaperone können am Aufbauprozeß während der Proteinsynthese oder an späteren Stationen der Proteinlokalisation innerhalb der Zelle teilnehmen.

Proteine werden entsprechend den Anweisungen der Nucleinsäuren, die den genetischen Apparat darstellen, synthetisiert. Den physikalischen und chemischen Gesetzen gehorchend, sind diese Makromoleküle gemeinsam für die Lebensvorgänge in den Zellen verantwortlich. Es gibt deshalb keine Veranlassung, zusätzliche Kräfte zu postulieren, obwohl noch nicht endgültig geklärt ist, wie die Eigenschaften der Makromoleküle mit dem Wesen der Positionsinformation in Zusammenhang stehen.

Weiterführende Literatur

Historisches

Schrödinger, E. *What is life?* Cambridge (Cambridge University Press) 1944. [Deutsche Ausgabe: *Was ist Leben?* Bern (A. Franke) 1946; aktuell lieferbar: München (Piper) 1993.]

Übersichtsartikel

Kim, P. S.; Baldwin, R. L. *Intermediates in the folding reactions of small proteins.* In: *Ann. Rev. Biochem.* 59 (1990) S. 631–660.

Ellis, R. J.; van der Vies, S. M. *Molecular chaperones.* In: *Ann. Rev. Biochem.* 60 (1991) S. 321–347.

Gething, M. J.; Sambrook, J. *Protein folding in the cell.* In: *Nature* 355 (1992) S. 33–45.

Doolittle, R. F. *The multiplicity of domains in proteins.* In: *Ann. Rev. Biochem.* 64 (1995) S. 287–314.

Entdeckungen

Monod, J.; Changeux, J.-P.; Jacob, F. *Allosteric proteins and cellular control systems.* In: *J. Mol. Biol.* 6 (1963) S. 306–329.

Anfinsen, C. B. *Principles that govern the folding of protein chains.* In: *Science* 181 (1973) S. 223–230.

2. Zellkompartimente

Die Zelltheorie, die Mitte des 19. Jahrhunderts entwickelt wurde, ging davon aus, daß alle lebenden Organismen aus Zellen bestehen. Zellen können stets nur aus bereits existierenden Zellen hervorgehen. Man unterscheidet im allgemeinen zwischen zwei Zelltypen:

- Bakterien sind **Prokaryoten**, Organismen mit nur einem einzigen Zellkompartiment, die zum Schutz vor der Außenwelt von einer oder mehreren Membranen umgeben sind.
- **Eukaryoten** sind definiert durch die Unterteilung jeder Zelle in einen Zellkern, der das genetische Material enthält, und das ihn umgebende Cytoplasma, welches von der Zellmembran umgeben ist und den äußeren Bereich der Zelle darstellt. Das Cytoplasma enthält weitere abgegrenzte Kompartimente, die ebenfalls von Membranen umgeben sind.

Einzellige Organismen (sowohl pro- als auch eukaryotische) bestehen aus einer einzelnen Zelle, die sich eigenständig am Leben erhalten, fortpflanzen und (in einigen Fällen) paaren kann.

Vielzellige Organismen (gewöhnlich Eukaryoten) erfordern die Zusammenarbeit vieler Zellen, die unterschiedlich spezialisiert sein können und die gemeinsam den Organismus am Leben erhalten.

Alle Organismen, ob pro- oder eukaryotisch, ob ein- oder vielzellig, sind in der Evolution aus einer ursprünglichen Population primitiver „Zellen" hervorgegangen. Die Vorgänge in der frühen Evolution sind nicht in allen Einzelheiten erforschbar, dennoch können wir annehmen, daß an der Entwicklung der allerersten „Zellen" zwei grundlegende Ereignisse beteiligt waren:

- Irgendeine Art von sich selbst replizierendem Material, wahrscheinlich eine Nucleinsäure, muß die „Zelle" befähigt haben, Kopien von sich selbst herzustellen. Aus diesem Material entwickelte sich die genetische Information.
- Dieses Material und alle anderen Zellelemente mußten zusammengehalten werden. Zumindest mußte durch ein Begrenzungsmaterial, das eine Art Kompartiment erzeugte, verhindert werden, daß sie in die Ursuppe hineindiffundierten. Aus dieser Begrenzung enstanden Membranen, die eine Zelle umgeben und auch die Kompartimente in ihrem Inneren bilden.

Das Wesen genetischer Information in der heutigen Zeit und das allgemeine Prinzip ihrer Expression (wenn auch nicht in jedem Detail) sind bei Pro- und Eukaryoten gleich. Bei der Beschreibung, wie die Vererbung der genetischen Information den dauerhaften Fortbestand von pro- und eukaryotischen Zellen ermöglicht, kann man ihre genetischen Anweisungen als gleichartig betrachten, obwohl der Prozeß des Lesens der Information bei den Eukaryoten einige zusätzliche Schritte erfordert.

Um die Umsetzung der genetischen Information im umfassenden Sinne – also den Erhalt der Struktur einer lebenden Zelle – zu erklären, müssen wir zunächst das zelluläre Milieu definieren. Wir müssen die Natur der verschiedenen Kompartimente betrachten, die wir in pro- und eukaryotischen Zellen vorfinden, und uns fragen, wie ihre Komponenten zusammengesetzt werden und wie sie Bereiche mit unterschiedlichen Eigenschaften schaffen. Eine wichtige Frage, die man im Kopf behalten sollte, ist, *ob sich eine einzelne Struktur aus ihren Komponenten selbstorganisieren kann oder ob sie eine bereits existierende Struktur benötigt, die als Matrize benutzt wird.*

Die Struktur eines typischen Bakteriums zeigt Abbildung 2.1; es besitzt formal nur ein Kompartiment. Die Membran(en), die das Kompartiment abgrenzt(en), kann mit einer Hülle aus festerem Material verbunden oder damit durchsetzt sein. Diese bildet eine Zellwand.

In einer Bakterienzelle stellt die äußere Membran die einzige Membranoberfläche dar. Eukaryotische Zellen hingegen enthalten zusätzlich zu der Plasmamembran viele innere Membranflächen, so daß die Plasmamembran gewöhnlich weniger als 5 % vom gesamten Membranmaterial der Zelle ausmacht.

Die inneren Membranen unterteilen eine eukaryotische Zelle in die in Abbildung 2.2 dargestellten Kompartimente. Das Cytoplasma ohne Kompartimente bezeichnet man als **Cytosol**. Das genetische Material befindet sich im Zellkern. Die anderen geschlossenen Kompartimente innerhalb der Zelle nennt man **Organellen**. Einige Organellen sind

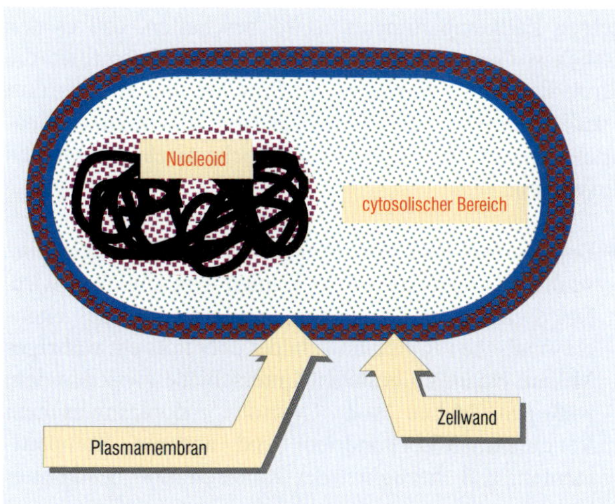

2.1 Eine Bakterienzelle besteht im Grunde aus einem einzigen Kompartiment, das von einer Membran umhüllt ist, obwohl das genetische Material als kompaktes Nucleoid organisiert ist.

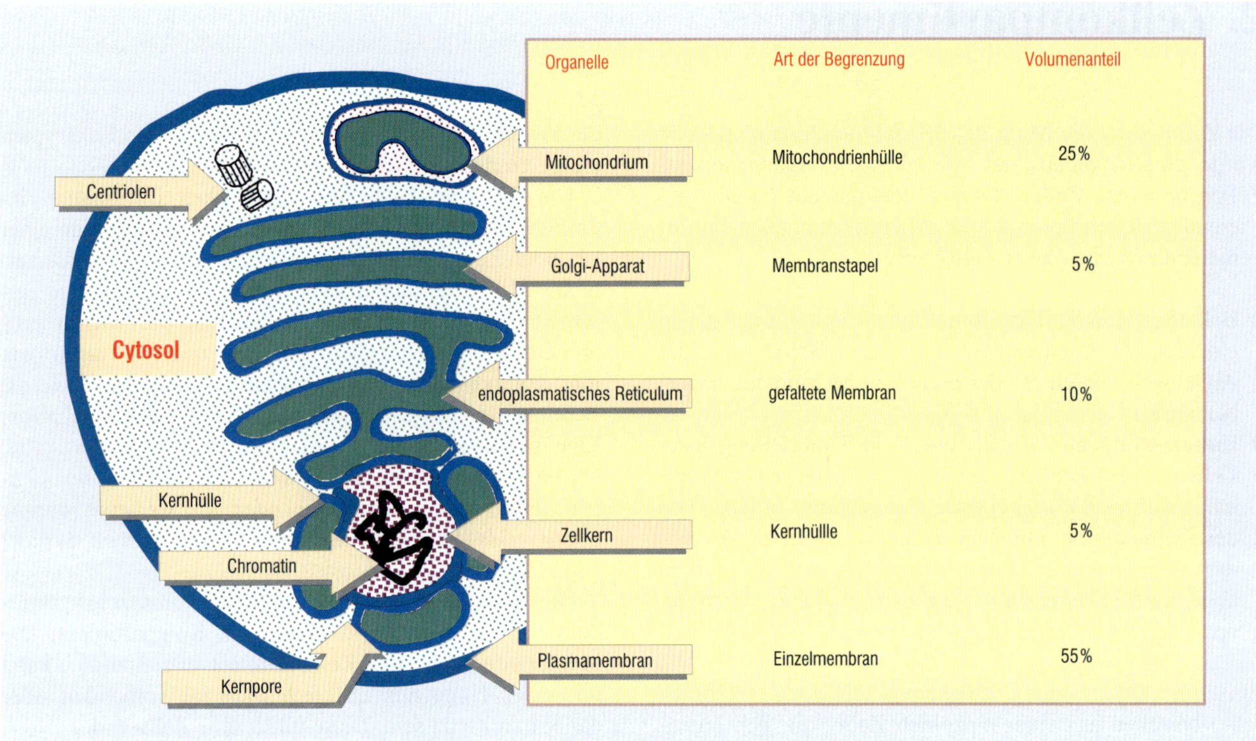

2.2 Eine Eukaryotenzelle besteht aus dem Cytosol und den darin befindlichen Zellorganellen. Jede Organelle stellt ein Kompartiment dar, das von einer charakteristischen Membran umgeben ist. Die Volumenverhältnisse wurden nur ungefähr wiedergegeben und beziehen sich auf einen Tierfibroblasten.

durch eine einfache geschlossene Membran umgrenzt, andere – der Zellkern, Mitochondrien und (in Pflanzenzellen) Chloroplasten – sind von einer **Hülle** aus zwei Membranen umgeben. Die durch die Organellenmembran (beispielsweise die Einzelmembran des endoplasmatischen Reticulums oder die innere Membran des Mitochondriums) eingeschlossene Region bezeichnet man als **Lumen**.

Das Milieu innerhalb und auf der Oberfläche jedes einzelnen Zellkompartiments ist so beschaffen, daß es den örtlichen Gegebenheiten entspricht. Dies beeinflußt die Struktur und die Funktion der Proteine und anderer dort lokalisierter Moleküle. Man kann zwei allgemeine Milieuarten unterscheiden, die sich auf biochemische Reaktionen auswirken:

- Das Cytosol und der Zellkern bilden die allgemeine wäßrige Umgebung, die in Kapitel 1 beschrieben wird. Das Lumen der Organellen, wie etwa das des endoplasmatischen Reticulums, bildet ebenfalls ein **wäßriges Milieu**. Natürlich bestehen Unterschiede zwischen dem wäßrigen Milieu von Cytosol, endoplasmatischem Reticulum, Mitochondrium und anderen Kompartimenten, z. B. bezüglich der Konzentration bestimmter Ionen.
- Die Membranen, die diese und andere Kompartimente umgeben, bilden in ihrem Inneren eine hydrophobe Umgebung, während die hydrophile Oberfläche der Membran mit der wäßrigen Umgebung auf beiden Seiten interagieren kann. Einige wichtige biochemische Reaktionen – wie etwa die oxidative Phosphorylierung oder die Photosynthese – laufen in der inneren **hydrophoben Umgebung** der Membran ab.

2.1 Zelluläre Kompartimente sind von Membranen umgeben

Die charakteristischen Eigenschaften von Membranen ergeben sich aus ihrem hohen Lipidgehalt. Das Membranmilieu ensteht durch die **amphipathische** Eigenschaft der Lipide. Das eine Ende des Moleküls besteht aus einem polaren „Kopf", am anderen Ende befindet sich ein hydrophober „Schwanz". Den Hauptteil eines Lipids stellt der hydrophobe Schwanz dar, der in seiner Gesamtlänge und der Art der Kohlenstoff-Kohlenstoff-Bindungen variiert. Eine Art von Fettsäureschwänzen ist **gesättigt**, das heißt, alle Kohlenstoff-Kohlenstoff-Verbindungen sind chemische Einzelbindungen. Der andere Typ von Fettsäurerest ist **ungesättigt**, das heißt, bei einer oder mehreren Kohlenstoff-Kohlenstoff-Bindungen handelt es sich um Doppelbindungen. Da die Rotation im Bereich der Doppelbindungen beschränkt ist, weist der ungesättigte Rest eine Biegung auf, während sich der gesättigte Rest frei bewegen kann. Fettsäurereste sind meist ungefähr 20 Kohlenstoffatome lang. In den Membranen gibt es drei Grundtypen von Lipiden, die sich durch ihre drei polaren Kopfgruppen unterscheiden lassen (Abbildung 2.3).

- **In einem Phospholipid** besitzt der Kopf eine positiv geladene Gruppe, die über eine negativ geladene Phosphatgruppe mit dem Rest des Moleküls verbunden ist. Das Beispiel in Abbildung 2.3 zeigt einen Cholin-Phosphat-Glycerin-Kopf, an den zwei hydrophobe Schwänze gebunden sind. Lipide, die auf Glycerin basieren, tragen einen gesättigten und einen ungesättigten Fettsäureschwanz.
- **Glycolipide** sind durch die Anwesenheit von Oligosacchariden charakterisiert. Die Zuckerkette besteht typischerweise aus ein bis 15 Resten. In tierischen Zellen verbindet Sphingosin (ein langkettiger Aminoalkohol) den Saccharidkopf mit dem Fettsäureschwanz. Die auf Sphingosin basierenden Lipide haben zusätzlich zu der langen Kohlenwasserstoffkette des Sphingosins eine Fettsäurekette. In Pflanzen und Bakterien verbindet Glycerin Kopf und Schwanz miteinander.
- **Sterole** enthalten einen Steroidring. Sie machen eine Membran steifer, da der Steroidring flach und steif ist. Cholesterin, ein wichtiger Bestandteil tierischer Zellmembranen, trägt eine polare Hydroxylgruppe an seinem Ende.

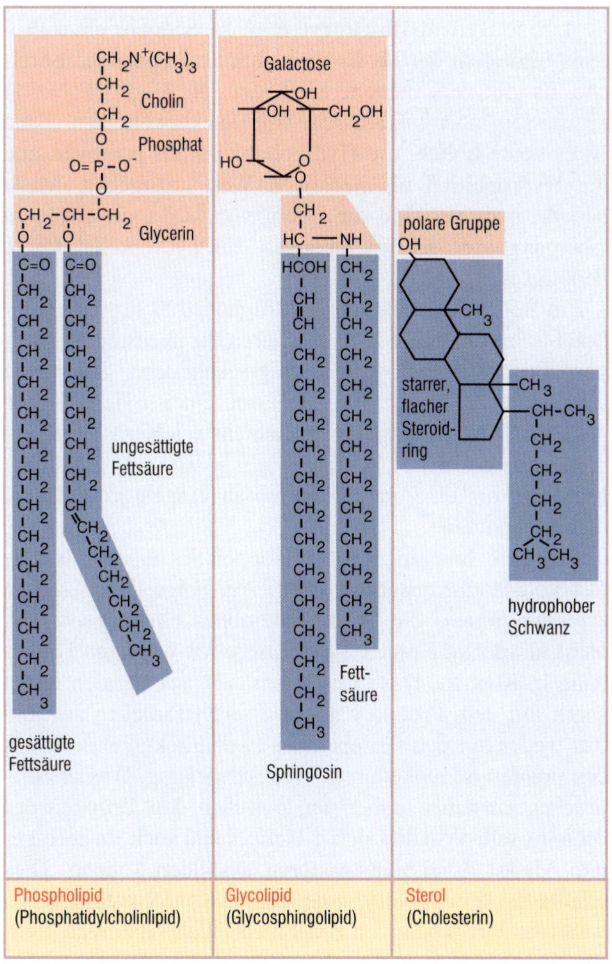

2.3 Ein Lipid besteht aus einem von drei möglichen polaren Köpfen und einem (oder mehreren) hydrophoben Schwanz.

In einer wäßrigen Umgebung wendet das Lipid seinen polaren Kopf dem Wasser zu und den hydrophoben Schwanz davon ab. Wie dies in der Zelle aussieht, zeigt Abbildung 2.4. Zwei einzelne Lipidschichten (Lipidmonolayer) lagern sich zu einer **Lipiddoppelschicht** (Lipidbilayer) zusammen, in der die polaren Köpfe der Lipide auf beiden Seiten der wäßrigen Umgebung nach außen zugewandt sind, während die nach innen gewandten hydrophoben Schwänze ein hydrophobes Milieu schaffen.

Obwohl eine Membran stets dieser speziellen Struktur der Lipiddoppelschicht entspricht, gibt es Unterschiede in der Beschaffenheit verschiedener Membranen. Die Gesamtlipidzusammensetzung der Membranen variiert beträchtlich in bezug auf das Verhältnis von Protein zu Lipid und der Zusammensetzung der Lipidtypen. Diese Unterschiede weisen auf die unterschiedlichen biophysikalischen Eigenschaften der verschiedenen Membranen hin.

Eine der wichtigsten Eigenschaften einer Membran ist die Fähigkeit ihrer Lipide, sich darin bewegen zu können. Lipidmoleküle wechseln innerhalb einer Lipiddoppelschicht zwar selten von einer Lipidschicht in die andere; es kommt allerdings häufig zum lateralen Austausch der Positionen zwischen benachbarten Lipiden innerhalb einer Lipideinzelschicht. Diese Beweglichkeit nennt man **Fluidität**, und die Membran wird oft als „zweidimensionale Flüssigkeit" betrachtet.

Je leichter sich die Schwänze benachbarter Lipide zusammenlagern können, desto kristalliner wird die Struktur der Membran, wobei die Fluidität abnimmt. Die Hauptfaktoren für die Membranfluidität sind daher die Art und die Länge der Lipidschwänze. Das Verhältnis von gesättigten zu ungesättigten Fettsäuren hat den stärksten Effekt auf die Fluidität, da ungesättigte Ketten sich schwieriger zusammendrängen lassen und damit die Strukturen fluider machen.

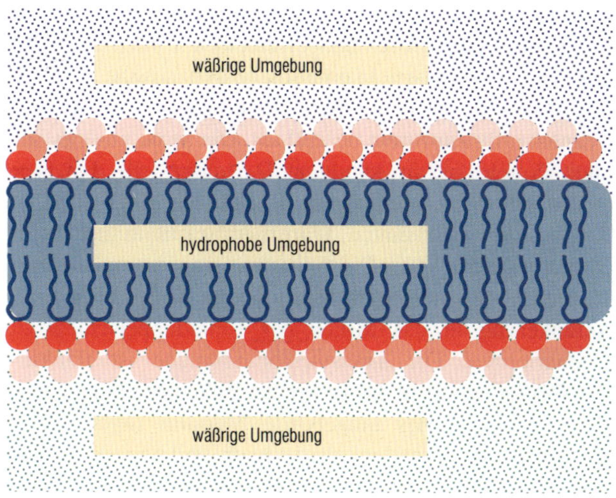

2.4 In wäßriger Umgebung bildet sich aufgrund der amphipathischen Struktur der Lipide eine Lipiddoppelschicht aus, wobei sich die hydrophoben Schwänze vom Wasser weg zusammenlagern, während die polaren Köpfe in das Wasser tauchen.

Die Plasmamembran umschließt eine Zelle. Sie markiert die Grenze zwischen dem zellulären Milieu im Inneren und der Umgebung außen. Im Falle eines einzelligen Organismus stellt die Umgebung den Lebensraum dar, in dem der Organismus lebt. Bei vielzelligen Organismen besteht die Umgebung größtenteils aus anderen Zellen.

Die Funktion der Plasmamembran geht jedoch weit über die Abgrenzung zur Umwelt hinaus. Sie steuert den Ein- und Austritt großer und kleiner Moleküle. Innerhalb der Membranen befinden sich spezifische Transportsysteme, die Ionen nach innen oder nach außen pumpen, Proteine in die Zellumgebung ausscheiden können (Kapitel 34) oder von außen kommende Moleküle erkennen und Signale ins Zellinnere weiterleiten (Kapitel 35).

Die Plasmamembran tierischer Zellen enthält einen relativ hohen Anteil an Cholesterin, der aufgrund des Sterolringes nahe dem polaren Kopf die mechanische Stabilität erhöht. (Pflanzenzellen besitzen statt Cholesterin andere Sterole.) Plasmamembranen sind zudem die einzigen Membranen, die nennenswerte Konzentrationen an Glycoproteinen enthalten.

Eine Plasmamembran enthält Lipide und Proteine zu ungefähr gleichen Gewichtsanteilen. Innere Membranen, wie etwa die, welche Mitochondrien umgeben, haben einen höheren Proteinanteil. Die Masse eines einzelnen Proteinmoleküls ist jedoch wesentlich größer als die eines jeden Lipidmoleküls, so daß man etwa zehn- bis 100mal mehr Lipidmoleküle als Proteinmoleküle in einer Membran vorfindet. Die Grundstruktur einer Membran scheint also einer Lipiddoppelschicht zu entsprechen, in die relativ große Proteinmoleküle eingelagert sind.

Die Proteinkomponenten einer Membran können sich ebenfalls lateral innerhalb der Lipiddoppelschicht bewegen, obwohl sie sehr viel langsamer durch die Membran diffundieren als Lipide. Als Reaktion auf einen Reiz können Proteine „internalisiert“ werden, indem sie in das Innere der Zelle verlagert werden. Andere Proteine werden vom Zellinneren nach außen befördert, indem sie die Membran passieren. Erst die Lipiddoppelschicht mit ihren assoziierten Proteinen ermöglicht eine solche dynamische Struktur.

Ein Protein, das in die Membran eingelagert ist, wird als **Transmembranprotein** bezeichnet. Die Struktur eines solchen Proteins ist in Abbildung 2.5 dargestellt. Ein typisches Transmembranprotein ist mit einer spezifischen Region, der sogenannten **Transmembrandomäne**, in der Membran verankert. Diese besteht aus einem Aminosäureabschnitt, dessen Hydrophobizität ausreicht, um die Verankerung in das Milieu der Lipiddoppelschicht zu gewährleisten. Die Transmembrandomäne ist flankiert von Regionen, die in das Innere der Zelle beziehungsweise nach außen in das umgebende Medium ragen. Diese Regionen sind normalerweise so hydrophil wie ein beliebiges Protein aus dem Cytosol. Ein Protein kann mehrere Transmembrandomänen besitzen, wobei dann die sie verbindenden Teile der Polypeptidkette als Schleifen ins Cytosol oder in die Umgebung hineinragen.

Anhand der Hydrophobizität einer Aminosäuresequenz kann man (allerdings nur ungenau) vorhersagen, ob das entsprechende Protein möglicherweise in einer Membran liegt. Eine **Hydropathiekurve** zeigt die Sequenz eines Proteins bezüglich der Hydrophobizität überlappender Bereiche. Es gibt verschiedene Methoden, die Hydrophobizität zu messen, aber unabhängig von der verwendeten Skala ist es heute üblich, die Hydrophobizität als positiven und die Hydrophilität als negativen Wert anzugeben. Meist benutzt man als Maß die Energie in kcal/mol, die beim Übergang von der hydrophoben zur hydrophilen Phase benötigt wird.

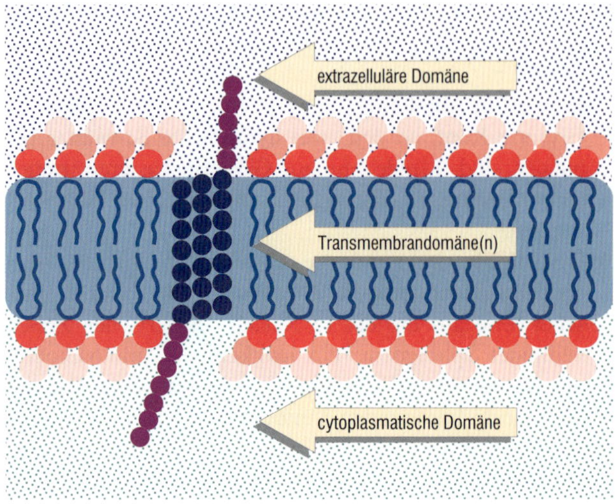

2.5 Ein Transmembranprotein durchspannt die Lipiddoppelschicht. Die hydrophoben Transmembrandomänen liegen innerhalb der Lipiddoppelschicht, während die hydrophilen Bereiche auf beiden Seiten der Membran freiliegen.

Ein Beispiel, in dem die Hydrophobizität für jede Position im Protein durch Aufsummieren der nächsten 21 Aminosäuren berechnet wurde, zeigt Abbildung 2.6. (Eine Länge von 21 Aminosäuren in Form einer α-Helix würde gerade durch die Lipiddoppelschicht reichen.) Eine Region mit positiven Werten wäre somit ein möglicher Kandidat für eine in die Membran eingelagerte Transmembrandomäne.

Aus dem Inneren der Lipiddoppelschicht wird Wasser fast vollständig ausgeschlossen. Als Folge davon stehen Proteinregionen, die in die Membran eingelagert sind, nicht mit der in Kapitel 1 beschriebenen wäßrigen Umgebung in Kontakt. Das „Lösungsmittel“ aus Lipiden bildet somit mit dem Protein keine Wasserstoffbrücken aus und tritt weder mit den Gruppen des Peptidrückgrats noch mit den polaren Seitenketten in Wechselwirkung. Wasserstoffbrücken entstehen daher nur zwischen den Gruppen des Proteins selbst, so daß sich α-Helices und auch (in geringerem Maße) β-Faltblattstrukturen ausbilden können. Dies erlaubt es dem Protein, eine andere Konformation als in wäßriger Umgebung einzunehmen. Wahrscheinlich können Membranproteine ihre natürliche Konformation *ausschließlich* in einer hydrophoben Umgebung einnehmen.

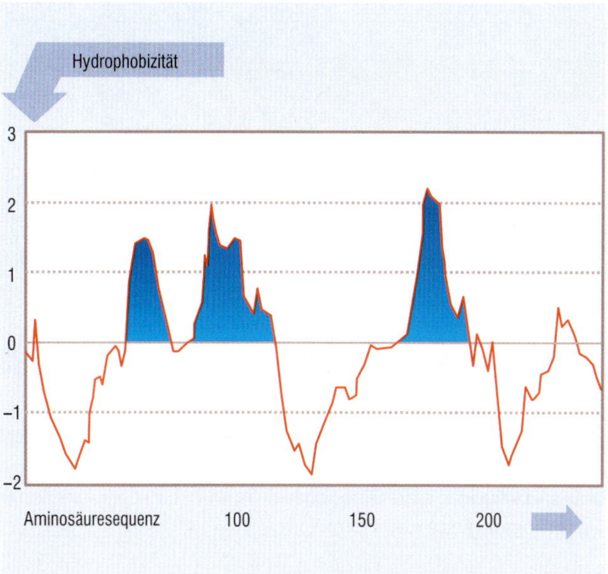

2.6 Eine Hydropathiekurve identifiziert Proteinabschnitte, die möglicherweise die Membran durchspannen, als die hydrophobsten Sequenzen des Proteins. Jedes potentielle Transmembransegment ist farbig markiert.

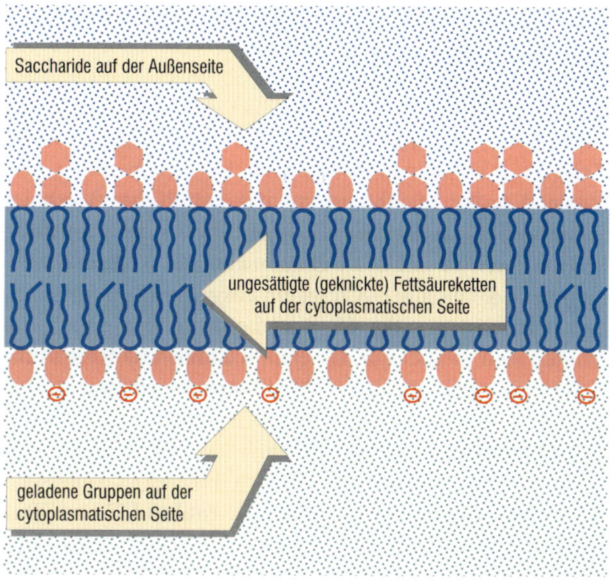

2.7 Die Asymmetrie einer Membrandoppelschicht unterscheidet zwischen einer cytoplasmatischen und einer nach außen weisenden (extraplasmatischen) Seite.

Eine wichtige Klasse von Transmembranproteinen sind die **Rezeptoren**. Ein Rezeptor hat ein aktives Zentrum, das einen Liganden auf der Membranaußenseite erkennt. Die Bindung des Liganden führt zu einer Veränderung im Protein, die sich – typischerweise durch eine Dimerisierung des Proteins – bis hin zur cytoplasmatischen Seite überträgt. Dieser Vorgang führt wiederum zu Veränderungen in der Zelle, die damit auf den Reiz aus der Umgebung reagiert. Derartige Prozesse nennt man **Signaltransduktion**; auf sie wird in Kapitel 35 näher eingegangen.

Die Membranen, welche die verschiedenen Zellkompartimente umschließen, unterscheiden sich nicht nur in ihrer Gesamtzusammensetzung, sondern auch hinsichtlich der eingelagerten Proteine. Die Proteine in den einzelnen Membranen dienen beispielsweise dazu, den Transport in das entsprechende Kompartiment und aus diesem heraus zu kontrollieren. Dabei sind sie so gestaltet, daß sie die einzelnen Moleküle oder Makromoleküle erkennen, die auf diesem Weg transportiert werden.

Wie in Abbildung 2.7 dargestellt ist, hat jede Membran zwei „Seiten". Bei allen Membranen ist die **cytoplasmatische Seite** als die Oberfläche definiert, die mit dem Cytosol in Kontakt steht. Die nichtcytoplasmatische Seite wird verschieden benannt, abhängig davon, um welche Membran es sich handelt. Bei einer Plasmamembran bildet sie die Oberfläche der Zelle. Bei Membranen im Zellinneren definiert sie die Begrenzung eines inneren Kompartiments und stellt die Membranoberfläche dar, die das Lumen des Kompartiments vom Cytosol trennt.

Eine Haupteigenschaft von Lipiddoppelschichten ist eine Asymmetrie, die durch die biochemischen Unterschiede zwischen den beiden Seiten der Membran hervorgerufen wird. Drei Plasmamembranbestandteile sind dabei ungleichmäßig verteilt:

- In den cytoplasmatischen und extraplasmatischen Lipideinzelschichten sind unterschiedliche Lipide konzentriert. Dies betrifft sowohl die polaren Köpfe als auch die hydrophoben Reste. Die Lipide auf der cytoplasmatischen Seite sind stärker elektrisch geladen und enthalten mehr ungesättigte Fettsäuren. Wie kommt der Unterschied zwischen den Lipideinzelschichten zustande? Lipide werden im Zellinneren produziert und auf cytoplasmatischer Seite in die Plasmamembran eingesetzt. Ein spezifisches Protein, eine „Flippase", ist wahrscheinlich für den Transport eines Lipids von einer zur anderen Lipideinzelschicht verantwortlich. Die Existenz der für unterschiedliche Lipide spezifischen Flippasen könnte für die Asymmetrie hinsichtlich der Lipidverteilung zwischen den Lipideinzelschichten verantwortlich sein.
- Proteine sind so orientiert, daß auf jeder der Membranseiten unterschiedliche Sequenzen (oder sogar ganze Proteine) vorliegen. Die Position eines Proteins wird durch seine Sequenz festgelegt, die ein Signal enthält, das für eine bestimmte Orientierung in der Membran sorgt. Dies wird genauer in Kapitel 34 behandelt.
- Kohlenwasserstoffgruppen (auf Glycolipiden oder Glycoproteinen) findet man ausschließlich auf der extrazellulären Seite. Diese Organisation der Plasmamembran hat zur Folge, daß die äußere Membranoberfläche einer Zelle reich an Oligosacchariden ist.
- In manchen Fällen ist die Plasmamembran noch durch zusätzliche Glycoproteine erweitert, die mit den Glycoproteinen in der Membran verbunden sind. Auf diese Art kann eine Zellhülle enstehen. In einigen Fällen ist die Zellhülle zu einer **extrazellulären Matrix** ausgedehnt, die eine dickere, glycoproteinreiche Schicht auf der Zelloberfläche bildet.

2.2 Das Cytoplasma enthält Netzwerke aus Membranen

Membranen nehmen den größten Teil einer eukaryotischen Zelle ein. Neben den Umhüllungen der einzelnen Organellen sind große Membranstapel das auffälligste Merkmal vieler Zellen (insbesondere solcher, die an der Proteinsekretion beteiligt sind). Die elektronenmikroskopische Aufnahme in Abbildung 2.8 zeigt ein ausgedehntes Membrannetzwerk, das an der Zellkernmembran entspringt. Es handelt sich hierbei um das **endoplasmatische Reticulum (ER)**, ein stark gefaltetes Membransystem, das 30 bis 60% der Gesamtmembranmenge ausmacht. Den Innenraum bezeichnet man als **Lumen**.

Im Elektronenmikroskop läßt sich das endoplasmatische Reticulum in zwei Arten unterteilen: **rauhes ER** und **glattes ER**. Diese sind Teile derselben Membranschicht. Das charakteristische Aussehen des rauhen ER ist auf die Anwesenheit von **Ribosomen** an der cytoplasmatischen Seite zurückzuführen. Ribosomen sind kleine Partikel, die an der Proteinsynthese beteiligt sind. Ihre Präsenz ist ein Hinweis darauf, daß an der cytoplasmatischen Oberfläche des endoplasmatischen Reticulums Proteine synthetisiert werden, die dann vom ER weiterverarbeitet und verschiedenen Zellkompartimenten zugeordnet werden. Dieser Vorgang wird in Kapitel 34 näher vorgestellt.

Zwischen dem endoplasmatischen Reticulum und der Plasmamembran liegt der **Golgi-Apparat**. Die elektronenmikroskopische Aufnahme in Abbildung 2.9 zeigt diesen als eine Reihe dicht gepackter Stapel einzelner Membranen.

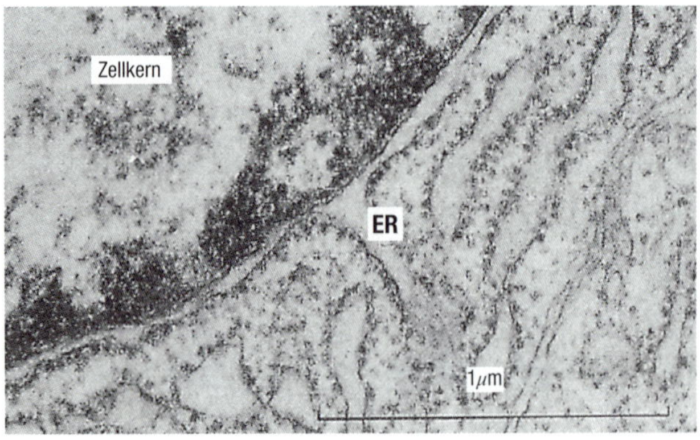

2.8 Das endoplasmatische Reticulum besteht aus stark gefalteten Membranschichten, die sich vom Zellkern aus ausbreiten. Die kleinen Objekte, die sich an der Außenseite der Membranen befinden, sind Ribosomen. (Aufnahme mit freundlicher Genehmigung von Lelio Orci.)

Die Beziehung zwischen ER und Golgi-Apparat ist in Abbildung 2.10 schematisch aufgezeigt. (Es ist zu beachten, daß die Orientierung dieser Abbildung entgegengesetzt zu derjenigen im vorhergehenden elektronenmikroskopischen Bild ist; das heißt, der Zellkern liegt hier unten und die Plasmamembran oben.) Das ER ist ein Ausläufer der gefalteten Lipiddoppelschicht, die von der den Zellkern umgebenden äußeren Membran ausgeht. Der Golgi-Apparat besteht aus einem „Stapel“ flacher **Zisternen**, wie aufeinander geschichtete Scheiben. Jede Zisterne ist eine geschlossene Struktur und von einer einzelnen durchgehenden Membran umgeben. Ein Stapel setzt sich

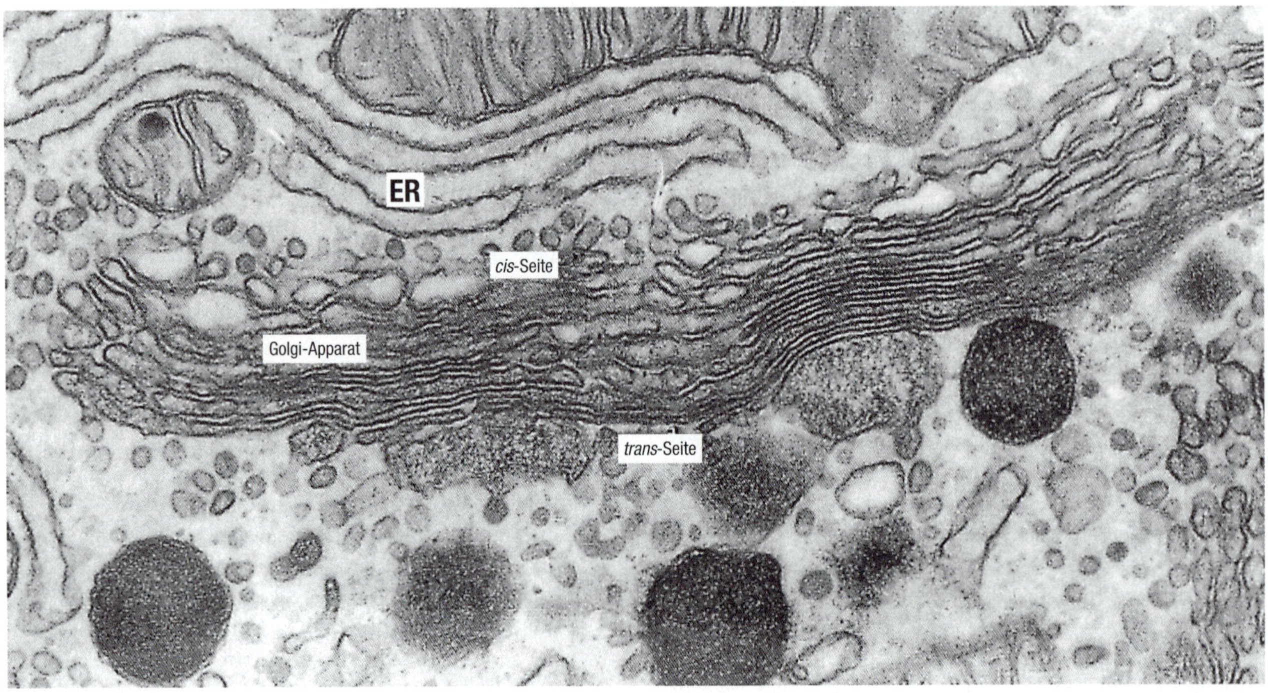

2.9 Der Golgi-Apparat besteht aus einer Reihe einzelner Membranstapel. (Aufnahme mit freundlicher Genehmigung von Alain Rambourg.)

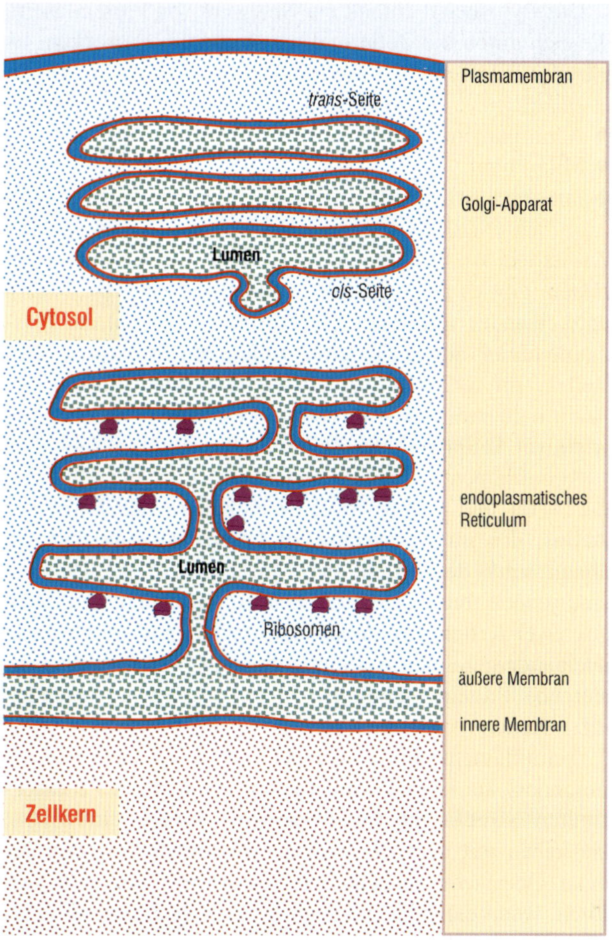

2.10 Bei dem endoplasmatischen Reticulum handelt es sich um eine durchgehende, stark gefaltete Membranfläche, die sich von der äußeren Kernmembran her ausweitet. Der Golgi-Apparat besteht aus Stapeln separater Zisternen.

im allgemeinen aus weniger als zehn Zisternen zusammen, während die Anzahl der Stapel zwischen den unterschiedlichen Zelltypen stark variieren kann. Die Zisternen scheinen abgegrenzte Strukturen zu sein, die jeweils von einer eigenen Membran umschlossen sind.

Der Golgi-Apparat ist polar aufgebaut. In sekretorischen Zellen ist die ***cis*-Seite** mit dem endoplasmatischen Reticulum assoziiert. Die ***trans*-Seite** liegt nahe der Plasmamembran. Proteine, die im endoplasmatischen Reticulum modifiziert worden sind, erreichen die *cis*-Seite des Golgi-Apparats, passieren diesen für weitere Modifikationen und werden auf der *trans*-Seite freigesetzt.

Eine Hauptfunktion des endoplasmatischen Reticulums und des Golgi-Apparats besteht darin, die Proteine aufgrund einer internen Signalsequenz nach ihrem jeweiligen Bestimmungsort zu sortieren. Einige Modifikationen im ER und im Golgi-Apparat erweitern möglicherweise diese Sortierungssignale. Den Prozeß, die Proteine an ihren Bestimmungsort zu dirigieren, bezeichnet man als **Proteinsortierung** (*protein sorting, protein trafficking*); dies ist ebenfalls Thema von Kapitel 34.

Die meisten Lipide werden im ER synthetisiert. Obwohl wenig über die **Lipidsortierung** bekannt ist, werden andere Membranen vermutlich mit Lipidkomponenten aus dem ER versorgt. Das Lipidtransportsystem muß für die unterschiedlichen Lipidzusammensetzungen der verschiedenen zellulären Membranen verantwortlich sein.

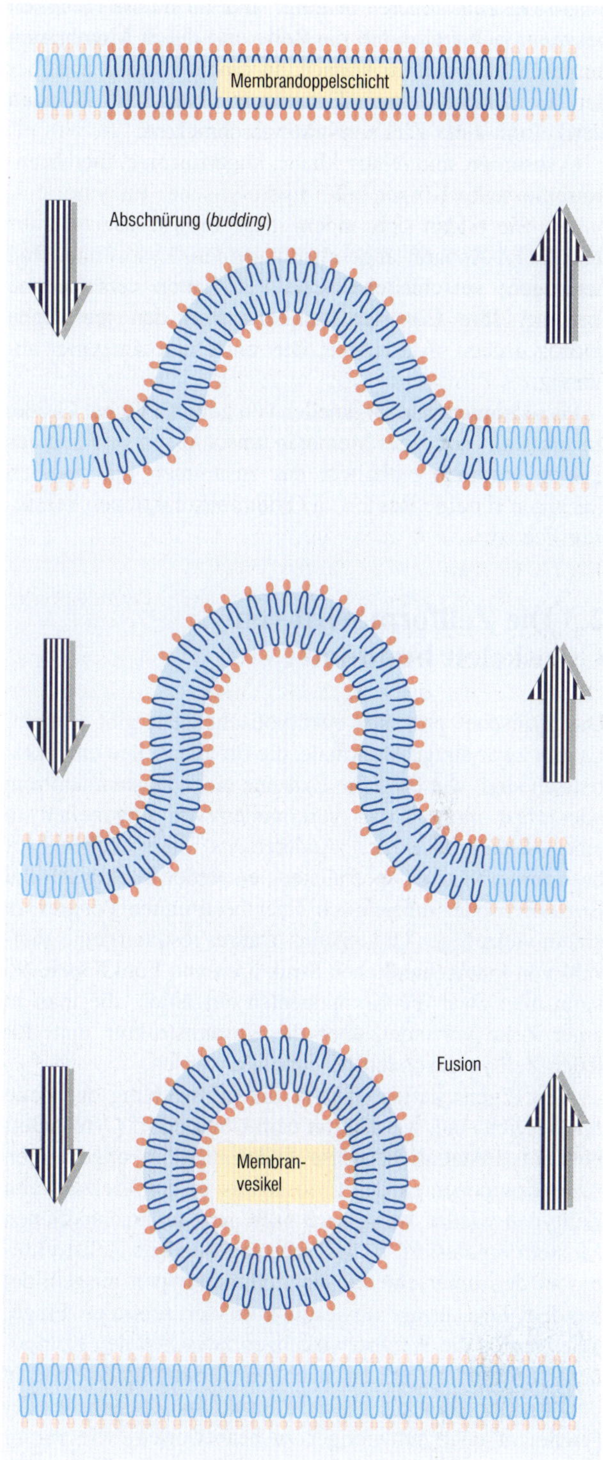

2.11 Eine Lipiddoppelschicht kann Vesikel abschnüren oder aber mit Vesikeln verschmelzen.

Mit der Fluidität der Membranen ist eine weitere wichtige Eigenschaft verbunden. Wie in Abbildung 2.11 gezeigt ist, können Membranoberflächen zu einer einzigen Membran verschmelzen. Umgekehrt können sich aus einer Membran durch einen Vorgang des „Abschnürens" (*budding*) **Vesikel** bilden. Vesikel sind kleine, membranumschlossene Gebilde, die sich von einer Membran abgeschnürt haben und am Transport der Proteine von einem Ort zum anderen beteiligt sind, da sie die Fähigkeit besitzen, sich frei durch die Zelle und durch Membranen hindurch bewegen zu können. In einem Prozeß, welcher der Umkehrung ihrer Entstehung entspricht, können Vesikel mit einer Zielmembran verschmelzen.

Lysosomen sind relativ kleine, kugelförmige, membranumschlossene Körper, die hydrolytische Enzyme enthalten. Sie bilden sich, indem diese Enzym-„Beutel" aus dem Golgi-Apparat abgeschnürt werden. Lysosomen sind heterogen; verschiedene Vesikel enthalten verschiedene Enzyme. Ihre Eigenschaften sind von den jeweiligen hydrolytischen Aktivitäten der einzelnen Enzyme abhängig.

Peroxisomen sind Organellen von ganz ähnlicher Größe, die ebenfalls von einer Membran umschlossen sind und das Enzym Katalase enthalten, das zusammen mit anderen Enzymen für eine Reihe von Oxidationsreaktionen verantwortlich ist.

2.3 Die Zellform wird vom Cytoskelett bestimmt

Die „typische" pro- oder eukaryotische Zelle gibt es nicht. Es gibt zwar einige Merkmale, die für alle Zellen charakteristisch sind, wie etwa die Existenz einer Plasmamembran oder (fast immer) das Vorkommen von Organellen in einer Eukaryotenzelle. Andererseits sind Zellen auf bestimmte Nischen spezialisiert; entweder ökologisch bei Einzellern oder hinsichtlich einer bestimmten Position in einem vielzelligen Organismus. Daraus resultiert eine Vielzahl von unterschiedlichen Strukturen und Funktionen. So kann man zwar die Komponenten aufzählen, die man in einer Zelle vorfindet, aber die Gesamtstruktur muß für jeden Zelltyp gesondert beschrieben werden.

Alle Eigenschaften, die für die Formgebung der Zelle maßgeblich sind, werden mit dem Überbegriff **Cytoskelett** benannt. Erstaunlicherweise findet man im allgemeinen viele Komponenten des Cytoskeletts in der Vielzahl von Zelltypen wieder, wenn auch nach ganz unterschiedlichen Mustern organisiert, so daß sehr verschiedene Zellstrukturen in den unterschiedlichen Zellphänotypen ausgebildet werden. Dies bringt uns zurück zu der zentralen Frage: Wie werden die Wechselwirkungen zwischen den Komponenten festgelegt, so daß nach der Teilung einer Zelle in den Tochterzellen die gleichen Strukturen entstehen; oder (vielleicht noch schwieriger zu beantworten) wie verändern sich die Wechselwirkungen, wenn die Zelle eine oder mehrere Tochterzellen hervorbringt, die sich von ihr unterscheiden?

Das Cytoskelett enthält ein Netzwerk von Proteinfasern, die sich durch die Zelle und um sie herum erstrecken. Es gibt drei Klassen von Fasern:

- Actinfilamente
- Mikrotubuli
- Intermediärfilamente

Zusätzlich zu den Proteinen, welche die Fasern selbst bilden, gibt es auch „stabilisierende" Proteine, die Fasern untereinander verbinden oder Verbindungen mit der Plasmamembran sowie anderen zellulären Strukturen herstellen. Im weiteren werden wir den Wiederaufbau der Actinfilamente und Mikrotubuli betrachten, welcher ein wichtiger Teilprozeß der Zellteilung ist.

Actinfilamente ähneln den dünnen Fasern der Muskeln, die Actin und andere Proteine enthalten. Die Form des Actins, das im Cytoskelett zu Fasern polymerisiert ist, ähnelt stark dem Actin der Muskelzellen; die Proteine sind jedoch unterschiedlich. Das Actinfilament setzt sich aus zwei Ketten zusammen, die jeweils aus spiralförmig aneinandergereihten Actinuntereinheiten bestehen. Stabilisierende Proteine verbinden in regelmäßigen Abständen diese Ketten.

Actinfilamente bilden Bündel, von denen zwei Formen besonders interessant sind. Die in Abbildung 2.12 dargestellten **Streßfasern** findet man in Gewebekulturzellen; sie haben mit der Fähigkeit der Zellen zu tun, sich auf einer Oberfäche auszubreiten. Diese Fähigkeit geht verloren, wenn die Zelle in einen krebsartigen Zustand übergeht (Kapitel 37). In allen sich teilenden Zellen bildet sich gegen Ende der Teilung ein **kontraktiler Ring**, der die Tochterzellen abtrennt (siehe Abschnitt 2.5). Eine Hauptfunktion der Actinfilamente besteht darin, Kraft auszuüben, entweder um die Zelle auf einer Oberfläche zu bewegen oder die innere Formgebung zu verändern. Die Fähigkeit des Actins, diese Kräfte aufzuwenden, gehen auf Wechselwirkungen mit Myosin zurück. Die kontraktile Reaktion ist am Beispiel der Muskeln im einzelnen untersucht worden, wobei man davon ausgeht, daß die gleichen Grundprinzipien auch für die Actinfilamente des Cytoskeletts gelten.

Damit die Kräfte enstehen können, muß das Filament an einer Oberfläche verankert sein; im allgemeinen ist dies die Plasmamembran. Wie ist nun ein Actinfilament an die Membran angebunden? Ein integrales Membranprotein ist wahrscheinlich über ein anderes Protein oder Proteine an das Ende eines Actinfilaments geheftet.

Mikrotubuli sind weitverbreitete Bestandteile von Eukaryotenzellen. Als ein Netzwerk von Fasern, welches kreuz und quer durch das Cytoplasma verläuft, sind sie wie in Abbildung 2.13 gezeigt angeordnet.

Die Untereinheit der Mikrotubuli ist ein Dimer, welches aus zwei engverwandten Polypeptiden besteht, dem α- und dem β-Tubulin. Die Dimere bilden Protofilamente, wobei 13 Protofilamente einen Hohlzylinder bilden, wie er in Abbildung 2.14 gezeigt ist.

Mikrotubuli wachsen durch die Anlagerung von Tubulindimeren an ihren Enden. Die Stellen, von denen die

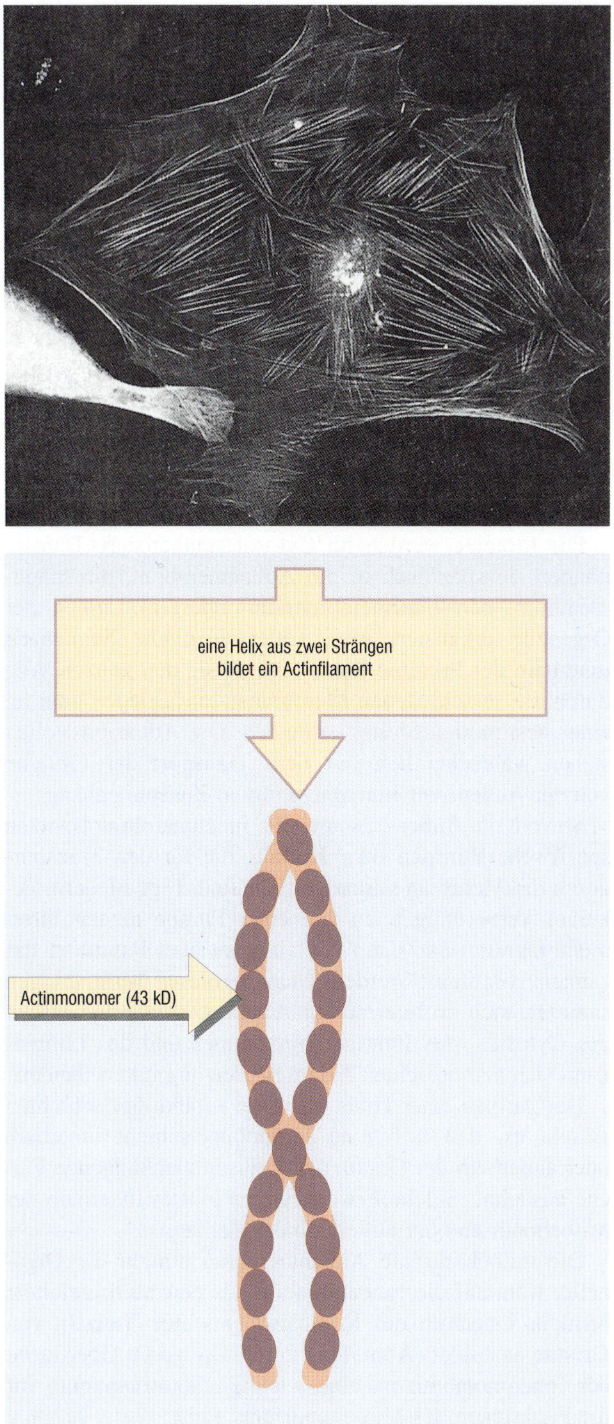

2.12 Actinbündel bestehen aus umeinandergewundenen Actinfilamenten, die an ihren Enden mit der Plasmamembran verbunden sein können. (Aufnahme mit freundlicher Genehmigung von Elias Lazarides.)

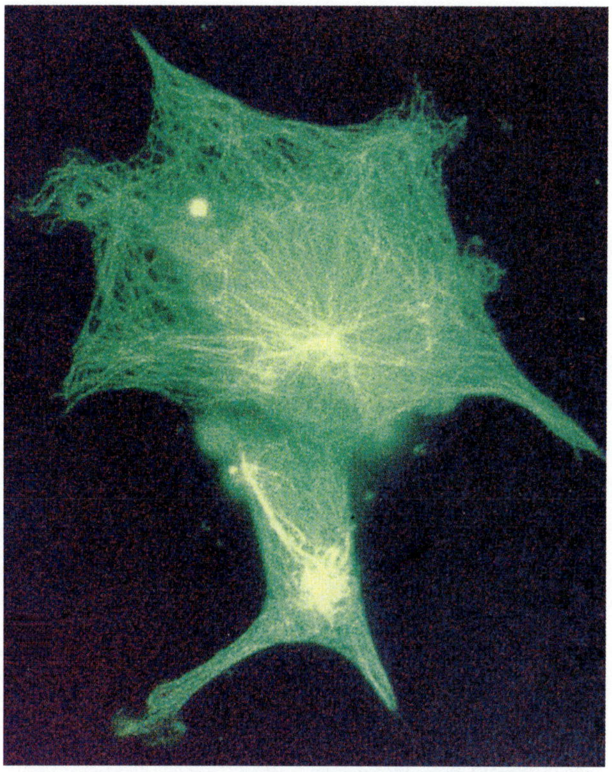

2.13 Mikrotubuli bilden im Cytoplasma ein ausgeweitetes Netzwerk, das sich bis an die Enden der Zelle erstreckt. (Aufnahme mit freundlicher Genehmigung von Frank Solomon.)

Mikrotubuli ausgehen, werden **mikrotubuliorganisierende Zentren** (*microtubule organizing centers*; **MTOCs**) genannt. Mikrotubuli sind dynamische Strukturen: Der entstandene Tubulus steht jeweils im Gleichgewicht mit dem Bestand an Tubulinuntereinheiten. Es gibt einen kontinuierlichen Fluß der Tubuline in die strukturierte Form und aus ihr heraus. Hilfsproteine, sogenannte **mikrotubuliassoziierte Proteine** (*microtubule associated proteins*; **MAPs**) beeinflussen den Zustand dieses Gleichgewichts. Das dynamische Gleichgewicht ist ein wichtiger Aspekt der Funktion des Mikrotubulus, da es den Tubuli erlaubt, auf zelluläre Bedingungen mit Auf- und Abbau zu reagieren.

Man nimmt an, daß die Gesamtorganisation der verschiedenen filamentösen Netzwerke in jeder bestehenden Zelle koordiniert wird und diese sogar miteinander verbunden sind, auch wenn Details dieser Wechselbeziehungen nicht bekannt sind. Die Filamente sind wahrscheinlich auch mit Organellen wie etwa den Mitochondrien verknüpft.

Auf molekularer Ebene stellt sich die Frage, wie solche makromolekularen Strukturen zusammengefügt werden. Wäre es möglich, ein Netzwerk mit einem physiologischen Verknüpfungsmuster aus gereinigten Einzelbestandteilen *in vitro* herzustellen? Oder kann der Aufbau nur an bereits bestehenden Netzwerken durch Anfügen neuer Untereinheiten erfolgen?

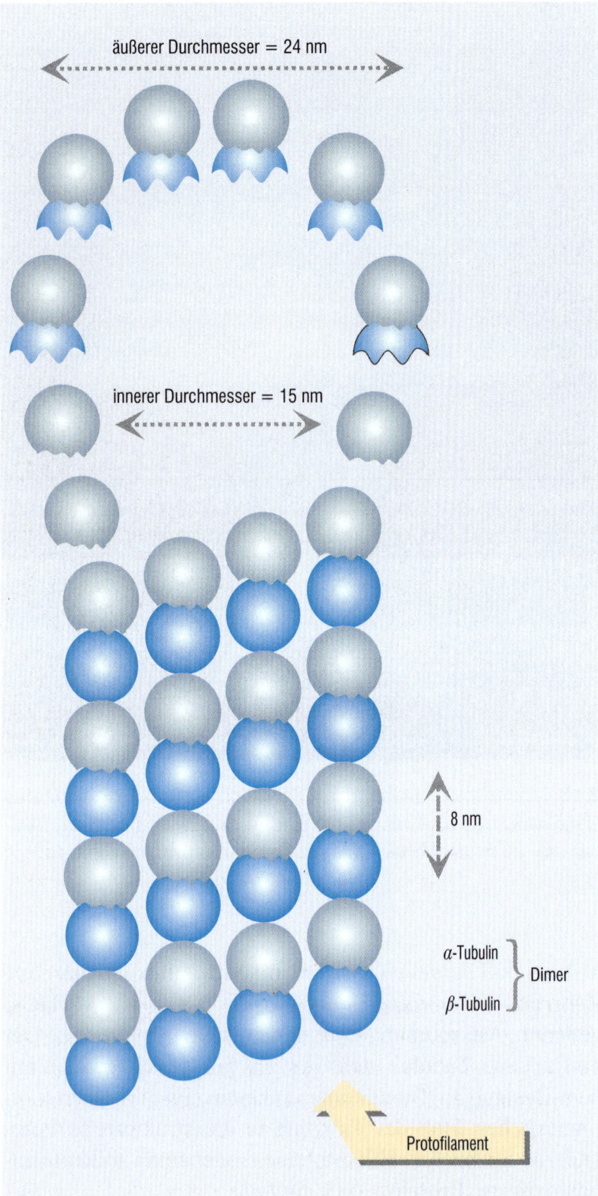

2.14 Ein Mikrotubulus ist ein hohler Zylinder, der aus 13 Protofilamenten besteht; diese sind aus Tubulindimeren aufgebaut.

2.4 Einige Organellen sind von einer Hülle umgeben

Die zellumgebende Plasmamembran und die inneren Membranen des endoplasmatischen Reticulums und des Golgi-Apparats bestehen alle aus einer Lipiddoppelschicht. Eine komplexere Organisation umgibt den Zellkern; die Mitochondrien und (in pflanzlichen Zellen) die Chloroplasten. Wie in Abbildung 2.15 zu sehen ist, sind diese Organellen von einer **Hülle** umgeben, die aus zwei konzentrisch angeordneten Lipiddoppelschichten besteht. Bakterien sind auch von einer Hülle umgeben, die mit einer festeren Struktur verbunden ist. So ist beispielsweise die Hülle von *E. coli* durch eine Proteoglycanwand zwischen den beiden Membranen verstärkt.

Jede Membran einer Organellenhülle besteht aus einer gewöhnlichen Lipiddoppelschicht, wobei sich jedoch der Proteingehalt der inneren und der äußeren Schicht unterscheidet. Man bezeichnet sie als **Innenmebran** und **Außenmembran** (innere und äußere Membran) mit dem dazwischenliegenden **Intermembranraum**. Die beiden Membranen sind über **Adhäsionsstellen** miteinander verbunden. Das Kompartiment innerhalb der Innenmembran stellt das Lumen dar.

Sowohl kleine als auch größere Molekule werden durch solche Hüllen transportiert. Ein wichtiges Merkmal einer Hülle ist, daß jede Membran Proteine und Rezeptoren beinhaltet, die den Transport bestimmter Moleküle in die jeweilige Richtung durch die Hüllen erlauben. Die Hülle ist somit hinsichtlich Struktur und Funktion asymmetrisch.

Die Proteine werden im Cytosol synthetisiert. Danach können sie spezifisch in die Außenmembran, die Innenmembran, den Intermembranraum oder im Lumen der Organelle lokalisiert sein. Unterschiedliche Sequenzen innerhalb der Proteine legen fest, ob sie den ganzen Weg durch die verschiedenen Membranen zurücklegen oder an einer bestimmten Stelle verbleiben. Die Adhäsionsstellen stehen wahrscheinlich mit dem Transport der Proteine von der Außen- zur Innenmembran in Zusammenhang.

Sowohl die Außen- als auch die Innenmembran besitzen spezifische **Pumpen** oder **Kanäle**, die für den Transport durch die Membran verantwortlich sind. Eine niedermolekulare Verbindung kann von einer Pumpe in den Intermembranraum und dann von einer zweiten Pumpe in das Lumen geschleust werden. Manche dieser Verbindungen sammeln sich im Intermembranraum. Das wäßrige Milieu des Cytosols, des Intermembranraumes und des Lumens kann sich also in seiner Zusammensetzung unterscheiden.

Der Aufbau einer Hülle aus zwei Lipiddoppelschichten erlaubt es, daß sich eine Lipiddoppelschicht innerhalb oder außerhalb der Organelle als zusammenhängende Fläche ausdehnt. Solche Erweiterungen gibt es innerhalb der Mitochondrien oder außerhalb des Zellkerns.

Die mitochondriale Außenmembran umgibt die Organelle, während die Innenmembran als eine stark gefaltete Struktur innerhalb des Kompartiments eine Vielzahl von **Cristae** ausbildet (Abbildung 2.16). Die große Oberfläche der Innenmembran ist eine wichtige Vorausssetzung für die Funktionen des Mitochondriums.

Der (eukaryotische) Zellkern ist von einer Hülle umgeben, die ebenfalls aus einer Doppelmembran besteht. Der Raum zwischen der Innen- und Außenmembran wird als **perinucleärer Raum**, der Innenraum des Zellkernes als **Kernplasma (Nucleoplasma)** bezeichnet. Die allgemeinen Eigenschaften der Kernhülle zeigt Abbildung 2.17.

Die Außenmembran ist dem Cytoplasma zugewandt und steht in Verbindung mit dem endoplasmatischen Reticulum, wie bereits in Abbildung 2.10 gezeigt. Die Innenmembran umschließt den Inhalt des Zellkernes.

Die beiden Membranen sind durch **Kernporen** verbunden, die für den Transport von Proteinen in den Zellkern

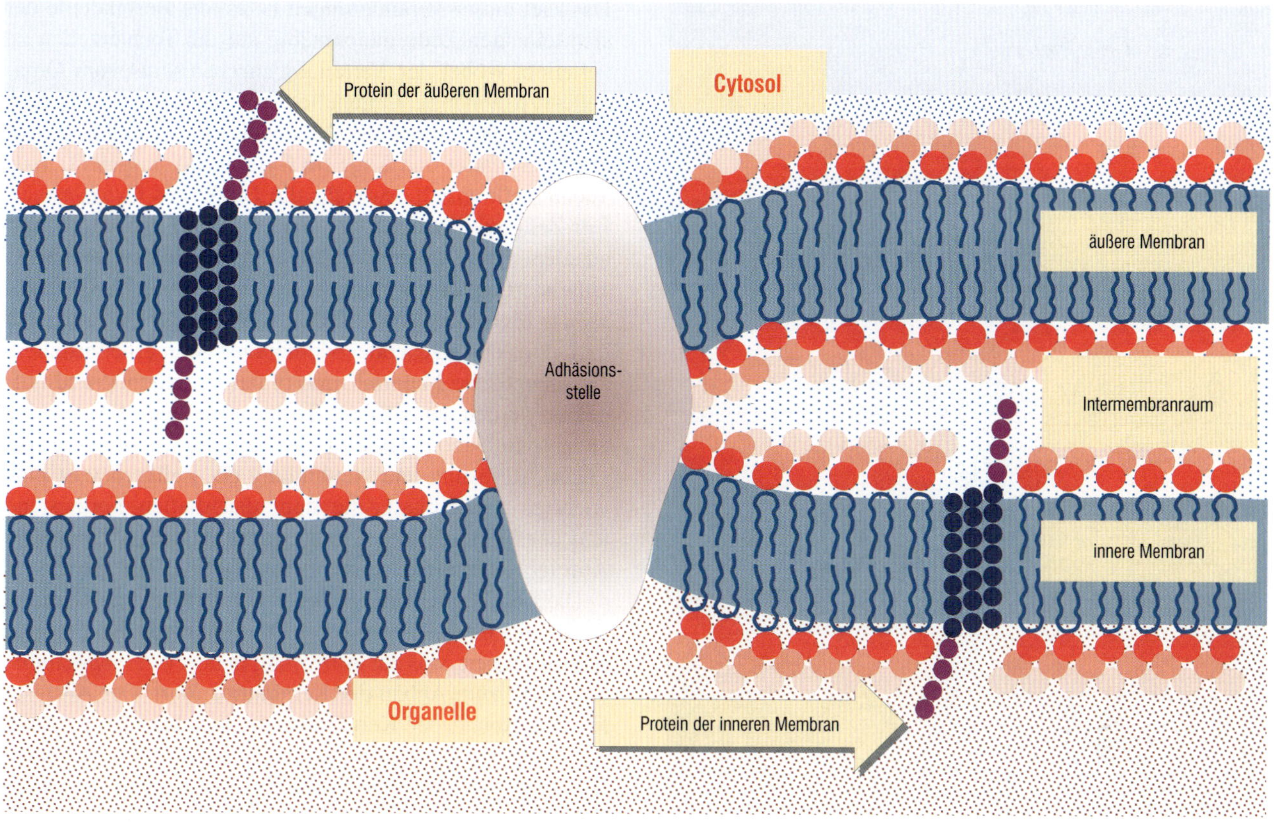

2.15 Eine Hülle besteht aus parallel angeordneten Membranschichten. Jede davon ist eine Lipiddoppelschicht mit eingelagerten Proteinen. Die beiden Schichten können über den Intermembranraum hindurch an sogenannten Adhäsionsstellen, deren Struktur nicht genau geklärt ist, miteinander verbunden sein

verantwortlich sind. Die innere und die äußere Membran stehen über die Kernporen miteinander in Kontakt. Die Kernpore ist ein Proteinkomplex von ungefähr 10^8 Dalton, der mit der Membran verbunden ist. Die Pore selbst ist ein symmetrischer Komplex aus zwei Ringstrukturen (Annuli), die zum Cytosol beziehungsweise zum Kernplasma gerichtet sind. Die Ringstruktur wird in Kapitel 10 behandelt.

Unmittelbar im Kern liegt in Verbindung mit der Innenmembran der Kernhülle die **Kernfaserschicht** (**Kernlamina**). Sie stellt ein dichtes Netzwerk aus Intermediärfilamenten dar, das mit den Proteinen der Innenmembran verbunden ist. Die Lamina spielt für die Strukturgebung des Zellkernes eine wichtige Rolle. Ihre äußere Schicht, die mit der Innenmembran der Kernhülle in Kontakt steht, trägt dazu bei, die Kernporen in ihren Positionen zu halten. An ihre innere Membran kann sich das genetische Material anheften. Die Kontinuität der Lamina wird an den Kernporen unterbrochen, wo sie mit dem nucleoplasmatischen Annulus in Verbindung steht.

2.5 Der Inhalt des Zellkernes und sein Neuaufbau

Das wichtigste Merkmal des Zellkernes ist das genetische Material. Es wurde in den Anfängen der Cytologie als granulärer Bereich identifiziert, den man **Chromatin** nannte, da man ihn an seiner Reaktion mit bestimmten Farbstoffen erkennen kann. Zwischen den Zellteilungen bildet das Chromatin eine dichte Masse, die sich während der Zellteilung zu einer festgelegten Anzahl fadenähnlicher Gebilde formt, den **Chromosomen**.

Zwischen den Zellteilungen existiert der Zellkern als abgeschlossene Organelle. Im Kerninneren herrschen beengte Verhältnisse. Den Hauptteil des beengten Volumens nimmt das Chromatin ein, das (wahrscheinlich) an bestimmten Stellen der Kernlamina angehängt ist. Man vermutet, daß diese Anheftungspunkte für die Struktur und die Funktion des genetischen Materials von Bedeutung sind; Genaueres ist jedoch nicht bekannt.

Alle Zellen, außer denen, die ein endgültiges spezialisiertes Entwicklungsstadium erreicht haben, besitzen die Fähigkeit, sich zu teilen. Viele Strukturen in der Zelle erfahren während der Zellteilung Veränderungen. Die Membranbestandteile und das Cytoskelett machen eine tiefgreifende Umstrukturierung durch. Die frühere Organisation der Zelle wird durch den **Spindelapparat** ersetzt, dessen Funktion es ist, die Chromosomen gleichmäßig auf die bei der Teilung enstehenden Tochterzellen zu verteilen. Als Ergebnis dieser Veränderungen kommen viele der vorhergehenden Aktivitäten der Zelle – beispielsweise die Genexpression, die Proteinsynthese und -sekretion

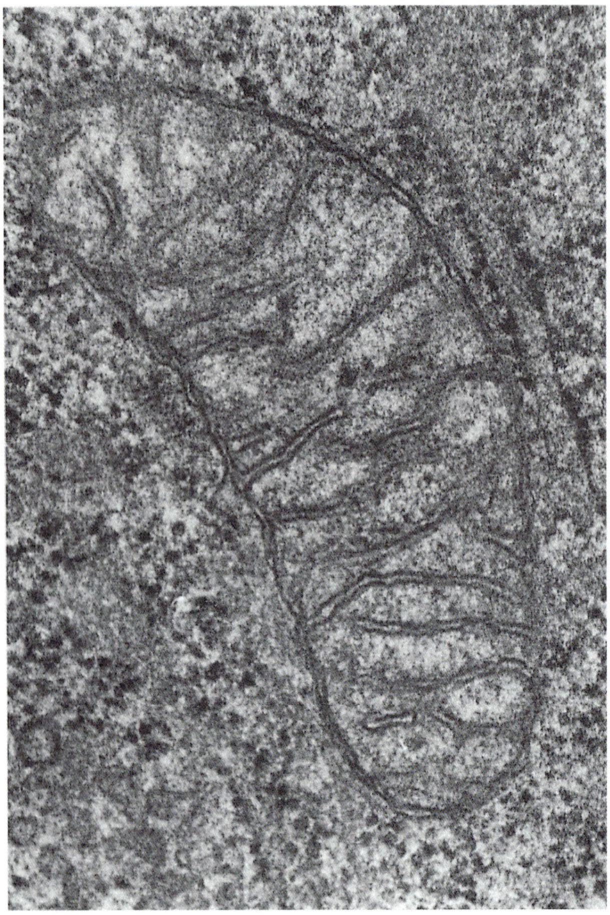

2.16 Die Mitochondrienhülle hat eine semipermeable äußere Membranschicht; die innere Membran ist innerhalb des Mitochondriums stark gefaltet, um eine Vielzahl an Cristae zu bilden. (Aufnahme mit freundlicher Genehmigung von Lan Bo Chen.)

sowie die Zellbewegung – zum Stillstand. Die gesamte Aufmerksamkeit ist nun auf den Vorgang der Zellteilung gerichtet.

Vom Zellkern ausgehend, kommt es zu folgenden Veränderungen:

- Das Chromatin wird dichter gepackt; einzelne Chromosomen, die an die Mikrotubuli des Spindelapparats angeheftet sind, werden sichtbar.
- Die Kernhülle löst sich auf. Die Membran zerfällt in kleine Vesikel, während die Kernlamina in ihre kleinen Proteinuntereinheiten dissoziiert. (Dies gilt für höhere Eukaryoten; in niederen Eukaryoten bleiben die Membranen während der Teilung intakt, was zu einer „geschlossenen" Mitose führt.)
- Die Membranen des endoplasmatischen Reticulums und des Golgi-Apparats lösen sich auf, so daß der Proteintransport zum Erliegen kommt.
- Das Cytoskelett dissoziiert. Mikrotubuli zerfallen in Tubulindimere, die sich zum Spindelapparat zusammensetzen. Die Actinfilamente werden umstrukturiert, und am Ende der Mitose bildet sich ein kontraktiler Ring.

Das Ziel dieser Veränderungen ist es, die Bestandteile der sich teilenden Zelle gleichmäßig auf die Tochterzellen zu verteilen, wobei der Verteilungsmechanismus vom Organellentyp abhängt. Organellen, die in mehreren Kopien vorliegen, wie etwa die Mitochondrien, werden gemäß ihrer Verteilung und Lage im Cytoplasma aufgeteilt: Jede Tochterzelle erhält ungefähr die Hälfte des Cytoplasmas. Der Zellkern hingegen löst sich in seine Bestandteile auf, aus denen sich die beiden Tochterkerne bilden. Die Vesikularisierung des endoplasmatischen Reticulums erlaubt es, das Membransystem auf die Tochterzellen zu verteilen und dort durchgehende Membranen wiederherzustellen. Das genetische Material muß präzise verdoppelt und aufgeteilt werden, so daß jede Tochterzelle je eine Kopie des elterlichen Genoms erhält (Abschnitt 2.6).

Die Auflösung und Neubildung des Zellkernes ist eine wichtige Eigenschaft, die dem dauerhaften Fortbestand und der Weitergabe des genetischen Materials dient. Die Abfolge der Ereignisse ist in Abbildung 2.18 illustriert.

Die Kernlamina besteht aus drei Proteinen, den Laminen A, B und C. Während der Mitose werden alle Proteine phosphoryliert, was zur Auflösung in die einzelnen Lamine und somit zum Abbau der Kernlamina führt. Der Auslöser für den Abbau der Kernlamina ist die Aktivierung einer Proteinkinase, eines Enzyms, das spezifisch Phosphatgruppen an die Lamine heftet. Dieser Vorgang wird am Ende der Mitose durch eine Phosphatase, welche die Phosphatgruppe wieder abspaltet, rückgängig gemacht.

Die Membranauflösung unterliegt der Produktion eines (bisher unbekannten) Faktors, der in stöchiometrischen Mengen benötigt wird. Seine Funktion könnte darin bestehen, an die Membran zu binden und für eine Vesikelbildung zu sorgen. Auch dieser Vorgang könnte durch die Entfernung oder Inaktivierung des Faktors am Ende der Mitose rückgängig gemacht werden.

Die Kondensation der Chromosomen findet unabhängig vom Abbau der Lamina und von der Auflösung der Membran statt. Es umfaßt eine Vielzahl von Ereignissen, wie etwa die Herstellung von Faktoren in stöchiometrischen Mengen und von Enzymen, die Chromosomenproteine modifizieren. Obwohl die Chromosomenkondensation zeitlich mit den anderen Vorgängen koordiniert ist, scheint sie in bezug auf den Mechanismus nicht mit diesen zusammenzuhängen.

Diese verschiedenen Vorgänge werden vermutlich durch den Faktor MPF (*maturation promoting factor*, auch *M phase kinase*) ausgelöst. MPF ist ein Enzym, das Zielproteine wie Lamine und Chromosomenproteine während der Mitose phosphoryliert. Die Regulation des Zellzyklus ist das Thema von Kapitel 36.

Der Wiederaufbau der Kernhülle erfolgt stufenweise. Zunächst lagern sich Fragmente der Kernhülle mit den einzelnen Chromosomen zusammen und schließen sie teilweise ein. Dann verschmelzen sie zu einer Membranhülle, die den ganzen Chromosomensatz umgibt. Die Lamine werden dephosphoryliert, heften sich an das Chromatin, nachdem das Kondensationsstadium beendet ist, und reassoziieren wieder, um die intakte Lamina zu bilden.

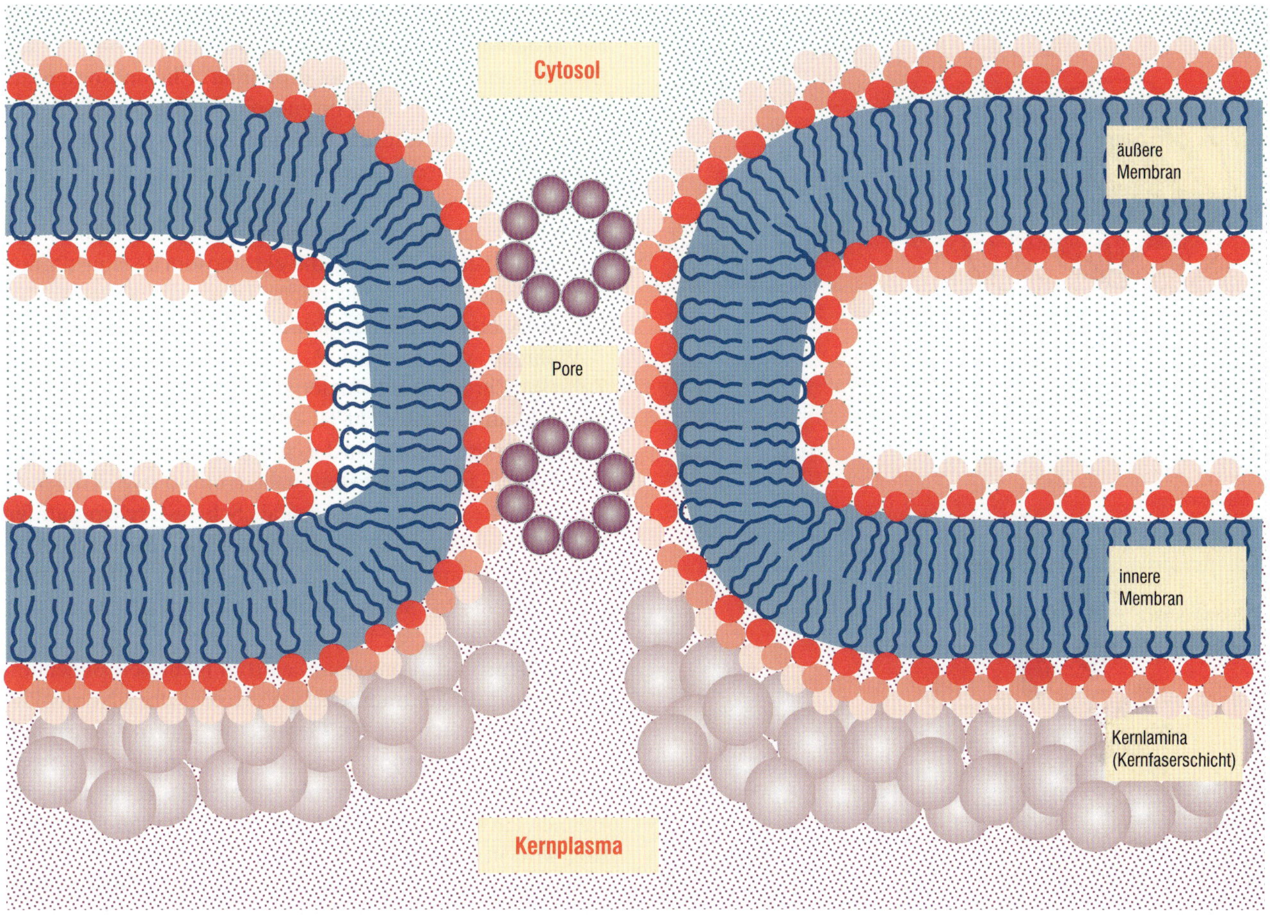

2.17 Die Schichten der Kernhülle sind über die Kernporen miteinander verbunden. Die innere Membranschicht steht in Verbindung mit der Kernlamina (Kernfaserschicht).

Die Kernhülle muß nicht nur die vollständige Umschließung des Zellkernes, sondern auch Strukturen wie die Kernporen und die Verbindungen zum endoplasmatischem Reticulum wiederherstellen. Die Art und Weise, wie Kernporen sich auflösen und wieder aufgebaut werden, ist nicht bekannt. Da sich eine bereits existierende Struktur auflösen und wieder zusammensetzen läßt, geht man davon aus, daß die Information für die Gesamtstruktur in den Strukturen der Einzelbestandteile liegt.

2.6 Die Rolle der Chromosomen in der Vererbung

Chromosomen sind in den meisten Zellen nur während des Vorgangs der Zellteilung sichtbar. Bei Organismen, die sich sexuell fortpflanzen, findet man zwei verschiedene Arten der Zellteilung, die sowohl den dauerhaften Fortbestand und die Weitergabe des genetischen Materials in einem Organismus als auch die von den Mendelschen Gesetzen beschriebene Vererbung erklären.

Aus der befruchteten Eizelle entwickelt sich durch viele Zellteilungen, aus denen jedes Mal zwei Zellen aus einer enstehen, ein Organismus. Der **Zellzyklus** umfaßt die Zeit von der Entstehung einer Zelle als Nachkomme einer Teilung der Vorgängerzelle bis zur eigenen Teilung in zwei Tochterzellen.

Man kann den Zellzyklus in zwei Abschnitte gliedern:

- Während der relativ langen **Interphase** sind keine Veränderungen sichtbar. Die Zelle ist mit Syntheseaktivitäten beschäftigt und reproduziert ihre Komponenten. In der Interphase gibt es in der Zelle ein einzeln vorliegendes Kernkompartiment, welches die kompakte Chromatinmasse enthält.
- Die relativ kurze Zeit der **Mitose** stellt ein Zwischenspiel dar, in dem der sichtbare Prozeß der Teilung in zwei Tochterzellen abläuft. Während der Mitose wird die innere Organisation durch den **Spindelapparat** ersetzt. Das Kernkompartiment hat sich aufgelöst, und einzelne Chromosomen werden sichtbar.

Die Produkte aus einer Reihe von mitotischen Teilungen, die den gesamten Organismus bilden, bezeichnet man als **somatische Zellen**. Während der embryonalen Entwicklung durchlaufen die somatischen Zellen den Zellzyklus. Im adulten Organismus hingegen haben sich viele Zellen **endgültig ausdifferenziert** und teilen sich nicht mehr; sie

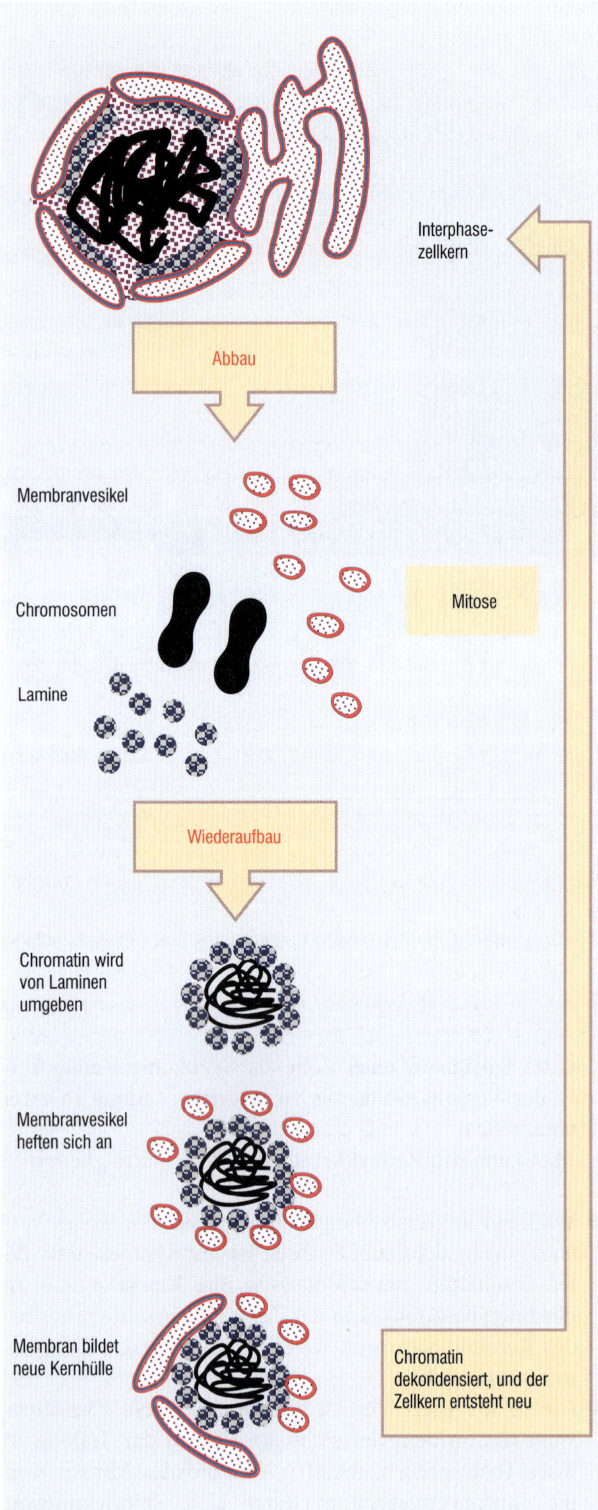

2.18 Die Kernhülle und die Kernlamina zerfallen zu Beginn der Mitose und werden am Ende wieder aufgebaut.

verbleiben in einem stationären Zustand, in dem das Chromatin permanent in einem Interphasestadium vorliegt.

Am Ende der Mitose kann man beobachten, daß jede Tochterzelle, mit zwei Kopien jedes Chromosoms ausgestattet, ihr Leben beginnt. Diese Kopien bezeichnet man als **homologe Chromosomen**. Die *Gesamtanzahl* der Chromosomen stellt einen **diploiden Chromosomensatz** dar und besteht aus ***2n*** Chromosomen. Somatische Zellen liegen typischerweise als diploide Zellen (*2n*) vor (außer in der Zeit vor und während der Mitose).

Der chromosomale Bestand jeder Zelle, wie er während der Mitose sichtbar ist, wird als **Karyotyp** bezeichnet. Dieser Begriff beschreibt auch die chromosomale Konstitution einer Spezies: Der menschliche (diploide) Karyotyp hat beispielsweise 46 Chromosomen.

Während der Interphase verdoppelt eine wachsende Zelle ihr Chromosomenmaterial. Dieser Vorgang ist in seinem Ablauf visuell nicht zu erkennen; zu Beginn der folgenden Mitose jedoch wird sichtbar, daß sich alle Chromosomen der Länge nach geteilt haben, um so zwei Kopien zu schaffen. Diese Kopien werden als **Schwesterchromatiden** bezeichnet. Nach der Verdoppelung der Homologen in Schwesterchromatiden besitzt die Zelle nun *4n* Chromosomen, die in *2n* Schwesterchromatidenpaare organisiert sind.

Der Begriff „Chromosom" wird in mehreren Bedeutungen benutzt. In der traditionellen cytologischen Nomenklatur bezieht er sich auf ein Gebilde mit einem **Centromer**, das für die chromosomalen Bewegungen in der Mitose verantwortlich ist. Das Centromer ist meist als eingeschnürter Bereich am Chromosom sichtbar. Seine Struktur und Funktion wird in Kapitel 26 behandelt.

Wenn sich das chromosomale Material zu den Schwesterchromatidenpaaren verdoppelt, besitzt jedes dieser Paare ein einzelnes Centromer. Während der Mitose verdoppelt sich das Centromer dann in zwei funktionelle Einheiten, so daß ab diesem Zeitpunkt jede Schwesterchromatide als eigenständiges Chromosom betrachtet werden kann. Diese traditionelle, auf das Centromer ausgerichtete Betrachtungsweise sollte jedoch nicht den Blick auf den wesentlichen Aspekt verstellen: *Die Zelle besitzt beim Eintritt in die Mitose hinsichtlich der genetischen Information vier Kopien von jedem Chromosom.* Wir sollten die Zellteilung aus diesem Blickwinkel heraus betrachten.

Das wichtigste morphologische Merkmal einer mitotischen Zelle ist die Spindel. Sie besteht aus einer Reihe von Fasern, die von den Zellpolen ausgehen. Die Mikrotubuli, aus denen sich diese Spindelfasern zusammensetzen, entstehen aus Tubulineinheiten, die von den Mikrotubuli der Interphasezelle stammen. Die Fasern gehen von Regionen der Pole aus, die als **Centrosomen** bezeichnet werden und die mikrotubuliorganisierende Zentren (MTOCs) enthalten. Dabei ist „Centrosom" ein funktioneller Begriff, der hinsichtlich der Struktur mit den MTOCs gleichzustellen ist; es nimmt nicht notwendigerweise die gleiche strukturelle Form in jeder Zelle an.

Einige Fasern erstrecken sich in der Zelle von Pol zu Pol, andere verbinden die Polregion mit den Chromosomen. Der Verbindungspunkt an jedem Chromosom besteht aus einem dichten, granulären Körper, der als **Kinetochor** bezeichnet wird und in dem eingeschnürtem Bereich des Centromers liegt. Die Mikrotubuli, welche Fasern bilden, die durch die Spindel laufen oder die an den Chromosomen enden, können ihre Länge verändern, indem an ihren Enden zusätzliche Tubulinuntereinheiten angefügt oder entfernt werden. Eine Verlängerung entspricht dem Aufbau der Spindel, während eine Verkürzung mit der Bewegung der Chromosomen in der Mitose einhergeht.

Der Vorgang der mitotischen Teilung ist in Abbildung 2.19 dargestellt. Diese wird im allgemeinen in folgende Phasen unterteilt:

- In der **Prophase** werden die einzelnen Chromosomen sichtbar.
- Die Chromosomen wandern in der **Prometaphase** zum Zelläquator.
- Ihren kompaktesten Zustand erreichen die Chromosomen in der **Metaphase**, wenn sie sich am Zelläquator anordnen.
- Während der **Anaphase** werden die Chromosomen zu den Polen gezogen; ein Vorgang, den man als Anaphasebewegung bezeichnet. Diese Bewegung wird durch die Verkürzung der mit den Polen verbundenen Fasern bewirkt.
- In der **Telophase** erreichen die Chromosomen die Pole und dekondensieren während der Neubildung des Zellkernes zu Chromatin.
- In der abschließenden **Cytokinese** trennen sich die beiden Tochterzellen; sie werden durch Bildung eines kontraktilen Ringes aus Actinfilamenten abgeschnürt.

Das Ziel der Mitose besteht also darin, die Schwesterchromatiden zu entgegengesetzten Polen der Zelle zu ziehen, so daß jede Tochterzelle aus jedem Chromatidenpaar eine Chromatide (die dann ein eigenständiges Chromosom ist) erhält. Die *4n* Chromosomen zu Beginn der Mitose sind in zwei Sätze aus *2n* Chromosomen aufgeteilt worden. Der Vorgang wird im nächsten Zellzyklus wiederholt, womit sichergestellt ist, daß der Chromosomenbestand in den somatischen Zellen konstant bleibt.

Einem anderen Zweck dient die Produktion von Keimzellen (Ei- und Samenzellen), für die eine andere Form der Zellteilung durchlaufen wird. In der **Meiose** enstehen Zellen, die den haploiden Chromosomensatz (*n*) aufweisen. Auch hier wird zunächst der Chromosomensatz vor der Teilung verdoppelt. Die Zelle tritt mit *4n* Chromosomen in die Meiose ein, die dann durch zwei aufeinanderfolgende Teilungen in vier einzelne Chromosomensätze aufgeteilt werden.

In Abbildung 2.20 sind die zwei Teilungen der Meiose dargestellt. Wenn die erste Teilung (Meiose I) beginnt, **paaren** sich die homologen Schwesterchromatiden zu **Bivalenten**. Dieser Vorgang wird als **Synapsis** bezeichnet. *Jedes Bivalent besteht aus allen vier Kopien eines Chromosoms.* In der ersten meiotischen Teilung trennen sich die Bivalente wieder in ihre Chromatidenpaare. Es entstehen zwei Sätze aus je *2n* Chromosomen, die jeweils aus *n* Schwesterchromatidenpaaren bestehen.

Nun folgt die zweite meiotische Teilung (Meiose II), die beide Sätze von je *2n* aufspaltet. Dieser Vorgang enstpricht formal einer Mitoseteilung, denn die Chromatiden der einzelnen Paare verteilen sich auf verschiedene Tochterzellen.

Insgesamt wird also in der Meiose der Gesamtbestand von *4n* Chromosomen auf vier haploide (*n*) Zellen verteilt. Diese Zellen entwickeln sich dann zu den reifen **Gameten** (Ei- oder Samenzellen).

Bei der Bildung der Gameten werden die homologen Chromosomen väterlichen und mütterlichen Ursprungs voneinander getrennt, so daß jede Gamete nur *eine der beiden homologen Chromosomen* der Ausgangszelle erhält. Eine entscheidende Eigenschaft dieses Vorgangs in Zusammenhang mit Voraussagen der Mendelschen Gesetze ist, daß *nichthomologe Chromosomen unabhängig voneinander segregieren*, so daß es vom Zufall abhängt, welches Chromosom eines Paares zusammen mit einem anderen Chromosom aus einem anderen Paar in eine Gamete gelangt (Kapitel 3).

In vielen sich sexuell fortpflanzenden Organismen gibt es eine Ausnahme hinsichtlich der Regel, daß die Chromosomen in homologen Paaren vorliegen und durch die meiotischen Teilungen in gleiche haploide Sätze aufgeteilt werden. Männliche und weibliche Chromosomensätze unterscheiden sich deutlich in ihrer chromosomalen Konstitution; die häufigste Form ist die Existenz eines bestimmten homologen Paares, das in den Geschlechtern unterschiedlich ausgeprägt ist. In dem einen Geschlecht liegt es als Paar aus zwei identischen Chromosomen vor (wie jedes andere), während im anderen Geschlecht eines dieser Chromosomen durch ein anderes Chromosom ersetzt ist.

Diese beiden Chromosomen werden als **Geschlechtschromosomen**, die übrigen homologen Paare als **Autosomen** bezeichnet. Die Chromosomenbestände der beiden Geschlechter können als $2A + XX$ und $2A + XY$ beschrieben werden, wobei A für den haploiden Autosomensatz und X und Y für die Geschlechtschromosomen stehen. Damit können sich folgende Gameten bilden:

- Das Geschlecht mit dem homogametischen Bestand $2A + XX$ bildet lediglich Gameten des Typs $A + X$ aus.
- Das Geschlecht mit dem heterogametischen Bestand $2A + XY$ bildet Gameten des Typs $A + X$ und $A + Y$ im gleichen Verhältnis aus.

Die Vereinigung der Gameten eines Geschlechts mit den Gameten des anderen Geschlechts sorgt für die Gleichverteilung der Geschlechter bei der Zygotenbildung. Dies sind die Grundlagen für das Prinzip, daß diploide Organismen haploide Gameten produzieren, die sich wieder zu diploiden Zellen vereinigen.

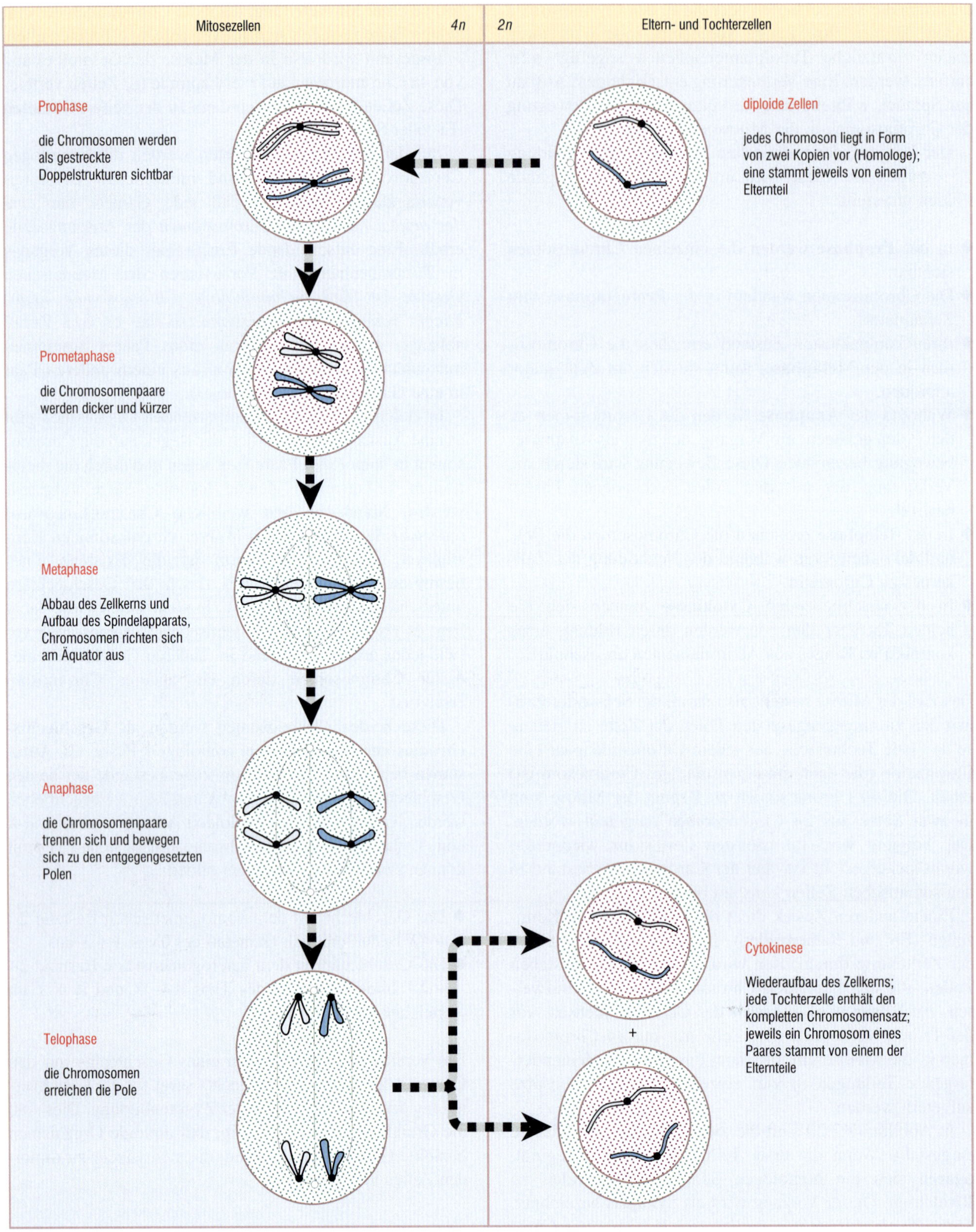

2.19 Die Mitose gibt den Chromosomensatz einer Zelle weiter. Die Abbildung zeigt den Vorgang für ein einzelnes homologes Chromosomenpaar, von denen es in einer Eukaryotenzelle jedoch viele gibt.

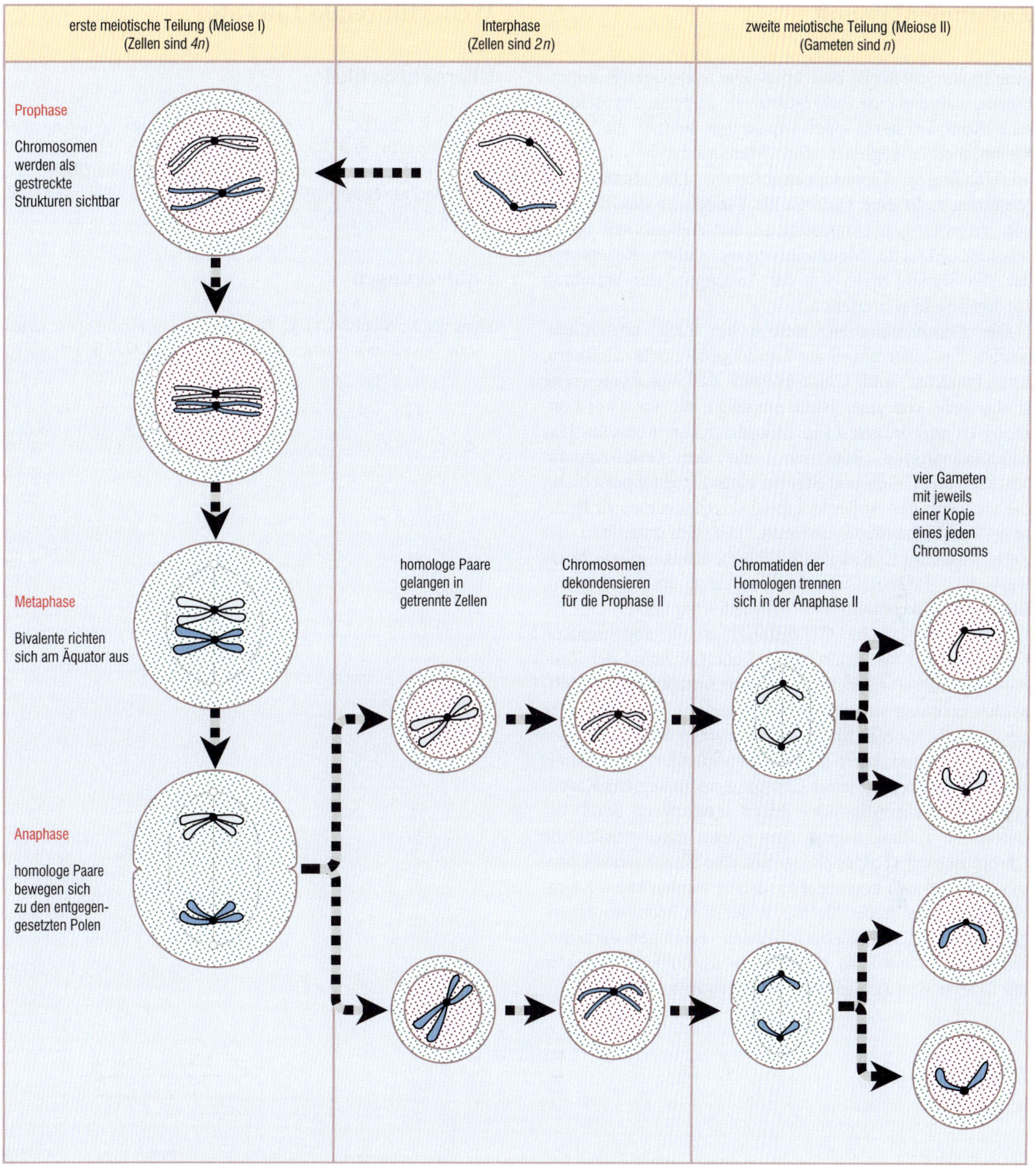

2.20 Die Meiose halbiert die Chromosomenzahl.

Zusammenfassung

Eine Prokaryotenzelle besteht aus einem einzigen Kompartiment, während eine Eukaryotenzelle mehrere abgeschlossene Kompartimente oder Organellen besitzt, die durch Membranen abgegrenzt sind. Membranen bestehen aus proteinhaltigen Lipiddoppelschichten. Das Innere der Membran stellt eine hydrophobe Umgebung dar, die sich von der wäßrigen Umgebung an den Außenseiten unterscheidet. Manche Membranproteine stellen Rezeptoren dar, die Signale meist von der Außenseite der Membran zur Innenseite weiterleiten.

Die Plasmamembran, welche die Zelle umschließt, besteht aus einer einzelnen Lipiddoppelschicht. Zellkern, Mitochondrien und Chloroplasten der Eukaryotenzelle sind jeweils von einer Hülle umgeben, die aus zwei konzentrisch angeordneten Lipiddoppelschichten besteht. Das endoplasmatische Reticulum und der Golgi-Apparat bestehen aus Falten und Stapeln einer Lipiddoppelschicht, die sich von der Außenmembran des Zellkernes in Richtung Plasmamembran erstreckt. Der Gesamtaufbau der Zelle wird vom Cytoskelett bestimmt, das aus einem Netzwerk von Proteinfasern besteht; dazu gehören Actinfilamente, Mikrotubuli und Intermediärfilamente.

Das eukaryotische Genmaterial ist in abgegrenzten Chromosomen lokalisiert, die lediglich während der Zellteilung sichtbar sind. Während der Interphase des Zellzyklus befinden sie sich als verknäuelte Chromatinmasse ausschließlich im Zellkern. Der Karyotyp ist der chromosomale Bestand einer Zelle; ein diploider Organismus besitzt zwei Kopien jedes Chromosoms in seinem Karyotyp. Somatische (diploide) Zellen produzieren durch die mitotische Teilung Kopien ihrer selbst; zuvor werden die Chromosomen verdoppelt, so daß eine Kopie jedes Chromosoms auf jede Tochterzelle verteilt werden kann. Keimzellen enstehen in der Meiose, in der die Chromosomenanzahl in zwei aufeinanderfolgenden Teilungen reduziert wird, so daß nur eine Kopie jedes (diploiden) Paares in der Oocyte beziehungsweise im Spermium vorliegt.

Weiterführende Literatur

Übersichtsartikel

Gerace, L.; Burke, B. *Functional organization of the nuclear envelope.* In: *Ann. Rev. Cell Biol.* 4 (1988) S. 335–376.

Gennis, R. N. *Biomembranes.* New York (Springer) 1989.

Van Meer, G. *Lipid traffic in animal cells.* In: *Ann. Rev. Cell Biol.* 5 (1989) S. 247–275.

Entdeckungen

Singer, S. J.; Nicolson, G. L. *The fluid mosaic model of the structure of cell membranes.* In: *Science* 175 (1972) S. 720–731.

Die DNA als Informationsträger

I

Wenn der Alkohol eine Konzentration von etwa 90 % erreicht, fällt eine fädige Substanz aus, welche sich beim Umrühren der Mixtur um den Glasstab wickelt wie Garn auf eine Spule, und die übrigen Verunreinigungen bleiben als körnige Ausfällung zurück. Das fädige Material wird wieder gelöst und der Vorgang mehrmals wiederholt. Kurz gesagt: Diese Substanz ist äußerst reaktiv und kommt bei der Elementaranalyse den theoretischen Werten reiner DNA *sehr* nahe (wer hätte das gedacht).

Oswald Avery, 1944

3. Gene sind mutierbare Einheiten

Erbmerkmale sind durch ihre Fähigkeit definiert, in vorhersehbarer Weise von einer Generation zur nächsten weitergegeben zu werden. Bevor wir uns dem Wesen der Vererbungseinheit zuwenden, müssen wir uns den Unterschied zwischen dem Erscheinungsbild des Organismus (das wir sehen können) und der ihm zugrundeliegenden Genkonstellation (auf die wir nur schließen können) bewußt machen. Sichtbare oder sonstwie meßbare Eigenschaften nennt man **Phänotyp**; die für die Bildung des Phänotyps verantwortlichen genetischen Faktoren werden dagegen als **Genotyp** bezeichnet.

Wie ihre Auswirkungen auf den Phänotyp erkennen lassen, sind Erbmerkmale von sehr unterschiedlicher Komplexität. Einige scheinen prinzipiell relativ beschränkt zu sein – Menschen haben beispielsweise meist entweder blaue oder braune Augen. Andere Merkmale sind offenbar komplexer, so etwa die Vererbung der Form einer Nase. Im Genkonzept findet die Genetik eine gemeinsame Grundlage für die Vererbung von Merkmalen, die von der Fähigkeit zu einer einfachen Stoffwechselreaktion bis hin zum Bau einer komplexen Gestalt reichen.

Das Gen ist die Einheit der Vererbung. *Jedes Gen besteht aus einer Nucleinsäuresequenz, welche die einem bestimmten Polypeptid entsprechende Information trägt.* Ein Gen ist eine stabile Einheit, kann aber einer Sequenzveränderung unterliegen. Eine solche Veränderung nennt man **Mutation**. Tritt eine Mutation auf, so wird die neue Form des Gens auf die gleiche Art wie die vorherige nach festen Regeln weitervererbt.

Den Organismus, der Träger des veränderten Gens ist, bezeichnet man als **Mutante**, den Organismus mit normalen (unveränderten) Genen dagegen als **Wildtyp**. Mit diesem Begriff wird sowohl der Geno- als auch der Phänotyp beschrieben. Wir unterscheiden zwischen Geno- und Phänotyp, indem wir Begriffe **kursiv** setzen, die sich auf den Genotyp beziehen; derselbe Begriff in Normalschrift bezieht sich auf den Phänotyp, den das Gen hervorruft.

Die phänotypischen Auswirkungen von Mutationen variieren zwischen nicht wahrnehmbaren (wenn das Fehlen eines Proteins keinen Defekt nach sich zieht) und tödlichen Folgen (wenn der Organismus ohne das Protein nicht überlebensfähig ist). Da aber *die meisten erkennbaren Mutationen die Funktion eines Proteins beeinträchtigen*, zielt die Untersuchung von Mutationen meist auf solche Situationen ab, in denen die korrekte Funktion eines Gens gestört ist.

Durch die Wirkungen von Mutationen wird deutlich, daß einige phänotypische Merkmale von jeweils einem einzelnen Gen, andere dagegen von mehreren Genen bestimmt werden. Manche Merkmale verändern sich also nur, wenn ein spezifisches Gen mutiert, während andere von der Mutation jedes beliebigen Gens aus einer Gruppe betroffen sein können. Einzelne Mutationen können komplexe Veränderungen im Phänotyp nach sich ziehen. Ein klassisches Beispiel einer schädlichen Mutation, deren Wirkung sich in ihrem Einfluß auf einen Stoffwechselweg zeigt, ist die Phenylketonurie, eine Erbkrankheit des Menschen. Krankheitsursache ist das Fehlen des Enzyms, welches die Aminosäure Phenylalanin in Tyrosin umwandelt. Dieser Defekt führt zu einer toxischen Anreicherung von Phenylalanin, die unter anderem eine verzögerte geistige Entwicklung (Retardierung) nach sich zieht.

Die Grundlage vieler komplexer phänotypischer Merkmale ist noch unbekannt (etwa, wie die Form einer Nase vererbt wird); wir gehen aber davon aus, daß Wechselwirkungen von Proteinen, deren entsprechende Gene noch nicht identifiziert sind, die phänotypischen Unterschiede zwischen Individuen erklären werden.

Wir betrachten die Genetik meist vom Blickwinkel des Organismus aus, aber der in Abbildung 3.1 dargestellte Generationswechsel läßt erkennen, in welchem Sinne der Organismus einen Weg für das Gen darstellt, sich selbst auszuprägen, dauerhaft zu erhalten und weiterzugeben.

Nehmen wir einmal den Lebenszyklus von Organismen, die ein **diploides** Stadium durchlaufen, in dem von jedem Gen zwei Exemplare vorliegen. Eines der beiden Exemplare wird vom Elternteil an den **Gameten** (die Keimzelle: Ei oder Spermium) weitergegeben. Keimzellen enthalten also von jedem Gen des Organismus ein Exemplar; dies bezeichnet man als den **haploiden** Satz. Die von den Eltern verschiedenen Geschlechts jeweils produzierten Gameten vereinigen sich zu einer **Zygote** (befruchtete Eizelle). Die Zygote erhält von jedem Elternteil einen haploiden Gensatz und stellt so die Situation wieder her, in der jeder diploide Organismus über je einen Gensatz väterlichen und mütterlichen Ursprungs verfügt.

Die höheren Eukaryoten sind zumeist diploid und bringen nur bei der Fortpflanzung haploide Gameten hervor. Bestimmte niedere Eukaryoten können aber auch vornehmlich haploid sein und das diploide Stadium lediglich als Übergangsform nutzen. Bei den Moosen etwa ist die Pflanze prinzipiell haploid und bringt Gameten hervor, die sich zu einem diploiden Organ vereinigen (dem Sporophyten); dieses wiederum kann dazu dienen, haploide Sporen zu erzeugen, die neue Moospflanzen hervorbringen.

Bakterien und einige andere niedere Eukaryoten existieren ausschließlich in der haploiden Form und pflanzen sich durch einfache Zellteilung (Mitose) fort, ohne (durch Meiose) Gameten für die gymnastischen Übungen der sexuellen Fortpflanzung zu bilden.

Der Grundsatz, daß der Genotyp den Phänotyp bestimmt, gilt für Viren ebenso wie für lebende Organismen. Viren nehmen die physische Gestalt außerordentlich kleiner Partikel an. Mit den Organismen haben sie die Eigenschaft gemeinsam, daß eine Generation die nächste hervorbringt; sie unterscheiden sich insofern, als ihnen eine eigene Zellstruktur fehlt und sie vielmehr eine **Wirtszelle** infizieren müssen.

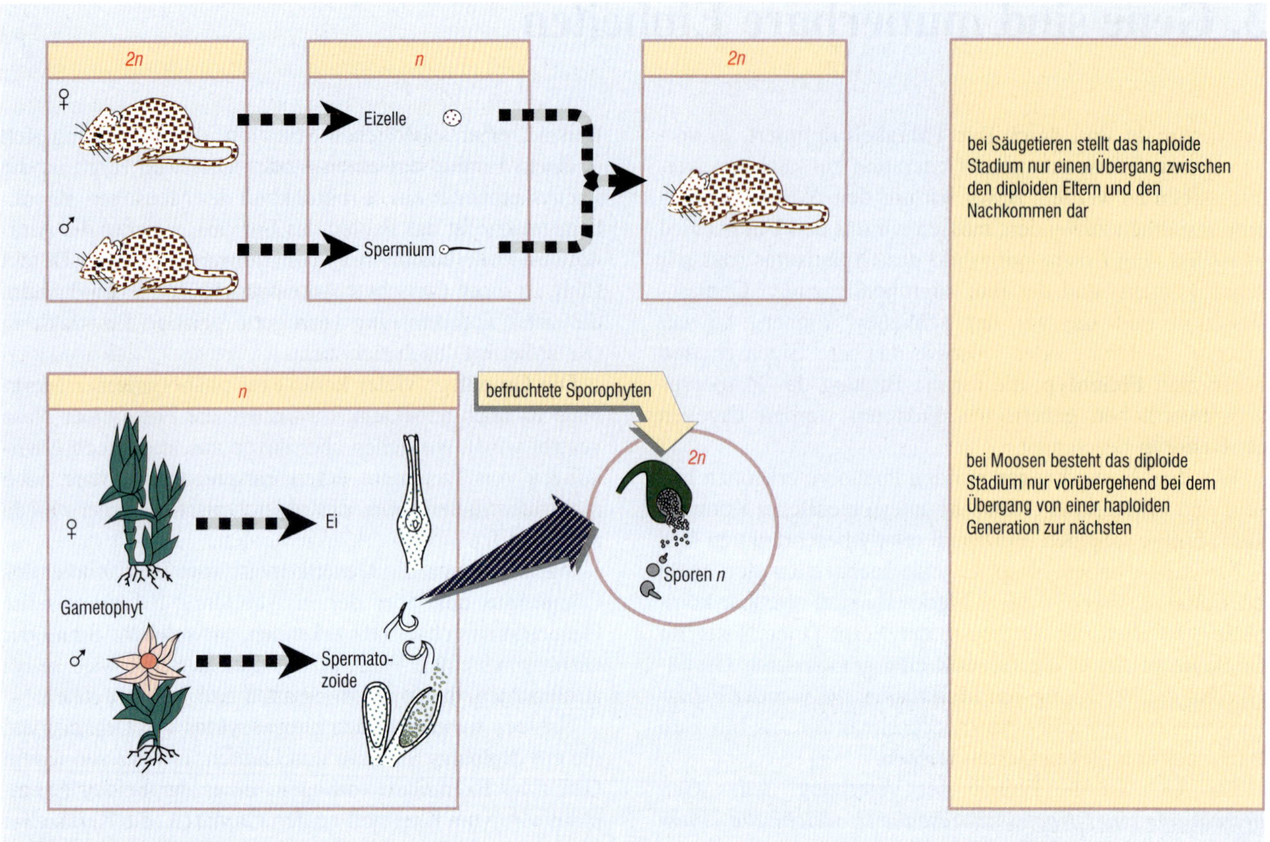

3.1 Bei Eukaryoten, die ihre Gene durch den Wechsel von diploiden und haploiden Stadien dauerhaft erhalten und weitergeben, stellt ein Stadium stets das vorherrschende dar, während das andere in den Gameten besteht. Säugetiere und Moose sind Extrembeispiele, bei denen die sichtbaren Generationen diploid beziehungsweise haploid sind.

Viren infizieren sowohl prokaryotische als auch eukaryotische Zellen; solche, die Bakterien befallen, bezeichnet man für gewöhnlich als **Bakteriophagen**, abgekürzt **Phagen**. Ein Beispiel für eine Phageninfektion zeigt Abbildung 3.2. Die Komplexität der Viren und ihre Auswirkungen auf die Wirtszelle variieren, *in jedem Fall aber resultiert aus einer Infektion die Bildung einer Nachkommenschaft von Viruspartikeln, die denjenigen gleichen, welche ursprünglich die Wirtszelle infizierten.*

Der Phänotyp eines Virus stellt sich nicht nur durch die Struktur des Viruspartikels selbst dar, sondern auch durch seine Wirkung auf die infizierte Zelle. Veränderungen im Genotyp des Virus können entweder den Partikel selbst oder den von der infizierten Zelle entwickelten Phänotyp verändern. Man beschreibt Viruslinien entweder als Wildtyp oder als Mutante; der jeweilige Typ wird an die Nachkommen weitervererbt, und ein Typ kann durch Mutation dauerhaft in einen anderen übergehen. Die Vererbung zeigt bei Viren also dieselben Kennzeichen, wie sie auch für lebende Organismen charakteristisch sind.

Die virale Vererbung erfolgt durch Gene, und virale Gene haben dieselben Eigenschaften wie zelluläre. Die Zelle vermehrt selbständig einen recht komplexen Gensatz; ein Virus vermehrt einen kleineren Gensatz auf unselbständige Weise.

3.1 Die Entdeckung von Genen

Die grundlegenden Eigenschaften des Gens beschrieb Gregor Mendel bereits vor mehr als hundert Jahren. In seiner Analyse der Genetik der Gartenerbse aus dem Jahre 1865 kam er zu dem Schluß: »Das Gesetz von der Kombination verschiedener Merkmale, welches die Entwicklung der Hybriden bestimmt, findet daher seine Erklärung in dem erläuterten Prinzip, nach dem die Hybriden Keim- und Pollenzellen bilden, die in gleicher Zahl alle konstanten Formen repräsentieren, welche aus den Kombinationen der bei der Befruchtung vereinten Merkmale resultieren.« *In seinen Regeln zusammengefaßt, betrachtete er das Gen als partikuläres Element, welches unverändert vom Elternteil an die Nachkommen weitergegeben wird.*

Ein Gen kann in alternativen Formen vorkommen, welche die Ausprägung irgendeines besonderen Merkmals bestimmen. Die Farbe einer Blüte kann beispielsweise rot oder weiß sein. Die verschiedenen Formen eines Gens bezeichnet man als **Allele**. Die zweite Mendelsche Regel (auch Spaltungsregel genannt) beschreibt die **Segregation (Trennung) von Allelen**: *Allele haben keinen dauerhaften Einfluß aufeinander, wenn sie in derselben Pflanze vorkommen, sondern spalten sich bei der Weitergabe an verschiedene Gameten unverändert auf.*

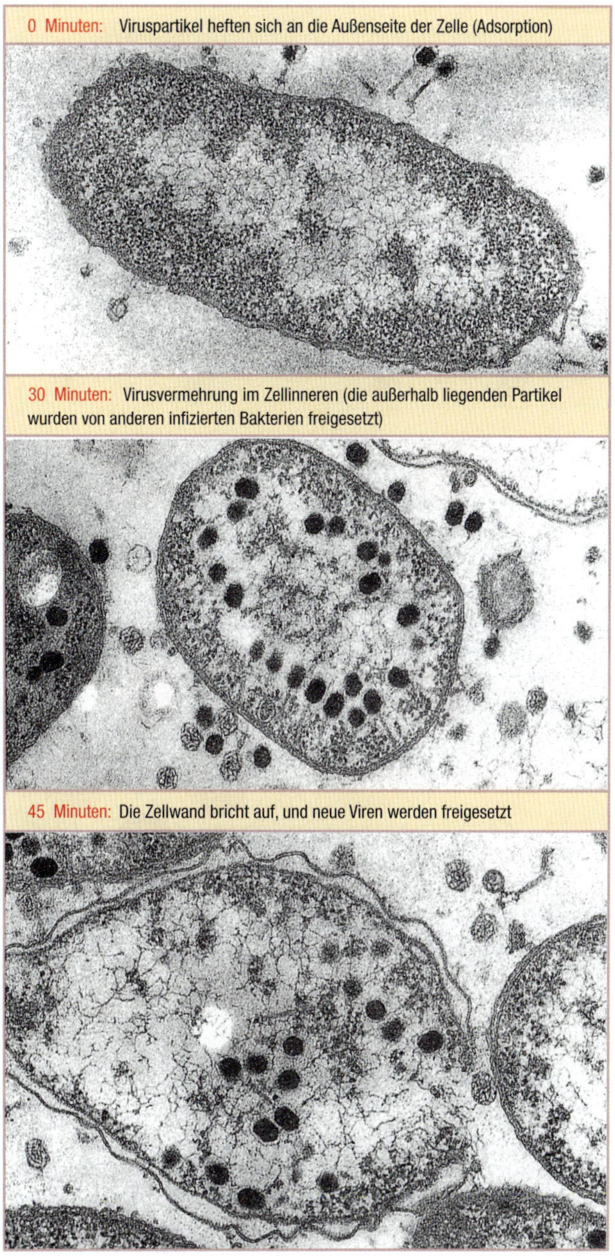

3.2 Die virale Vererbung folgt einem Zyklus, in dessen Verlauf das Virus eine Wirtszelle infiziert, damit neue Viren seiner Art entstehen. (Aufnahmen mit freundlicher Genehmigung von Lee Simon.)

Wenn ein Organismus über zwei identische Allele eines Gens verfügt, bezeichnet man ihn als **homozygot** (oder reinerbig) im Hinblick auf das durch dieses Gen bestimmte Merkmal. Sind die Allele verschieden, ist der Organismus **heterozygot** (oder mischerbig). *Der Phänotyp eines homozygoten Individuums spiegelt unmittelbar den Genotyp des (nur in einer Form vorliegenden) Allels wider, der Phänotyp eines heterozygoten Individuums hängt dagegen von der Beziehung zwischen den vorhandenen Allelformen ab.*

Die Mendelschen Regeln berücksichtigen, daß der Genotyp eines heterozygoten Individuums beide Allele umfaßt, unabhängig vom ausgeprägten Phänotyp. Kreuzt man ein für ein Allel homozygotes Individuum mit einem, das für ein anderes Allel homozygot ist, so sind alle Nachkommen der ersten oder F_1-Generation heterozygot und weisen denselben Phänotyp auf (erste Mendelsche Regel, Uniformitätsregel). Kreuzt man diese heterozygoten Nachkommen aber untereinander, um eine zweite oder F_2-Generation zu erzeugen, dann kommen die Genotypen der ursprünglichen Eltern wieder zum Vorschein. Entscheidend ist, daß die Allele aus diskreten physikalischen Einheiten bestehen müssen, die unabhängig voneinander zum Phänotyp beitragen (oder dies auch nicht vermögen).

Je nach Art der Beziehung zwischen den Allelen können die Ergebnisse solcher Kreuzungen sehr unterschiedlich ausfallen, wie Abbildung 3.3 zeigt.

- Der von Mendel analysierte Fall bezieht sich auf die vollständige **Dominanz** und ist in der ersten Spalte der Ergebnisse dargestellt. Wenn ein Allel **dominant** ist und das andere **rezessiv**, wird der Phänotyp eines heterozygoten Individuums von dem dominanten Allel bestimmt. Das rezessive Allel trägt nichts dazu bei. Das eine dominante Allel erzeugt denselben Phänotyp, der sich auch bei einem homozygoten Individuum vom Wildtyp findet. Das Erscheinungsbild des heterozygoten Individuums ist von dem des homozygot-dominanten Elternteils nicht zu unterscheiden. Die F_1-Generation gleicht dem dominanten Elternteil. Dominante Vererbung führt in der F_2-Generation zu dem klassischen 3:1-Mengenverhältnis von dominanten zu rezessiven Phänotypen.
- Manche Allele zeigen **unvollständige Dominanz**, wie sie in der mittleren Spalte dargestellt ist. Der Phänotyp des heterozygoten Individuums steht zwischen denen der beiden Homozygoten. Beim Löwenmaul entstehen beispielsweise durch Kreuzung von Pflanzen mit roter und weißer Blütenfarbe heterozygote Exemplare mit rosafarbenen Blüten. Aber auch hier ist dasselbe Gesetz zu beobachten, daß nämlich die erste Hybrid- oder F_1-Generation im Phänotyp einheitlich ist; und in der zweiten oder F_2-Generation entstehen dieselben Mengenverhältnisse, abgesehen davon, daß man drei anstelle von zwei Phänotypen unterscheiden kann (**AA** mit roten, zwei **Aa** mit rosa, **aa** mit weißen Blüten). Eine solche Situation entsteht durch quantitative Effekte; das einzelne Rot-Allel bei der heterozygoten Pflanze bildet nur halb soviel Pigment wie die beiden Rot-Allele bei einer homozygoten.
- Allele gelten als **kodominant**, wenn sie zu gleichen Teilen zum Phänotyp beitragen, wie in der letzten Spalte dargestellt. Bei den menschlichen Blutgruppen sind die Kombinationen AA und BB homozygot, und AB ist kodominant heterozygot, wobei die Gruppen A und B gleichermaßen ausgeprägt werden (Abbildung 3.14). Das hat zur Folge, daß jede Art von Genotyp einen anderen Phänotyp ausbildet. Die F_1-Generation hat die Eigenschaften beider Elterteile, und die F_2-Generation weist die Phänotypen A, AB und B im Verhältnis 1:2:1 auf.

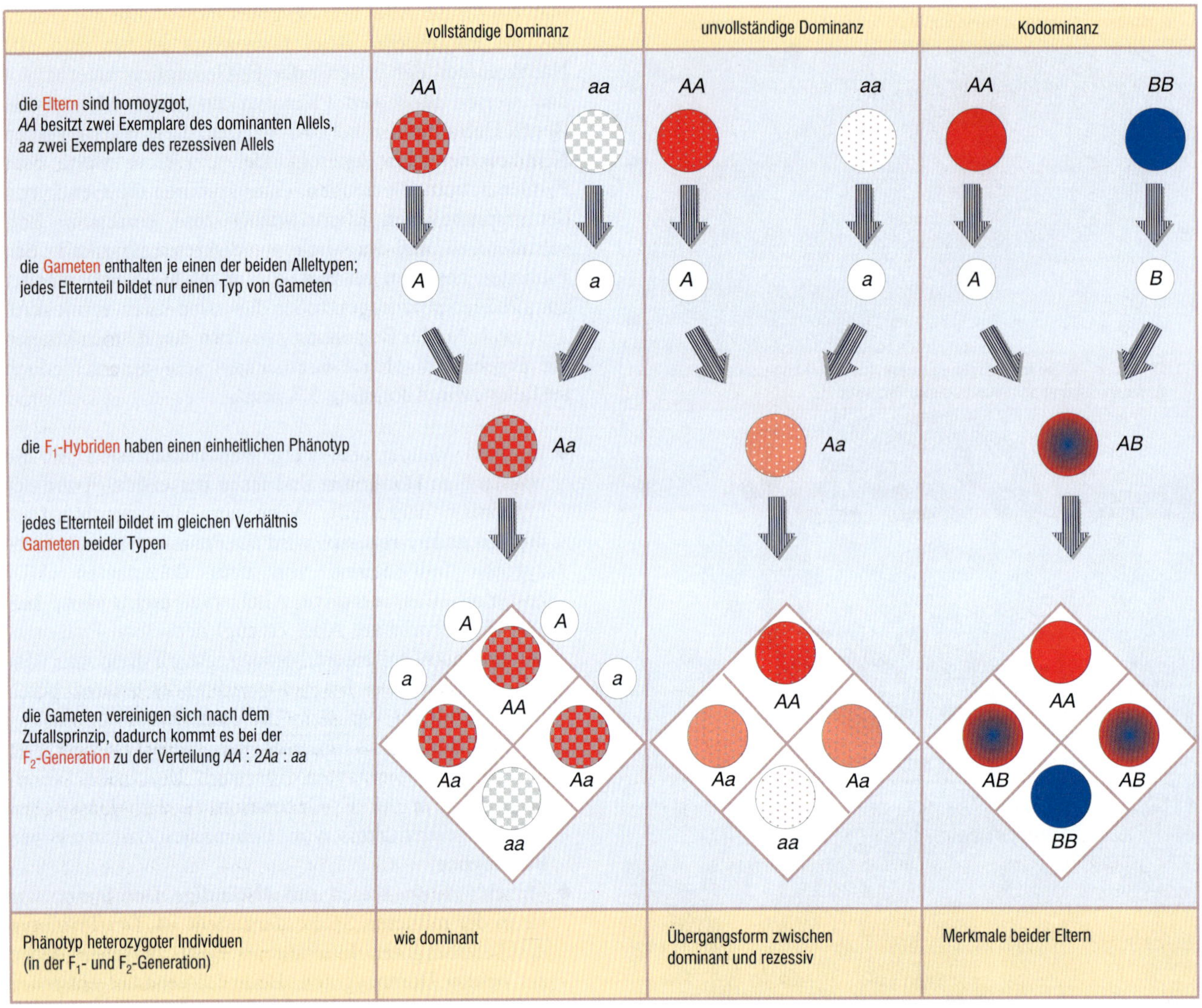

3.3 Die Allele segregieren in jeder Generation.

Die dritte Mendelsche Regel faßt die **freie Kombination verschiedener Gene** zusammen. Wird eine homozygote Pflanze, die für *zwei unterschiedliche Merkmale* dominant ist, mit einer homozygoten, für beide Merkmale rezessiven Pflanze gekreuzt, dann besteht die F_1-Generation wie zuvor aus Pflanzen mit demselben Phänotyp wie das dominante Elternteil. In der darauffolgenden F_2-Generation findet man jedoch zwei Hauptklassen von Nachkommen:

- Eine Klasse umfaßt die beiden **elterlichen (parentalen) Typen,**
- die andere Klasse besteht aus *neuen* Phänotypen und umfaßt Pflanzen mit dem dominanten Merkmal des einen und dem rezessiven Merkmal des anderen Elternteiles. Diese bezeichnet man als **Rekombinanten**; sie treten in beiden möglichen (**reziproken**) Kombinationen auf.

Das Zahlenverhältnis der vier Phänotypen der F_2-Generation läßt sich durch die Annahme erklären, daß bei der Gametenbildung die Verbindung von einem der beiden Allele für das erste Merkmal mit einem der beiden Allele für das zweite Merkmal rein zufällig erfolgt, wie Abbildung 3.4 verdeutlicht. Alle vier möglichen Gametentypen werden im gleichen Verhältnis gebildet und verbinden sich dann nach dem Zufallsprinzip zu den Zygoten der nächsten Generation. Auch hier verbergen die Phänotypen eine in Wirklichkeit größere Vielfalt an Genotypen.

Die Regel von der unabhängigen Segregation formuliert das Prinzip, nach dem man das Verhalten jedes Genpaares (oder jeder größeren Anzahl Gene) ganz und gar nach den Gesetzmäßigkeiten mathematischer Kombination vorhersagen kann. *Die Verteilung eines Gens hat keinen Einfluß auf die eines anderen.* Dem liegt die Ansicht zugrunde, daß die Verteilung eine Sache der *statistischen Wahrscheinlichkeit* ist und kein exaktes Ergebnis darstellt. Das Verhältnis der jeweiligen Typen von Nachkommen wird sich den vorhergesagten Verteilungen mit zunehmender Zahl der Kreuzungen immer weiter annähern.

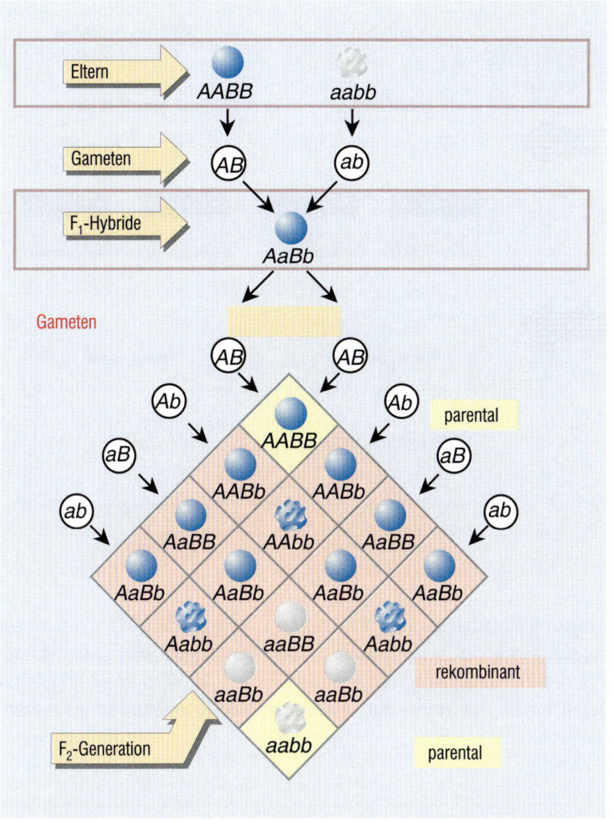

3.4 Ein Elternteil ist homozygot für zwei dominante Allele, *A* bestimmt die Farbe (blau) und *B* die Gestalt (rund). Das andere Elternteil ist homozygot für die rezessiven Allele *a* und *b* (keine Farbe und runzlige Gestalt).

Die Anerkennung von Mendels Entdeckungen ließ auf sich warten, weil man für die postulierten Elemente (die Gene) keine physikalische Grundlage kannte. Die später vorgebrachte Chromosomentheorie der Vererbung führte jedoch zu der Erkenntnis, daß das Verhalten von Chromosomen bei der Meiose und der Befruchtung exakt mit den Eigenschaften von Mendels partikulären Erbeinheiten übereinstimmte.

Fassen wir die Parallelen zwischen den Chromosomen und Mendels Erbeinheiten zusammen:

- Gene treten als Allelpaare auf. In jedem Paar stammt von jedem Elternteil je ein Allel; der diploide Chromosomensatz entsteht also durch den Beitrag je eines haploiden Satzes jedes Elternteiles.
- Die Verteilung von Genen, die keine Allele darstellen, auf die Gameten ist von der (parentalen) Herkunft unabhängig; nichthomologe Chromosomen unterliegen demnach der unabhängigen Segregation (Abbildung 2.20).

Die entscheidende Bedingung ist, daß jeder Gamet einen kompletten haploiden Satz erhält, und diese Bedingung ist bei der Betrachtung als Mendelsche Elemente oder als Chromosomen gleichermaßen erfüllt.

3.2 Gene sind auf den Chromosomen linear angeordnet

Die Beziehung zwischen dem Verhalten von Genen und Chromosomen wirft die Frage auf: Lassen sich bestimmte Gene mit bestimmten Chromosomen gleichsetzen? Den Beweis dafür, daß ein spezifisches Gen stets auf einem bestimmten Chromosom liegt, lieferte eine Mutante der Taufliege *Drosophila melanogaster*, die Thomas Hunt Morgan im Jahre 1910 erhielt. Dieses Männchen mit weißer Augenfarbe trat spontan in einer Linie von Fliegen mit den normalen roten Augen (des Wildtyps) auf.

Diese *white*-Mutation konnte auf einem bestimmten Chromosom lokalisiert werden, denn sie ist geschlechtsgebunden. Die Geschlechtschromosomen bilden die einzige Ausnahme von der Regel, daß jeder diploide Organismus von jedem Chromosom zwei Exemplare besitzt. Ein Tier verfügt über zwei Exemplare von jedem Autosom sowie über zwei Geschlechtschromosomen (Heterochromosomen), die bei dem einen Geschlecht identisch (XX) und bei dem anderen verschieden (XY) sind.

Bei *Drosophila* zeigen Männchen die Kombination XY und Weibchen XX. Daraus folgt, daß ein auf dem X-Chromosom lokalisiertes, rezessives Allel ein charakteristisches Verhalten aufweist, das man als **Geschlechtsgebundenheit** bezeichnet. Weil das Y-Chromosom kein Allel enthält, wird der Phänotyp eines Männchens durch das einzelne Allel auf dem X-Chromosom bestimmt, welches von der Mutter vererbt wurde. Demnach wird eine rezessive Mutation von der Mutter an alle ihre Söhne und an keine ihrer Töchter weitergegeben. Die Übereinstimmung der Vererbungsmuster der *white*-Mutation und des X-Chromosoms führte so zu der ersten Lokalisierung eines einzelnen Gens auf einem bestimmten Chromosom.

Die freie Kombination von Chromosomen bei der Meiose erklärt die freie Kombination von Genen, die auf unterschiedlichen Chromosomen lokalisiert sind. Die Zahl der genetischen Faktoren ist jedoch viel größer als die der Chromosomen. Wenn alle Gene auf Chromosomen liegen, dann müssen sich auf jedem Chromosom viele Gene befinden. In welcher Beziehung stehen diese Gene zueinander?

Das Verhalten zweier Gene, die auf demselben Chromosom liegen, kann von den Vorhersagen der Mendelschen Regeln abweichen. Anstelle der in Abbildung 3.4 dargestellten Zahlenverhältnisse findet sich in der F_2-Generation ein größerer Anteil von parentalen Genotypen als erwartet, *denn die Bildung rekombinanter Genotypen geht zurück.* Manche Merkmale neigen dazu, miteinander verbunden zu bleiben und sich nicht frei zu kombinieren; das bezeichnet man als **Koppelung**.

Die Abbildung 3.5 zeigt, wie man mit Hilfe einer **Rückkreuzung** die Koppelung messen kann. Die Allele des Elternteiles mit rezessiven Merkmalen tragen nichts zum Phänotyp des Nachwuchses bei. Die Rückkreuzung macht es also im Prinzip möglich, den Genotyp des untersuchten Organismus direkt zu überprüfen.

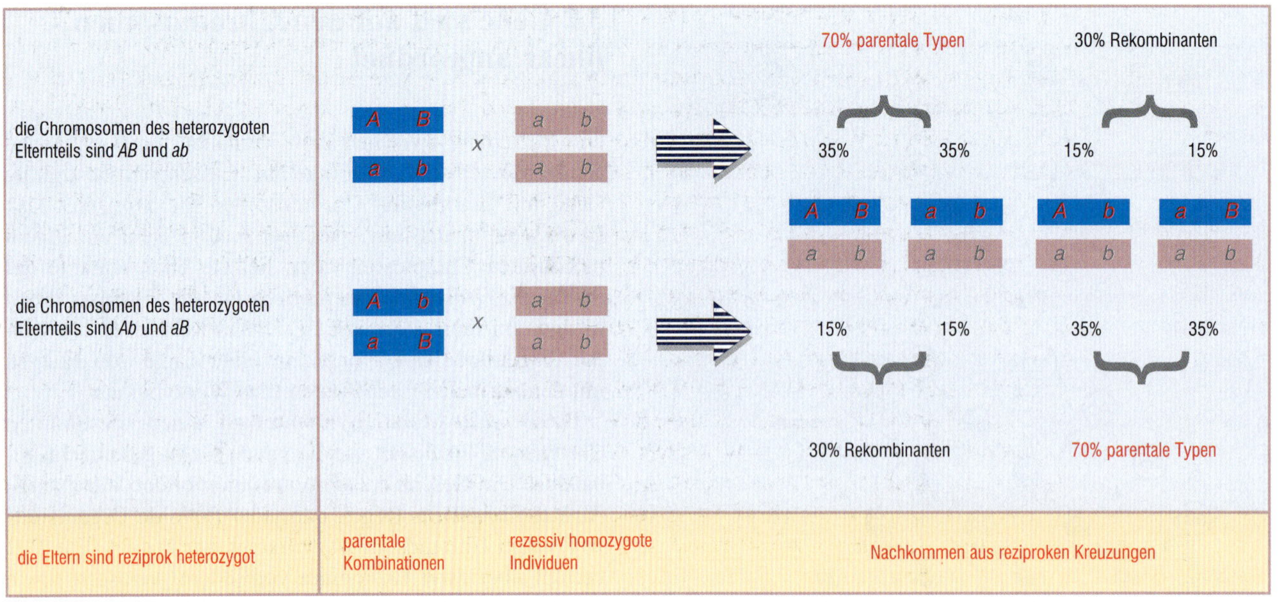

3.5 Die Koppelung läßt sich mit Hilfe einer Rückkreuzung mit einem doppelt homozygoten Individuum messen. Der Genotyp eines unbekannten Gameten ist als Ergebnis seiner Kombination mit einem Gameten, der ausschließlich die rezessiven Allele beisteuert, unmittelbar zu erkennen. Bei jeder Kreuzung zeigen die Nachkommen einen höheren Anteil parentaler Typen (70 %) und einen geringeren Anteil rekombinanter Typen (30 %) im Verhältnis zu den 50 % jedes Typus, die nach der unabhängigen Segregation zu erwarten sind. Zwischen *A* und *B* wird eine Koppelung von 30 % gemessen.

Je geringer der Anteil von Rekombinanten beim Nachwuchs ist, desto enger ist die Koppelung. Entscheidendes Kennzeichen ist, daß *man unabhängig von der Anordnung parentaler Allele (AB/ab oder Ab/aB) denselben Anteil von Rekombinanten erhält.* Und in jedem Fall treten beide Typen der (reziproken) Rekombinanten zu gleichen Teilen auf.

Morgan schlug vor, daß die genetische Koppelung die »einfache mechanische Folge der Lokalisation der (Gene) auf den Chromosomen« ist. Er legte nahe, daß sich die Bildung von Rekombinantenklassen mit dem Vorgang des **Crossover** (Crossing-over; englisch für „Überkreuzen") gleichsetzen läßt, der während der Meiose erkennbar ist (Abbildung 2.20). Im Frühstadium der Meiose, wenn alle vier Exemplare jedes Chromosoms in Gestalt eines Bivalents vorliegen, findet ein paarweiser Austausch von Material zwischen den (über den sogenannten synaptischen Komplex) eng verbundenen Chromatiden statt.

Das sichtbare Ergebnis eines Crossover bezeichnet man als **Chiasma**; Abbildung 3.6 zeigt davon eine schematische Darstellung. Ein Chiasma ist eine Stelle, wo zwei der (vier) Chromatiden eines Bivalents an korrespondierenden Punkten aufgebrochen sind. Die Enden der Bruchstellen haben sich kreuzweise wieder verbunden und so neue Chromatiden gebildet. Jedes neue Chromatid enthält Material von einem Chromatid auf einer Seite des Verbindungspunktes und Material des anderen Chromatids auf der gegenüberliegenden Seite. Die beiden rekombinanten Chromatiden haben reziproke Strukturen. Man bezeichnet diesen Vorgang als **Bruch und Wiederverheilung** (*breakage and reunion*).

Der Beweis dafür, daß das Crossover für die Rekombination verantwortlich ist, erfordert eine Klärung der Beziehung zwischen Chromosomenstruktur und Genotyp. Dies wird durch die Existenz von **Translokationen** möglich, bei denen sich ein Teil von einem Chromosom abge-

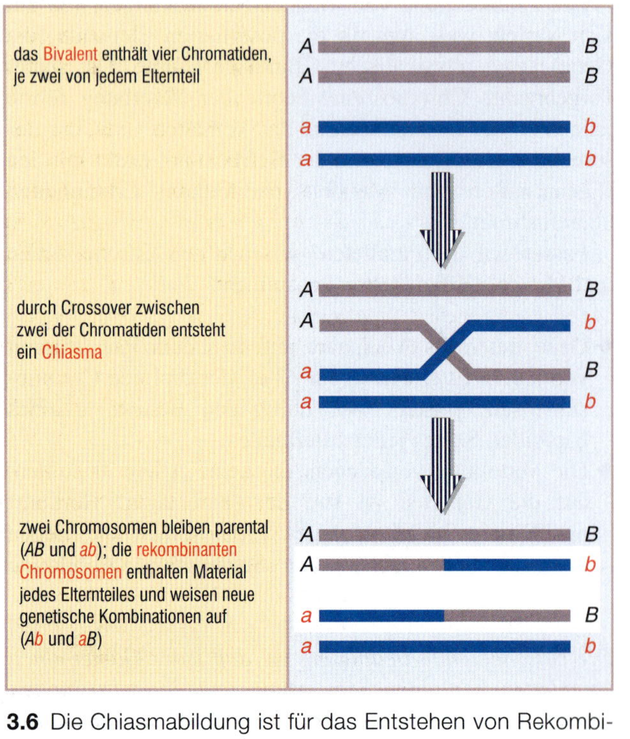

3.6 Die Chiasmabildung ist für das Entstehen von Rekombinanten verantwortlich.

löst und mit einem anderen verbunden hat. Man kann das translozierte Chromosom also in seiner Erscheinung vom normalen Chromosom unterscheiden. Bei passenden Kreuzungen, wie in Abbildung 3.7, läßt sich zeigen, daß die Bildung genetischer Rekombinanten nur dann stattfindet, wenn es zwischen den entsprechenden Regionen des Chromosoms auch physikalisch ein Crossover gab. Die für die genetische Rekombination verantwortlichen Mechanismen werden wir in Kapitel 17 näher behandeln.

Falls die Wahrscheinlichkeit eines Chiasmas zwischen zwei Punkten eines Chromosoms von deren Abstand voneinander abhängt, so werden dicht benachbarte Gene eher zusammenbleiben. Mit abnehmendem Abstand wird auch die Wahrscheinlichkeit eines Crossover geringer werden. Wenn das Crossover für die Rekombination verantwortlich ist, dann werden Gene um so enger gekoppelt sein, je näher sie beieinander liegen. Umgekehrt kann man also die genetische Koppelung als Maßeinheit für den Abstand nehmen.

Das Ausmaß der Rekombination zwischen zwei Genen desselben Chromosoms kann als **Kartierungsabstand** benutzt werden, um ihre relative Position zu messen. Die Formel zur Berechnung des genetischen Abstands lautet:

$$\text{Kartierungsabstand} = \frac{\text{Zahl der Rekombinanten} \times 100}{\text{Gesamtzahl der Nachkommen}}$$

Die Einheit des Kartierungsabstands (**Morgan-Einheit**) definiert man folgendermaßen: Eine Einheit (oder centi-Morgan, cM) entspricht einer Crossoverhäufigkeit von einem Prozent. Bei geringen Abständen (unter 10 %) ergeben sich die Einheiten direkt aus dem Prozentsatz der Rekombinanten. Finden jedoch zwei Crossovers nahe beieinander statt, so stellen sie die parentale Anordnung der Genloci auf jeder Seite wieder her. Das verringert die Zahl der Rekombinanten, so daß die Rekombinationshäufigkeit auf einen geringeren Kartierungsabstand schließen läßt.

Verfolgt man mehrere Merkmale zusammen, so läßt sich eine bedeutsame Eigenschaft beobachten. Bei Genen, die auf demselben Chromosom liegen, *addieren sich (annähernd) die jeweiligen Kartierungsabstände*. Wenn die beiden Gene A und B zehn Einheiten voneinander entfernt liegen und Gen C weitere fünf Einheiten jenseits von B, dann wird der direkte Abstand zwischen A und C etwa 15 Einheiten betragen. Gene lassen sich demnach in eine **lineare Anordnung** bringen.

Ein entscheidender Grundsatz bei dem Erstellen einer genetischen Karte ist, daß der Abstand zwischen Genen nicht von den jeweils benutzten *Allelen* abhängig ist, sondern allein von den **Genloci** (Genorten). *Der Genlocus bezeichnet die Position auf dem Chromosom, die ein Gen innehat, das einem bestimmten Merkmal entspricht. Die vielen verschiedenen Formen eines Gens* – also die zur Kartierung benutzten Allele – *befinden sich allesamt an derselben Stelle des Chromosoms.*

Beim Erstellen einer Genkarte geht es also darum, die Position der gleichbleibenden und linear angeordneten Genloci herauszufinden. Bei Kartierungsexperimenten

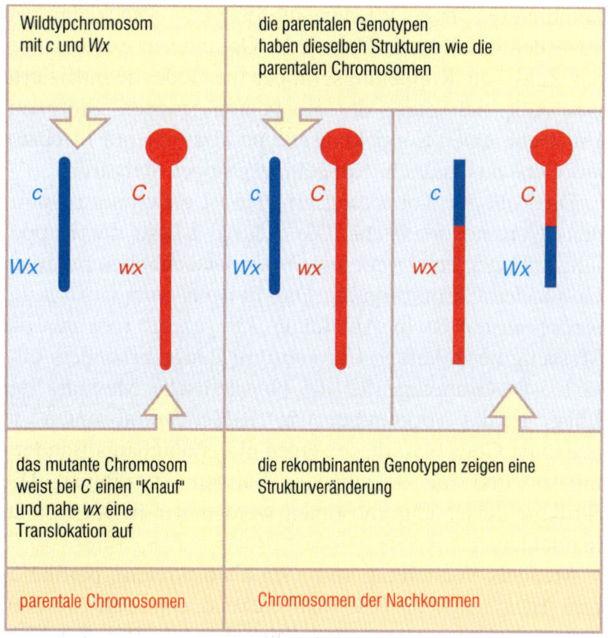

3.7 Die genetische Rekombination wird durch physikalisches Crossover hervorgerufen.

erhält man stets dasselbe Ergebnis; die besondere Kombination der Allele hat darauf keinen Einfluß (Abbildung 3.5). Mit den Prinzipien der Genkartierung werden wir uns in Kapitel 6 befassen, und in Teil V werden wir einige Aspekte der umfassenden Genkarte eines Organismus betrachten. Vorerst kommen wir zu dem Schluß, daß die genetische Karte (annähernd) die physikalische Länge des genetischen Materials wiedergibt.

Nicht alle Genpaare eines einzelnen Chromosoms zeigen eine Koppelung. Die maximale Rekombinationsrate zwischen zwei Loci liegt bei 50 % und entspricht der freien Segregation, wie die Mendelschen Regeln sie voraussagen. (Obwohl die Wahrscheinlichkeit einer Rekombination zwischen zwei weit auseinanderliegenden Genen eines Chromosoms hoch ist, sind an jedem Rekombinationsvorgang nur zwei der vier verbundenen Chromatiden beteiligt; die Rekombination zwischen den Genen ist also auf eine Rate von 50 % begrenzt.)

Obwohl sie auf demselben Chromosom liegen, kombinieren weit auseinanderliegende Gene also frei. Sie sind zwar nicht direkt gekoppelt, aber jedes kann doch an zwischen ihnen liegende Gene gekoppelt sein. Deshalb läßt sich eine genetische Karte über die auf 50 % begrenzte Rekombinationsrate hinaus ausdehnen, die man zwischen jedem Genpaar direkt messen kann. Eine Genkarte geht für gewöhnlich auf Messungen an relativ dicht beieinander liegenden Genen zurück (und erfährt Korrekturen durch die einfache Rekombinationsrate in Prozent).

Zu einer **Koppelungsgruppe** zählen alle Gene, die man direkt oder indirekt anhand ihrer Koppelung in Verbindung bringen kann. Dicht benachbarte Gene zeigen absolute Koppelung; solche mit mehr als 50 Einheiten Entfernung kombinieren frei. Werden die Koppelungsbeziehungen ausgedehnt, fallen die Gene jedes Organismus einer diskreten Zahl von Koppelungsgruppen zu. Jedes identifizierte Gen läßt sich einer der Koppelungsgruppen zuordnen. Die Gene einer Koppelungsgruppe kombinieren in bezug auf Gene aus anderen Koppelungsgruppen stets frei.

Die Zahl der Koppelungsgruppen ist gleich der (haploiden) Chromosomenzahl. Die relative Länge der Koppelungsgruppen entspricht jeweils der tatsächlichen relativen Größe der Chromosomen. Das Beispiel von *Drosophila melanogaster* ist in Abbildung 3.8 gezeigt (bei der die Messung der relativen Chromosomenlänge besonders einfach ist). Grundlage für die physikalische Messung der Länge ist das Vorkommen von „Riesenchromosomen" in manchen Geweben; diese zeigen ein erkennbares Bandenmuster, und die Anzahl der Banden ist zählbar. Die Struktur dieser Chromosomen werden wir in Kapitel 26 betrachten.

Mendels Vorstellung vom Gen als diskretem, partikulärem Element kann also dahingehend erweitert werden, daß *das Chromosom eine Koppelungsgruppe darstellt, die in zahlreiche Gene unterteilt ist, deren physikalische Anordnung ihr genetisches Verhalten bestimmt.* Wir gebrauchen gelegentlich den Begriff **genetischer Marker** (oder Markierungsgen) für ein entsprechendes Gen, das beispielsweise für ein Kartierungsexperiment verwendet wird oder zur Identifizierung eines bestimmten Abschnitts dient. Man kann demnach von einem Chromosom sagen, daß es bestimmte genetische Marker – nämlich Allele – trägt.

Bei den in der ersten Hälfte dieses Jahrhunderts erstellten genetischen Karten höherer Organismen sind die Gene wie Perlen einer Kette aufgereiht. Sie treten in einer festen Reihenfolge auf, und bei der genetischen Rekombination werden korrespondierende Abschnitte der Kette zwischen homologen Chromosomen ausgetauscht. Das Gen ist im Grunde ein mysteriöses Ding (die Perle), dessen Beziehung zu seiner Umgebung (dem Faden der Kette) unklar bleibt.

Die Genauigkeit der Rekombinationskarte eines höheren Eukaryoten wird durch die geringe Zahl von Nachkommen eingeschränkt, die man bei jeder Paarung erhält. Eine Rekombination tritt zwischen benachbarten Punkten so selten auf, daß sie zwischen verschiedenen Mutationen in einem Gen kaum einmal zu beobachten ist. Das führt zu folgenden Fragen: Tritt Rekombination innerhalb eines Gens auf? Und kann man die Häufigkeit ihrers Auftretens in diesen Dimensionen nutzen, um Mutationsstellen linear anzuordnen?

Um diese Fragen mit herkömmlichen genetischen Mitteln beantworten zu können, benötigt man ein System von Mikroorganismen, das bei jeder genetischen Kreuzung eine große Anzahl Nachkommen hervorbringt. Ein passendes System stellt der **Phage T4** dar, ein Virus, welches das Bakterium ***Escherichia coli*** befällt. Die Infektion eines einzigen Bakteriums führt zu der Bildung von etwa 100 neuen Phagen in weniger als einer halben Stunde (Abbildung 3.2).

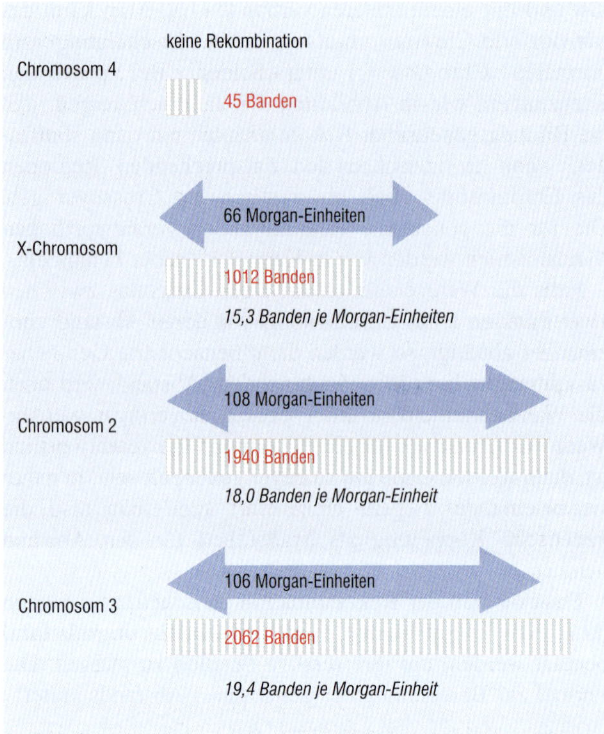

3.8 Man kann die Koppelungskarte mit der physikalischen Länge des Chromosoms in Beziehung setzen. Jedes Chromosom von *D. melanogaster* kann in Form mehrerer „Banden" sichtbar gemacht werden. Die relative Bandenzahl spiegelt die physikalische Länge jedes Chromosoms wider. Das Verhältnis von Rekombinationseinheiten zu Banden ist bei jedem Chromosom ähnlich.

Seymour Benzer analysierte den Aufbau eines einzelnen Locus in einer Reihe intensiver Studien der *rII*-Gene des Phagen; diese Gene sind für eine Veränderung bei der Zerstörung des Bakteriums in Form **beschleunigter Zell-Lyse** (*rapid lysis*) verantwortlich. Infiziert man ein Bakterium gleichzeitig mit zwei verschiedenen *rII*-Mutanten des Phagen, kann man Bedingungen schaffen, unter denen *nur* dann neue Phagen gebildet werden, wenn zwischen den beiden Mutationen eine Rekombination stattgefunden hat, aus der eine Rekombinante des Wildtyps hervorging. Die Rekombinationshäufigkeit hängt vom Abstand zwischen den Loci ab, ebenso wie im eukaryotischen Chromosom.

Die hohe Selektivität dieser Technik zur Erkennung von Rekombinanten des erwünschten Typs gestattet es, selbst die seltensten Rekombinationsvorgänge zahlenmäßig zu erfassen; auf diese Weise kann man den Kartierungsabstand zwischen *allen* Mutationspaaren messen. Etwa 2 400 Mutationen verteilen sich auf 304 mutierbare Stellen (*sites*). (Rekombinieren zwei Mutationen nicht, so geht man davon aus, daß sie für unabhängige und spontane Ereignisse an demselben Genlocus stehen.)

Man kann die Mutationen in einer linearen Reihenfolge anordnen, die zeigt, daß *der Aufbau des Gens selbst ebenso linear ist wie die Anordnung der Gene auf einem*

Chromosom. Die genetische Karte ist also sowohl innerhalb als auch zwischen den einzelnen Loci linear strukturiert: Sie besteht aus einer ununterbrochenen Sequenz, in der die Gene liegen. Inzwischen wurde diese Schlußfolgerung selbstverständlich im molekularen Zusammenhang auf alle genetischen Systeme ausgedehnt.

3.3 Ein Gen – ein Protein

Bis zum Jahre 1945 galt das Gen als die eigentliche Grundeinheit der Vererbung, doch für seine Funktionsweise gab es keine einheitliche Erklärung. Man konnte Gene nur über Mutationen, die Abweichungen vom Phänotyp hervorriefen, identifizieren. Die Hauptschwierigkeit bestand darin, daß man auf die zufällig verfügbaren Mutanten angewiesen war, die aber nicht unbedingt für biochemische Untersuchungen geeignet waren. Immer häufiger ließen sich zwar Defekte bestimmter biochemischer Reaktionen mit spezifischen Mutationen in Zusammenhang bringen, die physikalische Struktur des Gens aber und seine Beziehung zu biochemischen Defekten blieben weiterhin unbekannt.

In den dreißiger Jahren begannen George W. Beadle und Brian Ephrussi versuchsweise, Gene systematisch mit Enzymen in Beziehung zu setzen; sie wiesen damals nach, daß die Entwicklung der normalen roten Augenfarbe bei der Tau- oder Essigfliege *Drosophila melanogaster* einige deutliche Zwischenstadien durchläuft. Eine Blockade in verschiedenen Stadien läßt unterschiedliche Augenfarbenmutanten entstehen. Doch erst viel später ließ sich der gesamte Weg nachvollziehen. Beadle und Edward L. Tatum versuchten also, das Problem von einer anderen Seite anzugehen. Wie Beadle sich erinnert: »Es wurde mir plötzlich klar, daß wir den von uns verfolgten Vorgang wahrscheinlich auch umkehren könnten, und anstatt die Chemie bekannter genetischer Unterschiede zu erarbeiten, sollten wir Mutanten auswählen, bei denen bekannte chemische Reaktionen blockiert sind.«

Sie erzeugten (durch Bestrahlung mit Röntgenstrahlen) Mutanten des Schimmelpilzes *Neurospora* und selektierten diese gemäß ihrem Unvermögen, auf einem für Zellen vom Wildtyp förderlichen Nährmedium zu wachsen. Die Mutanten wachsen darauf nicht, weil sie eine bestimmte notwendige Substanz nicht mehr bilden können. Die biochemische Natur des Defekts bei jeder Mutantenlinie konnte identifiziert werden, indem man diese Substanz fand; fügte man sie dem Nährmedium hinzu, konnte die Mutantenlinie wachsen. Wie sich herausstellte, war bei jeder Mutante ein bestimmter Stoffwechselschritt blokkiert, den beim Wildtyp ein einziges Enzym katalysierte. Die Blockade jedes einzelnen Schrittes führt jeweils zu einer Anreicherung des Stoffwechselzwischenprodukts, das diesem Schritt vorausgeht.

Abbildung 3.9 zeigt den später entschlüsselten Weg der Bildung des braunen Augenpigments bei *D. melanogaster*. Dabei wird Tryptophan in mehreren Reaktionen in braunen Farbstoff umgewandelt. In jedem Stadium des Stoffwechselweges führt eine Mutation zum Fehlen eines bestimmten Enzyms, was die Anreicherung des Zwischenprodukts zur Folge hat, auf welches das Enzym einwirkt. Die Augenfarbe wird von dem jeweiligen Zwischenprodukt bestimmt, so daß durch die verschiedenen Blockaden eine Vielzahl von Phänotypen der Augenfarbe entstehen.

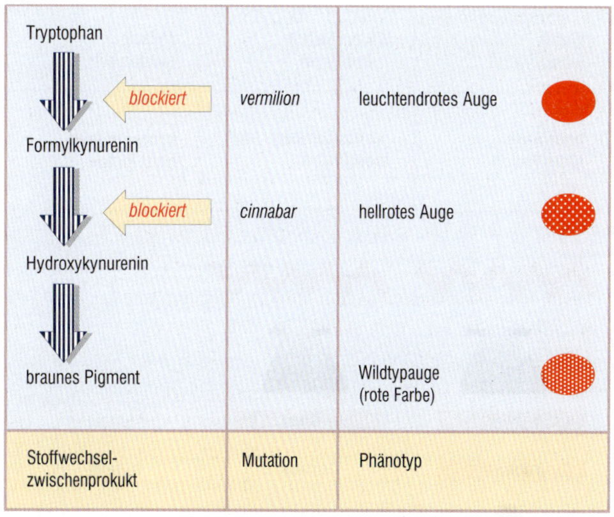

3.9 Gene regulieren Stoffwechselschritte, wie die Mutationen mit Auswirkung auf die Augenfarbe bei *D. melanogaster* zeigen; diese blockieren unterschiedliche Stadien auf dem Weg der Umwandlung von Tryptophan in ein braunes Pigment.

Bis zum Jahr 1945 waren die Ergebnisse dieser Analyse als **Ein-Gen-ein-Enzym-Hypothese** im allgemeinen Sprachgebrauch bekannt geworden. Nach dieser Hypothese wird jeder Stoffwechselschritt durch ein bestimmtes Enzym katalysiert, für dessen Bildung ein einziges Gen verantwortlich ist. Eine Mutation in einem Gen verändert auch die Aktivität des Proteins, für das es verantwortlich ist.

Herauszufinden, welches Protein einem bestimmten Gen entspricht, kann eine langwierige Aufgabe sein. So identifizierte man die für Mendels runzelige Erbse verantwortliche Mutation erst im Jahre 1990 als Veränderung, die das Gen für ein Stärkeketten verzweigendes Enzym inaktiviert!

Da eine Mutation hinsichtlich der Genstruktur zufällig erfolgt, ist es sehr wahrscheinlich, daß sie die Genfunktion beeinträchtigen oder sogar aufheben wird. Das erklärt die Natur von rezessiven Mutationen: *Sie stehen für das Fehlen einer Funktion, denn das mutante Gen wurde daran gehindert, sein übliches Enzym zu bilden.* Abbildung 3.10 zeigt das grundlegende Dominanzverhältnis zwischen rezessiven und Wildtypallelen. Hat ein heterozygotes Individuum ein Wildtyp- und ein mutantes Allel, kann das Wildtypallel die Enzymbildung steuern. Das Allel vom Wildtyp ist also dominant.

(Das setzt voraus, daß das einzelne Wildtypallel eine ausreichende *Menge* des Proteins bildet. Ist das nicht der Fall, führt die von einem Allel im Vergleich zu der von zweien gebildeten kleinere Menge zu dem intermediären

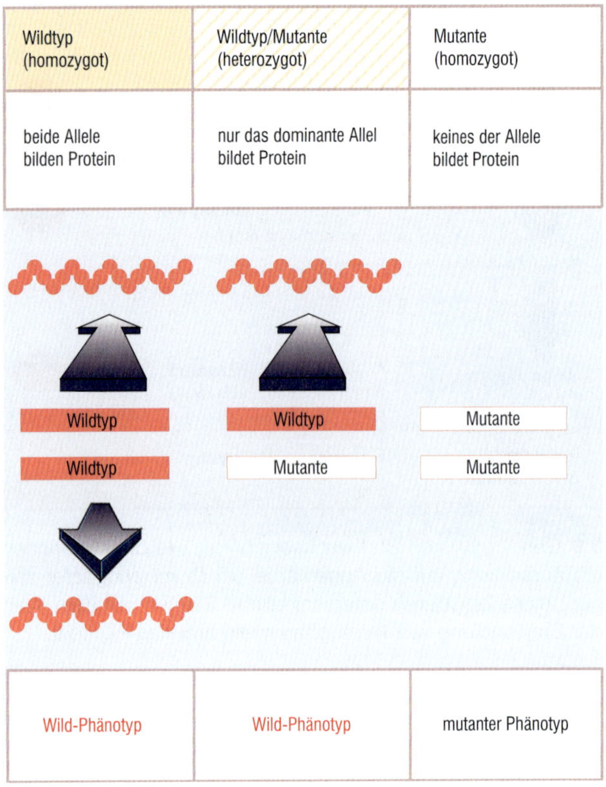

3.10 Gene codieren Proteine; die Dominanz wird mit den Eigenschaften mutanter Proteine erklärt. Ein rezessives Allel trägt nichts zum Phänotyp bei, weil es kein (oder ein nicht funktionelles) Protein bildet.

Phänotyp eines unvollständig dominanten Allels bei einem heterozygoten Individuum.)

Der unmittelbare Beweis dafür, daß ein Gen tatsächlich die Struktur eines Proteins kontrolliert, ließ bis 1957 auf sich warten. Damals wies Vernon M. Ingram nach, daß das von einem Gen bestimmte Merkmal der Sichelzellanämie mit einer Veränderung in der Aminosäurenzusammensetzung des Proteins Hämoglobin erklärt werden kann.

Um auch Proteine mit mehr als einer Untereinheit einzuschließen, bedarf es einer Modifikation der Hypothese. Sind die Untereinheiten alle gleich, ist das Protein ein **Homomultimer** und wird von nur einem Gen repräsentiert. Sind die Untereinheiten verschiedenartig, ist das Protein ein **Heteromultimer**.

Hämoglobin ist ein Beispiel für ein Protein, das aus mehr als einer Art von Polypeptidketten besteht; eine (Eisen bindende) Hämgruppe ist an zwei α- und zwei β-Untereinheiten gebunden. Jeder Typ von Untereinheiten besteht aus einer anderen Polypeptidkette und hat sein eigenes Gen. Mutieren die Gene, welche die α- oder β-Polypeptide codieren, so beeinträchtigt dies die Funktion des Hämoglobins.

Nach der umfassenderen, für alle heteromultimeren Proteine gültigen Regel wird die Ein-Gen-ein-Enzym-Hypothese inzwischen genauer als **Ein-Gen-ein-Protein-Hypothese** bezeichnet.

3.4 Das Cistron

Wenn jede Veränderung eines Gens, welche die Bildung eines aktiven Proteins verhindert, zu einer rezessiven Mutation führt, dann müßte es in jedem Gen zahlreiche solcher Mutationen geben; der Austausch etlicher Aminosäuren wird die Proteinstruktur stark genug verändern, um dessen Funktion zu behindern. Die verschiedenen Varianten eines Gens bezeichnet man als **multiple Allele**, und ihre Existenz ermöglicht es, ein für mutierte Allele heterozygotes Individuum zu erzeugen.

Wirken sich zwei Mutationen gleichartig auf den Phänotyp aus und liegen sie nah beieinander, dann stellen sie vermutlich zwei Allele dar. Es könnte sich bei ihnen aber auch um Mutationen zweier *unterschiedlicher* Gene handeln, deren Proteine zu derselben Funktion beitragen. Mit dem **Komplementationstest** bestimmt man, ob zwei Mutationen in demselben oder in unterschiedlichen Genen liegen. Bei diesem Test erzeugt man ein für beide Mutationen heterozygotes Individuum (indem man jeweils für eine Mutation homozygote Eltern paart).

Befinden sich beide Mutationen auf demselben Gen, kann man die elterlichen Genotypen wie folgt darstellen:

$$\frac{m_1}{m_1} \quad \text{und} \quad \frac{m_2}{m_2}$$

Der erste Elternteil hat ein mutantes Allel m_1 und der zweite ein Allel m_2; der heterozygote Nachkomme hat also die folgende Allelkombination:

$$\frac{m_1}{m_2}$$

Diese enthält kein Gen vom Wildtyp, der heterozygote Nachkomme hat also einen mutanten Phänotyp.

Liegen die Mutationen auf unterschiedlichen Genen, kann man die elterlichen Genotypen folgendermaßen darstellen:

$$\frac{m_1\ +}{m_1\ +} \quad \text{und} \quad \frac{+\ m_2}{+\ m_2}$$

Hier verfügt jedes Chromosom über ein Wildtypexemplar des einen Gens (dargestellt durch das Pluszeichen) und ein mutiertes Exemplar des anderen Gens. Der heterozygote Nachkomme zeigt demnach diese Konstellation:

$$\frac{m_1\ +}{+\ m_2}$$

Die beiden Elternteile haben je ein Wildtypexemplar von jedem der beiden Gene beigetragen. Der heterozygote Nachkomme zeigt den Wild-Phänotyp; bei den beiden Genen spricht man von **Komplementation** (funktioneller Ergänzung).

Die Abbildung 3.11 stellt den Komplementationstest detaillierter dar. Betrachten wir ausschließlich die jeweiligen Mutationsstellen (und berücksichtigen nicht, ob sie in nur einem oder in unterschiedlichen Genen liegen), dann kann das doppelt heterozygote Individuum eine von zwei möglichen Konfigurationen aufweisen. Bei der ***cis*-Konfi-**

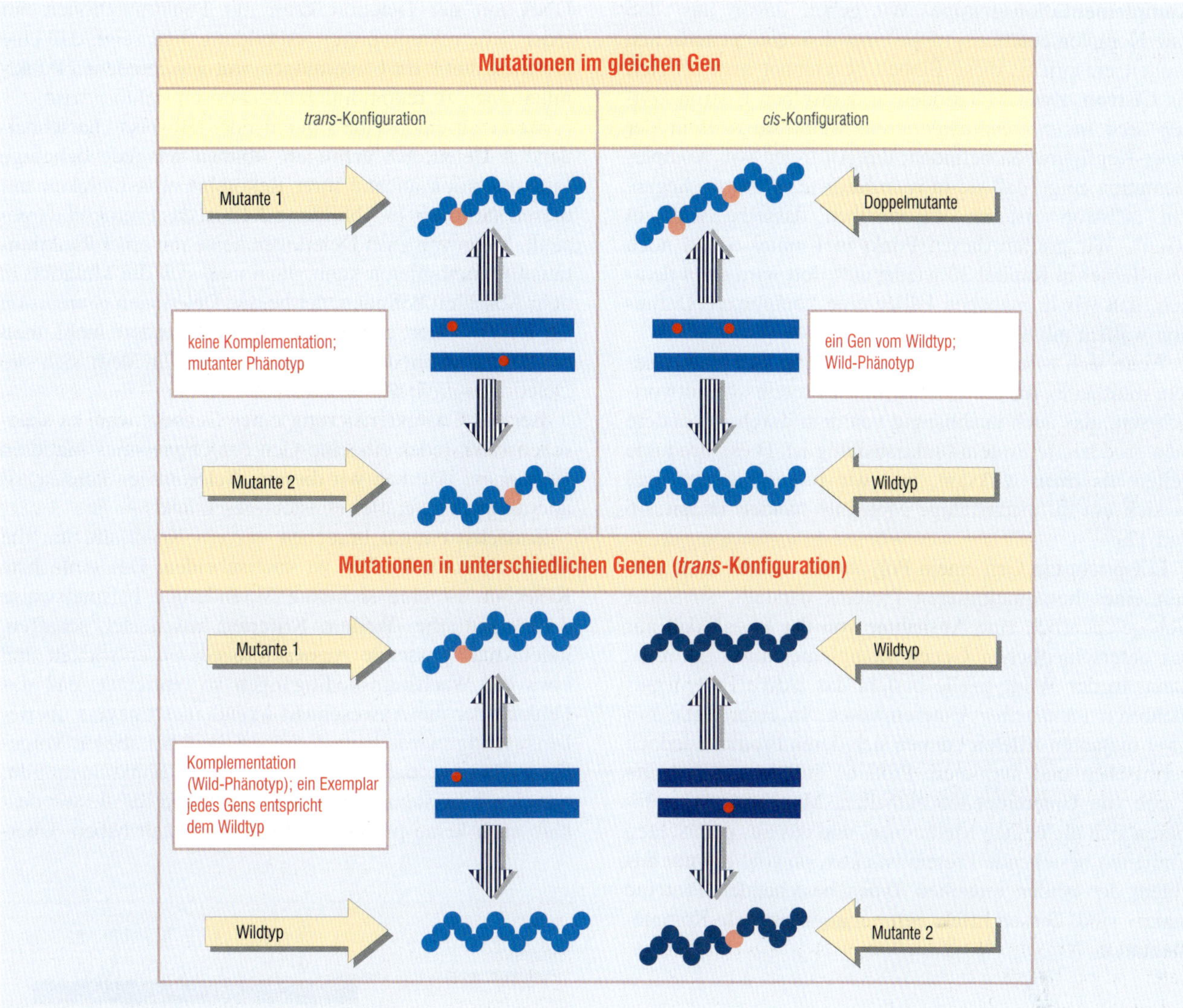

3.11 Das Cistron wird durch den Komplementationstest definiert. Die Gene sind durch Balken dargestellt, die roten Kreise entsprechen Mutationsstellen.

guration liegen beide Mutationen in *demselben* Chromosom, während sie sich bei der ***trans*-Konfiguration** in gegenüberliegenden Chromosomen befinden. Die jeweiligen Auswirkungen dieser Konfigurationen richten sich danach, ob die Mutationen in demselben Gen oder in unterschiedlichen Genen liegen.

Betrachten wir zunächst die im oberen Teil der Abbildung gezeigte Situation, bei der die Mutationen in demselben Gen liegen:

- Die *trans*-Konfiguration entspricht dem eben beschriebenen Test. Beide Exemplare des Gens sind Mutanten.
- Bei der *cis*-Konfiguration jedoch bildet ein Gen ein Protein, das zwei Mutationen aufweist, während das andere Gen ein Protein ohne Mutation, also das Wildtypprotein herstellt.

Wenn zwei Mutationen in demselben Gen liegen, wird der Phänotyp eines heterozygoten Individuums also von der Konfiguration bestimmt. Befinden sich die Mutationen in *trans*-Konfiguration, entsteht ein mutanter Phänotyp, liegt die *cis*-Konfiguration vor, entwickelt sich der Wild-Phänotyp. Dieser Vergleich bildet die Grundlage für den ***cis*-*trans*-Test**. Dabei prüft man, ob bei zwei Mutationen in *trans*-Konfiguration Komplementation vorliegt; ist das nicht der Fall, wird mit Hilfe der *cis*-Konfiguration das Vorhandensein der Wildtypfunktion gemessen. Bei diploiden Organismen erzeugt man für den Versuch geeignete doppelt heterozygote Individuen. Im Fall von Viren infiziert man eine Wirtszelle gleichzeitig mit den beiden mutanten Typen.

Liegen die Mutationen dagegen in verschiedenen Genen, wie im unteren Teil der Abbildung gezeigt, dann ist die Konfiguration unwichtig. In jedem Fall liegt von jedem mutanten und von jedem Wildtypgen ein Exemplar vor.

Tritt bei zwei Mutationen in *trans*-Konfiguration *keine* Komplementation auf, so folgt daraus, daß beide dieselbe Funktion betreffen. Man zählt sie daher zu derselben

Komplementationsgruppe. Wir gehen davon aus, daß eine Komplementationsgruppe einer diskreten genetischen Einheit entspricht; diese Einheit bezeichnet man offiziell als **Cistron**. Zwei Mutationen in demselben Cistron *können sich nicht komplementieren*, wenn sie sich in der *trans*-Konfiguration befinden; das Auftreten von Komplementation zeigt, daß sie in *verschiedenen* Cistrons liegen. Ein „Cistron" ist im wesentlichen dasselbe wie ein „Gen". Wir greifen diesen Punkt in Kapitel 6 und noch detaillierter in Kapitel 30 wieder auf; dort wird dann deutlich, daß wir in manchen Fällen eine komplexere Definition wählen müssen.

Wenn sich zwei Gene in *trans*-Stellung komplementieren, muß jedes für die Bildung eines Proteins verantwortlich sein, das auch unabhängig von dem durch das andere Gen produzierte Protein funktionsfähig ist. Diese Produkte gelten als ***trans***-wirksam, und wir folgern daraus, daß es sich um diffusionsfähige Moleküle handelt (Kapitel 6 und 12).

Entspricht ein Gen einem Polypeptid, das die Untereinheit eines homomultimeren Proteins darstellt, so findet sich gelegentlich eine Ausnahme von der Regel, daß nur bei unterschiedlichen Genen Komplementation auftreten kann. In der Wildtypzelle besteht das aktive Protein aus mehreren *identischen* Untereinheiten. In einer Zelle mit zwei mutanten Allelen können sich deren Produkte jedoch vermischen und multimere Proteine aufbauen, die *beide Typen* von Untereinheiten enthalten. Manchmal kompensieren sich die beiden Mutationen, und das aus gemischten Einheiten bestehende Protein ist aktiv, obwohl die nur aus einem der beiden mutanten Typen bestehenden Proteine inaktiv sind. Diesen Effekt nennt man **interallele** Komplementation.

3.5 Die Kartierung von Mutationen auf Molekülebene

Jede Veränderung der DNA-Sequenz in einem Genom bezeichnet man als Mutation. Wir können zwei grundlegende Klassen von Mutationen unterscheiden:

- Eine **Punktmutation** ist eine Veränderung, die nur eine einzige Basenposition in einem Gen betrifft. Dies bewirkt eine entsprechende Veränderung des von dem Gen produzierten Proteins (Kapitel 4).
- Eine **Chromosomenmutation** (Rearrangement) betrifft einen größeren Bereich. Die einfachsten Formen von Rearrangements sind die **Insertion** (Einbau) zusätzlichen Materials oder die **Deletion** (Verlust) eines Genabschnitts.

Deletionen sind bei der Genkartierung von entscheidendem Nutzen. Man definiert ihre genetische Ausdehnung anhand der Unfähigkeit des betreffenden DNA-Bereichs, mit einer Reihe nebeneinanderliegender Mutationen zu rekombinieren (weil an der der Deletionsstelle der gesamte entsprechende Abschnitt der Wildtyp-DNA fehlt). Die DNA mit der Deletion kann mit Punktmutationen auf jeder Seite rekombinieren. Abbildung 3.12 zeigt, daß eine Deletion durch ihr Unvermögen, mit verschiedenen Punktmutationen zu rekombinieren, genetisch sichtbar wird.

Wenn wir eine Reihe von einander teilweise überschneidenden Deletionen erzeugen, können wir jede beliebige Punktmutation anhand ihrer Rekombinationsfähigkeit mit diesen kartieren. In Abbildung 3.13 ist das Protokoll dargestellt. Wenn von zwei Deletionen keine mit einer Punktmutation rekombinieren kann, dann muß sich die Mutation in dem Abschnitt befinden, der beiden Deletionen *gemeinsam* ist. Rekombiniert eine Deletion und die andere nicht, muß die Mutation in dem Abschnitt liegen, in dem sich die Deletionen *nicht überschneiden*.

Bei der Charakterisierung eines Genoms wäre es wünschenswert, jedes einzelne Gen des Organismus mutieren zu können. Wie nah wir diesem Ziel kommen können, ist allerdings in zweierlei Hinsicht beschränkt.

Zunächst einmal brauchen wir ein Kriterium, um die Mutation vom Wildtyp zu unterscheiden. Das einfachste Kriterium ist eine sichtbare Veränderung beispielsweise der Augenfarbe. Weitere Kriterien lassen sich schaffen, indem man passende Auswahlprozeduren entwickelt und etwa die Wachstumsbedingungen so einrichtet, daß das Fehlen oder die Anwesenheit irgendeines Enzyms überlebenswichtig wird. Eine Schwierigkeit bei dieser Vorgehensweise ist, daß es möglicherweise Funktionen gibt, von deren Existenz wir nichts wissen und für die wir deshalb auch keine passenden Tests entwickelt haben. Über-

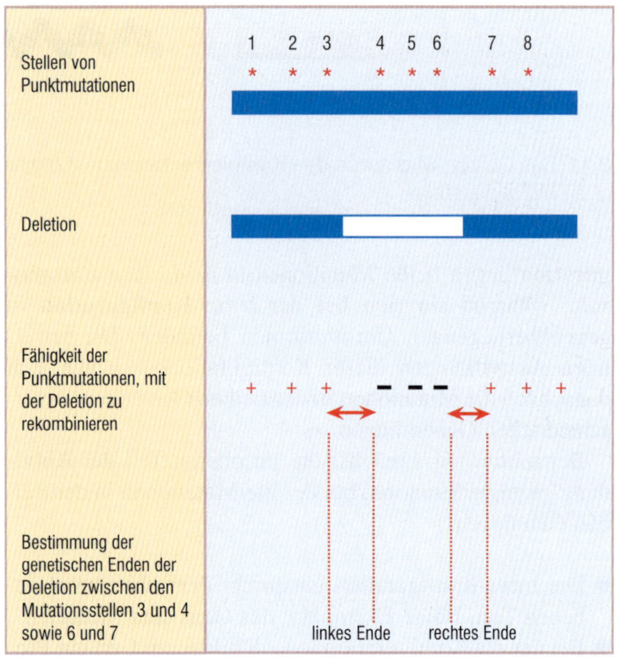

3.12 Eine Deletion kann mit einer Reihe von Punktmutationen an jeder Seite des deletierten Abschnitts rekombinieren, jedoch nicht mit Punktmutationen, die im Bereich der deletierten Region liegen. Die Ränder der Deletion werden durch den Übergang von Rekombinationsfähigkeit zu -unfähigkeit angezeigt.

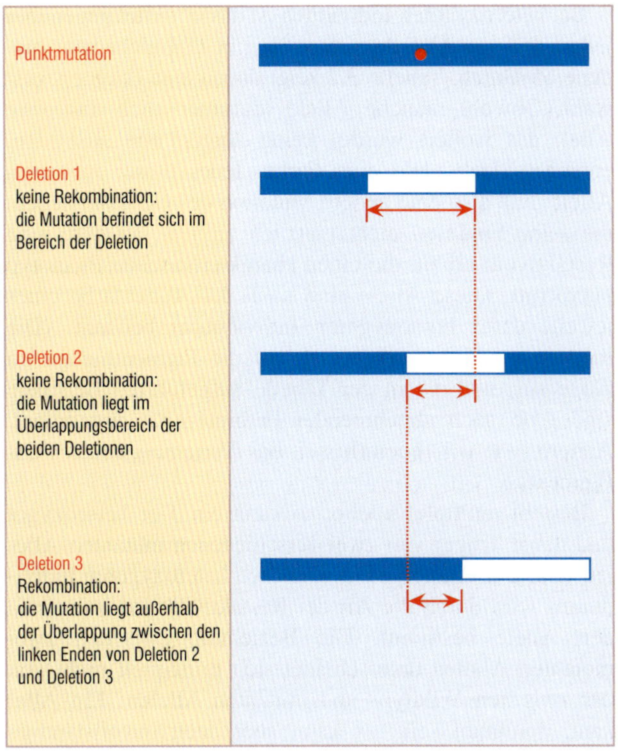

3.13 Mit Hilfe der Deletionskartierung kann man Punktmutationen zwischen den Enden einander überlappender Deletionen lokalisieren. Kann eine Punktmutation nicht mit einer Deletion rekombinieren, muß die Mutationsstelle innerhalb des deletierten Bereichs liegen. Rekombiniert eine Punktmutation mit einer Deletion, so muß sie außerhalb des deletierten Abschnitts liegen. Durch Vergleichen der Fähigkeit mehrerer Deletionen, mit einer Punktmutation zu rekombinieren, kann die Mutationsstelle identifiziert werden.

spitzt gesagt besteht die Möglichkeit, daß es Gene gibt, deren Produkte nicht notwendig sind und deren Fehlen daher auch keine Auswirkungen hat (zumindest nicht unter den von uns benutzten Bedingungen). Wie soll man sie entdecken? Auf diese Frage kommen wir in Kapitel 23 zurück.

Die zweite Schwierigkeit betrifft Funktionen, die für das Überleben *unverzichtbar* sind. Eine Mutation in einem solchen Gen ist für den Organismus wahrscheinlich tödlich. Um Mutanten dieser Gene zu isolieren, muß man sie in Form **konditional letaler** Mutationen erhalten. Solche Mutationen sind unter bestimmten Bedingungen tödlich, zeigen aber keine oder geringere Schadwirkung unter anderen Bedingungen, die einen Fortbestand der Zelle erlauben.

Man kann denselben (mutanten) Organismus also unter zweierlei Bedingungen untersuchen. Unter **permissiven** Bedingungen entwickelt er den mutanten Phänotyp nicht und kann erhalten bleiben. Unter **restriktiven** Bedingungen stirbt er oder erkrankt schwer, kann aber während des Übergangs von permissiven zu restriktiven Bedingungen untersucht werden. (Natürlich sind konditionale Mutationen nicht auf lebenswichtige Funktionen beschränkt, sondern können vielmehr in jedem Gen auftreten.) In Tabelle 3.1 sind einige Typen von konditionalen Mutationen sowie die Systeme, in denen sie angewendet werden können, aufgeführt.

Eine „Nonsense-Mutation" (die Entstehung eines Stop-Codons) in einem Gen verhindert die Synthese des Proteins. Andere sogenannte Suppressormutationen ermöglichen das Überwinden des Stopcodons, so daß das Protein doch synthetisiert werden kann (Kapitel 9). Diese Situation schafft ein System von Bedingungen, das sich bei Viren nutzen läßt. Ein Virus mit einem Stopcodon kann in einer permissiven Wirtszelle gezüchtet werden, die Träger der Suppressormutation ist; es vermehrt sich aber nicht in einer Wirtszelle vom Wildtyp.

Die Temperatur stellt einen geläufigen Parameter dar, um permissive oder restriktive Bedingungen zu schaffen. Für gewöhnlich erfüllt ein Gen seine Funktion bei hohen Temperaturen nicht, bei niedrigen Temperaturen aber normal. Solche Mutationen bezeichnet man als temperatursensitiv (oder passender hitzesensitiv). Der Effekt beruht auf der Neigung der Proteinkonformation, in Abhängigkeit von der Temperatur eine inaktive Form anzunehmen. Derartige Mutationen können bei jedem Organismus auftreten und sind daher allgemein von Nutzen.

Die Temperatur kann aber auch eine gegenteilige Wirkung haben. Kältesensitive Mutanten funktionieren bei höheren Temperaturen normal, nicht jedoch bei niedrigerer Temperatur. Ein solcher Effekt tritt manchmal bei Proteinen auf, die in einem temperaturabhängigen Prozeß in Makromoleküle eingebaut werden.

Nach der Identifizierung eines Gens kann man sich im Prinzip Einblick in seine Funktion verschaffen, indem man eine Mutante erzeugt, der dieses Gen völlig fehlt. Eine Mutation, welche die Funktion eines Gens – meist durch Deletion – vollkommen auslöscht, nennt man **Null-Mutation**. Bei einem lebenswichtigen Gen ist eine Null-Mutation letal.

Tabelle 3.1: Konditionale Mutationen können die Proteinsynthese oder -funktion beeinträchtigen

Mutationstyp	betroffene Aktivität	permissive Bedingung	nichtpermissive Bedingung	System
Nonsense	Proteinsynthese	Suppressor	kein Suppressor	Virus/Wirt
wärmesensitiv	Proteinfunktion	Normaltemperatur	hohe Temperatur	Virus oder Zelle
kältesensitiv	Proteinfunktion	Normaltemperatur	niedrige Temperatur	Virus oder Zelle

Um zu bestimmen, ob und wie ein Gen den Phänotyp beeinflußt, muß man eine Null-Mutante beschreiben. Wirkt sich eine Mutation nicht auf den Phänotyp aus, besteht immer auch die Möglichkeit, daß es sich um eine **neutrale** oder **hypomorphe Mutation** (auch *leaky mutation*) handelt – es wird genügend Produkt für eine Funktionserhaltung gebildet, obwohl die Aktivität quantitativ reduziert ist oder sich qualitativ vom Wildtyp unterscheidet. Wenn sich aber eine Null-Mutante nicht auf den Phänotyp auswirkt, können wir mit Sicherheit darauf schließen, daß die Funktion des Gens nicht notwendig ist.

Null-Mutationen oder andere Mutationen, welche die Genfunktion einschränken (sie aber nicht unbedingt völlig aufheben), bezeichnet man auch als ***loss of function*-Mutation** („Funktionsverlust-Mutation"). Eine solche Mutation ist rezessiv (wie im Beispiel von Abbildung 3.10). Manchmal hat eine Mutation eine gegenteilige Wirkung und führt dazu, daß ein Protein eine neue Funktion übernimmt; eine solche Veränderung nennt man ***gain of function*-Mutation** („Funktionsgewinn-Mutation"). Eine *gain of function*-Mutation ist dominant.

3.6 Das Wesen multipler Allele

Bisher haben wir uns mit der Beziehung von Allelen nur unter dem Gesichtspunkt der Rekombination von Wildtyp- und mutanten Allelen befaßt. Obwohl aber jedes diploide Tier nur jeweils zwei Allele haben kann, verfügt die Gesamtpopulation doch über viele verschiedene Allele des Gens. Die Beziehungen zwischen diesen multiplen Allelen sind vielgestaltig.

Im einfachsten Fall codiert ein Gen vom Wildtyp ein funktionelles Proteinprodukt, und das mutante Allel (oder die mutanten Allele) codiert nichtfunktionelle Proteine.

In vielen Fällen weisen verschiedene mutante Allele jedoch unterschiedliche Phänotypen auf. So bedarf es beispielsweise der Wildtypfunktion des *white*-Locus von *Drosophila melanogaster*, um die normale rote Augenfarbe auszubilden. Der Locus ist nach der Auswirkung extremer (Null-)Mutationen benannt, die bei homozygoten Mutanten der Fliege zu einer weißen Augenfarbe führen.

Für die Beschreibung von Wildtyp- und mutanten Allelen kennzeichnet man den Wild-Genotyp mit einem hochgestellten Pluszeichen nach der Locusbezeichnung (w^+ bezeichnet das Wildtypallel für die rote Augenfarbe bei *D. melanogaster*). Manchmal benutzt man allein das Pluszeichen (+), um den Wildtyp zu beschreiben, und nur die mutanten Allele werden durch die Locusbezeichnung gekennzeichnet.

Eine vollkommen defekte Genform (oder das Fehlen eines Phänotyps) kann man durch ein hochgestelltes Minuszeichen kennzeichnen. Um zwischen einer Vielzahl von mutanten Allelen mit verschiedenen Effekten zu unterscheiden, kann man weitere hochgestellte Bezeichnungen wie w^i oder w^a einführen.

Bei heterozygoten Individuen ist das w^+-Allel gegenüber jedem anderen Allel dominant. Es gibt zahlreiche verschiedene Mutanten. Tabelle 3.2 zeigt davon eine (kleine) Auswahl. Obwohl manche Allele (darunter auch das erste Allel, das isoliert wurde) keine Augenfarbe ausbilden, erzeugen doch viele eine Farbe. Jedes dieser mutanten Allele muß also eine andere Mutation des Gens darstellen, die seine Funktion nicht gänzlich aufhebt, sondern eine Restaktivität erhält, die einen charakteristischen Phänotyp hervorruft. Diese Allele sind nach der Augenfarbe eines jeweils dafür homozygoten Individuums benannt. (Die meisten *w*-Allele wirken sich auf die Pigmentmenge im Auge aus, und die in der Tabelle aufgeführten Beispiele sind grob nach abnehmender Farbintensität angeordnet. Andere, wie w^{sp}, beeinflussen das Verteilungsmuster des Pigments.)

Besteht multiple Allelie, so kann ein Tier heterozygot und dabei Träger von zwei verschiedenen mutanten Allelen sein. Der Phänotyp eines solchen heterozygoten Individuums wird durch die Art der Restaktivität jedes der beiden Allele bestimmt. Die Beziehung zwischen zwei mutanten Allelen unterscheidet sich prinzipiell nicht von der zwischen Wildtyp- und mutanten Allelen: Ein Allel kann dominant sein, es kann aber auch unvollständige Dominanz oder Kodominanz bestehen.

Es muß nicht an jedem einzelnen Locus ein eindeutiges Wildtypallel geben. Die Regulierung des menschlichen Blutgruppensystems ist dafür ein Beispiel. Die Blutgruppe *0* entspricht einer vollständig fehlenden Funktion. Die funktionellen Allele *A* und *B* führen aber zu Aktivitäten, die kodominant und der Blutgruppe *0* gegenüber dominant sind. In Abbildung 3.14 ist diese Beziehung grundlegend dargestellt.

Das 0- (oder H-) Antigen wird bei allen Individuen gebildet und besteht aus einer besonderen Kohlenwasserstoffgruppe, die an Proteine geknüpft wird. Der *AB0*-Locus codiert ein Galactosyltransferase-Enzym, welches an das 0-Antigen eine weitere Zuckergruppe anfügt. Die Spezifität dieses Enzyms bestimmt die Blutgruppe. Das *A*-Allel bildet ein Enzym, das mit Hilfe des Cofaktors

Tabelle 3.2: Der *white*-Locus hat zahlreiche Allele, deren Phänotypen zwischen der Wildtyp-Färbung (rot) und dem völligen Fehlen von Pigmenten variieren

Allel	Phänotyp des homozygoten Individuums
w^+	Auge rot (Wildtyp)
w^{bl}	blutrot
w^{ch}	kirschrot
w^{bf}	lederfarben
w^h	honigfarben
w^a	apricot
w^e	eosinfarben
w^i	elfenbeinfarben
w^z	zitronengelb
w^{sp}	gesprenkelt, Farbe variiert
w^1	weiß (farblos)

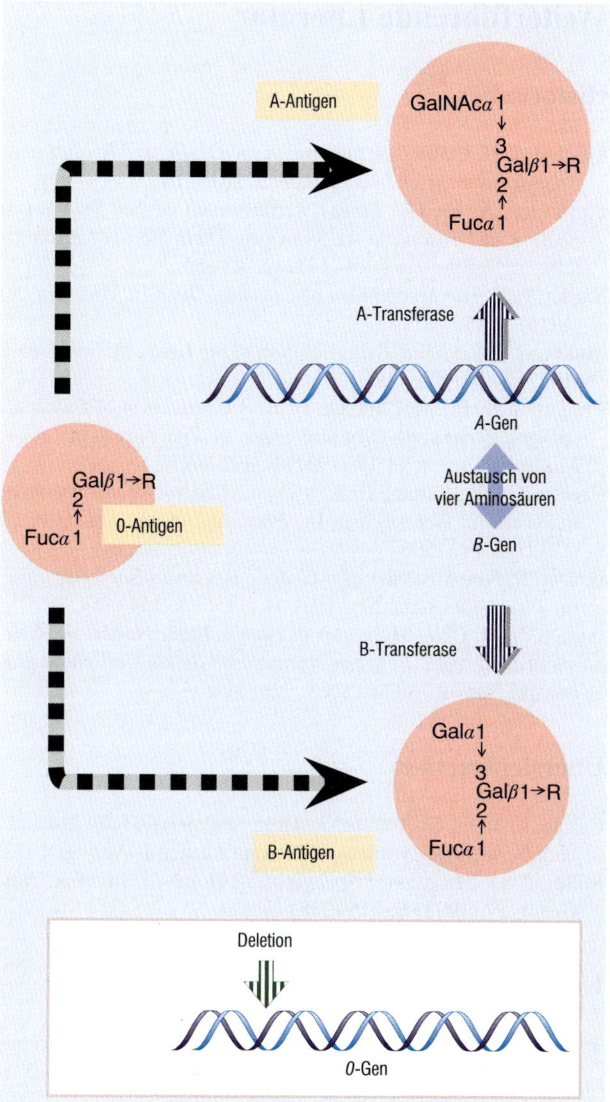

Phänotyp	Genotyp	Aktivität
0	*00*	keine
A	*A0* oder *AA*	*N*-Ac-Gal-Transferase
B	*B0* oder *BB*	Gal-Transferase
AB	*AB*	*N*-Ac-Gal- und Gal-Transferase

3.14 Der AB0-Blutgruppenlocus codiert eine Galactosyltransferase, deren Spezifität die Blutgruppe bestimmt.

UDP-*N*-Acetylgalactose das A-Antigen erzeugt, während das *B*-Allel ein Enzym bildet, das den Cofaktor UDP-Galactose benutzt und das B-Antigen erzeugt. Die Versionen des Transferaseproteins unterscheiden sich bei den Blutgruppen A und B in vier Aminosäuren, was sich wahrscheinlich auf sein jeweiliges Erkennen des Cofaktors auswirkt. Bei dem *0*-Allel erfolgte eine Mutation (eine kleine Deletion), welche jegliche Aktivität unterbindet, so daß keine Modifizierung des 0-Antigens erfolgt.

Das erklärt, weshalb *A*- und *B*-Allele bei den *A0*- und *B0*-heterozygoten Individuen dominant sind: Die damit verbundene Aktivität der Transferase bildet das A- oder B-Antigen. Bei *AB*-heterozygoten Individuen sind die *A*- und *B*-Allele kodominant, denn die Aktivitäten beider Transferase-Enzyme sind ausgeprägt. Das *00*-homozygote Individuum weist keine der Enzymaktivitäten auf; ihm fehlen deshalb beide Antigene.

Man kann weder *A* noch *B* als eindeutigen Wildtyp betrachten, denn sie stellen alternative Aktivitäten dar und nicht den Verlust oder Gewinn einer Funktion. Eine solche Situation, bei der innerhalb einer Population multiple funktionelle Allele vorkommen, beschreibt man als **Polymorphismus** (Kapitel 6).

Gene werden für gewöhnlich mit Abkürzungen bezeichnet. Bei den Bakterien verwendet die Standardnomenklatur Abkürzungen aus drei Kleinbuchstaben für alle Gene, die ein bestimmtes Merkmal betreffen. Jedes einzelne Gen erhält außerdem noch einen Großbuchstaben. So gibt es beispielsweise eine Reihe von *lac*-Genen, die unter den Bezeichnungen *lacZ*, *lacY* und *lacA* bekannt sind. Das Wildtypallel von *lacZ* wäre $lacZ^+$; eine defekte Mutante wäre $lacZ^-$. Dieselben Abkürzungen benutzt man auch zur Beschreibung des Phänotyps, hier ist jedoch der erste Buchstabe großgeschrieben. Wildtyp- oder mutante *lac*-Allele würden also die Bakterienphänotypen Lac^+ beziehungsweise Lac^- erzeugen. Das Produkt eines Gens ist ein phänotypisches Merkmal und wird dementsprechend bezeichnet; das LacZ-Protein beispielsweise ist das Enzym *β*-Galactosidase.

Zusammenfassung

Der Genotyp besteht aus dem gesamten Satz genetischer Information, den ein Organismus vererbt; seine Ausprägung ist für die Bildung des Phänotyps verantwortlich, des physischen Erscheinungsbildes des Organismus. Der Genotyp besteht aus zahlreichen Genen, die in Chromosomen angeordnet sind. Die Mendelschen Regeln behandeln Gene als diskrete Elemente: Allele segregieren unabhängig, und Gene kombinieren frei. Der Vorgang der Meiose schafft die physikalische Voraussetzung für das Verhalten, welches den Mendelschen Gesetzen zugrunde liegt.

Gene, die sich auf unterschiedlichen Chromosomen befinden (oder auf demselben Chromosom weit voneinander entfernt liegen), rekombinieren frei. Die Gene eines Chromosoms bilden eine lineare Koppelungsgruppe; darin werden nah beieinander liegende Gene oft zusammen vererbt. Eine Koppelungskarte bildet die Genloci auf einem Chromosom linear ab. Maßeinheit für den Kartierungsabstand ist das Centi-Morgan (cM), das in Prozent Rekombination gemessen wird. Das genetische Material eines Chromosoms bildet eine zusammenhängende Struktur, innerhalb derer das Gen im kleinen selbst denselben linearen Bau aufweist wie das Chromosom im großen.

Der Begriff Wildtyp bezeichnet den normalen Geno- oder Phänotyp. Ein Gen vom Wildtyp produziert ein funktionelles Protein. Mutationen sind vererbbare Veränderungen der genetischen Information. Am häufigsten ist der Typ der *loss of function*-Mutation; sie geht mit der Inaktivierung des Gens einher und ist rezessiv, denn das mutante Gen bildet ein verändertes oder überhaupt kein funktionelles Protein. Eine Null-Mutante stellt den Extremtyp dar und produziert keinerlei Protein. Eine *gain of function*-Mutation resultiert, wenn einem Protein eine neue Eigenschaft verliehen wird und diese dominant ist.

Falls in der diploiden Zelle die Funktion eines einzelnen Allels ausreicht, dann ist ein Wildtypallel vollständig dominant über eine rezessive Mutante. Unvollständige Dominanz tritt auf, wenn beide Genfunktionen quantitativ nachweisbar sind (zwei Allele führen zu doppelt so hoher Aktivität wie ein Allel). Kodominanz resultiert, wenn verschiedene Allele unterschiedliche Eigenschaften haben, so daß ein heterozygotes Individuum über die Merkmale beider Eltern verfügt. Mutationen können konditional sein, also unter restriktiven Bedingungen einen mutanten Phänotyp aufweisen, unter permissiven Bedingungen aber im Wildtyp auftreten.

Die Beziehung zwischen zwei Mutationen, die dicht beieinander liegen und einen ähnlichen Phänotyp erzeugen, kann man mit Hilfe des Komplementationstests bestimmen; tritt zwischen den Mutationen in der *trans*-Konfiguration keine Komplementation auf, so rechnet man sie demselben Cistron oder Gen zu. Ein Cistron codiert eine einzelne Polypeptidkette.

Weiterführende Literatur

Historisches

Morgan, T. H. *Chance or Purpose in the Origin and Evolution of Adaption.* In: *Science* 32 (1910) S. 201–210.

Sturtevant, A. H. *The Linear Arrangement of Six Sex-Linked Factors in Drosophila As Shown by Their Mode of Association.* In: *J. Exp. Zool.* 14 (1913) S. 43–59.

Muller, H. J. *The Mechanism of Crossing-Over.* In: *Am. Nat.* 50 (1916) S. 193–221.

Muller, H. J. *Artificial Transmutation of the Gene.* In: *Science* 46 (1927) S. 84–87.

Creighton, H. B.; McClintock, H. B. *A Correlation of Cytological and Genetical Crossing Over in Zea mays.* In: *Proc. Nat. Acad. Sci. USA* 17 (1931) S. 492–497.

Beadle, G. W.; Tatum, E. L. *Genetic Control of Biochemical Reactions in Neurospora.* In: *Proc. Nat. Acad. Sci. USA* 27 (1941) S. 499–506.

Benzer, S. *Fine Structure of a Genetic Region in Bacteriophage.* In: *Proc. Nat. Acad. Sci. USA* 41 (1955) S. 344–354.

Ingram, V. M. *Gene Mutations in Human Hemoglobin: the Chemical Difference Between Normal and Sickle Cell Hemoglobin.* In: *Nature* 180 (1957) S. 326–328.

Übersichtsartikel

Cairns, J.; Stent, G.; Watson, J. (Hrsg.) *Phagen und die Entwicklung der Molekularbiologie.* Berlin (Akademie-Verlag) 1972.

Miller, J. H. *Mutational Specificity in Bacteria.* In: *Ann. Rev. Genet.* 17 (1983) S. 215–238.

Entdeckungen

Yamamoto, F.-I. et al. *Molecular Genetic Basis of the Histo-Blood Group ABO System.* In: *Nature* 345 (1990) S. 229–233.

4. Die DNA ist das genetische Material

Information wird in zweierlei Formen von einer Generation zur nächsten weitergegeben. Zum einen erhält eine befruchtete Eizelle (bei sich sexuell fortpflanzenden Arten) oder eine Tochterzelle (bei sich asexuell fortpflanzenden Arten) eine Reihe schon bestehender, organisierter Strukturen; in der Tat ist ihre bloße Existenz Ausdruck der Zellularstruktur. Zum anderen erhält sie einen Satz Gene, den sie für die Bildung weiterer Strukturen im Verlauf der Entwicklung des Organismus benötigt.

Das genetische Material erfüllt seine Funktion durch die Fähigkeit, den Aufbau einer großen Vielfalt von Proteinen vorzugeben. Früheren Überlegungen zur Natur des genetischen Materials lag die falsche Annahme zugrunde, daß seine Struktur ebenso komplex sein müßte wie die der Proteine, deren Bildung es bestimmt. Lange dachte man, daß *ausschließlich* Proteine vielfältig genug seien, um die Entstehung anderer Proteine zu steuern. Diese Vorstellung wurde jedoch verworfen, als man erkannte, daß das genetische Material die zur Codierung des Proteins nötige Information in chiffrierter Form als Code enthält.

Die Funktion jedes Gens besteht darin, daß es einer bestimmten Polypeptidkette entspricht. Die Auffassung, daß sich jedes Protein aus einer besonderen Abfolge von Aminosäuren zusammensetzt, geht auf Frederick Sangers Beschreibung des Insulins aus den fünfziger Jahren zurück. Die Entdeckung, daß ein Gen aus DNA besteht, konfrontiert uns mit der Frage, wie eine Nucleinsäuresequenz in der DNA eine Aminosäuresequenz im Protein wiedergibt.

Ein entscheidendes Merkmal der Grundstruktur der DNA ist *ihre Unabhängigkeit von der besonderen Abfolge ihrer einzelnen Nucleotide*. Die Nucleotidsequenz in der DNA ist nicht wegen ihrer Struktur *an sich* von Bedeutung, sondern weil sie die Abfolge der Aminosäuren *codiert*, die das entsprechende Polypeptid bilden. Die Beziehung zwischen einer DNA-Sequenz und der Sequenz des entsprechenden Proteins nennt man den **genetischen Code**.

Die Struktur und/oder Enzymaktivität jedes Proteins resultiert aus seiner Primärstruktur, also der Sequenz der Aminosäuren. Indem das Gen die Abfolge der Aminosäuren in jedem Protein vorgibt, kann es alle Informationen tragen, die für die Bestimmung einer funktionell aktiven Polypeptidkette nötig sind. Auf diese Weise kann eine einzige Art von Struktur – das Gen – Ausdruck in unzähligen Polypeptidformen finden.

Die verschiedenen Proteinprodukte einer Zelle vollführen gemeinsam die katalytischen und strukturellen Aktivitäten, die für die Ausbildung ihres Phänotyps notwendig sind. Natürlich enthält die DNA neben den Gensequenzen, die Proteine codieren, auch bestimmte Sequenzen, die von Regulationsmolekülen, meist Proteinen, erkannt werden sollen. Hier wird die Funktion der DNA direkt durch ihre Sequenz bestimmt und nicht mittels eines dazwischengeschalteten Codes. Beide Typen von Regionen, in Proteinen ausgeprägte Gene und direkt erkannte Sequenzen, bilden zusammen die genetische Information.

Mutationen sind vererbbare Veränderungen, welche die genetische Information abwandeln. Aus der Entdeckung der DNA als genetisches Material ergibt sich zwangsläufig die Vorstellung, daß eine Mutation eine Veränderung in der Nucleotidsequenz darstellt. Über den genetischen Code führt eine Änderung der Nucleotidsequenz zu einer geänderten Aminosäureabfolge und verändert so die Aktivität eines Proteins oder hebt sie ganz auf.

Das Auftreten von Mutationen gestattet es uns, die Eigenschaften eines (normalen) Wildtypgens mit denen eines defekten Gens zu vergleichen. Indem wir ein durch Mutation verändertes Protein identifizieren, können wir das Produkt eines Gens beschreiben. Und durch die Analyse der Veränderungen im Phänotyp des Organismus können wir die Funktion des Gens herausfinden.

Durch ihre Struktur ist die DNA in der Lage, eine weitere Aufgabe zu erfüllen, nämlich den Erhalt und die Weitergabe ihrer Sequenz. Ein einzelnes DNA-Molekül besteht aus zwei Strängen, deren jeweilige Sequenz mit der des anderen in voraussagbarer Weise korrespondiert; es enthält darum eigentlich überschüssige Information. Daher läßt sich die Sequenz des einen Stranges an der des anderen überprüfen, so daß fehlende Übereinstimmungen korrigiert werden können. Da die beiden Stränge nur über nicht-kovalente Bindungen zusammenhängen, benötigt ihre Trennung nur einen geringen Energieaufwand; das gestattet eine Replikation unter physiologischen Bedingungen.

4.1 Die Entdeckung der DNA

Der Gedanke, daß das genetische Material aus Nucleinsäure besteht, wurzelt in der Entdeckung der **Transformation** durch Fred Griffith im Jahre 1928. Das Bakterium *Pneumococcus* ruft bei Mäusen eine tödliche Pneumonie (Lungenentzündung) hervor. Die Virulenz (das heißt die krankheitserregende Wirkung) des Bakteriums wird durch das **Kapselpolysaccharid** bestimmt, einen Bestandteil der Oberfläche, der das Bakterium vor der Zerstörung durch den Wirt bewahrt. Einige **Stämme** (I, II und III) von *Pneumococcus* besitzen andere Kapselpolysaccharide, welche die Bakterienkolonien glatt und ebenmäßig erscheinen lassen (*smooth*, daher die Bezeichnung „S-Stämme").

Jeder der S-Stämme von *Pneumococcus* kann Varianten hervorbringen, die kein Kapselpolysaccharid bilden. Diese Bakterienkolonien haben eine rauhe Oberfläche (*rough*, daher „R-Stämme"); sie besteht aus dem Material, das sich sonst unterhalb des Kapselpolysaccharids befindet. Diese Varianten sind avirulent; sie führen nicht zum Tod der Mäuse, denn durch das Fehlen des Polysaccharids kann das Tier die Bakterien zerstören.

Werden Bakterien eines S-Stammes durch Hitze abgetötet, können sie dem Tier keinen Schaden mehr zufügen. Hitzeinaktivierte S-Bakterien und wirkungslose Bakterien der R-Variante zusammen haben jedoch eine ganz andere Wirkung als jeweils für sich allein. Abbildung 4.1 zeigt, daß die Maus nach einer gemeinsamen Injektion beider Formen infolge einer *Pneumococcus*-Infektion stirbt. Nach ihrem Tod kann man aus der Maus virulente S-Bakterien gewinnen.

Die abgetöteten S-Bakterien in diesem Experiment gehörten dem Typ III an, während die lebenden R-Bakterien vom Typ II waren. Die virulenten Bakterien, die man durch die Mischinfektion erhalten hatte, wiesen die glatte Oberfläche von Typ III auf. Irgendeine Eigenschaft der toten Bakterien des Typs III kann also die lebenden R-Bakterien so transformieren, daß sie das Kapselpolysaccharid von Typ III bilden können und infolgedessen virulent werden.

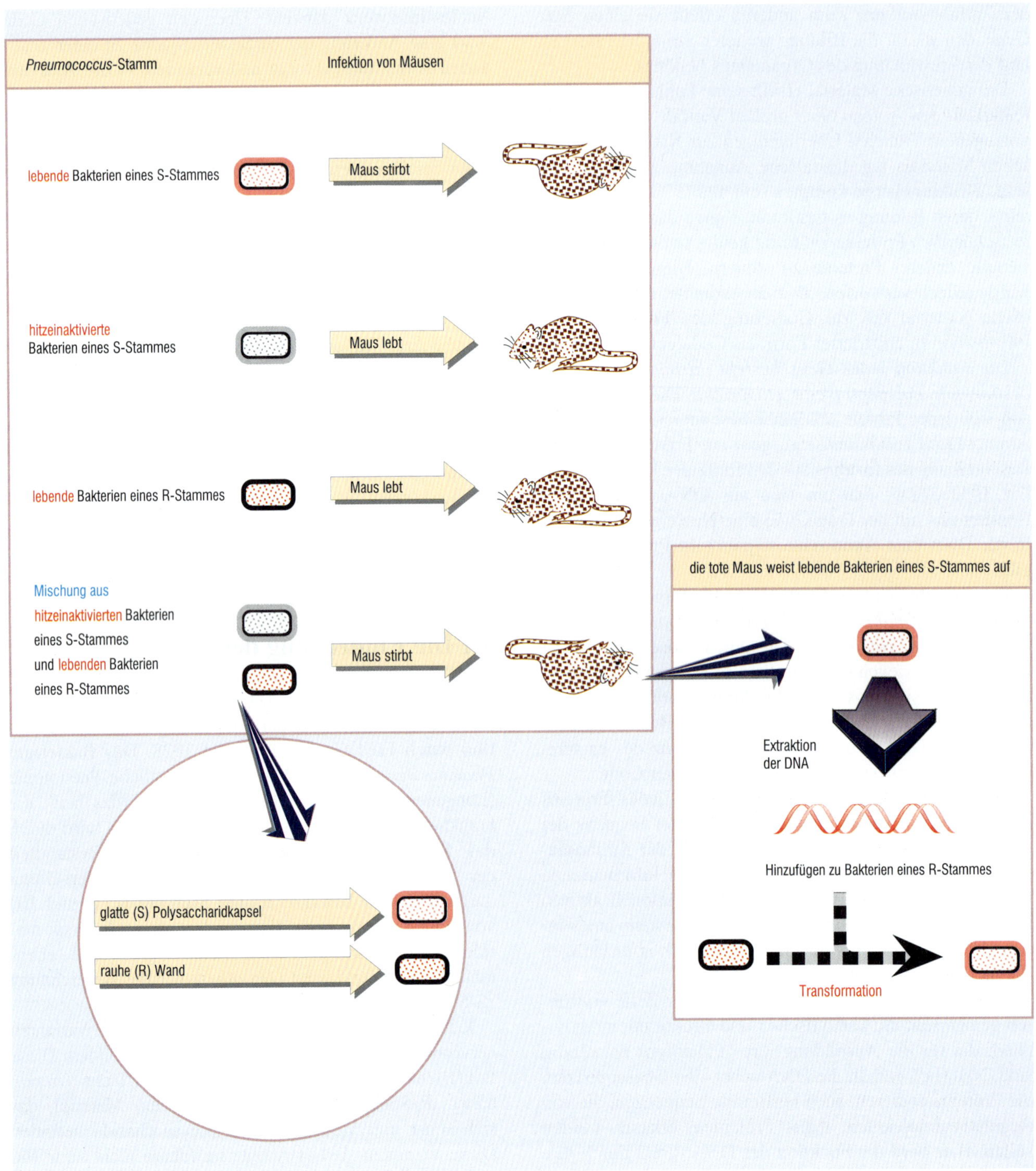

4.1 Die DNA ist das transformierende Prinzip.

Die für die Transformation verantwortliche Komponente der toten Bakterien nannte man **transformierendes Prinzip** oder **Element**. Es wurde mit Hilfe eines zellfreien Systems isoliert, in dem man den lebenden R-Bakterien vor der Injektion in das Tier Extrakte der toten S-Bakterien hinzufügen konnte. In ihren klassischen Untersuchungen erbrachten Oswald Avery und seine Kollegen Colin MacLeod und Maclyn McCarthy im Jahre 1944 den chemischen Nachweis dafür, daß die **Desoxyribonucleinsäure (DNA)** das isolierte transformierende Element ist.

Wie überraschend dieses Ergebnis war, zeigt die Tatsache, daß man bis dahin von der DNA als Bestandteil von *Pneumococcus* noch gar nichts wußte, obwohl sie natürlich schon viele Jahrzehnte lang als Komponente der eukaryotischen Chromosomen bekannt war. Der Nachweis, daß das genetische Material eines Prokaryoten aus DNA besteht, ermöglichte nun eine vereinheitlichende Betrachtung der Vererbungsgrundlagen bei Bakterien und höheren Organismen.

Avery und seine Kollegen erfaßten in ihrer Originalarbeit bereits die Tragweite dieses Resultats. »Die induzierende Substanz scheint, ihren chemischen und physikalischen Eigenschaften nach, eine hoch polymerisierte und visköse Form von DNA zu sein. Das Kapselpolysaccharid vom Typ III dagegen, dessen Synthese durch dieses transformierende Agens hervorgerufen wird, besteht hauptsächlich aus einem stickstofffreien Polysaccharid ... Offensichtlich sind also die induzierende und die produzierte Substanz chemisch verschieden und in ihrer biologischen Aktivität spezifisch, und beide sind notwendig, um die Typspezifität der Zellen, deren Bestandteil sie sind, zu bestimmen.«

Diese Abhandlung unterschied erstmals zwischen dem genetischen Material und den Produkten seiner Expression, eine Betrachtungsweise, die zur absoluten Grundlage späterer Untersuchungen wurde.

4.2 Die DNA ist das (fast) universelle genetische Material

Nachdem nachgewiesen war, daß das transformierende Prinzip aus DNA besteht, war der nächste Schritt zu zeigen, daß die DNA auch in einem ganz anderen System das genetische Material darstellt. Der Bakteriophage T2 ist ein Virus, welches das Bakterium *Escherichia coli* befällt. Fügt man den Bakterien Phagenpartikel hinzu, so binden diese an die Bakterienoberfläche; etwas Phagenmaterial dringt in das Innere ein, und nach etwa 20 Minuten platzt jedes Bakterium auf (lysiert) und setzt dabei zahlreiche neue Phagenpartikel frei (Abbildung 3.2).

Im Jahre 1952 infizierten Alfred Hershey und Martha Chase Bakterien mit T2-Phagen; zuvor hatten sie die Phagen *entweder* in ihrer DNA (mit ^{32}P) *oder* in ihrer Proteinhülle (mit ^{35}S) radioaktiv markiert. Abbildung 4.2 zeigt die Ergebnisse dieses Versuchs.

Die infizierten Bakterien wurden in einem Mixer gut durchmischt, und durch Zentrifugation ließen sich dann

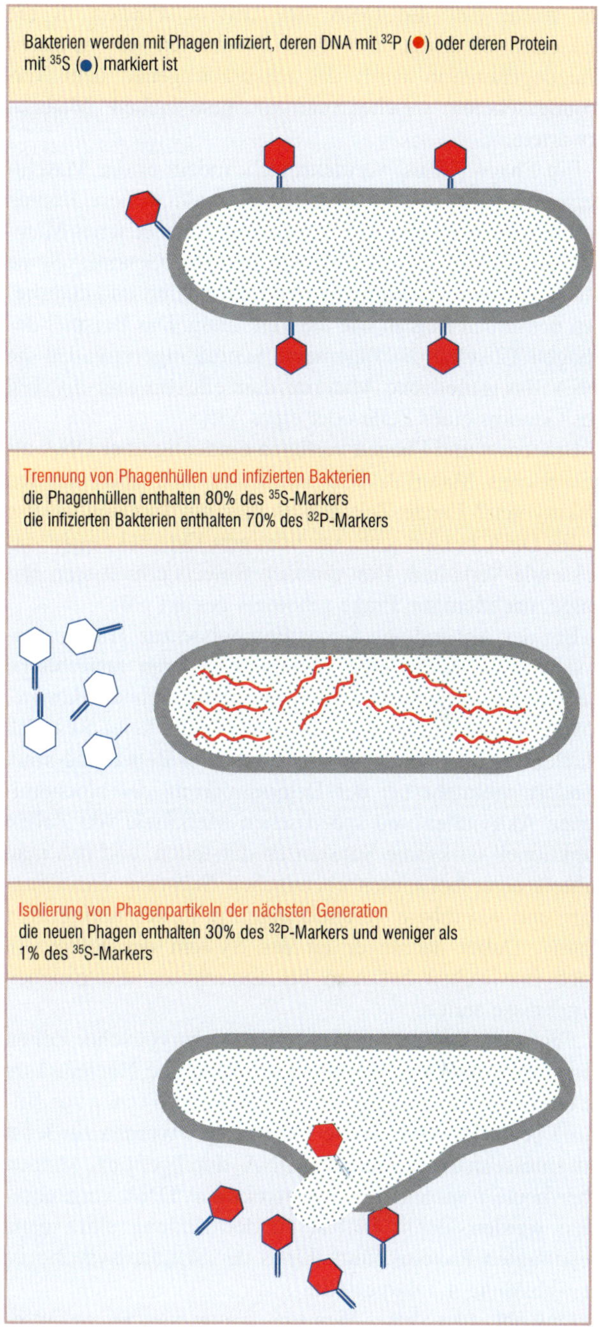

4.2 Das genetische Material des Phagen T2 ist DNA.

zwei Fraktionen trennen. Die eine enthielt die leeren Phagenhüllen, die von der Bakterienoberfläche freigesetzt wurden; diese bestehen aus Protein und enthielten daher den radioaktiven Marker ^{35}S. Die andere Fraktion bestand aus den infizierten Bakterien selbst.

Der größte Teil des ^{32}P befand sich in den infizierten Bakterien. Die durch die Infektion entstandenen neuen Phagen enthielten etwa 30 % des ursprünglichen ^{32}P-Markers. Diese Phagen erhielten aber nur einen Bruchteil – etwa ein Prozent – des in der ursprünglichen Population enthaltenen Proteins. Somit wies dieser Versuch unmittelbar nach, daß die DNA der „Eltern"-Phagen in die Bakterien eindringt und dann Bestandteil der nächsten Phagengeneration wird; das entsprach genau dem Vererbungsschema, welches man von genetischem Material erwartete.

Ein Phage (Virus) vermehrt sich, indem er der Maschinerie einer infizierten Wirtszelle befiehlt, weitere Kopien von ihm anzufertigen. Der Phage besitzt genetisches Material, das sich ebenso verhält wie zelluläre Genome: Seine Merkmale werden originalgetreu reproduziert und unterliegen denselben Regeln wie die Vererbung. Das Beispiel des Phagen T2 stützt die allgemeine Schlußfolgerung, daß die DNA das genetische Material darstellt, ob nun als Teil des Genoms einer Zelle oder eines Virus.

Bakterien und Phagen verfügen eindeutig über DNA als genetisches Material. Wie verhält es sich aber bei den Eukaryoten? Lange Zeit gab es hier nur Indizienbeweise – die DNA befand sich am richtigen Ort und zeigte das passende Verhalten. Den direkten Beweis erhielt man erst lange, nachdem die Frage schon als geklärt galt.

Bei der Abhandlung seiner Ergebnisse zur Transformation machte Avery eine Bemerkung, deren tatsächliche Bedeutung er selbst noch gar nicht kennen konnte. »Wenn wir recht haben,« schrieb er, »dann heißt dies, daß Nucleinsäuren nicht bloß strukturell von Bedeutung sind, sondern vielmehr bei der Determinierung der biochemischen Aktivitäten und spezifischen Merkmale von Zellen funktionell wirksame Substanzen darstellen, und daß man mittels einer bekannten chemischen Substanz voraussagbare und vererbbare Veränderungen in Zellen hervorrufen kann«. Dabei dachte er an das System der Bakterien, doch inzwischen hat man bei Eukaryoten die gleichen Ergebnisse erzielt.

Fügt man Populationen einzelner eukaryotischer Zellen in einer Zellkultur DNA hinzu, so dringt die Nucleinsäure in die Zellen ein und führt bei manchen von ihnen zur Bildung neuer Proteine. Diese Experimente wurden zunächst mit massenhaft extrahierter DNA durchgeführt, können aber heute routinemäßig mit gereinigter DNA vorgenommen werden, deren Einbau zu der Bildung eines ganz bestimmten Proteins führt. Eines der Standardsysteme ist in Abbildung 4.3 dargestellt.

Obwohl man diese Versuche, wenn sie bei eukaryotischen Zellen durchgeführt werden, aus historischen Gründen als **Transfektion** beschreibt, stellen sie doch das direkte Pendant zur Transformation der Bakterien dar. Die in die Empfängerzelle eingeführte DNA wird Bestandteil von deren genetischem Material und in der gleichen Weise vererbt wie jeder andere Teil. Ihre Expression verleiht den Zellen ein neues Merkmal (im Abbildungsbeispiel die Synthese des Enzyms Thymidinkinase). Diese Experimente waren zunächst nur mit einzelnen Zellen erfolgreich, die an das Wachstum in einem Nährmedium angepaßt waren. Inzwischen hat man aber DNA durch Mikro-Injektion in die Eizellen von Mäusen eingebracht, und sie kann so zu einem festen Bestandteil des genetischen Materials der Maus werden (Kapitel 32).

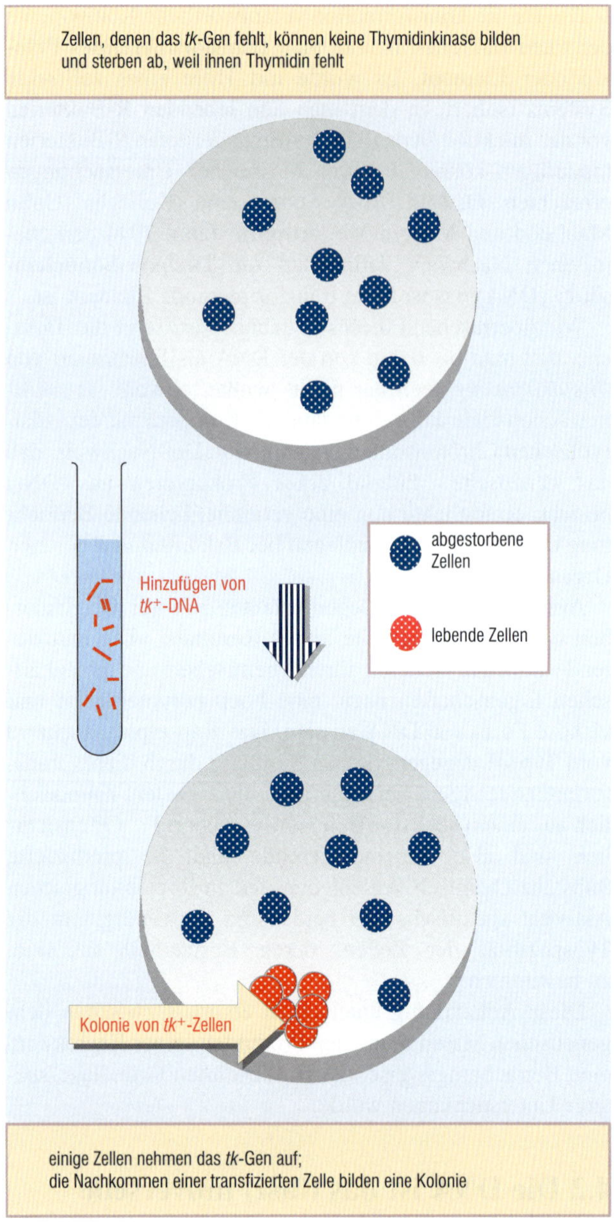

4.3 Eukaryotische Zellen können infolge einer Transfektion mit hinzugefügter DNA einen neuen Phänotyp annehmen.

Experimente wie diese beweisen nicht nur unmittelbar, daß die DNA das genetische Material bei Eukaryoten darstellt, sondern auch, daß *sie von einer Art auf die andere übertragen werden kann und dennoch ihre Funktion behält.*

Das genetische Material aller bekannten Organismen und vieler Viren ist die DNA. Vielen Viren dient aber eine andere Nucleinsäure, die **Ribonucleinsäure** (**RNA**), als genetisches Material. Obwohl sich die RNA in ihrer chemischen Struktur ein wenig von der DNA unterscheidet, erfüllt sie in diesen Fällen doch dieselbe Aufgabe. Das natürliche Grundprinzip des genetischen Materials ist also, daß es stets aus Nucleinsäure besteht; in der Regel handelt es sich um DNA, außer bei den RNA-Viren.

4.3 Die Bausteine der DNA

Eine Nucleinsäure besteht aus einer Sequenz von Untereinheiten (mit der schon früher in Abbildung 1.5 dargestellten Grundstruktur), die chemisch miteinander verbunden sind. Jede Untereinheit enthält eine **stickstoffhaltige Base** (dabei handelt es sich um heterozyklische Ringmoleküle aus Kohlenstoff- und Stickstoffatomen), eine **Pentose** (ein ringförmiges Zuckermolekül mit fünf Kohlenstoffatomen) und eine **Phosphatgruppe**.

Es gibt zweierlei Typen von stickstoffhaltigen Basen. Die **Pyrimidine** haben einen sechsgliedrigen Ring, wie er in Abbildung 4.4 dargestellt ist. Die Purine haben einen fünf- und einen sechsgliedrigen Ring, die miteinander verbunden sind, wie es Abbildung 4.5 zeigt.

Jede Nucleinsäure enthält vier verschiedene Basen. DNA und RNA enthalten dieselben beiden Purine, Adenin und Guanin. Die beiden Pyrimidine der DNA sind Cytosin und Thymin, in der RNA findet man Uracil anstelle von Thymin. Der einzige Unterschied zwischen Uracil und Thymin besteht darin, daß beim Uracil die Methylgruppe an der C_5-Position durch ein Wasserstoffatom ersetzt ist. Die Basen werden für gewöhnlich mit ihren Anfangsbuchstaben bezeichnet, DNA enthält also A, G, C und T, während in RNA A, G, C und U zu finden sind.

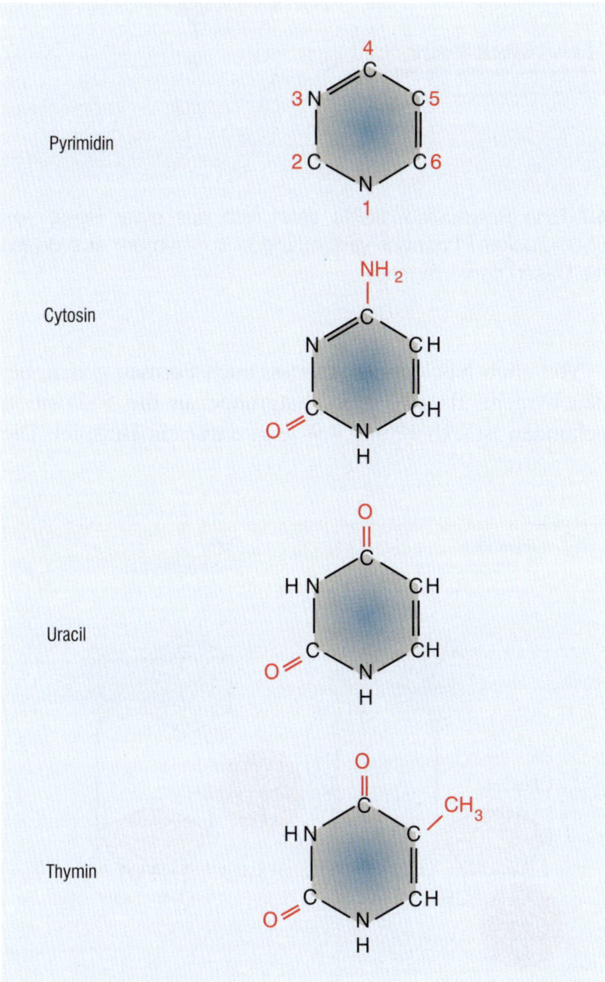

4.4 Pyrimidine bestehen aus einem Ring aus vier Kohlenstoff- und zwei Stickstoffatomen.

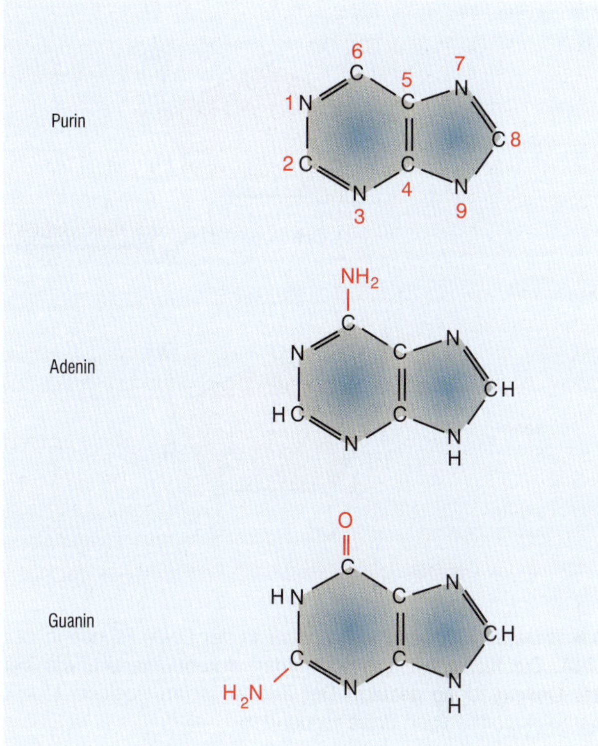

4.5 Purine bestehen aus zwei verbundenen Kohlenwasserstoffringen mit fünf beziehungsweise sechs Gliedern.

Nucleinsäuren enthalten zweierlei Formen von Pentose. Diese unterscheiden die DNA von der RNA und haben den beiden Nucleinsäuren ihre jeweiligen Namen gegeben. Abbildung 4.6 zeigt ihre Struktur. Die Pentose der DNA ist **2-Desoxyribose**, während es in der RNA **Ribose** ist. Der Unterschied liegt in der Anwesenheit beziehungsweise dem Fehlen der Hydroxylgruppe an Position 2 des Zuckerringes.

Die stickstoffhaltigen Basen sind mit der Position 1 des Pentoseringes durch eine Glycosidbindung zwischen dem N_1- (bei Pyrimidinen) oder dem N_9-Atom (bei Purinen) verbunden. Um Mißverständnissen bei der Numerierung der heterozyklischen Ringe beziehungsweise dem Zuckermolekül vorzubeugen, versieht man die Positionen bei der Pentose mit einem Apostroph (′).

Eine mit einem Zucker verbundene Base bezeichnet man als **Nucleosid**; kommt noch eine Phosphatgruppe hinzu, nennt man das Ganze (Base, Zucker und Phosphatrest) **Nucleotid**. Tabelle 4.1 beschreibt die Nomenklatur der einzelnen Einheiten.

Nucleotide stellen die Bausteine der Nucleinsäuren dar. Sie sind durch ein Rückgrat, in dem Zucker- und Phosphatreste abwechselnd aufgereiht sind, zu einer **Polynucleotidkette** verknüpft. Die 5′-Position eines Pentoseringes ist über eine Phosphatgruppe mit der 3′-Position

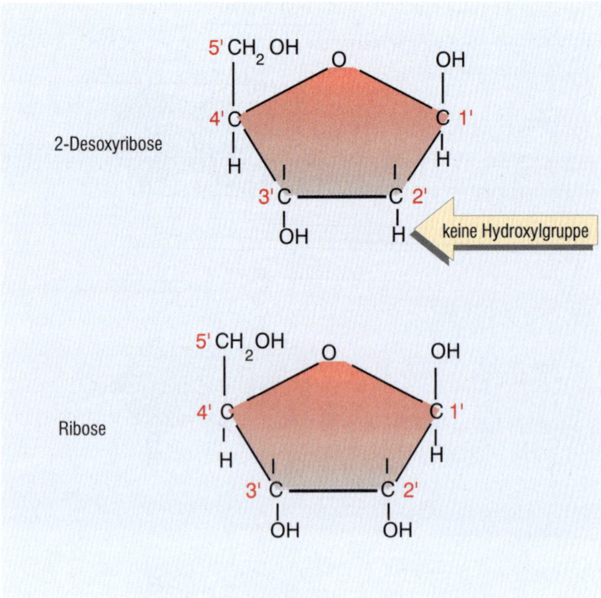

4.6 2-Desoxyribose ist der Zucker in der DNA, Ribose in der RNA. Die Kohlenstoffatome werden durchnumeriert, wie bei der Desoxyribose gezeigt. Der Zucker ist an Position 1′ mit der stickstoffhaltigen Base verbunden.

Tabelle 4.1: Basen, Nucleoside und Nucleotide haben verwandte Namen. Die Abkürzungen (-MP) stehen für die jeweiligen Nucleosidmonophosphate; das „d" bezeichnet die 2′-Desoxyform

Base	Nucleosid	Nucleotid	Abkürzung RNA	DNA
Adenin	Adenosin	Adenylsäure	AMP	dAMP
Guanin	Guanosin	Guanylsäure	GMP	dGMP
Cytosin	Cytidin	Cytidylsäure	CMP	dCMP
Thymin	Thymidin	Thymidylsäure		dTMP
Uracil	Uridin	Uridylsäure	UMP	

des nächsten Pentoseringes verbunden (Abbildung 4.7). Man sagt daher vom Zucker-Phosphat-Rückgrat, daß es aus 5′-3′-Phosphodiesterbrücken besteht. Die stickstoffhaltigen Basen „ragen" aus dem Rückgrat hervor.

Das letzte Nucleotid an einem Ende der Kette hat eine freie 5′-Gruppe, das letzte an dem anderen Ende eine freie 3′-Gruppe. Man schreibt Nucleinsäurensequenzen normalerweise in 5′→3′-Richtung, also vom 5′-Ende links zum 3′-Ende rechts.

Werden DNA oder RNA in ihre Nucleotidbestandteile zerlegt, kann die Spaltung auf jeder Seite der Phosphodiesterbrücken erfolgen. Je nach Bedingung ist die Phosphatgruppe der Nucleotide entweder an die 5′- oder die 3′-Position der Pentose geknüpft, wie Abbildung 4.8 zeigt. Nucleinsäuren setzen demnach zweierlei Typen von Nucleotiden frei, Nucleosid-3′-Monophosphate oder Nucleosid-5′-Monophosphate.

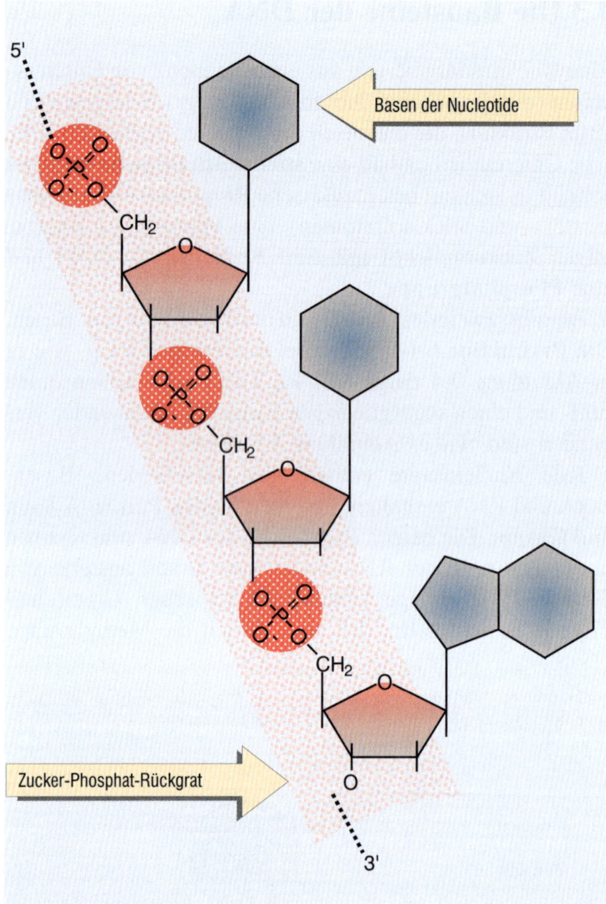

4.7 Eine Polynucleotidkette setzt sich aus einer Reihe von 5′-3′-Zucker-Phosphat-Verbindungen zusammen, aus denen die Basen hervorragen.

Von allen Nucleotiden kann es auch Formen geben, bei denen mehr als eine Phosphatgruppe an die 5′-Position gebunden ist. Abbildung 4.9 zeigt dafür ein Beispiel. Die

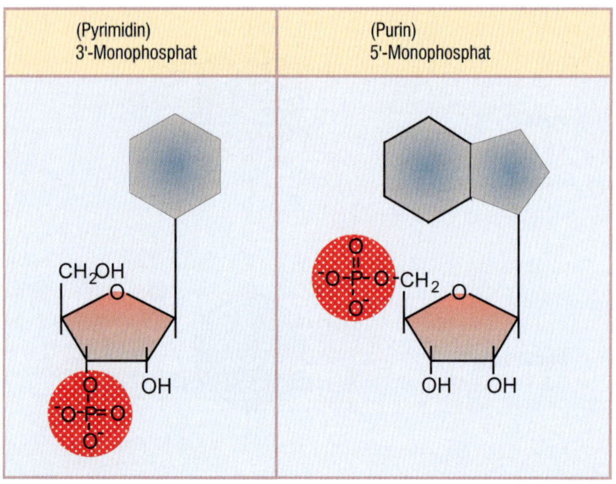

4.8 Bei Nucleotiden kann sich der Phosphatrest an Position 5′ oder 3′ befinden.

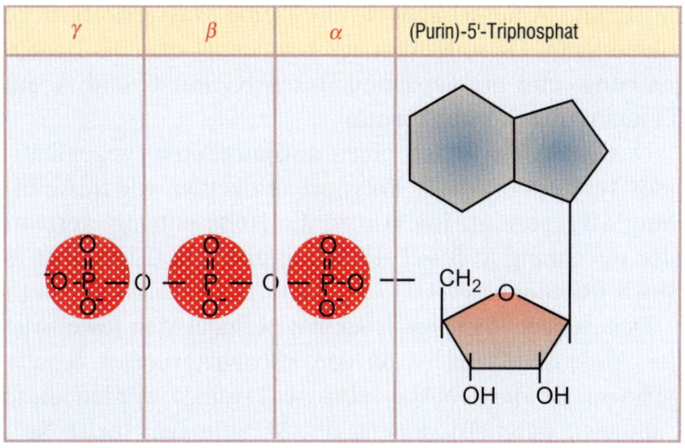

4.9 Ein Nucleosid-5′-Triphosphat hat energiereiche Phosphatbindungen.

Bindungen zwischen der ersten (α-) und der zweiten (β-) sowie der zweiten (β-) und der dritten (γ-) Phosphatgruppe sind **energiereich** und dienen bei zahlreichen Zellaktivitäten als Energiequelle. Die Abkürzung für ein Nucleosidtriphosphat lautet NTP, für ein Nucleosiddiphosphat NDP.

Die 5′-Triphosphate sind Vorstufen bei der Nucleinsäuresynthese. Abbildung 4.10 zeigt die Reaktion, in deren Verlauf das 5′-Ende des Triphosphats mit einer 3′-OH-Gruppe (3′-Hydroxy-Gruppe) am Ende der Polynucleotidkette reagiert. Zwischen dem α-Phosphat und der 3′-OH-Gruppe des Zuckers am Ende der Polynucleotidkette entsteht eine Bindung, und die beiden endständigen Phosphorgruppen (γ und β) des Triphosphats werden (in Gestalt eines einzelnen Moleküls, des sogenannten Pyrophosphats) freigesetzt.

4.4 Die DNA ist eine Doppelhelix

Die Beobachtung, daß die Basen in der DNA verschiedener Arten in unterschiedlichen Mengen vorkommen, führte zu der Auffassung, daß *die genetische Information in Form der Basensequenz festgelegt ist*. In den fünfziger Jahren hatte sich der Begriff der genetischen Information allgemein durchgesetzt. Er warf gleich zwei Probleme auf, nämlich die DNA-Struktur zu entschlüsseln und zu erklären, wie eine Basensequenz in der DNA die Reihenfolge der Aminosäuren in einem Protein wiedergeben kann.

Drei Ideen flossen zusammen, als James Watson und Francis Crick im Jahre 1953 das Doppelhelixmodell der DNA konstruierten:

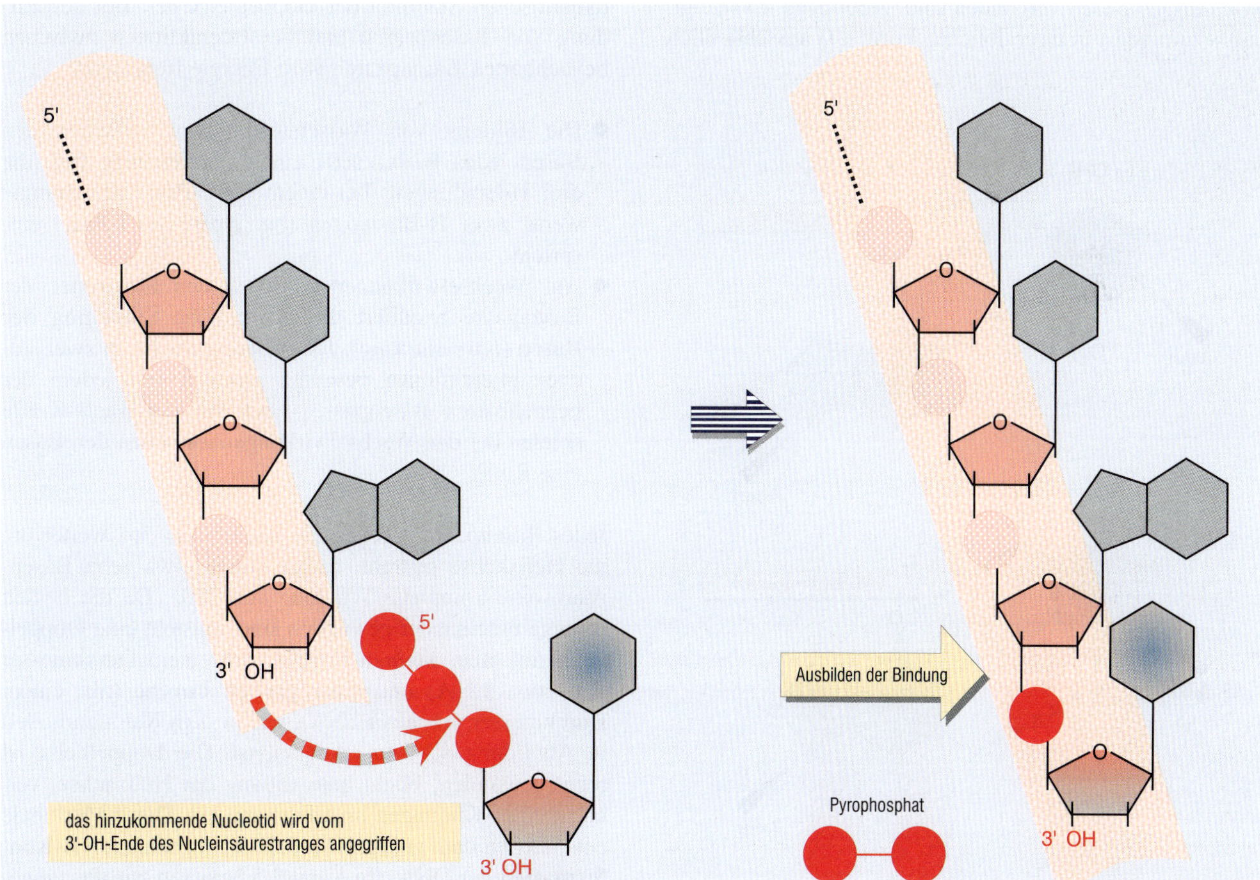

4.10 Die Nucleinsäuresynthese erfolgt durch Anfügen des Nucleosid-5′-Monophosphat-Restes eines Nucleosidtriphosphats an das 3′-OH-Ende der Polynucleotidkette.

- Röntgenbeugungsdaten zeigten, daß die DNA die Form einer regelmäßigen Helix hat, dic sich alle 34 Å (das entspricht 3,4 Nanometern) einmal um sich selbst dreht und deren Durchmesser etwa 20 Å (zwei Nanometer) beträgt. Da der Abstand zwischen benachbarten Nucleotiden bei 3,4 Å liegt, muß es pro Windung zehn Nucleotide geben.
- Die Dichte der DNA legte nahe, daß die Helix aus zwei Polynucleotidketten besteht. Der konstante Durchmesser der Helix läßt sich erklären, wenn die Basen jeder Kette nach innen weisen und streng so angeordnet sind, daß sich ein Purin stets gegenüber einem Pyrimidin befindet und Purin-Purin-Paarungen (zu breit) oder solche zwischen Pyrimidin und Pyrimidin (zu schmal) vermieden werden.
- Ganz unabhängig von dem jeweiligen Gehalt jeder Base entspricht der Anteil von G in der DNA immer genau dem von C, und der Anteil von A ist stets derselbe wie der von T. Man kann also die Zusammensetzung jeder DNA anhand ihres Gehaltes an C + G beschreiben, der bei den verschiedenen Arten zwischen 26 und 74 % liegt.

Watson und Crick schlugen vor, daß die beiden Polynucleotidketten über *Wasserstoffbrücken zwischen den stickstoffhaltigen Basen* verbunden sind. Abbildung 4.11 zeigt, daß – zumindest in ihrer üblichen Form – G ausschließlich mit C und A ausschließlich mit T eine Wasserstoffbrücke bilden kann. Diese Reaktionen bezeichnet man als **Basenpaarung**, und die gepaarten Basen (G mit C und A mit T) nennt man **komplementär**.

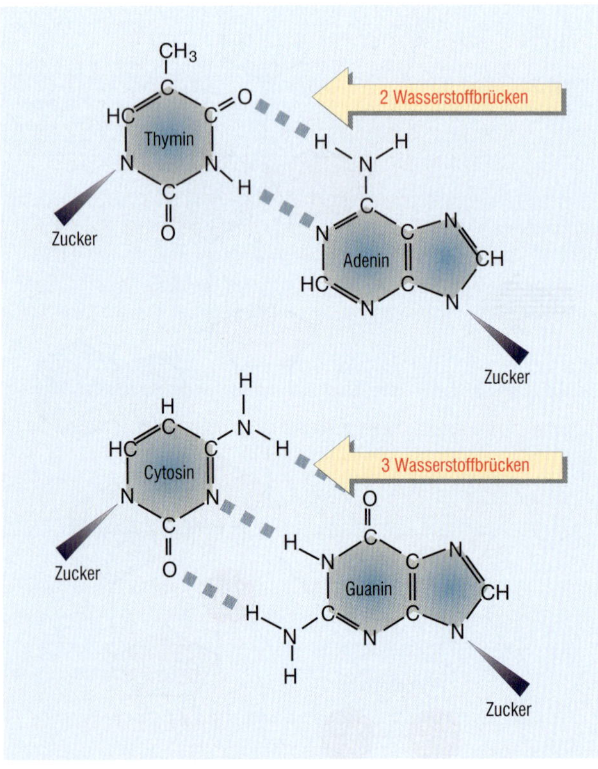

4.11 Bei der komplementären Basenpaarung werden zwischen A und T zwei, zwischen G und C drei Wasserstoffbrücken ausgebildet. Andere Paare werden in der DNA nicht gebildet.

Das Modell erfordert einen **antiparallelen** (gegenläufigen) Verlauf der beiden Polynucleotidketten, wie in Abbildung 4.12 gezeigt. Blickt man die Helix entlang, verläuft also ein Strang in 5′→3′-Richtung und sein Gegenüber in 3′→5′-Richtung.

Das Zucker-Phosphat-Rückgrat befindet sich jeweils an der Außenseite und ist an den Phosphatgruppen negativ geladen. Ist die DNA *in vitro* in Lösung, werden diese Ladungen durch Bindungen mit Metallionen, meist Na^+, aufgehoben. *In vivo*, also unter natürlichen Bedingungen, findet dieser Ausgleich zum Teil durch positiv geladene Proteine statt. Diese Proteine sind für die Organisation der DNA in der Zelle wichtig.

Die Basen befinden sich an der Innenseite. Sie sind flache Moleküle und liegen paarweise senkrecht zur Achse der Helix. Man stelle sich die Doppelhelix wie eine Wendeltreppe vor: Die Basenpaare bilden die Stufen, wie in Abbildung 4.13 schematisch dargestellt ist. Die Basen sind entlang der Helix übereinander gestapelt, etwa so ähnlich wie ein Stapel Teller.

Die Basenpaare tragen in zweierlei Hinsicht zur thermodynamischen Stabilität der Doppelhelix bei. Bei der Bildung von Basenpaaren und bei Interaktionen zwischen benachbarten Basenpaaren wird Energie freigesetzt:

- Die Bildung von Wasserstoffbrücken zwischen den Basen jedes Paares setzt eine Energiemenge frei, die drei H-Bindungen (bei einem G•C-Paar) beziehungsweise zwei H-Bindungen (bei einem A•T-Paar) entspricht.
- Aus Wechselwirkungen zwischen den Elektronen der Basenpaare resultiert die hydrophobe **Stapelung der Basen** (*base-stacking*). Jedes Basenpaar ist an zwei solcher Interaktionen beteiligt, nämlich mit jedem der benachbarten Basenpaare. Auch van-der-Waals-Kräfte spielen bei den Wechselwirkungen zwischen den Basen eine Rolle.

Jedes Basenpaar ist gegen das nächste um 36° weiter um die Helixachse gedreht. Daher bilden etwa zehn Basenpaare eine komplette Windung von 360°. Da die beiden Stränge umeinander gewunden sind, entsteht eine Doppelhelix mit einer **kleinen Furche** (mit einem Durchmesser von etwa 12 Å) und einer **großen Furche** (mit einem Durchmesser von etwa 22 Å), wie in dem Kalottenmodell in Abbildung 4.14 zu erkennen ist. Die Doppelhelix ist rechtsgewunden; blickt man entlang der Helixachse, verlaufen die Windungen im Uhrzeigersinn. Diese Merkmale entsprechen dem gültigen Modell der sogenannten **B-Konformation** der DNA. (In Kapitel 5 befassen wir uns eingehender mit dem Aufbau der DNA.)

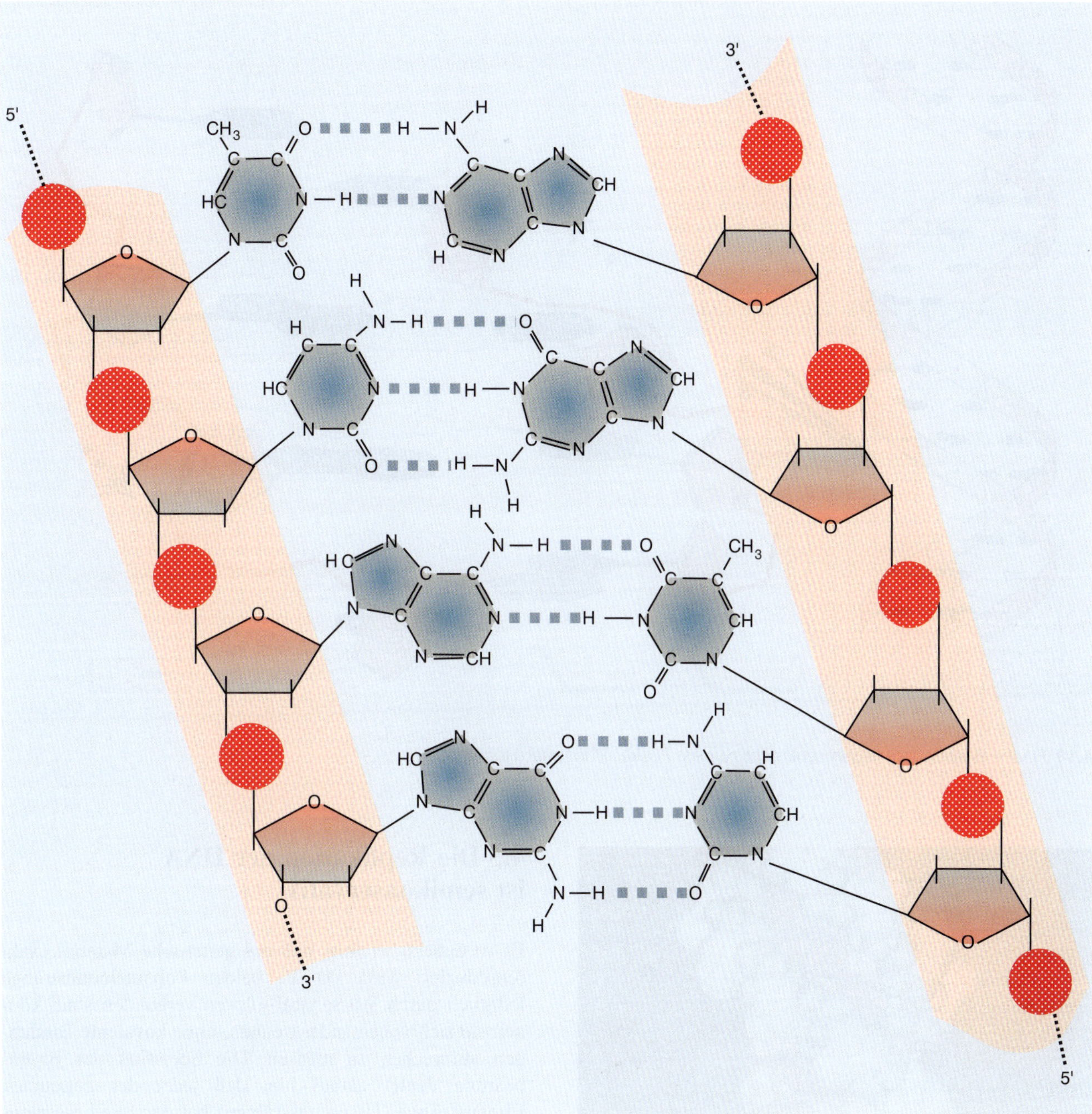

4.12 Die Doppelhelix behält den gleichen Abstand, da in den A•T- und G•C-Paaren Purine immer Pyrimidinen gegenüberliegen.

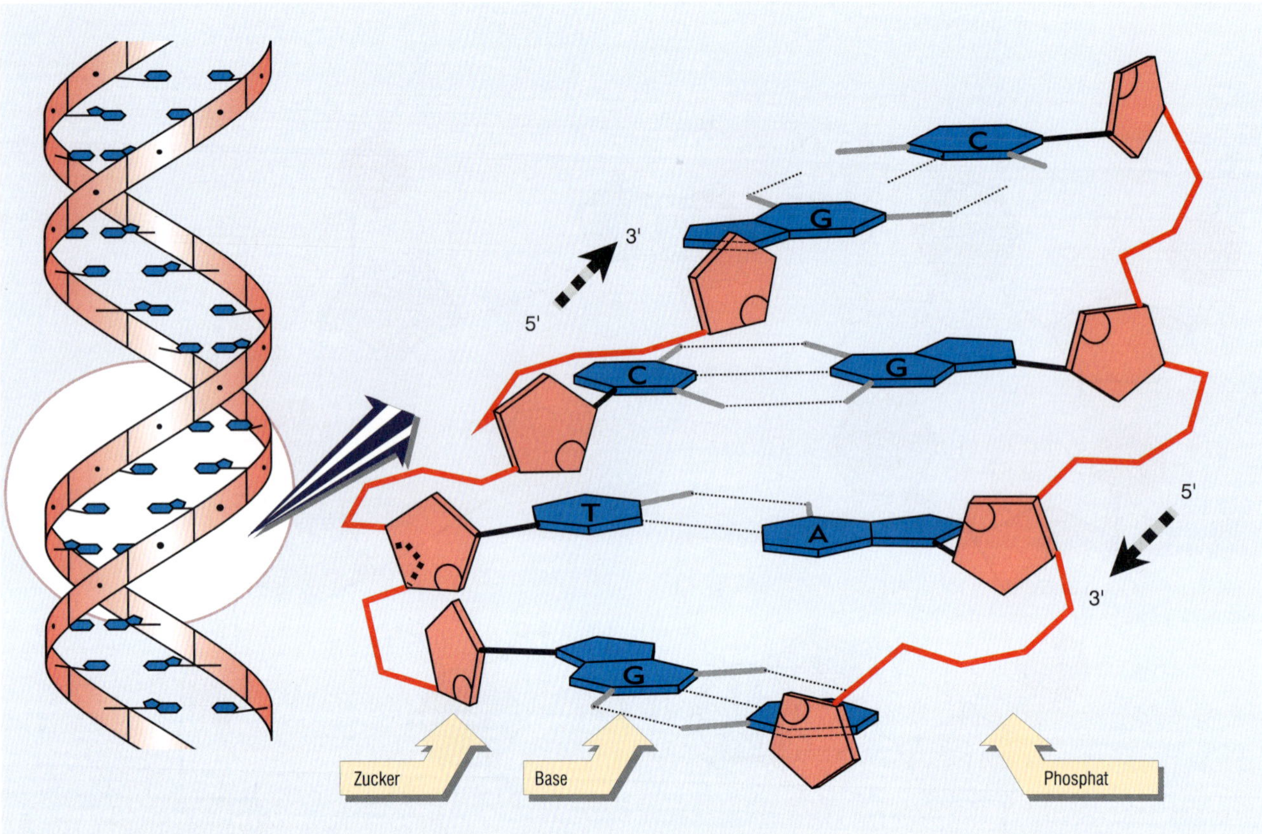

4.13 Flache Basenpaare liegen senkrecht zu dem Zucker-Phosphat-Rückgrat.

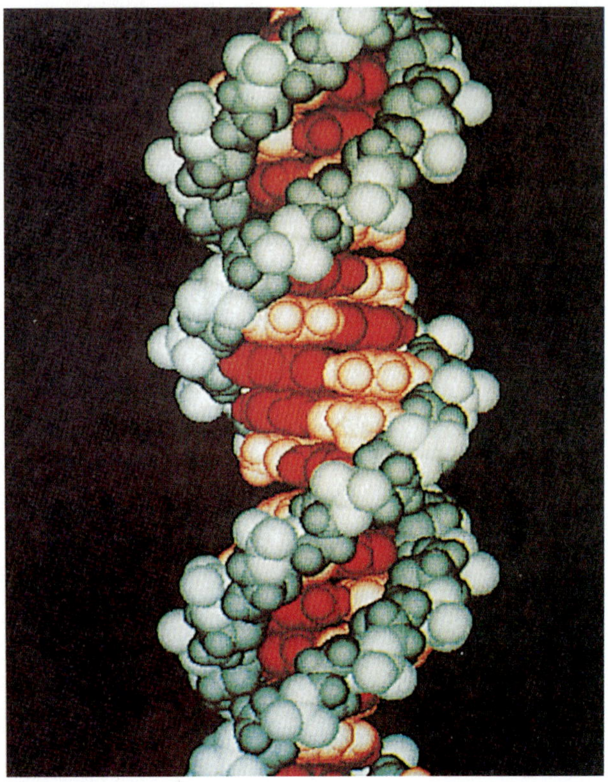

4.14 Die beiden Stränge der DNA bilden eine Doppelhelix.

4.5 Die Replikation der DNA ist semikonservativ

Es ist äußerst wichtig, daß das genetische Material exakt reproduziert wird. Da die beiden Polynucleotidstränge lediglich durch Wasserstoffbrücken verbunden sind, können sie sich voneinander trennen, ohne kovalente Bindungen aufbrechen zu müssen. Die Spezifität der Basenpaarung deutet darauf hin, daß jeder der getrennten **Elternstränge** (Ursprungsstränge) bei der Synthese eines komplementären **Tochterstranges** als Matrize dienen kann (Abbildung 4.15). Das Prinzip besteht darin, daß an jedem Elternstrang ein Tochterstrang zusammengefügt wird. Der Elternstrang gibt dabei die Sequenz des Tochterstranges vor; ein A im Elternstrang führt zum Einbau eines T im Tochterstrang, ein ursprüngliches G führt zu einem C im Tochterstrang und so fort.

Der obere Teil der Abbildung zeigt den **Eltern-Doppelstrang** und der untere die beiden **Tochter-Doppelstränge**, die durch komplementäre Basenpaarung gebildet werden. Der (nicht replizierte) elterliche Doppelstrang setzt sich aus den beiden ursprünglich vorhandenen Einzelsträngen zusammen. Für die Replikation müssen diese beiden Stränge voneinander getrennt werden, so daß jeder als Matrize für die Synthese eines Komplementärstranges dienen kann. Jeder der Tochter-Doppelstränge ist in seiner

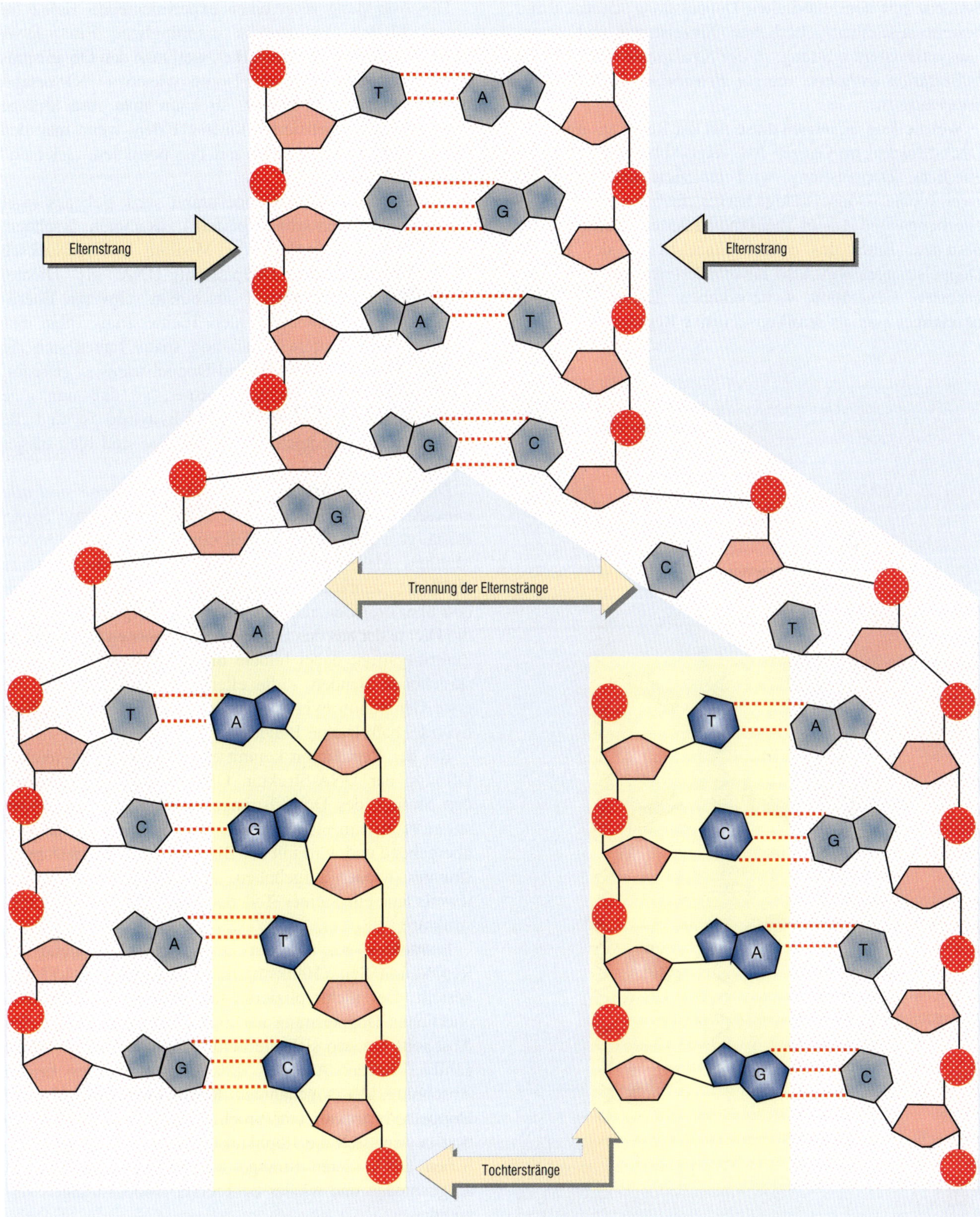

4.15 Durch den Mechanismus der Basenpaarung wird die DNA exakt repliziert.

Sequenz mit dem elterlichen Doppelstrang identisch und besteht aus einem elterlichen Einzelstrang und einem neusynthetisierten Strang. *In der Struktur der DNA ist die Information enthalten, die zur Bewahrung ihrer Sequenz notwendig ist.*

Welche Konsequenzen diese Art der Replikation für das DNA-Molekül im Ganzen hat, zeigt Abbildung 4.16. Der elterliche Doppelstrang wird repliziert und bringt so zwei Tochter-Doppelstränge hervor, die beide aus je einem elterlichen und einem (neusynthetisierten) Tochterstrang bestehen. Einer der beiden Einzelstränge des Eltern-Doppelstranges wird also unverändert von der ersten zur nächsten Generation weitergegeben. Dieses Verhalten bezeichnet man als **semikonservative Replikation**.

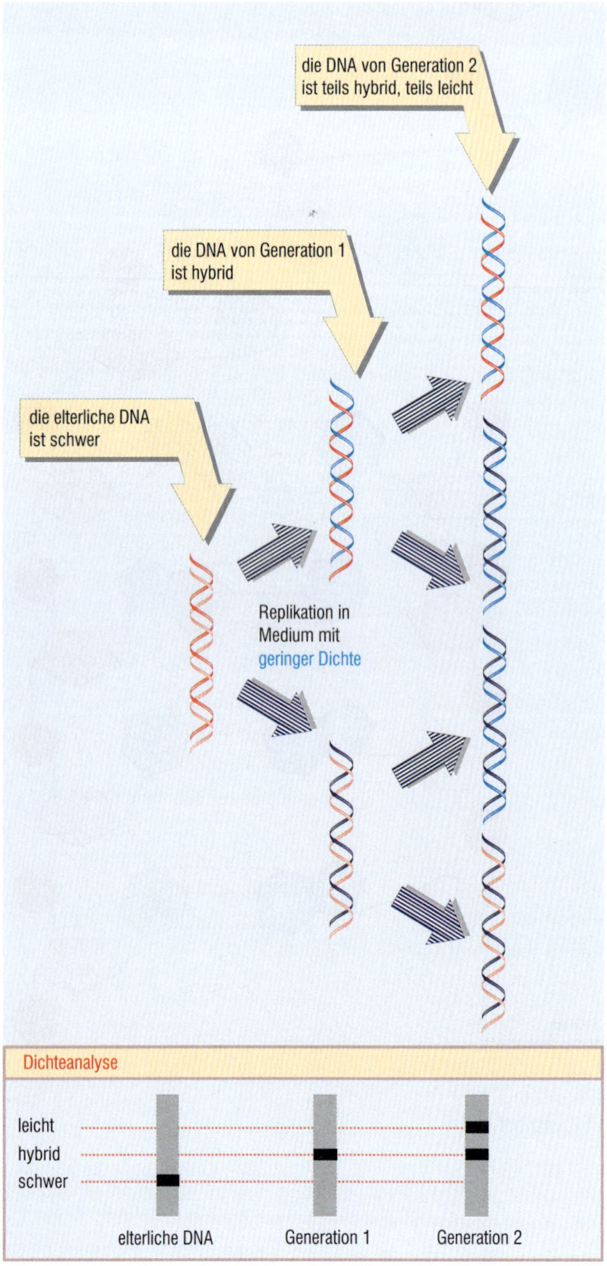

4.16 Die Replikation der DNA ist semikonservativ.

Die Abbildung zeigt einen experimentellen Beleg für dieses Modell. Enthält die ursprüngliche Eltern-DNA einen „schweren" Dichtemarker, weil man den Organismus in einem mit dem passenden Isotop (wie etwa ^{15}N) versetzten Medium gezüchtet hat, so kann man ihre Stränge von den neusynthetisierten unterscheiden, wenn man den Organismus in ein Medium mit den normalen, „leichten" Isotopen umsetzt.

Der elterliche DNA-Doppelstrang setzt sich aus zwei schweren Strängen (rot dargestellt) zusammen. Nachdem eine Generation in leichtem Medium herangewachsen ist, stellt sich die Doppelstrang-DNA als Dichte-„Hybrid" dar – sie besteht aus einem schweren Elternstrang (rot) und einem leichten Tochterstrang (blau dargestellt). Eine weitere Generation später haben sich die beiden Stränge jedes Hybrid-Doppelstranges getrennt; jeder erhält einen leichten Partner, so daß nun eine Hälfte der Doppelstrang-DNA noch hybrid ist und die andere vollständig leicht (beide Stränge sind blau dargestellt).

Die einzelnen Stränge dieser Doppelstränge sind alle entweder durchgehend schwer oder durchgehend leicht. Bestätigt wurde dieses Modell durch das Experiment von Matthew Meselson und Franklin W. Stahl, die im Jahre 1958 die semikonservative Replikation bei *Escherichia coli* über drei Generationen hinweg verfolgten. Sie maßen die Dichte der aus den Bakterien gewonnenen DNA mittels Zentrifugation; dabei bildete die DNA ihrer Dichte entsprechende Banden – die elterliche DNA schwere, die erste Generation hybride und die zweite Generation halb hybride, halb leichte Banden.

Bei der Replikation kommt es zu einer umfangreichen Öffnung der DNA-Struktur. Obwohl sich aber die beiden Stränge des Doppelstranges trennen müssen, liegen sie nicht als Einzelstränge vor. Die Trennung ist nur vorübergehend und wird mit der Bildung des Tochter-Doppelstranges wieder aufgehoben. Auf diese Weise verliert jeweils nur ein kleiner Teil der DNA die Doppelstrangstruktur.

Betrachten wir nun ein DNA-Molekül während der Replikation. Seine Helixstruktur ist in Abbildung 4.17 dargestellt. Der nichtreplizierte Abschnitt besteht aus dem elterlichen Doppelstrang und öffnet sich zum replizierten Abschnitt hin, wo sich die beiden Tochter-Doppelstränge gebildet haben. An der Verbindungsstelle der beiden Abschnitte, der sogenannten **Replikationsgabel**, ist die Doppelhelixstruktur unterbrochen. Während der Replikation bewegt sich die Replikationsgabel entlang der elterlichen DNA; deren Stränge werden also kontinuierlich aufgewunden und wieder zu Tochter-Doppelsträngen verwunden.

Die Nucleinsäuresynthese wird von spezifischen Enzymen katalysiert; diese erkennen die Matrize und beteiligen sich am Anbau von Untereinheiten an die Polynucleotidkette, die gerade synthetisiert wird. Man benennt diese Enzyme entsprechend der synthetisierten Strangart: **DNA-Polymerasen** synthetisieren DNA, **RNA-Polymerasen** RNA.

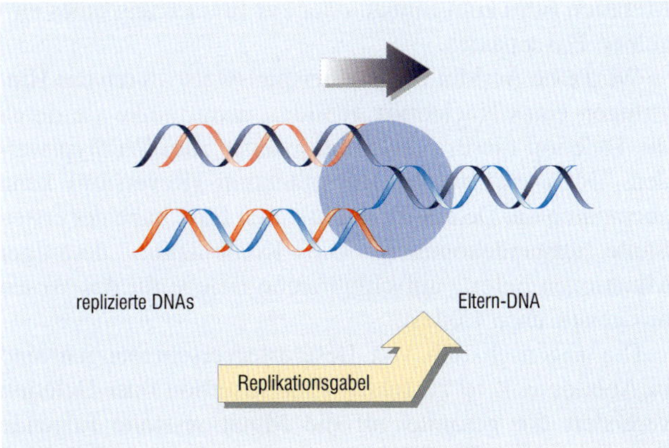

4.17 Die Replikationsgabel ist der DNA-Bereich, in dem der Übergang von dem entwundenen elterlichen Doppelstrang in die neu replizierten Tochter-Doppelstränge erfolgt.

Auch der Abbau der Nucleinsäuren erfolgt durch spezifische Enzyme: **Desoxyribonucleasen** (**DNasen**) bauen DNA, **Ribonucleasen** (**RNasen**) RNA ab. Man faßt die Nucleasen in zwei Hauptgruppen zusammen, die **Exo-** und die **Endonucleasen**.

Endonucleasen trennen einzelne Bindungen *innerhalb* von RNA- oder DNA-Molekülen auf und erzeugen deutliche Fragmente. Sie sind an Spaltungsreaktionen beteiligt. Exonucleasen lösen Reststücke schrittweise vom Molekülende und erzeugen Mononucleotide. Sie beteiligen sich an Abbaureaktionen.

Alle uns bekannten Exonucleasen bewegen sich vom 3′-Ende aus entlang des Nucleinsäurestranges. Sie können an ihrem Substrat nach dem Zufallsprinzip oder fortlaufend arbeiten. Ein zufällig arbeitendes Enzym setzt eine Base von einem RNA-Molekül frei und dissoziiert dann; bei seiner nächsten Katalyse greift das Enzym ein anderes RNA-Substratmolekül an. Fortlaufende Aktivität bedeutet, daß das Enzym bei einem Substratmolekül verbleibt und weitere Basen freisetzt, bis seine Aufgabe vollendet ist.

Wird die Phosphodiesterbrücke zwischen zwei Nucleotiden gespalten, kann dies prinzipiell auf beiden Seite der Phosphatgruppe erfolgen. Abbildung 4.18 zeigt die jeweiligen Resultate. Auf der einen Seite ergibt die Spaltung 3′-Hydroxy- und 5′-Phosphat-Endgruppen. Erfolgt die Spaltung auf der anderen Seite, entstehen 3′-Phosphat- und 5′-Hydroxy-Endgruppen.

4.6 Der genetische Code wird in Tripletts gelesen

Der genetische Code wird von einem komplizierten Apparat entziffert, der zwischen Nucleinsäure und Protein steht. Dieser Apparat ist unbedingt erforderlich, wenn die Infor-

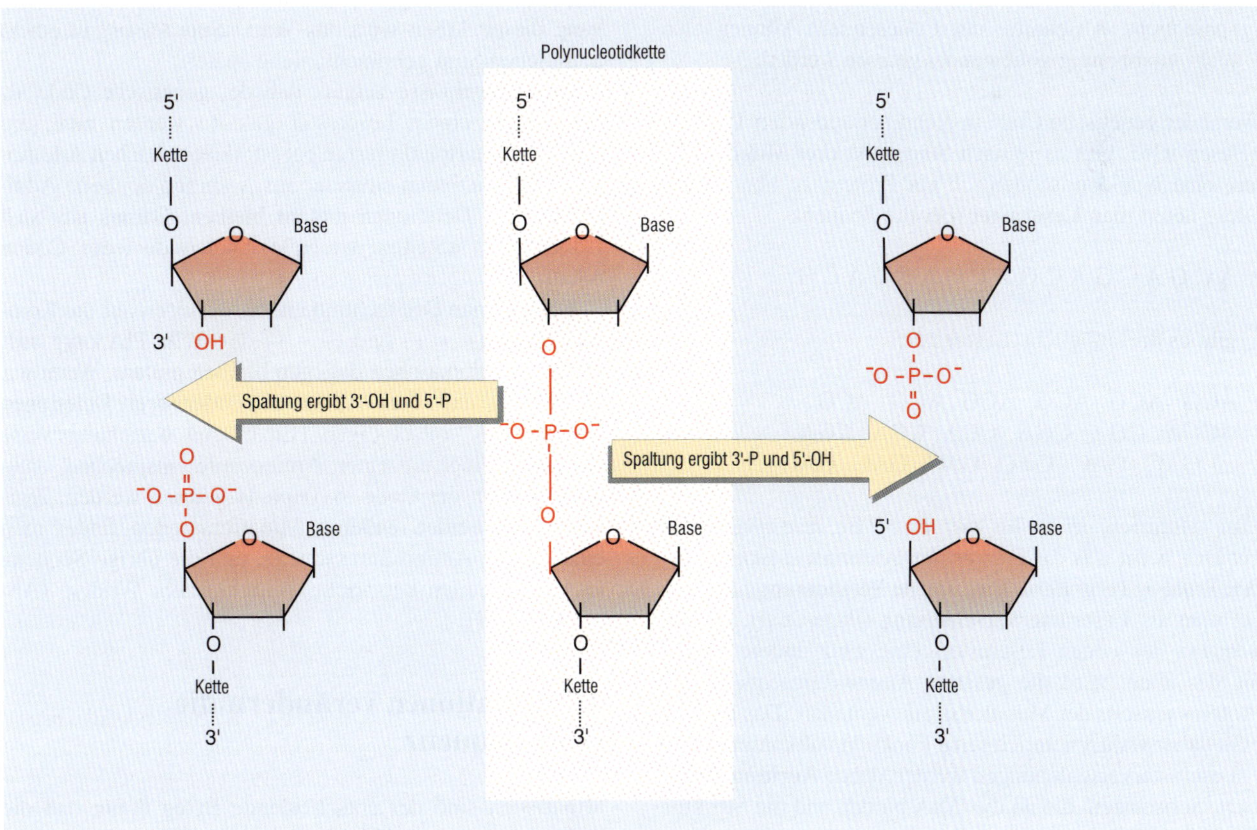

4.18 Welche neuen Phosphat-Endgruppen entstehen, wird dadurch bestimmt, auf welcher Seite der Phosphodiesterbindung die Spaltung erfolgt.

mation der DNA eine Bedeutung haben soll. In jedem Abschnitt codiert jeweils nur einer der beiden DNA-Stränge ein Protein, daher schreiben wir den genetischen Code als Sequenz von Basen (und nicht von Basenpaaren).

Der genetische Code wird in Nucleotiddreiergruppen gelesen; jede davon entpricht einer Aminosäure. Jede dieser Trinucleotidsequenzen bezeichnet man als **Codon** oder **Triplett**. Ein Gen umfaßt eine Reihe von Codons, die von einem Startpunkt an einem Ende aus bis zu einem Endpunkt am anderen Ende der Reihe nach gelesen werden. In konventioneller 5'→3'-Richtung geschrieben, entspricht die Nucleotidsequenz des proteincodierenden DNA-Stranges der Aminosäuresequenz des Proteins, die in Richtung vom N- zum C-Ende des Moleküls geschrieben ist.

Die allgemeine Grundlage des Codes entdeckte man durch die genetische Analyse von Mutanten der *rII*-Region des Bakteriophagen T6. Francis Crick und seine Kollegen wiesen im Jahre 1961 nach, daß der Code *in nichtüberlappenden Tripletts von einem feststehenden Startpunkt aus* gelesen werden muß:

- *Nichtüberlappend* heißt, daß sich jedes Codon aus drei Nucleotiden zusammensetzt und daß aufeinanderfolgende Trinucleotide aufeinanderfolgenden Codons entsprechen.
- Die Benutzung eines *feststehenden Startpunktes* bedeutet, daß der Bau eines Proteins an einem Ende beginnen und zum anderen Ende hin fortschreiten muß; unterschiedliche Abschnitte der Codesequenz können also nicht unabhängig voneinander gelesen werden.

Wenn der genetische Code in nichtüberlappenden Tripletts gelesen wird, gibt es je nach Startpunkt drei Möglichkeiten, eine Nucleotidsequenz in ein Protein zu übersetzen. Diese nennt man **Leseraster**. Für die Sequenz

A C G A C G A C G A C G A C G A C G

gibt es drei mögliche Leseraster:

ACG ACG ACG ACG ACG ACG
CGA CGA CGA CGA CGA CGA
GAC GAC GAC GAC GAC GAC

Eine Mutation, die eine einzelne Base hinzufügt oder entfernt, wird das Leseraster der gesamten anschließenden Sequenz verändern. Eine solche Veränderung bezeichnet man als **Leserasterverschiebung** (*frameshift*). Da die Sequenz des neuen Leserasters eine ganz andere ist als die des alten, wird die gesamte Aminosäuresequenz des Proteins jenseits der Mutationsstelle verändert. Das Protein büßt daher wahrscheinlich seine Funktion vollkommen ein.

Leserasterverschiebungen werden durch **Acridine** induziert, Substanzen, die an die DNA binden und die Struktur der Doppelhelix zerstören, indem sie den zusätzlichen Einbau oder das Auslassen von Basen während der Replikation verursachen. Jede durch ein Acridin hervorgerufene Mutation führt zum Einbau oder zur Freisetzung eines einzelnen Basenpaares.

Wird eine Acridinmutante beispielsweise durch das Hinzufügen eines Nucleotids gebildet, dann müßte sie durch die Deletion dieses Nucleotids wieder zum Wildtyp werden. Doch eine solche Rückmutation (Reversion) kann auch durch die Deletion einer anderen Base nahe der ersten Stelle zustandekommen. Die Kombination derartiger Mutationen lieferte aufschlußreiche Belege für das Wesen des genetischen Codes.

Die Eigenschaften von Leserasterverschiebungen sind in Abbildung 4.19 zu sehen. Eine Insertion oder Deletion verändert die gesamte auf die Mutationsstelle folgende Proteinsequenz. Die Kombination aus einer Insertion und einer Deletion aber führt dazu, daß der Code nur zwischen den beiden Mutationsstellen falsch gelesen wird; jenseits der zweiten Mutationsstelle ist das Leseraster wieder korrekt.

Die ursprüngliche Analyse erfolgte mit genetischen Mitteln, wobei man sämtliche Mutationen durch Acridinfarbstoffe einer von zwei mit (+) oder (–) gekennzeichneten Gruppen zuordnen konnte. Beide Arten von Mutationen führen zu einer Leserasterverschiebung, der (+)-Typ durch Addition, der (–)-Typ durch Deletion einer Base. Doppelmutanten mit den Kombinationen (+ +) und (– –) verhalten sich weiterhin wie Mutanten. Bei den Kombinationen (+ –) oder (– +) aber unterdrückt ein Typ den anderen; deshalb bezeichnete man in der Beschreibung eine der Mutationen als **Suppressor** der anderen. (Im Zusammenhang dieser Arbeit wird das Wort „Suppressor" in einem unüblichen Sinn gebraucht; siehe später.)

Diese Ergebnisse zeigen, daß der genetische Code als Sequenz in einem Leseraster gelesen werden muß, das durch den Startpunkt festgelegt ist; daher gleichen Additionen und Deletionen einander aus, während doppelte Additionen oder Deletionen mutant bleiben. Daraus läßt sich jedoch nicht ableiten, wieviele Nucleotide jedes Codon bilden.

Erzeugt man Dreifachmutanten, so weisen nur die Kombinationen (+ + +) und (– – –) den Wild-Phänotyp auf; andere Kombinationen dagegen bleiben mutant. Wenn wir annehmen, daß drei Additionen oder drei Deletionen jeweils dem vollständigen Hinzufügen beziehungsweise Auslassen einer einzelnen Aminosäure entsprechen, dann muß folglich der Code in Tripletts gelesen werden. Zwischen den beiden äußeren Mutationsstellen findet man eine falsche Aminosäuresequenz, und die übrige Sequenz an beiden Seiten entspricht weiterhin dem Wildtyp (Abbildung 4.19).

4.7 Mutationen verändern die DNA-Sequenz

Mutationen sind der entscheidende Beleg dafür, daß die DNA das genetische Material darstellt. Wenn eine Veränderung der DNA-Sequenz die Sequenz eines Proteins verändert, können wir daraus schließen, daß die DNA dieses

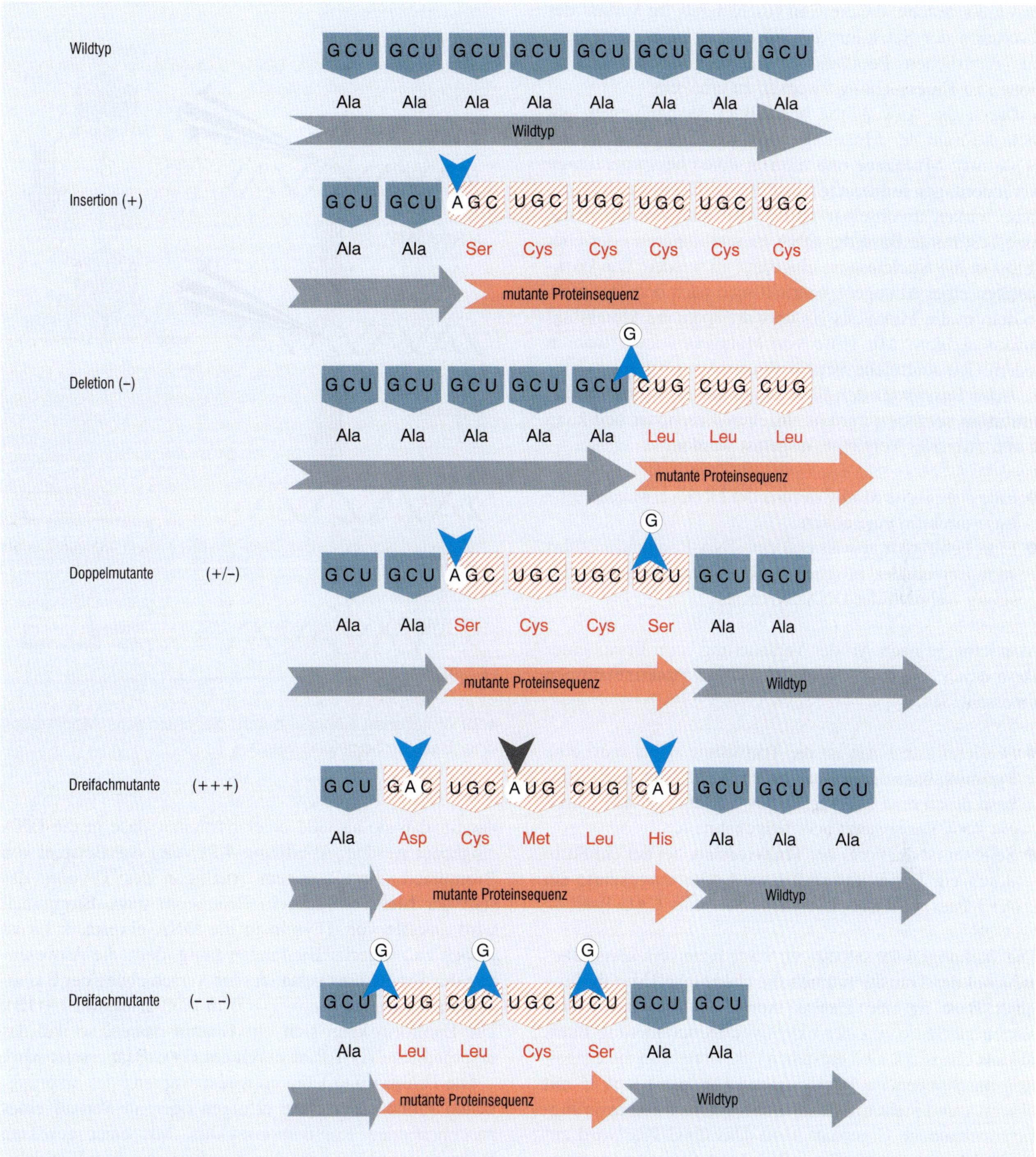

4.19 Leserasterverschiebungen machen deutlich, daß der genetische Code von einem festen Startpunkt aus in Tripletts gelesen wird.

Protein codiert. Aufgrund der daraus resultierenden Wirkungen auf den Organismus könnten wir außerdem die Aufgabe des Proteins erkennen. Das Vorkommen zahlreicher Mutationen in einem Gen kann den Vergleich vieler Varianten eines Proteins gestatten, und mittels einer genauen Analyse kann man Abschnitte des Proteins identifizieren, die für bestimmte enzymatische oder andere Funktionen verantwortlich sind.

Bei allen Organismen tritt infolge normaler zellulärer Vorgänge oder zufälliger Wechselwirkungen mit der Umwelt eine bestimmte Zahl von Mutationen auf. Solche Mutationen bezeichnet man als **spontan**; die Häufigkeit ihres Auftretens ist für jeden einzelnen Organismus charakteristisch und wird als **spontane Mutationsrate (Mutabilität)**, quasi als genetisches Hintergrundrauschen, bezeichnet. Mutationen sind seltene Ereignisse, und natürlich fallen solche, die ein Gen beschädigen, im Verlauf der Evolution der Selektion anheim. Daher ist es schwierig, aus natürlichen Populationen zahlreiche Spontanmutationen zu Untersuchungszwecken zu erhalten.

Durch die Anwendung bestimmter Verbindungen läßt sich die Zahl der Mutationen erhöhen. Diese Substanzen nennt man **Mutagene** und die von ihnen hervorgerufenen Veränderungen **induzierte Mutationen**. Die meisten Mutagene wirken unmittelbar durch ihre Fähigkeit, entweder eine bestimmte Base der DNA zu modifizieren oder aber selbst in die Nucleinsäure eingebaut zu werden. Die Wirksamkeit eines Mutagens beurteilt man nach dem Ausmaß, in dem es die Mutationsrate über die spontane Mutabilität hinaus steigert. Mit Hilfe von Mutagenen kann man in jedem Gen zahlreiche Veränderungen hervorrufen.

Jedes Basenpaar der DNA kann mutieren. Eine **Punktmutation** verändert nur ein einzelnes Basenpaar und kann durch zweierlei Vorgänge ausgelöst werden:

- Eine chemische Modifizierung der DNA verwandelt eine Base direkt in eine andere.
- Eine Fehlfunktion während der DNA-Replikation führt zum Einbau der falschen Base in den Polynucleotidstrang während der DNA-Synthese.

Man kann, je nach Art der Veränderung beim Ersatz einer Base durch eine andere, zwei Typen von Punktmutationen unterscheiden:

- Die häufigste Form ist die **Transition**; dabei wird eine Pyrimidinbase durch eine andere ersetzt oder eine Purinbase durch eine andere; ein G•C-Paar wird also durch ein A•T-Paar ersetzt oder umgekehrt.
- Seltener ist die Form der **Transversion**, bei der ein Purin durch ein Pyrimidin ersetzt wird oder umgekehrt; ein A•T-Paar wird also zu einem T•A- oder C•G-Paar.

Die Wirkungen der salpetrigen Säure bieten ein klassisches Beispiel der Transition durch die chemische Umwandlung einer Base in eine andere. Abbildung 4.20 zeigt, daß salpetrige Säure zu einer oxidativen Desaminierung führt, die aus Cytosin Uracil entstehen läßt. In dem an die Transition anschließenden Replikationszyklus paart sich U mit einem A und nicht mit dem G, mit dem sich das ursprünglich vorhandene C gepaart hätte. Das C•G-Paar wird auf diese Weise durch ein T•A-Paar ersetzt, wenn sich nämlich das A im nächsten Replikationszyklus mit einem T paart. Salpetrige Säure desaminiert auch Adenin und führt so zu der umgekehrten Transition von A•T nach G•C.

Transitionen werden auch durch **Basenfehlpaarung** hervorgerufen, wenn sich ungewöhnliche Partner entgegen den üblichen Gesetzmäßigkeiten („Watson-Crick-Basenpaarung") paaren. Für gewöhnlich treten Basenfehlpaarungen als Abweichungen nach der Einführung einer ungewöhnlichen Base auf.

Manche Mutagene sind Analoga der normalen Basen und sind mehrfach bindungsfähig; ihre Mutagenität beruht

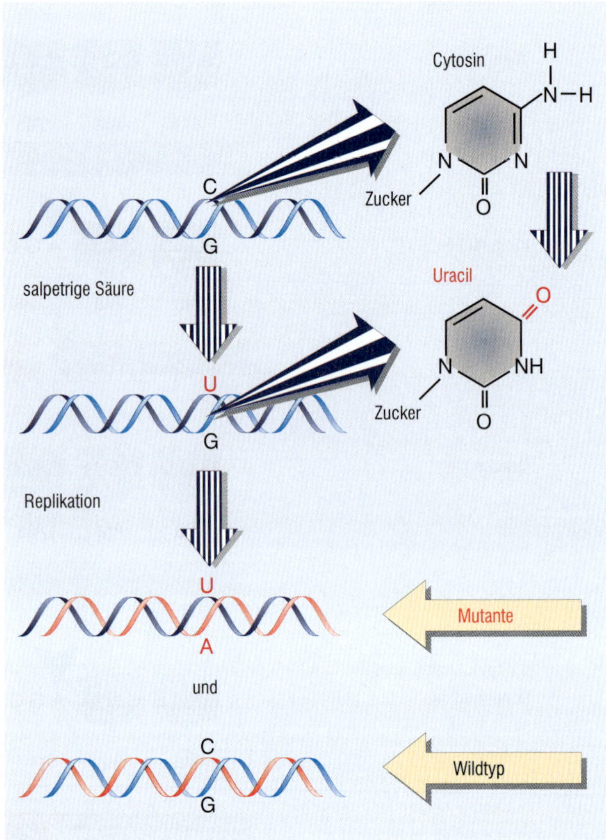

4.20 Mutationen können durch die chemische Modifikation einer Base herbeigeführt werden.

darauf, daß sie anstelle einer normalen Base in die DNA eingebaut werden. Abbildung 4.21 zeigt das Beispiel von Bromuracil (BrdU), einem Analogon des Thymin, das statt der Methylgruppe ein Bromatom trägt. Bromuracil wird anstelle von Thymin in die DNA eingebaut. Es ist jedoch zu zweierlei Bindungen fähig, denn die Anwesenheit des Bromatoms gestattet eine Verschiebung der Basenstruktur von einer Keto- (=O) in eine Enolform (−OH). Die Enolform kann sich mit Guanin paaren, so daß das ursprüngliche A•T-Paar durch ein G•C-Paar ersetzt wird.

Die Fehlpaarung kann entweder während des ursprünglichen Einbaus der Base erfolgen oder im Verlauf eines anschließenden Replikationszyklus. Mit einer gewissen Wahrscheinlichkeit wird die Transition in jedem Replikationszyklus induziert; der Einbau von Bromuracil hat also anhaltende Auswirkungen auf die DNA-Sequenz.

Mutationen, die durch Basensubstitution ausgelöst wurden, bezeichnet man oft als ***leaky*** (englisch für „durchlässig"): Die Mutante hat noch eine gewisse Restfunktion. Dieser Fall tritt dann ein, wenn die Sequenzveränderung im korrespondierenden Protein dessen Aktivität nicht vollkommen aufhebt. Die Beschaffenheit des genetischen Codes erklärt, wie dies geschieht. Eine Punktmutation, die lediglich eine einzelne Base verändert, wird nur das eine Codon umbilden, in dem sich diese Base befindet. Im Protein ist also nur eine Aminosäure betroffen. Dieser

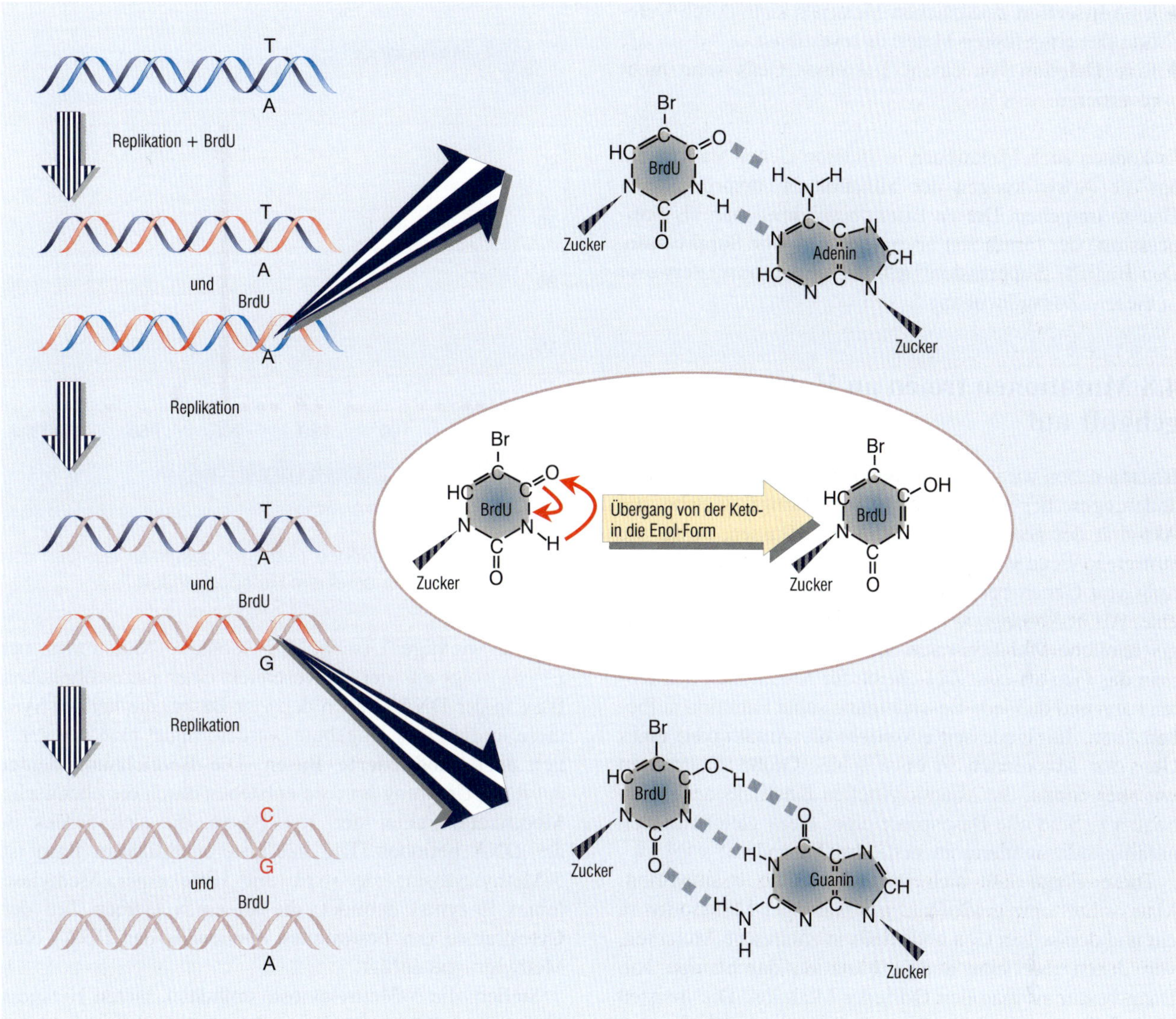

4.21 Mutationen können durch den Einbau von Basenanaloga in die DNA herbeigeführt werden.

Austausch mag wohl die Aktivität des Proteins einschränken, unterbindet sie aber nicht zwangsläufig ganz. Anders wirken sich die durch Acridine induzierten Mutationen aus, bei denen eine lange Reihe von Codons durch ein Verschieben des Leserasters verändert werden kann; dies hebt die Proteinfunktion vollkommen auf.

Lange galten Punktmutationen als das hauptsächliche Mittel der Veränderung in einzelnen Genen. Heute wissen wir jedoch, daß recht häufig **Insertionen** von zusätzlichen Materialstücken stattfinden. Das zusätzliche Material stammt von **transponierbaren Elementen** (oder **Transposons**), das sind DNA-Sequenzen, die sich von einer Stelle zu einer anderen bewegen können. (Wir befassen uns mit diesen Elementen in den Kapiteln 18 und 19 eingehender.) Eine Insertion hebt die Aktivität eines Gens für gewöhnlich auf. An den Stellen, wo solche Insertionen stattgefunden haben, können anschließend **Deletionen** eines Teiles oder des gesamten eingefügten Materials, manchmal sogar angrenzender Gebiete, erfolgen.

Ein signifikanter Unterschied zwischen Punktmutationen und Insertionen beziehungsweise Deletionen besteht darin, daß man die Häufigkeit von Punktmutationen durch Mutagene steigern kann, während Veränderungen durch Transposons auf diese Reagentien nicht ansprechen. Insertionen und Deletionen können jedoch auch infolge anderer Mechanismen auftreten – darunter beispielsweise Fehler während der Replikation oder Rekombination –, obwohl diese wahrscheinlich eher selten sind. Die durch Acridine herbeigeführten Veränderungen stellen ebenfalls (sehr kleine) Insertionen und Deletionen dar.

Die Isolierung von **Revertanten** (Rückmutanten) unterscheidet als wichtiges Merkmal Punktmutationen und Insertionen von Deletionen:

- Eine Punktmutation kann revertieren, indem die Originalsequenz wiederhergestellt wird oder indem an einer anderen Stelle des Gens eine kompensierende Mutation erfolgt.

- ◆ Eine **Insertion** zusätzlichen Materials kann durch Deletion des eingefügten Materials revertieren.
- ◆ Eine **Deletion** von einem Teil eines Gens kann nicht revertieren.

Es können auch Mutationen in anderen Genen stattfinden, um die Auswirkungen der Mutation im ursprünglichen Gen zu umgehen. Diesen Effekt bezeichnet man als **Suppression** oder förmlicher als intercistronische Suppression. Den Begriff „Suppression" gebraucht man normalerweise in diesem Zusammenhang.

4.8 Mutationen treten an Hotspots gehäuft auf

Bislang haben wir uns mit Mutationen als vereinzelten Veränderungen der DNA-Sequenz beschäftigt, welche die Aktivität der genetischen Einheit beeinflussen, in der sie auftreten. Wenn wir Mutationen hinsichtlich der Inaktivierung von Genen betrachten, so weisen die meisten Gene einer Art in Abhängigkeit von ihrer Größe mehr oder weniger ähnliche Mutationsraten auf. Dies läßt vermuten, daß man das Gen als eine Zielscheibe für Mutationen betrachten kann und daß jede Beschädigung seine Funktion aufheben kann. Infolgedessen entspricht die Anfälligkeit eines Gens für Mutationen in etwa seiner Größe. Betrachten wir aber einmal die Mutationsstellen innerhalb der DNA-Sequenz: Sind alle Basenpaare eines Gens gleichermaßen anfällig, oder mutieren manche eher als andere?

Diese Frage läßt sich folgendermaßen beantworten: Man isoliert eine große Zahl unabhängiger Mutationen in ein und demselben Gen und erhält so zahlreiche Mutanten, von denen jede eine andere Mutation durchlaufen hat. Dann bestimmt man den Ort jeder Mutation. Die meisten Mutationen werden an unterschiedlichen, manche jedoch an denselben Positionen liegen. Zwei unabhängig voneinander isolierte Mutationen an derselben Stelle können entweder exakt dieselbe (in diesem Fall wäre dieselbe Mutation mehr als einmal eingetreten) oder unterschiedliche Veränderungen in der DNA darstellen (an jedem Basenpaar sind drei verschiedene Punktmutationen möglich).

Das Säulendiagramm in Abbildung 4.22 zeigt die Häufigkeit von Mutationen an jedem Basenpaar im *lacI*-Gen von *Escherichia coli*. Die statistische Wahrscheinlichkeit, daß an einer bestimmten Stelle mehr als eine Mutation auftritt, ist durch eine Zufallstrefferkinetik vorgegeben (wie man sie bei der Poisson-Verteilung sieht). Manche Stellen werden also eine, zwei oder drei Mutationen aufweisen und andere gar keine. An einigen Stellen tritt jedoch eine weitaus höhere Zahl von Mutationen auf, als bei einer Zufallsverteilung zu erwarten wäre; sie können zehn- oder sogar hundertmal mehr Mutationen aufweisen, als durch Zufallstreffer vorausgesagt sind. Diese Stellen bezeichnet man mit dem englischen Begriff **Hotspots**. Orte spontaner Mutationen können Hotspots aufweisen; und unterschiedliche Mutagene können unterschiedliche Hotspots haben.

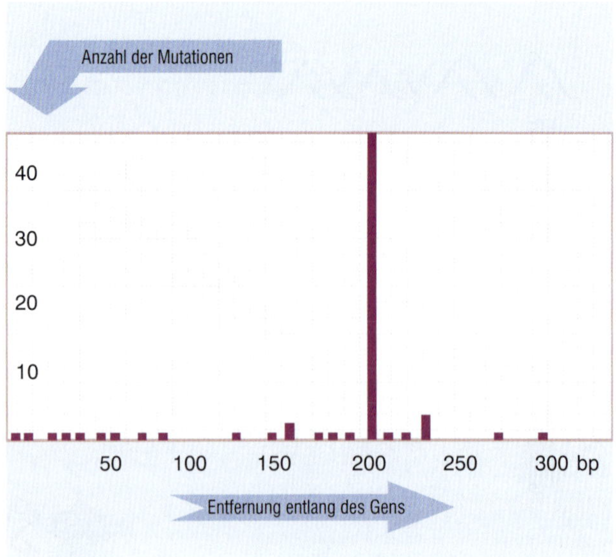

4.22 Spontane Mutationen treten im gesamten *lacI*-Gen von *E. coli* auf, sind aber an einem Hotspot gehäuft.

Eine wichtige Ursache für spontane Mutationen bei *E. coli* folgt aus der Anwesenheit einer ungewöhnlichen Base in der DNA. Neben den vier Basen, die bei der Synthese in die DNA eingebaut werden, findet man gelegentlich auch **modifizierte Basen**. Die Bezeichnung deutet auf ihren Ursprung hin; sie entstehen durch die chemische Modifikation einer der vier Basen, die sich bereits in der DNA befinden. Die häufigste modifizierte Base ist 5-Methylcytosin; sie wird mit Hilfe einer Methylase (eines Enzyms) gebildet, die an einen kleinen Teil der Cytosinreste (an bestimmten Stellen in der DNA) eine Methylgruppe anfügt.

Stellen, die 5-Methylcytosin enthalten, bieten Hotspots für spontane Punktmutationen. In jedem Fall hat die Mutation die Form einer Transition von G•C nach A•T. In Stämmen von *E. coli*, die nicht zur Methylierung imstande sind, findet man keine Hotspots.

Der Grund für die Existenz der Hotspots besteht darin, daß 5-Methylcytosin recht häufig desaminiert wird; der Ersatz der Aminogruppe durch eine Ketogruppe macht aus 5-Methylcytosin Thymin (Abbildung 4.4 zeigt den Aufbau der Pyrimidine). Abbildung 4.23 zeigt, weshalb die Desaminierung des (seltenen) 5-Methylcytosins eine Mutation hervorruft, während die Desaminierung des häufigeren Cytosins nicht diese Wirkung hat.

Bei der Desaminierung von Cytosin entsteht Uracil. *E. coli* enthält jedoch ein Enzym, die Uracil-DNA-Glycosidase, welche Uracilrückstände aus der DNA entfernt. Dabei bleibt ein ungepaarter G-Rest zurück, und ein Reparaturenzym fügt daraufhin eine C-Base als Partner ein. Das Ergebnis dieser Reaktionen ist die Wiederherstellung der Originalsequenz der DNA. Dieses System dient wahrscheinlich dem Schutz der DNA vor den Folgen einer spontanen Desaminierung des Cytosins (obwohl seine Aktivität nicht ausreicht, um die Wirkungen von salpetriger Säure zu verhindern; Abbildung 4.20).

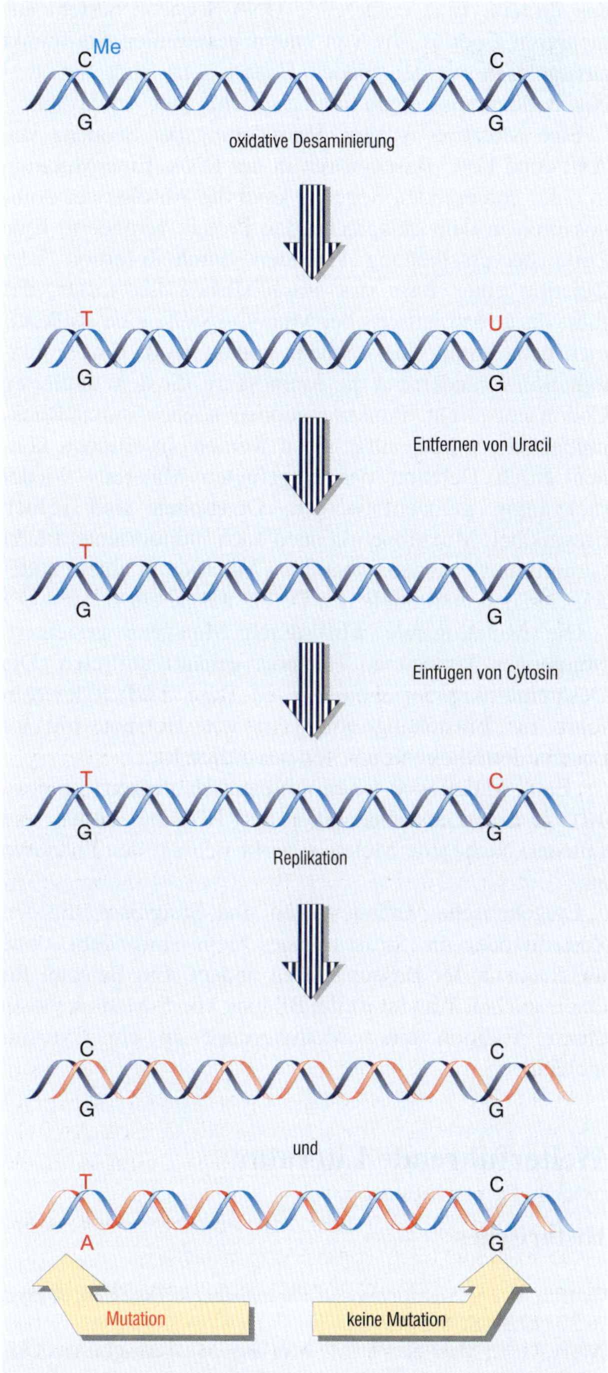

4.23 Bei der Desaminierung von 5-Methylcytosin (C^{Me}) entsteht Thymin (dies verursacht Transitionen von C•G in T•A), während bei der Desaminierung von Cytosin Uracil entsteht (das für gewöhnlich entfernt und durch Cytosin ersetzt wird).

Wird aber 5-Methylcytosin desaminiert, entsteht Thymin, und da diese Base selbst ein korrekter Bestandteil der DNA ist, erkennt das System den Fehler nicht; es resultiert eine Mutation. Diese Umwandlung führt zu einer anormalen G•T-Paarung, deren Trennung während der nächsten Replikation ein Wildtypbasenpaar (G•C) und ein mutantes Basenpaar (A•T) entstehen läßt.

Die Funktionsweise dieses Systems wirft ein interessantes Licht auf die Verwendung von T in der DNA im Vergleich zu der von U in der RNA. Vielleicht steht sie damit in Zusammenhang, daß die DNA auf eine stabile Sequenz angewiesen ist; die Verwendung von T bedeutet, daß jede Desaminierung von C sofort erkannt wird, denn dabei entsteht eine Base (U), die in der DNA normalerweise nicht vorkommt.

Eine Mutation stellt eine Veränderung der DNA-Sequenz in Form einer Addition, Deletion oder Substitution von A•T- oder G•C-Basenpaaren dar. Eine solche Veränderung wird unweigerlich zum festen Bestandteil der genetischen Information.

Beobachtet man aber an den Eigenschaften eines Gens einen dauerhaften Wandel, so muß dieser nicht unbedingt immer auf einer Mutation beruhen. Eine Veränderung der Eigenschaften einer Zelle, die zwar erblich ist, aber keine Änderung der genetischen Information darstellt, bezeichnet man als **epigenetische** Veränderung. (Offiziell definiert man eine epigenetische Veränderung als Abwandlung des Phänotyps ohne Veränderung des Genotyps.) Eine Möglichkeit der epigenetischen Veränderung besteht in der Modifikation der DNA im Anschluß an ihre Synthese. Ein Beispiel dafür ist das Anfügen einer Methylgruppe an ein bestimmtes Cytosinmolekül.

Um den methylierten Zustand wieder aufzuheben oder zu bewahren, bedarf es des Eingreifens anderer Systeme. Erstens ist der methylierte Zustand nur durch das Entfernen der Methylgruppe wieder aufzuheben. Zweitens wird das Vorkommen von Methylcytosin in der DNA vom Replikationssytem nicht erkannt. Bei der Replikation entsteht ein ${}^{Me}C$•G-Basenpaar und ein G•C-Basenpaar. Um den methylierten Zustand zu erhalten, muß dem G•C-Produkt nach jedem Replikationsvorgang eine Methylgruppe hinzugefügt werden. Da diese Art von Information ein zusätzliches System zum Hinzufügen oder Entfernen der Methylgruppe benötigt und nicht in der DNA-Sequenz enthalten ist, unterscheidet sie sich von einer genetischen Mutation.

4.9 Die Mutationsrate

Spontane Mutationen, welche die Funktion eines Gens aufheben, treten bei Bakterien mit einer Häufigkeit von etwa 10^{-5} bis 10^{-6} je Locus und Generation auf. Zur Mutationsrate bei Eukaryoten liegt uns keine genaue Messung vor, obwohl man allgemein davon ausgeht, daß sie je Locus und Generation ungefähr der von Bakterien entspricht. Welcher Anteil der spontanen Ereignisse auf Punktmutationen beruht, wissen wir nicht.

Angenommen, ein bakterielles Gen besteht aus 1 200 Basenpaaren und codiert ein aus 400 Aminosäuren bestehendes Protein mit einer Molekülmasse von etwa 45 Kilodalton (kD). Die durchschnittliche Mutationsrate entspricht dann Veränderungen an 10^{-9} bis 10^{-10} einzelnen Nucelotiden je Generation.

Nicht alle Mutationen in der DNA führen zu einer wahrnehmbaren Veränderung im Phänotyp. Mutationen ohne sichtbare Auswirkung bezeichnet man als **stumme** oder **stille Mutationen**; dabei unterscheidet man zwei Typen: Einige bringen Basenveränderungen mit sich, welche keine Veränderung der im entsprechenden Protein vorhandenen Aminosäure herbeiführen. Andere verändern die Aminosäure, doch dieser Ersatz beeinträchtigt die Aktivität des Proteins nicht; solche Mutationen nennt man **neutrale Substitutionen**.

Die Auswirkungen von Mutationen, die ein Gen inaktivieren, werden durch sogenannte **Rückmutationen** wieder aufgehoben; bei diesen unterscheidet man zwei Typen.

Eine exakte Umkehrung der ursprünglichen Mutation bezeichnet man als **echte Reversion**. Wenn also ein A•T-Paar durch ein G•C-Paar ersetzt wurde, stellt eine andere Mutation, die erneut das A•T-Paar einfügt, die Wildtypsequenz wieder her.

Es kann aber auch anderswo im Gen eine weitere Mutation auftreten, deren Auswirkungen dann die der ersten kompensieren. Das nennt man **kompensatorische Mutation** (*second-site reversion*). Der Austausch einer Aminosäure in einem Protein kann beispielsweise die Genfunktion aufheben, doch ein zweiter Austausch kann die erste kompensieren und die Proteinaktivität wieder herstellen. (Die einander kompensierenden, durch Acridine verursachten Leserasterverschiebungen fallen also in die Kategorie der kompensierenden Revertanten.)

Eine Mutation resultiert aus jeder Veränderung, die ein Gen inaktiviert, während eine Rückmutation die Funktion eines Proteins wieder herstellen muß, die durch eine bestimmte vorangegangene Mutation beeinträchtigt wurde. Die Anforderungen an Rückmutationen sind also um vieles spezifischer als die an „Erst"-Mutationen, deren Rate dementsprechend etwa zehnmal höher ist als die Rückmutationsrate.

Zusammenfassung

Zwei klassische Versuche bewiesen, daß es sich bei der DNA um das genetische Material handelt. Aus einem *Pneumococcus*-Bakterienstamm gewonnene DNA kann Eigenschaften dieses Stammes auf einen anderen Stamm übertragen. Und bei Bakteriophagen wird nur die DNA von der ersten Generation an die Phagen der zweiten Generation weitergegeben. Heute benutzt man DNA, um neue Eigenschaften in eukaryotische Zellen zu übertragen.

Die DNA ist eine Doppelhelix aus antiparallelen Strängen, deren Nucleotideinheiten durch 5′-3′-Phosphodiesterbindungen verknüpft sind. Das Zucker-Phosphat-Rückgrat bildet die Außenseite; Purin- und Pyrimidinbasen sind im Inneren paarweise gestapelt; dabei ist A komplementär zu T und G zu C. Die Stränge trennen sich und bilden bei der semikonservativen Replikation mit Hilfe der komplementären Basenpaarung Tochterstränge.

Ein DNA-Abschnitt kann ein Protein codieren. Der genetische Code beschreibt die Beziehung zwischen der DNA-Sequenz auf der einen Seite und der Proteinsequenz auf der anderen. Nur einer der beiden DNA-Stränge codiert das Protein. Eine codierende DNA-Sequenz besteht aus mehreren Codons, die von einem bestimmten Startpunkt aus gelesen werden. Jedes Codon setzt sich aus drei Nucleotiden zusammen und entspricht einer Aminosäure.

Eine Mutation ist eine Veränderung der Sequenz von A•T- und G•C-Basenpaaren in der DNA. Eine Mutation in einer codierenden Sequenz kann die Abfolge der Aminosäuren in dem entsprechenden Protein verändern. Eine Leserasterverschiebung verändert durch Insertion oder Deletion einer Base das anschließende Leseraster; das führt dazu, daß jenseits der Mutationsstelle eine vollkommen neue Aminosäuresequenz codiert wird. Eine Punktmutation verändert nur die Aminosäure, die dem mutierten Codon entspricht. Punktmutationen können durch Rückmutationen wieder aufgehoben werden. Insertionen können durch Deletion des eingefügten Materials wieder rückgängig gemacht werden, Deletionen sind jedoch irreversibel. Mutationen können auch indirekt unterdrückt (supprimiert) werden, wenn eine Mutation in einem anderen Gen den ursprünglichen Defekt ausgleicht.

Die Mutationsrate wird durch Mutagene gesteigert. Mutationen können an Hotspots gehäuft auftreten. Die Desaminierung der modifizierten Base 5-Methylcytosin führt zur Entstehung einer Art von Hotspot, die für manche Punktmutationen verantwortlich ist.

„Erst"-Mutationen treten mit einer Häufigkeit von etwa 10^{-6} je Locus und Generation auf; Rückmutationen sind seltener. Nicht jede Mutation wirkt sich auf den Phänotyp aus.

Epigenetische Veränderungen sind Ereignisse, die den Zustand oder die Struktur eines Gens abwandeln, ohne die Sequenz der Basenpaare zu ändern. Ein Beispiel für einen solchen Wandel ist die Bildung von 5-Methylcytosin durch Addition einer Methylgruppe an ein Cytosinmolekül.

Weiterführende Literatur

Historisches

Griffith, F. *The Significance of Pneumococcal Types*. In: *J. Hyg.* 27 (1928) S. 113–159.

Avery, O. T.; MacLeod, C. M.; McCarty, M. *Studies on the Chemical Nature of the Substance Inducing Transformation of Pneumococcal Types*. In: *J. Exp. Med.* 98 (1944) S. 451–460.

Hershey, A. D.; Chase, M. *Independent Functions of Viral Protein and Nucleic Acid in Growth of Bacteriophage*. In: *J. Gen. Physiol.* 36 (1952) S. 39–56.

Watson, J. D.; Crick, F. H. C. *A Structure for DNA*. In: *Nature* 171 (1953) S. 737–738.

Watson, J. D.; Crick, F. H. C. *Genetic Implications of the Structure of DNA*. In: *Nature* 171 (1953) S. 964–967.

Wilkins, M. F. H.; Stokes, A. R.; Wilson, H. R. *Molecular Structure of DNA*. In: *Nature* 171 (1953) S. 738–740.

Meselson, M.; Stahl, F. W. *The Replication of DNA in E. coli*. In: *Proc. Nat. Acad. Sci. USA* 44 (1958) S. 671–682.

Benzer, S.; Champe, S. P. *Ambivalent rII Mutants of Phage T4*. In: *Proc. Nat. Sci. Acad. USA* 47 (1961) S. 403–416.

Crick, F. H. C.; Barnett, L.; Brenner, S.; Watts-Tobin, R. J. *General Nature of the Genetic Code For Proteins*. In: *Nature* 192 (1961) S. 1227–1232.

Übersichtsartikel

Cairns, J.; Stent, G.; Watson, J. (Hrsg.) *Phagen und die Entwicklung der Molekularbiologie*. Berlin (Akademie-Verlag) 1972.
Olby, R. *The Path to the Double Helix*. London (MacMillan) 1974.
Drake, J. W.; Balz, R. H. *The Biochemistry of Mutagenesis*. In: *Ann. Rev. Biochem.* 45 (1976) S. 11–37.
Roth, J. R. *Frameshift Mutations*. In: *Ann. Rev. Genet.* 8 (1974) S. 319–346.
Judson, H. *Der achte Tag der Schöpfung: Sternstunden der neuen Biologie*. Wien/München (Meyster) 1980.

Forschungsberichte

Coulondre, C. et al. *Molecular Basis of Base Substitution Hotspots in E. coli*. In: *Nature* 274 (1978) S. 775–780.

5. Die Struktur der Nucleinsäuren

Die DNA ist mehr als bloß eine Abfolge von Basenpaaren, die in einer stets gleichbleibenden Doppelhelixstruktur angeordnet sind. Der weitaus größte Teil des Genoms ist zu einem DNA-Doppelstrang in B-Konformation angeordnet, wie in Kapitel 4 beschrieben. Die Doppelstrangstruktur ist jedoch flexibel, und die Fähigkeit, sich umzuorganisieren, ist entscheidend für die Funktion der DNA. Die Bandbreite der Umwandlungen reicht von kleineren Veränderungen der Parameter, welche die B-Konformation charakterisieren, bis zur Trennung in Einzelstränge. Physiologisch bedeutende Merkmale sind:

- Die Zahl der Basenpaare je Windung ist bei DNA in B-Konformation nicht festgelegt, kann aber durch lokale Bedingungen reguliert werden.
- Die Doppelhelix liegt nicht in Form eines langen, geraden Stabes vor, sondern ist räumlich aufgewickelt, um sich den Größenverhältnissen von Zelle oder Virus anzupassen, deren Genom sie bildet. Diese zusätzliche Organisationsebene setzt den Doppelstrang einer Belastung aus, die sich auf seine Struktur auswirkt. Strukturelle Unregelmäßigkeiten können in Form besonderer Sequenzen vorliegen, an denen „Krümmungen" stattfinden können.
- Für die Replikation oder Expression der DNA müssen sich die Stränge der Doppelhelix trennen. Die Trennung der Stränge ist stets nur vorübergehend, und es liegen jeweils nur recht kurze Abschnitte des Genoms als Einzelstrang vor.

Die wichtigste Eigenschaft der Doppelhelix hinsichtlich ihrer Funktionen bei ihrer Replikation und Expression als Protein besteht darin, die beiden Stränge trennen zu können, ohne dabei kovalente Bindungen aufzubrechen. Auf diese Weise können sich die Stränge unter physiologischen Bedingungen mit der (sehr hohen) Geschwindigkeit trennen und wieder verbinden, die zum Erhalt der genetischen Funktionen nötig ist. Die Spezifität dieses Vorgangs wird durch die komplementäre Basenpaarung vorgegeben.

Obwohl die DNA für gewöhnlich in Form einer Doppelhelix vorliegt, bestehen die Genome mancher Viren doch aus Einzelstrang-DNA. Im Zellinneren gibt es außerdem mehrere Formen der anderen Nucleinsäure, RNA, die meist als Einzelstrang vorliegen. Doch eine Einzelstrangnucleinsäure (DNA oder RNA) kann auch doppelhelixförmige Abschnitte ausbilden. Innerhalb eines Einzelstrangmoleküls, das zwei komplementäre Sequenzen enthält, kann durch entsprechende Basenpaarung eine intramolekulare Doppelstrangregion entstehen. Ein Einzelstrangmolekül kann aber auch durch Basenpaarung zusammen mit einem freien, komplementären Einzelstrangmolekül einen intermolekularen Doppelstrang bilden. Die Basenpaarung zwischen freien, komplementären Einzelsträngen ist nicht auf DNA-DNA- oder RNA-RNA-Interaktionen beschränkt, sondern kann auch zwischen einem DNA- und einem RNA-Molekül stattfinden.

Das Prinzip der Basenpaarung ist bei allen Vorgängen, die Nucleinsäuren betreffen, von zentraler Bedeutung. Die Trennung von Basenpaaren stellt eine entscheidende Funktion eines Doppelstrangmoleküls dar, während für die Aktivität einer Einzelstrangnucleinsäure die Fähigkeit zur Bildung von Basenpaaren wesentlich ist.

Die Windung der beiden DNA-Stränge umeinander in der Doppelhelix beeinflußt deren Funktion. Wann immer eine DNA-Doppelhelix selbst noch einmal räumlich aufgewickelt ist, läßt sich ein wichtiger Effekt beobachten. Wenn sie entgegen der Windung der beiden Stränge gedreht ist, entsteht eine Torsionsspannung, die durch das teilweise Entwinden der Stränge abgeschwächt werden kann. Die übergeordnete Struktur der DNA (wie sie durch ihren räumlichen Verlauf entsteht) kann also die eigentliche Doppelhelixstruktur beeinflussen. Effekte dieser Art können für die Auslösung des Entwindens der DNA wichtig sein, welches für ihre Replikation oder Expression nötig ist.

5.1 DNA kann denaturiert und renaturiert werden

Dieselben Eigenschaften, die der DNA die Erfüllung ihrer biologischen Aufgabe gestatten, ermöglichen es auch, die Nucleinsäure *in vitro* zu manipulieren und schließlich den DNA-Abschnitt zu isolieren, der einem bestimmten Protein entspricht.

Die nichtkovalenten Bindungen, welche die Doppelhelix stabilisieren, lassen sich durch Erhitzen oder durch Einwirken niedriger Salzkonzentrationen aufbrechen. Die beiden Stränge einer Doppelhelix trennen sich vollkommen voneinander, sobald alle Wasserstoffbrücken zwischen ihnen aufgebrochen sind.

Den Trennungsvorgang der beiden Stränge bezeichnet man als **Denaturierung** oder einfach als **Schmelzen**. (Den Begriff „Denaturierung" benutzt man auch, um den Verlust der ursprünglichen räumlichen Struktur bei Proteinen zu beschreiben; dieser allgemeine Terminus bedeutet, daß die natürliche Konformation eines Makromoleküls in eine andere Form überführt wurde.)

Die Denaturierung der DNA erfolgt in einem eng begrenzten Temperaturbereich und verändert viele ihrer physikalischen Eigenschaften in bemerkenswerter Weise. Besonders nützlich ist die Veränderung der optischen Dichte. Die heterozyklischen Ringe der Nucleotide absorbieren stark das Licht im ultravioletten Bereich (mit einem Maximum bei etwa 260 nm, das für jede Base charakteristisch ist). Die Absorption der DNA selbst liegt jedoch um etwa 40 % niedriger als die der entsprechenden Nucleotide in freier Lösung.

Dies nennt man den **hypochromen Effekt**; er ergibt sich aus Wechselwirkungen zwischen den Elektronen der Basen, die durch deren Stapelung in der parallelen Anordnung der Doppelhelix ermöglicht werden. Jede Abweichung vom doppelsträngigen Zustand teilt sich sofort in einer Abschwächung dieses Effekts mit – also in einer Zunahme der optischen Dichte in Richtung des für freie Basen charakteristischen Wertes. Die Denaturierung der DNA läßt sich demnach anhand der **Hyperchromie** verfolgen.

Den Mittelpunkt des Temperaturbereichs, in dem sich die DNA-Stränge trennen, nennt man **Schmelzpunkt** oder kurz T_m. Abbildung 5.1 zeigt ein Beispiel für eine Schmelzkurve, die durch die Änderung der optischen Absorption bestimmt ist. Die Form der Kurve ist immer gleich, aber ihre absolute Position auf der Temperaturskala (also der Schmelzpunkt) hängt sowohl von der Basenzusammensetzung der DNA als auch von den für die Denaturierung verwendeten Bedingungen ab.

Der Schmelzpunkt ist vom Anteil der G•C-Basenpaare abhängig. Da jedes dieser Basenpaare drei Wasserstoffbrücken aufweist, ist es stabiler als ein A•T-Paar, das nur zwei dieser Bindungen hat. Je mehr G•C-Basenpaare eine DNA enthält, desto mehr Energie ist nötig, um die beiden Stränge zu trennen; der Schmelzpunkt steigt jeweils um etwa 0,4 °C, wenn der Gehalt an G•C-Paaren um ein Prozent zunimmt. Befindet sich DNA unter annähernd physiologischen Bedingungen in Lösung, liegt der Schmelzpunkt für gewöhnlich in einer Größenordnung zwischen 85 und 95 °C. (Eine DNA, die zu 40 % aus G•C-Paaren besteht – ein typischer Wert für Säugetiergenome – denaturiert unter annähernd physiologischen Bedingungen bei einem Schmelzpunkt von etwa 87 °C; eine DNA mit 60 % G•C hat unter denselben Bedingungen einen Schmelzpunkt von etwa 95 °C.) Wenn keine zellulären Systeme eingreifen, ist die doppelsträngige DNA also bei den in der Zelle vorherrschenden Temperaturen stabil.

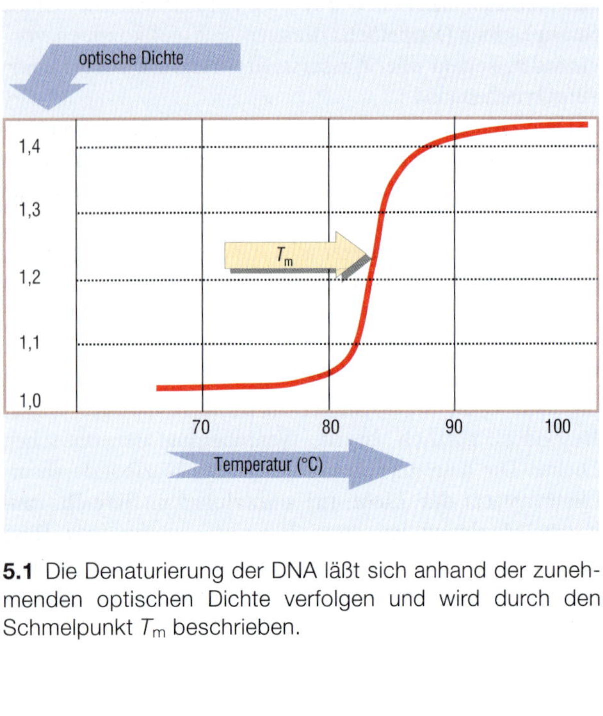

5.1 Die Denaturierung der DNA läßt sich anhand der zunehmenden optischen Dichte verfolgen und wird durch den Schmelpunkt T_m beschrieben.

5.2 Nucleinsäuren hybridisieren durch Basenpaarung

Man kann Nucleinsäuresequenzen entweder nach ihrer Ähnlichkeit oder nach Komplementarität beurteilen.

- Die Ähnlichkeit zwischen zwei Sequenzen beruht prinzipiell auf dem Anteil der identischen Basen (bei Einzelstrangsequenzen) oder Basenpaaren (bei Doppelstrangsequenzen). Ohne eine Bestimmung der jeweiligen Sequenzen gibt es allerdings keine direkte Möglichkeit, die Ähnlichkeit zu messen.
- Die Komplementarität wird durch die Regeln der Basenpaarung zwischen A•T und G•C vorgegeben. Die Stränge eines fehlerfreien DNA-Doppelstranges sind exakt komplementär. Wenn wir zwei verschiedene, aber verwandte Doppelstrangmoleküle miteinander vergleichen, wird jeder Strang des ersten Moleküls einem Strang des zweiten Moleküls ähneln und (teilweise) komplementär zu dem anderen Strang des zweiten Moleküls sein. *Man kann die Komplementarität direkt anhand der Fähigkeit zweier einzelsträngiger Nucleinsäuren messen, miteinander Basenpaare auszubilden.* Sind doppelsträngige Moleküle zu Einzelsträngen denaturiert, so kann man die Komplementarität zwischen den Einzelsträngen als Maß für die Ähnlichkeit der ursprünglichen Doppelstrangmoleküle nutzen.

Die Komplementarität läßt sich messen, weil die Denaturierung der DNA unter passenden Bedingungen reversibel ist. Die Fähigkeit der beiden komplementären Stränge, wieder eine Doppelhelix zu bilden, nennt man **Renaturierung**. Sie ist in Abbildung 5.2 dargestellt.

Die Renaturierung ist auf spezifische Basenpaarungen zwischen den komplementären Strängen angewiesen. Die Reaktion erfolgt in zwei Schritten. Zunächst treffen Einzelstränge von DNA in der Lösung zufällig aufeinander; sind ihre Sequenzen komplementär, so bilden die beiden Stränge Basenpaare aus und lassen so eine kurze Doppelhelixregion entstehen. Dann dehnt sich die Region der Basenpaarungen ähnlich wie bei einem Reißverschluß entlang des Moleküls aus und bildet ein längliches Doppelstrangmolekül. Mit der Renaturierung der Doppelhelix werden die ursprünglichen Eigenschaften der DNA zum Zeitpunkt der Denaturierung wieder hergestellt.

Die Renaturierung bezeichnet eine Reaktion zwischen zwei komplementären Sequenzen, die durch Denaturierung voneinander getrennt wurden. Diese Technik läßt sich aber auch so erweitern, daß alle Arten von komplementären Nucleinsäuresequenzen zu Doppelsträngen **reassoziieren** können (*annealing*). Diese Reaktion bezeichnet man allgemein als **Hybridisierung**, wenn Nucleinsäuren aus unterschiedlichen Quellen beteiligt sind, beispielsweise wenn ein Präparat aus DNA, das andere aus RNA besteht. *Die Fähigkeit zweier Nucleinsäuren, zu hybridisieren, ist ein präzises Maß für ihre*

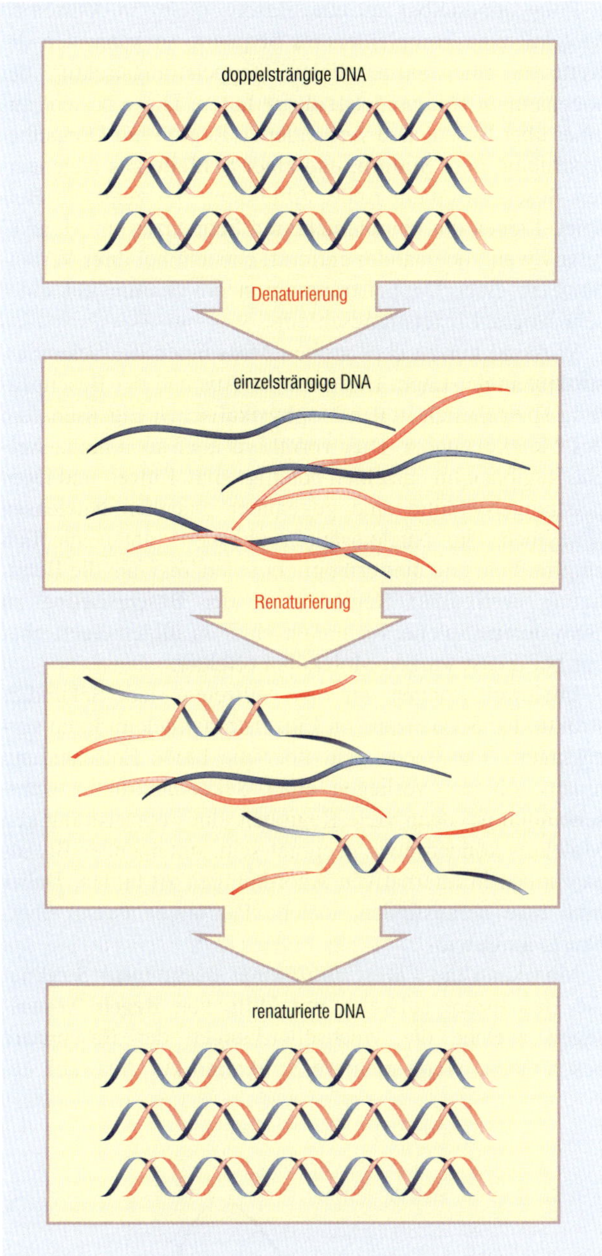

5.2 Denaturierte DNA-Einzelstränge können wieder zu einem Doppelstrang renaturieren.

Komplementarität, denn ausschließlich *komplementäre Sequenzen können einen Doppelstrang bilden.*

Das Prinzip der Hybridisierungsreaktion besteht darin, zwei Einzelstrangnucleinsäuren zusammenzubringen und dann die Menge des entstehenden doppelsträngigen Materials zu messen. Es gibt zwei übliche Wege, diese Reaktion durchzuführen: als **Hybridisierung in Lösung** und als **Filterhybridisierung**.

Die Hybridisierung in Lösung wird schon durch ihren Namen beschrieben: Man vermischt die beiden Präparate von Einzelstrang-DNA in Lösung miteinander. Sind große Materialmengen beteiligt, läßt sich die Reaktion anhand der Änderung der optischen Dichte verfolgen. Bei geringeren Materialmengen kann man eines der Präparate mit einem radioaktiven Marker versehen, dessen Einbau in den Doppelstrang verfolgt wird, indem man die Menge der Doppelstrang-DNA mißt, die den Marker enthält. Die Doppelstrang-DNA läßt sich überprüfen, indem man entweder mit Hilfe der Chromatographie Doppelstrang- von Einzelstrang-DNA trennt oder indem man alle Einzelstränge, die nicht reagiert haben, abbaut und dann das verbleibende Material mißt.

Diese Technik der Hybridisierung in Lösung ist nicht geeignet, um die Verwandtschaft zweier Präparate zu untersuchen, falls beide aus Doppelstrang-DNA bestehen. Die Schwierigkeit besteht darin, daß zweierlei Reaktionen auftreten, wenn zwei DNA-Doppelstrangpräparate denaturiert und die Einzelstränge dann vermischt werden. Die *ursprünglich* komplementären Stränge können renaturieren. Oder jeder Einzelstrang kann mit einer komplementären Sequenz in der *anderen* DNA hybridisieren. Die Konkurrenz zwischen den beiden möglichen Reaktionen macht es schwierig, das Ausmaß der Hybridisierung einzuschätzen.

Dieser Schwierigkeit kann man begegnen, indem man eines der DNA-Präparate immobilisiert, so daß es nicht renaturieren kann. Filterpapiere aus Cellulosenitrat haben die nützliche Eigenschaft, DNA-, nicht aber RNA-Einzelstränge zu adsorbieren; und hat man einen Filter einmal benutzt, um DNA zu adsorbieren, läßt er sich so präparieren, daß er keine weiteren Einzelstränge mehr adsorbiert.

Abbildung 5.3 zeigt die entsprechende Prozedur, bei der ein DNA-Präparat denaturiert wird und die Einzelstränge an den Filter adsorbiert werden. Anschließend fügt man ein zweites denaturiertes DNA- (oder RNA-)Präparat hinzu. Dieses Material kann nur dann an das Filterpapier adsorbiert werden, wenn es mit der zuerst immobilisierten DNA Basenpaare bilden kann. Im Experiment fügt man für gewöhnlich ein radioaktiv markiertes DNA- oder RNA-Präparat dem Filter hinzu; so läßt sich das Ausmaß der Reaktion in Form der im Filter zurückgebliebenen Menge des radioaktiven Markers messen.

Das Ausmaß der Hybridisierung zwischen zwei Einzelstrangnucleinsäuren kann man im Prinzip als Maß für den Grad ihrer Komplementarität auffassen. Zwei Sequenzen müssen nicht *exakt* komplementär sein, um zu hybridisieren; wenn sie nahe verwandt, aber nicht identisch sind, entsteht eine sogenannte **Heteroduplex**, in der die Basenpaarung an den Positionen unterbrochen ist, wo die beiden Einzelstränge einander nicht entsprechen.

5.3 Einzelsträngige Nucleinsäuren können Sekundärstrukturen aufweisen

Die Stabilität der Doppelhelix resultiert aus den Wasserstoffbrücken zwischen den komplementären A•T- und G•C-Paaren sowie aus Wechselwirkungen zwischen den Basen, die entlang der Helixachse übereinander „gestapelt“ sind. Aus diesen Kräften läßt sich auf die Stabilität

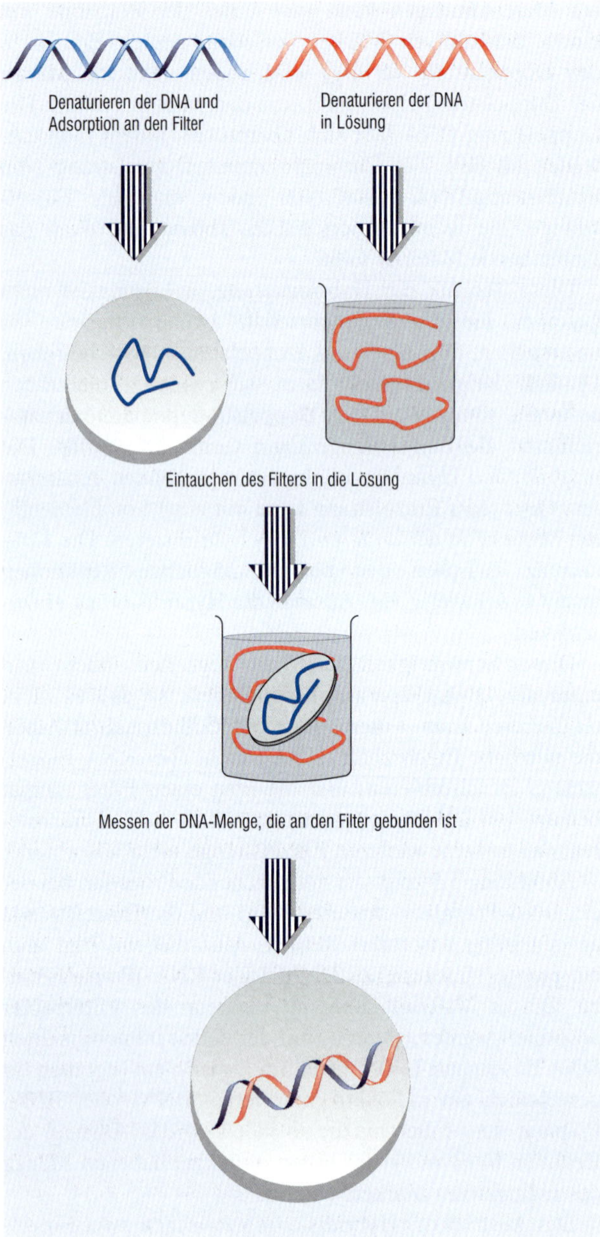

5.3 Bei der Filterhybridisierung wird ermittelt, ob eine Lösung denaturierter DNA (oder RNA) Sequenzen enthält, die zu den auf dem Filter immobilisierten Strängen komplementär sind.

einer Doppelhelix zwischen zwei komplementären Sequenzen schließen. Da die RNA bei den einzelsträngigen Nucleinsäuren überwiegt, analysiert man die Bildung doppelsträngiger Abschnitte aus einem Einzelstrang meist bei RNA, doch die Technik ist auch auf Einzelstrang-DNA anwendbar.

Die Primärstruktur der RNA ist dieselbe wie die der DNA: eine Polynucleotidkette mit 5′-3′-Zucker-Phosphat-Bindungen. Als Einzelstrang betrachtet, verläuft das Molekül dem Zufall folgend im Raum, doch die Bildung von intramolekularen Basenpaaren kann die Lage einer Region im Verhältnis zu einer anderen festlegen.

Folgt unmittelbar auf eine Basensequenz in demselben Molekül eine komplementäre Sequenz, so kann sich die Kette zu einer antiparallelen Doppelstrangstruktur, der sogenannten **Haarnadelstruktur** falten. Diese besteht aus einer über Basenpaare verbundenen Region mit Doppelhelixstruktur, dem **Stamm**, und einer **Schleife** aus ungepaarten Basen an einem Ende. Abbildung 5.4 zeigt ein Beispiel. Liegen die komplementären Sequenzen im Molekül relativ weit voneinander entfernt, entsteht bei ihrer Verbindung zu einer Doppelstrangregion ein Stamm mit einer sehr langen Einzelstrangschleife.

Wir sind nur zu eher groben Messungen der Sekundärstruktur in der Lage. Das *gesamte* Ausmaß der Basenpaarung spiegelt sich in den biophysikalischen Eigenschaften des Moleküls wider. Dies verrät uns aber noch nicht, welche Regionen im einzelnen beteiligt sind. Einzel- und Doppelstrangabschnitte sind gegenüber manchen **Nucleasen** (Enzymen, die Nucleinsäuren abbauen) unterschiedlich empfindlich, und dies ermöglicht einen Test, um die Beteiligung bestimmter Regionen an der Basenpaarung zu analysieren. Solche Techniken sind im allgemeinen aber nur bei relativ kurzen Molekülen effektiv.

Inwieweit können wir das Auftreten einer Sekundärstruktur bei Sequenzen von Einzelstrangnucleinsäuren voraussagen? Die Sache geht über die bloße Entscheidung hinaus, ob das Vorliegen einer Sekundärstruktur wahrscheinlich ist, denn viele Regionen eines einzelsträngigen Moleküls können etwa geeignet sein, miteinander Basenpaarungen in alternativen Anordnungen zu bilden. Daher muß man herausfinden, welche Paarungen (wenn überhaupt) auftreten.

Man kann die *Plausibilität* einer bestimmten Struktur, die Basenpaare aufweist, mit Hilfe von **Regeln** voraussagen, welche die Wechselwirkungen der Basenpaare beschreiben. Wenn mehrere Strukturen zur Auswahl ste-

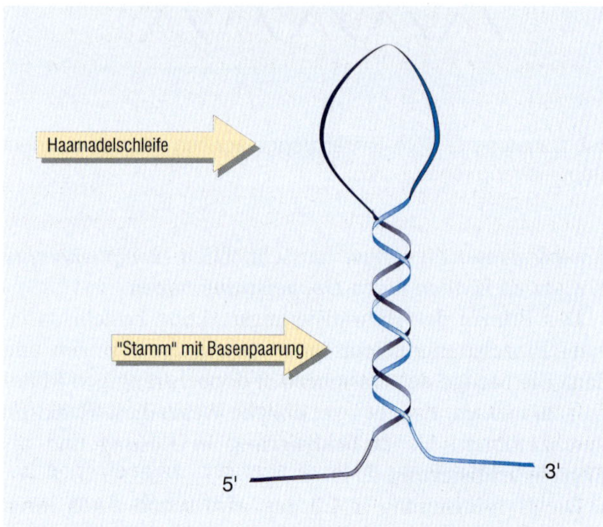

5.4 Eine einzelsträngige Nucleinsäure kann durch Rückfaltung und Basenpaarung zwischen komplementären Sequenzen eine doppelsträngige Haarnadelstruktur bilden.

hen, läßt sich ihre Stabilität anhand dieser Regeln einschätzen. Natürlich behandelt dieser Ansatz die RNA als isolierte und stabile Struktur, ohne mögliche andere Einflüsse auf die Struktur zu berücksichtigen (beispielsweise die Bindung durch Proteine). Die Anwendung dieser Regeln stellt aber einen ersten Schritt dar, um die Wahrscheinlichkeit einzuschätzen, daß eine bestimmte Struktur entstehen wird.

Grundlage dieser Regeln ist die Berechnung der **freien Energie** der Bildung jeder Struktur. (Die freie Energie ist eine thermodynamische Konstante und gibt die Energiemenge an, die für eine Reaktion benötigt oder durch diese freigesetzt wird. Sie wird als Parameter ΔG in Kilokalorien (kcal) pro Mol gemessen. Reaktionen, die Energie *benötigen*, haben einen *positiven* ΔG-Wert, Reaktionen, die Energie *abgeben*, haben einen *negativen* Wert.) *Um eine Struktur mit Basenpaaren zu bilden, muß allgemein Energie abgegeben werden; die Stabilität der Struktur wird durch die Menge der abgegebenen Energie bestimmt.* Wenn also die Bildung zweier alternativer Strukturen freie Energiewerte von $\Delta G = -21$ kcal pro Mol beziehungsweise $\Delta G = -35$ kcal pro Mol haben, so ist es wahrscheinlicher, daß letztere gebildet wird.

Die gesamte freie Energie einer Doppelstrangstruktur wird durch die allgemeine Gleichung beschrieben:

$$\Delta G_{\text{total}} = \Delta G_{\text{i}} + \Sigma\Delta G_{\text{x}} + \Sigma\Delta G_{\text{u}}$$

Die einzelnen Termini in der Gleichung berechnet man folgendermaßen:

- ΔG_{i} ist die freie Energie für die Initiation einer Doppelhelix. Sie hat einen *positiven* Wert von +3,4 kcal pro Mol und entspricht der Energie, die zur Bildung des ersten Basenpaares *benötigt* wird. Dies gilt für die *inter*molekulare Doppelstrangbindung und nicht für *intra*molekulare Doppelstränge (wie Haarnadelstrukturen).
- $\Sigma\Delta G_{\text{x}}$ stellt die Summe der einzelnen Reaktionen dar, die bei der Addition jedes der Basenpaare an der Verlängerung der Doppelhelix beteiligt sind. Jede Basenpaarung *setzt* Energie *frei*, dieser Terminus hat also ein *negatives* Vorzeichen.
- $\Sigma\Delta G_{\text{u}}$ ist die Summe der einzelnen, während der Verlängerung der Doppelhelix aufgetretenen Fälle, bei denen die gegenüberliegenden Basen nicht komplementär sind. Der Terminus entspricht der Energiemenge, die *benötigt* wird, um diese Basen in ungepaartem Zustand zu halten; daher ist der Wert *positiv*.

Die gesamte freie Reaktionsenergie, ΔG_{total}, muß für die Bildung einer Doppelhelix einen negativen Wert haben. Die bei den einzelnen Basenpaarungen freigesetzte Energie $\Sigma\Delta G_{\text{x}}$ muß sogar deutlich über der Energiemenge liegen, die zur Initiierung der Doppelhelix ΔG_{i} und auch zum Überwinden aller Regionen ohne Basenpaarung $\Sigma\Delta G_{\text{u}}$ benötigt wird.

Abbildung 5.5 zeigt ein Beispiel zur Berechnung der freien Energie bei der Bildung einer Doppelstrangsequenz. Die Stabilität einer möglichen Doppelhelix bestimmt man durch Berechnung der freien Energie, deren negativer Gesamtwert hoch genug sein muß, damit sich die Sekundärstruktur ausbilden kann.

Wenn wir die bei der Bildung eines Basenpaares freigesetzte Energie berechnen, müssen wir sowohl Effekte durch das jeweilige Basenpaar selbst berücksichtigen als auch solche, die von der Beziehung zwischen benachbarten Basenpaaren beeinflußt werden:

- Die Bildung jeder Wasserstoffbrücke setzt eine eher geringe Energiemenge frei. Da G•C-Basenpaare drei dieser Bindungen haben, sind sie stabiler als A•T-Paare, die nur über zwei Wasserstoffbrücken verfügen. (Das erklärt, weshalb eine Doppelhelix mit zunehmendem Anteil an G•C-Basenpaaren immer stabiler wird.)
- Bei der Stapelung der Basen im Zentrum der Helixachse treten hydrophobe Wechselwirkungen auf (Wasser wird aus dem Helixinneren verdrängt, das so zu einer hydrophoben Umgebung wird). Die freie Energie der Basenstapelung hängt davon ab, welche stickstoffhaltigen Basen jeweils nebeneinander liegen; die gesamte freie Energie variiert also für jede mögliche Kombination zweier Basenpaare.

Die genaue Menge der freigesetzten Energie hängt also von der Kombination der einzelnen Basenpaare ab. Das bedeutet, daß die für jede mögliche Zweierfolge von Basenpaaren berechnete freie Energie sowohl von der Zusammensetzung als auch von der Sequenz beeinflußt wird, wie der Zusammenfassung in Tabelle 5.1 zu entnehmen ist. Basenpaarduos, die nur aus A•U-Paaren bestehen, weisen ΔG-Werte zwischen −0,9 und −1,1 auf, solche mit einem A•U- und einem G•C-Paar schwanken zwischen −1,7 und −2,3, und nur aus G•C-Paaren bestehende Duos haben Werte zwischen −2,0 und −3,4 kcal pro Mol.

In der RNA kann sich außerdem das anormale Basenpaar G•U bilden (und in Doppelstrangregionen von Einzelstrang-DNA kann die Paarung G•T entstehen; in einer regulären DNA-Doppelhelix ist dies allerdings ausgeschlossen). Der ΔG-Wert eines G•U-Paares schwankt zwischen −0,5 bis −1,5 kcal pro Mol, je nach dem benachbarten Basenpaar.

Man berechnet die bei der Verlängerung einer Doppelstrangregion freiwerdende Energie, indem man die Werte der freien Energie für jedes Duo benachbarter Basenpaare zusammenzählt. Dabei bezieht man jedes Basenpaar in die Berechnung für zwei Duos ein, eines für das Basenpaar auf jeder Seite. (Ein Basenpaar am Ende des Doppelstranges ist an der Bildung nur eines Duos mit seinem einzigen Nachbarn beteiligt.)

Anders als die doppelsträngige DNA, die als fehlerfreie Doppelstrangstruktur erhalten bleibt, bilden sich RNA-Doppelhelixregionen meist aus Einzelsträngen, die nicht vollkommen komplementär sind. Es gibt mehrere Formen von Unterbrechungen im Zusammenhang einer Doppelstrangregion:

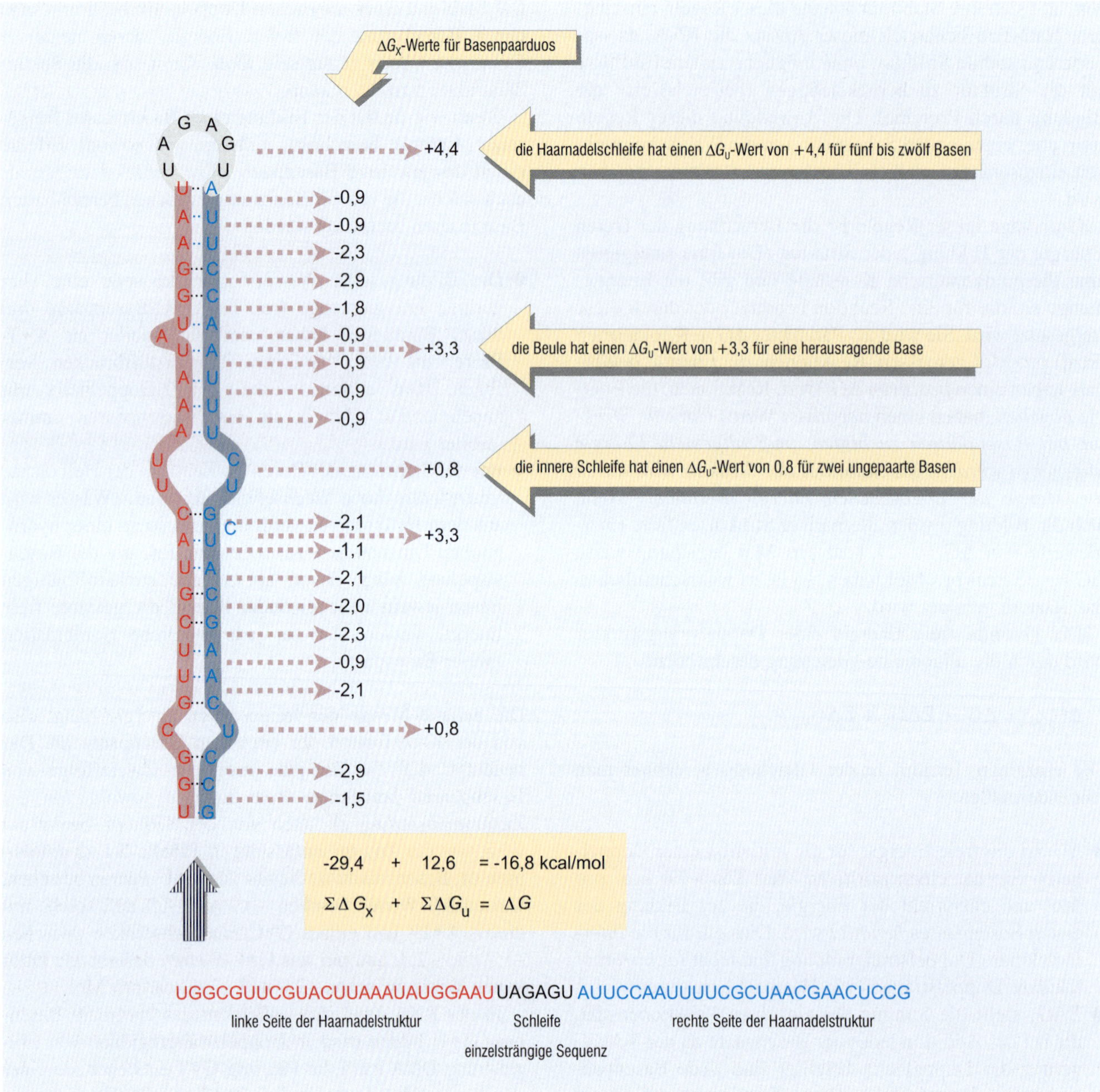

5.5 Die freie Energie für die Bildung einer Region mit möglicher Basenpaarung läßt sich berechnen, indem man die ΔG-Werte addiert, die (bei der Bildung von Basenpaaren) freigesetzt oder (zur Aufrechterhaltung einzelsträngiger Regionen in einer festgelegten Konformation) benötigt werden.

- ◆ **Haarnadelstrukturen** treten am Ende der Doppelstrangregion auf, wenn die Doppelhelix durch Rückfaltung zur Basenpaarung mit einer unmittelbar benachbarten komplementären Sequenz zustande kommt.
- ◆ **Innere Schleifen** entstehen, wenn beide möglichen komplementären Bereiche korrespondierende Abschnitte enthalten, die miteinander keine Basenpaare ausbilden.
- ◆ **Blasen** bilden sich, wenn einer der beiden möglichen komplementären Bereiche eine zusätzliche Sequenz aufweist, die keine Basenpaare ausbildet.

Jeder dieser ungepaarten Abschnitte *behindert* die Bildung der Doppelhelix. Bei der Berechnung der freien Energie berücksichtigt man ihre Auswirkung, indem man jeder Art von Unterbrechung einen *positiven* Wert für freie Energie zuordnet, die in dem Parameter $\Sigma\Delta G_u$ enthalten ist. Mit anderen Worten: Um diese Regionen in einer bestimmten Struktur zu erhalten, muß Energie *zugeführt* werden, was gegen die bei der Basenpaarung und -stapelung freigesetzte freie Energie aufzurechnen ist.

Tabelle 5.1: Die freie Energie der Basenpaarung wird von Zweiersequenzen („Basenpaarduos") bestimmt. Diese Sequenzen sind so geschrieben, daß die obere Reihe einem Strang entspricht, der von links nach rechts in 5′→3′-Richtung verläuft; der untere Strang verläuft komplementär dazu von links nach rechts in 3′→5′-Richtung

Zweiersequenz	ΔG
A•U-Duos	
AA UU	–0,9
AU UA	–0,9
UA AU	–1,1
gemischte Duos	
CA GU	–1,8
CU GA	–1,7
GA CU	–2,3
GU CA	–2,1
G•C-Duos	
CG GC	–2,0
GC CG	–3,4
GG CC	–2,9

5.4 Umgekehrte Wiederholungssequenzen und die Sekundärstruktur

Enthält eine Einzelstrangnucleinsäure zwei komplementäre Sequenzen, so kann sie unter Entstehung einer Haarnadelstruktur Basenpaare ausbilden, wie in Abbildung 5.4 gezeigt ist. Die einer solchen Struktur entsprechende Sequenz einer doppelsträngigen DNA besteht aus zwei identischen Einzelsequenzen, die in gegenläufiger Richtung vorliegen. Diese bezeichnet man mit dem englischen Begriff als ***inverted repeats*** oder auch als **umgekehrte Wiederholungssequenzen**.

Die Sequenz aus den beiden umgekehrten Wiederholungssequenzen zusammen nennt man **Palindrom**. Man definiert es als Sequenz einer Doppelstrang-DNA, deren beide Stränge in eine vorgegebene Richtung gelesen dasselbe ergeben. Die Sequenz

5′ GGTACC 3′
3′ CCATGG 5′

stellt ein Palindrom dar, weil jeder Strang in 5′→3′-Richtung gelesen (also bei dem oberen Strang von links nach rechts, bei dem unteren von rechts nach links) die Sequenz GGTACC hat.

Man charakterisiert eine Palindromsequenz formal als zweifache Rotationssymmetrie (*dyad symmetry*), wobei die Symmetrieachse zwischen den umgekehrten Wiederholungssequenzen verläuft. Wenn wir eine Linie durch die Symmetrieachse ziehen,

dann erkennen wir, daß die Sequenz GGT/CCA auf beiden Seiten der Symmetrieachse in gegenläufigen Richtungen auftritt, wie die Pfeile andeuten. Jeder Pfeil bezeichnet eine dieser umgekehrten Wiederholungssequenzen.

Die beiden umgekehrten Wiederholungssequenzen müssen nicht unbedingt direkt aneinander grenzen. Betrachten wir dieselben Wiederholungssequenzen in einer anderen Situation:

Immer noch stellt dieselbe Triplettsequenz eine umgekehrte Wiederholungssequenz dar, aber die Symmetrieachse hat sich in die Mitte zwischen die vier zusätzlichen Basenpaare verlagert, welche die beiden gegenläufigen Sequenzen trennen.

Eine umgekehrte Wiederholungssequenz kann sich in der Sekundärstruktur sowohl von einzel- als auch von doppelsträngigen Nucleinsäuren widerspiegeln, wie Abbildung 5.6 zeigt. Die beiden umgekehrten Wiederholungssequenzen sind komplementär, wenn sie in gegenläufiger Richtung auf einem Strang gelesen werden. (In dem kurzen, oben genannten Beispiel erhalten wir, wenn wir von der Symmetrieachse weg lesen, nach links TGG und nach rechts ACC.) Wie in der Abbildung an einem längeren Palindrom gezeigt, können die komplementären Sequenzen auch durch Basenpaarung eine Haarnadelstruktur bilden.

Bei einer doppelsträngigen DNA können die komplementären Sequenzen eines Stranges nur dann Basenpaare ausbilden, wenn sich der Strang von seinem Partner trennt. In jedem Strang ist die Situation dieselbe: Es könnte eine Haarnadelstruktur entstehen. Durch Ausbildung zweier gegenüberliegender Haarnadelstrukturen entsteht eine **Kreuzform**, so genannt, weil sie die Verbindung von vier Doppelstrangregionen darstellt. An beiden Seiten dehnt sich der ursprüngliche Doppelstrang aus, und die Haarnadelstruktur innerhalb jedes Stranges ragt daraus hervor.

Die Bedingungen, unter denen Kreuzformen *in vivo* entstehen könnten, sind umstritten. Es ist unwahrscheinlich, daß eine Doppelhelix ihre durchgehende Doppelstrangform aufgibt, um spontan die herausragenden Haarnadelstrukturen zu bilden. Um die beiden Stränge zu trennen, bräuchte es eine beträchtliche Energiemenge (der ΔG-Wert läge etwa bei +50 kcal pro Mol), und nur ein Teil

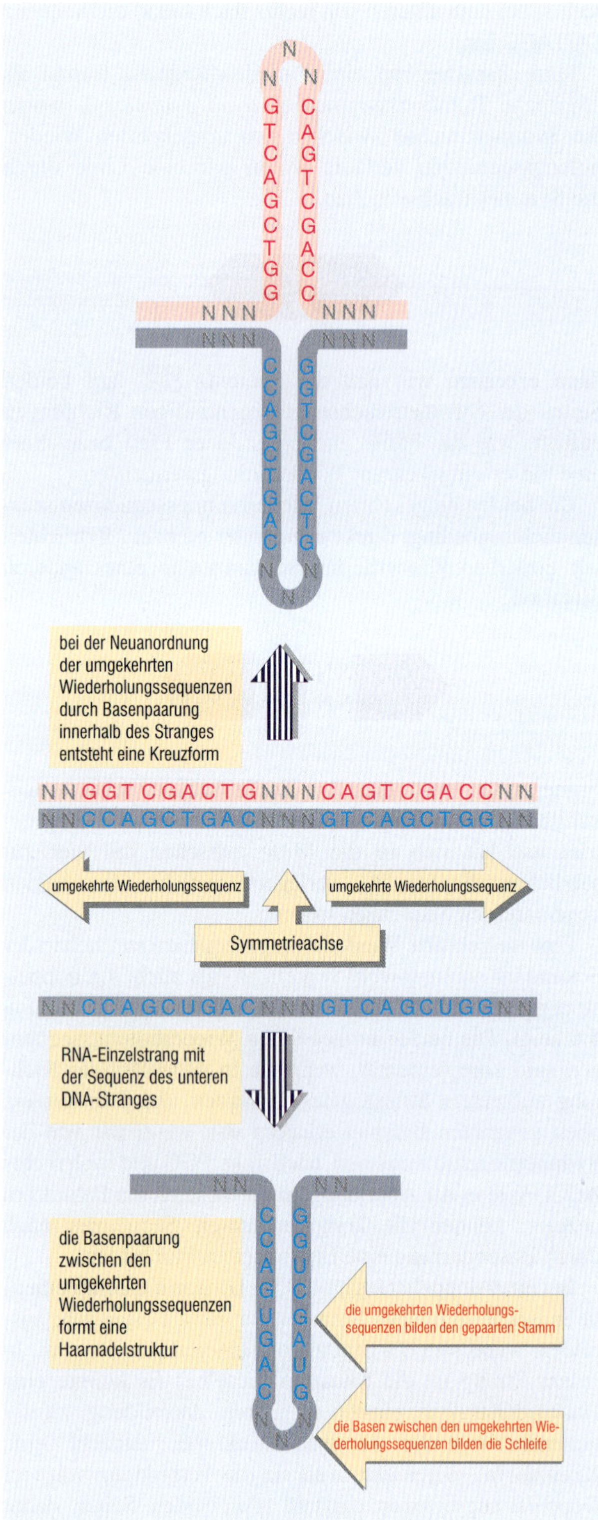

5.6 Umgekehrte Wiederholungssequenzen können Kreuzformen in der DNA oder Haarnadelstrukturen in der RNA erzeugen.

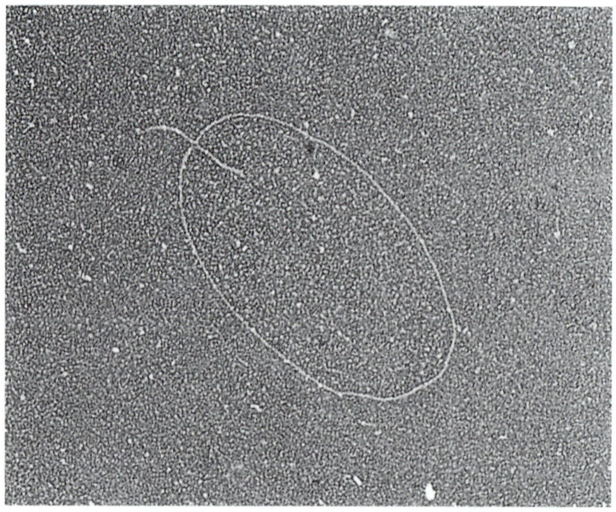

5.7 Elektronenmikroskopisches Bild einer Kreuzform, die *in vitro* in DNA erzeugt wurde. (Aufnahme mit freundlicher Genehmigung von Martin Gellert.)

davon würde bei der Bildung der Kreuzform wieder frei, denn diese ist (bei einem ΔG-Wert von etwa +18 kcal pro Mol) energetisch weniger stabil als ein durchgehender Doppelstrang. Unter geeigneten Bedingungen kann man jedoch *in vitro* Kreuzformen erzeugen, wie das Beispiel in Abbildung 5.7 zeigt.

Wir wissen nicht, ob Kreuzformen *in vivo* auftreten. Die allgemein bevorzugte Ansicht ist, daß Kreuzformen sich in Zellen nicht auf natürlichem Wege bilden; und werden sie induziert, indem man *in vitro* DNA mit passenden Sequenzen herstellt, sind sie nach der Übertragung in eine Zelle wahrscheinlich instabil.

5.5 Doppelstrang-DNA hat mehrere mögliche Doppelhelixstrukturen

Man weiß schon seit langem, daß die Struktur der DNA-Doppelhelix mehr als eine Form annehmen kann. Die Existenz der A-, B- und C-Konformation ist schon lange bekannt. Diese Strukturen sind alle rechtsgewunden, und bei entsprechenden Veränderungen der Lösungsbedingungen treten Übergangsformen auf. Die Z-Konformation stellt eine andersartige Struktur dar, die man erst in jüngerer Zeit entdeckt hat.

Die Abbildung 5.8 vergleicht die gängigen Formen von Doppelstrangnucleinsäuren. Rechtsgewundene Strukturen von physiologischer Bedeutung sind die B- und die A-Konformation; sie unterscheiden sich in ihren Oberflächenmerkmalen.

Die Vorstellung, daß diese Formen jeweils in einer einzigen Struktur vorliegen, wurde von der Ansicht abgelöst, daß es Strukturfamilien gibt. Jede Familie (B- oder A-Konformation) entspricht einer charakteristischen Form von Doppelhelix, beschrieben durch die Parameter n (die Zahl der Nucleotide je Windung) und h (der Abstand zwischen benachbarten, sich wiederholenden Einheiten). Die Abweichung entsteht durch Rotationsveränderungen von Gruppen, deren Bindungen Rotationsfreiheit zeigen. Die Parameter können innerhalb jeder Familie ein wenig

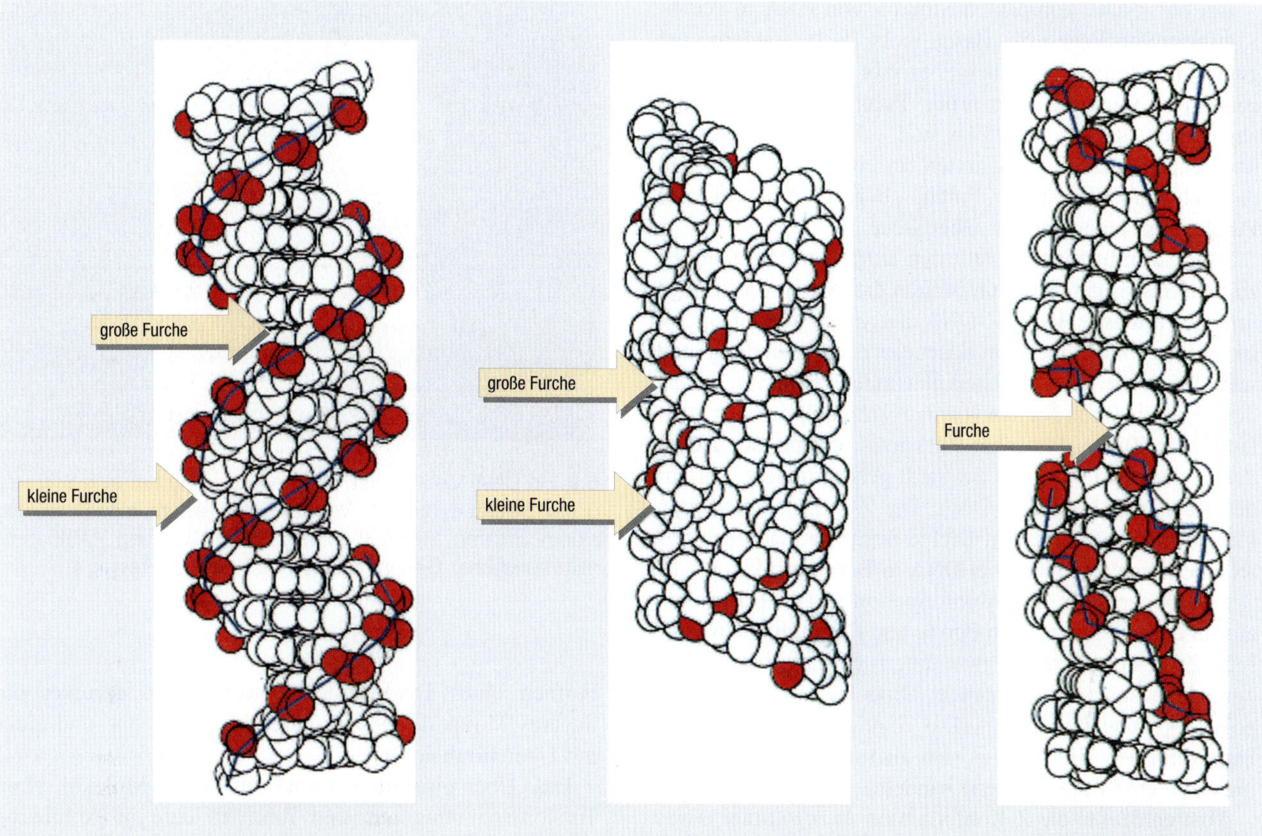

	B-DNA	A-RNA	Z-DNA
bp/Windung	10,4	11	12
Rotation/bp	+34,6°	+34,7°	-30,0°
vertikaler Anstieg/bp	3,38 Å	2,56 Å	5,71 Å
Helixdurchmesser	19 Å	23 Å	18 Å

die Rotation je Basenpaar ist bei einem rechtsgewundenen Doppelstrang mit (+), bei einem linksgewundenen mit (–) gekennzeichnet

5.8 Nucleinsäuren können verschiedene Typen von Doppelhelix ausbilden.

variieren; *n* kann beispielsweise bei B-DNA zwischen 10,0 und 10,6 liegen.

Die B-Konformation entspricht der üblichen Struktur der DNA unter den Bedingungen in der lebenden Zelle. Die B-DNA hat eine große und eine kleine Furche. Unterschiede zwischen den Basen kann man am leichtesten in der großen Furche erkennen, die eine vorrangige Kontaktstelle für Proteine darstellt, welche an spezifische DNA-Sequenzen binden.

Seit der Entdeckung der B-Doppelstrangform hat man einige der Parameter, die ihre Struktur beschreiben, nachgebessert. Mißt man die durchschnittliche Zahl der Basenpaare pro Windung bei doppelsträngiger DNA, so ergibt sich ein Wert von 10,4 anstelle der vom klassischen B-Modell vorausgesagten 10,0. Aufgrund dieser Veränderung muß der Drehungswinkel zwischen benachbarten Basenpaaren entlang der Helix geringfügig auf 34,6 Grad geändert werden, so daß es etwas länger dauert, die gesamte 360-Grad-Wendung zu vollenden.

Dies sind *durchschnittliche* Werte; in bestimmten Regionen können Variationen auftreten, entweder als Ergebnis einer besonderen Basensequenz oder aufgrund der Umgebungsbedingungen. Die DNA muß sich eng aufwickeln und verdichten, um in die Zelle zu passen; das beeinflußt ihre Struktur *in vivo*. Wir gehen daher bei DNA in der B-Konformation unter physiologischen Bedingungen von durchschnittlich 10,4 Basenpaarungen pro Windung aus. Entsprechend der Annahme, daß es eine Familie von Strukturen in der B-Konformation gibt, wird der Wert für jede einzelne Sequenz dicht an dieser Schätzung liegen, aber nicht unbedingt mit ihr übereinstimmen.

Die A-Konformation ist wahrscheinlich der Konformation doppelsträngiger Abschnitte der RNA sehr ähnlich, bei denen die Anwesenheit der 2′-Hydroxygruppe die B-Konformation unmöglich macht. Auch Hybrid-Doppelstränge mit einem DNA- und einem RNA-Strang liegen wahrscheinlich in der A-Form vor.

Bei der relativ kompakten Struktur von RNA in der A-Konformation liegen die Basen nicht flach, sondern sind gegen die Helixachse geneigt; es gibt auch mehr Basenpaare pro Windung. Die große Furche ist weniger gut zugänglich, da sie viel tiefer und von Phosphatgruppen überdeckt ist. Die Eigenschaften der einzelnen Basen sind dadurch tief unten in der Furche „begraben". Die kleine Furche liegt jedoch an der Oberfläche.

Die **Z-Konformation** stellt den auffallendsten Kontrast zu den klassischen Strukturfamilien dar. Sie ist die einzige **linksgewundene** Helix. Z-DNA hat unter allen Doppelstrangformen die meisten Basenpaare pro Windung und somit auch die am wenigsten gewundene Struktur; sie ist dünn und hat ihren Namen von dem zickzackförmigen Verlauf ihres Zucker-Phosphat-Rückgrats entlang der Helix, der so ganz anders ist als der sanft geschwungene Verlauf des Rückgrats bei der B-DNA. Die Z-DNA hat nur eine Furche mit einer größeren Dichte negativer Ladungen als jede der beiden Furchen bei DNA in B-Konformation.

Die Doppelhelix in Z-Konformation tritt in Polymeren auf, in deren Sequenz sich Purine und Pyrimidine abwechseln. Zwei Polymere, die man untersucht hat, weisen eine einfache, sich wiederholende Dinucleotidsequenz auf: poly-d$\left\{ {GC \atop CG} \right\}$ und poly-d$\left\{ {AC \atop TG} \right\}$. (Das *d* zeigt an, daß dies die Desoxyformen sind, daß es sich also um eine DNA- und nicht um eine RNA-Sequenz handelt.)

Man entdeckte die Z-Konformation *in vitro* unter etwas ungewöhnlichen Bedingungen (unter Verwendung einer hohen Salzkonzentration, um der erhöhten elektrostatischen Abstoßung zwischen den in die schlankere Helix der Z-Konformation gepreßten Nucleotiden zu begegnen). Es ist jedoch unwahrscheinlich, daß sich DNA in Z-Konformation *in vivo* bildet.

5.6 Ringförmig geschlossene DNA kann überspiralisiert vorliegen

Die Doppelhelix stellt die DNA als lineares Molekül dar. *In vivo* hat die DNA jedoch meist eine **ringförmig geschlossene** Struktur: Sie hat keine freien Enden. Die Genome mancher kleinen Viren bestehen aus **ringförmiger (zirkulärer) DNA**, bei der beide Stränge der Doppelhelix kontinuierlich im Kreis verlaufen. Bei bakteriellen und eukaryotischen Genomen liegt die DNA in Gestalt recht großer Schleifen vor; jede Schleife wird an der Basis so zusammengehalten, daß sie einem Kreis gleicht. Diese Art der Organisation ist wichtig, weil die Doppelhelix dadurch in eine zusätzliche Überstruktur gezwungen werden kann.

Überspiralisierung (*supercoiling*; englisch *coil* für „Windung", „Rolle") oder eine Superhelix entsteht in der DNA, wenn ein Doppelstrang räumlich um die eigene Achse gedreht wird. Man vergleicht dies für gewöhnlich mit einem Gummiband, das um sich selbst gedreht wird, bis es so stramm aufgerollt ist, daß es (also die Doppelhelix) sich selbst überkreuzt. In dem elektronenmikroskopischen Bild von Abbildung 5.9 werden die möglichen Formen eines DNA-Moleküls verglichen, darunter ein lineares Molekül, ein zirkuläres Molekül ohne und eines mit Überspiralisierung.

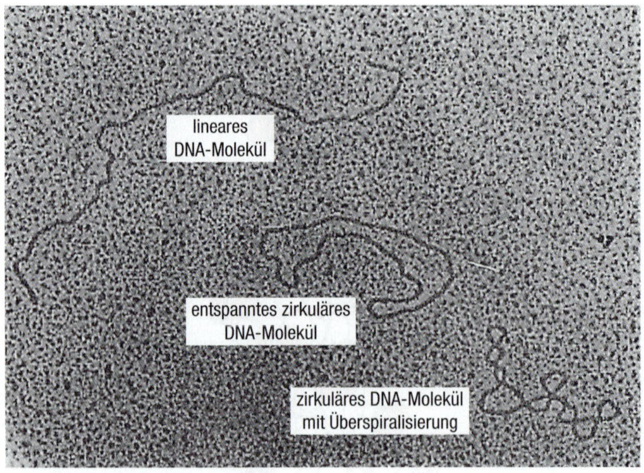

5.9 Ein DNA-Molekül mit Überspiralisierung hat eine eng verdrillte Struktur, hier im Vergleich mit einem zirkulären und einem linearen Molekül ohne Überspiralisierung. (Aufnahme mit freundlicher Genehmigung von Svend O. Freytag.)

Das Überspiralisieren setzt ein DNA-Molekül einer Torsionsspannung aus und führt zu dem in Abbildung 5.10 gezeigten Strukturtyp. Überspiralisierung kann *nur* in geschlossenen Strukturen auftreten, denn ein **nicht geschlossenes** Molekül kann die Torsionsspannung einfach abbauen, indem es sich entwindet. *Beide* DNA-Stränge eines geschlossenen Moleküls dürfen keine Unterbrechungen aufweisen; denn schon die Unterbrechung eines Strangs würde ein Entwinden ermöglichen. Ein – geschlossenes oder nichtgeschlossenes – Molekül ohne Überspiralisierung bezeichnet man als **entspannt** (*relaxed*).

Das Prinzip der Überspiralisierung besteht darin, daß *die Struktur sich nicht entwirren kann, wenn ein Doppelstrang räumlich um sich selbst gewunden ist und die Enden dabei fixiert sind.* Eine superhelikale Spannung entsteht jedesmal dann, wenn ein Doppelstrangband um seine Achse gedreht wird; je größer die Zahl der Überspiralisierungen ist, desto größer ist die Torsionsspannung in einem geschlossenen Molekül.

Bei einem Gummiband ist die *Richtung*, in der wir es zum Überdrehen bringen, egal. (Die beiden Seiten des Gummibandes sind gleichwertig.) Weil aber die Doppelhelix selbst schon eine gedrehte Struktur darstellt (wie man an den verschlungenen Strängen erkennen kann), reagiert sie je nach der Drehungsrichtung der Überspiralisierung unterschiedlich.

Bei rechtsgängiger Superhelix oder **negativer Überspiralisierung** wird die DNA entgegen den Rechtswindungen der Doppelhelix um ihre Achse gedreht. Dadurch kann die DNA die Torsionsspannung prinzipiell abbauen, indem sie die Struktur der Doppelhelix selbst anpaßt. Die Entspannung erfolgt meist in Form einer verringerten Rotation je

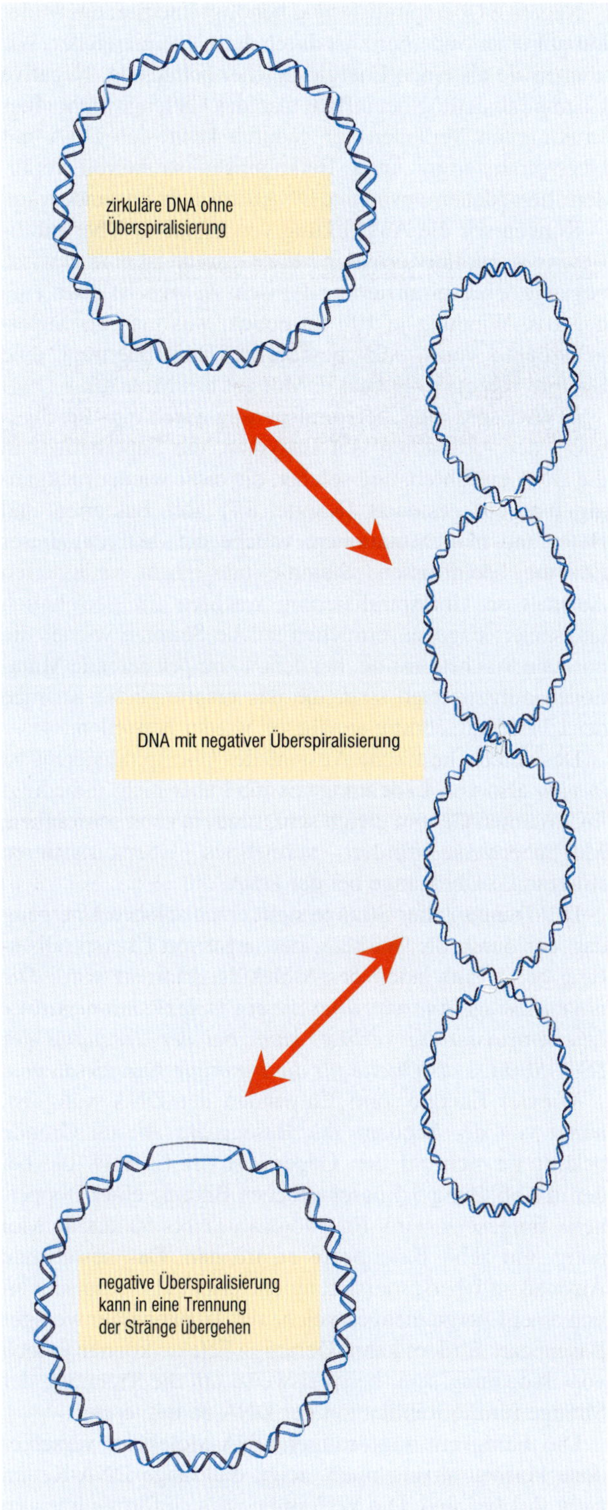

5.10 Überspiralisierung führt bei einem DNA-Doppelstrang zu einer räumlichen Windung um sich selbst; eine negative Überspiralisierung kann durch die Trennung von Basenpaaren abgebaut werden.

Basenpaar, also dadurch, daß die Windung der beiden Stränge umeinander gelockert wird. DNA mit negativer Überspiralisierung bezeichnet man auch als unterdreht. Wenn die Torsionsspannung stark genug ist, kann sie sogar in begrenztem Umfang die Basenpaarung aufheben, wie Abbildung 5.10 zeigt.

Zum gegenteiligen Effekt kommt es, wenn das Überspiralisieren in *derselben* Richtung wie die ursprüngliche Windung der Doppelhelix erfolgt. **Positive Überspiralisierungen** verdichten die Struktur und bringen die DNA unter Torsionsspannung dazu, sich noch enger aufzuwinden. DNA mit positiver Überspiralisierung nennt man auch **überdreht**. Diesen Zustand kann man *in vitro* künstlich herbeiführen.

Man beschreibt das Überspiralisieren der DNA oft anhand der **Superhelixdichte**, also der Zahl der superhelikalen Windungen pro Doppelhelixwindung. Sie wurde ursprünglich mit dem Parameter $\sigma = \tau/\beta$ ausgedrückt, wobei τ die Zahl der superhelikalen Windungen darstellt und β die Zahl der Doppelstrangwindungen, was annähernd der Zahl der Basenpaare geteilt durch zehn gleichkommt. σ entspricht also der Zahl der superhelikalen Windungen nach etwa zehn Basenpaaren. Bei negativer Überspiralisierung ist der Wert negativ, bei positiver Überdrehung ist er positiv.

Die aktuelle Nomenklatur zur Beschreibung der Überspiralisierung basiert auf dem Begriff der **Verwindungszahl *L*** (*linking number*). Diese Zahl beschreibt, wie oft sich die beiden Stränge der Doppelhelix eines geschlossenen Moleküls *insgesamt* gegenseitig kreuzen. Die Verwindungszahl ist gleich der Zahl der Windungen, die ein Strang um den anderen beschreibt, wenn man sich die DNA (hypothetisch) flach auf einer ebenen Fläche liegend vorstellt. Der Konvention nach zählt man die Verwindungszahl für jede Überkreuzung bei einer rechtsgewundenen Doppelhelix mit positivem Vorzeichen. Sie muß ganzzahlig sein.

Die Verwindungszahl setzt sich aus zwei Komponenten zusammen, der Drehung (*twist*) und der Windung (*writhe*), und wird durch folgende Gleichung definiert:

$$L = W + T$$

Die **Drehungszahl *T*** (*twisting number*) ist eine Eigenschaft der Doppelhelixstruktur selbst und entspricht der Drehung des einen Stranges um den anderen. Sie ist gleich der *Gesamtzahl der Windungen des Doppelstranges.* Man bestimmt sie anhand der Zahl der Basenpaare je Windung. Bei einer entspannten, ringförmig geschlossenen DNA, die flach in einer Ebene liegt, ist die Drehung gleich der Zahl aller Basenpaare geteilt durch die Zahl der Basenpaare je Windung.

Die **Windungszahl *W*** (*writhing number*) spiegelt die *Windung der Doppelstrangachse im Raum* wider. Sie entspricht der intuitiven Vorstellung von der Überspiralisierung, hat aber nicht exakt dieselbe quantitative Definition oder Maßeinheit. Bei einem entspannten Molekül ist *W* gleich Null, und die Verwindungszahl entspricht der Drehungszahl.

Wir haben es oft mit einer Veränderung der Verwindungszahl, ΔL, zu tun, für die gilt:

$$\Delta L = \Delta W + \Delta T$$

Nach dieser Gleichung läßt sich jede Veränderung der Gesamtzahl aller Umdrehungen eines DNA-Stranges um den anderen als Summe der Veränderungen der Windung der Doppelstrangachse im Raum (ΔW) und der Veränderungen in der Windung der Doppelhelix selbst (ΔT) ausdrücken.

Verringert sich die Verwindungszahl, liegt also eine Veränderung in Form von $-\Delta L$ vor, so entspricht dies einer kombinierten negativen Überdrehung und/oder einer „Unterdrehung". Eine als $+\Delta L$ gemessene Erhöhung der Verwindungszahl entspricht den gegenteiligen Veränderungen.

Wir können die Zustandsveränderungen jeder DNA mit der spezifischen Verwindungsdifferenz, $\sigma = \Delta L/L^0$, beschreiben, wobei L^0 gleich der Verwindungszahl bei entspannter DNA ist. Wenn die Veränderung der Verwindungszahl allein auf einer Veränderung von W beruht (bei $\Delta T = 0$), dann ist die spezifische Verwindungsdifferenz gleich der Superhelixdichte. Im Endeffekt kann man davon ausgehen, daß σ – der oben genannten Definition nach – so lange der Superhelixdichte entspricht, wie die Struktur der Doppelhelix selbst konstant bleibt.

Der kritische Punkt bei Verwendung der Verwindungszahl besteht darin, daß *dieser Parameter ein immer gleichbleibendes Merkmal irgendeines einzelnen, geschlossenen DNA-Moleküls darstellt.* Keine Deformation kann die Verwindungszahl verändern, es sei denn, die Stränge werden dabei aufgebrochen und wieder neu verknüpft. Die besondere Verwindungszahl eines ringförmig geschlossenen Moleküls kann durch verschiedene Kombinationen von T und W zustandekommen; ihre Summe bleibt aber immer gleich, solange die Stränge nicht unterbrochen sind. (Die Aufteilung von L zwischen T und W verhindert sogar, daß die letzten zwei für ein DNA-Molekül in Lösung feste Werte erhalten können.)

Wir kennen nun den Nutzen der Verwindungszahl. *Sie steht mit den enzymatischen Vorgängen in Zusammenhang, durch die es zu Veränderungen in der Topologie der DNA kommt.* Die Verwindungszahl eines bestimmten geschlossenen Moleküls kann nur durch Brechen eines oder beider Stränge, Auf- oder Entwickeln des Moleküls und anschließendes erneutes Verknüpfen der getrennten Enden verändert werden. Betätigt sich ein Enzym in dieser Weise, so muß es die Verwindungszahl um eine ganze Zahl verändern; diesen Wert kann man als Charakteristikum der Reaktion bestimmen. Wir können dann die Auswirkungen dieser Veränderung als ΔW und ΔT beobachten.

5.7 Überspiralisierung beeinflußt die Struktur der Doppelhelix

Strukturveränderungen der DNA treten *in vivo* nicht spontan auf – sie gehen in einer Umgebung vor sich, die vielerlei Zwänge auf die DNA ausübt. Manche dieser Veränderungen werden von negativer Überspiralisierung gefördert.

Negative Überspiralisierung benötigt Energie; das Molekül mit einer Superhelix ist durch diese energiereicher. Wir können sie als einen Energiespeicher betrachten. Negative Überspiralisierung beeinflußt also das Gleichgewicht einer strukturellen Veränderung; dadurch kann sich DNA mit Überspiralisierung unter Bedingungen strukturell verändern, unter denen entspannte DNA dazu nicht imstande wäre.

Können wir die Auswirkung von negativer Überspiralisierung quantitativ erfassen? Für Genome ist eine gewisse negative Überspiralisierung typisch. *In vivo* ist etwa eine negative Windung je 100 bp üblich, was man als Superhelixdichte von −0,05 beschreibt. Dies überträgt eine Energie von etwa −9 kcal je Mol auf das Molekül.

In vivo wird die Überspiralisierung durch ein Gleichgewicht der Aktivitäten von Enzymen, die Superhelices in die DNA einführen, und solcher, die diese wieder rückgängig machen, gesteuert (Kapitel 17). Bei Bakterien und Hefe fand man Mutationen, welche die Aktivität dieser Enzyme beeinflussen. Stämme mit einem veränderten Ausmaß an Überspiralisierung wachsen für gewöhnlich langsamer; dagegen erreichen solche Stämme wieder die normale Wachstumsrate, bei denen kompensierende Mutationen aufgetreteten sind, die das ursprüngliche Ausmaß der Überspiralisierung annähernd wieder herstellen.

Das durchschnittliche Ausmaß des Überspiralisierens ist *in vivo* also von Bedeutung. Es muß aber nicht unbedingt im gesamten Genom gleich sein, sondern kann schwanken. Möglicherweise fördert vermehrtes Überspiralisieren strukturelle Übergänge bei der DNA.

Die Trennung der Stränge stellt einen solchen Übergang dar, der durch die Wirkung der negativen Überspiralisierung beim Entwinden des Moleküls gefördert wird. *Die überschüssige Energie, über die ein Molekül mit negativer Überspiralisierung verfügt, kann bei der Trennung der DNA-Stränge als Quelle für die benötigte Energie dienen.*

Wieviel Energie zum Entwinden der DNA nötig ist, hängt von der Sequenz der Basenpaare ab; im Grunde beläuft sie sich auf den Gegenwert der Energie, die bei der in Abbildung 5.5 beschriebenen Bildung einer Doppelhelix freigesetzt wird. Es sind etwa 12 bis 50 kcal je Mol nötig, um zehn Basenpaare zu trennen. Das bestehende Ausmaß an Überspiralisierung entspricht also wahrscheinlich einer Energiemenge, welche die Trennung nur weniger Basenpaare fördern kann. Derartige Effekte können jedoch von Bedeutung sein, beispielsweise um die Trennung der Stränge für die Replikation der DNA zu initiieren.

Die Fähigkeit ringförmiger DNA-Moleküle, verschiedene Formen anzunehmen, zeigt, daß lange DNA-Ketten recht flexibel sind. Die Verformung des einförmig linearen Doppelstranges kann entweder schrittweise (durch ΔT oder ΔW, also entlang des Moleküls verteilt) oder abrupt in Gestalt einer Biegung (*bending*) erfolgen. Manche DNA-Abschnitte krümmen sich aufgrund der Wechselwirkungen benachbarter Basenpaare von selbst; in anderen Fällen werden Krümmungen durch Bindung von Proteinen, welche die Doppelhelix verformen, induziert oder verursacht. Wir kommen später wieder auf die Charakterisierung der Krümmungen zurück (Abbildung 12.26).

Zusammenfassung

Die Fähigkeit der DNA-Stränge einer Doppelhelix, sich zu trennen, läßt sich *in vitro* durch Denaturierung nachahmen. Der Schmelzpunkt T_m stellt ein Maß für die Stabilität einer Doppelhelix dar. Komplementäre Einzelstränge können renaturieren oder (wenn sie aus unterschiedlichen Quellen stammen) hybridisieren.

Damit sich zwischen komplementären Sequenzen eine Doppelhelix ausbilden kann, müssen die Reaktionen bei der Basenpaarung genügend freie Energie freisetzen, um die Paarung zu initiieren und Behinderungen durch nichtkomplementäre Basenpaare in der Doppelstrangregion zu überwinden. Die bei der Basenpaarung freigesetzte freie Energie ist von Zweierfolgen von Basenpaaren abhängig. Umgekehrte Wiederholungssequenzen können grundsätzlich eine Kreuzform hervorrufen, indem sie innerhalb eines und nicht zwischen zwei Strängen Basenpaare bilden. Dieser Vorgang ist jedoch sehr energieaufwendig und findet *in vivo* wahrscheinlich nicht statt.

Jede Strukturfamilie von doppelhelikalen Nucleinsäuren gestattet lokale Abweichungen in der Zahl der Basenpaare je Windung und in der Rotation je Basenpaar. Die A-, B- und C-Konformationen sind rechtsgewunden. Die DNA liegt für gewöhnlich in der B-Konformation vor; Hybride zwischen RNA und DNA treten meist in der A-Konformation auf. Bei der Z-Konformation ist die DNA linksgewunden; sie wird *in vitro* durch bestimmte einfache, sich wiederholende Sequenzen gebildet, wie etwa sich abwechselnde Pyrimidine und Purine.

Überspiralisierung entsteht, wenn sich eine DNA-Doppelhelix zusätzlich im Raum windet, und läßt sich entweder mit dem älteren Begriff der Superhelixdichte oder mit dem jüngeren der Verwindungszahl beschreiben. Bei negativer Überspiralisierung wird die DNA entgegen der Drehung ihrer rechtsgewundenen Doppelhelix (die ja im Uhrzeigersinn verläuft) um ihre Achse gedreht. Die Torsionsspannung wird gemindert, indem die Rotation je Basenpaar in der Doppelhelix verringert oder sogar die beiden Stränge entwunden werden. Ein typischer Wert für negative Überspiralisierung *in vivo* ist –1 Drehung je 100 bp; das entspricht einer Superhelixdichte von –0,05. Überspiralisierung kann lokal für das Entwinden der DNA von Bedeutung sein, und ganz allgemein, indem es Reaktionen fördert, für die eine Trennung der Stränge notwendig ist.

Entgegen dem Bild von DNA als einförmige, lineare Doppelhelix ist sie in der Zelle unter strukturellen Deformationen wie Überspiralisierung und Krümmung in den Zellkern gezwängt. Dies kann signifikante Abweichungen von den durchschnittlichen Parametern von DNA in B-Konformation mit sich bringen.

Weiterführende Literatur

Übersichtsartikel

Marmur, J.; Rownd, R.; Schildkraut, L. *Denaturation and Renaturation of DNA*. In: *Prog. Nuc. Acid. Res.* 1 (1963) S. 232–300.

Drew, H. R.; McCall, M. J.; Calladine, C. R. *Recent Studies of DNA in the Crystal*. In: *Ann. Rev. Cell Biol.* 4 (1988) S. 1–20.

Kornberg, A.; Baker, T. *DNA Replication*. New York (W. H. Freeman & Co.) 1992.

Jaeger, J. A.; SantaLucia, J.; Tinoco, I. *Determination of RNA Structure and Thermodynamics*. In: *Ann. Rev. Biochem.* 62 (1993) S. 255–287.

Forschungsberichte

Courey, A. J.; Wang, J. C. *Cruciform Formation in a Negatively Supercoiled DNA May Be Kinetically Forbidden Under Physiological Conditions*. in: *Cell* 33 (1983) S. 817–829.

6. Die Isolierung von Genen

Ein Chromosom besteht aus einem langen, zusammenhängenden DNA-Faden, auf dem sich zahlreiche Gene befinden. Identifizierbar werden Stellen im genetischen Material durch Mutationen, die zu Veränderungen der Basensequenz führen. In der Koppelungskarte des Chromosoms werden Abstände anhand der Rekombinationsfrequenz (gemessen in Morgan-Einheiten) dargestellt. Ein eukaryotisches Chromosom enthält Tausende von Genen, und auf molekularer Ebene ist eine Kartierungseinheit tatsächlich sehr groß.

Damit sich ein Gen einer Koppelungsgruppe zuordnen läßt, muß sich mindestens ein zuvor identifizierter Marker in einem Abstand von bis zu etwa 40 Kartierungseinheiten davon befinden. Um Marker in Intervallen von 40 Kartierungseinheiten zur Verfügung zu haben, würde man für das menschliche Genom etwa 100 Gene mit regelmäßigen Abständen benötigen. Natürlich muß man, um 100 derart gleichmäßig verteilte Marker zu erhalten, eine weit größere Zahl von Loci kartieren.

Die Gleichsetzung von Genen mit Koppelungsgruppen stellt nur den Anfang der genetischen Kartierung dar. Die genauere Lokalisation verlangt eine hohe Konzentration von Markern; unter den höheren Eukaryoten hat man dies bei einem Nematoden (*Caenorhabditis elegans*) und bei der Taufliege (*Drosophila melanogaster*) erreicht. Bei dem am intensivsten kartierten Säugetier, der Maus, ist in manchen Teilen des Genoms bereits in jeder Kartierungseinheit ein Marker lokalisiert, in anderen Regionen liegen die am engsten benachbarten Marker jedoch mehr als 30 Einheiten voneinander entfernt.

Bei der Kartierung von Genen brauchen wir uns nicht allein auf die genetische Analyse zu beschränken. Wir können auch Techniken anwenden, mit denen sich die Lage bestimmter Sequenzen auf dem Chromosom unmittelbar sichtbar machen läßt. Wenn die Sequenz einem bekannten Protein entspricht, können wir durch diese Methoden direkt die Lokalisation von dessen Gen erkennen. Dieser Ansatz kehrt die alte Reihenfolge um: Anstatt das Gen mit Hilfe der Genkartierung zu isolieren, benutzen wir das isolierte Gen, um die Karte zu erstellen.

Ein Vergleich der gesamten Kartenlänge aller Koppelungsgruppen eines Genoms mit der Gesamtmenge der DNA gibt uns eine Vorstellung davon, wie oft ein genetischer Austausch im Verhältnis zu der Länge der DNA im Durchschnitt stattfindet. Wir nehmen an, daß eine Rekombinationsrate von 50 % dem durchschnittlichen Abstand zwischen unabhängigen Rekombinationsereignissen entspricht. In Tabelle 6.1 sind die Werte für eine Reihe von Genomen aufgelistet.

Bei Phagen findet ein genetischer Austausch *außerordentlich* häufig statt (allerdings ist jede quantitative Erfassung der Häufigkeit nur ein *ungefährer* Näherungswert). Man kann auch enorme Mengen an Nachkommen erzeugen, so daß sogar die seltensten Rekombinationsereignisse (zwischen Mutationen in benachbarten Basenpaaren) gemessen werden können. Diese Eigenschaften gestatten die detaillierte Kartierung in einem Gen, wie sie in Kapitel 3 beschrieben ist. Die Rate des genetischen Austauschs ist auch bei Bakterien hoch, und auch hier lassen sich Rekombinanten aus sehr großen Nachkommenzahlen identifizieren.

Die hohe Rekombinationsfrequenz bei Prokaryoten macht es schwierig, den Begriff der Kartierungseinheit konsequent anzuwenden, doch die Tabelle zeigt, daß es etwa 2 000 bp je Kartierungseinheit gibt. Man konstruiert eine prokaryotische Genkarte daher mehr oder weniger auf der Ebene des Gens an sich.

Bei niederen Eukaryoten ist, zumindest dem Beispiel von Hefe und anderen Pilzen nach, die Rekombinationsfrequenz immer noch hoch, doch bei höheren Eukaryoten liegt sie etwa um das Hundertfache niedriger. Man kann die Gene in Koppelungsgruppen kartieren, doch das Kartieren auf molekularer Ebene wird durch die enorme Größe der Kartierungseinheit (10^5 bis 10^6 bp) und die geringe Zahl von Nachkommen bei jeder Paarung erschwert.

Aus der Perspektive der genetischen Karte betrachtet, sind die Aussichten auf die Beschreibung einzelner Gene eher schlecht. Angenommen, ein Gen der Taufliege bestünde aus 5 000 bp. Seine Länge entspricht 0,01 % Rekombination. Um Rekombination zwischen Mutationen an den gegenüberliegenden Enden des Gens zu entdecken,

Tabelle 6.1: Die Frequenz der genetischen Rekombination ist bei Eukaryoten weitaus niedriger als bei Prokaryoten

Art	Größe des haploiden Genoms	Einheiten in der genetischen Karte	Größe der Kartierungseinheit	durchschn. Abstand der Crossovers
Phage T4	$1{,}6 \times 10^5$ bp	800	200 bp	$1{,}0 \times 10^4$ bp
E. coli	$4{,}2 \times 10^6$ bp	1 750	2 400 bp	$1{,}2 \times 10^5$ bp
Hefe	$2{,}0 \times 10^7$ bp	4 200	5 000 bp	$2{,}5 \times 10^5$ bp
Pilz	$2{,}7 \times 10^7$ bp	1 000	27 000 bp	$1{,}3 \times 10^6$ bp
Nematode	$8{,}0 \times 10^7$ bp	320	250 000 bp	$1{,}2 \times 10^7$ bp
D. melanogaster	$1{,}4 \times 10^8$ bp	280	500 000 bp	$2{,}5 \times 10^7$ bp
Maus	$3{,}0 \times 10^9$ bp	1 700	1 800 000 bp	$9{,}0 \times 10^7$ bp
Mensch (Mann)	$3{,}3 \times 10^9$ bp	2 809	1 200 000 bp	$6{,}0 \times 10^7$ bp
Mensch (Frau)	$3{,}3 \times 10^9$ bp	4 782	700 000 bp	$3{,}5 \times 10^7$ bp

müßte man eine Fliege unter 10 000 Nachkommen isolieren. Demnach ist das konventionelle Erstellen einer genetischen Karte bei der Taufliege gerade noch möglich. Bei Säugetieren mit ihrer niedrigeren Rekombinationsrate und der geringeren Nachkommenzahl nach jeder Paarung ist es überhaupt nicht praktikabel. Bei der Maus oder beim Menschen beispielsweise sind Crossover durch etwa 10^7 Basenpaare getrennt, ihr Abstand voneinander ist also größer als die durchschnittliche Länge eines Gens (etwa 10 000 Basenpaare).

Wie genau gibt die genetische Karte die tatsächliche Länge des genetischen Materials wieder? Auf der Ebene des Chromosoms bietet sie zumeist eine brauchbare Darstellung der offensichtlichen Organisation (Abbildung 3.8), obwohl der Rekombinationsabstand zwischen zwei beliebigen Markern nicht exakt deren physische Distanz voneinander wiedergibt (wie in Abbildung 6.11 dargestellt ist). Und natürlich ist die Kartierungseinheit von der relativen Rekombinationsfrequenz abhängig; da diese bei allen Arten ganz erhebliche Unterschiede aufweist, kann man die genetischen Karten verschiedener Organismen nicht miteinander vergleichen.

Selbst bei den Prokaryoten kann man aus der detaillierteren Kartierung wegen der Art des Rekombinationsvorgangs nur in begrenztem Umfang Informationen erhalten. Auf der Kartierungsebene innerhalb eines Gens sind die Rekombinationshäufigkeiten nicht unabhängig von den bei jeder Kreuzung benutzten, bestimmten Mutationen, sondern können durch die lokale DNA-Sequenz beeinflußt werden. Mit anderen Worten: Sie haben nicht die ideale Eigenschaft der **Unabhängigkeit von Allelen**, wie sie in Kapitel 3 beschrieben ist, sondern zeigen vielmehr allelspezifische Effekte. Unser Bild vom Gen ist in der genetischen Karte demnach durch die Merkmale der Rekombinationssysteme verzerrt.

Auf molekularer Ebene entsprechen also die Kartierungseinheiten zwischen Mutationen nicht unbedingt dem Abstand, der sie auf der DNA tatsächlich voneinander trennt. Der Auflösung der genetischen Karte sind außerdem durch die Verfügbarkeit von Mutationen Grenzen gesetzt. Eine Lücke in der Karte könnte eine Region darstellen, in der man keine Mutationen gefunden hat; sie könnte aber auch durch einen lokalen Anstieg der Rekombinationshäufigkeit begründet sein.

Aus theoretischen und praktischen Gründen brauchen wir eine andere Informationsquelle. Wie sollen wir die molekulare Struktur des Gens nachweisen und sie zu der Struktur des Proteinprodukts in Beziehung setzen? Wie weit sind benachbarte Gene voneinander entfernt, und wie sollen wir die Regionen zwischen ihnen erkennen?

Das Endziel bei der Beschreibung eines Gens ist es, dessen Nucleotidsequenz zu bestimmen und diese Sequenz auf die benachbarten Gene zu jeder Seite auszudehnen. Gene lassen sich isolieren, indem man von einem Protein aus zurückgeht und dabei Techniken der Nucleinsäurenhybridisierung benutzt, um die entsprechende DNA zu isolieren. Zelluläre DNA, von der ein Proteinprodukt verfügbar ist, wird inzwischen fast routinemäßig bestimmt (obwohl dies ein langwieriger Prozeß sein kann, wenn das Produkt selten ist).

An einem isolierten DNA-Segment können wir dessen Sequenz zwischen Punkten bestimmen, die bis zu etwa 300 bp voneinander entfernt sind. Durch die Wahl geeigneter Punkte lassen sich kurze Abschnitte zu der Sequenz eines ganzen Gens und seiner Umgebung zusammenfügen. Indem wir die Sequenz der DNA mit der des Proteins vergleichen, für welches das Gen steht, können wir die Regionen darstellen, die das Polypeptid codieren; und wenn wir die Sequenz nach beiden Seiten ausdehnen, können wir den Abstand zu dem nächsten Gen bestimmen.

Durch den Vergleich der Sequenz einer DNA vom Wildtyp mit der eines mutanten Allels können wir die Art der Mutation und den genauen Ort ihres Auftretens bestimmen. Das definiert die Beziehung zwischen der genetischen Karte (die allein auf Mutationsstellen beruht) und der physikalischen (oder physischen) Karte (die auf der Sequenz der DNA basiert oder diese sogar ganz umfaßt). Letztlich ist die Karte einer Region besser in Basenpaaren von DNA auszudrücken als in den relativen Kartierungseinheiten der formalen Genetik. Eine Karte in Form einer DNA-Sequenz beschreibt den Genotyp mit dem höchsten Auflösungsgrad.

In Kapitel 23 diskutieren wir den Nutzen molekularer Techniken als einen Fortschritt bei der Erstellung physikalischer Karten eukaryotischer Genome. Heute stehen für verschiedene Organismen solche Karten zur Verfügung; sie gestatten es, ein Gen (in Gestalt einer DNA-Sequenz) präzise auf einer Karte des Genoms zu lokalisieren, die aus DNA-Fragmenten oder sogar -Sequenzen angelegt wurde.

Da sich Gene heute anhand ihrer Proteinprodukte und manchmal sogar nur anhand von DNA-Sequenzen identifizieren lassen, sind wir nicht mehr ausschließlich auf Mutationen als Rohmaterial für die Kartierung des Genoms angewiesen. Natürlich bleiben Mutanten nach wie vor entscheidend für das Bestimmen der Funktionen von Genprodukten. Techniken, die eine Ausschaltung von Genen in tierischen Genomen ermöglichen und so die Folgen von Null-Mutationen sichtbar machen, sind ein Mittel, das Fehlen von Mutationen in irgendeinem bestimmten Gen auszugleichen. Zusammen mit Techniken, welche die Einführung neuer Gene gestatten, können mutante Gene *in vitro* geschaffen und dann *in vivo* überprüft werden; damit lassen sich Gene weit besser charakterisieren als allein im natürlichen Zusammenhang. Mit der Anwendung dieser Techniken zur Ausweitung und als Ersatz der konventionellen Genetik befassen wir uns in Kapitel 32.

6.1 Eine Restriktionskarte wird durch Spaltung der DNA in spezifische Fragmente erstellt

Hat man ein DNA-Segment isoliert, so ist das Kartieren der Nucleinsäure auf molekularer Ebene ein entscheidender Schritt, um ihre Sequenz zu erhalten. Man kann eine physikalische Karte von jedem DNA-Molekül erhalten, indem man es an definierten Punkten aufbricht, deren Abstand voneinander sich genau bestimmen läßt. Solche spezifischen Brüche werden durch die Fähigkeit bestimmter **Restriktionsenzyme** ermöglicht, recht kurze Sequenzen doppelsträngiger DNA als „Ziel" für die Spaltung zu erkennen.

Jedes Restriktionsenzym hat ein bestimmtes Ziel im DNA-Doppelstrang, zumeist eine spezifische Sequenz von vier bis sechs Basen. Das Enzym schneidet die DNA immer dort, wo seine Erkennungssequenz auftritt. Unterschiedliche Restriktionsenzyme haben unterschiedliche Erkennungssequenzen, und zahlreiche dieser Aktivitäten stehen heute (aus einer großen Vielzahl von Bakterien gewonnen) zur Verfügung. (Sie werden in ihrem natürlichen Kontext in Kapitel 16 besprochen.)

Eine Karte der DNA, die infolge der Identifizierung dieser Bruchstellen enstanden ist, bezeichnet man als **Restriktionskarte**. Die Karte stellt eine lineare Abfolge der Stellen dar, an denen bestimmte Restriktionsenzyme ihre Ziele finden. Der Abstand wird in solchen Karten bei kürzeren Distanzen direkt in Basenpaaren gemessen (abgekürzt **bp**); längere Distanzen werden in Kilobasenpaaren (10^3, abgekürzt **kb**) bei DNA beziehungsweise Kilobasen bei RNA angegeben. Eine Karte auf Chromosomenebene beschreibt man in Megabasenpaaren (kurz **Mb**; ein Mb ist gleich 10^6 bp).

Wird ein DNA-Molekül mit einem geeigneten Restriktionsenzym geschnitten, so wird es in verschiedene Fragmente gespalten. Diese Fragmente lassen sich ihrer Größe nach mit Hilfe der **Gelelektrophorese** auftrennen. Bei dieser Technik bringt man die gespaltene DNA an einem Ende eines Trägergels aus Polyacrylamid oder Agarose auf. Wird ein elektrischer Strom durch das Gel geschickt, wandert jedes Fragment mit einer Geschwindigkeit, die umgekehrt proportional zum Logarithmus seines Molekulargewichts ist.

Bei dieser Wanderung bilden sich mehrere **Banden**. Jede Bande entspricht einem Fragment von bestimmter Größe, die im Verlauf des Trägergels immer geringer wird. Die Länge eines bestimmten Fragments läßt sich bestimmen, indem man das Gel **eicht**. Dies geschieht, indem man parallel eine Kontrollsubstanz in einem anderen Schlitz desselben Geles wandern läßt. Die Kontrollsubstanz besteht aus einer Mischung von Standardfragmenten bekannter Größe (oft auch als **Marker** bezeichnet). Die Wanderung der Markermoleküle definiert das Verhältnis zwischen Fragmentgröße und zurückgelegter Strecke für das betreffende Gel.

Abbildung 6.1 zeigt ein Beispiel für diese Technik. Ein DNA-Molekül mit einer Länge von 5 000 bp wird separat mit zwei Restriktionsenzymen, A und B, inkubiert. Nach der Spaltung wird mit der DNA eine Elektrophorese durchgeführt. Man bestimmt die Größe der einzelnen, von Enzym A (links) oder Enzym B (rechts) erzeugten Fragmente, indem man sie mit den Positionen von Fragmenten bekannter Größe vergleicht, wie bei der in der Mitte gezeigten Kontrollsubstanz. Dies läßt erkennen, daß Enzym A das DNA-Substrat in vier Fragmente (mit Längen von 2 000, 1 400, 1 000 und 500 bp) geschnitten hat, während Enzym B drei Fragmente (mit Längen von 2 500, 1 300 und 1 200 bp) erzeugt hat. Können wir auf der Grundlage dieser Daten fortfahren und eine Karte erstellen, welche die Bruchstellen definierten Positionen auf der DNA zuordnet?

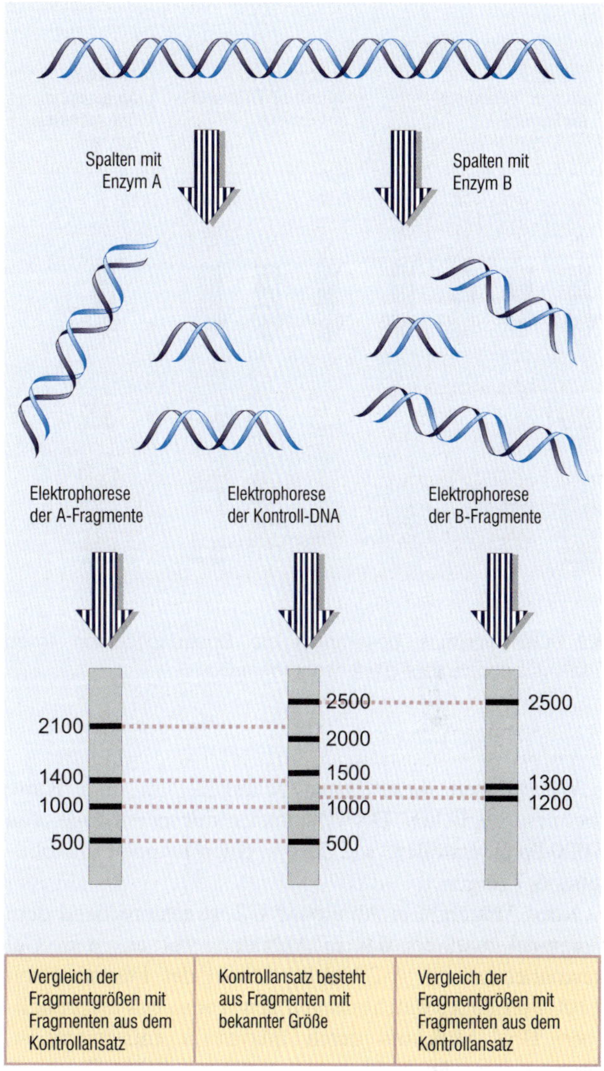

6.1 Die DNA läßt sich mit Restriktionsenzymen in Fragmente spalten, welche mit Hilfe der Gelelektrophorese getrennt werden können.

Man kann die „Schnittmuster" der beiden Enzyme mit verschiedenen Mitteln in Beziehung setzen. Abbildung 6.2 zeigt das Prinzip der Analyse durch **Doppelverdau**. Bei dieser Technik wird die DNA gleichzeitig mit zwei Enzymen und außerdem noch einmal mit jedem der beiden allein geschnitten. Die überzeugendste Anwendung dieser Technik besteht darin, jedes bei dem Einzelverdau mit Enzym A oder B entstandene Fragment zu gewinnen und anschließend mit dem anderen Enzym zu spalten. Die Spaltungsprodukte analysiert man dann wiederum durch Elektrophorese.

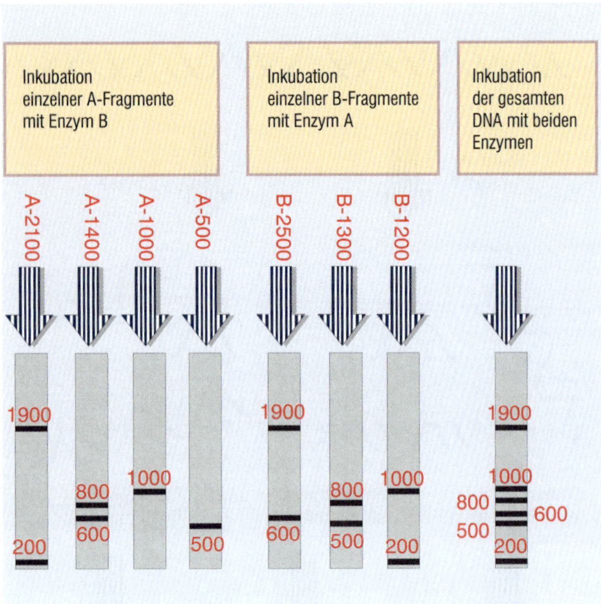

6.2 Doppelverdaue bestimmen die Spaltungsstellen eines Enzyms bezogen auf die eines anderen.

Wir können diese Daten benutzen, um eine Karte des ursprünglichen DNA-Moleküls mit der Länge von 5 000 bp zu erstellen, wie die einzelnen Etappen in Abbildung 6.3 zeigen.

Jedes Trägergel in Abbildung 6.2 ist entsprechend dem Fragment markiert, das in Abbildung 6.1 aus dem Gel gewonnen wurde. A-2 100 bezeichnet das Fragment mit 2 100 bp Länge, welches durch den Abbau des ursprünglichen DNA-Moleküls durch Enzym A entstanden ist. Gewinnt man dieses Fragment zurück und läßt Enzym B darauf einwirken, so wird es in Fragmente mit Längen von 1 900 und 200 bp geteilt. Einer der Schnitte von Enzym B liegt also auf der einen Seite 200 bp, auf der anderen Seite 1 900 bp von der nächsten Schnittstelle von Enzym A entfernt. Die obere Karte in Abbildung 6.3 stellt diese Situation dar.

Ein ähnliches Schnittmuster läßt sich erkennen, wenn wir untersuchen, inwieweit das Fragment B-2 500 von Enzym A angegriffen werden kann. Es wird in Fragmente von 1 900 und 600 bp Länge geschnitten. Das Fragment mit 1 900 bp Länge ist also durch zwei Schnitte zustandegekommen, mit einer A-Schnittstelle an dem einen und einer B-Schnittstelle an dem anderen Ende. Es kann aus beiden Fragmenten mit einer Schnittstelle (A-2 100 oder B-2 500) entstehen, die es enthalten. Diese Fragmente mit einer Schnittstelle müssen also in der 1 900-bp-Region des gemeinsamen Fragments, das man aus ihnen erhalten kann, **überlappen**. Dies ist in der zweiten Karte von Abbildung 6.3 dargestellt, die eine Verlängerung nach rechts bis zu einer Schnittstelle von Enzym B darstellt.

Diese Karte zeigt ein wichtiges Prinzip bei dem Erstellen von Restriktionskarten. Wenn wir den Aufbau von größeren Fragmenten aus kleineren berücksichtigen, können wir uns auf die (innerhalb der Versuchsgrenzen) **vollständige Addierbarkeit** der Längen verlassen. Fragment A-2 100 besteht also aus Fragmenten mit 200 beziehungsweise 1 900 bp, während sich Fragment B-2 500 aus Fragmenten mit 1 900 beziehungsweise 600 bp zusammensetzt.

Wenn wir alle Fragmente auf diese Weise analysieren, erkennen wir, daß wir jedes beim Schneiden eines A-Fragments mit Enzym B entstandene Fragment *auch* bei einem der Doppelverdaue finden, bei denen ein B-Fragment mit Enzym A geschnitten wurde. Der Doppelverdau (das Gel ganz rechts in Abbildung 6.2) zeigt das gesamte Muster, in dem jedes Fragment mit zwei Schnittstellen einmal erscheint. Mit Hilfe dieser Daten lassen sich die Schnittstellen in einer eindeutigen Karte anordnen.

Der Schlüssel zur Restriktionskartierung liegt darin, sich überlappende Fragmente zunutze zu machen. Weil sich A-2 100 und B-2 500 in der zentralen Region von 1 900 bp überlappen, können wir den A-Abschnitt mit 200 bp zur Linken der 1 900-bp-Region mit dem B-Abschnitt aus 600 bp auf der rechten Seite in Bezug setzen. In derselben Manier können wir die Karte auf jeder Seite weiter ausdehnen. Das 200-bp-Fragment auf der linken Seite entsteht auch, wenn B-1 200 mit dem Enzym A geschnitten wird, die nächste B-Schnittstelle muß also 1 000 bp weiter links liegen. Das 600-bp-Fragment rechts wird auch gebildet, wenn das Enzym B A-1 400 schneidet; demnach muß sich die nächste A-Schnittstelle in einer Entfernung von 800 bp auf der rechten Seite befinden. Dies ist in der dritten Karte von Abbildung 6.3 wiedergegeben.

Wir können die Karte nun vervollständigen, indem wir die Herkunft der beiden Fragmente an jedem Ende bestimmen. Das 1 000-bp-Fragment an der linken Seite ensteht entweder aus B-1 200 oder tritt in Gestalt von A-1 000 auf, das nicht von Enzym B geschnitten wird. A-1 000 liegt also am Ende der Karte – mit anderen Worten: Vom linken Ende des ursprünglichen 5 000 bp langen Abschnitts aus sind es 1 000 bp bis zu der ersten Schnittstelle von Enzym A und 1 200 bp bis zu der ersten Schnittstelle von B. (Deshalb ist am linken Ende der darüberliegenden Karte keine B-Schnittstelle abgebildet, obwohl wir das Ende in der Analyse formal als solche behandelt haben.)

Am rechten Ende der Karte entsteht das 800-bp-Fragment dadurch, daß Enzym A das Fragment B-1 300 schneidet; wir müssen also rechts ein Fragment von 500 bp hinzufügen. Dieses ist das Endstück, wie sich aus seiner Existenz als A-500 beim Einzelverdau mit Enzym A erkennen läßt. Unsere vollständige Karte sieht also aus wie die untere Karte von Abbildung 6.3.

Wir haben nun eine Restriktionskarte der gesamten Region von 5 000 bp erstellt. Sie ist in ihrer üblicheren Form in Abbildung 6.4 erfaßt. Die Karte zeigt die Positionen, an denen bestimmte Restriktionsenzyme die DNA schneiden; die Abstände zwischen den Schnittstellen gibt man in Basenpaaren an. *Die DNA wird so in mehrere Regionen definierter Länge geschnitten, die zwischen den von Restriktionsenzymen erkannten Stellen liegen.*

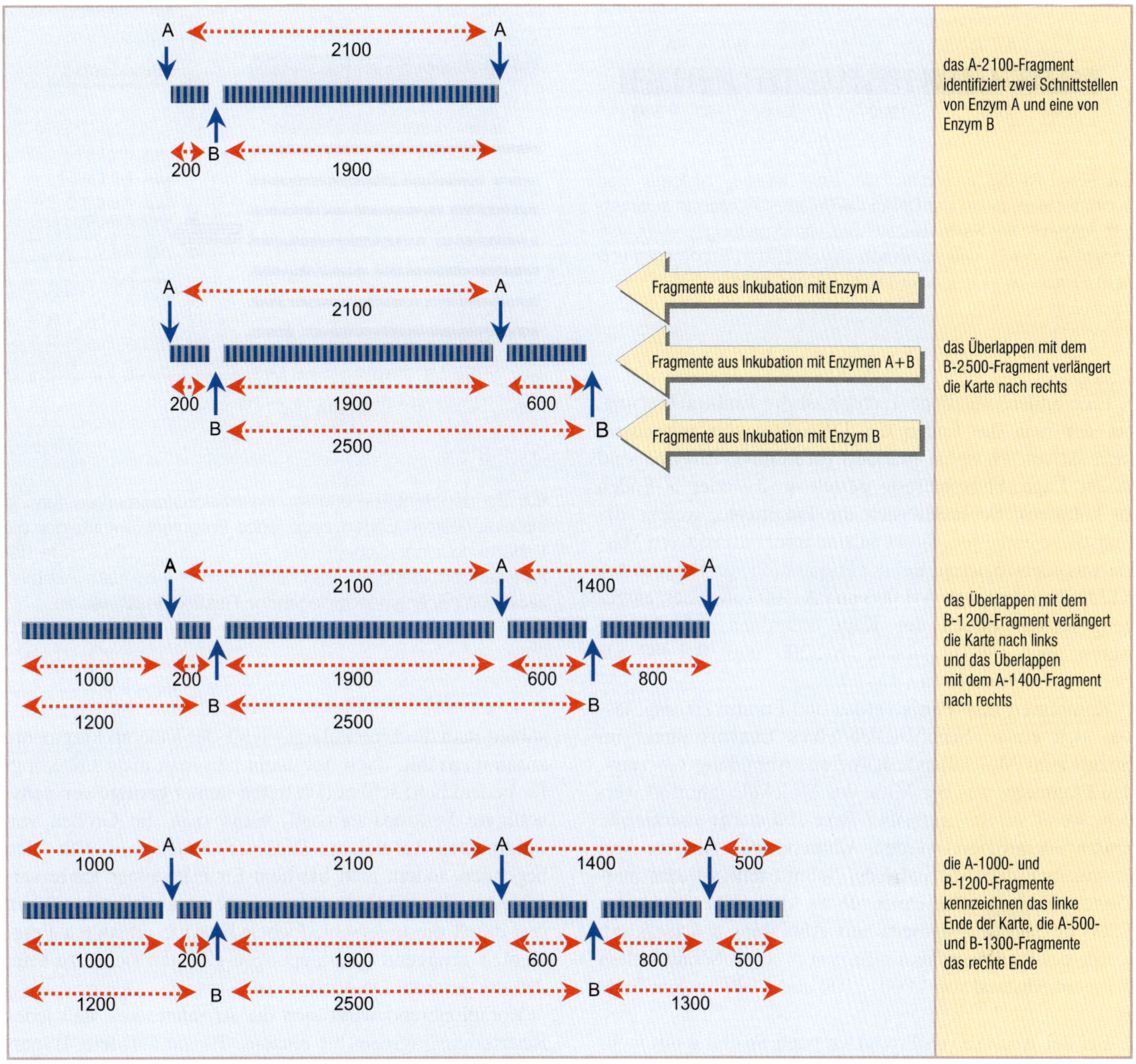

6.3 Eine Restriktionskarte läßt sich konstruieren, indem man die A- und B-Fragmente anhand der Überlappungen, die bei Fragmenten nach einem Doppelverdau zu erkennen sind, in Beziehung zueinander setzt.

Um jeweils eine Restriktionskarte zu erstellen, muß man für gewöhnlich auf mehrere Enzyme zurückgreifen – es wird also notwendig, ein recht komplexes Muster der durch die verschiedenen Enzyme erzeugten, überlappenden Fragmente zu entschlüsseln. Man macht sich deshalb noch einige andere Techniken zunutze, um die Kartierung zu erleichtern.

Ein Ansatz ist, einen Partialverdau vorzunehmen. Dabei nutzt man Bedingungen, unter denen ein Enzym nicht jedes Ziel in jedem DNA-Molekül erkennt, sondern gelegentlich einige nicht spaltet. Die Bedingungen lassen sich so einstellen, daß das Enzym mit einer bestimmten Wahrscheinlichkeit, beispielsweise von 50 %, an irgendeiner bestimmten Erkennungsstelle schneidet.

Mit dieser Technik könnte Enzym A bei dem in Abbildung 6.2 kartierten DNA-Segment durch teilweise Spaltung Fragmente mit einer Länge von 3 500, 3 100 und 1 400 bp erzeugen. Indem man die Teilprodukte mit dem Muster des vollständigen Verdaus vergleicht, kann man das 1 000- und das 2 100-bp-Fragment als aneinandergrenzende Bestandteile dem Teilfragment mit 3 200 bp zuordnen. Ebenso ließen sich die Fragmente mit 2 100 und 1 400 bp Länge als benachbarte Komponenten des Teilfragments mit 3 500 bp einsetzen. Diese Technik gestattet es also, die von einem einzelnen Enzym geschnittenen Stellen zu ordnen.

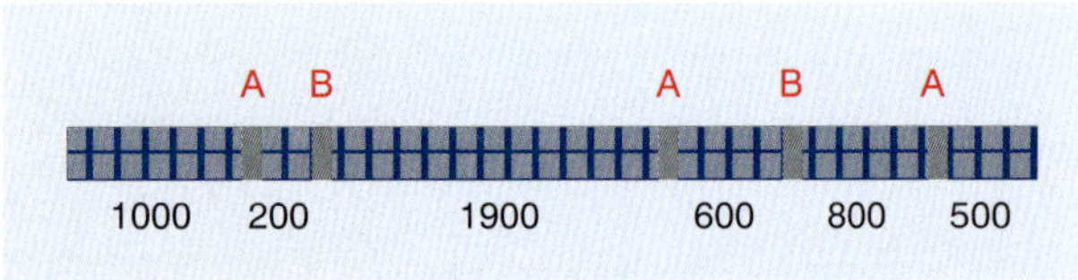

6.4 Eine Restriktionskarte ist eine lineare Abfolge von Schnittstellen, die in der DNA in definierten Abstände zueinander liegen. Die Karte bezeichnet die Spaltungsstellen von Enzym A und B, wie sie durch die einzelnen Fragmente aus dem Einzel- und Doppelverdau bestimmt werden.

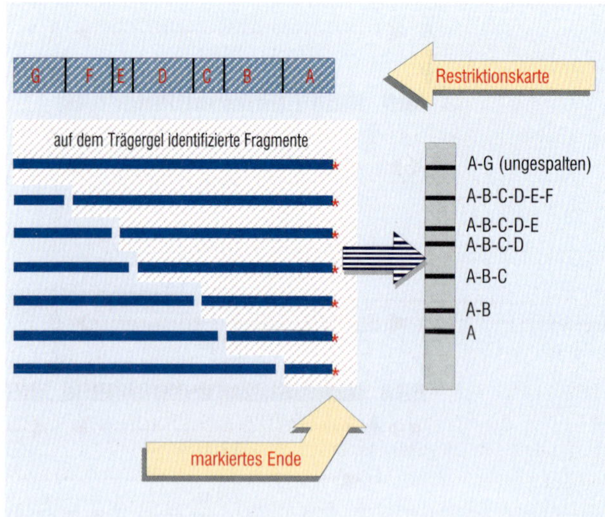

6.5 Bei der Identifizierung von Restriktionsfragmenten anhand ihrer markierten Enden zeigt jedes Fragment unmittelbar die Entfernung einer Schnittstelle zum Ende an. Die Länge der aufeinanderfolgenden Fragmente nimmt um den Abstand zwischen nebeneinanderliegenden Restriktionsstellen zu.

Eine andere nützliche Technik ist die **Endmarkierung**, bei der man die Enden des DNA-Moleküls mit einem radioaktiven Phosphat markiert (bestimmte Enzyme sind in der Lage, Phosphatreste gezielt an 3′- oder 5′-Enden zu knüpfen). So lassen sich die Fragmente, welche die Endstücke enthalten, direkt anhand ihrer radioaktiven Markierung identifizieren. Bei der Präparation von Fragment A würde man demnach A-1 000 und A-500 sofort den entgegengesetzten Enden der Karte zuordnen; gleichzeitig wären auch die Fragmente B-1 200 und B-1 300 als Enden zu identifizieren.

Kombiniert man Partialverdau und Endmarkierung, lassen sich einige Schnittstellen eines Enzyms direkt im Bezug zum Molekülende kartieren. Abbildung 6.5 zeigt, daß Fragmente aus der Mitte des Moleküls ignoriert werden, wenn sie *nur aufgrund ihrer radioaktiv markierten Enden* identifiziert werden, während die Abfolge von Fragmenten den Abstand jeder Schnittstelle zu dem markierten Ende kennzeichnet. Wäre das linke Ende des 5 000 bp langen Fragments aus Abbildung 6.4 markiert, würde der Partialverdau mit Enzym A sofort Schnittstellen in einem Abstand von 1 000, 3 100 und 4 500 bp vom Ende zeigen.

Bei der Analyse von Produkten nach Spaltung mit mehreren Enzymen vergleicht man oft Fragmente mit Hilfe der Hybridisierung von Nucleinsäuren. Das verbessert die Analyse. Bei dem Erstellen der zweiten Karte in Abbildung 6.3 folgerten wir beispielsweise, daß sich die Fragmente A-2 100 und B-2 500 überlappen müssen, da sie beide im Doppelverdau ein Fragment von 1 900 bp hervorbrachten. Analysiert man jedoch ein längeres DNA-Molekül, könnte es verschiedene Fragmente gleicher Größe geben. Mit Hilfe der Hybridisierung können wir direkt feststellen, ob sich zwei Fragmente überlappen; A-2 100 und B-2 500 würden also hybridisieren.

Alle diese Techniken setzen voraus, daß wir über einen kompletten Satz von eindeutigen Restriktionsfragmenten verfügen, die zusammen die gesamte kartierte DNA-Region wiedergeben. Unter bestimmten Umständen könnte diese Erwartung enttäuscht werden.

Liegen mehrere Schnittstellen eines Enzyms *sehr dicht beieinander* (beispielsweise innerhalb von 50 bp), entstehen sehr kleine Fragmente, die in einem Agarosegel verloren gehen. Natürlich führt dies zu einem Mißverhältnis, sobald man die Molekulargewichte der anderen Fragmente zusammenzählt, doch das allein hält man nicht unbedingt für bedenklich; schließlich treten immer geringe versuchsbedingte Diskrepanzen auf, wenn man die Größen von Fragmenten vergleicht. Dieser Schwierigkeit läßt sich begegnen, indem man bei dem Erstellen einer Karte verschiedene Restriktionsenzyme einsetzt, so daß es zwischen den durch die unterschiedlichen Enzyme erzeugten Fragmenten genügend Überlappungen gibt, um sicher zu sein, daß die gesamte DNA erfaßt ist.

Komplizierend wirkt sich die Annahme aus, daß jedes Restriktionsfragment als einzelne Bande auf dem Trägergel zu erkennen ist. Das wird nicht mehr zutreffen, sobald mehrere Fragmente dasselbe Molekulargewicht aufweisen (oder, praktischer gesehen, wann immer es Fragmente mit so ähnlicher Größe gibt, daß sie nicht mehr voneinander zu trennen sind). Um zu prüfen, welche Bande aus einem Fragment besteht, kann man ihre Intensität messen. Banden, die mehr als ein Fragment enthalten, müßten sich entsprechend intensiver darstellen. Multiple Fragmente derselben Größe kann man mit Hilfe weiterer Restriktionsenzyme trennen.

6.2 Restriktionsstellen lassen sich als genetische Marker benutzen

Eine Restriktionskarte und eine genetische Karte bieten ein unterschiedliches Bild von demselben Material. Man kann die beiden verschiedenen Karten zueinander in Beziehung setzen, um die physikalische Grundlage der genetischen Karte zu enthüllen.

Eine Restriktionskarte bezeichnet eine lineare Reihe von Stellen auf der DNA, die voneinander durch die tatsächliche Distanz entlang der Nucleinsäure getrennt sind. *Für jede DNA-Sequenz läßt sich eine Restriktionskarte erstellen, ganz gleich, ob darin Mutationen identifiziert worden sind oder ob in der Tat irgendetwas über ihre Funktion bekannt ist.*

Eine genetische Karte bezeichnet eine Reihe von Stellen, an denen Mutationen stattfinden. *Das Vorkommen dieser Stellen hängt davon ab, ob Veränderungen in der Basensequenz den Phänotyp abgewandelt haben. Den Abstand zwischen diesen Punkten bestimmt man anhand von Rekombinationsfrequenzen*, welche durch die lokalen Bedingungen beeinflußt werden.

Um die Restriktionskarte zu der genetischen Karte in Bezug zu setzen, müssen wir die Restriktionskarten von DNA-Molekülen vom Wildtyp und der entsprechenden mutanten DNA-Moleküle vergleichen. Man kann die Verwandtschaft zwischen genetischen und physikalischen Karten nur auf der Grundlage der Restriktionskartierung bestimmen, wenn Mutationen vorliegen, die in der genetischen Karte signifikante Veränderungen herbeiführen. So müßte beispielsweise eine kleine Deletion oder Insertion, welche die genetische Karte betrifft, das Restriktionsfragment, in dem sie liegt, entsprechend verkleinern oder vergrößern. Eine umfangreichere Deletion (oder Insertion) entfernt mehrere Restriktionsstellen (oder fügt sie hinzu). In dem Beispiel von Abbildung 6.6 löscht eine Deletion zwei komplette Fragmente aus und verbindet die angrenzenden Fragmente zu einem einzelnen Stück. Eine Insertion hätte genau den gegenteiligen Effekt; eine Mutante würde zusätzliche Fragmente aufweisen, die es beim Wildtyp nicht gibt, oder die vorhandenen Fragmente würden größer werden.

Auf der Restriktionskarte ist es schwieriger, Punktmutationen ausfindig zu machen. Gelegentlich verändern sie Erkennungsstellen von Restriktionsenzymen; ist dies jedoch nicht der Fall, bleiben sie unentdeckt, denn die Größe der Restriktionsfragmente ist bei Wildtyp- und mutanter DNA gleich. Manchmal kann man Sequenzveränderungen anhand ihrer Auswirkungen auf die Wanderung kurzer Fragmente von Einzelstrang-DNA ausmachen. Die dabei angewandte Technik bezeichnet man als Analyse des Einzelstrangkonformationspolymorphismus (kurz SSCP, aus *single strand conformation polymorphism*). Um aber Basensubstitutionen innerhalb größerer DNA-Regionen zu lokalisieren, kann eine Sequenzbestimmung der DNA notwendig werden.

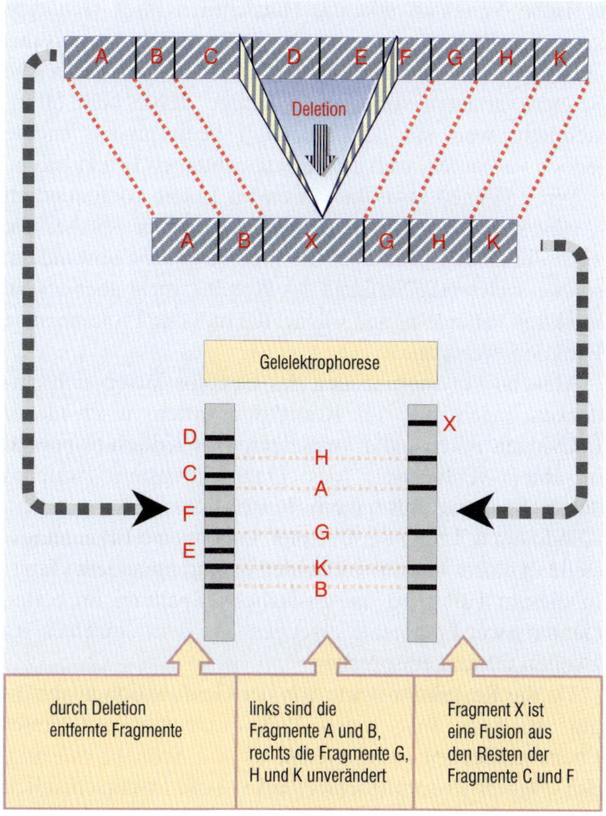

6.6 Eine Veränderung der DNA durch eine Deletion, die eine Restriktionsstelle betrifft, läßt sich durch unterschiedliche Restriktionsfragmente feststellen.

Das Erstellen einer genetischen Karte basiert auf dem Vorkommen von Variationen in der genetischen Zusammensetzung der Population. Man bezeichnet die Koexistenz mehrerer Varianten als **genetischen Polymorphismus**. Jede Stelle, an der multiple Allele als stabile Bestandteile der Population vorkommen, ist laut Definition polymorph. Genauer gesagt: Man definiert ein Allel üblicherweise als polymorph, wenn es mit einer Häufigkeit von mehr als einem Prozent in der Population auftritt.

Im Hinblick auf den Phänotyp bedeutet Polymorphismus, daß es in einer Population ein Wildtypallel und eine Reihe mutanter Allele gibt. Denken wir an die mutanten Allele, die dem Polymorphismus zugrunde liegen. Sie verfügen über Mutationen, welche das Genprodukt so abwandeln, daß sich die Funktion des Proteins verändert und damit einen anderen Phänotyp hervorruft. Wenn wir die Restriktionskarten oder DNA-Sequenzen der entsprechenden Allele vergleichen, werden auch sie in dem Sinne polymorph sein, daß sich jede Karte oder Sequenz von den anderen unterscheidet.

Auch wenn der Phänotyp es nicht erkennen läßt, kann der Wildtyp selbst polymorph sein. Multiple Ausführungen des Wildtypallels lassen sich anhand von Sequenzunterschieden gegeneinander abgrenzen, die ihre Funktion nicht beeinträchtigen und die man deshalb nicht als phänotypische Varianten erkennt. Hinsichtlich ihres Genotyps kann eine Population einen ausgeprägten Polymorphismus aufweisen. An einem beliebigen Locus können zahlreiche Sequenzvarianten vorkommen; einige davon sind offensichtlich, weil sie den Phänotyp beeinflussen, andere jedoch verborgen, weil sie keinen sichtbaren Effekt haben.

Wir erkennen also, daß an einem Locus kontinuierlich Veränderungen stattfinden können, darunter solche, die zwar die DNA-, nicht aber die Proteinsequenz abwandeln, solche, welche die Sequenz des Proteins, nicht aber dessen Funktion verändern, und solche, die mutante Proteine ohne Funktion erzeugen.

Manche Polymorphismen des Genoms lassen sich entdecken, indem man die Restriktionskarten verschiedener Individuen miteinander vergleicht. Das Kriterium besteht in einer Veränderung des Fragmentmusters, welches durch Spaltung mit einem Restriktionsenzym entsteht. Abbildung 6.7 zeigt ein Beispiel, in dem eine Erkennungsstelle in einem Genom vorhanden ist und im anderen fehlt; in diesem Fall wird die zusätzliche Spaltung im ersten Genom zwei Fragmente erzeugen, die dem einzelnen im zweiten Genom entsprechen.

Da die Restriktionskarte von der Genfunktion unabhängig ist, kann man einen Polymorphismus auf dieser Ebene entdecken, *ganz gleich, ob die Sequenzänderung den Phänotyp beeinträchtigt oder nicht.* Wahrscheinlich wirkt sich nur ein geringer Teil der Restriktionsstellenpolymorphismen eines Genoms tatsächlich auf den Phänotyp aus. Die meisten bringen Sequenzänderungen mit sich, welche auf die Bildung des Proteins keinen Einfluß haben (beispielsweise, weil sie zwischen Genen liegen).

Einen Unterschied zwischen den Restriktionskarten zweier Individuen nennt man **Restriktionsfragmentlängenpolymorphismus** (**RFLP**). Man kann ihn in genau derselben Weise nutzen wie jeden anderen genetischen Marker. Anstatt ein Merkmal des Phänotyps zu untersuchen, beurteilen wir direkt den Genotyp, wie ihn die Restriktionskarte zeigt. Abbildung 6.8 stellt die Herleitung eines Restriktionspolymorphismus über drei Generationen hinweg dar. Er segregiert auf Ebene der DNA-Markerfragmente nach den Mendelschen Regeln.

Die Rekombinationshäufigkeit zwischen einem Restriktionsmarker und einem sichtbaren, phänotypischen Marker läßt sich, wie in Abbildung 6.9 dargestellt, messen. Eine genetische Karte kann also sowohl geno- als auch phänotypische Marker umfassen.

Da Restriktionsmarker nicht auf solche Genomveränderungen beschränkt sind, die den Phänotyp beeinflussen, stellen sie die Grundlage für eine außerordentlich wirkungsvolle Technik zur Identifizierung von Genloci auf molekularer Ebene dar. Ein typisches Problem betrifft eine Mutation mit bekannten Auswirkungen auf den Phä-

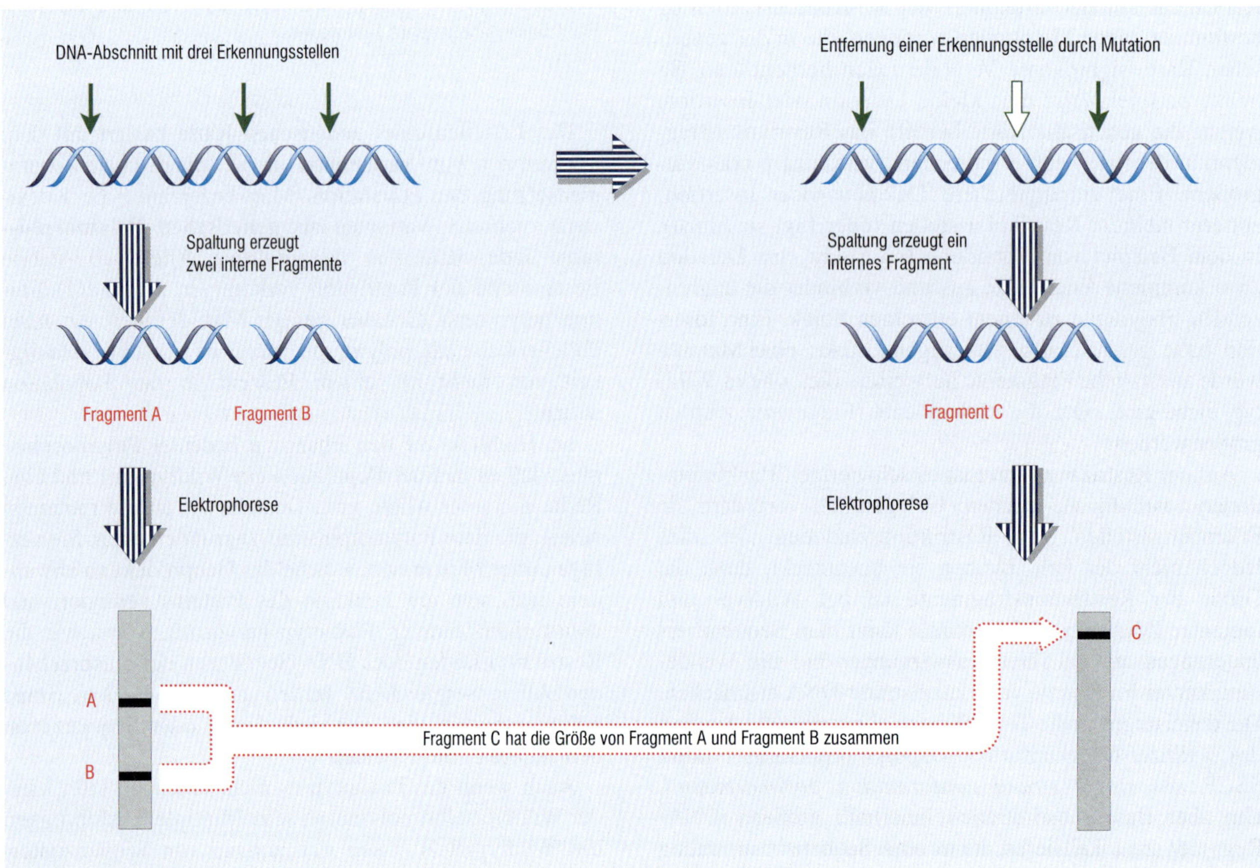

6.7 Eine Veränderung der DNA, die eine Restriktionsstelle betrifft, läßt sich durch unterschiedliche Restriktionsfragmente feststellen.

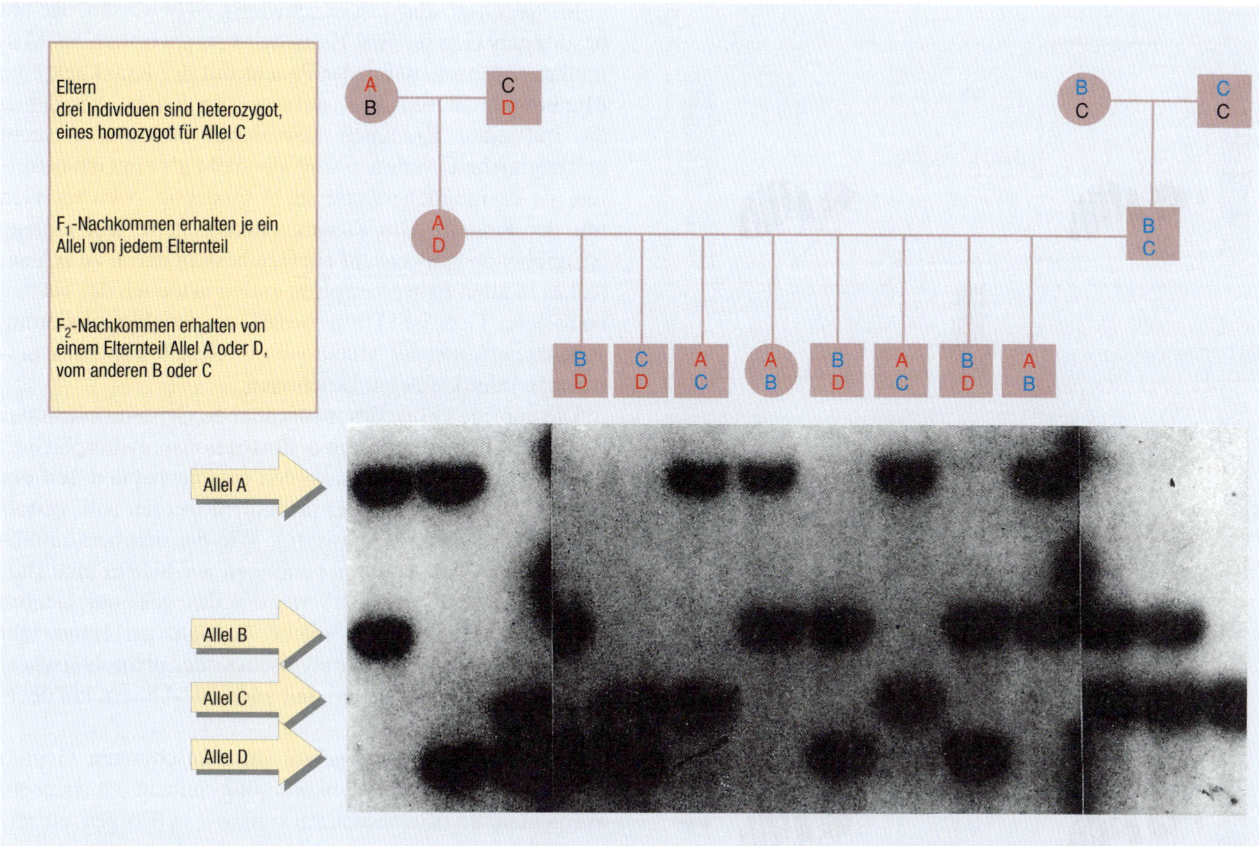

6.8 Restriktionsstellenpolymorphismen werden nach den Mendelschen Regeln vererbt. Vier Allele eines Restriktionsmarkers liegen in allen möglichen Paarkombinationen vor und segregieren in jeder Generation frei. (Aufnahme mit freundlicher Genehmigung von Ray White.)

notyp, deren entsprechenden Genlocus wir auf einer genetischen Karte bezeichnen können, über deren entsprechendes Gen oder Protein wir aber nichts wissen. Viele schädliche oder tödliche Krankheiten des Menschen zählen zu dieser Kategorie. Die zystische Fibrose (Mukoviszidose) zeigt beispielsweise eine Mendelsche Vererbung, doch blieb das molekulare Wesen der mutanten Funktion unbekannt, bis man es durch die Beschreibung des Gens identifizieren konnte.

Wenn Restriktionspolymorphismen nach dem Zufallsprinzip im Genom auftreten, dann müßten einige von ihnen in der Nähe irgendeines Erkennungsgens vorliegen. Solche Restriktionsmarker können wir anhand ihrer engen Koppelung mit dem mutanten Phänotyp ausmachen. Wenn wir die Restriktionskarte der DNA erkrankter Patienten mit der von gesunden Personen vergleichen, dann finden wir vielleicht heraus, daß bei den Patienten eine bestimmte Restriktionsstelle immer vorhanden ist (oder immer fehlt).

Abbildung 6.10 zeigt ein hypothetisches Beispiel dafür. Die Situation entspricht einer hundertprozentigen Koppelung zwischen Restriktionsmarker und Phänotyp. Der Restriktionsmarker befindet sich demnach so dicht neben dem mutanten Gen, daß die beiden nie durch Rekombination voneinander getrennt werden.

Die Identifizierung eines solchen Markers hat zwei entscheidende Konsequenzen:

- Sie kann zu einer diagnostischen Methode zur Entdeckung der Krankheit werden. Einige Krankheiten des Menschen, die genetisch zwar ausführlich beschrieben, auf molekularer Ebene aber unzureichend definiert sind, können nur schwer diagnostiziert werden. Wenn aber ein Restriktionsmarker zuverlässig an den Phänotyp gekoppelt ist, kann man sein Auftreten zur Diagnose der Krankheit nutzen, entweder im Mutterleib oder später.
- Sie kann zu der Isolierung des Gens führen. Der Restriktionsmarker muß sich auf der genetischen Karte sehr dicht neben dem Gen befinden, wenn die beiden Loci nur selten oder gar nicht rekombinieren. Obwohl das, was genetisch gesehen „relativ nah“ bedeutet, hinsichtlich der Zahl der Basenpaare in der DNA ein beträchtlicher Abstand sein kann (Tabelle 6.1), stellt es doch für uns einen ersten Schritt entlang der DNA in Richtung auf das eigentliche Gen dar.

Wollen wir das für eine Krankheit verantwortliche Gen identifizieren, kann es Schwierigkeiten bereiten, den Genlocus ausfindig zu machen, wenn nicht gerade umfangrei-

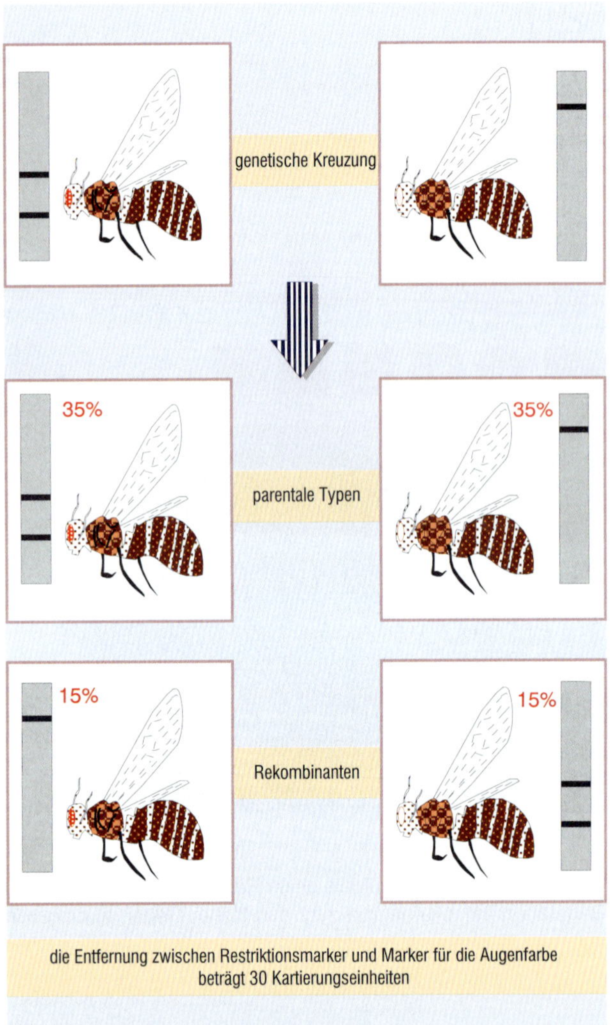

6.9 Ein Restriktionsstellenpolymorphismus kann als genetischer Marker dienen, um den Rekombinationsabstand von einem phänotypischen Marker (beispielsweise der Augenfarbe) zu messen. Zu beachten ist, daß die Abbildung die wirkliche Situation vereinfacht darstellt, da sie nur die einem haploiden Genom entsprechenden Banden zeigt; tatsächlich aber würden sich auch die dem anderen Gensatz eines diploiden Organismus entsprechenden Banden zeigen.

che Deletionen oder andere offensichtliche Veränderungen das beschädigte Gen bei den Patienten kennzeichnen. Jedes Gen, das nicht durch Rekombination von dem genetischen Marker der Krankheit getrennt wird, stellt einen möglichen *Kandidaten* für den Locus dar. Das bedeutet, daß an diesem Gen bei allen Erkrankten ein RFLP auftreten muß. Es kann mehrere solcher Gene in einer DNA-Region geben, die bekanntermaßen eng mit der Krankheit verknüpft ist. Obwohl die Genkartierung nicht beweisen kann, daß ein bestimmtes Gen für die Krankheit verantwortlich ist, kann sie doch Erkennungsgene ausschließen. Gibt es auch nur einen einzigen Patienten, der Rekombination mit einem RFLP an einem Erkennungsgen aufweist, so genügt das, um diesen Genlocus auszuschließen.

Im Gegensatz dazu ist es schwierig zu beweisen, daß ein bestimmtes Gen für eine Krankheit verantwortlich ist. Man muß nachweisen, daß jeder Patient mit der Krankheit eine Mutation in diesem Gen aufweist. In Fällen, bei denen die mit einer Krankheit assoziierten Mutationen recht umfangreiche Deletionen sind, die mehr als ein Gen betreffen, ist es möglicherweise nicht eindeutig, welches Gen mit der Krankheit in Zusammenhang steht. Der einzige ausreichende Hinweis auf ein Gen besteht darin, zu zeigen, daß es in allen Fällen betroffen und in manchen das *einzige* betroffene Gen ist. Dazu bedarf es der Identifizierung sogenannter *interner* Mutationen in Gestalt von Punktmutationen oder kleineren Deletionen.

Die enorme Größe des menschlichen Genoms macht das Auffinden eines bestimmten Restriktionspolymorphismus nicht gerade einfach. Gerade den entsprechenden Teil des Genoms auszumachen, der untersucht werden soll, gestaltet sich in der Praxis schwierig. Wie bei den herkömmlichen genetischen Markern benötigen wir hierfür eine Batterie von Restriktionsmarkern, die das gesamte Genom abdecken. Hat man eine solche Auswahl zur Hand, läßt sich jedoch ein neuer (genotypischer oder phänotypischer) Marker auf eine Koppelung mit anderen Markern hin überprüfen.

RFLPs treten häufig genug im menschlichen Genom auf, um sie für die Genkartierung nutzen zu können. Wenn man die Allelsequenzen von zwei beliebigen, einzelnen Chromosomen vergleicht, treten Unterschiede bei einzelnen Basenpaaren mit einer Häufigkeit von weniger als einem je 1 000 bp auf. Solche Basenveränderungen, die Restriktionsstellen betreffen, kann man als RFLPs erkennen.

Das häufige Auftreten von Polymorphismen bedeutet, daß jedes Individuum über eine einzigartige Konstellation von Restriktionsstellen verfügt. Die besondere Kombination dieser Stellen in einer bestimmten Region bezeichnet man als **Haplotyp**, ein Genotyp im Kleinen. Diese Bezeichnung wurde ursprünglich als Begriff eingeführt, um die genetische Zusammensetzung des *major histocompatibility complex* („Haupthistokompatibilitätskomplex“, oder MHC) zu beschreiben – einer Region, die für wichtige Proteine des Immunsystems verantwortlich ist (Kapitel 33). Inzwischen hat man den Begriff auf die Beschreibung der besonderen Kombination von Allelen oder Restriktionsstellen (oder irgendeines anderen genetischen Markers) ausgedehnt, die in einem bestimmten Abschnitt des Genoms vorliegt.

Auf dem Vorkommen von RFLPs basiert eine Technik, mit der man eindeutig Eltern-Nachkommen-Verwandtschaften nachweisen kann. In Fällen, bei denen die Elternschaft angezweifelt wird, kann der Vergleich der RFLP-Karte eines passenden Chromosomenabschnitts der möglichen Eltern und des Kindes die Verwandtschaft absolut sicher zuordnen. Die Anwendung der DNA-Restriktionsanalyse zur Identifizierung von Individuen hat den Namen **DNA-Fingerprinting** (DNA-Fingerabdruck) erhalten. Wir werden uns mit dem Nutzen bestimmter besonders variabler „Minisatelliten“-Sequenzen für die Kartierung des menschlichen Genoms in Kapitel 25 näher befassen.

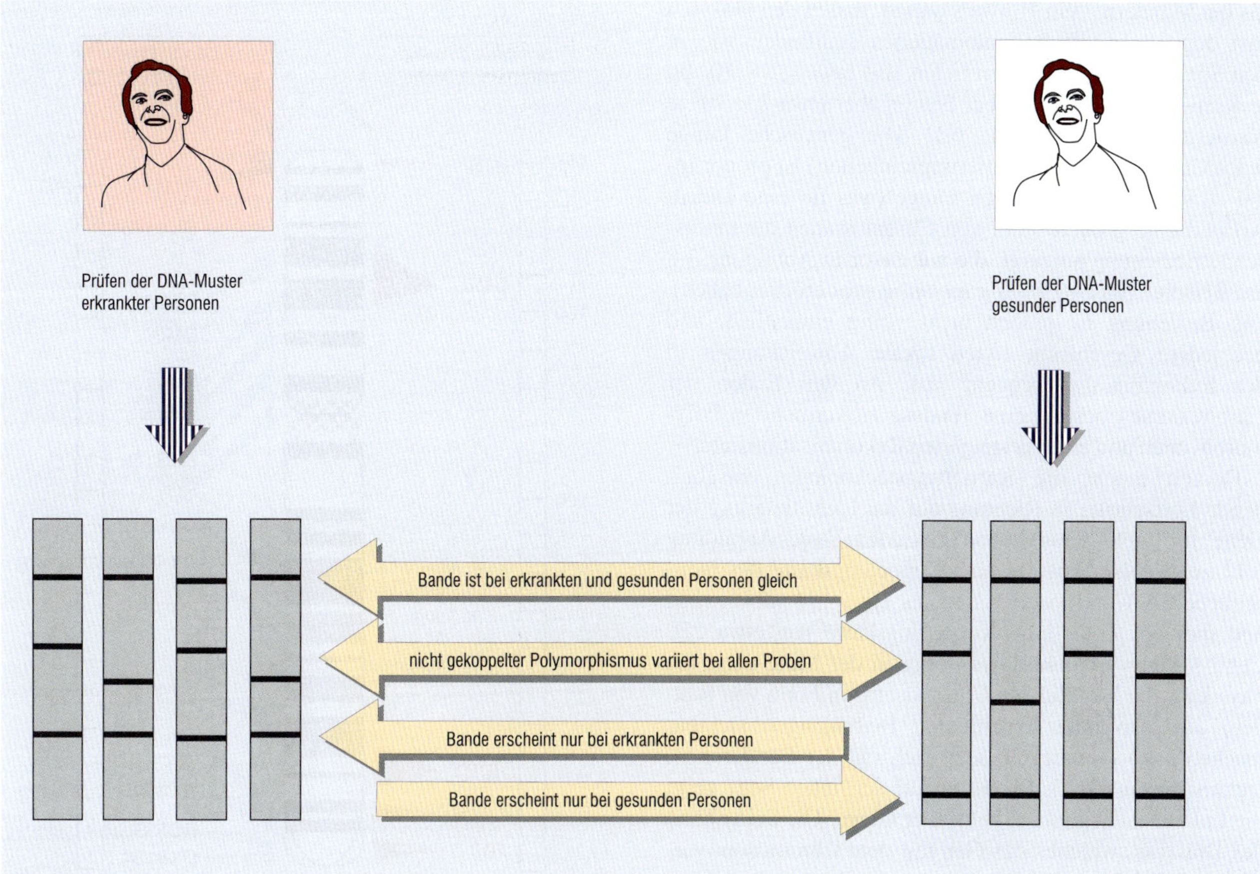

6.10 Ist ein Restriktionsmarker mit einem phänotypischen Merkmal assoziiert, so muß sich die Restriktionsstelle in der Nähe des für den Phänotyp verantwortlichen Gens befinden.

Die Schwierigkeit beim Menschen Stammbäume zu erstellen rührt daher, daß ein Elternpaar gewöhnlich nur eine geringe Zahl von Nachkommen hat und nur wenige Generationen für die Analyse zur Verfügung stehen. Aus diesem Grund läßt sich die genetische Koppelung nicht mittels einer einfachen Analyse nach Mendelschen Gesichtspunkten messen, wie sie in Kapitel 3 beschrieben ist. Wir müssen vielmehr nach **informativen Meiosen** suchen, bei denen es zu Crossover zwischen RFLP-Stellen gekommen ist, die für die Bestimmung von Rekombinationshäufigkeiten von Nutzen sind. Bei den Daten wird dann mit Hilfe von Computerprogrammen eine Multilocusanalyse durchgeführt.

Bei dieser statistischen Analyse besteht der erste Schritt darin, einen neuen RFLP einer neuen Koppelungsgruppe zuzuordnen. Dabei benutzt man den **Lod-Wert** (*logarithm of the odds*, **Logarithmus der Chancen**) als Kriterium. Dieser ist definiert als $\log_{10}$ des Verhältnisses der Wahrscheinlichkeit, daß die Daten sich bei Koppelung der Loci ergeben hätten, zu der Wahrscheinlichkeit, daß die Daten bei nichtgekoppelten Loci zustandegekommen wären. Allgemein gilt ein Lod-Wert von mehr als 3,0 als Schwellenwert für eine Koppelung; das entspräche einem Verhältnis von 1 000:1 zugunsten der Koppelung. Jedes willkürlich bestimmte Paar Loci wird jedoch fünfzigmal wahrscheinlicher nichtgekoppelt als gekoppelt sein; ein Lod-Wert von 3,0 entspricht also eigentlich einer Wahrscheinlichkeit von 20:1 zugunsten der Koppelung. Das bedeutet, daß sich von jeweils 20 Koppelungen, die man bei einem Lod-Wert von 3,0 entdeckt hat, eine nach dem Erfassen weiterer Daten als falsch herausstellen wird. Bei einem Lod-Wert von 4,0 ist die Wahrscheinlichkeit eines Fehlers nur 1:200.

Ist ein RFLP erst einmal einer Koppelungsgruppe zugeordnet, so kann man ihm einen Platz in der genetischen Karte zuweisen und die Abstände zu den ihm benachbarten Markern bestimmen. Ein Versuch, die RFLPs bei Menschen und Mäusen zu kartieren, führte dazu, daß man Koppelungskarten beider Genome erstellte. Die menschliche Karte enthält mehr als 5 000 Marker mit einem durchschnittlichen Abstand von 1,6 Centi-Morgan; die Karte der Maus hat mehr als 7 000 Marker, deren Abstand im Durchschnitt etwa 0,2 Centi-Morgan beträgt. Man kann jede unbekannte Stelle auf eine Koppelung mit diesen Stellen hin überprüfen und auf diese Weise schnell in die Karte einordnen.

Auf der menschlichen RFLP-Karte zeigen sich einige interessante Merkmale. So unterscheiden sich die Rekombinationsfrequenzen bei Männern und Frauen. Die Karte eines typischen Autosoms ist bei Frauen 1,9mal länger als bei Männern – ein Hinweis darauf, daß in den Oozyten fast doppelt so oft Rekombinationen stattfinden wie in den Spermien. Bei Männern treten also etwa $1{,}2 \times 10^7$ bp je Kartierungseinheit auf, bei Frauen aber etwa 7×10^6 je Kartierungseinheit (Tabelle 6.1). Die genetische Länge jedes Chromosoms (in Kartierungseinheiten) ist proportional zu seiner physikalischen Länge (was für eine andere Art und eine größere Zahl von Chromosomen die umfassende Beziehung aufzeigt, die wir zuvor in Abbildung 3.8 am Beispiel von *Drosophila melanogaster* erörtert haben). Die Beziehung ist jedoch nicht völlig einheitlich, und bei jedem Geschlecht treten lokale Abweichungen in der Rekombinationsfrequenz auf. An den Enden der Chromosomen besteht eine Tendenz zu vermehrten Polymorphismen und einer gesteigerten Rekombinationsrate.

Derzeit macht die Kartierungstechnologie entscheidende Fortschritte in Richtung auf die Identifizierung der Gene für viele Krankheiten des Menschen. Abbildung 6.11 zeigt beispielsweise eine Koppelungskarte des menschlichen X-Chromosoms, das aus etwa 184 Mb besteht und (bei der Frau) eine Koppelungskarte von etwa 220 Centi-Morgan hat. Die Darstellung in der Mitte zeigt die physikalische Struktur des Chromosoms in Form von Banden, die man unter bestimmten Bedingungen sichtbar machen kann (Kapitel 26 setzt sich mit der Bänderungstechnik auseinander). Die Karte auf der linken Seite zeigt die Lokalisationsgrenzen bekannter Gene. (Die Seitenhöhe des Dreiecks, welches das Gen mit dem Chromosom verbindet, bezeichnet die Grenzen des Genlocus.) Die Karte rechts zeigt die relative Lage der Restriktionspolymorphismen. Der Abstand zwischen den polymorphen Markern in Relation zu der Skala auf der rechten Seite gibt die Koppelung in Centi-Morgan wieder. Man kann die Verzerrung relativ zur physikalischen Karte erkennen, wenn man die Position der Marker auf der Koppelungskarte vergleicht (zu beachten ist die Richtung der blauen Dreiecke; DXZ1 und DXYS1Z liegen auf der physikalischen Karte doppelt so weit voneinander entfernt wie auf der Koppelungskarte).

Dabei ist zu beachten, daß die RFLP-Karte eine *Koppelungskarte* ist; der Unterschied zu einer herkömmlichen genetischen Karte besteht darin, daß sie nicht auf den phänotypischen Auswirkungen von Mutationen, sondern auf den RFLPs basiert, die anhand der Größe von DNA-Restriktionsfragmenten gemessen wurden. Den Abstand zwischen den RFLPs mißt man in gewohnter Weise in Kartierungseinheiten. Der nächste Schritt bei der Beschreibung des Genoms wird eine *Restriktionskarte* sein, also eine physikalische Karte der tatsächlichen Distanzen zwischen den Restriktionsstellen.

Zu gerne würden wir die genetische Karte mit der Sequenz der chromosomalen DNA in Beziehung setzen, doch es ist schwierig, lange DNA-Abschnitte zu isolieren. Selbst das kleinste menschliche Chromosom enthält eine DNA von etwa 50 000 kb Länge. Heute ist es jedoch möglich, die DNA relativ kleiner Chromosomen niederer Eukaryoten unbeschadet zu isolieren, was eine direkte Beschreibung des Karyotyps gestattet.

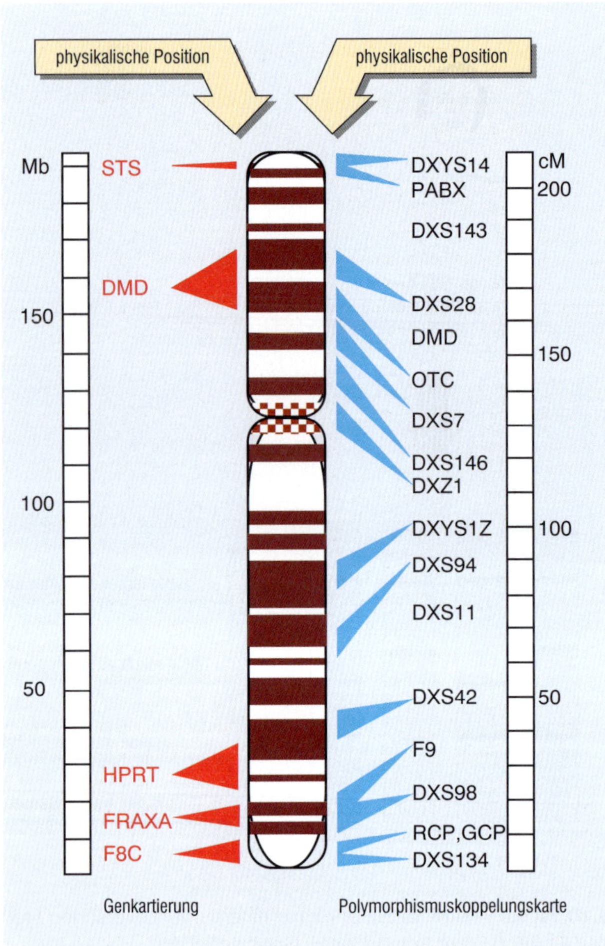

6.11 Anhand von Restriktionspolymorphismen wurde eine Koppelungskarte vom X-Chromosom des Menschen erstellt. Die Abstände zwischen Markern, deren physikalische Position bekannt ist, entsprechen nicht exakt den anhand der Rekombination gemessenen Abständen.

Das Beispiel von Abbildung 6.12 macht den Karyotyp von Hefe sichtbar, indem die chromosomalen DNA-Moleküle direkt mittels einer Pulsfeldgelelektrophorese (**PFGE**) genannten Technik aufgetrennt werden. *Saccharomyces cerevisiae* (die Bäckerhefe) verfügt über 16 Koppelungsgruppen, deren Länge zwischen etwa 400 Kartierungseinheiten und ganzen Chromosomen mit relativ wenigen Mutationen variieren kann. Wir gehen davon aus, daß die Länge der chromosomalen DNA-Moleküle zwischen etwa 2 000 kb und bloßen 300 kb beträgt.

Eine überzeugende Anwendungsmöglichkeit dieser Technik besteht darin, ein Gen unmittelbar in einem Chromosom kartieren zu können, indem man die DNA-Bande identifiziert, mit der es hybridisiert. Durch das Benutzen von Hefestämmen, deren genetische Translokationen bekannt sind, wird die Kartierung innerhalb von Chromosomenabschnitten möglich. Dank dieser Technik sehen wir erstmals die Möglichkeit, eine Koppelungskarte direkt mit der chromosomalen DNA in Bezug zu bringen.

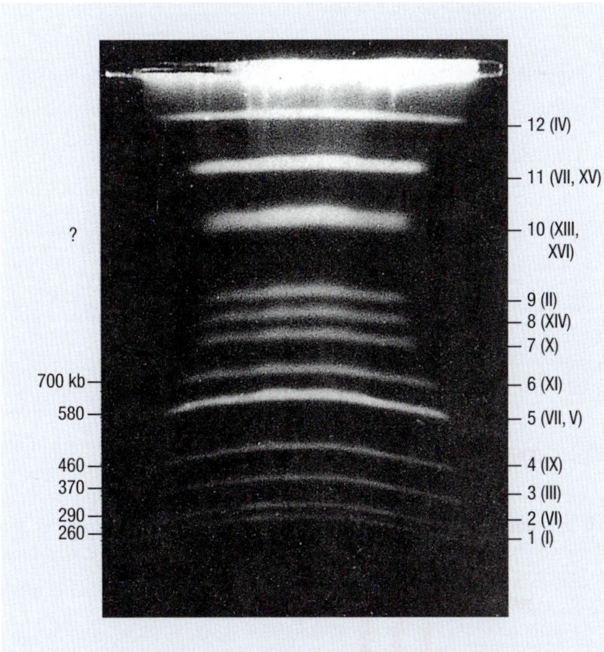

6.12 Die chromosomalen DNA-Moleküle der Hefe lassen sich in zwölf Banden auftrennen, von denen neun Banden einzelne Chromosomen darstellen und drei Banden zwei Chromosomen. Die Bestandteile dieser drei Banden lassen sich auf anderen Trägergelen trennen. (Aufnahme mit freundlicher Genehmigung von Maynard Olson.)

Die Pulsfeld-Gelelektrophorese ist bei der Kartierung des menschlichen Genoms von Bedeutung, weil sie es ermöglicht, relativ große DNA-Fragmente zu manipulieren und relativ zueinander zu kartieren. Dies verringert deutlich die Schwierigkeiten, welche man bei dem Erstellen einer Restriktionskarte zu erwarten hat.

6.3 Die Bestimmung der DNA-Sequenz

Durch die spezifische Basenpaarung bewahrt die DNA unabhängig von ihrer jeweiligen Sequenz eine gleichbleibende Struktur. Einzelne DNA-Moleküle unterscheiden sich durch ihre besondere Basenpaarsequenz, nicht durch umfassende Veränderungen der Struktur. Schon sehr kleine Unterschiede in der DNA-Sequenz können außerordentlich wichtig sein; Mutationen sind Veränderungen in der DNA-Sequenz, die gerade einmal ein einziges Basenpaar betreffen können.

Wie kann man die genaue Sequenz der Nucleotidpaare in der DNA bestimmen? Der erste Ansatz zur Sequenzierung von Nucleinsäuren orientierte sich an der Sequenzierung von Proteinen: Man teilte das Molekül in kleine Fragmente, bestimmte deren Basensequenz und leitete aus einander überlappenden Fragmenten die genaue Sequenz ab. Diese Methode ist bei Proteinen wegen der Vielfalt von 20 Aminosäuren praktikabel; bei den Nucleinsäuren ist sie jedoch problematisch, denn bei diesen gibt es nur vier Basen. Die alten Techniken waren daher auf die Sequenzbestimmungen bei sehr kurzen Nucleinsäuremolekülen beschränkt.

Heute kann man DNA-Sequenzen jedoch *direkt* bestimmen. Man kann DNA-Sequenzen sogar viel schneller erhalten als Proteinsequenzen.

Alle Versuchsanordnungen zur Sequenzierung haben ein grundlegendes Prinzip gemeinsam. Jede läßt eine Reihe von DNA-Einzelstrangmolekülen entstehen, von denen jedes um ein Basenpaar länger ist als das vorangegangene. Man kann DNA-Moleküle mit *derselben Sequenz*, aber einem Längenunterschied von nur einem Basenpaar mittels Elektrophorese auf Acrylamidgelen trennen. Die den Molekülen mit zunehmender Größe entsprechenden Banden bilden eine „Leiter", die sich über etwa 300 bp hinweg verfolgen läßt.

Um diese Bandenreihen zu erhalten, wurden zweierlei Methoden angewandt. Bei der einen benutzt man chemische Reaktionen, welche die DNA bei einzelnen Basen spalten. Bei der anderen verwendet man eine enzymatische Reaktion, in der eine DNA *in vitro* so synthetisiert wird, daß die Reaktion spezifisch an der Position einer bestimmten Base endet.

Um in beiden Fällen die Sequenz des Moleküls zu bestimmen, führt man in vier getrennten, jeweils für eine der Basen spezifischen Reaktionen den geeigneten Versuch durch. Die Produkte trennt man in vier parallelen Spuren desselben Geles elektrophoretisch auf. Die einer bestimmten Länge entsprechende Bande erscheint nur in einer der vier Spuren. Die Spur bezeichnet das an der entsprechenden Position in der DNA vorkommende Nucleotid. Indem man von einer Bande zu der nächstgrößeren fortschreitet, kann man die Reihenfolge der Nucleotide entsprechend den Spuren, in welchen die Banden auftreten, „ablesen". Daraus ergibt sich die DNA-Sequenz.

Bei der chemischen Methode wird ein zuvor nur an einem Ende mit radioaktivem ^{32}P markiertes DNA-Molekül spezifisch an einer der vier Basen gespalten. Entscheidend beim Verwenden dieser Spaltung zur Sequenzierung ist es, sicherzustellen, daß an allen empfänglichen Positionen nur eine partielle Spaltung erfolgt, die mit einer Häufigkeit von etwa ein bis zwei Prozent auftritt.

Wir beginnen also mit einem Präparat, das zahlreiche identische Moleküle enthält, alle an demselben Ende mit Markern versehen. Setzt man diese der chemischen Behandlung aus, so wird jedes Molekül wahrscheinlich nur an wenigen Stellen mit geeigneten Basen gespalten. In dem gesamten Präparat von DNA-Molekülen wird aber theoretisch jede Position gelegentlich angegriffen werden, wie Abbildung 6.13 zeigt.

In diesem Beispiel wird die Kette an G-Resten aufgebrochen. Einige Ketten werden nur einmal, andere häufiger aufgebrochen; das identifizierte Fragment ist jedoch jedesmal dasjenige mit dem markierten Ende (durch das Sternchen gekennzeichnet). Die markierten Moleküle erstrecken sich jeweils von dem gemeinsamen Ende aus bis zu jeder Position, an der sich in der ursprünglichen DNA ein G

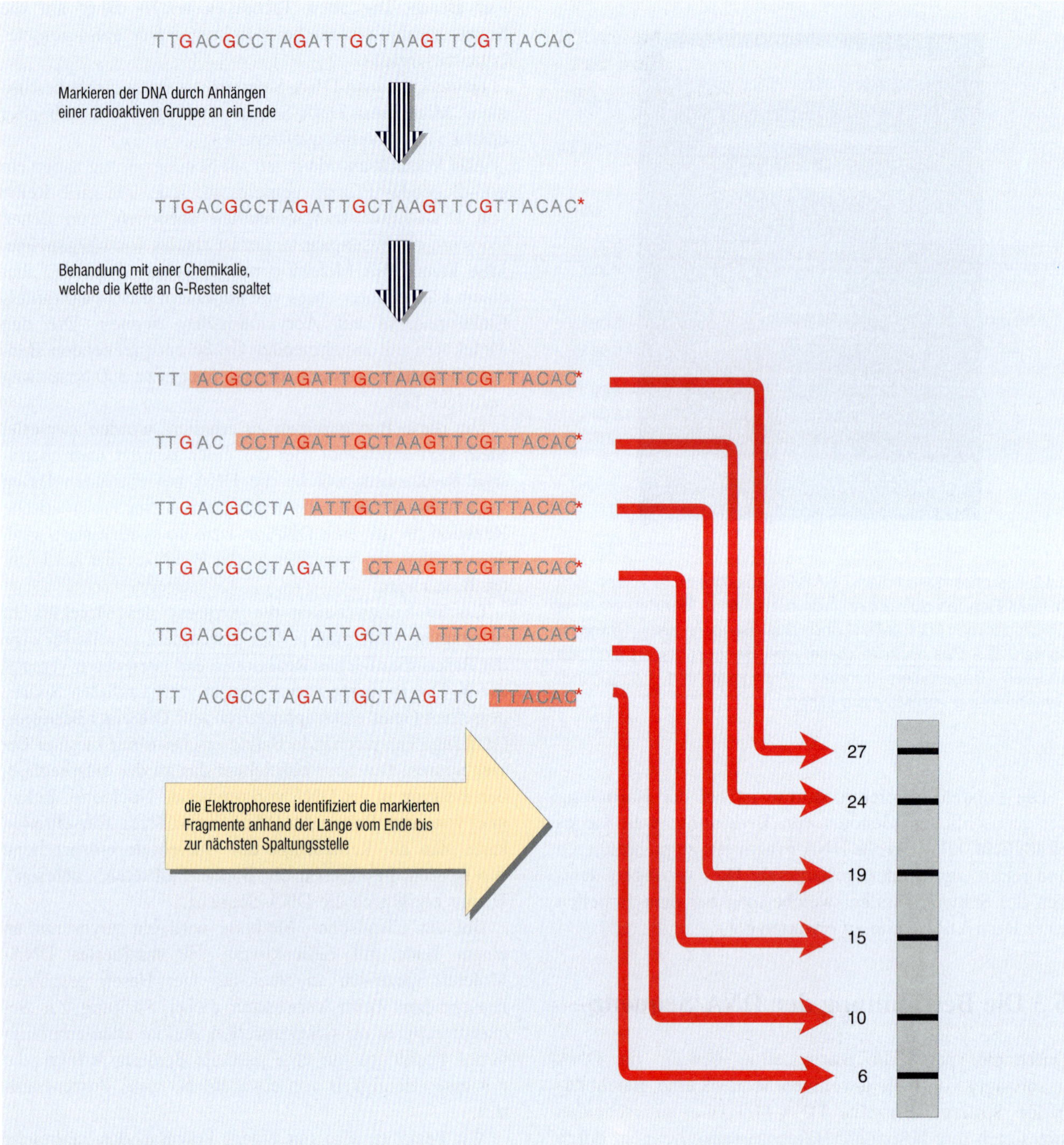

6.13 Die Position einer einzelnen Base in einzelsträngiger DNA läßt sich ermitteln, indem man an den Enden markierte und mit einem passenden Reagens behandelte Fragmente elektrophoretisch auftrennt.

befand. Die so behandelten Moleküle trennt man elektrophoretisch auf und identifiziert dann (mit Hilfe der Autoradiographie) diejeningen mit radioaktiv markierten Enden. Jedes bildet eine Bande, deren Länge von dem Abstand zwischen dem markierten Ende und der Spaltungsstelle abhängig ist. Das Prinzip entspricht genau demjenigen der Endmarkierung von Restriktionsfragmenten, wie Abbildung 6.5 sie zeigt.

Bei der chemischen Sequenzierungsmethode erzeugt jede der chemischen Behandlungen eine solche Reihe von Banden und kennzeichnet so jede Position relativ zum Molekülende, an der die bestimmte Base auftritt.

Bei der ursprünglichen Methode (Maxam-Gilbert-Methode) wurde die Spezifität für Purine durch die Verwendung von Dimethylsulfat erzielt. Dieses Reagens methyliert die N^7-Position des Guanins etwa fünfmal effektiver als die N^3-Position des Adenins. Während des Erhitzens wird die methylierte Base aus der DNA freigesetzt, wodurch die Polynucleotidkette aufbricht. Da die Reaktion mit Guanin effektiver ist, bilden die G-Reste dunkle, die A-Reste helle Banden (demnach ist bei A seltener eine Spaltung erfolgt). Ein umgekehrtes Muster läßt sich hervorrufen, indem man anstelle von Hitze Säure benutzt, um die methylierten Basen freizusetzen. Man kann also G und A mit den geeigneten Reaktionen einzeln identifizieren.

Pyrimidine analysiert man mit Hilfe von Hydrazin, dessen Wirkung auf Cytosin und Thymin gleichermaßen effektiv ist; man kann sie jedoch in Gegenwart einer hohen Salzkonzentration unterscheiden, bei der nur Cytosin reagiert. So entstehen zwei Bandenreihen, von denen eine nur C, die andere einer Kombination von C und T entspricht.

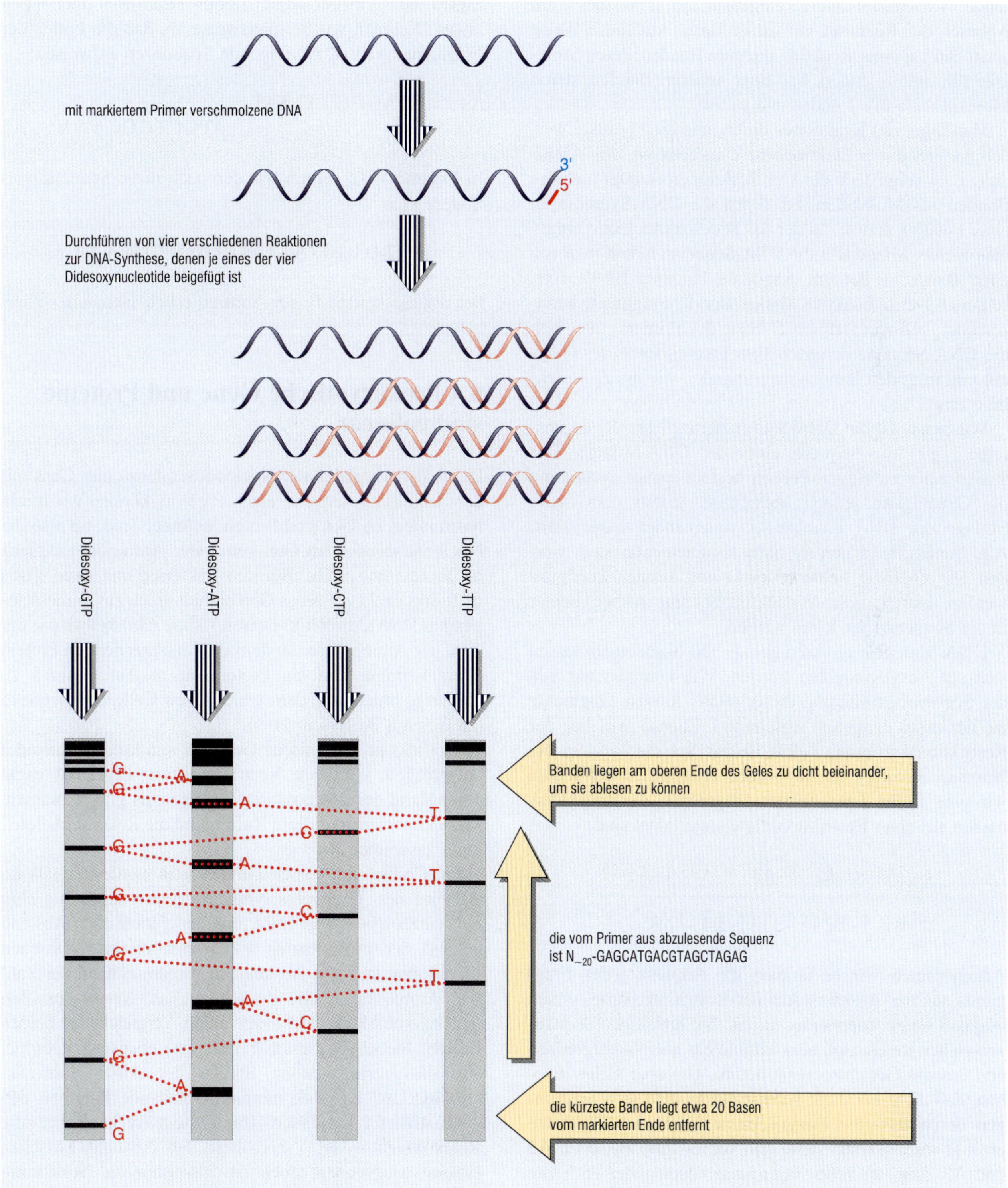

6.14 Die DNA läßt sich durch eine Reihe von Reaktionen sequenzieren, die insgesamt für alle vier Basen spezifisch sind.

Bei der enzymatischen Sequenzierungsmethode dient die zu sequenzierende DNA als Matrize für eine Polymerisierungsreaktion. Man setzt vier Reaktionsmischungen an, die alle vier Substratnucleotide sowie ein DNA-synthetisierendes Enzym enthalten. Jede Mischung enthält auch eine geringe Menge eines Didesoxyanalogs von einem jeweils anderen Nucleotidvorläufer (dem die 3′-OH-Gruppe fehlt). Wird ein Didesoxynucletid in die wachsende Nucleinsäurenkette eingebaut, so führt dies zum Abbruch der Reaktion mit dieser Base. Auf diese Weise entstehen bei einer Reaktion mehrere Banden, deren Moleküle alle mit A enden, bei einer anderen Banden, deren Moleküle alle mit T enden und so fort.

Man führt vier Reaktionen durch, und die Produkte werden parallel durch Elektrophorese aufgetrennt, wie Abbildung 6.14 zeigt. Jede der vier Reaktionen erzeugt mehrere Banden aus Molekülen, bei denen die DNA-Synthese an einer Position endete, an der das Didesoxynucleotid eingebaut wurde. Man erhält die DNA-Sequenz, indem man von einer Bande zu der um eine Base längeren Bande fortschreitet. Der radioaktive Marker, der die Fragmente kennzeichnet, befindet sich am 5′-Ende des Primers; man liest die DNA-Sequenz demnach vom unteren Ende des Geles aus und folgt den Banden nacheinander, wie die Zickzacklinie zeigt.

Wie genau ist die DNA-Sequenzierung? Die Reaktionsreihe ergibt die Sequenz eines der DNA-Stränge. Das Risiko eines zufälligen Fehlers besteht immer. Man kann die Genauigkeit jedoch überprüfen, indem man *beide* Stränge der DNA unabhängig voneinander sequenziert. Alle Stellen, an denen sie nicht komplementär sind, werden als mögliche Fehler erkannt und können korrigiert werden. Durch diese Vorsichtsmaßnahme sollten Fehler in der Sequenz sehr selten werden.

DNA-Moleküle mit weniger als 300 Nucleotiden lassen sich auf Acrylamidgelen trennen. Wie kommen wir von der Sequenzbestimmung dieser relativ kurzen Fragmente zu der eines längeren Abschnitts? Ebenso wie bei der Restriktionskartierung selbst ist das Schlüsselprinzip die Nutzung einander überlappender Fragmente. Betrachten wir eine Reihe benachbarter Fragmente, die folgendermaßen auf einer Restriktionskarte angeordnet sind:

↓—A1–↓–A2–↓–A3–↓–A4–↓–A5–↓

↑–B1–↑–B2–↑–B3–↑–B4–↑–B5—↑

Angenommen, wir bestimmen die Sequenz jedes Fragments aus der A-Reihe. Aus der Restriktionskarte wissen wir, daß sie nebeneinander liegen, ihre jeweiligen Sequenzen sollten theoretisch also unmittelbar aneinandergrenzen und uns die Gesamtsequenz liefern. Um aber sicherzugehen, daß nicht bei dicht nebeneinander erfolgten Spaltungen durch dasselbe Enzym kleine, fehlende Fragmente erzeugt wurden (man stelle sich vor, es gäbe zwischen A2 und A3 zwei nur zehn Basenpaare voneinander entfernte Spaltungsstellen!), muß man unbedingt *über jede Verbindungsstelle hinweg* sequenzieren. Wir benötigen also noch einen weiteren Satz von Fragmenten, bei dem alle Verbindungsstellen zwischen den A-Fragmenten intakt sind. Das bieten uns die Fragmente der B-Reihe, von denen jedes die Sequenz zu jeder Seite der Verbindungsstelle zwischen den A-Fragmenten enthält.
Ebenso wie wir die Restriktionskarte aus sich überlappenden Fragmenten konstruieren können, läßt sich auch die gesamte DNA-Sequenz konstruieren, indem wir die Enden jedes einzeln sequenzierten Fragments überlappen lassen. Nehmen wir beispielsweise an, daß die Enden der Fragmente A1 und A2 folgende Sequenzen aufweisen:

A1 ... GTAGGGTAATAT
ATGCTGCCAAA ... A2

In Fragment B2 sollten wir demnach diese Sequenz vorfinden:

GTAGGGTAATATATGCTGCCAAA

bei der die beiden Enden kontinuierlich ineinander übergehen.

6.4 Prokaryotische Gene und Proteine sind colinear

Durch den Vergleich der Nucleotidsequenz eines Gens mit der Aminosäuresequenz eines Proteins können wir direkt bestimmen, ob Gen und Protein **colinear** sind: ob also die Nucleotidsequenz im Gen genau der Aminosäuresequenz im Protein entspricht. Bei den Bakterien und ihren Viren trifft dies exakt zu. Jedes Gen enthält einen zusammenhängenden DNA-Abschnitt, dessen Länge unmittelbar mit der Zahl der Aminosäuren in dem ihm entsprechenden Protein übereinstimmt. Um ein Protein aus n Aminosäuren zu codieren, braucht es dem genetischen Code entsprechend ein Gen aus $3n$ Basenpaaren.

Weil das prokaryotische Gen und sein Produkt einander entsprechen, wird eine Restriktionskarte der DNA exakt einer Karte der Aminosäuren des Proteins gleichkommen. Wie gut passen aber diese Karten und die Rekombinationskarte zusammen?

Die Colinearität von Gen und Protein wurde erstmals am Beispiel des Tryptophansynthetasegens von *Escherichia coli* untersucht. Dabei mißt man den genetischen Abstand anhand der prozentualen Rekombinationsrate zwischen Mutationen und den Abstand im Protein anhand der Zahl von Aminosäuren, die zwischen zwei Austauschstellen liegen. Abbildung 6.15 zeigt einen Vergleich der beiden Karten. Sieben Mutationsstellen sind ebenso angeordnet wie die entsprechenden Stellen des Aminosäurenaustauschs. Und die Rekombinationsabstände kommen den tatsächlichen Abständen im Protein recht nahe; die Rekombinationskarte vergrößert den Abstand zwischen einigen Mutationen, doch ist ansonsten die Verzerrung der Rekombinationskarte gegenüber der physikalischen Karte relativ gering.

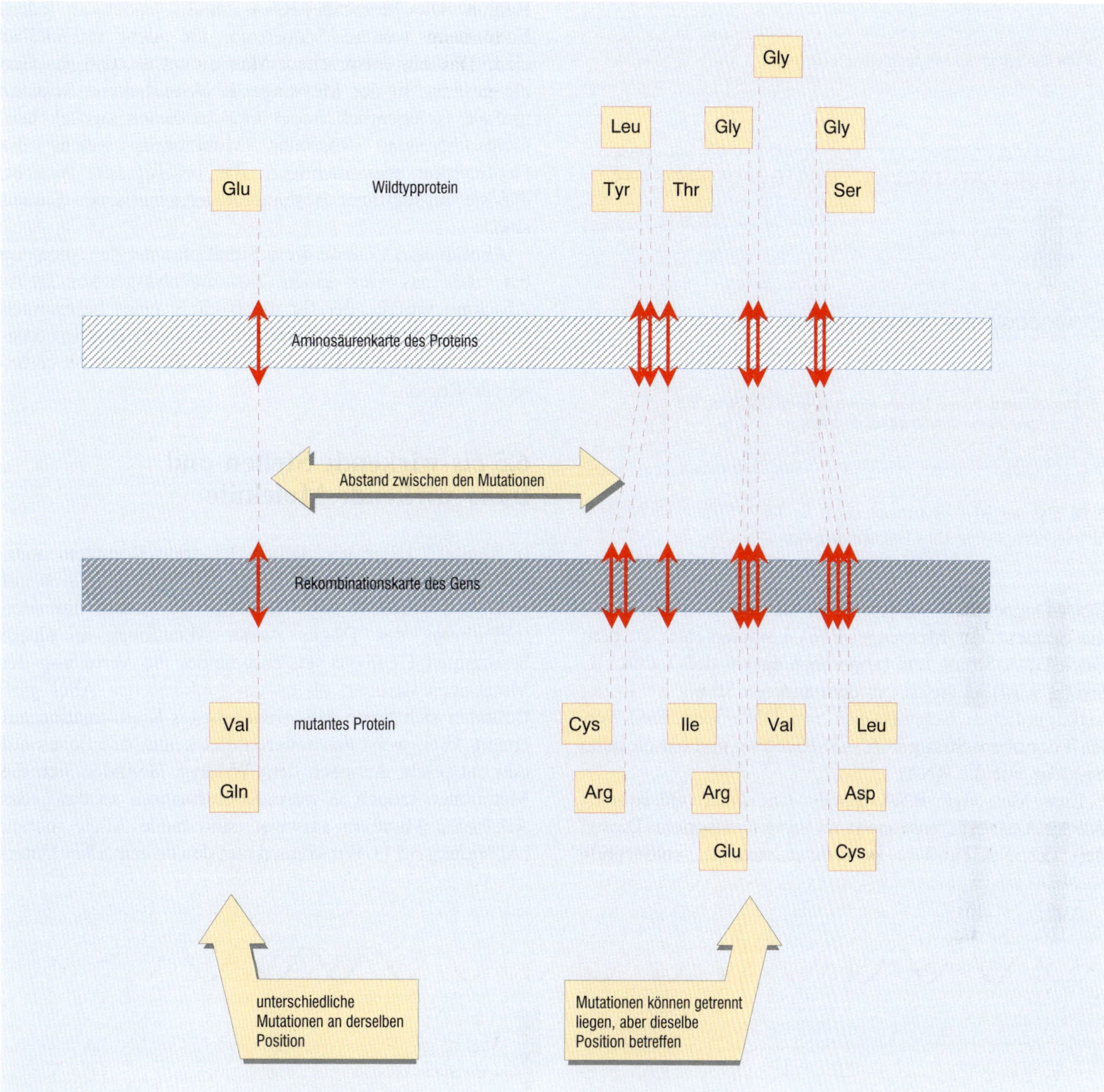

6.15 Die Rekombinationskarte des Gens der Tryptophansynthetase entspricht der Aminosäuresequenz des Proteins.

Die Rekombinationskarte gibt noch zweierlei Hinweise auf die Organisation des Gens. Verschiedene Mutationen können dazu führen, daß eine Wildtypaminosäure durch verschiedene Substitute ersetzt wird. Wenn zwei dieser Mutationen nicht rekombinieren können, dann muß es sich um zwei unterschiedliche Punktmutationen an derselben Stelle in der DNA handeln. Lassen sich die Mutationen auf der genetischen Karte trennen, betreffen aber dieselbe Aminosäure auf der oberen Karte (die Verbindungslinien laufen in der Abbildung zusammen), so muß es sich um Punktmutationen an unterschiedlichen Stellen handeln, die aber dieselbe Aminosäure betreffen. Dies kann geschehen, weil die Einheit der genetischen Rekombination (ein Basenpaar) kleiner ist als die Einheit, welche die Aminosäure codiert (drei Basenpaare).

Bei dem Vergleich von Gen und Protein sind wir auf die DNA-Sequenz zwischen den Punkten beschränkt, die den Enden des Proteins entsprechen. Ein Gen wird jedoch nicht direkt in ein Protein „übersetzt“, sondern wird über die Bildung einer **Messenger-RNA** (kurz mRNA, *messenger* für „Bote“) ausgeprägt – einer Übergangsnucleinsäure, die jeweils zur Synthese eines Proteins dient (wie wir in Teil II noch genauer sehen werden). Die Synthese der Messenger-RNA erfolgt, ebenso wie die Replikation der DNA, durch komplementäre Basenpaarung, mit dem entscheidenden Unterschied, daß die mRNA nur einem Strang der

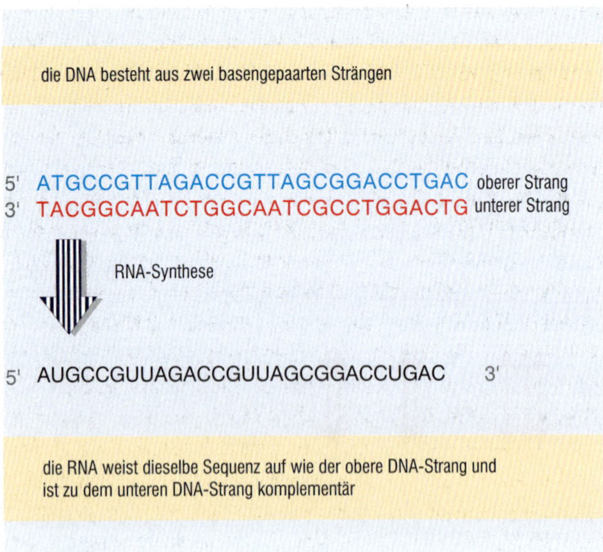

6.16 Bei der RNA-Synthese dient ein DNA-Strang als Matrize für die komplementäre Basenpaarung.

DNA-Doppelhelix entspricht. Abbildung 6.16 zeigt, daß die Sequenz der Messenger-RNA komplementär zu dem einen DNA-Strang und (abgesehen davon, daß T durch U ersetzt wird) identisch mit dem anderen Strang ist. In der herkömmlichen Schreibweise von DNA-Sequenzen verläuft der obere Strang in 5'→3'-Richtung und hat dieselbe Sequenz wie die RNA.

Eine Messenger-RNA umfaßt eine Nucleotidsequenz, die der Aminosäurensequenz im Protein entspricht. Diesen Teil der Nucleinsäure bezeichnet man als **codierende Region**. Die Messenger-RNA enthält jedoch an jedem Ende noch weitere Sequenzen, die nicht unmittelbar einem Protein entsprechen. Man nimmt an, daß das Gen die gesamte in der Messenger-RNA enthaltene Sequenz umfaßt. Gelegentlich findet man in diesen zusätzlichen, nichtcodierenden Regionen Mutationen, welche die Genfunktion beeinträchtigen; das bestätigt die Ansicht, daß sie ein legitimer Bestandteil der genetischen Einheit sind.

Abbildung 6.17 stellt diese Situation unter der Annahme dar, daß das Gen einen zusammenhängenden DNA-Abschnitt umfaßt, der für die Bildung eines bestimmten Proteins benötigt wird. Es enthält die dieses Protein codierende Sequenz, aber auch Sequenzen beiderseits der codierenden Region.

6.5 *cis*-wirkende Stellen und *trans*-wirkende Moleküle

In Kapitel 3 sahen wir, daß der Cis-trans-Komplementationstest das Gen als eine Einheit definiert, die sich auf einem Chromosom befinden muß. Bei einem diploiden Individuum, das Träger zweier Mutationen an einem bestimmten Genlocus ist, entscheidet die Verteilung der Mutationen darüber, ob es ein funktionelles Allel gibt. Befinden sich beide Mutationen in *cis*-Konformation auf einem Allel, weist das andere Allel keine Mutationen auf und entspricht demnach dem Wildtyp. Befinden sich die Mutationen jedoch in *trans*-Konformation, so daß jedes Allel eine Mutation aufweist, sind beide Allele mutant (Abbildung 3.11). Wir können nun den prinzipiellen Unter-

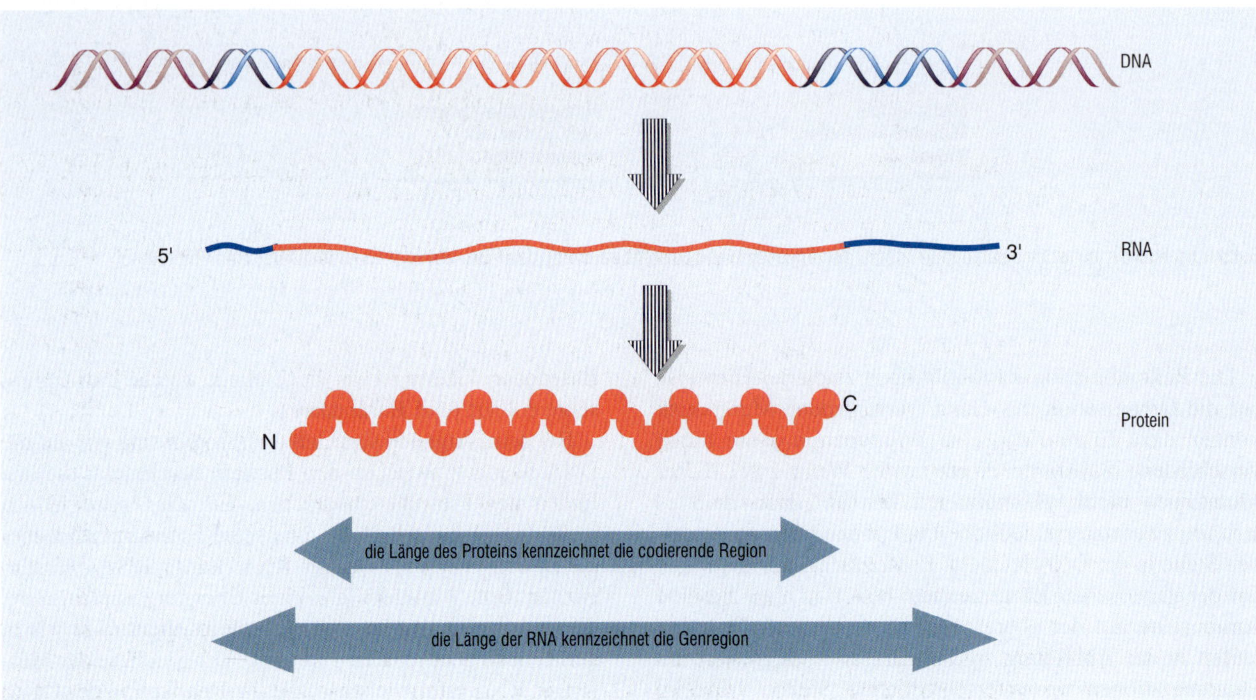

6.17 Das Gen kann länger sein als die das Protein codierende Sequenz.

schied der Effekte von *cis*- und *trans*-Konformation in bezug auf die codierende Region eines Gens auf die Bezeichnung der Wechselwirkung zwischen regulierenden Elementen und einem Gen ausdehnen.

Angenommen die Fähigkeit eines Gens zur Expression wird von einem Protein reguliert, das nahe der codierenden Region an die DNA bindet. In dem Beispiel aus Abbildung 6.18 kann die Messenger-RNA nur synthetisiert werden, wenn das Protein an die DNA gebunden ist. Nehmen wir nun an, daß in der DNA-Sequenz, an die das Protein bindet, eine Mutation auftritt, durch die das Protein die DNA nicht mehr erkennen kann. Folglich kann die DNA nicht mehr ausgeprägt werden.

Ein Gen kann also sowohl durch eine Mutation in einem Regulationselement als auch durch eine Mutation in einer codierenden Region inaktiviert werden. Diese Mutationen lassen sich genetisch nicht unterscheiden, denn beide sind nur in der DNA-Sequenz des einen Allels wirksam, in dem sie auftreten. Sie werden daher im Cis-trans-Test identische Eigenschaften aufweisen, und der Definition nach betrifft darum eine Mutation in einem Regulationsabschnitt genauso einen Teil des Gens wie eine Mutation in einer codierenden Region.

Abbildung 6.19 zeigt, daß sich ein Fehler in einem Regulationselement *nur auf die codierende Region auswirkt, mit der sie in Verbindung steht; er hat keine Auswirkung auf die Expression des anderen Allels*. Eine Mutation, die sich nur auf die Eigenschaften der angrenzenden DNA-Sequenz auswirkt, bezeichnet man als *cis*-wirkend.

Wir können das Verhalten der *cis*-wirkenden Mutation aus Abbildung 6.19 mit dem Ergebnis einer Mutation in dem Gen vergleichen, welches das Regulatorprotein codiert. Abbildung 6.20 zeigt, daß das Fehlen eines Regulatorproteins die Expression *beider* Allele verhindern würde. Eine solche Mutation nennt man *trans*-wirkend.

Im Umkehrschluß wissen wir von einer *trans*-wirkenden Mutation, daß ihre Wirkungen auf irgendein diffusionsfähiges Produkt (typischerweise ein Protein) zurückgehen, das auf zahlreiche Ziele in der Zelle wirkt. Ist eine Mutation

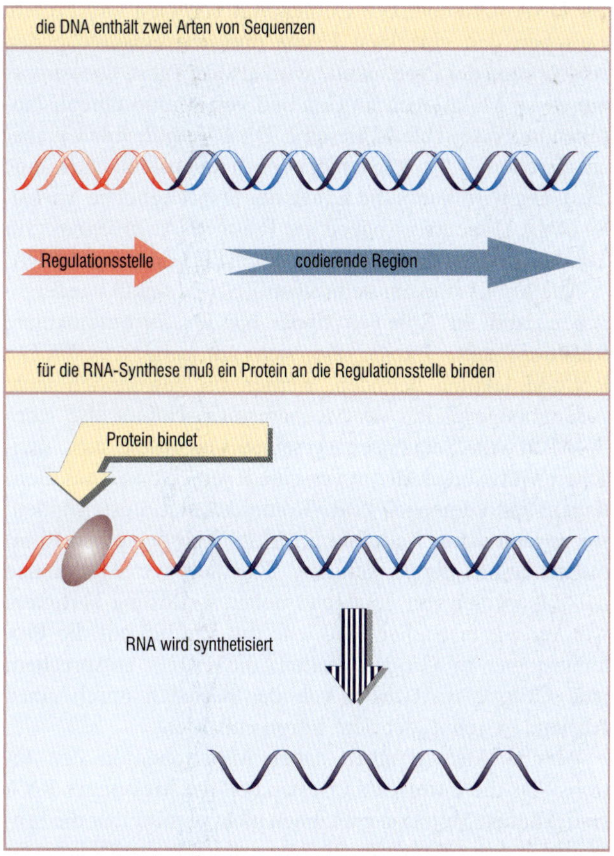

6.18 Regulationselemente sind Bindungsstellen für Proteine; codierende Abschnitte werden durch die RNA-Synthese ausgeprägt.

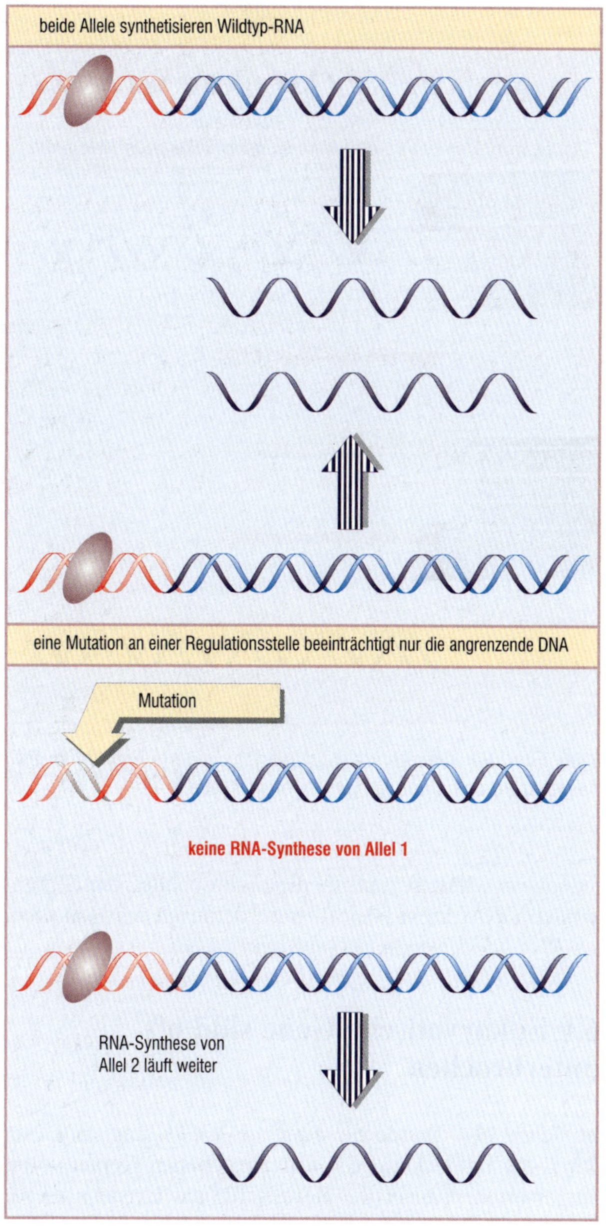

6.19 Eine *cis*-wirkende Stelle reguliert die angrenzende DNA, hat aber keinen Einfluß auf das andere Allel.

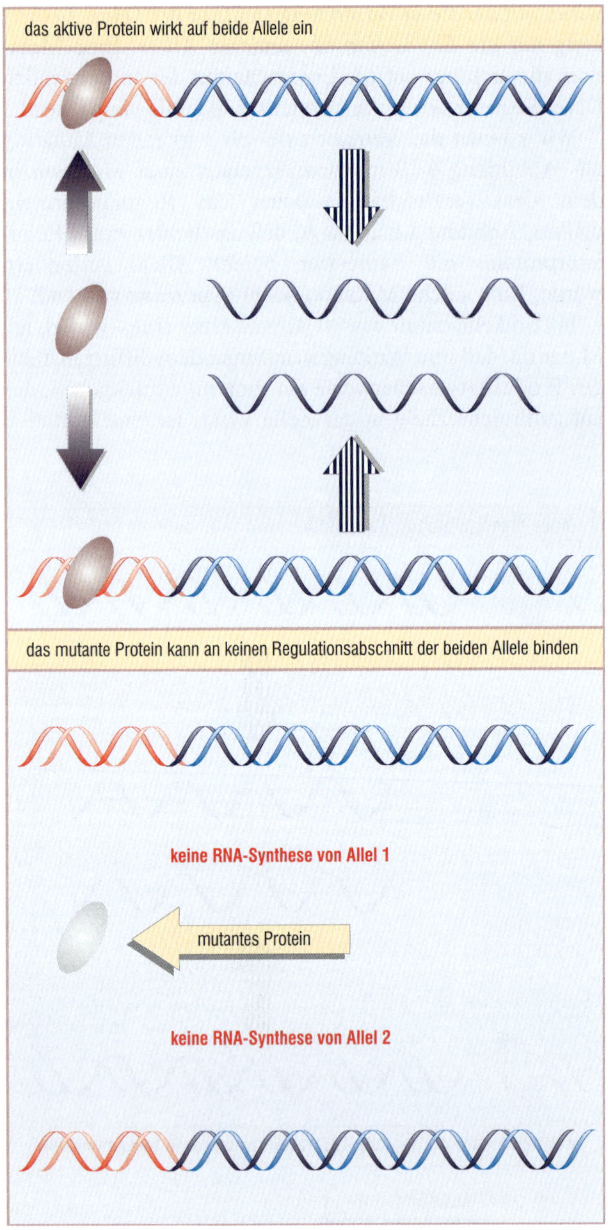

6.20 Eine *trans*-wirkende Mutation in einem Protein betrifft beide Allele des dadurch gesteuerten Gens.

jedoch *cis*-wirkend, muß sie die Eigenschaften der angrenzenden DNA direkt beeinflussen; demnach wird sie *nicht als RNA oder Protein ausgeprägt.*

6.6 Eukaryotische Gene sind oft unterbrochen

Im Jahre 1977 wurde die einfache Vorstellung vom Gen durch die Entdeckung von **unterbrochenen Genen** völlig umgeworfen. Den ersten Beweis für die Existenz dieser Unterbrechung stellte ein Vergleich der DNA-Struktur mit der entsprechenden Messenger-RNA dar. Die mRNA umfaßt stets eine Nucleotidsequenz, die nach den Regeln des genetischen Codes exakt dem Proteinprodukt entspricht. *Das Gen enthält jedoch zusätzliche Sequenzen innerhalb der codierenden Region, welche die dem Protein entsprechende Sequenz unterbrechen.* Diese Diskrepanz zwischen der Struktur von DNA und Messenger-RNA tritt bei Eukaryoten häufig auf, bei Bakterien ist sie jedoch äußerst selten.

Man unterteilt DNA-Sequenzen, die zusammen ein unterbrochenes Gen bilden, in die beiden in Abbildung 6.21 gezeigten Kategorien:

- **Exons** sind Bereiche, die in der Messenger-RNA wiedergegeben sind.
- **Introns** sind Bereiche, die in der Messenger-RNA fehlen.

Für den Vorgang der Genexpression benötigt man einen neuen Schritt, den es bei den Prokaryoten nicht gibt. Die DNA bringt eine RNA hervor, die exakt der Genomsequenz entspricht. Diese RNA stellt jedoch nur einen Vorläufer dar; sie kann nicht selbst zur Bildung eines Proteins benutzt werden. Zunächst müssen die Introns aus der RNA entfernt werden, um eine mRNA zu erzeugen, die ausschließlich aus den Exons besteht. Diesen Vorgang bezeichnet man als **RNA-Spleißen**.

Inwiefern verändert dies unser Bild vom Gen? Im Anschluß an das Spleißen werden die Exons in derselben Reihenfolge miteinander verbunden, in der sie sich auch in der DNA befinden. Die Colinearität von Gen und Protein zwischen den einzelnen Exons und den entsprechenden Abschnitten der Proteinkette wird also gewahrt. Die *Anordnung* von Mutationen im Gen und von Aminosäureaustauschen im Protein bleibt dieselbe. Die *Abstände* im Gen aber entsprechen ganz und gar nicht denen im Protein. Die Länge des Gens wird durch die Länge der ursprünglichen Vorläufer-RNA (Precursor- oder kurz Pre-mRNA; *precursor* für „Vorläufer") definiert und nicht durch die Länge der mRNA.

Alle Exons sind auf demselben RNA-Molekül wiedergegeben, und ihr Spleißen findet nur als *intra*molekulare Reaktion statt. Exons, die sich auf *unterschiedlichen* RNA-Molekülen befinden, werden für gewöhnlich nicht zusammengespleißt; der Mechanismus schließt also jedes Spleißen von Sequenzen verschiedener Allele aus. Zwischen Mutationen, die in verschiedenen Exons eines Gens liegen, kann demnach keine Komplementation stattfinden; sie werden daher weiterhin als Mitglieder derselben Komplementationsgruppe definiert. Könnten wir Mutationen bei Eukaryoten mit genügend hoher Auflösung kartieren, würden wir feststellen, daß jene mit Einfluß auf die Proteinsequenz in Gruppen fallen, die Exons entsprechen; jede Gruppe wird dabei von der nächsten durch einen Abstand getrennt, der dem Intron entspricht.

Welche Auswirkungen haben Mutationen in den Introns? Da die Introns kein Bestandteil der Messenger-RNA sind, können Mutationen in ihnen nicht unmittelbar die Proteinstruktur beeinflussen. Sie können jedoch die Bildung der Messenger-RNA unterbinden – beispielsweise indem sie das Spleißen der Exons behindern. Eine derartige Mutation wirkt sich nur auf das Allel aus, auf dem sie liegt; daher

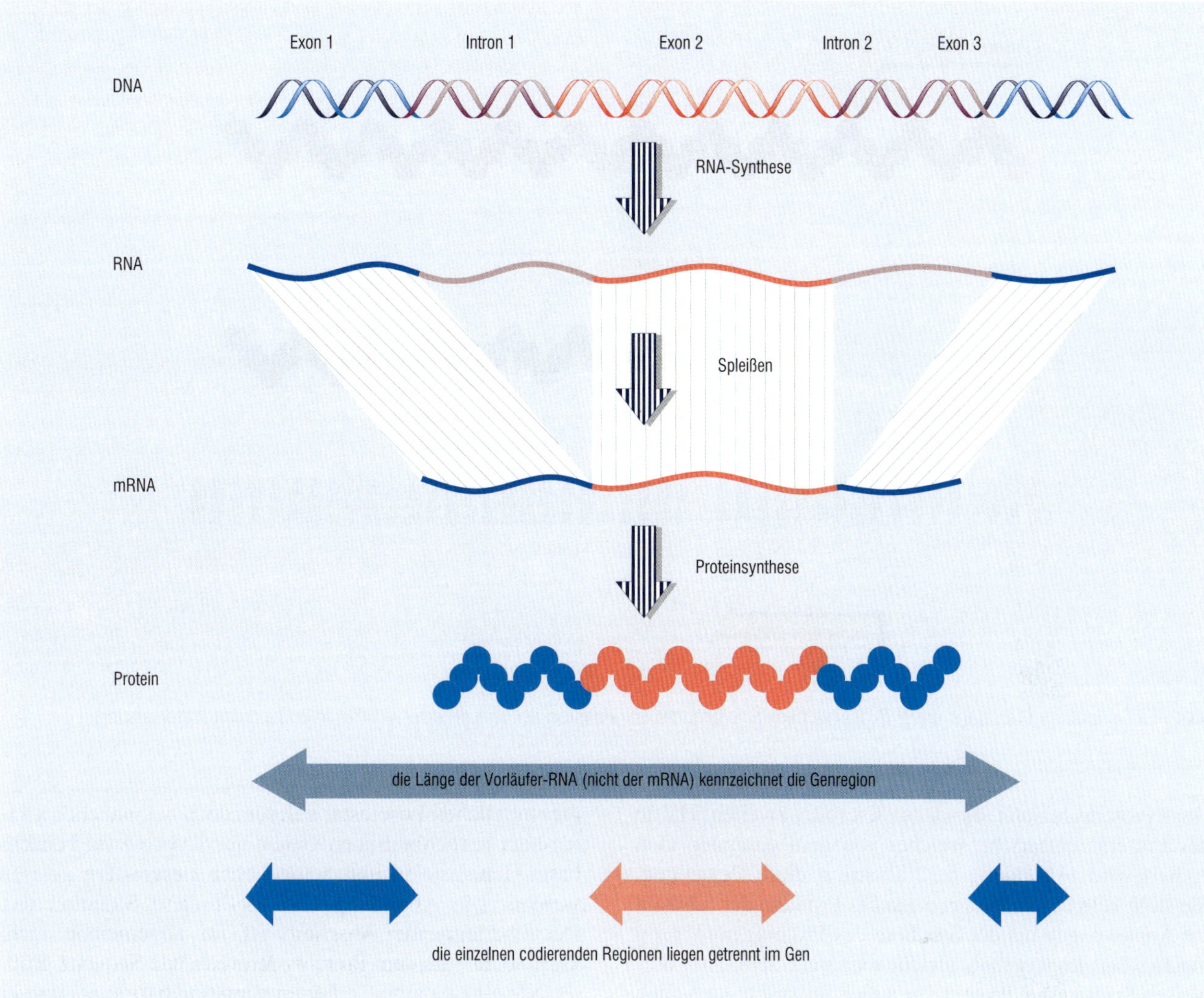

6.21 Unterbrochene Gene werden über eine Vorläufer-(Precursor-)RNA ausgeprägt, aus der die Introns beim Spleißen der Exons zur Messenger-RNA entfernt werden.

findet keinerlei Komplementation mit einer der anderen Mutationen in diesem Allel statt, und sie stellt einen Teil derselben Komplementationsgruppe dar wie die Exons.

Bei den unterbrochenen Genen der Eukaryoten scheinen die meisten Introns keine andere Funktion zu haben, als während der Genexpression entfernt zu werden. Es gibt jedoch einige Ausnahmen, insbesondere in den Mitochondrien der Hefe, bei denen ein Intron selbst die Bildung eines Proteins codiert, das unabhängig von dem von den Exons codierten Protein funktioniert. Hier fügen sich Mutationen im Intron in eine andere Komplementationsgruppe ein als die Mutationen in den Exons. Es kann sich also eine Komplementationsgruppe zwischen Gruppen von Mutationen befinden, die ihrerseits eine andere Komplementationsgruppe bilden.

Eukaryotische Gene müssen nicht in jedem Fall unterbrochen sein. Einige entsprechen ebenso wie prokaryotische Gene unmittelbar dem Proteinprodukt. Bei der Hefe ist sogar der Großteil der Gene nichtunterbrochen. Bei den höheren Eukaryoten sind es die meisten Gene, und die Introns sind für gewöhnlich weitaus länger als die Exons; dadurch entstehen Gene, die um vieles größer sind als ihre codierenden Regionen. Mit der Struktur derartiger Gene befaßt sich Kapitel 22.

6.7 Einige DNA-Sequenzen codieren mehr als ein Protein

Die meisten Gene bestehen aus einer DNA-Sequenz, die allein dem Zweck dient, ein Protein zu codieren (obwohl das Gen an jedem Ende auch nichtcodierende Abschnitte sowie Introns innerhalb der codierenden Region enthalten kann). In einigen Fällen besteht die Funktion einer DNA-Sequenz jedoch nicht einfach darin, einem Protein zu entsprechen, wenn nämlich eine einzelne DNA-Sequenz mehr als nur ein Protein codiert.

Überlappende Gene liegen in dem relativ einfachen Fall vor, wenn ein Gen Teil eines anderen ist. Die erste (oder zweite) Hälfte eines Gens wird unabhängig zum Codieren

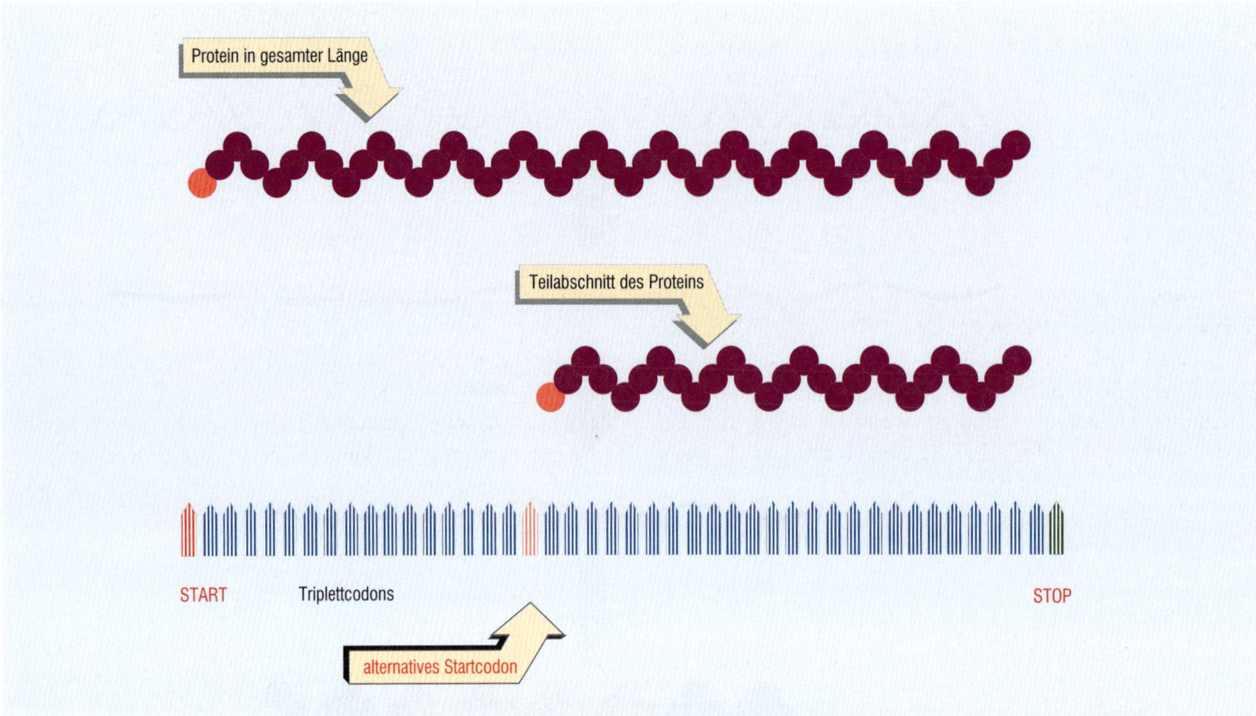

6.22 Ein einzelnes Gen kann zwei Proteine bilden, wenn die Expression an verschiedenen Punkten beginnt (oder endet).

eines Proteins benutzt, das der ersten (oder zweiten) Hälfte des Proteins entspricht, welches von dem gesamten Gen codiert wird. Abbildung 6.22 illustriert diese Beziehung. Sie stellt kein besonderes *genetisches* Problem dar (obwohl sie Anpassungen bei der Synthese des Proteins notwendig macht). Das Endergebnis gleicht sehr stark dem einer teilweisen Spaltung im Protein, die außer Teilabschnitten auch Abschnitte in voller Länge erzeugt.

Das Überlappen zweier Gene ist weniger auffällig, wenn zwei *nichthomologe* Proteine dieselbe DNA-Sequenz teilen. Diese Situation entsteht, wenn dieselbe DNA-Sequenz in mehr als ein Leseraster übertragen wird. Bei zellulären Genen wird die DNA für gewöhnlich in nur einem der drei möglichen Leseraster gelesen, doch bei manchen viralen oder mitochondrialen Genen überlappen zwei benachbarte Gene, die in unterschiedlichen Leserastern gelesen werden. Die Abbildung 6.23 stellt diese Situation dar. Der überlappende Abschnitt ist im allgemeinen recht kurz, so daß die dem Protein entsprechende Sequenz größtenteils eine einzige Codierungsfunktion hat. Je nach ihrer Art kann eine Mutation in der gemeinsamen Sequenz eines der beiden oder beide Gene betreffen; sie kann daher Bestandteil nur einer Komplementationsgruppe sein oder zwei Gruppen angehören.

Bei der üblichen Form des unterbrochenen Gens codiert jedes Exon eine einzelne Aminosäurensequenz und gibt

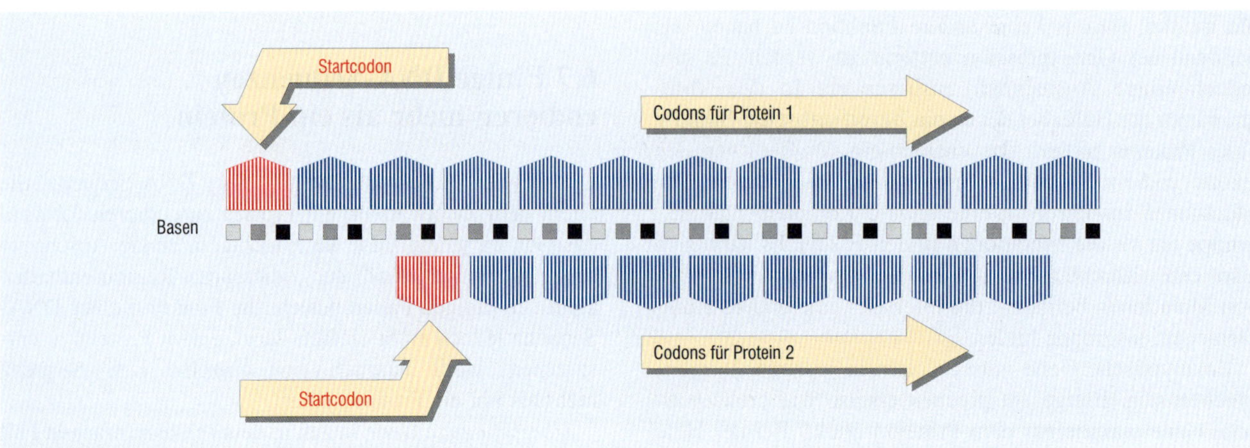

6.23 Zwei Gene können sich dieselbe Sequenz teilen, wenn die DNA in verschiedenen Leserastern gelesen wird.

somit einen entsprechenden Teil des Proteins wieder, während jedes Intron für die Endproduktion von Proteinen bedeutungslos ist. Ihre Rollen sind unterschiedlich. In manchen Genen dient eine DNA-Sequenz jedoch mehr als einem Zweck und kann deshalb nicht einfach als Exon oder Intron beschrieben werden.

In diesen Genen lassen *alternative* Schemata der Genexpression die Verknüpfung der Exons unterschiedlich ablaufen. Ein bestimmtes Exon könnte so mit jedem der verschiedenen alternativen Exons zu einer Messenger-RNA verbunden werden. Die alternativen Formen bilden Proteine mit einem normalen und einem abweichenden Anteil. Abbildung 6.24 zeigt an einem Beispiel, daß sich manche Abschnitte wie Exons verhalten, wenn sie auf dem einen Weg ausgeprägt werden, daß sie aber Introns sind, wenn die Expression auf dem anderen Weg erfolgt.

Bei einem Reaktionsweg wird *Exon 1* mit *Exon 2* verbunden, indem die mit *Segment* und *Intron* bezeichneten Abschnitte aus der RNA entfernt werden. Bei dem anderen Reaktionsweg wird die Region aus *Exon 1* und *Segment* direkt mit *Exon 2* verknüpft, und nur das *Intron* wird entfernt. Im ersten Fall ist der *Segment*abschnitt also ein Intron, im zweiten jedoch ein Exon. Die verschiedenen Reaktionswege erzeugen zwei Proteine, deren Enden sich gleichen, doch eines der beiden enthält in der Mitte eine zusätzliche Sequenz. Die DNA-Region codiert demnach mehr als ein Protein. Mit derartigen Situationen werden wir uns in Kapitel 30 noch eingehender befassen.

Gelegentlich werden zwei Reaktionswege gleichzeitig beschritten, wobei jeweils ein bestimmter Anteil an RNA in dieser und in jener Weise gespleißt wird. Manchmal stellen die beiden Reaktionswege Alternativen dar, die unter

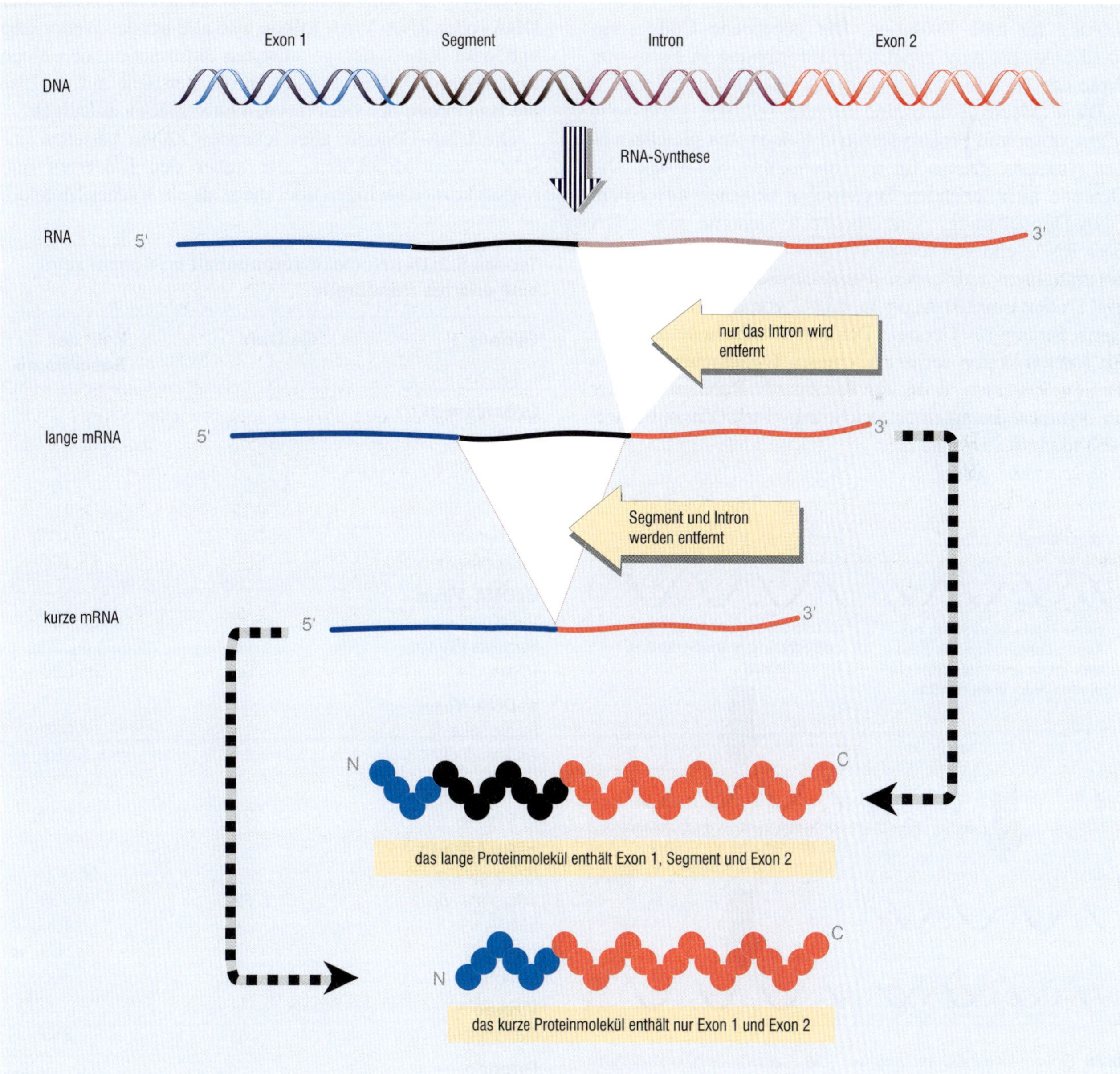

6.24 Die Bestimmung von Genen kann schwierig sein, wenn es alternative Reaktionswege für die Expression gibt.

bestimmten Bedingungen ausgeprägt werden – der eine in einem, der andere in einem anderen Zelltyp. Die Komplemetationseigenschaften derartiger Mutationen können grundsätzlich komplex sein, und es ist nicht unbedingt immer möglich, alle Mutationen der einen oder anderen unabhängigen Komplementationsgruppe zuzuschreiben.

6.8 Genetische Information kann aus DNA oder RNA stammen

Die Nucleinsäure erfüllt die Anforderungen an das genetische Material mittels einer einzigartigen Kombination aus Stabilität und Flexibilität. Die Replikation über den Mechanismus der komplementären Basenpaarung macht es möglich, genetische Information zuverlässig zu vererben. Gelegentliche Mutationen gestatten jedoch das Auftreten vererbbarer Veränderungen und schaffen die Voraussetzung für eine Evolution. Der genetische Code sorgt für die Ausprägung genetischer Information in Form von Proteinen.

Diese Mechanismen sind für die zelluläre genetische Information von Prokaryoten und Eukaryoten gleichermaßen wirksam, ebenso für die Information von Viren. Die Genome aller lebenden Organismen bestehen aus einem DNA-Doppelstrang. Viren besitzen Genome aus DNA oder RNA; und von jedem Typ gibt es Beispiele mit doppelsträngigem („ds", von *double-stranded*, „doppelsträngig") oder einzelsträngigem („ss", von *single-stranded*, „einzelsträngig") Genom. Der Replikationsmechanismus für Nucleinsäuren variiert in einigen Einzelheiten bei den viralen Systemen, doch das Prinzip der Replikation über die Synthese komplementärer Stränge bleibt dasselbe, wie Abbildung 6.25 zeigt.

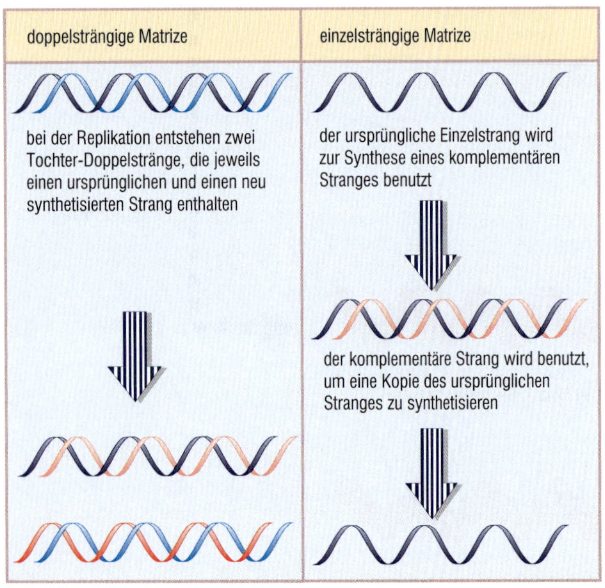

6.25 Sowohl doppelsträngige als auch einzelsträngige Nucleinsäuren replizieren durch die Synthese komplementärer Stränge, die den Regeln der Basenpaarung folgt.

Bei zellulären Genomen erfolgt die Reproduktion der DNA mit Hilfe der semikonservativen Replikation. Auch bei doppelsträngigen Virusgenomen, ganz gleich ob aus DNA oder RNA, dienen die einzelnen Stränge des Doppelstranges bei der Replikation als Matrize für die Synthese von Partnersträngen.

Viren mit einzelsträngigen Genomen benutzen den einzelnen Strang als Matrize, um einen komplementären Strang zu synthetisieren, und dieser komplementäre Strang dient wiederum zur Synthese seines eigenen Komplementärstranges, der natürlich mit dem ursprünglichen Strang zu Beginn identisch ist. Im Verlauf der Replikation können stabile doppelsträngige Zwischenformen gebildet werden, oder doppelsträngige Nucleinsäuren dienen nur als Übergangsstadien.

Von den umfangreichen Genomen der Pflanzen oder Amphibien über die winzigen Genome der Mykoplasmen bis hin zu der noch kleineren genetischen Information der DNA- oder RNA-Viren folgen also alle bei der Weitergabe und dem Erhalt der genetischen Information denselben Prinzipien. Tabelle 6.2 listet einige Beispiele auf, welche die Bandbreite der Genomtypen und -größen aufzeigen.

Die DNA-Genome aller lebenden Zellen bestehen aus sehr langen Molekülen; alle außer den Bakterien und Mykoplasmen verfügen über mehr als ein solches Molekül.

Tabelle 6.2: Der Nucleinsäurengehalt im Genom zeigt eine enorme Bandbreite

Genom	Genzahl	Zahl der Basenpaare
Organismen		
Pflanzen	<50 000?	$<10^{11}$
Säugetiere	<25 000?	$\sim 3 \times 10^8$
Würmer	~5 000?	$\sim 10^8$
Pilze	~4 000?	$\sim 4 \times 10^7$
Bakterien	~2 000?	$<10^7$
Mykoplasmen	~750?	$<10^6$
dsDNA-Viren		
Vaccinia	<300	187 000
Papova (SV40)	~6	5 226
Phage T4	~200	165 000
ssDNA-Viren		
Parvovirus	5	5 000
Phage ϕX174	11	5 387
dsRNA-Viren		
Reovirus	22	23 000
ssRNA-Viren		
Coronavirus	7	20 000
Influenza-Virus	12	13 500
TMV	4	6 400
Phage MS2	4	3 569
STNV	1	1 300
Viroide		
PSTV RNA	0	359
Prionen		
Scrapie-Erreger	?	?

Einige der größeren Viren (wie die Influenzaviren) haben segmentierte Genome, die aus mehr als einem Nucleinsäuremolekül bestehen. Andere virale Genome enthalten nur ein einziges Nucleinsäuremolekül. Bei den kleineren Viren (wie SV40, ϕX und MS2) schließt die Zahl der Funktionen auch überlappende Gene mit ein.

Durch die gesamte Vielfalt der Organismen mit Genomen, deren Gesamtumfang um das Hunderttausendfache schwanken kann, herrscht ein gemeinsames Prinzip vor. *Die DNA codiert alle Proteine, welche die Zellen des Organismus synthetisieren müssen; und die Proteine gewährleisten ihrerseits (direkt oder indirekt) die für das Überleben wichtigen Funktionen.* Es ist schwierig, die Gesamtzahl der Gene zu schätzen (ein Punkt, mit dem wir uns in Kapitel 23 eingehender befassen). Der kleinste lebende Organismus, das Mykoplasma, verfügt über ein Genom, das nur doppelt so groß ist wie das des größten Virus.

Die Funktion der genetischen Information bei Viren, sei es DNA oder RNA, folgt einem ähnlichen Prinzip. *Die Nucleinsäure codiert die für die Verpackung des Genoms nötigen Proteine und daneben alle weiteren Funktionen, welche über jene der Wirtszelle hinausgehen und für die Reproduktion des Virus während seines Infektionszyklus nötig sind.* (Das kleinste Virus, das *satellite tobacco necrosis virus* (STNV), kann nicht unabhängig replizieren, sondern benötigt die gleichzeitige Anwesenheit eines „Helfervirus" (des Tabaknekrosevirus TNV), das selbst ein normal infektiöses Virus ist.)

Viroide sind infektiöse Agentien, die bei höheren Pflanzen Krankheiten hervorrufen. Sie sind nichts weiter als sehr kleine, zirkuläre RNA-Moleküle. Anders als bei den Viren, wo das infektiöse Agens aus einem **Virion** – also einem Genom in einer Proteinhülle – besteht, *ist bei den Viroiden die RNA selbst das infektiöse Agens.* Das Viroid besteht ausschließlich aus RNA, deren Basen weitgehend, aber nicht vollkommen miteinander gepaart sind; dadurch bildet sich ein charakteristisches Stäbchen wie in dem Beispiel in Abbildung 6.26. Mutationen, welche die Stäbchenstruktur beeinträchtigen, verringern die Infektiosität.

Eine viroide RNA besteht aus einer einzelnen Art von Molekül, die in infizierten Zellen unabhängig repliziert wird. Ihre Sequenz wird bei den Nachkommen getreulich beibehalten. Es gibt mehrere Gruppen von Viroiden. Man ordnet ein beliebiges Viroid anhand der Ähnlichkeit seiner Sequenz mit der anderer Mitglieder einer Gruppe zu. So stimmt die Sequenz von vier, mit dem *potato spindle tuber viroid* (kurz PSTV) verwandten Viroiden zu 70 bis 83 % mit dessen Sequenz überein. Verschiedene Isolate einer bestimmten Viroidlinie unterscheiden sich voneinander, und diese Veränderung könnte den Phänotyp infizierter Zellen beeinflussen. Die *mild-* und die *severe*-Linie des *potato spindle tuber viroid* unterscheiden sich beispielsweise durch drei ausgetauschte Nucleotide.

Viroide gleichen Viren insofern, als sie Genome aus Nucleinsäuren besitzen, deren Sequenzen vererbbar sind, Mutationen unterliegen und den Phänotyp bestimmen. Sie erfüllen die Kriterien für genetische Information. Doch Viroide unterscheiden sich sowohl in ihrer Struktur als auch in ihrer Funktion von den Viren. Man bezeichnet sie gelegentlich auch als **subvirale Pathogene**.

Die viroide RNA wird offenbar nicht in ein Protein übertragen; in diesem Fall kann sie nicht selbst die zu ihrem Erhalt nötigen Funktionen codieren. Das wirft zwei Fragen auf: Wie verläuft die Replikation viroider RNA? Und welchen Einfluß hat dies auf den Phänotyp der infizierten Pflanzenzelle?

Die Replikation muß von Enzymen der Wirtszelle durchgeführt werden, deren normale Funktion untergraben wird. Die Vererbbarkeit der viroiden Sequenz weist darauf hin, daß die viroide RNA als Matrize dient.

Viroide sind wahrscheinlich deshalb pathogen, weil sie die normalen Vorgänge in der Zelle beeinträchtigen. Viel-

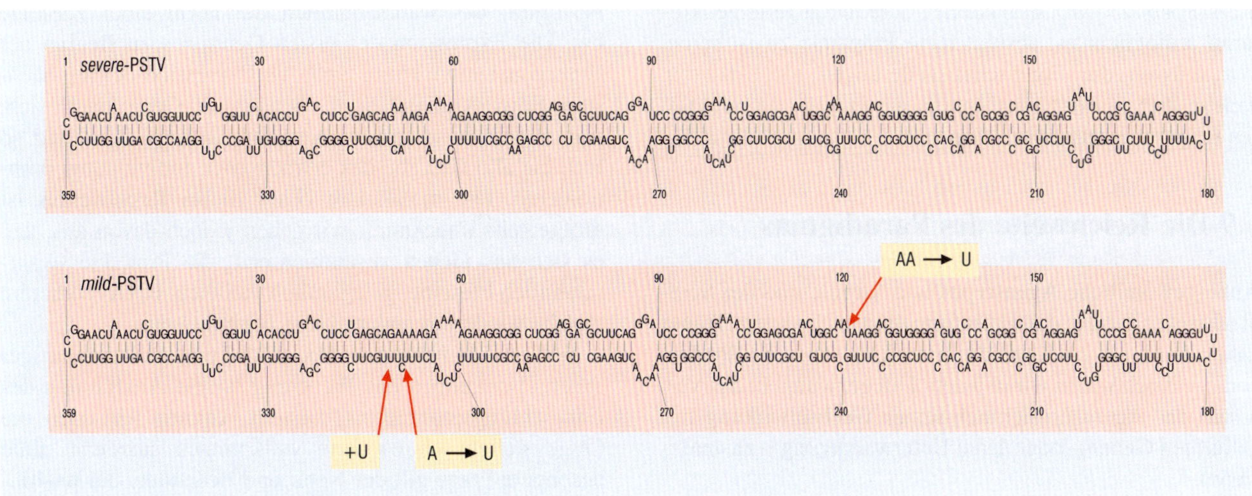

6.26 Die RNA des PSTV ist ein zirkuläres Molekül mit einer ausgedehnten Doppelstrangstruktur, die von zahlreichen internen Schleifen unterbrochen ist. Die *severe-* und *mild*-Formen unterscheiden sich an drei Stellen.

leicht tun sie dies relativ zufällig, indem sie beispielsweise ein essentielles Enzym für ihre eigene Replikation vereinnahmen oder die Bildung notwendiger zellulärer RNAs beeinflussen. Sie könnten aber auch abnorme Regulatormoleküle darstellen und so besondere Auswirkungen auf die Expression einzelner Gene haben.

Ein noch ungewöhnlicheres Agens ist der Erreger von **Scrapie** (auch Traberkrankheit genannt), der bei Schafen und Ziegen eine degenerative Erkrankung des zentralen Nervensystems hervorruft. Scrapie ist mit den Krankheiten Creutzfeldt-Jakob-Syndrom und Kuru beim Menschen verwandt, welche die Gehirnfunktion beeinträchtigen.

Das infektiöse Agens bei Scrapie scheint keinerlei Nucleinsäure zu enthalten. Auch anhaltende Versuche, selbst einen kleinen RNA- oder DNA-Abschnitt zu identifizieren, blieben ergebnislos. Der einzige bislang identifizierte Bestandteil ist ein Protein!

Dieses außerordentliche Agens bezeichnet man als Prion. Es ist ein hydrophobes Glykoprotein (**PrP**), mit einem Molekulargewicht von 28 kD. PrP wird von einem zellulären Gen codiert, das im gesunden Gehirn ausgeprägt wird. Das Protein tritt in zwei Formen auf. Das im gesunden Gehirn vorkommende Protein bezeichnet man als PrP^c; es wird vollständig von Proteasen abgebaut. In infizierten Gehirnen findet man das mit PrP^{sc} bezeichnete Protein, welches gegen den Abbau durch Proteasen äußerst resistent ist. Wir nehmen an, daß eine Modifikation oder Konformationsänderung, die eine Proteaseresistenz mit sich zieht, an der Umwandlung von PrP^c in Prp^{sc} beteiligt ist.

Als infektiöses Agens bei Scrapie muß PrP^{sc} in irgendeiner Weise die Synthese seines normalen zellulären Gegenstückes so verändern, daß dieses infektiös wird und seine Harmlosigkeit verliert. Mäuse, denen ein PrP-Gen fehlt, können nicht erfolgreich mit Scrapie infiziert werden; das zeigt, daß PrP für die Ausbildung der Krankheit unerläßlich ist.

Wie können wir Scrapie die Grundlage für seine Infektiösität entziehen? Die Synthese von PrP außerhalb des Tierkörpers, *in vitro*, in Bakterien oder in Säugetierzellkulturen ermöglicht es, absolut reine Präparate zu isolieren. Wir müssen die Eigenschaftsänderungen identifizieren, welche PrP^c in PrP^{sc} überführten, um *in vitro* ein infektiöses Präparat erzeugen zu können.

6.9 Die Reichweite des Paradigmas

Außergewöhnliche Agenstypen wie Viroide und der Scrapie-Erreger zeigen, daß Erbinformation auch andere Träger haben kann als ein Gen, das eine RNA oder ein Protein codiert. Noch waren wir in jedem Fall gezwungen, das Verhalten des Agens hinsichtlich seiner Wechselwirkung mit zellulären Genen – oder deren Unterwanderung – zu analysieren.

Der Genbegriff selbst hat sich jedoch in jüngster Zeit weiterentwickelt. Die Frage, was ein Name denn schon bedeute, ist im Falle des Gens besonders angebracht. Wir können nicht länger behaupten, daß ein Gen eine DNA-Sequenz darstellt, die durchgehend und ausschließlich ein bestimmtes Protein codiert. In Situationen, in denen ein DNA-Abschnitt für die Bildung eines bestimmten Proteins verantwortlich ist, betrachtet man für gewöhnlich die gesamte DNA-Sequenz, vom ersten in der Messenger-RNA wiedergegebenen Punkt bis zum letzten Punkt, der ihrem Ende entspricht, als das „Gen“ – Exons, Introns und alles andere.

Überlappen die Sequenzen, welche Proteine repräsentieren, oder haben sie verschiedene Formen der Expression, so können wir die herkömmliche Beschreibung des Gens umkehren. Anstatt mit „Ein-Gen-ein-Polypeptid“ könnten wir die Beziehung mit „Ein-Polypeptid-ein-Gen“ beschreiben. Für uns stellt also die eigentlich für die Bildung des Polypeptids verantwortliche Sequenz das Gen dar; gleichzeitig erkennen wir, daß ein Teil eben dieser Sequenz aus der Perspektive eines anderen Proteins auch zu *dessen* Gen gehört. Damit sind Beschreibungen wie „überlappende“ oder „alternative“ Gene möglich.

Wir erkennen nun, wie weit wir uns von der ursprünglichen Hypothese von Beadle und Tatum entfernt haben. Bis zu ihrer Zeit war die drängende Frage die nach dem Wesen des Gens. Als erst einmal entdeckt war, daß Gene Proteinen entsprechen, legte man das Paradigma in Gestalt des Prinzips fest, daß die Funktion jeder genetischen Einheit in der Synthese eines bestimmten Proteins liegt.

Diese Ansicht bleibt das zentrale Paradigma der Molekularbiologie: Die Funktion einer DNA-Sequenz besteht entweder darin, ein bestimmtes Protein direkt zu codieren oder darin, für die Nutzung eines angrenzenden Abschnitts notwendig zu sein, der das Protein codiert. Wie weit reicht dieses Paradigma über die Erklärung der grundlegenden Beziehung zwischen Genen und Proteinen hinaus?

Die Entwicklung vielzelliger Organismen beruht auf der Nutzung verschiedener Gene, um die unterschiedlichen Phänotypen der Zellen jedes Gewebes zu erzeugen. Die Expression von Genen wird durch ein Regelwerk bestimmt, das wahrscheinlich die Form einer Kaskade hat. Die Expression des ersten Gensatzes zu Beginn der Embryonalentwicklung zieht die Expression der am nächsten Entwicklungsstadium beteiligten Gene nach sich, was wiederum zu einem weiteren Stadium führt und so fort, bis alle Gewebe des erwachsenen Individuums funktionieren. Die molekulare Natur dieses Regelwerkes ist größtenteils unbekannt; wir gehen jedoch davon aus, daß es sich aus Genen zusammensetzt, die Produkte (wahrscheinlich Proteine, gelegentlich vielleicht RNA) codieren, welche wiederum andere Gene beeinflussen.

Während es nahezu sicher ist, daß eine Reihe derartiger Wechselwirkungen das Werkzeug für die Ausführung des Entwicklungsprogramms darstellt, können wir doch die Frage stellen, ob es denn vollkommen ausreicht. Eine besondere Frage gilt der Natur und Bedeutung der **positionellen Information**. Uns ist bekannt, daß nicht alle Teile eines befruchteten Eies gleich sind; eine Eigenschaft, die zu der Entwicklung verschiedener Gewebeteile aus unterschiedlichen Regionen des Eies beiträgt, ist die Lage der Information (wahrscheinlich spezifische Makromoleküle) in der Zelle.

Wie diese besonderen Regionen entstehen, wissen wir nicht. Wir dürfen jedoch annehmen, daß die Existenz positioneller Information im Ei zu einer unterschiedlichen Expression von Genen in den anschließend in diesen Regionen gebildeten Zellen führt, was zu der Entwicklung eines adulten Organismus führt, was wiederum zu der Entwicklung eines Eies mit der passenden positionellen Information führt...

Diese Möglichkeit drängt uns die Frage auf, ob ein Teil der für die Entwicklung des Organismus nötigen Information in einer Form vorliegt, die wir nicht unmittelbar einer DNA-Sequenz zuschreiben können (obwohl die Expression bestimmter Sequenzen für den Erhalt der positionellen Information nötig sein mag). Allgemeiner formuliert, könnten wir fragen: Wenn wir die gesamte DNA-Sequenz des Genoms eines Organismus ablesen und sie in bezug auf Proteine und Regulationsabschnitte interpretieren könnten, wären wir dann imstande, durch kontrollierte Expression der richtigen Gene einen Organismus (oder auch nur eine einzige lebende Zelle) zu erschaffen?

Zusammenfassung

Restriktionsenzyme spalten die DNA an kurzen, spezifischen Stellen. Man kann sich die Spaltungsreaktion zunutze machen, um eine Restriktionskarte einer DNA zu erstellen, welche die Nucleinsäure mit den tatsächlichen Abständen zwischen den Spaltungsstellen darstellt. Das Auftreten von Sequenzpolymorphismen in Genomen führt zu einem Restriktionsstellenpolymorphismus. Restriktionsstellen kann man wie jeden anderen genetischen Marker benutzen. Man erstellt eine RFLP-Koppelungskarte, indem man die Rekombination zwischen RFLPs analysiert. Auf diese Weise wurden die Genome von Mensch und Maus vollständig kartiert. Auf der allgemeinen Ebene des Chromosoms ist die Länge der genetischen Koppelungskarte proportional zu der physikalischen Länge des genetischen Materials.

Die Sequenz der DNA läßt sich direkt mit chemischen oder enzymatischen Mitteln bestimmen; diese folgen dem gleichen Prinzip, nämlich DNA-Einzelstrangfragmente zu erzeugen, die an einem (markierten) Ende übereinstimmen, sich aber am anderen Ende in ihrer Länge um einzelne Basenpaare unterscheiden. Diese Fragmente bilden vier Gruppen – eine für jede mögliche Base. Die Positionen, an denen (bei der chemischen Technik) die Kette unterbrochen wird oder (bei der enzymatischen Technik) die Synthese endet, bezeichnen in jeder Gruppe die Position einer der vier Basen.

Die Benutzung überlappender Gene (bei der DNA-Sequenzierung oder Restriktionskartierung) stellt sicher, daß man keine kleinen Teile der Sequenz übergeht. Eine zuverlässig richtige Sequenz erhält man, wenn man beide Stränge einer Doppelhelix sequenziert und vergleicht, um sie auf Komplementarität zu überprüfen.

Der Vergleich von DNA- und Proteinsequenzen zeigt, daß sie bei den Prokaryoten colinear sind; bei den Eukaryoten können die codierenden Regionen jedoch unterbrochen sein. Ein eukaryotisches unterbrochenes Gen besteht aus Exons, die in der RNA miteinander verknüpft werden, und Introns, die bei diesem Vorgang entfernt werden. Alternative Schemata der Genexpression machen es möglich, daß eine einzelne DNA-Sequenz zu mehr als einer Proteinsequenz führt. Ein Gen ist als diejenige DNA-Sequenz definiert, die zur Bildung eines bestimmten Proteins nötig ist; es umfaßt sowohl nichttranslatierte als auch codierende Regionen.

Obwohl in Zellen die DNA Träger der gesamten genetischen Information ist, haben Viren Genome aus doppel- oder einzelsträngiger DNA oder RNA. Viroide sind subvirale Pathogene, die lediglich aus kleinen zirkulären RNA-Molekülen ohne schützende Hülle bestehen. Die RNA codiert kein Protein; ihr Vererbungsmodus und ihre Pathogenese sind nicht bekannt. Der Erreger von Scrapie scheint ein proteinartiges, infektiöses Agens zu sein. Wir wissen nicht, ob die gesamte genetische Information eines Organismus von seinem Genom gestellt wird, oder ob es zusätzliche Information in Form von positioneller Information oder zellulären Strukturen gibt, die sich selbst als Matrize dienen.

Weiterführende Literatur

Übersichtsartikel

Nathans, D.; Smith, H. O. *Restriction Endonucleases in the Analysis and Restructuring of DNA Molecules.* In: *Ann. Rev. Biochem.* 46 (1975) S. 273–293.

Wu, R. *DNA Sequence Analysis.* In: *Ann. Rev. Biochem.* 47 (1978) S. 607–734.

White, R. et al. *Construction of Linkage Maps with DNA Markers For Human Chromosomes.* In: *Nature* 313 (1985) S. 101–105.

Diener, T. O. *Viroid Processing: a Model Involving the Central Conserved Region and Hairpin.* In: *Proc. Nat. Acad. Sci. USA* 83 (1986) S. 58–62.

Gusella, J. F. *DNA Polymorphism and Human Diesease.* In: *Ann. Rev. Biochem.* 55 (1986) S. 831–854.

Entdeckungen

Sequenzierungsprotokolle

Maxam, A. M.; Gilbert, W. *A New Method For Sequencing DNA.* In: *Proc. Nat. Acad. Sci. USA* 74 (1977) S. 560–564.

Sanger, F.; Nicklen, S.; Coulson, A. R. *DNA Sequencing with Chain Terminating Inhibitors.* In: *Proc. Nat. Acad. Sci. USA* 74 (1977) S. 5463–5467.

RFLP-Karten

Danna, K. J.; Sack, G. H.; Nathans, D. *Studies of SV40 DNA. VII. A Cleavage Map of the SV40 Genome*. In: *J. Mol. Biol.* 78 (1973) S. 363–376.

Donis-Keller, J. et al. *A Genetic Linkage Map of the Human Genome*. In: *Cell* 51 (1987) S. 319–337.

Dietrich, W. F. et al. *A Comprehensive Genetic Map of the Mouse Genome*. In: *Nature* 380 (1996) S. 149–152.

Dib, C. et al. *A Comprehensive Genetic Map of the Human Genome Based on 5,264 Microsatellites*. In: *Nature* 380 (1996) S. 152–154.

Gene und Proteine

Yanofsky, C. et al. *On the Colinearity of Gene Structure and Protein Structure*. In: *Proc. Nat. Acad. Sci. USA* 51 (1964) S. 266–272.

Yanofsky, C. et al. *The Complete Amino Acid Sequence of the Tryptophan Synthetase A Protein (α-Subunit) and Its Colinear Relationship with the Genetic Map of the A Gene*. In: *Proc. Nat. Acad. Sci. USA* 57 (1967) S. 296–298.

Prionen

McKinley, M. P.; Bolton, D. C.; Prusiner, S. B. *A Protease-Resistant Protein Is a Structural Component of the Scrapie Prion*. In: *Cell* 35 (1983) S. 57–62.

Oesch, B. et al. *A Cellular Gene Encodes Scrapie PrP 27–30 Protein*. In: *Cell* 40 (1985) S. 735–746.

Basler, K.; Oesch, B.; Scott, M.; Westaway, D.; Walchli, M.; Groth, D. F.; McKinley, M. P.; Prusiner, S. B.; Weissmann, C. *Scrapie and Cellular PrP Isoforms Are Encoded by the Same Chromosomal Gene*. In: *Cell* 46 (1986) S. 417–428.

Bueler, H. et al. *Mice Devoid of PrP Are Resistant to Scrapie*. In: *Cell* 73 (1993) S. 1339–1347.

Vom Gen zum Protein

II

Das zentrale Dogma besagt, daß es für einmal in Protein überführte „Information" keinen Weg zurück gibt. Der Informationstransfer von Nucleinsäure zu Nucleinsäure oder von Nucleinsäure zu Protein kann möglich sein, unmöglich ist jedoch der Transfer von Protein zu Protein oder von Protein zu Nucleinsäure. Information bedeutet hier die genaue Festlegung einer Sequenz, sei es in Form von Basen in der Nucleinsäure oder in Form von Aminosäuren in einem Protein.

Francis Crick, 1958

7. Messenger-RNA

Das **zentrale Dogma** definiert das Paradigma der Molekularbiologie: Gene werden als Nucleinsäuresequenzen dauerhaft erhalten und vermehrt, ihre Funktion erfüllen sie jedoch durch die Ausprägung (Expression) in Form von Proteinen. Drei verschiedene Vorgänge sind für die Vererbung genetischer Information sowie für deren Umwandlung von einer Form in die andere verantwortlich:

◆ Die **Replikation** sorgt für die *dauerhafte Erhaltung* der Information; eine doppelsträngige Nucleinsäure wird bei diesem Vorgang zu identischen Kopien verdoppelt.

Die *Expression* der Information erfolgt in einem zweistufigen Prozeß.

◆ Bei der **Transkription** entsteht eine einzelsträngige RNA, deren Sequenz mit einem Strang der DNA-Doppelhelix übereinstimmt. Die Transkription bringt verschiedene Arten von RNA hervor; die drei wichtigsten an der Proteinsynthese beteiligten Klassen sind:
  - die **Messenger-RNA (mRNA)**
  - die **Transfer-RNA (tRNA)**
  - die **ribosomale RNA (rRNA)**

◆ Bei der **Translation** wird die Nucleotidsequenz der RNA in die Abfolge von Aminosäuren eines Proteins übertragen. Eine mRNA wird in eine Proteinsequenz übersetzt, tRNA und rRNA stellen weitere Komponenten des Proteinsyntheseapparats. Die mRNA wird nicht in ihrer gesamten Länge übersetzt; alle mRNA-Moleküle besitzen aber mindestens eine **codierende Region**, die aufgrund des genetischen Codes einer bestimmten Proteinsequenz zugeordnet ist: Jedes Nucleotidtriplett (Codon) der codierenden Region steht für eine Aminosäure.

Das Konzept eines genetischen Codes entwickelte sich gemeinsam mit der Vorstellung, am Translationsvorgang müsse eine von der DNA getrennte **Matrize** beteiligt sein. (Da in einer Eukaryotenzelle das genetische Material im Zellkern physikalisch vom Ort der Proteinsynthese im Cytoplasma getrennt ist, konnte offensichtlich nicht die DNA *selbst* in Protein übersetzt werden. Es mußte ein Vermittler vorhanden sein, der die Information von einem Zellkompartiment zum anderen befördert.)

Die Bezeichnung der Matrize als „Messenger-RNA" („Boten-RNA") spiegelt somit ihre Funktion wider. Sie wird im Zellkern einer Eukaryotenzelle durch Transkription der DNA gebildet und dann ins Cytoplasma transportiert, wo ihre Translation in Protein erfolgt. Die eukaryotische Zelle besitzt in ihrem Zellkern gewissermaßen ein „Master-Set" aller Sequenzen, wohingegen ein „Arbeits-Set" jeweils aus cytoplasmatischen mRNA-Kopien jener Sequenzen besteht, die exprimiert werden sollen. In Bakterien finden Transkription und Translation selbstverständlich in ein und demselben Kompartiment statt.

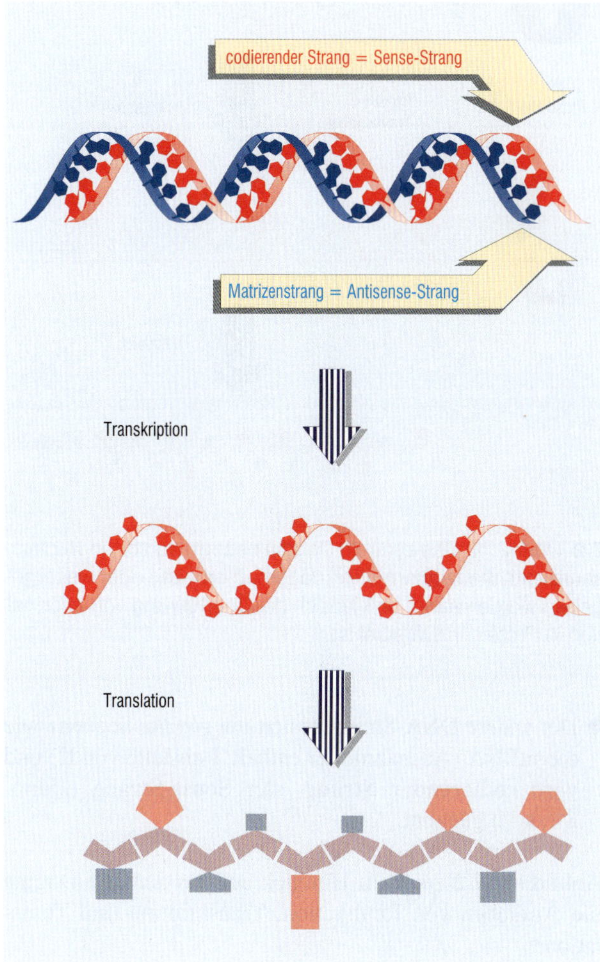

7.1 *Übersicht*: Durch Transkription entsteht eine RNA, die komplementär zum DNA-Matrizenstrang und sequenzgleich zum codierenden Strang der DNA ist. Bei der Translation wird jedes Basentriplett in eine Aminosäure übersetzt. Drei Windungen der DNA-Doppelhelix umfassen 30 bp, die zehn Aminosäuren codieren.

Nur ein Strang der DNA-Doppelhelix wird in Messenger-RNA transkribiert. Wie Abbildung 7.1 veranschaulicht, lassen sich die beiden DNA-Stränge wie folgt unterscheiden:

◆ Der DNA-Strang, der die mRNA-Synthese über komplementäre Basenpaarung steuert, wird als **Matrizenstrang** oder **Antisense-Strang** (vom englischen *antisense* für „Gegen-Sinn") bezeichnet. (Wie wir später noch sehen werden, dient der Begriff „Antisense" zur allgemeinen Beschreibung einer zur mRNA komplementären DNA- oder RNA-Sequenz.)

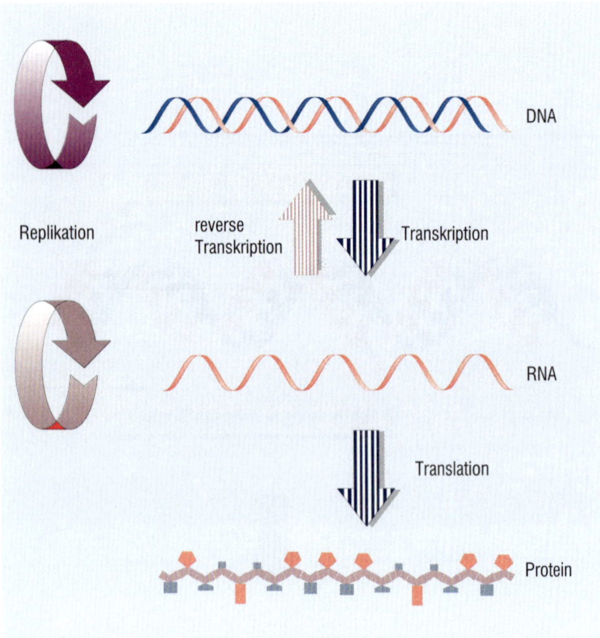

7.2 *Übersicht*: Das zentrale Dogma besagt, daß die in Nucleinsäure enthaltene Information dauerhaft erhalten oder weitergegeben werden kann, daß jedoch die Überführung von Information in Protein irreversibel ist.

- Der andere DNA-Strang besitzt die *gleiche* Sequenz wie die mRNA (Ausnahme: er enthält T anstelle von U) und wird **codierender Strang** oder **Sense-Strang** („Sinn-Strang") genannt.

Abbildung 7.2 zeigt im Hinblick auf das zentrale Dogma die Aufgaben von Replikation, Transkription und Translation:

- *Die Vermehrung und Erhaltung von genetischem Material kann auf der Basis von DNA oder RNA erfolgen* (siehe Abbildung 6.25). Zellen verwenden ausschließlich DNA, einige Viren hingegen RNA; die Replikation der viralen RNA erfolgt in der infizierten Zelle.
- *Die Expression zellulärer genetischer Information verläuft in der Regel unidirektional, das heißt nur in eine Richtung*. Durch Transkription von DNA entstehen RNA-Moleküle, die *nur* zur Synthese von Proteinsequenzen weiterverwendet werden; sie können im allgemeinen nicht zum Zwecke der Speicherung genetischer Information genutzt werden. Die Translation von RNA in Protein ist immer irreversibel.

Die Beschränkung auf einen unidirektionalen Informationsfluß von DNA zu RNA ist nicht absolut. Sie gilt nicht für **Retroviren**, deren Genome aus einzelsträngigen RNA-Molekülen bestehen. Während des Infektionszyklus wird die RNA durch **reverse Transkription** in einen DNA-Einzelstrang umgeschrieben, aus dem wiederum eine doppelsträngige DNA entsteht. Diese DNA-Doppelhelix wird Teil des Zellgenoms und somit wie jedes andere Gen vererbt. *Die reverse Transkription ermöglicht also die Wiedergewinnung und Verwendung einer RNA-Sequenz als Träger genetischer Information.*

Die Existenz von RNA-Replikation und reverser Transkription begründet das allgemeine Prinzip, daß *Information in Form einer Nucleinsäuresequenz des RNA- oder DNA-Typs in den jeweils anderen Typ umgewandelt werden kann.* Im Normalfall stützt sich die Zelle jedoch auf die Vorgänge der DNA-Replikation, Transkription und Translation. Nur selten (möglicherweise durch ein RNA-Virus vermittelt) wird Information in Form einer zellulären RNA wieder zurückgewonnen und in das Genom eingesetzt. Obwohl die reverse Transkription im normalen Zellgeschehen keine Rolle spielt, könnte dieser Mechanismus für die Evolution des Genoms durchaus von Bedeutung sein. (Dieser Punkt wird ausführlicher in Kapitel 19 behandelt.)

7.1 Transfer-RNA ist der Adapter

Für die Untersuchung des Apparats, der in der Zelle für die Translation der Messenger-RNA verantwortlich ist, bieten sich zellfreie Systeme zur *in vitro*-Synthese von Proteinen an. Solche Systeme können als Extrakte gewonnen werden, indem man Zellen aufbricht und die erhaltene Mischung zentrifugiert, um Bestandteile wie Zellwände, Membranfragmente und Kerne (bei eukaryotischen Zellen) zu entfernen. Stellt man eine geeignete Energiequelle und erforderliche Synthesebausteine zur Verfügung, so ist der Überstand (oder aus ihm gereinigte Bestandteile) zur Translation einer hinzugefügten mRNA fähig. Ferner vermag ein proteinsynthetisierendes System des einen Zelltyps die mRNA eines anderen zu übersetzen – ein Beweis dafür, daß der Vorgang universelle Gültigkeit hat.

Jedes Nucleotidtriplett der mRNA repräsentiert eine Aminosäure. Da Trinucleotid und Aminosäure strukturell nicht übereinstimmen, stellt sich sofort die Frage, wie jedes Codon seiner entsprechenden Aminosäure zugeordnet wird. Noch bevor der genetische Code in seiner exakten Form entdeckt war, schlug Francis Crick vor, die Translation könne durch ein „Adapter"-Molekül vermittelt werden. Dieser Adapter ist die **Transfer-RNA** (**tRNA**), ein kleines Molekül, dessen Polynucleotidkette nur 75 bis 85 Basen lang ist.

Eine tRNA besitzt zwei entscheidende Eigenschaften:

- Sie repräsentiert eine einzige Aminosäure, mit der sie *kovalent verbunden* ist.
- Sie enthält eine Trinucleotidsequenz, das **Anticodon**, welches *komplementär zu dem Codon ist, das die Aminosäure dieser tRNA repräsentiert*. Das Anticodon ermöglicht der tRNA, das Codon mittels komplementärer Basenpaarung zu erkennen.

Alle tRNAs haben gewisse gemeinsame Merkmale, darunter auch ihre Sekundär- und Tertiärstruktur. Sie besitzen „ungewöhnliche" Basen, die durch Modifikation der vier

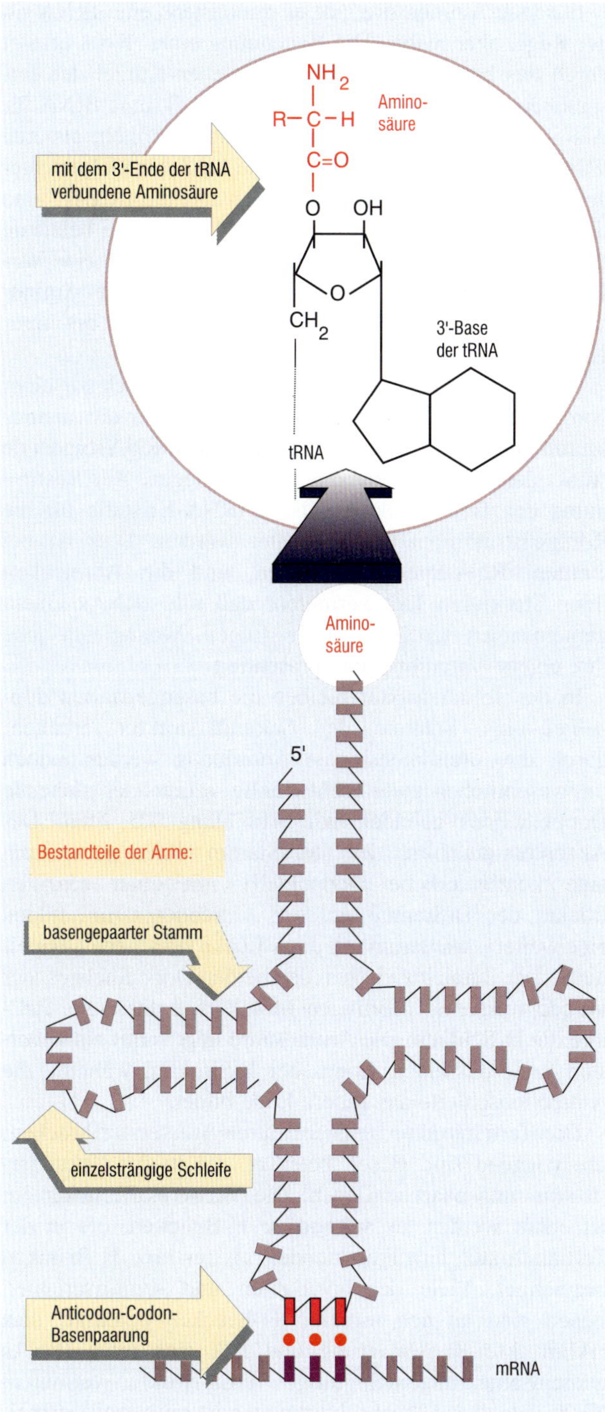

7.3 Eine tRNA besitzt die Doppelfunktion eines Adapters: Sie erkennt sowohl die Aminosäure als auch das Codon. Das 3'-Adenosin der tRNA ist kovalent mit einer Aminosäure verbunden; das Anticodon lagert sich über Basenpaarung an das Codon der mRNA an.

Standardbasen nach Synthese der Polynucleotidkette entstehen. Die Sekundärstruktur der tRNA läßt sich, wie Abbildung 7.3 zeigt, in Form eines **Kleeblattes** schreiben. Durch komplementäre Basenpaarung werden dabei **Stämme** für einzelsträngige **Schleifen** gebildet. Die

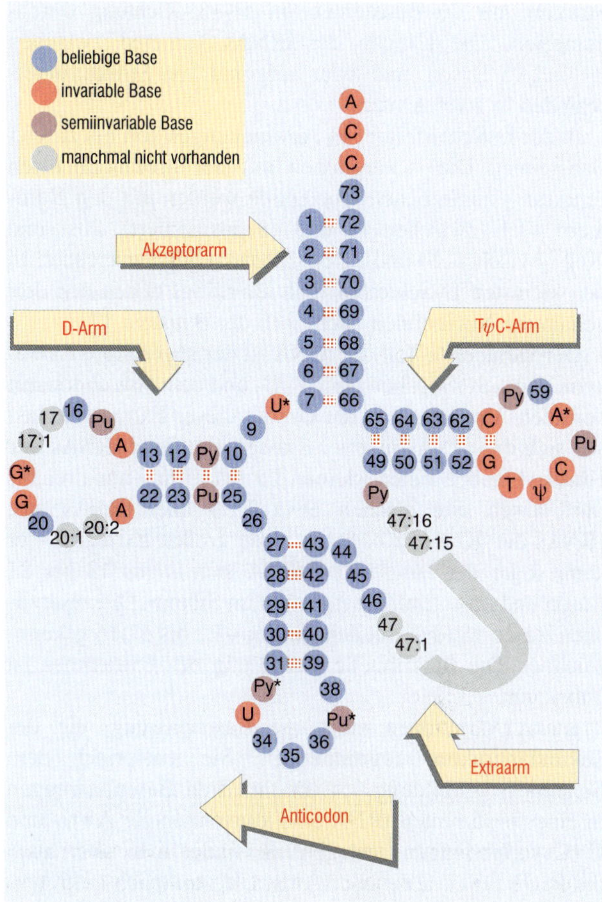

7.4 Das tRNA-Kleeblatt besitzt invariable und semiinvariable Basen sowie eine Reihe konservierter Basenpaarungsinteraktionen (rote Punkte).

Stamm-Schleife-Strukturen (*stem-loop*) werden als **Arme** der tRNA bezeichnet.

Der Aufbau des Kleeblattes ist etwas detaillierter in Abbildung 7.4 dargestellt. Die vier Hauptarme sind nach ihrer Struktur oder ihrer Funktion benannt:

- Der **Akzeptorarm** besteht aus einem basengepaarten Stamm. Dieser endet in einer ungepaarten Sequenz, deren freie 2'- oder 3'-OH-Gruppe mit einer Aminosäure verknüpft werden kann.
- Der **TψC-Arm** ist nach der darin vorkommenden Triplettsequenz benannt. (*ψ* steht für Pseudouridin, eine modifizierte Base.)
- Der **Anticodonarm** enthält im Zentrum der Schleife immer das Anticodontriplett.
- Der **D-Arm** verdankt seinen Namen der dort auftretenden Base Dihydrouridin (einer weiteren modifizierten tRNA-Base).

Das Numerierungssystem für tRNA-Moleküle veranschaulicht die Konstanz dieser Struktur. Die Positionen werden, entsprechend der am häufigsten vorkommenden tRNA-

Struktur mit 76 Bausteinen, in 5′→3′-Richtung durchnumeriert. Die Längen der tRNAs variieren zwischen 74 und 95 Basen, und zwar aufgrund von Strukturunterschieden in zwei Armen.

In der D-Schleife gibt es Abweichungen von bis zu vier Bausteinen. Die – verglichen mit der gebräuchlichsten Struktur – zusätzlichen Nucleotide werden mit den Nummern 17:1 (zwischen 17 und 18 positioniert), 20:1 und 20:2 (zwischen 20 und 21 positioniert) gekennzeichnet. In den kleinsten D-Schleifen fehlt allerdings neben den drei genannten Nucleotiden auch noch der Baustein 17.

Der variabelste Teil der tRNA ist der sogenannte **Extraarm**, der sich zwischen dem TψC- und dem Anticodonarm befindet. Abhängig von der Gestalt dieses Extraarmes lassen sich die tRNAs in zwei Klassen einteilen: **tRNAs der Klasse 1** haben einen kleinen Extraarm aus nur drei bis fünf Basen. Sie machen etwa 75 % aller tRNAs aus. **tRNAs der Klasse 2** besitzen einen großen Extraarm – er kann sogar der längste der tRNA sein – aus 13 bis 21 Basen und etwa fünf Basenpaaren im Stamm. Die zusätzlichen Basen werden mit den Ziffern 47:1 bis 47:16 gekennzeichnet. Die funktionelle Bedeutung des Extraarmes ist unbekannt.

Kaum Variationen zeigt die Basenpaarung, die der Sekundärstruktur zugrundeliegt. Sie entspricht dem Schema in Abbildung 7.4. Die meisten Basenpaarungen in einer bestimmten tRNA sind konventionelle A•U- und G•C-Verbindungen; gelegentlich findet man aber auch die Paare G•U, G•ψ oder A•ψ. Die zusätzlich auftretenden Basenpaare sind zwar weniger stabil als die regulären, erlauben aber dennoch die Ausbildung doppelhelikaler Strukturen in der RNA.

Vergleicht man tRNA-Sequenzen miteinander, so findet man an manchen Stellen **invariable** (oder **konservierte**) Basen; fast immer befindet sich an dieser Position also eine ganz bestimmte Base. Diese sind in der in Abbildung 7.4 dargestellten Sequenz entsprechend gekennzeichnet. Mit zunehmender Zahl sequenzierter tRNAs sind aber auch in Positionen, die bis dahin gänzlich invariabel zu sein schienen, gelegentliche Abweichungen festzustellen. Aus praktischen Gründen bezeichnet man daher eine Position dann als invariabel, wenn die entsprechende Base in über 90 bis 95 % aller tRNAs vorkommt. Manchmal sind die Ausnahmen individueller Art, manchmal lassen sie sich aber auch in Gruppen einteilen, die jeweils die Besonderheit einer bestimmten Zelle repräsentieren.

Einige Positionen werden als **semiinvariabel** (oder **semikonserviert**) bezeichnet, weil sie offensichtlich nur einem Basentyp (entweder Purin oder Pyrimidin) vorbehalten sind, jedoch beide Basen des jeweiligen Typs zulassen.

Ist eine tRNA mit der ihrem Anticodon entsprechenden Aminosäure **beladen**, so wird sie als **Aminoacyl-tRNA** bezeichnet. Die Aminosäure ist mit der letzten Base am 3′-Ende der tRNA (immer Adenin) verbunden; die Verknüpfung erfolgt über eine Esterbindung zwischen der Carboxylgruppe der Aminosäure und der 2′- oder 3′-Hydroxylgruppe der Ribose der Base am 3′-Ende.

Für jede Aminosäure gibt es mindestens eine tRNA (in der Regel aber mehr). Die Benennung einer tRNA erfolgt durch das hochgestellte Drei-Buchstaben-Kürzel der entsprechenden Aminosäure. $tRNA^{Ala}$ ist z. B. eine tRNA für Alanin. Gibt es für die gleiche Aminosäure mehr als eine tRNA, so werden sie durch tiefgestellte Zahlen unterschieden. Zwei tRNAs für Tyrosin werden also mit $tRNA_1^{Tyr}$ und $tRNA_2^{Tyr}$ bezeichnet. Eine mit einer Aminosäure beladene tRNA – also eine Aminoacyl-tRNA – wird durch eine Vorsilbe gekennzeichnet, die für die entsprechende Aminosäure steht. Ala-tRNA steht für $tRNA^{Ala}$, die mit ihrer Aminosäure beladen ist.

Die Sekundärstruktur jeder tRNA faltet sich zu einer kompakten L-förmigen Tertiärstruktur, in der das aminosäurebindende 3′-Ende und das an die mRNA bindende Anticodon weit voneinander entfernt liegen. Zur Bestimmung der Tertiärstruktur müssen tRNA-Kristalle für die Röntgenstrukturanalyse gezüchtet werden. Dies ist bei einigen tRNA-Spezies gelungen, und die Ähnlichkeit ihrer Strukturen läßt vermuten, daß alle tRNAs einem gemeinsamen tertiären Motiv folgen, wenngleich jede ihre eigene Variation dabei präsentiert.

In der Tertiärstruktur bleiben die basengepaarten doppelhelikalen Stämme der Sekundärstruktur erhalten; durch ihre dreidimensionale Anordnung werden jedoch im wesentlichen zwei rechtwinklig zueinander stehende Doppelhelices gebildet, wie Abbildung 7.5 zeigt. Der Akzeptorstamm und der TψC-Stamm bilden gemeinsam eine kontinuierliche Doppelhelix mit einer einzigen Lücke; der D-Stamm und der Anticodonstamm bilden eine weitere, wiederum mit einer Lücke versehene Doppelhelix. Der Bereich zwischen den beiden Doppelhelices, der Wendepunkt des L-förmigen Moleküls, enthält die TψC- und die D-Schleife. Die Aminosäure liegt somit am äußersten Ende des einen Armes der L-Struktur, während die Anticodonschleife das andere Ende bildet.

Die Tertiärstruktur entsteht durch Wasserstoffbrücken; überwiegend sind Basen beteiligt, die in der Sekundärstruktur ungepaart vorliegen. Die Wasserstoffbrücken im Kleeblatt werden als **sekundäre H-Brücken**, die in der Tertiärstruktur hinzukommenden als **tertiäre H-Brücken** bezeichnet. Viele der invariablen und semiinvariablen Basen sind an den tertiären H-Brücken beteiligt; dies erklärt ihre Konservierung und läßt eine allen tRNAs gemeinsame, allgemeingültige Tertiärstruktur vermuten. Nicht jede dieser Wechselwirkungen ist universell verbreitet, dennoch lassen sie wahrscheinlich das *allgemeine* Muster erkennen, das dem Aufbau der tRNA-Struktur zugrundeliegt.

In Abbildung 7.6 ist ein Strukturmodell der Hefe-$tRNA^{Phe}$ dargestellt. Andere tRNAs zeigen davon abweichende Strukturen. So löst sich das Dilemma, daß zwar alle tRNAs von ähnlicher Gestalt sein müssen, es aber dennoch möglich sein muß, Unterschiede zwischen ihnen zu erkennen. Bei der $tRNA^{Asp}$ beispielsweise ist der Winkel zwischen den beiden Achsen geringfügig größer, so daß das Molekül eine etwas offenere Konformation besitzt.

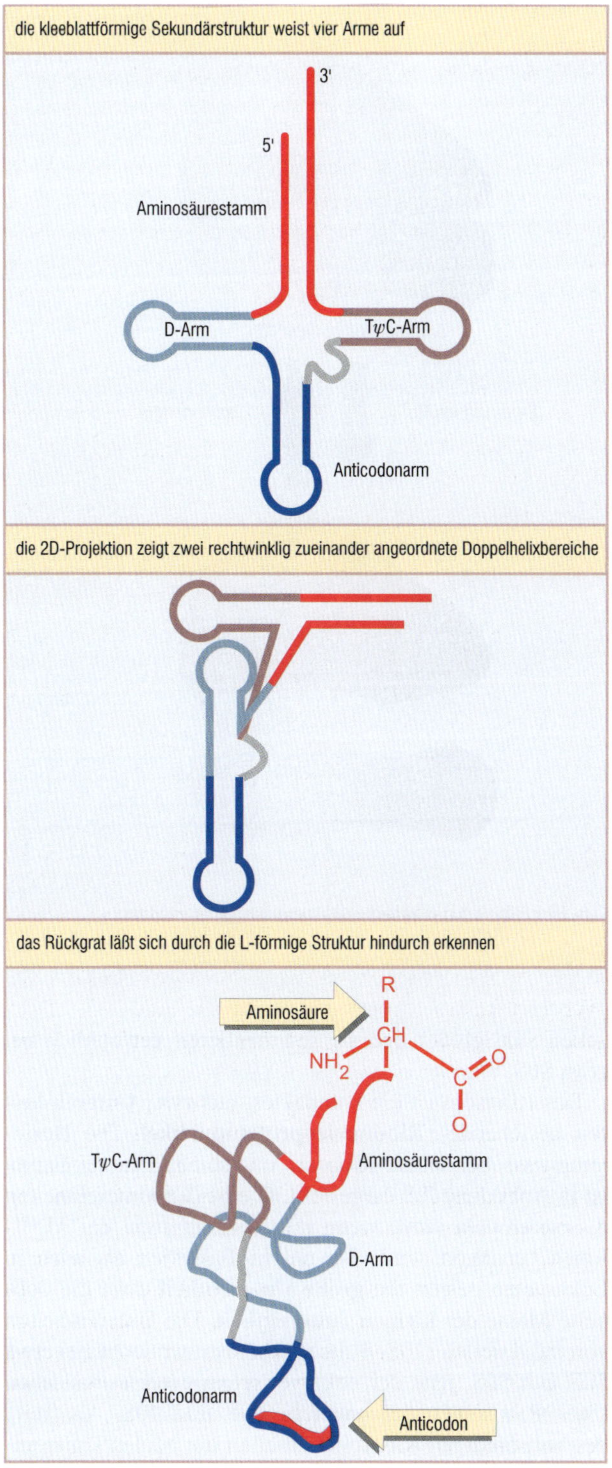

7.5 Transfer-RNA faltet sich zu einer kompakten L-förmigen Tertiärstruktur, in der sich die Aminosäure an einem und das Anticodon am anderen Ende des Moleküls befinden.

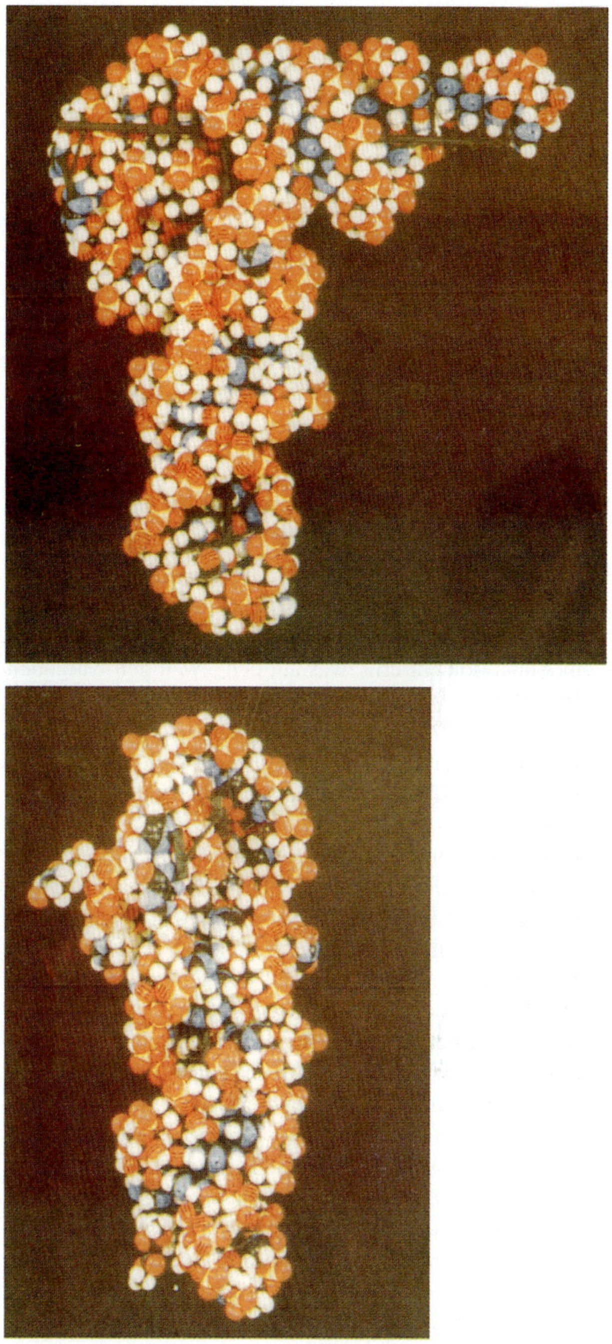

7.6 Das dreidimensionale Kalottenmodell verdeutlicht die kompakte Tertiärstruktur der $tRNA^{Phe}$. Die beiden Ansichten der tRNA sind um 90° zueinander gedreht. Die Ansicht im Bild oben entspricht der unteren Graphik in Abbildung 7.5. (Aufnahmen mit freundlicher Genehmigung von S. H. Kim.)

Die durch Röntgenstrukturanalyse sichtbar gemachte Struktur stellt eine stabilisierte Form des Moleküls dar. In Lösung oder assoziiert mit Proteinen zeigt es hingegen eine gewisse Flexibilität. Unter diesen beiden Bedingungen kann sich die Konformation der tRNA verändern; es ist jedoch noch nicht bekannt, wie diese Veränderungen mit der kristallinen Struktur zusammenhängen.

Die Struktur läßt eine allgemeine Schlußfolgerung hinsichtlich der Funktion der tRNA zu. *Die Stellen, die spezielle Funktionen erfüllen, liegen in maximaler Entfer-*

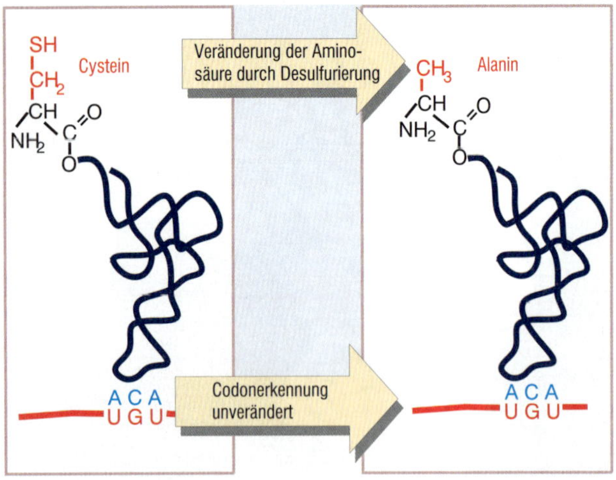

7.7 Die Bedeutung der tRNA wird durch ihr Anticodon und nicht durch ihre Aminosäure bestimmt.

nung zueinander. Die Aminosäure ist so weit wie möglich vom Anticodon entfernt, was mit den jeweiligen Aufgaben bei der Proteinsynthese in Einklang steht (Kapitel 8). Analog den aktiven Zentren eines Proteins bietet die tRNA mittels ihrer Struktur unterschiedliche Bereiche und kann somit den verschiedenartigen an sie gestellten Anforderungen gerecht werden.

Der Beladevorgang einer tRNA wird von einem besonderen Enzym, der **Aminoacyl-tRNA-Synthetase**, katalysiert. Es gibt (mindestens) 20 Aminoacyl-tRNA-Synthetasen. Jede erkennt eine einzige Aminosäure und all die entsprechenden tRNAs, die mit dieser beladen werden können.

Genügt die Sequenz des Anticodons, damit die Aminoacyl-tRNA das richtige Codon erkennt? Abbildung 7.7 zeigt einen Versuch diese Frage zu klären. Durch reduktive Desulfurierung wird die Aminosäure der Cysteinyl-tRNA in Alanin umgewandelt; es entsteht eine Alanyl-$tRNA^{Cys}$. Die tRNA besitzt ein Anticodon, das an das Codon UGU bindet. Die Veränderung der Aminosäure hat keinen Einfluß auf die Spezifität der Anticodon-Codon-Wechselwirkung; anstelle von Cystein wird daher der Alaninrest in das Protein eingebaut. *Die Aminosäure spielt für die Spezifität einer bereits beladenen tRNA keine Rolle mehr. Diese wird ausschließlich durch das Anticodon bestimmt.*

7.2 Messenger-RNA wird von Ribosomen translatiert

Die Translation einer mRNA in eine Polypeptidkette wird von einem **Ribosom** katalysiert. Üblicherweise werden Ribosomen durch ihre (ungefähre) Sedimentationsgeschwindigkeit charakterisiert (gemessen in Svedberg-Einheiten (abgekürzt S); ein höherer S-Wert zeigt eine höhere Sedimentationsrate und eine größere Masse an). Bakterielle Ribosomen sedimentieren im allgemeinen bei etwa 70S. Die Ribosomen im Cytoplasma höherer Eukaryotenzellen sind größer und sie sedimentieren gewöhnlich bei etwa 80S.

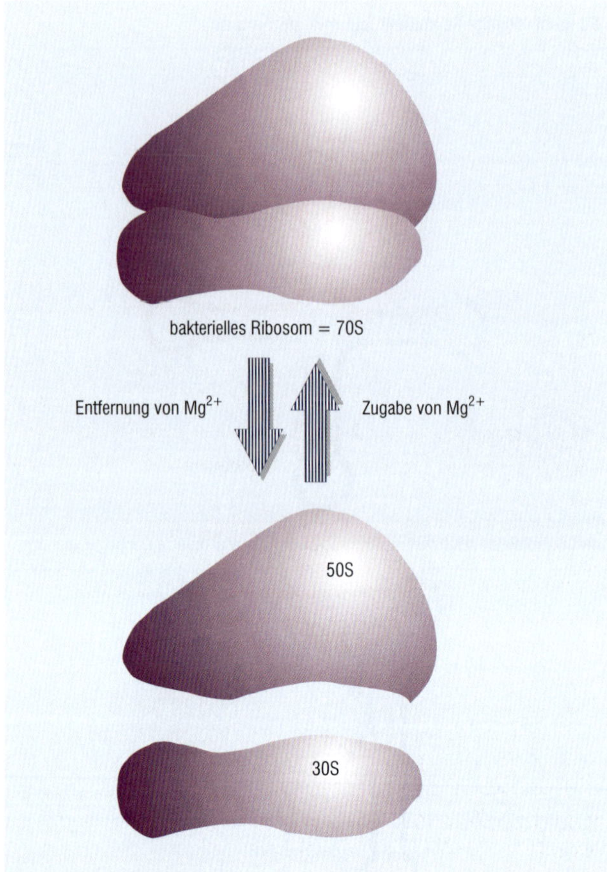

7.8 Ein Ribosom besteht aus zwei Untereinheiten.

Das Ribosom ist ein kompaktes, aus zwei **Untereinheiten** bestehendes **Ribonucleoproteinpartikel**. Die Beziehung zwischen einem Ribosom und seinen Untereinheiten ist in Abbildung 7.8 dargestellt. Die beiden Untereinheiten dissoziieren *in vitro*, wenn die Konzentration der Mg^{2+}-Ionen verringert wird. Sowohl in Bakterien als auch in Eukaryoten besitzt die **große Untereinheit** etwa die doppelte Masse der **kleinen Untereinheit.** Die Untereinheiten von bakteriellen (70S-)Ribosomen sedimentieren bei etwa 50S und 30S, jene der eukaryotischen cytoplasmatischen (80S-)Ribosomen bei ungefähr 60S und 40S. Als Teile des vollständigen Ribosoms arbeiten die beiden Untereinheiten zusammen; bei der Proteinsynthese führen sie jedoch unterschiedliche Reaktionen aus.

Alle Ribosomen eines bestimmten Zellkompartiments sind identisch. *Sie synthetisieren verschiedene Proteine, indem sie sich mit den unterschiedlichen mRNAs verbinden, welche die eigentlichen codierenden Sequenzen enthalten.*

Das Ribosom schafft die Umgebung, welche die Erkennung zwischen einem Codon der mRNA und einem Anticodon der tRNA steuert. Während es die Sequenz einer codierenden Region von deren Anfang bis zu deren Ende

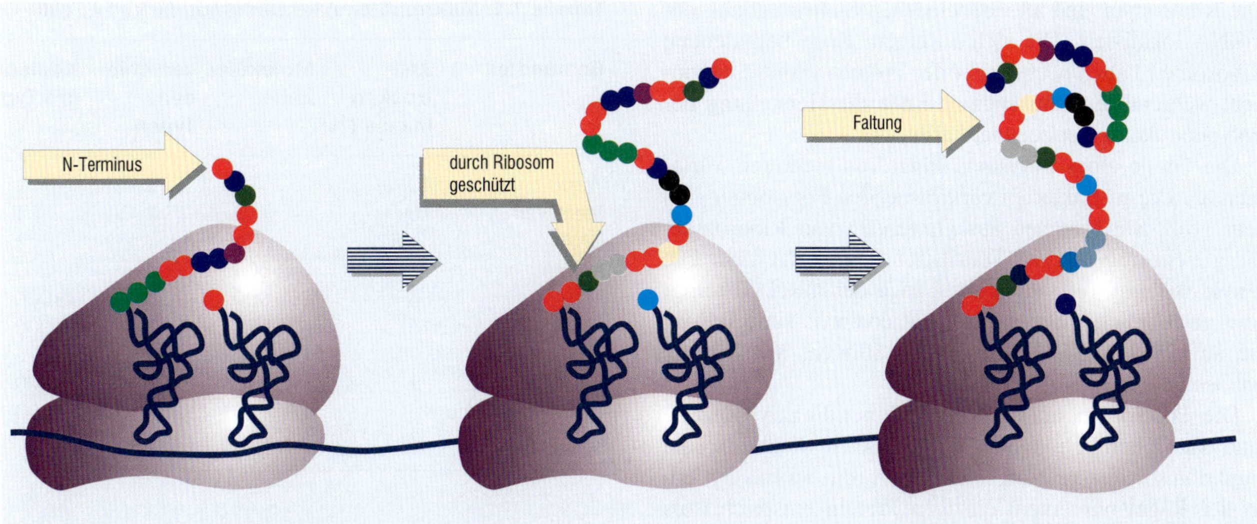

7.9 Ein Polyribosom besteht aus einer mRNA, die gleichzeitig von mehreren, sich in 5′→3′-Richtung fortbewegenden Ribosomen translatiert wird. Jedes Ribosom hat zwei tRNA-Moleküle; das erste trägt die zuletzt an die Kette angehängte Aminosäure (und mit ihr das naszierende Protein, also die bisher synthetisierte Polypeptidkette), das zweite die neu hinzuzufügende Aminosäure.

als eine Reihe aneinandergrenzender Tripletts liest, schreitet die Proteinsynthese voran. *Ein Protein entsteht durch schrittweises Hinzufügen von Aminosäuren in der Richtung vom N-Terminus zum C-Terminus, während das Ribosom an der mRNA entlangwandert.*

Die Bindung eines Ribosoms an die mRNA erfolgt am 5′-Ende eines codierenden Abschnitts oder in dessen Nähe. Während es sich in Richtung 3′-Ende auf der mRNA entlangbewegt, übersetzt es jedes Triplett in eine Aminosäure. An jedem Codon bindet die passende Aminoacyl-tRNA an das Ribosom und fügt ihre Aminosäure an die Polypeptidkette an. Das Ribosom kann zu jedem Zeitpunkt zwei Aminoacyl-tRNAs aufnehmen, die zwei benachbarten Codons entsprechen, und ermöglicht so die Bildung einer Peptidbindung zwischen den entsprechenden Aminosäuren. Mit jedem Schritt wächst die Polypeptidkette um eine Aminosäure.

Werden aktive Ribosomen als Fraktion isoliert, die mit neusynthetisierten Proteinen assoziiert ist, so liegen sie in Form von Komplexen vor, die aus jeweils einer mRNA und mehreren Ribosomen bestehen. Dies sind die sogenannten **Polyribosomen** oder **Polysomen.** Während die 30S-Untereinheit jedes Ribosoms mit der mRNA verbunden ist, trägt die 50S-Untereinheit das neusynthetisierte Protein. Die tRNA erstreckt sich über beide Untereinheiten.

Im Polysom synthetisiert jedes Ribosom unabhängig von den anderen ein einziges Polypeptid, während es an der Messenger-Sequenz entlangwandert. Die mRNA ist daher mit einer Reihe von Ribosomen besetzt, die sich vom 5′-Ende zum 3′-Ende der mRNA bewegen, während ihre Proteinprodukte zunehmend länger werden. Dies macht Abbildung 7.9 deutlich. Eine gerade entstehende Polypeptidkette wird bisweilen auch als **naszierendes Protein** bezeichnet.

Etwa die letzten 30 bis 35 Aminosäuren, die an eine wachsende Polypeptidkette angefügt werden, sind durch die Struktur des Ribosoms vor der Umgebung geschützt. Der gesamte vorhergehende Teil ragt wahrscheinlich frei heraus und kann damit beginnen, sich in die richtige Konformation zu falten. Proteine können daher bereits Teile der endgültigen Konformation zeigen, bevor ihre Synthese beendet ist.

Eine klassische elektronenmikroskopische Darstellung von Ribosomen zeigt Abbildung 7.10. Das Protein Globin wird von jeweils fünf mit einer mRNA verbundenen Ribosomen (Pentasomen) synthetisiert. Die Ribosomen haben (annähernd) die Form von zusammengedrückten kugeligen Gebilden mit sieben Nanometer (70 Å) Durchmesser, die durch einen mRNA-Faden miteinander verbunden sind.

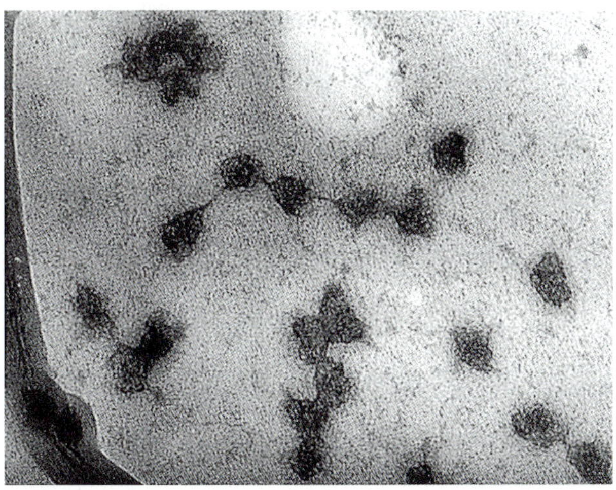

7.10 Die Proteinsynthese findet an Polysomen statt. (Aufnahme mit freundlicher Genehmigung von Alex Rich.)

Die Ribosomen sind an verschiedenen Stellen entlang der mRNA lokalisiert. Die sich an einem Ende befindenden Ribosomen haben soeben mit der Proteinsynthese begonnen, während jene am anderen Ende die Herstellung der Polypeptidkette fast beendet haben.

Die Größe eines Polysoms hängt von mehreren Variablen ab. Die in Bakterien vorkommenden Polysomen sind sehr groß. Sie bestehen aus Dutzenden von Ribosomen, die gleichzeitig mit der Translation beschäftigt sind. Die Größe ist zum Teil durch die Länge der mRNA bedingt (die gewöhnlich mehrere Proteine codiert); zum Teil ist sie auf die hohe Effizienz zurückzuführen, mit der die Ribosomen an die mRNA binden.

Die Polysomen im Cytoplasma einer Eukaryotenzelle sind wahrscheinlich kleiner. Ihre Größe ist wiederum eine Funktion sowohl der Länge der mRNA (die bei Eukaryoten in der Regel nur einem einzigen Protein entspricht) als auch der jeweils charakteristischen Frequenz, mit der Ribosomen an sie binden. Die durchschnittliche eukaryotische mRNA ist wahrscheinlich mit etwa acht Ribosomen gleichzeitig besetzt.

Der Ribosomenzyklus ist in Abbildung 7.11 dargestellt. Ribosomen werden aus einem Pool (englisch für „Bestand, Vorrat") entnommen (der eigentlich aus ribosomalen Untereinheiten besteht), sorgen dann für die Translation einer mRNA und kehren anschließend wieder in den Pool zurück, wo sie für weitere Translationsrunden verfügbar sind. Die Zahl der Ribosomen, die an einem mRNA-Molekül ein bestimmtes Protein synthetisieren, ist weder bei Bakterien noch bei Eukaryoten genau festgelegt; sie unterliegt vielmehr statistischen Schwankungen und wird durch die beiden Variablen mRNA-Länge und Effizienz bestimmt.

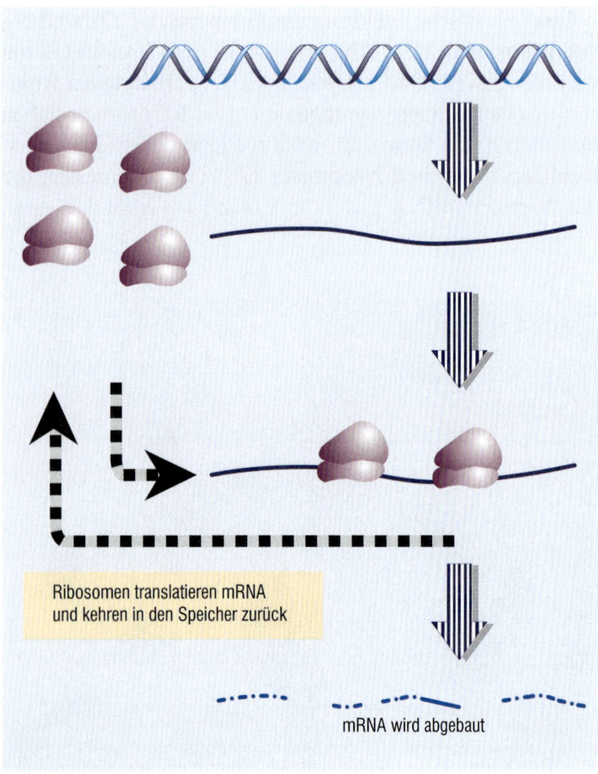

7.11 Messenger-RNA wird von Ribosomen translatiert, die zyklisch ein Pool-System durchlaufen.

Tabelle 7.1: Makromolekulare Bestandteile von *E. coli*

Bestandteil	Zell-trocken-masse (%)	Moleküle/ Zelle	verschie-dene Typen	Kopien pro Typ
Wand	10	1	1	1
Membran	10	2	2	1
DNA	1,5	1	1	1
mRNA	1	1 500	600	2–3
tRNA	3	200 000	60	>3 000
rRNA	16	38 000	2	19 000
ribosomale Proteine	9	10^6	52	19 000
lösliche Proteine	46	$2{,}0 \times 10^6$	1 850	>1 000
kleine Moleküle	3	$7{,}5 \times 10^6$	800	

Welche Bedeutung der Proteinsynthese in einem intakten Bakterium zukommt, geht aus Tabelle 7.1 hervor. Die etwa 20 000 Ribosomen machen ein Viertel der Zellmasse aus. Von jeder tRNA gibt es über 3 000 Kopien, und in ihrer Gesamtheit übertreffen sie die Zahl der Ribosomen um fast das Zehnfache; sie liegen überwiegend als Aminoacyl-tRNAs vor, sind also sofort zur Proteinsynthese einsetzbar. Die Anzahl der mRNA-Moleküle ist aufgrund ihrer Instabilität schwer zu bestimmen; ein vernünftiger Schätzwert liegt bei etwa 1 500 sich in unterschiedlichen Auf- und Abbaustadien befindenden Molekülen. Es gibt etwa 600 verschiedene Arten von mRNA in einem Bakterium. Dies läßt vermuten, daß von einer bestimmten mRNA nur zwei bis drei Kopien pro Bakterium vorliegen. Jede codiert wahrscheinlich durchschnittlich etwa drei Proteine. Geht man von 1 850 verschiedenen löslichen Proteinen aus, so müssen in einem Bakterium im Durchschnitt mehr als 1 000 Kopien von jedem Protein vorhanden sein.

7.3 Der Lebenszyklus der Messenger-RNA

Die Messenger-RNA hat in allen Zellen die gleiche Funktion; dennoch gibt es zwischen Prokaryoten und Eukaryoten wichtige Unterschiede, betrachtet man Synthese und Struktur der jeweiligen mRNAs im Detail.

Ein wesentlicher Unterschied bei der mRNA-Synthese hängt mit den Orten zusammen, an denen Transkription und Translation stattfinden:

- In Bakterien wird die mRNA in dem einzig vorhandenen Zellkompartiment transkribiert und translatiert; die beiden Vorgänge sind überdies so eng miteinander verknüpft, daß sie gleichzeitig ablaufen. Da Ribosomen bereits an die bakterielle mRNA binden, bevor diese vollständig transkribiert ist, hängt das entstehende Polysom mit großer Wahrscheinlichkeit noch mit der DNA zusammen. Bakterielle mRNA ist gewöhnlich instabil und wird daher nur für kurze Zeit (typischerweise einige Minuten) in Proteine translatiert.

- In einer Eukaryotenzelle finden Synthese und Reifung der mRNA ausschließlich im Zellkern statt. Erst nach Abschluß dieser Vorgänge wird die mRNA ins Cytoplasma geschleust und dort von Ribosomen translatiert. Die eukaryotische mRNA ist stabiler und steht über mehrere Stunden hinweg für die Translation zur Verfügung.

Eine vergleichende Gegenüberstellung der Transkriptions- und Translationsvorgänge in Bakterien bzw. Eukaryotenzellen erfolgt in den Abbildungen 7.12 und 7.14.

Abbildung 7.12 macht die enge Verknüpfung zwischen Transkription und Translation in Bakterien deutlich. Die Transkription beginnt, sobald das Enzym RNA-Polymerase an die DNA bindet und, während es an ihr entlanggleitet, einen Strang der DNA kopiert. Mit Einsetzen der Transkription heften sich Ribosomen an das 5′-Ende der mRNA und beginnen mit der Translation, noch bevor das Botenmolekül fertig synthetisiert ist. Eine Traube von Ribosomen bewegt sich an der mRNA entlang, während diese entsteht. Das 3′-Ende der mRNA wird bei Beendigung der Transkription gebildet. Solange die mRNA existiert, wird sie von Ribosomen translatiert; das Molekül unterliegt jedoch einem recht schnellen Abbau in 5′→3′-Richtung. Synthese, Translation durch die Ribosomen und Abbau der mRNA ereignen sich in rascher Abfolge. Die Überlebenszeit eines einzelnen mRNA-Moleküls beträgt nur wenige Minuten, oder sogar noch weniger.

In Bakterien laufen Transkription und Translation mit ähnlicher Geschwindigkeit ab. Bei 37 °C beträgt die mRNA-Transkriptionsrate ungefähr 40 Nucleotide pro Sekunde. Dieser Wert enspricht annähernd der Proteinsyntheserate von etwa 15 Aminosäuren pro Sekunde. Die Transkription und Translation einer mRNA aus 5 000 bp – das enspricht einem Protein von 180 Kilodalton (kD) – dauert daher etwa zwei Minuten. Wird die Expression eines neuen Gens eingeleitet, so erscheint die zugehörige mRNA typischerweise innerhalb von etwa 2,5 Minuten in der Zelle. Das entsprechende Protein taucht vielleicht nach einer weiteren halben Minute auf.

Die bakterielle Translation ist sehr effizient, und die meisten mRNAs werden von einer großen Anzahl dicht gepackter Ribosomen translatiert. Im Falle des *Tryptophan*-Operons beispielsweise wird die Transkription etwa 15mal pro Minute initiiert, und jede der 15 mRNAs wird wahrscheinlich in dem Zeitraum zwischen ihrer Transkription und ihrem Abbau von etwa 30 Ribosomen translatiert.

Auffällig ist die Instabilität der meisten bakteriellen mRNAs. Auf die Translation des Moleküls folgt unmittelbar der Abbau. Wahrscheinlich setzt er schon innerhalb einer Minute nach Transkriptionsbeginn ein. Noch bevor das 3′-Ende der mRNA fertig synthetisiert oder translatiert ist, beginnt vom 5′-Ende her bereits der Zerfall des Moleküls. Der Abbau scheint dem letzten Ribosom der Kolonne entlang der mRNA „auf dem Fuße“ zu folgen. Er verläuft allerdings langsamer, wahrscheinlich etwa halb so schnell wie die Transkription oder Translation.

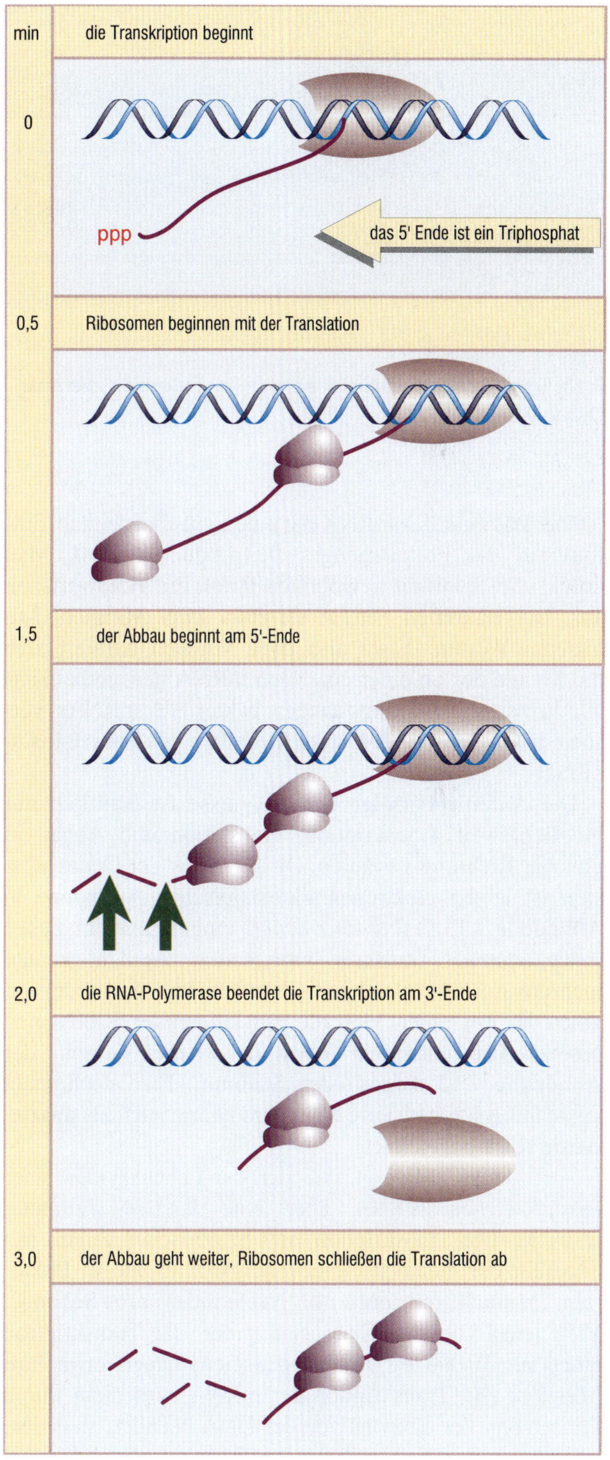

7.12 *Übersicht*: In Bakterien finden Transkription, Translation und Abbau der mRNA gleichzeitig statt.

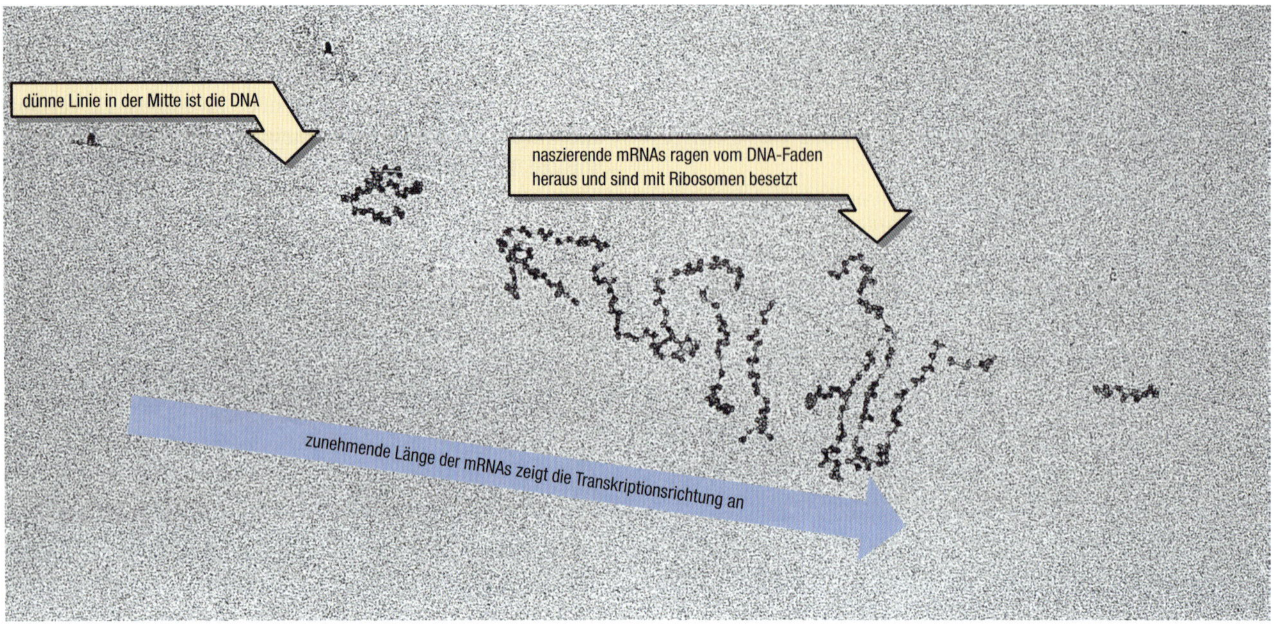

7.13 Transkriptionseinheiten können in Bakterien sichtbar gemacht werden. (Aufnahme mit freundlicher Genehmigung von Oscar Miller.)

Die Stabilität der mRNA hat einen entscheidenden Einfluß auf die Proteinmenge, die produziert wird. Man drückt die Stabilität gewöhnlich durch die Halbwertszeit aus. Bei Bakterien beträgt sie etwa zwei Minuten. Mit anderen Worten: Etwa alle zwei Minuten halbiert sich die Menge des an einer einzelnen mRNA neusynthetisierten Proteins. Allerdings zeigen bakterielle mRNAs verschiedener Gene auch Unterschiede bezüglich ihrer Instabilität.

Die Aufeinanderfolge der Ereignisse ist natürlich nur möglich, weil Transkription, Translation und Abbau in gleicher Richtung verlaufen. Die Dynamik der Genexpression ist in der elektronenmikroskopischen Aufnahme in Abbildung 7.13 *in flagrante delicto* eingefangen. In diesen (unbekannten) Transkriptionseinheiten werden gerade mehrere mRNAs gleichzeitig synthetisiert, und jede von ihnen ist mit einer Vielzahl translatierender Ribosomen besetzt. (Dies entspricht dem in der zweiten Graphik der Abbildung 7.12 dargestellten Stadium.) Eine noch nicht vollständig synthetisierte RNA wird häufig auch als **naszierende RNA** bezeichnet.

Abbildung 7.14 zeigt, daß sich der Lebenszyklus einer eukaryotischen mRNA über eine längere Zeitdauer erstreckt. Die Transkription läuft in tierischen Zellen mit ungefähr der gleichen Geschwindigkeit ab wie in Bakterien, nämlich mit etwa 40 Nucleotiden pro Sekunde. Viele eukaryotische Gene sind groß; die Transkription eines aus 10 000 bp bestehenden Gens dauert etwa fünf Minuten. Die Transkription der mRNA wird nicht durch Freisetzung des Enzyms von der DNA beendet; statt dessen gleitet das Enzym über das Ende des Gens hinaus, und das 3′-Ende der RNA wird durch einen Spaltungsvorgang gebildet.

Das 5′-Ende der mRNA wird, quasi sobald es entsteht, durch Anhängen einiger zusätzlicher Gruppen verändert. Das 3′-Ende wird sofort nach seiner Spaltung durch Hinzufügen von weiteren Nucleotiden (alles Adenylsäuren) modifiziert. (Wir werden auf diese Modifikationen später noch genauer eingehen.) RNA-Transkripte von unterbrochenen Genen müssen zur Entfernung der Introns gespleißt werden; dabei entsteht ein kleineres mRNA-Molekül, welches eine intakte codierende Sequenz enthält. Die genaue Abfolge dieser Ereignisse ist nicht vollständig geklärt: Einige Spleißvorgänge könnten bereits während der Transkription erfolgen, andere vielleicht erst, nachdem das Transkript fertiggestellt ist. Erst nach Beendigung aller Modifikations- und Verarbeitungsprozesse kann die mRNA vom Zellkern ins Cytoplasma geschleust werden. Im Durchschnitt wird daher der Transport des Moleküls ins Cytoplasma um etwa 20 Minuten verzögert. Sobald die mRNA im Cytoplasma ankommt, wird sie von Ribosomen erkannt und translatiert.

Eukaryotische mRNA macht nur einen kleinen Anteil der gesamten RNA einer Zelle aus (etwa drei Prozent der Masse). Sie ist jedoch relativ stabil. Die Halbwertszeit der mRNA-Moleküle in tierischen Zellen liegt typischerweise zwischen vier und 24 Stunden.

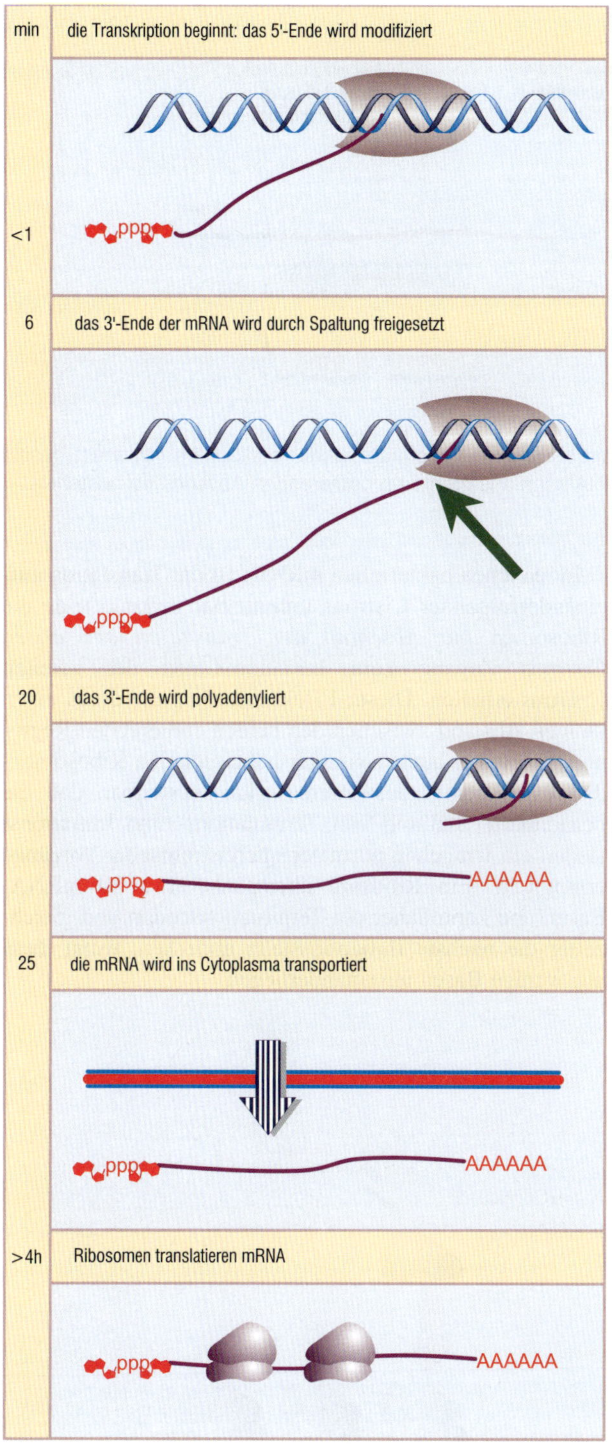

7.14 *Übersicht*: In tierischen Zellen erfordert die Expression von mRNA die folgenden Schritte: Transkription, Modifikation, Verarbeitung, Transport vom Kern ins Cytoplasma und Translation.

7.4 Die meisten bakteriellen Gene werden über polycistronische Messenger exprimiert

Bakterielle mRNAs unterscheiden sich beträchtlich in der Zahl der von ihnen codierten Proteine. Manche mRNAs repräsentieren nur ein einziges Gen: Sie sind **monocistronisch**. Andere (die Mehrzahl) tragen Sequenzen, die mehrere Proteine codieren: sie sind **polycistronisch**. In solchen Fällen ensteht bei der Transkription einer Gruppe benachbarter Gene eine einzige mRNA. (Eine derartige Gengruppe bildet ein *Operon*, das als eine genetische Einheit kontrolliert wird; Kapitel 12.)

Alle mRNAs weisen zwei verschiedene Arten von Regionen auf. Die **codierende Region** besteht aus einer Reihe aneinandergefügter Codons, die für die Aminosäuresequenz des Proteins stehen; sie beginnt (gewöhnlich) mit AUG und endet mit einem Terminationscodon. Die mRNA ist jedoch immer länger als die codierende Region. In einer monocistronischen mRNA befinden sich an beiden Enden zusätzliche Abschnitte. Ein solcher dem Startpunkt der codierenden Region vorausgehender Abschnitt am 5′-Ende wird als **Leader** (englisch für „Anführer“) bezeichnet. Eine zusätzliche Sequenz, die auf das Terminationssignal folgt und das 3′-Ende bildet, nennt man **Trailer** (englisch für „Anhänger“). Obwohl diese Sequenzen Teil der Transkriptionseinheit sind, haben sie keine proteincodierende Funktion.

Abbildung 7.15 zeigt den Aufbau einer polycistronischen mRNA. Die **intercistronischen Regionen**, die sich zwischen den verschiedenen codierenden Abschnitten befinden, weisen erhebliche Längenunterschiede auf. In bakterieller mRNA können sie bis zu 30 Nucleotide lang sein (in Phagen-RNAs sogar noch länger); manchmal sind sie aber auch ausgesprochen kurz, und nicht mehr als ein oder zwei Nukleotide trennen das Terminationscodon für ein Protein vom Initiationscodon für das nächste. Im Extremfall überlappen sich die beiden Gene sogar, so daß die letzte Base einer codierenden Region gleichzeitig die erste Base der nächsten codierenden Region darstellt.

Die Zahl der an der Translation eines bestimmten Cistrons beteiligten Ribosomen hängt von der Effizienz seiner Initiationsstelle ab. Sobald das 5′-Ende der mRNA synthetisiert ist, wird die Initiationsstelle für das erste Cistron zugänglich. Wie werden die nachfolgenden Cistrons translatiert? Erfolgt die Translation der verschiedenen codierenden Regionen einer polycistronischen mRNA unabhängig voneinander oder werden sie zusammenhängend exprimiert? Ist der Initiationsmechanismus bei allen Cistrons gleich oder gibt es diesbezüglich Unterschiede zwischen dem ersten und den nachfolgenden, internen Cistrons?

Die Translation einer bakteriellen mRNA verläuft schrittweise von einem Cistron zum nächsten. Wenn Ribosomen an die erste codierende Region binden, sind die nachfolgenden codierenden Regionen noch nicht einmal transkribiert. Die zweite Ribosomenbindungsstelle ist erst

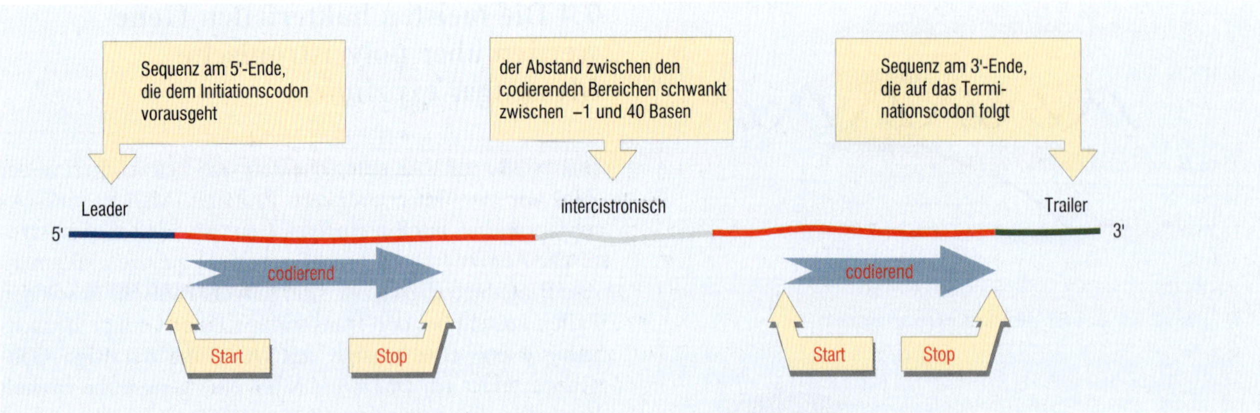

7.15 In bakterieller mRNA gibt es sowohl translatierte als auch nichttranslatierte Abschnitte. Jeder codierende Abschnitt besitzt seine eigenen Initiations- und Terminationssignale. Eine typische mRNA kann aus mehreren codierenden Abschnitten bestehen.

zugänglich, wenn die Translation bereits das erste Cistron durchläuft.

Was zwischen den codierenden Regionen geschieht, hängt von der jeweiligen mRNA ab. In den meisten Fällen binden die Ribosomen wahrscheinlich unabhängig an den Anfang eines jeden Cistrons. Abbildung 7.16 veranschaulicht, wie die Ereignisse im Normalfall aufeinanderfolgen. Ist die Synthese des ersten Proteins beendet, so lösen sich die Ribosomen von der mRNA und dissoziieren in ihre Untereinheiten. An der nächsten codierenden Region müssen sich dann zwei neue Untereinheiten zu einem Ribosom zusammensetzen; die Translation des nächsten Cistrons beginnt. (Der Vorgang der Ribosomendissoziation nach Beendigung der Proteinsynthese und der erneuten Assoziation zwecks Synthese des nächsten Proteins wird in Kapitel 8 behandelt.)

In manchen bakteriellen mRNAs ist die Translation aufeinanderfolgender Cistrons unmittelbar verknüpft, da die Ribosomen *mit Abschluß der Translation des ersten Cistrons* Zugang zum Initiationscodon des zweiten Cistrons erhalten. Dieser Effekt erfordert allerdings einen kleinen Abstand zwischen den beiden codierenden Regionen. Er könnte auch von einer hohen lokalen Ribosomendichte abhängen; desweiteren wäre vorstellbar, daß die benachbarte Stellung von Terminations- und Initiationsstellen ein Umgehen normaler intercistronischer Vorgänge ermöglicht. Ein Ribosom überspannt etwa 30 mRNA-Basen und kann daher ein Terminationscodon und gleichzeitig die nächste Initiationsstelle abdecken, wenn diese nur wenige Basen auseinanderliegen.

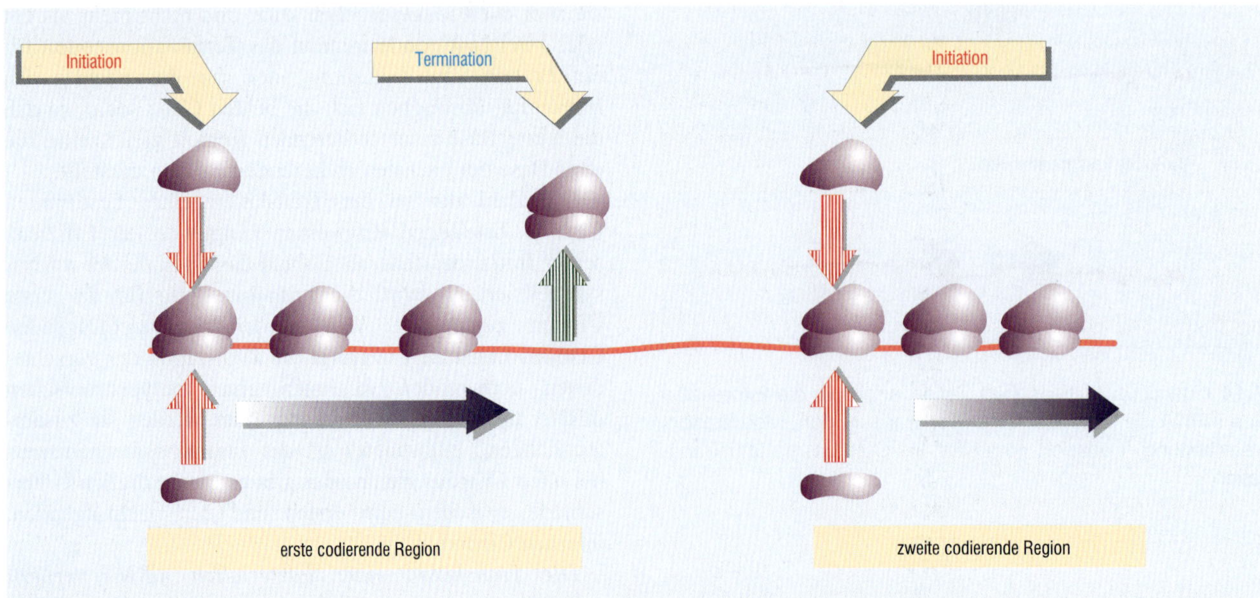

7.16 Die Initiation kann an jedem Cistron einer polycistronischen mRNA unabhängig erfolgen. Ist die intercistronische Region länger als die Spannweite des Ribosoms, folgt auf eine Dissoziation an der Terminationsstelle eine unabhängige Neuinitiation am nächsten Cistron.

7.5 Die Translation eukaryotischer mRNA

Eukaryotische Polyribosomen sind recht stabil. Da aber die mRNA nur einen kleinen Anteil an der RNA-Gesamtmasse der isolierten Polysomenfraktion ausmacht (der weitaus größte Teil ist rRNA), kann sie nicht direkt mit Hilfe der üblichen Fraktionierungstechniken isoliert werden. Versuche, die mRNA (wie bei Bakterien) durch radioaktive Nucleotidvorläufer bevorzugt zu markieren, erwiesen sich als erfolglos, weil gewisse Verunreinigungen in Form cytoplasmatischer RNA-Fraktionen genauso schnell und effizient markiert werden.

Die erste erfolgreich eingesetzte Methode mRNA von anderen RNAs zu unterscheiden nutzte Ergebnisse, die die Behandlung von Polysomen mit dem Chelatbildner EDTA (der Mg^{2+}-Ionen aus Ribosomen entfernt) erbracht hatte. Dabei dissoziieren Ribosomen in ihre Untereinheiten und setzen die mRNA als eine **Ribonucleoprotein-** (**RNP**-)Fraktion frei, die bei etwa 18S sedimentiert. Diese Fraktion besteht aus mit Proteinen assoziierter mRNA. Das nichttranslatierte und die Polysomen kontaminierende Material wird durch EDTA nicht auseinandergerissen und sedimentiert weiterhin schnell bei etwa 200S.

Die EDTA-Freisetzungsmethode ist deshalb von Bedeutung, weil sie einen funktionellen Versuchsansatz darstellt: Identifiziert wird nur die mRNA, die tatsächlich gerade von Ribosomen translatiert wird. Das Vorkommen einer mRNA in dieser Fraktion ist der Beweis dafür, daß sie in der Zelle, aus der sie gewonnen wurde, tatsächlich zur Steuerung der Proteinsynthese verwendet wird. Die Technik erlaubt außerdem die Isolierung der mRNA in ihrer vermutlich natürlichen Form, dem Ribonucleoproteinpartikel.

Die Ribonucleoproteinfraktion, die die Polysomen kontaminiert, ist nur in dem Sinne eine „Kontamination", weil sie bei der Isolation von mRNA eine unerwünschte Komponente darstellt. Sie besteht wahrscheinlich aus zu diesem Zeitpunkt noch nicht translatierter mRNA.

Manche Embryonalzellen enthalten „gespeicherte" mRNAs. Diese liegen als Ribonucleoproteinpartikel vor, deren mRNAs inaktiv sind, jedoch in einem späteren Stadium der Embryonalentwicklung in die Proteinsynthese eingehen. Es ist zwar nicht bekannt, ob ausgereifte Zellen vergleichbare Speichermechanismen verwenden, es gilt aber mittlerweile als bestätigt (insbesondere bei Meeresorganismen), daß ein beträchtlicher Teil der im Ei oder frühen Embryo neusynthetisierten mRNA nicht sofort translatiert, sondern für den späteren Gebrauch gespeichert wird.

In vitro-Systeme tragen dazu bei, den *Mechanismus* der Translation aufzuklären. Der entscheidende Schritt erfolgt bei der Initiation, wenn Ribosomen an die mRNA binden; die *in vitro*-Systeme erlauben, jene Stellen auf der mRNA zu bestimmen, die von Ribosomen erkannt werden.

Obwohl *in vitro*-Translationssysteme die Vorgänge *in vivo* grundsätzlich nachahmen sollten, gibt es doch einige Situationen, in denen die *Unterschiede* zwischen den Translationsprodukten *in vitro* und *in vivo* interessante Informationen liefern.

Manchmal findet man mRNAs, die *in vitro* in Proteine umgesetzt werden, obwohl die entsprechenden Proteine in den Zellen, aus denen die mRNA stammt, nicht produziert werden. Die Tatsache, daß mRNAs *in vitro* in authentische Proteine translatiert werden können, stellt einen Beweis ihrer Funktionsfähigkeit als Matrize dar. Das Unterbleiben ihrer Translation *in vivo* kann demnach als Anzeichen für eine **Translationskontrolle** gesehen werden. *In vivo* muß irgendein Mechanismus wirken, der die Translation verhindert. Die „gespeicherten" RNP-Partikel mariner Embryonen sind ein gutes Beispiel für dieses Phänomen.

Eine Kontrolle der Translation kann auf zwei Arten erreicht werden. Tatsächlich werden in Embryonen gespeicherte RNPs in einer Form zurückgehalten, die sie für den proteinsynthetisierenden Apparat unzugänglich macht. In einigen anderen Systemen werden spezifische Proteine produziert, die das Binden bestimmter mRNAs an Ribosomen verhindern (Kapitel 12).

Manchmal ist das *in vitro*-Translationsprodukt mit dem authentischen *in vivo*-Protein verwandt, besitzt jedoch zusätzliche Aminosäuren; gewöhnlich handelt es sich dabei um einen kurzen Abschnitt am N-terminalen Ende. Diese Abweichung deutet in der Regel darauf hin, daß das *in vivo* gefundene Protein nicht das ursprüngliche Translationsprodukt ist, sondern daß es durch Spaltung eines Vorläufers gewonnen wird, der die zusätzlichen Bausteine enthält. Die Weiterverarbeitung oder auch „Prozessierung" solcher Vorläufer verläuft *in vivo* im allgemeinen schnell; sie sind daher schwer nachzuweisen, werden nicht Inhibitoren eingesetzt, die die Spaltungsreaktion blockieren.

Isolierte mRNAs sind mit Hilfe der zwei in Abbildung 7.17 aufgezeigten Translationssysteme charakterisiert worden:

- Rekonstituierte **zellfreie Systeme** enthalten Ribosomen, Proteinsynthesefaktoren und tRNAs. Viele derartige Systeme sind entwickelt worden; sie stammten ursprünglich aus *E. coli*, Weizenkeimen und Kaninchenreticulocyten. Diese Systeme sind nicht sehr effizient, da jede mRNA im Vergleich zur *in vivo*-Situation nur wenige Male und sehr viel langsamer translatiert wird. Im Optimalfall arbeiten sie 90 bis 120 Minuten lang, dann versagen sie ihren Dienst. Bedingt durch die Translation zelleigener mRNAs, die nicht entfernt wurden, ist grundsätzlich eine gewisse Hintergrundaktivität zu beobachten; ihre Stärke variiert je nach System.
- Ein weiteres Translationssystem stellen intakte ***Xenopus*-Oocyten** dar. Injizierte mRNAs werden durch den natürlichen Proteinsyntheseapparat translatiert. Das System ist effizient und behandelt die injizierten mRNAs wie zelleigene Moleküle; sie werden daher für mehrere Translationszyklen verwendet. An seine Grenzen stößt das Translationssystem (das, gemessen an seiner Inanspruchnahme durch endogene mRNAs, im Überschuß vorliegt) nur dadurch, daß es durch zu viel mRNA abgesättigt werden kann. Im allgemeinen bleibt das System 24 bis 48 Stunden lang aktiv.

		Vorteile	Nachteile
zellfreie Systeme		System ist der Produktion eines einzigen Proteins gewidmet; Produkt läßt sich leicht aufreinigen; Vorläuferproteine können isoliert werden	System arbeitet langsam und ineffizient; Reaktionsbedingungen unterscheiden sich von jenen *in vivo*
Xenopus-Oocyte	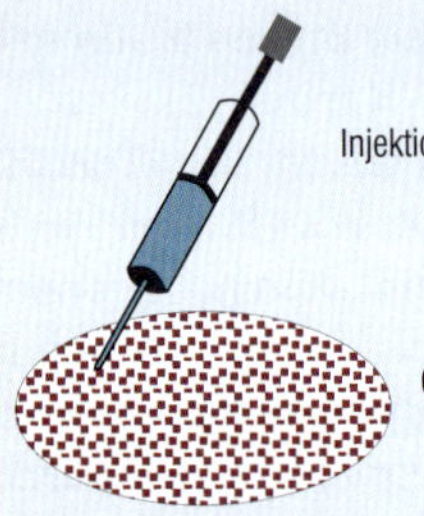	sehr effizient, den Bedingungen *in vivo* sehr ähnlich	Proteinprodukte schwer zu reinigen

7.17 Exogene mRNAs können von zellfreien Systemen oder nach Injektion in *Xenopus*-Oocyten translatiert werden.

Keines der beiden Systeme zeigt eine Gewebe- oder Artspezifität. Das deutet darauf hin, daß mRNAs und Proteinsyntheseapparat vielleicht jedes eukaryotischen Cytoplasmas austauschbar sind. Die Translationsmaschinerie ist nicht vorprogrammiert, sondern akzeptiert jede mRNA als Matrize.

Das Oocytensystem ist in der Lage, zumindest einige der Proteine weiterzuverarbeiten, die normalerweise im Laufe oder kurz nach ihrer Synthese gespalten werden. In einigen Fällen kann es sogar Proteinprodukte in Zellkompartimente hineindirigieren, die ihrer normalen Lokalisation entsprechen. Dies bedeutet, daß verschiedene Zelltypen und Spezies möglicherweise über die gleichen Prozessierungssignale verfügen. Für die Praxis ergibt sich daraus die Konsequenz, daß die Isolation von Vorläuferproteinen in zellfreien Translationssystemen erfolgen muß.

7.6 Eukaryotische mRNAs sind am 3′-Ende polyadenyliert

Die meisten eukaryotischen mRNAs besitzen an ihrem 3′-Ende eine Sequenz aus Polyadenylsäure. Dieser endständige Abschnitt aus Adenylsäure wird oft als **Poly(A)-Schwanz**, eine mRNA mit diesem Merkmal wird als **Poly(A)$^+$**-mRNA bezeichnet.

Die Poly(A)-Sequenz wird nicht von der DNA codiert, sondern im Zellkern nach der Transkription an die RNA angehängt. Die Addition von Poly(A) wird von dem Enzym **Poly(A)-Polymerase** katalysiert, das etwa 200 A-Nucleotide an das freie 3′-OH-Ende der mRNA anfügt. Der Poly(A)-Abschnitt sowohl von Kern-RNA als auch von mRNA ist mit einem Protein assoziiert, dem **Poly(A)-Bindungsprotein (PABP)**. Verwandte Formen dieses Proteins sind in vielen Eukaryoten zu finden. Alle zehn bis 20 Basen ist ein PABP-Monomer von etwa 70 kD an den Poly(A)-Schwanz gebunden. Eine Gemeinsamkeit vieler oder der meisten Eukaryoten besteht daher darin, daß das 3′-Ende der mRNA aus einem Poly(A)-Abschnitt besteht, der mit einer großen Proteinmasse assoziiert ist.

Welche Funktion hat der Poly(A)-Bereich? Obwohl vielfach eine stabilisierende Wirkung auf die mRNA vermutet wird, war es bisher nicht möglich, eine systematische Korrelation zwischen Vorkommen oder Länge von Poly(A) und dem Überleben der mRNA nachzuweisen. Allerdings scheint das Entfernen des Poly(A)-Schwanzes tatsächlich dem Abbau bestimmter mRNAs vorauszugehen; die Stabilität der mRNA ist wahrscheinlich mit dem Poly(A) verknüpft, der genaue Zusammenhang muß jedoch noch geklärt werden. Die Fähigkeit des Poly(A)-Bereiches, die mRNA vor Abbau zu schützen, erfordert die Bindung von PABP.

Die Entfernung von Poly(A) verhindert die Initiation der Translation *in vitro*; die gleiche Wirkung zeigt der Entzug von PABP bei Hefe *in vivo*. Es ist allerdings nicht geklärt, ob diese Effekte durch einen direkten Einfluß von Poly(A)-PABP auf die Initiationsreaktion bedingt sind, oder ob sie eine indirekte Ursache haben. In der frühen Embryonalentwicklung gibt es jedoch viele Beispiele, die einen Zusammenhang zwischen der Polyadenylierung einer bestimmten mRNA und ihrer Translation anzeigen. In einigen Fällen werden mRNAs in nichtpolyadenylierter Form gespeichert und erst dann mit Poly(A) versehen, wenn ihre Translation erfolgen soll. In anderen Fällen werden Poly(A)$^+$-mRNAs deadenyliert und ihre Translation reduziert. Wir wissen jedoch noch immer nicht, wie die Poly- oder Deadenylierung und die Kontrolle der mRNA-Nutzung zusammenhängen.

Das Vorkommen von Poly(A) hat eine wichtige praktische Konsequenz: Die Poly(A)-Region der mRNA kann mit Oligo(U) oder Oligo(dT) Basenpaare bilden, und diese Reaktion läßt sich zur Isolierung von Poly(A)$^+$-mRNA einsetzen. Bei der einfachsten Methode wird Oligo(U oder dT) an einem festen Trägermaterial immobilisiert. Trägt man anschließend, wie in Abbildung 7.18 gezeigt, eine RNA-Population auf die Säule auf, so wird nur die Poly(A)$^+$-RNA zurückgehalten. Sie läßt sich wiedergewinnen, indem man die Säule mit einer Lösung behandelt, welche die Bindungen aufbricht und die RNA freisetzt.

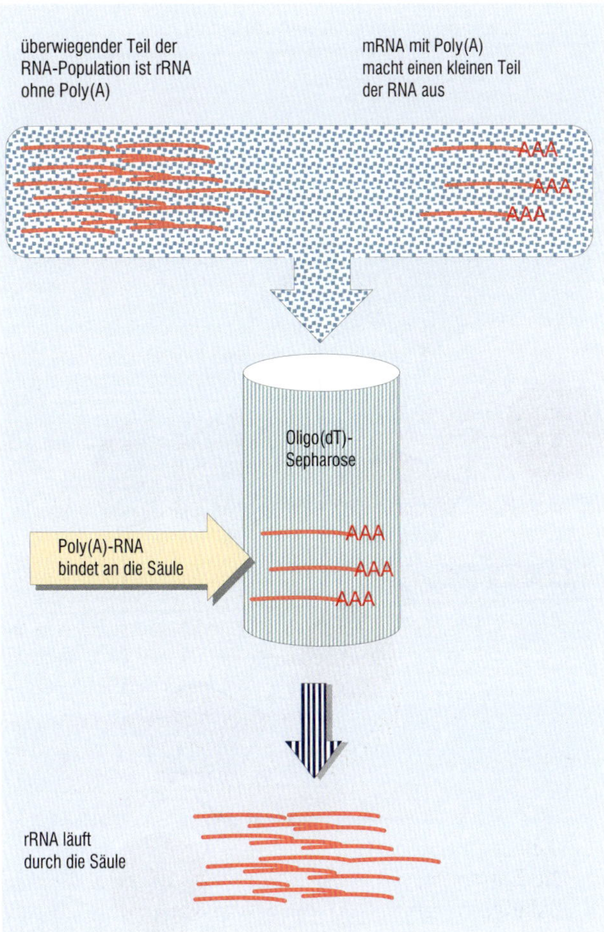

7.18 Poly(A)$^+$-RNA kann von anderen RNAs durch Fraktionierung an Oligo(dT)-Sepharose getrennt werden.

Der einzige Nachteil dieses Verfahrens ist, daß dabei die gesamte Poly(A)-haltige RNA isoliert wird. Setzt man beispielsweise die Gesamt-RNA der Zelle ein, werden sowohl Kern- als auch cytoplasmatische Poly(A)$^+$-RNA zurückgehalten. Bei Verwendung von Polysomenpräparationen (einer gebräuchlichen Methode) wird die isolierte Poly(A)$^+$-RNA überwiegend aus aktiver mRNA bestehen; aber auch ein Teil der RNA aus der kontaminierenden RNP-Fraktion trägt Poly(A) und wird folglich mitgereinigt. Es ist daher notwendig, auf die EDTA-Freisetzung als funktionellen Test zurückzugreifen, wenn es um die Isolierung ausschließlich aktiver mRNA-Populationen geht. (Gelegentlich wird das vergessen, und die cytoplasmatische Poly(A)$^+$-RNA-Fraktion wird so behandelt, als sei sie mit der mRNA identisch.)

Der „Klonierungs"-Ansatz zur Aufreinigung von mRNA bedient sich eines Verfahrens, bei dem die mRNA in einen komplementären DNA-Strang (genannt **cDNA**) umkopiert wird. Diese cDNA kann dann als Matrize dienen, an der ein mit der ursprünglichen mRNA sequenzgleicher DNA-Strang synthetisiert wird. Das Produkt dieser Reaktionen ist eine doppelsträngige DNA, deren Sequenz jener der mRNA entspricht. Sie läßt sich mit den in Kapitel 20 beschriebenen Methoden in großen Mengen herstellen.

Mit Hilfe einer klonierten DNA ist es leicht, die entsprechende mRNA durch Hybridisierungstechniken zu reinigen. Selbst mRNAs, die pro Zelle nur in sehr wenigen Kopien vorliegen, können über diesen Ansatz isoliert werden. In der Tat lassen sich mRNAs nur dann direkt, also ohne einen Klonierungsschritt reinigen, wenn sie in der Zelle in vergleichsweise großen Mengen vorliegen.

Fast die gesamte zelluläre mRNA besitzt Poly(A). Eine bedeutende Ausnahme bilden die mRNAs, die Histonproteine (Hauptstrukturbestandteile des Chromosomenmaterials) codieren. Sie machen den größten Teil oder gar die Gesamtheit der Poly(A)$^-$-Fraktion aus. Welche Bedeutung das Fehlen von Poly(A) bei Histon-mRNAs hat, ist nicht geklärt, und es gibt auch keinen bestimmten funktionellen Aspekt, der dies notwendig erscheinen ließe.

7.7 Eukaryotische mRNAs haben eine methylierte Cap-Struktur am 5′-Ende

Das 5′-Ende der mRNA wird im Cytoplasma der Eukaryoten modifiziert (nicht jedoch in Mitochondrien oder Chloroplasten). Die Modifikationsreaktionen sind wahrscheinlich allen Eukaryoten gemein.

Die Transkription beginnt mit einem Nucleosidtriphosphat (gewöhnlich ein Purin, A oder G). Das erste Nucleotid behält seine 5′-Triphosphat-Gruppe und geht an seiner 3′-Position die übliche Phosphodiesterbindung mit der 5′-Position des nächsten Nucleotids ein. Die Anfangssequenz des Transkripts kann folgendermaßen dargestellt werden:

$$5'ppp{}^{A}_{G}pNpNpNp\ldots$$

Wird jedoch die reife mRNA *in vitro* mit Enzymen behandelt, die das Molekül in einzelne Nucleotide spalten sollte, so entsteht aus dem 5′-Ende nicht das erwartete Nucleosidtriphosphat. Statt dessen findet man dort *zwei* Nucleotide, die über eine *5′-5′-Triphosphat-Brücke* miteinander verbunden sind und zudem Methylgruppen tragen. Die endständige Base ist immer ein Guanin, das an das ursprüngliche RNA-Molekül *nach der Transkription* angehängt wird.

Die Addition des 5′-terminalen G wird von einem Enzym des Zellkerns, der Guanylyltransferase, katalysiert. Diese Reaktion erfolgt so kurz nach Beginn der Transkription, daß es nicht möglich ist, mehr als nur Spuren des ursprünglichen 5′-Triphosphat-Endes in der Kern-RNA zu entdecken. Die Gesamtreaktion kann wie folgt als Kondensation zwischen GTP und dem ursprünglichen 5′-Triphosphat-Ende der RNA dargestellt werden:

5′ 5′
Gppp + *pppApNpNp* . . .
↓
5′-5′
G*ppApNpNp* . . . + **pp** + *p*

Der an das Ende der RNA neu angefügte G-Rest weist gegenüber allen anderen Nucleotiden eine umgekehrte Orientierung auf.

Diese Struktur wird als **Cap** (englisch für „Kappe“) bezeichnet. Sie ist das Substrat für mehrere Methylierungsvorgänge. Abbildung 7.19 zeigt die vollständige Struktur des Cap, nachdem alle eventuell möglichen Methylgruppen angehängt wurden. Die Cap-Typen werden nach der Zahl der erfolgten Methylierungen unterschieden:

- Die erste Methylierung findet bei allen Eukaryoten statt, und zwar durch Anhängen einer Methylgruppe an die Position 7 des endständigen Guanins. Ein Cap, das nur diese Methlygruppe besitzt, nennt man **Cap 0**. In einzelligen Eukaryoten bleibt es bei dieser einen Reaktion. Das für die Modifikation verantwortliche Enzym ist die Guanin-7-Methyltransferase.
- Beim nächsten Schritt wird eine weitere Methylgruppe an die 2′-*O*-Position der vorletzten Base angefügt (ursprünglich die erste Base im noch nicht modifizierten Transkript). Diese Reaktion wird von einem anderen Enzym (der 2′-*O*-Methyltransferase) katalysiert. Ein Cap mit diesen beiden Methylgruppen heißt **Cap 1**.

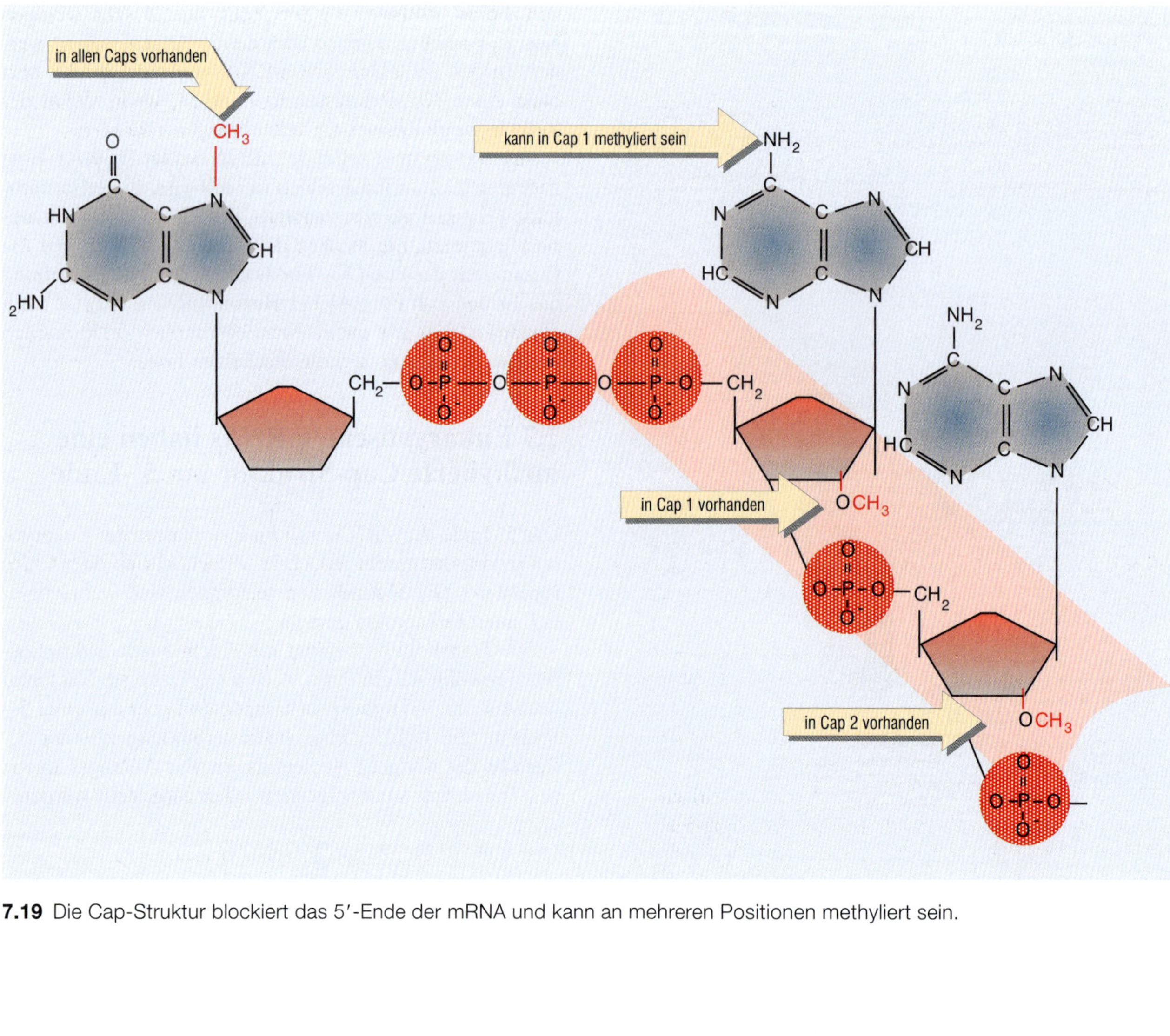

7.19 Die Cap-Struktur blockiert das 5′-Ende der mRNA und kann an mehreren Positionen methyliert sein.

Dies ist der vorherrschende Cap-Typ bei allen Eukaryoten mit Ausnahme der Einzeller.

- ◆ In wenigen Fällen wird bei höheren Eukaryoten eine weitere Methylgruppe an die zweite Base gehängt. Dies geschieht nur, wenn die Position von Adenin besetzt ist; die Methylgruppe wird an die N^6-Position geknüpft. Das verantwortliche Enzym wirkt nur auf ein Adenosinsubstrat ein, das bereits eine Methylgruppe in der 2′-*O*-Position besitzt.
- ◆ In manchen Spezies wird eine Methylgruppe an die dritte Base der Cap-tragenden mRNA gehängt. Das Substrat für diese Reaktion ist die bereits mit zwei Methylgruppen versehene Cap-1-mRNA. Die Modifikation der dritten Base ist immer eine Methylierung der 2′-*O*-Ribose; sie führt zur Entstehung des **Cap-2**-Typs. Dieser stellt gewöhnlich weniger als zehn bis 15 % der gesamten Cap-tragenden Population.

In einer Population eukaryotischer mRNAs besitzen alle Moleküle ein Cap. Das Verhältnis der verschiedenen Cap-Typen zueinander ist charakteristisch für einen bestimmten Organismus. Unbekannt ist, ob die Struktur einer bestimmten mRNA immer gleich ist oder ob sie mehr als nur einen Cap-Typ aufweisen kann.

Zusätzlich zu den Methylierungsvorgängen beim Capping finden auch interne Methylierungen statt; allerdings geschieht dies nicht sehr häufig und ist ausschließlich auf die mRNA höherer Eukaryoten beschränkt. Dabei wird etwa alle 1 000 Basen ein N^6-Methyladeninrest gebildet. In einer typischen mRNA höherer Eukaryoten findet man ein bis zwei Methyladenine; ihr Auftreten ist jedoch nicht obligatorisch, denn einige mRNAs besitzen überhaupt keine.

7.8 Die Prozessierung und die Stabilität der mRNA

Die **Prozessierung** (*processing*), also die Weiterverarbeitung eines Vorläufers zum reifen Molekül, ist ein entscheidendes Stadium bei der Produktion vieler RNA-Formen. Bei Pro- und Eukaryoten werden rRNAs und tRNAs in Form komplexerer Primärtranskripte synthetisiert, aus denen das reife RNA-Molekül freigesetzt werden muß. Im Gegensatz dazu *sind* die meisten prokaryotischen mRNAs Primärtranskripte, das heißt, nur in Ausnahmefällen ist vor der Translation eine Weiterverarbeitung erforderlich. Bei Eukaryoten jedoch ist die Produktion einer mRNA an einem gestückelten Gen der arbeitsintensivste RNA-Verarbeitungsvorgang überhaupt; er umfaßt eine Reihe von Schneidevorgängen, bei denen die Exons durch Entfernung der Introns miteinander verbunden werden (Kapitel 30).

Die Prozessierungsreaktionen sind hochspezifisch und führen zu reifen RNA-Molekülen mit einzigartigen 5′- und 3′-Enden. Verantwortlich für diese Vorgänge sind spezielle Ribonucleasen; sowohl Endo- als auch Exonucleasen sind daran beteiligt. Endonucleasen sind verantwortlich für die Freisetzung eines reifen Moleküls aus einem längeren Primärtranskript. Exonucleasen spielen beim Zurechtschneiden (*trimming*) eine Rolle; dabei werden überflüssige Nucleotidreste Base um Base abgeschnitten. Alle bekannten Exonucleasen gleiten vom 3′-Ende aus an der Nucleinsäurekette entlang. *Überflüssige Sequenzen am 3′-Ende können daher Nucleotid um Nucleotid entfernt werden, während sie am 5′-Ende der Abspaltung durch eine Endonuclease bedürfen.*

Ribonucleasen sind aber nicht nur an spezifischen Reifungsprozessen beteiligt, sie sorgen auch für den Abbau überflüssiger RNA. Zu den „überflüssigen" Molekülen gehören sowohl die reife RNA, die ihre Funktion erfüllt hat, als auch der „Abfall", der beim Schneiden der Vorläufer entsteht. Insbesondere die mRNA unterliegt einem ständigen Abbau (bei Bakterien erfolgt dieser sehr schnell, bei Eukaryoten weniger schnell, doch nur in seltenen Fällen ist die mRNA so stabil, daß sie einen längeren Zeitraum übersteht).

Bei aller, zugegebenermaßen notwendigen Veranschaulichung des „Durchschnitts"-Falles sollte allerdings nicht die „harte" Realität außer Sicht geraten: Jede mRNA unterliegt statistisch zu jeder Zeit der „Gefahr", abgebaut zu werden. So werden „junge" mRNAs mit ebenso großer Wahrscheinlichkeit angegriffen wie „alte". Manche mRNA-Exemplare werden viele Male translatiert, andere wiederum erfüllen ihre Funktion fast überhaupt nicht. Diese vom Zufall bestimmte Lebenserwartung der einzelnen mRNA-Moleküle ist sowohl für Pro- als auch für Eukaryoten charakteristisch. Hingegen ist der Gesamtertrag der Translation einer beliebigen Messenger-Sequenz vorhersagbar.

Der Abbauprozeß der mRNA ist bisher nur in groben Zügen verstanden. Bei Bakterien sind sowohl Endo- als auch Exonucleasen beteiligt. Die Anfälligkeit der Moleküle für den Abbau ist auf Sequenzen zurückzuführen, die den Endonucleasen als Angriffsziel dienen. Widerstandsfähigkeit gegen den Abbau verleihen hingegen Regionen, die das Voranschreiten der Exonucleasen behindern. Die an diesen Vorgängen beteiligten Endo- und Exonucleasen müssen jedoch noch bestimmt werden. Auch reichen die bisherigen Daten nicht aus, um einen systematischen Zusammenhang zwischen bestimmten Sequenzen und deren Einfluß auf die Stabilität einer RNA herzustellen.

Ein allgemeines Modell für den Abbau bakterieller mRNAs veranschaulicht Abbildung 7.20. Der Abbau verläuft *insgesamt* (gemessen an der eingebüßten Proteinsynthesefähigkeit) in 5′→3′-Richtung, wahrscheinlich bedingt durch eine Aufeinanderfolge endonucleolytischer Spaltungen, die auf das letzte translatierende Ribosom folgen. Der Abbau der dabei freigesetzten mRNA-Fragmente in Nucleotide erfolgt durch den Angriff von Exonucleasen vom freien 3′-OH-Ende aus in Richtung 5′-Ende (das heißt, in umgekehrter Richtung zur Transkription). Durch endonucleolytische Spaltung können innerhalb der mRNA mehrere 3′-Enden erzeugt werden; mittlerweile sind mehrere bakterielle mRNAs bekannt, die spezifische,

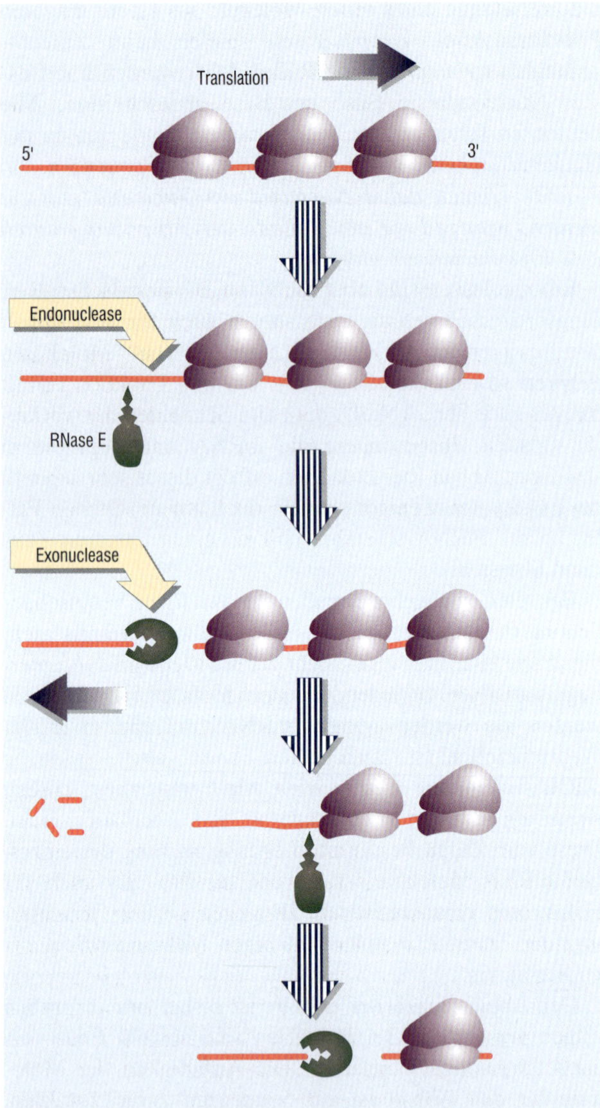

7.20 Der Abbau bakterieller mRNA erfolgt in zwei Schritten. Endonucleolytische Spaltungen erfolgen 5'→3' hinter den translatierenden Ribosomen. Die freigesetzten Fragmente werden von Exonucleasen, die sich in 3'→5'-Richtung bewegen, weiter abgebaut.

den Endonucleasen als Angriffsziel dienende Stellen aufweisen. Sobald die Endonuclease die mRNA gespalten hat, beginnt am neuen 3'-Ende der exonucleolytische Abbau, und das 5'-Fragment der mRNA wird zerlegt.

Bakterienmutanten mit defekter Ribonuclease E weisen eine zwei- bis dreifach größere Stabilität sowohl der mRNA als auch der kleinen 5'-ribosomalen RNA auf. Die RNase E ist das Enzym, das durch einen spezifischen endonucleolytischen Prozessierungsvorgang das Primärtranskript der 5'-rRNA weiterverarbeitet. Ferner ist es am Allgemeinzerfall der mRNA beteiligt; möglicherweise leitet es diesen Vorgang bei vielen mRNAs sogar ein.

Der Angriff von Endonucleasen setzt Fragmente frei, die gegenüber Exonucleasen in unterschiedlichem Maße anfällig sind. So kann ein Bereich, der eine Sekundärstruktur innerhalb der mRNA bildet, ein Hindernis für Exonucleasen darstellen; Abschnitte auf der 5'-Seite eines solchen Bereichs überleben dadurch länger und können häufiger translatiert werden.

In einem Fall stellt die erhöhte Stabilität einer Phagen-mRNA eine Eigenschaft des Messengers selbst dar. Der 5'-Leader einer vom T4-Phagen codierten stabilen mRNA verleiht diese Stabilität einer bakteriellen mRNA mit der er fusioniert ist. Dies ist deshalb von Interesse, weil es impliziert, daß das bloße Fehlen von Endonucleasespaltungsorten nicht das einzige Stabilitätskriterium in diesem Fall darstellt.

Die Stabilität eukaryotischer mRNA scheint durch die Anwesenheit (oder das Fehlen) spezifischer destabilisierender Elemente kontrolliert zu werden. Die Einführung irgendeines dieser Elemente in eine neusynthetisierte mRNA kann deren Abbau verursachen. Die Entfernung eines Elements aus der mRNA hingegen wirkt sich normalerweise nicht stabilisierend aus. Dies ist ein Hinweis darauf, daß ein einzelnes mRNA-Molekül wahrscheinlich mehr als nur ein destabilisierendes Element besitzt. Am besten charakterisiert sind zwei Arten von destabilisierenden Elementen.

Ein gemeinsames Merkmal mancher instabiler mRNAs ist das Vorkommen einer AU-reichen Sequenz von etwa 50 Basen (genannt ARE) in der 3'-Trailer-Region. Die Consensussequenz in der ARE-Region ist das Pentanucleotid AUUUA, das in mehrfacher Wiederholung vorliegt. Abbildung 7.21 zeigt, daß das ARE eine in zwei Stufen erfolgende Destabilisierung auslöst: zuerst wird die mRNA deadenyliert, anschließend zerfällt sie. Die Deadenylierung ist wahrscheinlich deshalb notwendig, weil sie

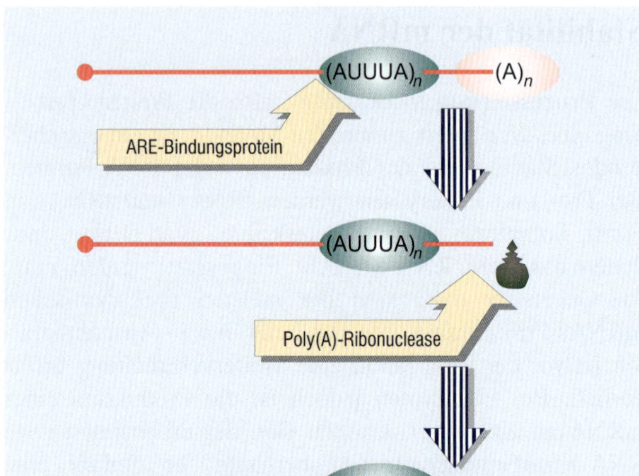

7.21 Eine ARE-Sequenz in einer nichttranslatierten 3'-Region leitet den Abbau von mRNA ein.

den Verlust des Poly(A)-Bindungsproteins verursacht, das die 3′-Region vermutlich stabilisiert.

Die mRNA von Transferrin besitzt eine sogenannte IRE-Sequenz, die die Reaktion der mRNA auf Veränderungen in der Eisenkonzentration steuert. Die IRE-Sequenz befindet sich in der nichttranslatierten 3′-Region und enthält fünf Haarnadelstrukturen; diese binden ein Protein, dessen Affinität für die mRNA durch Eisen reguliert wird. Abbildung 7.22 zeigt, daß die Bindung des Proteins an die IRE-Region die mRNA stabilisiert, indem es die Funktion (unbekannter) destabilisierender Sequenzen in der Nachbarschaft hemmt. Dies ist ein allgemeines Modell der mRNA-Stabilisierung, das besagt, daß Stabilität durch Funktionshemmung destabilisierender Sequenzen erreicht wird.

Man könnte nun erwarten, daß die am RNA-Abbau beteiligten Ribonucleasen weniger spezifisch sind als jene, die an speziellen Reifungsvorgängen mitwirken; während letztere nämlich für die Erzeugung spezifischer Enden verantwortlich sind, besteht ihre Aufgabe „lediglich“ im Abbau des Gesamtmoleküls. Man findet unter diesen Abbauenzymen sowohl Endo- als auch Exoribonucleasen. Der Abbau einer RNA in ihre Mononucleotide stellt einen letzten „Reifungsschritt“ dar, denn dadurch werden die Grundbausteine über die entsprechenden Stoffwechselwege der Wiederverwendung zugänglich gemacht.

Enzyme, die eine größere Spezifität aufweisen, erkennen vermutlich eher die Konformation des RNA-Substrats als eine bestimmte Basensequenz. Die Erkennung des Substrats beruht darauf, daß das Enzym eine spezifische Sekundärstruktur sucht und findet (z. B. eine Haarnadelstruktur bestimmter Größe) oder aber die Sekundär-/Tertiärstruktur in ihrer Gesamtheit erkennt (wie es bei der tRNA-Prozessierung der Fall zu sein scheint).

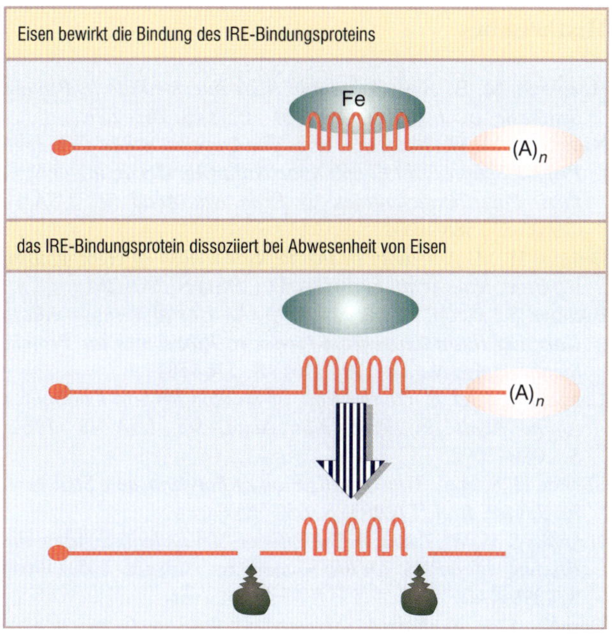

7.22 Eine IRE-Sequenz in einer nichttranslatierten 3′-Region steuert den Abbau von mRNA.

Um zu verstehen, wie Nucleotide in die RNA hinein- und aus ihr hinausgelangen, ist es wünschenswert, die gesamte Ribonucleaseausstattung einer Zelle zu überblikken. Dies scheint nur im Falle von *E. coli* möglich zu sein. Hier lassen sich die Enzyme nicht nur biochemisch nachweisen; auch ihre Wirkung *in vivo* kann bestimmt werden, indem man Bakterien selektiert, bei denen ein bestimmtes Enzym mutiert ist. In der Tat sind oft beide Nachweismethoden erforderlich, um Enzyme unterscheiden zu können oder um zu zeigen, daß zwei scheinbar unterschiedliche Aktivitäten auf das gleiche Enzym zurückgehen. (Es ist zu erwarten, daß auch Hefe auf dieser Ebene untersucht werden kann.)

Die genaue Zahl der Ribonucleasen in *E. coli* ist bisher noch nicht bekannt; die derzeitige Schätzung liegt bei etwa zwölf. Es ist wahrscheinlich, daß durch geeignete Kombinationen einiger weniger Ribonucleaseaktivitäten sämtliche für die Weiterverarbeitung von rRNA und tRNA erforderlichen Reaktionen ausgeführt werden können. Der Abbau von mRNA erwies sich bisher, obwohl er aktiv erfolgt, schwer analysierbar. Nur die RNase E kann bislang mit diesem Vorgang in Verbindung gebracht werden.

Spielen diese Ribonucleasen in der Zelle eine unentbehrliche Rolle? Endoribonucleasemutanten (ausgenommen Ribonuclease I, deren Mutation ohne Wirkung ist) häufen nichtverarbeitete Vorläufermoleküle an, sind aber lebensfähig. Exonucleasemutanten scheinen oft phänotypisch unverändert; dies läßt vermuten, daß ein Enzym ein anderes, fehlendes ersetzen kann. Nicht mehr lebensfähig sind manchmal Mutanten, denen mehrere Enzyme fehlen.

Einige der Enzyme können der Weiterverarbeitung von tRNA zugeordnet werden, da Mutanten ungespaltene Vorläufer der tRNA anhäufen. RNase III ist an der Verarbeitung der rRNAs beteiligt. Über den Abbau der mRNA ist hingegen weniger bekannt als über den Prozessierungsvorgang jeder anderen RNA-Klasse.

Zusammenfassung

Die in der DNA enthaltene genetische Information wird in zwei Schritten exprimiert: durch Transkription der DNA in mRNA und durch Translation der mRNA in Protein. Messenger-RNA wird von einem der DNA-Stränge transkribiert; zu diesem (nichtcodierenden) Strang ist sie komplementär, mit dem anderen (codierenden) Strang ist sie identisch. In Tripletts von 5′ nach 3′ gelesen, entspricht die mRNA-Sequenz der vom N- zum C-Terminus verlaufenden Aminosäuresequenz eines Proteins.

Der Adapter, der die Bedeutung eines Codons umsetzt, ist die Transfer-RNA, die eine kompakte L-förmige Tertiärstruktur besitzt. Das eine Ende der tRNA enthält ein zum Codon komplementäres Anticodon, während das andere Ende eine kovalente Bindung mit der dem Codon entsprechenden spezifischen Aminosäure eingehen kann.

Eine aminosäuretragende tRNA wird Aminoacyl-tRNA genannt.

Das Ribosom stellt den Apparat zur Verfügung, der den Aminoacyl-tRNAs die Bindung an ihre Codons auf der mRNA ermöglicht. Die kleine Untereinheit des Ribosoms ist an die mRNA gebunden; die große Untereinheit trägt das naszierende Polypeptid. Ein Ribosom wandert auf der mRNA von einer Initiationsstelle in der 5′-Region zu einer Terminationsstelle in der 3′-Region; entsprechend den Codons der mRNA laden Aminoacyl-tRNAs ihre Aminosäuren ab, so daß die Polypeptidkette mit jedem „überschrittenen" Codon um einen neuen Aminosäurebaustein wächst.

Der Translationsapparat ist weder gewebs- noch artspezifisch; eine mRNA bestimmter Herkunft kann von Ribosomen und tRNAs aus einer beliebigen anderen Quelle translatiert werden. Wie oft eine mRNA translatiert wird, ist eine Funktion sowohl der Affinität ihrer Initiationsstelle(n) für Ribosomen als auch ihrer Stabilität. In einigen Fällen wird die Translation von mRNA-Gruppen oder einzelnen mRNAs spezifisch unterbunden; dies wird als Translationskontrolle bezeichnet.

Eine typische mRNA enthält eine nichttranslatierte 5′-Leader- und 3′-Trailer-Sequenz sowie eine (oder mehrere) codierende Region(en). Bakterielle mRNA ist gewöhnlich polycistronisch mit nichttranslatierten Abschnitten zwischen den Cistrons. Jedes Cistron stellt eine codierende Region dar, die mit einer spezifischen Initiationsstelle beginnt und einer Terminationsstelle endet. Ribosomenuntereinheiten verbinden sich an der Initiationsstelle und dissoziieren wieder an der Terminationsstelle jeder codierenden Region.

Ein wachsendes *E. coli*-Bakterium besitzt etwa 20 000 Ribosomen und etwa 200 000 tRNAs, meist in Form von Aminoacyl-tRNAs. Es enthält ungefähr 1 500 mRNA-Moleküle, das sind jeweils zwei bis drei Kopien von insgesamt 600 verschiedenen Messenger-Molekülen.

Eine einzelne mRNA kann gleichzeitig von vielen Ribosomen translatiert werden; sie bilden ein Polyribosom (oder Polysom). Bakterielle Polysomen sind groß; Dutzende von Ribosomen sind im typischen Fall an ein einziges mRNA-Molekül gebunden. Die Polysomen der Eukaryoten sind kleiner; in der Regel umfassen sie weniger als zehn Ribosomen; jede mRNA trägt nur eine einzige codierende Region.

Die bakterielle mRNA hat eine extrem kurze Halbwertszeit; sie beträgt nur wenige Minuten. Noch während die auf der DNA in 3′-Richtung liegenden Sequenzen transkribiert werden, beginnt am 5′-Ende bereits die Translation. Der Abbau wird durch Endonucleasen eingeleitet; sie folgen den Ribosomen in 5′→3′-Richtung und schneiden die mRNA an ganz bestimmten Stellen. Anschließend werden die Fragmente durch Exonucleasen in Nucleotide zerlegt, wobei der Abbau an den durch die endonucleolytische Spaltung freigesetzten 3′-Enden beginnt und in Richtung des 5′-Endes verläuft. Einzelne Sequenzen können den Abbau bakterieller mRNA fördern oder verzögern. Eukaryotische mRNAs sind gewöhnlich über mehrere Stunden hinweg stabil. Sie besitzen vermutlich mehrere Sequenzen, die den Abbau initiieren; es sind Fälle bekannt, in denen dieser Vorgang reguliert wird.

Die eukaryotische mRNA muß im Zellkern prozessiert werden, bevor sie ins Cytoplasma zur Translation gelangt. Das 5′-Ende erhält eine methylierte Cap-Struktur. Sie besteht aus einem Nucleotid, das durch eine 5′-5′-Bindung an das ursprüngliche Ende der mRNA angehängt und anschließend mit Methylgruppen versehen wird. Die meisten eukaryotischen mRNAs erhalten nach der Transkription im Zellkern am 3′-Ende eine Sequenz aus etwa 200 Basen Poly(A). Allerdings scheinen Poly(A)$^-$-mRNAs mit der gleichen Kinetik wie Poly(A)$^+$-mRNAs translatiert und abgebaut zu werden. Die eukaryotische mRNA liegt als ein Ribonucleoproteinpartikel vor; in manchen Fällen werden mRNPs gespeichert, die nicht translatiert werden können.

Weiterführende Literatur

Übersichtsartikel

Bannerjee, A. K. *5′-Terminal Cap Structure in Eukaryotic mRNAs*. In: *Microbiol. Rev.* 44 (1980) S. 175–205.

Jackson, R. J.; Standart, N. *Do the Poly(A) Tail and 3′ Untranslated Region Control mRNA Translation?* In: *Cell* 62 (1990) S. 15–24.

Sachs, A. *Messenger RNA Degradation in Eukaryotes*. In: *Cell* 74 (1993) S. 413–421.

Ross, J. *mRNA Stability in Mammalian Cells*. In: *Microbiol. Rev.* 59 (1995) S. 423–450.

Jacobson, A.; Pelz, S. W. *Interrelationships of the Pathways of mRNA Decay and Translation in Eukaryotic Cells*. In: *Ann. Rev. Biochem.* 65 (1996) S. 693–740.

Historisches

Hoagland, M. B. et al. *A Soluble RNA Intermediate in Protein Synthesis*. In: *J. Biol. Chem.* 231 (1958) S. 241–257.

Nirenberg, M. W.; Matthaei, H. J. *The Dependence of Cell-Free Protein Synthesis in E. coli upon Naturally Occurring or Synthetic Polyribonucleotides*. In: *Proc. Nat. Acad. Sci. USA* 47 (1961) S. 1588–1602.

Dintzis, H. M. *Assembly of the Peptide Chain of Hemoglobin*. In: *Proc. Nat. Acad. Sci. USA* 47 (1961) S. 247–261.

Brenner, S.; Jacob, F.; Meselson, M. *An Unstable Intermediate Carrying Information from Genes to Ribosomes for Protein Synthesis*. In: *Nature* 190 (1961) S. 576–581.

Chapeville, F. et al. *On the Role of Soluble RNA in Coding for Amino Acids*. In: *Proc. Nat. Acad. Sci. USA* 48 (1962) S. 1086–1092.

Slayter, H. S. et al. *The Visualization of Polyribosome Structure*. In: *J. Mol. Biol.* 7 (1963) S. 652–657.

Nirenberg, M. W.; Leder, P. *The Effect of Trinucleotides upon the Binding of mRNA to Ribosomes*. In: *Science* 145 (1964) S. 1399–1407.

Darnell, J. et al. *Poly(A) Sequences: Role in Conversion of Nuclear RNA into mRNA*. In: *Science* 174 (1971) S. 507–510.

8. Proteinsynthese

Eine mRNA enthält eine Folge von Codons, die mit den Anticodons der Aminoacyl-tRNAs in Wechselwirkung treten; auf diese Weise wird eine Reihe von entsprechenden Aminosäuren in eine Polypeptidkette eingebaut. Das Ribosom schafft die Umgebung, welche die Wechselwirkung zwischen mRNA und Aminoacyl-tRNA steuert. Wie eine kleine, mobile Fabrik wandert das Ribosom an der Matrize entlang und läßt dabei in raschem Takt Peptidbindungen entstehen. Mit atemberaubender Geschwindigkeit schießen Aminoacyl-tRNAs in das Ribosom hinein und wieder heraus und laden ihre Aminosäuren ab; Elongationsfaktoren assoziieren und dissoziieren zyklisch. Gemeinsam mit seinen Hilfsfaktoren vermag das Ribosom die gesamte Palette an Aktivitäten zu erfüllen, die für die einzelnen Schritte der Proteinsynthese erforderlich sind.

Das Ribosom stellt eine Ansammlung vieler Proteine dar; jedes einzelne von ihnen ist nur im Zusammenhang mit der richtigen Gesamtstruktur aktiv, und ihre aufeinander abgestimmten Aktivitäten tragen gemeinsam zum Vorgang der Translation bei. Viele der Proteine (und die rRNA) haben in erster Linie die Aufgabe, die Gesamtstruktur zu schaffen, welche die verschiedenen aktiven Stellen in den richtigen räumlichen Bezug zueinander bringt; sie müssen nicht notwendigerweise an Synthesereaktionen beteiligt sein. Man kann sich das Ribosom als eine *interaktive* Struktur vorstellen, in der durch Konformationsänderungen Informationen von einer Stelle zur anderen übermittelt werden.

Das Ribosom besitzt mehrere aktive Zentren; jedes wird von einer bestimmten Proteingruppe gebildet, die wiederum mit einer Region der ribosomalen RNA assoziiert ist. Die aktiven Zentren erfordern zur Erfüllung struktureller oder sogar katalytischer Aufgaben das unmittelbare Mitwirken von rRNA. Für manche katalytische Funktionen sind ganz bestimmte Proteine notwendig, doch keine der Aktivitäten kann mit isolierten Proteinen oder Proteingruppen nachgeahmt werden; sie laufen nur innerhalb der Gesamtstruktur des Ribosoms ab.

Zwei Arten von Information spielen für die Analyse des Ribosoms eine Rolle. Durch Mutationen lassen sich bestimmte ribosomale Proteine oder Basen der rRNA mit bestimmten Reaktionen in Zusammenhang bringen. Mit Hilfe von Strukturanalysen – zu denen auch die direkte Modifikation von Ribosomenbestandteilen und vergleichende Untersuchungen zur Ermittlung konservierter rRNA-Sequenzen gehören – kann die räumliche Lage der an bestimmten Funktionen beteiligten Komponenten festgestellt werden.

Die Grundform des Ribosoms ist konserviert; es gibt allerdings beträchtliche Unterschiede in der Gesamtgröße sowie im Verhältnis von RNA und Protein zwischen den Ribosomen von Bakterien, eukaryotischem Cytoplasma

Ribosomen	Untereinheiten	rRNAs	Proteine
Bakterien 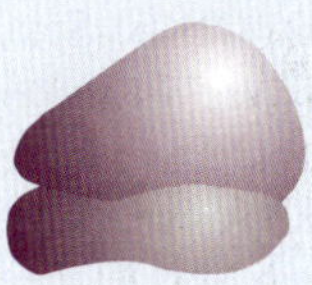 70S Masse: $2{,}5 \times 10^6$ D 66% RNA	50S 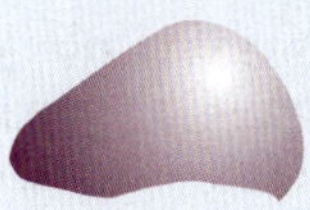	23S = 2904 Basen 5S = 120 Basen	31
	 30S	16S = 1542 Basen	21
Säuger 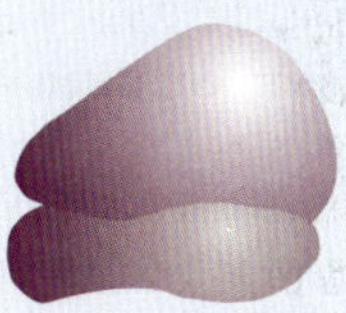 80S Masse: $4{,}2 \times 10^6$ D 60% RNA	60S 	28S = 4718 Basen 5,8S = 160 Basen 5S = 120 Basen	49
	 40S	18S = 1874 Basen	33

8.1 Ribosomen sind große Ribonucleoproteinpartikel, die mehr RNA als Protein enthalten und in große und kleine Untereinheiten dissoziieren.

und Organellen. In Abbildung 8.1 sind die Bestandteile von Bakterien- und Säugerribosomen im Vergleich dargestellt. Bei beiden handelt es sich um Ribonucleoproteinpartikel, die mehr RNA als Protein enthalten. Die ribosomalen Proteine werden als **r-Proteine** bezeichnet.

Alle Ribosomen eines Bakteriums sind identisch. Bei *E. coli* besteht die kleine (30S-)Untereinheit aus der 16S-rRNA und 21 Proteinen. Die große (50S-)Untereinheit enthält die 23S-rRNA, die kleine 5S-RNA und 31 Proteine. Mit Ausnahme eines Proteins, das im Ribosom in vier Kopien vorliegt, kommt jedes Protein nur einmal pro Ribosom vor.

Die Ribosomen im Cytoplasma der höheren Eukaryoten sind größer als die der Bakterien. Der Gesamtgehalt an RNA und Protein ist höher; die Haupt-RNA-Moleküle sind länger, und es sind mehr Proteine vorhanden. Wahrscheinlich liegen die meisten oder sogar alle Proteine in stöchiometrischen Mengen vor. Auch hier stellt die RNA den überwiegenden Teil der Gesamtmasse.

Ribosomen in Organellen unterscheiden sich von jenen des Cytoplasmas und nehmen unterschiedliche Formen an. In einigen Fällen erreichen sie fast die Größe bakterieller Ribosomen und enthalten 70 % RNA; andere entsprechen einer Größe von 60S und besitzen weniger als 30 % RNA.

Elektronenmikroskopische Aufnahmen einzelner Untereinheiten sowie eines vollständigen bakteriellen Ribosoms sind in Abbildung 8.2 entsprechend orientierten Modellen gegenübergestellt. Das komplette 70S-Ribosom ist asymmetrisch aufgebaut. Der Übergang zwischen Kopf und Basis der kleinen Untereinheit ist so an die Einbuchtung der großen Untereinheit angepaßt, daß sich die flache Seite der kleinen Untereinheit genau in die große Untereinheit einfügt. Zwischen den Untereinheiten befindet sich ein Hohlraum, der einige der wichtigen Stellen des Ribosoms enthält.

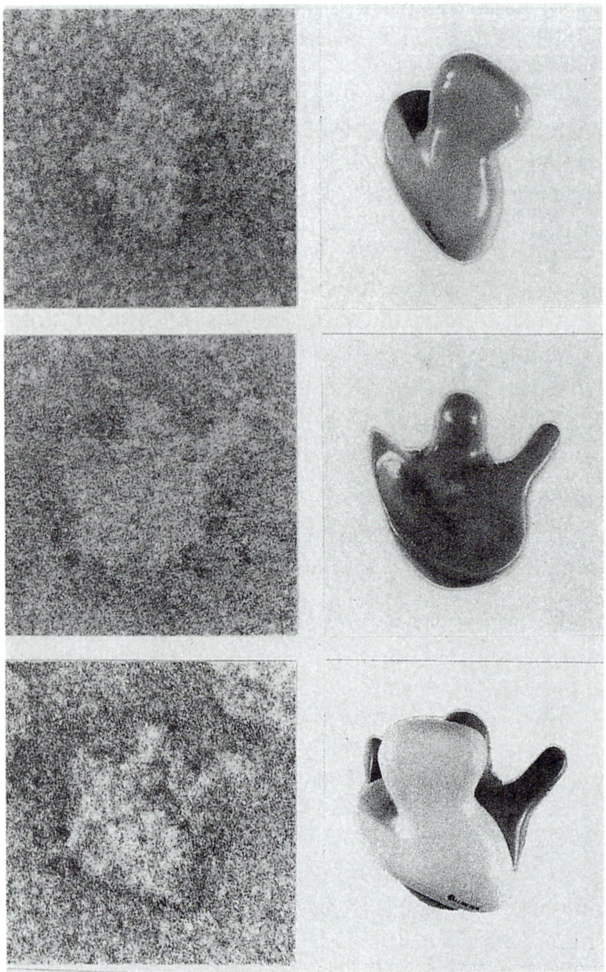

8.2 Elektronenmikroskopische Aufnahmen veranschaulichen die Gestalt bakterieller Ribosomen und Untereinheiten. (Photographien mit freundlicher Genehmigung von James Lake.)

8.1 Die Organisation des Ribosoms

Die RNAs bilden die Hauptmasse des bakteriellen Ribosoms. Sie befinden sich überall im Ribosom, und wahrscheinlich stehen die meisten oder alle ribosomalen Proteine tatsächlich mit rRNA in Kontakt. So bilden die Haupt-rRNAs das, was man bisweilen als Rückgrat jeder Untereinheit ansieht: einen fortlaufenden Strang, der die Struktur vorgibt und die Positionen der ribosomalen Proteine festlegt.

Beide Haupt-rRNAs haben eine ausgeprägte Sekundärstruktur. Obwohl man mit Hilfe der Sequenz einer RNA die Ausbildung basengepaarter Regionen vorhersagen kann, gibt es in so großen Molekülen wie den rRNAs viele alternative Konformationen. Man kann unmöglich vorherbestimmen, welche davon tatsächlich eingenommen wird, selbst wenn das Molekül einfach frei in Lösung vorliegt.

Der erfolgreichste Ansatz bei der Analyse der Sekundärstruktur ist der Sequenzvergleich einander entsprechender rRNAs in verwandten Organismen. Die für die Sekundärstruktur wichtigen Bereiche behalten ihre Fähigkeit bei, durch Basenpaarung zu interagieren. Ist also ein Basenpaar notwendig, so kann es sich in jeder rRNA an der gleichen relativen Position bilden. Aus derartigen Vergleichen wurden Modelle sowohl für die 16S- als auch die 23S-rRNA entwickelt.

Das Modell für die 16S-rRNA von *E. coli* ist schematisch in Abbildung 8.3 dargestellt. Das Molekül bildet vier Domänen aus, in denen knapp die Hälfte der Sequenz basengepaart vorliegt. Die einzelnen doppelhelikalen Regionen sind eher kurz (weniger als acht Basenpaare). Oft sind sie nicht perfekt gepaart, sondern enthalten Ausbuchtungen aus ungepaarten Basen.

Vergleichbare Modelle wurden für rRNAs aus Mitochondrien (sie sind kürzer und besitzen weniger Domänen) und eukaryotischem Cytoplasma (sie sind länger und weisen mehr Domänen auf) erstellt. Der Längenzuwachs bei eukaryotischen rRNAs ist hauptsächlich auf den Erwerb von Sequenzen zurückzuführen, die zusätzliche Domänen repräsentieren.

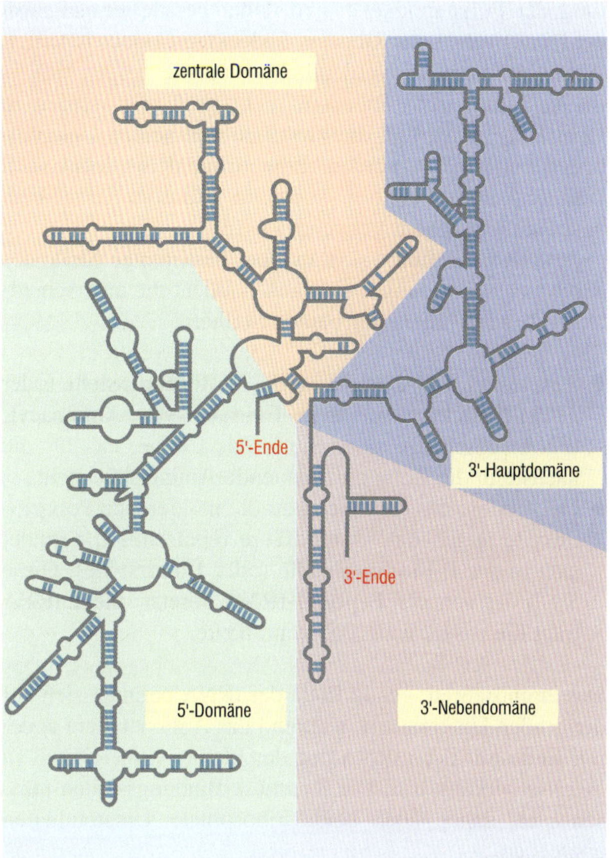

8.3 Jede der vier Domänen der 16S-rRNA enthält viele kurze doppelsträngige Abschnitte.

Wie gut stimmt diese Struktur mit der Anordnung der rRNA in der ribosomalen Untereinheit überein? Um dies zu erforschen, hat man unterschiedliche Methoden eingesetzt. Mit ihrer Hilfe konnte festgestellt werden, welche Basen mit chemischen Reagentien reagieren, die ungepaarte Basen angreifen, ferner, wo sich bevorzugte Spaltstellen für Nucleasen befinden und welche rRNA-Bereiche an spezifische Proteine gebunden werden können. Die Ergebnisse stimmen mit dem Modell überein.

Ist die Struktur der rRNA in der Untereinheit invariabel? Einige Unterschiede hinsichtlich der Reaktivität der 16S-rRNA sind beim Vergleich von 30S-Untereinheit und 70S-Ribosom festzustellen; ähnliches gilt für den Vergleich zwischen freien und mit Proteinsynthese beschäftigten Ribosomen. Die Reaktivität der rRNA verändert sich, wenn mRNA gebunden wird, wenn sich die Untereinheiten miteinander verbinden oder wenn sich tRNAs anlagern. Manche der Änderungen spiegeln eine direkte Wechselwirkung der rRNA mit mRNA oder tRNA wider, andere werden indirekt durch Veränderungen der Ribosomenstruktur verursacht. Entscheidend ist die Tatsache, daß die Ribosomenkonformation während der Proteinsynthese flexibel ist.

Ein Merkmal der Primärstruktur der rRNA ist das Auftreten von methylierten Nucleotiden, manchmal in stark konservierten Bereichen. In der 16S-rRNA gibt es etwa zehn Methylgruppen (überwiegend zum 3′-Ende des Moleküls hin), in der 23S-rRNA etwa 20. 18S- und 28S-rRNAs der Säugerzellen tragen 43 beziehungsweise 74 Methylgruppen; damit sind etwa zwei Prozent der Nucleotide methyliert (ungefähr dreimal soviel wie in Bakterien).

Die große ribosomale Untereinheit enthält (bei allen Ribosomen mit Ausnahme der mitochondrialen) außerdem ein 120 Basen langes **5S-RNA**-Molekül. Die Sequenz der 5S-RNA ist weniger konserviert als die der größeren rRNAs. Alle 5S-RNA-Moleküle weisen eine stark basengepaarte Struktur auf; die exakte Anordnung konnte allerdings durch direkte Analyse der RNA nicht bestimmt werden (man hat mehr als 20 Modelle vorgeschlagen). Dies zeigt deutlich, wie schwierig es ist, selbst bei recht kleinen Molekülen zwischen verschiedenen Paarungsmöglichkeiten zu unterscheiden. Wie bei den großen rRNAs wurde durch Vergleich der Strukturen, die sich bei den 5S-rRNAs verschiedener Spezies bilden können, ein Modell erstellt.

In eukaryotischen cytoplasmatischen Ribosomen kommt in der großen Untereinheit noch eine weitere kleine RNA vor, die **5,8S-RNA**. Ihre Sequenz entspricht dem 5′-Ende der prokaryotischen 23S-rRNA.

Manche ribosomalen Proteine binden stark an isolierte rRNA. Einige lagern sich zwar nicht an freie rRNA an, können aber binden, sobald sich andere Proteine angeheftet haben. Dies läßt vermuten, daß die Konformation der rRNA entscheidend mitbestimmt, ob Bindungsstellen für einige Proteine vorhanden sind. Bei der Bindung eines jeden Proteins werden Konformationsänderungen in der rRNA ausgelöst, die wiederum die Bindung anderer Proteine ermöglichen. Bei *E. coli* interagieren praktisch alle ribosomalen Proteine der 30S-Untereinheit mit 16S-rRNA (wenngleich in unterschiedlichem Maße). Die Bindungsstellen der Proteine zeigen eine große strukturelle Vielfalt; dies läßt darauf schließen, daß es vermutlich verschiedene Protein-RNA-Erkennungsmechanismen gibt.

Zur Aufklärung der Ribosomenstruktur wurden unter anderem die folgenden Techniken eingesetzt: Immunelektronenmikroskopie zur Bestimmung der Lage einzelner ribosomaler Proteine, Quervernetzung (*crosslinking*) benachbarter Proteine zur Klärung ihrer Beziehungen zueinander und die Analyse der Wechselwirkungen zwischen bestimmten ribosomalen Proteinen und der rRNA; man bediente sich auch eher biophysikalischer Ansätze, beispielsweise der Neutronenbeugung an den Untereinheiten unter Einsatz spezifisch mit Deuterium markierter Proteine. Alle diese Techniken ergeben ein recht ähnliches Bild. Jedes Protein läßt sich an einer bestimmten Position im Ribosom lokalisieren und einige Proteine können mit einzelnen Strukturmerkmalen des Ribosoms gleichgesetzt werden.

Die wachsenden Erkenntnisse bei der Kartierung der ribosomalen Proteine und der rRNA sind in Abbildung 8.4 zusammengefaßt. Eine genauere Vorstellung von der jeweiligen Proteingestalt haben wir nur in einigen wenigen Fällen; die Proteine sind daher in der Abbildung als Kugeln dargestellt. Die Anordnung der rRNA im Partikel wurde mit Hilfe der Immunelektronenmikroskopie kartiert,

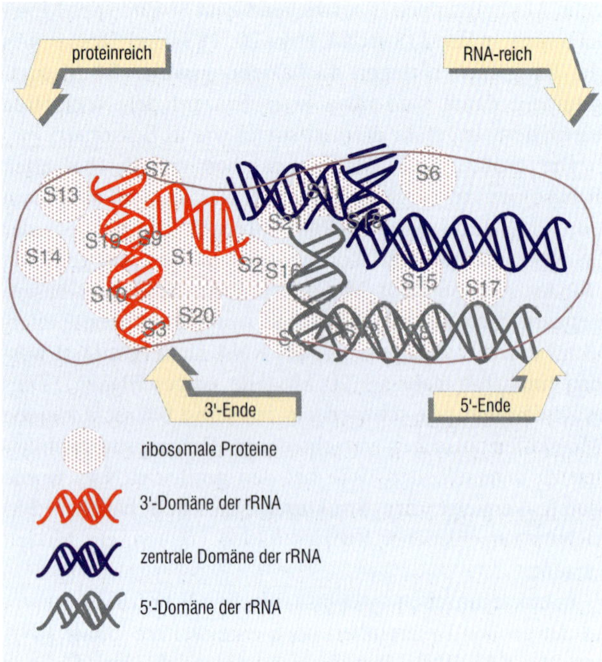

8.4 Die schematische Darstellung der 30S-Untereinheit zeigt, daß jede Domäne der rRNA einen bestimmten Platz einnimmt; die Lage aller ribosomalen Proteine wurde kartiert. Die dreidimensionale Rekonstruktion ist hier zweidimensional und nicht maßstabsgetreu wiedergegeben.

um Bereiche zu identifizieren, die mit DNA-Sonden hybridisieren, die wiederum zu kurzen rRNA-Sequenzen komplementär sind.

Die sich aus der Sekundärstruktur in Abbildung 8.3 ergebenden rRNA-Domänen nehmen relativ klar umrissene Bereiche innerhalb der kleinen Untereinheit ein. Interessant ist, daß die Massezentren der Protein- und RNA-Komponenten um etwa 25 Å auseinanderliegen. Dadurch entsteht eine Anhäufung von rRNA an einem Ende der Untereinheit; deren rechtes Ende in Abbildung 8.4 ist relativ frei von Proteinen.

8.2 Die Schritte der Proteinsynthese

Jede ribosomale Untereinheit übernimmt bestimmte Aufgaben bei der Proteinsynthese, und die Wechselwirkungen zwischen ihnen verleihen dem Ribosom Flexibilität. Die Messenger-RNA ist mit der kleinen Untereinheit assoziiert, wobei zu jedem Zeitpunkt etwa 30 ihrer Basenpaare gebunden sind. Eine verbreitete Vorstellung ist, daß sich die mRNA zwischen die Verbindungsflächen der beiden Untereinheiten oder in der Nähe davon einpaßt. Einige Modelle zeigen eine durch das Ribosom „gefädelte" mRNA, doch mit ebenso großer Wahrscheinlichkeit kann sie sich auch auf der Oberfläche befinden. Zu jedem Zeitpunkt sind gleichzeitig zwei tRNA-Moleküle mit der Proteinsynthese beschäftigt; an den Reaktionen zur Verlängerung der Polypeptidkette sind daher gerade einmal zwei der (rund) zehn vom Ribosom bedeckten Codons beteiligt. Wie Abbildung 8.5 verdeutlicht, sind die beiden tRNAs im Verhältnis zum Ribosom recht groß; sie werden in Hohlräume eingefügt, die zwischen den beiden Untereinheiten ausgebildet werden. Eine dritte tRNA kann nach Erfüllung ihrer Funktion noch am Ribosom verbleiben, bevor sie von neuem verwendet wird.

Jede tRNA befindet sich an einer bestimmten Stelle des Ribosoms. Abbildung 8.6 veranschaulicht die unterschiedlichen Eigenschaften der beiden Stellen:

- Aminoacyl-tRNA bindet an die **A-Bindungsstelle** (oder **Akzeptorstelle**). Vor dem Eintreten der Aminoacyl-tRNA präsentiert diese Stelle das Codon, das für die nächste in die Kette einzubauende Aminosäure steht.
- Das Codon, das die zuletzt an die naszierende Polypeptidkette angehängte Aminosäure repräsentiert, befindet sich in der **P-Bindungsstelle** (oder **Donorstelle**). Diese Stelle ist von der **Peptidyl-tRNA** besetzt; diese tRNA trägt die naszierende Polypeptidkette.

Das aminosäuretragende Ende der tRNA befindet sich auf der großen Untereinheit, während das Anticodon am anderen Ende mit der mRNA auf der kleinen Untereinheit in Wechselwirkung tritt. Die P- und A-Bindungsstellen müssen sich daher über beide ribosomale Untereinheiten erstrecken.

Ein Ribosom kann nur dann eine Peptidbindung synthetisieren, wenn sich eine Peptidyl-tRNA in der P-Bindungsstelle und eine Aminoacyl-tRNA in der A-Bindungsstelle befindet. Dieses Stadium zeigt *Schritt 1* der Abbildung. Die Bildung der Peptidbindung erfolgt, wenn das mit der Peptidyl-tRNA verbundene Polypeptid auf die Aminosäure transferiert wird, die von der Aminoacyl-tRNA getragen wird. Bestandteile der großen ribosomalen Untereinheit katalysieren diese Reaktion.

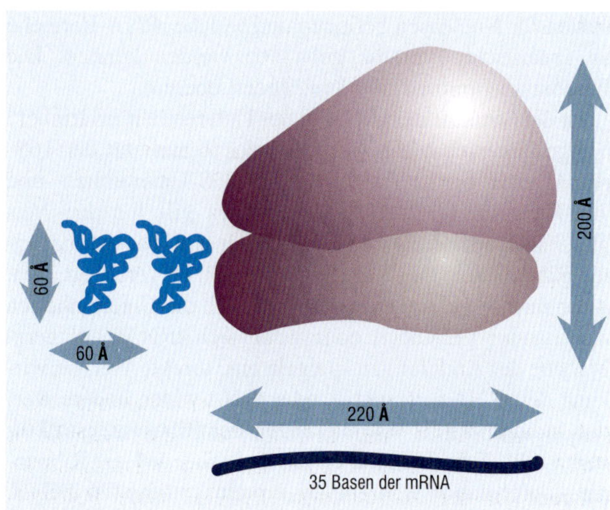

8.5 Ein Größenvergleich zeigt, daß das Ribosom groß genug ist, um zwei tRNAs (sowie 35 Basen der mRNA) zu binden.

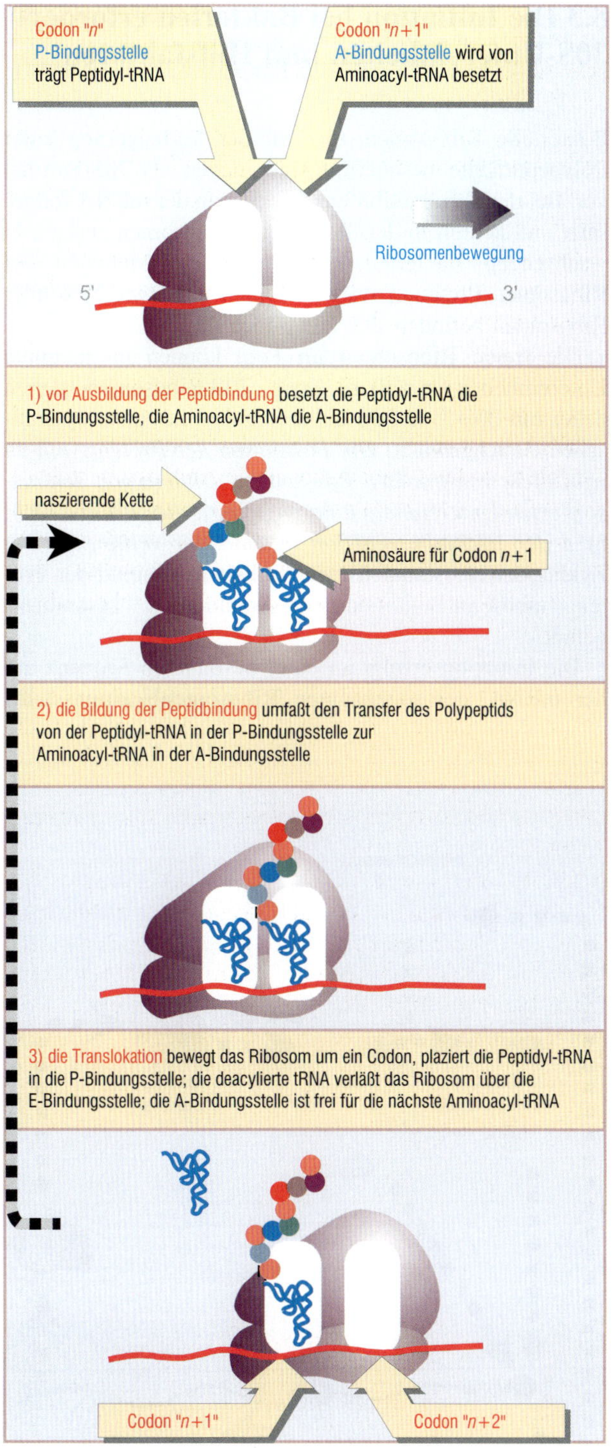

8.6 Das Ribosom hat zwei Bindungsstellen für beladene tRNAs.

Schritt 2 der Abbildung zeigt ein Ribosom nach dem Polypeptidtransfer; hier befindet sich die **deacylierte tRNA**, nun ohne Aminosäure, in der P-Bindungsstelle, während in der A-Bindungsstelle eine neue Peptidyl-tRNA entstanden ist. Diese Peptidyl-tRNA ist um einen Aminosäurerest länger als jene, die sich bei *Schritt 1* in der P-Bindungsstelle befand.

Anschließend bewegt sich das Ribosom um ein Triplett weiter entlang der mRNA. Dieses Stadium nennt man Translokation; wir werden es in Kürze ausführlicher behandeln. Durch die Bewegung des Ribosoms wird die deacylierte tRNA aus der P-Bindungsstelle verdrängt und die Peptidyl-tRNA in die P-Bindungsstelle hineingerückt (*Schritt 3*). Das nächste zu translatierende Codon liegt nun in der A-Bindungsstelle, bereit für den Zutritt einer neuen Aminoacyl-tRNA, und der Zyklus beginnt von neuem.

Die deacylierte tRNA verläßt das Ribosom über eine weitere tRNA-Bindungsstelle, die E-Bindungsstelle. Diese Bindungsstelle wird vorübergehend von der aus der P-Bindungsstelle entlassenen tRNA besetzt, bevor sie vom Ribosom ins Cytoplasma freigesetzt wird. Die tRNAs gelangen also zunächst in die A-Bindungsstelle, durchlaufen die P-Bindungsstelle und verlassen das Ribosom wieder über die E-Bindungsstelle. Abbildung 8.7 vergleicht die Bewegung von tRNA und mRNA. Ähnlich wie in einem Zahnradsystem wird die Reaktion durch die Codon-Anticodon-Wechselwirkung vorangetrieben. (Wir kommen auf dieses System in Kapitel 9 noch einmal ausführlicher zurück.)

Die Proteinsynthese läßt sich, wie Abbildung 8.8 zeigt, in drei Stufen unterteilen:

- Die **Initiation** umfaßt die Reaktionen, die der Ausbildung der Peptidbindung zwischen den ersten beiden Aminosäuren des Proteins vorausgehen. Dazu muß das Ribosom an die mRNA binden und zusammen mit der ersten Aminoacyl-tRNA einen Initiationskomplex bilden. Dieser Schritt der Proteinsynthese verläuft relativ langsam und bestimmt in der Regel die Geschwindigkeit, mit der eine mRNA translatiert wird.
- Zur **Elongation** zählen alle Reaktionen von der Synthese der ersten Peptidbindung bis zum Anfügen der letzten Aminosäure. Die Aminosäuren werden eine nach der

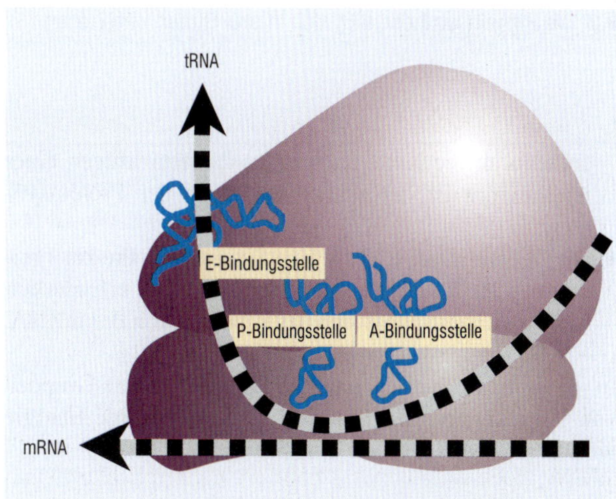

8.7 tRNA und mRNA bewegen sich in gleicher Richtung durch das Ribosom.

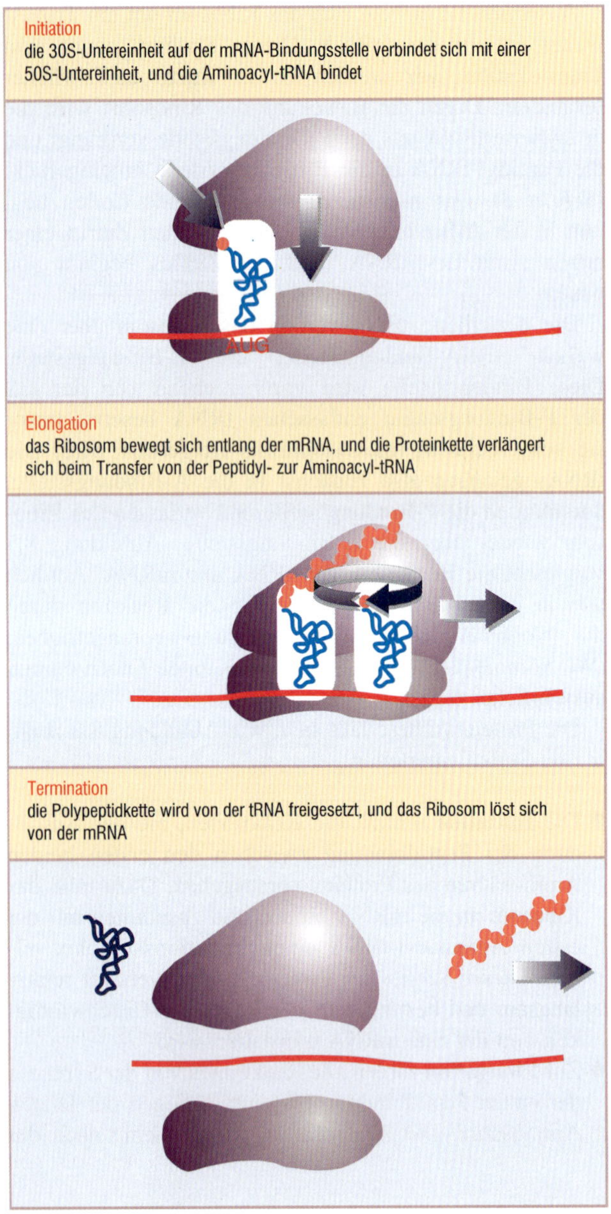

8.8 Die Proteinsynthese läßt sich in drei Stufen unterteilen.

anderen an die Kette angehängt; das Hinzufügen einer Aminosäure ist der schnellste Schritt der Proteinsynthese.

- Die **Termination** schließt jene Schritte ein, die zur Freisetzung der fertiggestellten Polypeptidkette erforderlich sind; gleichzeitig löst sich das Ribosom von der mRNA.

In jedem dieser Stadien unterstützen verschiedene Gruppen von Hilfsfaktoren das Ribosom. Die notwendige Energie wird durch die Hydrolyse von GTP gewonnen.

8.3 Die Initiation bei Bakterien erfordert 30S-Untereinheiten und Hilfsfaktoren

Bakterielle Ribosomen, die mit der Verlängerung einer Polypeptidkette beschäftigt sind, liegen als 70S-Partikel vor. Bei der Termination werden sie von der mRNA freigesetzt und kehren in den Pool freier Ribosomen zurück. In wachsenden Bakterien synthetisiert die Mehrzahl der Ribosomen Proteine; wahrscheinlich nur etwa 20 % aller Ribosomen befinden sich dann noch im Pool.

Die freien Ribosomen im Pool können in getrennte Untereinheiten zerfallen; freie 70S-Ribosomen stehen daher mit 30S- und 50S-Untereinheiten in einem dynamischen Gleichgewicht. *Die Inititiation der Proteinsynthese wird nicht von intakten Ribosomen, sondern von den dissoziierten Untereinheiten durchgeführt, die sich erst während der Initiationsreaktion miteinander verbinden.* Der Zyklus der ribosomalen Untereinheiten während der Proteinsynthese in Bakterien ist in Abbildung 8.9 zusammengefaßt.

Die Initiation erfolgt an einer besonderen Sequenz auf der mRNA, der sogenannten **Ribosomenbindungsstelle**.

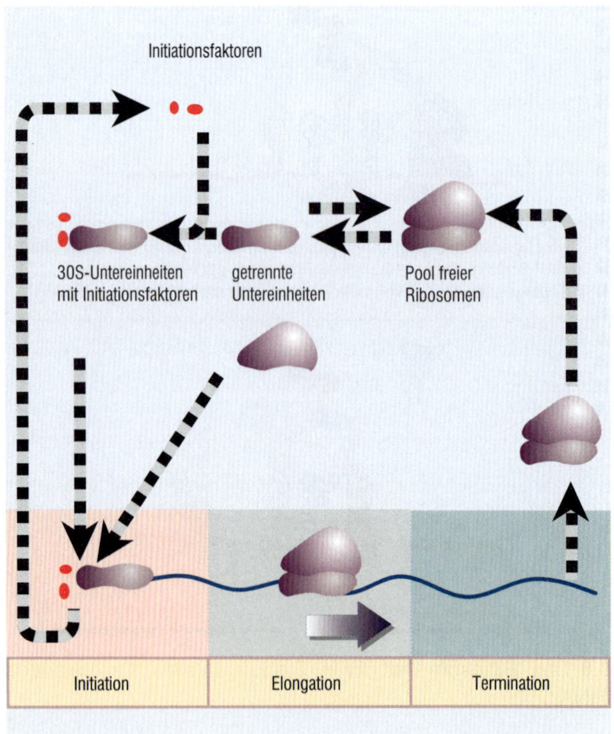

8.9 Die Initiation erfordert freie Ribosomenuntereinheiten. Die Ribosomen werden nach Beendigung der Proteinsynthese in einen Pool intakter Partikel entlassen. Sie dissoziieren in Untereinheiten, die wiederum an der Initiationsreaktion teilnehmen können. Inititiationsfaktoren kommen nur in dissoziierten 30S-Untereinheiten vor. Bei der Initiationsreaktion lagern sich die Untereinheiten zu einem funktionsfähigen Ribosom zusammen, sobald diese Faktoren freigesetzt werden.

Es handelt sich um eine kurze Basensequenz, die der codierenden Region vorausgeht (Abbildung 8.16). Die Ribosomenbindungsstelle ist eine Sequenz, an der sich die kleine und die große Untereinheit auf der mRNA zu einem intakten Ribosom vereinigen, weniger eine Sequenz, an die das Ribosom als Ganzes bindet. Die Reaktion läuft in zwei Schritten ab:

- Die Erkennung der mRNA erfolgt durch Binden einer *kleinen Untereinheit* an die Ribosomenbindungsstelle; der **Initiationskomplex** wird gebildet.
- Anschließend verbindet sich eine *große Untereinheit* mit dem Komplex und bildet ein vollständiges Ribosom.

Obwohl die 30S-Untereinheit an der Initiation beteiligt ist, kann sie allein die Bindung von mRNA und tRNA nicht bewirken. Dazu sind zusätzliche Proteine erforderlich, die sogenannten **Initiationsfaktoren (IF)**. Diese Faktoren findet man nur auf 30S-Untereinheiten; sie werden freigesetzt, wenn sich die 30S-Untereinheiten mit 50S-Untereinheiten zu 70S-Ribosomen verbinden. Dieses Verhalten unterscheidet die Initiationsfaktoren von den Strukturproteinen des Ribosoms. *Die Initiationsfaktoren sind ausschließlich an der Bildung des Initiationskomplexes beteiligt; sie sind in 70S-Ribosomen nicht vorhanden und spielen bei den Elongationsschritten keine Rolle.*

Bakterien verwenden die drei Initiationsfaktoren **IF-1**, **IF-2** und **IF-3**. Sie werden für die Bindung von mRNA und tRNA benötigt, die zur Bildung des Initiationskomplexes führt:

- IF-3 ist notwendig, damit die 30S-Untereinheit spezifisch an die Initiationsstelle der mRNA binden kann.
- IF-2 bindet eine besondere Initiator-tRNA und steuert deren Eintritt in das Ribosom.
- IF-1 bindet an die 30S-Untereinheit nur als Teil des vollständigen Initiationskomplexes und trägt vermutlich eher zu dessen Stabilisierung bei, als zur Erkennung einer bestimmten Komponente.

Abbildung 8.10 veranschaulicht die Rolle von IF-3. Der Faktor erfüllt eine Doppelfunktion: Er wird zunächst zur Stabilisierung der (freien) 30S-Untereinheiten benötigt und ermöglicht dann deren Bindung an die mRNA. IF-3 kontrolliert im großen und ganzen den Zeitraum, in dem die 30S-Untereinheiten frei sind; dieser beginnt mit der Rekrutierung aus dem Ribosomenpool und endet, wenn bei der Initiation die Reassoziation mit einer 50S-Untereinheit erfolgt.

In erster Funktion kontrolliert IF-3 das Gleichgewicht zwischen den beiden ribosomalen Zuständen. IF-3 bindet an freie 30S-Untereinheiten, die aus dem Pool freier 70S-Ribosomen freigesetzt werden. Seine Anwesenheit verhindert ihre Reassoziation mit 50S-Untereinheiten. Dank dieser Fähigkeit wirkt er als *Antiassoziationsfaktor*, der die 30S-Untereinheit im Pool freier Untereinheiten zurückhält. Die Reaktion zwischen IF-3 und der 30S-Untereinheit verläuft stöchiometrisch: Pro Untereinheit bindet ein IF-3-Molekül. Da IF-3 nur in relativ geringer Menge vorliegt, bestimmt seine Verfügbarkeit die Zahl freier 30S-Untereinheiten.

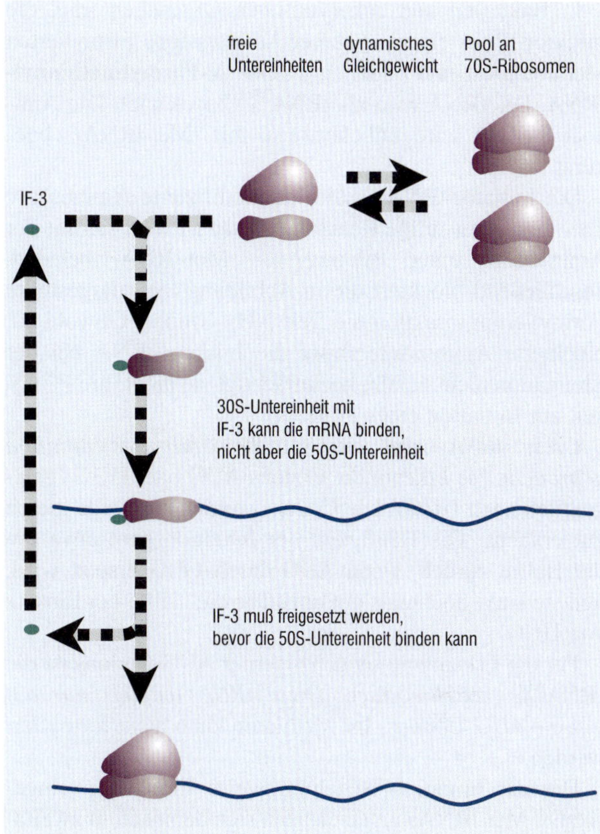

8.10 Die Initiation erfordert 30S-Untereinheiten, die IF-3 tragen.

In zweiter Funktion kontrolliert IF-3 die Fähigkeit der 30S-Untereinheit an mRNA zu binden. Die Anwesenheit von IF-3 in der kleinen Untereinheit ist zur Bildung des Initiationskomplexes mit der mRNA erforderlich.

IF-3 muß aus dem 30S-mRNA-Komplex freigesetzt werden, bevor sich die 50S-Untereinheit anlagern kann. Ein freiwerdendes IF-3-Molekül sucht sofort eine andere 30S-Untereinheit und tritt somit erneut in den Zyklus ein.

8.4 Eine besondere Initiator-tRNA startet die Polypeptidkette

Die Synthese aller Proteine beginnt mit der gleichen Aminosäure: Methionin. Das Signal für die Initiation einer Polypeptidkette ist ein besonderes **Initiationscodon**, das den Beginn des Leserasters kennzeichnet. Gewöhnlich stellt das Triplett AUG das Initiationscodon dar, in Bakterien werden aber auch GUG oder UUG verwendet.

Das AUG-Codon steht für Methionin. Zwei verschiedene tRNAs können diese Aminosäure tragen. Die eine wird für die Initiation gebraucht, die andere für die Erkennung von AUG-Codons während der Elongation.

In Bakterien und eukaryotischen Organellen trägt die Initiator-tRNA einen an seiner Aminogruppe formylierten Methioninrest und bildet somit eine ***N*-Formylmethionyl-tRNA**. Die tRNA wird als $\mathbf{tRNA}_{\mathbf{f}}^{\mathbf{Met}}$ bezeichnet. Die Aminoacyl-tRNA wird üblicherweise mit fMet-$tRNA_f$ abgekürzt.

Die Initiator-tRNA erhält ihre modifizierte Aminosäure über eine zweistufige Reaktion. Zunächst wird sie mit der Aminosäure unter Bildung von Met-$tRNA_f$ beladen, anschließend blockiert die in Abbildung 8.11 dargestellte Formylierungsreaktion die freie NH_2-Gruppe. Obwohl die blockierte Aminosäuregruppe die Initiator-tRNA bei der Elongation nicht zuläßt, beeinträchtigt sie nicht ihre Fähigkeit zur Initiation eines Proteins.

Diese tRNA wird ausschließlich für die Initiation gebraucht. Sie erkennt die Codons AUG oder GUG (gelegentlich auch UUG). Die Codons werden nicht alle gleich gut erkannt: Die Häufigkeit der Initiation geht etwa um die Hälfte zurück, wenn AUG durch GUG ersetzt wird, und sie sinkt nochmals um ungefähr die Hälfte bei Einsatz von UUG.

Für die Erkennung sequenzinterner AUG-Codons ist die $\mathbf{tRNA}_{\mathbf{m}}^{\mathbf{Met}}$ verantwortlich. *Diese tRNA reagiert nur auf interne AUG-Codons.* Ihr Methionin kann nicht formyliert werden.

Die zur Initiation beziehungsweise Elongation eingesetzten Met-tRNAs unterscheiden sich demnach in zweifacher Hinsicht: Die tRNA-Anteile an sich sind verschieden, und die Aminosäuren unterscheiden sich im Hinblick auf den Zustand ihrer Aminogruppe.

Die Bedeutung der AUG- und GUG-Codons hängt von ihrem **Kontext** ab. Wird das AUG-Codon für die Initiation gebraucht, so wird es als Formylmethionin gelesen; liegt es innerhalb der codierenden Region, steht es für Methionin. In noch stärkerem Maße wird die Bedeutung des GUG-Codons von seiner Lage bestimmt. Steht es als *erstes* Codon, wird es über die Initiationsreaktion als Formylmethionin gelesen. *Innerhalb* eines Gens wird es jedoch durch Val-tRNA gelesen, einem regulären Mitglied des tRNA-Pools; es liefert Valin, wie es der genetische Code erfordert.

Wie wird der Zusammenhang eines AUG- oder GUG-Codons interpretiert? Abbildung 8.12 veranschaulicht die entscheidende Rolle des Ribosoms.

Im Initiationskomplex sitzt die kleine Untereinheit so auf der mRNA, daß das Initiationscodon in jenem Teil der P-Bindungsstelle liegt, der zu dieser Untereinheit gehört. *Die einzige Aminoacyl-tRNA, die Teil des Initiationskomplexes werden kann, ist die Initiator-tRNA. Sie besitzt die einzigartige Fähigkeit, direkt in die teilweise gebildete P-Bindungsstelle zu gelangen, um ihr Codon zu erkennen.*

Wenn sich die große Untereinheit mit dem Komplex verbindet, liegt die Initiator-fMet-$tRNA_f$ in der nun vollständig ausgebildeten P-Bindungsstelle; die A-Bindungsstelle steht nun zur Verfügung, um die zum zweiten Codon des Gens komplementäre Aminoacyl-tRNA aufzunehmen.

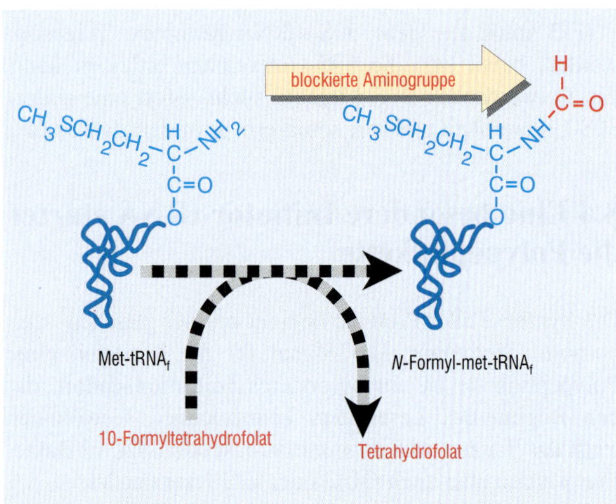

8.11 Der Initiator *N*-Formylmethionyl-tRNA (fMet-$tRNA_f$) wird durch Formylierung der Methionyl-tRNA gebildet; dabei dient Formyltetrahydrofolat als Cofaktor.

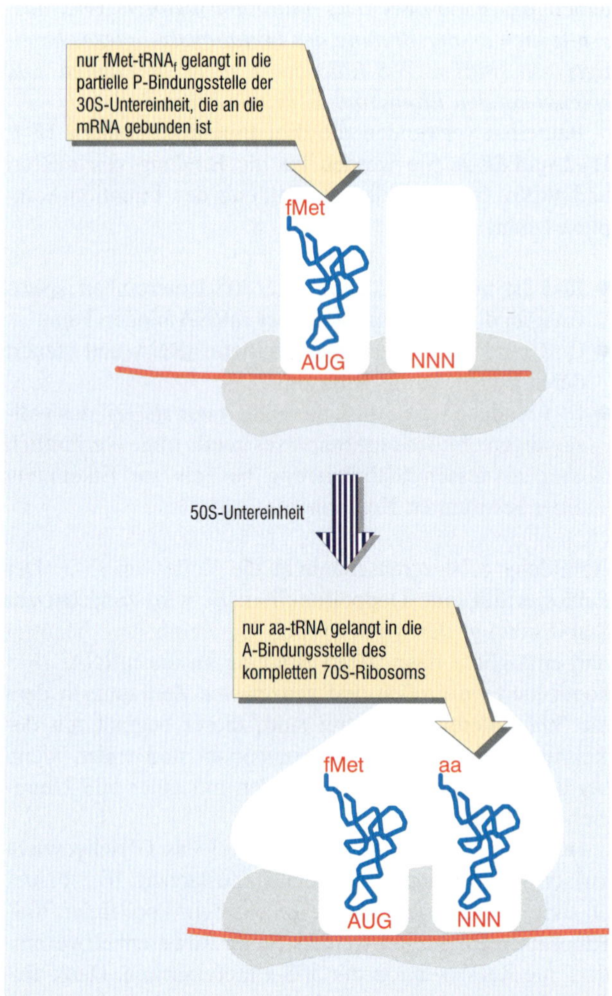

8.12 Nur fMet-$tRNA_f$ kann von 30S-Untereinheiten zur Initiation verwendet werden. Zur Elongation durch 70S-Ribosomen dienen ausschließlich andere Aminoacyl-tRNAs (aa-tRNA).

Zwischen der Initiator-tRNA und der nächsten Aminoacyl-tRNA entsteht die erste Peptidbindung.

So kommt es immer zur Initiation, wenn ein AUG- (oder GUG-)Codon innerhalb einer Ribosomenbindungsstelle liegt, denn nur die Initiator-tRNA kann in die unvollständige P-Bindungsstelle gelangen, die durch *de novo*-Bindung der 30S-Untereinheit an die mRNA gebildet wird. Die interne Lesart behauptet sich demzufolge, wenn die Codons auf ein bereits *kontinuierlich* translatierendes Ribosom treffen, denn nur die regulären Aminoacyl-tRNAs können die (vollständige) A-Bindungsstelle besetzen.

Welche Merkmale unterscheiden den Initiator fMet-$tRNA_f$ von der für die Elongation verwendeten Met-$tRNA_m$? Wichtig sind einige charakteristische Eigenschaften der tRNA-Sequenz, wie Abbildung 8.13 zusammenfassend zeigt. Ein Teil dieser Eigenschaften *verhindert*, daß der Initiator bei der Elongation zum Einsatz kommt, andere sind für seine Initiationsfunktion *erforderlich*.

- Die Formylierung ist nicht unbedingt notwendig, denn auch nichtformylierte Met-$tRNA_f$ kann als Initiator fungieren; sie erhöht allerdings die Effizienz, mit der Met-$tRNA_f$ von IF-2 gebunden wird.
- Mit Ausnahme der $tRNA^{Met}_f$ sind in allen tRNAs die letzten beiden Basen des aminosäuretragenden Stammes gepaart. Mutationen, die in dieser Position der $tRNA^{Met}_f$ ein Basenpaar erzeugen, ermöglichen ihren Einsatz bei der Elongation. Das Fehlen dieses Basenpaares ist daher wichtig, um die Verwendung der $tRNA^{Met}_f$ bei der Elongation zu verhindern; ferner ist es für die Formylierungsreaktion erforderlich.
- Drei aufeinanderfolgende G-C-Paare im Stamm der Anticodonschleife sind ein ausschließliches Merkmal der $tRNA^{Met}_f$. Diese Basenpaare sind notwendig, damit die fMet-$tRNA_f$ direkt in die P-Bindungsstelle eingesetzt werden kann.

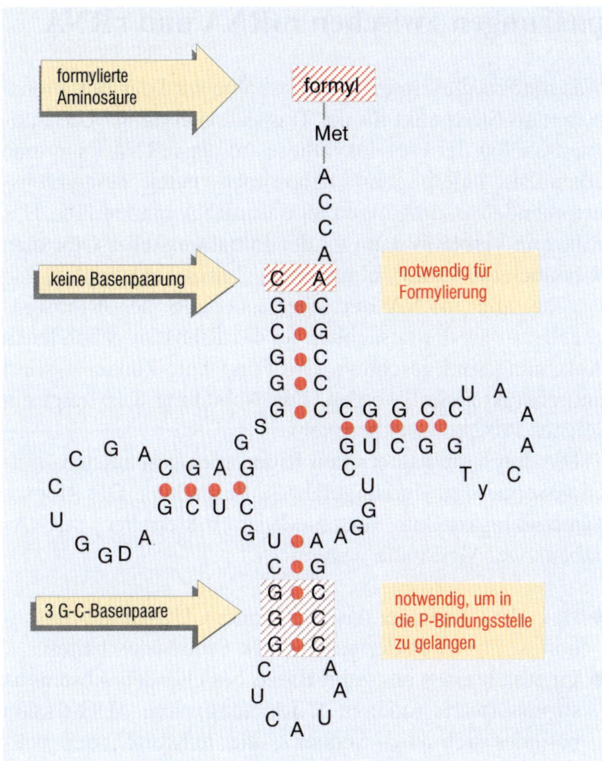

8.13 Die fMet-$tRNA_f$ besitzt einzigartige Eigenschaften, die sie als Initiator-tRNA kennzeichnen.

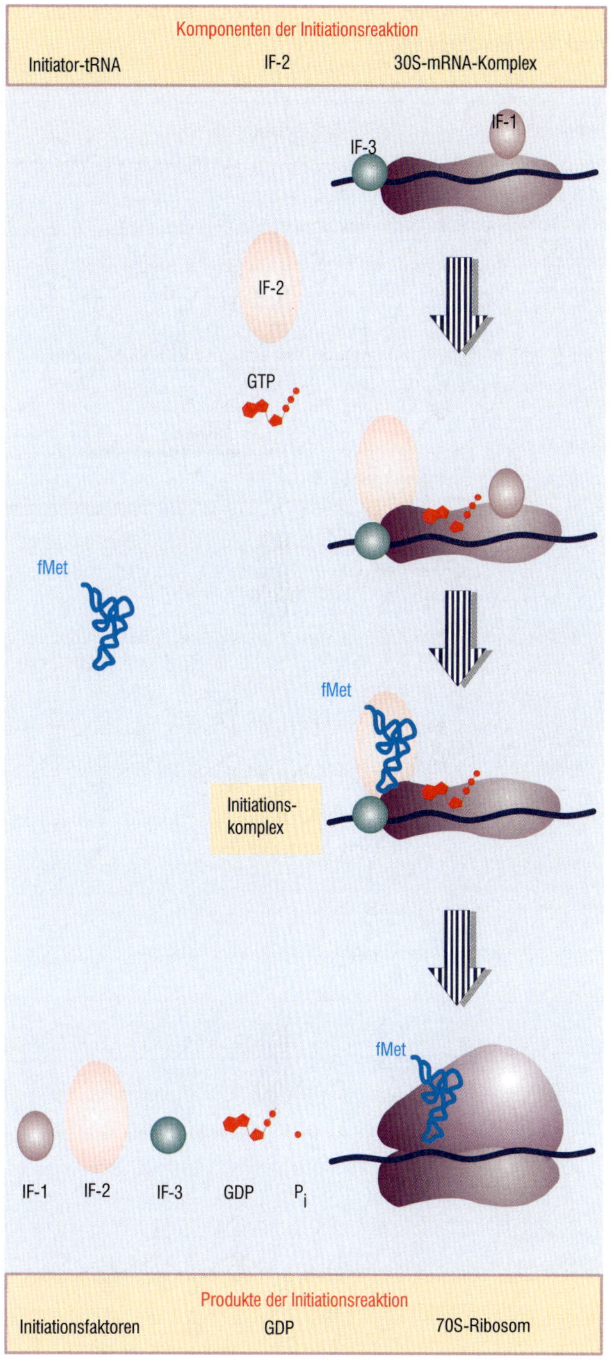

8.14 IF-2 ist für die Bindung von fMet-$tRNA_f$ an den 30S-mRNA-Komplex erforderlich. Nach Bindung der 50S-Untereinheit werden alle IF-Faktoren freigesetzt, und GTP wird gespalten.

Die Fähigkeit der Aminoacyl-tRNAs, in das Ribosom zu gelangen, wird durch Hilfsfaktoren kontrolliert. Abbildung 8.14 zeigt, wie der Initiator fMet-$tRNA_f$ in die P-Bindungsstelle eingefügt wird. Die 30S-Untereinheit trägt alle Initiationsfaktoren einschließlich IF-2, der wahrscheinlich mit der P-Bindungsstelle assoziiert ist. IF-2 bildet spezifisch einen Komplex mit fMet-$tRNA_f$. Dieser Komplex setzt die tRNA in die teilweise gebildete P-Bindungsstelle.

IF-2 gewährleistet durch die spezifische Komplexbildung mit fMet-$tRNA_f$, daß nur die Initiator-tRNA und keine der regulären Aminoacyl-tRNAs an der Initiationsreaktion beteiligt ist.

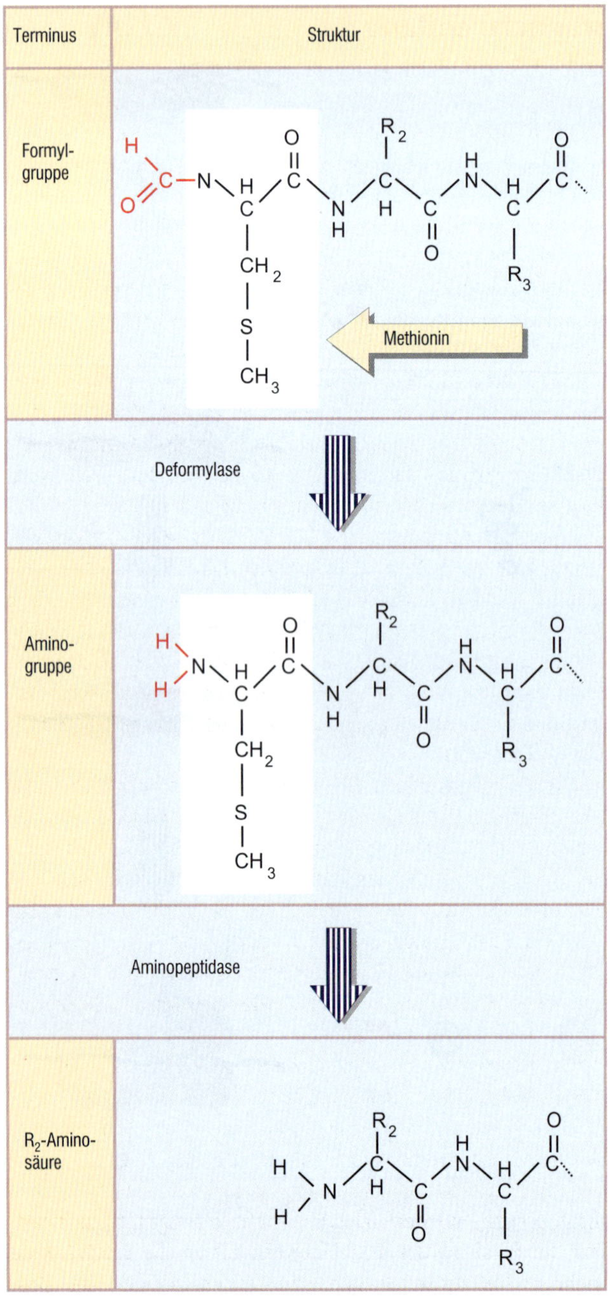

8.15 In Bakterien beginnen neusynthetisierte Proteine mit Formylmethionin; während der Proteinsynthese wird jedoch die Formylgruppe und manchmal auch das Methionin entfernt.

IF-2 bleibt in dieser Phase Teil der 30S-Untereinheit. Er hat aber noch eine weitere Aufgabe zu erfüllen, die mit seiner **ribosomenabhängigen GTPase-Aktivität** zusammenhängt: In Gegenwart von Ribosomen fördert er die Hydrolyse von GTP und damit die Freisetzung der in dieser energiereichen Bindung gespeicherten Energie.

GTP wird hydrolysiert, wenn die 50S-Untereinheit zur Bildung des vollständigen Ribosoms hinzukommt. IF-2 ist wahrscheinlich nicht selbst die GTPase, sondern aktiviert ein ribosomales Protein mit dieser Funktion. Die GTP-Spaltung könnte an einer Konformationsänderung des Ribosoms mitwirken, welche die vereinten Untereinheiten zu einem aktiven 70S-Ribosom umwandelt.

Da alle Proteinketten mit der gleichen Aminosäure beginnen, ist es bisweilen notwendig, unerwünschte Bausteine vom N-Terminus zu entfernen (Abbildung 8.15). Die entsprechende(n) Reaktion(en) läuft (laufen) recht schnell ab, wahrscheinlich bereits wenn die naszierende Polypeptidkette eine Länge von 15 Aminosäuren erreicht hat.

In Bakterien und Mitochondrien wird der Formylrest durch ein spezifisches Deformylaseenzym entfernt und es entsteht ein normaler NH_2-Terminus. Ist Methionin die N-terminale Aminosäure des Proteins, so ist dies die einzig erforderliche Reaktion. Bei etwa der Hälfte der Proteine wird Methionin am N-Terminus durch eine Aminopeptidase entfernt; dabei entsteht ein neuer R_2-Terminus (R_2 ist die ursprünglich zweite, in die Kette eingebaute Aminosäure). Sind beide Schritte erforderlich, so erfolgen sie nacheinander.

8.5 Die Initiation erfordert Basenpaarungen zwischen mRNA und rRNA

Was initiiert die Proteinsynthese? Wie wird das Initiationscodon als Startpunkt für die Translation erkannt? Die Initiationsstellen der Proteinsynthese auf der mRNA kann man erkennen, indem man Ribosomen unter elongationshemmenden Bedingungen an die mRNA binden läßt. Das Ribosom verbleibt dann an der Initiationsstelle. Gibt man Ribonuclease zum blockierten Initiationskomplex, so werden alle mRNA-Bereiche außerhalb des Ribosoms abgebaut; nur die tatsächlich an das Ribosom gebundenen Abschnitte sind geschützt. Die Fragmente können isoliert und charakterisiert werden. Die Abbildung 8.16 zeigt ein solches Protektionsexperiment.

Die durch die bakteriellen Ribosomen geschützten Initiationssequenzen sind ungefähr 30 Basen lang. Die Ribosomenbindungsstellen verschiedener bakterieller mRNAs haben zwei Merkmale gemein:

- Das AUG- (seltener das GUG- oder UUG-)Initiationscodon ist immer in der geschützten Sequenz enthalten.
- Innerhalb eines aus zehn Basen bestehenden Abschnitts stromaufwärts (oder in 5′-Richtung) vom AUG-Codon befindet sich eine Sequenz, die teilweise oder vollständig dem folgenden Hexamer entspricht:

5′ ... A G G A G G ... 3′

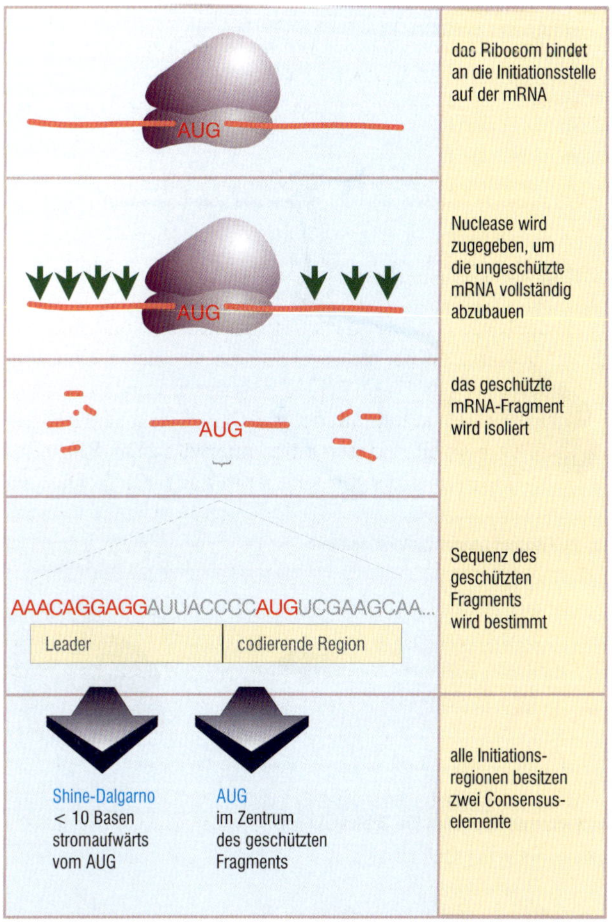

8.16 Ribosomenbindungsstellen auf der mRNA können aus Initiationskomplexen wiedergewonnen werden.

Dieser Polypurinabschnitt wird als **Shine-Dalgarno-Sequenz** bezeichnet. Sie ist komplementär zu einer stark konservierten Sequenz nahe dem 3′-Ende der 16S-rRNA. In umgekehrter Richtung geschrieben, ergibt die rRNA-Sequenz dieses Hexamer:

3′ ... U C C U C C ... 5′

Paart die Shine-Dalgarno-Sequenz während der mRNA/Ribosom-Bindung mit dem komplementären rRNA-Abschnitt? Mutationen in beiden Bindungspartnern unterstreichen die Bedeutung dieser Sequenz bei der Initiation. Punktmutationen in der Shine-Dalgarno-Sequenz können die Translation einer mRNA verhindern. Ferner ist die Einführung von Mutationen in die komplementäre rRNA-Sequenz schädlich für die Zelle und verändert das Muster der Proteinsynthese. Für die Basenpaarungsreaktion spricht außerdem, daß eine Mutation in der Shine-Dalgarno-Sequenz einer mRNA durch eine Mutation in der rRNA supprimiert werden kann, welche die Basenpaarung wiederherstellt.

Die Sequenz am 3′-Ende der rRNA ist bei Pro- und Eukaryoten konserviert; die einzige Ausnahme ist, daß alle Eukaryoten eine Deletion der Fünf-Basen-Sequenz CCUCC aufweisen, dem wichtigsten komplementären Abschnitt zur Shine-Dalgarno-Sequenz. Es wurden vielfach andere Sequenzen auf der eukaryotischen rRNA als mögliche Gegenstücke zur prokaryotischen Shine-Dalgarno-Consensussequenz vorgeschlagen. Es gibt jedoch keinen Hinweis, der das Vorkommen von Basenpaarungen zwischen eukaryotischer mRNA und 18S-rRNA stützen würde. Sollte in der Tat kein solcher Mechanismus existieren, so wäre dies ein bedeutender Unterschied im Initiationsprozeß.

8.6 Die kleinen Untereinheiten wandern entlang der eukaryotischen mRNA zu den Initiationsstellen hin

Die Initiation der Proteinsynthese verläuft im Cytoplasma von Eukaryoten ähnlich wie in Bakterien; sie unterscheidet sich jedoch in der Aufeinanderfolge der Ereignisse und durch die größere Zahl der Hilfsfaktoren.

Zum Teil sind die Unterschiede durch die Art und Weise bedingt, wie bakterielle 30S- und eukaryotische 40S-Untereinheiten ihre Bindungsstellen auf der mRNA zur Initiation der Proteinsynthese finden. In Bakterien bildet sich der Initiationskomplex direkt an einer das AUG-Initiationscodon umgebenden Sequenz. Bei Eukaryoten erkennen die kleinen Untereinheiten zuerst das 5′-Ende der mRNA und bewegen sich dann zur Initiationsstelle hin; dort kommen die großen Untereinheiten hinzu.

Praktisch alle eukaryotischen mRNAs sind monocistronisch; jede mRNA ist jedoch in der Regel wesentlich länger, als für die Codierung des Proteins notwendig wäre. Die mRNAs im eukaryotischen Cytoplasma haben eine durchschnittliche Länge von 1 000 bis 2 000 Basen; sie besitzen eine methylierte Cap-Struktur am 5′-Terminus und tragen einen Poly(A)-Schwanz aus 100 bis 200 Basen am 3′-Terminus.

Die nichttranslatierte 5′-Leader-Sequenz ist relativ kurz. Üblicherweise (wenn auch nicht immer) besteht sie aus weniger als 100 Basen. Die Länge der codierenden Region hängt von der Größe des Proteins ab. Die nichttranslatierte 3′-Trailer-Sequenz ist oft recht lang und kann bisweilen bis zu etwa 1 000 Basen umfassen. Aufgrund seiner Position kann der Leader-Bereich bei der Initiation nicht übergangen werden; die Funktion der Trailer-Sequenz ist hingegen weniger klar.

Die Ribosomen im Cytoplasma von Eukaryoten binden nicht direkt an die Initiationsstelle am Anfang der codierenden Region. Sie erkennen statt dessen als erstes Merkmal die methylierte Cap-Struktur, die das 5′-Ende kennzeichnet. Messenger-Moleküle, deren Cap-Struktur entfernt wurde, werden *in vitro* nicht effizient translatiert. Für die Bindung der 40S-Untereinheit an die mRNA sind mehrere Initiationsfaktoren erforderlich, welche die Cap-Struktur erkennen.

Die Modifikation am 5′-Ende erfolgt bei fast allen zellulären oder viralen mRNAs und ist für deren Translation im eukaryotischen Cytoplasma unentbehrlich (in Organellen ist sie jedoch nicht erforderlich). Ausgenommen von dieser Regel sind nur einige virale mRNAs (z. B. von Poliovirus), die keine Cap-Struktur besitzen; *ausschließlich* diese besonderen viralen mRNAs können *in vitro* ohne Cap-Struktur translatiert werden; sie müssen folglich irgendeine andere Eigenschaft besitzen, welche diese Modifikation überflüssig macht.

Manche Viren nutzen diesen Unterschied aus. Bei der Poliovirusinfektion wird die Translation der Wirtszellen-mRNAs gehemmt. Dies geschieht durch Einwirkung auf die Cap-Bindungsproteine, die für die Initiation zellulärer mRNAs erforderlich sind, nicht aber für die Cap-freie mRNA des Poliovirus.

Bei der Besprechung des Initiationsprozesses wurde bisher vorausgesetzt, daß die Ribosomenbindungsstelle jederzeit frei zugänglich ist. Die Sekundärstruktur kann jedoch den Zutritt behindern. Die Erkennung der mRNA erfordert noch einige Zusatzfaktoren; ein wichtiger Teil ihrer Aufgabe liegt darin, alle in der mRNA vorkommenden Sekundärstrukturen zu entfernen (Abbildung 8.19).

Manchmal befindet sich das AUG-Initiationscodon im Bereich der ersten 40 Basen am 5′-Ende der mRNA, so daß sowohl die Cap-Struktur also auch das AUG-Codon innerhalb des vom Ribosom bedeckten Abschnitts liegen. In vielen mRNAs liegen jedoch Cap-Struktur und AUG weiter auseinander – im Extremfall bis zu 1 000 Basen. Dennoch ist das Vorhandensein einer Cap-Struktur für die Ausbildung eines stabilen Komplexes am Initiationscodon notwendig. Wie kann das Ribosom von zwei so weit voneinander entfernten Stellen abhängig sein?

Das in Abbildung 8.17 dargestellte „Scanning“-Modell geht davon aus, daß die 40S-Untereinheit zunächst die 5′-Cap-Struktur erkennt und dann an der mRNA „entlangwandert“. Dieses Abtasten vom 5′-Ende aus ist ein linearer Prozeß. Die 40S-Untereinheiten sind in der Lage, beim Absuchen der Leader-Region Haarnadelstrukturen mit einer Stabilität von bis zu –30 Kilokalorien (kcal) aufzuschmelzen; stabilere Haarnadelstrukturen beeinträchtigen oder verhindern jedoch die Fortbewegung.

Die Wanderung der 40S-Untereinheit endet, wenn diese auf das AUG-Initiationscodon trifft. Üblicherweise, jedoch nicht immer, wird das erste AUG-Triplett das Initiationscodon sein. Das AUG-Triplett selbst reicht offensichtlich nicht aus, um die Wanderung des Ribosoms zu stoppen; wahrscheinlich wird es als Initiationscodon nur dann effizient erkannt, wenn es sich im richtigen Kontext befindet. Im Optimalfall ist das die Sequenz GCC$^{A}_{G}$CC**AUGG**. Das drei Basen vor dem AUG-Codon liegende Purin (A oder G) und das unmittelbar auf das AUG-Codon folgende G sind dabei am wichtigsten: Sie beeinflussen die Effizienz der Translation um den Faktor zehn; die Auswirkung der anderen Basen ist hingegen weit geringer. Bei einer langen Leader-Sequenz können weitere 40S-Untereinheiten das 5′-Ende erkennen, bevor die erste die Initiationsstelle verlassen hat. Es entsteht eine Schlange aus Untereinheiten, die sich entlang der Leader-Sequenz auf die Initiationsstelle zubewegt.

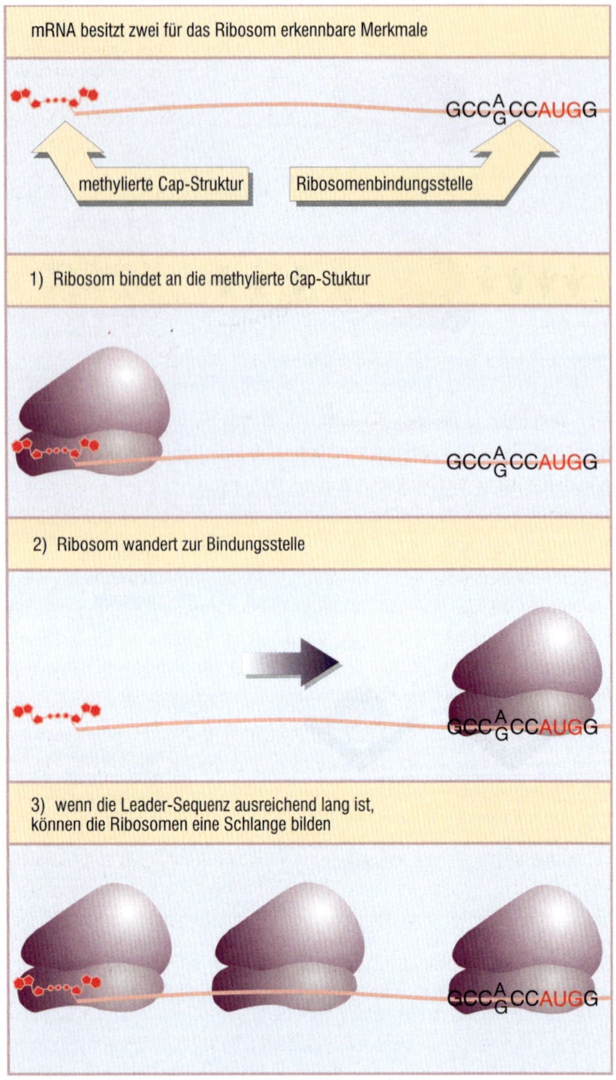

8.17 Eukaryotische Ribosomen wandern vom 5′-Ende der mRNA zur Ribosomenbindungsstelle, die ein AUG-Initiationscodon enthält.

An der Initiationsstelle wird die Bindung stabilisiert. Wenn sich eine 60S-Untereinheit mit der 40S-Untereinheit verbindet, liegt das vollständige Ribosom an der Stelle, die durch den Protektionstest identifiziert wurde. Die 40S-Untereinheit schützt eine Sequenz von bis zu 60 Basen; wenn die 60S-Untereinheit zu dem Komplex hinzukommt, schrumpft der geschützte Abschnitt auf eine Länge von etwa 30 bis 40 Basen; das entspricht der Länge, die auch in Prokaryoten beobachtet wurde.

Die Vorstellung, daß Ribosomen am 5′-Ende starten müssen, steht mit dem monocistronischen Aufbau eukaryotischer mRNAs im Einklang. Manche virale mRNAs können ausnahmsweise mehr als nur eine codierende Region enthalten. Aber in diesen Fällen wird von der vollständigen mRNA nur die dem 5′-Ende am nächsten liegende codierende Region translatiert. Die andere(n) kann (können) erst gelesen werden, wenn durch Spaltung der mRNA ein neues 5′-Ende in der Nachbarschaft eines internen Initiationscodons entstanden ist. Dieses Verhalten spricht für die Vorstellung, daß interne Initiationsstellen nicht direkt erkannt werden können.

Im eukaryotischen Cytoplasma wird zur Initiation fast immer AUG als Initiationscodon benutzt. Als Initiator-tRNA dient eine besondere tRNA, deren Methionin allerdings *nicht* formyliert wird. Sie wird als $\mathbf{tRNA^{Met}_{i}}$ bezeichnet. Der Unterschied zwischen den der Initiation beziehungsweise der Elongation dienenden Met-tRNAs liegt somit nur im tRNA-Anteil. Met-$tRNA_i$ wird zur Initiation und Met-$tRNA_m$ zur Elongation gebraucht.

Die Initiator-$tRNA^{Met}_{i}$ der Hefe weist mindestens zwei einzigartige Merkmale auf: Sie besitzt eine ungewöhnliche Tertiärstruktur, und sie wird durch Phosphorylierung der 2′-Ribose-Position an Base 64 modifiziert (wird diese Modifikation verhindert, kann der Initiator zur Elongation eingesetzt werden). Somit gilt auch für Eukaryoten das Prinzip, daß sich die Met-tRNAs zur Initiation und Elongation voneinander unterscheiden; der diesbezüglich vorliegende Unterschied zu Bakterien liegt nur in der Struktur.

Sieht man von dieser Abweichung ab, scheint der Initiationsvorgang bei Eukaryoten im allgemeinen dem bei *E. coli* zu entsprechen. Es gibt jedoch mehr Initiationsfaktoren – in Reticulocyten (unreifen roten Blutkörperchen), die bisher am intensivsten untersucht wurden, sind mittlerweile mindestens neun entdeckt worden. Die Faktoren erhalten ähnliche Namen wie in Bakterien, zum Teil aufgrund ihrer Analogie zu bakteriellen Faktoren, werden aber zwecks Kennzeichnung ihrer eukaryotischen Herkunft mit der Vorsilbe „e" versehen.

Die eukaryotische Initiation verläuft weiter über die Bildung eines **ternären Komplexes**, der Met-$tRNA_i$, eIF-2 und GTP enthält. Der Komplex wird in zwei Schritten aufgebaut: GTP bindet an eIF-2, und dies wiederum erhöht die Affinität des Faktors für Met-$tRNA_i$. Wie aus Abbildung 8.18 zu ersehen ist, assoziiert der ternäre Komplex direkt mit freien 40S-Untereinheiten. Die Reaktion ist nicht von der Anwesenheit einer mRNA abhängig. Tatsächlich *muß der Met-tRNA*$_i$*-Initiator vorhanden sein, damit die 40S-Untereinheit an die mRNA binden kann.*

In Abbildung 8.19 ist genauer erläutert, welche Aufgaben die Initiationsfaktoren bei der Bindung der mit dem Initiationskomplex assoziierten Untereinheit an die mRNA erfüllen.

Nachdem die kleine Untereinheit an die mRNA gebunden hat, wandert sie (normalerweise) zum ersten AUG-Codon. Über diesen Vorgang ist wenig bekannt; vermutlich erfordert er die Aufwendung von Energie in Form von ATP. Bei Erreichen der Initiationsstelle stoppt die kleine Untereinheit und verbindet sich mit der großen Untereinheit.

Der Faktor eIF-4 ist ein Multimer, das die Cap-Struktur erkennt; eIF-4A hingegen entwindet alle Sekundärstrukturen, die im Bereich der ersten 15 Basen der mRNA auftreten. Die Energie für den Entwindungsvorgang liefert die Hydrolyse von ATP. Strukturentwindungen im weiteren Verlauf der mRNA führt eIF-4A unter Mitwirkung von eIF-4B durch, einem weiteren Initiationsfaktor. Die Bindung des ternären 40S-Komplexes an die mRNA hängt von eIF-3 ab, der unmittelbar an der mRNA-Bindung beteiligt ist. Weitere Faktoren (einschließlich eIF-4A und eIF-4B) wirken dabei mit.

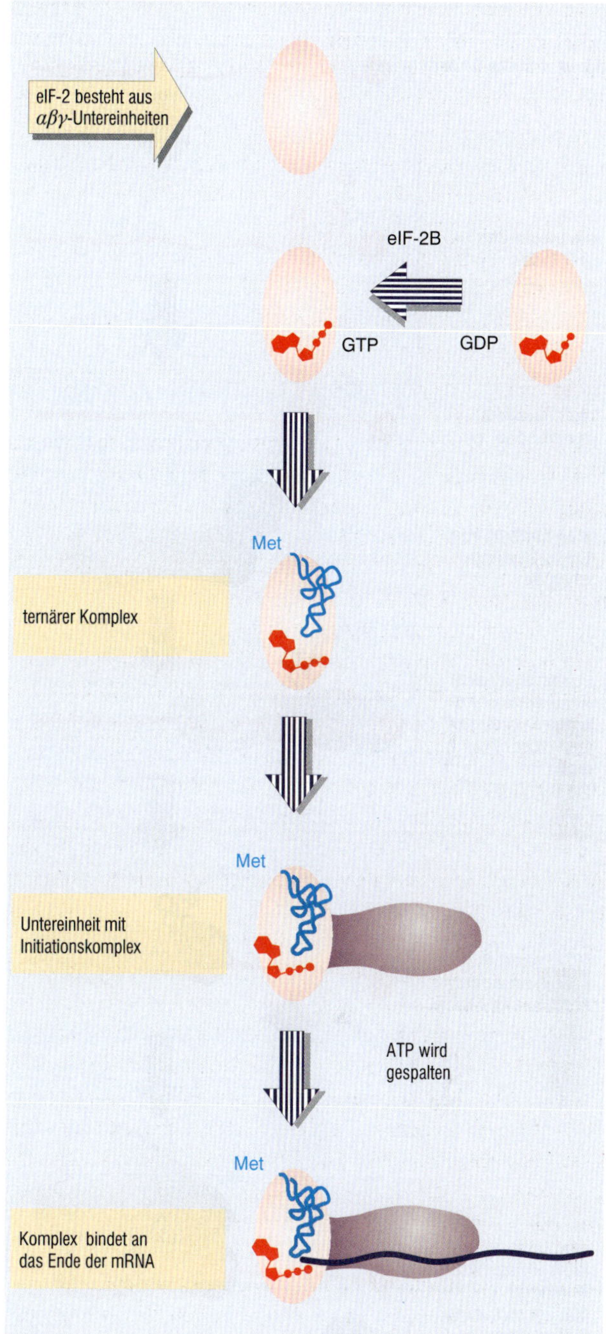

8.18 Bei der eukaryotischen Initiation bildet eIF-2 mit Met-$tRNA_i$ einen ternären Komplex. Dieser bindet an freie 40S-Untereinheiten, die sich an das 5′-Ende der mRNA heften. Zu einem späteren Zeitpunkt der Reaktion wird GTP hydrolysiert und eIF-2 in Form von eIF-2-GDP freigesetzt. Der Faktor eIF-2B stellt die aktive Form wieder her.

Die Faktoren eIF-3 und eIF-6 sind erforderlich, damit Untereinheiten in dissoziiertem Zustand verbleiben. eIF-3

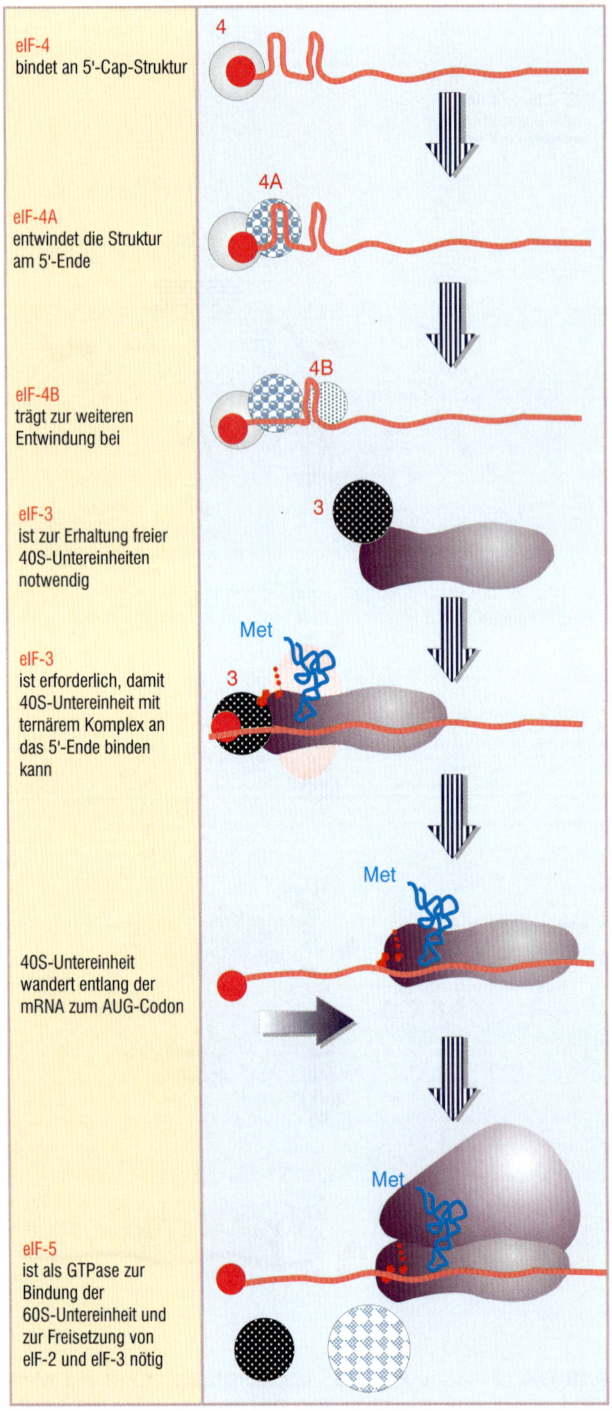

8.19 Mehrere eukaryotische Initiationsfaktoren sind erforderlich, um die mRNA zu entwinden, die Untereinheit mit Initiationskomplex zu binden und den Zusammenschluß mit der großen Untereinheit zu fördern.

ist ein sehr großer Faktor aus acht bis zehn Untereinheiten. Während er an die kleine Untereinheit bindet, ist eIF-6 (der den größten Anteil an der Antiassoziationsaktivität hat) mit der großen Untereinheit assoziiert. Tritt die große Untereinheit in den Initiationskomplex ein, wird er freigesetzt.

Die Verbindung der beiden Untereinheiten kann allerdings nicht erfolgen, bevor eIF-2 und eIF-3 nicht aus dem Initiationskomplex entlassen worden sind; diese Funktion wird durch eIF-5 vermittelt, einer GTPase. Wahrscheinlich werden alle noch verbliebenen Faktoren bei der Bildung des vollständigen 80S-Ribosoms freigesetzt.

8.7 Der Elongationsfaktor T befördert die Aminoacyl-tRNA in die A-Bindungsstelle

Ist das Ribosom am Initiationscodon vollständig zusammengesetzt, so steht alles bereit für einen Zyklus, bei dem eine Aminoacyl-tRNA in die A-Bindungsstelle eines Ribosoms eintritt, dessen P-Bindungsstelle von der Peptidyl-tRNA besetzt ist. *Jede beliebige Aminoacyl-tRNA, mit Ausnahme des Initiators, kann in die A-Bindungsstelle gelangen.* Ihr Eintritt wird durch einen **Elongationsfaktor** (**EF-Tu** in Bakterien) vermittelt. (Bei Eukaryoten verläuft der Prozeß ähnlich.)

Dieser Faktor EF-Tu ist, genau wie sein Gegenstück bei der Initiation (IF-2), nur so lange mit dem Ribosom assoziiert, wie er der Aminoacyl-tRNA den Eintritt in das Ribosom ermöglicht. Sobald die Aminoacyl-tRNA an ihrem Platz ist, verläßt EF-Tu das Ribosom, um die Vermittlung einer weiteren Aminoacyl-tRNA zu übernehmen. Mit seiner zyklischen Assoziation und Dissoziation zeigt der Faktor die Eigenschaften eines typischen ribosomalen Hilfsfaktors.

Der Reaktionsweg, auf dem die Aminoacyl-tRNA in die A-Bindungsstelle gelangt, ist in Abbildung 8.20 veranschaulicht. EF-Tu trägt ein Guaninnucleotid. Der Faktor ist ein weiteres Beispiel für ein Protein, dessen Aktivität vom Phosphorylierungszustand des Guaninnucleotids abhängt:

- ◆ In Gegenwart von GTP befindet sich der Faktor in seinem aktiven Zustand.
- ◆ Durch Hydrolyse von GTP zu GDP wird der Faktor inaktiviert.
- ◆ Die Aktivität wird wiederhergestellt, wenn GDP durch GTP ersetzt wird.

Der **binäre Komplex** aus EF-Tu und GTP bindet Aminoacyl-tRNA, wodurch der ternäre Komplex Aminoacyl-tRNA•EF-Tu•GTP entsteht. *Der ternäre Komplex bindet nur an die A-Bindungsstelle von Ribosomen, deren P-Bindungsstelle bereits von einer Peptidyl-tRNA besetzt ist.* Diese Reaktion ist entscheidend, um die richtige Positionierung der Aminoacyl-tRNA und der Peptidyl-tRNA für die Bildung der Peptidbindung zu gewährleisten.

Nachdem die Aminoacyl-tRNA in die A-Bindungsstelle befördert wurde, löst die Codon-Anticodon-Erkennung eine Konformationsänderung bei EF-Tu aus. GTP wird gespalten, und der binäre Komplex EF-Tu•GDP wird freigesetzt. In dieser Form ist EF-Tu inaktiv und bindet Aminoacyl-tRNA wenig effizient.

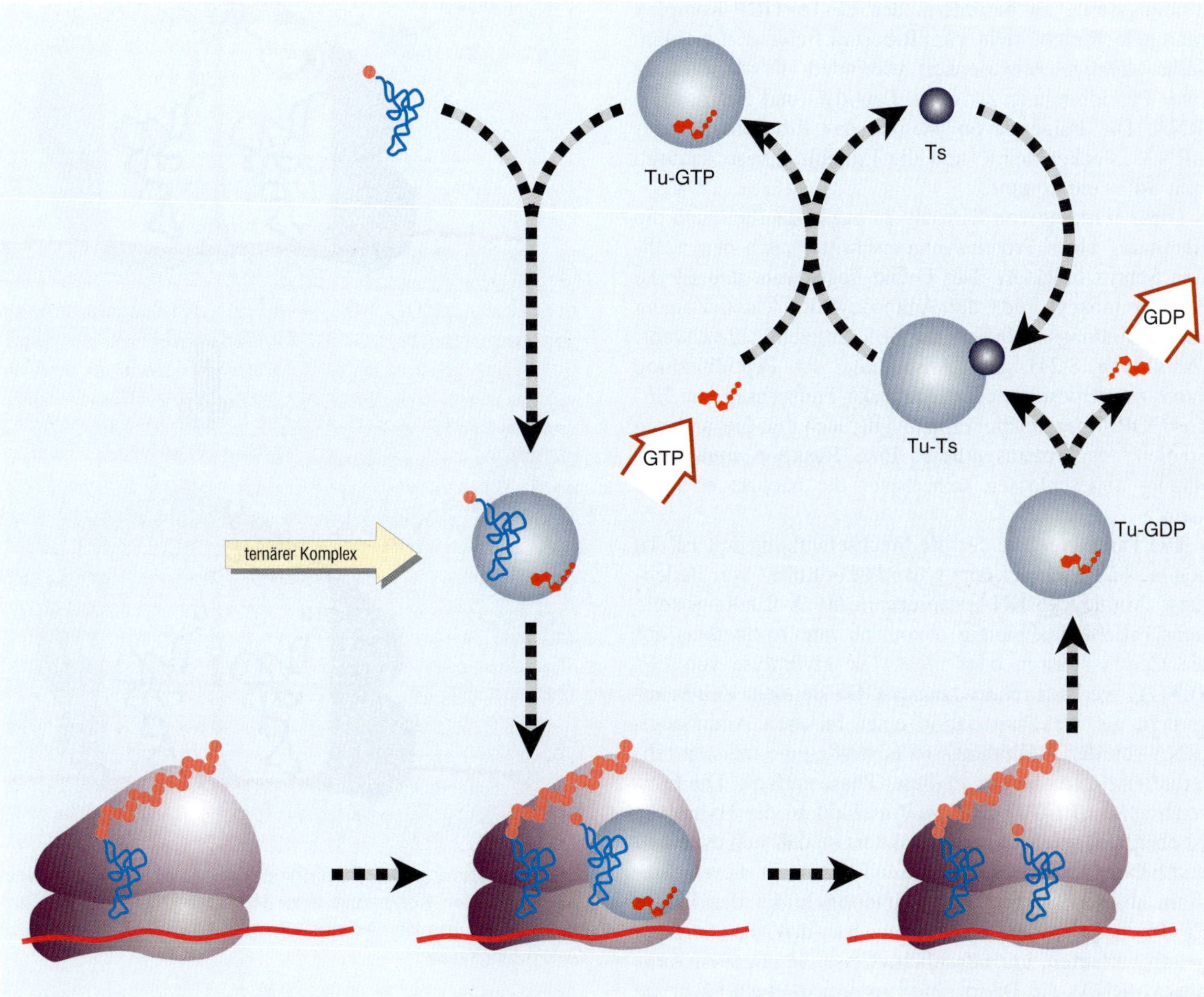

8.20 EF-Tu-GTP plaziert die Aminoacyl-tRNA auf dem Ribosom und wird anschließend als EF-Tu-GDP freigesetzt. EF-Ts ist erforderlich, um GDP durch GTP zu ersetzen. Die Reaktion verbraucht GTP unter Freisetzung von GDP. Die einzige Aminoacyl-tRNA, die nicht von EF-Tu-GTP erkannt wird, ist die fMet-$tRNA_f$; ihre Bindungsunfähigkeit verhindert, daß sie auf interne AUG- oder GUG-Codons anspricht.

Ein weiterer Faktor, EF-Ts, vermittelt die Regeneration des aktiven EF-Tu•GTP-Komplexes aus der gebrauchten Form EF-Tu•GDP. Zunächst entfernt EF-Ts das GDP vom EF-Tu und bildet den zusammengesetzten Faktor EF-Tu•EF-Ts. Anschließend wird EF-Ts wieder durch GTP ersetzt – der aktive binäre Komplex EF-Tu•GTP ist wiederhergestellt. Er bindet an Aminoacyl-tRNA, und der freigesetzte Faktor EF-Ts kehrt in den Kreislauf zurück.

Ein Bakterium enthält ungefähr 70 000 Moleküle EF-Tu (etwa fünf Prozent des gesamten Proteins eines Bakteriums), was annähernd der Zahl der Aminoacyl-tRNA-Moleküle entspricht. Daraus läßt sich schließen, daß die meisten Aminoacyl-tRNAs vermutlich in ternären Komplexen vorliegen. Die Anzahl der Moleküle EF-Ts beläuft sich auf nur 10 000 pro Zelle (diese Menge entspricht in etwa der Zahl der Ribosomen).

Die Funktion von GTP im ternären Komplex wurde durch Austausch mit einem nichthydrolysierbaren, analogen Molekül untersucht. Die Verbindung **GMP-PCP** besitzt anstelle des Sauerstoffs zwischen β- und γ-Phosphat in GTP eine Methylenbrücke. In Anwesenheit von GMP-PCP kann ein ternärer Komplex gebildet werden, der die Aminoacyl-tRNA an das Ribosom bindet. Die Peptidbindung kann jedoch nicht ausgebildet werden. Die Anheftung der Aminoacyl-tRNA an die A-Bindungsstelle erfordert demnach die *Anwesenheit* von GTP, die *Hydrolyse* von GTP wird jedoch erst zu einem späteren Zeitpunkt notwendig.

Kirromycin ist ein Antibiotikum, das die Funktion von EF-Tu hemmt. Durch Kirromycin gebundenes EF-Tu ist zwar weiterhin in der Lage, Aminoacyl-tRNA in die A-Bindungsstelle zu befördern, der EF-Tu•GDP-Komplex kann jedoch nicht mehr vom Ribosom freigesetzt werden. Seine ständige Anwesenheit verhindert die Ausbildung einer Peptidbindung zwischen Peptidyl- und Aminoacyl-tRNA. Die Folge davon ist, daß das Ribosom auf der mRNA „steckenbleibt" und die Proteinsynthese dadurch zum Stillstand kommt.

Diese Wirkung von Kirromycin macht deutlich, daß die Hemmung eines Proteinsyntheseschrittes auch den nächsten Schritt blockiert. Der Grund liegt darin, daß EF-Tu dem Aminoacyl-Ende der Aminoacyl-tRNA den Zugang zur A-Bindungsstelle auf der 50S-Untereinheit verwehrt (Abbildung 8.24). Die Ausbildung der Peptidbindung durch das Ribosom bedarf daher der Freisetzung von EF-Tu•GDP. Das gleiche Prinzip gilt auch für die anderen Stadien der Proteinsynthese: Eine Reaktion muß vollständig abgeschlossen sein, bevor die nächste erfolgen kann.

Die Parameter, die für die Wechselwirkung mit EF-Tu gelten, sind auch bei der „Qualitätskontrolle" von Bedeutung. Aminoacyl-tRNAs werden in die A-Bindungsstelle transportiert, unabhängig davon, ob ihre Anticodons auf die Codons passen oder nicht. Die Hydrolyse von EF-Tu•GTP verläuft relativ langsam: Da sie mehr Zeit beansprucht als die Dissoziation einer falschen Aminoacyl-tRNA von der A-Bindungsstelle, werden die meisten fehlerhaften tRNAs bereits in dieser Phase entfernt. Die Freisetzung von EF-Tu•GTP im Anschluß an die Hydrolyse ist ebenfalls eine langsame Reaktion, so daß sich eventuell verbliebene fehlerhafte Aminoacyl-tRNAs in diesem Stadium ablösen können. Das Grundprinzip der den Faktor EF-Tu betreffenden Reaktionen ist, daß sie langsam genug verlaufen, um fälschlicherweise eingesetzten Aminoacyl-tRNAs die Dissoziation zu ermöglichen, bevor sie in die Proteinsynthese einbezogen werden.

Bei Eukaryoten ist der Elongationsfaktor **eEF-1α** für den Transport der Aminoacyl-tRNA zum Ribosom verantwortlich, wiederum durch eine Reaktion, welche die Spaltung einer energiereichen GTP-Bindung erfordert. Er ist homolog zu seinem prokaryotischen Gegenstück (EF-Tu) und wie dieser ein in der Zelle häufig vorkommendes Protein. Nach Spaltung von GTP wird die aktive Form durch den Faktor eEF-1$\beta\gamma$, ein Gegenstück zu EF-Ts, wiederhergestellt.

8.8 Die Translokation bewegt das Ribosom

Das Ribosom bleibt an seinem Platz, während die Polypeptidkette verlängert wird, indem das an die tRNA in der P-Bindungsstelle gebundene Polypeptid auf die Aminoacyl-tRNA in der A-Bindungsstelle übertragen wird. Diese Reaktion ist in Abbildung 8.21 dargestellt. Verantwortlich für die Synthese der Peptidbindung ist die sogenannte **Peptidyltransferase**.

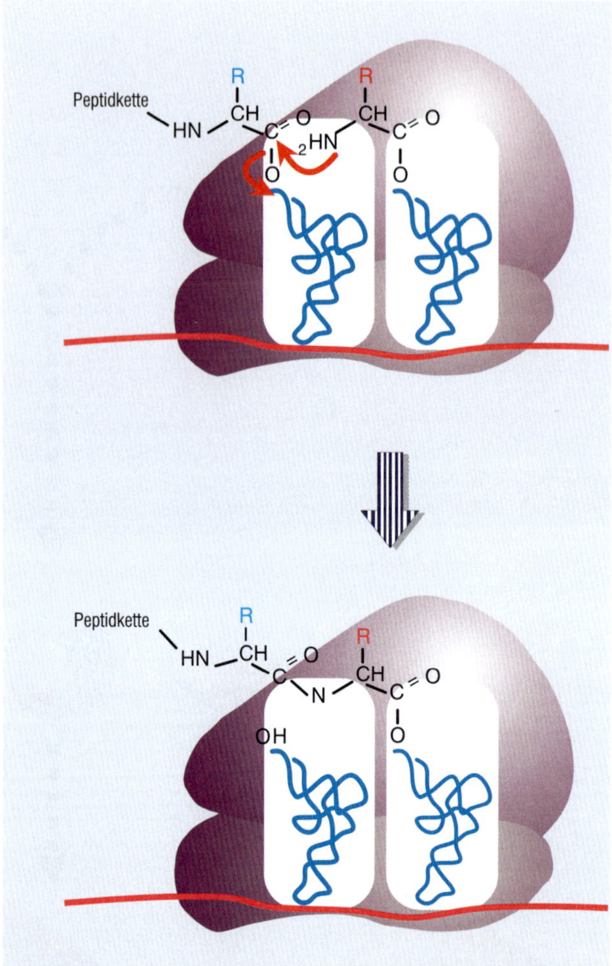

8.21 Die Bildung der Peptidbindung erfolgt durch Reaktion zwischen dem Polypeptid einer Peptidyl-tRNA in der P-Bindungsstelle und der Aminosäure der Aminoacyl-tRNA in der A-Bindungsstelle.

Der Ablauf der Transferreaktion läßt sich mit Hilfe des Antibiotikums **Puromycin** aufklären, das die Fähigkeit besitzt, die Proteinsynthese zu hemmen. Puromycin ähnelt einer Aminosäure, die mit dem endständigen Adenosin der tRNA verknüpft ist. Abbildung 8.22 zeigt, daß Puromycin ein *N* anstelle des *O* hat, das die Aminosäure mit der tRNA verbindet. Das Ribosom behandelt das Antibiotikum wie eine ankommende Aminoacyl-tRNA; das an die Peptidyl-tRNA gebundene Polypeptid wird auf die NH_2-Gruppe des Puromycins übertragen.

Da das Puromycin jedoch nicht in der A-Bindungsstelle des Ribosoms verankert ist, wird das Reaktionsprodukt Polypeptidylpuromycin vom Ribosom freigesetzt. Diese frühzeitige Termination der Proteinsynthese ist für die tödliche Wirkung des Antibiotikums verantwortlich.

Die Peptidyltransferaseaktivität ist eine Funktion der großen (50S- oder 60S-)Untereinheit des Ribosoms. Die Transferase ist Teil eines ribosomalen Bereichs, an dem die Enden der Peptidyl-tRNA und der Aminoacyl-tRNA

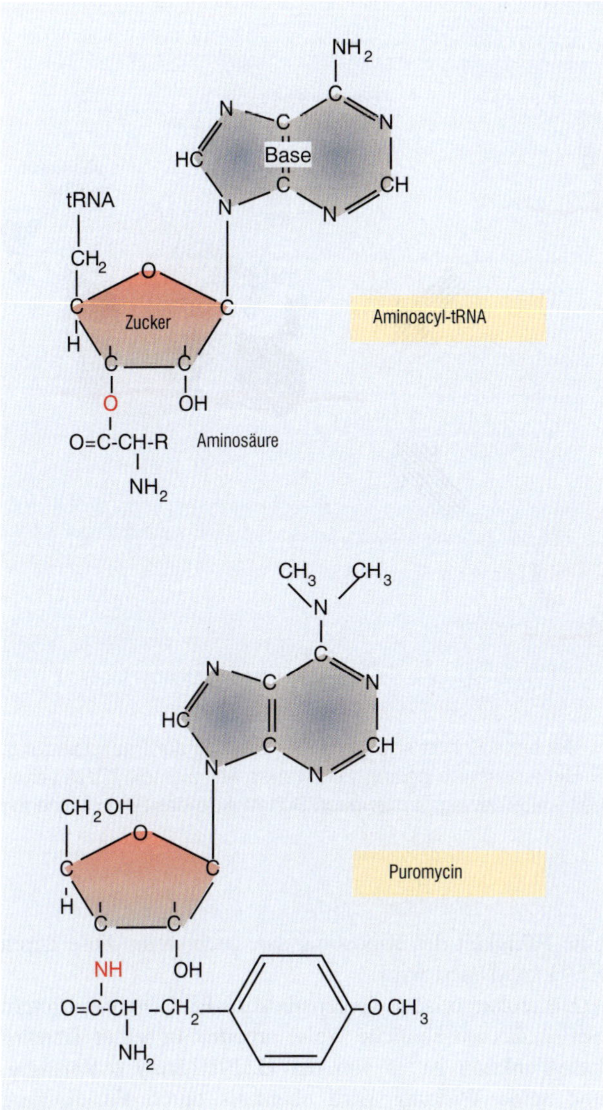

8.22 Puromycin ahmt die Aminoacyl-tRNA nach, denn sie weist Ähnlichkeiten mit einer aromatischen Aminosäure auf, die an einen Zucker-Base-Anteil gebunden ist.

einander angenähert werden. Sowohl rRNA als auch Proteine der 50S-Untereinheit sind für diese Aktivität erforderlich. Die katalytische Aktivität ist aber vermutlich eher eine Eigenschaft der ribosomalen RNA der 50S-Untereinheit als die eines einzelnen Proteins (siehe unten).

Die zyklische Addition einer Aminosäure an die wachsende Polypeptidkette wird jeweils durch die in Abbildung 8.23 dargestellte **Translokation** vollendet, bei der sich das Ribosom entlang der mRNA um drei Nucleotide weiterbewegt. Infolge der Translokation wird die unbeladene tRNA aus der P-Bindungsstelle ausgestoßen und die neue Peptidyl-tRNA in diese hineinbefördert. Das Ribosom besitzt nun eine leere A-Bindungsstelle, die für die Aufnahme einer dem nächsten Codon entsprechenden Aminoacyl-tRNA bereit ist.

Bei Bakterien verläßt die entladene tRNA das Ribosom über eine weitere Bindungsstelle, die sogenannte E-Bindungsstelle. Bei Eukaryoten wird sie hingegen direkt ins Cytosol entlassen. Die Ortsverlagerung der entladenen tRNA und der Peptidyl-tRNA erfolgt in einem zweistufigen Prozeß. Zuerst werden die sich in der 50S-Untereinheit befindenden Teile der tRNAs in die neuen Stellen befördert. In diesem Stadium sind die tRNAs effektiv an Hybridbindungsstellen gebunden, die von den 50S-E-/30S-P-Bindungsstellen beziehungsweise den 50S-P-/30S-A-Bindungsstellen gebildet werden. Anschließend setzt sich die Bewegung in der 30S-Untereinheit fort, so daß sich die Anticodon-Codon-Region in der richtigen Position einfindet.

Die Abbildung zeigt zwei mögliche Translokationsmodelle. Eines davon geht zunächst von einer Bewegung der tRNA relativ zum Ribosom aus, so daß sich das Aminoacylende der tRNA innerhalb der 50S-Untereinheit bewegt; das Anticodonende wird erst bei der Translokation verlagert. Im zweiten Modell bewegt sich zuerst die gesamte 50S-Untereinheit relativ zur 30S-Untereinheit, so daß die Translokation tatsächlich zwei Schritte umfaßt; die normale Struktur des Ribosoms wird dabei erst beim zweiten Schritt wiederhergestellt.

Die Translokation erfordert GTP und einen weiteren Elongationsfaktor **EF-G**. Dieser Faktor ist ein Hauptbestandteil der Zelle; auf jedes Ribosom kommt etwa ein Exemplar dieses Faktors (20 000 Moleküle pro Zelle).

EF-G bindet an das Ribosom und ermöglicht damit die Translokation; nach erfolgter GTP-Hydrolyse wird er wieder freigesetzt. Auch wenn GTP durch GMP-PCP ersetzt wird, kann die Bindung noch erfolgen; somit ist die Anwesenheit eines Guaninnucleotids zwar für die Bindung notwendig, seine Hydrolyse ist für die Translokation jedoch nicht erforderlich. Die Hydrolyse ist notwendig um EF-G freizusetzen.

Ribosomen können EF-Tu und EF-G nicht gleichzeitig binden; die Proteinsynthese erfolgt daher nach dem in Abbildung 8.24 dargestellten Zyklus, in dem die Faktoren abwechselnd an das Ribosom gebunden und wieder von ihm freigesetzt werden. Demnach muß EF-Tu•GDP entlassen werden, bevor EF-G binden kann; anschließend muß EF-G freigesetzt werden, bevor Aminoacyl-tRNA•EF-Tu•GTP binden kann.

Die Notwendigkeit der EF-G-Freisetzung wurde durch die Wirkung des Steroidantibiotikums Fusidinsäure entdeckt, die das Ribosom in einem Posttranslokationsstadium blockiert. In Gegenwart von Fusidinsäure findet nur eine Translokationsrunde statt: EF-G bindet an das Ribosom, GTP wird hydrolysiert, und das Ribosom wandert um drei Nucleotide weiter. Fusidinsäure stabilisiert jedoch den Komplex Ribosom•EF-G•GDP, so daß EF-G und GDP auf dem Ribosom verbleiben, anstatt freigesetzt zu werden. Da das Ribosom dann keine weitere Aminoacyl-tRNA binden kann, werden keine weiteren Aminosäuren an die Kette angehängt.

Beruht die Fähigkeit der Elongationsfaktoren, den jeweils anderen auszuschließen, auf einer allosterischen

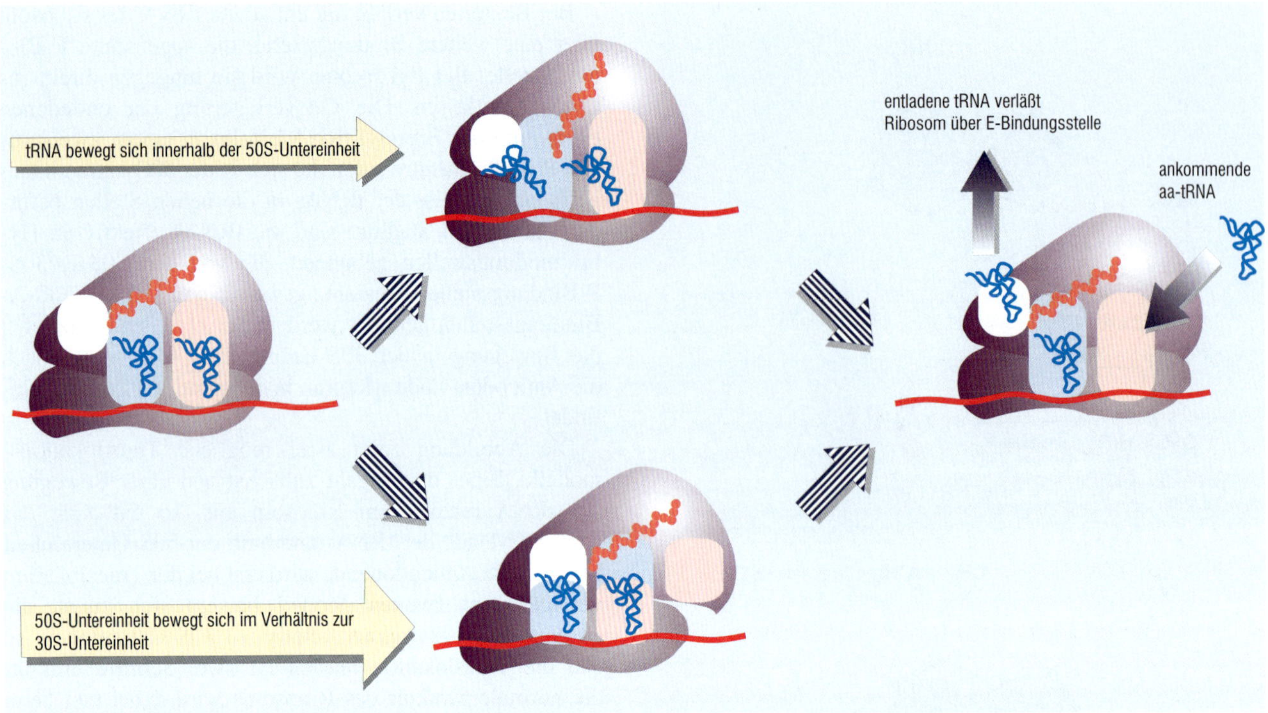

8.23 Zwei Translokationsmodelle, die jeweils zwei Schritte umfassen. Der erste Schritt erfolgt bei der Bildung der Peptidbindung, wenn das Aminoacyl-Ende der tRNA in der A-Bindungsstelle in die P-Bindungsstelle gelangt, entweder weil sich die tRNA selbst bewegt, oder weil sich die 50S-Untereinheit relativ zur 30S-Untereinheit weiterbewegt. Im zweiten Schritt wird das Anticodonende der tRNA in die P-Bindungsstelle befördert.

Wirkung auf die Gesamtkonformation des Ribosoms, oder hängt sie mit einem direkten Wettbewerb um überlappende Bindungsstellen zusammen? Wie Abbildung 8.25 deutlich macht, zeigen der ternäre Komplex Aminoacyl-tRNA•EF-Tu•GDP und EF-G eine außergewöhnlich große strukturelle Ähnlichkeit. EF-Tu bindet die Aminoacyl-tRNA in der Nähe ihres Amino-Akzeptorstammes. Auffällig ist, daß die Struktur des EF-G-Proteins die Gesamtstruktur des ternären Komplexes aus Protein und RNA imitiert. Dies läßt sofort die Vermutung aufkommen, daß sie um dieselbe Bindungsstelle (wahrscheinlich in der Nähe der A-Bindungsstelle) konkurrieren. Die Bedingung, daß der eine Faktor freigesetzt werden muß, bevor der andere binden kann, gewährleistet einen geordneten Ablauf der einzelnen Proteinsyntheseschritte.

Beide Faktoren benötigen zur Bindung an das Ribosom die Gegenwart von GTP, seine Hydrolyse ist jedoch erst später erforderlich. Da keiner der beiden Faktoren mit Hilfe von GDP an das Ribosom binden kann, bedarf es offenbar der Triphosphatform, damit der Faktor seine aktive Konformation einnimmt. Dieser Mechanismus sorgt dafür, daß Faktoren Zugang zum Ribosom nur in Anwesenheit von GTP erhalten, das sie später zur Erfüllung ihrer Funktion benötigen.

Das Ribosom kann die Aufgaben der beiden bakteriellen Elongationsfaktoren (EF-Tu und EF-G) in deren Abwesenheit allein ausführen, wenn auch mit wesentlich geringerer Effizienz. Demnach stellt die Translokation beispielsweise eine Fähigkeit des Ribosoms dar, auch wenn diese durch EF-G katalysiert wird.

Das eukaryotische Gegenstück zu EF-G ist das Protein eEF-2, das auf ähnliche Weise arbeitet: In seiner Translokase-Funktion ist es von der GTP-Hydrolyse abhängig, und seine Wirkung wird ebenfalls durch Fusidinsäure gehemmt. Es läßt sich ein stabiler Komplex aus eEF-2 und GTP isolieren; er kann an Ribosomen binden, woraufhin das GTP hydrolysiert wird.

Einzigartig ist eEF-2 in seiner Empfindlichkeit gegenüber dem Diphtherietoxin. Das Toxin verwendet NAD (Nicotinamidadenindinucleotid) als Cofaktor für die Übertragung eines ADPR-Restes (Adenosindiphosphatribosyl) auf eEF-2. Die ADPR-eEF-2-Verbindung ist in der Proteinsynthese inaktiv. Der ADPR-Rest wird an eine durch Modifikation von Histidin erzeugte, ungewöhnliche Aminosäure gebunden, die dem Faktor eEF-2 vieler Spezies gemein ist.

Die ADP-Ribosylierung ist für die tödliche Wirkung des Diphterietoxins verantwortlich. Die Reaktion verläuft mit bemerkenswerter Effizienz: Ein einziges Toxinmolekül kann genügend eEF-2-Moleküle modifizieren, um eine Zelle zu töten.

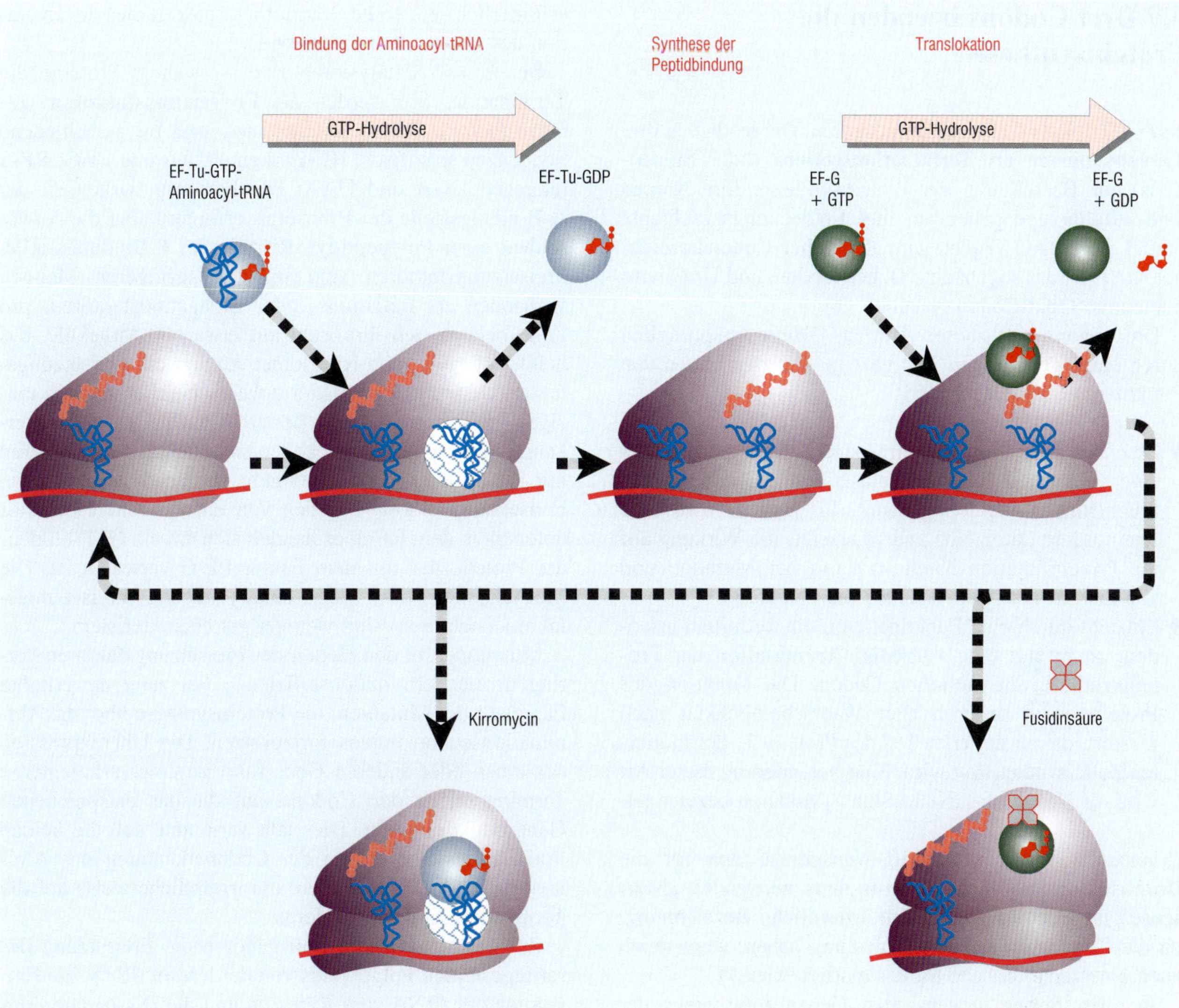

8.24 Die Bindung der Faktoren EF-Tu und EF-G an Ribosomen erfolgt abwechselnd und geht einher mit der Aufnahme von neuen Aminoacyl-tRNAs, der Bildung von Peptidbindungen und der Translokation. Kirromycin bewirkt, daß das Ribosom in Gegenwart von EF-Tu auf der mRNA festsitzt. Fusidinsäure hält das Ribosom in Anwesenheit von EF-G-GDP in einem Posttranslokationsstadium fest.

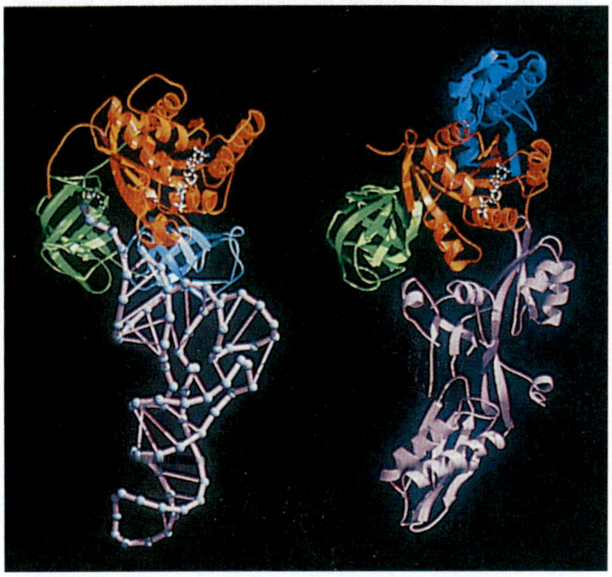

8.25 Die Struktur des ternären Komplexes Aminoacyl-tRNA•EF-Tu•GTP (links) ähnelt der Struktur von EF-G (rechts). Strukturell konservierte Domänen von EF-Tu und EF-G sind rot beziehungsweise grün hervorgehoben; die tRNA und der ihr ähnliche Bereich im Faktor EF-G sind violett dargestellt. (Aufnahme mit freundlicher Genehmigung von Poul Nissen.)

8.9 Drei Codons beenden die Proteinsynthese

Nur 61 Tripletts codieren Aminosäuren. Die restlichen drei Tripletts dienen als **Terminationscodons** (oder Stopcodons) zur Beendigung der Proteinsynthese. Ihre Namen sind zufällig und gehen auf ihre Entdeckungsgeschichte zurück. Das UAG-Triplett wird als **Amber**-Codon bezeichnet, UAA ist das sogenannte **Ochre**-Codon, und UAG wird manchmal **Opal**-Codon genannt.

Die Eigenschaft dieser Tripletts wurde ursprünglich durch einen genetischen Test gezeigt, der zwei Arten von Punktmutationen unterschied:

- Eine Punktmutation, die ein Codon so verändert, daß es eine andere Aminosäure repräsentiert, wird **Missense**-(„Fehlsinn"-)Mutation genannt. Im Protein wird eine Aminosäure durch eine andere ersetzt; die Wirkung auf die Proteinfunktion hängt vom Ort der Mutation und von der Art des Aminosäureaustauschs ab.
- Entsteht durch eine Punktmutation ein Terminationscodon, so erfolgt eine **vorzeitige Termination** der Proteinsynthese am mutierten Codon. Die Funktion des Proteins wird dadurch aller Wahrscheinlichkeit nach zerstört, da nur der erste Teil des Proteins in der mutierten Zelle synthetisiert wird. Eine Veränderung dieser Art wird als **Nonsense**-(„Nicht-Sinn"-)Mutation bezeichnet.

(Manchmal wird der Begriff *Nonsense-Codon* für die Bezeichnung von Terminationstripletts verwendet. „Nonsense" ist jedoch wirklich eine irrtümliche Bezeichnung, da die Codons immer eine Bedeutung haben, wenngleich auch eine zerstörerische für das mutierte Gen.)

In allen bisher sequenzierten Genen folgt eines der Terminationscodons unmittelbar auf das Codon, das die C-terminale Aminosäure der Wildtypsequenz repräsentiert. Nonsense-Mutationen zeigen, daß jedes der drei Codons allein genügt, um die Proteinsynthese innerhalb eines Gens zu beenden. Die Triplettsequenzen UAG, UAA und UGA sind demnach für die Beendigung der Proteinsynthese notwendig und ausreichend, ob sie nun natürlicherweise am Ende eines Gens auftreten oder aber durch Mutation innerhalb einer codierenden Sequenz erzeugt werden.

In bakteriellen Genen ist UAA das am häufigsten gebrauchte Terminationscodon. UGA wird häufiger als UAG verwendet, obwohl offenbar beim Lesen von UGA mehr Fehler auftreten. (Ein Fehler beim Lesen eines Terminationscodons – der sich darin äußert, daß fälschlicherweise eine Aminoacyl-tRNA darauf anspricht – verursacht die Fortsetzung der Proteinsynthese, bis ein weiteres Terminationscodon angetroffen wird.)

Zu keinem der Terminationscodons gibt es eine zugehörige tRNA. Sie funktionieren vollkommen anders als die übrigen Codons und werden direkt von Proteinfaktoren erkannt. (Da die Reaktion nicht von einer Codon-Anticodon-Erkennung abhängt, scheint es keinen triftigen Grund dafür zu geben, warum auch für sie eine Triplettsequenz erforderlich sein sollte. Vermutlich spiegelt dies die Evolution des genetischen Codes wider.)

Bei *E. coli* katalysieren zwei verwandte Proteine die Termination. Sie werden als **Freisetzungsfaktoren** (*release factors*, **RF**) bezeichnet und sind für verschiedene Sequenzen spezifisch. **RF-1** erkennt UAA und UAG, **RF-2** hingegen UGA und UAA. Die Faktoren wirken an der A-Bindungsstelle des Ribosoms, erfordern aber die Anwesenheit einer Polypeptidyl-tRNA in der P-Bindungsstelle. Freisetzungsfaktoren sind in weit geringeren Mengen vorhanden als Initiations- oder Elongationsfaktoren; pro Zelle beläuft sich ihre Zahl auf etwa 600 Moleküle, das heißt, auf etwa zehn Ribosomen kommt ein Freisetzungsfaktor. Ursprünglich existierte wahrscheinlich nur ein einziger Freisetzungsfaktor, der alle Terminationscodons erkannte; erst später entwickelten sich daraus zwei Faktoren mit spezifischer Codonerkennung. Die codonspezifischen Freisetzungsfaktoren werden von einem weiteren Faktor unterstützt, dem RF-3; es handelt sich um ein GTP-bindendes Protein, das mit dem Faktor EF-G verwandt ist. Die Mechanismen des (der) eukaryotischen Freisetzungsfaktors (-faktoren) sind weniger gut charakterisiert.

Mutationen in den Genen der Freisetzungsfaktoren verringern die Terminationseffizienz; dies zeigt die erhöhte Fähigkeit der Mutanten, die Proteinsynthese über das Terminationscodon hinaus fortzusetzen. Die Überexpression des einen oder anderen Gens führt zu einer effizienteren Termination an den Codons, auf die das entsprechende Genprodukt einwirkt. Dies läßt vermuten, daß die beiden Freisetzungsfaktoren bei der Codonerkennung mit Aminoacyl-tRNAs konkurrieren, die irrtümlicherweise auf die Terminationscodons reagieren.

Zur Terminationsreaktion gehören die Freisetzung des fertiggestellten Polypeptids von der letzten tRNA, die Entlassung der tRNA vom Ribosom und die Dissoziation des Ribosoms von der mRNA. Die Abspaltung des Polypeptids von der tRNA erfolgt durch eine Reaktion, die dem normalen Peptidtransfer entspricht, mit der Ausnahme, daß das Peptid auf H_2O anstatt auf eine Aminoacyl-tRNA übertragen wird. Noch ist nicht bekannt, wie sich das Ribosom von der mRNA ablöst. Die Dissoziation könnte auf einer durch den Freisetzungsfaktor ausgelösten Konformationsänderung des Ribosoms beruhen, möglicherweise ist aber auch ein weiterer Proteinfaktor (oder sogar mehrere) beteiligt.

Eine DNA-Sequenz kann in drei möglichen Leserastern gelesen werden. Ein Raster, das ausschließlich aus aminosäurecodierenden Tripletts besteht, wird als **offenes Leseraster** oder **ORF** (*open reading frame*) bezeichnet. Ein Leseraster, das aufgrund häufig vorkommender Terminationscodons nicht in Protein übersetzt werden kann, bezeichnet man als **blockiert**. Ist eine Sequenz in allen drei Leserastern blockiert, so kann sie keine proteincodierende Funktion besitzen. Eine in Protein translatierbare Sequenz verfügt über ein Leseraster, das immer mit einem AUG-Initiationscodon beginnt, sich über eine Reihe aminosäurecodierender Tripletts erstreckt und schließlich mit einem Terminationscodon endet. Üblicher-

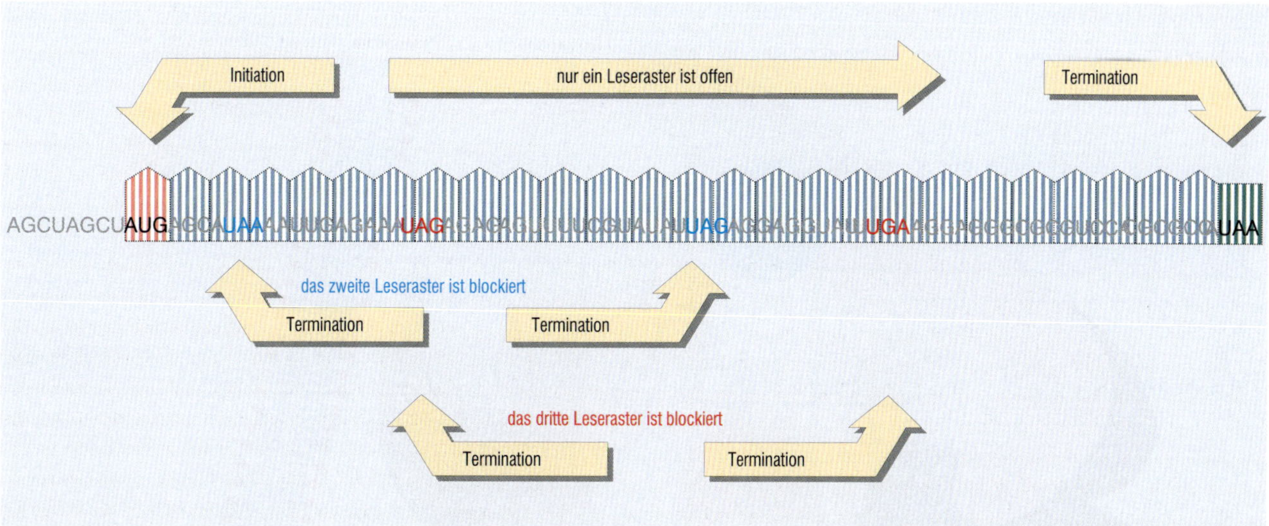

8.26 Ein offenes Leseraster beginnt mit AUG und verläuft weiter in Tripletts bis zu einem Terminationscodon. Blockierte Leseraster können durch häufig auftretende Terminationscodons unterbrochen sein.

weise sind die anderen Leseraster durch häufig auftretende Terminationscodons blockiert, wie Abbildung 8.26 zeigt.

Erhält man die Sequenz einer DNA-Region mit unbekannter Funktion, so wird jedes mögliche Leseraster daraufhin untersucht, ob es offen oder blockiert ist. Normalerweise ist in einem DNA-Abschnitt höchstens eines der drei möglichen Leseraster offen. Daß ein ausgedehntes Leseraster zufällig auftritt, ist unwahrscheinlich. Würde ein Genabschnitt nicht in Protein translatiert werden, so hätte es auch keinen Selektionsdruck gegeben, der die Anhäufung von Nonsense-Codons verhindert hätte. Die Identifizierung eines längeren offenen Leserasters kann daher als ein erster Hinweis dafür dienen, daß die Sequenz in diesem Leseraster in Protein überführt wird. Ein offenes Leseraster oder ORF, für das bisher kein Proteinprodukt identifiziert wurde, wird manchmal auch als nichtidentifiziertes Leseraster (*unidentified reading frame*, URF) bezeichnet.

8.10 Ribosomen haben mehrere aktive Zentren

Für einige Aktivitäten der Ribosomen lassen sich verschiedene Stellen im Ribosom unterscheiden. Die 30S-Untereinheiten binden mRNA und den Komplex aus Initiator-tRNA und Initiationsfaktoren; anschließend binden sie die 50S-Untereinheiten. Die 70S-Ribosomen besitzen die sich funktionell unterscheidenden P- und A-Bindungsstellen für die tRNA, und die auf den einzelnen Untereinheiten liegenden Teilbereiche jeder Bindungsstelle lassen sich ebenfalls unterscheiden. Die 50S-Untereinheit enthält das Peptidyltransferasezentrum. Ferner trägt sie die EF-G-Bindungsstelle und somit die Verantwortung für die Translokation.

Die Bindungsstellen sind groß; jede nimmt einen beträchtlichen Teil der Ribosomenstruktur ein und unterscheidet sich somit von den aktiven Zentren der Enzyme, die kleine, eng begrenzte Bereiche sind. Abbildung 8.27 zeigt eine vereinfachte Ansicht der ribosomalen Bindungsstellen. Sie umfassen etwa zwei Drittel der ribosomalen Struktur. Das naszierende Protein tritt aus dem verbleibenden Teil des Ribosoms heraus, der auch den Bereich enthält, an dem vielleicht die Anheftung an Membranen erfolgt (Kapitel 10). Eine Polypeptidkette tritt durch einen Ausgangskanal aus dem Ribosom heraus, der von der Peptidyltransferasestelle zur Oberfläche der 50S-Untereinheit führt.

Eine tRNA gelangt in die A-Bindungsstelle, wird durch Translokation in die P-Bindungsstelle befördert und verläßt das (bakterielle) Ribosom über die E-Bindungsstelle. Die A- und P-Bindungsstellen müssen sich über beide ribosomale Untereinheiten erstrecken, da die Basenpaarung zwischen tRNA und mRNA in der 30S-Untereinheit, der Peptidtransfer jedoch in der 50S-Untereinheit erfolgt. A- und P-Bindungsstellen liegen nebeneinander, denn die Translokation befördert die tRNA von einer Bindungsstelle in die andere. Das Problem, zwei voluminöse tRNAs im Ribosom unterzubringen, wird durch eine Biegung im mRNA-Verlauf gelöst; sie bewirkt, daß die tRNAs in einem Winkel zueinander stehen. Daraus ergibt sich ein Nebenproblem: Die Aminoacylenden der tRNAs liegen nicht nahe beieinander, so daß eine Konformationsänderung stattfinden muß, um den Peptidtransfer zu ermöglichen. Die E-Bindungsstelle befindet sich in der Nähe der P-Bindungsstelle. (Sie stellt wahrscheinlich eine Position auf dem Weg an die Oberfläche der 50S-Untereinheit dar.)

In welcher Beziehung stehen diese Bindungsstellen zur tatsächlichen Topologie des Ribosoms? Welche ribosomalen Bestandteile sind an seinen verschiedenartigen Funk-

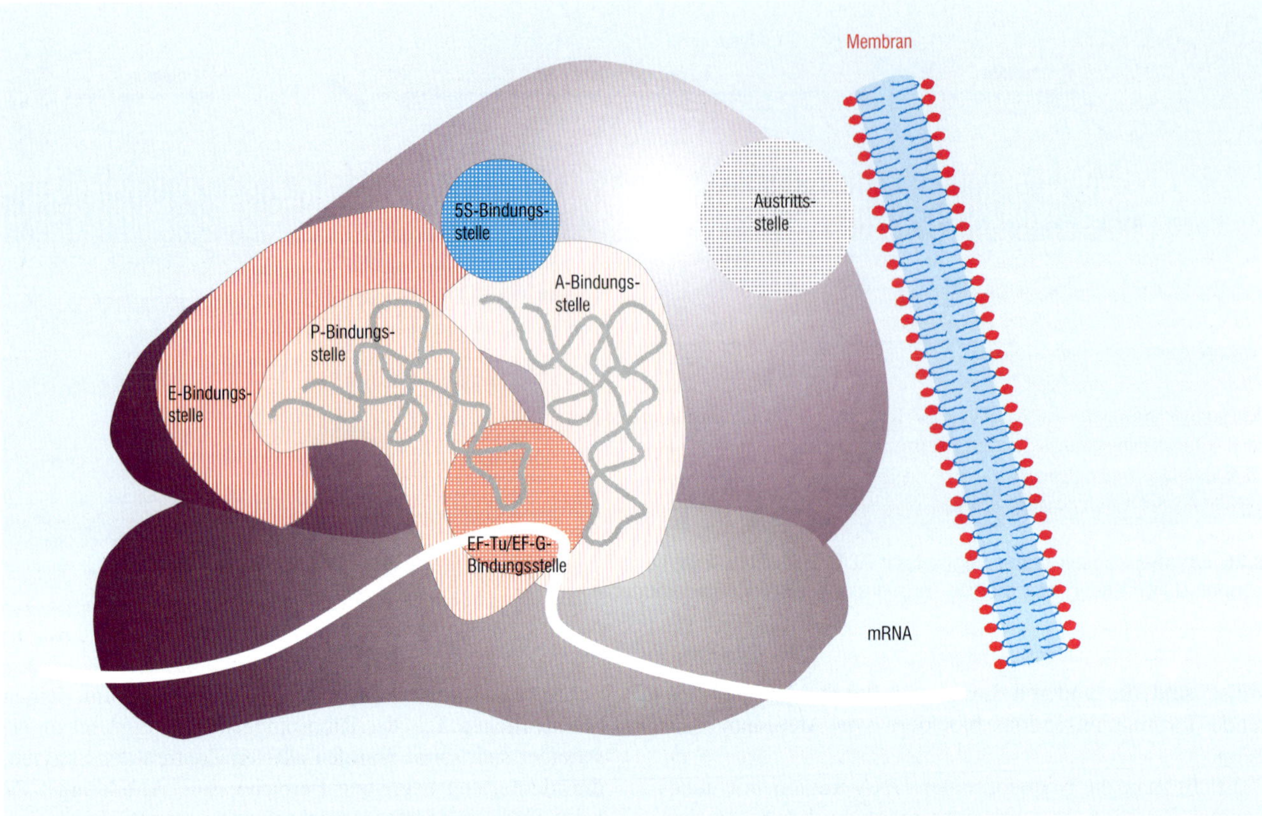

8.27 Das Ribosom besitzt mehrere aktive Zentren. Es kann mit einer Membran assoziiert sein. Die mRNA verläuft in einem Bogen durch die A- und P-Bindungsstellen, die in einem Winkel zueinander stehen. Die E-Bindungsstelle liegt jenseits der P-Bindungsstelle. Die Peptidyltransferasestelle (nicht dargestellt) erstreckt sich über die oberen Enden der A- und P-Bindungsstellen. Die EF-Tu/G-Stelle befindet sich an der Basis der A- und P-Bindungsstellen.

tionen beteiligt? Mit Hilfe verschiedener Ansätze wurde das Verhältnis zwischen Struktur und Funktion analysiert.

Eine Methode zur Identifizierung bestimmter Stellen ist die Affinitätsmarkierung. Bei dieser Technik werden Analoga von Komponenten eingesetzt, die an das Ribosom binden; diese sind entweder selbst chemisch aktiv oder können *in situ* aktiviert werden. Durch Einsatz einer entsprechend modifizierten tRNA ist es beispielsweise möglich, die ribosomalen Komponenten zu identifizieren, auf die eine Markierung übertragen wurde.

Die Modifikation kompletter Untereinheiten war eine weitere, vielfach eingesetzte Methode. Ein möglicher Ansatz ist, Untereinheiten mit protein- oder RNA-schädigenden Substanzen zu behandeln und anschließend bestimmte Schäden mit spezifischen Funktionsverlusten zu korrelieren. Kethoxal wurde beispielsweise verwendet, um die Guanine der rRNA zu modifizieren, und Tetranitromethan wurde zur Nitrierung von Proteinen eingesetzt. Die Schwierigkeit liegt darin, den Schaden so zu begrenzen, daß ein bestimmter Vorgang unmittelbar mit einem festgestellten Funktionsverlust in Verbindung gebracht werden kann.

Die anfängliche Bindung der 30S-Untereinheit an die mRNA erfordert das Protein S1, das eine starke Affinität zu einzelsträngigen Nucleinsäuren hat. Es ist dafür verantwortlich, daß die an die 30S-Untereinheit gebundene mRNA im einzelsträngigen Zustand verbleibt. Dieser Vorgang ist notwendig, um eine basengepaarte Konformation der mRNA zu verhindern, die für die Translation ungeeignet wäre.

Die extrem langgestreckte Struktur von S1 macht die Bestimmung seiner Lage im Ribosom schwierig. Quervernetzungsstudien zeigen, daß es mit S18 und S21 in enger Beziehung steht; beide gehören zu den Proteinen, die affinitätsmarkiert werden, wenn die Initiator-tRNA an ein AUG-Codon gebunden ist. Die drei Proteine bilden eine Domäne, die an der Anfangsbindung der mRNA sowie an der Bindung der Initiator-tRNA beteiligt ist. Die mRNA-Bindungsstelle läge demnach in der Nähe der Spalte der kleinen Untereinheit. In dieser Region befindet sich auch das 3′-Ende der rRNA, das mit der Initiationsstelle auf der mRNA basenpaart.

Die Initiationsfaktoren binden im selben Bereich des Ribosoms. IF-3 kann sowohl mit dem 3′-Ende der rRNA als auch mit mehreren ribosomalen Proteinen quervernetzt werden; dazu gehören auch jene Proteine, die wahrscheinlich bei der Bindung der mRNA mitwirken. Ist dieser Bereich der kleinen Untereinheit mit jenem identisch, der an der Bindung der großen Untereinheit beteiligt ist, könnte die Funktion von IF-3 darin bestehen, die Verbindung zwischen mRNA und 30S-Untereinheit so lange zu stabilisieren, bis er von der sich anlagernden 50S-Untereinheit verdrängt wird.

Der bei der Vereinigung der Untereinheiten wirkende Mechanismus ist wenig geklärt. Er wird durch eine Mutation in einer, an der Grenzfläche der Untereinheit lokalisierten Schleife der 16S-rRNA (in Position 791) beeinflußt. Auch die Beteiligung weiterer Nucleotide der 16S-rRNA konnte mit Hilfe von Modifikations-/Interferenzexperimenten gezeigt werden.

Die 16S-rRNA ist Teil der A-Bindungsstelle. Die rRNA besitzt in der 3′-Nebendomäne zwei konservierte Sequenzen; diese sogenannten 1400- beziehungsweise 1500-Regionen könnten möglicherweise mit der tRNA interagieren. Quervernetzungsstudien zeigen, daß eine Peptidyl-tRNA mit einem Punkt dieser Sequenz verknüpft werden kann. Wenn die Aminoacyl-tRNA an das Ribosom bindet, sind einige Basen dieser und anderer Regionen vor Angriffen chemischer Substanzen geschützt.

Der Einbau der 5S-RNA in 50S-Untereinheiten, die *in vitro* zusammengesetzt werden, hängt von der Fähigkeit von den drei Proteinen L5, L8 und L25 ab, mit der RNA einen stöchiometrischen Komplex zu bilden. Dieser Komplex kann, im Gegensatz zu den Einzelkomponenten, an 23S-rRNA binden. Er befindet sich in der Nachbarschaft der P- und A-Bindungsstellen.

Die Peptidyltransferasestelle konnte durch Bindung von Puromycin auf dem zentralen Höcker lokalisiert werden. Eine Gruppe mehrerer Proteine und die 23S-rRNA sind am Aufbau dieser Stelle beteiligt.

Das wachsende Protein scheint ungefähr 15 Å von der Peptidyltransferasestelle entfernt aus der 50S-Untereinheit ausgeschleust zu werden. Es erstreckt sich wahrscheinlich als ungefaltete Polypeptidkette durch das Ribosom, bis es beim Verlassen der Austrittsdomäne mit dem Faltungsvorgang beginnen kann.

Ein Fall, bei dem einzelne ribosomale Proteine mit einem bestimmten Strukturmerkmal gleichgesetzt werden können, ist der von L7/L12. L7 stellt eine Abwandlung von L12 dar und besitzt eine Acetylgruppe am N-Terminus. Das L7/L12-Aggregat bildet den Stiel der großen Untereinheit. Wird es entfernt, sind die Partikel nicht mehr in der Lage, als Reaktion auf einen Hilfsfaktor die Hydrolyse von GTP durchzuführen. Dies bedeutet nicht notwendigerweise, daß L7/L12 die GTPase ist, es könnte auch für die Aktivität eines anderen Proteins erforderlich sein.

Obwohl bei der Translokation die mRNA durch die 30S-Untereinheit hindurchläuft, bindet der Translokationsfaktor EF-G an die 50S-Untereinheit. Die Bindungsstelle für EF-G befindet sich in der Nähe von S12, einem der Proteine der mRNA-Bindungsstelle auf der 30S-Untereinheit. EF-G wird dadurch an der Grenzfläche zwischen den beiden Untereinheiten in der Nachbarschaft des L7/L12-Dimers plaziert.

Veränderungen in der 23S-rRNA weisen auf eine Verknüpfung zwischen den Bindungsstellen für EF-G und EF-Tu hin. Die Bindung von EF-G an das Ribosom schützt Basen an zwei Stellen innerhalb der 23S-rRNA. Die Basen an einer der beiden Stellen, der 2620-Schleife, werden auch durch die Bindung von EF-Tu geschützt. Diese Schleife ist ein Gegenstück zu dem Zielort für elongationshemmende Lectine auf der eukaryotischen 28S-rRNA (Ricin depuriniert rRNA, und α-Sarcin spaltet sie). Die Struktur dieser Schleife ist daher für die Elongation wichtig.

Die funktionellen Beziehungen zwischen den verschiedenen ribosomalen Stellen sind noch nicht geklärt. Das Ribosom besitzt wahrscheinlich eine hochinteraktive Struktur, in der eine Veränderung einer Stelle die Aktivität einer anderen stark beeinflußt.

8.11 Die Funktion der ribosomalen RNA bei der Proteinsynthese

Das Ribosom wurde ursprünglich als eine mit verschiedenartigen katalytischen Funktionen ausgestattete Ansammlung von Proteinen betrachtet, die durch Protein-Protein-Wechselwirkungen und durch Bindung an die rRNA zusammengehalten werden. Die Entdeckung von RNA-Molekülen mit katalytischen Eigenschaften (Kapitel 31) läßt jedoch sofort vermuten, daß die rRNA eine aktivere Rolle bei der Funktion des Ribosoms spielen könnte. Es gibt inzwischen Hinweise darauf, daß die rRNA in allen Translationsstadien mit mRNA oder tRNA interagiert, und daß die Proteine notwendig sind, um die rRNA in einer katalytisch funktionellen Struktur zu erhalten. An verschiedenen Wechselwirkungen sind spezifische Bereiche der rRNA beteiligt:

- Der 3′-Terminus der rRNA tritt bei der Initiation direkt mit der mRNA in Wechselwirkung.
- Spezifische Abschnitte der 16S-rRNA interagieren unmittelbar mit den Anticodonregionen von tRNAs sowohl in der A- als auch in der P-Bindungsstelle; die 23S-rRNA interagiert mit dem CCA-Terminus der Peptidyl-tRNA.
- 16S- sowie 23S-rRNAs wirken an der Interaktion zwischen den Untereinheiten mit, obwohl bisher noch nicht geklärt ist, ob die Verbindung direkt durch RNA-RNA- oder durch RNA-Protein-Wechselwirkungen vermittelt wird.

Viele der Kenntnisse über die einzelnen Schritte der bakteriellen Proteinsynthese gewann man durch den Einsatz von Antibiotika, die diesen Prozeß in bestimmten Stadien inhibieren. Das Angriffsziel des Antibiotikums läßt sich anhand der Komponente identifizieren, in der Resistenzmutationen auftreten. Manche Antibiotika greifen einzelne ribosomale Proteine an, es gibt aber auch einige, die auf die rRNA einwirken; dies läßt vermuten, daß die rRNA an vielen, wenn nicht sogar an allen Funktionen des Ribosoms beteiligt ist.

Die Aufgaben der rRNA wurden mit Hilfe von zwei verschiedenen Ansätzen erforscht. Strukturuntersuchungen zeigen, daß sich bestimmte Bereiche der rRNA an wichtigen Stellen des Ribosoms befinden und daß chemische Veränderungen dieser Basen spezielle ribosomale Funktionen beeinträchtigen. Ferner können durch Mutationen Basen in der rRNA identifiziert werden, die für bestimmte Aufgaben des Ribosoms erforderlich sind. Abbildung 8.28 faßt die auf diese Weise identifizierten Stellen der 16S-rRNA zusammen.

Ein Hinweis auf die Bedeutung des 3′-Endes der 16S-rRNA ist seine Empfindlichkeit gegenüber der tödlichen Substanz Colicin E3. Diese von manchen Bakterien produzierte Substanz spaltet ungefähr 50 Nucleotide am 3′-Ende der 16S-rRNA von *E. coli*. Dadurch wird die Initiation der Proteinsynthese vollständig unterbunden. Die abgespaltene Sequenz ist für mehrere wichtige Funktionen erforderlich: Die Bindung des Faktors IF-3, die Erkennung der mRNA und die Bindung der tRNA.

Durch Paarung mit der Shine-Dalgarno-Sequenz in der Ribosomenbindungsstelle der mRNA (Abschnitt 8.5) ist das 3′-Ende der 16S-rRNA direkt an der Initiationsreaktion beteiligt. Eine weitere direkte Beteiligung dieses 16S-rRNA-Abschnittes an der Proteinsynthese zeigt sich

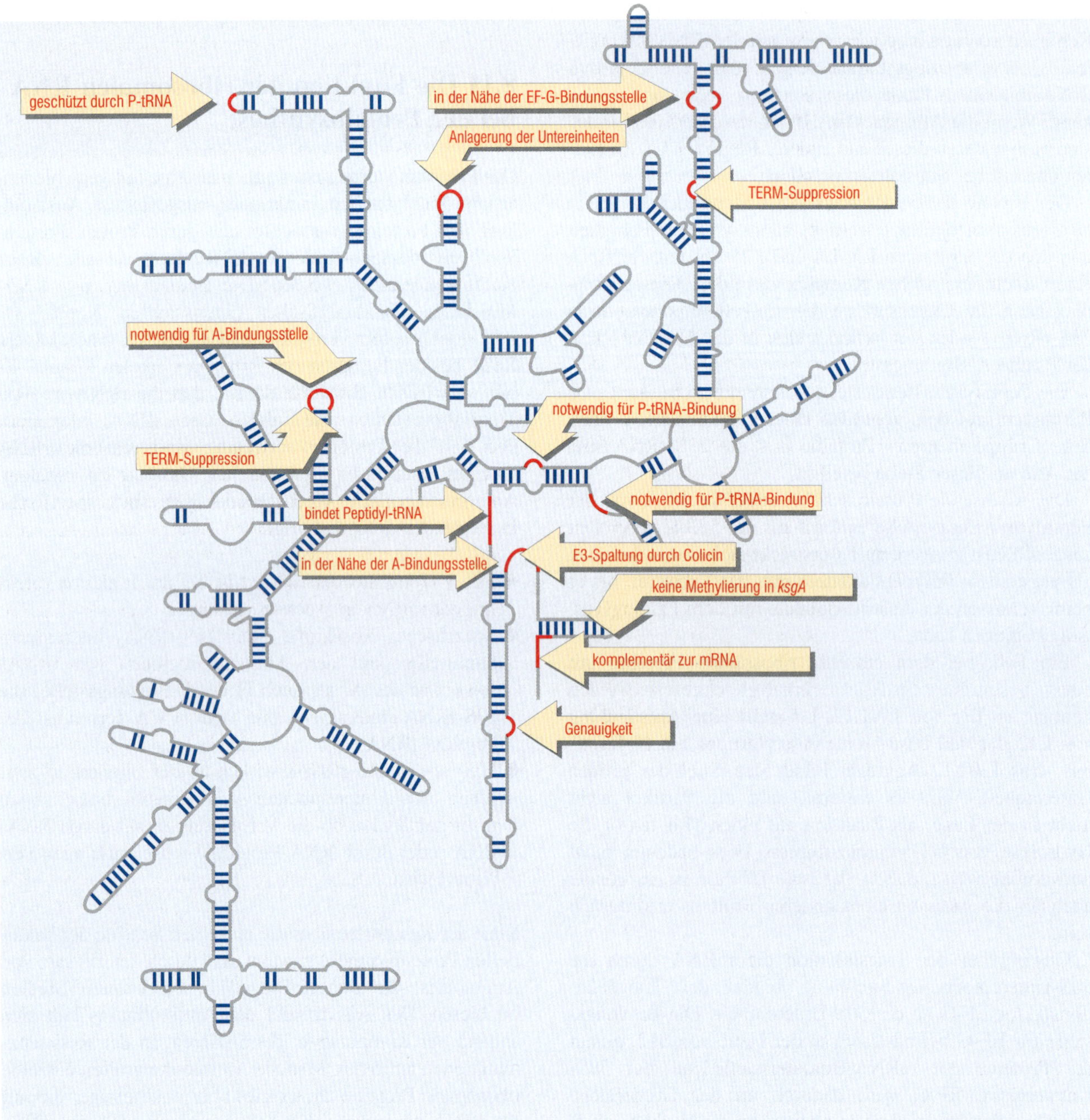

8.28 Manche Stellen in der 16S-rRNA sind vor chemischen Substanzen geschützt, wenn sich 50S- mit 30S-Untereinheiten verbinden oder eine Aminoacyl-tRNA in die A-Bindungsstelle gelangt. Andere Stellen sind Mutationsorte, welche die Proteinsynthese beeinflussen. TERM-Suppressionsstellen können vermutlich die Termination an einigen oder mehreren Terminationscodons beeinträchtigen.

durch die Eigenschaften Kasugamycin-resistenter Mutanten, denen gewisse Modifikationen in der 16S-rRNA fehlen. Kasugamycin blockiert die Initiation der Proteinsynthese. Resistenten Mutanten des Typs *ksgA* fehlt ein Methylaseenzym, das vier Methylgruppen in zwei benachbarte Adeninnucleotide in der Nähe des 3′-Endes der 16S-rRNA einführt. Die Methylierung erzeugt die hochkonservierte Sequenz G–m_2^6A–m_2^6A, die in der kleinen rRNA von Pro- und Eukaryoten vorkommt. Die methylierte Sequenz wirkt am Zusammenschluß von 30S- und 50S-Untereinheiten mit, was wiederum mit dem Zurückhalten der Initiator-tRNA im vollständigen Ribosom einhergeht. Kasugamycin bewirkt bei sensitiven (methylierten) Ribosomen die Freisetzung von fMet-$tRNA_f$, wohingegen die resistenten Ribosomen in der Lage sind, den Initiator zurückzuhalten.

Mutationen in der rRNA können auch die Spezifität der Proteinsynthese beeinflussen. Eine Mutation beispielsweise in der 3′-Hauptdomäne der 16S-rRNA supprimiert UGA-Codons. Es ist nicht geklärt, ob dieser Effekt UGA-spezifisch ist (verursacht vielleicht durch Basenpaarung zwischen rRNA und dem UGA-Codon) oder ob er die Termination allgemein, also an allen drei Terminationscodons, beeinträchtigt. In einem anderen Fall ist eine Erkennungsreaktion zwischen rRNA und mRNA an einer Verschiebung des Leserasters beteiligt, bei der beim Ablesen des Botenmoleküls eine Base übersprungen wird. Diese Ergebnisse sprechen für die Möglichkeit, daß rRNA mit der mRNA-Sequenz kontinuierlich in Kontakt ist, während das Ribosom am Messenger-Molekül entlangwandert.

Zu Strukturveränderungen in der 16S-rRNA kommt es bei Ribosomen, die an der Proteinsynthese beteiligt sind; dies zeigt der Schutz bestimmter Basen vor chemischem Angriff. Die einzelnen Stellen gehören zu ein paar wenigen Gruppen, die sich im wesentlichen auf die 3′-Nebendomäne und die Zentraldomäne konzentrieren. Auch wenn diese Stellen über die gesamte Sequenz der 16S-rRNA verstreut sind, ist es doch wahrscheinlich, daß die an gleichen Funktionen beteiligten Basenpositionen in der Tertiärstruktur tatsächlich auch nahe beieinander liegen.

Einige der Veränderungen in der 16S-rRNA werden durch die Verbindung mit der 50S-Untereinheit, der Anheftung der mRNA oder der Bindung von tRNA ausgelöst. Sie deuten darauf hin, daß diese Vorgänge mit Konformationsänderungen im Ribosom einhergehen, welche die Präsentation der rRNA beeinflussen. Eine direkte Beteiligung der rRNA an diesen Funktionen ist damit aber nicht notwendigerweise gegeben.

Die 16S-rRNA ist an Aufgaben der A- und P-Bindungsstellen beteiligt, denn sie weist bedeutende Strukturveränderungen auf, wenn diese Stellen besetzt sind. Zwei verschiedene Bereiche werden von einer an die A-Bindungsstelle gebundenen tRNA geschützt. Einer davon ist die 3′-terminale Region; der andere wird als 530-Schleife bezeichnet (und diese ist auch Ort einer Mutation, welche die Termination an den Codons UAA, UAG und UGA verhindert).

Eine Vielzahl von Basen in unterschiedlichen Positionen werden von einer tRNA in der P-Bindungsstelle geschützt; wahrscheinlich liegen die Basen in der Tertiärstruktur nahe beieinander. Ein vorstehender Abschnitt der 16S-rRNA (bekannt als 1 400-Region) läßt sich direkt mit der Peptidyl-tRNA quervernetzen; das könnte bedeuten, daß diese Region struktureller Bestandteil der P-Bindungsstelle ist. Sämtliche Auswirkungen der tRNA-Bindung auf die 16S-rRNA können durch das isolierte Oligonucleotid des Anticodonarmes hervorgerufen werden, so daß an der Bindung zwischen tRNA und 30S-Untereinheit offenbar diese Region beteiligt sein muß.

Die Stellen, die an den Aufgaben der 23S-rRNA mitwirken, sind weniger gut charakterisiert als die der 16S-rRNA, aber das allgemeine Muster ist offensichtlich das gleiche: Basen an bestimmten Positionen beeinflußen spezifische Funktionen. Auf der 23S-rRNA lassen sich Positionen identifizieren, die von der Konformation der A- oder P-Bindungsstelle beeinflußt werden. Jede dieser Bindungsstellen interagiert demnach sowohl mit der 23S-rRNA als auch mit der 16S-rRNA. Insbesondere aus dem 3′-CCA-Terminus der tRNA stammende Oligonucleotide schützen in der 23S-rRNA eine Reihe von Basen, die im wesentlichen jenen entsprechen, die durch die Peptidyl-tRNA geschützt werden. Möglicherweise ist das 3′-Ende der tRNA wesentlich an der Wechselwirkung zwischen 23S-rRNA und Peptidyl-tRNA in der P-Bindungsstelle beteiligt. Tatsächlich finden zwischen tRNA und rRNA Basenpaarungen statt; das ergibt sich aus der Tatsache, daß eine Mutation in einem G-Rest in der rRNA die Wechselwirkung mit einer tRNA verhindert, diese aber wiederhergestellt wird, wenn eine ausgleichende Mutation in einem C des Aminoakzeptorendes der tRNA stattfindet.

Eine weitere tRNA-bindende Stelle ist die E-Bindungsstelle, die sich fast ausschließlich auf der 50S-Untereinheit befindet. Von ihrer Konformation beeinflußte Basen können auf der 23S-rRNA identifiziert werden.

Wie sieht die für die Peptidyltransferasefunktion zuständige Stelle auf der 50S-Untereinheit aus? Wahrscheinlich ist, daß die rRNA zumindest einen wichtigen Teil zur Peptidyltransferasestelle beiträgt; in einer bestimmten Region der 23S-rRNA treten nämlich die Mutationen auf, die Resistenz gegenüber peptidyltransferasehemmenden Antibiotika verleihen.

Bisher nicht erfolgreich verlief eine lange Suche nach ribosomalen Proteinen, welche die katalytische Aktivität besitzen könnten. Neuere Ergebnisse lassen vermuten, daß die katalytische Aktivität der ribosomalen RNA der großen Untereinheit zukommt. Extrahiert man fast den gesamten Proteingehalt der 50S-Untereinheit, bleibt die 23S-rRNA zurück; sie ist größtenteils mit Proteinfragmenten assoziiert, die, gemessen an der Gesamtmasse der ribosomalen Proteine, weniger als fünf Prozent ausmachen. Diese Aufbereitung besitzt noch Peptidyltransferaseaktivität. Behandlungen, welche die RNA schädigen, zerstören auch die katalytische Aktivität. Es ist bisher allerdings nicht möglich, die enzymatische Funktion der 23S-rRNA direkt nachzuweisen; der Grund dafür liegt in der Schwierigkeit, die RNA in einer vollständig gereinigten Form zu gewinnen, in der die gefaltete Struktur auch ohne die Proteine beibehalten wird. Tatsächlich könnten gewisse Proteine der 50S-Untereinheit notwendig sein, damit die rRNA *in vivo* die richtige Struktur einnehmen kann. Die Vorstellung, daß die rRNA die katalytische Komponente darstellt, steht jedoch in Einklang mit den Ergebnissen, die in Kapitel 31 erörtert werden; sie weisen der RNA katalytische Eigenschaften bei verschiedenen Prozessierungsreaktionen zu. Und dies stimmt mit der Idee überein, daß das Ribosom sich aus Funktionen entwickelte, die ursprünglich der RNA zu eigen waren.

Zusammenfassung

Ribosomen sind Ribonucleoproteinpartikel, deren Masse zu einem Hauptteil von rRNA gestellt wird. Im allgemeinen weisen alle Ribosomen eine ähnliche Gestalt auf, allerdings wurde nur die der Bakterien (70S) bisher im Detail beschrieben. Die kleine (30S-)Untereinheit hat eine „zusammengedrückte“ Form; ihr „Körper“, der etwa zwei Drittel der Gesamtmasse umfaßt, ist vom „Kopf“ durch eine Spalte getrennt ist. Die große (50S-)Untereinheit ist eher kugelförmig; sie besitzt einen „zentralen Höcker“ sowie, auf der rechten Seite, einen hervorstehenden „Stiel“. Für die kleine Untereinheit ist die ungefähre Lage aller Proteine bekannt.

Jede Untereinheit enthält eine einzige Haupt-rRNA, in Prokaryoten die 16S- und 23S-, im eukaryotischen Cytosol die 18S- und 28S-rRNA. Daneben gibt es auch kleinere rRNAs, wobei die 5S-rRNA der großen Untereinheit besonders zu nennen ist. Beide Haupt-rRNAs zeigen Bereiche mit ausgeprägter Basenpaarung, meist in Form kurzer, unvollständig gepaarter Doppelstrangstämme mit einzelsträngigen Schleifen. Konservierte Merkmale in der rRNA lassen sich durch den Vergleich von Sequenzen und Sekundärstrukturen einer Vielzahl von Organismen identifizieren. Die 16S-rRNA hat vier verschiedene Domänen; die drei Hauptdomänen wurden Bereichen der kleinen Untereinheit zugeordnet. Die eukaryotische 18S-rRNA besitzt zusätzliche Domänen. Ein Ende der 30S-Untereinheit besteht vermutlich zum Großteil oder sogar vollständig aus rRNA.

Jede Untereinheit verfügt über mehrere aktive Zentren, die vor allem in der Translationsdomäne des Ribosoms liegen, also dort, wo die Proteine synthetisiert werden. Diese verlassen das Ribosom über eine Ausgangsdomäne, die mit einer Membran assoziiert sein kann. Die wichtigsten aktiven Stellen sind die P- und A-Bindungsstelle, die E-Bindungsstelle, die Bindungsstellen für EF-Tu, EF-G und die Peptidyltransferase sowie die mRNA-Bindungsstelle. Die für die Funktion einiger dieser Stellen erforderlichen ribosomalen Proteine sind zwar identifiziert worden, ihre Lage innerhalb der dreidimensionalen Struktur des Ribosoms muß jedoch noch bestimmt werden. Die Konformation des Ribosoms verändert sich vermutlich im Laufe der verschiedenen Proteinsynthesestadien; so wurden Unterschiede in der Zugänglichkeit bestimmter Abschnitte der Haupt-rRNAs festgestellt.

Die Haupt-rRNAs enthalten Bereiche, die an einigen dieser Bindungsstellen lokalisiert sind, vornehmlich in der mRNA-Bindungsstelle und der P-Bindungsstelle auf der 30S-Untereinheit. Die 3′-terminale Region der rRNA scheint dabei von besonderer Bedeutung zu sein. Die funktionelle Beteiligung der rRNA an den aktiven Zentren des Ribosoms ist im Falle der mRNA-Bindungsstelle am besten nachgewiesen; dort beeinträchtigen Mutationen in der 16S-rRNA die Initiationsreaktion. Zudem ist die ribosomale RNA das Angriffsziel einiger Antibiotika und anderer Substanzen, welche die Proteinsynthese hemmen. Sie scheint die katalytische Hauptaktivität der Peptidyltransferase zu besitzen.

Ein Codon der mRNA wird von einer Aminoacyl-tRNA mit komplementärem Anticodon erkannt, die eine dem Codon entsprechende Aminosäure trägt. Eine spezielle Initiator-tRNA (fMet-$tRNA_f$ bei Prokaryoten und Met-$tRNA_i$ bei Eukaryoten) erkennt das AUG-Codon, das für den Start aller codierenden Sequenzen verwendet wird. Bei Prokaryoten wird auch GUG benutzt. Nur die Terminations-(Nonsense-)Codons UAA, UAG und UGA werden nicht von Aminoacyl-tRNAs erkannt.

Ribosomen werden im Anschluß an die Proteinsynthese in einen Pool freier Ribosomen entlassen, in dem ein Gleichgewicht zwischen freien, intakten (vollständigen) Ribosomen und (freien) kleinen und großen Untereinheiten herrscht. Die kleinen Untereinheiten lagern sich an die mRNA und verbinden sich anschließend mit großen Untereinheiten zu vollständigen Ribosomen, welche die Proteinsynthese durchführen. Bei Prokaryoten erfolgt die Erkennung einer Initiationsstelle unter anderem durch die Verbindung einer Sequenz am 3′-Ende der rRNA mit dem Shine-Dalgarno-Sequenzmotiv, das dem AUG- (oder GUG-)Codon in der mRNA vorausgeht. Zur Erkennung einer eukaryotischen mRNA gehört die Bindung an die 5′-Cap-Struktur; anschließend wandert die kleine Untereinheit, welche die mRNA nach AUG-Codons absucht, zum Initiationscodon. Wenn sie ein geeignetes AUG-Codon erkennt (normalerweise, aber nicht grundsätzlich, das erste auf das sie trifft), verbindet sie sich mit einer großen Untereinheit.

Ein Ribosom kann zwei Aminoacyl-tRNAs gleichzeitig tragen: Seine P-Bindungsstelle wird von einer Peptidyl-tRNA besetzt, die mit der bislang synthetisierten Polypeptidkette beladen ist; die A-Bindungsstelle dient dem Zutritt der Aminoacyl-tRNA, welche die nächste an die Kette anzufügende Aminosäure trägt. Die Polypeptidkette in der P-Bindungsstelle wird auf die Aminoacyl-tRNA in der A-Bindungsstelle übertragen; bei der anschließenden Translokation wandert das Ribosom auf der mRNA um ein Codon weiter. Für die Translokation sowie einige andere Stadien der Ribosomenfunktion ist die Hydrolyse von GTP erforderlich.

Die Proteinsynthese ist ein „teurer“ Vorgang. Bei mehreren Reaktionsschritten wird ATP als Energielieferant benutzt, unter anderem bei der Beladung der tRNA mit ihrer Aminosäure und bei der Entwindung der mRNA. Man schatzt, daß bis zu 90 % aller in einem schnell wachsenden Bakterium synthetisierten ATP-Moleküle beim Zusammenbau von Aminosäuren zu Protein verbraucht werden!

Für alle Stadien der Proteinsynthese werden Zusatzfaktoren benötigt. Sie sind durch ihre zyklische Assoziation und die nachfolgende Dissoziation mit dem Ribosom gekennzeichnet. An der prokaryotischen Initiation sind IF-Faktoren beteiligt. IF-3 wird für die Bindung von 30S-Untereinheiten an die mRNA benötigt und ist auch für deren Verbleiben im freien Zustand verantwortlich. IF-2 verhilft der fMet-$tRNA_f$ zur Bindung an die 30S-Untereinheit und sorgt dafür, daß andere Aminoacyl-tRNAs von der Initiationsreaktion ausgeschlossen bleiben. Nachdem die Initiator-tRNA an den Initiationskomplex gebunden hat, wird GTP hydrolysiert. Die Bindung der großen Untereinheit an den Initiationskomplex erfordert die vorherige Freisetzung der Initiationsfaktoren.

Prokaryotische EF-Faktoren wirken an der Elongation mit. EF-Tu bindet Aminoacyl-tRNA an das 70S-Ribosom. Bei der Freisetzung von EF-Tu wird GTP hydrolysiert, und EF-Ts ist notwendig, um die aktive Form von EF-Tu wiederherzustellen. Die Translokation erfordert den Faktor EF-G. Die beiden Faktoren EF-Tu und EF-G können nicht gleichzeitig an Ribosomen binden; dadurch ist sichergestellt, daß jeder Schritt vollständig abgeschlossen ist, bevor der nächste erfolgen kann. RF-Faktoren sind für die Termination erforderlich. Die Proteinsynthese bei Eukaryoten verläuft im allgemeinen ähnlich wie bei Prokaryoten, beansprucht jedoch einen noch größeren Pool an Hilfsfaktoren.

Weiterführende Literatur

Übersichtsartikel

Kozak, M. *How do Eukaryotic Ribosomes Select Initiation Regions in mRNA?* In: *Cell* 15 (1978) S. 1109–1123.

Maitra, U. et al. *Initiation Factors in Protein Biosynthesis.* In: *Ann. Rev. Biochem.* 51 (1982) S. 869–900.

Kozak, M. *Comparison of Initiation of Protein Synthesis in Prokaryotes, Eukaryotes, and Organelles.* In: *Microbiol. Rev.* 47 (1983) S. 1–45.

Wittman, H. G. *Architecture of Prokaryotic Ribosomes.* In: *Ann. Rev. Biochem.* 52 (1983) S. 35–65.

Noller, H. F. *Structure of Ribosomal RNA.* In: *Ann. Rev. Biochem.* 53 (1984) S. 119–162.

Lake, J. A. *Evolving Ribosome Structure: Domains in Archaebacteria, Eubacteria, Eocytes, and Eukaryotes.* In: *Ann. Rev. Biochem.* 54 (1985) S. 507–530.

Noller, H. F.; Nomura, M. *Ribosomes.* In: Neidhard, F. C. (Hrsg.) *E. coli and S. typhimurium.* Washington DC (American Society for Microbiology) 1987. S. 104–125.

Hill, W. E. et al. *The Ribosome.* Washington DC (American Society for Microbiology) 1990.

Hershey, J. W. B. *Translational Control in Mammalian Cells.* In: *Ann. Rev. Biochem.* 60 (1991) S. 717–755.

Noller, H. F. *Ribosomal RNA and Translation.* In: *Ann. Rev. Biochem.* 60 (1991) S. 191–227.

Kurland, C. G. *Translational Accuracy and the Fitness of Bacteria.* In: *Ann. Rev. Genet.* 26 (1992) S. 29–50.

Merrick, W. C. *Mechanism and Regulation of Eukaryotic Protein Synthesis.* In: *Microbiol. Rev.* 56 (1992) S. 291–315.

Entdeckungen

Ribosomen

Noller, H. F.; Hoffarth, V.; Zimniak, L. *Unusual Resistance of Peptidyl Transferase to Protein Extraction Procedures.* In: *Science* 256 (1992) S. 1416–1419.

Samaha, R. R.; Green, R.; Noller, H. F. *A Base Pair Between tRNA and 23S rRNA in the Peptidyl Transferase Center of the Ribosome.* In: *Nature* 377 (1995) S. 309–314.

Proteinsynthese

Nissen, P. et al. *Crystal Structure of the Ternary Complex of Phe-tRNAPhe, EF-Tu, and a GTP Analog.* In: *Science* 270 (1995) S. 1464–1472.

9. Die Interpretation des genetischen Codes

Die Sequenz eines codierenden DNA-Stranges besteht aus Nucleotidtripletts (Codons), die, in 5′→3′-Richtung gelesen, der Aminosäuresequenz eines vom N- zum C-Terminus gelesenen Proteins entsprechen. Die Sequenzierung von DNA und Proteinen ermöglicht einen direkten Vergleich zwischen Nucleotidsequenzen und entsprechenden Aminosäuresequenzen. Es gibt 64 Codons (jedes der vier möglichen Nucleotide kann alle drei Codonpositionen besetzen, es sind also $4^3 = 64$ verschiedene Trinucleotidsequenzen möglich). Jedem dieser Codons kommt eine spezifische Bedeutung in der Proteinsynthese zu: 61 Codons stehen für Aminosäuren; drei Codons verursachen die Termination der Proteinsynthese.

Die Transfer-RNA ist der Adapter, der ein Codon seiner entsprechenden Aminosäure zuweist. Sie nimmt eine Schlüsselfunktion bei der Proteinsynthese ein, denn in der Rolle eines Vermittlers übernimmt sie die Translation eines jeden Nucleotidtripletts in eine Aminosäure. Francis Crick hat die tRNA als einen Versuch der Natur beschrieben, eine Nucleinsäure eine Aufgabe erfüllen zu lassen, die normalerweise eher einem Protein zukommt.

Die Bedeutung eines aminosäurerepräsentierenden Codons wird durch die tRNA festgelegt, die diesem entspricht; die Bedeutung der Terminationscodons wird direkt von Proteinfaktoren bestimmt.

Die Entschlüsselung des genetischen Codes zeigte ursprünglich, daß genetische Information in Form von Nucleotidtripletts gespeichert ist, nicht jedoch, *wie* jedes Codon seine zugehörige Aminosäure spezifiziert. Vor Einführung der Sequenzierungsmethode erfolgten Codonzuordnungen mit Hilfe von zwei verschiedenen *in vitro*-Methoden. Ein System zur Translation synthetischer Polynucleotide wurde 1961 eingeführt, als Marshall Nirenberg zeigte, daß Polyuridylsäure (Poly(U)) den Zusammenbau von Phenylalanin zu Polyphenylalanin bewirkt. UUU muß demnach ein Codon für Phenylalanin sein. Später wurde ein zweites System eingeführt, bei dem mit Hilfe eines Trinucleotids ein Codon der mRNA nachgeahmt und infolgedessen die Bindung der zugehörigen Aminoacyl-tRNA an das Ribosom herbeigeführt wurde. Die Bedeutung des Codons konnte nun durch Identifizieren der Aminosäurekomponente der Aminoacyl-tRNA festgestellt werden. Mit diesen beiden Techniken gelang es, allen aminosäurerepräsentierenden Codons eine Bedeutung zuzuordnen.

Der Code ist in Abbildung 9.1 zusammengefaßt. Da es mehr Codons (61) als Aminosäuren gibt (20), werden fast alle Aminosäuren durch mehr als ein Codon vertreten. Die einzigen Ausnahmen sind Methionin und Tryptophan. Codons mit der gleichen Bedeutung werden **Synonyme** genannt. Da der genetische Code eigentlich auf der mRNA abgelesen wird, beschreibt man ihn gewöhnlich durch die vier in der RNA vorliegenden Basen: U, C, A und G.

Codons, die gleiche oder verwandte Aminosäuren repräsentieren, haben tendenziell ähnliche Sequenzen. Oft ist die Base in der dritten Position eines Codons ohne Bedeutung, da die vier Codons, die sich einzig in der dritten Base unterscheiden, alle für die gleiche Aminosäure stehen. Manchmal wird in dieser Position nur zwischen Purin und Pyrimidin unterschieden. Die eingeschränkte Spezifität in der letzten Position wird als **Dritte-Base-Degeneration** bezeichnet.

Die Interpretation eines Codons erfordert Basenpaarung mit dem Anticodon der entsprechenden Aminoacyl-tRNA. Die Reaktion erfolgt innerhalb des Ribosoms: Isolierte komplementäre Trinucleotide wären normalerweise zu kurz, um eine stabile Paarung einzugehen; die Wechselwirkung wird jedoch durch die Umgebung der ribosomalen A-Bindungsstelle stabilisiert. Auch beschränkt sich die Basenpaarung zwischen Codon und Anticodon nicht nur auf A•U- und G•C-Verbindungen. Das Ribosom kontrolliert das Umfeld in der Weise, daß in den ersten beiden

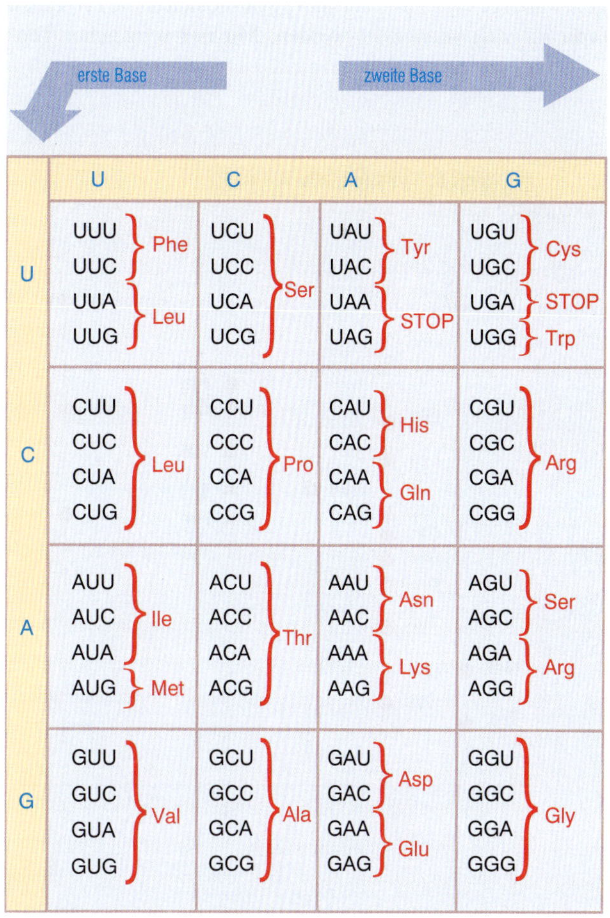

9.1 Alle Codons (Nucleotidtripletts haben eine Bedeutung: 61 stehen für Aminosäuren, und drei führen zur Termination (STOP).

Codonpositionen die üblichen Standardpaarungen stattfinden, während bei der dritten Base zusätzliche Reaktionen erlaubt sind. Infolgedessen kann eine einzelne Aminoacyl-tRNA mehr als ein Codon erkennen, was mit dem Degenerationsmuster in Einklang steht. Des weiteren werden Paarungsinteraktionen vermutlich auch durch Einfügen spezieller Basen in die tRNA beeinflußt. Modifikationen im oder in der Nähe des Anticodons wirken sich direkt auf die Fähigkeit der tRNA aus, mit ihrem (ihren) zugehörigen Codon(s) in Wechselwirkung zu treten; Modifikationen an anderen Stellen dürften andere Funktionen der tRNA beeinflussen.

Die Tendenz, daß ähnliche Aminosäuren durch verwandte Codons vertreten werden, trägt dazu bei, daß sich die Auswirkungen von Mutationen auf ein Mindestmaß reduzieren. Sie erhöht die Wahrscheinlichkeit, daß der zufällige Austausch einer Base nicht zu einem Aminosäurewechsel führt oder daß nur Aminosäuren mit ähnlichen Eigenschaften gegeneinander ausgetauscht werden. Eine Mutation von CUC zu CUG hat beispielsweise keine Auswirkung, da beide Codons für Leucin stehen; mutiert CUU zu AUU, bewirkt dies einen Austausch von Leucin gegen Isoleucin, eine nahe verwandte Aminosäure.

In Abbildung 9.2 ist die Anzahl der Codons, die eine Aminosäure repräsentieren, der prozentualen Häufigkeit gegenübergestellt, mit der diese Aminosäuren in Proteinen (von *E. coli*) verwendet werden. Mit nur schwacher Tendenz werden häufiger vorkommende Aminosäuren auch durch mehr Codons vertreten; der genetische Code scheint somit im Hinblick auf den Gebrauch von Aminosäuren nicht optimiert worden zu sein.

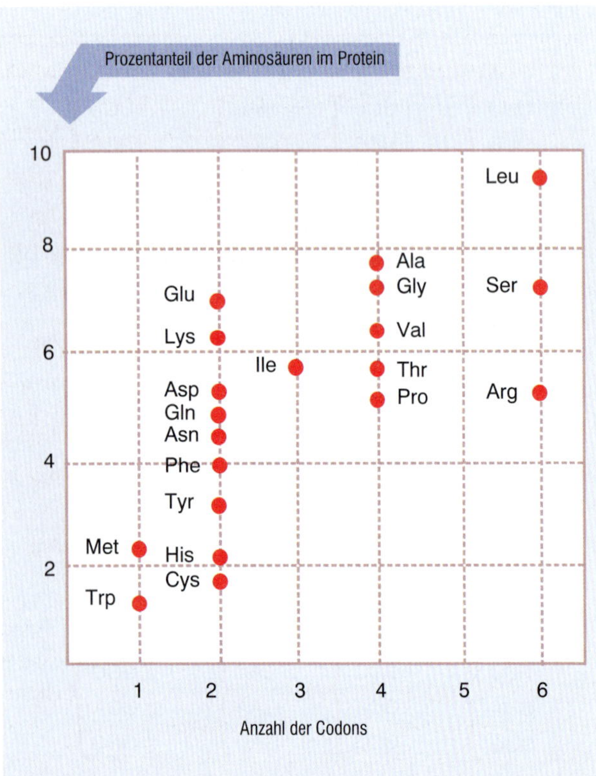

9.2 Die Anzahl der Codons für eine Aminosäure korreliert nur schwach mit der Häufigkeit, mit der die Aminosäure in Proteinen verwendet wird.

Die drei Codons (UAA, UAG und UGA), die keine Aminosäuren vertreten, werden spezifisch für die Beendigung der Proteinsynthese eingesetzt. Das Ende jedes Gens ist durch eines dieser **Stopcodons** gekennzeichnet.

Ist der genetische Code in allen Organismen derselbe? Vergleicht man DNA-Sequenzen mit den zugehörigen Proteinsequenzen, so zeigt sich, daß *in Bakterien und im eukaryotischen Cytoplasma die Codonzuordnung identisch ist.* Folglich kann mRNA aus einer Spezies normalerweise durch den Proteinsyntheseapparat einer anderen Spezies *in vitro* oder *in vivo* korrekt translatiert werden. Die Codons in der mRNA einer Art haben somit für die Ribosomen und tRNAs einer anderen Art dieselbe Bedeutung.

Die Universalität des genetischen Codes spricht dafür, daß er sehr frühzeitig in der Evolution entstanden sein muß. Ursprünglich gab es vielleicht eine stereochemische Beziehung zwischen Aminosäuren und den ihnen zugeordneten Codons. Das heute bestehende Proteinsynthesesystem könnte sich dann durch Selektion von Eigenschaften wie höhere Effizienz oder Genauigkeit entwickelt haben.

Vielleicht gab es zu Beginn eine primitive Form des Codes, bei der eine kleine Zahl von Codons vergleichsweise wenige Aminosäuren repräsentierte; möglicherweise vertrat sogar ein Codon sämtliche Mitglieder einer Gruppe von Aminosäuren. Präzisere Codonbedeutungen und zusätzliche Aminosäuren könnten erst später eingeführt worden sein. Eine Möglichkeit ist, daß zunächst nur zwei der drei Basen eines Codons gebraucht wurden; die Unterscheidung in der dritten Position könnte sich im nachhinein entwickelt haben.

Die Evolution des Codes wurde möglicherweise zu einem Zeitpunkt „eingefroren“, als das System so komplex geworden war, daß jegliche Veränderung der Codonbedeutung bestehende Proteine hätte zerstören können. Dies wäre geschehen, wenn nicht annehmbare Aminosäuren eingefügt worden wären. Die Universalität des Codes läßt darauf schließen, daß dies zu einem sehr frühen Zeitpunkt geschehen sein muß, denn alle lebenden Organismen stammen offensichtlich von einer einzigen Population primitiver Zellen mit seitdem unverändertem Code ab.

Ausnahmen beim universellen genetischen Code sind selten. Bedeutungsveränderungen im Hauptgenom einer Spezies betreffen gewöhnlich die Terminationscodons. In einer *Mycoplasma*-Art beispielsweise codiert UGA Tryptophan; und bei bestimmten Arten der Ciliaten *Tetrahymena* und *Paramecium* stehen UAA und UAG für Glutamin.

Systematische Veränderungen des Codes treten nur in der DNA von Mitochondrien auf. Vermutlich waren derartige Veränderungen deshalb möglich, weil das Mitochondrium ein relativ geschlossenes System darstellt, das nur wenige spezielle Proteine selbst synthetisiert. Die Mehrzahl dieser Veränderungen betrifft die Initiation und Termination, es kommen aber auch andere Sinnänderungen vor.

9.1 An der Codon-Anticodon-Erkennung ist das „Wobbeln“ beteiligt

Die tRNA hat ihre Aufgabe bei der Proteinsynthese erfüllt, wenn sie das Codon in der A-Bindungsstelle des Ribosoms erkennt. Die Wechselwirkung zwischen Codon und Anticodon erfolgt über Basenpaarungen, deren Regeln allerdings Paarungen über die üblichen G•C- und A•U-Bindungen hinaus ermöglichen.

Die Regeln der Interaktion lassen sich aus den Sequenzen der Anticodons und der ihnen entsprechenden Codons ableiten. Die Fähigkeit einer tRNA, auf ein bestimmtes Codon zu reagieren, kann entweder direkt mit Hilfe des Trinucleotidbindungstests oder durch ihren Einsatz in einem *in vitro*-Proteinsynthesesystem gemessen werden.

Der genetische Code an sich bietet einige wichtige Anhaltspunkte zum Vorgang der Codonerkennung. In Abbildung 9.3 ist das Muster der Dritte-Base-Degeneration dargestellt; danach ist in fast allen Fällen die dritte Base entweder völlig irrelevant, oder es wird nur zwischen Purinen und Pyrimidinen unterschieden.

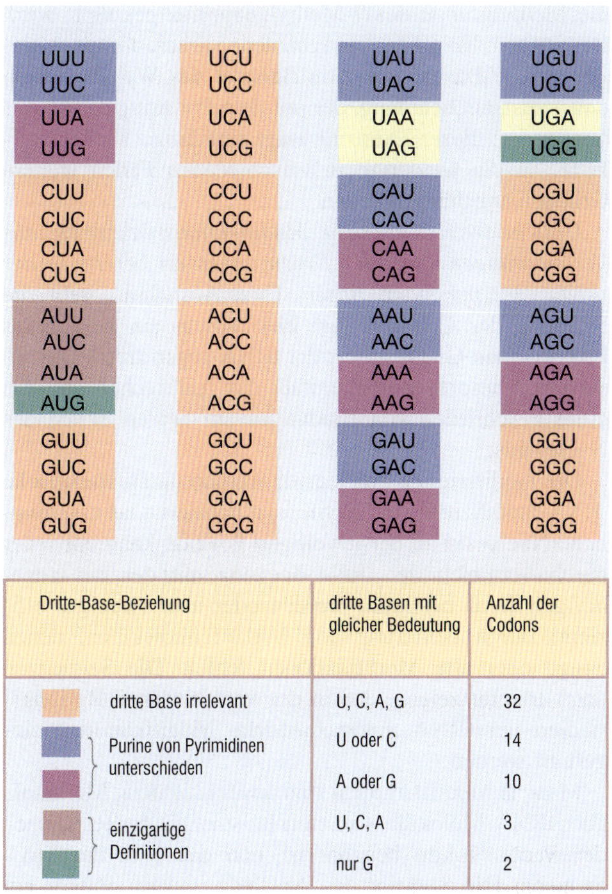

9.3 Die dritte Base hat den geringsten Einfluß auf die Bedeutung des Codons. Die verschiedenfarbigen Kästchen stehen für Codongruppen, innerhalb derer die Degeneration der dritten Base dafür sorgt, daß die Codons bedeutungsgleich sind.

Es gibt acht **Codonfamilien**, deren vier jeweils mit den gleichen zwei Basen beginnende Codons dieselbe Bedeutung haben; bei ihnen kommt somit der dritten Base keine Bedeutung bei der Spezifizierung der Aminosäure zu. Es gibt ferner sieben **Codonpaare** mit gleicher Bedeutung, unabhängig davon, welches Pyrimidin in der dritten Position vorliegt; und es gibt fünf Codonpaare, in denen entweder das eine oder das andere Purin vorkommen kann, ohne daß sich die codierte Aminosäure ändert.

Noch bedeutungsvoller dürfte es sein, den Code aus der umgekehrten Perspektive zu betrachten. *Es gibt nur drei Fälle, in denen eine bestimmte Base in der dritten Position dem Codon eine einzige Bedeutung verleiht:* AUG (für Methionin), UGG (für Tryptophan) und UGA (Termination). Demnach haben C und U in der dritten Position niemals eine einzigartige Bedeutung, und A definiert dort nie eine einzige Aminosäure.

Da das Anticodon komplementär zum Codon ist, paart – in konventioneller $5' \rightarrow 3'$-Richtung geschrieben – die *erste* Base in der Anticodonsequenz mit der *dritten* Base der Codonsequenz. Die Kombination

Codon	5′ A C G 3′
Anticodon	3′ U G C 5′

wird gewöhnlich als Codon ACG/Anticodon CGU geschrieben, wobei die Sequenz des Anticodons von hinten nach vorne gelesen werden muß, damit sie zum Codon komplementär ist.

Um Verwirrungen zu vermeiden, behalten wir für alle Sequenzen die konventionelle $5' \rightarrow 3'$-Schreibweise bei, kennzeichnen aber Anticodonsequenzen mit einem Rückwärtspfeil, um an die Richtung relativ zum Codon zu erinnern. Das oben gezeigte Codon-Anticodon-Paar wird demnach als ACG beziehungsweise $\overleftarrow{\text{CGU}}$ geschrieben.

Beansprucht jedes Triplett seine eigene tRNA mit komplementärem Anticodon? Oder kann eine einzige tRNA auf beide Mitglieder eines Codonpaares und auf alle (oder zumindest einige der) vier Mitglieder einer Codonfamilie reagieren?

Oft kann eine tRNA mehr als nur ein Codon erkennen. *Dies bedeutet, daß die Base in der ersten Position des Anticodons in der Lage sein muß, verschiedene Basen in der entsprechend dritten Position des Codons als Paarungspartner zu akzeptieren.* Die Basenpaarungen können in dieser Position nicht auf die gewohnten G•C- und A•U-Bindungen beschränkt sein.

Die den Erkennungsmustern zugrundeliegenden Regeln sind in der **Wobble-Hypothese** zusammengefaßt; sie besagt, daß die Paarung zwischen Codon und Anticodon in den ersten beiden Codonpositionen immer den normalen Regeln folgt, in der dritten Position jedoch außergewöhnliche Schwankungen (*wobbles*) auftreten können. Diese nichtstandardgemäße Paarung erfolgt, weil die Konformation der tRNA-Anticodonschleife der ersten Base des Anticodons eine gewisse Flexibilität verleiht.

Die Erkennungsregeln für die dritte Base des Codons gestatten, zusätzlich zu den gewohnten Kombinationen, auch die Paarung zwischen G und U (Abbildung 9.5). Aus dieser einzigen Veränderung ergibt sich ein Basenpaarungsmuster, in dem A keine eindeutige Bedeutung im Codon mehr haben kann (denn das U, welches das A erkennt, muß auch G erkennen). Gleichermaßen hat auch C nicht länger eine einzige Bedeutung (denn das G erkennt nicht nur dieses, es muß auch U erkennen). In Tabelle 9.1 ist das Erkennungsmuster zusammengefaßt.

Die Erkennung einzigartiger Codons ist daher nur möglich, wenn die dritte Base G oder U ist; von dieser Wahlmöglichkeit wird nicht häufig Gebrauch gemacht, denn UGG und AUG sind die einzigen Beispiele für den ersten Typ, für den zweiten Typ gibt es überhaupt keine.

(G•U-Paare sind in RNA-Doppelhelixstrukturen durchaus geläufig. Bei nur drei möglichen Basenpaarungen zwischen Codon und Anticodon ist jedoch die Ausbildung stabiler Kontakte zwingender; daher können G•U-Paare nur in der letzten Position des Codons zur Bindung beitragen.)

Tabelle 9.1: Zur Codon-Anticodon-Paarung gehört das Wobbeln an der dritten Position

Base an der ersten Position im Anticodon	Base(n), die in der dritten Position im Codon erkannt wird
U	A oder G
C	nur G
A	nur U
G	C oder U

9.2 tRNA enthält modifizierte Basen, die ihre Paarungseigenschaften beeinflussen

Die Transfer-RNA ist aufgrund ihres Gehalts an „ungewöhnlichen" Basen einzigartig unter den Nucleinsäuren. Zu den ungewöhnlichen Basen gehören alle Purin- oder Pyrimidinringe außer den üblichen A, G, C und U, aus denen alle RNAs synthetisiert werden. Sämtliche anderen Basen entstehen durch **Modifikation** dieser vier Standardbasen nach deren Einbau in die Polyribonucleotidkette.

Alle RNA-Klassen zeigen ein gewisses Ausmaß an Modifikation, doch in allen Fällen, außer bei der tRNA, ist diese auf eher einfache Vorgänge beschränkt, wie zum Beispiel das Anfügen von Methylgruppen. In der tRNA reicht die Palette an Modifikationen von einfachen Methylierungen bis hin zu umfassenden Umstrukturierungen des Purinringes. Modifikationen treten in allen Teilen des tRNA-Moleküls auf; die Liste modifizierter Nucleoside beläuft sich auf etwa 50 Basen.

Abbildung 9.4 zeigt einige der häufigeren modifizierten Basen. Modifikationen von Pyrimidinen (C und U) sind weniger komplex als die von Purinen (A und G). Zusätzlich zu den Veränderungen der Basen selbst kommen auch Methylierungen an der 2′-*O*-Position des Riboseringes vor.

Die häufigsten Veränderungen des Uridins verlaufen einfach. Durch Methylierung in Position 5 entsteht Ribothymidin (T). Diese Base ist auch in der DNA gebräuchlich; in der tRNA ist sie allerdings an Ribose gebunden, nicht an Desoxyribose. In der RNA stellt Thymin eine ungewöhnliche Base dar, die durch Modifikation von U erzeugt wird.

Dihydrouridin (D) wird durch Sättigung einer Doppelbindung gebildet, wobei sich die Ringstruktur verändert. Im Pseudouridin ψ tritt an die Stelle eines *C*-Atoms im Ring ein *N*-Atom, und bei 4-Thiouridin ist Sauerstoff durch Schwefel ersetzt.

Das Nucleosid Inosin liegt in der Zelle normalerweise als Zwischenprodukt bei der Purinbiosynthese vor. Es wird jedoch nicht direkt in die RNA eingebaut, sondern kommt in ihr nur dadurch vor, daß A zu I (Inosin) modifiziert wird. Zu anderen Modifikationen von A zählt das Anhängen komplexer Gruppen.

Zwei Gruppen kompliziert aufgebauter Nucleotide gehen auf die Modifikation von G zurück. Die Q-Basen, zu denen beispielsweise Queuosin gehört, besitzen einen zusätzlichen Pentenylring, der über eine NH-Brücke an die Methylgruppe des 7-Methylguanosins geknüpft wird. Der Pentenylring kann verschiedene weitere Gruppen tragen. Die Y-Basen, wie zum Beispiel das Wyosin, haben einen zusätzlichen Ring, der mit dem Purinring direkt verbunden ist; dieser Extraring trägt eine lange Kohlenstoffkette, an die wiederum in verschiedenen Fällen weitere Gruppen angehängt werden.

Üblicherweise bestehen Modifikationsreaktionen aus Veränderungen von oder Ergänzungen an bereits in der tRNA vorkommenden Basen. Eine Ausnahme stellt die Synthese der Q-Basen dar; hier tauscht ein besonderes Enzym einen Guanosinrest der tRNA gegen freies Queuosin aus. Diese Reaktion umfaßt das Aufbrechen und das erneute Schließen von Bindungen auf beiden Seiten des Nucleosids.

Die modifizierten Nucleoside werden durch spezifische tRNA-modifizierende Enzyme synthetisiert. Das ursprüngliche Nucleosid an der jeweiligen Position kann entweder durch Vergleich der tRNA-Sequenz mit der des zugehörigen Gens bestimmt werden oder aber (weniger effizient) durch Isolierung von Vorläufermolekülen, denen einige oder alle Modifikationen fehlen. Die Sequenzen der Vorläufer zeigen, daß in den verschiedenen Reifungsstadien der tRNA unterschiedliche Modifikationen eingeführt werden.

Manche Modifikationen sind unveränderliche Merkmale aller tRNA-Moleküle – so zum Beispiel die D-Reste, nach denen der D-Arm benannt ist, und das ψ in der TψC-Sequenz. Die 3′-Seite des Anticodons weist immer ein modifiziertes Purin auf, obwohl die Art der Modifikation stark variiert.

Andere Modifikationen sind für bestimmte tRNAs oder Gruppen von tRNAs spezifisch. Wyosinbasen charakteri-

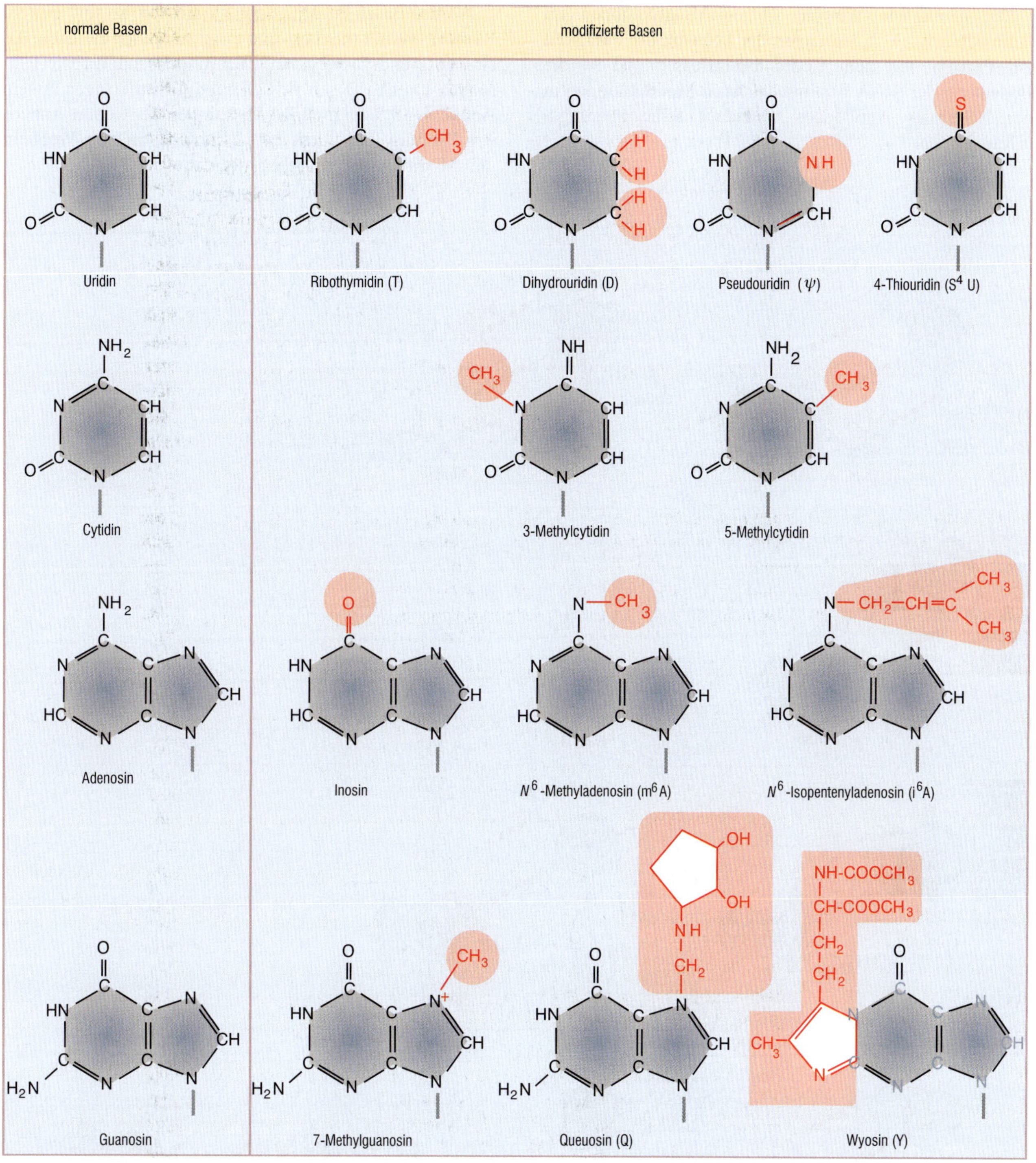

9.4 Beispiele für die in der tRNA gefundenen modifizierten Nucleoside (die Modifikationen sind rot unterlegt).

sieren beispielsweise die $tRNA^{Phe}$ von Bakterien, Hefe und Säugetieren. Daneben gibt es auch artspezifische Muster.

Unbekannt ist, welche Strukturen von tRNA-modifizierenden Enzymen erkannt werden. Findet man eine bestimmte Modifikation an mehr als nur einer Position der tRNA, ist nicht notwendigerweise immer das gleiche Enzym für deren Entstehung verantwortlich; so erfordert vielleicht die Synthese eines Pseudouridins in jeder Position ein anderes Enzym. Zwar ist nicht bekannt, wie die Spezifität der modifizierenden Enzyme kontrolliert wird; es ist jedoch klar, daß es viele Enzyme mit unterschiedlicher Spezifität gibt. Manche Enzyme führen nur eine Reaktion an einer tRNA durch; andere wiederum haben eine Vielzahl von Substratmolekülen. Einige Modifikationen erfordern den aufeinanderfolgenden Einsatz mehrerer Enzyme.

Die deutlichste Wirkung zeigen Modifikationen im Anticodon, wo Veränderungen der Sequenz die Fähigkeit zur Paarung mit dem Codon beeinflussen und so die Bedeutung der tRNA bestimmen. Auch Modifikationen in der Nähe des Anticodons verändern seine Paarungseigenschaften.

Werden Basen im Anticodon modifiziert, so sind weitere Paarungsmuster möglich, und zwar zusätzlich zu jenen, die sich aufgrund von regulären Paarungen und Wobble-Paarungen mit den Basen A, C, U und G vorhersagen lassen. Abbildung 9.5 zeigt einige Variationen der Codon-Anticodon-Paarung, die durch eine Kombination von Wobbeln und Modifikation ermöglicht werden.

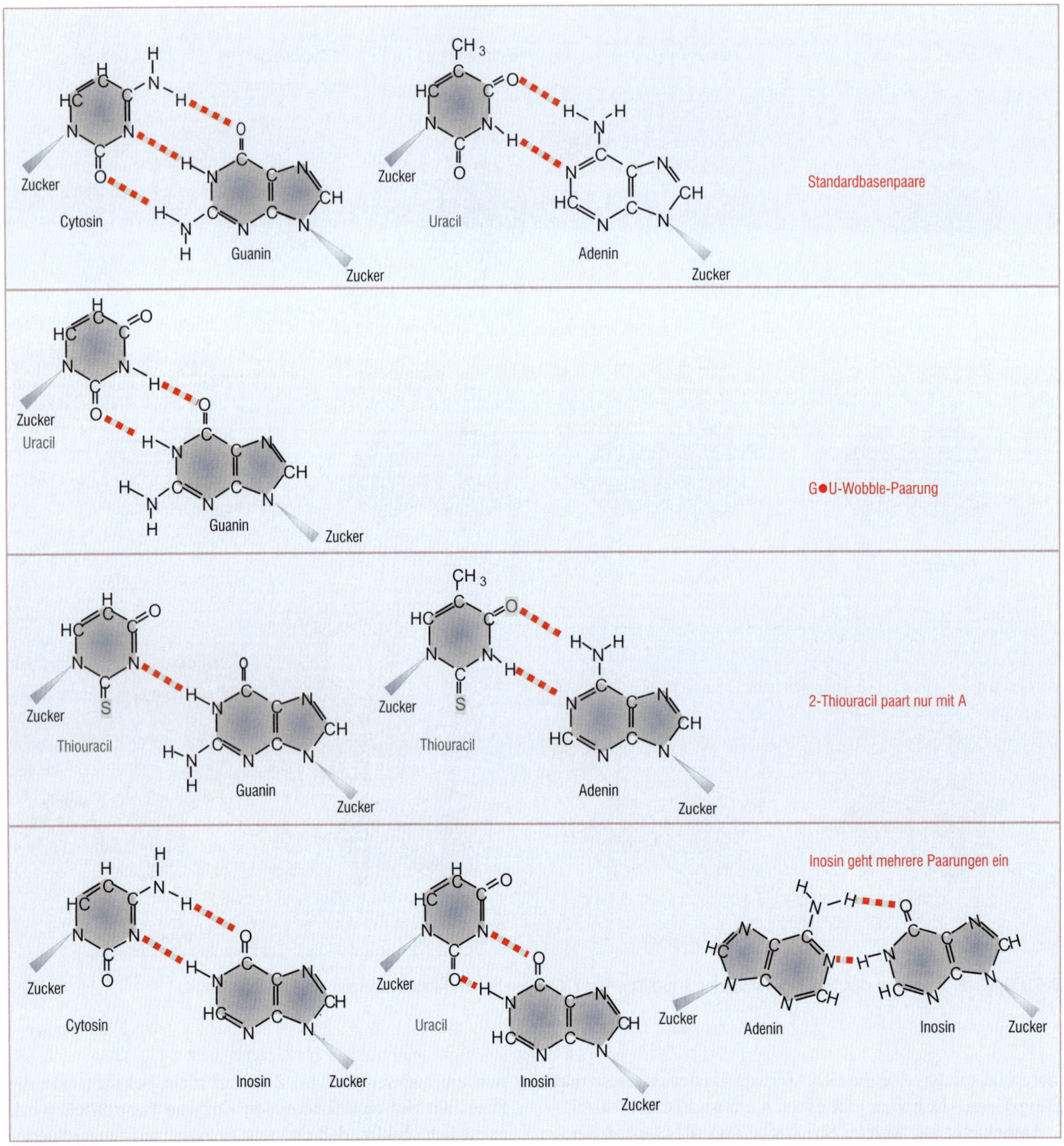

9.5 Der Wobble in der Basenpaarung erlaubt manchen Basen in der ersten Position des Anticodons, mehr als nur eine Base an dritter Position des Codons zu erkennen. Über die Standardbasenpaarungen G•C und A•U hinaus gibt es das Wobble-Paar G•U. Basenmodifikationen können das Paarungsmuster einschränken oder erweitern. Die Modifikation zu 2-Thiouridin beschränkt die Paarung auf A, weil mit G nur eine Wasserstoffbrücke gebildet werden könnte. Die Modifikation zu Inosin macht Paarungen mit U, C und A möglich.

Tatsächlich treten manche der vorhergesagten regulären Kombinationen gar nicht auf, weil einige Basen *immer* modifiziert werden; insbesondere U und A kommen in der ersten Position des Anticodons nicht vor. Gewöhnlich wird ein U an dieser Stelle in eine modifizierte Form umgewandelt, die veränderte Paarungseigenschaften aufweist. Der Einsatz von A scheint absolut verboten zu sein; es wird üblicherweise in I überführt.

Inosin (I) kommt in der ersten Position des Anticodons häufig vor; es kann dort mit jeder der drei Basen U, C und A paaren. Besonders wichtig ist diese Fähigkeit in den Isoleucincodons, wo AUA für Isoleucin, AUG aber Methionin codiert. Da mit den normalen Basen die Erkennung von A allein in der dritten Position nicht möglich ist, müßte jede tRNA, deren Anticodon mit U beginnt, sowohl AUG als auch AUA erkennen. AUA muß daher zusammen mit AUU und AUC gelesen werden, ein Problem, das durch die Existenz einer tRNA, die ein I im Anticodon enthält, gelöst wird.

Einige Modifikationen führen dazu, daß manche Codons im Vergleich zu anderen bevorzugt gelesen werden. Anticodons mit Uridin-5-oxyessigsäure und 5-Methoxyuridin in der ersten Position erkennen effizient A und G als dritte Basen im Codon, U hingegen weniger effizient. Die Reihe der Queuosine und ihrer Derivate stellt ein weiteres Beispiel mit mehreren Paarungsmöglichkeiten dar, von denen einige bevorzugt auftreten. Diese modifizierten G-Basen erkennen zwar weiterhin C und U, paaren aber leichter mit U.

Eine Einschränkung gegenüber den gewohnten Regeln ergibt sich durch die Verwendung von 2-Thiouridin im Anticodon. Die Modifikation läßt die Base weiterhin mit A paaren, hindert sie aber an der Wobble-Paarung mit G.

Diese und andere Paarungsbeziehungen führen letztlich dazu, daß *es mannigfaltige Möglichkeiten gibt, einen Bestand an tRNAs aufzubauen, die alle 61 aminosäurerepräsentierenden Codons erkennen können.* Keines der Muster dominiert in einem bestimmten Organismus; fehlt jedoch ein gewisser Modifikationsweg, so kann dies den Einsatz mancher Erkennungsmuster verhindern. So wird eine bestimmte Codonfamilie in verschiedenen Organismen womöglich von tRNAs mit unterschiedlichen Anticodons gelesen.

Oft ist das Bindungsverhalten der tRNAs überlappend, so daß ein bestimmtes Codon von mehr als nur einer tRNA gelesen wird. In solchen Fällen sind die jeweiligen Erkennungsreaktionen vielleicht unterschiedlich effizient. (Der allgemeinen Regel nach werden häufig verwendete Codons auch mit größerer Effizienz gelesen.) Zusätzlich zum Aufbau eines tRNA-Bestands, der sämtliche Codons erkennen kann, gibt es vermutlich eine Vielzahl an tRNAs, die auf die gleichen Codons ansprechen.

Die Vorhersagen bezüglich der Wobble-Paarungen stimmen sehr gut mit den tatsächlich beobachteten Fähigkeiten fast aller tRNAs überein. Es gibt jedoch Ausnahmen, bei denen die von einer tRNA erkannten Codons nicht mit jenen übereinstimmen, die aufgrund der Wobble-Regeln zu erwarten wären. Derartige Effekte ergeben sich wahrscheinlich aus dem Einfluß benachbarter Basen und/oder der Konformation der Anticodonschleife innerhalb der Gesamttertiärstruktur der tRNA. In der Tat ist die Bedeutung der Anticodonschleifenstruktur ein grundlegender Bestandteil der Wobble-Hypothese selbst. Erhärtet wird der Einfluß der umgebenden Struktur durch das Isolieren von gelegentlich auftretenden Mutanten, bei denen ein Basenaustausch in einem anderen Bereich des Moleküls das Codonerkennungsmuster des Anticodons verändert (Abschnitt 9.3).

Eine weitere unerwartete Paarungsreaktion zeigt der bakterielle Initiator fMet-tRNA$_f$ durch seine Fähigkeit, sowohl AUG als auch GUG zu erkennen. An diesem Fehlverhalten ist die dritte Base des Anticodons beteiligt.

9.3 Der genetische Code ist in Mitochondrien verändert

Die Universalität des genetischen Codes ist bemerkenswert, dennoch gibt es einige Ausnahmen. Sie betreffen in der Regel Codons, die an der Initiation oder Termination beteiligt sind, und resultieren aus der Bildung (oder dem Fehlen) von tRNAs, die gewisse Codons repräsentieren. Fast alle in (bakteriellen oder zellulären) Hauptgenomen festgestellten Veränderungen betreffen Terminationscodons:

- Im Prokaryoten *Mycoplasma capricolum* wird UGA nicht für die Termination verwendet, sondern codiert statt dessen Tryptophan. Tatsächlich ist es das vorherrschende Trp-Codon, während UGG nur selten eingesetzt wird. Es existieren zwei Trp-tRNA-Spezies mit den Anticodons $\overleftarrow{\text{UCA}}$ (liest UGA und UGG) und $\overleftarrow{\text{CCA}}$ (liest nur UGG).
- Manche Ciliaten (einzellige Protozoen) lesen UAA und UAG als Glutamin und nicht als Terminationssignale. *Tetrahymena thermophila*, einer dieser Ciliaten, besitzt drei $tRNA^{Gln}$-Spezies. Eine erkennt die normalen Codons CAA und CAG für Glutamin, eine sowohl UAA als auch UAG (entsprechend der Wobble-Hypothese), und die letzte erkennt nur UAG. Vermutlich besteht eine weitere Veränderung darin, daß der Freisetzungsfaktor eRF im Vergleich zu anderen Eukaryoten eine eng eingegrenzte Spezifität besitzt.
- Bei einem anderen Ciliaten (*Euplotes octacarinatus*) codiert UGA Cystein. Als Terminationscodon wird nur UAA benutzt, UAG tritt nicht auf. Die Bedeutungsveränderung von UGA könnte durch eine Modifikation im Anticodon von $tRNA^{Cys}$ erreicht werden, die dadurch in der Lage ist, neben den gewohnten Codons UGU und UGC auch UGA zu lesen.
- Der einzige Bedeutungswechsel in einem aminosäurerepräsentierenden Codon erfolgt bei einer Hefe (*Candida*), wo CUG für Serin anstatt für Leucin steht (und UAG als ein Sinncodon benutzt wird).

Alle diese Veränderungen treten vereinzelt auf, das heißt, sie scheinen unabhängig voneinander in bestimmten Evolutionslinien entstanden zu sein. Sie betreffen vielleicht deshalb vor allem Terminationscodons, weil sie dort nicht zum Austausch von Aminosäuren führen. Die abweichende Verwendung von Terminationscodons könnte demnach als eine Art „Inanspruchnahme“ für normale Codierungszwecke betrachtet werden. Selten benutzte Terminationscodons konnten vielleicht zu Codierungszwecken rekrutiert werden, indem sie so verändert wurden, daß sie von tRNAs erkannt werden konnten.

Ausnahmen vom genetischen Code treten auch in den Mitochondrien mehrerer Arten auf. In Abbildung 9.6 ist eine Phylogenie der Veränderungen dargestellt. Sie geht davon aus, daß es ursprünglich einen universellen Code gab, der zu verschiedenen Zeitpunkten in der Mitochondrienevolution abgeändert wurde. Der früheste Bedeutungswechsel war der Einsatz von UGA für die Codierung von Tryptophan, der allen (nichtpflanzlichen) Mitochondrien gemein ist. (Es ist nicht wahrscheinlich, daß UGA im universellen Code Tryptophan codierte und dann in der cytoplasmatischen Translation zu einem Terminationscodon wurde, denn sowohl in Bakterien als auch in Pflanzenmitochondrien und Kerngenomen hat UGA die Bedeutung eines Stopcodons.)

Manche dieser Veränderungen vereinfachen den Code, indem sie zwei Codons mit unterschiedlichen Bedeutungen durch ein Codonpaar mit nur einer Bedeutung ersetzen. Zu solchen Paaren zählen UGG und UGA (beide für Trp, anstatt eines für Trp und eines für Termination) sowie AUG und AUA (beide für Met, statt eines für Met und das andere für Ile).

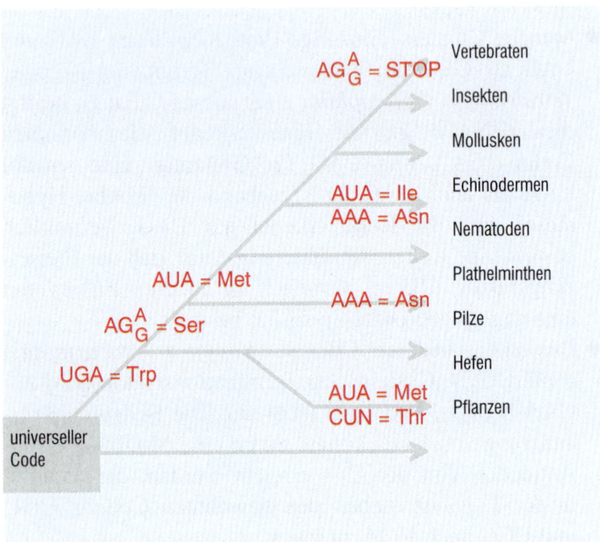

9.6 Veränderungen im genetischen Code von Mitochondrien lassen sich phylogenetisch verfolgen. Die Mindestzahl unabhängig voneinander erfolgter Veränderungen ergibt sich aus der Annahme, daß die Änderungen AUA=Met und AAA=Asn jeweils zweimal getrennt voneinander entstanden sind und daß die frühe AUA=Met-Veränderung in Echinodermen wieder rückgängig gemacht wurde.

Warum konnten sich Veränderungen im mitochondrialen Code entwickeln? Da das Mitochondrium nur eine kleine Zahl von Proteinen synthetisiert (ungefähr zehn), sind Schädigungen infolge von Bedeutungsveränderungen weit weniger schwerwiegend. Wahrscheinlich wurden die veränderten Codons nicht intensiv an solchen Stellen eingesetzt, wo der Austausch einer Aminosäure schädigend gewesen wäre. Die Vielfalt der in den Mitochondrien verschiedener Spezies vorkommenden Änderungen legt die Vermutung nahe, daß diese Abwandlungen sich unabhängig voneinander entwickelt haben und nicht auf einen gemeinsamen mitochondrialen Urcode zurückgehen.

Gemäß der Wobble-Hypothese sind mindestens 31 tRNAs (mit Ausnahme des Initiators) zur Erkennung aller 61 Codons erforderlich (für jede Codonfamilie werden mindestens zwei tRNAs, für jedes einzelne Codon oder Codonpaar eine tRNA benötigt). Eine ungewöhnliche Situation liegt aber (zumindest) in Säugermitochondrien vor; sie besitzen nur 22 verschiedene tRNAs. Wie kann dieser begrenzte tRNA-Bestand allen Codons gerecht werden?

Das entscheidende Merkmal liegt in einer Vereinfachung der Codon-Anticodon-Paarung, die alle vier Mitglieder einer Codonfamilie durch eine tRNA erkennen läßt. Somit wird die zur Erkennung aller normalen Codons notwendige Mindestzahl an tRNAs auf 23 herabgesetzt. Da AG^{A}_{G} zur Termination benutzt wird, verringert sich der Bedarf um eine weitere tRNA auf 22.

In allen acht Codonfamilien enthält die Sequenz der entsprechenden tRNA ein nichtmodifiziertes U an erster Position des Anticodons. Die übrigen Codons gruppieren sich zu Paaren, wobei alle mit einem Pyrimidin endenden Codons durch ein G und alle Codons mit einem Purin am Ende durch ein modifiziertes U im Anticodon gelesen werden, wie die Wobble-Hypothese vorhersagt. Die Komplikation des einzelnen UGG-Codons wird durch eine Veränderung im Code vermieden, aufgrund derer sowohl UGA als auch UGG als Tryptophan gelesen werden; in Säugetieren verschlüsselt AUA nicht mehr Isoleucin, sondern wird wie AUG als Methionin gelesen. So können alle nicht zu Familien gehörenden Codons als 14 Paare gelesen werden.

Die 22 identifizierten tRNA-Gene codieren daher 14 tRNAs, die jeweils Paaren entsprechen, und 8 tRNAs, die Codonfamilien repräsentieren. Dadurch bleiben die beiden normalen Terminationscodons UAG und UAA sowie das Codonpaar AG^{A}_{G} von tRNAs unerkannt. Ähnliche Regeln gelten für die Mitochondrien der Pilze.

Neben diesen allgemeinen Codeveränderungen treten in einzelnen Genen spezifische Abweichungen beim Lesen auf. Aus der Spezifität dieser Abweichungen läßt sich schließen, daß das Lesen eines bestimmten Codons von den umgebenden Basen beeinflußt wird (Abschnitt 9.4).

Ein auffallendes Beispiel ist der Einbau der modifizierten Aminosäure Selenocystein bei bestimmten UGA-Codons in den Genen, die Selenoproteine in Pro- und Eukaryoten codieren. Normalerweise katalysieren diese Proteine Oxidations-/Reduktionsreaktionen; sie besitzen einen einzigen Selenocysteinrest, der einen Teil des aktiven Zentrums bildet. Am meisten weiß man über die Verwendung von UGA-Codons in drei *E. coli*-Genen, die Formiatdehydrogenase-Isoenzyme codieren. Das interne UGA-Codon wird von einer Seleno-Cys-tRNA gelesen. Diese ungewöhnliche Reaktion wird durch die örtliche Sekundärstruktur der mRNA bestimmt, insbesondere durch die Anwesenheit einer Haarnadelstruktur stromabwärts vom UGA-Triplett.

Mutationen in vier *sel*-Genen führen zu einem Defekt in der Selenoproteinsynthese. *selC* codiert eine tRNA (mit dem Anticodon $\overleftarrow{\text{ACU}}$), die mit Serin beladen wird. *selA* und *selD* sind für die Modifikation von Serin zu Selenocystein erforderlich. *selB* codiert ein Guaninnucleotidbindungsprotein, das als spezifischer Translationsfaktor den Eintritt der Seleno-Cys-tRNA in die A-Bindungsstelle vermittelt; es stellt somit (für diese einzige tRNA) einen Ersatz für den Faktor EF-Tu dar. Die Sequenz von *selB* ist sowohl mit EF-Tu als auch mit IF-2 verwandt.

9.4 Individuelle Synthetasen beladen die tRNAs mit Aminosäuren

Transfer-RNAs sind an einer Vielzahl von Reaktionen beteiligt, für die sie einerseits gewisse gemeinsame Eigenschaften, andererseits aber auch bestimmte Unterscheidungsmerkmale aufweisen müssen. Entscheidend für diese Leistung der tRNA ist ihre Fähigkeit, sich zu einer charakteristischen Tertiärstruktur zu falten. Einzelne Veränderungen dieser Struktur, wie zum Beispiel der Winkel zwischen den beiden Armen des „L" oder das Hervortreten bestimmter Basen, können vielleicht zur Unterscheidung der einzelnen tRNAs dienen.

Betrachten wir die Funktion der tRNA in der Proteinsynthese von der abschließenden Reaktion aus, sind alle tRNAs in der Lage, die P- und A-Bindungsstellen des Ribosoms zu besetzen, wobei sie an einem Ende über Codon-Anticodon-Paarung mit der mRNA verbunden sind, während am anderen Ende das Polypeptid übertragen wird. Damit die P- und A-Bindungsstellen alle tRNAs aufnehmen können, muß deren gesamter Bestand den gleichen allgemeinen Vorschriften bezüglich Größe und Gestalt entsprechen.

In ähnlicher Weise können alle tRNAs (mit Ausnahme des Initiators) von den Translationsfaktoren (EF-Tu oder eEF-1) erkannt werden (als Voraussetzung für die Bindung an das Ribosom). Die Initiator-tRNA wird dagegen von IF-2 oder eIF-2 erkannt. Für die Wechselwirkung mit den Elongationsfaktoren müssen die tRNAs demnach über gemeinsame Eigenschaften verfügen; nur bei der Initiator-tRNA müssen diese entweder fehlen oder durch eine entgegenwirkende Eigenschaft aufgehoben sein. Zwar liegen bereits einige Informationen über das abweichende Verhalten der Initiator-tRNA vor, doch noch sind die Eigenschaften nicht definiert, welche die anderen tRNAs zur Interaktion mit EF-Tu und dem Ribosom aufweisen müssen.

Noch fehlt bislang ein systematisches Verständnis der Merkmale, anhand derer Proteine die tRNAs identifizieren, mit denen sie interagieren. Anfängliche Versuche, gemeinsame Eigenschaften abzuleiten, konzentrierten sich auf die Suche nach kurzen Nucleotidabschnitten, die allen tRNAs oder bestimmten tRNA-Gruppen gemein sind. Doch obwohl Teile der Primärsequenz der tRNA hochkonserviert und vermutlich für eine oder mehrere ihrer Funktionen essentiell sind, hat es sich bisher als schwierig erwiesen, einzelne Regionen oder Sequenzen mit bestimmten Proteinerkennungsreaktionen in Verbindung zu bringen. Gewisse tRNA-Bereiche sind gewöhnlich an der Bindung der Synthetase beteiligt, aber die genauen Kontaktpunkte sind je nach tRNA-Gruppe verschieden.

Die Aminoacyl-tRNA-Synthetasen vermitteln den Aminosäuren den Zugang zum Prozeß der Proteinsynthese; sie stellen das Bindeglied zwischen Aminosäuren und Nucleinsäure dar. Alle Synthetasen arbeiten nach dem in Abbildung 9.7 dargestellten zweistufigen Mechanismus:

- ◆ Zuerst reagiert die Aminosäure mit ATP unter Bildung von Aminoacyladenylat, wobei Pyrophosphat frei wird. Die für die Reaktion notwendige Energie wird durch Spaltung der energiereichen ATP-Bindung bereitgestellt.
- ◆ Anschließend wird die aktivierte Aminosäure unter Freisetzung von AMP auf die tRNA übertragen.

Die Synthetasen sortieren die tRNAs und Aminosäuren in zueinandergehörende Gruppen, wobei jede Synthetase nur eine Aminosäure und sämtliche mit ihr zu beladenden tRNAs erkennt. Normalerweise wird jede Aminosäure von mehr als einer tRNA repräsentiert. (Es dürfte viele solcher tRNAs geben. Zusätzlich zu den verschiedenen tRNAs, die auf synonyme Codons ansprechen, findet man manchmal mehrere tRNA-Spezies für das gleiche Codon.) Vertreten mehrere tRNAs die gleiche Aminosäure, so werden sie als **isoakzeptierende tRNAs** bezeichnet; da sie alle von der gleichen Synthetase erkannt werden, nennt man sie auch **cognate tRNAs** (*cognate* für „zugehörig").

Synthetasen sind, trotz ihrer gemeinsamen Funktion, eine eher vielfältige Gruppe von Proteinen. Die einzelnen Untereinheiten schwanken zwischen 40 und 110 kD; die Enzyme selbst können Monomere, Dimere oder Tetramere sein. Homologien zwischen ihnen sind selten. Natürlich nimmt das aktive Zentrum, das die tRNA erkennt, einen ziemlich kleinen Teil des Moleküls ein; es wird von Interesse sein, die aktiven Zentren verschiedener Synthetasen miteinander zu vergleichen.

Aufgrund der Struktur der Domäne, die den aktiven Bereich enthält, lassen sich Synthetasen in zwei allgemeine Gruppen mit jeweils zehn Enzymen unterteilen. Abbildung 9.8 stellt eine allgemeine Art der Organisation dar, die auf beide Gruppen anwendbar ist. Die katalytische Domäne enthält die Bindungsstellen für ATP und die Aminosäure. Sie ist als eine ausgedehnte Region erkennbar, die durch jene Domäne unterbrochen ist, welche die Akzeptorhelix der tRNA bindet. Dadurch kommt das Ende der

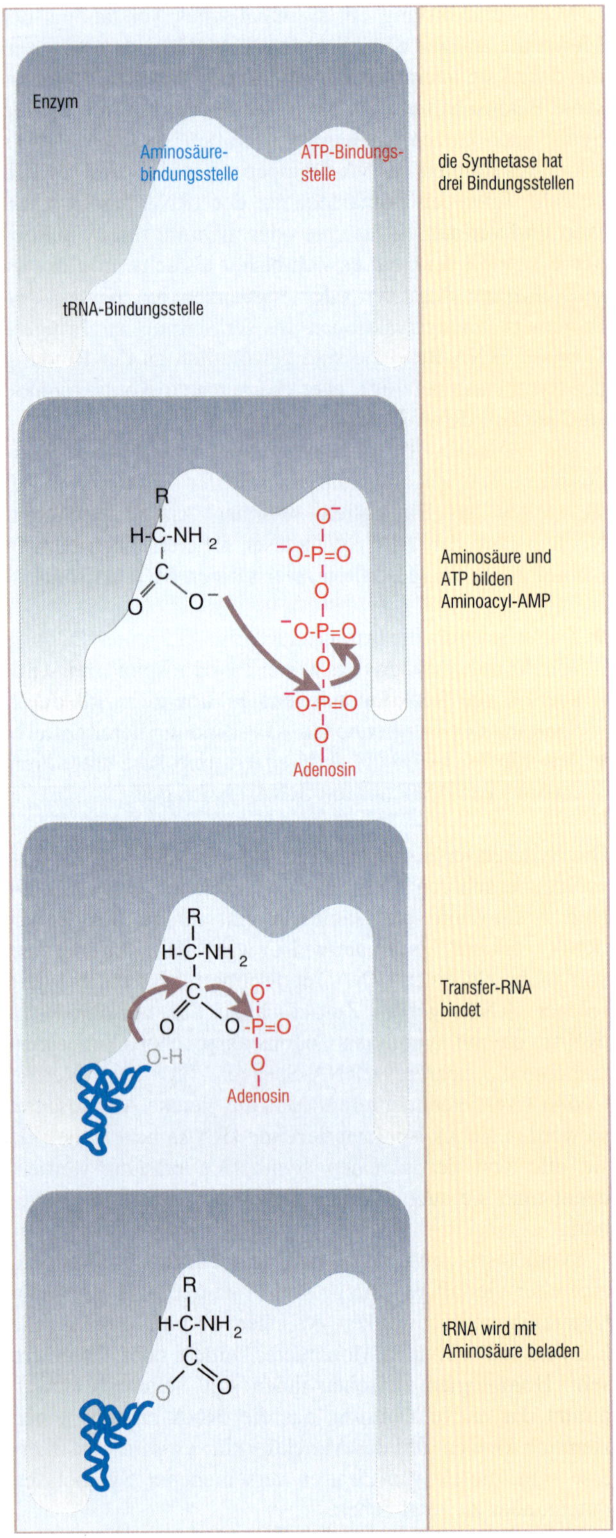

9.7 Eine Aminoacyl-tRNA-Synthetase belädt die tRNA mit einer Aminosäure.

tRNA in der Nähe der katalytischen Stelle zu liegen. Eine gesonderte Domäne bindet den Anticodonbereich der tRNA. Multimere Synthetasen besitzen außerdem eine Oligomerisierungsdomäne.

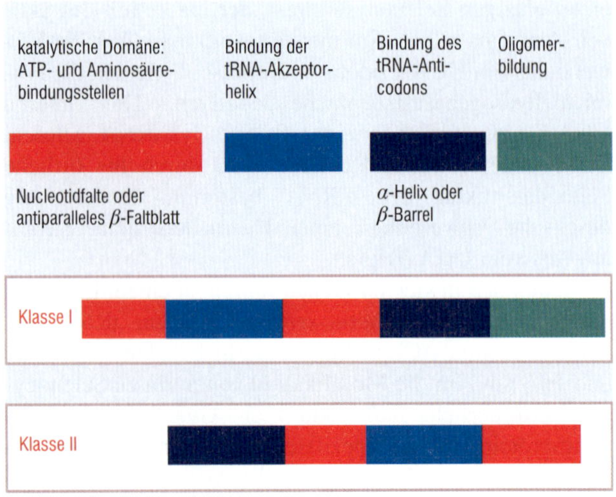

9.8 Eine Aminoacyl-tRNA-Synthetase enthält drei oder vier Regionen mit unterschiedlichen Funktionen. (Nur multimere Synthetasen besitzen eine Oligomerisierungsdomäne.)

Synthetasen der Klasse I haben eine N-terminale katalytische Domäne, erkennbar an zwei kurzen, teilweise konservierten Aminosäuresequenzen, die man manchmal auch „Signatursequenzen" nennt. Die katalytische Domäne bildet ein Motiv, das als Nucleotid(bindungs)falte bezeichnet wird (und das auch bei anderen Klassen nucleotidbindender Enzyme zu finden ist). Die Nucleotidfalte besteht aus alternierenden parallelen β-Strängen und α-Helices; die Signatursequenz bildet einen Teil der ATP-Bindungsstelle. Die Einbuchtung, die mit der Akzeptorhelix der tRNA in Kontakt tritt, variiert stark bei den verschiedenen Enzymen der Klasse I. Auch die C-terminalen Domänen der Klasse-I-Synthetasen, welche die Anticodonbindungsdomäne der tRNA und eventuelle Oligomerisierungsdomänen enthalten, sind untereinander recht verschieden.

Enzyme der Klasse II weisen drei eher allgemeine Sequenzähnlichkeiten in ihren katalytischen Domänen auf. Die aktive Stelle enthält eine große antiparallele β-Faltblattstruktur, die von α-Helices umgeben ist. Auch hier hängt die Struktur der Akzeptorhelixbindungsdomäne, welche die katalytische Domäne unterbricht, von dem jeweiligen Enzym ab. Die Anticodonbindungsdomäne ist eher N-terminal gelegen. Die eventuellen Oligomerisierungsdomänen können an sehr verschiedenen Orten liegen.

Die offenbar fehlende Verwandtschaft zwischen den beiden Synthetasegruppen stellt ein Rätsel dar. Wahrscheinlich entstanden sie unabhängig voneinander. Dies läßt sogar die Existenz einer frühen Lebensform möglich erscheinen, in der Proteine aus nur zehn Aminosäuren aufgebaut waren, die jeweils von der einen oder anderen Synthetasegruppe erkannt wurden.

Einem allgemeinen Modell zur Synthetase•tRNA-Bindung zufolge heftet sich das Protein an die „Seite" des L-förmigen tRNA-Moleküls. Für alle Synthetase•tRNA-Bindungen gilt dasselbe Grundprinzip: Die tRNA wird hauptsächlich an ihren beiden Enden gebunden, und der überwiegende Teil der tRNA-Sequenz spielt bei der Erkennung durch die Synthetase keine Rolle. Die Enzyme der Klassen I und II zeigen jedoch Unterschiede, was die Einzelheiten der Interaktion angeht. Dies zeigen die auf Kristallstrukturen beruhenden Modelle in Abbildung 9.9. Die beiden Enzymtypen treten von entgegengesetzten Seiten an die tRNA heran, mit dem Ergebnis, daß die tRNA-Proteinmodelle sich fast wie Spiegelbilder gleichen.

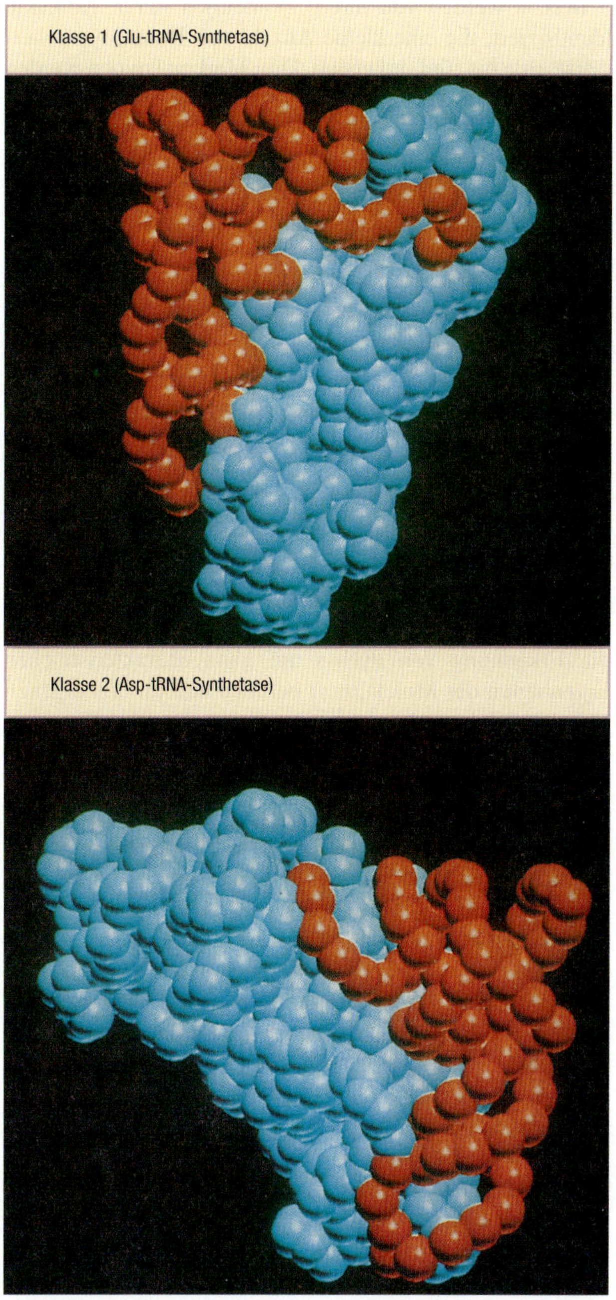

9.9 Kristallstrukturen zeigen, daß Aminoacyl-tRNA-Synthetasen der Klasse I und der Klasse II an entgegengesetzten Seiten ihres tRNA-Substrats binden. Die tRNA ist rot, das Protein blau dargestellt. (Aufnahmen mit freundlicher Genehmigung von Dino Moras.)

Ein Enzym der Klasse I (z. B. die Gln-tRNA-Synthetase) nähert sich der tRNA auf der Seite der D-Schleife. Es erkennt die kleine Furche des Akzeptorstammes an einem Ende der Bindungsstelle und interagiert mit der Anticodonschleife am anderen Ende. In Abbildung 9.10 ist die Kristallstruktur des $tRNA^{Gln}$•Synthetase-Komplexes schematisch dargestellt. Sie macht deutlich, daß sich die Struktur der tRNA durch die Kontakte mit dem Enzym an zwei wichtigen Stellen verändert; diese Veränderungen sind ersichtlich, wenn man die gepunkteten und durchgezogenen Linien in der Anticodonschleife und dem Akzeptorstamm miteinander vergleicht:

- In der Anticodonschleife sind die Basen U35 und U36 weiter von der tRNA weg ins Protein hineingezogen.
- Das Ende des Akzeptorstammes ist stark verzogen und bedingt dadurch das Auseinanderreißen der Basenpaarung zwischen U1 und A72. Das einzelsträngige Stammende ragt in eine tiefe Tasche des Synthetaseproteins, die auch die Bindungsstelle für ATP enthält.

Diese Struktur bestätigt die Ergebnisse früherer Untersuchungen; diese hatten gezeigt, daß Veränderungen in U35, G73 oder im Basenpaar U1-A72 die Erkennung der tRNA durch ihre Synthetase beeinträchtigen. An allen diesen Positionen werden Wasserstoffbrücken zwischen Protein und tRNA ausgebildet.

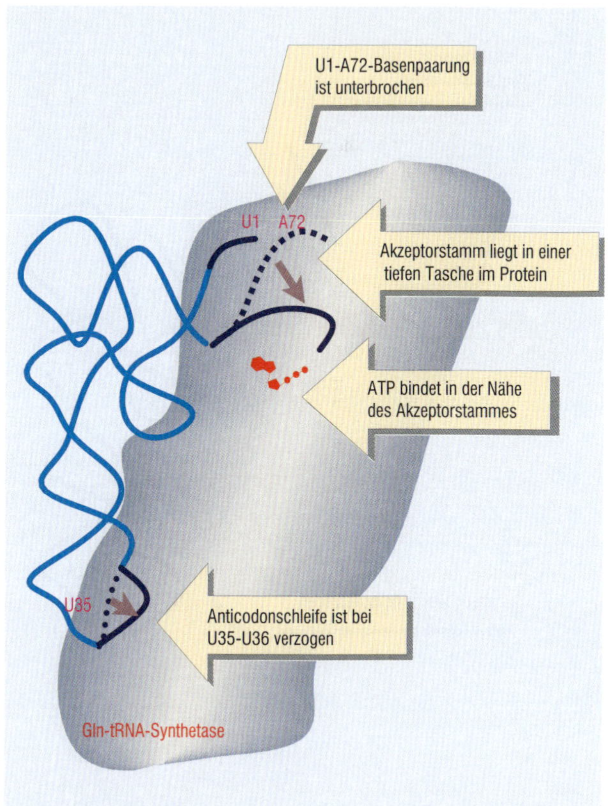

9.10 Eine tRNA-Synthetase der Klasse I nimmt mit der tRNA an der kleinen Furche des Akzeptorstammes und im Anticodonbereich Kontakt auf.

Ein Enzym der Klasse II (z. B. die Asp-tRNA-Synthetase) tritt von der anderen Seite an die tRNA heran und erkennt die variable Schleife sowie die große Furche des Akzeptorstammes. Abbildung 9.11 zeigt eine schematische Darstellung. Der Akzeptorstamm behält seine normale helikale Konformation bei. ATP wird wahrscheinlich nahe des endständigen Adenins gebunden. Am anderen Ende der Bindungsstelle erfolgt ein fester Kontakt mit der Anticodonschleife; durch eine Konformationsänderung ermöglicht diese dem Anticodon, mit dem Protein in engen Kontakt zu treten.

Es wurden viele Versuche unternommen, Sequenzähnlichkeiten zwischen cognaten tRNAs abzuleiten oder den Ladevorgang durch chemische Veränderungen zu beeinflussen; dabei zeigte sich, daß die Erkennungsmerkmale je nach tRNA verschieden sind und nicht notwendigerweise nur auf bestimmten Eigenschaften der Primär- oder Sekundärstruktur beruhen. Aufgrund der Kristallstruktur weiß man, daß Akzeptor- und Anticodonstamm mit der Synthetase engen Kontakt aufnehmen, und Mutationen, welche die Erkennung einer tRNA verändern, fallen genau in diese beiden Bereiche. (Das Anticodon selbst wird nicht unbedingt als solches erkannt; Suppressormutationen beispielsweise – auf die wir in diesem Kapitel an späterer Stelle zurückkommen – verändern eine Base im Anticodon und damit auch die Codons, auf welche die tRNA anspricht; ihre Beladung mit Aminosäuren wird dadurch nicht verändert.)

Eine Gruppe isoakzeptierender tRNAs muß nur von der einzigen für ihre Aminosäure spezifischen Aminoacyl-tRNA-Synthetase beladen werden. Sie müssen demnach ein oder auch mehrere gemeinsame Merkmale aufweisen, die den Enzymen ihre Unterscheidung von anderen tRNAs ermöglicht. Der Gesamtbestand der tRNAs wird in 20 isoakzeptierende Gruppen unterteilt; jede Gruppe ist in der Lage, sich der zugehörigen Synthetase zu erkennen zu geben.

tRNAs werden von ihren Synthetasen durch Kontakte identifiziert, die eine kleine Anzahl von Basen, typischerweise eine bis fünf, erkennen. Drei Merkmalstypen werden im allgemeinen benutzt:

- Normalerweise (aber nicht grundsätzlich) wird mindestens eine Base des Anticodons erkannt. Manchmal sind alle Positionen des Anticodons von Bedeutung.
- Oft wird eines der letzten drei Basenpaare im Akzeptorstamm erkannt. Einen Extremfall stellt die Alanin-tRNA dar, die aufgrund eines einzigen, außergewöhnlichen Basenpaares im Akzeptorstamm identifiziert wird.
- Die sogenannte „Diskriminatorbase“, die zwischen dem Akzeptorstamm und dem CCA-Terminus liegt, ist grundsätzlich bei allen isoakzeptierenden tRNAs unverändert.

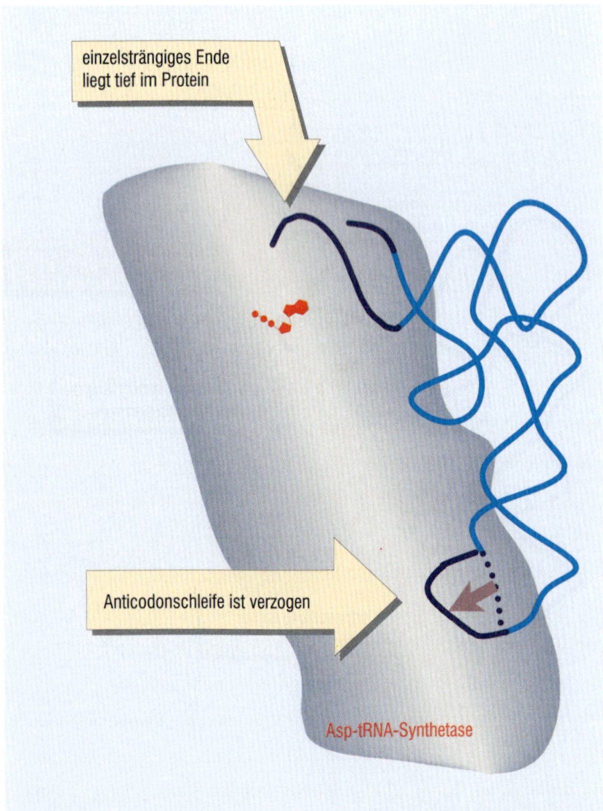

9.11 Eine tRNA-Synthetase der Klasse II tritt mit der tRNA an der großen Furche des Akzeptorstammes und an der Anticodonschleife in Kontakt.

Keines dieser Merkmale stellt ein alleiniges Hilfsmittel zur Unterscheidung von 20 tRNA-Gruppen dar, noch trägt es zu einer ausreichenden Spezifität bei; vielmehr scheint die Erkennung von tRNAs auf ganz charakteristischen Eigenheiten der Moleküle zu beruhen und jeweils eigenen Regeln zu folgen.

Mehrere Synthetasen können eine „Minihelix“, die nur aus Akzeptor- und TψC-Arm besteht (einem Arm des L-förmigen Moleküls entsprechend), spezifisch mit der zugehörigen Aminosäure beladen. Diese Substrate werden durch die Enzyme der Klasse II bedeutend effizienter aminoacetyliert. Die Spezifität dieser tRNAs hängt ausschließlich vom Akzeptorstamm ab. Klar ist allerdings, daß es zwischen verschiedenen tRNAs bedeutende Unterschiede gibt, und in einigen Fällen ist die Anticodonregion wichtig. Mutationen im Anticodon können die Erkennung durch die Phe-tRNA-Synthetase, ein Enzym der Klasse II, beeinflussen. Verschiedene Merkmale spielen vermutlich hier eine Rolle; Minihelices der $tRNA^{Val}$ und der $tRNA^{Met}$ (von denen wir wissen, daß ihre Anticodons *in vivo* von Bedeutung sind) können spezifisch mit ihren Klasse-I-Synthetasen reagieren.

Die Erkennung hängt somit von der Wechselwirkung zwischen wenigen, sich vorwiegend an den Enden befindenden Kontaktpunkten der tRNA mit ein paar Aminosäuren ab, die das aktive Zentrum des Proteins bilden. Die relative Bedeutung, die dem Akzeptorstamm beziehungsweise dem Anticodon dabei zukommt, ist für jede tRNA • Synthetase-Interaktion unterschiedlich.

9.5 Die Genauigkeit hängt vom Korrekturlesen ab

Bei verschiedenen Schritten der Genexpression stellt sich die allgemeine Frage nach dem Wesen der spezifischen Erkennungs- und Unterscheidungsvorgänge.

Wie erkennen Synthetasen gerade die ihnen zugehörigen tRNAs und Aminosäuren? Wie erkennt ein Ribosom ausgerechnet die dem Codon in der A-Bindungsstelle entsprechende tRNA? Auf welche Weise erkennen DNA- oder RNA-synthetisierende Enzyme ausschließlich die zur Matrize komplementäre Base? In allen diesen Fällen tritt ein ähnliches Problem auf: *Wie kann ein Molekül innerhalb einer Gruppe erkannt werden, deren Mitglieder alle die gleichen allgemeinen Merkmale aufweisen?*

Wahrscheinlich kann zunächst einmal jedes Gruppenmitglied durch Zufall mit dem aktiven Zentrum in Kontakt kommen; die falschen Moleküle werden dann jedoch wieder entfernt, und nur das richtige wird angenommen. Das passende Molekül ist immer in der Minderzahl (eine von 20 Aminosäuren, eine von etwa 40 tRNAs, eine von vier Basen); daher müssen die Unterscheidungskriterien streng sein. Vorstellbar sind zwei generelle Möglichkeiten, wie die Entscheidung über Zurückweisung oder Annahme von Molekülen getroffen werden kann:

- Der Kreislauf von Zutritt, Prüfung und Entfernung/Annahme könnte einen einzigen Bindungsschritt darstellen, der *allen anderen Stadien* jedweder Reaktion *vorausgeht*. Anders ausgedrückt: Die Affinität der Bindungsstelle ist so geregelt, daß nur die richtige Molekülspezies wirklich gut hineinpaßt. Im Falle der Synthetasen würde das bedeuten, daß nur die cognaten tRNAs sich stabil an die Bindungsstelle anheften könnten.
- Die andere Möglichkeit wäre, daß erst *nach einigen Reaktionsschritten* die Entscheidung getroffen wird, ob das richtige Molekül vorliegt. Ist dies nicht der Fall, kehrt sich die Reaktion um, oder aber es wird ein Nebenweg eingeschlagen, um das falsche Mitglied der Molekülgruppe abzustoßen. Diese Art der Überprüfung, die erst nach der Bindung erfolgt, wird allgemein als **Korrekturlesen** bezeichnet. Im Falle der Synthetasen bedeutet dies ein Voranschreiten der Reaktion, selbst bei Anwesenheit der falschen tRNA oder Aminosäure, um einige Schritte.

Synthetasen verwenden Korrekturlesemechanismen, um die Erkennung sowohl der tRNA als auch der Aminosäure zu kontrollieren.

Die Bindung der Transfer-RNA an die Synthetase verläuft in zwei Schritten, wie Abbildung 9.12 zeigt. Cognate tRNAs besitzen eine größere Affinität für die Bindungsstelle; sie werden daher schneller gebunden und lösen sich langsamer wieder ab. Auf die Bindung folgt die Überprüfung der gebundenen tRNA durch das Enzym; handelt es sich um das richtige Molekül, wird die Bindung durch eine Konformationsänderung des Enzyms stabilisiert. Die Aminoacylierung kann dann sehr schnell erfolgen. Liegt die falsche tRNA vor, findet die Konformationsänderung nicht statt. Die weitere Reaktion verläuft infolgedessen sehr viel langsamer; dies erhöht die Wahrscheinlichkeit, daß sich die tRNA wieder vom Enzym

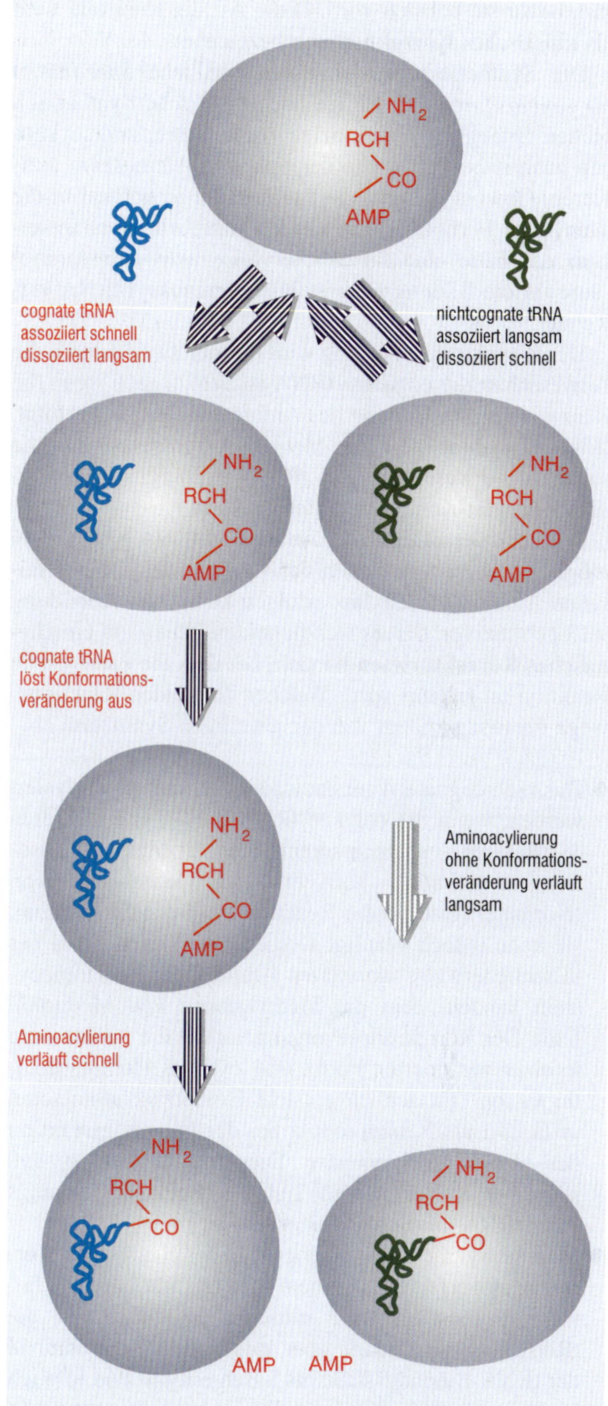

9.12 Die Erkennung der richtigen tRNA durch die Synthetase wird in zwei Schritten kontrolliert. *Erstens* hat das Enzym eine größere Affinität für seine cognate tRNA. *Zweitens* verläuft die Aminoacylierung falscher tRNAs sehr langsam.

löst, bevor sie beladen wird. Diese Art der Kontrolle wird als **kinetisches Korrekturlesen** bezeichnet.

Die Synthetasen weisen unterschiedliche *Spezifitäten für Aminosäuren* auf. Einige hochspezifische Synthetasen binden anfänglich eine einzige Aminosäure, andere können auch nahe Verwandte der richtigen Aminosäure aktivieren. Obwohl die analoge Aminosäure manchmal in die adenylierte Form überführt werden kann, wird doch in keinem der Fälle eine fälschlicherweise aktivierte Aminosäure für die Bildung einer stabilen Aminoacyl-tRNA verwendet.

Der Korrekturlesevorgang wird normalerweise durch die Anwesenheit der cognaten tRNA ausgelöst, auch wenn die Reaktion vor der Bildung des Aminoacyladenylats erfolgt. (Eine Ausnahme stellt die Met-tRNA-Synthetase dar, die selbst in Abwesenheit von tRNA nichtcognate Aminoacyl-Adenylat-Komplexe entfernen kann.)

Während der Bildung der Aminoacyl-tRNA gibt es zwei mögliche Stadien, in denen das Korrekturlesen eines falschen Aminoacyladenylats erfolgen kann. Aus Abbildung 9.13 geht hervor, daß es sich in beiden Fällen um ein **chemisches Korrekturlesen** handelt, bei dem die katalytische Reaktion umgekehrt wird. Welcher der beiden Reaktionswege überwiegt, hängt von der jeweiligen Synthetase ab:

- Das nichtcognate Aminoacyladenylat kann hydrolysiert werden, wenn die cognate tRNA bindet. Bei mehreren Synthetasen – unter anderem jenen für Methionin, Isoleucin und Valin – herrscht dieser Mechanismus vor. (Normalerweise ist die Reaktion *in vivo* nicht sichtbar, sie kann jedoch verfolgt werden, wenn es sich bei der fälschlicherweise aktivierten Aminosäure um Homocystein handelt, dem die Methylgruppe von Methionin fehlt. Der Korrekturlesevorgang entläßt die Aminosäure in einer veränderten Form, und zwar als Homocysteinthiolacton. Tatsächlich entsteht Homocysteinthiolacton in *E. coli* als Nebenprodukt bei der Beladungsreaktion der Met-tRNA-Synthetase. Dies macht deutlich, daß ständiges Korrekturlesen Teil des Beladungsvorgangs einer tRNA mit ihrer Aminosäure ist.)
- Manche Synthetasen bedienen sich des chemischen Korrekturleseverfahrens in einem späteren Stadium. Die falsche Aminosäure wird zunächst tatsächlich auf die tRNA übertragen, dann aber aufgrund ihrer Struktur in der tRNA-Bindungsstelle als falsch erkannt und folglich hydrolysiert und freigesetzt. Dieser Vorgang setzt einen kontinuierlichen Zyklus aus Bindung und Hydrolyse voraus, bis schließlich die richtige Aminosäure auf die tRNA übertragen wird.

Ein klassisches Beispiel, bei dem die Unterscheidung zwischen den Aminosäuren von der Anwesenheit der tRNA abhängt, stellt die Ile-tRNA-Synthetase von *E. coli* dar. Das Enzym kann Valin mit AMP beladen, hydrolysiert jedoch das Valyladenylat, wenn $tRNA^{Ile}$ hinzukommt. Die Gesamtfehlerrate hängt von der jeweiligen Spezifität der einzelnen Schritte ab, die in Tabelle 9.2 zusammengefaßt sind. Mit etwa $1{,}5 \times 10^{-5}$ ist sie geringer als die gemessene Rate, mit der Valin durch Isoleucin ersetzt wird – diese beträgt (im Kaninchenglobin) $2-5 \times 10^{-4}$. Somit machen Fehlbeladungen wahrscheinlich nur einen kleinen Anteil bei den tatsächlich in der Proteinsynthese auftretenden Fehlern aus.

Tabelle 9.2: Die Genauigkeit bei der Beladung der $tRNA^{Ile}$ durch ihre Synthetase hängt von der Fehlerkontrolle in zwei Stadien ab

Schritt	Fehlerhäufigkeit
Aktivierung von Valin zu $Val\text{-}AMP^{Ile}$	1/225
Freisetzung von Val-tRNA	1/270
gesamte Fehlerrate	1/225 × 1/270 = 1/60 000

9.6 Suppressor-tRNAs besitzen mutierte Anticodons, die neue Codons lesen

Die Isolierung mutierter tRNAs war eine der erfolgreichsten Methoden, um zu untersuchen, wie eine tRNA mit ihrem (ihren) Codon(s) auf der mRNA interagiert und welchen Einfluß die verschiedenen Teile des Moleküls auf die Codon-Anticodon-Erkennung haben.

Isoliert werden mutierte tRNAs dank ihrer Fähigkeit, die Wirkungen von Mutationen in proteincodierenden Genen aufzuheben. Nach der bereits beschriebenen Terminologie wird eine Mutation, welche die Effekte einer anderen aufheben kann, als **Suppressor** bezeichnet (Kapitel 3).

In tRNA-Suppressor-Systemen verändert die Primärmutation ein Codon der mRNA so, daß das Proteinprodukt nicht mehr funktionsfähig ist. Die zweite, die sogenannte Suppressormutation, verändert das Anticodon einer tRNA, so daß dieses nun anstelle des ursprünglichen Zielcodons (oder ebenso gut wie dieses) das mutierte Codon erkennt. Die jetzt eingebaute Aminosäure stellt die Proteinfunktion wieder her. Diese Suppressormutationen (Sekundärmutationen) werden, je nach Art der vorhergehenden Mutation, als **Nonsense-** oder **Missense-Suppressoren** (englisch für „Nicht-Sinn" oder „Fehlsinn") bezeichnet.

In einer Wildtypzelle wird eine Nonsense-Mutation nur von einem Freisetzungsfaktor erkannt, woraufhin die Proteinsynthese beendet wird. Die Suppressormutation erzeugt eine Aminoacyl-tRNA, die das Terminationscodon erkennen kann; durch den Einbau einer Aminosäure sorgt sie dafür, daß die Proteinsynthese über den Ort der Nonsense-Mutation hinaus fortgesetzt wird.

Dank dieser neuen Fähigkeit des Translationssystems kann das Protein in voller Länge synthetisiert werden, wie Abbildung 9.14 zeigt. Unterscheidet sich die durch Suppression eingebaute Aminosäure von der ursprünglich an dieser Stelle des Wildtypproteins vorgesehenen, so kann die Aktivität des Proteins vermindert sein.

Nonsense-Suppressoren lassen sich in drei Klassen einteilen, eine für jedes Terminationscodon. Tabelle 9.3

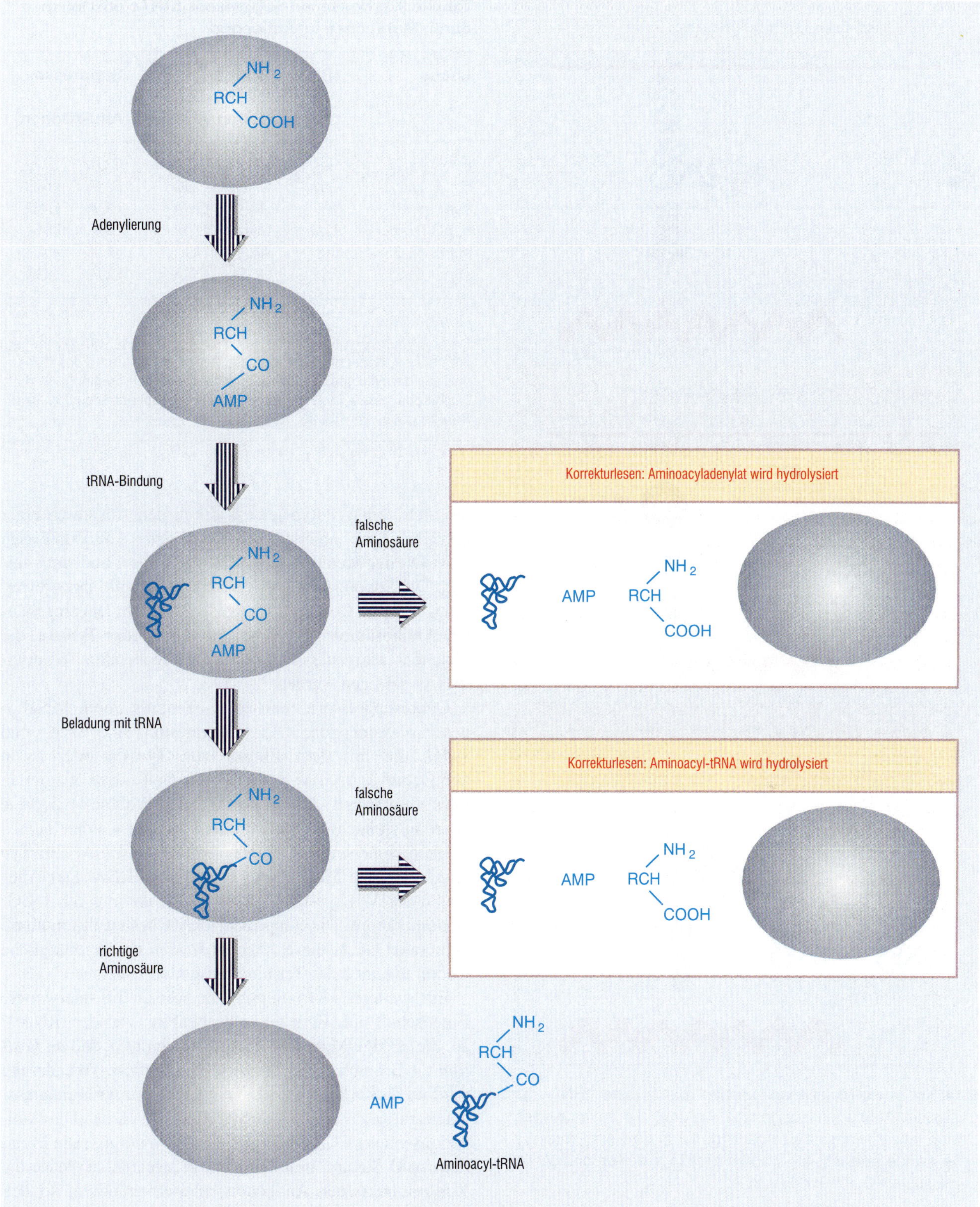

9.13 Wenn eine Synthetase die falsche Aminosäure bindet, erfordert der Korrekturlesevorgang die Bindung der cognaten tRNA. Er kann entweder durch eine Konformationsänderung erfolgen, welche die Hydrolyse des falschen Aminoacyladenylats bewirkt, oder aber durch die Übertragung der Aminosäure auf die tRNA und die daran anschließende Hydrolyse.

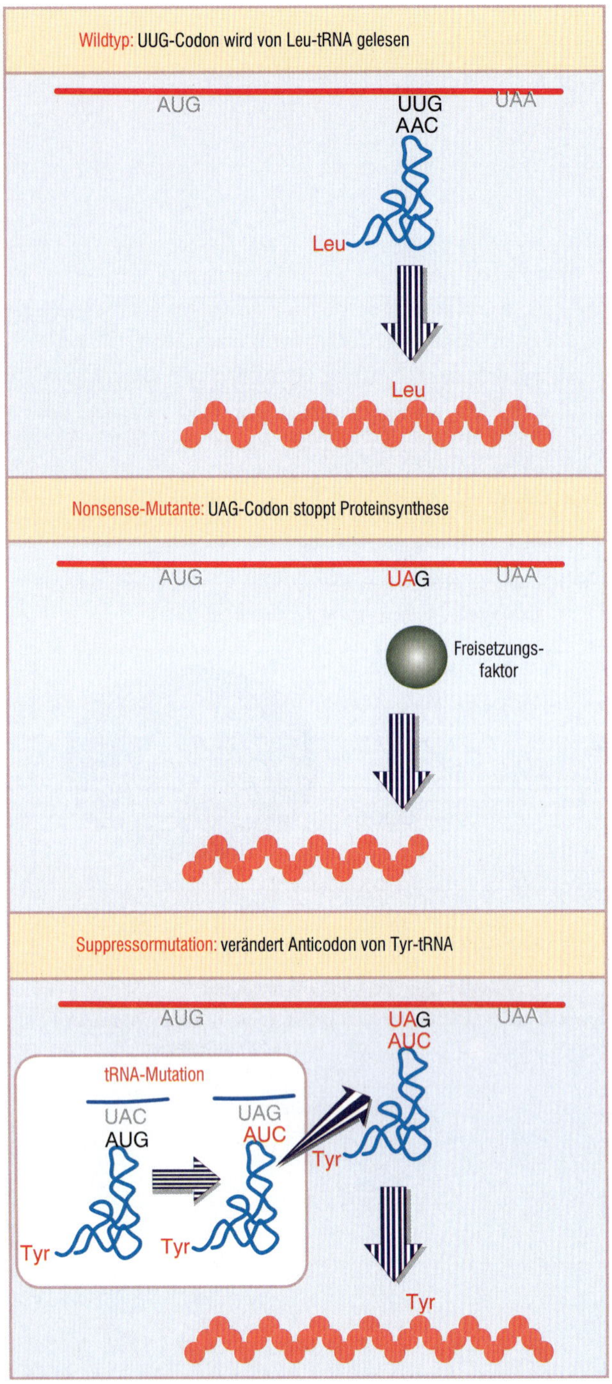

9.14 Nonsense-Mutationen können durch eine tRNA mit mutiertem Anticodon supprimiert werden, die am mutierten Codon eine Aminosäure einbaut; dadurch wird ein Protein in voller Länge synthetisiert, in dem allerdings der ursprüngliche Leu-Baustein durch Tyr ersetzt ist.

beschreibt die Eigenschaften einiger der am besten charakterisierten Suppressoren.

Am einfachsten war die Charakterisierung der Ambersuppressoren. Mindestens sechs tRNAs wurden in *E. coli* so mutiert, daß sie UAG-Codons erkennen konnten. Alle Ambersuppressor-tRNAs besitzen das Anticodon $\overleftarrow{\text{CUA}}$,

Tabelle 9.3: Nonsense-Suppressor-tRNAs entstehen durch Mutationen im Anticodon

Locus	**tRNA**	**Wildtyp** Codon	$\overleftarrow{\text{Anti-}}$	**Suppressor** $\overleftarrow{\text{Anti-}}$	/Codon
supD (su1)	Ser	UCG	CGA	CUA	UAG
supE (su2)	Gln	CAG	CUG	CUA	UAG
supF (su3)	Tyr	UA^{C}_{U}	GUA	CUA	UAG
supC (su4)	Tyr	UA^{C}_{U}	GUA	UUA	UA^{A}_{G}
supG (su5)	Lys	AA^{A}_{G}	UUU	UUA	UA^{A}_{G}
supU (su7)	Trp	UGG	CCA	UCA	UG^{A}_{G}

Nomenklatur:

Die Loci waren ursprünglich als *su1*, *su2* etc. bekannt, wie in Klammern angegeben; dabei bezeichnet *su* die Suppressormutante des Gens und su^{+} die Wildtypform. Die Loci werden jetzt *sup* genannt und mit Buchstaben von A bis V versehen. Alle hier beschriebenen Loci sind Strukturgene, die tRNAs codieren.

das sich vom Wildtyp jeweils durch den Austausch einer einzigen Base ableitet. Jede der drei Anticodonbasen kann Ort der Mutation sein, wie *supD*, *supE* und *supF* zeigen. Die Suppressor-tRNAs erkennen anstelle ihres jeweiligen früheren Codons *nur* das UAG-Codon. Die eingebauten Aminosäuren sind Serin, Glutamin oder Tyrosin, die gleichen also, die von den entsprechenden Wildtyp-tRNAs getragen werden.

Ochresuppressoren entstehen ebenfalls durch Mutationen im Anticodon. Die bekanntesten sind *supC* und *supG*, die mit dem Einbau von Tyrosin oder Lysin auf Ochre-(UAA-) *und* Amber-(UAG-)Codons reagieren. Dies stimmt mit der Vorhersage der Wobble-Hypothese überein, wonach UAA nicht allein erkannt werden kann.

Interessant sind die Suppressoren von UGA. Ein Typ (*supU*) ist eine Mutante der Tryptophan-tRNA. Das Anticodon der Wildtyp-$tRNA^{Trp}$ ist $\overleftarrow{\text{CCA}}$, das nur das UGG-Codon erkennt. Die Suppressor-tRNA besitzt das mutierte Anticodon $\overleftarrow{\text{UCA}}$; dieses erkennt *sowohl* das ursprüngliche Codon *als auch* das Terminationscodon UGA.

Ein weiterer UGA-Suppressor weist eine unerwartete Eigenschaft auf. Er leitet sich ebenfalls von der $tRNA^{Trp}$ ab, die einzige Mutation besteht jedoch darin, daß *an Position 24* G durch A ersetzt wird. Durch diese Veränderung wird im D-Stamm ein G•U-Paar gegen ein A•U-Paar ausgetauscht; dies erhöht die Stabilität der Helix. Die Anticodonsequenz $\overleftarrow{\text{CCA}}$ entspricht der des Wildtyps. Die Mutation im D-Stamm muß demnach in irgendeiner Weise die Konformation der Anticodonschleife verändern, so daß durch die ungewöhnliche Wobble-Paarung von C und A die Tripletts $\overleftarrow{\text{CCA}}$ und UGA paaren können. Die Suppressor-tRNA erkennt weiterhin ihr Codon UGG.

Auf ähnliche Weise reagiert auch eine eukaryotische tRNA. Die Leber des Rindes enthält eine $tRNA^{Ser}$ mit dem Anticodon $^{m}\overleftarrow{\text{CCA}}$. Gemäß den Wobble-Regeln sollte diese tRNA auf das Tryptophancodon UGG ansprechen; tatsächlich reagiert sie aber auf das Terminationscodon

UGA. So ist es also möglich, daß UGA in diesem Fall natürlicherweise supprimiert wird.

Von allgemeiner Bedeutung sind diese Beobachtungen deshalb, weil sie zeigen, daß *sich die Codon-Anticodon-Erkennung weder bei der Wildtyp-tRNA noch bei der mutierten tRNA exakt aufgrund der entsprechenden Triplettsequenzen vorhersagen läßt, sondern zusätzlich durch andere Eigenschaften des Moleküls beeinflußt wird.*

Alle diese Nonsense-Suppressoren werden durch Punktmutationen in Strukturgenen erzeugt, welche die tRNAs codieren. Im Prinzip könnten Suppressor-tRNAs jedoch auch durch Veränderungen bei der Modifikation von Anticodonbasen entstehen. Derartige Veränderungen könnten aus einer Mutation im Gen, das ein tRNA-modifizierendes Enzym codiert, entstehen.

Missense-Mutationen verändern ein aminosäurecodierendes Codon so, daß es eine andere Aminosäure repräsentiert, welche die Funktion des ursprünglichen Bausteines im Protein nicht übernehmen kann. (Formal betrachtet stellt jede Substitution einer Aminosäure eine Missense-Mutation dar, tatsächlich ist sie aber nur feststellbar, wenn sie die Aktivität des Proteins verändert.) Die Mutation kann supprimiert werden, indem entweder die ursprüngliche oder aber eine andere für das Protein akzeptable Aminosäure eingebaut wird.

Aus Abbildung 9.15 geht hervor, daß Missense-Suppression auf die gleiche Weise erreicht werden kann wie Nonsense-Suppression, nämlich indem das Anticodon einer tRNA mit akzeptabler Aminosäure so mutiert wird, daß es das mutierte Codon erkennt. Die Missense-Suppression schließt demnach einen Bedeutungswechsel des Codons von einer Aminosäure zu einer anderen ein.

Alternativ dazu können Missense-Suppressoren auch erzeugt werden, indem die tRNA (oder Synthetase) so mutiert, daß sie mit einer anderen Aminosäure beladen wird. Obwohl die tRNA in diesem Fall weiterhin auf das gleiche Codon (oder die gleichen Codons) reagiert, könnte der Einbau einer anderen Aminosäure zur Suppression führen. Diese Art von Suppression ist eher ungewöhnlich, vermutlich deshalb, weil sie eine Mutation voraussetzt, die eine neue Erkennungsstelle *erzeugt*.

Die meisten Suppressoren sind in *E. coli* charakterisiert worden; allerdings wurden einige vergleichbare Mutanten auch in anderen Bakterien gefunden (insbesondere in *S. typhimurium*). Weit weniger weiß man über Vorkommen und mögliche Suppression von Nonsense- und Missense-Mutanten in Eukaryoten. Das Bild für Ochre- und Amber-Codons ist wahrscheinlich ähnlich, obwohl es Hinweise darauf gibt, daß UGA manchmal während des natürlichen Translationsprozesses partiell supprimiert wird.

Es gibt einen interessanten Unterschied zwischen der üblichen Erkennung eines Codons durch die passende Aminoacyl-tRNA und dem Fall, daß eine Mutation einer Suppressor-tRNA ermöglicht, ein neues Codon zu erkennen. In der Wildtypzelle *kann einem bestimmten Codon nur eine Bedeutung beigemessen werden*; es steht entweder für eine bestimmte Aminosäure oder ist ein Terminationssignal. In einer Zelle mit einer Suppressormutation hat jedoch das mutierte Codon die *Alternative*, entweder von der Suppressor-tRNA erkannt oder aber in seiner normalen Bedeutung gelesen zu werden.

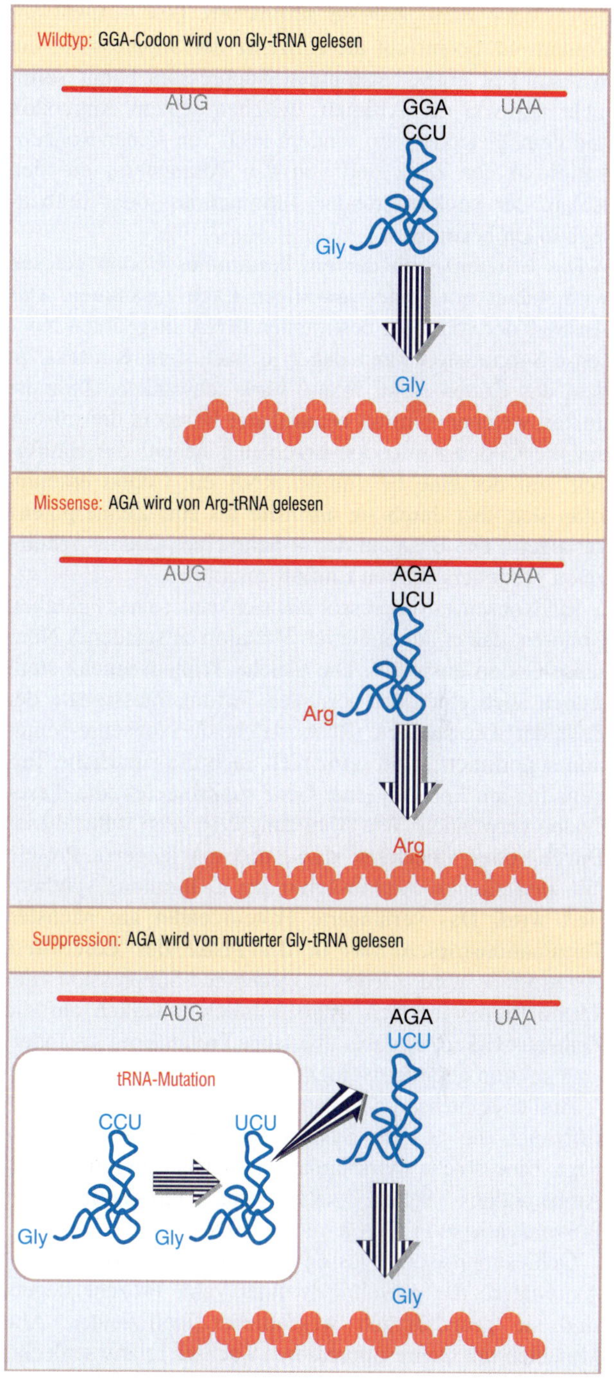

9.15 Missense-Suppression erfolgt, wenn das Anticodon der tRNA so mutiert ist, daß es auf das „falsche" Codon anspricht. Da sowohl die Wildtyp-tRNA als auch die Suppressor-tRNA auf AGA reagieren, kommt es nur zu einer teilweisen Suppression.

Eine Nonsense-Suppressor-tRNA muß mit den Freisetzungsfaktoren konkurrieren, welche das (die) Terminationscodon(s) erkennen. Eine Missense-Suppressor-tRNA tritt mit den tRNAs in Konkurrenz, die auf das neuentstandene Codon richtigerweise ansprechen. Das Ausmaß der Konkurrenz beeinflußt die Effizienz der Suppression; die Wirksamkeit eines bestimmten Suppressors hängt somit nicht nur von der Affinität zwischen seinem Anticodon und dem Zielcodon ab, sondern auch von seiner Konzentration in der Zelle und von den Parametern, die den Ablauf der konkurrierenden Terminations- oder Einbaureaktionen bestimmen.

Die Effizienz, mit der ein bestimmtes Codon gelesen wird, hängt mit seiner jeweiligen Lage zusammen. Das Ausmaß der von einer bestimmten tRNA ausgeübten Nonsense-Suppression kann daher je nach dem **Kontext**, in dem das Codon steht, relativ stark schwanken. Zwar ist unklar, welchen Einfluß benachbarte Basen in der mRNA auf die Codon-Anticodon-Erkennung haben; die Häufigkeit, mit der eine bestimmte tRNA ein Codon erkennt, kann sich aber durch sie um mehr als eine Zehnerpotenz verändern. Die Base auf der 3′-Seite eines Codons scheint einen besonders starken Einfluß auszuüben.

Ein Nonsense-Suppressor läßt sich dank seiner Fähigkeit isolieren, daß er auf ein durch Mutation entstandenes Nonsense-Codon anspricht. Die gleiche Triplettsequenz stellt jedoch auch eines der normalen Terminationssignale der Zelle dar! Die mutierte tRNA, welche die Nonsense-Mutation supprimiert, muß prinzipiell auch die natürliche Termination am Ende all jener Gene supprimieren, die dieses Codon verwenden. Wie Abbildung 9.16 zeigt, führt dieses **Durch-** oder **Überlesen** dazu, daß ein längeres Protein mit zusätzlichen Aminosäuren am C-Terminus synthetisiert wird. Das verlängerte Protein endet am nächsten Terminationstriplett, das in der Phase des Leserasters angetroffen wird. Jede ausgedehnte Suppression der Termination wird sich wahrscheinlich schädlich auf die Zelle auswirken, da dabei überlange Proteine mit veränderter Funktion gebildet werden.

Ambersuppressoren zeigen in der Regel eine relativ gute Effizienz, die je nach System zwischen zehn und 50 % liegt. Eine solche Wirksamkeit ist deshalb möglich, weil Ambercodons relativ selten zur Termination der Proteinsynthese in *E. coli* verwendet werden.

Ochresuppressoren lassen sich schwer isolieren. Mit Aktivitäten, die gewöhnlich unter zehn Prozent liegen, sind sie grundsätzlich wesentlicher ineffizienter. Alle Mutanten mit Ochresuppressoren wachsen relativ schlecht; dies deutet darauf hin, daß die Suppression von UAA und UAG auf *E. coli* schädigend wirkt, vermutlich weil das Ochrecodon am häufigsten als natürliches Terminationssignal eingesetzt wird.

UGA ist in seiner natürlichen Funktion von allen Terminationscodons das am wenigsten effiziente; nur in ein bis drei Prozent der Fälle wird es von Trp-tRNA in Wildtypsituationen falsch gelesen. Trotz dieser Schwäche wird es zur Termination bakterieller Gene häufiger eingesetzt als das Amber-Triplett.

Der Missense-Suppressor des einen Gens ist möglicherweise der Mutator eines anderen Gens. Ein Suppressor korrigiert eine Mutation, indem er an der Mutationsstelle eine Aminosäure durch eine andere ersetzt. An anderen Positionen wird jedoch durch den gleichen Vorgang eine Wildtypaminosäure gegen eine neue Aminosäure ausgetauscht. Diese Veränderung kann möglicherweise die normale Proteinfunktion unterbinden.

Dies stellt die Zelle vor ein Dilemma: Sie muß supprimieren, was an einer Stelle ein mutiertes Codon ist, darf jedoch an anderen Stellen dessen normale Bedeutung nicht zu stark verändern. Das Fehlen starker Missense-

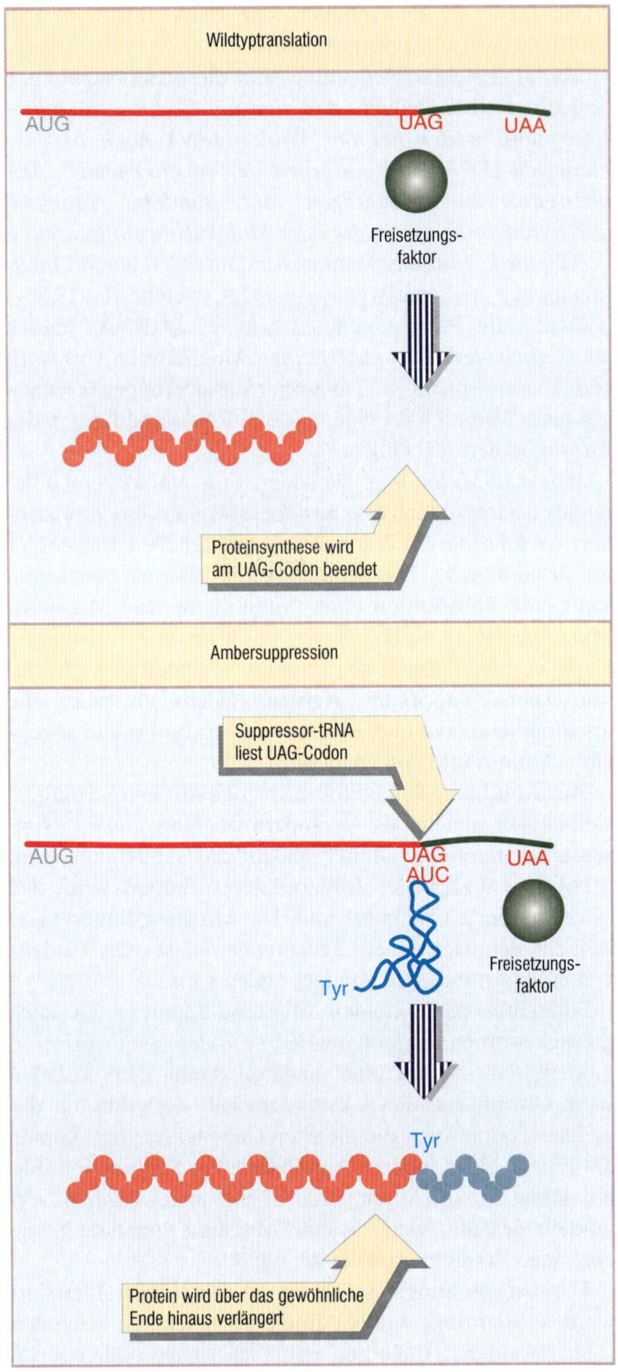

9.16 Nonsense-Suppressoren überlesen auch natürliche Terminationscodons; dies führt zur Synthese von Proteinen, die länger sind als die Wildtypproteine.

Suppressoren erklärt sich daher aus der schädigenden Wirkung, die durch einen allgemeinen und wirksamen Austausch von Aminosäuren verursacht würde.

Eine Mutation, die eine Suppressor-tRNA erzeugt, kann zwei Konsequenzen haben: Erstens erlaubt sie der tRNA die Erkennung eines neuen Codons; zweitens kann sie manchmal die tRNA daran *hindern*, Codons zu erkennen, auf die sie zuvor angesprochen hatte. Es ist bezeichnend, daß sich alle hocheffizienten Ambersuppressoren aus der Mutation nur einer Kopie aus einem Satz redundanter tRNAs ableiten lassen. In diesen Fällen besitzt die Zelle mehrere tRNAs, die auf das ursprünglich von der Wildtyp-tRNA erkannte Codon ansprechen können. Die Mutation unterbindet daher nicht die Erkennung der alten Codons, die weiterhin von den im Bestand vorhandenen tRNAs angemessen versorgt werden. (Liegt die ungewöhnliche Situation vor, daß nur eine einzige tRNA auf ein bestimmtes Codon anspricht, ist jede Mutation tödlich, welche die Reaktion der tRNA auf dieses Codon verhindert.)

9.7 Die Genauigkeit der Translation

Das Fehlen feststellbarer Schwankungen bei der Analyse einer Proteinsequenz beweist, daß die Proteinsynthese extrem genau sein muß. Nur sehr wenige Fehler in Form von Aminosäuresubstitutionen sind erkennbar. Es gibt zwei Stadien bei der Proteinsynthese, in denen Fehler auftreten können:

- Kritisch ist sicher die Beladung einer tRNA ausschließlich mit ihrer richtigen Aminosäure. Dies ist die Aufgabe des Enzyms Aminoacyl-tRNA-Synthetase. Die Fehlerrate variiert wahrscheinlich je nach Enzym, doch nach gegenwärtigen Schätzungen ist weniger als eine von 10^5 Aminoacylierungen fehlerhaft.
- Die Spezifität der Codon-Anticodon-Erkennung ist entscheidend, aber dennoch rätselhaft. Obwohl die Bindungskonstanten der einzelnen Codon-Anticodon-Reaktionen schwanken, ist die Spezifität grundsätzlich viel zu gering, um eine Fehlerrate von unter 10^{-5} zu gewährleisten. In Lösung binden freie tRNAs nur relativ schwach an ihre Codonsequenzen. Verwandte, aber falsche Tripletts (mit zwei von drei richtigen Basen) werden im Vergleich zu den richtigen Tripletts um das Zehn- bis Hunderfache schlechter erkannt als die richtigen Tripletts.

Die Basenpaarung zwischen Codon und Anticodon scheint demnach ein Schwachpunkt in der Genauigkeit der Translation zu sein. Dem Ribosom kommt bei der Spezifität dieser Wechselwirkung eine wichtige Kontrollfunktion zu; es arbeitet direkt oder indirekt als eine Art „Korrekturleser", der richtige von falschen Codon-Anticodon-Paaren unterscheidet und somit die eigentlich eher geringen Unterschiede verstärkt. Einen Einfluß auf die Paarungsreaktion haben, zusätzlich zum Ribosom selbst, vermutlich auch die Faktoren, welche die Initiator- und Aminoacyl-tRNAs in das Ribosom plazieren.

Es muß also irgendeinen Mechanismus geben, der die richtige Aminoacyl-tRNA stabilisiert und dafür sorgt, daß ihre Aminosäure als Substrat für die Aufnahme der Polypeptidkette akzeptiert wird; Kontakte mit einer falschen Aminoacyl-tRNA müssen schnell aufgebrochen werden, damit sich der Komplex wieder ablöst, ohne zu reagieren. Angenommen, das anfängliche Aufeinandertreffen von Aminoacyl-tRNA•EF-Tu•GTP-Komplex und Ribosom verläuft völlig unspezifisch. Wenn jeder Komplex ungeachtet seiner tRNA in die A-Bindungsstelle gelangen kann, müßte die Anzahl falscher Eingänge die der richtigen bei weitem überschreiten. Wie bewertet ein Ribosom die Codon-Anticodon-Reaktion in der A-Bindungsstelle, um festzustellen, ob eine richtige Einpassung erfolgt ist?

Die Fähigkeit des Ribosoms, auf die Genauigkeit der Translation einzuwirken, zeigte sich erstmals durch die Auswirkung von Mutationen, die Resistenz gegenüber Streptomycin verleihen. Streptomycin verursacht unter anderem eine vermehrte Falschablesung der Pyrimidine U und C (gewöhnlich wird eins mit dem anderen verwechselt, gelegentlich erfolgt eine Verwechslung mit A). Der Wirkungsort von Streptomycin wird vom S12-Protein beeinflußt; in resistenten Mutanten ist die Sequenz dieses Proteins verändert. Ribosomen mit einem aus resistenten Bakterien stammenden S12-Protein zeigen im Vergleich zum Wildtypribosom eine reduzierte Falschleserate. Dies gleicht die Wirkung von Streptomycin auf die Lesegenauigkeit wieder aus. Wahrscheinlich bindet Streptomycin an die rRNA, und S12 beeinträchtigt diese Reaktion, indem sie die Zugänglichkeit der rRNA beeinflußt.

Mutationen an zwei anderen Genloci, welche die Proteine S4 und S5 codieren, beeinflussen ebenfalls das Falschlesen; von beiden Loci können nämlich Rückmutationen mit normaler Falschleserate isoliert werden. Die Translationsgenauigkeit wird somit durch die Wechselwirkung dieser drei Proteine kontrolliert. Die Fehlerhäufigkeit beim Ablesen und die Art der Reaktion auf Streptomycin hängen davon ab, in welchen Varianten diese Proteine vorliegen. (Bei manchen Kombinationen ist das Ribosom sogar von der Anwesenheit des Streptomycins **abhängig**, damit die Translation korrekt verläuft.) Die Rolle dieser Proteine läßt sich auf zwei Weisen interpretieren:

- Bei einem direkten Kontrollmechanismus für die Translationsgenauigkeit würde der Spielraum der Codon-Anticodon-Erkennung durch die Stereochemie der A-Bindungsstelle bestimmt werden. Der räumliche Aufbau des Ribosoms könnte so beschaffen sein, daß die Überprüfung der Codon-Anticodon-Bindung auf bestimmte Weise erfolgt: Die Kriterien für die Annahme einer Aminoacyl-tRNA würden dabei mehr oder weniger genau durch die Strukturen der Proteine S12, S4 und S5 oder durch deren Auswirkung auf die Struktur der rRNA vorgegeben sein.
- Die Wirkung auf die Lesegenauigkeit könnte indirekt aus der Geschwindigkeit der Ribosomenbewegung

resultieren. Die Ribosomengeschwindigkeit könnte bestimmen, wieviel Zeit für die Erkennung der tRNA zur Verfügung steht und somit auch die Effizienz des Vorgangs festlegen. Dieses Modell erklärt die Wirkung von Streptomycin mit einer Anpassung der Kettenverlängerungskinetik. Ein relevanter Parameter ist das Verhältnis zwischen der Geschwindigkeit der Ribosomentätigkeit und der Zeit, welche die Herstellung und Auflösung von Kontakten beansprucht. Wird die Bildung der Peptidbindungen beschleunigt, nimmt auch die Wahrscheinlichkeit zu, daß falsche Aminoacyl-tRNAs „eingefangen" werden; die Bindung entsteht, bevor die Aminoacyl-tRNA entkommen kann. Eine langsamere Proteinsynthesegeschwindigkeit bietet mehr Zeit für die Korrektur von Fehlern.

Falsch eingepaßte Aminoacyl-tRNAs dissoziieren wahrscheinlich etwa fünfmal schneller als passende Aminoacyl-tRNAs. Je länger die Aufenthaltsdauer in der A-Bindungsstelle vor Ausbildung der Peptidbindung ist, umso größer ist auch die Wahrscheinlichkeit, daß die richtige Aminoacyl-tRNA eingesetzt wird. Es handelt sich hier um einen kinetischen Korrekturlesemechanismus. Die Gesamtfehlerrate der Proteinsynthese liegt bei etwa 5×10^{-4} pro Codon und geht wahrscheinlich größtenteils auf eine fehlerhafte Erkennung von Aminoacyl-tRNAs in der A-Bindungsstelle zurück.

Der Aufwand der Proteinsynthese in Form von energiereichen Bindungen nimmt wahrscheinlich durch die Korrekturlesevorgänge noch zu. Wichtig für die Berechnung dieses Energieaufwands ist die Frage, in welchem Stadium der Proteinsynthese sich entscheidet, ob eine tRNA akzeptiert wird. Erfolgt die Entscheidung unverzüglich unter Freisetzung des Aminoacyl-tRNA•EF-Tu•GTP-Komplexes, entstehen nur geringe „Zusatzkosten" bei der Ablehnung der großen Zahl falscher tRNAs, die (statistisch gesehen) wahrscheinlich in die A-Bindungsstelle gelangen, bevor die richtige tRNA erkannt wird. Erfolgt jedoch die Hydrolyse von GTP bereits bei der Bindung des Komplexes, wird für jede fälschlicherweise gebundene tRNA eine zusätzliche energiereiche Bindung gespalten. Die Kosten der Proteinsynthese würden dann die drei energiereichen Bindungen, die das Anhängen jeder (richtigen) Aminosäure an die Kette erfordert, bei weitem überschreiten. Es gibt Hinweise dafür, daß der Verbrauch von GTP *in vivo* größer ist als erwartet, und daß pro Aminosäure möglicherweise noch drei zusätzliche GTP-Moleküle gespalten werden.

Bisher wurde angenommen, die Spezifität der Decodierung komme dem Ribosom selbst zu; neuere Ergebnisse lassen jedoch vermuten, daß Translationsfaktoren den Vorgang in der A- und P-Bindungsstelle beeinflussen.

Ein bemerkenswerter Fall betrifft die Initiation. Die Mutation des AUG-Initiationscodons zu UUG im *HIS4*-Gen der Hefe verhindert die Initiation. Nun gibt es extragenische Suppressormutationen, die eine Initiation der Proteinsynthese am mutierten UUG-Codon erlauben. Wie sich herausstellte, liegen zwei dieser Suppressormutationen in Genen, welche die α- und β-Untereinheit von eIF-2 codieren, jenem Faktor, der Met-$tRNA_i$ an die P-Bindungsstelle bringt. Die Mutation in eIFβ2 befindet sich in einem Teil des Proteins, der höchstwahrscheinlich an der Bindung der Nucleinsäure beteiligt ist. Die Zielstruktur ist vermutlich entweder die Initiationssequenz der mRNA selbst oder aber die Basenpaarung zwischen mRNA-Codon und Anticodon der $tRNA_i^{Met}$). Daraus läßt sich schließen, daß eIF-2 sowohl an der Unterscheidung der Initiationscodons als auch an der Versorgung der P-Bindungsstelle mit der Initiator-tRNA beteiligt ist.

Auf eine Beteiligung von EF-Tu an der Aufrechterhaltung des Leserasters weisen Mutationen des Faktors hin, die Rasterverschiebungen supprimieren (Abschnitt 9.8). Dies bedeutet wahrscheinlich, daß EF-Tu nicht nur die Aminosäure in die A-Bindungsstelle transportiert, sondern auch daran mitwirkt, daß die hereinkommende Aminoacyl-tRNA in die richtige Lage relativ zur Peptidyl-tRNA in der P-Bindungsstelle gebracht wird.

9.8 Die tRNA beeinflußt vermutlich das Leseraster

Das Leseraster einer Messenger-RNA ist gewöhnlich unveränderlich. Die Translation beginnt an einem AUG-Codon und setzt sich in Tripletts bis zum Terminationscodon fort. Beim Lesen wird dem Sinngehalt keine Beachtung geschenkt: Die Insertion oder Deletion einer Base verursacht eine Rasterverschiebungsmutation, durch die das Leseraster jenseits der Mutationsstelle verändert wird. Die Ribosomen und tRNAs fahren unbeirrt in Triplettschritten fort und synthetisieren dabei eine völlig andere Abfolge von Aminosäuren.

Die **Rasterverschiebungssuppression** (*frame shift suppression*) stellt das ursprüngliche Leseraster wieder her. Wie dies durch Ausgleichen der Basendeletionen und -insertionen erreicht werden kann, wurde bereits in Kapitel 4 beschrieben. Es gibt jedoch auch *extragenische* Rasterverschiebungssuppressoren in Form von tRNAs mit ungewöhnlichen Eigenschaften.

Die einfachste Form eines extragenischen Rasterverschiebungssuppressors korrigiert das Leseraster, wenn eine Mutation durch Insertion einer zusätzlichen Base in einen Abschnitt identischer Bausteine entstanden ist. So kann beispielsweise ein G in eine Serie aneinandergrenzender G-Basen eingefügt sein. Der Rasterverschiebungssuppressor ist eine $tRNA^{Gly}$, die eine zusätzliche Base in ihre Anticodonschleife eingebaut hat; dadurch wird die gewöhnliche Triplettsequenz $\overleftarrow{CCC}$ des Anticodons in das Quadruplett $\overleftarrow{CCCC}$ verwandelt. Die Suppressor-tRNA erkennt ein „Codon" aus vier Basen.

Manche Rasterverschiebungssuppressoren können mehr als nur ein Vier-Basen-„Codon" erkennen. Ein bakterieller $tRNA^{Lys}$-Suppressor kann auf AAAA oder AAAU anstelle des normalen Codons AAA ansprechen. Ein weiterer Suppressor ist in der Lage, alle Vier-Basen-„Codons" mit ACC in den ersten drei Positionen zu lesen; die letzte Base ist irrelevant. In diesen Fällen zeigen die in vierter Position des längeren „Codons" akzeptierten Basen nicht die gewohnte, den Wobble-Regeln folgende Beziehung. Die Suppressor-tRNA erkennt wahrscheinlich ein Drei-Basen-Codon, doch ist aus irgendeinem anderen Grund – höchstwahrscheinlich infolge sterischer Behinderung – die benachbarte Base blockiert. Dadurch muß gezwungenermaßen eine Base übersprungen werden, bevor die nächste tRNA ein Codon finden kann.

Bei Phagen und Viren stellen Rasterverschiebungen normale Ereignisse dar. Derartige Vorgänge können die Fortsetzung oder Termination der Proteinsynthese beeinflussen und resultieren aus den individuellen Eigenschaften der mRNA.

Bei dem Phagen MS2 führt eine Rasterverschiebung dazu, daß das Ribosom im neuen Leseraster bereits zu einem früheren Zeitpunkt ein Terminationscodon erkennt. Das terminierende Ribosom kann nun das Initiationscodon des Lysegens erkennen, das nur ein paar Basen entfernt liegt. Beendet das Ribosom die Proteinsynthese nicht, liest es einfach über das Initiationscodon des Lysegens hinweg. *Der von der Rasterverschiebung abhängige Terminationsvorgang ist somit Voraussetzung für die Initiation der Expression des Lysegens.*

Bei Retroviren wird die Translation des ersten Gens durch ein Nonsense-Codon beendet, das sich phasengerecht im Leseraster befindet. Das zweite Gen liegt in einem anderen Leseraster; seine Translation erfolgt (bei manchen Viren) durch eine Rasterverschiebung, die in das zweite Leseraster hineinführt und somit das Terminationscodon umgeht (Kapitel 19). Abbildung 9.17 zeigt eine ähnliche Situation beim Ty-Element der Hefe; hier muß das Terminationscodon von *tya* durch eine Rasterverschiebung übersprungen werden, damit das nachfolgende *tyb*-Gen gelesen werden kann.

Derartige Fälle verdeutlichen, daß *das seltene (aber vorhersagbare) Auftreten von „Falschablesungen" ohne weiteres als ein notwendiger Schritt im natürlichen Translationsvorgang angenommen werden kann.*

Der Mechanismus dieser Rasterverschiebungsereignisse ähnelt der Rasterverschiebung in homopolymeren Sequenzen. Zwei gemeinsame Merkmale kennzeichnen diese Form der Rasterverschiebung:

- Eine „rutschige" Sequenz gestattet einer Aminoacyl-tRNA, mit ihrem Codon zu paaren und sich anschließend um eine Base vor oder zurück zu bewegen, um mit einer anderen, ebenfalls zu ihrem Anticodon passenden Triplettsequenz zu paaren.
- Das Ribosom wird am Ort der Rasterverschiebung aufgehalten und gewährt der Aminoacyl-tRNA so die Zeit, erneut zu paaren. Ursache der Verzögerung kann ein angrenzendes Codon sein, das eine seltene Aminoacyl-tRNA erfordert; es kann sich auch um ein Terminationscodon handeln, das nur langsam von den Freisetzungsfaktoren erkannt wird, oder aber um eine das Ribosom behindernde Struktur in der mRNA (z. B. einen „Pseudoknoten", eine besondere Konformation der RNA).

Abbildung 9.17 zeigt das Verhalten einer typischen „rutschigen" Sequenz. Die aus sieben Nucleotiden bestehende Sequenz CUUAGGC wird gewöhnlich von Leu-tRNA am CUU und anschließend von Arg-tRNA am AGG erkannt. Die Arg-tRNA ist allerdings selten, und wenn dieser tRNA-Mangel zu einer Verzögerung führt, rutscht die Leu-tRNA vom CUU-Codon zum überlappenden UUA-Triplett. Dies verursacht eine Rasterverschiebung, da das nächste Triplett phasengerecht mit der neuen Paarung (GGC) von Gly-tRNA gelesen wird. Das Rutschen erfolgt gewöhnlich in der P-Bindungsstelle (wenn die Leu-tRNA tatsächlich zur Peptidyl-tRNA geworden ist, welche die naszierende Kette trägt.)

Das Rutschen kann in beliebiger Richtung erfolgen; eine –1-Rasterverschiebung wird durch eine Rückwärtsbewegung der tRNA, eine +1-Rasterverschiebung durch eine Vorwärtsbewegung der tRNA verursacht. Das Resultat ist in beiden Fällen, daß ein nicht phasengerechtes Triplett in der A-Bindungsstelle für die nächste Aminoacyl-tRNA bereitsteht.

In manchen Fällen kommt es auch dann zu Rasterverschiebungen, wenn das Codon in der zweiten Phase nicht einfach durch Rutschen von einem Codon in der ursprünglichen Phase erreicht werden kann. Eine Erklärung dafür ist, daß eine hereinkommende tRNA gleich zu Beginn an ein nichtphasengerechtes Codon bindet. Eine andere Möglichkeit wäre, daß eine tRNA mit normalem Anticodon gelegentlich eine Nucleotidsequenz aus vier Basen anstelle eines Tripletts erkennt. Wie die Rasterverschiebung an rutschigen Sequenzen erfordert auch dieser Mechanismus ein langsameres Vorausschreiten des Ribosoms.

Rasterverschiebungen an einem Stopcodon bewirken, daß das Protein weitergelesen wird. Die sich auf der 3′-Seite des Stopcodons befindende Base beeinflußt die relative Häufigkeit von Termination beziehungsweise Rasterverschiebung und wirkt somit auf die Effizienz des Terminationssignals ein. Dies ist auch eine Erklärung dafür, warum der Kontext für die Termination von Bedeutung ist.

Zusammenfassung

Die in Tripletts von 5′ nach 3′ gelesene mRNA-Sequenz entspricht gemäß dem genetischen Code der Aminosäuresequenz eines vom N- zum C-Terminus gelesenen Proteins. 61 von 64 Tripletts codieren Aminosäuren, drei dienen als Terminationssignale. Synonyme Codons, welche die gleiche Aminosäure repräsentieren, bezeichnet man als cognat; oft ist die dritte Base des Codons ausgetauscht. Diese Degeneration in der dritten Base, verbunden mit der Methode, verwandte Aminosäuren tendenziell durch verwandte Codons zu codieren, minimiert die Auswirkungen von Mutationen. Der genetische Code ist universell und muß zu einem sehr frühen Zeitpunkt in der Evolution entstanden sein. Einige Veränderungen ergaben sich im Laufe der mitochondrialen Evolution; Veränderungen in Zellgenomen sind hingegen selten.

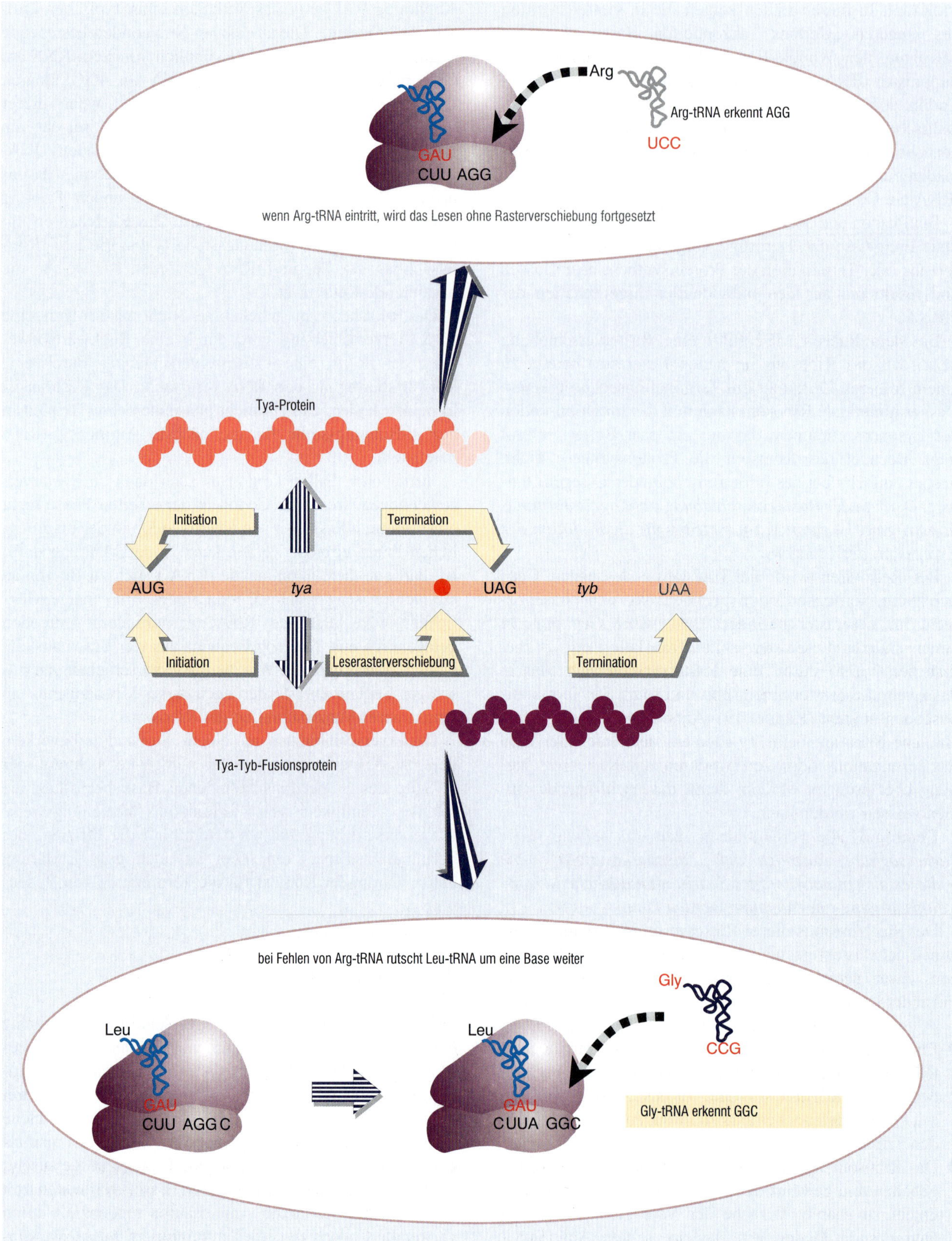

9.17 Eine +1-Rasterverschiebung ist für die Expression des *tyb*-Gens aus dem Ty-Element der Hefe erforderlich. Die Verschiebung erfolgt an einer aus sieben Basen bestehenden Sequenz, in der auf zwei Leu-Codons ein seltenes Arg-Codon folgt.

Auf ein bestimmtes Codon können mehrere tRNAs ansprechen. Der Bestand an tRNAs, die auf die verschiedenen, einer Aminosäure zugeordneten Codons ansprechen, ist je nach Organismus unterschiedlich. An der Codon-Anticodon-Erkennung ist das „Wobbeln" an der ersten Position des Anticodons (der dritten Position des Codons) beteiligt, das manchen tRNAs das Erkennen mehrerer Codons erlaubt. Alle tRNAs besitzen modifizierte Basen; diese werden von Enzymen eingeführt, die in der tRNA-Struktur Zielbasen erkennen. Beeinflußt wird die Paarung zwischen Codon und Anticodon von Modifikationen des Anticodons selbst sowie durch den Zusammenhang mit benachbarten Basen, insbesondere auf der 3'-Seite des Anticodons. Die Ausnutzung des Codon-Anticodon-Wobbles ermöglicht den Mitochondrien der Wirbeltiere, mit nur 22 tRNAs anstelle der normalerweise mindestens 31 tRNAs alle Codons zu erkennen; dazu tragen auch Veränderungen im mitochondrialen Code bei.

Jede Aminosäure wird von einer bestimmten Aminoacyl-tRNA-Synthetase erkannt, die auch alle tRNAs erkennt, die diese Aminosäure codieren. Aminoacyl-tRNA-Synthetasen verfügen über eine Korrekturlesefunktion, welche die Aminoacyl-tRNA-Produkte überprüft und falsch gebundene Aminoacyl-tRNAs hydrolysiert.

Aminoacyl-tRNA-Synthetasen sind sehr unterschiedlich, lassen sich aber aufgrund der Struktur der katalytischen Domäne in zwei Hauptgruppen aufteilen. Die Synthetasen beider Gruppen binden die tRNA von der Seite und treten vornehmlich mit den äußersten Enden des Akzeptorstammes und des Anticodonarmes in Kontakt; die beiden Synthetasetypen heften sich an entgegengesetzte Seiten der tRNA. Die relative Bedeutung, die dem Akzeptorstamm und der Anticodonregion bei der spezifischen Erkennung zukommt, variiert bei den einzelnen tRNAs.

Mutationen können einer tRNA das Lesen verschiedener Codons ermöglichen; am häufigsten sind derartige Mutationen im Anticodon selbst. Eine veränderte Spezifität kann die tRNA in die Lage versetzen, eine Mutation in einem proteincodierenden Gen zu supprimieren. Eine tRNA, die ein Terminationscodon erkennt, stellt einen Nonsense-Suppressor dar; tauscht sie die zu einem Codon gehörende Aminosäure aus, ist sie ein Missense-Suppressor. Suppressoren von UAG- und UGA-Codons sind effizienter als jene von UAA-Codons; dies erklärt sich aus der Tatsache, daß UAA das am häufigsten verwendete natürliche Terminationscodon ist. Die Effizienz aller Suppressoren hängt allerdings vom Kontext des einzelnen Zielcodons ab.

Rasterverschiebungen vom +1-Typ können von anormalen tRNAs verursacht werden, die „Codons" aus vier Basen lesen.

Rasterverschiebungen von +1 oder –1 können auf „rutschige" Sequenzen in der mRNA zurückgehen; diese ermöglichen einer Peptidyl-tRNA, von ihrem Codon zu einer überlappenden Sequenz zu rutschen, die ebenfalls mit ihrem Anticodon paaren kann. Für diese Form der Rasterverschiebung ist eine weitere Sequenz erforderlich, die ein Innehalten des Ribosoms verursacht. Durch die mRNA-Sequenz bedingte Rasterverschiebungen sind vermutlich auch für die Expression natürlicher Gene notwendig.

Weiterführende Literatur

Historisches

Holley, R. W. et al. *Structure of an RNA*. In: *Science* 147 (1965) S. 1462–1465.

Übersichtsartikel

Lewin, B. *Gene Expression* Bd. 1: *Bacterial Genomes*. New York (Wiley) 1974.

Altman, S. *Transfer RNA*. Cambridge (MIT Press) 1978.

Schimmel, P.; Soll, D.; Abelson, J. *Transfer RNA: Structure, Properties and Recognition*. New York (Cold Spring Harbor Lab.) 1979.

Soll, D.; Abelson, J.; Schimmel, P. *Transfer RNA: Biological Aspects*. New York (Cold Spring Harbor Lab.) 1979.

Murgola, E. J. *tRNA, Suppression, and the Code*. In: *Ann. Rev. Genet.* 19 (1985) 57–80.

Bjork, G. R. et al. *Transfer RNA Modification*. In: *Ann. Rev. Biochem.* 56 (1987) S. 263–287.

Fox, T. D. *Natural Variation in the Genetic Code*. In: *Ann. Rev. Genet.* 21 (1987) S. 67–91.

Schimmel, P. *Aminoacyl-tRNA Synthetases: General Scheme of Structure-Function Relationships on the Polypeptides and Recognition of tRNAs*. In: *Ann. Rev. Biochem.* 56 (1987) S. 125–158.

Schimmel, P. *Parameters for the Molecular Recognition of tRNAs*. In: *Biochemistry* 28 (1988) S. 2747–2759.

Eggertsson, G.; Soll, D. *Transfer RNA-Mediated Suppression of Termination Codons in E. coli*. In: *Microbiol. Rev.* 52 (1988) S. 354–374.

Normanly, J.; Abelson, J. *Transfer RNA Identity*. In: *Ann. Rev. Biochem.* 58 (1989) S. 1029–1049.

Atkins, J. F. et al. *Towards a Genetic Dissection of the Basis of Triplet Decoding, and its Natural Subversion: Programmed Reading Frameshifts and Hops*. In: *Ann. Rev. Genet.* 25 (1991) S. 201–228.

Bock, A. et al. *Selenoprotein Synthesis: an Expansion of the Genetic Code*. In: *Trends Biochem. Sci.* 16 (1991) S. 463–467.

Jakubowski, H.; Goldman, E. *Editing of Errors in Selection of Amino Acids for Protein Synthesis*. In: *Microbiol. Rev.* 56 (1992) S. 412–429.

Osawa, S. et al. *Recent Evidence for Evolution of the Genetic Code*. In: *Microbiol. Rev.* 56 (1992) S. 229–264.

Soll, D.; RajBhandary, U. L. *tRNA. Structure, Biosynthesis, and Function*. Washington DC (American Society for Microbiology) 1995.

Farabaugh, P. J. *Programmed Translational Frameshifting*. In: *Microbiol. Rev.* 60 (1996) S. 103–134.

Gesteland, R. F.; Atkins, J. F. *Recoding: Dynamic Reprogramming of Translation*. In: *Ann. Rev. Biochem.* 65 (1996) S. 740–768.

Entdeckungen

tRNA • Synthetase-Struktur

Rould, M. A. et al. *Structure of E. coli Glutaminyl-tRNA Synthetase Complexed with tRNA^{Gln} and ATP at 2.8 Å Resolution.* In: *Science* 246 (1989) S. 1135–1142.

Ruff, M. et al. *Class II Aminoacyl tRNA Synthetases: Crystal Structure of Yeast Aspartyl-tRNA Synthetase Complexes with tRNA^{Asp}.* In: *Science* 252 (1991) S. 1682–1689.

Codon-Anticodon-Erkennung

Crick, F. H. C. *Codon-Anticodon Pairing: the Wobble Hypothesis.* In: *J. Mol. Biol.* 19 (1966) S. 548–555.

Korrekturlesen

Hopfield, J. J. *Kinetic Proofreading: a New Mechanism for Reducing Errors in Biosynthetic Processes Requiring High Specificity.* In: *Proc. Nat. Acad. Sci. USA* 71 (1974) S. 4135–4139.

Jakubowski, H. *Proofreading in vivo: Editing of Homocysteine by Methionyl-tRNA Synthetase in E. coli.* In: *Proc. Nat. Acad. Sci. USA* 87 (1990) S. 4504–4508.

10. Die Lokalisation von Proteinen

Die eukaryotische Zelle ist eine hochgeordnete Struktur. Vom Ei bis zur endgültig ausdifferenzierten Zelle findet man Beispiele für die spezifische Verteilung von Proteinen. Die Oocyten mancher Spezies weisen eine anfänglich asymmetrische Verteilung der Proteine auf, die vermutlich für die nachfolgende Entwicklung des Organismus notwendig ist. Die Funktionen spezialisierter Zellen werden oftmals von makromolekularen Strukturen erfüllt, die aus besonderen Proteinen aufgebaut sind. Lokalisation ist das *sine qua non* für den inneren Aufbau jeder eukaryotischen Zelle; die Fähigkeit, die einzelnen Proteine in die entsprechenden Kompartimente zu dirigieren, gehört zu den wichtigsten strukturbestimmenden Faktoren. Proteine können aufgrund ihres Synthese- und Zielortes klassifiziert werden:

- Cytosolische Proteine kommen nicht in bestimmten Organellen vor. Sie werden im Cytosol synthetisiert und verbleiben dort; hier haben sie die Funktion eigenständiger kalalytischer Zentren, die auf die im Cytosol gelöst vorliegenden Metaboliten einwirken.
- Makromolekulare Strukturen, die aus cytosolischen Proteinen (und manchmal weiteren Komponenten) aufgebaut sind, können an ganz bestimmten Orten im Cytoplasma auftreten; Centriolen beispielsweise sind mit den Regionen assoziiert, die zu den Polen der Mitosespindel werden.
- Kernproteine müssen vom Ort ihrer Synthese im Cytosol durch die Kernhülle transportiert werden. Viele nucleäre Proteine sind Bestandteile des Chromatins, andere jedoch sind Teil spezifischer Kernstrukturen.
- Cytoplasmatische Organellen enthalten Proteine, die im Cytosol synthetisiert und spezifisch zur Organellenmembran (und durch sie hindurch) transportiert werden, beispielsweise in die Mitochondrien oder (in Pflanzenzellen) in die Chloroplasten. Auch Mitochondrien und Chloroplasten besitzen die Fähigkeit zur Proteinsynthese, und manche ihrer Proteine werden innerhalb der Organelle selbst synthetisiert und verbleiben dort. (Die Proteinsynthese in Organellen wird in Kapitel 24 besprochen.)
- Das Cytoplasma enthält eine Reihe von Membranstrukturen; dazu zählen das endoplasmatische Reticulum (ER), der Golgi-Apparat, die Endosomen und die Lysosomen. In ihrer Gesamtheit werden sie manchmal auch als „reticuloendotheliales System" bezeichnet. Proteine, die innerhalb dieser Kompartimente ansässig sind, werden zunächst in die ER-Membran eingefügt und anschließend durch das Transportsystem des Golgi-Apparats an ihre jeweiligen Zielorte dirigiert.
- Von der Zelle sezernierte Proteine werden zur Plasmamembran transportiert und müssen diese auf dem Weg nach außen hin passieren. Ihre Synthese beginnt wie die der mit dem reticuloendothelialen System assoziierten Proteine, sie durchlaufen aber das System bis zum Ende, anstatt an einem bestimmten Punkt zu verharren.

Proteine können hinsichtlich ihrer Lokalisation in zwei allgemeine Klassen eingeteilt werden: jene, die nicht mit Membranen assoziiert sind, und diejenigen, die mit Membranen assoziiert sind. Beide Klassen lassen sich weiter unterteilen, je nachdem, ob das Protein an eine besondere Struktur oder einen bestimmten Membrantyp gebunden ist oder nicht. Abbildung 10.1 zeigt die Zelle mit den möglichen Zielorten eines neusynthetisierten Proteins und die dafür verantwortlichen Transportsysteme.

Nichtmembranassoziierte Proteine werden nach ihrer Fertigstellung durch das Ribosom ins Cytosol entlassen. Einige von ihnen verbleiben in einer quasi-löslichen Form frei im Cytosol und andere verbinden sich mit makromolekularen Strukturen des Cytosols, beispielsweise mit Filamenten, Mikrotubuli, Centriolen und so weiter. Zu dieser Klasse gehören auch die Kernproteine (die durch große wäßrige Poren in den Kern gelangen). Die Ribosomen, an denen diese Proteine synthetisiert werden, nennt man manchmal auch „freie Ribosomen", da sie von Membranen getrennt fraktionieren. Die „Vorgabe" für ein von „freien" Ribosomen freigesetztes Protein ist die, daß es im Cytosol verbleibt. Ist das Protein für einen bestimmten Ort vorgesehen, muß es über ein geeignetes Signal verfügen. Im typischen Fall ist dies ein Sequenzmotiv, welches den Einbau des Proteins in eine makromolekulare Struktur veranlaßt oder seine Erkennung durch ein Transportsystem bewirkt.

Man bezeichnet den Vorgang, bei dem ein Protein in die Membran eingesetzt oder durch diese hindurchgeschleust wird, als **Proteintranslokation**. Membrangebundene Proteine folgen einem von zwei möglichen Wegen. Proteine, die für Mitochondrien und Chloroplasten bestimmt sind, werden ins Cytosol entlassen und verbinden sich nachfolgend mit der Organellenmembran. Sie werden an „freien" Ribosomen synthetisiert und besitzen Signale, die sie zur Assoziation mit den zugehörigen Organellenmembran veranlassen. Da dieser Vorgang erst nach Beendigung der Proteinsynthese stattfindet, wird er als **posttranslationale Translokation** bezeichnet.

In Abbildung 10.2 sind einige der Signale zusammengestellt, welche die von cytosolischen Ribosomen freigesetzten Proteine verwenden. Der normale Weg zu Mitochondrien und Chloroplasten beruht auf N-terminalen Sequenzen aus etwa 25 Aminosäuren. Die Sequenzen werden von Rezeptoren auf der Hülle der Organelle erkannt und gewöhnlich während oder nach der Translokation abgespalten. Das Einschleusen von Proteinen in den Kern ist auf die Anwesenheit einer Reihe von recht kurzen Proteinsequenzen zurückzuführen. Diese „Kernlokalisationssignale" ermöglichen dem Protein die Passage durch die

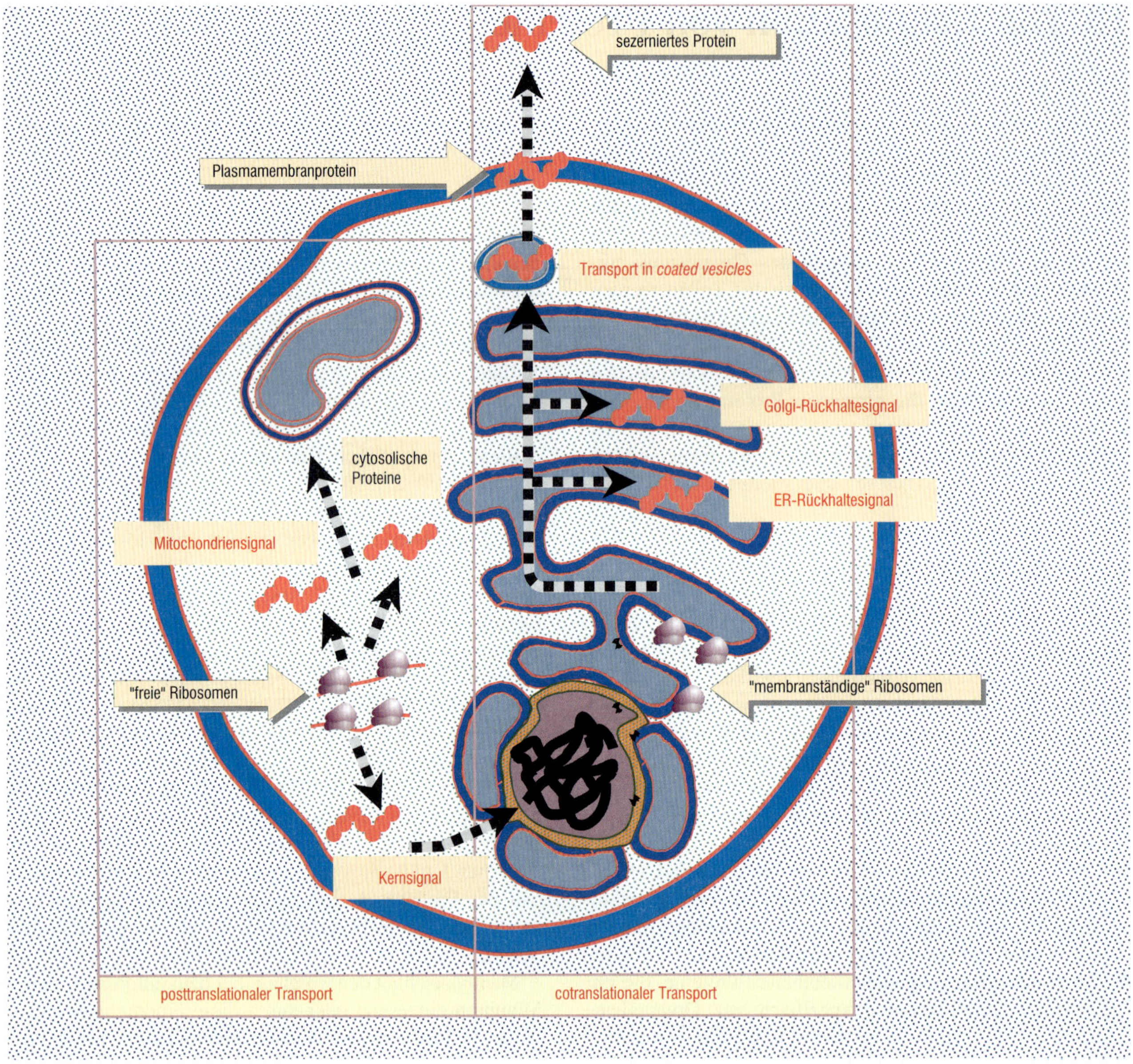

10.1 *Übersicht*: Proteine, die posttranslational ihren Platz finden, werden nach der Synthese an „freien" Ribosomen ins Cytosol entlassen. Manche besitzen Steuersignale, die sie zu Organellen wie Kern oder Mitochondrien dirigieren. Proteine, die cotranslational ihrem Bestimmungsort zugewiesen werden, assoziieren während ihrer Synthese mit der ER-Membran; ihre Ribosomen sind folglich „membranständig". Die Proteine gelangen durch die Membran in das endoplasmatische Reticulum und von dort weiter in den Golgi-Apparat und durch die Plasmamembran, es sei denn, sie besitzen Signale, die sie an einer Station dieses Weges zurückhalten. Sie können aber auch zu anderen Organellen, wie den Endosomen oder Lysosomen, dirigiert werden.

Kernporen (Abschnitt 10.9). Ein Signaltyp, der den Transport zu den Peroxisomen bestimmt, besteht aus einer sehr kurzen C-terminalen Sequenz.

Proteine, die ihren Platz im reticuloendothelialen System haben, gelangen noch während ihrer Synthese ins endoplasmatische Reticulum. Diesen Vorgang nennt man **cotranslationale Translokation**. Da die Ribosomen während der Synthese dieser Proteine mit den ER-Membranen assoziiert und daher in Membranfraktionen der Zelle zu finden sind, beschreibt man sie manchmal auch als „membranständig". Ein Protein kann, nach anfänglicher Bindung an eine Zielmembran, an andere Membranen weitergeleitet werden. Der allgemeine Vorgang, über den ein Protein während des Transports durch aufeinanderfolgende Membransysteme seinen endgültigen Bestimmungsort findet, wird als **Proteinsortierung** oder **gelenkter Proteintransport** (*protein trafficking*) bezeichnet (Kapitel 34).

Ein gemeinsames Merkmal zeigen Proteine, die mit Hilfe N-terminaler Sequenzen cotranslational zum ER oder posttranslational zu Mitochondrien oder Chloroplasten transportiert werden. *Die N-terminale Sequenz wird*

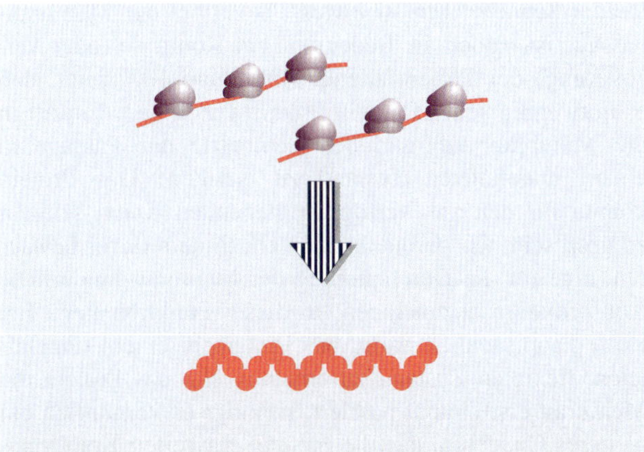

Organelle	Signalposition	Typ	Signallänge
Mitochondrium	N-terminal	amphipathische Helix	12-30
Chloroplast	N-terminal	geladen	>25
Zellkern	intern	basisch oder bipolar	7-9
Peroxisom	C-terminal	SKL	3

10.2 Die an freien Ribosomen im Cytosol synthetisierten Proteine werden freigesetzt und können durch kurze Signalmotive zu bestimmten Zielorten gelotst werden.

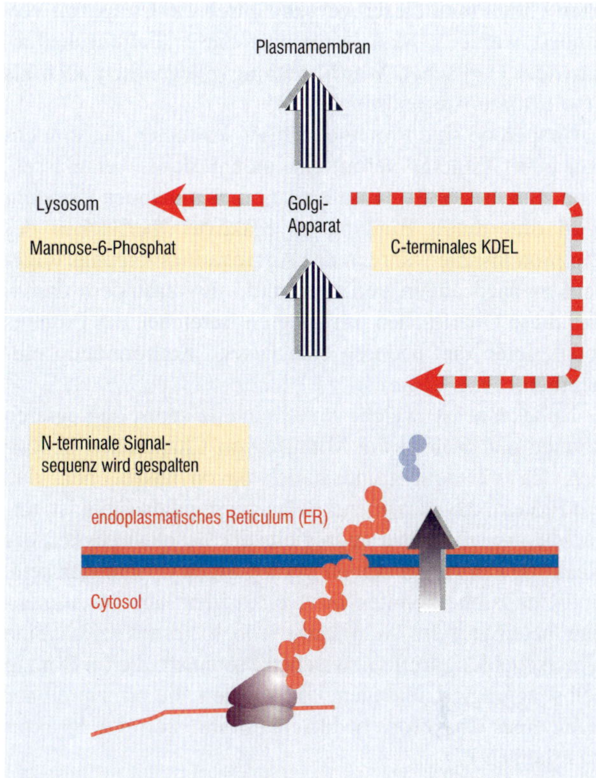

10.3 Membranständige Ribosomen synthetisieren Proteine mit N-terminalen Sequenzen, die noch während ihrer Synthese ins ER eindringen. Die Proteine können zur Plasmamembran weitergeleitet oder durch spezifische Signale zu anderen Zielorten gelenkt werden.

während der Translokation des Proteins abgespalten. Sie enthält eine **Leader-Sequenz** oder **Leitsequenz,** die nicht Teil des reifen Proteins ist. Ein Protein mit einer solchen Leader-Sequenz wird **Präprotein** genannt und ist ein kurzlebiger Vorläufer des reifen Proteins.

Proteine, die über N-terminale Leader-Sequenzen mit Membranen assoziieren, bedienen sich einer *Hierarchie* von Signalen, um zu ihrem endgültigen Bestimmungsort zu gelangen. Im Falle des reticuloendothelialen Systems hängt der Zielort eines Proteins letztlich von der Richtung ab, in die es bei der Passage des endoplasmatischen Reticulums und des Golgi-Apparats gelenkt wird. Die Leader-Sequenz selbst schleust das Protein in die Membran ein; die eigentliche Folge dieser Wechselwirkung ist, daß das Protein durch die Membran hindurch in das jenseitige Kompartiment gelangt. Damit ein Protein seinen Platz in der Plasmamembran einnimmt (das heißt, zu einem integralen Membranprotein wird; Kapitel 2), ist ein weiteres Signal nötig, das die Passage durch die Membran stoppt. Andere Signaltypen sind erforderlich, wenn ein Protein an einen bestimmten Zielort dirigiert und dort in der Membran oder im Lumen eines bestimmten Kompartiments zurückgehalten werden soll.

Einige der Bestimmungsorte und Signale sind in Abbildung 10.3 zusammengefaßt. Die Signale können als eine Art Zutrittserlaubnis betrachtet werden, die zum Aufenthalt an einem bestimmten Ort innerhalb des Membransystems berechtigt. Diese „Erlaubnis" hat meist die Form einer kurzen Aminosäuresequenz, es gibt jedoch auch andere Arten von Information. Die Standardpassage (*default pathway*) führt ein Protein durch das ER, in den Golgi-Apparat und weiter zur Plasmamembran. Proteine, die im ER ansässig sind, besitzen ein C-terminales Tetrapeptid (eigentlich ein Signal, das ihnen die Rückkehr aus dem Golgi-Apparat ins ER erlaubt). Das Signal, das ein Protein zum Lysosom lotst, ist eine kovalente Modifikation: die Addition eines besonderen Zuckerrestes. Die Zielsteuerung zu diesen Organellen wird in Kapitel 34 besprochen.

10.1 Chaperone können für die Proteinfaltung erforderlich sein

Manche Proteine sind in der Lage, ihre reife Konformation spontan anzunehmen. Testen läßt sich diese Fähigkeit, indem man das Protein denaturiert und anschließend bestimmt, ob es seine aktive Form wiedererlangen kann. Dies bedeutet, daß es eine Konformation geringerer freier Energie annimmt, wenn es im normalen aktiven Zustand vorliegt. Man nennt diese Fähigkeit Selbstaggregation (*self-assembly*). Ein entsprechend befähigtes Protein kann sich aus anderen Konformationen, einschließlich des Zustands, in dem es anfänglich synthetisiert wurde, in die aktive Form falten beziehungsweise zurückfalten. Viele Proteine können jedoch nicht selbst aggregieren und werden in einer stabilen Konformation festgehalten, die nicht dem eigentlichen Endzustand entspricht. In solchen Fällen muß dieser Vorgang durch ein **Chaperon** verhindert werden. (Man bezeichnet diese „Faltungshelfer" nach der englischen Wortbedeutung gelegentlich auch als „molekulare Anstandsdamen".)

Chaperone sind Proteine, die den korrekten Zusammenbau eines Proteins vermitteln, indem sie es veranlassen, eine ganz bestimmte Konformation anzunehmen. Erreicht wird dies durch Bindung an reaktive Oberflächen des Zielproteins, die während des Aggregationsvorgangs ungeschützt nach außen gerichtet sind; sie verhindern damit, daß diese Oberflächen mit anderen Bereichen des Proteins interagieren und dadurch eine falsche Konformation einnehmen.

Unbekannt ist, welche Proteinanteile selbst aggregieren können und welche die Mithilfe von Chaperonen benötigen. (Es ist nicht grundsätzlich davon auszugehen, daß ein Protein, das *in vitro* zur Selbstaggregation fähig ist, tatsächlich *in vivo* selbst aggregiert; die Geschwindigkeit der Reaktion kann unter beiden Bedingungen verschieden sein, und Chaperone könnten *in vivo* trotzdem am Zusammenbau beteiligt sein. Man kann jedoch grundsätzlich eine Unterscheidung treffen zwischen Proteinen, die im Prinzip selbst aggregieren können, und solchen, die prinzipiell der Hilfe eines Chaperons bedürfen, um ihre korrekte Struktur zu erlangen.)

Die Fähigkeit zur Erkennnung falscher Proteinkonformationen ermöglicht Chaperonen, zwei miteinander in Beziehung stehende Funktionen zu erfüllen, welche die Proteinstruktur betreffen:

- Wenn bei der Proteinsynthese die entstehende Polypeptidkette die Umgebung des Ribosoms verläßt, so erscheint es in einer ungefalteten Form. Eine spontane Faltung erfolgt, wenn der aus dem Ribosom austretende Abschnitt mit zuvor synthetisierten Proteinbereichen in Wechselwirkung tritt. Chaperone beeinflussen den Faltungsprozeß in Richtung der korrekten Konformation, indem sie den produktiven Zusammenbau richtiger Faltungen mehr fördern als die unproduktiven Möglichkeiten. Dieser Vorgang ist an der initialen Faltung eines neusynthetisierten Proteins in die reife Konformation beteiligt.
- Wird ein Protein denaturiert, so bilden sich zwischen Teilen des Proteins, die in der korrekten Konformation nicht miteinander interagieren würden, stabile Wechselwirkungen aus. Diese Wechselwirkungen sind vergleichbar mit jenen, die während der Synthese eines Proteins auftreten, wenn sich dieses (vorübergehend) falsch faltet. Sie werden durch Chaperone auf die gleiche Weise erkannt wie eine insgesamt falsche Faltung. Dieser Prozeß ist an der Erkennung denaturierter Proteine beteiligt, und er unterstützt entweder ihre Renaturierung oder verursacht ihre Beseitigung durch Abbau.

Chaperone sind während der Synthese von membranständigen oder membrandurchspannenden Proteinen in zwei Stadien von entscheidender Bedeutung. Die Fähigkeit, eine Membran anzusteuern, ist allein Aufgabe der Leader-Sequenz. Ein ständiges Thema bei der Membranpassage ist jedoch die Bedeutung der Kontrolle (oder Verzögerung) der Proteinfaltung. Abbildung 10.4 zeigt, daß es notwendig sein kann, ein Protein vor seinem Eintritt in die Membran aufgrund der Geometrie der Passage in einem ungefalteten Zustand zu erhalten: Das Protein könnte für den zur Verfügung stehenden Kanal schlicht zu groß sein. Chaperone können ein Protein davor bewahren, eine für die Durchquerung der Membran hinderliche Konformation anzunehmen; in dieser Funktion liegt ihre Rolle hauptsächlich darin, das Protein in einem ungefalteten, flexiblen Zustand zu erhalten. Hat das Protein die Membran erst einmal passiert, benötigt es vermutlich ein weiteres Chaperon, das die Faltung zur reifen Konformation fördert, in ganz ähnlicher Weise, wie ein cytosolisches Protein der Unterstützung eines Chaperons bedarf, wenn es aus dem Ribosom entlassen wird. Der Zustand des Proteins beim Verlassen der Membran ist wahrscheinlich vergleichbar mit dem eines aus dem Ribosom austretenden Proteins – überwiegend gestreckt, in einer mehr oder weniger geradlinigen Form.

Chaperone umfassen eine große Anzahl von Proteinen, die nicht nur daran mitwirken, daß bestimmte Proteine die richtige Konformation annehmen, sondern auch an der Zusammensetzung makromolekularer Strukturen beteiligt sind. Eine wichtige Untergruppe umfaßt drei Proteinfamilien; sie sind für einzelne Proteine zur Annahme der richtigen Konformation erforderlich. Wie bereits in Tabelle 1.5 beschrieben, sind diese drei Gruppen nach bestimmten

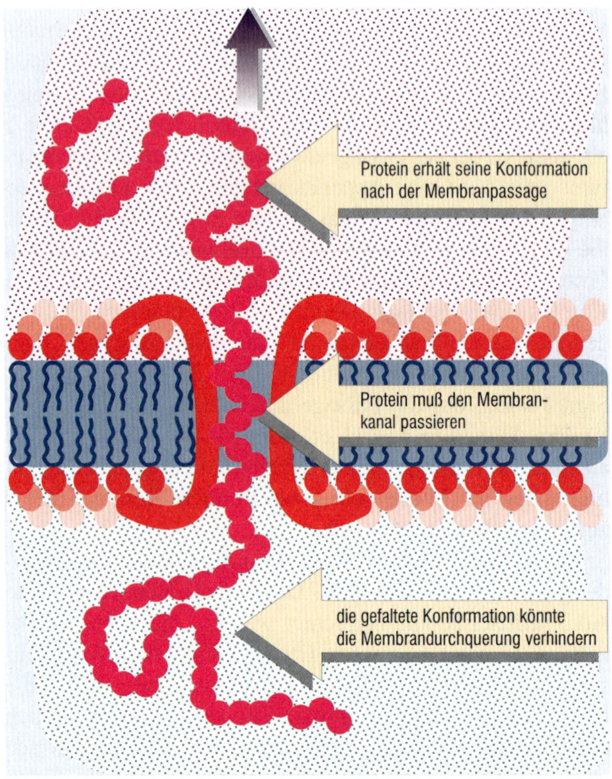

10.4 Ein Protein muß sich beim Durchqueren einer Membran durch einen engen Gang zwängen.

Hitzeschockproteinen als Hsp70 (ein Protein von etwa 70 kD), Hsp60 (Bestandteil eines großen Komplexes) und Hsp90 (dessen Funktion spezifischer auf die Interaktion mit gewissen Transkriptionsfaktoren beschränkt ist) benannt. (Die Beziehung mit der Hitzeschockreaktion beruht auf folgender Tatsache: Ein Temperaturanstieg bewirkt die Produktion von Hitzeschockproteinen, deren Aufgabe darin besteht, die durch Hitzedenaturierung verursachte Schädigung der Proteine zu minimieren. Viele der Hitzeschockproteine sind Chaperone.)

Die Hsp70-Familie ist ubiquitär. Sie ist in Bakterien, im Cytosol von Eukaryoten, im endoplasmatischen Reticulum sowie in Chloroplasten und Mitochondrien zu finden. Hsp70 wirkt in Verbindung mit zwei weiteren Komponenten, die am besten in Bakterien als DnaJ und GrpE charakterisiert sind. Abbildung 10.5 zeigt, daß DnaJ und DnaK (die bakterielle Form von Hsp70) an ein naszierendes Protein binden, sobald es das Ribosom verläßt. Während die Proteinkette wächst, kann sich DnaK von einer Bindungsstelle lösen und dann erneut an eine andere heften; auf diese Art werden Teile des Substratproteins freigesetzt und veranlaßt, sich in korrekter und geordneter Weise zu falten. Schließlich wird das intakte Protein, zur reifen Konformation gefaltet, vom Ribosom entlassen. Die Freisetzung von DnaK wird durch DnaJ und GrpE unterstützt, die eine allen Hsp70-Proteinen innewohnende ATPase-Aktivität stimulieren.

Eukaryotische Formen des Hsp70 verhalten sich auf ähnliche Weise und dürften von Hsp40 (dem Gegenstück zu DnaJ) unterstützt werden. Verschiedene Mitglieder der Hsp70-Klasse erfüllen ihre Funktion an den entsprechenden Zielproteintypen. Cytosolische Proteine (das namengebende Hsp70 und ein verwandtes Protein, Hsc70) üben ihre Wirkung auf naszierende Proteine an Ribosomen aus. Varianten im ER (BiP oder Grp78 in höheren Eukaryoten sowie Kar2 in *S. cerevisiae*), in Mitochondrien oder in Chloroplasten, verfahren auf recht ähnliche Weise mit Proteinen, sobald diese nach Durchquerung der Membran im Inneren der Organellen auftauchen.

Die Hsp60-Klasse der Chaperone bildet einen großen Apparat, der aus zwei Arten von Untereinheiten besteht. Abbildung 10.6 stellt die Struktur schematisch dar. Hsp60 selbst (in *E. coli* als GroEL bekannt) bildet eine Struktur aus 14 Untereinheiten, die in zwei heptameren Ringen angeordnet sind; diese sitzen in umgekehrter Orientierung aufeinander. Dies bedeutet, daß die Ober- und Unterseiten des Doppelringes gleich sind. Die zentrale Öffnung erstreckt sich durch den gesamten Doppelring, so daß die komplette Struktur einem Hohlzylinder ähnelt.

Diese Struktur verbindet sich mit einem Heptamer aus Hsp10-Untereinheiten (GroES in *E. coli*). Ein einzelnes GroES-Heptamer bildet eine Kuppel, die mit einer Oberfläche des Doppelringes assoziiert ist (Abbildung 10.7). Die Kuppel verschließt eine der beiden Öffnungen des Zylinders. Sie ist hohl und bewirkt tatsächlich eine Erweiterung des darunter liegenden Hohlraumes in die Kuppelwölbung hinein. Die gesamte GroEL/GroES-Struktur hat eine Masse von ungefähr 10^6 Dalton, vergleichbar einer kleinen ribosomalen Untereinheit. Die Bindung von GroES an GroEL induziert eine Konformationsänderung im angrenzenden GroEL-Ring, die eine Volumenvergrößerung des zentralen Hohlraumes bewirkt. Wir können die beiden GroEL-Ringe als proximalen (an GroES gebundenen) beziehungsweise distalen (nicht an GroES gebundenen) Ring unterscheiden. GroEL wird manchmal als Chaperonin, GroES als Co-Chaperonin bezeichnet, da GroEL zwar die Faltung im wesentlichen lenkt, GroES jedoch für seine Aktivität erforderlich ist.

Die ATP-Hydrolyse spielt für die Aktivität von GroEL/ES, deren vollständige Definition noch aussteht, eine wichtige Rolle. Jede Untereinheit des an GroES bindenden GroEL-Ringes besitzt ein ATP-Molekül. Die Bindung von GroES geht mit einer kooperativen Hydrolyse aller sieben ATP-Moleküle einher. Der GroEL/ES-Komplex ist in der ADP-gebundenen Form stabil. Die Untereinheiten des distalen GroEL-Ringes binden ebenfalls ATP. Die Hydrolyse dieser ATP-Moleküle ist an die Verdrängung von

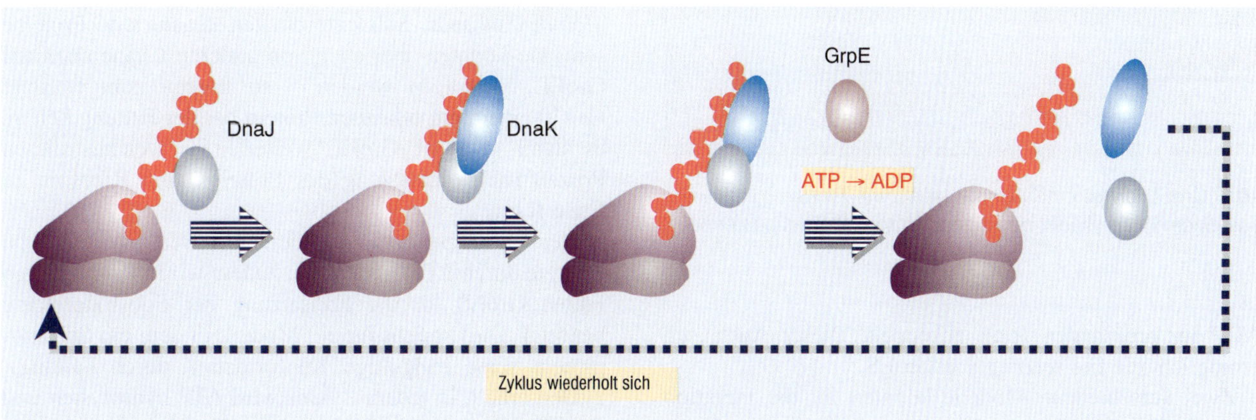

10.5 DnaJ unterstützt die Bindung von DnaK (Hsp70), das wiederum bei der Faltung eines naszierenden Proteins behilflich ist. Die Chaperone werden durch GrpE unter ATP-Hydrolyse vom Substrat freigesetzt. Die Faltung eines Substratproteins kann viele Zyklen der Assoziation und Dissoziation umfassen.

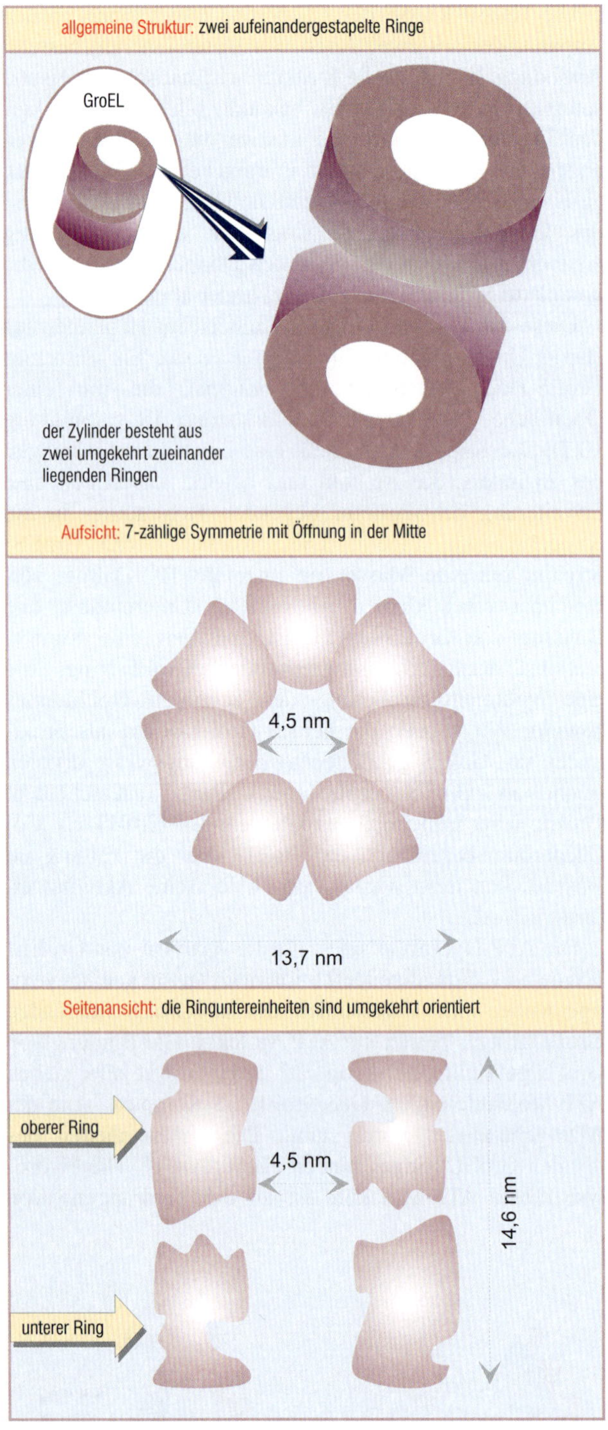

10.6 GroEL bildet ein Oligomer aus zwei Ringen, die jeweils aus einem Hohlzylinder aus sieben Untereinheiten bestehen.

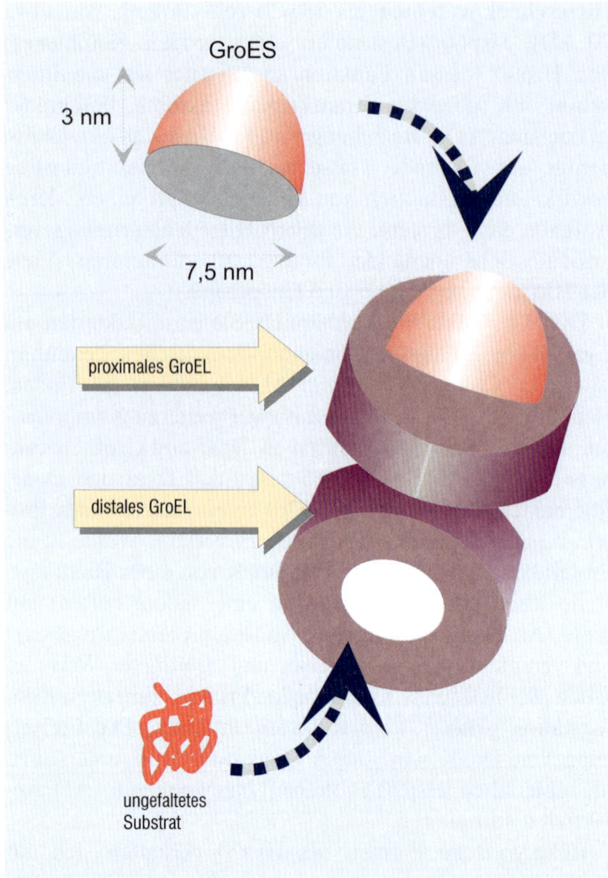

10.7 Zwei GroEL-Ringe lagern sich Rücken an Rücken zu einem Hohlzylinder. GroES bildet eine Kuppel, die den zentralen Hohlraum auf einer Seite bedeckt. Proteinsubstrate binden an das Loch im distalen Ring.

ADP im proximalen Ring gekoppelt. Dieser Austausch ermöglicht die Freisetzung von GroES.

Zwei verschiedene Modelle könnten für die Funktion von GroEL als Chaperon in Betracht kommen. Eines nimmt an, daß der Hohlraum eine schützende Umgebung bietet, in der das Protein selbst aggregieren kann. Das andere Modell schreibt GroEL die gleiche aktive Rolle bei der Lenkung dieses Prozesses zu, wie sie z. B. Hsp70 zukommt. Die bisher verfügbaren Daten stützen das letztere Modell, nach dem GroEL die Faltung direkt beeinflußt.

GroEL bindet an viele ungefaltete Proteine, wahrscheinlich durch Erkennung eines kondensierten *molten globule*-Zustands. Substrate dürften denaturierte Proteine sein; sie könnten aber auch von anderen Chaperonen auf GroEL übertragen werden – so könnte zum Beispiel Hsp70 einem entstehenden Protein bei der Faltung helfen, es dann aber an GroEL weiterleiten, welches diesen Prozeß nach Freisetzung des Proteins vom Ribosom zu Ende führt.

Der Faltungsprozeß erfordert die Bereitstellung von Energie durch ATP-Hydrolyse; zudem wird in den meisten Fällen GroES für die Freisetzung der Substratproteine benötigt. Dies spricht für ein Modell, in dem ein Substratprotein seine endgültige Konformation durch Faltungszyklen erhält. In jedem Zyklus wird ATP hydrolysiert und GroES vorübergehend freigesetzt. Nach diesem Modell wird ein Substratprotein anfänglich gebunden, da es in einer ungefalteten oder falsch gefalteten Konformation vorliegt. Wenn ein Zyklus der ATP-Bindung und Faltung die korrekte Konformation nur teilweise herstellt, bleibt das Substrat gebunden. Hat das Substrat schließlich seine reife Konformation erhalten, so wird es entlassen. Ein alternatives Modell schlägt vor, daß das Substratprotein nach jeder Faltungsrunde freigesetzt, jedoch durch GroEL erneut gebunden wird, bis es seine endgültige Konformation erreicht hat.

Eine besonders interessante Frage betrifft die Beziehung zwischen der Bindungsstelle für ein Substratprotein und der Lage von GroES. Ein Proteinsubstrat bindet innerhalb des zentralen Kanals von GroEL; dieser ist groß genug, um ein Protein von bis zu 40 kD unterzubringen. Ein Substrat bindet nur an einen der beiden Ringe, und es ist wahrscheinlich spezifisch der distale Ring. Die Faltungsreaktion umfaßt die Ablösung und erneute Bindung von GroES. Wenn GroES erneut bindet, so erfolgt dies am distalen Ring. Folglich muß für die Freisetzung des Proteins die Freisetzung von GroES notwendig sein. Abbildung 10.8 zeigt ein spekulatives Modell für diese Reaktionen. Wir wissen nicht genau, wie Dissoziation und Reassoziation von GroES – die mehr als einen Zyklus umfassen können – mit der fortschreitenden Faltung des Substratproteins in Verbindung stehen.

10.2 Das posttranslationale Einfügen in die Membran ist von Leader-Sequenzen abhängig

Mitochondrien und Chloroplasten sind in der Lage, alle ihre Nucleinsäuren und einige ihrer Proteine selbst zu synthetisieren. Mitochondrien produzieren nur etwa zehn ihrer Proteine, Chloroplasten etwa 50. Im Cytosol synthetisierte Organellenproteine werden vom gleichen Pool freier Ribosomen produziert wie die Cytosolproteine. Sie müssen anschließend in die Organelle eingeschleust werden.

Proteine, die durch einen posttranslationalen Vorgang in Mitochondrien oder Chloroplasten gelangen, besitzen Lea-

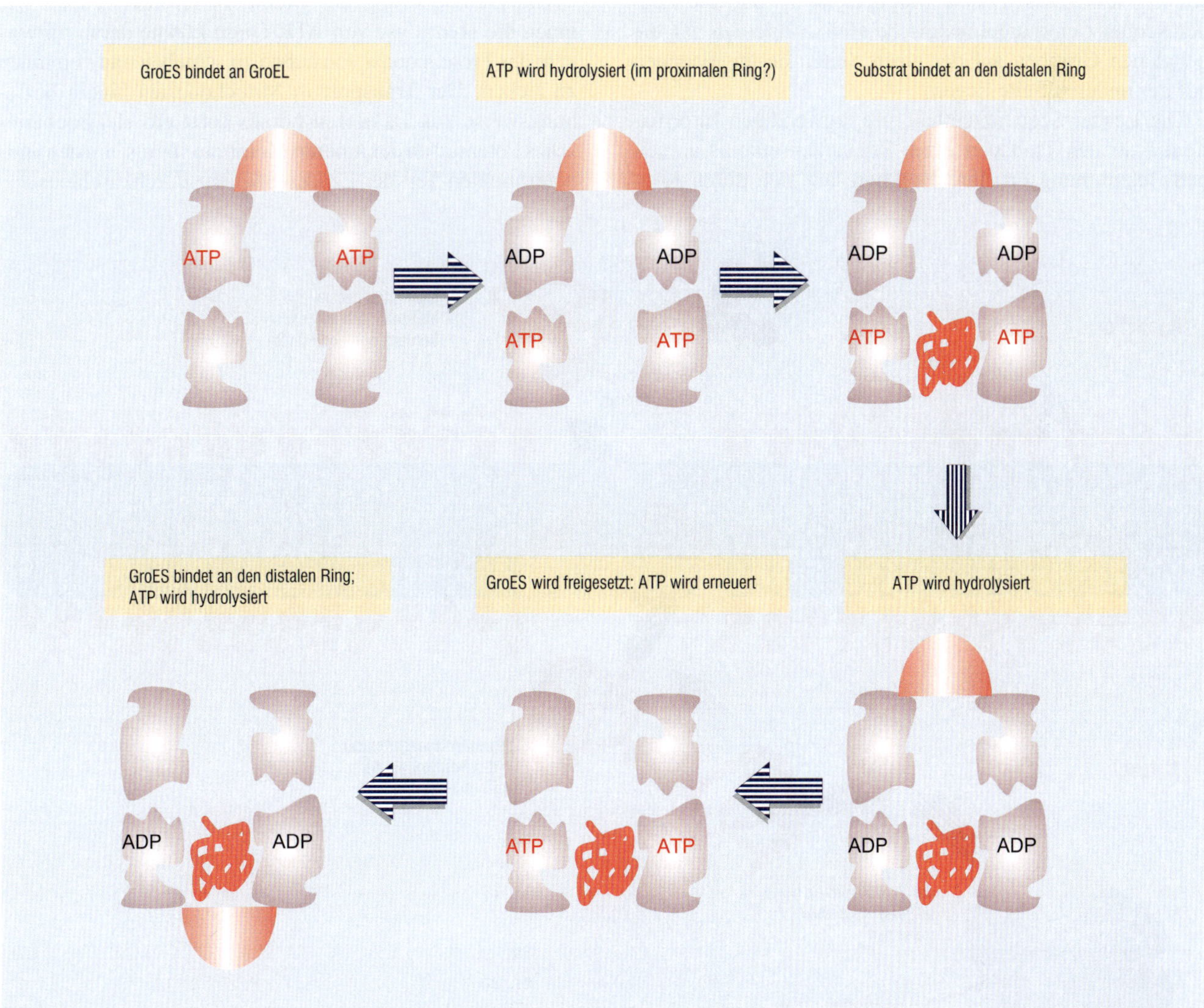

10.8 Das Substrat bindet an den distalen Ring, doch Freisetzung und erneute Bindung von GroES erzeugen eine Struktur, in der GroES und Substrat mit demselben Ring assoziiert sind. Die Hydrolyse von ATP ist für die GroES-GroEL-Wechselwirkung sowie die Faltung des Substratproteins von wesentlicher Bedeutung; die genauen Einzelheiten sind jedoch noch unbekannt.

der-Sequenzen, die für die erste Erkennung der äußeren Organellenmembran verantwortlich sind. Wie das vereinfachte Schema in Abbildung 10.9 zeigt, initiiert die Leader-Sequenz die Wechselwirkung zwischen Vorläuferprotein und Organellenmembran. Das Protein passiert die Membran, und die Leader-Sequenz wird auf der Organellenseite durch eine Protease abgespalten. Die Translokation läuft weiter, bis das gesamte Protein die Membran durchquert hat oder bis eine proteininterne Sequenz diesen Vorgang zum Stoppen bringt.

Die Leader-Sequenzen von Proteinen, die in Mitochondrien und Chloroplasten transportiert werden, weisen nur geringe Homologien auf. Sie sind gewöhnlich hydrophil und enthalten Abschnitte aus ungeladenen Aminosäuren, die von basischen Aminosäuren unterbrochen werden; sie besitzen keine sauren Aminosäuren. Ein Beispiel ist in Abbildung 10.10 dargestellt. Die fehlende Homologie zwischen den Leader-Sequenzen deutet darauf hin, daß Merkmale der Sekundär- oder Tertiärstruktur oder aber die allgemeine Beschaffenheit der Region für die Erkennung wichtig sein müssen. Eine Möglichkeit ist, daß die Leader-Sequenz eine amphipathische Helix bildet (in der die geladenen Gruppen auf der einen Seite, die ungeladenen auf der anderen Seite liegen).

Die Leader-Sequenz enthält alle notwendigen Informationen für den Transport eines Organellenproteins an seinen Bestimmungsort. Ihre Funktion läßt sich durch Konstruktion eines künstlichen Proteins untersuchen, bei dem die Leader-Sequenz eines Organellenproteins mit einem im Cytosol vorkommenden Protein verknüpft wird. Zur Durchführung des Experiments wird ein Hybridgen konstruiert, das anschließend in das entsprechende Hybridprotein translatiert wird.

In solchen Versuchen ist gezeigt worden, daß verschiedene Leader-Sequenzen jede an sie geheftete Sequenz selbständig in das Mitochondrium oder den Chloroplasten hineinschleusen können. Hängt man beispielsweise die in Abbildung 10.10 gezeigte Leader-Sequenz an das cytosolische Protein DHFR (Dihydrofolat-Reduktase) aus Mäusezellen, so wird DHFR in das Mitochondrium geleitet.

Die Leader-Sequenz und das transportierte Protein stellen Domänen dar, die sich unabhängig voneinander falten. Ungeachtet der Sequenz, an die sie geheftet ist, muß sich die Leader-Sequenz in die passende Struktur falten können, damit sie von Rezeptoren auf der Hülle der Organelle erkannt wird. Die übrige Polypeptidsequenz spielt bei dieser Erkennung keine Rolle.

Die Durchquerung der Membran erfordert außen wie innen die Hydrolyse von ATP. Diese könnte daran mitwirken, das Protein quasi von außen zu schieben und von innen zu ziehen. Der Transport in Mitochondrien hinein beziehungsweise aus Bakterien heraus setzt ein elektrochemisches Potential an der inneren Membran voraus, um den aminoterminalen Teil der Leader-Sequenz durchzuschleusen.

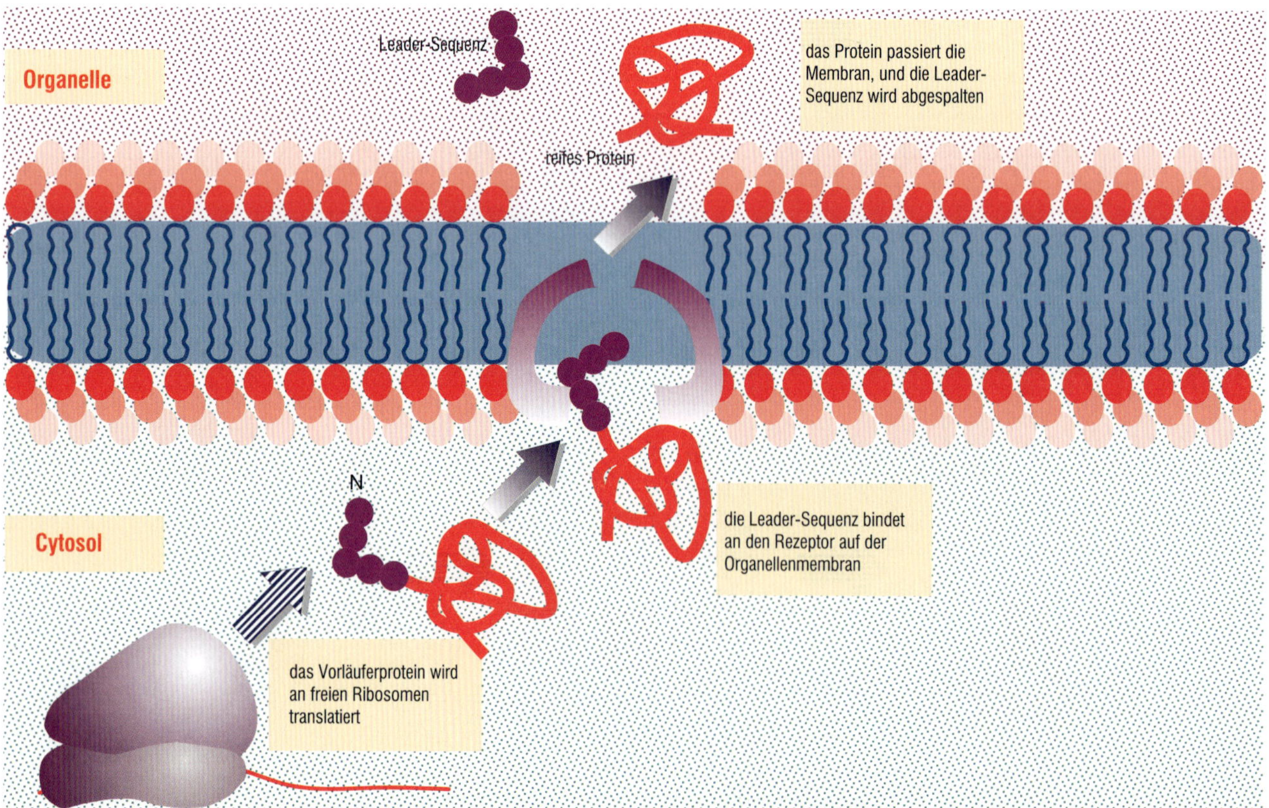

10.9 Leader-Sequenzen ermöglichen Proteinen die posttranslationale Erkennung der Oberfläche von Mitochondrien und Chloroplasten.

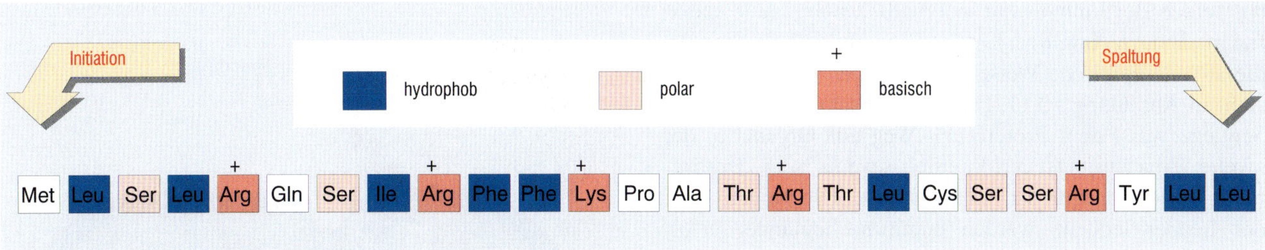

10.10 Die Leader-Sequenz der Untereinheit IV der Cytochrom-*c*-Oxidase aus Hefe besteht aus 25 neutralen und basischen Aminosäuren. Die ersten zwölf Aminosäuren reichen aus, um beliebige mit ihnen verknüpfte Polypeptide in die Mitochondrienmatrix zu befördern.

Welche Einschränkungen gibt es beim Transport eines hydrophilen Proteins durch die hydrophobe Membran? Zur Klärung dieser Frage trägt folgende Beobachtung bei: Methotrexat, ein Ligand des Enzyms DHFR, blockiert den Transport des mit einer mitochondrialen Leader-Sequenz verbundenen DHFR in Mitochondrien. Die feste Bindung von Methotrexat verhindert, daß das Enzym sich während der Membranpassage entfalten kann. Die Sequenz des transportierten Proteins spielt demnach zwar keine Rolle für die Zielsteuerung; damit sie aber in der Lage ist, der Leitsequenz durch die Membran hindurch zu folgen, muß sie flexibel genug sein, um eine ungefaltete Konformation einnehmen zu können.

Der Transport durch die Mitochondrienmembran dürfte daher eine Reihe von Faltungs- und Entfaltungsschritten erfordern. Ein nach Beendigung seiner Synthese ins Cytosol entlassenes Protein wird gefaltet. Damit es die mitochondriale Membran passieren kann, muß es wieder entfaltet werden. Nachdem das Protein in einem ungefalteten Zustand die Membran durchquert hat, muß es sich zu seiner reifen Konformation falten. Diese endgültige Faltung erfordert die Mitwirkung eines im Mitochondrium vorkommenden Chaperons.

Viele Bestandteile des mitochondrialen Importapparats wurden identifiziert. Der erste Schritt beim Transport nach innen ist die Bindung an einen in der äußeren Membran lokalisierten Rezeptor, der das Protein zum Importkanal weiterleitet. Es gibt eine Vielfalt an Rezeptoren, die unterschiedliche Spezifitäten für die zu importierenden Proteine aufweisen: Manche Proteine besitzen spezifisch auf sie zugeschnittene Rezeptoren, während andere einen eher unspezifischen Apparat durchlaufen.

Erreicht das importierte Protein die Matrix, so wird es durch das Hsp70-Chaperon gebunden. Die starke Affinität von Hsp70 für die ungefaltete Konformation des an der inneren Membran auftauchenden Proteins hilft dabei, dieses durch den Kanal zu „ziehen".

Eine wichtige Chaperonaktivität in der Mitochondrienmatrix erfüllt Hsp60 (das die gleiche Art von Struktur bildet wie sein Gegenstück GroEL). Die Assoziation mit Hsp60 ist für die Verbindung von Untereinheiten eingeschleuster Proteine erforderlich, die oligomere Komplexe bilden. Ein importiertes Protein wird vermutlich von Hsp70 an Hsp60 „weitergereicht", während es seine richtige Konformation einnimmt.

Die Faltung eines mitochondrialen Proteins erfolgt daher vor und nach seiner Passage durch die Membran unter verschiedenen Bedingungen. Die im Cytosol und in der Mitochondrienmatrix vorliegenden Ionenbedingungen und Chaperone unterscheiden sich. Es ist daher möglich, daß verschiedene Konformationen eingenommen werden, das heißt, daß ein mitochondriales Protein seine reife Konformation *nur* im Mitochondrium erhalten kann.

10.3 Eine Hierarchie von Sequenzen bestimmt die Lokalisation innerhalb der Organellen

Das Mitochondrium ist von einer aus zwei Membranen bestehenden Hülle umgeben. In Mitochondrien importierte Proteine können in der äußeren Membran, im Membranzwischenraum, in der inneren Membran oder in der Matrix lokalisiert sein. Ist ein Protein Bestandteil einer der beiden Membranen, so kann es so orientiert sein, daß es entweder nach innen oder nach außen weist.

Wie gelangt ein Protein durch den Intermembranraum hindurch von einer Membran zur nächsten? Der Transfer erfolgt wahrscheinlich an Stellen, wo sich die Innen- und Außenmembran des Mitochondriums berühren. Die Transportsysteme der inneren und äußeren Membran sind unabhängig voneinander, aber dennoch auf irgendeine Weise gekoppelt, um den Transport durch beide Membranen zu gewährleisten. Es ist möglich, Zwischenprodukte abzufangen, deren Leader-Sequenz bereits durch die Matrixprotease abgespalten wurde, während der Hauptteil des Vorläufers sich noch an der cytosolischen Membranoberfläche befindet. Dies läßt vermuten, daß ein Protein während seiner Passage beide Membranen durchspannt. Das importierte Protein wird vermutlich durch hydrophile Poren eingeschleust, die es von den beiden Lipiddoppelschichten abschirmen.

Was ist für die Einschleusung eines Mitochondrienproteins in das passende Kompartiment verantwortlich? Der „vorprogrammierte" Weg eines ins Mitochondrium transportierten Proteins ist der Transfer durch beide Membranen hindurch in die Matrix. Die Fähigkeit dazu verleiht der N-terminale Abschnitt der Leader-Sequenz. Ein Protein, das im Intermembranraum oder der inneren Membran selbst lokalisiert ist, benötigt ein weiteres Signal, das seinen Bestimmungsort innerhalb der Organelle spezifiziert. Eine mehrteilige Leader-Sequenz enthält Signale, die auf hierarchische Weise arbeiten; dies zeigt die Übersicht in Abbildung 10.11. Der erste Abschnitt der Leader-Sequenz weist dem Protein den Weg zur Organelle; der zweite Abschnitt ist erforderlich, wenn sein Bestimmungsort ein anderer ist als die Matrix. Die beiden Teile der Leader-Sequenz werden durch nacheinander erfolgende Spaltungsvorgänge entfernt.

Ein Beispiel ist Cytochrom c_1. Es ist an die innere Membran gebunden und dem Intermembranraum zugewandt. Seine Leader-Sequenz besteht aus 61 Aminosäuren und läßt sich in Abschnitte mit unterschiedlichen Funktionen unterteilen. Die ersten 32 Aminosäuren allein oder sogar nur die N-terminale Hälfte davon genügen, um DHFR bis in die Matrix zu transportieren. *Der erste Teil der Leader-Sequenz (32 N-terminale Aminosäuren) stellt also ein Matrixsteuersignal (matrix-targeting signal) dar.* Die vollständige Leader-Sequenz transportiert jedoch eine mit ihr verknüpfte Sequenz – beispielsweise die DHFR der Maus – in den Intermembranraum.

Was hindert ein Protein mit einer intakten Leader-Sequenz daran, seinen Weg über den Intermembranraum hinaus fortzusetzen? *Der auf das Matrixsteuersignal folgende Bereich (der 19 Aminosäuren der Leader-Sequenz umfaßt) enthält ein weiteres Signal, das das Protein an der inneren Membran oder innerhalb des Intermembranraumes positioniert.* Der Einfachheit halber wird es in der Folge als *Membransteuersignal (membrane-targeting signal)* bezeichnet.

Die Abspaltung des Matrixsteuersignals ist der einzig notwendige Prozessierungsvorgang für Proteine, die in der Matrix lokalisiert sind. Auch von Proteinen des Intermembranraumes muß dieses Signal abgespalten werden; doch im Anschluß daran lenkt das Membransteuersignal (nun die N-terminale Sequenz des Proteins) das Protein zu seinem Bestimmungsort in der äußeren oder inneren Membran oder im Intermembranraum. Dann wird auch dieses abgespalten.

Das N-terminale Matrixsteuersignal arbeitet bei allen Mitochondrienproteinen auf die gleiche Weise. Seine Erkennung durch einen Rezeptor auf der Außenmembran führt zum Transport durch beide Membranen. Auch die Protease, welche die Spaltung des Matrixsteuersignals vornimmt, ist die gleiche, ungeachtet des endgültigen Bestimmungsortes des Proteins. Sie ist ein wasserlösliches, Mg^{2+}-abhängiges Enzym, das in der Matrix lokalisiert ist. *Die N-terminale Sequenz muß daher also in die Matrix gelangen, selbst wenn das Protein letztlich für den Intermembranraum bestimmt ist.*

Sind keine weiteren Signale vorhanden, verbleibt das Protein in der Matrix. Existiert jedoch zusätzlich ein Membransteuersignal, so wird es bei Abspaltung des Matrixsteuersignals aktiviert. Der übrige (jetzt N-terminale) Teil der Leader-Sequenz ist dann dafür verantwortlich, daß das Protein seinen endgültigen Platz einnimmt.

Die Wirkungsweise des Membransteuersignals ist umstritten. Ein Modell vertritt die Vorstellung, daß das gesamte Protein zunächst in die Matrix gelangt; das Membransteuersignal sorgt anschließend für seinen Rücktransport in die Membran oder den Intermembranraum. Einem anderen Modell zufolge verhindert die Membransteuersequenz einfach, daß das Protein der Leader-Sequenz durch die innere Membran hindurch in die Matrix folgt. Welches der beiden Modelle auch zutreffen mag: Eine weitere Protease (des Intermembranraumes) entfernt anschließend den restlichen Teil der Leader-Sequenz.

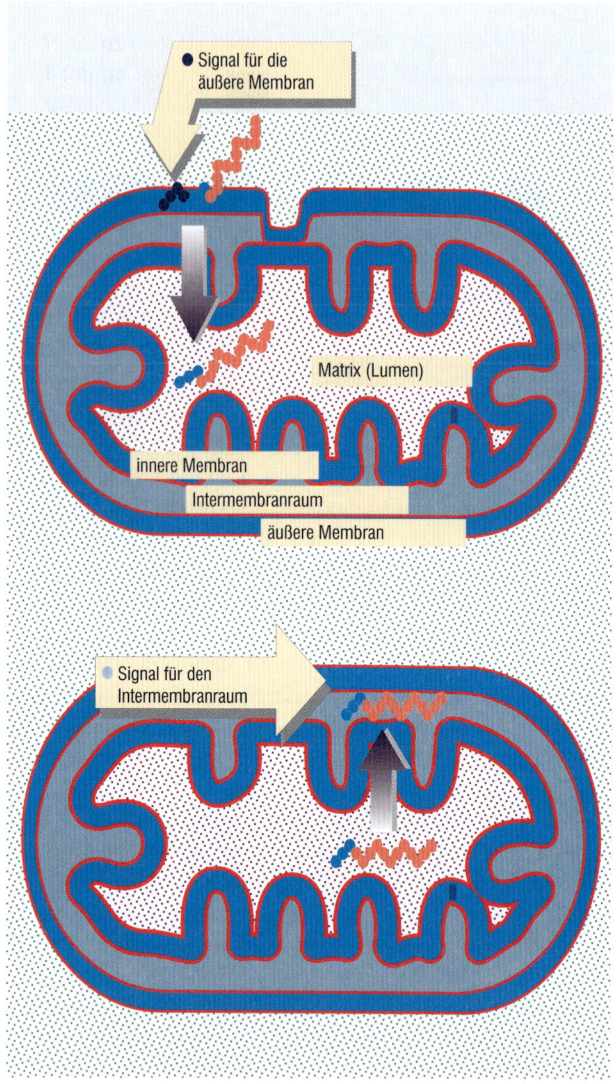

10.11 Nach Erkennung der Leader-Sequenz durch die äußere Membran wird das Protein in die Matrix transportiert; dort wird die Leader-Sequenz abgespalten. Besitzt das Protein ein Membransteuersignal, so kann es zwischen oder in die Membranen eingebaut werden.

Die beiden Abschnitte einer Leader-Sequenz, welche die zwei Signaltypen enthält, sind unterschiedlich zusammengesetzt. Wie Abbildung 10.12 zeigt, ähneln die 35 N-terminalen Aminosäuren den Leader-Sequenzen anderer Organellen dadurch, daß sie einen hohen Gehalt an ungeladenen Aminosäuren aufweisen, zwischen denen verstreut basische Aminosäuren liegen. Es folgt ein ununterbrochener

Abschnitt aus 19 ungeladenen Aminosäuren, der lang genug ist, um durch eine Lipiddoppelschicht zu reichen. Diese Sequenz hat Ähnlichkeit mit jenen, die an der Proteintranslokation an Membranen des endoplasmatischen Reticulums beteiligt sind (Abschnitt 10.4).

Eine abspaltbare Leader-Sequenz ist nicht die einzige Art von Information, durch die ein Protein in einer Organelle plaziert werden kann. Manche Mitochondrienproteine werden als solche in ihrer ausgereiften Form erkannt; sie besitzen am N-Terminus oder intern eine Sequenz, welche die Membranpassage fördert, ohne dabei abgespalten zu werden. In jedem Fall scheint die Abspaltung nicht mechanisch an die Organellenerkennung gekoppelt zu sein, denn die Mutation der Spaltstelle verhindert den Import eines Proteins nicht.

Die Durchquerung der Chloroplastenmembranen wird auf ähnliche Weise erreicht. Abbildung 10.13 veranschaulicht die verschiedenen Positionen der Chloroplastenproteine. Sie gelangen über die äußere und innere Hüllmembran ins Stroma, ein Vorgang, der die gleichen Schritte umfaßt wie die Passage in die Mitochondrienmatrix. Manche Proteine werden jedoch noch weiter transportiert, und zwar durch die Membranstapel der Thylakoide hindurch in deren Lumen. Proteine, die für die Thylakoidmembran oder das Lumen bestimmt sind, müssen auf ihrem Weg das Stroma durchqueren.

Die Steuersignale der Chloroplasten ähneln jenen der Mitochondrien. Die Leader-Sequenz besteht aus etwa 50 Aminosäuren, und die N-terminale Hälfte ist für die Erkennung der Chloroplastenhülle erforderlich. Eine Spaltung zwischen Position 20 und 25 erfolgt während oder nach der Passage durch die Hülle. Proteine, deren Bestimmungsort die Thylakoidmembran oder das Lumen ist, verfügen nun über eine neue N-terminale Leader-Sequenz, die der Erkennung der Thylakoidmembran dient.

Als allgemeines Prinzip bei der Steuerung des Proteintransports in Mitochondrien und Chloroplasten gilt, daß *der N-terminale Teil der Leader-Sequenz ein Protein in die Organellenmatrix dirigiert; eine zusätzliche Sequenz (innerhalb der Leader-Sequenz) ist erforderlich, um ein Protein in der äußeren oder inneren Membran oder im Intermembranraum zu plazieren.*

Ein weiteres Beispiel für die Zielsteuerung mittels spezifischer Aminosäuresequenzen bedient sich C-terminaler Regionen. Peroxisomen sind kleine Organellen, die von einer einzigen Membran umgeben sind. Sie enthalten Enzyme, die für die Sauerstoffnutzung zuständig sind. Peroxisomen wandeln Sauerstoff in Wasserstoffperoxid

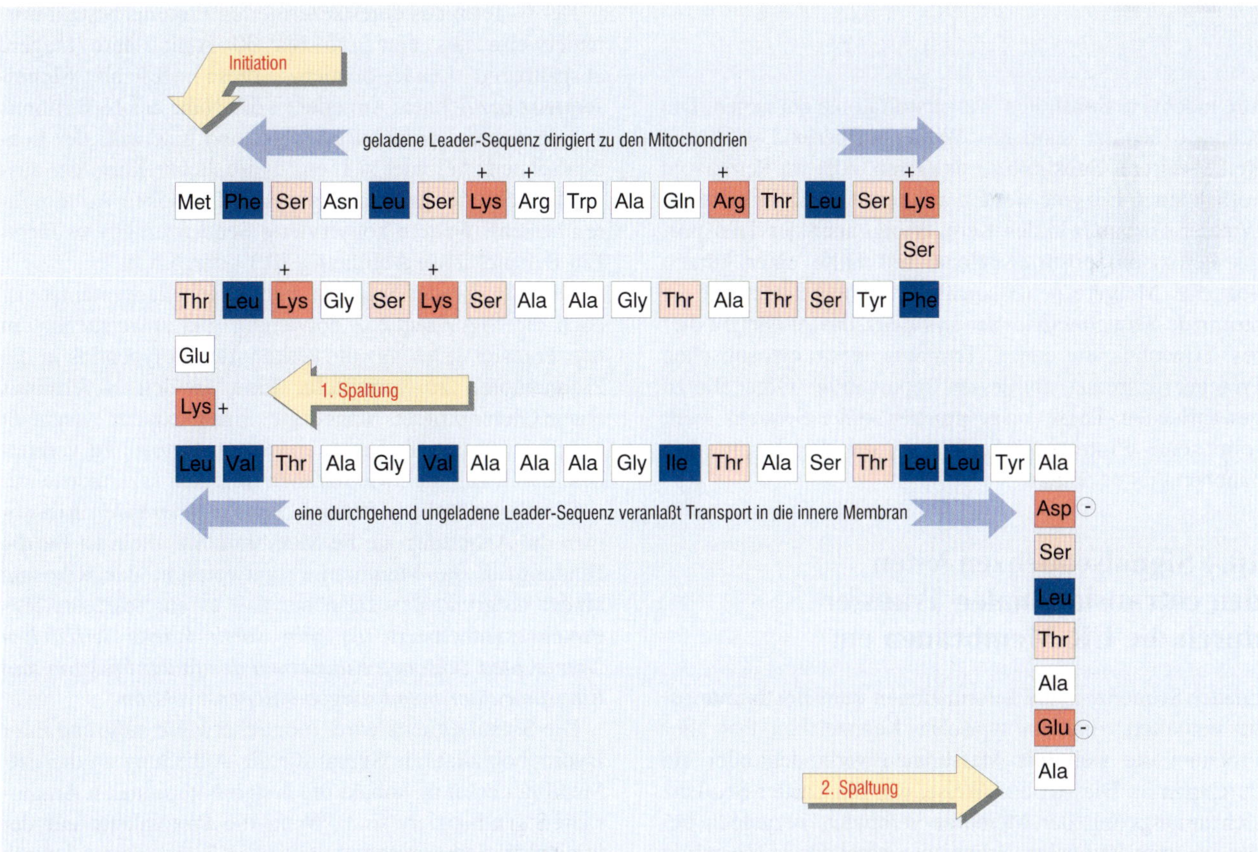

10.12 Die Leader-Sequenz des Cytochrom c_1 der Hefe enthält einen N-terminalen Abschnitt, der das Protein in das Mitochondrium dirigiert. Darauf folgt ein Abschnitt, der das (gespaltene) Protein zur inneren Membran lotst. Die Leader-Sequenz wird durch zwei Spaltungsvorgänge entfernt; der erste erfolgt an einer nichtidentifizierten Stelle zwischen den beiden Abschnitten, der zweite am Anfang des reifen Proteins.

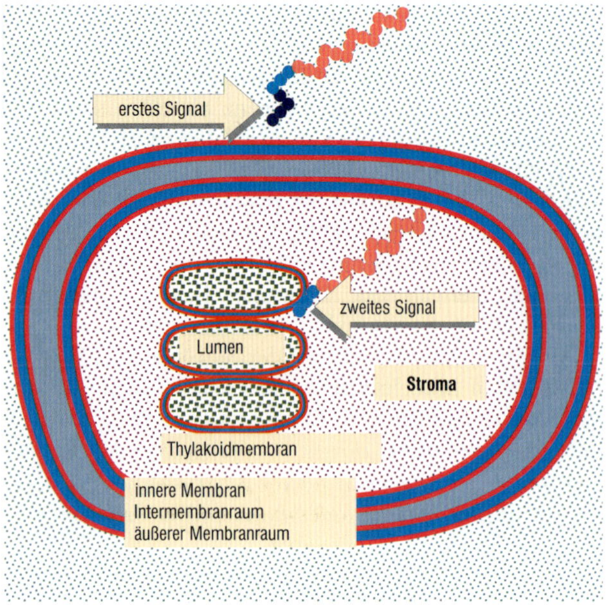

10.13 Ein Protein tritt aus dem Cytosol mit einer etwa 50 Aminosäure langen Leader-Sequenz an den Chloroplasten heran. Die N-terminale Hälfte der Leader-Sequenz ermöglicht den Transport in die Hülle oder durch diese hindurch ins Stroma. Die Spaltung erfolgt während der Passage. Anschließend übernimmt der verbliebene Teil der Leader-Sequenz die Steuerung der Proteine, welche die Thylakoidmembran durchqueren müssen.

um, indem sie Substraten Wasserstoffatome entziehen. Die Katalase benutzt dann das Wasserstoffperoxid, um eine Reihe weiterer Substrate zu oxidieren. Alle im Peroxisom vorhandenen Enzyme werden aus dem Cytosol importiert. Wie der Transport in den Kern, erfolgt auch der Transport ins Peroxisom posttranslational mit Hilfe einer kurzen Sequenz. Mehrere peroxisomale Proteine besitzen die C-terminale Sequenz SKL (Ser-Lys-Leu); das Anhängen dieses Tripeptids an den C-Terminus eines cytosolischen Proteins reicht aus, um dessen Import in die Organelle zu gewährleisten. Diese ausgesprochen kurze Sequenz stellt somit eine Eintrittsmöglichkeit in das Peroxisom dar; daneben gibt es andere.

10.4 Signalsequenzen leiten den cotranslationalen Transfer durch die ER-Membranen ein

Leader-Sequenzen, die Informationen zum Bestimmungsort enthalten, sind ein typisches Kennzeichen fast aller Proteine, die sich mit Membranen verbinden oder sie durchqueren. Die Art und Weise, wie die Leader-Sequenz sich anfangs mit der Membran verbindet, ist jedoch bei der posttranslationalen Erkennung einer Organellenhülle anders als beim cotranslationalen Eintritt in den Sekretionsapparat der Zelle.

Proteine, die im endoplasmatischen Reticulum, im Golgi-Apparat oder in der Plasmamembran lokalisiert sind oder von der Zelle sezerniert werden, haben für ihre Verbindung mit der Membran einen gemeinsamen Ausgangspunkt. Die Ribosomen, die diese Proteine synthetisieren, heften sich so an das endoplasmatische Reticulum, daß das naszierende Protein cotranslational an die Membran weitergegeben werden kann. Bereiche des ER, die mit Ribosomen assoziiert sind, werden manchmal als „rauhes ER" bezeichnet; im Gegensatz dazu sind die Bereiche des sogenannten „glatten ER" nicht mit Polysomen verbunden und sehen eher röhren- als stapelförmig aus.

Die am rauhen endoplasmatischen Reticulum synthetisierten Proteine werden vom Ribosom direkt an die Membran weitergereicht. Von den Membranen des endoplasmatischen Reticulums gelangen die Proteine in den Golgi-Apparat; von dort aus werden sie zu ihrem endgültigen Bestimmungsort, z. B. in ein Lysosom, in ein sekretorisches Vesikel oder in ein Plasmamembran, geleitet. (Dieser gelenkte Proteintransport wird in Kapitel 34 behandelt.)

Ein Modell für den Mechanismus der Membraninsertion entwickelte sich aus Arbeiten mit Mikrosomenpräparationen aus Säugern (die Ribosomen und ER-Membranen enthalten). Solche Systeme können *naszierende* Proteine in Membranen „verpacken"; sie funktionieren jedoch nicht, wenn isolierte Präproteine posttranslational zugegeben werden. *Das Protein muß sich folglich noch während seiner Synthese mit der Membran verbinden.*

Der N-Terminus eines sezernierten Proteins besteht normalerweise aus einer 15 bis 30 Aminosäure langen, abspaltbaren Leader-Sequenz; diese wird als **Signalsequenz** bezeichnet. Am oder in der Nähe des N-Terminus liegen mehrere polare Bausteine, und innerhalb der Leader-Sequenz befindet sich ein hydrophober Kern, der ausschließlich oder größtenteils aus hydrophoben Aminosäuren besteht. Weitere konservierte Sequenzen gibt es nicht. Ein Beispiel ist in Abbildung 10.14 dargestellt.

Wie die Leader-Sequenz von Organellenproteinen ist auch die Signalsequenz notwendig und ausreichend, um den Transfer jedes mit ihr verknüpften Polypeptids in die Zielmembran zu vermitteln. Eine an den N-Terminus eines Globinproteins angefügte Signalsequenz veranlaßt beispielsweise, daß dieses, anstatt im Cytosol zu verbleiben, durch zelluläre Membranen hindurch sezerniert wird.

Die Signalsequenz ermöglicht translatierenden Ribosomen die Anheftung an die Membran. Sie allein ist für die Bindung an die Membran verantwortlich; das Ribosom bindet aufgrund der Tatsache, daß es ein sekretorisches Protein synthetisiert. *Es gibt somit keinen wirklichen Unterschied zwischen Ribosomen der freien Fraktion und Ribosomen der membrangebundenen Fraktion.*

Die Signalsequenz wird, möglicherweise aufgrund ihrer Hydrophobizität, als Signal für die Anheftung an die ER-Membran erkannt, sobald die ersten N-terminalen Aminosäuren synthetisiert sind. Wenn die Proteinkette auf der luminalen Seite erscheint, wird die Signalsequenz durch eine membranständige Protease abgespalten. Zu dem Zeitpunkt, an dem das Ribosom die Translation beendet hat, ist das Protein bereits zu einem guten Teil durch die Membran hindurchgewandert.

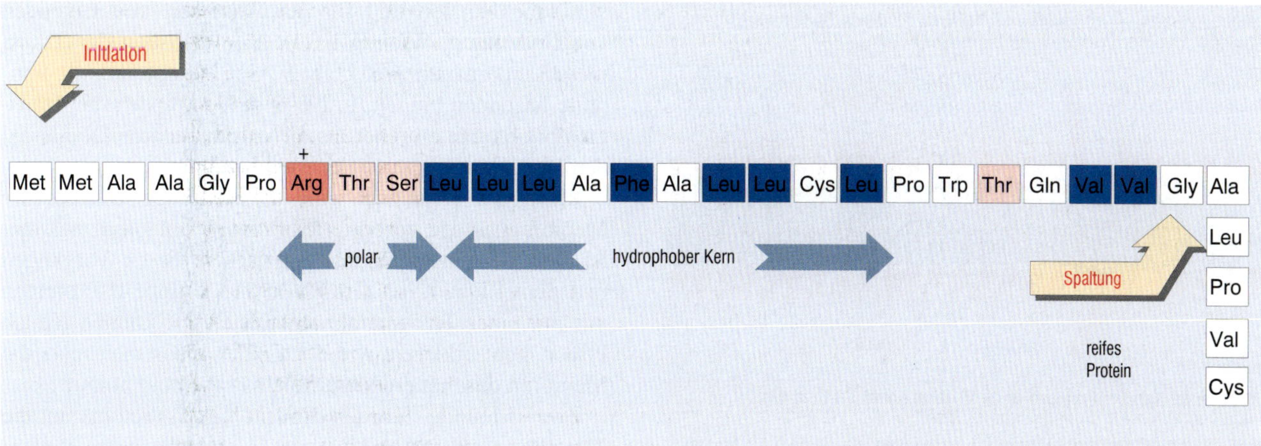

10.14 Die Signalsequenz des Rinderwachstumshormons besteht aus 29 N-terminalen Aminosäuren; sie besitzt einen stark hydrophoben Bereich in der Mitte; davor oder zu beiden Seiten befinden sich Abschnitte mit polaren Aminosäuren.

10.5 Wie gelangen Proteine in Membranen hinein und wie heraus?

Die Verbindung zwischen einem Protein und einer Membran kann verschiedene Formen annehmen. Proteine, die aus der Zelle sezerniert werden, müssen die Membran durchqueren; es stellt sich daher die Frage, wie sie den Eintritt in die Lipiddoppelschicht in die Wege leiten und sie dann passieren. Membranständige Proteine können diesen Prozeß auf die gleiche Weise beginnen, wechseln dann aber von der löslichen Phase in das hydrophobe Milieu über.

Die Arbeitsdefinition eines **integralen Membranproteins** ist, daß für seine Freisetzung aus der Membran das Aufbrechen der Lipiddoppelschicht erforderlich ist. Ein allgemeines Kennzeichen solcher Proteine ist das Vorkommen mindestens einer **Transmembranregion**, die aus einem α-helikalen Abschnitt aus 21 bis 26 hydrophoben Aminosäuren besteht. Eine Sequenz, die den für die Membraninsertion geforderten Kriterien entspricht, kann – wie bereits zuvor in Abbildung 2.6 beschrieben – durch eine Hydropathiekurve festgestellt werden (wenn auch nicht jede auf diese Weise identifizierte Sequenz tatsächlich in der Membran zu finden ist). Ein Protein mit beidseitig aus der Membran herausragenden Domänen wird als **Transmembranprotein** bezeichnet.

Abbildung 10.15 zeigt, auf welche Weise Proteine innerhalb der Membran organisiert sein können. Ein wichtiges Merkmal ist die Anzahl der Transmembrandomänen. Existiert nur eine, so bestimmt ihre Position, wieviel von dem Protein auf der einen beziehungsweise anderen Seite herausragt. Ein Protein kann ausgedehnte Domänen auf beiden Seiten der Membran aufweisen; es kann aber auch eine eher endständige Insertionsstelle besitzen, so daß nur wenig oder kein Material an der entsprechenden Membranseite nach außen ragt. Die Länge des nahe der Eintrittsstelle aus der Membran ragenden N- oder C-terminalen Schwanzes kann unbedeutend kurz, aber auch sehr lang sein.

Proteine mit nur einer Transmembrandomäne lassen sich in zwei Klassen einteilen. Proteine der Gruppe I besitzen einen in den extrazellulären Raum ragenden N-Terminus; sie sind häufiger als Proteine der Gruppe II, deren N-Terminus dem Cytoplasma zugewandt ist und die somit eine umgekehrte Orientierung aufweisen. Die Orientierung wird während der Insertion des Proteins in das endoplasmatische Reticulum festgelegt.

Sind mehrere Transmembrandomänen vorhanden, dann liegen bei einer geraden Anzahl die beiden Enden des Proteins auf derselben Seite der Membran, bei einer ungeraden Zahl befinden sie sich auf entgegengesetzten Seiten. Die Länge der auf einer oder beiden Seiten aus der Membran ragenden Domänen wird durch die Lage der Transmembrandomänen bestimmt. An beiden Termini können sich Domänen außerhalb der Membran befinden, und die zwischen ihnen liegenden internen Sequenzen ragen schleifenförmig in den extrazellulären Raum oder ins Cytoplasma. Ein häufiger Strukturtyp ist der „Sieben-Membranpassagen"- oder „Serpentinen"-Rezeptor; ein weiterer ist die „Zwölf-Membranpassagen"-Komponente eines Ionenkanals.

Spielt eine Transmembrandomäne, abgesehen davon, daß sie dem Protein die Integration in die Lipiddoppelschicht ermöglicht, eine Rolle bei der Proteinfunktion? Bei den einfachen Proteinen der Gruppe I oder II hat sie kaum oder keine zusätzliche Funktion; oft kann sie durch eine beliebige andere Transmembrandomäne ersetzt werden. Transmembrandomänen erfüllen jedoch eine wichtige Funktion bei Proteinen, die mehrfach die Membran durchqueren oder die Untereinheiten besitzen, die innerhalb der Membran oligomerisieren. In solchen Fällen enthalten die Transmembrandomänen oft polare Aminosäuren, die in den einmal die Membran durchquerenden Domänen der Gruppe-I- und Gruppe-II-Proteine vollständig fehlen. Treten polare Abschnitte der membrandurchspannenden Domänen nicht mit der Lipiddoppelschicht, sondern miteinander in Wechselwirkung, so könnten sie innerhalb der Lipiddoppelschicht eine polare Pore oder einen polaren

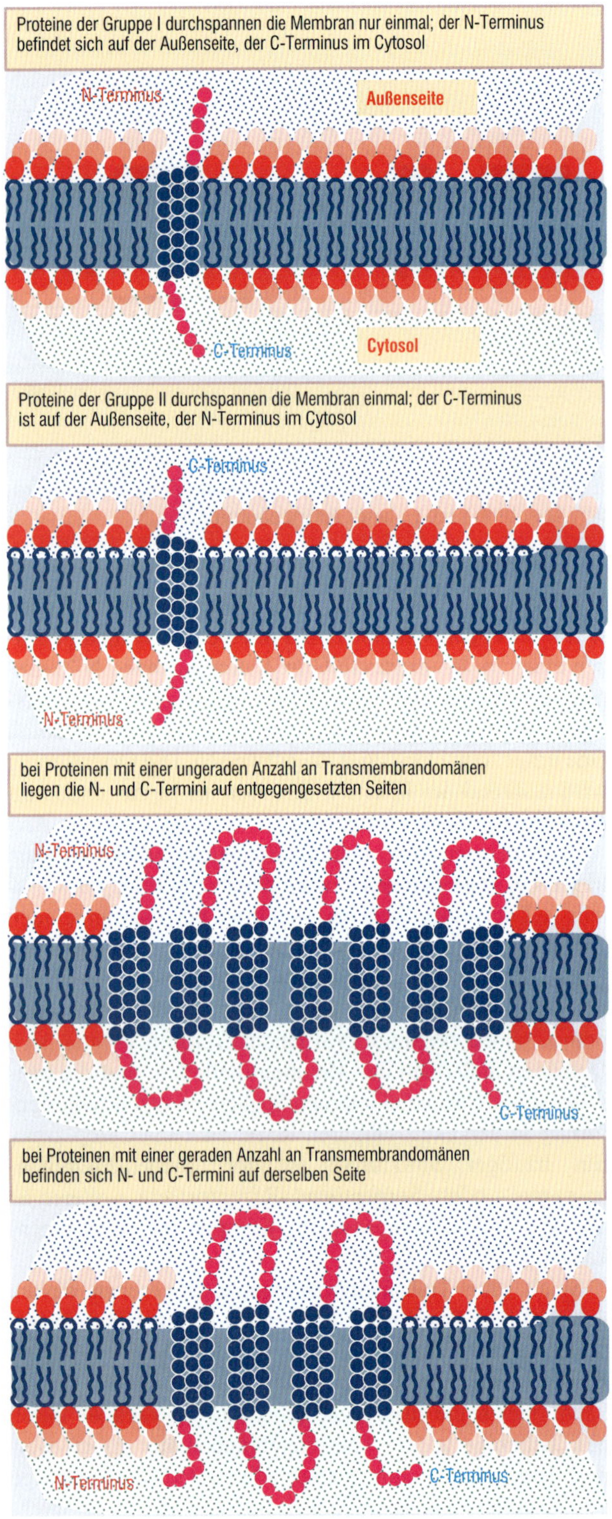

10.15 Die Lage der Membranproteine hängt von der Zahl und Anordnung der Transmembranregionen ab.

Kanal bilden. Durch Interaktion zwischen solchen Transmembrandomänen kann eine hydrophile Passage durch das hydrophobe Membraninnere entstehen. Diese kann stark geladenen Ionen oder Molekülen den Durchtritt durch die Membran ermöglichen und ist für die Funktion von Ionenkanälen und für den Transport von Liganden von Bedeutung. Wichtig ist die Konformation der Transmembrandomänen auch bei gewissen Rezeptoren, die lipophile Liganden binden. In diesen Fällen binden die Transmembrandomänen (eher als die extrazellulären Domänen) den Liganden innerhalb der Membranebene.

Recht gut verstanden sind die Vorgänge, die bei der Membranpassage sezernierter Proteine ablaufen; bekannt ist auch der Zusammenhang zwischen diesen Vorgängen und dem Einbau von Gruppe-I- und Gruppe-II-Proteinen mit nur einer Transmembrandomäne. Wir können jedoch bisher nicht erklären, wie der Einbau eines mehrmals die Membran durchquerenden Proteins im Detail abläuft.

Zwei Modelle für den Eintritt eines Proteins in die Membran sind in Abbildung 10.16 einander gegenübergestellt. Der hydrophobe Charakter der Signalsequenz veranlaßte ursprünglich zu der Vorstellung, diese könne direkt in die Lipiddoppelschicht eindringen, wie im oberen Teil der Abbildung dargestellt. Bestärkt wurde diese Idee durch die Beobachtung, daß kurze hydrophobe Peptide direkt mit Membranen assoziieren können. Nach diesem Modell würde die Signalsequenz die Membranbarriere durchbrechen und der Transfer so lange fortgesetzt, bis das gesamte Polypeptid auf der anderen Seite angelangt ist.

Wie der größtenteils hydrophile Rest des Proteins in der Lage ist, das hydrophobe Milieu der Membran zu passieren, bleibt durch dieses Modell unbeantwortet. Ein Protein, das gerade die ER-Membran durchquert, läßt sich mit Hilfe von denaturierenden Substanzen extrahieren, die in wäßriger Umgebung wirksam sind. Diese Substanzen sind jedoch nicht in der Lage, in der Membran ansässige Proteine zu extrahieren. Dies spricht für das im unteren Teil der Abbildung dargestellte Translokationsmodell, in dem Proteine der ER-Membran einen wäßrigen Kanal durch die Lipiddoppelschicht bilden. Durch diesen Kanal bewegt sich ein Protein bei seiner Passage; es tritt dabei weniger mit der Lipiddoppelschicht als mit den Membranproteinen in Kontakt. Der Kanal könnte im Prinzip bereits existieren (wie in der Abbildung gezeigt) oder aber als Reaktion auf die in die Lipiddoppelschicht eindringende Signalsequenz neu ausgebildet werden. Es sieht inzwischen so aus, als ob ein die Membran durchquerendes Protein tatsächlich in einem wäßrigen Milieu verbleibt und nicht mit der Lipiddoppelschicht in Kontakt kommt. Das bedeutet, daß es über einen bereits bestehenden Kanal in die Membran eintritt.

Kanäle können über den durch sie hindurchfließenden Ionenstrom (gemessen als örtliche Veränderung der elektrischen Leitfähigkeit) nachgewiesen werden. Ein Kanal scheint geöffnet zu werden, wenn eine naszierende Polypeptidkette von einem Ribosom auf die ER-Membran übertragen wird. Das translozierte Protein füllt den Kanal vollständig aus, denn Ionen können während der Translokation nicht passieren. Wird jedoch das Protein durch Behandlung mit Puromycin freigesetzt, ist der Kanal frei passierbar. Die Entfernung der Ribosomen von der Membran bewirkt die Schließung der Kanäle; dies deutet darauf hin, daß der offene Zustand die Anwesenheit von Riboso-

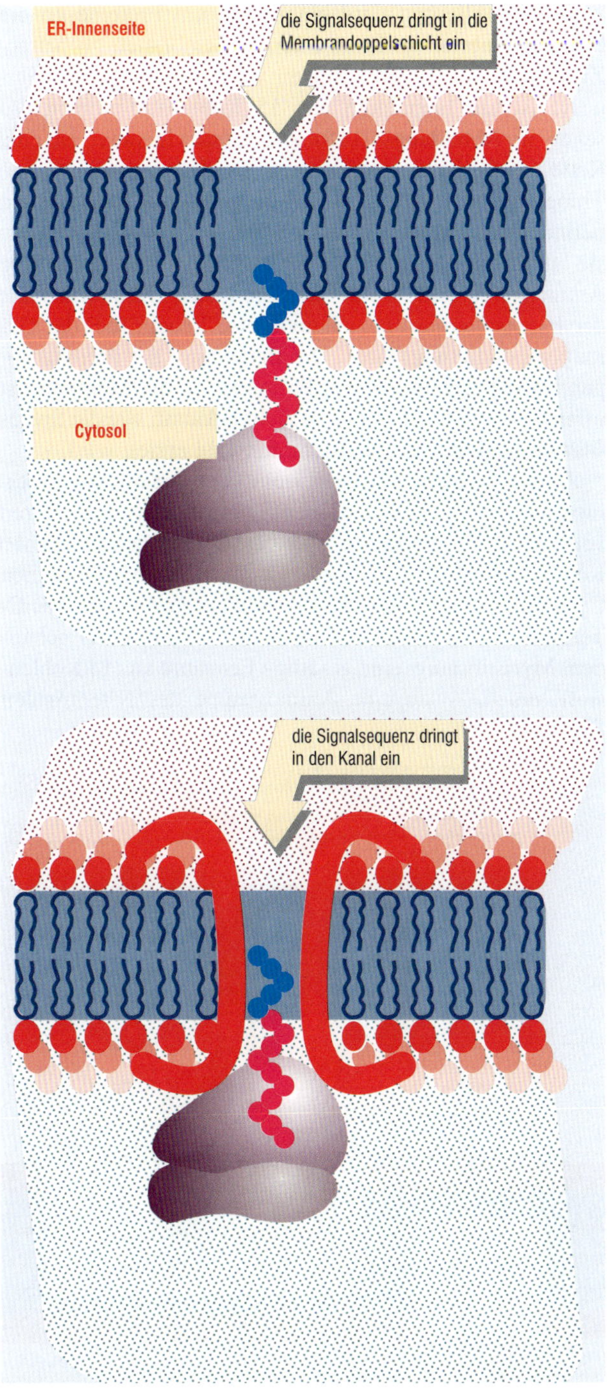

10.16 Tritt eine Signalsequenz unmittelbar mit der hydrophoben Umgebung der Lipiddoppelschicht in Wechselwirkung oder gelangt sie direkt in einen wäßrigen Tunnel, der von Membranproteinen des ER gebildet wird?

men erfordert. Der Kanal sorgt demnach offensichtlich für eine wäßrige Umgebung, die dem Protein die Durchquerung der Membran ermöglicht.

Die wäßrige Umgebung einer Aminosäure in einem Protein läßt sich durch Einbau von Aminosäuren mit photoreaktiven Resten nachweisen. Die Fluoreszens dieser Reste zeigt an, ob sie sich in einem wäßrigen oder hydrophoben Milieu befinden. Die Zugänglichkeit der Sonden weist ferner darauf hin, ob sie nach außen, das heißt in die angrenzende Umgebung ragen. Experimente mit solchen Sonden führen zu folgendem Ergebnis: Wird die Signalsequenz zunächst im Ribosom synthetisiert, so befindet sie sich in einem wäßrigen Zustand, in dem sie für Ionen im Cytosol nicht zugänglich ist. Sie verbleibt in diesem wäßrigen Zustand während der gesamten Interaktion mit einer Membran. Das deutet darauf hin, daß das translozierende Protein aus einem umschlossenen Tunnel im Ribosom direkt in einen wäßrigen Kanal in der Membran gelangt.

Dieses Modell erklärt, wie ein sezerniertes, hydrophiles Protein eine Membran durchquert, ohne dabei mit der hydrophoben Lipiddoppelschicht in Konflikt zu geraten. Für Membranproteine ergibt sich daraus allerdings ein Problem. Abbildung 10.17 veranschaulicht den Unterschied zwischen der Organisation eines translozierten Proteins,

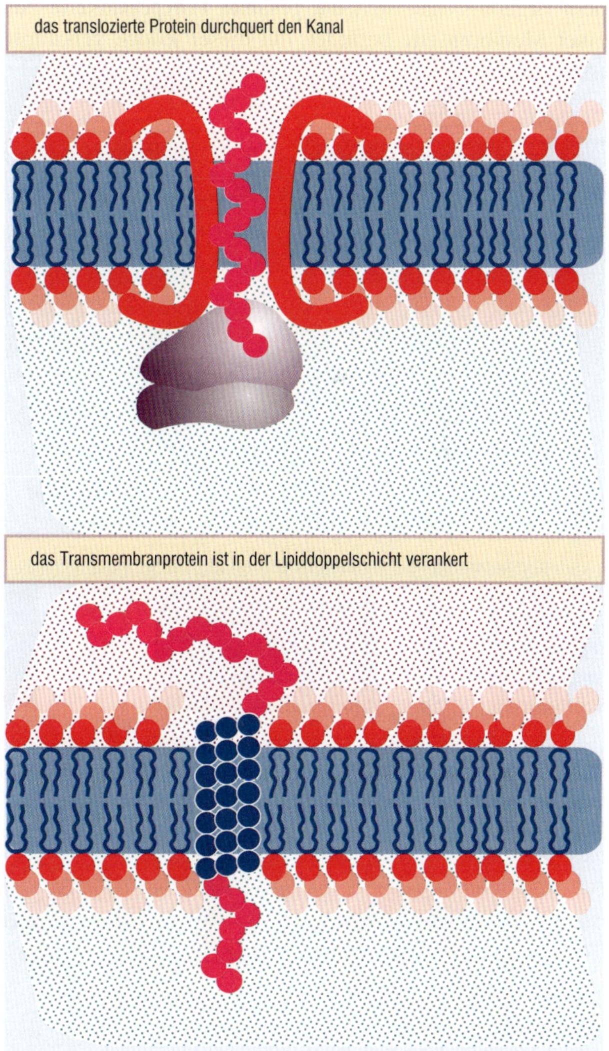

10.17 Wie gelangt ein Transmembranprotein aus dem Proteinkanal, durch den es geschleust wird, in direkte Wechselwirkung mit der Lipiddoppelschicht?

das durch einen wäßrigen Kanal vor der Lipiddoppelschicht geschützt ist, und eines Transmembranproteins, das über einen hydrophoben Abschnitt direkt mit der Membran in Kontakt steht. Wir wissen nicht, wie ein Protein aus dem Proteinkanal, den es durchquert, in die Lipiddoppelschicht selbst gelangt. Möglich wäre z. B. ein Mechanismus, durch den hydrophobe Transmembrandomänen direkt vom Kanal in die Membran transferiert werden – beispielsweise über eine Umorganisation, die den hydrophoben Abschnitt in Richtung der umgebenden Lipide exponiert. Eine alternative Möglichkeit ist, daß diese Domänen die Auflösung des Kanals verursachen und die hydrophoben Aminosäuren infolgedessen an die Lipiddoppelschicht angrenzen.

Proteine können mit der Membran auch über eine kovalent gebundene Fettsäure der Lipiddoppelschicht assoziiert sein. In Abbildung 10.18 sind vier Möglichkeiten solcher Verknüpfungen dargestellt. In allen Fällen ist eine Fettsäure oder ein Lipid an eine Aminosäure am terminalen Ende des Proteins oder in dessen Nähe gebunden, mit dem Ergebnis, daß sich die gesamte Polypeptidkette auf einer Membranseite befindet, mit dieser jedoch verknüpft ist.

Die Prenylierung wird eingesetzt, um Proteine an die Plasmamembran sowie an interne Membranen zu heften. Zwei Arten von Prenylgruppen wurden identifiziert: Farnesyl ist ein Isoprenoid aus 15 Kohlenstoffatomen (zu sehen in Abbildung 10.18) und Geranylgeranyl ist eine Kette aus 20 Kohlenstoffatomen. Beide werden über eine Thioesterbindung an Cysteinreste gebunden. Das Cystein befindet sich immer an vierter Stelle vor dem C-Terminus; sie ist Teil der Sequenz CAAX, wobei A für aliphatische Aminosäuren und X für Methionin oder Serin (im Falle der Farnesylierung) beziehungsweise Leucin (bei der Geranylgeranylierung) steht. Die Bedeutung der Prenylgruppen für die Anheftung von Proteinen an die Membran ist offensichtlich, doch ist bisher nicht bekannt, wie die Spezifität im Hinblick auf die Membranwahl erzielt wird.

Zwei Fettsäuren werden für die Verankerung von Proteinen auf der cytoplasmatischen Seite der Plasmamembran verwendet. Palmitinsäure, eine gesättigte Fettsäure aus 16 Kohlenstoffatomen, ist über eine Sulfidbindung an einen Cysteinrest in der Nähe des Terminus (gewöhnlich des C-Terminus, aber manchmal auch des N-Terminus) gebunden. Myristinsäure, eine gesättige Fettsäure aus 14 Kohlenstoffatomen, ist an eine Aminogruppe des N-terminalen

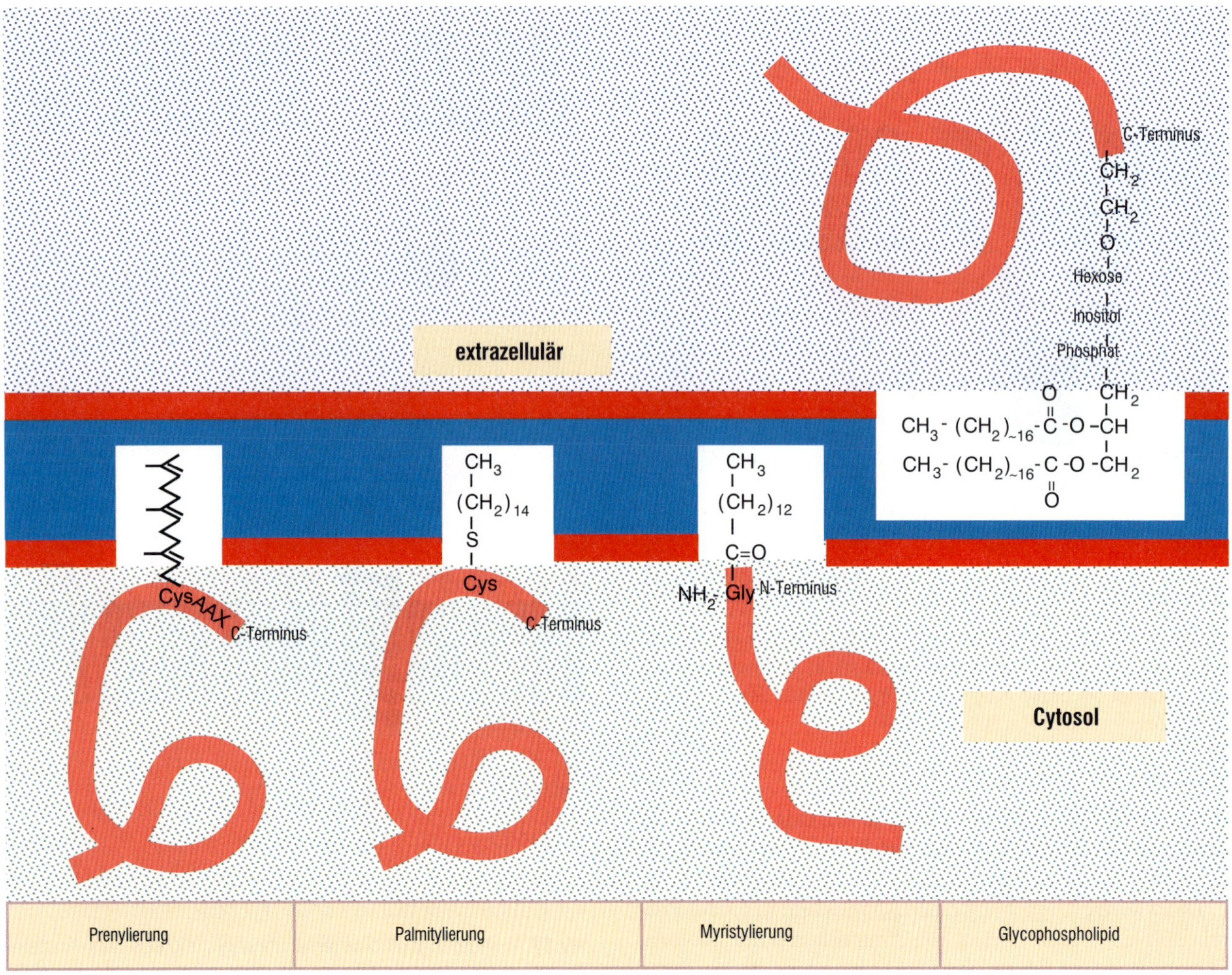

10.18 Proteine können über Acylbindungen mit Fettsäuren an eine Membranseite geheftet sein.

Glycins geknüpft. Myristylierte Proteine sind oft, aber nicht immer, mit einer Membran assoziiert.

Die komplexere Struktur eines Glycosylphosphatidylinositol-(GPI-)Ankers ist mit der Carboxylgruppe der C-terminalen Aminosäure von Proteinen verbunden, die an der extrazellulären Seite aus der Membran herausragen. Tatsächlich erfordert das Anhängen eines GPI-Ankers zunächst die Spaltung der ursprünglichen Polypeptidkette nahe des C-Terminus; der dabei neuentstandene C-Terminus wird dann mit dem Anker verknüpft. Es gibt Enzyme, die den GPI-Anker vom Protein abspalten können und dieses somit in das extrazelluläre Medium entlassen.

10.6 Der Translokationsapparat tritt mit Signalsequenzen in Wechselwirkung

Die Bestandteile des Apparats, der für die Translokation eines Proteins durch eine ER-Membran erforderlich ist, sind inzwischen identifiziert worden, und es ist möglich, das System *in vitro* zu rekonstituieren. Der Vorgang läßt sich in zwei allgemeine Schritte unterteilen: Zuerst binden Ribosomen mit naszierenden Polypeptidketten an die Membranen, anschließend wird die naszierende Kette an den Kanal weitergeleitet und durch ihn hindurchgeschleust.

Mit Salzlösung gewaschene Membranen sind nicht in der Lage, die Anheftung von Ribosomen zu fördern; sie können diese Fähigkeit aber zurückerlangen, wenn man die Waschlösung wieder hinzugibt. Die aktive Komponente der Waschlösung wird als **Signalerkennungspartikel** (*signal recognition particle*, **SRP**) bezeichnet. Diese Struktur hat die Form eines fünf bis sechs Nanometer (nm) breiten und 23 bis 24 nm langen Stabes und kann als 11S-Ribonucleoproteinkomplex isoliert werden, der sechs Proteine (Gesamtmasse 240 kD) und eine kleine 7S-RNA (aus 305 Basen, 100 kD) enthält. Die 7S-RNA bildet das strukturelle Rückgrat des Partikels; fehlt sie, so aggregieren die einzelnen Proteine nicht.

Das SRP verfügt über zwei wichtige Fähigkeiten:

- Es kann an die Signalsequenz naszierender, sekretorischer Proteine binden.
- Es kann zudem an ein membranständiges Rezeptorprotein binden.

Das SRP und der SRP-Rezeptor arbeiten katalytisch, um ein mit einem naszierenden Protein beladenes Ribosom zur Membran zu befördern. Der erste Schritt ist dabei die Erkennung der Signalsequenz durch das SRP. Anschließend bindet das SRP an den SRP-Rezeptor, und das Ribosom heftet sich an die Membran. Abbildung 10.19 faßt die Stadien der Translation eines Membranproteins zusammen.

Der SRP-Rezeptor spielt bei der Proteintranslokation nur eine zeitlich begrenzte Rolle. Die Bindung von SRP an die Signalsequenz behindert die Translation. Die Proteinsynthese wird langsamer oder kommt zum Stillstand, wenn etwa 70 Aminosäuren in die Polypeptidkette eingebaut sind (zu diesem Zeitpunkt kommt die 25 Aminosäure lange Leader-Sequenz zum Vorschein, während die nachfolgenden rund 40 Aminosäuren noch im Ribosom verborgen sind).

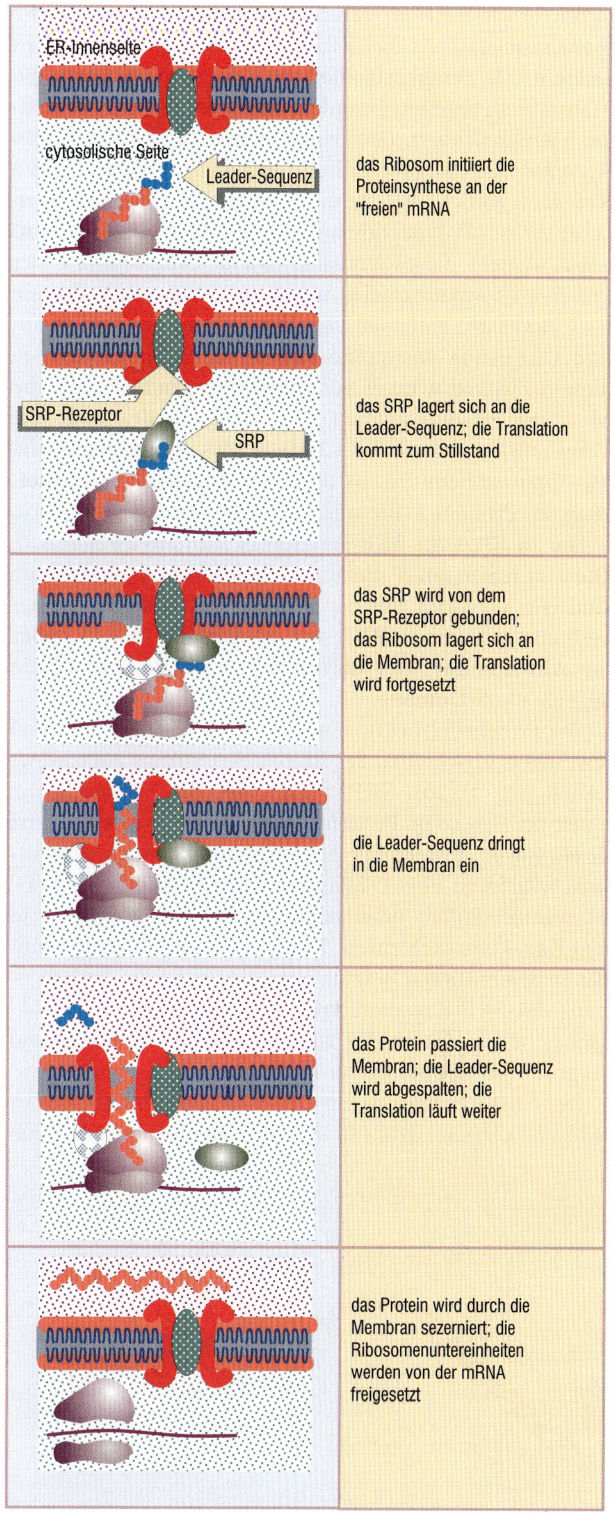

10.19 Ribosomen, die sekretorische Proteine synthetisieren, werden über die Signalsequenz des naszierenden Proteins an die Membran geheftet.

Bindet das SRP an den SRP-Rezeptor, so setzt es die Signalsequenz frei; das Ribosom wird dann durch einen anderen Membranbestandteil gebunden. Nun kann die Translation fortgesetzt werden. Nachdem das Ribosom an die Membran übergeben wurde, haben das SRP und sein Rezeptor ihre Aufgabe erfüllt. Sie gelangen wieder in den Kreislauf zurück, bereit, die Assoziation eines weiteren naszierenden Polypeptids mit der Membran zu vermitteln.

Ein Aspekt dieses Vorgangs könnte die Kontrolle der Proteinkonformation sein. Würde das naszierende Protein ins Cytoplasma entlassen, so könnte es eine durch die wäßrige Umgebung bestimmte Konformation einnehmen; in diesem Zustand wäre es vermutlich nicht in der Lage, die Membran zu durchqueren. Die Fähigkeit des SRP, die Translation während der Übergabe des Ribosoms an die Membran zu hemmen, ist daher wichtig, um eine Freisetzung des Proteins in die wäßrige Umgebung zu verhindern.

Die 7S-RNA des SRP-Partikels besteht aus zwei Teilen. Die 100 Basen am 5′-Ende und die 45 Basen am 3′-Ende sind eng verwandt mit der Sequenz der Alu-RNA, einer verbreiteten kleinen RNA der Säuger. Sie bilden daher die **Alu-Domäne**. Der übrige Teil der RNA umfaßt die sogenannte **S-Domäne**.

Die Proteinzielfunktionen sind in der SRP-Struktur den jeweiligen Abschnitten des Ribonucleoproteins zugeordnet (Abbildung 10.20). SRP54 kann mit der Signalsequenz eines naszierenden Proteins quervernetzt werden; es ist direkt für die Erkennung des Substratproteins verantwortlich. SRP54 ist eine GTPase, und die Spaltung von GTP ist wahrscheinlich notwendig, um die Signalsequenz in den Kanal einzuschleusen. Das SRP68-SRP72-Dimer bindet an den mittleren Bereich der RNA; es ist für die Erkennung des SRP-Rezeptors erforderlich. Das SRP9-SRP14-Dimer heftet sich an das andere Ende des Moleküls und sorgt für die Hemmung der Elongation.

Der SRP-Rezeptor ist ein Dimer aus den Untereinheiten SRα (72 kD) und SRβ (30 kD). Das aminoterminale Ende

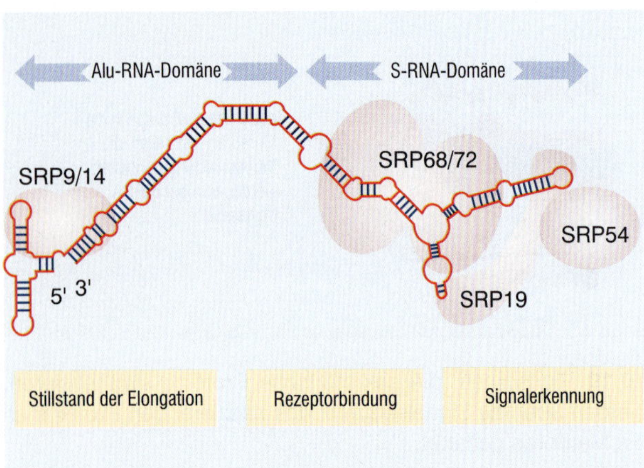

10.20 Die beiden Domänen der 7S-RNA des SRP sind durch ihre Verwandtschaft mit der Alu-Sequenz gekennzeichnet. Fünf der sechs Proteine binden direkt an die 7S-RNA. Jede Funktion des SRP ist mit einem oder mehreren Proteinen assoziiert.

der großen Untereinheit ist im endoplasmatischen Reticulum verankert; der Hauptteil des Proteins ragt ins Cytoplasma hinein. Ein großer Teil dieser cytoplasmatischen Proteinsequenz ähnelt – mit ihren vielen positiven Aminosäuren – nucleinsäurebindenden Proteinen. Dies läßt vermuten, daß der SRP-Rezeptor die 7S-RNA im SRP erkennt. Beide Untereinheiten des SRP-Rezeptors besitzen GTP-Bindungsmotive; die Freisetzung des SRP von seinem Rezeptor erfordert die Hydrolyse von GTP.

Mit Hilfe von zwei Ansätzen wurden die für die Translokation erforderlichen Proteinbestandteile der ER-Membran identifiziert. Mit Translokationsproteinen quervernetzte ER-ständige Membranproteine sind potentielle Untereinheiten des Kanals. Ferner gibt es unter den *sec*-Mutanten der Hefe (so benannt, weil sie keine Proteine sezernieren können) eine Klasse, welche die Akkumulation von Vorläufern sezernierter oder membranständiger Proteine im Cytosol verursacht. Beide Ansätze gemeinsam trugen zur Identifizierung des Sec61-Komplexes bei, der aus drei Transmembranproteinen besteht: Sec61α, β, γ. Wird dieser Komplex zusammen mit dem SRP-Rezeptor in künstliche Membranen eingebaut, so kann er die Translokation einiger naszierender Proteine vermitteln. Andere naszierende Proteine benötigen die Anwesenheit einer zusätzlichen Komponente, die als TRAM bezeichnet wird; es handelt sich um ein großes Protein, das mit einer translozierten, naszierenden Polypeptidkette quervernetzt wird. TRAM stimuliert die Translokation aller Proteine.

Die Bestandteile des Translokationsapparats und ihre Funktionen sind in Abbildung 10.21 zusammengefaßt. Dieses vereinfachte System hebt mehrere wichtige Punkte hervor. Es zeigt, daß Sec61 selbst einen Kanal für die Translokation bilden kann. So kann man sich vorstellen, daß Sec61 sowohl den Kanal bildet als auch mit dem Ribosom in Wechselwirkung tritt, um eine Abdichtung zu schaffen, wenn das Protein in den Kanal eindringt. Die Abspaltung des Signalpeptids findet in diesem System nicht statt und kann daher für die Translokation *per se* nicht von Bedeutung sein. In diesem System werden die Komponenten auf der luminalen Seite der Membran für die Translokation nicht benötigt. Die Effizienz des *in vitro*-Systems ist natürlich relativ gering. Zusätzliche Komponenten könnten *in vivo* erforderlich sein, um einen effizienten Transfer zu erreichen oder um zu verhindern, daß andere zelluläre Proteine den Prozeß beeinträchtigen.

Ein komplexerer Apparat ist dann erforderlich, wenn ein Protein posttranslational in eine Membran eingeführt wird. Der Kanal wird vom gleichen Sec61-Komplex gebildet, doch zusätzlich dazu sind noch vier weitere Sec-Proteine notwendig; desweiteren sind auf der luminalen Seite der Membran das Chaperon BiP (ein Mitglied der Hsp70-Klasse) und die Bereitstellung von ATP erforderlich. Die Aufgabe des BiP könnte darin bestehen, das membrandurchquerende Protein festzuhalten, um eine Umkehrung der Translokation zu verhindern.

Das Signalpeptid wird von einem aus fünf Proteinen bestehenden Komplex, der sogenannten Signalpeptidase, gespalten. Dieser Komplex ist um ein Vielfaches häufiger

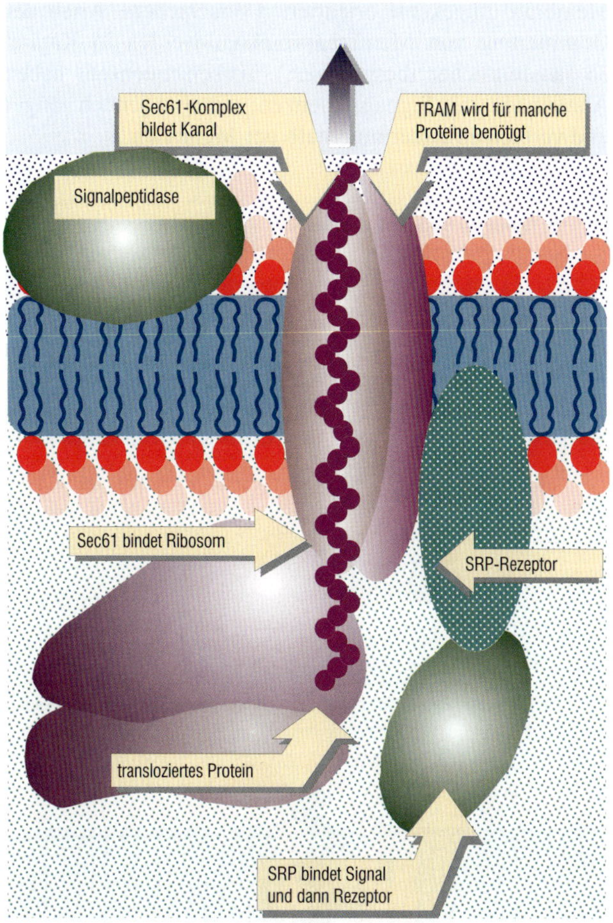

10.21 Der Translokationsapparat besteht aus SRP, SRP-Rezeptor, Sec61, TRAM und Signalpeptidase.

vorhanden als das SRP und sein Rezeptor. Er ist ungefähr ebenso häufig wie membrangebundene Ribosomen und erfüllt daher vermutlich eine strukturelle Funktion. Die Signalpeptidase befindet sich auf der luminalen Seite der ER-Membran; die Signalsequenz muß demzufolge die Membran vollständig durchqueren, bevor die Spaltung erfolgen kann.

10.7 Ankersignale sind für den Verbleib in der Membran erforderlich

Wie werden *durch* die ER-Membran sezernierte Proteine von jenen unterschieden, die *innerhalb* der Membran ansässig sind? Die Insertion von Typ-I- sowie von Typ-II-Proteinen in die Membran verläuft anfänglich genau wie bei sekretorischen Proteinen; sie basiert auf einer cotranslational funktionierenden Signalsequenz. Proteine, die in der Membran verbleiben sollen, besitzen jedoch zusätzlich ein **Transferstopsignal**. Es besteht aus einer Gruppe hydrophober Aminosäuren, die sich in unmittelbarer Nähe einiger geladener Bausteine befinden. Diese Gruppe dient als **Anker**, der sich in die Membran einhakt und das Protein daran hindert, die Membran geradewegs zu durchqueren.

Ankersequenzen besitzen eine erstaunliche Eigenschaft: Sie können als Signalsequenzen fungieren, wenn sie an einer anderen Stelle eingebaut werden. Wird eine solche Sequenz in ein Protein eingefügt, das keine anderen Signale besitzt, so kann sie die Passage durch die Membran vermitteln. Eine mögliche Erklärung für diese Ergebnisse ist, daß Signal- und Ankersequenz mit einer gemeinsamen Komponente des Translokationsapparats in Wechselwirkung treten. Die Bindung der Signalsequenz leitet die Translokation ein; das Auftauchen der Ankersequenz ersetzt jedoch die Signalsequenz und stoppt den Transfer. Ist keine vorhergehende Signalsequenz vorhanden, könnte daher eine Ankersequenz die Translokation initiieren.

Die Membraninsertion beginnt mit der Einführung einer Signalsequenz in Form einer Haarnadelsstruktur, in welcher der N-Terminus auf der cytoplasmatischen Seite verbleibt. Position und Orientierung eines Proteins in der Membran werden von zwei Eigenschaften bestimmt: der eventuellen Spaltung der Signalsequenz und der Lage der Ankersequenz.

Der Einbau eines Typ-I-Proteins wird in Abbildung 10.22 veranschaulicht. Die Signalsequenz ist immer N-terminal. Ihre Abspaltung durch eine Peptidase auf der luminalen Membranseite erzeugt einen neuen N-Terminus, der den Weg ins Lumen fortsetzen kann. Die Lage des Ankersignals bestimmt, wann der Transfer des Proteins gestoppt wird. Setzt sich die Ankersequenz in der Membran fest, so werden sich die Domänen auf der N-terminalen Seite des Ankers im Lumen befinden, während Domänen auf der C-terminalen Seite dem Cytoplasma zugewandt sind.

Gewöhnlich liegen Transferstopsequenzen dieses Typs am C-Terminus. Wie die Abbildung zeigt, kommt der Transfer erst dann zum Stillstand, wenn die letzten Abschnitte des Proteins in die Membran eindringen. Eine solche Anordnung ist für die Lokalisation vieler Proteine in der Membran verantwortlich, darunter auch die von Zelloberflächenproteinen. Der Hauptteil der Proteinsequenz ragt auf der luminalen Seite der Membran heraus, während ein kleiner oder sogar kaum sichtbarer Schwanz dem Cytosol zugewandt ist.

Proteine vom Typ II besitzen keine spaltbare Leader-Sequenz am N-Terminus. Statt dessen ist die Signalsequenz mit einer Ankersequenz kombiniert. Abbildung 10.23 veranschaulicht, wie man sich den allgemeinen, schrittweisen Ablauf des Membraneinbaus eines Typ-II-Proteins vorstellt. Die Signalsequenz dringt in die Membran ein, doch die kombinierte Signal-Anker-Sequenz (kurz Signalanker) durchquert die Membran nicht. Statt dessen verbleibt sie in der Membran (vielleicht in direkter Wechselwirkung mit der Lipiddoppelschicht), während der Rest des wachsenden Polypeptids sich schleifenförmig in das endoplasmatische Reticulum hineinschiebt.

Die Signal-Anker-Sequenz liegt normalerweise im Inneren der Polypeptidkette; ihre Lage bestimmt, welche Teile des Proteins im Cytosol bleiben und welche extrazellulär sein werden. Im wesentlichen ragen alle N-terminalen

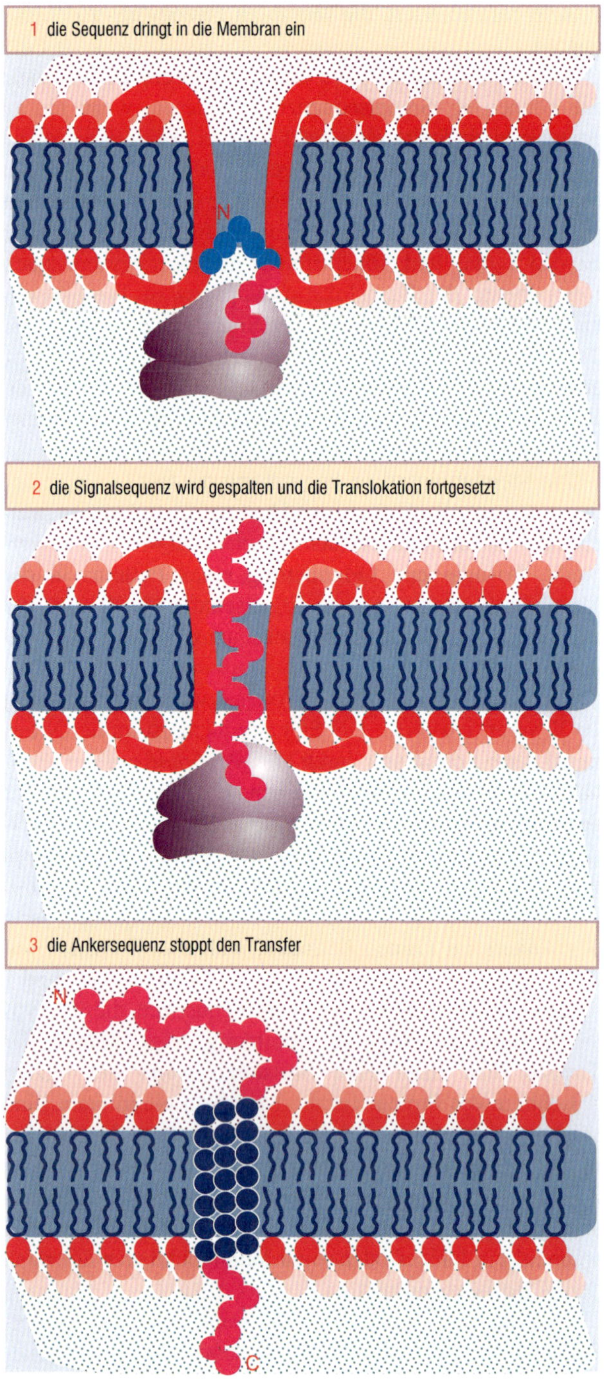

10.22 Membranständige Proteine gelangen auf die gleiche Weise in die Membran wie sezernierte Proteine. Der Transfer wird jedoch gestoppt, wenn eine Ankersequenz die Membran passiert. Befindet sich der Anker am C-Terminus, durchquert der Hauptteil des Proteins die Membran und ragt auf der gegenüberliegenden Seite nach außen.

Sequenzen, die dem Signalanker vorausgehen, ins Cytosol. Dieser cytosolische Schwanz ist gewöhnlich nur etwa sechs bis 30 Aminosäuren lang. In der Tat ist der N-Terminus praktisch fixiert, während der Rest des Proteins die Membran durchquert. Dadurch ist das Protein relativ zur Membran umgekehrt orientiert. (Verschiedene Arten der Orientierung von Membranproteinen werden in Kapitel 35 ausführlicher besprochen.) Ankersequenzen haben Ähnlichkeit mit Signalsequenzen; sie sind jedoch länger und verbleiben daher innerhalb der Membran.

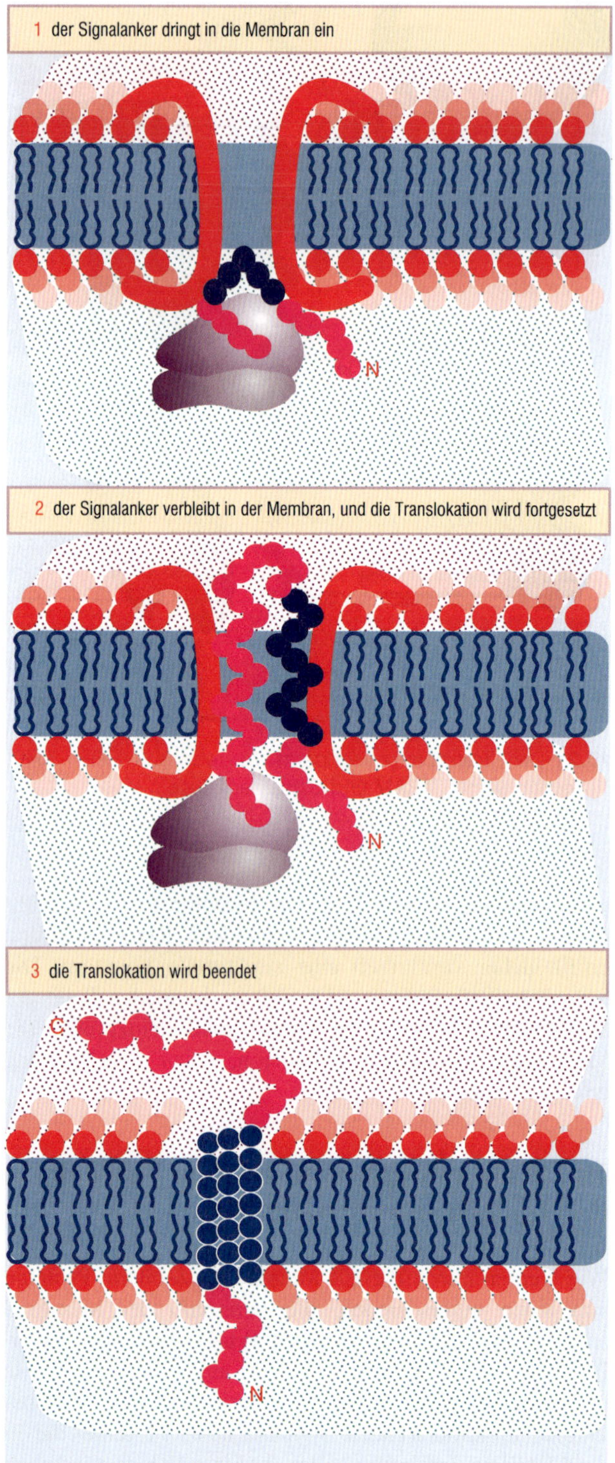

10.23 Eine kombinierte Signal-Anker-Sequenz bewirkt, daß das Protein seine Orientierung umkehrt, so daß der N-Terminus auf der Innenseite der Membran bleibt und der C-Terminus nach außen zeigt.

Die kombinierte Signal-Anker-Sequenz von Typ-II-Proteinen ähnelt spaltbaren Signalsequenzen. Abbildung 10.24 zeigt ein Beispiel. Wie bei spaltbaren Leader-Sequenzen ist die Aminosäurezusammensetzung wichtiger als die eigentliche Sequenz. Die Abschnitte an den Enden des Signalankers tragen positive Ladungen; der zentrale Bereich ist ungeladen und ähnelt dem hydrophoben Kern einer spaltbaren Leader-Sequenz. Mutationen, die geladene Aminosäuren in den Kernbereich einführen, verhindern den Einbau in die Membran; Mutationen in einem der beiden Randbereiche verhindern, daß der Ankermechanismus funktioniert: Das Protein wird sezerniert oder in einem falschen Kompartiment plaziert.

Die Ladungsverteilung in unmittelbarer Umgebung der Ankersequenz hat eine bedeutende Auswirkung auf die Orientierung des Proteins. Die cytoplasmatische Seite (N-terminale Seite bei Typ-II-Proteinen) eines Proteins weist normalerweise mehr positive Ladungen auf. Werden diese durch Mutation entfernt, kann sich die Orientierung des Proteins umkehren. Der Effekt der Ladungen auf die Orientierung wird durch die Regel „Das Positive nach innen" zusammengefaßt; sie besagt, daß die Seite des Ankers, welche die meisten positiven Ladungen enthält, im Cytoplasma lokalisiert sein wird. In der Tat sorgen die positiven Ladungen für die Bildung eines Hakens, der sich auf der cytoplasmatischen Seite der Membran verankert; er kontrolliert die Einbaurichtung des hydrophoben Abschnitts und legt somit die Orientierung des Proteins fest.

Charakterisiert wurde der Vorgang des Proteineinbaus in eine Membran für Typ-I- und Typ-II-Proteine mit nur einer Transmembrandomäne. Wie wird ein Protein mit mehreren membrandurchspannenden Domänen in eine Membran eingesetzt? Über diesen Prozeß ist weit weniger bekannt, doch nehmen wir an, daß er auf Sequenzen beruht, die Signal- und/oder Ankerfähigkeiten aufweisen. Ein Modell geht davon aus, daß es eine Reihe sich abwechselnder Signal- und Ankersequenzen gibt. An der ersten Signalsequenz wird die Translokation eingeleitet und so lange fortgeführt, bis sie durch den ersten Anker gestoppt wird; bei der nachfolgenden Signalsequenz beginnt sie von neuem, bis sie beim nächsten Anker wiederum gestoppt wird. Eine andere Möglichkeit ist, daß der Einbau einer Transmembrandomäne den Einbau nachfolgender Transmembrandomänen aufgrund von Wechselwirkungen nach sich zieht.

10.8 Bakterien bedienen sich cotranslationaler sowie posttranslationaler Translokationsmechanismen

Die Proteinsekretion der Bakterien basiert auf Mechanismen, die den in eukaryotischen Zellen charakterisierten sehr ähnlich sind. Der Transportweg verläuft aus dem Cytoplasma durch die innere Membran hindurch in den periplasmatischen Raum, und von dort (manchmal) durch die äußere Membran in die Umgebung. Bei *E. coli* ist der cotranslationale Transfer gebräuchlich, aber nicht universell. Manche Proteine werden sowohl co- als auch posttranslational sezerniert. Das Verhältnis zwischen Kinetik der Translation und Kinetik der Sekretion durch die Membran könnte das Gleichgewicht bestimmen.

Für den Export bestimmte bakterielle Proteine besitzen N-terminale Leader-Sequenzen mit hydrophilem N-Terminus und angrenzendem hydrophoben Kern. Mutationen in

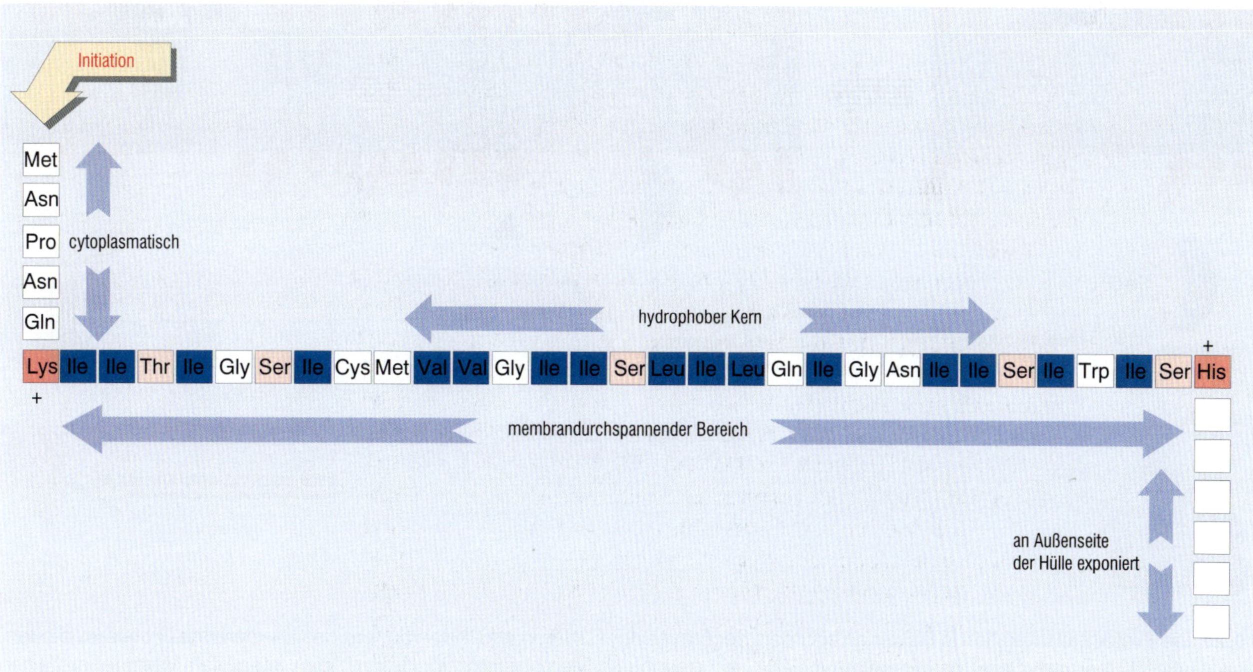

10.24 Der Signalanker der Influenzaneuraminidase befindet sich in der Nähe des N-Terminus und besitzt einen hydrophoben Kern.

N-terminalen Leader-Sequenzen verhindern die Sekretion; Mutationen in anderen Genen wirken supprimierend und können somit als Komponenten des Proteinexportapparats definiert werden. Mehrere Gene mit der allgemeinen Bezeichnung *sec* codieren offenbar Bestandteile des Sekretionsapparats; dies kann man aus dem Auftreten von Mutationen schließen, welche die Sekretion vieler oder sämtlicher exportierter Proteine blockieren.

Wichtig für den Proteintransport ist die Kontrolle der Faltung. Während der Membranpassage verändert sich die Konformation. So liegt β-Lactamase z. B. vor und während der Passage durch die innere Bakterienmembran in einer trypsinsensitiven Form vor; wenn sie ins Periplasma entlassen wird, verändert sie jedoch ihre Konformation und wird trypsinresistent.

In Abbildung 10.25 sind die Stadien der bakteriellen Proteintranslokation zusammengefaßt. Ein Chaperon bindet an das naszierende Protein und kontrolliert seine Faltung. Das Protein heftet sich an den Sekretionsapparat, es wird durch die Membran geschleust, und eine Peptidase spaltet die Leader-Sequenz von Proteinen mit spaltbarem N-Terminus.

Mehrere Chaperone können die Effizienz des bakteriellen Proteinexports erhöhen, indem sie eine vorzeitige Faltung verhindern; dazu gehören der Auslösefaktor (charakterisiert als ein den Export unterstützendes Chaperon), GroEL (Abschnitt 10.1) und SecB (als Produkt einer der *sec*-Mutanten identifiziert). Obwohl SecB unter diesen Proteinen am wenigsten häufig vertreten ist, spielt es bei der Förderung des Exports die Hauptrolle – vermutlich, weil es über zwei Funktionen verfügt. Es verhält sich zum einen wie ein Chaperon und bindet an ein naszierendes Protein mit Signalsequenz, zum anderen besitzt es eine Affinität für das Protein SecA.

In seiner Funktion als Chaperon bindet SecB an ein Vorläuferprotein, um den Faltungsprozeß zu verzögern; es kann jedoch die Strukturänderung eines bereits gefalteten Proteins nicht rückgängig machen. Somit arbeitet es nicht als ein Entfaltungsfaktor; seine Aufgabe besteht ausschließlich darin, die unerwünschte Faltung eines neusynthetisierten Proteins zu verhindern. Seine Affinität für SecA ermöglicht ihm, ein Vorläuferprotein zur Membran zu lotsen.

SecA ist ein großes, peripheres Membranprotein, das über verschiedene Möglichkeiten der Membranassoziation verfügt. Als ein peripheres Membranprotein bindet es an die Membran aufgrund seiner Affinität für Fettsäuren und für das Protein SecY. SecY und SecE sind integrale Membranproteine (SecY besitzt zehn Transmembranabschnitte, SecE drei) und Teil eines aus vielen Untereinheiten bestehenden Komplexes mit der Translokasefunktion. In Anwesenheit anderer Proteine (SecD und SecF) ist SecA jedoch als membrandurchspannendes Protein zu finden.

SecA erkennt SecB sowie das von ihm „betreute“ Vorläuferprotein; wahrscheinlich sind sowohl Merkmale der reifen Proteinsequenz als auch die Leader-Sequenz für

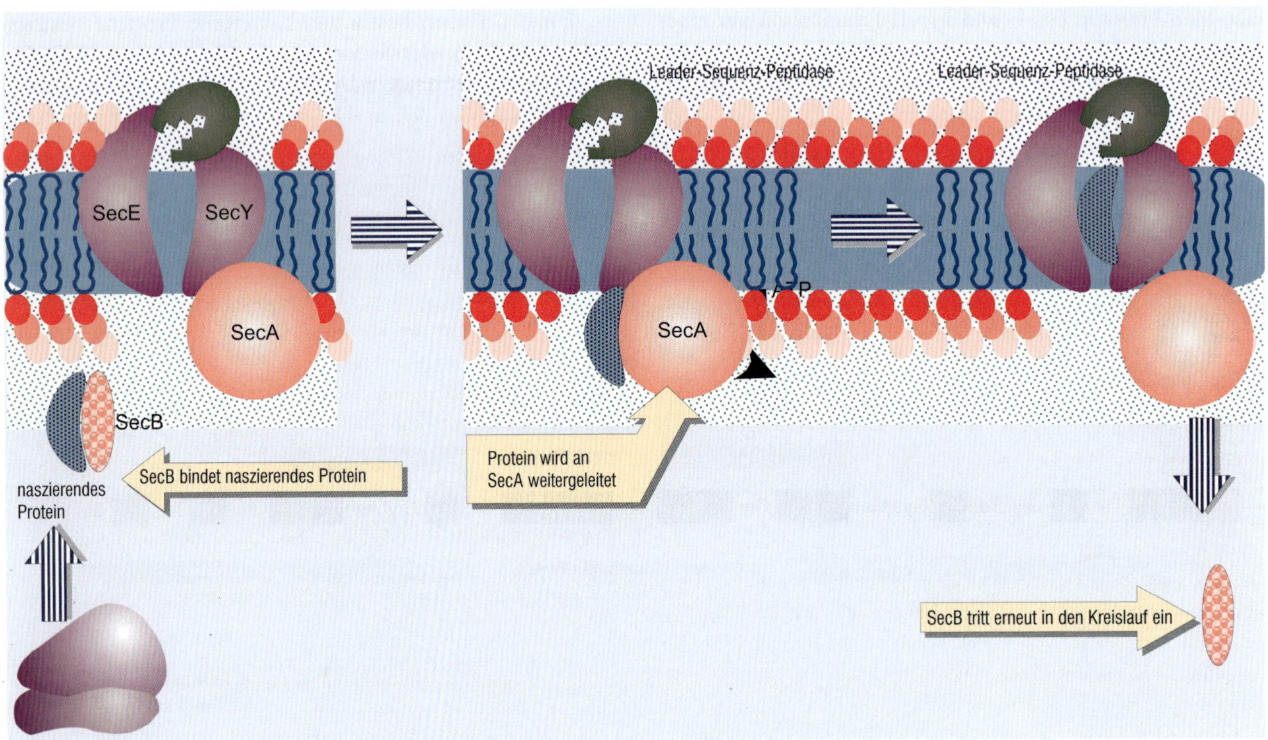

10.25 Die Proteintranslokation in Bakterien erfordert SecB in seiner Funktion als Chaperon, um das naszierende Protein zu binden; anschließend überträgt SecB das Protein auf SecA, ein peripheres Membranprotein, das mit den integralen Membranproteinen SecE/Y assoziiert ist. Für die Translokation ist die Hydrolyse von ATP und ein elektrisches Potential notwendig. Die Leader-Sequenz-Peptidase ist ein integrales Membranprotein, das die Spaltung der Leader-Sequenz übernimmt.

die Erkennung erforderlich. SecA verfügt über eine ATPase-Aktivität, die von der Bindung an Lipide, SecY und einem Vorläuferprotein abhängt. Die ATPase arbeitet zyklisch während des Translokationsprozesses. Nachdem sich SecA an ein Vorläuferprotein geheftet hat, bindet es ATP, und etwa 20 Aminosäuren werden durch die Membran geschleust. Die Hydrolyse von ATP ist erforderlich, damit der Vorläufer von SecA freigesetzt werden kann. Anschließend kann sich der Zyklus wiederholen. Das Vorläuferprotein wird erneut gebunden; dies zieht die Bindung eines neuen ATP-Moleküls, die Translokation eines weiteren Proteinabschnitts und schließlich wiederum die Freisetzung des Vorläufers nach sich. Während der Translokation wechselt SecA vermutlich zwischen der peripheren und der integralen Membranform; mit jeder Runde kann es mit einer 30-kD-Domäne in die Membran eindringen und sich anschließend wieder zurückziehen.

Die Translokation kann auch über einen weiteren Prozeß erfolgen. Wenn ein Vorläufer von SecA freigesetzt wird, kann er durch eine protonenmotorische Kraft (durch ein elektrisches Potential, daß sich an der Membran aufbaut) durch die Membran geschleust werden. Dieser Vorgang kann den Membrantransfer zwar nicht einleiten, er kann jedoch einen bereits durch einen Zyklus der SecA-ATPase-Aktion initiierten Translokationsvorgang fortführen. Nach oder zwischen den Zyklen der durch SecA-ATP geförderten Reaktion kann also die protonenmotorische Kraft die Translokation des Vorläuferproteins übernehmen.

Viele sezernierte Bakterienproteine besitzen spaltbare N-terminale Leader-Sequenzen. Die Spaltung erfolgt durch die sogenannte **Leader-Sequenz-Peptidase**, ein Enzym, das Vorläuferformen verschiedener exportierter Proteine erkennt. Die Leader-Sequenz-Peptidase ist ein integrales Protein der inneren Membran.

Eine bemerkenswerte Eigenschaft eukaryotischer Systeme ist der Einsatz des Ribonucleoproteins SRP, das für die anfängliche Erkennung der Signalsequenz verantwortlich ist. In Bakterien gibt es ein Gegenstück zum SRP, das allerdings aus weniger Komponenten zu bestehen scheint. *E. coli* besitzt eine 4,5S-RNA, die mit Ribosomen assoziiert und zur 7S-RNA des SRP homolog ist. Sie verbindet sich mit zwei Proteinen: Ffh ist homolog zu SRP54, und FtsY ist homolog zur α-Untereinheit des SRP-Rezeptors. Der Komplex scheint bei der Sekretion gewisser, aber nicht aller, sekretorischer Proteine eine Rolle zu spielen. Seine Aufgabe könnte darin bestehen, an Leader-Sequenzen naszierender Proteine zu binden, sobald diese aus dem Ribosom auftauchen, vielleicht auch, diese in einer angemessenen Konformation zu halten, bis sie mit anderen Bestandteilen des Sekretionsapparats in Wechselwirkung treten. Wahrscheinlich ist dies die ursprüngliche Verbindung zwischen Proteinsynthese und -sekretion; in Eukaryoten hat das SRP die zusätzlichen Funktionen der Translationsunterbrechung und der Membranzielsteuerung nachträglich erworben. Da SecY mit der Sec61 von Säugern und Hefe verwandt ist, gibt es in jedem Stadium des sekretorischen Prozesses vergleichbare Komponenten.

10.9 Poren kontrollieren den Transport in und aus dem Kern

Ein anderes System wird beim Transport von Makromolekülen zwischen Kern und Cytoplasma eingesetzt. Der Kern ist vom Cytoplasma durch eine aus zwei Membranen bestehende Hülle getrennt. Die innere Membran steht mit der Kernlamina in Kontakt und und bildet die eigentliche Oberflächenbegrenzung des Kernes. Die äußere Membran geht fließend in das endoplasmatische Reticulum im Cytosol über (Abbildung 2.2). Die beiden Membranen stehen an Öffnungen miteinander in Verbindung, die als **Kernporenkomplexe** bezeichnet werden; es handelt sich dabei um sehr große Strukturen, die dem Import und Export von Material dienen. Das Zentrum jedes Komplexes stellt eine Pore dar, die einen wäßrigen Kanal zwischen Kern und Cytoplasma bildet. Die Kernhülle einer tierischen Zelle ist mit etwa 3 000 Porenkomplexen ausgestattet.

Der Transport zwischen Nucleus und Cytoplasma verläuft in beiden Richtungen. Da sämtliche Proteine im Cytosol synthetisiert werden, müssen alle im Kern benötigten Proteine aus dem Cytosol importiert werden. Da die gesamte RNA im Kern hergestellt wird, muß der komplette cytoplasmatische RNA-Bestand (mRNA, rRNA, tRNA und andere kleine RNAs) durch Export aus dem Kern gewonnen werden. Die Häufigkeit, mit der die Poren für einige der auffälligeren Substrate eingesetzt werden, ist in Tabelle 10.1 zusammengefaßt.

Einen Eindruck von der Größenordnung des Imports erhalten wir, wenn wir die Histone betrachten, die Hauptproteinbestandteile des Chromatins. In einer sich teilenden Zelle müssen während der DNA-Synthese genügend Histone in den Nucleus importiert werden, damit diese mit einem nun diploiden Chromosomensatz assoziieren können. Da Histone ungefähr die Hälfte der Proteinmasse des Chromatins stellen, muß folglich jede Pore insgesamt etwa 200 chromosomale Proteinmoleküle in der Minute einschleusen.

Die Schätzung der Zahl exportierter mRNA-Moleküle ist aufgrund der Ungewißheiten bezüglich Verarbeitung und Stabilität der mRNA etwas schwieriger; um jedoch den etwa 250 000 Molekülen mRNA pro Zelle Rechnung zu tragen, ist wahrscheinlich pro Pore ein Transportvorgang in der Minute erforderlich. Die wichtigste RNA-Syn-

Tabelle 10.1: Kernporen werden für Import und Export benutzt

Richtung	Substrat	Passagen/ Pore/min
Import	Histone	100
	Nichthistonproteine	100
	ribosomale Proteine	150
Export	ribosomale Untereinheiten	~ 5
	mRNA	<1

theseaktivität des Kernes ist natürlich die Produktion von rRNA, die in Form zusammengebauter ribosomaler Untereinheiten ausgeschleust wird. Um nur die Zahl der Ribosomen während eines Zellzyklus zu verdoppeln, müßte jede Pore ungefähr fünf ribosomale Untereinheiten (60S und 40S) pro Minute exportieren.

Ribosomale Proteine müssen, um mit der rRNA entsprechend verpackt werden zu können, zunächst in den Kern transportiert werden. Sie werden folglich als freie Proteine in den Kern eingeschleust und als ribosomale Untereinheiten wieder ausgeschleust. Geht man von etwa 80 Proteinen pro Ribosom aus, so ist ihr Import größenordnungsmäßig mit dem chromosomaler Proteine vergleichbar.

Wie kann eine Kernpore den in beide Richtungen verlaufenden Transport von Material unterschiedlicher Größe und Eigenschaften bewerkstelligen? Kernporenkomplexe weisen, mikroskopisch betrachtet, ein einheitliches Erscheinungsbild auf. Die Poren können mit Hilfe von Detergentien aus der Kernhülle gelöst werden; wie Abbildung 10.26 zeigt, erscheinen sie als ringförmige Gebilde, die aus acht rosettenartigen Speichen bestehen. Abbildung 10.27 zeigt ein Modell der Kernpore, das auf einer dreidimensionalen Rekonstruktion elektronenmikroskopischer Aufnahmen basiert. Es besteht aus einem oberen und einem unteren Ring, die über ein Gitter aus acht Strukturelementen miteinander verbunden sind.

In Abbildung 10.28 ist das Kernporenmodell schematisch in der Aufsicht dargestellt; die Grundlage für die

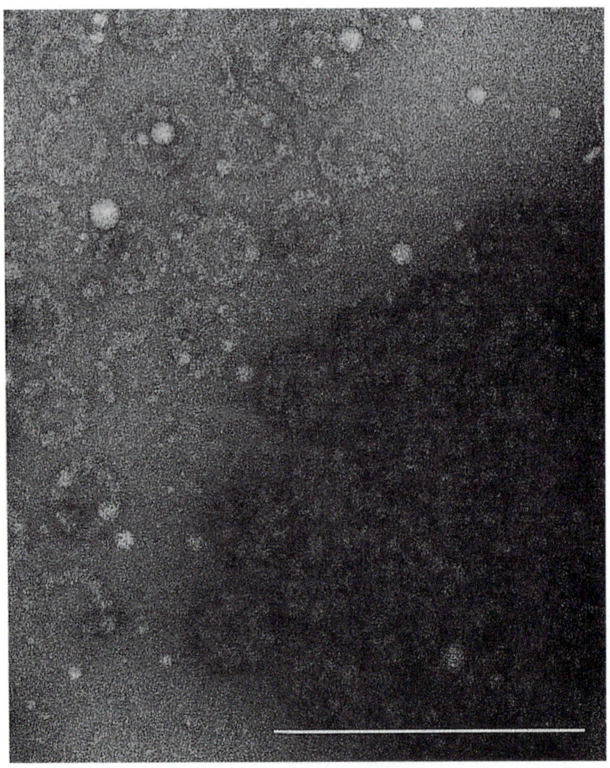

10.26 Kernporen erscheinen im Elektronenmikroskop als ringförmige Strukturen. Der Balken entspricht 0,5 Mikrometer. (Aufnahme mit freundlicher Genehmigung von Ronald Milligan.)

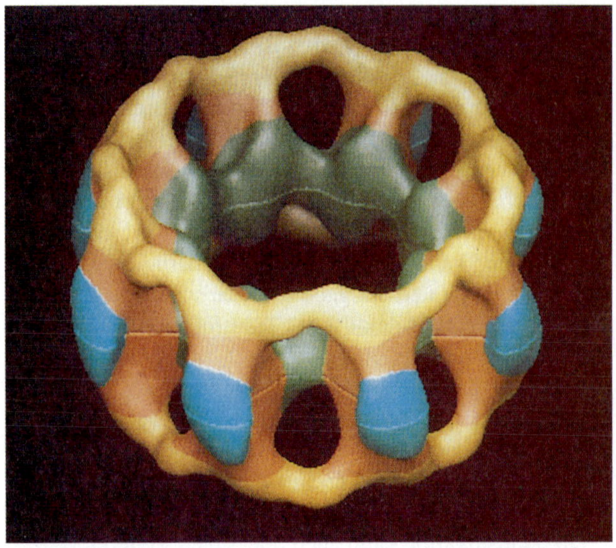

10.27 Ein Modell der Kernpore zeigt eine achtzählige Symmetrie. Zwei Ringe bilden die obere und untere Begrenzung (in gelb dargestellt); sie sind durch Speichen (auf der Außenseite in blau, auf der Innenseite in grün dargestellt) miteinander verbunden. (Aufnahme mit freundlicher Genehmigung von Ronald Milligan.)

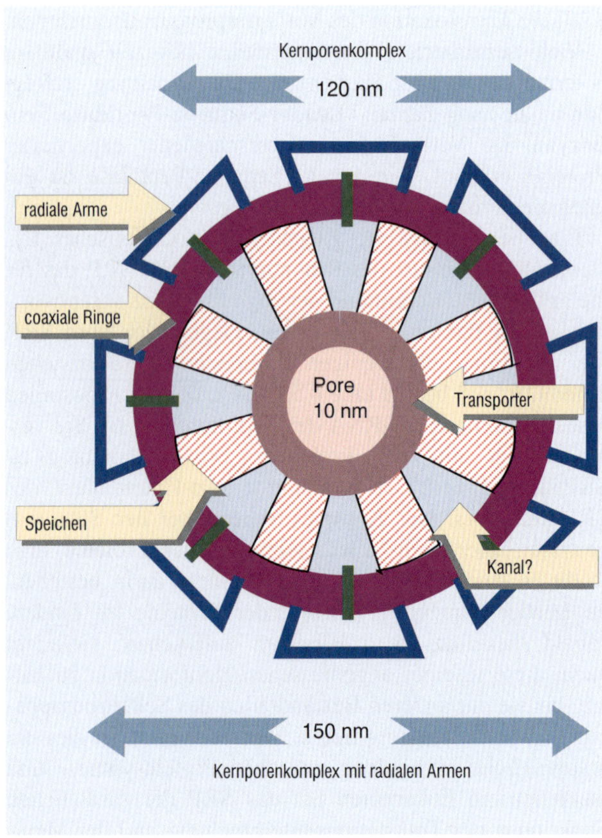

10.28 Die Außenseiten der nucleären, coaxialen (cytoplasmatischen und nucleoplasmatischen) Ringe sind mit radialen Armen verbunden. An der Innenseite ragen diese Speichen in Richtung des Transporters; dieser enthält die zentrale Pore.

achtzählige Symmetrie wird hier anhand der Einzelkomponenten erklärt. Ein Teil dieses Schemas ist die zentrale Struktur aus Abbildung 10.27. Sie erstreckt sich nach außen in sie umgebende, radial angeordnete Arme und nach innen in einen internen „Transporter". Die Außenseite des Porenkomplexes besteht aus einem Ring von etwa 120 nm Durchmesser. Der Ring selbst setzt sich aus acht Untereinheiten zusammen. Die acht radialen Arme außerhalb des Ringes sind vermutlich für die Verankerung des Porenkomplexes in der Kernhülle verantwortlich; sie durchdringen die Membran. Die acht Speichen, die aus dem Ring nach innen ragen, verkleinern die Öffnung auf einen Durchmesser von ungefähr 48 nm. Innerhalb dieser Region befindet sich der Transporter; er enthält eine Pore, die annähernd einem Zylinder von knapp 10 nm Durchmesser gleicht.

Die Pore bildet einen Durchgang durch die äußere und innere Membran der Kernhülle. Wie Abbildung 10.29 zeigt, besitzt die Pore in Seitenansicht eine zweifache Symmetrie um eine horizontale Achse in der Ebene der Kernhülle. An der äußeren und inneren Membran befinden sich zueinander passende Ringe, welche die in das Cytosol beziehungsweise den Kern ragenden Oberflächen des Komplexes bilden; jeder ist mit den Speichen verbunden, die einen zentralen Ring bilden. (Nur zwei der acht Speichen sind in dieser Seitenansicht zu sehen.) Die Speichen sind symmetrisch um die horizontale Achse angeordnet. Die zentrale Pore erstreckt sich genau über die Dicke der Kernhülle. Manchmal ist innerhalb der Pore Material zu sehen, jedoch hat es sich als schwierig erwiesen, dieses mit dem Transport bestimmter Moleküle in Verbindung zu bringen.

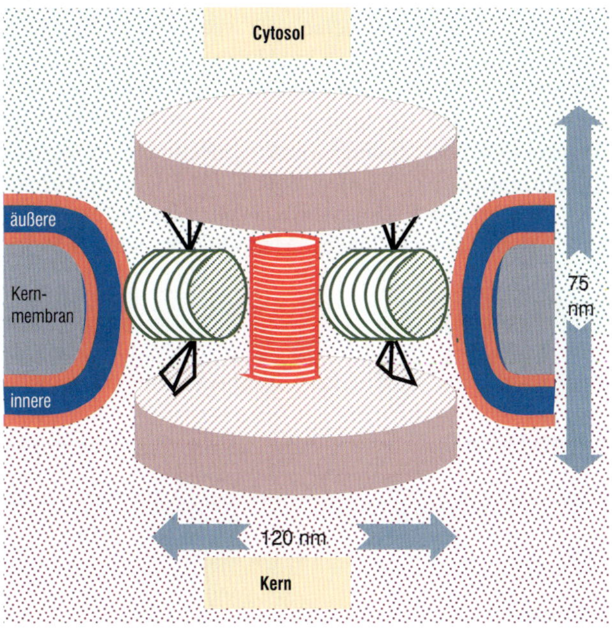

10.29 Der Kernporenkomplex durchspannt die Kernhülle mittels einer dreifachen Ringstruktur. Die Seitenansicht zeigt eine zweizählige Symmetrie sowohl um die horizontale als auch um die vertikale Achse.

Die Größe des Kernporenkomplexes entspricht einer Gesamtmasse von mehr als 100×10^6 Dalton (vergleiche dazu ein 80S-Ribosom mit 4×10^6 Dalton). Die kleinste sich wiederholende Komponente ergibt sich aus der achtzähligen Symmetrie, die im Querschnitt zu sehen ist (Abbildung 10.28), und der zweizähligen Symmetrie, die aus der Seitenansicht hervorgeht (Abbildung 10.29). Das Gerüst läßt sich dadurch in 16 identische Einheiten von jeweils etwa 6×10^6 Dalton unterteilen. Jede dieser Einheiten muß aus einer großen Anzahl einzelner Proteine aufgebaut sein. Die zentrale Pore bildet nur einen kleinen Teil des Gesamtkomplexes.

Die Fähigkeit von Verbindungen, frei durch die Poren zu diffundieren, wird durch ihre Größe begrenzt, und es ist zweckmäßig, das Material in drei Größenklassen einzuteilen:

- Werden Moleküle von weniger als 5 000 Dalton in das Cytoplasma injiziert, so erscheinen sie quasi unverzüglich im Nucleus: Wir können daraus schließen, daß die Kernhülle für Ionen, Nucleotide und andere kleine Moleküle frei durchlässig ist. Das wäßrige Milieu des Kernes ist folglich mit dem des Cytoplasmas identisch.
- Die Diffusionsrate von Proteinen zwischen fünf und 50 kD verhält sich umgekehrt proportional zu deren Größe und wird vermutlich durch zufällige Kontakte mit der Pore beziehungsweise durch die zufällige Passage durch die Pore bestimmt. Es dauert mehrere Stunden, bis sich ein injiziertes Protein gleichmäßig zwischen Cytoplasma und Kern verteilt hat. Daraus läßt sich schließen, daß kleine Proteine durch passive Diffusion in den Nucleus gelangen können (möglicherweise aber auch aktiv transportiert werden). Die Kernhülle stellt in der Tat eine Art Netz oder molekulares Sieb dar, welches Partikel die kleiner als 50 kD sind, durchläßt.
- Proteine, die größer als 50 kD sind, können durch passive Diffusion nicht in den Kern gelangen; für ihre Passage ist ein aktiver Transportmechanismus erforderlich.

Die gitterartige Struktur der Kernpore läßt vermuten, daß für den aktiven Transport großer Proteine andere Elemente verantwortlich sind als für den passiven Transport kleiner Proteine.

Die Öffnungen zwischen den Speichen, die sich in den Randbereichen zwischen innerem und äußerem Ring befinden, bilden acht Kanäle aus. Sie haben eine starre Struktur. Im Querschnitt sind sie oval und weisen einen Durchmesser von etwa 10 nm auf. Wir könnten spekulieren, daß sie ein Netzwerk bilden, das kleinen Proteinen die passive Diffusion ermöglicht. Ein globuläres Protein mit einer Masse von 50 kD hätte, vorausgesetzt es ist rund, einen Durchmesser von etwa 5 nm. Vermutlich müßten die Partikel etwas kleiner sein als die Maschengröße, damit sie per Diffusion passieren können.

Falls diese Kanäle freien Durchtritt gewähren, wird sich Material unterhalb des Größenlimits gleichmäßig zwischen Kern und Cytoplasma verteilen (je mehr sich die Partikelgröße der Größe der Maschenweite annähert, umso langsamer wird allerdings die Gleichgewichtseinstellung erfolgen). Proteine, die auf diese Weise in den Kern gelangen, würden zurückgehalten werden und sich im Nucleus anhäufen, wenn sie an einer Kernfunktion beteiligt sind. Wird beispielsweise ein Protein in eine große Struktur wie das Chromosom eingebaut, so wird es dem im Gleichgewicht befindlichen Pool entzogen; die Folge ist, daß mehr Protein in den Kern nachgezogen wird.

Die zentrale Pore wird für den Transport von größerem Material benutzt. Ein Protein benötigt für ihre Durchquerung ein spezifisches Signal. Kleine Proteine können auf diese Weise transportiert werden (ebenso wie durch die peripheren Kanäle), größere Proteine *müssen* sich des aktiven Transportmechanismus bedienen, um die offensichtliche, durch die Porengröße vorgegebene Größenbegrenzung zu überwinden. Aber wie kann ein Protein oder Ribonucleoprotein, das einen größeren Durchmesser hat als die Pore, diese durchqueren?

Mit Hilfe von kolloidalen, mit Kernprotein beschichteten Goldpartikeln wurde der Transport durch die Pore charakterisiert. Werden diese Partikel ins Cytoplasma injiziert, so sammeln sie sich an den Kernporen und akkumulieren dann im Kern. Daraus lassen sich zwei wichtige Schlüsse ziehen: Der Transport erfolgt tatsächlich über die Kernporen; die Porenstruktur kann sich ausdehnen, um Objekten von der Größe der beschichteten Goldpartikel (etwa 20 nm) Durchtritt zu gewähren. Ähnliche Experimente haben gezeigt, daß mit Polynucleotiden beschichtete Goldpartikel über die Poren aus dem Kern exportiert werden können.

Die Starrheit der Goldpartikel schließt die Möglichkeit aus, daß das durch die Pore zu transportierende Protein durch Konformationsänderung einen Durchmesser annehmen muß, der physikalisch kleiner ist als jener der Pore. Wir schließen daraus, daß die Kernpore über eine Art „Blenden"-Mechanismus verfügt, der dem Poreninneren ermöglicht, sich während der Passage von Material auszuweiten. Eine Pore scheint sich während des Transportprozesses bis zu einem Durchmesser von ungefähr 20 nm ausdehnen zu können, möglicherweise durch einen Mechanismus ähnlich der Blende einer Kameralinse. Es ist möglich, daß es insgesamt zwei Blenden gibt – eine, die mit dem cytoplasmatischen Ring in Verbindung steht, und eine andere, die vom nucleoplasmatischen Ring ausgeht –, die sich während des Materialtransfers nacheinander öffnen. Sehr große Substrate, beispielsweise die exportierten Ribonucleoproteinpartikel, müssen vielleicht ihre Konformation ändern, um sich der maximalen Porengröße von 20 nm anzupassen.

Der Kernporenkomplex bildet das strukturelle Gerüst für die Proteine, die tatsächlich für die Bindung und den Transport von Material in den (oder aus dem) Kern verantwortlich sind; er enthält nicht alle aktiven Komponenten, die an der Bindung und Translokation mitwirken. Eine wesentliche Frage bezüglich der Kernporen ist, ob sie alle identisch sind, oder ob sich hinter ihrem einheitlichen Erscheinungsbild funktionelle Unterschiede verbergen. Wir würden gerne wissen, ob der Transport in und aus dem Kern von den gleichen Poren durchgeführt wird, oder ob es verschiedene Porenklassen gibt. Auch ist nicht geklärt, inwieweit die Porenfunktionen auf die Pore selbst zurückgehen, oder inwiefern sie, im Gegensatz dazu, von den Hilfsfaktoren bestimmt werden, mit denen sie assoziiert sind.

In den Kern importierte Proteine weisen spezifische Signale auf. Wird ein für den Import bestimmtes Protein in mehrere Teile gespalten, so können Abschnitte mit Importsignal in den Kern eindringen, während solche ohne Signal im Cytoplasma bleiben. Die Mutation des Signals kann verhindern, daß das gesamte Protein in den Kern gelangt. Das für den nucleären Import verantwortliche Motiv wird als **Kernlokalisationssignal (NLS)** bezeichnet; das Anhängen dieses Signals an ein cytosolisches Protein kann bewirken, daß dieses in den Kern transportiert wird.

NLS-Signale befinden sich bei verschiedenen Proteinen an unterschiedlichen Stellen. In manchen Proteinen wurden kurze, ziemlich basische Aminosäuresequenzen als Kernimportsignale identifiziert. Oft unterbricht ein Prolinrest, der stromaufwärts der basischen Aminosäuren liegt, die Bildung einer α-Helix. Hydrophobe Reste sind selten. Wie die Übersicht der Kernlokalisationssignale in Abbildung 10.30 zeigt, enthalten NLS-Signale offensichtlich keine konservierten Sequenzen; vielleicht sind Gestalt und Basizität des Abschnitts die entscheidenden Merkmale. Manche NLS-Signale sind zweiteilig und erfordern zwei getrennte, kurze Abschnitte, wie bei Nucleoplasmin. Kompetitionsstudien lassen vermuten, daß NLS-Sequenzen untereinander austauschbar sind; in diesem Falle wäre nur ein einziger Prozeß für den Proteintransport in den Kern verantwortlich.

Eine erste Handhabe bezüglich des Importvorganges erbrachten Transportsysteme, die von der Anwesenheit eines NLS im Substratprotein abhängen. Die Komplexität des Systems macht die Entwicklung eines echten *in vitro*-Versuchs für den Kernporenimport unmöglich; mit Hilfe permeabilisierter Zellen wurde jedoch ein effektives System entwickelt. Werden Zellen mit Digitonin behandelt, so wird die Plasmamembran durchlässig, die Kernhülle bleibt jedoch intakt. Markierte Proteine können

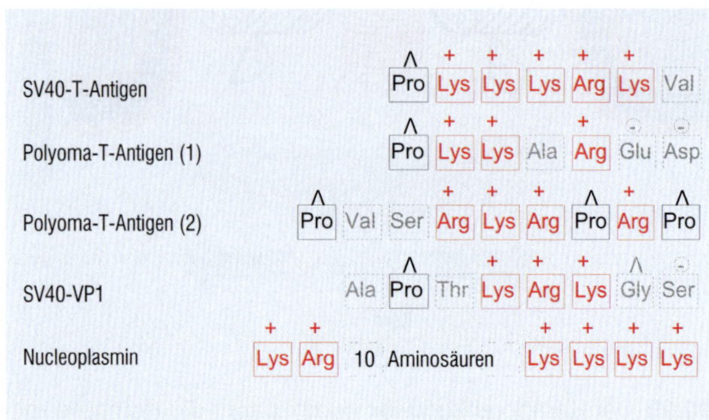

10.30 Kernlokalisationssignale besitzen basische Aminosäuren.

durch einen Prozeß in den Kern importiert werden, der von der Bereitstellung cytosolischer Bestandteile abhängig ist. Abbildung 10.31 zeigt, wie dieses System zur Charakterisierung des Transportvorgangs eingesetzt wurde.

Der Transportvorgang läßt sich in zwei Stadien unterteilen: das **Andocken**, das die Bindung an die Pore darstellt, und die **Translokation**, die aus der Durchquerung der Pore besteht. In Abwesenheit von ATP können Proteine mit einem Kernimportsignal zwar an die Pore binden, sie bleiben jedoch auf der cytoplasmatischen Seite. Die Bindung erfordert eine cytosolische Fraktion. Wird ATP bereitgestellt, können die Proteine durch die Pore geschleust werden. Eine andere cytosolische Fraktion ist für die Unterstützung der Translokation notwendig. Die Notwendigkeit cytosolischer Fraktionen in beiden Stadien unterstreicht die Auffassung, daß die Pore zwar das Gerüst für den Transport bildet, jedoch nicht alle für die Beförderung der Substrate notwendigen Mittel bereitstellt.

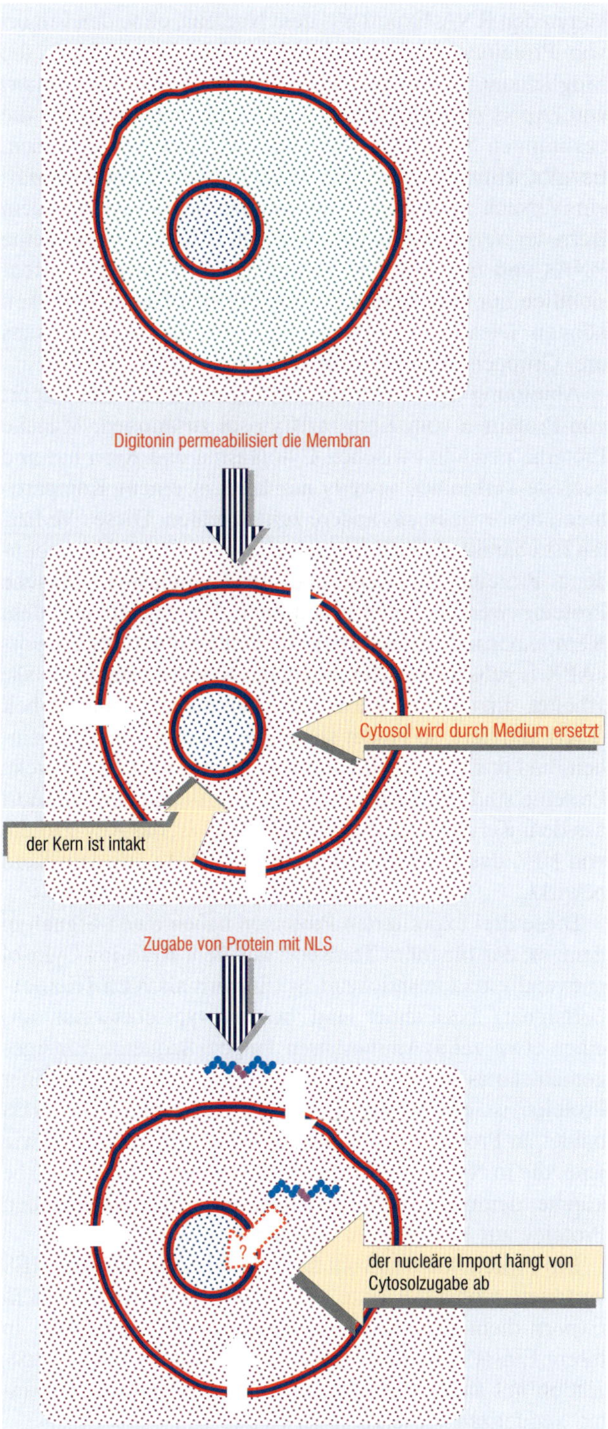

10.31 Experimente zur Kernporenfunktion verwenden permeabilisierte Zellen.

Abbildung 10.32 faßt die Funktionen der am Kernimport beteiligten Komponenten zusammen. Die Andockreaktion hängt von einem cytosolischen 9S-Proteinkomplex ab, der aus zwei Untereinheiten besteht; diese werden Importin α und β (manchmal auch Karyopherine) genannt. Die α-Untereinheit bindet Proteine mit NLS-Sequenz. Die β-Untereinheit heftet sich an die Kernpore.

Weizenkeimagglutinin, ein Lectin (Glycoprotein), hemmt die Translokation durch die Pore. Die lectinbindenden Proteinbestandteile der Pore werden als **Nucleoporine** bezeichnet. Sie sind im Bereich der zentralen Pore oder in der Nähe davon lokalisiert und scheinen sich auf beiden Seiten der Kernhülle zu befinden. Bei Entfernung der Nucleoporine behalten die Porenkomplexe ihr normales Erscheinungsbild bei, sind aber nicht mehr in der Lage, große Moleküle zu transportieren. Material, das kleiner ist als die Porengröße, kann weiterhin per Diffusion passieren. Die erneute Zugabe der Nucleoporine stellt die volle Aktivität der Poren wieder her. Nucleoporine sind also offensichtlich notwendig, um den aktiven Transport von Material zu ermöglichen, das größer ist als der ruhende Porendurchmesser.

Manche Nucleoporine besitzen einige einfache Peptidwiederholungsmotive (GKFG, FG, FXFG); der Teil eines Nucleoporins, der diese Motive enthält, kann Importin β binden. Dies deutet darauf hin, daß der Transport eines Substratproteins zur Pore durch ein Importin erfolgt, dessen α-Untereinheit das Substrat bindet und dessen β-Untereinheit an ein Nucleoporin andockt.

Die cytosolische Fraktion, die den Translokationsvorgang unterstützt, enthält zwei aktive Bestandteile. Eine davon ist eine kleine GTPase, die als Ran bezeichnet wird; die Funktion der anderen ist unbekannt, aber sie könnte daran beteiligt sein, Ran zur Kernpore zu dirigieren. Wie bei monomeren GTP-Bindungsproteinen üblich, sind weitere Proteine notwendig, um die Guaninnucleotide auszutauschen (das heißt, um durch Austausch von GDP durch GTP die aktive Form der GTPase wiederherzustellen).

Aus den Eigenschaften der cytosolischen Fraktionen und der Verteilung der Nucleoporine innerhalb der zentralen Pore läßt sich ein spekulatives Modell für den Import ableiten. Der Importin-Substrat-Komplex dockt anfänglich auf der cytosolischen Seite der Pore an. Die Ran-GTPase heftet sich an das Importindimer und führt zu dessen Dissoziation; Energie wird durch Spaltung von GTP bereitgestellt. Anschließend wiederholt sich der Zyklus: Der

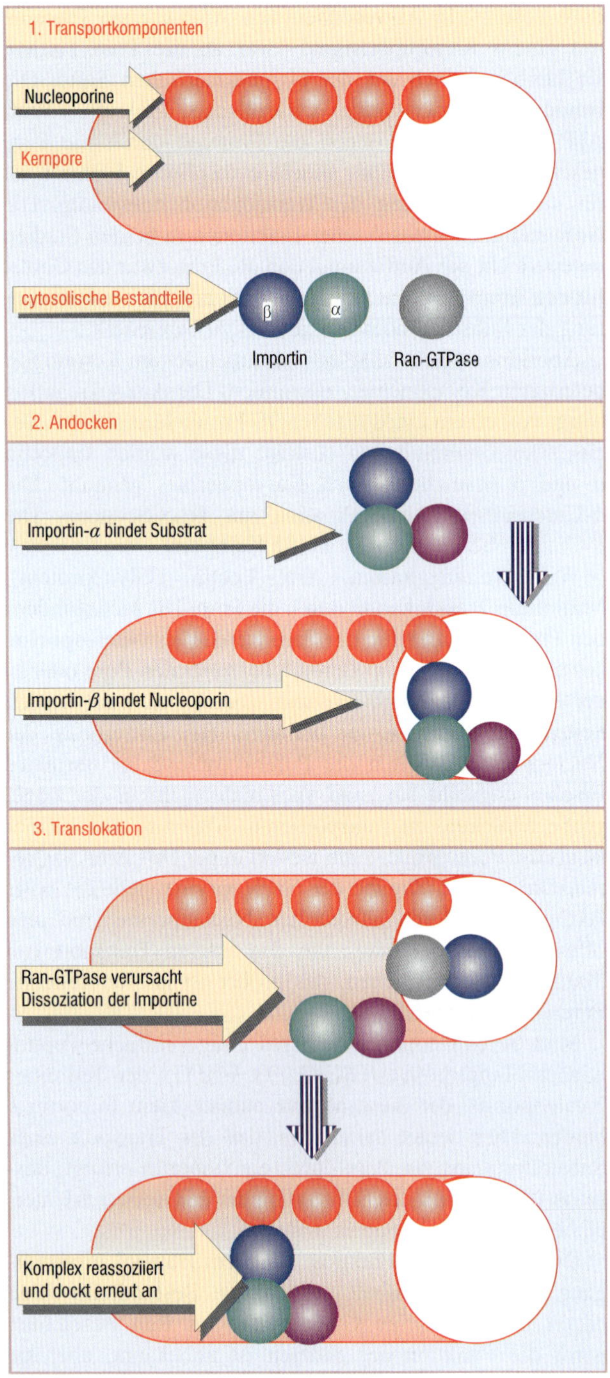

10.32 Der Kernimport verläuft in zwei Schritten. Das Andocken sowie die Translokation hängen von cytosolischen Bestandteilen ab. Die Translokation erfordert Nucleoporine und deren Entfernung verhindert die Translokation. Das Modell schlägt für den Translokationsvorgang eine Reihe von Ankoppelungs- und Abkoppelungsreaktionen vor.

α-Importin-Substrat-Komplex bindet an eine β-Untereinheit und dockt dann an ein weiter im Inneren der Pore gelegenes Nucleoporin an. Eine Reihe von Anbindungs- und Ablösungreaktionen bewegen den Komplex schrittweise durch die Pore hindurch, wobei die dafür erforderliche Energie durch Spaltung von GTP im Ran-GTP-Komplex bereitgestellt wird.

Es bleibt festzustellen, wie eine Kernpore in die andere Richtung, also für den Export, funktionieren kann, und ob dabei ähnliche Reaktionen in umgekehrter Richtung ablaufen oder ein anderer Mechanismus erforderlich ist. Ein Hinweis darauf, daß der Export von mRNA auf ähnlichen Bedingungen beruht, ist die Abhängigkeit von der Ran-GTPase. Mutationen in einem Nucleoporin der Hefe blokkieren den RNA-Export aus dem Nucleus, ohne den Import von Proteinen zu beeinträchtigen. Man kann daher die Möglichkeit in Betracht ziehen, daß der Apparat für Import und Export zwar ähnlich ist, aber Komponenten besitzt, die bestimmten Substraten Richtung und Spezifität verleihen. Es gibt Hinweise für eine Diversität im Exportapparat; ein Versuch zum Export mikroinjizierter RNAs aus dem Kern der *Xenopus*-Oocyte zeigt, daß tRNAs, andere kleine RNAs und mRNAs eine Sättigung des Transports offensichtlich nur bei Molekülen ihrer eigenen Klasse bewirken können. Dies legt die Vermutung nahe, daß es mindestens drei Gruppen exportierter RNAs gibt.

Abbildung 10.33 faßt die Bedingungen für den Export von Proteinen vom Kern ins Cytosol zusammen. Manche Proteine pendeln zwischen Cytoplasma und Kern hin und her; sie verbleiben jeweils nur kurz in einem Kompartiment, bevor sie in das andere zurückkehren. Dieses Verhalten ist charakteristisch für einige an Poly(A)$^+$-RNA gebundene Proteine im Kern und im Cytoplasma. Manche Proteine werden unter bestimmten Umständen aus dem Kern exportiert; die katalytische Untereinheit des Enzyms cAPK (cyclisches-AMP-abhängige Kinase) beispielsweise arbeitet im Kern. Wird eine hemmende Untereinheit (PKI) aktiviert, so bindet sie an die katalytische Untereinheit, und das Dimer wird aus dem Kern exportiert. Manche Proteine sind für die Bindung von RNAs und deren Export aus dem Kern erforderlich; ein Beispiel ist das Rev-Protein von HIV, das den Export bestimmter RNAs aus dem Kern bewirkt.

Diese drei exportierten Proteinen haben einen Signaltyp gemein, der für ihren Transport aus dem Kern ins Cytosol notwendig und ausreichend ist. Er wird als **NES** (Kernexportsignal) bezeichnet und besteht typischerweise aus einer etwa zehn Aminosäuren langen Sequenz. Einziges gemeinsames Merkmal der NES-Sequenzen verschiedener Proteine ist ein Muster konservierter Leucine. Das NES bindet an Proteine, die ähnliche Sequenzen aufweisen wie jene, die in Nucleoporinen gefunden wurden; ihre Aufgabe könnte demnach darin bestehen, die zu exportierenden Proteine zur Kernpore zu dirigieren.

Ein Protein kann sowohl über ein NLS als auch ein NES verfügen, wobei das erste seinem Import, letzteres seinem Export dient. Sie könnten ständig aktiv sein, oder in ihrem Einsatz reguliert werden, zum Beispiel durch Assoziation mit anderen Proteinen, welche die jeweils relevanten Sequenzen verbergen oder freilegen.

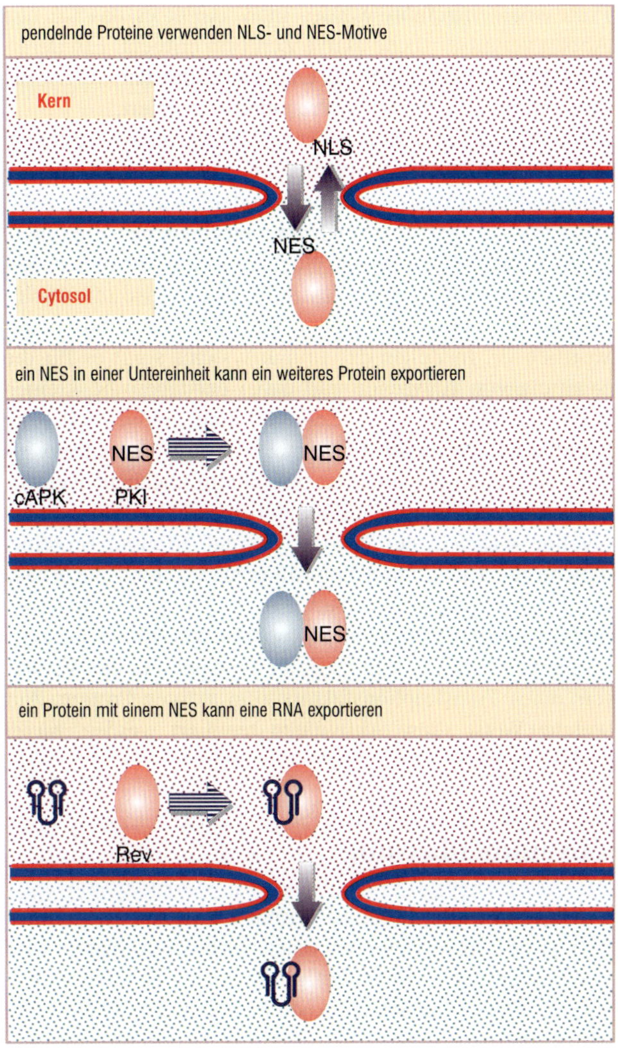

10.33 Das gemeinsame Kennzeichen von Proteinen, die vom Kern ins Cytosol exportiert werden, ist das Vorkommen eines NES (Kernexportsignals).

10.10 Proteinabbau durch Proteasomen

Wodurch wird die Stabilität von Proteinen bestimmt? Eine Zelle enthält viele Proteasen mit unterschiedlichen Spezifitäten. Sie lassen sich in drei allgemeine Gruppen einteilen:

- Manche Proteasen sind an spezifischen Prozessierungsvorgängen beteiligt; aus diesen gehen reife Proteine hervor, die kleiner sind als die Vorläuferproteine. Solche Proteasen wirken an einer Vielzahl von Aktivitäten mit, unter anderem bei der Abspaltung der Signalsequenz sezernierter Proteine und bei der Spaltung cytosolischer Enzyme, die dadurch ihre reife Form erhalten.
- Lysosomen sind membranumgrenzte Organellen, welche in die Zelle importierte Proteine abbauen; dieser Prozeß wird in Kapitel 35 im Zusammenhang mit dem Proteintransport durch Membranen besprochen.
- Das **Proteasom** ist ein großer Komplex, der cytosolische Proteine abbaut. Er ist sowohl an Gesamtabbauprozessen (der vollständigen Umsetzung eines Proteins in kleine Fragmente) als auch an gewissen spezifischen Prozessierungsvorgängen beteiligt.

Der Abbau eines Proteins durch ein Proteasom läßt sich in zwei Schritte unterteilen: Zunächst wird das Protein *für den Abbau markiert*; anschließend wird es *proteolysiert*. Abbildung 10.34 veranschaulicht, auf welche Weise die Zielmarkierung eines Proteines erfolgt. Ein kleines Polypeptid, das **Ubiquitin**, wird über eine kovalente Bindung an das abzubauende Substratprotein geknüpft. Das Ubiquitinierungssystem besteht aus drei Komponenten. Das ubiquitinaktivierende Enzym E1 nutzt die Spaltung von ATP, um mit einem Cys-Rest unter Ausbildung einer energiereichen Thioesterbindung an den C-terminalen Gly-Rest von Ubiquitin zu binden. Anschließend wird das Ubiquitin auf das ubiquitinverknüpfende Enzym E2 übertragen; dieses wiederum transferiert Ubiquitin unter Ausbildung einer Isopeptidbindung auf die ε-Aminogruppe eines Lysins im Substratprotein. Normalerweise wird das Substratprotein zuvor bereits an die Ubiquitinproteinligase E3 gebunden. Durch eine Isopeptidase wird Ubiquitin von einem abgebauten Substrat freigesetzt.

Für die Auswahl der zu ubiquitinierenden Substratproteine sind sowohl E2 als auch E3 verantwortlich. In dem in Abbildung 10.34 dargestellten einfachen Schema wählt E3 die Substrate aus. Eine Zelle kann verschiedene E3-Proteine enthalten, die Substrate nach unterschiedlichen Kriterien aussuchen. Ebenso gibt es eine große Vielfalt an E2-Proteinen, und auch sie können eine Rolle bei der Zielmarkierung von Substratproteinen spielen, bisweilen unabhängig von E3.

Das Anfügen eines einzelnen Ubiquitinmoleküls an ein Substratprotein reicht nicht aus, um dessen Abbau zu bewirken. Weitere Ubiquitinbausteine werden hinzugefügt, so daß eine Polyubiquitinkette entsteht; jedes zusätzliche Ubiquitin wird dabei an das Lys in Position 46 des vorhergehenden Ubiquitins geknüpft. Die Bildung von Polyubiquitin dient dem Proteasom als Signal für den Abbau des Proteins. Wie die Polyubiquitinierung kontrolliert wird, ist zum großen Teil unklar; es gibt Fälle, in denen ein einziges Ubiquitin an ein Substratprotein gebunden wird und dieses stabil bleibt, da keine Polyubiquitinierung stattfindet.

Das Proteasom wurde ursprünglich als ein großer Komplex entdeckt, der an Ubiquitin gebundene Proteine abbaut. Es liegt in zwei Formen vor. Ein 20S-Komplex von etwa 700 kD besitzt die Proteaseaktivität. Zusätzliche Proteine überführen diesen Komplex in eine 26S-Form; diese Proteine sind regulatorische Untereinheiten, die Spezifität vermitteln – beispielsweise für die Bindung an Ubiquitinkonjugate. Die Spaltung von ATP ist für die Umwandlung von 20S in 26S erforderlich, und wahrscheinlich später für die Spaltung der Peptidbindungen, die Freisetzung von Produkten etc. verantwortlich. Der 20S-Komplex hat die Form eines Hohlzylinders und die zusätzlichen Komponenten des 26S-Komplexes sind an den Enden des Zylinders befestigt, und bilden so eine Hantel. Wir wissen

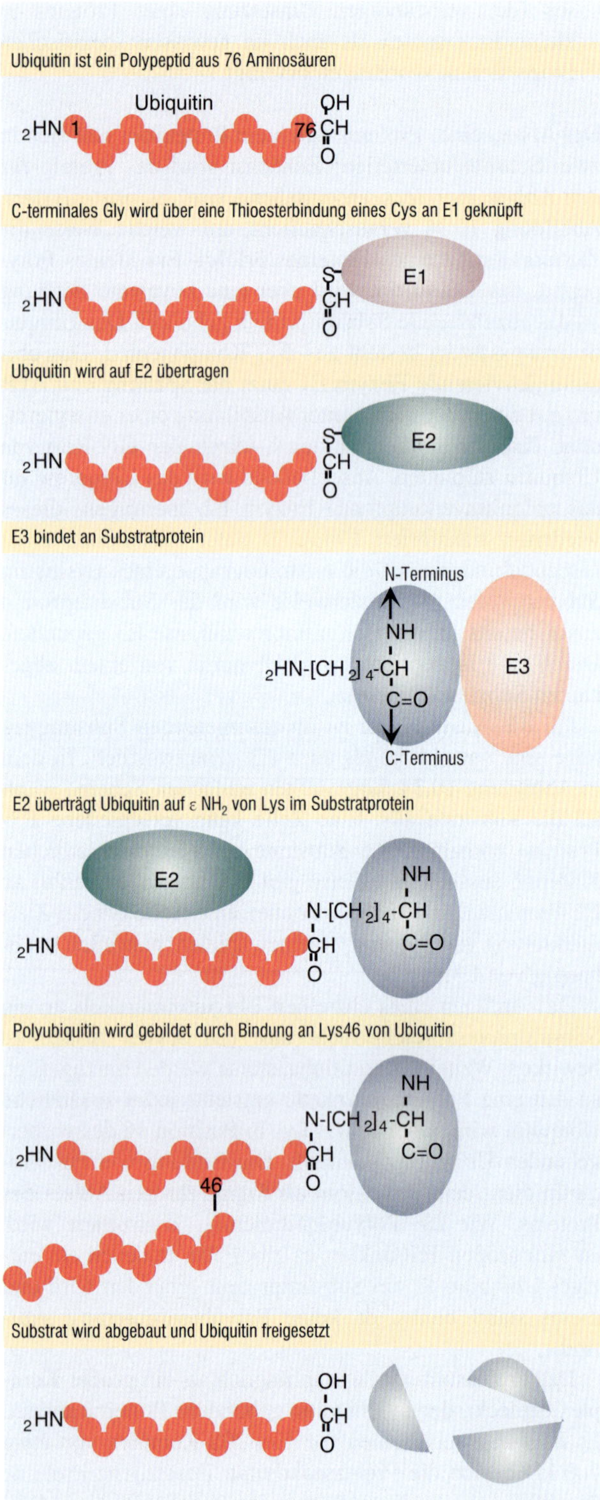

10.34 Der Ubiquitinzyklus umfaßt drei Aktivitäten. E1 wird an Ubiquitin geknüpft. E3 bindet an das Substratprotein. E2 überträgt Ubiquitin von E1 auf das Substrat. Weitere Zyklen führen zur Bildung von Polyubiquitin.

nicht, wie Struktur und Funktion des Proteasoms zusammenhängen, insbesondere, wie die Bindung des Substrats erfolgt; wir können spekulieren, daß das Protein in das Proteasom eingeführt werden muß, damit es das für den Abbau verantwortliche aktive Zentrum erreicht. Ein derartiger Mechanismus könnte eine Kontrolle darstellen, die den zufälligen Abbau von Proteinen verhindert.

Das Proteasom verfügt über mehrere Proteaseaktivitäten mit unterschiedlichen Spezifitäten, zum Beispiel für die Spaltung nach basischen, sauren oder hydrophoben Aminosäuren. Es hat eine Vielzahl verschiedener Zieltypen. Inhibitoren des Proteasoms blockieren den Abbau der meisten zellulären Proteine, dies zeigt, daß es also offensichtlich für den Abbau der großen Masse der Proteine verantwortlich ist. In Zellen des Immunsystems sorgt es für die Spaltung von Antigenen und dabei entstehen die kleinen Peptide, die, auf der Zelloberfläche präsentiert, die Immunreaktion auslösen (Kapitel 33). Zu anderen Reaktionen, bei denen Zielproteine vollständig abgebaut werden, zählt die Entfernung von Zellzyklusregulatoren; so werden Cycline während der Mitose (Kapitel 36) und Proteine, welche die Replikation kontrollieren, während der Phase der DNA-Synthese abgebaut. Zusätzlich zu diesen Reaktionen kann das Proteasom an spezifischen Prozessierungsvorgängen beteiligt sein, z. B. an der Spaltung des Vorläufers eines Transkriptionsfaktors zum aktiven Protein. Auf welche Weise diese Aktivitäten reguliert werden, bleibt zu erforschen.

Zusammenfassung

Die Synthese aller Proteine beginnt an „freien" Ribosomen im Cytosol. In Abwesenheit eines besonderen Signals wird ein Protein nach seiner Fertigstellung ins Cytosol entlassen. Proteine, die durch posttranslationalen Transfer in Mitochondrien oder Chloroplasten importiert werden, besitzen N-terminale Leader-Sequenzen, die sie zur Organellenhülle dirigieren; anschließend werden sie durch die Doppelmembran in die Matrix transportiert. Die Translokation erfordert ATP und ein elektrisches Potential an der inneren Membran. Die N-terminale Leader-Sequenz wird in der Organelle von einer Protease abgespalten. Proteine, deren Bestimmungsort die Membranen oder der Intermembranraum ist, verfügen über ein Signal (N-terminal, nach Abspaltung des ersten Teils der Leader-Sequenz), das entweder den Export aus der Matrix an den entsprechenden Ort bewirkt oder aber den Transfer stoppt, bevor das gesamte Protein in die Matrix gelangt. Eine wichtige Eigenschaft dieses Vorgangs ist die Kontrolle der Faltung durch Hsp70 und Hsp60 in der Mitochondrienmatrix. Die Bedingungen beim Export aus Bakterien hängen ebenfalls stark von einer Kontrolle der Proteinkonformation ab.

Der N-terminale Abschnitt eines sezernierten Proteins enthält eine Signalsequenz, welche die Bindung des naszierenden Proteins und seines Ribosoms an die Membran des endoplasmatischen Reticulums bewirkt. Die Translokation des Proteins durch die Membran erfolgt cotranslational. Dieser Vorgang beginnt mit der Erkennung der Signalsequenz durch das SRP (ein Ribonucleoproteinpartikel), das die Translation unterbricht. Das SRP bindet an einen Rezeptor in der ER-Membran und übergibt die Signalsequenz an den ebenfalls membranständigen Sec61/TRAM-Rezeptor. Die Synthese wird wieder aufgenommen und das Protein durch die Membran transloziert, noch während es entsteht; es gibt allerding keine energetische Verbindung zwischen diesen beiden Prozessen. Der Membrankanal sorgt für eine hydrophile Umgebung und besteht hauptsächlich aus Sec61.

Ein sezerniertes Protein gelangt vollständig durch die Membran hindurch in das Lumen des ER. Bei integralen Membranproteinen vom Typ I wird die N-terminale Signalsequenz abgespalten und der Transfer durch die Membran wird zu einem späteren Zeitpunkt durch eine Ankersequenz gestoppt. Das Protein wird so in die Membran eingebaut, daß sein C-Terminus im Cytosol und der N-Terminus auf der gegenüberliegenden Seite liegt. Typ II-Proteine besitzen kein spaltbares, N-terminales Signal, sondern eine kombinierte Signal-Anker-Sequenz, welche in die Membran eindringt und dort eingebettet wird; sie bewirkt, daß der N-Terminus auf der cytosolischen Seite bleibt, während der C-Terminus auf der gegenüberliegenden Seite plaziert wird. Die Orientierung des Signalankers wird von der „Das Positive nach innen"-Regel bestimmt; das heißt, die Seite des Ankers, die mehr positive Ladungen aufweist, liegt im Cytoplasma. Proteine können mehrere membrandurchspannende Domänen besitzen; die dazwischenliegenden Schleifen ragen beiderseits der Membran hervor. Der Mechanismus für den Einbau mehrerer Proteinabschnitte ist unbekannt.

Die bei Bakterien an der Membrantranslokation beteiligten Komponenten sind mit jenen der Eukaryoten verwandt, der Vorgang erfolgt jedoch oft durch einen posttranslationalen Mechanismus. SecY/E stellen die Translokase, und SecA heftet sich an den Kanal und wirkt an der Insertion und der Durchschleusung des Substratproteins mit. SecB ist ein Chaperon, welches das Protein zum Kanal transportiert.

Kernporenkomplexe sind massive, in die Kernmembran eingebettete Strukturen, die für den gesamten Proteintransport in den Kern sowie RNA-Transport aus dem Kern verantwortlich sind. Ob Kernporenkomplexe heterogen sind, bleibt festzustellen. Jeder Kernporenkomplex enthält eine zentrale Pore, die einen Kanal von weniger als 10 nm Durchmesser bildet. Zusätzliche Kanäle befinden sich rund um die Peripherie. Der Zentralkanal kann sich bis zu einem Durchmesser von etwa 20 nm erweitern, um den Durchtritt größerer Moleküle zu ermöglichen; bei manchen von ihnen wird vermutlich eine Konformationsänderung erforderlich sein, damit sie den Porenkanal durchqueren können.

Proteine, die aktiv in den Kern transportiert werden, benötigen spezifische NLS-Sequenzen; diese sind kurz, scheinen aber, abgesehen von ihrer Basizität, keine gemeinsamen Eigenschaften aufzuweisen. Der Eintritt in den Kern ist ein zweistufiger Prozeß, der aus dem Andocken und der anschließenden ATP-abhängigen Translokation besteht. Die Andockreaktion erfolgt durch den Importinkomplex; dieser besteht aus Untereinheiten, die an das Substratprotein beziehungsweise an ein Nucleoporinprotein in der Pore binden. Die Translokation benötigt die Ran-GTPase, die den Importinkomplex ablöst und Zyklen des Andockens und der Ablösung während des Entlangwanderns an der Pore ermöglicht.

Aus dem Kern exportierte Proteine besitzen spezifische NES-Sequenzen, die ein Muster von Leucinresten gemein haben; sie binden vermutlich an Nucleoporine. Einige Nucleoporine sind spezifisch für den RNA-Export aus dem Kern erforderlich.

Das für den Hauptabbau von Proteinen, aber auch für gewisse spezifische Prozessierungsvorgänge verantwortliche System ist das Proteasom, ein großer Komplex mit verschiedenen Proteaseaktivitäten. Es wirkt auf Substratproteine ein, die über eine Isopeptidbindung an Ubiquitin gekoppelt sind, an dem sich wiederum eine Polyubiquitinkette gebildet hat.

Weiterführende Literatur

Übersichtsartikel

Oliver, D. *Protein Secretion in E. coli*. In: *Ann. Rev. Microbiol.* 39 (1985) S. 615–648.

Dingwall, C.; Laskey, R. A. *Protein Import into the Cell Nucleus*. In: *Ann. Rev. Cell Biol.* 2 (1986) S. 367–390.

Lee, C.; Beckwith, J. *Cotranslational and Posttranslational Protein Translocation in Prokaryotic Systems*. In: *Ann. Rev. Cell Biol.* 2 (1986) S. 315–336.

Walter, P.; Lingappa, V. *Mechanism of Protein Translocation Across the Endoplasmic Reticulum Membrane*. In: *Ann. Rev. Cell Biol.* 2 (1986) S. 499–516.

Wickner, W. T.; Lodish, H. *Multiple Mechanisms of Protein Insertion into and Across Membranes*. In: *Science* 230 (1986) S. 400–407.

Ellis, R. J.; Vies, S. M. van der *Molecular Chaperones*. In: *Ann. Rev. Biochem.* 60 (1991) S. 321–347.

Baker, K. P.; Schatz, G. *Mitochondrial Proteins Essential for Viability Mediate Protein Import into Yeast Mitochondria*. In: *Nature* 349 (1991) S. 205–208.

Forbes, D. J. *Structure and Function of the Nuclear Pore Complex*. In: *Ann. Rev. Cell Biol.* 8 (1992) S. 495–527.

Jentsch, S. *The Ubiquitin-Conjugation System*. In: *Ann. Rev. Genet.* 26 (1992) S. 179–207.

Georgopoulos, C.; Welch, W. J. *Role of the Major Heat Shock Proteins as Molecular Chaperones*. In: *Ann. Rev. Cell Biol.* 9 (1993) S. 601–634.

Ciechanover, A. *The Ubiquitin-Proteasome Proteolytic Pathway*. In: *Cell* 79 (1994) S. 13–21.

Walter, P.; Johnson, A. E. *Signal Sequence Recognition and Protein Targeting to the Endoplasmic Reticulum Membrane*. In: *Ann. Rev. Cell Biol.* 10 (1994) S. 87–119.

Davis, L. I. *The Nuclear Pore Complex*. In: *Ann. Rev. Biochem.* 64 (1995) S. 865–896.

Gorlich, D.; Mattaj, I. W. *Nucleocytoplasmic Transport*. In: *Science* 271 (1996) S. 1513–1518.

Schatz, G.; Dobberstein, B. *Common Principles of Protein Translocation Across Membranes*. In: *Science* 271 (1996) S. 1519–1526.

Rapoport, T. A.; Jungnickel, B.; Kutay, U. *Protein Transport Accross the Eukaryotic Endoplasmic Reticulum and Bacterial Inner Membranes*. In: *Ann. Rev. Biochem.* 65 (1996) S. 271–303.

Coux, O.; Tanaka, K.; Goldberg, A. L. *Structure and Functions of the 20S and 26S Proteasomes*. In: *Ann. Rev. Biochem.* 65 (1996) S. 801–848.

Entdeckungen

Mitochondrialer Transport

Loon, A. P. G. M. van et al. *The presequences of two Imported Mitochondrial Proteins Contain Information for Intracellular and Intramitochondrial Sorting*. In: *Cell* 44 (1986) 801–812.

Hartl, F.-U. et al. *Successive Translocation into and out of the Mitochondrial Matrix: Targeting of Proteins to the Intermembrane Space by a Bipartite Signal Peptide*. In: *Cell* 51 (1988) S. 1027–1037.

Chaperone und Proteinfaltung

Eilers, M.; Schatz, G. *Binding of a Specific Ligand Inhibits Import of a Purified Precursor Protein into Mitochondria*. In: *Nature* 322 (1986) S. 228–232.

Collier, D. N. et al. *The Antifolding Activity of SecB Promotes the Export of the E. coli Maltose-Binding Protein*. In: *Cell* 53 (1988) S. 273–283.

Crooke, E. et al. *ProOmpA is Stabilized for Membrane Translocation by Either Purified E. coli Trigger Factor or Canine Signal Recognition Particle*. In: *Cell* 54 (1988) S. 1003–1011.

Ostermann, J. et al. *Protein Folding in Mitochondria Requires Complex Formation with Hsp60 and ATP Hydrolysis*. In: *Nature* 341 (1989) S. 124–130.

Braig, K. et al. *The Crystal Structure of the Bacterial Chaperonin GroEL at 2.8 Å*. In: *Nature* 371 (1994) S. 578–586.

Chen, S. et al. *Location of a Folding Protein and Shape Changes in GroEL-GroES Complexes Imaged by Cryo-Electron Microscopy*. In: *Nature* 371 (1994) S. 261–264.

Weissman, J. A. et al. *Mechanism of GroEL Action: Productive Release of Polypeptide from a Sequestered Position under GroES*. In: *Cell* 83 (1995) S. 577–587.

Hunt, J. F. et al. *The Crystal Structure of the GroES Co-Chaperonin at 2.8 Å Resolution*. In: *Nature* 379 (1996) S. 37–45.

Mayhew, M. et al. *Protein Folding in the Central Cavity of the GroEL-GroES Chaperonin Complex*. In: *Nature* 379 (1996) S. 420–426.

Proteintranslokation

Blobel, G.; Dobberstein, B. *Transfer of Proteins Across the Membrane. I. Presence of Proteolytically Processed and Unprocessed Nascent Immunoglobulin Light Chains on Membrane-Bound Ribosomes of Murine Myeloma*. In: *J. Cell Biol.* 67 (1975) S. 835–851.

Walter, P.; Blobel, G. *Translocation of Proteins Across the ER. III. SRP Causes Signal Sequence and Site Specific Arrest of Chain Elongation that is Released by Microsomal Membranes*. In: *J. Cell Biol.* 91 (1981) S. 557–561.

Walter, P.; Blobel, G. *Signal Recognition Particle Contains a 7S RNA Essential for Protein Translocation Across the ER*. In: *Nature* 299 (1982) S. 691–698.

Siegel, V.; Walter, P. *Each of the Activities of SRP is Contained Within a Distinct Domain: Analysis of Biochemical Mutants of SRP*. In: *Cell* 52 (1988) S. 39–49.

Brundage, L et al. *The Purified E. coli Integral Membrane Protein SecY/E is Sufficient for Reconstitution of SecA-Dependent Precursor Protein Translocation*. In: *Cell* 62 (1990) S. 649–657.

Simon, S. M.; Blobel, G. *A Protein-Conducting Channel in the Endoplasmic Reticulum*. In: *Cell* 65 (1991) S. 371–380.

Gorlich, D.; Rapoport, T. A. *Protein translocation into Proteoliposomes Reconstituted from Purified Components of the Endoplasmic Reticulum Membrane*. In: *Cell* 75 (1993) S. 615–630.

Kerntransport

Feldherr, C. M.; Kallenbach, E.; Schultz, N. *Movement of a Karyophilic Protein Through the Nuclear Pores of Oocytes*. In: *J. Cell Biol.* 99 (1984) S. 2216–2222.

Newmeyer, D. D.; Forbes, D. J. *An NEM-Sensitive Cytosolic Factor Necessary for Nuclear Protein Import: Requirement in a Signal-Mediated Binding to the Nuclear Pore*. In: *Cell* 52 (1988) S. 641–653.

Richardson, W. D. et al. *Nuclear Protein Migration Involves two Steps: Rapid Binding at the Nuclear Envelope Followed by Slower Translocation Through Nuclear Pores*. In: *Cell* 52 (1988) S. 655–664.

Akey, C. W.; Goldfarb, D. S. *Protein Import Through the Nuclear Pore Complex is a Multistep Process*. In: *J. Cell Biol.* 109 (1989) S. 971–982.

Robbins, J. et al. *Two Interdependent Basic Domains in Nucleoplasmin Nuclear Targeting Sequence: Identification of a Class of Bipartite Nuclear Targeting Sequences*. In: *Cell* 64 (1991) S. 615–623.

Hinshaw, J. E.; Carragher, B. O.; Milligan, R. A. *Architecture and Design of the Nuclear Pore Complex*. In: *Cell* 69 (1992) S. 1133–1141.

Moore, M. S.; Blobel, G. *The two Steps of Nuclear Import, Targeting to the Nuclear Envelope and Translocation Through the Nuclear Pore, Require Different Cytosolic Factors*. In: *Cell* 69 (1992) S. 939–950.

Moroianu, J.; Blobel, G.; Radu, A. *Previously Identified Protein of Uncertain Function is Importin α and Together with Importin β Docks Import Substrate at Nuclear Pore Complexes*. In: *Proc. Nat. Acad. Sci. USA* 92 (1995) S. 2008–2011.

Radu, A.; Moore, M. S.; Blobel, G. *The Peptide Repeat Domain of Nucleoporin Nup98 Functions as a Docking Site in Transport Across the Nuclear Pore Complex*. In: *Cell* 81 (1995) S. 215–222.

Proteinabbau

Ciechanover, A. et al. *ATP-Dependent Conjugation of Reticulocyte Proteins with the Polypeptide Required for Protein Degradation*. In: *Proc. Nat. Acad. Sci. USA* 77 (1980) S. 1365–1368.

Chau, V. et al. *A Multiubiquitin Chain is Confined to a Specific Lysine in a Targeted Short-Lived Protein*. In: *Science* 243 (1989) S. 1576–1583.

Eytan, E. et al. *ATP-Dependent Incorporation of 20S Protease into the 26S Complex that Degrades Proteins Conjugated to Ubiquitin*. In: *Proc. Nat. Acad. Sci. USA* 86 (1989) S. 7751–7755.

III

Die Expression prokaryotischer Gene

Gemäß des streng strukturellen Konzepts betrachtet man das Genom als ein Mosaik unabhängiger molekularer Blaupausen für den Bau einzelner Zellbestandteile. Bei der Ausführung dieser Baupläne ist aber die Koordination offensichtlich absolut lebenswichtig. Die Entdeckung der Regulator- und Operatorgene sowie der repressiven Regulation der Aktivität von Strukturgenen zeigt, daß das Genom nicht nur aus einer Abfolge von Blaupausen besteht, sondern ein koordiniertes Programm für die Proteinsynthese und die Mittel zur Kontrolle seiner Ausführung enthält.

François Jacob und *Jacques Monod*, 1961

11. Die Transkription

Transkription umfaßt die Synthese einer RNA-Kette, die einem Strang einer DNA-Doppelhelix entspricht. Mit „entsprechen" ist gemeint, daß die RNA die *identische Sequenz* hat wie ein Strang der DNA, der **codierender Strang** genannt wird. Dieser Strang ist komplementär zu dem anderen DNA-Strang, der die **Matrize** für die RNA-Synthese darstellt. Die Abbildung 11.1 verdeutlicht diesen Zusammenhang zwischen doppelsträngiger DNA und dem zugehörigen einzelsträngigen RNA-Transkript noch einmal.

Ein Enzym namens **RNA-Polymerase** katalysiert die RNA-Synthese. Die Transkription beginnt, wenn die RNA-Polymerase an einen besonderen DNA-Bereich am Anfang des Gens, den **Promotor**, bindet. Der Promotor schließt das erste Basenpaar ein, das in RNA transkribiert wird, den sogenannten **Startpunkt**. Ausgehend von diesem Punkt bewegt sich die RNA-Polymerase entlang der Matrize und synthetisiert dabei RNA, bis sie an eine **Terminatorsequenz** gelangt. Durch diesen Vorgang wird eine **Transkriptionseinheit** definiert, die sich vom Promotor bis zum Terminator erstreckt. Das entscheidende Merkmal einer Transkriptionseinheit, wie sie in Abbildung 11.2 dargestellt ist, besteht darin, daß der entsprechende DNA-Abschnitt *mittels der Produktion eines einzigen RNA-Moleküls exprimiert* wird. Eine Transkriptionseinheit kann durchaus mehr als ein Gen enthalten.

Sequenzen, die sich vor dem Startpunkt befinden, bezeichnet man als **stromaufwärts** (*upstream*) gelegen. Sequenzen hinter dem Startpunkt, also innerhalb des transkribierten Bereichs, liegen dagegen **stromabwärts** (*downstream*). Gewöhnlich schreibt man Sequenzen so, daß die Transkription von links (stromaufwärts) nach rechts (stromabwärts) verläuft. Dies entspricht der üblichen Schreibweise für die mRNA in der Richtung von 5′ nach 3′.

Häufig gibt man bei der DNA-Sequenz nur den codierenden Strang an, dessen Sequenz mit der RNA-Sequenz übereinstimmt. Die Positionen der Basen werden ausgehend vom Startpunkt, der mit +1 gekennzeichnet wird, in beide Richtungen durchnumeriert. Die Zahlen nehmen stromabwärts fortlaufend zu und stromaufwärts fortlaufend ab, wobei die Base vor dem Startpunkt die Zahl –1 erhält; eine Null fehlt also.

Das unmittelbar aus der Transkription hervorgehende Produkt nennt man **Primärtranskript**. Es besteht aus einer RNA, die vom Promotor bis zum Terminator reicht und noch das ursprüngliche 5′- beziehungsweise 3′-Ende trägt. Primärtranskripte sind aber fast immer instabil. Bei Prokaryoten werden Primärtranskripte entweder rasch abgebaut (mRNA) oder in fertige („reife") Endprodukte zerlegt (rRNA und tRNA). Eukaryoten modifizieren die Enden von Primärtranskripten (mRNA) und/oder schneiden diese zu reifen Produkten zurecht (sämtliche RNAs).

Die Transkription ist der erste Schritt der Genexpression und zugleich ihr Hauptkontrollpunkt. Proteine mit regulatorischer Funktion legen fest, ob ein bestimmtes Gen für die Transkription durch die RNA-Polymerase zur Verfügung steht. Der erste (und manchmal einzige) Schritt bei der Regulation ist die Entscheidung, ob ein Gen transkribiert wird oder nicht. Wenn wir uns mit den verschiedenen Stadien der Transkription beschäftigen, sollten wir daher auch überlegen, welche Möglichkeiten sie für die Regulation der Genaktivität bieten.

In diesem Zusammenhang tauchen zwei grundlegende Fragen in bezug auf die Genexpression auf:

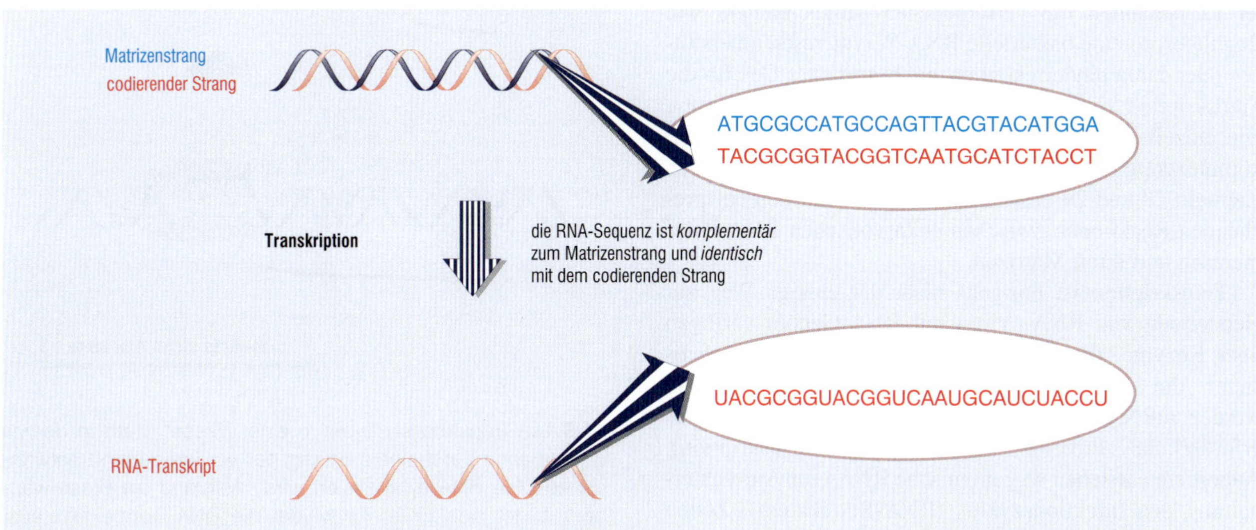

11.1 *Übersicht:* Das Enzym RNA-Polymerase hat die Aufgabe, einen Strang einer DNA-Doppelhelix in RNA zu kopieren.

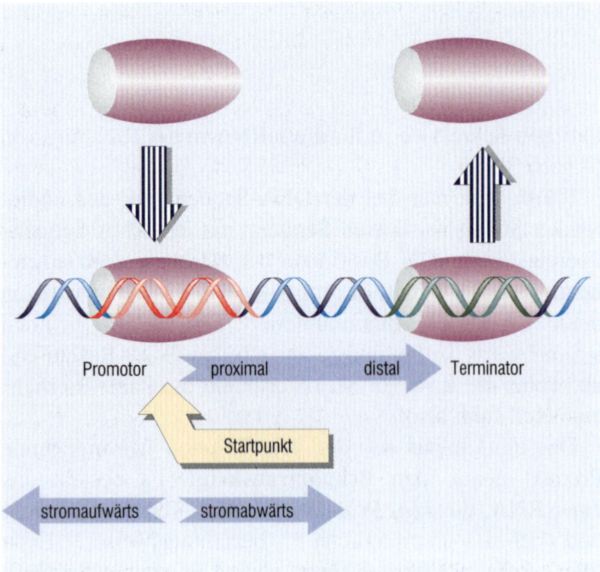

11.2 *Übersicht:* Eine Transkriptionseinheit ist eine DNA-Sequenz, die in eine einzelne RNA umgeschrieben wird; sie beginnt am Promotor und endet am Terminator.

- Wie findet die RNA-Polymerase Promotoren in der DNA? Dies ist ein besonderer Fall einer ganz allgemeinen Frage: Wie unterscheiden Proteine ihre spezifischen Bindungsstellen in der DNA von anderen Sequenzen?
- Wie stehen spezifische Regulatorproteine mit der RNA-Polymerase (und untereinander) in Wechselwirkung, um einzelne Schritte bei der Initiation, der Elongation oder der Termination der Transkription zu aktivieren oder zu reprimieren?

In diesem Kapitel untersuchen wir die Wechselwirkungen zwischen bakterieller RNA-Polymerase und DNA, angefangen vom ersten Kontakt der RNA-Polymerase mit einem Gen über die eigentliche Transkription bis hin zu ihrer Ablösung nach vollendeter Transkriptsynthese. Kapitel 12 behandelt die verschiedenen Möglichkeiten, wie Regulatorproteine bakterielle RNA-Polymerasen unterstützen oder daran hindern können, ein bestimmtes Gen für die Transkription zu erkennen. In Kapitel 13 geht es darum, wie einzelne regulatorische Wechselwirkungen zu einem komplexeren Netzwerk verknüpft werden können. In den Kapiteln 28 und 29 beschäftigen wir uns mit den entsprechenden Reaktionen zwischen eukaryotischen RNA-Polymerasen und ihren Matrizen.

(Transkription ist übrigens nicht der einzige Weg zur Herstellung von RNA. Viren mit RNA-Genom verfügen über Enzyme, die RNA anhand einer Matrize synthetisieren, die selbst aus RNA besteht. Bei diesem Vorgang werden mRNAs produziert, die für den Infektionszyklus erforderliche Proteine codieren (RNA-Transkription). Außerdem entstehen so genomische RNAs zur Aufrechterhaltung des Infektionszyklus (RNA-Replikation). Zellen synthetisieren jedoch RNA nur via Transkription einer DNA-Matrize.)

11.1 Die RNA-Polymerase katalysiert die Transkription

Die Transkription läuft über den üblichen Vorgang der komplementären Basenpaarung ab und wird von dem Enzym RNA-Polymerase katalysiert und überprüft. In Abbildung 11.3 ist das allgemeine Schema der Transkription dargestellt. Die RNA-Synthese findet innerhalb einer „Transkriptionsblase" statt, in der die DNA vorübergehend in Einzelstränge aufgetrennt wird und ein Strang als Matrize für die Synthese des RNA-Strangs dient. Während sich die RNA-Polymerase entlang der DNA bewegt, wandert diese Blase mit und die RNA-Kette wächst in die Länge.

Die Struktur der Blase, die von der RNA-Polymerase umschlossen wird, ist in der Vergrößerung in Abbildung 11.4 dargestellt. Während sich die RNA-Polymerase entlang der DNA-Matrize voranbewegt, entwindet sie die Doppelhelix am vorderen Ende der Blase (Entwindungspunkt) und verwindet sie wieder an der Rückseite (Verwindungspunkt). Die Ausdehnung der Transkriptionsblase schwankt je nach Elongationsphase von 12 bis 20 bp

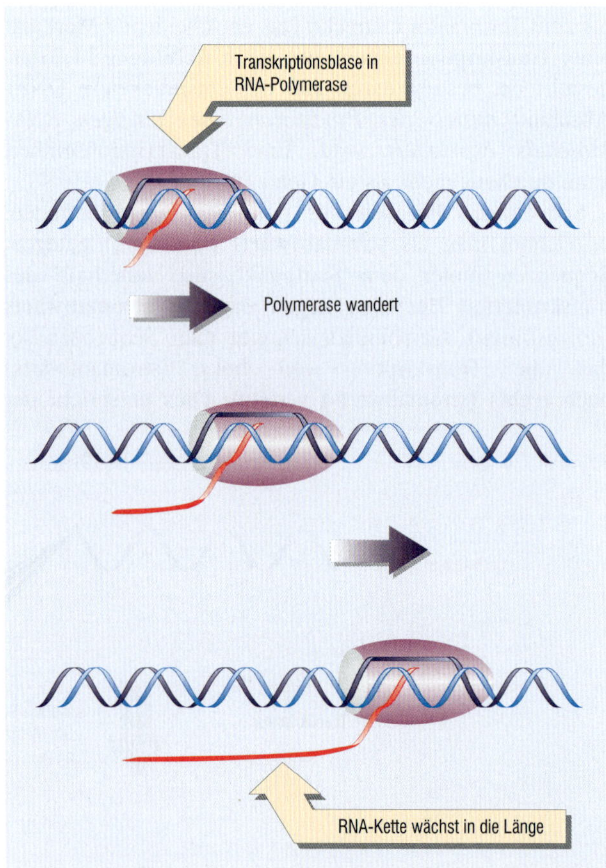

11.3 Die Transkription findet in einer „Blase" statt, in der via Basenpaarung mit einem Strang der vorübergehend entwundenen DNA RNA synthetisiert wird. Während die Blase wandert, bildet sich hinter ihr wieder die DNA-Doppelhelix aus, wobei die RNA in Form einer einzelnen Polynucleotidkette abgelöst wird.

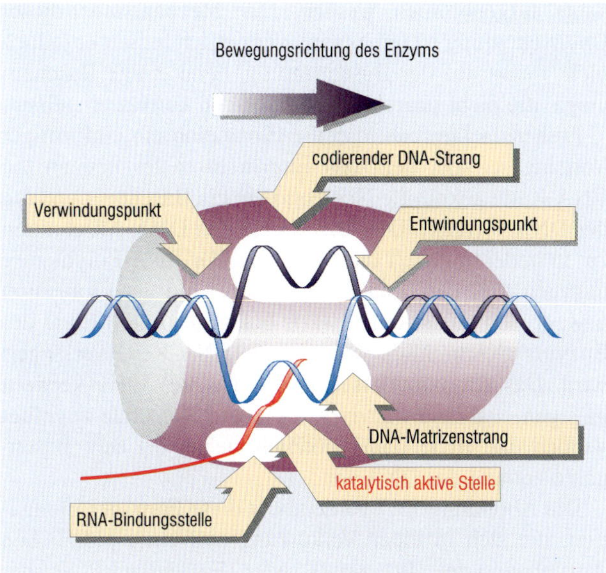

11.4 Während der Transkription bleibt die Blase innerhalb der bakteriellen RNA-Polymerase, welche die DNA entwindet und wieder aufwindet, den Zustand des Matrizen-RNA-Stranges und ihres Partnerstranges aufrechterhält und RNA synthetisiert.

(siehe unten), aber die RNA:DNA-Hybride innerhalb der Blase sind kürzer.

Ursprünglich ging man davon aus, daß RNA:DNA-Hybride über eine Länge von etwa 12 bp gebildet werden, aber diese Vorstellung beruhte auf indirekten Anhaltspunkten bezüglich der Struktur des RNA-Abschnitts innerhalb der RNA-Polymerase. Tatsächlich hat man die Ausdehnung der RNA:DNA-Hybride nie direkt gemessen. Neuere Ergebnisse zeigen, daß Ribonucleasen, die einzelsträngige RNA erkennen, schon drei Positionen von der Verlängerungsstelle entfernt Basen von der RNA abspalten können. (Solche Untersuchungen sind möglich, wenn die RNA-Polymerase während der Elongation an einer bestimmten Stelle die RNA nicht weiter verlängern kann, weil ihr das als nächstes benötigte Nucleotid vorenthalten wird.)

Die RNA bleibt demnach nur über zwei bis drei Basen nach der Verlängerungsstelle mit der DNA verbunden, um vermutlich anschließend eine hochaffine Bindungsstelle in der Polymerase zu besetzen. Das RNA:DNA-Hybrid ist also äußerst kurz und nur vorübergehend ausgebildet. Es erstreckt sich nur so weit, wie es erforderlich ist, um der Basenpaarungsreaktion die Stabilität zu verleihen, die für die spezifische Addition eines Nucleotids nötig ist. Während die RNA-Polymerase weitergleitet, bildet sich wieder die DNA-Doppelhelix und verdrängt die RNA in Form einer freien Polynucleotidkette. Jeweils ungefähr die letzten 25 Ribonucleotide einer wachsenden RNA-Kette sind mit DNA und/oder Enzym verbunden.

Die bakterielle RNA-Polymerase hat eine Größe von ungefähr 90 × 95 × 160 Å. Die RNA-Polymerase aus Hefe ist größer, aber nicht so langgestreckt. Strukturanalysen ergaben ein gemeinsames Strukturmerkmal, nämlich einen etwa 25 Å breiten „Kanal“ oder Furche auf der Oberfläche, in dem die DNA liegen könnte. Abbildung 11.5 zeigt dies am Beispiel der Hefe-RNA-Polymerase. Die Länge der Furche bietet Platz für 16 bp im Fall des Bakterienenzyms oder etwa 25 bp bei der Hefepolymerase. Dies entspricht jedoch nur einem Teil der gesamten während der Transkription gebundenen DNA. Zur Zeit kann man nur diese allgemeine Beschreibung abgeben und die Merkmale des Enzyms noch nicht der in Abbildung 11.4 gezeigten Struktur zuordnen.

Alle Nucleinsäuren werden aus 5′-Nucleosidtriphosphaten hergestellt. Abbildung 11.6 zeigt die Kondensationsreaktion zwischen dem hinzukommenden Nucleotid und der 3′-OH-Gruppe des letzten Nucleotids der Kette. Das hinzukommende Nucleotid verliert seine beiden endständigen Phosphatgruppen (β und γ). Seine α-Phosphatgruppe wird für die Phospodiesterbindung gebraucht, über die es mit der Kette verknüpft wird. Diese Reaktion findet in der katalytisch aktiven Stelle statt, wie Abbildung 11.4 zeigt.

Die RNA-Kette wird vom 5′- zum 3′-Ende hin synthetisiert. Die Reaktionsgeschwindigkeit beträgt etwa 40 Nucleotide pro Sekunde bei 37 °C (bakterielle RNA-Polymerase); dies entspricht ungefähr der Translationsgeschwindigkeit (15 Aminosäuren/Sekunde). Die DNA-Replikation geht dagegen wesentlich schneller vonstatten (800 bp/Sekunde).

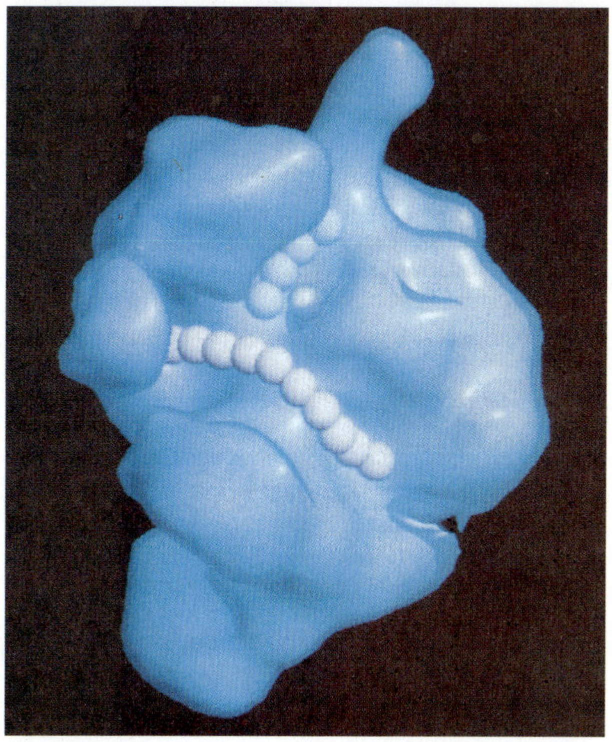

11.5 Die RNA-Polymerase aus Hefe hat Furchen, die Bindungsstellen für Nucleinsäuren sein könnten. Die rosa Perlen zeigen eine etwa 25 Å breite und 5–10 Å tiefe mögliche Bahn für DNA. Die blauen Perlen weisen auf einen engeren Kanal hin, der etwa 12–15 Å breit und 20 Å tief ist und RNA enthalten könnte. (Aufnahme mit freundlicher Genehmigung von Roger Kornberg.)

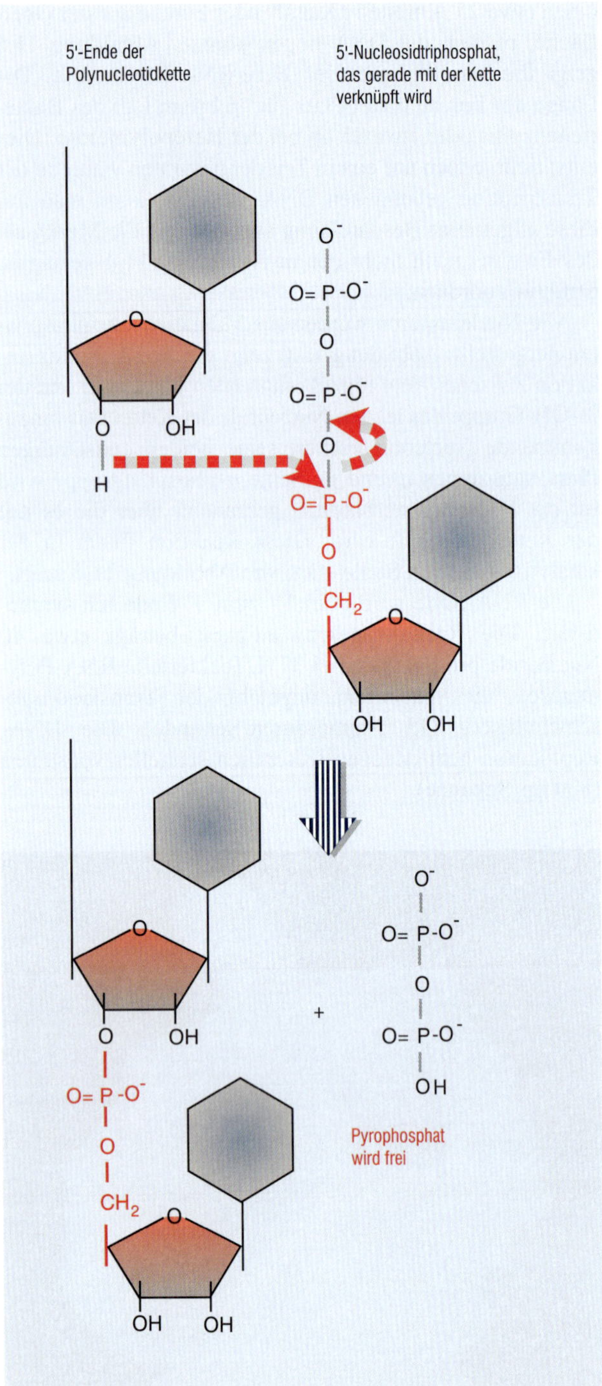

11.6 Die Bildung einer Phosphodiesterbindung umfaßt einen hydrophilen Angriff der 3′-OH-Gruppe des letzten Nucleotids in der Kette auf das 5′-Triphosphat des hinzukommenden Nucleotids, wobei Pyrophosphat freigesetzt wird.

Die RNA-Polymerase kontrolliert die in die katalytisch aktive Stelle gelangenden Nucleotide. Wahrscheinlich erlaubt das Enzym nur dann die Ausbildung einer Phosphodiesterbindung, wenn ein hinzukommendes Nucleotid komplementär zu der Matrizenbase ist. Paßt das Nucleotid nicht, wird es hinausgeworfen und ein anderes Nucleotid kann aufgenommen werden. Der Mechanismus dieser Unterscheidung ist unbekannt, vermutlich basiert er jedoch nicht direkt auf der Basenpaarung, denn einige Basenanaloga, die nicht paaren können, werden korrekt eingebaut.

Früher dachte man, daß die Elongation ein einförmiger Vorgang sei, bei dem das Enzym für jedes neu an die RNA-Kette geknüpfte Nucleotid um ein Basenpaar entlang der DNA vorrückt. Dies trifft in einigen DNA-Abschnitten zu, in anderen ähnelt die Bewegung der RNA-Polymerase dagegen eher der einer Spannerraupe. Bei der Elongation bewegt sich das stromaufwärts gelegene (linke) Ende des Enzyms gleichmäßig, während die RNA-Kette verlängert wird. Das stromabwärts gelegene (rechte) Ende verweilt dagegen, während inzwischen einige Nucleotide zugefügt werden und rückt dann plötzlich sieben bis acht Basenpaare entlang der DNA vor.

Die Abbildung 11.7 verdeutlicht diese Form der Elongation, die sich in einer Verkürzung und einer plötzlichen Ausdehnung des „Footprints“ oder „Fußabdrucks“ auf der DNA bemerkbar macht. Der Footprint, den das Enzym auf der DNA hinterläßt, verkürzt sich stetig von etwa 35 bp auf etwa 28 bp, bis er sich wieder über etwa 35 bp ausdehnt. Während sich die RNA-Polymerase zusammenzieht, wird die wachsende RNA-Kette innerhalb der Enzymstrukur länger und die Transkriptionsblase vergrößert sich von 12 auf 20 bp. Man nimmt an, daß diese Veränderungen innere Spannungen im Enzym erzeugen, die sich lösen, wenn das vordere Ende ungleichmäßig vorspringt.

Wenn RNA-Polymerase während der Elongation angehalten wird (meist durch Weglassen von Nucleotiden bei einer *in vitro*-Reaktion), passieren einige interessante Reaktionen. Die Blockade wird überwunden, indem das 3′-Ende der RNA abgespalten und so ein neues 3′-Ende für die Elongation erzeugt wird. Solche Abspaltungen sind sowohl bei prokaryotischen als auch eukaryotischen Enzymen nachgewiesen worden. In jedem Fall sind neben dem Enzym zusätzliche Faktoren beteiligt, doch die katalytisch aktive Stelle des Enzyms bewerkstelligt vermutlich die eigentliche Spaltung.

Die Proteine GreA und GreB aus *E. coli* befreien die RNA-Polymerase aus einem Elongationsstop. GreA kann nur dann wirken, wenn es bereits vor Eintritt des Stops vorhanden ist. Man weiß noch nicht, welche Eigenschaften des angehaltenen Transkriptionskomplexes die Spaltungsreaktion auslösen. GreB kann wirken, nachdem das Enzym gestoppt worden ist; seine Wirkung wird durch das Auftreten eines angehaltenen Komplexes ausgelöst.

RNA-Polymerase aus tierischen Zellen benötigt ebenfalls einen zusätzlichen Faktor (TFIIS), um einige Ribonucleotide vom 3′-Ende des RNA-Produkts freizusetzen. Das Enzym spaltet das Produkt selbst, wie die Reaktion in Abbildung 11.8 zeigt. Die katalytische Stelle des angehaltenen Enzyms wird verlagert. Die Spaltungsreaktion ermöglicht der RNA-Polymerase rückwärts an der Matrize entlangzuwandern und/oder ihre katalytisch aktive Stelle neu auszurichten, so daß die Addition weiterer Basen am

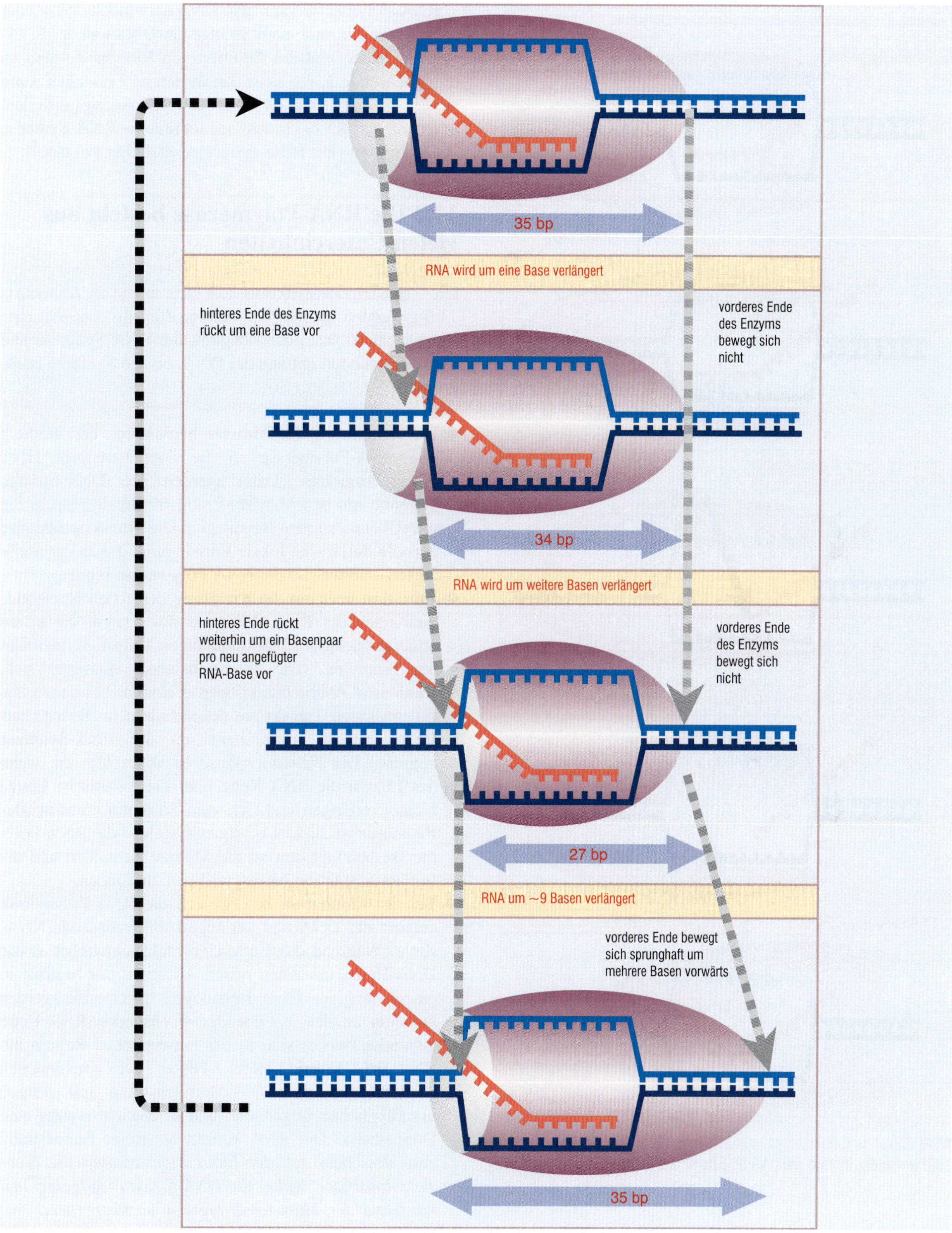

11.7 Die RNA-Polymerase bewegt sich bei der Elongation wie eine Spannerraupe, indem sie sich am rückwärtigen Ende verkürzt und das vordere Ende plötzlich freigibt.

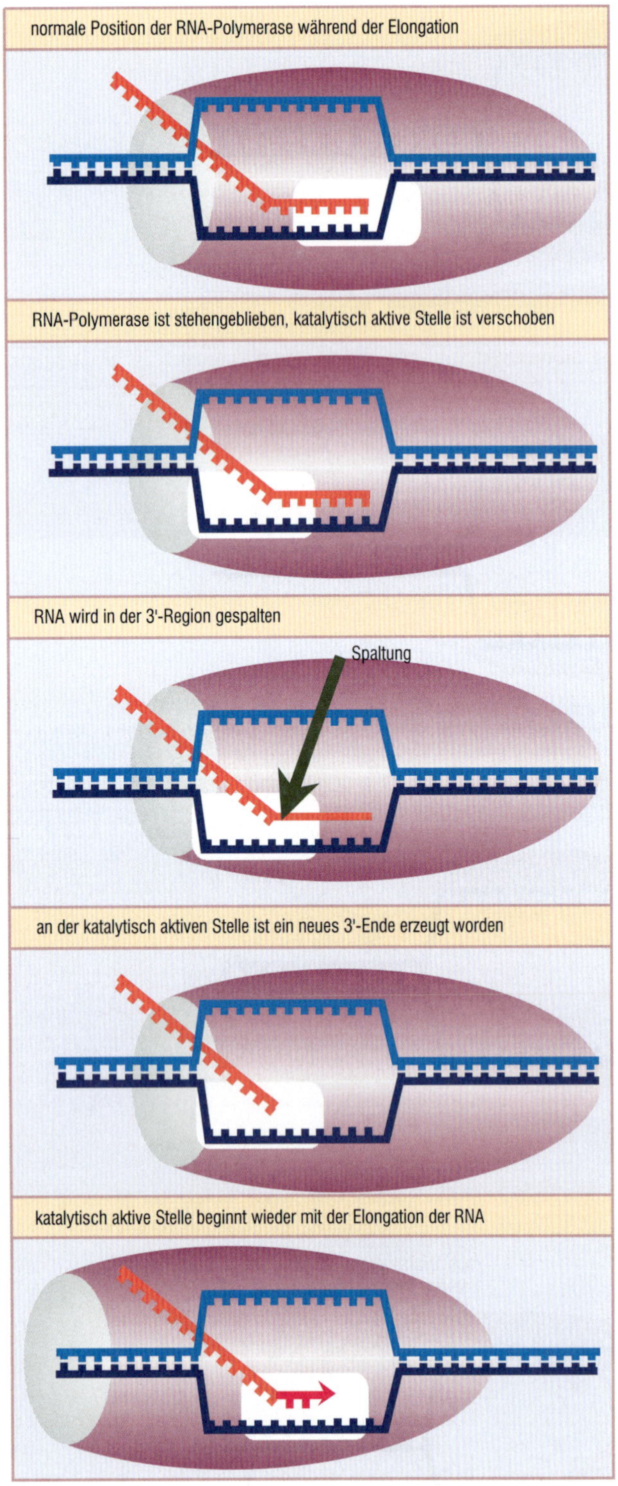

11.8 Eine zum Stillstand gekommene RNA-Polymerase kann sich befreien, indem sie das 3′-Ende des Transkripts abspaltet.

neuen 3′-Ende wiederaufgenommen werden kann. Die RNA-Bindungsstelle wird bei dieser Reaktion eingesetzt, um die RNA-Polymerase zu positionieren. Dadurch ist die RNA-Polymerase in der Lage, ein freies RNA-Molekül zu binden und zu spalten.

RNA-Polymerase kann also DNA entwinden und wieder aufwinden, die getrennten Stränge der DNA und das RNA-Produkt halten und die Addition von Ribonucleotiden an die wachsende RNA-Kette katalysieren. Zusätzlich kann sie sich auf Schwierigkeiten bei der Verlängerung einstellen, indem sie das RNA-Produkt spaltet und die RNA-Synthese neu aufnimmt (mit Hilfe einiger zusätzlicher Faktoren).

11.2 Die RNA-Polymerase besteht aus vielen Untereinheiten

Die Transkriptionsreaktion läßt sich in die in Abbildung 11.9 gezeigten Stadien unterteilen. Zunächst entsteht eine Transkriptionsblase, dann beginnt die RNA-Synthese und die Blase wandert entlang der DNA, bis die Synthese beendet wird:

- Die **Erkennung der Matrize** beginnt mit der Bindung von RNA-Polymerase an die doppelsträngige DNA eines Promotors. Dann werden die DNA-Stränge getrennt, um den Matrizenstrang für die Basenpaarung mit Ribonucleotiden freizulegen. Die Transkriptionblase entsteht durch eine lokale Entwindung, die an der Stelle einsetzt, an welche die RNA-Polymerase bindet.
- **Initiation** bedeutet die Knüpfung der ersten Nucleotidbindungen der RNA. Während das Enzym die ersten ungefähr neun Nucleotidbindungen knüpft, verbleibt es am Promotor. (Die Initiationsphase verzögert sich, wenn sich Abbruchreaktionen ereignen, bei denen das Enzym kurze Transkripte (kürzer als neun Basen) herstellt, freisetzt und erneut mit der RNA-Synthese beginnt.) Die Initiationsphase ist abgeschlossen, wenn das Enzym die RNA-Kette über diese kritische Länge hinaus verlängert und sich vom Promotor entfernt. Der **Promotor** ist die DNA-Sequenz, welche die RNA-Polymerase benötigt, um an die Matrize zu binden und die Initiationsreaktion bewerkstelligen zu können.
- Bei der **Elongation** bewegt sich die RNA-Polymerase entlang der DNA und verlängert die wachsende RNA-Kette. Während das Enzym vorrückt, entwindet es die DNA-Helix, um einen neuen Abschnitt der Matrize in einzelsträngiger Form freizulegen. Nucleotide werden kovalent an das 3′-Ende der wachsenden RNA-Kette gebunden, wobei sich in der entwundenen Region ein RNA:DNA-Hybrid bildet. Hinter der entwundenen Region paart der DNA-Matrizenstrang mit seinem ursprünglichen Gegenüber, und es entsteht wieder eine Doppelhelix. Die RNA kommt als freier Einzelstrang zum Vorschein. *Bei der Elongation wandert die Transkriptionsblase, wobei die DNA-Struktur aufgebrochen wird und der Matrizenstrang der vorübergehend entwundenen Region am Verlängerungspunkt mit der naszierenden RNA paart.*
- Die **Termination** ist mit der Erkennung der Stelle verbunden, an der keine weiteren Basen an die Kette geknüpft werden sollen. Um die Transkription zu beenden, muß die Bildung von Phosphodiesterbindungen

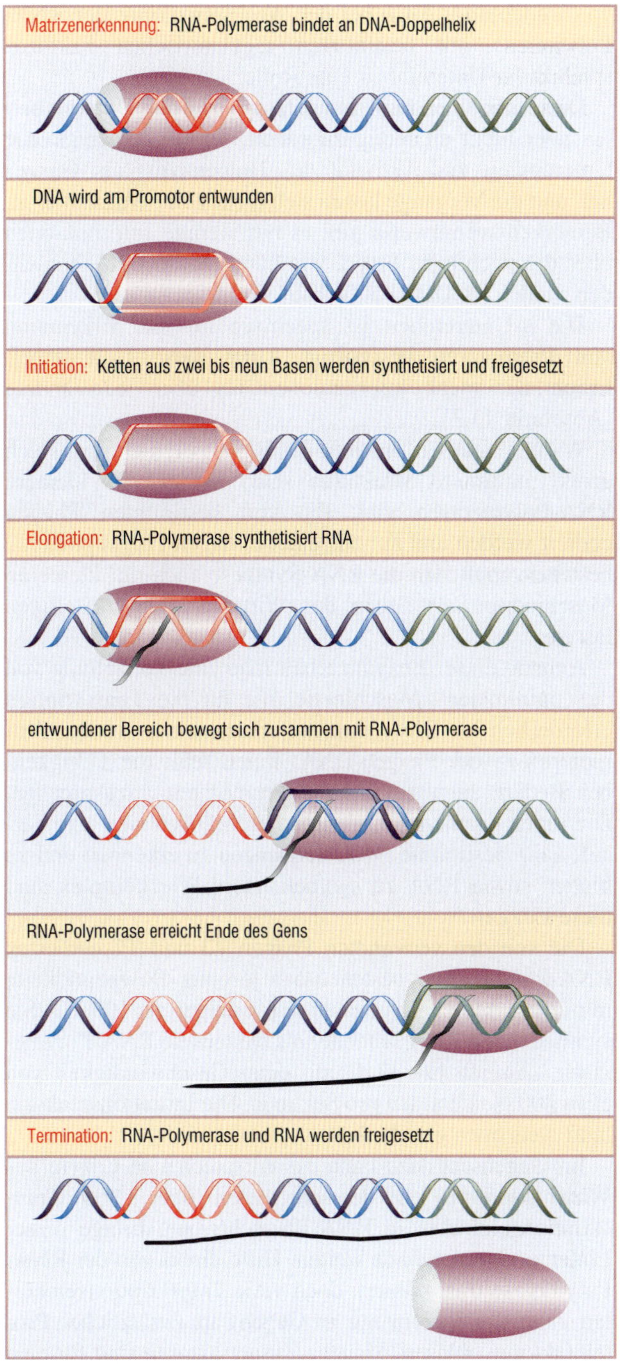

11.9 Die Transkription läßt sich in vier Stadien einteilen, die sich hinsichtlich der Interaktion zwischen RNA-Polymerase und DNA unterscheiden. Das Enzym bindet an den Promotor und schmilzt die DNA. Während der Initiation bleibt das Enzym an einer Stelle, wandert dann während der Elongation entlang der Matrize und löst sich schließlich bei der Termination ab.

eingestellt werden, und der Transkriptionskomplex muß sich auflösen. Nachdem die letzte Base an die RNA-Kette gehängt worden ist, fällt die Transkriptionsblase in sich zusammen und das RNA:DNA-Hybrid wird getrennt. Die DNA nimmt wieder ihre Doppelhelixform an und sowohl das Enzym als auch die RNA werden freigesetzt. *Die DNA-Sequenz, die für diese Reaktionen benötigt wird, heißt* ***Terminator***.

Ursprünglich hat man das Enzym RNA-Polymerase einfach anhand seiner Fähigkeit definiert, unter der Regie einer DNA-Matrize Nucleotide an RNA anzuhängen. Heute dagegen betrachtet man das Enzym als einen Bestandteil eines komplexen Transkriptionsapparats. *Mit RNA-Polymerase bezeichnet man die kleinste Einheit dieses Komplexes, die noch in der Lage ist, RNA-Synthese zu katalysieren.* Das Enzym überwacht die Basenpaarung der Ribonucleotidsubstrate mit DNA und katalysiert die Bildung von Phosphodiesterbindungen zwischen den Ribonucleotiden.

Für die Initiation und Termination der RNA-Synthese, wenn das Enzym an bestimmten Stellen an die DNA binden beziehungsweise sich von ihr lösen muß, sind allerdings zusätzliche Faktoren nötig. Ein Vergleich mit der Arbeitsteilung zwischen Ribosomen und Proteinsynthesefaktoren liegt nahe. Gelegentlich fällt es schwer zu entscheiden, ob ein bestimmtes Protein, das an einem dieser Transkriptionsstadien beteiligt ist, als Bestandteil der „RNA-Polymerase" oder als Hilfsfaktor einzuordnen ist.

Sämtliche Untereinheiten der eigentlichen Polymerase, die an der Elongation beteiligt sind, werden auch für Initiation und Termination benötigt. Für verschiedene Transkriptionseinheiten sind jedoch unterschiedliche zusätzliche Faktoren für das Initiations- und das Terminationsstadium erforderlich. Einige dieser Zusatzfaktoren sind für alle Gene nötig, andere werden ganz spezifisch nur an bestimmten Genen gebraucht. Ein zusätzliches Polypeptid, das an der Erkennung sämtlicher Promotoren (oder Terminatoren) beteiligt ist, wird man vermutlich als Bestandteil der RNA-Polymerase einstufen; spielt es dagegen nur für die Initiation (oder Termination) bestimmter Gene eine Rolle, wird es eher als Zusatzfaktor gelten.

Am besten charakterisiert sind die RNA-Polymerasen von Eubakterien, deren typischer Vertreter *E. coli* ist. (Die entsprechenden Enzyme sind in den meisten Eubakterien ähnlich aufgebaut, nur in Cyano- und Archaebakterien weicht die Struktur ab.) *Bei Eubakterien scheint eine einzige RNA-Polymerase für die Synthese fast der gesamten mRNA sowie sämtlicher rRNA und tRNA verantwortlich zu sein.* In einer *E. coli*-Zelle sind etwa 7 000 RNA-Polymerase-Moleküle vorhanden. Viele sind an Transkriptionsvorgängen beteiligt – vermutlich synthetisieren ständig 2 000 bis 5 000 Enzyme RNA, abhängig von den Wachstumsbedingungen.

Das **vollständige Enzym** oder **Holoenzym** aus *E. coli* hat ein Molekulargewicht von etwa 465 kD. Die Untereinheiten, aus denen es sich zusammensetzt, sind in Abbildung 11.10 angegeben.

Nach wie vor wissen wir nur sehr wenig über die Topologie des Enzyms. Derzeit können wir höchstens die Stellen, die den verschiedenen Enzymfunktionen entsprechen, schematisch darstellen, wie in Abbildung 11.4 bereits gezeigt wurde. Keine dieser Stellen konnte bisher auf den

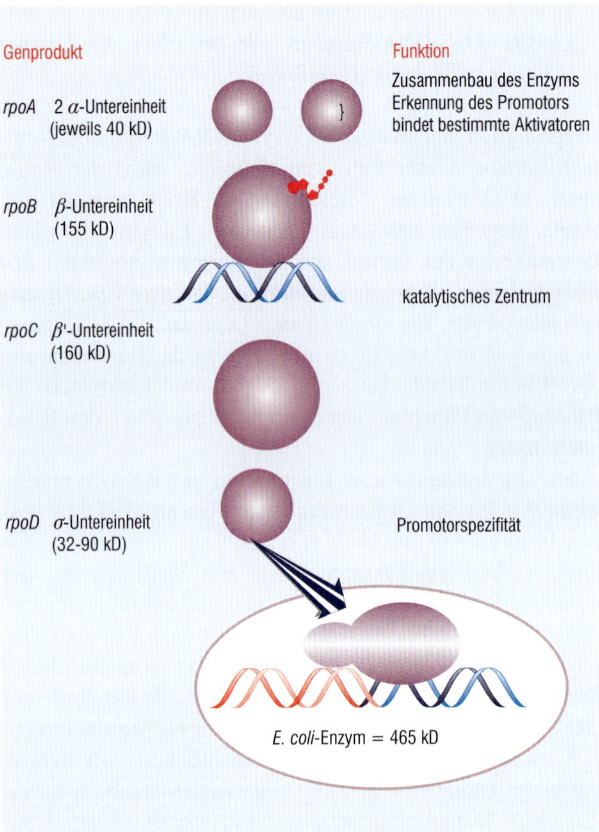

11.10 RNA-Polymerasen von Eubakterien bestehen aus vier Untereinheiten. Die α-, β- und β'-Untereinheiten sind bei verschiedenen Spezies etwa gleich groß, während die Größe von σ schwankt.

Polypeptiduntereinheiten genau lokalisiert werden. Allerdings gibt es einige allgemeine Erkenntnisse über die Rolle einzelner Untereinheiten.

Die β- und β'-Untereinheiten bilden gemeinsam das katalytische Zentrum; ihre Sequenzen sind mit denen der größten Untereinheiten eukaryotischer RNA-Polymerasen verwandt (Kapitel 28). Dies mag ein Hinweis darauf sein, daß der Wirkungsweise aller RNA-Polymerasen bestimmte Merkmale gemein sind. Die β-Untereinheit läßt sich mit der DNA-Matrize, dem RNA-Produkt und den Ribonucleotidsubstraten quervernetzen. Mutationen in dem die β-Untereinheit codierenden Gen *rpoB* machen sich in allen Stadien der Transkription bemerkbar. Mutationsstudien mit dem *rpoC*-Gen zeigen, daß auch die β'-Untereinheit an allen Stadien beteiligt ist.

Die α-Untereinheit ist für den Zusammenbau des Kernbestandteiles des Enzyms oder „Core"-Enzyms erforderlich, spielt aber, soweit bekannt, keine Rolle für die eigentliche Transkription. Infiziert allerdings der Bakteriophage T4 *E. coli*, wird die α-Untereinheit durch ADP-Ribosylierung eines Arginins modifiziert. Diese Modifikation geht mit einer verminderten Affinität des Holo-Eenzyms zu den bis dahin erkannten Promotoren einher; die α-Untereinheit ist also offenbar für die Erkennung von Promotoren von Bedeutung. Auch bei der Wechselwirkung der RNA-Polymerase mit bestimmten regulatorischen Faktoren spielt die α-Untereinheit eine Rolle.

Diese einzelnen Funktionen lassen sich den Untereinheiten aber nicht eindeutig zuordnen. Vermutlich trägt jede Untereinheit zur Aktivität des Holoenzyms als Ganzes bei, und die Vorgänge lassen sich nicht kompartimentieren. Bemerkenswerterweise gibt es nur wenige Informationen über die wichtigste Frage, wie nämlich die DNA-bindenden Stellen im Detail aufgebaut sind.

Die σ-Untereinheit ist spezifisch mit der Erkennung von Promotoren beschäftigt. Über diese Untereinheit haben wir mehr Informationen als über jede andere (Abschnitt 11.3).

Warum müssen bakterielle RNA-Polymerasen solch große multimere Strukturen sein? Da es viel kleinere RNA-Polymerasen gibt, die von bestimmten Phagen codiert werden und nur aus einer einzigen Polypeptidkette bestehen, muß sich die RNA-Synthese auch mit kleineren Maschinerien als denen der Wirtszelle bewerkstelligen lassen.

Anhand dieser Enzyme erhält man eine Vorstellung von der „minimalen" Maschinerie, die für die Transkription erforderlich ist. Diese Enzyme erkennen nur wenige Promotoren in der Phagen-DNA; ihnen fehlt die Fähigkeit, bei Bedarf auch auf andere Promotoren anzusprechen. Die ihnen eigenen Fähigkeiten beschränken sich also darauf, ganz bestimmte DNA-Sequenzen zu erkennen und zu binden sowie RNA zu synthetisieren. Wie komplex sind diese Enzyme?

Die von den verwandten Phagen T3 und T7 codierten RNA-Polymerasen bestehen aus je einer Polypeptidkette mit einem Molekulargewicht von weniger als 100 kD. Sie synthetisieren RNA schneller als bakterielle RNA-Polymerasen, nämlich bei 37 °C mit einer Geschwindigkeit von etwa 200 Nucleotiden pro Sekunde. Die Initiationsreaktion läuft stets etwa gleich ab.

Im Gegensatz dazu kann das entsprechende Enzym des Wirtsbakteriums jede der sehr vielen (über 1 000) Transkriptionseinheiten in RNA überschreiben. Einige dieser Einheiten werden ohne weitere Hilfe direkt von der RNA-Polymerase transkribiert, doch viele Transkriptionseinheiten kann das Enzym nur in Gegenwart zusätzlicher Proteinfaktoren ablesen. Manche Zusatzfaktoren sind für eine einzige Transkriptionseinheit spezifisch, während andere an der Koordination der Transkription einer Vielzahl von Einheiten beteiligt sind. Bestimmte Phagen induzieren weitreichende Veränderungen in der Affinität der Wirts-RNA-Polymerase, so daß diese nicht mehr die Gene des Wirts erkennt, sondern statt dessen die Initiation an Phagenpromotoren aufnimmt.

Das Wirtsenzym muß also mit einer Vielzahl von Wirts- und Phagenfaktoren interagieren können, welche die ihm eigenen Transkriptionsaktivitäten modifizieren. Der komplexe Aufbau des Enzyms ist daher zumindest teilweise durch die Notwendigkeit bedingt, mit anderen Faktoren zusammenzuwirken, und weniger durch die Erfordernisse seiner katalytischen Aktivität.

11.3 Der Sigma-Faktor kontrolliert die Bindung an die DNA

Das Holoenzym ($\alpha_2\beta\beta'\sigma$) läßt sich in zwei Bestandteile trennen, nämlich das **Core-Enzym** ($\alpha_2\beta\beta$) und den **Sigma-Faktor** (das σ-Polypeptid). Die Bezeichnungen beruhen darauf, daß *nur das Holoenzym die Transkription initiieren kann*. Der Sigma-"Faktor" wird freigesetzt, wenn die RNA-Kette acht bis neun Basen lang ist. Das Core-Enzym setzt dann die Elongation fort. *Das Core-Enzym ist in der Lage, RNA anhand einer DNA-Matrize zu synthetisieren, kann jedoch die Transkription nicht an den richtigen Stellen starten.*

Die längliche RNA-Polymerase liegt der Länge nach auf der DNA. Während der Transkription verändert sich interessanterweise die Form des Enzyms. Anhand der Übergänge in Gestalt und Größe kann man drei Formen des Komplexes feststellen, wie Abbildung 11.11 zeigt:

- Wenn das RNA-Polymerase-Holoenzym erstmals an DNA bindet, erstreckt es sich von –55 bis +20 und bedeckt also etwa 75–80 bp. Während der Initiationsphase, in der die RNA-Kette in der entwundenen Region unmittelbar neben dem Startpunkt verlängert wird, bleibt das Enzym an diesem Platz. (Die längliche RNA-Polymerase (160 Å) könnte in ausgestreckter Form etwa 50 bp der DNA bedecken; daß der tatsächlich gebundene DNA-Abschnitt länger ist, deutet darauf hin, daß die DNA auf irgendeine Art gebogen wird.)
- Die Freisetzung des Sigma-Faktors zeigt sich in einer Veränderung der Gestalt der RNA-Polymerase als Übergang von der Initiation zur Elongation. Die Ablösung des Sigma-Faktors geht mit einem Verlust des DNA-Kontakts in der Region zwischen –55 bis –35 einher, so daß nur noch etwa 60 bp vom Enzym bedeckt werden. Dies stimmt mit der Vorstellung überein, daß die weiter stromaufwärts gelegenen Teile des Promotors an der initialen Erkennung beteiligt sind, jedoch für die späteren Stadien der Initiation (siehe unten) nicht benötigt werden.
- Wenn die RNA-Kette 15 bis 20 Basen lang ist, verändert sich das Enzym nochmals und bildet den Komplex, der die Elongation vornimmt. Es erstreckt sich nun über 30–40 bp (abhängig vom Stadium des Elongationszyklus). Ob diese Veränderung zu Beginn der Elongation mit einer aufälligen Gestaltänderung des Enzyms verbunden ist oder ob nur die DNA in eine weniger kompakte Form entlassen wird, ist nicht bekannt.

Der Sigma-Faktor hat die Aufgabe, zu gewährleisten, daß die bakterielle RNA-Polymerase nur an Promotoren und nicht an anderen Stellen stabil an DNA bindet.

Für die Affinität des Core-Enzyms selbst spielen elektrostatische Anziehungskräfte zwischen dem basischen Protein und der Nucleinsäure eine bedeutende Rolle. Vermutlich ist die Fähigkeit, DNA unabhängig von der

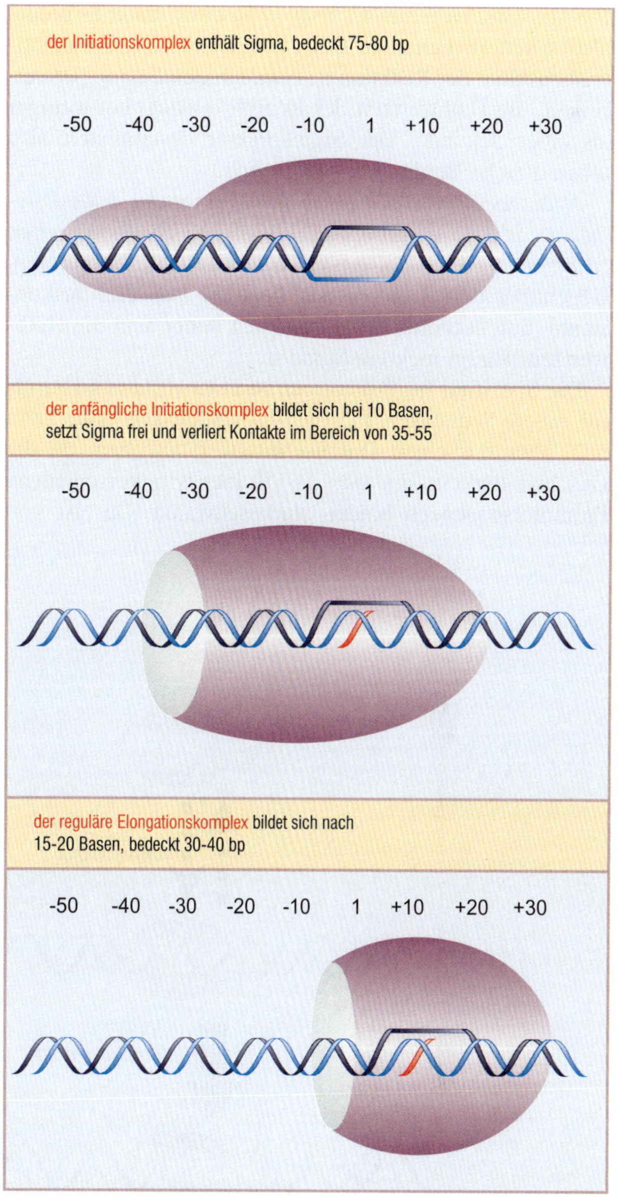

11.11 RNA-Polymerase hat zunächst Kontakt zu der Region von –55 bis +20. Wenn sich der Sigma-Faktor ablöst, zieht sich das Core-Enzym bis auf –30 zurück. Nachdem das Enzym um einige Basenpaare vorgerückt ist, nimmt es die kompakter organisierte Struktur des Elongationskomplexes an.

Sequenz zu binden, allen Proteinen eigen, die spezifische Bindungsstellen in der DNA haben (Kapitel 12).

Jede (beliebige) DNA-Sequenz, an welche die Core-Polymerase auf diese unspezifische Weise bindet, nennt man **lockere Bindungsstelle**. Die DNA-Struktur verändert sich dadurch nicht, die Doppelhelix bleibt erhalten. Der Proteinkomplex bindet stabil an solchen Stellen, die Halbwertzeit für die Dissoziation des Enzyms von der DNA beträgt etwa 60 Minuten. *Das Core-Enzym unterscheidet nicht zwischen Promotoren und anderen DNA-Sequenzen.*

Der Sigma-Faktor verändert die Affinität der RNA-Polymerase zu DNA erheblich. *Das Holoenzym kann lockere*

Bindungsstellen wesentlich schlechter erkennen; es bindet also selten an beliebige DNA-Sequenzen. Die Assoziationskonstante der Reaktion ist etwa um den Faktor 10^4 verringert, die Halbwertzeit des Komplexes liegt bei weniger als einer Sekunde. Der Sigma-Faktor destabilisiert also unspezifische Bindungen beträchtlich.

Andererseits *verleiht* der Sigma-Faktor *der RNA-Polymerase aber die Fähigkeit, spezifische Bindungsstellen zu erkennen*. Das Holoenzym bindet fest an Promotoren. Gegenüber dem Core-Enzym liegt die Assoziationskonstante (durchschnittlich) tausendfach höher, und die Halbwertzeit beträgt mehrere Stunden.

Die Spezifität für Promotoren ist etwa 10^7fach höher als für andere Sequenzen. Für die Assoziationskonstante kann man aber nur einen Durchschnittswert angeben, da die Geschwindigkeit, mit der das Holoenzym verschiedene Promotorsequenzen bindet, stark schwankt. Das ist von großer Bedeutung für die Effizienz, mit der an einem bestimmten Promotor die Transkription initiiert wird. Die Bindungskonstanten liegen zwischen etwa 10^{12} bis etwa 10^6 und spiegeln die Stärke von Promotoren wider, die Initiationsfrequenzen von einer Initiation pro Sekunde (rRNA-Gene) bis zu einer in 30 Minuten (*lacI*-Promotor) ermöglichen.

Wir haben nun die Voraussetzungen geschaffen, um die Transkriptionsstadien im Hinblick auf die Wechselwirkungen zwischen den verschiedenen Formen der RNA-Polymerase und der DNA-Matrize zu beschreiben. Die Initiationsreaktion läßt sich anhand der in Abbildung 11.12 zusammengefaßten Parameter erläutern:

- Die Reaktion des Holoenzyms mit dem Promotor beginnt mit der Bildung eines geschlossenen binären Komplexes. „Geschlossen" bedeutet, daß die DNA als

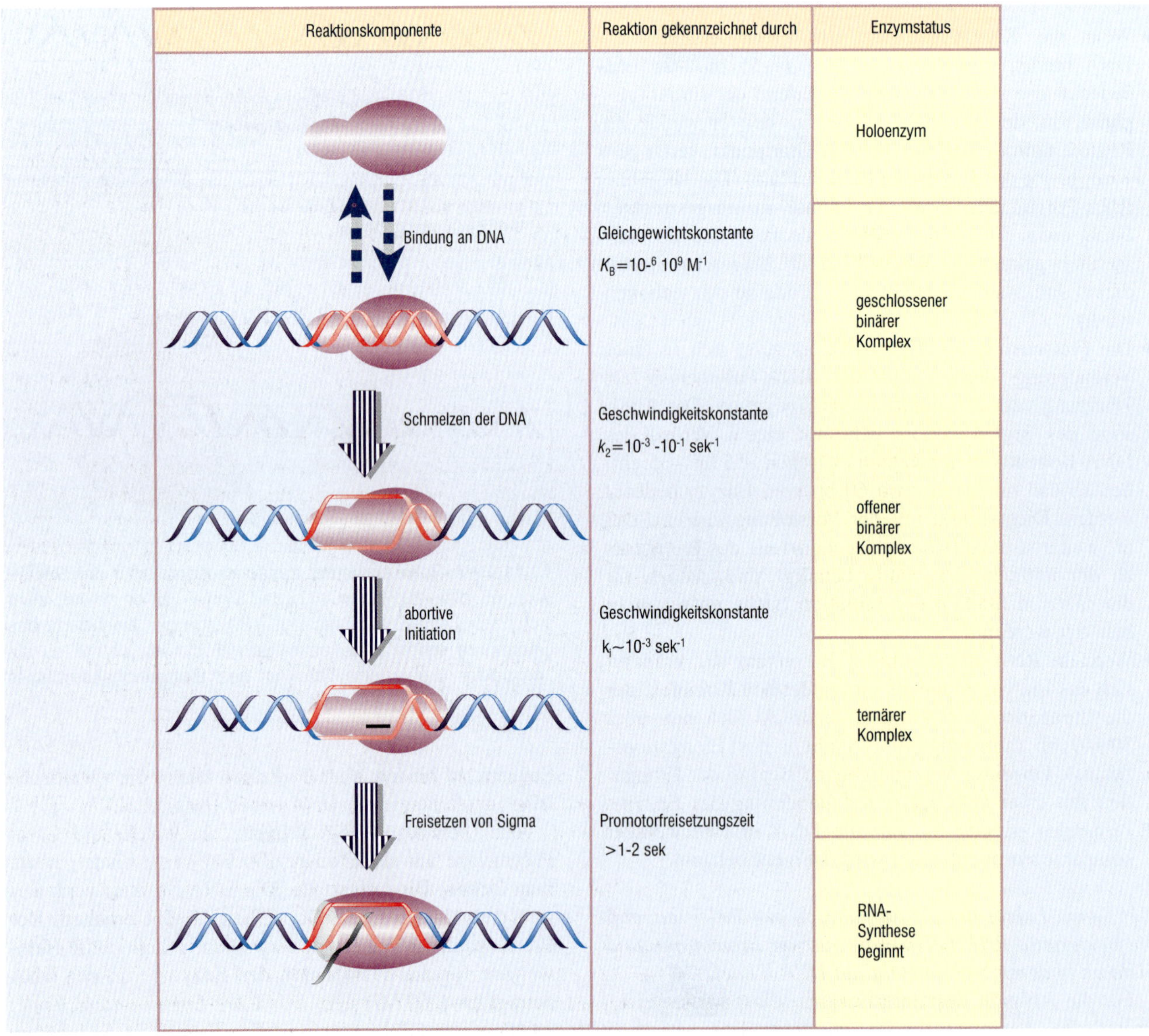

11.12 Die RNA-Polymerase durchläuft mehrere Stadien vor der Elongation. Ein geschlossener binärer Komplex wird erst in eine offene Form und dann in einen ternären Komplex umgewandelt.

Doppelhelix erhalten bleibt. Da die Bildung des geschlossenen binären Komplexes reversibel ist, wird sie gewöhnlich mit einer Gleichgewichtskonstante (K_B) bezeichnet. Der Zahlenwert dieser Gleichgewichtskonstante kann sehr unterschiedlich sein.

- Der geschlosse Komplex wandelt sich in einen **offenen Komplex** um, indem ein kurzer DNA-Abschnitt innerhalb der vom Enzym gebundenen Sequenz „aufgeschmolzen" wird. Die Vorgänge, die zur Bildung eines offenen Komplexes führen, bezeichnet man als **feste Bindung**. Bei starken Promotoren ist die Umwandlung in den offenen binären Komplex irreversibel, so daß die Reaktion mit einer Geschwindigkeitskonstante (k_2) gekennzeichnet wird. Die Reaktion verläuft sehr schnell.
- Im nächsten Schritt werden die ersten beiden Ribonucleotide eingebaut und anschließend über eine Phosphodiesterbindung verknüpft. So entsteht ein **ternärer Komplex**, der aus RNA sowie DNA und Enzym besteht. Die Bildung des ternären Komplexes wird mit der Geschwindigkeitskonstante k_i beschrieben; der Vorgang geht noch schneller vonstatten als die feste Bindung. Das Enzym kann weitere Nucleotide anhängen, ohne sich fortzubewegen, bis eine RNA-Kette aus bis zu neun Basen vorliegt. Bei jedem neu hinzukommenden Nucleotid besteht eine gewissen Wahrscheinlichkeit, daß das Enzym die Kette freigibt. Dieses Ereignis nennt man eine **abortive Initiation**. Anschließend beginnt das Enzym wieder mit der ersten Base. Meist kommt es zu mehreren abortiven Initiationen, bei denen eine Reihe kurzer (zwei bis neun Basen) Oligonucleotide entsteht.
- Wenn die Initiation gelingt, setzt das Enzym den Sigma-Faktor frei und geht in einen ternären Komplex aus Core-Polymerase • DNA • naszierender RNA über. Kritisch ist hierbei, *wie lange die RNA-Polymerase braucht, um den Promotor zu verlassen, so daß eine andere Polymerase mit der Initiation beginnen kann.* Dieser Parameter ist die Promotorfreisetzungszeit; die minimal erforderliche Zeit beträgt ein bis zwei Sekunden und bestimmt die maximale Initiationsfrequenz von weniger als einer Initiation pro Sekunde. Das Enzym wandert daraufhin entlang der Matrize und verlängert die RNA-Kette über die vorliegenden zehn Basen hinaus.

Was bedeuten diese Zahlen für die Verteilung der RNA-Polymerase-Moleküle in der Zelle? Abbildung 11.13 gibt die (mutmaßliche) Situation wider:

- Überschüssige Core-Enzyme liegen vorwiegend in Form lockerer geschlossener Komplexe vor, da das Enzym schnell einen solchen Komplex bildet und nur langsam wieder daraus freikommt. Es gibt, wenn überhaupt, nur wenige freie Core-Enzyme.
- Es sind so viele Sigma-Faktoren vorhanden, daß etwa ein Drittel der RNA-Polymerasen als Holoenzyme vorliegen. Diese verteilen sich auf lockere Komplexe an

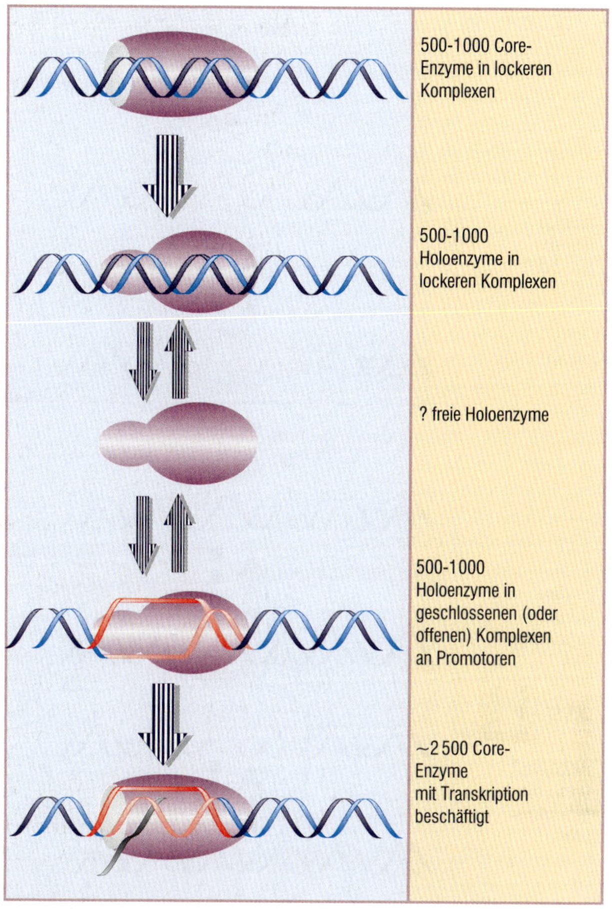

11.13 Core- und Holoenzyme sind auf der DNA verteilt. Nur wenige RNA-Polymerasen liegen in freier Form vor.

unspezifischen Stellen und binäre (meist geschlossene) Komplexe an Promotoren.

- Etwa die Hälfte der RNA-Polymerasen sind als Core-Enzyme mit der Transkription beschäftigt.
- Wieviele Holoenzyme in freier Form vorliegen ist nicht bekannt, vermutlich sind es aber nur sehr wenige.

Die RNA-Polymerase muß Promotoren innerhalb des Genoms finden. Angenommen, ein Promotor ist ein DNA-Abschnitt aus etwa 60 bp – wie spürt eine RNA-Polymerase einen dieser Abschnitte innerhalb der 4×10^6 bp des *E. coli*-Genoms auf? In Abbildung 11.14 sind drei mögliche Modelle dargestellt.

Das einfachste Modell geht davon aus, daß die Bewegung der RNA-Polymerase durch ziellose Diffusion erfolgt. Holoenzyme lagern sich schnell an lockere Bindungsstellen an und lösen sich genauso rasch wieder von ihnen ab. Das Enzym könnte also ständig geschlossene Komplexe bilden und wieder auflösen, bis es (zufällig) auf einen Promotor stößt. Es erkennt dann dessen spezifische Sequenz, und die feste Bindungsreaktion erlaubt die Ausbildung eines offenen Komplexes.

Damit sich die RNA-Polymerase von einer Bindungsstelle zur nächsten fortbewegen kann, muß sie von der

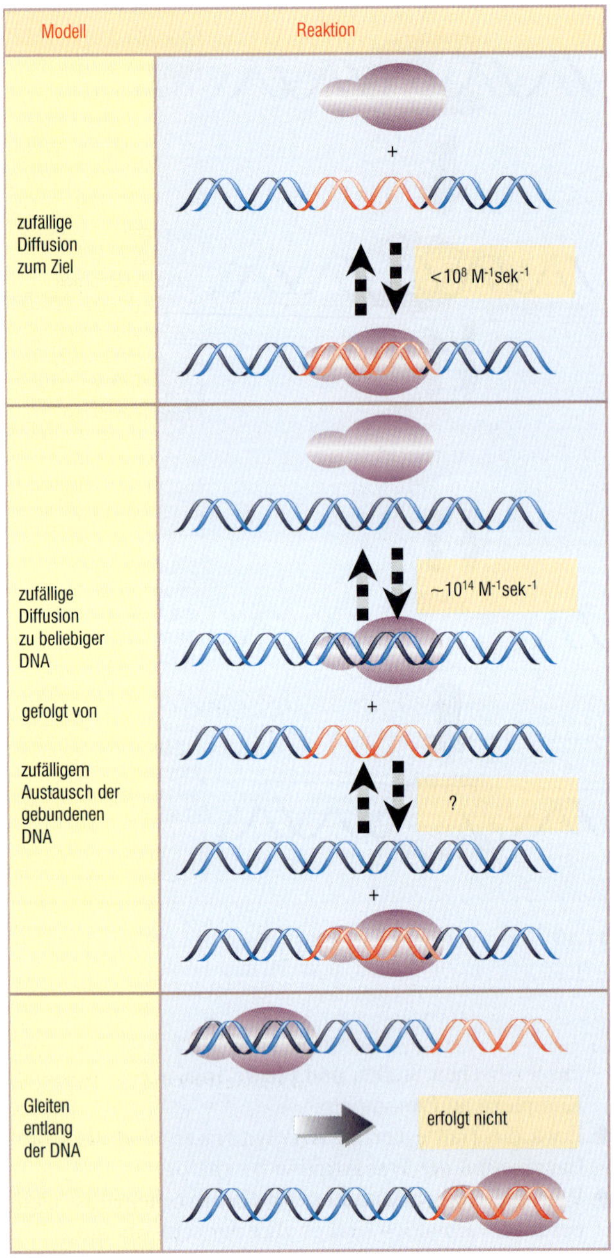

11.14 Wie findet die RNA-Polymerase so schnell ihre Zielpromotoren innerhalb der DNA?

ersten Stelle dissoziieren, eine zweite Stelle finden und sich an diese anlagern. Die Fortbewegung von einer Bindungsstelle zur anderen wird von der Diffusionsgeschwindigkeit durch das Medium begrenzt. Bei Diffusion läge der Höchstwert der Geschwindigkeitskonstante für die Assoziation an eine Zielsequenz von 60 bp bei weniger als 10^8 $M^{-1}sek^{-1}$. Tatsächlich scheint die Geschwindigkeitskonstante bei einigen Promotoren *in vitro* aber bei rund 10^8 $M^{-1}sek^{-1}$ zu liegen, also an beziehungsweise über dem Höchstwert bei Diffusion. *Gilt dieser Wert auch* in vivo, *so ist der Zeitraum, der für aufeinanderfolgende Zyklen wahlloser Anlagerungen und Ablösungen von lockeren Bindungsstellen anzusetzen ist, zu lang, als daß die RNA-Polymerase auf diese Weise Promotoren aufspüren könnte.*

RNA-Polymerasen müssen demzufolge auf eine andere Art ihre Bindungsstellen finden. Der Vorgang könnte schneller ablaufen, wenn das Ziel der RNA-Polymerase zunächst einmal das gesamte Genom wäre anstatt eine bestimmte Promotorsequenz. Wenn das Ziel größer ist, erhöht sich auch die Geschwindigkeitskonstante für die Diffusion zur DNA entsprechend und ist nicht mehr limitierend.

Wenn diese Idee richtig ist, würde eine freie RNA-Polymerase an die DNA binden und dann mit ihr in Kontakt bleiben. Wie bewegt sich das Enzym nun von einer zufälligen (lockeren) Bindungsstelle in der DNA zu einem Promotor? Am wahrscheinlichsten ist ein Modell, demzufolge die gebundene Sequenz direkt durch eine andere ersetzt wird. Hat das Enzym einmal die DNA zu fassen bekommen, tauscht es die Sequenz sehr schnell gegen eine andere aus und fährt damit fort, bis es auf einen Promotor stößt. Dann bildet das Enzym einen stabilen offenen Komplex und initiiert die Transkription. Der Suchvorgang wird viel schneller, da Assoziation und Dissoziation nahezu gleichzeitig ablaufen und keine Zeit für das Pendeln zwischen verschiedenen Bindungsstellen verloren geht. Der direkte Austausch von Bindungsstellen kann zu einer „gezielten Fortbewegung" führen, durch die das Enzym vorzugsweise von einer schwachen zu einer stärkeren Bindungsstelle wandert.

Eine andere Vorstellung beruht darauf, daß das Enzym in einer eindimensionalen Fortbewegung entlang der DNA gleitet und nur dann anhält, wenn es auf einen Promotor trifft. Es gibt jedoch keinerlei Hinweise darauf, daß RNA-Polymerase (oder ein anderes DNA-bindendes Protein) auf eine solche Weise arbeitet.

Die für die Initiation erforderlichen Voraussetzungen unterscheiden sich grundlegend von denen für die Elongation. Für die Initiation muß die RNA-Polymerase an *bestimmte* Sequenzen (Promotoren) fest binden, während sie in der Lage sein muß, sich bei der Elongation eng an *alle* zu transkribierenden Sequenzen anzulagern. Wie diese verschiedenen Anforderungen durch die reversible Assoziation des Sigma-Faktors mit dem Core-Enzym in Einklang gebracht werden, zeigt Abbildung 11.15.

Der Sigma-Faktor ist ausschließlich an der Initiation beteiligt. Er löst sich vom Core-Enzym ab, wenn die Phase abortiver Initiationen vorüber und die RNA-Synthese erfolgreich gestartet ist. Der freie Sigma-Faktor steht anderen Core-Enzymen sofort zur Verfügung. Es ist nicht bekannt, ob der Sigma-Faktor freigesetzt wird, weil die Phase abortiver Initiationen überwunden ist, oder ob im Gegenteil die Ablösung des Sigma-Faktors die abortive Initiation beendet und den Beginn der Elongation ermöglicht.

Der Sigma-Faktor läßt das Core-Enzym auf der DNA zurück. Im ternären Komplex ist das Core-Enzym sehr fest an die DNA gebunden. Es ist sozusagen „eingesperrt", bis die Elongation abgeschlossen ist. Ist die Termination erfolgt, wird auch das Core-Enzym wieder freigesetzt und

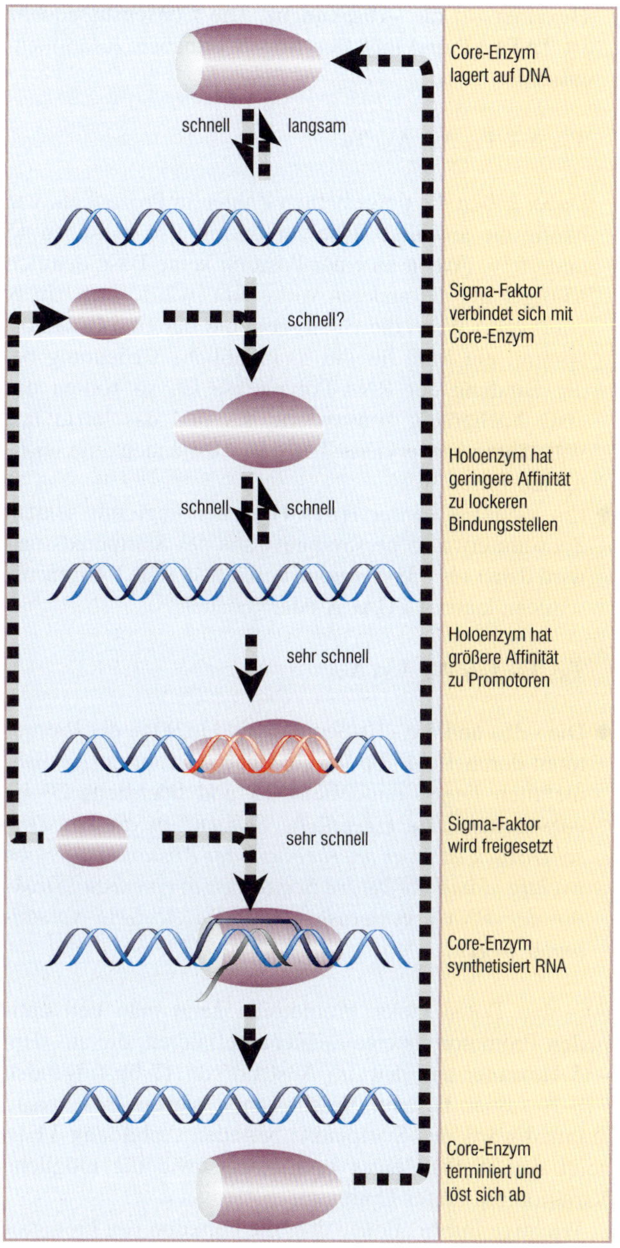

11.15 Sigma-Faktor und Core-Enzym werden in verschiedenen Stadien der Transkription freigesetzt.

an lockere Bindungsstellen gebunden „gelagert". Das Core-Enzym muß nun wieder einen Sigma-Faktor finden, um eine weitere Transkriptionsrunde beginnen zu können.

Das Core-Enzym hat eine hohe Affinität zu DNA, die in Gegenwart naszierender RNA noch verstärkt wird. Seine Affinität zu lockeren Bindungsstellen ist jedoch zu hoch, als daß es Promotoren von anderen Sequenzen unterscheiden könnte. Der Sigma-Faktor vermindert die Stabilität lockerer Komplexe und beschleunigt den Suchvorgang. Da der Sigma-Faktor die Assoziation an feste Bindungsstellen stabilisiert, treibt er die Reaktion irreversibel in Richtung auf die Bildung offener Komplexe. Um von der spezifischen Affinität für Promotoren nicht gelähmt zu werden, setzt das Enzym den Sigma-Faktor frei und erlangt so wieder eine allgemeine Affinität zu DNA unabhängig von der Sequenz. Damit sind die Voraussetzungen für die Fortsetzung der Transkription geschaffen.

Worin begründet sich die Fähigkeit des Holoenzyms, spezifisch an Promotoren zu binden? Der Sigma-Faktor hat Domänen, die Promotor-DNA erkennen. Als freies Polypeptid bindet Sigma nicht an DNA, wenn aber ein Holoenzym eine feste Bindung eingeht, hat der Sigma-Faktor in der Region stromaufwärts vom Promotor Kontakt zur DNA. Dieser Unterschied beruht darauf, daß sich die Konformation des Sigma-Faktors ändert, wenn er an das Core-Enzym bindet. Der N-terminale Bereich des freien Sigma-Faktors unterdrückt die Aktivität der DNA-bindenden Domäne. Bindet der Faktor an ein Core-Enzym, wird diese Inhibition aufgehoben, und der Faktor kann spezifisch an Promotorsequenzen binden, wie auch Abbildung 11.20 weiter unten zeigt. Die Unfähigkeit freier Sigma-Faktoren, Promotorsequenzen zu erkennen, ist vermutlich von Bedeutung: Könnte der Sigma-Faktor allein an Promotoren binden, würde er das Holoenzym an der Initiation der Transkription hindern. Welche Rolle die Untereinheiten des Core-Enzyms für die Promotorerkennung spielen, ist nicht bekannt.

11.4 Die Promotorerkennung hängt von Consensussequenzen ab

Promotoren sind DNA-Sequenzen, deren Funktion darin besteht, von *Proteinen erkannt* zu werden, und unterscheiden sich demnach von anderen Sequenzen, die transkribiert oder translatiert werden sollen. Die Information für die Funktion des Promotors liefert die DNA-Sequenz: Ihre Struktur ist das Signal. Dies ist ein klassisches Beispiel für *cis*-wirkende Stellen, die bereits in Kapitel 6 in den Abbildungen 6.19 und 6.20 vorgestellt wurden. Im Gegensatz dazu erlangen codierende Regionen erst dann Bedeutung, wenn die Information auf eine andere Nucleinsäureart oder ein Protein übertragen worden ist.

Eine Schlüsselfrage bei der Untersuchung der Wechselwirkung zwischen RNA-Polymerase und Promotor ist, wie das Protein eine spezifische Promotorsequenz erkennt. Besitzt das Enzym eine aktive Stelle, welche die chemische Struktur einer bestimmten Basensequenz in der DNA-Doppelhelix erkennt? Wie spezifisch sind dessen Anforderungen? Promotoren unterscheiden sich in ihrer Affinität zu RNA-Polymerasen; dies kann bei der Kontrolle der Initiationsfrequenz und damit der Stärke der Genexpression von Bedeutung sein.

Ein mögliches Konstruktionsprinzip für Promotoren wäre, daß eine bestimmte DNA-Sequenz von der RNA-Polymerase erkannt wird. Jeder Promotor würde aus dieser Sequenz bestehen oder sie zumindest enthalten. Im Bakteriengenom sind zwölf Basenpaare das Minimum für ein derartiges Signal. (Kürzere Sequenzen würden – rein zufällig – so oft zusätzlich auftreten, also außerhalb von Promotoren, daß es zu falschen Signalen käme. Die Mindestlänge für eine eindeutige Erkennung nimmt mit der Größe des Genoms zu.) Die zwölf Basenpaare der Sequenz müssen nicht alle direkt nebeneinander liegen. Trennt eine bestimmte Zahl von Basenpaaren zwei konstante kürzere Sequenzen, können die beiden zusammen sogar aus weniger als zwölf Basenpaaren bestehen, da der *Abstand* selbst Teil des Signals ist (dabei kann sogar die *Sequenz* des Zwischenstückes unerheblich sein).

Um die Merkmale zu identifizieren, die für die Bindung der RNA-Polymerase nötig sind, begann man damit, die Sequenz verschiedener Promotoren miteinander zu vergleichen. Nucleotidsequenzen von Bedeutung sollten in allen Promotoren vorhanden sein. Solch eine Sequenz nennt man **konserviert**. Konservierte Sequenzen müssen aber nicht unbedingt an jeder einzelnen Position übereinstimmen, ein paar Abweichungen sind erlaubt. Auf welche Weise analysiert man eine DNA-Sequenz mit dem Ziel herauszufinden, ob sie genügend konserviert ist, um ein erkennbares Signal zu sein?

Mutmaßliche DNA-Erkennungsstellen lassen sich anhand einer idealisierten Sequenz definieren, in der an jeder Position die am häufigsten vorkommende Base eingetragen wird. Eine solche **Consensussequenz** erhält man, indem man alle bekannten Beispiele so untereinander anordnet, daß sich eine maximale Homologie ergibt. Damit eine Sequenz als Consensussequenz akzeptiert werden kann, muß jede einzelne Base an ihrer Position deutlich vorherrschen. Außerdem müssen die meisten der tatsächlich vorkommenden Sequenzen mit der Consensussequenz bis auf wenige Abweichungen (z. B. weniger als ein oder zwei) verwandt sein?

Über 100 Promotoren aus *E. coli* sind sequenziert worden. Auffällig ist das *Fehlen jeglicher ausgedehnter Sequenzkonservierung* im Bereich der 60 bp, die mit der RNA-Polymerase assoziiert sind. Die Sequenz des größten Teils der Bindungsstelle ist weitgehend irrelevant. Doch einige kurze Abschnitte innerhalb des Promotors sind konserviert und entscheidend für seine Funktion. *Die Konservierung nur sehr kurzer Consensussequenzen ist ein typisches Merkmal regulatorischer Stellen (z. B. Promotoren) im Genom von Prokaryoten und auch Eukaryoten.*

Bakterienpromotoren weisen vier konservierte Merkmale auf: den Startpunkt, die –10-Sequenz, die –35-Sequenz und den Abstand zwischen der –10 und der –35-Sequenz.

- Der Startpunkt ist gewöhnlich (in über 90 % der Fälle) ein Purin. Oft ist der Startpunkt die mittlere Base in der Sequenz CAT. Dieses Triplett ist aber nicht so stark konserviert, daß man es als verbindliches Signal betrachten könnte.
- Unmittelbar stromaufwärts vom Startpunkt fällt in fast allen Promotoren ein Bereich von sechs Basenpaaren auf. Der Mittelpunkt dieses Hexamers ist in der Regel etwa zehn Basenpaare vom Startpunkt entfernt; in den bekannten Promotoren schwankt der Abstand von Position –18 bis –9. Wegen seiner Lage nennt man dieses Hexamer oft die **–10-Sequenz**. Die Consensussequenz ist **TATAAT** und läßt sich folgendermaßen zusammenfassen:

  $\mathbf{T_{80}\ A_{95}\ T_{45}\ A_{60}\ A_{50}\ T_{96}}$

  Dabei geben die tiefgestellten Zahlen in Prozent an, wie häufig die jeweilige Base vorkommt, also zwischen 45 und 96 %. (Wenn an einer Position keine Base deutlich häufiger als die anderen vorkommt, würde man ein N eintragen.) Wenn die Häufigkeit, mit der eine Base vorkommt, ein Maß für ihre mutmaßliche Bedeutung bei der Bindung der RNA-Polymerase ist, so sollten das erste hochgradig konservierte TA und das letzte fast vollständig konservierte T in der –10-Sequenz die wichtigsten Basen sein.
- Ein weiteres konserviertes Hexamer liegt mit seinem Zentrum etwa 35 bp stromaufwärts des Startpunkts und wird daher als **–35-Sequenz** bezeichnet. Die Consensussequenz lautet **TTGACA** oder genauer:

  $\mathbf{T_{82}\ T_{84}\ G_{78}\ A_{65}\ C_{54}\ A_{45}}$

- Die –35- und die –10-Sequenz sind in 90 % der Promotoren durch 16–18 bp voneinander getrennt, in Ausnahmefällen liegen mindestens 15 und höchstens 20 bp dazwischen. *Die eigentliche Sequenz in diesem Zwischenstück ist zwar unerheblich, der Abstand ist jedoch wichtig, damit die beiden Sequenzen in einem zur Struktur der RNA-Polymerase passenden Abstand voneinander liegen.*

Aus den Daten vieler Promotoren kann man den optimalen Promotor als eine Sequenz definieren, die aus dem –35-Hexamer und dem im Abstand von 17 bp folgenden –10-Hexamer besteht, welches sich sieben Basenpaare stromaufwärts des Startpunkts befindet. Abbildung 11.16 zeigt den Aufbau eines Promotors sowie die mögliche Variation um dieses Optimum.

Wichtige Informationen über die Funktion von Promotoren liefern Mutationen. Mutationen im Promotor beeinflussen die Expressionsstärke eines oder mehrerer Gene, die der Promotor kontrolliert, ohne die Genprodukte selbst zu verändern. Promotormutationen werden meist in Bakterienmutanten identifiziert, in denen die Gene in der Nachbarschaft des Promotors nicht oder nur sehr schwach exprimiert werden. Solche Mutationen bezeichnet man als

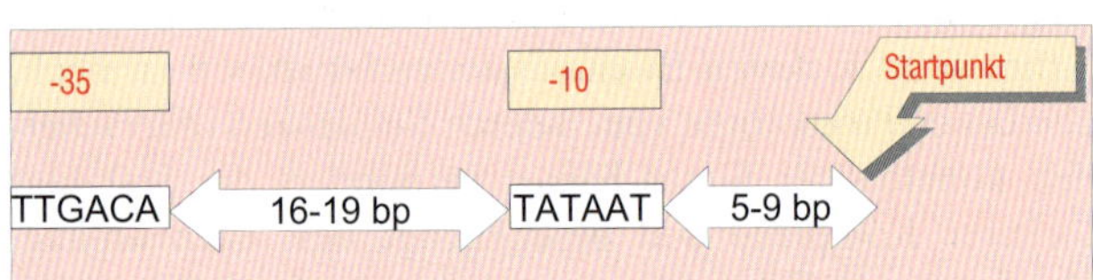

11.16 Ein typischer Promotor besteht aus drei Teilen, nämlich den Consensussequenzen bei –35 und bei –10 sowie dem Startpunkt.

***down*-Mutationen** oder promotorabschwächende Mutationen. Seltener findet man Mutanten, bei denen die Transkription von dem betroffenen Promotor aus verstärkt ist, die also ***up*-Mutationen**, also promotorverstärkende Mutationen, aufweisen.

Wichtig ist, daß sich *up*- und *down*-Mutationen auf die *normale* Leistung beziehen, mit der ein Promotor arbeitet. Dabei gibt es erhebliche Unterschiede. Eine Veränderung, die sich bei einem Promotor als *down*-Mutation bemerkbar macht, würde bei einem anderen nie auffallen (wenn dieser im Wildtypzustand schon weniger effizient ist als die mutierte Form des ersten). Aus solchen *in vivo*-Studien kann man also nur die Richtung der durch eine Mutation hervorgerufenen Veränderung entnehmen.

Ist derjenige Promotor am leistungsfähigsten, der genau den Consensussequenzen entspricht? Diese Erwartung beruht auf der einfachen Regel, daß *up*-Mutationen gewöhnlich mit einer größeren Homologie zu einer der Consensussequenzen beziehungsweise mit einer Annäherung des Abstands zwischen beiden auf 17 bp einher gehen. *Down*-Mutationen sind dagegen meist mit einer Abnahme der Homologie an einer der beiden Stellen verbunden oder einer größeren Abweichung der Distanz von 17 bp. Sie treten gehäuft an den am stärksten konservierten Positionen auf, was deren besondere Bedeutung als Hauptdeterminanten für die Promotoreffizienz unterstreicht.

Gelegentliche Ausnahmen von diesen Regeln zeigen, daß man die Leistung eines Promotors nicht ausschließlich anhand der Übereinstimmung mit der Consensussequenz ableiten kann. Fast alle tatsächlich vorkommenden Promotoren weichen vom Consensus ab; die Nachbarn jeder einzelnen Base unterscheiden sich von Promotor zu Promotor, auch wenn die einzelne Base konserviert ist. Man kann nicht vorhersagen, welche Auswirkungen die Umgebung hat. Möglicherweise funktioniert eine nicht dem Consensus entsprechende Base in einem Promotor gut, in einem anderen jedoch nicht. Vorstellbar ist auch, daß der *Ausschluß* irgendeiner Base von einer Position wichtig ist und nicht das Vorhandensein einer bestimmten Base.

Um die absoluten Auswirkungen von Promotormutationen festzustellen, muß man die Affinität der RNA-Polymerase zu dem mutierten und dem Wildtyppromotor *in vitro* messen. Die Geschwindigkeit, mit der RNA-Polymerasen *in vitro* an verschiedene Promotoren binden kann um den Faktor 100 variieren. Diese Werte stimmen gut mit der Transkriptionsfrequenz überein, mit der die zugehörigen Gene *in vivo* exprimiert werden. Wenn man diese Analysen noch verfeinert, kann man das Stadium eingrenzen, in dem die Mutation die Funktion des Promotors beeinträchtigt. Verändert sich die Bindungsaffinität des Promotors zur RNA-Polymerase? Kann das Enzym noch an den Promotor binden, aber nicht mehr initiieren? Wird der Einfluß eines Zusatzfaktors verändert?

Mittels Bestimmung der kinetischen Konstanten für die Bildung eines geschlossenen Komplexes und dessen Umwandlung in einen offenen Komplex, wie in Abbildung 11.12 zu sehen ist, lassen sich die beiden Stadien der Inititationsreaktion trennen:

- *Down*-Mutationen in der –35-Sequenz setzen die Geschwindigkeit herab, mit der sich ein geschlossener Komplex bildet (geringerer K_B-Wert), verhindern aber nicht die Umwandlung in einen offenen Komplex.
- *Down*-Mutationen im –10-Hexamer beeinflussen die Bildung eines geschlossenen Komplexes nicht, verlangsamen jedoch dessen Umwandlung in den offenen Komplex (geringerer k_2-Wert).

Diese Ergebnisse deuten darauf hin, daß die –35-Sequenz als Erkennungssignal für die RNA-Polymerase dient, während die –10-Sequenz die Umwandlung der geschlossenen Form in die offene ermöglicht. Man könnte das –35-Hexamer als „Erkennungsdomäne" und die –10-Sequenz als „Entwindungsdomäne" des Promotors betrachten.

Die Consensussequenz des –10-Hexamers besteht ausschließlich aus A•T-Basenpaaren, was das anfängliche Aufschmelzen der DNA in Einzelstränge erleichtert. Um A•T-Paare aufzubrechen, ist weniger Energie nötig als für G•C-Paare, so daß für die Strangtrennung eines Abschnitts aus A•T-Paaren die geringstmögliche Energiemenge erforderlich ist.

Die Sequenz in der unmittelbaren Umgebung des Startpunktes beeinflußt ebenfalls die Initiation. Weiterhin ist die Geschwindigkeit, mit der die RNA-Polymerase den Promotor verläßt, von der Sequenz der zuerst transkribierten Region (von +1 bis +30) abhängig. Auch dies wirkt sich auf die Stärke des Promotors aus. Letztendlich kann man die Stärke eines Promotors daher nicht allein anhand der –35- und der –10-Sequenzen abschätzen.

Ein „typischer" Promotor braucht seine –35 und –10-Hexamere, um von der RNA-Polymerase erkannt zu werden. In manchen (ungewöhnlichen) Promotoren fehlt jedoch eine dieser Sequenzen. Zumindest in einigen dieser Fälle kann der Promotor nicht von der RNA-Polymerase allein erkannt werden, sondern nur mit Hilfe von Zusatzfaktoren, welche die fehlende Wechselwirkung zwischen RNA-Polymerase und Promotor überbrücken.

11.5 Die RNA-Polymerase bindet an einer Seite der DNA

Die Fähigkeit der RNA-Polymerase (oder tatsächlich jedes Proteins), DNA zu erkennen und zu binden, kann durch das sogenannte **Footprinting** charakterisiert werden. Dabei wird die an das Protein gebundene DNA-Sequenz mit Hilfe einer Endonuclease *partiell* abgebaut, um einzelne Phosphodiesterbindungen innerhalb der Nucleinsäure anzugreifen. Unter geeigneten Reaktionsbedingungen wird insgesamt gesehen jede einzelne Phosphodiesterbindung aufgebrochen, allerdings nicht in allen, sondern nur in einigen der DNA-Moleküle. Die Positionen, an denen eine Spaltung erfolgt ist, lassen sich durch den Einsatz von DNA-Molekülen erkennen, die nur an einem Ende eines Stranges markiert sind. Das Prinzip ist ähnlich wie bei der Sequenzierung von DNA, die in Abschnitt 6.3 behandelt wird; die partielle Spaltung eines endmarkierten

Moleküls an einer zugänglichen Stelle ergibt ein Fragment bestimmter Länge.

Wie Abbildung 11.17 zeigt, werden im Anschluß an die Nucleasebehandlung die entstandenen DNA-Fragmente isoliert und mittels Elektrophorese auf einem Gel der Länge nach aufgetrennt. Jedes Fragment, das sein markiertes Ende behalten hat, erzeugt eine radioaktive Bande. Die Position der Bande im Gel entspricht der Zahl der Basen des Fragments. Die kürzesten Fragmente wandern am schnellsten, daher nimmt die Länge der Fragmente von unten nach oben zu, wie Abbildung 6.13 zeigt.

Bei proteinfreier DNA wird jede Bindung in dem einen oder anderen Molekül gespalten. Ist die DNA jedoch mit einem Protein assoziiert, so ist die von dem DNA-bindenden Protein bedeckte Region in jedem Molekül geschützt. Daher führt man gleichzeitig zwei Reaktionen durch: eine Kontrolle mit reiner DNA und einen Versuch mit DNA-Molekülen, an die Proteine gebunden sind. *Nur wenn ein gebundenes Protein den Zugang der Nuclease zur DNA verhindert, wird eine bestimmte Bindung in keinem der DNA-Moleküle gespalten.*

In der Kontrolle wird jede Bindung gespalten und eine Serie von Banden erzeugt, die jeweils um eine Base kürzere Fragmente repräsentieren. In Abbildung 11.17 sind 31 Banden vorhanden. In den mit Proteinen belegten DNA-Molekülen können dort keine Phosphodiesterbindungen gespalten werden, wo Proteine gebunden sind. Daher treten Banden, die Fragmente der entsprechenden Größen repräsentieren, nicht auf. In der Abbildung fehlen die Banden 9 bis 18, wodurch eine Proteinbindungsstelle angezeigt wird, die den DNA-Bereich zwischen der 9. und der 18. Base vom markierten Ende aus gesehen umfaßt. Vergleicht man die Spuren der Kontroll- und der Versuchsmischung mit einer ebenfalls aufgetragenen Sequenzreaktion, wie in Abbildung 6.14 zu sehen ist, läßt sich die Nucleotidsequenz der Bindungsstelle direkt ablesen.

Wie bereits erwähnt und in Abbildung 11.11 zu sehen, bindet die RNA-Polymerase zunächst die Region zwischen –50 und +20. Die beiden Stränge der DNA sind jedoch nicht gleich gut geschützt. Daher liegt die Vermutung nahe, daß die RNA-Polymerase, wenn sie an DNA bindet, eine asymmetrische Konformation hat. Dies paßt zu ihrer Aufgabe, nur einen der DNA-Stränge zu transkribieren.

Die Stellen, an denen die RNA-Polymerase Kontakt zum Promotor hat, lassen sich identifizieren, indem man die Komplexe aus RNA-Polymerase und Promotor mit Reagentien behandelt, die bestimmte Basen modifizieren. Allen diesen Modifikationen ist gemein, daß *sie an der entsprechenden Bindung eine Spaltung der Polypeptidkette ermöglichen*. Die Bruchstellen können mit derselben Vorgehensweise wie beim Footprinting mit Endonucleasen identifiziert werden (Abbildung 11.17). Solche Experimente lassen sich auf zwei Arten durchführen:

- In direkter Analogie zu Footprinting-Analysen kann ein Komplex aus RNA-Polymerase und DNA mit einem modifizierenden Agens behandelt und seine Empfindlichkeit mit der freier DNA verglichen werden. Einige Banden verschwinden und kennzeichnen Stellen, an denen das Enzym den Promotor vor einer Modifikation geschützt hat. Andere Banden werden stärker und bezeichnen Stellen, an denen die DNA in einer zugänglicheren Konformation vorliegt.
- Umgekehrt kann das Experiment so durchgeführt werden, daß die DNA *erst* modifiziert und dann für die Bindung der RNA-Polymerase eingesetzt wird. Solche DNA-Moleküle, an welche die RNA-Polymerase nicht binden konnte, isoliert man und behandelt sie auf die übliche Weise, um Strangbrüche einzuführen und deren Position zu lokalisieren. So findet man Stellen, an denen eine vorherige Modifikation die Bindung von RNA-Polymerase *verhindert*.

Diese Veränderungen in der Empfindlichkeit gegenüber modifizierenden Agentien decken die Geometrie des Komplexes auf. In Abbildung 11.18 ist dies für einen typischen Promotor dargestellt, der Consensussequenzen bei –35 und –10 aufweist sowie eine Region für die initiale Strangtrennung, die innerhalb der –10-Sequenz beginnt und knapp über den Startpunkt hinausgeht. Der Großteil der Kontaktpunkte des Enzyms befindet sich in den Bereichen um –35 und –10. Innerhalb dieser Abschnitte zeigen dieselben Gruppen von Positionen die Tendenz, einerseits bei vorheriger Modifikation die Bindung zu verhindern und andererseits gegenüber einer Modifikation nach der Bindung verstärkt oder weniger empfindlich zu sein. Die Kontaktpunkte stimmen zwar nicht völlig mit den Mutationsstellen überein, treten aber in denselben begrenzten Bereichen auf.

Bemerkenswerterweise liegen in verschiedenen Promotoren die Kontaktpunkte auch dann an denselben *Positionen*, wenn dort unterschiedliche Basen vorhanden sind. Demnach dürfte es einen gemeinsamen Mechanismus der RNA-Polymerase-Bindung geben, wenn auch die Reaktion nicht von der Gegenwart einer bestimmten Base an einigen der Kontaktpunkte abhängt. Dieses Modell erklärt, warum einige der Kontaktpunkte nicht auch Orte für Mutationen sind. Auch liegt nicht jede Mutation an einem Kontaktpunkt; können sie möglicherweise ihre Umgebung beeinflussen, ohne wirklich mit dem Enzym in Berührung zu kommen?

Von besonderer Bedeutung ist, daß die Experimente mit vorangehender Modifikation *ausschließlich* Stellen in derselben Region aufzeigen, die durch das Enzym vor einer nachfolgenden Modifizierung geschützt werden. Diese zwei Experimente zielen auf verschiedene Dinge ab. Vorangehende Modifikationen identifizieren alle Stellen, die das Enzym für eine Bindung erkennen muß. Die Schutzexperimente spüren dagegen die Stellen auf, die im binären Komplex tatsächlich die Kontakte herstellen. Die geschützten Stellen umfassen alle Erkennungsstellen sowie auch einige weitere Positionen; dies deutet darauf hin, daß das Enzym zunächst die für seine „Landung" auf der DNA nötigen Basen erkennt und dann Kontakt zu weiteren Basen aufnimmt.

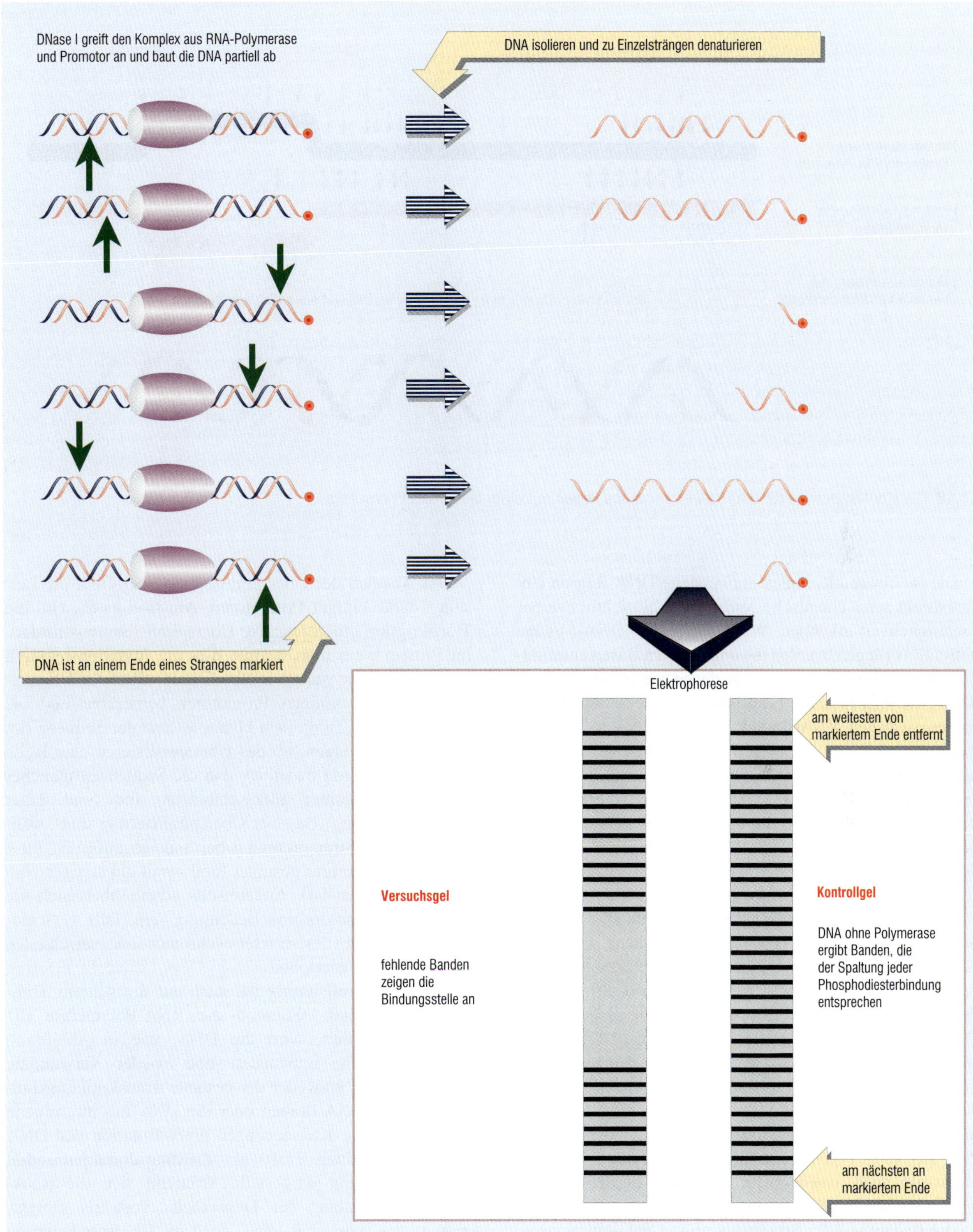

11.17 Footprinting zeigt die DNA-Bindungsstellen für Proteine an, da diese vor der Einführung von Einzelstrangbrüchen geschützt sind.

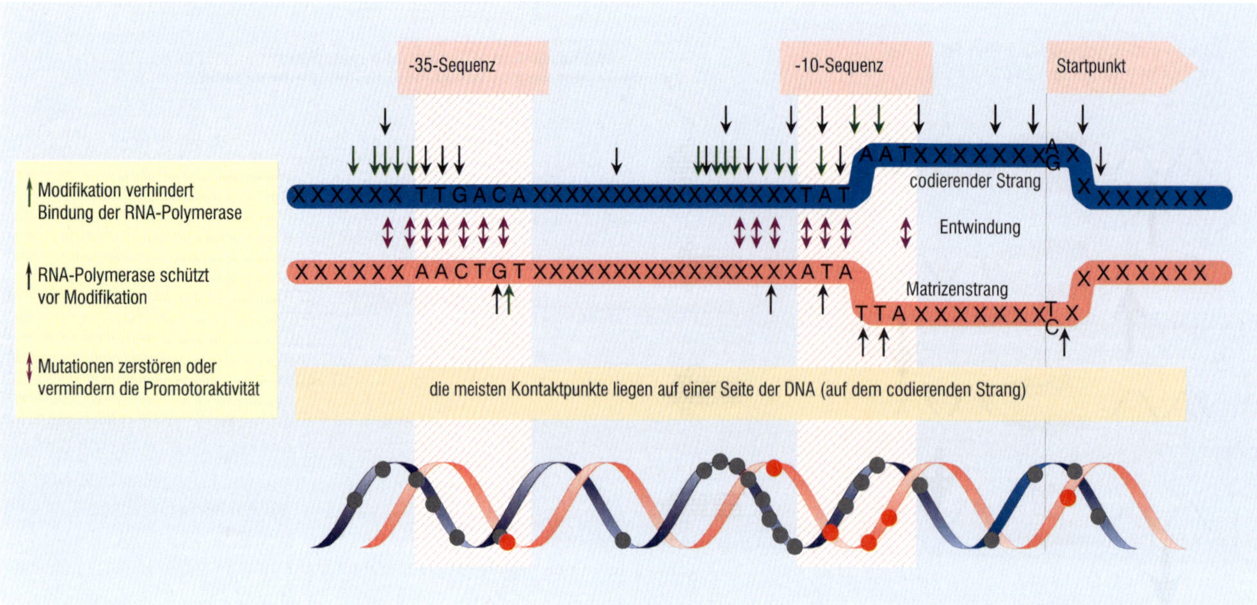

11.18 Die Kontaktpunkte für die RNA-Polymerase liegen auf einer Seite des Promotors.

Die im binären Komplex entwundene DNA-Region läßt sich direkt durch chemische Änderungen hinsichtlich seiner Zugänglichkeit erkennen. Wenn die beiden DNA-Stränge getrennt vorliegen, werden die ungepaarten Basen empfindlich gegenüber Reagentien, vor denen sie in der Doppelhelix geschützt sind. Die Empfindlichkeit des binären Komplexes zwischen RNA-Polymerase und DNA ist also ein Zeichen dafür, daß die betreffenden Positionen in ungepaarten Abschnitten liegen. Vermutlich sind Positionen zwischen –9 und +3 an der anfänglichen Schmelzreaktion beteiligt, wie sich in Experimenten, bei denen Adenin oder Cytosin methyliert wird, herausgestellt hat. Die bei der Initiation entwundene Region reicht also vom rechten Ende der –10-Sequenz bis knapp hinter den Startpunkt.

Dreidimensional betrachtet, befinden sich alle Kontaktpunkte stromaufwärts von der –10-Sequenz auf einer Seite der DNA. Dies wird in der unteren Zeichnung in Abbildung 11.18 deutlich, in der die Kontaktpunkte in der Seitenansicht einer Doppelhelix eingezeichnet sind. Die meisten liegen im codierenden Strang. Diese Basen werden vermutlich bei der initialen Bildung eines geschlossenen binären Komplexes erkannt. So könnte sich die RNA-Polymerase der DNA von einer Seite her nähern und diese erkennen. Mit fortschreitender Entwindung der DNA erkennt und bindet die Polymerase möglicherweise auch andere Basen, die ursprünglich auf der anderen Seite der DNA lagen.

Die Bedeutung der Strangtrennung in der Initiationsreaktion wird durch die Auswirkungen der Überspiralisierung unterstrichen. Sowohl prokaryotische als auch eukaryotische RNA-Polymerasen können die Transkription *in vitro* effizienter initiieren, wenn die Matrize als Superhelix vorliegt, vermutlich weil weniger freie Energie nötig ist, um diese Struktur im Initiationskomplex aufzuschmelzen.

Das Ausmaß der Überspiralisierung beeinflußt die Leistungsstärke einiger Promotoren. Am häufigsten wird die Transkription durch negative Überspiralisierung gefördert. Im Prinzip weiß man, warum dies die Initiationsreaktion erleichtert. Aber warum macht sich der Grad der Überspiralisierung bei einigen Promotoren bemerkbar und bei anderen nicht? Zum einen könnte es von der Sequenz des Promotors abhängen, ob das Überspiralisieren eine Rolle spielt. Dies würde bedeuten, daß die Sequenzen mancher Promotoren leichter aufzuschmelzen sind (und daher nicht so abhängig von einer Überspiralisierung sind), während sich die Strangtrennung bei anderen aufgrund ihrer Sequenz schwieriger gestaltet (und somit abhängiger vom Überspiralisieren ist). Andererseits könnte aber auch die Lage des Promotors von Bedeutung sein, falls verschiedene Regionen des Bakterienchromosoms verschieden stark überspiralisiert sind.

Die Überspiralisierung hat auch auf die weitere Transkription Einfluß. Während die RNA-Polymerase die DNA transkribiert, wird die DNA, wie in Abbildung 11.3 dargestellt, entwunden und wieder verwunden. Dazu muß sich entweder der gesamte Transkriptionskomplex um die DNA drehen oder die DNA um ihre eigene Helixachse. Die Konsequenzen einer Rotation der DNA sind in Abbildung 11.19 als **Zwillingsdomänenmodell** der Transkription dargestellt. Während sich die RNA-Polymerase entlang der Doppelhelix vorwärts schiebt, erzeugt sie vor sich eine positive Überspiralisierung (enger gewundene DNA) und läßt eine negative Überspiralisierung (partiell entwundene DNA) hinter sich zurück. Für jede Helixwindung, welche die RNA-Polymerase überquert, entsteht eine Drehung mehr vor ihr und eine weniger hinter ihr.

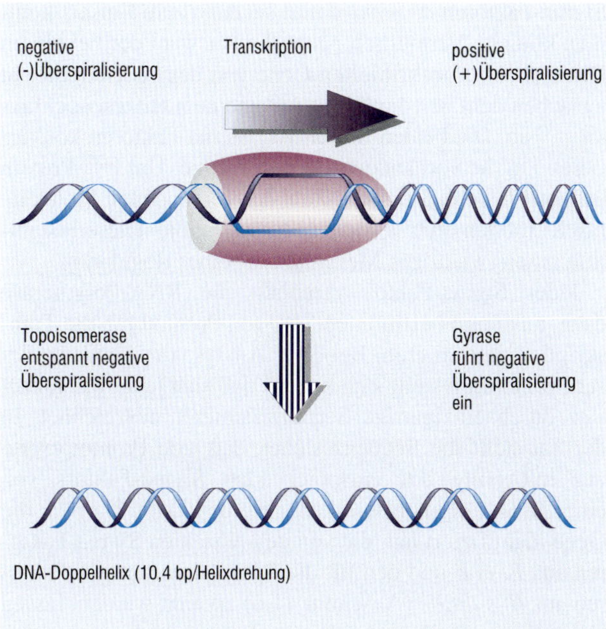

11.19 Die Transkription könnte enger verwundene DNA (positive Überspiralisierung) vor der RNA-Polymerase erzeugen, während die DNA dahinter weniger stark überspiralisiert ist (negative Überspiralisierung).

Die Transkription hat daher einen deutlichen Effekt auf die (lokale) Struktur der DNA. Infolgedessen werden die Enzyme Gyrase (führt negative Überspiralisierung ein) und Topoisomerase I (entspannt negative Überspiralisierung) benötigt, um die Situation vor und hinter der Polymerase auszugleichen. Sind die Gyrase- und Topoisomeraseaktivitäten gestört, verursacht die Transkription weitreichende Veränderungen in der DNA-Superhelix. Fehlt beispielsweise Hefen ein Enzym, das negative Überspiralisierung entfernt, so verdoppelt sich die Dichte negativer Überspiralisierungen in den transkribierten Regionen. Man kann aus diesen Ergebnissen schließen, daß Transkriptionsvorgänge möglicherweise für einen erheblichen Teil der Überspiralisierung in der Zelle verantwortlich sind.

Eine ähnliche Situation liegt bei der Replikation vor, wenn die DNA an der sich vorwärts bewegenden Replikationsgabel entwunden werden muß. Wie die dabei auftretenden topologischen Spannungen gelöst werden, ist in Abbildung 17.14 zu erkennen.

11.6 Der Austausch von Sigma-Faktoren könnte die Initiation kontrollieren

Die *E. coli*-RNA-Polymerase transkribiert alle Gene des Bakteriums. Das Enzym muß also ein breites Spektrum von Promotoren erkennen, deren zugehörige Gene verschieden oft und zu verschiedenen Anlässen transkribiert werden. Zusatzfaktoren steuern die Fähigkeit des Enzyms, an bestimmten Promotoren zu initiieren, indem sie es unterstützen oder hindern.

Fast nie wird dabei eine Untereinheit des Core-Enzyms selbst verändert. Vermutlich ist ein solcher Mechanismus deshalb nicht vorteilhaft, weil eine Veränderung, die der RNA-Polymerase die spezifische Erkennung eines Promotors gestattet, das Auffinden eines anderen verhindern könnte. Das Enzym wäre dann nicht so flexibel.

Bei der Arbeitsteilung zwischen einem Core-Enzym, das für die Kettenverlängerung zuständig ist, und einem Sigma-Faktor, der an der Auswahl der Initiationsstellen beteiligt ist, erhebt sich allerdings sofort die Frage, ob es mehrere Sorten von Sigma-Faktoren gibt, die für verschiedene Promotorgruppen spezifisch sind.

Der Austausch von Sigma-Faktoren erfolgt in bestimmten Fällen, wenn die Transkription von Grund auf umorganisiert wird, z. B. beim Wechsel der Lebensformen sporulierender Bakterien, was im nächsten Abschnitt behandelt wird. Solchen dramatischen Veränderungen ist *E. coli* nicht unterworfen. Allerdings setzen *E. coli*-Zellen verschiedene Sigma-Faktoren ein, um auf allgemeine Veränderungen der Lebensbedingungen zu reagieren. Diese Sigma-Faktoren sind in Tabelle 11.1 aufgeführt. (Sie sind entweder nach ihrem Molekulargewicht oder nach dem codierenden Gen benannt.) Die Sigma-Faktoren σ^{32} (auch σ^{H} genannt), σ^{E} und σ^{54} (auch σ^{N} genannt) werden als Reaktion auf Umweltveränderungen aktiviert. Für die Expression von Flagellingenen während des normalen Wachstums benötigt die Zelle σ^{28} (σ^{F}), die Expressionsstärke hängt aber von den Umweltbedingungen ab. Alle Sigma-Faktoren, mit Ausnahme von σ^{54}, gehören zu derselben Proteinfamilie und funktionieren im Prinzip auf die gleiche, bereits beschriebene Weise.

Die Reaktion auf einen „Hitzeschock“, wenn die Bakterien ihr Expressionsmuster infolge eines Temperaturanstiegs ändern, kommt bei *E. coli* einer durchgreifenden Änderung des Transkriptionsprogramms am nächsten. In vielen Organismen, sowohl pro- als auch eukaryotischen,

Tabelle 11.1: *E. coli*-Sigma-Faktoren erkennen Promotoren mit verschiedenen Consensussequenzen

Gen	Masse	Verwendung	-35-Sequenz	Entfernung	-10-Sequenz
rpoD	70 kD	alle Gene	TTGACA	16–18 bp	TATAAT
rpoH	32 kD	Hitzeschockgene	CCCTTGAA	13–15 bp	CCCGATNT
rpoE	24 kD	Hitzeschockgene	unbekannt	unbekannt	unbekannt
rpoN	54 kD	Stickstoffmangelgene	CTGGNA	6 bp	TTGCA
fliA	28 kD	Geißelgene	CTAAA	15 bp	GCCGATAA

tritt eine ähnliche Reaktion auf einen Hitzeschock ein. Nach einem Temperaturanstieg wird die Synthese der derzeit hergestellten Proteine gestoppt oder heruntergefahren und stattdessen ein anderer Satz von Proteinen synthetisiert. Die neuen Proteine sind Produkte von **Hitzeschockgenen**. Sie spielen eine Rolle für den Schutz der Zelle gegen umweltbedingten Streß und werden auch als Reaktion auf andere Bedingungen als einen Hitzeschock hergestellt. Einige der Hitzeschockproteine sind Chaperone, die in Abschnitt 10.1 näher behandelt werden. In *E. coli* lösen Änderungen im Transkriptionsprogramm die Expression von 17 Hitzeschockgenen aus. Das Produkt des Gens *rpoH*, σ^{32}, ist ein alternativer Sigma-Faktor, der nötig ist, um die Hitzeschockreaktion anzuschalten und die Hitzeschockgene zu transkribieren.

Bei einem Temperaturanstieg erhöht sich die Zahl der σ^{32}-Moleküle. Geht die Temperatur zurück, nimmt die Aktivität von σ^{32} wieder ab. Das eigentlich Signal, das die Produktion von σ^{32} induziert, ist die Anhäufung von ungefalteten (partiell denaturierten) Proteinen infolge des Temperaturanstiegs.

Eine andere Gruppe von hitzeregulierten Genen kontrolliert der Faktor σ^{E}. Dieser Faktor scheint auf extremere Temperaturverschiebungen als σ^{32} zu reagieren. Die Produktion von σ^{E} wird durch die Anhäufung von entfalteten Proteinen induziert, die normalerweise im periplasmatischen Raum oder der äußeren Membran vorkommen. Über diesen Faktor und die von ihm kontrollierten Gene weiß man weniger gut Bescheid.

Wieder ein anderer Sigma-Faktor kommt bei Stickstoffmangel zum Einsatz. *E. coli*-Zellen enthalten geringe Mengen an σ^{54}, die beim Fehlen von Ammoniumionen im Medium benötigt werden. Unter diesen Bedingungen werden Gene angeschaltet, welche die Verwertung anderer Stickstoffquellen ermöglichen. Eine ganze Reihe von Bakterien enthalten derartige Sigma-Faktoren; der Reaktionsmechanismus bei Stickstoffmangel scheint also in der Evolution konserviert worden zu sein.

Einen weiteren Fall für die Konservierung eines Sigma-Faktors in der Evolution stellt der Faktor σ^{F} dar, der in geringen Mengen vorhanden ist und die RNA-Polymerase zur Transkription von Genen veranlaßt, die an der Chemotaxis und an Flagellarstrukturen beteiligt sind. Das Gegenstück in *B. subtilis* ist σ^{D}, der Gene für Flagellen und Bewegungsfähigkeit kontrolliert. Viele Bakterienspezies enthalten Faktoren mit der gleichen Promotorspezifität.

Die Existenz mehrerer Sigma-Faktoren führt uns zu weiteren Fragen bezüglich der Rolle von σ gegenüber dem Core-Enzym. Wie wird die Assoziation von Sigma-Faktoren an Core-Enzyme kontrolliert? Wird dieser Vorgang reguliert, um festzulegen, welche Art von Holoenzym verfügbar ist? Welche Rolle spielen Sigma-Faktoren bei der sequenzspezifischen Promotorerkennung?

Wie das Verhältnis der verschiedenen Sigma-Faktoren in wachsenden Bakterien kontrolliert wird, ist weitgehend unbekannt. Im Fall einer Reaktion auf Umweltstreß (Hitzeschock oder Stickstoffmangel) produziert die Zelle neue Sigma-Faktoren *de novo*, damit sie dann zum Einsatz kommen können. Vermutlich hängt die Auswahl der bei einem Hitzeschock transkribierten Gene von dem Gleichgewicht zwischen dem gewöhnlichen σ^{70} und dem Hitzeschockfaktor σ^{32} ab. Die beiden Sorten von Sigma-Faktoren konkurrieren um die vorhandenen Core-Enzyme. Das σ^{32}-Protein ist instabil, so daß sich die Zahl der vorhandenen Moleküle rasch erhöhen oder verringern lassen müßte. Diese Instabilität ist ein wichtiges Merkmal bei seiner Regulation.

Jeder Sigma-Faktor veranlaßt die RNA-Polymerase dazu, an einem bestimmten Satz von Promotoren die Transkription zu initiieren. Bei einer Analyse der Sequenz dieser Promotoren stellt sich heraus, daß sich jeder Promotorsatz durch einzigartige Sequenzelemente auszeichnet. In der Tat stellt die Sequenz sicher, daß jede Promotorsorte nur mit Hilfe des entsprechenden Sigma-Faktors von einer RNA-Polymerase erkannt werden kann. Da man die Gene identifiziert hat, die von den einzelnen Sigma-Faktoren aus *E. coli* und den für die Sporulation nötigen Faktoren aus *B. subtilis* (Abschnitt 11.6) erkannt werden, lassen sich allgemeine Regeln für die Promotorerkennung aufstellen.

Ein wichtiges Merkmal jeder Gruppe von Promotoren ist ihre *übereinstimmende Länge und Position in bezug auf den Startpunkt. Außerdem weisen sie nur an den bekannten Zentren bei –35 und –10 konservierte Sequenzen auf.* Die Consensussequenzen an einer oder beiden Stellen unterscheiden sich bei den Promotorgruppen. Infolgedessen kann ein Enzym mit einem bestimmten Sigma-Faktor nur den Promotor des passenden Typs erkennen; die Transkription anderer Promotoren ist damit gegenseitig ausgeschlossen. Der Austausch eines Sigma-Faktors durch einen anderen bewirkt daher die Abschaltung des alten Gensatzes und die Anschaltung der Transkription einer anderen Gruppe von Genen.

Wenn Holoenzyme mit verschiedenen Sigma-Faktoren eine Reihe verschiedener Consensussequenzen bei –35 und –10 erkennen, taucht natürlich die Vermutung auf, daß der Sigma-Faktor in diesen Bereichen selbst Kontakt zur DNA aufnimmt. Sigma-Faktor und Core-Enzym könnten also generell so miteinander in Beziehung stehen, daß der Sigma-Faktor in eine Position gebracht wird, in der er die entscheidenden Kontakte mit Promotorsequenzen nahe –35 und –10 aufnimmt. Es ist jedoch nicht klar, wie ein kleines Poylpeptid DNA-Stellen kontaktieren soll, die über 20 bp voneinander entfernt liegen.

Die Sequenzvergleiche zwischen mehreren bakteriellen Sigma-Faktoren identifizieren konservierte Bereiche, die vermutlich für die Funktion bedeutsam sind. Es gibt vier solcher Bereiche. Ihre Positionen in *E. coli* σ^{70} sind in Abbildung 11.20 zusammengefaßt.

Einen direkten Beweis dafür, daß Sigma selbst sowohl die –35- als auch die –10-Sequenz kontaktiert, liefern Mutationen in Sigma-Faktoren, die Mutationen in den Consensussequenzen supprimieren. Wenn eine Mutation an einer bestimmten Position im Promotor die Erkennung durch RNA-Polymerase verhindert, eine Mutation im Sigma-Faktor dies kompensiert und somit die Polymerase

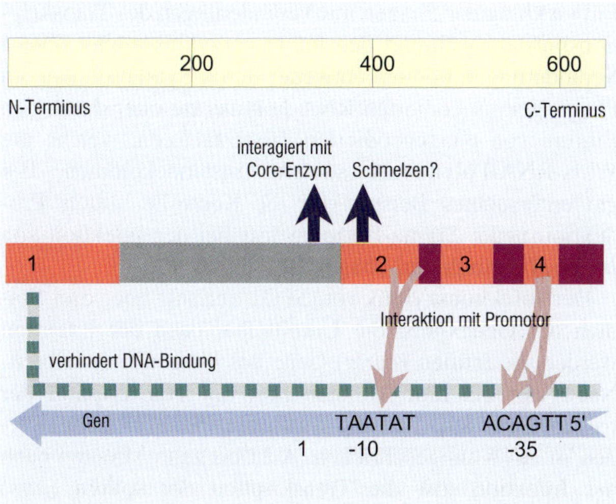

11.20 Die Karte des σ^{70}-Faktors aus *E. coli* zeigt vier Bereiche, die in Sigma-Faktoren konserviert sind. Aminosäuren innerhalb der Bereiche 2 und 4 nehmen Kontakt zu den –35- und –10-Hexameren des Promotors auf. Ein anderer Teil des Bereichs 2 wird für das Aufschmelzen der DNA benötigt. Die Aminosäuren 361–390 sind für die Bindung ans Core-Enzym erforderlich. Der N-terminale Bereich hindert die Regionen 2 und 4 daran, in Abwesenheit eines Core-Enzyms an DNA zu binden.

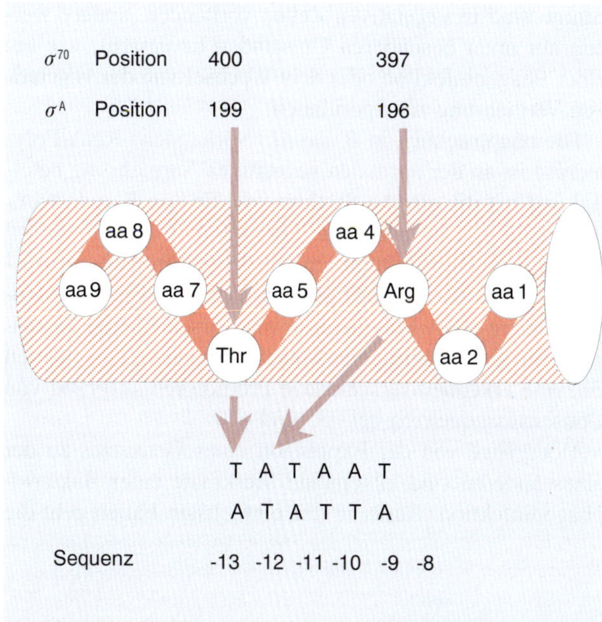

11.21 Aminosäuren an einander entsprechenden Positionen in der α-Helix 2.4 von σ^{70} aus *E. coli* und σ^{A} aus *B. subtilis* dürften Kontakt zu den ersten beiden Basenpaare der –10-Promotorsequenz haben.

den mutierten Promotor verwenden kann, läßt sich folgern, daß das betroffene Basenpaar Kontakt zu der ausgetauschten Aminosäure hat. Abbildung 11.20 zeigt, daß zwei kurze Abschnitte der konservierten Bereiche 2 und 4 (2.4 und 4.2 genannt) an der Kontaktaufnahme zu Basen in der –10- beziehungsweise –35-Sequenz beteiligt sind. Beide Bereiche bilden kurze α-Helices im Protein.

Anderen Abschnitten von Sigma konnte nicht so eindeutig eine Funktion zugeteilt werden. Einige Sequenzen innerhalb von Bereich 2 ähneln denen von einzelstrangbindenden Proteinen und könnten daher bei der Strangtrennung eine Rolle spielen. Für die Interaktion mit dem Core-Enzym scheint eine Sequenz nötig zu sein, die vor dem Startpunkt von Bereich 2 beginnt und mit diesen überlappt.

Entfernt man den N-terminalen Bereich von σ^{70}, ist das verkürzte Protein in der Lage, spezifisch an Promotorsequenzen zu binden, an die das intakte Protein nicht binden kann. Dies legt die Vermutung nahe, daß der N-terminale Bereich bei freien σ^{70}-Proteinen die DNA-Bindedomänen unter Verschluß hält. Die Assoziation mit einem Core-Enzym dürfte demnach die Konformation so verändern, daß der Faktor an DNA binden kann.

Häufig setzen Proteine α-Helix-Motive für die Erkennung doppelsträngiger DNA-Sequenzen ein, wie wir in den Kapiteln 12 und 13 noch sehen werden. Abbildung 11.21 zeigt schematisch, daß in einer α-Helix Aminosäuren, die durch drei bis vier Positionen voneinander getrennt sind, auf derselben Seite der Helix liegen und daher Kontakt zu nebeneinanderliegenden Basenpaaren aufnehmen können. Im Fall der wichtigsten Sigma-Faktoren von *E. coli* (σ^{70}) und *B. subtilis* (σ^{43}) finden sich die Aminosäuren Threonin und Arginin an entsprechenden Positionen in der Helix; sie sind für den Kontakt zu den ersten beiden Basenpaaren der –10-Sequenz zuständig. Wie der Rest der –10-Sequenz kontaktiert wird, ist nicht geklärt.

Eine interessante Abweichung zeigt der σ^{54}-Faktor. Dieser Faktor veranlaßt RNA-Polymerasen zur Erkennung von Promotoren mit einer bestimmten Consensussequenz, die sich durch ein konserviertes –10-Element und ein weiteres nahe –20 (in Tabelle 11.1 in der „–35"-Spalte aufgeführt) auszeichnet. Die Geometrie des Komplexes aus Polymerase und Promotor ist also unter dem Einfluß dieses Sigma-Faktors eine andere. Dies ist mit einer Veränderung des Regulationsmusters verbunden, wobei relativ weit vom Promotor entfernte Stellen dessen Aktivität beeinflussen; normalerweise werden Promotoren von regulatorischen Stellen kontrolliert, die sich in unmittelbarer Nähe des Promotors befinden. σ^{54} selbst zeigt andere Eigenschaften als andere Sigma-Faktoren, insbesondere kann σ^{54} unabhängig von einer Core-Polymerase an DNA binden. Diesbezüglich ähnelt σ^{54} eher den eukaryotischen Regulatoren, wie sie in Kapitel 28 beschrieben sind, als den in den folgenden beiden Kapiteln behandelten prokaryotischen.

11.7 Bei der Sporulation kommt eine Kaskade von Sigma-Faktoren zum Einsatz

In dem Bakterium *B. subtilis* werden Sigma-Faktoren in größerem Maße zur Kontrolle der Initiation eingesetzt. Etwa zehn verschiedene *B. subtilis*-Faktoren sind bekannt.

Einige sind in vegetativen Zellen vorhanden, andere werden nur unter besonderen Umständen hergestellt, wie bei einer Phageninfektion oder dem Wechsel von der vegetativen Vermehrung zur Sporulation.

Die hauptsächlich in *B. subtilis* vorhandene RNA-Polymerase ist an der normalen vegetativen Vermehrung beteiligt und hat die gleiche Struktur wie die von *E. coli*, nämlich $\alpha_2\beta\beta'\sigma$. Der beteiligte Sigma-Faktor (σ^{43} oder σ^A genannt) erkennt Promotoren mit denselben Consensussequenzen wie das von σ^{70} gesteuerte *E. coli*-Enzym. Mehrere andere RNA-Polymerasen mit verschiedenen Sigma-Faktoren sind in geringerer Menge vorhanden. Die anderen Enzyme erkennen verschiedene Promotoren aufgrund von Consensussequenzen bei –35 und –10.

Übergänge von der Expression eines Gensatzes zu der eines anderen sind allgemeine Merkmale einer Bakteriophageninfektion. Außer in den einfachsten Fällen geht die Entwicklung der Phagen mit Veränderungen des Transkriptionsmusters während des Infektionszyklus einher. Diese Veränderungen können entweder durch Synthese einer im Phagengenom codierten RNA-Polymerase oder durch den Einfluß von phagencodierten Zusatzfaktoren, welche die Wirts-RNA-Polymerase steuern, zustandekommen. Ein gut untersuchtes Beispiel für die Kontrolle mittels Produktion neuer Sigma-Faktoren tritt bei der Infektion von *B. subtilis* durch den Phagen SPO1 auf.

Der Infektionszyklus von SPO1 verläuft über drei Stadien der Genexpression. Unmittelbar nach der Infektion werden die **frühen** (*early*) Gene des Phagen transkribiert. Nach vier bis fünf Minuten hört die Transkription der frühen Gene auf, und die **mittleren** (*middle*) Gene werden in RNA umgeschrieben. Acht bis zehn Minuten nach der Infektion löst die Transkription der **späten** (*late*) Gene die der mittleren ab.

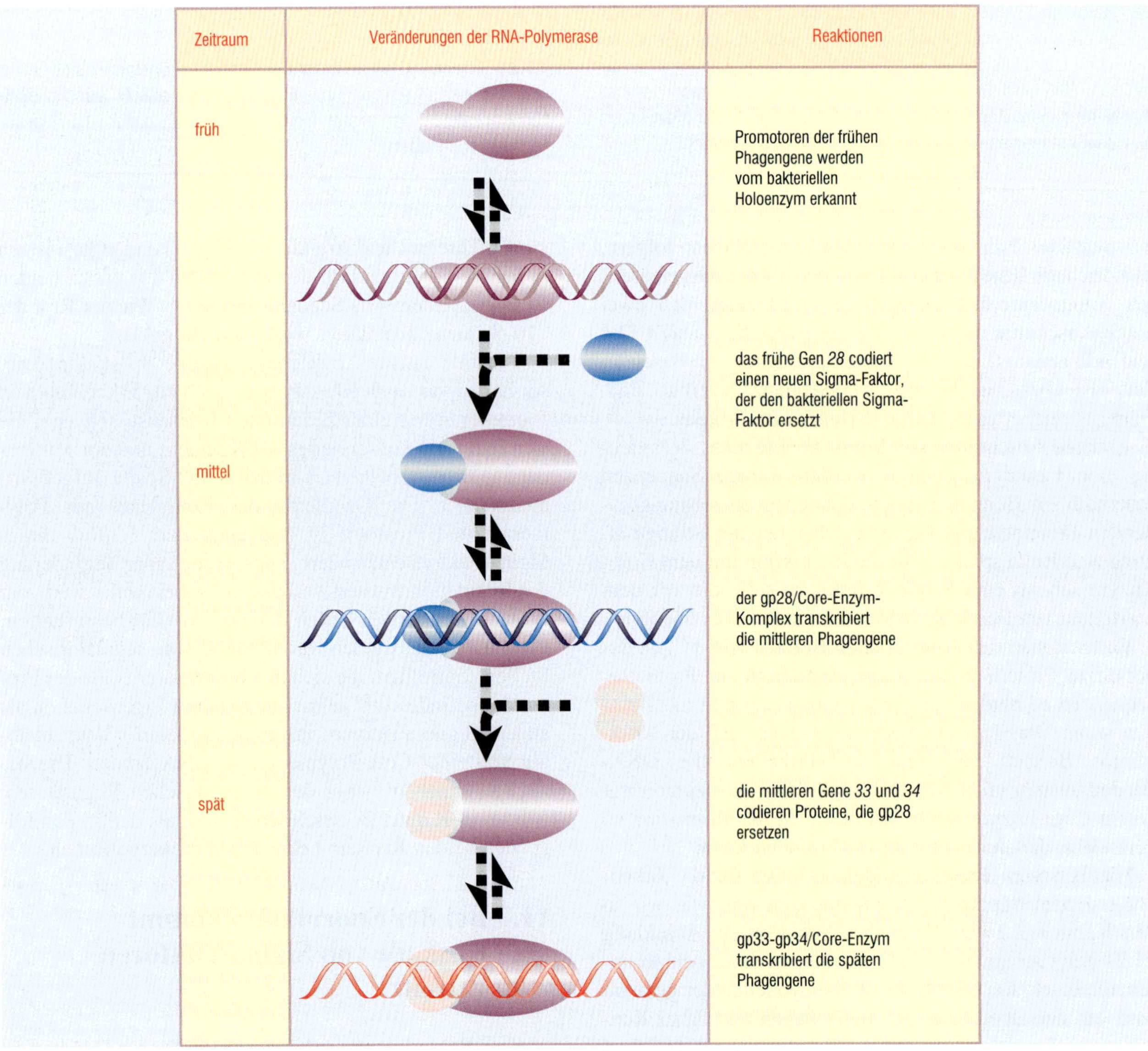

11.22 Die Transkription der Gene des Phagen SPO1 wird durch zweimaligen Austausch der Sigma-Faktoren gesteuert, welche die Initiationsspezifität verändern.

Das Holoenzym des Wirtsbakteriums transkribiert die frühen Gene. Sie unterscheiden sich praktisch nicht von den Genen des Wirtes, die von der $\alpha_2\beta\beta'\sigma^{43}$-RNA-Polymerase erkannt werden.

Die Expression von Phagengenen ist für die Übergänge zur Transkription der mittleren und späten Gene erforderlich. Drei regulatorische Gene namens *28*, *33* und *34* steuern den Verlauf der Transkription. Ihre Funktionen sind in Abbildung 11.22 zusammengefaßt. Das Regulationsmuster ergibt eine **Kaskade**, da nämlich das Wirtsenzym ein frühes Gen transkribiert, dessen Produkt für die Transkription der mittleren Gene benötigt wird, und zwei der mittleren Gene codieren Proteine, die für die Transkription der späten Gene nötig sind.

Bei Mutationen im frühen Gen *28* können die mittleren Gene nicht transkribiert werden. Das Produkt des Gens *28* (gp28) ist ein Protein von 26 kD, das den Sigma-Faktor des Wirtes ersetzt. *Diese Substitution ist die einzige Voraussetzung für den Übergang von der Expression früher Gene zu der mittlerer Gene.* Das nun vorliegende Holoenzym kann keine Wirtsgene mehr transkribieren, sondern ist nun spezifisch für die mittleren Gene des Phagen. Wie gp28 den Sigma-Faktor des Wirtes verdrängt und was dann mit σ^{43} geschieht, ist nicht bekannt.

Zwei mittlere Gene sind am nächsten Übergang beteiligt. Mutationen in Gen *33* oder *34* verhindern das Ablesen der späten Gene. Die Produkte dieser Gene sind Proteine von 13 beziehungsweise 24 kD, die gp28 ersetzen. Auch in diesem Fall weiß man nicht, wie gp33 und gp34 das gp28 (und restliches σ^{43}) ausschalten, *aber sobald sie an das Core-Enzym binden, kann dieses nur noch an den Promotoren später Gene die Transkription initiieren.*

Dieser nacheinander erfolgende Austausch von Sigma-Faktoren hat zwei Konsequenzen. Jedesmal, wenn die Untereinheit durch eine andere ersetzt wird, kann die RNA-Polymerase eine neue Gruppe von Genen *und* nicht mehr die vorherige Gruppe erkennen. Diese Umschaltungen bedeuten grundlegende Veränderungen in der Aktivität der RNA-Polymerase. Vermutlich assoziieren alle oder fast alle Core-Enzyme mit dem jeweils vorliegenden Sigma-Faktor, und die Veränderung ist irreversibel.

Das wahrscheinlich umfassendste Beispiel für die Auswechslung von Sigma-Faktoren findet sich bei der **Sporulation**, einer Lebensform, die manchen Bakterien als Alternative offensteht. Am Ende der **vegetativen Phase** hört die logarithmische Vermehrung auf, weil die Nährstoffe im Medium verbraucht sind. Dies löst die in Abbildung 11.23 dargestellte Sporulation aus. Die DNA wird repliziert, ein Genom an einem Ende der Zelle isoliert und schließlich von einer harten Sporenhülle ummantelt. Die Bildung des Septum erzeugt zwei getrennte Kompartimente, zum einen die Mutterzelle und zum anderen die Vorspore. Der ganze Vorgang dauert etwa acht Stunden. Man kann ihn als eine Art primitive Differenzierung ansehen, bei der aus einer Elternzelle (dem vegetativen Bakterium) zwei verschiedene Tochterzellen mit ungleichem Schicksal hervorgehen: Die Mutterzelle wird am Ende lysiert, während die freigesetzte Spore sich in ihrer Struk-

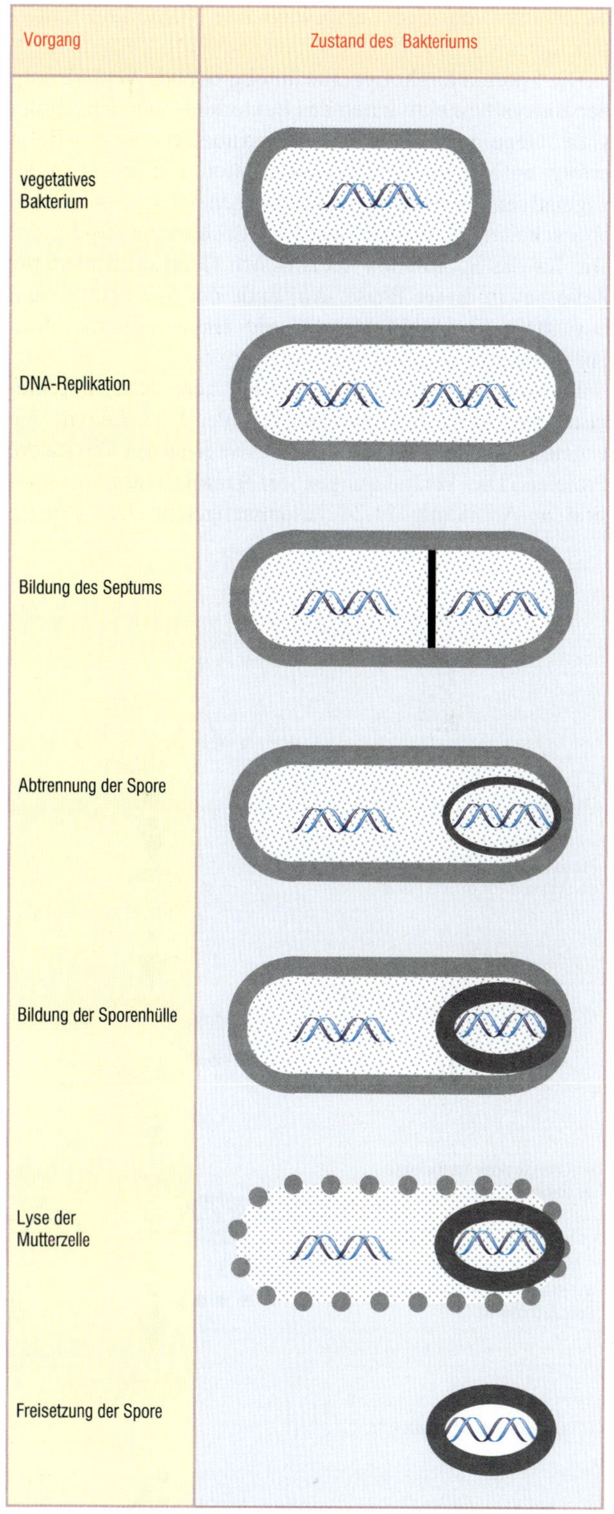

11.23 Die Sporulation bedeutet die Differenzierung eines vegetativen Bakteriums in eine Mutterzelle, die lysiert und eine Spore freisetzt.

tur völlig von dem ursprünglichen Bakterium unterscheidet.

Die Sporulation bringt eine durchgreifende Veränderung der Biosyntheseaktivitäten des Bakteriums mit sich, an der viele Gene beteiligt sind. Die grundlegende Kontrolle erfolgt auf der Ebene der Transkription. Einige der in der vegetativen Phase aktiven Gene werden bei der Sporulation abgeschaltet, die meisten werden jedoch weiter exprimiert. Die für die Sporulation spezifischen Gene exprimiert die Zelle nur in dieser Phase. Am Ende der Sporulation sind etwa 40 % der mRNA-Moleküle des Bakteriums sporulationsspezifisch.

In sporulierenden Zellen werden neue RNA-Polymerase-Arten aktiv. Sie enthalten dasselbe Core-Enzym wie vegetative Zellen, aber anstelle des vegetativen σ^{43} andere Proteine. Die Veränderungen der Transkriptionsspezifität sind in Abbildung 11.24 zusammengefaßt. Das Prinzip besteht darin, daß in jedem Kompartiment die vorhandenen Sigma-Faktoren durch neue Faktoren ausgetauscht werden, welche die Transkription verschiedener Gensätze veranlassen. Die Kompartimente kommunizieren miteinander, um die Zeitpunkte der Veränderungen in Vorspore und Mutterzelle zu koordinieren.

Die Sporulationskaskade beginnt, wenn Umweltbedingungen eine „Phosphorylierungsstaffel“ auslösen, bei der eine Phosphatgruppe nacheinander über eine Reihe von Proteinen weitergegeben wird, bis sie bei SpoOA angelangt ist. (An diesem Vorgang sind mehrere Genprodukte beteiligt. Vermutlich ist der Vorgang so komplex, weil ein fehlerhaftes, unnötiges Auslösen der Sporulation vermieden werden soll.) SpoOA ist ein Regulator der Transkription, dessen Aktivität durch Phosphorylierung beeinflußt wird. In phosphorylierter Form aktiviert SpoOA zwei Operons, die von verschiedenen Formen der RNA-Polymerase

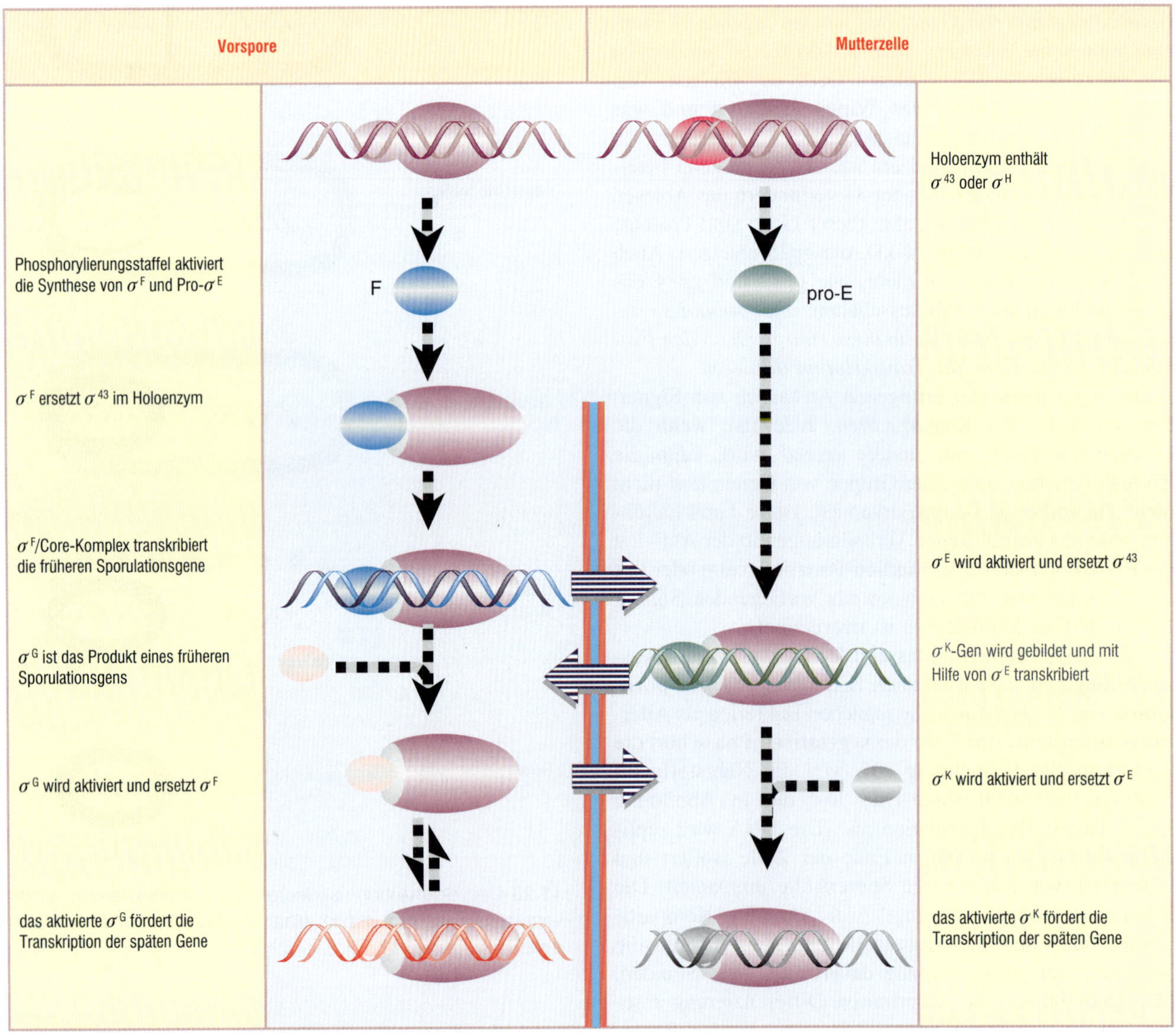

11.24 Die Sporulation umfaßt aufeinanderfolgende Auswechselungen der Sigma-Faktoren, welche die Initiationsspezifität der RNA-Polymerase steuern. Die Kaskaden in der Vorspore (links) und der Mutterzelle (rechts) sind durch Signale verbunden, die durch das Septum geleitet werden (horizontale Pfeile).

des Bakteriums abgelesen werden. Unter der Regie des phosphorylierten SpoOA transkribiert das Enyzm mit Hilfe des normalen σ^{43} das Gen für den Faktor σ^{F} und mit Hilfe eines untergeordneten Faktors, σ^{H}, das Gen für den Faktor Pro-σ^{E}. Beide neuen Sigma-Faktoren werden vor Bildung des Septums hergestellt, aber erst später aktiv.

σ^{F} wird nur im Vorsporenkompartiment aktiv, möglicherweise weil in der Mutterzelle ein Inhibitor vorhanden ist. Die Sporulation beginnt mit dem Austausch von σ^{43} gegen σ^{F} in der Vorspore. Unter der Regie von σ^{F} transkribiert die RNA-Polymerase den ersten Satz von Sporulationsgenen statt der bis dahin abgelesenen vegetativen Gene. Diese Auswechslung betrifft vermutlich nur einen Teil der RNA-Polymerasen, da σ^{F} nur in geringen Mengen produziert wird. Einige Enzyme aus der vegetativen Phase bleiben daher auch bei der Sporulation erhalten. Der ersetzte σ^{43}-Faktor wird nicht abgebaut, sondern läßt sich aus Extrakten sporulierender Zellen isolieren.

Zwei Regulationsvorgänge folgen auf die Aktivierung von σ^{F}. In der Vorspore kommt ein weiterer Sigma-Faktor, σ^{G}, zum Einsatz, der das Produkt eines frühen Sporulationsgens ist. σ^{G} veranlaßt die RNA-Polymerase, die späten Gene in der Vorspore abzulesen. Ein anderes Produkt eines frühen Sporulationsgens ist für die Kommunikation mit der Mutterzelle zuständig. Mit Hilfe eines im Septum eingebetteten Proteins wird ein Signal übertragen, um den zuvor synthetisierten Vorläufer Pro-σ^{E} durch Spaltung zu aktivieren, so daß nun σ^{E} vorliegt.

Im nächsten Schritt der Kaskade veranlaßt σ^{E} wiederum die Transkription des Gens für σ^{K}. (Tatsächlich ist die Produktion von σ^{K} ziemlich komplex, da zunächst das Gen durch ein Rekombinationsereignis geschaffen werden muß!) Auch dieser Faktor wird in Form eines inaktiven Vorläufers (Pro-σ^{K}) synthetisiert, den eine Protease aktivert. Der aktivierte σ^{K} ersetzt sofort σ^{E} und veranlaßt die Transkription der späten Gene in der Mutterzelle. Die zeitliche Abstimmung dieser Vorgänge in den beiden Kompartimenten koordinieren weitere Signale.

Die Aktivierung von σ^{G} in der Vorspore hängt von Vorgängen in der Mutterzelle ab, und andererseits ist die Aktivität von σ^{G} Voraussetzung für ein Signal zur Aktivierung von σ^{K}, das über das Septum weitergeleitet wird.

Die Sporulation wird also von zwei Kaskaden gesteuert, in denen in jedem Kompartiment nacheinander Sigma-Faktoren aktiviert werden, die jeweils die Transkription eines bestimmten Gensatzes veranlassen. Die beiden Kaskaden sind über die Weitergabe von Signalen von einem Kompartiment zum anderen miteinander verbunden. Wenn neue Sigma-Faktoren aktiv werden, werden alte Faktoren verdrängt, so daß die Auswechselungen der Sigma-Faktoren sowohl das An- als auch das Abschalten von Genen bewirkt. Der Einbau des jeweiligen Faktors bestimmt, wann der zugehörige Satz von Genen exprimiert wird. Die zur Verfügung stehende Menge des Faktors beeinflußt die Expressionsstärke. Vermutlich sind immer mehrere Sigma-Faktoren gleichzeitig aktiv, deren Spezifitäten auch überlappen können. Wie die einzelnen Sigma-Faktoren an die Stelle ihrer Vorgänger treten, ist nicht bekannt.

11.8 Die bakterielle RNA-Polymerase hat zwei Möglichkeiten der Termination

Sobald die RNA-Polymerase mit der Transkription begonnen hat, wandert sie entlang der Matrize und synthetisiert RNA, bis sie auf eine **Terminatorsequenz** (*t*) trifft. An dieser Stelle hört das Enzym auf, Nucleotide an die wachsende RNA-Kette anzufügen, gibt das fertige Produkt frei und löst sich von der DNA-Matrize. (In welcher Reihenfolge die letzten beiden Schritte erfolgen, ist unbekannt.) Für die Termination müssen alle Wasserstoffbrücken, die das RNA:DNA-Hybrid zusammenhalten, aufgebrochen werden. Anschließend bildet sich wieder die DNA-Doppelhelix.

Festzustellen, wo genau die Termination bei einem in einer lebenden Zelle hergestellten RNA-Molekül stattgefunden hat, ist schwierig. Es besteht immer die Möglichkeit, daß das 3′-Ende des Moleküls durch *Spaltung* des Primärtranskripts erzeugt wurde und also nicht die Stelle repräsentiert, an der die RNA-Polymerase tatsächlich die Synthese beendet hat. Leider erkennt man nicht, ob das 3′-Ende durch Spaltung oder Termination entstanden ist, denn es gibt keinen Marker wie am 5′-Ende, wo sich das zuerst eingebaute Nucleotid durch eine Triphosphatgruppe unterscheidet.

Am besten lassen sich die Terminationsstellen mit Hilfe von *in vitro*-Systemen identifizieren. Da die Terminationsreaktion stark von Parametern wie der Ionenstärke abhängt, beweisen die *in vitro*-Ergebnisse nicht, daß das Enzym *in vivo* dieselbe Terminationsstelle benutzt. Wenn jedoch die *in vitro* und *in vivo* erzeugten Enden übereinstimmen, kann man das authentische 3′-Ende identifizieren.

Terminatoren in Bakterien und Bakteriophagen sind solche Sequenzen, die für die Terminationsreaktion (*in vitro* und *in vivo*) erforderlich sind. Sie unterscheiden sich sowohl in der Terminationseffizienz als auch – zumindest *in vitro* – in ihrer Abhängigkeit von Zusatzfaktoren. Bei vielen Terminatoren muß sich eine Haarnadelschleife als Sekundärstruktur in der transkribierten RNA bilden. *Dies ist ein Hinweis darauf, daß die Termination vom RNA-Produkt abhängt und nicht einfach nur durch Prüfung der DNA-Sequenz während der Transkription bestimmt wird.*

An einigen Terminatoren können spezifische Zusatzfaktoren, die mit der RNA-Polymerase interagieren, den Terminationsvorgang *verhindern*. Die **Antitermination** veranlaßt das Enzym dazu, die Transkription über die Terminationssequenz hinaus fortzusetzen. Diesen Vorgang bezeichnet man (wie bei der Translation die Suppression eines Terminationscodons; Abschnitt 9.6) als **Überlesen** (*readthrough*).

Man darf den Terminationsvorgang nicht einfach als einen Mechanismus zur Erzeugung des 3′-Endes des RNA-Moleküls ansehen, sondern als eine Gelegenheit zur Kontrolle der Genexpression. Sowohl die Anlagerung der RNA-Polymerase an DNA (Inititation) als auch ihre Ablösung (Termination) unterliegen einer spezifischen Kontrolle. Es gibt interessante Parallelen zwischen beiden Vorgängen. In beiden Fällen müssen Wasserstoffbrücken gelöst werden (für das initiale Aufschmelzen der DNA bei der Initiation und für die Ablösung der RNA von der DNA bei der Termination) und beide Male sind zusätzliche Proteine nötig, die mit dem Core-Enzym interagieren. In der Tat bewerkstelligen alternative Formen der RNA-Polymerase diese Vorgänge. Während jedoch die Initiation ausschließlich auf der Wechselwirkung zwischen Polymerase und DNA-Doppelhelix abhängt, erkennen die RNA-Polymerase oder Hilfsfaktoren bei der Termination Signale im Transkript.

Die Sequenzen an prokaryotischen Terminatoren haben jenseits der Stelle, an der die letzte Base an die RNA gehängt wird, keine Ähnlichkeit miteinander. Für die Termination sind *die bereits transkribierten Sequenzen* verantwortlich. Die Termination beruht also auf der Prüfung der derzeit transkribierten Matrize oder des gerade synthetisierten Produkts.

Die Terminatoren in *E. coli* lassen sich danach einteilen, ob die RNA-Polymerase *in vitro* zusätzliche Faktoren für die Termination benötigt:

- An bestimmten Stellen kann das Core-Enzym *in vitro* die Transkription ohne Hilfe irgendwelcher anderer Faktoren beenden. Diese Stellen nennt man **intrinsische Terminatoren**.
- **Rho-abhängige Terminatoren** zeichnen sich dadurch aus, daß *in vitro* die Anwesenheit eines **Rho-Faktors** erforderlich ist. Mutationen zeigen, daß der Faktor auch *in vivo* an der Termination beteiligt ist.

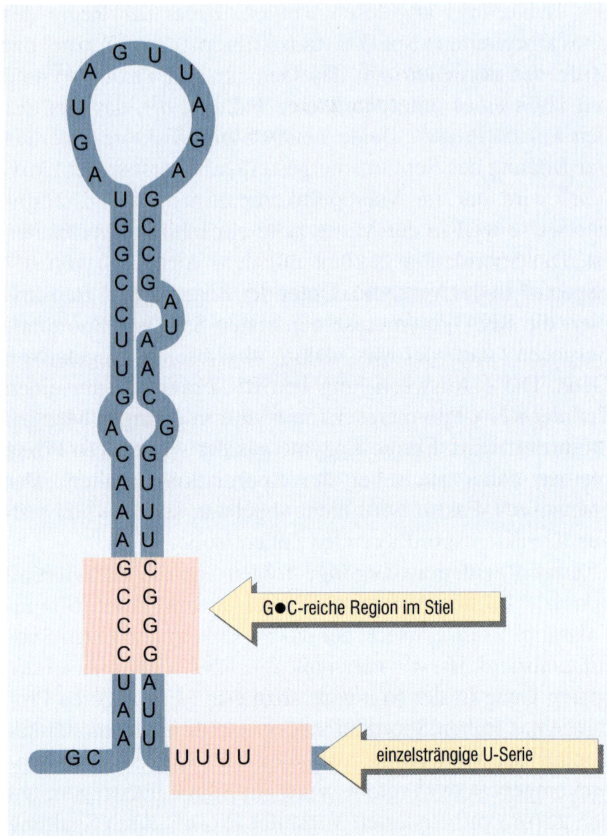

11.25 Intrinsische Terminatoren enthalten Palindrome, die eine Haarnadel mit einer Länge zwischen sieben und 20 Basen bilden. Auf die Haarnadelstruktur, deren Stiel eine G•C-reiche Region aufweist, folgt eine Serie von Uridinresten.

Intrinsische Terminatoren weisen die beiden in Abbildung 11.25 dargestellten Merkmale in der RNA auf, nämlich eine Haarnadelschleife in der Sekundärstruktur und eine Folge von etwa sechs Uridinresten am äußersten Ende des Elements. Typischerweise liegen zwischen der Haarnadelstruktur und der Uridinserie sieben bis neun Basen. Manchmal ist die Uridinsequenz unterbrochen.

Die Haarnadelstruktur entsteht durch Basenpaarungen zwischen *inverted repeats* oder umgekehrten Wiederholungssequenzen (sie bilden den Stiel), die durch eine kurze (die Schleife bildende) Strecke getrennt sind. Die Länge der Haarnadelstruktur variiert. In der Regel ist in der Nähe der Basis des Stieles eine G•C-reiche Region vorhanden.

Punktmutationen, die die Termination verhindern, finden sich im Bereich des Stieles. Wie wirkt sich eine Haarnadelstruktur auf die Transkription aus? Vermutlich bewirken Haarnadelstrukuren im RNA-Produkt immer eine Verlangsamung (oder auch ein Innehalten) der Polymerase bei der RNA-Synthese.

In solchen Pausen besteht die Gelegenheit zur Termination. Pausen finden auch an Stellen statt, die Terminatoren ähneln, bei denen aber der Abstand zwischen Haarnadel und Uridinreihe größer ist (meist zehn bis elf Basen). Ist diese Stelle jedoch kein wirklicher Terminator, so fährt das Enzym gewöhnlich wieder mit der Transkription fort. Die Pausen sind verschieden lang, an einem typischen Terminator dauern sie allerdings etwa 60 Sekunden.

Damit sich die RNA-Polymerase während des Anhaltens an einer Haarnadelstruktur von der Matrize lösen kann, muß die Serie von Uridinresten an der richtigen Position vorliegen. Die rU•dA-Basenpaarungen in dem RNA:DNA-Hybrid sind außergewöhnlich schwach, so daß für die Strangtrennung weniger Energie benötigt wird, als für jedes andere RNA:DNA-Hybrid. Wenn die Polymerase anhält, trennt sich das RNA:DNA-Hybrid von der nur schwach assoziierten terminalen rU•dA-Region her auf. Häufig findet die eigentliche Termination an einer von mehreren möglichen Positionen in der Nähe oder am Ende der Uridinserie statt, so als würde das Enzym bei der Termination „stottern".

Die Bedeutung der Uridinsequenz bestätigt sich bei der Einführung von Deletionen, die diesen Abschnitt verkürzen: Die RNA-Polymerase hält zwar an der Haarnadelstruktur noch an, beendet aber nicht die Transkription. Die Serie von Uridinresten entspricht einer A•T-reichen Region der DNA. A•T-reiche Abschnitte sind also sowohl für die intrinsische Termination als auch für die Initiation von Bedeutung.

Die Sequenz der Haarnadel einerseits und die Länge der Uridinsequenz andererseits beeinflussen die Effizienz der Termination. *In vitro* schwanken die Terminationseffizienzen allerdings zwischen zwei und 90 %, und bei intrinsischen Terminatoren gibt es keine direkte Beziehung zwischen der Terminationseffizienz und der Beschaffenheit der Haarnadel sowie der Zahl der Uridinreste. Haarnadelstruktur und Uridinreihe sind demnach notwendig, aber nicht ausreichend für die Termination. Weitere Parameter beeinflussen die Interaktion mit der Polymerase.

Anhalten und Termination sind mit der diskontinuierlichen Fortbewegungsweise (ähnlich einer Raupe, vergleiche Abbildung 11.7) der RNA-Polymerase verbunden. Möglicherweise zieht sich die Polymerase zusammen, während sie die Haltestelle transkribiert. Wenn die Polymerase wieder in die gestreckte Konformation entlassen wird, setzt sie entweder die Transkription fort oder geht in eine Haltekonformation über, von der aus sie letztlich doch die Transkription wieder aufnimmt oder die Termination durchführt.

Wenn man bestimmte Transkriptionseinheiten *in vitro* als Matrizen für die RNA-Synthese einsetzt, erfolgt keine ordentliche Termination; die Polymerase stoppt am Terminator, nimmt dann aber die RNA-Synthese wieder auf. So entdeckte man den Rho-Faktor ρ. Ist dieser Faktor im *in vitro*-System vorhanden, kann die RNA-Polymerase an bestimmten Stellen die Transkription terminieren, wobei RNA-Moleküle mit besonderen 3′-Enden entstehen. Diesen Vorgang bezeichnet man als Rho-abhängige Termination. Rho ist ein essentielles *E. coli*-Protein, gleichwohl finden sich nur relativ wenige Rho-abhängige Terminatoren im Genom von *E. coli*; die meisten der bekannten Rho-abhängigen Terminatoren kommen in Phagengenomen vor.

Die für diese Art der Termination erforderlichen Sequenzen bestehen aus 50 bis 90 Basen und liegen stromaufwärts von der Terminationsstelle. Ein gemeinsames Merkmal dieser Sequenzen ist, daß die RNA viele Cytidin- und wenige Guanidinreste enthält. Ein Beispiel zeigt Abbildung 11.26; C ist hier mit 41 % bei weitem die häufigste Base, während G mit 14 % am seltensten vorkommt. Allgemein gilt, daß die Effizienz eines Rho-abhängigen Promotors mit der Länge der C-reichen und G-armen Region steigt.

Deutlich weniger ist über die Signale und Hilfsfaktoren bekannt, die bei eukaryotischen Polymerasen an der Termination beteiligt sind. Der Mechanismus unterscheidet sich für jede Klasse von Polymerasen (Kapitel 28 und Abschnitt 30.8). Allerdings tauchen dieselben Merkmale wie bei der intrinsischen Termination in Bakterien auch bei Eukaryoten auf, bei denen ebenfalls Sekundärstrukturen und/oder Uridinsequenzen im Transkript eine Rolle spielen.

11.9 Wie wirkt der Rho-Faktor?

Der Rho-Faktor ist ausschließlich am Stadium der Termination beteiligt. Rho ist ein Protein mit einem Molekulargewicht von etwa 46 kD und vermutlich als Hexamer (275 kD) aktiv. Er wirkt als Hilfsfaktor der RNA-Polymerase. *In vitro* zeigt sich seine maximale Aktivität, wenn er in einer Konzentration vorliegt, die einem Zehntel der Konzentration der RNA-Polymerase entspricht.

Funktioniert Rho indem er DNA, RNA oder die RNA-Polymerase erkennt? Rho hat eine RNA-abhängige ATPase-Aktivität, für die eine an die 50 Basen umfassende Polyribonucleotidkette vorhanden sein muß. Dies ist ein Zeichen dafür, daß Rho an RNA bindet. Wahrscheinlich wirkt ein einzelner Rho-Faktor fortwährend auf ein einzelnes RNA-Substrat ein. Das Modell der „Verfolgungsjagd" in Abbildung 11.27 geht davon aus, daß Rho irgendwo stromaufwärts vom Terminator an eine wachsende RNA-Kette bindet. Für die Anlagerung ist vermutlich eine spezifische Sequenz oder Consensussequenz erforderlich, sie könnte aber auch einfach an einem freien 5′-Ende oder einer anderen exponierten Sequenz erfolgen. Rho bewegt sich dann entlang der mRNA.

Wie holt Rho die RNA-Polymerase ein? Eine Möglichkeit wäre, daß Rho einfach schneller am Transkript entlang wandert als die RNA-Polymerase entlang der DNA. Wenn das Enzym einen Terminator erreicht, hält es an, und die Termination findet statt, wenn Rho dort angelangt ist.

Läßt Rho das Transkript frei, indem es direkt auf die DNA:RNA-Verzweigung einwirkt oder veranlaßt es indi-

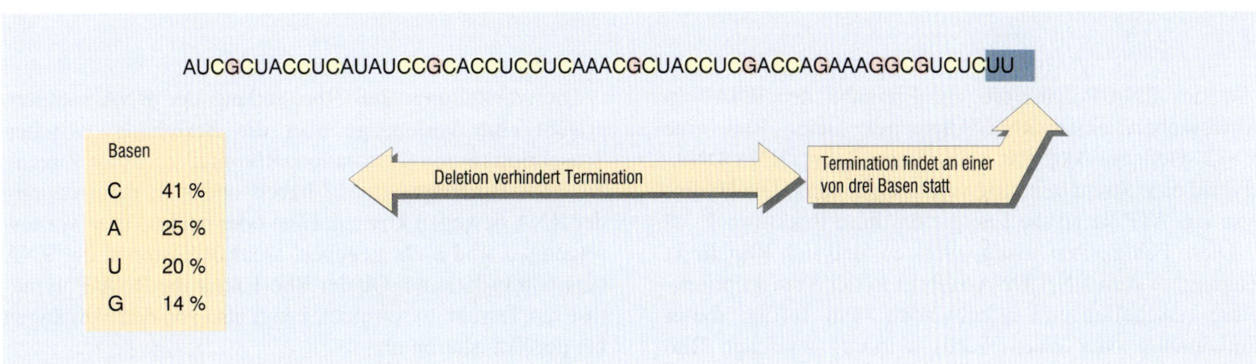

11.26 Ein Rho-abhängiger Terminator enthält vor der eigentlichen Terminationsstelle eine Sequenz mit vielen C- und wenigen G-Resten.

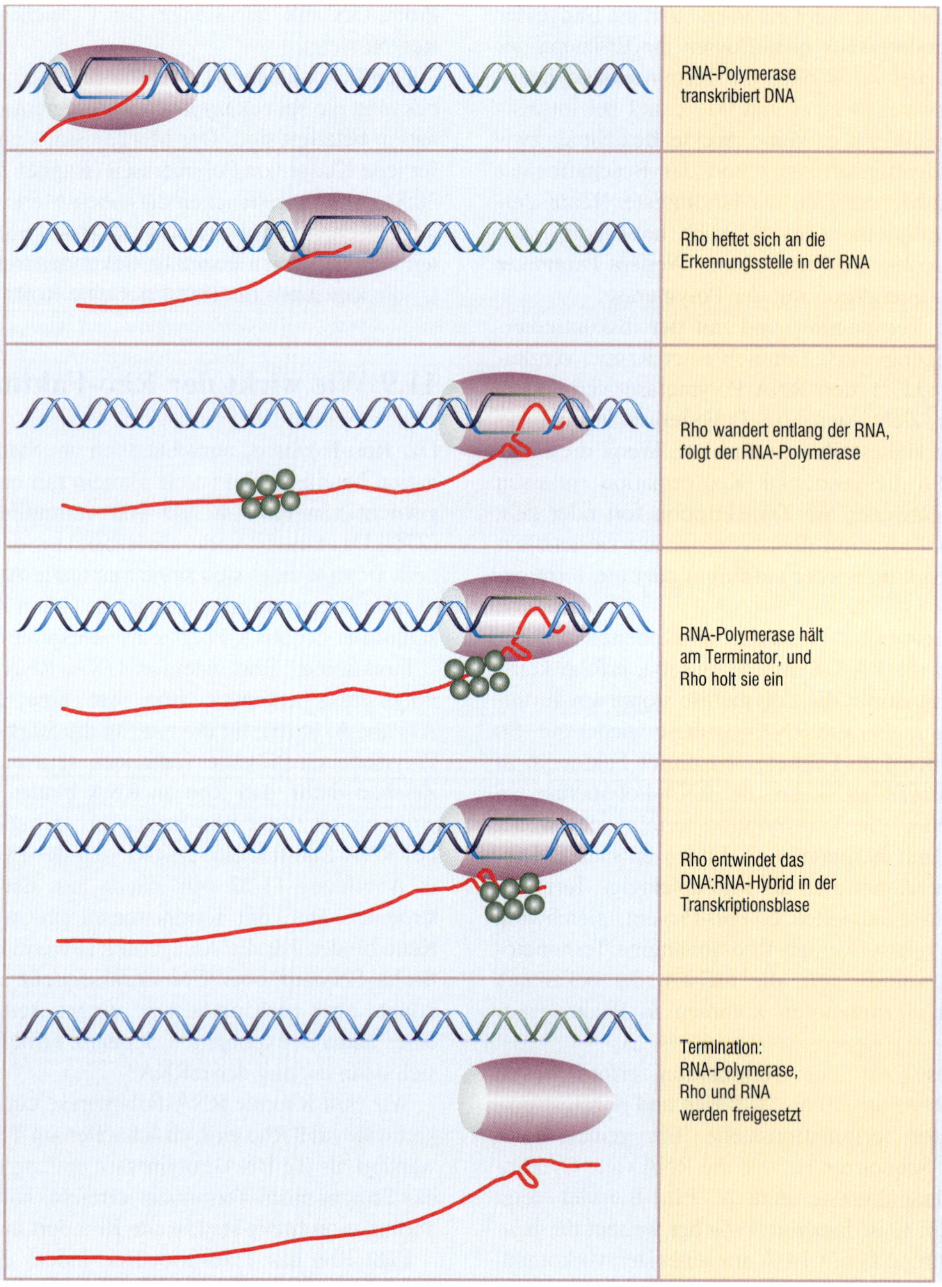

11.27 Der Rho-Faktor verfolgt die RNA-Polymerase entlang der RNA und kann die Termination bewirken, wenn er das Enzym einholt, während dieses an einem Rho-abhängigen Terminator anhält.

rekt die RNA-Polymerase zur Freigabe der RNA? In Abwesenheit einer RNA-Polymerase zeigt Rho eine 5′→3′-Helicase-Aktivität, die bei einem RNA:DNA-Hybrid eine Strangtrennung verursachen kann. Die Hydrolyse von ATP liefert die Energie für diese Reaktion.

Diese Fähigkeiten lassen vermuten, daß sich Rho direkt Zugang zu dem RNA:DNA-Hybrid in der Transkriptionsblase verschaffen und es entwinden kann. Infolge dieser Entwindung oder einer Wechselwirkung zwischen Rho und der RNA-Polymerase, wird die Termination vollendet und sowohl Rho als auch die RNA-Polymerase von den Nucleinsäuren freigesetzt.

Die Vorstellung, daß Rho entlang der RNA wandert, erlaubt eine Vorhersage über die Beziehung zwischen Transkription und Translation. Rho muß zunächst Zugang zu einer Bindungssequenz haben und sich dann entlang der RNA bewegen können. Eine oder beide dieser Voraussetzungen sind nicht gegeben, wenn Ribosomen die RNA bereits translatieren. Ob der Rho-Faktor die RNA-Polymerase am Terminator erreicht, hängt also von den Vorgängen bei der Translation ab.

Dieses Modell erklärt ein erstaunliches Phänomen. In bestimmten Fällen verhindert eine Nonsense-Mutation in einem Gen einer Transkriptionseinheit die Expression nachfolgender Gene dieser Einheit. Diesen Effekt nennt man **Polarität**. Häufig liegt die Ursache darin, daß die den nachfolgenden Teilen der Einheit entsprechende mRNA fehlt.

Angenommen es gibt Rho-abhängige Terminatoren *innerhalb* der Transkriptionseinheit, also vor dem *normalerweise* benutzten Terminator. In Abbildung 11.28 sind die Folgen dargestellt. Gewöhnlich werden diese vorangehenden Terminatoren nicht benutzt, da Ribosomen verhindern, daß Rho die RNA-Polymerase einholt. Eine Nonsense-Mutation führt jedoch zur Ablösung der Ribosomen, so daß Rho die Möglichkeit hat, sich an die mRNA zu heften und/oder an ihr entlangzuwandern, bis der Faktor schließlich am Terminator auf die RNA-Polymerase einwirken kann. Infolgedessen wird das Enzym freigesetzt und die nachfolgenden Bereiche der Transkriptionseinheit werden nicht exprimiert. (Warum sollte es interne Terminatoren geben? Vielleicht handelt es sich einfach um Sequenzen, die Rho-abhängigen Terminatoren ähneln.) Manche stabilen mRNAs mit ausgeprägter Sekundärstruktur sind vor polaren Wirkungen geschützt. Vermutlich verhindert ihre Struktur eine Anlagerung oder Bewegung von Rho.

Mutationen im *rho*-Gen unterscheiden sich stark im Hinblick auf ihre Auswirkung auf die Termination. Grundsätzlich besteht die Wirkung in einem Scheitern der Termination. Das Ausmaß des Scheiterns, gemessen an der Häufigkeit, mit der die RNA-Polymerase *in vivo* den Terminator überliest, hängt jedoch von dem jeweiligen Locus ab. Ebenso schwankt die Abhängigkeit vom Rho-Faktor *in vitro*. Bei einigen (Rho-abhängigen) Terminatoren muß Rho in relativ hoher Konzentration vorliegen, bei anderen reichen niedrigere Konzentrationen. Vermutlich brauchen verschiedene Terminatoren also verschieden hohe Rho-Faktor-Spiegel und reagieren daher unterschiedlich auf die bei Mutanten vorliegenden Restmengen von Rho (*rho*-Mutationen führen gewöhnlich nicht zum vollständigen Ausfall der Funktion).

Oft supprimieren *rho*-Mutationen die Polarität. Falls die Mutationen die Wahrscheinlichkeit verringern, mit der Rho auf einen dem Nonsense-Codon folgenden internen Terminator wirkt, läßt sich diese Beobachtung erklären. In die-

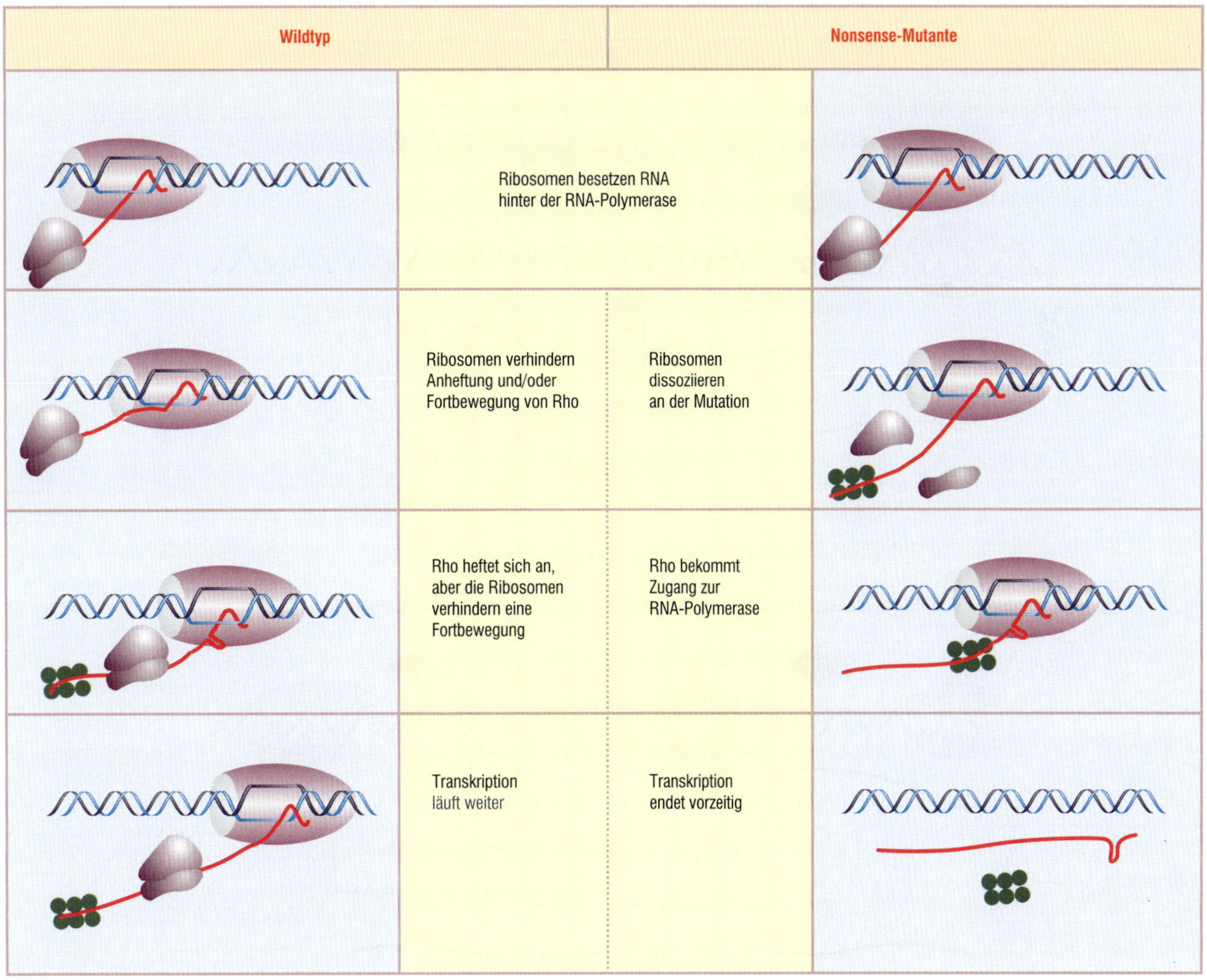

11.28 Die Wirkung des Rho-Faktors kann eine Verbindung zwischen Transkription und Translation herstellen, wenn ein Rho-abhängiger Terminator kurz hinter einer Nonsense-Mutation liegt.

sem Fall führt der Abbruch der Translation nicht gleichzeitig zur Termination der Transkription. Die mRNA-Bereiche im Anschluß an die Mutation können dann von Ribosomen, die sich weiter hinten anheften, translatiert werden.

Manche *rho*-Mutationen können durch Mutationen in anderen Genen supprimiert werden. Auf diese Weise lassen sich hervorragend Proteine identifizieren, die mit Rho interagieren. Zwei verschiedene Arten von Mutationen deuten auf die β-Untereinheit der RNA-Polymerase hin. Zum einen können Mutationen im *rpoB*-Gen die Terminationseffizienz an Rho-abhängigen Stellen verringern, zum anderen können Mutationen in *rpoB* bei Rho-mutierten Bakterien die Fähigkeit zur Termination an Rho-abhängigen Stellen wiederherstellen.

11.10 Die Antitermination hängt von spezifischen Sequenzen ab

Die Antitermination dient sowohl bei den Regelkreisen von Phagen als auch bei bakteriellen Operons als Kontrollmechanismus. Wie Abbildung 11.29 zeigt, bestimmt die Antitermination, ob die RNA-Polymerase über einen Terminator hinaus die Transkription fortführen und die nachfolgenden Gene ablesen kann. In dem abgebildeten Beispiel steuert der Antiterminationsfaktor als positiver Regulator die Expression der Region 2.

Entdeckt hat man die Antitermination bei Infektionen mit Bakteriophagen. Ein gemeinsames Kontrollmerkmal der Phageninfektion besteht darin, daß nur sehr wenige Phagengene (nämlich die „frühen" Gene) von der RNA-Polymerase des Wirtsbakteriums transkribiert werden können. Unter diesen Genen sind jedoch eines oder mehrere, deren Produkte eine regulatorische Funktion haben und die Expression des nächsten Satzes von Phagengenen ermöglichen. Solche Regulatorproteine wirken meist entweder, indem sie eine Initiation an anderen (Phagen-)Promotoren fördern, oder, indem sie die Wirtspolymerase dazu veranlassen, über Phagenterminatoren hinwegzulesen. In Abbildung 11.30 werden diese beiden Kontrollmechanismen miteinander verglichen.

Ein Mechanismus um neue Phagenpromotoren zu erkennen, ist, den Sigma-Faktor des Wirtsenzyms durch einen anderen Faktor zu ersetzen, der die Initiationsspezifität

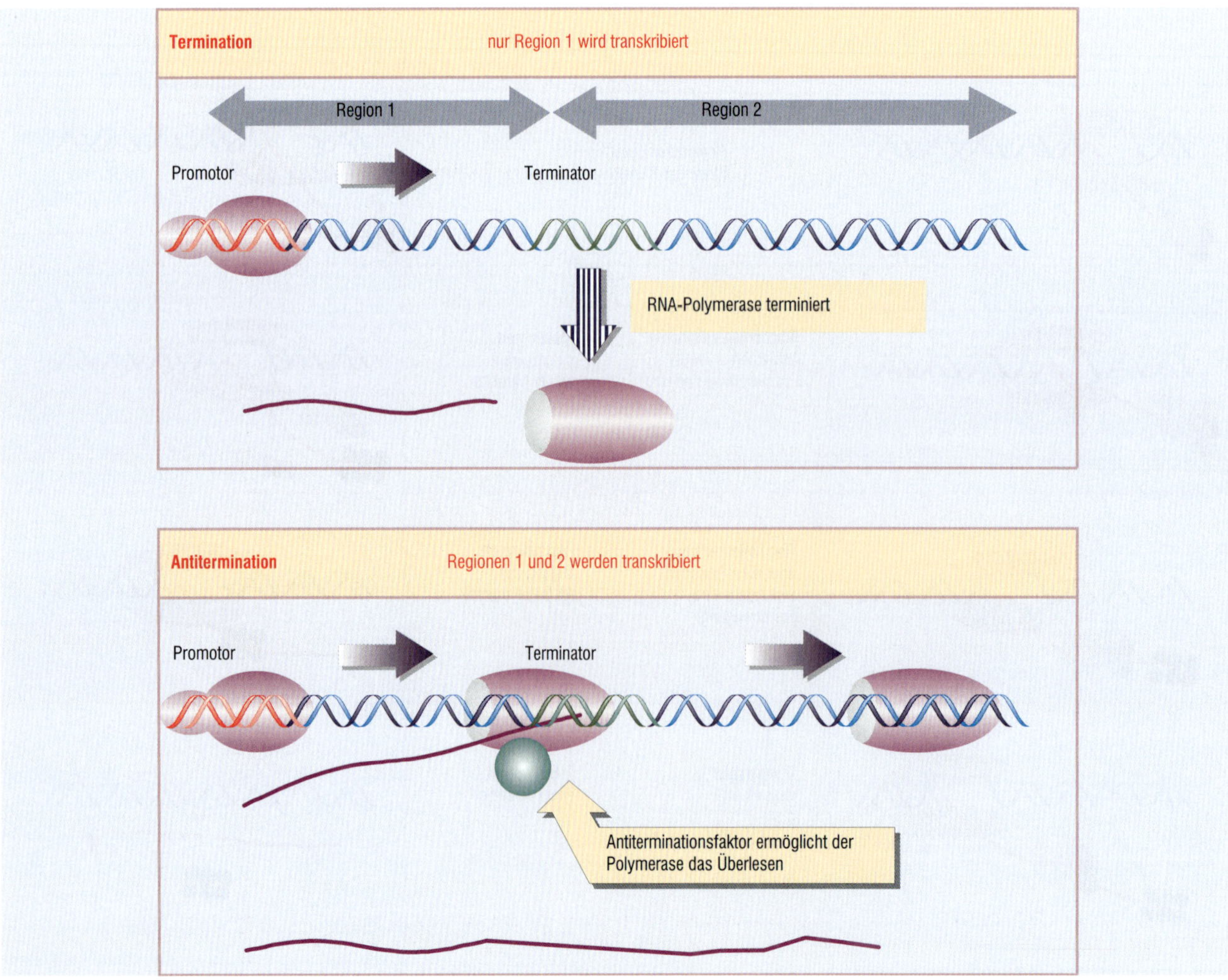

11.29 Die Antitermination dient der Kontrolle der Transkription und bestimmt, ob die RNA-Polymerase die Transkription an einem bestimmten Terminator beendet oder ihn überliest und die nachfolgenden Bereiche transkribiert.

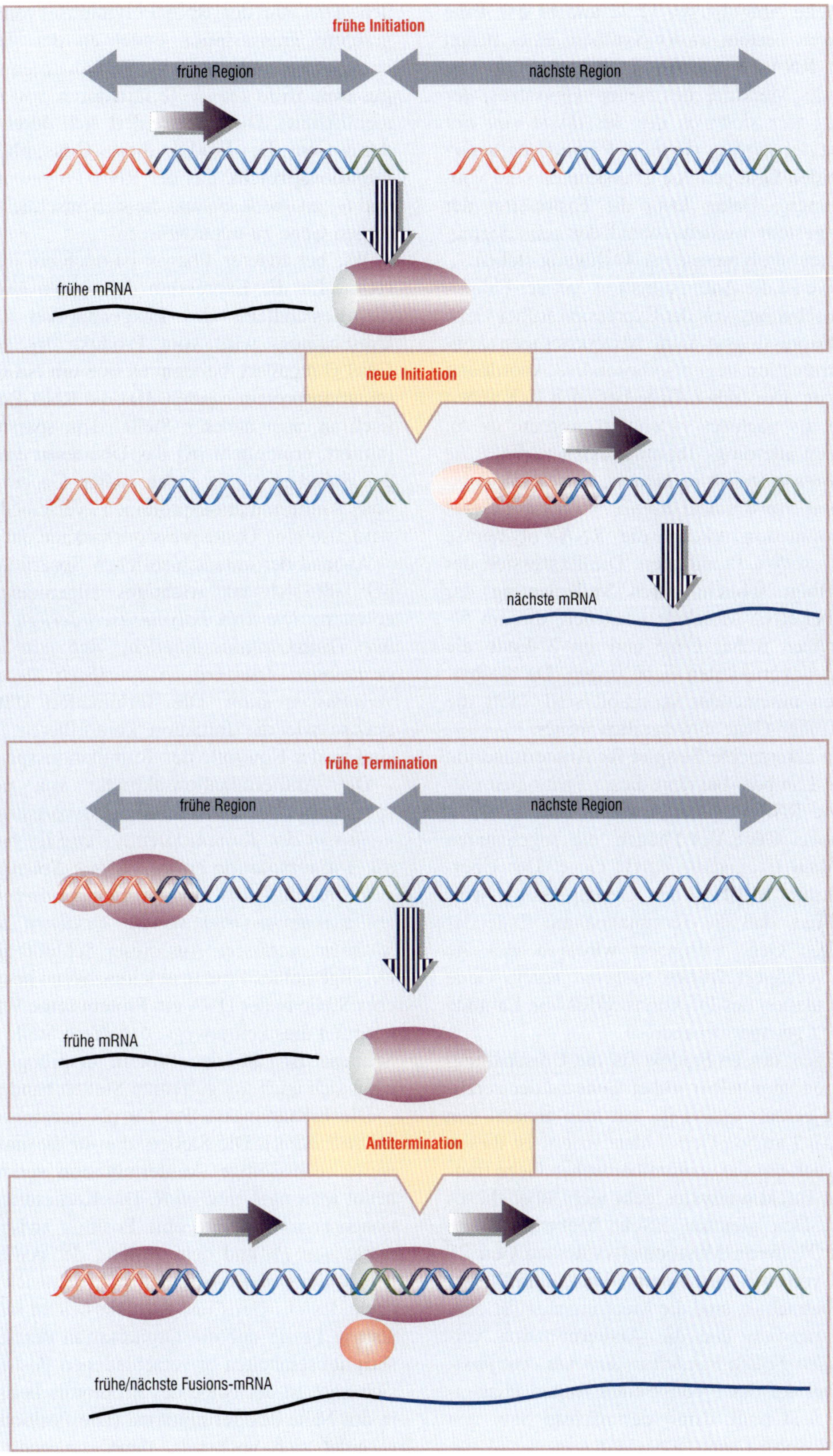

11.30 Wechsel in der Transkriptionsspezifität können durch eine Kontrolle der Initiation oder der Termination erfolgen.

umlenkt (vergleiche Abbildungen 11.22 und 11.24). Eine andere Möglichkeit besteht in der Synthese einer neuen phagencodierten RNA-Polymerase. In beiden Fällen ist das entscheidende Merkmal des neuen Gensatzes *der andere Promotor, der sich von den bis dahin von der RNA-Polymerase des Wirtes erkannten Promotoren unterscheidet*. Die beiden Gruppen von Transkripten sind voneinander unabhängig. Daher kann die Expression der frühen Gene eingestellt werden, sobald der neue Sigma-Faktor oder die neue Polymerase zur Verfügung stehen.

Eine Alternative ist die Antitermination, mit der Phagen ebenfalls die Umschaltung von der Expression früher Gene zum nächsten Expressionsstadium bewerkstelligen können. Der Antitermination liegt eine besondere Anordnung der Gene zugrunde. Die frühen Gene befinden sich neben den Genen, die als nächstes exprimiert werden sollen. Dazwischen liegen allerdings Terminatorstellen. *Wird die Termination an diesen Stellen verhindert, so liest die Polymerase weiter und transkribiert die nachfolgenden Gene.* Bei der Antitermination erkennt die RNA-Polymerase also weiterhin *dieselben* Promotoren. Die Expression der neuen Gene erfolgt schlicht durch Verlängerung der RNA-Kette, wobei RNA-Moleküle entstehen, die am 5′-Ende die Sequenzen früher Gene und am 3′-Ende die Sequenzen der neuexprimierten Gene tragen. Da die beiden Sequenzarten miteinander verknüpft sind, läuft die Expression der frühen Gene unweigerlich weiter.

Das am besten untersuchte Beispiel für Antitermination liefert der Phage Lambda, bei dem dieses Phänomen entdeckt wurde. Die RNA-Polymerase des Wirtes transkribiert zunächst zwei Gene des Phagen, die sogenannten **unmittelbar frühen** (*immediate early*) Gene. Der Übergang zum nächsten Stadium der Genexpression wird dadurch kontrolliert, daß die Termination am Ende der unmittelbar frühen Gene verhindert wird, so daß die Expression der **verzögert frühen** (*delayed early*) Gene erfolgt. (Die Regulation des Infektionszyklus von Lambda wird in Kapitel 12 genauer behandelt.)

Das Regulatorgen, dessen Produkt für die Umschaltung von der Expression unmittelbar früher Gene zu der verzögert früher Gene verantwortlich ist, hat man anhand von Mutationen als das Lambda-Gen *N* identifiziert. Ist diesen Gen mutiert, werden *nur* die unmittelbar frühen Gene transkribiert und der Infektionszyklus geht nicht über dieses Stadium hinaus. Den gleichen Effekt beobachtet man beim Phagen SPO1, wenn Mutationen in dessen Gen *28* die Produktion von σ^{28} verhindern. Vom genetischen Standpunkt aus betrachtet, sind die Mechanismen für eine neue Initiationsspezifität und die Antitermination vergleichbar. *In beiden Fällen handelt es sich um eine* ***positive Kontrolle***, bei der das Produkt eines frühen Phagengens vorhanden sein muß, damit der nächste Satz von Genen exprimiert werden kann.

Der Phage Lambda setzt die Antitermination als Kontrollmechanismus für den Übergang aus dem frühen Stadium ein, wie die Abbildung 11.31 zeigt. Die unmittelbar frühen Gene sind in zwei Transkriptionseinheiten angeordnet, die von den Promotoren P_L und P_R aus abgelesen werden. Die von der RNA-Polymerase von *E. coli* durchgeführte Transkription endet an den Terminatoren t_{L1} beziehungsweise t_{R1}. Beide Terminatoren sind Rho-abhängig (mit Hilfe dieser Terminatoren wurde Rho erstmals identifiziert). Die Lage ändert sich durch die Expression des *N*-Gens. Das Produkt dieses Gens, pN, ist ein **Antiterminationsprotein**, das der RNA-Polymerase gestattet, t_{L1} und t_{R1} zu überlesen und die sich anschließenden verzögert frühen Gene zu transkribieren.

Wie bei anderen Phagen ist noch ein weiterer Kontrollschritt für die Expression der späten Gene erforderlich, die Bestandteile der Phagenpartikel codieren. Diese Umschaltung wird vom Produkt des verspätet frühen Gens *Q* reguliert, bei dem es sich um ein weiteres Antiterminationsprotein handelt. Hat die RNA-Polymerase spezifisch an einer anderen Stelle, dem späten Promotor $P_{R'}$, initiiert, ermöglicht pQ das Überlesen eines Terminators, der zwischen $P_{R'}$ und den späten Genen liegt. Mit Hilfe von Antiterminationsproteinen verschiedener Spezifität wird also eine Genexpressionskaskade aufgebaut.

Anhand der unterschiedlichen Spezifitäten von pN und pQ läßt sich ein wichtiges allgemeingültiges Prinzip erläutern: *Die RNA-Polymerase interagiert in einer Weise mit Transkriptionseinheiten, daß ein Hilfsfaktor bei bestimmten Transkripten spezifisch die Antitermination veranlassen kann.* Die Termination läßt sich genauso präzise wie die Initiation kontrollieren. Welche Stellen sind an der Kontrolle der Terminationsspezifität beteiligt?

Die Antiterminationsaktivität von pN ist äußerst spezifisch, *der Antiterminationsvorgang wird jedoch nicht von den Terminatoren t_{L1} und t_{R1} bestimmt; die für die Antitermination erforderlichen Erkennungsstellen liegen stromaufwärts der Transkriptionseinheiten, also an völlig anderen Orten als die, an denen der Vorgang tatsächlich stattfindet.* Aus dieser Schlußfolgerung läßt sich ein allgemeines Prinzip ableiten. Wenn bekannt ist, an welcher Stelle in der DNA ein Protein seine Wirkung entfaltet, bedeutet dies keineswegs, daß diese Stelle auch die DNA-Sequenz ist, die das Protein ursprünglich erkennt. Es kann sich auch um getrennte Stellen handeln.

Die Erkennungsstellen für pN bezeichnet man mit *nut* (*N utilization*). Die Stellen, die für die links- beziehungsweise rechtsseitige Antitermination verantwortlich sind, nennt man *nutL* und *nutR*. Die Kartierung von *nut*-Mutationen ergab für *nutL* eine Position zwischen dem Startpunkt von P_L und dem Anfang der codierenden Region des *N*-Gens. *nutR* befindet sich demnach zwischen dem Ende des *cro*-Gens und t_{L1}. Die beiden *nut*-Stellen liegen also in bezug auf die Organisation der jeweiligen Transkriptionseinheiten in verschiedenen Positionen. Während sich *nutL* in der Nähe des Promotors befindet, liegt *nutR* in der Nähe des Terminators. (Die Position von *qut* unterscheidet sich nochmals, denn *qut* geht dem Promotor voran.)

Was passiert bei der Antitermination? Wenn pN die *nut*-Stelle erkennt, muß es auf die RNA-Polymerase einwirken, um sicherzustellen, daß diese nicht mehr auf den Terminator reagiert. Die variable Lage der *nut*-Stellen zeigt, daß

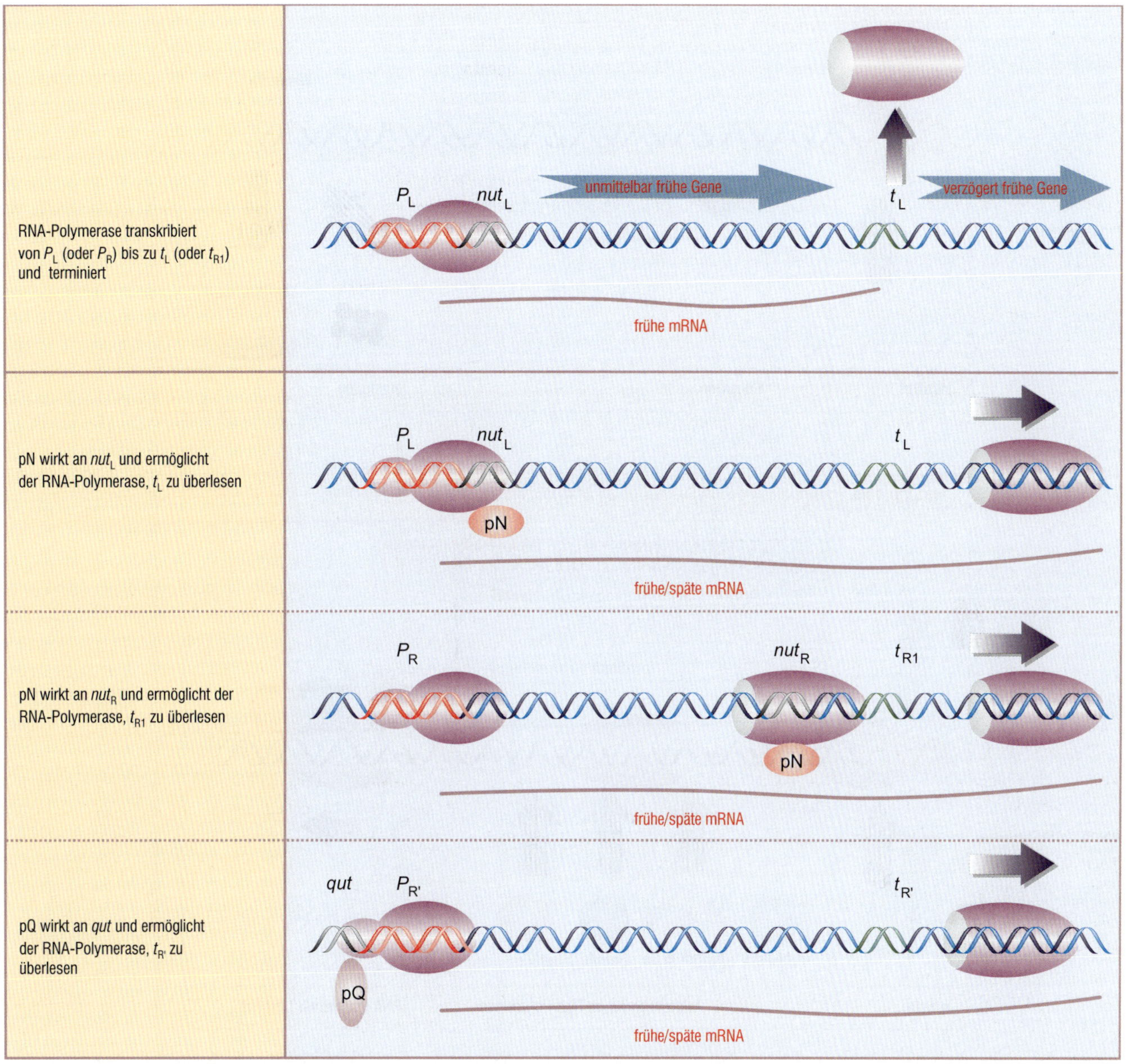

11.31 Die RNA-Polymerase des Wirtes transkribiert Lambda-Gene und stoppt an Terminatorstellen (*t*). pN gestattet der Polymerase über die Terminatoren in den Transkriptionseinheiten L und R1 hinwegzulesen; pQ erlaubt ein Überlesen des R'-Terminators. Die Stellen, an denen pN wirkt (*nut*), und die, an der pQ wirkt (*qut*), liegen in bezug auf die jeweiligen Transkriptionseinheiten an verschiedenen Positionen.

dieser Vorgang weder mit der Initiation noch mit der Termination verknüpft ist, sondern stattfindet, während die RNA-Polymerase die RNA-Kette über die *nut*-Stelle hinweg verlängert. Wie Abbildung 11.32 zeigt, setzt die Polymerase daraufhin blindlings die Transkription fort, ohne auf das Signal des Terminators zu achten. (In diesem Fall geht es um die Antitermination an Rho-abhängigen Terminatoren, pN wirkt aber auch an intrinsischen Terminatoren.)

Spiegelt die Fähigkeit von pN, kurze Sequenzen innerhalb der Transkriptionseinheit zu erkennen, einen häufiger benutzten Mechanismus der Antitermination wider? Andere, mit Lambda verwandte Phagen haben andere *N*-Gene und unterscheiden sich in der Antiterminationsspezifität. Bei jedem dieser Phagen hat der Genomabschnitt, in dem die *nut*-Stellen liegen, eine andere Sequenz. Daher muß jeder dieser Phagen eigene charakteristische *nut*-Stellen aufweisen, die spezifisch von dem jeweiligen pN erkannt werden. All diese pN-Proteinen besitzen die Fähigkeit, mit dem Transkriptionsapparat zu interagieren und eine Antitermination zu bewirken, sie unterscheiden sich jedoch in der Spezifität für die DNA-Sequenz, die den Vorgang auslöst.

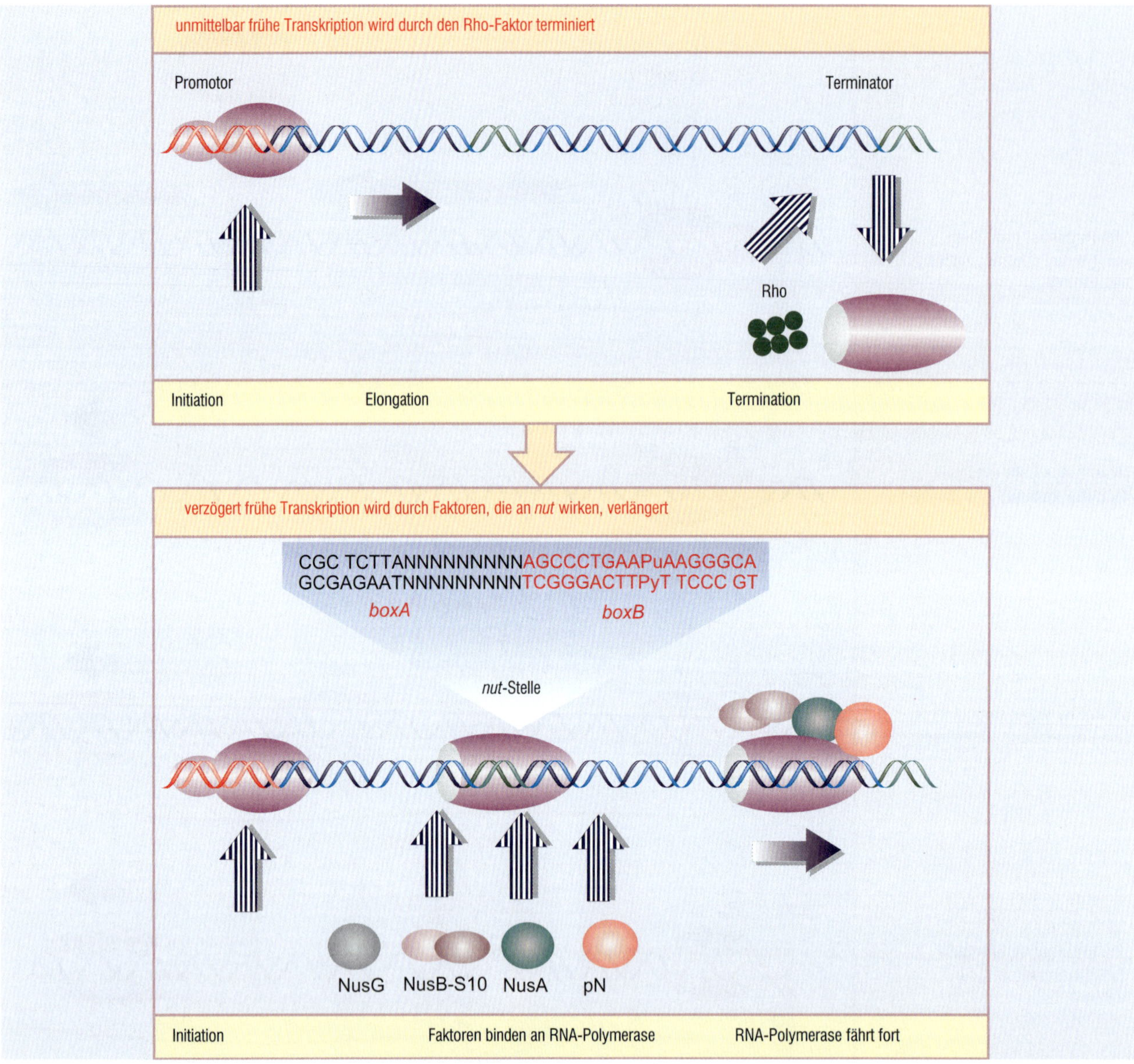

11.32 Wenn die RNA-Polymerase an bestimmte Stellen gelangt, binden Hilfsfaktoren an das Enzym. Die *nut*-Stelle besteht aus zwei Sequenzen. Wenn das Core-Enzym die *boxA* erreicht hat, schließt sich NusB-S10 der Polymerase an. NusA und pN binden, wenn die Polymerase an der *boxB* ankommt. In Gegenwart von pN kann das Enzym den Terminator überlesen, so daß eine aus unmittelbar frühen und verzögert frühen Sequenzen zusammengesetzte mRNA entsteht.

11.11 Weitere Untereinheiten für die RNA-Polymerase

Termination und Antitermination sind eng miteinander verbunden. In beiden Fällen interagieren Bakterien- beziehungsweise Phagenproteine mit der RNA-Polymerase als Reaktion auf Sequenzen in bestimmten Transkriptionseinheiten. Die *nut*-Stellen von Lambda bestehen aus zwei Sequenzelementen, *boxA* und *boxB* (Abbildung 11.32). *BoxA*-ähnliche Sequenzelemente finden sich auch in Bakterienoperons. An *boxA* binden Bakterienproteine, die sowohl bei Phagen- als auch bei Bakterienoperons für die Antitermination erforderlich sind. *BoxB* kommt nur im Phagengenom vor; wenn dieses Element mutiert ist, kann pN keine Antitermination bewirken.

Die Entdeckung der Antitermination als Kontrollmechanismus bei Phagen hat zur Identifizierung weiterer Bestandteile des Transkriptionsapparats geführt. Die Bakterienproteine, mit denen pN interagiert, lassen sich mit Hilfe von Mutanten auffinden, in denen pN nicht wirken kann. In diesen Bakterienmutanten kann sich Lambda nicht erfolgreich vermehren, da nur die unmittelbar frühen Gene exprimiert werden. Mehrere dieser Mutationen kartieren im *rpoB*-Gen. Dieser Befund spricht dafür, daß pN (ebenso wie der Rho-Faktor) mit der β-Untereinheit des Core-Enzyms in Wechselwirkung tritt.

Anhand von anderen Mutationen in *E. coli*, welche die Wirkung von pN verhindern, hat man die *nus*-Loci, *nusA*, *nusB*, *nusE* und *nusG*, identifiziert. (Die Abkürzung *nus* steht für *N utilization substance*.) Die von den *nus*-Genen codierten Proteine sind Bestandteile des Transkriptionapparats, können aber nicht zusammen mit der gewöhnlichen Form der RNA-Polymerase isoliert werden. Die Funktion von *nusA*, *nusB* und *nusG* ist auf die Termination der Transkription beschränkt. *NusE* codiert das ribosomale Protein S10; wie dessen Position in der 30S-Untereinheit mit seiner Rolle für die Termination zusammenhängt, ist nicht bekannt. NusA ist ein verbreiteter Transkriptionsfaktor, der die Effizienz der Termination erhöht, vermutlich indem er die Neigung der RNA-Polymerase verstärkt, an Terminatoren (und auch an anderen Sekundärstrukturen, siehe unten) zu verweilen. NusB und S10 bilden ein Dimer, das spezifisch an RNA-Moleküle mit einer *boxA*-Sequenz bindet. NusG dürfte ganz allgemein daran beteiligt sein, alle Nus-Faktoren zu einem Komplex mit der RNA-Polymerase zusammenzustellen. Ein Unterschied bei den Voraussetzungen für die Nus-Wirkungen besteht darin, daß NusA an intrinsischen Terminatoren ausreicht, damit pN die Termination verhindern kann, während an Rho-abhängigen Terminatoren alle vier Nus-Funktionen erforderlich sind.

Antitermination kommt in den *rrn*-Operons von *E. coli* vor, wobei dieselben *nus*-Funktionen beteiligt sind. Die Leader-Regionen der *rrn*-Operons enthalten *boxA*-Sequenzen. NusB-S10-Dimere erkennen diese Sequenzen und binden an die RNA-Polymerase, wenn diese die *boxA* transkribiert hat. Dadurch verändern sich die Eigenschaften der RNA-Polymerase so, daß sie nun Rho-abhängige Terminatoren innerhalb der Transkriptionseinheit überliest.

An die *boxA*-Sequenz in der Lambda-RNA bindet NusB-S10 nicht. Dies liegt vermutlich an der Gegenwart von NusA und pN. Die *boxB*-Sequenz könnte für die Stabilisierung der Reaktion erforderlich sein. Unterschiede in *boxA*-Sequenzen dürften also bestimmen, welcher Satz von Faktoren jeweils für die Antitermination erforderlich ist. Die Folgen sind jedoch die gleichen: Wenn die RNA-Polymerase die *nut*-Stelle erreicht, wird sie durch hinzukommende Faktoren modifiziert und beendet daraufhin nicht mehr die Transkription an nachfolgenden Terminatoren.

NusA bindet an die Core-Polymerase, nicht aber an das Holoenzym. Wenn ein Sigma-Faktor zu einem $\alpha_2\beta\beta'$NusA-Komplex zugefügt wird, verdrängt er das NusA-Protein, so daß wieder das $\alpha_2\beta\beta'\sigma$-Holoenzym vorliegt. Vermutlich durchläuft die RNA-Polymerase also den in Abbildung 11.33 dargestellten Zyklus, in dem sie entweder als initiationsbereites ($\alpha_2\beta\beta'\sigma$) oder als terminationsbereites ($\alpha_2\beta\beta'$NusA) Enzym vorliegt. Bindet das Holoenzym ($\alpha_2\beta\beta'\sigma$) an einen Promotor, wird der Sigma-Faktor freigesetzt. Übrig bleibt das Core-Enzym ($\alpha_2\beta\beta'$), das die RNA-Synthese fortsetzt. Anschließend erkennt und bindet ein NusA-Protein das Core-Enzym, so daß der $\alpha_2\beta\beta'$NusA-Komplex entsteht. Solange die $\alpha_2\beta\beta'$NusA-Polymerase an DNA gebunden vorliegt, können die Nus-Komponenten nicht verdrängt werden. Im Zuge der Termination wird das Enzym jedoch in einem Zustand freigesetzt, in dem die Nus-Faktoren entweder abgelöst oder durch den Sigma-Faktor ersetzt werden.

Das Core-Enzym verbindet sich also abwechselnd mit dem Sigma-Faktor für die Initiation und dem Nus-Faktor für die Termination. Sigma- und Nus-Faktoren schließen sich gegenseitig bei der Assoziation mit dem Core-Enzym aus. Es gibt keinen Grund, eines dieser Proteine eher als Bestandteil des Enzyms zu rechnen als das andere; man kann sie als alternative Untereinheiten betrachten. Das Core-Enzym stellt also die Minimalform der RNA-Polymerase dar, die in der Lage ist die grundlegende Reaktion der RNA-Synthese auszuführen, der jedoch die nötigen Untereinheiten für andere Funktionen fehlen. Was zur RNA-Polymerase und was zum größeren Transkriptionsapparat gehört, ist eine strittige Frage.

Für die Antitermination muß pN an die RNA-Polymerase binden; dieser Vorgang hängt von der Sequenz der Transkriptionseinheit ab. Erkennt pN die *boxB*-Sequenz in der DNA oder im RNA-Transkript? pN bindet weder direkt an die eine noch an die andere Form der Sequenz, sondern heftet sich an einen Transkriptionskomplex, wenn das Core-Enzym an die *boxB* gelangt. Vermutlich erkennt pN die *boxB* in der RNA-Sequenz, muß aber Kontakt zu anderen Proteinen aufnehmen, um binden zu können. Nachdem sich pN zum Transkriptionskomplex gesellt hat, bleibt es mit dem Core-Enzym assoziiert und wird quasi zu einer zusätzlichen Untereinheit, welche die Erkennung von Terminatoren beeinflußt. Möglicherweise bleibt pN sogar gleichzeitig an die *boxB*-RNA-Sequenz und die RNA-Polymerase gebunden, so daß sich eine Schleife in der RNA bildet. Die *boxB*-RNA hätte demnach auch die Aufgabe, pN in der Nähe zu halten und dadurch seine lokale Konzentration zu erhöhen.

Nus ist der Bestandteil des Transkriptionskomplexes, an den pN bindet. Man kennt *N*-Mutationen, welche die bei *nusA*-Mutationen vorliegende Blockade der Antitermination aufheben. Außerdem binden die Proteine *in vitro* aneinander. NusA und pN heften sich wahrscheinlich kurz nacheinander an den Transkriptionskomplex. Tatsächlich kann pN nur dann an einer *nut*-Stelle auf einen RNA-Polymerase-Komplex einwirken, wenn dieser bestimmte Wirtsproteine, einschließlich NusA, enthält.

Wie bewirkt pN die Antitermination? Möglicherweise verhindert es ein Verharren der RNA-Polymerase, so daß der Rho-Faktor keine Gelegenheit erhält, die Termination zu veranlassen. pN könnte aber auch direkt der Fähigkeit von Rho entgegenwirken, das wachsende RNA-Transkript freizusetzen. Tatsächlich hat pN eine Aktivität, die das Pausieren der RNA-Polymerase verhindert. Ob pN auch auf den Rho-Faktor einwirkt, ist nicht bekannt.

Der Faktor pQ, der zu einem späteren Zeitpunkt der Phageninfektion die Termination an *qut*-Stellen verhindert, wirkt auf eine andere Weise. Die *qut*-Sequenz liegt am Start der späten Transkriptionseinheit. Der stromaufwärts gelegene Teil von *qut* befindet sich innerhalb des Promotors, der stromabwärts gerichtete am Beginn der transkribierten Region. Die deutet darauf hin, daß die Wirkungsweise von pQ die Erkennung der DNA einschließt und

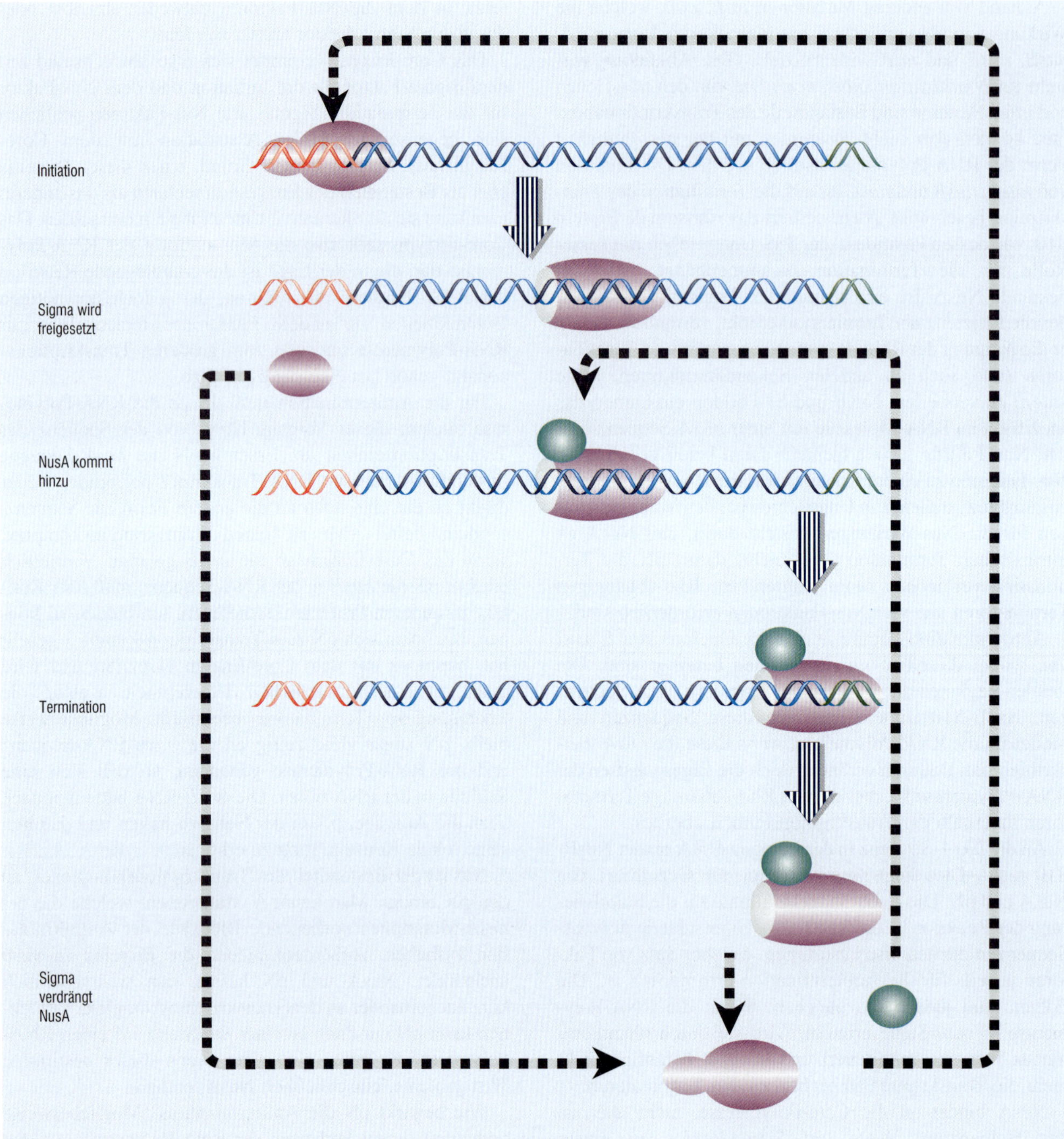

11.33 Die RNA-Polymerase dürfte abwechselnd in einem initiations- und einem terminationsbereiten Zustand vorliegen, da Sigma- und Nus-Faktoren einander bei der Bindung an das Core-Enzym abwechseln.

sich – zumindest was die initiale Bindung an den Komplex angeht – von der von pN unterscheidet.

Die Wirkung von pQ besteht darin, das Verharren der RNA-Polymerase zu stören. Sobald pQ auf die RNA-Polymerase eingewirkt hat, verweilt das Enzym kaum noch an den Terminatoren, einschließlich der Rho-abhängigen und intrinsischen Stellen. pQ wirkt also nicht direkt auf die Termination an sich, sondern ermöglicht dem Enzym, rasch über Terminatoren hinwegzugehen, und nimmt der Core-Polymerase und/oder Hilfsfaktoren daher die Gelegenheit zur Termination.

Wieso sich die Termination in verschiedenen Operons unterscheidet, ist noch nicht im Detail geklärt. Zum Beispiel ist offen, warum NusB-S10 in *rrn*-Operons die Antitermination bewirken kann, während bei Lambda pN erforderlich ist. Da die an Termination und Antitermination beteiligten Proteine als Komplexe arbeiten, welche die Eigenschaften der RNA-Polymerase modifizieren, scheinen die einzelnen Reaktionen manchmal paradox. So wurde NusA entdeckt, weil es für die von pN gesteuerte Antitermination erforderlich ist; NusA kann jedoch auch an der Terminationsreaktion beteiligt sein.

Als allgemeines Prinzip gilt, daß die RNA-Polymerase in verschiedenen Formen existiert, die bestimmte Stadien der Transkription durchführen können. Die Aktivität der Polymerase in diesen Stadien kann nur durch Modifizierung der geeigneten Form verändert werden. Der Austausch von Sigma-Faktoren wandelt also eine initiationsbereite Form in eine andere um, und die Anheftung von Nus-Faktoren kann die Eigenschaften terminationsbereiter Formen beeinflussen.

Die Spezifität der Antitermination wird durch die Sequenz bestimmt (bei Lambda *nut* oder *qut*), welche die Anlagerung des Antiterminationsfaktors ermöglicht. Daraufhin wird die Termination mehr oder weniger vollständig unterdrückt, unabhängig davon, auf was für einen Terminator das Enzym nachfolgend trifft. Es könnte allerdings resistente Terminatoren geben, an denen die RNA-Polymerase trotz des Antiterminationsfaktors die Transkription beendet.

Die Termination ist offenbar untrennbar mit der Art der Elongation verbunden. Bei der normalen Transkriptionsweise macht die Core-Polymerase viele Pausen während der Elongation; das Verharren an einem Terminator ist die Voraussetzung für die Termination. Unter dem Einfluß von Faktoren wie NusA verweilt die Polymerase länger, wodurch die Terminationseffizienz steigt. Unter dem Einfluß von pN oder pQ sind die Pausen jedoch verkürzt, so daß die Effizienz der Termination sinkt. Da nur in bestimmten Transkriptionseinheiten Erkennungsstellen für solche Faktoren vorhanden sind, werden nur in diesen Operons Verweildauer und Termination beeinflußt.

Zusammenfassung

Eine Transkriptionseinheit umfaßt die DNA zwischen einem Promotor, an dem die Transkription beginnt, und einem Terminator an dem sie endet. Ein Strang der DNA in dieser Region dient als Matrize für die Synthese eines komplementären RNA-Stranges. Während sich die Transkriptionsblase entlang der DNA bewegt, ist jeweils vorübergehend ein sehr kurzes (zwei bis drei Basenpaare) Stück RNA:DNA-Hybrid vorhanden. Das RNA-Polymerase-Holoenzym, das in Bakterien die RNA-Synthese vornimmt, läßt sich in zwei Bestandteile trennen. Das Core-Enzym ist ein Multimer mit der Struktur $\alpha_2\beta\beta'$ und für die Elongation der RNA-Kette verantwortlich. Der Sigma-Faktor ist eine einzelne Untereinheit und im Stadium der Initiation für die Erkennung des Promotors erforderlich.

Das Core-Enzym hat eine allgemeine Affinität zu DNA. In Verbindung mit dem Sigma-Faktor ist diese Affinität geringer, aber die Affinität zu Promotoren erhöht. Die RNA-Polymerase findet Promotoren mit höherer Geschwindigkeit, als mit Diffusion oder zufälligen Kontakten zur DNA erklärt werden kann. Der direkte Austausch von DNA-Sequenzen, an die das Enzym gebunden hat, könnte eine Rolle spielen.

Bakterienpromotoren sind durch zwei kurze konservierte Sequenzen gekennzeichnet, deren Zentren in bezug auf den Startpunkt bei –35 beziehungsweise –10 liegen. Die meisten Promotoren enthalten Sequenzen, die recht eng mit den Consensussequenzen an diesen Positionen verwandt sind. Die beiden Consensussequenzen sind durch 16 bis 18 bp voneinander getrennt. Die RNA-Polymerase „landet" zunächst an der –35-Sequenz und dehnt ihre Kontakte dann bis zur –10-Region aus. Das Enzym bedeckt etwa 77 bp der DNA. Der zuerst „geschlossene" binäre Komplex wandelt sich in einen „offenen" binären Komplex um, indem eine Sequenz von etwa zwölf Basenpaaren zwischen der –10-Region und dem Startpunkt aufgeschmolzen wird. Die A•T-reiche Zusammensetzung der –10-Sequenz dürfte für das Aufschmelzen der Stränge wichtig sein.

Durch den Einbau von Ribonucleotidvorläufern wandelt sich der binäre in einen ternären Komplex um. Mehrere Runden von abortiven Initiationen finden statt, bei denen die RNA-Polymerase RNA-Ketten aus zwei bis neun Basen synthetisiert und freisetzt, ohne sich vom Promotor zu entfernen. Am Ende des Initiationsstadiums löst sich der Sigma-Faktor ab, und das Core-Enzym zieht sich zusammen, so daß es sich nur noch über etwa 50 bp erstreckt. Dann wandert das Core-Enzym entlang der DNA und synthetisiert währenddessen RNA. Dabei ist an der Stelle, an der sich das Enzym gerade befindet, immer vorübergehend eine DNA-Region entwunden. Das Enzym verkürzt sich weiter und bedeckt noch 30–40 bp, wenn die wachsende RNA-Kette 15 bis 20 Nucleotide lang ist. In dieser Form bleibt das Enzym bis zum Ende der Transkription.

Das Enzym bewegt sich unregelmäßig, ähnlich einer Raupe, vorwärts, wobei sein hinteres Ende jeweils um ein Basenpaar vorrückt, während sein vorderes Ende an derselben Stelle bleibt; nach sieben bis acht Basenpaaren löst sich das vordere Ende von der Stelle. Das Enzym verfügt über die Fähigkeit, wenn es angehalten wird, die RNA-Kette zu spalten und neu zu beginnen. An einem Terminator werden die RNA-Polymerase und die RNA freigesetzt, und die DNA-Doppelhelix bildet sich über die gesamte Länge wieder aus.

Die „Stärke" eines Promotors beschreibt die Häufigkeit, mit der die RNA-Polymerase an diesem Promotor die Transkription initiiert. Dies hängt davon ab, wie gut die –35- und –10-Sequenzen den idealen Consensussequenzen entsprechen. Auch Sequenzen unmittelbar stromabwärts vom Startpunkt spielen dafür eine Rolle. Eine negative Überspiralisierung erhöht die Stärke mancher Promotoren. Der Transkriptionsvorgang erzeugt eine positve Überspiralisierung vor der RNA-Polymerase und läßt hinter ihr eine negative Überspiralisierung zurück.

Durch unterschiedliche Sigma-Faktoren kann das Core-Enzym so gesteuert werden, daß es Promotoren mit verschiedenen Consensussequenzen erkennt. In *E. coli* werden solche Sigma-Faktoren durch widrige Umweltbedingungen, wie Hitzeschock oder Stickstoffmangel, aktiviert. *B. subtilis* enthält hauptsächlich einen Sigma-Faktor mit derselben Spezifität wie der von *E. coli*, darüberhinaus jedoch eine Reihe unbedeutenderer Sigma-Faktoren. Zu Beginn der Sporulation wird ein anderer Satz von Faktoren aktiviert. Die Sporulation wird durch zwei Kaskaden reguliert, bei denen in der Vorspore und der Mutterzelle Sigma-Faktoren ausgetauscht werden. Einen ähnlichen Mechanismus für die Regulation der Transkription verwendet der Bakteriophage SPO1.

Die Geometrie der Erkennung zwischen RNA-Polymerase und Promotor ist bei allen Holoenzymen, unabhängig von Sigma-Faktor, ähnlich (eine Ausnahme bildet σ^{54}). Jeder Sigma-Faktor veranlaßt die RNA-Polymerase dazu, an Promotoren mit bestimmten Consensussequenzen bei −35 und −10 die Transkription zu initiieren. Für σ^{70} aus *E. coli* ist ein direkter Kontakt zwischen Sigma und der DNA an diesen Stellen nachgewiesen worden. Welcher Zusammenhang zwischen den Kontakten des Sigma-Faktors mit der DNA und denen, die Untereinheiten des Core-Enzyms mit DNA ausbilden, besteht, ist unklar. Auf welche Art und Weise ein Sigma-Faktor einen anderen ersetzen kann, ist ebenfalls eine offene Frage.

Bakterielle RNA-Polymerasen beenden die Transkription an zwei Arten von Sequenzen. Intrinsische Terminatoren bestehen aus einer G•C-reichen Haarnadelstruktur, der eine Serie von Uridinresten folgt. *In vitro* werden diese Terminatoren vom Core-Enzym allein erkannt. Rho-abhängige Terminatoren erfordern sowohl *in vitro* als auch *in vivo* die Mitwirkung des Rho-Faktors. Sie enthalten einen Abschnitt aus 50 bis 90 Nucleotiden vor der Terminationsstelle, der viele Cytidin- und wenige Guanidinreste aufweist. Der Rho-Faktor ist ein essentielles Protein, das als Hilfsfaktor bei der Termination wirkt. Rho erkennt RNA und wirkt an Stellen, an denen die RNA-Polymerase angehalten hat. Die Terminationsaktivität erfordert die Hydrolyse von ATP.

Die Nus-Faktoren erhöhen die Effizienz der Rho-abhängigen Termination und stellen die Werkzeuge für die Wirkung der Antiterminationsfaktoren dar. Das NusB-S10-Dimer erkennt die *boxA*-Sequenz in der wachsenden RNA, kurz darauf kommt NusA hinzu. NusA und der Initiationsfaktor Sigma schließen einander bei der Assoziation mit dem Core-Enzym aus.

Einige Phagen setzen die Antitermination ein, um den Fortgang von einem Stadium der Genexpression zum nächsten zu regulieren. Weniger häufig nutzen Bakterien selbst die Antitermination. Das Lambda-Gen *N* codiert ein Antiterminationsprotein (pN), das notwendig ist, damit die RNA-Polymerase über die Terminatoren an den Enden der unmittelbar frühen Gene hinweglesen kann. Ein weiteres Antiterminationsprotein, pQ, wird später im Infektionszyklus gebraucht. pN und pQ wirken auf die RNA-Polymerase, wenn diese an bestimmte Stellen (*nut* beziehungsweise *qut*) gelangt. Diese Stellen befinden sich an verschiedenen Positionen innerhalb der jeweiligen Transkriptionseinheiten. pN erkennt die mit NusA assoziierte RNA-Polymerase an der *boxB*-Sequenz. pN bindet dann an den Komplex und verhindert die Termination, wenn die Polymerase den Rho-abhängigen Terminator erreicht.

Weiterführende Literatur

Übersichtsartikel

Losick, R.; Chamberlin, M. *RNA Polymerase.* New York (Cold Spring Harbor Laboratory) 1976.

Adhya, S. L.; Gottesman, M. *Control of transcription termination.* In: *Ann. Rev. Biochem.* 47 (1978) S. 967–996.

Reznikoff, W. S. et. al. *The regulation of transcrition initiation in bacteria.* In: *Ann. Rev. Genet.* 19 (1985) S. 355–387.

Doi, R. H.; Wang, L.-F. *Multiple prokaryotic RNA polymerase sigma factors.* In: *Microbiol. Rev.* 50 (1986) S. 227–243.

Losick, R. et. al. *Genetics of endospore formation in B. subtilis.* In: *Ann. Rev. Genet.* 20 (1986) S. 625–669.

Platt, T. *Transcription termination and the regulation of gene expression.* In: *Ann. Rev. Biochem.* 55 (1986) S. 339–372.

Friedman, D. I.; Imperiale, M. J.; Adhya, S. L. *RNA 3' end formation in the control of gene expression.* In: *Ann. Rev. Genet.* 21 (1987) S. 453–488.

Yager, T. D.; von Hippel, P. H. *Transcript elongation and termination in E. coli.* In: Neidhardt, F. C. *E. coli and S. typhimurium.* Washington D. C. (American Society for Microbiology) S. 1241–1275.

Helmann, J. D.; Chamberlin, M. *Structure and function of bacterial sigma factors.* In: *Ann. Rev. Biochem.* 57 (1988) S. 839–872.

Losick, R.; Stragier, P. *Crisscross regulation of cell-type specific gene expression during development in B. subtilis.* In: *Nature* 355 (1992) S. 601–604.

Errington, J. *B. subtilis sporulation: regulation of gene expression and control of morphogenesis.* In: *Microbiol. Rev.* 57 (1993) S. 1–33.

Das, A. *Control of transcription termination by RNA-binding proteins.* In: *Ann. Rev. Biochem.* 62 (1993) S. 893–930.

Haldenwang, W. G. *The sigma factors of B. subtilis.* In: *Microbiol. Rev.* 59 (1995) S. 1–30.

Entdeckungen

Sigma-Faktoren

Travers, A. A.; Burgess, R. R. *Cyclic reuse of the RNA polymerase sigma factor.* In: *Nature* 222 (1969) S. 537–540.

Haldenwang, W. G.; Losick, R. *A novel RNA polymerase sigma factor from B. subtilis.* In: *Proc. Natl. Acad. Sci. USA* 77 (1980) S. 7000–7004.

Haldenwang, W. G.; Lang, N.; Losick, R. *A sporulation-induced sigma-like regulatory protein from B. subtilis.* In: *Cell* 23 (1981) S. 615–624.

Grossman, A. D.; Erickson, J. W.; Gross, C. A. *The htpR gene product of E. coli is a sigma factor for heat-shock promotors.* In: *Cell* 38 (1984) S. 383–390.

RNA-Polymerase

Siebenlist, U.; Simpson, R. B.; Gilbert, W. *E. coli RNA polymerase interacts homologously with two different promotors.* In: *Cell* 20 (1980) S. 269–281.

Krummel, B.; Chamberlin, M. J. *RNA chain initiation by Escherichia coli* RNA *polymerase. Structural transitions of the enzyme in early ternary complexes*. In: *Biochemistry* 28 (1989) S. 7829–7842.

Rice, G. A.; Kane, C. M. ; Chamberlin, M. *Footprinting analysis of mammalian RNA poymerase II along its transcript: an alternative view of transcription elongation*. In: *Proc. Natl. Acad. Sci. USA* 88 (1991) S. 4245–4249.

Transkription und Überspiralisierung

Wu, H.-Y. et al. *Transcription generates positively and negatively supercoiled domains in the template*. In: *Cell* 53 (1988) S. 433–440.

Termination

Roberts, J. W. *Termination factor for RNA synthesis*. In: *Nature* 224 (1969) S. 1168–1174.

Greenblatt, J.; Li, J. *Interaction of the sigma factor and the NusA gene protein of E. coli with RNA polymerase in the initiation-termination cycle of transcription*. In: *Cell* 24 (1981) S. 421–428.

12. Das Operon

Die Genexpression kann in jedem der verschiedenen Stadien kontrolliert werden, die wir grob in Transkription, Processing und Translation einteilen:

- Die Transkription wird häufig im Stadium der Initiation kontrolliert, was den Vorteil hat, daß keine Energie für die Produktion unnötiger Transkripte vergeudet wird. In der Regel findet bei der Elongation keine Kontrolle statt, dafür aber bei der Termination. Die Termination kann dazu dienen, eine Transkription über einen Terminator hinweg in die nachfolgenden Gene zu verhindern.
- Das primäre RNA-Produkt kann selbst Ziel der Regulation sein. Die Verfügbarkeit des Transkripts als Ganzes kann reguliert werden; beispielsweise kann seine Stabilität festlegen, ob es bis zur Translation erhalten bleibt. Die Fähigkeit, das Primärstranskript zu reifen Molekülen zu verarbeiten, kann Aufbau und Funktion des mRNA-Endprodukts bestimmen. In eukaryotischen Zellen bietet sich der Transport vom Nucleus ins Cytoplasma als Ziel für eine Regulation an. Dagegen steht in Bakterien eine mRNA im Prinzip gleich nach ihrer Synthese für die Translation zur Verfügung.
- Die Translation kann meist im Stadium der Initiation und der Termination reguliert werden (ebenso wie die Transkription). Die Regulation der Translation und der Transkription sind formal gesehen analog; für die Regulation der Initiation der Transkription von DNA gilt Ähnliches wie für die Translationsinitiation auf der RNA. Bei der Kontrolle der Termination geht es um die Beziehung zwischen aufeinanderfolgenden Genen beziehungsweise um die Herstellung von Varianten eines Proteins mit verschiedenen C-terminalen Regionen.

Sowohl bei Prokaryoten als auch bei Eukaryoten erfolgt die Regulation am häufigsten bei der Initiation der Transkription. Daher werden wir uns zuerst damit beschäftigen und in späteren Abschnitten dieses Kapitels auf die Kontrolle der Termination der Transkription sowie auf die Kontrolle der Translation eingehen.

Das grundlegende Konzept für die Kontrolle der Transkription in Bakterien lieferten François Jacob und Jacques Monod 1961 mit ihrem Modell für die Kontrolle der Genexpression. Sie unterschieden zwei Sorten von DNA-Sequenzen: Sequenzen, die ***trans***-wirkende Produkte codieren, und ***cis***-wirkende Sequenzen, die ausschließlich innerhalb der DNA ihre Funktion ausüben. Die Genaktivität wird durch spezifische Interaktionen von *trans*-wirkenden Produkten (meist Proteinen) mit *cis*-wirkenden Sequenzen (meist Stellen in der DNA) reguliert. Genauer gesagt:

- Ein Gen ist eine DNA-Sequenz, die ein diffundierendes Produkt codiert. Dabei kann es sich um ein Protein handeln (was bei der Mehrzahl der Gene der Fall ist) oder um eine RNA (wie bei den Genen, die tRNA und rRNA codieren). *Entscheidend ist, daß das Produkt vom Ort seiner Synthese wegdiffundiert und an einer anderen Stelle wirkt.* Jedes Genprodukt, das frei diffundieren kann, um sein Ziel zu finden, bezeichnet man als *trans*-wirkend.
- Die Bezeichnung *cis*-wirkend trifft auf jede DNA-Sequenz zu, die nicht in irgendeine andere Form umgewandelt wird, sondern ausschließlich *in situ* als DNA-Sequenz wirkt, und zwar nur auf die DNA, mit der sie physikalisch verbunden ist. (In manchen Fällen funktioniert eine *cis*-wirkende Sequenz in einem RNA- statt einem DNA-Molekül.)

Um die Bestandteile von Regelkreisen besser von den Genen, die von ihnen reguliert werden, unterscheiden zu können, verwendet man auch die Begriffe Struktur- und Regulatorgen. Ein **Strukturgen** ist einfach irgendein Gen, das ein Protein- (oder RNA-) Produkt codiert. Strukturgene repräsentieren eine enorme Vielfalt von Proteinstrukturen und -funktionen, unter anderem Strukturproteine, Enzyme mit katalytischer Aktivität und Regulatorproteine. Ein **Regulatorgen** bezeichnet ein Strukturgen, das ein Protein codiert, welches an der Regulation der Expression anderer Gene beteiligt ist.

Der Trick bei der Regulation besteht darin, daß *ein Regulatorgen ein Regulatorprotein codiert, das durch Bindung an eine oder mehrere bestimmte Stellen in der DNA die Transkription kontrolliert.* Diese Interaktion kann ein Zielgen auf positive Weise beeinflussen (also das Gen anschalten) oder auf negative Weise (das Gen abschalten). Die DNA-Stellen befinden sich gewöhnlich (jedoch nicht ausschließlich) knapp stromaufwärts von dem Zielgen.

Beispiele für *cis*-wirkende Stellen sind die Sequenzen, die Anfang und Ende einer Transkriptionseinheit markieren, also der Promotor und der Terminator. *Ein Promotor hat die Aufgabe, die Initiation der Transkription des Gens oder der Gene zu vermitteln, mit denen er auf demselben DNA-Abschnitt verbunden ist.* Ebenso kann ein Terminator nur die Transkription derjenigen Gene beenden, die vor ihm liegen. Im Grunde genommen sind Promotoren und Terminatoren *cis*-wirkende Elemente, die von derselben Sorte *trans*-wirkender Proteine, nämlich RNA-Polymerasen, erkannt werden (allerdings sind an beiden Stellen noch andere Faktoren beteiligt).

Häufig liegen weitere *cis*-wirkende Stellen neben oder inmitten des Promotors. In Bakterienpromotoren können sich eine oder mehrere solcher Stellen in unmittelbarer Nachbarschaft zum Startpunkt befinden. Ein eukaryotischer Promotor enthält oft noch mehr solcher Stellen, die über eine größere Strecke verteilt sind.

Eine altbekannte Kontrollmöglichkeit bei Bakterien ist die *negative* Regulation, bei der ein **Repressorprotein** die Expression eines Gens verhindert. Abbildung 12.1 zeigt,

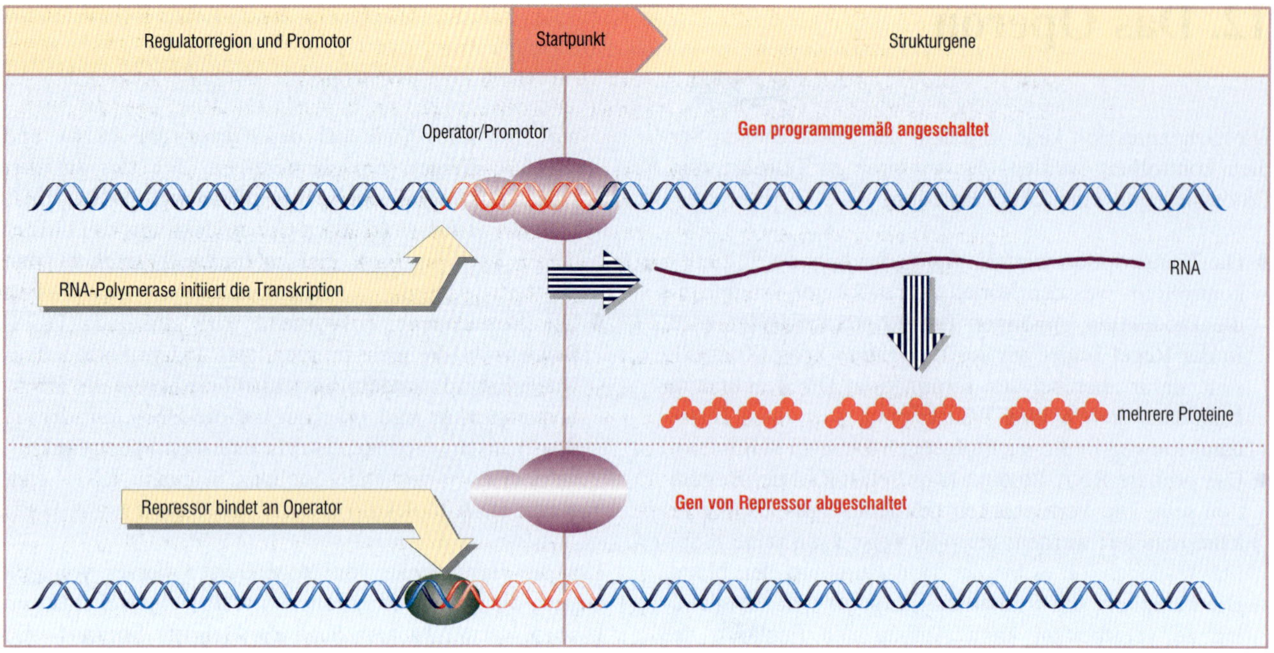

12.1 *Übersicht*: Bei der negativen Kontrolle bindet ein *trans*-wirkender Repressor an den *cis*-wirkenden Operator, um die Transkription abzuschalten. Bei Prokaryoten werden mehrere Gene koordiniert kontrolliert.

daß ein derart reguliertes Gen im „vorprogrammierten Zustand" exprimiert wird, indem die RNA-Polymerase seinen Promotor erkennt. In der Nähe des Promotors befindet sich eine weitere *cis*-wirkende Stelle, die **Operator** genannt wird und Ziel des Repressorproteins ist. Bindet der Repressor an den Operator, wird die RNA-Polymerase an der Initiation der Transkription gehindert; *die Genexpression ist daher abgeschaltet*.

Eine Alternative ist die *positive* Kontrolle. Diese kommt in Bakterien (wahrscheinlich) etwa gleich häufig vor wie die negative Kontrolle. In Eukaryoten ist sie die verbreitetste Kontrollform. Um der RNA-Polymerase bei der Initiation am Promotor zu helfen, ist ein **Transkriptionsfaktor** erforderlich. Wie Abbildung 12.2 zeigt, ist ein eukaryotisches Gen im typischen Vorprogrammierungszustand inaktiv: Die RNA-Polymerase kann die Transkription am

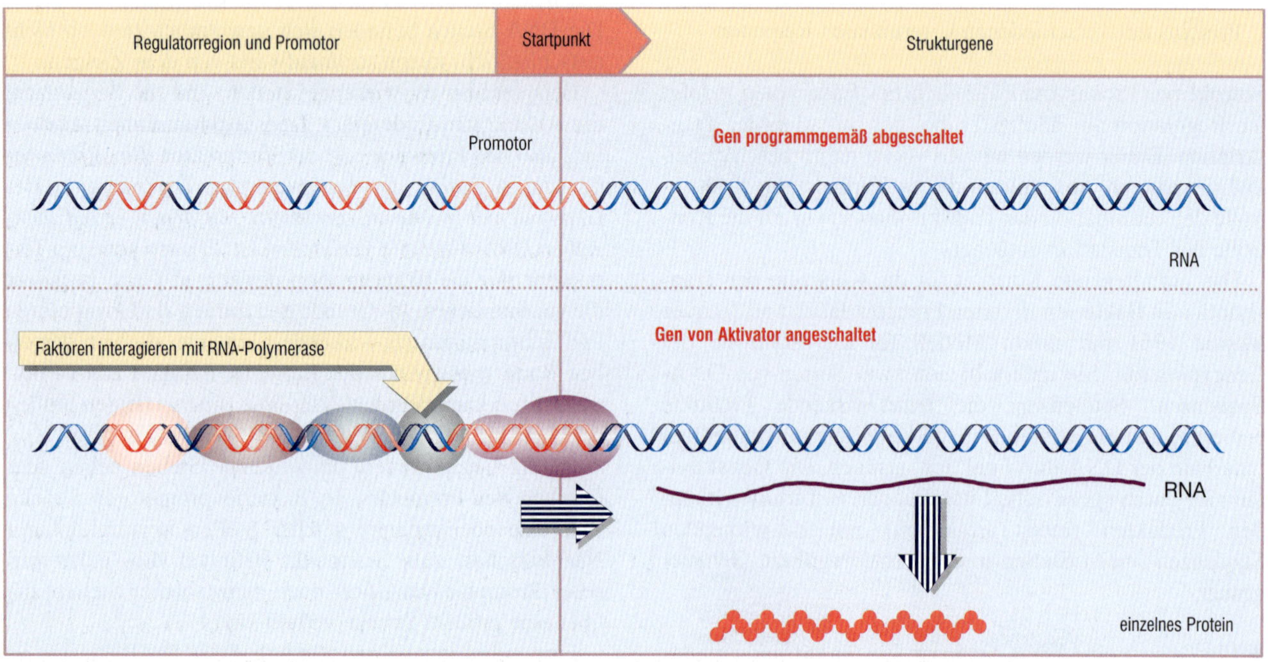

12.2 *Übersicht*: Bei der positiven Kontrolle müssen *trans*-wirkende Faktoren an *cis*-wirkende Stellen binden, damit die RNA-Polymerase die Transkription am Promotor initiieren kann. In Eukaryoten werden Strukturgene einzeln kontrolliert.

Promotor alleine nicht initiieren. Die Zielstellen mehrerer *trans*-wirkender Faktoren befinden sich in der Nähe des Promotors. Die Bindung einiger oder aller Faktoren *ermöglicht der RNA-Polymerase, die Transkription zu initiieren.*

Das gemeinsame Prinzip besteht darin, daß die Regulatorproteine *trans*-wirkende Faktoren sind, die *cis*-wirkende Elemente (meist) stromaufwärts des Gens erkennen. Als Folge dieses Erkennens werden die Gene, abhängig von der Art des jeweiligen Regulatorproteins, entweder aktiviert oder reprimiert. Typisch ist dabei, daß das Protein für seine Funktion eine sehr kurze DNA-Sequenz erkennt, meist kürzer als zehn Basenpaare, obwohl es tatsächlich über eine größere Strecke an die DNA bindet. Bakterienpromotoren sind ein Beispiel: Obwohl die RNA-Polymerase bei der Initiation mehr als 70 bp bedeckt, sind die entscheidenden Erkennungssequenzen Hexamere um die Positionen –35 und –10.

Bezüglich der Organisation der Gene fällt ein erheblicher Unterschied zwischen Prokaryoten und Eukaryoten auf. In Bakterien sind Strukturgene in Gruppen organisiert (Gencluster), während sie in Eukaryoten als einzelne Einheiten vorliegen. Die Gruppenbildung erlaubt eine koordinierte Kontrolle von Strukturgenen über Interaktionen an nur einem Promotor. Infolge dieser Interaktionen wird der gesamte Satz von Genen entweder transkribiert oder nicht. In diesem Kapitel beschäftigen wir uns mit diesem Kontrollmodus und seiner Anwendung in Bakterien. Die Verfahren, mit denen die verstreuten eukaryotischen Gene koordiniert werden, sind in Kapitel 28 dargestellt.

12.1 Strukturgencluster werden koordiniert kontrolliert

Bakterielle Strukturgene sind oft in Gruppen organisiert, die solche Gene umfassen, die Proteine mit verwandten Funktionen codieren. Beispielsweise bilden gewöhnlich alle Gene, welche die Enzyme eines Stoffwechselweges codieren, ein Cluster. Außer den tatsächlich beteiligten Enzymen können noch andere verwandte Funktionen dazugehören, z. B. die Gene für Proteine, welche die niedermolekularen Substrate in die Zelle transportieren.

Das Cluster der drei *lac*-Strukturgene *lacZYA* ist ein typisches Beispiel. Die Proteinprodukte ermöglichen der Zelle die Aufnahme und Verwertung von β-Galactosiden wie Lactose. Abbildung 12.3 gibt die Organisation der Strukturgene, der zugehörigen *cis*-wirkenden Regulatorelemente und der *trans*-wirkenden Regulatorgene wieder. Die drei Strukturgene haben folgende Aufgaben:

- *lacZ* codiert das Enzym β-Galactosidase, die in aktiver Form als Tetramer von etwa 500 kD vorliegt. Das Enzym spaltet β-Galactoside in ihre Zuckerbestandteile. Beispielsweise wird Lactose in Glucose und Galactose gespalten, welche dann weiter abgebaut werden.
- *lacY* codiert die β-Galactosid-Permease, einen membrangebundenen Proteinbestandteil (30 kD) des Transportsystems, das β-Galactoside in die Zelle einschleust.
- *lacA* codiert die β-Galactosid-Transacetylase, ein Enzym, das eine Acetylgruppe von Acetyl-CoA auf β-Galactoside überträgt.

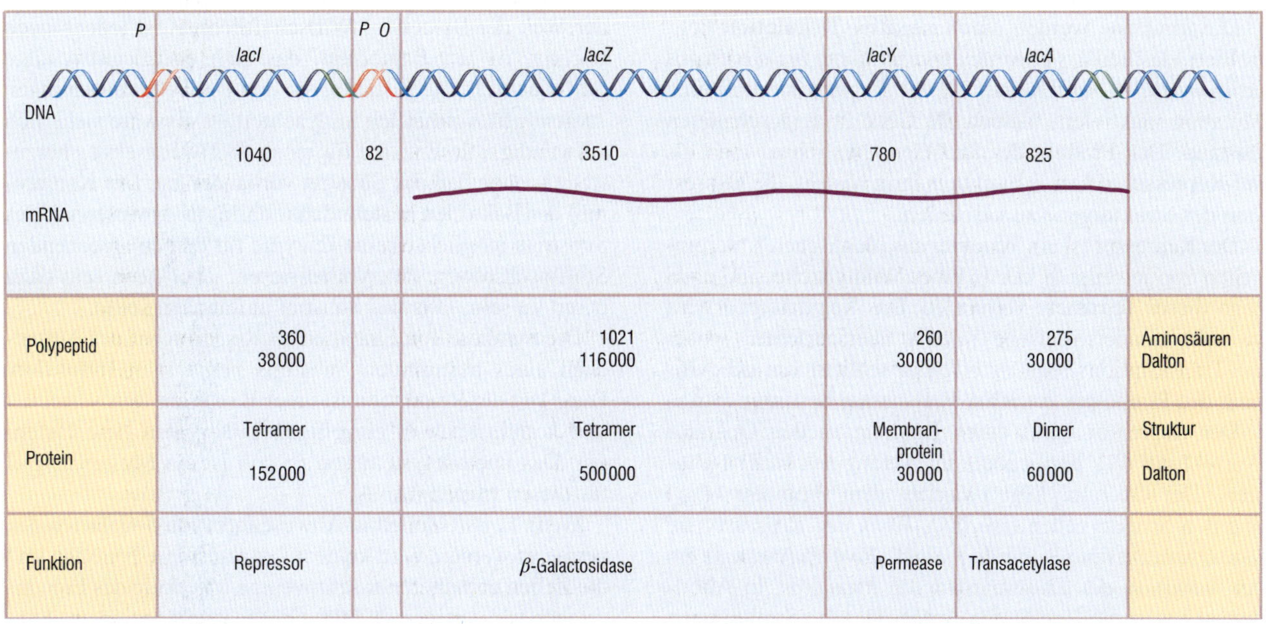

12.3 Das *lac*-Operon nimmt etwa 6 000 bp DNA ein. Das *lacI*-Gen links hat seinen eigenen Promotor und Terminator. Das Ende der *lacI*-Region grenzt an den Promotor *P*. Der Operator *O* belegt die ersten 26 bp des *lacZ*-Gens, das extrem lang ist und dem die Gene *lacY* und *lacA* sowie ein Terminator folgen.

Mutationen entweder in *lacZ* oder in *lacY* können den *lac*-Genotyp erzeugen, bei dem die Zellen keine Lactose verwerten können. (Die Genotypbezeichnung „*lac*" ohne weitere Angaben bedeutet Funktionsverlust.) Die *lacZ*-Mutationen beseitigen die Enzymaktivität und verhindern so direkt die Verwertung von Lactose. Die *lacY*-Mutanten können keine Lactose aus dem Medium aufnehmen. (Seltsamerweise läßt sich bei *lacA*-Zellen kein Defekt feststellen. Möglicherweise ist die Acetylierungsreaktion ein Vorteil, wenn die Bakterien in Gegenwart bestimmter *β*-Galactosid-Analoga wachsen, da die Modifizierung zur Entgiftung und Ausscheidung führt.)

Das gesamte System aus Strukturgenen und Elementen, die deren Expression kontrollieren, bildet eine gemeinsame Regulationseinheit, die **Operon** genannt wird. Die Aktivität des Operons wird von einem oder mehreren Regulatorgenen kontrolliert, deren Proteinprodukte mit den *cis*-wirkenden Kontrollelementen interagieren.

Anhand der Auswirkungen von Mutationen kann man zwischen Struktur- und Regulatorgenen unterscheiden. Eine Mutation in einem Strukturgen beraubt die Zelle des vom Gen codierten Proteins. Eine Mutation in einem Regulatorgen beeinflußt dagegen die Expression aller Strukturgene, die es kontrolliert. Die Auswirkungen einer Regulatorgenmutation enthüllen die Art der Regulation.

Die Transkription der *lacZYA*-Gene wird von einem Regulatorprotein kontrolliert, welches das *lacI*-Gen codiert. Zufällig liegt *lacI* neben den Strukturgenen, ist aber eine unabhängige Transkriptionseinheit mit eigenem Promotor und Terminator. Da *lacI* ein diffundierendes Produkt spezifiziert, muß es sich im Prinzip nicht in der Nähe der Strukturgene befinden; das Genprodukt kann genausogut wirken, wenn es woandershin versetzt wird oder auf einem anderen DNA-Molekül liegt (der klassische Test auf einen *trans*-wirkenden Regulator).

Die *lac*-Gene werden durch **negative Regulation** kontrolliert, das heißt, *sie werden transkribiert, bis das Regulatorprotein sie abschaltet*. Ist der Regulator durch eine Mutation inaktiviert, bleiben die Gene im angeschalteten Zustand. Das Produkt des *lacI*-Gens bezeichnet man als ***lac*-Repressor**, da seine Funktion darin besteht, die Expression der Strukturgene zu verhindern.

Der Repressor ist ein Tetramer aus identischen Untereinheiten von jeweils 38 kD. In einer Wildtypzelle sind etwa zehn dieser Tetramere vorhanden. Das Regulatorgen wird in eine monocistronische mRNA überschrieben, wobei die Transkriptionsfrequenz offenbar schlicht von der Affinität des Promotors zur RNA-Polymerase bestimmt wird.

Der Repressor wirkt durch Bindung an den Operator (korrekt mit O_{lac} bezeichnet) am Anfang des *lacZYA*-Clusters. Der Operator liegt zwischen dem Promotor (P_{lac}) und den Strukturgenen (*lacZYA*). *Wenn der Repressor an den Operator bindet, hindert er die RNA-Polymerase an der Initiation der Transkription am Promotor.* In Abbildung 12.4 ist die Region am Anfang der *lac*-Strukturgene genauer dargestellt. Der Operator erstreckt sich von der Position –5 knapp stromaufwärts des Startpunktes bis zu Position +21 innerhalb der Transkriptionseinheit. Er überlappt also mit dem rechten Ende des Promotors. Die Beziehung zwischen Repressor und RNA-Polymerase soll später genauer erläutert werden.

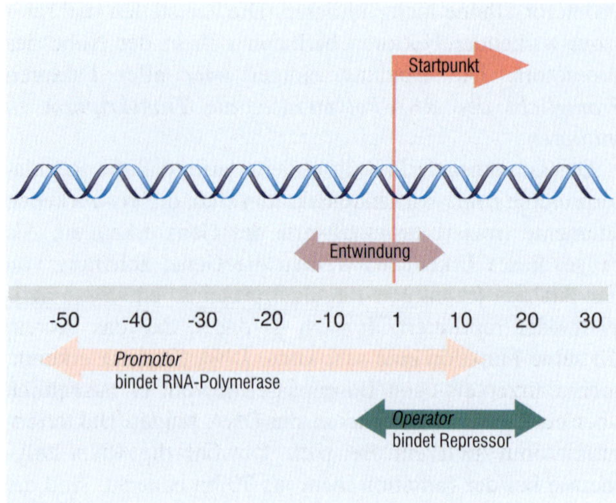

12.4 Repressor und RNA-Polymerase binden an überlappenden Stellen am Startpunkt des *lac*-Operons.

12.2 Der Repressor wird durch einen niedermolekularen Induktor kontrolliert

Bakterien müssen schnell auf Veränderungen in ihrer Umgebung reagieren. Jederzeit können unberechenbare Schwankungen in der Nährstoffversorgung vorkommen. Das Überleben hängt daher von der Fähigkeit ab, sich schnell von der Verwertung eines Substrats auf die eines anderen umzustellen. Flexibilität ist daher eine Tugend in der Welt der Bakterien. Wirtschaftlichkeit ist jedoch auch wichtig, da ein Bakterium, das sich energieaufwendige Stoffwechselwege gestattet, um den Umweltanforderungen zu genügen, vermutlich im Nachteil ist. Es wäre sicherlich aufwendig, alle Enzyme für einen Stoffwechselweg herzustellen, ohne daß das Substrat vorhanden ist. Der Kompromiß der Bakterien besteht daher darin, in Abwesenheit des Substrats möglichst keine Enzyme für den entsprechenden Stoffwechselweg zu synthetisieren, aber jederzeit dazu bereit zu sein, falls das Substrat auftauchen sollte.

Die Synthese von Enzymen als Reaktion auf das Auftauchen eines bestimmten Substrats nennt man **Induktion**. Diese Art der Regulation ist unter Bakterien weit verbreitet und kommt auch in einzelligen Eukaryoten (wie Hefen) vor. Das Lactosesystem von *E. coli* ist ein Musterbeispiel für diesen Mechanismus.

Wenn *E. coli*-Zellen in Abwesenheit von *β*-Galactosiden vermehrt werden, wird keine *β*-Galactosidase benötigt, und die Zellen enthalten nur sehr wenige Moleküle des Enzyms – sagen wir weniger als fünf. Gibt man ein geeignetes Substrat hinzu, taucht die Enzymaktivität sehr rasch in den Bakterien auf. Innerhalb von zwei bis drei Minuten ist ein wenig Enzym vorhanden, und bald darauf sind es bis zu

5 000 Enzymmoleküle pro Bakterium. (Unter entsprechenden Bedingungen kann die β-Galactosidase fünf bis zehn Prozent aller löslichen Proteine des Bakteriums ausmachen.) Entfernt man das Substrat aus dem Medium, wird die Synthese des Enzyms genauso rasch wieder eingestellt, wie sie begonnen hat.

In Abbildung 12.5 sind die wesentlichen Merkmale der Induktion zusammengefaßt. Die Transkriptionskontrolle der *lac*-Gene reagiert sehr schnell auf den Induktor, wie der obere Teil der Abbildung zeigt. In Abwesenheit des Induktors wird das Operon auf einem sehr niedrigen **Grundniveau** (*basal level*) transkribiert (siehe unten). Sobald ein Induktor vorhanden ist, wird die Transkription stimuliert. Die Menge der *lac*-mRNA steigt dann rasch auf ein induziertes Niveau, das dem Gleichgewicht zwischen Synthese und Abbau der mRNA entspricht.

Die *lac*-mRNA ist äußerst instabil; sie wird mit einer Halbwertszeit von nur etwa drei Minuten abgebaut. Aufgrund dieser Eigenschaft läßt sich die Induktion rasch rückgängig machen. Sobald der Induktor entfernt wurde,

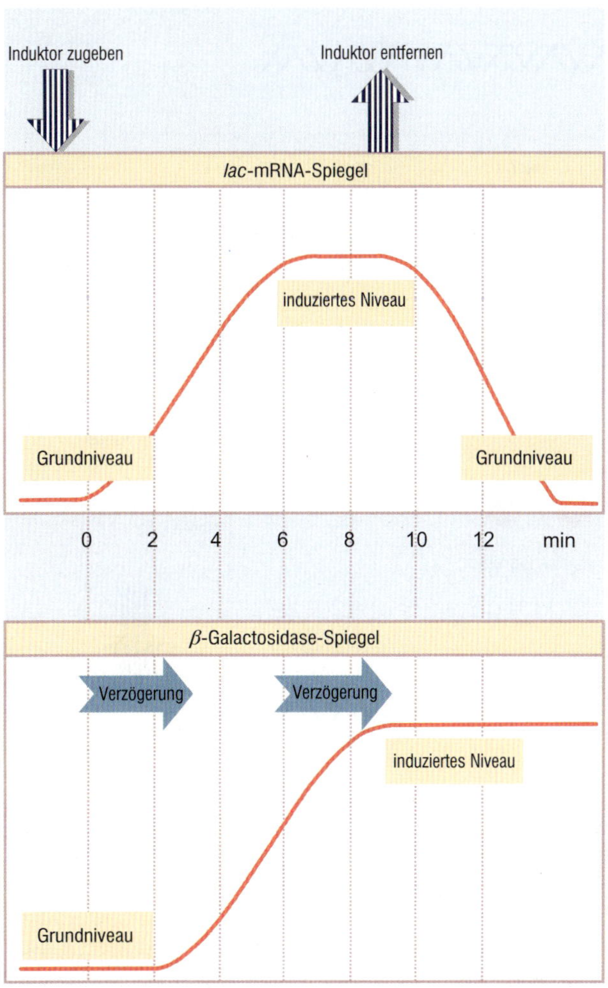

12.5 Die Zugabe von Induktor führt zu einer raschen Induktion von *lac*-mRNA. Etwas verzögert folgt die Synthese des Enzyms. Wird der Induktor entfernt, kommt die Synthese rasch zum Stillstand.

hört die Transkription auf. In kurzer Zeit sind alle *lac*-mRNAs abgebaut, und ihr Anteil in der Zelle entspricht wieder dem Grundniveau.

Die Proteinproduktion ist im unteren Teil der Abbildung dargestellt. Durch Translation der *lac*-mRNA entsteht β-Galactosidase (und die Produkte der anderen *lac*-Gene). Zwischen dem Auftauchen der *lac*-mRNA und dem der ersten vollständigen Enzymmoleküle liegt eine kurze Verzögerung; das gleiche gilt für das Erreichen des maximalen induzierten Niveaus von mRNA und Protein. Entfernt man den Induktor, so wird die Enzymsynthese beinahe sofort eingestellt (mit dem Abbau der mRNA). Die β-Galactosidase ist jedoch stabiler als die mRNA, so daß die Enzymaktivität länger auf dem induzierten Niveau bleibt.

Derart schnelle Reaktionen auf Veränderungen in der Nährstoffversorgung ermöglichen nicht nur die Verwertung neuer Substrate, sondern dienen auch dazu, die endogene Synthese von Verbindungen einzustellen, die plötzlich im Medium auftauchen. Beispielsweise synthetisiert *E. coli* die Aminosäure Tryptophan mit Hilfe des Enzyms Tryptophan-Synthetase. Wird Tryptophan jedoch mit dem Wachstumsmedium zur Verfügung gestellt, bricht die Produktion des Enzyms sofort ab. Diesen Effekt nennt man **Repression**. Auf diese Weise kann das Bakterium vermeiden, seine Mittel unnötigen Syntheseaktivitäten zu opfern.

Induktion und Repression stellen das gleiche Phänomen dar. Im einen Fall reguliert das Bakterium seine Fähigkeit, ein vorhandenes Substrat zum Wachstum zu nutzen, im anderen Fall reguliert es seine Fähigkeit, ein bestimmtes Stoffwechselzwischenprodukt zu synthetisieren. Der Auslöser für beide Regulationsarten ist die niedermolekulare Verbindung, welche das Substrat des Enzyms beziehungsweise das Produkt der Enzymaktivität ist. Kleine Moleküle, welche die Produktion derjenigen Enzyme veranlassen, durch die sie umgesetzt werden, nennt man **Induktoren**. Solche Moleküle, welche die Produktion der Enzyme verhindern, die sie synthetisieren können, bezeichnet man als **Corepressoren**.

Die Fähigkeit, als Induktor oder Corepressor zu wirken, ist hochspezifisch. Nur das Substrat beziehungsweise Produkt oder ein sehr ähnliches Molekül eignen sich. *Die Aktivität der niedermolekularen Verbindung ist jedoch nicht von seiner Interaktion mit dem Zielenzym abhängig.* Einige Induktoren ähneln den natürlichen Induktoren der β-Galactosidase, können aber nicht von ihr verarbeitet werden. Das Beispiel *par excellence* ist Isopropylthiogalactosid (IPTG), eines von mehreren Thiogalactosiden mit dieser Eigenschaft. Obwohl die β-Galactosidase IPTG nicht als Substrat annimmt, ist es ein sehr wirkungsvoller Induktor der *lac*-Gene.

Moleküle, die eine Enzymsynthese induzieren, aber nicht selbst metabolisiert werden (*gratuitous inducers*) sind äußerst nützlich, da sie in ihrer ursprünglichen Form in der Zelle bestehen bleiben. (Ein echter Induktor würde umgesetzt werden und bei der Untersuchung des Systems stören.) Daß es *gratuitous inducers* (künstliche Induktoren) gibt, verdeutlicht einen wichtigen Punkt. *Das System muß einen vom Zielenzym unabhängigen Bestandteil enthalten, der das entsprechende Substrat erkennt; in seiner Fähigkeit, verwandte potentielle Substrate zu erkennen, unterscheidet sich diese Komponente vom Enzym.*

Der Bestandteil, der auf den Induktor anspricht, ist das von *lacI* codierte Repressorprotein. Welche Rolle der Repressor bei der umweltbedingten Kontrolle der Transkription der *lacZYA*-Strukturgene spielt, ist in Abbildung

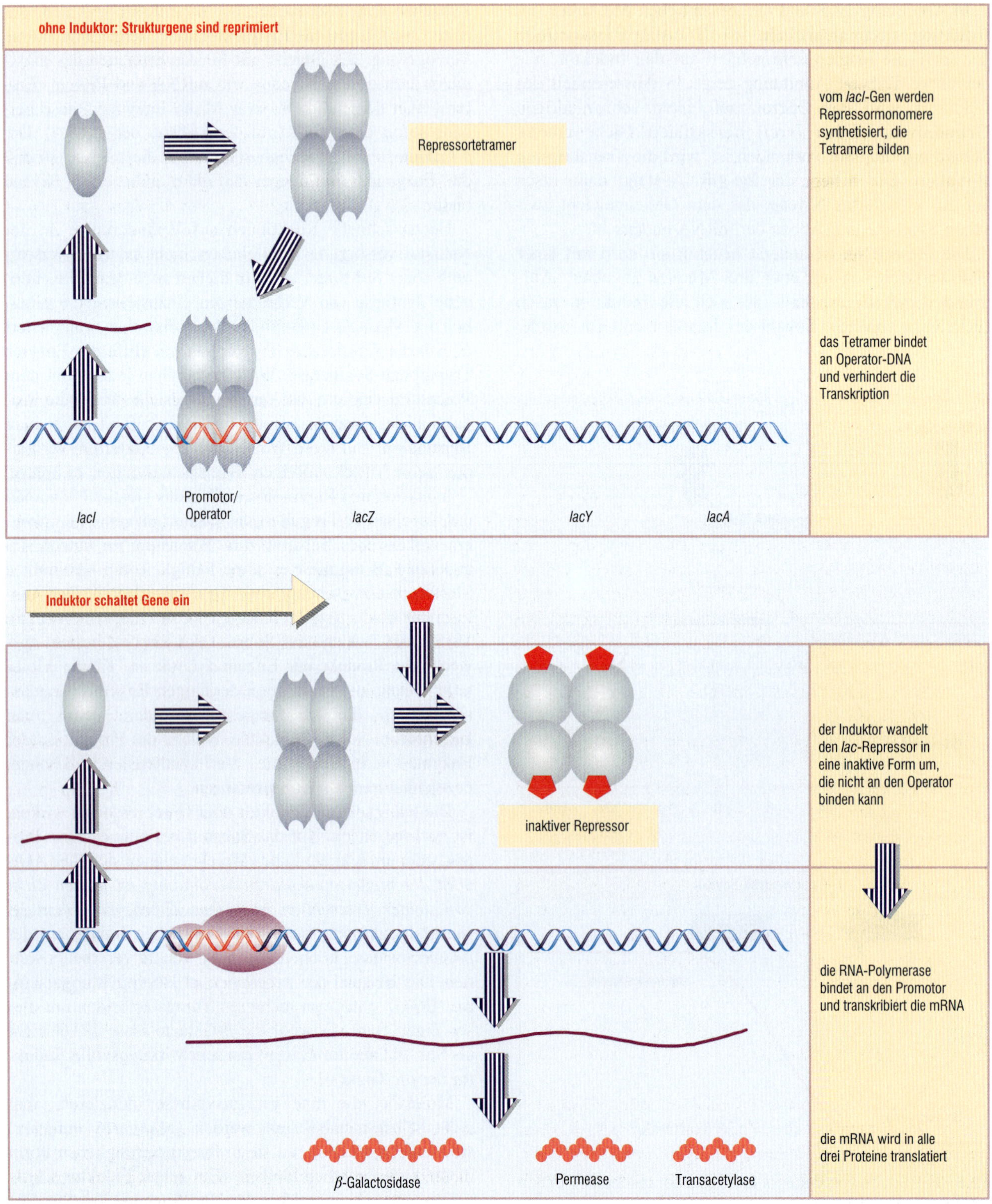

12.6 Der Repressor hält das *lac*-Operon in seinem vorprogrammierten inaktiven Zustand, indem er an den Operator bindet. Nach Zugabe eines Induktors löst sich der Repressor, was der RNA-Polymerase die Initiation der Transkription gestattet.

12.6 zusammengefaßt. Die Strukturgene werden ausgehend von einem Promotor unmittelbar stromaufwärts von *lacZ* in eine einzige mRNA umgeschrieben. Der Zustand des Repressors bestimmt, ob dieser Promotor aus- oder angeschaltet ist:

- In Abwesenheit eines Induktors werden die Gene nicht transkribiert, da der Repressor in aktiver Form vorliegt und an den Operator bindet.
- Durch Zugabe eines Induktors wird der Repressor in eine inaktive Form umgewandelt, die den Operator freigibt. Die Transkription beginnt daraufhin am Promotor und läuft bis zu einem Terminator, der etwas stromabwärts von *lacA* liegt.

Die entscheidenden Merkmale des Regelkreises beruhen auf der Doppelfunktion des Repressors, der einerseits die Transkription verhindern und andererseits den niedermolekularen Induktor erkennen kann. Der Repressor hat zwei Bindungsstellen, eine für den Operator und eine für den Induktor. Bindet der Induktor an der entsprechenden Stelle, verändert dies die Konformation des Proteins derart, daß die Aktivität der Operatorbindungsstelle beeinflußt wird. Eine solche Beziehung ist ein Beispiel für **allosterische Kontrolle**, wie die Abbildungen 1.25 und 1.26 verdeutlichen.

Die Induktion bewirkt eine **koordinierte Regulation**: *alle Gene werden im Einklang exprimiert (oder nicht exprimiert)*. Die mRNA wird fortlaufend vom 5′-Ende her translatiert. Dies erklärt, warum β-Galactosidase, β-Galactosid-Permease und β-Galactosid-Transacetylase nach der Induktion immer in dieser Reihenfolge auftauchen. Die Translation von einer gemeinsamen mRNA erklärt ebenfalls, warum die drei Enzyme unabhängig von verschiedenen Induktionsbedingungen immer in den gleichen relativen Mengen vorliegen.

Die Induktion legt einen Schalter um, der das Anschalten der Gene bewirkt. Induktoren unterscheiden sich in ihrer Wirksamkeit, außerdem beeinflussen noch andere Faktoren das absolute Ausmaß von Transkription und Translation; die Beziehung zwischen den drei Genen ist jedoch durch ihre Organisation vorgegeben.

Im Aufbau des Operons fällt ein potentielles Paradoxon auf. Das Lactose-Operon enthält das Strukturgen (*lacZ*) für die β-Galactosidase-Aktivität, die für die Verarbeitung des Zuckers erforderlich ist. Außerdem gehört das Gen (*lacY*) dazu, welches das Protein codiert, das für den Transport des Substrats in die Zelle vonnöten ist. Wenn sich das Operon nun im reprimierten Zustand befindet, wie gelangt dann der Induktor in die Zelle, um die Induktion in Gang zu bringen?

Zwei Merkmale stellen sicher, daß immer eine Mindestmenge des Proteins in der Zelle vorhanden ist, die ausreicht, um den Prozeß in Gang zu setzen. Zum einen wird das Operon immer, also auch ohne Induktion, auf einem Grundniveau exprimiert, das etwa 0,1 % des induzierten Niveaus entspricht. Außerdem gelangen einige Induktoren sowieso über andere Aufnahmesysteme in die Zelle.

12.3 Mutationen identifizieren den Operator und die Regulatorgene

Mutationen innerhalb des Regelkreises können sich entweder darin zeigen, daß das Operon gar nicht exprimiert wird, oder bewirken, daß die Expression unreguliert stattfindet. Mutanten, welche die Gene überhaupt nicht exprimieren, nennt man **nichtinduzierbar**. Die ständige Expression eines Gens, die nicht auf eine Regulation anspricht, nennt man **konstitutive** Genexpression; Mutanten mit dieser Eigenschaft werden als **konstitutive Mutanten** bezeichnet.

Anhand von Mutationen, welche *die Expression aller Strukturgene beeinflussen und außerhalb dieser kartieren*, lassen sich die Bestandteile des Regelkreises des Operons feststellen. Die Bestandteile können in zwei Gruppen eingeteilt werden. Der Promotor und der Operator sind durch *cis*-wirkende Mutationen als Ziele für Regulatorproteine (RNA-Polymerase beziehungsweise Repressor) gekennzeichnet. Der *lacI*-Locus ist durch Mutationen, die das *trans*-wirkende Produkt auslöschen, als das den Repressor codierende Gen identifiziert worden.

Der Operator wurde ursprünglich durch konstitutive Mutationen entdeckt, als O^c bezeichnet, deren besondere Eigenarten den ersten Beweis dafür lieferten, daß *ein Element eine Funktion haben kann, ohne durch ein diffundierendes Produkt repräsentiert zu werden.*

Die einer O^c-Mutation unmittelbar benachbarten Strukturgene werden konstitutiv exprimiert, da die Mutationen den Operator so verändern, daß der Repressor nicht mehr binden kann. Daher kann der Repressor die RNA-Polymerase nicht an der Initiation der Transkription hindern. Das Operon wird also konstitutiv exprimiert, wie Abbildung 12.7 zeigt.

Der Operator kann nur die lac-Gene kontrollieren, die an ihn grenzen. Führt man ein zweites *lac*-Operon auf einem unabhängigen DNA-Molekül in das Bakterium ein, besitzt dies einen eigenen Operator. Keiner der beiden Operatoren wird vom anderen beeinflußt. Wenn also ein Operon einen Wildtypoperator hat, wird es wie gewöhnlich reprimiert, während ein zweites Operon mit einer O^c-Mutation auf die dafür charakteristische Weise exprimiert wird.

Diese Eigenschaftten kennzeichnen den Operator als typische *cis*-wirkende Stelle, deren Funktion davon abhängt, daß ein *trans*-wirkender Faktor ihre DNA-Sequenz erkennt. Der Operator kontrolliert die angrenzenden Gene unabhängig davon, ob die Zelle noch weitere Operatorallele enthält. Eine Mutation in einer solchen Stelle, z. B. die O^c-Mutation, wird korrekterweise als ***cis*-dominant** beschrieben.

Eine Mutation in einer *cis*-wirkenden Stelle läßt sich keiner Komplementationsgruppe zuordnen. (Komplementation ist nur für solche Gene charakteristisch, die diffundierende Produkte codieren.) Liegen zwei *cis*-wirkende Stellen nah nebeneinander, z. B. ein Promotor und ein Operator, kann man die Mutationen nicht durch einen Komplementationstest klassifizieren. Wir müssen uns darauf

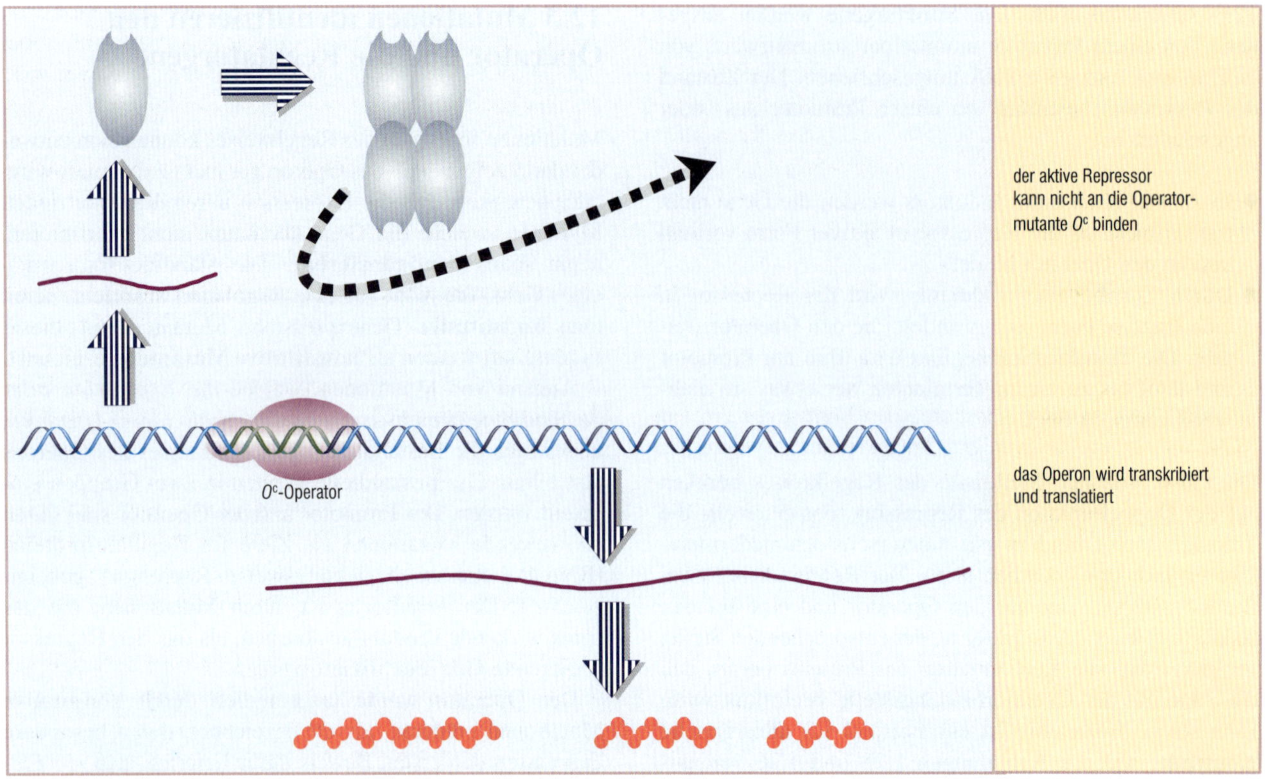

12.7 Operatormutationen sind konstitutiv, da der Operator unfähig ist, das Repressorprotein zu binden. Dadurch hat die RNA-Polymerase uneingeschränkten Zugang zum Promotor. Die O^c-Mutationen sind *cis*-wirkend, da sie sich nur auf den angrenzenden Satz von Strukturgenen auswirken.

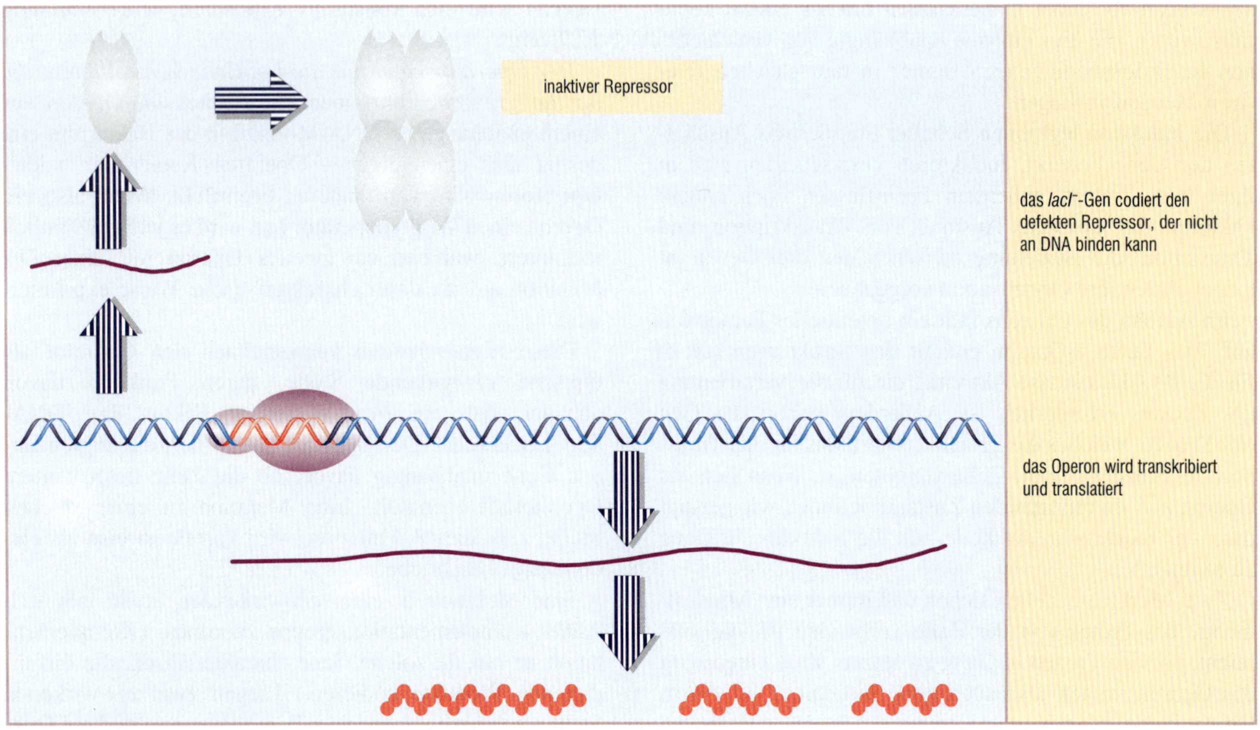

12.8 Mutationen, die das *lacI*-Gen inaktivieren, führen zur konstitutiven Expression des Operons, da das mutierte Repressorprotein nicht an den Operator binden kann.

beschränken, sie anhand ihrer Auswirkungen auf den Phänotyp zu unterscheiden.

Die *cis*-Dominanz ist ein Charakteristikum jeder Stelle, die *physikalisch direkt an die Sequenzen angrenzt, die sie kontrolliert*. Wenn eine Kontrollstelle als Bestandteil einer polycistronischen mRNA ihre Funktion ausübt, wird sie *genau dasselbe Muster* der *cis*-Dominanz zeigen, als ob sie innerhalb der DNA wirken würde. Entscheidend ist, daß sich die Kontrollstelle nicht räumlich von den Genen trennen läßt, die sie reguliert. Genetisch betrachtet spielt es keine Rolle, ob die Stelle zusammen mit den Genen auf DNA oder RNA liegt.

Auch Mutation vom *lacI*⁻-Typ (einschließlich Deletionen des Gens) verursachen durch den Verlust der Proteinfunktion eine konstitutive Transkription. Wenn der Repressor inaktiv ist oder ganz fehlt, kann die Transkription am Promotor beginnen. (Genauer gesagt weisen Mutationen, welche die Fähigkeit des Repressors, an den Operator zu binden, zerstören einen konstitutiven Phänotyp auf.) Wie Abbildung 12.8 zeigt, exprimieren *lacI*⁻-Mutanten die Strukturgene ständig, *unabhängig davon, ob ein Induktor vorhanden ist oder nicht*, da der Repressor inaktiv ist.

Wir können diese Schlußfolgerung untermauern, indem wir die Beziehung zwischen einem konstitutiv mutierten *lacI*⁻-Gen und dem Wildtyp *lacI*⁺-Gen untersuchen, wenn beide in derselben Zelle vorliegen. Dies läßt sich bewerkstelligen, indem man eine zweite Kopie des Operons auf einem Plasmid in die Zelle einschleust. Bei einem **Plasmid** handelt es sich um ein sich selbst replizierendes DNA-Molekül, das nur wenige Gene enthält.

In Zellen, in denen ein *lacI*⁺- und ein *lacI*⁻-Regulatorgen vorhanden sind, ist die normale Regulation wiederhergestellt. Die Strukturgene werden wieder reprimiert, wenn man den Induktor entfernt. Dieser Effekt läßt sich, wie in Abbildung 12.9 dargestellt, erklären. Durch das Einführen eines zweiten Regulatorgens, das dem Wildtyp entspricht, ist wieder ein normaler Repressor vorhanden. Daher wird das Operon in Abwesenheit eines Induktors wieder abgeschaltet. Dies zeigt eindeutig, daß der Repressor ein *trans*-wirkendes Produkt ist. Ein unverwechselbares Kennzeichen der negativen Kontrolle ist, daß die konstitutive Expression gegenüber der Induzierbarkeit rezessiv ist.

Nichtinduzierbare Mutationen des Operons lassen sich in die gleichen genetischen Gruppen wie konstitutive

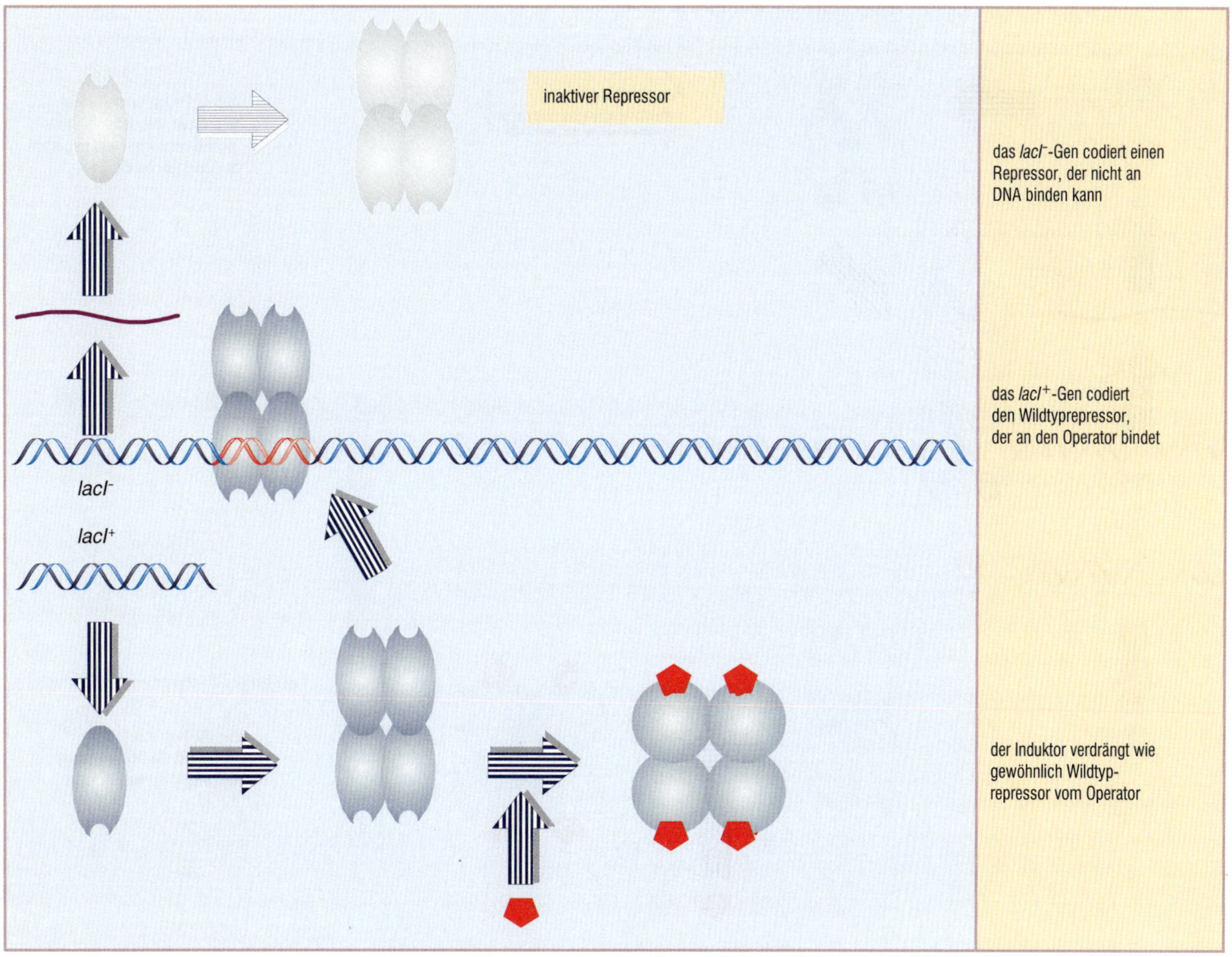

12.9 Konstitutive Mutationen im *lacI*-Gen sind rezessiv.

Mutanten einteilen. Die Dominanzverhältnisse können in gleicher Weise zur Klassifizierung des Locus dienen:

- Promotormutationen sind *cis*-wirkend. Wenn sie verhindern, daß die RNA-Polymerase an P_{lac} bindet, machen sie das Operon funktionsunfähig, da es nicht transkribiert werden kann.
- Mutationen, aufgrund derer der Repressor den Induktor nicht binden kann, bezeichnet man mit *lac*ˢ. Wie Abbildung 12.10 zeigt, sind solche Muationen *trans*-wirkend und gegenüber dem Wildtyp dominant. Der Repressor ist in seiner aktiven Form „eingefroren", welche den Operator erkennt und die Transkription verhindert. Die Zugabe von Induktor zeigt keinen Effekt, da dessen Bindungsstelle fehlt, und es daher unmöglich ist, den Repressor in die inaktive Form zu überführen. Die mutierten Repressoren binden an alle *lac*-Operons in der Zelle und verhindern deren Transkription. Wildtyprepressorproteine können – ungeachtet ihrer Eigenschaften – die mutierten Repressoren nicht verdrängen.

Die beiden Mutationsarten in *lacI* lassen sich nutzen, um die einzelnen aktiven Stellen im Repressorprotein zu identifizieren. Die *DNA-Bindungsstelle* erkennt die Sequenz des Operators. Sie wird durch konstitutive Punktmutationen kenntlich, die den Repressor an der DNA-Bindung und so an der Blockade der RNA-Polymerase hindern. Die *Induktorbindungsstelle* läßt sich anhand von Punktmutationen identifizieren, die eine Nichtinduzierbarkeit verursachen, da der Induktor nicht binden kann und keine allosterische Veränderung der DNA-Bindungsstelle auslöst.

Ein wichtiges Merkmal des Repressors ist sein multimerer Aufbau. Die Untereinheiten assoziieren beliebig in der Zelle und bilden das aktive Repressortetramer. Sind zwei verschiedene Allele des *lacI*-Gens vorhanden, können sich die jeweiligen Proteinprodukte zu einem Heterotetramer zusammenfinden, dessen Eigenschaften sich von denen beider Homotetramere unterscheiden. Eine derartige Interaktion zwischen den Untereinheiten ist charakteristisch für multimere Proteine und wird, wie bereits in Kapitel 1 erwähnt, als **interallele Komplementation** bezeichnet.

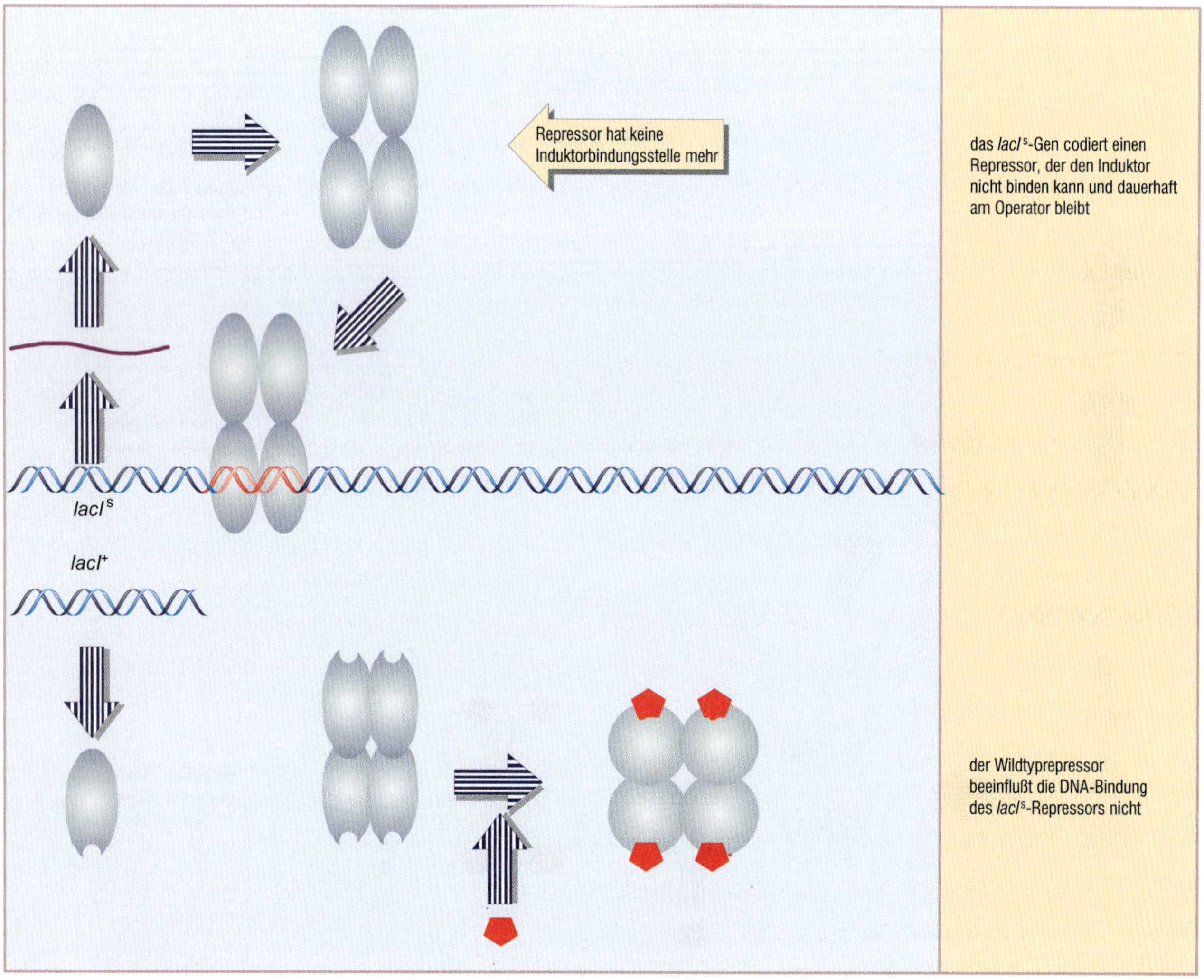

12.10 Nichtinduzierbare *lacI*ˢ-Mutationen sind dominant.

Eine **negative Komplementation** tritt bei einigen Repressormutanten auf, wie bei der Kombination von *lacI*$^{-d}$- und *lacI*$^{+}$-Genen. Die *lacI*$^{-d}$-Mutation allein führt zur Produktion eines Repressors, der nicht an den Operator binden kann, und ist daher wie die *lacI*$^{-}$-Allele konstitutiv. Da Mutationen vom Typ *lacI*$^{-}$ den Repressor inaktivieren, sind sie gegenüber dem Wildtyp rezessiv. Mit *–d* kennzeichnet man jedoch eine Variante der Minusmutation, die bei Paarung mit einem Wildtypallel dominant ist. Solche Muationen nennt man ***trans*-dominant** oder **dominant-negativ**.

Die Ursache dieser Dominanz besteht darin, daß das *lacI*$^{-d}$-Allel zu Produktion einer „schlechten" Untereinheit führt, die nicht nur selbst nicht an die Operator-DNA binden kann, sondern auch als Bestandteil eines Heterotetramers „gute" Untereinheiten von der Bindung abhält. Für die Repression sind also nicht die einzelnen Untereinheiten, sondern das Repressortetramer als Ganzes erforderlich. Dieser Effekt läßt sich *in vitro* reproduzieren, indem man entsprechende „gute" und „schlechte" Untereinheiten miteinander mischt.

Die *lacI*$^{-d}$-Mutationen betreffen die DNA-Bindungsstelle der Repressoruntereinheit. Dies erklärt, warum sie die Bindung gemischter Tetramere an den Operator verhindern können, denn eine reduzierte Zahl von Bindungsstellen verringert die Affinität zum Promotor. Die Karte des *lacI*-Gens in Abbildung 12.11 zeigt, daß die *lacI*$^{-d}$-Mutationen gehäuft am äußersten linken Ende des Gens auftreten. Dadurch wird die Region unmittelbar am N-Terminus des Proteins als DNA-Bindungsstelle identifiziert. Rezessive *lacI*-Mutationen finden sich auch an anderen Stellen des Moleküls, sie könnten sich jedoch indirekt auf die DNA-Bindung auswirken.

Die Bedeutung der N-terminalen Region für die spezifische DNA-Bindung zeigt sich auch darin, daß an dieser Stelle „feste Bindung"-Mutationen vorkommen. Derartige Mutationen erhöhen die Affinität des Repressors für den Operator, und zwar manchmal so stark, daß der Induktor keine Ablösung des Repressors bewirken kann. Solche Mutationen sind sehr selten.

Nichtinduzierbare Mutationen vom Typ *lacI*^{S} bewirken, daß der Repressor nicht auf den Induktor reagiert. Die Ursache dafür könnte sein, daß dem Protein die Induktorbindungsstelle fehlt oder daß sich die Induktorbindung nicht auf die DNA-Bindungsstelle auswirkt, wie im nächsten Kapitel behandelt wird.

12.4 Das Repressorprotein bindet an den Operator und wird durch den Induktor freigesetzt

Ursprünglich wurde der Repressor bei der Aufreinigung des Bestandteils isoliert, der den künstlichen Induktor IPTG bindet. (Weil nur so wenige Repressormoleküle in der Zelle vorliegen, brauchte man eine Promotor-„up"-Mutation, um die Transkription von *lacI* zu steigern und genügend Material zu erhalten. Dieser *lacI*-Locus wurde in ein in vielen Kopien pro Zelle vorhandenes DNA-Molekül, ein Plasmid, eingebaut. Dadurch erreichte man eine 100 bis 1 000fache Überproduktion.)

Der Repressor bindet an doppelsträngige DNA mit der Sequenz des Wildtyp-*lac*-Operators. Er bindet nicht an an die entsprechende Stelle in einer O^c-Mutante. Die Zugabe von IPTG führt *in vitro* zur Ablösung des Repressors vom Operator. Die *in vitro*-Reaktion zwischen Repressorprotein

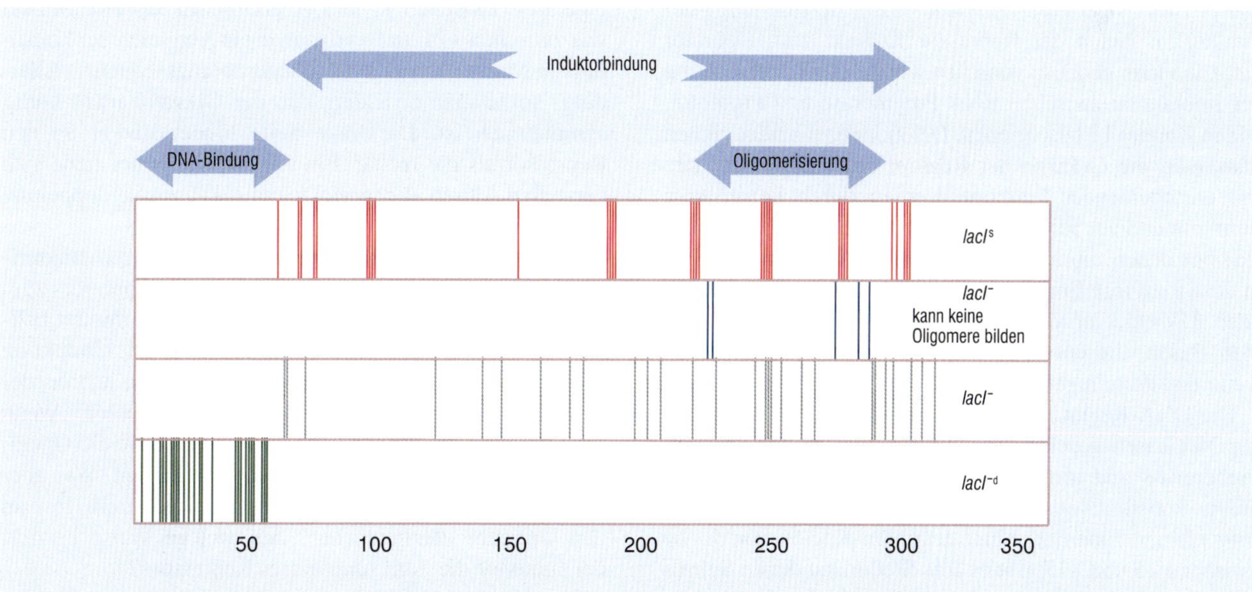

12.11 Mutationen markieren die Abschnitte des Gens, die für verschiedene Funktionen verantwortlich sind. Die DNA-Bindungsdomäne wird durch *lacI*$^{-d}$-Mutationen in der N-terminalen Region identifiziert. *LacI*$^{-}$-Mutationen, die keine Tetramere bilden können, kartieren zwischen den Positionen 220 und 280. Andere *lacI*$^{-}$-Mutationen sind über das Gen verteilt. *LacI*^{S}-Mutationen treten in regelmäßigen Abständen in Gruppen zwischen den Positionen 62 und 300 auf.

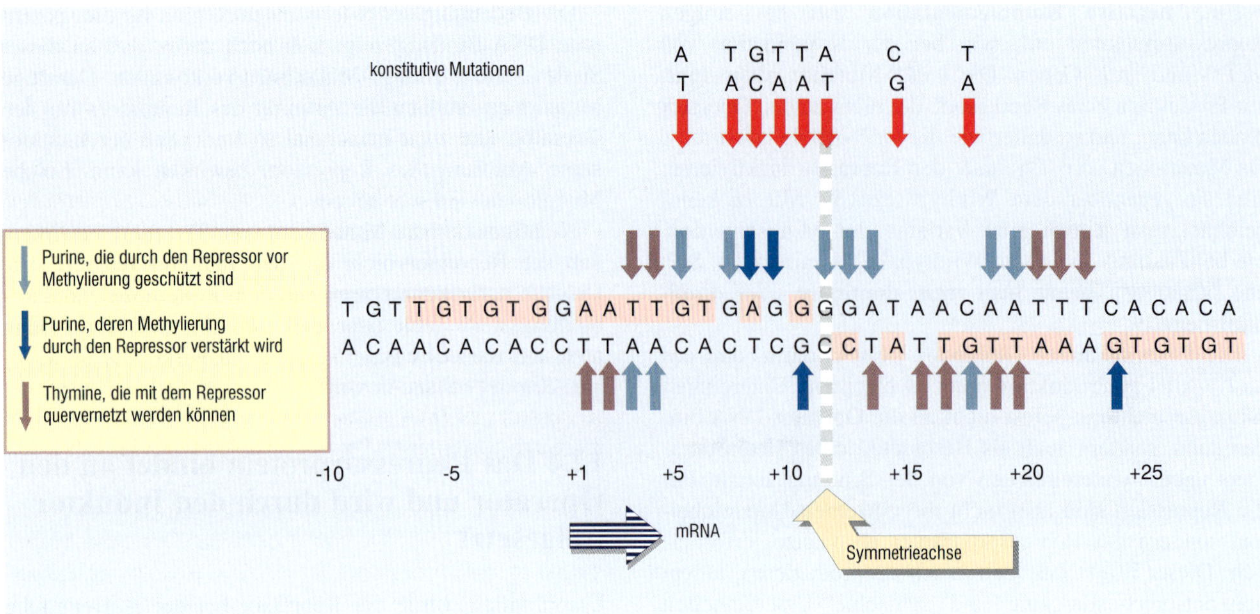

12.12 Der *lac*-Operator hat eine symmetrische Sequenz. Die einzelnen Basen der Sequenz werden bezüglich des Transkriptionsstartpunktes bei +1 durchnumeriert. Die spiegelsymmetrischen Regionen sind durch farbige Kästen hervorgehoben.

und Operator-DNA zeigt also die von der *in vivo*-Situation abgeleiteten Kontrollmerkmale und eignet sich daher, die Grundlagen der Repression zu erforschen.

Wie erkennt der Repressor die spezifische Sequenz der Operator-DNA? Der Operator besitzt eine Eigenschaft, die vielen Erkennungsstellen für bakterielle Regulatorproteine gemein ist: er ist ein Palindrom. Die umgekehrten Wiederholungssequenzen sind in Abbildung 12.12 hervorgehoben. Jede Wiederholungssequenz kann man als eine Hälfte des Operators ansehen. Zur Bestimmung der Punkte, an denen der Repressor Kontakt zum Operator hat, kann man genauso vorgehen wie bei der Untersuchung der Interaktion zwischen RNA-Polymerase und Promotor, wie in Kapitel 11 beschrieben. Deletionen zu beiden Seiten markieren die Grenzen der Region; einzelne Basenpaare mit entscheidender Funktion werden durch konstitituve Punktmutationen identifiziert. Mit Hilfe von Experimenten, bei denen repressorgebundene DNA mit freier DNA in bezug auf ihre Empfindlichkeit gegenüber Methylierung oder UV-Quervernetzung verglichen wird, identifiziert man Basen, die entweder geschützt oder anfälliger sind, wenn das Protein gebunden ist.

Die DNA-Region, die durch den gebundenen Repressor vor Nucleasen geschützt ist, liegt innerhalb des Symmetriebereichs und umfaßt die 26 bp von –5 bis +21. Die durch konstitutive Mutationen festgestellte Region ist eher kleiner. Innerhalb einer zentralen Region von 13 bp zwischen +5 und +17 gibt es acht Stellen, an denen Substitutionen einzelner Basenpaare die konstitutive Expression hervorrufen. Dies verdeutlicht dieselbe Erkenntnis wie die in Abbildung 11.18 zusammengefaßten Promotormutationen. *Eine kleine Zahl von essentiellen spezifischen Kontakten innerhalb eines größeren Bereichs kann für die sequenzspezifische Assoziation eines Proteins mit DNA verantwortlich sein.*

Die Symmetrie der DNA-Sequenz spiegelt eine Symmetrie im Protein wider. Der Repressor ist ein Tetramer aus identischen Untereinheiten, die daher jeweils dieselbe DNA-Bindungsstelle aufweisen müssen. Jede umgekehrte Wiederholungssequenz des Operators hat auf dieselbe Weise Kontakt zu einem Repressormonomer. Dies beweisen die symmetrischen Kontakte zwischen Repressor und Operator (zwischen +1 und +6 ergibt sich dasselbe Muster wie zwischen +21 und +16) sowie ein Vergleich der konstitutiven Mutationen in jeder Wiederholungssequenz. (Allerdings sollte man beachten, daß der Operator nicht völlig symmetrisch ist. Die linke Seite bindet stärker an den Repressor als die rechte. Ein stärkerer Operator ließe sich herstellen, durch die perfekte umgekehrte Verdoppelung der linken Seite.)

Verschiedene Induktoren verursachen *in vitro* charakteristische Abschwächungen der Affinität des Repressors zum Operator. Diese Abschwächungen korrelieren mit der Effizienz des jeweiligen Induktors *in vivo*. Die Induktion beruht demnach also vermutlich auf einer Reduktion der Anziehung zwischen Operator und Repressor. Wenn Induktoren in die Zelle gelangen, verringern sie die Operatoraffinität jedes Repressors, an den sie binden. Was aber passiert mit einem Repressortetramer, das bereits fest an den Operator gebunden hat? Auf welche Weise bewirkt der Induktor die Ablösung dieses Repressors?

In Abbildung 12.13 sind zwei Modelle für die Repressorwirkung dargestellt:

- Das Gleichgewichtsmodell (links) geht davon aus, daß sich der an DNA gebundene Repressor in ständigem

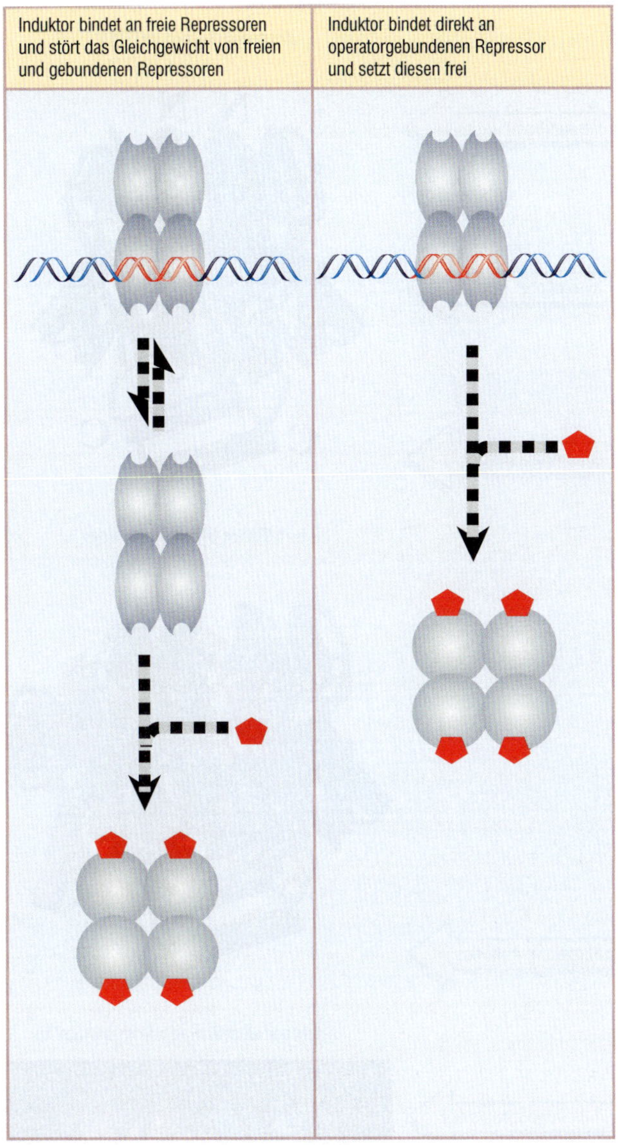

12.13 Bindet der Induktor an freie Repressortetramere und stört das Gleichgewicht (links), oder bindet er direkt an den am Operator gebundenen Repressor (rechts)?

Gleichgewicht mit freiem Repressor befindet. Der Induktor würde dann an die freie Form des Repressors binden und das Gleichgewicht verschieben, indem er die erneute Anlagerung an die DNA verhindert.

- Der Repressor diffundiert aber viel zu langsam vom Operator, als mit diesem Modell vereinbar ist (*in vitro* beträgt die Halbwertszeit in Abwesenheit eines Induktors mehr als 15 Minuten). Statt dessen muß also *der Induktor direkt an das mit dem Operator assoziierte Repressorprotein binden.* Wie in dem Modell auf der rechten Seite dargestellt, muß die Induktorbindung eine Veränderung im Repressor hervorrufen, die seine Ablösung vom Operator bewirkt. Tatsächlich beobachtet man *in vitro* sofort nach Zugabe von IPTG eine Destabilisierung des Komplexes aus Repressor und Operator.

Das Bindungsverhalten des Repressor/IPTG-Komplexes an den Operator läßt sich unter Einsatz größerer Proteinkonzentrationen in Methylierungsexperimenten untersuchen. Die goße Menge an Repressor/IPTG-Komplex kompensiert dessen geringe Affinität zum Operator. Der Komplex stellt genau dieselben Kontakte zum Operator her wie der freie Repressor. Ein ebensolches Ergebnis erhält man mit mutierten Repressoren, deren Affinität zum Operator erhöht ist; auch diese bilden dasselbe Muster von Kontaktpunkten aus.

Repressorvarianten mit Operatoraffinitäten über mehrere Größenordnungen haben alle an denselben Stellen Kontakt zur DNA. *Veränderungen in der Affinität des Repressors zu DNA müssen demnach über eine Beeinflussung der allgemeinen Proteinkonformation geschehen und nicht durch Bildung oder Lösen eines oder mehrerer einzelner Kontakte.*

Der Repressor hat mehrere Domänen. Untersuchungen in früherer Zeit zeigten, daß die DNA-Bindungsdomäne, die als **Kopfstück** bezeichnet wird, die Aminosäuren 1 bis 59 umfaßt. Das Kopfstück läßt sich durch Trypsin vom Rest des Monomers, das **Kern** oder auch „Core“ genannt wird, abspalten. Die Kristallstruktur in Abbildung 12.14 zeigt diese Regionen im Detail.

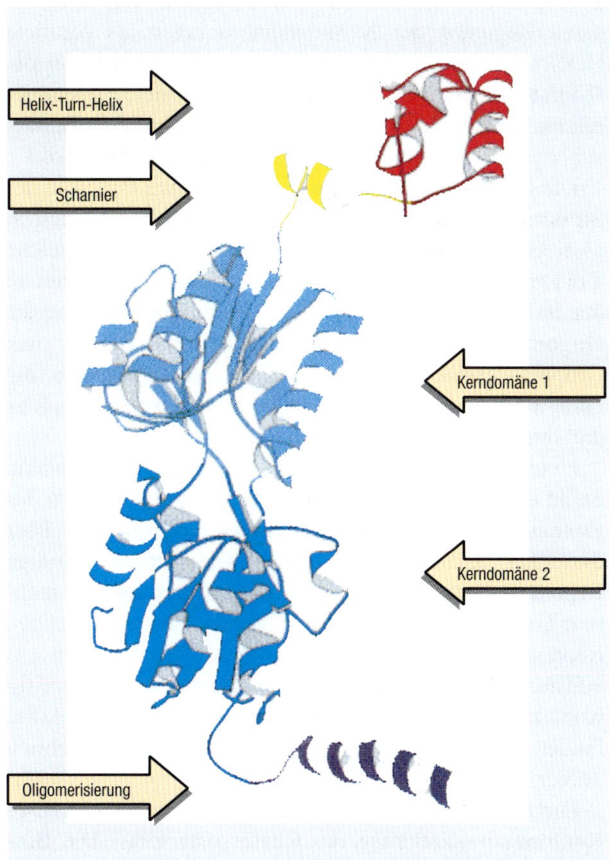

12.14 Die Struktur eines *lac*-Repressormonomers weist mehrere unabhängige Domänen auf. (Aufnahme mit freundlicher Genehmigung von Mitchell Lewis.)

Der N-Terminus besteht aus zwei α-Helices, die durch eine Biegung (*turn*) voneinander getrennt sind. Dabei handelt es sich um ein verbreitetes DNA-Bindungsmotiv, das HTH (Helix-Turn-Helix) genannt wird. Die beiden α-Helices passen in die große Furche der DNA, wo sie spezifisch Kontakt zu einzelnen Basen aufnehmen, was in Kapitel 13 behandelt wird. Dieser Bereich ist durch ein Scharnier (*hinge region*) mit dem Hauptteil des Proteins verbunden. In der DNA-bindenden Form des Repressors bildet das Scharnier eine α-Helix; ist der Repressor nicht an DNA gebunden, ist diese Region ungeordnet. HTH und Scharnier zusammen entsprechen dem Kopfstück. Der Proteinkern besteht hauptsächlich aus zwei Bereichen mit ähnlichen Stukturen. Beide weisen eine sechssträngige parallele β-Faltblattstruktur auf, die zu beiden Seiten von zwei α-Helices eingebettet ist. Der Induktor bindet in einer Spalte zwischen den beiden Bereichen. Am C-Terminus befindet sich eine α-Helix mit zwei siebenfachen Leucinwiederholungen. Die Helices von vier Monomeren lagern sich zusammen, um die Tetramerstruktur aufrechtzuerhalten.

Abbildung 12.15 zeigt die Struktur des tetrameren Kernes (in einer anderen Darstellungsweise als in Abbildung 12.14). Es besteht im Grunde aus zwei Dimeren. Der Körper des Dimers enthält eine lockere Schnittstelle zwischen den N-terminalen Regionen der Kernmonomere, eine Spalte, in welcher der Induktor bindet, und einen hydrophoben Kern (oberer Abbildungsteil). Die C-terminalen Regionen der Kernmonomere ragen als parallele Helices hervor. (Das Kopfstück würde sich oben an die N-teminalen Bereiche anschließen.) Die Dimere interagieren und bilden ein Tetramer (Mitte), das durch ein Bündel aus vier C-terminalen Helices zusammengehalten wird.

Die Positionen von Mutationen sind durch Perlen in der Struktur unten markiert. *LacI*^{S}-Mutationen finden sich in zwei Gruppen: gelbe Perlen kennzeichnen solche, welche die Dimerschnittstelle betreffen und graue diejenigen in der Induktorbindungsspalte. *lacI*$^-$-Mutationen, welche die Oligomerisierung betreffen, kartieren ebenfalls in zwei Gruppen: weiße Perlen stehen für solche, welche die Dimerbildung verhindern, lila Perlen für solche, welche die Tetramerbildung der Dimere verhindern.

Untersuchungen in früherer Zeit ergaben Anhaltspunkte dafür, daß das Kopfstück relativ unabhängig vom Kern des Proteins ist. Das Kopfstück kann eine Operatorhälfte über dieselben Kontaktpunkte binden wie der vollständige Repressor. Seine Affinität zu DNA ist allerdings um mehrere Größenordnungen geringer als die des vollständigen Repressors. Der Grund liegt darin, daß bei Dimeren aus vollständigen Repressoren beide Kopfstücke gleichzeitig Kontakt zum Operator haben und jeweils an eine Hälfte binden. Dadurch ist die Affinität zum Operator erheblich größer.

Die Bindung des Induktors verursacht eine unmittelbare Konformationsänderung des Repressorproteins. Die Bindung von zwei Induktormolekülen reicht aus, um die Repression aufzuheben. Wie Abbildung 12.16 zeigt, ändert die Bindung des Induktors die Lage der Kopfstücke in bezug auf den Kern. Infolgedessen können die beiden

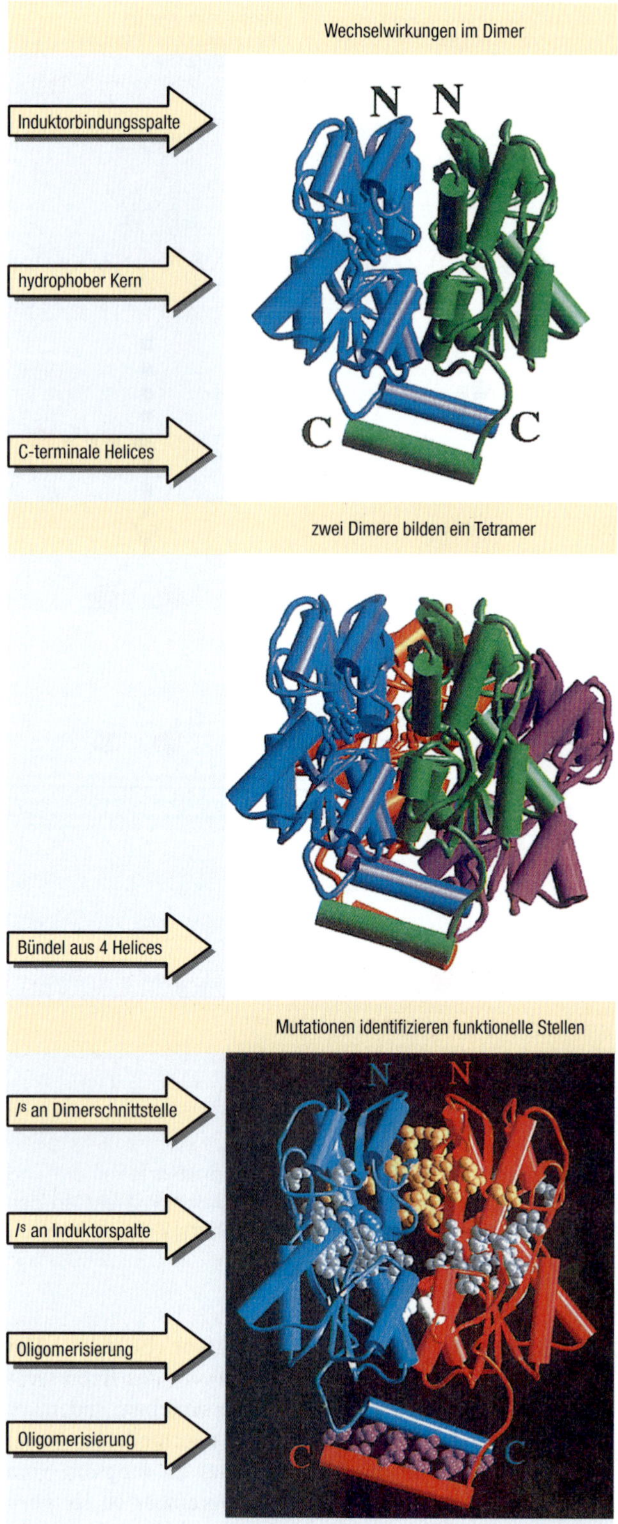

12.15 Die Kristallstruktur der Kernregion des *lac*-Repressors verdeutlicht die Interaktionen zwischen den Monomeren innerhalb des Tetramers. Jedes Monomer ist in einer anderen Farbe dargestellt. (Aufnahmen mit freundlicher Genehmigung von Alan Friedman und Thomas Steitz.)

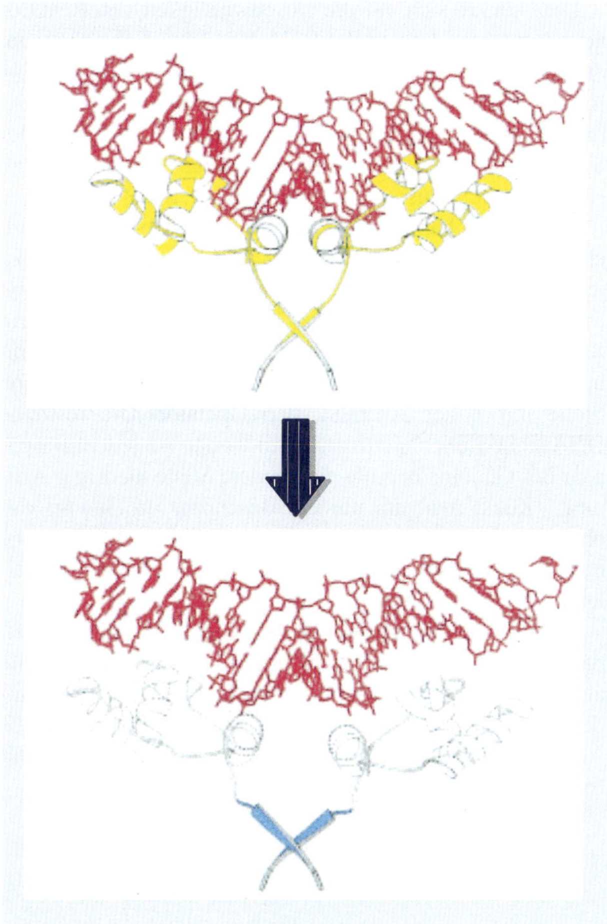

12.16 Der Induktor verändert die Struktur des Kernes. Dadurch sind die Kopfstücke eines Repressordimers nicht mehr so positioniert, daß beide an die DNA binden können. (Aufnahmen mit freundlicher Genehmigung von Mitchell Lewis.)

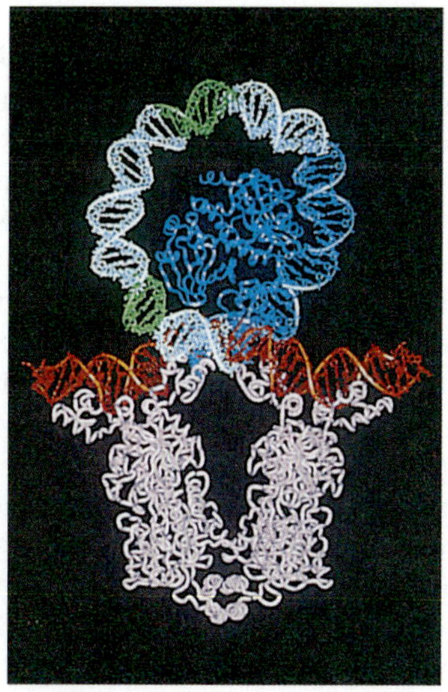

12.17 Wenn ein Repressortetramer an zwei Operatoren bindet, wird der DNA-Abschnitt dazwischen zu einer engen Schleife zusammengedrückt. (Die blaue Struktur in der Mitte der DNA-Schleife zeigt CAP, ein anderes Regulatorprotein, das in diesem Bereich bindet; Aufnahme mit freundlicher Genehmigung von Mitchell Lewis.)

Kopfstücke eines Dimers nicht mehr gleichzeitig an DNA binden. Damit ist der multimere Repressor nicht mehr im Vorteil gegenüber Monomeren und büßt seine höhere Affinität zum Operator ein.

Der allosterische Konformationswechsel durch die Bindung des Induktors geschieht im Repressordimer. Warum ist dann ein Repressortetramer für eine vollständige Repression erforderlich? Jedes Dimer des Repressortetramers hat zwei Kopfstücke, die zusammen eine Operatorsequenz binden können. Dadurch kann das intakte Repressortetramer gleichzeitig an zwei Operatorstellen binden. Tatsächlich gibt es am Anfang des *lac*-Operons zwei weitere Operatorstellen. Der eigentliche Operator *O1* liegt direkt am Anfang des *lacZ*-Gens. Dieser Operator hat die größte Affinität zum Repressor. Schwächere Operatorsequenzen (auch Pseudooperatoren genannt) liegen zu beiden Seiten. *O2* befindet sich 410 bp stromabwärts vom Startpunkt, *O3* 83 bp stromaufwärts. Bindet der *lac*-Repressor gleichzeitig an *O1* und einen der beiden anderen Operatoren, verursacht er eine Biegung der DNA zwischen den beiden Stellen. Abbildung 12.17 zeigt ein Modell für die Bindung des Repressortetramers an zwei Operatoren.

Die Bindung an weitere Operatoren beeinflußt den Grad der Repression. Entfernt man entweder den stromabwärts gelegenen Operator (*O2*) oder den stromaufwärts gelegenen (*O3*), wird die Wirkung der Repression um das Zwei- bis Vierfache verringert. Sind jedoch weder *O2* noch *O3* vorhanden, ist die Repression um das 100fache vermindert. *Vermutlich ist also die Fähigkeit des Repressors, außer an O1 noch an einen der beiden anderen Repressoren zu binden, für die Etablierung der Repression wichtig.*

Am meisten wissen wir über die direkten Auswirkungen der Repressorbindung an den Operator (*O1*). Ursprünglich dachte man, daß die Bindung des Repressors eine Anlagerung der RNA-Polymerase an den Promotor ausschließen würde. Mittlerweile wissen wir jedoch, daß beide Proteine gleichzeitig an die DNA gebunden sein können und daß *die Bindung des Repressors tatsächlich die Bindung der RNA-Polymerase verstärkt!* Das gebundene Enzym wird jedoch an der Initiation der Transkription gehindert.

Die Gleichgewichtskonstante für die alleinige Bindung der RNA-Polymerase an den *lac*-Promotor beträgt $1{,}9 \times 10^7\ M^{-1}$. Ist ein Repressor vorhanden, erhöht sich diese Konstante um zwei Größenordnungen auf $2{,}5 \times 10^9\ M^{-1}$. Bezogen auf die in Abbildung 11.12 angegebenen Werte für die Gleichgewichtskonstante K_B wandelt das Repressorprotein die Bildung des geschlossenen Komplexes aus RNA-Polymerase und *lac*-Promotor effektiv von einer schwachen in eine starke Interaktion um.

Was bedeutet das für die Induktion des Operons? Ein höherer K_B-Wert bedeutet, daß der Promotor mit 100mal größerer Wahrscheinlichkeit von einer RNA-Polymerase gebunden wird, wenn er vom Repressor besetzt ist. Können

RNA-Polymerase und Repressor zur selben Zeit binden, dann kann die Transkription unmittelbar nach der Induktion beginnen. Ansonsten müßte der Promotor erst auf eine RNA-Polymerase warten.

Im Grunde bewirkt der Repressor, daß die RNA-Polymerase am Promotor „gelagert" wird. Der Komplex aus RNA-Polymerase, Repressor und DNA wird im geschlossenen Stadium blockiert. Kommt der Induktor dazu, wird der Repressor freigesetzt und der geschlossene Komplex in einen offenen Komplex umgewandelt, der die Transkription initiiert. Insgesamt hat der Repressor also den Induktionsvorgang beschleunigt.

Gilt dieses Modell auch für andere Systeme? Die Interaktion zwischen RNA-Polymerase, Repressor und der Promotor/Operator-Region unterscheidet sich in jedem System, da der Operator nicht immer mit dem gleichen Promotorbereich überlappt, wie Abbildung 12.20 zeigt. Beim Bakteriophagen Lambda beispielsweise liegt der Operator in der Region stromaufwärts vom Promotor, und die Bindung des Repressors schließt die Bindung der RNA-Polymerase aus (Kapitel 13). Ein gebundener Repressor interagiert also nicht in allen Systemen in gleicher Weise mit der RNA-Polymerase.

12.5 Die Spezifität von Protein-DNA-Interaktionen

Die Bindung von Proteinen an DNA läßt sich *in vitro* bestimmen, und mittels der Affinität kann man auf die Art der regulatorischen Wechselwirkungen schließen. Eine Schwierigkeit ist, daß wir die effektive Konzentration von DNA *in vivo* nicht kennen. Diese „effektive Konzentration" unterscheidet sich von der Masse/Volumen-Konzentration in mehreren Punkten. Beispielsweise steigt die effektive Konzentration durch molekulare Verdichtung, die auftritt, wenn polyvalente Kationen etwa 90 % der Ladungen auf der DNA neutralisieren und die Nucleinsäure zu kondensierten Strukturen zusammenfällt. Die wichtigste Kraft für eine Verringerung der effektiven Konzentration ist die Unzugänglichkeit der DNA, wenn diese durch DNA-bindende Proteine versperrt oder sequestriert ist.

Eine Möglichkeit, um die effektive Konzentration zu ermitteln, besteht in einem Vergleich der Geschwindigkeit einer Reaktion *in vitro* und *in vivo*, die von der DNA-Konzentration abhängt. Dazu hat man die intermolekulare Rekombination zweier DNA-Moleküle eingesetzt. Als Kontrolle wurde die gleiche Reaktion als intramolekulare Rekombination verfolgt, bei der die beiden Rekombinationsstellen auf demselben DNA-Molekül liegen. Wir gehen davon aus, daß bei der intramolekularen Reaktion die Konzentrationen *in vitro* und *in vivo* gleich sind und daher Unterschiede im Verhältnis von intermolekularer zu intramolekularer Rekombination auf eine Veränderung der effektiven Konzentration *in vivo* zurückzuführen sind. Den Ergebnissen eines solchen Vergleichs zufolge dürfte die effektive DNA-Konzentration *in vivo* zehnfach geringer sein.

Dies könnte sich auf die Geschwindigkeit von Reaktionen auswirken, die von der DNA-Konzentration abhängen, einschließlich DNA-Rekombination und Protein-DNA-Bindung. Nochmals wird so die Schwierigkeit aller DNA-bindenden Proteine deutlich, ihre Ziele mit ausreichender Schnelligkeit zu finden. Außerdem zeigt sich erneut, daß Diffusion nicht ausreicht (Abbildung 11.14).

Vermutlich haben alle Proteine mit hoher Affinität zu einer spezifischen Sequenz auch eine geringe Affinität zu jeder (beliebigen) DNA-Sequenz. Eine große Zahl von Stellen mit geringer Affinität konkurriert ebenso um ein Repressortetramer wie eine kleine Zahl von Stellen mit hoher Affinität. Im Genom von *E. coli* gibt es nur eine Stelle mit hoher Affinität, den Operator. Die restliche DNA stellt Stellen niedriger Affinität dar. An jedem Basenpaar des Genoms beginnt eine andere Stelle niedriger Affinität. (Rückt man um nur ein Basenpaar im Genom vor, ohne im Raster des Operators zu bleiben, entsteht eine neue Stelle niedriger Affinität!) Es gibt also $4{,}2 \times 10^6$ Stellen niedriger Affinität.

Die große Zahl von Stellen niedriger Affinität bedeutet, daß auch beim Fehlen einer spezifischen Bindungsstelle alle oder nahezu alle Repressormoleküle an DNA gebunden sind und keine frei in Lösung vorliegen.

Wir können die Bindung des Repressors an DNA mit folgender Gleichung darstellen:

$$K_A = \frac{[\text{Repressor-DNA}]}{[\text{freier Repressor}]\,[\text{DNA}]}$$

Dabei steht [Repressor-DNA] für die Konzentration DNA-gebundener Repressoren, [freier Repressor] für die Konzentration des ungebundenen Repressors und [DNA] für die Konzentration unspezifischer Bindungsstellen.

Wie groß ist der Anteil freier Repressorproteine an der Gesamtzahl der Repressoren? Durch Umstellen der Gleichung sehen wir, daß die Verteilung des Repressors gegeben ist durch:

$$\frac{[\text{freier Repressor}]}{[\text{Repressor-DNA}]} = \frac{1}{K_A\,[\text{DNA}]}$$

Wenn wir diese Parameter auf das *lac*-System anwenden, zeigt sich folgendes:

- Die Gleichgewichtskonstante für unspezifische Bindungen ist $K_A = 2 \times 10^6\ \text{M}^{-1}$.
- Die Konzentration unspezifischer Bindungsstellen beträgt 4×10^6 in einem Bakterienvolumen von 10^{-15} Litern, was $[\text{DNA}] = 7 \times 10^{-3}$ entspricht (eine sehr hohe DNA-Konzentration).

Setzt man diese Wert ein, dann ergibt sich:

freier : gebundener Repressor = 10^{-4}

Es sind also bis auf 0,01 % alle Repressorproteine an (beliebige) DNA gebunden. Da es ungefähr zehn Repressoren pro Zelle gibt, ist dies gleichbedeutend damit, daß es keine freien Repressorproteine gibt. Dieses Ergebnis hat eine große Bedeutung für die Interaktion des Repressors am Promotor: Demnach geht es also um die *Verteilung* des Repressors auf der DNA, wobei die einzelne Stelle hoher Affinität mit der großen Zahl von Stellen niedriger Affinität *konkurriert*.

In diesem Wettbewerb spielen die absoluten Werte der Assoziationskonstanten für Operator und beliebige DNA keine Rolle. Wichtig ist nur das Verhältnis von K_{sp} (der Konstante für die Bindung an einer spezifischen Stelle) zu K_{usp} (der Konstante für die Bindung einer beliebigen DNA-Sequenz) – also die Spezifität.

Wir können die Parameter, welche die Fähigkeit eines Regulatorproteins beeinflussen, seine Zielstelle ständig zu besetzen, durch Vergleich der Gleichungen für spezifische und unspezifische Bindung definieren. Wie man intuitiv erwarten könnte, sind folgende Parameter wichtig:

- Mit zunehmener Größe des Genoms wird es für ein Protein schwieriger, an spezifische Zielstellen zu binden.
- Die Spezifität des Proteins wirkt dem Effekt der DNA-Menge entgegen.
- Die erforderliche Proteinmenge steigt mit der DNA-Gesamtmenge und nimmt mit zunehmender Spezifität ab.
- Das Protein muß in angemessenem Überschuß gegenüber der Gesamtzahl der spezifischen Bindungsstellen vorliegen. Daher ist zu erwarten, daß Regulatoren mit zahlreichen Zielstellen in größerer Menge vorhanden sind als solche mit einem bestimmten Ziel.

In Tabelle 12.1 sind die Gleichgewichtskonstanten für die Bindung des *lac*-Repressors an den Operator und an beliebige DNA aufgeführt. Mit Hilfe dieser Konstanten kann man ermessen, wie der Repressor auf den Operator und die restliche DNA verteilt ist und was passiert, wenn der Induktor die Ablösung des Repressors vom Operator bewirkt.

Der Repressor bindet etwa 10^7mal besser an Operator-DNA als an irgendwelche anderen DNA-Sequenzen gleicher Länge. Der Operator stellt also eine einzelne Stelle mit hoher Affinität dar, die 10^7mal besser um den Repressor konkurriert als andere (beliebige) Stellen niedriger Affinität. Wie wird dadurch sichergestellt, daß der Repressor das Operon wirkungsvoll kontrollieren kann?

Anhand der Spezifität läßt sich die Verteilung zwischen beliebigen Stellen und dem Operator ermitteln und als

Tabelle 12.1: Der *lac*-Repressor bindet fest und spezifisch an seinen Operator, wird aber vom Induktor freigesetzt (Alle Gleichgewichtskonstanten sind in M^{-1} angegeben)

DNA	Repressor	Repressor + Induktor
Operator	2×10^{13}	2×10^{10}
andere DNA	2×10^{6}	2×10^{6}
Spezifität	10^{7}	10^{4}

Belegung des Operators ausdrücken. Angenommen, es liegen zehn Moleküle *lac*-Repressor pro Zelle mit einer Operatorspezifität von 10^7 vor, so wäre der Operator zu 96 % der Zeit vom Repressor gebunden. Die Bedeutung der Spezifität erklärt zwei Merkmale der Interaktion zwischen *lac*-Repressor und Operator:

- Bindet der Induktor an den Repressor, sinkt dessen Affinität zum Operator etwa um das 10^3fache. Die allgemeine Affinität zu DNA bleibt unverändert. Die Spezifität beträgt jetzt also nur noch 10^4 und reicht nicht aus, um den Repressor gegen die Konkurrenz des Überschusses von $4{,}2 \times 10^6$ Bindungsstellen niedriger Affinität abzufangen. Unter diesen Bedingungen wäre der Operator nur zu drei Prozent der Zeit gebunden.
- Mutationen, welche die Affinität des Operators zum Repressor auch nur um das 20 bis 30fache abschwächen, wirken sich als konstitutive Expression aus. Innerhalb des Genoms wird der mutierte Operator durch die Menge der unspezifischen Stellen überwältigt. Die Belegung des Operators wird auf 50 % reduziert, wenn die Repressorspezifität nur um das zehnfache verringert ist.

Infolge dieser Affinität ist in einer nichtinduzierten Zelle in der Regel ein Repressortetramer an den Operator gebunden. Alle oder fast alle übrigen Tetramere sind aufs Geratewohl an andere DNA-Abschnitte gebunden, wie Abbildung 12.18 zeigt. Wahrscheinlich gibt es nur sehr wenige freie Repressormoleküle in der Zelle, wenn überhaupt.

Nach Zugabe eines Induktors ist der Repressor nicht mehr in der Lage, spezifisch an den Operator zu binden. Die am Operator gebundenen Repressoren werden freigesetzt und heften sich an beliebige Stellen (mit niedriger Affinität). In einer induzierten Zelle werden die Repressortetramere also wahllos auf der DNA gelagert. In einer nichtinduzierten Zelle befindet sich ein Tetramer am Operator, während die übrigen Repressormoleküle an unspezifischen Stellen binden. *Die Wirkung der Induktion besteht also darin, die Verteilung des Repressors auf der DNA zu verändern, und nicht in der Freisetzung von Repressoren.*

Ist kein Induktor mehr vorhanden, erlangt der Repressor wieder die Fähigkeit, spezifisch an den Operator zu binden, und zwar sehr schnell. Dazu muß sich ein Repressor von einer unspezifischen „Lagerstelle" in der DNA zum Operator bewegen. Welcher Mechanismus ist für diese rasche Bewegung verantwortlich? Daß der Repressor sehr schnell an den Operator binden kann, läßt sich nicht mit der Zeit in Einklang bringen, die für mehrfache Runden von Ablösung und Anlagerung an unspezifische Stellen erforderlich wäre. Deshalb scheidet ein Zufallstreffermechansimus für die Suche nach dem Operator aus, so daß anzunehmen ist, daß der Repressor direkt von einer beliebigen Stelle in der DNA zum Operator gelangen kann. Es geht um dieselbe Frage, mit der wir uns bereits bei der RNA-Polymerase und deren Fähigkeit, Promotoren zu finden, beschäftigt haben, und die in Abbildung 11.14 gezeigt wird. Vermutlich ist die Antwort gleich: Die Bewegung könnte durch direkte Verlagerung von einer Stelle zur nächsten

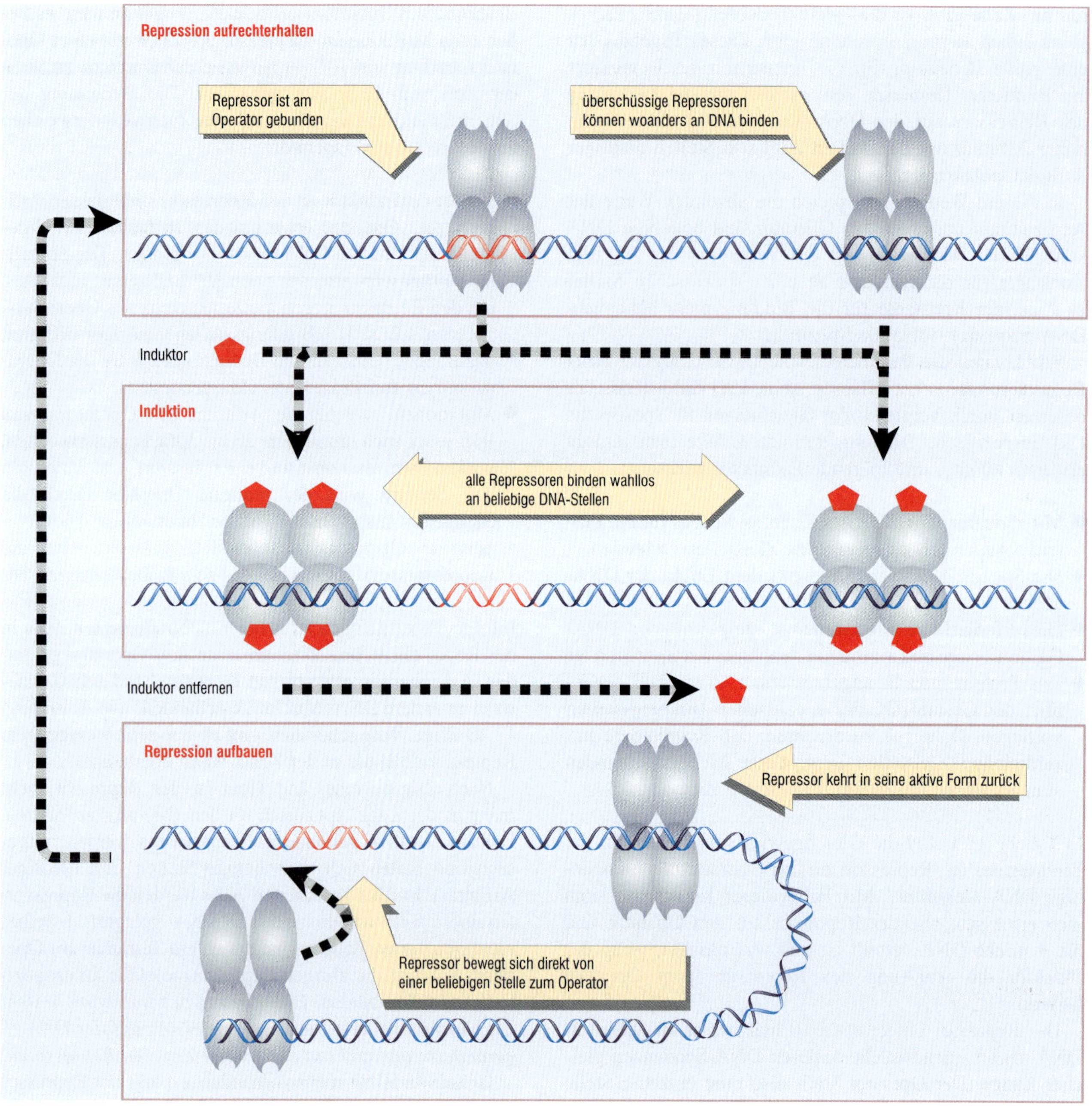

12.18 Nahezu alle Repressoren in der Zelle sind an DNA gebunden.

erfolgen, (Abbildung 11.18). Für eine Verlagerungsreaktion könnte es hilfreich sein, daß jedes Tetramer mehr Bindungsstellen (vier) hat, als eigentlich für die Kontaktaufnahme zur DNA (zwei) jeweils nötig sind.

Die Parameter, die mit dem Auffinden eines Operators mit hoher Affinität angesichts der Konkurrenz zahlreicher Stellen mit niedriger Affinität verbunden sind, könnten den Repressor in Schwierigkeiten bringen. Im Zustand der Repression muß eine hohe Spezifität zum Operator gegeben sein. Bei der Induktion muß diese Spezifität jedoch aufgehoben werden. Nehmen wir beispielsweise an, es gäbe 1 000 Repressormoleküle pro Zelle. Dann wären unter Repressionsbedingungen nur 0,04 % der Operatoren frei. Nach Induktion wären jedoch auch nur 40 % der Operatoren frei. Es besteht also eine umgekehrt Abhängigkeit zwischen der Fähigkeit, vollständige Repression zu erreichen, und der, die Repression effektiv aufzuheben. Man nimmt an, daß die Zahl der *in vivo* synthetisierten Repressoren einer Selektion unterlegen hat, die diese Anforderungen ausgleicht.

Tatsächlich besteht bei der Expression des Lactose-Operons *in vivo* ein etwa 10^3facher Unterschied zwischen dem reprimierten und dem induzierten Zustand. Anders gesagt, findet auch in Abwesenheit eines Induktors die Expression auf einem Grundniveau statt, das etwa 0,1 % des induzierten Niveaus entspricht. Wären mehr Repressorproteine vorhanden, läge das Grundniveau niedriger; bei weniger Repressoren in der Zelle läge es höher. Demnach wäre es unmöglich, die Repression zu sichern, wenn es weniger als die zehn in der Zelle vorhandenen Repressoren gäbe. Andererseits könnte die Induktion des Operons erschwert werden, wenn zu viele Repressoren vorhanden wären.

12.6 Die Repression kann an mehreren Loci stattfinden

Der *lac*-Repressor wirkt nur am Operator des *lacZYA*-Genclusters. Einige andere Repressoren kontrollieren jedoch mehrere verstreute Strukurgene und binden an mehr als einen Operator. Ein Beispiel ist der *trp*-Repressor, der drei unabhängige Gengruppen kontrolliert:

- Ein Operator am Strukturgencluster *trpEDBCA* steuert die koordinierte Synthese der Enzyme, die aus Chorisminsäure Tryptophan herstellen.
- Ein Operator an einem anderen Locus kontrolliert das *aroH*-Gen, das eines der drei Enzyme codiert, welche die erste Reaktion im Biosyntheseweg für aromatische Aminosäuren katalysieren.
- Das *trpR*-Regulatorgen wird durch sein eigenes Produkt, den *trp*-Repressor, reprimiert. Das Repressorprotein bewirkt also eine Reduktion seiner eigenen Synthese. Dieser Regelkreis ist ein Beispiel für **autogene Kontrolle**. Derartige Regelkreise sind bei Regulatorgenen recht verbreitet und können negativ oder positiv wirken. (Beispiele werden wir später in diesem Kapitel und in Kapitel 13 vorstellen.)

An allen drei Loci, an denen der *trp*-Repressor wirkt, sind ähnliche Operatorsequenzen aus 21 bp vorhanden. Wie diese Sequenzen konserviert sind, zeigt Abbildung 12.19. Jeder der Operatoren weist deutliche (jedoch nicht identische) Rotationssymmetrien auf. Die in allen drei Operatoren konservierten Merkmale schließen die für die Repressorbindung wichtigen Kontaktpunkte ein. So erklärt sich, warum ein Repressorprotein an mehreren Loci wirken kann: *Jeder Locus enthält eine Kopie der spezifischen DNA-Bindungssequenz, die der Repressor erkennt* (genauso wie allen Promotoren Consensussequenzen gemein sind).

In Abbildung 12.20 sind die vielfältigen Beziehungen zwischen Operatoren und Promotoren zusammengestellt. Bemerkenswert ist, daß die vom *trp*-Repressor erkannten verstreuten Operatoren an jedem Locus an einer anderen Position innerhalb des Promotors liegen. Bei *trpR* befindet

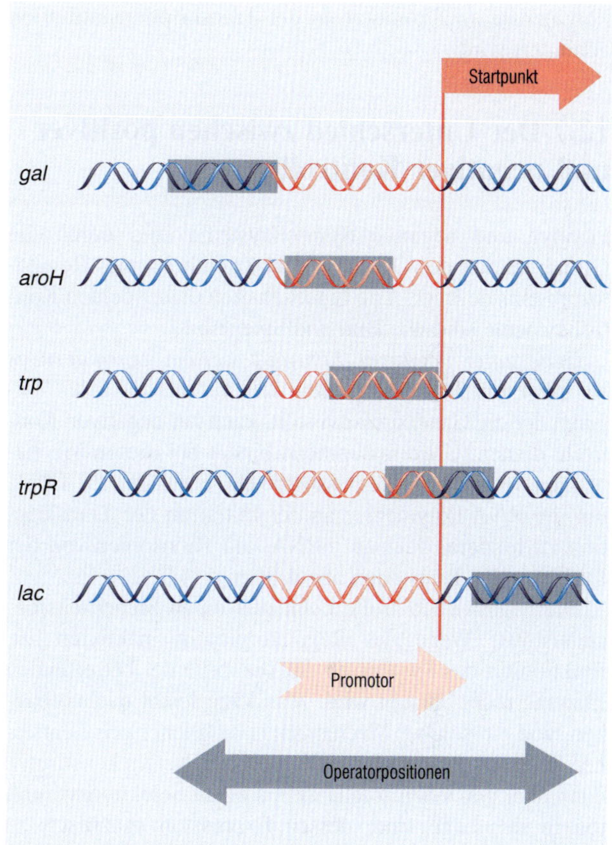

12.20 Operatoren können in bezug auf den Promotor verschiedene Positionen einnehmen.

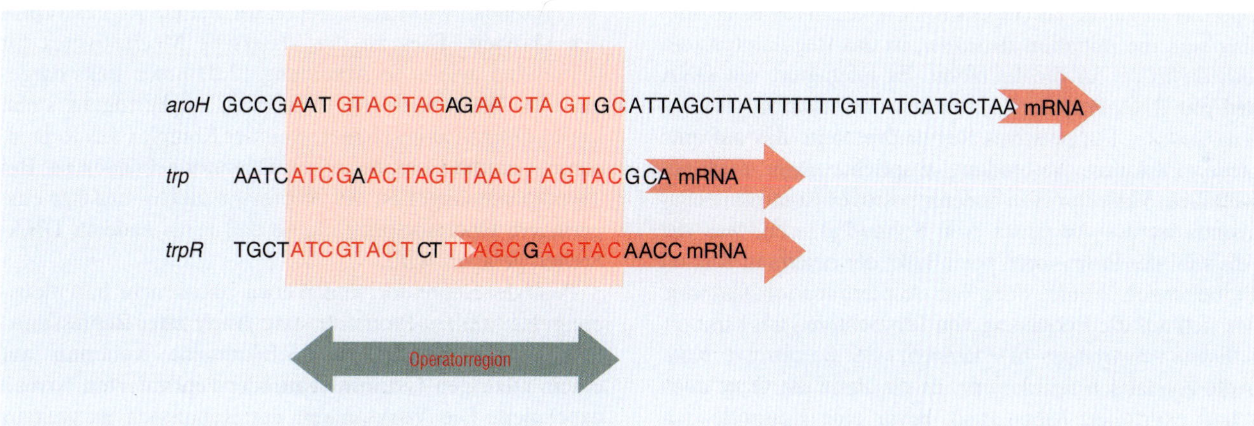

12.19 Der *trp*-Repressor erkennt Operatoren an drei Loci. Konservierte Basen sind farbig dargestellt.

sich der Operator zwischen den Positionen –12 und +9, im *trp*-Operon belegt er die Positionen –23 bis –3 und im *aroH*-Locus findet er sich noch weiter stromaufwärts vom Promotor zwischen –49 und –29. In anderen Fällen liegt der Operator stromabwärts vom Promotor (wie bei *lac*) oder offenbar knapp stromaufwärts außerhalb des Promotors (wie bei *gal*, bei dem die Art der Repression nicht ganz klar ist). Weil der Repressor an Operatoren wirken kann, die in jedem Zielpromotor an verschiedenen Positionen liegen, dürfte es Unterschiede in der Repressionsweise geben mit dem gemeinsamen Merkmal, daß die RNA-Polymerase am Promotor an der Transkriptionsinititation gehindert wird.

12.7 Der Unterschied zwischen positiver und negativer Kontrolle

Positive und negative Kontrollsysteme sind durch die Grundreaktion des Operons in Abwesenheit eines Regulatorproteins definiert. Die Eigenschaften dieser beiden Kontrollsysteme sind wie Bild und Spiegelbild.

Gene unter negativer Kontrolle werden exprimiert, es sei denn, ein Repressorprotein schaltet sie ab. Jeder Vorgang, der die Genexpression stört, kann zur negativen Kontrolle dienen. Übereinstimmend bindet bei diesen Mechanismen jedoch ein Repressorprotein entweder an DNA, um die RNA-Polymerase an der Initiation der Transkription zu hindern, oder an mRNA, um Ribosomen von der Initiation der Translation abzuhalten.

Die negative Kontrolle beinhaltet einen Sicherheitsmechanismus: Wenn das Regulatorprotein inaktiviert ist, funktioniert das System, so daß die Zelle der betreffenden Enzyme nicht beraubt wird. Man kann leicht nachvollziehen, wie ein solcher Mechanismus möglicherweise entstehen kann. Ursprünglich funktioniert ein System konstitutiv, dann aber gewinnen solche Zellen einen Selektionsvorteil, die in der Lage sind, dessen Expression spezifisch zu beeinflussen, da sie wirtschaflicher arbeiten können.

Gene unter positiver Kontrolle können nur dann exprimiert werden, wenn ein aktives Regulatorprotein vorhanden ist. Der Mechanismus zur Kontrolle eines einzelnen Operons ist genau das Gegenstück der negativen Kontrolle, aber statt die Initiation zu *stören*, ist das Regulatorprotein *unentbehrlich* für die Initiation. Es interagiert mit DNA und mit RNA-Polymerase, um den *Initiationsvorgang zu unterstützen*. Ein positives Regulatorprotein, das auf eine niedermolekulare Verbindung anspricht, nennt man gewöhnlich **Aktivator**. Ein anderer positiver Kontrollmechanismus ist der Austausch von Sigma-Faktoren, was die Auswahl der Promotoren beeinflußt; der bereits in Kapitel 11 behandelt wurde, oder von Antiterminationsfaktoren, der sich auf die Erkennung von Terminatoren auswirkt.

Es ist schwieriger zu erkennen, wie die positive Kontrolle entstanden sein könnte, da die Zelle die Gene auch schon exprimiert haben muß, bevor eine Kontrolle existierte. Vielleicht hatte ein Bestandteil des Kontrollsystems eine andere Rolle. Möglicherweise diente er ursprünglich als normaler Teil des Genexpressionsapparats, und später wurde seine Wirkung dann auf ein oder mehrere Systeme beschränkt.

Operons werden aufgrund ihrer Reaktion auf niedermolekulare Verbindungen, die ihre Expression reguliert, als **induzierbar** oder **reprimierbar** eingestuft. Induzierbare Operons sind nur in *Anwesenheit* des niedermolekularen Induktors funktionsfähig. Reprimierbare Operons sind nur in *Abwesenheit* des niedermolekularen Corepressors angeschaltet (so genannt zur Unterscheidung vom Repressorprotein).

In der Terminologie für reprimierbare Systeme wird der aktive Zustand des Operons als **dereprimiert** bezeichnet, was gleichbedeutend ist mit *induziert*. Wenn ein (mutiertes) Operon nicht dereprimiert werden kann, nennt man diesen Zustand auch **überreprimiert**, was der Bezeichnung *nichtinduzierbar* entspricht.

Um entweder Induktion oder Repression zu erreichen, lassen sich sowohl positive als auch negative Kontrolle anwenden, indem geeignete Interaktionen zwischen dem Regulatorprotein und dem niedermolekularen Induktor beziehungsweise Corepressor genutzt werden. In Abbildung 12.21 sind vier einfache Formen von Regelkreisen zusammengestellt. Induktion erfolgt, wenn ein Induktor ein Repressorprotein inaktiviert oder ein Aktivatorprotein aktiviert. Repression wird erreicht, wenn ein Corepressor ein Repressorprotein aktiviert oder ein Aktivatorprotein inaktiviert.

Anhand der genetischen Auswirkungen der Inaktivierung eines Regulatorproteins kann man negative und positive Kontrollsysteme voneinander unterscheiden. Die Inaktivierung eines Repressorproteins bewirkt die rezessive Konstitutivität (oder Derepression), die typisch für negative Regulationssysteme ist. Andererseits verursacht eine Mutation, die einen Aktivator funktionsuntüchtig macht, die rezessive Nichtinduzierbarkeit (oder Überrepression), die positive Kontrollsysteme kennzeichnet.

Das Tryptophan-(*trp*-)Operon ist ein Beispiel für ein reprimierbares System. Tryptophan ist das Endprodukt der Biosynthesereaktionen einer Reihe von Enzymen. Sowohl die Aktivität als auch die Synthese dieser Enzyme wird durch den Tryptophanspiegel in der Zelle reguliert.

Tryptophan wirkt als Corepressor, der ein Repressorprotein aktiviert. Dies ist der klassische Mechanismus für Repression, wie er in Abbildung 12.21 unten links dargestellt ist. Wenn reichlich Tryptophan zur Verfügung steht, ist das Operon abgeschaltet, weil der Komplex aus Repressorprotein und Corepressor am Operator gebunden ist. Bei Tryptophanmangel ist der Repressor inaktiv und hat eine geringere Operatorspezifität, so daß er an anderen DNA-Stellen gelagert wird.

Fehlt der Repressor, finden etwa 70mal mehr Initiationsereignisse am *trp*-Promotor statt. Auch unter Repressionsbedingungen werden die Strukturgene weiterhin auf einem niedrigen **Grundniveau** oder **reprimierten Niveau** exprimiert. Die Wirksamkeit der Repression ist weitaus geringer als beim *lac*-Operon (bei dem das Grundniveau nur etwa 1/1 000 des induzierten Niveaus beträgt).

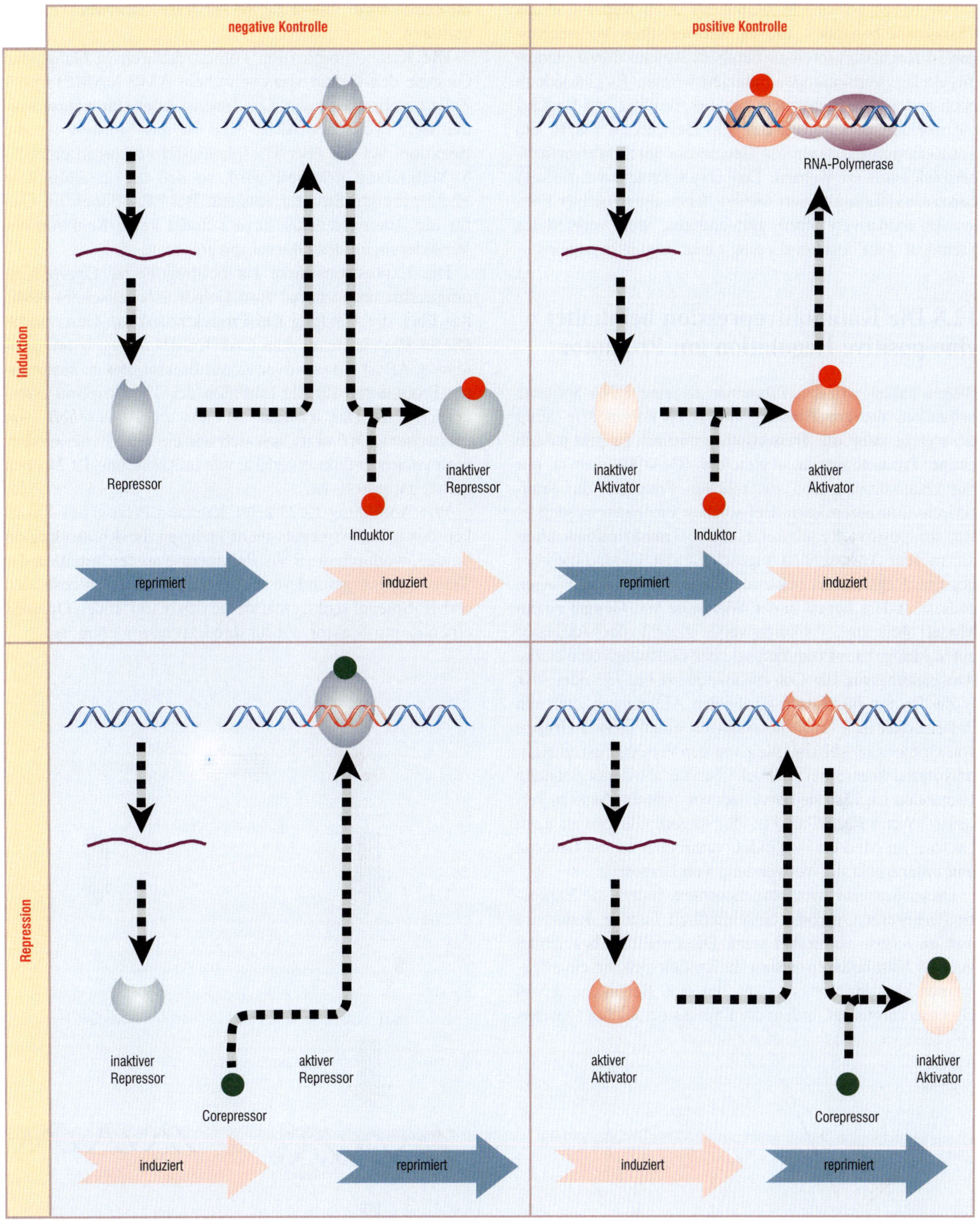

12.21 Regelkreise sind vielfältig und können so ausgelegt sein, daß sie eine positive oder negative Kontrolle von Induktion oder Repression ermöglichen.

Wir haben sowohl Induktion als auch Repression als Phänomene behandelt, die auf allosterischen Veränderungen in Regulatorproteinen beruhen, welche durch niedermolekulare Verbindungen induziert werden. Es gibt jedoch noch andere Möglichkeiten, um die Aktivität von Regulatorproteinen zu kontrollieren. Ein Beispiel ist OxyR, ein Transkriptionsaktivator von Genen, die durch Wasserstoffperoxid induziert werden. Das OxyR-Protein wird direkt durch Oxidation aktiviert und ist daher ein sensitiver Fühler für oxidativen Streß. Ein anderes, weit verbreitetes Signal ist die Phosphorylierung eines Regulatorproteins.

12.8 Die Katabolitrepression beinhaltet eine positive Regulation am Promotor

Bisher haben wir den Promotor als eine DNA-Sequenz behandelt, die zur Bindung der RNA-Polymerase fähig ist, welche dann die Transkription initiiert. Es gibt jedoch einige Promotoren, an denen die RNA-Polymerase nur mit Unterstützung von zusätzlichen Proteinen die Transkription initiieren kann. Bei solchen Proteinen handelt es sich um positive Regulatoren, da die Transkriptionseinheit nur in ihrer Anwesenheit angeschaltet ist. Es sind mehrere positive Regulatoren bekannt; einige werden von Phagen codiert, andere liegen in der Wirtszelle vor. Gemäß einem Modell für ihre Wirkungsweise gleicht der Aktivator einen Mangel am Promotor aus, beispielsweise eine starke Abweichung von der Consensussequenz bei –35 oder –10.

Zu den am häufigsten wirkenden Aktivatoren zählt ein Protein, das in *E. coli* die Aktivität einer großen Gruppe von Operons in Abhängigkeit von der Versorgung mit Kohlehydraten kontrolliert. Wenn Glucose als Engergiequelle vorhanden ist, wird sie bevorzugt vor anderen Zuckern verwertet. Wenn *E. coli* also (z. B.) sowohl Glucose als auch Lactose im Medium vorfindet, verarbeitet es die Glucose und unterdrückt die Verwendung von Lactose.

Diese Auswahl wird vorgenommen, indem die Expression mehrerer Operons, einschließlich *lactose*, *galactose* und *arabinose* verhindert wird. Diesen Effekt bezeichnet man als **Katabolitrepression**. Es handelt sich um ein allgemeines Koordinierungssystem, das eine Bevorzugung von Glucose durchsetzt, indem die Expression solcher Operons inhibiert wird, die Enzyme anderer Stoffwechselwege codieren.

Die Katabolitrepression kommt dadurch in Gang, daß Glucose den Gehalt von cyclischem AMP (cAMP) in der Zelle herabsetzen kann. Das Enzym **Adenylatcyclase** synthetisiert cyclisches AMP. ATP ist das Substrat für die Reaktion, bei der über Phosphodiesterbindungen eine 3'–5'-Verbindung geknüpft wird, so daß die in Abbildung 12.22 gezeigte Struktur entsteht. Bei Mutationen im Gen für die Adenylatcyclase (*cya*⁻) findet keine Reaktion auf Veränderungen des Glucosespiegels statt.

Die Expressionsstärke katabolitregulierter Operons ist umgekehrt proportional zum Gehalt an cyclischem AMP, das über die Bindung des Produkts des *cap*-Gens wirkt. Dieses Protein nennt man CAP (*catabolite activator protein*). CAP ist ein positiver Kontrollfaktor, der an bestimmten Promotoren für die Initiation der Transkription erforderlich ist. Das Protein ist nur *in Anweseheit von cyclischem AMP* aktiv, das sich wie ein klassischer niedermolekularer Induktor verhält, wie in Abbildung 12.21 oben rechts dargestellt ist.

Wie Abbildung 12.23 zeigt, kann das Protein bei Absinken des cAMP-Spiegels nicht mehr an die Kontrollregion binden, wodurch die RNA-Polymerase an der Initiation der Transkription gehindert wird. Indem also Glucose den cAMP-Spiegel senkt, entzieht sie den betreffenden Operons einen Kontrollfaktor, der für ihre Expression nötig ist.

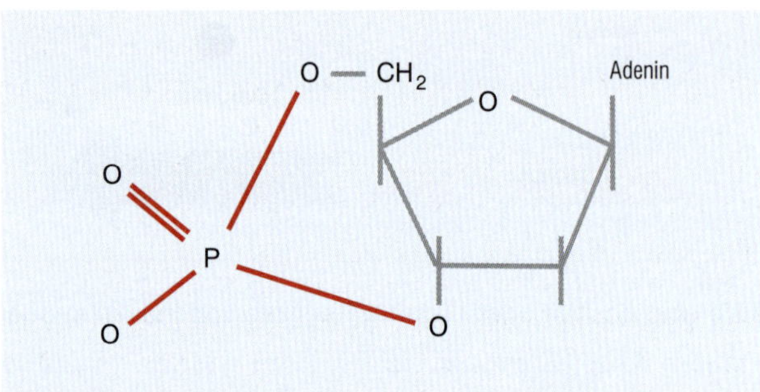

12.22 Cyclisches AMP hat eine einzige Phosphatgruppe, die sowohl mit der 3'- als auch mit der 5'-Position des Zuckerringes verbunden ist.

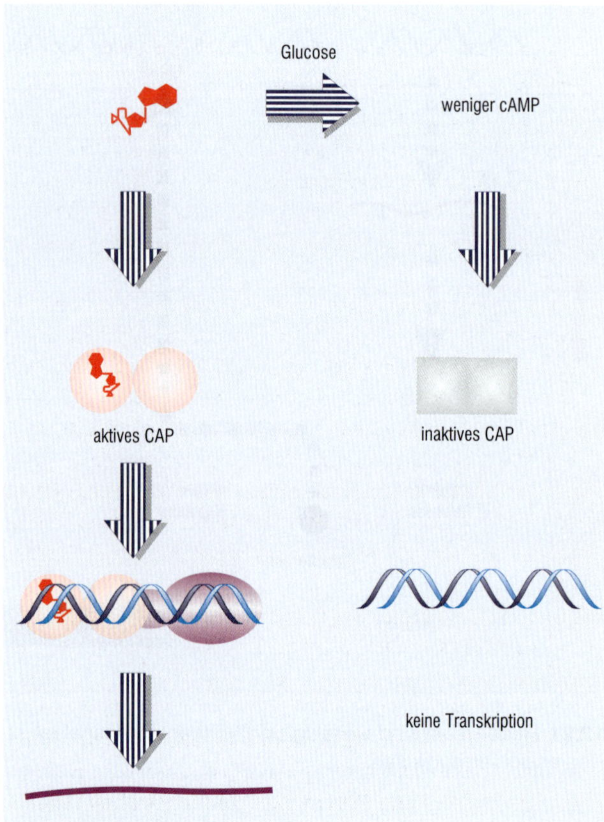

12.23 Glucose verursacht die Katabolitrepression, indem es den Spiegel an cyclischem AMP senkt.

Der CAP-Faktor bindet an DNA. Komplexe aus cyclischem AMP, CAP und DNA finden sich an allen Promotoren, an denen CAP wirkt. Der Faktor ist ein Dimer aus zwei identischen Untereinheiten von 22,5 kD, das durch ein einzelnes cAMP-Molekül aktiviert werden kann. Ein CAP-Monomer enthält eine DNA-Bindungsstelle und eine Transkriptionsaktivierungsregion.

Ein CAP-Dimer bindet an eine Sequenz aus etwa 22 bp in einem entsprechenden Promotor. Die Bindungsstellen enthalten Variationen der in Abbildung 12.24 aufgeführten Consensussequenz. Mutationen, welche die CAP-Wirkung verhindern, kommen gewöhnlich innerhalb des hochkonservierten Pentamers $^{\mathrm{TGTGA}}_{\mathrm{ACACT}}$ vor, welches das für die Erkennung wesentliche Element zu sein scheint. Besonders fest bindet CAP an Stellen mit zwei (invertierten) Versionen des Pentamers, da dann beide Untereinheiten des Dimers an die DNA binden. Vielen Bindungsstellen fehlt das zweite Pentamer jedoch, so daß in diesen Fällen die zweite Untereinheit an eine andere Sequenz binden muß (wenn sie an DNA bindet). Die Hierarchie der Bindungsaffinitäten für CAP bietet eine Erklärung dafür, warum *in vivo* verschiedene Gene durch verschiedene cAMP-Spiegel aktiviert werden.

Eigenartigerweise liegen die Bindungsstellen von CAP in den einzelnen regulierten Operons jeweils an anderen Positionen in bezug auf den Startpunkt. Außerdem kann das TGTGA-Pentamer in beliebiger Orientierung vorliegen. Die drei Beispiele in Abbildung 12.25 zeigen das Spektrum der Positionen:

- Manchmal liegt die CAP-Bindungsstelle innerhalb des Promotors. Ein Beispiel ist der *gal*-Locus, bei dem sich die CAP-Bindungsstelle bei –41 befindet und von –50 bis –23 reicht. Wahrscheinlich bindet nur ein einziges CAP-Dimer in engem Kontakt zur RNA-Polymerase, da die CAP-Bindungsstelle weit in den Bereich ragt, der gewöhnlich von der RNA-Polymerase geschützt wird.
- Die CAP-Bindungsstelle grenzt an den Promotor. Ein Beispiel ist das *lac*-Operon, bei dem die von CAP geschützte DNA-Region um –61 liegt und sich von –72 bis –52 erstreckt. Möglicherweise sind dort zwei CAP-Dimere gebunden. Das Bindungsmuster läßt sich damit in Einklang bringen, daß CAP sich hauptsächlich an eine Seite der DNA anlagert, und zwar an dieselbe, an welche die RNA-Polymerase bindet. In dieser Stellung liegen die beiden Proteine gerade eben in Reichweite voneinander.
- In anderen Operons liegt die CAP-Bindungsstelle weit stromaufwärts vom Promotor. Bei der *ara*-Region z. B. ist die Bindungsstelle für ein einzelnes CAP-Dimer von –107 bis –78 am weitesten vom Startpunkt entfernt. In diesem Fall hat CAP keinen Kontakt zur RNA-Polymerase, da ein *weiteres* Regulatorprotein in dem Bereich zwischen CAP- und Polymerasebindungsstellen bindet.

Die Abhängigkeit von CAP hat mit der dem Promotor eigenen Effizienz zu tun. Keiner der CAP-abhängigen Promotoren hat eine gute –35-Sequenz, einigen fehlt auch eine gute –10-Sequenz. Man könnte sogar behaupten, daß eine wirkungsvolle Kontrolle durch CAP schwierig wäre, wenn die Promotoren starke –35 und –10-Sequenzen hätten, die unabhängig von CAP mit der RNA-Polymerase interagieren würden.

Prinzipiell gibt es zwei Möglichkeiten, wie CAP die Transkription aktivieren könnte. Der Faktor könnte direkt mit der RNA-Polymerase interagieren oder er verändert möglicherweise die Struktur der DNA auf irgendeine Weise, um die Bindung der RNA-Polymerase zu beeinflussen. Tatsächlich wirkt CAP sowohl auf die RNA-Polymerase als auch auf die DNA.

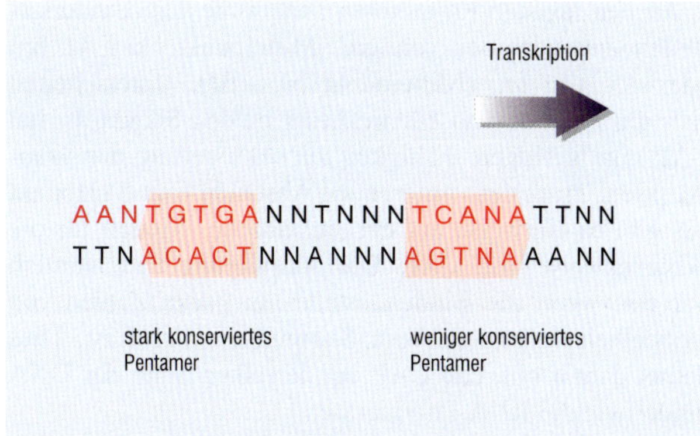

12.24 Die Consensussequenz für CAP enthält das hochkonservierte Pentamer TGTGA und (manchmal) eine Umkehr dieser Sequenz (TCANA).

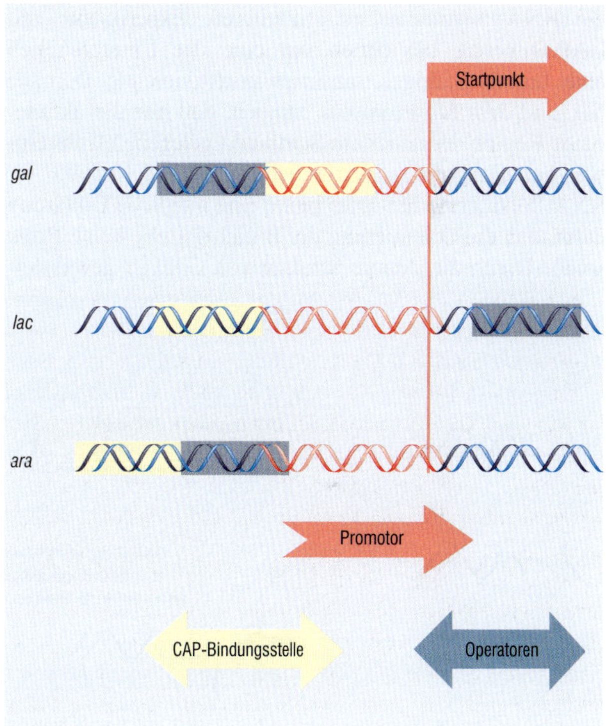

12.25 Das Cap-Protein kann relativ zur RNA-Polymerase an verschiedenen Stellen binden.

An den meisten Promotoren ähneln die Cap-Bindungsstellen entweder der von *gal* (Mittelpunkt bei –41 bp) oder der von *lac* (Mittelpunkt bei –61). Unterscheidet sich die Position von einem dieser beiden Standards, hat CAP eine geringere Fähigkeit zur Aktivierung der Transkription. Trotz der variierenden Abstände vom Startpunkt aus gibt es Hinweise auf ein einheitliches Modell für die Wikungsweise von CAP. Die Aktivierung tritt nämlich nur ein, wenn die Bindungsstelle um ganze Zahlen von Doppelhelixdrehungen vom Startpunkt entfernt ist. Dies deutet darauf hin, daß CAP auf derselben Seite der DNA bindet wie die RNA-Polymerase.

Wenn die α-Untereinheit der RNA-Polymerase eine Deletion am C-Terminus aufweist, scheint die Transkription normal zu sein, bis auf die Tatsache, daß die Polymerase nicht mehr von CAP aktiviert werden kann. CAP wirkt also vermutlich direkt auf die α-Untereinheit, um die RNA-Polymerase zu stimulieren. Experimente mit CAP-Dimeren, bei denen nur eine der Untereinheiten eine funktionsfähige, transkriptionsaktivierende Domäne hat, und dem *lac*-Promotor ergeben, daß nur die aktivierende Region der näher am Startpunkt gelegenen Untereinheit benötigt wird – vermutlich weil diese Kontakt zur RNA-Polymerase hat. Dies bietet eine mögliche Erklärung dafür, daß die Orientierung der Bindungsstelle keine Rolle spielt: Durch die dimere Struktur von CAP ist gewährleistet, daß eine der Untereinheiten der RNA-Polymerase eine aktivierende Region präsentieren kann, unabhängig davon, welche Untereinheit in welcher Orientierung an die DNA bindet. Der aktivierende Bereich von CAP besteht aus einer kleinen hervorstehenden Schleife; Punktmutationen in diesem Bereich verhindern die Interaktion mit der RNA-Polymerase.

Die Wirkung auf die Bindung der RNA-Polymerase hängt von der Position der beiden Proteine zueinander ab. Bindet CAP innerhalb des Promotors (wie bei *gal*), wird der Übergang vom geschlossenen zum offenen Komplex hin beschleunigt. Bindet CAP neben dem Promotor (wie bei *lac*), erhöht es in erster Linie die Geschwindigkeit, mit der die Polymerase überhaupt bindet und einen geschlossenen Komplex bildet. Die Auswirkungen der Interaktion werden also vermutlich von der Geometrie der Proteine an den einzelnen Promotoren bestimmt. (Am *ara*-Promotor könnten andere Wechselwirkungen und weitere Proteine eine Rolle spielen.)

Die Struktur des CAP/DNA-Komplexes ist interessant, weil *die DNA gebogen ist*. Proteine können die Doppelhelixstruktur der DNA durch ihre Bindung stören; einige Regulatorproteine induzieren eine Biegung in der Achse (*bending*).

Abbildung 12.26 zeigt eine Technik, mit der man Ausmaß und Lage einer Biegung ermitteln kann. Man stellt

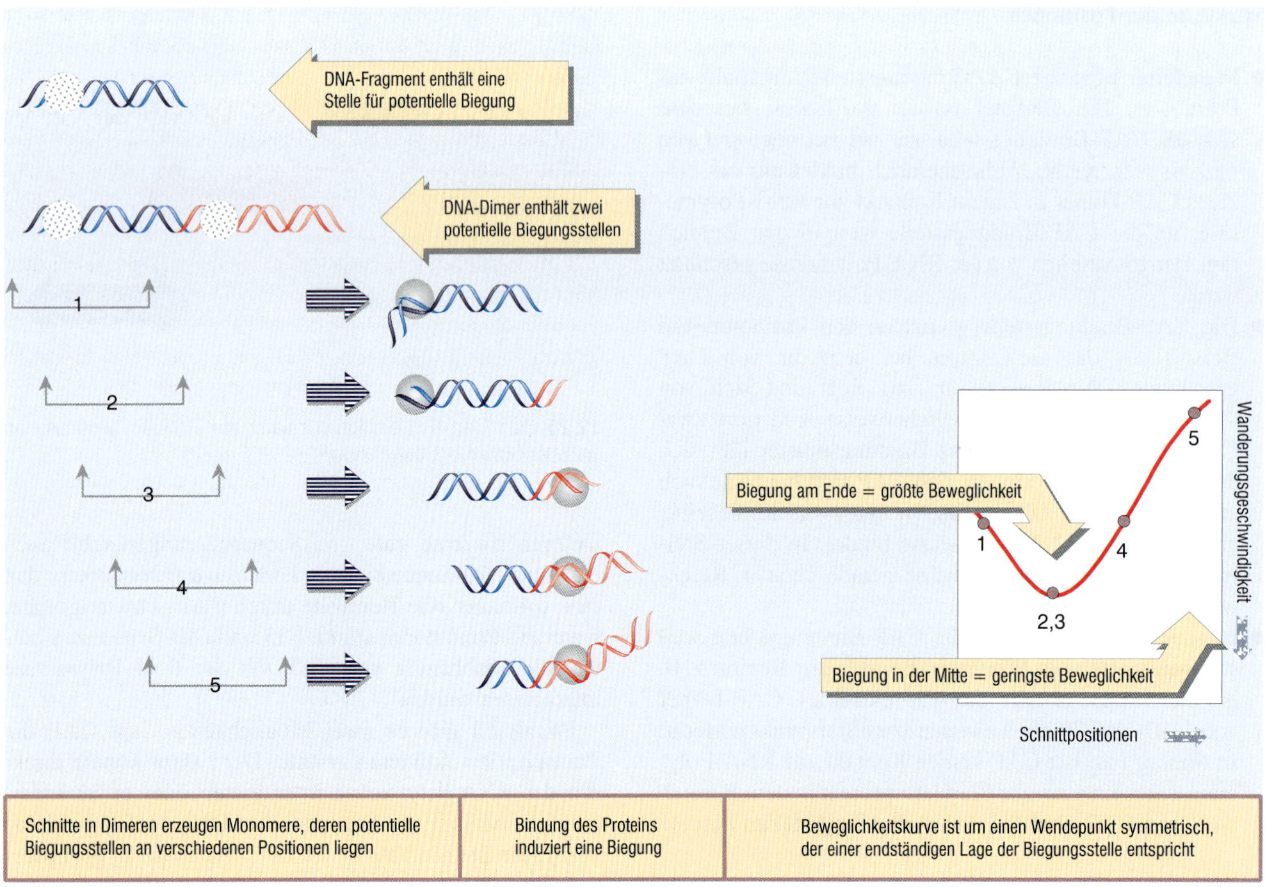

12.26 Mittels Gelelektrophorese läßt sich die DNA-Biegung (*bending*) analysieren.

ein Dimer der Zielsequenz her und schneidet dieses mit verschiedenen Restriktionsenzymen, um einen Satz von gegeneinander verschobenen Fragmenten zu erhalten, deren Länge jeweils der eines Monomers entspricht. Die Proteinbindungsstelle liegt in jedem dieser Fragmente an einer anderen Position.

In einem Elektrophoresegel wandern die Fragmente, abhängig von der Position der Biegung, mit unterschiedlicher Geschwindigkeit. (Wenn keine Biegung vorhanden ist, wandern alle Fragmente gleich schnell.) Befindet sich die Biegung in der Mitte des DNA-Fragments, behindert sie die Beweglichkeit am stärksten, so daß sich dieses Fragment am langsamsten fortbewegt. Am wenigsten hinderlich ist eine Biegung an einem Ende des Moleküls, so daß solche Fragmente am schnellsten sind.

Zur Auswertung der Ergebnisse trägt man die Wanderungsgeschwindigkeit gegen die Position der Restriktionsschnitte auf. Die größte Beweglichkeit findet sich am tiefsten Punkt der Kurve. In den entsprechenden Fragmenten befindet sich die Restriktionsschnittstelle direkt neben der Stelle, an der die Biegung induziert wird.

Im Fall der Interaktion zwischen CAP und dem *lac*-Promotor liegt dieser Punkt am Zentrum der Rotationssymmetrie. Die Biegung ist mit über 90° recht ausgeprägt, wie das Modell in Abbildung 12.27 zeigt. Durch die Bindung des CAP-Proteins kommt es also zu einer dramatischen Veränderung in der Organisation der DNA-Doppelhelix. Die Biegung erfolgt, indem ein scharfer Knick in die TGTGA-Consensussequenz eingeführt wird. Die beiden Knicke in den Hälften der palindromischen Sequenz verursachen den Biegungswinkel von insgesamt 90°. Möglicherweise beeinflußt die Biegung direkt die Transkription, sie könnte aber auch lediglich dazu dienen, daß CAP Kontakt zur RNA-Polymerase am Promotor aufnehmen kann.

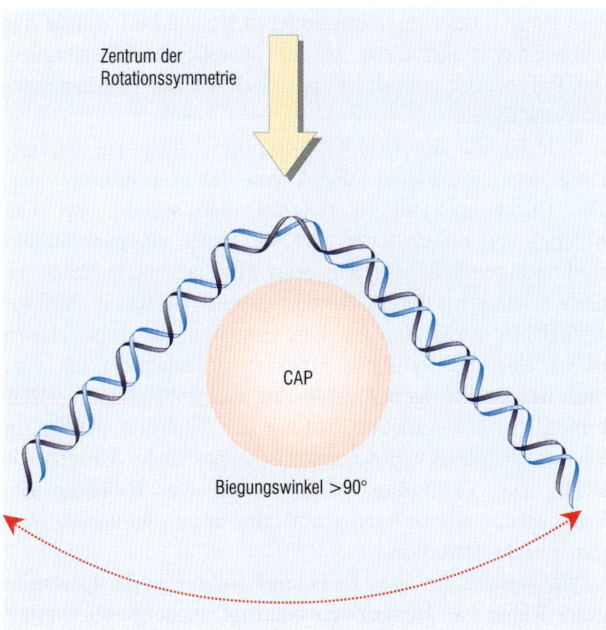

12.27 CAp biegt die DNA um mehr als 90° um die Symmetrieachse.

Auf welche Weise auch immer CAP die Transkription an diversen Promotoren aktiviert, dient es doch demselben allgemeinen Zweck, nämlich alternative Stoffwechselwege abzuschalten, wenn diese überflüssig werden, weil der Zelle ausreichend Glucose zur Verfügung steht. Dies verdeutlich nochmals die Tatsache, daß eine koordinierte Kontrolle, gleich ob negativer oder positiver Art, mehrere verstreute Loci betreffen kann, indem die Bindungsstellen für das Regulatorprotein dort wiederholt vorkommen.

12.9 Schlechte Wachstumsbedingungen rufen die stringente Kontrolle hervor

Wenn Bakterien derart schlechte Wachstumsbedingungen vorfinden, daß nicht genügend Aminosäuren für die Proteinsynthese vorhanden sind, stellen sie einen Großteil ihrer Aktivitäten ein. Dies bezeichnet man als **stringente Kontrolle**. Man kann sie als Überlebensmechanismus in schwierigen Zeiten ansehen: Das Bakterium geht sparsam mit seinen Ressourcen um und beschränkt sich auf ein Minimum von Aktivitäten, bis sich die Nährstofflage bessert. Dann kehrt sich die Reaktion um, und das Bakterium entfaltet wieder sein ganzes Spektrum an Stoffwechselaktivitäten.

Die stringente Kontrolle bewirkt eine drastische (10- bis 20fache) Reduktion der Synthese von rRNA und tRNA. Dies reicht bereits, um die gesamte RNA-Synthese auf fünf bis zehn Prozent des vorherigen Niveaus abzusenken. Die Synthese bestimmter mRNAs wird ebenfalls reduziert, was insgesamt etwa zu einer dreifachen Verringerung der mRNA-Synthese führt; die Geschwindigkeit des Proteinabbaus erhöht sich. Der Stoffwechsel wird an vielen Stellen angepaßt, wie sich an der Abnahme der Synthese von Nucleotiden, Kohlenhydraten, Lipiden und anderen Verbindungen zeigt.

Die stringente Kontrolle verursacht eine Anhäufung ungewöhnlicher Nucleotide:

- **ppGpp** ist Guanosintetraphosphat, bei dem sowohl an der 5′- als auch an der 3′-Position Diphosphate angeheftet sind.
- **pppGpp** ist ein Guanosinpentaphosphat mit einer 5′-Triphosphatgruppe und einem Diphosphat am 3′-Ende.

Diese Moleküle sind typische niedermolekulare Effektoren, die dadurch wirken sollen, daß sie an Zielproteine binden und ihre Aktivität verändern. Manchmal bezeichnet man sie zusammenfassend als (p)ppGpp.

(p)ppGpp bewirkt eine koordinierte Regulation einer großen Zahl von Zellaktivitäten. Ihre Produktion wird auf zwei Weisen kontrolliert. Die stringente Kontrolle führt zu einer drastischen Erhöhung des (p)ppGpp-Spiegels. Außerdem ist die Vermehrungsgeschwindigkeit der Bakterien ganz allgemein umgekehrt proportional zum (p)ppGpp-Spiegel, was auf unbekannte Art reguliert wird.

Fehlt irgendeine Aminosäure oder ist irgendeine Aminoacyl-tRNA-Synthetase durch eine Mutation inaktiviert, reicht dies für die Initiation der stringenten Kontrolle aus. Auslöser für die gesamte Serie von Ereignissen ist *das Vorhandensein einer unbeladenen tRNA in der A-Bindungsstelle des Ribosoms*. Unter normalen Bedingungen werden nur Aminoacyl-tRNAs von EF-Tu in die A-Bindungsstelle plaziert, wie in Kapitel 8 beschrieben. Ist jedoch für ein bestimmtes Codon keine passende Aminoacyl-tRNA vorhanden, kann die unbeladene tRNA Zugang erhalten. Das Ribosom ist nun natürlich für die weitere Translation blockiert, so daß eine **Leerlaufreaktion** ausgelöst wird.

Die Bestandteile, die an der Herstellung von (p)ppGpp über die Leerlaufreaktion beteiligt sind, wurden durch sogenannte **relaxierte (*rel*)** Mutanten identifiziert. In *rel*-Mutanten gibt es keine stringente Kontrolle, so daß ein Aminosäuremangel nicht zu einer Abnahme der RNA-Synthese führt oder andere normalerweise stattfindende Reaktionen beeinträchtigt.

Am häufigsten kommen relaxierte Mutationen im Gen *relA* vor, das ein Protein namens **Stringenzfaktor** codiert. Dieser Faktor ist mit den Ribosomen assoziiert, kommt aber in relativ geringer Menge von weniger als einem Molekül pro 200 Ribosomen vor. Vielleicht ist also nur eine Minderheit der Ribosomen in der Lage, an der stringenten Kontrolle teilzunehmen.

Ribosomen aus stringent reagierenden Bakterien können ppGpp und pppGpp *in vitro* synthetisieren, vorausgesetzt, ihre A-Bindungsstelle ist mit einer unbeladenen *zum Codon passenden* tRNA besetzt. Ribosomen aus relaxierten Mutanten sind zu dieser Reaktion nicht fähig, erlangen diese Fähigkeit aber durch Zugabe des Stringenzfaktors.

Abbildung 12.28 zeigt den Syntheseweg für (p)ppGpp. Der Stringenzfaktor (RelA) ist das Enzym, das die Übertragung einer Pyrophosphatgruppe von ATP auf die 3′-Position von GTP oder GDP in der Synthese katalysiert. Die korrekte Bezeichnug für diese Aktivität ist (p)ppGpp-Synthetase.

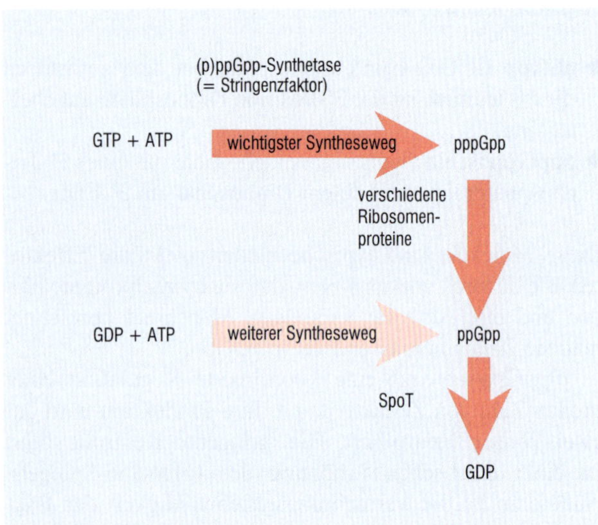

12.28 Der Stingenzfaktor katalysiert die Synthese von pppGpp und ppGpp. Ribosomale Proteine können pppGpp zu ppGpp dephosphorylieren.

Wie wird ppGpp beseitigt, wenn sich die Bedingungen wieder normalisieren? Ein Gen namens *spoT* codiert ein Enzym, das hauptsächlich für den Abbau von ppGpp verantwortlich ist. Aufgrund der Aktivität dieses Enzyms wird ppGpp rasch, mit einer Halbwertszeit von etwa 20 Sekunden, abgebaut. Die stringente Kontrolle wird also schnell rückgängig gemacht, wenn die Synthese von ppGpp aufhört. *SpoT*-Mutanten haben einen erhöhten ppGpp-Spiegel und wachsen infolgedessen langsamer.

Das RelA-Enzym verwendet GTP häufiger als Substrat als GDP, so daß überwiegend pppGpp gebildet wird. Mehrere Enzyme wandeln jedoch pppGpp in ppGpp um. Zu den Enzymen, die diese Dephosphorylierung ausführen können, gehören die Translationsfaktoren EF-Tu und EF-G. In der Regel erfolgt die Produktion von ppGpp über pppGpp, und *ppGpp ist gewöhnlich der Effektor der stringenten Kontrolle*.

Die Reaktion des Ribosoms auf eine eintretende unbeladene tRNA wird in Abbildung 12.29 mit der normalen Proteinsynthese verglichen. Wenn EF-Tu eine Aminoacyl-tRNA in die A-Bindungsstelle plaziert, rückt das Ribosom nach der Synthese einer Peptidbindung vor. Ist jedoch eine unbeladene tRNA mit dem Codon in der A-Bindungsstelle gepaart, bleibt das Ribosom am Platz und führt eine Leerlaufreaktion durch.

Wie beeinflußt der Zustand des Ribosoms die Aktivität von RelA? Einen Hinweis auf die Art der Wechselwirkung geben relaxierte Mutationen an einem anderen Loci, der ursprünglich *relC* genannt wurde und, wie sich herausgestellt hat, identisch mit *rplK* ist, dem Gen für das Protein L11 der 50S-Untereinheit. Dieses Protein befindet sich in der Nähe der A- und P-Bindungsstellen und zwar in einer Position, in der es auf die Anwesenheit einer korrekt gepaarten, aber unbeladenen tRNA in der A-Bindungsstelle reagieren kann. Eine Konformationsänderung in diesem Protein oder in einem anderen Bestandteil könnte das RelA-Enzym aktivieren, so daß anstelle der Übertragung des Polypeptids von der Peptidyl-tRNA die Leerlaufreaktion stattfindet.

Jede Runde der (p)ppGpp-Synthese führt zur Freisetzung der unbeladenen tRNA von der A-Bindungsstelle. Die (p)ppGpp-Synthese reagiert also ständig auf den Spiegel von unbeladenen tRNAs. Unter eingeschränkten Bedingungen hält das Ribosom also an, wenn keine zu dem Codon in der A-Bindungsstelle passende Aminoacyl-tRNA vorhanden ist. Der Eintritt einer unbeladenen tRNA löst die Synthese eines (p)ppGpp-Moleküls aus, und die darauffolgende Ablösung der unbeladenen tRNA ermöglicht eine erneute Prüfung der Situation. Abhängig davon, ob mittlerweile wieder eine passende Aminoacyl-tRNA zur Verfügung steht, nimmt das Ribosom die Polypeptidsynthese wieder auf oder unternimmt eine weitere Leerlaufreaktion.

Was bewirkt ppGpp? Es ist als Effektor an der Kontrolle einer Reihe von Reaktionen beteiligt, einschließlich einer Inhibition der Transkription. Unter den zahlreichen beschriebenen Wirkungen sind zwei besonders hervorzuheben:

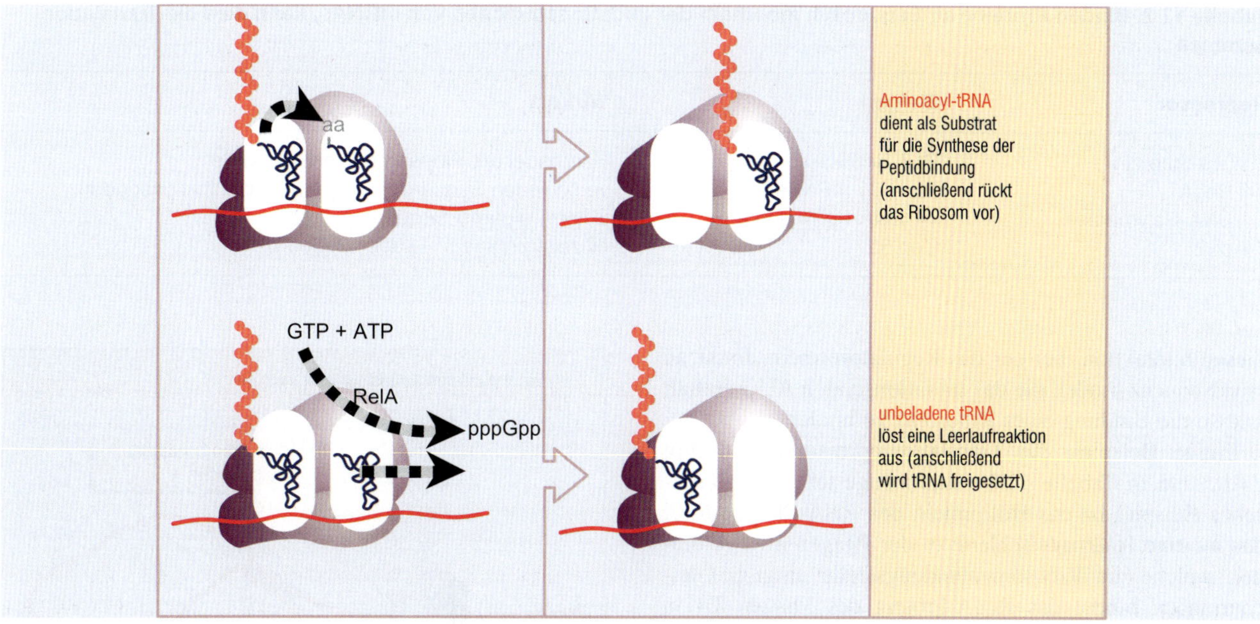

12.29 Läuft die Proteinsynthese normal, ist das Vorliegen einer Aminoacyl-tRNA in der A-Bindungsstelle ein Signal für die Peptidyltransferase, die Polypeptidkette zu übertragen; anschließend rückt das Ribosom durch Mitwirkung von EF-G vor. Unter stringenten Bedingungen veranlaßt das Vorliegen einer unbeladenen tRNA dagegen das RelA-Protein zur Synthese von (p)ppGpp und die Ablösung der tRNA.

- *An den Promotoren der Operons für rRNA wird spezifisch die Initiation der Transkription inhibiert.* Mutationen in stringent regulierten Promotoren können die stringente Kontrolle ausschalten, so daß anzunehmen ist, daß die Wirkung auf einer Interaktion mit bestimmten Promotorsequenzen beruht.
- *Bei vielen oder gar den meisten Matrizen ist die Elongationsphase der Transkription verkürzt.* Die Ursache ist das vermehrte Innehalten der RNA-Polymerase. Dieser Effekt ist für die allgemeine Reduktion der Transkriptionseffizienz bei Zugabe von (p)ppGpp *in vitro* verantwortlich. Die Spezifität dieser Inhibition ist noch unbekannt, es wäre jeoch nicht überraschend, wenn sich das Ausmaß der Hemmung von Operon zu Operon unterscheiden würde und bestimmte Operons stärker inhibiert würden.

12.10 Bei der Translation kann eine autogene Kontrolle erfolgen

Die Kontrolle der Translation ist ein bemerkenswertes Kennzeichen von Operons, die Bestandteile des Proteinsyntheseapparats codieren. Die Anordnung von Strukturgenen in Operons bietet die Möglichkeit einer *koordinierten* Kontrolle dieser Gengruppe. Weitere übergeordnete Kontrollen, z. B. auf der Ebene der Translation, können jedoch *Unterschiede* in der Expressionsstärke einzelner Gene erzeugen.

Bei mehreren Systemen wird ein ähnlicher Mechanismus eingesetzt, um eine Kontrolle der Translation zu erreichen. *Als Repressor dient ein Protein, das an eine Zielregion in der mRNA bindet und Ribosomen von der Erkennung der Initiationsregion abhält.* Im Grunde entspricht dies der Funktion eines Repressorproteins, das an DNA bindet und die RNA-Polymerase daran hindert, den Promotor zu benutzen. Abbildung 12.30 zeigt die verbreitetste Form

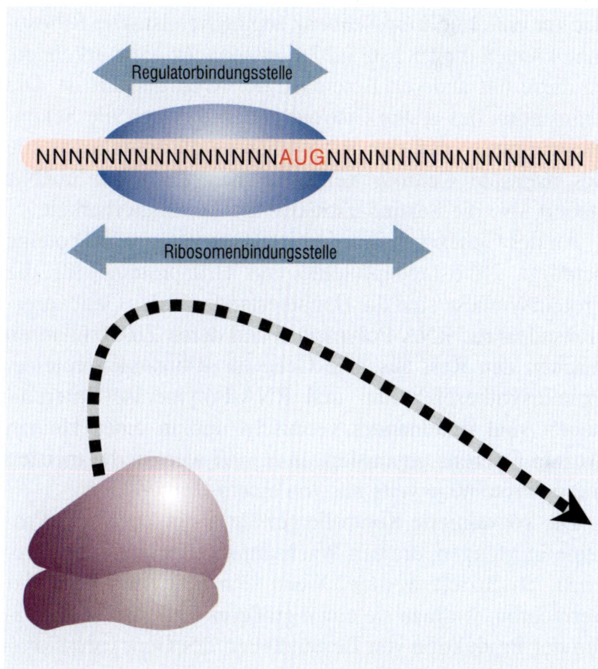

12.30 Ein Regulatorprotein kann die Translation blockieren, indem es an eine Stelle in der mRNA bindet, die mit der Ribosomenbindungsstelle am Initiationscodon überlappt.

Tabelle 12.2: Binden Proteine an Sequenzen innerhalb der Initiationsregionen von mRNAs, kann dies die Translation hemmen

Repressor	Zielgen	Wirkort
R17-Hüllprotein	R17-Replikase	Haarnadel mit Ribosomenbindungsstelle
T4-RegA	frühe T4-mRNAs	verschieden Sequenzen einschließlich Initiationscodon
T4-DNA-Polymerase	T4-DNA-Polymerase	Shine-Dalgarno-Sequenz
T4-p32	Gen *32*	einzelsträngige 5′-Leader-Sequenz

dieser Interaktion, bei der das Regulatorprotein direkt an eine Sequenz bindet, die das Initiationscodon AUG enthält und so die Bindung eines Ribosoms verhindert.

Einige Beispiele für Translationrepressoren und ihre Ziele sind in Tabelle 12.2 zusammengestellt. Ein klassisches Beispiel ist das Hüllprotein des RNA-Phagen R17, das an eine Haarnadelschleife in der Phagen-mRNA bindet, welche die Ribosomenbindungsstelle umgibt. Gleichermaßen bindet das RegA-Protein des Phagen T4 in mehreren frühen T4-mRNAs an eine Consensussequenz mit dem AUG-Initiationscodon; die T4-DNA-Polymerase bindet an eine Sequenz in ihrer eigenen mRNA, die das Shine-Dalgarno-Element enthält, das für die Ribsomenbindung benötigt wird.

Eine andere Art der Translationskontrolle besteht darin, daß für die Translation eines Cistrons Veränderungen der Sekundärstruktur erforderlich sind, die von der Translation des vorhergehenden Cistrons abhängen. Einen derartigen Effekt beobachtet man gewöhnlich bei der Translation von RNA-Phagen, deren Cistrons immer in einer bestimmten Reihenfolge exprimiert werden. Abbildung 12.31 zeigt, daß die Phagen-RNA eine Sekundärstruktur annimmt, bei der nur eine Initiationssequenz zugänglich ist. Die Ribosomen können die nächste Initiationssequenz nicht erkennen, da diese mit anderen Bereichen der RNA gepaart ist. Die Translation des ersten Cistrons zerstört jedoch die Sekundärstruktur, so daß sich Ribosomen an die Initiationsstelle des nächsten Cistrons heften können. In dieser mRNA steuert also die Sekundärstruktur die Translatierbarkeit.

An der Genexpression sind in Bakterien gut 70 Proteine beteiligt. Ribosomenproteine und Hilfsproteine für die Proteinsynthese sind die Hauptbestandteile des Genexpressionsapparats. RNA-Polymerase und deren Zusatzfaktoren machen den Rest aus. Die Gene für Ribosomenproteine, Proteinsynthesefaktoren und RNA-Polymerase-Untereinheiten sind miteinander vermischt und in einer kleinen Anzahl Operons organisiert. In *E. coli* werden die meisten dieser Proteine jeweils nur von einem Gen codiert.

Die koordinierte Kontrolle gewährleistet, daß diese Proteine in Mengen, die den Wachstumsbedingungen entsprechen, produziert werden: Wenn sich Bakterien schneller vermehren, widmen sie einen größeren Teil ihrer Aktivitäten der Produktion von Bestandteilen des Genexpressionsapparats. Die Gene, die diese Bestandteile codieren, werden durch eine ganze Reihe von Mechanismen kontrolliert, damit die Proteine in vergleichbaren Mengen synthetisiert werden, die den rRNAs-Mengen entsprechen.

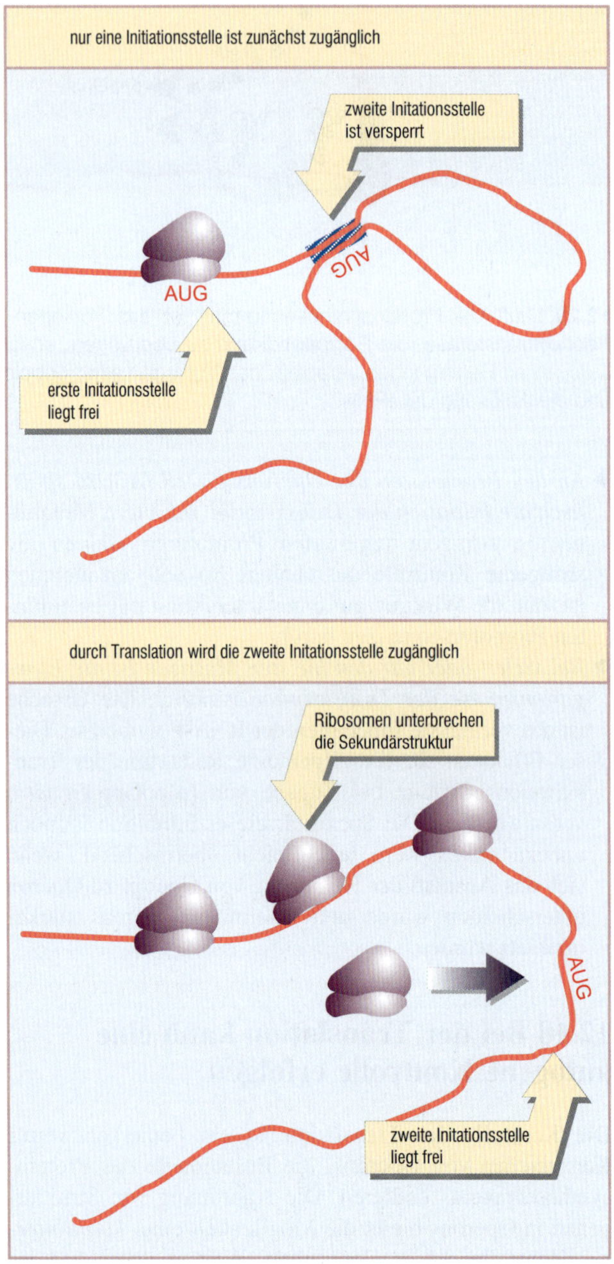

12.31 Die Sekundärstruktur der mRNA kann die Initiation steuern. Bei RNA-Phagen ist nur eine Initiationsstelle verfügbar; die Translation des ersten Cistron verändert die Konformation der RNA jedoch so, daß andere Initiationsstellen zugänglich werden.

Die Organisation von sechs Operons ist in Abbildung 12.32 dargestellt. Etwa die Hälfte der Gene für ribosomale Proteine kartiert in vier Operons, die nahe nebeneinander liegen. Sie werden mit *str*, *spc*, *S10* und *α* bezeichnet (die Namen beruhen einfach auf den zuerst identifizierten Funktionen). Die Operons *rif* und *L11* liegen gemeinsam in einem anderen Locus.

Jedes Operon enthält eine Mischung verschiedener Funktionen. Das *str*-Operon umfaßt sowohl Gene für Proteine der kleinen Ribosomenuntereinheit als auch die Gene für EF-Tu und EF-G. In den Operons *spc* und *S10* sind Gene für Proteine sowohl der großen als auch der kleinen Ribosomenuntereinheit verteilt. Im *α*-Operon gibt es Gene für Proteine beider Ribosomenuntereinheiten sowie für die *α*-Untereinheit der RNA-Polymerase. Gene für Proteine der großen Ribosomenuntereinheit und auch für die *β*- und *β'*-Untereinheiten der RNA-Polymerase finden sich im *rif*-Locus.

Mit Ausnahme eines Ribosomenproteins werden alle anderen in äquimolaren Mengen benötigt, die auf die rRNA-Mengen abgestimmt werden müssen. Die verstreute Anordnung von Genen, deren Produkte in äuqimolaren Mengen vorliegen müssen und deren Vermischung mit Genen, die in unterschiedlichen Mengen gebraucht werden, stellen interessante Anforderungen an die koordinierte Regulation.

Ein gemeinsames Merkmal aller in Abbildung 12.32 gezeigten Operons besteht darin, daß einige der Gene von ihren eigenen Produkten reguliert werden. In jedem dieser Fälle ist das Gen, welches das Regulatorprotein codiert, selbst Ziel der Regulation. Von autogener Kontrolle spricht man, wenn ein Protein (oder eine RNA) seine eigene Produktion reguliert. Bei den r-Protein-Operons inhibiert das Regulatorprotein die Expression eines zusammenhängenden Gensatzes innerhalb des Operons. Dies ist ein Beispiel für negative autogene Kontrolle.

In jedem Fall *inhibiert die Anhäufung des Proteins seine weitere Synthese sowie die anderer Genprodukte*. Die Wirkung wird oft auf der Ebene der Translation der polycistronischen mRNA erzielt. All diese Regulatoren sind ribosomale Proteine (r-Proteine), die direkt an rRNA binden. *Ihr Effekt auf die Translation beruht auf ihrer*

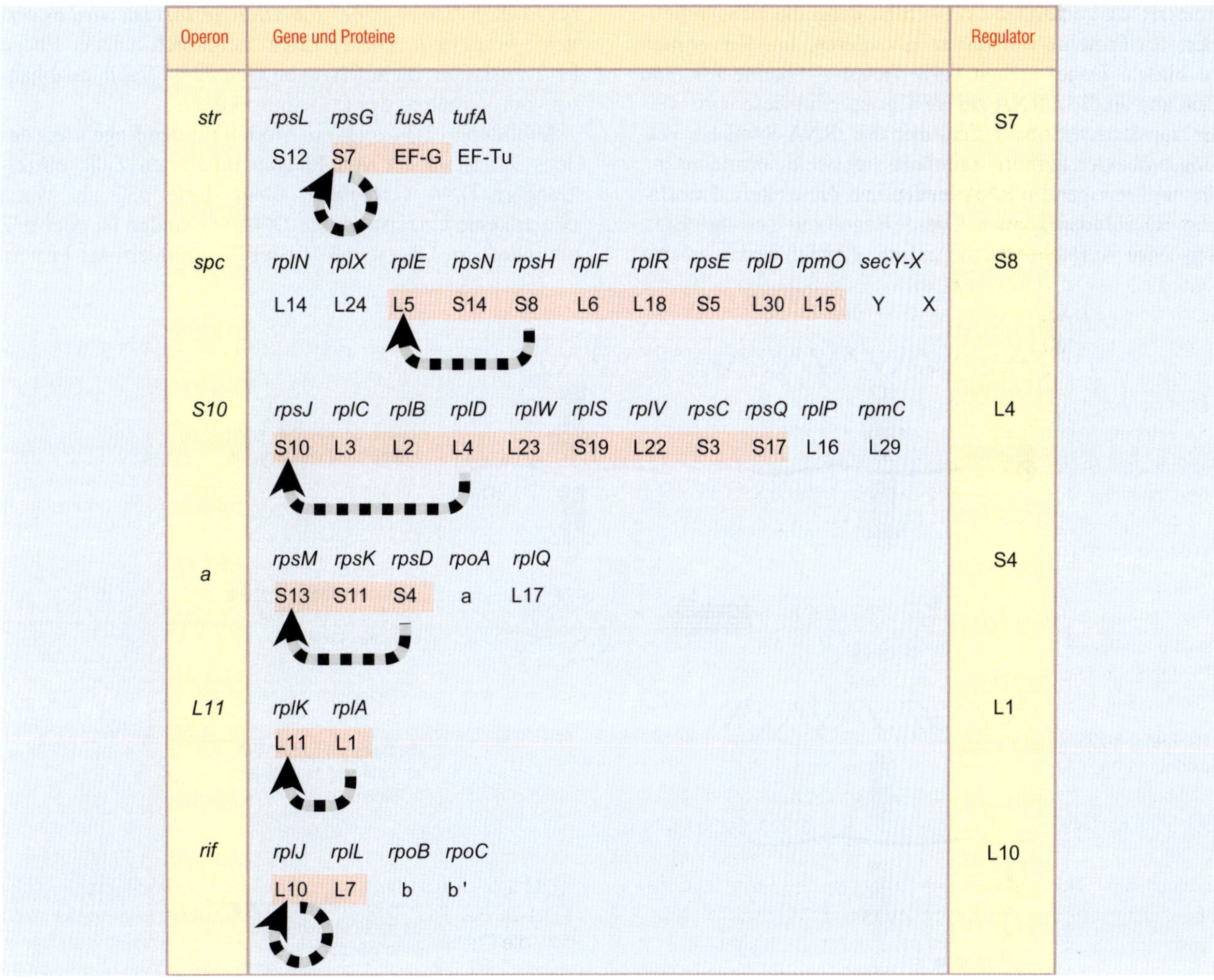

12.32 Gene für Ribosomenproteine, Proteinsynthesefaktoren und Untereinheiten der RNA-Polymerase verteilen sich auf wenige Operons, die autogen reguliert werden. Proteine, die unter dieser Regulation stehen, sind rosa unterlegt.

Fähigkeit, auch an die eigene mRNA zu binden. Die Bindungsstellen in der mRNA überlappen entweder mit der Sequenz, an der die Translation initiiert wird, oder liegen in deren Nähe. Vermutlich beeinflussen die Proteine die Zugänglichkeit der Initiationsstelle, indem sie eine Konformationsänderung induzieren. Beispielsweise wirkt beim *S10*-Operon das Protein L4 am äußersten Anfang der mRNA und inhibiert die Translation von *S10* und nachfolgender Gene. Diese Hemmung mag einfach darauf beruhen, daß den Ribosomen der Zugang versperrt ist (Abbildung 12.30) oder auf der Störung eines späteren Translationsstadiums. In zwei Fällen (einschließlich S4 im α-Operon) stabilisiert das Regulatorprotein eine bestimmte Sekundärstruktur in der mRNA, die den weiteren Ablauf der Initiationsreaktion verhindert, nachdem die 30S-Untereinheit gebunden hat.

Der Einsatz von rRNA-bindenden r-Proteinen für die autogene Regulation läßt sofort die Vermutung aufkommen, daß dieser Mechanismus eine Verbindung zwischen der r-Protein- und der rRNA-Synthese darstellt. Ein allgemeines Modell ist in Abbildung 12.33 dargestellt. Angenommen die Bindungsstellen für die r-Protein-Regulatoren in der rRNA sind viel stärker als die in der mRNA. Solange freie rRNA vorhanden ist, werden dann die neusynthetisierten r-Proteine mit dieser assoziieren, um Ribosomen zu bilden. Daher stehen keine freien r-Proteine für eine Bindung an die mRNA zur Verfügung, und diese wird weiter translatiert. Sobald sich aber die rRNA-Synthese verlangsamt oder aufhört, sammeln sich freie r-Proteine an, die an ihre eigene mRNA binden und die weitere Translation unterbinden können. Dieser Regelkreis gewährleistet, daß jedes r-Protein-Operon auf die gleiche Weise auf den Gehalt an rRNA reagiert: Sobald mehr r-Proteine als rRNAs vorhanden sind, wird die Synthese der Proteine eingestellt.

Durch diese Art der Regulation werden zwei Ziele erreicht. Zum einen entspricht die Menge an r-Proteinen den Wachstumsbedingungen der Zelle. Durch Kontrolle der rRNA-Konzentration steuert die Zelle die Produktion sämtlicher Ribosomenbestandteile. Zweitens werden die anderen im Operon codierten Proteine mit der für sie typischen Geschwindigkeit synthetisiert, getrennt von der Translation der r-Protein-Gene. Im *rif*-Operon unterliegen die Gene für die β-Untereinheiten demzufolge der ihnen eigenen autogenen Regulation und werden nicht vom r-Protein L10 kontrolliert. So erklärt sich, warum RNA-Polymerase in geringeren Mengen hergestellt wird, als die Bestandteile der Ribosomen.

Die autogene Kontrolle wurde für das Gen *32* des Phagen T4 quantitativ erfaßt. Dem Protein (p32) kommt eine zentrale Bedeutung bei der genetischen Rekombination sowie der Reparatur und Replikation der DNA zu. Für seine Funktion ist die Fähigkeit, einzelsträngige DNA zu binden, entscheidend. Nonsense-Mutationen haben eine Überproduktion des inaktiven Proteins zur Folge. *Wenn das Protein also in seiner Funktion gestört ist, wird es vermehrt hergestellt.* Dieser Effekt zeigt sich auf der Ebene der Translation; die mRNA von Gen *32* ist stabil, unabhängig vom Verhalten des Proteinprodukts.

Abbildung 12.34 zeigt ein Modell für den Regelkreis des Gens *32*. Ist in der von Phagen infizierten Zelle einzelsträngige DNA vorhanden, fängt diese p32 ab. Wenn jedoch keine einzelsträngige DNA vorhanden ist oder p32 zumindest im Überschuß vorliegt, verhindert das Protein

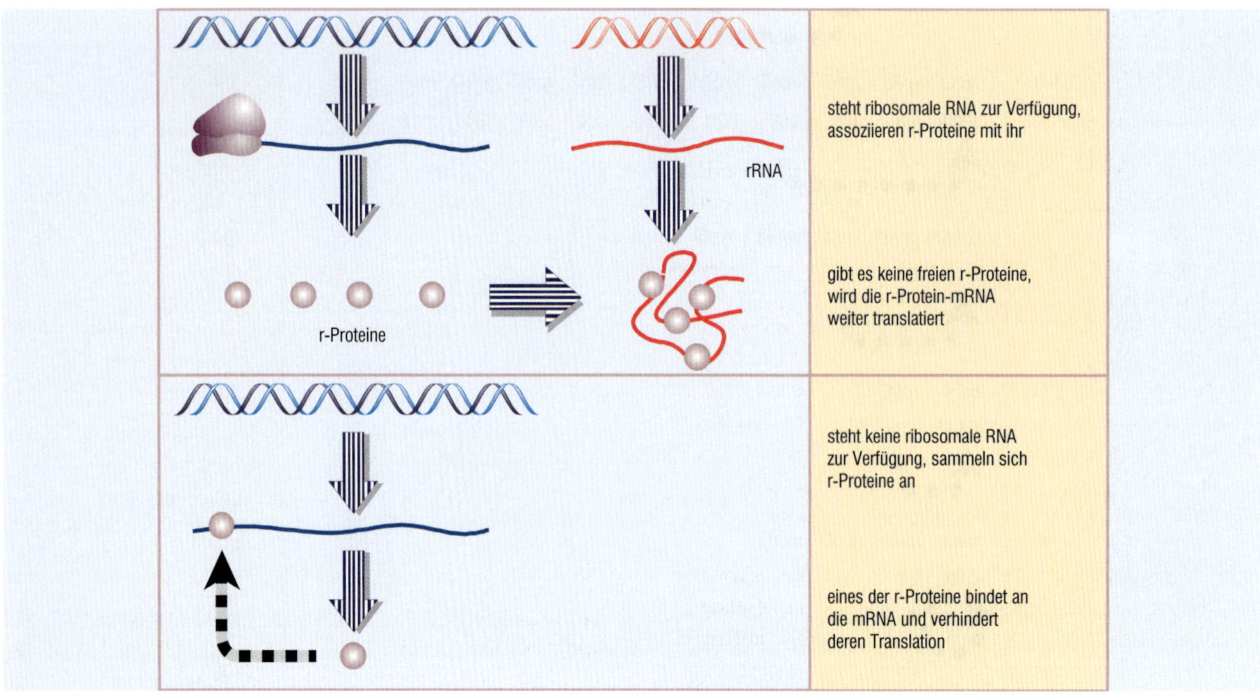

12.33 Die Translation der r-Protein-Operons wird autogen reguliert und hängt vom Spiegel der rRNAs ab.

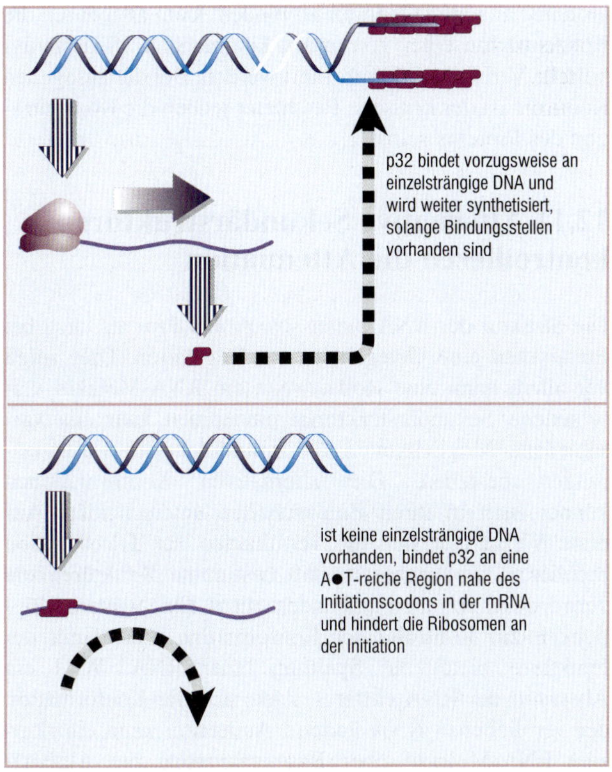

12.34 Überschüssige Gen-*32*-Proteine (p32) binden an ihre eigene mRNA und halten die Ribosomen von einer Initiation der Translation ab.

die Translation seiner eigenen mRNA. Dieser Effekt wird direkt durch die Bindung von p32 an die mRNA vermittelt, was die Initiation der Translation verhindert. Vermutlich geschieht dies an einer A•T-reichen Region in der Umgebung der Ribosomenbindungsstelle.

Damit die Kontrollschleife wirkungsvoll funktioniert, muß die Bindung von p32 an die mRNA zwei Bedingungen erfüllen:

- p32 muß für die Bindungsstelle in der Gen-*32*-mRNA eine erheblich geringere Affinität haben als für einzelsträngige DNA. Tatsächlich liegt die Gleichgewichtskonstante für die Bindung an RNA fast zwei Größenordnungen niedriger als für einzelsträngige DNA.
- Andererseits muß p32 für seine eigene mRNA eine erheblich größere Affinität haben als für andere RNA-Sequenzen. Die Affinität wird von der Basenzusammensetzung und der Sekundärstruktur beeinflußt. Ein bedeutender Effekt für die Bindung an die Gen-*32*-mRNA besteht darin, daß der regulatorische Bereich eine ausgedehnte Sequenz ohne Sekundärstruktur besitzt.

Unter Verwendung der bekannten Gleichgewichtskonstanten kann man die Bindung von p32 an seine Zielstellen als eine Funktion der Proteinkonzentration auftragen. Abbildung 12.35 zeigt, daß p32 bei Konzentrationen unter 10^{-6} M an einzelsträngige DNA bindet. Bei Konzentrationen über 10^{-6} M bindet p32 dagegen an seine mRNA. Bei noch höheren Konzentrationen bindet das Protein mit verschieden hoher Affinität an andere mRNA-Sequenzen.

Diesen Ergebnissen zufolge sollte die p32-Menge durch die Autoregulation auf Werte unter 10^{-6} M eingestellt werden, was etwa 2 000 Molekülen pro Bakterium entspricht. Das stimmt mit der gemessenen Menge von 1 000 bis 2 000 Molekülen pro Zelle gut überein.

Ein Kennzeichen der autogenen Kontrolle ist die Einzigartigkeit jeder regulatorischen Interaktion: Ein Protein wirkt nur auf die mRNA, die für seine eigene Synthese zuständig ist. Der Phage T4 liefert ein Beispiel für einen allgemeineren Translationsregulator, codiert vom Gen *regA*. RegA unterdrückt die Expression mehrerer Gene, die früh während der Infektion transkribiert werden. Das Protein verhindert die Translation der mRNAs dieser Gene, indem es mit 30S-Untereinheiten um die Initiationsstellen in den mRNAs konkurriert. Seine Wirkung entspricht der eines Repressorproteins, das mehrere Operatoren bindet.

Die autogene Regulation ist eine verbreitete Kontrollform unter Proteinen, die in makromolekulare Strukturen eingebaut werden. Das zusamengesetzte Partikel eignet sich selbst nicht als Regulator, da es zu groß, in zu großer Zahl vorhanden ist oder zu sehr an einen Ort gebunden ist. Ein Bedarf an seinen Bestandteilen könnte sich jedoch in der Zahl freier Vorläufermoleküle widerspiegeln. Wenn der Zusammenbau des Partikels aus irgendeinem Grund behindert ist, sammeln sich freie Untereinheiten an und schalten die unnötige Synthese weiterer Bestandteile ab.

Bei eukaryotischen Zellen findet sich ebenfalls ein derart autogen reguliertes System. Tubulin ist das Monomer für die Synthese von Mikrotubuli, einer der wichtigsten Faserstrukturen in eukaryotischen Zellen. Die Zahl freier

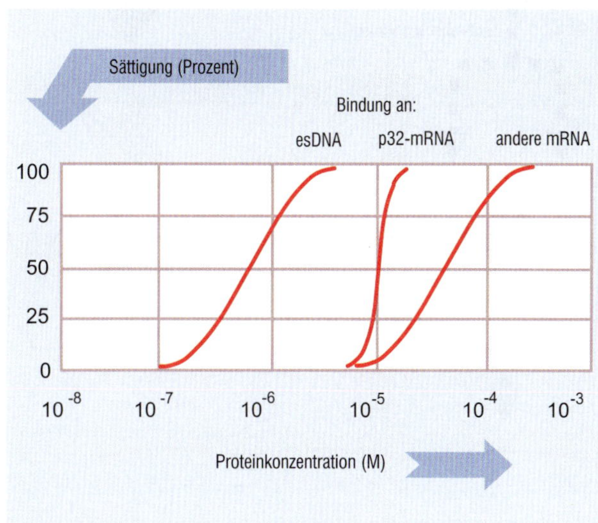

12.35 Das Gen-*32*-Protein bindet mehrere Substrate mit verschieden hoher Affinität, und zwar in der Reihenfolge einzelsträngige DNA (esDNA), seine eigene mRNA und andere mRNAs. Die Bindung an die eigene mRNA verhindert, daß der p32-Spiegel auf über 10^{-6} M steigt.

Tubulinmoleküle steuert die Produktion der Tubulin-mRNA. Wenn der Gehalt freier Tubulinmoleküle eine bestimmte Konzentration erreicht, wird die Produktion weiterer Tubulin-mRNAs eingestellt. Auch hier gilt das gleiche Prinzip: Das in den makromolekularen Verbund eingeschlossene Tubulin spielt für die Regulation keine Rolle, aber der Gehalt an freien Vorläufermolekülen bestimmt, ob weitere Monomere dazukommen.

Die Zielstelle der Regulation ist eine kurze Sequenz zu Beginn der codierenden Region. Welche Bedeutung dieser Sequenz zukommt, ist noch fraglich. Zwei mögliche Modelle sind in Abbildung 12.36 dargestellt. Tubulin könnte direkt an die mRNA oder an die entsprechende Stelle in der naszierenden Polypeptidkette binden. Auf jeden Fall bewirkt Tubulin jedoch, daß Tubulin-mRNA in Polysomen abgebaut wird, so daß letztlich die Tubulin-mRNA instabilisiert wird.

Die autogene Kontrolle ist ein *intrinsisch* sich selbst begrenzendes System im Gegensatz zu der zuvor behandelten *extrinsischen* Kontrolle. Die Fähigkeit eines Repressorproteins, an einen Operator zu binden, kann also durch die Konzentration einer von außen kommenden, niedermolekularen Verbindung kontrolliert werden. Bei der autogenen Kontrolle ist der kritische Parameter jedoch die Konzentration des Proteins selbst.

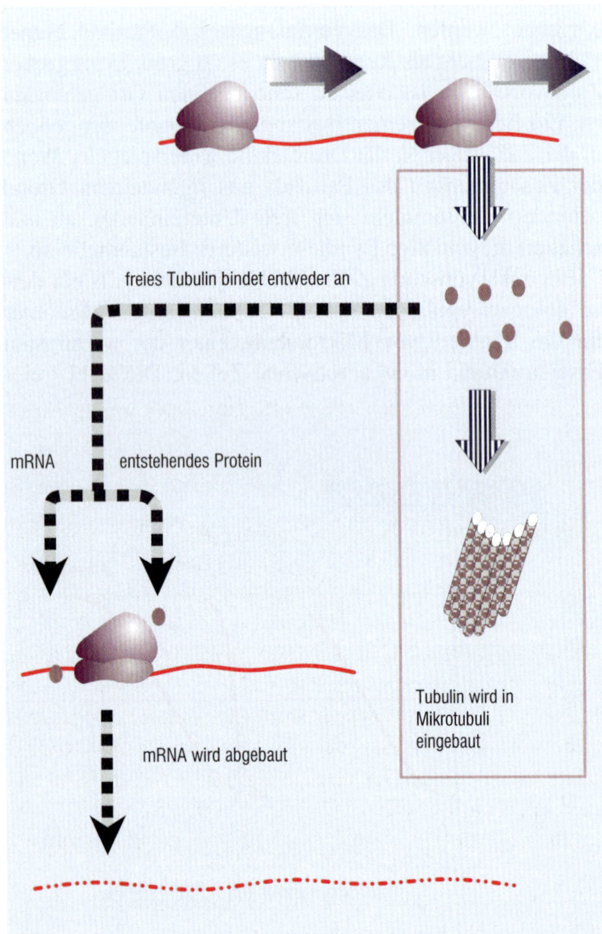

12.36 Tubulin wird nach seiner Synthese zu Mikrotubuli zusammengebaut. Sammelt sich überschüssiges freies Tubulin an, induziert dies eine Instabilität der Tubulin-mRNA. Das überschüssige Tubulin bindet an eine Stelle am Anfang des Leserasters der mRNA oder an die entsprechende Position im entstehenden Protein.

12.11 Alternative Sekundärstrukturen kontrollieren die Attenuation

Die Struktur der RNA bietet sowohl bei Pro- als auch bei Eukaryoten eine Gelegenheit zur Regulation. Dies spielt vor allem dann eine Rolle, wenn ein RNA-Molekül verschiedene Sekundärstrukturen einnehmen kann, da verschiedene Möglichkeiten für intramolekulare Basenpaarungen bestehen. Die alternativen Konformationen können sich in ihren Eigenschaften unterscheiden. Auf diese Weise läßt sich die Termination der Transkription regulieren, vorausgesetzt, daß bestimmte Strukturen die Termination erlauben und andere nicht. Eine weitere Möglichkeit zur Kontrolle der Konformation (und damit der Funktion) bietet die Spaltung einer RNA. Wird ein Abschnitt der RNA entfernt, kann sich die Konformation der verbliebenen RNA ändern. Außerdem kann ein (kurzes) RNA-Molekül über Basenpaarungen die Aktivität einer anderen RNA kontrollieren; die Rolle der kurzen RNA entspricht dabei der eines Regulatorproteins. Man kann die Fähigkeit einer RNA, verschiedene Konformationen mit Folgen für die Regulation einzunehmen, als Alternative der Nucleinsäuren zu den allosterischen Konformationswechseln von Proteinen ansehen, die deren Funktion regulieren. Bei beiden Mechanismen wirkt sich eine Interaktion an einer Stelle auf die Struktur an einer anderen Stelle aus.

Mehrere Operons werden durch **Attenuation** reguliert. Dieser Mechanismus beeinflußt die Fähigkeit der RNA-Polymerase über einen **Attenuator**, einen intrinsischen Terminator am Anfang der Transkriptionseinheit, hinwegzulesen. Das Merkmal der Attenuation besteht darin, daß irgendein äußeres Ereignis die Ausbildung der für die intrinsische Termination erforderlichen Haarnadelstruktur steuert. Wenn sich die Haarnadelstruktur bilden kann, verhindert die Termination, daß die RNA-Polymerase die Strukturgene transkribieren kann. Wird die Bildung einer Haarnadelschleife verhindert, fährt die RNA-Polymerase über den Terminator hinweg mit der Elongation fort, so daß die Gene exprimiert werden.

Die Veränderungen der Sekundärstruktur, durch welche die Attenuation kontrolliert wird, werden durch die Position des Ribosoms auf der mRNA bestimmt. Wie Abbildung 12.37 zeigt, erfordert die Termination, daß das Ribosom eine Leader-Sequenz in der mRNA translatieren kann. In diesem Fall bildet sich an Terminator 1 eine Haarnadelschleife. Kann das Ribosom jedoch die Leader-Sequenz nicht translatieren, bildet sich an einer anderen Stelle eine Haarnadelstruktur mit der Folge, daß die Terminationsregion einzelsträngig bleibt und die RNA-Polymerase die codierende Region transkribiert. *Dieser Antiterminations-*

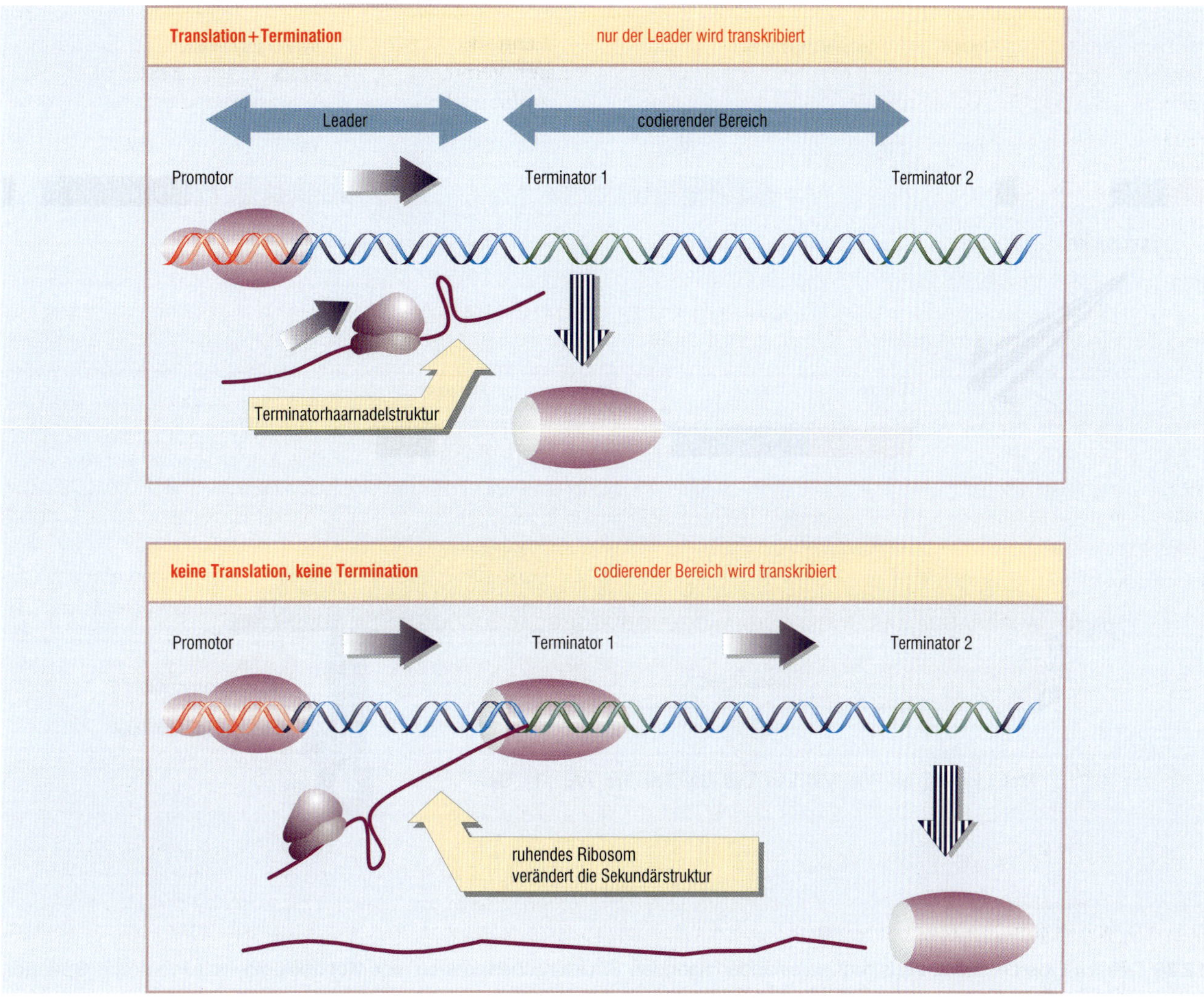

12.37 Die Termination kann über Veränderungen in der Sekundärstruktur der RNA kontrolliert werden, die vom Vorrücken der Ribosomen abhängen.

mechanismus hängt also davon ab, ob äußere Umstände das Vorrücken des Ribosoms in der Leader-Sequenz beeinflussen können.

Eine Attenuation wurde erstmals beim Tryptophan-Operon entdeckt. Die fünf Strukturgene dieses Operons folgen aufeinander und codieren die drei Enzyme, die Chorisminsäure in Tryptophan umwandeln. Wie Abbildung 12.38 zeigt, beginnt die Transkription an einem Promotor am linken Ende des Clusters. Daneben liegt der Operator, an den das Repressorprotein bindet, welches von dem Gen *trpR* außerhalb des Operators codiert wird. Zwischen Operator und der codierenden Sequenz der ersten Gene liegt eine Leader-Sequenz. Die Transkription der Strukturgene wird teilweise an einem intrinsischen Terminator, *trpt*, terminiert, der 36 bp hinter dem Ende der letzten codierenden Region liegt. Etwa 250 bp weiter befindet sich ein Rho-abhängiger Terminator, *trpt'*, der jedoch für die Funktion des Operons nicht erforderlich zu sein scheint. Die *trp*-Operons von *E. coli* und *S. typhimurium* sind im wesentlichen gleich.

Außer der Promotor-Operator-Einheit ist noch eine andere Stelle an der Regulation des *trp*-Operons beteiligt. Dies entdeckte man aufgrund der Beobachtung, daß nach Deletion einer Sequenz zwischen dem Operator und der codierenden Region von *trpE* die Strukturgene stärker exprimiert werden. Der Effekt hat nichts mit der Repression zu tun, denn sowohl das dereprimierte als auch das Grundniveau der Transkription sind erhöht. Diese Stelle beeinflußt also Vorgänge, die stattfinden, *nachdem* sich die RNA-Polymerase vom Promotor aus in Bewegung gesetzt hat (unabhängig von den Bedingungen bei der Initiation).

Die Sequenz zwischen dem Promotor und dem *trpE*-Gen weist zwei interessante Merkmale auf:

- Eine kurze codierende Sequenz könnte ein **Leader-Peptid** von 14 Aminosäuren darstellen.
- Der Attenuator (intrinsische Terminator) stellt eine Hürde für die Transkription in die Strukturgene dar. Die RNA-Polymerase terminiert an dieser Stelle *in*

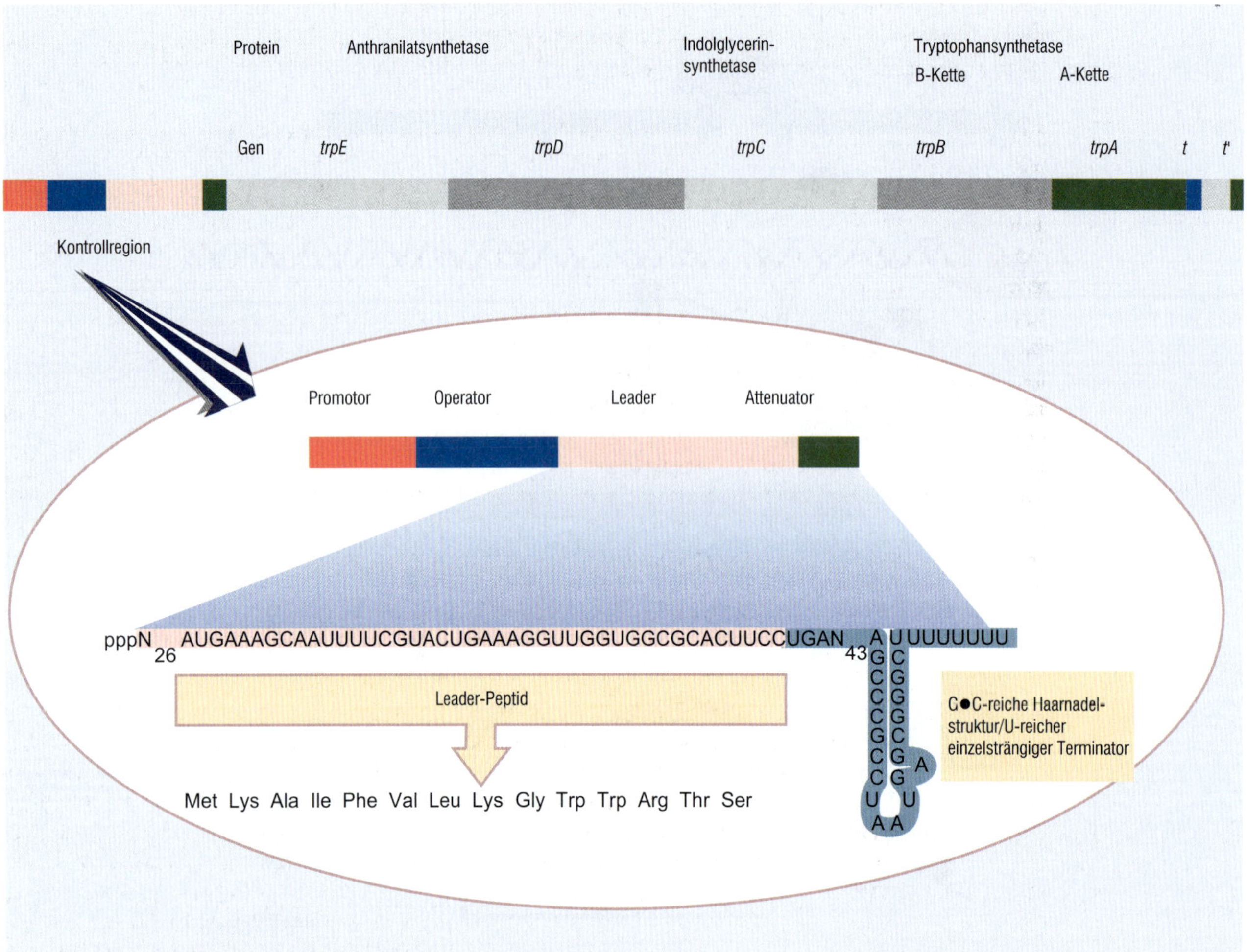

12.38 Das *trp*-Operon besteht aus fünf aufeinanderfolgenden Strukturgenen, denen eine Kontrollregion mit Promotor, Operator, codierender Sequenz für ein Leader-Peptid und ein Attenuator vorangehen.

vivo oder *in vitro* und es entsteht ein Transkript aus 140 Basen.

Die Termination am Attenuator ist von der Tryptophankonzentration abhängig, wie in Abbildung 12.39 veranschaulicht ist. Ist Tryptophan in ausreichender Menge vorhanden, wird die Termination wirksam. Bei Fehlen von Tryptophan kann die RNA-Polymerase dagegen fortfahren und die Strukturgene transkribieren.

Repression und Attenuation reagieren einheitlich auf das Tryptophanangebot. Steht Tryptophan zur Verfügung, ist das Operon reprimiert und die meisten RNA-Polymerasen, die überhaupt vom Promotor entkommen, beenden die Transkription am Attenuator. Bei Tryptophanmangel hat das Enzym freien Zugang zum Promotor und wird nicht mehr länger zum vorzeitigen Abbruch der Transkription genötigt.

Die Attenuation verändert die Transkriptionsfrequenz etwa um den Faktor zehn. In Gegenwart von Tryptophan, kommt die Termination zum Tragen, und der Attenuator läßt nur etwa zehn Prozent der RNA-Polymerasen durch. Fehlt Tryptophan, erlaubt der Attenuator praktisch allen Polymerasen eine Fortsetzung der Elongation. Zusammen mit der etwa 70fachen Steigerung der Initiationsfrequenz infolge der aufgehobenen Repression, kann sich die Transkriptionsstärke des Operons also etwa um den Faktor 700 erhöhen.

Wie kann die Transkriptionstermination auf den Tryptophanspiegel reagieren? Die Sequenz der Leader-Region deutet auf einen möglichen Mechanismus hin. Wie aus Abbildung 12.38 ersichtlich ist, enthält die Leader-Region eine Ribosomenbindungsstelle, an deren AUG-Codon sich eine kurze codierende Sequenz mit zwei aufeinanderfolgenden Tryptophancodons anschließt. Wenn der Zelle Tryptophan ausgeht, beginnen die Ribosomen zwar mit der Translation des Leader-Peptids, stoppen jedoch, wenn sie die Trp-Codons erreichen. Die mRNA-Sequenz legt nahe, daß dieser **Ribosomenstillstand** die Termination am Attenuator beeinflußt.

Bei der Leader-Sequenz sind verschiedene Möglichkeiten der intramolekularen Basenpaarung denkbar. Der Wechsel zwischen diesen beiden Sekundärstrukturen hängt davon ab, ob das Ribosom über die Leader-Region hinauskommt. Die Struktur bestimmt, ob die mRNA die nötigen Merkmale für die Termination aufweist.

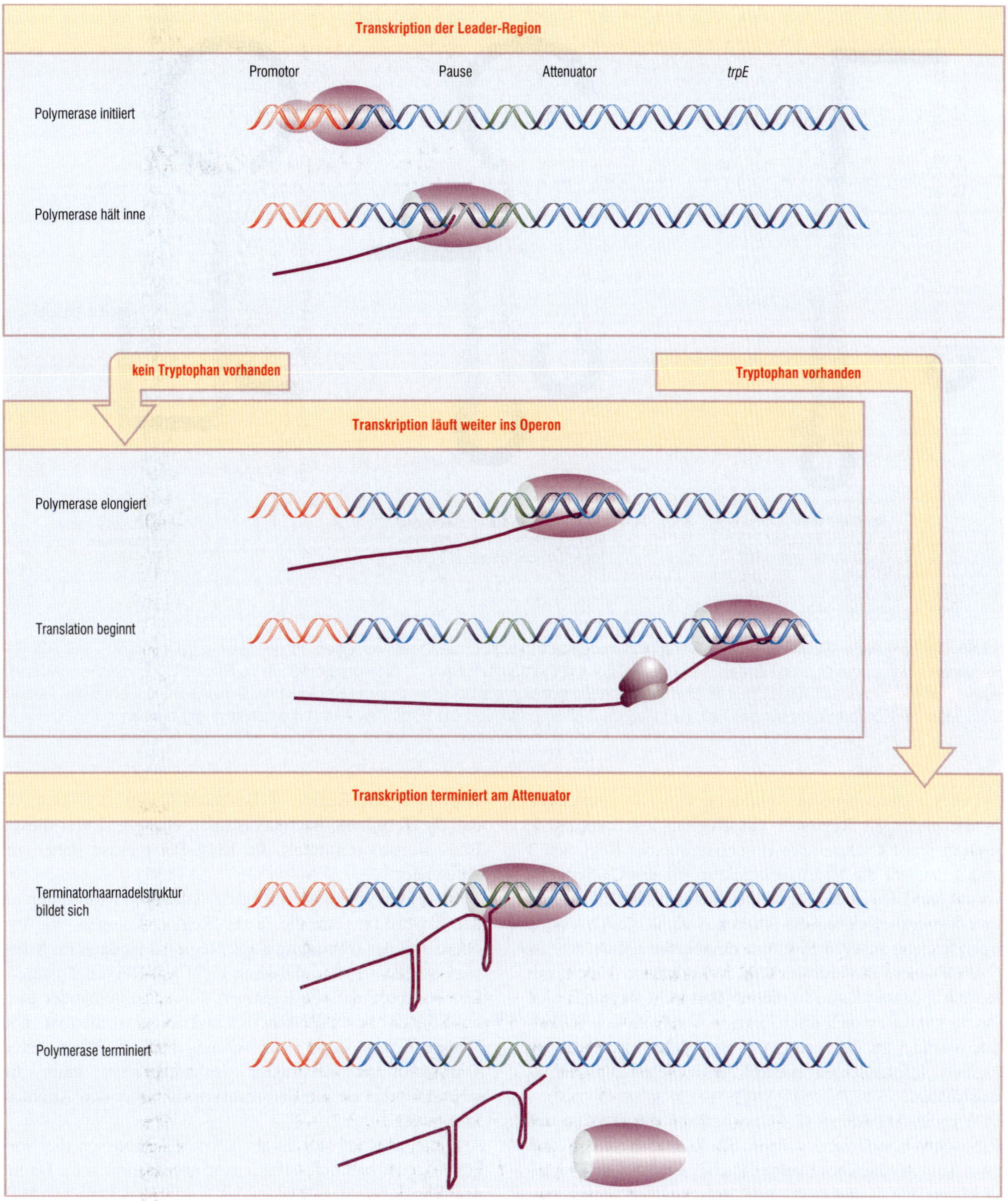

12.39 Ein Attenuator kontrolliert, ob die RNA-Polymerase bis zu den *trp*-Genen vordringt. Die RNA-Polymerase initiiert am Promotor und rückt bis zur Position 90 vor, wo sie eine Pause macht, bevor sie weiter bis zum Attenuator an Position 140 vorrückt. In Abwesenheit von Tryptophan setzt die RNA-Polymerase die Transkription bis in die Strukturgene fort (*trpE* beginnt bei +163). Wenn Tryptophan vorhanden ist, bricht die Transkription mit etwa 90 % Wahrscheinlichkeit ab, so daß die Leader-RNA aus 140 Basen freigesetzt wird.

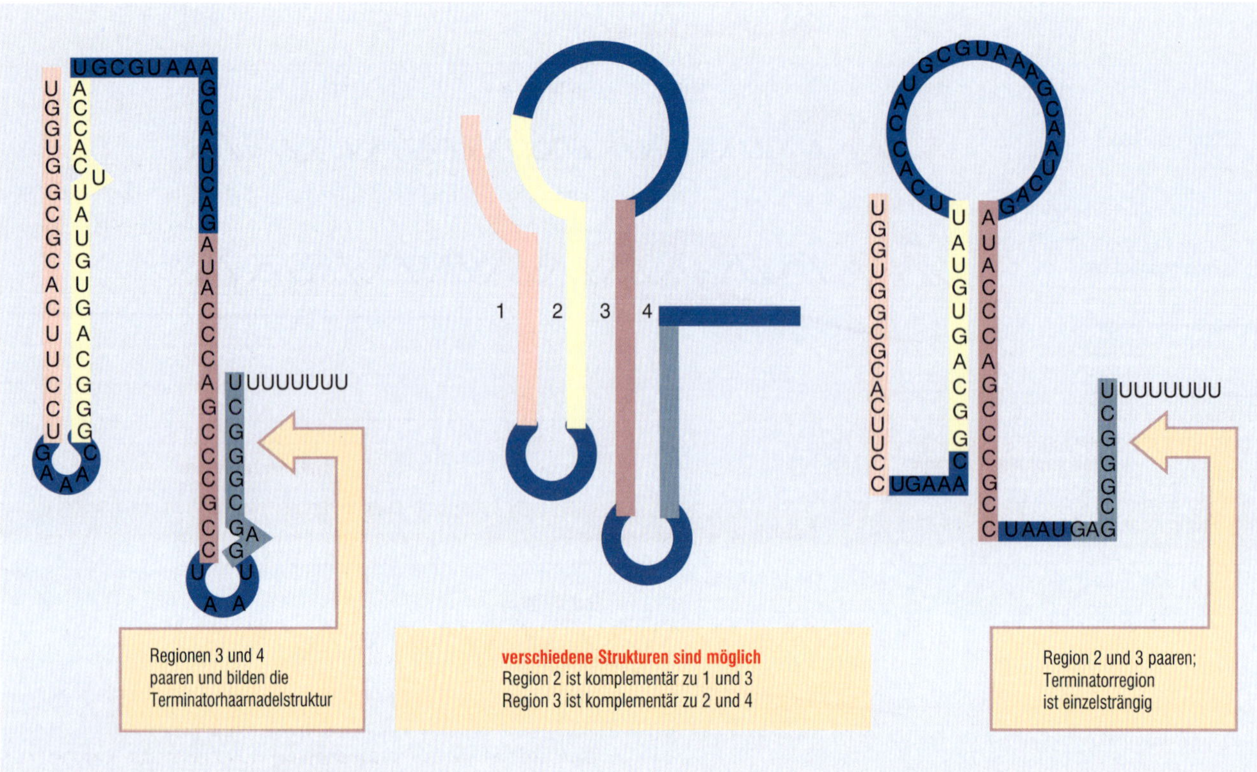

12.40 Die *trp*-Leader-Sequenz kann in verschieden gepaarten Konformationen vorliegen. In der Mitte ist dargestellt, daß alle vier Regionen miteinander paaren können. Region 1 ist komplementär zu Region 2, die komplementär zu Region 3 ist, welche wiederum zu Region 4 komplementär ist. Links ist die Konformation gezeigt, die bei Paarung von Region 1 mit 2 sowie 3 mit 4 entsteht. Rechts sieht man die Konformation für den Fall, daß Region 2 mit 3 paart und die Regionen 1 und 4 einzelsträngig bleiben.

Die Strukturen sind in Abbildung 12.40 aufgezeichnet. In der ersten ist Region 1 mit Region 2 gepaart sowie Region 3 mit 4. Durch die Basenpaarung der Regionen 3 und 4 entsteht die Haarnadelstruktur, die der U_8-Sequenz vorangeht: Dies ist das Signal für die intrinsische Termination. Vermutlich ist das die Struktur, welche die RNA ohne irgendwelche äußeren Einflüsse einnehmen würde.

Eine andere Struktur entsteht, wenn Region 1 nicht mit Region 2 paaren kann. In diesem Fall steht Region 2 eine Paarung mit Region 3 offen. Region 4 steht dann kein Bindungspartner zur Verfügung und muß daher einzelsträngig bleiben. Infolgedessen entsteht keine Terminatorhaarnadelstruktur.

Wie die Abbildung 12.41 zeigt, kann die Position des Ribosoms bestimmen, welche Struktur sich bildet, und zwar so, daß die Termination nur bei Fehlen von Tryptophan gemildert (attenuiert) wird. Entscheidend ist die Position der Trp-Codons in der das Leader-Peptid codierenden Sequenz.

In Gegenwart von Tryptophan können die Ribosomen das Leader-Peptid synthetisieren. Sie rücken entlang der Leader-Region der mRNA bis zu dem Codon UGA vor, das zwischen den Regionen 1 und 2 liegt. Wie der untere Abbildungsteil zeigt, bedeckt das Ribosom an dieser Stelle bereits die Region 2 und hindert diese an Basenpaarungen mit anderen Regionen. Infolgedessen kann Region 3 mit Region 4 Basenpaarungen ausbilden, so daß die Terminatorhaarnadelstrukur entsteht. Unter diesen Bedingungen terminiert die RNA-Polymerase daher am Attenuator.

Ist kein Tryptophan verfügbar, halten die Ribosomen an den Trp-Codons an, die in der Region 1 liegen, wie der obere Teil der Abbildung zeigt. Region 1 ist dann im Ribosom eingeschlossen und kann nicht mit Region 2 paaren. Das bedeutet, daß die Regionen 2 und 3 miteinander paaren können, bevor Region 4 transkribiert worden ist. Die Region 4 muß dann einzelsträngig bleiben. Wenn keine Terminatorhaarnadelstruktur vorhanden ist, fährt die RNA-Polymerase mit der Transkription über den Attenuator hinweg fort.

Für eine Kontrolle durch Attenuation müssen die Vorgänge genau zeitlich aufeinander abgestimmt sein. Damit das Vorrücken der Ribosomen bestimmen kann, welche Sekundärstruktur sich bildet, *muß das Leader-Peptid genau dann translatiert werden, wenn sich die RNA-Polymerase dem Terminator nähert.* Ein entscheidendes Ereignis für die zeitliche Abstimmung ist, daß die RNA-Polymerase an Basenposition 90 der Leader-Sequenz so lange anhält, bis ein Ribosom das Leader-Peptid translatiert hat. Dann kommt die Polymerase frei und bewegt sich auf den Attenuator zu. Bis es dort angekommen ist, liegt die Sekundärstruktur der Attenuatorregion fest.

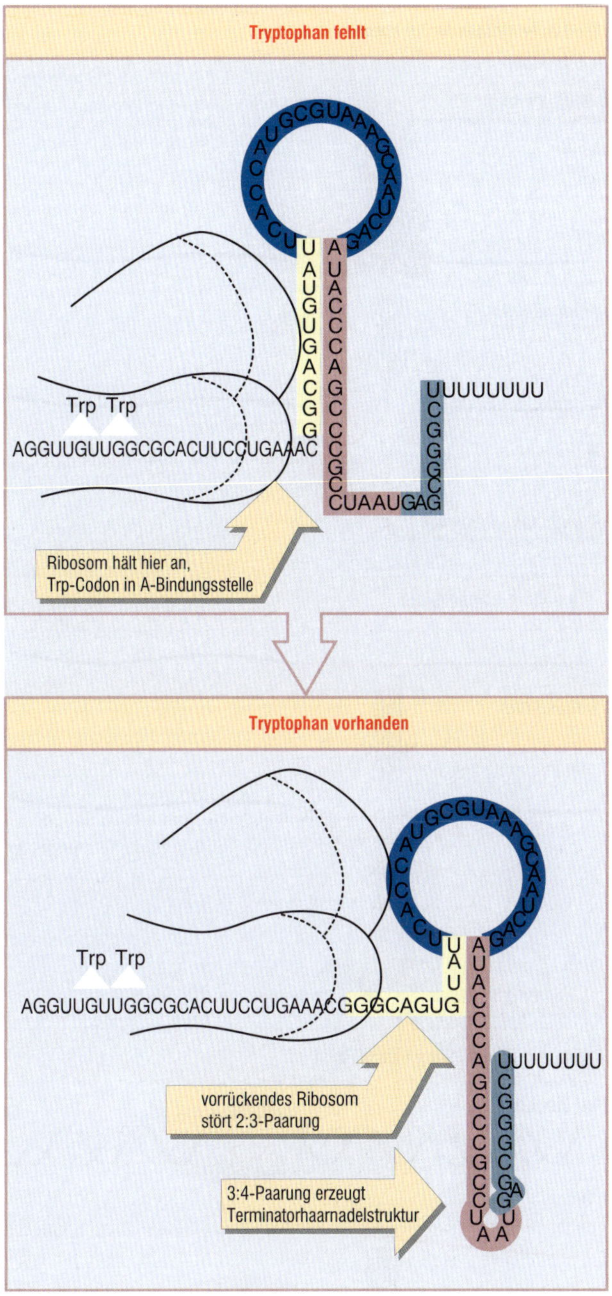

12.41 Welche Möglichkeiten die RNA-Polymerase am Attenuator hat, hängt von der Position des Ribosoms ab, welche wiederum bestimmt, ob die Regionen 3 und 4 paaren und die Terminatorhaarnadelstruktur bilden können.

Hier steht ein Mechanismus zur Verfügung, mit dem ein Mangel an Trp-tRNAs gemessen werden kann, und somit kann die Attenuation direkt auf den Tryptophanbedarf der Zelle für die Proteinsynthese reagieren.

Wie verbreitet ist die Attenuation als Kontrollmechanismus für Bakterienoperons? Bei mindestens sechs Operons, die Enzyme für die Biosynthese von Aminosäuren codieren, wird Attenuation eingesetzt. Eine Rückkoppelung zwischen dem für die Proteinsynthese relevanten Aminosäurespiegel (der sich an der Verfügbarkeit der Aminoacyl-tRNA zeigt) und der Produktion der Biosyntheseenzyme könnte also durchaus üblich sein.

Ribosomen kontrollieren abhängig von der Verfügbarkeit einer Aminoacyl-tRNA die RNA-Sekundärstruktur; daraus ergibt sich eine umgekehrte Beziehung zwischen dem Vorhandensein der Aminoacyl-tRNA und der Transkription des Operons. Dies entspricht einer Situation, in der die Aminoacyl-tRNA als Corepressor der Transkription wirkt. Da der Regulationsmechanismus durch Veränderungen bei der Bildung von doppelsträngigen Bereichen vermittelt wird, liefert die Attenuation ein eindrucksvolles Beispiel für die Bedeutung der Sekundärstruktur für die Termination und für deren Rolle bei der Regulation.

Jedes Operon, das einer Attenuation unterworfen ist, enthält Sequenzen für ein Leader-Peptid. Hält das Ribosom an den Codons für die regulatorische(n) Aminosäure(n) an, nimmt die mRNA eine Sekundärstruktur an, in der keine Terminatorhaarnadelstruktur vorkommt. Manche Operons werden dereprimiert, wenn mehr als eine Aminosäure knapp ist. In diesen Fällen sind Codons für die verschiedenen Aminosäuren, die das Operon regulieren, in der Leader-Sequenz so verstreut, daß die Bildung der Terminatorhaarnadelstruktur verhindert wird, sobald das Ribosom an irgendeinem von diesen Codons anhält. Gelegentlich wird ein Operon ausschließlich über Attenuation reguliert (z. B. das *his*-Operon).

Die Attenuation kann außerdem durch Proteine gesteuert werden, die an RNA binden und die für die Termination erforderliche Haarnadelschleife entweder stabilisieren oder destabilisieren. Ein solches Protein kann für sich aktiv sein oder auf eine niedermolekulare Verbindung ansprechen, so wie ein Repressorprotein auf einen Corepressor reagiert.

Das *trp*-Operon von *B. subtilis* ist ein Beispiel dafür, daß ein Regulator für die Abschaltung eines Operons erforderlich sein kann. Das MtrB-Protein bindet an die Leader-Sequenz des Transkripts und unterstützt die Ausbildung der Terminatorhaarnadelstruktur. Vermutlich wird MtrB durch Tryptophan aktiviert und verhindert die Expression der *trp*-Gene, indem es die Attenuation veranlaßt. MtrB wirkt also als Terminatorprotein.

Das *bgl*-Operon wird durch das Protein BglB kontrolliert, das an eine Sequenz in der untranslatierten 5′-Leader-Region des Transkripts binden kann. Durch die Bindung von BglB ist ein Teil der Sequenz, die für die Bildung einer Haarnadelstruktur an einem intrinsischen Promotor erforderlich ist, blockiert; BglB wirkt also als Antiterminator.

12.12 Kleine RNA-Moleküle können die Translation regulieren

Bei den bisher besprochenen *trans*-wirkenden Regulatoren handelt es sich um Proteine. Doch im wesentlichen ließe sich ein Regelkreis genausogut mit einer RNA als Regulator einrichten. In der Tat blieb im ursprünglichen Operonmodell die Frage offen, ob der Regulator eine RNA oder ein Protein sein könnte.

Mittlerweile kennt man mehrere Fälle, in denen kleine RNA-Moleküle die Genexpression regulieren. Ebenso wie ein Regulatorprotein ist die RNA ein unabhängig synthetisiertes Molekül, das zu einem Ziel, einer spezifischen Nucleotidsequenz, diffundiert. Ziel einer Regulator-RNA ist eine einzelsträngige Nucleinsäuresequenz. Die Regulator-RNA wirkt, indem sie komplementär zu ihrem Ziel ist und dort einen doppelsträngigen Bereich ausbilden kann.

Zwei allgemeine Mechanismen für die Wirkung einer Regulator-RNA sind denkbar:

- Die Bildung einer doppelsträngigen Region mit der Zielnucleinsäure beeinträchtigt deren Funktion direkt, indem eine spezifische Stelle gebildet wird oder blokkiert ist.
- Die Bildung einer doppelsträngigen Region in einem Teil des Zielmoleküls verändert die Konformation einer anderen Region und beeinflußt damit indirekt deren Funktion.

Das gemeinsame Merkmal beider Arten der RNA-vermittelten Regulation besteht darin, daß Veränderungen in der Sekundärstruktur die Aktivität der Ziel-RNA kontrollieren.

Im Gegensatz zu Proteinen, die Operons reprimieren, weisen RNA-Moleküle allerdings keine allosterischen Eigenschaften auf. RNAs können nicht auf andere niedermolekulare Verbindungen reagieren, die ihre Fähigkeit, das Ziel zu erkennen, beeinflussen könnten. Die Regulation durch RNA könnte in Gang gesetzt werden, indem die Transkription des Gens für die Regulator-RNA kontrolliert wird, und sie könnte durch ein Protein, das die Regulator-RNA abbaut, abgeschaltet werden.

Bakterienzellen setzen Antisense-RNAs, die komplementär zur Sequenz der mRNA sind, in bestimmten Situationen als Regulatoren ein. Abbildung 12.42 zeigt drei solcher Möglichkeiten. Eine Antisense-RNA könnte an eine RNA binden, um die Ribosomenbindungsstelle zu versperren und damit die Initiation der Translation verhindern. Die Antisense-RNA könnte die Ziel-RNA auch destabilisieren, indem durch ihre Anlagerung eine Doppelstrangregion entsteht, die von einer Endonuclease angegriffen wird. Weiterhin könnte die Genexpression beeinflußt werden, indem durch die Bindung der Antisense-RNA eine Terminatorstruktur nachgeahmt wird und die Transkription dadurch vorzeitig abbricht. (Einige Beispiele für RNA-RNA-Interaktionen in spezifischen Kontrollsystemen werden in anderen Kapiteln vorgestellt; in Kapitel 18 geht es dabei um die Kontrolle der Translation und in Kapitel 15 um die der Replikation.)

Durch die Synthese einer kleinen RNA wird das *ompF*-Gen von *E. coli* direkt kontrolliert. Der Regelkreis ist in Abbildung 12.43 dargestellt. Die Expression der beiden voneinander unabhängigen Gene *ompF* und *ompC*, die

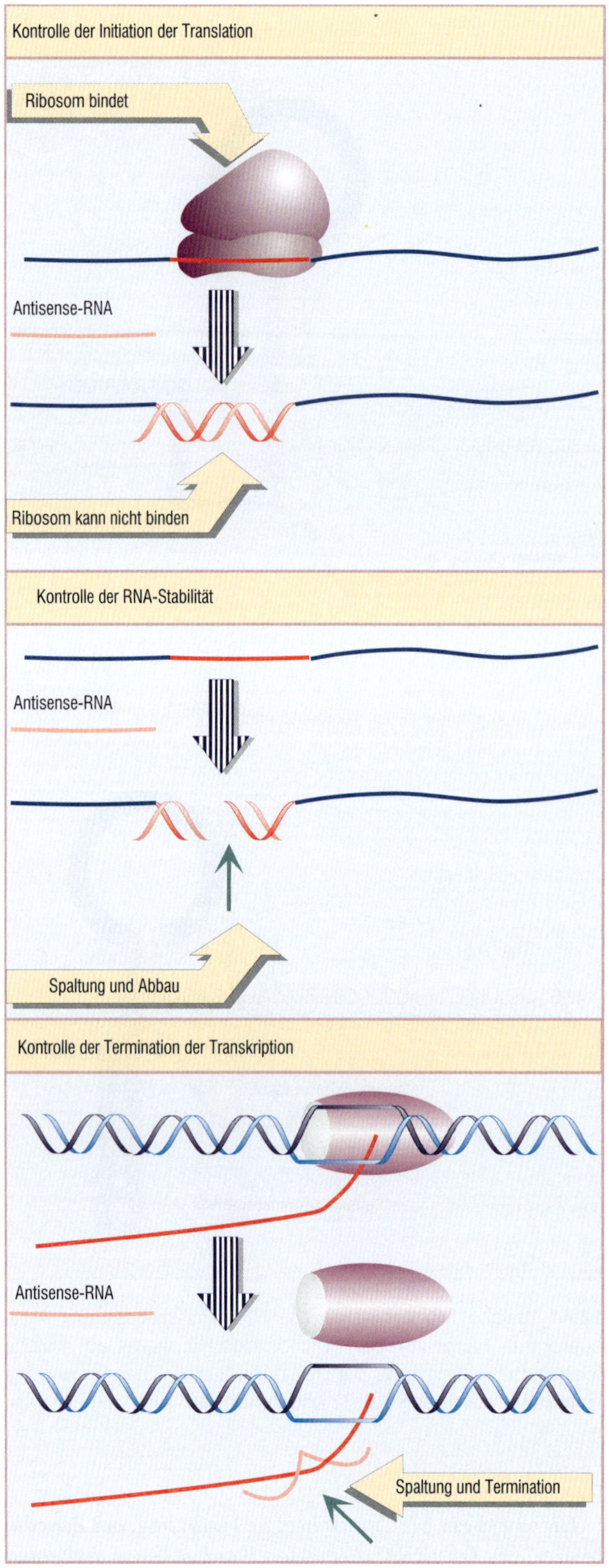

12.42 Eine Antisense-RNA kann die Funktion oder Stabilität einer anderen RNA beeinflussen.

Bestandteile der äußeren Membran der Zelle codieren, hängt von der Osmolarität des Mediums ab. An der Kontrolle der Reaktion auf Veränderungen der Osmolarität

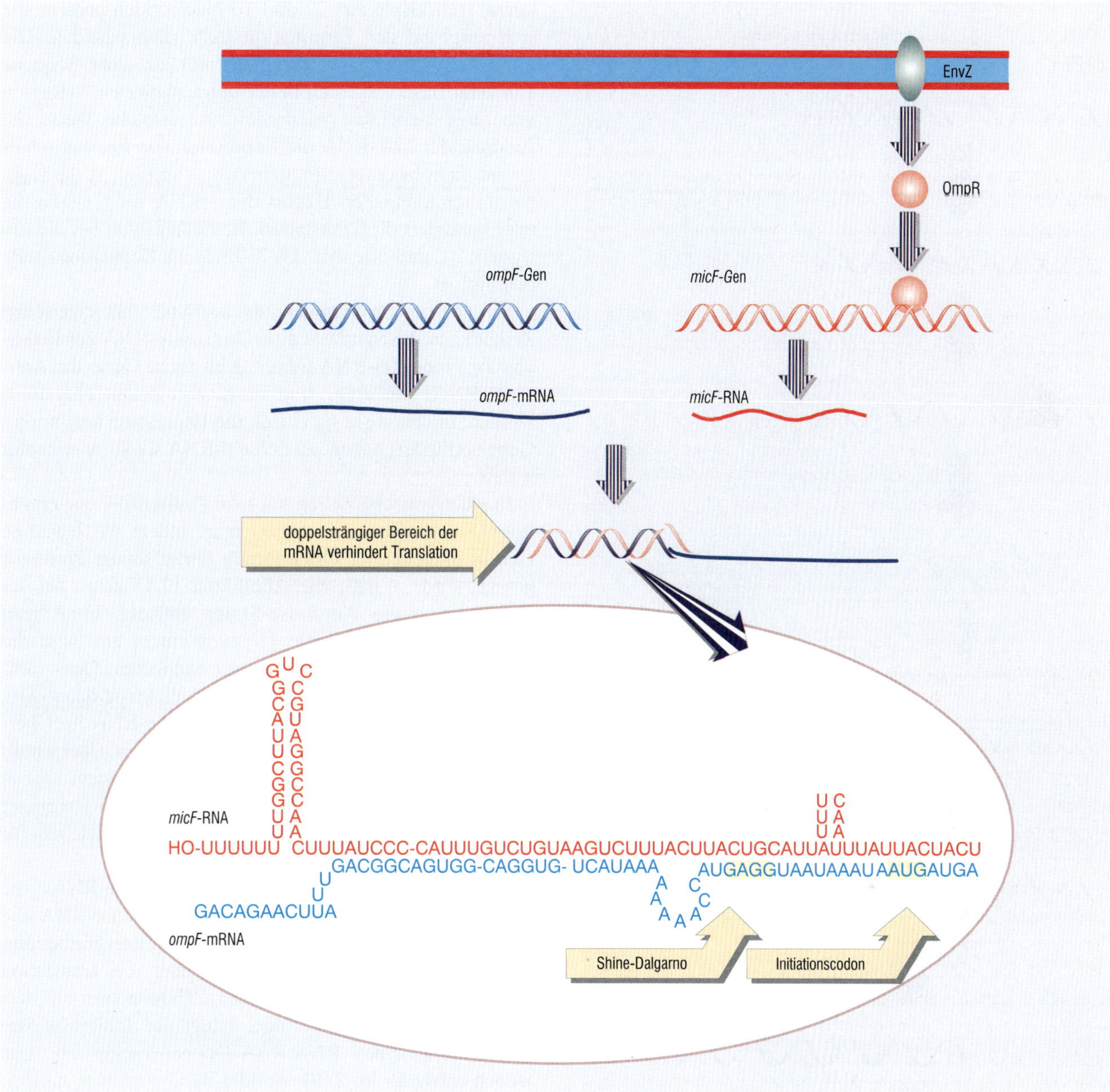

12.43 Eine Zunahme der Osmolarität aktiviert EnvZ, das OmpR aktiviert, welches wiederum die Transkription von *micF* und *ompC* (nicht gezeigt) induziert. Die *micF*-RNA ist komplementär zu der 5′-Region der *ompF*-mRNA und verhindert deren Translation.

hin sind zwei Gene beteiligt. Der Locus *envZ* codiert ein Rezeptorprotein, das als Osmolaritätssensor dient. Bei steigender Osmolarität aktiviert EnvZ wiederum ein anderes Protein, das Produkt von *ompR*.

OmpR ist ein positiver Regulator, der die Transkription zweier Gene aktiviert, die, ausgehend von einem zentralen Regulatorbereich, in entgegengesetzter Richtung transkribiert werden. Dabei handelt es sich um das Strukturgen *ompC* (in der Abbildung nicht gezeigt) und das Regulatorgen *micF*.

Das Produkt von *micF* ist eine RNA aus 174 Basen. Sie ist ein Vertreter einer Sorte von RNA, die allgemein **Antisense-RNA** genannt wird, da solche RNAs aufgrund ihrer Komplementarität zu einer mRNA deren Funktion beeinträchtigen.

Eine Zunahme der Osmolarität führt zur Synthese der *micF*-RNA, welche die Translation der *ompF*-mRNA anschaltet. Die *micF*-RNA ist komplementär zu einem Bereich der *ompF*-mRNA, zu dem die Ribosomenbindungsstelle gehört, an der die Translation initiiert wird. Die *micF*-RNA könnte daher als Regulator dienen, indem sie an die *ompF*-mRNA bindet und deren Translation verhindert. Möglich wäre auch, daß die Bildung einer doppelsträngigen Region die *ompF*-mRNA destabilisiert, so daß diese gegenüber Ribonucleasen empfindlich wird, die doppelsträngige RNAs angreifen.

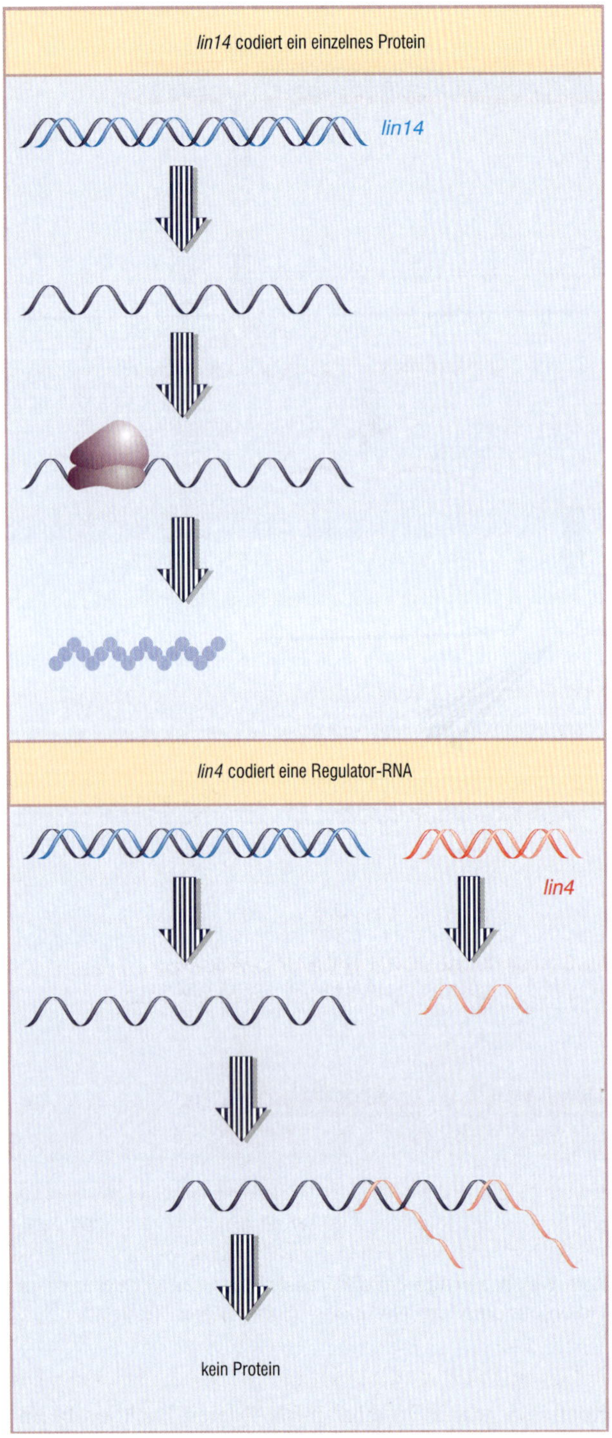

12.44 Die *lin4*-RNA steuert die Expression von *lin14*, indem sie an die untranslatierte 3′-Region bindet.

Abbildung 12.44 veranschaulicht die Eigenschaften eines ähnlichen Systems des Nematoden *C. elegans*, bei dem ein Regulatorgen eine zu einer mRNA komplementäre RNA codiert. In diesem Fall ist das Regulationsziel das Gen *lin14*, das die Entwicklung der Larven steuert. Die Expression von *lin14* wird von *lin4* kontrolliert, das zwei kurze Transkripte aus 22 und 16 Nucleotiden codiert, die sich aufgrund der Terminationsstelle unterscheiden. Die *lin14*-Transkripte sind komplementär zu einer Sequenz von zehn Basen, die sich in der untranslatierten 3′-Region von *lin14* siebenmal wiederholt. Auf welche Weise die Bindung der *lin4*-RNA die Expression von *lin14* abschaltet, ist nicht bekannt. Möglicherweise verhindert die Doppelstrangbildung den Export der mRNA ins Cytoplasma oder behindert die Translation. Bemerkenswert bei diesem System ist, daß offenbar das 3′-Ende als Regulationsstelle beteiligt ist.

Sowohl bei Prokaryoten als auch bei eukaryotischen Zellen kann die Synthese einer Antisense-RNA zur Inaktivierung einer Ziel-RNA führen. Künstliche Gene, die Antisense-RNAs codieren, sind in *E. coli*-Zellen eingeführt worden, in denen sie spezifisch die Expression bestimmter Gene verhindert haben, zu deren mRNA sie komplementär waren.

In eukaryotische Zellen hat man Antisense-Gene eingeführt. Solche Gene konstruiert man, indem das jeweilige Gen in umgekehrter Orientierung hinter seinen Promotor gesetzt wird, so daß, wie Abbildung 12.45 zeigt, bei der Transkription ein Antisense-Strang entsteht. Führt man ein Antisense-Gen für die Thymidinkinase ein, wird die Synthese der Thymidinkinase des endogenen Gens inhibiert. Diese Wirkung läßt sich nicht zuverlässig quantitativ erfassen, aber offenbar muß die Antisense-RNA im Überschuß (vielleicht sogar in einem erheblichen Überschuß) vorliegen. Die Antisense-RNA muß nur zu einem kurzen Abschnitt der Ziel-mRNA komplementär sein; weniger als 100 Basen komplementär zur 5′-Region reichen für eine wirksame Inhibition der Expression aus.

Auf welcher Ebene blockieren Antisense-RNAs die Expression? Prinzipiell könnte eine Antisense-RNA die Transkription des endogenen Gens, die Weiterverarbeitung (Prozessierung) des RNA-Produkts oder die Translation der fertigen Boten-RNA verhindern. Ergebnissen mit verschiedenen Systemen zufolge, hängt die Inhibition von der Bildung eines RNA:RNA-Doppelstranges ab, was jedoch entweder im Zellkern oder im Cytoplasma stattfinden könnte. Wenn das Antisense-Gen stabil in eine *Zellkulturzelle* integriert ist, bilden sich die Sense-Antisense-Doppelstränge im Nucleus, so daß die normale Prozessierung und/oder der Transport der Sense-RNA verhindert wird. Wird die Antisense-RNA in das Cytoplasma der Zelle injiziert, verhindert dies eine Translation, da in der 5′-Region der mRNA ein doppelsträngiger Bereich entsteht.

Diese Methode eröffnet den experimentellen Ansatz, um Gene nach Belieben auszuschalten. Beispielweise läßt sich die Funktion eines Regulatorgens untersuchen, indem man eine Antisense-Version des Gens in Zellen einführt. Als Erweiterung dieses Verfahrens kann das Antisense-Gen einem Promotor unterstellt werden, der seinerseits reguliert wird. Auf diese Weise kann das Zielgen an- und abgeschaltet werden, indem man die Produktion der Antisense-RNA reguliert. Diese Vorgehensweise ermöglicht Untersuchungen über die Bedeutung der zeitlichen Expresssionsabstimmung des Zielgens.

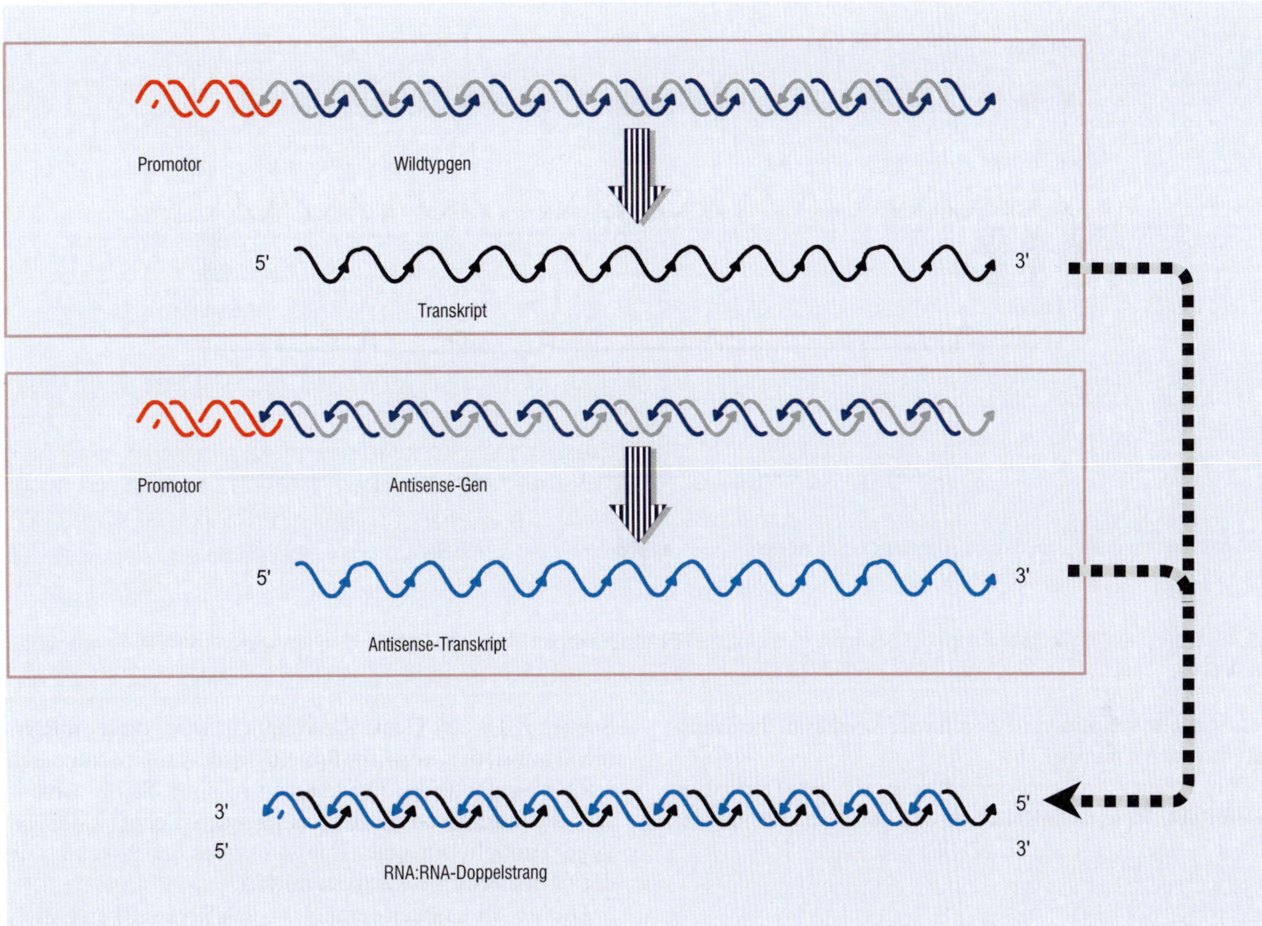

12.45 Antisense-RNA kann erzeugt werden, wenn die Orientierung eines Gens in bezug auf seinen Promotor umgedreht wird. Die von diesem Gen abgelesene RNA kann mit dem Wildtyptranskript hybridisieren, so daß ein RNA-Doppelstrang entsteht.

12.13 Regulation durch mRNA-Spaltung

Bakterien-mRNAs werden fast immer in derselben Form translatiert, in der sie transkribiert wurden. Meist sind sie polycistronisch, einige sind auch monocistronisch. Eine außergewöhnliche Situation liegt allerdings beim Phagen T7 vor. Frühe und späte Gene werden in polycistronische mRNAs überschrieben. Dann werden die RNA-Moleküle aber an mehreren Stellen gespalten, um mRNAs für die einzelnen Gene freizusetzen.

Diese Art der Expression findet man außer beim Phagen T7 auch bei T3. Da sich die beiden Phagen hinsichtlich ihrer DNA-Sequenz recht stark unterscheiden, bietet der von beiden beschrittene Weg vermutlich einen Selektionsvorteil. Warum diese einzigartige mRNA-Prozessierung vorteilhaft sein könnte, wissen wir allerdings nicht.

Die Transkription der frühen Region des Phagen T7 ist in Abbildung 12.46 dargestellt. Die Transkription wird an einem von drei Promotoren (*A1*, *A2*, *A3*) initiiert und läuft bis zu einem Terminator (*t*) etwa 7000 bp weiter. Innerhalb dieses Bereichs liegen sechs Gene. Das Enzym **RNase III** spaltet das Transkript an intercistronischen Grenzen und setzt so fünf einzelne mRNAs frei (vier monocistronische und eine bicistronische).

Wie sehen die Stellen aus, welche die RNase III erkennt? Man hat die Zielstellen identifiziert, indem man die 5′- und 3′-Enden der durch die Spaltung erzeugten mRNA-Moleküle sequenziert hat. Diese Sequenzen kann man mit der bekannten DNA-Sequenz des Phagen T7 vergleichen und so die gesamte Umgebung der Schnittstelle bestimmen.

Soweit bekannt ist, haben alle RNase-III-Schnittstellen nur ein gemeinsames Merkmal: eine Doppelhelixstruktur. Alle Schnittstellen in T7 haben die Form einer doppelsträngigen Haarnadelstruktur mit einer ungepaarten Blase. Ein Beispiel ist in Abbildung 12.47 gezeigt. RNase III schneidet alle diese Stellen, und die Haarnadelstruktur ist offenbar das einzige Merkmal, das für die Erkennung erforderlich ist.

Die Spaltung am Ende des *1.2*-Gens ist nötig, damit die bicistronische *1.1*/*1.2*-mRNA translatiert werden kann. Wird diese Spaltung verhindert, können weder die codierende Region *1.1* noch *1.2* translatiert werden. Der Grund liegt darin, daß die längere mRNA eine Sekundärstruktur annimmt, die eine Initiation an der codierenden

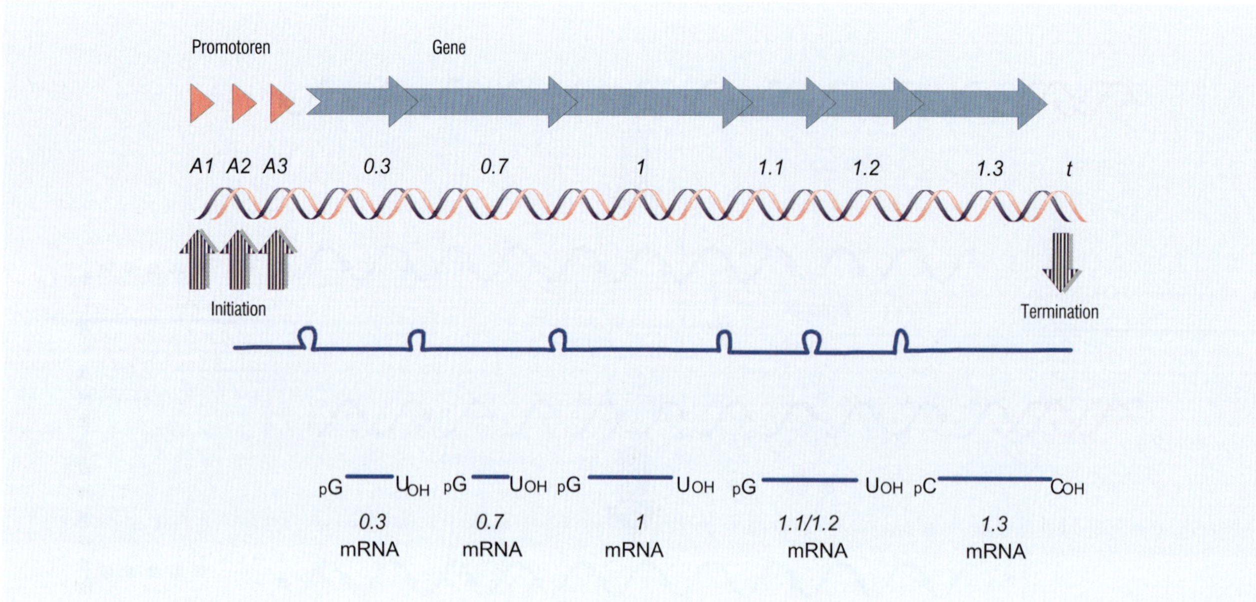

12.46 Die frühe Region des Phagen T7 wird in eine einzige RNA transkribiert, die von RNase III in fünf einzelne mRNAs gespalten wird.

1.1-Sequenz verhindert (dadurch wird wiederum die Translation von *1.2* unmöglich).

Ein anderer Fall, in dem RNase III die Translation beeinflußt, ist eine mRNA des Phagen Lambda mit der

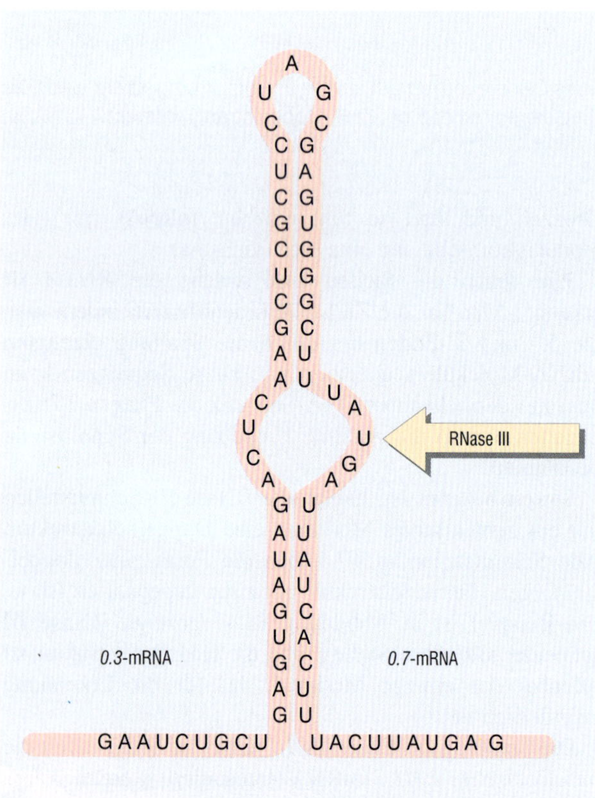

12.47 Eine typische Schnittstelle der RNase III in T7-RNA liegt innerhalb einer kurzen Haarnadelstruktur, die eine ungepaarte Blase enthält.

Sequenz des *int*-Gens. Gewöhnlich wird diese mRNA nicht translatiert (das Int-Protein wird von einer anderen mRNA synthetisiert). Mutationen in einer Stelle namens *sib*, die stromabwärts der codierenden Sequenz für *int* liegt, ermöglichen eine Translation des Int-Proteins von der normalerweise inaktiven mRNA.

Die *sib*-Mutationen verhindern, daß RNase III eine Zielstelle erkennt. Wie Abbildung 12.48 zeigt, wird durch die Spaltung der Wildtyp-mRNA an dieser Stelle wahrscheinlich das 3'-Ende freigesetzt und durch andere (unbekannte) Ribonucleasen abgebaut. Die Instabilität der mRNA ist dafür verantwortlich, daß diese nicht translatiert wird. Mutationen in *rnc* haben denselben Effekt wie die in *sib*: sie machen eine Spaltung unmöglich, so daß die Translation stattfindet.

Sowohl bei den *1.1*/*1.2*-Genen von T7 als auch bei *int* aus Lambda besteht ein Zusammenhang zwischen der Translatierbarkeit der RNA und ihrer Spaltung durch RNase III an einer bestimmten Stelle. In beiden Fällen beruht dieser Zusammenhang vermutlich auf der Auswirkung der Spaltung auf die Sekundärstruktur der RNA. *Indem ein Teil des Moleküls abgetrennt wird, verändert die Spaltung die Struktur anderer Bereiche, einschließlich der Stellen, die für die Funktion der RNA wichtig sind.* Zu den Funktionen, die dadurch beeinflußt werden, zählen die Initiation der Translation, die Empfindlichkeit gegenüber RNA-abbauenden Enzymen, die Fähigkeit, gespleißt zu werden (bei Eukaryoten) und zweifellos noch weitere Vorgänge.

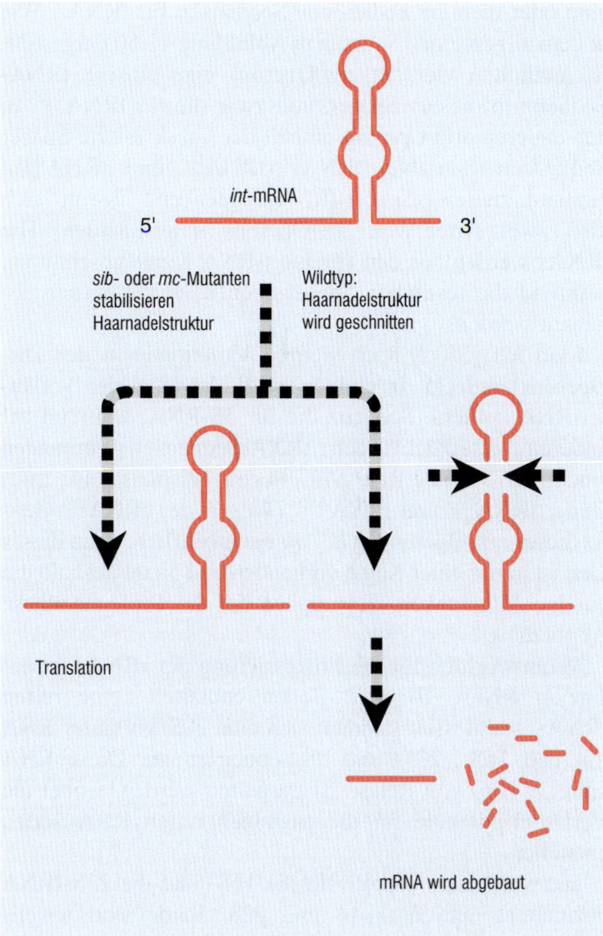

12.48 Spaltet RNase III die *sib*-Stelle am 3′-Ende der *int*-mRNA, wird die mRNA abgebaut.

12.14 Für die Freisetzung von pro- und eukaryotischen rRNAs sind Spaltvorgänge nötig

Die Reifung eukaryotischer rRNAs läßt sich recht genau verfolgen, weil es relativ lange dauert, bis das Primärtranskript über Zwischenstadien zum endgültigen rRNA-Molekül verarbeitet worden ist. Die wichtigsten Prozessierungs-Zwischenprodukte kann man aus einer Reihe verschiedener Zellen isolieren, wobei der Verarbeitungsweg bei Säugern gut erforscht ist.

Bei Säugern besteht das Primärtranskript aus einer 45S-RNA, die Sequenzen für die 18S- und die 28S-rRNA enthält, aber fast doppelt so lang wie beide zusammen ist. Sie enthält etwa 110 Methylgruppen, die während oder direkt nach der Transkription angehängt werden. Fast alle Methylgruppen sind mit Riboseresten in verschiedenen Oligonucleotidsequenzen verknüpft.

Die Methylgruppen bleiben während der Prozessierung der Vorläufer-RNA zu reifen rRNAs *erhalten*. Etwa 39 der ursprünglichen Methylgruppen sind in der reifen 18S-rRNA vorhanden, weitere vier kommen später im Cytoplasma dazu. In der 28S-rRNA sind etwa 74 Methylgruppen enthalten (die alle auch schon im Primärtranskript vorhanden waren). Aufgrund dieser Beobachtung kann man annehmen, daß die Methylierung die Abschnitte des Primärtranskripts markiert, die zu rRNA reifen.

Es gibt mehr als einen Verarbeitungsweg, wie die Größen der RNA-Zwischenprodukte zeigen. Die verschiedenen Verarbeitungswege lassen sich aber alle miteinander in Einklang bringen, wenn man davon ausgeht, daß einige wenige Schnittstellen in verschiedener Reihenfolge benutzt werden.

Zwei Wege, die ursprünglich in menschlichen (HeLa-) Zellen und in (L-)Zellen der Maus untersucht wurden, sind in Abbildung 12.49 gezeigt. In beiden Fällen liegen die Spaltstellen auf der 5′-Seite der 18S-Sequenz, innerhalb eines Spacers (Zwischenstückes) zwischen der 18S- und der 5,8S-Sequenz sowie im Spacer zwischen der 5,8 und der 28S-Sequenz. (Die 5,8S-Sequenz wird zu einem kleinen RNA-Molekül, das sich über Basenpaarungen an die 28S-rRNA anlagert.)

Die beiden Verarbeitungswege unterscheiden sich nur hinsichtlich der Reihenfolge, in der die Schnittstellen benutzt werden. In manchen Zellarten hat man mehr als einen Verarbeitungsweg gefunden.

Die Abbildung zeigt, wie viele der Schnittstellen mindestens genutzt werden müssen, damit alle 5′- und 3′-Enden entstehen. Es ist nicht bekannt, ob diese Spaltungen tatsächlich die letztendlich vorliegenden Enden erzeugen

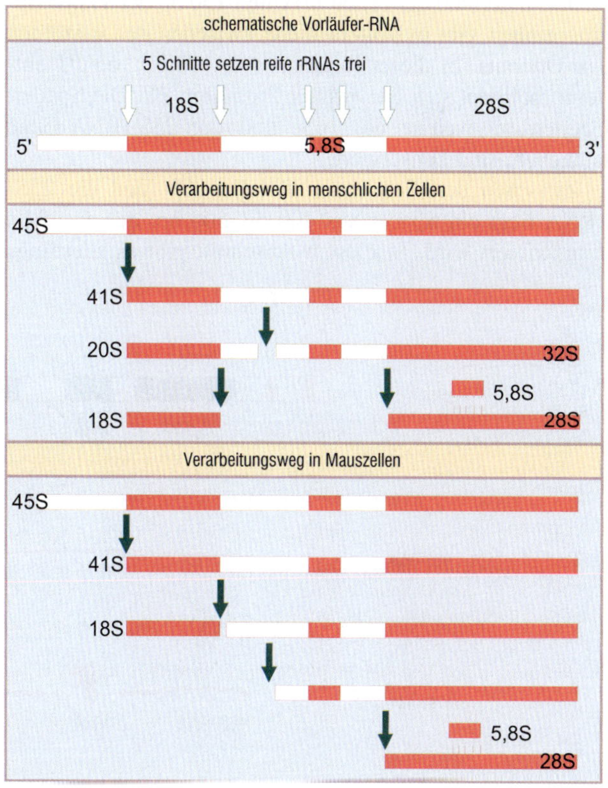

12.49 Reife rRNAs werden bei Säugern aus der 45S-Vorläufer-RNA frei, indem in jeden Spacer-Abschnitt Schnitte eingeführt werden.

oder ob zunächst nur einzelne Vorläufer-RNAs frei werden, die noch weiter zurechtgeschnitten werden. Welche Ribonucleasen für diese Rekationen verantwortlich sind, wissen wir ebenfalls nicht. Bekannt ist aber, daß die 45S-RNA unmittelbar nach ihrer Synthese mit Proteinen besetzt ist, so daß wohl nicht die freie RNA, sondern das Ribonucleoprotein prozessiert wird.

Auch Bakterien-rRNAs müssen durch Spaltungen aus ihren gemeinsamen Vorläufern freigesetzt werden. In *E. coli* codieren sieben Operons rRNA; sie werden als *rrnA–G* bezeichnet. Sie sind im Chromosom nicht eng gekoppelt. Ribosomale RNA-Sequenzen sind konserviert, wie aber die Sequenzhomogenität erhalten bleibt, weiß man nicht. Alle *rrn*-Operons sind gleich aufgebaut und enthalten, wie Abbildung 12.50 zeigt, die drei rRNA-Moleküle 16S, 23S und 5S in dieser Reihenfolge. Die beiden großen rRNAs liegen in derselben Anordnung vor wie in der eukaryotischen Transkriptionseinheit; die 5S-RNA befindet sich nur bei Prokaryoten in derselben Transkriptionseinheit.

Jedes dieser Operons wird in ein einziges RNA-Transkript umgeschrieben, aus dem die reifen rRNA-Moleküle durch Spaltungen hervorgehen. Kann die Spaltungsreaktion nicht stattfinden, sammeln sich die Vorläufermoleküle in Form einer RNA mit einer Sedimentationskonstante von etwa 30S.

Alle *rrn*-Operons haben einen Doppelpromotor. Der erste, *P1*, liegt etwa 300 bp stromaufwärts vom Start der 16S-rRNA-Sequenz und ist wahrscheinlich der Hauptpromotor. Innerhalb der ersten maximal 150 bp der Transkriptionseinheit gibt es Unterschiede zwischen den einzelnen *rrn*-Operons. In dieser Region, etwa 110 bp von *P1* entfernt, befindet sich ein zweiter Promotor, *P2*. Die Spacer-Sequenzen, welche die 16S- und die 23S-rRNA-Gene umgeben, sind konserviert.

Zwischen den Sequenzen für die 16S- und die 23S-rRNA liegt ein Spacer aus 400 bis 500 bp, der ebenfalls transkribiert wird. In diesem Abschnitt gibt es allerdings eine oder mehrere codierende Sequenzen für tRNAs. Wie in dem allgemeinen Schema in Abbildung 12.50 dargestellt ist, enthalten vier der *rrn*-Operons eine einzige tRNA-Sequenz in diesem Spacer, und zwar die für $tRNA^{Glu}_{2}$. In den anderen drei Operons enthält der transkribierte Spacer Sequenzen für zwei tRNAs ($tRNA^{Ile}_{1}$ und $tRNA^{Ala}_{1B}$). Anhand dieser „Spacer-tRNA-Sequenzen" lassen sich also zwei Arten von *rrn*-Operons unterscheiden. Die tRNAs werden aus der Vorläufer-RNA herausgeschnitten, während die restlichen Spacer-Sequenzen vermutlich abgebaut werden.

Man hat jedoch noch weitere Variationen in den *rrn*-Operons entdeckt. In einigen ist die letzte in der Vorläufer-RNA codierte Sequenz die für 5S-RNA, während bei anderen zusätzlich noch tRNA-Sequenzen vorhanden sind. Am 3'-Ende von *rrnC* liegen beispielsweise zwei Gene, $tRNA^{Trp}$ und $tRNA^{Asp}_{1}$. (Wegen des $tRNA^{Trp}$-Gens ist dieses *rrn*-Operon für *E. coli* unentbehrlich, denn dieses Gen ist in nur einer Kopie vorhanden und bietet deshalb die einzige Möglichkeit, Tryptophan bei der Proteinsynthese zu nutzen.)

Verantwortlich für die Prozessierung der rRNAs ist das Enzym RNase III. *Rnc*⁻-Zellen enthalten keine reifen rRNAs, stattdessen sammelt sich eine 30S-Vorläufer-RNA mit den 16S-, 23S- und 5S-Sequenzen an. Diese RNA kann *in vitro* von RNase III gespalten werden, wobei die Vorläufermoleküle für die einzelnen reifen RNA-Sorten entstehen.

Die Vorläufermoleküle für die 16S- und die 23S-rRNA bezeichnet man mit p16 und p23. Beide sind jeweils etwas länger als die in Ribosomen enthaltenen rRNAs, da sie sowohl am 5'- als auch am 3'-Ende zusätzliche Sequenzen tragen.

Der Mechanismus, mit dem die Enden der p16- und p23-RNAs erzeugt werden, ist gleich. In beiden Fällen sind die Bereiche des Primärtranskripts, welche die Enden der zukünftigen RNAs darstellen, komplementär zueinander. Diese Bereiche bilden Basenpaare miteinander

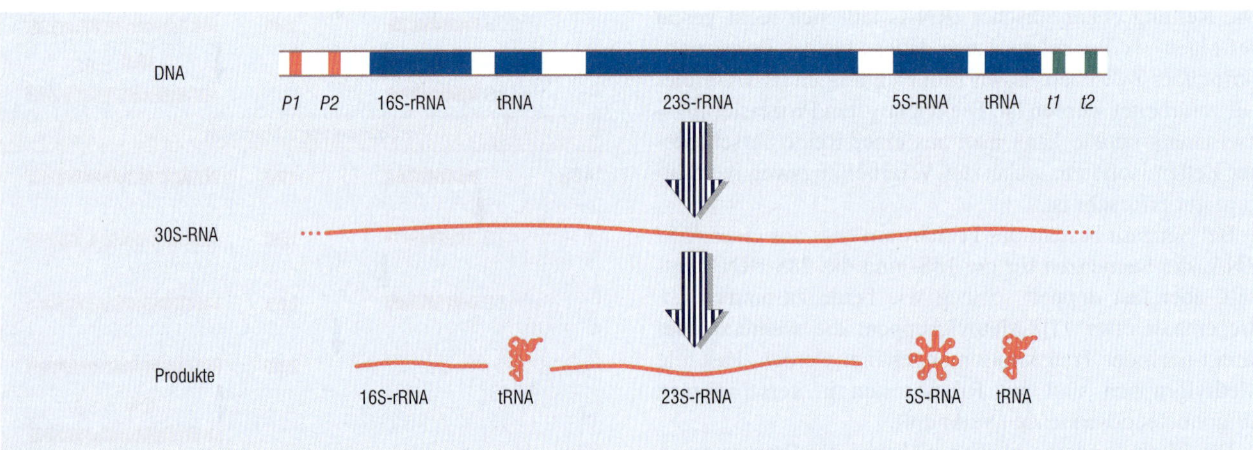

12.50 Das *rrn*-Operon enthält Gene für rRNAs und für tRNAs. Die codierenden Sequenzen sind durch transkribierte Spacer voneinander getrennt; die Länge der Leader- und Trailer-Sequenzen hängt davon ab, welche Promotoren und Terminatoren benutzt werden. Alle RNA-Produkte müssen aus dem Transkript durch Schnitte zu beiden Seiten freigesetzt werden.

aus, so daß sich eine doppelsträngige Struktur mit den 5′- und 3′-terminalen Bereichen der Produkte ergibt. Bemerkenswert ist der Abstand zwischen den komplementären Sequenzen, der im Fall von p16 etwa 1 600 und im Fall von p23 sogar etwa 2 900 Nucleotide beträgt.

Wie die Abbildung 12.51 zeigt, schneidet RNase III auf beiden Seiten des doppelsträngigen Stieles und erzeugt so gleichzeitig die 5′- und die 3′-Enden des p16- beziehungsweise p23-Moleküls.

Zwischen den RNase-III-Schnittstellen von p16 und p23 finden sich keine ausgedehnten Sequenzhomologien, ebensowenig zwischen diesen und den Erkennungsstellen in T7. Welche Merkmale die von RNase III spezifisch geschnittenen RNA-Sequenzen aufweisen müssen, ist ein Rätsel. Sicher ist nur, daß die eigentliche Schnittstelle entweder innerhalb einer doppelsträngigen Struktur vorliegen

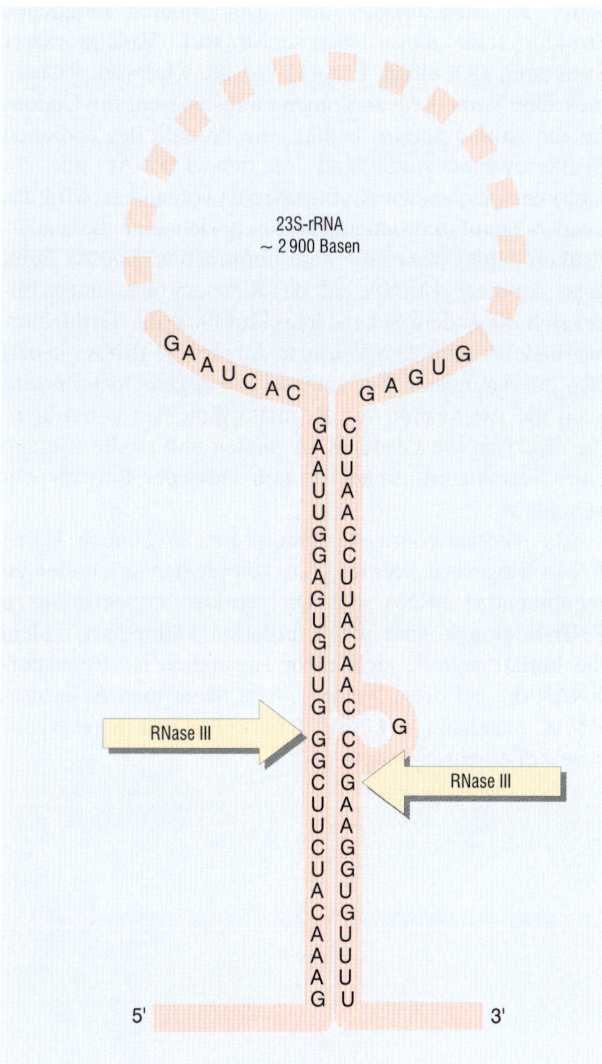

12.51 Die Bereiche, welche die 5′- und 3′-Enden einer rRNA enthalten, paaren miteinander und bilden einen doppelsträngigen Stiel, den RNase III in beiden Strängen schneidet. Abgebildet ist die Sequenz der 23S-rRNA, für die 16S-rRNA gilt jedoch das gleiche.

muß oder von einer solchen umgeben sein muß. Möglicherweise erkennt das Enzym eine Kombination aus Primärsequenz und Sekundärstruktur.

Da bei den durch RNase III vollzogenen Spaltungen nicht die eigentlichen 5′- und 3′-Enden der 16S- und 23S-rRNA erzeugt werden, sind weitere Verarbeitungsschritte erforderlich. Viel ist darüber nicht bekannt, außer daß sie nur dann erfolgen, wenn zuvor die RNase III in Aktion getreten ist. Die tRNA-Sequenzen, die in den *rrn*-Transkriptionseinheiten eingeschlossen sind, werden von RNase P und anderen tRNA-prozessierenden Enzymen in ihre endgültige Form gebracht.

Zusammenfassung

Die Transkription wird durch Interaktionen zwischen *trans*-wirkenden Faktoren und *cis*-wirkenden Sequenzen reguliert. Ein *trans*-wirkender Faktor ist das Produkt eines Regulatorgens. In der Regel handelt es sich um ein Protein, es kann jedoch auch eine RNA sein. Weil der Faktor in der Zelle diffundiert, kann er auf jedes zugehörige Zielgen wirken. Ein *cis*-wirkende Stelle in der DNA (oder RNA) ist eine Sequenz, die *in situ* als Erkennungsstelle ihre Funktion ausübt. Sie codiert kein Produkt und kann nur solche Sequenzen beeinflussen, die mit ihr benachbart sind. In Bakterien sind Gene, die Proteine mit verwandten Funktionen codieren, z. B. aufeinanderfolgende Enzyme eines Stoffwechselweges, oft in einem Cluster angeordnet und werden ausgehend von einem einzigen Promotor in eine polycistronische mRNA transkribiert. Über die Kontrolle dieses Promotors wird der gesamte Stoffwechselweg reguliert. Die Regulationseinheit, die Strukturgene und *cis*-wirkende Stellen umfaßt, nennt man Operon.

Die Initiation der Transkription wird durch Interaktionen in der Nähe des Promotors reguliert. Die Fähigkeit der RNA-Polymerase zur Initiation an einem Promotor wird von anderen Proteinen beeinträchtigt oder aktiviert. Gene, die so lange aktiv sind, bis sie abgeschaltet werden, unterstehen einer sogenannten negativen Kontrolle. Sind Gene nur dann aktiv, wenn sie spezifisch angeschaltet werden, bezeichnet man dies als positive Kontrolle. Die Art der Kontrolle kann man anhand der Dominanzbeziehungen herausfinden, die zwischen dem Wildtyp und konstitutiven/dereprimierten (ständig angeschalteten) oder nichtinduzierbaren/überreprimierten (ständig abgeschalteten) Mutanten bestehen.

Ein Repressorprotein hindert die RNA-Polymerase entweder an der Bindung am Promotor oder daran, die Transkription in Gang zu setzen. Der Repressor bindet an eine bestimmte Sequenz, den Operator, der sich meist in der Nähe oder stromaufwärts vom Startpunkt befindet. Operatorsequenzen sind kurz und oft palindromisch. Häufig handelt es sich bei Repressoren um Homomultimere, deren Symmetrie die ihrer Zielsequenzen widerspiegelt.

Die Fähigkeit des Repressorproteins, an den Operator zu binden, wird von einer niedermolekularen Verbindung reguliert. Ein Induktor hindert den Repressor an der Bindung, ein Corepressor aktiviert den Repressor. Die Bindung des Induktors oder Corepressors an das Repressorprotein bewirkt eine Strukturänderung in dessen DNA-Bindungsstelle. Diese allosterische Reaktion wird sowohl in freien Repressorproteinen induziert als auch direkt in solchen, die bereits an DNA gebunden sind.

Die Verarbeitung von Lactose wird durch Induktion reguliert. Hindert ein β-Galactosid als Induktor den Repressor an der Bindung seines Operators, wird über Transkription und Translation des *lacZ*-Gens das Enzym β-Galactosidase hergestellt, welches β-Galactoside abbaut. Die Biosynthese von Tryptophan wird durch Repression gesteuert. Tryptophan aktiviert als Corepressor ein Repressorprotein, das daraufhin an den Operator bindet und die Expression der Gene verhindert, die für die Synthese von Tryptophan verantwortlich sind. Der gleiche Repressor kann mehrere Zielgene kontrollieren, die eine Kopie der Operatorconsensussequenz enthalten.

Einige Promotoren kann die RNA-Polymerase nicht (oder nur schlecht) erkennen, es sei denn, ein spezifisches Aktivatorprotein ist anwesend. Auch Aktivatorproteine können von niedermolekularen Verbindungen beeinflußt werden. Der CAP-Aktivator erlangt im Beisein von cyclischem AMP die Fähigkeit, an bestimmte Sequenzen zu binden. Alle Promotoren, die auf CAP ansprechen, enthalten mindestens eine Kopie der Zielsequenz. Die Bindung von CAP verursacht eine Biegung der DNA. Um die Transkription zu aktivieren, müssen Untereinheiten der RNA-Polymerase und von CAP direkten Kontakt zueinander haben.

Ein Protein mit hoher Affinität zu einer bestimmten Zielsequenz hat auch eine geringe allgemeine Affinität zu DNA. Das Verhältnis beider Affinitäten bestimmt die Spezifität des Proteins. Da im Genom wesentlich mehr unspezifische Stellen (belibige DNA-Sequenzen) vorhanden sind als spezifische Zielsequenzen, werden DNA-bindende Proteine, wie Repressoren, auf der DNA „gelagert“; wahrscheinlich gibt es keine oder nur wenige freie Moleküle. Die Spezifität für die Zielsequenz muß hoch genug sein, um dem Überschuß unspezifischer Bindungsstellen gegenüber den spezifischen entgegenzuwirken. Bei Bakterienproteinen ist das Gleichgewicht so eingestellt, daß Zahl und Spezifität der Proteine im „angeschalteten Zustand“ eine spezifische Erkennung ermöglichen, die Zielsequenz im „ausgeschalteten Zustand“ aber fast vollständig frei gegeben wird.

Die Genexpression kann auch auf den der Transkription nachfolgenden Ebenen reguliert werden. Die Translation kann beeinflußt werden, indem ein Protein an Bereiche der mRNA bindet, die mit der Ribosomenbindungsstelle überlappen, so daß Ribosomen an der Initiation der Translation gehindert werden. Das Protein RegA des Phagen T4 ist ein allgemeiner Regulator, der auf mehrere mRNAs auf der Ebene der Translation wirkt. Die meisten Proteine, die den Translationsvorgang behindern, haben zusätzlich noch andere Aufgaben. Dies gilt vor allem für einige Fälle der autogenen Regulation, in denen ein Genprodukt die Expression desjenigen Operons kontrolliert, in dem sein eigenes Gen liegt.

Die Stärke der Proteinsynthese stellt selbst ein wichtiges Signal für die Koordination dar. Ein Mangel an Aminoacyl-tRNAs löst eine Leerlaufreaktion im Ribosom aus, die zur Synthese des ungewöhnlichen Nucleotids ppGpp führt. Dieses Nucleotid ist ein Effektor, der an bestimmten Promotoren die Initiation der Transkription verhindert. Darüber hinaus hat ppGpp eine hemmende Wirkung auf die Elongation sämtlicher Transkripte.

Die Attenuation ist ein Mechanismus zur Kontrolle der Transkription bakterieller Operons, der auf der Terminationsregulation beruht. Man findet ihn häufig bei Operons, die Enzyme für die Biosynthese von Aminosäuren codieren. Die polycistronsiche mRNA dieser Operons beginnt mit einer Sequenz, die verschiedene Sekundärstrukturen ausbilden kann. Eine der Strukturen besteht aus einer Haarnadelstruktur, die als intrinsischer Terminator stromaufwärts der Strukturgene dient. Der anderen möglichen Struktur fehlt diese Haarnadelstruktur. Welche dieser Strukturen sich bildet, hängt davon ab, wie rasch Ribosomen eine kurze Leader-Sequenz translatieren, die Codons für die Aminosäure(n) enthält, die Produkt des codierten Synthesewegs sind. Sind Aminoacyl-tRNAs mit der (den) entsprechenden Aminosäure(n) vorhanden, wird das Leader-Peptid translatiert, wodurch sich eine Sekundärstruktur bilden kann, die eine Termination auslöst. Fehlt diese Aminoacyl-tRNA, hält das Ribosom inne, und es bildet sich die andere Sekundärstruktur ohne die Terminatorhaarnadelstruktur. Der Vorrat an Aminoacyl-tRNAs steuert also die Aminosäurebiosynthese. In einigen Operons wird auch die Attenuation von Regulatorproteinen kontrolliert, die direkt an die Leader-RNA binden und so die Bildung einer Terminatorhaarnadelstruktur entweder fördern oder behindern.

Als Alternative zu Regulatorproteinen können kleine RNAs eingesetzt werden, die komplementär zu der zu regulierenden mRNA sind. Die gebildete doppelsträngige RNA-Region könnte die Translation verhindern, indem die Initiationsstelle nicht mehr zugänglich ist. Regulator-RNAs, die auf diese Weise wirken, nennt man Antisense-RNAs; man kann sie künstlich herstellen und in eukaryotische Zellen einschleusen.

Weiterführende Literatur

Übersichtsartikel

Miller, J.; Reznikoff, W. (Hrsg.) *The Operon*. New York (Cold Spring Harbor Laboratory Press) 1987.

Barkley, M. D.; Bourgeois, S. *Repressor recognition of operator and effectors*. In: Miller, J.; Reznikoff, W. (Hrsg.) *The Operon*. New York (Cold Spring Harbor Laboratory Press) 1987. S. 177–220.

Beckwith, J. *lac: the genetic system*. In: Miller, J.; Reznikoff, W. (Hrsg.) *The Operon*. New York (Cold Spring Harbor Laboratory Press) 1987. S. 11–30.

Beyreuther, K. *Chemical structure and functional organization of lac repressor from E. coli*. In: Miller, J.; Reznikoff, W. (Hrsg.) *The Operon*. New York (Cold Spring Harbor Laboratory Press) 1987. S. 123–154.

Miller, J. H. *The lacI gene: its role in lac operon control and its use as a genetic system*. In: Miller, J.; Reznikoff, W. (Hrsg.) *The Operon*. New York (Cold Spring Harbor Laboratory Press) 1987. S. 31–88.

Weber, K.; Geisler, N. *lac repressor fragments produced in vivo and in vitro: an approach to the understanding of the interaction of repressor and DNA*. In: Miller, J.; Reznikoff, W. (Hrsg.) *The Operon*. New York (Cold Spring Harbor Laboratory Press) 1987. S. 155–176.

Zabin, I.; Fowler, A. V. *β-galactosidase, the lactose permease protein, and thiogalactoside transcetylase*. In: Miller, J.; Reznikoff, W. (Hrsg.) *The Operon*. New York (Cold Spring Harbor Laboratory Press) 1987. S. 89–122.

Yanofsky, C. *Attenuation in the control of expression of bacterial operons*. In: *Nature* 289 (1981) S. 751–758.

Gegenheimer, P.; Apirion, D. *Processing of prokaryotic RNA*. In: *Microbiol. Rev.* 45 (1981) S. 502–541.

Bauer, C. E. et. al. *Attenuation in bacterial operons*. In: Beckwith, J.; Davies, J. E.; Gallant J. A. (Hrsg.) *Gene Function in Prokaryotes*. New York (Cold Spring Harbor) S. 65–89.

Nomura, M. et al. *Regulation of the synthesis of ribosomes and ribosomal components*. In: *Ann. Rev. Biochem.* 53 (1984) S. 75–117.

Green, J.; Pines, O.; Inouye, M. *The role of antisense RNA in gene regulation*. In: *Ann. Rev. Biochem.* 55 (1986) S. 569–597.

Cashel, M.; Rudd, K. E. *The stringent response*. In: Neidhardt, F. C. (Hrsg.) *E. coli and S. typhimurium*. Washington D. C. (American Society for Microbiology) 1987. S. 1410–1429.

King, T. C.; Sirdeskmukh, R.; Schlessinger, D. *Nucleolytic processing of RNA transcripts in prokaryotes*. In: *Microbiol. Rev.* 50 (1987) S. 428–451.

Landick, R.; Yanofsky, C. *Transcription attenuation*. In: Neidhardt, F. C. (Hrsg.) *E. coli and S. typhimurium*. Washington D. C. (American Society for Microbiology) 1987. S. 1276–1301.

Yanofsky, C.; Crawford, I. P. *The tryptophan operon*. In: Neidhardt, F. C. (Hrsg.) *E. coli and S. typhimurium*. Washington D. C. (American Society for Microbiology) 1987. S. 1453–1472.

Gold, L. *Posttranscriptional regulatory mechanisms in E. coli*. In: *Ann. Rev. Biochem.* 57 (1988) S. 199–223

Botsford, J. L.; Harman, J. G. *Cyclic AMP in procaryotes*. In: *Microbiol. Rev.* 56 (1992) S. 100–122.

Ptashne, M. *A Genetic Switch*. Cambridge (Cell Press and Blackwell Scientific) 1992.

Kolb, A. et al. *Transcriptional regulation by cAMP and its receptor protein*. In: *Ann. Rev. Biochem.* 62 (1993) S. 749–795.

Greenblatt, J.; Nodwell, J. R.; Mason, S. W. *Transcriptional antitermination*. In: *Nature* 364 (1993) S. 401–406.

Condon, C.; Squires, C.; Squires, C. L. *Control of rRNA transcription in E. coli*. In: *Microbiol. Rev.* 59 (1995) S. 623–645.

Entdeckungen

Operons

Jacob, F.; Monod, J. *Genetic regulatory mechanisms in the synthesis of proteins*. In: *J. Mol. Biol.* 3 (1961) S. 318–356.

Repressoren

Gilbert, W.; Müller-Hill, B. *Isolation of the lac repressor*. In: *Proc. Nat. Acad. Sci. USA* 56 (1966) S. 1891–1898.

Gilbert, W.; Müller-Hill, B. *The lac operator is DNA*. In: *Proc. Nat. Acad. Sci. USA* 58 (1967) S. 2415–2421.

Oehler, S. *The three operators of the lac operon cooperate in repression*. In: *EMBO J.* 9 (1990) S. 973–979.

Friedman, A. M.; Fischmann, T. O.; Steitz, T. A. *Crystal structure of lac repressor core tetramer and its implications for DNA looping*. In: *Science* 268 (1995) S. 1721–1727.

Lewis, M. *et al. Crystal structure of the lactose operon repressor and its complexes with DNA and inducer.* In: *Science* 271 (1996) S. 1247–1254.

Regulator-DNA-Interaktionen

Lin, S.-Y.; Riggs, A. D. *The general affinity of lac repressor for E. Coli DNA: implications for gene regulation in prokaryotes and eukaryotes*. In: *Cell* 4 (1975) S. 107–111.

Hu, M. C.-T.; Davidson, N. *The inducible lac operator-repressor system is functional in mammalian cells*. In: *Cell* 48 (1975) S. 555–566.

Hildebrandt, E. R. et al. *Comparison of recombination in vitro and in E. coli cells: measure of the effective concentration of DNA in vivo*. In: *Cell* 81 (1995) S. 331–340.

Autogene Kontrolle

Baughman, G.; Nomura, M. *Localization of the target site for translational regulation of the L11 operon and direct evidence for translational coupling in E. coli*. In: *Cell* 34 (1983) S. 969–988.

Cyclisches AMP

Gaston, K. A. et al. *Stringent spacing requirements for transcription activation by CRP.* In: *Cell* 62 (1990) S. 733–743.

Regulatornucleotide

Cashel, M.; Gallant, J. *Two compounds implicated in the function of the RC gene of E. coli*. In: *Nature* 221 (1969) S. 838–841.

Haseltine, W. A.; Block, R. *Synthesis of guanosine tetra and pentaphosphate requires the presence of a codon specific uncharged tRNA in the acceptor site of ribosomes*. In: *Proc. Nat. Acad. Sci. USA* 70 (1973) S. 1564–1568.

Attenuation

Lee, F.; Yanofsky, C. *Transcription termination at the trp operon attenuators of E. coli and S. typhimurium: RNA secondary structure and regulation of termination.* In: *Proc. Nat. Acad. Sci. USA* 74 (1977) S. 4365–4368.

Zurawski, G. et al. *Translational control of transcription termination at the attenuator of the E. coli tryptophan operon.* In: *Proc. Nat. Acad. Sci. USA* 75 (1978) S. 5988–5991.

Antisense-RNA

Izant, J. G.; Weintraub, H. *Inhibition of thymidine kinase gene expression by antisense RNA: a molecular approach to genetic analysis.* In: *Cell* 36 (1984) S. 1007–1015.

Spaltungsreaktion

Bram, R. J.; Young, R. A.; Steitz, J. A. *The RNase III site flanking 23S sequences in the 30S ribosomal precursor RNA of E. coli.* In: *Cell* 19 (1980) S. 393–401.

13. Überlebensstrategien von Phagen

Manche Phagen verfügen über nur eine einzige Überlebensstrategie. Nach der Infektion eines anfälligen Wirtes unterwandern sie dessen Funktionen mit dem Ziel, zahlreiche Nachkommen von Phagenpartikeln zu erzeugen. Infolge dieser **lytischen Infektion** stirbt das Wirtsbakterium. In einem typischen lytischen Zyklus dringt die DNA (beziehungsweise RNA) des Phagen in das Wirtsbakterium ein, die Phagengene werden in einer festgelegten Reihenfolge transkribiert, es erfolgt die Replikation des genetischen Materials des Phagen und die Proteinbestandteile des Phagenpartikels werden hergestellt. Schließlich wird das Wirtsbakterium aufgebrochen (**lysiert**), um die fertig zusammengebauten Partikel der nächsten Generation freizusetzen.

Anderen Phagen stehen zwei Lebensformen offen. Sie können sich ebenfalls über einen lytischen Zyklus vermehren, was auf eine offene Strategie hinausläuft, mit der in möglichst kurzer Zeit möglichst viele Kopien des Phagen entstehen sollen. Diese Phagen können aber auf eine andere, verdeckte Weise überleben, bei der das Phagengenom in einer latenten Form im Bakterium vorhanden ist, die als **Prophage** bezeichnet wird. Diese Art der Verbreitung nennt man **Lysogenie**.

In einem lysogenen Bakterium ist der Prophage in das Bakteriengenom **integriert** und wird ebenso wie die Bakteriengene auf die Nachkommen vererbt. Die Anwesenheit eines Prophagen verleiht dem lysogenen Bakterium **Immunität** gegen Infektionen durch weitere Phagenpartikel vom selben Typ. Ein einziger integrierter Prophage reicht für die Immunität aus, daher enthält ein Bakteriengenom in der Regel nur eine Kopie eines bestimmten Prophagentyps.

Ein Wechsel zwischen lysogener und lytischer Lebensweise ist möglich, wie Abbildung 13.1 zeigt. Wenn ein Phage, der aus einem lytischen Zyklus stammt, in ein neues Bakterium eindringt, wiederholt er entweder den lytischen Zyklus oder geht in den lysogenen Zustand. Das Ergebnis hängt von den Infektionsbedingungen und den Genotypen von Phage und Bakterium ab.

Ein Prophage wird durch einen Vorgang, den man **Induktion** nennt, von den Einschränkungen der Lysogenie befreit. Dabei kommt es zur **Excision** des Prophagen, das heißt, er wird aus dem Bakteriengenom herausgeschnitten, so daß freie Phagen-DNA entsteht und der lytische Weg in Gang kommt.

Die beiden Möglichkeiten der Phagenvermehrung sind durch die Regulation der Transkription vorbestimmt. Die Lysogenie wird durch Interaktion zwischen einem Phagenrepressor und einem Operator aufrechterhalten. Der lytische Zyklus erfordert eine Kaskade von Transkriptionskontrollen. Ein Übergang von einer zur anderen Lebensweise wird durch Aufbau der Repression bewerkstelligt (vom lytischen Zyklus zur Lysogenie) oder durch Aufheben der Repression (Induktion des lysogenen Phagen zum lytischen).

In Bakterien gibt es außerdem noch andere Nucleinsäureformen, die sogenannten **Plasmide**. Es handelt sich um selbständige Einheiten, die in der Zelle als **extrachromosomale Genome** vorliegen. Plasmide sind selbstreplizierende ringförmige DNA-Moleküle, die in einer stabilen, charakteristischen Zahl von Kopien pro Zelle existieren – das bedeutet, daß ihre Zahl von Generation zu Generation gleich bleibt.

Auch einigen Plasmiden stehen verschiedene Existenzformen offen. Sie können entweder als selbständige extrachromosomale Moleküle oder im Bakteriengenom eingebaut vorliegen und dann, so wie andere Sequenzen, weitervererbt werden. Die genaue Bezeichnung für eine solche Einheit ist **Episom** (die Begriffe „Plasmid“ und „Episom“ werden allerdings recht frei gebraucht, so als wären sie austauschbar).

Wie lysogene Phagen behaupten Plasmide und Episomen selbstsüchtig den Besitz ihres Bakteriums und machen anderen Elementen desselben Typs oft den Zugang unmöglich. Diesen Effekt bezeichnet man ebenfalls als **Immunität**, doch die Plasmidimmunität beruht auf anderen Grundlagen als die lysogene Immunität. (Wie die Fortpflanzung von Plasmiden kontrolliert wird, besprechen wir in Kapitel 14.)

In Tabelle 13.1 sind die verschiedenen Arten von genetischen Einheiten zusammengestellt, die sich als unabhängige Genome in Bakterien vermehren können. Das Genom lytischer Phagen kann aus jeglicher Form von

Tabelle 13.1: In Bakterien können mehrere Arten von unabhängigen genetischen Einheiten existieren

Art der Einheit	Genomstruktur	Vermehrungsweise	Folgen
lytischer Phage	ds- oder es-DNA oder RNA linear oder ringförmig	infiziert anfälligen Wirt	meist Tod des Wirtes
lysogener Phage	ds-DNA	lineare Sequenz im Wirtschromosom	Immunität gegen Infektion
Plasmid	ds-DNA-Ring	repliziert sich in bestimmter Kopienzahl; kann übertragen werden	Immunität gegen Plasmide derselben Gruppe
Episom	ds-DNA-Ring	freier Ring oder linear integriert	kann Wirts-DNA übertragen

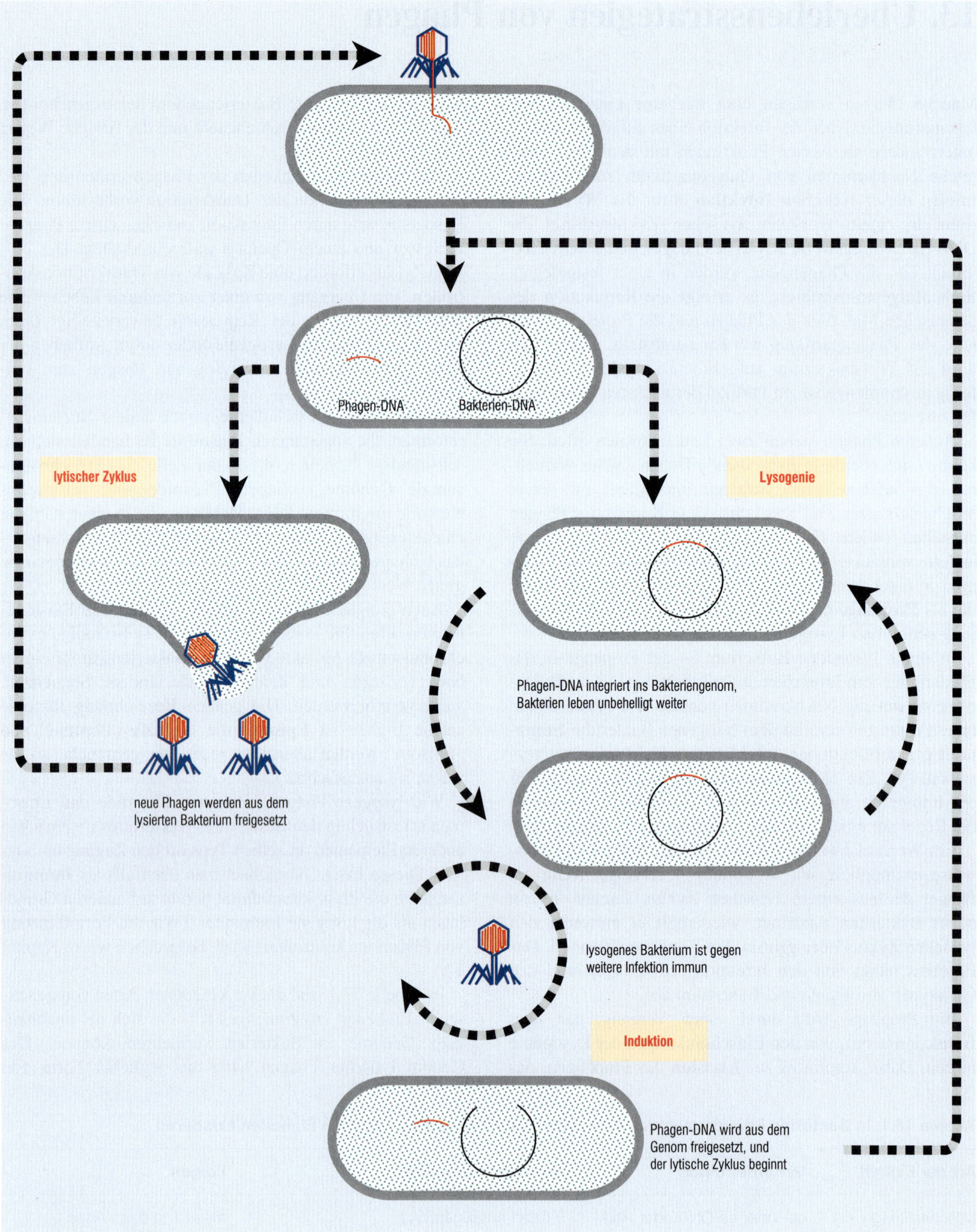

13.1 *Übersicht*: Die lytische Entwicklung bedeutet Reproduktion von Phagenpartikeln, wobei das Wirtsbakterium zerstört wird. Bei der lysogenen Lebensweise kann das Phagengenom dagegen als Bestandteil des Bakteriengenoms weiter existieren.

Nucleinsäuren bestehen; lytische Phagen werden durch Freisetzung infektiöser Partikel von einer Zelle auf die andere übertragen. Lysogene Phagen haben wie Plasmide und Episomen ein Genom aus doppelsträngiger DNA. Manche Plasmide und Episome gelangen durch einen Konjugationsvorgang von einer Zelle in eine andere (wobei Donor- und Empfängerzelle direkten Kontakt aufnehmen). Beiden Übertragungswegen ist ein Merkmal gemein, daß nämlich gelegentlich einige Gene des Wirtsbakteriums zusammen mit der Phagen- beziehungsweise Plasmid-DNA übertragen werden. Diese Vorgänge sind daher insofern von Bedeutung, als sie einen Austausch der genetischen Information zwischen Bakterien ermöglichen.

13.1 Die lytische Entwicklung wird durch eine Kaskade kontrolliert

Die Genome von Phagen sind notgedrungenerweise klein. Wie alle Viren müssen Phagen die Nucleinsäure in eine Proteinhülle verpacken. Diese Vorgabe bestimmt viele der Reproduktionsstrategien von Viren. Gewöhnlich übernimmt ein Virus die Maschinerie der Wirtszelle, die daraufhin statt der Bakteriengene die Gene des Phagen repliziert und exprimiert.

Meist verfügt der Phage über Gene, welche die bevorzugte Replikation der Phagen-DNA sicherstellen sollen. Diese Gene haben mit der Initiation der Replikation zu tun und stellen möglicherweise sogar eine neue DNA-Polymerase bereit. Die Fähigkeit der Wirtszelle, Gene zu transkribieren, wird ebenfalls verändert. Dabei kann die RNA-Polymerase durch eine andere ersetzt werden oder ihre Fähigkeit bezüglich der Initiation oder Termination modifiziert werden. Das Ergebnis ist immer dasselbe: Die Phagengene werden bevorzugt transkribiert. Was die Proteinsynthese betrifft, gibt sich der Phage gewöhnlich mit der Maschinerie des Wirtes zufrieden, deren Aktivität er hauptsächlich durch den Austausch der Bakterien- gegen Phagen-mRNA umlenkt.

Die lytische Entwicklung wird durch einen Prozeß vollzogen, bei dem die Phagengene in einer bestimmten Reihenfolge exprimiert werden. So ist sichergestellt, daß jede Komponente zur richtigen Zeit in der passenden Menge vorhanden ist. Der Zyklus läßt sich allgemein in zwei Teile gliedern, wie Abbildung 13.2 verdeutlicht:

- **Frühe Infektion** umfaßt den Zeitraum vom Eindringen der DNA bis zum Beginn der Replikation.
- **Späte Infektion** bezeichnet den Zeitraum vom Beginn der Replikation bis zum letzten Schritt, der Lyse der Bakterienzelle zur Freisetzung der neuen Phagenpartikel.

In der frühen Phase werden Enzyme hergestellt, die an der Reproduktion der DNA beteiligt sind. Dazu gehören Enzyme für die DNA-Synthese, die Rekombination und gegebenenfalls Modifikation. Diese Enzymaktivitäten

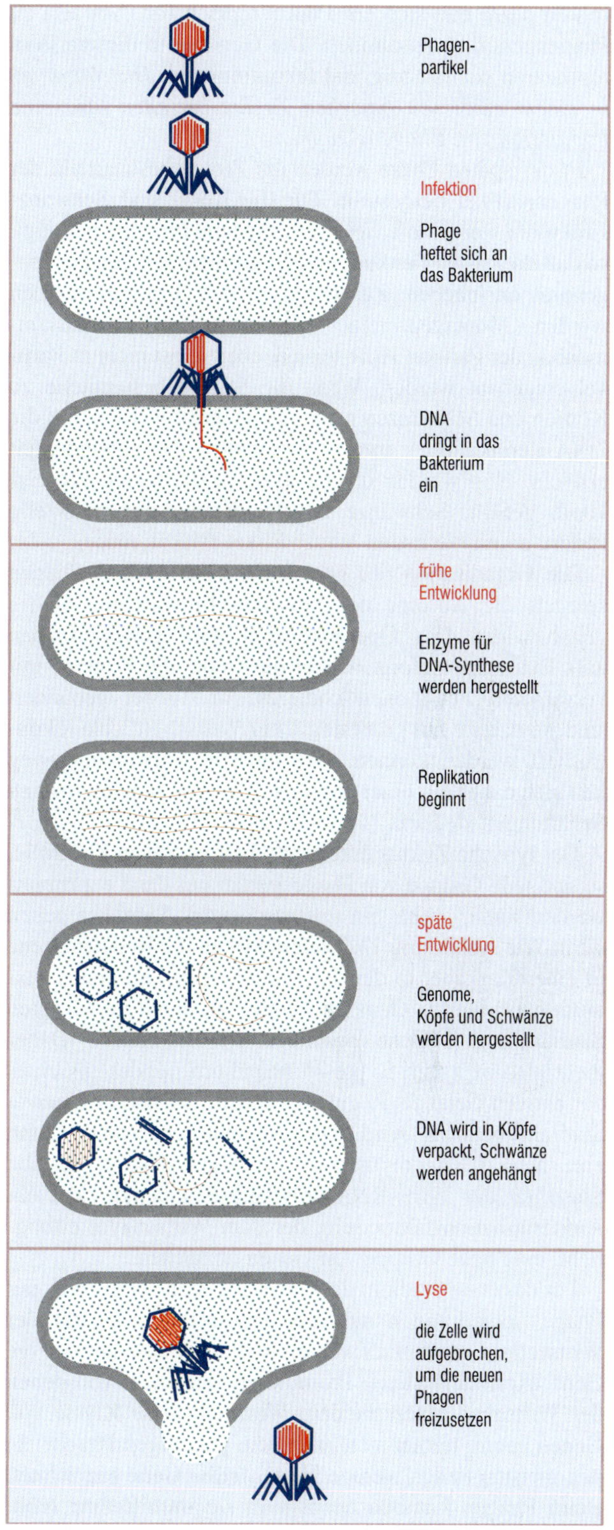

13.2 Bei der lytischen Entwicklung werden Phagengenome und Proteinpartikel hergestellt und zu neuen Phagen zusammengesetzt. Vergleiche diese Darstellung mit den elektronenmikroskopischen Aufnahmen von infizierten Bakterien in Abbildung 3.2.

führen dazu, daß sich ein **Pool** (englisch für „Vorrat") an Phagengenomen ansammelt. Die Genome in diesem Pool replizieren sich ständig und rekombinieren. *Die Vorgänge in einem einzelnen lytischen Zyklus betreffen also eine Population von Phagengenomen.*

In der späten Phase werden die Proteinbestandteile der Phagenpartikel hergestellt. Für die Kopf- und Schwanzstrukturen werden oft viele verschiedene Proteine benötigt, so daß die späten Funktionen den größten Teil des Phagengenoms ausmachen. Zusätzlich zu den Strukturproteinen werden „Montageproteine" gebraucht, die beim Zusammenbau der Partikel Hilfe leisten, aber selbst nicht in Partikel eingebaut werden. Wenn die Strukturbestandteile zu Köpfen und Schwänzen zusammengesetzt werden, hat die DNA-Replikation ihre maximale Geschwindigkeit erreicht. Nun werden die Genome in die leeren Proteinköpfe gefüllt, Schwänze angehängt und die Wirtszelle lysiert, damit die neuen Viruspartikel freikommen.

Die Organisation der genetischen Karte eines Phagen spiegelt die Abfolge der lytischen Entwicklung häufig genau wider. Das Operonkonzept wird gewissermaßen aufs Extremste befolgt, wobei die Gene, die Proteine mit verwandten Funktionen codieren, in Cluster gebündelt sind, so daß sie mit größtmöglicher Wirtschaftlichkeit kontrolliert werden können. Der lytische Entwicklungsweg läßt sich daher mit einer geringen Zahl von regulatorischen Schaltungen steuern.

Der lytische Zyklus unterliegt einer positiven Kontrolle, so daß jede Gruppe von Phagengenen nur dann exprimiert werden kann, wenn ein entsprechendes Signal gegeben wird. Wie Abbildung 13.3 zeigt, wirken die Regulatorgene in einer Kaskade, in der das Produkt eines im ersten Stadium exprimierten Gens notwendig ist, damit im nächsten Stadium andere Gene exprimiert werden können. Daher dient also in jedem Expressionsstadium mindestens eines der aktiven Gene als Regulator, der für das darauffolgende Stadium benötigt wird. Das Regulatorgenprodukt kann eine neue RNA-Polymerase, ein Sigma-Faktor, der die Spezifität der Wirts-RNA-Polymerase umlenkt, oder ein Antiterminationsfaktor sein, der dem Wirtsenzym ermöglicht, eine neue Gruppe von Genen abzulesen.

Für das erste Stadium der Genexpression verläßt sich der Phage notgedrungen auf den Transkriptionsapparat der Wirtszelle. Gewöhnlich werden in dieser Phase nur wenige Gene exprimiert, deren Promotoren sich nicht von denen der Wirtsgene unterscheiden. Wie man diese Klasse von Genen nennt, richtet sich nach dem jeweiligen Phagen. In den meisten Fällen werden sie als **frühe Gene** bezeichnet. Beim Phagen Lambda nennt man sie **unmittelbar früh**. Ungeachtet ihrer Bezeichnung bilden sie nur die Einleitung, also den allerersten Teil der frühen Phase. Manchmal dienen diese Gene ausschließlich dem Übergang zur nächsten Phase. Auf jeden Fall *codiert eines dieser Gene immer ein Protein, das für die Transkription der nächsten Gruppe von Genen notwendig ist.*

Diese zweite Gruppe von Genen wird entweder als **verzögert frühe** oder **mittlere** Gene bezeichnet. Ihre Expression beginnt in der Regel, sobald das von einem frühen

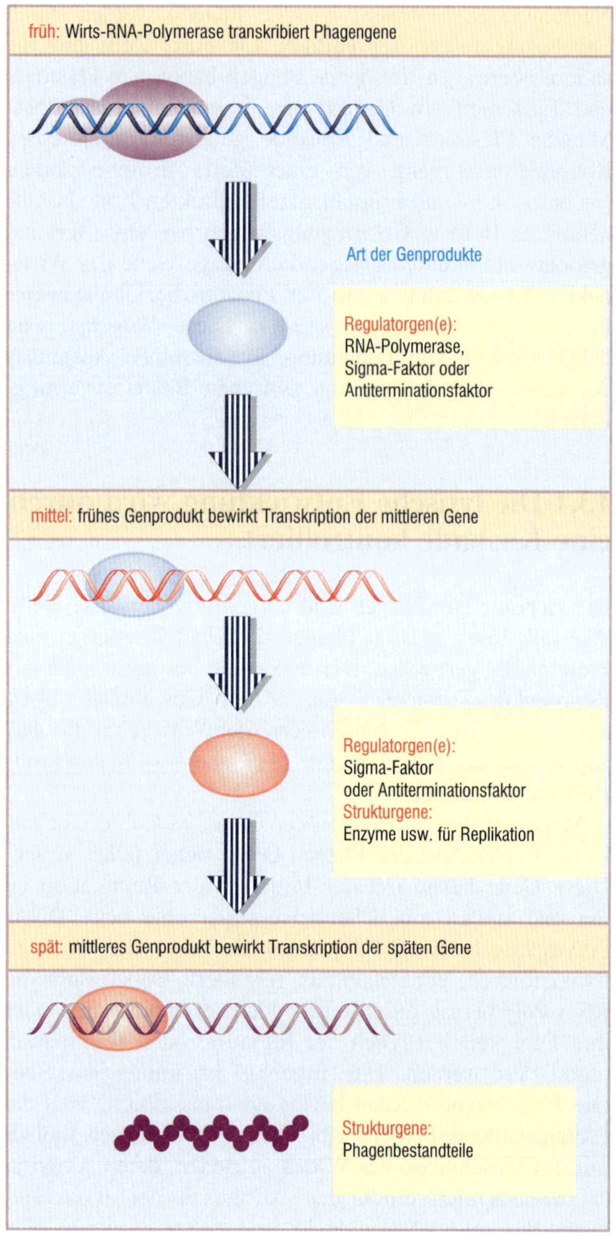

13.3 Die lytische Entwicklung von Phagen läuft über eine Regulationskaskade, in der ein Genprodukt eines Stadiums für die Expression der Gene im nächsten Stadium benötigt wird.

Gen codierte Regulatorprotein verfügbar ist. Abhängig von der Art des Regelkreises können die frühen Gene weiter exprimiert werden, oder auch nicht, wie Abbildung 11.30 darstellt. Oft wird die Expression der Wirtsgene heruntergefahren. Zusammen stellen die beiden Gruppen früher Gene alle notwendigen Phagenfunktionen bereit, bis auf diejenigen, die für den Zusammenbau der Partikelhülle und für die Lyse der Zelle erforderlich sind.

Wenn die Replikation der Phagen-DNA beginnt, ist die Zeit für die Expression der späten Gene gekommen. Für deren Transkription in diesem Stadium trägt gewöhnlich ein weiteres Regulatorgen Sorge, das zu den zuvor exprimierten, verzögert frühen oder mittleren Genen gehört. Bei diesem Regulator kann es sich um einen anderen Antiterminationsfaktor (wie bei Lambda) oder um einen weiteren Sigma-Faktor (wie bei SPO1) handeln.

Eine Unterteilung in drei Stadien, die in Abbildung 13.3 dargestellt ist, findet man häufig. Im ersten Stadium werden die frühen Gene von der RNA-Polymerase des Wirtes transkribiert (manchmal werden in diesem Stadium nur Regulatoren erzeugt). Im zweiten Stadium steuert der im ersten Stadium produzierte Regulator die Transkription der nächsten Gengruppe (die meisten dieser Gene codieren Enzyme für die Replikation der Phagen-DNA.) Im letzten Stadium geht es um die Gene für Phagenbestandteile, die unter der Regie eines im zweiten Stadium erzeugten Regulators transkribiert werden.

Der Einsatz aufeinanderfolgender Kontrollen, wobei jede Gruppe von Genen einen Regulator für die Expression der nächsten Gengruppe enthält, ergibt eine Kaskade, mit der Gengruppen zu bestimmten Zeitpunkten an- und manchmal auch abgeschaltet werden. Auf welche Weise die Kaskade jeweils eingerichtet wird, unterscheidet sich von Phage zu Phage – das Ergebnis ist jedoch ähnlich, wie die folgenden Abschnitte zeigen.

13.2 Funktionsbezogene Clusterbildung bei den Phagen T7 und T4

Das Genom des Phagen T7 umfaßt drei Klassen von Genen, die jeweils aus Gruppen aneinandergrenzender Loci bestehen. Wie Abbildung 13.4 zeigt, handelt es sich bei den Genen der Klasse I um unmittelbar frühe Gene,

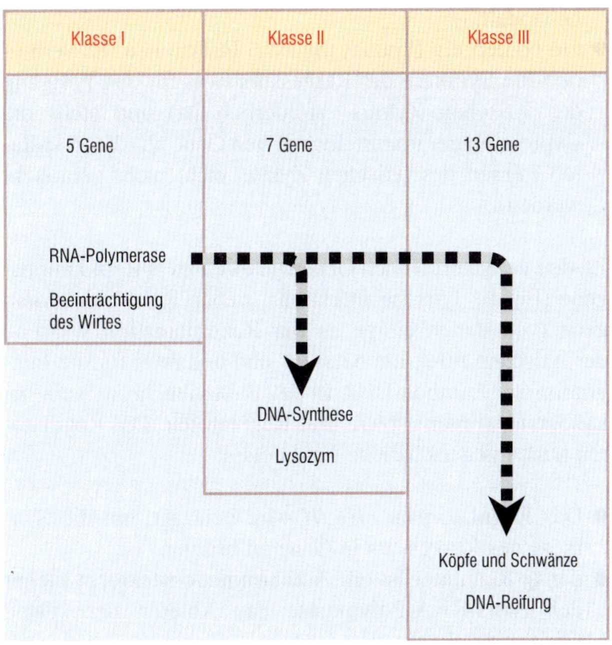

13.4 Der Phage T7 besitzt drei Klassen von Genen, die nacheinander exprimiert werden. Das Genom besteht aus etwa 38 000 bp.

die sofort nachdem die Phagen-DNA in die Zelle gelangt ist von der RNA-Polymerase des Wirtes exprimiert werden. Zu den Produkten dieser Gene gehören Enzyme, welche die Expression der Wirtsgene beeinträchtigen, und eine Phagen-RNA-Polymerase. Das Phagenenzym ist für die Expression der Klasse-II-Gene (die hauptsächlich für DNA-Synthesefunktionen codieren) und der Klasse-III-Gene (die für den Zusammenbau reifer Phagenpartikel nötig sind) zuständig.

Der Phage T4 hat ein recht großes Genom (165 kb), in dem die Gene weitgehend nach ihrer Funktion angeordnet sind. Abbildung 13.5 zeigt die Genkarte. **Essentielle** Gene sind mit Nummern versehen; eine Mutation an irgendeinem dieser Loci verhindert die erfolgreiche Vollendung des lytischen Zyklus. Gene, die mit einer Abkürzung aus drei Buchstaben versehen sind, sind **nichtessentiell**, zumindest unter normalen Infektionsbedingungen. Warum so viele nichtessentielle Gene vorhanden sind, wissen wir nicht genau, vermutlich bringen sie T4 jedoch in irgendeinem seiner Wirte einen Selektionsvorteil. (In kleineren Phagengenomen sind die meisten oder alle Gene essentiell.)

Es gibt drei Phasen der Genexpression. Die Funktionen der in den einzelnen Stadien exprimierten Gene sind in Abbildung 13.6 zusammengestellt. Die frühen Gene werden von der RNA-Polymerase des Wirtes transkribiert. Die Wirts-Polymerase liest auch die mittleren Gene ab, allerdings sind dafür noch zwei phagencodierte Produkte, MotA und AsiA, erforderlich. Den Promotoren der mittleren Gene fehlt eine Consensussequenz bei –30, dafür haben sie eine Bindungsstelle für MotA. Dieses Phagenprotein ist ein Aktivator, der die Unzulänglichkeit des Promotors ausgleicht, indem er die RNA-Polymerase bei der Bindung unterstützt. (Einen ähnlichen Mechanismus gibt es auch beim Phagen Lambda, der später in Abbildung 13.24 veranschaulicht wird.) Die frühen und mittleren Gene sind für fast alle Phagenfunktionen verantwortlich, die mit der DNA-Synthese, der Modifizierung von Zellstrukturen und der Transkription und Translation von Phagengenen zusammenhängen.

Die beiden essentiellen Gene im Bereich „Transkription" haben eine regulatorische Funktion, denn ihre Produkte sind Voraussetzung für die Expression der späten Gene. Die T4-Infektion hängt von einer mechanischen Verbindung zwischen Replikation und Expression später Gene ab. Nur sich aktiv replizierende DNA kann als Matrize für die Transkription der späten Gene dienen. Diese Verbindung kommt durch Einführung eines neuen Sigma-Faktors sowie andere Modifizierungen der Wirts-RNA-Polymerase zustande, so daß diese nur sich replizierende DNA als Matrize akzeptiert (vermutlich, weil die Replikationsmaschinerie mit der RNA-Polymerase interagiert). Diese Verbindung stellt eine Beziehung zwischen der Synthese von Phagenproteinbestandteilen und der Zahl der verpackungsbereiten Genome her.

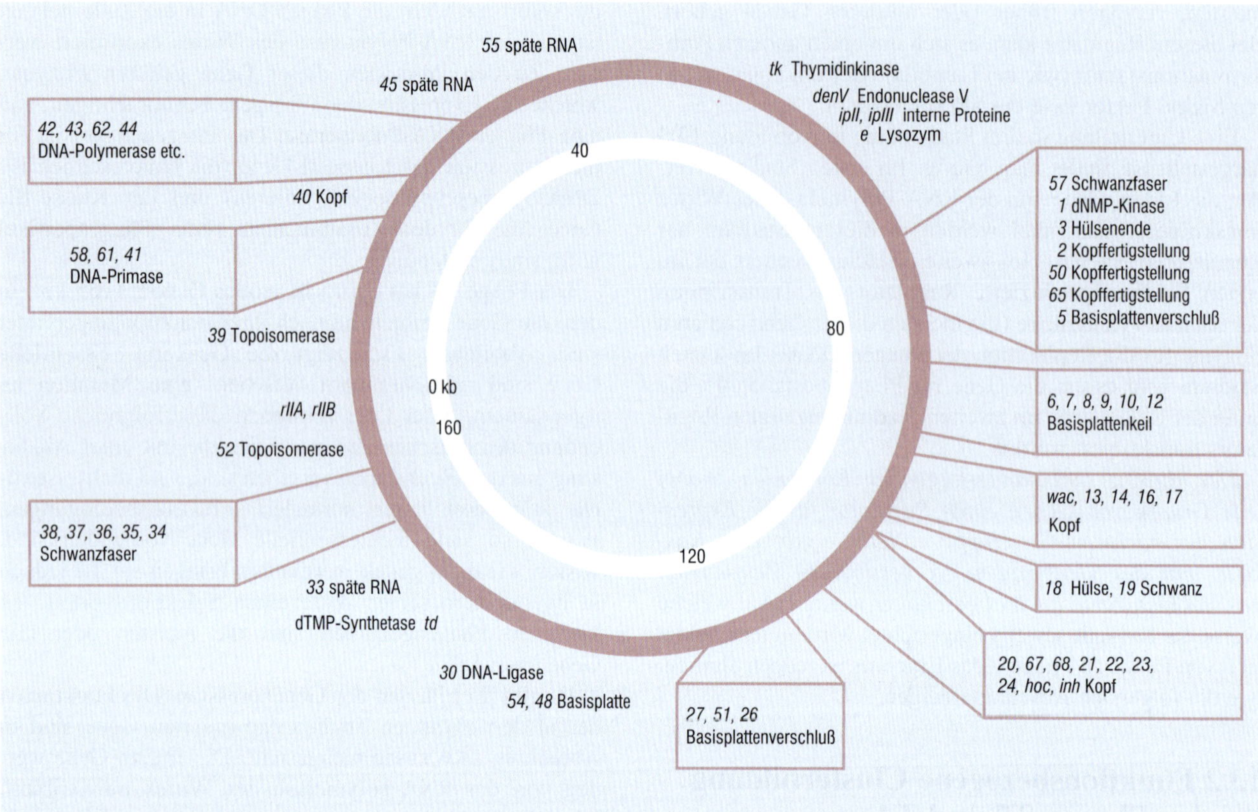

13.5 Die Karte von T4 ist ringförmig. Die Clusterbildung von Genen, die Bestandteile des Phagenpartikels codieren oder Vorgänge wie die DNA-Replikation betreffen, ist sehr ausgeprägt. Einige Gene, die verschiedene enzymatische und andere Funktionen codieren, liegen jedoch auch verstreut. Essentielle Gene sind mit Zahlen gekennzeichnet, nichtessentielle mit Buchstaben. Die Karte zeigt nur einige repräsentative T4-Gene.

13.3 Die lytische Kaskade von Lambda beruht auf Antitermination

Eine der kompliziertesten Kaskadenschaltungen findet man beim Phagen Lambda. Eigentlich ist die Kaskade der lytischen Entwicklung selbst recht gradlinig: Zwei Regulatoren steuern die aufeinanderfolgenden Entwicklungsstadien. Die Schaltungen für den lytischen Zyklus sind jedoch mit dem Schaltkreis für die Einrichtung der Lysogenie verknüpft, wie Abbildung 13.7 verdeutlicht.

Dringt Lambda-DNA in eine neue Wirtszelle ein, beginnen der lytische und der lysogene Weg in derselben Weise. Beide erfordern die Expression der unmittelbar frühen und der verzögert frühen Gene. Dann allerdings trennen sich die Wege: werden die späten Gene exprimiert, tritt die lytische Entwicklung ein, erfolgt die Synthese des Repressors, ist die Lysogenie das Ergebnis.

Lambda verfügt über nur zwei unmittelbar frühe Gene, die unabhängig voneinander von der RNA-Polymerase des Wirtes transkribiert werden:

- *N* codiert einen Antiterminationsfaktor, dessen Wirkung an den *nut*-Stellen dafür sorgt, daß die Transkription weiter bis über die verzögert frühen Gene läuft. Der Mechanismus der Antitermination wurde in Kapitel 11 behandelt.
- *cro* codiert ein Produkt mit zwei Funktionen: Es verhindert die Synthese des Repressors (was für den Fortgang des lytischen Zyklus erforderlich ist) und stellt die Expression der unmittelbar frühen Gene ab (die in späteren Phasen des lytischen Zyklus nicht mehr gebraucht werden).

Zu den verzögert frühen Genen gehören zwei Replikationsgene (für die lytische Infektion), sieben Rekombinationsgene (von denen einige an der Rekombination während der lytischen Infektion beteiligt sind und zwei für die Integration der Lambda-DNA in das Bakterienchromosom bei Lysogenie sorgen) sowie drei Regulatoren. Die Regulatoren haben gegensätzliche Funktionen:

- Das Regulatorpaar *cII-cIII* wird benötigt, um die Synthese des Repressors in Gang zu bringen.
- der *Q*-Regulator ist ein Antiterminationsfaktor, welcher der Wirts-RNA-Polymerase das Ablesen der späten Gene ermöglicht.

Die verzögert frühen Gene dienen also zwei übergeordneten Zwecken: Einige braucht der Phage, um die Lysogenie

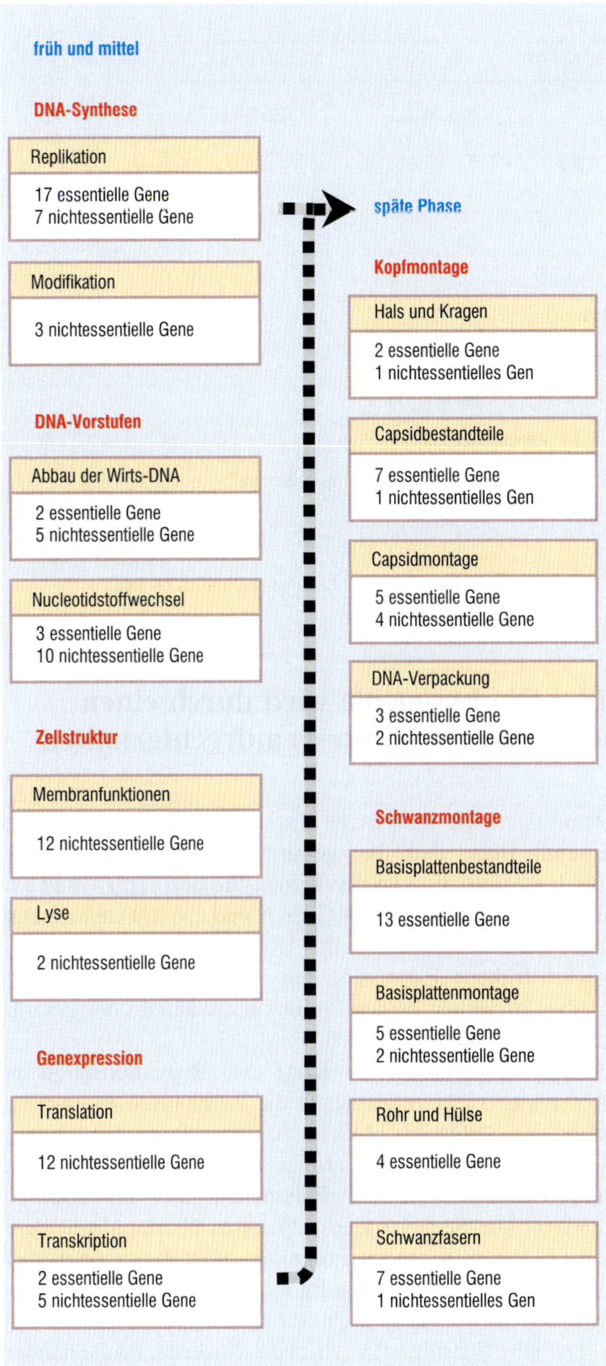

13.6 Die lytische Kaskade des Phagen T4 ist in zwei Teile unterteilt: Frühe und mittlere Funktionen betreffen DNA-Synthese und Genexpression, späte Funktionen die Montage von Partikeln.

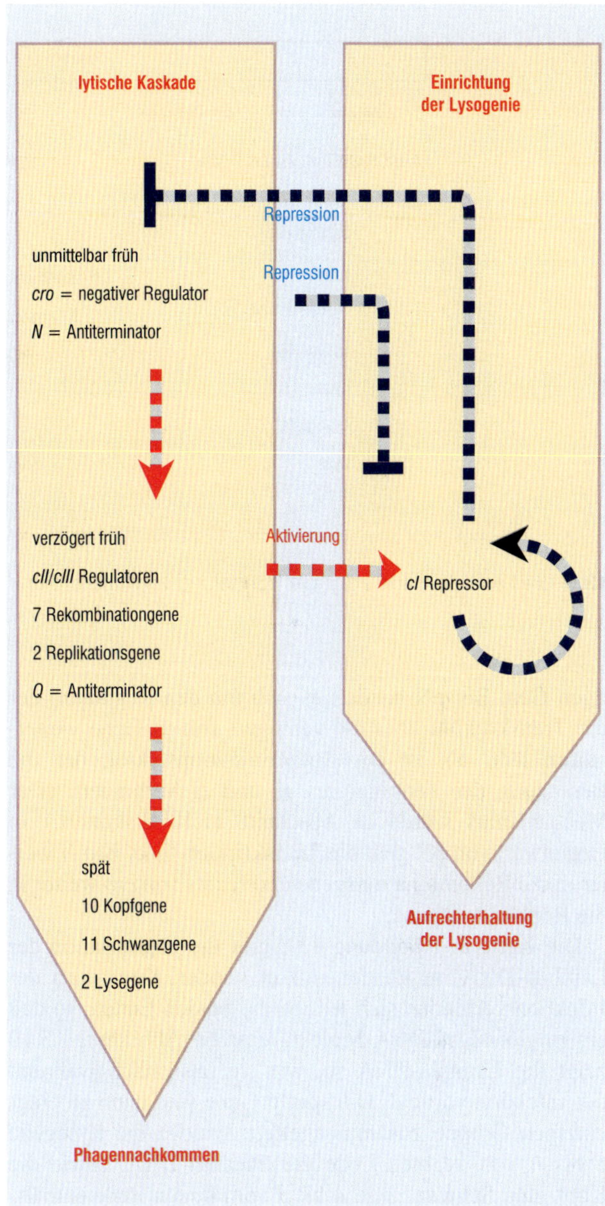

13.7 Bei Lambda ist die lytische Kaskade mit der Schaltung für Lysogenie verknüpft.

einzurichten, die anderen sind notwenig, um den ordnungsgemäßen Ablauf des lytischen Zyklus zu steuern.

Um die beiden Wege zu entwirren, beschäftigen wir uns zunächst nur mit dem lytischen Zyklus. Abbildung 13.8 zeigt die DNA-Karte des Phagen Lambda. Eine Gruppe von Genen, die mit der Regulation zu tun haben, ist von Genen für die Rekombination und die Replikation umgeben. Die Gene, die Struktubestandteile des Phagen codieren, sind in einem Cluster vereint. Alle für den lytischen Zyklus erforderlichen Gene werden ausgehend von drei Promotoren als polycistronische Transkripte exprimiert.

Wie Abbildung 13.9 zeigt, gibt es zwei unmittelbar frühe Gene, *N* und *cro*, die von der Wirts-RNA-Polymerase transkribiert werden. *N* wird nach links, *cro* nach rechts abgelesen. Beide Transkripte enden direkt nach dem jewei-

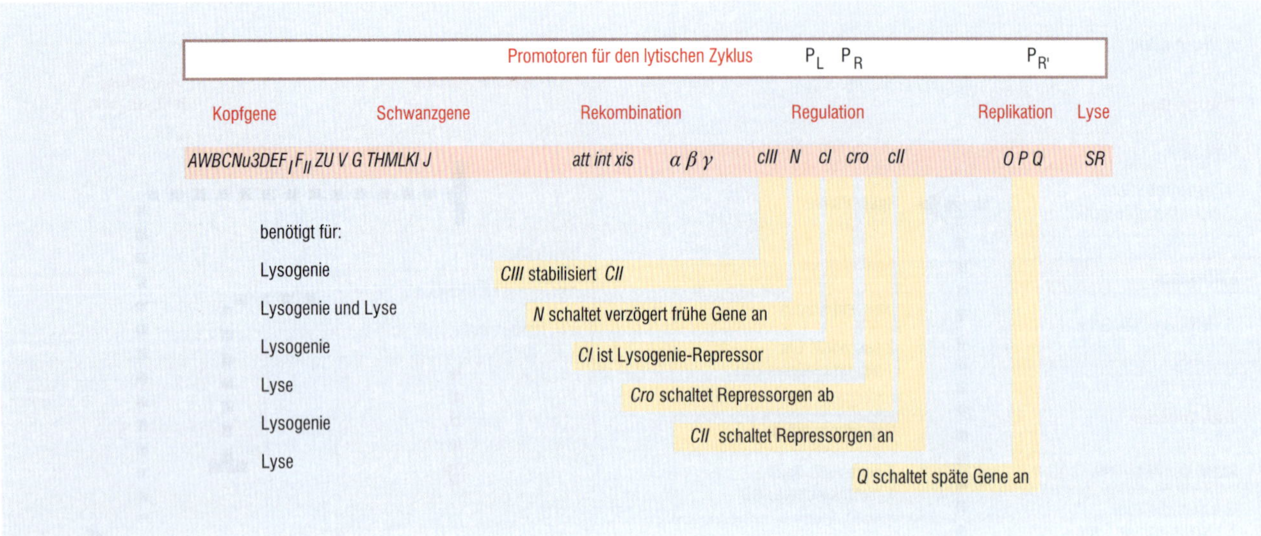

13.8 Die Lambda-Karte zeigt die Bündelung verwandter Funktionen in Gencluster. Das Genom besteht aus 48 514 bp.

ligen Gen. Bei pN handelt es sich um den Regulator, der die Transkription über die verzögert frühen Gene weiterlaufen läßt. pN ist ein Antiterminationsfaktor, der die Benutzung der Terminatoren t_L und t_R verhindert. (Der Mechanismus wurde in Abschnitt 11.10 diskutiert.) In Gegenwart von pN geht die Transkription links von *N* weiter in die Rekombinationsgene und rechts von *cro* weiter in die Replikationsgene.

Die Karte in Abbildung 13.8 gibt die Organisation der Lambda-DNA im Phagenpartikel wieder. Kurz nach der Infektion verbinden sich jedoch die beiden Enden, so daß ein ringförmiges DNA-Molekül ensteht. Abbildung 13.10 zeigt die Lambda-DNA so, wie sie tatsächlich während der Infektion vorliegt. Die späten Gene sind dann zu einer einzigen Gruppe zusammengefügt, welche die Lysegene *S* bis *R* vom rechten Ende der linearen DNA, sowie die Kopf- und Schwanzgene *A* bis *J* vom linken Ende enthält.

Die späten Gene werden in Form einer einzigen Transkriptionseinheit exprimiert, die am Promotor $P_{R'}$, der zwischen *Q* und *S* liegt, beginnt. Der späte Promotor wird konstitutiv benutzt. Fehlt jedoch das Produkt des *Q*-Gens (das letzte Gen der rechtsgerichteten verzögert frühen Transkriptionseinheit), endet die Transkription der späten Gene an der Sequenz t_{R3}. Das daraus hervorgegangene Transkript besteht aus 194 Basen und wird 6S-RNA genannt. Sobald pQ vorhanden ist, unterdrückt es die Termination an t_{R3} und die 6S-RNA wird verlängert und hat die Expression der späten Gene zur Folge.

Die Transkription der späten Gene endet offenbar nicht an einer bestimmten Stelle, sondern verläuft über alle späten Gene hinweg bis in die dahinterliegende Region. Ähnliches gilt für die Transkription der linksgerichteten verzögert frühen Gene, die über die Rekombinationsfunktionen hinweg weiterläuft. Wahrscheinlich wird die Transkription in diese beiden Richtungen aber beendet, bevor die Polymerasen zusammenstoßen könnten.

13.4 Die Lysogenie wird durch einen autogenen Schaltkreis aufrechterhalten

Wenn man sich die lytische Kaskade von Lambda ansieht, erkennt man, daß das gesamte Expressionsprogramm durch die Initiation an den beiden Promotoren P_L und P_R für die unmittelbar frühen Gene *N* und *cro* in Gang gesetzt wird. Da sich Lambda für den Übergang zur nächsten (verzögert frühen) Expression der Antitermination bedient, bleiben dieselben beiden Promotoren während der gesamten frühen Phase in Betrieb.

Wie die detailliertere Karte der Regulatorregion in Abbildung 13.11 zeigt, liegen die Promotoren P_L und P_R zu beiden Seiten des *cI*-Gens. An jeden Promotor schließt sich ein Operator an (O_L, O_R), an den ein Repressorprotein binden kann, um die RNA-Polymerase an der Initiation zu hindern. Die Sequenz jedes Operators überlappt mit dem jeweils kontrollierenden Promotor; daher bezeichnet man diese Kontrollregionen häufig als P_L/O_L beziehungsweise P_R/O_R.

Da alle Schritte der lytischen Kaskade nacheinander ablaufen, stellen die Kontrollregionen Knotenpunkte dar, an denen der Einstieg in den gesamten Zyklus kontrolliert werden kann. *Versperrt der Repressor der RNA-Polymerase den Zugang zu diesen Promotoren, verhindert er den Eintritt des Phagengenoms in den lytischen Zyklus.*

Das Repressorprotein wird vom *cI*-Gen codiert. Mutanten für dieses Gen können keine Lysogenie aufrechterhalten, sondern durchlaufen in jedem Fall den lytischen Zyklus. Der Name des Gens leitet sich von dem Phänotyp ab, den die Infektion mit diesen Mutanten erzeugt.

Infiziert man eine Bakterienkultur mit einem Phagen, werden die Zellen lysiert und auf der Kulturplatte entstehen kleine leere Bereiche, die man **Plaques** nennt. Bei Wildtypphagen sind die Plaques trüb oder milchig, da in

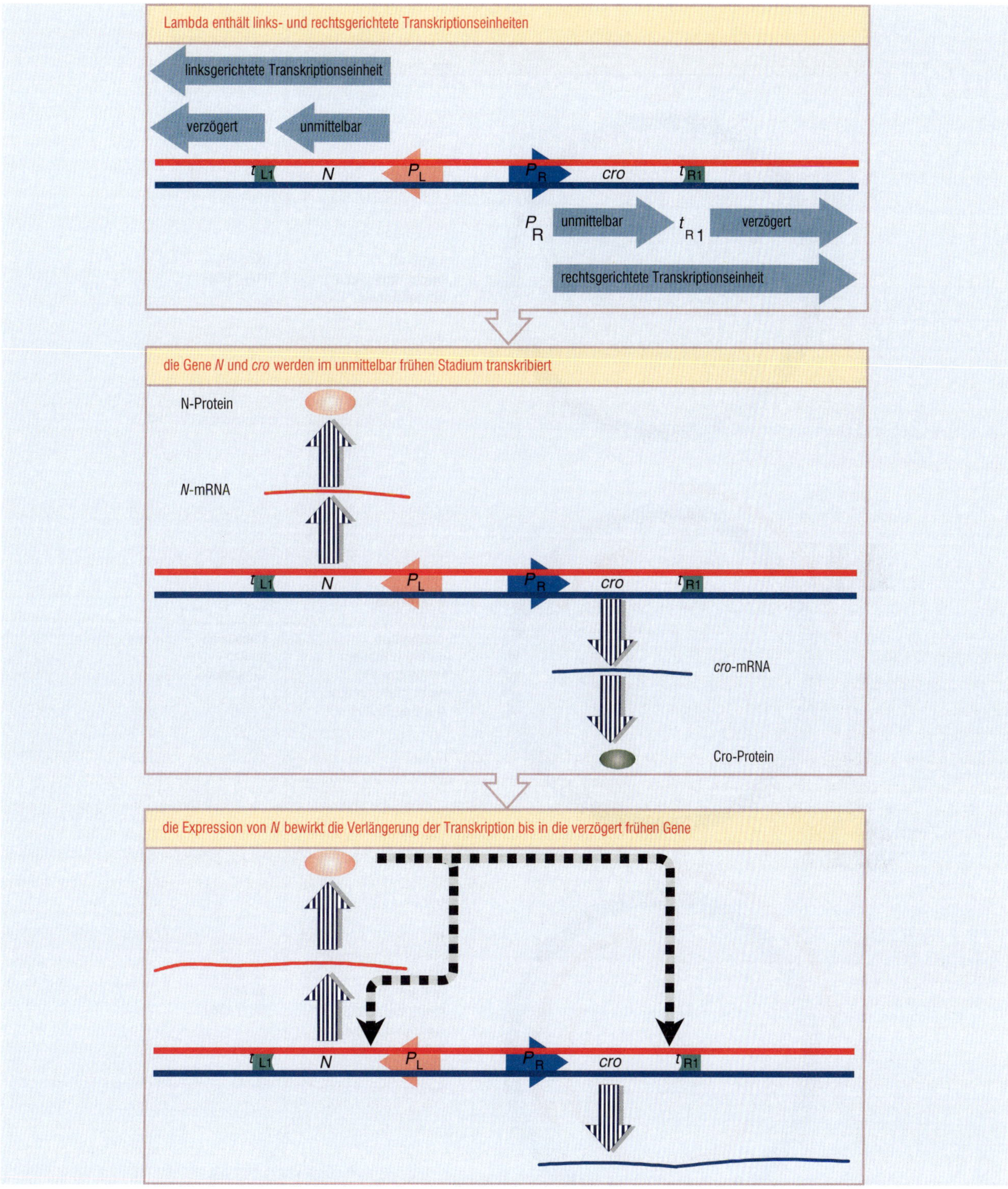

13.9 Der Phage Lambda verfügt über zwei frühe Transkriptionseinheiten. In der „linksgerichteten" Einheit wird der „obere" Strang nach links abgelesen, in der „rechtsgerichteten" Einheit wird der „untere" Strang nach rechts transkribiert. Promotoren sind als kurze rot oder blau unterlegte Pfeile dargestellt. Grüne Kästchen kennzeichnen Terminatoren. Die Gene *N* und *cro* codieren unmittelbar frühe Funktionen und sind von den verzögert frühen Genen durch Terminatoren getrennt. Die Synthese von N-Proteinen gestattet der RNA-Polymerase, den Terminator t_{L1} links und t_{R1} rechts zu überlesen.

Zustand der Lambda-DNA	Stadium und Aktivität	Voraussetzungen
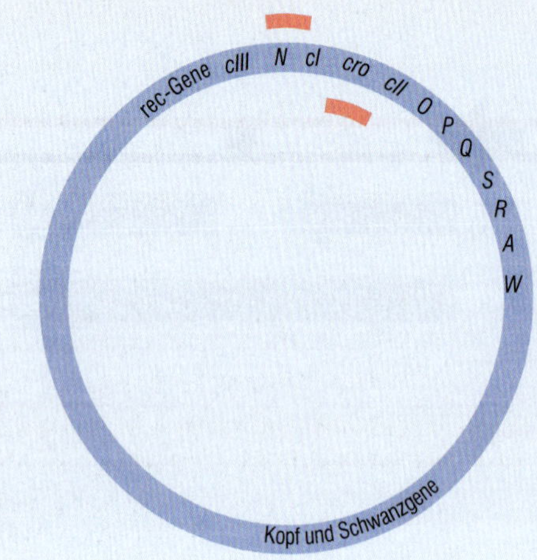	früh *N* und *cro* werden von P_L und P_R aus transkribiert	Wirts-RNA-Polymerase
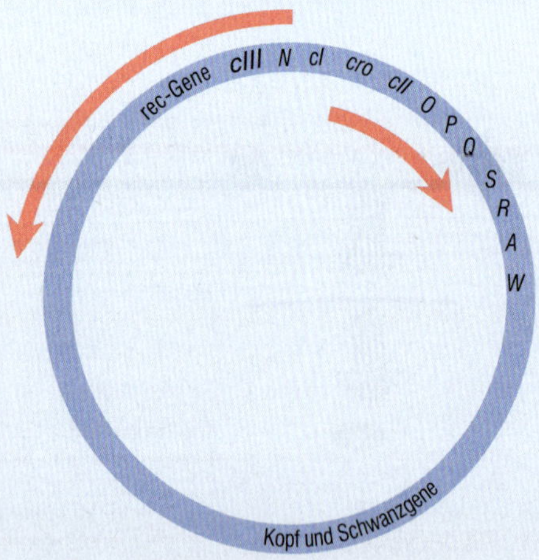	verzögert früh Transkription geht von denselben Promotoren aus weiter, läuft aber über *N* und *cro* hinaus	Lambda-pN für Antitermination
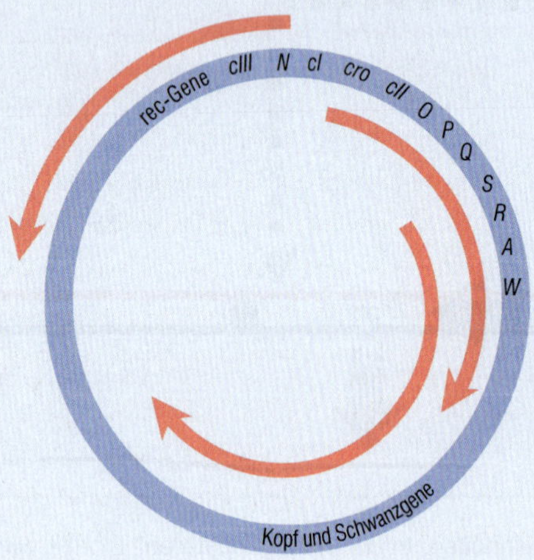	spät Transkription wird an $P_{R'}$ (zwischen *Q* und *S*) initiiert und verläuft durch alle späten Gene	Lambda-pQ für Antitermination

13.10 Während der Infektion schließt sich die Lambda-DNA zum Ring, so daß der späte Gencluster vollständig in einer Transkriptionseinheit vorliegt.

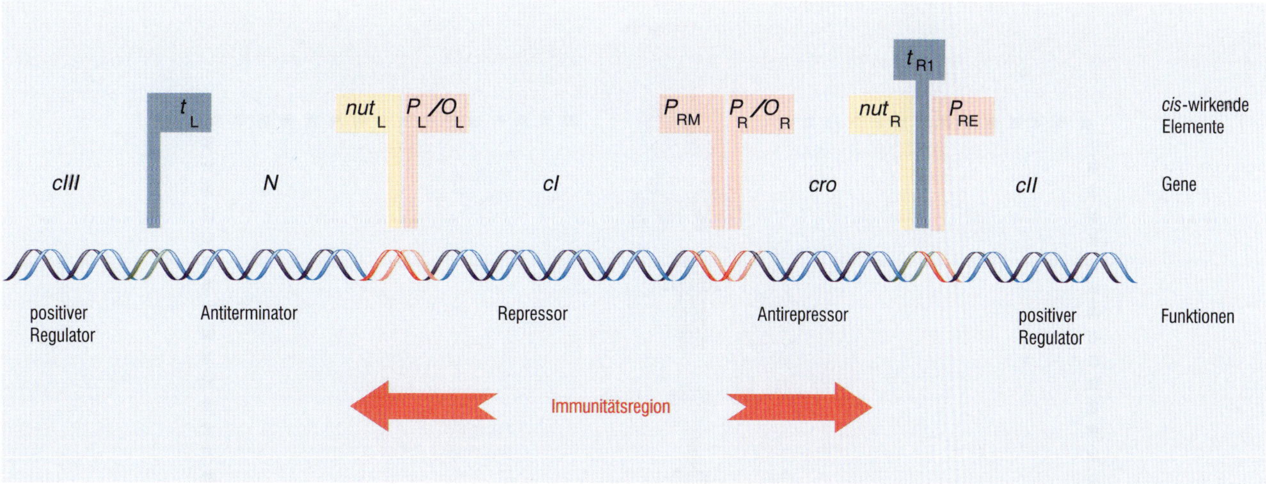

13.11 Die Regulatorregion von Lambda besteht aus einem Cluster von *trans*-wirkenden Funktionen und *cis*-wirkenden Elementen.

ihnen einige Zellen enthalten sind, in denen der Phage im lysogenen Zustand vorliegt, so daß die Zellen nicht lysiert sind. Eine *cI*-Mutation verhindert die Lysogenie, so daß die Plaques ausschließlich lysierte Zellen repräsentieren. Infolgedessen entstehen bei einer solchen Infektion ausschließlich **klare Plaques**. Drei Gene (*cI*, *cII*, *cIII*) wurden aufgrund ihrer Beteiligung an diesem Phänotyp benannt („c" steht für *clear plaques*). Abbildung 13.12 zeigt Plaques von Wildtyp- und mutierten Phagen.

Das *cI*-Gen wird vom Promotor P_{RM} gesteuert, der an seinem rechten Ende liegt („RM" steht für *repressor maintenance*). Die Transkription wird am linken Ende des Gens terminiert. Die mRNA-Sequenz beginnt mit dem Initiationscodon AUG. Weil die übliche Ribosomenbindungsstelle fehlt, wird die mRNA nicht sehr effizient translatiert, so daß nur eine geringe Menge an Repressorprotein hergestellt wird.

Die Repressoren binden unabhängig an die beiden Operatoren. An O_L hat der Repressor eine Aufgabe, an O_R dagegen zwei. Dies veranschaulicht der obere Teil der Abbildung 13.13.

An O_L hat der Repressor die gleiche Wirkung, wie wir es schon von vielen anderen System kennen: Er hindert die RNA-Polymerase daran an P_L die Transkription zu initiieren. Dadurch wird die Expression des *N*-Gens gestoppt. Da P_L für die Transkription sämtlicher links gelegener Gene benutzt wird, verhindert dies die Expression der gesamten linksgerichteten Transkriptionseinheit. *Der lytische Zyklus wird also vereitelt, noch bevor er über die frühen Stadien hinaus gelangt ist.*

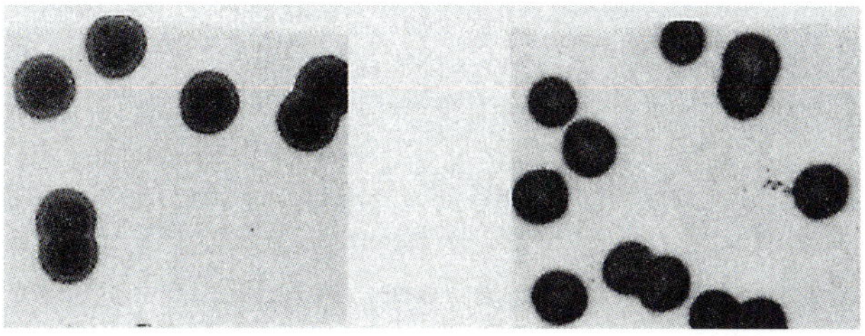

13.12 Lambda-Wildtypphagen erzeugen trübe Plaques (links). Mutanten, die nicht lysogen werden können, erkennt man an ihren klaren Plaques (rechts). (Aufnahme mit freundlicher Genehmigung von Dale Kaiser.)

An O_R verhindert die Bindung des Repressors, daß P_R benutzt werden kann. Infolgedessen können *cro* und die anderen rechtsseitigen frühen Gene nicht exprimiert werden. (Später werden wir erkennen, warum es wichtig ist, die Expression von *cro* zu verhindern, wenn die Lysogenie aufrechterhalten werden soll.)

Die Anwesenheit des Repressors an O_R hat jedoch noch einen anderen Effekt. Der Promotor für die Repressorsynthese, P_{RM}, liegt neben dem rechtsgerichteten Operator O_R. Es hat sich herausgestellt, daß *die RNA-Polymerase nur dann effizient an P_{RM} initiieren kann, wenn ein Repressor an O_R gebunden ist.* Der Repressor wirkt also wie ein positives Regulatorprotein, das für die Transkription des *cI*-Gens benötigt wird. *Da der Repressor das Produkt von cI ist, erzeugt diese Interaktion einen positiven autogenen Regelkreis, bei dem die Anwesenheit des Repressors erforderlich ist, damit dieser selbst weiterhin hergestellt wird.*

Dieser Regelkreis erklärt die biologischen Merkmale der lysogenen Lebensweise. Die Lysogenie ist stabil, weil der Regelkreis die kontinuierliche Expression des *cI*-Gens so lange sicherstellt, wie der Repressor in ausreichender Menge vorhanden ist. Infolgedessen sind O_L und O_R ständig besetzt. Da die gesamte lytische Kaskade somit blokkiert ist, bleibt der Phage in dieser inerten Form.

Die Anwesenheit des Repressor erklärt auch das Phänomen der Immunität. Wenn die DNA eines zweiten Phagen in eine lysogene Zelle gelangt, binden sofort Repressorproteine, die von dem bereits vorhandenen Prophagengenom synthetisiert werden, an O_L und O_R im neuen Genom. So wird ausgeschlossen, daß der zweite Phage mit dem lytischen Zyklus beginnen kann.

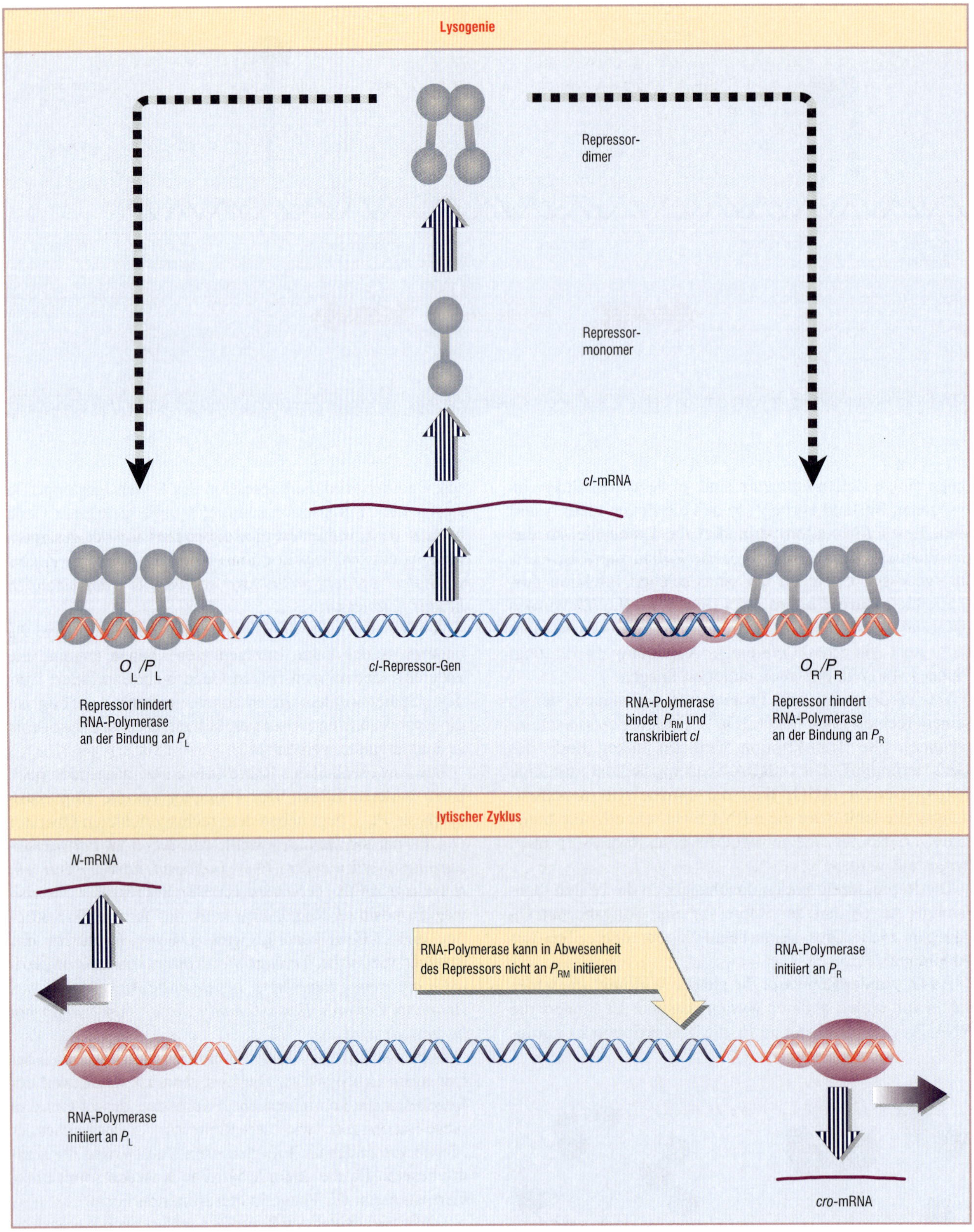

13.13 Die Lysogenie wird durch einen autogenen Regelkreis aufrechterhalten (oben). Wird dieser Regelkreis unterbrochen, beginnt der lytische Zyklus (unten).

Ursprünglich hat man die Operatoren durch **virulente** Mutationen (*λvir*) als Ziele des Repressors identifiziert. Diese Mutationen verhindern, daß der Repressor an O_L und O_R binden kann, so daß der Phage unausweichlich den lytischen Weg einschlagen muß, wenn er ein Bakterium infiziert. Außerdem können sich *λvir*-Mutanten in lysogen infizierten Zellen vermehren, da die Mutationen in O_L und O_R dem zusätzlich eingedrungenen Phagen ermöglichen, die vorhandenen Repressoren zu ignorieren und mit dem lytischen Zyklus zu beginnen. Die virulenten Mutationen in Phagen entsprechen den operatorkonstitutiven Mutationen bakterieller Operons.

Ein Prophage wird dazu veranlaßt, mit dem lytischen Zyklus zu beginnen, wenn der Lysogenieregelkreis durchbrochen wird. Dies passiert, wenn der Repressor inaktiviert wird, wie in Abschnitt 13.5 beschrieben wird. In Abwesenheit des Repressors kann die RNA-Polymerase an P_L und P_R binden und der lytische Zyklus wird, wie im unteren Teil von Abbildung 13.13 dargestellt, in Gang gesetzt.

Da der Regelkreis für die Aufrechterhaltung der Repression autogener Art ist, kann er mit großer Empfindlichkeit reagieren. Weil die Anwesenheit von Repressorproteinen erforderlich ist, damit diese auch weiterhin hergestellt werden, hört die Expression des *cI*-Gens sofort auf, wenn alle vorhandenen Repressoren zerstört sind. Dann werden keine Repressoren mehr synthetisiert, welche die zerstörten Moleküle ersetzen könnten. Der lytische Zyklus kann also beginnen, ohne daß ihm der Regelkreis für die Aufrechterhaltung der Lysogenie im Wege steht.

Die Region, die den linken und den rechten Operator, das *cI*-Gen und das *cro*-Gen umfaßt, bestimmt die Immunität des Phagen. Alle Phagen mit dieser Region vermitteln dieselbe Immunität, da hier *sowohl das Repressorprotein als auch die Stellen, an denen der Repressor wirkt, liegen.* Dementsprechend nennt man diesen Abschnitt **Immunitätsregion** wie die Markierung in Abbildung 13.11 zeigt. Jeder der vier lambdaartigen Phagen *ϕ80*, *21*, *434* und *λ* hat eine einzigartige Immunitätsregion. Wenn man sagt, daß ein lysogener Phage Immunität gegen alle anderen Phagen desselben Typs verleiht, ist damit eigentlich gemeint, daß sich die Immunität gegen sämtliche anderen Phagen mit derselben Immunitätsregion richtet (unabhängig von Unterschieden in anderen Genombereichen).

13.5 Der Repressor bindet als Dimer an die DNA

Die Untereinheit des Repressors ist ein Polypeptid mit einem Molekulargewicht von 27 kD, das, wie Abbildung 13.14 zeigt, zwei getrennte Domänen enthält.

- Die N-terminale Domäne, Aminosäuren 1 bis 92, bildet die Operatorbindungsstelle.
- Die C-terminale Domäne, Aminosäuren 132 bis 236, ist für die Dimerisierung verantwortlich.

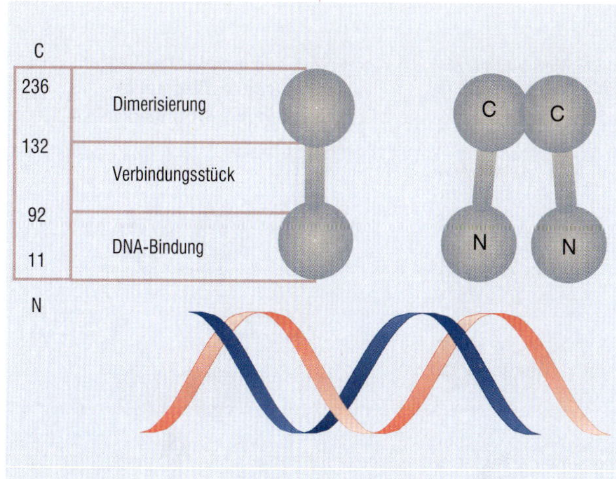

13.14 Die N- und C-terminalen Regionen des Repressors bilden getrennte Domänen. Die C-terminalen Domänen assoziieren zu Dimeren, die N-terminalen Domänen binden an DNA.

Die beiden Domänen werden von einem Verbindungsstück aus 40 Aminosäuren zusammengehalten. Spaltet man den Repressor mit einer Protease, werden die Domänen als getrennte Fragmente frei.

Jede Domäne kann ihre Funktion unabhängig von der anderen ausüben. Das C-terminale Fragment kann Oligomere bilden. Das N-terminale Fragment kann an die Operatoren binden, wenn auch mit geringerer Affinität als der vollständige Repressor. Die Information für den Kontakt zu einer spezifischen DNA-Sequenz liegt also in der N-terminalen Domäne; die Effizienz des Vorgangs wird jedoch in Verbindung mit der C-terminalen Domäne verstärkt.

Die Dimerstruktur des Repressors ist für die Aufrechterhaltung der Lysogenie von entscheidender Bedeutung. Wird die Repressoruntereinheit innerhalb des Verbindungsstückes gespalten, also zwischen den Aminosäuren 111 und 113, wird der lysogene Prophage induziert und der lytische Zyklus beginnt. (Dies entspricht der allosterischen Konformationsänderung, die auftritt, wenn ein niedermolekularer Induktor den Repressor eines Bakterienoperons inaktiviert. Solch eine Fähigkeit fehlt dem Lysogenierepressor.) Die Induktion erfolgt unter bestimmten widrigen Bedingungen, beispielsweise wenn ein lysogenes Bakterium UV-Strahlung ausgesetzt ist, was zur proteolytischen Inaktivierung des Repressors führt.

Im intakten Zustand gewährleistet die Dimerisierung der C-terminalen Domänen, daß die beiden N-terminalen Domänen des an DNA gebundenen Repressors gleichzeitig Kontakt zur DNA haben. Durch die Spaltung werden die C-terminalen Domänen aber von den N-terminalen getrennt. Wie Abbildung 13.15 zeigt, können die N-terminalen Domänen dann keine Dimere mehr binden, wodurch das Gleichgewicht zwischen Monomeren und Dimeren gestört wird, so daß sich der Repressor von der DNA löst und die lytische Infektion beginnen kann. (Ein weiterer

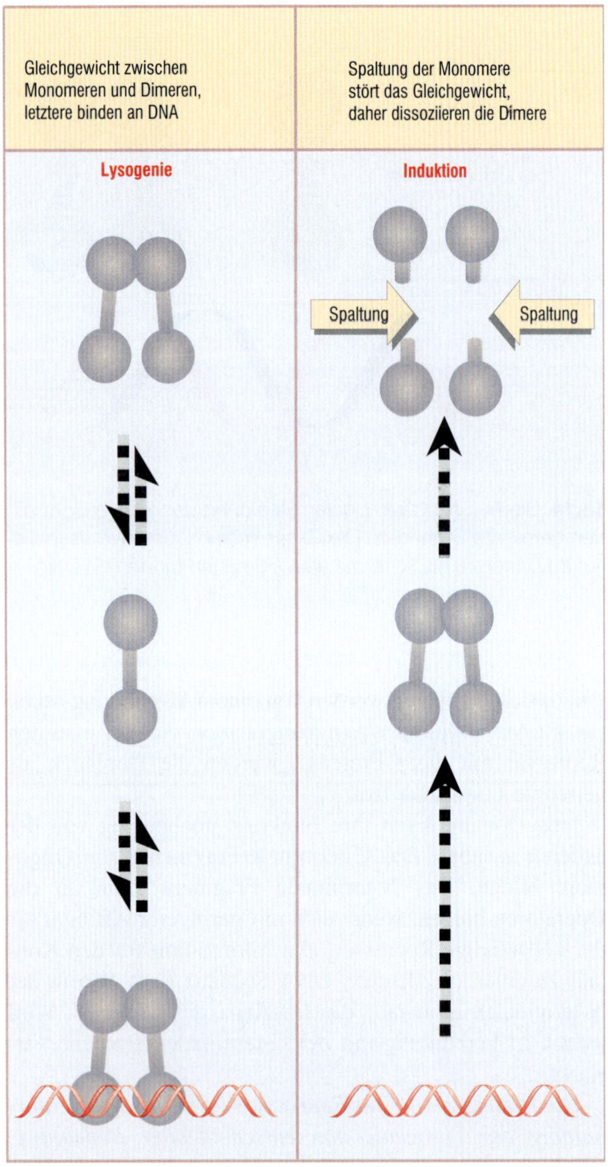

13.15 Repressordimere binden an den Operator. Die Affinität der N-terminalen Domänen zu DNA wird über die Dimerisierung der C-terminalen Domänen gesteuert.

bedeutsamer Parameter ist der Verlust kooperativer Effekte zwischen benachbarten Dimeren, wie wir später sehen werden.)

Den Ausschlag für Lysogenie oder lytischen Zyklus gibt die Repressorkonzentration. In einer lysogenen Zelle sind intakte Repressoren in genügend hoher Konzentration vorhanden, um zu gewährleisten, daß die Operatoren besetzt bleiben. Werden die Repressoren jedoch gespalten, reicht diese Konzentration nicht aus, da die N-terminalen Domänen allein eine geringere Affinität zum Operator haben. Bei einer zu hohen Repressorkonzentration wäre es unmöglich, den lytischen Zyklus auf diese Weise in Gang zu setzen, und bei einem zu niedrigen Spiegel könnte die Lysogenie nicht aufrecht erhalten werden.

Das Verhalten des Repressors beeinflußt die Abhängigkeit der Repression von der Repressorkonzentration stark. Der Lambda-Repressor bindet nur als Dimer an DNA. Das Gleichgewicht zwischen Monomeren und Dimeren hängt von der Proteinkonzentration ab. Infolge dieses Gleichgewichts liegt der Repressor in niedriger Konzentration als Monomer und in höheren Konzentrationen als Dimer (der eigentlichen DNA-bindenden Form) vor. Daraus ergibt sich, daß die Bindung an den Operator vom Quadrat der Monomerkonzentration abhängt, also einer Reaktion zweiter Ordnung entspricht.

Ein Absinken der Konzentration des Lambda-Repressors verschiebt das Gleichgewicht zugunsten der Monomerform, die nicht sehr effektiv an DNA bindet, so daß der Verlust der Operatorbindungsfähigkeit noch verstärkt wird. Die graphische Darstellung der Repressor/Operator-Bindung in Abbildung 13.16 ergibt eine für eine Reaktion zweiter Ordnung typische sigmoide Kurve, die empfindlicher als eine Reaktion erster Ordnung ist.

In lysogenen Zellen ist der Lambda-Repressor gewöhnlich in einer Konzentration von etwa 200 Molekülen pro Zelle vertreten, was etwa 4×10^{-7} M entspricht und damit um ein Mehrfaches höher liegt, als der für vollständige Repression erforderliche Wert. Sinkt der Spiegel etwa um den Faktor 10, wird die Repression jedoch wirkungsvoll aufgehoben und der Prophage induziert.

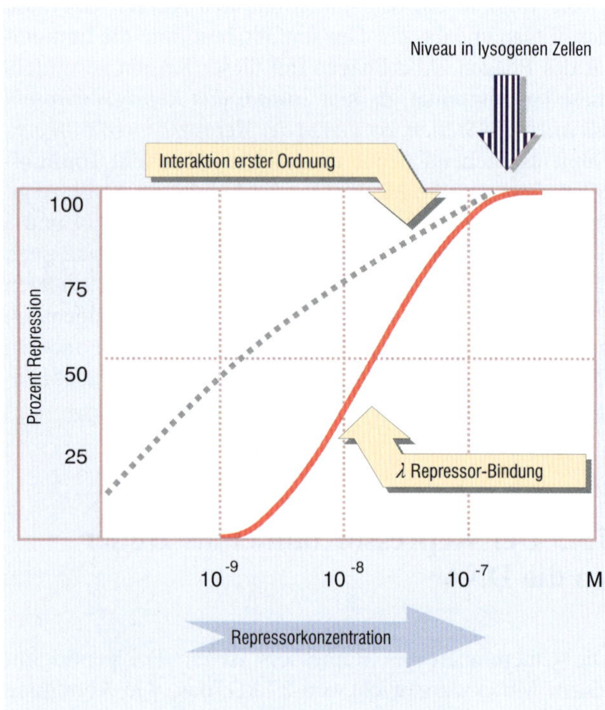

13.16 Die Bindung von Lambda-Repressoren an Operatoren erfolgt in einer Reaktionskinetik zweiter Ordnung.

13.6 Der Repressor bindet mit Hilfe eines Helix-Turn-Helix-Motivs kooperativ an jeden Operator

Mehrere DNA-bindende Proteine, die in Bakterien die Transkription regulieren, binden die DNA auf ähnliche Weise. Dabei enthält die aktive Domäne zwei kurze α-Helix-Bereiche, die Kontakt zur DNA haben. (Einige eukaryotische Transkriptionsfaktoren bedienen sich eines ähnlichen Motivs, siehe Abschnitt 29.6.)

Die N-terminale Domäne des Lambda-Repressors enthält mehrere α-Helix-Abschnitte, die wie in Abbildung 13.17 dargestellt angeordnet sind. Die Struktur des Verbindungsstückes und der C-terminalen Domäne sind nicht bekannt.

Zwei dieser α-helikalen Abschnitte sind für die DNA-Bindung verantwortlich. Das **Helix-Turn-Helix-Modell** für die Kontakte ist in Abbildung 13.18 gezeigt. In jedem einzelnen Monomer besteht die α-Helix 3 aus neun Aminosäuren, die in einem Winkel zu der vorangehenden α-Helix 2 aus sieben Aminosäuren angeordnet ist. Im Dimer sind die beiden Helix-3-Abschnitte 34 Å voneinander entfernt, so daß sie in zwei aufeinanderfolgende große Furchen der DNA passen. Die Helix-2-Abschnitte sind so zueinander angeordnet, daß sie quer über der Furche liegen würden.

Ähnliche α-helikale Motive wie in diesen beiden Regionen findet man in einigen anderen DNA-bindenden Proteinen wie CAP, dem *lac*-Repressor und mehreren Phagenre-

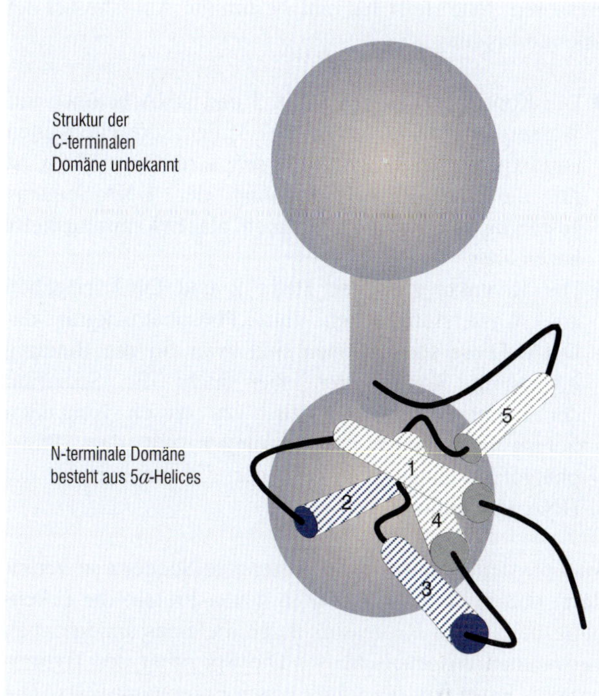

13.17 Die N-terminale Domäne des Lambda-Repressors enthält fünf Abschnitte mit α-Helices. Die Helices 2 und 3 sind für die DNA-Bindung entscheidend.

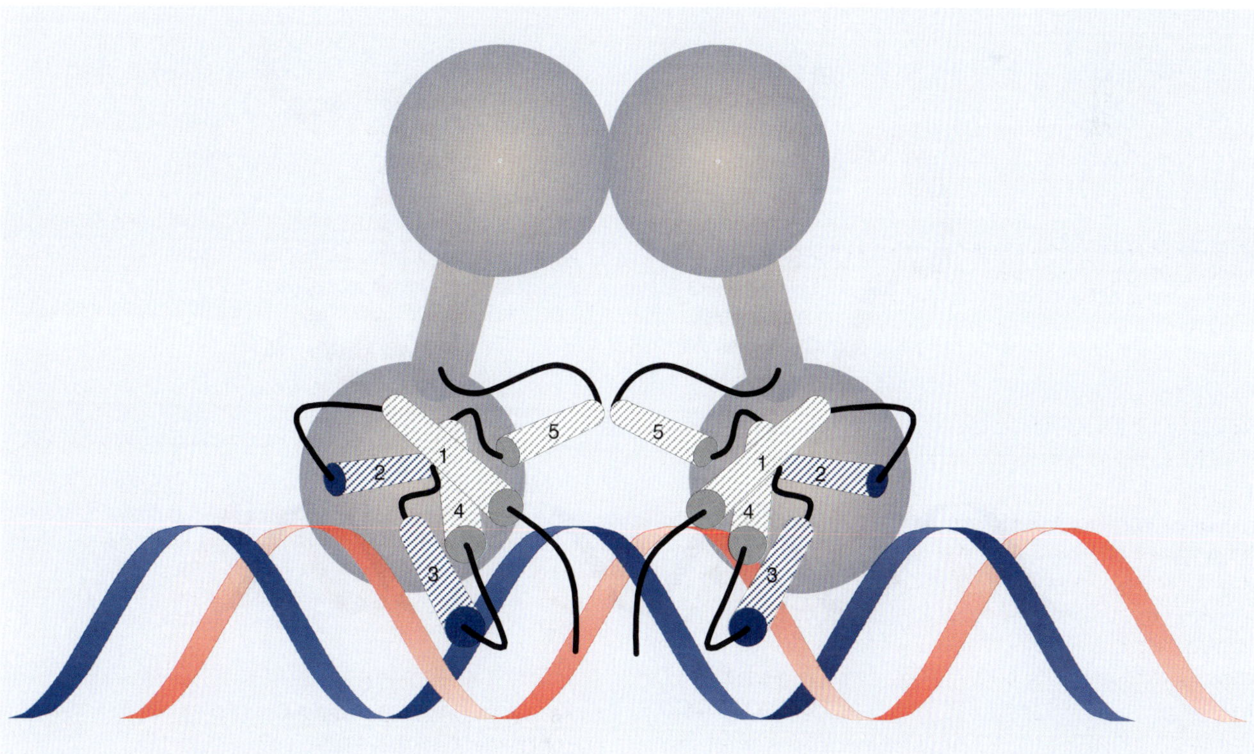

13.18 Im Zwei-Helix-Modell der DNA-Bindung befinden sich die Helices 3 jedes Monomers in den großen Furchen auf derselben Seite der DNA; die Helices 2 liegen quer über den Furchen.

pressoren. Jede Helix hat eine bestimmte Aufgabe bei der Operatorbindung:

- Die Kontakte zwischen Helix 3 und DNA beruhen auf Wasserstoffbrücken zwischen Aminosäureseitenketten und exponierten Teilen der Basenpaare. Diese Helix ist für die spezifische Erkennung der DNA-Sequenz zuständig und wird daher auch als **Erkennungshelix** bezeichnet.
- Die Kontakte zwischen Helix 2 und DNA bestehen aus Wasserstoffbrücken zum Phosphatrückgrat der DNA. Diese Interaktionen sind zwar für die Bindung notwendig, kontrollieren aber nicht die Spezifität der Zielerkennung. Zusätzlich zu diesen Kontakten liefern ionische Wechselwirkungen mit dem Phosphatgerüst einen Großteil der Gesamtenergie der DNA-Interaktion.

Was passiert, wenn wir die codierende Sequenz so verändern, daß in dem konstruierten neuen Protein die Erkennungshelix eines Repressors durch die eines anderen, nah verwandten ausgetauscht ist? Die Spezifität des Hybridproteins entspricht der seiner neuen Erkennungshelix. *Die Aminosäuresequenz dieser kurzen Region bestimmt die Sequenzspezifität der einzelnen Proteine und kann in Verbindung mit der restlichen Polypeptidkette wirken.*

Die Abbildung 13.19 zeigt im Detail, wie zwei Proteine mit ähnlichen Erkennungssequenzen an die DNA binden. Im Lambda-Repressor und im Cro-Protein sind die Helix-Turn-Helix-Motive ähnlich angeordnet, dennoch unterscheiden sich ihre DNA-Spezifitäten:

- Jedes Protein bedient sich ähnlicher Wechselwirkungen zwischen hydrophoben Aminosäuren, um die Lage von Helix 2 zu Helix 3 beizubehalten: Beim Repressor sind es Ala und Val, während bei Cro Ala und Ile assoziiert sind.
- Aminosäuren in der Helix 3 des Repressors haben Kontakt zu bestimmten Basen im Operator. Drei Aminosäuren im Repressor erkennen drei Basen in der DNA. Die Aminosäuren an diesen und an zusätzlichen Positionen in Cro erkennen fünf (oder möglicherweise sechs) Basen der DNA.

Zwei der Aminosäuren, die an der spezifischen Erkennung beteiligt sind, sind im Repressor und in Cro gleich (Gln und Ser am N-Terminus der Helix), während sich die anderen Kontaktstellen unterscheiden (Ala im Repressor gegenüber Lys und zusätzlich Asn bei Cro). Außerdem hat ein Thr in Helix 2 von Cro direkten Kontakt zur DNA.

Die in der Abbildung gezeigten Interaktionen beziehen sich auf die Bindung an diejenigen DNA-Sequenzen, wel-

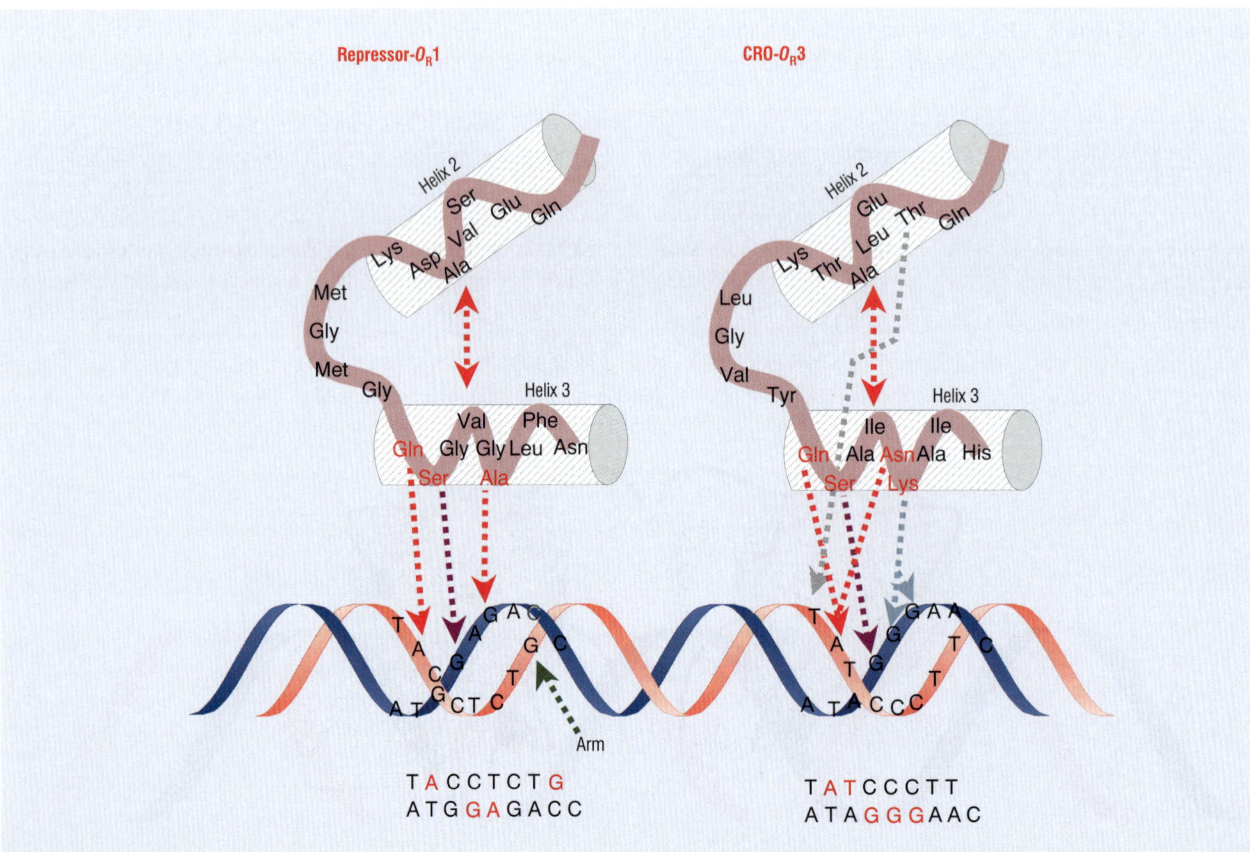

13.19 Lambda-Repressor und Cro sind Proteine, die beide das Helix-Turn-Helix-Motiv für den Kontakt zu DNA einsetzen; sie erkennen Lambda-Operatoren mit Affinitäten, die von der Aminosäuresequenz der Helix 3 abhängen.

che die Proteine jeweils am besten erkennen. Die DNA-Sequenzen am unteren Rand der Abbildung unterscheiden sich an drei der neun Basenpaare (Kontaktpunkte sind farbig gekennzeichnet). Daß überlappende, jedoch nicht identische Kontakte zwischen Aminosäuren und Basen eingesetzt werden, erklärt, wie verwandte Erkennungshelices die Erkennung ähnlicher DNA-Sequenzen ermöglichen. Dadurch sind Repressor und Cro in der Lage, den gleichen Satz von Operatoren zu erkennen, aber mit verschiedenen relativen Affinitäten zu den einzelnen Vertretern dieser Gruppe.

Die Basen, die mit der Helix 3 des Repressors oder von Cro Kontakt haben, liegen auf einer Seite der DNA, wie man an den markierten Positionen in den DNA-Helices in Abbildung 13.19 erkennen kann. Der Repressor nimmt jedoch zusätzlich Kontakt zur anderen Seite der DNA auf. Entfernt man die letzten sechs N-terminalen Aminosäuren (die von Helix 1 hervorstehen), so fehlen einige der Kontaktpunkte. Auf dieser Beobachtung basiert die Vorstellung, daß die N-terminale Domäne überwiegend Kontakt zu einer Seite der DNA hat, während sich die letzten sechs Aminosäuren wie ein „Arm" bis zur Rückseite der DNA erstrecken. Abbildung 13.20 zeigt die Ansicht von der Rückseite. Lysinreste in diesem Arm haben Kontakt mit G-Resten in der großen Furche und auch mit dem Phosphatrückgrat. Die Interaktion zwischen Arm und DNA hat erhebliche Bedeutung für die DNA-Bindung; ein „armloser" Repressor hat eine 1 000fach geringere Affinität zur DNA.

Jeder Operator enthält drei Repressorbindungsstellen. Wie man in Abbildung 13.21 sehen kann, besteht jede Bindungsstelle aus einer Sequenz von 17 bp, die teilweise um eine Achse durch das zentrale Basenpaar symmetrisch ist. Keine der insgesamt sechs einzelnen Repressorbindungsstellen stimmt mit einer anderen vollständig überein, aber alle entsprechen einer Consensussequenz. Die Bindungsstellen innerhalb jedes Operators trennen Spacer von drei bis sieben Basenpaaren, die viele A•T-Basenpaare enthalten. Die Bindungsstellen in jedem Operator sind durchnumeriert: O_R besteht also aus den Bindungsstellen O_R1–O_R2–O_R3 und O_L aus O_L1–O_L2–O_L3. Stelle 1 befindet sich jeweils am nächsten zum Transkriptionsstartpunkt des Promotors, während die Stellen 2 und 3 weiter stromaufwärts liegen.

Ein Repressordimer bindet an jeder dieser Stellen symmetrisch, so daß jede N-terminale Domäne Kontakt zu einem ähnlichen Satz von Basen hat. Jeder einzelne N-terminale Bereich tritt also mit einer Bindungsstellenhälfte in Verbindung.

Basen, zu denen der Repressor keinen direkten Kontakt hat, können dennoch für die Bindung von Bedeutung sein. Der Repressor des Phagen *434* bindet ebenfalls über ein Helix-Turn-Helix-Motiv an DNA. Wie die Kristallstruktur zeigt, ist die Helix 3 an jeder Hälfte so angeordnet, daß sie zu den äußeren fünf Basenpaaren Kontakt hat, aber nicht zu den inneren zwei. Operatoren mit A•T-Paaren an den inneren Positionen binden dennoch den *434*-Repressor fester als Operatoren mit G•C-Paaren. Der Grund liegt darin, daß die DNA durch die Bindung des *434*-Repressors in der Mitte des Operators leicht gedreht wird, so daß sich der Winkel zwischen den beiden Hälften der Bindungsstelle um etwa drei Grad öffnet. Vermutlich ist dies notwendig, damit jedes Monomer des Repressordimers optimal Kontakt zur DNA hat. Bei A•T-Basenpaaren ist diese Drehung leichter möglich als bei G•C-Paaren, und das beeinflußt die Affinität des Operators zum Repressor.

Gibt es einen Code, mit dem man die Aminosäuresequenz der Helix 3 im Repressor mit der Basensequenz in dem jeweils erkannten Operator in Verbindung bringen kann? Diese Idee hat man mittlerweile verworfen. Kristallstrukturen von DNA und gebundenem λ- oder *434*-Repressor oder Cro-Proteinen zeigen Effekte, die sich mit einem solchen Modell nicht in Einklang bringen lassen. An dem Kontakt zu einer einzigen Base ist mehr als eine Aminosäure des Proteins beteiligt. Außerdem ist die DNA durch die Bindung des Proteins Konformationsänderungen unter-

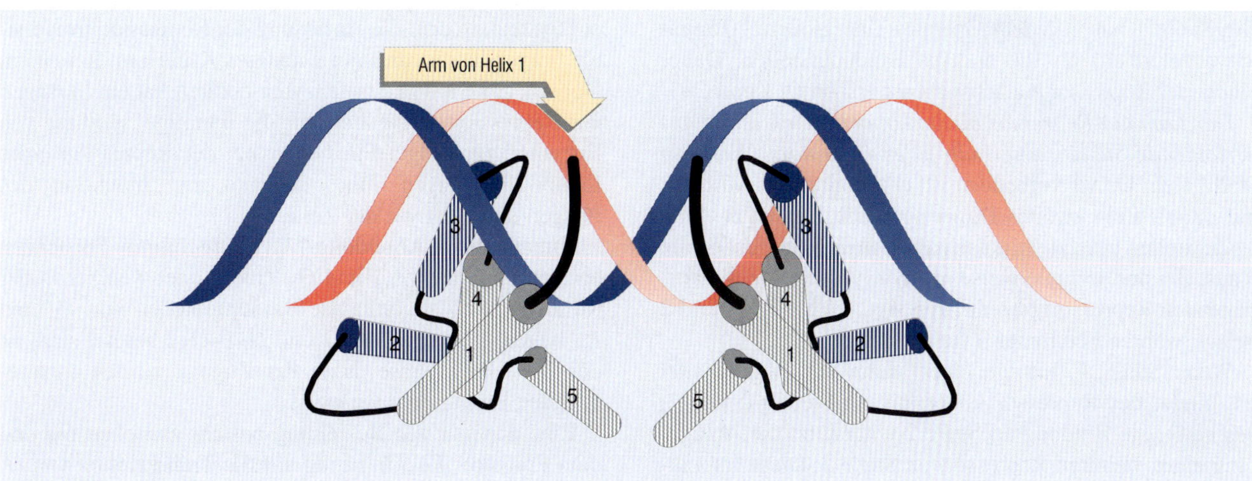

13.20 Die Ansicht von hinten zeigt, daß der Repressor überwiegend Kontakt zu einer Seite der DNA hat, seine N-terminalen Arme jedoch auf die andere Seite herum greifen.

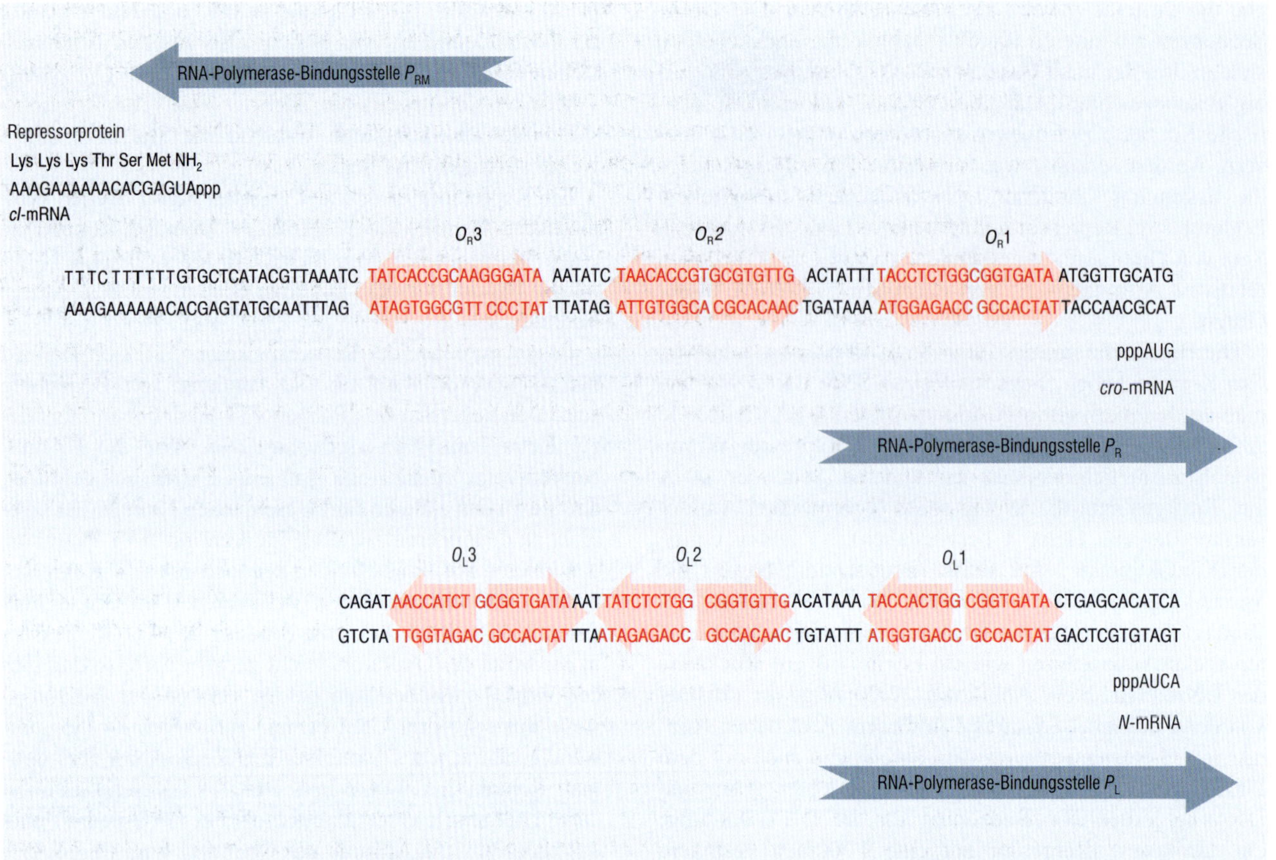

13.21 Jeder Operator enthält drei Repressorbindungsstellen und überlappt mit dem Promotor, an den die RNA-Polymerase bindet. O_L ist gegenüber der normalen Darstellungsweise in umgekehrter Orientierung gezeigt, damit er sich besser mit O_R vergleichen läßt.

worfen. Das Muster der Kontakte ist im großen und ganzen ähnlich, aber nicht identisch. Es gibt also keine einfache Regel für die Kontakte zwischen Aminosäuren an bestimmten Positionen des Proteins und Basen an bestimmten Positionen der DNA.

Wonach entscheidet sich, an welche der drei Bindungsstellen im Operator sich der Repressor als erstes anlagert? Die Stelle 1 hat in jedem Operator eine größere Affinität (etwa zehnfach) als die anderen Bindungsstellen. Daher bindet der Repressor zunächst immer erst an O_L1 und O_R1.

Der Lambda-Repressor bindet kooperativ an aufeinanderfolgende Stellen innerhalb jedes Operators. Wenn an Stelle 1 ein Dimer vorhanden ist, erhöht dies die Affinität, mit der sich ein zweites Dimer an Stelle 2 anheftet. Sind beide Stellen besetzt, wirkt sich dies *nicht* weiter auf Stelle 3 aus. Bei der normalerweise in einer lysogenen Zelle vorliegenden Repressorkonzentration sind die Stellen 1 und 2 belegt, während Nummer 3 frei bleibt.

Wenn Stelle 1 (infolge einer Mutation) ausgeschaltet ist, bindet der Repressor kooperativ an Stellen 2 und 3, das heißt, die Bindung an Stelle 2 unterstützt die Anlagerung eines weiteren Repressors an Stelle 3. Diese Interaktion erfolgt direkt zwischen den Repressordimeren und nicht über Konformationsänderungen in der DNA. Vermutlich richtet das Verbindungsstück des ersten Repressors die C-terminalen Regionen so aus, daß sie Kontakt zu den C-terminalen Regionen eines zweiten Dimers aufnehmen.

Infolge der kooperativen Bindung erhöht sich bei physiologischen Repressorkonzentrationen die effektive Affinität zum Operator. Dadurch kann der Repressor schon in niedriger Konzentration den Operator besetzt halten. Für ein System, in dem die Auflösung der Repression irreversible Folgen hat, ist dies ein wichtiges Kriterium. Bei einem Operon, das Stoffwechselenzyme codiert, hat ein Versagen der Repression schließlich nur die unnötige Synthese von Enzymen zur Folge. Ein Fehler bei der Repression eines Lambda-Prophagen führt dagegen zur Induktion des Phagen und zur Lyse der Zelle.

Anhand der in Abbildung 13.21 aufgeführten Sequenzen erkennt man, daß O_L1 und O_R1 mehr oder weniger in der Mitte der RNA-Polymerase-Bindungsstellen von P_L und P_R liegen. Wenn O_L1–O_L2 und O_R1–O_R2 besetzt sind, ist der RNA-Polymerase daher der Zugang zu den entsprechenden Promotoren versperrt.

Eine andersartige Beziehung besteht zwischen O_R und dem Promotor P_{RM} in bezug auf die Transkription von *cI*. Die RNA-Polymerase-Bindungsstelle liegt neben O_R2. Dies erklärt, wie der Repressor seine eigene Synthese autogen steuert. Sind zwei Dimere an O_R1–O_R2 gebunden, interagiert das Dimer an O_R2 mit der RNA-Polymerase, wie in Abbildung 13.13 dargestellt ist. Diese Wirkung kommt der N-terminalen Domäne des Repressors zu.

Mutationen, welche die positive Kontrolle beseitigen, kartieren im *cI*-Gen. Eine interessante Sorte von Repressormutanten kann zwar noch an den Operator binden und die Transkription blockieren, aber die RNA-Polymerase nicht zur Transkription ab P_{RM} anregen. Diese Mutationen kartieren in einer kleinen Gruppe von Aminosäuren auf der Außenseite von Helix 2 oder im „Turn" zwischen Helix 2 und Helix 3. Die Mutation bewirkt eine Verringerung der negativen Ladungen in dieser Region; umgekehrt verstärkt sich bei Mutationen, welche die negativen Ladungen erhöhen, die Aktivierung der RNA-Polymerase. Diese Gruppe von Aminosäuren stellt also möglicherweise eine „saure Stelle" dar, die über eine elektrostatische Wechselwirkung mit einer basischen Region der RNA-Polymerase ihre Funktion ausübt.

Die Lage dieser „Mutationen der positiven Kontrolle" im Repressor zeigt Abbildung 13.22. Sie befinden sich an einer Stelle des Repressors, in deren Nähe eine Phosphatgruppe der DNA liegt, die sich auch nahe bei der RNA-Polymerase befindet. Die Gruppe von Aminosäuren, die für die positive Kontrolle eine Rolle spielt, ist also von ihrer Position her in der Lage, eine Verbindung zur Polymerase herzustellen. Die Wechselwirkung zwischen Repressor und RNA-Polymerase ist nötig, damit der Polymerase der Wechsel vom geschlossenen zum offenen Komplex gelingt, wie aus der nachfolgenden Tabelle 13.2 zu ersehen ist. Das wichtige Prinzip besteht darin, daß *die bei Protein-Protein-Interaktionen freigesetzte Energie genutzt werden kann, um die Initiation der Transkription zu fördern.*

Was geschieht, wenn ein Repressordimer an O_R3 bindet? Diese Stelle überlappt mit der RNA-Polymerase-Bindungsstelle in P_{RM}. Wenn also die Repressorkonzentration

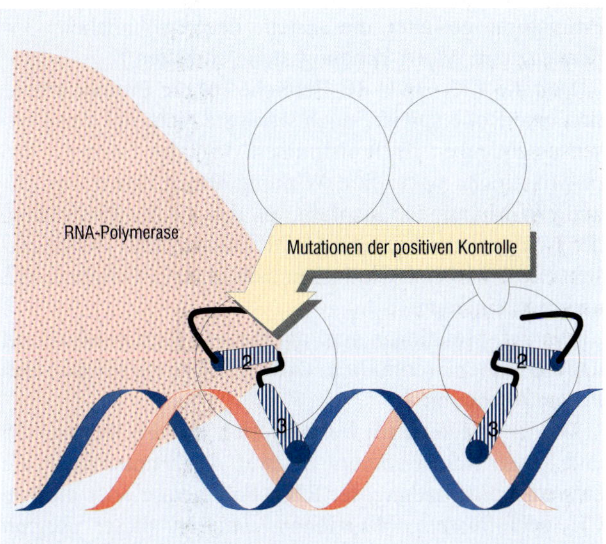

13.22 Mutationen der positiven Kontrolle identifizieren einen kleinen Bereich in Helix 2, der direkt mit der RNA-Polymerase interagiert.

so steigt, daß O_R3 besetzt wird, findet keine Transkription des *cI*-Gens mehr statt. Dies führt zur gegebenen Zeit zu einer Reduktion der Repressorkonzentration; O_R3 wird daraufhin wieder frei, und der autogene Regelkreis kommt wieder in Gang, da O_R2 weiterhin besetzt bleibt.

Durch diesen Mechanismus könnte eine zu hohe Repressorkonzentration vermieden werden, obwohl dafür so hohe Konzentrationen nötig wären, die normalerweise in lysogenen Zellen nicht erreicht werden. Genau genommen ist der Repressor dennoch ein autogener Regulator seiner eigenen Expression, der in niedriger Konzentration positiv wirkt und in hoher negativ.

In den Bindungsstellen 1 und 2 von O_L und O_R hat man virulente Mutationen entdeckt. Die Mutationen unterscheiden sich im Ausmaß der erzeugten Virulenz, und zwar abhängig davon, wie stark sie die Affinität der Stelle zum Repressor vermindern und welches Verhältnis zwischen der betroffenen Stelle und dem Promotor besteht. Im Einklang mit der Schlußfolgerung, daß O_R3 und O_L3 normalerweise nicht besetzt werden, findet man in diesen Stellen auch keine virulenten Mutationen.

13.7 Wie kommt die Synthese des Repressors in Gang?

Der Regelkreis für die Aufrechterhaltung der Lysogenie enthält einen Widerspruch. *Für die Synthese des Repressors müssen Repressorproteine vorhanden sein.* Dies erklärt zwar, wie der lysogene Zustand erhalten bleibt, nicht aber wie die Synthese des Repressors überhaupt in Gang kommt.

Wenn Lambda-DNA in eine neue Wirtszelle eindringt, kann die RNA-Polymerase *cI* nicht transkribieren, da kein Repressor vorhanden ist, um ihr bei der Bindung an P_{RM} zu helfen. Das Fehlen von Repressorproteinen bedeutet aber gleichzeitig, daß P_R und P_L zugänglich sind. Wenn Lambda-DNA ein Bakterium infiziert, werden daher als erstes die Gene *N* und *cro* exprimiert. pN ermöglicht dann eine weitergehende Transkription. Infolgedessen werden nach links *cIII* (und andere Gene) und rechts *cII* (und andere Gene) transkribiert, wie Abbildung 13.11 verdeutlicht.

Wie beim *cI*-Gen erzeugen auch Mutationen in *cII* und *cIII* klare Plaques. Es besteht jedoch ein Unterschied. Die *cI*-Mutanten können die Lysogenie weder herbeiführen noch aufrechterhalten. Die *cII*- und *cIII*- Mutanten haben zwar einige Schwierigkeiten, die Lysogenie einzurichten, sobald dieser Zustand aber besteht, können sie ihn über den autogenen Regelkreis von *cI* aufrechterhalten.

Dies legt die Vermutung nahe, daß die *cII*- und *cIII*-Genprodukte positive Regulatoren in einem anderen System für die Repressorsynthese sind. Dieses System wird nur für die *Initiation* der *cI*-Expression eingesetzt, damit die Unfähigkeit des autogenen Regelkreises, die *de novo*-Synthese zu steuern, umgangen werden kann.

Das CII-Protein beeinflußt direkt die Genexpression. Zwischen den Genen *cro* und *cII* liegt eine weiterer Promotor namens P_{RE}. („RE" steht für *repressor establishment*, Einrichten der Repression.) Diesen Promotor kann die RNA-Polymerase nur in Gegenwart von CII erkennen, dessen Funktion Abbildung 13.23 veranschaulicht.

Das CII-Protein ist *in vivo* äußerst instabil, weil es durch ein Wirtsenzym namens HflA abgebaut wird. CIII hat die Aufgabe, CII vor diesem Abbau zu schützen.

Die Transkription von P_{RE} aus leistet der Lysogenie auf zwei Wegen Vorschub. Der direkte Effekt ist die Translation von *cI* zu Repressorproteinen. Ein indirekter Effekt ergibt sich dadurch, daß die Transkription in „falscher" (umgekehrter) Richtung durch das *cro*-Gen hindurch verläuft. Der 5'-Teil der RNA entspricht also einem Antisense-Transkript von *cro* und hybridisiert tatsächlich an die „richtige" *cro*-mRNA, so daß deren Translation blokkiert ist. Wie wir in Abschnitt 13.8 sehen werden, ist dies von Bedeutung, da die Expression von *cro* für den Eintritt in den lytischen Zyklus erforderlich ist.

Die *cI* codierende Region des P_{RE}-Transkripts wird sehr effizient translatiert (im Gegensatz zu der erwähnten schwachen Translation des P_{RM}-Transkripts). Tatsächlich ist die Repressorsynthese etwa sieben- bis achtmal effektiver, wenn P_{RE} statt P_{RM} benutzt wird. Der Grund liegt darin, daß das P_{RE}-Transkript eine starke Ribosomenbindungsstelle aufweist, während das P_{RM}-Transkript keine Ribosomenbindungsstelle hat und tatsächlich mit dem AUG-Codon beginnt.

Die –10-Sequenz des P_{RE}-Promotors stimmt nicht gut mit der Consensussequenz überein, und eine –35-Sequenz fehlt gänzlich. Diese Unzulänglichkeiten erklären seine Abhängigkeit von CII. *In vitro* kann der Promotor nicht von der RNA-Polymerase allein abgelesen werden, sondern nur, wenn CII hinzugefügt wird. Der Regulator bindet an eine Region zwischen etwa –25 und –45. Wenn die RNA-Polymerase hinzukommt, wird zusätzlich die Region

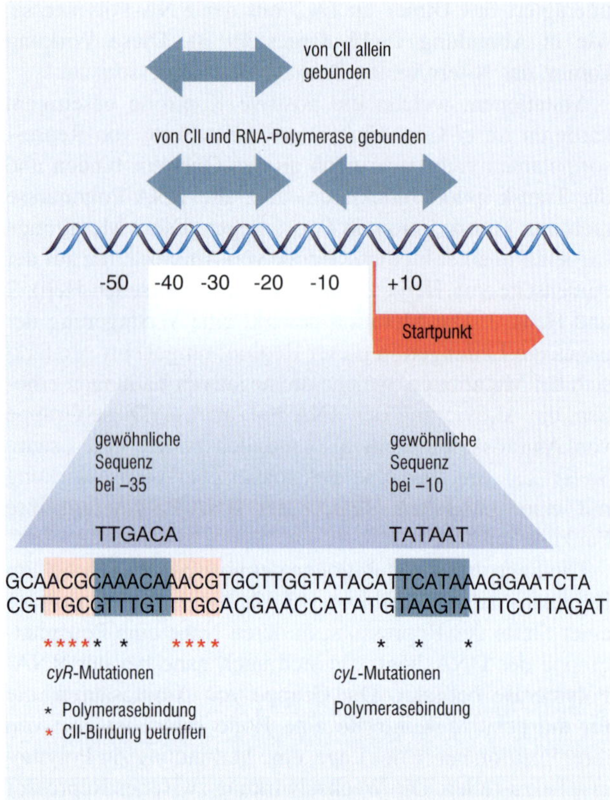

13.24 RNA-Polymerase bindet nur in Gegenwart von CII, das die Region um –35 besetzt, an P_{RE}. Man beachte, daß das Gen in der üblichen 5'→3'-Orientierung gezeigt ist, also genau umgekehrt wie in Abbildung 13.11.

zwischen –12 und +13 besetzt. Wie Abbildung 13.24 zeigt, binden die beiden Proteine an überlappende Stellen. (Ein ähnlicher Mechanismus gilt für das MotA-Protein des Phagen T4, das der *E. coli*-RNA-Polymerase die Initiation an Promotoren gestattet, die anstelle der gewöhnlichen –35-Sequenz eine MotA-Bindungsstelle enthalten.)

Daß die –35- und –10-Bereiche für die Promotorfunktion eine Rolle spielen, auch wenn sie nicht mit den Consensussequenzen übereinstimmen, legt die Existenz von *cy*-Mutationen nahe. Ihre Wirkung ähnelt denen von *cII*- und *cIII*-Mutationen insofern, als daß sie die Einrichtung der Lysogenie verhindern. *Cy*-Mutationen sind jedoch *cis*- statt *trans*-wirkend. Sie lassen sich in zwei Gruppen, *cyL* und *cyR*, einteilen.

Die *cyL*-Mutationen sind um die –10 Region lokalisiert und verhindern vermutlich, daß die RNA-Polymerase den Promotor erkennt.

Die *cyR*-Mutationen befindet sich um die Region –35 und lassen sich wiederum in zwei Arten unterteilen, die entweder die Bindung der RNA-Polymerase oder die von CII beeinflussen. Mutationen inmitten dieser Region beeinträchtigen die Bindung von CII nicht, vermutlich hindern sie aber die RNA-Polymerase an der Bindung. Zu beiden Seiten dieser Region verhindern Mutationen in kurzen Wiederholungen des Tetramers TTGC die Bindung von

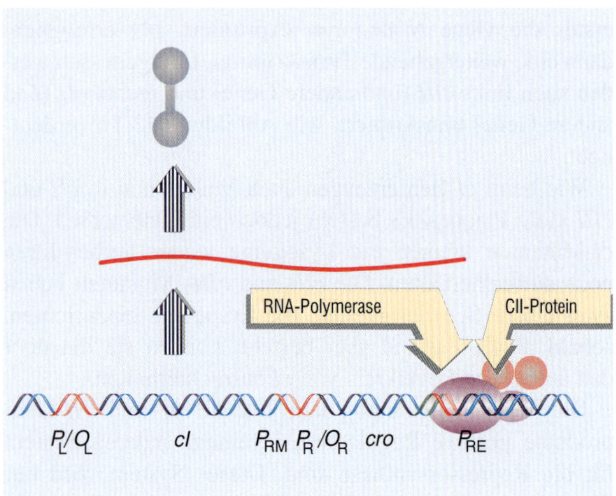

13.23 Die Repressorsynthese wird durch die Wirkung von CII und RNA-Polymerase an P_{RE} in Gang gesetzt. Dadurch beginnt die Transkription ausgehend vom Antisense-Strang von *cro* bis über das *cI*-Gen.

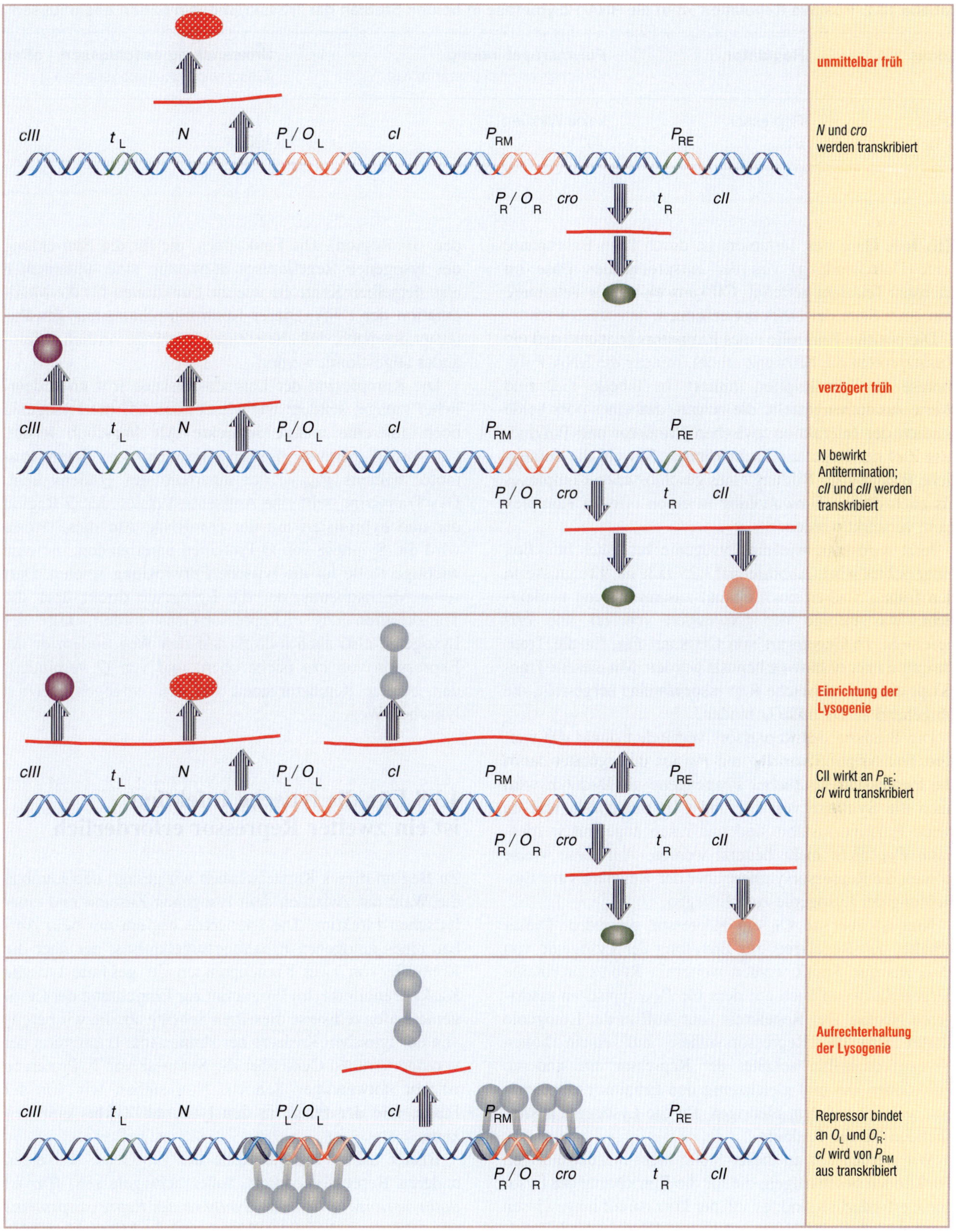

13.25 *Zusammenfassung*: Zur Einrichtung der Lysogenie ist eine Kaskade erforderlich; dann wird dieser Regelkreis jedoch abgeschaltet und durch die autogene Kontrolle zur Aufrechterhaltung der Repression ersetzt.

Tabelle 13.2: Positive Regulation kann die RNA-Polymerase in beiden Stadien der Transkriptionsinitiation beeinflussen

Locus	Regulator	Polymerasebindung (Gleichgewichtskonstante K_B)	Umwandlung geschlossen – offen (Geschwindigkeitskonstante k_2)
λP_{RM}	Repressor	keine Wirkung	11×
λP_{RE}	CII	100×	100×

CII. Jede Base des Tetramers ist durch zehn Basenpaare (eine Helixwindung) von der entsprechenden Base im nächsten Tetramer getrennt; CII kann also beide Tetramere von einer Seite der DNA her erkennen.

Die positive Kontrolle eines Promotors bedeutet, daß ein Zusatzprotein die Effizienz erhöht, mit der die RNA-Polymerase die Transkription initiiert. In Tabelle 13.2 sind Werte zusammengestellt, die zeigen, daß eines oder beide Stadien der Interaktion zwischen Promotor und Polymerase Ziel der Regulation sein können. Sowohl die anfängliche Bindung zur Bildung eines geschlossenen Komplexes als auch dessen Umwandlung in einen offenen Komplex kann verstärkt werden.

Jetzt wird klar, wie die Lysogenie bei einer Infektion eingerichtet wird. Abbildung 13.25 faßt die Ereignisse in den frühen Stadien noch einmal zusammen und verdeutlicht, was infolge der Expression von *cII* und *cIII* geschieht. In Gegenwart von CII kann P_{RE} für die Transkription über *cI* hinweg benutzt werden. Mit diesem Transkript werden zahlreiche Repressorproteine hergestellt, die umgehend an O_L und O_R binden.

Die Bindung des Repressors verhindert direkt die weitere Transkription von P_L und P_R aus und schaltet damit die Expression sämtlicher Phagengene ab. Dadurch wird auch die Synthese von CII und CIII eingestellt, und da beide Proteine instabil sind und rasch abgebaut werden, kann P_{RE} nicht mehr benutzt werden. Auf diese Weise kommt die Repressorsynthese über den Regelkreis zur Einrichtung der Lysogenie zum Erliegen.

Nun ist aber an O_R ein Repressor gebunden. Dieser schaltet den Regelkreis zur Erhaltung der Lysogenie von P_{RM} aus ein. Somit werden weiterhin Repressorproteine hergestellt, wenn auch auf dem für P_{RM} typischen niedrigeren Niveau. Der Regelkreis zum Aufbau der Lysogenie startet also die Repressorsynthese auf einem hohen Niveau; daraufhin schaltet der Repressor alle anderen Funktionen aus und gleichzeitig den Erhaltungsregelkreis ein, welcher auf dem niedrigen, für die Lysogenie ausreichenden Niveau fortläuft.

Wir werden uns an dieser Stelle nicht mit den übrigen Funktionen beschäftigen, die für die Einrichtung der Lysogenie erforderlich sind; es soll nur kurz darauf hingewiesen werden, daß die infizierende Lambda-DNA in das Bakteriengenom integrieren muß, was in Kapitel 17 beschrieben wird. Für die Insertion wird das Produkt des *int*-Gens benötigt, das vom Promotor P_I gesteuert wird, der ebenfalls von CII abhängig ist. P_I hat eine Sequenzhomologie zu P_{RE} innerhalb der CII-Bindungsstelle (nicht aber in der –10-Region). Die Funktionen, die für die Einrichtung des lysogenen Regelkreises notwendig sind, unterstehen also derselben Kontrolle wie die Funktionen für die Manipulation der DNA. Dieser Kontrollmechanismus gewährleistet demnach, daß alle nötigen Vorgänge zeitlich aufeinander abgestimmt werden.

Die Komplexität der Lambda-Kaskade tritt noch deutlicher zutage, seitdem wir wissen, daß CII der Lysogenie noch auf eine andere indirekte Art Vorschub leistet. CII fördert nämlich die Transkription von einem Promotor namens $P_{anti\text{-}Q}$, der innerhalb des *Q*-Gens liegt. Das Transkript stellt eine Antisense-Version der *Q*-Region dar und hybridisiert mit der *Q*-mRNA. Auf diese Weise wird die Synthese von Q-Proteinen unterbunden, die eine wichtige Rolle für die lytische Entwicklung spielen. Derselbe Mechanismus, der die Lysogenie direkt über die Transkription des *cI*-Repressor-Gens fördert, hilft der Lysogenie also auch indirekt auf den Weg, indem er die Expression von *cro* (siehe oben) und von *Q* verhindert, den beiden Regulatorgenen für den entgegengesetzten lytischen Weg.

13.8 Für die lytische Infektion ist ein zweiter Repressor erforderlich

Zu Beginn dieses Kapitels haben wir gesagt, daß Lambda die Wahl hat zwischen dem lysogenen Zustand und einer lytischen Infektion. Die Lysogenie beginnt mit dem Aufbau eines autogenen Erhaltungsregelkreises, der über die Kontrolle von zwei Knotenpunkten die gesamte lytische Kaskade inhibiert. Im Programm zur Einrichtung der Lysogenie laufen teilweise dieselben Schritte ab, die wir bereits von der lytischen Kaskade her kennen (die Expression der verzögert frühen Gene über die Synthese von N-Proteinen ist ein notwendiger Schritt). Nun stehen wir vor der Frage, wie der Phage in den lytischen Zyklus eintreten kann.

Bisher haben wir die Rolle des *cro*-Gens, das einen anderen Repressor codiert, außer acht gelassen. *Cro ist dafür verantwortlich, die Synthese des Repressorproteins zu verhindern.* Auf diese Weise wird die Möglichkeit, den lysogenen Zustand zu erreichen, unterbunden. *Cro*-Mutanten richten in der Regel die Lysogenie ein statt den lytischen Entwicklungsweg einzuschlagen, da ihnen die Fähigkeit fehlt, die Ereignisse von der Expression des Repressors abzukoppeln.

Cro bildet ein kleines Dimer (eine Untereinheit hat ein Molekulargewicht von 9 kD), welches innerhalb der Immunitätsregion wirkt. Cro bewirkt zweierlei:

- Es verhindert die Synthese des Repressors über den Erhaltungsregelkreis, das heißt, es schaltet die Transkription von P_{RM} aus ab.
- Es inhibiert außerdem die Expression der frühen Gene ausgehend von P_L und P_R.

Wenn ein Phage den lytischen Weg einschlägt, ist Cro also dafür verantwortlich, sowohl die Synthese von Repressor zu verhindern als auch (nachfolgend) die Expression der frühen Gene abzuschalten.

Cro erfüllt seine Aufgabe, indem es an dieselben Operatoren bindet wie das Repressorprotein (CI). Cro weist einen Bereich von ähnlicher Struktur auf wie der Repressor, nämlich eine Helix 2, die in einem Winkel von der Erkennungshelix 3 abzweigt. (Die restliche Struktur ist anders; das Helix-Turn-Helix-Motiv kann also in verschiedenen Umgebungen seine Funktion erfüllen.) Wie der Repressor bindet auch Cro symmetrisch an die Operatoren.

In der Helix-Turn-Helix-Region sind die Sequenzen von Cro und Repressor verwandt, was erklärt, warum beide Kontakt zu denselben DNA-Sequenzen aufnehmen können, wie Abbildung 13.19 verdeutlicht. Die Kontaktpunkte von Cro zu DNA ähneln denen vom Repressor; Cro bindet aber nur auf einer Seite der DNA, da ihm die N-terminalen Arme fehlen, mit denen der Repressor auf die andere Seite hinüberreicht.

Wie können zwei Proteine an denselben Stellen wirken und dennoch so gegensätzliche Effekte auslösen? Die Antwort liegt in der unterschiedlichen Affinität, mit der sich jedes der Proteine an die einzelnen Bindungsstellen innerhalb der Operatoren anheftet. (Cro fehlt außerdem die aktivierende Region.) Nehmen wir uns O_R vor, über den mehr bekannt ist und an dem Cro seine beiden Wirkungen zeigt. Abbildung 13.26 veranschaulicht die Abfolge der Ereignisse. (Man beachte, daß die ersten beiden Stadien mit denen im lysogenen Regelkreis übereinstimmen; siehe Abbildung 13.25.)

Cro hat zu O_R3 eine höhere Affinität als zu O_R2 oder O_R1 und besetzt daher zunächst O_R3. Dies hindert die RNA-Polymerase daran, an P_{RM} zu binden. Die erste Wirkung von Cro besteht also darin zu verhindern, daß der Lysogenie-Erhaltungsregelkreis seine Tätigkeit aufnehmen kann.

Daraufhin bindet Cro an O_R2 oder O_R1. Zu diesen beiden Stellen hat Cro eine ähnliche Affinität, einen kooperativen Effekt gibt es nicht. Sobald Cro eine dieser beiden Stellen besetzt hält, genügt dies, damit die RNA-Polymerase nicht mehr an P_R initiieren kann. Auf diese Weise wird wiederum die Expression der frühen Funktionen (einschließlich des *cro*-Gens selbst) abgeschaltet. Da CII instabil ist, kommt auch die Transkription von P_{RE} aus zum Erliegen. Durch diese beiden Wirkungen von Cro wird die Produktion von Repressorproteinen *vollständig* gestoppt.

Was den lytische Zyklus betrifft, fährt Cro die Expression der frühen Gene herunter (schaltet sie aber nicht völlig ab). Diese unvollständige Wirkung von Cro erklärt sich durch die Affinität zu O_R2 und O_R1, die etwa achtfach niedriger ist als die des Repressors. Cro schaltet die frühen Gene erst dann herunter, wenn sie mehr oder weniger überflüssig geworden sind, weil inzwischen pQ vorhanden ist. Zu diesem Zeitpunkt hat der Phage mit der Expression der frühen Gene begonnen und konzentriert sich auf die Produktion neuer Phagenpartikel.

13.9 Ein empfindliches Gleichgewicht: Lysogenie kontra Lyse

Die Expressionsprogramme für die lysogenen und die lytischen Entwicklungszyklen sind so eng miteinander verwoben, daß man unmöglich das Schicksal eines einzelnen Phagengenoms vorhersagen kann, wenn dieses in ein Wirtsbakterium eindringt. Löst sich der Wettstreit zwischen Cro und Repressor auf, indem der autogene Erhaltungsregelkreis eingerichtet wird, wie Abbildung 13.25 zeigt, oder indem die Repressorsynthese abgeschaltet wird und die späten Entwicklungsstadien beginnen, wie in Abbildung 13.26 dargestellt ist?

In beiden Fällen wird zunächst derselbe Weg beschritten, bis der Punkt der Entscheidung erreicht ist. Die Expression der unmittelbar frühen Gene und die Ausdehnung auf die verzögert frühen Gene gehört in jedem Fall dazu. Der Unterschied zwischen beiden Wegen läßt sich letztendlich auf die Frage einengen, ob der Repressor oder ob Cro die Operatoren in Besitz nehmen wird.

Die frühe Phase, in der die Entscheidung fällt, ist in jedem Fall zeitlich begrenzt. Ungeachtet, welchen Weg der Phage einschlägt, werden alle frühen Gene abgeschaltet, wenn P_L und P_R reprimiert werden. Und da CII und CIII dann verschwinden, hört auch die Produktion von Repressorproteinen über P_{RE} auf.

Die entscheidende Frage lautet: Folgt auf das Ende der Transkription von P_{RE} aus die Aktivierung von P_{RM} und die Lysogenie, oder wird P_{RM} nicht aktiv und legt pQ den Phagen auf die lytische Entwicklung fest?

Bei der Einrichtung der Lysogenie bindet als erstes der Repressor an O_L1 und O_R1. Daraufhin folgt rasch die kooperative Bindung weiterer Repressordimere an O_L2 und O_R2; so wird die Synthese von Cro abgeschaltet und die des Repressors über P_{RM} angeschaltet.

Beim Eintritt in den lytischen Zyklus bindet als erstes Cro an O_R3. Das verhindert, daß der Lysogenie-Erhaltungsregelkreis an P_{RM} beginnen kann. Cro muß dann an O_R1 oder O_R2 und an O_L1 oder O_R2 binden, um die Expression der frühen Gene herunterzufahren. Da dadurch die Produktion von CII und CIII stoppt, hört auch die Repressorsynthese über P_{RE} auf. Endgültig kommt die Synthese über P_{RE} zum erliegen, wenn die vorhandenen instabilen Proteine CII und CIII abgebaut sind.

Entscheidend für die Weichenstellung zwischen Lysogenie und Lyse ist der Einfluß von CII. Wenn CII aktiv ist,

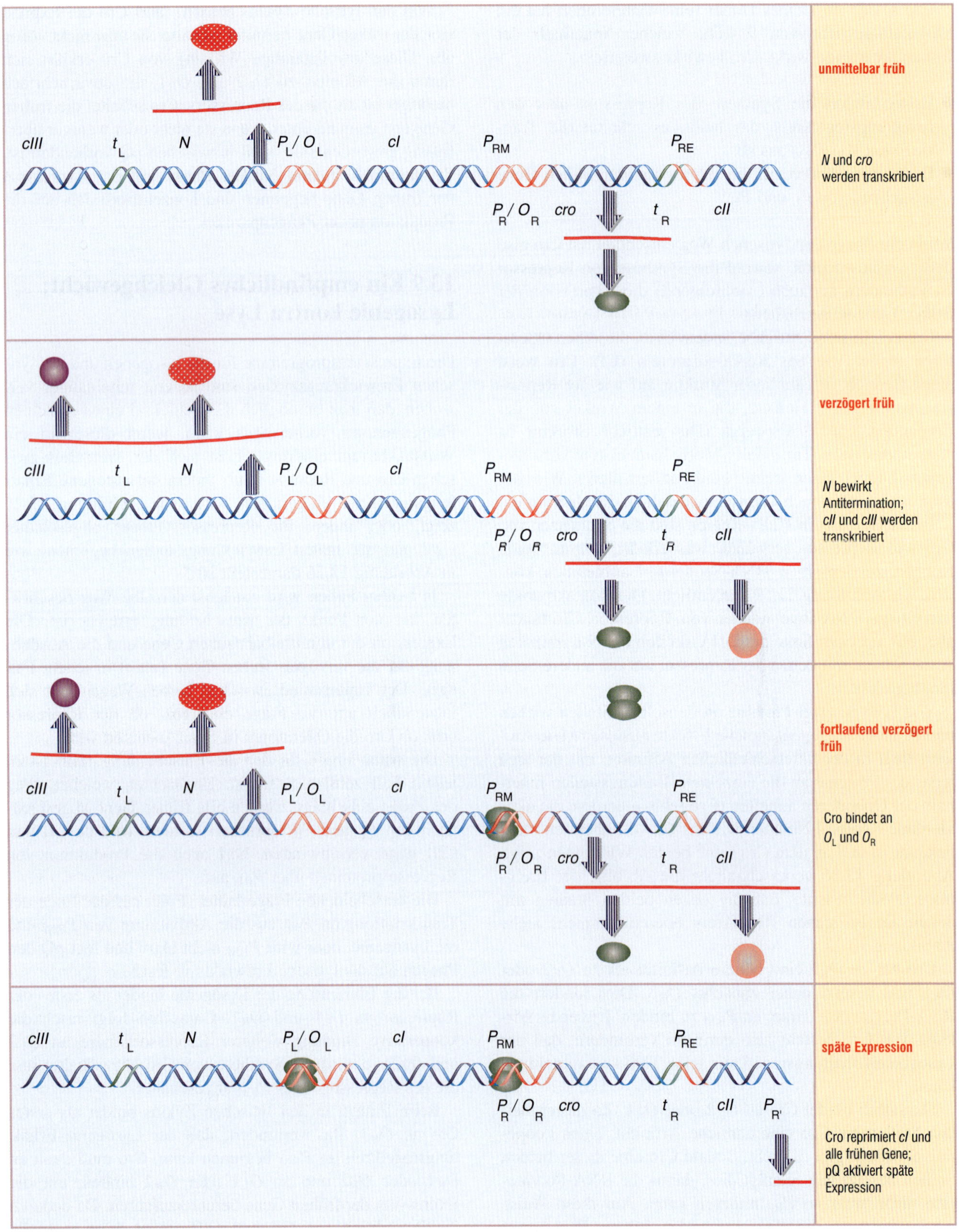

13.26 *Zusammenfassung*: Für die lytische Kaskade ist das Cro-Protein erforderlich, das direkt die Aufrechterhaltung der Repressorsynthese über P_{RM} verhindert und die Expression der verzögert späten Gene unterbindet; dies wiederum schaltet indirekt die Einrichtung der Repressorsynthese über P_{RE} ab.

kommt die Synthese von Repressorproteinen über P_{RE} zum Tragen, und der Repressor nimmt die Operatoren in Besitz. Wenn CII nicht aktiv ist, kann sich die Repression nicht einrichten und Cro bindet an die Operatoren.

Die Konzentration von CII-Proteinen bestimmt unter allen jeweils herrschenden Unständen den Ausgang einer Infektion. Mutationen, die das CII-Protein stabiler machen, erhöhen die Frequenz der Lysogenie. Derartige Mutationen können das *cII*-Gen selbst oder auch andere Gene betreffen. Der Grund für die Instabilität von CII ist seine Empfindlichkeit gegenüber einem Abbau durch Wirtsproteasen. Der CII-Spiegel in der Zelle hängt einerseits von CIII und andererseits von Wirtsfunktionen ab.

Die Wirkung des Lambda-Proteins CIII ist indirekt; es hilft mit, CII vor einem Abbau zu schützen. Die Gegenwart von CIII garantiert zwar die Stabilität von CII nicht, aber in Abwesenheit von CIII wird CII so gut wie immer inaktiviert.

Produkte von Wirtsgenen nehmen ebenfalls Einfluß auf das Geschehen. Mutationen in den Wirtsgenen *hflA* und *hflB* erhöhen die Frequenz, mit der es zur Lysogenie kommt – „*hfl*“ steht für *high frequency lysogenization*. Die Mutationen bewirken eine größere Stabilität von CII, da sie die Wirtsprotease(n) inaktivieren, die CII abbauen.

Daß die Wirtszelle auf den CII-Spiegel Einfluß nehmen kann, gibt dem Bakterium die Möglichkeit, in den Entscheidungsprozeß einzugreifen. So werden die Wirtsproteasen, die CII abbauen, bei einem reichhaltigen Angebot an Nährstoffen aktiviert. Lambda lysiert daher meist gut wachsende Zellen. Wenn die Zellen unterversorgt sind (und ihnen Nährstoffe für eine effiziente lytische Entwicklung des Phagen fehlen), richtet sich der Phage dagegen eher im lysogenen Zustand ein.

Zusammenfassung

Phagen durchlaufen einen lytischen Lebenszyklus, in dessen Verlauf auf die Infektion eines Wirtsbakteriums, die Produktion zahlreicher Phagenpartikel, die Lyse der Zelle und die Freisetzung der Phagenpartikel folgt. Einige Phagen können auch in lysogener Form existieren, wobei das Phagengenom in das Bakterienchromosom integriert und in dieser inerten, latenten Form wie ein Bakteriengen weitervererbt wird.

Die lytische Infektion läßt sich in der Regel in drei Phasen einteilen. In der ersten Phase werden einige wenige Phagengene von der RNA-Polymerase des Wirtes transkribiert. Bei einem oder mehreren dieser Gene handelt es sich um Regulatoren, welche die Expression der in der zweiten Phase exprimierten Gengruppe steuert. Dieses Schema wiederholt sich in der zweiten Phase, wenn wieder ein oder mehrere Gene als Regulatoren für die Expression der Gene in der dritten Phase benötigt werden. Die Gene der ersten beiden Phasen codieren Enzyme für die Replikation der Phagen-DNA, die Gene der letzten Phase codieren Strukturbestandteile der Phagenpartikel. Meist werden die sehr frühen Gene in späteren Phasen abgeschaltet.

Im Genom des Phagen Lambda sind die Gene in Gruppen angeordnet, deren Expression durch einzelne regulatorische Vorgänge gesteuert wird. Das unmittelbar frühe Gen *N* codiert einen Antiterminator, der die Transkription der nach links und rechts verlaufenden Gruppen verzögert früher Gene von den Promotoren P_R und P_L aus ermöglicht. Das verzögert frühe Gen *Q* hat eine ähnliche Antiterminationsfunktion und gestattet die Transkription sämtlicher späten Gene vom Promotor $P_{R'}$ aus. Durch die Expression des *cI*-Gens wird der lytische Zyklus unterdrückt und der lysogene Zustand aufrechterhalten. Das Produkt des *cI*-Gens ist ein Repressorprotein, das an den Operatoren O_R und O_L wirkt und verhindert, daß die Promotoren P_R beziehungsweise P_L benutzt werden können. Ein lysogenes Phagengenom exprimiert ausschließlich das *cI*-Gen von dessen Promotor P_{RM} aus. Die Transkription von diesem Promotor aus unterliegt einer positiven autogenen Kontrolle, wobei der an O_R gebundene Repressor die RNA-Polymerase an P_{RM} aktiviert.

Jeder Operator enthält drei Repressorbindungsstellen. Jede dieser Stellen ist ein Palindrom, das aus symmetrischen Hälften besteht. Der Repressor wirkt als Dimer. Jede Bindungsstellenhälfte hat Kontakt zu einem Repressormonomer. Die N-terminale Domäne des Repressors weist ein Helix-Turn-Helix-Motiv auf, das die Verbindung zur DNA herstellt. Helix 3 ist die Erkennungshelix, die für die spezifischen Kontakte zu einzelnen Basenpaaren im Operator zuständig ist. Helix 2 spielt für die Positionierung von Helix 3 eine Rolle sowie für den Kontakt zur RNA-Polymerase an P_{RM}. Die C-terminale Domäne ist für die Dimerbildung verantwortlich. Die Induktion des Prophagen erfolgt durch eine Spaltung des Repressors zwischen seinen beiden Domänen. Die DNA-bindenden Domänen können dann nicht mehr als Dimere wirken, wodurch sich ihre Affinität zu DNA verrringert und die Lysogenie nicht mehr aufrechterhalten werden kann. Die Repressor-Operator-Bindung ist kooperativ, so daß, wenn sich ein Dimer an die erste Stelle geheftet hat, ein zweites sehr viel leichter an die benachbarte Stelle bindet.

Das Helix-Turn-Helix-Motiv kommt noch in anderen DNA-bindenden Proteinen vor, einschließlich des Cro-Proteins von Lambda, das an dieselben Operatoren bindet, sich aber in seiner Affinität zu den einzelnen Stellen innerhalb der Operatoren vom Repressor unterscheidet. Auschlaggebend dafür ist die Sequenz der Helix 3. Cro bindet nichtkooperativ an einzelne Operatorstellen, als erstes an O_R3. Das Cro-Protein wird für den Fortgang des lytischen Zyklus benötigt. Durch seine Bindung an O_R hemmt es zunächst die weitere Expression der frühen Gene, das gleiche gilt für seine Bindung an O_L.

Für den Beginn der Repressorsynthese wird der Promotor P_{RE} benötigt, den das Produkt des *cII*-Gens aktiviert. Das Produkt des *cIII*-Gens ist nötig, um das *cII*-Produkt gegenüber einem Abbau zu stabilisieren. Cro verhindert die Lysogenie, indem es die Expression von *cII* und *cIII* abschaltet. Der Repressor wiederum verhindert den lytischen Zyklus, indem er die gesamte Expression mit Ausnahme seines eigenen Gens lahmlegt. Die Entscheidung zwischen Lyse und Lysogenie hängt davon ab, ob der Repressor oder ob Cro im jeweiligen Infektionszyklus die Operatoren besetzen kann. Die Stabilität des CII-Proteins in der infizierten Zelle ist der ausschlagebende Faktor für den Ausgang der Entscheidung.

Weiterführende Literatur

Übersichtsartikel

Friedman, D. I.; Gottesman, M. *Lytic mode of lambda development.* In: Hendrix, R. W.; Roberts, J. W.; Stahl, F. W.; Weisberg, R. A. (Hrsg.) *Lambda II.* New York (Cold Spring Harbor Laboratory) 1982. S. 21–51.

Ptashne, M. A *Genetic Switch.* Cambridge (Cell Press und Blackwell Scientific Publications) 1992.

Entdeckungen

Ptashne, M. *Isolation of the λ phage repressor.* In: *Proc. Nat. Acad. Sci. USA* 57 (1967) S. 306–313.

Ptashne, M. *Specific binding of the λ phage repressor to DNA.* In: *Nature* 214 (1967) S. 232–234.

Pirrotta, V.; Chadwick, P.; Ptashne, M. *Active form of two coliphage repressors.* In: *Nature* 227 (1970) S. 41–44.

Johnson, A. D.; Meyer, B. J.; Ptashne, M. *Interactions between DNA-bound repressors govern regulation by the phage λ repressor.* In: *Proc. Nat. Acad. Sci. USA* 76 (1979) S. 5061–5065.

Pabo, C. O.; Lewis, M. *The operator-binding domain of λ repressor: structure and DNA recognition.* In: *Nature* 298 (1982) S. 443–447.

Sauer, R. T. et al. *Homology among DNA-binding proteins suggests use of a conserved super-secondary structure.* In: *Nature* 298 (1982) S. 447–451.

Wharton, R. L.; Brown, E. L.; Ptashne, M. *Substituting an α-helix switches the sequence specific DNA interactions of a repressor.* In: *Cell* 38 (1984) S. 361–369.

Brennan, R. G. et al. *Protein-DNA conformational changes in the crystal structure of a λ Crooperator complex.* In: *Proc. Nat. Acad. Sci. USA* 87 (1990) S. 8165–8169.

Fortbestand und Vermehrung der DNA

IV

Sollte es wahr sein, daß das Wesen des Lebens die Ansammlung von Erfahrung durch die Generationen hindurch ist, dann könnte man vielleicht vermuten, daß – aus der Sicht des Physikers – das Schlüsselproblem der Biologie darin besteht, wie lebende Materie es fertigbringt, ihre Erfahrungen zu speichern und zu verewigen. Man betrachte ein einzelnes Bakterium in einem großen Volumen einer Flüssigkeit mit geeigneter chemischer Zusammensetzung. Es nimmt Substanz auf, wächst in die Länge und teilt sich in zwei Tochterzellen. Die beiden Töchter tun dasselbe, wie der Besen des Zauberlehrlings. Gelegentlich wird eine Kopie leicht fehlerhaft sein; dann entsteht ein Individuum mit etwas anderen Eigenschaften, und es verewigt sich selbst in dieser modifizierten Form. Man kann sich gut vorstellen, wie das Spiel der Evolution in Gang kommt, sobald einmal der Trick der Reproduktion, gepaart mit der Mutation, entdeckt worden ist, und daß sich die Typenvielfalt so unendlich vermehren wird.

Max Delbrück, 1949

14. Das Replicon

Ob eine Zelle nur ein Chromosom (wie bei den Prokaryoten) oder mehrere Chromosomen (wie bei den Eukaryoten) besitzt – für jede Zellteilung muß das gesamte Genom einmal präzise repliziert werden. Wie ist der Replikationsakt mit dem Zellzyklus gekoppelt?

Mit Hilfe von zwei allgemeinen Prinzipien läßt sich der Status der Replikation mit dem des Zellzyklus in Beziehung setzen:

- *Der Beginn der DNA-Replikation verpflichtet die Zelle (ob pro- oder eukaryotisch) zu einer weiteren Teilung.* Insofern bestimmt eine Reihe von Entscheidungen für oder gegen die Initiation der DNA-Replikation über die Zahl der Nachkommen, die eine Zelle erzeugt.
- *Schreitet die Replikation fort, so wird die anschließende Teilung erst dann erlaubt, wenn der Replikationsprozeß abgeschlossen ist.* Tatsächlich könnte die Vollendung der Replikation einen Auslöser für die Zellteilung darstellen. Danach werden die verdoppelten Genome jeweils an eine Tochterzelle weitergegeben (bei den Eukaryoten durch die Mitose). Die Einheit dieser Segregation ist das Chromosom.

Die Regulationsgene des Zellzyklus legen die Hebel um, welche die DNA-Replikation in Gang setzen und die eigentliche Zellteilung auslösen. Bei den Prokaryoten ist die Initiation der Zellteilung nur ein einziger Vorgang, an dem eine spezifische Stelle auf dem Bakterienchromosom beteiligt ist, und die Ausbildung eines Septums vollendet den Prozeß der Teilung. Bei eukaryotischen Zellen identifiziert man die Initiation der Replikation mit dem Beginn der S-Phase, eines längeren Zeitabschnitts, in dem die DNA-Synthese erfolgt und der viele einzelne Initiationsschritte umfaßt. Der Teilungsakt wird durch die Reorganisation der Zelle in der Mitose vollendet. In diesem Kapitel werden wir uns mit der Regulation der DNA-Replikation beschäftigen. Wie wird ein Replikationszyklus eingeleitet? Was steuert seinen Fortschritt, und was zeigt seine Vollendung an? In Kapitel 36 werden wir die Regulationsprozesse in Eukaryotenzellen besprechen, die den Eintritt in die S-Phase und die Mitose bestimmen, sowie die „Kontrollpunkte", welche diese Aktivitäten so lange verzögern, bis die erforderlichen Bedingungen erfüllt sind.

Die DNA-Einheit, an der ein einzelner Replikationsvorgang abläuft, nennt man **Replicon**. Jedes Replicon „feuert" in jedem Zellzyklus nur ein einziges Mal. Es definiert sich durch den Besitz von Kontrollelementen, die für die Replikation benötigt werden. Es besitzt einen **Ursprung**, auch *origin* genannt, an dem die Replikation initiiert wird; außerdem sollte es einen Endpunkt oder **Terminus** haben, an dem die Replikation aufhört.

Jede Sequenz, die mit einem Replikationsursprung verbunden ist – oder genauer, die nicht durch einen Terminus von ihm getrennt ist –, wird als Teil dieses Replicons repliziert. Der Ursprung ist eine *cis*-aktive Stelle, die nur auf das Molekül einwirken kann, dessen Teil sie selbst ist.

(Nach der ursprünglichen Definition des Replicons – in Prokaryoten – umfaßt diese Einheit sowohl den Ursprung als auch das Gen, welches das Regulatorprotein codiert. Heute wird „Replicon" jedoch normalerweise auf eukaryotische Chromosomen bezogen, um eine Replikationseinheit zu beschreiben, die einen Ursprung enthält; ein oder mehrere *trans*-aktive Regulatorproteine können an anderer Stelle codiert sein.)

Ein Genom in einer prokaryotischen Zelle stellt ein einziges Replicon dar; die Einheiten der Replikation und der Segregation fallen hier also zusammen. Das größte Replicon dieser Art ist das des bakteriellen Chromosoms selbst. Initiation an einem einzigen Ursprung führt – einmal pro Zellteilung – zur Replikation des gesamten Genoms. Jedes haploide Bakterium besitzt ein einzelnes Chromosom, so daß dieser Typ der Replikatonskontrolle **Einzelkopiekontrolle** (*single copy control*) genannt wird.

Bakterien können zusätzliche genetische Information in Form von Plasmiden enthalten. *Ein Plasmid ist ein autonomes ringförmiges DNA-Genom, das ein eigenes Replicon darstellt* (siehe Tabelle 13.1). Ein Plasmidreplicon kann mit dem Bakteriengenom „im Gleichschritt" repliziert werden (unter Einzelkopiekontrolle) oder einer anderen Art von Kontrolle unterliegen. Ist die Zahl der Kopien eines Plasmids größer als die des Bakterienchromosoms, spricht man von Replikation unter **Mehrfachkopiekontrolle** (*multicopy control*). Jede Phagen- oder Virus-DNA stellt ebenfalls ein Replicon dar, das während eines Infektionszyklus viele Initiationsereignisse durchlaufen kann. Vielleicht liefert die Umkehr der Definition für das prokaryotische Replicon eine bessere Sichtweise: *Jedes DNA-Molekül, das einen Ursprung enthält, kann in der Zelle autonom repliziert werden.*

Das Replicon ist eine flexible Einheit. Im Falle des Bakterienchromosoms stellt es durch Verdoppelung Kopien doppelsträngiger DNA her (wie in dem ursprünglichen Meselson-Stahl-Experiment aus Kapitel 4). Es kann aber ebenso einzelsträngige Kopien von Phagen- oder Plasmidgenomen in monomerer oder multimerer Form erzeugen. Die Art der Vervielfältigung eines Replicons hängt von der Art der Wechselwirkungen ab, die während der Initiation am Replikationsursprung auftreten. Grundsätzlich erfolgt die Kontrolle der Replikation im Stadium der Initiation. *Hat die Replikation erst einmal begonnen, wird sie fortgesetzt, bis das gesamte Genom verdoppelt ist.* Die Wechselwirkung zwischen dem/den Regulatorprotein(en) und dem Replikationsursprung bestimmt die Initiationshäufigkeit.

Ein wichtiger Unterschied zwischen der Organisation bakterieller und eukaryotischer Genome liegt in ihrer Replikation. Jedes eukaryotische Chromosom enthält eine große Zahl von Replicons; die Segregationseinheit umfaßt daher viele Replikationseinheiten. Dies gibt dem Problem der Kontrolle eine neue Dimension. All die Replicons auf einem Chromosom müssen während eines Zellzyklus „gestartet" werden, obwohl sie nicht gleichzeitig aktiv sind, sondern über einen recht langgezogenen Zeitraum aktiviert werden. *Dennoch darf jedes dieser Replicons nicht öfter als einmal im Zellzyklus aktiviert werden.*

Es muß ein Signal geben, das replizierte von nichtreplizierten Replicons unterscheidet, so daß sie nicht ein zweites Mal „feuern". Und da viele Replicons unabhängig voneinander aktiviert werden, muß ein anderes Signal existieren, das anzeigt, wann der gesamte Replikationsprozeß vollendet ist.

Zwar hat man mit dem Zusammentragen von Informationen über den Aufbau einzelner Replicons begonnen, aber noch immer wissen wir nur wenig über das Verhältnis zwischen Replicons. Wir wissen etwa nicht, ob das Replikationsmuster in jedem Zellzyklus dasselbe ist. Werden immer alle Replikationsursprünge verwendet, oder sind einige von ihnen manchmal inaktiv? „Feuern" sie immer in derselben Reihenfolge? Wenn es verschiedene Klassen von Urspüngen gibt, was unterscheidet sie?

Im Gegensatz zu den Chromosomen des Zellkernes, die unter Einzelkopiekontrolle stehen, könnte die DNA von Mitochondrien und Chloroplasten eher wie Plasmide reguliert sein, die in jedem Bakterium in mehrfachen Kopien vorliegen. In jeder Zelle gibt es viele Kopien jeder Organellen-DNA, und die Kontrolle ihrer Replikation muß mit dem Zellzyklus in Beziehung stehen.

Bei all diesen Systemen liegt das Schlüsselproblem darin, die Sequenzen zu definieren, die als Replikationsursprung dienen, und zu bestimmen, wie sie von den entsprechenden Proteinen des Replikationsapparats erkannt werden. Wir beginnen mit der Betrachtung des allgemeinen Aufbaus von Replicons und der verschiedenen Formen, die sie annehmen. Danach wenden wir uns der Frage zu, was die Replikation des Genoms mit der Teilung eines Bakteriums koordiniert und was für die Aufteilung der Genome auf die Tochterbakterien verantwortlich ist.

14.1 Replikationsursprünge lassen sich mittels Autoradiographie und Elektrophorese kartieren

Betrachten wir ein DNA-Molekül bei der Replikation. Es weist zwei Arten von Bereichen auf: Wie Abbildung 14.1 zeigt, besteht der nichtreplizierte Bereich aus dem elterlichen Doppelstrang, der sich zum replizierten Bereich hin öffnet, wo sich bereits die beiden Tochterdoppelstränge gebildet haben. Der Punkt, an dem die Replikation stattfindet, wird als **Replikationsgabel** bezeichnet (manchmal auch als **Wachstumspunkt**). *Eine Replikationsgabel bewegt sich von ihrem Startpunkt am Ursprung aus an der DNA entlang.*

Die Replikation kann **unidirektional** oder **bidirektional** verlaufen. Dies wird dadurch bestimmt, ob eine oder zwei Replikationsgabeln vom Ursprung aus weiterlaufen. Bei

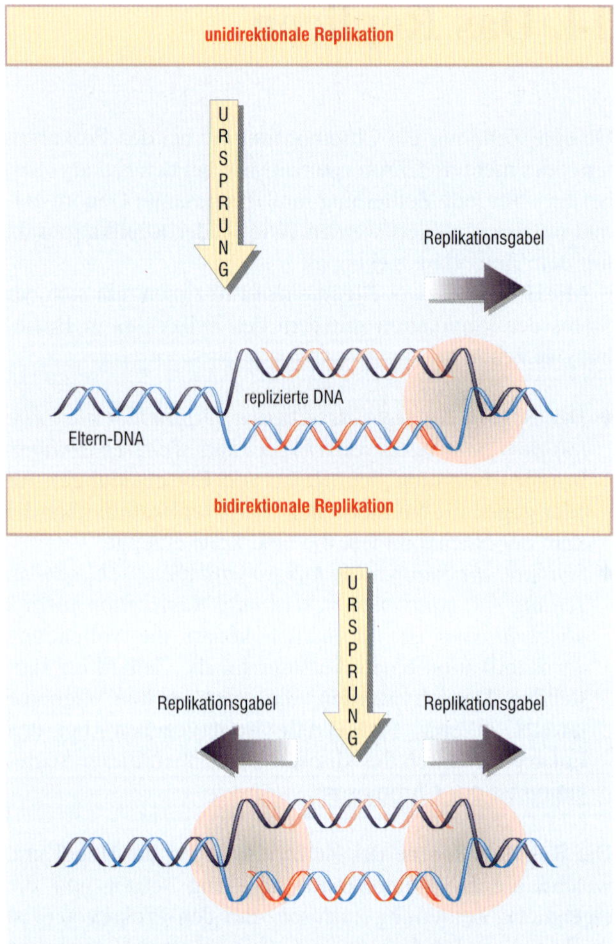

14.1 *Übersicht*: Replicons können unidirektional oder bidirektional sein, je nachdem, ob sich am Ursprung eine oder zwei Replikationsgabeln bilden.

der unidirektionalen Replikation verläßt eine Gabel den Ursprung und schreitet an der DNA entlang fort. Bei der bidirektionalen Replikation bilden sich zwei Gabeln, die sich in entgegengesetzter Richtung vom Ursprung entfernen.

Betrachtet man sich replizierende DNA im Elektronenmikroskop, so erscheint der replizierte Bereich wie ein **Auge** innerhalb der noch nicht replizierten DNA. Allerdings ist dadurch noch keine Unterscheidung zwischen uni- und bidirektionaler Replikation möglich. Wie Abbildung 14.2 zeigt, kann das Auge eine von zwei Strukturen repräsentieren. Entstand es durch unidirektionale Replikation, so enthält es einen festen Ursprung und eine wandernde Replikationsgabel. Hat es sich durch bidirektionale Replikation gebildet, so besitzt es ein Paar Replikatonsgabeln. In jedem Fall vergrößert sich das Auge beim Fortschreiten der Replikation, bis es schließlich das gesamte Replicon umfaßt.

Bei einem ringförmigen Replicon führt ein Auge zur Bildung der in Abbildung 14.3 gezeichneten **Theta-(θ-)Struktur**. Die aufeinanderfolgenden Stadien bei der Replikation der ringförmigen DNA eines Polyomavirus sind in Abbildung 14.4 mit dem Elektronenmikroskop sichtbar gemacht worden.

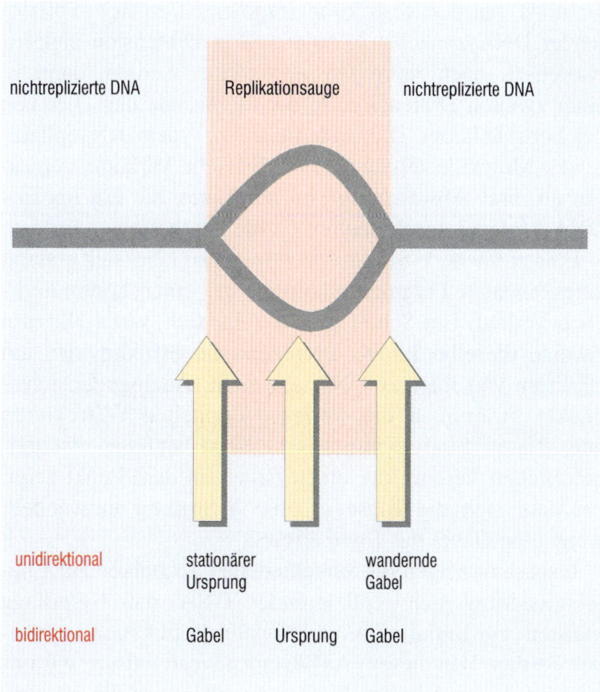

14.2 Ein Replikationsauge kann entweder ein uni- oder ein bidirektionales Replicon anzeigen.

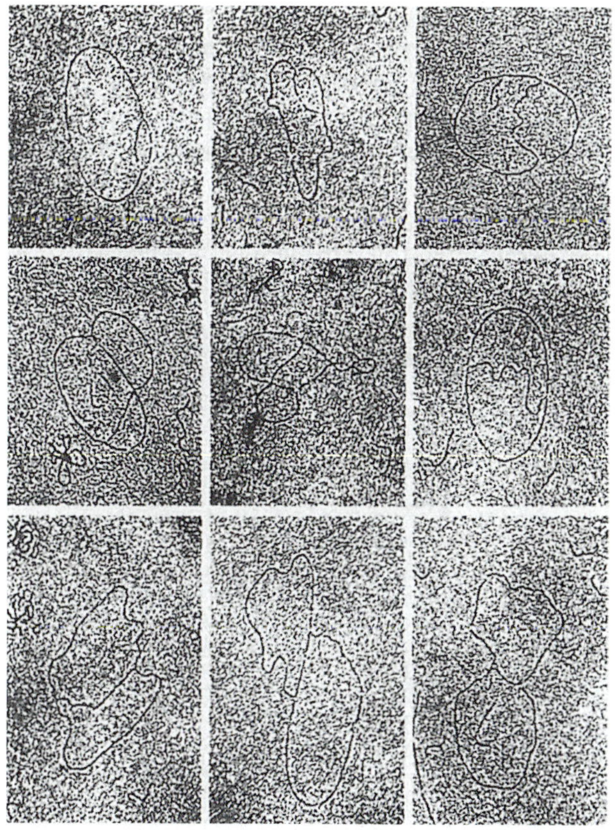

14.4 Das Replikationsauge vergrößert sich, wenn die Replikationsgabel entlang des Replicons voranschreitet. Man beachte, daß das Auge größer wird als der nichtreplizierte Abschnitt. Man kann die beiden Seiten des Auges bestimmen, da sie dieselbe Länge haben. (Aufnahmen mit freundlicher Genehmigung von Bernard Hirt.)

Ob ein Replikationsauge eine oder zwei Gabeln besitzt, kann man auf zwei Arten bestimmen. Die Wahl der Methode hängt davon ab, ob es sich bei der DNA um ein definiertes Molekül oder um einen nicht näher bekannten Bereich eines zellulären Genoms handelt.

In einem definierten linearen Molekül kann man im Elektronenmikroskop den Abstand zwischen den Enden des Auges und dem Ende der DNA messen. Es lassen sich dann die Positionen der Augenenden in Molekülen vergleichen, die Augen verschiedener Größe besitzen. Ist die Replikation unidirektional, wandert nur eines der Enden und das andere ist der feste Ursprung. Falls die Replikation bidirektional ist, bewegen sich beide Enden fort und der Ursprung liegt genau in ihrer Mitte.

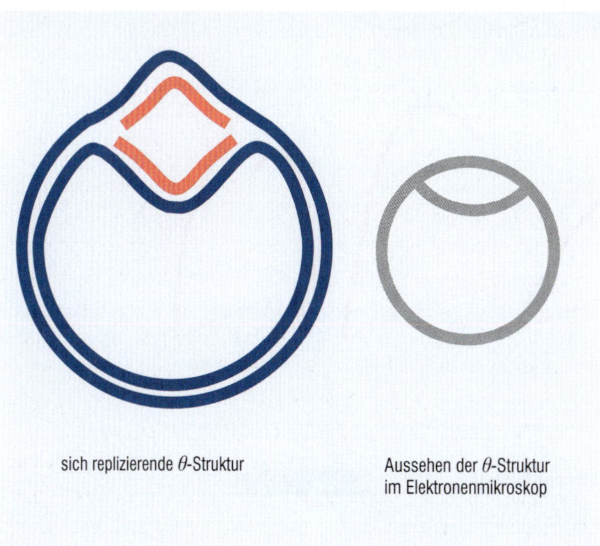

14.3 Ein Replikationsauge bildet bei ringförmiger DNA eine Theta-Struktur.

Die Bewegung der Replikationsgabeln in nicht näher bekannten Bereichen großer Genome läßt sich mit Hilfe von zwei aufeinanderfolgenden Radioaktivitätspulsen markieren. Wenn der eine Puls dabei zu einer stärkeren Markierung als der andere führt, kann man sie anhand der relativen Intensitäten ihrer Markierungen unterscheiden, die sich durch Autoradiographie sichtbar machen lassen. Abbildung 14.5 zeigt, daß bei unidirektionaler Replikation beide Markierungstypen an *einem* Ende des Auges aufeinander folgen. Eine bidirektionale Replikation dagegen erzeugt ein (symmetrisches) Muster an *beiden* Enden des Auges. Dies ist das Muster, das man normalerweise bei Replicons eukaryotischer Chromosomen beobachtet.

Eine neuere Methode zur Markierung von Replikationsursprüngen, die eine höhere Auflösung zeigt, macht sich die Auswirkungen der Formänderungen auf die elektrophoretische Wanderung der DNA zunutze. Abbildung 14.6 veranschaulicht die zweidimensionale Kartierungs-

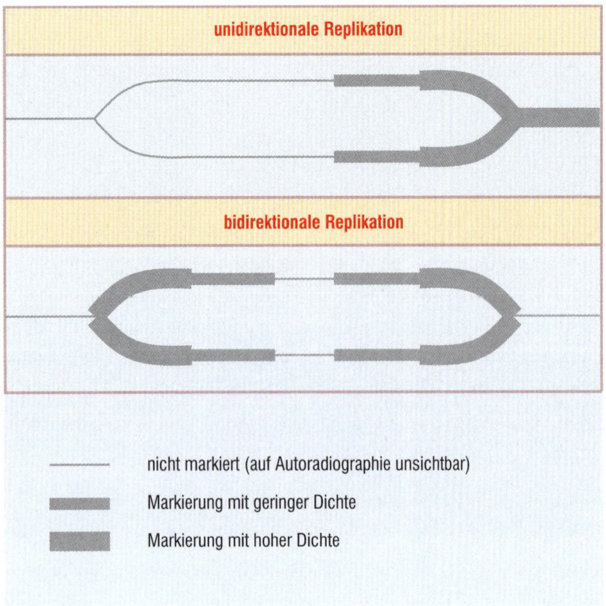

14.5 Die unterschiedliche Dichte radioaktiver Markierung kann dazu dienen, unidirektionale und bidirektionale Replikation zu unterscheiden.

methode, bei der Restriktionsfragmente von sich replizierender DNA zunächst in einer ersten Dimension elektrophoretisch nach ihrer Masse getrennt werden, dann in einer zweiten Dimension, in der die Wanderung eher von der Form abhängt. Die verschiedenen Typen sich replizierender Moleküle zeigen charakteristische Verläufe, gemessen an ihrer Abweichung von der Linie, die ein lineares DNA-Molekül der doppelten Größe beschreiben würde.

Eine einfache Y-Struktur, bei der eine Gabel sich entlang eines linearen Fragments bewegt, hat einen kontinuierlichen Verlauf. Ein Scheitelpunkt zeigt sich, wenn alle drei Zweige dieselbe Länge erreichen, die Struktur also am stärksten von linearer DNA abweicht. Analoge Gesichtspunkte bestimmen die Verläufe doppelter Y-Strukturen oder Blasen. Eine asymmetrische Blase hat einen diskontinuierlichen Verlauf, der einen Bruch an dem Punkt zeigt, bei dem sich die Blase in eine Y-Struktur umwandelt, wenn eine Gabel das Ende erreicht.

Insgesamt zeigen die verschiedenen Techniken zur Charakterisierung sich replizierender DNA, daß Ursprünge meistens zur Initiation bidirektionaler Replikation verwendet werden. Von diesem Auflösungsniveau müssen wir uns nun auf das molekulare Niveau begeben, um die *cis*-aktiven Sequenzen, die den Ursprung bilden, und die *trans*-aktiven Faktoren, die ihn erkennen, zu identifizieren.

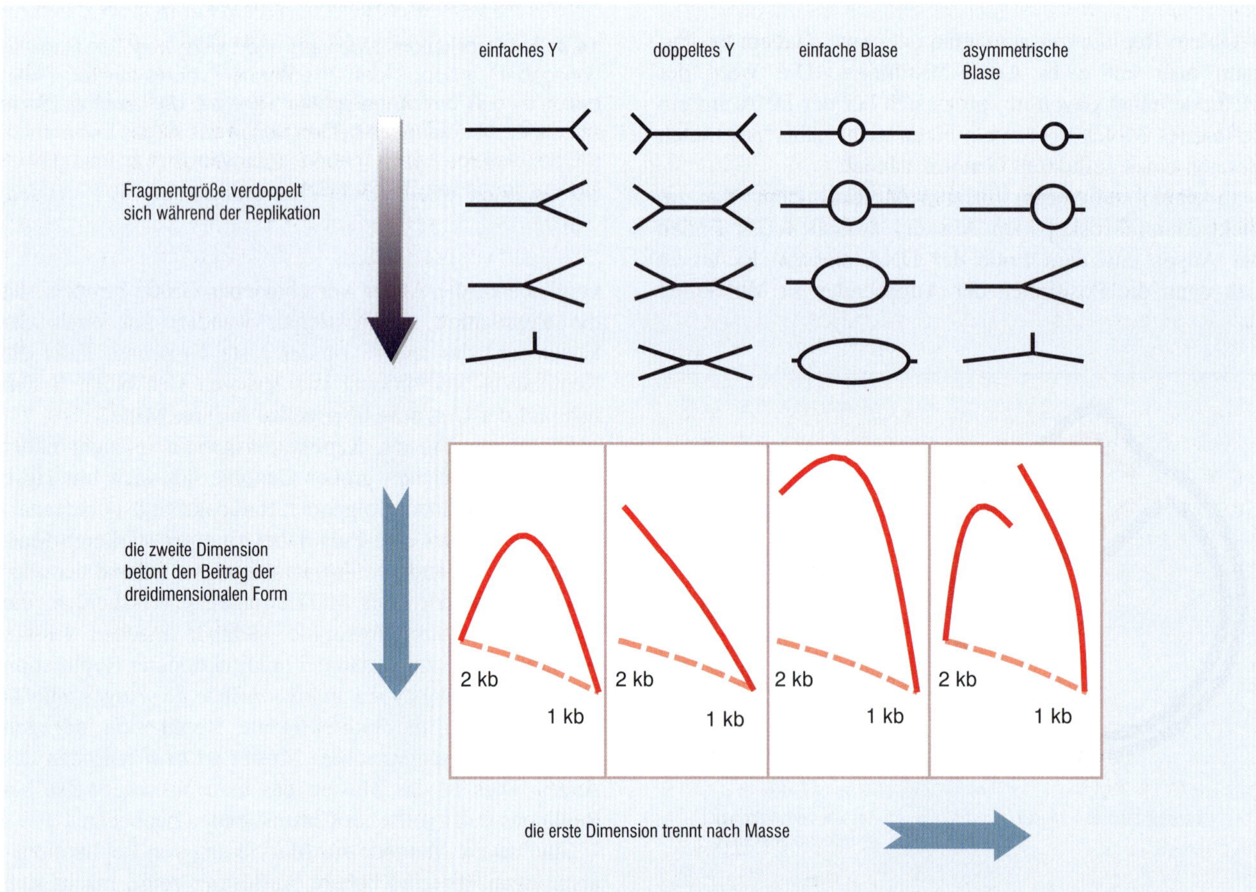

14.6 Die Position des Ursprungs und die Zahl der Replikationsgabeln bestimmen die Form eines sich replizierenden Restriktionsfragments, dessen elektrophoretische Positionierung man verfolgen kann.

14.2 Das bakterielle Genom ist ein einzelnes ringförmiges Replicon

Für seine ordnungsgemäße Vererbung sollte ein bakterielles Replicon verschiedene Funktionen erfüllen:

- die Initiation eines Replikationszyklus;
- die Kontrolle der Häufigkeit von Initiationsereignissen;
- die Segregation replizierter Chromosomen auf die Tochterzellen.

Die ersten zwei Funktionen sind beide Eigenschaften des Ursprungs. Die Segregation könnte eine unabhängige Funktion sein, die aber bei prokaryotischen Systemen normalerweise in den Sequenzen in der Umgebung des Ursprungs verankert ist. Die Ursprünge bei Eukaryoten haben keine Funktion bei der Segregation, sondern sind nur für die Replikation zuständig.

Die DNA, die den Ursprung bildet, läßt sich aufgrund einer prinzipiellen Fähigkeit isolieren: Sie vermag die Replikation von jeglicher mit ihr verbundener DNA-Sequenz zu vermitteln. Wird DNA aus dem Ursprung in ein Molekül kloniert, dem ein solcher fehlt, so entsteht durch diese Rekonstruktion ein Plasmid, das sich autonom replizieren kann, allerdings *nur dann, wenn die DNA aus dem Ursprung all die Sequenzen enthält, die sie als echten Replikationsursprung ausweisen*. (Ein vergleichbarer Ansatz wurde verwendet, um Centromer- und Telomer-DNA in Hefe zu identifizieren; Kapitel 26.)

Ursprünge wurden bisher in Bakterien, Hefe, Chloroplasten und Mitochondrien identifiziert, allerdings noch nicht in höheren Eukaryoten. Ein allgemeines Kennzeichen von ihnen ist, daß die Zusammensetzung ihrer Sequenz insgesamt A•T-reich ist. Man nimmt an, daß dies mit der Notwendigkeit zusammenhängt, die DNA-Doppelhelix bei der Initiation der Replikation zu schmelzen.

Das Genom von *E. coli* wird bidirektional von einem einzigen Ursprung aus repliziert, den man als den genetischen Locus *oriC* identifiziert hat. Fügt man *oriC* an ein beliebiges DNA-Stück, so entsteht ein künstliches Plasmid, das sich in *E. coli* replizieren kann. Indem man das klonierte *oriC*-Fragment verkürzte, wurde der für die Initiation der Replikation erforderliche Bereich einem 245 bp langen Fragment zugeordnet. (Die Eigenschaften des *oriC* und seine Wechselwirkung mit dem Replikationsapparat werden im folgenden Kapitel genauer behandelt werden.)

Plasmide, die richtig initiieren, segregieren manchmal unregelmäßig, können aber durch Einführung zusätzlicher Sequenzen stabilisiert werden. Der für die Initiation benötigte Ursprung enthält also nicht genügend Informationen, um die verdoppelten DNA-Moleküle auf die Tochterzellen zu verteilen, wenn das Bakterium sich teilt. Die an der Aufteilung beteiligten Funktionen kann man dadurch zuordnen, daß man die Sequenzen charakterisiert, die dem Plasmid Stabilität bei der Segregation verleihen.

Prokaryotische Replicons sind normalerweise ringförmig – die DNA bildet einen geschlossenen Ring ohne freie Enden. Zu den ringförmigen Strukturen gehören das Bakterienchromosom selbst, alle Plasmide und viele Bakteriophagen. Sie sind außerdem bei der DNA von Chloroplasten und Mitochondrien weit verbreitet. Die Replikation ringförmiger Moleküle umgeht die Schwierigkeit, die Enden linearer Moleküle replizieren zu müssen (siehe unten und Kapitel 26), schafft aber das Problem, wie die Replikation zu beenden ist.

Das Bakterienchromosom wird bidirektional als eine einzige Einheit von einem einzigartigen Ursprung (*oriC*) her repliziert. Die beiden Replikationsgabeln, die am *oriC* beginnen, bewegen sich am Genom entlang (mit etwa derselben Geschwindigkeit), bis sie an einem Punkt aufeinanderstoßen. Die Termination findet in einer bestimmten Region statt. Eine interessante Frage ist, was sicherstellt, daß die DNA über den Bereich des Gabeltreffpunktes hinweg repliziert wird. Im Anschluß an die Termination der DNA-Replikation beeinflussen Enzyme die höhergeordnete Struktur der DNA, um die beiden Tochterchromosomen physikalisch trennen zu können (siehe unten und Kapitel 17).

Sequenzen, die zur Termination führen, werden als *ter*-Stellen bezeichnet. Eine *ter*-Stelle enthält eine kurze Sequenz (ungefähr 23 bp), die *in vitro* zur Termination führt. Terminationssequenzen wirken nur in einer Orientierung. Die Termination erfordert das Produkt der *tus*-Gene, die ein Protein codieren, das die Consensussequenz erkennt und die Replikationsgabel am weiteren Fortschreiten hindert, wie in Kapitel 15 behandelt wird.

Die Termination in *E. coli* weist die in Abbildung 14.7 dargestellten interessanten Merkmale auf. Wir wissen, daß sich die Replikationsgabeln normalerweise an einem Punkt auf halbem Wege vom Ursprung um das Chromosom herum treffen und die Replikation zum Stillstand bringen. Es wurden aber zwei Terminationsbereiche (*terD,A* und *terC,B*) identifiziert, die sich jeweils etwa 100 kb von dem Treffpunkt entfernt befinden. Jeder Terminus ist für eine Richtung der Gabelwanderung spezifisch, und sie sind so angeordnet, daß jede Gabel die andere passieren muß, um den Terminus zu erreichen, auf den sie reagiert. Diese Anordnung erzeugt eine „Replikationsgabelfalle": Wenn eine Gabel aus irgendeinem Grunde verspätet ist, so daß die Gabeln sich nicht an der gewohnten Stelle in der Mitte treffen, so wird die schnellere Gabel im *ter*-Bereich aufgehalten und wartet auf die Ankunft der langsameren.

Die Auswirkung der Replikation auf DNA-bindende Proteine ist interessant. Was passiert, wenn eine Replikationsgabel auf einen Repressor trifft, der an DNA gebunden ist? Wir nehmen an, daß die Gabel den Repressor entfernen kann (danach müssen Repressoren an beide Kopien des replizierten Locus binden, um die Kontrolle der Genexpression aufrechtzuerhalten).

Eine besonders interessante Frage ist die, was passiert, wenn eine Replikationsgabel auf eine RNA-Polymerase trifft, die gerade mit der Transkription beschäftigt ist.

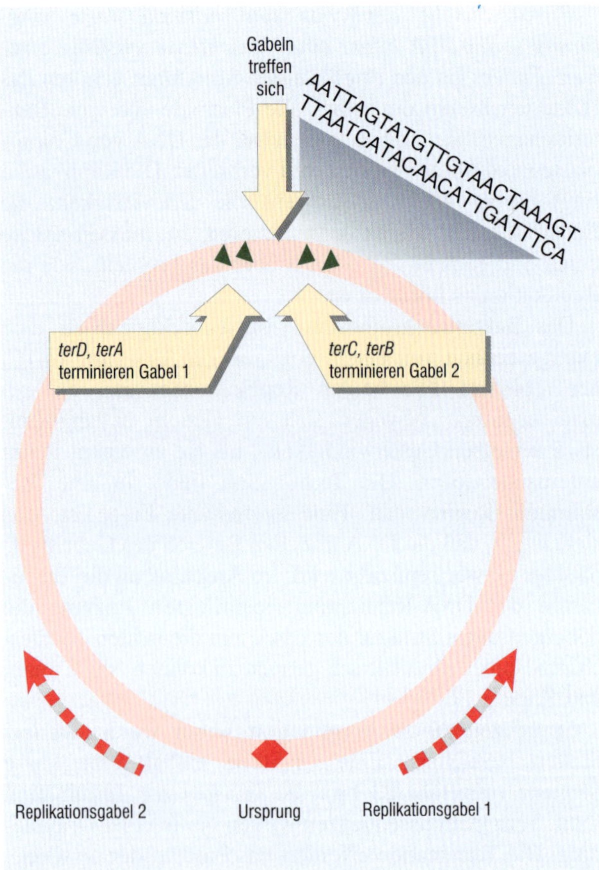

14.7 Die Replikationstermini befinden sich in *E. coli* erst hinter dem Punkt, an dem sich die Replikationsgabeln treffen.

Eine Replikationsgabel bewegt sich mehr als zehnmal schneller voran als eine RNA-Polymerase. Wenn beide in dieselbe Richtung fortschreiten, muß entweder die Replikationsgabel die Polymerase verdrängen, oder sie muß langsamer werden und darauf warten, daß die RNA-Polymerase ihren Terminator erreicht. Es scheint, als ob eine DNA-Polymerase, die sich in derselben Richtung wie eine RNA-Polymerase bewegt, letztere „überholen" kann, ohne die Transkription zu stören; allerdings verstehen wir die Grundlage dieser Reaktion nicht.

Ein Konflikt entsteht dann, wenn die Replikationsgabel auf eine RNA-Polymerase trifft, die in entgegengesetzter Richtung, das heißt auf sie zu, wandert. Kann sie die RNA-Polymerase von der DNA ablösen? Oder kommen sowohl Replikation als auch Transkription zum Stillstand? Ein Hinweis darauf, daß solche Begegnungen nicht einfach gelöst werden können, liefert die Organisation des *E. coli*-Chromosoms. Fast alle aktiven Transkriptionseinheiten sind so angeordnet, daß sie in derselben Richtung exprimiert werden, in der sich die Replikationsgabel an ihnen entlangbewegt. Die Ausnahmen betreffen allesamt kleine Transkriptionseinheiten, die selten exprimiert werden. Die Schwierigkeit, Inversionen herzustellen, die stark exprimierte Gene enthalten, spricht dafür, daß frontale Begegnungen zwischen einer Replikationsgabel und einer Reihe transkribierender RNA-Polymerasen letal sein könnten.

14.3 Jedes Eukaryotenchromosom enthält viele Replicons

In eukaryotischen Zellen ist die DNA-Replikation auf einen Teil des Zellzyklus beschränkt. Die S-Phase nimmt einen Teil der Interphase ein und dauert in höheren Eukaryotenzellen gewöhnlich einige Stunden. Die Replikation einer so großen DNA-Menge, wie sie in einem eukaryotischen Chromosom enthalten ist, wird durch seine Aufteilung in viele einzelne Replicons erreicht. Zu jedem Zeitpunkt in der S-Phase sind nur einige von ihnen mit der Replikation beschäftigt. Vermutlich wird jedes Replicon zu einem bestimmten Zeitpunkt während der S-Phase aktiviert, obwohl es dafür noch keine endgültigen Beweise gibt.

Wichtig ist, daß die Aktivierung der ersten Replicons den Beginn der S-Phase signalisiert. Während der folgenden Stunden kommt es zur Initiation an anderen Replicons. Die Kontrolle der S-Phase umfaßt also zwei Prozesse: die Freigabe der Zelle aus der vorhergehenden G1-Phase und die Initiation der Replikation an einzelnen Replicons in geordneter Art und Weise.

Ein großer Teil unseres Wissens über die Eigenschaften der einzelnen Replicons stammt aus autoradiographischen Untersuchungen, wobei im allgemeinen die in den Abbildungen 14.5 und 14.6 dargestellten Methoden verwendet wurden. Chromosomale Replicons weisen gewöhnlich bidirektionale Replikation auf.

Wie groß ist das durchschnittliche Replicon, und wie viele von ihnen gibt es im Genom? Eine Schwierigkeit bei der Charakterisierung einer einzelnen Einheit besteht darin, daß benachbarte Replicons fusionieren können, woraus große replizierte Augen entstehen, wie sie in Abbildung 14.8 dargestellt sind. Der gewöhnliche Ansatz zur Unterscheidung zwischen einzelnen Replicons und fusionierten Augen beruht darauf, DNA-Abschnitte zu betrachten, die sichtbar mehrere aktive Replicons enthalten. Diese wurden vermutlich in einem Stadium eingefangen, als alle etwa zur selben Zeit initiiert worden waren, aber die Gabeln benachbarter Einheiten sich noch nicht getroffen hatten.

Es gibt einige Hinweise darauf, daß „regionale" Kontrollmechanismen diese Art von Aktivierungsmuster erzeugen könnten, bei dem Gruppen von Replicons mehr oder weniger koordiniert initiiert werden; im Gegensatz dazu steht ein Mechanismus, bei dem einzelne Replicons, eines nach dem anderen, in verstreuten Bereichen des Genoms aktiviert werden. Zwei strukturelle Eigenheiten legen die Möglichkeit einer Organisation auf höherer Ebene nahe. Recht große Bereiche des Chromosoms können als „früh replizierend" oder „spät replizierend" charakterisiert werden. Dies läßt schließen, daß es zumindest keine weiträumige Verteilung von Replicons gibt, die früh beziehungs-

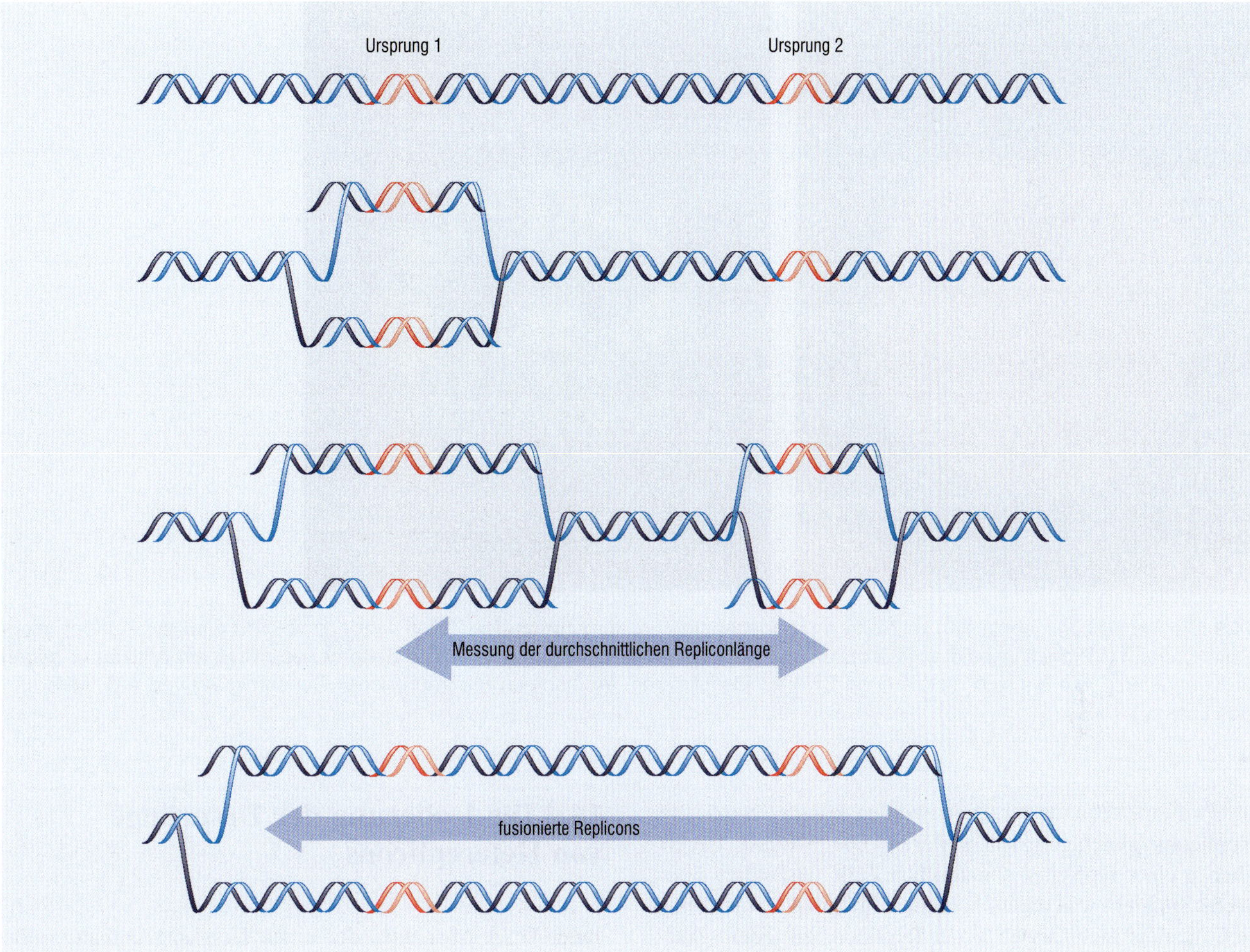

14.8 Die Messung der Größe eines Replicons erfordert ein DNA-Stück, bei dem benachbarte Replicons aktiv sind.

weise spät „feuern". Außerdem zeigt die Markierung von Replikationsgabeln mit Hilfe besonderer DNA-Bausteine 100 bis 300 „Foci" an, statt zu einer gleichmäßigen Anfärbung zu führen; jeder der in Abbildung 14.9 gezeigten Foci enthält mehr als 300 Replikationsgabeln. Die Gabeln könnten fixierte Strukturen darstellen, durch welche die sich replizierende DNA hindurch muß.

Bei Gruppen von aktiven Replicons wird die Durchschnittsgröße der Einheit durch den Abstand zwischen den Ursprüngen gemessen (das heißt zwischen den Mittelpunkten aneinandergrenzender Replicons). Die Geschwindigkeit, mit der sich die Replikationsgabeln bewegen, kann man aus der größten Entfernung abschätzen, welche die autoradiographischen Spuren innerhalb einer bestimmten Zeit zurücklegen.

In Tabelle 14.1 sind eukaryotische Replicons der Situation in Prokaryoten gegenübergestellt. Einzelne eukaryotische Replicons sind relativ klein (obwohl sie innerhalb eines Genoms um den Faktor zehn in der Länge variieren können); die Geschwindigkeit, mit der sie repliziert werden, ist viel geringer als die Bewegung der bakteriellen Replikationsgabeln.

Wir würden gerne wissen, was den Ursprung jedes Replicons ausmacht. Handelt es sich um eine spezifische DNA-Sequenz; wie lang ist sie, und wie verhalten sich die Sequenzen verschiedener Urspünge zueinander? Ist ein Ursprung mit einem bestimmten Merkmal einer höheren Ordnungsstruktur des chromosomalen Materials assoziiert?

Aus der in Tabelle 14.1 angegebenen Replikationsgeschwindigkeit läßt sich ableiten, daß ein Säugergenom

Tabelle 14.1: Eukaryotische Replicons sind klein und replizieren sich langsamer als bakterielle DNA

Organismus	Replicons	Länge	Wanderung
Bakterium	1	4200 kb	50 000 bp/min
Hefe	500	40 kb	3 600 bp/min
Taufliege	3 500	40 kb	2 600 bp/min
Kröte	15 000	200 kb	500 bp/min
Maus	25 000	150 kb	2 200 bp/min
Pflanze	35 000	300 kb	

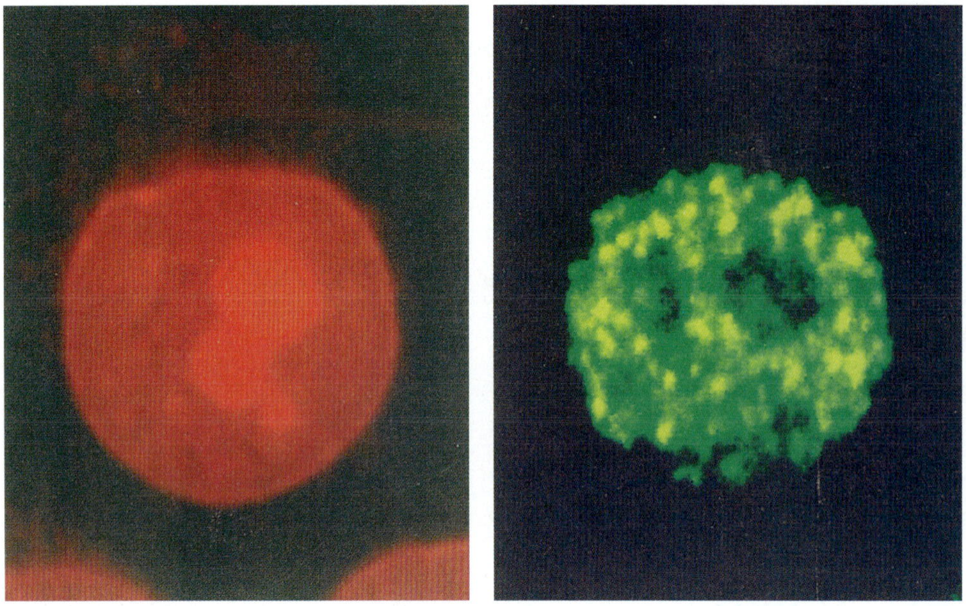

14.9 Die Replikationsgabeln sind im Zellkern in sogenannten Foci organisiert. Die Zellen wurden mit BrdU markiert. Auf der linken Seite wurde mit Propidiumiodid angefärbt, um die gesamte DNA zu zeigen. Die rechte Seite wurde mit einem Antikörper gegen BrdU angefärbt, um die sich replizierende DNA zu identifizieren. (Aufnahmen mit freundlicher Genehmigung von A.D. Mills und Ron Laskey.)

in etwa einer Stunde repliziert werden könnte, wenn alle Replicons gleichzeitig tätig wären. Die S-Phase dauert aber in einer typischen somatischen Zelle tatsächlich über sechs Stunden, was darauf schließen läßt, daß wahrscheinlich niemals mehr als 15 % der Replicons zu jedem Zeitpunkt aktiv sind. (In einigen außergewöhnlichen Fällen, z. B. bei den frühen embryonalen Teilungen von *Drosophila*-Embryonen, ist die Dauer der S-Phase durch die gleichzeitige Tätigkeit einer großen Zahl von Replicons verkürzt.)

Wie werden Ursprünge zu verschiedenen Zeitpunkten während der S-Phase für die Initiation ausgewählt? Enthält die Sequenz des Ursprungs Informationen, die den Zeitpunkt seiner Verwendung bestimmen? Eine besonders interessante Frage ist, wie der Replikationsapparat Ursprünge, die bereits repliziert wurden, von denjenigen unterscheidet, die noch repliziert werden müssen. Ist die einmalige und nur einmal während der S-Phase erfolgende Verwendung jedes Ursprungs eine Eigenschaft der DNA (z. B. ihr Methylierungszustand) oder der mit ihr assoziierten Proteine?

Alles deutet darauf hin, daß chromosomale Replicons keine Termini besitzen, an denen die Replikationsgabeln ihre Wanderung stoppen und (so wird angenommen) sich von der DNA ablösen. Es ist wahrscheinlicher, daß eine Replikationsgabel von ihrem Ursprung aus fortfährt, bis sie auf eine Gabel trifft, die sich von einem benachbarten Replicon aus auf sie zubewegt. Das mögliche topologische Problem, die neusynthetisierte DNA an der Verbindung der Replikationsgabeln zusammenzuführen, haben wir bereits erwähnt.

14.4 Die Isolierung der Ursprünge von Hefereplicons

Jeder DNA-Abschnitt, der einen Ursprung enthält, sollte zur Replikation befähigt sein. Obwohl Plasmide bei Eukaryoten selten vorkommen, dürfte es also möglich sein, sie durch geeignete Manipulation *in vitro* zu konstruieren. In Hefe ist dies bereits gelungen, bei höheren Eukaryoten allerdings noch nicht.

Mutanten von *S. cerevisiae* können durch Zugabe von DNA, die eine Wildtypkopie des Gens trägt, zum Phänotyp des Wildtyps „transformiert" werden. Einige Hefe-DNA-Fragmente können (in ringförmiger Form) defekte Zellen sehr effizient transformieren. Sie können in der Zelle in einem nichtintegrierten (autonomen) Zustand, das heißt als selbstreplizierende Plasmide, fortbestehen.

Ein Fragment, das mit großer Häufigkeit transformiert, besitzt eine Sequenz, die es zur effizienten Replikation in Hefe befähigt. Dieser Abschnitt wird als *ARS* bezeichnet (für autonom replizierende Sequenz). *ARS*-Elemente stammen von authentischen Replikationsursprüngen ab, und die Initiation erfolgt bei Chromosomen an den Orten, an denen sich *ARS*-Elemente befinden.

Sequenzen mit *ARS*-Funktion kommen mit etwa derselben durchschnittlichen Häufigkeit vor wie Replikationsursprünge. Dort, wo *ARS*-Elemente über ausgedehnte Chromsomenabschnitte systematisch kartiert wurden, hat man festgestellt, daß nur einige von ihnen tatsächlich zur Initiation der Replikation verwendet werden. Die anderen sind still oder werden möglicherweise nur gelegentlich benutzt. Wenn es stimmt, daß einige Ursprünge mit unterschiedlicher Wahrscheinlichkeit verwendet werden, so folgt daraus, daß es zwischen Replicons keine fixierten Termini geben kann. In diesem Falle könnte ein gegebener Bereich eines Chromosoms in verschiedenen Zellzyklen von verschiedenen Ursprüngen her repliziert werden.

Ein *ARS*-Element besteht aus einem A•T-reichen Bereich, der einige bestimmte Stellen enthält, an denen Mutationen die Funktion des Ursprungs beeinflussen können. In der übrigen Region könnte die Basenzusammensetzung eine größere Rolle spielen als die Sequenz. Abbildung 14.10 zeigt eine systematische Mutationsanalyse entlang eines Ursprungs. Die Funktion des Ursprungs wird durch Mutationen in einer 14 bp langen „Core“-Region, die eine 11 bp lange Consensussequenz aus A•T-Basenpaaren enthält, vollständig aufgehoben. Diese Consensussequenz ist die einzige Homologie zwischen bekannten *ARS*-Elementen.

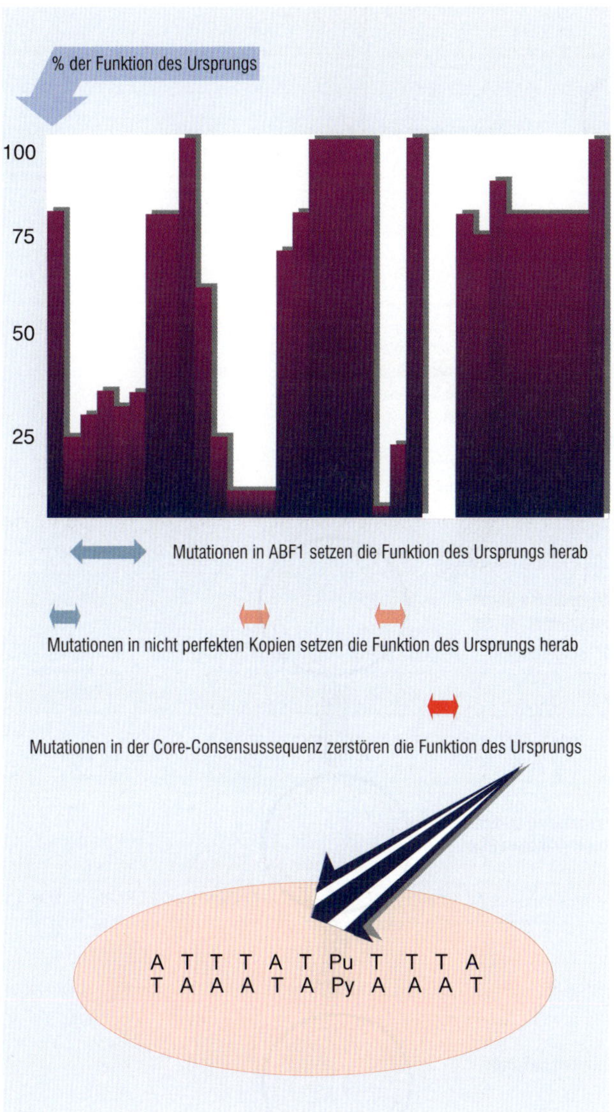

14.10 Ein *ARS* erstreckt sich über etwa 50 bp und enthält eine Consensussequenz, einige nicht perfekte Kopien von ihr, sowie eine Bindungsstelle für einen Transkriptionsfaktor. Nur Mutationen in ganz bestimmten Bereichen haben einen negativen Effekt auf die Funktion des Ursprungs, und lediglich Mutationen in der Core-Consensussequenz zerstören sie vollständig.

Zusätzlich zu der Consensussequenz im Core-Bereich existieren noch Sequenzen mit nicht perfekten Kopien von ihr, die typischerweise in neun von elf Positionen mit ihr übereinstimmen. Mutationen in diesen Sequenzen reduzieren die Funktion des Ursprungs zwar, eliminieren sie aber nicht vollständig. Wahrscheinlich überlappen ihre Funktionen zum Teil, so daß keine von ihnen unverzichtbar ist. (Sowohl ihre geringere Übereinstimmung mit der Consensussequenz als auch ihre Verdoppelung erklären, warum sie ursprünglich nicht als Komponenten des Ursprungs definiert wurden, sondern erst später als Zusatzbereiche identifiziert wurden, die zur Funktion des Ursprungs beitragen.)

Der Ursprung enthält außerdem eine Bindungsstelle für einen Transkriptionsfaktor, der hier wahrscheinlich nicht zur Transkriptionsaktivierung dient. Bei der Initiation der Replikation mag er eine ähnliche Rolle wie bei der Transkription übernehmen, also mit anderen Proteinen interagieren, die an diese Stelle binden, und damit zur Stabilisierung eines Komplexes beitragen, der sich dort bildet. Ein Proteinkomplex, der eine Masse von ungefähr 400 kD hat, bindet an den Ursprung; er enthält sechs einzelne Proteine und wird als ORC bezeichnet (*origin recogniton complex*). Für diese Bindung wird ATP benötigt. Der ORC ist während des gesamten Zellzyklus mit *ARS*-Elementen assoziiert, so daß die Initiation von Änderungen seines Zustands abhängt und nicht von seiner *de novo*-Assoziation mit dem Ursprung. Proteine, die dem ORC entsprechen, findet man auch in höheren Eukaryotenzellen.

Wichtige Fragen, die offenbleiben, betreffen die Beziehung der Consensussequenz im Core-Bereich zu den molekularen Vorgängen bei der Initiation. Wo schmilzt die DNA zuerst, und wo beginnt die Synthese des neuen Stranges tatsächlich?

ARS-Elemente entsprechen der klassischen Definition eines Ursprungs: eine *cis*-aktive Sequenz, welche die Initiation der DNA-Replikation herbeiführt. Wird man ähnliche Elemente auch bei höheren Eukaryoten finden? Die Schwierigkeit, bei ihnen den ARS-Elementen entsprechende Sequenzen zu finden, welche die Existenz von Plasmiden in höheren Eukaryotenzellen unterstützen können, deutet auf einen möglicherweise noch komplexeren Aufbau der Ursprünge hin (oder darauf, daß sie von anderen Merkmalen bestimmt werden können als von einzelnen *cis*-aktiven Sequenzen). Es gibt Hinweise darauf, daß einige Replicons aus Tierzellen komplexe Initiationsmuster aufweisen: In einigen Fällen findet man viele kleine Replikationsblasen in einem Bereich, was die Frage aufwirft, ob es alternative oder mehrere Startmöglichkeiten für die Replikation gibt, und ob es einen kleinen begrenzten Ursprung gibt. Man kann mit Recht behaupten, daß die Natur des Ursprungs bei höheren Eukaryoten noch untersucht werden muß.

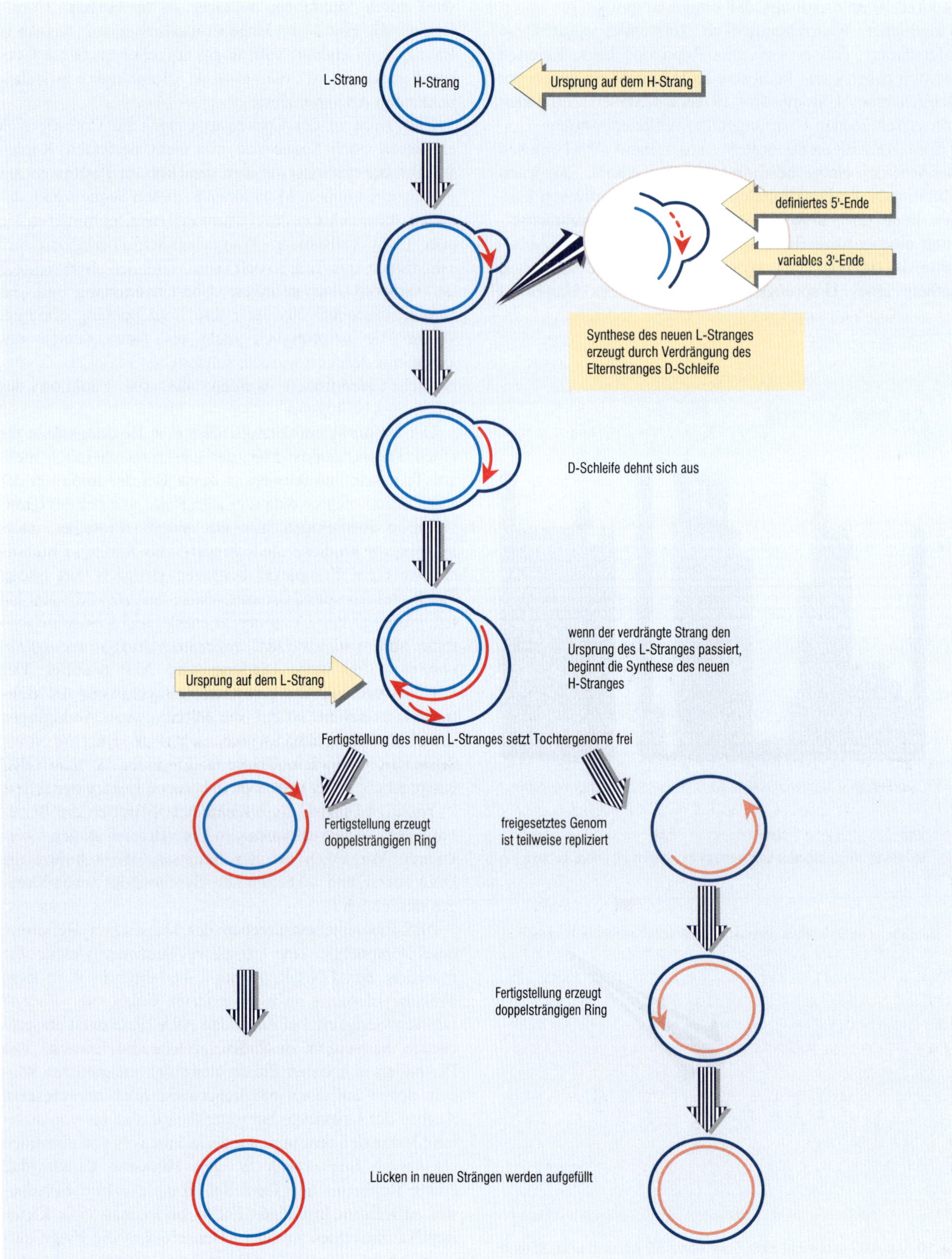

14.11 Die D-Schleife erhält eine Öffnung in der mitochondrialen Säuger-DNA aufrecht, in der sich separate Ursprünge für die Replikation jedes Stranges befinden.

14.5 Bei Mitochondrienursprüngen können D-Schleifen erhalten bleiben

Replikationsursprünge in prokaryotischen wie in eukaryotischen Chromosomen sind statische Strukturen: Sie umfassen DNA-Sequenzen, die in der Duplexform erkannt und zum richtigen Zeitpunkt zur Initiation der Replikation verwendet werden. Die Initiation umfaßt die Trennung der DNA-Stränge und den Beginn der bidirektionalen DNA-Synthese. Ein anderer Anordnungstyp herrscht dagegen bei den Ursprüngen anderer Genome vor; besonders bemerkenswert ist der bei den Mitochondrien.

Die Replikation beginnt an einem bestimmten Ursprung in dem ringförmigen DNA-Doppelstrang. Anfangs wird jedoch nur einer der beiden Elternstränge (der H-Strang bei der Mitochondrien-DNA von Säugern) als Matrize für die Synthese eines neuen Stranges verwendet. Die Synthese schreitet nur ein kurzes Stück voran, wobei der ursprüngliche Partnerstrang (L) verdrängt wird, so daß er als Einzelstrang verbleibt, was in Abbildung 14.11 dargestellt ist. Der Zustand dieses Bereichs führt zu dem Namen **Verdrängungs-** (*displacement*) oder **D-Schleife.**

Eine einzelne D-Schleife erscheint in Säugermitochondrien als Öffnung von 500 bis 600 Basen. Der kurze Strang, der die Schleife aufrechterhält, ist instabil; er wird häufig abgebaut und neu synthetisiert, um die Öffnung des Doppelstranges an dieser Stelle zu erhalten. Einige mitochondriale DNAs besitzen mehrere D-Schleifen, was die Verwendung mehrerer Ursprünge widerspiegelt. Derselbe Mechanismus wird in Chloroplasten-DNA angewandt, bei der es (bei höheren Pflanzen) zwei D-Schleifen gibt.

Bei der Replikation der Mitochondrien-DNA von Säugern wird der kurze Strang in der D-Schleife ausgedehnt. Der verdrängte Bereich des ursprünglichen L-Stranges wird verlängert und vergrößert damit die D-Schleife. Dieses Ausdehnen dauert so lange an, bis sie einen Punkt auf etwa zwei Dritteln des Weges um den Ring herum erreicht. Die Replikation dieses Bereichs legt auf dem verdrängten L-Strang einen Ursprung frei. An dieser Stelle setzt die Synthese eines H-Stranges ein, die rund um die verdrängte einzelsträngige L-Matrize in entgegengesetzter Richtung zu der Synthese des L-Stranges erfolgt.

Wegen ihrer Startverzögerung ist die Synthese des H-Stranges erst ein Drittel des Weges um den Ring herum fortgeschritten, wenn die Synthese des L-Stranges beendet ist. Dadurch werden ein fertiger doppelsträngiger Ring und ein Ring mit Lücke freigesetzt, der teilweise einzelsträngig bleibt, bis die Synthese des H-Stranges abgeschlossen ist. Zuletzt werden die neuen Stränge geschlossen und sind so kovalent intakt.

Die Existenz von rollenden Ringen, auch *rolling circles* genannt, und D-Schleifen stellt ein allgemeines Prinzip dar. *Bei einem Ursprung kann es sich um eine DNA-Sequenz handeln, die dazu dient, die DNA-Synthese unter Verwendung eines Stranges als Matrize zu initiieren.* Die Öffnung des Doppelstranges führt nicht notwendigerweise zur Initiation der Replikation auf dem anderen Strang. Im Falle der DNA-Replikation bei Mitochondrien befinden sich die Ursprünge für die Replikation der komplementären Stränge an verschiedenen Orten.

14.6 Das Problem der linearen Replicons

Keines der bisher betrachteten Replicons besitzt ein lineares Ende: Entweder sind sie ringförmig (wie bei *E. coli* oder Mitochondriengenomen), oder sie sind Teil längerer Segregationseinheiten (wie bei den Eukaryotenchromosomen). Aber es gibt lineare Replicons: in einigen Fällen als einzelne extrachromosomale Einheiten und natürlich an den Enden eukaryotischer Chromosomen.

Das Merkmal aller bekannten Nucleinsäurepolymerasen, ob spezifisch für DNA oder RNA, ist es, nur in $5' \rightarrow 3'$-Richtung zu synthetisieren. Dies stellt für die DNA-Synthese am Ende eines linearen Replicons ein Problem dar. Betrachtet man die beiden in Abbildung 14.12 dargestellten Elternstränge, sieht man, daß der untere Strang keine Probleme bereitet: Er kann bis ganz zum Ende als Matrize für die Synthese eines Tochterstranges dienen, wo die Polymerase vermutlich abfällt. Die Synthese eines Gegenstückes am Ende des oberen Stranges dagegen muß an der allerletzten Base beginnen (anderenfalls würde dieser Strang in aufeinanderfolgenden Replikationszyklen immer kürzer werden).

Wir wissen nicht, ob die Initiation ganz am Ende linearer DNA möglich ist. Gewöhnlich stellen wir uns vor, daß eine Polymerase an einen Ort in der *Umgebung* der Stelle bindet, wo eine Base eingebaut werden soll. Daher muß bei der Replikation an den Enden linearer Replicons ein spezieller Mechanismus angewendet werden. Es sind vier Lösungsmöglichkeiten vorstellbar, welche die Notwendigkeit, ein Ende zu kopieren, erfüllen können:

- Das Problem könnte umgangen werden, indem ein lineares Replicon in ein ringförmiges oder multimeres Molekül umgewandelt wird. Phagen wie T4 oder Lambda verwenden solche Mechanismen (siehe unten).
- Die DNA könnte eine ungewöhnliche Struktur annehmen – z. B. durch Bildung einer Haarnadelschleife am Terminus, so daß kein freies Ende mehr existiert. Die Bildung einer Quervernetzung ist Teil der Replikation linearer Mitochondrien-DNA aus *Paramecium*.
- Statt genau festzuliegen, könnte das Ende variabel sein. Eukaryotische Chromosomen könnten von dieser Lösung Gebrauch machen, bei der sich die Kopienzahl einer kurzen sich wiederholenden Einheit am Ende der DNA ändert, wie Kapitel 26 beschreibt. Ein Mechanismus zum Anfügen oder Entfernen von Einheiten macht die Replikation bis ganz zum Ende überflüssig.
- Ein Protein könnte eingreifen und die Initiation direkt am Ende ermöglichen. Mehrere lineare virale Nucleinsäuren besitzen Proteine, die *kovalent mit der 5'-termi-*

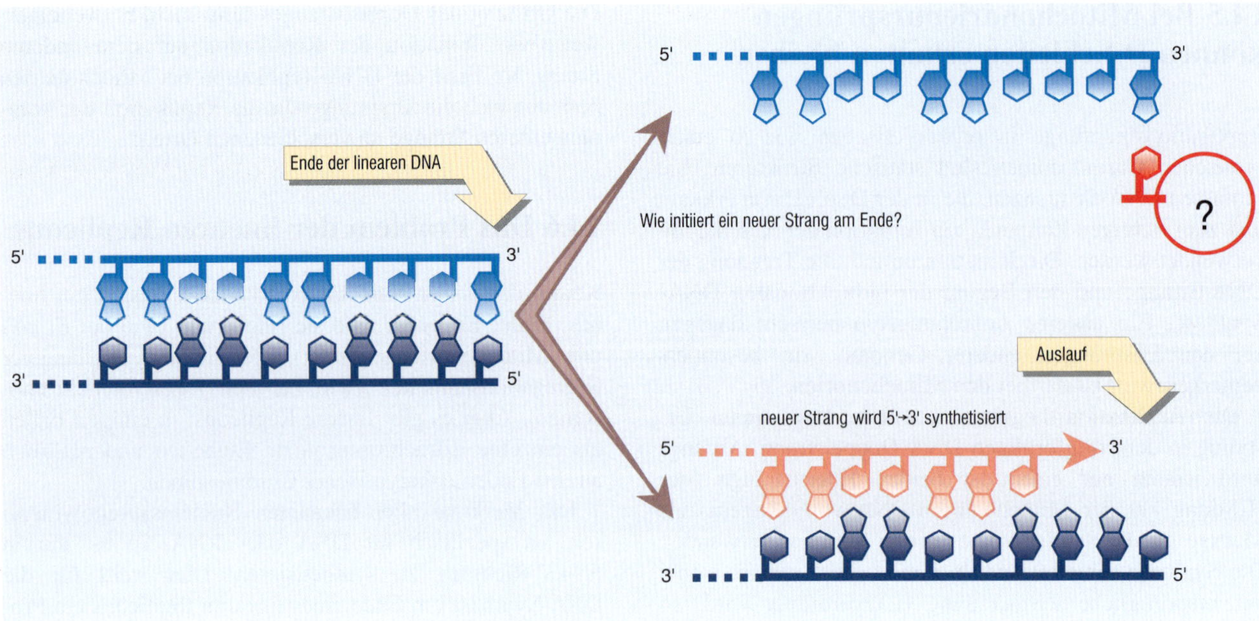

14.12 Die Replikation kann am 3′-Ende eines neusynthetisierten linearen Stranges auslaufen; aber könnte sie an einem 5′-Ende initiieren?

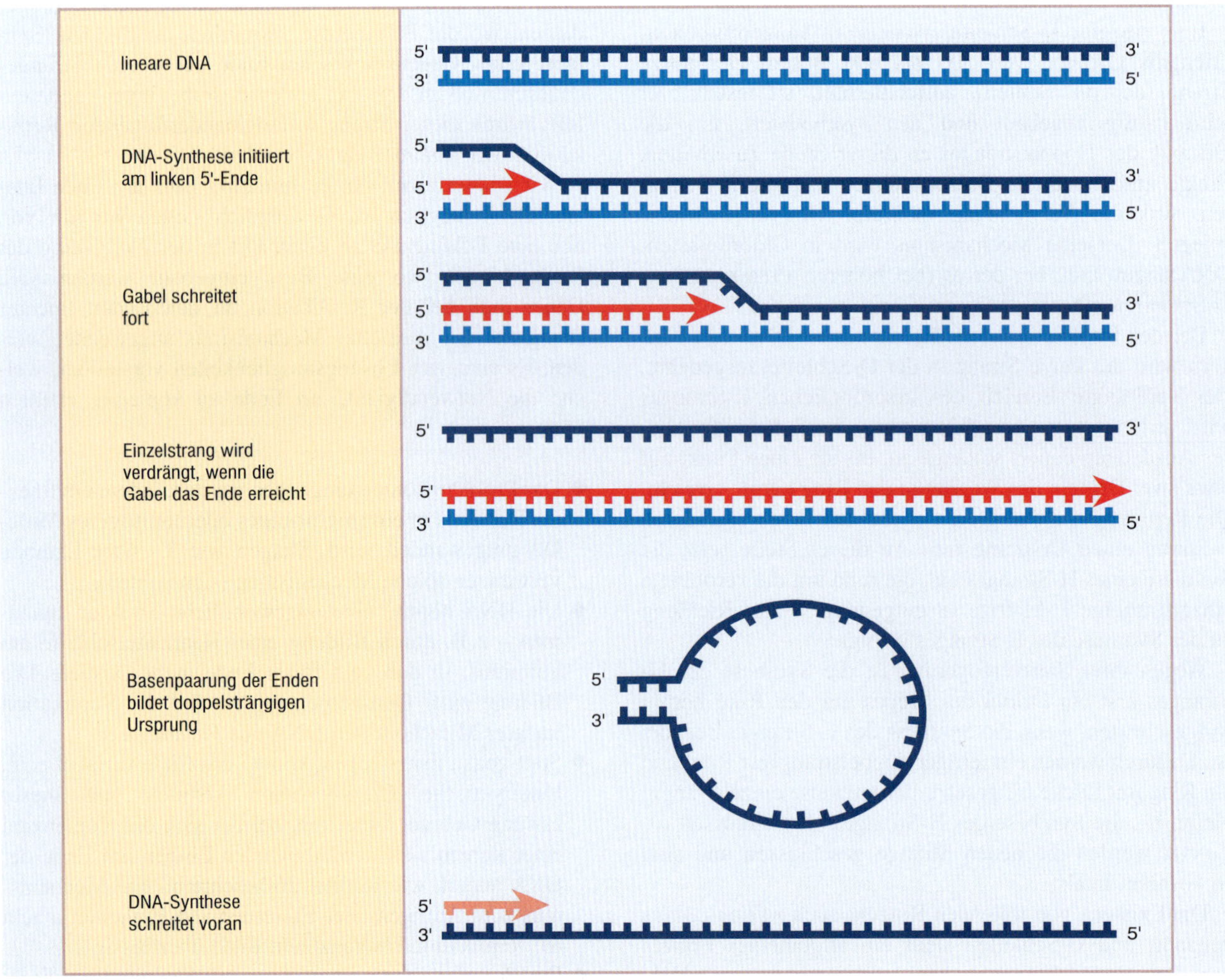

14.13 Die Replikation von Adenovirus-DNA wird separat an den beiden Enden des Moleküls initiiert und schreitet durch Strangverdrängung fort.

nalen Base verbunden sind. Die am besten charakterisierten Beispiele sind Adenovirus-DNA, die DNA des Phagen *φ*29 und Poliovirus-RNA.

Ein herausragendes Beispiel für die Initiation an einem linearen Ende liefern die DNAs des Adenovirus und des Phagen *φ*29, die sich sogar von beiden Enden her replizieren, wobei sie den Mechanismus der **Strangverdrängung** verwenden, der in Abbildung 14.13 dargestellt ist. Dieselben Ereignisse können unabhängig voneinander an beiden Enden stattfinden. Die Synthese eines neuen Stranges beginnt an einem Ende, wobei der homologe Strang, der zuvor zu einem Doppelstrang gepaart war, verdrängt wird. Wenn die Replikationsgabel das andere Ende des Moleküls erreicht, wird der verdrängte Strang als freier Einzelstrang entlassen. Er wird dann eigenständig repliziert; dies erfordert die Bildung eines doppelsträngigen Ursprungs durch Basenpaarung zwischen einigen kurzen komplementären Sequenzen an den Enden des Moleküls.

Bei mehreren Viren, die solche Mechanismen benutzen, findet man an jedem 5′-Ende ein kovalent gebundenes Protein. Im Falle des Adenovirus ist ein **terminales Protein** über eine Phosphodiesterbindung mit einem Serin an die reife virale DNA gebunden, was in Abbildung 14.14 gezeigt ist.

Wie überwindet das Anknüpfen eines terminalen Proteins das Initiationsproblem? Das Protein spielt eine zweifache Rolle: Einerseits trägt es ein Cytidinnucleotid, das als Primer für die Replikation dient, andererseits ist es mit der DNA-Polymerase assoziiert. Tatsächlich erfolgt die Verknüpfung des terminalen Proteins mit einem Nucleotid durch die DNA-Polymerase in Anwesenheit von Adenovirus-DNA. Daraus folgt das in Abbildung 14.15 dargestellte Modell. Der Komplex aus Polymerase und terminalem Protein, welches das als Primer dienende

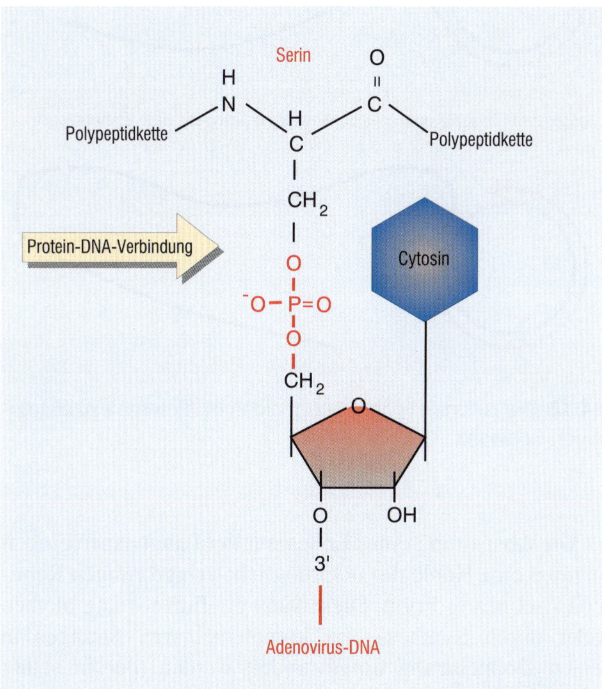

14.14 Das 5′-terminale Phosphat an jedem Ende der Adenovirus-DNA ist kovalent mit einem Serin in dem 55 kD großen Ad-Bindungsprotein verbunden.

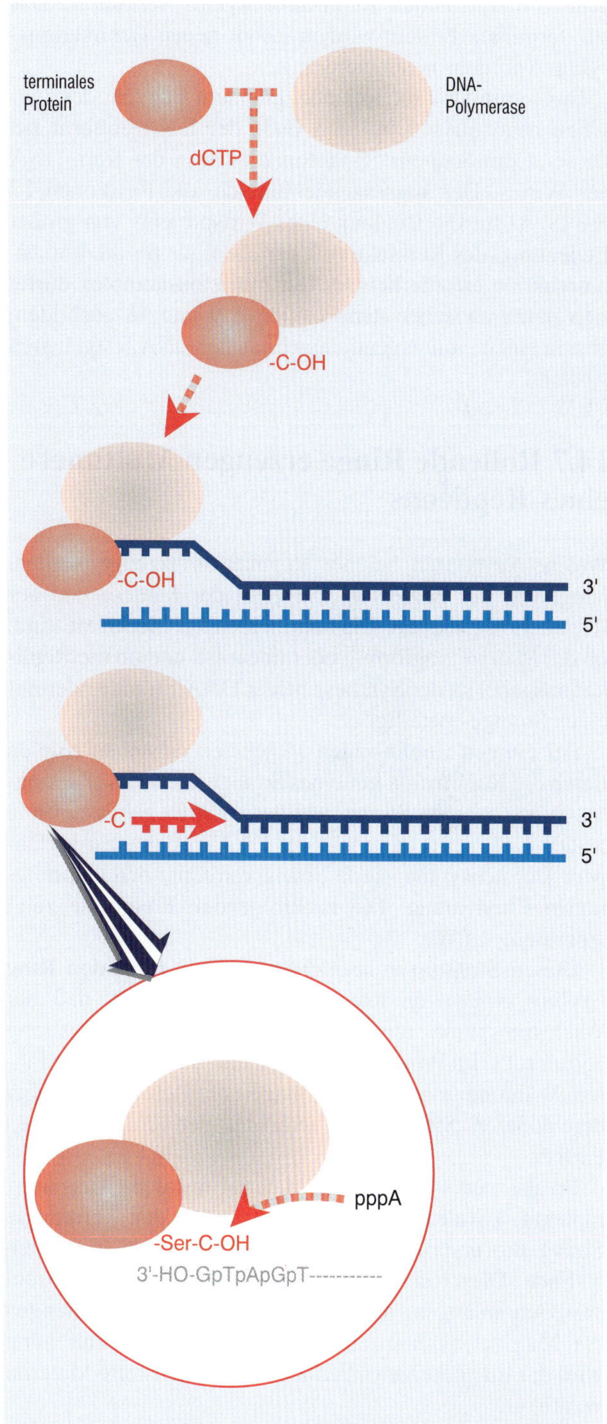

14.15 Das terminale Adenovirusprotein bindet an das 5′-Ende der DNA und stellt ein C-OH-Ende als Primer für die Synthese eines neuen DNA-Stranges zur Verfügung.

C-Nucleotid trägt, bindet an das Ende der Adenovirus-DNA. Das freie 3′-OH-Ende des C-Nucleotids leitet die Elongationsreaktion der DNA-Polymerase ein. Dadurch wird ein neuer Strang gebildet, dessen 5′-Ende kovalent mit dem initiierenden C-Nucleotid verbunden ist. (Tatsächlich wird das Protein bei der Reaktion von der DNA verdrängt und nicht *de novo* gebunden. Das 5′-Ende der Adenovirus-DNA ist mit dem terminalen Protein aus dem vorhergehenden Replikationszyklus verknüpft. Das alte terminale Protein wird in jedem neuen Replikationszyklus von dem neuen verdrängt.)

Das terminale Protein bindet in einem Bereich, der zwischen neun und 18 bp vom Ende der DNA entfernt ist. Diese „Core-Sequenz" findet man auch in der Kern-DNA des Wirtes. Der angrenzende Bereich, die Positionen 17 bis 48, ist für die Bindung eines Wirtsproteins von großer Bedeutung, des Kernfaktors I, der ebenfalls für die Initiationsreaktion erforderlich ist. Der Initiationskomplex dürfte sich daher zwischen den Positionen 9 und 48 ausbilden, also in einem vom eigentlichen Ende der DNA festgelegten Abstand.

14.7 Rollende Ringe erzeugen Multimere eines Replicons

Welche Strukturen bei der Replikation erzeugt werden, hängt von der Beziehung zwischen der Matrize und der Replikationsgabel ab. Die entscheidenden Merkmale sind, ob die Matrize ringförmig oder linear ist, und ob die Replikationsgabel an der Synthese beider DNA-Stränge oder nur eines Stranges beteiligt ist.

Bei einigen ringförmigen Molekülen entstehen Kopien durch die Replikation nur eines Stranges. Ein Einzelstrangbruch öffnet einen Strang, und das dadurch gebildete freie 3′-OH-Ende wird dann von der DNA-Polymerase verlängert. Der neusynthetisierte Strang verdrängt den ursprünglichen Elternstrang. Die nachfolgenden Ereignisse zeigt Abbildung 14.16.

Diesen Strukturtyp bezeichnet man als **rollenden Ring** (*rolling circle*), da man sich vorstellen kann, daß der Wachstumspunkt um den ringförmigen Matrizenstrang herum rollt. Im Prinzip könnte er damit unbegrenzt fortfahren. Während er wandert, verlängert die Replikationsgabel den äußeren Strang und verdrängt den ursprünglichen Partner.

Da das neu synthetisierte Material mit dem Ausgangsmolekül kovalent verbunden ist, trägt der verdrängte Strang die ursprüngliche Genomeinheit noch an seinem 5′-Ende. Dieser ursprünglichen Einheit folgt eine Anzahl von Genomlängen, die durch fortlaufende Umdrehungen der Matrize synthetisiert wurden. Bei jeder Umdrehung wird das im vorhergehenden Zyklus synthetisierte Material verdrängt.

Ein Beispiel zeigt die elektronenmikroskopische Aufnahme in Abbildung 14.17. Der rollende Ring findet *in vivo* verschiedene Anwendungen. Einige Wege für die DNA-Replikation sind in Abbildung 14.18 dargestellt.

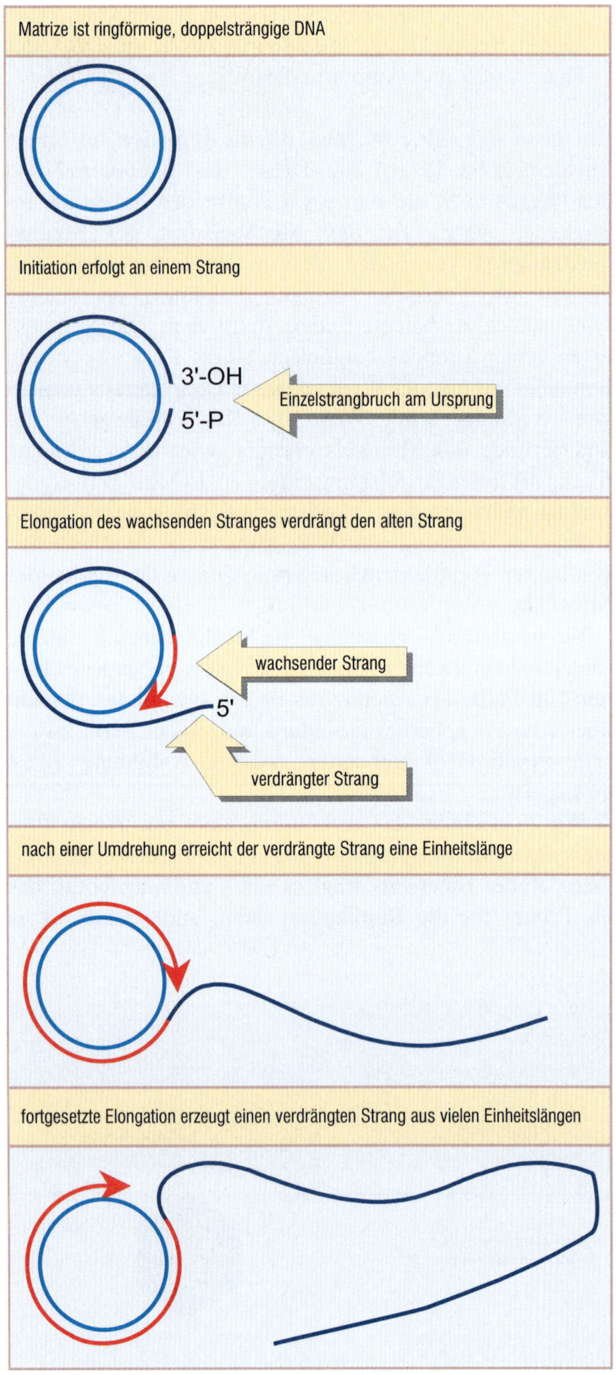

14.16 Der rollende Ring erzeugt einen multimeren einzelsträngigen Schwanz.

Die Abspaltung eines Endes mit der Länge einer Einheit erzeugt eine Kopie des ursprünglichen ringförmigen Replicons in linearer Form. Diese kann ein Einzelstrang bleiben oder durch Synthese des komplementären Stranges in einen Doppelstrang umgewandelt werden (der in seiner Sequenz mit dem Matrizenstrang des ursprünglichen rollenden Ringes identisch ist).

Der rollende Ring stellt einen Weg zur Amplifizierung des ursprünglichen Replicons (der Einheit) dar. Über die-

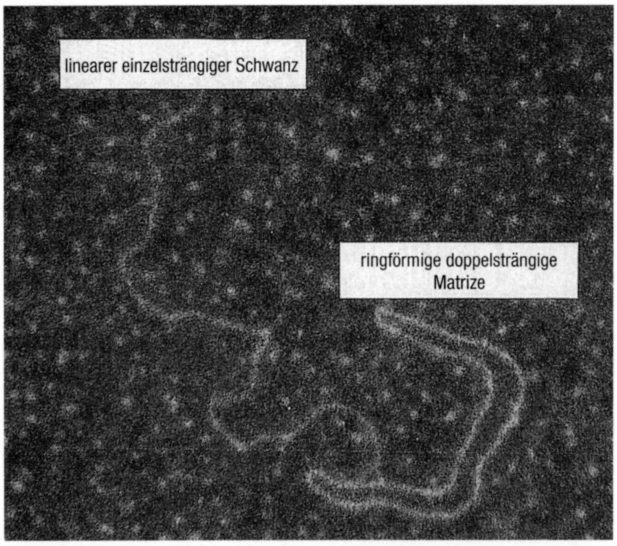

14.17 Ein rollender Ring erscheint im Elektronenmikroskop als ringförmiges Molekül mit einem linearen Schwanz. (Aufnahme mit freundlicher Genehmigung von David Dressler.)

sen Mechanismus wird zum Beispiel rDNA in der *Xenopus*-Oocyte amplifiziert. Die Gene für die rRNA wiederholen sich im Genom in einer Reihe. Eine einzelne Wiederholungseinheit wird in einen rollenden Ring umgewandelt. Der verdrängte Schwanz, der viele dieser Einheiten enthält, wird in doppelsträngige DNA umgewandelt. Später wird er von dem Ring abgespalten, so daß die beiden Enden sich verbinden können, wodurch ein großer Ring amplifizierter rDNA entsteht. Das amplifizierte Material besteht daher aus einer großen Zahl identischer Wiederholungseinheiten.

Replikation über den rollenden Ring ist bei Bakteriophagen verbreitet. Genomeinheiten können von dem verdrängten Schwanz abgespalten werden, so daß Monomere entstehen, die in Phagenpartikel verpackt oder für weitere Replikationszyklen verwendet werden können. Eine detailliertere Darstellung eines Phagenreplikationszyklus, der auf dem rollenden Ring beruht, zeigt Abbildung 14.19. Der Phage φX174 besteht aus einer einzelsträngigen ringförmigen DNA, die man als Plusstrang (+) bezeichnet. Ein komplementärer Strang, der sogenannte Minusstrang (–), wird daran synthetisiert. Dieser Vorgang erzeugt den im oberen Teil der Abbildung gezeigten doppelsträngigen Ring, der dann durch den Mechanismus des rollenden Ringes repliziert wird.

Der doppelsträngige Ring wird in eine kovalent geschlossene Form überführt, die positiv überspiralisiert wird. Ein vom Phagengenom codiertes Protein, das A-Protein, schneidet den (+)-Strang der doppelsträngigen DNA an einer bestimmten Stelle, die den Replikationsursprung definiert. Danach bleibt das A-Protein mit dem von ihm erzeugten 5′-Ende verbunden, während das 3′-Ende von der DNA-Polymerase verlängert wird.

Die Struktur der DNA spielt bei dieser Reaktion eine wichtige Rolle, da sie nur dann einen Einzelstrangbruch erfahren kann, *wenn sie überspiralisiert ist*. Das A-Protein kann sich an ein einzelsträngiges Dekamer-DNA-Fragment in der Umgebung der Schnittstelle binden. Dies deutet darauf hin, daß die Überspiralisierung die Bildung einer Einzelstrangregion fördert, welche die Bindestelle für das A-Protein bildet. (Eine Enzymaktivität, bei der ein Protein doppelsträngige DNA schneidet und sich an ein freigesetztes 5′-Ende bindet, wird manchmal als **Relaxase** bezeichnet.) Der Schnitt erzeugt ein 3′-OH-Ende und ein 5′-Phosphatende (das kovalent mit dem A-Protein verbunden ist), die beide bei der φ174-Replikation noch eine Rolle spielen werden.

Mit Hilfe des rollenden Ringes wird das 3′-Ende des Einzelstrangbruches zu einer neuen Kette verlängert. Dies erfolgt um die ringförmige (–)-Strang-Matrize herum, bis der Startpunkt wieder erreicht ist und der Ursprung verdrängt wird. Nun tritt das A-Protein erneut in Aktion. Es bleibt sowohl mit dem rollenden Ring als auch mit dem 5′-Ende des verdrängten Schwanzes verbunden und ist daher in der Nähe, wenn der Wachstumspunkt wieder am Ursprung vorbeikommt. Dasselbe A-Protein kann also den Ursprung erneut erkennen und spalten, wonach es sich an das Ende anheftet, das durch den neuen Schnitt entstanden ist. Dieser Zyklus kann sich unbegrenzt wiederholen.

Nach diesem Einschnitt wird der verdrängte (+)-Strang als Ring freigesetzt. Das A-Protein ist an dem Ringschluß beteiligt. Tatsächlich ist die Verbindung der 3′- und 5′-Enden des (+)-Strangprodukts Teil der Reaktion des A-Proteins, bei der es am Ende eines Replikationszyklus freigesetzt wird und einen neuen Zyklus beginnt.

Das A-Protein besitzt eine ungewöhnliche Eigenschaft, die mit diesen Funktionen zusammenhängen könnte. Es ist *in vivo cis*-aktiv. (Dieses Verhalten zeigt es *in vitro* nicht, wo das Protein mit jeder DNA-Matrize in einem zellfreien System aktiv ist.) *Die Schlußfolgerung ist, daß sich das von einem bestimmten Genom synthetisierte A-Protein in vivo nur an die DNA dieses Genoms anheften kann.* Wie dies geschieht, wissen wir nicht. Seine Aktivität *in vitro* dagegen zeigt, wie es mit derselben elterlichen (–)-Strang-Matrize assoziiert bleibt. Das A-Protein besitzt zwei aktive Zentren; dies könnte es ihm erlauben, den „neuen“ Ursprung zu spalten, während es noch mit dem „alten“ verbunden ist. Danach verbindet es den verdrängten Strang durch Ligation zu einem Ring.

Der verdrängte (+)-Strang kann nach dem Ringschluß einen von zwei möglichen Wegen einschlagen. Während der Replikationsphase der Virusinfektion kann er als Matrize für die Synthese des (–)-Stranges dienen. Der doppelsträngige Ring kann dann als rollender Ring mehr Nachkommen erzeugen. Während der Morphogenese des Phagen dagegen wird der verdrängte (+)-Strang in das Phagenvirion verpackt.

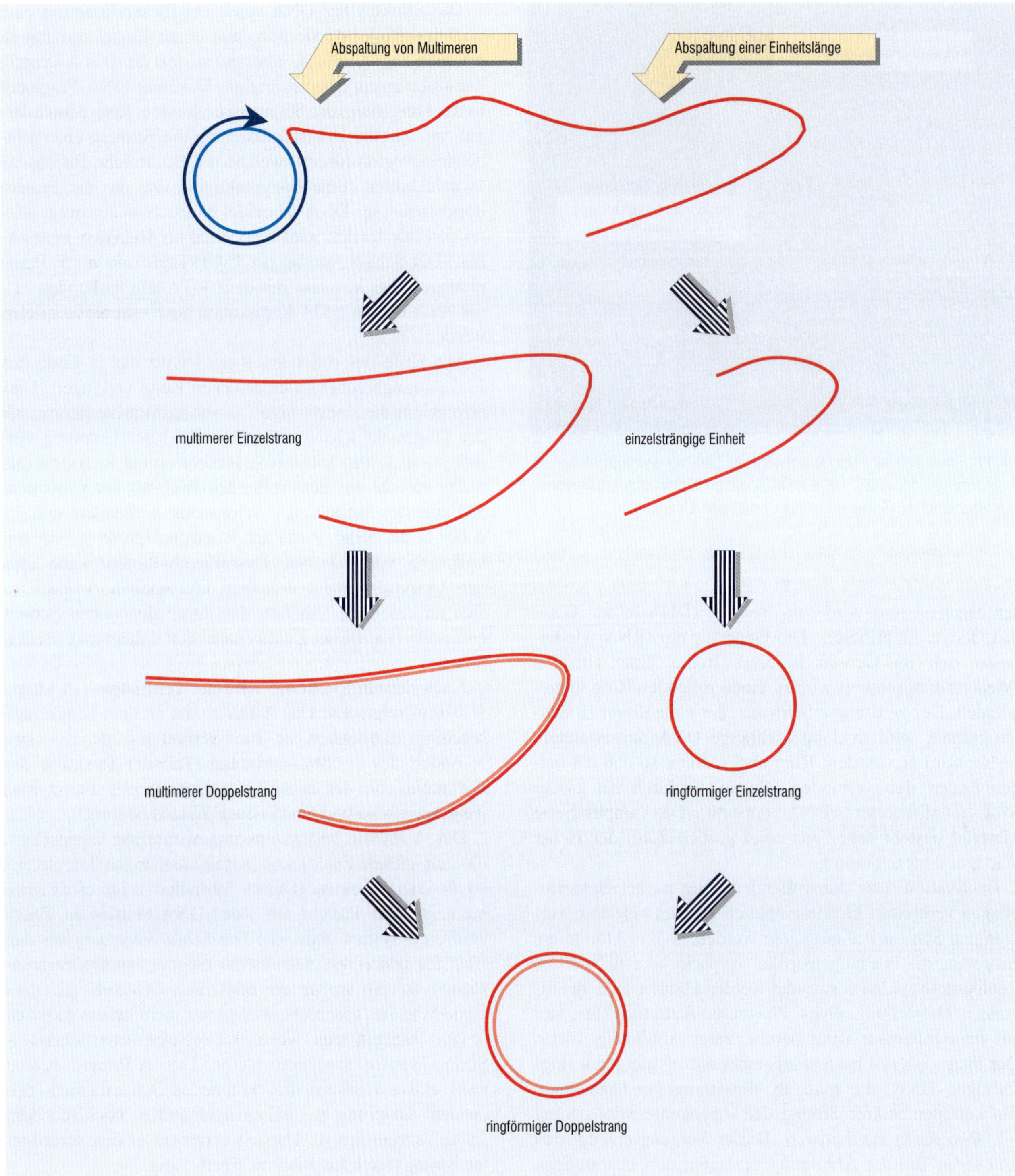

14.18 Rollende Ringe können verschiedenen Zwecken dienen, je nachdem, was mit dem verdrängten Schwanz geschieht. Ein Schnitt nach der Länge einer Einheit erzeugt Monomere, die in doppelsträngige oder Ringform überführt werden können. Die Abspaltung von Multimeren erzeugt eine Reihe sich mehrfach wiederholender Kopien der Ursprungseinheit. Man beachte, daß die Überführung in die doppelsträngige Form schon früher erfolgen könnte, noch bevor der Schwanz von dem rollenden Ring abgespalten wird.

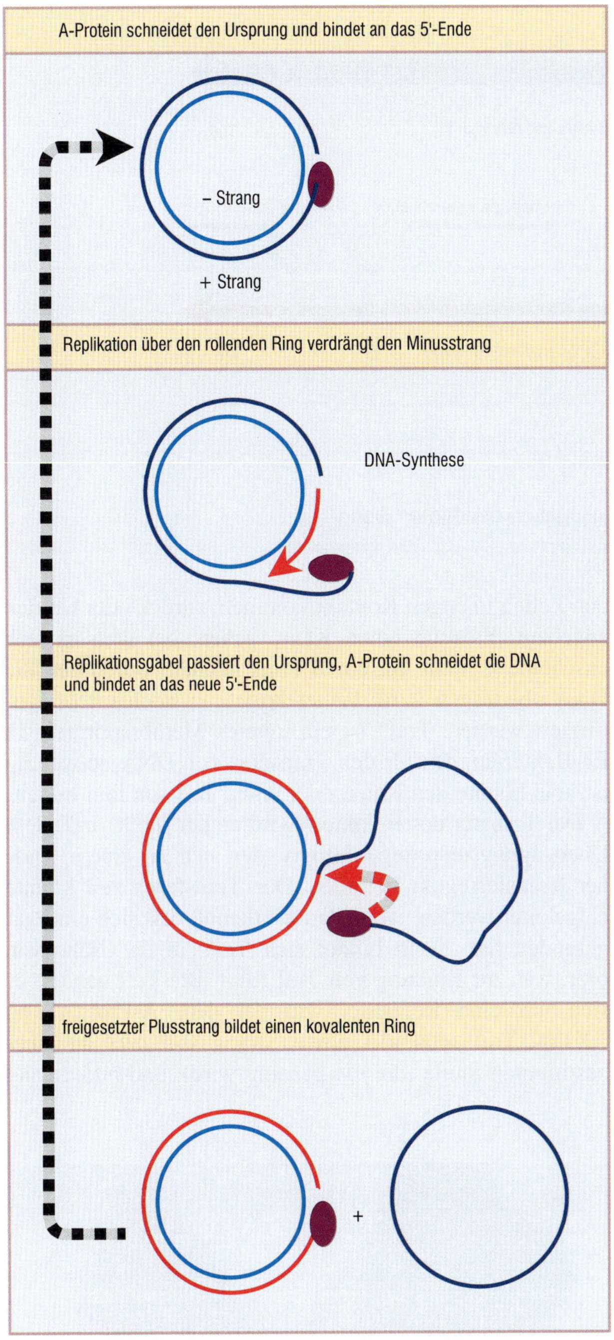

14.19 φX174-RF-DNA dient als Matrize für die Synthese einzelsträngiger viraler Ringe. Das A-Protein bleibt während unbegrenzt vieler Umdrehungen mit demselben Genom verbunden; jedesmal erzeugt es einen Einzelstrangbruch im Ursprung des viralen (+)-Stranges und geht auf das neue 5′-Ende über. Zur selben Zeit wird der freigesetzte virale Strang zum Ring geschlossen.

14.8 Einzelsträngige Genome werden für die Bakterienkonjugation erzeugt

Ein weiteres Beispiel für die Verbindung der Replikation mit der Verbreitung einer genetischen Einheit liefert die bakterielle **Konjugation**, bei der ein Plasmidgenom oder Wirtschromosom von einem Genom auf ein anderes übertragen wird.

Die Konjugation wird von dem **F-Plasmid** vermittelt, einem klassischen Beispiel für ein Episom – ein Element, das entweder als freies ringförmiges Plasmid existieren oder als lineare Sequenz in das Bakterienchromosom integriert werden kann (wie ein lysogener Bakteriophage). Das F-Plasmid ist eine lange ringförmige DNA von etwa 100 kb Länge, und seine genetische Karte wird dementsprechend mit Hilfe eines Koordinatensystems von 0–100 F beschrieben.

Der F-Faktor kann sich an verschiedenen Stellen in das *E. coli*-Chromosom integrieren, häufig durch einen Rekombinationsvorgang, der bestimmte Sequenzen verwendet (sogenannte IS-Sequenzen; Kapitel 18), die sowohl in dem Wirtschromosom als auch in dem F-Plasmid vorhanden sind. In freier Form (als Plasmid) verwendet das F-Plasmid seinen eigenen Replikationsursprung (*oriV*) und sein eigenes Kontrollsystem und bildet eine Kopie pro Bakterienchromosom. Wenn es in dieses integriert, wird das System unterdrückt, und die F-DNA wird als Teil des Chromosoms repliziert.

Die Anwesenheit des F-Plasmids, ob in freier oder integrierter Form, hat für das Wirtsbakterium bedeutsame Auswirkungen. F-positive Bakterien können mit F-negativen Bakterien konjugieren (oder sich paaren). Die Konjugation erfordert den Kontakt zwischen dem (F-positiven) Donor- und dem (F-negativen) Akzeptorbakterium oder Rezipienten; nach dem Kontakt folgt der Transfer des F-Faktors. Wenn der F-Faktor in dem Donorbakterium als freies Plasmid existiert, wird er als Plasmid übertragen, und der Infektionsprozeß wandelt den Status des F-negativen Akzeptors in F-positiv um. Befindet sich der F-Faktor in dem Donor in integrierter Form, so kann der Transferprozeß auch dazu führen, daß ein Teil oder das gesamte Bakterienchromosom übertragen wird. Viele Plasmide besitzen Konjugationssysteme, die auf prinzipiell ähnliche Weise funktionieren. Da der F-Faktor aber als erster entdeckt wurde, ist er noch immer das Paradigma für diesen Typ von genetischer Übertragung.

Ein großer (etwa 33 kb) Bereich des F-Plasmids, die sogenannte **Transferregion**, ist für die Konjugation erforderlich. Sie enthält ungefähr 40 Gene, die für die Übertragung von DNA notwendig sind und deren Organisation in Abbildung 14.20 zusammengefaßt ist. Die Gene werden als *tra-* und *trb*-Orte bezeichnet, und die meisten von ihnen werden koordiniert als Teil einer einzigen 32-kb-Transkriptionseinheit (der *traY-I*-Einheit) exprimiert. *traM* und *traJ* werden separat exprimiert. *traJ* ist ein Regulator, der sowohl *traM* als auch *traY-I* anschaltet. Auf dem Gegenstrang befindet sich der Regulator *finP*, der eine kleine

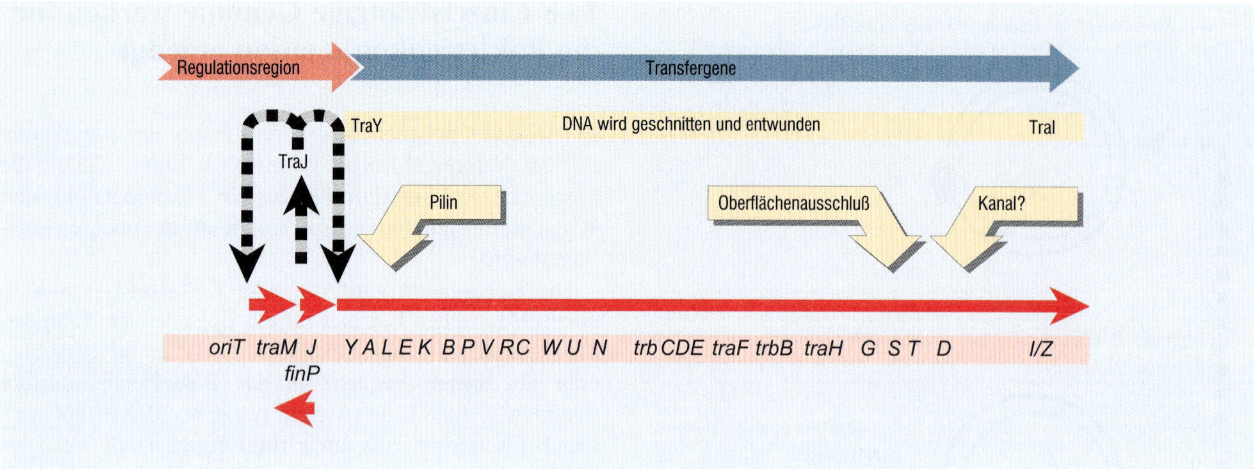

14.20 Die *tra*-Region des F-Plasmids enhält die für die bakterielle Konjugation benötigten Gene.

Antisense-RNA codiert, die *traJ* ausschaltet. Seine Aktivität erfordert die Expression eines weiteren Genes, *finO*. Nur vier der *tra*-Gene in der Haupttranskriptionseinheit sind direkt am Transfer von DNA beteiligt; die meisten bestimmen die Eigenschaften der Oberfläche der Bakterienzelle oder erhalten den Kontakt zwischen sich paarenden Bakterien aufrecht.

F-positive Bakterien besitzen Oberflächenanhängsel, sogenannte **Pili**, die von dem F-Faktor codiert werden. Das Gen *traA* codiert das alleinige Protein der Untereinheiten, **Pilin**, das zu dem Pilus polymerisiert. Wenigstens zwölf *tra*-Gene werden für die Modifikation und den Aufbau von Pilin zum Pilus benötigt. Die F-Pili sind haarähnliche, zwei bis drei Mikrometer lange Strukturen, die von der Bakterienoberfläche abstehen. Eine typische F-positive Zelle besitzt zwei bis drei Pili. Die Pilinuntereinheiten bilden einen Hohlzylinder mit einem Durchmesser von etwa acht Nanometer und einem axialen Loch von zwei Nanometer.

Die Paarung beginnt, wenn die Spitze des F-Pilus die Oberfläche der Akzeptorzelle berührt. Abbildung 14.21 zeigt als Beispiel zwei *E. coli*-Zellen. Eine Donorzelle kontaktiert keine anderen Zellen, die den F-Faktor enthalten, da die Gene *traS* und *traT* „Oberflächenausschluß"-Proteine codieren, welche die Zelle bei solchen Kontakten zu einem schlechten Akzeptor machen. Dies beschränkt Donorzellen im Endeffekt darauf, sich mit F-negativen Zellen zu paaren. (Außerdem ist zu beachten, daß die Anwesenheit von F-Pili sekundäre Auswirkungen hat; sie bilden die Stellen, an die sich RNA- und einige einzelsträngige DNA-Phagen anheften, so daß F-positive Bakterien für eine Infektion durch diese Phagen anfällig, F-negative Bakterien dagegen resistent sind.)

Der anfängliche Kontakt zwischen Donor- und Akzeptorzelle wird leicht wieder abgebrochen, aber andere *tra*-Gene dienen dazu, die Assoziation zu stabilisieren, indem sie die sich paarenden Zellen enger zusammenbringen. Die F-Pili sind zwar für die anfängliche Paarung unerläßlich, ziehen sich aber während des Vorgangs, bei dem die sich paarenden Zellen in engen Kontakt kommen, zurück oder werden abgebaut. Es muß einen Kanal geben, bei dem es sich anscheinend nicht um einen Pilus handelt, durch den die DNA übertragen wird; bisher konnte er noch nicht identifiziert werden. TraD ist ein inneres Membranprotein in F+-Bakterien, das für den Transport von DNA notwendig ist, und könnte den Kanal oder einen Teil von ihm bilden.

Der Transfer des F-Faktors wird an der Stelle *oriT*, dem Übertragungsursprung, initiiert, der sich an einem Ende der Transferregion befindet. Der Transferprozeß könnte eingeleitet werden, wenn TraM erkennt, daß sich ein Paar gefunden hat. Dann bindet sich TraY in der Nähe von *oriT*, was zur Bindung von TraI führt. Bei TraI handelt es sich um eine Relaxase, wie bei dem A-Protein von φX174. TraI schneidet einen Strang von *oriT* an einer bestimmten Stelle (die *nic* genannt wird), und bildet dann

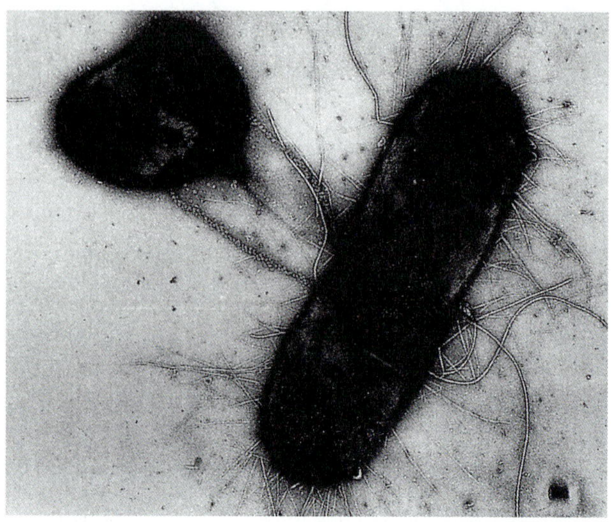

14.21 Sich paarende Bakterien sind anfänglich miteinander verbunden, wenn F-Pili des Donors mit dem Akzeptorbakterium in Kontakt treten. (Aufnahme mit freundlicher Genehmigung von Ron Skurray.)

eine kovalente Verbindung zu dem erzeugten 5′-Ende aus. TraI besitzt außerdem eine Helikaseaktivität, die etwa 200 bp der DNA entwindet. Abbildung 14.22 zeigt, daß das freie 5′-Ende in das Akzeptorbakterium eindringt. In dem Akzeptorbakterium wird ein Gegenstrang zu dem übertragenen Einzelstrang synthetisiert, so daß es in den F-positiven Zustand übergeht.

Ein Komplementärstrang muß auch in dem Donorbakterium synthetisiert werden, um den übertragenen Strang zu ersetzen. Geschieht dies während des Übertragungsprozesses, so ähnelt der Zustand des F-Plasmids dem des rollenden Ringes aus Abbildung 14.16 (und es entstehen keine ausgedehnten einzelsträngigen Bereiche wie in Abbildung 14.22 gezeigt). Konjugierende DNA erscheint normalerweise wie ein rollender Ring, aber die Replikation ist als Triebkraft nicht notwendig, und die Einzelstrangübertragung ist von der DNA-Synthese unabhängig. Eine bis dahin noch unverstandene Eigenschaft ist, daß auch bei der Replikation als rollender Ring nur eine einzige Längeneinheit des F-Faktors auf das Akzeptorbakterium übertragen wird. Dies läßt darauf schließen, daß durch einen (noch nicht identifizierten) Umstand der Prozeß nach einer Runde abgeschlossen wird, wonach das F-Plasmid wieder zur kovalenten Einheit wird.

Wenn ein integriertes F-Plasmid die Konjugation einleitet, erfolgt die Übertragung von der Transferregion weg in das Bakterienchromosom hinein. Abbildung 14.23 zeigt, daß nach einer kurzen Anfangssequenz der F-DNA bakterielle DNA übertragen wird. Der Vorgang geht weiter, bis er durch den Abbruch des Kontakts zwischen den sich paarenden Bakterien beendet wird. Es dauert ungefähr 100 Minuten, bis das gesamte Bakterienchromosom übertragen ist, aber unter Standardbedingungen wird der Kontakt häufig vorher unterbrochen.

Donor-DNA, die in ein Akzeptorbakterium eindringt, wird in eine doppelsträngige Form umgewandelt und kann mit dem Akzeptorchromosom rekombinieren. (Man beachte, daß zwei Rekombinationsereignisse notwendig sind, um die Donor-DNA einzubauen.) Daher stellt die Konjugation einen Weg dar, genetisches Material zwischen Bakterien auszutauschen (im Gegensatz zu ihrem asexuellen Wachstum). Ein *E. coli*-Stamm mit einem integrierten F-Faktor führt solche Rekombination mit einer relativ hohen Frequenz durch (im Vergleich zu Stämmen, denen der integrierte F-Faktor fehlt); solche Stämme werden als **Hfr** bezeichnet (für hohe Frequenz der Rekombination). Jede Stelle, an der ein F-Faktor integriert ist, bildet einen anderen Hfr-Stamm, der jeweils ein charakteristisches Muster für den Transfer von bakteriellen Markern auf ein Akzeptorchromosom aufweist.

Der Kontakt zwischen konjugierenden Bakterien wird normalerweise unterbrochen, bevor die Übertragung der DNA vollendet ist. Daraus folgt, daß die Wahrscheinlichkeit, mit der ein Bereich des Bakterienchromosoms übertragen wird, von seinem Abstand vom *oriT* abhängt. Bakteriengene in der Nähe der Stelle der F-Integration (in Übertragungsrichtung) dringen als erste in das Akzeptorbakterium ein und finden sich daher mit größerer Häufig-

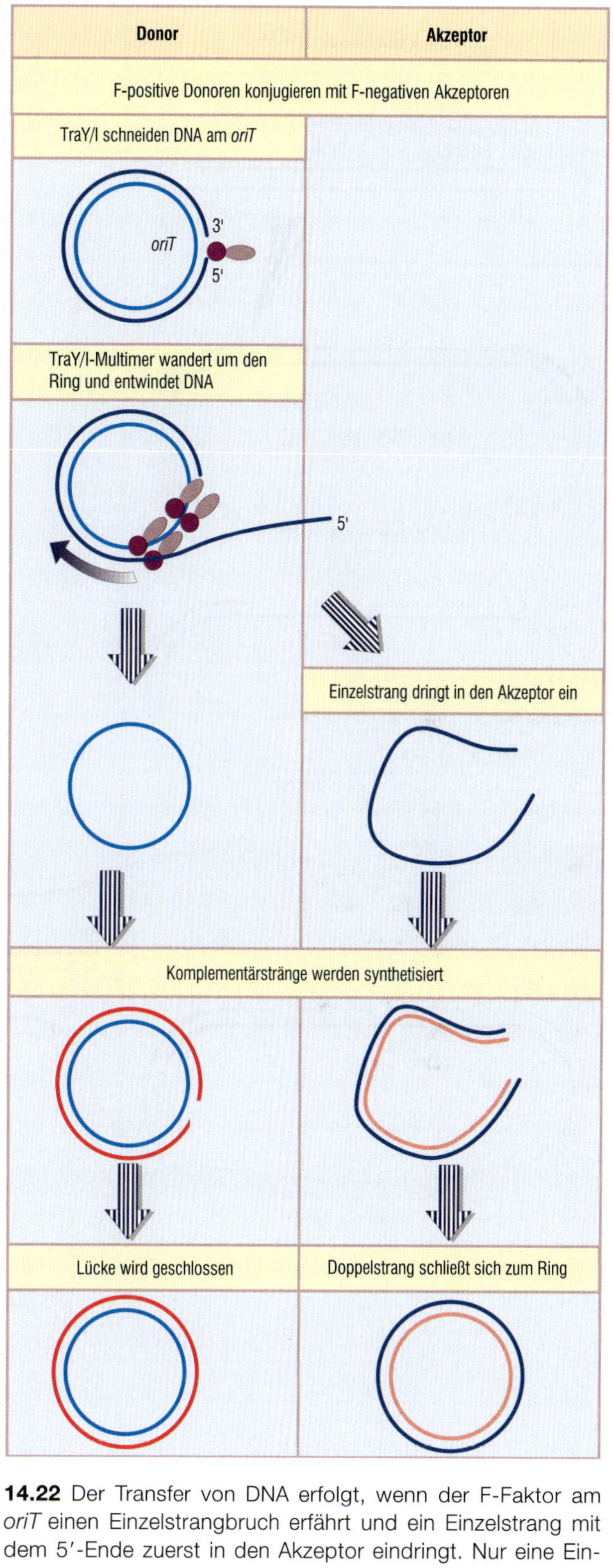

14.22 Der Transfer von DNA erfolgt, wenn der F-Faktor am *oriT* einen Einzelstrangbruch erfährt und ein Einzelstrang mit dem 5′-Ende zuerst in den Akzeptor eindringt. Nur eine Einheitslänge wird übertragen. Die Gegenstränge werden an den im Donor verbliebenen und den auf den Akzeptor übertragenen Einzelstrang synthetisiert.

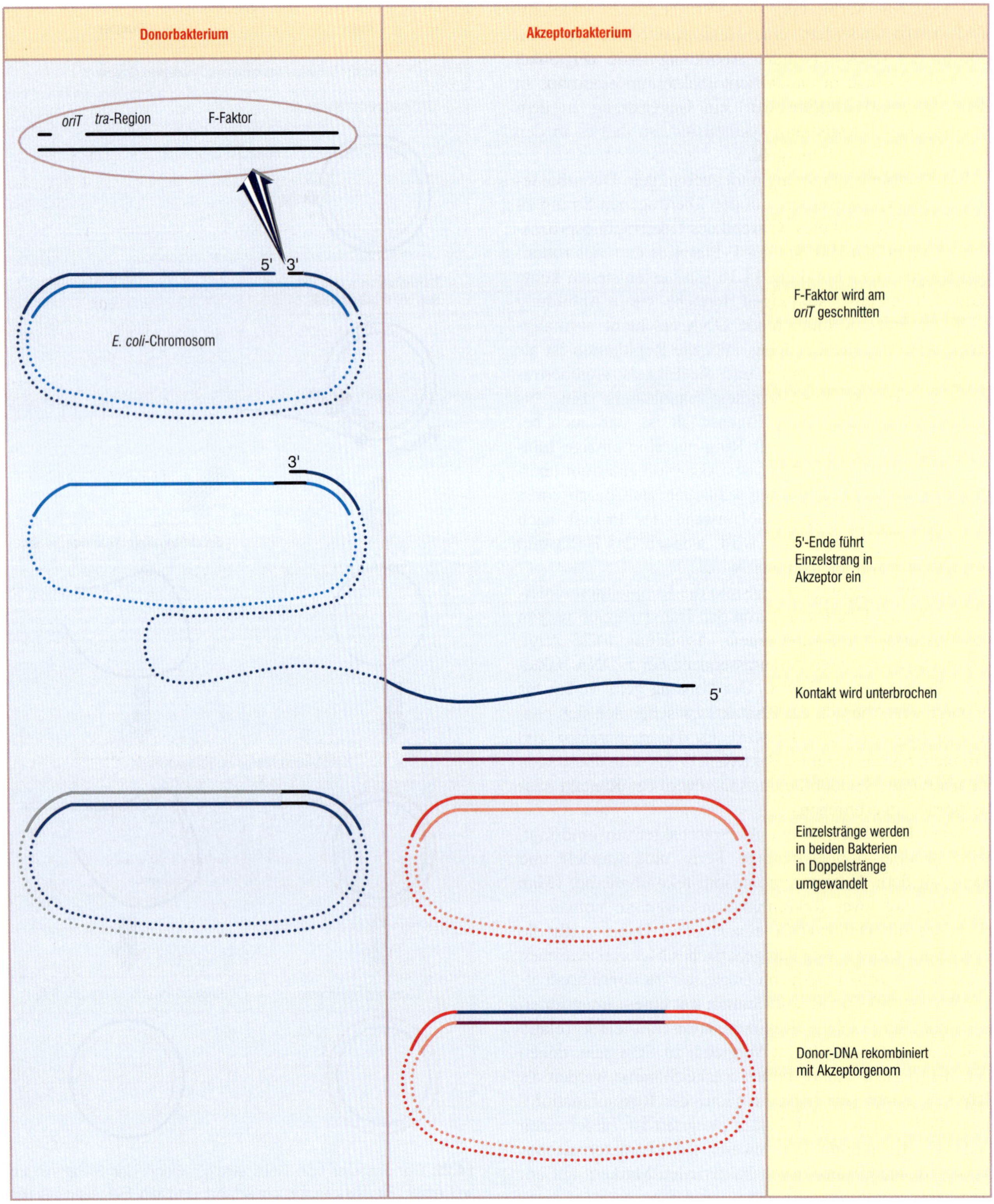

14.23 Der Transfer von chromosomaler DNA erfolgt, wenn ein integrierter F-Faktor am *oriT* einen Einzelstrangbruch erfährt. Da die Richtung des Transfers von der *tra*-Region weg führt, dringt nur eine kurze Sequenz der F-DNA in den Akzeptor ein. Der Transfer von DNA geht weiter, bis er durch den Kontaktverlust zwischen den Bakterien unterbrochen wird. Nach der Synthese eines komplementären Stranges kann das übertragene Material mit dem Bakterienchromosom im Akzeptor rekombinieren.

keit als solche, die sich weiter weg befinden und später eindringen. Dies führt auf dem Chromosom zu einem Gradienten der Übertragungshäufigkeit, der von der Stelle der F-Integration her abfällt. Auf dem Donorchromosom kann für Markerpositionen die Zeit bestimmt werden, die bis zu ihrem Transfer vergeht. Dadurch gelangte man zu der Standardbeschreibung des *E. coli*-Chromosoms als Karte, die in 100 Minuten eingeteilt ist. Die Karte bezieht sich auf die Transferzeiten eines bestimmten Hfr-Stammes; der Gradient des Transfers ist natürlich für jeden Hfr-Stamm anders.

14.9 Die Verbindung der bakteriellen Replikation mit dem Zellzyklus

Bei Bakterien bestehen zwischen der Replikation und dem Zellwachstum zwei Verbindungen:

- Die Häufigkeit der Initiation von Replikationszyklen ist an die Wachstumsgeschwindigkeit der Zelle angepaßt.
- Die Vollendung eines Replikationszyklus ist mit der Zellteilung verknüpft.

Die Geschwindigkeit des Bakterienwachstums wird mit Hilfe der **Verdoppelungszeit** gemessen, der Zeit, in der sich die Zahl der Zellen verdoppelt. Je kürzer die Verdoppelungszeit, desto größer ist die Wachstumsrate. *E. coli*-Zellen können mit einer Geschwindigkeit wachsen, in der die Verdoppelungszeit nur 18 Minuten bis zu mehr als 180 Minuten beträgt. Da es sich bei dem Bakterienchromosom um ein einzelnes Replicon handelt, wird die Häufigkeit der Replikationszyklen durch die Zahl der Initiationsereignisse an dem einzigen Ursprung kontrolliert. Der Replikationszyklus kann durch zwei Konstanten beschrieben werden:

- ***C*** ist die festgelegte Zeit von ungefähr 40 Minuten, die zur Replikation des gesamten Bakterienchromosoms benötigt wird. Diese Zeitdauer entspricht einer Wanderungsgeschwindigkeit der Replikationsgabel von etwa 50 000 bp/Minute. (Die Geschwindigkeit der DNA-Synthese ist bei konstanter Temperatur mehr oder weniger unverändert; sie bleibt gleich, solange die Versorgung mit Vorläufern nicht zum limitierenden Faktor wird.)
- ***D*** ist die festgelegte Zeit von etwa 20 Minuten, die zwischen der Vollendung einer Replikationsrunde und der mit ihr verbundenen Zellteilung vergeht. Dies könnte die Zeitdauer darstellen, während der die für die Teilung benötigten Komponenten zusammenkommen.

(Die Konstanten *C* und *D* repräsentieren die maximale Geschwindigkeit, mit der das Bakterium diese Vorgänge vollenden kann. Sie gelten für alle Wachstumsraten mit Verdoppelungszeiten von 18 bis 60 Minuten. Sie werden allerdings größer, wenn der Zellzyklus länger als 60 Minuten dauert.)

Ein Zyklus der Chromosomenreplikation muß zu einer festgelegten Zeit vor einer Zellteilung eingeleitet werden: $C + D = 60$ Minuten. Bei Bakterien, die sich öfter als alle 60 Minuten teilen, muß ein Replikationszyklus also *vor dem Ende des vorhergehenden Teilungszyklus* initiiert werden.

Man betrachte als Beispiel Zellen, die sich alle 35 Minuten teilen. Der Replikationszyklus, der mit einer Teilung verbunden ist, muß 25 Minuten vor der vorhergehenden Teilung eingeleitet worden sein. Diese Situation ist in Abbildung 14.24 dargestellt, die das Chromosom einer Bakterienzelle während des Zyklus in Fünfminutenabständen zeigt.

Bei der Teilung (35/0 Minuten) erhält die Zelle ein teilweise repliziertes Chromosom. Die Replikationsgabel schreitet voran, und nach zehn Minuten, wenn die „alte" Replikationsgabel den Terminus noch nicht erreicht hat, erfolgt die Initiation an den beiden Ursprüngen des teilweise replizierten Chromosoms. Der Start dieser „neuen" Replikationsgabeln erzeugt ein **mehrfach gegabeltes Chromosom**.

Nach 15 Minuten – das heißt 20 Minuten vor der nächsten Teilung – erreicht die alte Replikationsgabel den Terminus. Ihre Ankunft erlaubt die Trennung der beiden Tochterchromosomen, die bereits teilweise von den neuen Replikationsgabeln (die jetzt die *einzigen* sind) repliziert worden sind. Diese Gabeln schreiten weiter voran.

Zum Zeitpunkt der Teilung trennen sich die beiden teilweise replizierten Chromosomen. Dies führt uns wieder zu unserem Ausgangspunkt zurück. Die einzelne Replika-

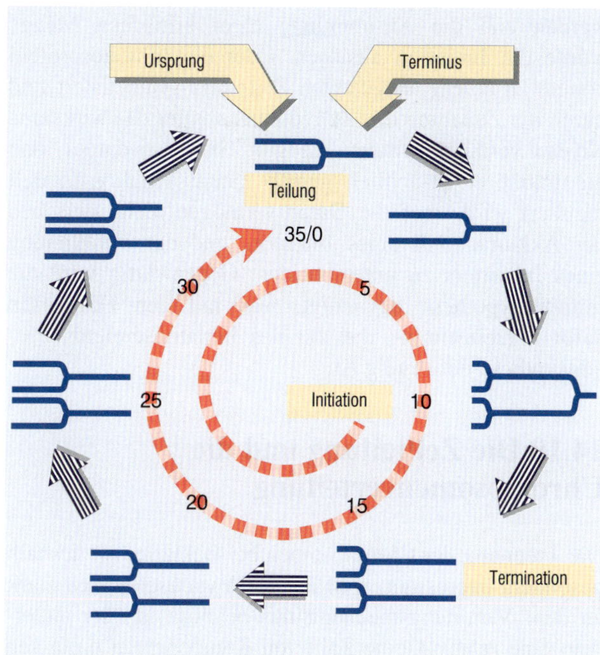

14.24 Das festgelegte Intervall von 60 Minuten zwischen Initiation der Replikation und Zellteilung erzeugt in schnell wachsenden Zellen mehrfach gegabelte Chromosomen. Man beachte, daß nur die Replikationsgabeln gezeigt sind, die sich in eine Richtung bewegen; tatsächlich wird das Chromosom symmetrisch von zwei Sätzen von Gabeln repliziert, die sich auf ringförmigen Chromosomen in entgegengesetzter Richtung bewegen.

tionsgabel wird „alt", stoppt nach 15 Minuten und 20 Minuten später erfolgt eine Teilung. Wir sehen, daß das Initiationsereignis $1^{25}/_{35}$ Zellzyklen vor dem zugehörigen Teilungsakt erfolgt.

Das Grundprinzip bei der Verbindung von Initiation und Zellzyklus besteht darin, daß *bei schnellerem Zellwachstum (kürzeren Zyklen) das Initiationsereignis um eine wachsende Anzahl von Zyklen vor der zugehörigen Teilung erfolgt.* Entsprechend besitzt das einzelne Bakterium mehr Chromosomen. Diese Beziehung kann man als Antwort der Zelle auf ihre Unfähigkeit betrachten, die Dauer von *C* und *D* zu verkürzen, um mit dem kürzeren Zyklus Schritt zu halten.

Woher weiß die Zelle, wann sie mit einem Replikationszyklus beginnen soll? Das Initiationsereignis erfolgt bei einem konstanten Verhältnis der Zellmasse zu der Zahl von Chromosomenursprüngen. Zellen, die schneller wachsen, sind größer und besitzen mehr Ursprünge. Das Wachstum des Bakteriums kann mit Hilfe der **Zelleinheit** beschrieben werden, einer Einheit von 1,7 μm Länge. Ein Bakterium enthält einen Ursprung pro Zelleinheit; eine schnell wachsende Zelle mit zwei Ursprüngen ist daher 1,7–3,4 μm lang. Auf Abbildung 14.24 bezogen hat die Zellmasse zehn Minuten nach der Teilung ausreichend zugenommen, um das Initiationsereignis an den beiden verfügbaren Ursprüngen zu ermöglichen.

Zwei Arten von Modellen wurden für die Titration der Zellmasse vorgeschlagen. Entweder könnte ein Initiationsprotein während des Zellzyklus kontinuierlich synthetisiert werden und die Ansammlung einer kritischen Menge würde die Initiation auslösen. Oder ein Inhibitorprotein könnte zu einem festgelegten Zeitpunkt synthetisiert und durch die Zunahme des Zellvolumens unter das wirksame Niveau verdünnt werden. Es gibt Hinweise darauf, daß die Initiation tatsächlich gemäß einem Titrationsmodell reguliert wird, aber die Daten vermögen nicht zwischen der Akkumulation eines Initiators und der Verdünnung eines Inhibitors zu unterscheiden. Gegenwärtig wird die Initiatorhypothese bevorzugt, was mit den Hinweisen dafür übereinstimmt, daß für das Initiatonsereignis Proteinsynthese notwendig ist.

14.10 Die Zellteilung und die Chromosomenverteilung

Die Trennung der Chromosomen bei Bakterien ist deshalb besonders interessant, weil die DNA wahrscheinlich stark an dem Verteilungsmechanismus beteiligt ist, der außerdem eine relativ kleine Zahl von Komponenten umfassen dürfte. (Dies steht im Gegensatz zu Eukaryotenzellen, bei denen die Trennung durch den komplexen Mitoseapparat erfolgt.) Der bakterielle Apparat ist trotzdem recht genau; kernlose Zellen bilden nur weniger als 0,03 % einer Bakterienpopulation.

Die Teilung eines Bakteriums in zwei Tochterzellen wird durch die Ausbildung eines **Septums** erreicht, einer Struktur, die sich in der Mitte der Zelle als Einstülpung von der umgebenden Hülle ausbildet. Das Septum bildet zwischen den beiden Teilen der Zelle eine undurchdringliche Hülle; an ihm trennen die beiden Tochterzellen sich schließlich endgültig. Zwei miteinander in Verbindung stehende Fragen betreffen die Rolle des Septums bei der Teilung: Was bestimmt die Stelle, an der es sich ausbildet, und was stellt sicher, daß sich die Tochterchromosomen zu beiden Seiten von ihm befinden?

Der Bildung des Septums geht der Aufbau des **periseptalen Annulus** voraus. Diesen Ringwulst beobachtet man in einer Zone von *E. coli* oder *S. typhimurium*, in der die Struktur der Hülle verändert ist, so daß die innere Membran enger mit der Zellwand und der äußeren Membranschicht verbunden ist. Wie der Name bereits andeutet, dehnt sich der Annulus um die Zelle herum aus. Abbildung 14.25 faßt seine Entwicklung zusammen.

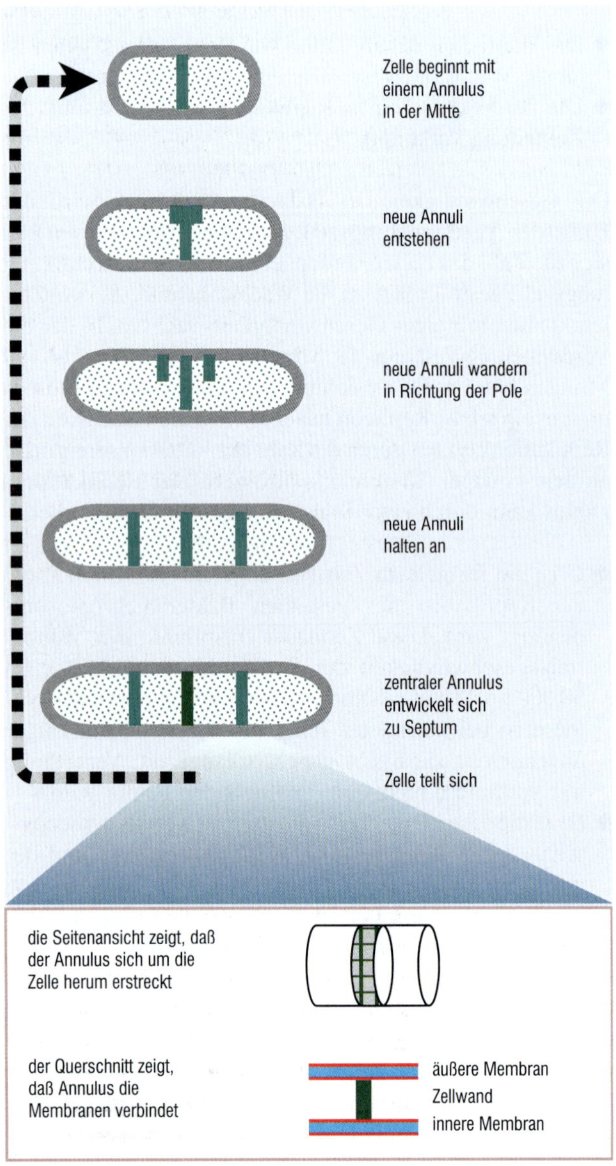

14.25 Die Verdoppelung und Verdrängung des periseptalen Annulus führt zur Bildung eines Septums, das die Zelle teilt.

Man findet den Annulus in der Mitte einer neuen Zelle. Während die Zelle wächst, finden zwei Ereignisse statt: Ein Septum bildet sich in der von dem Annulus definierten Stelle in der Mitte der Zelle aus. Außerdem bilden sich an jeder Seite des ursprünglichen Annulus neue Annuli. Diese werden von der Mitte verdrängt und wandern entlang der Zelle zu Positionen bei 1/4 beziehungsweise 3/4 der Zellänge. Diese werden nach der nächsten Teilung zu den Mitten der Zellen. Wir wissen nicht, wie diese Verdrängung vor sich geht. Sie könnte auf einem Wachstum der Hülle in der Mitte beruhen, das die Annuli „auseinanderdrückt", oder sie könnten zu den Polen „gezogen" werden. Die Verdrängung des periseptalen Annulus an seine korrekte Position könnte ein entscheidender Vorgang sein, der die Teilung der Zelle in Töchter derselben Größe garantiert. Die Bildung des Septums beginnt, wenn die Zelle ein festgelegte Größe (2*L*) erreicht hat; der Abstand zwischen den neuen Annuli beträgt immer *L*. Wir wissen nicht, wie die Zelle ihre Länge mißt, aber der relevante Parameter scheint ein linearer Abstand zu sein (und nicht eine Fläche oder ein Volumen).

Das Septum besteht aus denselben Bestandteilen wie die Zellhülle: Die periplasmatische Schicht enthält eine stabile Schicht aus Peptidoglycan, das durch die Polymerisierung von Tri- oder Pentapeptid-Disaccharid-Einheiten in einer Reaktion entsteht, bei der beide Arten von Untereinheiten verknüpft werden (Transpeptidierung und Transglycosylierung). Die Stäbchenform des Bakteriums wird durch zwei Aktivitäten aufrechterhalten, PBP2 und RodA, die für die Ausdehnung der Hülle verantwortlich sind; Mutationen eines dieser Gene führen dazu, daß das Bakterium seine ausgedehnte Form verliert und rund wird. Dies zeigt das wichtige Prinzip auf, daß Form und Stabilität durch die einfache Ausdehnung einer polymeren Struktur bestimmt werden können. Das für die Erzeugung des Peptidoglycans im Septum verantwortliche Enzym ist das PBP3 (Penicillin-bindendes Protein 3), ein membranständiges Protein, das sein katalytisches Zentrum im Periplasma hat. Das Septum bildet sich zunächst als Doppelschicht aus Peptidoglycan, und das Protein EnvA ist erforderlich, um die kovalenten Verbindungen zwischen den beiden Schichten zu lösen, so daß sich die Tochterzellen trennen können.

Das Verhalten des periseptalen Annulus deutet darauf hin, daß der Mechanismus zur Ausmessung der Position mit der Zellhülle verbunden ist. Die Vermutung liegt nahe, die Hülle könnte auch zur Verteilung der Chromosomen dienen. Nach einem alten Modell sorgt eine direkte Verbindung zwischen der DNA und der Membran für die Trennung. Wenn Tochterchromosomen mit der Membran verbunden sind, könnte das Wachstum der Membran sie physikalisch trennen. Abbildung 14.26 zeigt, daß die Bildung eines Septums dann die Chromosomen automatisch auf die verschiedenen Tochterzellen verteilen könnte. Dies wäre zum Beispiel dadurch sichergestellt, daß die Ursprünge mit Stellen zu beiden Seiten des periseptalen Annulus verbunden sind.

Die Isolation von Mutanten, welche die Zellteilung beeinflussen, war bisher nur sporadisch. Eine Schwierigkeit besteht darin, daß Mutationen der kritischen Funktionen tödlich und/oder pleiotropisch sein könnten. Wenn z. B. die Bildung des Annulus an einer Stelle erfolgte, die für das Gesamtwachstum der Hülle notwendig ist, so wäre es schwierig, Mutationen, die gezielt in die Annulusbildung eingreifen, von solchen zu unterscheiden, die allgemein das Wachstum der Hülle hemmen.

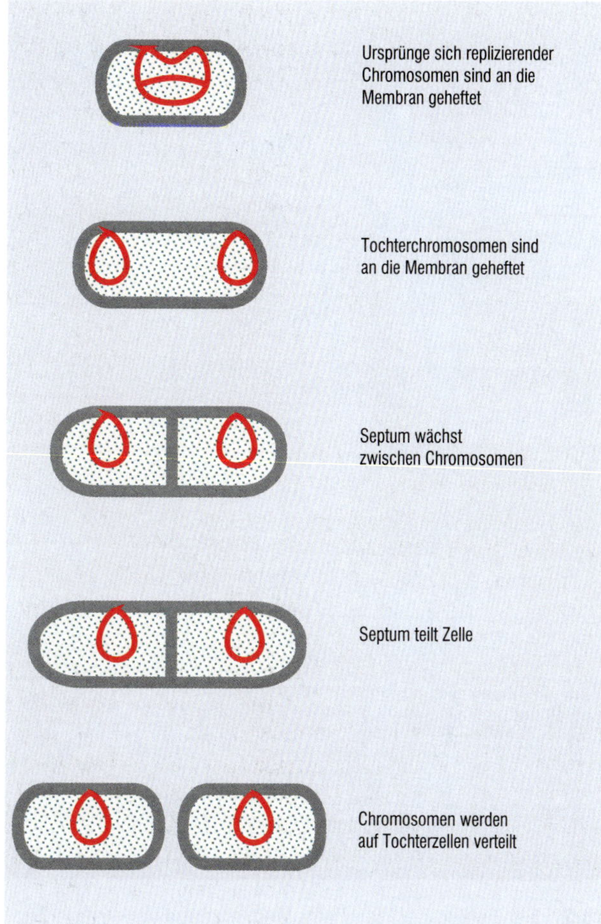

14.26 Die Anheftung von bakterieller DNA an die Membran könnte einen Verteilungsmechanismus darstellen.

Mutationen, welche die Zellteilung oder die Chromosomenverteilung beeinflussen, erzeugen bemerkenswerte phänotypische Veränderungen. Die Abbildungen 14.27 und 14.28 zeigen die entgegengesetzten Auswirkungen einer Fehlfunktion im Teilungsprozeß und einer in der Verteilung:

- Lange **Filamente** bilden sich, wenn die Ausbildung des Septums verhindert wird, die Chromosomenreplikation aber unbeeinträchtigt bleibt. Die Bakterien wachsen weiter und teilen sogar ihre Tochterchromosomen weiterhin auf, aber es bilden sich keine Septen aus, so daß die Zelle aus einer sehr langen mehrkernigen filamentösen Struktur besteht.
- **Minizellen** bilden sich, wenn die Ausbildung des Septums zu häufig oder an der falschen Stelle erfolgt, was dazu führt, daß einer der neuen Tochterzellen ein Chro-

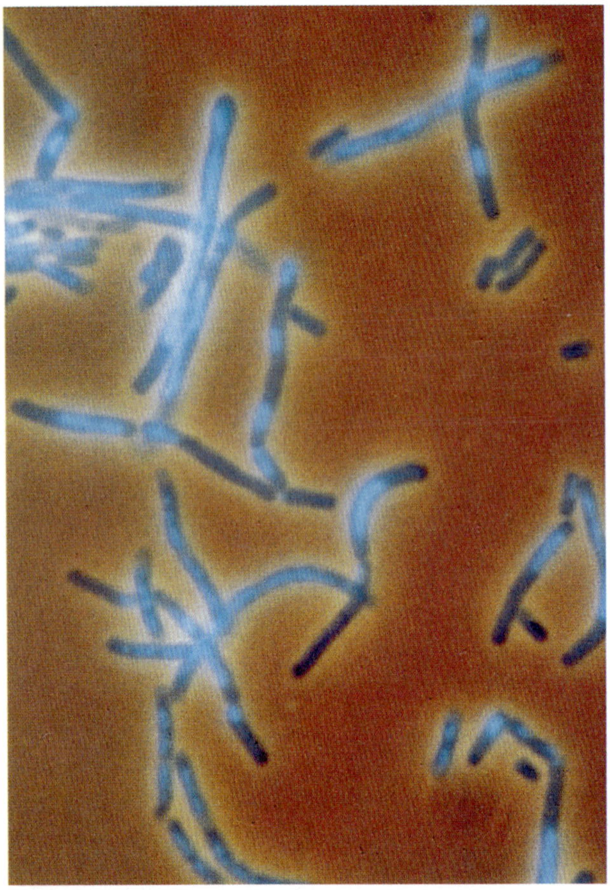

14.27 Ein Fehler bei der Zellteilung erzeugt vielkernige Filamente. (Aufnahme mit freundlicher Genehmigung von Sota Hiraga.)

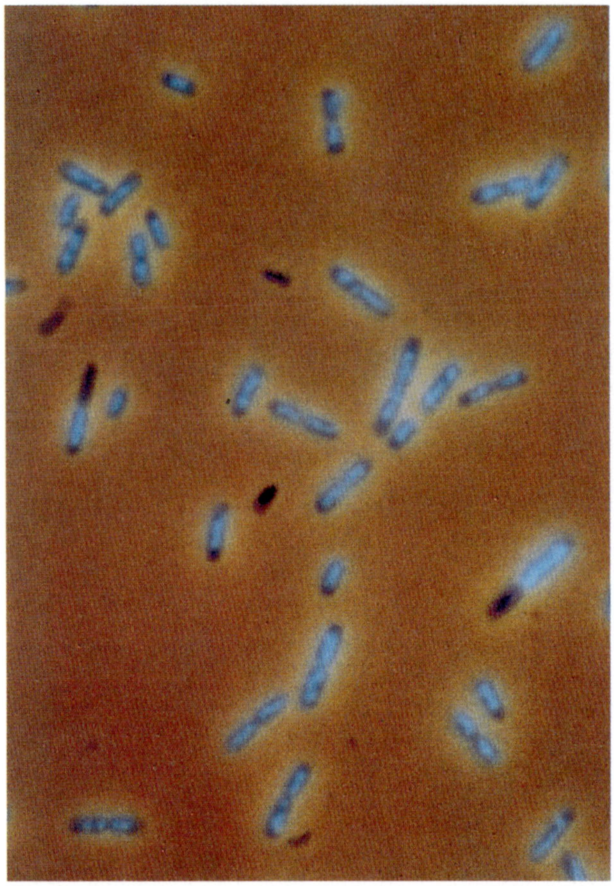

14.28 *E. coli* erzeugt kernlose Zellen, wenn die Chromosomenaufteilung versagt. Zellen mit Chromosomen sind blau angefärbt; Tochterzellen ohne Chromosomen nehmen keinen blauen Farbstoff auf. Dieser Ausschnitt zeigt Zellen der *mukB*-Mutante; sowohl normale als auch abnorme Teilungen sind sichtbar. (Aufnahme mit freundlicher Genehmigung von Sota Hiraga.)

mosom fehlt. Die Minizelle ist verhältnismäßig klein und besitzt keine DNA, erscheint aber anderweitig morphologisch normal. **Kernlose** Zellen bilden sich bei anormaler Segregation; wie Minizellen fehlt ihnen ein Chromosom, aber da die Bildung des Septums normal ist, bleibt ihre Größe unverändert.

Mutanten, welche die Zellteilung beeinflussen, wurden in zwei generelle Gruppen eingeteilt (oft erkennt man sie am Auftreten anormaler Zellen mit einem der obengenannten Phänotypen):

- Die *fts*-Mutanten zeigen eine **temperaturabhängige Bildung von Filamenten** (*temperature-sensitive filamentation*). Normalerweise bilden die Zellen lange Filamente ohne Septen, aber mit regelmäßig über die Länge der Zelle verteilten Nucleoiden (Bakterienchromosomen). Dies legt nahe, daß der Defekt/die Defekte im Zellteilungsprozeß selbst liegen.
- Bei *par* (*partition*, Aufteilungs)-Mutanten scheint die Chromosomenaufteilung defekt zu sein, da die DNA in diesen Zellen fehlerhaft verteilt ist; es bilden sich kernlose Zellen. Wahrscheinlich liegen die Fehler bei der Manipulation der DNA.

Ein Kandidat für den Aktivator der Zellteilung ist das Gen *ftsZ*, das Teil eines großen Genclusters ist, das an Wachstum und Teilung beteiligt ist. *ftsZ*-Mutationen blockieren die Bildung des Septums und erzeugen Filamente; seine Überexpression führt zu Minizellen, da mehr Septen pro Einheitszellmasse gebildet werden. Die Menge an aktivem FtsZ scheint direkt mit der Häufigkeit der Zellteilung gekoppelt zu sein, wodurch es zum Favoriten für die Rolle des Initiatorproteins der Zellteilung wird.

Einige *ftsZ*-Mutanten zeigen einen Defekt bei der Bildung des Septums; dies kommt in verschiedenen Stadien zum Tragen; angefangen von der Verdrängung des periseptalen Annulus bis hin zur Morphogenese des Septums. Allerdings konnten noch keine Mutationen identifiziert werden, die das erste Stadium betreffen, die Erzeugung der periseptalen Annuli. Diese wären die interessantesten, da sie die Frage berühren würden, wie die Bildung des Annulus reguliert wird, und ob sie direkt mit dem Wachstum der Hülle und der Verteilung der DNA verbunden ist.

FtsZ besitzt einige interessante Eigenschaften, die darauf hindeuten, daß es an den frühen Stadien der Septumbildung beteiligt sein könnte. Früh im Teilungszyklus ist FtsZ überall im Cytoplasma verteilt. Während sich die Zelle verlängert und beginnt, sich in der Mitte zusammenzuziehen, wird FtsZ in einem Ring um die Zelle herum konzentriert – praktisch an der Position des mittleren Annulus aus Abbildung 14.25. Angesichts der Abhängigkeit der Zellteilung von der FtsZ-Konzentration könnte es sich bei der Bildung dieses Ringes um den geschwindigkeitsbestimmenden Schritt bei der Bildung des Septums handeln. FtsZ besitzt GTPase-Aktivität, weshalb eine Möglichkeit darin besteht, daß die Spaltung von GTP die Oligomerisierung von FtsZ-Monomeren zu der Ringstruktur unterhält.

Informationen darüber, wie das Septum lokalisiert wird, hat man durch **Minizellmutanten** gewonnen. Die ursprüngliche Minizellmutation liegt an dem Ort *minB*; die Deletion von *minB* erzeugt Minizellen, da die Septumbildung auch an den Polen zugelassen wird, zusätzlich zu (oder anstatt in) der Zellmitte. Dies läßt darauf schließen, daß die Zelle die Fähigkeit besitzt, die Septumbildung entweder in der Zellmitte oder an den Polen einzuleiten, und die Rolle des Wildtyp-*minB*-Locus darin besteht, die Septumbildung an den Polen zu unterdrücken. Auf die in Abbildung 14.25 abgebildeten Vorgänge bezogen bedeutet dies, daß eine neu entstandene Zelle mögliche Stellen für die Septumbildung sowohl am Annulus in der Zellmitte als auch an den Polen besitzt. Ein Pol entstand aus dem Septum der vohergehenden Teilung, der andere stellt das Septum der vorletzten Teilung dar. Vielleicht behalten die Pole Reste der Annuli zurück, aus denen sie entstanden sind, und diese können die Septumbildung einleiten.

Der Locus *minB* besteht aus drei Genen, *minC,D,E*. Ihre Rolle wird in Abbildung 14.29 zusammengefaßt. Die Produkte von *minC* und *minD* bilden (oder sind notwendig für die Bildung von) einen Teilungsinhibitor. Die Expression von *minCD* in Abwesenheit von *minE*, oder ihre Überexpression selbst in Anwesenheit von *minE*, führt zu einer allgemeinen Teilungshemmung. Die resultierenden Zellen wachsen als lange Filamente ohne Septen. Die Expression von *minE* in vergleichbarer Menge wie *minCD* beschränkt die Hemmung auf die Polregionen, so daß normales Wachstum wiederhergestellt ist. MinE schützt die Stellen der Zellmitte vor der Hemmung. Die Überexpression von *minE* erzeugt Minizellen, da ein Überschuß an MinE der Hemmung sowohl an den Polen als auch in der Zellmitte entgegenwirkt, so daß sich an beiden Orten Septen ausbilden können.

Die bestimmende Größe für die Septumbildung an der geeigneten Stelle (in der Zellmitte) ist daher das Verhältnis von MinCD zu MinE. Das Niveau im Wildtyp verhindert die Septumbildung an den Polen, während es sie in der Zellmitte erlaubt. Die Wirkungen von MinC/D und MinE sind entgegengesetzt; zu wenig MinCD und zu viel MinE erzeugt wahllose Septenbildung, so daß Minizellen entstehen; zuviel MinCD oder zu wenig MinE inhibiert sowohl die Zellmitte als auch die Polstellen, so daß es zur Filamentbildung kommt.

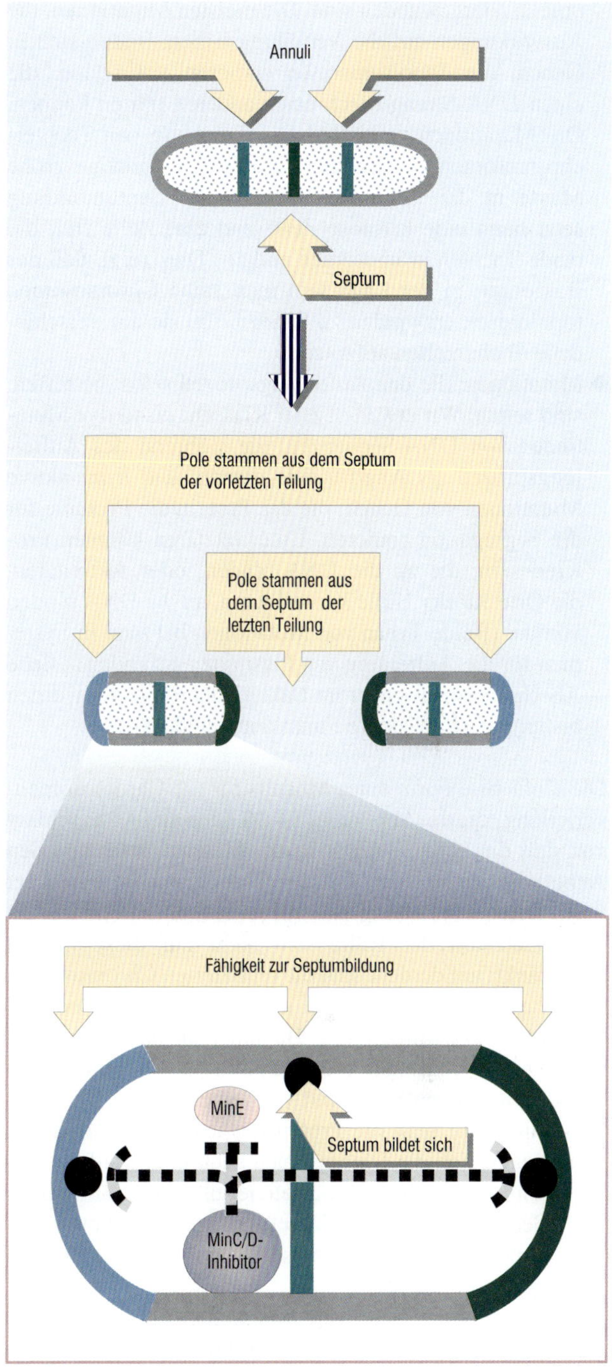

14.29 MinC/D ist ein Teilungsinhibitor, dessen Aktivität durch MinE auf die Polstellen beschränkt bleibt.

Durch Aufteilung gelangen die beiden Tochterchromosomen auf jeweils eine Seite der Stelle, an der sich das Septum ausbildet. Die korrekte Aufteilung erfordert zwei Arten von Vorgängen:

- Die beiden Tochterchromosomen müssen sich voneinander ablösen, so daß sie sich im Anschluß an die Termination trennen können. Dies erfordert das Entwirren von DNA-Bereichen, die in der Umgebung des Terminus umeinandergewunden sind. Die meisten Mutationen, die Auswirkungen auf die Verteilung haben, finden sich in Genen, die Topoisomerasen codieren – Enzyme, die einen DNA-Strang durch einen anderen führen können. Die Mutationen verhindern die Trennung von Tochterchromosomen, so daß die DNA sich als einzige große Masse in der Zellmitte befindet. Die Septumbildung setzt dann eine kernlose Zelle und eine Zelle frei, die beide Tochterchromosomen enthält. Dies zeigt, daß das Bakterium in der Lage sein muß seine Chromosomen topologisch entwinden zu können, um sie auf verschiedene Tocherzellen aufzuteilen.

- Mutationen, die den Aufteilungsprozeß selbst betreffen, sind selten. Wir erwarten zwei Klassen: *cis*-aktive Mutationen von DNA-Sequenzen, die während des Aufteilungsprozeß als Angriffsziele dienen, und *trans*-aktive Mutationen von Genen, die das Protein/die Proteine für die Segregation codieren. Unter letzteren könnten Proteine sein, die an die DNA binden, oder Aktivitäten, die Orte auf der Hülle kontrollieren, an die DNA binden könnte. (Beide Typen von Mutationen hat man in Systemen für die Aufteilung von Plasmiden gefunden – siehe Abschnitt 14.11 – aber im Bakterienchromosom wurden bisher nur *trans*-aktive Funktionen entdeckt.)

Die einfachste Form eines Modells für die Chromosomenverteilung, die in Abbildung 14.26 dargestellt ist, schlägt vor, daß die Hülle wächst, indem Material zwischen den Anheftungsstellen der beiden Chromosomen eingefügt wird. Diese Vorstellung ist wahrscheinlich zu einfach, da das Wachstum der Hülle sich nicht auf diese Stellen beschränkt; außderdem sind die replizierten Chromosomen zu abrupten Bewegungen zu ihren Endpositonen bei 1/4 und 3/4 der Zellänge fähig. Hemmt man die Proteinsynthese vor der Termination der Replikation, so trennen sich die Chromosomen nicht und verbleiben in der Nähe der Zellmitte. Läßt man die Proteinsynthese dann fortfahren, so bewegen sich die Chromsomen auch ohne weitere Verlängerung der Hülle in ihr „Zellviertel". Dies läßt darauf schließen, daß ein aktiver Prozeß existiert, der Proteinsynthese benötigt und die Chromosomen zu ihren spezifischen Positionen hin bewegt.

Die Aufteilung wird von Mutationen der *muk*-Klasse unterbrochen, die mit stark erhöhter Frequenz zu kernlosen Nachkommen führen: Beide Tochterchromosomen verbleiben auf einer Seite des Septums, statt sich zu trennen. Mutationen in den *muk*-Genen sind nicht letal und könnten Komponenten des Verteilungsapparats der Chromosomen identifzieren. Das Gen *mukA* ist mit dem Gen für ein bekanntes äußeres Membranprotein (*tolC*) identisch, dessen Produkt an der Anheftung des Chromsoms an die Hülle verantwortlich sein könnte. Das Gen *mukB* codiert ein großes (180 kD) kugelförmiges Protein, dessen Sequenz eine gewisse Verwandtschaft mit dem mechanochemischen Enzym Dynamin aufweist, das einen „Motor" für Objekte bildet, die mit Mikrotubuli assoziiert sind. Daher könnte es sich bei MukB um einen Motor handeln, der das Chromosom relativ zur Hülle physikalisch fortbewegt.

Schon seit Jahren besteht die Vermutung, daß zwischen bakterieller DNA und der Membran eine physikalische Verbindung besteht, aber alle bisherigen Hinweise sind indirekt. Man findet Bakterien-DNA in Membranfraktionen, die häufig mit genetischen Markern aus der Nähe des Ursprungs, der Replikationsgabel und des Terminus angereichert sind. Die Proteine in diesen Membranfraktionen könnten von Mutationen beeinträchtigt werden, welche die Initiation der Replikation beeinflussen. Bei der Wachstumsstelle könnte es sich um eine Struktur auf der Membran handeln, an die sich der Ursprung zur Initiation anheften muß.

Welche Kriterien müssen erfüllt sein, um darauf schließen zu können, daß eine Bindung des Ursprungs an die Membran (oder an eine andere Stelle) für die Replikation notwendig ist? Mutationen von *cis*-aktiven Stellen auf der DNA und von *trans*-aktiven Faktoren, die an sie binden, müssen identifiziert werden, und dies muß mit der Fähigkeit dieser Faktoren in Bezug gebracht werden, DNA (direkt oder indirekt) mit der Membran zu verbinden. Diese Kriterien sind noch zu erfüllen, obwohl vor kurzem die ersten Auswirkungen der Membranassoziation auf die Funktion berichtet wurden (Kapitel 15).

14.11 Eine Vielzahl von Systemen stellt das Überleben von Plasmiden in Bakterienpopulationen sicher

Besteht eine Aufteilungseinheit (ein Chromosom) aus vielen Replicons, so könnte sich die Verantwortung des einzelnen Replicons darauf beschränken, seine Replikation nur einmal während jedes Replikationszyklus auf ein Initiationssignal hin anspringen zu lassen. Wenn aber ein Genom aus einem einzigen Replicon besteht, so bestimmt die Anzahl der Replikationsereignisse auch die Anzahl der Nachkommen, und das Replicon muß außerdem ein System für deren Aufteilung auf die Tochterzellen bereitstellen. Hier betrachten wir solche Systeme und ihre Beziehung zur Replikation an sich.

Wir haben bereits erwähnt, daß jeder Plasmidtyp in seinem Wirtsbakterium in einer charakteristischen **Kopienzahl** vorkommt:

- **Einzelkopie**-Kontrollsysteme ähneln denen von Bakterienchromosomen und führen zu genau einer Replikation pro Zellteilung. Ein Einzelkopieplasmid liegt somit in gleicher Zahl vor wie das Bakterienchromosom.
- **Mehrfachkopie**-Kontrollsysteme erlauben in jedem Zellzyklus mehrere Initiationsereignisse, so daß pro Bakterium mehrere Kopien des Plasmids vorliegen. Mehrfachkopieplasmide kommen in einer charakteristischen Zahl pro Bakterienchromosom vor (typischerweise 10 bis 20).

Die Kopienzahl ist in erster Linie eine Folge der Art des Replikationskontrollmechanismus. Das System, das für die Initiation der Replikation verantwortlich ist, bestimmt, wie viele Ursprünge in jedem Bakterium vorhanden sein dürfen. Da jedes Plasmid aus einem einzigen Replicon besteht, ist die Zahl der Ursprünge und die der Plasmidmoleküle gleich.

Einzelkopieplasmide besitzen ein System für die Replikationskontrolle, dessen Auswirkungen dem des Bakterienchromosoms ähnlich sind. Ein einzelner Ursprung kann nur einmal repliziert werden; danach werden die Tochterursprünge auf die verschiedenen Tochterzellen verteilt.

Mehrfachkopieplasmide besitzen ein Replikationssystem, das die Existenz einer Anzahl von Ursprüngen erlaubt. Wenn die Zahl groß genug ist (in der Praxis mehr als zehn pro Bakterium), ist ein aktives Segregationssystem nicht mehr nötig, da allein die statistische Verteilung der Plasmide auf die Tochterzellen zu einer Verlusthäufigkeit führt, die geringer als 10^{-6} ist.

Plasmide bleiben in Bakterienpopulationen mit einer sehr geringen Verlustrate erhalten (weniger als 10^{-7} pro Zellteilung ist selbst für Einzelkopieplasmide typisch). Die Kontrollsysteme für die Plasmidtrennung lassen sich durch Mutationen identifizieren, welche zwar die Verlusthäufigkeit erhöhen, aber nicht auf die Replikation selbst einwirken. Verschiedene Typen von Mechanismen sichern das Überleben eines Plasmids in einer Bakterienpopulation. Häufig besitzen Plasmide verschiedene Systeme, oft sogar verschiedene Typen, die alle unabhängig voneinander wirken, um sein Überleben zu gewährleisten. Einige dieser Systeme funktionieren indirekt, während andere direkt an der Regulation des Aufteilungsvorgangs beteiligt sind. In evolutionären Begriffen allerdings dienen sie alle demselben Ziel, die Verbreitung des Plasmids auf die maximale Zahl von Bakteriennachkommen zu sichern:

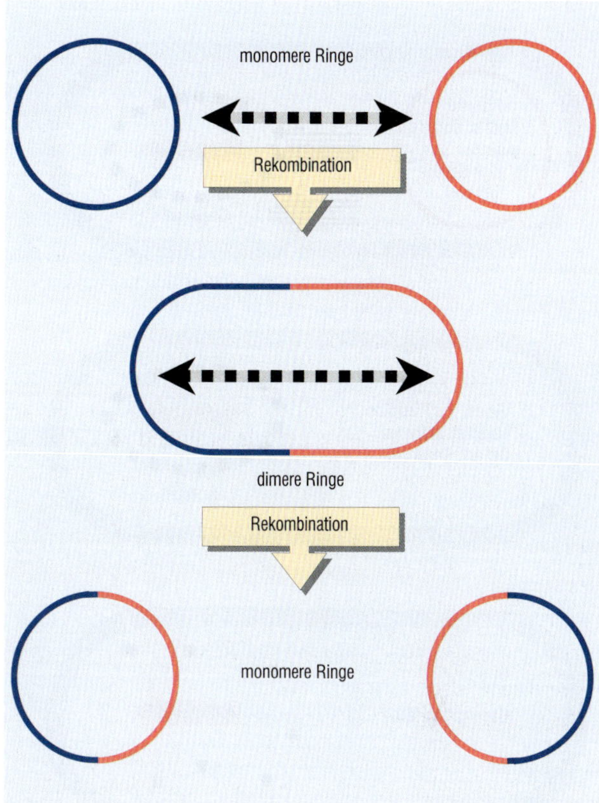

14.30 Intermolekulare Rekombination fügt Monomere zu Dimeren zusammen, intramolekulare Rekombination hingegen setzt einzelne Einheiten aus Oligomeren frei.

- Da mehrere Kopien eines Plasmids in einem Bakterium alle aus denselben DNA-Sequenzen bestehen, können sie miteinander rekombinieren. Abbildung 14.30 zeigt die Konsequenzen auf: Ein einziges intermolekulares Rekombinationsereignis zwischen zwei Ringen erzeugt einen dimeren Ring; weitere Rekombination kann zu höheren multimeren Formen führen. Ein solcher Vorgang verringert die Zahl der sich physikalisch trennenden Einheiten. In dem Extremfall eines Einzelkopieplasmids, das sich gerade repliziert hat, bedeutet die Bildung eines Dimers durch Rekombination, daß die Zelle nur eine Einheit aufzuteilen hat, so daß das Plasmid zwangsläufig für eine Tochterzelle verlorengeht. Um diesem Effekt entgegenzuwirken, haben Plasmide oft **ortsspezifische Rekombinationssysteme**, die auf bestimmte Sequenzen einwirken und so eine *intramolekulare Rekombination* hervorrufen, die den monomeren Zustand wiederherstellt. Mutationen dieser Systeme erhöhen den Plasmidverlust und haben daher einen Phänotyp, der dem von Verteilungsmutanten ähnelt. (Das Bakterienchromosom selbst könnte ein ähnliches System besitzen, um mit Rekombinationsereignissen umzugehen, die zwischen homologen Sequenzen der Tochterchromosomen aus einem Replikationszyklus vorkommen.)
- **Abhängigkeitssysteme**, die auf der Basis des „zusammen – oder gar nicht“ beruhen, stellen sicher, daß ein Bakterium, das ein Plasmid trägt, *nur* überleben kann, wenn es dieses Plasmid behält. Verschiedene Wege stellen sicher, daß eine Zelle stirbt, sobald sie von einem Plasmid „befreit“ wird. Sie alle beruhen auf demselben Prinzip, das in Abbildung 14.31 dargestellt ist: Das Plasmid produziert sowohl ein Gift als auch sein Gegengift. Das Gift ist eine tödliche Substanz, die relativ stabil ist, während das Gegengift die tödliche Aktivität blockiert, aber relativ kurzlebig ist. Wenn das Plasmid verlorengeht, zerfällt das Gegengift, und die tödliche Substanz führt zum Zelltod. Daher sterben Bakterien, die das Plasmid verlieren, zwangsläufig, und die Population ist dazu verdammt, das Plasmid unbegrenzt zu behalten. Solche Systeme nehmen verschiedene Formen an. Eine, die durch das F-Plasmid vertreten wird, besteht aus tödlichen und blockierenden Proteinen. Das Plasmid R1 besitzt eine mRNA für ein tödlich toxisches Protein, während das Gegengift eine kleine Antisense-RNA ist, welche die Expression der mRNA verhindert.
- **Echte Verteilungssysteme** wirken auf verdoppelte DNA-Moleküle ein und stellen sicher, daß diese sich bei der Zellteilung auf jeweils einer Seite des Septums befinden. Wahrscheinlich besitzen alle Plasmide mit

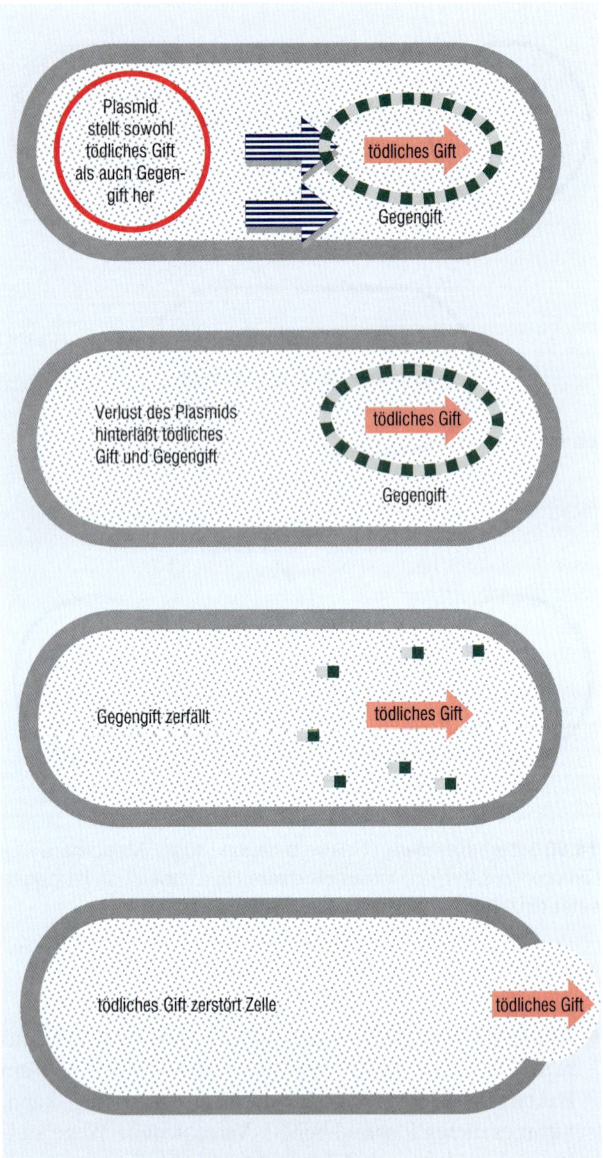

14.31 Einige Plasmide können sicherstellen, daß Bakterien nicht ohne sie auskommen können, indem sie ein langlebiges tödliches Gift und ein kurzlebiges Gegengift synthetisieren.

geringer Kopienzahl ein solches System. Die Systeme, die für die Plasmide F, P1 und R1 charakterisiert wurden, sind ähnlich organisiert, was in Abbildung 14.32 dargestellt ist. Es gibt dort zwei *trans*-aktive Proteine und eine *cis*-aktive Stelle. Im Falle von sowohl P1 als auch von F bindet das kleinere der beiden Proteine an die *cis*-aktive Stelle. Trotz der allgemeinen Ähnlichkeit gibt es keine signifikanten Sequenzhomologien zwischen den korrespondierenden Genen oder *cis*-aktiven Stellen.

Wie verteilt ein echtes Aufteilungssystem Plasmidkopien auf verschiedene Tochterzellen? Wir können uns zwei allgemeine Arten von Systemen vorstellen:

- *Extrinsische Strukturen*, an die das Plasmid binden muß, sind limitierend. Das Modell für ein Einzelkopieplasmid ist dasselbe, wie das in Abbildung 14.26 dargestellte. Die Zelle darf nur zwei Stellen enthalten, und jede Kopie des Plasmids bindet an eine von ihnen. Diese Stellen könnten membrangebunden sein oder einfach einen Bereich des Bakterienchromosoms selbst darstellen. Ein Nachteil dieses Modelltyps ist, daß man in Bakterienpopulationen viele verschiedene Plasmidtypen findet, was zu der Annahme führt, daß es ein eigenes und ausschließliches Paar von Stellen für jeden Plasmidtyp gibt.
- Die Verteilung ist ein *intrinsischer* Vorgang, bei dem die Plasmidkopien durch ein Stadium gehen, das der Chromosomenpaarung entspricht. Nach der Assoziation von Plasmiden in Paaren bringt ein Verteilungsmechanismus ein Mitglied jedes Paares in die gegenüberliegende Tochterzelle. Allerdings ist die Natur dieses Mechanismus nicht leicht vorzustellen, und es bleibt zu erklären, wie die Zelle die Verteilung vieler Plasmidtypen bewältigen kann.

Bis auf die Tatsache, daß die für die Verteilung benötigten Proteine von den Plasmiden codiert werden und an *cis*-aktive Sequenzen binden, wissen wir wenig über den Mechanismus der Aufteilung. Daß es für das Plasmid wichtig ist, daß alle Tochterzellen seine Kopie erhalten, macht die Existenz mehrfacher unabhängiger Systeme in einzelnen Plasmiden deutlich, die eine korrekte Aufteilung gewährleisten.

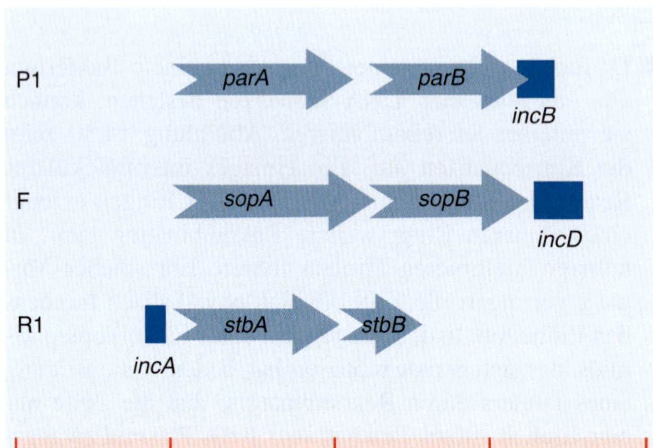

14.32 Mehrere Plasmide enthalten Verteilungssysteme, die aus angrenzenden Genen und einer *cis*-aktiven Stelle bestehen.

14.12 Plasmidinkompatibilität hängt mit der Kopienzahl zusammen

Das Phänomen der Plasmidinkompatibilität steht mit der Regulation der Kopienzahl und Verteilung des Plasmids in Beziehung. Eine **Kompatibilitätsgruppe** wird als Gruppe von Plasmiden definiert, deren Mitglieder nicht in ein und derselben Bakterienzelle koexistieren können. Der Grund für ihre Inkompatibilität ist, daß sie zu einem bestimmten Stadium, das für die Plasmiderhaltung wesentlich ist, nicht voneinander unterschieden werden können. Solche Vorgänge könnten die DNA-Replikation und -Verteilung sein.

Das Modell der negativen Kontrolle in bezug auf die Plasmidinkompatibilität nimmt an, daß die Kontrolle über die Kopienzahl durch die Synthese eines Repressors erfolgt, der die Konzentration der Ursprünge mißt. (Formal entspricht dies dem Titrationsmodell für die Regulation der Replikation des Bakterienchromosoms.)

Die Einführung eines neuen Ursprungs in Form eines zweiten Plasmids derselben Kompatibilitätsgruppe ahmt das Ergebnis der Replikation des schon vorhandenen Plasmids nach; es sind nun zwei Ursprünge vorhanden. Daher wird jede weitere Replikation verhindert, bis die beiden Plasmide auf verschiedene Zellen verteilt sind, wodurch die korrekte Kopienzahl (für die Präreplikation) erreicht wird (Abbildung 14.33).

Ein ähnlicher Effekt würde hervorgerufen, wenn das System für die Verteilung der Produkte auf die Tochterzellen nicht zwischen zwei Plasmiden unterscheiden könnte. Wenn zwei Plasmide beispielsweise dieselben *cis*-aktiven Verteilungsstellen hätten, würde die Konkurrenz zwischen ihnen sicherstellen, daß sie auf verschiedene Zellen verteilt würden, so daß sie nicht in derselben Linie überleben könnten.

Teleologisch betrachtet sind Plasmide egoistisch. Hat ein Plasmid einmal Besitz von einem Bakterium ergriffen, so versucht es, jedes weitere Plasmid desselben Typs an seiner Etablierung zu hindern. Plasmidinkompatibilität ist ein wichtiges Hilfsmittel, um diese territorialen Rechte zu verteidigen.

Die Anwesenheit eines Mitglieds einer Kompatibilitätsgruppe beeinflußt das Überleben eines Plasmids aus einer anderen Gruppe nicht direkt. Nur ein einziges Replicon einer jeweiligen Kompatibilitätsgruppe (bei einem Einzelkopieplasmid) kann in dem Bakterium erhalten bleiben, aber es interagiert nicht mit Replicons aus anderen Kompatibilitätsgruppen (obwohl sie unter limitierenden Bedingungen um „Lebensraum“ kämpfen).

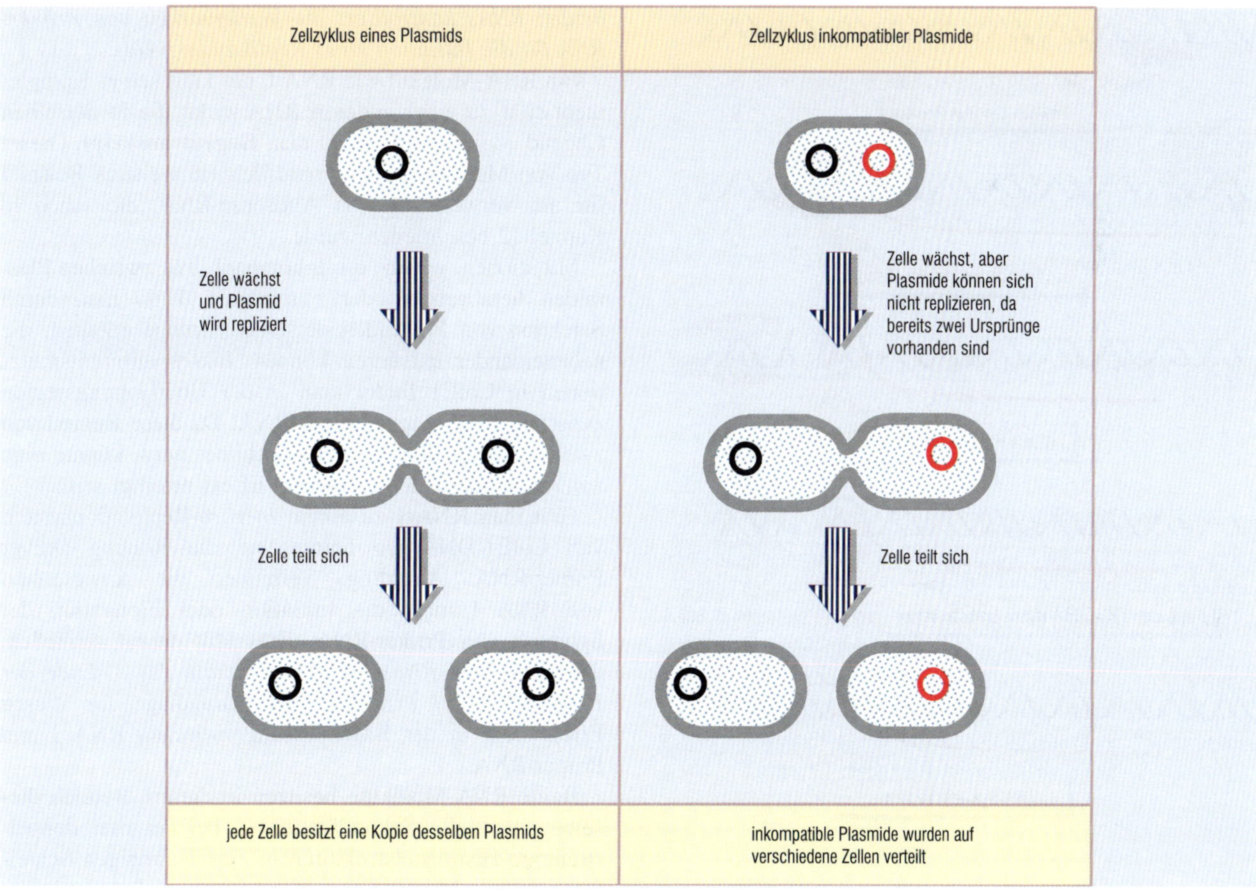

14.33 Zwei Plasmide sind inkompatibel (sie gehören zur selben Kompatibilitätsgruppe), wenn man ihre Ursprünge auf der Stufe der Initiation nicht voneinander unterscheiden kann. Dasselbe Modell ließe sich auf die Verteilung anwenden.

Das Plasmid ColE1, ein Mehrfachkopieplasmid, das auf einem stabilen Niveau von etwa 20 Kopien pro *E. coli*-Zelle erhalten bleibt, hat das am besten charakterisierte System für Kopienzahl und Inkompatibilität. Das System für die Aufrechterhaltung der Kopienzahl hängt von dem Mechanismus für die Initiation der Replikation am ColE1-Ursprung ab. Die relevanten Ereignisse sind in Abbildung 14.34 dargestellt.

Die Replikation beginnt mit der Transkription einer RNA, die 555 bp stromaufwärts vom Ursprung beginnt. Die Transkription setzt sich dann über den Ursprung hinweg fort. Das Enzym RNase H (dessen Name seine Spezifität für ein RNA-Substrat widerspiegelt, das mit der DNA hybridisiert ist) spaltet das Transkript am Ursprung. Dies erzeugt ein 3′-OH-Ende, das als „Primer" für den Beginn der DNA-Synthese verwendet wird (die Benutzung von Primern wird noch genauer in Kapitel 15 besprochen). Die Primer-RNA bildet mit der DNA ein beständiges Hybrid. Die Paarung zwischen RNA und DNA findet sowohl kurz stromaufwärts vom Ursprung (etwa an Position –20) als auch weiter stromaufwärts (etwa an Position –265) statt.

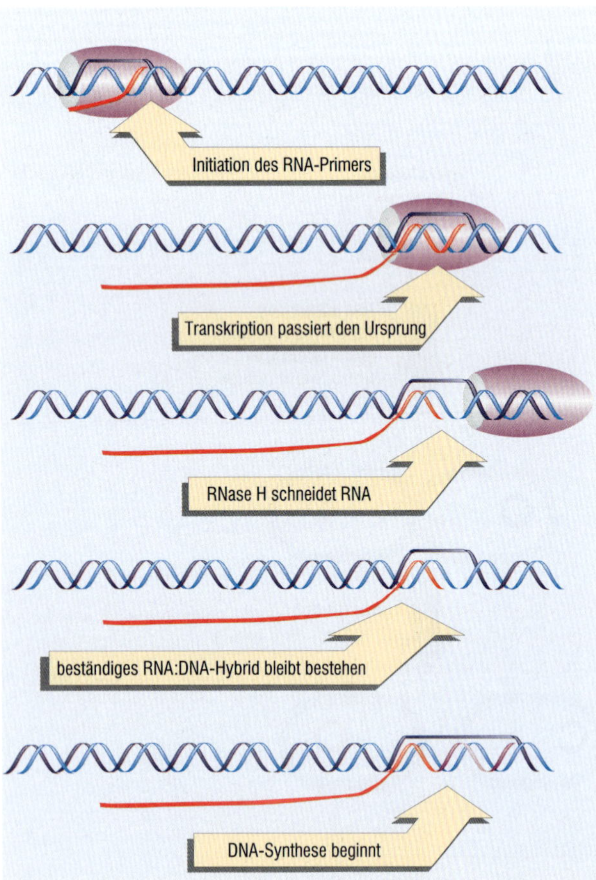

14.34 Die Replikation von ColE1-DNA wird durch die Spaltung der Primer-RNA initiiert, die ein 3′-OH-Ende erzeugt. Der Primer bildet in der Ursprungsregion ein dauerhaftes Hybrid.

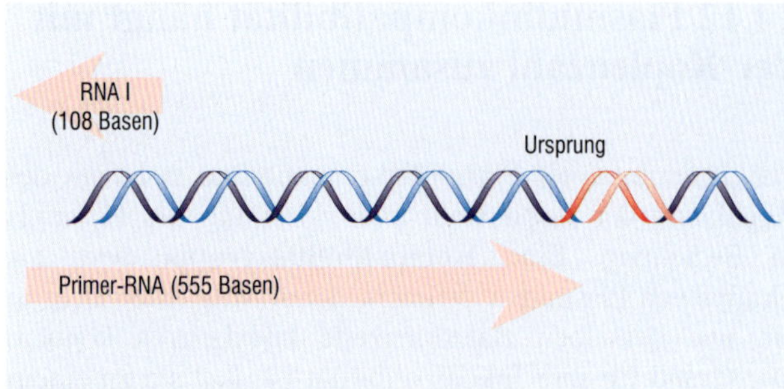

14.35 Die Sequenz von RNA I ist zum 5′-Bereich der Primer-RNA komplementär.

Zwei Regulationssysteme wirken auf den RNA-Primer. Eines umfaßt die Synthese einer RNA, die zu dem Primer komplementär ist, das andere ein Protein, das an einem nahegelegenen Locus codiert wird.

Die regulatorische RNA I ist ein Molekül von ungefähr 108 Basen Länge, das von dem Strang codiert wird, der gegenüber dem für die Primer-RNA liegt. Das Verhältnis zwischen der Primer-RNA und RNA I ist in Abbildung 14.35 dargestellt. Das RNA-I-Molekül beginnt innerhalb der Primer-RNA und endet in der Nähe ihres Anfangs. RNA I ist also zu der 5′-terminalen Region der Primer-RNA komplementär. *Die Basenpaarung zwischen den beiden RNAs kontrolliert die Verfügbarkeit von Primer-RNA für die Initiation eines Replikationszyklus.*

Ein RNA-Molekül wie RNA I, das kraft seiner Komplementarität zu einer anderen RNA wirkt, die in derselben Gegend codiert wird, nennt man **Gegentranskript**. Dieser Typ von Mechanismus ist natürlich ein weiteres Beispiel für die Verwendung von Antisense-RNA, die schon in Kapitel 12 beschrieben wurde.

Mutationen, welche die Inkompatibilität zwischen Plasmiden herabsetzen oder eliminieren, kann man durch Selektion von Plasmiden derselben Gruppe erhalten, die nebeneinander existieren können. Inkompatibilitätsmutationen in ColE1 findet man in der Überlappungsregion zwischen RNA I und Primer-RNA. Da diese Region von zwei unterschiedlichen RNAs gebildet wird, könnte eine von ihnen oder beide an diesem Effekt beteiligt sein.

Gibt man RNA I zu einem *in vitro*-Replikationsystem von ColE1-DNA, so hemmt sie die Bildung aktiver Primer-RNA. Allerdings verhindert die Anwesenheit von RNA I nicht die Initiation oder Elongation der Synthese von Primer-RNA. Dies läßt darauf schließen, daß *RNA I die RNase H davon abhält, das 3′-Ende der Primer-RNA zu erzeugen.* Die Grundlage für diesen Effekt liegt in der Basenpaarung zwischen RNA I und Primer-RNA.

Beide RNA-Moleküle besitzen in diesem Bereich dieselbe potentielle Sekundärstruktur, bei der drei doppelsträngige Haarnadelstrukturen in einzelsträngigen Schleifen enden. Mutationen, welche die Inkompatibilität herabsetzen, finden sich in diesen Schleifen, was darauf hinweist, daß der erste Schritt bei der Basenpaarung zwischen RNA I und Primer-RNA im Kontakt zwischen den ungepaarten Schleifen besteht.

Wie verhindert die Basenpaarung mit RNA I die Spaltung, welche die Primer-RNA bildet? Ein Modell ist in Abbildung 14.36 dargestellt. In Abwesenheit von RNA I bildet die Primer-RNA ihre eigene Sekundärstruktur aus (mit Schleifen und Stämmen). In Anwesenheit von RNA I aber paaren sich die beiden Moleküle und werden über die gesamte Länge der RNA I doppelsträngig. Die neue Sekundärstruktur verhindert die Bildung des Primers, indem sie wahrscheinlich die Fähigkeit der RNA beeinflußt, das dauerhafte Hybrid zu bilden.

Das Modell ähnelt dem Mechanismus für die Attenuation der Transkription in Kapitel 12, bei der die alternative Paarung einer RNA-Sequenz die Bildung der Sekundärstruktur erlaubt beziehungsweise verhindert, die für die Termination der RNA-Polymerase notwendig ist. RNA I übt ihre Wirkung aus, indem sie entfernte Regionen des Primervorläufers beeinflußt.

Formal entspricht dieses Modell einem Regelkreis, der zwei RNA-Spezies umfaßt. Ein großer Vorläufer des RNA-Primers ist ein positiver Regulator, der für die Initiation der Replikation benötigt wird. Die kleine RNA I ist ein negativer Regulator, der die Wirkung des positiven hemmen kann.

Da RNA I auf jedes Plasmid in der Zelle einzuwirken vermag, bildet sie einen Repressor, der das Funktionieren neu eingeführter DNA verhindert, analog zu der Rolle des lysogenen Lambdarepressors, wie bereits in Kapitel 13 beschrieben wurde. Statt eines Repressorproteins, das an die neue DNA bindet, ist es hier eine RNA, die an den neusynthetisierten Vorläufer des RNA-Primers bindet.

Die Bindung zwischen RNA I und der Primer-RNA kann von dem Rom-Protein beeinflußt werden, das von einem Gen stromabwärts vom Ursprung codiert wird. Das Rom-Protein verstärkt die Bindung zwischen RNA I und Primer-RNA-Transkripten, die größer als 200 Basen sind. Daraus resultiert die Hemmung der Primerbildung.

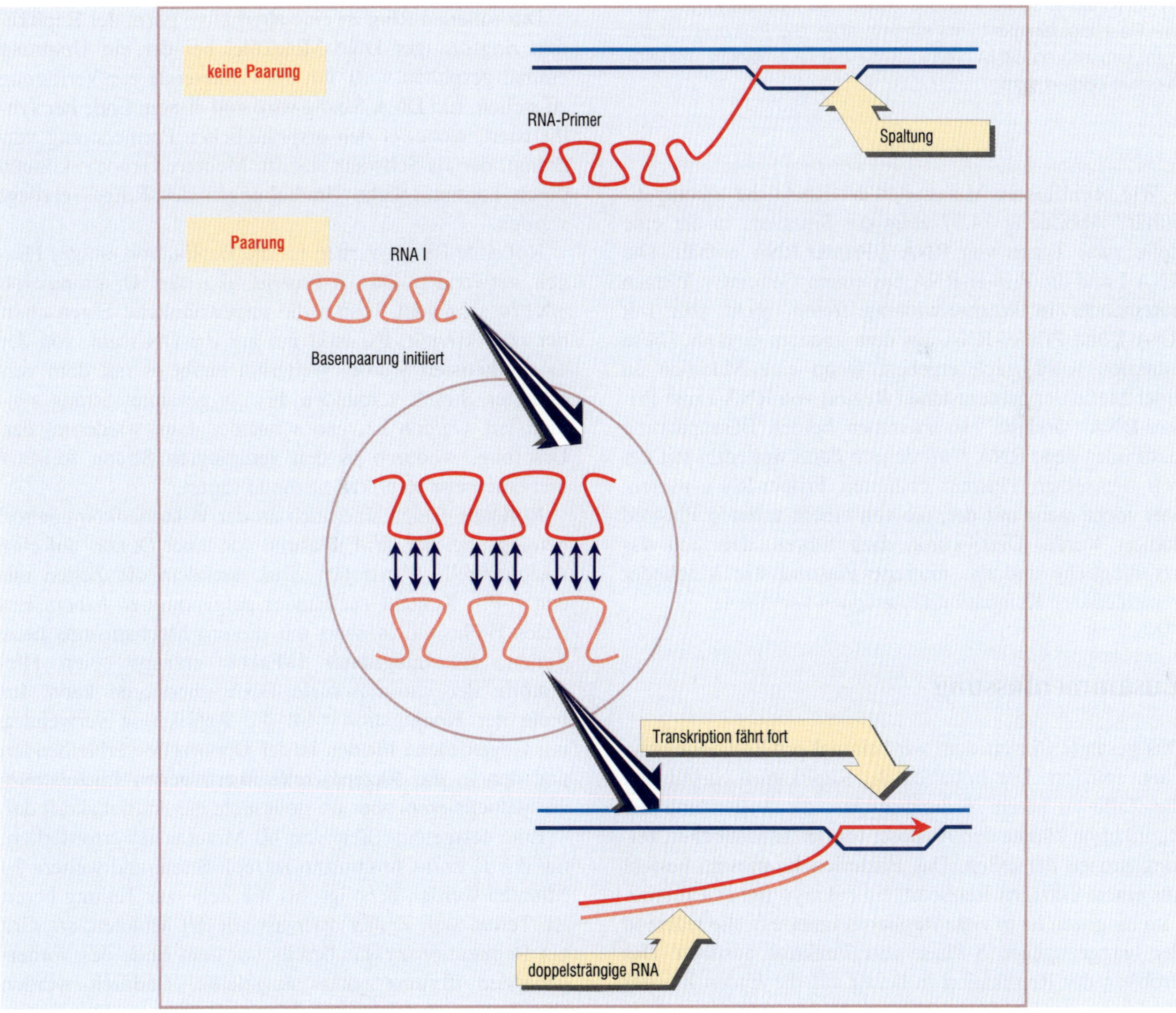

14.36 Die Basenpaarung mit RNA I könnte die Sekundärstruktur der Primer-RNA-Sequenz verändern und so die Spaltung zur Schaffung eines 3′-OH-Endes verhindern.

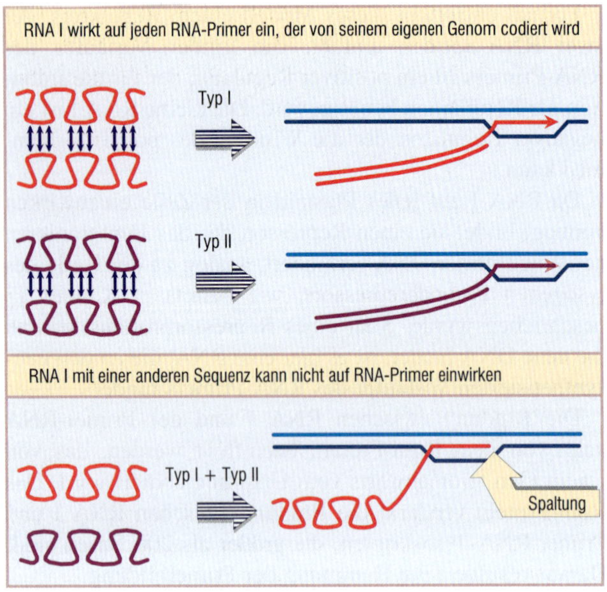

14.37 Mutationen in den Bereichen, welche die RNA I und den Primervorläufer codieren, beeinflussen nicht notwendigerweise ihre Paarungsfähigkeit; sie können aber die Paarung mit der komplementären RNA verhindern, die von einem anderen Plasmid codiert wird.

Wie beeinflussen Mutationen der RNAs die Inkompatibilität? Abbildung 14.37 zeigt die Situation, in der eine Zelle zwei Typen von RNA I/Primer-RNA enthält. Die RNA I und die Primer-RNA aus einem Genomtyp können miteinander in Wechselwirkung treten, nicht aber mit RNA I und Primer-RNA aus dem anderen Genom. Diese Situation würde sich ergeben, wenn eine Mutation an einer Stelle der gemeinsamen Region von RNA I und Primer-DNA vorkäme, wo zwischen beiden Basenpaarung stattfindet. Jede RNA I würde sich dann weiterhin mit der von demselben Plasmid codierten Primer-RNA paaren, aber nicht mehr mit der, die von einem anderen Plasmid codiert wurde. Dies würde dazu führen, daß sich das ursprüngliche und das mutierte Plasmid wie Mitglieder verschiedener Kompatibilitätsgruppen verhalten.

Zusammenfassung

Das gesamte Chromosom wird einmal pro Zellteilungszyklus repliziert. Die Initiation der Replikation verpflichtet die Zelle zu einem Teilungszyklus; die Vollendung der Replikation könnte den Auslöser für den tatsächlichen Teilungsprozeß darstellen. Das Bakterienchromosom besteht aus einem einzigen Replicon, ein eukaryotisches Chromosom hingegen ist in viele Replicons unterteilt, die während der langgezogenen S-Phase ihre Funktion ausüben. Das Problem der Replikation in bezug auf die Enden linearer Replicons wird auf verschiedene Weise gelöst, meistens durch die Umwandlung des Replicons in eine Ringform. Einige Viren besitzen spezielle Proteine, welche die Enden erkennen. Eukaryotische Chromosomen stoßen an ihren terminalen Replicons auf dieses Problem.

Eukaryotische Replikation ist (mindestens) eine Größenordnung langsamer als bakterielle Replikation. Die Ursprünge fördern die bidirektionale Replikation und werden wahrscheinlich in einer festgelegten Reihenfolge während der S-Phase aktiviert. Die einzigen eukaryotischen Ursprünge, die auf dem Sequenzniveau identifiziert wurden, sind die von *S. cerevisiae*; sie besitzen eine Core-Consensussequenz, die aus elf Basenpaaren besteht, vor allem aus A•T.

Die Minimalsequenz eines Ursprungs von *E. coli* besteht aus etwa 245 bp und initiiert eine bidirektionale Replikation. Jedes DNA-Molekül mit dieser Sequenz kann sich in *E. coli* replizieren. Zwei Replikationsgabeln verlassen den Ursprung und wandern anscheinend so lange um das Chromosom herum, bis sie sich treffen, obwohl man *ter*-Sequenzen identifiziert hat, welche die Gabeln nach ihrem Treffen terminieren würden. Die Transkriptionseinheiten sind so organisiert, daß die Transkription normalerweise in derselben Richtung verläuft wie die Replikation.

Der rollende Ring ist eine alternative Form der Replikation ringförmiger DNA-Moleküle, bei der ein Ursprung einmal gespalten wird, um ein Primerende zur Verfügung zu stellen. Ein DNA-Strang wird von diesem Ende her synthetisiert, wobei er den ursprünglichen Partnerstrang verdrängt, der als Schwanz austritt. Mehrere Genome können durch kontinuierliche Umdrehungen des Ringes erzeugt werden.

Rollende Ringe werden für die Replikation einiger Phagen verwendet. Das A-Protein, das den Ursprung von φX174 schneidet, besitzt die ungewöhnliche Eigenschaft der *cis*-Aktivität. Es wirkt nur auf die DNA ein, von der es synthetisiert wurde. Weiterhin bleibt es mit dem verdrängten Strang verbunden, bis ein gesamter Strang synthetisiert worden ist, und schneidet dann wiederum den Ursprung, wodurch es den verdrängten Strang freisetzt und eine neue Replikationsrunde startet.

Rollende Ringe sind auch an der Bakterienkonjugation beteiligt, bei der ein F-Plasmid von einer Donor- auf eine Akzeptorzelle übertragen wird, nachdem die Zellen mit den F-Pili Kontakt zueinander aufgenommen haben. Ein freies F-Plasmid infiziert mit diesem Mechanismus neue Zellen; ein integrierter F-Faktor erzeugt einen Hfr-Stamm, der chromosomale DNA übertragen kann. Im Falle der Konjugation wird die Replikation verwendet, um Gegenstücke für den in der Donorzelle verbleibenden und den in die Akzeptorzelle übertragenen Einzelstrang zu synthetisieren, aber sie stellt nicht die Antriebskraft dar.

Eine festgelegte Zeit von 40 Minuten ist erforderlich, um das *E. coli*-Chromosom zu replizieren, und weitere 20 Minuten werden benötigt, bis die Zelle zur Teilung bereit ist. Teilen sich Zellen öfter als alle 60 Minuten, so wird ein Replikationszyklus bereits vor dem Ende des vorhergehenden Teilungszyklus eingeleitet. Dadurch werden mehrfach gegabelte Chromosomen erzeugt. Das Initiationsereignis hängt von der Titration der Zellmasse ab, wahrscheinlich durch die Akkumulation eines Initiatorproteins. Die Initiation könnte an der Zellmembran stattfinden, da der Ursprung nach der Initiation für kurze Zeit mit der Membran verbunden ist.

Die Aufteilung umfaßt zusätzliche Sequenzen, die noch nicht charakterisiert sind. Die meisten Mutationen, die eine korrekte Verteilung verhindern, betreffen Hilfsfunktionen, wie etwa die Enzyme, die für die Entwirrung der beiden Tochterchromosomen benötigt werden. Die einzige bisher gefundene Mutation, welche die Aufteilung direkt zu betreffen scheint, könnte auf einen Motor oder auf ein Protein hinweisen, welches das Chromosom an die Hülle heftet. Das Septum, das die Zelle teilt, bildet sich an einer Stelle, die von dem bereits existierenden periseptalen Annulus gebildet wird; ein Locus von drei Genen codiert Produkte, die regulieren, ob der periseptale Annulus in der Zellmitte oder ob die Polstellen, die von früheren Annuli abgeleitet sind, für die Septumbildung verwendet werden. Ohne Septumbildung werden vielkernige Filamente erzeugt; übermäßige Septumbildung führt zu kernlosen Minizellen.

Plasmide besitzen eine Vielzahl von Systemen, welche ihre Verteilung sicherstellen oder zu ihr beitragen, und ein einzelnes Plasmid kann Systeme verschiedener Typen haben. Die Kopienzahl eines Plasmids beschreibt, ob es in derselben Anzahl wie das Bakterienchromosom (eines pro Zelleinheit) oder in größerer Zahl vorhanden ist. Plasmidinkompatibilität kann eine Konsequenz der Mechanismen sein, die entweder an der Replikation oder an der Verteilung (bei Einfachkopieplasmiden) beteiligt sind. Zwei Plasmide, die dasselbe Kontrollsystem für die Replikation teilen, sind inkompatibel, da die Zahl der Replikationsereignisse sicherstellt, daß es nur ein Plasmid pro Bakteriengenom gibt.

Weiterführende Literatur

Übersichtsartikel

Clayton, D. *Replication of animal mitochondrial DNA.* In: *Cell* 28 (1982) S. 693–705

Ippen-Ihler, K. A.; Minkley, E. G. *The conjugation system of F, the fertility factor of E. coli.* In: *Ann. Rev. Genet.* 20 (1986) S. 593–624.

Scott, J. R. *Regulation of plasmid replication.* In: *Microbiol. Rev.* 48 (1984) S. 1–23.

Brewer, B. J. *When polymerases collide: replication and transcriptional organization of the* E. coli *chromosome.* In: *Cell* 53 (1988) S. 679–686.

Nordstrom, K.; Austin, S. J. *Mechanisms that contribute to the stable segregation of plasmids.* In: *Ann. Rev. Genet.* 23 (1989) S. 37–69.

Umek, R. M.; Linskens, M. H.; Kowalski, D.; Huberman, J. A. *New beginnings in studies of eukaryotic DNA replication origins.* In: *Biochim. Biophys. Acta* 1007 (1989) S. 1–14.

Willetts, N.; Skurray, R. *Structure and function of the F factor and mechanism of conjugation.* In: Neidhart, F. C. (Hrsg.) *E. coli and S. typhimurium.* Washington DC (American Society for Microbiology) 1987. S. 1110–1131.

Boer, P. A. J. van; Cook, W. R.; Rothfield, L. I. *Bacterial cell division.* In: *Ann. Rev. Genet.* 24 (1990) S. 249–274.

Clayton, D. A. *Replication and transcription of vertebrate mitochondrial DNA.* In: *Ann. Rev. Cell Biol.* 7 (1991) S. 453–478.

Fangman, W. L.; Brewer, B. J. *Activation of replication origins within yeast chromosomes.* In *Ann. Rev. Cell Biol.* 7 (1991) S. 375–402.

Hiraga, S. *Chromosome and plasmid partition in E. coli.* In: *Ann. Rev. Biochem.* 61 (1993) S. 283–306.

DePamphlis, M. L. *Eukaryotic DNA replication: anatomy of an origin.* In: *Ann. Rev. Biochem.* 62 (1993) S. 29–63.

Donachie, W. D. *The cell cycle of E. coli.* In: *Ann. Rev. Microbiol.* 47 (1993) S. 199–230.

Coverley, D.; Laskey, R. A. *Regulation of eukaryotic DNA replication.* In: *Ann. Rev. Biochem.* 63 (1994) S. 745–776.

Frost, L. S.; Ippen-Ihler, K.; Skurray, R. A. *Analysis of the sequence and gene products of the transfer region of the F sex factor.* In: *Microbiol. Rev.* 58 (1994), S. 162–210.

Lanka, E.; Wilkins; B. M. *DNA processing reactions in bacterial conjugation.* In: *Ann. Rev. Biochem.* 64 (1995) S. 141–169.

Wake, R. G.; Errington, J. *Chromosome partitioning in bacteria.* In: *Ann. Rev. Genet.* 29 (1995) S. 41–67.

Entdeckungen

Transkription und Replikation

Liu, B.; Wong, M. L.; Alberts, B. *A transcribing RNA polymerase molecule survives DNA replication without aborting its growing RNA chain.* In: *Proc. Nat. Acad. Sci. USA* (1994) S. 10660–10664.

Replicons und Ursprünge

Cairns, J. *The bacterial chromosome and its manner of replication as seen by autoradiography.* In: *J. Mol. Biol.* 6 (1963) S. 208–213.

Jacob, F.; Brenner, S.; Cuzin, F. *On the regulation of DNA replication in bacteria.* In: *Cold Spring Harbor Symp. Quant. Biol.* 28 (1963) S. 329–348.

Jacob, F.; Ryter, A.; Cuzin, F. *On the association between DNA and the membrane in bacteria.* In: *Proc. Roy. Soc. B* 164 (1966) S. 267.

Huberman, J.; Riggs, A. D. *On the mechanism of DNA replication in mammalian chromosomes.* In: *J. Mol. Biol.* 32 (1968) S. 327–341.

Blumenthal, A. B.; Kriegstein, H. J.; Hogness, D. S. *The units of DNA replication in D. melanogaster chromosomes.* In: *Cold Spring Harbor Symp. Quant. Biol.* 38 (1973) S. 205–223.

Zyskind, J. W.; Smith, D. W. *Nucleotide sequence of the S. typhimurium origin of DNA replication.* In: *Proc. Nat. Acad. Sci. USA* 77 (1980) S. 2460–2464.

Steck, T. R.; Drlica, K. *Bacterial chromosome segregation: evidence for DNA gyrase involvement in decatenation.* In: *Cell* 36 (1984) S. 1081–1088.

Marahrens, Y.; Stillman, B. *A yeast chromosomal origin of DNA replication defined by multiple functional elements.* In: *Science* 255 (1992) S. 817–823.

Bakterielle Teilung

Adler, H. I.et. al. *Miniature E. coli cells deficient in DNA.* In: *Proc. Nat. Acad. Sci. USA* 57 (1967) S. 321–326.

Donachie, W. D.; Begg, K. J. *Growth of the bacterial cell.* In: *Nature* 227 (1970) S. 1220–1224.

Donachie, W. D.; Begg, K. J.; Vicente, M. *Cell length, cell growth and cell division.* In: *Nature* 264 (1976), S. 328–333.

Hirota, Y.; Ryter, A.; Jacob, F. *Thermosensitive mutants of E. coli affected in the processes of DNA synthesis and cellular division.* In: *Cold Spring Harbor Symp. Quant. Biol.* 33 (1968) S. 677–693.

Rollende Ringe

Gilbert, W.; Dressler, D. *DNA replication: the rolling circle model.* In: *Cold Spring Harbor Symp. Quant. Biol.* 33 (1968) S. 473–484.

Konjugation

Ihler, G.; Rupp, W. D. *Strand-specific transfer of donor DNA during conjugation in E. coli.* In: *Proc. Nat. Acad. Sci. USA* 63 (1969), S. 138–143.

Plasmidinkompatibilität

Tomizawa, J.-I.; Itoh, T. *Plasmid ColE1 incompatibility determined by interaction of RNA with primer transcript.* In: *Proc. Nat. Acad. Sci. USA* 78 (1981) S. 6096–6100.

Masukata, H.; Tomizawa, J. *A mechanism of formation of a persistent hybrid between elongating RNA and template DNA.* In: *Cell* 62 (1990) S. 331–338.

15. DNA-Replikation

Die Replikation doppelsträngiger DNA ist ein komplexes Unternehmen, an dem eine ganze Fülle von Enzymaktivitäten beteiligt ist. An den Stadien der Initiation, Elongation und Termination nehmen jeweils unterschiedliche Enzymaktivitäten teil.

- Die Initiation umfaßt die Erkennung eines Ursprungs durch einen Proteinkomplex. Am Ursprung finden verschiedene Ereignisse statt. Vor Beginn der DNA-Synthese müssen die Elternstränge getrennt und (vorübergehend) in der einzelsträngigen Form stabilisiert werden. Dann kann die Synthese der Tochterstränge an der Replikationsgabel initiiert werden. Der Vorgang der Initiation bei der Synthese eines DNA-Stranges erfolgt in *E. coli* durch einen Proteinkomplex, das sogenannte **Primosom**.
- Die Elongation wird von einem anderen Proteinkomplex durchgeführt. Das **Replisom** existiert nicht als unabhängige Einheit (beispielsweise analog zum Ribosom), sondern wird zu Beginn der Replikation aus seinen Bestandteilen zusammengesetzt. *Das Replisom besteht als Proteinkomplex nur in Assoziation mit der besonderen Struktur, welche die DNA an der Replikationsgabel annimmt.* Während das Replisom an der DNA entlangwandert, entwinden sich die Elternstränge und Tochterstränge werden synthetisiert.
- Am Ende des Replicons sind Verbindungs- und/oder Terminationsreaktionen notwendig. Am wenigsten wissen wir über die an der Termination beteiligten enzymatischen Mechanismen. Nach der Termination müssen die verdoppelten Chromosomen voneinander getrennt werden, was die Manipulation höhergeordneter DNA-Struktur erfordert.

Das Unvermögen, DNA zu replizieren, ist für eine wachsende Zelle verhängnisvoll. Replikationsmutanten müssen daher als konditional letale Mutanten gewonnen werden, die unter permissiven Bedingungen (bei normaler Inkubationstemperatur) in der Lage sind, die Replikation durchzuführen, und ihren Defekt nur unter nichtpermissiven Bedingungen (bei der höheren Temperatur von 42 °C) zeigen. Eine umfassende Serie solcher temperatursensibler Mutanten aus *E. coli* bezeichnet einen Satz von Loci, die als ***dna***-Gene bezeichnet werden. Man teilt die *dna*-Mutanten auf der Grundlage ihres Verhaltens bei einer Temperaturerhöhung in zwei allgemeine Klassen ein. Die Hauptklasse von **Quick-stop-Mutanten** hört unmittelbar nach einem Temperaturanstieg mit der Replikation auf. Sie zeigen Defekte in den Bestandteilen des Replikationsapparats, typischerweise in den für die Elongation benötigten Enzymen (sie schließen aber auch Defekte bei der Versorgung mit essentiellen Vorläufern ein). Die kleinere Klasse der **Slow-stop-Mutanten** vollendet die laufende Replikationsrunde, kann aber keine weitere beginnen. Bei ihnen liegt der Defekt in den Ereignissen, die am Ursprung einen Replikationszyklus einleiten.

Ein wichtiger Test zur Identifizierung der Komponenten des Replikationsapparats ist die ***in vitro*-Komplementation**. Ein *in vitro*-System für die Replikation wird aus einer *dna*-Mutante hergestellt und unter Bedingungen betrieben, bei denen das mutierte Genprodukt inaktiv ist. Extrakte aus Wildtypzellen werden dann in bezug auf ihre Fähigkeit getestet, die Aktivität wiederherzustellen. Das von dem *dna*-Locus codierte Protein kann man reinigen, indem man die aktive Komponente in dem Extrakt feststellt.

Wir haben inzwischen das Stadium erreicht, einen bakteriellen Replikationsapparat definieren zu können, von dem jede Komponente als biochemisch reines Produkt für *in vitro*-Untersuchungen erhältlich ist, während sie *in vivo* durch den Effekt von Mutationen ihres Gens erkennbar ist. Bei Eukaryoten ist die Verwendung vollständig gereinigter Replikationssysteme erst seit kurzem möglich, aber es gab Fortschritte bei *in vitro*-Systemen, die definierte Matrizen replizieren können. Auch hat man einige Zellkernsysteme erhalten, die alle für die Initiation und die fortlaufende Wanderung der Replikationsgabel nötigen Bestandteile enthalten.

15.1 DNA-Polymerasen: Enzyme, die DNA herstellen

Ein Enzym, das an einem Matrizenstrang entlang einen neuen DNA-Strang synthetisieren kann, wird als **DNA-Polymerase** bezeichnet. Sowohl prokaryotische als auch eukaryotische Zellen enthalten viele DNA-Polymerase-Aktivitäten. Nur einige dieser Enzyme betreiben tatsächlich Replikation; manchmal werden sie als **DNA-Replikasen** bezeichnet. Die anderen spielen bei der Replikation eine untergeordnete Rolle und/oder haben Anteil an der „Reparatur"-Synthese von DNA, um geschädigte Sequenzen zu ersetzen (Kapitel 16).

Es ist praktisch, DNA-synthetisierende Aktivitäten mit DNA-Polymerase-Enzymen gleichzusetzen; aber die Existenz eines DNA-Replikase-Enzyms als gesonderte Einheit ist ein strittiger Punkt. (Dasselbe Problem wird in Kapitel 11 für RNA-Polymerasen behandelt.) Bakterielle DNA-Replikase-Aktivität wird als ein Aggregat aus verschiedenen „Untereinheiten" gewonnen. Es ist nicht klar, welche Untereinheiten man als Bestandteile der Replikase an sich und welche als Zusatzfaktoren betrachten sollte. Die DNA-synthetisierende Aktivität ist nur eine von mehreren mit dem Replisom verbundenen Funktionen. Vielleicht sollten wir bei ihrer Betrachtung als eigenständige Funktion nicht zu sehr davon beeinflußt werden, daß wir diesen besonderen Schritt im Gesamtprozeß gesondert nachweisen können.

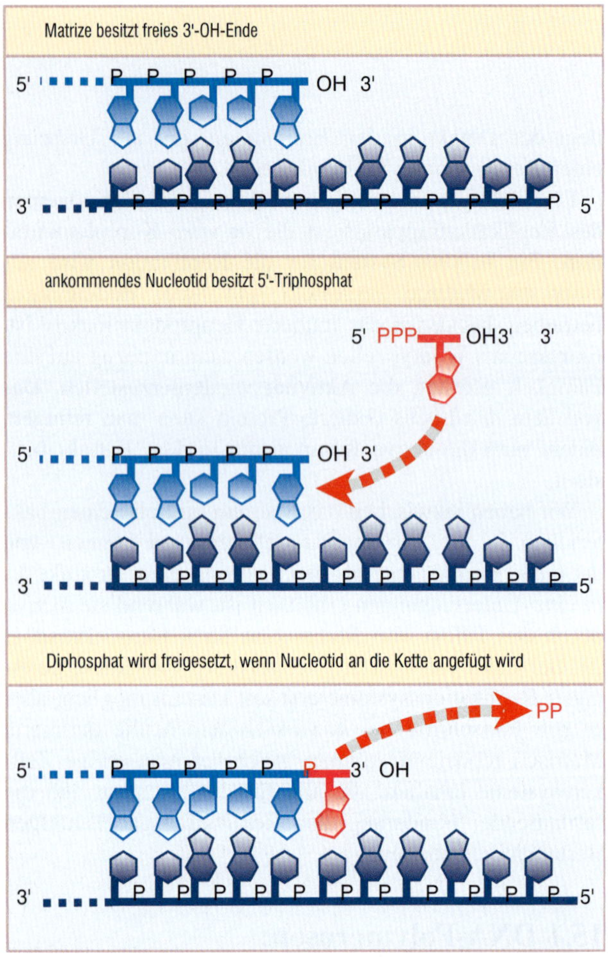

15.1 *Übersicht*: DNA-Synthese geschieht durch das Anhängen von Nucleotiden an das 3′-OH-Ende einer wachsenden Kette, so daß die neue Kette in 5′→3′-Richtung synthetisiert wird. Die Vorstufe für die DNA-Synthese ist ein Nucleosidtriphosphat, das seine beiden endständigen Phosphatgruppen bei der Reaktion verliert.

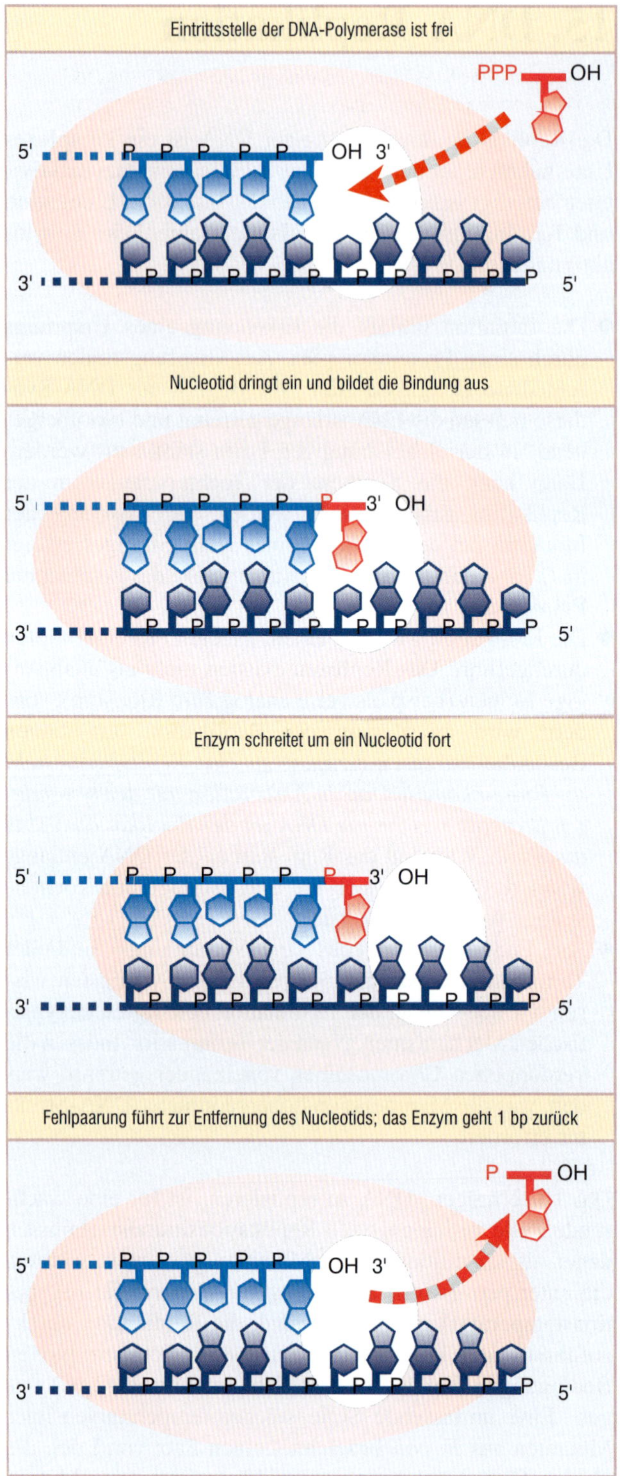

15.2 Bakterielle DNA-Polymerasen überprüfen das Basenpaar am Ende der wachsenden Kette und schneiden das angehängte Nucleotid aus, wenn es nicht paßt.

In *E. coli* hat man drei DNA-Polymerase-Aktivitäten charakterisiert. DNA-Polymerase I ist an der Reparatur geschädigter DNA, sowie in einer Nebenrolle an der semikonservativen Replikation beteiligt. DNA-Polymerase II ist wahrscheinlich ebenfalls an der Reparatur beteiligt. DNA-Polymerase III, ein Protein aus vielen Untereinheiten, ist die für die *de novo*-Synthese von neuen DNA-Strängen verantwortliche Replikase.

Alle prokaryotischen und eukaryotischen DNA-Polymerasen zeigen dieselbe grundlegende Art und Weise synthetischer Aktivität. Jede kann eine DNA-Kette verlängern, indem sie jeweils ein Nucleotid an ein 3′-OH-Ende anhängt, was schematisch in Abbildung 15.1 dargestellt ist. Die Wahl des anzuknüpfenden Nucleotids wird durch die Basenpaarung mit dem Matrizenstrang diktiert.

Die Genauigkeit der Replikation wirft dasselbe Problem auf, dem wir z. B. schon bei der Betrachtung der Präzision der Translation begegnet sind. Sie beruht auf der Spezifität der Basenpaarung. Wenn wir jedoch die bei der Basenpaarung beteiligten Wechselwirkungen betrachten, so würden wir Fehler mit einer Häufigkeit von etwa 10^{-3} pro repliziertem Basenpaar erwarten. Die tatsächliche Rate bei Bakterien scheint dagegen bei etwa 10^{-8} bis 10^{-10} zu liegen. Dies entspricht etwa einem Fehler pro Genom pro 1 000 bakteriellen Replikationszyklen, oder etwa 10^{-6} pro Gen und Generation.

Die DNA-Polymerase könnte die Spezifität bei der Auswahl komplementärer Basen in jeweils einem von zwei (oder beiden) Stadien verbessern:

- Sie könnte die ankommende Base auf genaue Komplementarität zu der Matrizenbase hin überprüfen, etwa indem sie zueinander passende chemische Merkmale spezifisch erkennt. Dies wäre eine **präsynthetische** Fehlerkontrolle.
- Oder sie könnte das Basenpaar *nach* dem Hinzufügen der neuen Base an die Kette überprüfen und im Falle eines Fehlers die zuletzt angehängte Base entfernen. Dies wäre eine Kontrolle durch **Korrekturlesen** (*proofreading*).

Alle bakteriellen Enzyme besitzen eine 3'→5'-Exonucleaseaktivität, die in entgegengesetzter Richtung zur DNA-Synthese arbeitet. Diese übernimmt die in Abbildung 15.2 schematisch dargestellte Korrekturfunktion. Beim Kettenverlängerungsschritt gelangt ein Vorläufernucleotid in die Position am Ende der wachsenden Kette. Eine Bindung wird hergestellt. Das Enzym bewegt sich um ein Basenpaar weiter und ist für den Eintritt des nächsten Vorläufernucleotids bereit. Wurde ein Fehler gemacht, bewegt sich das Enzym zurück, wobei es die letzte hinzugefügte Base ausschneidet und dadurch Platz für den Eintritt eines Ersatzvorläufernucleotids schafft.

Verschiedene DNA-Polymerasen bewerkstelligen auf verschiedene Art und Weise die Kooperation zwischen der polymerisierenden und der korrekturlesenden Aktivität. In einigen Fällen sind beide Aktivitäten Teil derselben Proteinuntereinheit, in anderen liegen sie in verschiedenen Untereinheiten. Das Entfernen einer fehlgepaarten Base ist in Wirklichkeit komplexer als in Abbildung 15.2 gezeigt, da die Excisionsreaktion von einem anderen aktiven Zentrum katalysiert wird als die Addition, wie auch aus Tabelle 15.1 zu ersehen ist.

Das erste charakterisierte Enzym war die DNA-Polymerase I, ein enzymatisches „Multitalent" mit verschiedenen Aktivitäten. Es wird von dem Locus *polA* codiert und ist ein einzelnes Polypeptid mit einer Molekülmasse von 103 kD. Die Kette kann durch proteolytischen Verdau in zwei Abschnitte gespalten werden.

Das größere Spaltprodukt (68 kD) wird als Klenow-Fragment bezeichnet. Es wird für synthetische Reaktionen *in vitro* eingesetzt und enthält die Polymerase- und die 3'→5'-Exonucleaseaktivität, die sich in verschiedenen Bereichen des Fragments befinden. Die C-terminalen zwei Drittel des Proteins enthalten das aktive Zentrum der Polymerase, während das N-terminale Drittel die korrekturlesende Exonuclease beherbergt. Die aktiven Zentren scheinen in dem Protein etwa 300 Nanometer entfernt zu sein, was darauf hindeutet, daß zwischen der Addition und dem Entfernen einer Base ein räumlicher Abstand besteht.

Das kleine Fragment (35 kD) besitzt eine 5'→3'-Exonucleaseaktivität, die eine kleine Gruppe von Nucleotiden ausschneidet, bis zu etwa zehn Basen auf einmal. Diese Aktivität ist mit der synthetisierenden/korrekturlesenden Aktivität koordiniert. Sie stattet die DNA-Polymerase I mit der einzigartigen Fähigkeit aus, die Replikation *in vitro* bei einem Einzelstrangbruch in der DNA zu beginnen. (Keine andere DNA-Polymerase besitzt diese Fähigkeit.) An einer Stelle, an der eine Phosphodiesterbindung in einer doppelsträngigen DNA unterbrochen (*nick*) wurde, verlängert das Enzym das 3'-Ende. Während das neue DNA-Segment synthetisiert wird, *verdrängt es den bestehenden homologen Strang in der Doppelhelix.*

Dieser Prozeß der **Nicktranslation** ist in Abbildung 15.3 dargestellt. Der verdrängte Strang wird von der 5'→3'-Exonucleaseaktivität des Enzyms abgebaut. Die Eigenschaften der DNA bleiben unverändert, außer daß ein Abschnitt eines Strang durch neusynthetisiertes Material ersetzt wurde und sich die Position des Einzelstrangbruches entlang des Doppelstranges verschoben hat. Dies hat einen großen praktischen Nutzen: Nicktranslation ist eine wichtige Technik, um radioaktiv markierte Nucleotide *in vitro* in die DNA einzuführen.

Obwohl die Menge an DNA-Polymerase I in einem Bakterium groß ist, ist das Enzym nicht für die Replikation verantwortlich, da diese auch in *polA*-Mutanten noch abläuft. Die 5'→3'-Synthese-/3'→5'-Exonucleaseaktivität wird vermutlich *in vivo* vor allem dazu verwendet, kurze einzelsträngige Bereiche in doppelsträngiger DNA aufzufüllen. Diese entstehen während der Replikation und wenn geschädigte Basen aus der DNA entfernt werden, wie in Kapitel 16 beschrieben wird.

Werden Extrakte aus *E. coli* auf ihre Fähigkeit hin getestet, DNA zu synthetisieren, so ist die vorherrschende

Tabelle 15.1: Korrekturlesen verringert die Fehler von DNA-Polymerasen

Enzym	Ort der synthetisierenden und korrekturlesenden Domänen	Fehlerrate – korrekturlesend	Fehlerrate + korrekturlesend
E. coli-DNA-Polymerase I	einzelne Untereinheit	10^{-5}	5×10^{-7}
E. coli-DNA-Polymerase III	separate Untereinheiten	7×10^{-6}	5×10^{-9}
T4-DNA-Polymerase	einzelne Untereinheit	5×10^{-5}	10^{-7}
T7-DNA-Polymerase	unbekannt	10^{-5}	10^{-6}
Reverse Transkriptase	keine	10^{-5}	

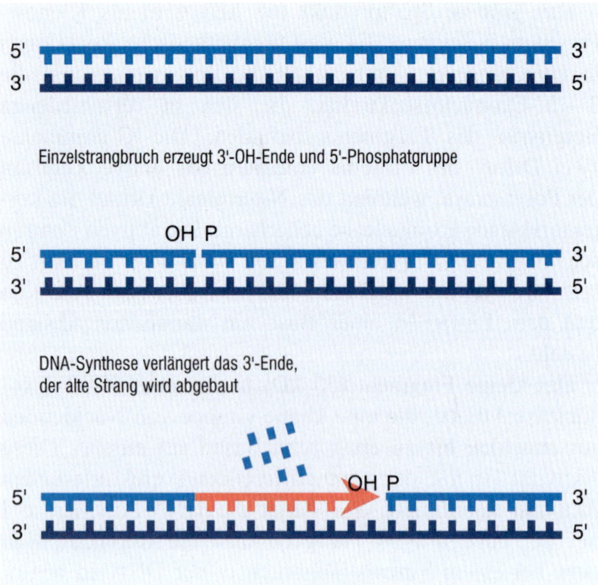

15.3 Die Nicktranslation ersetzt einen Teil eines bereits existierenden Stranges einer DNA-Doppelhelix durch neusynthetisiertes Material.

Enzymaktivität die der DNA-Polymerase I. Ihre Aktivität ist so groß, daß es unmöglich ist, diejenigen Enzyme zu entdecken, die tatsächlich für die DNA-Replikation verantwortlich sind! Um *in vitro*-Systeme zu erhalten, in denen die Replikation verfolgt werden kann, werden Extrakte daher aus *polA*-mutierten Zellen gewonnen.

Die eigentliche Replikase ist DNA-Polymerase III. Gereinigte DNA-Polymerase-III-Aktivitäten besitzen mehrere Untereinheiten. Wir verwenden den Plural „Aktivitäten", da man das Enzym in mehreren Formen gefunden hat, die wir später besprechen werden. Die Replikaseaktivität wurde ursprünglich durch eine letale Mutation im *polC*-Locus entdeckt, der nun in *dnaE* umbenannt wurde; dieser codiert die 130-kD-α-Untereinheit, welche die DNA-Syntheseaktivität besitzt. Die $3'\rightarrow5'$-exonucleolytische Aktivität zum Korrekturlesen befindet sich in einer anderen Untereinheit, ε, die von *dnaQ* codiert wird.

Die ε-Untereinheit arbeitet normalerweise in Verbindung mit der α-Untereinheit, was durch die Zunahme des Korrekturlesens angezeigt wird, wenn beide Proteine vereinigt werden. Die grundlegende Rolle der ε-Untereinheit bei der Kontrolle der Replikationsgenauigkeit *in vivo* wird durch die Wirkungen von Mutationen in *dnaQ* verdeutlicht: Die Häufigkeit, mit der Mutationen in diesem Bakterienstamm auftreten, ist mehr als tausendfach erhöht.

Wir können die Fehler, welche die DNA-Polymerase während der Replikation macht, in zwei Klassen einteilen: Substitutionen treten auf, wenn das falsche (falsch gepaarte) Nucleotid eingebaut wird, und es kommt zu Leserasterverschiebungen, wenn ein zusätzliches Nucleotid eingebaut oder ein Nucleotid ausgelassen wird. Die beiden Fehlertypen werden von unterschiedlichen Eigenschaften der Polymerase kontrolliert.

Die Korrekturleseaktivitäten wurden in vielerlei Hinsicht untersucht, darunter durch einen Vergleich von Mutationsraten unter verschiedenen Bedingungen *in vivo* und durch die Untersuchung von fehlerhaftem Einbau *in vitro*. Jede DNA-Polymerase hat ein charakteristisches Fehlerniveau, das von ihrer $3'\rightarrow5'$-Korrekturaktivität beeinflußt wird (Tabelle 15.1). Diese Art der Fehlerkontrolle findet beim fehlerhaften Einbau von Basen Anwendung (und könnte außerdem durch Insertion entstandene Leserasterverschiebungen entfernen). Man beachte die hohe Fehlerrate von Reverser Transkriptase (welche für die DNA-Synthese retroviraler RNA verantwortlich ist), die keine Korrekturaktivität besitzt; dies könnte der Grund für die hohe Veränderungsrate der Genomsequenz während einer retroviralen Infektion sein. (Wir werden die Retroviren in Kapitel 19 besprechen.)

Im Hinblick auf Leserasterverschiebungen wird die Genauigkeit von der **Prozessivität** des Enzyms beeinflußt: seiner Tendenz, auf einer einzelnen Matrize zu verbleiben anstatt zu dissoziieren und reassoziieren. Dies ist besonders für die Replikation eines homopolymeren Stranges wichtig, beispielsweise einer langen Sequenz von dT_n:dA_n, bei der ein „Verrutschen" die Länge des Homopolymerstranges verändern kann. Allgemein gilt, daß eine höhere Prozessivität die Wahrscheinlichkeit für solche Ereignisse verringert. In multimeren DNA-Polymerasen erhöht normalerweise eine bestimmte Untereinheit die Prozessivität, die nicht für die katalytische Aktivität an sich benötigt wird.

Einige Phagen codieren DNA-Polymerasen; dazu gehören T4, T5, T7 und SPO1. Alle diese Enzyme besitzen $5'\rightarrow3'$-Synthese- und $3'\rightarrow5'$-Exonuclease-Fehlerkorrekturaktivität. In jedem Fall verhindert eine Mutation des entsprechenden Gens, das ein einzelnes Phagenpolypeptid

Tabelle 15.2: In Säugern gibt es fünf DNA-Polymerasen (mit griechischen Buchstaben bezeichnet; die Hefeäquivalente sind in römischen Ziffern angegeben)

DNA-Polymerase	α(I)	δ(III)	ε(II)	β	γ
Lage	im Kern	im Kern	im Kern	im Kern	in den Mitochondrien
Synthesefunktion	Priming	DNA-Synthese	Reparatur	Reparatur	Replikation
andere Funktionen	–	$3'\rightarrow5'$-Exonuclease	$3'\rightarrow5'$-Exonuclease	–	$3'\rightarrow5'$-Exonuclease
Inhibitoren	Aphidicolin	Aphidicolin	Aphidicolin	Didesoxy-TTP	Didesoxy-TTP

codiert, die Entwicklung des Phagen. Jedes Polymerasepolypeptid eines Phagen assoziiert mit anderen Phagen- oder Wirtspoteinen, um ein intaktes Enzym zu bilden.

Man hat verschiedene Klassen eukaryotischer DNA-Polymerasen identifiziert, deren Eigenschaften in Tabelle 15.2 zusammengefaßt sind. Einigen von ihnen fehlt die 3′→5′-Korrekturexonucleaseaktivität, was darauf schließen läßt, daß andere Mechanismen zur Kontrolle der Fehlerrate vorhanden sein müssen.

Welches dieser Enzyme ist die echte Replikase? Die DNA-Polymerasen α und δ zeigen *in vivo* und *in vitro* dieselbe Reaktion auf die Inhibitoren 2′3′-Didesoxythymidin und Aphidicolin wie die gesamte Replikation. Diese Ergebnisse identifizieren sie als DNA-Replikasen des Kernes. Sie haben verschiedene Funktionen: DNA-Polymerase α ist bei der Initiation der Strangsynthese aktiv, während DNA-Polymerase δ den entstehenden Strang verlängert (siehe unten). Die beiden anderen Kernenzyme, die DNA-Polymerasen ε und β, sind wahrscheinlich an Reparaturreaktionen beteiligt. DNA-Polymerase γ schließlich ist für die Replikation mitochondrialer DNA verantwortlich.

Ein besonderes Merkmal aller DNA-Polymerasen ist, daß *sie die Synthese einer DNA-Kette nicht aus freien Nucleotiden initiieren können.* Sie benötigen einen **Primer** (Startstück), der ein freies 3′-OH-Ende bietet, das durch Anhängen von Nucleotiden verlängert werden kann. Der Primer kann verschiedene Formen annehmen, von denen wir einige schon im Zusammenhang mit dem Replicon in Kapitel 14 besprochen haben. Verschiedene Typen von Priming-Reaktionen sind in Abbildung 15.4 zusammengefaßt:

- Eine RNA-Sequenz wird an der Matrize synthetisiert, ihr freies 3′-OH-Ende wird von der DNA-Polymerase verlängert. Dies geschieht gewöhnlich bei der Replikation zellulärer DNA sowie einiger Viren. Das Beispiel der ColE1-Replikation, das auch in Abbildung 14.34 dargestellt ist, haben wir bereits besprochen.
- Eine bereits zuvor gebildete RNA paart sich mit der Matrize, so daß ihr 3′-Ende als Primer für die DNA-Synthese verwendet werden kann. Diesen Mechanismus benutzen Retroviren, um die reverse Transkription von RNA zu starten; dies wird in Kapitel 19 beschrieben.
- Ein Primerende wird innerhalb des DNA-Doppelstranges erzeugt. Der häufigste Mechanismus ist die Einführung eines Einzelstrangbruches, wie bei der Initiation der Replikation des rollenden Ringes, die in Abbildung 14.16 dargestellt ist. In diesem Fall wird der bereits existierende Strang durch Neusynthese ersetzt. (Man beachte den Unterschied zur Nicktranslation in Abbildung 15.3, bei der DNA-Polymerase I gleichzeitig synthetisiert und DNA von einem Einzelstrangbruch her abbaut.)
- Ein Protein bildet selbst den Primer, indem es der DNA-Polymerase ein Nucleotid präsentiert. Diese Reaktion verwenden bestimmten Viren, wie schon in Abbildung 14.15 gezeigt wurde.

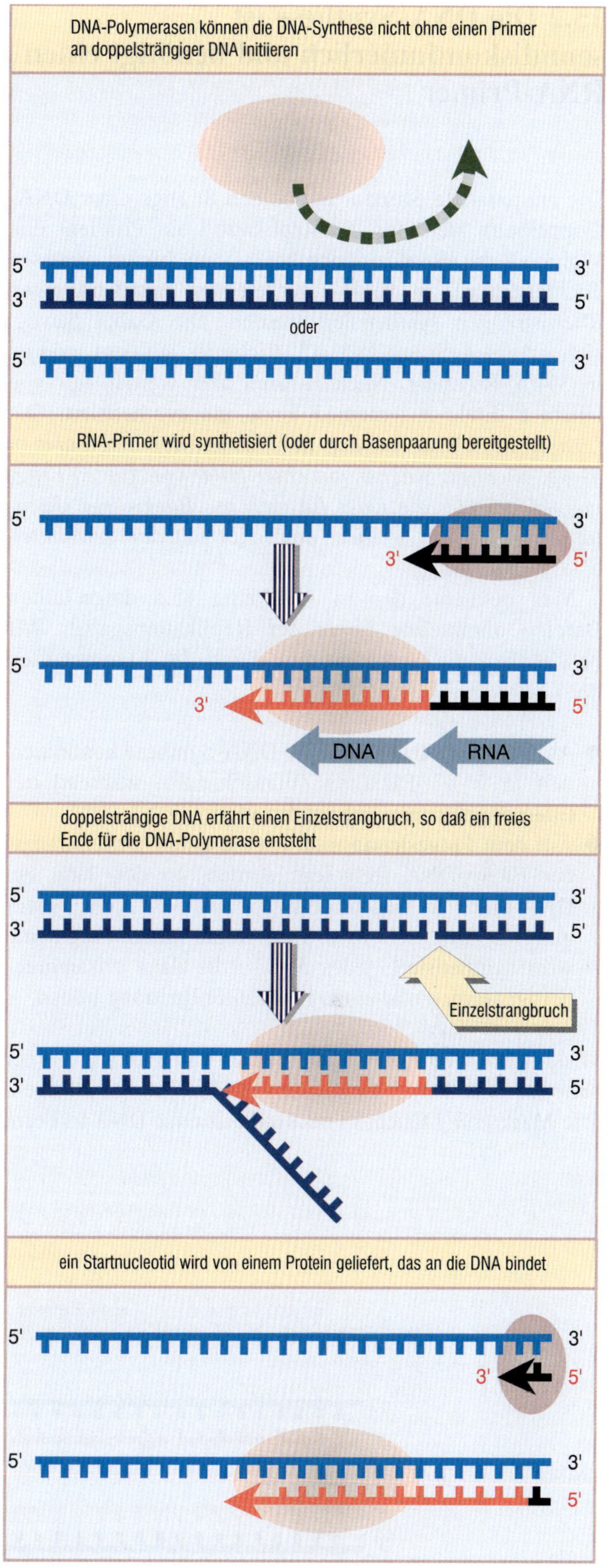

15.4 Das freie 3′-OH-Ende, das DNA-Polymerasen zur Initiation der DNA-Synthese benötigen, wird auf verschiedene Weise erzeugt.

15.2 Die DNA-Synthese ist semidiskontinuierlich und benötigt einen RNA-Primer

Die antiparallele Struktur der beiden Stränge einer DNA-Doppelhelix stellt für die Replikation ein Problem dar. Während die Replikationsgabel voranschreitet, müssen Tochterstränge an beiden freigelegten einzelsträngigen Elternsträngen synthetisiert werden. Die Gabel bewegt sich auf einem Strang in 5′→3′-Richtung, auf dem anderen in 3′→5′-Richtung. Nucleinsäuren aber werden nur von einem 5′-Ende zu einem 3′-Ende hin synthetisiert. *Die Lösung besteht darin, daß der Strang, der insgesamt in 3′→5′-Richtung wächst, aus einer Folge von kurzen Fragmenten besteht, die jedes für sich in „Rückwärts"-Richtung synthetisiert werden, das heißt mit der gewohnten 5′→3′-Polarität.*

Man betrachte den in Abbildung 15.5 dargestellten Bereich unmittelbar hinter der Replikationsgabel. Wir beschreiben die Vorgänge dort durch die Eigenschaften der neusynthetisierten Stränge:

- Auf dem **Leitstrang** kann die DNA-Synthese kontinuierlich in 5′→3′-Richtung voranschreiten, während der Elterndoppelstrang entwunden wird.
- Auf dem **Folgestrang** muß ein Abschnitt einzelsträngiger Eltern-DNA freigelegt werden, an der dann ein DNA-Stück in Gegenrichtung (relativ zur Gabelbewegung) synthetisiert wird. Eine Reihe dieser Fragmente wird synthetisiert, jedes 5′→3′, die dann zusammengefügt werden und einen intakten Folgestrang bilden.

Diskontinuierliche Replikation kann man mit Hilfe einer sehr kurz andauernden radioaktiven Markierung verfolgen. Die Markierung taucht in neusynthetisierter DNA in Form von kurzen Fragmenten auf, die im Bereich von 7–11S sedimentieren, was einer Länge von etwa 1 000 bis 2 000 Basen entspricht. Diese **Okazaki-Fragmente** findet man in replizierender DNA von Pro- und Eukaryoten. Nach längerer Inkubationszeit tritt die Markierung in größeren DNA-Abschnitten auf; dieser Übergang resultiert aus der kovalenten Verbindung der Okazaki-Fragmente miteinander.

(Der Folgestrang *muß* in Form von Okazaki-Fragmenten synthetisiert werden. Lange Zeit war es unklar, ob der Leitstrang genauso oder kontinuierlich synthetisiert wird. In *E. coli* findet man die gesamte neusynthetisierte DNA in Form von kurzen Fragmenten. Oberflächlich betrachtet deutet das darauf hin, daß beide Stränge diskontinuierlich synthetisiert werden. Es stellte sich allerdings heraus, daß nicht die gesamte Fragmentpopulation echte Okazaki-Fragmente darstellt; bei einigen handelt es sich um Pseudofragmente, die durch Brüche eines DNA-Stranges erzeugt wurden, der in Wirklichkeit als kontinuierliche Kette synthetisiert worden war. Die Quelle für diese Brüche ist der gelegentliche Einbau von Uracil anstelle von Thymidin. Wenn Uracil durch ein Reparatursystem entfernt wird, hat der Leitstrang Brüche, bis ein Thymidin eingefügt wird.)

In *E. coli* wird also der Folgestrang diskontinuierlich, der Leitstrang kontinuierlich synthetisiert. Dasselbe gilt wahrscheinlich auch für andere Systeme. Diese Art der Synthese wird als **semidiskontinuierliche Replikation** bezeichnet.

Da die DNA-Polymerase eine Desoxyribonucleotidkette nicht initiieren kann, wird eine Priming-Aktivität benötigt, die 3′-OH-Enden für den Start der DNA-Ketten auf dem Leit- und auf dem Folgestrang bereitstellt. Der Leitstrang erfordert nur ein einziges solches Initiationsereignis, das am Ursprung erfolgt. Am Folgestrang dagegen muß eine Reihe von Initiationsereignissen stattfinden, da jedes Okazaki-Fragment seinen eigenen *de novo*-Start erfordert.

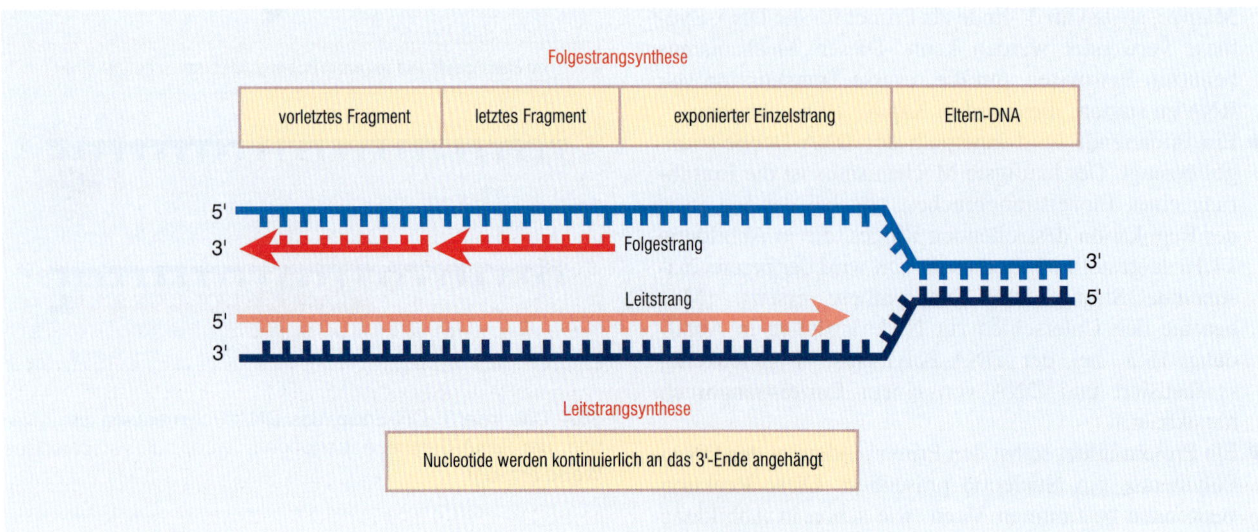

15.5 Der Leitstrang wird kontinuierlich synthetisiert, der Folgestrang dagegen diskontinuierlich.

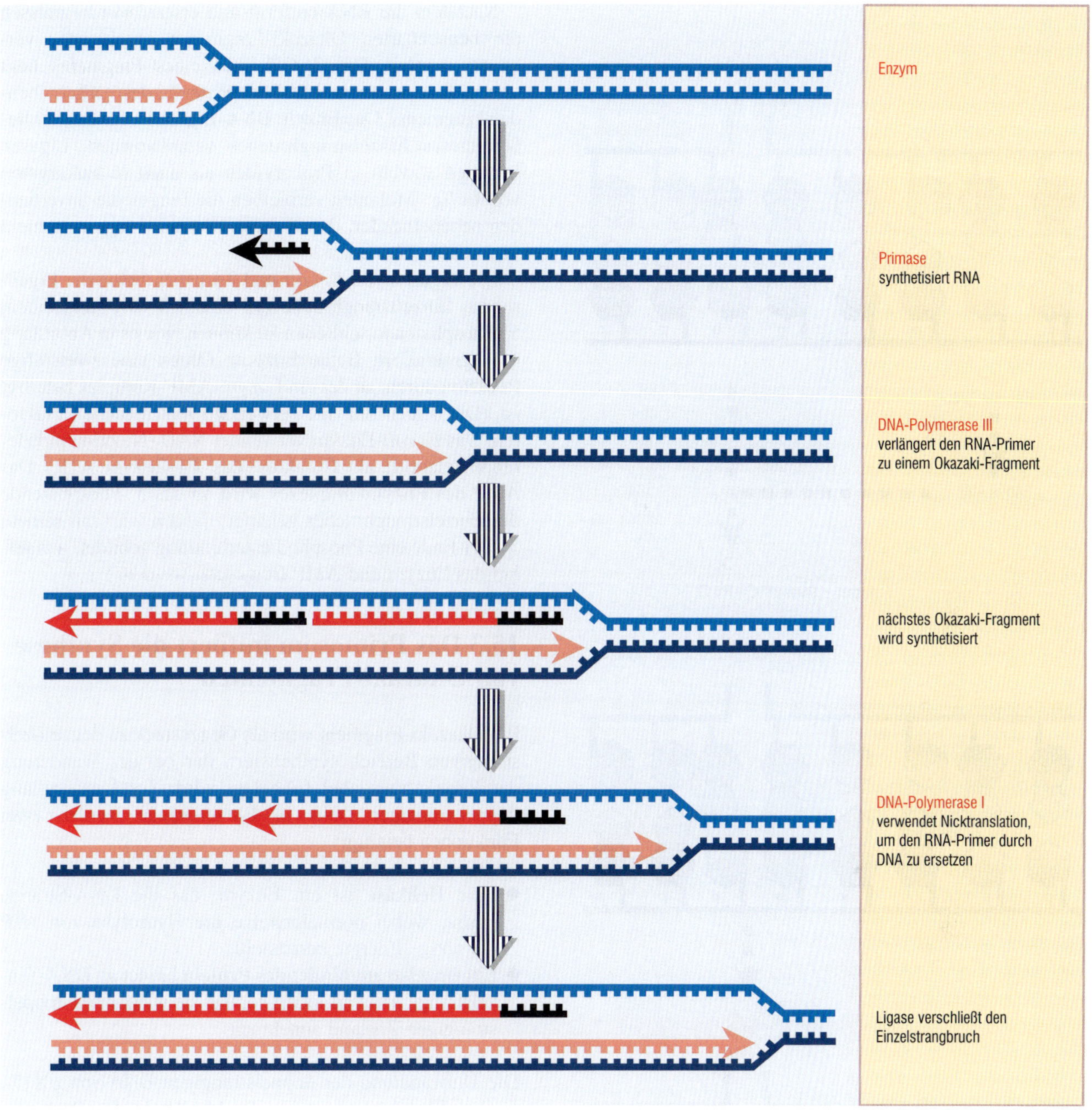

15.6 Die Synthese von Okazaki-Fragmenten erfordert Priming, Verlängerung, Entfernung von RNA, Auffüllen der Lücke und Schließen des Einzelstrangbruches.

Jedes beginnt mit einem Primer, einer RNA-Sequenz von etwa zehn Basen Länge, die das 3′-OH-Ende für die Verlängerung durch die DNA-Polymerase zur Verfügung stellt.

Wir können uns nun auch mit den Vorgängen beschäftigen, die bei der Verknüpfung der Okazaki-Fragmente ablaufen (Abbildung 15.6). Die vollständige Reihenfolge der Ereignisse ist noch nicht genau bekannt, jedoch müssen sie die Synthese eines RNA-Primers, seine Verlängerung durch DNA, die Entfernung des RNA-Primers, sein Ersetzen durch ein DNA-Stück und die kovalente Verknüpfung benachbarter Okazaki-Fragmente umfassen.

Die Abbildung legt nahe, daß die Synthese eines Okazaki-Fragments kurz vor dem Beginn des RNA-Primers des vohergehenden Fragments endet. Wird der Primer entfernt, so entsteht eine Lücke. Diese wird von DNA-Polymerase I aufgefüllt; *polA*-Mutanten können ihre Okazaki-Fragmente nicht ordnungsgemäß verbinden. Die 5′→3′-Exonucleaseaktivität entfernt den RNA-Primer und ersetzt ihn gleichzeitig durch eine DNA-Sequenz, die vom 3′-OH-Ende des nächsten Okazaki-Fragments her synthetisiert wird. Dies entspricht der Nicktranslation, nur daß hier die neue DNA anstatt eines DNA-Abschnitts ein RNA-Stück ersetzt.

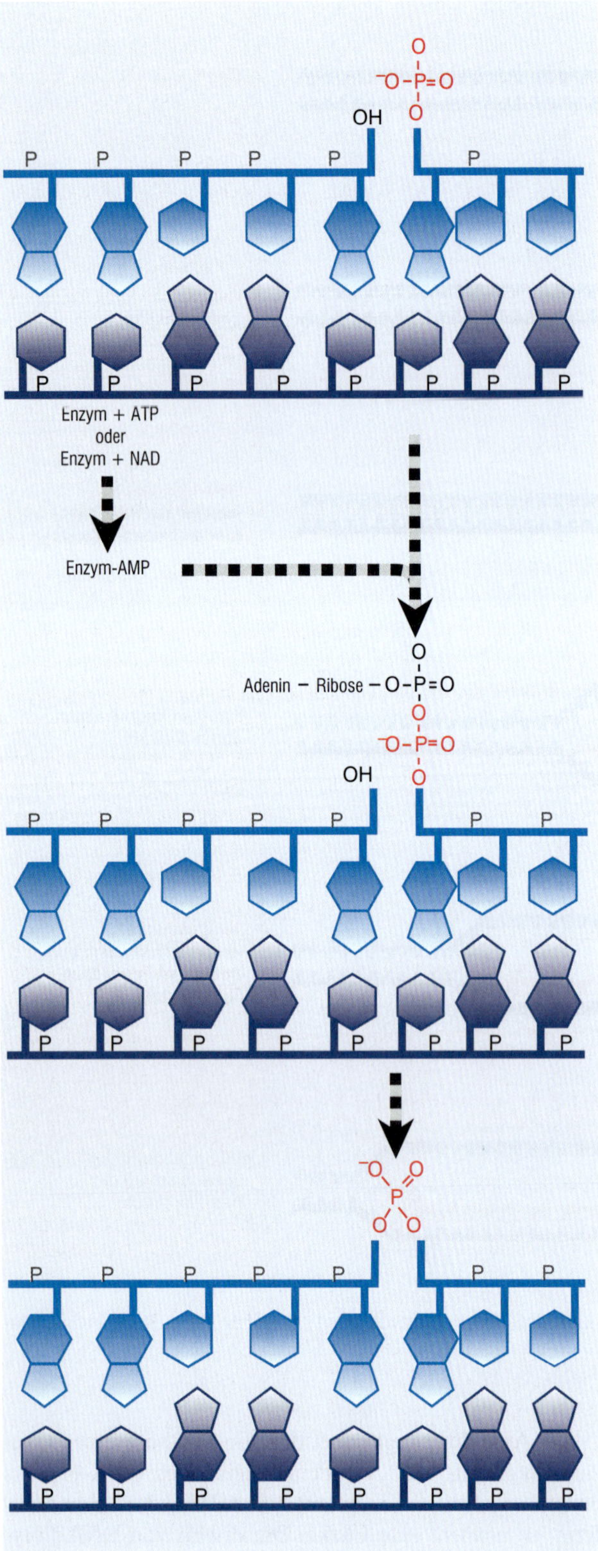

15.7 Die DNA-Ligase schließt Einzelstrangbrüche zwischen benachbarten Nucleotiden unter Verwendung eines Enzym-AMP-Intermediats.

Nachdem die RNA entfernt und ersetzt wurde, müssen die benachbarten Okazaki-Fragmente miteinander verknüpft werden. Das 3′-OH-Ende eines Fragments liegt unmittelbar neben dem 5′-Phosphatende des vorhergehenden Fragments. Das Enzym **DNA-Ligase** ist für das Schließen dieses Einzelstrangbruches verantwortlich. Ligasen kommen sowohl in Prokaryoten als auch in Eukaryoten vor. In *lig*⁻-Mutanten verbleiben die Fragmente unverbunden nebeneinander, da sie diese Okazaki-Fragmente nicht verknüpfen können.

Die Ligasen von *E. coli* und T4 haben beide die Eigenschaft, Einzelstrangbrüche mit einem 3′-OH- und einem 5′-Phosphatende schließen zu können, wie es in Abbildung 15.7 gezeigt ist. Beide Enzyme führen eine zweistufige Reaktion durch, an der ein Enzym-AMP-Komplex beteiligt ist. (Die beiden Enzyme verwenden verschiedene Cofaktoren. Das *E. coli*-Enzym verwendet NAD (Nicotinamidadenindinucleotid) als Cofaktor, das T4-Enzym ATP.) Das AMP des Enzymkomplexes wird an das 5′-Phosphatende des Einzelstrangbruches gehängt; danach wird mit seinem 3′-OH-Ende eine Phosphodiesterbindung gebildet, woraufhin das Enzym und AMP freigesetzt werden.

15.3 Das Primosom initiiert die Synthese von Okazaki-Fragmenten

Ein Okazaki-Fragment wird als Gegenstück zu dem einzelsträngigen Bereich synthetisiert, der bei der Wanderung der Replikationsgabel freigelegt wird. Zur Umwandlung doppelsträngiger DNA in Einzelstränge werden zwei Funktionen benötigt:

- Eine **Helikase** ist ein Enzym, das die DNA-Stränge trennt, wobei normalerweise die Hydrolyse von ATP die nötige Energie bereitstellt.
- Ein **einzelstrangbindendes Protein** bindet an DNA-Einzelstränge und verhindert so, daß sie wieder den doppelsträngigen Zustand annehmen.

Die Umwandlung der doppelsträngigen DNA von φX174 in ihre Einzelstränge zeigt die Merkmale des Prozesses auf. Gemäß Abbildung 15.8 wird ein Einzelstrang von dem Ring abgerollt, was dem bereits in Abbildung 14.16 beschriebenen rollenden Ring entspricht. Die Reaktion kann auch ohne DNA-Synthese erfolgen, wenn die erforderlichen drei Proteine *in vitro* zur Verfügung stehen.

Das A-Protein des Phagen spaltet den viralen (+)-Strang am Replikationsursprung. In Anwesenheit zweier Wirtsproteine, Rep und SSB, sowie von ATP entwindet sich die gespaltene DNA. Das Rep-Protein stellt die Helikase zur Trennung der Stränge, das SSB erhält diese dann in der einzelsträngigen Form. Das **einzelstrangbindende Protein (SSB**; *single-strand binding protein*) aus *E. coli* ist ein Tetramer mit einer Größe von 74 kD, das kooperativ an einzelsträngige DNA bindet.

Die Bedeutung der kooperativen Bindungsweise liegt darin, daß die Bindung eines Proteinmoleküls die Bindung

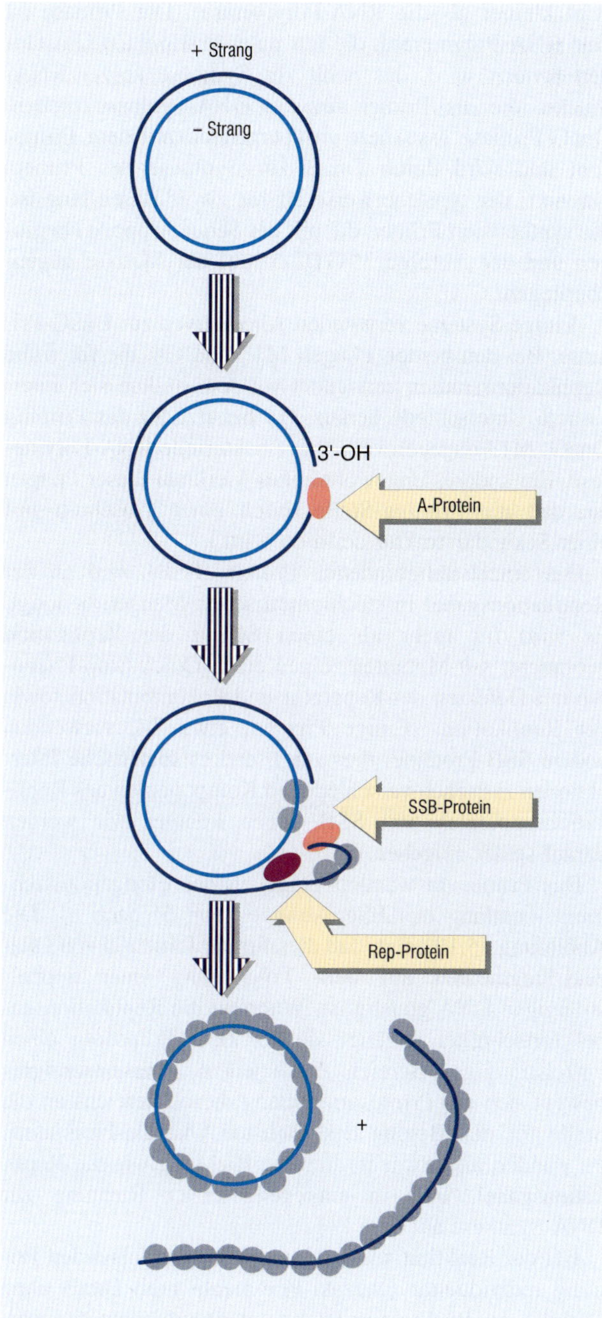

15.8 Die φX174-DNA kann durch die gemeinsame Wirkung dreier Funktionen in Einzelstränge getrennt werden: Schneiden durch A-Protein, Entwinden durch Rep und Einzelstrangstabilisierung durch SSB.

eines weiteren wesentlich erleichtert. Sobald also die Bindungsreaktion an einem bestimmten DNA-Molekül begonnen hat, schreitet sie schnell voran, bis *die gesamte einzelsträngige DNA mit dem SSB-Protein bedeckt ist.* Man beachte, daß es sich bei diesem Protein *nicht* um ein *DNA-entwindendes Protein* handelt; seine Funktion besteht lediglich darin, DNA zu stabilisieren, die bereits als Einzelstrang vorliegt.

Unter normalen Umständen *in vivo* laufen die Entwindungs-, Bedeckungs- und Replikationsreaktion gemeinsam ab. Das SSB bindet an die DNA, während die Replikationsgabel fortschreitet, und hält die beiden Elternstränge getrennt, so daß sie in einem geeigneten Zustand vorliegen, um als Matrizen zu dienen.

Wir sind nun in der Lage, den Ablauf des Priming-Vorgangs zu betrachten. In *E. coli* gibt es zwei Arten von Priming-Reaktionen: Das φX-System, nach dem Phagen φX174 benannt, charakterisiert den einen Typ von Primosom. Das *oriC*-System, das nach dem bakteriellen Ursprung benannt ist, charakterisiert den anderen und ist anscheinend einfacher. Manchmal bezeichnet man Replicons als solche vom φX- oder vom *oriC*-Typ.

Einige einzelsträngige DNA-Phagen (φX174, M13 und G4) wurden in frühen Modellsystemen als Matrizen für die Folgestrangsynthese verwendet. φX174-DNA allein wirkt nicht mit dem Replikationsapparat, da die nackte DNA kein geeignetes Substrat abgibt. Ist die einzelsträngige Form jedoch einmal mit SSB bedeckt, so kann die Replikation erfolgen. Bei der Replikation von φX174 baut sich an einer bestimmten Stelle auf der einzelsträngigen DNA, die als **Primosomenaufbaustelle** (*primosome assembly site, **pas***) bezeichnet wird, ein **Primosom** zusammen. *pas* entspricht einem Ursprung für die Synthese eines Gegenstranges von φX174. Das Primosom besteht aus sechs Proteinen: PriA, PriB, PriC, DnaT, DnaB und DnaC.

Obwohl sich das Primosom zunächst an der *pas*-Bindungsstelle von φX174-DNA aufbaut, initiieren die Primer an verschiedenen Stellen. Dies legt nahe, *daß das Primosom (oder einige seiner Komponenten) sich entlang der einzelsträngigen DNA zu weiteren Stellen hinbewegt, an denen Priming-Reaktionen erfolgen.* PriA und DnaB sind mit Sicherheit Teil des Komplexes an der Stelle, an der das Priming erfolgt. Es ist noch unklar, ob die anderen Proteine dort auch vorhanden sind. Die Besonderheit der Stellen, an denen das bewegliche Primosom anhält, ist ebenfalls noch nicht klar.

Die *pas*-Bindungsstelle wird von PriA erkannt, das SSB von einzelsträngiger DNA verdrängen kann. Dies könnte zum Primosomenaufbau führen. PriA spaltet ATP, das die Energie für die Reaktion bereitstellt. PriA ist nur für das φX-Replicon erforderlich; für die Replikation von *oriC*-Replicons wird es (ebenso wie PriB und PriC, deren Funktionen unbekannt sind) nicht benötigt.

Die an der Priming-Reaktion beteiligten Aktivitäten sind in Abbildung 15.9 zusammengefaßt. Zwar gibt es bei anderen *E. coli*-Replicons möglicherweise Alternativen für einige dieser Proteine, aber dieselben allgemeinen Aktivitätstypen sind in jedem Falle erforderlich.

DnaB ist sowohl bei φX- als auch bei *oriC*-Primosomen die zentrale Komponente. Sie bildet die $5' \rightarrow 3'$-Helikaseaktivität, welche die DNA entwindet. Im Grunde genommen ist sie der aktive Bestandteil des Wachstumspunktes; sie ist in einem Komplex mit DnaC an die DNA gebunden. DnaT ist ebenfalls im Präpriming-Stadium erforderlich. Der Hauptunterschied zwischen den beiden Typen von

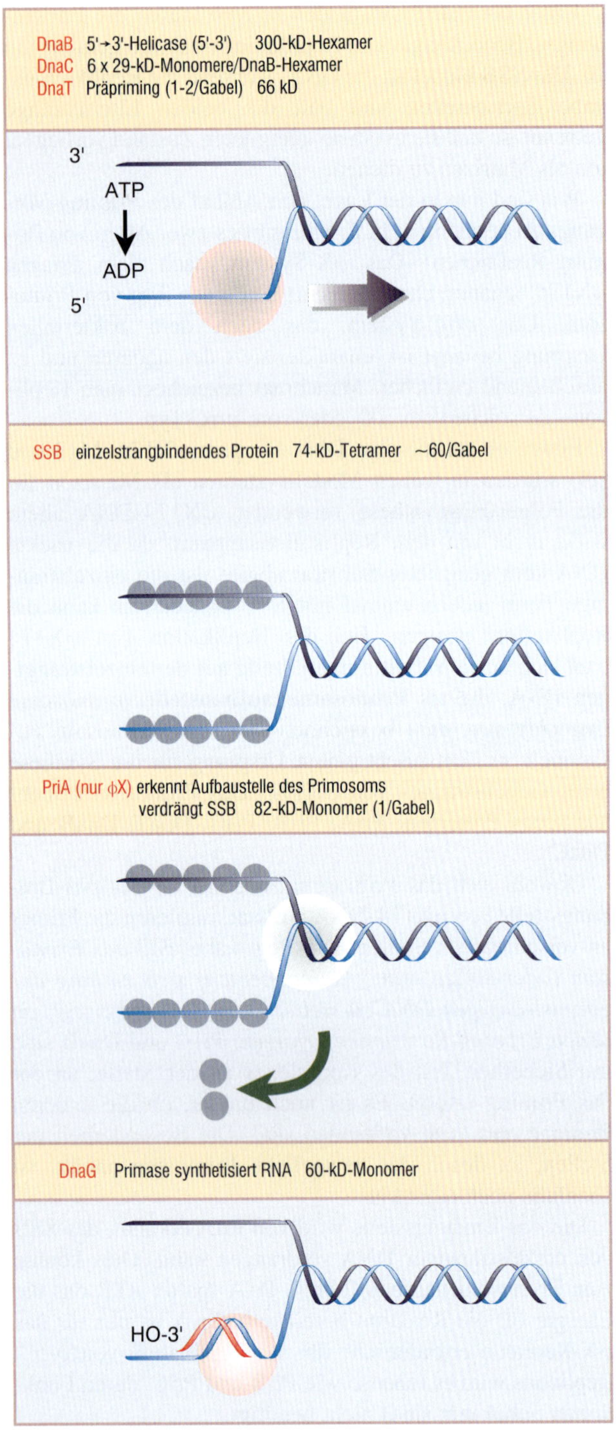

15.9 Die Priming-Funktion erfordert verschiedene enzymatische Aktivitäten, unter anderem Helikasen, einzelstrangbindende Proteine, ein Hilfsmittel zur Erkennung der Primosomenaufbausequenz und andere strukturelle Proteine.

Replicons liegt in der Art und Weise, wie sie DnaB an die Primingstelle heranbringen (siehe unten).

Eine **Primase** wird für die Katalyse der eigentlichen Priming-Reaktion benötigt. Sowohl bei φX- als auch bei *oriC*-Replicons ist die Primase das Produkt des *dnaG*-Gens. Das Enzym ist ein einziges Polypeptid von 60 kD (viel kleiner als die RNA-Polymerase). Die Primase ist eine RNA-Polymerase, die nur unter bestimmten Umständen benutzt wird, das heißt zur Synthese kurzer RNA-Stücke, die als Primer für die DNA-Synthese dienen. DnaG-Primase assoziiert vorübergehend mit dem Primosom und wird durch DnaB zur Synthese des Primers aktiviert, der typischerweise elf bis zwölf Basen lang ist. Sie synthetisiert Primer, die mit der Sequenz pppAG beginnen und der Abfolge 3′-GTC-5′ auf der Matrize gegenüberliegen.

(Einige Systeme verwenden Alternativen zur DnaG-Primase. Bei den beiden Phagen M13 und G4, die für frühe Replikationsstudien verwendet wurden, stellten sich interessante Unterschiede heraus. G4 benutzt für das Priming DnaG, M13 dagegen verwendet bakterielle RNA-Polymerase. Ein anderes ungewöhnliches Merkmal dieser Phagen ist, daß die Priming-Stelle durch einen Abschnitt mit einer Sekundärstruktur definiert wird.)

Das einzelstrangbindende Protein (SSB) wird an der Replikationsgabel in stöchiometrischen Mengen benötigt. Es wird für mehr als einen Schritt der Replikation gebraucht; *ssb*-Mutanten zeigen einen Quick-Stop-Phänotyp mit Defekten der Reparatur und Rekombination sowie der Replikation. (Einige Phagen, etwa T4, verwenden andere SSB-Proteine; dies zeigt, daß es spezifische Interaktionen zwischen verschiedenen Komponenten des Replikationsapparates und SSB geben könnte; wir werden darauf später eingehen.)

Das Primosom wandert entgegen der Elongationsrichtung – entlang des Elternstranges von 5′ nach 3′. Die Abbildung 15.10 zeigt, daß dies für die Initiation von Okazaki-Fragmenten auf dem Folgestrang einer doppelsträngigen DNA günstig ist. Während die Replikationsgabel fortschreitet, erzeugt sie vor dem Primosom einen einzelsträngigen Bereich. Nach jedem Initiationsereignis bewegt sich das Primosom entlang dieses Bereichs an die Stelle für den Beginn des nächsten Okazaki-Fragments. Es wandert also zwar in dieselbe Richtung wie die Replikationsgabel, aber in entgegengesetzter Richtung zur DNA-Synthese auf dem Folgestrang.

Bei der Reaktion am *oriC* und dem nachfolgenden Priming individueller Okazaki-Fragmente muß DnaB ohne Mithilfe des Pri-Proteins (siehe unten) aufgenommen werden. Wir können die Abbildung daher in bezug auf die beiden essentiellen Funktionen von DnaB an *oriC*-Replicons betrachten. Zunächst besitzt es eine Helikasefunktion, welche die eigentliche Replikationsgabel in der DNA erzeugt. Es wandert in 5′→3′-Richtung (entlang des unteren Stranges, wie in der Abbildung gezeigt); das Entwinden der DNA erfordert die Spaltung von ATP. Zweitens aktiviert es die Primersynthese durch DnaG-Primase; die wiederholte Wechselwirkung zwischen DnaB und DnaG könnte also ausreichen, um Primer für Okazaki-Fragmente zu bilden. Das „Primosom" könnte also für ein *oriC*-Replicon einfach aus DnaB bestehen, das periodisch mit der Primase interagiert.

Sequenzen, welche die Wanderung der Replikationsgabel stoppen, hat man in Form der *ter*-Elemente des

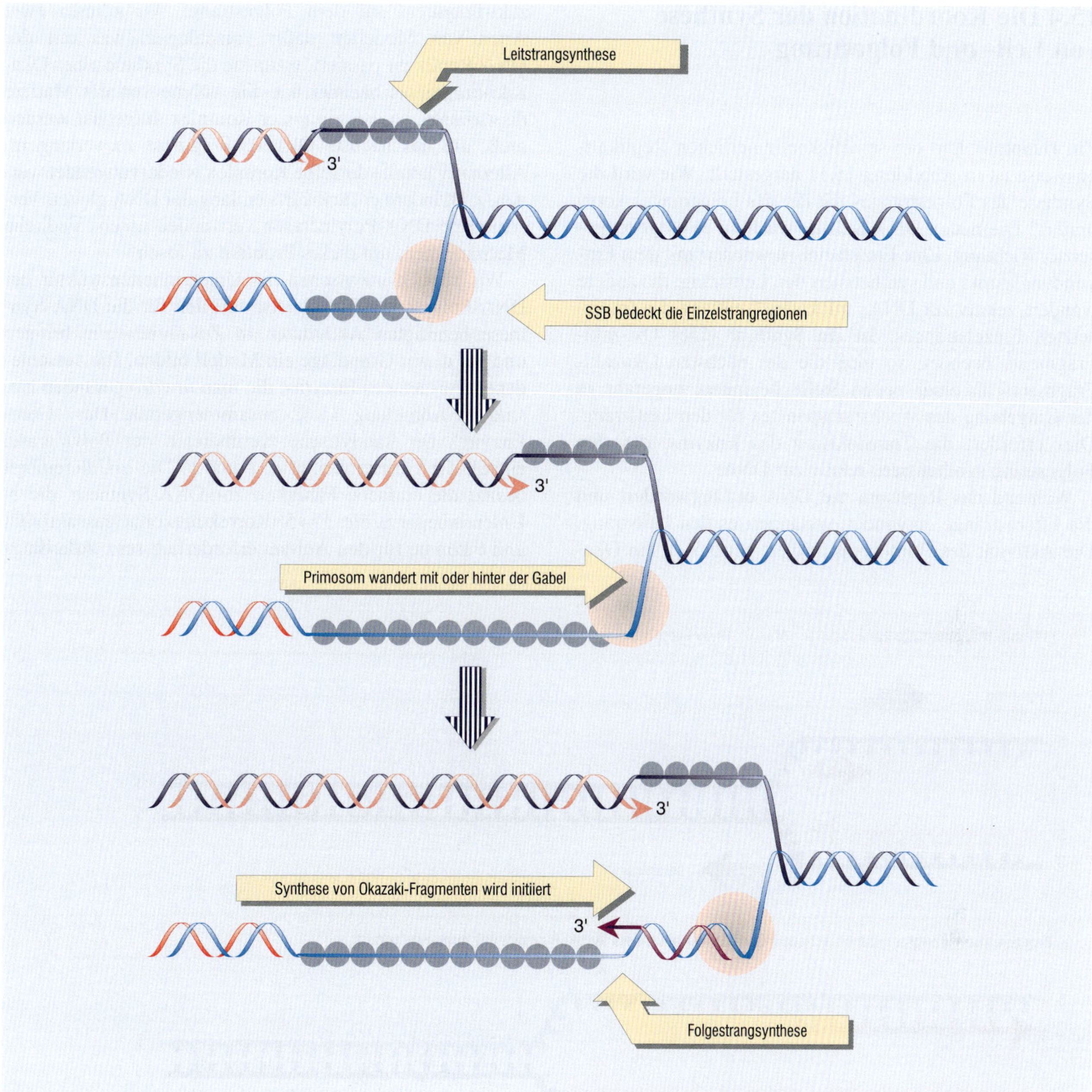

15.10 Das Primosom wandert mit der Replikationsgabel und initiiert in regelmäßigen Abständen die Synthese von Okazaki-Fragmenten.

E. coli-Chromosoms, wie in Abbildung 14.7 dargestellt ist, und ähnlicher Sequenzen in einigen Plasmiden identifiziert. Das gemeinsame Merkmal dieser Elemente ist eine 23 bp lange Consensussequenz, die eine Bindestelle für das Produkt des *tus*-Gens bildet, ein 36-kD-Protein, das für die Termination benötigt wird. Tus bindet an die Consensussequenz, wo es eine „Gegenhelikaseaktivität" ausübt und DnaB an der DNA-Entwindung hindert. Der Leitstrang wird weiterhin bis zu dem *ter*-Element synthetisiert, während der nächstgelegene Folgestrang 50–100 bp vor Erreichen von *ter* initiiert wird.

Das Ergebnis dieser Hemmung ist, daß die Replikationsgabel anhält und der Replikationsapparat (vermutlich) abgebaut wird. Tus stoppt die Bewegung einer Replikationsgabel aber nur in einer Richtung; vermutlich kann eine Gabel, die in der Gegenrichtung voranschreitet, Tus verdrängen und weitermachen. Das Verständnis der Funktion dieses Systems *in vivo* wird dadurch erschwert, daß es nicht unbedingt notwendig ist, da Mutationen an den *ter*-Stellen oder von *tus* nicht letal sind.

15.4 Die Koordination der Synthese von Leit- und Folgestrang

Ein Hauptproblem der semidiskontinuierlichen Replikationsweise ist in Abbildung 15.11 dargestellt: Wie wird die Synthese des Folgestranges mit der des Leitstranges koordiniert? Die neuen DNA-Stränge wachsen in entgegengesetzter Richtung. Eine Enzymeinheit wandert mit dem Entwindungspunkt und synthetisiert den Leitstrang, die andere wandert, relativ zur DNA, „rückwärts" entlang des freigesetzten Einzelstranges. Ist die Synthese eines Okazaki-Fragments beendet, so muß die des nächsten Okazaki-Fragments an einer neuen Stelle beginnen, ungefähr in der Umgebung des Wachstumspunktes für den Leitstrang. Dies erfordert die Translokation des Enzyms, das den Folgestrang synthetisiert, relativ zur DNA.

Während das Replisom die DNA entlangwandert und die Elternstränge entwindet, verlängert es den Leitstrang. Die Aktivität des Primosoms initiiert periodisch ein Okazaki-Fragment auf dem Folgestrang. Wir können zwei Arten von Modellen dafür vorschlagen, was mit der DNA-Replikase passiert, wenn sie die Synthese eines Okazaki-Fragments beendet hat. Sie könnte von der Matrize dissoziieren, so daß ein neuer Komplex aufgebaut werden muß, um das nächste Okazaki-Fragment zu verlängern. Alternativ könnte derselbe Komplex wiederverwendet werden, z. B. indem er rückwärts entlang der DNA gleitet. Verschiedene DNA-Polymerasen verwenden unterschiedliche Mechanismen, um dieses Problem zu lösen.

Wir können inzwischen die Untereinheitenstruktur der DNA-Polymerase III teilweise mit den für die DNA-Synthese benötigten Aktivitäten in Zusammenhang bringen und auf dieser Grundlage ein Modell bilden. Die verschiedenen Formen des Enzyms, die man *in vitro* gefunden hat, sind in Abbildung 15.12 zusammengefaßt. Das „Core-Enzym", der katalytische Kernbereich der Polymerase, enthält die Untereinheiten α, ε und θ. Die α-Untereinheit besitzt die einfache Fähigkeit zur DNA-Synthese, die ε-Untereinheit hat die $3' \rightarrow 5'$-Korrekturexonucleaseaktivität und θ könnte für den Aufbau erforderlich sein. Allerdings

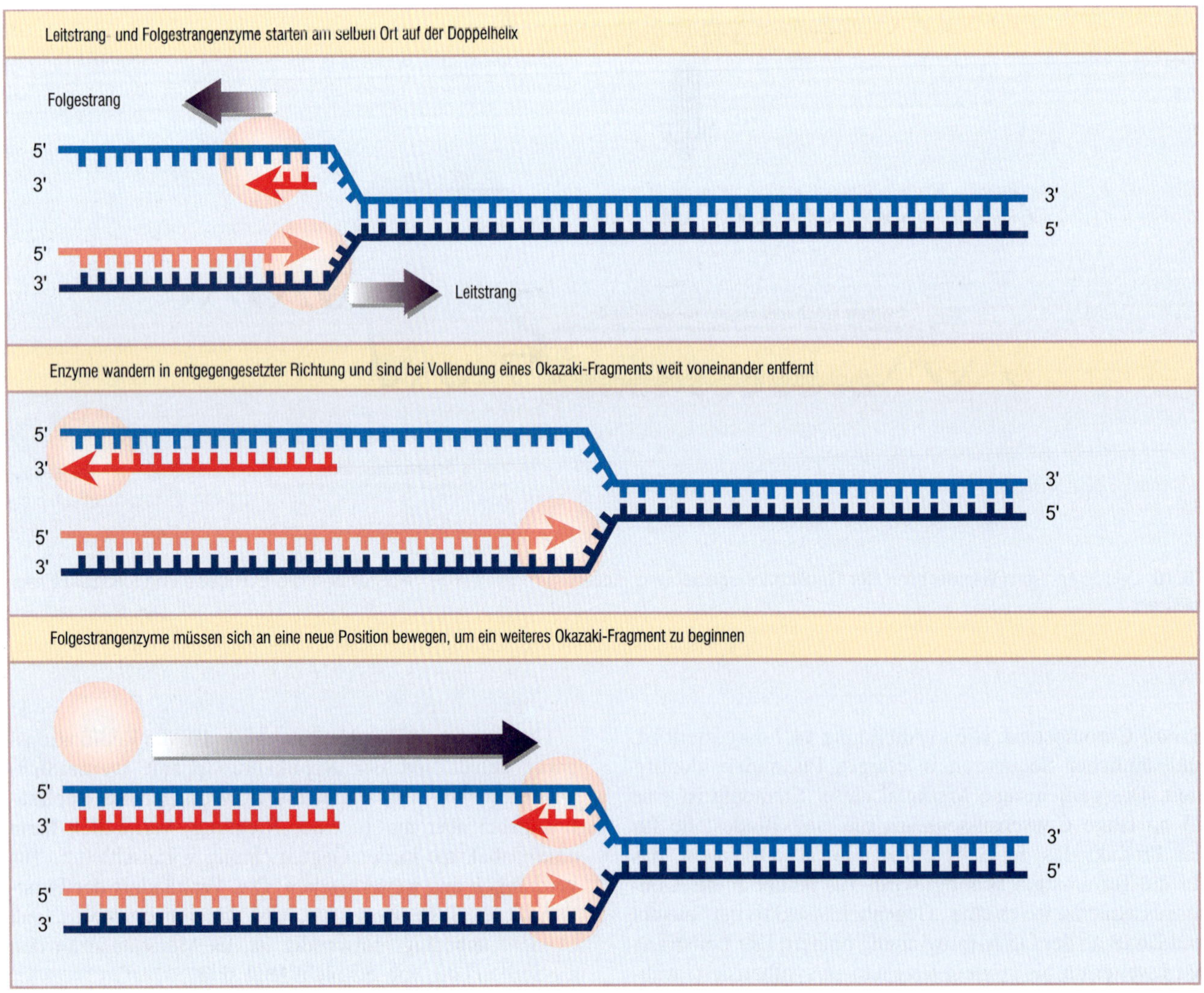

15.11 Die Leitstrang- und die Folgestrangpolymerase bewegen sich voneinander fort.

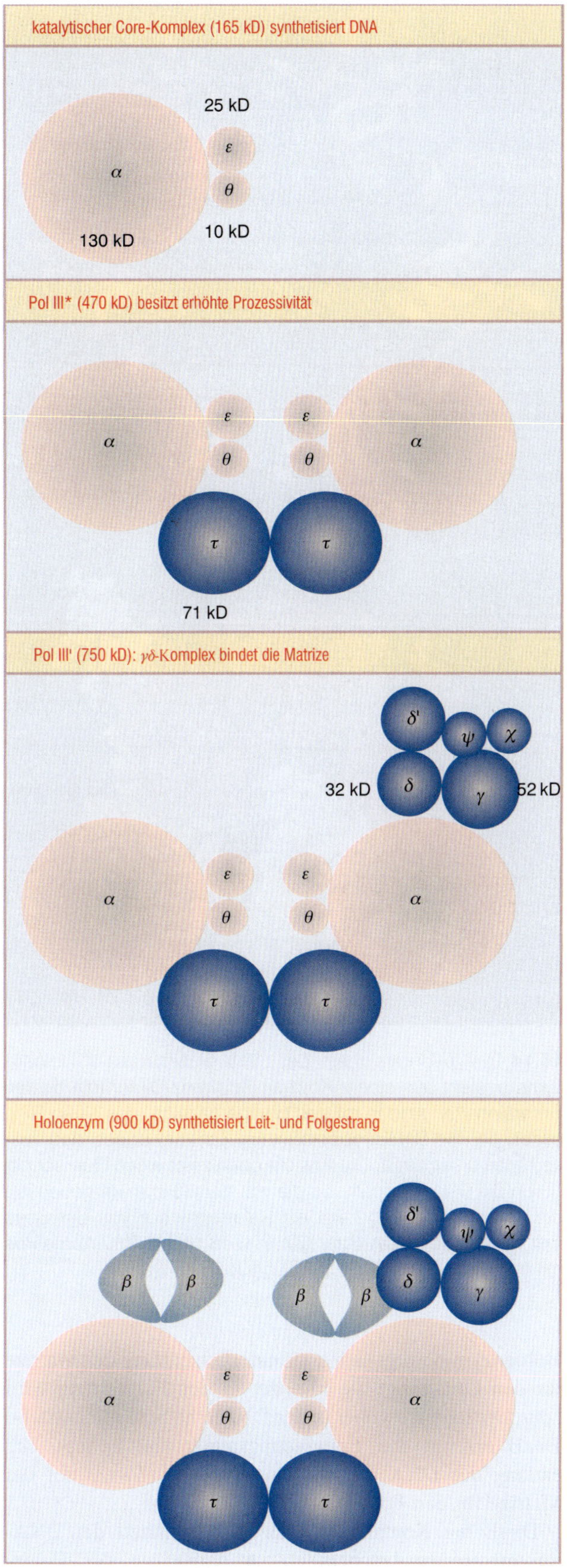

15.12 Die Aktivität der DNA-Polymerase III kann in verschiedenen Formen isoliert werden.

ist die Prozessivität dieses Core-Enzyms gering; normalerweise synthetisiert es nur etwa elf Basen, bevor es von der Matrize dissoziiert.

Die Zugabe von τ führt zur Dimerisierung des Core-Enzyms, wodurch Pol III* erzeugt wird. Der Pol-III'-Komplex entsteht, wenn der γ-Komplex hinzukommt, der aus mehreren Untereinheiten besteht, von denen γ und δ die am besten charakterisierten sind. (τ und γ stellen alternative Produkte desselben Gens dar und besitzen teilweise überlappende Sequenzen.) Die Bildung des Holoenzyms wird durch die Zugabe der β-Untereinheit abgeschlossen, die Prozessivität erhöht sich bei jedem dieser Komplexe. Das Holoenzym besitzt etwa dieselbe Masse wie eine kleine Ribosomenuntereinheit.

Ein spekulatives Modell für den Zusammenbau der DNA-Polymerase ist in Abbildung 15.13 dargestellt. Das Holoenzym entsteht an der DNA in drei Stufen:

- Ein β-Dimer und ein γ-Komplex erkennen die Primermatrize und bilden einen Präinitiationskomplex. Bei dieser Reaktion spaltet der γ-Komplex ATP und überträgt β-Untereinheiten auf die mit dem Primer beladene Matrize. Das Paar aus β-Untereinheiten bildet eine „Klammer“, die sich um die DNA legt. Der γ-Komplex ist ein „Klammerlader“, der mit Hilfe von ATP-Hydrolyse die Bindung von β an die DNA antreibt.
- Die Bindung an die DNA verändert die Konformation der Stelle von β, die an den γ-Komplex gebunden ist, so daß β nun eine größere Affinität für die Core-Polymerase besitzt. Diese kann nun binden; auf diese Weise wird also die Core-Polymerase zur DNA gebracht.
- Ein τ-Dimer bindet an die Core-Polymerase; es hat eine Dimerisierungsfunktion und bindet eine zweite Core-Polymerase (die mit einer weiteren β-Klammer assoziiert ist). Das Holoenzym ist asymmetrisch, da es nur einen γ-Komplex besitzt.

Jeder Core-Komplex des Holoenzyms synthetisiert einen der neuen DNA-Stränge. Da der Klammerlader gebraucht wird, um den β-Komplex von der DNA zu entfernen, dissoziieren die beiden Core-Komplexe verschieden leicht von der DNA. Dies entspricht der Forderung, einen kontinuierlichen Leitstrang (wo die Polymerase mit der Matrize assoziiert bleibt) und einen diskontinuierlichen Folgestrang (wo die Polymerase wiederholt dissoziiert und reassoziiert) zu synthetisieren. Der γ-Komplex ist mit der Core-Polymerase assoziiert, die den Folgestrang synthetisiert, und spielt eine Schlüsselrolle für die Fähigkeit zur Synthese einzelner Okazaki-Fragmente.

Das β-Dimer macht das Holoenzym stark prozessiv. Fest an die DNA gebunden, kann β entlang eines doppelsträngigen Moleküls gleiten. Die Kristallstruktur von β zeigt, daß es ein ringförmiges Dimer bildet. Das Modell in Abbildung 15.14 zeigt den β-Ring im Verhältnis zu einer DNA-Doppelhelix. Das Dimer umschließt den Doppelstrang und bildet eine „gleitende Klammer“, die es dem Holoenzym erlaubt, entlang der DNA zu gleiten. Diese Struktur erklärt

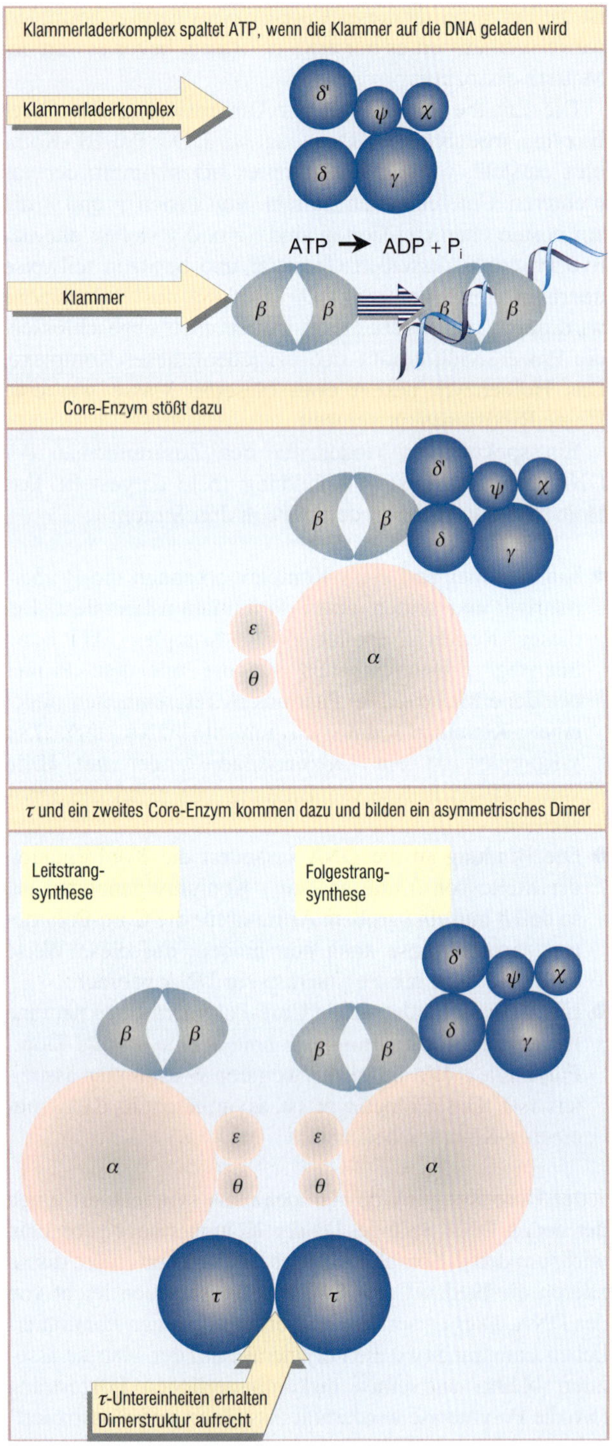

15.13 Das DNA-Polymerase-III-Holoenzym baut sich in mehreren Schritten auf, wobei es einen Enzymkomplex bildet, der die DNA beider neuen Stränge synthetisiert.

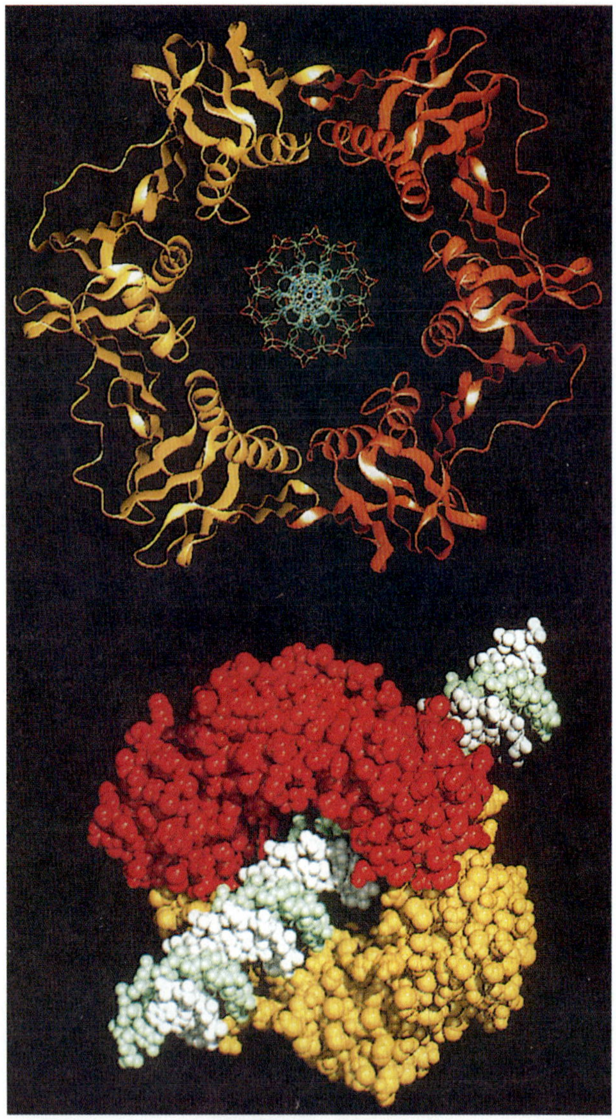

15.14 Die β-Untereinheit des DNA-Polymerase-III-Holoenzyms besteht aus einem Kopf-an-Schwanz-Dimer (die beiden Untereinheiten sind in rot und orange gezeigt), das einen Ring bildet, der die DNA-Doppelhelix (im Zentrum abgebildet) vollkommen umschließt. Die Ansicht oben zeigt einen Querschnitt durch die DNA-Doppelhelix, die von dem Enzym umgeben ist; die untere Abbildung zeigt ein Kalottenmodell von der Seite (mit den beiden DNA-Strängen in weiß und grün). (Aufnahme mit freundlicher Genehmigung von John Kuriyan.)

die hohe Prozessivität – das Enzym kann überhaupt nicht herunterfallen!

Das asymmetrische Modell für die DNA-Polymerase III legt für die Replikationsgabel die in Abbildung 15.15 dargestellte Struktur nahe. Ein katalytischer Core-Komplex ist mit jedem Matrizenstrang der DNA assoziiert. Das Holoenzym bewegt sich kontinuierlich entlang der Matrize für den Leitstrang; die Matrize für den Folgestrang wird „durchgezogen", wobei in der DNA eine Schleife entsteht. DnaB erzeugt den Entwindungspunkt und bewegt sich entlang der DNA in „Vorwärtsrichtung" ($5' \rightarrow 3'$ auf der Matrize für den Folgestrang).

DnaB hat Kontakt zu einer τ-Untereinheit der DNA-Polymerase (wahrscheinlich zu derjenigen der Folgestrangpolymerase). Dieser Kontakt wirkt sich in einer Erhöhung der Geschwindigkeit der DNA-Synthese aus. In Abwesenheit des τ-DnaB-Kontakts folgt die Polymerase

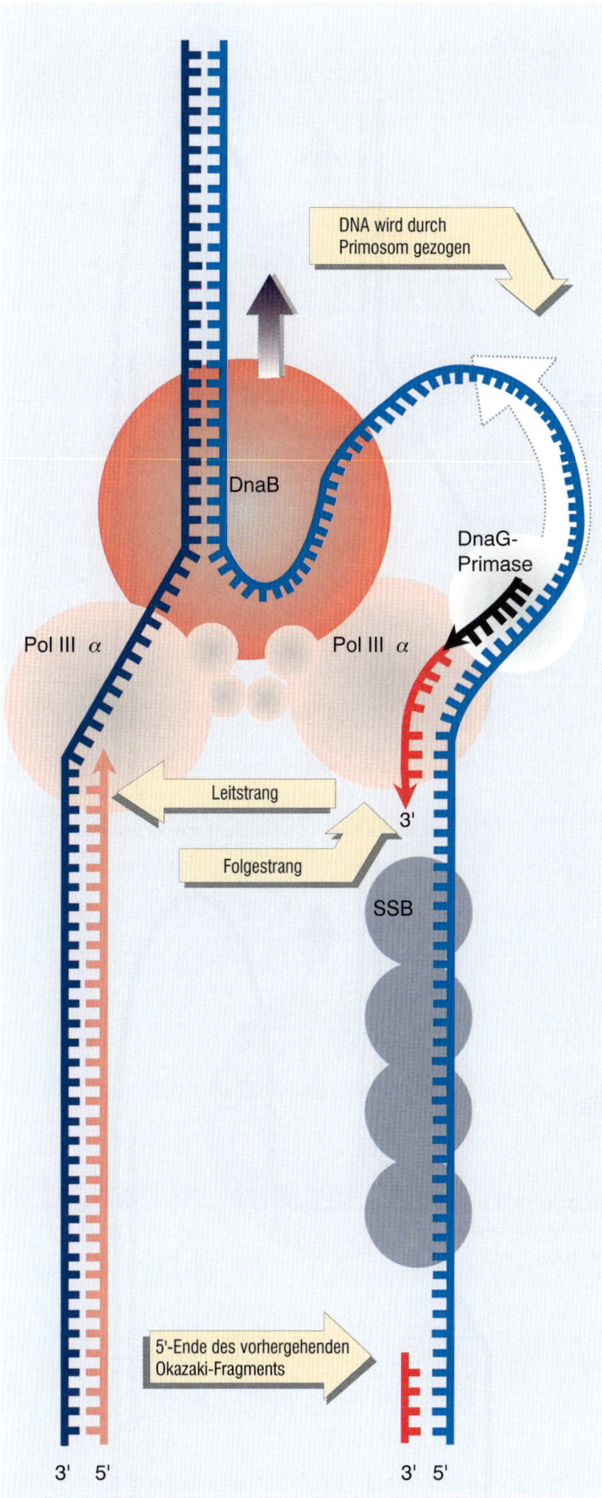

15.15 Jeder katalytische Core-Komplex von Pol III synthetisiert einen Tochterstrang. DnaB ist für die Vorwärtsbewegung an der Replikationsgabel verantwortlich. Das Primosom zieht einen DNA-Matrizenstrang hindurch.

der Helikase entlang der DNA mit einer Geschwindigkeit von etwa 35 Nucleotiden pro Sekunde. Diese Wanderungsgeschwindigkeit wird durch den Kontakt etwa zehnfach erhöht. Auf diese Weise wird eine direkte Verbindung zwischen dem Helikase-Primase-Komplex und der Polymerase selbst hergestellt.

Die Synthese des Leitstranges erzeugt eine Schleife einzelsträngiger DNA, welche die Matrize für die Folgestrangsynthese bildet; diese Schleife vergrößert sich mit dem Fortschreiten des Entwindungspunktes. Nach der Initiation eines Okazaki-Fragments zieht der Core-Komplex des Folgestranges die einzelsträngige Matrize durch die β-Klammer, während er den neuen Strang synthetisiert. Die einzelsträngige Matrize muß mindestens die Länge eines Okazaki-Fragments erreicht haben, bevor die Folgestrangpolymerase ein Fragment beendet und mit dem nächsten beginnt. Was passiert mit der Schleife, wenn das Okazaki-Fragment vollendet ist? Wenn ein Pol-III-Holoenzym auf einen Einzelstrangbruch in der DNA trifft, dissoziieren der Core-Komplex und die gleitende β-Klammer. Der Core-Komplex kann dann mit einer neuen β-Untereinheit an anderer Stelle reasssoziieren. Abbildung 15.16 legt nahe, daß dies die Reaktion darstellt, die am Ende eines Okazaki-Fragments stattfindet. Der Core-Komplex dissoziiert, sobald er die Synthese eines Fragments beendet hat, und setzt die Schleife frei. Ein weiterer Core-Komplex (oder möglicherweise derselbe) assoziiert dann mit einer β-Klammer und initiiert das nächste Okazaki-Fragment. Wahrscheinlich ist bereits eine neue β-Klammer an der nächsten Initiationsstelle vorhanden, und die β-Klammer, die ihren Core-Komplex verloren hat, dissoziiert von der Matrize (mit Hilfe des γ-Komplexes) und wird wiederverwendet.

Wodurch werden die Initiationsstellen für die Synthese von Okazaki-Fragmenten erkannt? In φX-Replicons bewegt sich PriA in $3'\rightarrow5'$-Richtung entlang der Folgestrangmatrize und verdrängt dabei SSB. In *oriC*-Replicons, bei denen PriA nicht notwendig ist, liegt die Verantwortung für die Wechselwirkung mit der Primase bei DnaB selbst. Die zweifachen Eigenschaften von DnaB stellen die Verbindung zwischen dem Priming und der Replikationsgabel her: Die Helikase treibt die Replikationsgabel an, und das Primosom bildet sich, wenn DnaB mit der DnaG-Primase interagiert. Baut sich das Primosom an einer geeigneten Stelle auf, so erfolgt die Primer-Synthese, und die Primase wird anschließend freigesetzt. Die Länge der Primer-RNA ist auf acht bis 14 Basen begrenzt. Anscheinend ist DNA-Polymerase III für die Verdrängung der Primase verantwortlich. Wir verstehen die Unterschiede zwischen dem φX- und dem *oriC*-Ursprung noch nicht vollständig, aber in beiden Fällen ist DnaB eine Schlüsselkomponente, die sowohl für das Fortschreiten nach vorne als auch für das Priming der Okazaki-Fragmente verantwortlich ist.

Das allgemeine Dilemma, wie die Folgestrang- mit der Leitstrangsynthese koordiniert werden kann, trifft auf viele DNA-Polymerasen zu. Das einfachste System ist vielleicht das des Phagen T7. Es besteht aus einer polymeraseenthaltenden katalytischen Untereinheit, dem bakteriellen Protein Thioredoxin (das die Prozessivität der katalytischen Untereinheit erhöht) und zwei alternativen Produkten des Phagengens *4*, welche die Primase- und

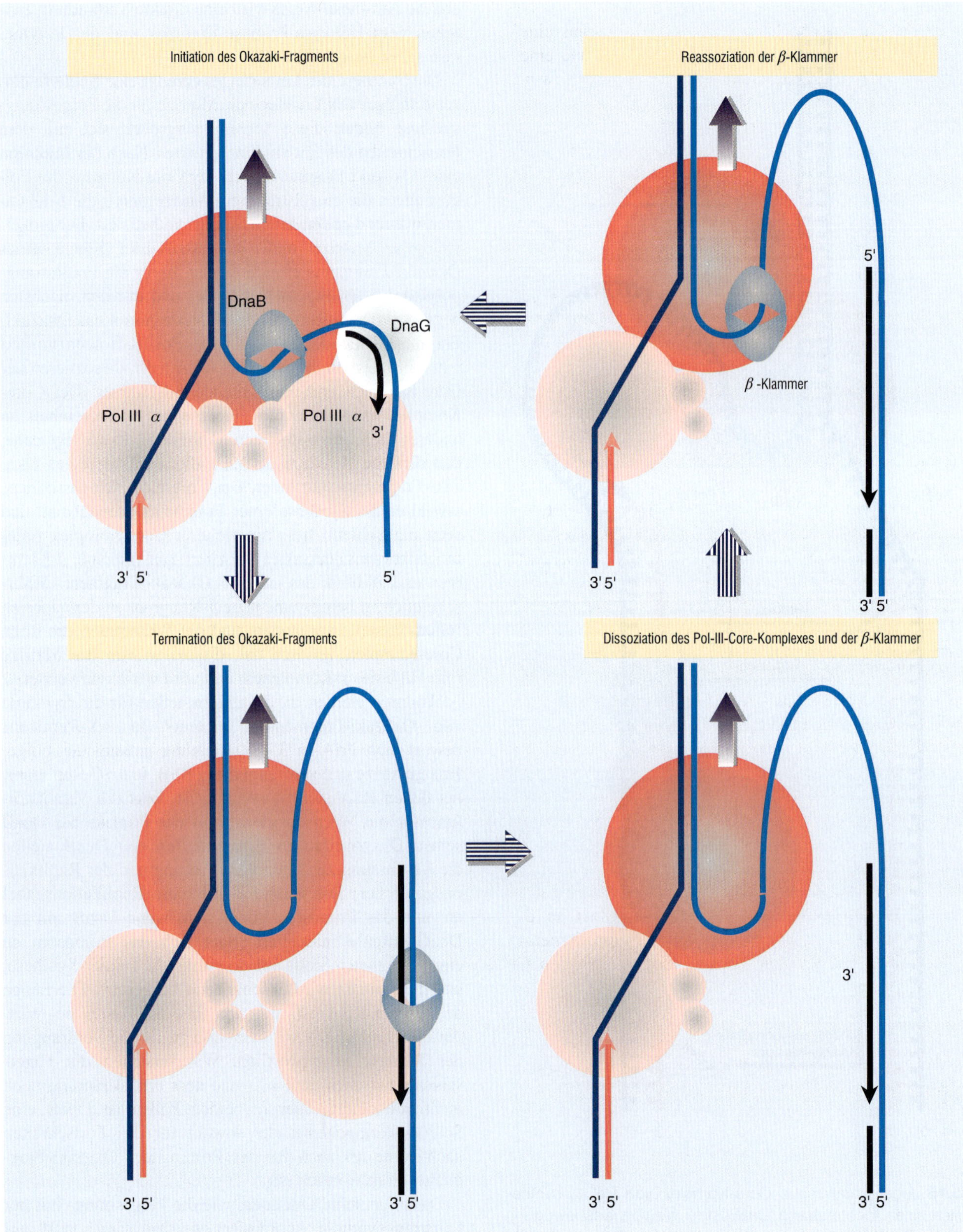

15.16 Die Core-Polymerase und die β-Klammer dissoziieren nach Vollendung der Synthese eines Okazaki-Fragments und reassoziieren am Anfang.

und die Helikaseaktivität bilden. Wie bei DNA-Polymerase III ist die funktionelle Einheit ein Dimer, das aus einem Komplex mit einer katalytischen Untereinheit und einem Thioredoxin pro Strang besteht. Für dieses System wurde experimentell gezeigt, daß keine der Untereinheiten während der Replikation dissoziiert und in freier Form vorliegt, womit das Modell, in dem die Polymerase zur Synthese des Folgestranges dissoziiert und reassoziiert, formal ausgeschlossen wird.

Das System, das eukaryotische DNA in Tierzellen synthetisiert, besitzt zwei DNA-Polymerasen. DNA-Polymerase α existiert als Komplex aus einer 180-kD-katalytischen Untereinheit, die mit anderen Proteinen assoziiert ist, darunter zwei kleineren Proteinen, die eine Primaseaktivität bilden. DNA-Polymerase δ ist weniger gut charakterisiert. Die Gegenstücke zu diesen Enzymen in Hefe, DNA-Polymerase I und III, werden von essentiellen Genen codiert.

Es stehen inzwischen gereinigte Systeme, die eukaryotische DNA *in vitro* replizieren können, zur Verfügung, und Tabelle 15.3 listet die Bestandteile eines HeLa-Zellsystems auf, das SV40-DNA replizieren kann. Mit Ausnahme der Topoisomerasen, die bei den sich replizierenden Matrizen die richtige Topologie aufrechterhalten, sind alle diese Proteine Bestandteile der Replikationsgabel. Ihre Funktionen entsprechen denen in *E. coli*, aber es gibt einige Unterschiede in der Art und Weise, wie sie verwendet werden.

Die Initiation am SV40-Ursprung erfordert, daß ein Virusprodukt, das T-Antigen, sich an den Ursprung bindet und den Prozeß der Strangtrennung einleitet. Der Replikationsfaktor A ist ein einzelstrangbindendes Protein, das es dem T-Antigen erlaubt, die SV40-DNA weiter zu entwinden. Die DNA-Polymerase α existiert als Komplex mit einer Primeraktivität, und seine Bindung initiiert die Synthese beider DNA-Stränge. Die Priming-Reaktion ist ungewöhnlich: Sie beginnt mit einer RNA, wie andere Priming-Reaktionen, aber der RNA-Primer wird durch die DNA-Polymeraseaktivität verlängert, so daß eine kurze (drei bis vier Basen) DNA-Sequenz entsteht, die iDNA genannt wird. Der Replikationsfaktor C bindet an das 3′-Ende der iDNA und belädt sie mit DNA-Polymerase δ und PCNA. (PCNA steht aus historischen Gründen für *proliferating cell nuclear antigen*; es ist ein Prozessivitätsfaktor für die DNA-Polymerase δ.) In diesem System initiiert das SV40-T-Antigen die Entwindung der DNA, funktioniert als Helikase und lädt den Replikationsapparat; wir wissen noch nicht, was diese Funktionen in der eukaryotischen Wirtszelle übernimmt.

Tabelle 15.3: Eukaryotische Replikation erfordert zwei DNA-Polymerasen und andere Replikationsfaktoren

Protein	Funktion
DNA-Polymerase α/Primase	Priming
DNA-Polymerase δ	DNA-Synthese
PCNA	Prozessivität
Replikationsfaktor C	Elongation (ATPase)
Replikationsfaktor A	Einzelstrangbindung
Topoisomerasen I und II	Eltern-DNAs trennen
MF1 (5′→3′-Exonuclease)	RNA entfernen
DNA-Ligase I	Einzelstrangbrüche verschließen

Früher dachte man, daß DNA-Polymerase α den Folgestrang synthetisiert, während DNA-Polymerase δ den Leitstrang produziert, aber nun scheint es, daß die Rolle der DNA-Polymerase α bei der Initiation liegt, die der DNA-Polymerase δ dagegen bei der Elongation beider Stränge. Daher findet bei der Initiation sowohl des Leitstranges als auch der Okazaki-Fragmente des Folgestranges dieselbe Abfolge von Ereignissen statt. Wir wissen nicht, ob genau derselbe DNA-Polymerase-α/Primase-Komplex, der den Leitstrang initiiert, auch für den Folgestrang zuständig ist, aber wir haben ein Modell dafür, wie ein eukaryotisches Replisom funktioniert, während es sich entlang der Matrize bewegt.

Gemäß diesem Modell enthält eine Replikationsgabel einen DNA-Polymerase-α/Primase-Komplex sowie zwei Komplexe aus DNA-Polymerase δ. Die letzteren verhalten sich genau wie die beiden Komplexe aus der DNA-Polymerase III in dem Replisom von *E. coli*: Einer synthetisiert den Leitstrang, der andere die Okazaki-Fragmente auf dem Folgestrang. Die Prozessivität der DNA-Polymerase δ hält PCNA aufrecht. Die Kristallstruktur von PCNA ähnelt stark derjenigen der *E. coli*-β-Untereinheit: Ein Trimer bildet einen Ring, der die DNA umgibt. Obwohl die Sequenz und die Untereinheitenorganisation sich von der dimeren β-Klammer unterscheiden, ist die Funktion wahrscheinlich dieselbe. Die DNA-Polymerase δ des Folgestranges füllt die Lücken zwischen den Okazaki-Fragmenten auf, nachdem die Exonuclease MF1 die RNA entfernt hat. Das Enzym DNA-Ligase I wird spezifisch dazu benötigt, die Einzelstrangbrüche zwischen den fertigen Okazaki-Fragmenten zu schließen.

15.5 Der Replikationsapparat des Phagen T4

Wenn der Phage T4 von einer *E. coli*-Zelle Besitz ergreift, bringt er mehrere seiner eigenen Funktionen ein, welche die Wirtsfunktionen entweder ersetzen oder steigern. Da die Wirts-DNA abgebaut wird, verläßt sich der Phage wenig auf die Expression von Wirtsfunktionen, außer bei der Verwendung von Enzymen, die in dem Bakterium in großen Mengen vorhanden sind. Der Abbau der Wirts-DNA ist wegen der Freisetzung von Nucleotiden wichtig, die der Phage für die Synthese seiner DNA wiederverwendet. (Die Phagen-DNA unterscheidet sich in ihrer Basenzusammensetzung von zellulärer DNA dadurch, daß sie Hydroxymethylcytosin anstelle des gewöhnlichen Cytosins verwendet.)

Die phagencodierten Funktionen, die in der infizierten Zelle mit der DNA-Synthese befaßt sind, lassen sich durch Mutationen identifizieren, welche die Herstellung reifer Phagen beeinträchtigen. Essentielle Phagenfunktionen erkennt man anhand konditional letaler Mutationen, die in drei phänotypische Klassen fallen:

- ◆ Solche, bei denen überhaupt *keine DNA-Synthese* stattfindet, identifizieren Gene, deren Produkte entweder Bestandteile des Replikationsapparats sind oder an der Bereitstellung von Vorläufern (besonders von Hydroxymethylcytosin) beteiligt sind.
- ◆ Solche, bei denen der Start der DNA-Synthese *verspätet* ist, sind an der Initiation der Replikation beteiligt.
- ◆ Solche, bei denen die DNA-Synthese beginnt, aber dann *arretiert* wird, umfassen regulatorische Funktionen, DNA-Ligase und einige der Enzyme, die für den Abbau der Wirts-DNA zuständig sind.
- ◆ Auch nichtessentielle Gene sind an der Replikation beteiligt; beispielsweise solche für die Glykosylierung des Hydroxymethylcytosins in der DNA.

Die Synthese von T4-DNA wird von einem Multienzymkomplex katalysiert, der aus den Produkten einer kleinen Gruppe essentieller Gene zusammengesetzt ist, die in Tabelle 15.4 unten beschrieben sind.

Das Protein des Gens *32* (gp32) bindet stark kooperativ an Einzelstränge und wird in stöchiometrischen Mengen benötigt. Es war das erste Beispiel seiner Art, das charakterisiert wurde. Die Geometrie der T4-Replikatonsgabel benötigt vermutlich gerade dieses phagencodierte Protein, da SSB aus *E. coli* es nicht ersetzen kann. gp32 bildet einen Komplex mit der T4-DNA-Polymerase; diese Wechselwirkung könnte für den Aufbau der Replikationsgabel wichtig sein.

Das RNA-Priming-Ereignis des T4-Systems ist dem seines Wirtes ähnlich. Mit einzelsträngiger T4-DNA als Matrize arbeiten die Produkte der Gene *41* und *61* bei der Synthese kurzer Primer zusammen. Ihr Verhalten ist dem von DnaB und DnaG in *E. coli* analog. Das Protein des Gens *41* ist das Gegenstück zu DnaB. Es ist eine Helikase und besitzt außerdem eine durch einzelsträngige DNA stimulierte GTPase-Aktivität. Wenn das Protein an einzelsträngige DNA bindet, kann es sich von seiner ursprünglichen Bindestelle mit einer Wanderungsgeschwindigkeit von etwa 400 Nucleotiden pro Sekunde fortbewegen. Es funktioniert wahrscheinlich wie DnaB und findet periodisch auftretende Stellen, an denen die Primersynthese initiiert wird. Die Hydrolyse von GTP stellt wahrscheinlich die Energie für die Wanderung zur Verfügung. Die Bindung der Helikase an die DNA wird durch das Produkt des Gens *59* stimuliert.

Das Protein von Gen *61* wird in viel kleineren Mengen als die meisten T4-Replikationsproteine benötigt; pro Zelle kommt gp61 nur in zehn Kopien vor. (Dies erschwerte seine Charakterisierung. Es wird in so kleinen Mengen gebraucht, daß es ursprünglich als notwendiger Bestandteil übersehen wurde, da es in gp32-Präparationen in genügender Menge als Verunreinigung enthalten war!) Das Protein des Gens *61* besitzt analog zu DnaG aus *E. coli* die Primaseaktivität. Die Primase erkennt die Matrizensequenz 3′-TTG-5′ und synthetisiert Pentaribonucleotidprimer der allgemeinen Sequenz pppApCpNpNpNp. Ist der vollständige Replikatonsapparat vorhanden, so werden diese Primer zu DNA-Ketten verlängert.

Die DNA-Polymerase des Gens *43* besitzt die gewöhnliche 5′→3′-Syntheseaktivität in Verbindung mit einer 3′→5′-Exonucleaseaktivität zum Korrekturlesen. Sie katalysiert die DNA-Synthese und entfernt die Primer. Wenn die T4-DNA-Polymerase eine einzelsträngige DNA als Matrize verwendet, ist ihre Wanderungsgeschwindigkeit ungleichmäßig. Das Enzym bewegt sich schnell entlang einzelsträngiger Bereiche, wird aber an Abschnitten, die durch Basenpaarung innerhalb des Stranges Sekundärstruktur aufweisen, sehr viel langsamer. Die zusätzlichen Proteine helfen der Polymerase, diese „Straßensperren" zu überwinden und ihre eigene Geschwindigkeit aufrechtzuerhalten.

Die übrigen drei Proteine werden als „Polymerasehilfsproteine" bezeichnet. Sie erhöhen die Affinität der DNA-Polymerase für die DNA sowie ihre Prozessivität und Geschwindigkeit. Das Produkt des Gens *45* ist ein Dimer, das wahrscheinlich als „gleitende Klammer" fungiert, genau wie die β-Untereinheit der DNA-Polymerase III aus *E. coli*, und die DNA-Polymerase-Untereinheit fester an die Matrize bindet.

Tabelle 15.4: An der Replikationsgabel von Bakterien und Säugern werden ähnliche Funktionen benötigt

Funktion	*E. coli*	HeLa/SV40	Phage T4
Helikase	DnaB	T-Antigen	41
beladende Helikase/Primase	DnaC	T-Antigen	59
Erhaltung des Einzelstranges	SSB	RPA	32
Priming	DnaG	Pol α/Primase	61
gleitende Klammer	β	PCNA	45
Laden der Klammer (ATPase)	$\gamma\delta$-Komplex	RFC	44/62
Katalyse	Pol-III-Core	Pol δ	43
Holoenzymdimerisierung	τ	?	43
RNA-Entfernung	Pol I	MF1	43
Ligation	Ligase	Ligase I	T4-Ligase

Die Produkte der Gene *44* und *62* bilden einen festen Komplex, der ATPase-Aktivität hat. Ihre hauptsächliche Rolle könnte darin bestehen, gp45 mit gp43 zu verbinden; sie könnten das Äquivalent zu dem $\gamma\delta$-Komplex darstellen. Wie schon zuvor erwähnt, ist es aufgrund dieser engen Beziehungen oft strittig, was ein echter Bestandteil der DNA-Polymerase und was ein Hilfsfaktor ist.

Wir haben die DNA-Replikation bis jetzt nur im Hinblick auf das Voranschreiten der Replikationsgabel betrachtet. Die Notwendigkeit anderer Funktionen zeigt sich an den DNA-Verzögerungs- und DNA-Arretierungsmutanten. Zu den vier Genen der DNA-Verzögerungsmutanten gehören *39, 52* und *60*. Sie codieren die drei Untereinheiten der T4-Topoisomerase II, einer Aktivität, die für das Entfernen von Überspiralisierungen aus der Matrize gebraucht wird (Kapitel 17). Die essentielle Rolle dieses Enzyms weist darauf hin, daß die T4-DNA nicht linear bleibt, sondern während der Replikation topologisch behindert wird. Die Topoisomerase könnte dazu dienen, die Rotation der DNA vor der Replikationsgabel zu ermöglichen.

Der Vergleich zwischen dem Apparat von T4 und von *E. coli* läßt darauf schließen, daß die DNA-Replikation eine Reihe von Problemen aufwirft, die von verschiedenen Systemen in analoger Weise gelöst werden. Wir können nun die enzymatischen und strukturellen Aktivitäten an den Replikationsgabeln von *E. coli*, T4 und HeLa-Zellen (des Menschen) vergleichen. Tabelle 15.4 faßt die Funktionen zusammen und ordnet sie einzelnen Proteinen zu. Wir können die bekannten Eigenschaften der Proteine aus Replikationskomplexen im Hinblick auf eine ähnliche Funktion interpretieren, etwa bei den Reaktionen zur Entwindung, Primerbildung, Katalyse und Strangverbindung. Die Bestandteile jedes Systems können nur begrenzt miteinander in Wechselwirkung treten, was sich etwa daran zeigt, daß der Phage T4 seine eigene Helikase, Primase, Klammer und Ähnliches benötigt und daß die bakteriellen Proteine ihre viralen Gegenstücke nicht ersetzen können.

15.6 Die Entstehung von Replikationsgabeln an einem Ursprung

Der Beginn eines Replikationszyklus von doppelsträngiger DNA erfordert mehrere aufeinanderfolgende Ereignisse:

- Die beiden DNA-Stränge müssen zunächst eine Trennung erfahren. Dies ist in Wirklichkeit eine Schmelzreaktion über einen kurzen Bereich hinweg.
- Ein Entwindungspunkt beginnt, die DNA entlangzuwandern; dies markiert die Erzeugung einer Replikationsgabel, die während der Elongation weiterwandert.
- Die ersten Nucleotide der neuen Kette müssen zu einem Primer synthetisiert werden. Dies wird nur einmal für den Leitstrang benötigt, wiederholt sich aber zu Beginn jedes Okazaki-Fragments auf dem Folgestrang.

Einige der für die Initiation erforderlichen Ereignisse finden also ausschließlich am Ursprung statt, andere wiederholen sich bei der Initiation jedes Okazaki-Fragments während der Elongationsphase.

Die Slow-stop-Mutanten von *E. coli* identifizieren mehrere Loci, deren Produkte an Ereignissen am Ursprung beteiligt sind. Wir verstehen die Funktionen von *dnaA, dnaB* und *dnaC* bei den frühen Schritten der Initiation, haben aber weit weniger Information über die anderen Loci (*dnaT, J, K*). Bei *dnaB* und *dnaC*, die bei der Aktivierung des Ursprungs und der Primersynthese für Okazaki-Fragmente verwandte Funktionen haben, kommen Mutationen sowohl des Slow-stop- als auch des Quick-stop-Phänotyps vor.

Unter Mithilfe von Plasmiden mit der *oriC*-Sequenz aus *E. coli* wurde ein zellfreies System für die Replikation von diesem Ursprung aus entwickelt. Die Initiation der Replikation am *oriC* beginnt *in vitro* mit der Bildung eines Komplexes, der sechs Proteine umfaßt: DnaA, DnaB, DnaC, HU, Gyrase und SSB. Die Reaktion wandelt eine ringförmige, überspiralisierte Matrize in eine neue Form um, in welcher der Doppelstrang extensiv entwunden ist. Von den sechs Präpriming-Proteinen verdient DnaA unsere besondere Aufmerksamkeit, da es das einzige nur an der Initiation (und nicht an der Elongation) beteiligte Protein ist. Wir beachten, daß DnaB/DnaC den „Motor" der Initiation bilden, genau wie im Primosom.

Der erste Schritt bei der Komplexbildung ist die Bindung des DnaA-Proteins an den *oriC*. Die Reaktion erfolgt an zwei Arten von Sequenzen, Wiederholungen von neun Basenpaaren und von 13 bp. Diese definieren gemeinsam, wie in Abbildung 15.17 gezeigt, die Grenzen des 245 bp langen Minimalursprungs. Ein Ursprung wird von einer Abfolge von Ereignissen aktiviert, die in Abbildung 15.18 zusammengefaßt ist; dabei folgt der Bindung von DnaA die Assoziation mit anderen Proteinen.

Die vier 9-bp-Consensussequenzen auf der rechten Seite von *oriC* stellen die ersten Bindungsstellen für DnaA dar. Es bindet in kooperativer Weise, bis 20 bis 40 Monomere einen zentralen Kern gebildet haben, um den die *oriC*-DNA gewickelt ist.

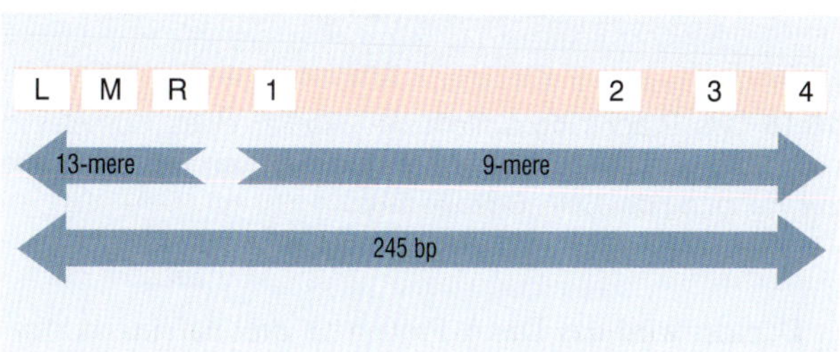

15.17 Der Minimalursprung ist durch den Abstand zwischen den äußeren Mitgliedern der 13-mer- und der 9-mer-Wiederholungen definiert.

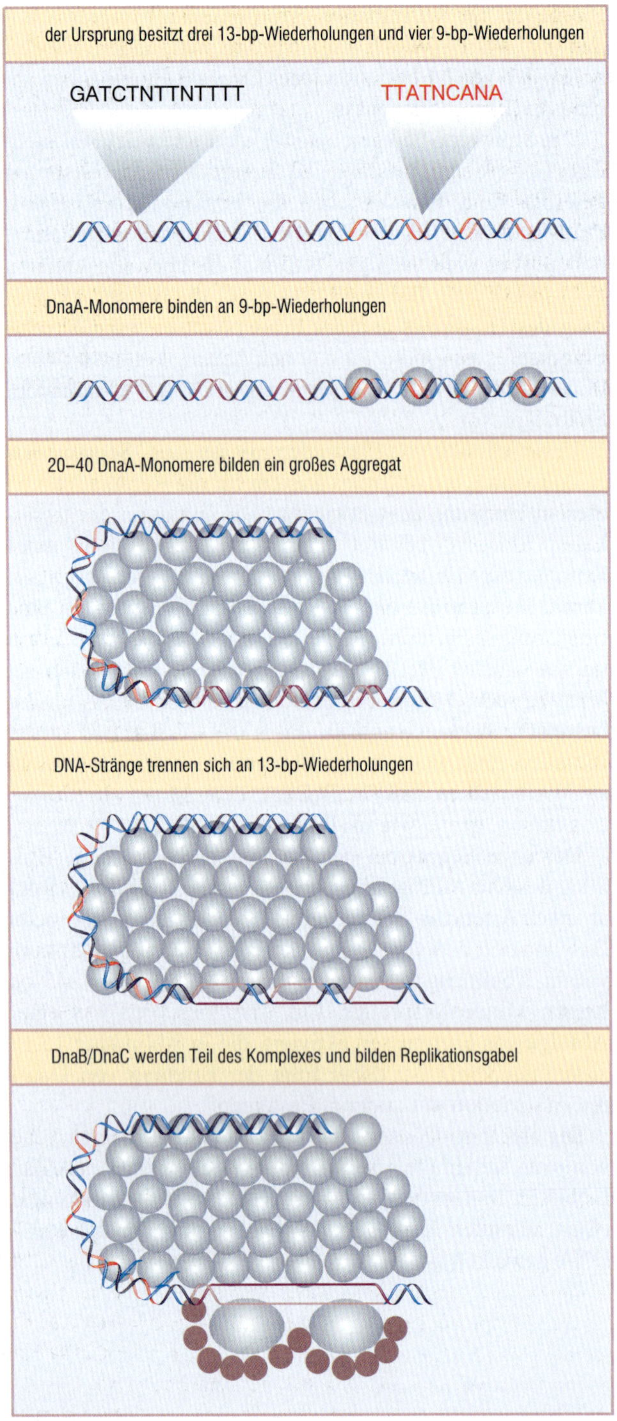

15.18 Das Präpriming umfaßt die Bildung eines Komplexes durch die aufeinanderfolgende Assoziation von Proteinen, die zur Trennung der DNA-Stränge führt.

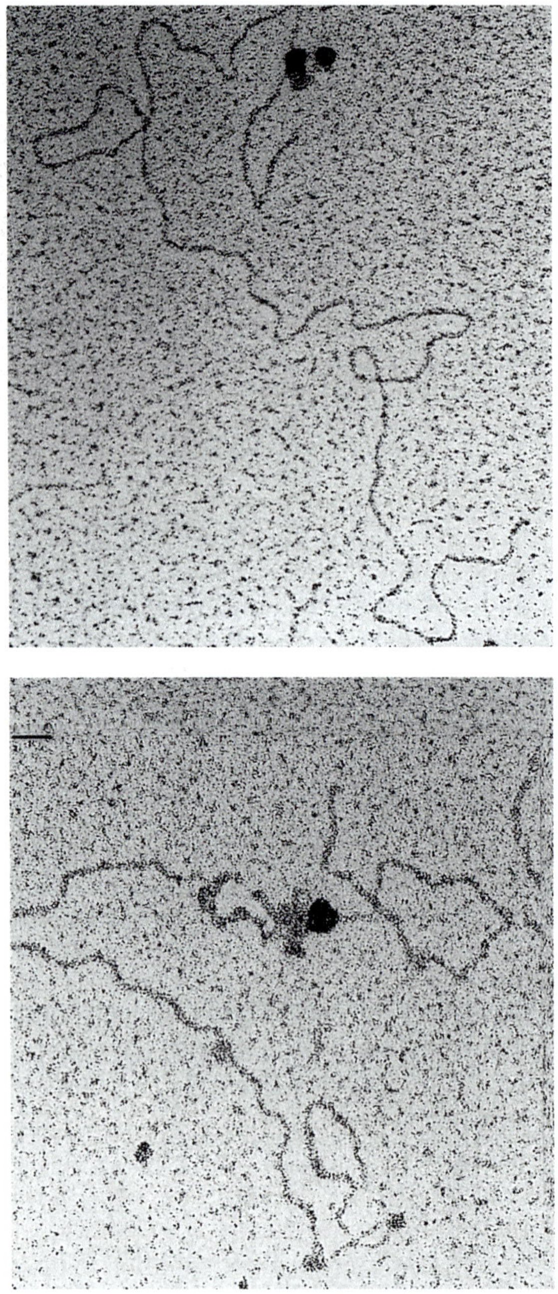

15.19 Den Komplex am *oriC* kann man im Elektronenmikroskop betrachten. Die obere Abbildung zeigt einen Präpriming-Komplex vor dem Start der Replikation; die untere zeigt den Komplex an einer Replikationsblase eine Minute nach Beginn der Replikation. Beide Komplexe wurden mit Antigenen gegen das DnaB-Protein sichtbar gemacht. (Aufnahmen mit freundlicher Genehmigung von Barbara Funnell.)

Danach wird das DnaA-Protein an drei aufeinanderfolgenden 13-bp-Wiederholungen aktiv, die sich auf der linken Seite des *oriC* befinden. Die DNA-Stränge werden an jeder dieser Stellen aufgeschmolzen und bilden einen offenen Komplex. Alle drei 13-bp-Wiederholungen müssen geöffnet sein, damit die Reaktion zur nächsten Stufe fortschreiten kann.

Die Sequenzen der 9-bp- und 13-bp-Wiederholungen sind verschieden, und wir wissen nicht, ob sie von derselben oder von verschiedenen Bindestellen des DnaA-Proteins erkannt werden. Beide Arten von Consensussequenzen sind A•T-reich.

DnaB und DnaC bilden einen Komplex. Wie im Primosom binden sechs DnaC Monomere ein DnaB-Hexamer, wodurch ein Proteinaggregat von 480 kD entsteht, was einer Kugel mit dem Radius von sechs Nanometern entspricht. Der Komplex am *oriC* ist als großer Proteinklumpen erkennbar, wie in Abbildung 15.19 zu sehen ist.

Der DnaB-DnaC-Komplex überträgt ein DnaB-Hexamer, das die Replikationsgabel bildet. DnaB ist die Helikase zur Entwindung der DNA. Wahrscheinlich erkennt sie die Einzelstrangstruktur der potentiellen Replikationsgabel und nicht die tatsächliche Nucleotidsequenz; in jedem Falle verdrängt sie DnaA von den 13-bp-Wiederholungen und beginnt mit dem Entwinden. DnaB funktioniert am Ursprung in geringen Mengen (ein bis zwei Hexamere). Auch hat es hier dieselbe Fähigkeit, die DNA-G-Primase zu aktivieren, wie in dem zuvor besprochenen Primosom.

Zwei weitere Proteine werden zur Unterstützung der Entwindungsreaktion benötigt. Gyrase bildet ein Drehgelenk, das es einem Strang erlaubt, um den anderen zu rotieren (eine in Kapitel 17 detaillierter besprochene Reaktion); ohne diese Reaktion würde das Entwinden in der DNA eine Spannung erzeugen. Das SSB-Protein stabilisiert die einzelsträngige DNA bei ihrer Bildung. Die normalerweise zur Initiation der Replikation entwundene Doppelstrang-DNA ist wahrscheinlich mehr als 60 bp lang.

Das Protein HU ist ein allgemeines DNA-bindendes Protein aus *E. coli* und wird auch in Kapitel 26 erwähnt. Seine Anwesenheit ist für die Initiation der Replikation *in vitro* nicht unbedingt notwendig, aber es stimuliert die Reaktion. HU besitzt die Fähigkeit, DNA zu verbiegen, und ist wahrscheinlich allgemein an der Strukturbildung beteiligt.

Für die Präpriming-Reaktion muß Energie für die Entwindung der DNA in Form von ATP aufgewendet werden. Die Helikasereaktion von DnaB hängt von dieser ATP-Hydrolyse genauso ab wie die Funktion der Gyrase. Außerdem wird ATP für die Funktion der Primase und zur Aktivierung der DNA-Polymerase III benötigt.

Als einziges Mitglied des Replikationsapparats, das nur am Ursprung aktiv ist, hat DnaA viel Aufmerksamkeit erhalten. Einige *dnaA*-Mutationen machen die Replikation asynchron, was darauf hindeutet, daß es sich bei DnaA um den „Titrator" oder die „Uhr" handeln könnte, welche die Zahl der Ursprünge relativ zur Zellmasse mißt. Die Überproduktion von DnaA führt zu widersprüchlichen Ergebnissen, die von überhaupt keiner Wirkung bis hin zur Initiation mit einer geringeren Masse reichen. Allerdings findet man keine zyklische Änderung der DnaA-Konzentration oder -Expression, und nach herrschender Meinung sind solche Fälle, in denen *dnaA* die zyklische Kontrolle beeinflußt, wahrscheinlich eher auf indirekte als auf direkte Wirkungen zurückzuführen.

Was wären die Eigenschaften einer Mutation, welche die Initiationshäufigkeit verändert? Wenn die Initiation durch die Anhäufung eines Aktivators erfolgte, so sollte eine Mutante mit Funktionsverlust sich in der Klasse der Slow-Stop-*dna* finden, die unfähig ist, einen neuen Zyklus zu beginnen. Wenn der Regulator aber ein Inhibitor ist, so sollte sein Verlust zu vielen Initiationszyklen führen, die vielleicht eine Anhäufung von Zellen mit reduzierter Größe hervorrufen. Eine solche Mutante würde sich nicht in der *dna*-Klasse befinden, sondern mit größerer Wahrscheinlichkeit bei den potentiellen Verteilungsmutanten auftauchen (die wir in Kapitel 14 besprochen haben). Auf jeden Fall muß der Schaltkreis, der die Häufigkeit der Initiationsereignisse kontrolliert, noch identifiziert werden.

15.7 Die allgemeinen Ereignisse beim Priming der Replikation am Ursprung

Nach der in Abbildung 15.18 gezeigten Entstehung einer Replikationsgabel findet die Priming-Reaktion statt, durch die ein Leitstrang erzeugt wird. Wir wissen, daß für das Priming-Ereignis RNA-Synthese notwendig ist, aber die Details der Reaktion sind noch unbekannt. Einige Mutationen von *dnaA* können durch Mutationen der RNA-Polymerase unterdrückt werden, was nahelegt, daß DnaA an einem Initiationsschritt beteiligt ist, der *in vivo* die Synthese von RNA erfordert.

Die Aufgabe der RNA-Polymerase könnte sein, von benachbarten Transkriptionseinheiten in den Ursprung „hineinzulesen"; durch Termination im Ursprung könnte sie 3'-OH-Enden bereitstellen, an denen die DNA-Polymerase III startet. (Ein Beispiel liefern die D-Schleifen an Mitochondrienursprüngen, die in Kapitel 14 besprochen wurden.) Alternativ könnte der Transkriptionsakt mit einer Strukturveränderung verbunden sein, welche die Initiation fördert. Letztere Vorstellung wird durch die Beobachtungen gestützt, daß die Transkription nicht bis in den Ursprung hinein fortschreiten muß; sie ist bis zu 200 bp vom Ursprung entfernt noch wirksam und kann *in vitro* jeden der DNA-Stränge als Matrize verwenden. Das Transkriptionsereignis und der Bedarf an Überspiralisierung verhalten sich *in vitro* zueinander reziprok, was darauf schließen läßt, daß die Transkription die lokale DNA-Struktur verändert, und damit hilft, die DNA zu schmelzen.

Ein weiteres System zur Untersuchung der Wechselwirkungen am Ursprung bietet der Phage Lambda, dessen Ursprung eine bidirektionale Replikation unterstützt. Eine Karte dieses Bereichs zeigt Abbildung 15.20. Die Initiation

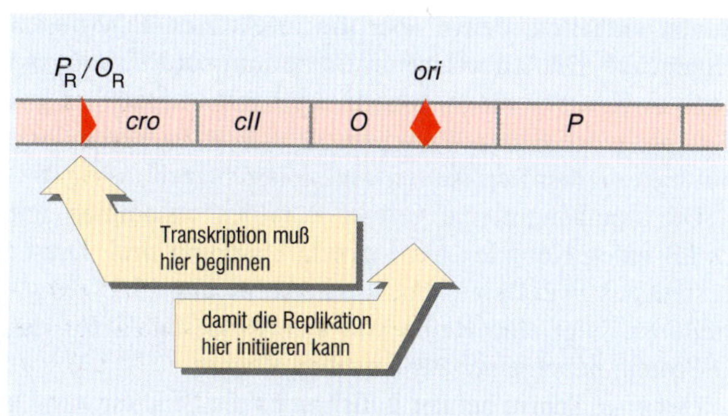

15.20 Die Transkription, die bei P_R beginnt, wird für die Aktivierung des Ursprungs von Lambda-DNA benötigt.

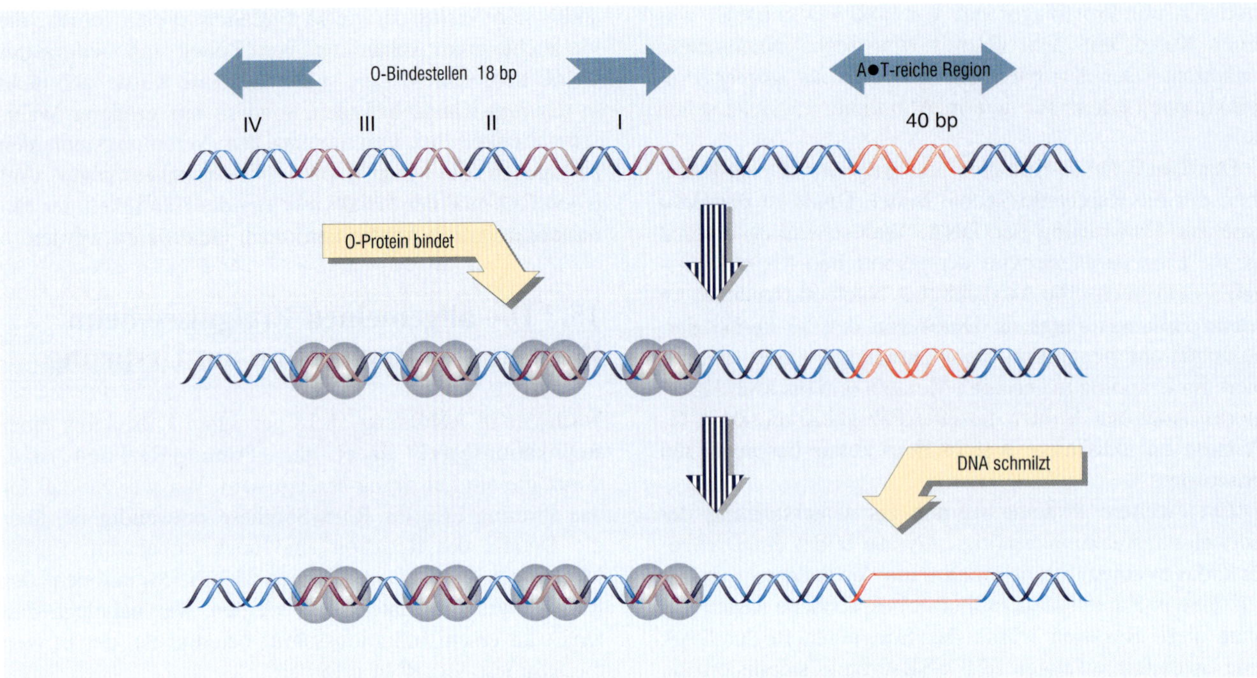

15.21 Der Replikationsursprung von Lambda umfaßt zwei Bereiche. Die frühen Ereignisse werden vom O-Protein katalysiert, das an eine Abfolge von vier Stellen bindet; danach wird die DNA in der benachbarten A•T-reichen Region aufgeschmolzen. Obwohl die DNA als eine ausgestreckte Doppelhelix gezeichnet ist, ist sie in Wirklichkeit am Ursprung gebogen.

der Replikation am Lambda-Ursprung erfordert die „Aktivierung“ durch Transkription an P_R. Wie bei den Ereignissen am *oriC* bedeutet dies nicht notwendigerweise, daß die RNA einen Primer für den Leitstrang bildet. Analogien zwischen den Systemen deuten darauf hin, daß die RNA-Synthese einige strukturelle Veränderungen in diesem Bereich fördern könnte.

Die Initiation erfordert die Produkte der Phagengene *O* und *P* sowie verschiedene Wirtsfunktionen. Das Phagenprotein O bindet an den Lambda-Ursprung, das Phagenprotein P interagiert mit dem O-Protein und den bakteriellen Proteinen. Der Ursprung liegt innerhalb des Gens *O*, so daß das Protein nahe am Ort seiner eigenen Synthese in Aktion tritt.

Phagenvarianten namens *λdv* bestehen aus kürzeren Genomen, die alle für die Replikation benötigten Informationen enthalten, denen aber die infektiösen Funktionen fehlen. *λdv*-DNA überlebt im Bakterium als Plasmid und kann *in vitro* von einem System repliziert werden, das aus den phagencodierten Proteinen O und P in Verbindung mit bakteriellen Replikationsfunktionen besteht.

Die Lambdaproteine O und P bilden zusammen mit DnaB einen Komplex am Lambda-Ursprung *oriλ*. Dieser besteht aus zwei Bereichen; wie in Abbildung 15.21 dargestellt ist, liegt eine Reihe von vier Bindestellen für das O-Protein neben einer A•T-reichen Region.

Der erste Schritt bei der Initiation ist die Bindung von O, wodurch eine kugelförmige Struktur von etwa elf Nanometern Durchmesser entsteht, die manchmal als O-som bezeichnet wird. Das O-som enthält etwa 100 bp oder 60 kD DNA. Es gibt vier 18-bp-Bindungsstellen für das etwa 34-kD-schwere O-Protein. Jede von ihnen ist palindromisch und bindet wahrscheinlich ein symmetrisches O-Dimer. Die DNA-Sequenzen der Bindungsstellen von O scheinen gebogen zu sein, und die Bindung von O-Protein ruft ein weiteres Verbiegen hervor.

Ist die DNA überspiralisiert, so erzeugt die Bindung von O-Protein eine Strukturveränderung im Ursprung. Die den O-Bindungsstellen unmittelbar benachbarte A•T-reiche Region wird für S1-Nuclease empfindlich, ein Enzym, das spezifisch ungepaarte DNA erkennt. Dies deutet darauf hin, daß in der Nähe des Komplexes aus O-Proteinen eine Schmelzreaktion stattfindet.

Die Rolle des O-Proteins ist der von DnaA am *oriC* analog: Es bereitet den Ursprung auf die Bindung von DnaB vor. Lambda bringt als Ersatz für DnaC sein eigenes Protein P mit, das DnaB zum Ursprung bringt. Werden das Lambda-Protein P und bakterielles DnaB-Protein zugegeben, so wird der Komplex größer und asymmetrisch. Er enthält mehr DNA (insgesamt etwa 160 bp) sowie weitere Proteine. Das P-Protein hat eine besondere Rolle: Es inhibiert die Helikaseaktivität von DnaB. Die Wanderung der Replikationsgabel wird ausgelöst, wenn das P-Protein aus dem Komplex entlassen wird. Es folgen das Priming und die DNA-Synthese.

Einige Proteine sind für die Replikation essentiell, ohne direkt an der eigentlichen DNA-Synthese beteiligt zu sein. Interessante Beispiele liefern die Proteine DnaK und DnaJ. DnaK ist ein Chaperon, das mit einem verbreiteten Streßprotein von Eukaryoten verwandt ist. Seine Fähigkeit, mit anderen Proteinen in einer konformationsabhängigen Art und Weise zu interagieren, spielt bei vielen zellulären Aktivitäten eine Rolle, unter anderem bei der Replikation. Die Rolle von DnaK-DnaJ könnte darin bestehen, den Präpriming-Komplex *abzubauen*; durch die Freisetzung des P-Proteins würden sie den Start der Replikation ermöglichen.

Die Ähnlichkeiten der Initiationsreaktionen am *oriC* und am *ori*λ sind in Tabelle 15.5 zusammengefaßt. Es finden dieselben Schritte statt, und sie beruhen auf überlappenden Bestandteilen. Der erste Schritt ist die Erkennung des Ursprungs durch ein Protein, das an die DNA bindet und einen Komplex mit ihr bildet; DnaA an *oriC* und das O-Protein an *ori*λ. Ein kurzer Bereich A•T-reicher DNA wird so geschmolzen. Dann wird DnaB geladen; dies erfordert an *oriC* und an *ori*λ unterschiedliche Funktionen (und bei anderen Ursprüngen noch andere Proteine). Stößt die Helikase DnaB zu diesem Komplex, so bildet sich eine Replikationsgabel. Schließlich wird ein RNA-Primer synthetisiert, und danach beginnt die Replikation.

Unter Verwendung von *oriC* und *ori*λ wurde ein allgemeines Modell für die Aktivierung von Ursprüngen aufgestellt. Eine ähnliche Abfolge von Ereignissen findet am Ursprung des Virus SV40 in Säugerzellen statt. Zwei Hexamere von T-Antigen, einem durch das Virus codierten Protein, binden an eine Reihe sich wiederholender Stellen auf der DNA. In Anwesenheit von ATP ändert sich die Struktur der DNA, was zu einer Schmelzreaktion führt. Im Falle von SV40 ist die Schmelzregion eher kurz und nicht A•T-reich, besitzt aber eine ungewöhnliche Zusammensetzung, da ein Strang fast ausschließlich aus Pyrimidinen, der andere fast nur aus Purinen besteht. In der Nähe dieser Stelle gibt es eine weitere essentielle Region, die aus A•T-Basenpaaren besteht und an der die DNA gebogen ist; sie wird durch die Bindung von T-Antigen negativ überspiralisiert. Ein interessanter Unterschied zu dem prokaryotischen System besteht darin, daß das T-Antigen selbst Helikaseaktivität besitzt, die zum Fortlaufen der Entwindung notwendig ist, so daß kein Äquivalent zu DnaB gebraucht wird.

Tabelle 15.5: Die Initiation am *oriC* und am *ori*λ umfaßt ähnliche Reaktionen

Stadium	***oriC***	***ori*λ**
Helikase und Entwindung	DnaB DnaC RNA-Polymerase	DnaB P RNA-Polymerase
Erkennen und Schmelzen des Ursprungs	DnaA	O
Entlassen des Komplexes	DnaJ? DnaK?	DnaJ DnaK
Gabelbewegung	Gyrase SSB	Gyrase SSB
Priming	DnaG	DnaG

15.8 Reguliert die Methylierung am Ursprung die Initiation?

Welche Eigenschaft eines bakteriellen (oder Plasmid-) Ursprungs stellt sicher, daß er nur einmal pro Zellzyklus für die Initiation der Replikation verwendet wird? Ist die Initiation mit einer Veränderung verbunden, die den Ursprung markiert, so daß ein replizierter von einem nichtreplizierten unterschieden werden kann?

Einige Sequenzen, die zu diesem Zwecke verwendet werden, sind im Ursprung enthalten. *oriC* enthält elf Kopien der Sequenz $\substack{\text{GATC}\\\text{CTAG}}$, die ein Substrat für die Methylierung von Adenin an der N^6-Position durch die Dam-Methylase darstellt. Die Reaktion ist in Abbildung 15.22 gezeigt.

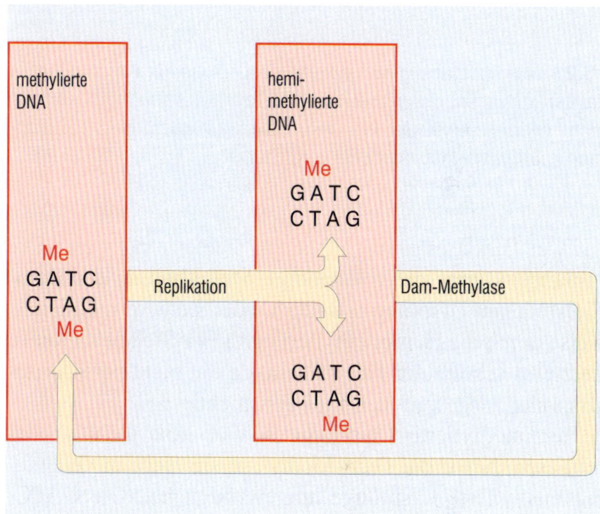

15.22 Die Replikation von methylierter DNA führt zu hemimethylierter DNA, die ihren besonderen Zustand an GATC-Stellen beibehält, bis die Dam-Methylase den vollständig methylierten Zustand wiederherstellt.

Vor der Replikation wird die palindromische Zielstelle an den Adeninen jedes Stranges methyliert. Die Replikation fügt normale (nichtmodifizierte) Basen in den Tochterstrang ein, wodurch **hemimethylierte** DNA entsteht, in der ein Strang methyliert, der andere nichtmethyliert ist. *So wandelt das Replikationsereignis dam-Zielstellen vom vollständig methylierten in den hemimethylierten Zustand um.*

Was sind die Auswirkungen für die Replikation? Die Fähigkeit eines Plasmids, dessen Replikation auf *oriC* beruht, in *dam*$^-$ *E. coli* zu replizieren, hängt von seinem Methylierungszustand ab. Ist das Plasmid methyliert, so durchläuft es eine einzige Replikationsrunde, wonach sich hemimethylierte Produkte anhäufen, wie in Abbildung 15.23 gezeigt ist. Daher kann ein hemimethylierter Ursprung nicht verwendet werden, um einen Replikationszyklus zu initiieren.

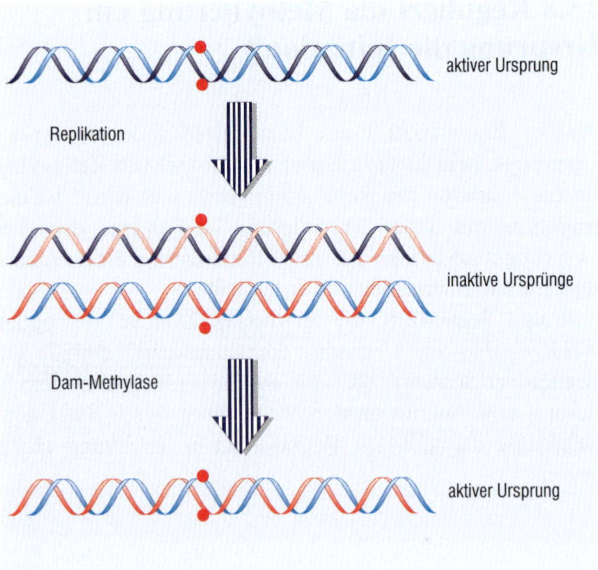

15.23 Nur vollständig methylierte Ursprünge können die Replikation initiieren; hemimethylierte Tochterursprünge können nicht wiederverwendet werden, bevor sie nicht den vollkommen methylierten Zustand erlangt haben.

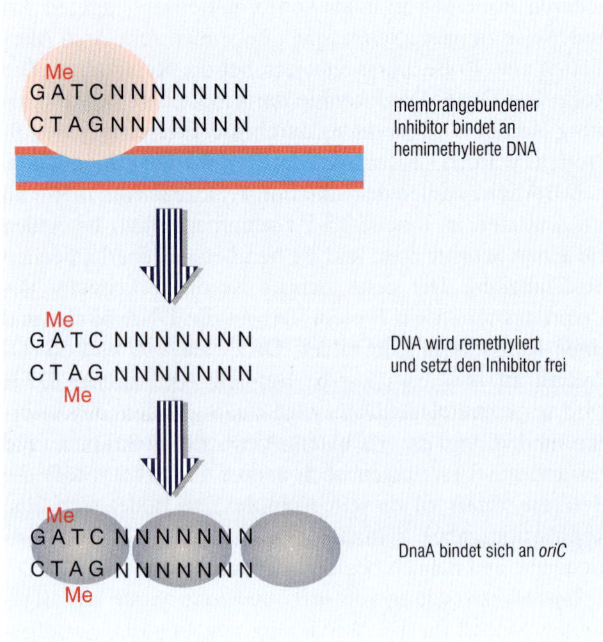

15.24 Ein membrangebundener Inhibitor bindet am Ursprung an hemimethylierte DNA und könnte dadurch wirken, daß er die Bindung von DnaA verhindert. Er wird freigesetzt, wenn die DNA remethyliert wird.

Zwei Erklärungsmöglichkeiten bieten sich an. Die Initiation könnte die vollständige Methylierung der Dam-Zielstelle am Ursprung erfordern, oder sie wird möglicherweise durch die Hemimethylierung dieser Stellen inhibiert. Letzteres scheint der Fall zu sein, da ein nichtmethylierter Ursprung ausgesprochen funktionstüchtig ist.

Hemimethylierte Ursprünge können also nicht wieder initiieren, bevor die Dam-Methylase sie nicht in vollständig methylierte Ursprünge umgewandelt hat. Die GATC-Stellen am Ursprung bleiben für eine beachtliche Zeitspanne nach der Replikation hemimethyliert; die Remethylierung beginnt erst nach etwa 13 Minuten. Diese lange Zeit ist ungewöhnlich, da an typischen GATC-Stellen an anderen Orten im Genom die Remethylierung sofort (weniger als 1,5 Minuten) nach der Replikation beginnt. Ein anderer Bereich verhält sich genau wie *oriC*: Der Promotor des *dnaA*-Gens zeigt ebenfalls einen verspäteten Beginn der Remethylierung.

Der *dnaA*-Promotor wird unterdrückt, während er hemimethyliert ist, was zu einer Herabsetzung der DnaA-Konzentration führt. Daher ist der Ursprung selbst inert, und die Produktion eines entscheidenden Initiatorproteins ist während dieser Zeitdauer reprimiert.

Was ist für die Verzögerung der Remethylierung an *oriC* und *dnaA* verantwortlich? Die wahrscheinlichste Erklärung ist die, daß diese Bereiche in einer Form festliegen, in der sie für die Dam-Methylase nicht erreichbar sind. Wahrscheinlich ist diese Abschottung für die Repression von *dnaA* verantwortlich.

Der Schaltkreis, der für die Kontrolle der Wiederverwendung von Ursprüngen verantwortlich ist, könnte durch Mutationen des Gens *seqA* identifiziert worden sein, welche die Verzögerung der Remethylierung von *oriC* wie auch *dnaA* reduzieren. Die *seqA*-Mutanten initiieren die DNA-Replikation zu früh und häufen daher eine übergroße Zahl von Ursprüngen an. Dies legt nahe, daß *seqA* Teil eines negativen Schaltkreises ist, der die Ursprünge daran hindert, remethyliert zu werden. SeqA bindet stärker an hemimethylierte DNA als an vollständig methylierte DNA; es ist möglich, daß seine Bindung beginnt, wenn die DNA hemimethyliert wird, und daß seine kontinuierliche Anwesenheit die Bildung eines offenen Komplexes am Ursprung verhindert. SeqA besitzt keine Spezifität für die *oriC*-Sequenz, und es ist wahrscheinlich, daß diese vom DnaA-Protein vermittelt wird, was genetische Wechselwirkungen zwischen *seqA* und *dnaA* erklären würde.

Die Hemimethylierung der GATC-Sequenzen im Ursprung ist für ihre Assoziation mit der Zellmembran *in vitro* erforderlich. Hemimethylierte *oriC*-DNA bindet sich an die Membranen, vollständig methylierte DNA dagegen nicht. Eine Möglichkeit besteht darin, daß die Membranassoziation an der Kontrolle der Aktivität des Ursprungs beteiligt ist. Diese Funktion könnte von der Rolle, welche die Membran bei der Segregation spielt, verschieden sein (Abbildung 14.26). Die Assoziation mit der Membran könnte eine verfrühte Reinitiation verhindern, entweder indirekt, durch Festlegung der Ursprünge, oder direkt, weil irgendeine Membrankomponente die Reaktion inhibiert. Die Eigenschaften der Membranfraktion lassen darauf schließen, daß sie Bestandteile enthält, welche die Replikation regulieren. Zum Beispiel findet man in dieser Fraktion einen Inhibitor, der mit dem DnaA-Protein konkurriert. Dieser Inhibitor kann die Initiation der Replikation nur dann verhindern, wenn er vor dem DnaA-Protein zu einem *in vitro*-System gegeben wird. Dies legt das Modell aus Abbildung 15.24 nahe, bei dem der Inhibitor hemimethylierte DNA spezifisch erkennt und DnaA an der Bindung hindert. Wird die DNA remethyliert, so wird der Inhibitor freigesetzt, und DnaA kann die Replikation nun frei initiieren. Wenn der Inhibitor mit der Membran assoziiert ist, so könnte die Assoziation und Dissoziation von DNA und Membran an der Kontrolle der Replikation beteiligt sein.

Das ganze Ausmaß des Systems zur Kontrolle der Reinitiation ist noch nicht klar, aber mehrere Mechanismen könnten daran beteiligt sein: Die physikalische Abschottung des Ursprungs, die Verzögerung der Remethylierung, die Inhibierung der DnaA-Bindung, die Repression der *dnaA*-Transkription. Es ist nicht sofort ersichtlich, welches dieser Ereignisse die anderen verursacht, und ob ihre Auswirkungen auf die Initiation direkt oder indirekt sind.

Noch immer muß das zentrale Problem gelöst werden, welche Eigenschaft die Hauptverantwortung für den *zeitlichen Verlauf* trägt. Eine Möglichkeit besteht darin, daß die Anheftung an die Membran während der Initiation erfolgt, und daß der Aufbau einer großen Struktur erforderlich ist, um die DNA freizusetzen. Die Zeitdauer der Sequestierung scheint mit der Länge des Zellzyklus anzuwachsen, was darauf schließen läßt, daß er direkt die Uhr widerspiegelt, welche die Reinitiation kontrolliert.

Es war extrem schwierig, die Proteinkomponente(n) zu identifizieren, welche die Anheftung an die Membran vermitteln. Ein Hinweis darauf, daß dies eine Funktion von DnaA ist, liefert seine Reaktion auf Phospholipide. Phospholipide fördern den Austausch von ATP gegen an DnaA gebundenes ADP. Wir wissen nicht, welche Rolle dies bei der Kontrolle der Aktivität von DnaA (das ATP benötigt) spielt, aber die Reaktion läßt vermuten, daß DnaA wahrscheinlich mit der Membran interagiert. Dies würde bedeuten, daß mehr als ein Ereignis an der Assoziation mit der Membran beteiligt ist. Vielleicht wird ein hemimethylierter Ursprung von dem membranassoziierten Inhibitor gebunden, bei vollständiger Methylierung aber wird der Inhibitor von membranassoziiertem DnaA verdrängt.

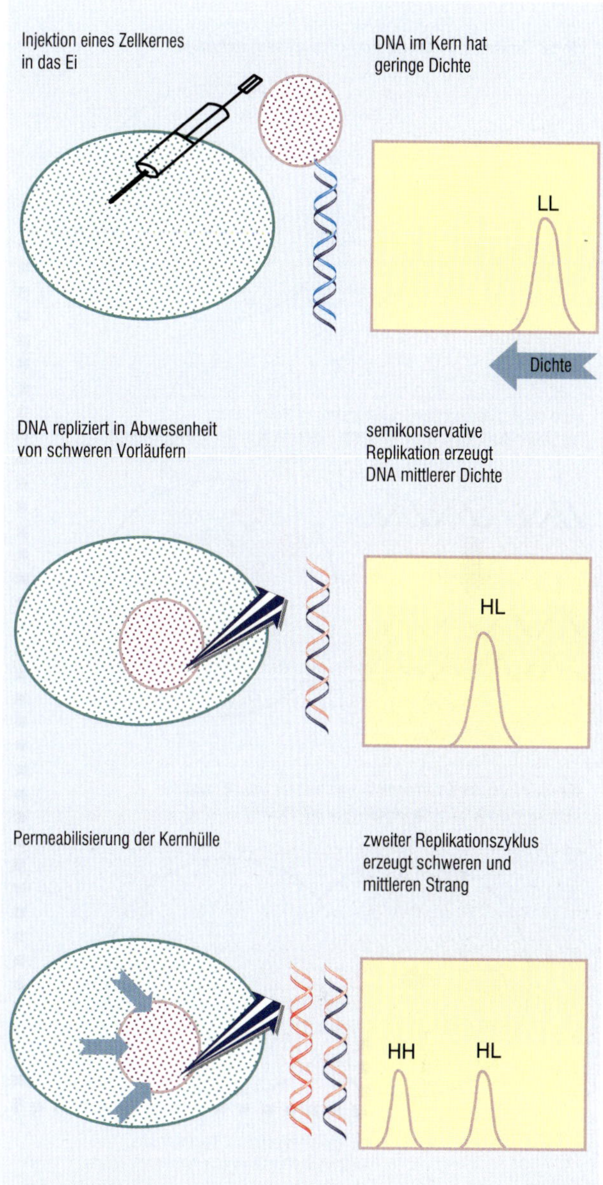

15.25 Ein Zellkern, der in ein *Xenopus*-Ei injiziert wird, kann nur einmal replizieren, es sei denn, die Kernhülle ist permeabilisiert, so daß weitere Replikationszyklen stattfinden können.

15.9 Ein Lizenzfaktor kontrolliert die eukaryotische Rereplikation

Ein eukaryotisches Genom ist in viele Replicons unterteilt, und der Ursprung jedes Replicons wird während eines Teilungszyklus nur ein einziges Mal aktiviert. Dies könnte durch eine geschwindigkeitsbestimmende Komponente erreicht werden, die nur einmal pro Ursprung aktiv ist, oder durch einen Repressor, der die Rereplikation an Ursprüngen verhindert, die bereits verwendet wurden. Die entscheidenden Fragen bezüglich der Art dieses regulatorischen Systems sind, wie es bestimmt, ob ein bestimmter Ursprung schon repliziert worden ist, und welche Proteinkomponenten daran beteiligt sind.

Erkenntnisse über die Natur der Proteinkomponenten lieferte ein System, bei dem eine Substrat-DNA nur einen Replikationszyklus durchläuft. *Xenopus*-Eier besitzen alle für die DNA-Replikation benötigten Bestandteile – in den ersten Stunden nach der Befruchtung durchlaufen sie elf Teilungszyklen ohne neue Genexpression – und sie können die DNA eines Zellkernes replizieren, der in das Ei injiziert wird. Abbildung 15.25 faßt die Eigenschaften dieses Systems zusammen.

Bei dem injizierten Material kann es sich um ein Spermium oder einen Interphasekern handeln. Die DNA wird nur einmal repliziert (was man mit Hilfe einer Dichtemarkierung verfolgt, genau wie bei dem ursprünglichen Expe-

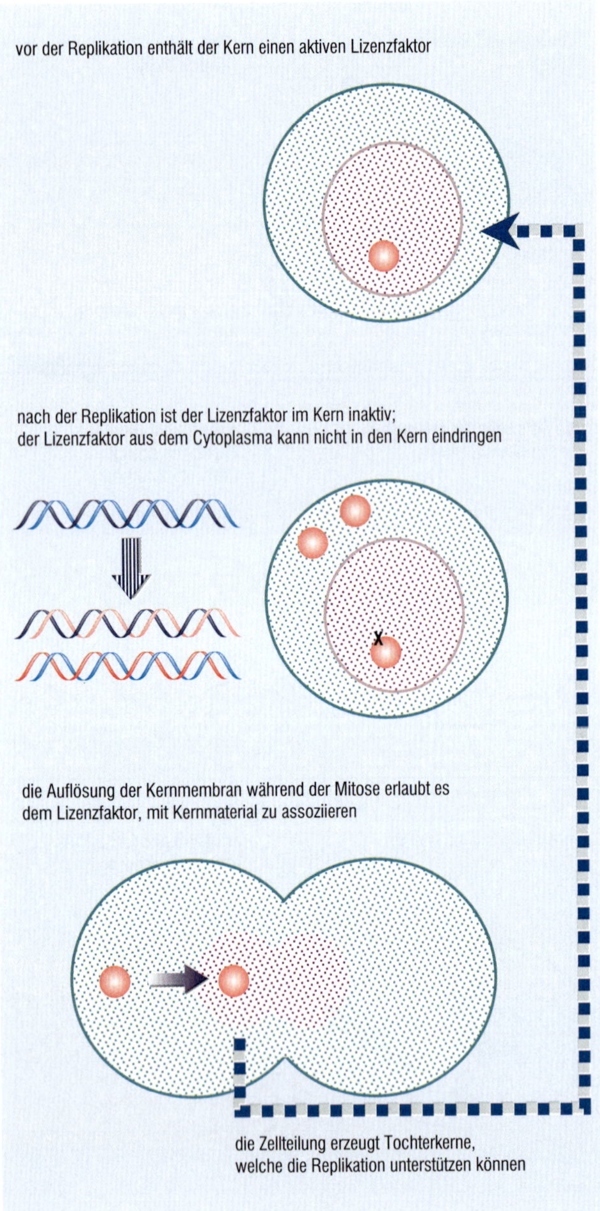

15.26 Der Lizenzfaktor im Kern wird nach der Replikation inaktiviert. Nachschub kann nur eindringen, wenn die Kernhülle während der Mitose abgebaut wird.

riment zur Charakterisierung der semikonservativen Replikation, das bereits in Abbildung 4.16 gezeigt wurde). Wenn die Proteinsynthese im Ei blockiert ist, bleibt die Membran um das injizierte Material intakt, und die DNA kann sich nicht erneut replizieren. Bei laufender Proteinsynthese dagegen wir die Kernmembran genau wie bei einer normalen Zellteilung abgebaut, und es können weitere Replikationszyklen stattfinden. Dasselbe Ergebnis kann man mit Substanzen erzielen, welche die Kernmembran permeablilisieren. Dies deutet darauf hin, daß der Kern Protein(e) enthält, das für die Replikation benötigt wird und in irgendeiner Weise von dem Replikationszyklus aufgebraucht wird; obwohl mehr von dem Protein im Cytoplasma des Eies enthalten ist, kann es nicht in den Kern eindringen – ausgenommen, die Kernmembran wird abgebaut. Das System kann im Prinzip durch die Entwicklung eines *in vitro*-Extrakts weitergeführt werden, der die Kernreplikation unterstützt; seine Bestandteile können dann isoliert und die relevanten Faktoren identifiziert werden.

Abbildung 15.26 erklärt die Kontrolle der Reinitiation durch die Annahme, daß es sich bei dem Protein um einen **Lizenzfaktor** handelt, der sich vor der Replikation im Kern befindet. Eine Replikationsrunde inaktiviert oder zerstört den Faktor, und eine weitere Runde kann nur dann stattfinden, wenn mehr von ihm zur Verfügung steht. Der Faktor im Cytoplasma kann erst in der folgenden Mitose, wenn die Kernhülle abgebaut wird, Zugang zum Kernmaterial gewinnen. Dieses Regulationssystem dient zwei Zwecken: Durch die Entfernung einer notwendigen Komponente nach der Replikation verhindert es das Stattfinden von mehr als einem Replikationszyklus. Außerdem stellt er eine Rückkoppelungsschleife dar, welche die Initiation der Replikation vom Durchlaufen der Zellteilung abhängig macht.

Als Kandidaten für den Lizenzfaktor bieten sich in *S. cerevisiae* die Proteine MCM2, 3 und 5 an, welche für die Replikation erforderlich sind und nur während der Mitose in den Kern eindringen. Man findet Homologe in Tierzellen; dort ist MCM3 vor der Replikation an chromosomales Material gebunden, nach der Replikation dagegen wird es freigesetzt. Der Tierzellkomplex MCM2,3,5 bleibt während des Zellzyklus im Kern, was darauf hindeutet, daß er eine Komponente des Lizenzfaktors sein könnte; eine weitere Komponente, die nur während der Mitose eindringen kann, mag für die Assoziation von MCM2,3,5 mit dem chromosomalen Material benötigt werden.

Bestimmte Hefemutanten bieten einen Einblick in das System, das die Verfügbarkeit des Lizenzfaktors kontrolliert. Mutationen im Lizenzfaktor selbst können die Initiation der Replikation verhindern – so verhalten sich *MCM2, 3, 5* tatsächlich. Mutationen in dem System, das den Lizenzfaktor nach Beginn der Replikation inaktiviert, sollten zur Anhäufung übermäßiger DNA-Mengen führen, da die kontinuierliche Anwesenheit von Lizenzfaktor die Rereplikation erlaubt. Solche Mutationen finden sich in Genen, die Bestandteile des Ubiquitinierungssystems codieren, das für den Abbau bestimmter Proteine zuständig ist. Dies deutet darauf hin, daß der Lizenzfaktor nach Beginn eines Replikationszyklus zerstört wird.

Zusammenfassung

Die DNA-Synthese findet durch semidiskontinuierliche Replikation statt, wobei der Leitstrang der DNA in $5' \rightarrow 3'$-Richtung kontinuierlich verlängert wird, während der Folgestrang, der insgesamt in $3' \rightarrow 5'$-Gegenrichtung wächst, in Form von kurzen Okazaki-Fragmenten hergestellt wird, die jedes in $5' \rightarrow 3'$-Richtung synthetisiert werden. Der Leitstrang und jedes Okazaki-Fragment des

Folgestranges initiieren mit Hilfe eines RNA-Primers, der von der DNA-Polymerase verlängert wird. Bakterien und Eukaryoten besitzen mehr als eine DNA-Polymeraseaktivität. DNA-Polymerase III synthetisiert in *E. coli* sowohl den Leit- als auch den Folgestrang. Viele Proteine werden für ihre Aktivität benötigt, einige bilden einen Teil des Replisoms, in dem es aktiv ist.

Das Replisom enthält ein asymmetrisches Dimer von DNA-Polymerase III; jeder neue DNA-Strang wird von einem anderen Core-Komplex synthetisiert, der eine katalytische (α)-Untereinheit enthält. Die Prozessivität des Core-Komplexes wird durch die β-Klammer aufrechterhalten, die um die DNA einen Ring bildet. Das Schleifenmodell für die Replikationsgabel schlägt vor, daß eine Hälfte des Dimers mit der Synthese des Leitstranges fortfährt, während die andere Hälfte die DNA als einzelne Schleife hindurchzieht, die als Matrize für den Folgestrang dient. Der Übergang von der Vollendung eines Okazaki-Fragments zum Beginn des nächsten erfordert die Dissoziation der katalytischen Untereinheit am Folgestrang der DNA und ihre erneute Anheftung an eine β-Klammer an der Priming-Stelle des nächsten Okazaki-Fragments.

DnaB bildet die Helikaseaktivität an einer Replikationsgabel, und diese ist von ATP-Spaltung abhängig. DnaB könnte in *oriC*-Replicons allein die Primosom-Aktivität bilden, indem es periodisch mit DnaG, der Primase, die RNA synthetisiert, interagiert.

Der Phage T4 codiert einen ansehnlichen Replikationsapparat, der aus sieben Proteinen besteht: DNA-Polymerase, Helikase, einzelstrangbindendes Protein, Priming-Aktivitäten und Hilfsproteine. In anderen Replikationssystemen werden ähnliche Funktionen benötigt, darunter in einem HeLa-Zellsystem, das SV40-DNA repliziert. Verschiedene Enzyme, die DNA-Polymerasen α und δ, initiieren und elongieren die neuen DNA-Stränge.

Die verbreitete Art der Ursprungsaktivierung umfaßt ein erstes begrenztes Schmelzen der Doppelhelix, das von weiterer Entwindung gefolgt ist, wodurch Einzelstränge gebildet werden. Mehrere Proteine treten in bestimmter Abfolge am *E. coli*-Ursprung in Aktion. DnaA bindet an eine Reihe von 9-bp- und 13-bp-Wiederholungen und bildet mit DNA, in der die 13-bp-Wiederholungen aufgeschmolzen sind, ein Aggregat von 20 bis 40 Monomeren. Die Helikaseaktivität von DnaB entwindet zusammen mit DnaC die DNA weiter. Ähnliche Vorgänge finden am Lambda-Ursprung statt, an dem die Phagenproteine O und P die Gegenstücke zu den bakteriellen Proteinen DnaA und DnaC bilden. Bei der SV40-Replikation sind mehrere dieser Aktivitäten im T-Antigen kombiniert.

Das Priming-Ereignis von φX benötigt ebenfalls DnaB, DnaC und DnaT. PriA ist der Bestandteil, der bei φX-Replicons die Primosomenaufbaustelle (*pas*) definiert; es verdrängt SSB von der DNA in einer von ATP-Spaltung abhängigen Aktion. PriB und PriC sind zusätzliche Bestandteile des Primosoms.

Im *E. coli*-Ursprung existieren mehrere Stellen, die von der Dam-Methylase methyliert werden, darunter die der 13-mer-Bindungsstellen für DnaA. Der Ursprung bleibt für etwa zehn Minuten nach der Initiation eines Replikationszyklus hemimethyliert und somit in einem unzugänglichen Zustand. Während dieser Zeit ist er mit der Membran assoziiert, und die Reinitiation der Replikation ist unterdrückt.

Nach der Zellteilung besitzen die Kerne eukaryotischer Zellen einen Lizenzfaktor, der für die Initiation der Replikation gebraucht wird. Seine Zerstörung nach der Initiation verhindert weitere Replikationszyklen in Hefe. Dieser Faktor kann nicht aus dem Cytoplasma in den Kern transportiert werden und läßt sich nur ersetzen, wenn die Kernmembran während der Mitose abgebaut wird.

Weiterführende Literatur

Übersichtsartikel

Nossal, N. G. *Prokaryotic DNA replication systems*. In: *Ann. Rev. Biochem.* 55 (1983) S. 581–615.

Campbell, J. L. *Eukaryotic DNA replication*. In: *Ann. Rev. Biochem.* 55 (1986) S. 733–771.

McHenry, C. S. *DNA polymerase III holoenzyme of E. coli*. In: *Ann. Rev. Biochem.* 57 (1988) S. 519–550.

Kunkel, T. A. *Exonucleolytic proofreading*. In: *Cell* 53 (1988) S. 837–840.

Stillman, B. *Initiation of eukaryotic DNA replication in vitro*. In: *Ann. Rev. Cell Biol.* 5 (1989) S. 197–245.

Baker, T. A.; Wickner, S. H. *Genetics and enzymology of DNA replication in E. coli*. In: *Ann. Rev. Genet.* 26 (1992) S. 447–477.

Hill, T. M. *Arrest of bacterial DNA replication*. In: *Ann. Rev. Microbiol.* 46 (1992) S. 603–633.

Kornberg, A.; Baker, T. A. *DNA Replication*. New York (Freeman und Co.) 1992.

Marians, K. J. *Prokaryotic DNA replication*. In: *Ann. Rev. Biochem.* 61 (1992) S. 673–719.

Entdeckungen

Brutlag, D.; Kornberg, A. *Enzymatic synthesis of DNA: a proofreading function for the 3' to 5' exonuclease activity in DNA polymerases*. In: *J. Biol. Chem.* 247 (1972) S. 241–248.

Scott, J. F. et al. *A mechanism of duplex DNA replication revealed by enzymatic studies of phage φX174: catalytic strand separation in advance of replication*. In: *Proc. Nat. Acad. Sci. USA* 74 (1977) S. 193–197.

Rowen, L.; Kornberg, A. *Primase, the dnaG protein of E. coli: an enzyme which starts DNA chains*. In: *J. Biol. Chem.* 253 (1978) S. 758–764.

Arai, N. et al. *Replication of φX174 DNA with purified enzymes. Multiplication of the duplex form by coupling of continuous and discontinuous synthetic pathways*. In: *J. Biol. Chem.* 256 (1981) S. 5239–5246.

Fuller, R. S.; Kaguni, J. M.; Kornberg, A. *Enzymatic replication of the origin of the E. coli chromosome*. In: *Proc. Nat. Acad. Sci. USA* 78 (1981) S. 7370–7374.

Arai, N.; Kornberg, A. *Unique primed state of phage φX174 DNA replication and mobility of the primosome in a direction opposite to chain synthesis*. In: *Proc. Nat. Acad. Sci. USA* 78 (1981) S. 69–73.

Baker, T. A.; Kornberg, A. *Transcriptional activation of initiation of replication from the E. coli chromosomal origin: an RNA-DNA hybrid near oriC.* In: *Cell* 55 (1988) S. 113–123.

Blow, J. J.; Laskey, R. A. *A role for the nuclear envelope in controlling DNA replication within the cell cycle.* In: *Nature* 332 (1988) S. 546–548.

Bramhill, D.; Kornberg, A. *Duplex opening by dnaA protein at novel sequences in initiation of replication at the origin of the E. coli chromosome.* In: Cell 52 (1988) S. 743–755.

Ogden, G. B.; Pratt, M. J.; Schaechter, M. *The replicative origin of the E. coli chromosome binds to cell membranes only when hemimethylated.* In: *Cell* 54 (1988) S. 127–135.

Debyser, Z. et al. *Coordination of leading and lagging strand DNA synthesis at the replication fork of bacteriophage T7.* In: *Cell* 77 (1994) S. 157–166.

Lu, M. et al. *SeqA: a negative modulator of replication initiation in E. coli.* In: *Cell* 77 (1994) S. 413–426.

Stukenberg, P.T. et al. *An explanation for lagging strand replication: polymerase hopping among DNA sliding clamps.* In: *Cell* 78 (1994) S. 877–887.

Waga, S.; Stillman; B. *Anatomy of a DNA replication fork revealed by reconstitution of SV40 replication* in vitro. In: *Nature* 369 (1994) S. 207–212.

Naktinis, V.; Turner; J.; O'Donnell, M. *A molecular switch in a replication machine defined by an internal competition for protein rings.* In: *Cell* 84 (1996) S. 137–145.

16. Restriktion und Reparatur

Die DNA erfüllt ihre Vererbungsaufgaben mit Hilfe der Replikation und der Transkription. Jeder dieser Prozesse umfaßt viele enzymatische und regulatorische Aktivitäten sowie die entsprechenden Polymerasen. Zusätzlich zu diesen Systemen gibt es eine Vielfalt von Enzymen, die mit der DNA in Wechselwirkung treten, um ihre Struktur zu modifizieren oder Schaden an ihr zu reparieren. Diese Aktivitäten sind wichtig für das Verständnis, wie die DNA-Sequenz unversehrt erhalten bleibt; der Replikationsakt selbst ist unzureichend, um die Rolle der DNA in der Evolution zu bewahren und zu schützen.

Zwar werden für die DNA-Synthese nur vier Arten von Basen verwendet, einige von ihnen werden aber nach dem Einbau in die DNA chemisch modifiziert. Methylierung ist die gängigste Modifizierung; sie stellt ein Signal dar, das einen DNA-Abschnitt markiert. Sowohl Pro- als auch Eukaryoten enthalten Enzyme, die DNA methylieren, obwohl die Funktionen der Methylierung verschieden sind.

E. coli-DNA enthält kleine Mengen an 6-Methyladenin und 5-Methylcytosin. Diese Basen werden durch die Aktivität dreier Methylasen an der DNA erzeugt, die drei verschiedene Klassen von Systemen bezeichnen:

- Das *hsd*-System arbeitet mit charakteristischer Spezifität und erzeugt so ein Muster methylierter Adenine, welches das Wirtsbakterium identifiziert. Zu diesem Systemtyp gibt es in vielen Bakterien Äquivalente; jedes ist durch seine Spezifität charakterisiert und kann die Methylierung von Adenin oder von Cytosin umfassen.
- Das *dam*-System unterscheidet die Stränge gerade replizierter DNA, indem es Adenin methyliert. Es ist an der Kontrolle der Replikation sowie an der Markierung von DNA-Strängen für die Reparatur beteiligt. Außerdem beeinflußt es die Aktivität anderer Elemente im *E. coli*-Chromosom, was in den Kapitel 15 und 18 beschrieben wird.
- Das *dcm*-System methyliert Cytosin; seine Funktion ist unbekannt.

Bakterien mit Mutationen in allen drei Systemen haben keine methylierten Basen. Sie sind lebensfähig, weshalb die Methylierung kein lebenswichtiges Ereignis darstellen kann.

Bei Eukaryoten dient die Methylierung einem anderen Zweck: der Unterscheidung von Genen in verschiedenen funktionellen Zuständen (Kapitel 27). Es scheint zu keinem der bakteriellen Methylierungssysteme ein eukaryotisches Gegenstück zu geben.

Die Wirtsspezifität eines Bakterienstammes ist das Ergebnis eines oder mehrerer bestimmter Enzyme, die der DNA ein **Modifikationsmuster** verleihen. Das Muster identifiziert die Herkunft der DNA. Die Modifikation erlaubt es dem Bakterium, zwischen seiner eigenen und jeder „fremden" DNA, der das charakteristische Modifikationsmuster des Wirtes fehlt, zu unterscheiden. Dieser Unterschied macht fremde DNA dem Angriff durch **Restriktionsenzyme** zugänglich, die das Fehlen von Methylgruppen an den entsprechenden Stellen erkennen.

Solche **Modifikations-** und **Restriktionssysteme** sind bei Bakterien weit verbreitet; wegen des Schutzes der eigenen DNA sind sie „fremdenfeindlich" – die „ansässige" DNA wird vor Vermischung mit Sequenzen aus fremder Quelle geschützt (obwohl das Vorhandensein solcher Systeme nicht obligatorisch ist; einigen Bakterienstämmen fehlt jedes Restriktionssystem).

Ein Bakterium besitzt mehrere Systeme, die seine DNA vor den Folgen von Schädigungen durch äußere Einflüsse oder Replikationsfehlern schützen. Jedes Ereignis, das die Struktur der DNA irreversibel von ihrer regelmäßigen Doppelhelix abweichen läßt, wird als unzulässig erkannt. Die Veränderung kann z. B. eine Punktmutation sein, die eine Base in eine andere umwandelt, so daß ein Basenpaar entsteht, das nicht den Watson-Crick-Regeln gehorcht. Es kann sich auch um eine Strukturveränderung handeln, bei der sich ein sperriges Addukt an die DNA heftet oder bei der zwei Basen miteinander verbunden werden.

Die Schadensstellen werden von besonderen Nucleasen erkannt, die den beschädigten Abschnitt aus der DNA herausschneiden; danach synthetisieren weitere Enzyme eine Ersatzsequenz. Zusammen bilden diese Aktivitäten ein **Reparatursystem**. Neben der direkten Reparatur von Schäden durch Ausschneiden und Ersetzen gibt es Systeme, die sich mit den negativen Folgen der Replikation geschädigter DNA befassen. Diese **Wiederherstellungssysteme** ähneln denen, die an der genetischen Rekombination beteiligt sind.

Die verschiedenen Restriktions- und Reparatursysteme enthalten Enzyme mit bemerkenswerten Fähigkeiten, DNA-Sequenzen oder -Strukturen zu erkennen. Restriktionsenzyme binden an bestimmte Zielsequenzen der DNA und eröffnen damit eine weitere Perspektive auf die Art der Protein-Nucleinsäure-Wechselwirkungen. Einige dieser Enzyme binden an einer bestimmten Stelle an die DNA, schneiden dann aber an einer anderen, weit davon entfernten Stelle. Dies eröffnet Einsicht in die Fähigkeit von Proteinen, sich an doppelsträngiger DNA entlangzubewegen. Einige Reparaturenzyme erkennen beschädigte Stellen in der DNA anscheinend an der Verzerrung der regelmäßigen Doppelhelixstruktur. Ein bestimmtes Enzym, das an der Rekombination beteiligt ist, kann zwei DNA-Moleküle binden und die Basenpaarung zwischen ihnen fördern.

Von diesen verschiedenartigen Aktivitäten lernen wir mehr über die sequenz- oder strukturspezifischen Wechselwirkungen von Proteinen mit der DNA. Außerdem erwächst ein allgemeines Bild von der mannigfaltigen Natur der Systeme, die für den Erhalt und den Schutz der

DNA vor Angriffen aus der Umwelt oder vor Fehlern anderer zellulärer Systeme benötigt werden.

16.1 Die Auswirkungen von Modifikation und Restriktion

Die Modifikations- und Restriktionssysteme hat man infolge ihrer Auswirkungen auf die Phageninfektion entdeckt. Die von einem Bakterium eines bestimmten Stammes freigesetzte Phagen-DNA kann ein anderes Bakterium desselben Stammes erfolgreich infizieren, da sie dasselbe Modifikationsmuster besitzt wie die Wirts-DNA. Phagen-DNA dagegen, die von einem Bakterienstamm zu einem anderen wandert, wird von der Restriktionsaktivität angegriffen. Es besteht eine „Restriktion" des Phagen auf einen Bakterienstamm.

Diese Restriktion ist allerdings nicht absolut. Einige Phagen entkommen ihr bei der Infektion aufgrund von Mutationen ihrer Zielsequenzen oder dadurch, daß das Wirtssystem sie vernachlässigt. Im letzteren Falle nehmen sie den Modifikationstyp des neuen Wirtes an.

Plasmide tragen zur Stammspezifität von Bakterien bei. Einige Plasmide (und Phagen) besitzen Gene für Modifikations- und Restriktionssysteme, so daß ihre Anwesenheit die Spezifität eines Bakteriums bestimmt. In jedem Falle dienen diese Systeme dazu, der Mobilität bakterieller Sequenzen zwischen Bakterien in Form von Plasmiden und Phagen entgegenzuwirken.

Das Hauptmerkmal des Modifikations- und Restriktionssystems eines Bakterienstammes ist der Besitz einer DNA-Methylaseaktivität mit *derselben Sequenzspezifität* wie die Restriktionsaktivität. Die Methylase methyliert dieselbe Sequenz (an Adenin- und Cytosinresten), welche die Zielstelle für das Restriktionsenzym darstellt. Diese Methylierung macht die Zielstelle resistent gegenüber der Restriktion und schützt daher die DNA vor Spaltung.

Alle Restriktionsendonucleasen erkennen spezifische, eher kurze DNA-Abschnitte als ihre Bindestellen. Nach der Bindung folgt die Spaltung je nach Enzym an der Erkennungsstelle oder an anderer Stelle. Die Spaltungsreaktion findet für die Kartierung und Rekonstruktion von DNA *in vitro* breite Anwendung. (Wir besprechen diese Reaktionen in Kapitel 6 und 20.) Wir müssen uns nun fragen, wie diese Enzyme ihre natürliche Funktion ausüben.

Die in der Zelle vorhandene bakterielle DNA ist an den entsprechenden Zielstellen methyliert und so gegenüber

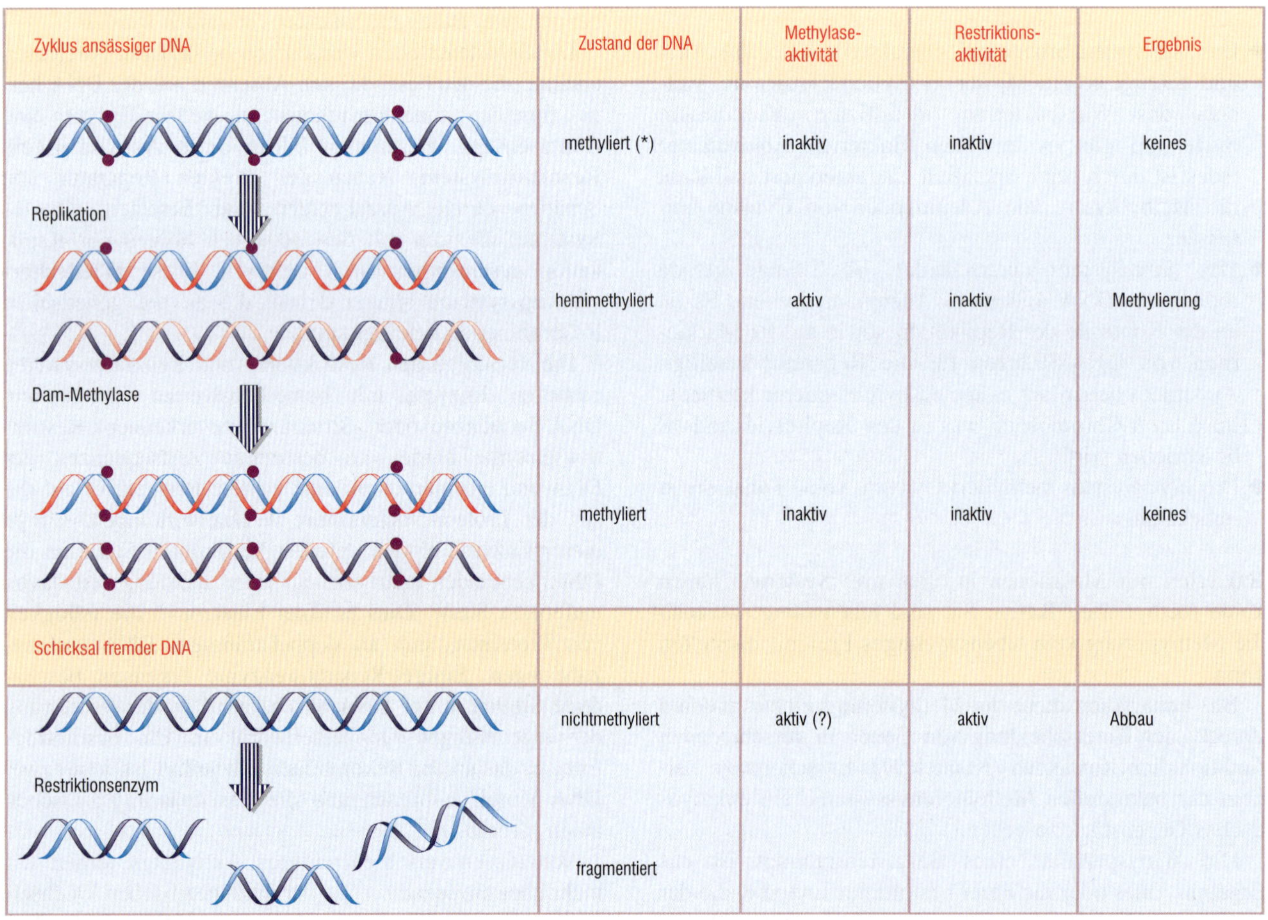

16.1 *Übersicht*: Methylierte Stellen werden unbegrenzt weitergegeben und sind vor Restriktion geschützt, während unmethylierte Stellen gespalten werden.

Tabelle 16.1: Restriktions- und Methylierungsaktivitäten können verbunden oder getrennt sein

	Typ-II-Enzym	Typ-III-Enzym	Typ-I-Enzym
Proteinstruktur	getrennte Endonuclease und Methylase	bifunktionelles Enzym aus zwei Untereinheiten	bifunktionelles Enzym aus drei Untereinheiten
Erkennungsstelle	4–6-bp-Sequenz, häufig palindromisch	5–7 bp asymmetrische Sequenz	zweigeteilt und asymmetrisch
Spaltungsstelle	identisch mit oder nahe bei der Erkennungsstelle	24–26 bp stromabwärts von der Erkennungsstelle	unspezifisch, >1 000 bp von der Erkennungsstelle entfernt
Restriktion und Methylierung	getrennte Reaktionen	gleichzeitig	schließen sich gegenseitig aus

Angriffen durch die Restriktionsaktivität immun, wie in Abbildung 16.1 gezeigt ist. Ansonsten würde das Restriktionsenzym die DNA seiner eigenen Zelle abbauen! Aber der Schutz besteht nicht für fremde DNA, die in die Zelle eindringt. Solche DNA besitzt nichtmodifizierte Zielstellen und wird daher von dem Restriktionsenzym angegriffen. Die Kombination aus Modifikation und Restriktion erlaubt es der Zelle also, fremde DNA von ihren eigenen, geschützten Sequenzen zu unterscheiden.

In diesem Zusammenhang bedeutet „fremde" DNA jegliche DNA aus einem Bakterienstamm, der *nicht dieselbe Modifikations- und Restriktionsaktivität aufweist*. Es gibt keinen Unterschied zwischen DNA-*Typen*, das heißt zwischen bakteriellen, Plasmid- oder Phagensequenzen. Die *gesamte* DNA, die in einem bestimmten Bakterienstamm ansässig ist oder ihn durchlaufen hat, besitzt dasselbe Modifikationsmuster. Das Restriktions- und Modifikationssystem stellt somit kein Hindernis für die Weitergabe von DNA zwischen Bakterien desselben Stammes dar.

Restriktionsenzyme fallen in zwei allgemeine Klassen, die noch weiter unterteilt werden können. Ihre Eigenschaften sind in Tabelle 16.1 zusammengefaßt. Ihr Hauptunterschied besteht darin, daß Typ-II-Systeme aus zwei Enzymen bestehen, einem für die Modifikation und einem für die Restriktion, wohingegen in Typ-I- und Typ-III-Systemen dasselbe Enzym beide Aktivitäten aufweist.

Außerdem gibt es noch einen weiteren Systemtyp, der in Gegenrichtung arbeitet. Er besteht aus einem Restriktionsenzym, das methylierte DNA spezifisch angreift. Einige Stämme von *Streptococcus pneumoniae* besitzen das Enzym DpnI, das GATC nur dann spaltet, wenn es methyliert ist; sie haben keine Methylase mit dieser Spezifität. Andere Stämme des Bakteriums besitzen das Enzym DpnII, das methyliertes GATC spaltet; außerdem haben sie aber auch die passende Methylase, so daß ihre DNA für gewöhnlich modifiziert ist. Daher ist das Ergebnis der beiden Systeme dasselbe: der Abbau von DNA, die in das Bakterium gelangt und ein anderes Methylierungsmuster aufweist als das GATC aus dem zelleigenen Genom. Systeme, die methylierte DNA abbauen, sind relativ selten (und wahrscheinlich weniger effektiv, da nur eindringende DNA mit einem bestimmten Zielmuster der Methylierung angegriffen wird).

Die Hauptaufgabe der Restriktions- und Modifikationssysteme besteht darin, das Bakterium vor eindringender DNA zu schützen, und die häufigste Quelle für eindringende DNA ist ein Bakteriophage. Phagen besitzen allerdings Mechanismen, um der bakteriellen Abwehr entgegenzuwirken, unter anderem beinhalten sie phagencodierte Inhibitoren für Restriktionsenzyme, Methylasen, die eine Vielfalt der Spezifitäten des Wirtsbakteriums nachahmen und natürlich die Selektion, die Zielstellen aus dem Phagengenom entfernt.

16.2 Die Typ-II-Restriktionsenzyme sind weit verbreitet

Typ-II-Aktivitäten schließen unter anderem die Restriktionsenzyme ein, deren Aktivitäten in den Kapiteln 6 und 20 im Zusammenhang mit der Gentechnik behandelt werden. Sie sind nützlich, da sie ein breites Spektrum von Zielsequenzen erkennen. Ein Typ-II-System findet man in etwa einem von drei Bakterienstämmen. Jedes dieser Enzyme ist lediglich für einen Akt der Restriktion zuständig; ein eigenständiges Enzym sorgt für die Methylierung der Zielsequenz. Die von einem Typ-II-Enzym eingeführte Modifikation kann 5-Me-Cytosin, 4-Me-Cytosin (vor kurzem entdeckt und weniger häufig) oder 6-Me-Adenin sein.

Die Strukturen der Proteine sind eher unkompliziert. Die am besten charakterisierten Beispiele sind die Bestandteile des *Eco*RI-Systems, bei dem das Restriktionsenzym ein Dimer aus identischen Untereinheiten und die Methylase ein Monomer ist. Die Erkennung eines gemeinsamen Zieles könnte im Prinzip entweder durch die Verdopplung des DNA-erkennenden Teiles des Proteins erfolgen oder durch konvergente Evolution. Das Fehlen von Sequenzverwandtschaften zwischen Paaren von Restriktions- und Modifikationsenzymen deutet darauf hin, daß sie unabhängig voneinander entstanden sein müssen.

Die Zielstellen für Typ-II-Enzyme sind häufig Palindrome von vier bis sechs Basenpaaren. Wegen dieser Symmetrie finden sich die zu methylierenden Basen auf beiden DNA-Strängen. Daher kann eine Zielstelle *vollständig methyliert* (beide Stränge sind modifiziert), *hemimethyliert* (nur ein Strang ist methyliert) oder *nichtmethyliert* sein. In Abbildung 16.1 ist folgendes zusammengefaßt:

- Eine vollständig methylierte Stelle ist weder für die Restriktion noch für die Modifikation ein Angriffsziel.
- Eine hemimethylierte Stelle wird von dem Restriktionsenzym nicht erkannt, aber von der Methylase in den vollständig modifizierten Zustand umgewandelt.
- Eine nichtmethylierte Zielstelle kann *in vitro* entweder ein Substrat für die Restriktion oder für die Modifikation bilden. In der Zelle ist die Restriktion nichtmodifizierter DNA wahrscheinlicher; es kommt relativ selten vor, daß nichtmodifizierte DNA „überlebt" und das Modifikationsmuster eines neuen Wirtes annimmt.

Die Methylase wirkt auf nichtmethylierte DNA genauso effektiv ein wie auf hemimethylierte, konkurriert aber mit dem Restriktionsenzym um die Bindung an eine nichtmethylierte Stelle. In Bakterien dienen jedoch die meisten Methylierungsereignisse der Bewahrung des momentanen Modifikationszustands. Die Replikation vollständig methylierter DNA erzeugt hemimethylierte DNA, und in der Erkennung dieser Stellen liegt wahrscheinlich die normale Funktion der Methylase *in vivo*.

Die meisten Restriktionsenzyme vom Typ II spalten die DNA *direkt an* einer nichtmethylierten Zielstelle. In jedem Strang der DNA wird eine Bindung gespalten; dieses erfolgt nacheinander. Einige Enzyme machen versetzte Schnitte, andere erzeugen glatte Enden. Die Enzyme einer Unterklasse spalten die DNA einige Basen seitlich von der Erkennungsstelle.

Die Methylase hängt immer nur jeweils eine Methylgruppe an. Ist das Substrat nicht methyliert, so fügt das Enzym eine einzelne Methylgruppe an und dissoziiert dann von der DNA. Ein getrennter Bindungs- und Methylierungsvorgang findet statt, um die zweite Gruppe einzuführen.

Alle Methylasen teilen miteinander einige konservierte Sequenzmotive, die wahrscheinlich einen gemeinsamen enzymatischen Mechanismus für die Methylierung widerspiegeln. Für die DNA-Bindung verwenden die Enzyme nicht dieselben einfachen Motive, die man bei vielen Transkriptionsregulatoren findet, sondern besitzen eine Struktur aus zwei Domänen, die durch eine Spalte getrennt sind, in der die DNA gebunden wird. Die kristallographische Struktur des Enzyms HhaI mit seiner Erkennungssequenz offenbart eine auffällige Veränderung der DNA-Struktur. Abbildung 16.2 zeigt, daß die DNA in der gewöhnlichen B-Form vorliegt, mit Ausnahme des G•C-Basenpaares, dessen C methyliert werden soll. Der Cytosinrest ist aus der Helix in das aktive Zentrum des Enzyms hineingeklappt. Dies legt einen Mechanismus nahe, bei dem die Erkennung der Ziel-DNA-Sequenz erfolgt, das Cytosin in das Enzym gedreht wird, die Methylgruppe angehängt wird (sie stammt von dem Donor S-Adenosylmethionin) und das Cytosin in seine ursprüngliche Position zurückgelangt.

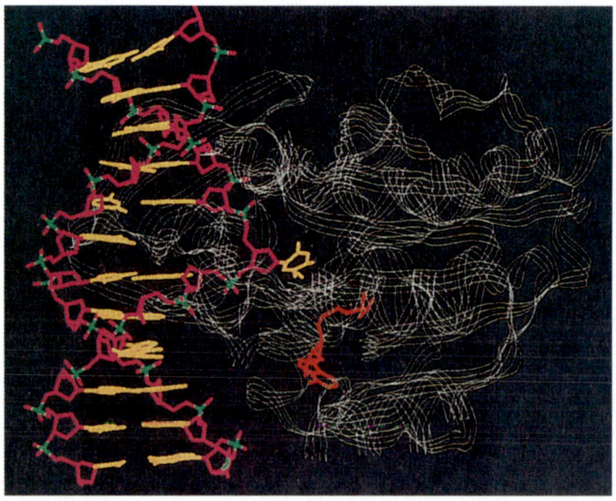

16.2 Die *HhaI*-Methylase verzerrt die DNA-Doppelhelix, indem sie ein Cytosin hinausdreht, um es zu methylieren. Das ausgeklappte Cytosin ist gelb, der S-Adenosylhomocysteincofaktor rot, das Protein durch feine weiße Stränge dargestellt. (Abbildung mit freundlicher Genehmigung von Rich Roberts.)

16.3 Die alternativen Aktivitäten der Typ-I-Enzyme

Die zweite Klasse von Modifikations- und Restriktionsaktivitäten besteht aus den Typ-I- und den Typ-III-Enzymen. Es sind Multimere, die *sowohl* die Endonuclease- *als auch* die Methylierungsfunktion ausüben. Ihre Mechanismen unterscheiden sich sowohl untereinander als auch von den Typ-II-Aktivitäten. Es ist nicht sicher, wie groß der Anteil von Bakterien mit Typ-I- beziehungsweise Typ-III-Systemen ist, aber sie sind weniger verbreitet als Typ-II-Systeme.

Es gibt drei Familien von **Typ-I**-Enzymen; jede umfaßt eine Gruppe verwandter Gene. Die *Eco*K- und *Eco*B-Varianten des *hsd*-Systems der *E. coli*-Stämme K und B wurden als erste entdeckt und stellen eine dieser Gruppen dar.

Ein Typ-I-Restriktionsenzym besteht aus drei Arten von Untereinheiten, was in Abbildung 16.3 dargestellt ist. Das *Eco*K-Enzym hat die Struktur R_2M_2S. Die R-Untereinheit ist für die Restriktion verantwortlich, die M-Untereinheit für die Methylierung und die S-Untereinheit für die Erkennung der Zielsequenz auf der DNA. Wenn die S-Untereinheit eine Zielstelle erkannt hat, kann die Bindung des Enzyms an die DNA *entweder* von Restriktion *oder* von Modifikation gefolgt sein; die Aktivitäten der R- und M-Untereinheiten schließen sich gegenseitig aus. Die M- und S-Untereinheiten des Stammes B bilden einen 1:1-Komplex, der die Methylierungsfunktion unabhängig von der Restriktionsfunktion ausübt.

Jede Untereinheit wird von einem einzigen Gen codiert. Mutationen von *hsdR* sind phänotypisch r^-m^+; sie können DNA zwar nicht spalten, aber modifizieren. Mutationen von *hsdS* sind r^-m^-; sie können die DNA weder modifizieren noch spalten. Mutationen von *hsdM* verhindern eben-

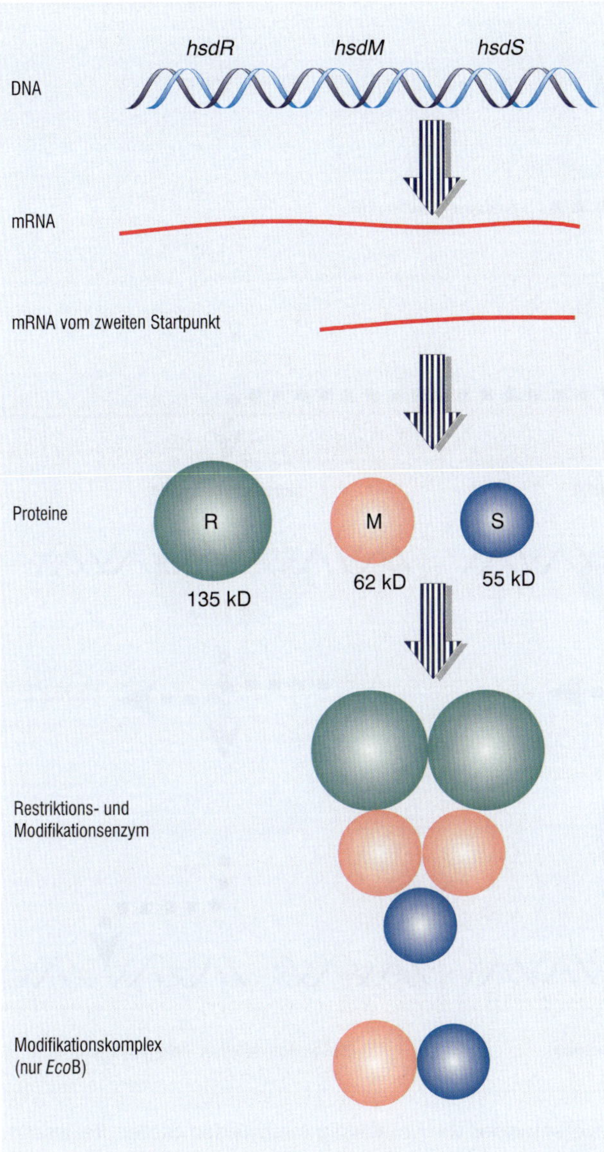

16.3 Multifunktionelle Enzyme vom Typ I besitzen verschiedene Untereinheiten für Restriktion, Modifikation und Erkennung.

falls sowohl die Restriktion als auch die Modifikation. Die M-Untereinheit ist also an der Funktion der R-Untereinheit beteiligt. Dies könnte ein Sicherheitsmechanismus sein, der dafür sorgt, daß *hsdM*-Mutanten r^-m^- sind; ansonsten hätten sie den Phänotyp r^+m^-, was wahrscheinlich letal wäre (da die Restriktionsaktivität die zelleigene nichtmodifizierte DNA abbauen würde).

Die Enzyme *Eco*B und *Eco*K sind allelisch. Ihre Zielsequenzen unterscheiden sich, aber in Diploiden kann die S-Untereinheit des einen Stammes die Aktivitäten der R- und M-Untereinheiten des anderen Bakterienstammes steuern. Dies bestätigt, daß der Erkennungsschritt von den nachfolgenden Spaltungs- oder Methylierungsereignissen unabhängig ist.

Die Erkennungsstellen für *Eco*B und *Eco*K sind zweigeteilte Strukturen aus einer spezifischen Sequenz von drei Basenpaaren, die durch einen geringeren Abstand von einer spezifischen Sequenz von vier Basenpaaren getrennt ist. Die Trennung der beiden Teile der Erkennungsstelle bedeutet, daß sie beide auf einer Seite der DNA liegen; die Sequenz des dazwischenliegenden Bereichs ist ohne Bedeutung.

Jede Seite der Zielsequenz wird von einer eigenen Domäne der S-Untereinheit erkannt. Die Rekombination zwischen *hsdS*-Genen kann neue Erkennungsuntereinheiten mit anderen Kombinationen von Domänen erzeugen. Die rekombinante S-Untereinheit erkennt eine Zielstelle, deren linker Teil aus dem einen Elternstamm, der rechte aus dem anderen stammt.

Keine Seite der Restriktionsstelle ist symmetrisch, aber sie besitzen beide Adeninreste, die auf gegenüberliegenden Strängen methyliert werden, was durch die rote Farbe in der *Eco*B-Erkennungssequenz angezeigt wird.

T G A N N N N N N N N T G C T
A C T N N N N N N N N A C G A

Ob eine gegebene DNA gespalten oder modifiziert wird, bestimmt der Zustand ihrer Zielsequenz, wie in Abbildung 16.4 gezeigt ist. Ist die Zielstelle vollständig methyliert, so bindet das Enzym an sie, wird aber ohne aktiv zu werden wieder freigesetzt. Ist das Ziel hemimethyliert, so methyliert das Enzym den nichtmethylierten Strang und erhält so den Methylierungszustand der Wirts-DNA aufrecht. Ist die Zielstelle unmethyliert, so löst ihre Erkennung eine Spaltungsreaktion aus. In *hsdM* findet man Mutationen, die es dem Enzym erlauben, eine nichtmethylierte Zielstelle zu modifizieren anstatt zu spalten. Dies deutet darauf hin, daß die Methylaseuntereinheit den Zustand des Zieles registriert und entscheidet, ob Modifikation oder Restriktion folgen soll.

Die Methylgruppen werden von dem Cofaktor S-Adenosylmethionin (SAM) zur Verfügung gestellt, der bei der Reaktion in S-Adenosylhomocystein (SAH) umgewandelt wird. SAM bindet an die M-Untereinheit. Im Anfangsstadium der Reaktion fungiert SAM als allosterischer Effektor, der die Konformation der S-Untereinheit verändert und so ihre Bindung an die DNA ermöglicht.

Nach der Bindung an die DNA erfolgt im nächsten Schritt eine Reaktion mit ATP. Ist das Enzym an eine vollständig methylierte Stelle gebunden, so löst die Ankunft von ATP es von der DNA ab. An einer nichtmethylierten Stelle versetzt ATP das Enzym in einen Zustand, der die Spaltung fördert, was von der R-Untereinheit abhängig ist. Für die Spaltung der DNA ist die Hydrolyse von ATP notwendig. SAM wird von dem Enzym freigesetzt, bevor der Restriktionsschritt erfolgt.

Typ-I-Enzyme zeigen eine außergewöhnliche Beziehung zwischen Erkennungs- und Spaltstelle. *Die Spaltstelle ist mehr als 1 000 bp von der Erkennungsstelle entfernt.* Die Spaltung erfolgt zwar nicht an einer spezifischen Sequenz, aber die Auswahl einer Schnittstelle scheint auch nicht vollkommen zufällig zu erfolgen, da einige Regionen der DNA bevorzugt gespalten werden.

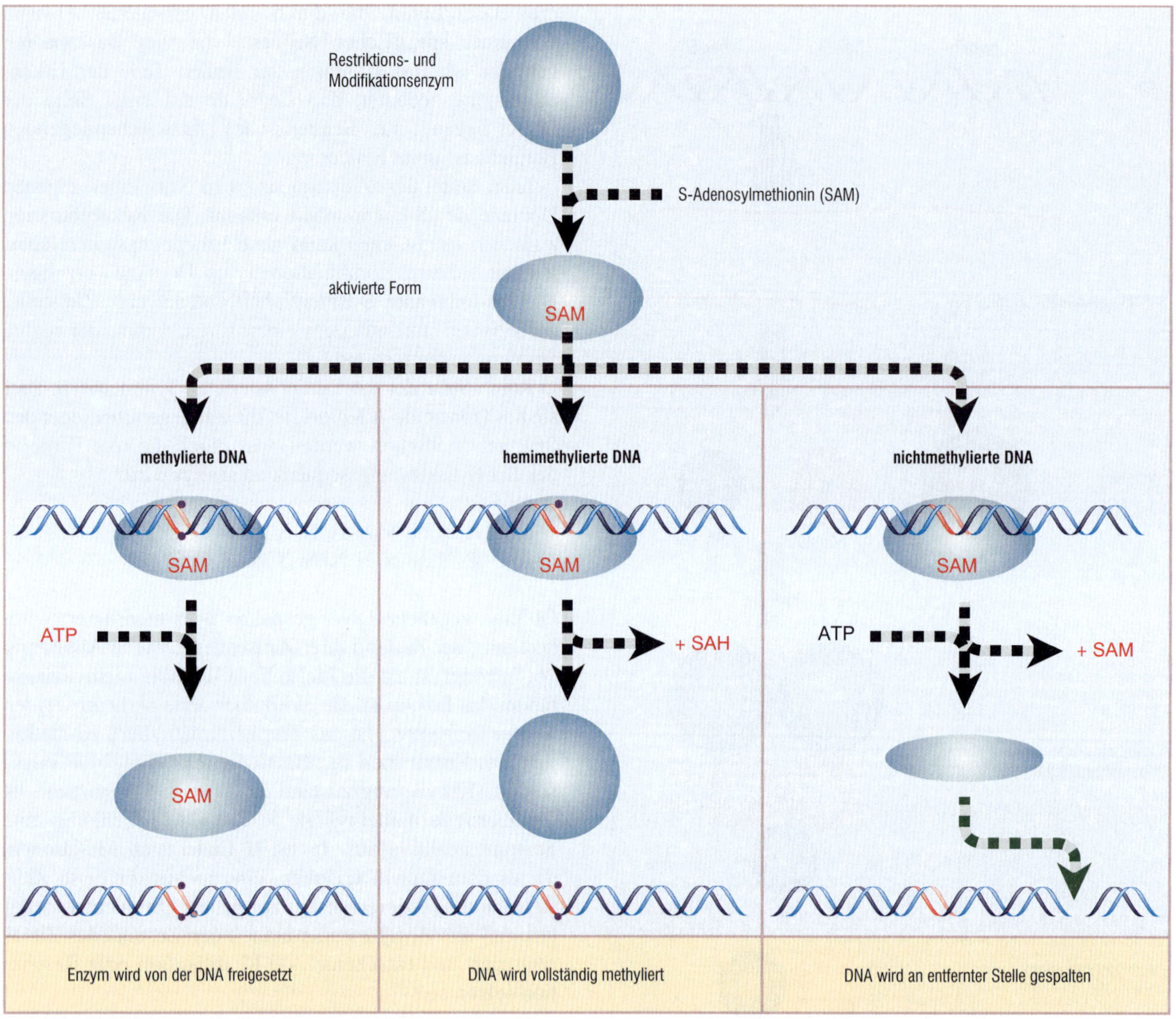

16.4 Enzyme vom Typ I binden an ihre Zielstellen. Danach werden sie entweder von vollständig methylierten Stellen freigesetzt, vervollständigen die Methylierung hemimethylierter Stellen oder wandern von nichtmethylierten Stellen aus die DNA entlang, um das Molekül an anderer Stelle zu spalten.

(Die Diskrepanz zwischen den Stellen der Erkennung und der Spaltung bedeutet, daß man Erkennungsstellen nicht durch die Charakterisierung von DNA-Brüchen definieren kann; man identifiziert sie durch ihre Modifikation beim Methylierungsvorgang sowie durch die Lage von Mutationen, die ihre Erkennung unmöglich machen.)

Die Spaltungsreaktion selbst umfaßt zwei Schritte. Zuerst wird ein DNA-Strang geschnitten, danach der andere in der Nähe. Beiderseits der Spaltstelle erfolgt ein gewisser exonucleolytischer Abbau. Es kommt zu ausgedehnter ATP-Hydrolyse, deren Funktion noch nicht bekannt ist.

Wie erkennt das Enzym eine Stelle und schneidet dann an einer anderen, die so weit entfernt ist? Ein wichtiges Merkmal ist, daß *das Protein dasjenige DNA-Molekül, an das es anfänglich bindet, nicht mehr losläßt*. Wird das Enzym mit einer Mischung aus modifizierter und unmodifizierter DNA inkubiert, so schneidet es bevorzugt letztere. Nachdem es eine Bindestelle erkannt hat, dissoziiert es von der unmethylierten DNA nicht mehr, um so seine Spaltstelle zu finden.

Zwei Arten von Modellen könnten die Beziehung zwischen der Erkennungs- und der Spaltstelle erklären: Entweder bewegt sich das Enzym oder die DNA. Beide Modelle sind in Abbildung 16.5 dargestellt.

Bewegt sich das Enzym, so könnte es an der DNA entlangwandern, bis es (aus unbekanntem Grund) die Spaltung durchführt. Bewegt sich die DNA, so könnte das Enzym mit der Erkennungsstelle verbunden bleiben, während es die DNA durch eine zweite Bindungsstelle hindurchzieht, bis es eine Spaltungsregion (wiederum unbekannter Natur) erreicht. Abbildung 16.6 zeigt mikroskopische Hinweise darauf, daß das Enzym in der DNA Schleifen erzeugt. Wie das zweite Modell besagt, bleibt es nach der Spaltung mit seiner Erkennungsstelle verbunden.

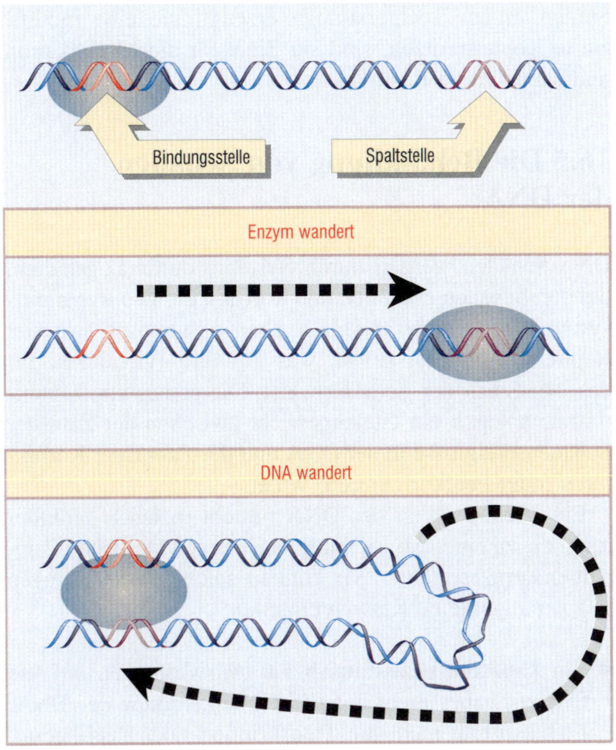

◀ **16.5** Wandert ein Enzym vom Typ I die DNA entlang oder bleibt es an seiner Bindungsstelle und zieht gleichzeitig die DNA durch das Protein?

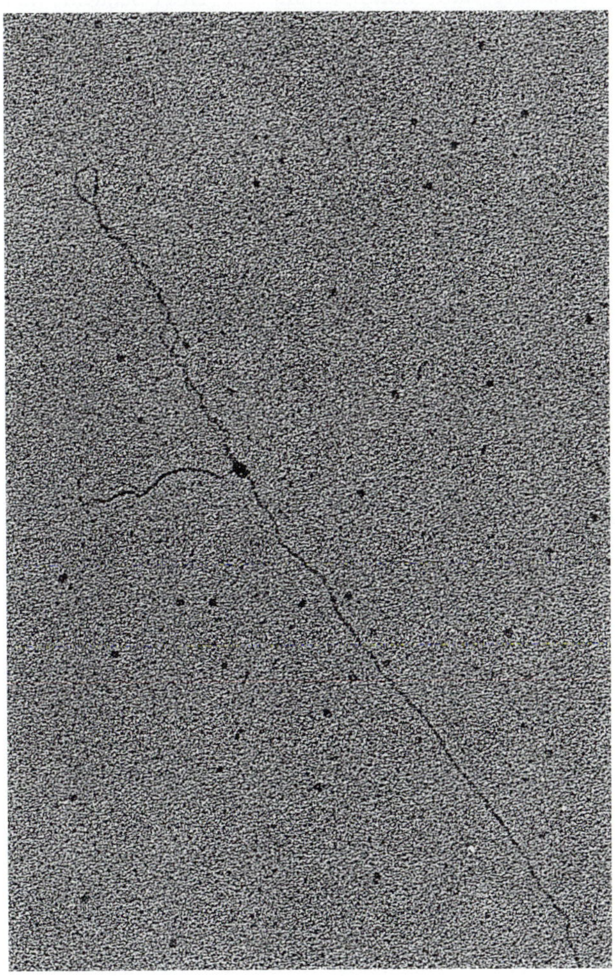

▼ **16.6** Ein Restriktionsenzym vom Typ I kann gleichzeitig zwei verschiedene Stellen der DNA festhalten, wodurch in der Nucleinsäure eine Schleife entsteht. (Abbildung mit freundlicher Genehmigung von Robert Yuan.)

16.4. Die doppelte Aktivität von Typ-III-Enzymen

Modifikations- und Restriktionsenzyme vom Typ III sind eher selten, und nur drei Systeme sind bisher charakterisiert worden; *Eco*P1 und *Eco*P15 werden von den Plasmiden P1 und P15 in *E. coli* codiert, und *Hin*f findet man in *H. influenzae* des Serotyps R_f. Jedes Enzym besteht aus zwei Arten von Untereinheiten. Die R-Untereinheit ist für die Restriktion verantwortlich, die MS-Untereinheit *sowohl* für die Modifikation *als auch* für die Erkennung.

Die Modifikations- und Restriktionsaktivitäten treten *gleichzeitig* auf. Das Enzym bindet zuerst an seine Zielstelle auf der DNA, was ATP erfordert. (Die weitere Abhängigkeit von ATP ist zwischen den Enzymen unterschiedlich.) Danach *konkurrieren* die Methylierungs- und die Restriktionsaktivität *um die Reaktion mit der DNA*.

Das Methylierungsereignis findet an der Bindungsstelle statt, was mit der Kombination von Methylierung und Erkennung in der MS-Untereinheit übereinstimmt. Die Restriktionsspaltung geschieht 24 bis 26 Basen seitlich davon, vermutlich deshalb, weil das Enzym so groß ist, daß die Restriktionsuntereinheit die DNA nur an diesem Punkt berühren kann, was schematisch in Abbildung 16.7 dargestellt ist. Bei der Restriktion werden versetzte, zwei bis vier Basen voneinander entfernte Schnitte gemacht.

Die Enzyme methylieren Adeninstellen, die Zielstellen von P1 und P15 besitzen aber ein herausragendes Merkmal: *Sie können nur an einem Strang methyliert werden*. Die Sequenzen dieser Stellen sind

AGACC	(sP1)
TCTGG	
CAGCAG	(sP15)
GTCGTC	

Wie wird der Methylierungszustand aufrechterhalten und weitergegeben? Abbildung 16.8 demonstriert, daß die Replikation zwei Arten von Stellen erzeugt. Eine Kopie besitzt den ursprünglichen methylierten Strang; er ist vom Elternstrang nicht zu unterscheiden. Die andere Kopie ist vollkommen unmethyliert; sie ist daher im Prinzip eine Zielstelle für die Restriktion oder die Modifikation.

Was bestimmt, daß die nichtmarkierte Stelle eher methyliert und nicht geschnitten wird? Abbildung 16.9 zeigt, daß die Umstände für Modifikation und Restriktion unterschiedlich sind. Die Methylase kann eine einzelne

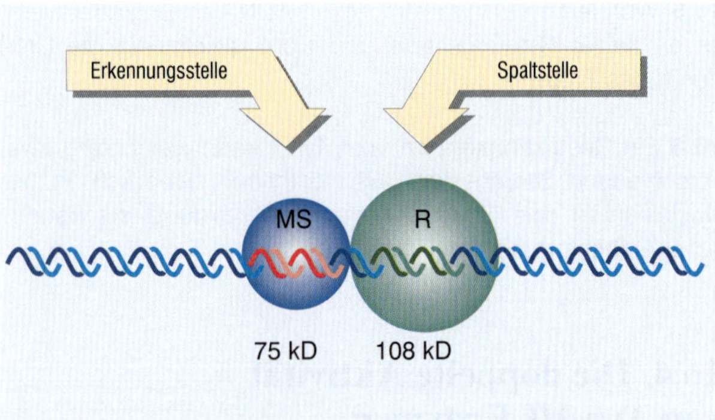

16.7 Enzyme vom Typ III besitzen zwei Untereinheiten: An der Zielstelle erfolgt die Erkennung und Methylierung durch die MS-Untereinheit, das Restriktionsereignis kann an einer nahegelegenen Stelle erfolgen, die mit der R-Untereinheit in Kontakt steht.

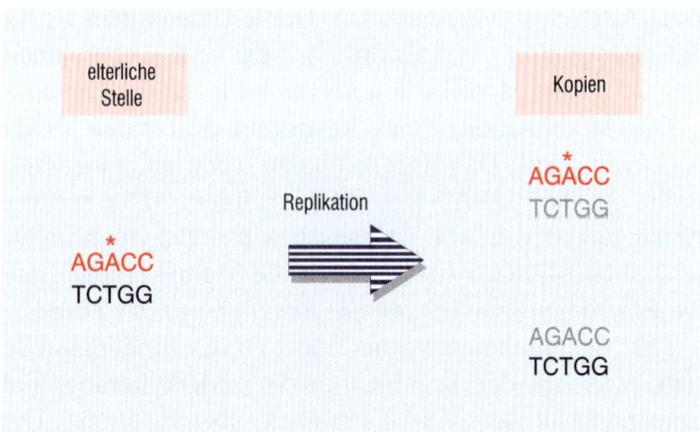

16.8 Die Replikation einer methylierten sP1-Sequenz erzeugt eine methylierte und eine unmethylierte Kopie.

Stelle erkennen und modifizieren, das Restriktionsenzym hingegen erfordert zwei invertierte Stellen, die beide unmodifiziert sind. Da die Replikation zweier invertierter Stellen immer Tochterstränge erzeugt, die eine modifizierte Kopie besitzen, sind sie Ziele für die Modifikation und nicht für die Restriktion.

16.5 Die Behandlung von Schäden der DNA

DNA-Schäden werden durch Systeme minimal gehalten, die den Schaden erkennen und korrigieren. Die Reparatursysteme sind wahrscheinlich ebenso komplex wie der Replikationsapparat selbst, was auf ihre Wichtigkeit für das Überleben der Zelle hinweist. Die gemessene Mutationsrate spiegelt ein Gleichgewicht zwischen der Zahl der Schadensereignisse in der DNA und der Zahl ihrer Korrekturen (oder Fehlkorrekturen) wider.

Ein „Schaden“ an der DNA besteht in jeder Veränderung, die zu einer Abweichung von der gewöhnlichen Doppelhelixstruktur führt. Wir können solche Veränderungen in zwei allgemeine Klassen einteilen:

- Ein **Einzelbasenaustausch** hat Auswirkungen auf die Sequenz, aber nicht auf die Gesamtstruktur der DNA. Er beeinflußt nicht die Transkription oder Replikation, bei der die Stränge der DNA-Doppelhelix getrennt sind. Daher üben solche Veränderungen ihre schädliche Wirkung, die Modifizierung der DNA-Sequenz, auf zukünftige Generationen aus (Kapitel 4). Sie werden durch die Umwandlung einer Base in eine andere hervorgerufen, die nicht ordnungsgemäß mit ihrer Partnerbase gepaart ist. Abbildung 16.10 gibt dafür zwei Beispiele: Die Desaminierung von Cytosin (spontan oder durch ein chemisches Mutagen) erzeugt ein fehlgepaartes U•G-Paar; ein Replikationsfehler dagegen, der ein Adenin statt eines Cytosins einfügt, erzeugt ein A•G-Paar. Ähnliche Konsequenzen könnte das kovalente Anfügen einer kleinen Gruppe an eine Base haben, die ihre Fähigkeit zur Basenpaarung beeinflußt. Solche

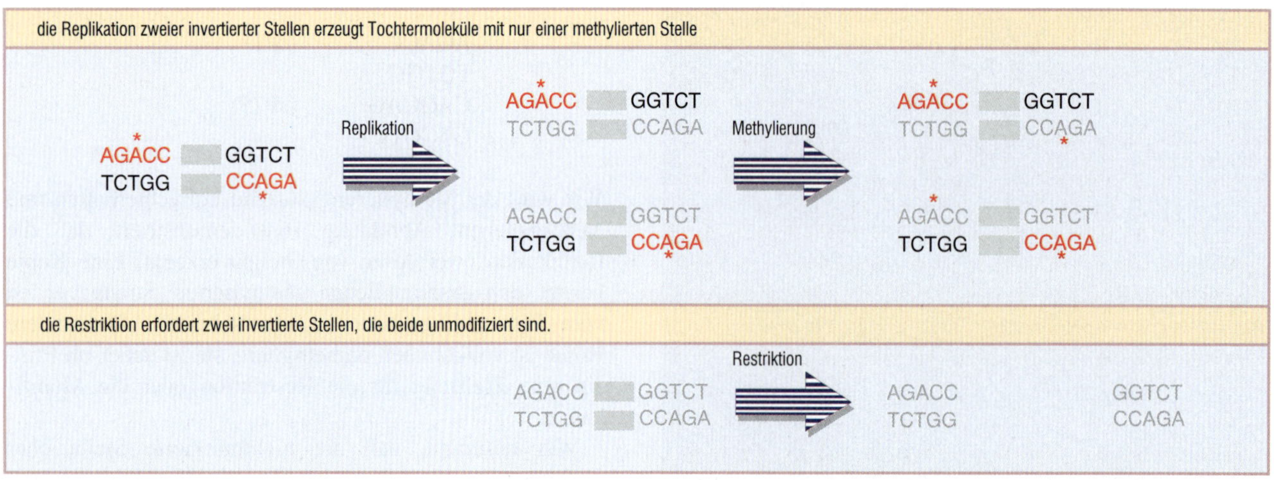

16.9 Eine unmethylierte sP1-Kopie ist Ziel für die Methylierung und wird nicht geschnitten, da die Methylase und die Restriktionsendonuclease ihre Zielstellen auf unterschiedliche Weise erkennen.

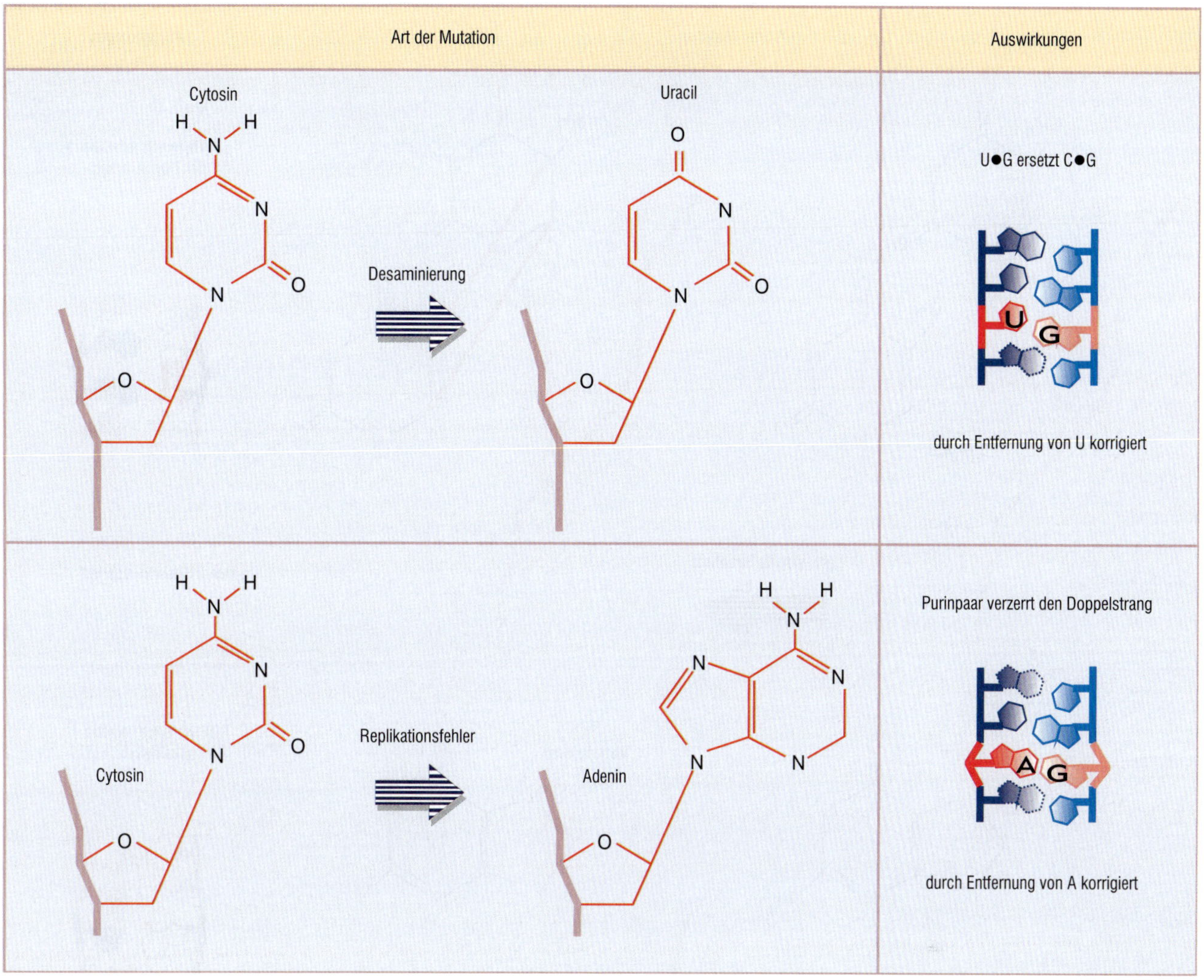

16.10 Der Austausch einzelner Basen erzeugt Fehlpaarungen, die durch den Austausch einer Base korrigiert werden können; geschieht dies nicht, wird in einem Tochterdoppelstrang eine Mutation erzeugt.

Änderungen können zu sehr kleinen strukturellen Verzerrungen (wie im Falle eines U•G-Paares) oder zu recht bedeutenden Umwandlungen (wie im Falle des A•G-Paares) führen, ihr gemeinsames Merkmal aber ist es, daß die Fehlpaarung nur bis zur nächsten Replikation bestehen bleibt.

- **Strukturelle Verzerrungen** können bei der Replikation und Transkription ein physikalisches Hindernis darstellen. Abbildung 16.11 gibt einige Beispiele. Die Einführung kovalenter Verbindungen zwischen Basen eines DNA-Stranges oder auf gegenüberliegenden Strängen hemmt die Replikation und Transkription. Ein gut untersuchtes Beispiel für eine strukturelle Verzerrung wird durch ultraviolette Strahlung hervorgerufen, die kovalente Bindungen zwischen zwei benachbarten Thyminbasen erzeugt, woraus sich innerhalb des Stranges das in der Abbildung gezeigte **Pyrimidindimer** (Thymindimer) ergibt. Ähnliche Konsequenzen könnte das Anfügen eines sperrigen Addukts an eine Base haben, das die Struktur der Doppelhelix verzerrt. Ein Einzelstrangbruch oder die Entfernung einer Base hindert den Strang daran, als geeignete Matrize für die RNA- oder DNA-Synthese zu dienen. Das gemeinsame Merkmal dieser Veränderungen besteht darin, daß das geschädigte Addukt in der DNA verbleibt und solange strukturelle Probleme verursacht und/oder Mutationen hervorruft, bis es entfernt wird.

Reparatursysteme können häufig eine ganze Reihe von Verzerrungen in der DNA als Aktivierungssignale verwenden, und eine Zelle hat mehrere Systeme für den Umgang mit DNA-Schäden. Wir können sie in zwei allgemeine Typen einteilen:

- Die **direkte Reparatur** ist selten und macht den Schaden rückgängig oder entfernt ihn einfach. Die **Photoreaktivierung** von Pyrimidindimeren, bei der die schädlichen kovalenten Bindungen durch ein lichtabhängiges Enzym revidiert werden, ist das beste Beispiel. Dieses System ist in der Natur weit verbreitet und scheint bei

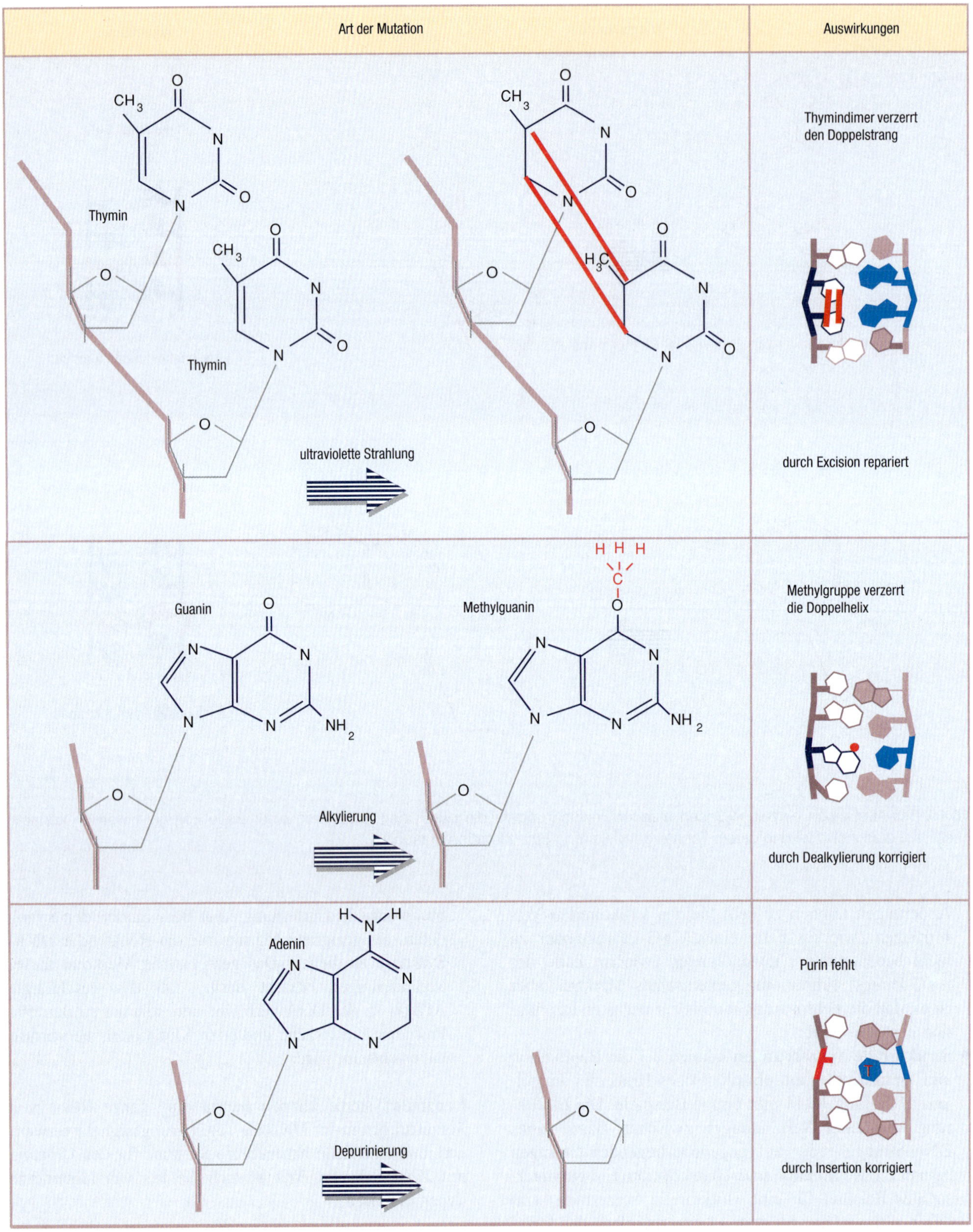

16.11 Die Modifikation oder Entfernung von Basen kann zu strukturellen Defekten führen, welche die Replikation verhindern oder in jedem Replikationszyklus Mutationen erzeugen, bis sie entfernt werden.

Pflanzen von besonderer Bedeutung zu sein. In *E. coli* hängt es von dem Produkt eines einzelnen Gens (*phr*) ab, das ein Enzym namens Photolyase codiert.

- Die **Excisionsreparatur** wird durch ein Erkennungsenzym eingeleitet, das eine konkrete Basenschädigung oder eine Veränderung der räumlichen Ausdehnung der DNA feststellt. Der Erkennung folgt das Ausschneiden einer Sequenz, welche die geschädigten Basen einschließt; danach wird ein neuer DNA-Abschnitt synthetisiert, der das ausgeschnittene Material ersetzt. Solche Systeme sind weit verbreitet; einige erkennen allgemeine Schäden an der DNA, während andere nur bei bestimmten Arten von Basenschäden aktiv werden (Glycosylasen entfernen spezifisch veränderte Basen; AP-Endonucleasen entfernen Reste von Stellen, an denen Purinbasen verlorengegangen sind). Oft gibt es in einem einzelnen Zelltyp viele Excisionsreparatursysteme, die wahrscheinlich die meisten auftretenden Schäden behandeln.
- Die **Fehlpaarungsreparatur** erfolgt nach dem Überprüfen der DNA auf nicht ordnungsgemäß miteinander gepaarte gegenüberliegende Basen. Bei Fehlpaarungen, die während der Replikation entstehen, läßt sich zwischen dem „neuen" und dem „alten" Strang unterscheiden, und die Sequenz des neusynthetisierten Stranges wird bevorzugt korrigiert. Andere Systeme behandeln Fehlpaarungen, die durch Basenumwandlungen entstanden sind, etwa infolge von Desaminierung.
- Die **Toleranzsysteme** lösen die Probleme, die auftreten, wenn die normale Replikation an einer geschädigten Stelle blockiert ist. Mit ihrer Hilfe kann eine geschädigte Matrizensequenz kopiert werden, jedoch wahrscheinlich mit einer relativ hohen Fehlerrate. Sie sind besonders in höheren eukaryotischen Zellen von Bedeutung.
- Die **Wiederherstellungssysteme** (*retrieval systems*) stellen eine andere Art von Toleranzsystem dar. Wenn ein Schaden in einem Tochtermolekül verbleibt und die Replikation zur Umgehung dieser Stelle gezwungen wurde, so holt ein Wiederherstellungssystem durch Rekombination eine weitere Kopie der Sequenz von einer ungeschädigten Quelle zurück. Diese „Rekombinationsreparatur"-Systeme sind in Bakterien gut untersucht; es ist unklar, welche Bedeutung sie außerdem haben.

Mutationen an einigen Loci von *E. coli* beeinflussen die Reaktion auf DNA-schädigende Stoffe. Eine große Zahl dieser Gene codiert wahrscheinlich Enzyme, die an DNA-Reparatursystemen beteiligt sind, obwohl in der Mehrzahl der Fälle das Genprodukt und seine Funktion noch nicht identifiziert sind.

Die Mutationen, welche die Fähigkeit von *E. coli* zur DNA-Reparatur beeinträchtigen, fallen in Gruppen, die mehreren Reparaturwegen entsprechen (die nicht alle unabhängig voneinander sind). Die wichtigsten bekannten Abläufe sind das *uvr*-Excisionsreparatursystem, das *dam*-Replikationsfehlpaarungssystem und die *recB*- und *recF*-Rekombinations- und Rekombinationsreparaturwege.

Werden die Reparatursysteme eliminiert, erhöht sich die Empfindlichkeit der Zellen gegenüber ultravioletter Strahlung außerordentlich. Absichtliche UV-Schädigungen der DNA sind zu einem der wichtigsten Tests für Reparatursysteme geworden; demnach müssen wir bei der Zuordnung ihrer Aktivitäten und ihrer relativen Effizienz immer bedenken, daß sich möglicherweise andere Schwerpunkte ergäben, wenn man ein anderes Schädigungsprodukt erforschen würde.

16.6 Excisionsreparatursysteme in *E. coli*

Die Excisionsreparatursysteme variieren in ihrer Spezifität, aber sie tragen dieselben allgemeinen Kennzeichen. Jedes System entfernt fehlgepaarte oder geschädigte Basen aus der DNA und synthetisiert dann einen neuen DNA-Abschnitt, um sie zu ersetzen. Der Haupttyp der Excisionsreparaturwege ist in Abbildung 16.12 dargestellt.

- Im **Einschneideschritt** erkennt eine Endonuclease die geschädigte Struktur und spaltet den DNA-Strang zu beiden Seiten des Schadens.
- Im **Ausschneideschritt** entfernt eine 5'→3'-Exonuclease ein Stück des beschädigten Stranges.
- Im **Syntheseschritt** dient der resultierende Einzelstrangbereich als Matrize für eine DNA-Polymerase, die einen Ersatz für die ausgeschnittene Sequenz synthetisiert. Schließlich verbindet die DNA-Ligase das 3'-Ende des neuen Materials mit dem alten Material.

Die verschiedenen Arten von Excisionsreparatur lassen sich durch die Heterogenität der Länge der reparierten DNA-Bereiche definieren. Man bezeichnet diese Wege als **Reparatur sehr kurzer Stücke** (*very short patch repair*, VSP), **Reparatur kurzer Stücke** (*short patch repair*) und **Reparatur langer Stücke** (*long patch repair*). Das VSP-System behandelt Fehlpaarungen zwischen spezifischen Basen (Abschnitt 16.7). Bei den anderen beiden Excisionsreparatursystemen sind die *uvr*-Gene beteiligt.

Das *uvr*-System der Excisionsreparatur enthält drei Gene, *uvrA,B,C*, welche die Bestandteile einer Reparaturendonuclease codieren. Es arbeitet in den in Abbildung 16.3 gezeigten Phasen. Zuerst erkennt die Kombination UvrAB Pyrimidindimere und andere sperrige Schäden. Dann dissoziiert UvrA (dies erfordert ATP), und UvrC stößt zu UvrB. Die UvrBC-Kombination macht auf jeder Seite einen Einschnitt, den einen sieben Nucleotide von der 5'-Seite, den anderen drei bis vier Nucleotide von der 3'-Seite der Schadensstelle entfernt. Dies erfordert ebenfalls ATP. UvrD ist eine Helikase, welche die DNA entwinden hilft, um den Einzelstrang zwischen den beiden Schnitten freizusetzen. Das Enzym, das den geschädigten Strang ausschneidet, ist wahrscheinlich DNA-Polymerase I.

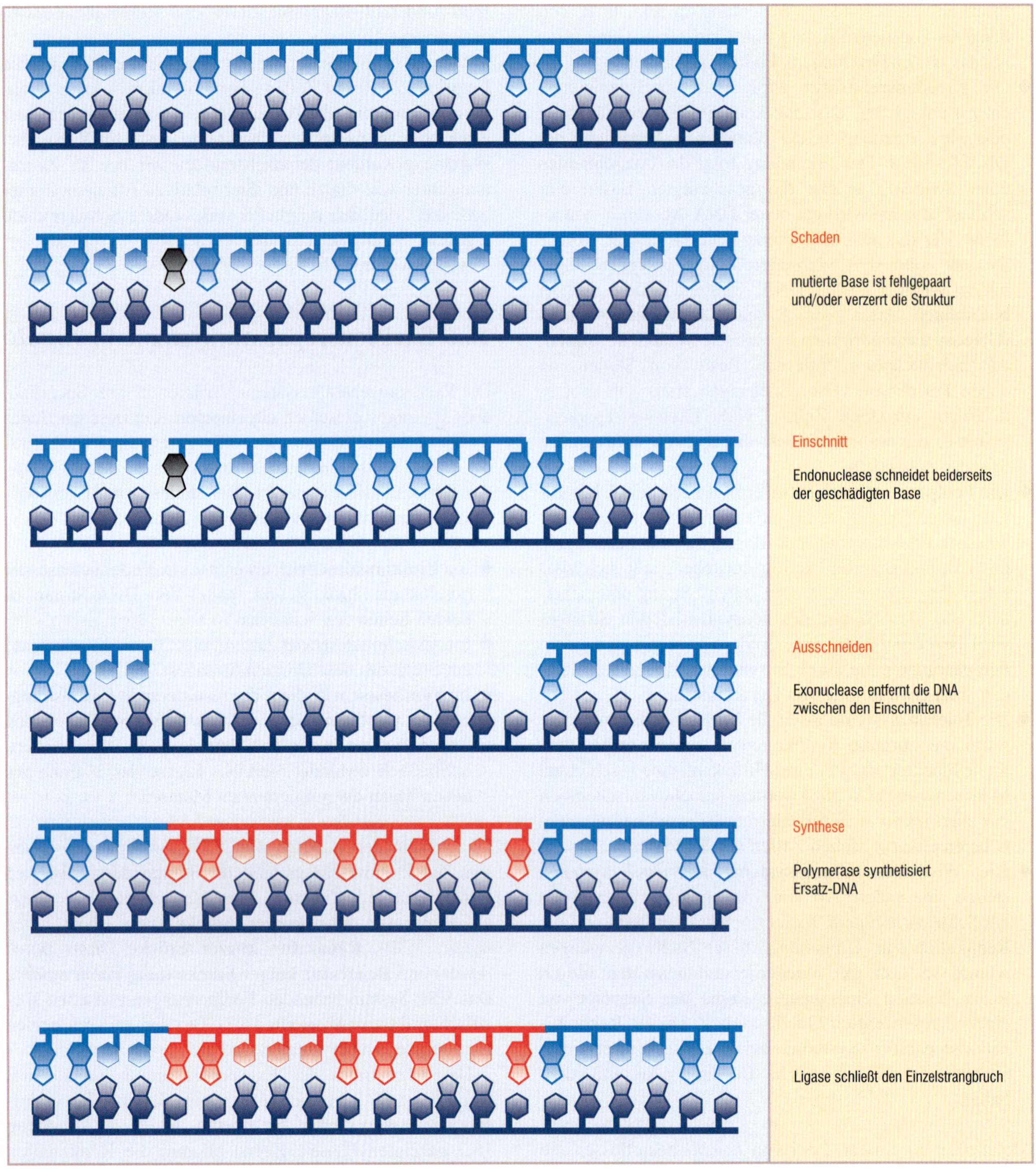

16.12 Die Excisonsreparatur entfernt und ersetzt einen DNA-Abschnitt, der die beschädigte(n) Base(n) enthält.

Die durchschnittliche Länge der ausgeschnittenen DNA beträgt etwa zwölf Nucleotide; deshalb wird dieser Typ als „Reparatur kurzer Stücke" bezeichnet. Das an der Reparatursynthese beteiligte Enzym ist wahrscheinlich ebenfalls DNA-Polymerase I (obwohl DNA-Polymerase II und III sie ersetzen können).

Andere mögliche Bestandteile des *uvr*-Systems wurden durch Mutationen identifiziert, welche die Reparatur kurzer Stücke beeinträchtigen, aber für keine von ihnen wurde bisher ein Produkt oder eine Funktion innerhalb des Reaktionsweges identifiziert.

Unter den sperrigen Schäden macht die Reparatur kurzer Stücke 99 % der Excisionsreparaturvorgänge aus. Im letzten Prozent werden DNA-Stücke ersetzt, die meistens etwa 1 500 Nucleotide lang sind, sich aber auch über mehr als 9 000 Nucleotide erstrecken können. Dieses Ver-

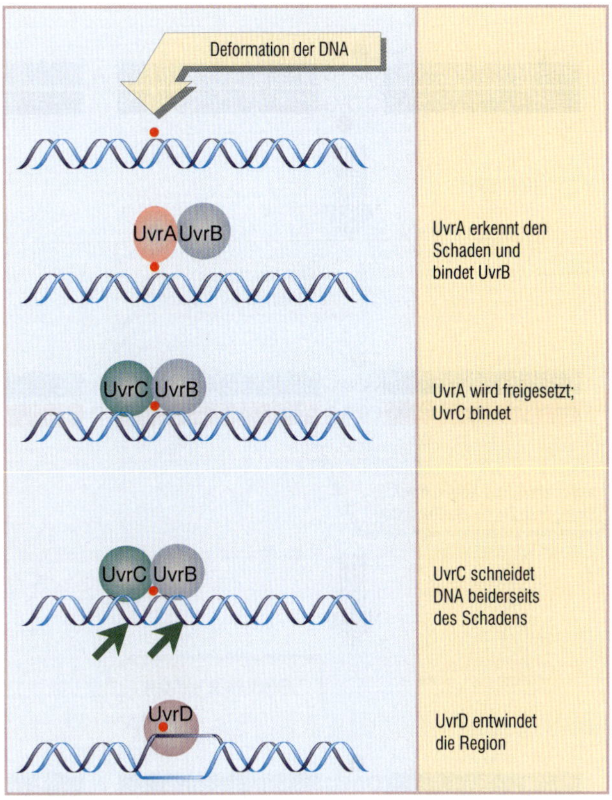

16.13 Das Uvr-System arbeitet in Etappen, wobei UvrAB den Schaden erkennt, UvrBC die DNA spaltet und UvrD den markierten Bereich entwindet.

fahren erfordert ebenfalls die *uvr*-Gene und die DNA-Polymerase I. Ein Unterschied zwischen den beiden Reparaturmodi besteht darin, daß die Reparatur kurzer Stücke eine konstitutive Funktion der Bakterienzelle ist, während die Reparatur langer Stücke durch einen Schaden induziert werden muß (siehe unten). Die Reparatur langer Stücke wirkt wahrscheinlich auf Schäden in der Nähe von Replikationsgabeln ein. Die Unterschiede zwischen diesen Modi bezüglich der Beteiligung verschiedener Genprodukte sind noch nicht vollständig charakterisiert worden.

Die Existenz von Reparatursystemen, die DNA-Synthese betreiben, wirft die Frage auf, ob ihre Qualitätskontrolle mit der der DNA-Replikation vergleichbar ist. Soweit wir wissen, unterscheiden sich die meisten Systeme, einschließlich der *uvr*-kontrollierten Excisionsreparatur, in ihrer Fehlerhäufigkeit nicht signifikant von der DNA-Replikation. Allerdings tritt unter bestimmten Umständen bei *E. coli* eine **fehleranfällige** DNA-Synthese auf.

Dieses Merkmal wurde zum ersten Mal beobachtet, als man feststellte, daß die Reparatur beschädigter λ-Phagen-DNA Mutationen erzeugt, wenn der Phage in Zellen gebracht wird, die zuvor mit UV bestrahlt wurden. Dies deutet darauf hin, daß die UV-Bestrahlung des Wirtes ein oder mehrere Proteine aktiviert hat, die in der unbestrahlten Zelle nicht funktionieren und deren Aktivität Mutationen erzeugt. Diese mutagene Reaktion wirkt sich auch auf die bakerielle Wirts-DNA aus.

Was ist die eigentliche fehleranfällige Aktivität? Die herrschende Meinung favorisiert die Vorstellung, daß sie durch einen Bestandteil eines Toleranzweges hervorgerufen wird, der es der Replikation erlaubt oder sie gar dazu zwingt, über Schadensstellen hinwegzugehen. Wenn die Replikase an einer Stelle ohne komplementäre Basenpaare vorbeikommt, so fügt sie inkorrekte Basen in den Tochterstrang ein, die Mutationen darstellen. Die fehleranfällige Aktivität erfordert DNA-Polymerase III, die normale Replikase, was mit der Vorstellung übereinstimmt, daß die relevante Funktion mit dem normalen Replikationsapparat zusammenarbeitet.

Mehrere Funktionen sind an diesem fehleranfälligen Weg beteiligt. Mutationen der Gene *umuD* und *umuC* beseitigen diese UV-induzierte Mutagenese, aber beeinträchtigen keine der bekannten enzymatischen Funktionen. Die Gene bilden das *umuDC*-Operon, dessen Expression von DNA-Schäden induziert wird (siehe unten). Einige Plasmide tragen die Gene *mucA* und *mucB*, Homologe von *umuD* und *umuC*, deren Einführung in ein Bakterium seine Resistenz gegenüber UV-Abtötung und seine Anfälligkeit für Mutagenese erhöht.

Gene, deren Produkte an der Kontrolle der DNA-Synthesegenauigkeit während der Replikation oder Reparatur beteiligt sind, können durch Mutationen identifiziert werden, die einen **Mutator**phänotyp hervorrufen. In einer Mutatormutante ist die Häufigkeit für spontane Mutationen erhöht. Wurde ein Gen ursprünglich aufgrund des Mutatorphänotyps identifiziert, so wird es als *mut* bezeichnet; oft aber stellt sich später heraus, daß ein *mut*-Gen mit einer bekannten Replikations- oder Reparaturaktivität übereinstimmt. Einige Beispiele sind in Tabelle 16.2 zusammengefaßt.

Die von den *mut*-Genen codierten enzymatischen Aktivitäten fallen in mehrere Gruppen. Die wichtigste besteht aus Enzymen, die direkt oder indirekt an der Entfernung eines bestimmten Schadenstyps beteiligt sind; die Unfähigkeit, eine beschädigte oder fehlgepaarte Base vor der Replikation zu entfernen, induziert eine Mutation. Eine kleinere Gruppe, durch *dnaQ* repräsentiert, ist mit der Präzision der Synthese neuer DNA beschäftigt.

Tabelle 16.2: Mutatorgene sind an der DNA-Replikation oder -Reparatur beteiligt

Mutatorlocus	Enzymaktivität
mutD = dnaQ	Untereinheit der DNA-Polymerase III
muU = uvrD	DNA-Helikase des *uvr*-Reparatursystems
mutH,U	Bestandteile des *dam*-Reparatursystems
mutL,S	entfernt T aus C•T-Fehlpaarungen
mutY	entfernt A aus A•G- und A•C-Fehlpaarungen

16.7 Die Kontrolle der gerichteten Fehlpaarungsreparatur

Wenn eine strukturelle Verzerrung aus der DNA entfernt wird, so wird die Wildtypsequenz wiederhergestellt. In den meisten Fällen beruht die Verzerrung auf einer Base, die nicht natürlich in DNA vorkommt und daher von dem Reparatursystem erkannt und entfernt wird.

Ein Problem ergibt sich dann, wenn das Ziel der Reparatur zwei fehlgepaarte normale Basen sind, von denen eine mutiert ist. Das Reparatursystem kann von sich aus nicht wissen, welche der Wildtyp und welche die Mutante ist! Es sieht lediglich zwei unpassend gepaarte Basen, die beide ein Ziel für die Excisionsreparatur darstellen können.

Wenn die mutierte Base ausgeschnitten wird, so wird die Wildtypsequenz wiederhergestellt. Wird aber zufällig die ursprüngliche (Wildtyp-)Base ausgeschnitten, so wird die neue (mutierte) Sequenz fixiert. Oft ist die Richtung der Excisionsreparatur allerdings nicht zufällig, sondern auf eine Weise voreingenommen, welche die Wiederherstellung der Wildtypsequenz wahrscheinlicher macht.

Einige Vorsichtsmaßnahmen werden getroffen, um die Reparatur in die richtige Richtung zu lenken. Für Fälle wie etwa die Desaminierung von 5-Methyl-Cytosin zu Thymin gibt es ein spezielles System, das die richtige Sequenz wiederherstellt. Die Desaminierung erzeugt ein G•T-Paar, und das System, das auf solche Paare reagiert, hat die Tendenz, sie zu G•C-Paaren (und nicht A•T-Paaren) zu korrigieren.

Das VSP-System unternimmt diese Reaktion; es enthält das *mutL,S*-System, das T sowohl aus G•T als auch aus C•T-Fehlpaarungen entfernt.

Eine andere Reparaturaktivität, die durch *mutY* identifiziert wird, ersetzt das A in C•A und G•A-Fehlpaarungen. Dieses System entfernt Basen direkt aus der DNA; *mutY* codiert eine Adeninglycosylase, die eine apurinische Stelle erzeugt. Diese wird von einer Endonuclease erkannt, deren Aktivität die Beteiligung des Excisionsreparatursystems auslöst.

Entstehen während der Replikation in *E. coli* Fehlpaarungsfehler, dann ist es möglich, den ursprünglichen DNA-Strang zu erkennen. Unmittelbar nach der Replikation methylierter DNA trägt nur der ursprüngliche Elternstrang die Methylgruppe, wie Abbildung 16.1 zeigt. Während des Zeitabschnitts, in dem der neusynthetisierte Strang auf die Einführung von Methylgruppen wartet, können die beiden Stränge unterschieden werden.

Dies bildet die Grundlage für ein System, das Replikationsfehler korrigieren kann. Das *dam*-Gen codiert eine Methylase, deren Ziel das Adenin in der Abfolge $\genfrac{}{}{0pt}{}{\text{GATC}}{\text{CTAG}}$ ist, wie in Abbildung 15.22 dargestellt ist. Der hemimethylierte Zustand wird verwendet, um replizierte Ursprünge von nichtreplizierten zu unterscheiden, wie Abbildung 15.23 zeigt. Dieselben Zielsequenzen werden auch von einem mit der Replikation verbundenen Reparatursystem verwendet.

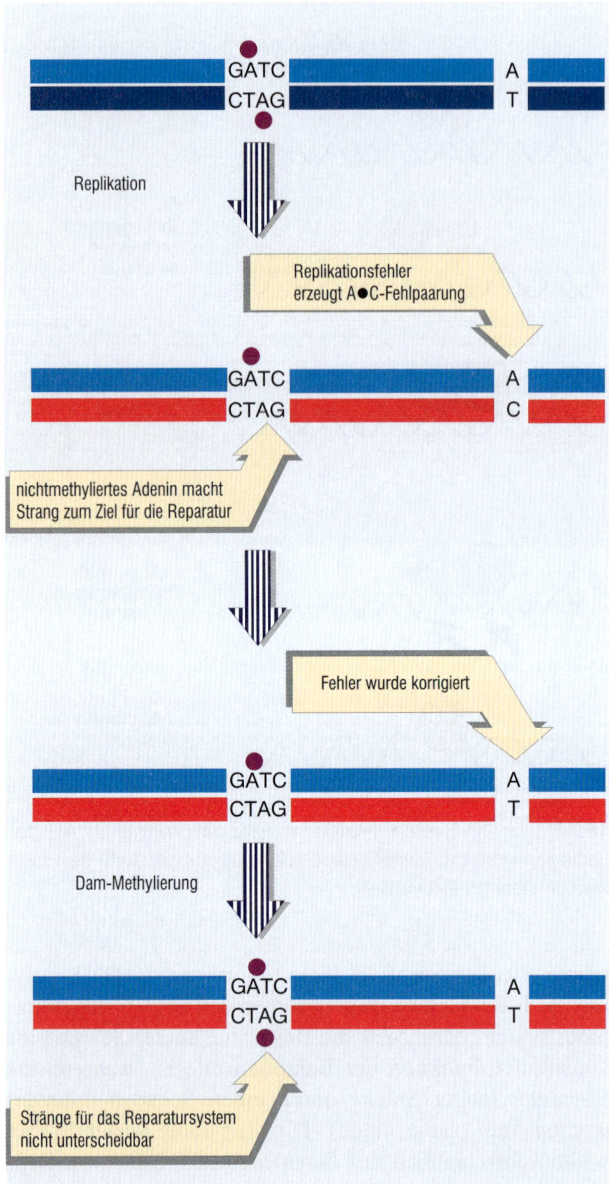

16.14 GATC-Sequenzen stellen nach der Replikation Ziele für die Dam-Methylase dar. Während der Zeit bevor diese Methylierung erfolgt ist der nichtmethylierte Strang ein Ziel für die Reparatur fehlgepaarter Basen durch ein System, welches die Produkte der Gene *mutH, mutL, mutS* und *uvrD* beinhaltet.

Abbildung 16.14 veranschaulicht, daß DNA, die fehlgepaarte Basenpartner enthält, bevorzugt durch das Ausschneiden des Stranges repariert wird, dem die Methylierung fehlt. Der ausgeschnittene Bereich ist dabei recht ausgedehnt. Das Ergebnis ist, daß der neusynthetisierte Strang gemäß der Sequenz des Elternstranges korrigiert wird.

E. coli-dam$^-$-Mutanten zeigen eine erhöhte spontane Mutationsrate. Dieses Reparatursystem hilft daher, die Zahl der durch Replikationsfehler hervorgerufenen Mutationen zu reduzieren. Es besteht aus mehreren Proteinen, die von den *mut*-Genen codiert werden (die auch an der

VSP-Reparatur teilnehmen) und schließt ein Produkt (MutS) ein, das spezifisch fehlgepaarte Basenpaare erkennt.

16.8 Die Wiederherstellungssysteme in *E. coli*

Die Wiederherstellungssysteme werden unterschiedlich bezeichnet, beispielsweise als „Postreplikationssysteme", da sie nach der Replikation in Aktion treten, oder als „Rekombinationsreparatur"; weil ihre Aktivitäten mit denen, die an der genetischen Rekombination beteiligt sind, überlappen. Solche Systeme sind wirkungsvoll beim Behandeln von Schäden, die in Tochterdoppelsträngen durch die Replikation an einer Matrize mit beschädigten Basen erzeugt wurden. Ein Beispiel ist in Abbildung 16.15 dargestellt.

Man betrachte eine strukturelle Verzerrung, wie etwa ein Pyrimidindimer, auf einem Strang einer Doppelhelix. Wenn die DNA repliziert wird, so verhindert das Dimer, daß die beschädigte Stelle als Matrize dienen kann, und die Replikation wird gezwungen, sie auszulassen.

Die DNA-Polymerase schreitet wahrscheinlich bis zu dem Pyrimidindimer oder bis in seine Nähe voran und beendet dann die Synthese des korrespondierenden Tochterstranges. Die Replikation beginnt erneut in einigem Abstand; eine beachtliche Lücke verbleibt in dem neusynthetisierten Strang.

Die resultierenden Tochterdoppelstränge unterscheiden sich in ihrer Art. Einer besteht aus dem Elternstrang mit dem beschädigten Addukt, dem ein neusynthetisierter Strang mit einer großen Lücke gegenüberliegt. Die andere Kopie besitzt den unbeschädigten Elternstrang, der in einen normalen komplementären Strang kopiert wurde. Das Wiederherstellungssystem macht sich diesen normalen Tochterstrang zunutze.

Die Lücke gegenüber der geschädigten Stelle im ersten Doppelstrang wird dadurch gefüllt, daß der homologe DNA-Einzelstrang aus dem normalen Doppelstrang „gestohlen" wird. Nach diesem **Einzelstrangaustausch** besitzt der Empfängerdoppelstrang einen elterlichen (geschädigten) Strang, der einem Wildtypstrang gegenüberliegt. Der Donordoppelstrang besitzt einen normalen Elternstrang, der einer Lücke gegenüberliegt; diese Lücke kann auf die gewohnte Weise durch Reparatursynthese geschlossen werden, wodurch ein normaler Doppelstrang entsteht. So ist der Schaden auf die ursprüngliche Verzerrung beschränkt worden (allerdings müssen dieselben Rekombinationsreparaturvorgänge nach jedem Replikationszyklus wiederholt werden, solange bis der Schaden durch ein Excisonsreparatursystem entfernt wird).

In *E. coli*-Mutanten, denen die Excisionsreparatur fehlt, beseitigen Mutationen des *recA*-Gens so gut wie alle verbleibenden Reparatur- und Wiederherstellungsmechanismen. Versuche, die DNA in *uvr*$^-$*recA*$^-$-Zellen zu replizieren, erzeugen DNA-Fragmente, deren Größe mit dem erwarteten Abstand zwischen Thymindimeren überein-

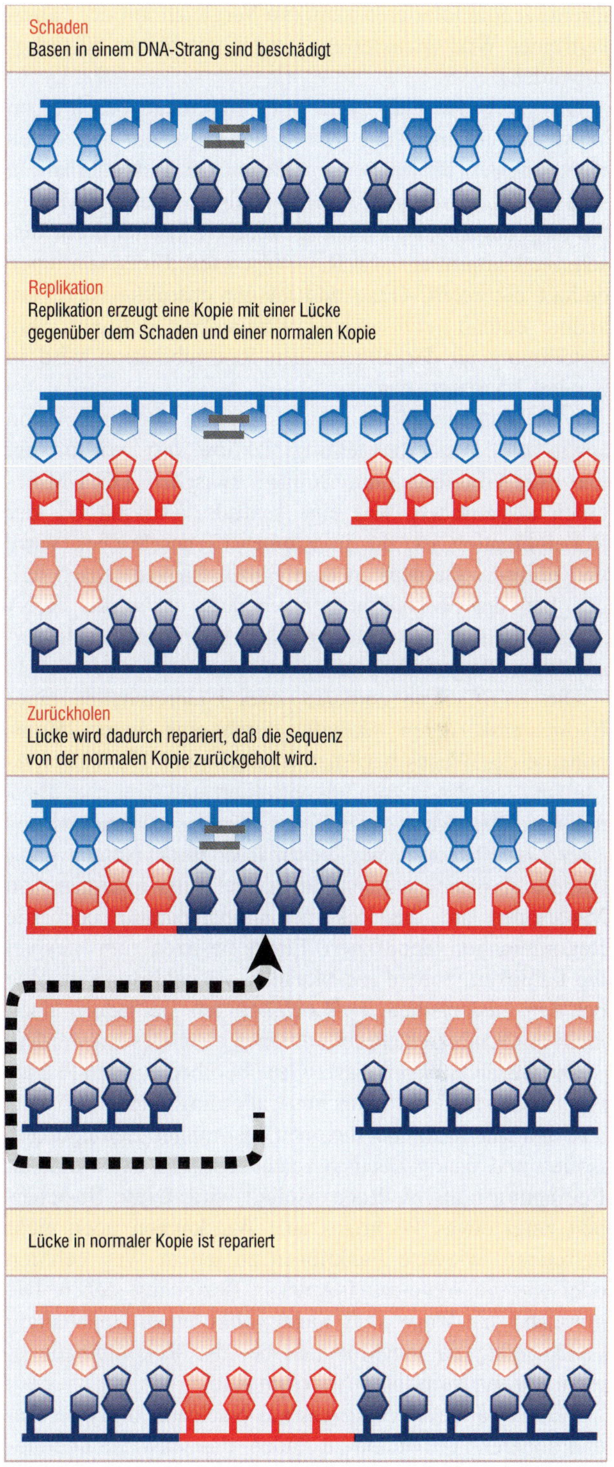

16.15 Ein Wiederherstellungssystem in *E. coli* verwendet einen normalen DNA-Strang, um die Lücke in einem neusynthetisierten Strang zu füllen, die gegenüber einem nichtreparierten Schaden verblieben ist.

stimmt. Dieses Ergebnis legt nahe, daß die Dimere in Abwesenheit der RecA-Funktion für die Replikation ein unüberwindliches Hindernis darstellen. Es erklärt, warum die Doppelmutante nicht mehr als ein bis zwei Dimere in ihrem Genom tolerieren kann (im Vergleich mit der Fähigkeit eines Wildtypbakteriums, sogar mit bis zu 50 fertigzuwerden).

Das *recA*-Gen und andere *rec*-Mutationen beschreiben Wiederherstellungswege. Die an der Reparatur beteiligten Komponenten überlappen mit denen der Rekombination, sind aber nicht völlig mit ihnen identisch, da einige Mutanten zwar die eine, aber nicht die andere Aktivität beeinflussen. *recA* nimmt an zwei Rec-Wegen teil. Einer von ihnen enthält die *recBC*-Gene und ist gut charakterisiert, der andere enthält *recF* und ist weniger gut definiert. Ihre Beteiligung an der allgemeinen Rekombination wird in Kapitel 17 besprochen.

recA-Mutanten fehlt die genetische Rekombination sowie die Wiederherstellungsreaktion fast vollständig. Das RecA-Protein kann Stränge zwischen DNA-Molekülen austauschen, was eine zentrale Aktivität bei der Rekombination ist, die in Kapitel 17 beschrieben wird, und nimmt außerdem an dem Einzelstrangaustausch teil, der bei der Rekombinationsreparatur mitwirkt. RecA scheint darüberhinaus an dem oben beschriebenen fehleranfälligen Weg direkt beteiligt zu sein.

Die *recBC*-Gene codieren zwei Untereinheiten einer Exonuclease, deren Aktivität durch eine andere Komponente des Weges begrenzt wird (Kapitel 17). (In *recA*-Mutanten ist das Enzym unkontrolliert und baut eine übermäßige DNA-Menge ab. Dies ist der „rücksichtslose" (*reckless*) Phänotyp, der diesen Loci ihren Namen gab.) Andere *rec*-Loci wurden durch die Auswirkungen von Mutationen auf die Rekombinationsreparatur oder die Rekombination identifiziert. Einige besitzen zum Beispiel die Fähigkeit, andere *rec*-Mutanten zu unterdrücken. Wie bei den zusätzlichen *uvr*-Loci konnten sie jedoch noch nicht mit Produkten oder Funktionen gleichgesetzt werden.

Die Bezeichnungen dieser Gene beruhen auf den Phänotypen der Mutanten; manchmal allerdings stellt sich heraus, daß eine Mutation, die unter bestimmten Bedingungen isoliert und als *uvr*-Locus bezeichnet wurde, unter anderen Bedingungen als *rec*-Locus isoliert wird. Diese Unsicherheit zeigt etwas Wichtiges auf: Wir können noch nicht definieren, wieviele Funktionen zu jedem Weg gehören oder wie die Wege miteinander in Beziehung stehen. Die *uvr*- und *rec*-Wege sind nicht vollkommen unabhängig voneinander, da *uvr*-Mutanten bei der Rekombinationsreparatur nur vermindert wirksam sind.

Man erwartet ein Netzwerk aus Nuclease-, Polymerase- und anderen Aktivitäten zu finden, das teilweise überlappende Reparatursysteme bildet (oder in denen ein Enzym, das normalerweise eine bestimmte Funktion übernimmt, durch eines aus einem anderen Weg ersetzt werden kann).

16.9 Das RecA-Protein setzt das SOS-System in Gang

Die direkte Beteiligung des RecA-Proteins an der Rekombinationsreparatur ist nur eine seiner Aktivitäten. Dieses außergewöhnliche Protein besitzt noch eine weitere, ganz andere Funktion. Es kann durch viele Behandlungen aktiviert werden, welche die DNA schädigen oder die Replikation in *E. coli* verhindern. Diese rufen eine komplizierte Reihe phänotypischer Veränderungen hervor, die als **SOS-Antwort** bezeichnet werden und die Expresssion vieler Gene umfaßt, deren Produkte auch Reparaturfunktionen erfüllen. Diese doppelte Aktivität des RecA-Proteins macht es schwer zu erkennen, ob ein Reparaturdefekt in *recA*-mutierten Zellen auf dem Verlust seiner DNA-Strangaustauschfunktion oder auf einer anderen Funktion beruht, die von der Induktion einer Proteaseaktivität abhängt.

Der induzierende Schaden kann auf ultraviolette Strahlung zurückzuführen sein (den am besten untersuchten Fall) oder durch quervernetzende oder alkylierende Stoffe hervorgerufen werden. Die Hemmung der Replikation auf verschiedene Weise, etwa durch Mangel an Thymin, durch Zugabe von Chemikalien oder durch die Mutation verschiedener *dna*-Gene, hat dieselbe Wirkung.

Die Antwort ist ein erhöhtes Reparaturvermögen für geschädigte DNA, was durch die Induktion der Synthese von Bestandteilen des Excisionsreparatursystems für lange Stücke und des Rec-Rekombinationsreparaturweges erreicht wird. Zusätzlich wird die Zellteilung gehemmt; lysogene Prophagen können induziert werden.

Das erste Ereignis der Reaktion ist die Aktivierung von RecA durch die schädigende Behandlung. Wir wissen nicht viel über den Zusammenhang zwischen dem schädigenden Ereignis und der plötzlichen Veränderung der RecA-Aktivität. Da eine Vielzahl von schädigenden Ereignissen die SOS-Antwort auslösen kann, konzentriert sich die derzeitige Arbeit auf die Vorstellung, daß RecA von irgendeinem gemeinsamen Zwischenprodukt im DNA-Stoffwechsel aktiviert wird.

Das auslösende Signal könnte aus einer niedermolekularen Verbindung bestehen, die von der DNA freigesetzt wird, oder es könnte eine von der DNA selbst gebildete Struktur sein. *In vitro* erfordert die Aktivierung von RecA die Gegenwart von einzelsträngiger DNA und ATP. Daher könnte das Aktivierungssignal ein einzelsträngiger Bereich an der Schadensstelle sein. Worin auch immer das Signal bestehen mag, seine Wechselwirkung mit RecA ist schnell: Die SOS-Antwort erfolgt innerhalb weniger Minuten nach Beginn der schädigenden Behandlung.

Die Aktivierung von RecA führt zu der proteolytischen Spaltung des Produkts des *lexA*-Gens. LexA ist ein kleines (22 kD) Protein, das in unbehandelten Zellen relativ stabil ist, wo es an vielen Operons als Repressor wirkt. Die Spaltungsreaktion ist ungewöhnlich; LexA besitzt eine latente Proteaseaktivität, die von RecA aktiviert wird. Aktiviertes RecA ruft die autokatalytische Spaltung von LexA hervor; dies wiederum inaktiviert seine Repressorfunktion und führt in koordinierter Weise zu einer Induktion aller Operons, an die LexA gebunden war. Der Weg ist in Abbildung 16.16 dargestellt.

Zu den Zielgenen, die von LexA reprimiert werden, gehören viele Reparaturfunktionen, unter anderem *recA*, *lexA*, *uvrA*, *uvrB*, *umuC* und *himA*. Eine systematische

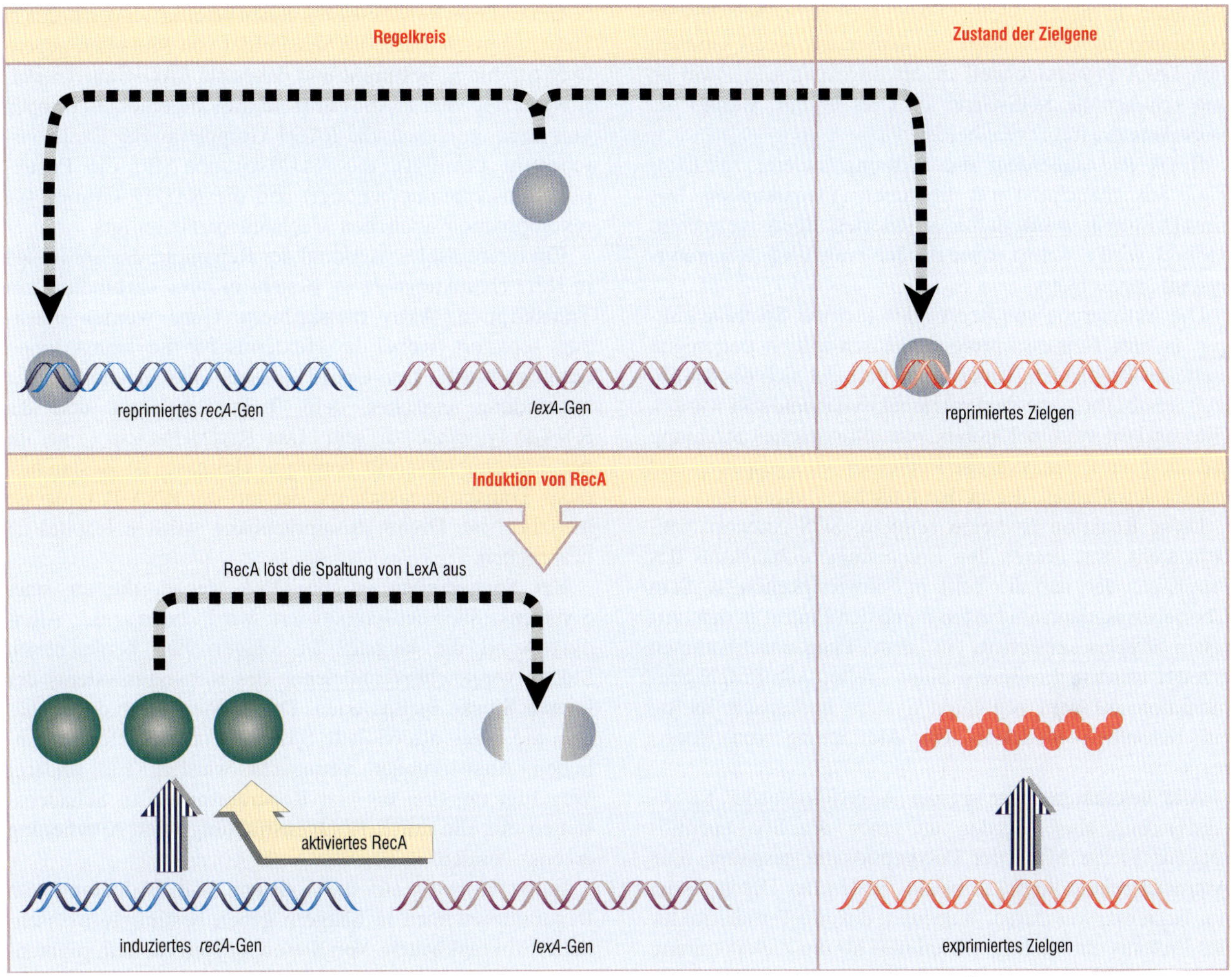

16.16 Das LexA-Protein reprimiert viele Gene, einschließlich der Reparaturfunktionen *recA* und *lexA*. Die Aktivierung von RecA führt zur proteolytischen Spaltung von LexA und induziert all diese Gene.

Suche nach weiteren Genen, die auf LexA reagieren, wurde gestartet, indem man Operons zufällig an das *lacZ*-Gen fusioniert. Anschließend suchte man nach Behandlung von Zellen mit schädigenden Substanzen nach einem Konzentrationsanstieg des Produkts β-Galactosidase. Wenigstens fünf Gene sprachen an, die als *din* bezeichnet werden (*damage inducible*).

Einige der SOS-Gene sind nur in behandelten Zellen aktiv, andere zwar auch in unbehandelten, aber ihr Expressionsniveau wird durch die Spaltung von LexA erhöht. Im Falle von *uvrB*, das ein Bestandteil des Excisionsreparatursystems ist, besitzt das Gen zwei Promotoren; einer arbeitet unabhängig von LexA, der andere steht unter seiner Kontrolle. Daher kann das Gen nach der Spaltung von LexA sowohl von dem zweiten als auch von dem ersten Promotor exprimiert werden.

LexA reprimiert seine Zielgene, indem es an einen DNA-Abschnitt von 20 bp bindet, die sogenannte **SOS-Box**. Die SOS-Boxen an verschiedenen Loci sind nicht identisch, haben aber eine Consensussequenz mit acht absolut konservierten Positionen. Wie andere Operatoren überlappen die SOS-Boxen mit den jeweiligen Promotoren. Am *lexA*-Locus, welcher der autogenen Repression unterliegt, befinden sich zwei benachbarte SOS-Boxen.

RecA und LexA sind gegenseitige Ziele im SOS-Kreislauf: RecA löst die Spaltung von LexA aus, das seinerseits *recA* reprimiert. Die SOS-Antwort führt daher zur Vermehrung sowohl des RecA-Proteins als auch des LexA-Repressors. Die Ergebnisse sind jedoch nicht so widersprüchlich, wie man auf den ersten Blick annehmen mag.

Die Erhöhung der Expression des RecA-Proteins ist (wahrscheinlich) für seine direkte Rolle bei den Rekombinationsreparaturwegen notwendig. Nach der Induktion wird das Grundniveau von RecA von etwa 1 200 Molekülen pro Zelle bis zu 50fach erhöht. Das hohe Niveau von RecA in induzierten Zellen stellt sicher, daß das gesamte LexA-Protein gespalten wird. Dies sollte LexA daran hindern, die Repression der Zielgene wiederherzustellen.

Aber die größte Bedeutung dieses Kreislaufes für die Zelle liegt in seiner Fähigkeit, schnell wieder zur Normalität zurückzukehren. Wird das induzierende Signal entfernt, verliert das RecA-Protein seine Fähigkeit, LexA zu destabilisieren. In diesem Moment wird *lexA* auf hohem Niveau exprimiert; in Abwesenheit von aktiviertem RecA sammelt sich LexA-Protein schnell in der ungespaltenen Form an und schaltet die SOS-Gene ab. Dies erklärt, warum die SOS-Antwort frei reversibel ist.

RecA löst außerdem die Spaltung anderer zellulärer Ziele aus, manchmal mit direkteren Auswirkungen. Das UmuD-Protein wird durch aktiviertes RecA gespalten; dadurch wird es selbst sowie das fehleranfällige Reparatursystem angeschaltet.

Die Aktivierung von RecA führt auch zur Spaltung einiger anderer Repressorproteine, einschließlich derjenigen mehrerer Prophagen. Unter ihnen befindet sich der Lambdarepressor (bei dem die Proteaseaktivität entdeckt wurde). Dies erklärt, warum Lambda von ultravioletter Strahlung induziert wird; der lysogene Repressor wird gespalten und entläßt den Phagen, der in den lytischen Zyklus eintritt.

Diese Reaktion ist keine zelluläre SOS-Antwort, sondern stellt statt dessen den Erkennungsmechanismus des Prophagen dar, daß die Zelle in Schwierigkeiten ist. Sein Überleben ist dann am besten durch den Eintritt in den lytischen Zyklus gesichert, in dem Phagennachkommen erzeugt werden. In diesem Sinne „reitet" die Prophageninduktion auf dem zellulären System huckepack, da sie auf denselben Indikator (die Aktivierung von RecA) reagiert.

Alle bekannten Proteine, die Angriffsziele der RecA-Aktivierung sind, werden an einer Ala-Gly-Dipeptidsequenz in der Mitte der Polypeptidkette gespalten. Die Aminosäurehomologie zu beiden Seiten des Dipeptids ist nur begrenzt, was darauf hindeutet, daß die Tertiärstruktur des Proteins ein wichtiges Merkmal für die Zielerkennung ist.

Die beiden Aktivitäten von RecA sind relativ unabhängig voneinander. Die *recA441*-Mutation erlaubt eine SOS-Antwort auch ohne induzierende Behandlung, wahrscheinlich deshalb, weil RecA spontan in seinem aktivierten Zustand verbleibt. Andere Mutationen zerstören die Aktivierungsmöglichkeit. Keiner dieser Mutationstypen beeinflußt die Fähigkeit von RecA, mit DNA umzugehen. Der umgekehrte Mutationstyp, der die Rekombinationsfunktion inaktiviert, aber die Fähigkeit zur Induktion der SOS-Antwort intakt hält, wäre nützlich, um die direkten und indirekten Auswirkungen von RecA auf die Reparaturwege aufzuklären.

16.10 Die eukaryotischen Reparatursysteme

Die biochemische Charakterisierung von Reparatursystemen in eukaryotischen Zellen ist bisher weniger umfassend. Die Existenz von Excisionsreparaturwegen kann an kultivierten Zellen nachgewiesen werden, indem man die eigentliche Entfernung von Schäden aus der DNA oder den Ersatz von DNA-Abschnitten als Reaktion auf schädigende Behandlungen verfolgt.

Gene, die an Reparaturfunktionen beteiligt sind, wurden in Hefe genetisch durch die Sensibilität von Mutanten gegenüber Strahlung bestimmt und daher als *RAD*-Gene (*radiation*) bezeichnet. Es gibt in Hefe drei allgemeine Gruppen von Reparaturgenen, die *RAD3*-Gruppe (an der Excisionsreparatur beteiligt), die *RAD6*-Gruppe (für die Postreplikationsreparatur benötigt) und die *RAD52*-Gruppe (an rekombinationsähnlichen Mechanismen beteiligt).

Ein interessantes Merkmal der Reparatur, das am besten in Hefe charakterisiert ist, besteht in ihrer Verbindung zur Transkription. Aktiv transkribierte Gene werden bevorzugt repariert (wobei das Hindernis für die Transkription beseitigt wird). Der Grund scheint eine mechanistische Verbindung zwischen dem Reparaturapparat und der RNA-Polymerase zu sein. Das RAD3-Protein, eine für den Einschneideschritt benötigte Helikase, ist Bestandteil eines Transkriptionsfaktors, der mit der RNA-Polymerase assoziiert ist. Dieser Zusammenhang wird in Kapitel 28 besprochen.

Bei Säugerzellen ist die DNA-Menge, die an jeder Schadensstelle neusynthetisiert wird, heterogen. Allerdings sind die längsten in Säugerzellen beobachteten Stücke vergleichbar mit denen des Reparatursystems der kurzen Stücke in Bakterien. Dieser Weg behandelt Schäden, die durch ultraviolette Strahlung oder Stoffe mit ähnlichen Auswirkungen verursacht wurden. Ein anderer Weg fügt nur drei bis vier Reparaturbasen an Schadensstellen ein, die durch Röntgenstrahlung oder Alkylierung erzeugt wurden.

Einen Hinweis auf die Existenz und Bedeutung von Reparatursystemen in Säugern geben bestimmte menschliche Erbkrankheiten. Von diesen ist Xeroderman pigmentosum (XP) am besten untersucht, eine rezessive Krankheit, die zu Überempfindlichkeit gegenüber Sonnenlicht, besonders ultraviolettem, führt. Dieser Defekt ruft Hauterkrankungen (und manchmal schwereren Schädigungen) hervor.

Die Krankheit läßt sich durch ein Versagen der Excisionsreparatur erklären. Fibroblasten aus XP-Patienten können Pyrimidindimere und andere sperrigen Addukte nicht ausschneiden. Man unterscheidet mehrere (etwa neun) genetische Komplementierungsgruppen, von denen viele durch einen Defekt im Einschneideschritt der Reparatur gekennzeichnet sind. Sechs der Gene, die individuelle XP-Loci identifizieren, sind kloniert worden und haben jeweils ein Gegenstück in Hefe. Sechs der elf Loci in der *RAD3*-Gruppe sind Homologe von XP-Genen, was auf eine starke Konservierung dieses Excisionsreparaturweges hinweist.

Einige indirekte Ergebnisse legen nahe, daß Säugerzellen Rekombinationsreparatursysteme besitzen. Diese Systeme könnten wiederum mit der genetischen Rekombination selbst verwandt sein. Ein Beispiel ist die rezessive Erbkrankheit Bloom-Syndrom; eine erhöhte Häufigkeit chromosomaler Anomalien sowie des Schwesterchromatidaustauschs, könnte mit der Funktion von Rekombinationssystemen in Beziehung stehen.

Zusammenfassung

Bakterien enthalten Systeme, welche die Integrität ihrer DNA-Sequenzen angesichts von Schäden oder Replikationsfehlern aufrechterhalten und die DNA von Sequenzen aus fremder Quelle unterscheiden können. Drei Typen von Modifikations- und Restriktionssystemen teilen miteinander das Prinzip, daß die Wirts-DNA an einer bestimmten Zielstelle methyliert wird. Der Methylierungszustand wird durch eine Methylase aufrechterhalten, die nach der Replikation hemimethylierte DNA erkennt. Nichtmethylierte Zielstellen werden von einer Endonuclease erkannt.

Typ-II-Systeme sind am häufigsten und bestehen aus getrennten Methylase- und Endonucleaseenzymen, die dieselbe kurze Zielsequenz erkennen – normalerweise ein Palindrom von vier bis sechs Basen. Typ-I-Enzyme bestehen aus drei Untereinheiten, die mit der Erkennung, Methylierung und Spaltung der Zielsequenzen befaßt sind. Die Spaltstelle ist nicht spezifisch und befindet sich mehr als 1 000 bp von der Erkennungsstelle entfernt. Typ-III-Enzyme bestehen aus zwei Untereinheiten: einer für die Erkennung und Modifikation, einer anderen für die Spaltung.

Reparatursysteme können fehlgepaarte, veränderte oder fehlende Basen in der DNA sowie strukturelle Verzerrungen der Doppelhelix erkennen. Excisionsreparatursysteme spalten die DNA nahe einer Schadensstelle, entfernen einen Strang und synthetisieren eine neue Sequenz, um das ausgeschnittene Material zu ersetzen. In *E. coli* können drei Excisionsreparatursysteme anhand der Länge der ausgeschnittenen Bereiche unterschieden werden. Das *dam*-System ist an der Korrektur von Fehlpaarungen beteiligt, die durch den Einbau inkorrekter Basen während der Replikation erzeugt werden, die *uvr*-Gene sind an den beiden anderen Systemen für die allgemeine Reparatur beteiligt. Rekombinationsreparatursysteme holen Information aus einem DNA-Doppelstrang zurück und verwenden sie, um eine Sequenz zu reparieren, die auf beiden Strängen geschädigt worden ist. Die *recBC*- und *recF*-Wege bezeichnen zwei verschiedene Systeme. Das *recA*-Produkt könnte mit einer seiner Fähigkeiten, dem Zusammenbringen von DNA-Molekülen, an Reparaturwegen beteiligt sein.

Die andere Fähigkeit von RecA besteht darin, die SOS-Antwort auszulösen. RecA wird auf unbekannte Art und Weise durch beschädigte DNA aktiviert. Es löst die Spaltung des LexA-Repressorproteins aus, so daß die Repression vieler Loci aufgehoben wird und die Synthese der Enzyme sowohl der Excisionsreparatur- als auch der Rekombinationsreparaturwege induziert wird. Gene unter LexA-Kontrolle besitzen eine Operator-SOS-Box. RecA aktiviert außerdem direkt einige Reparaturaktivitäten. Die Spaltung von Repressoren lysogener Phagen könnte dazu führen, daß sie in den lytischen Zyklus eintreten.

Weiterführende Literatur

Historisches

Luria, S. E.; Human, M. L. *A nonhereditary, host-induced variation of bacterial viruses.* In: *J. Bacteriol.* 64 (1952) S. 557–569.

Bertani, G.; Weigle, J. J. *Host controlled variation in bacterial viruses.* In: *J. Bacteriol.* 65 (1953) S. 113–121.

Arber, W.; Dussiox, D. *Host specificity of DNA produced in E. coli. I. Host controlled modification of phage lambda.* In: *J. Mol. Biol.* 5 (1962) S. 18–36.

Dussiox, D.; Arber, W. *Host specificity of DNA produced by E. coli. II. Control over acceptance of DNA from infecting phage lambda.* In: *J. Mol. Biol.* 5 (1962) S. 37–49.

Arber, W. *Host specificity of DNA produced in E. coli. V. The role of methionine in the production of host specificity.* In: *J. Mol. Biol.* 11 (1965) S. 247–256.

Übersichtsartikel

Yuan, R. *Structure and mechanism of multifunctional restriction endonucleases.* In: *Ann. Rev. Biochem.* 50 (1981) S. 285–315.

Little, J. W.; Mount, D. W. *The SOS regulatory system of E. coli. In: Cell* 29 (1982) S. 11–22.

Walker, G. C. *Mutagenesis and inducible responses to DNA damgage in E. coli.* In: *Microbiol. Rev.* 48 (1984) S. 60–93.

Marinus, M. G. *DNA methylation in E. coli.* In: *Ann. Rev. Genet.* 21 (1987) S. 113–131.

Lindahl, T. *et al. Regulation and expression of the adaptive response to alkylating agents.* In: *Ann. Rev. Biochem.* 57 (1988) S. 133–157.

Sancar, A.; Sancar, G. B. *DNA repair enzymes.* In: *Ann. Rev. Biochem.* 57 (1988) S. 29–67.

Prakash, S. *et al. DNA repair genes and proteins of S. cerevisiae.* In: *Ann. Rev. Genet.* 27 (1993) S. 33–70.

Bickle, T. A.; Kruger, D. H. *Biology of DNA restriction.* In: *Microbiol. Rev.* 57 (1993) S. 434–450.

Friedberg, E. C.; Walker, G. C.; Siede, W. *DNA Repair and Mutagenesis.* Washington DC (American Society for Microbiology) 1995.

Entdeckungen

Restriktion und Modifikation

Boyer, H. W.; Roulland-Dussoix, D. *A complementation analysis of the restriction of and modification of DNA in E. coli.* In: *J. Mol. Biol.* 41 (1969) S. 459–472.

Yuan, R.; Meselson, M. *A specific complex between a restriction endonuclease and its DNA substrate.* In: *Proc. Nat. Acad. Sci. USA* 65 (1970) S. 357–362.

Hadi, S. *et al. DNA recognition and cleavage by the EdoP15 restriction endonuclease.* In: *J. Mol. Biol.* 134 (1979) S. 655–666.

Yuan, R. *DNA translocation by the restriction enzyme from E. coli* K. In: *Cell* 20 (1980) S. 237–244.

Fuller-Pace, F. V.; Murray, N. E. *Two DNA recognition domains of the specificity polypeptides of a family of type I restriction enzymes*. In: *Proc. Nat. Acad. Sci. USA* 83 (1986) S. 9368–9372.

Klimasauskas, S. et al. *HhaI methyltransferase flips its target base out of the DNA helix*. In: *Cell* 76 (1994) S. 357–369.

Reparatur

Sancar, A.; Rupp, W. D. *A novel repair enzyme: uvrABC excision nuclease in E. coli cuts a DNA strand on both sides of the damaged region*. In: *Cell* 33 (1983) S. 249–260.

Sancar, A. *DNA excision repair*. In: *Ann. Rev. Biochem.* 65 (1996) S. 43–82.

Wood, R. D.; *Mismatch repair in eukaryotes*. In: *Ann. Rev. Biochem.* 65 (1996) S. 135–168.

17. Die Rekombination

Ohne genetische Rekombination wäre der Inhalt jedes einzelnen Chromosoms in der Form seiner jeweiligen Allele unwiderruflich festgelegt; Veränderungen kämen nur durch Mutationen zustande. Das Angriffsziel für Mutationsschäden würde vom Gen zum Chromosom vergrößert werden, schädliche Mutationen würden sich anhäufen und das jeweilige Chromosom eliminieren (und dadurch auch vorteilhafte Mutation entfernen, die stattgefunden haben).

Durch das Umstellen der Gene ermöglicht die Rekombination, vorteilhafte und unvorteilhafte Mutationen voneinander zu trennen und als eigene Einheiten in neuer Anordnung zu prüfen. Mit ihrer Hilfe können sich vorteilhafte Allele loslösen und verbreiten; sie schafft aber auch die Möglichkeit unvorteilhafte Allele zu eliminieren, ohne alle anderen früher damit verbundenen Gene zu zerstören. Aus der weiten Perspektive der Evolution ist ein Chromosom ein Zugvogel, eine vorübergehender Zusammenschluß bestimmter Allele. Erst die Rekombination ermöglicht alle diese Funktionen.

Rekombination erfolgt zwischen sich genau entsprechenden Sequenzen, so daß den rekombinanten Chromosomen kein einziges Basenpaar hinzugefügt oder weggenommen wird. Wir wollen drei Typen von Rekombination betrachten, die alle den physikalischen Austausch von Material zwischen doppelsträngiger DNA umfassen, sich aber in ihren Begleitumständen unterscheiden:

- Die Rekombination mit einer Reaktion zwischen homologen DNA-Sequenzen wird als **allgemeine** oder **homologe Rekombination** bezeichnet. In Eukaryoten findet sie in der Meiose statt, normalerweise sowohl bei männlichen (während der Spermatogenese) also auch bei weiblichen Individuen (während der Oogenese). Wir erinnern uns, daß sie im „Vierstrang"-Stadium der Meiose stattfindet und daß nur zwei der vier Stränge daran beteiligt sind, wie in Kapitel 3 beschrieben wurde.
- Ein anderer Typ fördert die Rekombination zwischen *spezifischen* Sequenzpaaren und ist für Prokaryoten am besten charakterisiert. **Sequenzspezifische Rekombination** ist zum Beispiel für die Integration von Phagengenomen in das bakterielle Chromosom verantwortlich. Das Rekombinationsereignis verwendet spezifische Sequenzen der Phagen- und Bakterien-DNA, die ein kurzes homologes Stück einschließen. Die beteiligten Enzyme wirken *nur* auf dieses bestimmte Paar von Zielsequenzen ein. Verwandte Reaktionen sind für die Inversion spezifischer Bereiche des Bakterienchromosoms verantwortlich.
- Ein anderer Typ erlaubt es einer DNA-Sequenz, ohne Sequenzhomologie in eine andere eingefügt zu werden. Mit Hilfe der **Transposition** wandern bestimmte Elemente von einem chromsomalen Ort an einen anderen. Der entsprechende Mechanismus hängt von Brüchen und Wiedervereinigungen von DNA-Strängen ab und ist daher mit den Vorgängen der Rekombination verwandt. Die Transposition ist das Thema der Kapitel 18 und 19.
- Ein weiterer Rekombinationstyp wird von RNA-Viren verwendet, bei denen die Polymerase während der RNA-Synthese von einer Matrize zur anderen überwechselt. Das Ergebnis ist, daß das neusynthetisierte Molekül die Sequenzinformation zweier verschiedener Eltern miteinander verbindet. Dieser Mechanismus für die Rekombination wird **Kopiewahl** (*copy choice*) genannt und kurz in Kapitel 19 angesprochen. Er wird nicht für die Rekombination zwischen doppelsträngigen DNA-Substraten verwendet.

Homologe Rekombination ist eine Reaktion zwischen zwei DNA-Doppelsträngen. Ihr besonderes Merkmal ist, daß die beteiligten Enzyme *jedes* Paar homologer Sequenzen als Substrat verwenden können (obwohl einige Sequenztypen anderen vorgezogen werden können). Die Rekombinationshäufigkeit ist innerhalb des Genoms nicht konstant, sondern wird sowohl von globalen als auch von lokalen Einflüssen bestimmt. Die Gesamthäufigkeit kann sich bei Eizellen und Spermien unterscheiden; bei Frauen etwa tritt Rekombination doppelt so häufig auf wie bei Männern. Innerhalb des Genoms hängt die Häufigkeit von der Chromosomenstruktur ab; Crossover werden z. B. in der Nähe von Heterochromatin unterdrückt.

Abbildung 17.1 vergleicht das sichtbare Fortschreiten von Chromosomen durch die Meiose mit den molekularen Wechselwirkungen, die beim Austausch von Material zwischen DNA-Doppelsträngen stattfinden. Wir erinnern uns, daß die Meiose mit einer langgezogenen Prophase (die bereits in Abbildung 2.20 im Zusammenhang mit den beiden meiotischen Teilungen gezeigt wurde) beginnt. Sie ist in Abbildung 17.1 in fünf Stadien unterteilt worden.

Der Beginn der Meiose ist durch den Zeitpunkt markiert, an dem individuelle Chromosomen sichtbar werden. Jedes von ihnen hat sich zuvor repliziert und besteht aus zwei Schwesterchromatiden, die jeweils eine doppelsträngige DNA enthalten. Die homologen Chromosomen nähern sich einander und beginnen, sich in einem oder mehreren Bereichen zu paaren und **Bivalente** zu bilden. Die Paarung setzt sich fort, bis jedes Chromosom über seine gesamte Länge dem Homolog gegenüberliegt. Dieser Prozeß wird als **Synapsis** oder **Chromosomenpaarung** bezeichnet. Nach seiner Beendigung sind die Chromosomen längs in Form eines **synaptonemalen Komplexes** miteinander verbunden, der bei allen Spezies eine charakteristische Struktur aufweist, die in Einzelheiten stark zwischen den Arten variieren kann.

Die Rekombination zwischen Chromosomen umfaßt einen physikalischen Austausch von Teilen, wie in Abbildung 3.7 gezeigt wurde, der normalerweise als **Bruch** und **Wiedervereinigung** dargestellt wird; dabei werden zwei Chromatiden, die keine Schwesterchromatiden sind und

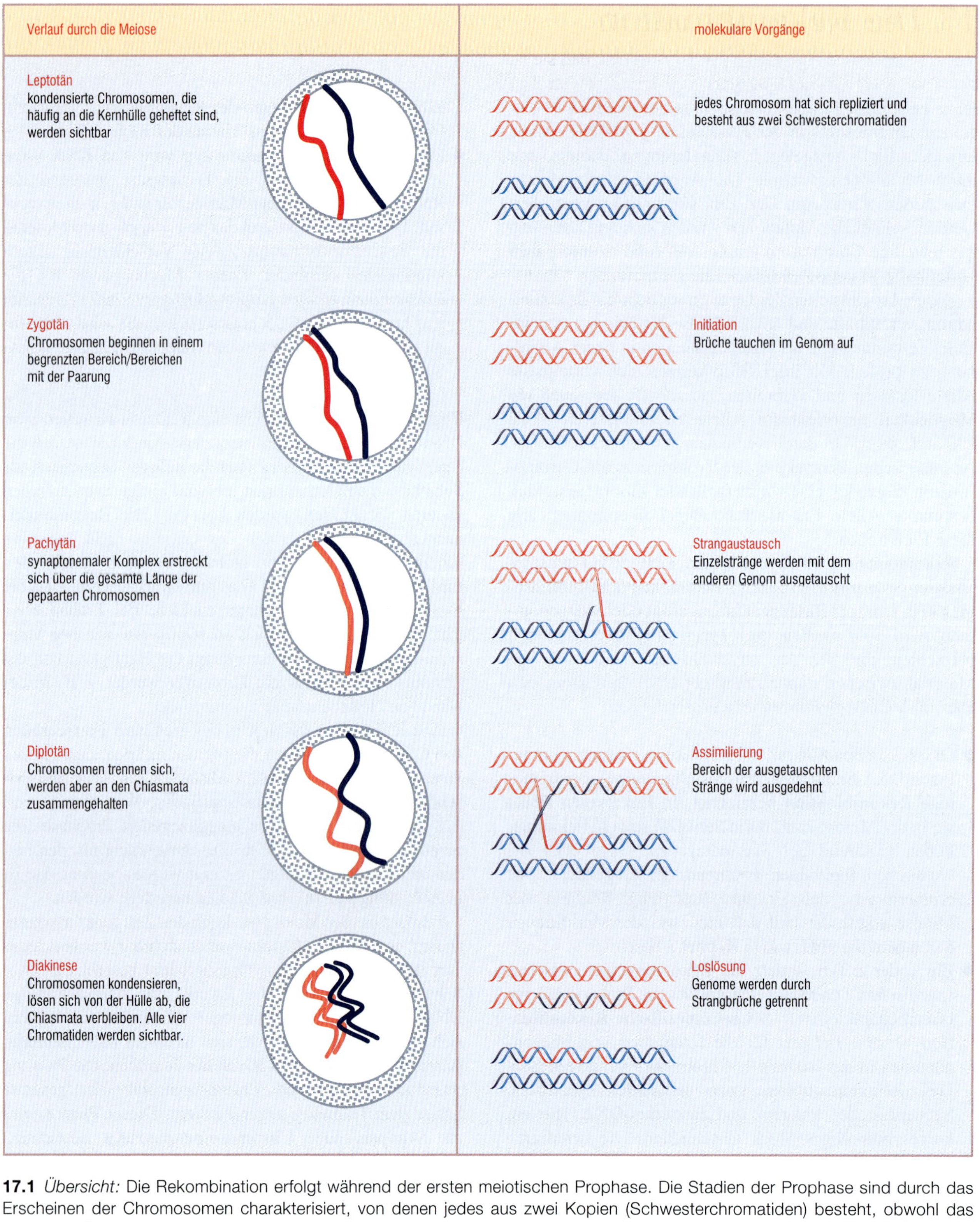

17.1 *Übersicht:* Die Rekombination erfolgt während der ersten meiotischen Prophase. Die Stadien der Prophase sind durch das Erscheinen der Chromosomen charakterisiert, von denen jedes aus zwei Kopien (Schwesterchromatiden) besteht, obwohl das duplizierte Stadium erst am Ende sichtbar wird. Die molekularen Wechselwirkungen jedes einzelnen Crossover-Vorgangs umfassen zwei der vier DNA-Doppelstränge.

jeweils einen DNA-Doppelstrang enthalten, gebrochen und mit dem jeweils anderen verbunden. Wenn die Chromosomen sich zu trennen beginnen, kann man sehen, daß sie an einzelnen Stellen, den **Chiasmata**, zusammenhängen. Die Zahl und Verteilung der Chiasmata stimmt mit den Merkmalen des genetischen Crossovers überein. Gemäß der traditionellen Analyse repräsentiert ein Chiasma einen Crossover-Vorgang (Abbildung 3.6), obwohl ein formaler Beweis für diese Verbindung noch aussteht. Die Chiasmata bleiben sichtbar, wenn sich die Chromosomen zusammenziehen und alle vier Chromatiden zu erkennen sind.

Was ist die molekulare Grundlage für diese Vorgänge? Jedes Schwesterchromatid enthält einen einzigen DNA-Doppelstrang, so daß jedes Bivalent aus vier doppelsträngigen DNA-Molekülen besteht. Die Rekombination erfordert einen Mechanismus, der es dem Doppelstrang eines Schwesterchromatids erlaubt, mit einem des anderen Chromosoms in Wechselwirkung zu treten. Diese Reaktion muß zwischen jedem Paar übereinstimmender Sequenzen zwischen den zwei Molekülen auf hochspezifische Weise stattfinden können, so daß sie einen präzisen Materialaustausch bis zum einzelnen Basenpaar erlaubt.

Wir kennen für Nucleinsäuren nur einen Mechanismus, mit dem sie sich gegenseitig auf der Ebene ihrer Sequenz erkennen können: durch Komplementarität zwischen Einzelsträngen. Die Abbildung gibt ein allgemeines Modell für die Rolle von Einzelsträngen in der Rekombination. Der erste Schritt, um Einzelstränge zu erzeugen, ist die Einführung eines Bruches in einen DNA-Doppelstrang. Danach können einer oder beide Stränge freigesetzt werden; wenn (zumindest) ein Strang den entsprechenden Strang in einem anderen Doppelstrang verdrängt, sind die beiden Doppelstrangmoleküle an übereinstimmenden Stellen spezifisch miteinander verknüpft. Wird dieser Strangaustausch dann ausgedehnt, kann sich die Verbindung zwischen den beiden Doppelsträngen verlängern. Durch den Austausch beider Stränge und ihr späteres Schneiden ist es schließlich möglich, die Elterndoppelstrangmoleküle durch ein Crossover zu verbinden, das den Ansprüchen von Bruch und Wiedervereinigung genügt.

Wir können zu diesem Zeitpunkt die molekularen Ereignisse noch nicht genau mit den Beobachtungen auf Chromosomenebene in Beziehung setzen. Es gibt über die molekularen Ereignisse bei der Rekombination in höheren Eukaryotenzellen (bei denen die Meiose am gründlichsten untersucht worden ist) noch keine genauere Information. Allerdings hat es die Isolation von Mutanten aus Hefe vor kurzem ermöglicht, einige der molekularen Schritte entsprechenden Meioseschritten zuzuordnen. Detaillierte Informationen über den Rekombinationsprozeß besitzen wir aus Bakterien, bei denen die molekularen Aktivitäten bekannt sind, die den genetischen Austausch zwischen Doppelstrangmolekülen bewirken. Allerdings umfaßt die bakterielle Reaktion Wechselwirkungen zwischen beschränkten Bereichen des Genoms statt seiner gesamten Paarung. Die Synapsis eukaryotischer Chromosomen bleibt das auf molekularer Ebene am schwierigsten zu erklärende Stadium.

17.1 An Bruch und Wiedervereinigung ist Heteroduplex-DNA beteiligt

Der Akt der Verbindung zweier DNA-Doppelstrangmoleküle bildet das Herzstück der Rekombination. Wir beginnen daher ihre molekulare Analyse damit, die Vorgänge zwischen komplementären Einzelsträngen aus Abbildung 17.1 unter Berücksichtigung der Basenpaarung genauer zu betrachten. Es ist hilfreich, sich die Rekombinationsreaktion als Einzelstrangaustausch vorzustellen (obwohl wir noch sehen werden, daß sie nicht unbedingt auf diese Weise eingeleitet wird), da die Eigenschaften der auf diese Weise erzeugten Moleküle wichtig für das Verständnis der Rekombinationsprozesse sind.

Abbildung 17.2 veranschaulicht einen Vorgang, der mit einem Bruch der homologen Stränge zweier gepaarter DNA-Doppelstränge an einander entsprechenden Stellen beginnt. Dieser erlaubt die Bewegung der durch die Einzelstrangbrüche erzeugten freien Enden. Jeder Strang verläßt seinen Partner und wandert auf die andere Seite, wo er sich mit seinem Gegenstück des anderen Doppelstranges paart.

Der reziproke Austausch erzeugt eine Verbindung zwischen den beiden DNA-Doppelsträngen; das neue Doppelstrangpaar wird als „verbundenes Molekül" (*joint molecule*) bezeichnet. Der Punkt, an dem ein bestimmter DNA-Strang von einem Doppelstrang in den anderen überkreuzt, wird **Rekombinationsverbindung** (*recombinant joint*) genannt.

An der Rekombinationsstelle besitzt jeder Doppelstrang einen Bereich, der einen Strang aus jedem Eltern-DNA-Molekül enthält. Dieser Abschnitt wird **Hybrid-DNA** oder **Heteroduplex-DNA** genannt.

Ein wichtiges Merkmal einer rekombinanten Verbindung ist ihre Fähigkeit, entlang des Doppelstranges zu wandern. Diese Mobilität wird als **Kreuzungspunktwanderung** (*branch migration*) bezeichnet. Abbildung 17.3 veranschaulicht die Wanderung eines Einzelstranges in einen Doppelstrang hinein. Der Kreuzungspunkt kann in jede Richtung wandern, wobei ein Strang von dem anderen verdrängt wird.

Die Wanderung des Kreuzungspunktes ist sowohl aus theoretischen als auch aus praktischen Gründen wichtig. Prinzipiell verleiht sie der Rekombinationsstruktur eine dynamische Eigenschaft. In der Praxis bedeutet dies, daß man den Kreuzungspunkt nicht durch die Untersuchung eines Moleküls *in vitro* bestimmen kann (da er seit der Isolation des Moleküls gewandert sein könnte).

Der Kreuzungspunkt in dem Rekombinationszwischenprodukt könnte theoretisch in jede Richtung wandern. Die Wanderungsgeschwindigkeit kann nicht sicher bestimmt werden, aber die *in vitro*-Ergebnisse lassen darauf schließen, daß sie nicht ausreicht, die Bildung ausgedehnter Bereiche von Heteroduplex-DNA unter natürlichen Bedingungen zu ermöglichen. Jede weiträumige Wanderung des Kreuzungspunktes *in vivo* muß daher von einem Rekombinationsenzym katalysiert werden.

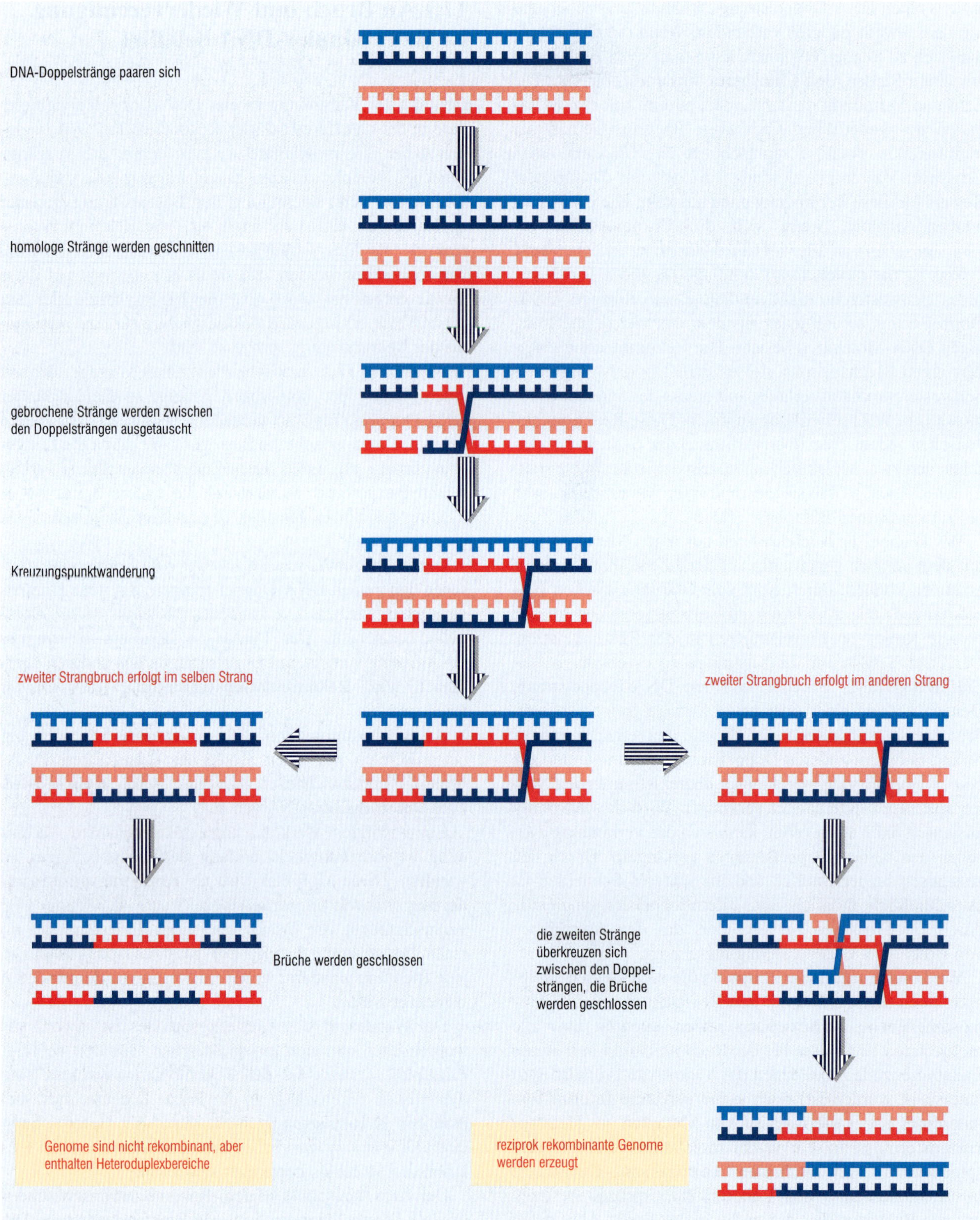

17.2 Die Rekombination zwischen zwei gepaarten DNA-Doppelsträngen umfaßt wahrscheinlich den wechselseitigen Einzelstrangaustausch, die Wanderung des Kreuzungspunktes und Einzelstrangbrüche.

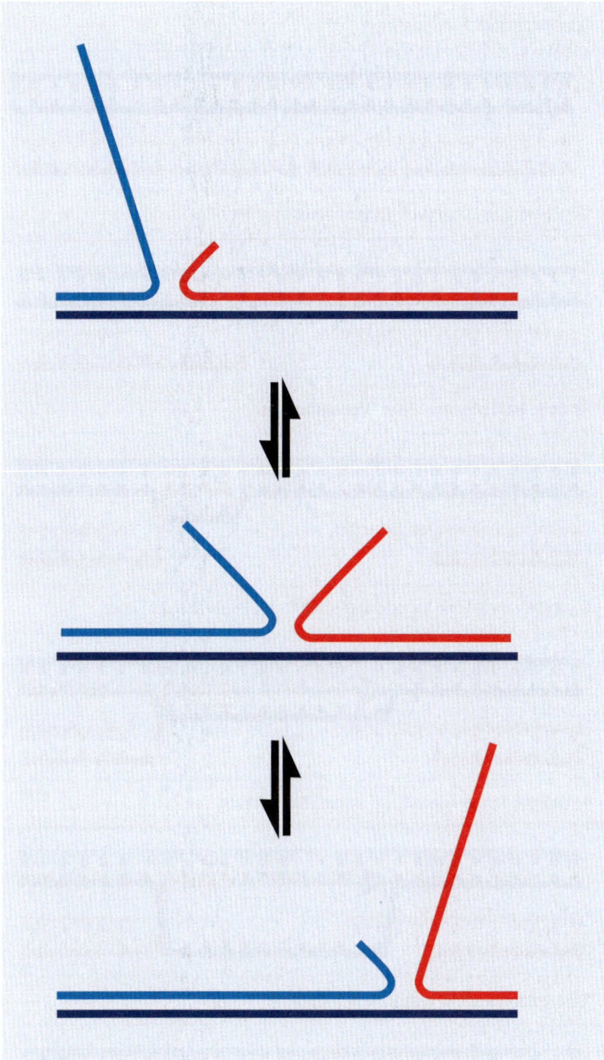

17.3 Die Wanderung des Kreuzungspunktes kann in beide Richtungen erfolgen, wenn ein ungepaarter Einzelstrang einen gepaarten Strang verdrängt.

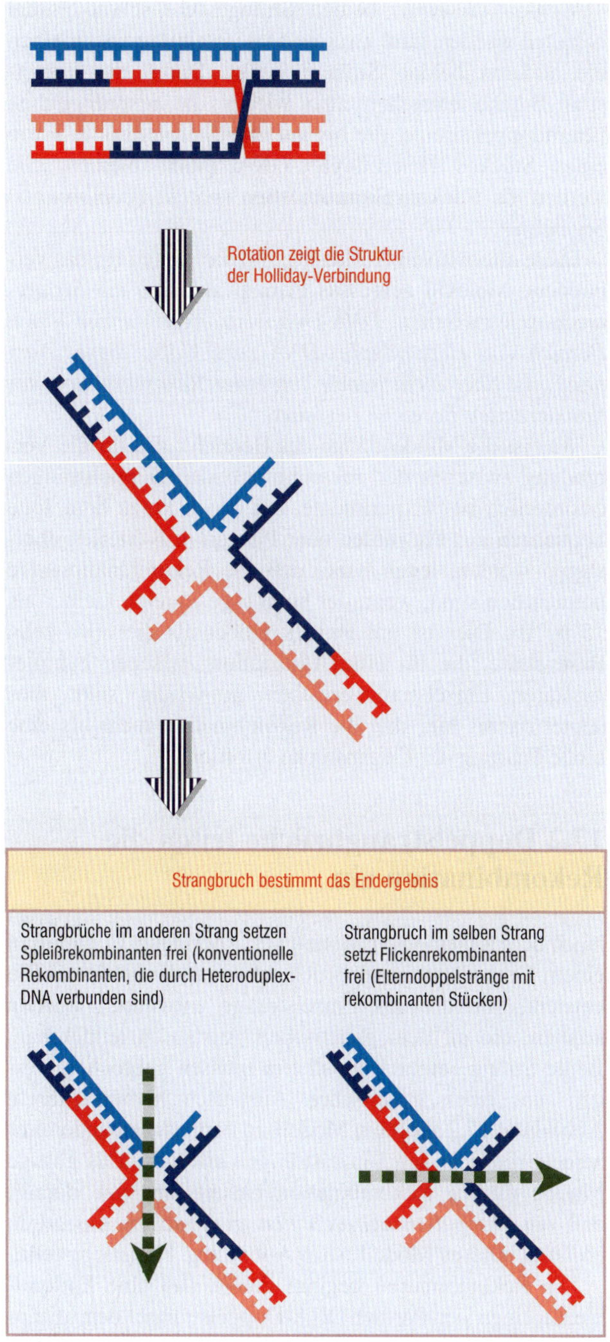

17.4 Die Auflösung einer Holliday-Verbindung kann Eltern- oder rekombinante Doppelstränge erzeugen – abhängig davon, welcher Strang gespalten wird. Beide Arten von Produkten besitzen einen Bereich von Heteroduplex-DNA.

Sind an der Rekombination doppelsträngige DNA-Moleküle beteiligt, so müssen räumliche Umlagerungen erfolgen; entweder muß der DNA-Doppelstrang rotieren können oder auf andere Weise von topologischen Beschränkungen befreit werden (siehe unten). Wenn wir uns bei dem verbundenen Molekül aus Abbildung 17.2 den einen Doppelstrang relativ um den anderen gedreht vorstellen, so können wir es in einer Ebene als **Holliday-Struktur** (nach dem Namen ihres Benenners) betrachten, was in Abbildung 17.4 dargestellt ist.

Das durch den Strangaustausch gebildete verbundene Molekül muß in zwei getrennte Doppelstrangmoleküle **aufgelöst** werden. Die Auflösung erfordert ein weiteres Paar von Einzelstrangbrüchen. Das Ergebnis der Reaktion hängt davon ab, welches Paar von Strängen gespalten wird (Abbildungen 17.2 und 17.4).

Wird der Einzelstrangbruch in dem Strangpaar vorgenommen, das *nicht* anfangs gespalten wurde (das Paar, das den Strangaustausch nicht einleitete), so werden nun alle vier ursprünglichen Stränge einmal gespalten. Dies erzeugt **Spleißrekombinanten**, bei denen der Doppelstrang einer Eltern-DNA über einen Heteroduplexabschnitt mit dem Doppelstrang der anderen Eltern-DNA kovalent verbunden ist. Es hat also ein konventionelles Rekombinationsereignis zwischen Markern auf beiden Seiten des Heteroduplexbereichs stattgefunden.

Werden *dieselben* beiden Stränge, die schon einmal gepalten wurden, zum zweiten Mal geschnitten, so bleiben die anderen beiden Stränge intakt. Durch die Einzelstrangbrüche entstehen also wieder die ursprünglichen Elterndoppelstränge, die bis auf ein Überbleibsel in Form eines Stückes Heteroduplex-DNA intakt bleiben. Sie werden als **Flickenrekombinanten** (*patch recombinants*) bezeichnet.

Diese alternativen Auflösungsmöglichkeiten für das verbundene Molekül zeigt das Prinzip auf, daß *ein Strangaustausch zwischen DNA-Doppelsträngen immer einen Bereich von Heteroduplex-DNA zurückläßt; dieser Austausch ist aber nicht immer von einer Rekombination der flankierenden Bereiche begleitet.*

Was ist die Mindestlänge des Bereichs, der für die Verbindung zwischen den rekombinierenden Doppelsträngen erforderlich ist? Experimente, bei denen kurze homologe Sequenzen aus Plasmiden oder Phagen in Bakterien übertragen werden, legen nahe, daß die Rekombinationsrate beträchtlich sinkt, wenn der homologe Bereich kleiner als 75 bp ist. Dies ist um einiges größer als die etwa zehn Basenpaare, die für eine Assoziation zwischen komplementären Einzelstrangbereichen notwendig sind; dies deutet darauf hin, daß die Rekombination mehr als eine bloße Paarung der Gegenstücke erfordert.

17.2 Doppelstrangbrüche leiten die Rekombination ein

Nach dem allgemeinen Modell aus Abbildung 17.1 muß in einem Doppelstrang ein Bruch erfolgen, damit eine Stelle entsteht, von der aus Einzelstränge entwunden werden können, die an dem genetischen Austausch teilnehmen. Beide Stränge einer Doppelhelix müssen gebrochen werden, um einen genetischen Austausch herbeizuführen. Abbildung 17.2 zeigt ein Modell, in dem nacheinander einzelne Brüche in den Einzelsträngen erfolgen. Das gültige Modell für die Rekombination basiert hingegen darauf, daß *ein Doppelstrangbruch den genetischen Austausch einleitet*. Dieses Modell ist in Abbildung 17.5 dargestellt.

Die Rekombination beginnt damit, daß eine Endonuclease einen der Partner-DNA-Doppelstränge, den „Empfänger", schneidet. Der Schnitt wird durch Exonucleaseaktivität zur Lücke ausgeweitet. Die Exonuclease(n) bauen auf beiden Seiten des Bruches jeweils einen Strang ab, so daß einzelsträngige 3′-Enden entstehen. Eines davon dringt dann in eine homologe Region des anderen, „Donor"-Doppelstranges ein. Die Bildung einer Heteroduplex-DNA erzeugt eine D-Schleife, in der ein Strang des Donordoppelstranges verdrängt wird. Die D-Schleife wird durch Reparatursynthese verlängert, wobei das freie 3′-Ende als Primer dient.

Schließlich ist die D-Schleife so groß, daß sie der ganzen Länge der Lücke im Rezeptorchromatid entspricht. Wenn der ausgetretene Einzelstrang das andere Ende der Lücke erreicht, so verbinden sich die komplementären Einzelstrangsequenzen. Nun liegen auf beiden Seiten der

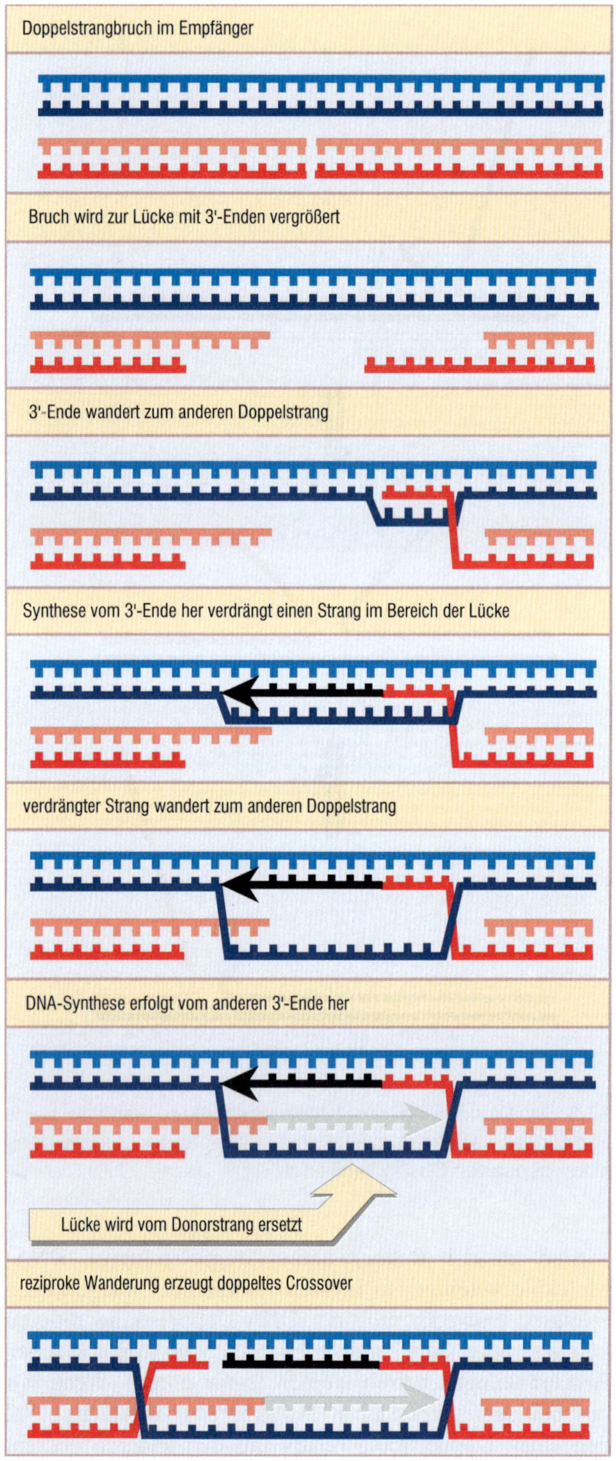

17.5 Die Rekombination beginnt mit einem Doppelstrangbruch, gefolgt von der Ausbildung von einzelsträngigen 3′-Enden, von denen eines zu einem homologen Doppelstrang wandert.

Lücke Heteroduplex-DNA-Abschnitte, die Lücke selbst wird durch die einzelsträngige D-Schleife repräsentiert.

Der Bereich der Lücke kann nun wieder Doppelstrangcharakter annehmen, indem das 3′-Ende auf ihrer linken Seite als Primer für die Reparatursynthese dient. Insgesamt wurde die Lücke dann durch zwei einzelne Runden von Einzelstrang-DNA-Synthese repariert.

Die Wanderung des Kreuzungspunktes wandelt diese Struktur in ein Molekül mit zwei rekombinanten Verbindungen um, die durch Schnitte getrennt werden müssen.

Werden beide Verbindungen auf dieselbe Weise aufgelöst, so werden die ursprünglichen Moleküle, wie sie vor dem Crossover vorlagen, freigesetzt – beide jedoch mit einem Bereich veränderter genetischer Information, der ein Relikt des Austauschvorgangs ist. Werden die beiden Verbindungen dagegen auf entgegengesetzte Weise aufgelöst, so wird ein genetisches Crossover erzeugt.

Die Struktur des an zwei Stellen verbundenen Moleküls vor seiner Auflösung zeigt einen entscheidenden Unterschied zwischen dem Doppelstrangbruchmodell und Modellen, die nur von einem Einzelstrangaustausch ausgehen.

- Nach dem Doppelstrangbruch hat sich an beiden Enden des an dem Austausch beteiligten Bereichs eine Heteroduplex-DNA gebildet. Zwischen den beiden Heteroduplexbereichen befindet sich der Abschnitt, welcher der Lücke entspricht, die nun in beiden Molekülen die Sequenz der Donor-DNA besitzt, wie in Abbildung 17.5 dargestellt ist. Daher ist die Anordnung der Heteroduplexsequenzen asymmetrisch, und ein Teil eines Moleküls wurde in die Sequenz des anderen umgewandelt (daher wird das initiierende Chromatid als Rezeptor beziehungsweise Empfänger bezeichnet).
- Nach dem reziproken Einzelstrangaustausch besitzt jeder DNA-Doppelstrang Heteroduplexmaterial, das den Bereich von der anfänglichen Stelle des Strangaustausches bis zu dem wandernden Kreuzungspunkt abdeckt, wie in Abbildung 17.2 verdeutlicht ist. Bei Varianten des Einzelstrangaustauschmodells, bei denen etwas DNA abgebaut und resynthetisiert wird, ist das initiierende Chromatid der Donor genetischer Information.

Das Doppelstrangbruchmodell mindert die Wichtigkeit der Bildung von Heteroduplex-DNA nicht, denn sie ist die einzige plausible Erklärung dafür, wie zwei Doppelstrangmoleküle miteinander in Wechselwirkung treten können. Indem es allerdings die Verantwortung für die Initiation von den Einzelstrang- zu den Doppelstrangbrüchen hin verschiebt, beeinflußt es auch unsere Ansicht über die Fähigkeit der Zelle DNA zu manipulieren.

Die Beteiligung von Doppelstrangbrüchen mag auf den ersten Blick überraschend erscheinen. Wenn erst einmal ein Bruch des DNA-Moleküls erfolgt ist, so gibt es kein Zurück mehr. Man vergleiche die Vorgänge in Abbildung 17.2 und 17.5: In dem Einzelstrangmodell geht zu keinem Zeitpunkt Information verloren, in dem Doppelstrangmodell dagegen folgt der anfänglichen Spaltung sofort ein Informationsverlust. Jeder Fehler beim Wiedereinholen der Information könnte verheerend sein. Andererseits besitzt die Zelle eine wichtige Absicherung, da sie verlorengegangene Information durch Neusynthese aus einem anderen Doppelstrang wiedergewinnen kann.

17.3 Doppelstrangbrüche könnten die Synapsis einleiten

Ein grundsätzliches Paradoxon bei der Rekombination besteht darin, daß die Elternchromosomen niemals in so engen Kontakt zu kommen scheinen, daß die Rekombination der DNA ermöglicht wird. Die Chromosomen treten als replizierte (Schwesterchromatid-)Paare in die Meiose ein und sind dort als Chromatinmasse sichtbar. Sie paaren sich und bilden den synaptonemalen Komplex, und viele Jahre lang hat man angenommen, daß dieser ein Stadium darstellt, das an der Rekombination beteiligt ist und vermutlich eine notwendige Vorraussetzung für den DNA-Austausch bildet. Neuerdings nimmt man allerdings an, daß der synaptonemale Komplex eher eine Folge als eine Ursache für die Rekombination ist. In keinem Fall verstehen wir jedoch, wie die Struktur des synaptonemalen Komplexes mit dem molekularen Kontakt zwischen DNA-Molekülen in Beziehung steht.

Die Synapsis beginnt, wenn jedes Chromosom (Schwesterchromatidpaar) sich um eine Struktur herum zusammenzieht, die als **axiales Element** bezeichnet wird und proteinhaltig zu sein scheint. Dann reihen sich die Axialelemente der zueinandergehörenden Chromosomen auf, und die synaptonemalen Komplexe bilden sich als dreigeteilte Struktur, bei der die axialen Elemente, die nun als **laterale Elemente** bezeichnet werden, voneinander durch ein **zentrales Element** getrennt werden. Abbildung 17.6 gibt dafür ein Beispiel.

Jedes Chromosom erscheint in diesem Stadium als Chromatinmasse, die von einem lateralen Element begrenzt wird. Die beiden lateralen Elemente sind voneinander durch ein dünnes, aber dichtes zentrales Element getrennt. Die drei parallel verlaufenden dichten Stränge liegen in einer Ebene, die sich entlang ihrer Achse verläuft. Der Abstand zwischen den homologen Chromosomen ist nach molekularen Maßstäben beachtlich: Er beträgt mehr als 200 nm (der Durchmesser der DNA liegt bei zwei Nanometern). Daher besteht das größte Problem, die Rolle dieses Komplexes zu verstehen, darin, daß er, obwohl er die homologen Chromosomen aufreiht, die homologen DNA-Moleküle keineswegs miteinander in Kontakt bringt.

Die einzige sichtbare Verbindung zwischen den beiden Seiten des synaptonemalen Komplexes bilden kugel- oder zylinderförmige Strukturen, wie man sie bei Pilzen und Insekten beobachtet hat. Sie liegen quer über dem Komplex und werden als **Rekombinationsknoten** (*recombination nodules/nodes*) bezeichnet; in Häufigkeit und Verteilung entsprechen sie den Chiasmata. Ihr Name drückt die Hoffnung aus, daß sie sich als die Orte der Rekombination erweisen könnten.

Die Korrelation zwischen der Rekombination und der Bildung des synaptonemalen Komplexes gilt als erwiesen, und neuere Arbeiten zeigen, daß alle Mutationen, welche die Chromosomenpaarung in *Drosophila* oder Hefe außer kraft setzen, auch die Rekombination verhindern. Es gibt

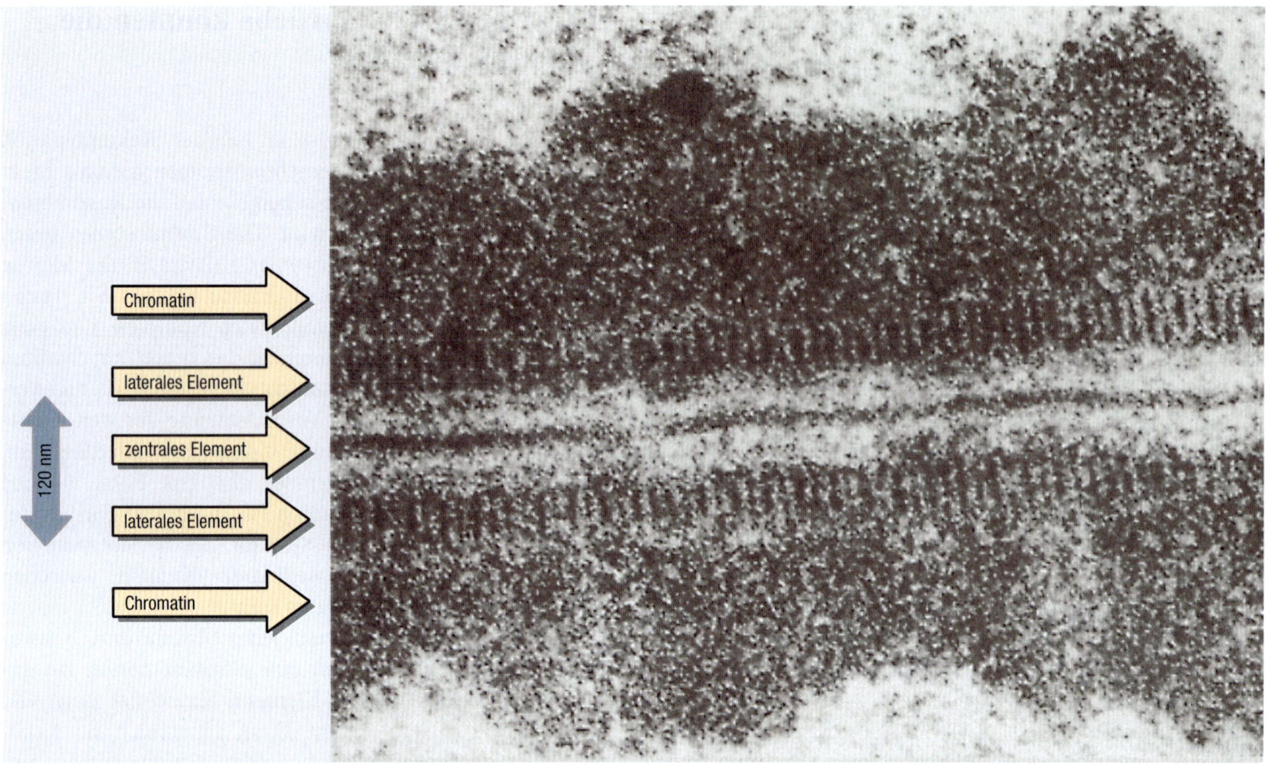

17.6 Im synaptonemalen Komplex (am Beispiel von *Neotellia*) liegen Chromosomen direkt nebeneinander. (Mit freundlicher Genehmigung von M. Westergaard und D. Von Wettstein.)

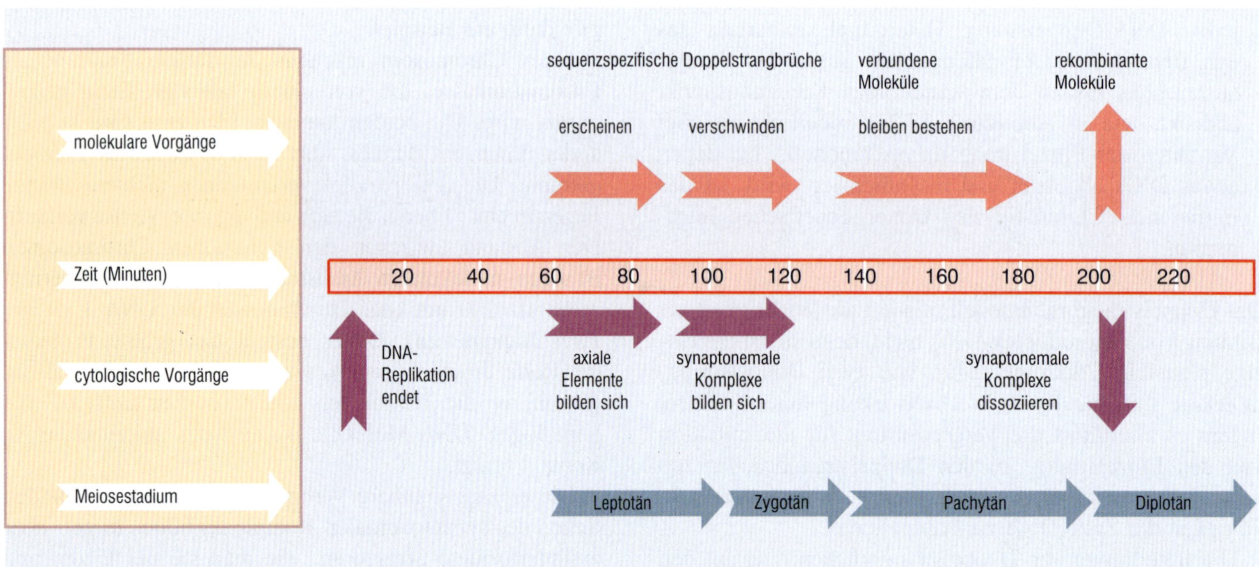

17.7 Doppelstrangbrüche tauchen auf, wenn sich axiale Elemente bilden, und sie verschwinden während der Ausdehnung der synaptonemalen Komplexe wieder. Verbundene Moleküle treten auf und bleiben bestehen, bis am Ende des Pachytäns DNA-Rekombinanten nachgewiesen werden. Die Zeit wird vom Ende der Replikation gemessen, die der Meiose vorausgeht.

nur wenige Systeme, in denen sich die molekularen und cytologischen Vorgänge bei der Rekombination vergleichen lassen, aber vor kurzem hat man Fortschritte bei der Analyse der Meiose von *S. cerevisiae* gemacht. Die relative Zeitabfolge der Vorgänge ist in Abbildung 17.7 zusammengefaßt.

In Hefe gibt es überzeugende Hinweise dafür, daß Doppelstrangbrüche sowohl die homologe als auch die ortsspezifische Rekombination einleiten. Ursprünglich nahm man die Beteiligung von Doppelstrangbrüchen beim Paarungstypwechsel an, bei dem eine Sequenz durch eine andere ersetzt wird, was genauer in Kapitel 32 besprochen wird. Doppelstrangbrüche treten aber auch in der frühen Meiose an bestimmten Stellen auf, sogenannten Hotspots, die sehr anfällig für Rekombination sind; die Rekombinationshäufigkeit nimmt zu einer oder beiden Seiten dieser Stelle graduell ab. Dieser Hotspot bezeichnet den Ort, der die Rekombination einleitet; der Gradient spiegelt die Wahrscheinlichkeit wider, daß die Rekombinationsereignisse sich von diesem Punkt aus fortsetzen.

Wir können diese Vorstellung nun in molekularen Begriffen ausdrücken. Die durch den Doppelstrangbruch erzeugten glatten Enden werden auf beiden Seiten schnell in lange 3′-einzelsträngige Enden umgewandelt, was in dem Modell in Abbildung 17.5 gezeigt ist. Eine Hefemutation (*rad 50*), welche die Umwandlung des glatten Endes in den überhängenden Einzelstrang blockiert, führt zu einem Rekombinationsdefekt. Dies deutet darauf hin, daß Doppelstrangbrüche für die Rekombination notwendig sind. Der Gradient zeigt die abnehmende Wahrscheinlichkeit dafür an, daß mit zunehmender Entfernung von dem Doppelstrangbruch ein Einzelstrangbereich erzeugt wird.

Doppelstrangbrüche entstehen und verschwinden über einen Zeitraum von 60 Minuten. Die ersten verbundenen Moleküle, welche potentielle Rekombinationszwischenprodukte sind, tauchen kurz nach dem Verschwinden der Doppelstrangbrüche auf. Die Abfolge der Ereignisse legt die Vermutung nahe, daß Doppelstrangbrüche, einzelne Paarungsreaktionen und die Bildung rekombinanter Strukturen nacheinander an denselben chromosomalen Stellen erfolgen.

Doppelstrangbrüche tauchen während des Zeitraumes auf, in dem sich die axialen Elemente ausbilden. Sie verschwinden während der Umwandlung der gepaarten Chromosomen in synaptonemale Komplexe. Diese relative Abfolge der Ereignisse legt nahe, daß die *Bildung des synaptonemalen Komplexes eine Folge der Rekombinationsinitiation ist, welche über die Einführung von Doppelstrangbrüchen und ihre Umwandlung in spätere Zwischenprodukte der Rekombination geschieht.* Diese Vorstellung wird von der Beobachtung gestützt, daß die *rad50*-Mutante keine axialen Elemente in synaptonemale Komplexe umwandeln kann. Dies widerspricht der traditionellen Interpretation der Meiose, daß die Chromosomenpaarung, durch den synaptonemalen Komplex repräsentiert, den molekularen Ereignissen der Rekombination vorausgehen muß.

Es war schwierig zu bestimmen, ob die Rekombination im Stadium der Synapsis stattfindet, da man sie erst nach der Vollendung der Meiose anhand der Rekombinanten beurteilen kann. Es war aber möglich, Rekombinanten in Hefe mit Hilfe von DNA-Molekülen mit diagnostischen Restriktionsstellen direkt zu bestimmen, und dadurch zu zeigen, daß sie am Ende des Pachytäns entstehen. Dies ordnet den Abschluß des Rekombinationsereignisses ganz klar hinter die Bildung des synaptonemalen Komplexes ein.

Dieser bildet sich also nach den Doppelstrangbrüchen aus, welche die Rekombination einleiten, und bleibt bis zur Bildung rekombinanter Moleküle bestehen. Er scheint für die Rekombination als solche nicht notwendig zu sein, da einige Mutanten, denen ein normaler synaptonemaler Komplex fehlt, trotzdem Rekombinanten erzeugen können. Mutationen, welche die Rekombination verhindern, können dagegen keinen synaptonemalen Komplex ausbilden. Dies deutet darauf hin, daß er als *Folge* der Rekombination erst nach der Chromosomenpaarung entsteht und für die späteren Stadien der Meiose benötigt wird. Eine Hefemutation (*zip1*) in der Bildung des synaptonemalen Komplexes führt zu einem Verlust der Crossover-Interferenz (das heißt, der Fähigkeit eines Rekombinationsereignisses, das Auftreten eines anderen in seiner Nähe zu verhindern). Es besteht daher die Möglichkeit, daß die Bildung des synaptonemalen Komplexes an der Stelle eines Rekombinationsereignisses eingeleitet werden könnte, und daß seine Ausbreitung entlang des Chromosoms das Auftreten weiterer Rekombinationsereignisse verhindert. In diesem Fall würden die Ereignisse nicht alle gleichzeitig initiiert werden, und der synaptonemale Komplex könnte sich ausbilden, wenn die Rekombination eingeleitet wird, und bevor der Vorgang beendet ist. Der Vorschlag, daß der synaptonemale Komplex die Rekombination verhindert, steht in einem ironischen Gegensatz zu den frühen Vorstellungen, daß er für die Rekombination verantwortlich sein könnte!

In molekulare Begriffe gefaßt können wir annehmen, daß Doppelstrangbrüche, nachdem die homologen Chromosomen sich (auf unbekannte Weise) gegenseitig gefunden haben, einzelsträngige Enden erzeugen, die sich an einer Suche nach komplementären Sequenzen beteiligen. Das Ergebnis dieser Suche kann in der Verbindung zwischen den Homologen bestehen, durch die sie in enge Nachbarschaft gelangen und die Bildung des dreiteiligen synaptonemalen Komplexes eingeleitet wird. Es ist nicht klar, was während des Pachytäns geschieht, bevor man die DNA-Rekombinanten erkennen kann. Während dieser Zeit könnten die nachfolgenden Schritte der Rekombination erfolgen, also die Ausweitung des Strangaustausches, die DNA-Synthese und die Auflösung.

Im nächsten Stadium der Meiose (Diplotän) bauen die Chromosomen den synaptonemalen Komplex ab; danach werden die Chiasmata als Stellen sichtbar, an denen die Chromosomen miteinander verbunden sind. Dies wird als Indikator für einen genetischen Austausch angesehen, obwohl die molekulare Natur eines Chiasmas unbekannt ist. Es könnte sich bei ihm um das Überbleibsel eines vollendeteten Austausches handeln, oder um eine Verbindung zwischen homologen Chromosomen, bei denen ein genetischer Austausch noch nicht aufgelöst worden ist. Später in der Meiose wandern die Chiasmata an die Enden des Chromosoms. Diese Flexibilität läßt darauf schließen, daß sie eher ein Überbleibsel des Rekombinationsereignisses als sein Zwischenprodukt darstellen.

Rekombinationsereignisse erfolgen an bestimmten Stellen in den meiotischen Chromosomen, aber wir können sie noch nicht mit den beobachteten Strukturen korrelieren, nämlich den Rekombinationsknoten und Chiasmata. Allerdings verschaffen Proteine, die an der Heferekombination beteiligt und an bestimmten Stellen zu lokalisieren sind, Einsichten in die molekulare Basis der Ausbildung diskontinuierlicher Strukturen. Dazu gehören MSH4 (das mit bakteriellen Proteinen verwandt ist, die an der Fehlpaarungsreparatur beteiligt sind), sowie Dmcl und Rad51 (Homologe des RecA-Proteins aus *E. coli*). Die genauen Rollen dieser Proteine bei der Rekombination müssen allerdings noch geklärt werden.

Die Rekombinationsereignisse unterliegen einer allgemeinen Kontrolle. Nur wenige Interaktionen reifen tatsächlich zu Crossovers; diese sind allerdings so verteilt, daß jedes Homologenpaar zwar typischerweise nur ein bis zwei Crossovers ausbildet, die Wahrscheinlichkeit für kein Crossover bei einem Homologenpaar aber sehr gering ist (weniger als 0,1 %). Dieser Vorgang ist wahrscheinlich das Ergebnis einer einzigen **Crossover-Kontrolle**, da die Nicht-Zufälligkeit von Crossovers in bestimmten Mutanten generell gestört ist. Außerdem ist die Rekombination für das Fortschreiten der Meiose notwendig, und es existiert ein „Kontrollpunkt"-System, das in Kapitel 36 beschrieben wird, welches die Meiose blockiert, wenn die Rekombination noch nicht stattgefunden hat (die Blockierung wird nach erfolgreicher Beendigung der Rekombination aufgehoben; dieses Sicherheitssystem sorgt dafür, daß die Zellen ihre Chromosomen nicht zu trennen versuchen, bevor die Rekombination stattgefunden hat.)

17.4 Die Bakterienrekombination umfaßt die Einzelstrangassimilation

Um die Ereignisse zu analysieren, die am Austausch zwischen DNA-Molekülen beteiligt sind, müssen wir uns bakteriellen Systemen zuwenden. Hier ist die Erkennungsreaktion Teil des Rekombinationsmechanismus und geschieht in beschränkten Regionen der DNA-Moleküle anstatt in intakten Chromosomen. Die generelle Abfolge der molekularen Ereignisse aber ist ähnlich: Ein Einzelstrang aus einem gespaltenen Molekül interagiert mit einem Partnerdoppelstrang, der Paarungsbereich wird ausgedehnt und eine Endonuclease löst die Partnerdoppelstränge auf. Die in jedem Stadium beteiligten Enzyme sind bekannt, obwohl sie wahrscheinlich nur einen Teil der für die Rekombination benötigten Bestandteile darstellen.

Bakterielle Enzyme, die an der Rekombination beteiligt sind, hat man durch das Auftreten von ***rec*$^-$-Mutationen** in ihren Genen identifiziert. Der Phänotyp von Rec$^-$-Mutanten ist die Unfähigkeit zur allgemeinen Rekombination. Etwa zehn bis zwanzig Genorte sind bisher identifiziert worden.

Bakterien tauschen normalerweise keine großen Mengen doppelsträngiger DNA aus, und die Rekombination kann in Prokaryoten auf verschiedene Weise eingeleitet werden. In einigen Fällen könnte DNA mit freien einzelsträngigen 3′-Enden bereits vorhanden sein: DNA kann in einzelsträngiger Form vorliegen (wie bei der in Kapitel 14 besprochenen Konjugation), einzelsträngige Lücken können durch Strahlenschäden entstehen oder einzelsträngige Schwänze können von Phagengenomen durch Replikation mit Hilfe des rollenden Ringes erzeugt werden. Sind allerdings zwei doppelsträngige Moleküle beteiligt (was bei der Rekombination der Eukaryoten während der Meiose die Regel ist), so müssen einzelsträngige Bereiche und 3′-Enden erzeugt werden.

Einen Mechanismus zur Erzeugung passender Enden fand man durch die Existenz bestimmter Hotspots, welche die Rekombination stimulieren. Man entdeckte sie im Phagen Lambda in Form sogenannter *chi*-Mutanten, bei denen der Austausch einzelner Basenpaare Stellen erzeugt, welche die Rekombination fördern. Diese Stellen führen uns zu der Rolle anderer an der Rekombination beteiligter Proteine.

Sie alle besitzen eine konstante asymmetrische Sequenz aus acht Basenpaaren:

5′ GCTGGTGG 3′
3′ CGACCACC 5′

Diese *chi*-Sequenz kommt in *E. coli*-DNA natürlicherweise etwa alle fünf bis zehn Kilobasenpaare einmal vor. Ihr Fehlen in Wildtyp-Lambda-DNA sowie anderen genetischen Elementen zeigt, daß sie für die Rekombination nicht essentiell ist.

Eine *chi*-Sequenz regt die Rekombination in seiner Umgebung in einer Entfernung von bis zu zehn Kilobasenpaaren an. Sie kann durch einen Doppelstrangbruch aktiviert werden, der sich mehrere Kilobasenpaare entfernt *auf einer bestimmten Seite* (rechts von der oben abgedruckten Sequenz) befindet. Diese Abhängigkeit von der Orientierung läßt vermuten, daß der Rekombinationsapparat an dem Ende eines Bruches mit der DNA assoziiert und sich dann entlang des Doppelstranges nur in eine Richtung bewegt.

Die *chi*-Stellen sind die Angriffsziele für ein Enzym, das von den *recBCD*-Genen codiert wird. Dieser Komplex übt mehrere Aktiviäten aus. Er ist eine wirkungsvolle Nuclease, die DNA abbaut, und sie wurde ursprünglich als die Exonuclease-V-Aktivität identifiziert. Desweiteren besitzt er eine Helikaseaktivität, die doppelsträngige DNA in Anwesenheit von SSB entwinden kann, sowie ATPase-Aktivität. Seine Rolle bei der Rekombination könnte darin bestehen, einen einzelsträngigen Bereich mit einem freien 3′-Ende zu bilden.

Die Abbildung 17.8 zeigt, wie diese Reaktionen an einer Substrat-DNA mit einer *chi*-Stelle koordiniert werden.

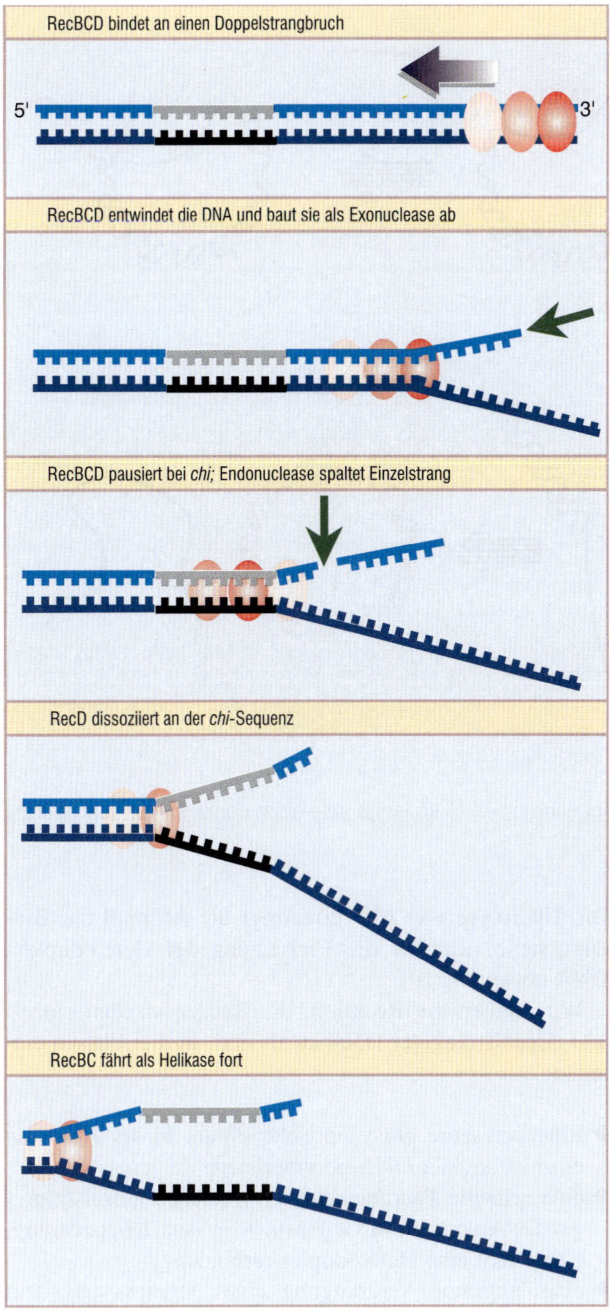

17.8 Die RecBCD-Nuclease nähert sich von einer Seite einer *chi*-Sequenz und baut dabei die DNA ab; an der *chi*-Stelle führt sie einen endonucleolytischen Schnitt ein, verliert RecD und behält nur ihre Helikaseaktivität.

Nach seiner Bindung rechts von der *chi*-Stelle wandert RecBCD die DNA entlang und entwindet sie. Dabei baut es den freigesetzten Strang mit dem 3′-Ende ab. Wenn es die *chi*-Stelle erreicht hat, pausiert es und spaltet einen (den oberen) DNA-Strang vier und sechs Basen rechts von ihr. Die Erkennung der *chi*-Stelle führt zur Dissoziation oder Inaktivierung der RecD-Untereinheit, woraufhin das Enzym seine Nucleaseaktivität verliert. Als Helikase bleibt es dagegen funktionsfähig.

Durch die von RecBCD vermittelte Entwindung und Spaltung können Enden erzeugt werden, welche die Bildung von Heteroduplexverbindungen initiieren. Das Enzym RecA kann den Einzelstrang mit dem 3′-Ende, der freigesetzt wird, wenn RecBCD *chi* schneidet, für die Reaktion mit einer homologen Doppelstrangsequenz verwenden, wodurch ein verbundenes Molekül entsteht.

RecA hat zwei recht verschiedene Arten von Aktivitäten: Es kann die Proteaseaktivität bei der SOS-Antwort stimulieren, wie in Kapitel 16 beschrieben wurde, und es kann die Basenpaarung zwischen einem DNA-Einzelstrang und seinem Gegenstück in einem Doppelstrangmolekül vermitteln.

RecA erfordert für seine Fähigkeit, die Proteaseaktivität zu stimulieren, einzelsträngige DNA und ATP. Die gleichen Substrate benötigt es für die Manipulation von DNA-Molekülen. Es ist noch nicht genau bekannt, wie die enzymatischen Aktivitäten von RecA mit der Rekombination *in vivo* in Beziehung stehen, aber sie sind an mehreren Reaktionen beteiligt, die nützliche Paradigmen für die Rekombinationsmechanismen darstellen.

Die Wirkung von RecA auf DNA erlaubt einem Einzelstrang, sein Homolog in einem Doppelstrang in einer Reaktion zu verdrängen, die als **Einzelstrangaufnahme** oder **Einzelstrangassimilation** bezeichnet wird. Diese Verdrängungsreaktion kann zwischen DNA-Molekülen in verschiedenen Konfigurationen erfolgen und hat drei allgemeine Bedingungen:

- Eines der DNA-Moleküle muß einen Einzelstrangbereich besitzen.
- Eines der Moleküle muß ein freies 3′-Ende besitzen.
- Der Einzelstrangbereich und das 3′-Ende müssen in einem Bereich liegen, der zwischen den Molekülen komplementär ist.

Die Reaktion ist in Abbildung 17.9 dargestellt. Wenn ein linearer Einzelstrang in einen Doppelstrang eindringt, so verdrängt er den ursprünglichen Partner seines Gegenstückes. Die Reaktion kann am leichtesten verfolgt werden, indem man entweder den Donor oder den Empfänger zu einem ringförmigen Molekül macht. Die Reaktion schreitet 5′→3′ entlang des Stranges fort, dessen Partner verdrängt und ersetzt wird – das heißt, bei der Reaktion erfolgt ein Austausch, bei dem (wenigstens) einer der austauschenden Stränge ein freies 3′-Ende besitzt.

Einzelstrangassimilation ist möglicherweise mit der Initiation der Rekombination verwandt. Alle Modelle fordern ein Zwischenprodukt, bei dem einer oder beide Stränge von einem Doppelstrang in den anderen hinüberkreuzen (Abbildungen 17.2 und 17.5). RecA könnte dieses Stadium der Reaktion katalysieren.

Ein Mechanismus für die stimulierende Aktivität von RecA bei der Wanderung des Kreuzungspunktes ergibt sich durch seine Fähigkeit, mit einzel- oder doppelsträngiger DNA zu langen Filamenten zu aggregieren. Pro Drehung des Filaments, das eine helikale Struktur mit einer tiefen Furche aufweist, welche die DNA enthält, treten

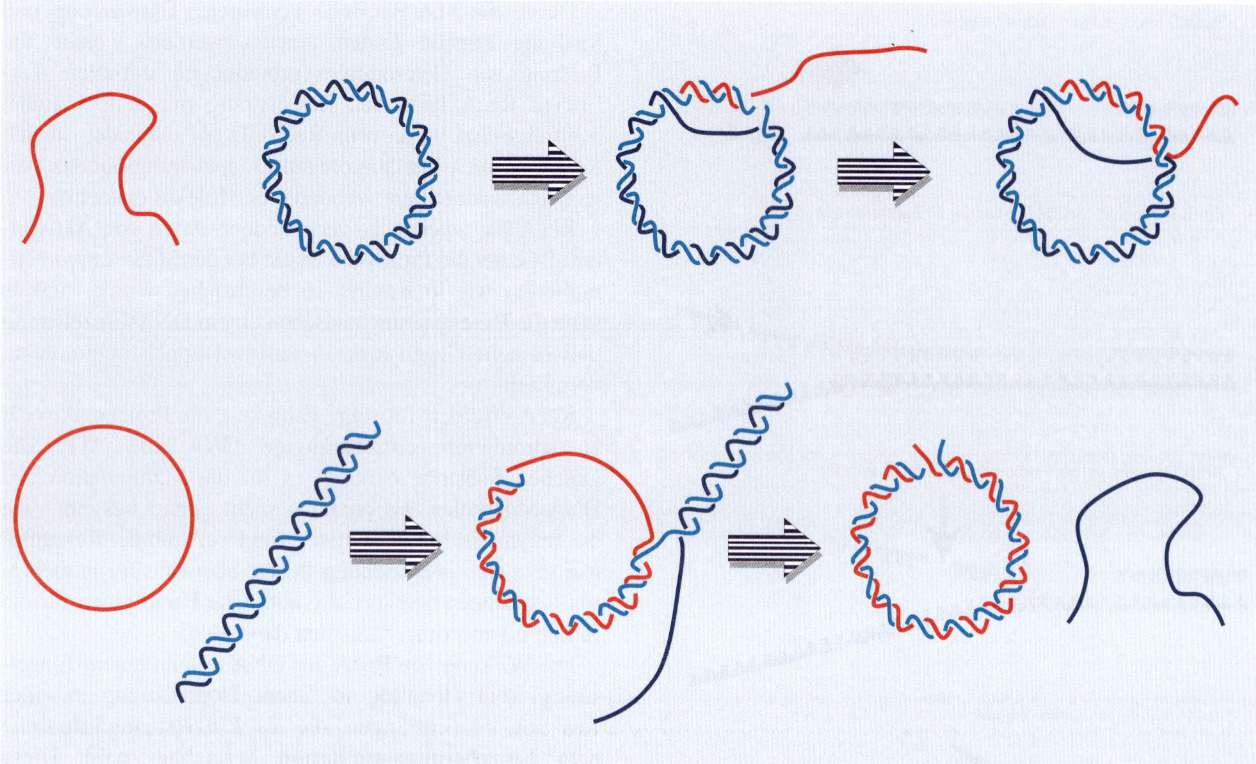

17.9 RecA fördert die Assimilation eindringender Einzelstränge in Doppelstrang-DNA so lange, wie einer der reagierenden Stränge ein freies Ende besitzt.

sechs RecA-Monomere auf. Die Bindungsstöchiometrie beträgt drei Nucleotide (oder Basenpaare) pro RecA-Monomer. Die DNA wird in einer Form gehalten, die relativ zur B-Doppelhelix 1,5mal länger ist, so daß alle 18,6 Nucleotide (oder Basenpaare) eine Drehung erfolgt. Wird doppelsträngige DNA gebunden, so kontaktiert sie RecA mit ihrer kleinen Furche, so daß die große Furche für eine mögliche Reaktion mit einem zweiten DNA-Molekül zur Verfügung steht.

Die Wechselwirkung zwischen zwei DNA-Molekülen erfolgt innerhalb dieser Filamente. Wenn ein Einzelstrang in einen Doppelstrang assimiliert wird, besteht der erste Schritt für RecA darin, ihn an ein Filament zu binden. Dann wird der Doppelstrang eingebaut und bildet wahrscheinlich eine Art Dreistrang-Struktur. In diesem System geht die Synapsis dem physikalischen Austausch von Material voraus, da die Paarungsreaktion sogar in Abwesenheit freier Enden, wenn ein Strangaustausch unmöglich ist, stattfinden kann.

Für den Strangaustausch wird ein 3′-Ende benötigt. Die Reaktion läuft innerhalb des Filaments ab, und RecA bleibt an den anfänglichen Einzelstrang gebunden, so daß es am Ende der Reaktion an das doppelsträngige Molekül gebunden ist. Große ATP-Mengen werden während der Reaktion gespalten. Das ATP könnte durch einen allosterischen Effekt auf die RecA-Konformation Einfluß haben. Wenn ATP gebunden ist, besitzt die DNA-bindende Stelle von RecA eine große Affinität zur DNA; dies wird für die DNA-Bindung und für die Paarungsreaktion gebraucht. Die Hydrolyse von ATP erniedrigt die Affinität der Bindungsstelle, was für die Freisetzung der Heteroduplex-DNA notwendig ist.

Wir können die Reaktion, die RecA zwischen einzel- und doppelsträngiger DNA katalysiert, in drei Phasen einteilen:

- Eine langsame präsynaptische Phase, in der RecA an einzelsträngiger DNA polymerisiert;
- eine schnelle Paarungsreaktion zwischen einzelsträngiger DNA und ihrem Gegenstück in dem Doppelstrang, es entsteht eine Heteroduplexverbindung;
- eine langsame Verdrängung eines Stranges aus dem Doppelstrang, wodurch ein langer Bereich von Heteroduplex-DNA entsteht.

Die Gegenwart von SSB (einzelstrangbindendes Protein; *single strand binding protein*) stimuliert die Reaktion, indem es sicherstellt, daß das Substrat keine Sekundärstruktur besitzt. Es ist noch ungeklärt, wie SSB und RecA beide auf denselben DNA-Abschnitt einwirken können. Wie SSB wird auch RecA in stöchiometrischen Mengen benötigt, was darauf hindeutet, daß es sich bei der Strangassimilation kooperativ an die DNA bindet, wodurch eine dem Filament verwandte Struktur gebildet wird.

Reagiert ein einzelsträngiges Molekül mit einer Doppelstrang-DNA, wird das doppelsträngige Molekül im Bereich der rekombinanten Verbindung entwunden. Der erste Abschnitt der Heteroduplex-DNA liegt unter Umständen noch nicht einmal in der konventionellen Doppelhelixform vor, sondern besteht aus den beiden nebeneinander angeordneten Strängen. Ein solcher Bereich wird **paranemische Verbindung** genannt (im Vergleich mit der klassischen, ineinander verschlungenen **plektonemischen** Anordnung von Strängen in einer Doppelhelix). Eine paranemische Verbindung ist instabil; im weiterem Verlauf der Reaktion muß sie in die Form der Doppelhelix umgewandelt werden. Diese Reaktion entspricht der Entfernung negativer Überspiralisierung und könnte ein Enzym erfordern, welches das Entwindungs- und Aufwindungsproblem löst, indem es vorübergehend Brüche einführt, die es den Strängen erlauben, frei umeinander zu rotieren (Abschnitt 17.6).

Alle bisher besprochenen Reaktionen stellen nur einen Teil der potentiellen Rekombinationsereignisse dar: das Eindringen eines Einzelstranges in einen Doppelstrang. Zwei Doppelstrangmoleküle können unter Mitwirkung von RecA miteinander in Wechselwirkung treten, vorausgesetzt, einer von ihnen besitzt einen mindestens 50 Basen langen Einzelstrangabschnitt. Dieser kann die Form eines Schwanzes, eines linearen Moleküls oder einer Lücke in einem ringförmigen Molekül annehmen.

Die Reaktion zwischen einem teilweise und einem vollständig doppelsträngigen Molekül führt zum Strangaustausch. Ein Beispiel ist in Abbildung 17.10 gezeigt. Die Assimilation beginnt an einem Ende des linearen Moleküls; dort verdrängt der eindringende Einzelstrang sein Homolog im Doppelstrang auf die bekannte Weise. Wenn die Reaktion aber den Abschnitt erreicht, in dem beide Moleküle doppelsträngig sind, so löst sich der eindringende Strang von seinem Partner, der sich nun mit dem verdrängten Strang paart.

In diesem Stadium besitzt das Molekül eine Struktur, die es von der rekombinanten Verbindung in Abbildung 17.4 ununterscheidbar macht. Die *in vitro* von RecA bewirkte Reaktion kann Holliday-Verbindungen erzeugen, was annehmen läßt, daß das Enzym den wechselseitigen Strangaustausch vermitteln kann. Wir kennen die Geometrie viersträngiger Zwischenprodukte, die an RecA gebunden sind, weniger gut, aber wahrscheinlich können zwei Doppelstrangmoleküle in einer Weise nebeneinanderliegen, welche die Bedingungen für die Austauschreaktion erfüllt.

Eine Gruppe von drei Genen codiert in *E. coli* spätere Funktionen der Rekombination. Die Produkte von *ruvA* und *ruvB* erhöhen die Bildung von Heteroduplexstrukturen. RuvA erkennt die Struktur der Holliday-Verbindung; RuvB ist eine ATPase, die den Motor für die Wanderung des Kreuzungspunktes darstellen könnte. Ein Bild von der Funktion dieses Komplexes ist in Abbildung 17.11 gezeigt. RuvA bindet sich am Crossover-Punkt an alle vier DNA-Stränge. Hexamerringe von RuvB binden sich stromaufwärts davon um jeden DNA-Doppelstrang.

Der RuvAB-Komplex kann den Kreuzungspunkt zehn bis 20 bp pro Sekunde wandern lassen. Eine ähnliche Aktivität zeigt die RecG-Helikase. Die RuvAB-Helikase verdrängt während ihrer Aktivität RecA von DNA. Die

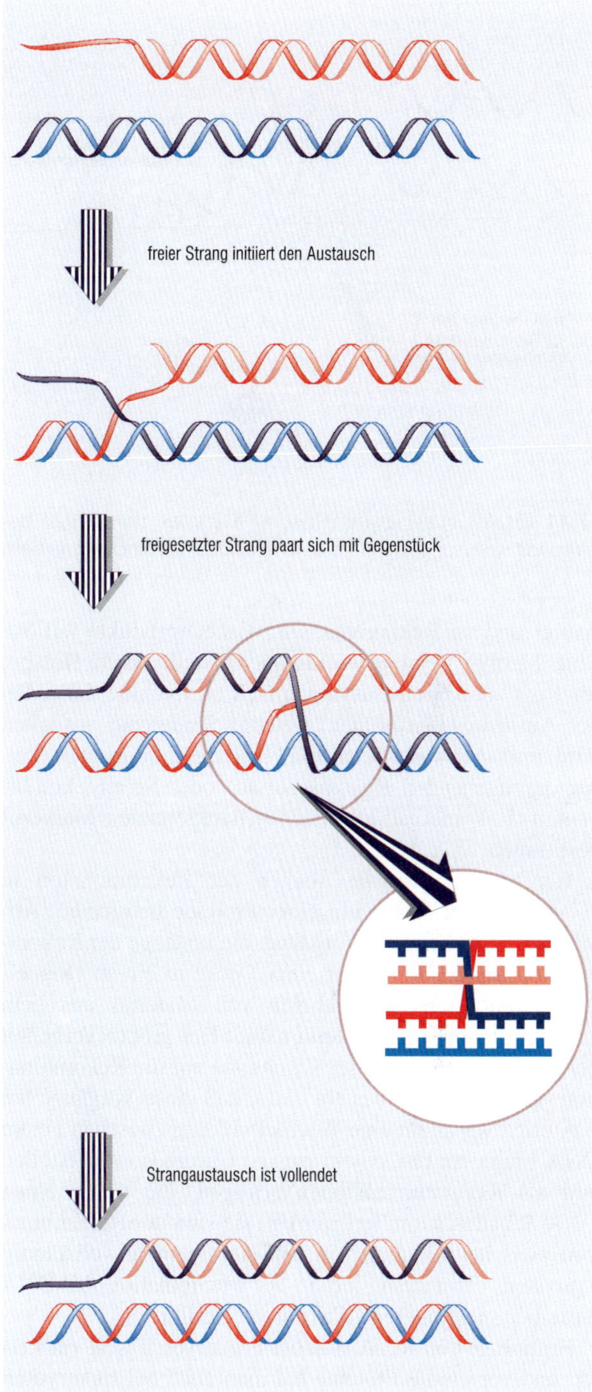

17.10 Beim RecA-vermittelten Strangaustausch zwischen teilweise doppelsträngiger und vollkommen doppelsträngiger DNA entsteht ein verbundenes Molekül mit derselben Struktur wie ein Rekombinationszwischenprodukt.

RuvAB- und RecG-Aktivitäten können beide Holliday-Verbindungen auflösen und die Rekombination beenden; sind beide mutiert, so besitzt *E. coli* überhaupt keine Rekombinationsaktivität mehr.

Das dritte Gen, *ruvC*, codiert eine Endonuclease, die Holliday-Verbindungen spezifisch erkennt, sie *in vitro*

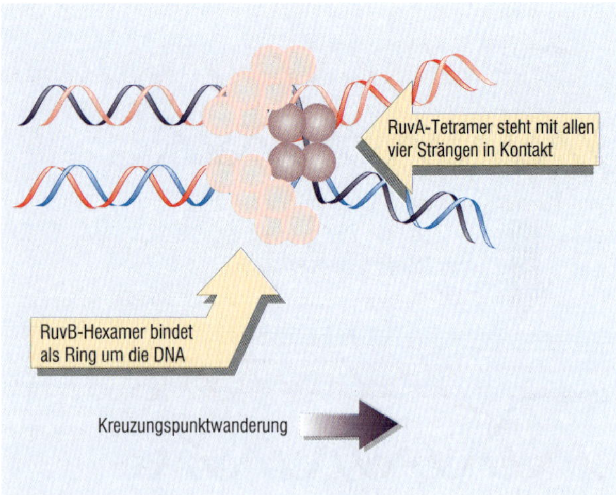

17.11 RuvAB ist ein asymmetrischer Komplex, der die Wanderung des Kreuzungspunktes einer Holliday-Verbindung fördert.

spaltet und so Rekombinationszwischenprodukte auflöst. Eine häufige Tetranucleotidsequenz stellt einen Hotspot für RuvC dar. Sie ist asymmetrisch und könnte daher bei der Auflösung bestimmen, welches Strangpaar gespalten wird, und so das Auftreten von Flickenrekombinanten (keiner durchgehenden Rekombination) oder Spleißrekombinanten (Rekombination zwischen flankierenden Markern) bestimmen.

Wir können nun die Stadien der Rekombination in *E. coli* auf der Ebene einzelner Proteine betrachten. Abbildung 17.12 zeigt die Vorgänge, die im Zuge der Rekombination bei der Reparatur einer Lücke in einem Doppelstrang durch das Zurückholen von Material aus dem anderen Doppelstrang beteiligt sind. Der größte Vorbehalt bei der Übertragung dieser Ergebnisse auf die Rekombination von Eukaryoten besteht darin, daß diese Vorgänge bei Bakterien vor allem eine Wechselwirkung zwischen einem DNA-Fragment und einem ganzen Chromosom darstellen und als Reparaturreaktionen erfolgen, die durch einen DNA-Schaden stimuliert werden; sie sind der Rekombination zwischen Genomen in der Meiose nicht vollständig äquivalent. Trotzdem sind an der Manipulation der DNA dieselben molekularen Aktivitäten beteiligt.

Homologe von RecA sind bei Prokaryoten weit verbreitet, und verwandte Proteine hat man auch bei Eukaryoten gefunden. In *S. cerevisiae* etwa codieren zwei Gene, *DMC1* und *rad51*, Proteine, die mit RecA verwandt sind. Mutationen dieser Gene erzeugen einen ähnlichen Phänotyp; die Zellen häufen Doppelstrangbrüche an und können keinen normalen synaptonemalen Komplex mehr bilden. Dies stützt die Vorstellung, daß der Strangaustausch zwischen DNA-Doppelsträngen an der Bildung des synaptonemalen Komplexes beteiligt ist, und läßt es möglich erscheinen, daß die Chromosomensynapsis mit der bakteriellen Strangassimilationsreaktion verwandt ist. Allerdings bilden eukaryotische Homologe von RecA keine Filamente, so daß der Mechanismus der Reaktion in Eukaryoten wahrscheinlich verschieden ist.

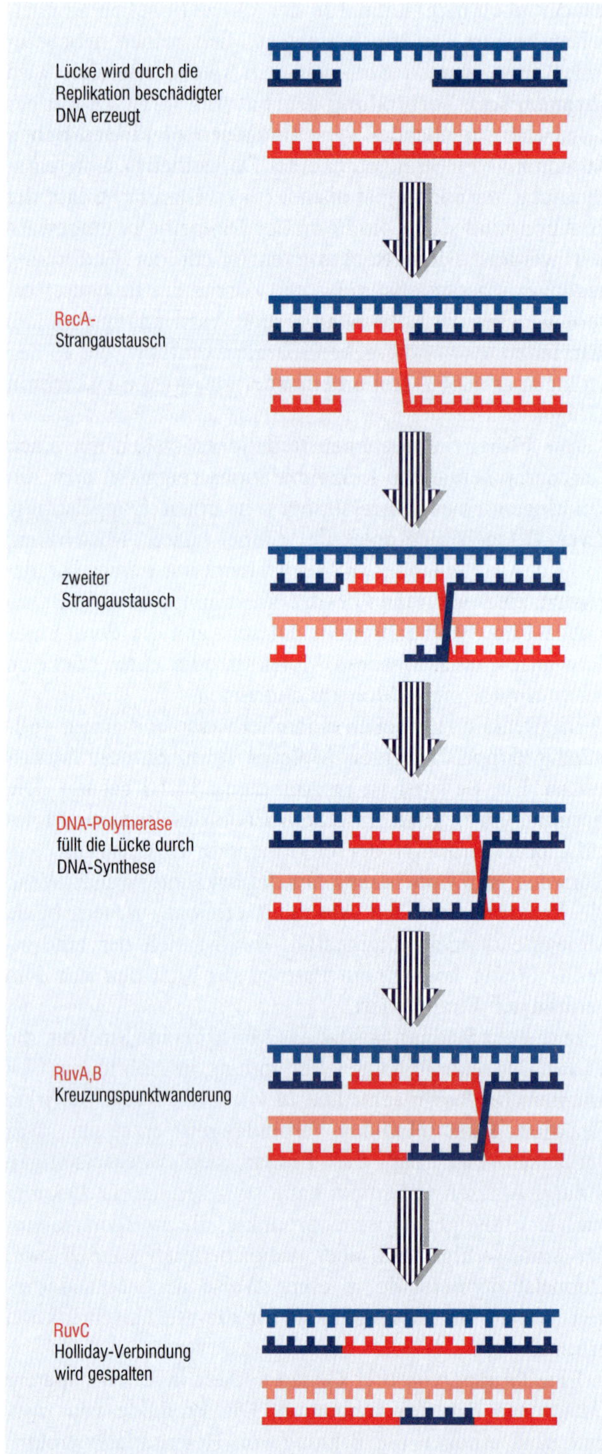

17.12 Bakterienenzyme können nach der Herstellung geeigneter Substratmoleküle alle Stadien der Rekombination in dem Rekombinationsreparaturweg katalysieren.

17.5 Die Genkonversion sorgt für interallelische Rekombination

Die Beteiligung von Heteroduplex-DNA erklärt die charakteristischen Eigenschaften der Rekombination zwischen Allelen. Tatsächlich gab die allelische Rekombination den Anstoß für die Entwicklung des Heteroduplexmodells. Als die Rekombination zwischen Allelen entdeckt wurde, war die Annahme naheliegend, daß sie nach demselben Mechanismus reziproker Rekombination abläuft wie bei weiter entfernten Genorten. Dies würde bedeuten, daß in dem Locus ein einzelnes Bruch- und Wiedervereinigungsereignis stattfindet, durch das ein reziprokes Paar rekombinanter Chromosomen entsteht. In Wirklichkeit ist in dem engen Bereich eines einzelnen Gens normalerweise die Bildung von Heteroduplex-DNA für das Rekombinationsereignis verantwortlich.

Einzelne Rekombinationsereignisse lassen sich bei den *Ascomycetes* (Pilzen) studieren, da die Produkte einer einzelnen Meiose bei ihnen in einer großen Zelle, dem Ascus, zusammengehalten werden. Noch vorteilhafter ist es, daß die vier haploiden Nuclei, die in der Meiose erzeugt werden, hintereinander in einer Reihe angeordnet sind. Nach der Bildung dieser vier Nuclei erfolgt eine Mitose, wodurch eine lineare Abfolge von acht haploiden Nuclei entsteht. Abbildung 17.13 zeigt, daß jeder dieser Kerne die genetische Gestalt eines der acht in der Meiose gebildeten Stränge der vier Chromosomen repräsentiert.

Die Meiose in einem heterozygoten Organismus sollte vier Kopien jedes Allels erzeugen. Dies findet man auch bei der Mehrzahl der Sporen. Einige Sporen aber zeigen abnorme Zahlenverhältnisse. Dies wird mit der Bildung und Korrektur von Heteroduplex-DNA in dem Bereich erklärt, in der sich die Allele unterscheiden. Die Abbildung zeigt ein Rekombinationsereignis, bei dem ein Stück Hybrid-DNA auf einem der vier meiotischen Chromosomen auftaucht – ein mögliches Rekombinationsergebnis, das durch einen Doppelstrangbruch eingeleitet wurde.

Angenommen, die beiden Allele unterscheiden sich in einer einzigen Punktmutation. Wenn ein Strangaustausch erfolgt, bei dem Heteroduplex-DNA erzeugt wird, so sind die beiden Stränge der Heteroduplex-DNA an der Mutationsstelle fehlgepaart. Jeder der DNA-Stränge trägt also unterschiedliche genetische Information. Ändert sich die Sequenz nicht, so trennen sich die Stränge in der nachfolgenden Replikation und bilden jeder einen Doppelstrang, der seine Information bewahrt. Dieser Vorgang wird als **postmeiotische Segregation** bezeichnet, da er die Trennung von DNA-Strängen nach der Meiose beinhaltet. Seine Bedeutung liegt darin, daß *er die Existenz von Heteroduplex-DNA bei miteinander rekombinierenden Allelen direkt aufzeigt.*

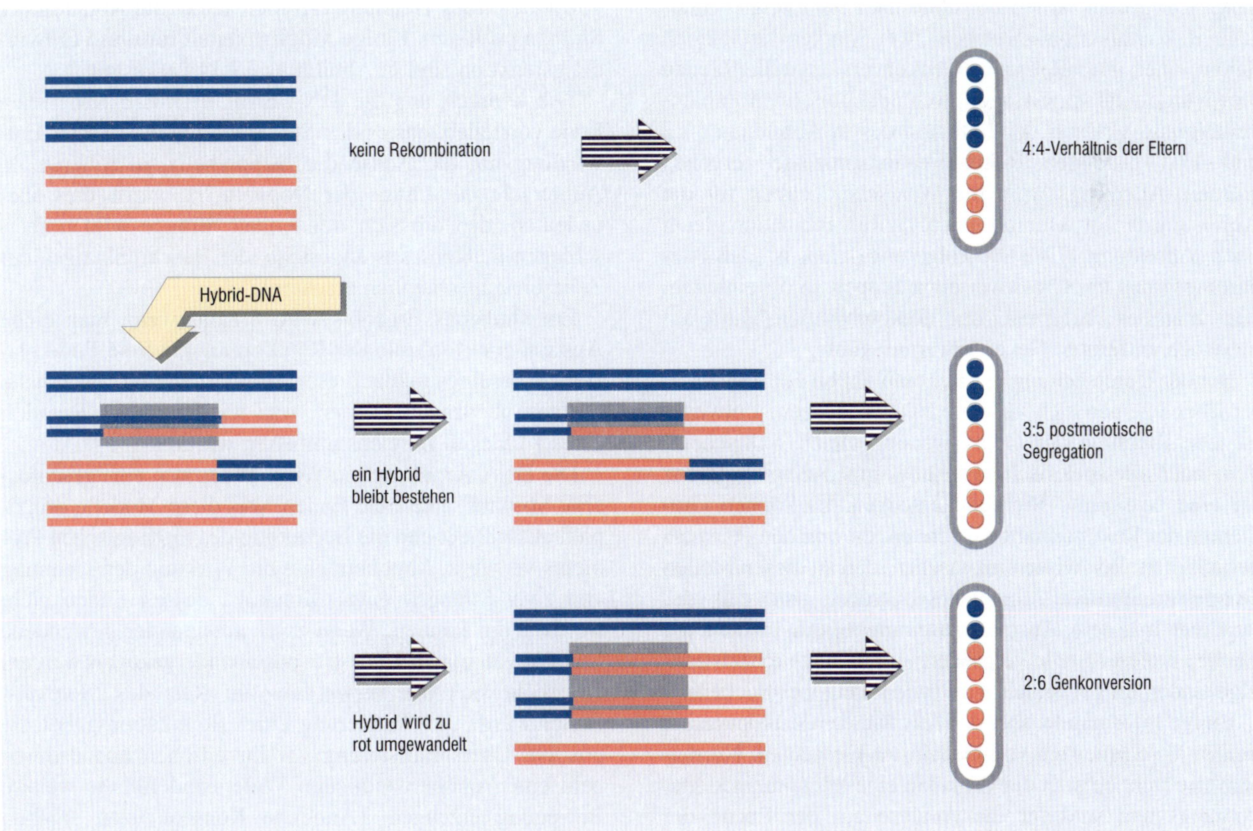

17.13 Die Sporenbildung bei den *Ascomycetes* erlaubt die Bestimmung des genetischen Zustands jedes an der Meiose beteiligten DNA-Stranges.

Ein anderer Effekt wird sichtbar, wenn man die Rekombination zwischen Allelen untersucht: *Das Verhältnis der Allele ist nicht mehr wie ursprünglich 4:4.* Diesen Effekt bezeichnet man als **Genkonversion**. Er beschreibt einen *nicht wechselseitigen Transfer von Information von einem Chromatid auf das andere.*

Genkonversion ist das Ergebnis des Strangaustausches zwischen DNA-Molekülen, und die Sequenzänderung kann auf molekularer Ebene aus zwei Gründen erfolgen:

- Wie in dem Doppelstrangbruchmodell aus Abbildung 17.5 angedeutet, kann ein DNA-Doppelstrang als Donor genetischer Information dienen, der die entsprechende Sequenz in dem Empfängerdoppelstrang direkt durch einen Prozeß des Strangaustausches und Auffüllens der Lücke ersetzt.
- Als Teil des Austauschprozesses wird Heteroduplex-DNA erzeugt, wenn sich ein Einzelstrang aus der einen Doppelhelix mit seinem Gegenstück in der anderen Doppelhelix paart. Wenn ein Reparatursystem fehlgepaarte Basen in der Heteroduplex-DNA entdeckt, könnte es sie ausschneiden und einen der Stränge ersetzen, um die Komplementarität wiederherzustellen. Ein solcher Vorgang wandelt den DNA-Strang, der ein bestimmtes Allel repräsentiert, in die Sequenz des anderen Allels um.

Eine Genkonversion hängt zwar nicht von Crossovern ab, zwischen beiden Vorgängen besteht aber einen Zusammenhang. Ein großer Anteil der abnormen Asci zeigt genetische Rekombination zwischen zwei Markern zu beiden Seiten einer interallelischer Genkonversionsstelle. Genau dies würde man voraussagen, wenn die abnormen Zahlenverhältnisse sich aus der Initiation des in Abbildung 17.2 und 17.5 gezeigten Rekombinationsprozesses ergeben würden. Allerdings wäre die Wahrscheinlichkeit für die Auflösung der Struktur mit und ohne Rekombination gleich hoch (Abbildung 17.4). Die Folgerung daraus ist, daß Pilzchromosomen ein Crossover etwa doppelt so oft einleiten, wie man es aufgrund der Rekombinationshäufigkeit zwischen entfernten Genen erwarten würde.

Bei der Untersuchung der Rekombination auf molekularer Ebene zeigen sich verschiedene Tendenzen: Entweder ist jede Richtung der Genkonversion gleich wahrscheinlich, oder allelspezifische Effekte können eine Präferenz für eine bestimmte Richtung erzeugen. Es können Gradienten der Rekombination auftreten, die von den Hotspots her abfallen. Wir wissen inzwischen, daß an diesen Stellen Doppelstrangbrüche eingeleitet werden, und daß der Gradient mit dem Ausmaß zusammenhängt, in dem die Lücke an dieser Stelle vergrößert und in lange einzelsträngige Enden umgewandelt wird (wie bereits besprochen).

Einige Information über das Ausmaß der Genkonversion liefern die Sequenzen von Gencluster-Elementen. Normalerweise trennen sich die Produkte eines Rekombinationsvorgangs und sind für die Analyse auf der Ebene der DNA-Sequenz nicht mehr zugänglich. Wenn aber ein Chromosom zwei verwandte (nichtallelische) Gene trägt, können sie durch einen „ungleichen Crossover-Vorgang" miteinander rekombinieren, den wir in Kapitel 23 besprechen werden. Alles, was wir im Moment festhalten wollen, ist, daß sich eine Heteroduplex-DNA zwischen den beiden nichtallelischen Genen ausbilden kann. Die Genkonversion wandelt eines der nichtallelischen Gene effektiv in die Sequenz des anderen um.

Liegt auf demselben Chromosom mehr als eine Kopie eines Gens vor, bietet das die Möglichkeit, diese Vorgänge zu verfolgen. Wenn die Heteroduplexbildung und Genkonversion sich zum Beispiel in einem bestimmten Teil eines Gens abspielt, könnte seine Sequenz mit dem anderen Gen identisch oder eng verwandt sein, während der andere Teil sich stärker unterscheiden könnte. Aus den vorliegenden Sequenzen läßt sich schließen, daß sich Genkonversionsvorgänge über beträchtliche Distanzen von bis zu einigen tausend Basen erstrecken können.

17.6 Die topologischen Manipulationen der DNA

Topologische Manipulationen der DNA sind ein zentraler Aspekt für alle ihre funktionalen Aktivitäten – Rekombination, Replikation und (vielleicht) Transkription – sowie für die Organisation höhergeordneter Strukturen. Alle Syntheseaktivitäten, an denen doppelsträngige DNA beteiligt ist, bedürfen der Strangtrennung. Allerdings liegen die Stränge nicht einfach nebeneinander, sondern sind umeinander gewunden. Ihre Trennung erfordert daher die Rotation der Stränge im Raum. Einige Möglichkeiten für diese Entwindungsreaktion sind in Abbildung 17.14 dargestellt.

Wir könnten uns die DNA-Struktur mit einem freien Ende vorstellen, das es den Strängen erlaubt, zu ihrer Entwindung um die Achse der Doppelhelix zu rotieren. In Anbetracht der Länge der Doppelhelix würde dies aber bedeuten, daß die sich trennenden Stränge wild umherschlagen müßten, was angesichts der Beschränkungen der Zelle unwahrscheinlich erscheint.

Ein ähnliches Ergebnis wird erzielt, wenn man einen Apparat zur Kontrolle der Rotation an das freie Ende plaziert. Allerdings müßte dieser Effekt über eine beachtliche Distanz übertragen werden, was wiederum die Rotation eines zu langen Bereichs umfassen würde.

Die DNA verhält sich in Wirklichkeit wie eine geschlossene Struktur ohne freie Enden, was diese Modelle prinzipiell ausschließt und die Bedeutung des topologischen Problems verstärkt. Man betrachte die Wirkung der Trennung von zwei Strängen eines Moleküls, dessen Enden nicht frei rotieren können. Wenn zwei umeinander gewundene Stränge von einem Ende her auseinandergezogen werden, so erhöht sich die Verwindung im Rest des Moleküls. Daher würde die Wanderung einer Replikationsgabel die positive Überspiralisierung vor ihr erhöhen und dadurch bald einen unüberwindlichen Widerstand für die weitere Bewegung erzeugen. (Ähnliche Konsequenzen ergeben sich bei der Transkription, wie in dem Überspiralisierungsmodell der Doppeldomänen in Abbildung 11.19 beschrieben wurde.)

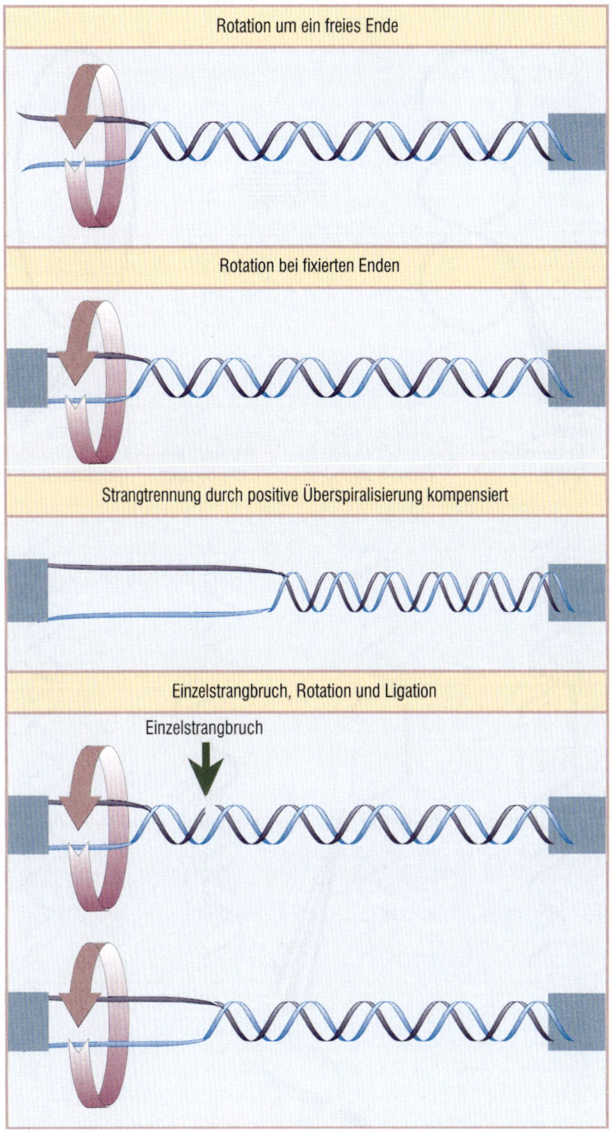

17.14 Die Trennung der Stränge einer DNA-Doppelhelix kann auf verschiedene Weisen erreicht werden.

Das Problem kann durch die Einführung eines zeitweiligen Bruches in einem Strang gelöst werden. Ein internes freies Ende erlaubt es dem gebrochenen Strang, um den intakten zu rotieren, wonach der Strangbruch wieder geschlossen werden kann. Jede Wiederholung dieses Vorgangs – Strangbruch und Verschluß – entfernt eine superhelikale Windung.

In Kapitel 5 wurde gezeigt, daß ein geschlossenes DNA-Molekül durch seine Verwindungszahl (*linking number, L*) beschrieben werden kann – also die Zahl, wie oft ein Strang im Raum den anderen überkreuzt. Geschlossene DNA-Moleküle identischer Sequenz können verschiedene Verwindungszahlen haben, was verschiedene Grade von Überspiralisierung ausdrückt. DNA-Moleküle, die bis auf ihre Verwindungszahl gleich sind, werden als **topologische Isomere** bezeichnet.

Die Verwindungszahl ist die Summe aus der Windungszahl (*writhing number, W*) und der Superhelixzahl (*twisting number, T*), so daß eine Änderung der Verwindungszahl durch $\Delta L = \Delta W + \Delta T$ gegeben ist. Weniger streng betrachtet läßt sich sagen, daß eine Veränderung der Verwindungszahl die Summe der Windungsänderungen der Doppelstrangachse im Raum (ΔW entspricht der Überspiralisierung) und der Verschraubung der Helix selbst ist (ΔT). In einem freien DNA-Molekül sind W und T unbeschränkt anpassungsfähig, und eine Veränderung der Verwindungszahl äußert sich wahrscheinlich in einer Änderung von W, das heißt dem Grad der Überspiralisierung.

Jede Veränderung der Verwindungszahl erfordert, daß wenigstens ein Strang gebrochen wird. Unter Verwendung des freien Endes kann ein Strang um den anderen rotieren, wonach der Bruch wieder geschlossen wird. Solch eine Reaktion wandelt ein topologisches Isomer in ein anderes um und wird von **DNA-Topoisomerasen** katalysiert. Einige Topoisomerasen können nur negative Überspiralisierungen entspannen (aus der DNA entfernen), andere können sowohl negative als auch positive Überspiralisierungen entfernen; wieder andere können negative Überspiralisierung einführen.

Topoisomerasen werden gemäß der Art des von ihnen verwendeten Mechanismus in zwei Klassen eingeteilt. Enzyme vom **Typ I** erzeugen einen vorübergehenden Bruch in einem DNA-Strang, Enzyme vom **Typ II** dagegen führen einen vorübergehenden Doppelstrangbruch ein. Neben solchen Enzymen, die als allgemeine Topoisomerasen sequenzunspezifisch mit DNA reagieren, entsprechen auch Enzyme, die an der sequenzspezifischen Rekombination beteiligt sind, der Definition von Topoisomerasen (Abschnitt 17.7).

Die am besten untersuchte Topoisomerase vom Typ I ist das Produkt des *topA*-Gens von *E. coli*, das stark negativ überspiralisierte DNA entspannt und nicht auf positiv überspiralisierte DNA einwirkt. Mutationen dieses Gens führen zu einer Erhöhung der Überspiralisierung im Nucleoid (und können die Transkription beeinflussen; Kapitel 11).

Zusätzlich zur Entspannung von negativer Überspiralisierung aus doppelsträngiger DNA interagiert das Enzym mit einzelsträngiger DNA. Es könnte eine negative Überspiralisierung bevorzugen, da sie einzelsträngige Bereiche stabilisiert, die das von dem Enzym gebundene Substrat darstellen könnten.

Wenn Topoisomerase I aus *E. coli* an die DNA bindet, bildet sie einen stabilen Komplex, in dem ein DNA-Strang gebrochen und sein 5′-Phosphatende kovalent an einen Tyrosinrest des Enzyms gebunden ist. Dies legt folgenden Wirkungsmechanismus für das Enzym nahe: Es überträgt eine Phosphodiesterbindung von der DNA auf das Protein, verändert die Struktur der beiden DNA-Stränge und stellt dann die Bindung in dem ursprünglichen Strang wieder her.

Der Transfer von Bindungen von der Nucleinsäure auf das Protein erklärt, wie das Enzym ohne Energiezufuhr arbeiten kann. Es erfolgt keine irreversible Hydrolyse von

Bindungen: Ihre Energie wird während der Transferreaktionen erhalten.

Ein Modell für die Wirkungsweise von Topoisomerase I zeigt Abbildung 17.15. Das Enzym bindet an einen Bereich, in dem der DNA-Doppelstrang in seine Einzelstränge getrennt wird; dann schneidet es einen Strang, zieht den anderen Strang durch die Lücke und schließt diese wieder. Die formalen Eigenschaften von eukaryotischen Topoisomerasen vom Typ I sind ähnlich, sie können aber sowohl positive als auch negative Überspiralisierungen entspannen.

Die Reaktion ändert die Verwindungszahl in Einerschritten. Jedesmal, wenn ein Strang durch den Bruch des anderen geführt wird, ist $\Delta L = +1$. Die Abbildung zeigt die Enzymaktivität anhand der Bewegung einzelner Stränge auf. In einem freien überspiralisierten Molekül sollte sich die Änderung der Verwindungszahl wegen der Austauschbarkeit von W und T in einer Änderung von $\Delta W = +1$ äußern, das heißt durch den Verlust einer negativen Überspiralisierung, wie in Kapitel 5 beschrieben wurde.

Die Reaktion ist äquivalent zu der im unteren Teil von Abbildung 17.14 gezeigten Rotation, mit der Einschränkung, daß das Enzym die Reaktion auf einen Einzelstrangdurchtritt pro Ereignis beschränkt. (Die Einführung eines Strangbruches in ein überspiralisiertes Molekül dagegen erlaubt die freie Strangrotation und entfernt die gesamte Spannung durch mehrfache Rotation.)

Die Topoisomerase vom Typ I kann auch ein einzelsträngiges DNA-Segment durch ein anderes hindurchziehen. Dieser **Einzelstrangdurchtritt** kann **Knoten** in die DNA einführen und zwei ringförmige Moleküle miteinander **verketten**. Wir verstehen noch nicht, welchen Nutzen (wenn überhaupt) diese Reaktionen *in vivo* haben.

Topoisomerasen vom Typ II entspannen im allgemeinen sowohl negative als auch positive Überspiralisierung. Die Reaktion erfordert ATP; wahrscheinlich wird pro Katalysevorgang ein ATP hydrolysiert. Wie in Abbildung 17.16 dargestellt, wird die Reaktion über einen Doppelstrangbruch in einer DNA-Doppelhelix und das Durchführen einer anderen Doppelstrangregion an dieser Stelle vermittelt.

Eine formale Konsequenz des Transfers von zwei Strängen ist, daß die Verwindungszahl sich immer in Vielfachen von zwei verändert. Die Aktivität von Topoisomerase II kann auch dazu verwendet werden, kettenförmig miteinander verbundene doppelsträngige Ringe und verknotete Moleküle zu bilden oder zu trennen.

Die Reaktion stellt wahrscheinlich eine unspezifische Erkennung doppelsträngiger DNA dar, bei der das Enzym zwei beliebige sich kreuzende doppelsträngige Bereiche bindet. Die ATP-Hydrolyse könnte dazu dienen, Konformationsänderungen des Enzyms hervorzurufen, welche die Kräfte erzeugen, mit denen eine DNA-Doppelhelix durch den in der anderen erzeugten Bruch geschoben wird. Wegen der Topologie überspiralisierter DNA erlaubt das Verhältnis der sich überkreuzenden Abschnitte zueinander, daß Überspiralisierung aus positiv sowie aus negativ überspiralisierten Ringen entfernt wird.

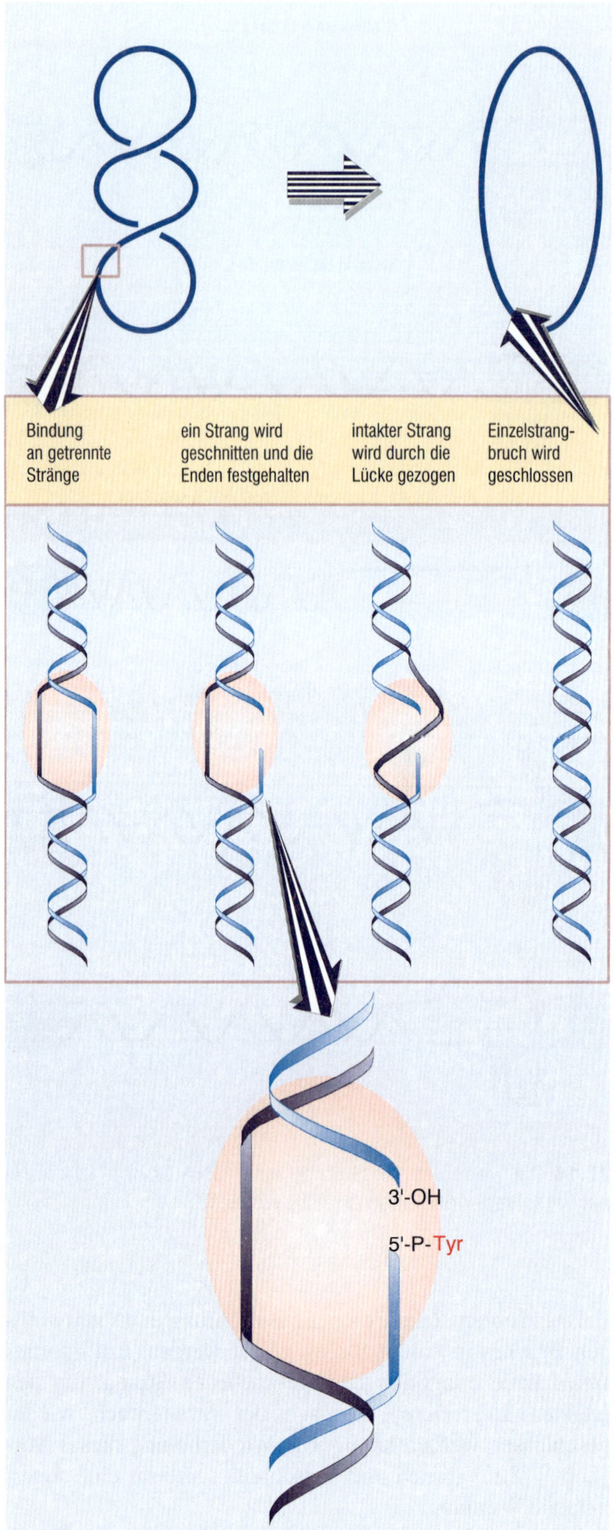

17.15 Bakterielle Topoisomerasen vom Typ I erkennen teilweise entwundene DNA-Abschnitte und führen einen Strang durch den anderen, in den sie einen Bruch eingeführt haben.

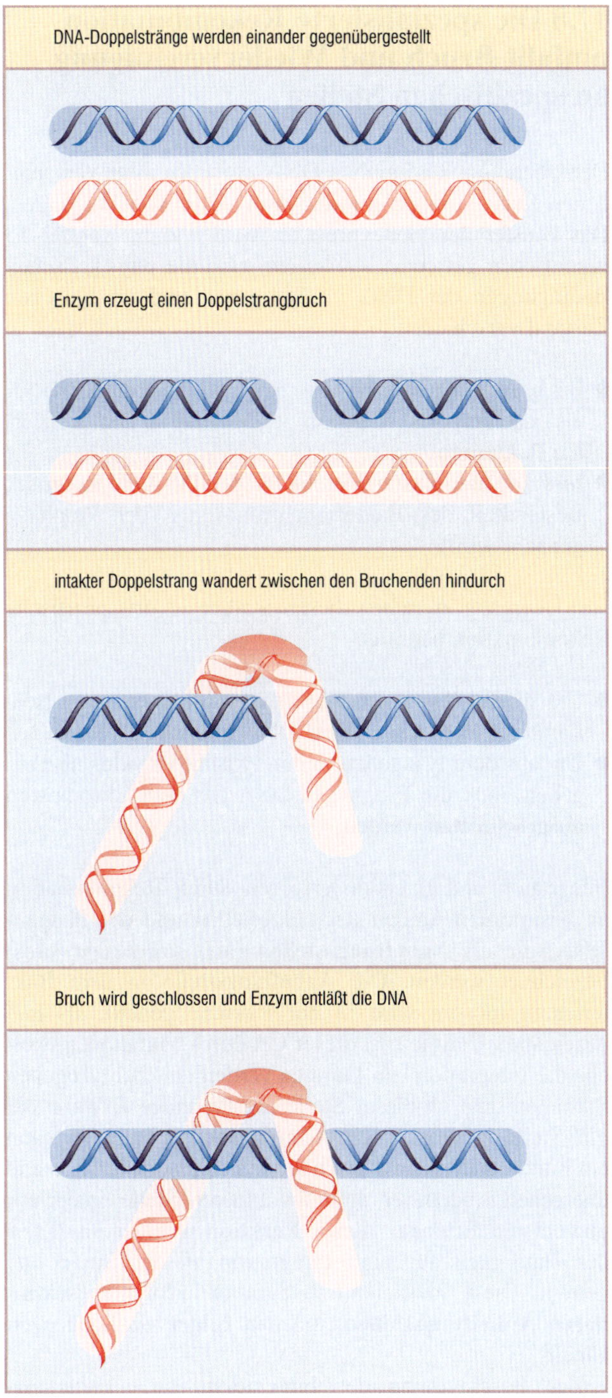

17.16 Topoisomerasen vom Typ II können eine DNA-Doppelhelix durch den Doppelstrangbruch in einer anderen Helix hindurchführen.

17.7 Die Gyrase führt negative Überspiralisierung in die DNA ein

Bakterielle DNA-Gyrase ist eine Topoisomerase vom Typ II, die negative Überspiralisierung in ein entspanntes ringförmig geschlossenes Molekül *einführen* kann. Die DNA-Gyrase bindet an einen ringförmigen DNA-Doppelstrang und katalysiert fortgesetzt die Einführung von Überspiralisierung in dasselbe DNA-Molekül. Ein Molekül DNA-Gyrase kann etwa 100 Überspiralisierungen pro Minute einführen.

Die überspiralisierte Form der DNA hat eine größere freie Energie als die entspannte Form, und die für die Umwandlung benötigte Energie wird durch die Hydrolyse von ATP gewonnen. In Abwesenheit von ATP kann die Gyrase negative, aber nicht positive Überspiralisierung *entspannen*, obwohl die Geschwindigkeit mehr als zehnmal kleiner ist als die für die Einführung von Überspiralisierung.

Die DNA-Gyrase aus *E. coli* ist ein Tetramer, das aus zwei Arten von Untereinheiten besteht; jede davon ist ein Ziel für Antibiotika (die am meisten verwendeten sind Nalidixinsäure, die auf GyrA einwirkt, und Novobiocin, das auf GyrB einwirkt). Diese Substanzen verhindern die Replikation, was darauf hindeutet, daß DNA-Gyrase für den Ablauf der DNA-Synthese notwendig ist. Mutationen, die gegenüber den Antibiotika Resistenz verleihen, zeigen die Genloci an, welche die Untereinheiten codieren.

Die Gyrase bindet ihr DNA-Substrat rund um die Außenseite des Proteintetramers. Sie schützt etwa 140 bp der DNA vor dem Verdau durch *Micrococcus*-Nuclease. Das Modell der **Vorzeichenänderung** (*sign inversion*) für die Gyrasewirkung ist in Abbildung 17.17 dargestellt. Das Enzym bindet die DNA in einer Überkreuzkonfiguration, die einer positiven Überspiralisierung entspricht. Dies induziert in der nichtgebundenen DNA eine kompensatorische negative Überspiralisierung. Dann bricht das Enzym den Doppelstrang am Kreuzungspunkt der positiven Überspiralisierung, reicht den anderen Doppelstrang hindurch und schließt den Bruch.

Die Reaktion kehrt das Vorzeichen der Überspiralisierung direkt um: Von +1 nach –1. Daher hat sich die Verwindungszahl um $\Delta L = -2$ geändert, was der Forderung nachkommt, daß alle Vorgänge, die eine Doppelstrangpassage umfassen, die Verwindungszahl um ein Vielfaches von zwei ändern müssen.

Die Gyrase setzt dann einen der beiden überkreuzenden Abschnitte der (nun negativen) gebundenen Überspiralisierung frei; dies erlaubt den negativen Drehungen die Verteilung entlang der DNA (als Veränderung von T oder W oder beiden), und der Zyklus beginnt von neuem. Derselbe Typ von topologischer Manipulation ist für die Verkettung und Verknotung verantwortlich.

Nach der Freisetzung der umgekehrten Überspiralisierung ändert sich die Konformation der Gyrase. Damit das Enzym einen weiteren Zyklus von Überspiralisierung durchführen kann, muß seine ursprüngliche Konformation wiederhergestellt werden. Dieser Vorgang wird als **Enzymumsatz** bezeichnet. Er wird wahrscheinlich durch die Hydrolyse von ATP angetrieben, da der Ersatz von ATP durch ein nichthydrolysierbares Analogon der Gyrase nur erlaubt, eine Inversion (–2 Überspiralisierungen) pro Substrat einzuführen. Sie braucht also kein ATP für die Überspiralisierungsreaktion, wohl aber für den zweiten Zyklus.

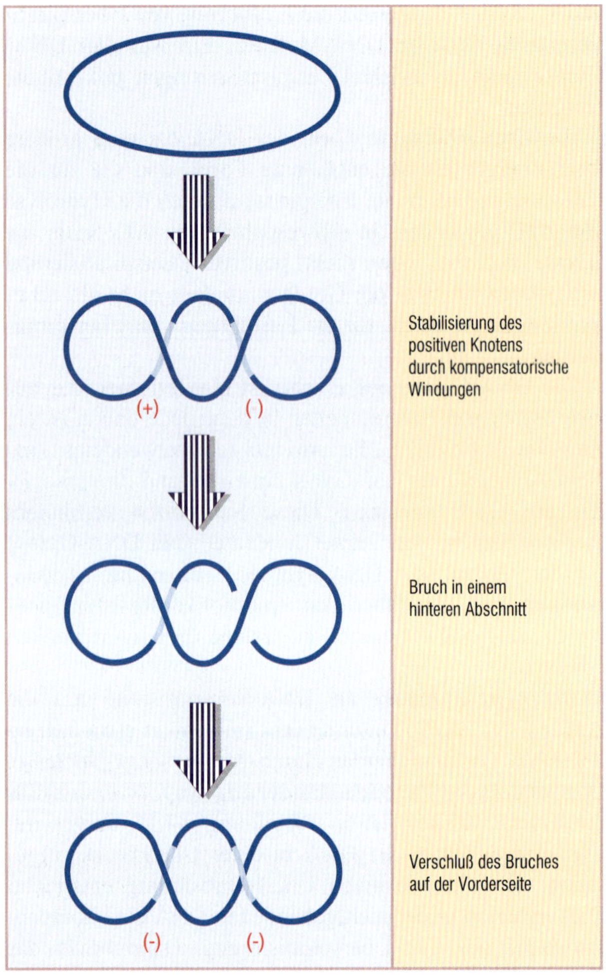

17.17 Die DNA-Gyrase kann negative Überspiralisierungen in einen DNA-Doppelstrang einführen, indem sie eine positive Überspiralisierung umkehrt.

Novobiocin greift in die ATP-abhängigen Reaktionen der Gyrase ein, indem es die Bindung von ATB an die B-Untereinheit verhindert.

Die (ATP-unabhängige) Entspannungsreaktion wird durch Nalidixinsäure gehemmt. Demnach ist die A-Untereinheit an Strangbruch und Wiedervereinigung beteiligt. Die Behandlung von Gyrase mit Nalidixinsäure erlaubt es, die DNA in Form von Fragmenten wiederzugewinnen, die durch eine versetzte Spaltung des Doppelstranges erzeugt wurden. Ihre Enden besitzen alle eine freie 3′-OH-Gruppe und eine vier Basen lange 5′-Einzelstrangverlängerung, die kovalent an die A-Untereinheit gebunden ist. Die kovalente Verbindung erhält die Energie der Phosphatbindung; diese kann zum Antrieb der Verbindungsreaktion verwendet werden, was erklärt, warum die Gyrase auch ohne ATP eine Entspannung hervorrufen kann. Die Spaltstellen sind recht spezifisch, sie treten ungefähr alle 100 bp auf.

17.8 Die spezialisierte Rekombination umfaßt Bruch und Wiedervereinigung an spezifischen Stellen

Der Übergang von Lambda-DNA zwischen ihren verschiedenen Lebensformen umfaßt zwei Arten von Vorgängen. Das Muster der Genexpression wird wie in Kapitel 13 beschrieben gesteuert. Außerdem sind die physikalischen Bedingungen der DNA im lysogenen und im lytischen Zustand verschieden:

- Im lytischen Lebenszyklus existiert die Lambda-DNA als unabhängiges, ringförmiges Molekül in dem infizierten Bakterium.
- Im lysogenen Zustand ist die Phagen-DNA ein integraler Bestandteil des Bakterienchromosoms (der Prophage genannt wird).

Am Übergang zwischen diesen Stadien ist ortsspezifische Rekombination beteiligt:

- Um in den lysogenen Zustand zu gelangen, muß freie Lambda-DNA in die Wirts-DNA **integriert** werden.
- Um aus dem lysogenen in den lytischen Zyklus überzugehen, muß die Prophagen-DNA aus dem Chromosom **ausgeschnitten** werden.

Integration und Excision erfolgen durch Rekombination an bestimmten Stellen der bakteriellen und der Phagen-DNA, die als **Anheftungsstellen** (**att**; *attachment sites*) bezeichnet werden. Die Anheftungsstelle in dem Bakterienchromosom wird in der Bakteriengenetik als att^{λ} bezeichnet. Definiert ist dieser Ort durch Mutationen, welche die Integration von Lambda verhindern; bei lysogenen Stämmen liegt an dieser Stelle der Prophage λ. Wenn die att^{λ}-Stelle in dem *E. coli*-Chromosom zerstört ist, kann ein infizierender Lambda-Phage in den lysogenen Zustand übergehen, indem er sich an anderer Stelle integriert, obwohl die Effizienz dieser Reaktion weniger als 0,1 % der Häufigkeit für eine Integration an der Stelle att^{λ} beträgt. Diese ineffiziente Integration erfolgt an **sekundären Anheftungsstellen**, die den echten *att*-Sequenzen ähneln.

Zur Beschreibung der Integrations- und Excisionsreaktionen wird die bakterielle Anheftungsstelle (att^{λ}) als *attB* bezeichnet; sie besteht aus den Sequenzkomponenten *BOB'*. Die Anheftungsstelle des Phagen, *attP*, besteht aus den Komponenten *POP'*. Abbildung 17.18 gibt einen Überblick über die Rekombinationsreaktion zwischen diesen Stellen. Die Sequenz *O* findet sich sowohl bei *attB* als auch bei *attP*. Sie wird als **Core**-Sequenz bezeichnet, und in ihr spielt sich der Rekombinationsvorgang ab. Die flankierenden Regionen *B, B'* und *P, P'* bezeichnet man als **Arme**; ihre Sequenzen sind verschieden. Da die Phagen-DNA ringförmig ist, wird sie bei der Rekombination als lineare Sequenz in das Bakterienchromosom eingefügt. Der Prophage wird von zwei

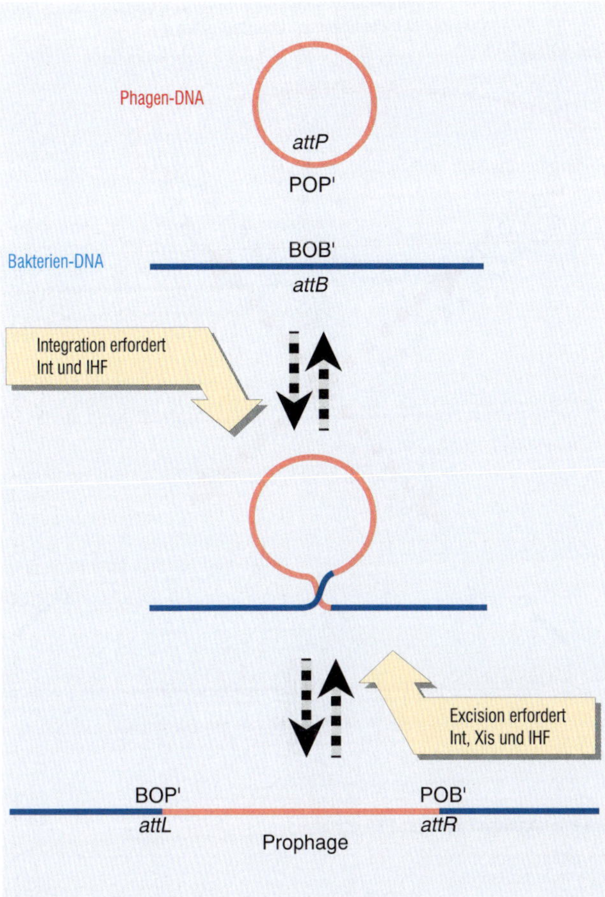

17.18 Eine ringförmige Phagen-DNA wird durch reziproke Rekombination zwischen *attP* und *attB* zu einem Prophagen umgewandelt; der Prophage wird durch reziproke Rekombination zwischen *attL* und *attR* ausgeschnitten.

neuen *att*-Stellen begrenzt, den Produkten der Rekombination.

Eine wichtige Folge des Aufbaus der *att*-Stellen ist, daß bei der Integrations- und die Excisionsreaktionen nicht dasselbe Paar von Sequenzen miteinander reagiert. Die Integration erfordert die Erkennung zwischen *attP* und *attB*, die Excision dagegen die zwischen *attL* und *attR*. Der gerichtete Charakter der ortsspezifischen Rekombination wird also von der Identität der Rekombinationsstellen gesteuert.

Obwohl das Rekombinationsereignis reversibel ist, herrschen für jede Richtung der Reaktion verschiedene Bedingungen vor. Dies ist im Leben des Phagen von großer Bedeutung, da auf diese Weise erreicht wird, daß ein Integrationsereignis nicht sofort durch eine Excision rückgängig gemacht wird und umgekehrt.

Der Unterschied zwischen den Paaren von Stellen, die bei der Integration und der Excision reagieren, zeigt sich auch im Unterschied der Proteine, welche die beiden Reaktionen vermitteln:

- Die Integration (*attB* × *attP*) erfordert das Produkt des Phagengens *int* und eines Bakterienproteins, das als Wirtsintegrationsfaktor bezeichnet wird (*integration host factor*, IHF).
- Die Excision (*attL* × *attR*) erfordert zusätzlich zu Int und IHF das Produkt des Phagengens *xis*.

Int und IHF werden also für *beide* Reaktionen benötigt. Xis spielt für die Kontrolle der Richtung eine wichtige Rolle; es wird für die Excision gebraucht, hemmt aber die Integration.

IHF ist ein 20-kD-Protein mit zwei verschiedenen Untereinheiten, die von den Genen *himA* und *himD* codiert werden. IHF ist kein essentielles *E. coli*-Protein, und es wird für die homologe Bakterienrekombination nicht benötigt. Es ist eines von mehreren Proteinen mit der Fähigkeit, DNA auf einer Oberfläche aufzuwickeln. Mutationen der *him*-Gene verhindern die ortsspezifische Lambdarekombination und können durch Mutationen von *λint* unterdrückt werden, was darauf hindeutet, daß IHF und Int miteinander in Wechselwirkung treten.

Die ortsspezifische Rekombination kann *in vitro* von Int und IHF durchgeführt werden. Es erfolgt präzise ein Bruch und eine Wiedervereinigung ohne jegliche DNA-Synthese. Die Rolle der *att*-Stellen kann man untersuchen, indem man Deletionen auf jeder Seite einführt. Es stellt sich heraus, daß *attP* viel größer ist als *attB*. Die Funktion von *attP* erfordert einen Abschnitt von 240 bp, *attB* dagegen kann seine Funktion noch mit einem 23-bp-Fragment, das sich

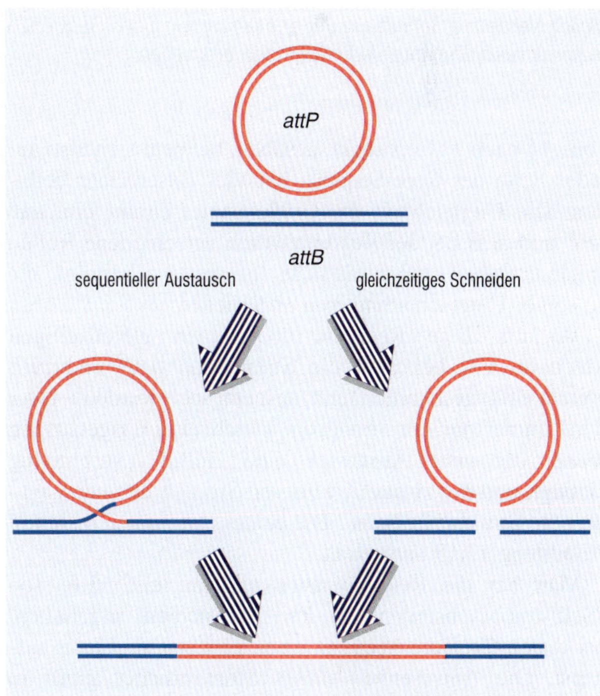

17.19 Erfolgt die Rekombination zwischen *attP* und *attB* durch nacheinander erfolgenden Austausch oder durch gleichzeitiges Schneiden?

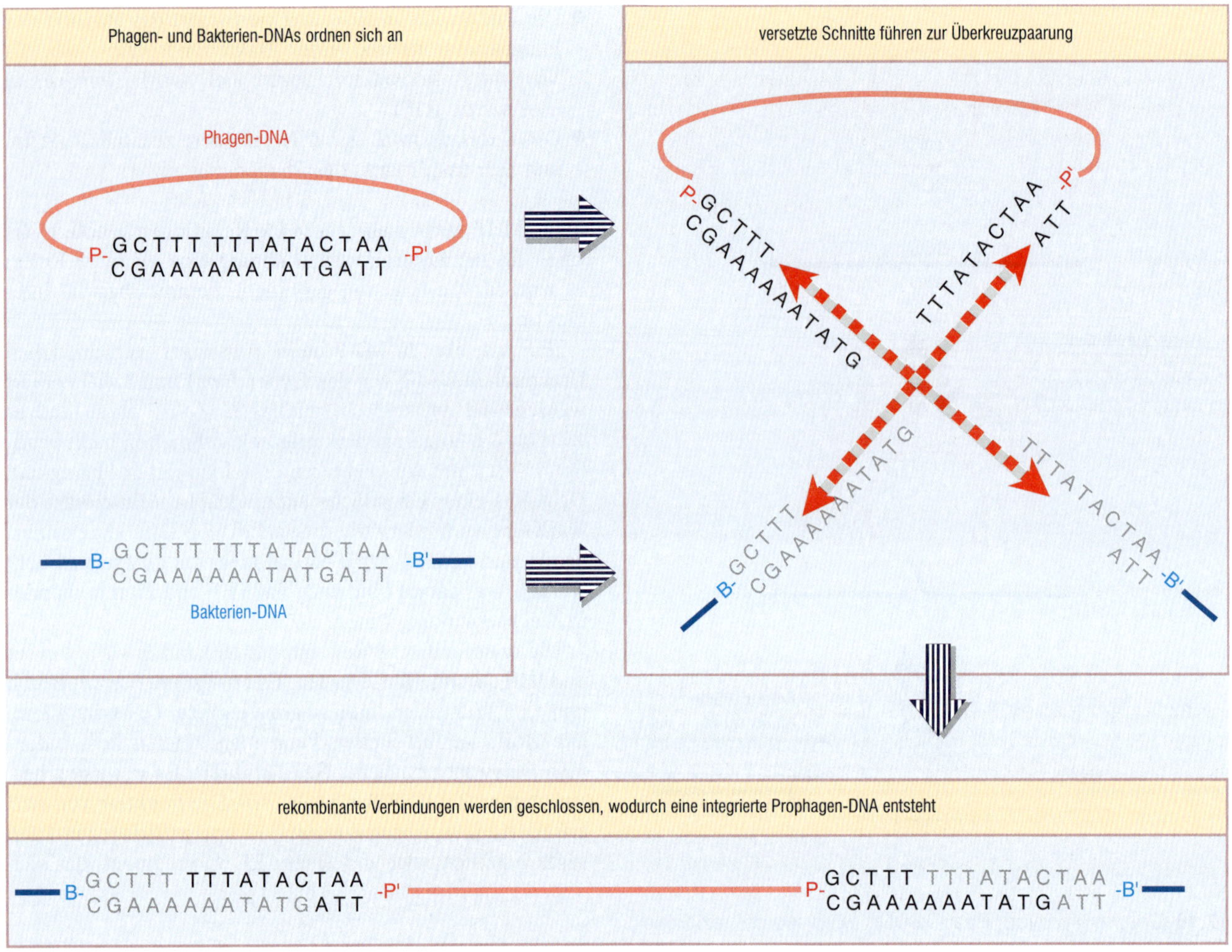

17.20 Versetzte Schnitte in der gemeinsamen Core-Sequenz von *attP* und *attB* erlauben die überkreuzweise Verbindung, wodurch reziprok rekombinante Verknüpfungen entstehen.

von –11 nach +11 erstreckt, ausüben, bei dem sich also auf jeder Seite der Core-Sequenz nur vier Basenpaare befinden. Die Ungleichheit der Größe deutet darauf hin, daß *attP* und *attB* bei der Rekombination verschiedene Rollen spielen, wobei *attP* zusätzliche Information beiträgt, die zu seiner Unterscheidung von *attB* dienen.

Verläuft diese Reaktion über einen gleichzeitigen Mechanismus, bei dem die Stränge an *attP* und *attB* gleichzeitig geschnitten und ausgetauscht werden? Oder wird immer nur ein Strangpaar gleichzeitig ausgetauscht, wobei der erste Austausch eine Holliday-Verbindung erzeugt, und der zweite Zyklus von Strangbruch und Ligation die Struktur freisetzt? Die beiden Alternativen sind in Abbildung 17.19 dargestellt.

Man hat die Rekombinationsreaktion mit Hilfe von „Selbstmordsubstraten" in Zwischenstadien angehalten, bei denen die Core-Sequenz einen Einzelstrangbruch aufweist. Die Anwesenheit dieses Strangbruches greift in den Rekombinationsvorgang ein. Dies macht es möglich, Moleküle zu identifizieren, bei denen die Rekombination begonnen hat, aber noch nicht vollendet ist. Die Strukturen dieser Zwischenprodukte deuten darauf hin, daß der Austausch von Einzelsträngen nacheinander erfolgt. Das Int-Protein kann Holliday-Verbindungen auflösen und ist wahrscheinlich für die Schneide- und Ligationsreaktionen verantwortlich.

Das in Abbildung 17.20 dargestellte Modell zeigt, daß *attP*- und *attB*-Stellen, die jede den gleichen versetzten Schnitt erfahren, komplementäre einzelsträngige Enden für eine kreuzweise Hybridisierung aufweisen können. Der Abstand zwischen den Lambdakreuzungspunkten beträgt sieben Basenpaare, und die Reaktion erzeugt 3′-Phosphat- und 5′-OH-Enden. Die Reaktion ist der Einfachheit halber so gezeigt, als ob sie überlappende einzelsträngige Enden erzeugt, die einander binden, obwohl sie in Wirklichkeit auf eine ähnliche Weise erfolgt wie der Rekombinationsvorgang aus Abbildung 17.2. Die korrespondierenden Stränge jedes Doppelstranges werden an derselben Stelle geschnitten, die freien 3′-Enden zwischen den Doppelsträngen ausgetauscht, die Wanderung des Kreuzungspunktes erfolgt über sieben Basenpaare hinweg entlang des homologen Abschnitts, und schließlich wird die Struktur durch den Schnitt im anderen Paar übereinstimmender Stränge aufgelöst.

Die *in vitro*-Reaktion erfordert Überspiralisierung von *attP*, aber nicht von *attB*. Erfolgt die Reaktion *in vitro* zwischen zwei überspiralisierten DNA-Molekülen, so bleibt fast die gesamte Überspiralisierung in den Produkten erhalten. Es kann daher keine freien Zwischenprodukte geben, bei denen eine Strangrotation erfolgen könnte. Dies stimmt mit der Vorstellung überein, daß die Reaktion über eine Holliday-Verbindung abläuft. Die Bruch- und Wiedervereinigungsreaktion ähnelt der Aktivität von Topoisomerase I, mit der Ausnahme, daß gebrochene Stränge aus verschiedenen Doppelsträngen verbunden werden, statt die Enden eines gebrochenen Stranges aus einer einzigen Doppelhelix. (Int besitzt tatsächlich eine (eher uneffektive) Topoisomerase I-Aktivität, die negative Überspiralisierung entspannen kann).

Große Mengen des Int- und IHF-Proteins werden für die *in vitro*-Rekombination benötigt. Int und IHF binden kooperativ an *attP*, und ihre Affinität für diese Stelle wird durch Überspiralisierung noch erhöht. Diese Stöchiometrie läßt darauf schließen, daß die Proteine nicht katalytisch funktionieren, sondern eine Struktur bilden, die nur ein einzelnes Rekombinationsereignis zuläßt.

Die an der ortsspezifischen Rekombination beteiligten Proteine binden an spezifische Stellen innerhalb der *att*-Region. Int hat zwei verschiedene Bindungsmodi: Es bindet einerseits an invertierte Stellen in der Core-Sequenz und richtet sich selbst so aus, daß es in jedem Strang die in Abbildung 17.21 dargestellten Schnitte ausführen kann. Außerdem bindet es an Stellen in den Armen von *attP*, die eine andere Consensussequenz aufweisen. Jeder Sequenztyp wird von einer anderen Domäne von Int erkannt: Eine N-terminale Domäne erkennt die Arme von *attP*, während eine C-terminale Domäne die Core-Sequenzen von *attP* und *attB* erkennt. Die beiden Domänen binden DNA wahrscheinlich gleichzeitig und bringen dadurch die Arme von *attP* nahe an die Core-Sequenz heran.

IHF bindet an Sequenzen von etwa 20 bp in *attP*; die IHF-Bindestellen befinden sich etwa neben den Int-Bindestellen. Xis bindet an zwei eng benachbarte Stellen in *attP*, so daß die geschützte Region sich über 30 bis 40 bp erstreckt. Gemeinsam decken Int, Xis und IHF *attP* praktisch vollständig ab. Die Bindung von Xis verändert

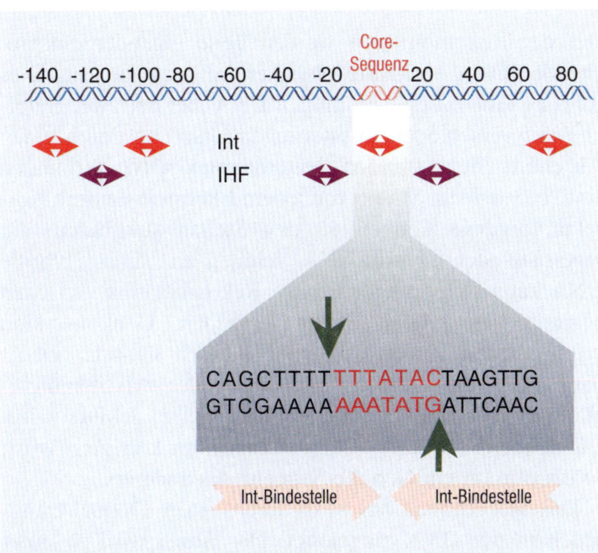

17.21 Int und IHF binden an verschiedene Stellen von *attP*. Die Int-Erkennungssequenzen in der Core-Region schließen die Schnittstellen mit ein.

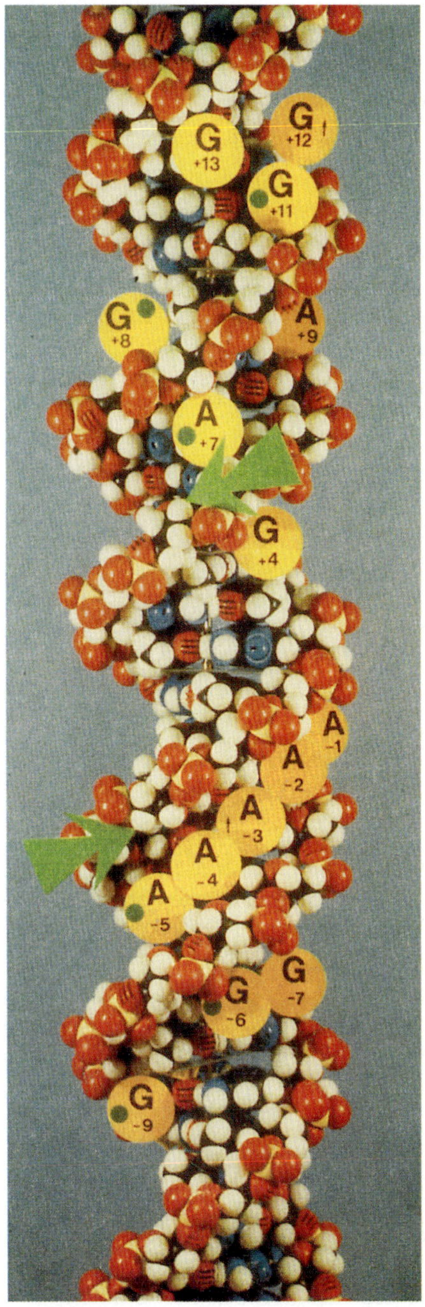

17.22 Die Int-Bindestellen der Core-Region liegen auf einer Seite der DNA. Die großen Kreise bezeichnen Positionen, an denen die Methylierung durch die Bindung von Int beeinflußt wird; die großen Pfeile bezeichnen die Schnittstellen. (Aufnahme mit freundlicher Genehmigung von A. Landy.)

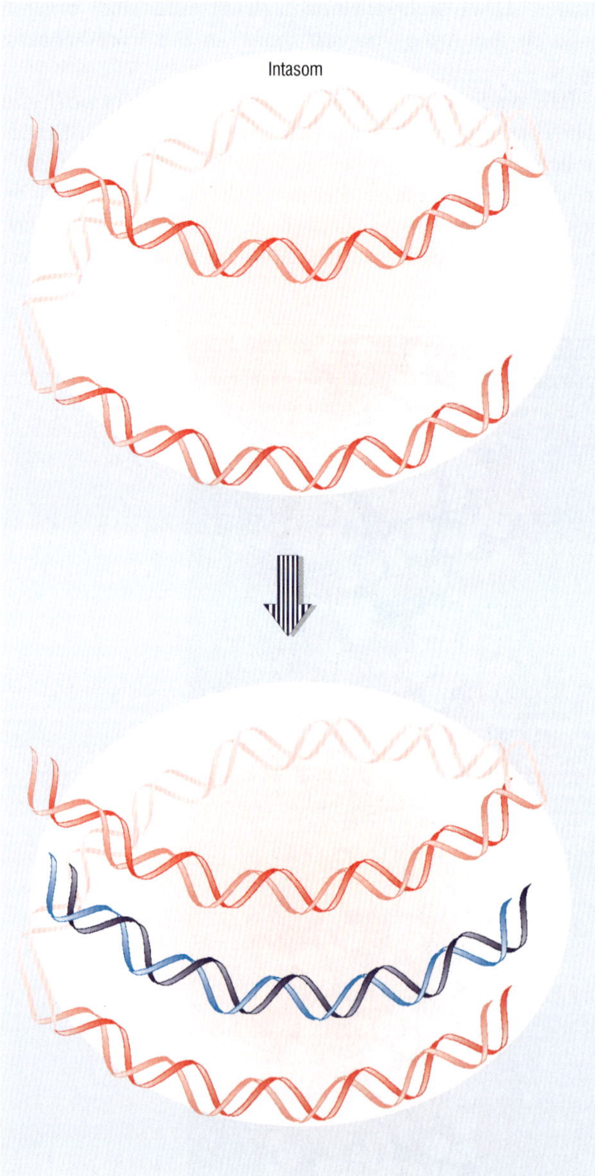

17.23 Viele Kopien des Int-Proteins könnten *attP* zu einem Intasom organisieren, das die sequenzspezifische Rekombination einleitet, indem es *attB* auf freier DNA erkennt.

die Organisation der DNA, so daß sie als Substrat für die Integrationsreaktion inert wird.

Die Abbildung 17.22 zeigt, daß die Kartierung der von Int gebundenen Core-Sequenzen auf der Doppelhelix ergibt, daß nahezu alle Kontakte auf einer Seite der DNA liegen. Die beiden Schnittstellen liegen frei zugänglich in der tiefen Furche. Die IHF-Bindungsstellen liegen auf derselben Seite, und wenn der Abstand zwischen der Int-Bindungsstelle und den flankierenden IHF-Bindungsstellen verändert wird, so daß er nicht mehr einer ganzen Zahl von Helixwindungen entspricht, so wird die Integration beeinträchtigt.

Wenn Int und IHF an *attP* binden, erzeugen sie einen Komplex, in dem alle Bindungsstellen zusammen an die Oberfläche eines Proteinoligomers gezogen werden. Für die Bildung dieses **Intasoms** ist die Überspiralisierung von *attP* erforderlich.

Die einzigen Bindungsstellen in *attB* sind die beiden Int-Stellen der Core-Sequenz. Aber Int bindet nicht direkt an *attB* in Form von freier DNA. Das Intasom ist das Zwischenprodukt, das *attB* „einfängt". Wahrscheinlich binden Int-Moleküle, die Teil des Intasoms sind, an die Stellen innerhalb der Core-Sequenz von *attB*, was schematisch in Abbildung 17.23 dargestellt ist.

Gemäß diesem Modell hängt die anfängliche Erkennung zwischen *attP* und *attB* nicht direkt von der DNA-Homologie ab, sondern wird statt dessen von der Fähigkeit des Int-Proteins bestimmt, beide *att*-Sequenzen zu erkennen. Die beiden *att*-Stellen werden dann in einer von der Struktur des Intasoms vorherbestimmten Orientierung zusammengebracht. Die Sequenzhomologie wird in diesem Stadium wichtig, da sie für die Strangaustauschreaktion benötigt wird.

Die Asymmetrie der Integrations- und Excisionsreaktionen spiegelt sich in der Tatsache wider, daß Int einen ähnlichen Komplex mit *attR* nur nach Zugabe von Xis bilden kann. Dieser Komplex kann sich mit dem kondensierten Komplex paaren, den Int an *attL* bildet. IHF wird für diese Reaktion nicht benötigt.

Die Komplexität der ortsspezifischen Rekombination wird wahrscheinlich vor allem dadurch verursacht, daß die Reaktion regulierbar sein muß, so daß die Integration bevorzugt dann abläuft, wenn das Virus in den lysogenen Zustand übergeht, und die Excision, wenn der Prophage in den lytischen Zyklus eintritt. Durch die Kontrolle der Mengen von Int und Xis wird erreicht, daß die angemessene Reaktion erfolgt.

Zusammenfassung

Bei der Rekombination werden Teile einander entsprechender DNA-Moleküle physikalisch ausgetauscht. Dies führt zu einer doppelsträngigen DNA, bei der zwei Bereiche mit verschiedenem elterlichen Ursprung durch einen Abschnitt einer hybriden (Heteroduplex-)DNA verbunden sind, bei dem ein Strang von jedem Elternteil stammt. Korrekturvorgänge können an den Stellen stattfinden, die innerhalb der Hybrid-DNA fehlgepaart sind. Hybride DNA kann sich außerdem ohne Rekombination zwischen Markern auf beiden Seiten ausbilden. Genkonversion erfolgt, wenn ein ausgedehnter Bereich hybrider DNA, der bei der normalen Rekombination (oder zwischen nichtallelischen Genen auf eine anormale Weise) gebildet wird, zur Sequenz nur eines Elternstranges hin korrigiert wird; so übernimmt ein Gen die Sequenz des anderen.

Die Rekombination wird durch einen Doppelstrangbruch in der DNA eingeleitet. Der Bruch wird zu einer Lücke mit einem einzelsträngigen Ende ausgeweitet; dann bildet das freie einzelsträngige Ende eine Heteroduplex mit der entsprechenden allelischen Sequenz. Die DNA, in welcher der Strangbruch erfolgt, baut die Sequenz des Chromosoms, in das sie eingdringt, sogar in sich ein, so daß die initiierende DNA als Empfänger bezeichnet wird. An Rekombinations-Hotspots werden Doppelstrangbrüche initiiert. Ein Gradient für die Genkonversion wird durch die Wahrscheinlichkeit bestimmt, daß eine Sequenz in der Nähe des freien Endes in einen Einzelstrang umgewandelt wird; mit zunehmendem Abstand zum Bruch nimmt sie ab.

Den Rekombinationsvorgang versteht man auf Chromosomenebene noch nicht gut, aber die Eigenschaften von Hefemutanten und die relative Zeitdauer der Vorgänge während der Meiose legen nahe, daß der synaptonemale Komplex die Folge und nicht die Voraussetzung für die Initiation der Rekombinationsereignisse ist.

Die einzigen Enzyme, deren Aktivität bei der Rekombination bisher charakterisiert worden ist, werden von den *rec-* und *ruv*-Genloci von *E. coli* codiert. RecA besitzt die Fähigkeit, homologe DNA-Moleküle zur Synapsis zu bringen, indem es eine Reaktion fördert, bei der ein Einzelstrang eines Moleküls in einen Doppelstrang des anderen Moleküls eindringt. Heteroduplex-DNA wird durch die Verdrängung eines der uspründlichen Stränge aus dem Doppelstrang gebildet. Die RecBCD-Nuclease bindet an einer Seite einer Chi-Sequenz an die DNA und wandert dann auf sie zu, wobei sie die DNA entwindet. An der Chi-Sequenz führt sie einen Einzelstrangbruch ein. Chi-Sequenzen stellen Hotspots der Rekombination dar. RuvA und RuvB werden an einer Heteroduplex aktiv, und RuvC spaltet Holliday-Verbindungen.

Die Rekombination erfordert wie die Replikation und (wahrscheinlich) die Transkription topologische Umlagerungen der DNA. Topoisomerasen können Überspiralisierung aus der DNA entfernen (oder in sie einführen) und werden benötigt, um DNA-Moleküle, die durch Rekombination oder Replikation verkettet wurden, zu entwirren. Die an der ortsspezifischen Rekombination beteiligten Enzyme besitzen Aktivitäten, die denen der Topoisomerasen ähneln. Die Integration des Phagen Lambda benötigt das Int-Protein des Phagen und das IHF-Protein des Wirtes, und sie umfaßt einen präzisen Bruch und Wiedervereinigung ohne jegliche DNA-Synthese. Bei der Reaktion wird die *attP*-Sequenz der Phagen-DNA in die Nucleoproteinstruktur eines Intasoms eingewickelt, das mehrere Kopien von Int und IHF enthält; dann wird die *attB*-Sequenz des Wirtes gebunden und die Rekombination findet statt. Die Reaktion in Gegenrichtung erfordert das Phagenprotein Xis.

Weiterführende Literatur

Übersichtsartikel

Stahl, F. W. *Special sites in generalized recombination.* In: *Ann. Rev. Genet.* 13 (1979) S. 7–24

Simon, M. et al. *Phase variation: evolution of a controlling element.* In: *Science* 209 (1980) S. 1370–1374.

Dressler, D.; Potter, H. *Molecular mechanisms in genetic recombination.* In: *Ann. Rev. Biochem.* 51 (1982) S. 727–761.

Weisberg, R.; Landy, A. *Site-specific recombination in phage lambda.* In: Hendrix, R. et. al. (Hrsg.) *Lambda II.* New York (Cold Spring Harbor Laboratory) 1983. S. 211–250.

Drlica, K. *Biology of bacterial DNA topoisomerases.* In: *Microbiol. Rev.* 48 (1984) S. 273–289.

Wang, J. *DNA topoisomerases.* In: *Ann. Rev. Biochem.* 54 (1985) S. 665–697.

Cox, M. M.; Lehman, I. R. *Enzymes of general recombination.* In: *Ann. Rev. Biochem.* 56 (1987) S. 229–262.

Smith, G. R. *Homologous recombination in prokaryotes.* In: *Microbiol. Rev.* 52 (1988) S. 1–28.

Thompson, J. F.; Landy, A. *Regulation of phage lambda site specific recombination.* In: Berg, D. E.; Howe, M. M. (Hrsg.) *Mobile DNA.* Washington DC (American Society for Microbiology) 1989. S. 1–22.

Glasgow, A. C.; Hughes, K. H.; Simon, M. I. *Bacterial DNA inversion systems.* In: Berg, D. E.; Howe, M. M. (Hrsg.) *Mobile DNA.* Washington DC (American Society for Microbiology) 1989. S. 637–661.

West, S. C. *Enzymes and molecular mechanisms of genetic recombination.* In: *Ann. Rev. Biochem.* 61 (1992) S. 603–640.

Kowalczykkowski, S. C. et. al. *Biochemistry of homologous recombination in E. coli.* In: *Microbiol. Rev.* 58 (1994) S. 401–465.

Wang, J. C. *DNA topoisomerases.* In: *Ann. Rev. Biochem.* 65 (1996) S. 635–692.

Entdeckungen

Holliday, R. *A mechanism for gene conversion in fungi.* In: *Genet. Res.* 5 (1964) S. 282–304.

Carpenter, A. T. C. *Electron microscopy of meiosis in D. melanogaster females.* II. *The recombination nodule: a recombination-associated struture at pachytene?* In: *Proc. Nat. Acad. Sci. USA* 72 (1975) S. 3186–3189.

Shibata, T. R. P. et. al. *Purified E. coli recA protein catalyzes homologous pairing of superhelical DNA and single-stranded fragments.* In: *Proc. Nat. Acad. Sci. USA* 76 (1979) S. 1638–1642.

Szostak, J. W. et al. *The double-strand break model for DNA recombination.* In: *Cell* 33 (1983) S. 25–35.

Padmore, R.; Cao, L.; Kleckner, N. *Temporal comparison of recombination and synaptonemal complex formation during meiosis in S. cerevisiae.* In: *Cell* 66 (1991) S. 1239–1256.

Sun, H.; Treco, D.; Szostak , J. W. *Extensive 3' overhanging, single-stranded DNA associated with the meiosis-specific double-strandbreaks at the ARG4 recombination initiation site.* In: *Cell* 64 (1991), S. 1155–1161.

18. Transposons

Gewöhnlich betrachtet man Genome als etwas recht Statisches, das sich nur innerhalb der langen Zeiträume der Evolution verändert. Wir haben uns an die Vorstellung gewöhnt, daß eine Genkarte die Loci bekannter Gene angibt; entsprechend könnte man erwarten, daß Sequenzen in der Genompopulation ganz allgemein eine feste Position einnehmen. Die Rekombination erlaubt zwar den Austausch von Material zwischen homologen Chromosomen, wodurch neue Allelkombinationen entstehen, reorganisiert das genetische Material ansonsten aber nicht.

Wie stabil der genetische Aufbau ist, zeigt sich an der Beibehaltung von Koppelungseigenschaften, sogar noch nach der Artbildung – beispielsweise beim Menschen und bei Menschenaffen. Pro- und Eukaryoten haben sehr unterschiedliche Generationszeiten, was darauf schließen läßt, daß auch ihre Evolution sich in bezug auf die Zeit unterscheidet; aber selbst bei den Prokaryoten verändert sich der grundlegende Aufbau des Genoms nur relativ langsam. So gilt z. B. eine ähnliche Genkarte für die verschiedenen Bakterienarten *E. coli* und *S. typhimurium*.

Im Gegensatz zu diesem Anschein allgemeiner Stabilität gibt es auf molekularer Ebene zwischen individuellen Genomen aufgrund polymorpher Variationen bedeutende Unterschiede. Wir werden in Kapitel 25 sehen, daß die Rekombination zwischen „Minisatelliten" deren Länge so einstellt, daß jedes einzelne Genom verschieden ist. Eine weitere wichtige Ursache für die Variation sind **transponierbare Elemente** oder **Transposons**. Dabei handelt es sich um bestimmte Sequenzen im Genom, die *beweglich* sind – sie können sich selbst an andere Orte innerhalb des Genoms transportieren. Das Kennzeichen eines Transposons ist, daß es nicht als unabhängige Form existiert (wie Phagen- oder Plasmid-DNA), sondern *direkt* von einer Stelle im Genom zu einer anderen wandert.

Manchmal verursachen Transposons auch die Umordnung anderer genomischer Sequenzen. Sie sind nicht nur wegen der für die DNA-Manipulation verwendeten Mechanismen interessant, sondern auch wegen der evolutionären Auswirkungen ihrer Mobilität. So könnten sie die Hauptquelle für Mutationen des Genoms darstellen.

Im Laufe der Evolution können in einem Genom sowohl neue Sequenzen auftauchen als auch vorhandene Abschnitte umgeordnet werden. Die plötzliche Einführung neuer Sequenzen rührt von der Fähigkeit von Vektoren her, Informationen zwischen den Genomen zu transportieren. Extrachromosomale Elemente transportieren Informationen, indem sie den Transfer (normalerweise eher kurzer) Stücke genetischen Materials vermitteln. In Bakterien gelangen Plasmide durch Konjugation von einem Ort zum anderen (Kapitel 14), während sich Phagen durch Infektion verbreiten (Kapitel 13). Sowohl Plasmide als auch Phagen übertragen gelegentlich Wirtsgene zusammen mit ihrem eigenen Replicon. Die direkte Übertragung von DNA findet bei manchen Bakterien durch Transformation statt, was in Kapitel 4 behandelt wurde. Bei Eukaryoten können einige Viren (besonders die in Kapitel 19 besprochenen Retroviren) genetisches Material während eines Infektionszyklus übertragen.

Durch Umordnungen können neue Sequenzen entstehen und die Funktionen der existierenden verändert werden, indem sie in neue Regulationsumgebungen versetzt werden. *Umordnungen werden von Prozessen innerhalb des Genoms vermittelt.* Sie erfolgen entweder durch Rekombination, die vom zellulären System für homologe Rekombination und Reparatur unternommen wird, oder durch die von Transposons vermittelte Transposition:

- ◆ Wechselseitige Rekombination erfolgt in Eukaryoten zwischen den entsprechenden Stellen homologer Chromosomen; wie in Kapitel 23 diskutiert wird, führt gelegentlich eine nichtreziproke Rekombination zur Verdoppelung oder Umordnung von Loci (Kapitel 23). Die Verdoppelung von Sequenzen innerhalb des Genoms stellt eine Hauptquelle für neue Sequenzen dar: Eine Kopie der Sequenz kann ihre ursprüngliche Funktion beibehalten, während die andere durch eine evolutionäre Entwicklung eine neue Funktion erhält. Eine solche Reorganisation innerhalb des Chromosoms ist im Grunde genommen ein Nebeneffekt der Mechanismen, die gewöhlich an der genetischen Rekombination beteiligt sind. Größere Umordnungen ergeben sich auch durch Translokationen zwischen nichthomologen Chromosomen, deren Mechanismen aber unbekannt sind.
- ◆ Eine wichtige Triebkraft für die Veränderung von prokaryotischen wie eukaryotischen Genomen stellt die Mobilität von Transposons dar. Im Gegensatz zu den meisten anderen Prozessen, die an der Umstrukturierung von Genomen beteiligt sind, *beruht die Transposition nicht auf Verwandtschaftsbeziehungen zwischen Donor- und Akzeptorstelle*. Transposons sind darauf beschränkt, sich selbst und manchmal zusätzliche Sequenzen an neue Stellen irgendwo innerhalb desselben Genoms zu bringen; sie sind daher die internen Gegenstücke zu den Vektoren, die Sequenzen von einem Genom zum anderen transportieren können.

Transposons fallen in zwei allgemeine Klassen. Die in diesem Kapitel besprochenen existieren als DNA-Sequenzen, die Proteine codieren, welche die DNA direkt beeinflussen können, so daß sie sich innerhalb des Genoms verbreiten. Die im nächsten Kapitel behandelten Transposons sind mit den Retroviren verwandt, und die Quelle für ihre Mobilität ist die Fähigkeit, DNA-Kopien von ihren RNA-Transkripten herzustellen; diese werden dann an neuen Stellen in das Genom integriert.

Transposons, die mit Hilfe von DNA wandern, findet man sowohl bei Pro- als auch bei Eukaryoten. Jedes bakterielle Transposon trägt die Gene, die es für seine eigene Transposition benötigt, obwohl es manchmal außerdem Hilfsfunktionen des umgebenden Genoms bedarf (zum Beispiel der DNA-Polymerase oder der DNA-Gyrase). Vergleichbare Systeme gibt es auch bei Eukaryoten, obwohl die enzymatischen Funktionen, die an der Transposition beteiligt sind, dort noch nicht gut charakterisiert sind. Ein Genom kann sowohl funktionsfähige als auch nichtfunktionsfähige (defekte) Elemente enthalten; häufig ist die Mehrzahl der Elemente in einem eukaryotischen Genom defekt und hat ihre Fähigkeit verloren, selbständig den Ort zu wechseln. Sie können allerdings noch immer von Enzymen, die von funktionsfähigen Transposons hergestellt werden, erkannt werden.

Transponierbare Elemente können Umordnungen des Genoms direkt oder indirekt fördern:

- Das Transpositionsereignis selbst kann zu Deletionen oder Insertionen oder zur Wanderung einer Wirtssequenz an eine neue Stelle führen.
- Transposons können als Substrate für zelluläre Rekombinationssysteme dienen, indem sie wie „transportierbare Regionen der Homologie“ funktionieren; zwei Kopien eines Transposons an verschiedenen Orten (und sogar auf verschiedenen Chromosomen) können als Stellen für die reziproke Rekombination dienen. Solche Austauschvorgänge führen zu Deletionen, Insertionen, Inversionen oder Translokationen.

Die periodisch auftretenden Aktivitäten eines Transposons scheinen ein recht unbestimmtes Angriffsziel für die natürliche Selektion darzustellen. Dies hat zu der Annahme geführt, daß (zumindest einige) transponierbare Elemente für den Phänotyp weder von Vorteil noch von Nachteil sind, sondern „egoistische DNA“ bilden, die nur an ihrer eigenen Verbreitung interessiert ist. Indem wir die Transposition als ein Ereignis betrachten, das sich von anderen zellulären Rekombinationssystemen unterscheidet, akzeptieren wir dann auch stillschweigend die Ansicht, daß es sich bei dem Transposon um eine unabhängige Einheit handelt, die im Genom ansässig ist.

Eine solche Beziehung zwischen Transposon und Genom ähnelt der eines Parasiten zu seinem Wirt. Wahrscheinlich wird die Verbreitung eines Elements durch Transposition durch den Schaden ausgeglichen, den ein Transpositionsereignis durch die Inaktivierung eines notwendigen Gens anrichten kann; auch kann eine zu große Zahl von Transposons die Systeme der Zelle über Gebühr belasten. Allerdings müssen wir bedenken, daß jegliches Transpositionsereignis, das zu einem Selektionsvorteil führt, das Genom mit dem aktiven Transposon bevorzugt überleben läßt.

18.1 Insertionssequenzen sind einfache Transpositionsmodule

Transponierbare Elemente wurden erstmalig in Form von spontanen Insertionen in Bakterienoperons entdeckt. Eine solche Insertion verhindert die Transkription und/oder Translation des betroffenen Gens. Inzwischen hat man viele verschiedene Typen von transponierbaren Elementen charakterisiert.

Die einfachsten Transposons heißen (aufgrund ihrer Entdeckungsgeschichte) **Insertionssequenzen**. Jedes Element erhält das Präfix **IS**, auf das eine Zahl folgt, die den Typ identifiziert. (Die ersten Klassen hat man IS1-4 genannt; spätere Klassen haben Nummern, welche die Geschichte ihrer Isolation widerspiegeln, was aber nicht der Gesamtzahl der bisher isolierten Elemente entspricht!)

Die IS-Elemente sind normale Bestandteile bakterieller Chromosomen und Plasmide. Ein Standardstamm von *E. coli* besitzt mit großer Wahrscheinlichkeit mehr als zehn Kopien jedes der häufigeren IS-Elemente. Zwei Doppelpunkte beschreiben eine Insertion an einer betimmten Stelle; λ::IS1 beschreibt also ein IS1-Element, das in den Phagen Lambda integriert ist.

Es handelt sich bei den IS-Elementen um selbständige Einheiten, die jeweils nur die für ihre eigene Transposition benötigten Proteine codieren. Jedes IS-Element weist zwar eine andere Sequenz auf, es gibt aber einige gemeinsame Organisationsprinzipien. Abbildung 18.1 zeigt die Struktur eines typischen Transposons vor und nach seiner Insertion an der Zielstelle und faßt Details einiger verbreiteter IS-Elemente zusammen.

Ein IS-Element hat an seinen Enden kurze **umgekehrte terminale Wiederholungssequenzen** (*inverted terminal repeats*). Normalerweise sind diese beiden Kopien nicht identisch, sondern eng miteinander verwandt. Wie in der Abbildung gezeigt ist, trifft man bei den umgekehrten (invertierten) terminalen Wiederholungssequenzen auf dieselbe Sequenz, egal von welcher Seite man sich von der flankierenden DNA aus auf das Element zubewegt.

Wenn ein IS-Element wandert, verdoppelt sich an der Insertionsstelle eine Sequenz der Wirts-DNA. Die Art dieser Verdoppelung zeigt sich, wenn man die Sequenzen der Zielstelle vor und nach der Insertion vergleicht. Abbildung 18.1 zeigt, daß die IS-DNA an der Stelle der Insertion immer von sehr kurzen **direkten Wiederholungssequenzen** (*direct repeats*) flankiert wird. (In diesem Zusammenhang bedeutet „direkt“, daß zwei Kopien einer Sequenz sich mit derselben Orientierung wiederholen, nicht aber, daß sie unmittelbar benachbart sind.) Im ursprünglichen Gen jedoch (vor der Insertion) hat die Zielstelle nur *eine* dieser Wiederholungssequenzen. In der Abbildung hat die Zielstelle die Sequenz $\substack{\text{ATGCA}\\\text{TACGT}}$. *Nach der Transposition liegt auf beiden Seiten des Transposons je eine solche Sequenz.*

Die *Basenfolge* der direkten Wiederholungssequenz unterscheidet sich bei verschiedenen Transpositionsereignissen eines Transposons, während die *Länge* für jedes

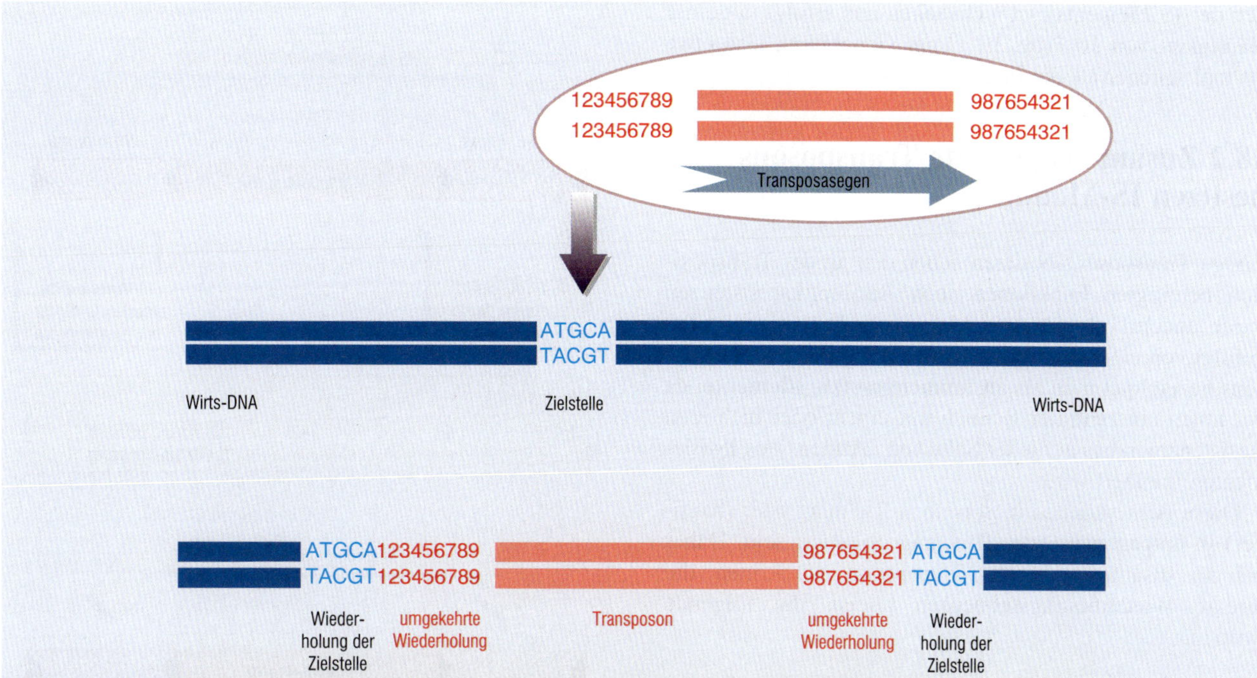

			Gesamtlänge	Zielauswahl
IS1	9 bp	23 bp	768 bp	zufällig
IS2	5 bp	41 bp	1327 bp	Hotspots
IS4	11-13 bp	18 bp	1428 bp	$AAAN_{20}TTT$
IS5	4 bp	16 bp	1195 bp	Hotspots
IS10R	9 bp	22 bp	1329 bp	NGCTNAGCN
IS50R	9 bp	9 bp	1531 bp	Hotspots
IS903	9 bp	18 bp	1057 bp	zufällig

18.1 *Übersicht*: Transposons besitzen umgekehrte terminale Wiederholungssequenzen und erzeugen direkte Wiederholungen der flankierenden DNA an der Zielstelle. In diesem Beispiel ist die Zielstelle eine Sequenz von 5 bp. Die Enden des Transposons bestehen aus umgekehrten Wiederholungssequenzen von 9 bp, wobei die Zahlen eins bis neun für eine Sequenz aus Basenpaaren stehen.

IS-Element konstant ist (dies spiegelt den Mechanismus der Transposition wider). Am meisten verbreitet sind direkte Wiederholungssequenzen von neun Basenpaaren.

Ein IS-Element zeigt also eine charakteristische Struktur, wobei seine Enden durch die umgekehrten terminalen Wiederholungssequenzen, die benachbarten Enden der flankierenden Wirts-DNA dagegen durch die kurzen direkten Wiederholungssequenzen bestimmt sind. Diese Art von Organisation einer DNA-Sequenz ist kennzeichnend für ein Transposon, und man kann auf den ersten Blick sehen, daß diese Sequenz aus einem Transpositionsereignis stammt.

Die meisten IS-Elemente bauen sich an einer Vielzahl von Stellen in die Wirts-DNA ein. Einige von ihnen aber bevorzugen (in unterschiedlichem Ausmaß) bestimmte Stellen, sogenannte Hotspots.

Die umgekehrten Wiederholungssequenzen definieren die Enden eines Transposons. Die Erkennung dieser Enden ist das gemeinsame Kennzeichen der Transpositionsereignisse aller Arten von Transposons. *Cis*-aktive Mutationen, welche die Transposition verhindern, treten an den Enden auf, die von einem Protein erkannt werden, das für die Transposition verantwortlich ist. Dieses Protein wird als **Transposase** bezeichnet.

Alle IS-Elemente mit Ausnahme von IS1 enthalten einen einzigen langen codierenden Bereich, der gerade noch innerhalb der umgekehrten Wiederholungssequenz des einen Endes beginnt und kurz davor oder gerade innerhalb der umgekehrten Wiederholungssequenz des anderen Endes aufhört; er codiert die Transposase. IS1 hat eine komplexere Organisation mit zwei einzelnen Leserastern; die Transposase entsteht durch eine Leserasterverschiebung während der Translation, so daß beide Leseraster verwendet werden können.

Die Transpositionshäufigkeit unterscheidet sich bei den verschiedenen Elementen. Die Gesamthäufigkeit liegt bei etwa 10^{-3} bis 10^{-4} pro Element und Generation. Insertionen an bestimmten Zielstellen erfolgen mit einer Häufigkeit von gewöhnlich etwa 10^{-5}–10^{-7} pro Generation, was der spontanen Mutationsrate vergleichbar ist. Der umgekehrte Vorgang, die Reversion (durch präzises Ausschneiden des IS-Elements), ist recht selten und erfolgt mit einer Häufigkeit von 10^{-6} bis 10^{-10} pro Generation, also etwa 10^3mal seltener als die Insertion.

18.2 Zusammengesetzte Transposons besitzen IS-Module

Einige Transposons besitzen neben den an der Transposition beteiligten Funktionen noch Antibiotikaresistenzen (oder andere) als Marker. Man bezeichnet sie als **Tn**, gefolgt von einer Zahl. Eine Klasse der größeren Transposons bezeichnet man als **zusammengesetzte Elemente**, da bei ihnen ein zentraler Bereich mit einem oder mehreren Resistenzmarkern auf jeder Seite von „Armen" aus IS-Elementen flankiert wird.

Diese Arme können in derselben Richtung oder (häufiger) in entgegengesetzter Richtung orientiert sein. Daher hat ein zusammengesetztes Transposon mit Armen, die direkte Wiederholungssequenzen bilden, die folgende Struktur:

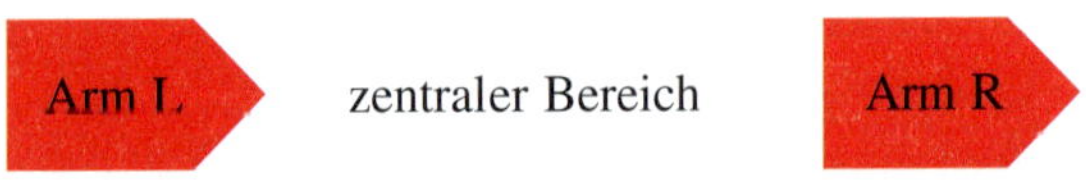

Bilden die Arme umgekehrte Wiederholungssequenzen, so ist ihre Struktur folgendermaßen:

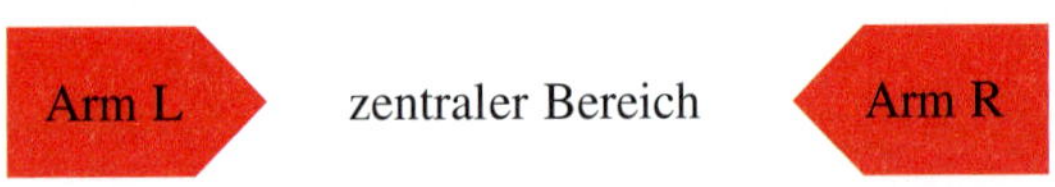

Die Pfeile deuten die Orientierung der Arme an, die gemäß einer (willkürlichen) Orientierung der genetischen Karte des Transposons von links nach rechts als L und R bezeichnet werden. Die Struktur eines zusammengesetzten Transposons ist in Abbildung 18.2 detaillierter beschrieben; außerdem führt sie die Eigenschaften einiger zusammengesetzter Transposons auf, die häufiger vorkommen.

Da die Arme aus IS-Modulen bestehen, von denen jedes die übliche Struktur der umgekehrten Wiederholungssequenzen an den Enden trägt, so enden auch die zusammengesetzten Transposons in diesen kurzen umgekehrten Wiederholungssequenzen.

In einigen Fällen sind die Module eines zusammengesetzten Transposons identisch, so bei Tn9 (direkte Wiederholungssequenzen von IS1) oder Tn903 (umgekehrte Wiederholungssequenzen von IS903). In anderen Fällen sind die Module zwar eng miteinander verwandt, nicht aber identisch. So kann man die L- und R-Module von Tn10 oder Tn5 unterscheiden.

Ein funktionsfähiges IS-Modul kann entweder nur sich selbst oder das gesamte Transposon fortbewegen. Sind die Module eines zusammengesetzten Transposons identisch, so kann wahrscheinlich jedes von ihnen die Wanderung des Transposons bewirken, wie im Falle von Tn9 oder Tn903. Sind die Module verschieden, so kann sich

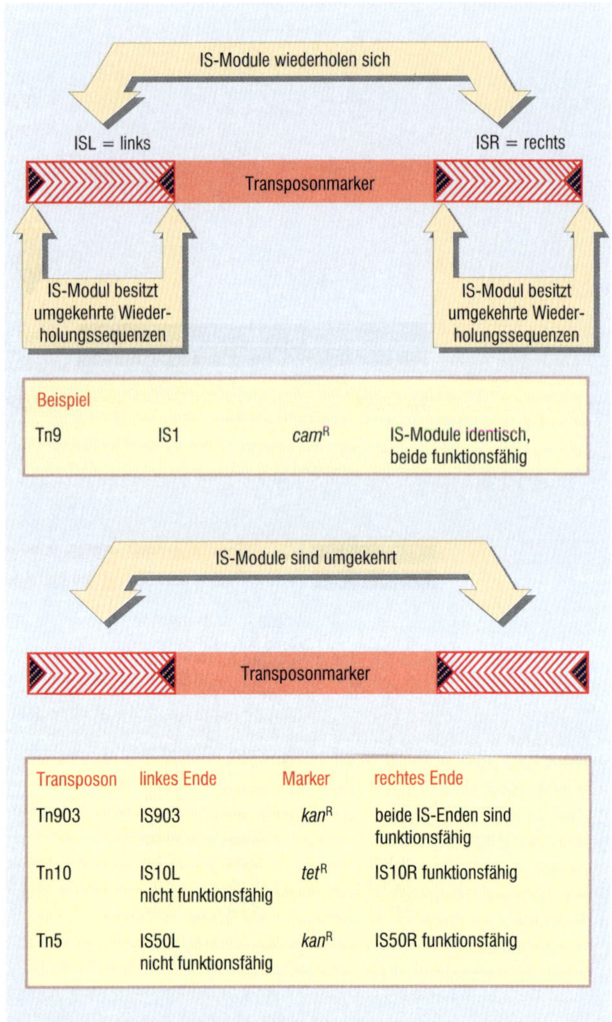

18.2 Ein zusammengesetztes Transposon besitzt einen zentralen Bereich mit Markern, die an der Transposition nicht beteiligt sind (z. B. Antibiotikaresistenzen), der von IS-Modulen flankiert wird. Die Module besitzen kurze umgekehrte terminale Wiederholungssequenzen. Ist die Orientierung der Module selbst umgekehrt (wie dargestellt), so sind die beiden kurzen umgekehrten terminalen Wiederholungssequenzen an den Enden des Transposons identisch.

ihre Funktionsfähigkeit unterscheiden, so daß die Transposition ganz oder zum größten Teil von einem der Module abhängt, was bei Tn10 oder Tn5 der Fall ist.

Wir nehmen an, daß zusammengesetzte Transposons dadurch entstanden sind, daß zwei ursprünglich unabhängige Module mit dem zentralen Bereich assoziierten. Eine solche Situation tritt z. B. auf, wenn ein IS-Element an eine Empfängerstelle in der Nähe der ursprünglichen Donorstelle wandert. Die beiden identischen Module können dann entweder identisch bleiben oder sich auseinanderentwickeln. Die Fähigkeit auch nur eines einzigen Moduls, das ganze zusammengesetzte Element zu transponieren, erklärt den fehlenden Selektionsdruck, die Aktivität beider Module beizubehalten.

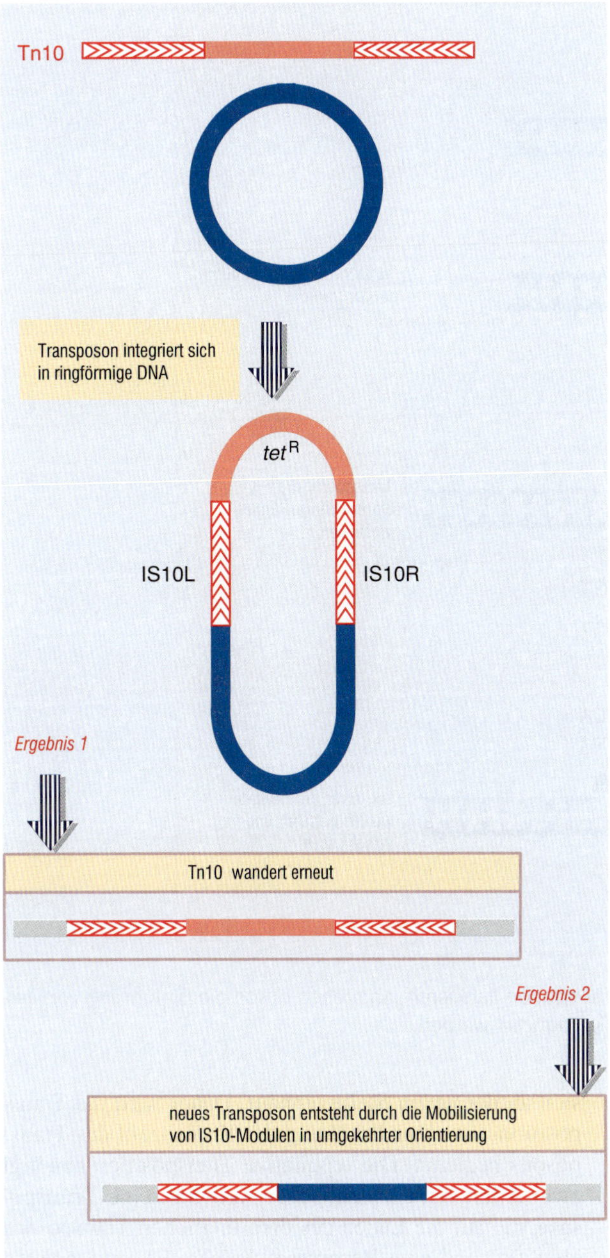

18.3 Zwei IS10-Module erzeugen ein zusammengesetztes Transposon, das jeden beliebigen DNA-Bereich zwischen ihnen mobilisieren kann. Wenn Tn10 Teil eines kleinen ringförmigen Moleküls ist, so können die IS10-Wiederholungen beide Abschnitte des Ringes transponieren.

Was ist außer diesem einzelnen Modul für die Transposition eines zusammengesetzten Transposons verantwortlich? Diese Frage drängt sich besonders in den Fällen auf, wo beide Module funktionsfähig sind. Bei Tn9 z. B., dessen Module IS1-Elemente sind, ist jedes wahrscheinlich sowohl für sich selbst als auch für das zusammengesetzte Transposon aktiv. Warum wird das Transposon als Ganzes erhalten, statt daß jede Insertionssequenz nur auf sich selbst achtet?

Zwei IS-Elemente können in der Tat sowohl nur sich selbst als auch jede zwischen ihnen liegende Sequenz transponieren. Abbildung 18.3 zeigt, daß bei der Anwesenheit von Tn10 auf einem ringförmigen Replicon die beiden Module *einerseits* das *tet*^{R}-Gen des ursprünglichen Tn10 flankieren, *andererseits* aber auch die Sequenz des anderen Teiles des Ringes. Ein Transpositionsereignis kann daher entweder das ursprüngliche Tn10-Transposon betreffen (was sich an der Wanderung von *tet*^{R} zeigt) oder ein neues Transposon mit einem anderen Zentralbereich (*inside-out*-Transposon) erzeugen.

Man beachte, daß sowohl die ursprünglichen als auch die *inside-out*-Transposons umgekehrte Module besitzen, die anscheinend in jeder Orientierung relativ zum Zentralbereich funktionieren können. Die Transpositionshäufigkeit für zusammengesetzte Transposons nimmt mit dem Abstand zwischen den Modulen ab. Diese Längenabhängigkeit ist daher ein Faktor, der die Größe der häufigen zusammengesetzten Transposons bestimmt.

Eine wichtige Triebkraft für die Transposition zusammengesetzter Transposons ist die positive Selektion eines oder mehrerer Marker im Zentralbereich. Ein IS10-Modul kann sich selbst frei bewegen und wird um eine Größenordnung häufiger mobilisiert als Tn10. Letzteres dagegen wird durch die Selektion von *tet*^{R} zusammengehalten, so daß unter selektiven Bedingungen die relative Häufigkeit für die Transposition eines intakten Tn10 stark erhöht ist.

Die IS-Elemente codieren Transposaseaktivitäten, die sowohl Zielstellen erzeugen als auch die Enden des Transposons erkennen. *Nur die Enden eines Transposons werden für die Transposition als Substrat benötigt.*

18.3 Die Transposition erfolgt sowohl durch replikative als auch durch nichtreplikative Mechanismen

Der Einbau eines Transposons an einer neuen Stelle ist in Abbildung 18.4 dargestellt. Zunächst entstehen in der Ziel-DNA versetzte Brüche, dann verbindet sich das Transposon mit den überhängenden einzelsträngigen Enden, und schließlich werden die Lücken aufgefüllt. Die Bildung der versetzten Enden und ihr Auffüllen erklärt die direkten Wiederholungssequenzen der Ziel-DNA an der Einbaustelle. Der Versatz zwischen den zwei Strängen bestimmt die Länge der direkten Wiederholungsequenzen; daher spiegelt die für jedes Transposon charakteristische Ziel-Wiederholungssequenz den Aufbau des Enzyms wider, das die Ziel-DNA schneidet.

Bei allen Arten der Transposition treten versetzte Enden auf, es lassen sich aber drei verschiedene Typen von Mechanismen unterscheiden, mit deren Hilfe ein Transposon wandert:

- Bei der **replikativen Transposition** *wird das Element bei der Reaktion verdoppelt, so daß die transponierende Einheit eine Kopie des ursprünglichen Elements*

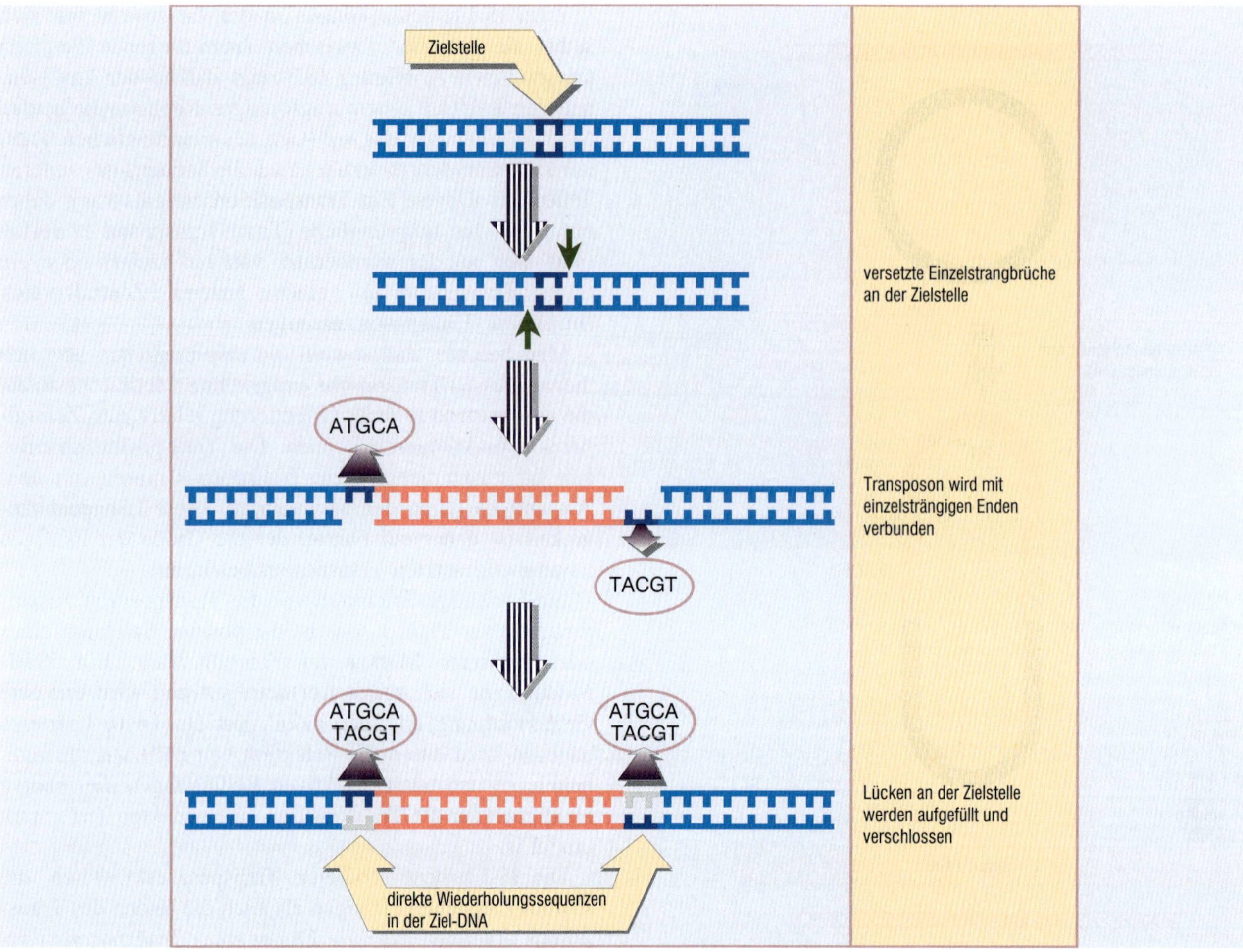

18.4 Die direkten Wiederholungssequenzen der Ziel-DNA, die ein Transposon flankieren, entstehen durch die Einführung von versetzten Schnitten, deren überhängende Enden mit dem Transposon verbunden werden.

darstellt. Abbildung 18.5 faßt die Ergebnisse einer solchen Transposition zusammen. Das Transposon wird während seiner Wanderung kopiert. Eine Kopie verbleibt an der ursprünglichen Stelle, während die andere

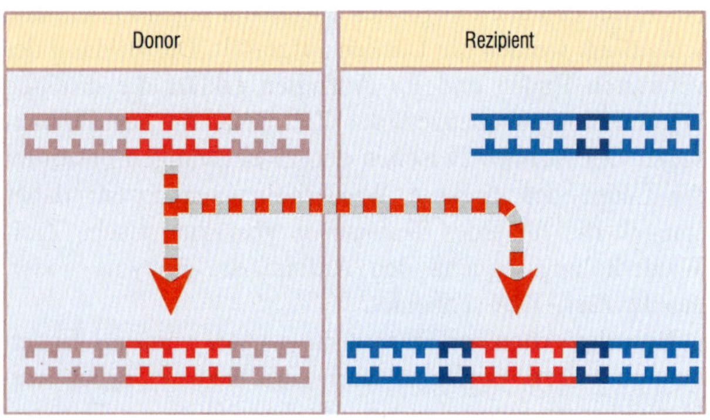

18.5 Die replikative Transposition erzeugt eines Kopie des Transposons, die sich an einer Empfängerstelle einbaut. Die Donorstelle bleibt unverändert, so daß sowohl der Donor als auch der Empfänger anschließend eine Kopie des Transposons besitzen.

sich an der neuen Stelle einbaut. Daher wird die Transposition von einer Erhöhung der Kopienzahl des Transposons begleitet. Die replikative Transposition benötigt zwei Arten von enzymatischer Aktivität: eine **Transposase**, die auf die Enden des ursprünglichen Transposons einwirkt, und eine **Resolvase**, welche die verdoppelten Kopien zum Ziel hat. Eine Gruppe von Transposons, die mit TnA verwandt ist, wandert ausschließlich durch replikative Transposition (Abschnitt 18.7).

- Bei der **nichtreplikativen Transposition** *wandert das transponierende Element als physikalische Einheit direkt von einer Stelle an eine andere und wird dabei nicht verändert*. Dies geschieht mit Hilfe eines von zwei Mechanismen. Der eine verbindet Donor- und Ziel-DNA-Sequenzen und teilt einige Schritte mit der replikativen Transposition (Abschnitt 18.4). Die Insertionssequenzen und zusammengesetzten Transposons Tn10 und Tn5 verwenden den in Abbildung 18.6 gezeigten Mechanismus, der das Entlassen des Transposons aus der flankierenden Donor-DNA während des Transfers beinhaltet; dieser Typ erfordert nur eine Transposase. Bei beiden Mechanismen der nichtreplikativen Transposition wird das Element an der Zielstelle einge-

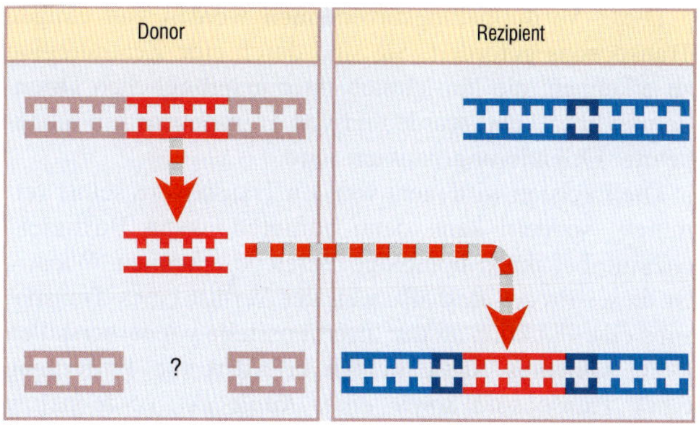

18.6 Die nichtreplikative Transposition erlaubt es einem Transposon, als physikalische Einheit von einer Donor- an eine Empfängerstelle zu wandern. Dies hinterläßt einen Bruch an der Donorstelle, der letal ist, falls er nicht repariert werden kann.

baut und geht an der Donorstelle verloren. Was geschieht mit dem Donormolekül nach einer nichtreplikativen Transposition? Eine Möglichkeit ist, daß der Donor einfach zugrunde geht (was von Bakterien mit mehr als einer Kopie des Chromosoms toleriert werden könnte). Eine andere ist, daß die Reparatursysteme des Wirtes den Doppelstrang erkennen und reparieren.

◆ Die **konservative Transposition** beschreibt eine andere Art von nichtreplikativem Vorgang, bei dem das Element an der Donorstelle ausgeschnitten und durch eine Reihe von Reaktionen, bei denen jede Nucleotidbindung erhalten bleibt, an der Zielstelle eingebaut wird. Abbildung 18.7 faßt das Ergebnis eines konservativen Vorgangs zusammen. Dieser ähnelt genau dem in Kapitel 13 besprochenen Mechanismus der Lambda-Integration, und die Transposasen solcher Elemente sind mit denen der λ-Integrasefamilie verwandt. Die Elemente, die von diesem Mechanismus Gebrauch machen, sind groß und können nicht nur den Transfer des Elements selbst vermitteln, sondern auch den Transfer von Donor-DNA von einem Bakterium in ein anderes. Obwohl sie ursprünglich als Transposons klassifiziert wurden, sollte man sie vielleicht besser als Episomen betrachten.

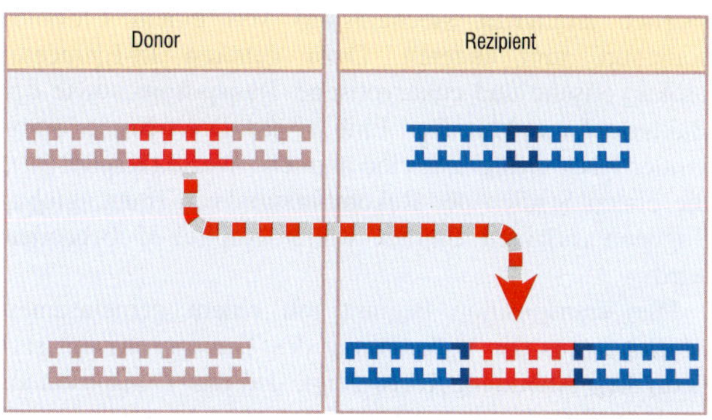

18.7 Die konservative Transposition erfolgt durch direkte Wanderung ohne den Verlust von Nucleotidbindungen; man vergleiche dies mit der Integration und Excision von Lambda.

Obwohl einige Transposons nur auf eine Art transponieren, können andere beide Wege benutzen. Die Elemente IS1 und IS903 verwenden sowohl nichtreplikative als auch replikative Wege, und die Fähigkeit des Phagen Mu, von einem gemeinsamen Zwischenprodukt aus einen der beiden Wege einzuschlagen, ist gut charaktierisiert (siehe unten).

Zusätzlich zu den „einfachen“ intermolekularen Transpositionen, die zum Einbau an einer neuen Stelle führen, können Transposons auch andere Arten von DNA-Umordnungen fördern. Einige dieser Vorgänge ergeben sich aus der Beziehung zwischen mehrfachen Kopien des Transposons. Andere repräsentieren alternative Ergebnisse des Transpositionsmechanismus und liefern Hinweise über die Natur der zugrunde liegenden Vorgänge.

Umordnungen der Wirts-DNA können sich ergeben, wenn ein Transposon eine seiner Kopien in der Nähe der ursprünglichen Stelle einbaut. Wirtssysteme können dann die reziproke Rekombination zwischen den beiden Kopien des Transposons vornehmen; das Ergebnis wird davon bestimmt, ob die Wiederholungssequenzen sich in gleicher oder entgegengesetzter Orientierung befinden.

Abbildung 18.8 zeigt die allgemeine Regel, daß Rekombination zwischen einem Paar von direkten Wiederholungssequenzen das Material zwischen ihnen zerstört.

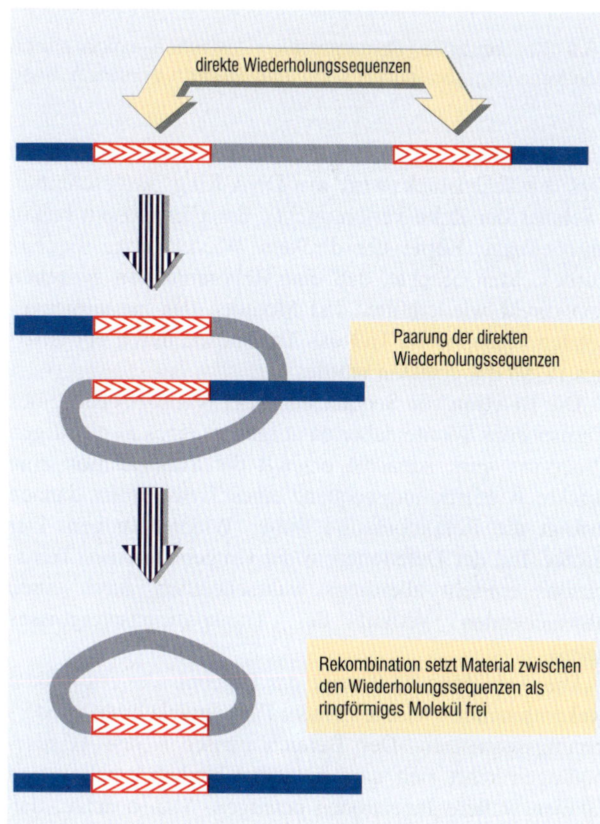

18.8 Bei der reziproken Rekombination zwischen direkten Wiederholungssequenzen wird das Material zwischen diesen ausgeschnitten; jedes Rekombinationsprodukt besitzt eine Kopie der direkten Wiederholungssequenz.

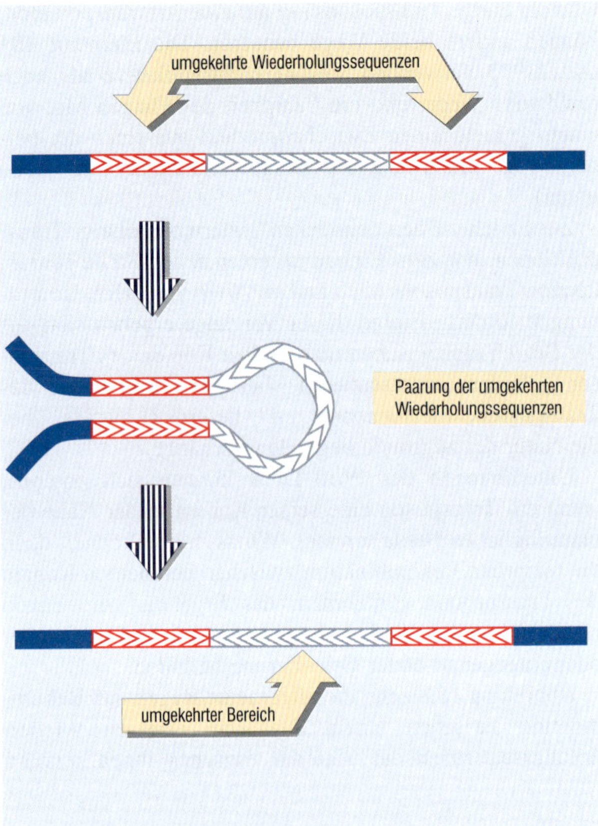

18.9 Die reziproke Rekombination zwischen umgekehrten Wiederholungssequenzen kehrt den Bereich zwischen ihnen um.

Das Zwischenstück wird als DNA-Ring ausgeschnitten (welcher der Zelle verlorengeht); das Chromosom behält eine einzige Kopie der direkten Wiederholungssequenz zurück. Man beachte, daß eine Rekombination zwischen den direkt wiederholten IS1-Modulen des zusammengesetzten Transposons Tn9 das Transposon durch ein einziges IS-Modul ersetzen würde.

Die **Deletion** von Sequenzen in der Nachbarschaft eines Transposons könnte daher das Ergebnis eines zweistufigen Prozesses sein; zunächst erzeugt die Transposition eine direkte Wiederholungssequenz eines Transposons, danach erfolgt die Rekombination dieser Wiederholungen. Der größte Teil der Deletionen in der Umgebung eines Transposons entsteht allerdings wahrscheinlich durch einen abweichenden Verlauf des Transpositionsereignisses selbst.

Die Abbildung 18.9 zeigt das Ergebnis der reziproken Rekombination zwischen einem Paar umgekehrter Wiederholungssequenzen. Der Bereich zwischen den Wiederholungen kehrt sich um; sie selbst bleiben erhalten und können weitere Inversionen erzeugen. Man beachte, daß ein zusammengesetztes Transposon, dessen Module umgekehrt sind, eine stabile Komponente des Genoms darstellt, obwohl die Richtung des Zentralbereichs bezüglich der Module durch Rekombination umgekehrt werden kann.

Diese **Verdoppelungsinversionen** werden von einigen Transposons gefördert. Sie sind durch eine Zentralregion zu erkennen, die hinsichtlich ihrer ursprünglichen Orientierung umgekehrt wurde und von Transposons mit umgekehrter Orientierung flankiert wird.

Die Excision wird nicht von den Transposons selbst vermittelt, sondern kann dann auftreten, wenn Bakterienenzyme bei ihnen homologe Bereiche erkennen. Wichtig ist dieser Prozeß deshalb, weil der Verlust eines Transposons eine Funktion an der Insertionsstelle wiederherstellen kann. **Genaues Ausschneiden** erfordert die Entfernung eines Transposons *sowie einer Kopie der verdoppelten Sequenz*. Dies ist selten und kommt bei Tn5 mit einer Häufigkeit von etwa 10^{-6}, bei Tn10 mit einer Häufigkeit von etwa 10^{-9} vor. Wahrscheinlich tritt die Rekombination zwischen den verdoppelten, neun Basenpaaren langen Zielstellen auf.

Das **ungenaue Ausschneiden** hinterläßt einen Überrest des Transposons. Obwohl dieser oft die Reaktivierung des Zielgens verhindern kann, vermag er unter Umständen polare Effekte in angrenzenden Genen nicht mehr zu erzeugen, so daß der Phänotyp sich ändert. Ungenaues Ausschneiden erfolgt bei Tn10 mit einer Häufigkeit von etwa 10^{-6}. Es umfaßt die Rekombination zwischen 24-bp-Sequenzen in den IS10-Modulen; diese sind umgekehrte Wiederholungssequenzen, aber da die IS-Module selbst umgekehrt sind, bilden sie in Tn10 direkte Wiederholungssequenzen.

Die größere Häufigkeit des ungenauen Ausschneidens im Vergleich zum genauen spiegelt wahrscheinlich den Längenzuwachs bei den direkten Wiederholungssequenzen wider (24 bp im Vergleich zu neun Basenpaaren). Keiner der Excisionstypen beruht auf transposoncodierten Funktionen; ihr Mechanismus ist unbekannt. Die Excision erfolgt unabhängig von RecA und könnte auf einem zellulären Mechanismus beruhen, der spontane Deletionen zwischen eng benachbarten Wiederholungssequenzen erzeugt.

18.4 Die üblichen Zwischenstufen der Transposition

Viele mobile DNA-Elemente wandern mittels eines grundsätzlich ähnlichen Mechanismus von einem Chromosomenort zum anderen. Dazu gehören IS-Elemente, prokaryotische und eukaryotische Transposons sowie der Bakteriophage Mu. Der Einbau der DNA-Kopie retroviraler RNA erfolgt auf eine ähnliche Weise (Kapitel 19); die ersten Stadien der Rekombination von Immunglobulingenen verlaufen ähnlich, wie in Kapitel 33 behandelt wird.

Die Transposition beginnt mit einem gemeinsamen Mechanismus der Verknüpfung des Transposons mit seinem Ziel. Abbildung 18.10 zeigt, daß das Transposon an beiden Enden einen Einzelstrangbruch erfährt und daß beide Stränge der Zielstelle gespalten werden. Die gespaltenen Enden werden kreuzweise miteinander verbunden, so daß eine kovalente Bindung zwischen Transpo-

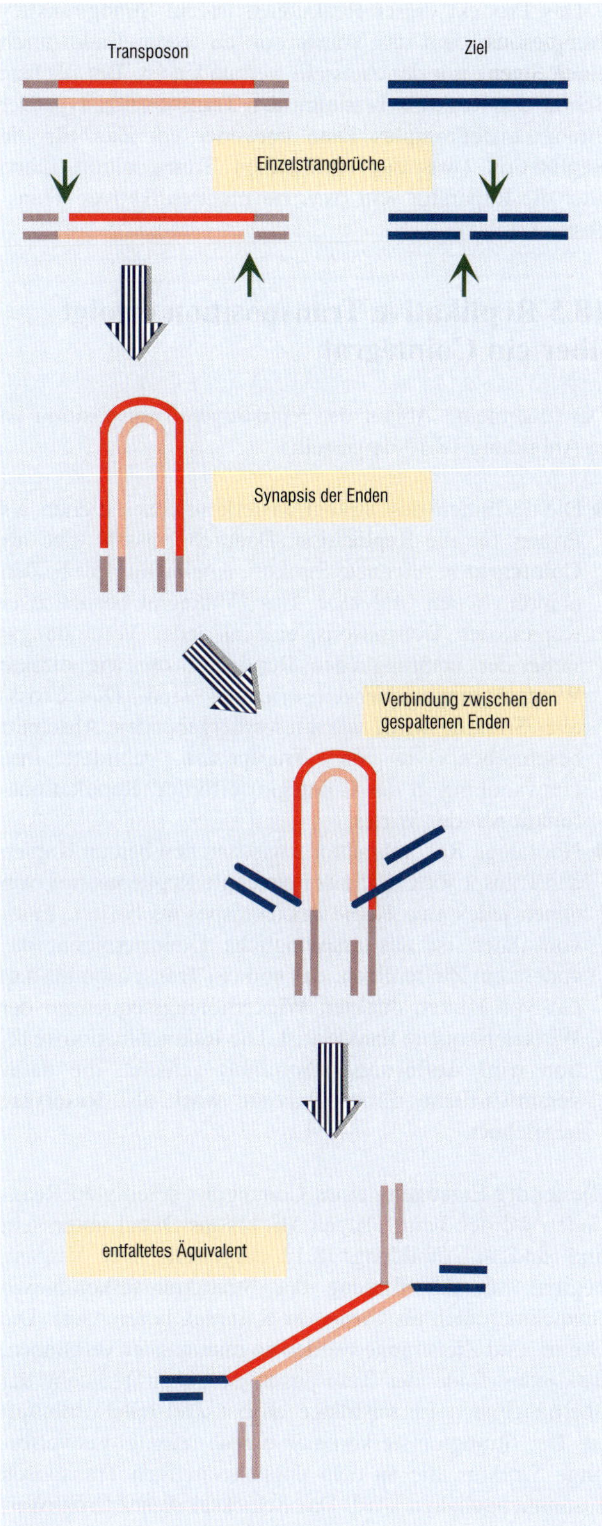

18.10 Die Transposition wird durch einen Strangbruch an den Transposonenden und an der Zielstelle sowie durch die Verbindung der gebrochenen Enden zu einem Strangtransferkomplex initiiert.

son und Ziel entsteht. Dieser Vorgang bringt die beiden Enden des Transposons zusammen; um die Spaltungen einfacher verfolgen zu können, ist das Stadium der Synapsis erst nach der Spaltung dargestellt, obwohl es schon vorher auftritt.

Am meisten wissen wir über diesen Prozeß bei dem Phagen Mu, der die Transposition auf zwei Arten durchführt. Wenn Mu eine Wirtszelle infiziert, integriert er sich mit Hilfe nichtreplikativer Transposition in das Genom; während des nachfolgenden lytischen Zyklus vervielfacht sich seine Kopienzahl durch replikative Transposition. Beide Arten der Transposition verwenden denselben Reaktionstyp zwischen Transposon und Ziel, die nachfolgenden Reaktionen sind jedoch verschieden.

Die anfänglichen Veränderungen der Phagen-DNA nimmt die MuA-Transposase vor. An jedem Ende der Mu-DNA befinden sich drei MuA-Bindungsstellen mit einer Consensussequenz von 22 bp. L1, L2 und L3 befinden sich am linken Ende; R1, R2 und R3 am rechten. An jede dieser Stellen kann ein MuA-Monomer binden, und außerdem noch an eine interne Stelle im Phagengenom. Durch die Bindung von MuA an das linke und das rechte Ende sowie an die interne Stelle entsteht ein Komplex. Die Rolle der internen Stelle ist nicht klar, aber sie scheint für die Bildung des Komplexes notwendig zu sein, nicht jedoch für den Strangbruch und die nachfolgenden Schritte.

Die Verbindung der Mu-Transposon-DNA mit einer Zielstelle durchläuft die drei in Abbildung 18.11 dargestellten Stadien. Dabei sind nur die beiden Stellen beteiligt, die dem jeweiligen Ende des Transposons am nächsten sind. Die an diese Stellen gebundenen MuA-Untereinheiten bilden ein Tetramer, das die Synapsis der beiden Enden des Transposons veranlaßt. Das Tetramer wirkt nun auf eine Weise, die eine koordinierte Reaktion an beiden Enden der Mu-DNA sicherstellt. MuA besitzt zwei Stellen für die DNA-Manipulation, deren Funktionsweise die Untereinheiten der Transposase dazu zwingt, *trans*-aktiv zu sein. Die *Consensusbindungsstelle* bindet an die 22-bp-Sequenzen von L1, L2, R1 und R2. Das *aktive Zentrum* schneidet die Mu-DNA-Stränge an Stellen, die den MuA-Bindestellen L1 und R1 benachbart sind. Allerdings kann es nicht die DNA-Sequenz spalten, die sich neben der Consensussequenz in der Consensusbindungsstelle befindet. Dafür kann es die entsprechende Sequenz auf einem anderen DNA-Abschnitt spalten.

Die Enden des Transposons werden also von *trans*-aktiven MuA-Untereinheiten gespalten. Die *trans*-Funktionsweise bedeutet, daß die an L1 und R1 gebundenen Monomere ihre Nachbarstellen nicht spalten. Eines der an das linke Ende gebundenen Monomere spaltet die Stelle an dem rechten Ende und umgekehrt. (Wir wissen nicht, welches Monomer genau in diesem Stadium der Reaktion aktiv ist.) Auch die Strangtransferreaktion erfolgt in *trans*; das Monomer bei L1 überträgt den Strang bei R1 und umgekehrt. Es könnte der Fall sein, daß verschiedene Monomere die Spaltung und den Strangtransfer eines bestimmten Endes katalysieren.

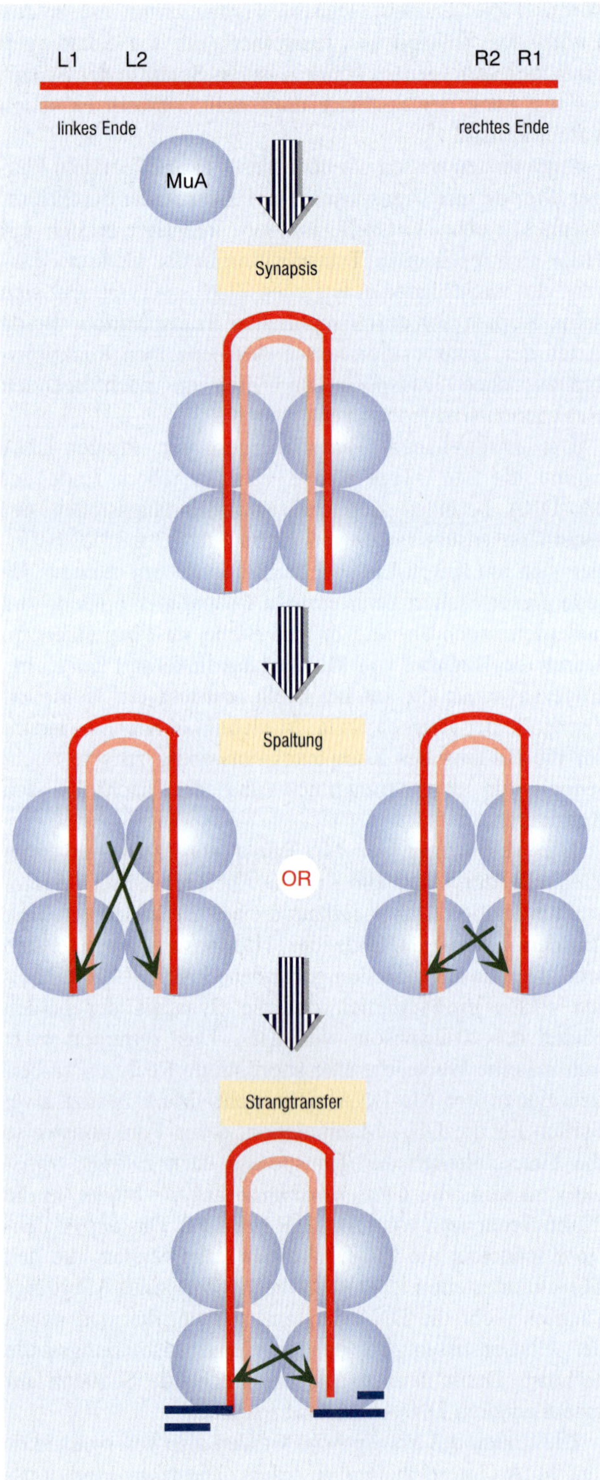

18.11 Ein Mu-Transposon durchläuft drei stabile Stadien. Die MuA-Transposase bildet ein Tetramer, das die Enden des Phagen Mu zusammenbringt. Die Transposaseuntereinheiten arbeiten in *trans*, um jedes Ende der DNA zu schneiden; danach verknüpft ein zweites *trans*-Ereignis die geschnittenen Enden mit der Ziel-DNA.

Das Produkt dieser Reaktionen ist ein Strangtransferkomplex, in dem das Transposon an jedem Ende durch einen Strang mit der Zielstelle verbunden ist. Der nächste Schritt der Reaktion bestimmt den Transpositionstyp. Der Strangtransferkomplex kann entweder ein Ziel für die Replikation (was zur replikativen Transposition führt) oder die Reparatur sein (was zur nichtreplikativen Transposition führt).

18.5 Replikative Transposition erfolgt über ein Cointegrat

Der allgemeine Ablauf der replikativen Transposition ist in Abbildung 18.12 dargestellt:

- Die 3′-Enden des Strangtransferkomplexes dienen als Primer für die Replikation. Dadurch entsteht eine als **Cointegrat** bezeichnete Struktur, eine Fusion der beiden ursprünglichen Moleküle. Das Cointegrat besitzt zwei Kopien des Transposons, eine an jeder Verbindungsstelle der ursprünglichen Replicons, die wie direkte Wiederholungssequenzen orientiert sind. Die Crossover-Struktur wird, wie im vorhergehenden Abschnitt beschrieben, von der Transposase gebildet; ihre Umwandlung in das Cointegrat erfordert Replikationsfunktionen des Wirtes.
- Homologe Rekombination zwischen den beiden Kopien des Transposons setzt zwei getrennte Replicons frei, von denen jedes eine Kopie des Transposons besitzt. Eines von ihnen ist das ursprüngliche Donorreplicon, das andere ein Zielreplicon, das nun ein Transposon besitzt, das von kurzen direkten Wiederholungssequenzen der Wirtszielsequenz flankiert ist. Die Rekombinationsreaktion wird **Auflösung** (*resolution*) genannt, die dafür verantwortliche Enzymaktivität wird als **Resolvase** bezeichnet.

Die an der Erzeugung eines Cointegrats beteiligten Reaktionen wurden beim Phagen Mu bis ins Detail untersucht und sind in Abbildung 18.13 dargestellt. Der Vorgang beginnt mit der Bildung des Strangtransferkomplexes (manchmal auch als Crossover-Komplex bezeichnet). Die Donor- und Zielstränge werden so miteinander verbunden, daß jedes Ende der Transposonsequenz mit einem der überhängenden Einzelstränge an der Zielstelle verknüpft ist. Der Strangtransferkomplex erzeugt eine crossoverförmige Struktur, die an dem doppelsträngigen Transposon zusammengehalten wird. Das Schicksal dieser Crossover-Struktur bestimmt die Art der Transposition.

Das Prinzip der replikativen Transposition ist die Verdopplung des Transposons durch Replikation. Dadurch entsteht sowohl an der Ziel- als auch an der Donorstelle eine Kopie; das Produkt ist ein Cointegrat.

Die Crossover-Struktur enthält an jedem der versetzten Enden einen einzelsträngigen Bereich, sogenannte Pseudoreplikationsgabeln, die als Matrize für die DNA-Synthese dienen. (Die Verwendung dieser Enden als Primer für die

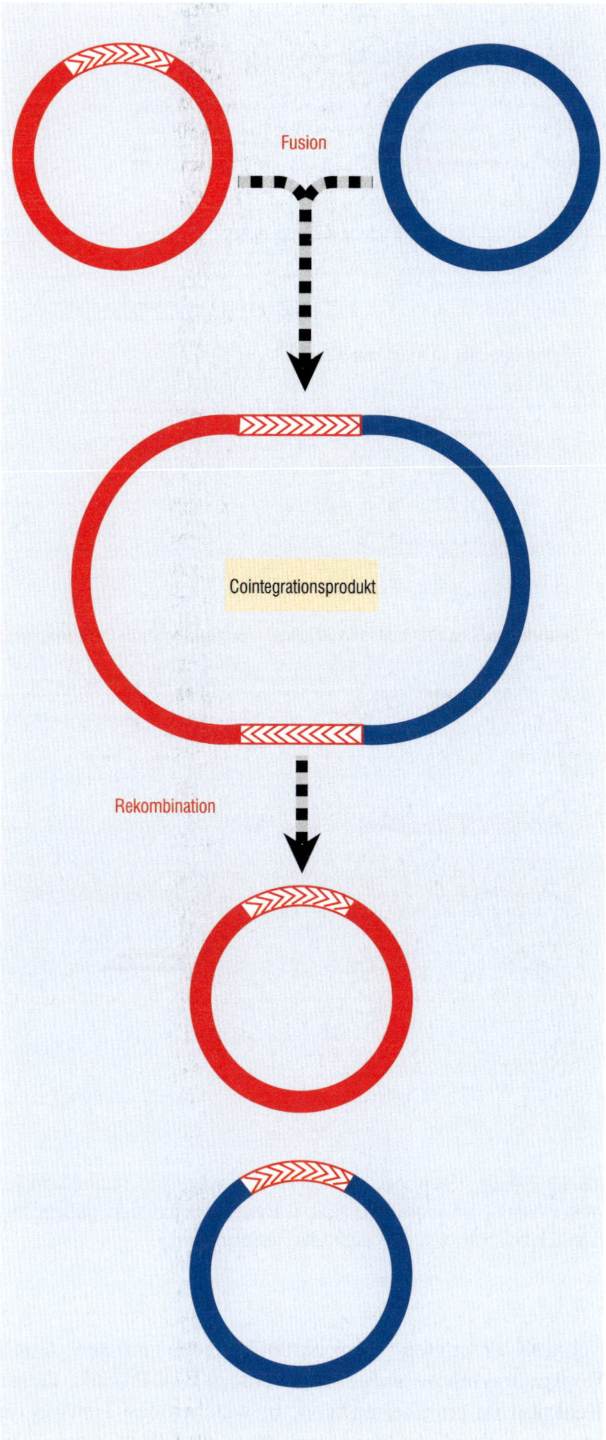

18.12 Die Transposition kann ein Donor- und ein Empfängerreplicon zu einem Cointegrat fusionieren. Die Auflösung setzt zwei Replicons frei, von denen jedes eine Kopie des Transposons enthält.

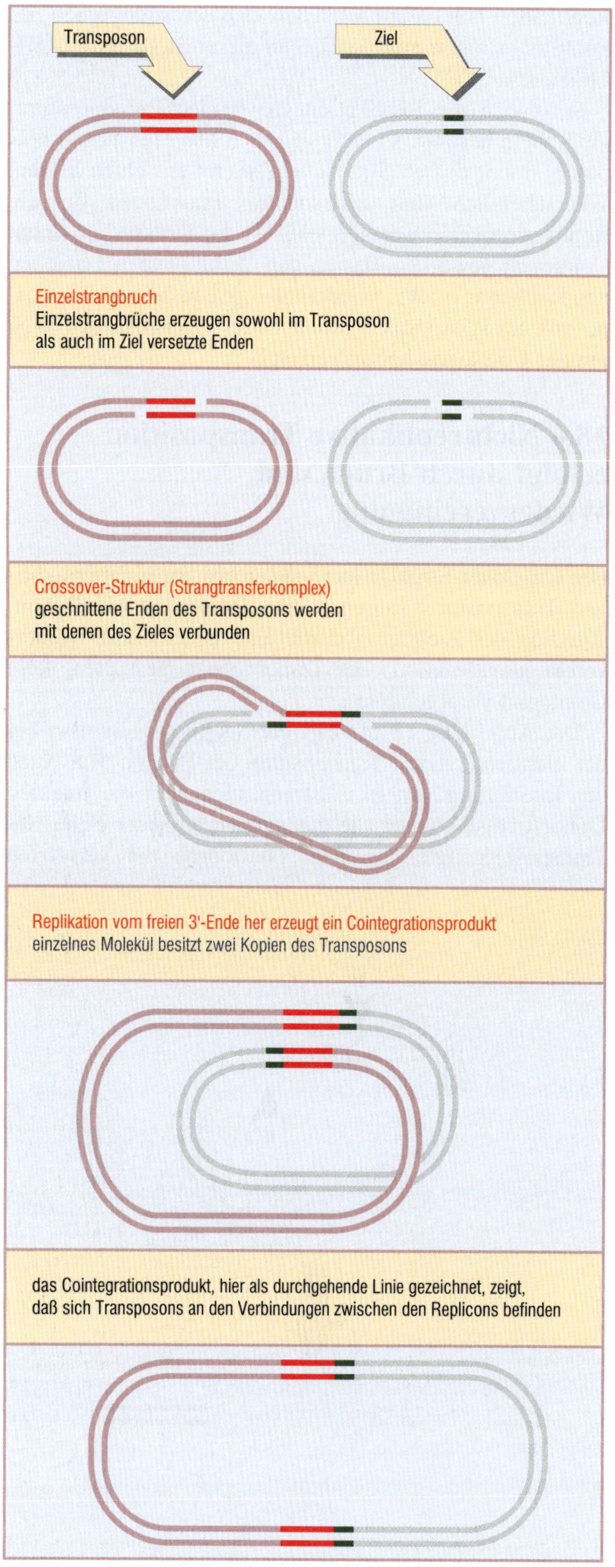

18.13 Die Mu-Transposition erzeugt eine Crossover-Struktur, die durch Replikation in ein Cointegrat umgewandelt wird.

Replikation läßt darauf schließen, daß der Strangbruch mit Polarität erfolgen muß, so daß an dieser Stelle ein 3′-OH-Ende entsteht.)

Setzt sich die Replikation von beiden Pseudoreplikatonsgabeln her fort, so läuft sie durch das Transposon hindurch, trennt dessen Stränge und stoppt an seinen Enden. Wahrscheinlich sind wirtscodierte Funktionen für die Replikation verantwortlich. Nun ist die Struktur zu einem Cointegrat geworden, das an den Verbindungen zwischen den Replicons direkte Wiederholungssequenzen des Transposons aufweist (was deutlich wird, wenn man den Weg um das Cointegrat herum verfolgt).

18.6 Nichtreplikative Transposition erfolgt durch Bruch und Wiedervereinigung

Die Crossover-Struktur kann außerdem zur nichtreplikativen Transposition führen. Deren Prinzip ist die Rekonstruktion der Zielregion durch eine Bruch- und Wiedervereinigungsreaktion; der Donor bleibt gespalten, kein Cointegrat wird gebildet.

Die Abbildung 18.14 zeigt die Spaltungsereignisse bei der nichtreplikativen Transposition des Phagen Mu. Nach der Einführung von Einzelstrangbrüchen in die intakten Donorstränge können die Zielstränge an jeder Seite des Transposons ligiert werden. Die durch die versetzten

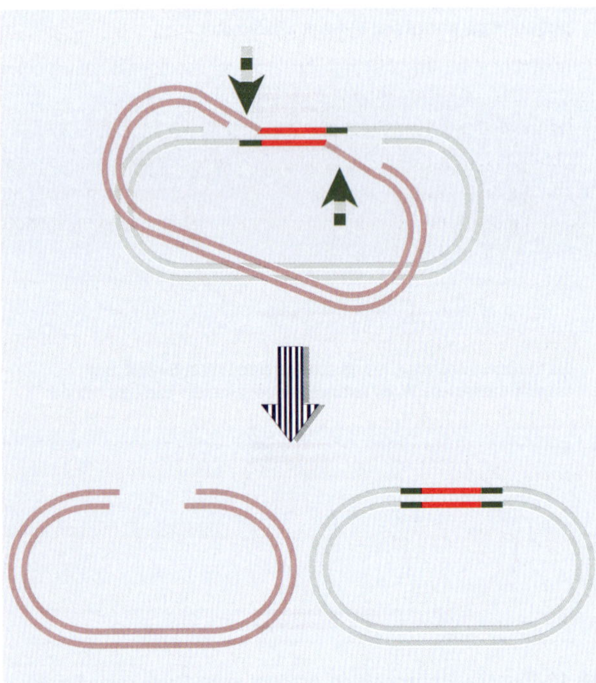

18.14 Die nichtreplikative Transposition erfolgt dann, wenn eine Crossover-Struktur durch einen Strangbruch freigesetzt wird. Dadurch wird das Transposon in die Ziel-DNA eingebaut, flankiert von den direkten Wiederholungssequenzen der Zielsequenz, während der Donor mit einem Doppelstrangbruch zurückbleibt.

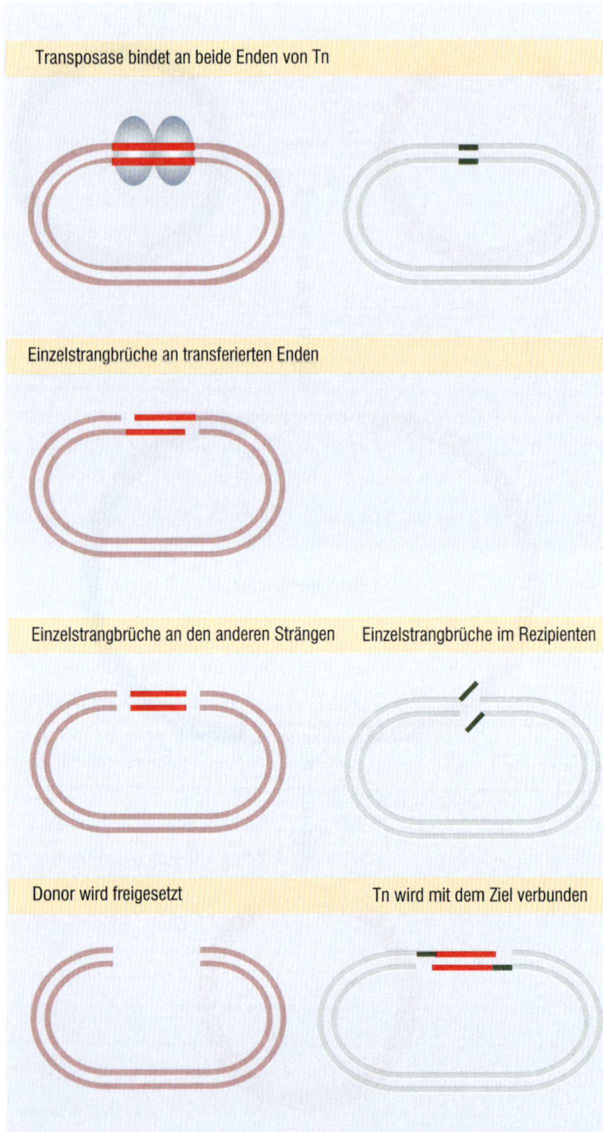

18.15 Beide Stränge von Tn10 werden nacheinander geschnitten, danach wird das Transposon mit den gebrochenen Einzelsträngen der Zielstelle verbunden.

Schnitte erzeugten Einzelstrangbereiche müssen durch Reparatursynthese aufgefüllt werden. Das Produkt dieser Reaktion ist ein Zielreplicon, in welches das Transposon zwischen Wiederholungssequenzen eingefügt wurde, die durch die ursprünglichen Einzelstrangbrüche entstanden. Das Donoreplicon weist einen Doppelstrangbruch an der Stelle auf, wo sich das Transposon ursprünglich befand.

Nichtreplikative Transposition kann außerdem auf einem alternativen Weg erfolgen. Dabei werden Einzelstrangbrüche in die Ziel-DNA eingeführt, aber Doppelstrangbrüche erfolgen auf jeder Seite des Transposons, so daß es vollständig von den flankierenden Donorsequenzen gelöst wird, wie in Abbildung 18.6 dargestellt ist. Dieser Weg des „Ausschneidens und Einklebens" wird von Tn10 verwendet (Abbildung 18.15).

In einem klugen Experiment zum Beweis, daß Tn10 nichtreplikativ transponiert, verwendete man eine künstliche Tn10-Heteroduplex mit fehlgepaarten Einzelbasen. Findet bei der Transposition eine Replikation statt, so enthält das Transposon an der neuen Stelle nur Information aus einem der Tn10-Elternstränge. Erfolgt die Transposition aber durch physikalische Wanderung des bereits existierenden Transposons, so bleiben die Fehlpaarungen an der neuen Stelle erhalten. Dies konnte bewiesen werden, weil das Transposon nach der Transposition die Information beider Stränge enthält.

Der Hauptunterschied zwischen den Modellen in Abbildung 18.15 und 18.14 besteht darin, daß bei den ersten beiden die Tn10-Stränge gespalten werden, bevor eine Verbindung zu der Zielstelle hergestellt wird. Der erste Schritt bei der Reaktion ist die Erkennung der Transposonenden durch die Transposase, so daß eine proteinhaltige Struktur entsteht, innerhalb derer die Reaktion erfolgt. An jedem Ende des Transposons werden die Stränge in einer bestimmten Reihenfolge gespalten – zuerst der übertragene Strang (der mit der Zielstelle verbunden wird), dann der andere (dies ist dieselbe Reihenfolge wie bei der Mu-Transposition in den Abbildungen 18.13 und 18.14). Zu diesem Zeitpunkt wird die gespaltene Donor-DNA freigesetzt, und das Transposon wird mit den gespaltenen Enden der Zielstelle verbunden. Das Transposon und die Zielstelle bleiben mit der Proteinstruktur verbunden, die von der Transposase (und anderen Proteinen) gebildet wird. Der Doppelstrangbruch an beiden Transposonenden schließt jegliche Transposition vom Replikationstyp aus und zwingt die Reaktion dazu, eine nichtreplikative Transposition zu durchlaufen. Das Ergebnis ist dasselbe wie in Abbildung 18.14, aber die einzelnen Spaltungs- und Verbindungsschritte erfolgen in einer anderen Reihenfolge. Die Tn10-Transposase arbeitet als Dimer; jedes Monomer besitzt ein aktives Zentrum, das nacheinander den Doppelstrangbruch der beiden Transposonstränge und die versetzte Spaltung an der Zielstelle katalysiert.

18.7 Die Transposition von TnA erfordert Transposase und Resolvase

Für die TnA-Familie, die aus großen (etwa 5 000 bp) Transposons besteht, ist die replikative Transposition die einzige Form der Mobilität. Sie sind nicht aus Transpositionsmodulen vom IS-Typ zusammengesetzt, sondern bestehen aus unabhängigen Einheiten, die sowohl Gene für die Transposition als auch für Merkmale wie Antibiotikaresistenzen tragen. Die TnA-Familie enthält mehrere verwandte Transposons, von denen Tn3 und Tn1 000 (früher als $\gamma\delta$ bezeichnet) die am besten charakterisierten sind. Sie haben, wie üblich, an ihren Enden eng miteinander verwandte Wiederholungssequenzen, die normalerweise etwa 38 bp lang sind. *Cis*-aktive Deletionen in einer dieser Wiederholungseinheiten verhindern die Transposition der Elemente. An ihrer Zielstelle entsteht eine fünf Basenpaare lange direkte Wiederholungssequenz; außerdem tragen sie Resistenzmarker wie etwa *amp*^{R}.

Die beiden Schritte der TnA-vermittelten Transposition werden von der Transposase und der Resolvase durchgeführt, deren Gene, *tnpA* und *tnpR*, sich durch rezessive Mutationen nachweisen lassen. Am Transpositionsschritt sind, wie auch bei den Elementen vom IS-Typ, die Enden beteiligt. Die Auflösung erfordert eine bestimmte interne Stelle, die ein besonderes Merkmal der TnA-Familie ist.

tnpA-Mutanten können nicht transponieren. Das Genprodukt ist eine Transposase, die an eine Sequenz von etwa 25 bp bindet, die innerhalb der 38 bp langen umgekehrten endständigen Wiederholungssequenzen liegt. Neben der Transposasebindungsstelle befindet sich eine Bindungsstelle für das *E. coli*-Protein IHF; die Bindung beider Proteine ist kooperativ. Die Transposase erkennt die Enden des Elements und führt außerdem die versetzten 5-bp-Brüche in die Ziel-DNA ein, an der das Transposon eingebaut werden soll. IHF ist ein DNA-bindendes Protein, das häufig am Aufbau großer Strukturen von *E. coli* beteiligt ist; seine Rolle bei der Transpositonsreaktion ist möglicherweise nicht unbedingt erforderlich.

Das *tnpR*-Genprodukt hat eine zweifache Funktion, die sich in den unterschiedlichen Auswirkungen von Mutationen äußert. Das Protein wirkt als Repressor der Genexpression und erfüllt außerdem die Resolvasefunktion.

Mutationen von *tnpR* erhöhen die Transpositionshäufigkeit. Der Grund dafür liegt darin, daß TnpR die Transkription von sowohl *tnpA* als auch seines eigenen Gens unterdrückt. Die Inaktivierung des TnpR-Proteins ermöglicht somit die vermehrte Synthese von TnpA, was zu einer erhöhten Transpositionshäufigkeit führt. Daraus läßt sich schließen, daß die Menge an TnpA-Transposase bei der Transposition ein limitierender Faktor sein muß.

Die Gene *tnpA* und *tnpR* werden von einer A•T-reichen intercistronischen Kontrollregion in entgegengesetzter Richtung exprimiert, was in der Tn3-Karte in Abbildung 18.16 gezeigt ist. Beide Effekte von TnpR ergeben sich aus seiner Bindung in dieser Region.

TnpR ist als Resolvase an der Rekombination der direkten Wiederholungssequenzen von Tn3 zu einer Cointegratstruktur beteiligt. Ein Cointegrat kann im Prinzip durch homologe Rekombination zwischen jedem korrespondierenden Paar von Stellen in beiden Kopien des Transposons aufgelöst werden. Bei Tn3 aber findet die Auflösungsreaktion nur an einer bestimmten Stelle statt.

Diese Auflösungsstelle heißt *res*. Sie läßt sich durch *cis*-aktive Deletionen nachweisen, welche die Vollendung der Transposition verhindern und zu einer Anhäufung von Cointegraten führen. In Abwesenheit von *res* kann die Auflösungsreaktion auch durch eine RecA-vermittelte allgemeine Rekombination ersetzt werden, die aber eine geringere Effizienz besitzt.

Die Stellen, an die TnpR-Resolvase bindet, sind im unteren Teil von Abbildung 18.16 zusammengefaßt. Die Bindung erfolgt unabhängig voneinander an drei Stellen, die etwa 30 bis 40 bp lang sind. Sie zeigen eine Sequenzhomologie, aus der sich eine Consensussequenz mit zweifacher Symmetrie ableiten läßt.

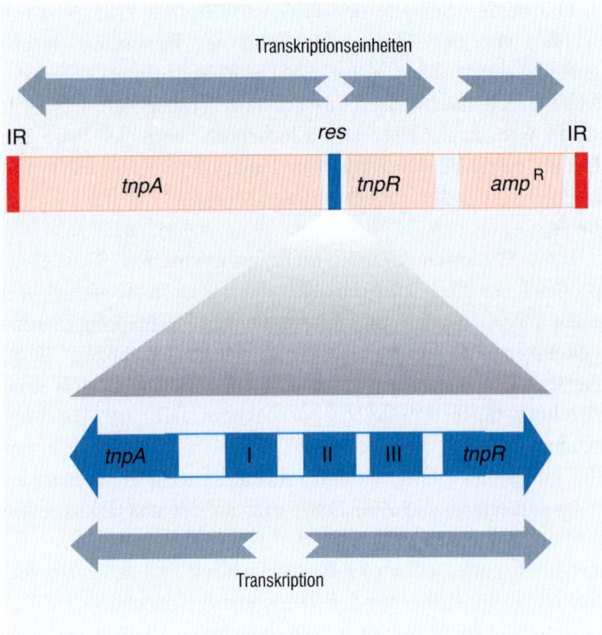

18.16 Die Transposons der TnA-Familie besitzen umgekehrte terminale Wiederholungssequenzen, eine interne *res*-Stelle und drei bekannte Gene.

Zur Stelle I gehört der Bereich, der genetisch als *res*-Stelle definiert wurde; ohne sie erfolgt die Auflösungsreaktion überhaupt nicht. Allerdings umfaßt die Auflösung auch die Bindung an den Stellen II und III, da die Reaktion nur langsam vonstatten geht, wenn eine dieser Stellen geschädigt ist. Die Stelle I überlappt mit dem Startpunkt für die *tnpA*-Transkription, die Stelle II mit dem der *tnpR*-Transkription; eine Operatormutation liegt genau am linken Ende der Stelle II.

Treten die Stellen miteinander in Wechselwirkung? Eine Möglichkeit besteht darin, daß die Bindung von allen drei erforderlich ist, um die DNA in einer geeigneten Topologie zu halten. Die Bindung nur eines Satzes von Stellen könnte die Transkription von *tnpA* und *tnpR* unterdrücken, ohne die DNA zu verändern.

Ein *in vitro*-Ansatz der die Auflösung testet, verwendet ein cointegratähnliches DNA-Molekül als Substrat. Dieses muß überspiralisiert sein; seine Auflösung erzeugt zwei verkettete Ringe, die jeweils eine *res*-Stelle enthalten. Die Reaktion erfordert große Mengen von TnpR-Resolvase und keine Wirtsfaktoren; die Auflösung erfolgt in einer großen Nucleoproteinstruktur. Die Resolvase bindet an jede *res*-Stelle und bringt dann die gebundenen Stellen zusammen, so daß sie eine Struktur von etwa zehn Nanometer Durchmesser bilden. Bei der Reaktion verändert sich die Überspiralisierung, und die DNA wird durch die Bindung von Transposase an den *res*-Stellen gebogen.

Die Auflösung ist eine nichtreplikative Reaktion; Bindungen werden ohne Energiezufuhr gebrochen und wieder geknüpft. Die Produkte kennzeichnen ein Zwischenstadium bei der Cointegratauflösung; sie bestehen aus Resolvase, die kovalent an die beiden 5′-Enden von Doppelstrangbrüchen an der *res*-Stelle gebunden ist. Die Spaltung erfolgt symmetrisch in einem kurzen palindromischen Bereich und erzeugt zwei überstehende Basen. Betrachten wir die Crossover-Region an der Stelle I genauer, so können wir die Spaltungsreaktion folgendermaßen beschreiben:

```
5′ T T A T A A 3′
3′ A A T A T T 5′
              ↓
5′ T T A T         +     Protein— A A 3′
3′ A A—Protein                T A T T 5′
```

Die Reaktion ähnelt der Aktivität von Lambda-Int an den *att*-Stellen, wie in Kapitel 17 beschrieben wurde. Tatsächlich sind 15 der 20 bp von *res* identisch mit den Basen an den entsprechenden Stellen von *att*. Wir können beide Sequenzen gemäß ihrer Spaltstellen folgendermaßen gegenüberstellen:

```
                   ↓
res G A T A A T T T A T A A T A T
att G C T T T T T T A T A C T A A
                         ↑
```

Die Reaktionen selbst sind, was die Manipulation der DNA angeht, analog; allerdings erfolgt die Auflösung nur zwischen intramolekularen Stellen, während die Rekombination zwischen *att*-Stellen intermolekular und gerichtet ist (was sich an den Unterschieden der *att*-Stellen zeigt). Der Mechanismus der Proteinaktivität ist dagegen bei jedem anders. Die Resolvase funktioniert, indem vier Untereinheiten an die rekombinierenden *res*-Stellen binden. Jede von ihnen macht einen Schnitt in einem Einzelstrang, dann werden die DNA-Stränge durch eine Reorganisation der Untereinheiten relativ zueinander bewegt und in eine Rekombinationskonformation gebracht. Danach werden die Einzelstrangbrüche verschlossen.

18.8 Die Transposition von Tn10 hat viele Kontrollmechnismen

Die Kontrolle der Transpositionshäufigkeit ist für die Zelle von großer Wichtigkeit. Ein Transposon muß für sein Überleben eine bestimmte minimale Wanderungshäufigkeit aufrechterhalten; eine zu hohe Frequenz dagegen könnte für die Wirtszelle schädlich sein. Jedes Transposon scheint Mechanismen für die Kontrolle seiner Transpositionshäufigkeit zu besitzen, von denen bei Tn10 eine Vielzahl charakterisiert wurde.

Tn10 ist ein zusammengesetztes Transposon, in dem das IS10R-Element, dessen Organisation in Abbildung 18.17 zusammengefaßt ist, das aktive Modul bildet. Zwei Promotoren finden sich in der Nähe der äußeren Begrenzung. Der Promotor P_{EIN} ist für die Transkription von IS10R verantwortlich, der Promotor P_{AUS} sorgt dafür, daß die Transkription in Richtung der benachbarten flankierenden DNA fortschreitet. Gewöhnlich hört sie innerhalb des

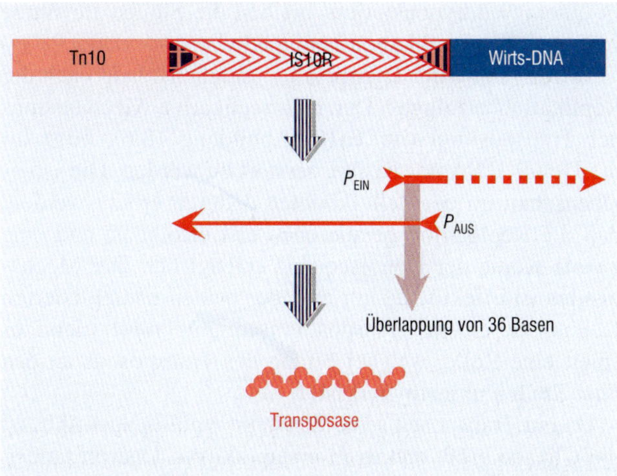

18.17 Zwei Promotoren mit entgegengesetzter Orientierung liegen an den äußeren Grenzen von IS10R. Der starke Promotor P_{AUS} reguliert die Transkription in die flankierende Wirts-DNA hinein. Der schwächere Promotor P_{EIN} führt zur Transkription einer RNA, die über IS10R hinausgeht und zur Transposase translatiert wird.

Transposons auf, setzt sich aber gelegentlich in die Wirts-DNA fort; manchmal ist diese durchlaufende Transkription für die Aktivierung benachbarter Bakteriengene verantwortlich.

Das Phänomen der „Multikopienhemmung" zeigt, daß die Expression des IS10R-Transposasegens reguliert ist. Die Transposition eines Tn10-Elements in dem Bakterienchromosom geht zurück, wenn man durch ein Multikopienplasmid zusätzliche IS10R-Kopien einführt. Diese Inhibition erfordert den P_{AUS}-Promotor und wird auf der Ebene der Translation ausgeübt. Die Grundlage für diesen Effekt liegt in der Überlappung der 5′-terminalen Bereiche der Transkripte von P_{EIN} und P_{AUS}. *AUS*-RNA ist ein 69-Basen-Transkript, das aus zwei Gründen in mehr als 100facher Menge als *EIN*-RNA vorliegt: P_{AUS} ist ein sehr viel stärkerer Promotor als P_{EIN}, und *AUS*-RNA ist stabiler als *EIN*-RNA.

AUS-RNA fungiert als Antisense-RNA, wie sie in Kapitel 12 behandelt wurde. Das Niveau von *AUS*-RNA hat in der Einzelkopiesituation keinen Wirkung, wird aber dann signifikant, wenn mehr als fünf Kopien vorhanden sind. Pro Kopie von IS10 gibt es normalerweise etwa fünf Kopien *AUS*-RNA (was bei einer typischen Mehrfachkopiesituation etwa 150 Kopien *AUS*-RNA entspricht). *AUS*-RNA und *EIN*-RNA bilden Basenpaare, und der Überschuß an *AUS*-RNA sorgt dafür, daß die *EIN*-RNA schnell gebunden wird, noch bevor ein Ribosom sich an sie heften kann. Daher kann die gepaarte *EIN*-RNA nicht translatiert werden.

Die Menge an Transposaseprotein spielt häufig eine entscheidende Rolle. Tn10, dessen Transposase in geringen Mengen von 0,15 Molekülen pro Zelle einer Generation

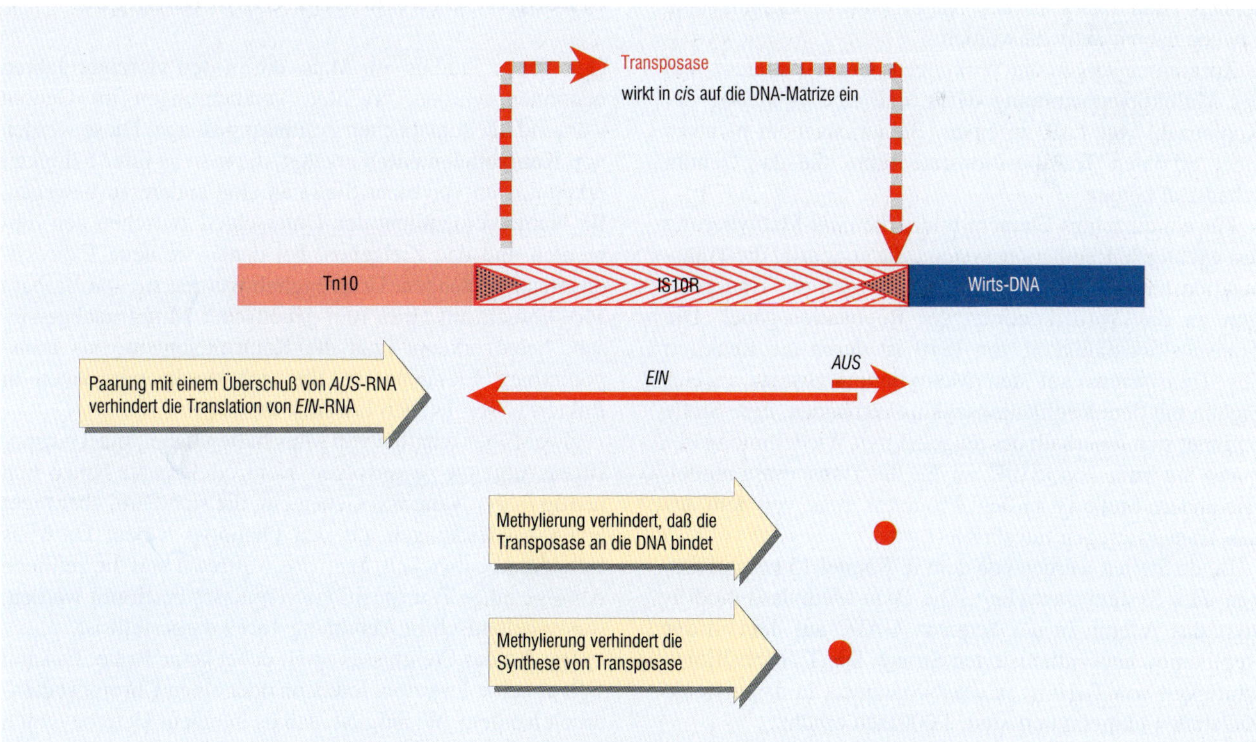

18.18 Verschiedene Mechanismen begrenzen die Transpositionshäufigkeit von Tn10, indem sie entweder die Synthese oder die Funktion des Transposaseproteins beeinflussen. Die Transposition eines einzelnen Transposons ist wegen der Methylierung auf die Zeit nach der Replikation beschränkt. Bei Anwesenheit mehrerer Kopien schränkt die *cis*-Präferenz die Wahl des Zieles ein, und die Paarung von *EIN*- und *AUS*-RNA hemmt die Synthese der Transposase.

synthetisiert wird, zeigt einige interessante Mechanismen. Abbildung 18.18 faßt die verschiedenen Effekte zusammen, welche die Transpositionshäufigkeit beeinflussen.

Ein durchgehendes Leseraster auf einem Strang von IS10R codiert die Transposase, deren Menge die Transpositionsrate beschränkt. Mutationen dieses Gens können in *trans* durch ein anderes Wildtyp-IS10-Element komplementiert werden, allerdings nur mit einigen Schwierigkeiten. Dies zeigt sich in der deutlichen Präferenz der Transposase zur *cis*-Aktivität; das Enzym arbeitet nur mit der DNA-Matrize effizient, von der es selbst transkribiert und translatiert wurde. *Cis*-Präferenz ist eine häufige Eigenschaft der von IS-Elementen codierten Transposasen. (Andere Proteine mit *cis*-Präferenz sind zum Beispiel das A-Protein aus der Replikation von φX174, wie in Kapitel 14 beschrieben.) Die *cis*-Präferenz der Transposase limitiert die Transpositionshäufigkeit durch die Absicherung, daß die Anwesenheit mehrerer Kopien von Tn10 in einer Zelle die effektive Transposasekonzentration nicht erhöht.

Bedeutet die *cis*-Präferenz eine Fähigkeit der Transposase, die DNA-Zielsequenzen effizienter zu erkennen, die näher an der Enzymsynthesestelle liegen? Eine mögliche Erklärung ist, daß sich die Transposase nach (oder sogar während) der Proteinsynthese so fest an die DNA bindet, daß sie mit nur sehr geringer Wahrscheinlichkeit an eine andere Stelle diffundiert. Eine weitere Möglichkeit ist, daß das Enzym instabil sein könnte, wenn es nicht an DNA gebunden ist, so daß Proteinmoleküle, die nicht schnell (und daher in der Nähe) binden, niemals eine Chance haben, aktiv zu werden.

Zusammen sorgen die Wirkungen der *cis*-Präferenz und der Multikopienhemmung dafür, daß eine Erhöhung der Kopienzahl von Tn10 in einem Bakteriengenom nicht zu einer erhöhten Transpositionsrate führt, die das Genom schädigen könnte.

Für ein einzelnes Element bildet die *dam*-Methylierung das wichtigste Regulationssystem. Sie erniedrigt die Transpositionshäufigkeit und (wichtiger) koppelt die Transposition an das Vorbeikommen der Replikationsgabel. Die Transpositionsfähigkeit von IS10 ist durch die Reaktion des Transposons auf den Methylierungszustand zweier Stellen mit dem Replikationszyklus verbunden. Eine Stelle befindet sich innerhalb der umgekehrten Wiederholungssequenz am Ende von IS10R, an das die Transposase bindet. Die andere Stelle ist in dem Promotor P_{EIN}, von dem aus das Transposasegen transkribiert wird.

Beide Stellen werden von dem in Kapitel 15 beschriebenen *dam*-System methyliert. Die Dam-Methylase modifiziert das Adenin in der Sequenz GATC auf dem in der Replikation neusynthetisierten Strang. Die Transpositionshäufigkeit von Tn10 ist in *dam*$^-$-Stämmen, in denen beide Zielstellen unmethyliert sind, 1000fach erhöht.

Eine über diese Stellen hinwegschreitende Replikationsgabel erzeugt hemimethylierte Sequenzen; dies aktiviert das Transposon durch eine Kombination aus einer erhöhten Transkription des Transposasegens von P_{EIN} und einer verstärkten Bindung der Transposase an das Ende von IS10R. In einem Wildtypbakterium bleiben die Stellen für kurze Zeit nach der Replikation hemimethyliert.

Warum sollte die Transposition möglichst bald nach der Replikation erfolgen? Der nichtreplikative Mechanismus der Transposition von Tn10 (Abbildung 18.6), birgt für die Donor-DNA das Risiko, zerstört zu werden. Die Überlebenschancen der Zelle könnten dadurch erhöht werden, daß die Replikation gerade eben erst erfolgt ist und eine zweite Kopie der Donorsequenz erzeugt hat. Der Mechanismus ist effektiv, da nur eine der beiden neureplizierten Kopien zu einem Transpositionsereignis führt (denn es spielt eine Rolle, welcher Strang des Transposons an den *dam*-Stellen unmethyliert ist).

Da ein Transposon seine Zielstelle zufällig auswählt, ist die Chance groß, daß es in einem aktiven Operon landet. Wird sich die Transkription von außerhalb durch das Transposon hindurch fortsetzen und aktiviert sie so die Transposase, deren Überproduktion zu einem hohen (vielleicht tödlichen) Transpositionsniveau führt? Tn10 schützt sich gegen solche Vorgänge durch zwei Mechanismen. Die Transkription über das IS10R-Ende hinweg erniedrigt dessen Aktivität, wahrscheinlich durch Hemmung der Transposasebindung. Außerdem wird die mRNA, die stromaufwärts des Promotors beginnt, nur schlecht translatiert, da sie eine Sekundärstruktur besitzt, in der das Initiationscodon unzugänglich ist.

18.9 Kontrollelemente beim Mais erzeugen Brüche und Umordnungen

Genetische Studien am Mais, die in den vierziger Jahren begonnen wurden, brachten Veränderungen im Genom während der somatischen Zellteilung zutage. Diese werden von **Kontrollelementen** erzeugt, die man an ihrer Fähigkeit erkennt, sich von einer Stelle an eine andere zu bewegen. Ihr Name verdeutlicht den Unterschied zwischen den Elementen und den Zielgenen, bei denen sie neue Expressionsmuster erzeugen. Ursprünglich wurden sie von Barbara McClintock mit Hilfe rein genetischer Mittel nachgewiesen; heute erkennt man die Kontrollelemente als transponierbare Elemente an, die sich direkt mit denen in Bakterien vergleichen lassen.

Zwei Eigenschaften von Mais halfen dabei, die Transpositionsvorgänge zu verfolgen. Kontrollelemente bauen sich häufig in der Nähe von Genen ein, die sichtbare, aber nicht letale Auswirkungen auf den Phänotyp haben. Da Mais sich klonal entwickelt, kann das Auftreten und die zeitliche Abfolge eines Transpositionsereignisses bestimmt werden, was schematisch in Abbildung 18.19 dargestellt ist.

Die Art des Ereignisses spielt dabei keine Rolle: Es kann sich um eine Insertion, Excision oder einen Chromosomenbruch handeln. Wichtig ist, daß es in einem Heterozygoten auftritt und die Expression eines Allels verändert. Dann zeigen die Nachkommen einer Zelle, in der das Ereignis stattgefunden hat, einen neuen Phänotyp, während die Nachkommen nicht betroffener Zellen ihren ursprünglichen Phänotyp beibehalten.

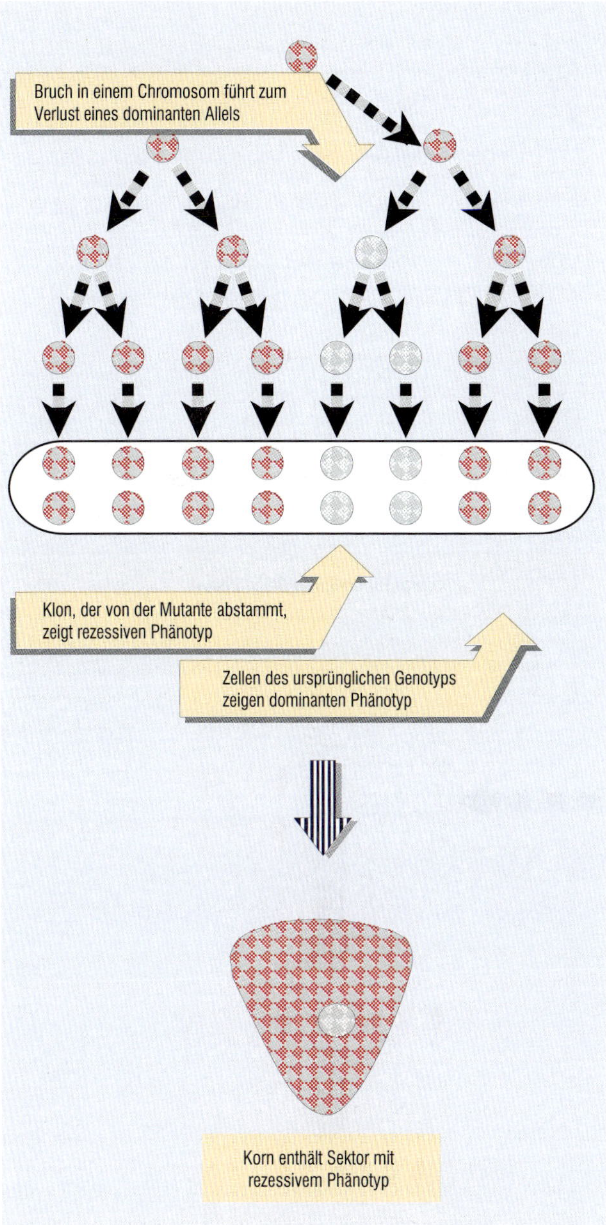

18.19 Die klonale Analyse identifiziert eine Gruppe von Zellen, die von einem einzigen Vorläufer abstammen, bei dem ein transpositionsvermittelter Vorgang den Phänotyp verändert hat. Der Zeitpunkt dieses Ereignisses während der Entwicklung zeigt sich an der Zahl der Zellen; seine Gewebsspezifität läßt sich an ihrer Lage erkennen.

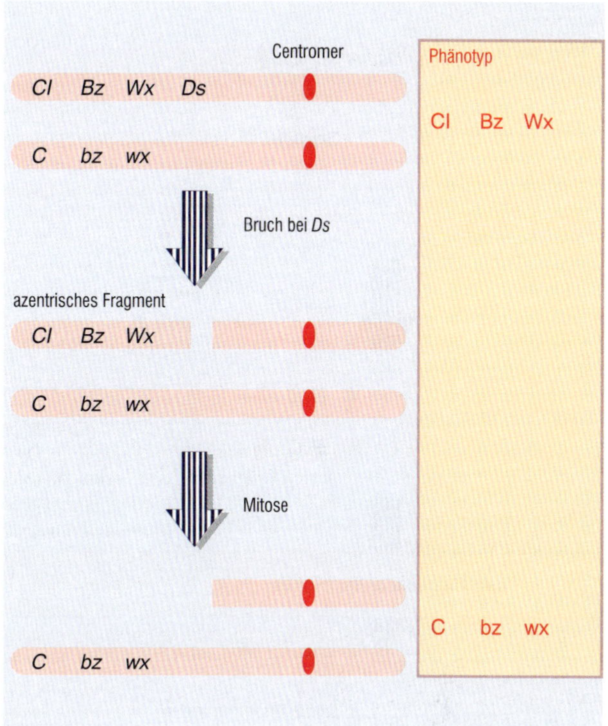

18.20 Der Bruch eines Kontrollelements führt zum Verlust eines azentrischen Fragments; wenn dieses die dominanten Marker eines Heterozygoten trägt, verändert sein Verlust den Phänotyp. Die Wirkung der dominanten Marker *Cl, Bz* und *Wx* zeigt sich an der Zellfarbe oder läßt sich mit geeigneter Anfärbung sichtbar machen.

Mitotische Nachkommen einer gegebenen Zelle bleiben am selben Ort und bilden daher einen **Gewebssektor**. Eine Veränderung des Phänotyps während der somatischen Entwicklung wird als **Variegation** bezeichnet; sie zeigt sich an einem Sektor mit dem neuen Phänotyp innerhalb des Gewebes mit dem ursprünglichen Phänotyp. Die Größe des Sektors hängt von der Anzahl der Teilungen in der betreffenden Abstammungslinie ab; die Größe der Fläche des neuen Phänotyps wird also vom Zeitpunkt der Genotypveränderung bestimmt. Je früher sie in der Abstammungslinie erfolgt, desto größer ist die Zahl der Nachkommen und damit die Größe des Sektors in dem reifen Gewebe. Dies zeigt sich am lebhaftesten bei der Veränderung der Kornfarbe, wenn innerhalb einer Farbfläche Bereiche mit einer anderen Farbe auftauchen.

Die Einführung eines Kontrollelements kann die Aktivität benachbarter Gene beeinflussen. Deletionen, Duplikationen, Inversionen und Translokationen erfolgen alle an Stellen, an denen Kontrollelemente vorhanden sind. Chromosomenbrüche sind eine häufige Folge der Anwesenheit einiger Elemente. Eine einzigartige Eigenschaft des Maissystems ist es, daß die Aktivitäten der Kontrollelemente während der Entwicklung reguliert werden. Zu bestimmten Zeiten und mit bestimmter Häufigkeit während der Pflanzenentwicklung transponieren die Elemente und erzeugen genetische Umordnungen.

Das charakteristische Verhalten von Kontrollelementen beim Mais wird von dem *Ds*-Element repräsentiert, das ursprünglich aufgrund seiner Fähigkeit identifiziert wurde, eine Stelle für einen Chromosomenbruch zu erzeugen. Die Auswirkungen sind in Abbildung 18.20 dargestellt. Man betrachte eine Homozygote, bei der *Ds* auf einem Homolog zwischen dem Centromer und einer Reihe dominanter Marker liegt. Dem anderen Homolog fehlt *Ds*, und es besitzt rezessive Marker (*C, bz, wx*). Der Bruch bei *Ds* erzeugt ein azentrisches Fragment, das die

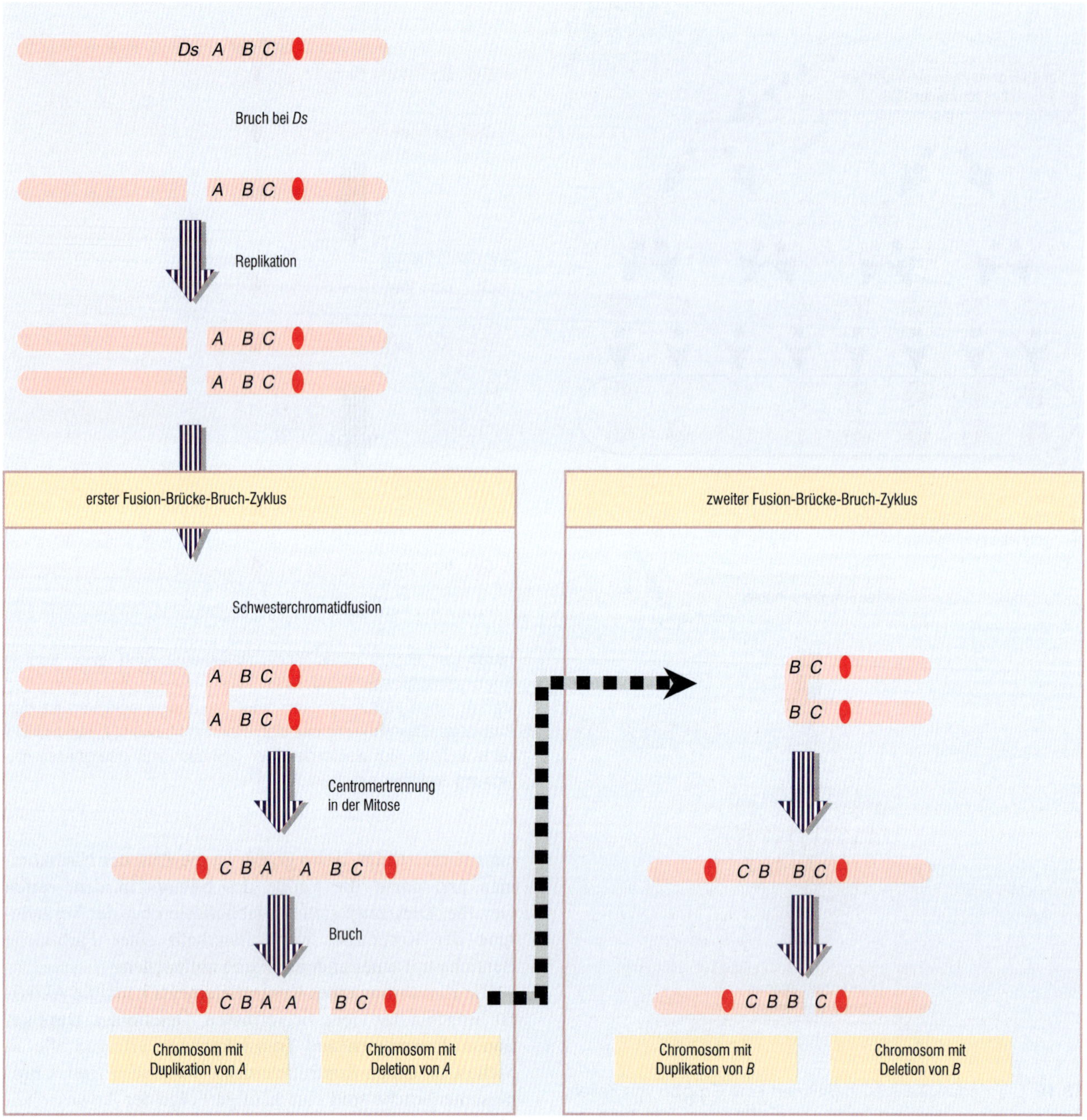

18.21 *Ds* erzeugt eine Stelle, an welcher der Fusion-Brücke-Bruch-Zyklus (nach Aktivierung durch *Ac*) beginnen kann. Die Produkte lassen sich durch klonale Analyse verfolgen.

dominanten Marker trägt. Da ihm ein Centromer fehlt, geht dieses Fragment in der Mitose verloren. Daher besitzen die nachfolgenden Zellen nur noch die rezessiven Marker auf dem intakten Chromosom. Dies erzeugt eine Situation, deren Ausgang in Abbildung 18.19 dargestellt ist.

Die Abbildung 18.21 zeigt, daß der Bruch bei *Ds* zur Bildung zweier ungewöhnlicher Chromosomen führt. Diese werden durch die Verbindung der gebrochenen Enden der Replikationsprodukte erzeugt. Eines ist ein U-förmiges azentrisches Fragment, das aus den verbundenen Schwesterchromatiden des zu *Ds* distalen Bereichs besteht (wie links in der Abbildung gezeigt). Das andere ist ein U-förmiges **dizentrisches Chromosom**, das aus den Schwesterchromatiden proximal zu *Ds* besteht (rechts in der Abbildung). Letztere Struktur führt zu dem klassischen **Fusion-Brücke-Bruch-Zyklus**, der in der Abbildung dargestellt ist.

Wir wollen das Schicksal des dizentrischen Chromosoms verfolgen, wenn es versucht, sich an der Mitosespindel aufzuteilen. Jedes seiner beiden Centromere zieht in Richtung eines anderen Poles. Die Spannung zerbricht das Chromosom schließlich an einer zufälligen Stelle zwischen den Centromeren. In dem Beispiel in der Abbildung erfolgt der Bruch zwischen den Loci *A* und *B*, mit dem Ergebnis, daß ein Tochterchromosom eine Verdoppelung von *A* aufweist, das andere dagegen eine Deletion. Ist *A* ein dominanter Marker, so behalten die Zellen mit der Verdoppelung den **A**-Phänotyp, während die Zellen mit der Deletion den rezessiven **a**-Phänotyp annehmen.

Der Fusion-Brücke-Bruch-Zyklus setzt sich über nachfolgende Zellgenerationen hinweg fort und erlaubt weitere genetische Veränderungen bei den Nachkommen. Man betrachte z. B. das Deletionschromosom, das *A* verloren hat. Im nächsten Zyklus erfolgt ein Bruch zwischen *B* und *C*, so daß die Nachkommen in solche mit einer Duplikation und solche mit einer Deletion von *B* aufgeteilt werden. Der sukzessive Verlust dominanter Marker zeigt sich an Untersektoren innerhalb der Sektoren.

18.10 Die Kontrollelemente beim Mais bilden Transposonfamilien

Das Maisgenom enthält mehrere Familien von Kontrollelementen. Ihre Anzahl, Art und Position sind für jeden einzelnen Maisstamm charakteristisch. Die Mitglieder jeder Familie sind in zwei Klassen unterteilt:

- **Autonome Elemente** besitzen die Fähigkeit zur Excision und Transposition. Wegen der fortwährenden Aktivität eines autonomen Elements erzeugt sein Einbau an jedem Locus ein instabiles oder „mutierbares" Allel. Der Verlust des autonomen Elements selbst oder seiner Fähigkeit zur Transposition verwandelt ein mutierbares wieder in ein stabiles Allel um.
- **Nichtautonome Elemente** sind stabil; sie transponieren nicht und verändern ihren Zustand auch nicht spontan auf andere Weise. Sie werden nur dann instabil, wenn sich ein autonomes Mitglied derselben Familie an einer anderen Stelle im Genom befindet. Wird es durch ein autonomes Element in *trans* komplementiert, so zeigt ein nichtautonomes Element die üblichen Aktivitäten eines autonomen Elements, einschließlich der Fähigkeit, an andere Stellen zu transponieren. Nichtautonome Elemente sind durch den Verlust von *trans*-aktiven, für die Transposition benötigten Funktionen aus autonomen Elementen entstanden.

Familien von Kontrollelementen sind durch die Wechselwirkungen zwischen autonomen und nichtautonomen Elementen definiert. Eine Familie besteht aus einem einzigen Typ von autonomen Elementen und vielen anderen nichtautonomen Elementen. Letzere werden einer Familie zugerechnet, wenn sie von dem autonomen Element in *trans* aktiviert werden können. Die Hauptfamilien von Kontrollelementen beim Mais sind in Abbildung 18.22 zusammengefaßt.

Auf molekularer Ebene teilen die Maistransposons miteinander die gewöhnliche Organisationsform – umgekehrte Wiederholungssequenzen an den Enden und kurze direkte Wiederholungssequenzen in der angrenzenden

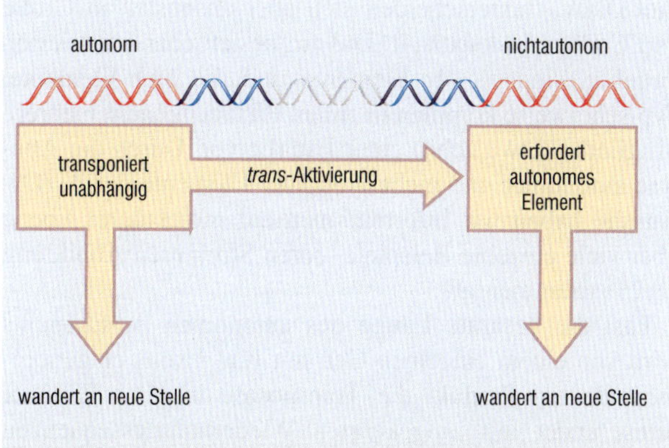

Ac (Aktivator) *Mp* (Modulator)	*Ds* (Dissoziation)
Spm (Suppressor-Mutator) *En* (Enhancer)	*dSpm* (defekter *Spm*) *I* (Inhibitor)
gepunktet	namenlos
Mu (Mutator)	nicht bekannt

18.22 Jede Familie von Kontrollelementen besitzt sowohl autonome als auch nichtautonome Mitglieder. Autonome Elemente sind im Gegensatz zu nichtautonomen zur Transposition befähigt. Paare von autonomen und nichtautonomen Elementen lassen sich in mehr als vier Familien einteilen.

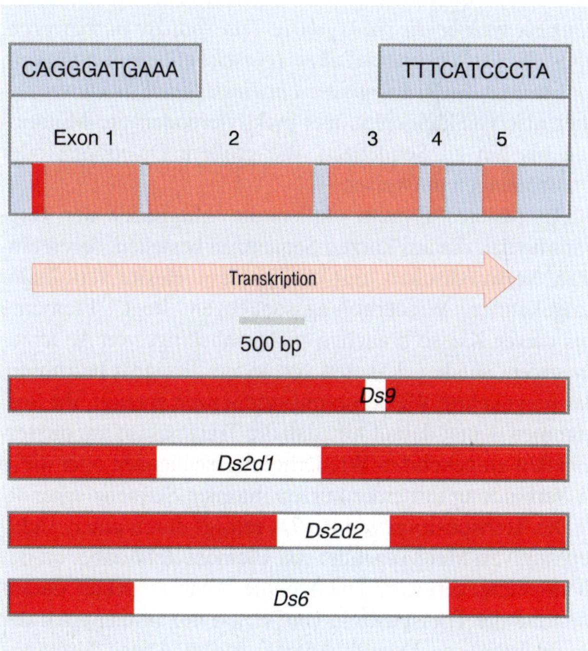

18.23 Das *Ac*-Element besitzt zwei offene Leseraster; *Ds*-Elemente haben interne Deletionen.

Ziel-DNA – unterscheiden sich aber ansonsten in Größe und Codierungskapazität. Die am besten charakterisierten Familien sind die *Ac*-Elemente und die *Spm*-Elemente. Typischerweise kommen in einem Pflanzengenom mehrere Mitglieder (etwa zehn) einer Familie vor. Durch die Analyse autonomer und nichtautonomer Elemente der *Ac/Ds*-Familie haben wir Informationen auf molekularer Ebene über viele einzelne Beispiele, deren Strukturen Abbildung 18.23 zusammenfaßt.

Fast die gesamte Länge des autonomen *Ac*-Elements wird von einem einzelnen Gen mit fünf Exons eingenommen, dessen Produkt die Transposase ist. Das Element selbst endet mit umgekehrten Wiederholungssequenzen von elf Basenpaaren, und eine Zielsequenz von acht Basenpaaren ist an der Einbaustelle verdoppelt.

Ds-Elemente variieren sowohl in der Länge als auch in der Sequenz, sind aber mit *Ac* verwandt. Sie besitzen an ihren Enden dieselben umgekehrten Wiederholungssequenzen von elf Basenpaaren. Sie sind kürzer als *Ac*, und ihre Deletionslänge ist verschieden. Im Extremfall des *Ds9*-Elements beträgt die Deletion nur 194 bp. Das *Ds6*-Element behält wegen einer ausgedehnteren Deletion nur eine Länge von zwei Kilobasenpaaren, was 1 000 bp von jedem Ende von *Ac* entspricht. Ein komplexes doppeltes *Ds*-Element besitzt eine *Ds6*-Sequenz, die in umgekehrter Orientierung in eine andere eingebaut ist.

Den nichtautonomen Elementen fehlen interne Sequenzen, aber sie besitzen die terminalen umgekehrten Wiederholungssequenzen (und wahrscheinlich andere Sequenzeigenschaften). *Nichtautonome Elemente leiten sich von autonomen durch Deletionen (oder andere Veränderungen) ab, welche die trans-aktive Transposase inaktivieren, aber die Stellen intakt halten (einschließlich der Enden), auf welche die Transposase einwirkt.* Ihre Strukturen reichen also von kleineren (aber inaktivierenden) *Ac*-Mutationen bis hin zu Sequenzen, die größere Deletionen oder Umordnungen aufweisen.

Ein anderes Extrem stellen die Mitglieder der *Ds1*-Familie dar, die aus kurzen Sequenzen bestehen, deren einzige Verwandtschaft mit *Ac* in dem Besitz terminaler umgekehrter Wiederholungssequenzen liegt. Elemente aus dieser Klasse brauchen nicht unbedingt von *Ac* abzustammen, sondern könnten von jedem Ereignis herrühren, das umgekehrte Wiederholungssequenzen erzeugt. Ihr Vorkommen deutet darauf hin, daß die Transposase nur die terminalen umgekehrten Wiederholungssequenzen oder diese in Verbindung mit einer kurzen internen Sequenz erkennt.

Die Transposition von *Ac/Ds* erfolgt durch einen nichtreplikativen Mechanismus; das Element geht dabei an der Donorstelle verloren. Die klonale Analyse deutet darauf hin, daß die Transposition von *Ac/Ds* fast immer nach der Replikation des Donorelements erfolgt. Diese Vorgänge ähneln der Transposition des Bakterienelements Tn10. Die Empfängerstelle befindet sich häufig auf demselben Chromosom wie die Donorstelle, oft sogar in der Nähe.

Die Replikation erzeugt zwei Kopien eines potentiellen *Ac/Ds*-Donors, von denen normalerweise aber nur eine transponiert. Was passiert an der Donorstelle? Die Umordnungen, die man dort nach dem Verlust eines Kontrollelements findet, könnten sich als Auswirkungen eines Chromosomenbruches erklären lassen, was bereits in Abbildung 18.20 dargestellt wurde.

Autonome und nichtautonome Elemente unterliegen einer Vielzahl von Zustandsveränderungen. Einige davon sind genetisch, andere epigenetisch.

Die Hauptveränderung ist (natürlich) die Umwandlung eines autonomen Elements in ein nichtautonomes, aber in letzterem können noch weitere Abänderungen erfolgen. *Cis*-aktive Defekte können ein nichtautonomes Element gegenüber autonomen immun machen. Auf diese Weise kann ein nichtautonomes Element permanent stabil werden, da es von der Transposase nicht mehr aktiviert werden kann.

Autonome Elemente unterliegen „Phasenwechseln" – erblichen, aber relativ instabilen Veränderungen ihrer Eigenschaften. Diese treten in Form einer reversiblen Inaktivierung auf, bei der das Element während der Pflanzenentwicklung zwischen einem aktiven und einem passiven Zustand pendelt. Die jeweilige Phase beeinflußt daher den Zeitpunkt und die Häufigkeit der Transposition.

Phasenwechsel scheinen sowohl beim *Ac*- als auch beim *Mu*-Typ autonomer Elemente von der DNA-Methylierung herzurühren. Vergleiche zwischen der Angreifbarkeit aktiver und inaktiver Elemente durch Restriktionsenzyme zeigen, daß die inaktive Form des Elements an der Zielsequenz $^{\mathrm{CAG}}_{\mathrm{GTC}}$ methyliert ist. In jedem Element kommen verschiedene Zielstellen vor, aber wir wissen nicht, welche von ihnen diesen Effekt kontrollieren. Außerdem würden wir gerne wissen, was die Methylierung und Demethylierung der Elemente kontrolliert.

Es könnte selbstregulierende Transpositionskontrollen geben, analog zu den Immunitätseffekten bei Bakterientransposons. Eine erhöhte Anzahl von *Ac*-Elementen im Genom verringert die Transpositionshäufigkeit. Das *Ac*-Element könnte einen „Transpositionsrepressor" codieren; diese Aktivität könnte sich auf demselben Protein befinden wie die Transposasefunktion.

18.11 *Spm*-Elemente beeinflussen die Genexpression

Die autonomen Elemente *Spm* und *En* sind praktisch identisch; sie unterscheiden sich an weniger als zehn Stellen. Abbildung 18.24 faßt ihre Struktur zusammen. Wie andere Transposons enthalten die Enden umgekehrte Wiederholungssequenzen, die in diesem Falle aus einer 13-bp-Sequenz bestehen. Diese Wiederholungen sind für die Transposition essentiell, da Deletionen an den Enden zu einem Phänotyp mit defekter Transposition führen. Mit *Spm* verwandte Transposons finden sich auch in anderen Pflanzen und werden aufgrund ihres allgemein ähnlichen Aufbaus als Mitglieder derselben Familie definiert. Sie alle weisen fast identische umgekehrte terminale Wiederholungssequenzen auf und erzeugen bei ihrer Transposition 3-bp-Verdoppelungen der Ziel-DNA. Aufgrund der Ähnlichkeit ihrer Enden werden sie als CACTA-Transposons bezeichnet.

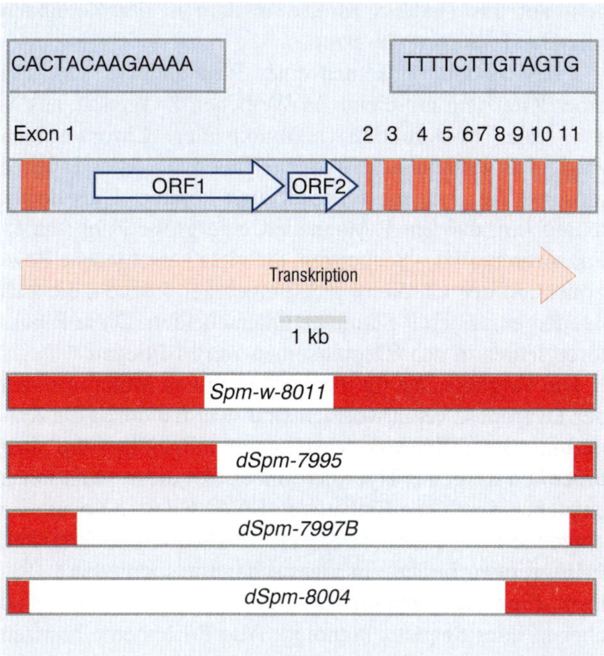

18.24 *Spm/En* besitzt zwei Gene: *tnpA* besteht aus 11 Exons, die zu einer gespleißten mRNA von 2 500 Basen transkribiert werden; *tnpB* könnte aus einer mRNA von 6 000 Basen bestehen, die ORF1 und ORF2 enthält.

Eine Sequenz von 8 300 bp wird von einem Promotor am linken Ende des Elements transkribiert. Die in diesem Transkript enthaltenen elf Exons werden zu einer mRNA von 2 500 Basen gespleißt, die ein Protein von 621 Aminosäuren codiert. Das Gen heißt *tnpA*, das Protein bindet an eine 12-bp-Consensussequenz, die an den Enden des Elements in vielen Kopien vorliegt. *tnpA* wird für die Excision benötigt, obwohl es allein für diese nicht ausreichend sein könnte.

Alle nichtautonomen Elemente dieser Familie (als *dSpm* für defektes *Spm* bezeichnet werden) sind in ihrer Struktur mit dem *Spm*-Element eng verwandt. Sie haben Deletionen, welche die Exons von *tnpA* beeinflussen.

Zwei zusätzliche offene Leseraster (*open reading frames*, ORF), ORF1 und ORF2, befinden sich innerhalb des ersten, langen Introns von *tnpA*. Sie sind in einer alternativ gespleißten RNA von 6 000 Basen enthalten, die ein Prozent der Menge der *tnpA*-mRNA ausmacht. Die (hypothetische) Funktion, in der die ORFs 1 und 2 enthalten sind, wird *tnpB* genannt. Es könnte sich dabei um das Protein handeln, das an die 13 bp langen umgekehrten terminalen Wiederholungssequenzen bindet und die Enden für die Transposition schneidet.

Zusätzlich zu dem voll aktiven *Spm*-Element gibt es noch Ableitungen namens *Spm-w* (*weak*), die eine schwächere Transpositionsaktivität zeigen. Das in Abbildung 18.24 gezeigte Beispiel hat eine Deletion, die sowohl ORF1 als auch ORF2 eliminiert. Dies weist darauf hin, daß TnpB bei der Transposition umgangen oder ersetzt werden kann.

Spm kann die Expression eines Gens an seiner Einbaustelle kontrollieren. Ein Empfängerlocus kann entweder unter negative oder unter positive Kontrolle gelangen. Ein *Spm-supprimierbarer* Locus erfährt eine Hemmung seiner Expression. Ein *Spm-abhängiger* Locus dagegen wird nur mit der Hilfe von *Spm* exprimiert. Handelt es sich bei dem eingebauten Element um ein *dSpm*, so reagiert die Suppression oder die Abhängigkeit auf die *trans*-aktiven Funktionen, die durch ein autonomes *Spm* erfüllt werden. Was ist die Grundlage für diese entgegengesetzten Wirkungen?

Ein *dSpm-supprimierbares* Allel enthält eine *dSpm*-Kopie innerhalb eines seiner Exons. Diese Struktur wirft sofort die Frage auf, wie ein Gen mit *dSpm* in einem Exon jemals exprimiert werden kann! Die *dSpm*-Sequenz kann jedoch mit Hilfe von Sequenzen an ihren Enden aus dem Transkript gespleißt werden. Dieser Spleißvorgang hinterläßt in der mRNA-Sequenz unter Umständen eine Veränderung, welche die Eigenschaftsunterschiede des von ihm codierten Proteins erklärt. Bei einigen anderen *Ds*-Insertionen hat man ebenfalls herausgefunden, daß sie aus dem Transkript gespleißt werden.

Die *Suppressorfunktion*, nach der das *Spm*-Element ursprünglich benannt wurde, wird durch *tnpA* vermittelt. Ein defektes Element kann die Expression des Gens, in dem es sich befindet, zwar reduzieren, nicht aber eliminieren. Die Einführung eines autonomen Elements mit einem funktionstüchtigen *tnpA*-Gen dagegen kann die Expression des Zielgens unter Umständen vollkommen unterdrücken. Dies geschieht dadurch, daß TnpA in dem defekten Element an einer Zielstelle bindet, was die Transkription am Fortschreiten hindert.

Ein *dSpm-abhängiges* Allel enthält eine Insertion in der Nähe, aber nicht innerhalb eines Gens. Diese scheint einen Enhancer darzustellen, einer Sequenz, die den Promotor des Gens am Empfängerlocus aktiviert.

Bei *dSpm*-Elementen scheinen Suppression und Abhängigkeit auf der gleichen Wechselwirkung zwischen dem *trans*-aktiven Produkt des *tnpA*-Gens eines autonomen *Spm*-Elements und den *cis*-aktiven Stellen an den Enden des Elements zu beruhen. *Eine einzige Wechselwirkung zwischen dem Protein und den Enden des Elements unterdrückt oder aktiviert also einen Ziellocus; es hängt davon ab, ob sich das Element stromaufwärts oder innerhalb des Empfängergens befindet.*

Der Zustand der *Spm*-Elemente kann sehr unterschiedlich sein – von vollständig aktiv bis zu kryptisch. Ein kryptisches Element ist stumm; es transponiert sich selbst nicht und aktiviert keine *dSpm*-Elemente. Es kann durch Wechselwirkung mit einem vollkommen aktiven *Spm*-Element zeitweilig reaktiviert oder in den aktiven Zustand umgewandelt werden. Die Inaktivierung geschieht durch die Methylierung von Sequenzen in der Umgebung des Transkriptionsstartpunktes. Welche Ereignisse für die Inaktivierung eines Elements durch *de novo*-Methylierung oder für seine Aktivierung durch Demethylierung (oder Verhinderung von Methylierung) verantwortlich sind, ist noch nicht bekannt.

18.12 Die Rolle transponierbarer Elemente bei der Hybrid-Dysgenese

Bestimmte Stämme von *D. melanogaster* lassen sich nur schwer miteinander kreuzen. Werden Fliegen aus zwei dieser Stämme miteinander gekreuzt, so zeigen die Nachkommen „dysgene Merkmale", eine Reihe von Defekten wie Mutationen, Chromosomenanomalien, Segregationsfehler bei der Meiose und Sterilität. Das Auftreten dieser miteinander korrelierender Defekte nennt man **Hybrid-Dysgenese**.

Zwei Systeme, die für die Hybrid-Dysgenese verantwortlich sind, hat man in *D. melanogaster* gefunden. Bei dem einen unterteilt man die Fliegen in die Typen I (*inducer*) und R (*reactive*). Verminderte Fertilität findet man nach Kreuzungen von I-Männchen mit R-Weibchen, nicht jedoch bei umgekehrten Kreuzungen. Bei dem zweiten System teilt man die Fliegen in die beiden Typen P (paternaler Anteil) und M (maternaler Anteil) ein. Abbildung 18.25 veranschaulicht die Asymmetrie dieses Systems; eine Kreuzung zwischen einem P-Männchen und einem M-Weibchen erzeugt Dysgenese, die umgekehrte Kreuzung jedoch nicht.

Dysgenese ist prinzipiell ein Phänomen der Keimzellen. Bei Kreuzungen, an denen das P-M-System beteiligt ist, besitzen die F1-Hybridfliegen normale somatische Gewebe, ihre Gonaden entwickeln sich dagegen nicht. Der morphologische Defekt der Gametenentwicklung geht auf das Stadium zurück, in dem in der Keimbahn schnelle Teilungen einsetzen.

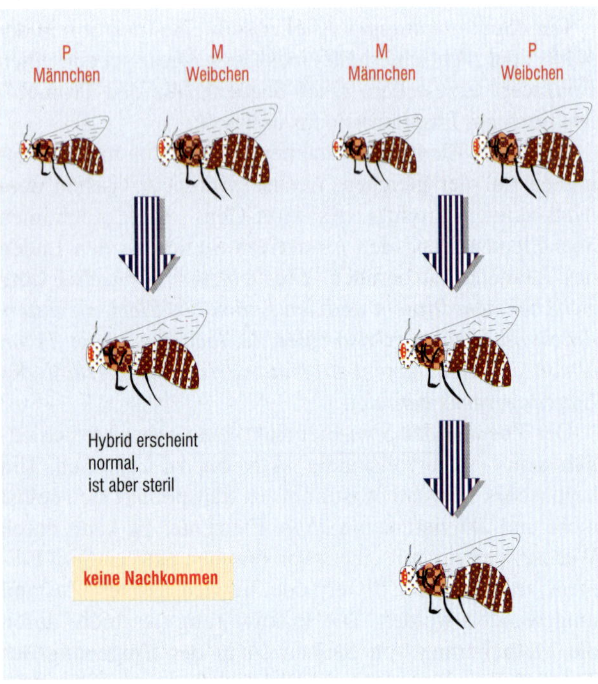

18.25 Die Hybrid-Dysgenese ist asymmetrisch; sie wird durch Kreuzungen von P-Männchen und M-Weibchen ausgelöst, nicht aber durch Kreuzungen von M-Männchen und P-Weibchen.

Jedes der Chromosomen eines P-Männchens kann bei einer Kreuzung mit einem M-Weibchen Dysgenese auslösen. Die Konstruktion rekombinanter Chromosomen zeigt, daß verschiedene Bereiche innerhalb jedes P-Chromosoms die Dysgenese hervorrufen können. Dies deutet darauf hin, daß ein P-Männchen eine große Zahl von **P-Faktoren** besitzt – Sequenzen, die viele verschiedene Positionen auf den Chromosomen einnehmen können, die sich bei den einzelnen P-Stämmen unterscheiden. Diese P-Faktoren fehlen in den Chromosomen von M-Fliegen.

Die Vorgänge, die für die Auslösung von Mutationen bei der Dysgenese verantwortlich sind, wurden durch die Kartierung der DNA von *w*-Mutanten aufgeklärt, die man unter den dysgenen Hybriden findet. All diese Mutationen entstehen durch den Einbau von DNA in den *w*-Locus; die eingebaute Sequenz wird als **P-Element** bezeichnet. P-Insertionen bilden ein klassisches transponierbares System. Einzelne Elemente variieren zwar in der Länge, sind aber in ihrer Sequenz homolog. Alle P-Elemente besitzen umgekehrte terminale Wiederholungssequenzen von 31 bp Länge und erzeugen bei der Transposition direkte Wiederholungen der Ziel-DNA von acht Basenpaaren. Die längsten P-Elemente sind etwa 2,9 kb lang und besitzen vier offene Leseraster. Die kürzeren Elemente entstehen, anscheinend recht häufig, durch interne Deletionen eines P-Faktors mit voller Länge. Wenigstens einige der kürzeren P-Elemente haben die Fähigkeit verloren, Transposase zu produzieren, können aber in *trans* von dem Enzym aktiviert werden, das von einem vollständigen P-Element codiert wird.

Ein P-Stamm trägt 30 bis 50 Kopien des P-Faktors, von denen etwa ein Drittel die volle Länge besitzt. Diese Faktoren fehlen den M-Stämmen. In einem P-Stamm sind die Faktoren inerte Komponenten des Genoms. Sie werden zur Transposition angeregt, wenn sich ein P-Männchen mit einem M-Weibchen kreuzt.

In die Chromosomen von P-M-hybriden dysgenen Fliegen sind an vielen neuen Stellen P-Faktoren eingebaut. Die für die Hybrid-Dysgenese typischen Chromosomenbrüche erfolgen an Hotspots, die den Positionen der P-Faktoren entsprechen. Die durchschnittliche Häufigkeit der Transposition von P-Elementen auf M-Chromosomen beträgt ungefähr ein Ereignis pro Generation.

Die Aktivierung von P-Elementen ist gewebsspezifisch; sie erfolgt nur in der Keimbahn. P-Elemente werden aber sowohl in der Keimbahn als auch in somatischen Geweben transkribiert. *Die Gewebsspezifität beruht auf einer Veränderung des Spleißmusters.*

Die Abbildung 18.26 zeigt die Organisation der Elemente und ihrer Transkripte. Das Primärtranskript erstreckt sich über 2,5 oder 3 kb, wobei der Unterschied wahrscheinlich nur die Schwäche der Terminationsstelle widerspiegelt. Zwei Proteinprodukte können entstehen:

- In somatischen Geweben werden nur die ersten beiden Introns gespleißt, wodurch ein codierender Bereich aus ORF0–ORF1–ORF2 entsteht. Die Translation dieser

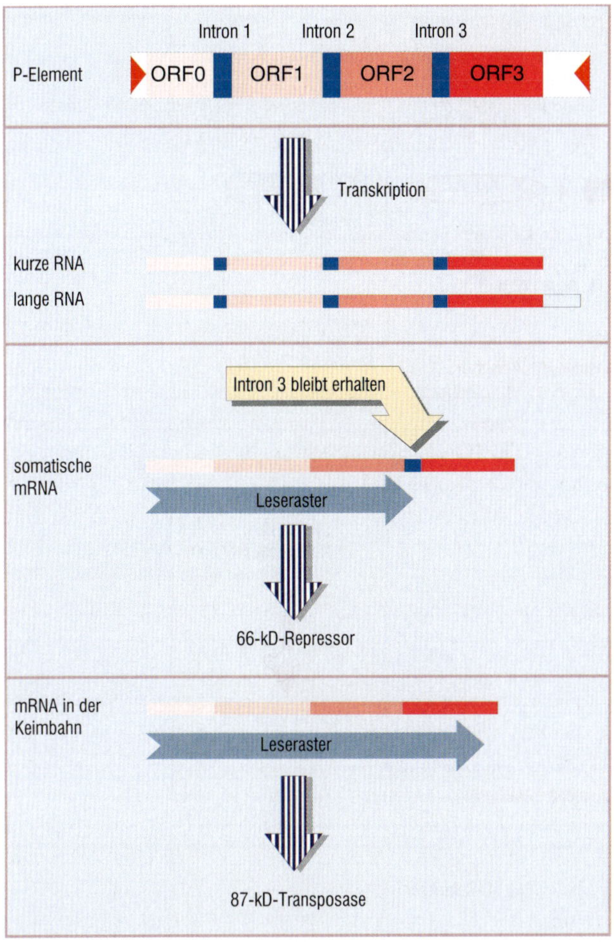

18.26 Das P-Element besitzt vier Exons. Die ersten drei werden bei somatischer Expression zusammengespleißt; bei der Expression in der Keimbahn hingegen werden alle vier miteinander verbunden.

RNA erzeugt ein Protein von 66 kD, das ein Repressor der Transposonaktivität ist.

◆ In Keimbahngeweben erfolgt ein zusätzlicher Spleißvorgang, bei dem Intron 3 entfernt wird. Dadurch werden alle vier offenen Leseraster zu einer mRNA verbunden, die translatiert wird und ein Protein von 87 kD erzeugt, bei dem es sich um die Transposase handelt.

Zwei Arten von Experimenten haben gezeigt, daß für die Transposition das dritte Intron gespleißt werden muß. Erstens geht die Transpositionsaktivität verloren, wenn man die Spleißstelle *in vitro* mutiert und das P-Element wieder in die Fliegen einführt. Zweitens erfolgt die Transposition sowohl in somatischen Geweben als auch in der Keimbahn, wenn das dritte Intron zerstört wird, so daß ORF3 konstitutiv in der mRNA aller Gewebe enthalten ist.

Wann immer also ORF3 durch Spleißen an das vorhergehende Leseraster angefügt wird, wird das P-Element aktiv. Dies ist das entscheidende Regulationsereignis, das normalerweise nur in der Keimbahn vorkommt. Was aber ist für das gewebsspezifische Spleißen verantwortlich? Somatische Zellen enthalten ein Protein, das an Sequenzen im Exon 3 bindet und damit das Spleißen des letzten Introns verhindert, wie in Kapitel 30 behandelt wird. Die Abwesenheit dieses Proteins in den Keimbahnzellen erlaubt es dem Spleißvorgang, die mRNA zu erzeugen, welche die Tranposase codiert.

Die Transposition eines P-Elements erfordert etwa 150 bp terminaler DNA. Die Transposase bindet sich an 10-bp-Sequenzen, die den umgekehrten Wiederholungssequenzen von 31 bp benachbart sind. Die Transposition erfolgt über einen nichtreplikativen Mechanismus des „Ausschneidens und Einklebens", der dem von Tn10 ähnelt. (Er trägt auf zwei Arten zur Hybrid-Dysgenese bei: Der Einbau des transponierten Elements an eine neue Stelle könnte Mutationen erzeugen; außerdem hat der Bruch, der an der Donorstelle zurückbleibt, einen schädlichen Effekt, wie in dem Modell in Abbildung 18.6 gezeigt ist.)

Von Interesse ist, daß bei einem signifikanten Anteil von Fällen der Bruch der Donor-DNA unter Verwendung der Sequenz des homologen Chromosoms repariert wird. Besitzt das Homolog ein P-Element, so kann das P-Element an der Donorstelle wiederhergestellt werden (so daß der gesamte Vorgang dem Ergebnis einer replikativen Transposition ähnelt). Fehlt dem Homolog ein P-Element, so kann die Reparatur eine Sequenz ohne das P-Element erzeugen, so daß ein scheinbar präzises Ausschneiden stattfindet (ein bei anderen transponierbaren Systemen ungewöhnliches Ereignis).

Die Abhängigkeit der Hybrid-Dysgenese von der Verteilung der Geschlechter bei der Kreuzung zeigt, daß neben den P-Faktoren selbst auch das Cytoplasma eine Rolle spielt. Der Beitrag des Cytoplasmas wird als der **Cytotyp** bezeichnet; eine Fliegenlinie mit P-Elementen besitzt den P-Cytotyp, eine Fliegenlinie ohne P-Elemente dagegen den M-Cytotyp. Hybrid-Dysgenese kommt nur dann vor, wenn Chromosomen mit P-Faktoren sich in einem M-Cytotyp wiederfinden, das heißt, wenn der männliche Elternteil P-Elemente besitzt, der weibliche dagegen nicht.

Der Cytotyp zeigt einen erblichen cytoplasmatischen Effekt; erfolgt eine Kreuzung in einem P-Cytotyp (der weibliche Elternteil besitzt P-Elemente), so wird die Hybrid-Dysgenese über mehrere Generationen hinweg bei Kreuzungen mit weiblichen M-Elternteilen unterdrückt. Irgendetwas im P-Cytotyp, das über einige Generationen verdünnt werden kann, verhindert also die Hybrid-Dysgenese.

Der Effekt des Cytotyps ist in dem Modell in Abbildung 18.27 in molekulare Begriffe gefaßt. Er hängt von der Fähigkeit des 66-kD-Proteins ab, die Transposition zu unterdrücken. Das Protein wird als maternaler Faktor vom Ei bereitgestellt, und in einer P-Linie muß genügend davon vorhanden sein, um die Transposition zu verhindern, selbst in Anwesenheit von P-Elementen. Bei jeder Kreuzung mit einem P-Weibchen verhindert das Protein entweder die Synthese oder die Aktivität der Transposase. Wenn aber der weibliche Elternteil vom M-Typ ist, liegt im Ei kein Repressor vor, und die Einführung eines P-Ele-

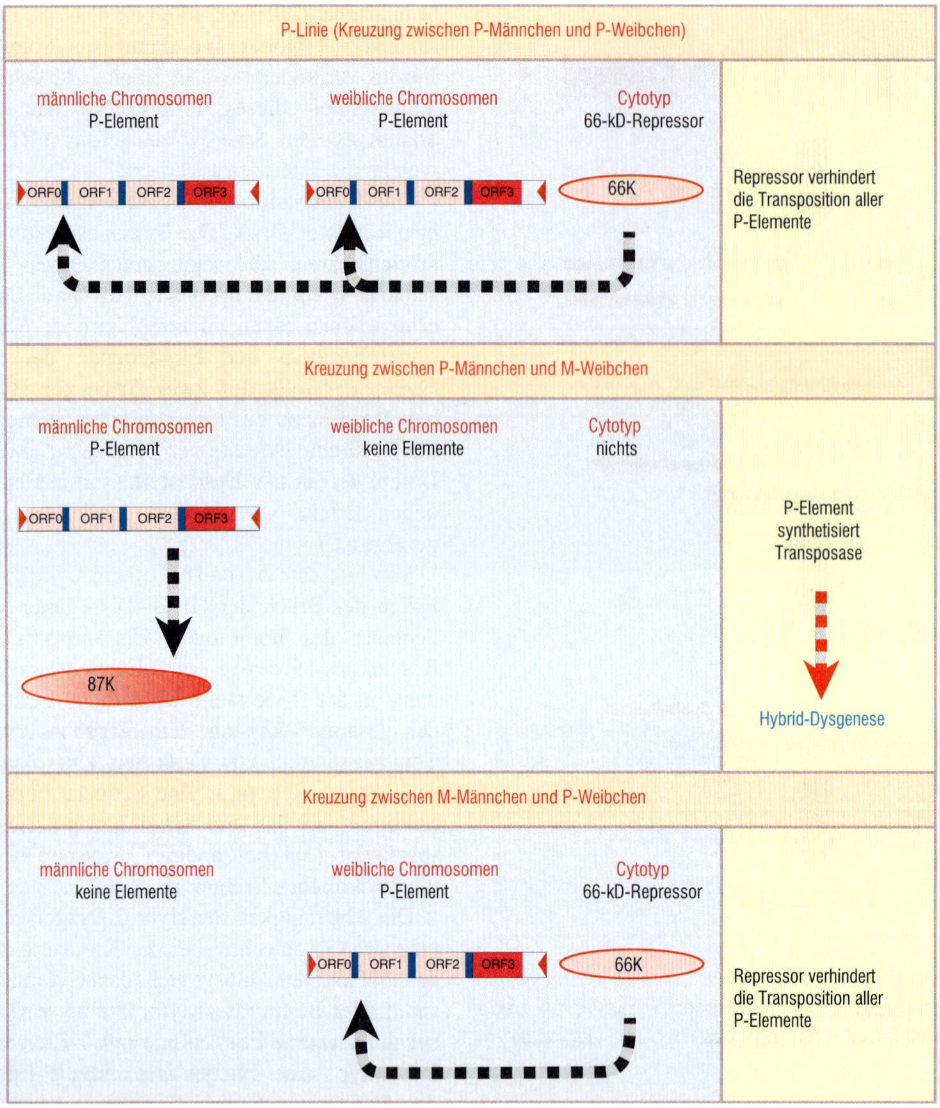

18.27 Die Hybrid-Dysgenese wird durch die Wechselwirkung zwischen P-Elementen im Genom und dem 66-kD-Repressor im entsprechenden Cytotyp bestimmt.

ments aus dem männlichen Elternteil führt zur Aktivierung der Transposase in der Keimbahn. Die Fähigkeit des P-Cytotyps, einen Effekt über mehr als eine Generation hinweg auszuüben, läßt annehmen, daß genügend und ausreichend stabiles Repressorprotein im Ei vorhanden ist, um es durch das Erwachsenenstadium auf die Eier der nächsten Generation zu übertragen.

Stämme von *D. melanogaster*, die von Fliegen abstammen, die man vor mehr als 30 Jahren in der Natur gefangen hat, sind immer vom M-Typ. Stämme von Fliegen dagegen, die man in den letzten zehn Jahren gefangen hat, sind fast immer vom P-Typ. Heißt dies, daß die Familie der P-Elemente erst in den letzten Jahren in Wildpopulationen von *D. melanogaster* eingedrungen ist? P-Elemente sind tatsächlich sehr invasiv, wenn man sie in neue Populationen einbringt; die Quelle des eindringenden Elements müßte daher eine andere Art gewesen sein.

Da die Hybrid-Dysgenese die Kreuzung untereinander herabsetzt, ist sie ein Schritt auf dem Weg zur Artbildung. Angenommen, ein dysgenes System wird in einer bestimmten geographischen Umgebung von einem transponierbaren Element hervorgerufen. Ein anderes Element könnte in einer anderen Umgebung ein anderes System erzeugen. Fliegen aus den beiden Bereichen sind dann in zwei (oder mehr) Systemen dysgen. Wenn sie dadurch untereinander steril werden und die Populationen so genetisch voneinander isoliert werden, kann eine weitere Trennung erfolgen. Mehrere dysgene Systeme führen daher zur Paarungsunfähigkeit – und zur Artbildung.

Zusammenfassung

Prokaryotische und eukaryotische Zellen enthalten eine Vielzahl von Transposons, die sich durch das Verschieben oder die Kopie von DNA-Sequenzen fortbewegen. Das Transposon läßt sich nur innerhalb des Genoms als Einheit nachweisen; an seiner Mobilität ist keine unabhängige Form beteiligt. Es könnte sich bei ihm um egoistische DNA handeln, die nur mit der Erhaltung ihrer selbst im Wirtsgenom beschäftigt ist; jeder Selektionsvorteil, den es dem Genom verleiht, muß indirekt sein. Alle Transposons besitzen Systeme, welche das Ausmaß der Transposition begrenzen, da eine ungezügelte Transposition vermutlich schädlich ist, aber die molekularen Mechanismen sind für jeden Fall anders.

Das archetypische Transposon besitzt an seinen Enden umgekehrte Wiederholungssequenzen und erzeugt an der Einbaustelle kurze direkte Wiederholungssequenzen. Der einfachste Typ ist die bakterielle Insertionssequenz (IS), die aus umgekehrten terminalen Wiederholungssequenzen besteht, welche ein oder mehrere codierende Leseraster flankieren, deren Produkt(e) die Transpositionsaktivität bilden. Zusammengesetzte Transposons besitzen terminale Module, die aus IS-Elementen bestehen; eines oder beide Modelle stellen die Transposaseaktivität, die Sequenzen zwischen ihnen (die häufig eine Antibiotikaresistenz tragen) werden wie Passagiere behandelt.

Die Erzeugung von Wiederholungen der Zielsequenz direkt neben einem Transposon spiegelt eine allgemeine Eigenschaft der Transposition wider. Die Zielstelle wird an Stellen geschnitten, die auf jedem DNA-Strang in einem festgelegten Abstand (häufig fünf oder neun Basenpaare) versetzt sind. Das Transposon wird zwischen die beiden überhängenden einzelsträngigen Enden eingebaut, die durch diese versetzten Schnitte erzeugt werden. Die Zielwiederholungen entstehen durch das Auffüllen der einzelsträngigen Bereiche.

Die IS-Elemente, zusammengesetzte Transposons und P-Elemente wandern durch nichtreplikative Transposition, bei der sich das Element direkt von einer Donorstelle an eine Empfängerstelle bewegt. Ein einziges Transposaseenzym führt diese Reaktion aus, die durch einen „Ausschneide- und Einklebe"-Mechanismus erfolgt, bei dem das Transposon von der flankierenden DNA getrennt wird. Die Spaltung der Transposonenden, die Strangbrüche an der Zielstelle und die Verbindung der Transposonenden mit den versetzten Strängen erfolgen alle in einem Nucleoproteinkomplex, der die Transposase enthält. Der Verlust des Transposons an der Donorstelle erzeugt einen Doppelstrangbruch, dessen Verbleib unklar ist. Im Falle von Tn10 wird die Transposition erst unmittelbar nach der DNA-Replikation möglich, wenn die vom *dam*-Methylierungssystem erkannten Stellen vorübergehend hemimethyliert sind. Zwei Kopien der Donorstelle müssen also vorhanden sein, was die Überlebenschance der Zelle erhöhen könnte.

Die TnA-Familie von Transposons bewegt sich durch replikative Transposition. Nachdem das Transposon der Donorstelle mit der Zielstelle verbunden wurde, erzeugt die Replikation ein Cointegrat, das zwei Kopien des Transposons enthält. Eine Auflösungsreaktion, bei der Rekombination zwischen zwei bestimmten Stellen erfolgt, setzt dann die beiden Kopien des Transposons frei, so daß eine an der Donorstelle verbleibt, die andere an der Zielstelle auftritt. Zwei von dem Transposon codierte Enzyme werden benötigt: Die Transposase erkennt die Enden des Transposons und verbindet sie mit der Zielstelle; die Resolvase stellt eine sequenzspezifische Rekombinationsfunktion dar.

Der Phage Mu verwendet für die replikative Transposition denselben Mechanismus wie TnA. Er kann sein Cointegrat außerdem dazu verwenden, über einen nichtreplikativen Mechanismus zu transponieren. Der Unterschied zwischen dieser Reaktion und der nichtreplikativen Transposition von IS-Elementen besteht darin, daß die Spaltvorgänge in einer anderen Reihenfolge erfolgen.

Die bei Pflanzen am besten charakterisierten Transposons sind die Kontrollelemente des Mais, die verschiedenen Familien angehören. Jede von ihnen enthält eine einzige Art von autonomem Element, das den bakteriellen Transposons in seiner Beweglichkeit gleich ist. Außerdem enhält eine Familie viele verschiedene nichtautonome Elemente, die durch Mutationen (normalerweise Deletionen) von den autonomen abgeleitet sind. Den nichtautonomen Elementen fehlt die Fähigkeit zur Transposition, aber sie zeigen in Anwesenheit eines autonomen Elements, das die notwendigen *trans*-aktiven Funktionen zur Verfügung stellt, Transpositionsaktivität und andere autonome Fähigkeiten.

Zusätzlich zu den direkten Auswirkungen ihrer Insertion und Excision können die Maiselemente auch die Aktivität von Genen an oder in der Nähe ihrer Einbaustellen kontrollieren; diese Kontrolle könnte in der Entwicklung reguliert sein. Maiselemente, die in Gene eingebaut sind, können aus deren Transkripten gespleißt werden, was erklärt, warum sie die Genaktivität nicht einfach unterbinden. An ihrer Kontrolle der Zielgenexpression ist eine Vielzahl molekularer Effekte beteiligt, einschließlich der Aktivierung durch die Bereitstellung eines Enhancers oder der Suppression durch das Stören posttranskriptionaler Vorgänge.

Die Transposition von Maiselementen (insbesondere *Ac*) ist nichtreplikativ und erfordert wahrscheinlich nur ein einziges, von dem Element codiertes Transposaseenzym. Die Transposition erfolgt bevorzugt im Anschluß an die Replikation des Elements. Wahrscheinlich gibt es Mechanismen, welche die Transpositionshäufigkeit begrenzen. Vorteilhafte Umordnungen des Maisgenoms könnten durch diese Elemente zustandegekommen sein.

P-Elemente sind in *D. melanogaster* für die Hybrid-Dysgenese verantwortlich, die einen ersten Schritt auf dem Weg zur Artbildung darstellen könnte. Eine Kreuzung zwischen einem Männchen mit P-Elementen und einem Weibchen ohne sie erzeugt sterile Hybride. Ein P-Element besitzt vier offene Leseraster, die durch Introns voneinander getrennt sind. Durch Spleißen der ersten drei ORFs entsteht ein 66-kD-Repressor, der in allen Zellen vorkommt.

Das Spleißen aller vier ORFs erfolgt nur in der Keimbahn durch einen gewebsspezifischen Spleißvorgang und erzeugt die Transposase von 87 kD. P-Elemente wandern, wenn sie einem Cytoplasma ohne den Repressor ausgesetzt sind. Sie transponieren über einen nichtreplikativen „Ausschneide- und Einklebe"-Mechanismus. Das plötzliche Ansteigen von Transpositionsereignissen inaktiviert das Genom durch zufällige Insertionen. Nur ein vollständiges P-Element kann die Transposase herstellen, aber defekte Elemente können in *trans* von dem Enzym mobilisiert werden.

Weiterführende Literatur

Übersichtsartikel

Kleckner, N. *Translocatable elements in prokaryotes.* In: *Cell* 11 (1977) S. 11–23.

Calos, M.; Miller, J. H. *Transposable elements.* In: *Cell* 20 (1980) S. 579–595.

Kleckner, N. *Transposable elements in prokaryotes.* In: *Ann. Rev. Genet.* 15 (1981) S. 341–404.

Campbell, A. *Evolutionary significance of accessory DNA elements in bacteria.* In: *Ann. Rev. Microbiol.* 35 (1981) S. 55–83.

Engels, W. R. *The P family of transposable elements in Drosophila.* In: *Ann. Rev. Genet.* 17 (1983) S. 315–344.

Grindley, N. D.; Reed, R. R. *Transpositional recombination in prokaryotes.* In: *Ann. Rev. Biochem.* 54 (1985) S. 863–896.

Craig, N. L. *Tansposon T7.* In: Berg, D. E.; Howe, M. (Hrsg.) *Mobile DNA.* Washington DC (American Society of Microbiology) 1989. S. 221–227.

Engels, W. R. *P elements in D. melanogaster.* In: Berg, D. E.; Howe, M. (Hrsg.) *Mobile DNA.* Washington DC (American Society of Microbiology) 1989. S. 437–484.

Fedoroff, N. *Maize transposable elements.* In: Berg, D. E.; Howe, M. (Hrsg.) *Mobile DNA.* Washington DC (American Society of Microbiology) 1989. S. 375–412.

Galas, D. J.; Chandler, M. *Bacterial insertion sequences.* In: Berg, D. E.; Howe, M. (Hrsg.) *Mobile DNA.* Washington DC (American Society of Microbiology) 1989. S. 109–162.

Kleckner, N. *Transposon Tn10.* In: Berg, D. E.; Howe, M. (Hrsg.) *Mobile DNA.* Washington DC (American Society of Microbiology) 1989. S. 227–268.

Sherratt, D. *Tn3 and related transposable elements: site-specific recombination and transposition.* In: Berg, D. E.; Howe, M. (Hrsg.) *Mobile DNA.* Washington DC (American Society of Microbiology) 1989. S. 163–185.

Berg, D. E. *Transposon Tn5.* In: Berg, D. E.; Howe, M. (Hrsg.) *Mobile DNA.* Washington DC (American Society of Microbiology) 1989. S. 185–210.

Pato, M. L. *Bacteriophage Mu.* In: Berg, D. E.; Howe, M. (Hrsg.) *Mobile DNA.* Washington DC (American Society of Microbiology) 1989. S. 23–52.

Gierl, A.; Saedler, H.; Peterson, P. A. *Maize transposable elements.* In: *Ann. Rev. Genet.* 23 (1989) S. 71–85.

Kleckner, N. *Regulation of transposition in bacteria.* In: *Ann. Rev. Cell Biol.* 6 (1990) S. 297–327.

Mizuuchi, K. *Transpositional recombination: mechanistic insights from studies of Mu and other elements.* In: *Ann. Rev. Biochem.* 61 (1992), S. 1011–1051.

Reznikoff, W. S. *The Tn5 transposon.* In: *Ann. Rev. Microbiol.* 47 (1993) S. 945–963.

Scott, J. R.; Churchward, G. G. *Conjugative transposition.* In: *Ann. Rev. Microbiol.* 49 (1995) S. 367–397.

Entdeckungen

Grindley, N. D. *IS1 insertion generates duplication of a 9 bp sequence at its target site.* In: *Cell* 13 (1978) S. 419–426.

Johnsrud, L.; Calos, M. P.; Miller, J. H. *The transposon Tn9 generates a 9 bp repeated sequence during integration.* In: *Cell* 15 (1978), S. 1209–1219.

Haniford, D. B.; Benjamin, H. W.; Kleckner, N. *Kinetic and structural analysis of a cleaved donor intermediate and a strand transfer intermediate in Tn10 transposition.* In: *Cell* 64 (1981) S. 171–179.

Grindley, N. D. et al. *Transposon-mediated site-specific recombination: identification of three binding sites for resolvase at the res sites of γδ and Tn3.* In: *Cell* 30 (1982) S. 19–27.

Roberts, D. et al. *IS10 transposition is regulated by DNA adenine methylation.* In: *Cell* 43 (1985) S. 117–130.

Bender, J.; Kleckner, N. *Genetic evidence that Tn10 transposes by a nonreplicative mechanism.* In: *Cell* 45 (1986) S. 801–815.

Laski, F. A.; Rio, D. C.; Rubin, G. M. *Tissue specificity of Drosophila P element transposition is regulated at the level of mRNA splicing.* In: *Cell* 44 (1986) S. 7–19.

Droge, P. et al. *The two functional domains of gamma delta resolvase act on the same recombination site: implications for the mechanism of strand exchange.* In: *Proc. Nat. Acad. Sci. USA* 87 (1990) S. 5336–5340.

Bolland, S.; Kleckner, N. *The three chemical steps of Tn10/IS10 transposition involve repeated utilization of a single active site.* In: *Cell* 84 (1996) S. 223–233.

Aldaz, H.; Schuster, E.; Baker, T. A. *The interwoven architecture of the Mu transposase couples DNA synthesis to catalysis.* In: *Cell* 85 (1996) S. 257–269.

Savilahti, H.; Mizuuchi, K. *Mu transpositional recombination: donor DNA cleavage and strand transfer in trans by the Mu transposase.* In: *Cell* 85 (1996) S. 271–280.

19. Retroviren und Retroposons

Die Transposition, bei der ein RNA-Zwischenprodukt zwingend notwendig ist, kommt nur bei Eukaryoten vor. Sie wird durch die Fähigkeit der **Retroviren** ermöglicht, DNA-Kopien (Proviren) eines viralen RNA-Genoms in die Chromosomen einer Wirtszelle einzufügen. Einige eukaryotische Transposons sind in ihrem allgemeinen Aufbau den retroviralen Proviren verwandt und transponieren über RNA-Zwischenprodukte. Diese Klasse von Elementen bezeichnet man als **Retroposons** (oder manchmal **Retrotransposons**). Sie reichen von den Retroviren selbst, die Wirtszellen frei infizieren können, bis hin zu Sequenzen, die über RNA transponiert wurden, aber die Fähigkeit zur Transposition nicht selbst besitzen. Sie teilen mit der anderen Transposonklasse das diagnostische Kennzeichen, an der Einbaustelle kurze direkte Wiederholungssequenzen in der Ziel-DNA zu erzeugen.

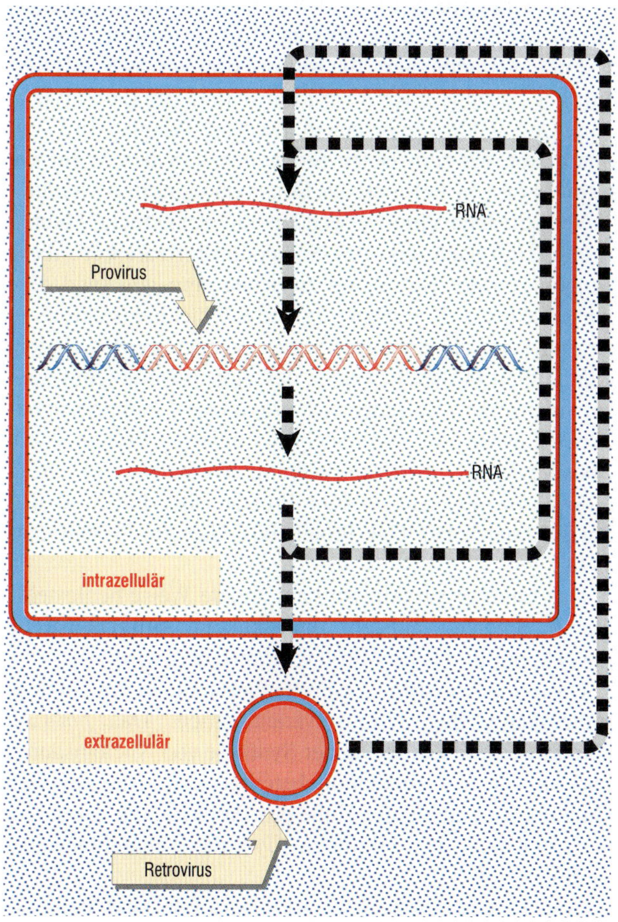

19.1 *Übersicht*: Während der Reproduktionszyklen von Retroviren und Retroposons wechseln sich die reverse Transkription von RNA in DNA mit der Transkription von DNA in RNA ab. Nur Retroviren können infektiöse Partikel erzeugen, die aus einer Zelle freigesetzt werden und andere Zellen erreichen. Retroposons sind auf einen intrazellulären Zyklus beschränkt.

Sogar bei Genomen, in denen man bisher keine aktiven Transposons entdeckt hat, finden sich Spuren alter Transpositionsereignisse in Form von direkten Zielwiederholungssequenzen, die verstreute repetitive Sequenzen flankieren. Die Eigenarten dieser Sequenzen legen die Vermutung nahe, daß eine RNA-Sequenz der Vorläufer der genomischen (DNA-)Sequenz ist. Wir nehmen an, daß die RNA in eine doppelsträngige DNA-Kopie umgeschrieben wurde, die dann durch einen transpositionsähnlichen Vorgang in das Genom eingebaut wurde.

Wie jeder andere Reproduktionszyklus ist auch der eines Retrovirus oder Retroposons kontinuierlich; es ist willkürlich, an welchem Punkt wir ihn unterbrechen und diesen als den „Anfang“ betrachten. Allerdings ist unsere Sichtweise dieser Elemente durch die Form, die wir normalerweise vorfinden, voreingenommen, was in Abbildung 19.1 dargestellt ist. Man hat Retroviren zuerst als infektiöse Viruspartikel gefunden, die zwischen den Zellen übertragen werden können, weshalb man annimmt, daß das RNA-Virus sich während des intrazellulären Zyklus (unter Einbeziehung doppelsträngiger DNA) reproduziert. Retroposons fand man als Bestandteile des Genoms vor und hat ihre RNA-Formen vor allem hinsichtlich der Funktion als mRNAs charakterisiert. Daher betrachten wir Retroposons als genomische Sequenzen (doppelsträngiger DNA), die innerhalb des Genoms transponieren können; sie wandern nicht zwischen den Zellen.

19.1 Der Lebenszyklus von Retroviren umfaßt transpositionsähnliche Ereignisse

Retroviren besitzen ein Genom aus einzelsträngiger RNA, das über ein doppelsträngiges DNA-Zwischenprodukt repliziert wird. Der Lebenszyklus des Virus umfaßt ein zwingend notwendiges Stadium, in dem die doppelsträngige DNA durch einen transpositionsähnlichen Vorgang in das Wirtsgenom eingebaut wird, der kurze direkte Wiederholungssequenzen in der Ziel-DNA schafft.

Die Bedeutung dieser Reaktion geht über den reinen Fortbestand des Virus hinaus. Unter anderem hat sie folgende Auswirkungen:

- Eine retrovirale Sequenz, die in die Keimbahn integriert wird, verbleibt als **endogenes Provirus** im zellulären Genom. Wie ein lysogener Bakteriophage verhält sich ein Provirus als Teil des genetischen Materials des Organismus.
- Zelluläre Sequenzen rekombinieren gelegentlich mit der retroviralen Sequenz und werden dann zusammen mit dieser transponiert; sie können daraufhin als doppelsträngige Sequenzen an neuen Stellen in das Genom eingebaut werden.

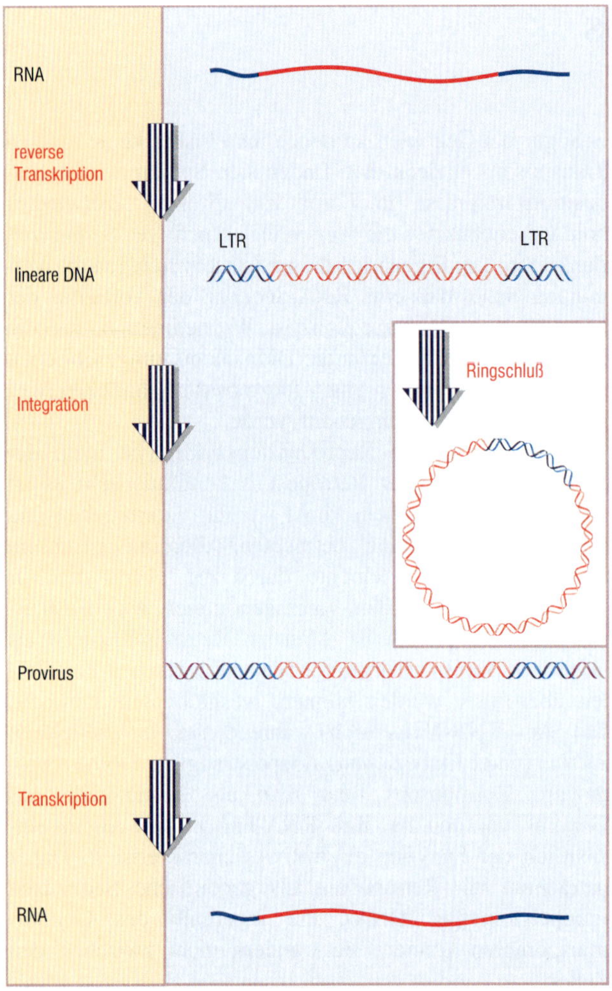

19.2 Während des retroviralen Lebenszyklus wird das RNA-Genom durch reverse Transkription in eine Doppelstrang-DNA umgewandelt, die in das Wirtsgenom eingebaut wird, um von dort in RNA transkribiert zu werden.

◆ Zelluläre Sequenzen, die durch ein Retrovirus transponiert werden, können die Eigenschaften einer mit dem Virus infizierten Zelle verändern.

Die Einzelheiten des retroviralen Lebenszyklus sind in Abbildung 19.2 weiter ausgeführt. Die entscheidenden Schritte sind die Umwandlung der viralen RNA in DNA, die Integration der DNA in das Wirtsgenom und die anschließende Transkription des DNA-Provirus in RNA.

Das für die Herstellung der ersten DNA-Kopie aus der RNA verantwortliche Enzym ist die **Reverse Transkriptase**, die wir in Kapitel 20 als wichtiges Hilfsmittel der DNA-Rekombinationstechnik genauer besprechen werden. Das Enzym wandelt die RNA im Cytoplasma der infizierten Zelle in eine lineare doppelsträngige DNA um. (Außerdem wird die DNA in ringförmige Formen umgewandelt, die aber nicht an der Reproduktion beteiligt zu sein scheinen.)

Die lineare DNA findet ihren Weg in den Zellkern, wo eine oder mehrere DNA-Kopien in das Wirtsgenom eingebaut werden. Für die Integration ist ein einziges Enzym verantwortlich, die **Integrase**. Die integrierte **Provirus-DNA** wird von der Wirtsmaschinerie zu viraler RNA transkribiert, die sowohl als mRNA dient als auch als Genom, das zu Virionen verpackt wird. *Die Integration ist ein normaler Bestandteil des Lebenszyklus und für die Transkription erforderlich.*

In jedes Virion werden zwei Kopien des RNA-Genoms gepackt, so daß das einzelne Viruspartikel eigentlich diploid ist. Wird eine Zelle gleichzeitig von zwei verschiedenen, aber verwandten Viren infiziert, so können heterozygote Virenpartikel entstehen, die ein Genom jedes Typs enthalten. Die Diploidie mag deshalb wichtig sein, weil das Virus so zelluläre Sequenzen aufnehmen kann. Die Enzyme Reverse Transkriptase und Integrase werden zusammen mit dem Genom in dem Viruspartikel transportiert.

Eine typische retrovirale Sequenz enthält drei oder vier „Gene", womit hier codierende Bereiche gemeint sind, von denen jeder durch Prozessierungsreaktionen mehrere Proteine erzeugt. Ein typisches Retrovirengenom mit drei Genen hat, wie Abbildung 19.3 zeigt, eine Anordnung in der Reihenfolge *gag-pol-env*.

Retrovirale mRNA besitzt eine konventionelle Struktur: Sie ist am 5′-Ende mit einer Cap-Struktur versehen und am 3′-Ende polyadenyliert. Sie tritt in Form von zwei mRNAs auf. Die gesamte mRNA wird translatiert, um die Polyproteine Gag und Pol zu erzeugen. Das Gag-Produkt wird vom Startcodon bis zum ersten Stopcodon translatiert; für die Expression von Pol muß das Stopcodon ignoriert werden.

Verschiedene Viren verwenden unterschiedliche Mechanismen, um nach dem *gag*-Stopcodon fortzufahren; diese hängen von der Beziehung zwischen dem *gag*- und dem *pol*-Leseraster ab. Folgen *gag* und *pol* lückenlos aufeinander, so kann ein einziges Protein erzeugt werden, indem eine Glutamyl-tRNA, welche das Stopcodon erkennt, dieses supprimiert. Befinden sich *gag* und *pol* in unterschiedlichen Leserastern, so entsteht ein einziges Protein durch ribosomale Leserasterverschiebung. Normalerweise erfolgt dieses „Weiterlesen" in fünf Prozent aller Fälle, so daß etwa 20mal mehr Gag-Protein als Gag-Pol-Protein entsteht.

Das Env-Polyprotein wird auf andere Weise hergestellt: Durch Spleißen entsteht eine kürzere **subgenomische** mRNA, die in das Env-Produkt translatiert wird.

Das *gag*-Gen ist für die Proteinbestandteile des Nucleoproteinkerns des Virions verantwotlich. Das *pol*-Gen codiert Funktionen, die an der Synthese von Nucleinsäuren und an der Rekombination beteiligt sind. Das *env*-Gen codiert Bestandteile der Hülle des Partikels, die außerdem Komponenten der zellulären Cytoplasmamembran aufnimmt.

Sowohl Gag als auch Gag-Pol und Env sind Polyproteine, die von einer Protease geschnitten werden, welche die einzelnen Proteine freisetzt, die man in den reifen Virionen findet. Die Proteaseaktivität wird von dem Virus auf verschiedene Art codiert: Sie kann Teil von *gag* oder *pol* sein, nimmt aber manchmal auch die Form eines zusätzlichen, unabhängigen Leserasters an.

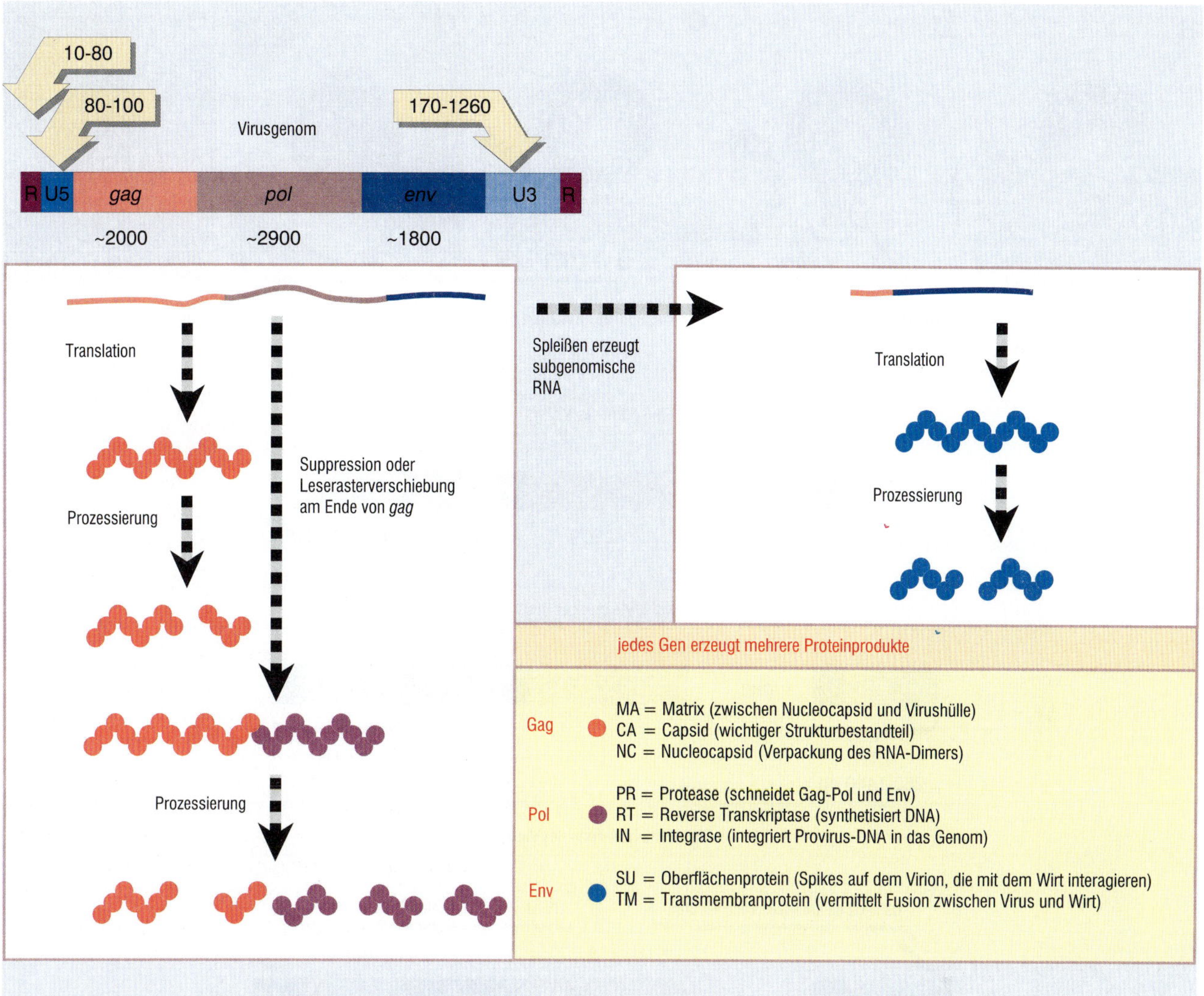

19.3 Die „Gene" des Retrovirus werden als Polyproteine exprimiert, die zu einzelnen Produkten prozessiert.

Bei der Produktion eines retroviralen Partikels wird die RNA in ein Core-Partikel verpackt und von Capsidproteinen umgeben; danach wird ein Segment der Wirtszellmembran abgeschnürt. Die Freisetzung infektiöser Partikel auf diese Weise ist in Abbildung 19.4 dargestellt. Der Prozeß kehrt sich bei der Infektion um; ein Virus infiziert eine neue Wirtszelle, indem es mit dessen Plasmamembran verschmilzt und den Inhalt des Virions freisetzt.

Retroviren werden als **Plusstrangviren** bezeichnet, da die Viren-RNA selbst die Proteinprodukte codiert. Die Reverse Transkriptase ist, wie ihr Name bereits besagt, für die Umwandlung des Genoms (der Plusstrang-RNA) in einen komplementären DNA-Strang verantwortlich, der als **Minusstrang-DNA** bezeichnet wird. Außerdem katalysiert sie die nachfolgenden Schritte bei der Produktion von Doppelstrang-DNA. Sie besitzt DNA-Polymerase-Aktivität, die es ihr erlaubt, mit Hilfe des einzelsträngigen reversen Transkripts aus der RNA eine doppelsträngige DNA zu synthetisieren. Der zweite DNA-Strang in diesem Doppelstrang wird als **Plusstrang-DNA** bezeichnet. Als notwendige Zusatzfunktion besitzt das Enzym außerdem RNase-H-Aktivität, welche den RNA-Anteil des RNA-DNA-Hybrids abbauen kann. Alle retroviralen Reversen Transkriptasen zeigen eine beachtliche Ähnlichkeit in ihrer Aminosäuresequenz, und bei einigen Retroposons lassen sich homologe Sequenzen finden (siehe unten).

Die Strukturen der DNA-Formen des Virus werden in Abbildung 19.5 mit der RNA-Form verglichen. Die virale RNA besitzt an ihren Enden direkte Wiederholungssequenzen. Diese **R-Segmente** variieren bei verschiedenen Virusstämmen in ihrer Länge zwischen 10 und 80 Nucleotiden. An das R-Segment am 5′-Ende des Virus schließt sich der **U5-Bereich** mit 80 bis 100 Nucleotiden an, dessen Name andeutet, daß er nur am 5′-Ende vorkommt. Am 3′-Ende geht dem R-Segment der **U3-Bereich** von 170 bis 1 350 Nucleotiden voraus, der nur an diesem Ende vorkommt. Die R-Segmente werden bei der Umwandlung der RNA in die DNA-Form gebraucht, um die etwas längeren direkten Wiederholungssequenzen zu erzeugen, die man in der linearen DNA findet, wie die Abbildungen 19.6 und 19.7

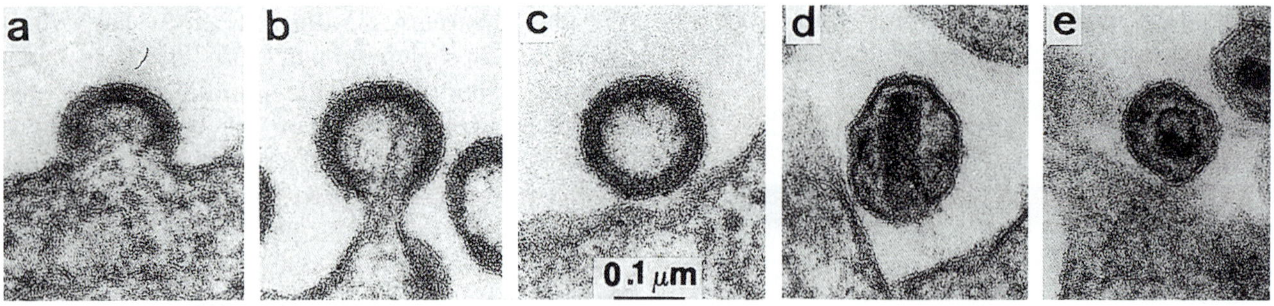

19.4 Retroviren (HIV) schnüren sich von der Plasmamembran einer infizierten Zelle ab. (Abbildungen mit freundlicher Genehmigung von Matthew Gonda.)

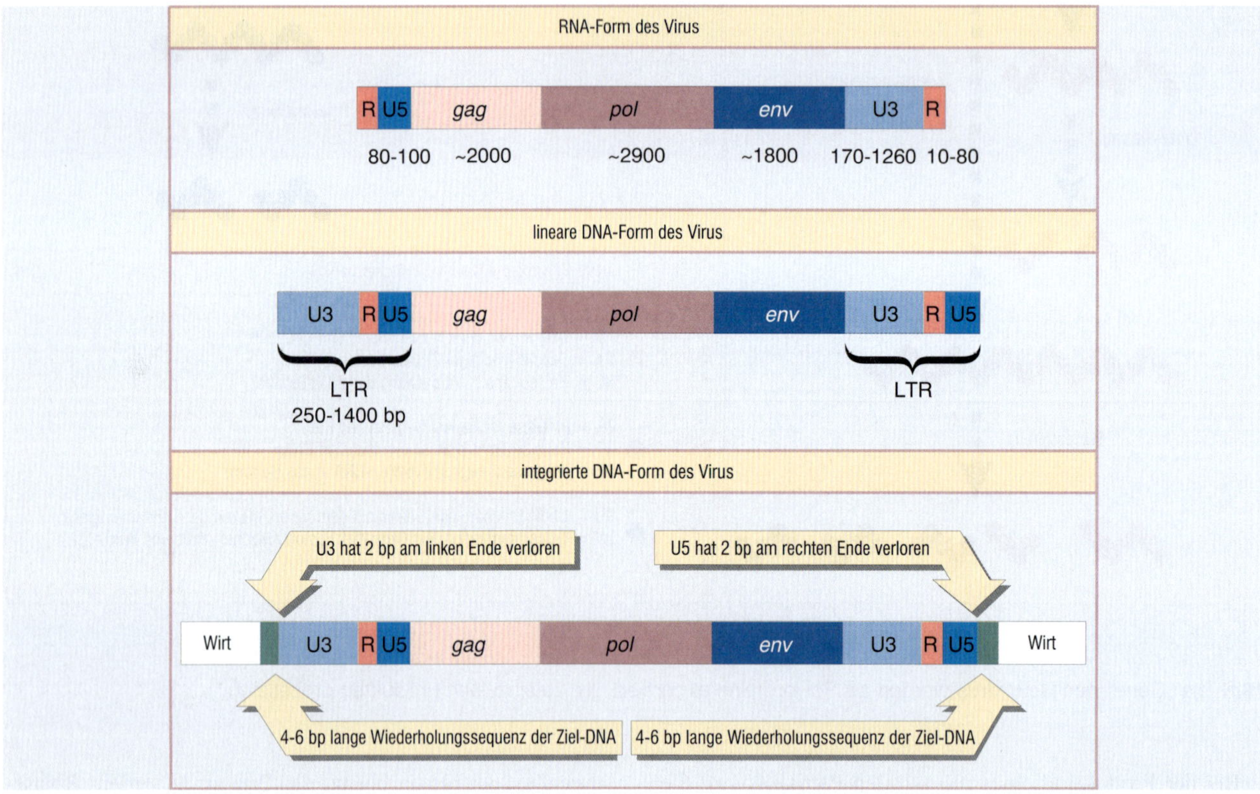

19.5 Retrovirale RNA endet mit direkten Wiederholungssequenzen (R), die freie lineare DNA mit LTRs und das Provirus mit jeweils um zwei Basen verkürzten LTRs.

zeigen. Eine Auswirkung des Integrationsmechanismus ist die Verkürzung jedes Endes der integrierten Form um zwei Basenpaare, wie in Abbildung 19.8 dargestellt ist.

Genau wie andere DNA-Polymerasen benötigt auch die Reverse Transkriptase einen Primer. Der natürliche Primer ist tRNA; in dem Virion befindet sich eine unbeladene tRNA des Wirtes. Eine Sequenz von 18 Basen an ihrem 3′-Ende paart mit einer Stelle, die 100 bis 200 Basen vom 5′-Ende eines der viralen RNA-Moleküle entfernt ist. Die t-RNA kann auch mit einer zweiten Stelle in der Nähe des 5′-Endes der anderen Virus-RNA gepaart sein, und somit die Dimerbildung zwischen den viralen RNAs unterstützen.

Hier tritt nun ein Dilemma auf. Die Reverse Transkriptase beginnt mit der DNA-Synthese an einer Stelle, *die sich nur 100 bis 200 Basen stromabwärts vom 5′-Ende befindet*. Wie kann eine DNA erzeugt werden, die ein vollständiges RNA-Genom repräsentiert? (Dies ist ein Extremfall des allgemeinen Problems der Replikation an den Enden einer linearen Nucleinsäure; Kapitel 14.)

Die Synthese schreitet *in vitro* bis zum Ende fort und erzeugt eine kurze DNA-Sequenz, die als stark verkürzte Minus-DNA (*minus strong-stop DNA*) bezeichnet wird. Dieses Molekül findet man *in vivo* nicht, da die Synthese hier durch die in Abbildung 19.6 gezeigte Reaktion weitergeht. *Die Reverse Transkriptase wechselt die Matrize* und nimmt die naszierende DNA dabei mit. Dies ist der erste von zwei Matrizenwechseln.

Bei dieser Reaktion wird der R-Bereich am 5′-Ende der RNA-Matrize von der RNase-H-Aktivität der Reversen Transkriptase abgebaut. Seine Entfernung erlaubt die

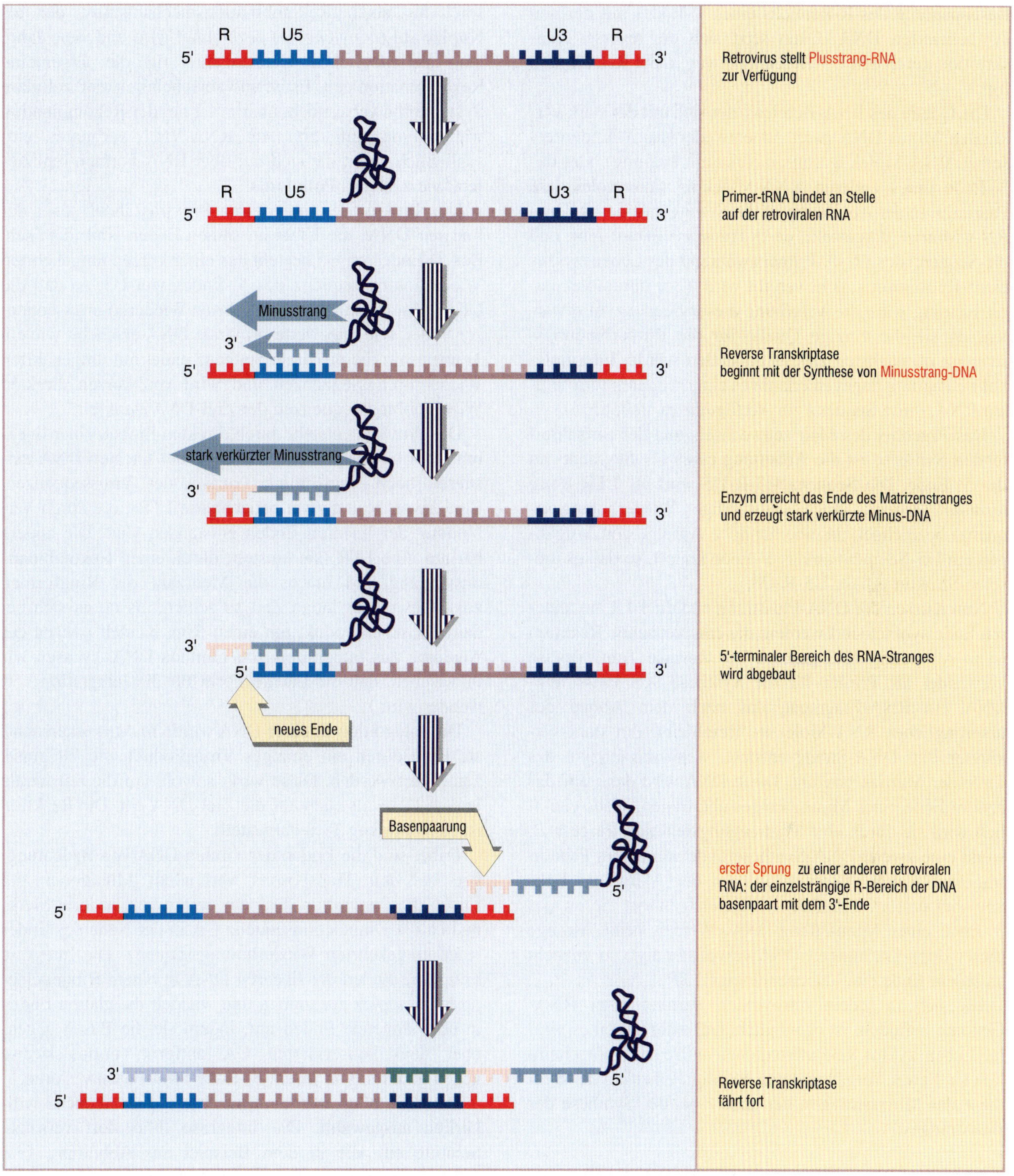

19.6 Minusstrang-DNA wird durch Wechsel der Matrize bei der reversen Transkription erzeugt.

Basenpaarung des R-Bereichs eines 3′-Endes mit der neu synthetisierten DNA. Dann setzt sich die reverse Transkription durch den U3-Bereich hinweg in die RNA hinein fort.

Die Quelle des RNA-Bereichs, der sich mit der stark verkürzten Minus-DNA paart, ist entweder das 3′-Ende desselben RNA-Moleküls (intramolekulare Paarung) oder das 3′-Ende eines anderen RNA-Moleküls (intermolekulare Paarung). In der Abbildung ist der Sprung zu einer anderen RNA-Matrize dargestellt, da es Hinweise darauf gibt, daß die Sequenz des tRNA-Primers während des Lebenszyklus eines Retroposons nicht vererbt wird. (Bei intramolekularer Paarung wäre die Vererbung dieser Sequenz zu erwarten, da sie die einzige Quelle für die Primerbindungssequenz im nächsten Zyklus darstellen würde. Intermolekulare Paarung dagegen erlaubt es einer weiteren retroviralen RNA, diese Sequenz zur Verfügung zu stellen.)

Das Ergebnis des Matrizenwechsels und der fortschreitenden Synthese ist die Anheftung eines U3-Segments an das 5′-Ende. Die Sequenz U3-R-U5 wird als **LTR** (*long terminal repeat*; lange endständige Wiederholungssequenz) bezeichnet, da eine ähnliche Abfolge von Vorgängen ein U5-Segment an das 3′-Ende knüpft, so daß es dieselbe Struktur erhält: U5-R-U3.

Nun müssen der DNA-Plusstrang und die LTR am anderen Ende synthetisiert werden; die entsprechende Reaktion ist in Abbildung 19.7 gezeigt. Die Reverse Transkriptase verwendet als Primer für die Synthese von Plusstrang-DNA ein RNA-Fragment, das nach dem Abbau des ursprünglichen RNA-Moleküls übrigbleibt. Ein stark verkürzter Plus-DNA-Strang entsteht, wenn das Enzym das Ende der Matrize erreicht. Diese DNA wird dann auf das andere Ende eines Minusstranges übertragen. Wahrscheinlich wird sie durch eine Verdrängungsreaktion freigesetzt, wenn eine zweite DNA-Syntheserunde von einem Primerfragment weiter stromaufwärts (in der Abbildung links von ihr) erfolgt. Mit ihrem R-Bereich bindet sie an das 3′-Ende einer Minusstrang-DNA. Werden beide Stränge dieser doppelsträngigen DNA vervollständigt, so entsteht an jedem Ende eine doppelsträngige LTR.

Da sich in jedem retroviralen Partikel zwei RNA-Genome befinden, ist es möglich, daß während eines viralen Lebenszyklus Rekombinationen auftreten. Wahrscheinlich sind zwei Vorgänge daran beteiligt, einer bei der Synthese des Minusstranges, der andere bei der Synthese des Plusstranges:

- ◆ Die in Abbildung 19.6 gezeigte intermolekulare Paarung erlaubt eine Rekombination zwischen den Sequenzen der beiden aufeinanderfolgenden RNA-Matrizen.
- ◆ Die Synthese der Plusstrang-DNA kann diskontinuierlich erfolgen, wobei mehrere interne Initiationen stattfinden. Bei dieser Reaktion kann es auch zu einem Strangaustausch kommen.

Das gemeinsame Kennzeichen beider Vorgänge ist, daß die Rekombination durch einen Wechsel der Matrize während der DNA-Synthese erfolgt. Dies ist ein allgemeines Beispiel für einen Rekombinationsmechanismus, der als **Kopiewahl** (*copy choice*) bezeichnet wird und viele Jahre lang als möglicher Mechanismus für die allgemeine Rekombination galt. Es ist unwahrscheinlich, daß zelluläre Systeme ihn verwenden, aber er ist bei der Rekombination während der Infektion von RNA-Viren verbreitet, einschließlich derer, die sich nur über RNA-Formen replizieren, wie z. B. das Poliovirus.

Die Struktur des integrierten Provirus ähnelt jener der linearen DNA; die LTRs an seinen Enden sind identisch. Das 3′-Ende von U5 besteht aus einer kurzen umgekehrten Wiederholungssequenz des 5′-Endes von U3, so daß die LTR selbst mit kurzen umgekehrten Wiederholungssequenzen endet. Die integrierte provirale DNA erscheint wie ein Transposon: die provirale Sequenz endet mit umgekehrten Wiederholungssequenzen und wird von kurzen direkten Wiederholungssequenzen der Ziel-DNA flankiert.

Das Provirus entsteht durch direkten Einbau einer linearen DNA an der Zielstelle. (Neben der linearen DNA existieren noch ringförmige Formen der Virussequenzen. Eine davon besitzt zwei benachbarte LTRs, die durch Verbindung der linearen Enden entstanden sind. Die andere hat nur eine LTR (sie entsteht durch einen Rekombinationsvorgang und macht die Mehrzahl der Ringformen aus). Obwohl es lange Zeit so schien, als ob es sich bei dem Zwischenprodukt um einen Ring handelt (wegen der Analogie zur Integration von Lambda-DNA), wissen wir inzwischen, daß die lineare Form für die Integration verwendet wird.)

Die Integration linearer DNA wurde *in vitro* untersucht; sie kann durch ein einziges Virusprodukt, die Integrase, katalysiert werden. Diese wirkt sowohl auf die retrovirale lineare DNA als auch auf die Ziel-DNA ein. Die Reaktion ist in Abbildung 19.8 dargestellt.

Dabei sind die Enden der viralen DNA von Bedeutung; wie bei den Transposons verhindern Mutationen der Enden die Integration. Das am besten konservierte Merkmal ist die Dinucleotidsequenz CA in der Nähe des Endes jeder umgekehrten Wiederholungssequenz. Die Integrase bringt die Enden der linearen DNA in einem Ribonucleoproteinkomplex zusammen und wandelt die glatten Enden in überhängende Enden um, indem sie die Basen gegenüber dem konservierten CA entfernt; normalerweise gehen dadurch von jedem 3′-Ende zwei Basen verloren.

Die Zielstellen werden hinsichtlich ihrer Sequenz willkürlich ausgewählt. Die Integrase führt dort versetzte Schnitte ein, die in dem Beispiel aus Abbildung 19.8 durch vier Basenpaare getrennt sind. Die Länge der Wiederholungssequenzen der Zielstelle hängt von dem jeweiligen Virus ab; sie kann vier bis sechs Basenpaare betragen. Wahrscheinlich wird sie durch die Geometrie der Reaktion von Integrase mit der Ziel-DNA bestimmt.

Die bei der Spaltung der Ziel-DNA erzeugten 5′-Enden werden kovalent mit den verkürzten 3′-Enden der Virus-DNA verbunden. Nun sind beide Enden der viralen DNA durch jeweils einen Strang mit der Ziel-DNA verknüpft. Der einzelsträngige Bereich wird von Enzymen der Wirtszelle repariert; im Verlauf dieser Reaktion werden die

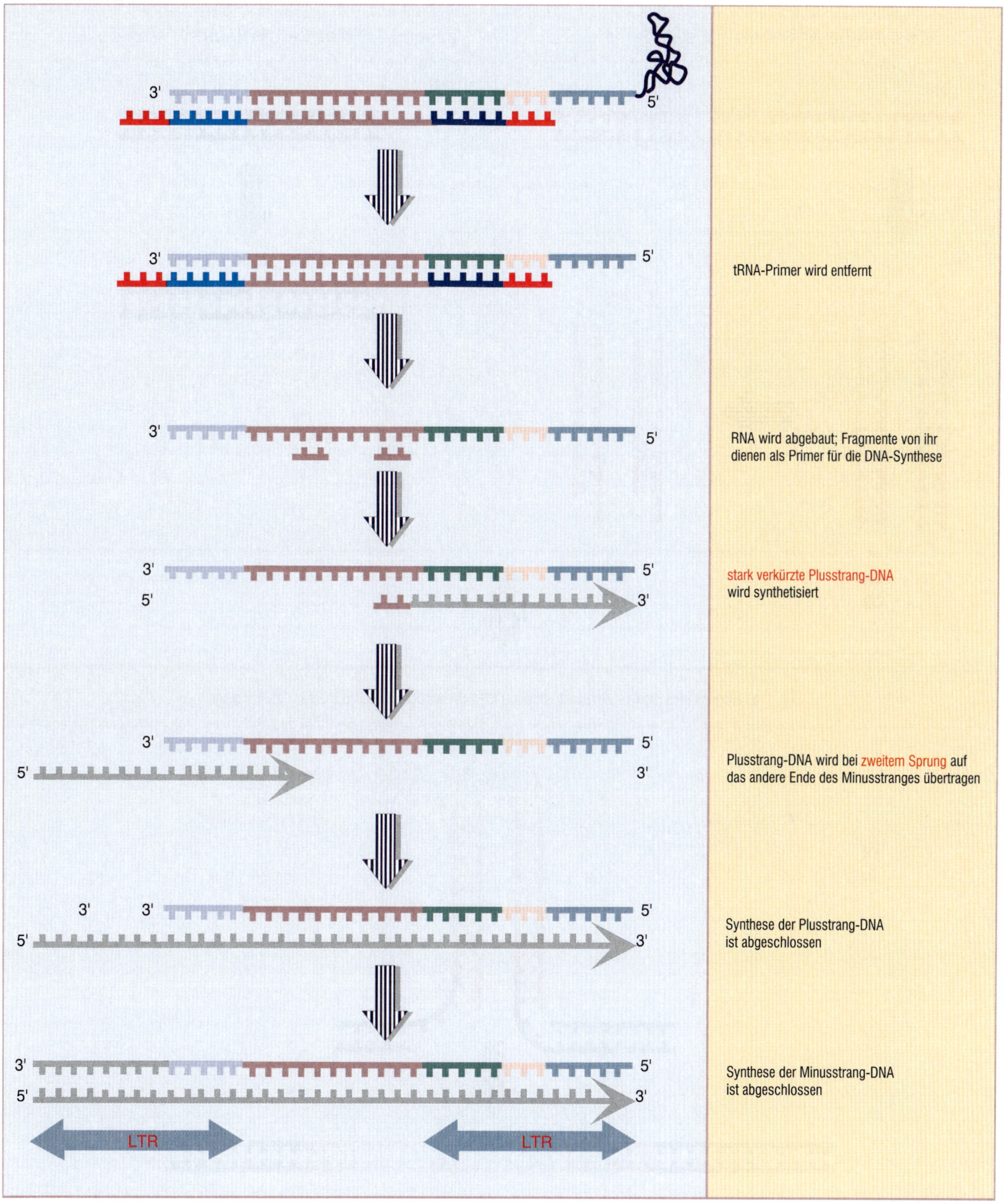

19.7 Die Synthese von Plusstrang-DNA erfordert einen zweiten Sprung.

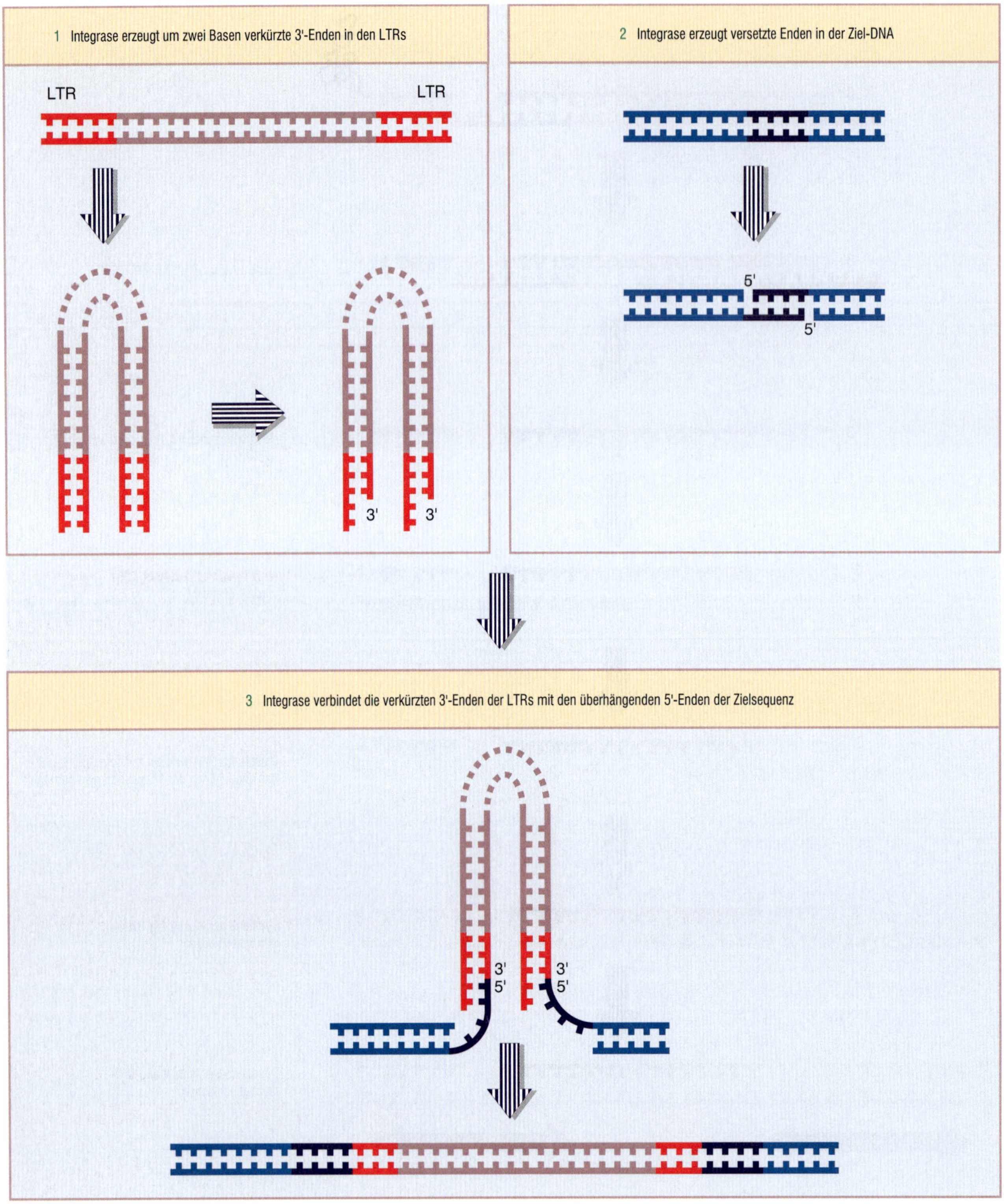

19.8 Integrase ist das einzige Virusprotein, das für die Integrationsreaktion benötigt wird, bei der jeder LTR zwei Basenpaare verliert und zwischen 4-bp-Wiederholungen der Ziel-DNA eingebaut wird.

beiden überhängenden Basen an jeder 5′-Ende der viralen DNA entfernt. Das Ergebnis ist, daß die integrierte Virus-DNA an jeder LTR zwei Basenpaare verloren hat; dies entspricht dem Verlust von zwei Basenpaaren am linken Ende des 5′-terminalen U3 und von zwei Basenpaaren am rechten Enden des 3′-terminalen U5. An jedem Ende des integrierten retroviralen Genoms befindet sich eine charakteristische kurze direkte Wiederholungssequenz der Ziel-DNA.

Die virale DNA baut sich an zufällig ausgewählten Stellen in das Wirtsgenom ein; eine erfolgreich infizierte Zelle erhält ein bis zehn Kopien des Provirus. (Ein infektiöses Virus dringt natürlich zunächst in das Cytoplasma ein, aber seine DNA-Form wird im Zellkern in das Genom eingebaut. Retroviren können sich nur in proliferierenden Zellen replizieren, da das virale Genom nur während der Mitose Zutritt zum Kernmaterial erhält.)

Der U3-Bereich jeder LTRs enthält einen Promotor. Derjenige in der linken LTR ist für die Initiation der Transkription des Provirus verantwortlich. Man erinnere sich, daß die U3-Sequenz bei der Erzeugung der proviralen DNA zur linken LTR gelangt; der Promotor entsteht also erst durch die Umwandlung der RNA in doppelsträngige DNA.

Manchmal (wahrscheinlich aber eher selten) fördert der Promotor in der rechten LTR die Transkription der benachbarten Wirtssequenzen an der Integrationsstelle. Außerdem enthält diese LTR einen Enhancer (eine Sequenz, die Promotoren in ihrer Nähe aktiviert), der sowohl auf zellulläre als auch auf virale Sequenzen einwirken kann. Die Integration eines Retrovirus kann eine Wirtszelle in eine Tumorzelle umwandeln, wenn bestimmte Arten von Genen auf diese Weise aktiviert werden; dies wird in Kapitel 37 näher behandelt.

Können integrierte Proviren aus dem Genom geschnitten werden? Zwischen den LTRs eines Provirus könnte homologe Rekombination stattfinden; bei einigen zellulären Genomen finden sich einzelne LTRs, bei denen es sich um die Relikte eines Excisionsvorgangs handeln könnte.

Wir haben uns bisher mit Retroviren in bezug auf ihren Infektionszyklus beschäftigt, bei dem die Integration für die Produktion weiterer RNA-Kopien eine Rolle spielt. Integriert eine virale DNA allerdings in eine Keimbahnzelle, so wird sie zu einem vererbten „endogenen Provirus" des Organismus. Endogene Viren werden normalerweise nicht exprimiert, manchmal aber durch externe Ereignisse aktiviert, etwa durch die Infektion mit einem anderen Virus.

19.2 Retroviren können zelluläre Sequenzen transduzieren

Das Auftreten **transduzierender Viren**, Varianten mit zellulären Sequenzen, wie sie in Abbildung 19.9 gezeigt sind, ist ein interessanter Aspekt des viralen Lebenszyklus. Ein Teil der viralen Sequenz wurde bei diesen Viren durch

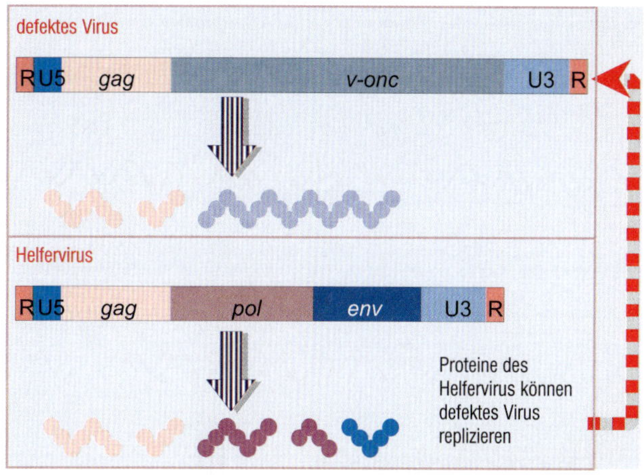

19.9 Transduzierende Viren mit einem Replikationsdefekt besitzen eine Sequenz der Zelle, die einen Teil der Virussequenz ersetzt. Die Länge der zellulären Sequenz und der Bereich des Virus, der ersetzt wird, sind für jedes Virus charakteristisch. Das defekte Virus kann sich mit Hilfe eines Helfervirus, das die Wildtypfunktionen besitzt, replizieren.

das *v-onc*-Gen ersetzt. Die Proteinsynthese erzeugt ein Gag-v-Onc-Protein statt der normalen Gag-, Pol- und Env-Proteine. Das daraus resultierende Virus ist **replikationsdefekt**; es kann selbst keinen Infektionszyklus mehr durchlaufen. Allerdings kann es sich in Gegenwart eines **Helfervirus** vermehren, das die fehlenden viralen Funktionen zur Verfügung stellt.

Onc ist eine Abkürzung für **Onkogenese**, die Fähigkeit also, Zellen in Kultur zu **transformieren**, so daß ihre normale Wachstumsregulation aufgehoben wird, was eine unbeschränkte Zellteilung erlaubt. Sowohl virale als auch zelluläre *onc*-Gene können für die Entstehung von Tumorzellen verantwortlich sein, was in Kapitel 37 behandelt wird.

Ein *v-onc*-Gen verleiht einem Virus die Fähigkeit, einen bestimmten Typ von Wirtszelle zu transformieren. Loci im Wirtsgenom mit homologen Sequenzen werden als *c-onc*-Gene bezeichnet. Wie werden die *onc*-Gene von den Retroviren aufgenommen? Ein verräterisches Merkmal ist die Diskrepanz in der Struktur von *c-onc-* und *v-onc*-Genen. Erstere sind normalerweise von Introns unterbrochen und werden in der Zelle nur in geringen Mengen exprimiert. Die *v-onc*-Gene dagegen sind ununterbrochen und werden als Teil der viralen Transkriptionseinheit auf hohem Niveau exprimiert. Dies deutet darauf hin, daß *die v-onc-Gene von gespleißten RNA-Kopien der c-onc-Gene abstammen.*

Ein Modell für die Bildung transformierender Viren ist in Abbildung 19.10 dargestellt. Ein Retrovirus hat sich in der Nähe eines *c-onc*-Gens eingebaut. Eine Deletion fusioniert das Provirus mit dem *c-onc*-Gen; dann erzeugt die Transkription eine gemeinsame RNA, die an einem Ende virale Sequenzen, am anderen zelluläre *onc*-Sequenzen enthält. Durch Spleißen werden die Introns sowohl in den viralen als auch in den zellulären Bestandteilen der RNA

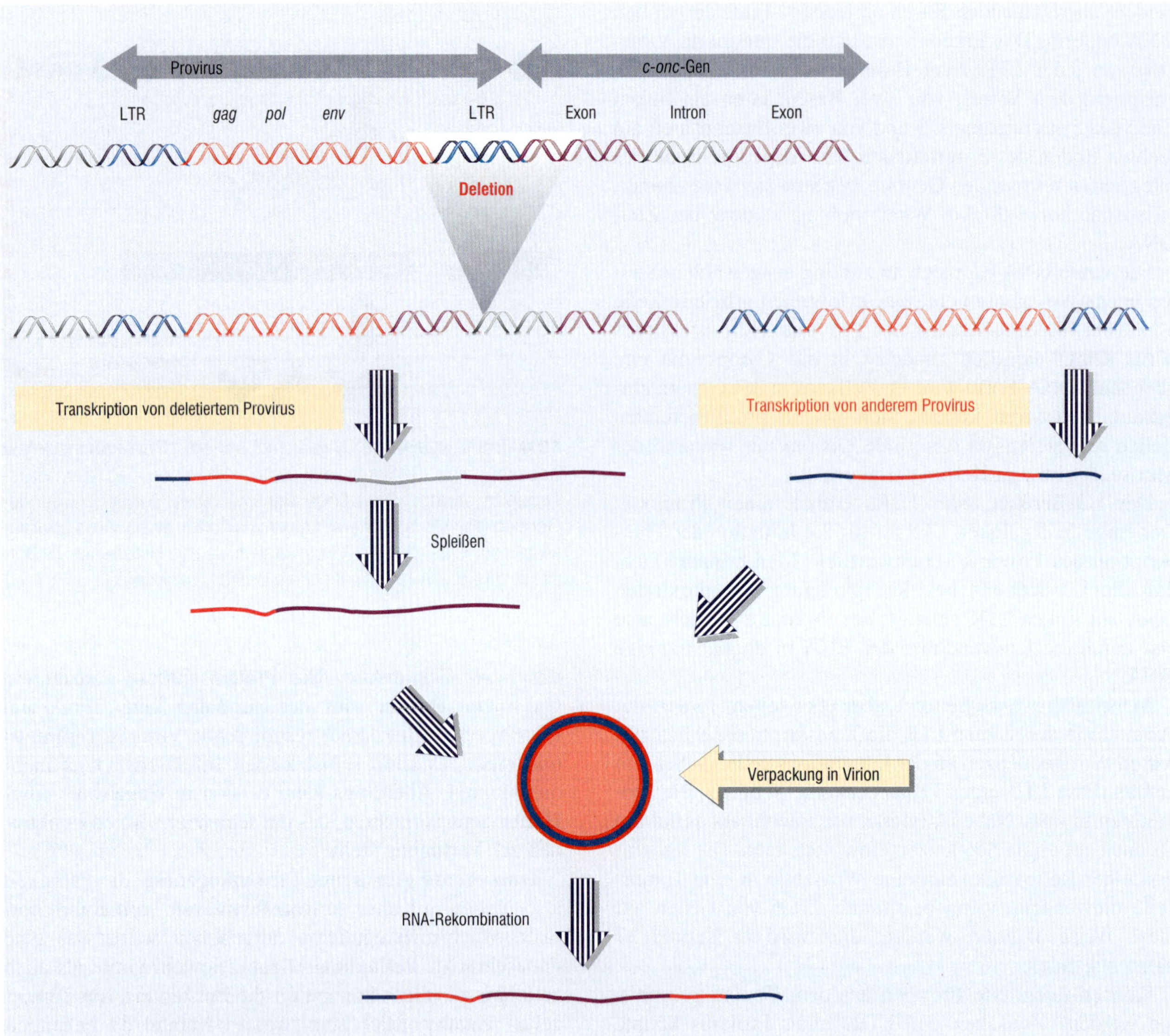

19.10 Viren mit Replikationsdefekt können durch Integration und Deletion eines Virusgenoms entstehen, was zu einem fusionierten viral/zellulären Transkript führt, das zusammen mit einem normalen RNA-Genom verpackt wird. Nichthomologe Rekombination ist notwendig, um dann das transformierende Genom mit Replikationsdefekt zu erzeugen.

entfernt. Die RNA besitzt das benötigte Signal für die Verpackung in das Virion; Virionen entstehen, wenn die Zelle außerdem eine weitere intakte Kopie des Provirus besitzt. Einige der diploiden Viruspartikel können dann eine fusionierte und eine virale RNA enthalten.

Durch Rekombination zwischen diesen Sequenzen könnte das transformierende Genom entstehen, das an *beiden* Enden virale Wiederholungssequenzen trägt. (Während des retroviralen Infektionszyklus erfolgt die Rekombination auf verschiedenen Wegen und mit großer Häufigkeit. Wir wissen nichts über ihre Abhängigkeit von der Homologie der Substrate, nehmen aber an, daß die nichthomologe Reaktion zwischen einem Virusgenom und dem zellulären Bestandteil einer fusionierten RNA durch denselben Mechanismus erfolgt wie die virale Rekombination.)

Die gemeinsamen Merkmale der gesamten Retrovirenklasse deuten darauf hin, daß sie von einem einzigen Vorfahren abstammen. Ursprünglich vorhandene IS-Elemente könnten ein Wirtsgen für eine Nucleinsäurepolymerase eingeschlossen haben; die daraus resultierende Einheit hätte dann die Form *LTR-pol-LTR*. Sie könnte sich zu einem infektiösen Virus weiterentwickeln, indem sie sich komplexere Fähigkeiten zur Manipulation von DNA- und RNA-Substraten aneignet, sowie Gene aufnimmt, deren Produkte die Verpackung der RNA erlauben. Andere Funktionen, wie transformierende Gene, könnten später eingebaut werden. (Es besteht kein Grund zu der Annahme, daß sich der Mechanismus für die Aufnahme zellulärer Funktionen nur auf die *onc*-Gene beschränkt; Viren mit diesen Genen könnten aber einen Selektionsvorteil besitzen, da sie das Zellwachstum stimulieren.)

19.3 Die Ty-Elemente aus Hefe ähneln Retroviren

Ty-Elemente umfassen eine Familie verstreuter, sich wiederholender DNA-Sequenzen, die man in unterschiedlichen Hefestämmen an verschiedenen Stellen findet. **Ty** ist eine Abkürzung für *transposon yeast*. Ein Transpositionsereignis hinterläßt eine charakteristische Spur: Fünf Basenpaare der Ziel-DNA werden auf jeder Seite des eingebauten Ty-Elements wiederholt. Die Transpositionshäufigkeit von etwa 10^{-7} bis 10^{-8} liegt niedriger als die von bakteriellen Transposons.

Zwischen den einzelnen Ty-Elementen gibt es beachtliche Unterschiede. Die meisten von ihnen gehören zu einer der zwei Hauptklassen, Ty1 und Ty917. Beide besitzen die in Abbildung 19.11 dargestellte allgemeine Organisation. Jedes Element ist 6,3 kb lang; die letzten 330 bp an jedem Ende bilden direkte Wiederholungssequenzen, die δ genannt werden. Die einzelnen Ty-Elemente jedes Typs weisen viele Abweichungen vom Prototyp ihrer Klasse auf, z. B. Basenpaaraustausch, Insertionen und Deletionen. In einem typischen Hefegenom gibt es etwa 30 Kopien vom Ty1-Typ und etwa sechs vom Ty917-Typ. Zusätzlich sind etwa 100 unabhängige Delta-Elemente vorhanden, die als Solo-Deltas bezeichnet werden.

Die Delta-Sequenzen weisen eine beachtliche Heterogenität auf, obwohl die beiden Wiederholungssequenzen

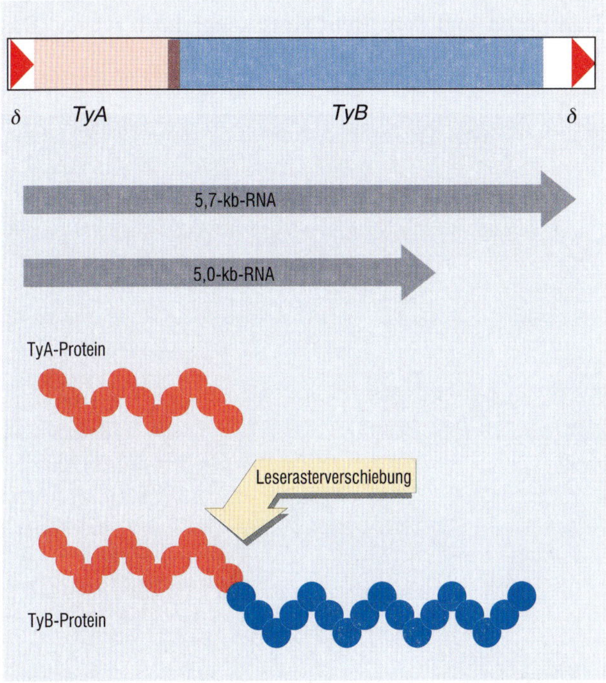

19.11 Ty-Elemente enden mit kurzen direkten Wiederholungssequenzen und werden zu zwei überlappenden RNAs transkribiert. Sie besitzen zwei Leseraster, deren Sequenzen mit den retroviralen Genen *gag* und *pol* verwandt sind.

eines einzelnen Ty-Elements mit großer Wahrscheinlichkeit identisch oder wenigstens eng verwandt sind. Die mit Ty-Elementen verbundenen Delta-Sequenzen zeigen eine größere Sequenzkonservierung als die Solo-Delta-Elemente, was darauf hindeutet, daß die Erkennung der Wiederholungssequenzen an der Transposition beteiligt ist.

Das Ty-Element wird in zwei poly(A)$^+$-RNAs transkribiert, die mehr als fünf Prozent der gesamten mRNA einer haploiden Hefezelle ausmachen. Beide initiieren innerhalb eines Promotors im linken δ-Element. Eine terminiert nach fünf Kilobasenpaaren, die andere nach 5,7 kb, innerhalb der rechten Delta-Sequenz.

Die Sequenz des Ty-Elements hat zwei offene Leseraster, die in derselben Richtung exprimiert, aber in verschiedenen Phasen gelesen werden und in 13 Aminosäuren überlappen. Die Sequenz von *TyA* läßt vermuten, daß sie ein DNA-bindendes Protein codiert. Die Sequenz von *TyB* enthält Abschnitte, die Homologien zu der Reversen Transkriptase, Protease und Integrase von Retroviren aufweisen.

Die Organisation und Funktion von *TyA* und *TyB* ist den retroviralen *gag*- und *pol*-Funktionen analog. Die Leseraster *TyA* und *TyB* werden in zwei Formen exprimiert. Das TyA-Protein repräsentiert das *TyA*-Leseraster und terminiert an dessen Ende. Das *TyB*-Leseraster hingegen wird nur als Teil eines gemeinsamen Proteins exprimiert, bei dem der *TyA*-Bereich durch eine bestimmte Leserasterverschiebung, welche das Überlesen des Stopcodons erlaubt, mit dem *TyB*-Bereich fusioniert ist (analog zur *gag-pol*-Translation bei den Retroviren).

Die Ty-Elemente können als Bereiche transportabler Homologie zum Ziel für Rekombinationsereignisse werden, die von Wirtssystemen vermittelt werden. Meist wird das Chromosom bei einem solchen Vorgang beschädigt, entweder durch Deletion oder Inversion (die durch Rekombination zwischen zwei Ty-Elementen auf einem Chromosom entstehen) oder durch tiefergreifende Veränderungen, wenn Rekombination zwischen zwei Ty-Elementen auf verschiedenen Chromosomen stattfindet.

Die Rekombination zwischen Ty-Elementen scheint stoßweise zu verlaufen; findet man nur ein solches Ereignis, so entdeckt man mit großer Wahrscheinlichkeit noch weitere. Genkonversion findet zwischen Ty-Elementen an verschiedenen Stellen statt, mit dem Ergebnis, daß ein Element durch die Sequenz des anderen „ersetzt" wird.

Ty-Elemente können durch homologe Rekombination zwischen den direkt wiederholten Delta-Sequenzen ausgeschnitten werden. Die große Zahl von einzelnen Delta-Elementen könnte ein Relikt solcher Vorgänge darstellen. Ein solcher Ausschneidevorgang kann eine durch den Einbau von Ty verursachte Mutation wieder rückgängig machen; das Ausmaß der Umkehr hängt von den genauen Delta-Sequenzen ab, die zurückbleiben.

Es ist paradox, daß beide Delta-Elemente dieselben Sequenzen haben, aber das eine enthält einen aktiven Promotor, das andere dagegen einen Terminator. (Eine ähn-

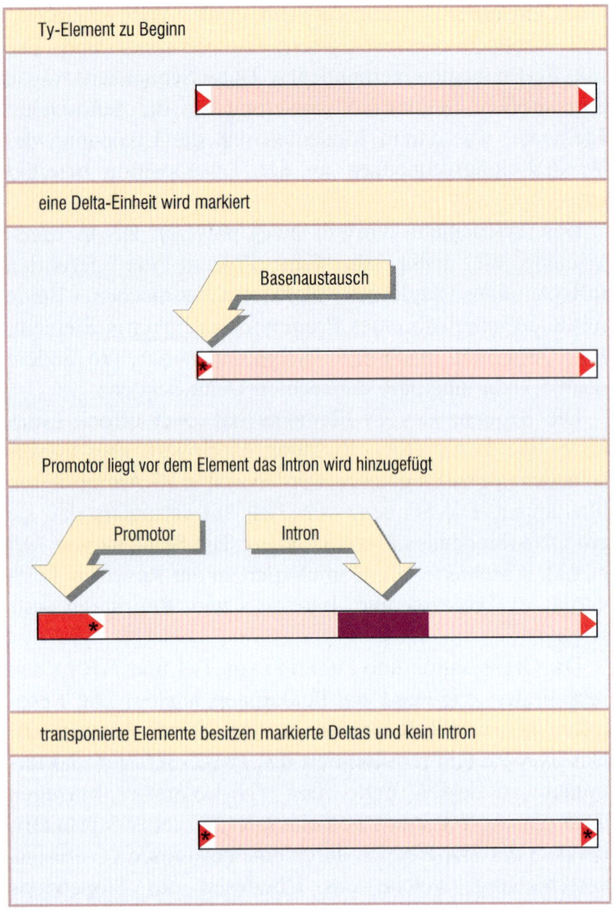

19.12 Ein einzelnes Ty-Element, in das ein Intron eingebaut wurde, erzeugt bei seiner Transposition Kopien, denen das Intron fehlt. Sie besitzen identische terminale Wiederholungssequenzen, die sich von einem der Enden des ursprünglichen Ty-Elements ableiten. Seine Transpositionshäufigkeit hängt von der Aktivität des Promotors ab, der seine Transkription steuert.

liche Eigenschaft findet man bei anderen transponierbaren Elementen, unter anderem bei den Retroviren.)

Ty-Elemente sind klassische Retropsons, die über ein RNA-Zwischenprodukt transponieren. Eine raffinierte Methode, um diesen Vorgang nachzuweisen, ist in Abbildung 19.12 dargestellt. Man baut in ein Element ein Intron ein, um damit eine einzigartige Ty-Sequenz zu erzeugen. Diese Sequenz stellt man in einem Plasmid unter die Kontrolle eines *GAL*-Promotors und bringt sie in Hefezellen ein. Die Transposition läßt viele Kopien des Transposons in dem Hefegenom erscheinen; *aber allen fehlt das Intron.*

Wir kennen nur einen Weg, wie Introns entfernt werden: Durch RNA-Spleißen. Dies deutet darauf hin, daß die Transposition durch denselben Mechanismus erfolgt wie bei den Retroviren. Das Ty-Element wird in eine RNA transkribiert, die der Spleißapparat erkennt. Die gespleißte RNA wiederum wird von einer Reversen Transkriptase erkannt, die eine doppelsträngige DNA-Kopie wiederherstellt.

Die Analogie mit den Retroviren reicht noch weiter. Das ursprüngliche Ty-Element unterscheidet sich in der Sequenz seiner beiden Delta-Elemente. *Die transponierten Elemente aber haben identische Delta-Sequenzen, die sich von dem 5'-Delta des ursprünglichen Elements ableiten.* Wenn wir die Delta-Sequenz genau wie einer LTR betrachten, das aus den Bereichen U3-R-U5 besteht, so reicht die Ty-RNA von R-Bereich zu R-Bereich. Wie für die Retroviren in den Abbildungen 19.3 bis 19.6 gezeigt wurde, wird die gesamte LTR regeneriert, indem ein U5 an das 3'-Ende und ein U3 an das 5'-Ende angefügt wird.

Die Transposition wird von Genen innerhalb des Ty-Elements kontrolliert. Der für die Transkriptionskontrolle des markierten Ty-Elements verwendete *GAL*-Promotor ist induzierbar: Er wird durch Zugabe von Galactose angeschaltet. Die Induktion des Promotors hat zwei Wirkungen. Zum einen ist er notwendig, um die Transposition des markierten Elements zu aktivieren, zum anderen erhöht seine Aktivierung die Transpositionshäufigkeit von anderen Ty-Elementen auf dem Hefechromosom. Dies läßt darauf schließen, daß die Produkte der Ty-Elemente in *trans* auf andere Elemente einwirken können (genauer gesagt auf deren RNAs).

Obwohl aus den Ty-Elementen keine infektiösen Partikel hervorgehen, sammeln sich in Zellen, in denen die Transposition induziert wurde, virusähnliche Partikel an (VLPs, *virus-like particles*), die in Abbildung 19.13 gezeigt sind. Sie enthalten vollständige RNA, doppelsträngige DNA, Reverse Transkriptase und ein *TyB*-Produkt mit Integraseaktivität. Das *TyA*-Produkt wird wie ein *gag*-Vorläufer geschnitten und produziert so die reifen Kernproteine des VLP. Dies treibt die Analogie zwischen dem Ty-Transposon und dem Retrovirus sogar noch weiter. Das

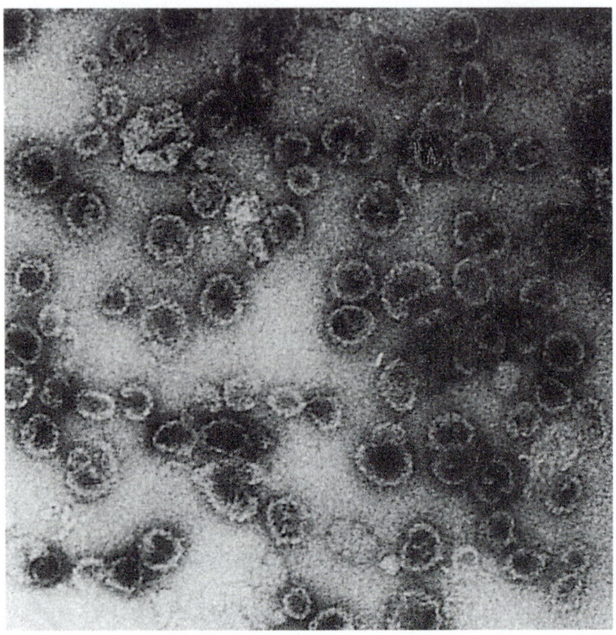

19.13 Ty-Elemente erzeugen virenähnliche Partikel. (Abbildung mit freundlicher Genehmigung von Alan Kingsman.)

Ty-Element verhält sich, kurzgesagt, wie ein Retrovirus, das sein *env*-Gen verloren hat und daher sein Genom nicht ordnungsgemäß verpacken kann.

Nur einige der Ty-Elemente sind in jedem Hefegenom aktiv: Die meisten haben ihre Transpositionsfähigkeit verloren (und sind damit analog zu inerten endogenen Proviren). Da diese „toten" Elemente ihre δ-Wiederholungssequenzen aber behalten, stellen sie Ziele für Proteine dar, die von einem aktiven Element synthetisiert werden.

19.4 Viele transponierbare Elemente sind in *D. melanogaster* zu Hause

Das Vorhandensein transponierbarer Elemente in *D. melanogaster* wurde zuerst aus Beobachtungen geschlossen, die analog zu denen für den Nachweis der ersten Insertionssequenzen in *E. coli* waren. Man findet instabile Mutanten, die durch Deletionen zum Wildtyp revertieren, oder die Deletionen in flankierenden Bereichen hervorrufen, die ihren Endpunkt an der ursprünglichen Mutationsstelle haben. Sie werden von verschiedenen Arten von transponierbaren Sequenzen hervorgerufen, die in Abbildung 19.14 dargestellt sind. Dazu gehören das *copia*-Retroposon, die FB-Familie von unbekanntem Typ sowie die bereits in Kapitel 18 besprochenen P-Elemente.

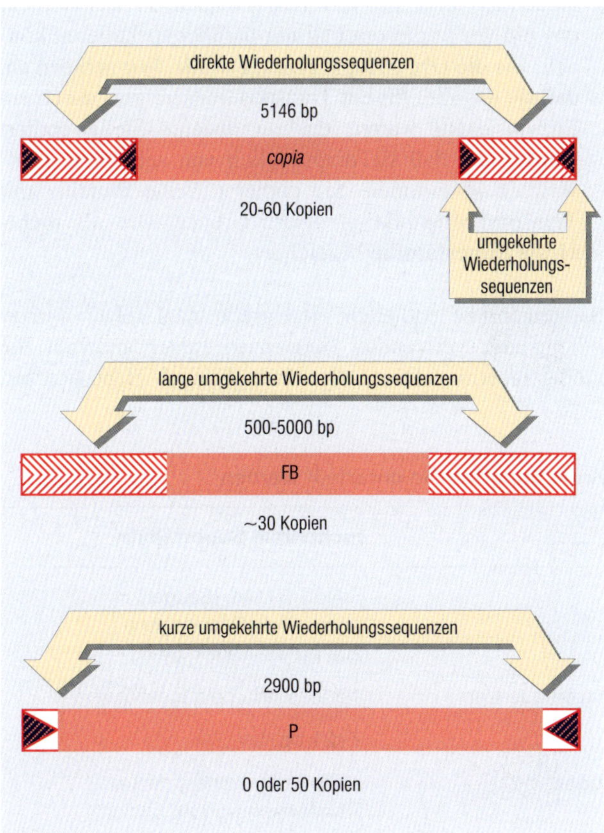

19.14 Drei Typen von transponierbaren Elementen in *D. melanogaster* besitzen unterschiedliche Strukturen.

Die am besten charakterisierte Familie von Retroposons ist *copia*. Der Name spiegelt die große Zahl eng verwandter Sequenzen wider, die häufig mRNAs codieren. Die *copia*-Familie dient als Paradigma für verschiedene andere Arten von Elementen, deren Sequenzen zwar nicht verwandt sind, aber deren Struktur und allgemeines Verhalten ähnlich zu sein scheint.

Die Kopienzahl des *copia*-Elements hängt von dem Fliegenstamm ab und beträgt normalerweise 20 bis 60. Die Mitglieder der Familie liegen weit verstreut. Die Positionen von *copia*-Elementen weisen in jedem Stamm von *D. melanogaster* ein anderes (wenn auch überlappendes) Spektrum auf.

Diese Unterschiede haben sich über evolutionäre Zeiträume hinweg ausgebildet. Vergleiche von Stämmen, die sich wegen ihrer Laborzüchtung erst vor kurzem auseinanderentwickelt haben (etwa über die letzten 40 Jahre hinweg), zeigen nur wenige Unterschiede. Wir können die Veränderungsrate zwar nicht abschätzen, aber die Natur der zugrundeliegenden Vorgänge zeigt sich in der Zellkultur. Die Zahl der *copia*-Elemente pro Genom steigt dabei nämlich beträchtlich an, etwa zwei- bis dreimal. Die zusätzlichen Elemente sind Insertionen von *copia*-Sequenzen an neuen Orten. Die Anpassung an die Kulturbedingungen erhöht die Transpositionshäufigkeit auf unbekannte Weise auf 10^{-3} bis 10^{-4} Ereignisse pro Generation.

Das *copia*-Element ist etwa 5 000 bp lang und besitzt identische direkte terminale Wiederholungssequenzen von 276 bp. Jede von diesen wiederum endet auf miteinander verwandten umgekehrten Wiederholungssequenzen. An der Einbaustelle entsteht eine direkte Wiederholungssequenz der Ziel-DNA von fünf Basenpaaren. Die Unterschiede zwischen den einzelnen Mitgliedern der *copia*-Familie sind mit fünf Prozent nur gering; Varianten enthalten oft kleine Deletionen. Alle diese Eigenschaften sind auch den anderen *copia*-ähnlichen Familien zu eigen, obwohl deren einzelne Mitglieder größere Unterschiede zeigen.

Die Tatsache, daß die beiden direkten Wiederholungssequenzen jedes *copia*-Elements identisch sind, läßt entweder darauf schließen, daß sie miteinander wechselwirken und so Korrekturvorgänge ermöglichen, oder daß sie während der Transposition beide aus einer der direkten Wiederholungssequenzen eines Vorläuferelements entstehen. Wie bei dem ähnlichen Fall der Ty-Elemente weist dies auf eine Verwandtschaft mit den Retroviren hin.

Die *copia*-Elemente im Genom sind immer vollständig; einzelne Kopien der terminalen Wiederholungssequenzen hat man bisher nicht gefunden (obwohl wir sie durch Zerstörung des dazwischenliegenden Materials bei der Rekombination erwarten würden). Allerdings findet man *copia*-Elemente manchmal in Form freier ringförmiger DNA; wie retrovirale DNA-Ringe besitzt die längere Form zwei terminale Wiederholungssequenzen, die kürzere nur eine. Auch Partikel, die *copia*-RNA enthalten, hat man gefunden.

Die *copia*-Sequenz enthält ein einziges langes Leseraster von 4 227 bp. Zwischen Teilen dieses offenen Leserasters von *copia* und den *gag*- und *pol*-Sequenzen von Retroviren besteht Homologie. Keine Verwandtschaft herrscht dagegen bemerkenswerterweise zu retroviralen *env*-Sequenzen, die für die Hülle des Virus erforderlich sind. Dies bedeutet, daß *copia* wahrscheinlich keine virusähnlichen Partikel erzeugen kann.

Transkripte von *copia* sind häufige poly(A)$^+$-mRNAs, sowohl von voller Länge als auch von Teilabschnitten. Sie besitzen ein gemeinsames 5′-Ende, das von der Initiation in der Mitte einer der terminalen Wiederholungssequenzen stammt. Sie erzeugen mehrere Proteine, die wahrscheinlich an Vorgängen wie dem Spleißen von RNA und der Spaltung von Polyproteinen beteiligt sind.

Obwohl uns direkte Hinweise für den Transpositionsmechanismus von *copia* fehlen, so bestehen doch so viele Ähnlichkeiten zur Organisation von Retroviren, daß die Schlußfolgerung unausweichlich erscheint, daß der Ursprung von *copia* mit dem der Retroviren verwandt ist. Es ist allerdings schwer zu sagen, wie viele retrovirale Funktionen *copia* besitzt. Wir wissen natürlich, daß es transponiert; allerdings gibt es (wie bei den Ty-Elementen) keinen Hinweis darauf, daß es infektiös ist.

Die Mitglieder einer anderen Familie von transponierbaren Elementen in *D. melanogaster* mit dem Namen *FB* (eine Abkürzung für *foldback*), besitzen umgekehrte terminale Wiederholungssequenzen von variabler Länge. Einige FB-Elemente bestehen nur aus solchen nebeneinanderliegenden umgekehrten Wiederholungssequenzen, bei anderen sind diese durch einen Bereich nichtrepetitiver DNA getrennt.

Trotz der unterschiedlichen Länge sind die umgekehrten Wiederholungssequenzen aller Mitglieder der FB-Familie homolog. Diese Eigenschaft erklärt sich aus ihrer Struktur, bei der es sich um Tandemkopien einer einfachen DNA-Sequenz handelt, die durch längere Abschnitte verschiedener Sequenzen getrennt sind. Vom Ende aus zur Mitte des Elements hin nimmt die Länge der einfachen Sequenzeinheit zu; anfangs beträgt sie zehn, dann 20 und schließlich 31 bp. Die beiden Kopien der umgekehrten Wiederholungssequenzen in einem FB-Element sind nicht identisch.

Die Struktur dieser Enden stellt ein Rätsel dar; wir wissen nicht, was den FB-Elementen die Fähigkeit zur Transposition verleiht. Manchmal arbeiten anscheinend zwei (nichtidentische) FB-Elemente zusammen, um ein langes dazwischenliegendes DNA-Segment zu transponieren, wahrscheinlich in ähnlicher Weise wie zusammengesetzte bakterielle Transposons (obwohl der DNA-Abschnitt zwischen den FB-Elementen viel größer sein kann, bis zu 200 kb). Möglicherweise kann sich jede DNA-Sequenz, die an beiden Enden von FB-Elementen flankiert wird, wie eine solche Einheit verhalten.

19.5 Retroposons fallen in zwei Klassen

In Tabelle 19.1 werden zwei Klassen von Retroposons unterschieden.

- Die Retroviren sind das Paradigma für Retroposons; sie besitzen die Fähigkeit zur Transposition, da sie Reverse Transkriptase und/oder Integrase codieren. Die Retroposons unterscheiden sich von den Retroviren dadurch, daß sie keine infektiöse Form annehmen. Ansonsten aber ähneln sie ihnen in ihrem Transpositionsmechanismus. Diese Gruppe wird als **virale Superfamilie** bezeichnet.
- Eine weitere Klasse von Retroposons ist durch externe und interne Eigenschaften gekennzeichnet, die darauf hindeuten, daß sie von RNA-Sequenzen abstammen, obwohl wir in diesem Fall nur darüber spekulieren können, wie die DNA-Kopie erzeugt wurde. Wir nehmen an, daß sie das Ziel für ein Transpositionsereignis durch ein Enzymsystem waren, das an anderer Stelle codiert wurde, und daß sie ursprünglich von zellulären Transkripten abstammen. Sie codieren keine Proteine mit Transpositionsfunktion. Diese Gruppe wird als **nichtvirale Superfamilie** bezeichnet.

Säugergenome enthalten eine große Zahl relativ kurzer miteinander verwandter Sequenzen (unter anderem die mäßig repetitive DNA, die wir in Kapitel 21 besprechen

Tabelle 19.1: Retroposons können in eine virale und eine nichtvirale Superfamilie unterteilt werden

	virale Superfamilie	**nichtvirale Superfamilie**
verbreitete Typen	*Ty* (*S. cerevisiae*) *copia* (*D. melanogaster*) LINES L1 (Säuger)	SINES B1/Alu (Säuger) bearbeitete Pseudogene aus pol-III-Transkripten
Enden	lange terminale Wiederholungssequenzen	keine Wiederholungssequenzen
Wiederholungen der Zielstelle	4–6 bp	7–21 bp
Leseraster	Reverse Transkriptase und/oder Integrase	keine (oder keines, das ein Transposonprodukt codiert)
Aufbau	kann Introns enthalten (aus subgenomischer mRNA entfernt)	keine Introns

werden). Ein bedeutender Anteil davon besteht aus Retroposons. Zwei Familien machen den größten Teil dieses Materials aus. Man hat sie ursprünglich als weit verteilte wiederholte Sequenzen gefunden; jede von ihnen hat viele im Genom verstreute Mitglieder. Die LINES bestehen aus langen verteilten Sequenzen (*long interspersed sequences*), die SINES aus kurzen verteilten Sequenzen (*short interspersed sequences*). Eine wichtige Unterscheidung besteht möglicherweise darin, daß sich die LINES von Transkripten der RNA-Polymerase II ableiten, während die SINES von Transkripten der RNA-Polymerase III abstammen.

Säugergenome enthalten 20 bis 50 000 Kopien eines LINES namens L1. Ein typisches Mitglied ist etwa 6 500 bp lang und endet mit einem A-reichen Abschnitt. Offene Leseraster können vorhanden sein. Ein Element, das sequenziert wurde, besitzt offene Leseraster von 1 137 und 3 900 bp, die 14 bp überlappen; auch Transkripte finden sich. Wie sich schon dadurch andeutet, daß sie in repetitiver DNA auftritt, zeigt die LINES-Familie Variationen zwischen den einzelnen Mitgliedern. Allerdings sind die Familienmitglieder innerhalb einer Art relativ homogen im Vergleich zur Variation zwischen den Arten.

Abbildung 19.15 vergleicht die Mitglieder der viralen Superfamilie mit dem retroviralen Paradigma. Wir wissen, daß ein aktives Ty-Element die Transpositionsfunktion codiert. Wir können davon ableiten, daß sich unter den *copia*-Sequenzen in einem Fliegengenom einige aktive Elemente befinden müssen, die ebenfalls Transpositionsfunktionen codieren.

Die LINES-Elemente wurden ursprünglich in die nichtvirale Superfamilie eingeordnet. Allerdings zeigen ihre Sequenzen Homologien zwischen einem offenen Leseraster von L1 und der Reversen Transkriptase auf. Dies deutet darauf hin, daß L1 aus einem mobilen Gen, das

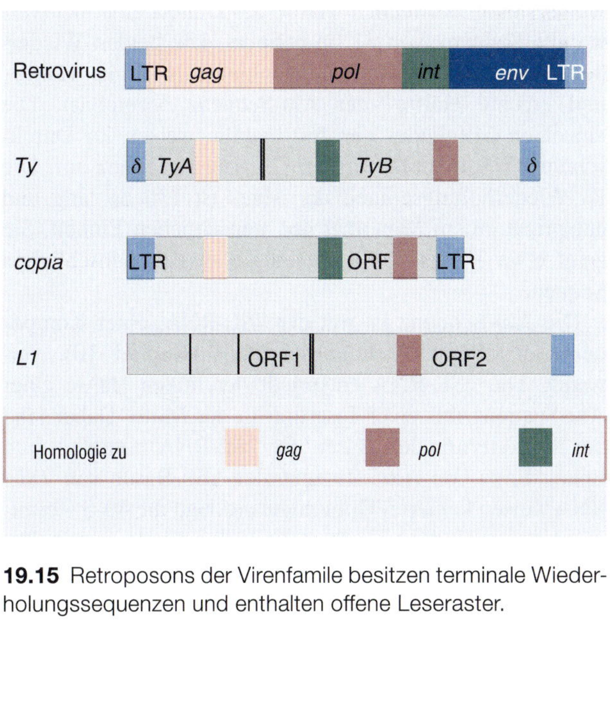

19.15 Retroposons der Virenfamile besitzen terminale Wiederholungssequenzen und enthalten offene Leseraster.

seine eigene Transposition codiert, entstanden sein könnte, und ordnet es den Mitgliedern der viralen Superfamilie zu. Wir wissen allerdings nicht, ob die LINES-Elemente funktionsfähige Proteine codieren oder nur als Ergebnis ihres Ursprungs Homologie mit den Retroposons aufweisen.

Die LINES und einige andere Elemente enden nicht mit den für die retroviralen Elemente typischen LTRs. Dies wirft die Frage auf, wie die reverse Transkription eingeleitet wird. Sie umfaßt nicht die typische Reaktion, bei der ein tRNA-Primer sich mit der LTR paart, wie in Abbildung 19.6 dargestellt wurde. Den offenen Leserastern dieser Elemente fehlen außerdem viele der retroviralen Funktionen, wie die Protease- oder Integrasedomänen, aber sie besitzen normalerweise Sequenzen, die der Reversen Transkriptase ähneln, und das Produkt könnte außerdem Endonucleaseaktivität besitzen.

Abbildung 19.16 zeigt, wie diese Aktivitäten die Transposition unterstützen. An der DNA-Zielstelle erfolgt durch eine von dem Retroposon codierte Endonucleaseaktivität die Spaltung eines Einzelstranges. Das RNA-Produkt des Elements assoziiert mit dem an der Spaltstelle gebundenen Protein. Der Bruch erzeugt ein 3′-OH-Ende, das als Primer für die Synthese von cDNA an der RNA-Matrize dient. Ein zweiter Spaltungsvorgang ist erforderlich, um den anderen DNA-Strang zu öffnen, und das RNA-DNA-Hybrid wird entweder in diesem Stadium oder nach seiner Umwandlung in einen DNA-Doppelstrang mit dem anderen Ende der Lücke verbunden. Einen ähnlichen Mechanismus verwenden einige mobile Introns (Abbildung 31.11).

Da LINES von Transkripten der RNA-Polymerase II abstammen, sind die genomischen Sequenzen notwendigerweise inaktiv: Ihnen fehlt der Promotor, der sich stromaufwärts des ursprünglichen Transkriptionsstartpunktes befand. Da sie normalerweise die Merkmale des reifen Transkripts besitzen, werden sie als **prozessierte Pseudogene** bezeichnet.

Die charakteristischen Eigenschaften eines bearbeiteten Pseudogens werden in Abbildung 19.17 mit denen des ursprünglichen Gens und der mRNA verglichen. Die Abbildung zeigt *alle* relevanten diagnostischen Kennzeichen, von denen bei einem Einzelbeispiel immer nur einige auftreten. Jedes Transkript der RNA-Polymerase II kann im Prinzip ein solches Pseudogen erzeugen, und Beispiele gibt es viele, unter anderem die prozessierten Pseudogene des Globins, die man zuerst entdeckte und die in Kapitel 23 beschrieben sind.

Das Pseudogen kann an dem Punkt beginnen, der dem 5′-Ende der RNA entspricht, was man nur dann erwarten würde, wenn die DNA von der RNA abstammt. Einige Pseudogene bestehen aus präzise miteinander verbundenen Exonsequenzen; da wir keinen Mechanismus für die Erkennung von Introns in der DNA kennen, spricht auch diese Eigenschaft für ein RNA-vermitteltes Stadium. Das Pseudogen kann mit einem kurzen Abschnitt von A•T-Basenpaaren enden, die wahrscheinlich von dem Poly(A)-Schwanz der RNA stammen. Auf jeder Seite des Pseudo-

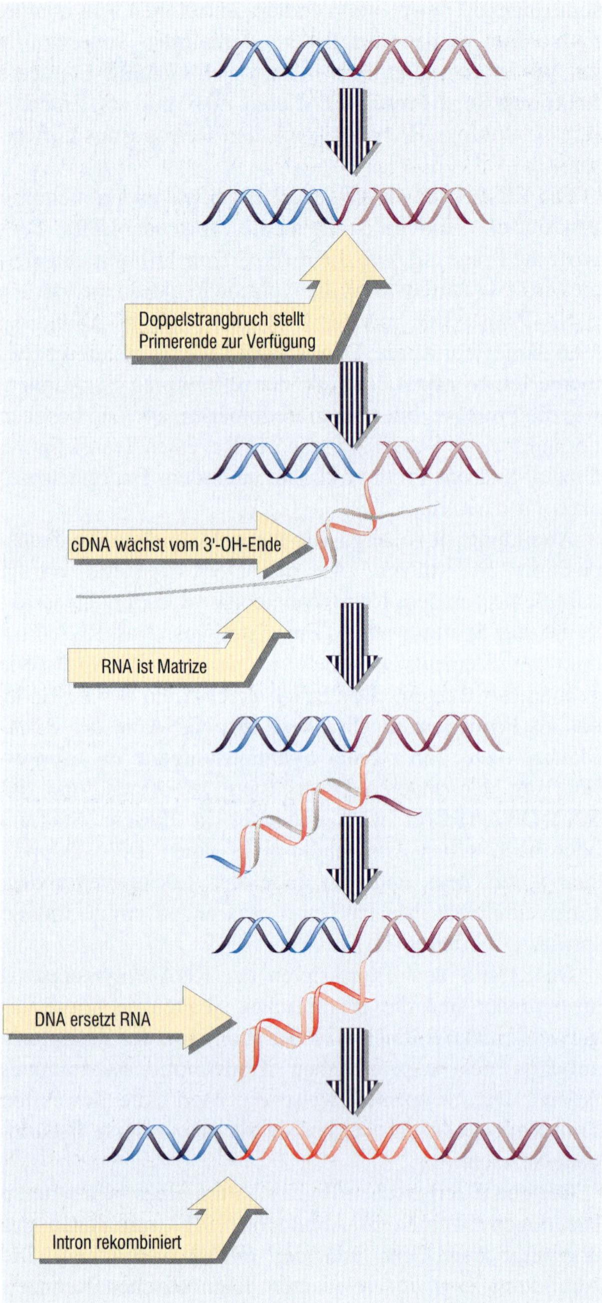

19.16 Die Retrotransposition von Nicht-LTR-Elementen erfolgt, indem ein Strangbruch an der Zielstelle einen Primer für die cDNA-Synthese an der RNA-Matrize erzeugt.

gens befindet sich eine kurze direkte Wiederholungssequenz, die wahrscheinlich von einem transpositionsähnlichen Vorgang herrührt. Prozessierte Pseudogene kommen an Stellen vor, die mit den angenommenen Ursprungsstellen nicht verwandt sind.

Sie tragen keine Information, die ein Transpositionsereignis fördern könnte (oder die vohergehende reverse Transkription der RNA). Könnte der Vorgang durch ein Retrovirus vermittelt worden sein? Oder wurde er durch ein anormales zelluläres System vorgenommen? Vielleicht ähnelten die Enden der transponierten Sequenz zufällig den Enden eines Transposons.

Erfolgen Transpositionsvorgänge in diesen Genomen auch heute noch, oder sehen wir nur die Relikte eines vergangenen Systems? Man beachte, daß die Transpositionen in der Keimbahn stattfinden mußten, um zu überleben; wahrscheinlich erfolgen ähnliche Vorgänge auch in somatischen Zellen, die aber nicht länger als eine Generation überleben.

Die am stärksten hervorstechenden SINES sind Mitglieder einer einzigen Familie. Ihre Kürze und ihr hoher Anteil an Wiederholungen macht sie einfachen DNA-Sequenzen vergleichbar, mit der Ausnahme, daß die einzelnen Mitglieder der Familie weit im Genom verteilt sind und sich nicht auf Tandem-Cluster beschränken. Wiederum besteht zwischen den Mitgliedern innerhalb einer Art große Ähnlichkeit im Vergleich zu den Unterschieden zwischen den Arten.

Im Genom des Menschen besteht ein Großteil der gemäßigt repetitiven DNA aus Sequenzen von etwa 300 bp, zwischen denen sich nichtrepetitive DNA befindet. Wenigstens die Hälfte des renaturierten Doppelstrangmaterials wird an einer einzigen Stelle von dem Restriktionsenzym AluI geschnitten, die sich 170 bp innerhalb der Sequenz befindet.

Die geschnittenen Sequenzen sind alle Mitglieder einer einzigen Familie, die nach dem Hilfsmittel für ihre Identifizierung als **Alu-Familie** bezeichnet wird. Im haploiden Genom gibt es etwa 300 000 Mitglieder (was einem pro etwa sechs Kilobasenpaare DNA entspricht). Die einzelnen Alu-Sequenzen liegen weit verstreut. Verwandte Sequenzfamilien kommt bei der Maus vor (dort werden die 50 000 Mitglieder als B1-Familie bezeichnet), beim Chinesischen Hamster (dort heißen sie Alu-äquivalente Familie) sowie bei anderen Säugern.

Die einzelnen Mitglieder der Alu-Familie sind eher verwandt als identisch. Die menschliche Alu-Familie scheint von einer Tandemverdoppelung von 130 bp abzustammen, wobei sich in der rechten Hälfte des Dimers eine nichtverwandte Sequenz von 31 bp befindet. Die beiden Wiederholungssequenzen werden manchmal als „linke Hälfte" und „rechte Hälfte" der Alu-Sequenz bezeichnet. Die einzelnen Mitglieder der Alu-Familie weisen im Durchschnitt 87 % Identität mit der Consensussequenz auf. Die B1-Wiederholungseinheit der Maus ist 130 bp lang und entspricht einem Monomer der menschlichen Einheit. Sie zeigt etwa 70 bis 80 % Homologie zu der menschlichen Sequenz.

Die Alu-Sequenz ist mit der 7SL-RNA, einer Komponente des Signalerkennungspartikels (Kapitel 10), verwandt. Die 7SL-RNA entspricht der linken Hälfte einer Alu-Sequenz mit einer Insertion in der Mitte. Daher sind die 90 5′-terminalen Basen der 7SL-RNA homolog zum linken Ende von Alu, die zentralen 160 Basen von 7SL-RNA weisen keinerlei Homologie auf, und die 40 3′-terminalen Basen sind dem rechten Ende von Alu homolog. Die 7SL-RNA wird von Genen codiert, die aktiv von der RNA-Polymerase III transkribiert werden. Es ist möglich, daß

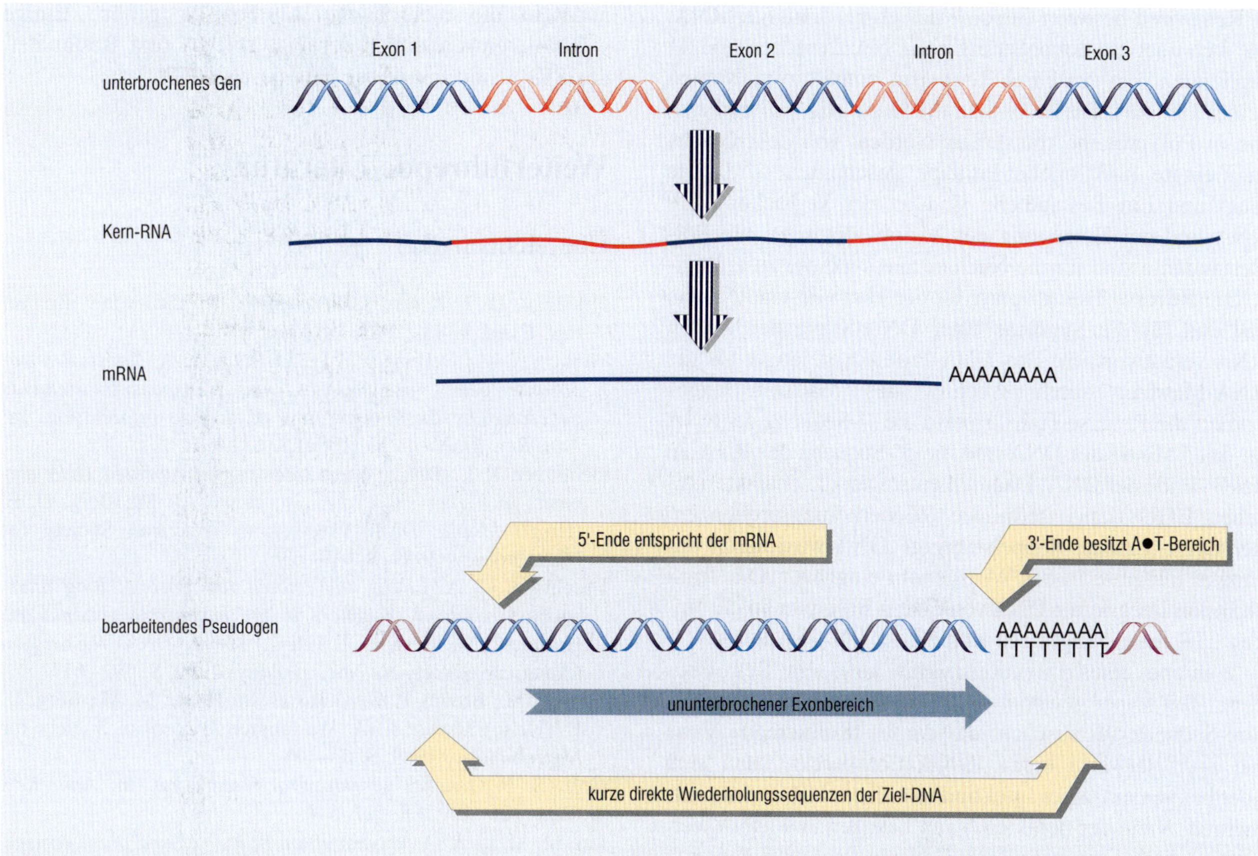

19.17 Pseudogene könnten durch reverse Transkription von RNA entstehen, wodurch doppelsträngige DNA erzeugt wird, die in das Genom eingebaut wird.

die inaktiven Alu-Sequenzen aus diesen Genen (oder mit ihnen verwandten) entstanden sind.

Die Mitglieder der Alu-Familie ähneln Transposons, da sie von kurzen direkten Wiederholungssequenzen flankiert werden. Allerdings haben sie die merkwürdige Eigenschaft, daß die Länge der Wiederholungssequenzen sich bei den einzelnen Familienmitgliedern unterscheidet. Da sie sich von Transkripten der RNA-Polymerase III ableiten, ist es möglich, daß einzelne Mitglieder interne aktive Promotoren besitzen.

Man hat bei der Alu-Familie eine Vielfalt von Eigenschaften gefunden, und ihre weite Verbreitung hat zu vielen Vorschlägen für ihre Funktion geführt, aber es ist noch immer nicht gelungen, ihre wahre Rolle zu bestimmen.

Ein Teil der Alu-Sequenz ist ein Bereich von 14 bp, der mit einer Sequenz am Replikationsursprung der Papovaviren (wie SV40) und des Hepatitis-B-Virus fast vollkommen übereinstimmt. Dadurch ergibt sich die Möglichkeit, daß die Alu-Familie mit den Replikationsursprüngen im Eukaryotengenom in Verbindung steht. Allerdings spricht die Zahl der Familienmitglieder dagegen, da es etwa zehnmal mehr Alu-Sequenzen gibt als die erwartete Zahl von Replikationsursprüngen.

Wenigstens einige Mitglieder der Familie lassen sich in unabhängige RNAs transkribieren. Auch beim Chinesischen Hamster scheinen einige (allerdings nicht alle) Mitglieder der Alu-äquivalenten Familie *in vivo* transkribiert zu werden. Transkriptionseinheiten dieser Art findet man besonders in der Nachbarschaft anderer.

Die Mitglieder der Alu-Familie können auch in Transkriptionseinheiten von Strukturgenen eingeschlossen sein, was z. B. ihre Anwesenheit in langen Kern-RNAs zeigt. Die Gegenwart vieler Kopien der Alu-Sequenz in einem einzigen Kernmolekül kann Sekundärstrukturen erzeugen. Tatsächlich ist die Anwesenheit von Alu-Familienmitgliedern in Form von umgekehrten Wiederholungssequenzen für den größten Teil der Sekundärstruktur in der Kern-RNA von Säugern verantwortlich.

Zusammenfassung

Der gemeinsame Mechanismus für die Reproduktion von Retroviren und die Vermehrung und der Erhalt von Retroposons ist die reverse Transkription. Der Zyklus jedes Typs dieser Elemente ist im Prinzip ähnlich, obwohl Retroviren normalerweise aus der Perspektive der freien viralen (RNA-) Form betrachtet werden, Retroposons dagegen eher von der genomischen Form (doppelsträngiger DNA) her.

Retroviren besitzen Genome aus einzelsträngiger RNA, die sich über ein doppelsträngiges DNA-Zwischenprodukt replizieren. Ein einzelnes Retrovirus enthält zwei Kopien seines Genoms. Dieses enthält die Gene *gag*, *pol* und *env*, die in Polyproteine translatiert werden, von denen jedes in kleinere funktionelle Proteine geschnitten wird. Die Gag- und Env-Bestandteile sind an der Verpackung der RNA und der Erzeugung des Virions beteiligt; die Pol-Bestandteile sind für die Nucleinsäuresynthese zuständig.

Die Reverse Transkriptase ist der Hauptbestandteil von *pol* und für die Synthese einer DNA-Kopie der viralen RNA verantwortlich. Das DNA-Produkt ist länger als die RNA-Matrize; durch Wechsel des Matrizenstranges kopiert die Reverse Transkriptase die 3′-Sequenz der RNA an das 5′-Ende der DNA und die 5′-Sequenz der RNA an das 3′-Ende der DNA. Dadurch entstehen die charakteristischen LTRs (lange terminale Wiederholungssequenzen) der DNA. Lineare doppelsträngige DNA wird durch das Enzym Integrase in das Wirtsgenom eingebaut. Die Transkription integrierter DNA von einem Promotor in der linken LTR aus erzeugt neue Kopien der RNA-Sequenz.

Während eines Infektionszyklus kann ein Retrovirus einen Teil seiner gewöhnlichen Sequenz gegen eine zelluläre Sequenz austauschen; das daraus resultierende Virus hat normalerweise einen Replikationsdefekt, kann sich aber bei gemeinsamer Infektion mit einem Helfervirus vermehren. Viele der defekten Viren besitzen eine RNA-Version (*v-onc*) eines zellulären Gens (*c-onc*). Bei der *onc*-Sequenz kann es sich um eine Anzahl von Genen handeln, deren Expression in der *v-onc*-Form dazu führt, daß die Zelle einen Tumor-Phänotyp annimmt.

Das Integrationsereignis erzeugt direkte Wiederholungssequenzen der Zielstelle (wie bei den Transposons, die mittels DNA wandern). Ein eingebautes Provirus besitzt daher direkte terminale Wiederholungssequenzen der LTRs, die von kurzen Wiederholungssequenzen der Ziel-DNA flankiert sind. Säuger- und Vogelgenome besitzen endogene (inaktive) Proviren mit solchen Strukturen. Andere Elemente mit dieser Organisation wurden bei einer Vielfalt von Genomen gefunden, unter anderem bei *S. cerevisiae* und *D. melanogaster*. *Ty*-Elemente aus Hefe und *copia*-Elemente aus Fliegen besitzen codierende Sequenzen mit Homologie zur Reversen Transkriptase und wandern mit Hilfe einer RNA-Form. Sie können Partikel erzeugen, die Viren ähneln, aber nicht zur Infektion befähigt sind. Die LINES-Sequenzen der Säugergenome sind mit den Retroviren entfernter verwandt, behalten aber genügend Ähnlichkeiten zurück, um einen gemeinsamen Ursprung nahezulegen.

Eine weitere Klasse von Retroposons zeigt Spuren einer Transposition über RNA, besitzt aber keine codierenden Sequenzen (oder wenigstens keine, die retroviralen Funktionen ähneln). Sie könnten einmal Passagiere bei einem retrovirenähnlichen Transpositionsereignis gewesen sein, wobei eine RNA als Ziel für eine Reverse Transkriptase diente. Durch solche Vorgänge entstehen prozessierte Pseudogene. Eine besonders herausragende Familie, die anscheinend aus einem solchen Prozessierungsvorgang stammt, ist die der SINES in Säugern, zu denen unter anderem die menschliche Alu-Familie gehört. Einige snRNAs, einschließlich der 7SL snRNA (ein Bestandteil des SRP), sind mit dieser Familie verwandt.

Weiterführende Literatur

Übersichtsartikel

Finnegan, D. J. *Transposable elements in eukaryotes*. In: *Int. Rev. Cytol.* 93 (1985) S. 281–326.

Weiner, A. M.; Deininger, P. L.; Efstratiadis, A. *Nonviral retroposons: genes, pseudogenes, and transposable elements generated by the reverse flow of genetic information*. In: *Ann. Rev. Biochem.* 55 (1986) S. 631–661.

Deininger, P. L. *SINEs: short interspersed repeated DNA elements in higher eukaryotes*. In: Howe, M. M.; Berg, D. E. (Hrsg.) *Mobile DNA*. Washington (American Society for Microbiology) 1989. S. 619–636.

Hutchison, C. A. *LINEs and related retroposons: long interspersed repeated sequences in the eukaryotic genome*. In: Howe, M. M.; Berg, D. E. (Hrsg.) *Mobile DNA*. Washington (American Society for Microbiology) 1989. S. 593–617.

Varmus, H.; Brown, P. *Retroviruses*. In: Howe, M. M.; Berg, D. E. (Hrsg.) *Mobile DNA*. Washington (American Society for Microbiology) 1989. S. 53–108.

Goff, S. P. *Genetics of retroviral integration*. In: *Ann. Rev. Genet.* 26 (1992) S. 527–544.

Lai, M. M. C. *RNA recombination in animal and plant viruses*. In: *Microbiol. Rev.* 56 (1992) S. 61–79.

Katz, R. A.; Skalka, A. M. *The retroviral enzymes*. In: *Ann. Rev. Biochem.* 63 (1994) S. 133–173.

Entdeckungen

Temin, H. M.; Mizutani, S. *RNA-dependent DNA polymerase in virions of Rous sarcoma virus*. In: *Nature* 226 (1970) S. 1211–1213.

Baltimore, D. *RNA-dependent DNA polymerase in virions of RNA tumor viruses*. In: *Nature* 226 (1970) S. 1209–1211.

Boeke, J. D. *et al. Ty elements transpose through an RNA intermediate*. In: *Cell* 40 (1985) S. 491–500.

Mount, S. M.; Rubin, G. M. *Complete nucleotide sequence of the Drosophila transposable element copia: homology between copia and retroviral proteins*. In: *Mol. Cell. Biol.* 5 (1985) S. 1630–1638.

Loeb, D. D. *et al. The sequence of a large L1Md element reveals a tandemly repeated 5′ end and several features found in retrotransposons*. In: *Mol. Cell. Biol.* 6 (1986) S. 168–182.

Craigie, R.; Fujiwara, T.; Bushman, F. *The IN protein of Moloney murine leukemia virus processes the viral DNA ends and accomplishes their integration in vitro*. In: *Cell* 67 (1990) S. 829–837.

Hu, W. S.; Tremin, H. M. *Retroviral recombination and reverse transcription*. In: *Science* 250 (1990) S. 1227–1233.

Luan, D. D. et al. *Reverse transcription of R2Bm RNA is primed by a nick at the chromosomal target site: a mechanism for non-LTR retrotransposition*. In: *Cell* 72 (1993) S. 595–605.

Lauermann, V.; Boeke, J. D. *The primer tRNA sequence is not inheriteed during Ty1 retrotransposition*. In: *Proc. Nat. Acad. Sci. USA* 91 (1994) S. 9847–9851.

Das eukaryotische Genom

V

In der Vorstellung der modernen Genetik erscheint ein Organismus als das Ergebnis eines Wechselspieles zwischen der Gesamtheit der Gene, die der Organismus besitzt, und der Umgebung, in der er sich entwickelt. Eine Veränderung in einem der Gene, eine sogenannte Mutation, kann das Gleichgewicht des Systems durcheinanderbringen – im allgemeinen in Form einer Anomalie, die in mancher Hinsicht unzureichender ist als der Wildtyp ... Untersuchungen an Mangelmutanten, das heißt an Material, bei dem eines oder mehrere Gene fehlen, zeigen auf, daß die meisten dieser Mängel für einen Organismus tödlich sind, wenn sie in einem homozygoten Zustand vorliegen. Das deutet darauf hin, daß zumindest der überwiegende Teil der Gene für das Überleben eines Organismus von grundlegender Bedeutung ist. Darüber hinaus zeigen die Arbeiten mit Defekten bei *D. melanogaster*, daß viele von ihnen zum Zelltod führen, das heißt, daß selbst eine kleine Gruppe von Zellen, die sich in normalem Gewebe befinden und einen homozygoten Defekt aufweisen, nicht lebensfähig ist. Das läßt darauf schließen, daß Gene in jeder Zelle aktiv sind und daß sie zum überwiegenden Teil für die Lebensvorgänge einer Zelle eine sehr wichtige Funktion erfüllen.

Milislav Demerec, 1935

20. DNA-Biotechnik

Die Methoden für das Arbeiten mit DNA sind inzwischen so leistungsfähig, daß die Isolierung einer DNA, die einem bestimmten Gen entspricht, zur Routine geworden ist. Grundlage dieser Technologie ist die Fähigkeit, einzelne DNA-Sequenzen vervielfältigen (amplifizieren) zu können. Die **Klonierung** eines DNA-Fragments ermöglicht es, selbst von einem einzigen Ausgangsmolekül beliebige Mengen herzustellen. (Eine große Anzahl identischer Zellen oder Moleküle, die alle auf einen Ursprung – eine Zelle oder ein Molekül – zurückzuführen sind, wird als **Klon** definiert.) Wenn man einen bestimmten DNA-Abschnitt kloniert hat, lassen sich seine Eigenschaften bestimmen. Die Sequenz kann zeigen, ob das Fragment möglicherweise ein Protein codiert; außerdem kann man untersuchen, ob auf dem klonierten Abschnitt (oder Teilen davon) Bereiche für die Bindung regulatorischer Proteine vorhanden sind.

Die Klonierungstechnik beinhaltet die Konstruktion neuer DNA-Moleküle durch die Verknüpfung von Sequenzen aus verschiedenen Quellen. Das Produkt bezeichnet man häufig als **rekombinierte** oder **rekombinante DNA** und die Methoden zusammenfassend als **Gentechnik**. Die Verfahren lassen sich bei Prokaryoten und Eukaryoten gleichermaßen anwenden, allerdings zeigt sich ihre Potenz bei eukaryotischen Genomen besonders deutlich.

Die DNA-Klonierung ist dadurch möglich, daß sich bakterielle Plasmide und Phagen nach dem Einfügen zusätzlicher DNA-Sequenzen in ihr Genom vermehren können. Durch eine solche Insertion entstehen **hybride** (**chimäre**) Plasmide oder Phagen, die sich teilweise aus der natürlichen DNA des ursprünglichen Genoms und teilweise aus den zusätzlichen „fremden" Sequenzen zusammensetzen. Diese chimären Elemente replizieren in Bakterien wie die ursprünglichen Plasmide oder Phagen und lassen sich in großen Mengen isolieren. Dabei erhält man aus den Nachkommen Kopien des ursprünglichen fremden Fragments. Da die Eigenschaften der chimären Spezies von den jeweiligen fremden Sequenzen normalerweise nicht beeinflußt werden, kann man auf diese Weise fast jede DNA-Sequenz klonieren. Da Phagen oder Plasmide dazu verwendet werden, die Fremd-DNA als inerten Bestandteil des Genoms zu „tragen", spricht man hier auch von **Klonierungsvektoren**.

Für die Klonierung eines spezifischen Gens ist es notwendig, die entsprechenden Regionen oder Sequenzen im Genom zu identifizieren oder zu charakterisieren. Für die praktische Durchführung benötigt man eine **Sonde** (*probe*), die mit der Ziel-DNA reagiert. Ist das Produkt eines Gens bekannt, ist es im Prinzip möglich, vom Protein zum Gen zurückzugehen. Dabei erhält man die mRNA, die das Protein codiert, und verwendet sie (direkt oder indirekt) als Sonde für die Isolation des Gens.

In der Praxis stellt sich darum zuerst die Frage, wie sich die RNA, die ein bestimmtes Gen repräsentiert, (im Cytoplasma) auffinden läßt und wie man dann die DNA, die das Gen codiert, (aus dem Genom) isolieren kann. Wie können wir nach Identifizierung dieser Nucleinsäure eine ausreichende Menge für die Charakterisierung erhalten? Ist es möglich, das Produkt der isolierten codierenden Sequenz *in vitro* oder *in vivo* zu erzeugen? Können wir diese Sequenz verändern, um so durch eine Beeinflussung der Expression die Art der regulatorischen Signale zu bestimmen?

Eine der wichtigsten Aufgabenstellungen ist die Charakterisierung von Genen, deren Produkte unbekannt sind. Wenn man von einem Gen annimmt, daß es in einem bestimmten Zelltyp exprimiert wird, aber nicht in anderen, engverwandten Zellen, kann man versuchen, die mRNAs zu identifizieren, die nur in dem einen Zelltyp vorkommen. In der Praxis „subtrahiert" man eine mRNA-Population von der anderen, um die mRNAs zu finden, die für eine Zelle spezifisch sind.

Ein anderes Problem stellt sich bei menschlichen Krankheiten, denen bekannte genetische Merkmale zugrunde liegen, wobei jedoch das Genprodukt (manchmal sogar der Zelltyp mit der eigentlichen Fehlfunktion) unbekannt ist. Das Chromosom, welches das genetische Merkmal trägt, läßt sich durch eine genetische Analyse ermitteln. Danach ordnet man das Gen durch die genetische Charakterisierung einzelner Personen, die an dieser Krankheit leiden, einer bestimmten chromosomalen Region zu. Schließlich beginnt man damit, auf molekularer Ebene in diesem Bereich nach dem Gen zu suchen, das mit der Krankheit zusammenhängt. Es ist jedoch nicht einfach, in einem großen Abschnitt das richtige Gen zu identifizieren, wenn die molekularen Grundlagen der Krankheit nicht genau definiert sind.

Die Klonierungstechnik eignet sich nicht nur zur Isolierung gesuchter Gene, sondern sie wirkt sich insbesondere auch auf diagnostische Verfahren aus. Sobald wir wissen, daß sich eine bestimmte Sequenz einem bestimmten Allel zuordnen läßt, ist es möglich, das Genom jedes Menschen auf das Vorhandensein dieser Sequenz hin zu untersuchen. Im Prinzip können wir auf diese Weise im Genotyp eines Menschen direkt bestimmen, ob ein wichtiges genetisches Merkmal vorhanden ist.

20.1 In Bakterien oder Hefe läßt sich jede DNA-Sequenz klonieren

Die Herstellung hybrider DNA-Moleküle erfolgt mit Hilfe von Restriktionsenzymen, welche die DNA an bestimmten, relativ kurzen Nucleotidsequenzen schneiden (Kapitel 6 und 16). Wenn wir den Vektor und die Ziel-DNA an geeigneten Stellen spalten, können wir beide wieder miteinander verknüpfen, um Hybridmoleküle zu erzeugen. Diese kann man zur Amplifizierung des Materials oder zur Expression einer bestimmten Sequenz verwenden.

Ein entscheidendes Merkmal jedes Klonierungsvektors, ist eine Stelle, an der sich Fremd-DNA einfügen läßt, ohne daß irgendeine essentielle Funktion des Vektors gestört wird. Der einfachste Fall ist der Einsatz eines Restriktionsenzyms, dessen einzige Zielsequenz in einem nichtessentiellen Bereich der Vektor-DNA liegt. Das Insertionsverfahren erzeugt mit dem Ausgangsmaterial nur einen geringen Anteil chimärer Genome. Also braucht man Methoden, diese gegenüber dem ursprünglichen Vektor zu *selektieren*.

Plasmidgenome sind ringförmig, so daß ein einzelner Schnitt die DNA in ein lineares Molekül umwandelt, wie Abbildung 20.1 zeigt. Dann werden die beiden Enden mit den Enden einer linearen Fremd-DNA verknüpft, so daß ein chimäres, zirkuläres Plasmid entsteht. Die Länge der Fremd-DNA, die sich einfügen läßt, wird nur durch praktische Erwägungen begrenzt, beispielsweise durch die Bruchempfindlichkeit langer DNA-Moleküle. Das chimäre Plasmid kann in Bakterien unbegrenzt vermehrt werden. Man kann es aufgrund seiner Größe oder seiner Ringförmigkeit isolieren, z. B. durch eine Gelelektrophorese.

Viele Plasmide tragen Gene, die Resistenzen gegen Antibiotika vermitteln. Dieses Merkmal ist bei der Entwicklung von Klonierungssystemen von Nutzen. Ein allgemeines Verfahren ist die Verwendung eines Plasmids, das Gene für zwei Antibiotikaresistenzen trägt. Eines der Gene dient dazu, die Bakterien zu ermitteln, die das Plasmid enthalten. Das andere Gen ist erforderlich, um chimäre Plasmide von den ursprünglichen Vektoren zu unterscheiden. Wenn die Insertionsstelle für die Fremd-DNA innerhalb dieses zweiten Gens liegt, *verliert* das chimäre Plasmid diese Antibiotikaresistenz. So kann man den ursprünglichen Vektor hinsichtlich seiner Resistenz gegen beide Antibiotika identifizieren. Ein chimäres Plasmid läßt sich durch die verbleibende Resistenz gegen das eine Antibiotikum und die Sensitivität gegenüber dem anderen selektieren.

(Aus praktischen Gründen testet man Bakterien auf ihre Sensitivität gegenüber Antibiotika oder anderen Substanzen mit Hilfe der **Replikaplattierung**. Abdrücke von einer Stammplatte werden auf Sensitivität getestet. Wenn die Bakterien durch das selektive Agens getötet werden, kann man sie von der Stammplatte isolieren; Abbildung 20.11 zeigt das Verfahren.)

Durch Verbesserungen an natürlich vorkommenden Plasmiden hat man Klonierungsvektoren erzeugt, die alle gewünschten Eigenschaften besitzen. Das ist durch Modifikationen des Replikationskontrollsystems oder durch das Hinzufügen von Genen für bestimmte Antibiotikaresistenzen möglich. Einer der klassischen Klonierungsvektoren ist **pBR322**, der durch mehrere aufeinanderfolgende Abwandlungen früherer Klonierungsvektoren entstand. Es handelt sich dabei um ein Plasmid, das in mehrfachen Kopien vorliegt und Gene für Tetracyclin- sowie Ampicillinresistenz trägt; einige Restriktionsenzyme haben an geeigneten Stellen singuläre Schnittstellen.

Phagen bilden eine andere Art von Vektorsystem. Ein Phage ist normalerweise ein lineares DNA-Molekül, so daß eine einzige Restriktionsschnittstelle zwei Fragmente erzeugt. Diese werden mit der Fremd-DNA verknüpft, wodurch ein chimärer Phage entsteht, wie Abbildung 20.2 zeigt. Chimäre Phagengenome lassen sich gut isolie-

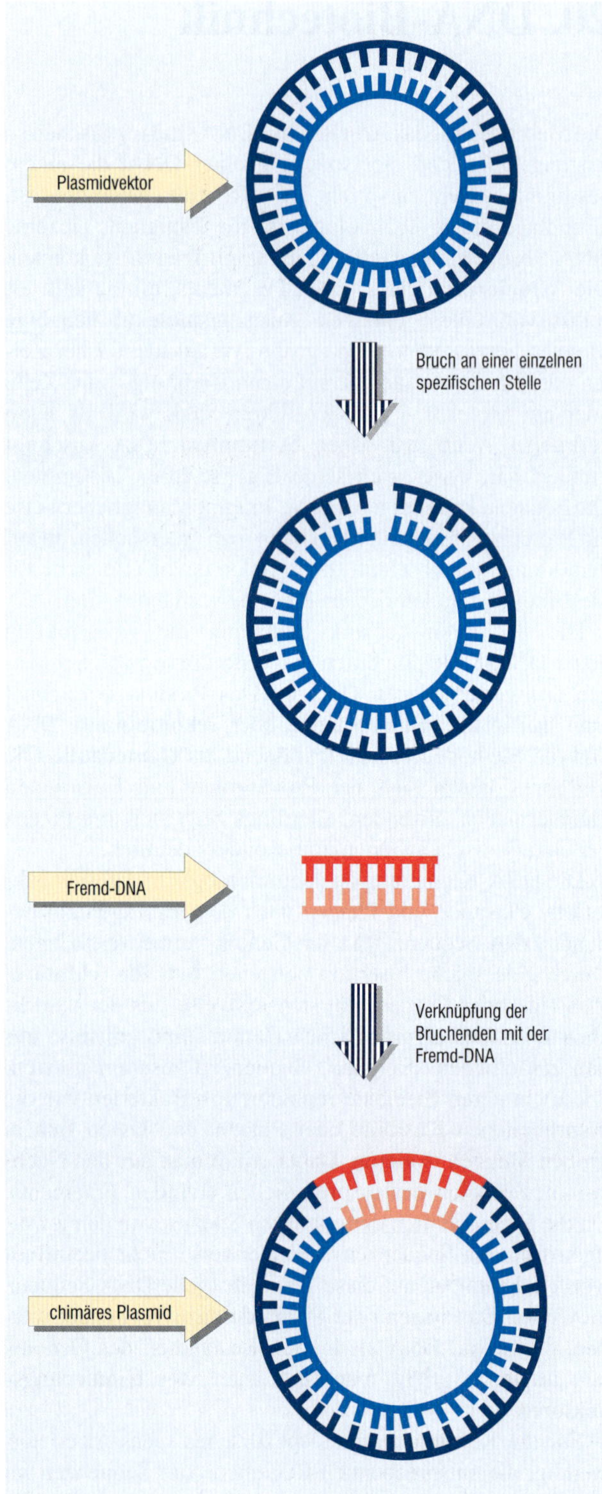

20.1 *Übersicht*: Plasmidvektoren eignen sich für die Klonierung eines DNA-Fragments, das an geeigneter Stelle eingefügt wird.

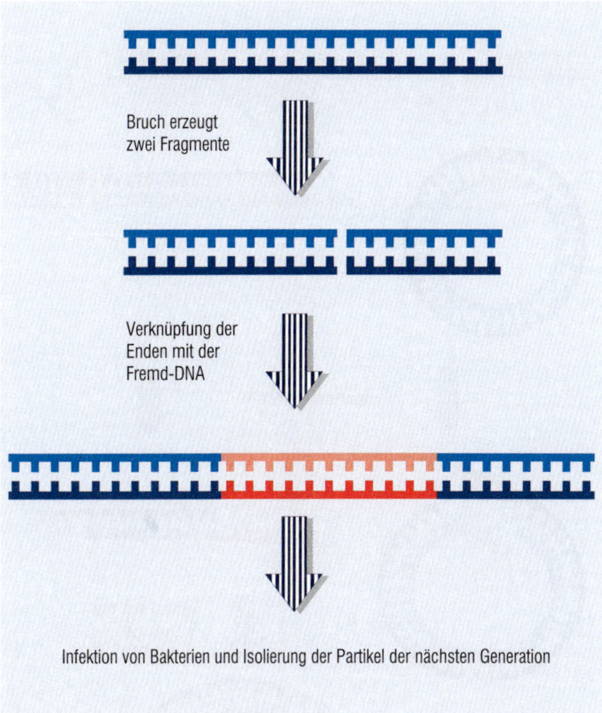

20.2 Phagenvektoren eignen sich für die Klonierung fremder DNA, die in eine nichtessentielle Region des Genoms eingefügt wird.

ren, indem man den Phagen einen lytischen Zyklus durchlaufen läßt, damit Phagenpartikel entstehen. Bei diesem Verfahren ist jedoch die Länge der klonierbaren Fremd-DNA begrenzt, da die Kapazität des Phagenkopfes eine Verpackung zu langer Genome in die neuen Partikel verhindert.

Dieses Problem löst man, indem man ein Fragment des Vektors, das keine essentiellen Gene des Phagen enthält, durch die Fremd-DNA *ersetzt*. Diese Vorgehensweise ging beim Lambda-Phagen so weit, daß man durch Modifikation der DNA einen neuen Vektor mit kürzerem Genom erzeugte (dem nichtessentielle Gene fehlen), welches sogar *zu kurz ist, um in den Phagenkopf verpackt zu werden*, da neben der maximalen Länge auch eine Mindestlänge eingehalten werden muß. Deshalb ist es *notwendig* ein fremdes DNA-Fragment in den geschnittenen ursprünglichen Vektor einzufügen, damit ein Phage entsteht, der sich in Form neuer Partikel vermehren kann. Diese Anforderung schafft ein automatisches Selektionssystem, um chimäre Phagengenome zu gewinnen (mit eingefügter DNA der richtigen Länge).

Die Anwendbarkeit dieser Art von Vektoren ließ sich noch verbessern, indem *in vitro*-Systeme für die Verpackung von DNA in Phagenpartikel entwickelt wurden. Ein Versuch, einige der Vorteile von Plasmiden und Phagen zu kombinieren, führte zur Konstruktion der **Cosmide**. Dabei handelt es sich um Plasmide, in die besondere DNA-Sequenzen (*cos*-Stellen) eingefügt werden, die für das Verpacken der Lamba-DNA in die Partikel notwendig sind. Diese Vektoren lassen sich in Bakterien als Plasmide vermehren, man kann sie jedoch durch *in vitro*-Verpackung in Phagen aufreinigen. Cosmide unterliegen zwar noch der Längenbegrenzung durch den Phagenkopf (53 kb für den Lambda-Phagen), aber es paßt mehr Fremd-DNA hinein, da die Gene des Phagen nicht gebraucht werden.

Bis jetzt haben wir uns mit Klonierungsvektoren im Zusammenhang mit bakteriellen Wirtsorganismen befaßt. Manchmal ist es jedoch sinnvoll, einen eukaryotischen Wirt zu verwenden. Es gibt nur wenige natürliche eukaryotische Plasmide. Zu den bisher charakterisierten, gehören das 2μ-Plasmid der Hefe und das Rinder-Papillomvirus (*bovine papilloma virus*, BPV). Durch Umbau der DNA hat man einige „Doppel"- oder *shuttle*-Plasmide hergestellt, welche die notwendigen Sequenzen für das Überleben sowohl in *E. coli* als auch in *S. cerevisiae* enthalten. Somit kann man den einen Vektor für beide Wirtsorganismen verwenden.

Der Umgang mit Genomen höherer Eukaryoten erfordert häufig das Arbeiten mit sehr großen DNA-Fragmenten. Wir werden später sehen, daß dies mit Hilfe von YACs (*yeast artificial chromosomes*) möglich ist. Auf diese Weise lassen sich DNA-Fragmente mit einer Länge von etwa 300 kb in Hefe vermehren.

20.2 Die Herstellung von chimärer DNA

Die Verknüpfung eines fremden DNA-Fragments mit einem Klonierungsvektor erfordert eine Reaktion zwischen den Enden des Fragments und des Vektors. Dies läßt sich durch das Erzeugen komplementärer Sequenzen an Fragment und Vektor erreichen, die dann bei einer Vermischung zu einer chimären DNA rekombinieren können.

Am häufigsten verwendet man Restriktionsenzyme, die **versetzte Schnitte** erzeugen, so daß kurze, komplementäre, einzelsträngige **kohäsive Enden** (*sticky ends*) entstehen. Das klassische Beispiel ist das Enzym ***Eco*RI**, das die beiden Stränge einer doppelsträngigen DNA an jeweils einer anderen Stelle schneidet. Die beiden Stellen liegen am jeweiligen Ende einer kurzen palindromischen Sequenz im DNA-Bereich, den das Enzym erkennt.

Die *Eco*RI-Erkennungssequenz besteht aus sechs Basen (farblich hervorgehoben). Das Enzym schneidet die Bindungen, die durch die senkrechten Pfeile markiert sind:

↓
5′...pNpNpNpGpApApTpTpCpNpNpN ...3′
3′... NpNpNpCpTpTpApApGpNpNpNp...5′
↑

Die DNA-Fragmente auf jeder Seite der Erkennungssequenz trennen sich. Aufgrund der versetzten Einzelschnittstellen besitzen sie überhängende einzelsträngige Bereiche, die zueinander komplementär sind – die kohäsiven Enden sind farblich markiert:

pApApTpTpCpNpNpN ...3′
GpNpNpNp...5′

und

5′...pNpNpNpG
3′... NpNpNpCpTpTpApAp

Die Komplementarität ermöglicht, daß sich die Enden durch Basenpaarung aneinanderlagern können. Schneidet man zwei verschiedene Moleküle mit *Eco*RI, so entstehen an beiden Molekülen *dieselben* kohäsiven Enden. Dies ermöglicht dem einen, sich an das andere anzulagern, wie die Darstellung in Abbildung 20.3 verdeutlicht. Das Verfahren erzeugt ein vollständiges chimäres Plasmid, bei dem nur die kovalenten Bindungen zwischen dem Vektor und der Fremd-DNA fehlen. Die Bindungen werden durch die DNA-Ligase hergestellt. Dieses Verfahren zur Rekombination zweier DNA-Moleküle hat sowohl Vor- als auch Nachteile.

Ein Vorteil besteht darin, daß das chimäre Plasmid an jeder Seite der eingefügten DNA eine regenerierte *Eco*RI-Stelle enthält. So läßt sich das fremde DNA-Fragment aus den klonierten Kopien des chimären Vektors relativ leicht isolieren – einfach durch Spaltung mit *Eco*RI.

Ein Nachteil besteht darin, daß sich jedes kohäsive *Eco*RI-Ende mit jedem anderen offenen *Eco*RI-Ende zusammenlagern kann. Deshalb kommt es teilweise zu einer Wiederverknüpfung von Vektoren durch die Reaktion der beiden Enden direkt miteinander, ohne daß ein Fragment eingefügt wird. Andere Vektoren enthalten dagegen ein Insertionsfragment, das sich aus mehreren miteinander verknüpften, fremden Fragmenten zusammensetzt. Um solche Komplikationen zu vermeiden, ist es also notwendig, chimäre Plasmide zu selektieren, die ein einziges Fragment enthalten.

Wenn die Erzeugung von DNA-Enden für die Verknüpfungsreaktion nur von Restriktionsenzymen abhängt, kann es ebenfalls zu einem Problem kommen, da die Erkennungsstellen in der fremden DNA-Sequenz möglicherweise nicht an den geeigneten Positionen liegen. Ein anderes Verfahren ermöglicht es, beliebige DNA-Enden für die Rekombination mit einem Plasmid zu verwenden.

Das Plasmid wird wie vorher mit einem Enzym geschnitten, das an einer geeigneten Position eine singuläre Schnittstelle erkennt. Dabei müssen jedoch keine versetzten Enden entstehen. Das Enzym **Terminale Transferase** wird zusammen mit dem Vorstufenmolekül dATP dazu verwendet, an beide 3′-Enden der Plasmid-DNA einen Schwanz von Polydesoxyadenylsäure (Poly(dA)) anzuhängen. Auf die gleiche Weise fügt man an die 3′-Enden des fremden DNA-Moleküls, das eingebaut werden soll, einen Poly(dT)-Schwanz; diese 3′-Enden können auch auf beliebige andere Weise erzeugt worden sein.

Wie Abbildung 20.4 zeigt, kann sich das Poly(dA)-Ende des Plasmids nur an das Poly(dT)-Ende des Insertionsfragments anlagern. Dadurch ist nur eine einzige Reaktion möglich: das Einfügen eines einzigen fremden Fragments in den Vektor.

Ein Nachteil dieses Verfahrens besteht darin, daß es nicht einfach ist, das eingefügte Fragment aus dem klonierten chimären Plasmid zu isolieren, da die ursprüngliche Erkennungssequenz für das Restriktionsenzym im Vektor durch die Fremd-DNA zerstört wurde. Die eingefügte Sequenz wird an beiden Enden von einer gepaarten Poly(dA):Poly(dT)-Region flankiert.

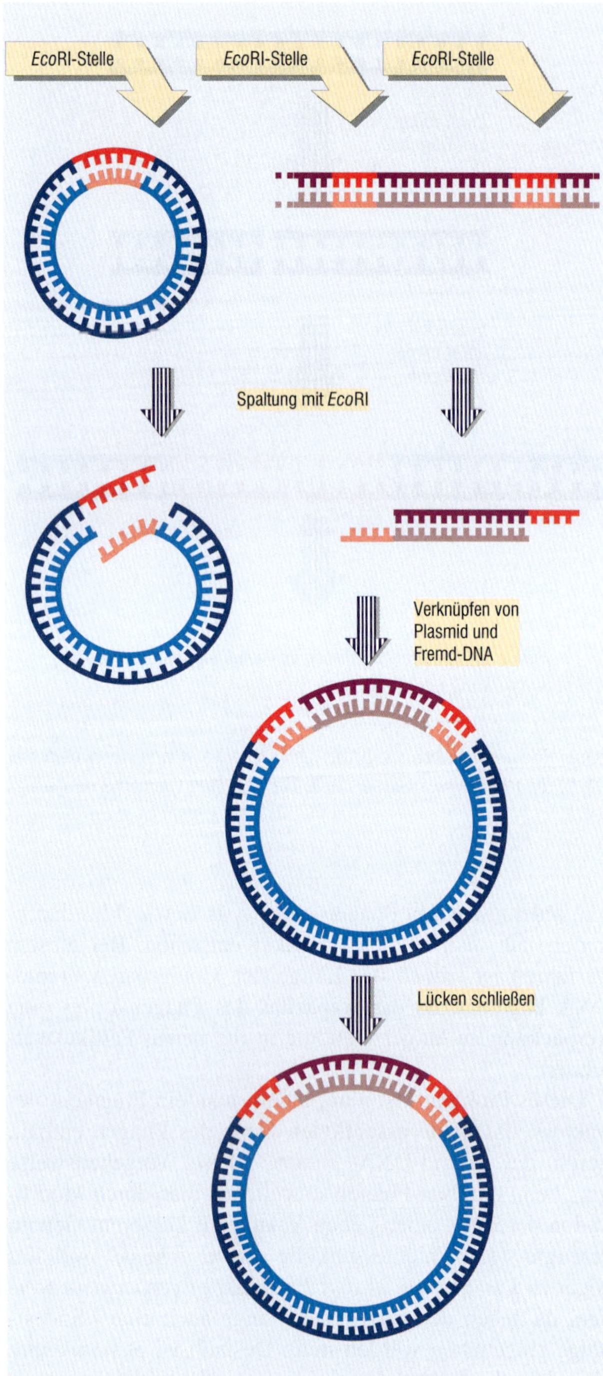

20.3 Eine DNA-Sequenz, die zwischen *Eco*RI-Schnittstellen liegt, läßt sich in einen Plasmidvektor einfügen, der eine *Eco*RI-Schnittstelle besitzt, wenn man beide DNA-Moleküle schneidet und miteinander verbindet.

Eine andere nützliche Methode ist die Ligation stumpfer oder glatter Enden, auch *blunt end*-Ligation genannt, die

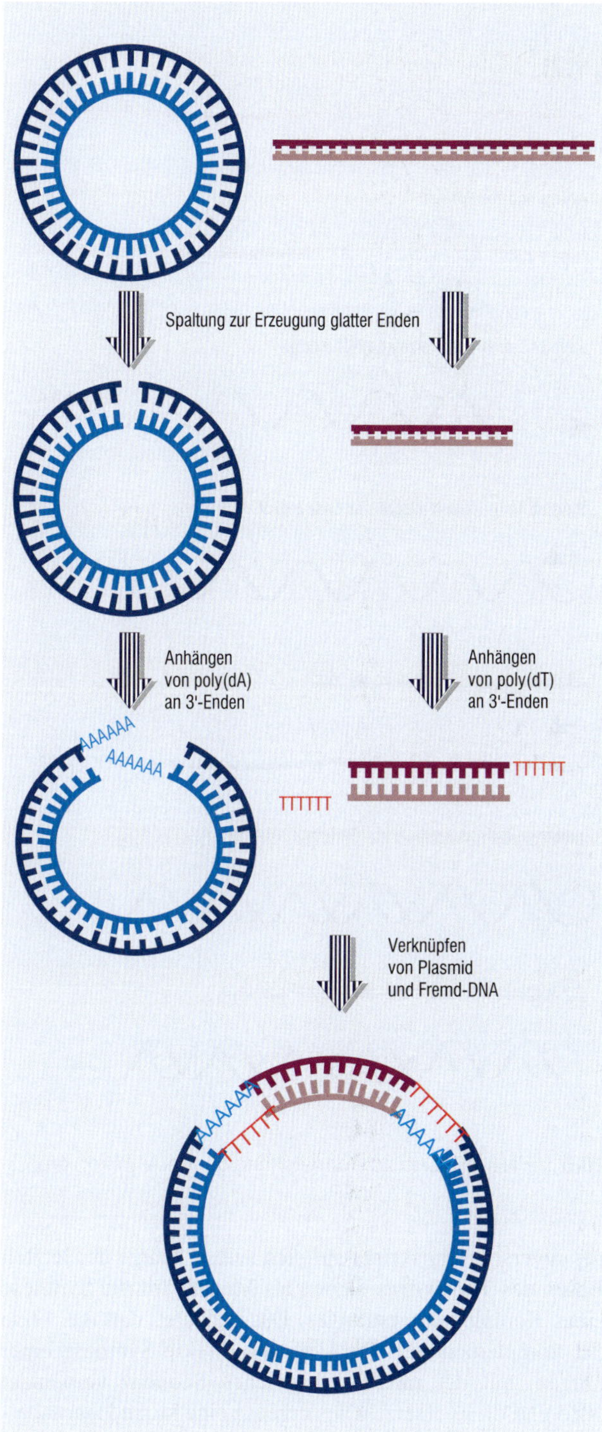

20.4 Mit Hilfe eines Poly(dA:dT)-Schwanzes ist es möglich, zwei beliebige DNA-Moleküle miteinander zu verknüpfen, indem man an die 3′-Enden des einen Moleküls Poly(dA) und an die 3′-Enden des anderen Moleküls Poly(dT) anfügt.

auf der Fähigkeit der T4-DNA-Ligase beruht, zwei DNA-Fragmente mit glatten Enden miteinander zu verknüpfen; das heißt, es fehlen ihnen die überstehenden Einzelstränge. (Diese Reaktion tritt neben der normalen Aktivität auf, die aufgebrochene Bindungen innerhalb eines Doppelstranges wiederherstellt.) Wenn man die DNA mit Restriktionsenzymen geschnitten hat, die beide Einzelstränge an derselben Position schneiden, läßt sich die *blunt end*-Ligation verwenden, um die Fragmente direkt miteinander zu verbinden.

Diese Methode besitzt den großen Vorteil, daß jedes Paar von Enden verknüpft werden kann, unabhängig von der Sequenz. Das ist vor allem dann sinnvoll, wenn wir zwei definierte Sequenzen ohne Einfügen von zusätzlichem Material aneinanderhängen wollen. Das Verfahren bringt jedoch das Problem mit sich, daß sich nicht kontrollieren läßt, welche Paare glatter Enden verbunden werden. Daher ist es notwendig, zuerst die Reaktion durchzuführen und dann die gewünschten Produkte aus den anderen zu isolieren.

Es gibt zahlreiche Varianten dieser Methoden. Bei einem Verfahren verwendet man kurze DNA-Doppelstränge („Linker" oder Zwischenstücke), die das *Eco*RI-(oder ein anderes) Palindrom enthalten. Man kann die Linker chemisch synthetisieren und kovalent an die Enden des Plasmids oder des Insertionsfragments durch eine *blunt end*-Ligation anhängen. Die eingefügte DNA läßt sich durch Spaltung mit *Eco*RI isolieren. Für die Wahl der ursprünglichen Erkennungssequenzen, mit denen man die freien Enden erzeugt hat, besteht keine Einschränkung. Mit entsprechendem Aufwand ist es jetzt also möglich, jedes fremde DNA-Fragment in jede beliebige Vektorpostion einzufügen und für die Isolierung einzurichten, sofern dies notwendig ist.

Wenn ein DNA-Fragment in ein Plasmid eingebaut wird, kann es in jeder Orientierung vorliegen. Das bedeutet, daß jedes Ende der Fremd-DNA mit jedem Ende des Plasmids verknüpft sein kann. Das spielt keine Rolle, wenn es bei der Klonierung nur darum geht, die Insertionssequenz zu amplifizieren. Es ist jedoch von Bedeutung, wenn das Experiment zur Expression der Fremd-DNA führen soll, was eine Insertion in einer bestimmten Orientierung erfordert.

In diesem Fall erzeugt man Plasmidpopulationen, die das Fragment aufgrund der zufälligen Insertion in beiden Orientierungen enthalten. Um die gewünschte Anordnung zu erhalten, analysiert man diese Plasmide durch eine Restriktionskartierung. Oder das Experiment wird so geplant, daß die Insertion nur in einer Orientierung erfolgen kann. Es ist beispielsweise möglich, jede DNA (Vektor und Insertionsfragment) mit *zwei* Restriktionsenzymen zu schneiden, so daß unterschiedliche kohäsive Enden entstehen, und man erhält für jede DNA das Sequenzmuster

Ende 1 ———————————— Ende 2.

Wenn sich jetzt nur die beiden Sequenzen an Ende 1 und nur die Sequenzen an Ende 2 zusammenlagern können, erfolgt die Insertion ausschließlich in einer Orientierung, so daß dieses chimäre Plasmid ensteht:

Ende 1————Insertionsfragment————Ende 2
| |
Ende 1————Plasmid————————————Ende 2

20.3 Das Umkopieren von mRNA in cDNA

Eine der grundlegenden Anwendungen der Klonierungstechnik ist die Isolierung spezifischer Gene direkt aus dem Genom. Ein bestimmtes Gen umfaßt nur einen sehr geringen Teil eines eukaryotischen Genoms. Das typische Genom eines Säugers hat eine Größe von etwa 10^9 bp, so daß ein einzelnes Gen von (angenommen) 5 000 bp nur 0,0005 % der gesamten Zellkern-DNA ausmacht.

Um einen so kleinen Abschnitt zu identifizieren, benötigt man eine sehr spezifische Sonde, die *ausschließlich* mit der gesuchten Sequenz reagiert, so daß sie aus der riesigen Anzahl anderer Sequenzen herausgesucht werden kann. Das übliche Verfahren ist die Verwendung einer radioaktiv markierten RNA- oder DNA-Sonde, deren Hybridisierung mit dem Gen durch eine Autoradiographie überprüft wird.

Um eine DNA-Sequenz zu erhalten, die ein bestimmtes Protein codiert, beginnt man mit der mRNA, die schließlich die Matrize für die Produktion des Proteins *in vivo* darstellt. Es kann jedoch sehr schwierig sein, die mRNA zu isolieren, die einem bestimmten Protein entspricht, wenn das Produkt in geringer Menge vorkommt. Für die Isolierung von mRNA aufgrund der Eigenschaften ihres Produkts gibt es verschiedene Methoden. Ein allgemeines Problem ist jedoch die vorher notwendige Aufreinigung der RNA.

Anstatt die RNA aufzureinigen, macht man eher eine DNA-Kopie der RNA-Sequenz. Das hat den doppelten Vorteil, daß man Material in unbegrenzter Menge herstellen kann und außerdem eine radioaktive Markierung der DNA möglich ist, so daß eine wesentlich wirkungsvollere Sonde entsteht. Durch eine reverse Transkription ist es möglich, aus jeder mRNA doppelsträngige DNA herzustellen. Das ist besonders einfach bei mRNAs, die am 3′-Ende einen Poly(A)-Schwanz besitzen (Abbildung 20.5).

Zuerst wird ein **Primer** an das Poly(A)-Ende angelagert. Dabei handelt es sich um eine kurze Poly(dT)-Sequenz, die dazu dient, ein freies 3′-Ende zu erzeugen, das von der Reversen Transkriptase verlängert werden kann. Die Reaktion des Enzyms verläuft in der normalen 5′→3′-Richtung, wobei es entsprechend der komplementären Basenpaarung mit der mRNA-Matrize pro Schritt ein Desoxynucleotid anfügt.

Das Produkt der Reaktion ist ein Hybridmolekül, das aus dem mRNA-Matrizenstrang und dem angelagerten komplementären DNA-Strang besteht. Das einzige praktische Problem ist die Tendenz der Reversen Transkriptase, *in vitro* vor dem Erreichen des 5′-Endes der mRNA die Reaktion abzubrechen. Wenn das geschieht, entspricht das daraus resultierende reverse Transkript nicht der vollständigen mRNA, da einige komplementäre Sequenzen des 5′-Endes fehlen. Durch geschicktes Einstellen der experimentellen Bedingungen ist es jedoch im allgemeinen möglich, eine vollständige Reaktion der Reversen Transkriptase zu erzielen.

Am Ende der mRNA kann es zu einer nützlichen Reaktion kommen; das Enzym verursacht eine „Zurückfaltung“ des reversen Transkripts auf sich selbst. Einige der letzten Basen des Transkripts dienen als Matrize für die Synthese eines Komplementärstranges. Das bedeutet, daß das Ende der komplementären DNA für die direkte Synthese einer kurzen, mit der mRNA identischen Sequenz verwendet wird und diese ersetzt. Dies erzeugt eine kurze Haarnadelstruktur von gewöhnlich zehn bis 20 bp Länge.

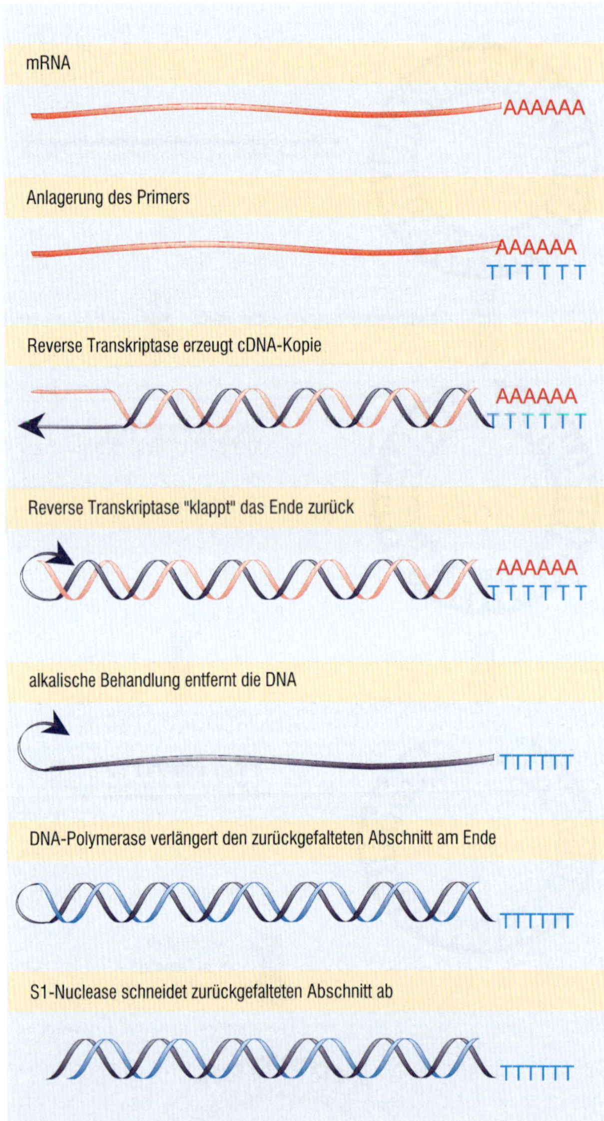

20.5 mRNA läßt sich zu doppelsträngiger DNA umkopieren.

In dieser Phase zerstört man die ursprüngliche mRNA durch eine basische Behandlung (eine Methode, welche die DNA nicht schädigt). Das Ergebnis ist eine einzelsträngige DNA, die zur mRNA komplementär ist: die sogenannte **cDNA**.

Die Haarnadelstruktur am 3′-Ende der cDNA bildet einen natürlichen Primer für den nächsten Schritt. Dabei wandelt die DNA-Polymerase I aus *E. coli* die einzelsträngige cDNA durch Synthese des komplementären Stranges in einen Doppelstrang um. Bei dieser Reaktion verwendet das Enzym die cDNA als Matrize für die Synthese einer

Sequenz, die mit der ursprünglichen mRNA identisch ist. Das Produkt ist ein doppelsträngiges Molekül mit einer Haarnadelstruktur an einem Ende. Diese wird mit Hilfe der S1-Nuclease entfernt (das Enzym baut einzelsträngige DNA spezifisch ab), so daß ein normaler DNA-Doppelstrang entsteht.

Diesen kann man klonieren, um große Mengen eines synthetischen Gens zu erhalten, das dem mRNA-Transkript entspricht. Dabei handelt es sich um einen sogenannten cDNA-Klon. (Aufgrund dieser Terminologie kam es zu einem etwas weniger strengen Gebrauch des Begriffs „cDNA", der jetzt auch das doppelsträngige Insertionsfragment meint und nicht nur das ursprüngliche einzelsträngige reverse Transkript.)

Bedingt durch die Leistungsfähigkeit der Sequenzierungstechnik ist es inzwischen möglich, die meisten Probleme zu umgehen, die durch seltene mRNAs entstehen, wenn man eine Sonde benötigt, die direkt auf die mRNA-Sequenz gerichtet ist. Es gibt ein effektives Verfahren, bei dem nur die Information über eine kurze Proteinsequenz erforderlich ist. Daraus kann man kurze Oligonucleotide synthetisieren, die dieser Sequenz entsprechen. Es ist möglich, eine Reihe von verschiedenen Oligonucleotiden herzustellen, um mögliche Codonvarianten abzudecken; das betrifft insbesondere die dritten Basenpositionen. Diese Oligonucleotide sollen sich an mRNA oder genomische DNA anlagern und als Primer für die Synthese von DNA dienen, welche die Sequenz des entsprechenden Gens enthält.

20.4 Die Isolierung einzelner Gene aus dem Genom

Der erste Schritt zur Identifizierung des Gens, das einer bestimmten Sonde entspricht, ist das Zerlegen der genomischen DNA in Fragmente von geeigneter Größe. Dabei ist wünschenswert, das Gen in so wenigen Fragmenten wie möglich zu erhalten (im Idealfall in einem einzigen Fragment). Die maximale Länge von DNA, die sich noch direkt verarbeiten läßt, liegt zwischen 15 und 20 kb. Manchmal ist es nicht möglich, ein Gen in Form eines einzigen Fragments zu isolieren. Dann muß man seine Struktur durch Zusammensetzen der Informationen ermitteln, die aus verschiedenen Fragmenten gewonnen wurden. (Mit der Verwendung überlappender Fragmente befassen wir uns in Kapitel 6).

Die beste Methode für die Fragmentierung eines Genoms ist die Restriktionsspaltung. Dabei endet jedes Fragment mit einer Schnittstelle, die von einem bestimmten Enzym erkannt wurde. Solche Stellen können jedoch an ungeeigneten Positionen vorkommen, beispielsweise in der Mitte eines Gens, das kloniert werden soll. Die Verwendung von mehr als einem Enzym bietet einen Weg, dies zu vermeiden. Das heißt, das Experiment wird mit verschiedenen Enzymen wiederholt, deren Erkennungsstellen an verschiedenen Positionen liegen. Das ist jedoch zeitaufwendig; und wenn es sich um eine lange Sequenz handelt, kann es schwierig sein, ein Enzym zu finden, das nicht innerhalb dieser Sequenz schneidet.

Wenn man die gesamte DNA eines Genoms mit einem Restriktionsenzym behandelt, wird die Häufigkeit der Schnitte von der Länge der Sequenz bestimmt, die das Enzym erkennt. Je länger die Sequenz ist, um so seltener kommt sie zufällig vor. Die Wahrscheinlichkeit, daß eine bestimmte Sequenz von vier Basenpaaren auftritt, beträgt $0{,}25^4 = 1/256$. Ein Enzym mit solch einer kurzen Erkennungssequenz schneidet also die DNA ziemlich häufig. Die Häufigkeit sinkt auf 1/1 000 für eine Sequenz von fünf Basenpaaren und auf 1/4 000 für eine Sequenz von sechs Basenpaaren.

(Diese Berechnung geht davon aus, daß alle Basen in der DNA gleich oft vorkommen, was normalerweise nicht der Fall ist. Die Häufigkeit des Schneidevorgangs läßt sich verringern, wenn man ein Enzym verwendet, dessen Zielsequenz Basenpaare enthält, die in der Basenzusammensetzung der DNA seltener vorkommen und umgekehrt.)

Um durch eine Restriktionsspaltung zu einem brauchbaren Satz von Fragmenten zu gelangen, verwendet man oft einen Trick, der die Häufigkeit der Schnitte herabsetzt. Ein Enzym mit einer kurzen Erkennungssequenz (vier Basenpaare) wird unter Bedingungen eingesetzt, die zu einer *partiellen* Spaltung führen. Die möglichen Erkennungssequenzen werden nur manchmal geschnitten, so daß nicht bei jedem DNA-Molekül alle Schnittstellen durchtrennt sind. Die Tatsache, daß es an den einzelnen Erkennungssequenzen nur selten zu einer Spaltung kommt, sowie das häufige Auftreten dieser Zielsequenzen führt dazu, daß die Fragmentverteilung annähernd einer zufälligen Spaltung des Genoms entspricht. Jedes Fragment besitzt jedoch an den Enden dieselbe Sequenz, die so gewählt werden kann, daß kohäsive Enden entstehen und die Fragmente sich für eine Klonierung eignen.

Betrachtet man das Genom insgesamt, so ergibt sich eine zufällige Verteilung der Stellen, die ein Enzym erkennt. Eine Restriktionsspaltung eukaryotischer DNA erzeugt demnach Fragmente mit kontinuierlicher Größenverteilung. Bei einer Gelelektrophorese „verschmieren" diese Fragmente auf dem Gel, so daß – mit Ausnahme einiger Wiederholungssequenzen, wie in Kapitel 25 beschrieben wird – keine deutlichen Banden erkennbar sind. Wenn jedoch eine spezifische Sonde zur Verfügung steht, ist es möglich, die zugehörigen Sequenzen in dem „Schmier" der Restriktionsfragmente zu erkennen.

DNA-Fragmente kann man nicht direkt in einem Agarosegel weiterverarbeiten. Der entscheidende Schritt bei einer Versuchsvorschrift für die Identifizierung von Fragmenten ist daher die Übertragung der DNA auf einen Träger, der Hybridisierungsreaktionen ermöglicht. Um die DNA zu immobilisieren, denaturiert man die Moleküle zu einzelsträngigen Fragmenten und überträgt sie vom Agarosegel auf einen Nitrocellulosefilter. Das Verfahren, das man für den Transfer verwendet, entspricht in etwa dem Löschpapierprinzip, dem „Blotting". Umgangssprachlich bezeichnet man den ganzen Vorgang mit diesem Begriff.

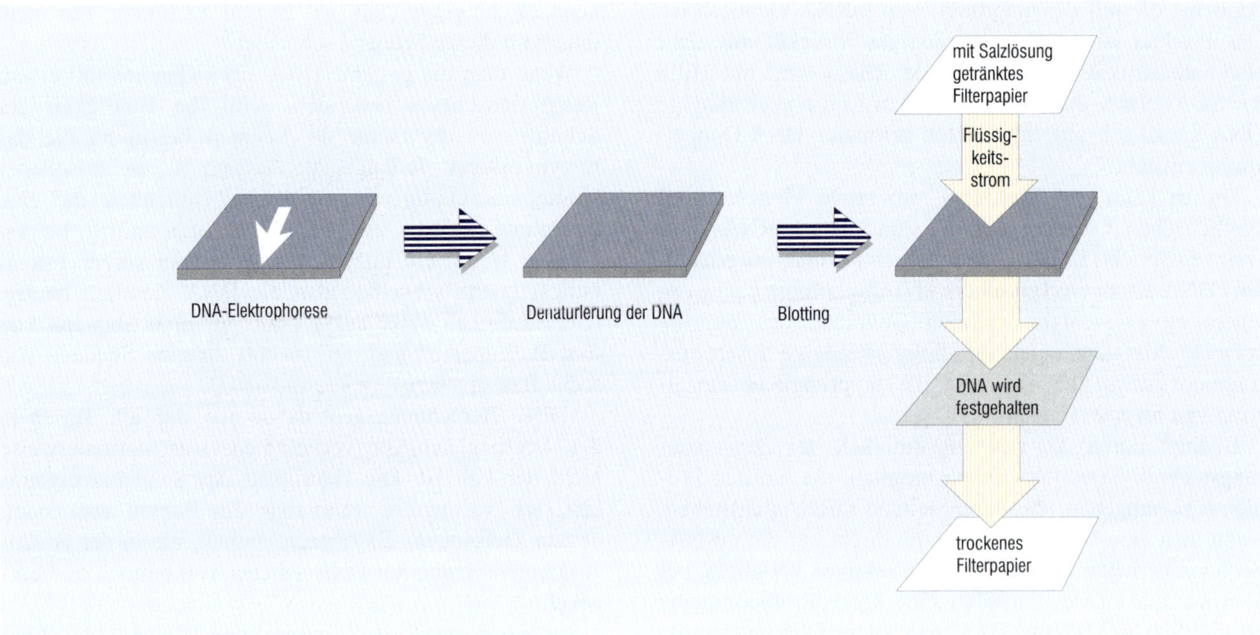

20.6 Durch Southern Blotting kann man DNA-Fragmente aus einem Agarosegel auf einen Nitrocellulosefilter übertragen.

Bei Verwendung von DNA handelt es sich um das sogenannte **Southern Blotting** (genannt nach dem Erfinder).

Abbildung 20.6 zeigt das Protokoll für die Übertragung von DNA-Fragmenten. Das Agarosegel wird auf ein Filterpapier gelegt, das mit einer konzentrierten Salzlösung getränkt ist. Dann legt man den Nitrocellulosefilter auf das Gel und direkt darauf einige trockene Filterpapiere. Dieses Papier saugt die Salzlösung an, die durch das Agarosegel und dann durch den Nitrocellulosefilter wandern muß, um dorthin zu gelangen. Die DNA wird dabei mitgetragen, bleibt jedoch auf der Nitrocellulose, entsprechend der Position, die sie im Agarosegel inne hatte, haften.

Auf Nitrocellulose immobilisierte DNA kann *in situ* mit einer radioaktiv markierten Sonde hybridisiert werden, wie in Abbildung 20.7 dargestellt ist. Es hybridisieren nur solche Fragmente, die zur Sonde komplementär sind. Da die Sonde radioaktiv ist, kann man die Hybridisierung in einer Autoradiographie sichtbar machen. Jede komplementäre Sequenz erzeugt eine markierte Bande, wobei die Position durch die Größe des DNA-Fragments festgelegt ist.

Das Verfahren läßt sich auch mit RNA durchführen. Um RNA von der Agarose auf einen Träger zu transferieren, der sich für eine Hybridisierung eignet, sind jedoch einige Veränderungen erforderlich. Die Methode wird dann als **Northern Blotting** bezeichnet. (Und ein entsprechendes Verfahren für die Übertragung von Proteinen nennt man **Western Blotting**.)

Manchmal möchten wir innerhalb einer ganzen Population diejenigen Sequenzen ermitteln, die einer bestimmten Sonde entsprechen. Ein abgewandeltes Blotting-Verfahren, das sich für diesen Zweck eignet, ist das sogenannte **Dot Blotting**. Wie Abbildung 20.8 zeigt, trägt man klonierte DNAs, die getestet werden sollen (z. B. charakteristische Fragmente eines Genoms), punktförmig nebeneinander auf einen Filter auf. Der Filter wird dann mit einer radioaktiven Sonde hybridisiert, die der Zielsequenz entspricht. Wenn die Sequenz in einem bestimmten Klon vorkommt, ist der entsprechende Fleck (*dot*) in einer Autoradiographie zu erkennen. Die Intensität des Fleckes entspricht ziemlich genau der Übereinstimmung zwischen Sondensequenz und Klon.

Ein interessantes Verfahren für die Isolierung einer bestimmten mRNA läßt sich dann anwenden, wenn zwei Zelltypen zur Verfügung stehen, von denen einer die RNA exprimiert und der andere nicht. Das Protokoll für die **subtraktive Hybridisierung** ist in Abbildung 20.9 dargestellt. Die mRNA der Zielzellinie dient als Substrat, um eine Mischung von cDNA-Molekülen herzustellen, die den exprimierten Genen entspricht. Um die Sequenzen zu entfernen, die nicht für die Zielzelle spezifisch sind, wird die cDNA-Präparation mit der mRNA einer anderen engverwandten Zelle erschöpfend hybridisiert. Dieser Schritt entfernt alle Sequenzen aus der cDNA-Präparation, die in beiden Zelltypen übereinstimmen. Die Spezifität dieses Verfahrens hängt davon ab, wie eng die beiden Zellen miteinander verwandt sind. Nach Entfernen aller cDNA-Sequenzen, die mit der anderen mRNA hybridisieren, werden die übrigen cDNAs (weniger als fünf Prozent, wenn die Methode gut funktioniert) mit der mRNA der Zielzelle hybridisiert. So läßt sich bestätigen, ob sie tatsächlich codierenden Sequenzen entsprechen. Diese Klone sollten Sequenzen enthalten, die für die mRNA-Population der Zielzelle spezifisch sind, und man kann sie anschließend charakterisieren.

Mit dieser Methode ist es gelungen, Klone für den T-Zell-Rezeptor zu isolieren. Das Protein wird von T-Lymphocyten exprimiert, nicht jedoch von den engverwandten

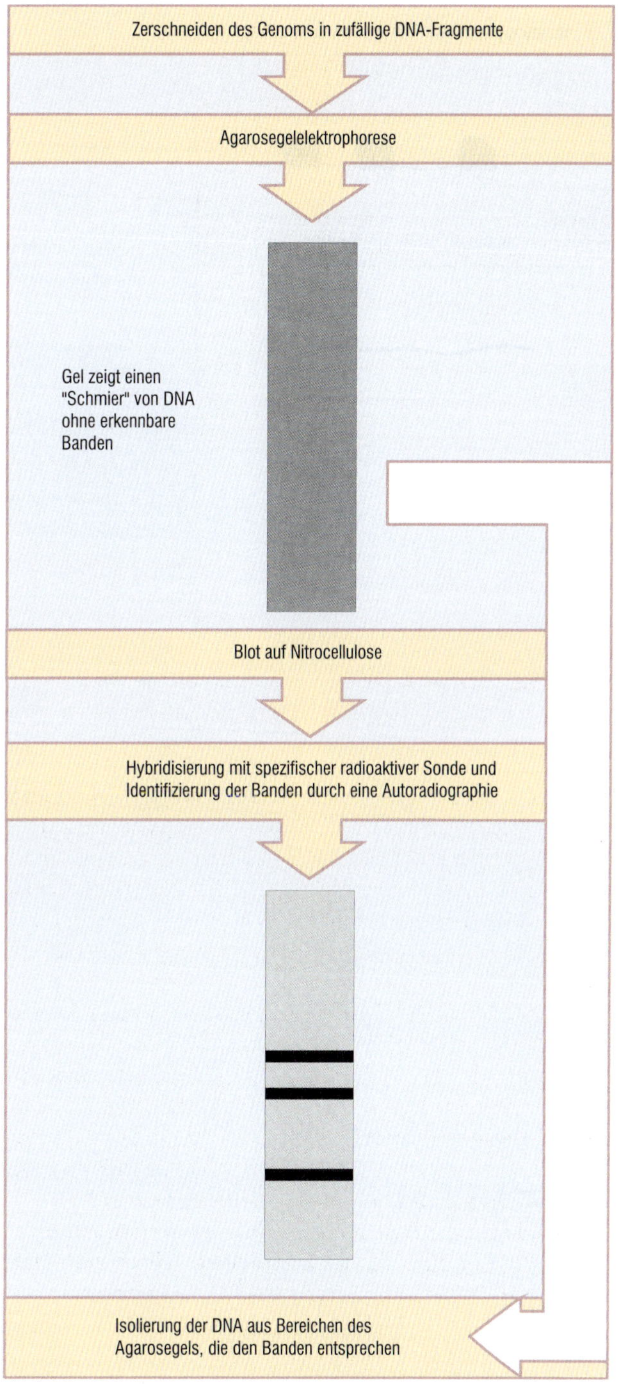

20.7 Durch Southern Blotting ist es möglich, DNA-Fragmente, die einer bestimmten Sonde entsprechen, direkt aus fragmentierter genomischer DNA zu isolieren.

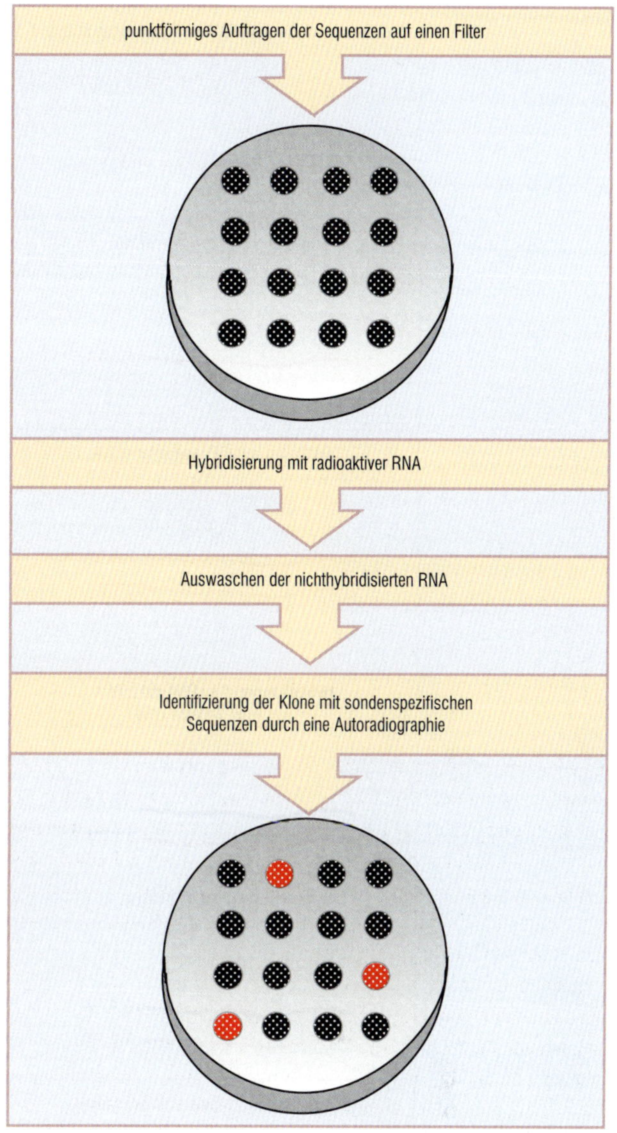

20.8 Durch Dot Blotting lassen sich viele klonierte Sequenzen leicht auf Homologien mit einer markierten Sonde testen. Die klonierten Sequenzen werden punktweise auf einen Papierfilter aufgetragen und mit einer Lösung hybridisiert, welche die markierte Sonde enthält. Die Flecken, die zur Sonde komplementäre Sequenzen enthalten, werden in einer Autoradiographie sichtbar.

B-Lymphocyten, die sich deshalb als Quelle für die Subtraktions-mRNA eigneten. Nach Anwendung des Verfahrens blieben von der ursprünglichen cDNA-Präparation aus T-Zellen noch 2,6 % übrig. Daraus ließen sich sieben Klone isolieren, von denen einer das gesuchte spezifische T-Zell-Gen enthielt. Die Anzahl der Klone, die man bei diesem Verfahren erhält, ist meist gering, aber die Methode hat sich in mehreren ähnlichen Fällen als effektiv erwiesen.

Die **Polymerasekettenreaktion** (*polymerase chain reaction*, **PCR**) ist ein wirkungsvolles Verfahren für die direkte Amplifizierung kurzer Genomabschnitte. Es setzt voraus, daß die Sequenzen an den Rändern der Zielregion bekannt sind, ermöglicht dann jedoch, den Bereich zwischen zwei definierten Stellen zu amplifizieren.

Abbildung 20.10 zeigt eine Zusammenfassung des Protokolls. Eine DNA-Präparation (im allgemeinen das isolierte Gesamtgenom) wird denaturiert. An die so hergestellten Einzelstränge lagern sich zwei kurze Primersequenzen (jeweils etwa 20 bp) an, die zu Bereichen an den Seiten der Zielregion des jeweils gegenüberliegen-

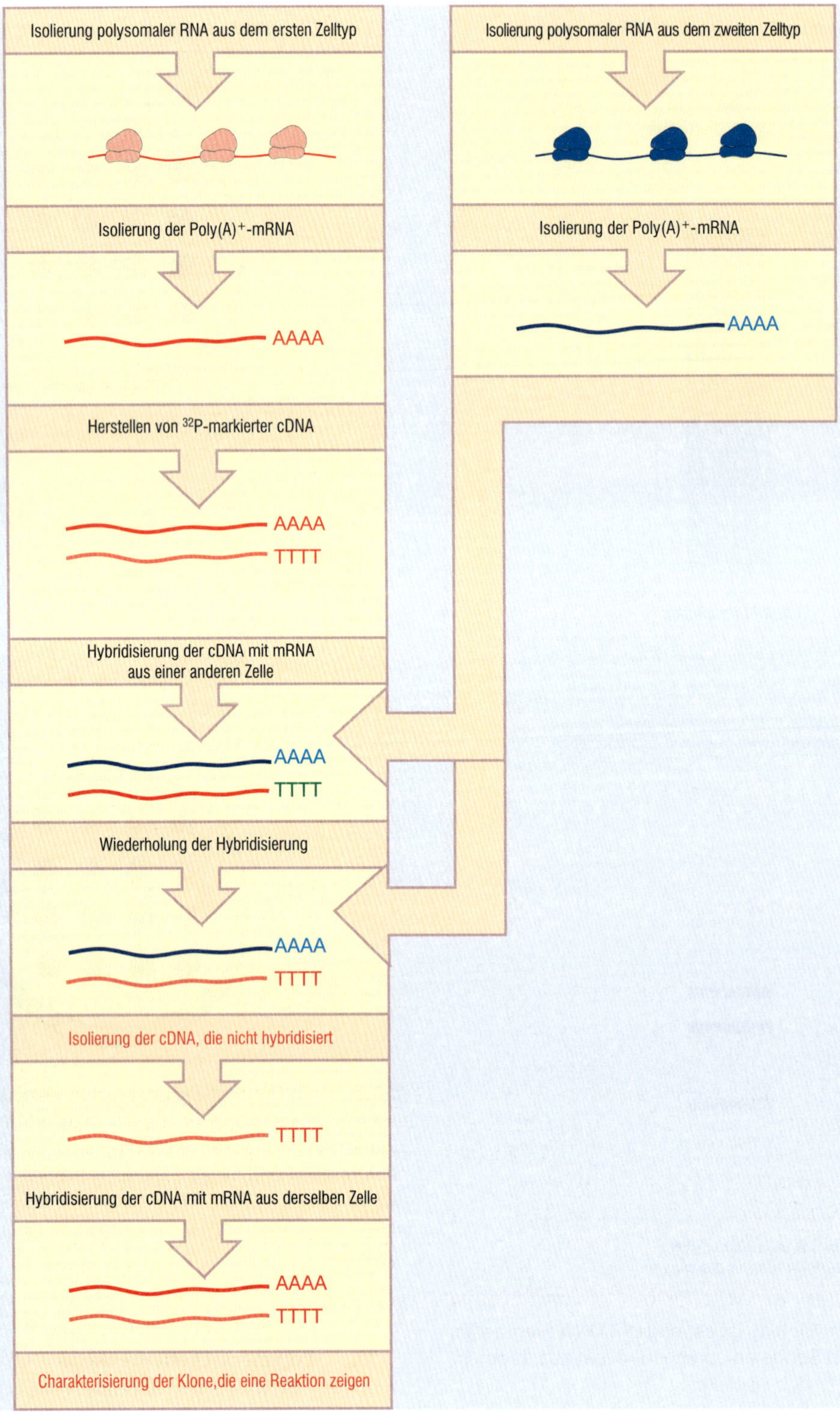

20.9 Die subtraktive Hybridisierung eignet sich für die Isolierung von mRNA, die für einen bestimmten Zelltyp spezifisch ist, wenn ein anderer, engverwandter Zelltyp zur Verfügung steht.

den Stranges komplementär sind. Die DNA-Polymerase synthetisiert Einzelstränge, die vom 3′-OH-Ende jedes Primers ausgehen. Der gesamte Zyklus läßt sich durch Denaturierung der Präparation und einen neuen Reaktionsstart wiederholen. Die Kopienzahl der Zielsequenz steigt im Prinzip exponentiell an. In der Praxis verdoppelt sie sich mit jedem Zyklus bis zum Erreichen eines Plateaus, wenn mehr Primer-Matrizen vorhanden sind, als das Enzym während des Zyklus verlängern kann. Ab hier nimmt die Konzentration der Zielsequenz linear zu.

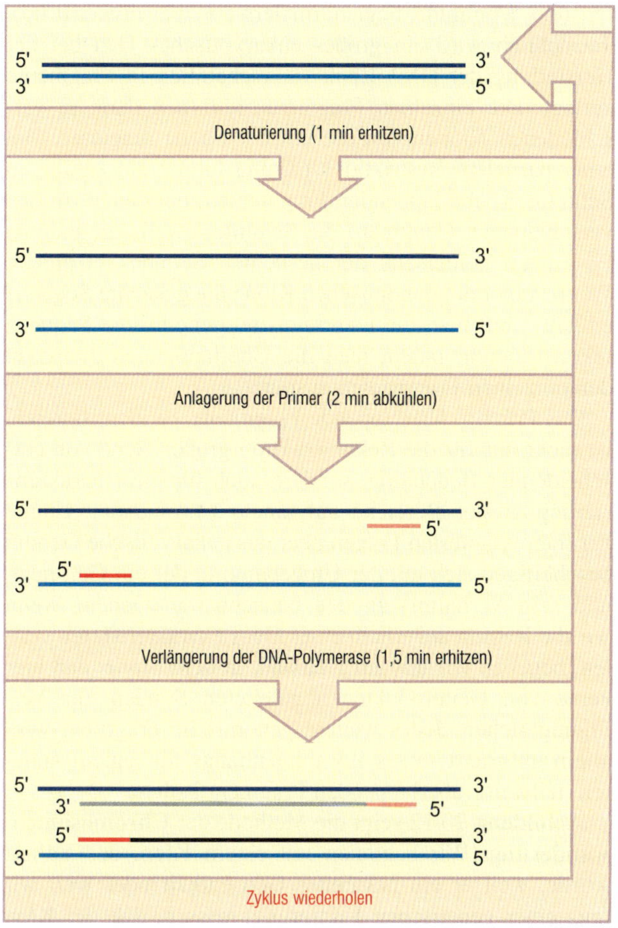

20.10 Ein einziger PCR-Zyklus verdoppelt die Kopienzahl einer Zielsequenz und dauert nur fünf Minuten.

Durch neu entwickelte Modifikationen (beispielsweise die Verwendung einer DNA-Polymerase aus einem thermophilen Bakterium, damit dasselbe Enzym während der Hitzeschritte für die Zyklen aus Denaturierung und Renaturierung aktiv bleibt) ist es jetzt möglich, eine bestimmte Sequenz in 25 Zyklen um den Faktor 4×10^6 zu amplifizieren. Die Länge der Zielsequenz ist durch die Entfernung zwischen den beiden Primer-Stellen festgelegt. Da die Replikation eine Fehlerrate von etwa 2×10^{-4} aufweist, ist die Empfindlichkeit der Methode bei der Untersuchung einzelner Sequenzen eingeschränkt. Wenn es während eines sehr frühen Zyklus zu einem Fehler kommt, macht er sich durch die Amplifizierung besonders stark bemerkbar. Im allgemeinen kann man das Problem jedoch durch mehrfach Ansätze umgehen.

Das Verfahren ist bei der Unterscheidung einzelner Allele in einem Genom sehr wirkungsvoll und eignet sich daher für die Diagnose von sequenzbedingten Krankheiten. Wenn wir wissen, daß eine Krankheit mit einer bestimmten Sequenzveränderung zusammenhängt, können wir die PCR verwenden, um die Sequenz im Genom einer bestimmten Person zu untersuchen und festzustellen, ob die Allele eines bestimmten Locus zum Wildtyp gehören oder mutiert sind. Die Amplifizierung durch PCR ist so empfindlich, daß die Zielsequenz einer einzelnen Zelle analysiert werden kann. Auf diese Weise ist es z. B. möglich, die Allelverteilung in einer Population von Spermazellen direkt zu bestimmen. Zudem kann man DNA aus sehr kleinen Gewebeproben amplifizieren, was für diagnostische und gerichtsmedizinische Anwendungen von Nutzen ist.

20.5 Chromosomenwanderung (*chromosome walking*)

Die direkte Isolierung von Fragmenten aus einer Restriktionsspaltung genomischer DNA bereitet in der Praxis Schwierigkeiten. Ein wirksames Verfahren für die Präparation eines bestimmten Gens besteht darin, die Abfolge umzukehren und zuerst das Genom zu klonieren. Dann selektiert man die Klone, welche die gesuchte Sequenz enthalten. Vektoren mit DNA, die direkt aus dem Genom stammt, sind sogenannte **genomische** oder **chromosomale DNA-Klone** (im Unterschied zu cDNA-Klonen, die der mRNA entsprechen).

Die Klonierung eines vollständigen Genoms (im Gegensatz zu spezifischen Fragmenten) nennt man häufig ein **Schrotschuß-Experiment**. Zuerst wird das Genom in Fragmente von geeigneter Größe zerlegt. Die Fragmente führt man dann in einen Klonierungsvektor ein, so daß eine Population chimärer Vektoren entsteht. Ein Satz solcher klonierter Fragmente ist eine sogenannte **Genombank**.

Ein entsprechendes Verfahren auf mRNA-Ebene ist die Präparation von cDNAs aus der vollständigen mRNA-Population einer Zelle oder eines Gewebes. Das Ergebnis ist eine sogenannte **cDNA-Bank**, welche die Gene repräsentiert, die in der Zelle oder dem Gewebe exprimiert werden.

Nach der Präparation einer Genom- oder cDNA-Bank kann man diese unbegrenzt aufbewahren und einfach wiederverwenden, sobald eine neue Sonde für die Suche nach einem bestimmten Fragment zur Verfügung steht.

Die Zahl der zufälligen Fragmente, die man klonieren muß, damit *jede* Sequenz des Genoms mit hoher Wahrscheinlichkeit in mindestens einem chimären Klon vorhanden ist, nimmt mit steigender Fragmentgröße ab und mit der Genomgröße und der gewünschten Wahrscheinlichkeit zu. Für eine Wahrscheinlichkeit von 99 % sind bei *E. coli* 1 500 klonierte Fragmente erforderlich. Die Größe der zu erstellenden Genbank steigt bei Hefe auf 4 600, bei *D. melanogaster* auf 48 000 und bei Säugern auf 800 000 Klone. Für alle gibt es inzwischen Bibliotheken klonierter Fragmente, die diese Wahrscheinlichkeiten erreichen.

Wie läßt sich ein bestimmter genomischer Klon aus einer DNA-Bank selektieren? In Abbildung 20.11 ist das Verfahren der Koloniehybridisierung dargestellt. Bakterienkolonien mit chimären Vektoren werden auf einem Nitrocellulosefilter lysiert, die DNA anschließend *in situ* denaturiert und auf dem Filter fixiert. Der Filter wird mit einer radioaktiv markierten Sonde hybridisiert, die der

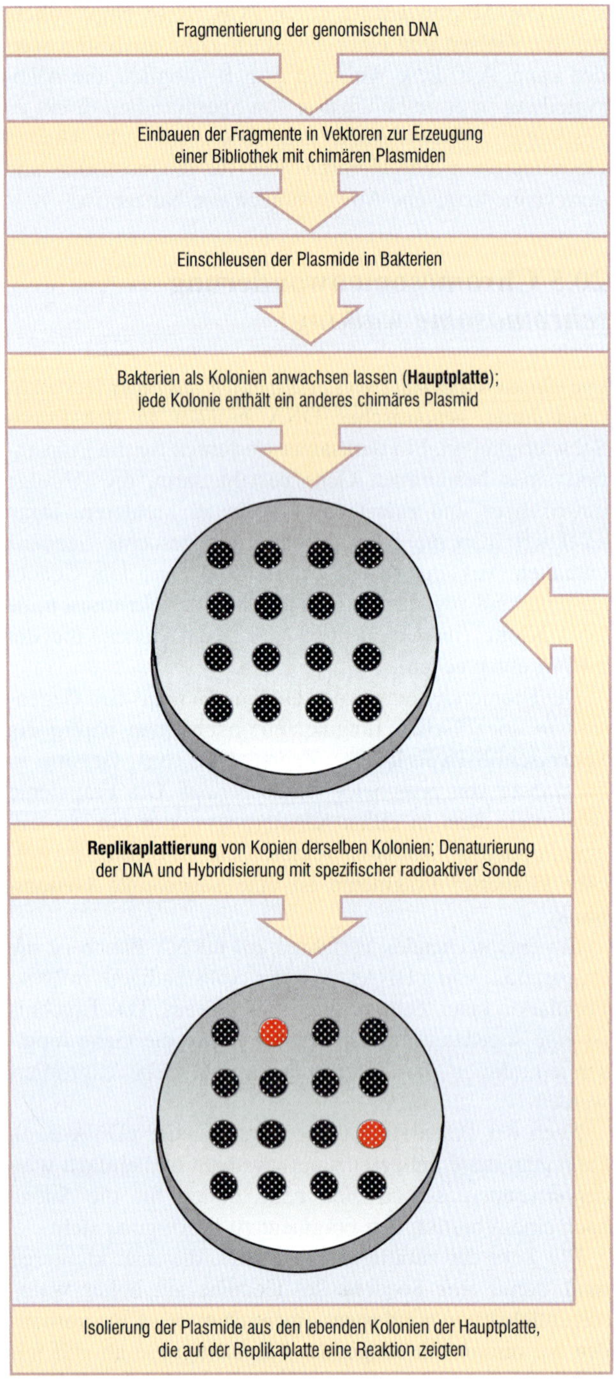

20.11 Durch eine Koloniehybridisierung mit einer radioaktiv markierten Sonde ist es möglich, ein chimäres Plasmid zu selektieren, das eine bestimmte, zur Sonde komplementäre Sequenz enthält.

gesuchten Sequenz entspricht (im allgemeinen klonierte cDNA). Alle Kolonien, in denen die Sequenz vorkommt, lassen sich als dunkle Flecke mittels einer Autoradiographie sichtbar machen. Danach isoliert man die entsprechenden chimären Vektoren aus der ursprünglichen Referenzbibliothek.

Es genügt, wenn ein genomischer Klon nur einen Teil der Sondensequenz enthält, um eine Reaktion hervorzurufen (das Minimum liegt normalerweise bei etwa 50 bp). Tatsächlich wird ein großes eukaryotisches Gen bei der Herstellung der DNA-Bank wahrscheinlich in Fragmente zerlegt. Die einzelnen Fragmente kommen dann in verschiedenen Klonen vor, die mit der Sonde reagieren. Bei einer partiellen Restriktionsspaltung führen die zufälligen Schnitte zu überlappenden Fragmenten, bei denen (in den verschiedenen Genomen) die Schnitte jeweils an anderen Positionen beiderseits der gesuchten Sequenz erfolgten. Wenn keiner der genomischen Klone die gesuchte Sequenz enthält, muß man die ursprüngliche genomische Sequenz rekonstruieren, indem man die Überlappungen zwischen den einzelnen Fragmenten ausnutzt.

Das Prinzip, überlappende Fragmente zu identifizieren, ist nicht nur für die Rekonstruktion großer Gene von entscheidender Bedeutung, sondern auch für die Charakterisierung großer Bereiche auf einem Chromosom. Einige der interessantesten Fragen über das eukaryotische Genom beschäftigen sich mit der Umgebung, in der ein Gen liegt, und sein Verhältnis zu den benachbarten Genen. Wenn wir die Region außerhalb eines Gens charakterisieren wollen, begeben wir uns auf Neuland, in dem Sinne, daß hier keine von Genprodukten abgeleiteten Sonden zur Verfügung stehen. Jedes weitere genomische Fragment wird allein aufgrund seines Zusammenhangs mit einem anderen, teilweise überlappenden Fragment isoliert.

Abbildung 20.12 zeigt die Methode der **Chromosomenwanderung**. Wir beginnen mit einem Klon, der isoliert wurde, weil er ein bekanntes Gen enthält oder weil wir (aus einer genetischen Kartierung) wissen, daß der Klon in der Nähe eines Bereichs liegt, der uns interessiert. Um das Arbeiten mit großen Fragmenten zu erleichtern, kloniert man ein Subfragment von einem Ende des ersten Klons (**Subklonierung**), um damit die nächste Gruppe von Klonen zu isolieren. Dafür suchen wir in unserer DNA-Bank andere chimäre Vektoren, die mit diesem Klon überlappen. Die neuen klonierten Fragmente werden entweder über das eine oder über das andere Ende des ursprünglichen Klons hinausragen. Wir können die Richtung der Erweiterung durch eine Restriktionskartierung jedes Fragments bestimmen. Die Karte sollte neben dem Fragmentmuster von dem einen Ende des ersten Klons eine Erweiterung um neues DNA-Material enthalten. Der Vorgang läßt sich beliebig wiederholen.

Im Prinzip ist es möglich, Hunderte von Kilobasen entlangzuwandern. Man hat auf diese Weise genomische Bereiche von mehr als einem Megabasenpaar Länge (= 1 000 kb) kartiert. Die Verwendung herkömmlicher Klonierungsverfahren für die Isolierung von Fragmenten ermöglicht pro Monat einen Fortschritt um etwa 100 kb, so daß sich ziemlich große Regionen charakterisieren lassen. Die Entfernung, die bei einem Schritt überbrückt wird, läßt sich durch eine Modifikation der Methoden für die Fragmentisolierung erweitern. So ermöglicht beispielsweise die Pulsfeldgelelektrophorese die Auftrennung sehr großer DNA-Fragmente (größer als 100 kb). Damit ist der Schritt von einem Ende des Fragments an das andere mehr ein „Springen“ als ein „Wandern“.

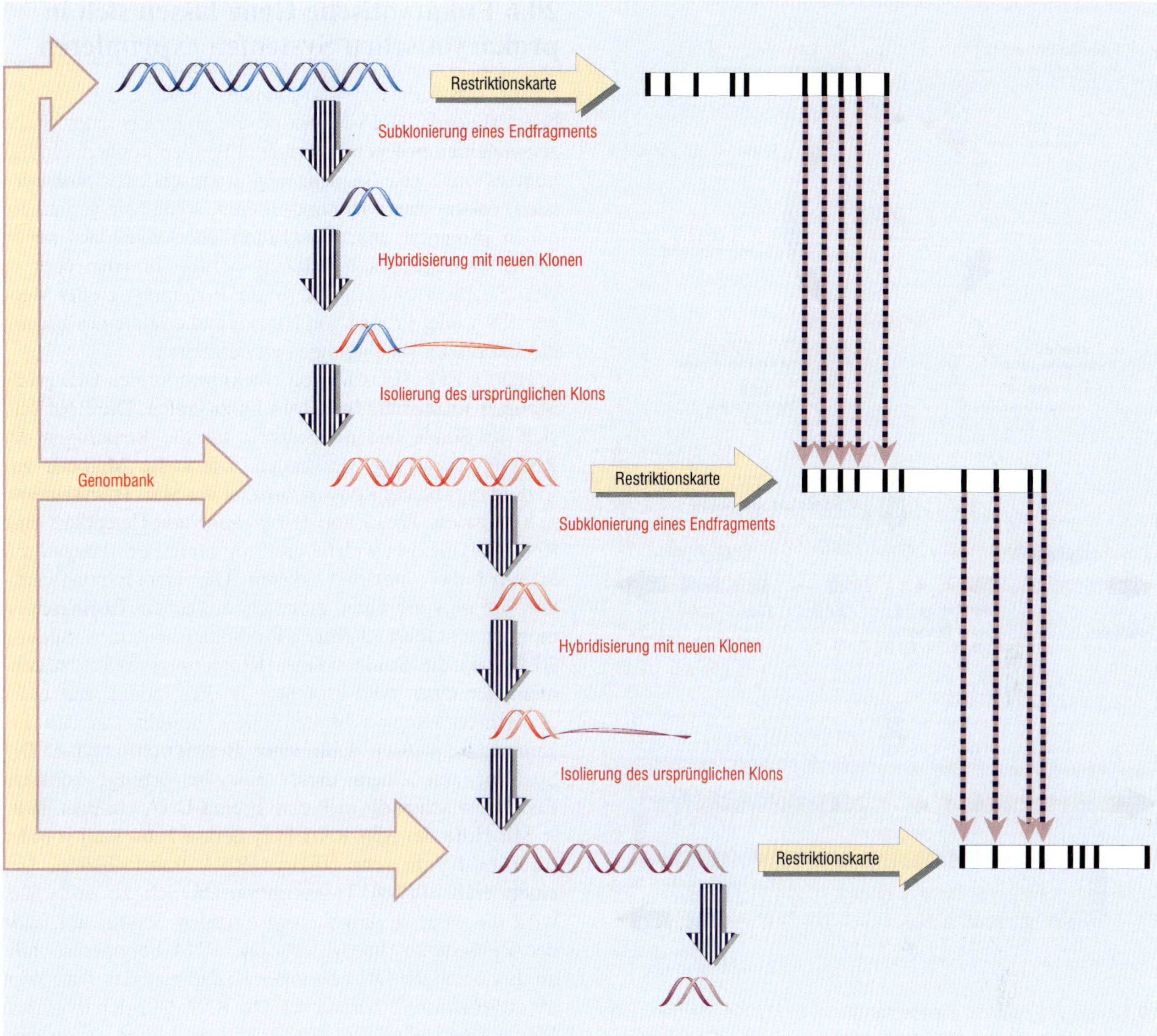

20.12 Eine Chromosomenwanderung läßt sich mit Hilfe aufeinanderfolgender Hybridisierungen zwischen überlappenden genomischen Klonen durchführen.

Eine entscheidende Annahme, die dem gesamten Vorgang der Klonierung zugrunde liegt, ist die, daß eine klonierte eukaryotische Sequenz in Bakterien exakt erhalten bleibt. Die verfügbaren Daten bestätigen dies auch. Es gibt jedoch einige Ausnahmefälle, bei denen während der Vermehrung in einem bakteriellen Wirt Deletionen auftreten.

Im Umgang mit chromosomaler DNA ist die Charakterisierung von genomischen Sequenzen schneller möglich, wenn man größere Abschnitte bearbeiten kann. In Hefe wurde ein Klonierungsverfahren entwickelt, welches dies erlaubt. Die grundlegenden Bestandteile sind in Abbildung 20.13 dargestellt.

Ein **YAC** (*yeast artificial chromosome*) enthält Sequenzelemente, die für die Vermehrung des Chromosoms in Hefe notwendig sind: einen Replikationsursprung, ein Centromer, das die Verteilung auf die Tochterzellen sichert, sowie Telomere, die die Enden des Chromosoms „versiegeln“ (mit letzteren befaßt sich Kapitel 26 genauer). Zusätzlich zu den Komponenten, die für die Vermehrung erforderlich sind, trägt ein YAC drei selektierbare Marker. Die beiden Marker *TRP1* und *URA3* sind in der Abbildung dargestellt. Der dritte Marker (*SUP4*) wird durch die *Sma*I-Klonierungsstelle unterbrochen.

Bevor ein YAC mit Fremd-DNA beladen wird, liegt es, wie in der Abbildung 20.13 dargestellt, ringförmig geschlossen vor. An den Enden der Telomersequenzen befinden sich *Bam*H1-Schnittstellen. Spaltung mit *Bam*H1 führt zu einem linearen Molekül, dessen Enden zu Telomeren werden. Diese ähneln den Enden natürlicher Chromosomen und stabilisieren das lineare Molekül. Eine Spaltung mit *Sma*I erzeugt glatte Enden; hier kann Fremd-DNA eingefügt werden. Eine gemeinsame Spaltung von *Bam*H1 und *Sma*I führt deshalb zu zwei linearen Fragmenten, die beide jeweils an einer Seite ein Telomer und

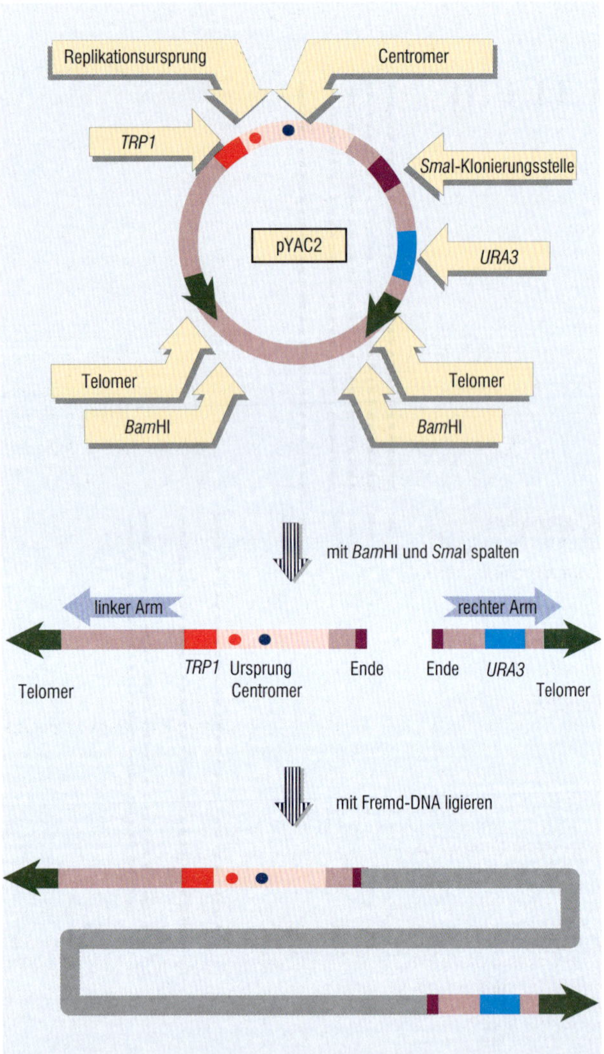

20.13 Ein YAC enthält alle Bestandteile, die für die Vermehrung eines Chromosoms in Hefe erforderlich sind, eine Klonierungsstelle und Marker, die eine Selektion der ursprünglichen DNA und der DNA mit Insertionsfragment ermöglichen.

an der anderen Seite ein glattes Ende besitzen. Jeder der beiden „Arme" trägt einen selektierbaren Marker (links *TRP1* und rechts *URA3*). So lassen sich Moleküle selektieren, bei denen beide Arme verknüpft wurden. Der Verlust des *SUP4*-Markers an der Klonierungsstelle ermöglicht die Unterscheidung religierter von ungespaltenen YACs.

Ein YAC kann einen großen DNA-Bereich aufnehmen – es ist nicht ungewöhnlich, wenn ein Insertionsfragment etwa 300 kb umfaßt. Das erhöht die DNA-Menge im Vergleich zu einem bakteriellen Plasmid um etwa eine Größenordnung. Eine Genombank von *D. melanogaster* paßt beispielsweise in weniger als 2 000 YACs. Dementsprechend ist es nun leichter, das Chromosom entlangzuwandern oder zu springen. Eine andere wichtige Besonderheit ist die, daß YACs große eukaryotische Gene enthalten können (in Kapitel 22 werden wir sehen, daß einige Gene von Insekten und Säugern länger als 100 kb sind).

20.6 Eukaryotische Gene lassen sich in prokaryotischen Systemen exprimieren

Die Fähigkeit, DNA-Moleküle an praktisch jeder Stelle zerschneiden und neu zusammenfügen zu können, ermöglicht es uns, jede Sequenz (eukaryotisch oder prokaryotisch) entsprechend zu kontrollieren, so daß sie von einem neuen Promotor aus transkribiert oder von einer neuen Initiationsstelle aus translatiert wird – *in vitro* oder *in vivo*. Solche Verfahren sind für die Erzeugung großer Mengen RNA oder Protein von Nutzen und erlauben es zudem, die Expressionsbedingungen zu definieren.

Häufig ist es sinnvoll, von einem bestimmten Gen große Mengen einzelsträngiger RNA herzustellen. Die RNA läßt sich als Sonde und als Substrat für die Reaktionen der RNA-Prozessierung verwenden. Die beste Methode zur Erzeugung solcher RNA ist zur Zeit die SP6-Transkription.

SP6 ist ein Phage von *S. typhimurium*. Er codiert eine RNA-Polymerase, welche die Promotoren des Phagen mit extrem hoher Spezifität erkennt. Die Transkriptionsreaktion ist *in vitro* unter ziemlich einfachen Bedingungen möglich und führt zu großen Produktausbeuten. Abbildung 20.14 faßt die Struktur eines Klonierungsvektors zusammen, der einen SP6-Promotor in Verbindung mit einer „Polylinker"-Region besitzt. Diese besteht aus den Erkennungssequenzen zahlreicher Restriktionsenzyme. Die Spaltung mit einem dieser Enzyme erzeugt kohäsive Enden, zwischen die sich eine Fremd-DNA einfügen läßt.

Mit Hilfe der SP6-RNA-Polymerase kann man von der Insertionsregion sehr effizient RNA transkribieren. Um einen einheitlichen Transkriptionsabbruch zu erreichen, wird die Matrize durch einen einzigen Schnitt am Ende der Zielsequenz linearisiert. Die RNA-Polymerase fällt am Ende von der DNA herunter, so daß man das Transkript als „SP6-*run-off*" bezeichnet. Die RNA läßt sich in großen Mengen herstellen und hochgradig markieren, wenn man ein radioaktives Nucleotid verwendet. Falls ein Proteinprodukt gewünscht wird, ist eine *in vitro*-Translation der RNA ebenfalls möglich.

Da der genetische Code universell ist, muß eine codierende Sequenz immer dieselbe Bedeutung besitzen. Wenn also ein chimärer Vektor die vollständige codierende Sequenz eines eukaryotischen Proteins trägt, sollte es möglich sein, die Sequenz in eine mRNA zu transkribieren, die sich in einem bakteriellen Wirt oder einem prokaryotischen *in vitro*-System translatieren läßt.

Die einzige Einschränkung besteht darin, daß Modifikationen, die das Protein in seiner natürlichen Umgebung erhält, möglicherweise nicht erfolgen. Zudem besteht bei einem *in vivo*-System die Gefahr, daß das Protein in dem Bakterium instabil ist. In einer geeigneten Umgebung sollte es jedoch möglich sein, jede eukaryotische codierende Sequenz in ein entsprechendes Polypeptid zu translatieren.

Welche Bedingungen müssen erfüllt sein, damit man eine wirksame Expression eukaryotischer Gene in Bakterien erhält? Da sich eukaryotische und prokaryotische Promotoren in der Sequenz unterscheiden, wird das eukaryo-

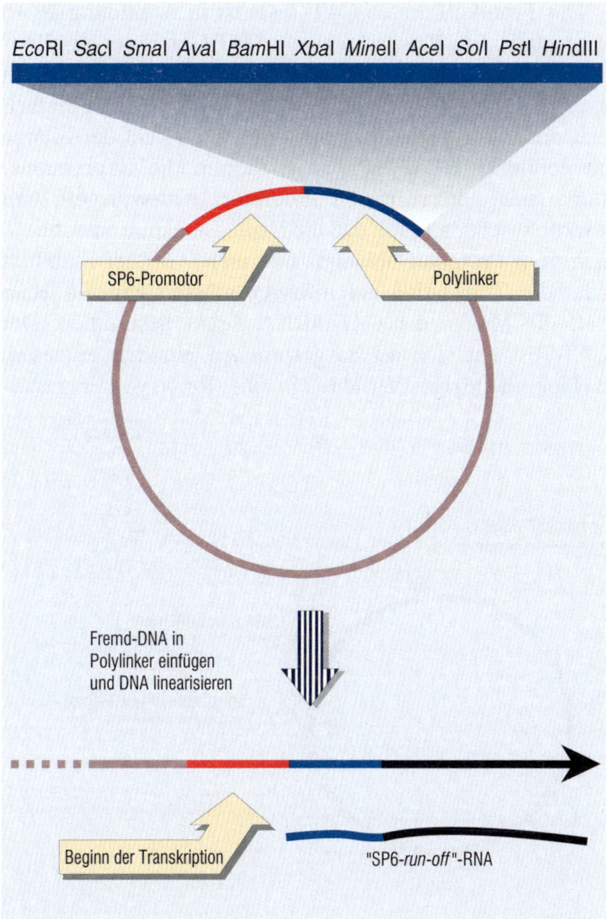

20.14 Eine DNA-Sequenz, die in die Polylinker-Region eingefügt wurde, läßt sich durch den SP6-Promotor mit Hilfe der SP6-RNA-Polymerase zu einzelsträngiger RNA transkribieren.

tische Gen unter die Kontrolle eines bakteriellen Promotors gebracht. Für die Translation muß die mRNA eine passende ribosomale Bindungsstelle vor dem AUG-Startcodon enthalten.

Man hat standardisierte **Expressionsvektoren** konstruiert, bei denen direkt nach dem Bereich mit dem Promotor und der ribosomalen Bindungsstelle eine Restriktionsschnittstelle folgt. Die übliche Struktur sieht vor, daß das AUG-Codon vom Insertionsfragment stammt. Abbildung 20.15 zeigt, daß jede fremde (prokaryotische oder eukaryotische) DNA-Sequenz, die mit einem AUG-Codon beginnt, in einen Expressionsvektor eingefügt werden kann, so daß in Bakterien eine Transkription und Translation möglich ist. Das Ergebnis ist ein Protein, das genau der eingebauten codierenden Region entspricht.

Eine andere Methode besteht darin, eine codierende Sequenz kurz nach dem Start eines *bona fide*-Proteins einzufügen. Bei der Translation entsteht so ein Hybridprotein. Die aminoterminale Region besteht aus dem bakteriellen Protein, dessen Sequenz unterbrochen wurde; der übrige Teil entspricht der fremden codierenden Region. Die aminoterminale bakterielle Sequenz kann ziemlich kurz aber nützlich sein. Sie kann z. B. eine Signalsequenz enthalten, die eine Sekretion des Hybridproteins in das Medium bewirkt; und sie kann das Hybridprotein vor dem Abbau im Bakterium schützen.

Welche Quelle eignet sich für eine eukaryotische codierende Sequenz? Da viele eukaryotische Gene Unterbrechungen aufweisen, umfaßt die codierende Sequenz in einem genomischen DNA-Klon möglicherweise keinen durchgängigen Bereich. In solchen Fällen kann die genomische DNA nicht in Bakterien translatiert werden. Am besten ist es daher, wenn die codierende Sequenz von einem cDNA-Klon stammt, der mit Hilfe einer mRNA-Matrize hergestellt wurde; hier enthält die codierende Sequenz keine Unterbrechungen. Nichttranslatierte Bereiche am 5′- und am 3′-Ende sind ebenfalls nicht notwendig, das heißt es genügt die codierende Sequenz vom AUG-Startcodon bis zum Terminationscodon.

Manchmal gilt es, einen Promotor zu charakterisieren, wobei jedoch das Produkt seines natürlichen Gens schwierig zu testen ist. Dies läßt sich durch den umgekehrten Weg bewerkstelligen. Dabei wird ein Gen, dessen Produkt leicht nachzuweisen ist, mit dem Promotor verknüpft. Ein Gen, dessen Produkt auf diese Weise dazu dient, andere Promotoren zu untersuchen, ist ein sogenanntes **Reportergen**.

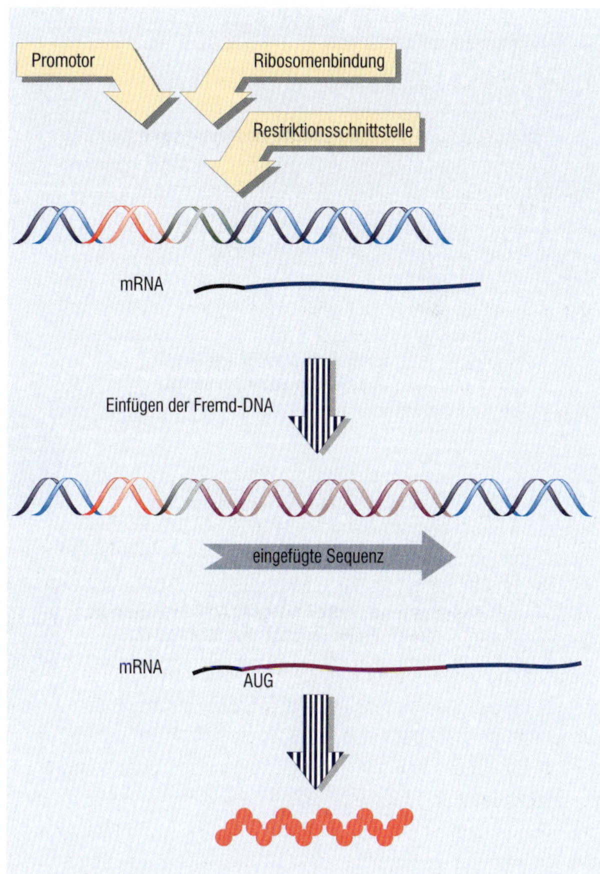

20.15 Eine eukaryotische codierende Sequenz läßt sich nach Einfügen in eine geeignete Stelle eines Expressionsvektors translatieren.

Eine Variante des Phagen Mu (der **Mud-Phage**) ist als Vektor für diese Zwecke geeignet; die Konstruktion dieses Vektors erfolgte so, daß das Einfügen eines (bakteriellen) Promotors ein Standardreportergen aktiviert. Dasselbe Verfahren eignet sich auch für eukaryotische Promotoren. Dabei kommen zwei Arten von Reportergenen häufiger zur Anwendung. Für die genaue Quantifizierung der Expressionsrate verwendet man beispielsweise die codierende Sequenz des bakteriellen Gens für die *Chloramphenicol-Acetyl-Transferase* (*CAT*). Das ist besonders in eukaryotischen Systemen sinnvoll, da es dort kein Gegenstück zum *CAT*-Gen gibt. Die enzymatische Aktivität läßt sich demnach direkt im Zellextrakt bestimmen.

Das Protokoll dieses **CAT-Tests** ist in Abbildung 20.16 dargestellt. Ein Plasmid, das ein CAT-Gen unter der Kontrolle eines eukaryotischen Promotors enthält, wird in eine geeignete Zellinie eingeschleust. Der Test ist einfach und quantitativ. Die Enzymaktivität entspricht der Menge an gebildetem Enzym, was wiederum die Expressionsstärke des eukaryotischen Promotors widerspiegelt. Um wirklich sicher zu sein, daß die Expressionsrate ausschließlich vom Promotor abhängt (und nicht von der Stabilität oder der Translation der mRNA), müssen wir auf jeden Fall die Menge der *CAT*-mRNA direkt bestimmen. Der CAT-Test hat sich als ausgesprochen nützlich erwiesen, da hier ein einziges Verfahren in einer Reihe von Fragestel-

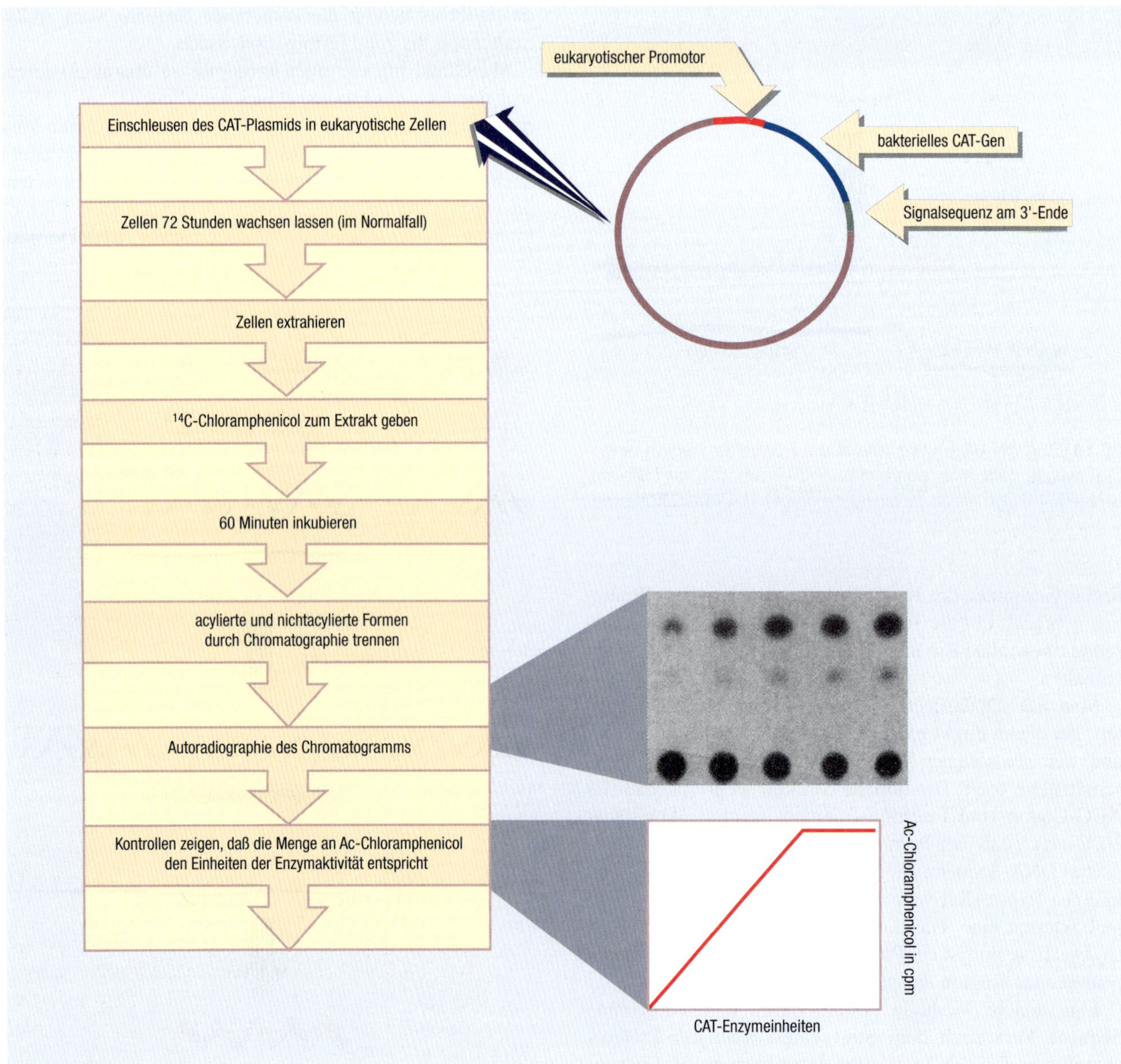

20.16 Der CAT-Test eignet sich für die Beobachtung der Aktivität eines eukaryotischen Promotors. Die Aktivität der codierenden Sequenz, die im Plasmid enthalten ist, läßt sich mit Hilfe eines Zellextrakts messen, der radioaktiv markiertes Chloramphenicol in seine acetylierten Formen umwandelt. Der Anteil an acetyliertem Chloramphenicol nimmt mit der Zeit zu und ist direkt proportional zur Menge der vorhandenen Enzymeinheiten.

lungen zur Anwendung kommen kann. Es ist möglich, die Faktoren zu ermitteln, welche die Aktivität eines Promotors beeinflussen. *CAT* ist für die Untersuchung der eukaryotischen Expression als Reportergen besonders gut geeignet.

Ein anderes nützliches Reportergen ist *lacZ*, das die *β*-Galactosidase codiert. Für die Enzymaktivität stehen Standardtests zur Verfügung, beispielsweise eine Methode, bei der durch die Spaltung eines geeigneten Substrats eine Substanz entsteht, die eine Blaufärbung hervorruft. In prokaryotischen Systemen ist es damit möglich, Bakterienkolonien aufgrund ihrer Farbe schnell zu analysieren. Das Verfahren hat sich auch bei Eukaryoten ausgesprochen gut bewährt, da das Expressionsmuster des Enzyms durch die Färbung von Gewebsbereichen sichtbar gemacht werden kann. Wird das *lacZ*-Gen unter der Kontrolle eines geeigneten Promotors in ein Tier eingeschleust, lassen sich die zugehörigen Gewebe oder Zelltypen auf das Auftreten der blauen Farbe hin untersuchen und zeigen so die Spezifität des Promotors an. In Abbildung 20.17 ist ein besonders interessantes Beispiel dargestellt.

20.17 Aufgrund der Anfärbung durch die *β*-Galactosidase (blau) läßt sich bei der Maus die Expression des *lacZ*-Gens beobachten. In diesem Beispiel wird *lacZ* unter der Steuerung des Promotors eines Mausgens exprimiert, das normalerweise im Nervensystem aktiv ist. Die Blaufärbung ist überall im Embryo in den mesodermalen Geweben zu erkennen. (Aufnahme mit freundlicher Genehmigung von Robb Krumlauf.)

Zusammenfassung

Jede DNA-Sequenz läßt sich durch Einfügen in einen Plasmid- oder Phagenvektor klonieren, der in Bakterien replizierbar ist. Sequenzen in Form von RNA kann man mit Hilfe der Reversen Transkriptase klonieren, die zuerst eine cDNA-Kopie herstellt. Diese wird in eine doppelsträngige DNA umgewandelt. Genomische DNA für eine Klonierung läßt sich mit einem Restriktionsenzym oder durch andere Verfahren präparieren, welche die DNA fragmentieren. Die Verknüpfung von DNA mit Klonierungsvektoren ist folgendermaßen möglich: mit Hilfe von Restriktionsenzymen um die kohäsive Enden zu erzeugen, durch das Anhängen von Poly(dA)/Poly(dT)-Schwänzen, durch eine *blunt end*-Ligation oder unter Verwendung chemisch synthetisierter Linker. Expressionsvektoren ermöglichen für jede codierende Sequenz die Synthese des zugehörigen Proteins in großen Mengen.

mRNA, die von einem bestimmten Gen stammt, läßt sich auf folgende Arten direkt identifizieren: durch Isolierung der Polysomen, die dieses Protein gerade synthetisieren, durch eine subtraktive Hybridisierung, bei der man mRNA-Populationen zweier engverwandter Zellen miteinander vergleicht oder durch Hybridisierung mit Oligonucleotiden, die einer potentiellen proteincodierenden Sequenz (wenn die zugehörige Aminosäureabfolge bekannt ist) entsprechen. Die codierenden Sequenzen werden normalerweise mit Hilfe von cDNA analysiert, die von der mRNA abstammt.

Das Southern Blotting erlaubt eine direkte Identifizierung von genomischen Fragmenten, die einer bestimmten Sequenzsonde entsprechen. Einem unbekannten Gen kann man sich durch Chromosomenwanderung annähern; dabei verwendet man von einem Startpunkt aus überlappende Fragmente, um schließlich die Region zu erreichen, in der bestimmte Mutationen den Ziellocus anzeigen. Genomische DNA mit bekannter Sequenz kann mit Hilfe der Polymerasekettenreaktion amplifiziert werden, so daß man die Sequenzen einzelner Allele bestimmen kann.

Weiterführende Literatur

Methoden

Southern, E. M. *Detection of Specific Sequences Among DNA-Fragments Separated by Gel Electrophoresis*. In: *J. Mol. Biol.* 98 (1974) S. 505–517.

Maniatis, T. *et al. The Isolation of Structural Genes from Libraries of Eukaryotic DNA*. In: *Cell* 15 (1978) S. 687–701.

Bender, W.; Spierer, P.; Hogness, D. S. *Chromosomal Walking and Jumping to Isolate DNA from the Ace and rosy Loci and the Bithorax Complex in D. melanogaster.* In: *J. Mol. Biol.* 168 (1983) S. 17–23.

Burke, D. T.; Carle, G. G.; Olson, M. F. *Cloning of Large Segments of Exogenous DNA into Yeast by Means of Artificial Chromosome Vectors*. In: *Science* 236 (1987) S. 806–812.

Chauthaiwale, V. M. *et al. Bacteriophage Lambda as a Cloning Vector*. In: *Microbiol. Rev.* 56 (1992) S. 577–591.

21. Genome

Das „eukaryotische Genom" ist ein etwas unklarer Begriff. Entscheidend für die eukaryotische Wesensart ist, daß sich der größte Teil des Genoms in den Zellkern zurückgezogen hat, wo es durch die Kernmembran vor dem Cytoplasma geschützt wird. Zwischen den Sequenztypen, die ein Kerngenom aufbauen, können große Unterschiede bestehen, die Gesamtmenge der Kern-DNA zeigt große Unterschiede, die Zahl der Chromosomen, auf die sich das Genom verteilt, ist ausgesprochen variabel und der im Verhältnis kleinere Teil des Genoms, der in den Organellen enthalten ist, ist ebenfalls in seiner Größe sehr verschieden.

Es gibt jedoch bestimmte Merkmale, die nur bei eukaryotischen und nicht bei prokaryotischen Genomen zu finden sind. Die einzelnen Gene können in der Sequenz Unterbrechungen aufweisen, bestimmte Sequenzen liegen in mehrfachen und (manchmal) identischen Kopien vor, und es gibt große Blöcke von DNA, die kein Protein codieren. Aufgrund der Teilung zwischen Zellkern und Cytoplasma müssen die Strukturen der Genexpression bei Eukaryoten zwangsläufig anders sein als bei Prokaryoten.

Stehen diese Merkmale für eine grundlegende einheitliche Organisationsstruktur der eukaryotischen DNA? Wir sollten uns daran erinnern, daß das Reich der Eukaryoten extrem groß ist und wir zur Zeit nur für einige wenige Typen von Spezies Informationen über ihre genetische Organisation besitzen. Wenn wir die Eigenschaften eukaryotischer DNA beschreiben, haben wir es mit Merkmalen zu tun, die in stark variierenden Formen bei verschiedenen einzelnen Genomen vorkommen. Wir beschäftigen uns also damit, die Möglichkeiten festzustellen, wie eukaryotische DNA organisiert sein kann, und nicht damit, ein hypothetisches „typisches" Muster zu definieren.

Die wichtigste Fragestellung bei der eukaryotischen DNA betrifft die Anzahl und die Art der Gene in einem Genom. Wir können das codierende Potential eines Genoms direkt bestimmen, indem wir die Regionen mit offenen Leserastern identifizieren. Kartierungen dieser Art in großem Maßstab werden durch die Tatsache erschwert, daß Gene in höheren eukaryotischen Genomen Unterbrechungen aufweisen, so daß viele offene Leseraster Teile eines einzigen Gens sein können. Im Prinzip ermöglicht jedoch eine solche Herangehensweise eine Bestimmung des codierenden Potentials von definierten genomischen Bereichen und des ganzen Genoms, wenn man die Ergebnisse extrapoliert. Da wir nicht unbedingt Informationen über die Funktionen der Proteinprodukte besitzen oder tatsächlich Beweise, daß sie überhaupt exprimiert werden, ist diese Vorgehensweise darauf beschränkt, nur das Potential des Genoms festzustellen (wobei allerdings stark anzunehmen ist, daß jedes konservierte offene Leseraster exprimiert wird).

Ein anderes Verfahren bestimmt die Anzahl der Gene direkt aufgrund ihrer Expression zu RNA oder Proteinen. Dadurch können wir sichergehen, daß wir es mit echten Genen zu tun haben, die unter bekannten Bedingungen exprimiert werden. Es handelt sich tatsächlich um die einzige Methode, die uns die Fragestellung ermöglicht, wieviele Gene in einem bestimmten Gewebe oder Zelltyp exprimiert werden, welche Variationen es bei den relativen Expressionsraten gibt und wieviele der Gene, die in einer bestimmten Zelle exprimiert werden, für diese Zelle spezifisch sind oder ob sie auch an anderer Stelle exprimiert werden.

In bezug auf die Gentypen stellt sich die Frage, ob ein bestimmtes Gen essentiell ist: Was passiert mit einer Null-Mutante, die kein funktionfähiges Gen besitzt? Wenn eine Null-Mutation letal ist oder der Organismus dadurch einen sichtbaren Defekt aufweist, können wir daraus schließen, daß das Gen essentiell ist oder zumindest einen Selektionsvorteil bietet. Bei einigen Genen ist es jedoch möglich, sie ohne erkennbare Wirkung auf den Phänotyp zu deletieren. Wir müssen uns deshalb fragen, ob diese Gene tatsächlich entbehrlich sind, oder ob unter anderen Bedingungen und über einen längeren Zeitraum hinweg ein selektiver Nachteil entsteht, wenn ein solches Gen fehlt.

21.1 Das C-Wert-Paradoxon beschreibt Variationen der Genomgröße

Die Gesamtmenge an DNA im (haploiden) Genom – der sogenannte **C-Wert** – ist ein charakteristisches Merkmal jeder existierenden Spezies. Die C-Werte weisen eine enorme Bandbreite auf, sie reicht von weniger als 10^6 bp für Mycoplasma bis hin zu 10^{11} bp für einige Pflanzen und Amphibien.

Abbildung 21.1 faßt die Variationsbreiten der C-Werte zusammen, die in den verschiedenen Ästen der Evolution auftreten. Die minimale Genomgröße der einzelnen Äste steigt mit der Komplexität an. Aber zusammen mit der Zunahme der DNA zeigt sich innerhalb einiger Äste der höheren Eukaryoten eine große Variationsbreite der absoluten DNA-Menge.

Trägt man die *minimale* DNA-Menge, die für ein Mitglied eines jeden Astes erforderlich ist, in ein Diagramm ein, so ist andeutungsweise zu erkennen, daß für die Entstehung komplexerer Prokaryoten und niederer Eukaryoten eine Vergrößerung des Genoms notwendig ist (Abbildung 21.2).

Das mit $6{,}6 \times 10^5$ bp kleinste Genom, das man bis jetzt in einer lebenden Zelle gefunden hat, gehört tatsächlich einem Eukaryoten, nämlich der einzelligen Alge *Pyrenomas salina*. (Möglicherweise sind diese Organismen jedoch gar keine wirklichen Eukaryoten, sie könnten aber ein Zwischenstadium der Evolution darstellen, die eine primitive Form eines Zellkernes und eines Chloroplasten aufweisen.) Mycoplasmen sind die kleinsten Prokaryoten,

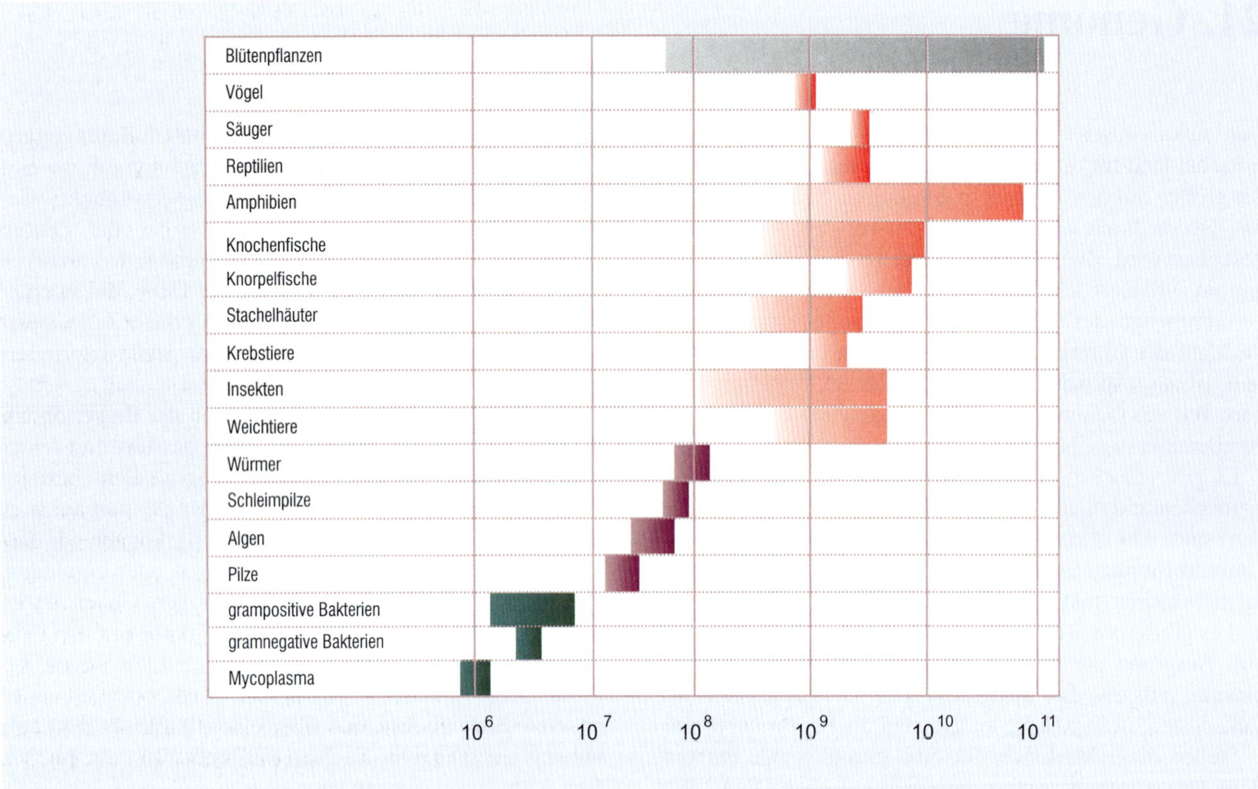

21.1 Der DNA-Gehalt des haploiden Genoms steht bei den niederen Eukaryoten in direkter Beziehung zur morphologischen Komplexität, variiert jedoch bei den höheren Eukaryoten sehr stark. Die schattierte Fläche markiert das Größenspektrum der DNA innerhalb eines Astes.

sie besitzen Genome, die nur etwa der dreifachen Größe eines Bakteriophagen entsprechen (T4 hat $1{,}7 \times 10^5$ bp). Bakterien beginnen bei etwa 2×10^6 bp. Einzellige Eukaryoten (deren Art der Existenz den Prokaryoten ähnlich sein dürfte) kommen ebenfalls mit kleinen Genomen aus, die allerdings größer sind als die von Bakterien. Die eukaryotische Wesensart bedingt nicht *per se* eine starke Zunahme der Genomgröße. Ein Hefegenom kann etwa $1{,}3 \times 10^7$ bp umfassen und ist demnach nur etwa doppelt so groß wie die größten bakteriellen Genome.

Für den Schleimpilz *D. discoideum*, der entweder in einzelligen oder mehrzelligen Formen existieren kann, ist eine Vergrößerung des Genoms auf noch einmal das Doppelte ausreichend. Für die Entstehung der ersten vollständig mehrzelligen Organismen mußte sich die Komplexität ein weiteres Mal verdoppeln; der Nematodenwurm *C. elegans* besitzt 8×10^7 bp DNA.

Wenn wir im Stammbaum der Evolution weiter nach oben steigen, wird die Beziehung zwischen Komplexität des Organismus und DNA-Gehalt undeutlich, allerdings ist die Entstehung von Insekten, Vögeln oder Amphibien und Säugern ebenfalls mit einer Vergrößerung des Genoms verknüpft.

In Tabelle 21.1, die einige der am häufigsten untersuchten Organismen auflistet, können wir ebenfalls eine stetige Zunahme der Genomgröße in Verbindung mit der Komplexität erkennen. Einige Zusammenhänge sind jedoch tatsächlich verwirrend. Warum sollte die Kröte *X. laevis* dieselbe genetische Komplexität besitzen wie der Mensch?

In einigen Ästen verteilen sich Genomgrößen nur über einen engen Bereich. Vögel, Reptilien und Säuger zeigen jeweils eine geringe Variationsbreite, wobei die Genomgrößen innerhalb eines Astes etwa um den Faktor zwei voneinander abweichen.

In anderen Fällen findet man jedoch ein sehr breites Größenspektrum (bis zu einem Faktor von zehn). Am auffälligsten zeigt sich das bei Insekten, Amphibien und Pflanzen. Es stellt sich die Frage, ob für die Gemeine Hausfliege (*Musca domestica*) mit einem Genom von $8{,}6 \times 10^8$ eine Erhöhung des Komplexitätsgrades gegenüber der Gemeinen Tau- oder Essigfliege (*D. melanogaster*) mit einem sechsmal kleineren Genom von $1{,}4 \times 10^8$ benötigt.

Für die Diskrepanz zwischen der Genomgröße und der genetischen Komplexität wählte man den Begriff des **C-Wert-Paradoxons**. Es drückt die Existenz von zwei Besonderheiten aus:

- Im Verhältnis zur DNA-Menge, die für die Codierung von Proteinen zu erwarten wäre, besteht ein DNA-Überschuß. Der größte Teil davon läßt sich heute dadurch erklären, daß Gene viel größer sind als die Sequenzen, die für die Codierung der Proteine erforderlich sind (im Prinzip aufgrund der dazwischenliegenden Bereiche,

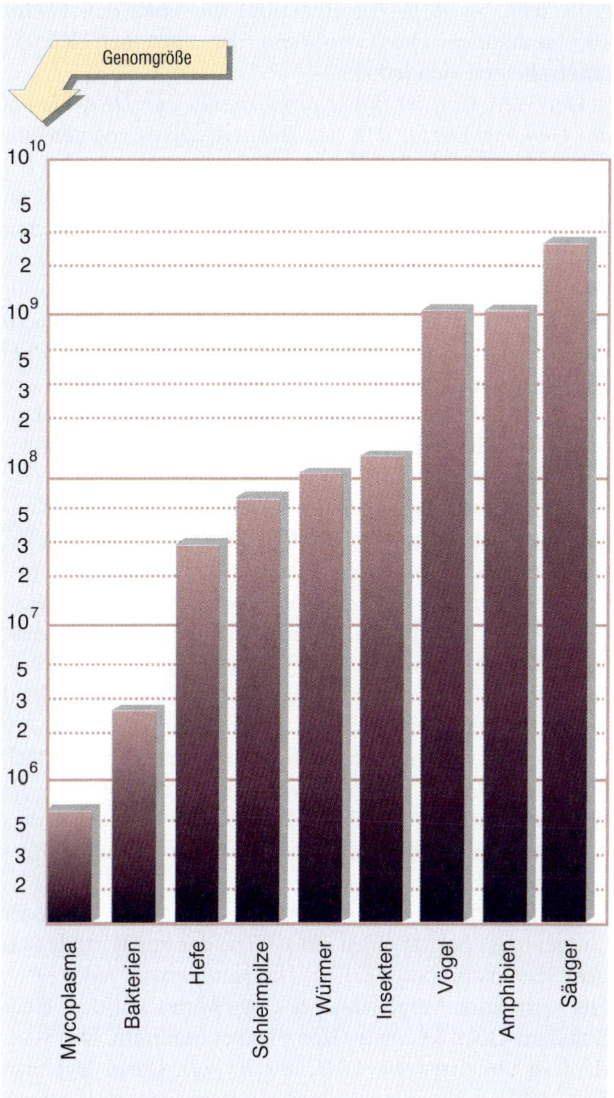

21.2 Die minimale Genomgröße, die in jedem Ast zu finden ist, nimmt von den Prokaryoten zu den Säugern zu.

Tabelle 21.1: Die Genomgrößen einiger häufig untersuchter Organismen

Evolutionsast	Spezies	Genom (bp)
Algen	*Pyrcnomas salina*	$6{,}6 \times 10^6$
Mycoplasma	*M. pneumoniae*	$1{,}0 \times 10^6$
Bakterien	*E. coli*	$4{,}2 \times 10^6$
Hefen	*S. cerevisiae*	$1{,}3 \times 10^7$
Schleimpilze	*D. discoideum*	$5{,}4 \times 10^7$
Nematoden	*C. elegans*	$8{,}0 \times 10^7$
Insekten	*D. melanogaster*	$1{,}4 \times 10^8$
Vögel	*G. domesticus*	$1{,}2 \times 10^9$
Amphibien	*X. laevis*	$3{,}1 \times 10^9$
Säuger	*H. sapiens*	$3{,}3 \times 10^9$

welche die codierenden Regionen in verschiedene Abschnitte unterteilen). Kapitel 22 befaßt sich mit der Struktur solcher Gene und ihrem Anteil an der Größe des gesamten Genoms. Wenn wir diese Beobachtungen in unsere Berechnungen einbeziehen, verringert sich die Gesamtzahl der Gene deutlich, so daß sich dieser Aspekt des Paradoxons lösen läßt.

- Zwischen bestimmten Spezies, deren anscheinende Komplexitäten sich kaum unterscheiden, bestehen starke Variationsbreiten in bezug auf die C-Werte. Bei Amphibien liegen die kleinsten Genome knapp unter 10^9 bp, während die größten fast 10^{11} bp umfassen. Es ist kaum vorstellbar, daß sich die Unterscheidung verschiedener Amphibien in einer Genzahl auswirkt, die um den Faktor 100 variiert. Diesen DNA-„Überschuß" müssen wir demnach anders erklären.

21.2 Die Reassoziationskinetik hängt von der Komplexität der Sequenz ab

Die unterschiedlichen Größen eukaryotischer Genome werfen eine wichtige Frage auf: Enthalten größere Genome eine höhere Zahl verschiedener Gene, oder handelt es sich statt dessen nur um mehr Kopien derselben Gene, wie sie in kleineren Genomen vorkommen? Wenn die Verschiedenheit der Gene mit der Genomgröße zunimmt, müßten wir erwarten, daß die Zahl der einzelnen Gene im Genom ebenfalls ansteigt. Das ist jedoch nicht der Fall, wenn einfach von denselben Genen mehr Kopien vorhanden sind.

Die allgemeine Struktur des eukaryotischen Genoms läßt sich aufgrund der Kinetik ermitteln, mit der denaturierte DNA reassoziiert. Die Wiederzusammenlagerung komplementärer DNA-Sequenzen erfolgt durch die Basenpaarung, also in einer Umkehrung der Denaturierung, die zur Trennung der Sequenzen führt (Abbildung 5.2). Das Verfahren läßt sich auch für die Isolierung einzelner DNA- oder RNA-Sequenzen durch die Hybridisierung einer definierten Probe anwenden, was in Kapitel 20 beschrieben wurde. Die Kinetik der Reassoziationsreaktion spiegelt die Vielfalt der vorhandenen Sequenzen wider. Darum läßt sich die Reaktion für die Quantifizierung von Genen und ihren RNA-Produkten verwenden.

Die Renaturierung der DNA hängt von zufälligen Zusammenstößen der komplementären Stränge ab und folgt einer Kinetik zweiter Ordnung. Für die Reaktionsgeschwindigkeit gilt die Gleichung

$$\frac{\mathrm{d}C}{\mathrm{d}t} = -kC^2$$

wobei C die Konzentration der zum Zeitpunkt t einzelsträngigen DNA ist, und k steht für die Geschwindigkeitskonstante der Reassoziation.

Durch Integration dieser Gleichung zwischen den Grenzwerten der Anfangskonzentration der DNA (C_0)

zum Zeitpunkt $t = 0$ und der Konzentration C für einzelsträngige DNA nach der Zeit t, können wir den Reaktionsablauf folgendermaßen beschreiben:

$$\frac{C}{C_0} = \frac{1}{1 \times k.C_0 t}$$

Diese Gleichung zeigt, daß das Produkt aus der DNA-Konzentration (C_0) und der Inkubationszeit (t) derjenige Parameter ist, der die Reassoziationsreaktion bestimmt. Man bezeichnet ihn üblicherweise einfach als **Cot**.

Betrachtet man die Bedingungen, wenn die Reaktion zur Hälfte abgelaufen ist (Zeit $t_{\frac{1}{2}}$), so läßt sich ein wichtiger Parameter ableiten. Es gilt:

$$\frac{C}{C_0} = \frac{1}{2} = \frac{1}{1 \times k.C_0 t_{\frac{1}{2}}}$$

Daraus folgt:

$$C_0 t_{\frac{1}{2}} = \frac{1}{k}$$

Der Wert ($C_0 t_{\frac{1}{2}}$), der die Ressoziation für die Hälfte der DNA-Moleküle anzeigt, wird auch als **Cot$_{\frac{1}{2}}$-Wert** bezeichnet. Da Cot$_{\frac{1}{2}}$ das Produkt aus der Konzentration und der für die Hälfte der Reaktion erforderlichen Zeit darstellt, bedeutet ein größerer Cot$_{\frac{1}{2}}$-Wert eine langsamere Reaktion. Die Ressoziation von DNA folgt normalerweise dem Verlauf einer **Cot-Kurve**, bei der man die reassoziierte DNA-Fraktion ($1 - C/C_0$) gegen log(Cot) aufträgt. In Abbildung 21.3 sind Cot-Kurven für verschiedene Genome dargestellt. Die einzelnen Kurven besitzen eine ähnliche Form, wobei sich die Cot-Werte während der Renaturierung

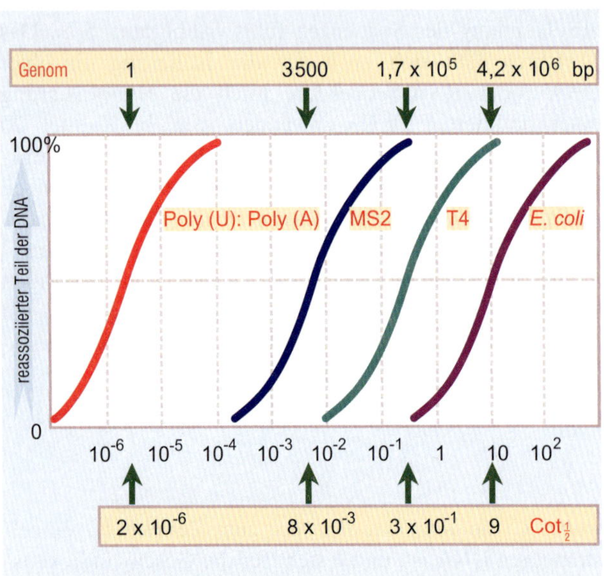

21.3 Die Geschwindigkeit der Renaturierung ist umgekehrt proportional zur Länge der reassoziierenden DNA.

(von zehn bis 90 % der Reaktion) um etwa den Faktor 100 verändern. Die Cot$_{\frac{1}{2}}$-Werte der einzelnen Kurven unterscheiden sich jedoch.

Der Wert *Cot$_{\frac{1}{2}}$ ist direkt proportional zur DNA-Menge des Genoms*. Daraus läßt sich ableiten, daß es von den einzelnen Genen weniger Kopien gibt, wenn das Genom bei einer vorgegebenen DNA-Menge komplexer wird. Wenn beispielsweise der C_0-Wert einer DNA zwölf Pikogramm (pg) beträgt, enthält diese 3 000 Kopien von jeder Sequenz eines bakteriellen Genoms von 0,004 pg Größe, aber nur vier Kopien, wenn es sich um ein eukaryotisches Genom mit drei Pikogramm handelt. Also liefert dieselbe *absolute* DNA-Konzentration (C_0 gemessen in Mol Nucleotid pro Liter) für jede eukaryotische Sequenz eine um den Faktor 3 000/4 = 750 geringere Konzentration als für jede bakterielle Sequenz.

Da die Geschwindigkeit der Renaturierung von der Konzentration der komplementären Sequenzen abhängt, ist bei eukaryotischen Sequenzen – wenn sie in derselben *relativen* Konzentration vorliegen sollen wie bakterielle Sequenzen – die 750fache DNA-Menge erforderlich (oder man muß dieselbe DNA-Menge 750mal länger inkubieren). Deshalb ist Cot$_{\frac{1}{2}}$ bei der eukaryotischen Reaktion 750mal größer als bei der bakteriellen.

Aus dem Cot$_{\frac{1}{2}}$-Wert einer Reaktion läßt sich demnach die *Gesamtlänge verschiedener Sequenzen* ableiten, die im Reaktionsansatz vorhanden sind. Man bezeichnet dies als **Komplexität** (die üblicherweise in Basenpaaren angegeben wird).

Die Renaturierung der DNA eines jeden Genoms (oder Teilgenoms) besitzt einen Cot$_{\frac{1}{2}}$-Wert, der zur Komplexität des Genoms proportional ist. Die Komplexität jeder DNA läßt sich durch Vergleich ihres Cot$_{\frac{1}{2}}$-Wertes mit dem einer Standard-DNA bekannter Komplexität ermitteln. Der Standard ist üblicherweise DNA aus *E. coli*. Dabei legt man fest, daß die Komplexität hier mit dem Genom identisch ist (das setzt voraus, daß jede Sequenz im *E. coli*-Genom von $4{,}2 \times 10^6$ bp nur einmal vorkommt). Wir schreiben also:

$$\frac{\text{Cot}_{\frac{1}{2}}\,(\text{beliebige genomische DNA})}{\text{Cot}_{\frac{1}{2}}\,(\text{DNA aus } E.\ coli)} = \frac{\text{Komplexität eines beliebigen Genoms}}{4{,}2 \times 10^6\,\text{bp}}$$

21.3 Eukaryotische Genome enthalten verschiedene Sequenzkomponenten

Bei Charakterisierung der DNA eines eukaryotischen Genoms durch eine Reassoziationskinetik, verläuft die Reaktion normalerweise in einem Cot-Wertebereich, der sich über acht Größenordnungen erstreckt. Das ist wesentlich mehr, als aufgrund des 100fachen Anstiegs bei den Beispielen in Abbildung 21.3 zu erwarten wäre. Der

Grund liegt darin, daß jede dieser Kurven der Gleichung folgt, welche die Kinetik für die Reassoziation einer einzigen Komponente beschreibt. *Ein Genom enthält jedoch tatsächlich mehrere solcher Komponenten, die jeweils mit ihrer eigenen typischen Kinetik reassoziieren.*

Abbildung 21.4 zeigt die Reassoziation eines (hypothetischen) eukaryotischen Genoms, die mit Cot = 10^{-4} beginnt und mit Cot = 10^4 endet. Die Reaktion gliedert sich in drei unterschiedliche Phasen, die durch die schattierten Flächen markiert sind. Die ersten beiden Phasen sind durch ein Plateau getrennt, während die zweite und die dritte Phase überlappen. Jede Phase steht für eine andere kinetische Komponente des Genoms:

- Die **schnelle Komponente** ist die erste Fraktion, die reassoziiert. In diesem Fall macht sie 25 % der gesamten DNA aus und reassoziiert zwischen den Cot-Werten 10^{-4} und etwa 2×10^{-2}, wobei $\mathrm{Cot}_{\frac{1}{2}} = 0{,}0013$.
- Die nächste Fraktion ist die sogenannte **mittelschnelle Komponente**. Sie repräsentiert 30 % der DNA und reassoziiert zwischen den Cot-Werten von etwa 0,2 und 100, bei einem $\mathrm{Cot}_{\frac{1}{2}}$ von 1,9.
- Die **langsame Komponente** renaturiert zuletzt. Sie macht 45 % der Gesamt-DNA aus und zeigt einen Cot-Bereich von etwa 100 bis etwa 10 000, bei einem $\mathrm{Cot}_{\frac{1}{2}}$ von 630.

Um die Komplexitäten dieser Fraktionen zu berechnen, muß man jede als unabhängige kinetische Komponente behandeln und die Reassoziation mit einer Standard-DNA vergleichen. Die langsame Komponente umfaßt 45 % der Gesamt-DNA, demnach beträgt ihre Konzentration in der Renaturierungsreaktion 0,45mal den gemessenen C_0-Wert (bezogen auf die vorhandene DNA-Gesamtmenge). Deshalb liegt der $\mathrm{Cot}_{\frac{1}{2}}$-Wert, der nur für die langsame Fraktion gilt, bei $0{,}45 \times 630 = 283$.

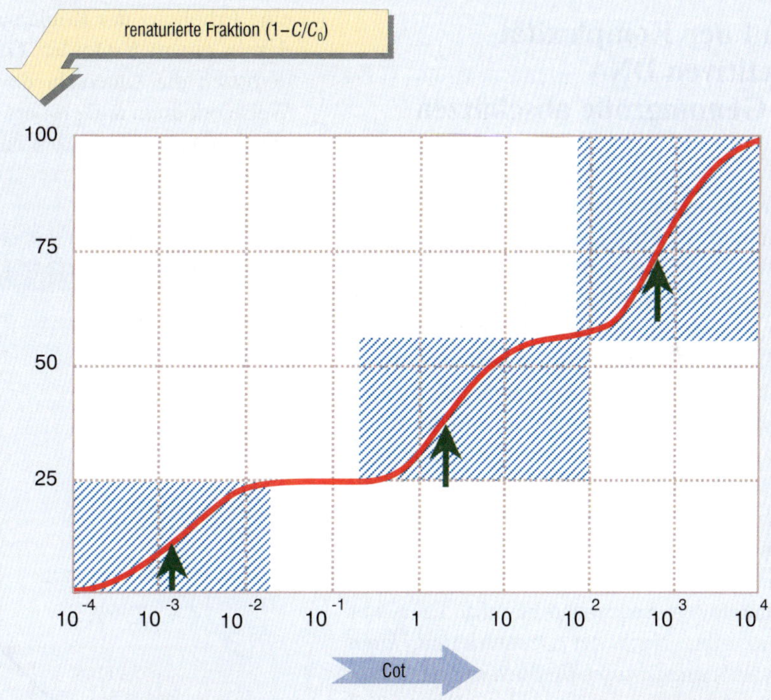

	schnelle Komponente	mittelschnelle Komponente	langsame Komponente
Anteil des Genoms in Prozent	25	30	45
$\mathrm{Cot}_{\frac{1}{2}}$	0,0013	1,9	630
Komplexität (bp)	340	$6{,}0 \times 10^5$	$3{,}0 \times 10^8$
Wiederholungshäufigkeit	500 000	350	1

21.4 Die Reassoziationskinetik von eukaryotischer DNA zeigt drei Komponententypen (gekennzeichnet durch schraffierte Flächen). Die Pfeile markieren die $\mathrm{Cot}_{\frac{1}{2}}$-Werte jeder Komponente.

Wenn man also die langsame DNA-Komponente in reiner Form isoliert hätte (das heißt ohne die anderen Fraktionen), würde sie bei einem $Cot_{\frac{1}{2}}$ von 283 renaturieren. Nehmen wir an, daß die *E. coli*-DNA unter diesen Bedingungen bei einem $Cot_{\frac{1}{2}}$ von 4,0 renaturiert. Wenn wir die beiden Werte vergleichen, stellen wir fest, daß die Komplexität dieser Fraktion $3{,}0 \times 10^8$ bp beträgt. Die entsprechende Berechnung für die anderen Komponenten zeigt, daß die mittelschnelle Komponente eine Komplexität von 6×10^5 bp und die schnelle Komponente eine Komplexität von nur 340 bp besitzt. So läßt sich die Feststellung, daß die Komplexität einer Komponente um so geringer ist, je schneller sie renaturiert, quantitativ belegen.

Kehren wir die Argumentation um. Nehmen wir drei DNA-Präparationen, die jeweils nur eine einzige Sequenz der geeigneten Länge enthalten (340 bp, 6×10^5 bp beziehungsweise 3×10^8 bp) und mischen sie im Massenverhältnis 25 : 30 : 45. Dann wird jede DNA so renaturieren, als ob sie eine einzelne Komponente darstellt, das heißt, das Gemisch zeigt insgesamt dieselbe Kinetik, wie sie in Abbildung 21.4 für das ganze Genom ermittelt wurde.

21.4 Aufgrund der Komplexität der nichtrepetitiven DNA läßt sich die Genomgröße abschätzen

Die Komplexität der langsamen Komponente entspricht ihrer physikalisch bestimmten Größe. Angenommen, das renaturierende Genom in Abbildung 21.4 besteht aus einer haploiden DNA von $7{,}0 \times 10^8$ bp, ermittelt durch eine chemische Analyse. Davon 45 % sind $3{,}15 \times 10^8$ bp. Dieser Wert ist nur geringfügig größer als die $3{,}0 \times 10^8$ bp, die bei der Reassoziationskinetik gemessen wurden. Wenn wir noch die Meßfehler berücksichtigen, die beiden Methoden innewohnen, läßt sich feststellen, daß die Komplexität der langsamen Komponente bei der chemischen und bei der kinetischen Messung übereinstimmt. Die beiden Werte bezeichnet man als **chemische** beziehungsweise **kinetische Komplexität**.

Die Übereinstimmung dieser Werte bedeutet, daß die langsame Komponente aus Sequenzen besteht, die es nur einmal im Genom gibt: Nach der Denaturierung *kann jede einzelsträngige Sequenz ausschließlich mit der zugehörigen Komplementärsequenz reassoziieren.* Dieser Teil des Genoms ist die einzige Komponente der prokaryotischen DNA und bildet normalerweise eine Hauptkomponente bei Eukaryoten. Es handelt sich dabei um die sogenannte **nichtrepetitive DNA**.

Wir können die kinetische Komplexität der nichtrepetitiven DNA verwenden, um die Komplexität des Genoms abzuschätzen. Dabei kehren wir einfach die Berechnung um, die wir bereits durchgeführt haben. Im Beispiel von Abbildung 21.4 beträgt die Komplexität der nichtrepetitiven DNA $3{,}0 \times 10^8$ bp. Wenn diese Fraktion nur als einzige Kopie vorliegt und 45 % des Genoms umfaßt, sollte das ganze Genom die Größe $3{,}0 \times 10^8 \div 0{,}45 = 6{,}6 \times 10^8$ bp besitzen. Auf diese Weise ist eine unabhängige Abschätzung der Genomgröße möglich, die wir mit der chemischen Komplexität vergleichen können (hier $7{,}0 \times 10^8$ bp).

In Abbildung 21.5 ist die Beziehung zwischen der Genomgröße (wie sie durch die Reassoziationskinetik der nichtrepetitiven DNA bestimmt wurde) und dem Gehalt an haploider DNA (ermittelt durch eine chemische Analyse) dargestellt. Die Übereinstimmung zeigt, daß die nichtrepetitive DNA-Komponente aus einzelnen Sequenzen besteht, die nur in Form einer einzigen Kopie pro Genom vorkommen. Die einzigen Ausnahmen bilden einige Pflanzen, bei denen es vor kurzer Zeit zu Polyploidisierungen gekommen sein muß. Dadurch gibt es von jeder Sequenz mehr als eine Kopie.

Im Hinblick auf das C-Wert-Paradoxon ist dies ein wichtiger Aspekt. Die Existenz nichtrepetitiver DNA bedeutet, daß *größere Genome nicht einfach durch eine erhöhte Kopienzahl der Sequenzen kleinerer Genome entstehen.* Wenn das der Fall wäre, müßten sich größere Genome so verhalten, als seien sie polyploid, und es gäbe keine nichtrepetitive DNA.

Die aus der Denaturierung abgeleiteten Daten schließen also Modelle aus, die das C-Wert-Paradoxon einfach durch eine Erhöhung der Kopienzahl eines jeden Gens erklären, das in einem haploiden Genom vorkommt. Wir müssen demnach die Unterschiede in den Genomgrößen auf die Weise erklären, daß größere Genome wirklich eine größere Diversität der Sequenzen aufweisen.

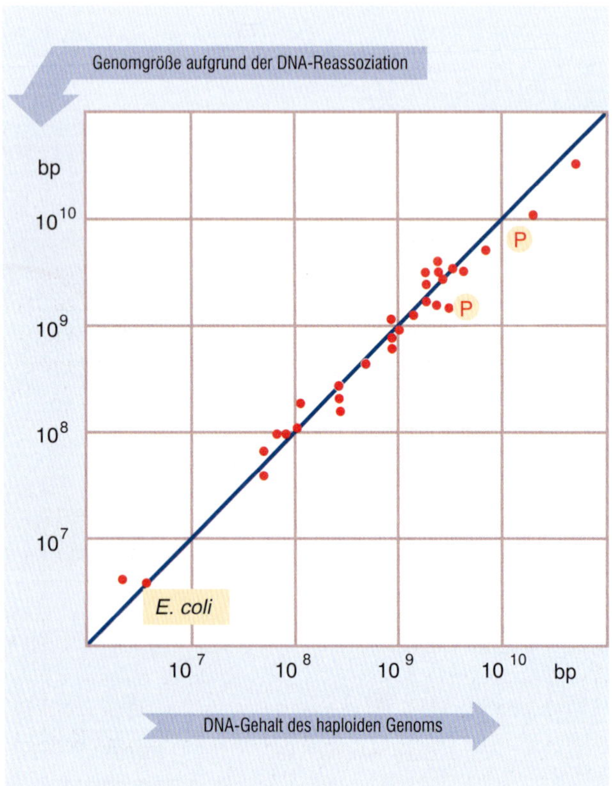

21.5 Bei eukaryotischen Genomen besteht – mit Ausnahme der polyploiden Genome (mit P markiert) – zwischen der kinetischen und der chemischen Komplexität eine gute Korrelation.

21.5 Eukaryotische Genome enthalten repetitive Sequenzen

Wie sieht die Struktur der Komponenten aus, die schneller als die nichtrepetitive (langsame) DNA renaturieren? Im Beispiel von Abbildung 21.4 umfaßt die mittelschnelle Komponente 30 % des Genoms. Ihre chemische Komplexität beträgt $0{,}3 \times 7 \times 10^8 = 2{,}1 \times 10^8$ bp, aber die kinetische Komplexität nur 6×10^5 bp.

Die spezifische Länge einer DNA, die dem Cot$_{\frac{1}{2}}$ der Reassoziation entspricht, ist wesentlich geringer als die chemische Gesamtlänge der DNA, die diese Komponente im Genom einnimmt. Anders ausgedrückt verhält sich die mittelschnelle Komponente, als ob sie sich aus einer Sequenz von 6×10^5 bp zusammensetzt, die in 350 Kopien in jedem Genom vorkommt (da $350 \times 6 \times 10^5 = 2{,}1 \times 10^8$). Nach der Denaturierung *können die Einzelstränge, die von einer beliebigen Kopie stammen, mit ihren Komplementärsequenzen von einer der anderen 350 Kopien reassoziieren.* Das erhöht bei der Reassoziationsreaktion effektiv die Konzentration der reagierenden Sequenzen. So läßt sich erklären, warum die Komponente bei einem niedrigeren Cot$_{\frac{1}{2}}$ renaturiert.

Sequenzen, die in mehr als einer Kopie in jedem Genom vorkommen, nennt man **repetitive DNA**. Die Anzahl der Kopien pro Genom ist die sogenannte **Wiederholungshäufigkeit** (*f*). Formal wird die Wiederholungshäufigkeit durch folgenden Quotienten definiert:

$$f = \frac{\text{chemische Komplexität}}{\text{kinetische Komplexität}}$$

Die Komplexität und die Wiederholungshäufigkeit beschreiben zusammen die Eigenschaften der Sequenzkomponenten eines Genoms. Wenn sich beispielsweise ein bestimmtes Genom aus einer Sequenz mit *A* Basenpaaren Länge, zehn Kopien einer Sequenz mit *B* Basenpaaren und 100 Kopien einer Sequenz mit *C* Basenpaaren zusammensetzt, beträgt die Komplexität $A + B + C$. Die Wiederholungshäufigkeiten der Sequenzen *A*, *B* und *C* betragen 1, 10 beziehungsweise 100. Sequenz *A* ist nichtrepetitiv, die Sequenzen *B* und *C* sind repetitiv.

Zur Fraktion der repetitiven DNA gehören alle Komponenten, deren Wiederholungshäufigkeit signifikant größer als eins ist. Aus praktischen Gründen betrachtet man Sequenzen mit Wiederholungshäufigkeiten zwischen eins und zwei als nichtrepetitiv. (Eine Sequenz kann in einem haploiden Genom unmöglich in einer nichtganzen Zahl an Kopien vorkommen!) Der üblicherweise gemessene Wertebereich für nichtrepetitive Sequenzen liegt bei etwa 0,8 bis 1,6.

Die repetitive DNA wird häufig in zwei Grundtypen eingeteilt, die in etwa der mittleren und der schnellen Komponente in Abbildung 21.4 entsprechen:

- Mäßigrepetitive DNA bildet die mittlere Fraktion und reassoziiert in einem Cot-Wertebereich zwischen 10^{-2} und dem Cot für nichtrepetitive DNA.
- Hochrepetitive DNA bildet die schnelle Fraktion und reassoziiert unter einem Cot von 10^{-2}.

Das Verhalten der repetitiven DNA-Komponente entspricht nur einem Durchschnittswert, der sich für die Beschreibung der zugehörigen Sequenzen verwenden läßt. Die entscheidenden Parameter geben nicht zwangsläufig die Eigenschaften einer bestimmten Sequenz wider.

Die mäßigrepetitive Komponente in Abbildung 21.4 umfaßt eine DNA-Gesamtlänge von 6×10^5 bp, die pro Genom etwa 350mal wiederholt wird. Das entspricht jedoch nicht einem einzelnen, identifizierbaren und kontinuierlichem DNA-Abschnitt. *Die DNA besteht statt dessen aus verschiedenen Einzelsequenzen, die alle viel kürzer sind*; ihre Gesamtlänge beträgt jedoch 6×10^5 bp. Die Einzelsequenzen sind über das ganze Genom verteilt. Sie werden im Durchschnitt 350mal wiederholt, in einigen Fällen sind es jedoch mehr Kopien oder auch weniger.

Bei der Analyse eines eukaryotischen Genoms durch Reassoziationskinetiken sind die einzelnen Sequenzkomponenten selten so gut voneinander abgetrennt wie in Abbildung 21.4. In Wirklichkeit überlappen sie ziemlich stark, da es wahrscheinlich ein Kontinuum repetitiver Komponenten gibt, die zwischen mehr als zehnmal und mehr als 20 000mal so schnell reassoziieren wie die nichtrepetitive Komponente.

Die verschiedenen Komponenten eukaryotischer DNA lassen sich in Form der DNA isolieren, die nach der Renaturierung bei einem bestimmten Cot-Wert doppelsträngig vorliegt. Die Eigenschaften renaturierter nichtrepetitiver DNA und repetitiver DNA unterscheiden sich deutlich.

Nichtrepetitive DNA bildet doppelsträngige Bereiche aus, die sich sehr ähnlich verhalten wie die ursprüngliche DNA-Präparation vor der Denaturierung. Bei erneuter Denaturierung schmelzen die Duplexmoleküle in einem scharfen Übergang bei einem T_m-Wert, der nur geringfügig unter dem der ursprünglichen nativen DNA liegt. Das zeigt, daß die Renaturierung exakt erfolgte: Jede einzelne Sequenz hat sich genau mit der zugehörigen Komplementärsequenz zusammengelagert.

Renaturierte repetitive DNA verhält sich jedoch anders. Die reassoziierten Doppelstränge neigen dazu, über einen ziemlich breiten Temperaturbereich allmählich zu schmelzen, wie in Abbildung 21.6 gezeigt ist. Das bedeutet, daß sie nicht aus exakt gepaarten Molekülen bestehen. Sie müssen statt dessen einen beträchtlichen Anteil von Fehlpaarungen enthalten. Je höher der Anteil in einem bestimmten Molekül ist, um so weniger Wasserstoffbrücken müssen aufgebrochen werden, um das Molekül zu schmelzen; also kommt es zu einer Erniedrigung von T_m.

Die Breite der Schmelzkurve zeigt, daß renaturierte repetitive DNA ein ganzes Spektrum an Sequenzen enthält. Sie reichen von renaturierten Sequenzen, die nur teilweise komplementär sind, bis hin zu solchen, die fast oder vollständig komplementär sind. Wie ist das möglich?

Die repetitiven DNA-Komponenten setzen sich aus Familien von Sequenzen zusammen, die nicht genau identisch, aber miteinander verwandt sind. Die Mitglieder

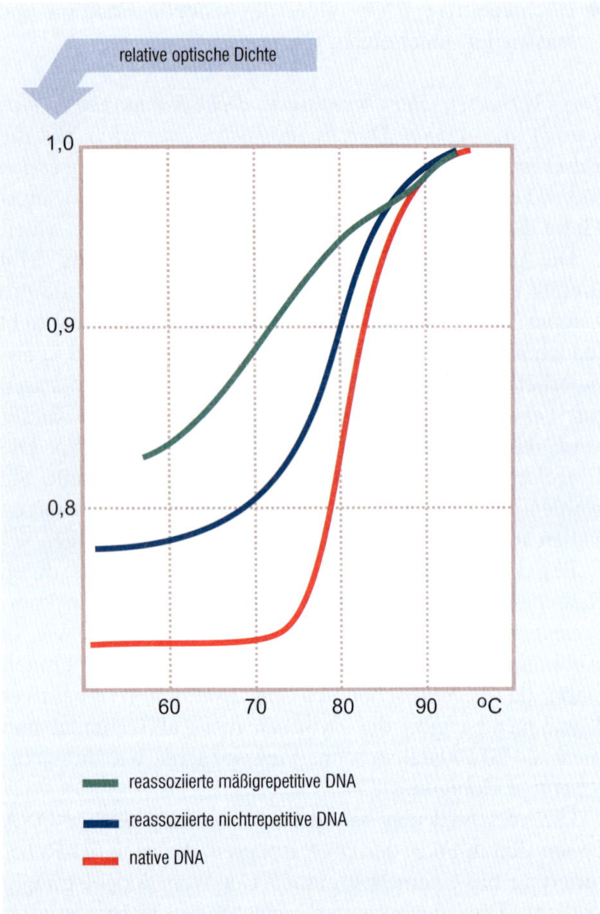

21.6 Die Denaturierung reassoziierter nichtrepetitiver DNA findet in einem engen Temperaturbereich statt, der in etwa der nativer DNA entspricht. Reassoziierte repetitive DNA schmilzt dagegen innerhalb eines breiten Temperaturbereichs.

jeder Familie bestehen aus einer Reihe von Nucleotidsequenzen, die genügend übereinstimmen, um miteinander zu reassoziieren. Die Unterschiede zwischen den einzelnen Mitgliedern sind das Ergebnis von Basensubstitutionen, Insertionen und Deletionen, so daß es in den verwandten Sequenzen Bereiche gibt, mit denen andere komplementäre Stränge keine Basenpaare bilden können. Der Anteil dieser Veränderungen bestimmt den Verwandtschaftsgrad zwischen zwei Sequenzen. Wenn zwei engverwandte Sequenzen der Familie renaturieren, bilden sie einen Doppelstrang mit einem hohen T_m-Wert; wenn sich zwei entfernter verwandte Sequenzen zusammenlagern, bilden sie einen Doppelstrang mit niedrigerem T_m. Insgesamt sehen wir den breiten Schmelzbereich, wie er in der Abbildung 21.6 dargestellt ist.

Die Fähigkeit zweier verwandter, aber nicht identischer Komplementärsequenzen sich zusammenzulagern, läßt sich durch die **Stringenz** der Bedingungen beeinflussen, die für die Reassoziation gewählt werden. Eine höhere Stringenz erreicht man beispielsweise durch eine höhere Temperatur, die eine stärkere Komplementarität für eine Basenpaarung erfordert. Führt man die Hybridisierungsreaktion also bei hohen Temperaturen durch, ist die Reassoziation auf relativ eng verwandte Sequenzen einer Familie beschränkt; bei geringeren Temperaturen können sich auch weniger verwandte Sequenzen zusammenlagern. Dabei ist zu beachten, daß die nichtrepetitive Fraktion des Genoms mit steigender Stringenz ebenfalls zunimmt.

Es besteht eine große Variationsbreite im Aufbau der repetitiven Familien. Einige Familien sind genau definiert; sie bestehen aus relativ engverwandten Sequenzen. Sie bleiben auch bei einer höheren Stringenz der Hybridisierung erhalten. Andere Familien bestehen aus einer kontinuierlichen Reihe unterschiedlich verwandter Sequenzen, so daß deren erkennbare Zugehörigkeit mit steigender Stringenz immer mehr abnimmt. Die ermittelte Größe solcher repetitiver Familien ist eine willkürliche Festlegung, da sie von den Hybridisierungsbedingungen abhängt.

21.6 Die meisten Strukturgene liegen in der nichtrepetitiven DNA

Das Verhältnis zwischen nichtrepetitiver und repetitiver DNA in einem Genom ist sehr variabel. Abbildung 21.7 faßt die genomischen Organisationsstrukturen einiger beispielhafter Organismen zusammen. Prokaryoten enthalten erwartungsgemäß ausschließlich nichtrepetitive DNA. Bei niederen Eukaryoten ist der größte Teil der DNA nichtrepetitiv; weniger als 20 % gehören einer oder mehreren mäßigrepetitiven Komponenten an. Bei tierischen Zellen besteht die DNA häufig bis zur Hälfte aus mäßig- und hochrepetitiven Komponenten. Bei Pflanzen und Amphibien kann die nichtrepetitive DNA auf einen geringen Teil des Genoms beschränkt sein, so daß bis zu 80 % aus mäßig- und hochrepetitiven Komponenten bestehen können.

Die Länge der nichtrepetitiven DNA-Komponente nimmt mit steigender Genomgröße tendenziell zu. Das gilt bis zu Genomen mit etwa 3×10^9 bp, die charakteristisch sind für Säuger. Ein weiteres Ansteigen der Genomgröße spiegelt jedoch im allgemeinen eine Zunahme der Menge und des Anteils der repetitiven Komponenten wider, so daß es selten vorkommt, daß ein Organismus eine nichtrepetitive DNA-Komponente von über 2×10^9 bp aufweist. Der Gehalt an nichtrepetitiver DNA in Genomen stimmt daher besser mit unserer Auffassung von der relativen Komplexität eines Organismus überein: *E. coli* hat $4{,}2 \times 10^6$ bp, bei *C. elegans* kommt es zu einem Anwachsen um eine Größenordnung auf $6{,}6 \times 10^7$ bp, bei *D. melanogaster* auf etwa 10^8 bp und bei Säugern um eine weitere Größenordnung auf etwa 2×10^9 bp.

Die Mendelsche Genetik für einfache Merkmale besagt, daß es im haploiden Genom von jeder Determinante nur eine Kopie gibt. Die Determinante läßt sich einem bestimmten Locus zuordnen, und die einfachste Annahme besteht darin, daß jeder Locus von einer DNA-Sequenz gebildet wird, die einem einzigen Protein entspricht, wie es in Kapitel 3 bei der Definition des Gens erläutert wurde.

Dabei handelt es sich um die klassische Betrachtungsweise für ein Strukturgen: Ein ganz bestimmter Teil des

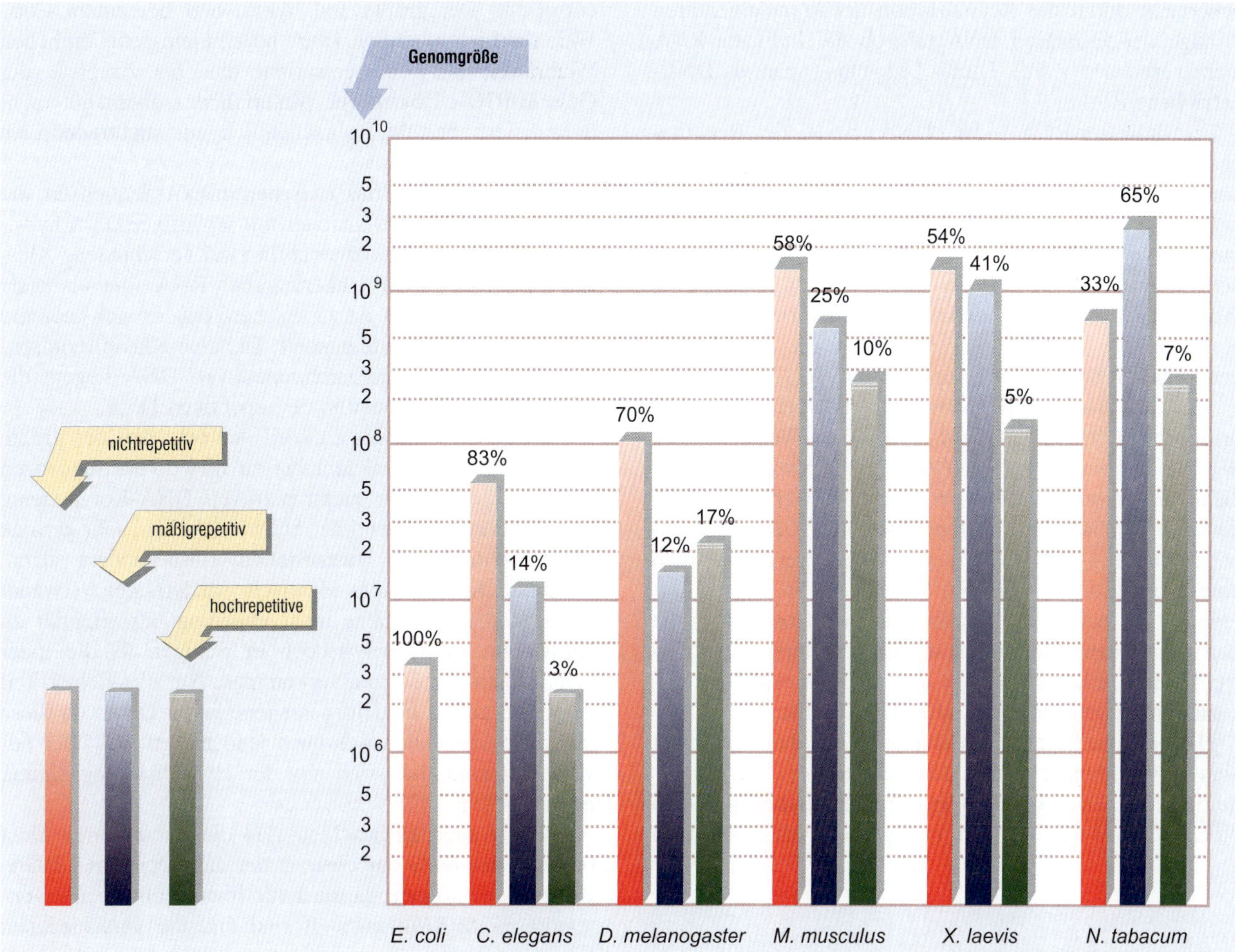

21.7 Das Verhältnis der verschiedenen Sequenzkomponenten variiert bei den eukaryotischen Genomen. Der absolute Gehalt an nichtrepetitiver DNA nimmt mit der Genomgröße zu, erreicht jedoch ein Plateau bei etwa 2×10^9 bp.

Genoms, also die einzige Sequenz, die ein bestimmtes Proteinprodukt codiert und die sich dadurch mit Hilfe von Mutationen identifizieren läßt, welche die Funktion des Proteins beeinträchtigen. Die Sequenz eines singulären Strukturgens sollte Teil der nichtrepetitiven DNA-Komponente sein. Wenn wir von der Vorstellung ausgehen, daß die meisten Gene in der nichtrepetitiven DNA vorkommen, können wir daraus schließen, daß die genetische Komplexität mit dem Gehalt an nichtrepetitiver DNA zunimmt, und nicht mit der Genomgröße insgesamt.

Bei der Charakterisierung von Genen durch Mutationen gibt es eine potentielle Einschränkung. Im Falle, daß mehrere Sequenzen identische oder ähnliche Proteine codieren, kann es schwierig oder nicht realisierbar sein, die Gene durch Punktmutationen zu identifizieren: Die Inaktivierung irgendeiner Kopie würde unentdeckt bleiben, wenn die anderen die Funktion ersetzen können. Wir müssen also die genomische DNA direkt analysieren, um die Anzahl und das Verhältnis zwischen singulären und wiederholten Genen zu bestimmen.

Für die Analyse von Strukturgenen ist die mRNA das geeignete Zwischenprodukt. Das entsprechende Protein läßt sich durch die Translation der mRNA ermitteln. Das Gen, von dem die mRNA stammt, kann man durch Hybridisierung der mRNA mit genomischer DNA finden. Eine spezifische mRNA bietet die Möglichkeit, vom zugehörigen Protein zurück zum Gen zu gelangen.

Eine Population von mRNAs, wie sie sich als Sequenzgemisch in den Polysomen findet, definiert den gesamten Satz von Genen, der in einer Zelle oder einem Gewebe exprimiert wird. Deshalb zeigt deren Zusammensetzung sowohl die Art als auch die Anzahl der Strukturgene an. Mit Hilfe von Nucleinsäurehybridisierungen können wir einige zentrale Fragen in den Griff bekommen. Wieviele Kopien gibt es von jedem Gen? Wieviele Gene werden in einem bestimmten Zelltyp exprimiert? Wie stark überschneiden sich die einzelnen Gruppen der exprimierten Gene, welche die verschiedenen Zelltypen definieren?

Die genomischen Sequenzkomponenten, die in der mRNA vertreten sind, lassen sich in einem Renaturierungsexperiment mit der RNA als **Indikator** (*tracer*) bestimmen. Eine sehr geringe Menge radioaktiv markierter RNA (oder cDNA) wird zusammen mit einer wesentlich größeren Menge zellulärer DNA inkubiert. Die Reaktion wird beherrscht durch die Reassoziation der komplementären Stränge der zellulären DNA (als ob die Indikator-RNA nicht vorhanden wäre). Dieses bezeichnet man als **DNA-getriebene** Reaktion.

Die Indikator-RNA (oder cDNA) ist an der Reaktion genauso beteiligt, als ob sie Bestandteil der Sequenzkomponente wäre, von der sie transkribiert wurde. Die Komponente läßt sich durch Vergleich zwischen der Kurve für die radioaktive Indikator-RNA und der Reassoziationskurve der Gesamt-DNA identifizieren. So kann man die Cot-Werte, bei denen die markierte RNA hybridisiert, dazu benutzen, die Wiederholungshäufigkeit der zugehörigen genomischen Sequenzen zu bestimmen.

Wird ein spezifisches mRNA-Molekül verwendet, hybridisiert es bei einem bestimmten $Cot_{\frac{1}{2}}$-Wert, der von der Wiederholungshäufigkeit des zugehörigen Gens (der Gene) bestimmt wird. Für ein singuläres Gen ergibt sich derselbe Wert wie für nichtrepetitive DNA; bei einer Genwiederholung ist der $Cot_{\frac{1}{2}}$-Wert geringer. Verwendet man eine Population von mRNA-Molekülen, so hybridisiert jede mRNA bei einem charakteristischen $Cot_{\frac{1}{2}}$, wobei die Kurve insgesamt die Summe der Einzelkomponenten darstellt. Die Kurve läßt sich genauso auflösen wie die Reassoziationskurve der genomischen DNA selbst.

Das typische Ergebnis für eine mRNA-Population findet sich in Abbildung 21.8. Ein geringer Teil der RNA (im allgemeinen zehn Prozent oder weniger) hybridisiert bei einem $Cot_{\frac{1}{2}}$-Wert, der den mäßigrepetitiven Sequenzen entspricht. Der größte Teil hybridisiert bei einem $Cot_{\frac{1}{2}}$-Wert für nichtrepetitive DNA oder einem sehr ähnlichen Wert. Normalerweise entspricht dies bis zu 50 % der Gesamt-RNA. Das meiste Material, das überhaupt nicht hybridisiert, besteht wahrscheinlich aus nichtrepetitiven Sequenzen.

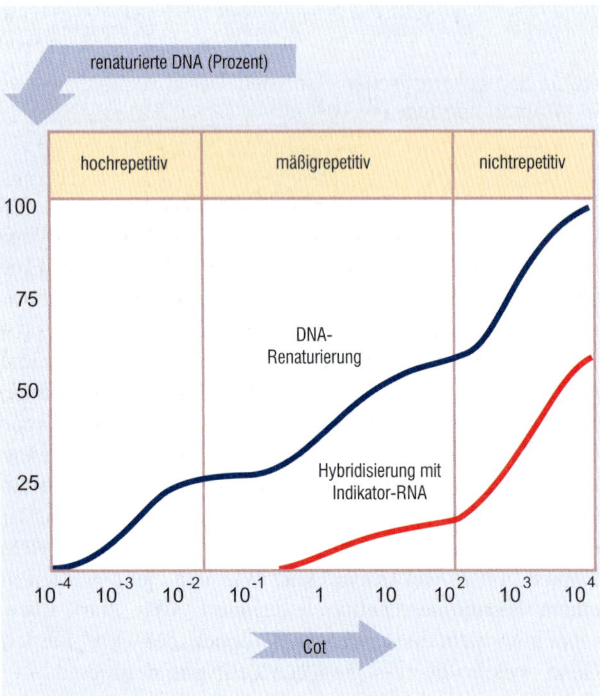

21.8 Die Hybridisierung einer Indikator-mRNA zeigt in einer Reassoziationskurve, daß die meisten mRNA-Sequenzen aus der nichtrepetitiven DNA stammen. Die übrigen mRNAs lassen sich nur der mäßigrepetitiven DNA, nicht jedoch der hochrepetitiven DNA zuordnen.

Wie ist das Verhältnis zwischen mRNA-Sequenzen, die mit nichtrepetitiver DNA oder mit repetitiver DNA hybridisieren? Die mRNA läßt sich in zwei verschiedene Klassen einteilen (durch Isolierung der RNA, die als erste hybridisiert). Daraus ist zu ersehen, daß es sich hier um unabhängige Moleküle handelt: Die eine Klasse repräsentiert Gene, die in der nichtrepetitiven DNA liegen, die andere entspricht Genen in der repetitiven DNA.

Aus diesen Ergebnissen wird deutlich, daß der größte Teil der mRNA, vielleicht bis zu 80 %, von Sequenzen stammt, die mit der nichtrepetitiven DNA-Komponente reassoziieren. Aufgrund der Schwierigkeiten, sehr geringe Wiederholungsgrade festzustellen (insbesondere dann, wenn die Kopien nicht identisch, sondern nur verwandt sind), sind solche Gene nicht unbedingt als singulär zu betrachten; sie sollten jedoch in weniger als drei oder vier Kopien pro Genom vorkommen. Nur ein kleiner Teil der Gene gehört eindeutig zur repetitiven DNA; ob diese mehrfach vorhandenen Kopien jedoch identisch oder nur verwandt sind, läßt sich aus der Hybridisierungskinetik nicht ablesen.

Hier ist auch zu beachten, daß dieses Verfahren nicht beweist, daß 80 % der *Gene* in der nichtrepetitiven DNA-Komponente liegen, da die Experimente für die *Gesamtmenge der mRNA* angelegt sind und die verschiedenen Gene in Form unterschiedlicher mRNA-Mengen exprimiert werden. Die generelle Schlußfolgerung aus dieser Analyse besteht jedoch darin, daß die meisten Gene zur nichtrepetitiven DNA gehören, und es ist dieser Teil des Genoms, der für die charakteristische Komplexität eines Organismus verantwortlich ist.

21.7 Wieviele nichtrepetitive Gene werden exprimiert?

Die Anzahl der nichtrepetitiven DNA-Sequenzen, die in der RNA vertreten sind, läßt sich direkt als der Teil der DNA bestimmen, der mit der RNA hybridisiert. Hybridisiert man eine geringe Menge einzelsträngiger DNA mit einer großen Menge RNA, sollten alle DNA-Sequenzen, die zur RNA komplementär sind, in der Reaktion RNA-DNA-Hybride bilden.

Bei dieser Art eines **Sättigungsexperiments** besteht der entscheidende Aspekt darin, daß der RNA-Überschuß groß genug ist, damit wirklich alle DNA-Sequenzen reagieren, die zur RNA komplementär sind. Da es sich um eine **RNA-getriebene** Reaktion handelt, ist der bestimmende Parameter das Produkt aus RNA-Konzentration und Zeit, der sogenannte **Rot-Wert**. Dieser entspricht genau dem Cot-Wert, mit dem man eine DNA-getriebene Reaktion beschreibt.

Die Sättigungshybridisierung wird üblicherweise durch Auftragen der hybridisierten DNA gegen den Rot-Wert dargestellt. Abbildung 21.9 zeigt eine solche Kurve. In diesem Beispiel ist die Reaktion bei einem Rot-Wert von etwa 300 abgeschlossen (damit sichergestellt ist, daß ein Plateau erreicht wurde, ist jedoch ein Fortlaufen der Reaktion notwendig). Aus dem Anteil der hybridisierten DNA können wir die Zahl der Gene ermitteln, die in der für die Reaktion verwendeten mRNA vertreten sind. Zum Zeitpunkt der Sättigung haben 1,35 % der vorhandenen nichtrepetitiven DNA hybridisiert. Da immer nur ein Strang der DNA in RNA transkribiert wird, kann grundsätzlich nur die Hälfte der DNA potentiell mit der RNA hybridisieren (bei der anderen Hälfte der DNA sind die Sequenzen identisch). Demnach sind 2,7 % der nichtrepetitiven DNA in der mRNA vertreten.

Die nichtrepetitive DNA selbst umfaßt 75 % eines Genoms von $8{,}1 \times 10^8$ bp. Darum beträgt die Komplexität der DNA, die von der RNA-Population repräsentiert wird $0{,}027 \times 0{,}75 \times 8{,}1 \times 10^8 = 1{,}7 \times 10^7$ bp. Die RNA-Population weist eine Durchschnittslänge von 2 000 Basen auf. Es gibt also $1{,}7 \times 10^7 \div 2\,000 = 8\,500$ verschiedene mRNA-Spezies. Das entspricht der Gesamtzahl von Genen, die in dem Gewebe exprimiert werden, aus dem die mRNA stammt (Seeigelembryo im Gastrulastadium).

Ähnliche Experimente wurden in vielen Systemen durchgeführt. Im Falle eines niederen Eukaryoten wie der Hefe ist die Gesamtzahl exprimierter Gene mit etwa 4 000 relativ gering. Die Anzahl in den somatischen Geweben höherer Eukaryoten liegt im allgemeinen zwischen 10 000 und 15 000, ähnlich wie bei Pflanzen und Vertebraten. (Die einzige wirkliche Ausnahme findet sich im Gehirn der Säuger, wo anscheinend wesentlich mehr Gene exprimiert werden, obwohl die genaue Zahl nicht sicher ist.)

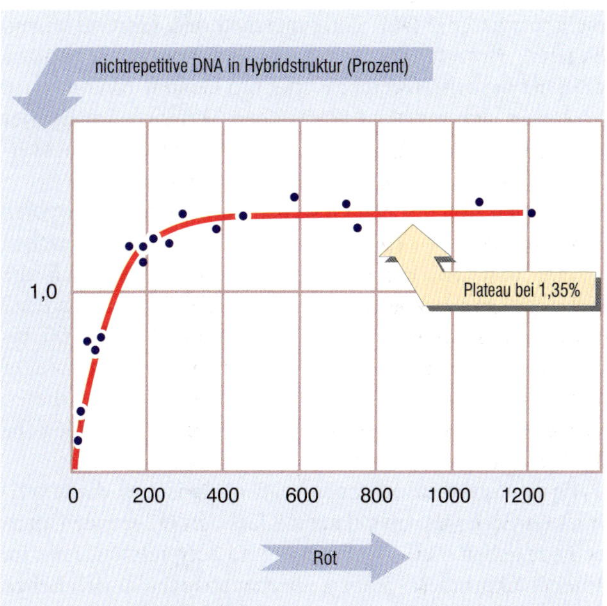

21.9 Die Hybridisierung eines Überschusses von mRNA aus der Gastrula des Seeigels mit nichtrepetitiver DNA bis zur Sättigung zeigt, daß die mRNA nur einem kleinen Teil der DNA entspricht.

Wir können die Kinetik einer RNA-getriebenen Reaktion auch für die Messung der Komplexität verwenden. Die mRNA-Population wird durch reverse Transkription in cDNA umkopiert. Dann bestimmt man die Kinetik einer Hybridisierung zwischen cDNA und mRNA. Im Endeffekt wandeln wir dadurch das Ausgangsmaterial in eine doppelsträngige Form um (je ein Einzelstrang der ursprünglichen RNA und ein Einzelstrang der komplementären DNA). So verläuft die Renaturierungsreaktion wie bei einer denaturierten Präparation genomischer DNA. Der auschlaggebende Parameter ist der $Rot_{\frac{1}{2}}$-Wert.

Wie bei der Renaturierungskurve für DNA hybridisiert eine einzelne Komponente über zwei Zehnerpotenzen von Rot-Werten. Eine Reaktion, an der mehr Komponenten beteiligt sind, muß durch computergestützte Kurvenanpassung in die einzelnen Komponenten aufgelöst werden. Auch dieser Verlauf entspricht in Wirklichkeit einem kontinuierlichen Spektrum von Sequenzen.

In Abbildung 21.10 ist ein Beispiel für eine Reaktion zwischen cDNA und einem Überschuß an mRNA dargestellt, die drei Komponenten enthält. Als Kontrolle für diese Reaktion diente die Hybridisierung zwischen aufgereinigter Ovalbumin-mRNA (mit einer Länge von 2 000 Basen) und der zugehörigen cDNA, die ein $Rot_{\frac{1}{2}}$ von 0,0008 besaß. Das bedeutet, daß ein $Rot_{\frac{1}{2}}$ von 0,0004 für jeweils 1 000 Basen Komplexität erforderlich ist.

- Für die erste Komponente, die zu 50 % an der Gesamtreaktion beteiligt ist, ließ sich ein $Rot_{\frac{1}{2}}$-Wert von 0,0015 feststellen. Deshalb sollte $Rot_{\frac{1}{2}}$ für die aufgereinigte Komponente allein $0{,}5 \times 0{,}0015 = 0{,}00075$ betragen. Das stimmt fast genau mit dem $Rot_{\frac{1}{2}}$-Kontrollwert für die Ovalbumin-mRNA überein; das deutet darauf hin, daß die erste Komponente tatsächlich aus dieser mRNA besteht (Ovalbumin-mRNA macht tatsächlich in Eileitergewebe über die Hälfte der mRNA-Menge aus).
- Für die nächste Komponente, die zu 15 % an der Reaktion beteiligt ist, hat man einen $Rot_{\frac{1}{2}}$-Wert von 0,04 festgestellt. Die aufgereinigte Komponente sollte deshalb einen $Rot_{\frac{1}{2}}$-Wert von $0{,}15 \times 0{,}04 = 0{,}006$ aufweisen. Die Komplexität beträgt demnach $0{,}006 \div 0{,}0004 \times 1\,000 = 15\,000$ Basen. Das entspricht sieben bis acht mRNA-Spezies mit einer durchschnittlichen Länge von 2 000 bp.
- Die letzte Komponente zeigt einen $Rot_{\frac{1}{2}}$-Wert von 30 und ist zu 35 % an der Reaktion beteiligt. Der $Rot_{\frac{1}{2}}$-Wert für die aufgereinigte Form beträgt also $0{,}35 \times 30 = 10{,}5$ und ergibt damit eine Komplexität von $10{,}5 \div 0{,}0004 \times 1\,000 = 26 \times 10^6$ Basen. Das entspricht etwa 13 000 mRNA-Spezies mit einer durchschnittlichen Länge von 2 000 Basen.

Aus dieser Analyse können wir ablesen, daß über die Hälfte der mRNA-Menge in einer Zelle aus einer einzigen mRNA besteht, etwa 15 % der Gesamtmenge stammen nur

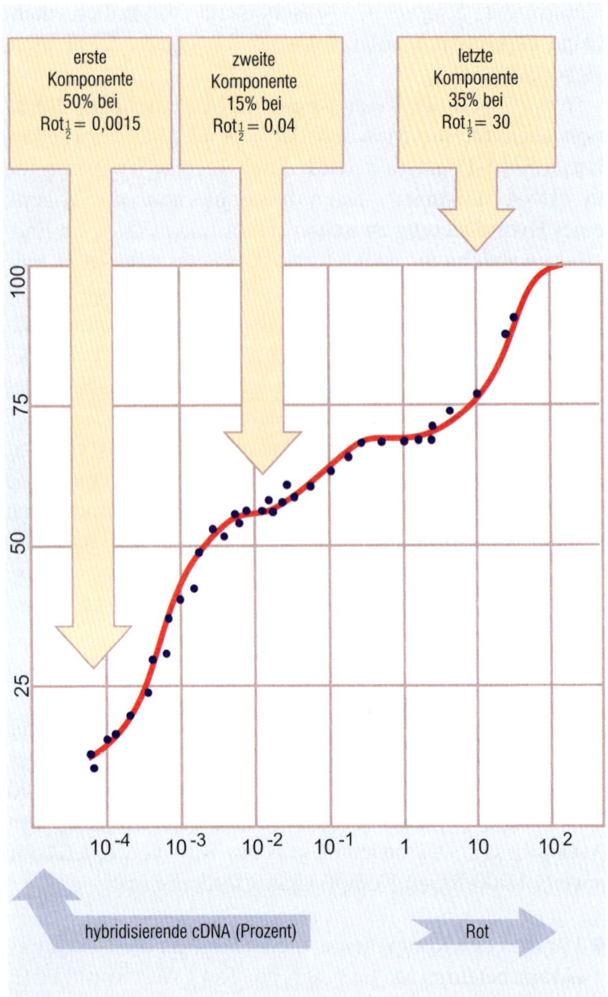

21.10 Die Hybridisierung zwischen cDNA und einem Überschuß an mRNA (aus Eileiterzellen des Huhnes) zeigt verschiedene Komponenten an, die sich jeweils durch den $Rot_{\frac{1}{2}}$-Wert der Reaktion charakterisieren lassen.

von sieben bis acht mRNAs und 35 % teilen sich auf die große Zahl von 13 000 mRNA-Spezies auf. Es ist also offensichtlich, daß die mRNAs, aus denen sich die einzelnen Komponenten zusammensetzen, in sehr unterschiedlichen Mengen vorliegen müssen.

21.8 Gene werden in sehr unterschiedlichen Mengen exprimiert

Die durchschnittliche Anzahl der Moleküle jeder mRNA-Spezies in einer Zelle ist die sogenannte **Abundanz** oder **Repräsentation**. Diese Zahl läßt sich recht einfach berechnen, wenn die Gesamtmenge der RNA in der Zelle bekannt ist. Für jede Komponente gilt: Gesamtmenge = Abundanz × Komplexität, so daß die allgemeine Gleichung lautet:

$$\text{Abundanz} = \frac{\text{Gramm mRNA pro Zelle} \times \text{Anteil der Komponente} \times 6 \times 10^{23}}{\text{Komplexität der Komponente in Dalton}}$$

Die Gleichung wird üblicherweise in dieser Form ausgedrückt, da man die Gesamt-RNA (chemisch) in Picogramm mißt, während die Komplexität (durch Hybridisierung) in Basen oder Dalton bestimmt wird.

Im Beispiel von Abbildung 21.10 kommen pro Zelle 0,275 pg mRNA vor. Das entspricht 100 000 Kopien der ersten Komponente (Ovalbumin-mRNA), 4 000 Kopien von jeder der sieben bis acht mRNAs der zweiten Komponente, aber nur etwa fünf Kopien von jeder der 13 000 mRNAs, die die letzte Komponente bilden.

Wir können die mRNA-Population entsprechend ihrer Abundanz in zwei allgemeine Klassen einteilen:

- Das Eileitergewebe stellt einen Extremfall dar, da eine große Menge mRNA nur aus einer einzigen Spezies besteht, aber in den meisten Zellen gibt es einige wenige RNAs, die jeweils in zahlreichen Kopien vorliegen. Diese **häufige** oder auch **abundante** Komponente umfaßt normalerweise weniger als 100 verschiedene mRNAs, die in 1 000 bis 10 000 Kopien pro Zelle vorkommen. Diese Komponente bildet mit annähernd 50 % einen großen Teil der mRNA-Gesamtmenge.
- Etwa die Hälfte der mRNA-Menge besteht aus einer großen Zahl von Sequenzen, in der Größenordnung von 10 000, wobei jede in nur wenigen Kopien (weniger als zehn) vorkommt. Es handelt sich hier um die Klasse der **seltenen** oder **komplexen** mRNAs. (Diese Klasse ist bei der Sättigungsreaktion ausschlaggebend)

Die Gesamtzahl an exprimierten Genen läßt sich aufgrund von Sättigungs- oder kinetischen Verfahren abschätzen und beide liefern normalerweise übereinstimmende Ergebnisse. Durch die kinetische Methode erhält man einen geringeren Wert (da einige extrem seltene Sequenzen nicht reagieren). Die Sättigungsmethode führt zu einem höheren Wert (da es wahrscheinlich immer Sequenzen gibt, die in mehr als einer Kopie pro Genom vorkommen). So lassen sich mit dem kinetischen Verfahren im Eileiter von Hühnern etwa 13 000 mRNAs, mit dem Sättigungsverfahren jedoch etwa 15 000 mRNAs feststellen.

In vielen somatischen Geweben der höheren Eukaryoten liegt die Zahl der exprimierten Gene im Bereich zwischen 10 000 und 20 000. Wie stark überschneiden sich die Gene, die in verschiedenen Geweben exprimiert werden? In der Leber des Huhnes werden z. B. etwa 11 000 bis 17 000 Gene exprimiert, im Vergleich dazu im Eileiter zwischen 13 000 bis 15 000. Wieviele Gene sind bei diesen beiden Gruppen identisch? Wieviele sind für jedes Gewebe spezifisch?

Es ist sofort zu erkennen, daß es zwischen den exprimierten Genen der abundanten Klasse grundlegende Unterschiede geben muß. Ovalbumin wird beispielsweise nur im Eileiter exprimiert, jedoch überhaupt nicht in der Leber. Das bedeutet, daß 50 % der mRNA-Menge im Eileiter für dieses Gewebe spezifisch ist.

Aber die abundanten mRNAs repräsentieren nur einen geringen Teil der exprimierten Gene. Betrachten wir die Gesamtzahl der Gene in einem Organismus und in welchem Ausmaß die Transkription bei den verschiedenen Zelltypen variiert, so stellt sich die Frage, wie stark sich die Gene überschneiden, die bei den verschiedenen zellulären Phänotypen durch die Klasse der seltenen mRNAs repräsentiert werden.

Wir verfügen über kein empfindliches Verfahren, Überschneidungen zwischen mRNA-Populationen im ganzen zu bestimmen. Durch die modifizierte Anwendung von Methoden, die bereits zur Bestimmung der Komplexität von Populationen benutzt wurden, gelangte man jedoch zu einigen brauchbaren Schätzwerten.

Zusammengesetzte Sättigungsexperimente zeigen, wieviele Sequenzen sich zwischen zwei Populationen unterscheiden. In Abbildung 21.11 ist das Beispiel für Leber und Eileiter des Huhnes dargestellt. Die mRNA aus der Leber allein sättigt 2,05 % der nichtrepetitiven DNA ab; das gleiche Experiment mit mRNA aus dem Eileiter zeigt 1,80 % Absättigung der DNA. Würden beide mRNA-Populationen aus völlig verschiedenen Sequenzen bestehen, sollten sie zusammen 2,05 + 1,80 % der nichtrepetitiven DNA absättigen. Der tatsächliche Wert liegt jedoch bei 2,4 % und ist damit nur geringfügig größer als der für die Leber allein.

Demnach sind etwa 75 % der Sequenzen identisch, die in Leber und Eileiter exprimiert werden (obwohl es sich hier um ein Sättigungsexperiment handelt, zeigen die Daten nicht, ob die Sequenzen in den beiden Geweben mit übereinstimmender oder unterschiedlicher Abundanz vorkommen). Anders ausgedrückt: Etwa 12 000 Gene werden sowohl in der Leber als auch im Eileiter exprimiert, etwa 5 000 weitere Gene nur in der Leber sowie 3 000 nur im Eileiter.

Das Ausmaß der Überschneidung läßt sich auf andere Weise auch durch die Hybridisierung der mRNA des Gewebes mit nichtrepetitiver DNA bestimmen. Dann isoliert man die reagierende DNA und erhält so eine **mDNA**-Präparation; die nichtreagierende DNA ergibt dabei die **Null-DNA**-Präparation. Beide werden getrennt mit einem Überschuß an mRNA aus einem anderen Gewebe hybridisiert. Der reagierende Teil der mDNA dient zur Identifizierung der Gene, die sowohl im zweiten als auch im ersten Gewebe exprimiert werden. Mit Hilfe des reagierenden Teils der Null-DNA läßt sich die Zahl der Gene bestimmen, die im zweiten, nicht jedoch im ersten Gewebe exprimiert werden.

Die seltenen mRNAs zeigen eine starke Überschneidung. Bei der Maus sind in Leber und Niere etwa 90 % der seltenen mRNAs identisch, so daß in beiden Organen nur 1 000 bis 2 000 unterschiedliche Gene exprimiert werden. Das allgemeine Ergebnis mehrerer solcher Vergleiche besagt, daß nur etwa zehn Prozent der mRNA-Sequenzen für eine Zelle spezifisch sind. Die meisten Sequenzen stimmen bei vielen (vielleicht sogar bei allen) Zelltypen überein.

Das deutet darauf hin, daß der gemeinsame Teil aller exprimierten Gene (bei Säugern vielleicht etwa 10 000) Funktionen betrifft, die in allen Zelltypen erforderlich sind. Manchmal bezeichnet man diese Funktionen auch als **Basishaushalts-** oder **konstitutive** Aktivität. Sie unterscheiden sich von den Aktivitäten der spezialisierten Funktionen (beispielsweise Ovalbumin oder Globin), die nur bei bestimmten zellulären Phänotypen benötigt werden. Diese bezeichnet man manchmal auch als **Luxus**-Gene.

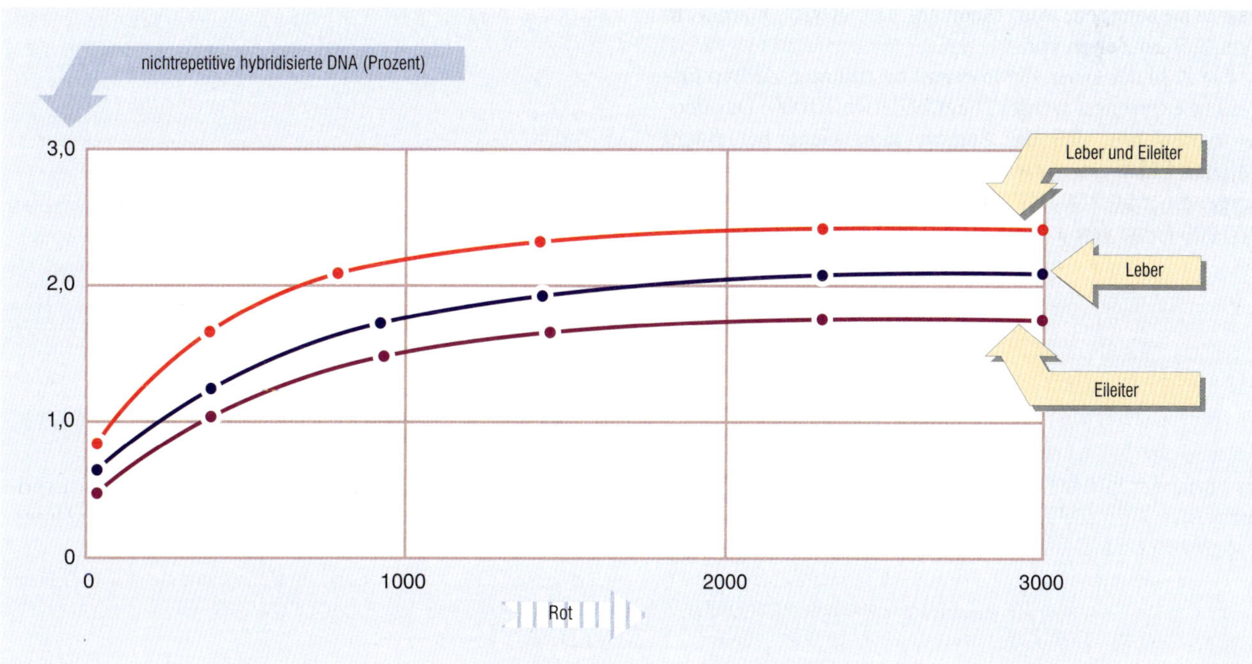

21.11 Eine zusammengesetzte Sättigungshybridisierung zeigt an, in wievielen Sequenzen sich zwei mRNA-Präparationen unterscheiden.

Zusammenfassung

Die Sequenzen, aus denen sich ein eukaryotisches Genom zusammensetzt, lassen sich in drei Gruppen einteilen: nichtrepetitive Sequenzen gibt es nur einmal; mäßig repetitive Sequenzen kommen verstreut und nur in wenigen Wiederholungen vor, wobei die Kopien zwar verwandt, aber nicht identisch sind; hochrepetitive Sequenzen sind kurz und werden im allgemeinen in Form einer Tandemreihe wiederholt. Die Verteilung der Sequenztypen ist für jedes Genom charakteristisch; größere Genome besitzen jedoch tendenziell einen geringeren Anteil nichtrepetitiver DNA. Die Komplexität einer Klasse bezeichnet die Länge der einmaligen Sequenzen in dieser Klasse; die Wiederholungshäufigkeit besagt, wie oft jede Sequenz wiederholt wird. Das C-Wert-Paradoxon bezieht sich auf Diskrepanzen zwischen den Genomgrößen verwandter Organismen und dem offensichtlichen DNA-Überschuß in größeren Genomen.

Die meisten Strukturgene liegen in der nichtrepetitiven DNA. Die Komplexität der nichtrepetitiven DNA ist ein besseres Abbild der Komplexität des Organismus als die Komplexität des Gesamtgenoms. Die maximale Komplexität der nichtrepetitiven DNA liegt bei etwa 2×10^9 bp.

Gene werden in sehr unterschiedlichem Umfang exprimiert. Bei einem abundanten Gen, dessen Protein das Hauptprodukt der Zelle ist, kann es 10^5 Kopien der mRNA geben; von bis zu zehn weiteren, mäßig dominanten mRNAs können jeweils 10^3 Kopien vorkommen, und die mRNAs von über 10 000 wenig exprimierten Genen liegen möglicherweise nur in jeweils weniger als zehn Kopien vor. Zwischen mRNA-Populationen von Zellen mit unterschiedlichem Phänotyp kommt es zu starken Überschneidungen; die Mehrzahl der RNAs kommt in den meisten Zellen vor.

Die Zahl der Gene, die in einem bestimmten Zelltyp insgesamt exprimiert werden, liegt bei etwa 10 000. Das deutet darauf hin, daß die Summe aller Gene bei einem höheren Eukaryoten etwa 100 000 betragen sollte. Ein Säugergenom mit 2×10^9 bp nichtrepetitiver DNA könnte 200 000 Gene von jeweils 10 000 bp Länge codieren.

Weiterführende Literatur

Übersichtsartikel

Britten, R. J.; Kohne, D. E. *Repeated Sequences in DNA*. In: *Science* 161 (1968) S. 529–540.

Britten, R. J.; Davidson, E. H. *Repetitive and Nonrepetitive DNA Sequences and a Speculation on the Origins of Evolutionary Novelty*. In: *Quart. Rev. Biol.* 46 (1971) S. 111–133.

Davidson, E. H.; Britten, R. J. *Organization, Transcription, and Regulation in the Animal Genome*. In: *Quart. Rev. Biol.* 48 (1973) S. 565–613.

Lewin, B. *Units of Transcription and Translation: Sequence Components of hnRNA and mRNA*. In: *Cell* 4 (1975) S. 77–93.

Entdeckungen

Hastie, N. B.; Bishop, J. O. *The Expression of Three Abundance Classes of mRNA in Mouse Tissues*. In: *Cell* 9 (1976) S. 761–774.

22. Exons und Introns

Unsere Ansichten über die molekularen Eigenschaften der Gene änderten sich tiefgreifend, als 1977 entdeckt wurde, daß eukaryotische Gene Unterbrechungen enthalten können. Einige Jahre zuvor hatte es bereits unsichere Vermutungen gegeben, daß eukaryotische Gene möglicherweise ungewöhnlich sind und sich auf grundlegende Weise von bakteriellen Genen unterscheiden. Dieser Gedanke hatte seine Ursache in der offensichtlich übermäßigen Größe eukaryotischer Genome, dem sogenannten C-Wert-Paradoxon.

Eine mögliche Erklärung schien darin zu bestehen, daß ein Strukturgen *viel länger ist als die Sequenz der zugehörigen mRNA*. Die zusätzlichen Abschnitte müssen entfernt werden, wenn die RNA für den Transport in das Cytoplasma **prozessiert** wird. Die Tatsache, daß Kern-RNA viel länger als mRNA ist, was in Kapitel 30 beschrieben wird, unterstützte diese Überlegung. Die ursprüngliche Vorstellung von großen eukaryotischen Genen ging davon aus, daß die Transkriptionseinheit möglicherweise an der einen oder der anderen Seite des Bereichs, welcher der mRNA entspricht, ausgedehnte Sequenzen enthält. Darüber hinaus könnte eine Genexpressionseinheit im Verhältnis zur mRNA durchaus ziemlich groß sein, wenn für die Regulation lange, nichttanskribierte Regionen erforderlich wären.

Es zeigte sich tatsächlich, daß viele eukaryotische Gene viel länger sind als ihre mRNAs. Aber es war eine große Überraschung, als sich herausstellte, daß *Unterbrechungssequenzen die verschiedenen Teile der codierenden DNA voneinander trennen* und daß diese Sequenzen die Ursache für die Diskrepanz sind. Häufig gibt es strangaufwärts vom Startpunkt der Transkription relativ ausgedehnte regulatorische Bereiche. Sie liegen jedoch im Gegensatz zu den Tausenden von Basenpaaren einer Transkriptionseinheit in einer Größenordnung von etwa 100 bis 200 bp.

Die Existenz unterbrochener Gene zeigte sich bei Experimenten, die der direkten Identifizierung der DNA eines Gens dienen sollten. Dieser Ansatz verfolgte den Zweck, von bekannten mRNAs ausgehend zurück zu den Genen zu gelangen um somit vollständige Transkriptionseinheiten zu finden – einschließlich der flankierenden Sequenzen wie beispielsweise den Promotoren und anderer regulatorischer Elemente, die nicht unbedingt in der mRNA vorkommen.

Aufgrund der Erfahrungen mit Bakterien nahm man an, daß eukaryotische mRNA dieselbe Sequenz haben sollte wie die DNA, von der sie transkribiert wird. Um zu zeigen, daß die isolierte genomische DNA-Sequenz tatsächlich der mRNA entsprach, die man für die Isolierung verwendet hatte, verglich man zur Kontrolle die Sequenzen, entweder durch Elektronenmikroskopie oder durch Restriktionskartierung. Es ergaben sich daraus jedoch Abweichungen zwischen den Sequenzen in der Form, daß *in der genomischen DNA vorhandene zusätzliche Regionen in der mRNA fehlten*.

Das Vorkommen von zusätzlichen Sequenzen erklärt die Diskrepanz zwischen den Größen der RNA im Zellkern und der mRNA. Der Zellkern enthält primäre Transkripte, die der Gensequenz entsprechen. Jene Teile der Sequenz, die in der mRNA nicht vorkommen, werden aus dem primären Transkript entfernt, bevor die RNA in das Cytoplasma ausgeschleust wird, um dort als mRNA zu dienen.

Erinnern wir uns an die Terminologie, die das Verhältnis zwischen einem Gen und seinem RNA-Produkt beschreibt (Kapitel 6). Abbildung 22.1 zeigt, daß ein unterbrochenes Gen aus einer abwechselnden Folge von **Exons** und **Introns** besteht:

- Die Exons sind die Sequenzen, welche die reife mRNA enthält. Definitionsgemäß beginnt und endet ein Gen mit Exons, die dem 5′- und dem 3′-Ende der RNA entsprechen.
- Die Introns sind die dazwischenliegenden Sequenzen, die bei der Prozessierung des primären Transkripts zur reifen mRNA entfernt werden.

Der Vorgang, durch den die Introns aus dem primären Transkript entfernt werden, ist das sogenannte **RNA-Spleißen**. Entscheidend ist dabei das genaue Herausschneiden von Introns aus dem primären Transkript. Die RNA-Enden an jeder Seite eines Introns werden verknüpft, so daß ein kovalent zusammenhängendes Molekül entsteht. Wir befassen uns mit den Mechanismen und der Regulierung des Spleißens in Kapitel 30.

Wir definieren ein Strukturgen als den genomischen Bereich zwischen zwei Positionen, die den 5′- und 3′-endständigen Basen der reifen mRNA entsprechen. Es ist bekannt, daß die Transkription am 5′-Ende der mRNA beginnt, aber wahrscheinlich über das 3′-Ende hinausgeht, das durch die Spaltung der RNA entsteht (Kapitel 30). Die Definition eines Gens läßt sich auf die zugehörigen regulatorischen Bereiche ausdehnen: Eine Transkriptionseinheit enthält einen Promotor, weitere stromaufwärts gelegene regulatorische Abschnitte, das Gen selbst und (manchmal) eine Terminatorsequenz.

Von der Struktur des Gens ausgehend, stellt sich als nächstes die Frage nach seinem Kontext. Wieviel Material an jeder Seite ist an der Funktion des Gens beteiligt? Wie weit ist es vom nächsten Gen entfernt, und welchen Anteil des Genoms nehmen Sequenzen ein, die zwischen den Transkriptionseinheiten liegen? Gibt es eine Tendenz, daß benachbarte Gene miteinander verwandt sind, und besteht ein Mechanismus für die Regulation von chromosomalen Bereichen, die länger sind als einzelne Gene?

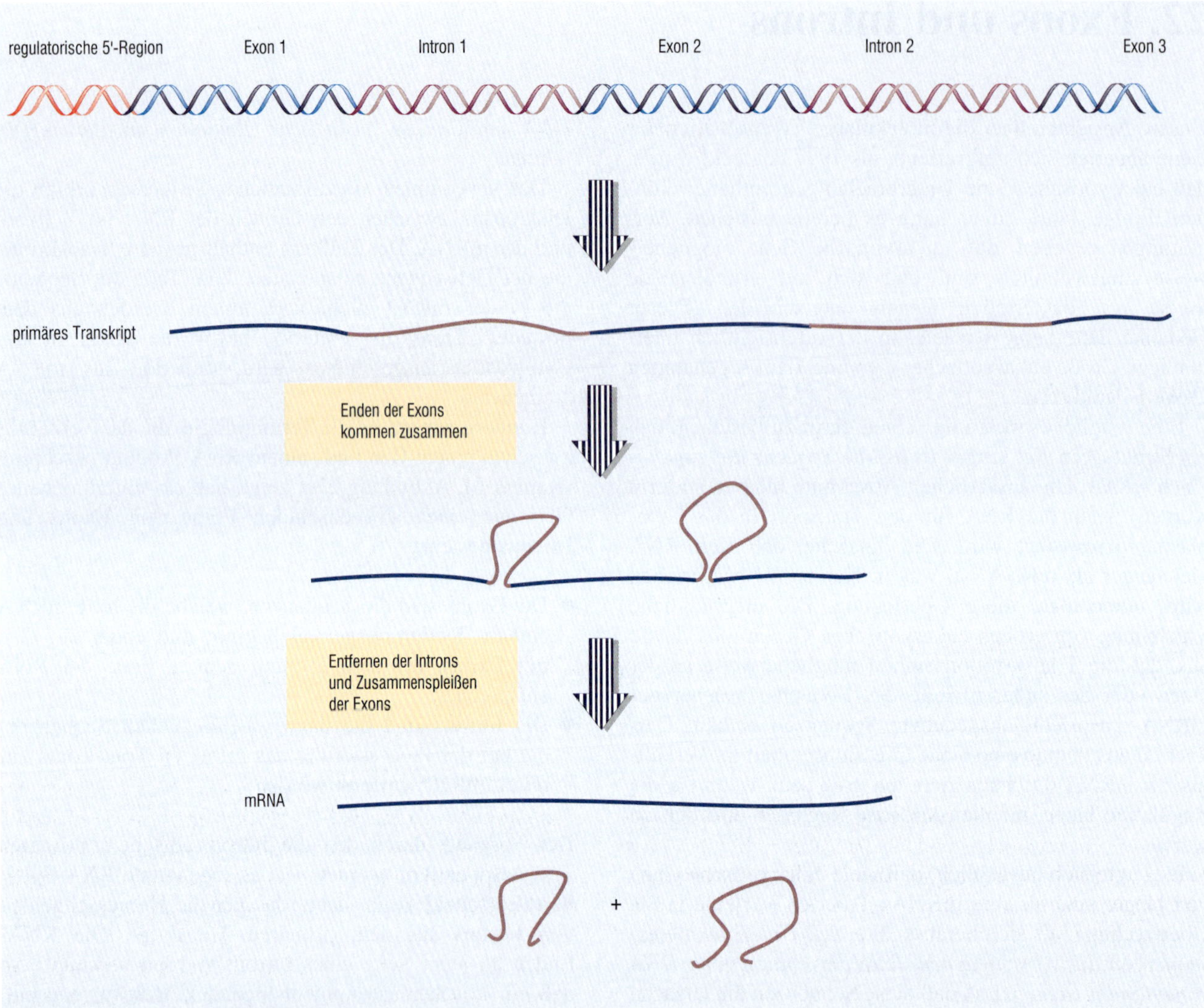

22.1 *Übersicht*: Ein unterbrochenes Gen besteht aus abwechselnden Exons und Introns. Die Introns werden durch das Spleißen des RNA-Transkripts entfernt, so daß eine mRNA entsteht, die nur Exonsequenzen enthält. Der Promotor gehört zum regulatorischen Bereich am 5′-Ende.

22.1 Die Organisationsstruktur unterbrochener Gene ist möglicherweise konserviert

Wenn ein Gen keine Unterbrechungen enthält, entspricht die Restriktionskarte der DNA genau der Karte der mRNA (die man durch Untersuchung des reversen cDNA-Transkripts erhält).

Wenn ein Gen ein Intron besitzt, stimmt die Karte an den Enden des Gens und an den Enden der mRNA-Sequenz überein. Innerhalb des Gens weichen die Karten jedoch voneinander ab, da hier zusätzliche Regionen im Gen vorhanden sind, die es nicht in der mRNA gibt. Jede dieser Regionen entspricht einem Intron. Im Beispiel von Abbildung 22.2 werden die Restriktionskarten eines β-Globin-Gens und der zugehörigen mRNA verglichen. Zwei Introns sind zu sehen, die beide eine Reihe von Restriktionsschnittstellen enthalten, die in der cDNA fehlen. Die Exons lassen sich dadurch erkennen, daß das Muster der Restriktionsschnittstellen mit dem der cDNA übereinstimmt.

Da es schwierig ist, direkt mit genomischer DNA zu arbeiten, erfolgt die Charakterisierung von Genen mit Hilfe von klonierten genomischen Sequenzen. Sobald eine cDNA zur Verfügung steht, lassen sich mit den Verfahren, die in Kapitel 20 beschrieben wurden, genomische Klone isolieren. Diese kann man durch eine Restriktionskartierung mit der cDNA vergleichen. Die einzige praktische Einschränkung bei dieser Vorgehensweise besteht darin, daß die Isolierung sehr großer Gene in Form eines einzigen klonierten Fragments nicht unbedingt möglich ist. In diesem Fall muß man Klone, die Teile des Gens enthalten, jeweils einzeln analysieren. In solchen Fällen ist es notwendig, Klone mit überlappenden genomischen Sequenzen zu verwenden. Nur so läßt sich verhindern, daß zwischen klonierten Sequenzen Genabschnitte fehlen.

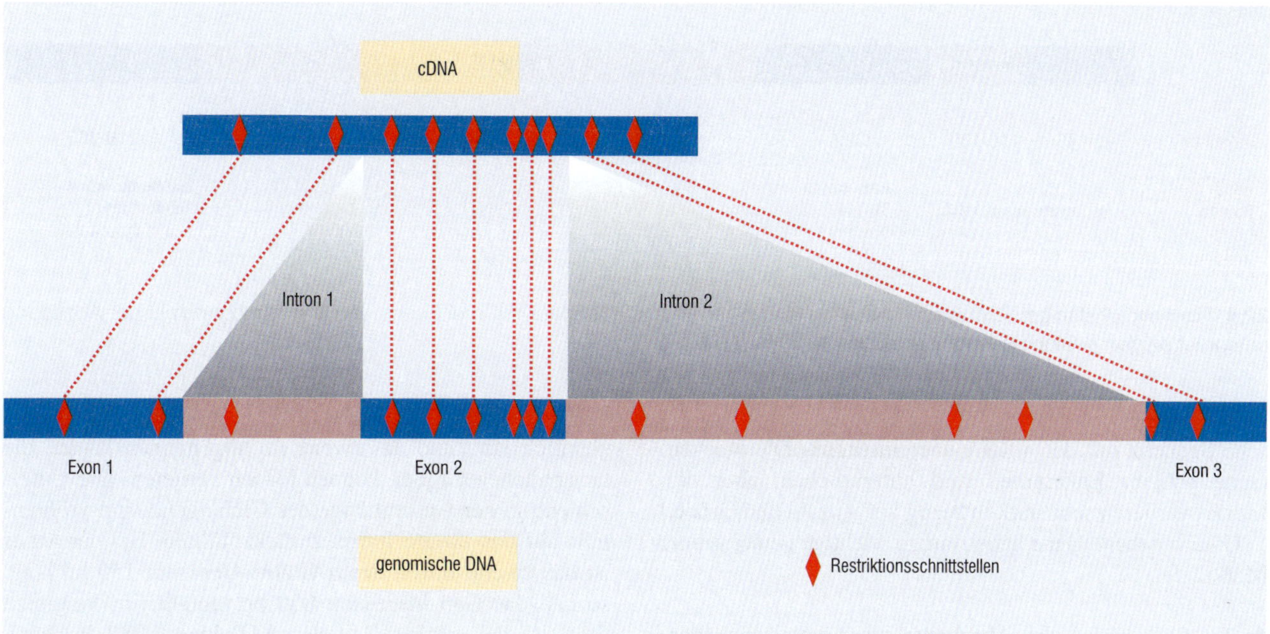

22.2 Ein Vergleich der Restriktionskarten von cDNA und genomischer DNA für das β-Globin der Maus zeigt, daß das Gen zwei zusätzliche Regionen enthält, die in der cDNA nicht vorkommen. Die übrigen Regionen des Gens lassen sich genau mit der cDNA zur Deckung bringen.

Letztendlich kann man die Introns durch Vergleich der Nucleotidsequenzen der genomischen und der cDNA-Klone genau bestimmen. Die Auflösung bis hin zur Sequenzebene ist notwendig, damit wir mit Sicherheit alle Genabschnitte identifiziert haben. Kurze Introns oder Exons können bei Restriktionskartierungen übersehen werden, wenn sie nicht zufällig eine passende Schnittstelle enthalten. (Ein Intron kann unbemerkt „durchrutschen", wenn es in einem langen Exon liegt, und ein Exon mit einer Länge von weniger als 50 bp hybridisiert möglicherweise nicht mit der cDNA-Sonde, so daß es zwischen den flankierenden Exons nicht entdeckt wird.) Ein Sequenzvergleich ist jedoch eindeutig. Wie in Abbildung 22.3 dargestellt ist, unterbricht ein Intron, das innerhalb einer codierenden Region liegt, im allgemeinen das Leseraster, die cDNA weist aber ein intaktes Leseraster auf.

Bis jetzt ist es nicht gelungen, ein zugrundeliegendes Prinzip oder eine Ursache für die extrem unterschiedlichen Strukturen der eukaryotischen Gene zu finden. Einige Gene besitzen keine Unterbrechungen, so daß die genomi-

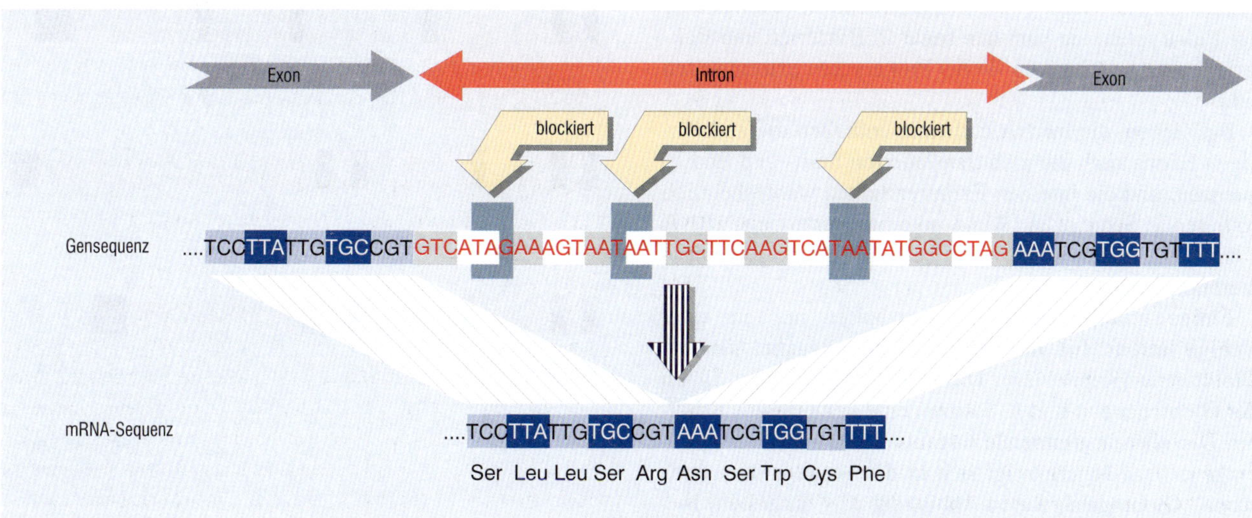

22.3 Eine Intronsequenz kommt im Gen vor, fehlt aber in der mRNA (hier als cDNA dargestellt). Das Leseraster ist durch die abwechselnd hellen und schattierten Flächen markiert. Dabei fällt auf, daß im Intron alle drei möglichen Leseraster durch Terminationscodons blockiert sind.

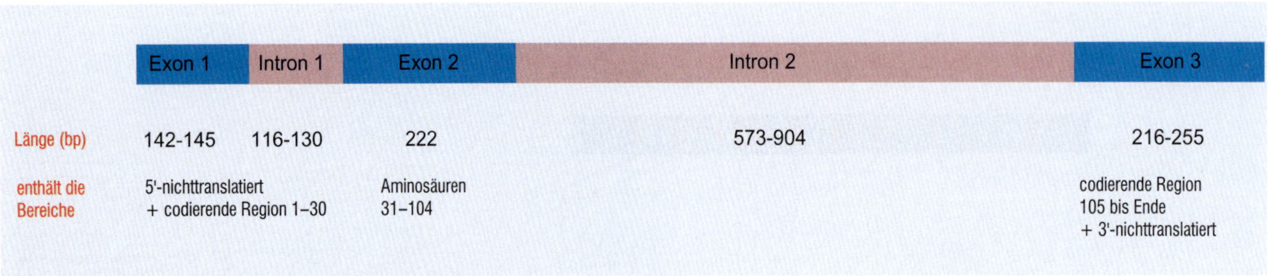

22.4 Alle funktionsfähigen Globingene besitzen eine unterbrochene Struktur mit drei Exons. Die Längenangaben in der Abbildung entsprechen den β-Globin-Genen der Säuger.

sche Sequenz mit der mRNA übereinstimmt. Die meisten Gene höherer Eukaryoten sind unterbrochen, aber die Introns variieren sehr stark in bezug auf Anzahl und Größe.

Unterbrochene Gene haben einige wichtige gemeinsame Merkmale:

- Die *Reihenfolge* der Abschnitte eines unterbrochenen Gens stimmt im Genom und im gereiften mRNA-Produkt überein. Gene sind also eher aufgeteilt als verstreut.
- Ein unterbrochenes Gen behält in allen Geweben *dieselbe Struktur*, das heißt in der Keimbahn und den somatischen Geweben – unabhängig davon, ob das Gen exprimiert wird oder nicht. Das Vorhandensein eines Introns ist also ein unveränderliches Merkmal.
- Die Introns von Genen im Zellkern haben generell in allen Leserastern Terminationscodons und besitzen *keine Codierungsfunktion.*

Unterbrechungen kommen in allen Genklassen vor: in Genen des Zellkerns, die Proteine codieren, in Genen des Nucleolus, die rRNA codieren, und in tRNA-Genen. Unterbrechungen findet man auch in mitochondrialen Genen der niederen Eukaryoten sowie in Genen der Chloroplasten. Unterbrochene Gene gibt es anscheinend in jeder Klasse der Eukaryoten; sie kommen sogar in Bakterien und Bakteriophagen vor, obwohl sie bei Prokaryoten extrem selten sind.

Bei Genen, die mRNA codieren, enthalten die endständigen Exons auch die nichttranslatierten Start- und Endsequenzen, und die internen Exons enthalten wahrscheinlich codierende Sequenzen. Wenn unterbrochene Gene rRNA oder tRNA codieren, besitzen die Exons keine proteincodierende Funktion.

Einige unterbrochene Gene enthalten nur ein oder wenige Introns. Ein intensiv erforschtes Beispiel sind die Globingene (Kapitel 23). Die beiden allgemeinen Typen der Globingene, α und β, besitzen eine gemeinsame Struktur. Die übereinstimmende Organisationsstruktur der Globingene bei Säugern zeigt sich in der Struktur des „typischen" Globingens, wie in Abbildung 22.4 dargestellt ist.

Die Unterbrechungen treten bei allen bekannten aktiven Globingenen (relativ zur codierenden Sequenz) an homologen Positionen auf, beispielsweise bei Genen von Säugern, Vögeln und Fröschen. Das erste Intron ist immer ziemlich kurz und das zweite im allgemeinen länger, die tatsächlichen Größen können jedoch variieren. Die Unterschiede in der Gesamtlänge der Globingene sind größtenteils auf das zweite Intron zurückzuführen. Bei der Maus ist das zweite Intron des α-Globin-Gens nur 150 bp lang, so daß das Gen insgesamt 850 bp umfaßt; im Vergleich dazu ist das größte Gen der β-Globine 1 382 bp lang. Diese Gene unterscheiden sich in der Länge wesentlich stärker als ihre mRNAs (die α-Globin-mRNA besteht aus 585 Basen, die β-Globin-mRNA aus 620 Basen.

Die Abbildung 22.5 zeigt als Beispiel das deutlich größere Gen der Dihydrofolatreduktase (DHFR). Das DHFR-Gen ist bei Säugern in Form von sechs Exons organisiert, die der 2 000 Basen langen mRNA entsprechen. Aber sie erstrecken sich über einen wesentlich größeren DNA-Bereich, da die Introns außerordentlich lang sind. Bei drei Säugern stimmen die Exons grundlegend überein, und die relativen Positionen der Introns sind unverändert. Die Längen der einzelnen Introns unterscheiden sich jedoch sehr stark, so daß die Länge der Gene zwischen 25 und 31 kb variiert.

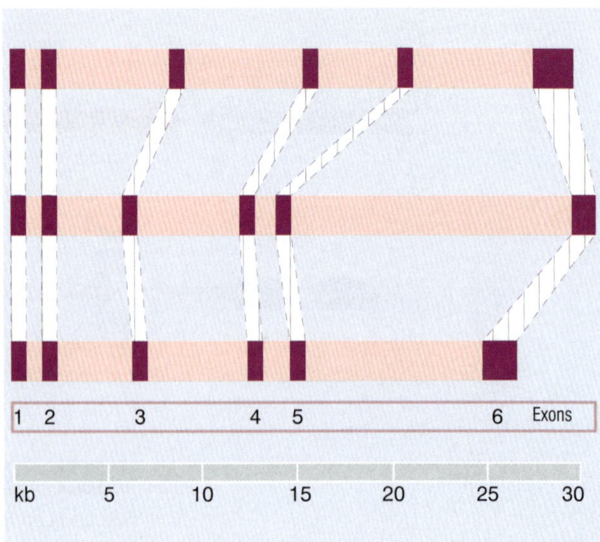

22.5 Die DHFR-Gene der Säuger besitzen zwar alle dieselbe relative Organisationsstruktur mit verhältnismäßig kurzen Exons und sehr langen Introns, wobei jedoch die Längen einander entsprechender Introns stark variieren.

Die Globin- und die DHFR-Gene sind Beispiele eines allgemeinen Phänomens: *Gene, die aufgrund der Evolution verwandt sind, besitzen eine verwandte Organisationsstruktur, wobei die Positionen von zumindest einigen Introns konserviert sind. Längenunterschiede der Gene entstehen vor allem durch die Längen der Introns.*

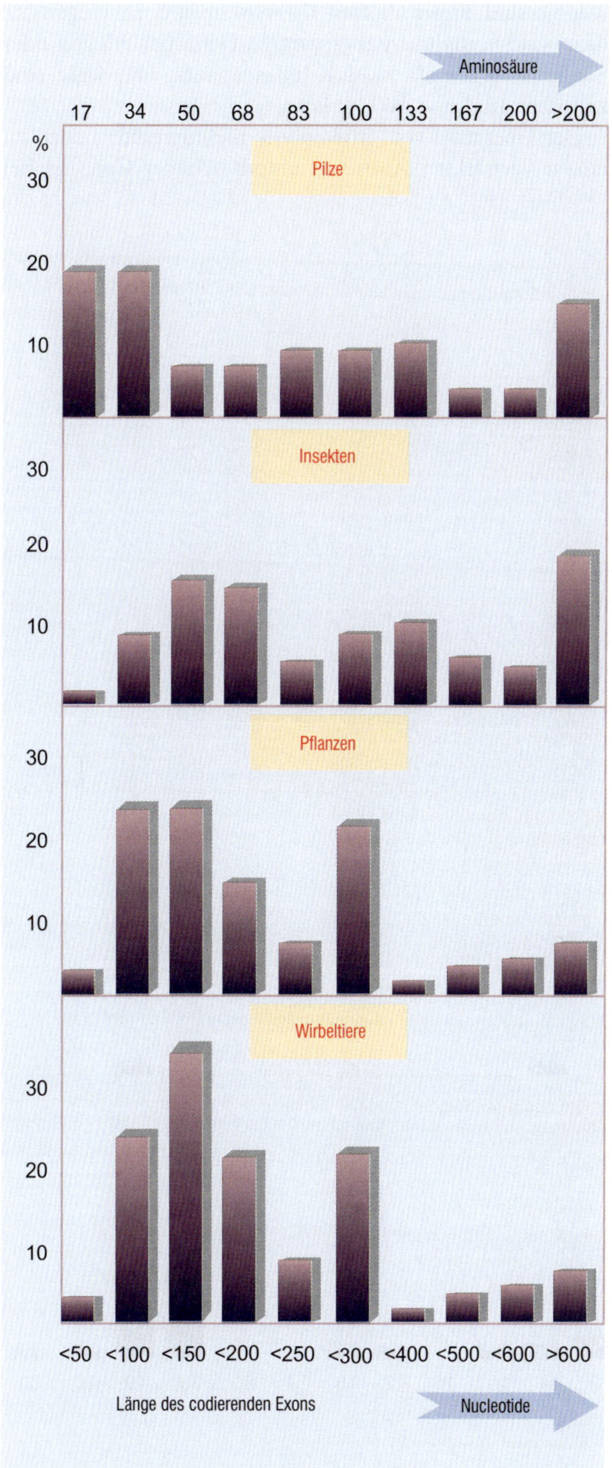

22.6 Proteincodierende Exons sind im allgemeinen kurz.

22.2 Gene zeigen eine breitgefächerte Größenverteilung

Die Existenz unterbrochener Gene zeigt, daß ein Gen wesentlich größer sein kann als der Teil, der das Protein codiert. Da inzwischen Hunderte von Genen entweder sequenziert oder in Grundzügen mit ihren mRNA-Produkten verglichen wurden, können wir jetzt untersuchen, wie weit sich mit der Genstruktur die Größe des eukaryotischen Genoms erklären läßt.

Abbildung 22.6 zeigt, daß die Exons, die Bereiche eines Proteins codieren, im Vergleich zur Länge des Gens ziemlich kurz sind. Die meisten codieren weniger als 100 Aminosäuren (bei Wirbeltieren häufig unter 50). Ihre allgemeine Verteilung paßt gut zu der Vorstellung, daß sich Gene durch allmähliches Aneinanderfügen von Einheiten entwickelt haben, die einzelne kleine Domänen von Proteinen codieren (siehe unten). Bei den verschiedenen Arten von Organismen gibt es keine ausgesprochenen Unterschiede zwischen den Exongrößen, außer daß bei Vertebraten offensichtlich keine größeren Exons vorkommen. (Die große Zahl von Exons bei Pilzen und *Drosophila*, die mehr als 300 Aminosäuren codieren, entsteht aufgrund von nichtunterbrochenen Genen, also von Genen mit nur einem Exon). Es gibt einige Exons, die noch viel größer sind und nichttranslatierte 5′- und 3′-Regionen codieren (in der Abbildung nicht dargestellt).

Die Abbildung 22.7 zeigt, daß Introns länger sind als Exons. Sie reichen etwa von der Größe eines Exons (klei-

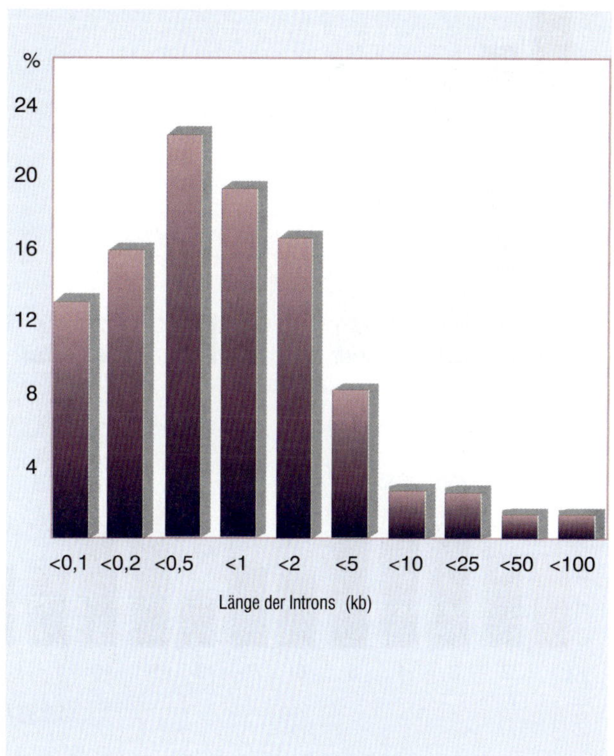

22.7 Die Introns der Vertebraten besitzen sehr unterschiedliche Längen.

ner als 200 bp) bis zu Längen von etlichen Kilobasen, in Extremfällen können es sogar 50 bis 60 kb sein.

In Abbildung 22.8 ist die allgemeine Organisationsstruktur der Gene von Hefen, Insekten und Säugern dargestellt. Bei *S. cerevisiae* besitzen die große Mehrzahl der Gene (mehr als 96 %) keine Unterbrechungen, und Gene mit Exons sind im allgemeinen relativ kompakt. Tatsächlich gibt es bei *S. cerevisiae* kein Gen mit mehr als vier Exons.

Bei Insekten und Säugern ist die Situation umgekehrt. Nur eine geringe Anzahl von Genen (sechs Prozent bei Säugern) bestehen aus einer nichtunterbrochenen codierenden Sequenz. Die Gene von Insekten besitzen tendenziell relativ wenige Exons, im typischen Fall unter zehn. Säugergene sind stärker unterteilt, und einige besitzen Dutzende von Exons.

Wenn wir jetzt die Konsequenzen untersuchen, die sich aus dieser Art der Organisationsstruktur für die Gesamtgröße eines Gens ergeben, stellen wir fest, daß zwischen Hefe und höheren Eukaryoten ein auffälliger Unterschied besteht, der in Abbildung 22.9 dargestellt ist. Ein Gen der Hefe besitzt im Durchschnitt eine Länge von 1,4 kb, sehr wenige sind länger als fünf Kilobasenpaare. Im Gegensatz dazu sind verhältnismäßig wenige Gene bei Fliegen oder Säugern kürzer als zwei Kilobasenpaare, und viele sind zwischen fünf und 100 kb lang.

Der Übergang von größtenteils nichtunterbrochenen zu einem verstärkten Auftreten unterbrochener Gene ist bei

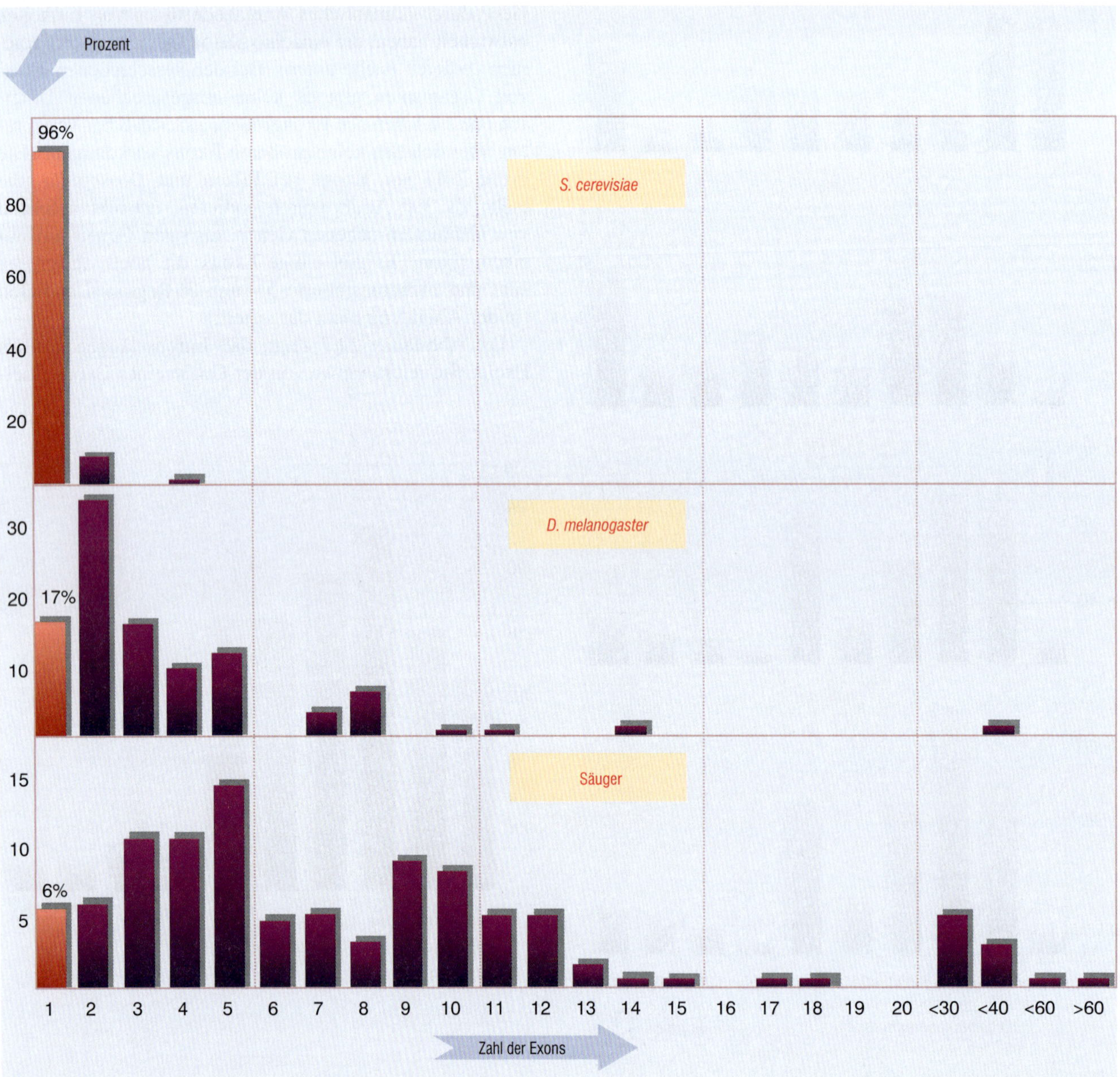

22.8 Bei der Hefe zeigen die meisten Gene keine Unterbrechungen, bei Fliegen und Säugern sind sie meist unterbrochen; nichtunterbrochene Gene haben nur ein Exon (linke Spalte).

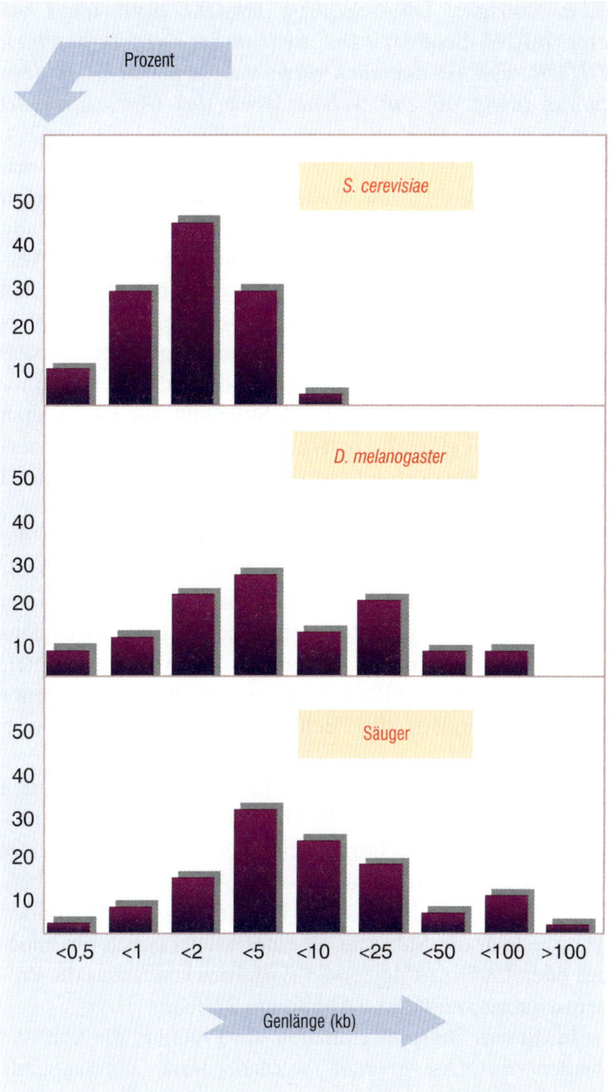

22.9 Die Gene der Hefe sind kurz, während die Gene von Fliegen und Säugern unterschiedliche Längen besitzen (bis hin zu sehr ausgedehnten Sequenzen).

den niederen Eukaryoten zu finden. Bei Pilzen (mit Ausnahme der Hefen) sind die meisten Gene unterbrochen, aber sie haben relativ wenige Exons (weniger als sechs) und sind ziemlich kurz (kleiner als fünf Kilobasenpaare). Der Wechsel zu langen Genen zeigt sich bei den höheren Eukaryoten, und bei Insekten sind Gene sogar deutlich länger. Vielleicht werden Gene größer, wenn die Beziehung zwischen der Komplexität der Genome und der Komplexität der Organismen verloren geht (Abbildung 21.1).

Die Ursache für die Unterschiede in den DNA-Längen in einem Ast der Evolution kennen wir noch nicht. *D. melanogaster* ist ein Beispiel für eine Fliege mit einem sehr kleinen Genom, und es stellt sich hier die Frage, ob das Anwachsen der Genomgröße auf das Sechsfache, wie im Fall der Hausfliege, auf eine Verlängerung der einzelnen Gene, auf mehr Leerraum zwischen den Genen oder auf eine erhöhte Genzahl zurückzuführen ist.

Bei einem Vergleich der Genlängen mit den Längen der mRNA-Produkte können wir aus Abbildung 22.10 erkennen, daß sich bei der Hefe die Größenverteilung der mRNAs nicht besonders von der Größenverteilung der genomischen Sequenzen unterscheidet. Der einzige wirkliche Unterschied ist eine Akkumulation kurzer mRNAs, die aufgrund des Spleißens der wenigen unterbrochenen Gene entsteht. Abbildung 22.11 zeigt jedoch, daß sich die Situation bei Säugern stark unterscheidet. Hier sind im Prinzip alle mRNAs kürzer als zehn Kilobasenpaare, im Gegensatz zu den Genen, die bis zu etwa 100 kb lang sind.

Sehr lange Gene sind das Resultat sehr langer Introns. Sie entstehen jedoch nicht dadurch, daß größere Produkte codiert werden. Es gibt keine Korrelation zwischen der Gengröße und der Anzahl der Exons. Die Größe eines Gens hängt also zuerst von der Länge der einzelnen Introns ab. Bei Säugern, Insekten und Vögeln ist das „durchschnittliche" Gen etwa fünfmal so lang wie seine mRNA.

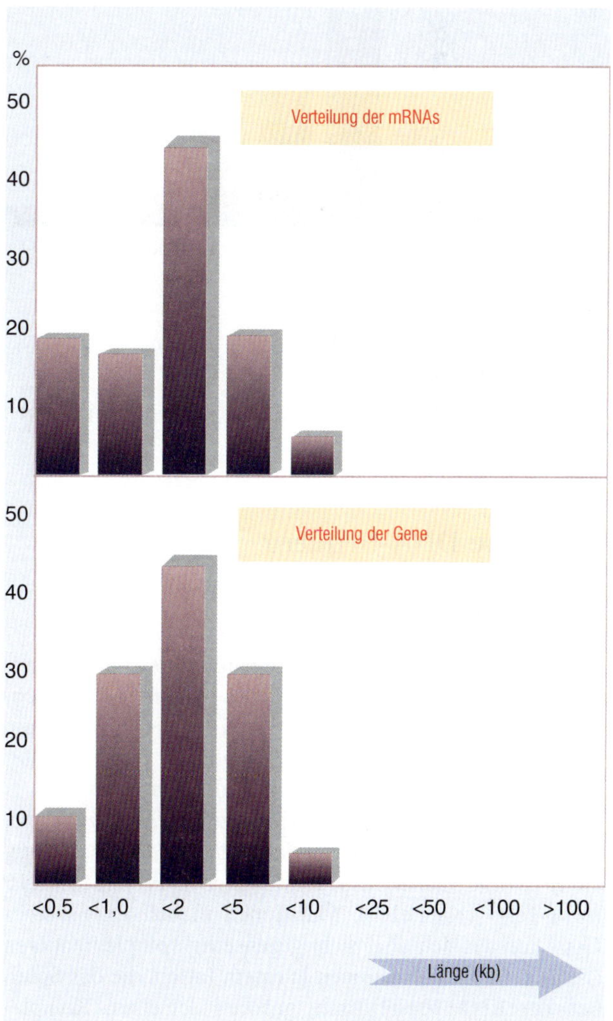

22.10 Bei der Hefe entsprechen sich die Größenverteilungen von mRNAs und Genen.

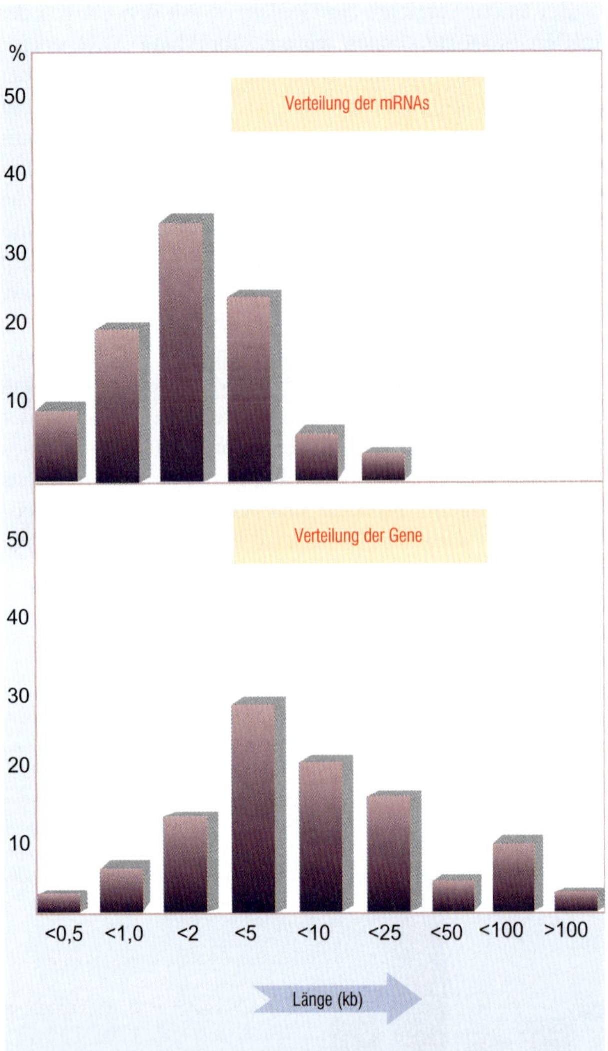

22.11 Die Gene der Säuger sind viel länger als die zugehörigen mRNAs.

22.3 Eine DNA-Sequenz kann mehrere Proteine codieren

Bis jetzt haben wir uns mit der Organisationsstruktur unterbrochener Gene als unveränderliches Muster von abwechselnden Exons und Introns befaßt. Das steht zwar kaum im Zusammenhang mit der ursprünglichen Definition des Cistrons, bildet aber auch keinen Widerspruch.

Ein Mosaikgen wird *nur über das Zusammenspleißen der Exons exprimiert, die in einem RNA-Molekül vorkommen*. Es folgt daher dem ursprünglichen Prinzip des *cis/trans*-Tests (Kapitel 3). Mutationen in den Exons eines Gens können sich also nicht gegenseitig komplementieren (Kapitel 6). Die Mutationen in einem Intron, die das Spleißen der RNA beeinflussen, gehören derselben Komplementationsgruppe an.

In einigen Fällen wird jedoch die festgelegte Beziehung zwischen Gen und Protein nicht eingehalten. Aus einer einzigen DNA-Sequenz entsteht dann mehr als eine mRNA-Sequenz. *Die Bedeutung einer bestimmten DNA-Region ist demnach nicht unveränderlich, sondern hängt davon ab, auf welche Weise das Gen exprimiert wird.*

Abbildung 22.12 faßt die verschiedenen Mechanismen zusammen, die bei den alternativen Expressionsvarianten von Genen vorkommen. Dazu gehört die Verwendung anderer Promotoren, Terminationsstellen und Exons. Verschiedene Promotoren können zu unterschiedlichen 5′-Enden führen, verschiedene Spaltstellen zu unterschiedlichen 3′-Enden. Diese Veränderungen können sich auf die Start- und Endsequenzen der mRNA beschränken, oder sie beeinflussen das Spleißmuster. Es ist auch möglich, daß das alternative Spleißen vollständig innerhalb eines Gens erfolgt, so daß andere Exons verwendet werden.

Das alternative Spleißen kann verhindern, daß sich die Art eines bestimmten DNA-Abschnitts eindeutig feststellen läßt. In Abbildung 22.12 kommt Exon 4 in der einen mRNA vor, nicht jedoch in der anderen. Das Vorhandensein in der ersten mRNA definiert es als Exon. Beim Spleißen der zweiten mRNA wird es jedoch als Teil eines Introns behandelt, das sich von Exon 3 bis Exon 5 erstreckt!

In einigen Fällen beeinflussen die Expressionsvarianten die Proteinsequenz nicht. So können beispielsweise Veränderungen in der nichttranslatierten 5′-Startsequenz oder der 3′-Endsequenz regulatorische Auswirkungen haben, es entsteht jedoch dasselbe Protein. In anderen Fällen kann jedoch die Substitution eines Exons gegen ein anderes oder das Hinzufügen oder Entfernen von Exons die Proteinsequenz verändern (Abbildung 22.13).

In diesem Beispiel enthalten die Proteine, die von den beiden mRNAs erzeugt werden, stark überlappende Sequenzen, unterscheiden sich jedoch in der alternativ gespleißten Region. Die 3′-Hälfte des Troponin-T-Gens im Rattenmuskel enthält fünf Exons, aber nur vier davon sind am Aufbau der einzelnen mRNAs beteiligt. Die drei Exons (*WXZ*) stimmen bei beiden Expressionsmustern überein. Bei einem Muster wird jedoch das α-Exon zwischen *X* und *Z* gespleißt, bei dem anderen Muster Exon β. Die α- und die β-Form von Troponin T unterscheiden sich also durch die Aminosäurefolge zwischen den Sequenzen *WX* und *Z*. Diese hängt davon ab, welches der möglichen Exons (α oder β) für die Erzeugung einer bestimmten mRNA verwendet wird. Beide können jedoch nicht in derselben mRNA vorkommen.

Auf diese Weise kann das alternative (oder differentielle) Spleißen von einer einzigen DNA-Sequenz Proteine mit überlappenden Bereichen hervorbringen. Es erscheint seltsam, daß das Genom höherer Eukaryoten durch die langen Gene, die häufig recht verstreut liegen, extrem weiträumig angelegt ist, aber gleichzeitig mehrere Produkte von einem einzelnen Locus erzeugt werden können. Es läßt sich unmöglich sagen, wieviele Gene über alternative Expressionswege verfügen, aber es dürften einige wenige Prozent sein.

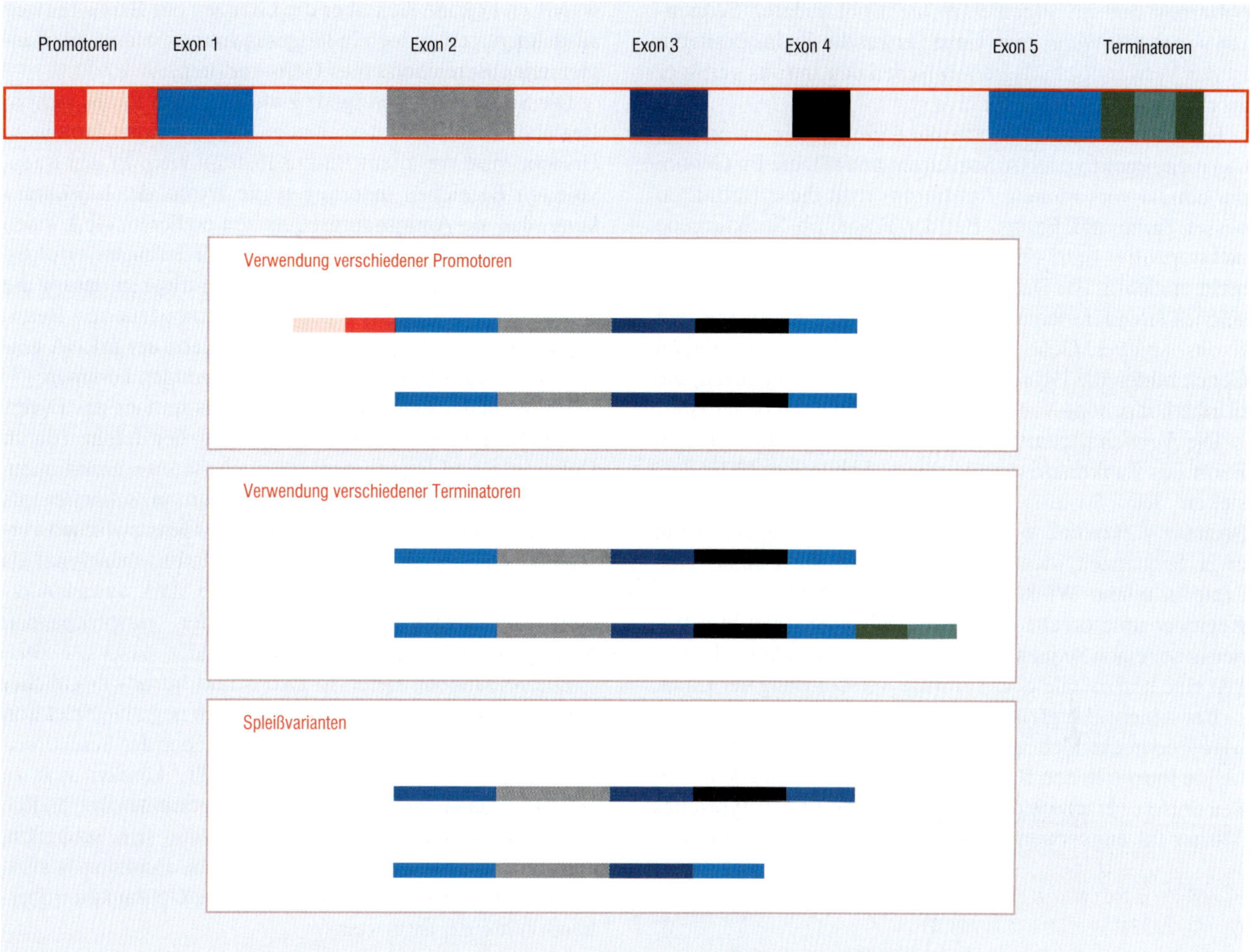

22.12 Ein Gen kann aufgrund einer Veränderung des Transkriptionsbeginns oder -endes sowie des Spleißverhaltens verschiedene RNA-Produkte codieren.

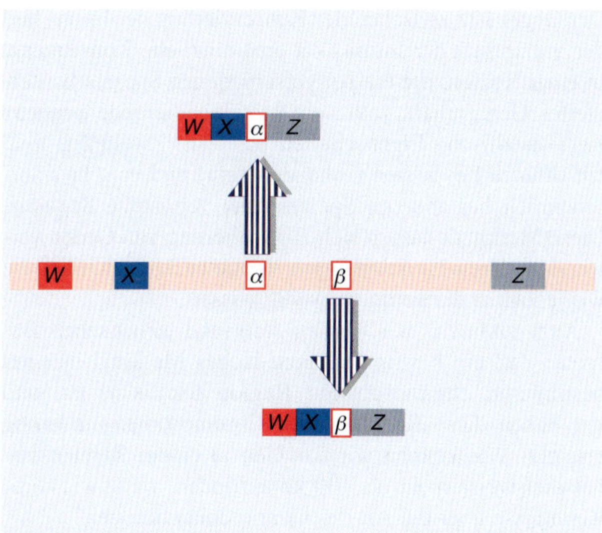

22.13 Spleißvarianten führen zu verschiedenen α- und β-Formen von Troponin T.

22.4 Exonsequenzen sind konserviert, aber Introns variieren

Durch Verwendung von Restriktionsfragmenten, die spezifischen Regionen eines Strukturgens entsprechen, kann man testen, ob diese Regionen mit anderen Sequenzen im Genom verwandt sind. Ein kloniertes Restriktionsfragment eignet sich als Sonde, um entsprechende Sequenzen in einer Restriktionsspaltung zu entdecken. Durch Isolierung passender Restriktionsfragmente kann man entweder Bereiche aus Exons oder aus Introns untersuchen.

Häufig zeigt sich, daß die Exons eines Gens mit den Exons eines anderen Gens verwandt sind. Bei Verwendung einer Exonsonde lassen sich Fragmente erkennen, die Teil eines anderen Gens oder anderer Gene sind. Das bedeutet, daß beide Gene durch die Verdoppelung eines gemeinsamen Vorläufergens entstanden sind, und daß sich danach die Unterschiede zwischen beiden Kopien immer mehr anhäuften.

Introns sind im allgemeinen nicht mit anderen Sequenzen verwandt. Wenn zwei Gene verwandte Exons besitzen, ist der Verwandtschaftsgrad zwischen den Introns geringer als der zwischen den Exons.

Bei unserer ersten Beschreibung gingen wir davon aus, daß nichtrepetitive DNA Sequenzen umfaßt, die im Genom nur einmal vorkommen. Auf Introns trifft diese Definition besser zu als auf Exons. Bei der Frage, ob Strukturgene nichtrepetitiv sind, erkennen wir also, daß die Antwort nicht eindeutig ist: Das Gen in seiner ganzen Länge ist als solches singulär, seine Exons sind jedoch häufig mit den Exons anderer Gene verwandt. Zumindest bei einigen Genen bilden die Exons schwach repetitive Sequenzen, die in eine Umgebung von singulären Introns eingebettet sind.

Die Verwandtschaft zwischen zwei Genen läßt sich in Form des Punktmatrixvergleichs in Abbildung 22.14 darstellen. Jede Position, an der in beiden Genen dieselbe Sequenz vorkommt, wird mit einem Punkt markiert. Wenn zwei Sequenzen identisch sind, bilden die Punkte eine Linie in einem Winkel von 45°. Nichtübereinstimmende Regionen unterbrechen die Linie; Deletionen oder Insertionen in der einen Sequenz (verglichen mit der anderen) bewirken eine horizontale oder vertikale Verschiebung der Linie.

Bei einem Vergleich der beiden β-Globin-Gene der Maus erstreckt sich die Linie über drei Exons und das kleine Intron. In den flankierenden Regionen und dem großen Intron verschwindet die Linie. Das ist ein typisches Muster für engverwandte codierende Sequenzen; die Verwandtschaft kann sich über die Grenzen der Exons hinweg ausdehnen, geht jedoch in längeren Introns und in den flankierenden Bereichen eines Gens verloren.

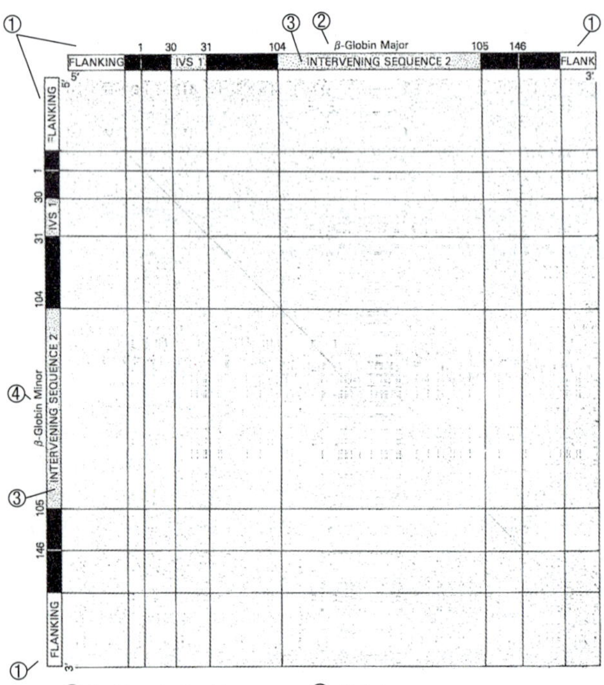

① flankierender Bereich
② erstes Gen des β-Globins
③ Zwischensequenz
④ zweites Gen des β-Globins

22.14 Die Sequenzen des αmaj- und des αmin-Globin-Gens sind im codierenden Bereich engverwandt, unterscheiden sich jedoch in den flankierenden Regionen und im großen Intron. (Daten mit freundlicher Genehmigung von Philip Leder.)

Die Summe der Divergenz zwischen zwei Exons steht in Beziehung zu den Unterschieden zwischen den Proteinen. Ursache sind vor allem Basensubstitutionen. In den translatierten Bereichen unterliegen die Exons der Einschränkung, daß sie Aminosäuresequenzen codieren, sie können sich also kaum verändern. Viele Veränderungen erfolgen an der dritten Basenposition und beeinflussen darum die Bedeutung der Codons nicht. In nichttranslatierten Bereichen (die der 5'-Start- und 3'-Endsequenz der mRNA entsprechen) kann es leichter zu Veränderungen kommen.

Bei einander entsprechenden Introns umfaßt das Divergenzmuster sowohl Veränderungen in der Länge (durch Deletionen und Insertionen) als auch Basensubstitutionen. Introns verändern sich in der Evolution schneller als Exons. Bei einem Vergleich desselben Gens zwischen verschiedenen Spezies erweisen sich die Exons manchmal als homolog, während die Introns sich so stark auseinanderentwickelt haben, daß die einander entsprechenden Sequenzen nicht mehr zu erkennen sind.

Die Mutationen treten in Exons und Introns in gleicher Häufigkeit auf, sie werden jedoch durch negative Selektion aus den Exons effektiver entfernt. Da aber der Selektionsdruck der Codierungsfunktion entfällt, können sich in einem Intron uneingeschränkt Punktmutationen und andere Veränderungen ansammeln. Daraus läßt sich schließen, daß ein Intron keine sequenzspezifische Funktion besitzt. Ob die Anwesenheit der Introns für die Genfunktion überhaupt nötig ist, ist unklar.

22.5 Gene lassen sich aufgrund der Konservierung der Exons isolieren

Der Gegensatz zwischen der Konservierung der Exons und der Variabilität der Introns hat eine nützliche Konsequenz. In einer Region, die ein bei verschiedenen Spezies konserviertes Gen enthält, sollte die proteincodierende Sequenz zwei spezifische Eigenschaften besitzen: Zweifellos muß ein offenes Leseraster vorhanden sein; und es gibt wahrscheinlich bei anderen Spezies eine verwandte Sequenz. Diese Merkmale lassen sich zur Isolierung von Genen verwenden, deren Funktionen wir vermuten können, über die wir jedoch anderweitig zu wenig wissen.

Angenommen, wir wissen aufgrund genetischer Befunde, daß ein bestimmtes genetisches Merkmal in einer bestimmten chromosomalen Region lokalisiert ist, und wir haben diese Region durch Chromosomenwanderung erreicht. Wie können wir das Gen in einem Bereich von beispielsweise mehr als 100 kb auffinden, wenn wir keine Kenntnisse über die Art des Genprodukts besitzen?

Ein aufwendiges Verfahren, das sich bei einigen Genen mit medizinischer Bedeutung bewährt hat, ist die Suche nach verhältnismäßig kurzen Fragmenten aus der Region, welche die zu erwartenden zwei Eigenschaften eines konservierten Gens besitzen. Zuerst versuchen wir, Fragmente zu identifizieren, die mit den Genomen anderer Spezies kreuzhybridisieren. Dann untersuchen wir diese Fragmente hinsichtlich offener Leseraster.

Der erste Schritt läßt sich mit Hilfe eines **Zoo-Blots** durchführen. Wir klonieren ein kurzes Fragment aus der Region und verwenden es als (radioaktive) Sonde, um in einer Reihe von Spezies durch Southern-Blotting nach verwandten DNAs zu suchen. Wenn wir bei verschiedenen Spezies hybridisierende Fragmente finden, die mit der Sonde verwandt sind (die Sonde ist im allgemeinen menschlichen Ursprungs), dann enthält die Sonde möglicherweise ein Exon des Gens.

Solche Fragmentkandidaten werden sequenziert, und wenn sie offene Leseraster enthalten, verwendet man sie für die Isolierung genomischer Bereiche in der Umgebung. Wenn diese offensichtlich Teil eines Exons sind, können wir damit das vollständige Gen suchen, die zugehörige cDNA oder mRNA isolieren und schließlich das Protein identifizieren.

Diese Vorgehensweise ist bei Genen von Bedeutung, deren Existenz man aufgrund genetischer Befunde vermutet, deren Eigenschaften jedoch unbekannt sind. Ein Beispiel ist das *zfy*-Gen, das auf dem menschlichen Y-Chromosom liegt. Abbildung 22.15 zeigt einen Zoo-Blot, bei

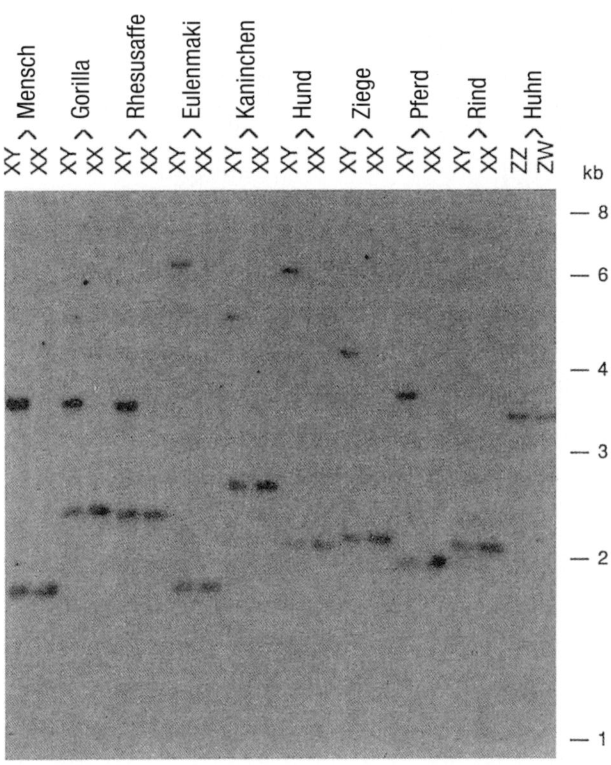

22.15 Durch einen Zoo-Blot mit einer Sonde aus dem menschlichen *zfy*-Gen im Y-Chromosom lassen sich kreuzhybridisierende Fragmente in den Geschlechtschromosomen anderer Säuger und bei Vögeln bestimmen. Je ein Fragment des Y-Chromosoms und des X-Chromosoms zeigen eine Reaktion. (Daten mit freundlicher Genehmigung von David Page.)

dem eine Sonde aus dieser Region verwendet wurde. Die Sonde hybridisiert spezifisch mit Geschlechtschromosomen der Säuger und auch mit anderen Spezies und enthält ein offenes Leseraster, welches ein konserviertes Gen anzeigt.

Dieser Ansatz ist vor allem dann von Bedeutung, wenn das Zielgen sehr ausgedehnt ist, da es viele große Introns besitzt. Das zeigte sich bei der Duchenne-Muskel-Dystrophie (DMD), einer degenerativen Erkrankung der Muskeln. Der Defekt ist X-gekoppelt und tritt bei einem unter 3 500 männlichen Neugeborenen auf. Die Etappen bis zur Idenfizierung des Gens sind in Abbildung 22.16 dargestellt.

Koppelungsanalysen ordneten den DMD-Locus der chromosomalen Bande Xp21 zu. Patienten mit dieser Krankheit zeigen häufig chromosomale Umlagerungen, die diese Bande betreffen. Durch Vergleich der Hybridisierungen von X-chromosomalen DNA-Sonden mit DNA aus Patienten und normaler DNA konnte man Fragmente klonieren, die der umgelagerten oder deletierten DNA-Region bei den Patienten entsprachen.

Mit Hilfe einer Chromosomenwanderung erstellte man eine Restriktionskarte der Regionen zu beiden Seiten der Sonde, wobei ein Bereich von mehr als 100 kb abgedeckt wurde. DNA-Analysen bei einer Reihe von Patienten zeigten in diesem Bereich große Deletionen, die sich in beide Richtungen erstreckten. Die Deletion mit den stärksten Auswirkungen lag vollständig innerhalb der Region und enthielt einen Abschnitt, der offensichtlich für die Genfunktion wichtig ist. Also mußte sich hier das Gen oder zumindest ein Teil davon befinden.

Da man nun die Genregion erreicht hatte, mußten nun die Exons und Introns identifiziert werden. Mit Hilfe eines Zoo-Blots ließen sich Fragmente bestimmen, die mit dem X-Chromosom der Maus und anderen Säuger-DNAs kreuzhybridisierten. Diese wurden genau auf offene Leseraster und charakteristische Sequenzen von Exon-Intron-Verknüpfungen untersucht, wie in Abbildung 22.17 dargestellt ist. Fragmente, die diesen Kriterien entsprachen, verwendete man als Sonden, um homologe Sequenzen in einer cDNA-Bank zu finden, die aus Muskel-mRNA präpariert worden war.

Die cDNA, die dem Gen entspricht, stammt von einer ungewöhnlich langen mRNA von etwa 14 kb. Eine Rückhybridisierung mit dem Genom zeigt, daß die mRNA aus mehr als 60 Exons besteht, die sich über etwa 2 000 kb DNA verteilen. Dadurch wird das DMD-Gen zu dem längsten bisher identifizierten Gen; es ist tatsächlich zehnmal länger als jedes andere bekannte Gen.

Das Gen codiert ein Protein von etwa 500 kD, das sogenannte Dystrophin. Es ist ein Bestandteil des Muskels, kommt aber nur in relativ geringen Mengen vor. Alle Patienten mit dieser Krankheit weisen an diesem Locus Deletionen auf und besitzen entweder gar kein oder ein nicht funktionelles Dystrophin.

Ein anderes Verfahren, das ein schnelles Durchsuchen genomischer Fragmente nach Exons ermöglicht, ist die **gezielte Isolierung von Exons**, das sogenannte *exon trap-*

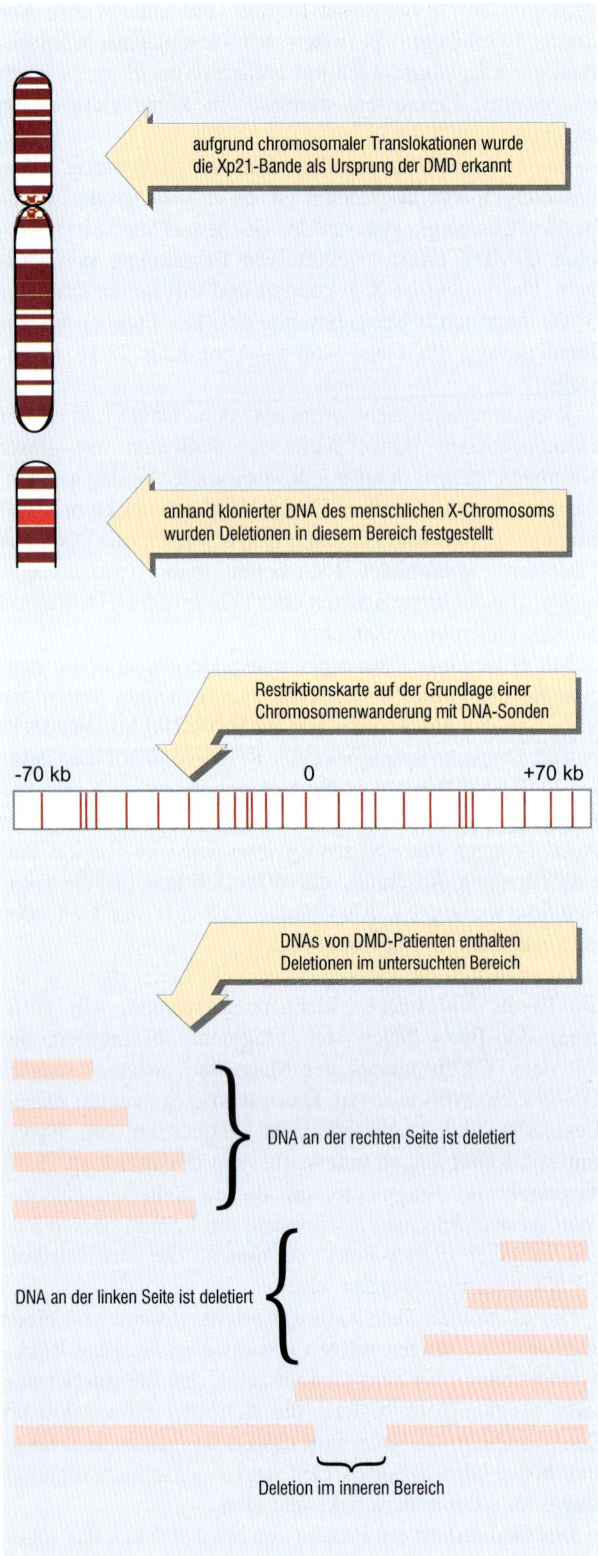

22.16 Das Gen der Duchenne-Muskel-Dystrophie wurde mit Hilfe einer Chromosomenkartierung und -wanderung auf einen Bereich eingegrenzt, in dem die Deletionen mit dem Auftreten der Krankheit korrelierten.

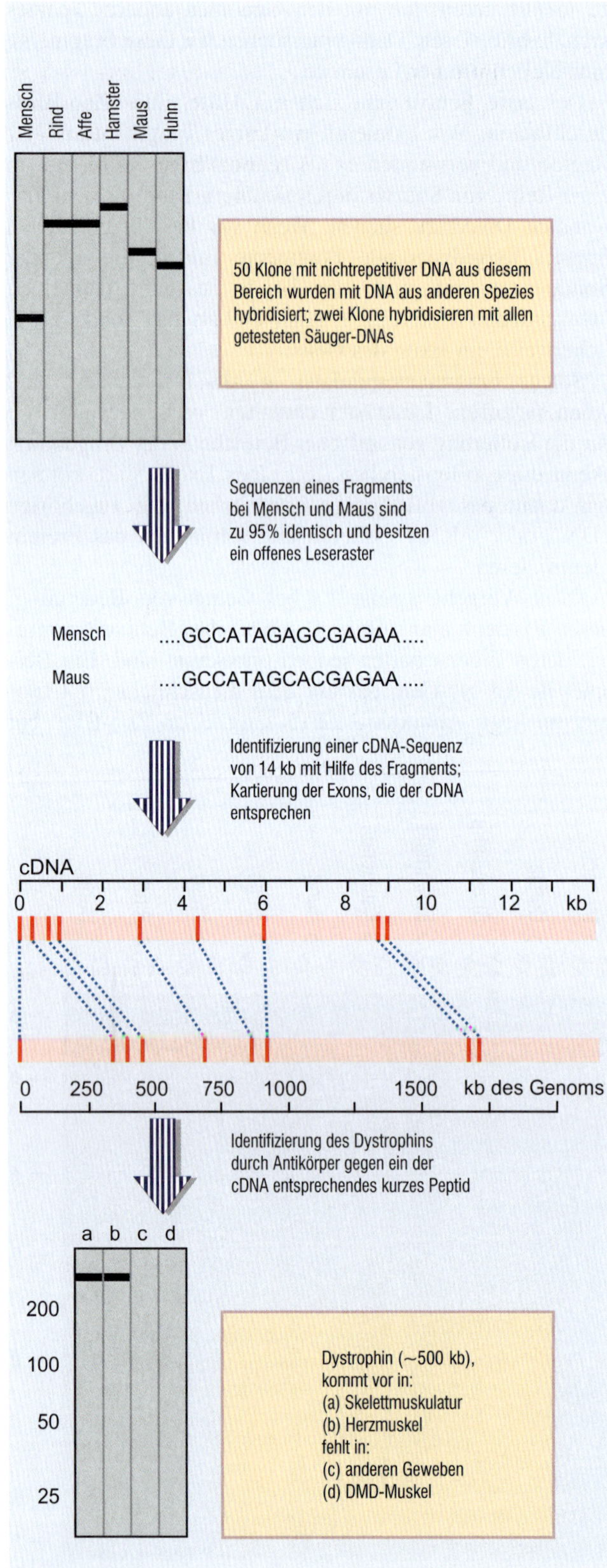

22.17 Das Gen der Duchenne-Muskel-Dystrophie wurde durch Zoo-Blotting, cDNA-Hybridisierung, genomische Hybridisierung und Identifizierung des Proteins charakterisiert.

ping, wie in Abbildung 22.18 gezeigt ist. Dabei verwendet man einen Vektor, der einen starken Promotor enthält sowie ein Intron, das die zwei Exons unterbricht. Nach einer Transfektion des Vektors in Zellen entstehen durch die Transkription große Mengen an mRNA mit den Sequenzen der beiden Exons. Innerhalb des Introns liegt eine Restriktionsklonierungsstelle, in die sich genomische Fragmente einer ausgewählten Region einfügen lassen. Wenn ein Fragment kein Exon enthält, verändert sich das Spleißmuster nicht, und die RNA enthält nur dieselben Sequenzen wie der ursprüngliche Vektor. Befindet sich jedoch in dem genomischen Fragment ein Exon, das von zwei Intronteilsequenzen flankiert wird, so werden die Spleißstellen an jeder Seite des Exons erkannt, und die Sequenz des Exons wird zwischen die beiden Exons des Vektors eingefügt. Das läßt sich durch reverse Transkription der cytoplasmatischen mRNA in cDNA und die anschließende Amplifizierung der Sequenzen zwischen den beiden Exons des Vektors leicht feststellen. Wenn in der amplifizierten Population Sequenzen des genomischen Fragments auftreten, zeigt das die Klonierung eines Exons an. Da in tierischen Zellen Introns im allgemeinen sehr lang und Exons kurz sind, besteht eine hohe Wahrscheinlichkeit, daß ein beliebiges Fragment genomischer DNA die erforderliche Struktur eines von partiellen Introns flankierten Exons enthält.

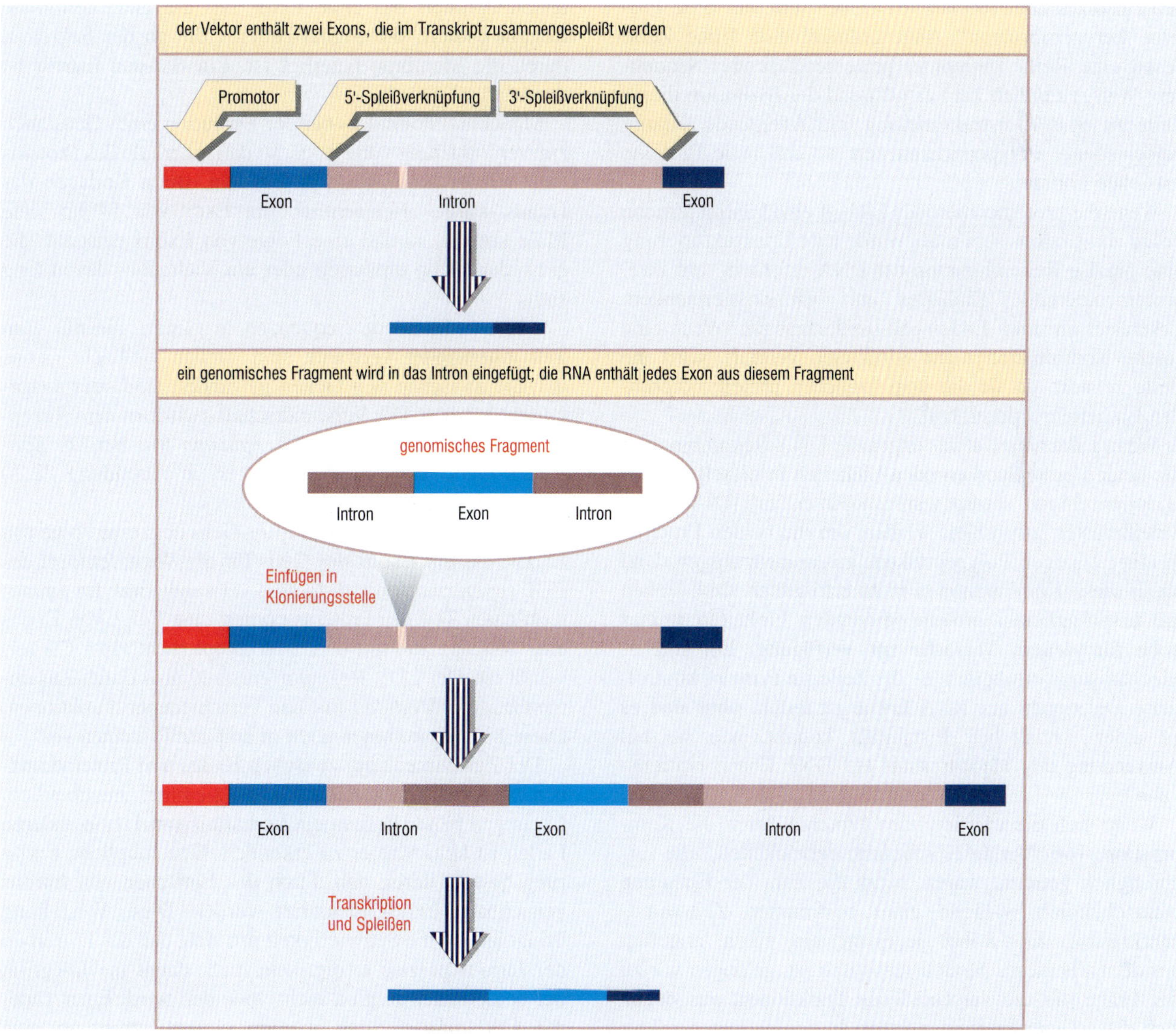

22.18 Ein spezieller Spleißvektor eignet sich für die gezielte Isolierung von Exons (*exon trapping*). Wenn in einem genomischen DNA-Fragment ein Exon vorkommt, findet man die Sequenz in der cytoplasmatischen RNA, enthält das Fragment jedoch nur ein Intron, wird dieses herausgespleißt und geht verloren.

22.6 Wie sind unterbrochene Gene entstanden?

Wie sah die ursprüngliche Form der Gene aus, die heute unterbrochen sind?

- Bestanden die früheren proteincodierenden Einheiten aus DNA-Sequenzen ohne Unterbrechungen, in welche die Introns später eingefügt wurden?
- Oder entstanden die Gene zuerst als unterbrochene Strukturen, die in dieser Form erhalten blieben?

Eine andere Form der Fragestellung lautet, ob sich der Unterschied zwischen eukaryotischen und prokaryotischen Genen durch das Entstehen von Introns bei Eukaryoten oder durch den Verlust der Introns bei Prokaryoten erklären läßt.

Könnte die Mosaikstruktur das Überbleibsel eines frühen Ansatzes zum Umbau von Genen sein, um neue Proteine hervorzubringen? Angenommen, eine frühe Zelle besaß eine Reihe getrennter proteincodierender Sequenzen. Wahrscheinlich kam es während der Evolution dieser Zelle zu einer Umstrukturierung und Aneinanderreihung verschiedener Polypeptideinheiten, so daß neue Proteine entstehen konnten.

Wenn die proteincodierende Einheit eine kontinuierliche Folge von Codons sein muß, würde jede Umstrukturierung eine präzise Rekombination der DNA erfordern, um zwei proteincodierende Einheiten mit übereinstimmendem Leseraster an ihren Enden aneinanderzufügen. Wenn eine solche Kombination nicht erfolgreich verläuft, wird die Zelle zerstört, da sie die ursprünglichen proteincodierenden Einheiten verloren hat.

Wenn jedoch eine etwas ungenaue DNA-Rekombination die beiden proteincodierenden Einheiten in dieselbe Transkriptionseinheit setzen würde, könnten auf RNA-Ebene Spleißmuster ausprobiert werden, um die beiden Proteine in einer einzigen Polypeptidkette zusammenzufügen. Und wenn diese Kombinationen nicht erfolgreich sind, stehen die ursprünglichen proteincodierenden Einheiten immer noch für weitere Versuche zur Verfügung. Ein solcher Mechanismus ermöglicht es der Zelle im Prinzip, kontrollierte Deletionen auf RNA-Ebene zu testen, ohne daß es zu einer schädlichen Instabilität kommt, wie sie bei Anwendung des Mechanismus auf DNA-Ebene eintreten kann.

Wenn sich die existierenden Proteine durch die Kombination von Vorläuferproteinen entwickelten, die ursprünglich getrennt waren, nahm die Zahl der Einheiten wahrscheinlich während eines bestimmten Zeitraumes schrittweise zu, wobei jedesmal ein Exon angefügt wurde. Falls dieses Modell realistisch ist, gelangen wir zu der Frage, ob die verschiedenen Funktionen, aus denen sich diese Gene zusammensetzen, in der jetzigen Struktur erkennbar sind. Anders ausgedrückt: können wir einzelne Funktionen der heutigen Proteine mit einzelnen Exons gleichsetzen?

In einigen Fällen besteht zwischen den Strukturen von Gen und Protein eine eindeutige Beziehung. Ein besonders gutes Beispiel liefern hier die Immunglobuline. Sie werden von Genen codiert, bei denen jedes Exon genau einer funktionellen Domäne des Proteins entspricht. Abbildung 22.19 zeigt einen Strukturvergleich zwischen einem Immunglobulin und seinem Gen.

Ein Immunglobulin ist ein Tetramer aus zwei leichten und zwei schweren Ketten, die sich zusammenlagern und so ein Protein mit mehreren verschiedenen Domänen bilden. Leichte und schwere Ketten unterscheiden sich in der Struktur, außerdem gibt es verschiedene Formen der schweren Kette. Jeder Kettentyp wird von einem Gen exprimiert, das aus einer Folge von Exons besteht. Diese entsprechen den strukturellen Domänen des Proteins. (Kapitel 33 erklärt, wie die exprimierte Form des Gens aus seinen Komponenten entsteht.)

In vielen Fällen lassen sich die Exons eines Gens bestimmten Funktionen zuordnen. Bei sekretorischen Proteinen definiert das erste Exon, das die aminoterminale Region codiert, die Signalsequenz, die an der Sekretion durch die Membran beteiligt ist. Ein Beispiel hierfür ist das Insulin.

Manchmal kommt es bei der Evolution eines Gens auch zur Verdoppelung von Exons, so daß innerhalb des Proteins eine Wiederholungssequenz entsteht. Beim Kollagen des Huhns wurde offensichtlich ein Exon von 54 bp viele Male kopiert, so daß eine Folge von Exons entstand, die entweder 54 bp umfassen oder ein Vielfaches davon lang sind.

Übereinstimmende Sequenzen in Genen, die nur zum Teil miteinander verwandt sind, stellen vielleicht Exons dar, die zwischen den Genen gewandert sind oder ausgetauscht wurden. Die Verwandtschaft zwischen dem Rezeptor für das menschliche LDL (*plasma low density lipoprotein*) und anderen Proteinen ist in Abbildung 22.20 zusammengefaßt.

In der Mitte des LDL-Rezeptor-Gens liegt eine Folge von Exons, die mit Exons des Gens für die Vorstufenform des EGF (*epidermal growth factor*) verwandt sind. Im aminoterminalen Teil des Proteins codiert eine Folge von Exons eine Sequenz, die mit dem Blutkomplementfaktor C9 verwandt ist. Der LDL-Rezeptor entstand also durch Zusammenbau von *Modulen* mit den verschiedenen Funktionen. Diese Module kommen auch in anderen Proteinen vor.

Der Zusammenhang zwischen Exons und Proteindomänen ist bei den bekannten Genen ziemlich uneinheitlich. In einigen Fällen besteht ein Verhältnis von 1:1, in anderen Fällen ist kein Muster zu erkennen. Eine mögliche Erklärung besteht darin, daß durch das Entfernen von Introns benachbarte Exons fusioniert wurden. Diese Vorstellung bringt jedoch die Schwierigkeit mit sich, daß das Entfernen der Introns präzise erfolgt sein muß, damit die Integrität der codierenden Region nicht verändert wird. Einer anderen Erklärung zufolge wurden einige Introns in eine zusammenhängende Domäne eingefügt; dabei ergibt sich jedoch das Problem, daß man voraussetzen muß, das Intron habe seine Fähigkeit zum Herausspleißen mitgebracht.

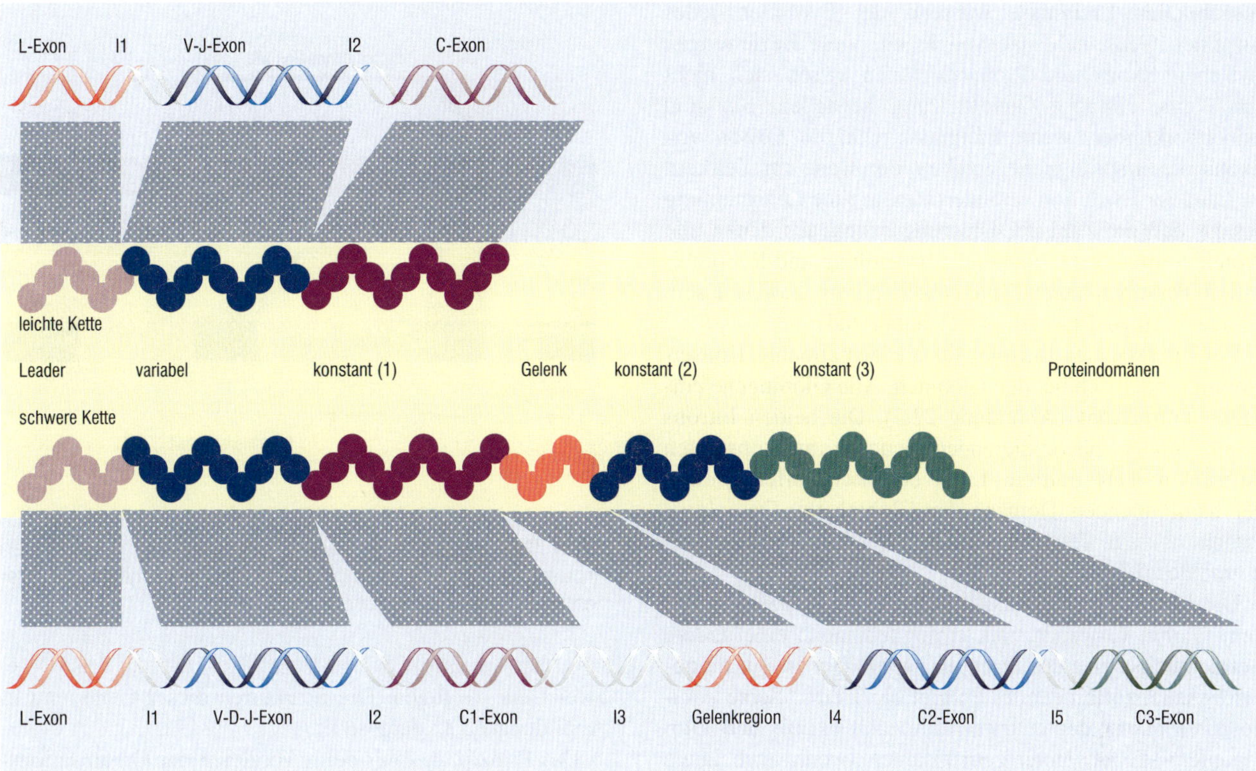

22.19 Die leichten und die schweren Ketten der Immunglobuline werden von Genen codiert, deren Strukturen (in der exprimierten Form) mit den einzelnen Domänen des Proteins übereinstimmen. Jede Proteindomäne entspricht einem Exon; die Introns sind von 1 bis 5 durchnumeriert.

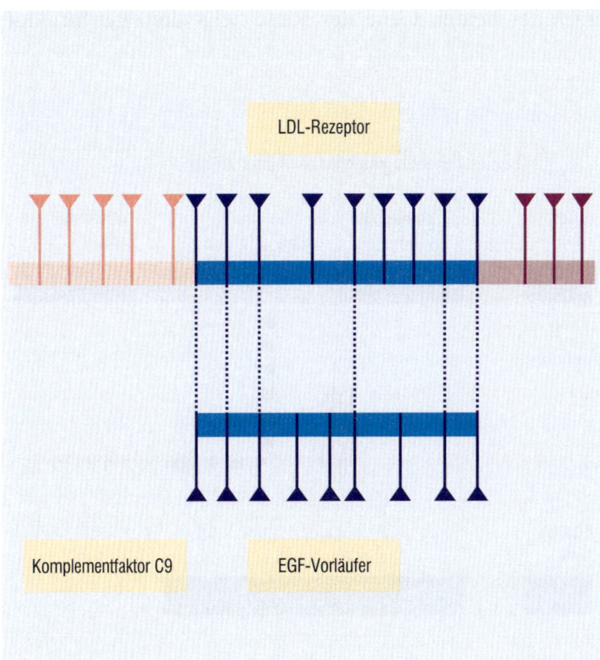

22.20 Das Gen des LDL-Rezeptors enthält 18 Exons. Einige von ihnen sind mit dem Gen des EGF-Vorläufers und andere mit dem Gen des Blutkomplementfaktors C9 verwandt. Die Dreiecke markieren die Positionen der Introns. Nur einige Introns in dem Bereich, der mit dem Gen des EGF-Vorläufers verwandt ist, liegen an derselben Position wie im EGF-Gen.

Exons sind zumeist sehr kurz (Abbildung 22.6). Ihre Größe entspricht etwa dem kleinsten Polypeptid, das noch eine stabil gefaltete Struktur annehmen kann (etwa 20 bis 40 Aminosäurereste). Vielleicht wurden Proteine ursprünglich aus ziemlich kleinen Modulen zusammengesetzt. Nicht jedes Modul muß zwangsläufig einer heute vorhandenen Funktion entsprechen; mehrere Module können auch kombiniert worden sein, um eine Funktion hervorzubringen. Die Zahl der Exons in einem Gen nimmt tendenziell mit der Länge des Proteins zu; das stimmt mit der Vorstellung überein, daß Proteine Mehrfachfunktionen dadurch erwerben, daß nacheinander passende Module angefügt werden.

Diese Vorstellung könnte auch ein anderes Merkmal der Proteinstruktur erklären: Es scheint so, daß die Stellen, die den Grenzen zwischen Exons und Introns entsprechen, an der Proteinoberfläche liegen. Sobald Module an ein Protein angefügt werden, gelangen möglicherweise die Verbindungsstellen, zumindest die der zuletzt angefügten Module, vorwiegend an die Oberfläche.

Die Übereinstimmung zumindest einiger Domänen Exons mit Proteindomänen in zumindest einigen Fällen und das Auftreten verwandter Exons in unterschiedlichen Proteinen unterstützt die Vorstellung, daß das „Mischen von Exons" (*exon shuffling*) ein grundlegendes Verwandtschaftsprinzip bei der Evolution der Gene darstellt. Bestimmt spielt die Verdoppelung und Aneinanderreihung von Exons eine wichtige Rolle. Wir können die tatsächlichen Ereignisse während der Evolution jedes einzelnen Gens nicht nachvollziehen. Viele Beziehungen zwischen Exons und Proteindomänen lassen sich nicht durch eine einfache Gleichsetzung herstellen. Sie sind jedoch erklärbar, wenn Ereignisse wie die Fusion von Exons die ursprüngliche Struktur der Gene im Zellkern im Lauf der Evolution verändert haben. Eine Lehrmeinung besagt, daß die Zahl der Ursprungsexons, aus denen alle Proteine durch Verdoppelung, Abwandlung und Rekombination hervorgegangen sind, relativ gering gewesen sein könnte (wenige Tausend oder Zehntausend).

Ein interessantes Beispiel für die evolutionäre Konservierung findet sich bei den Globinen. Alle Globingene enthalten drei Exons (Abbildung 22.2). Die beiden Introns liegen relativ zur codierenden Sequenz an konstanten Positionen. Das mittlere Exon entspricht offensichtlich der hämbindenden Domäne der Globinkette. Das aktive Protein ist ein Tetramer aus je zwei Globinketten des α- und des β-Typs.

Die Existenz der beiden anderen Proteintypen, die mit dem Globin verwandt sind, ermöglicht noch eine andere Betrachtungsweise der Struktur. Myoglobin ist ein monomeres sauerstoffbindendes Protein bei Tieren. Seine Aminosäuresequenz deutet darauf hin, daß es mit den Globinuntereinheiten einen gemeinsamen (wenn auch lange zurückliegenden) Ursprung hat. Die Leghämoglobine sind sauerstoffbindende Proteine, die bei den Pflanzen in der Ordnung der Leguminosen vorkommen. Wie das Myoglobin sind sie Monomere. Auch sie teilen den gemeinsamen Ursprung mit den anderen hämbindenden Proteinen. Die Globine, das Myoglobin und die Leghämoglobine bilden zusammen eine Globin-„Superfamilie", eine Gruppe von Genfamilien, die alle von einem gemeinsamen (entfernten) Vorfahren abstammen.

Das Myoglobin ist nur mit einem einzigen Gen im menschlichen Genom vertreten. Dessen Struktur stimmt in der Hauptsache mit der Struktur anderer Globingene überein. Die Drei-Exon-Struktur entstand also vor der Entwicklung unterschiedlicher Funktionen bei Myoglobin und Globin.

Die Gene der Leghämoglobine enthalten drei Introns. Das erste und das letzte Intron liegen in der codierenden Sequenz an Positionen, die zu den Positionen der beiden Introns in den Globingenen homolog sind. Diese bemerkenswerte Übereinstimmung deutet darauf hin, daß der Ursprung für die Codierung der hämbindenden Proteine in Form eines geteilten Gens außerordentlich weit zurückliegt, wie die Abbildung 22.21 verdeutlicht.

Das mittlere Intron des Leghämoglobins trennt zwei Exons, die zusammen die Sequenz codieren, die dem einzelnen mittleren Exon des Globingens entspricht. Könnte dieses Exon durch eine Fusion zweier mittlerer Exons im ursprünglichen Gen entstanden sein? Oder ist das einzelne mittlere Exon die frühere Form, und beim Beginn der Evolution der Pflanzen wurde ein Intron eingefügt?

Beispiele für homologe Gene mit unterschiedlicher Struktur können Informationen über ihre Evolution liefern. Dazu gehört das Insulin. Säuger und Vögel haben nur ein Gen für Insulin, mit Ausnahme der Nagetiere, die über zwei Gene verfügen. Die Strukturen dieser Gene sind in Abbildung 22.22 dargestellt.

Das Prinzip, das wir beim Vergleich der Organisationsstrukturen verwandter Gene in verschiedenen Spezies anwenden, besteht darin, daß *ein gemeinsames Merkmal eine Struktur definiert, die während der Evolution vor der Aufspaltung der beiden Spezies entstanden ist.* Bei Hühnern besitzt das einzelne Insulingen zwei Introns; eines der beiden Gene der Ratte zeigt dieselbe Struktur.

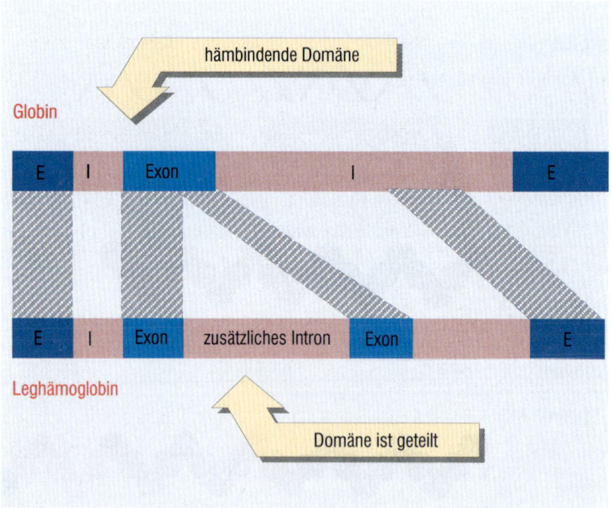

22.21 Die Exonstruktur der Globingene entspricht den Proteinfunktionen, das Leghämoglobin besitzt jedoch in der zentralen Domäne ein zusätzliches Intron.

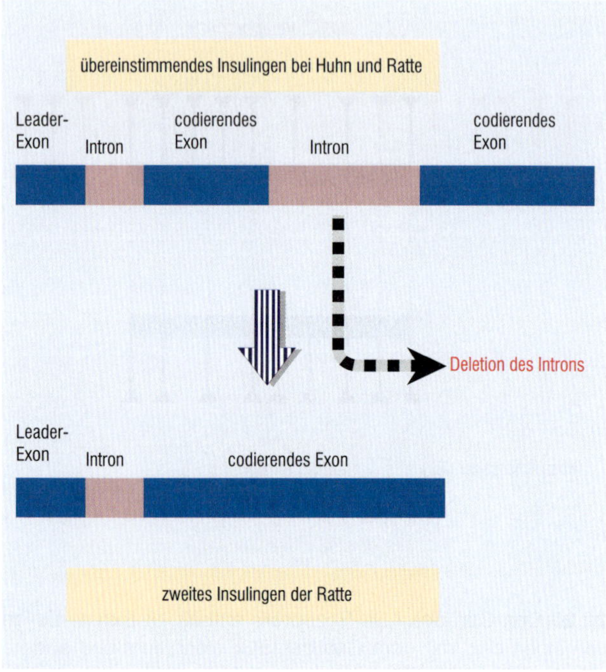

22.22 Das Insulingen der Ratte, das ein Intron enthält, ist durch den Verlust eines Introns aus einem Vorläufergen entstanden, das zwei Unterbrechungen besaß.

Die übereinstimmende Struktur bedeutet, daß das ursprüngliche Insulingen zwei Introns hatte. Das zweite Gen der Ratte weist jedoch nur ein Intron auf. Es muß aus dem ersten entstanden sein, indem bei den Nagetieren nach der Genverdoppelung in einer der Kopien ein Intron exakt herausgeschnitten wurde.

Die Organisationsstruktur einiger Gene zeigt deutliche Unterschiede zwischen einzelnen Spezies. In diesen Fällen müssen während der Evolution mehrfach Introns entfernt oder eingefügt worden sein.

Die Actingene bilden das am besten charakterisierte Beispiel. Das typische Actingen hat eine nichttranslatierte Startsequenz von weniger als 100 bp, eine codierende Region von etwa 1 200 bp und eine Endsequenz von etwa 200 bp. Die meisten Actingene enthalten Unterbrechungen. Mit Ausnahme eines einzelnen Introns, das manchmal in der Startsequenz auftritt, kann man die Positionen der Introns entlang der codierenden Sequenz einander zuordnen.

Abbildung 22.23 zeigt, daß fast jedes Actingen ein anderes Muster an Unterbrechungen aufweist. Wenn man alle Gene zusammenfaßt, kommen Introns an zwölf verschiedenen Positionen vor. Keines der Gene hat jedoch mehr als sechs Introns, einige Gene nur eines und ein Gen zeigt überhaupt keine Unterbrechung. Wie kam es dazu? Wenn wir annehmen, daß das ursprüngliche Actingen Unterbrechungen aufwies und alle heutigen Actingene mit diesem Gen über Intronverluste verwandt sind, gingen in jedem Evolutionsast andere Introns verloren. Wahrscheinlich kommen einige Introns überhaupt nicht mehr vor, so daß das ursprüngliche Gen durchaus 20 oder mehr Introns gehabt haben könnte. Eine andere mögliche Annahme besagt, daß in den einzelnen Evolutionslinien unabhängig voneinander kontinuierliche Insertionen von Introns stattgefunden haben. Die Beziehungen, die zwischen den Intronpositionen bei verschiedenen Spezies bestehen, lassen sich vielleicht verwenden, einen Evolutionsstammbaum für dieses Gen zu konstruieren.

In rRNA- und tRNA-Genen, bei denen Strukturvarianten mit oder ohne Introns häufig vorkommen, sind Polymorphismen offensichtlich weit verbreitet. Da alle tRNA-Moleküle dieselbe allgemeine Struktur zeigen, ist wahrscheinlich nicht davon auszugehen, daß die beiden Genbereiche in der Evolution zusammengefügt wurden. Jedenfalls sind die verschiedenen Regionen an den Basenpaarungen beteiligt, welche die Struktur bestimmen. In diesem Fall müssen also die Introns in durchgängige Gene eingefügt worden sein.

Die Genome der Organellen zeigen einige auffällige Verbindungen zwischen der prokaryotischen und der eukaryotischen Welt. Aufgrund der vielen Ähnlichkeiten bei allgemeinen Merkmalen von Mitrochondrien, Chloroplasten und Bakterien ist wohl davon auszugehen, daß die Organellen aus einer **Endosymbiose** hervorgingen, bei der frühe bakterielle Prototypen in das eukaryotische Cytoplasma eingeschleust wurden. Im Gegensatz zu den Übereinstimmungen mit Bakterien, die sich beispielsweise bei der Protein- oder RNA-Synthese zeigen, besitzen einige Gene der Organellen jedoch Introns und ähneln daher eukaryotischen Genen im Zellkern.

Introns finden sich auch in verschiedenen Genen der Chloroplasten; einige von diesen zeigen Homologien mit Genen von *E. coli* (Kapitel 24). Das deutet darauf hin, daß es zur Endosymbiose kam, bevor die Introns in der

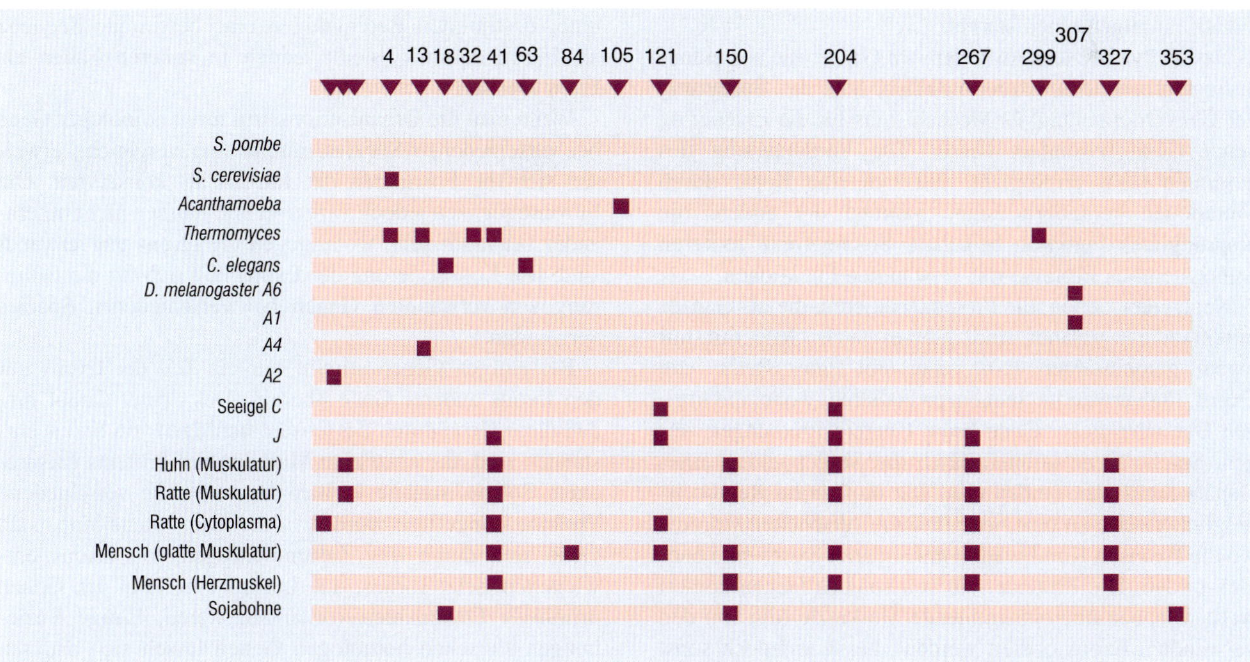

22.23 Die Organisationsstruktur der Actingene zeigt eine große Variabilität. Die Positionen der Introns sind violett markiert, die Zahlen bezeichnen die Codons, die von einem Intron unterbrochen werden.

prokaryotischen Linie verlorengingen. Wenn sich ein geeignetes Gen finden läßt, ist es vielleicht möglich, die genetische Linie bis zur Endosymbiose zurückzuverfolgen.

Das mitochondrielle Genom ist ein besonderer Fall. Die Gene in den Mitochondrien der Hefe und des Menschen codieren praktisch identische (mitochondriale) Proteine, trotz der deutlichen Unterschiede in der Genorganisation. Die mitochondrialen Genome der Vertebraten sind sehr klein; sie zeigen eine extrem kompakte Anordnung nichtunterbrochener Gene (Kapitel 24). Die Genome der Hefemitochondrien sind größer und enthalten einige komplex unterbrochene Gene. Welche ist die ursprüngliche Form? Die Introns der Hefemitochondrien sind oftmals mobil – sie sind selbständige Sequenzen, die sich aus der RNA herausspleißen und als DNA-Kopien an beliebiger Stelle einfügen können. Das deutet darauf hin, daß sie auf Insertionen in das Genom zurückzuführen sind (Kapitel 31).

Wenn wir die unterbrochene, teilweise stark verstreute Struktur eukaryotischer Gene betrachten, können wir uns das eukaryotische Genom als Meer von Introns vorstellen (die es größtenteils, aber nicht ausschließlich jeweils nur einmal gibt), in dem die Exons als (teilweise sehr kleine) Inseln in Form einzelner Archipels (den Genen) aufgereiht sind.

Betrachten wir die Exons, gibt es kaum Gene im eukaryotischen Genom, die für sich allein stehen. Wenn man die Exons eines Gens als Sonden verwendet, um die zugehörigen Sequenzen im Genom zu suchen, findet man häufig andere, verwandte Sequenzen. Diese können die Exons eines Gens sein, das ein mit dem Produkt des ersten Gens verwandtes (manchmal identisches) Protein codiert. Die Sequenz jedes Exons des einen Gens ist mit der Sequenz des entsprechenden Exons des anderen Gens verwandt; die entsprechenden Introns unterscheiden sich jedoch im allgemeinen stärker.

Das weitverbreitete Auftreten von Genen, die aus einander entsprechenden Exons bestehen, hebt die Bedeutung der Genverdoppelung als Mechanismus für die Erzeugung neuer Gene besonders hervor. Die Verdoppelung des gesamten Gens ermöglicht, daß sich eine Kopie durch Mutationen verändern kann, während die andere die ursprüngliche Funktion beibehält. Solche Gene codieren wahrscheinlich Proteine mit verwandten Funktionen.

Neben den Genen, die Proteine codieren, die als Ganzes miteinander verwandt sind, gibt es auch Gene mit nur einem gemeinsamen Exon oder mit einer Reihe von Exons, die verwandte Sequenzen codieren, wobei die übrigen Bereiche dieser Gene keine Übereinstimmungen zeigen. Solche Gene können durch die Verdoppelung eines Genabschnitts entstanden sein. Die duplizierte Region ist möglicherweise an eine neue Position verschoben worden, wo die Exons in Kombination mit anderen Exons ein neues Gen bilden. Die Proteine, die von solchen Genen codiert werden, haben übereinstimmende Merkmale (die von den verwandten Exons codiert werden), besitzen jedoch sonst verschiedene Funktionen.

Die Geschichte der verwandten Gene, die eine übereinstimmende Organisationsstruktur aufweisen, verlief wahrscheinlich in einer Folge von Ereignissen, wobei zuerst die Exonkomponenten zusammengefügt wurden, so daß eine codierende Region entstand. Später wurde möglicherweise die gesamte Folge von Exons und Introns dupliziert. Nach der Verdoppelung entwickelte sich zwischen den Exons eine schwächere und zwischen den Introns eine stärkere Divergenz. Wir können versuchen, aus den Gensequenzen, die auf diese Weise miteinander verwandt sind, die Geschichte ihrer Evolution zu rekonstruieren.

Zusammenfassung

Alle Typen eukaryotischer Genome enthalten unterbrochene Gene. Der Anteil dieser Gene ist bei den Hefen gering und nimmt bei den niederen Eukaryoten zu; bei den höheren Eukaryoten zeigen nur wenige Gene keine Unterbrechungen. Die Größe eines Gens wird vor allem von den Längen der Introns bestimmt. Die Längen der Introns nehmen bei den frühen höheren Eukaryoten zu, wobei die Größe der Gene dadurch deutlich ansteigt. Die Genlängen bei Säugern reichen im allgemeinen von einem bis 100 kb, größere Gene sind aber durchaus möglich; das längste bekannte Gen ist das des Dystrophins mit 2 000 kb.

Introns kommen in allen Genklassen vor, auch in den rRNA- und tRNA-Genen. Die Struktur eines unterbrochenen Gens stimmt in allen Geweben überein; Exons werden in der RNA in derselben Reihenfolge verknüpft wie sie in der DNA-Struktur vorliegen; und Introns besitzen normalerweise keine Codierungsfunktion. Introns werden durch Spleißen aus der RNA entfernt. Bei der Expression einiger Gene kommt es zu alternativen Spleißmustern: Dabei wird unter bestimmten Bedingungen eine bestimmte Sequenz als Intron entfernt, bleibt jedoch in anderen Fällen als Exon erhalten.

Wenn man die Organisationsstrukturen homologer Gene bei verschiedenen Spezies miteinander vergleicht, erweisen sich die Positionen der Introns als konserviert. Die Intronsequenzen jedoch variieren und müssen nicht miteinander verwandt sein, wohingegen die Exons engverwandt sind. Die Konservierung der Exons läßt sich für die Isolierung von verwandten Genen bei verschiedenen Spezies verwenden.

Bei einigen Genen stimmt nur ein Teil der Exons mit den Exons anderer Gene überein. Das deutet darauf hin, daß diese Gene durch das Zusammenfügen von Exons entstanden sind, die einzelnen Modulen des Proteins entsprechen. Solche Module können in zahlreiche verschiedene Proteine eingefügt worden sein. Die Vorstellung, daß Gene sich durch das Zusammenfügen von Exons entwickelten, setzt voraus, daß Introns bereits in den Genen primitiver Organismen vorhanden waren. Einige Beziehungen zwischen homologen Genen lassen sich dadurch erklären, daß in den ursprünglichen Genen Introns verloren gingen, wobei es sich dabei in verschiedenen Abstammungslinien um verschiedene Introns handelt.

Weiterführende Literatur

Übersichtsartikel

Wilson, A. C. et al. *Biochemical Evolution*. In: *Ann. Rev. Biochem.* 46 (1977) S. 573–639.

Breathnach, R.; Chambon, P. *Organization and Expression of Eukaryotic Split Genes Coding for Proteins*. In: *Ann. Rev. Biochem.* 50 (1981) S. 349–383.

Blake, C. C. *Exons and the Evolution of Proteins*. In: *Int. Rev. Cytol.* 95 (1985) S. 149–185.

Maeda, N.; Smithies, O. *The Evolution of Multigene Families: Human Haptoglobin Genes*. In: *Ann. Rev. Genet.* 20 (1986) S. 81–108.

Entdeckungen

Wenskink, P. et al. *A System for Mapping DNA-Sequences in the Chromosomes of D. melanogaster.* In: *Cell* 3 (1974) S. 315–325.

Berget, S. M.; Moore, C.; Sharp, P. *Spliced Segments at the 5'-Terminus of Adenovirus 2 Late mRNA*. In: *Proc. Natl. Acad. Sci. USA* 74 (1977) S. 3171–3175.

Chow, L. T.; Gelinas, R. E.; Broker, T. R.; Roberts, R. J. *An Amazing Sequenz Arrangement at 5'-Ends of Adenovirus 2 mRNA*. In: *Cell* 12 (1977) S. 1–8.

Glover, D. M.; Hogness, D. S. *A Novel Arrangement of the 18S and 28S Sequences in a Repeating Unit of D. melanogaster rDNA*. In: *Cell* 10 (1977) S. 167–176.

Jeffreys, A. J.; Flavell, R. A. *The Rabbit β-Globin Gene Contains a Large Insert in the Coding Sequence*. In: *Cell* 12 (1977) S. 1097–1108.

23. Die Zahl der Gene

Aufgrund der Eigenschaften einzelner Gene, die im vorigen Kapitel beschrieben wurden, können wir die durchschnittliche Größe eines Gens abschätzen. Durch Vergleich mit der Gesamtgröße eines Genoms erhalten wir eine grobe Abschätzung für die Zahl der Gene. Da einige Gene durch Expressionsvarianten mehr als ein Produkt hervorbringen, ist die Anzahl verschiedener Proteine größer, aber wahrscheinlich erzeugen weniger als zehn Prozent der Gene mehr als eine Art von Protein.

Unsere Informationen über Größe und Anzahl der Gene nehmen zwar immer mehr zu, aber wir wissen zu wenig über den Kontext der Gene, so daß eine Bestimmung der Anzahl von Genen problematisch ist. Um die Gesamtzahl genau feststellen zu können, müssen wir die Gendichte ermitteln. Bessere Schätzwerte für die Anzahl von Genen erhalten wir, wenn uns lückenlose Sequenzen langer DNA-Bereiche (manchmal auch von ganzen Chromosomen) zur Verfügung stehen.

Die ausführlichsten Daten stehen uns in der vollständigen Genomsequenz von *S. cerevisiae* zur Verfügung. Hier ist die Gendichte hoch: Ein offenes Leseraster umfaßt im Durchschnitt etwa 1,4 kb, und der durchschnittliche Abstand zwischen den Genen beträgt etwa 600 bp. Dadurch enthalten ungefähr 70 % der sequenzierten Regionen offene Leseraster. Etwa die Hälfte der durch die Sequenzierung identifizierten Gene waren entweder schon vorher bekannt oder sind mit bekannten Genen verwandt. Die übrigen sind neu, so daß man einige Hinweise erhält, wieviele neue Gentypen noch entdeckt werden könnten.

Wenn wir die berechnete durchschnittliche Größe von Genen zugrunde legen (Kapitel 22) und darüber hinaus annehmen, daß der Abstand zwischen benachbarten Genen geringer ist als (angenommen) die halbe Genlänge, können wir die Anzahl der Gene berechnen, wie die Tabelle 23.1 zeigt. Ein Bakterium hätte dann etwa 2 400 Gene, die Zahl erhöht sich bei der Hefe auf annähernd 6 000, erreicht ungefähr 9 000 bei der Taufliege und schließlich etwa 125 000 bei Säugern (Mensch).

Die Sequenzierung von DNA-Abschnitten aus *C. elegans* zeigt, daß sich im Genom Abschnitte mit hoher Gendichte und Abschnitte, in denen die Gene in geringerer Dichte organisiert sind, abwechseln. Insgesamt gibt es wahrscheinlich ungefähr 13 500 Gene. Das bedeutet, daß die geschätzten Genzahlen bei der Taufliege und beim Menschen durchaus höher sein können.

Gegen Schätzungen, die auf der Charakterisierung einzelner Gene beruhen (z. B. in Tabelle 23.1) läßt sich einwenden, daß es schwierig ist, eine Gesamtzahl zu ermitteln, wenn der Abstand zwischen den Genen unbekannt ist. Die Charakterisierung einzelner Gene liefert aber zumindest einen minimalen Schätzwert. Führt man solche Schätzungen auf der Grundlage von umfangreichen Sequenzierungen durch, ergibt sich das Problem, daß einzelne offene Leseraster vielleicht gar nicht benutzt werden (besonders, wenn sie sehr kurz sind) und daß bei der Identifizierung von Genen Exons nicht richtig zugeordnet werden (so daß die Schätzung zu hoch ausfällt). Die Bestimmung aller Leseraster führt bei der Abschätzung der Genzahl zu einem Maximalwert. Der Bereich zwischen diesen beiden Werten liefert eine brauchbare Beschreibung für die zu erwartende genetische Konstitution bei Bakterien und Hefen; bei höheren Eukaryoten ist der Abstand zwischen beiden Werten jedoch im Augenblick noch zu groß, um uns eine gute Vorstellung von der Genzahl zu geben.

Wenn wir die Genzahl abschätzen wollen, ist es nicht nur erforderlich, die Gendichte zu kennen, sondern es stellt sich darüber hinaus die Frage: Ist diese Zahl für sich allein überhaupt von Bedeutung? Gibt es strukturelle Zwänge, aufgrund derer zwischen den Genen bestimmte Abstände eingehalten werden müssen, und sind die großen Ausmaße eukaryotischer Genome teilweise darauf zurückzuführen?

Einen anderen Einblick in die Genzahl erhält man, indem man die exprimierten Gene zählt. Wenn wir den geschätzten Werten für verschiedene mRNA-Spezies vertrauen, die in einer Zelle vorkommen, können wir daraus schließen, daß eine Vertebratenzelle im Durchschnitt etwa 10 000 bis 20 000 Gene exprimiert. Aufgrund der starken Überschneidungen zwischen mRNA-Populationen in verschiedenen Zelltypen ist anzunehmen, daß die Anzahl aller exprimierten Gene in einem Organismus nur um einen gewissen Faktor größer ist, das heißt in einem Bereich zwischen 50 000 und 100 000 liegt.

Eukaryotische Gene werden jeweils einzeln transkribiert, jedes Gen erzeugt also eine monocistronische mRNA. Es gibt nur eine generelle Ausnahme von dieser Regel: Im Genom von *C. elegans* sind etwa 25 % der Gene in polycistronischen Einheiten organisiert; dabei ist es durch *Trans*-Spleißen möglich, daß auch strangabwärts gelegene Gene in solche Einheiten aufgenommen werden (Kapitel 30).

Wenn wir Gene für bestimmte Funktionen untersuchen, finden wir häufig zusätzliche Kopien in Form unerwarteter Varianten eines solchen Gens. Durch die Erweiterung einzelner Gene zu Familien verwandter Gene erhöht sich zwangsläufig die Anzahl der Gene in einem Genom. Zur Zeit beschränken sich die Hinweise noch auf Einzelfälle,

Tabelle 23.1: Die Zahl der Gene läßt sich aufgrund der durchschnittlichen Länge eines Gens bestimmen

Spezies	Genom	Genlänge	Genzahl
E. coli	$4{,}2 \times 10^6$	1,2 kb	2 350
S. cerevisiae	$1{,}3 \times 10^7$	1,4 kb	6 100
D. melanogaster	$1{,}4 \times 10^8$	11,3 kb	8 750
H. sapiens	$3{,}0 \times 10^9$	16,3 kb	125 000

aber es wäre nicht überraschend, wenn im Durchschnitt zu jeder Funktion, die es scheinbar nur einmal gibt, drei bis vier Gene existierten. Die Gesamtzahl der Gene enthält deshalb wahrscheinlich eine deutlich geringere Zahl an Funktionstypen.

Ein wichtiger Antrieb der Evolution ist zweifelsfrei die Genverdoppelung, die entweder vollständige Einheiten, Gruppen von Exons oder sogar einzelne Exons betreffen kann. Bei vollständigen Genen entstehen durch die Verdoppelung zwei Kopien des Gens, deren Aktivitäten sich zuerst nicht unterscheiden lassen; schließlich jedoch divergieren die Kopien, da sich in jeder Kopie andere Mutationen ansammeln.

Eine Gruppe von Genen, die durch Verdoppelung und Modifikation aus einem Vorläufergen hervorgegangen sind, nennt man **Genfamilie**. Die einzelnen Mitglieder liegen entweder in einem Cluster oder verstreut auf verschiedenen Chromosomen (oder beides kombiniert). Die Mitglieder einer Strukturgenfamilie haben im allgemeinen verwandte oder sogar identische Funktionen, werden jedoch möglicherweise zu verschiedenen Zeiten oder in verschiedenen Zelltypen exprimiert. So werden in embryonalen und adulten roten Blutkörperchen jeweils andere Globine synthetisiert, während in Muskel- und Nichtmuskelzellen unterschiedliche Actine vorkommen.

Manchmal läßt sich eine Verwandtschaft aufgrund der übereinstimmenden Organisationsstruktur von Genen erkennen, deren Funktionen anscheinend nicht verwandt sind; dazu kommt es, wenn ein gemeinsames Vorläufergen stark modifiziert wurde. Die gesamte Gruppe, zu der manchmal mehrere separate Genfamilien gehören, ist eine sogenannte **Superfamilie**. So stellen beispielsweise die Immunglobuline eine klar umrissene Genfamilie dar (die der Antikörper), die wiederum Teil einer Superfamilie ist; sie schließt auch Familien von Zelloberflächenmolekülen mit ein, die an der Zelladhäsion beteiligt sind.

Einige Genfamilien bestehen aus identischen Mitgliedern. Das Auftreten der Gene in Clustern ist Voraussetzung dafür, daß die Identität der Gene erhalten bleibt; wobei allerdings Gene in Clustern nicht zwangsläufig identisch sind. Die Größe von **Genclustern** reicht von Extremfällen mit zwei benachbarten, verwandten Genen, die aus einer Genverdoppelung hervorgingen, bis hin zu Hunderten von Genen in einer Tandemfolge. Ausgedehnte Tandemwiederholungen können auftreten, wenn das Produkt in ungewöhnlich großen Mengen benötigt wird. Beispiele sind hier die Gene für rRNA und Histonproteine.

Wenn verwandte Gene verstreut an verschiedenen Positionen liegen, muß es bei einem der Gene einige Zeit nach einer Verdoppelung zu einer **Translokation** gekommen sein. Gensequenzen divergieren im allgemeinen nach einer solchen Trennung.

Die Existenz zweier Gene mit identischen Sequenzen muß nicht unbedingt bedeuten, daß ihre Funktionen austauschbar sind; sie könnten beispielsweise zu verschiedenen Zeiten oder an verschiedenen Stellen exprimiert werden, so daß jedes Gen unverzichtbar ist. Auch kann die Expressionsrate insgesamt entscheidend sein, so daß beide Gene essentiell sind. In manchen Fällen ist es dennoch nicht möglich, die Bedeutung einer Genwiederholung zu erkennen. So lassen sich beispielsweise bei der Expression oder Funktion der beiden Insulingene von Nagetieren keine Unterschiede feststellen (und bei anderen Säugern reicht ein Gen tatsächlich aus).

Manchmal sind alle Gene einer Familie funktionsfähig und haben sich in der Evolution mehr oder weniger auseinanderentwickelt. Gelegentlich treten nichtfunktionsfähige **Pseudogene** auf. Diese Relikte der Evolution stammen von Genen ab, die früher funktionsfähig gewesen sein müssen, jetzt aber inaktiv sind und zahlreiche Mutationen aufweisen.

Die Organisation einiger Gencluster wurde offensichtlich während der Evolution konserviert. Dabei stellt sich die Frage, inwieweit Gene völlig unabhängige Einheiten bilden. Wie oft hängt die Expression eines Gens von seinem Kontext ab? Wir wissen, daß einige Gene voll exprimiert werden, solange sie die passenden regulatorischen Bereiche besitzen, die sich im allgmeinen in der Nähe des Promotors befinden. Andere hängen jedoch von der Organisationsstruktur eines Clusters ab, z. B. die Globingene (mit deren Regulation wir uns in Kapitel 27 befassen).

Bei der Charakerisierung des Genoms stellt sich die Frage, wie oft verwandte Gene unter gemeinsamer Kontrolle in Clustern vorkommen. Besitzt das Genom Domänen mit regulatorischen Elementen, die mehrere Gene steuern? Es gilt herauszufinden, wie groß der Anteil der Gene ist, die wie die Globingene gesteuert werden, welcher Anteil in Form unabhängiger Einheiten funktioniert und inwieweit solche Domänen mit der physikalischen Struktur des Chromosoms zusammenhängen.

23.1 Essentielle Gene und die Gesamtzahl der Gene

Wieviele Gene sind essentiell? Eine andere Herangehensweise zum Thema Genzahl besteht darin, die Anzahl der essentiellen Gene mittels Mutationsanalyse zu bestimmen. Wenn wir eine spezifische Region auf einem Chromosom mit letalen Mutationen absättigen, sollte die Zahl der Komplementationsgruppen, denen sich diese Mutationen zuordnen lassen, der Zahl der letalen Loci in diesem Bereich bestimmen. Durch Extrapolation auf das ganze Genom können wir die Zahl der essentiellen Gene insgesamt berechnen.

Die umfassendsten Analysen zur Zahl der essentiellen Gene wurden bei *Drosophila* durchgeführt. Dabei versuchte man, einen Zusammenhang zwischen den sichtbaren Merkmalen der Chromosomenstruktur und der Anzahl der funktionellen genetischen Einheiten herzustellen. Die Annahme, daß dies möglich sein könnte, erwuchs ursprünglich aus der Existenz der Banden in den polytänen Chromosomen von *D. melanogaster*. (Diese Chromosomen treten während bestimmter Entwicklungsstadien auf und bilden physikalisch eine ungewöhnliche ausgestreckte

Form, die eine Folge von Banden zeigt. (Sie werden eher formal als Chromomere bezeichnet. Mit den Eigenschaften dieser Banden befassen wir uns in Kapitel 26.) Aus der früheren Vorstellung, daß die Banden möglicherweise einer linearen Folge von Genen entsprechen, hat sich inzwischen der Versuch entwickelt, einen Zusammenhang zwischen der Organisationsstruktur der Gene und der Banden herzustellen. Im haploiden Genom von *D. melanogaster* gibt es etwa 5 000 Banden. Ihre Breite kann um eine Größenordnung variieren, aber im Durchschnitt entspricht eine Bande etwa 20 kb.

Die Grundlage dieses Ansatzes ist die Sättigung einer chromosomalen Region mit Mutationen. Die Mutationen werden im allgemeinen aufgrund ihrer Letalität identifiziert, ohne Bestimmung der Ursache. Jede letale Mutation dient zur Definition eines Locus, der für den Organismus essentiell ist. Manchmal führen Mutationen zu sichtbaren Schäden, die einer Letalität gleichkommen; auch diese Fälle zählen wir zu den essentiellen Loci. Wenn die Mutationen in Komplementationsgruppen eingeteilt sind, kann man die Anzahl der Gruppen mit der Zahl der Banden in der entsprechenden Region vergleichen, oder einzelne Komplementationsgruppen lassen sich sogar einzelnen Banden zuordnen. Der Zweck dieser Experimente besteht darin, einen etwaigen Zusammenhang zwischen Banden und Genen festzustellen – z. B., ob jede Bande ein einzelnes Gen enthält.

Abbildung 23.1 zeigt ein Beispiel für einen kartierten Bereich: die *rosy*-Region mit 16 Banden, der zwölf Komplementationsgruppen zugeordnet wurden. In diesem Fall hat man die Gruppen mit Markern einer bekannten DNA-Länge kartiert. Daraus läßt sich erkennen, daß die gesamte Region etwa 300 kb umfaßt. Die Verteilung der Komplementationsgruppen entspricht im allgemeinen der Bandenverteilung; jedoch handelt es sich nicht unbedingt um ein Verhältnis von 1:1.

Betrachtet man die Analysen der letzten 20 Jahre insgesamt, so ergibt sich eine akzetable Korrelation zwischen der Zahl der Banden (265) und der Zahl der Komplementationsgruppen (215). Damit sind etwa fünf Prozent des Genoms von *D. melanogaster* erfaßt. Wenn die Komplementationsgruppen der DNA zugeordnet werden, entsprechen offensichtlich zehn bis 20 kb einer letalen Komplementationsgruppe. Dieser Wert liegt innerhalb eines Bereichs, der doppelt so groß ist wie ein durchschnittliches Gen. Die Frage bleibt offen, ob die Übereinstimmung zwischen der Zahl der Banden und der Zahl der letalen Loci nicht reiner Zufall ist. Vielleicht bedeutet es nicht mehr, als daß die Zahlen in bezug auf das Gesamtgenom in etwa übereinstimmen. Unabhängig von der Ursache liefert uns diese Übereinstimmung jedoch einen brauchbaren Schätzwert für die Zahl der letalen Gene von etwa 5 000. Wenn wir annehmen, daß die Genome von *Drosophila* und der Säuger im Prinzip ähnlich organisiert sind, können

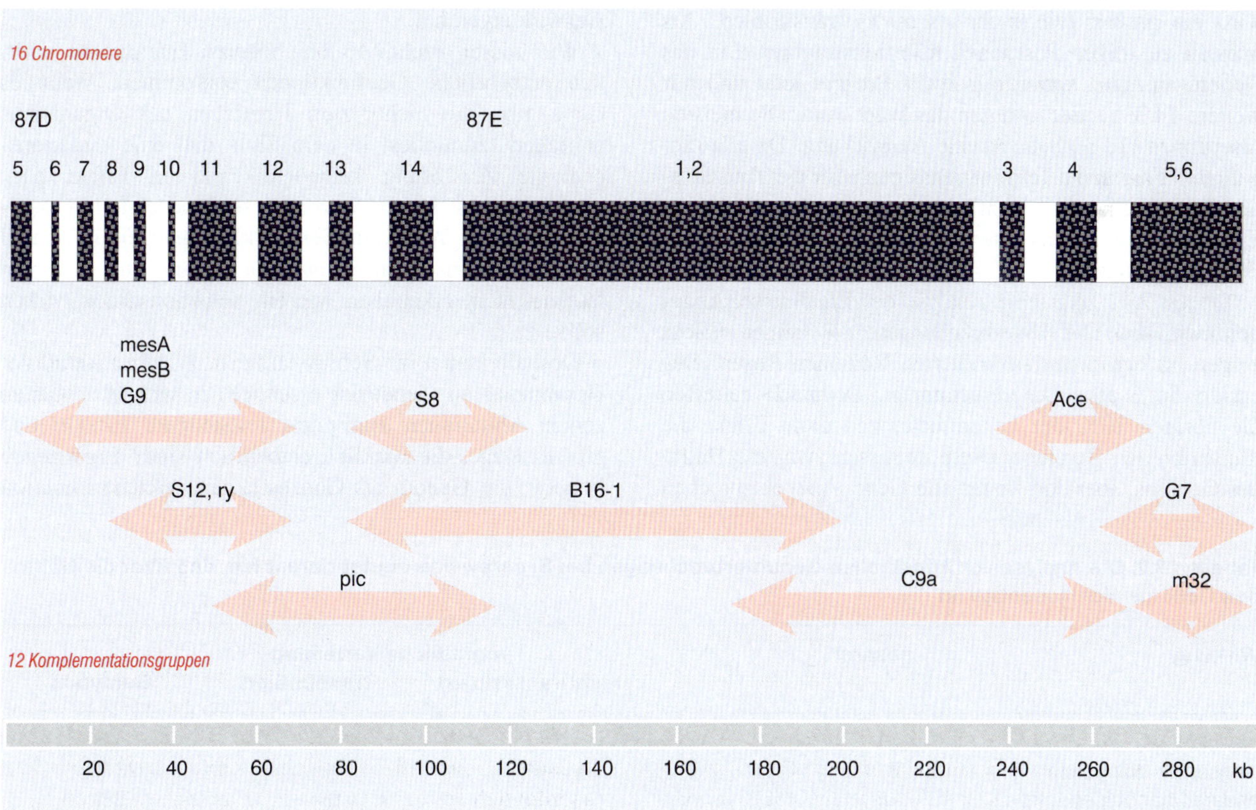

23.1 Die *rosy*-Region von *D. melanogaster* besteht aus etwa 300 kb DNA und enthält 16 Banden und zwölf Komplementationsgruppen.

wir nach Vergleich der durchschnittlichen Gen- und Genomgrößen voraussehen, daß der Mensch mehr als 100 000 essentielle Gene besitzt. Die Zahl der essentiellen Gene bei *Drosophila* ist bei jeder Meßmethode deutlich geringer als die Gesamtzahl der Gene. Möglicherweise trifft auf den Menschen dasselbe zu.

Der Unterschied zwischen der Zahl der essentiellen Gene und der Gesamtzahl der Gene entspricht dem Widerspruch zwischen genetischen und biochemischen Befunden über den Inhalt der Banden. Auf molekularer Ebene wissen wir von vielen Genen, daß sie in denselben Regionen liegen; sie können beispielsweise gemeinsam in bestimmten genomischen Fragmenten vorkommen. Wahrscheinlich sind solche Gene in ein und derselben Bande lokalisiert. Darum besteht ein Unterschied zwischen der erkennbaren Übereinstimmung essentieller Loci mit der Zahl der Banden und dem Vorhandensein mehrerer Gene in einer Bande. Es kann häufig der Fall sein, daß in einer Bande, die viele Gene enthält, mehrere (oder alle) Gene nichtessentiell sind. Wir können bis jetzt die Zahl der Gene, die aufgrund der aktuellen Kriterien als nichtessentiell einzustufen sind, schlecht abschätzen. Nur die durchschnittliche Größe eines Gens deutet darauf hin, daß diese Zahl wahrscheinlich dieselbe Größenordnung besitzt wie die Zahl der essentiellen Loci.

Ein Experiment, das zeigen sollte, welcher Anteil der Gene essentiell ist, hat bei der Hefe *S. cerevisiae* zu unerwarteten Ergebnissen geführt. Das Genom ist verhältnismäßig klein, und im Vergleich zu höheren Eukaryoten wird ein großer Teil (mehr als 50 %) transkribiert. Als man an zufälligen Positionen Insertionsfragmente in das Genom einfügte, waren nur zwölf Prozent letal und nur weitere 14 % beeinträchtigten das Wachstum. Die meisten Insertionen (70 %) hatten keine Auswirkung. Da alle eingefügten Fragmente Terminationssignale für die Transkription enthielten, war eigentlich zu erwarten, daß sie die Expression jedes Gens unterbinden sollten, das ein solches Fragment enthielt.

Tabelle 23.2 zeigt eine Analyse der Ergebnisse. Angenommen, daß alle Unterbrechungen, die keinen Effekt zeigen, in den nichttranskribierten Regionen liegen. Das erklärt 50 % aller Unterbrechungen. Demnach betreffen die übrigen 20 % der Unterbrechungen ohne Effekt die transkribierten Bereiche. Diese umfassen zwar die Hälfte des Genoms, aber dort liegen alle Gene. Also entsprechen Unterbrechungen in 20 % dieser Bereiche einem Anteil von 40 % der Gene. Das bedeutet, daß 40 % der exprimierten Gene nichtessentiell sind.

Wie lassen sich diese Ergebnisse erklären? Möglicherweise besteht eine starke Redundanz, so daß alle Gene in mehreren Kopien vorhanden sind. In einigen Fällen trifft das bestimmt zu, immer dann, wenn mehrere Gene zerstört werden müssen, um einen Effekt hervorzurufen. Es gibt keine systematische Methode, um festzustellen, wieviele Gene einmalige Funktionen erfüllen und wieviele Gene redundant oder einfach überflüssig sind.

Die Vorstellung, daß einige Gene nichtessentiell sind (oder sich zumindest nicht zeigen läßt, daß sie entscheidende Auswirkungen auf den Phänotyp haben), führt zu mehreren wichtigen Fragen. Enthält das Genom definitiv entbehrliche Gene, oder haben diese Gene doch Auswirkungen auf den Phänotyp, die zumindest während des langen Zeitraumes der Evolution deutlich würden? Gibt es jede Genfunktion nur ein einziges Mal (wie es bei einer essentiellen Funktion zu erwarten wäre), oder besteht eine **Redundanz**, das heißt, kommen einige Gene in mehreren Kopien vor?

Da bei einigen Genen Effekte ausbleiben, wenn man sie deletiert, scheinen sie redundant zu sein. Beispiele finden sich bei Hefe, *Drosophila* und der Maus. Manchmal jedoch erweisen sich dann zusätzliche Mutationen an anderen Loci als letal. Eine mögliche Erklärung besteht darin, daß der Selektionsnachteil aufgrund eines einzigen Genverlusts gering ist, aber in Zeiträumen der Evolution bedeutsame Auswirkungen hat.

Wir wissen nicht, ob bei höheren Eukaryoten wirklich entbehrliche Genfunktionen vorkommen. Wenn es Gene gibt, die nichts zum Überleben des Organismus beitragen (zumindest in dem Sinn, daß eine mutationsbedingte Zerstörung keinen erkennbaren Effekt hat), müssen wir uns fragen, warum diese Gene weiterhin exprimiert werden. Wenn ein Gen wirklich überflüssig ist und sich ohne Konsequenzen auf den Organismus entfernen läßt, ist nicht erkennbar, wie ein Selektionsdruck wirken soll.

Deshalb lauten die Schlüsselfragen: Welcher Anteil der Gesamtzahl an Genen ist essentiell, in wievielen Genen zeigen Mutationen zumindest feststellbare Effekte und gibt es Gene, die wirklich entbehrlich sind? Ergänzende Fragen zum Genom als Ganzes lauten: Welche Funktion

Tabelle 23.2: Die Analyse von künstlichen Genunterbrechungen bei *S. cerevisiae* deutet darauf hin, daß über die Hälfte des Genoms nichtessentiell ist

Wirkung	gesamt		vermutliche Verteilung		
			nichttranskribiert	transkribiert	Gentypen
haploid letal	26	12 %		12 %	24 %
langsames Wachstum	31	14 %		14 %	28 %
andere Phänotypen	8	4 %		4 %	8 %
kein Effekt	151	70 %	50 %	20 %	40 %
Unterbrechungen gesamt	216	100 %	50 %	50 %	100 %

(wenn überhaupt eine) hat DNA außerhalb von Genen? Wie wirkt sich eine starke Größenveränderung eines Genoms auf dessen Funktionalität aus (wie etwa bei verwandten Amphibien)?

23.2 Globingene sind in zwei Clustern organisiert

Die Globingene sind das am besten charakterisierte Beispiel für ein Gencluster. Sie bilden eine alte Genfamilie und erfüllen eine im Tierreich zentrale Funktion: den Sauerstofftransport im Blut. Das Globintetramer ist der Hauptbestandteil der roten Blutkörperchen. In der Form des Hämoglobins ist es mit einer (eisenbindenden) Häm-Gruppe assoziiert. Die funktionellen Globingene haben bei allen Spezies dieselbe allgemeine Struktur und gliedern sich in drei Exons, wie die Abbildungen 22.4 und 22.21 zeigen. Wir schließen daraus, daß alle Globingene von einem einzigen Vorläufergen abstammen; wenn wir also die Entwicklungslinien einzelner Globingene innerhalb der Spezies oder zwischen den Spezies verfolgen, können wir etwas über die Mechanismen erfahren, die bei der Evolution von Genfamilien eine Rolle spielen.

Bei adulten Zellen besteht das Globintetramer aus zwei identischen α-Ketten und zwei identischen β-Ketten. Die α- und die β-Globine werden von verschiedenen Genloci codiert, deren Expression koordiniert erfolgen muß, so daß von beiden Proteinen äquivalente Mengen erzeugt werden. Dieses System ist also ein Beispiel für die Notwendigkeit, verstreute Gene simultan zu steuern, damit ein bestimmter zellulärer Phänotyp entsteht.

Embryonale rote Blutkörperchen enthalten Hämoglobintetramere, die sich von der adulten Form unterscheiden. Jedes Tetramer besteht aus zwei identischen α-artigen und zwei identischen β-artigen Ketten, die jeweils mit dem adulten Polypeptid verwandt sind und später durch dieses ersetzt werden. Dies ist ein Beispiel für eine entwicklungsspezifische Steuerung: Um Produktvarianten zu erzeugen, die zu unterschiedlichen Zeiten dieselbe Funktion erfüllen, werden verschiedene Gene nacheinander an- und abgeschaltet.

Die Einzelheiten der Beziehung zwischen embryonalen und adulten Hämoglobinen unterscheiden sich zwischen den Organismen. Die menschliche Entwicklung umfaßt drei Phasen: embryonal, fetal, adult. Die Unterscheidung zwischen embryonaler und adulter Phase gilt für Säuger allgemein, die Zahl der prä-adulten Phasen variiert jedoch. Die beiden α-artigen Ketten sind beim Menschen ζ und α, ε, γ, δ und β sind die β-artigen Ketten. Die Ketten werden in verschiedenen Entwicklungsstadien exprimiert (Abbildung 23.2).

ζ wird als erste α-artige Kette exprimiert, aber bald durch die α-Kette selbst ersetzt. Bei der β-Entwicklung werden zuerst ε und γ exprimiert und später durch δ und β ersetzt. Bei Erwachsenen macht die $\alpha_2\beta_2$-Form 97 %, $\alpha_2\delta_2$ etwa zwei Prozent und die fortbestehende embryonale Form $\alpha_2\gamma_2$ etwa ein Prozent aus.

Die Einteilung der Globinketten in α-artige und β-artige Ketten entspricht der Organisation der Gene. Jeder Globintyp wird von Genen codiert, die in einem einzigen Cluster organisiert sind. In Abbildung 23.2 sind die Strukturen der beiden Cluster in den Genomen höherer Primaten dargestellt.

Der β-Cluster erstreckt sich über 50 kb und enthält fünf funktionsfähige Gene (ε, zwei γ, δ und β) sowie ein Pseudogen ($\psi\beta$). Die codierenden Sequenzen der beiden γ-Gene unterscheiden sich nur an einer Aminosäureposition; die G-Variante hat an Position 136 ein Glycin, während die A-Variante dort ein Alanin besitzt.

Der kompaktere α-Cluster erstreckt sich über 28 kb und enthält ein aktives ζ-Gen, ein ζ-Pseudogen, zwei α-Gene, zwei α-Pseudogene sowie das θ-Gen, dessen Funktion unbekannt ist. Die beiden α-Gene codieren dasselbe Protein. Zwei (oder mehr) identische Gene, die auf einem Chromosom vorkommen, bezeichnet man als **nichtallele** Kopien.

Gene werden aufgrund ihrer RNA-Expression und letztendlich durch die Proteine, die sie codieren, als funktionsfähig definiert. Die Pseudogene lassen sich dadurch erkennen, daß sie kein Protein codieren können. Die Gründe für ihre Inaktivität sind verschieden, und die Defekte können die Transkription, die Translation oder beides betreffen. Manchmal ist es nicht möglich, ein Gen einer dieser Gruppen zuzuordnen. Als man glaubte, daß die Struktur des α-Clusters eindeutig bestimmt sei, wurde an einem Ende das θ-Gen entdeckt. Es besitzt keine erkennbare Blockierung, die es als Pseudogen charakterisieren würde, allerdings konnte man auch kein Proteinprodukt identifizieren. Die Rolle dieses Gens ist also noch zu klären.

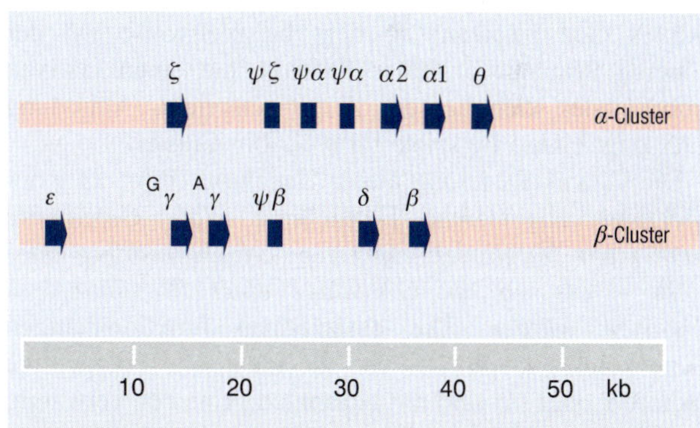

beim Menschen verändern sich die Hämoglobine während der Entwicklung

Entwicklungsphase	Hämoglobine
embryonal	$\zeta_2\varepsilon_2$ $\zeta_2\gamma_2$ $\alpha_2\varepsilon_2$
fetal	$\alpha_2\gamma_2$
adult (ab der Geburt)	$\alpha_2\delta_2$ $\alpha_2\beta_2$

23.2 Jede der α- und β-artigen Globingenfamilien ist in einem einzigen Cluster organisiert, das funktionsfähige Gene und Pseudogene (ψ) enthält. Bei den höheren Primaten ist die Organisation der Cluster konserviert. Alle aktiven Gene werden von links nach rechts transkribiert.

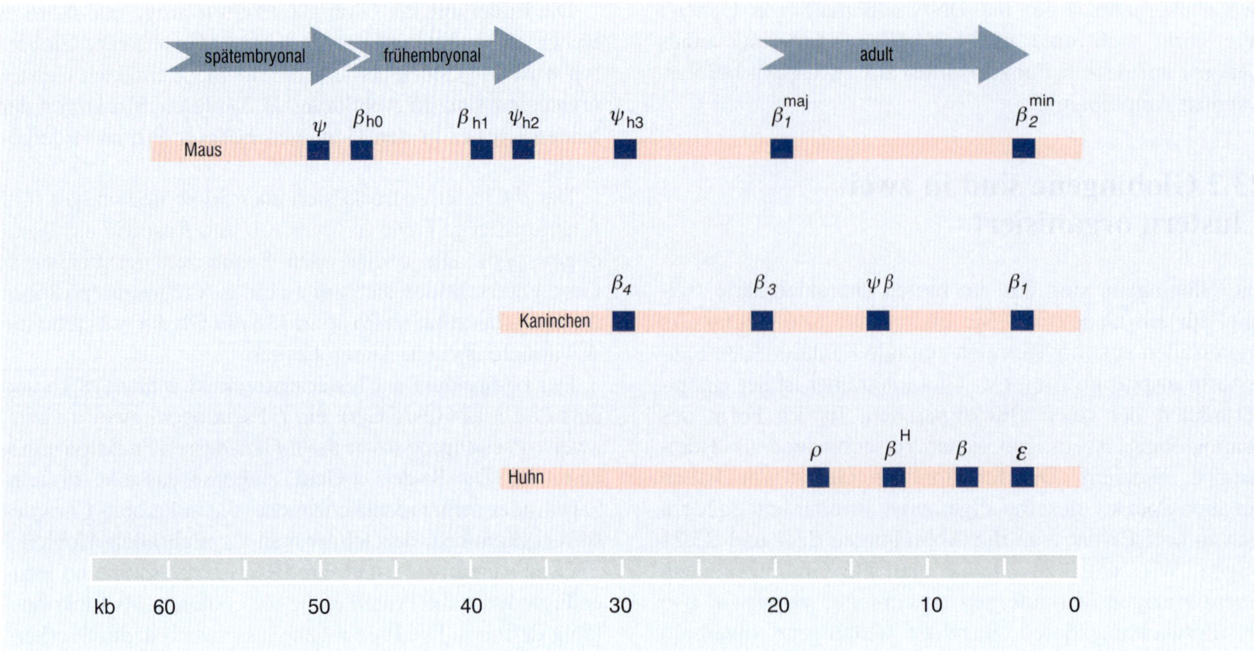

23.3 Bei den Vertebraten findet man Cluster der β-Globin-Gene und -Pseudogene. Bei der Maus gibt es sieben Gene: zwei Gene der frühen und eines der späten Embryonalphase, zwei Gene der adulten Form sowie zwei Pseudogene. Auch bei der Ziege findet man sieben β-artige Gene. Das Kaninchen besitzt vier β-artige Gene: zwei embryonale Gene, ein Pseudogen und ein Gen der adulten Phase, die in der Reihenfolge ihrer Expression angeordnet sind. Auch das Huhn verfügt über vier Gene.

In Globingenclustern von anderen Vertebraten findet man dieselbe allgemeine Organisationsstruktur; jedoch sind Einzelheiten in bezug auf Typen, Anzahl und Anordnung der Gene unterschiedlich. Ein Locus, der bei einer Spezies ein Pseudogen enthält, kann bei einer anderen ein aktives Gen besitzen; so liegt beispielsweise $\psi\beta$ der höheren Primaten an einer Position, die einem aktiven embryonalen Gen bei der Ziege entspricht. Abbildung 23.3 zeigt einige Beispiele für β-Globin-Cluster.

Die Charakterisierung dieser Gencluster führt zu einer wichtigen allgemeinen Feststellung. *Eine Genfamilie kann mehr Mitglieder aufweisen – funktionsfähig oder nicht –, als wir auf Grundlage einer Proteinanalyse erwarten würden.* Die zusätzlichen funktionsfähigen Gene können Duplikate sein, die identische Polypeptide codieren, oder sie sind mit bekannten Proteinen verwandt, auch wenn sie sich von diesen unterscheiden (und vermutlich nur kurz oder in geringen Mengen exprimiert werden). Wenn man diese Besonderheiten berücksichtigt, kann man kaum sicher sein, alle Gene eines Clusters identifiziert zu haben, solange man nicht flankierende Regionen analysiert hat, die von den randständigen Genen weit genug entfernt liegen.

In Hinblick auf die Frage, wieviel DNA erforderlich ist, um eine bestimmte Funktion zu codieren, zeigt sich hier, daß die Codierung der β-artigen Globine bei verschiedenen Säugern einen DNA-Bereich zwischen 20 und 50 kb erfordert. Das ist wesentlich mehr, als wir nur aufgrund von Untersuchungen an den bekannten β-Globin-Proteinen oder bei Betrachtung einzelner Gene erwarten würden. Die Region des β-Clusters codiert offensichtlich nur β-Globine, aber bevor nicht weitere Gene oder Gencluster identifiziert werden, die bestimmte Proteine codieren, läßt sich nicht sagen, wie häufig diese Art der Anordnung auftritt.

23.3 Ungleiche Crossover ordnen Gencluster um

Zur Umlagerung von Clustern verwandter oder identischer Gene kommt es relativ häufig. Die Ergebnisse lassen sich bei einem Vergleich der β-Cluster der Säuger erkennen (Abbildung 23.2 und 23.3). Die Cluster erfüllen zwar dieselbe Funktion und zeigen alle dieselbe allgemeine Organisation, aber die Anzahl und die Typen der β-Globin-Gene unterscheiden sich, genauso wie die Anzahl und die Strukturen der Pseudogene. Alle diese Unterschiede müssen seit Entstehung der Säuger vor etwa 85 Millionen Jahren eingetreten sein (der letzte gemeinsame Punkt in der Evolution aller Säuger).

Der Vergleich führt zu der allgemeinen Feststellung, daß Genduplikation, Umordnung und Modifikation in der Evolution genauso wichtig sind wie die langsame Akkumulation von Punktmutationen in einzelnen Genen. Welche Arten von Mechanismen sind für die Umorganisation von Genen verantwortlich?

Ein Gencluster kann sich durch ein **ungleiches Crossover** ausdehnen oder verkürzen, wenn es zu einer Rekombination nichtalleler Gene kommt, wie Abbildung 23.4 verdeutlicht. Eine solche Rekombination erfolgt im allge-

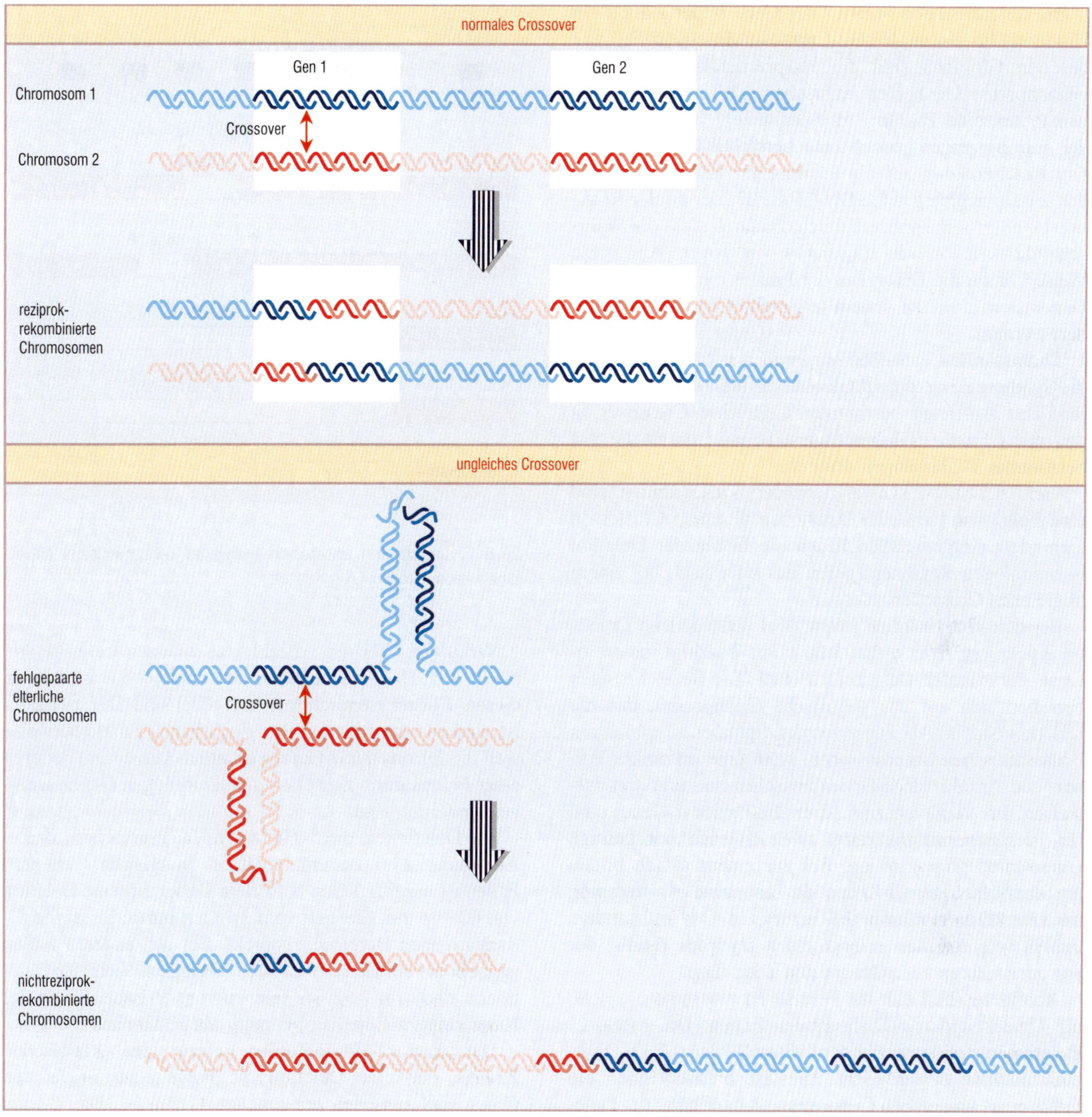

23.4 Die Zahl der Gene kann sich durch ein ungleiches Crossover verändern. Wenn Gen 1 des einen Chromosoms mit Gen 2 des anderen Chromosoms paart, wird die andere Genkopie dabei ausgeklammert (wie durch die herausstehenden Schleifen angedeutet ist). Durch die Rekombination fehlgepaarter Gene entsteht ein Chromosom mit einer einzigen (rekombinierten) Kopie des Gens und ein anderes Chromosom mit drei Kopien des Gens (eines von jedem Elternteil und ein rekombiniertes).

meinen zwischen verwandten DNA-Sequenzen, die zwischen den beiden homologen Chromosomen genau aneinander ausgerichtet sein müssen. Wenn es jedoch auf jedem Chromosom zwei Kopien eines Gens gibt, ermöglicht eine gelegentliche falsche Ausrichtung, daß sich die Kopien zusammenlagern. (Das erfordert, daß ein Teil der benachbarten Regionen ungepaart vorliegt.)

Wenn es zwischen fehlgepaarten Genkopien zu einer Rekombination kommt, entstehen **nichtreziprok-rekombinierte Chromosomen**, von denen eines eine Duplikation des Gens aufweist und das andere eine Deletion. Bei der ersten Rekombinante erhöht sich also die Zahl der Genkopien von zwei auf drei, während bei der anderen die Kopienzahl von zwei auf eins abnimmt.

In diesem Beispiel haben wir die einander nicht entsprechenden Genkopien 1 und 2 als vollständig homolog betrachtet. Ein ungleiches Crossover kann jedoch auch auftreten, wenn die angrenzenden Gene nah verwandt sind (die Wahrscheinlichkeit ist dann allerdings geringer als bei identischen Kopien).

Die unterbrochene Struktur der Gene bildet jedoch ein Hindernis für ein ungleiches Crossover. In einem Fall wie bei den Globinen sind die entsprechenden Exons der benachbarten Genkopien wahrscheinlich eng genug verwandt, um eine Paarung zu unterstützen; die Sequenzen der Introns zeigen jedoch eine beträchtliche Divergenz. Die Beschränkung auf die Paarung der Exons verringert den zusammenhängenden DNA-Bereich, der an der Reaktion beteiligt sein kann, erheblich. Dadurch sinkt die Wahrscheinlichkeit für ein ungleiches Crossover. Auf diese Weise könnte die Divergenz der Introns die Stabilität von Genclustern erhöhen, indem ungleiche Crossover verhindert werden.

Thalassämien entstehen aufgrund von Mutationen, die die Synthese des α- oder β-Globins verringern oder blockieren. Das Auftreten bestimmter ungleicher Crossover in den menschlichen Globingenclustern wird durch die Art bestimmter Thalassämien deutlich.

Viele der meist schwerwiegenden Thalassämien sind eine Folge von partiellen Deletionen in einem Cluster. In zumindest einigen Fällen liegen die Enden der Deletion in homologen Regionen; genau das wäre auch bei einem ungleichen Crossover zu erwarten.

Bei den Thalassämien treten zwei verschiedene Deletionstypen auf. Die **α**-thal-1-Deletion beseitigt beide α-Gene, die **α**-thal-2-Deletion nur eines. Die Bezeichnungen beziehen sich auf das spezifische Chromosom, das die Deletion enthält. Abhängig von der diploiden Kombination thalassämischer Chromosomen, kann eine erkrankte Person jede Anzahl von α-Genen zwischen null und drei aufweisen. Im Vergleich zum Normalfall (vier α-Gene) sind bei Personen mit drei oder zwei α-Genen nur geringe Unterschiede festzustellen. Bei nur einem α-Gen bilden die überschüssigen β-Ketten das anormale β_4-Tetramer, das eine **Hämoglobinopathie** verursacht. Das vollständige Fehlen von α-Genen erzeugt einen **Hydrops fetalis**, der vor oder während der Geburt zum Tode führt.

Abbildung 23.5 faßt die Deletionen zusammen, welche die Ursachen der α-Thalassämien bilden. Die α-thal-2-Deletionen sind kurz. Bei der L-Form fehlen 4,2 kb DNA, einschließlich des $\alpha 2$-Gens. Dies ist wahrscheinlich die Folge eines ungleichen Crossovers, da die Enden der Deletion in homologen Bereichen liegen – jeweils rechts vom $\psi\alpha$- beziehungsweise $\alpha 2$-Gen. Die R-Form entsteht durch die Deletion von exakt 3,7 kb DNA, was genau der Entfernung zwischen dem $\alpha 1$- und dem $\alpha 2$-Gen entspricht. Dabei handelt es sich anscheinend um das Ergebnis eines ungleichen Crossovers zwischen dem $\alpha 1$- und dem $\alpha 2$-Gen selbst. Abbildung 23.4 zeigt genau diese Situation.

Dasselbe ungleiche Crossover, das zu einem thalassämischen Chromosom führt, muß auch ein Chromosom mit drei α-Genen hervorgebracht haben. Man hat solche Personen in verschiedenen Populationen gefunden. In einigen Fällen tritt der trimere α-Locus etwa genauso häufig auf wie der singuläre α-Locus; in anderen ist der trimere Locus viel *seltener*. Das deutet darauf hin, daß (unbekannte) Selektionsfaktoren in verschiedenen Populationen die Gendosis regulieren.

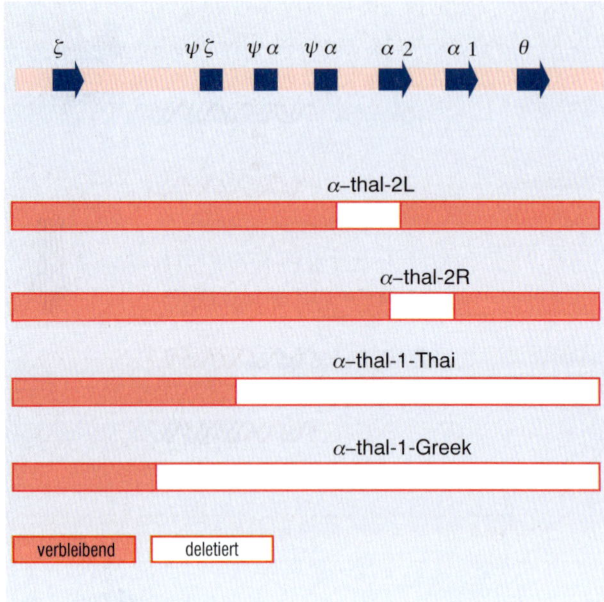

23.5 Thalassämien entstehen aufgrund verschiedener Deletionen im α-Globin-Gencluster.

Variationen bei der Anzahl von α-Genen treten relativ häufig auf. Das spricht dafür, daß ungleiche Crossover in diesem Cluster ziemlich weit verbreitet sind. Der α-Cluster ist stärker betroffen als der β-Cluster – möglicherweise weil die Introns der α-Gene wesentlich kürzer und dadurch einer Fehlpaarung zwischen nichthomologen Genen weniger hinderlich sind.

Die Deletionen, die β-Thalassämien verursachen, sind in Abbildung 23.6 zusammengefaßt. In einigen (seltenen) Fällen ist nur das β-Gen betroffen. Dabei tritt eine Deletion von 600 bp auf, die sich vom zweiten Intron bis in die 3′-flankierenden Bereiche erstreckt. Bei den anderen Fällen ist mehr als ein Gen des Clusters betroffen. Viele der Deletionen sind sehr lang, sie reichen vom 5′-Ende, das in der Karte eingezeichnet ist, bis mehr als 50 kb nach rechts.

Das **Lepore-Hämoglobin** lieferte den klassischen Beweis, daß eine Deletion die Folge eines ungleichen Crossovers zwischen gekoppelten Genen ist. Das β- und das δ-Gen unterscheiden sich nur in etwa sieben Prozent der Sequenz. Eine ungleiche Rekombination entfernt den Bereich zwischen den Genen, wodurch sie fusioniert werden, wie in Abbildung 23.4 dargestellt ist. Das Fusionsgen erzeugt eine einzige β-artige Kette, die aus der aminoterminalen δ-Sequenz und der damit verknüpften carboxyterminalen β-Sequenz besteht.

Es sind jetzt einige Typen des Lepore-Hämoglobins bekannt, die sich aufgrund der Übergangsstelle zwischen der δ- und der β-Sequenz unterscheiden. Wenn sich also das δ- und das β-Gen bei einem ungleichen Crossover zusammenlagern, bestimmt die genaue Rekombinationsstelle die Position, an der in der Aminosäurekette der Wechsel von der δ- zur β-Kette erfolgt.

Die umgekehrte Form eines solchen Ereignisses findet sich in der Form des **Anti-Lepore-Hämoglobins** wieder.

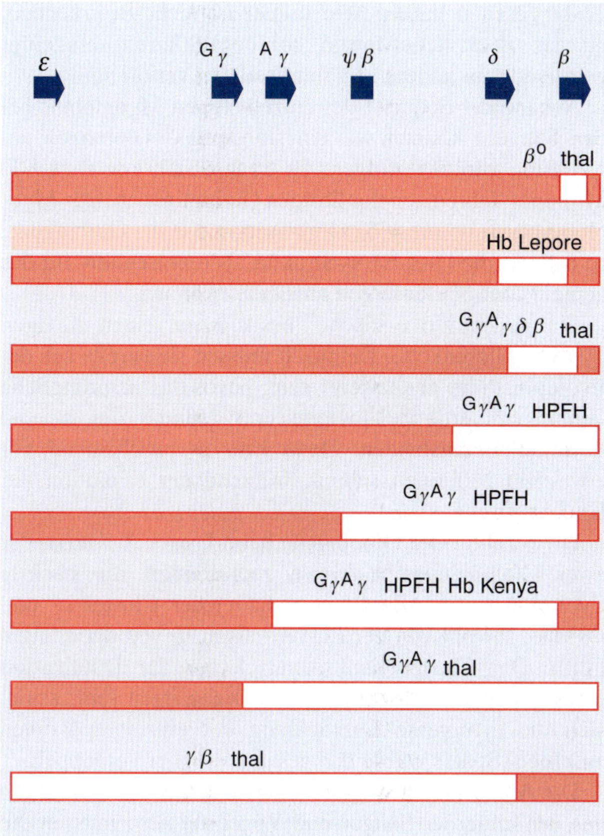

23.6 Deletionen im β-Globin-Gencluster verursachen verschiedene Thalassämietypen.

Es wird von einem Gen erzeugt, das den aminoterminalen Teil von β und den carboxyterminalen Teil von δ enthält. Das Fusionsgen liegt zwischen dem normalen δ- und β-Gen.

Die Entdeckung des **Kenya-Hämoglobins** (eines anderen fusionierten Hämoglobins) zeigte, daß ein ungleiches Crossover auch zwischen entfernter verwandten Genen auftreten kann. Es enthält die aminoterminale Sequenz des $^{A}\gamma$-Gens und die carboxyterminale Sequenz des β-Gens. Die Fusion muß durch ein ungleiches Crossover zwischen $^{A}\gamma$ und β entstanden sein, deren Sequenzen sich zu etwa 20 % unterscheiden.

Verschiedene Deletionen verhindern sowohl die Synthese von δ als auch von β, was zu zwei unterschiedlichen Phänotypen führen kann. Bei der erblichen Beibehaltung des fetalen Hämoglobins (*hereditary persistence of fetal hemoglobin*, **HPFH**) gibt es im allgemeinen keine klinischen Symptome; da die Synthese des fetalen Hämoglobins ($\alpha_2\gamma_2$) auch nach dem Zeitpunkt weiterläuft, zu dem sie während der Entwicklung normalerweise abgeschaltet wird, verläuft die Krankheit weniger schwer. Bei der $\delta\beta$-Thalassämie kommt es zu anämischen Symptomen, da sich die Expression des γ-Gens zwar beim Erwachsenen fortsetzt, aber weniger effektiv ist als bei der HPFH. Der Unterschied hängt wahrscheinlich davon ab, inwieweit regulatorische Sequenzen innerhalb des Clusters, aber außerhalb des δ- und β-Gens, deletiert wurden.

23.4 Gencluster unterliegen einer kontinuierlichen Reorganisation

Aus den Unterschieden zwischen den Globingenclustern bei verschiedenen Säugern können wir schließen, daß die Genduplikation, (manchmal) gefolgt von Modifikationen, bei der Evolution jedes Clusters eine wichtige Rolle spielt. Die thalassämischen Deletionen beim Menschen zeigen, daß ungleiche Crossover weiterhin in beiden Globingenclustern auftreten. Jedes dieser Ereignisse bringt sowohl eine Duplikation als auch eine Deletion hervor, so daß wir in der Population das „Schicksal" beider rekombinanter Loci analysieren müssen. Deletionen können (im Prinzip) auch bei einer Rekombination zwischen homologen Sequenzen auftreten, die auf *demselben* Chromosom liegen. Dabei kommt es zu keiner entsprechenden Duplikation.

Es ist schwierig, die natürliche Häufigkeit dieser Ereignisse abzuschätzen, da selektive Zwänge das Auftreten der verschiedenen Cluster in der Population beeinflussen. Möglicherweise besteht ein grober Zusammenhang zwischen der Wahrscheinlichkeit eines ungleichen Crossovers und der Verwandtschaft der Gene; je enger der Verwandtschaftsgrad (sowohl bei Exons als auch bei Introns), um so größer die Wahrscheinlichkeit für eine Fehlpaarung. (Einige ungleiche Rekombinationen betreffen jedoch nicht die Gene selbst, sondern beruhen auf repetitiven Sequenzen in der Nähe.)

Eine Verringerung der Genzahl ist wahrscheinlich im allgemeinen schädlich und wird deshalb herausselektiert. In einigen Populationen kann es einen ausgleichenden Vorteil geben, der bewirkt, daß die deletierte Form in geringer Zahl erhalten bleibt.

Was ist das Ergebnis einer Genexpansion? Die einzigen Beispiele, die man bis jetzt charakterisiert hat, sind der trimere α-Locus und das Anti-Lepore-Hämoglobin. Personen mit fünf α-Globin-Genen (ein normaler und ein trimerer Locus) zeigen keine Veränderung der Hämoglobinsynthese. Es ist jedoch möglich, daß eine weitere Zunahme (zur homozygoten Form des trimeren Locus) schädliche Auswirkungen haben kann, indem die Globinsynthese durch einen Überschuß an α-Ketten aus dem Gleichgewicht geraten kann. Personen mit Anti-Lepore-Hämoglobin besitzen zusätzlich zu dem normalen β- und δ-Gen ein $\beta\delta$-Fusionsgen. Möglicherweise erweist sich die zusätzliche Kette als schädlich, da sie den Zusammenbau des normalen Hämoglobins stört.

Diese individuellen Veränderungen der Genzahl bieten wahrscheinlich keinen Selektionsvorteil, der zu ihrer Ausbreitung in der Population führen kann. Die Strukturen der heutigen menschlichen Cluster zeigen jedoch mehrere Duplikationen, die die Bedeutung solcher Mechanismen bestätigen. Zu den *funktionsfähigen* Sequenzen gehören zwei α-Gene, die dasselbe Protein codieren, ein β- und ein damit nah verwandtes δ-Gen sowie zwei fast identische γ-Gene. Diese vergleichsweise jungen, voneinander unabhängigen Duplikationen haben in der Population überdauert, genauso wie die länger zurückliegenden Duplikationen, aus denen die verschiedenen Typen der Globingene hervorgingen. Andere Verdoppelungen haben möglicherweise zu Pseudogenen geführt oder sind verloren gegangen. Wir können davon ausgehen, daß fortgesetzte Duplikationen und Deletionen ein Merkmal aller Gencluster sind.

Ausgehend von der Organisationsstruktur der Globingene in verschiedenen Spezies sollten wir in der Lage sein, die Evolution der rezenten Globingene bis zu einem einzelnen Vorläufergen zurückzuverfolgen. Abbildung 23.7 zeigt unsere heutige Sichtweise der evolutionären Abfolge.

Das Leghämoglobingen der Pflanzen, das mit den Globingenen verwandt ist, könnte der ursprünglichen Form entsprechen. Es besitzt ein zusätzliches Intron, das die hämbindende Domäne teilt, wie wir bereits in Abbildung 22.21 gesehen haben. Wie immer ist nicht zu erkennen, ob das zusätzliche Intron bei den Pflanzen eingefügt wurde oder in anderen Evolutionslinien verlorenging.

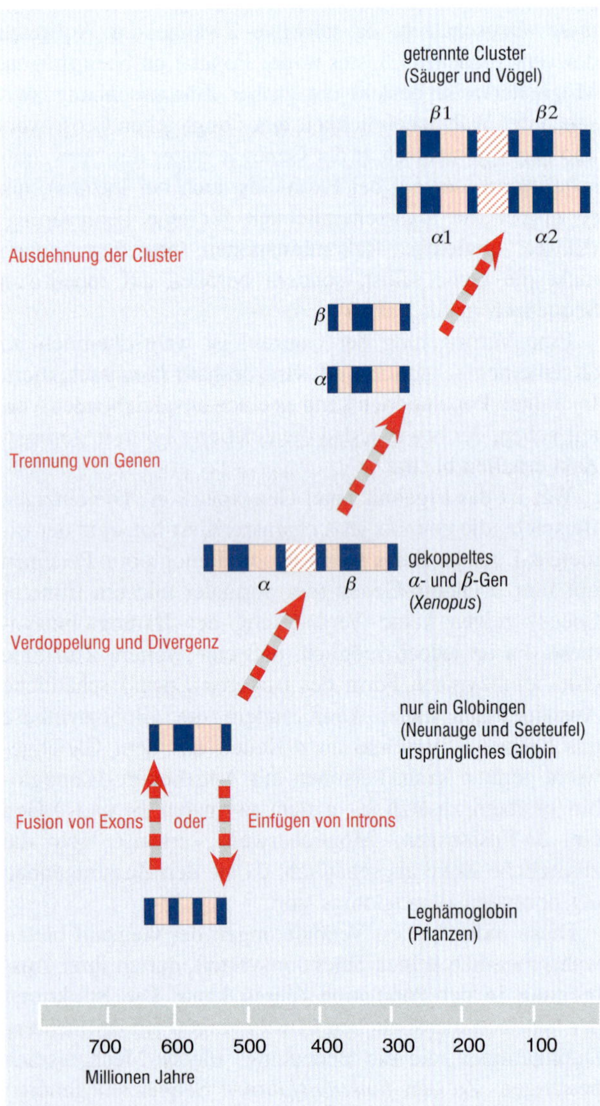

23.7 Alle Globingene haben sich durch eine Folge von Duplikationen, Transpositionen und Mutationen aus einem einzigen ursprünglichen Gen entwickelt.

Anhand der Sequenz des einzelkettigen Myoglobins bei den Säugern können wir ein „modernes" Globingen am weitesten zurückverfolgen. Es trennte sich vor etwa 800 Millionen Jahren von der übrigen Globinlinie ab. Das Myoglobingen zeigt dieselbe Organisation wie die Globingene, so daß wir die Drei-Exon-Struktur als repräsentativ für das gemeinsame Vorläufergen annehmen können.

Einige „primitive Fische" besitzen nur einen einzigen Typ von Globinkette. Demnach müssen sie bereits aus der Evolutionslinie abgezweigt sein, bevor das ursprüngliche Globingen verdoppelt wurde und dadurch die α- und β-Varianten entstanden. Dazu kam es anscheinend vor etwa 500 Millionen Jahren, während der Evolution der Knochenfische.

Die Struktur der Globingene beim Frosch *X. laevis*, der zwei Globincluster aufweist, repräsentiert die nächste Evolutionsstufe. Allerdings enthält jeder Cluster α- und β-Gene, sowohl von der Larven- als auch von der adulten Form. Der Cluster muß demnach aus der Duplikation eines gekoppelten α-β-Paares hervorgegangen sein, woran sich die divergente Entwicklung der einzelnen Kopien anschloß. Später wurde das gesamte Cluster verdoppelt.

Die Amphibien zweigten vor etwa 350 Millionen Jahren aus der Linie der Säuger und Vögel ab. Also müssen die α- und β-Globin-Gene nach diesem Zeitpunkt durch eine Transposition bei einem Vorfahren der Säuger und Vögel voneinander getrennt worden sein. Das geschah möglicherweise in einem Evolutionsabschnitt der frühen Vertebraten. Da es sowohl bei Vögeln als auch bei Säugern für die α- und β-Globine getrennte Cluster gibt, müssen die α- und β-Gene bereits physikalisch getrennt gewesen sein, bevor sich Säuger und Vögel aus dem gemeinsamen Vorfahren entwickelten; das war wahrscheinlich vor etwa 270 Millionen Jahren der Fall.

In neuerer Zeit kam es bei den getrennten Clustern von α und β zu Veränderungen, wie wir später bei der Beschreibung der Divergenz einzelner Gene in Abbildung 23.9 sehen werden.

23.5 Die Divergenz von Sequenzen bildet die Grundlage der Evolutionsuhr

Die meisten Veränderungen in Proteinsequenzen sind die Folge kleiner Mutationen, die mit der Zeit akkumulieren. Punktmutationen sowie kurze Insertionen und Deletionen entstehen zufällig, wahrscheinlich in allen Regionen des Genoms mit mehr oder weniger derselben Wahrscheinlichkeit; Ausnahmen sind die sogenannten Hotspots, an denen es häufiger zu Mutationen kommt. Die meisten Mutationen, welche die Aminosäuresequenz verändern, haben *schädliche* Auswirkungen und werden durch die natürliche Selektion beseitigt.

Wenige Mutationen werden vorteilhaft sein, aber gerade diese können sich in einer Population ausbreiten und schließlich die frühere Sequenz ersetzen. Wenn eine neue Variante die ältere Version des Gens ersetzt hat, wird sie als in der Population **fixiert** bezeichnet.

Als umstritten gilt, welcher Anteil der Mutationen in einer Aminosäuresequenz **neutral** ist. Das heißt, diese Mutationen haben keine Auswirkungen auf die Funktion des Proteins und häufen sich dadurch als Ergebnis einer **zufallsbedingten Drift und Fixierung** an.

Die Geschwindigkeit, mit der sich Mutationen ansammeln, ist für jedes Protein charakteristisch und hängt wahrscheinlich zumindest teilweise von der Anpassungsfähigkeit gegenüber Veränderungen ab. Innerhalb einer Spezies verändert sich ein Protein durch mutationsbedingte Substitution und die anschließende Eliminierung oder Fixierung innerhalb eines einzigen „Vermehrungspools". Das Vorhandensein von zwei (oder mehr) allelen Varianten in einer Population ist ein sogenannter **Polymorphismus**.

Ein Polymorphismus kann stabil sein, in diesem Fall besitzt keine Form einen relativen Vorteil. Oder der Polymorphimus ist vorübergehend veränderlich, was der Fall sein muß, wenn eine Variante im Begriff ist, die andere zu verdrängen. Wenn wir den Genpool einer Spezies analysieren, sehen wir nur die Varianten, die überlebt haben.

Wenn eine Spezies sich in zwei neue auftrennt, bildet jede schließlich in der Evolution einen unabhängigen Genpool. Durch Vergleich einander entsprechender Proteine von zwei Spezies erkennen wir die Unterschiede, die sich *seit dem Zeitpunkt, als ihre Vorfahren aufhörten, sich zu kreuzen*, zwischen ihnen angesammelt haben. Einige Proteine sind hochkonserviert und zeigen von einer Art zur nächsten nur geringe oder gar keine Veränderungen. Das deutet darauf hin, daß hier fast jede Veränderung schädlich ist und deshalb herausselektiert wird.

Der Unterschied zwischen zwei Proteinen wird in Form ihrer **Divergenz** ausgedrückt, also den Anteil der Positionen in Prozent, an denen sich unterschiedliche Aminosäuren befinden. Die Divergenz von Proteinen kann sich von der Divergenz der zugehörigen Nucleinsäuren unterscheiden. Die Ursache dafür ist die Codierung jeder Aminosäure durch drei Basen; die dritte Base eines solchen Codons hat häufig keine Auswirkung auf den Sinngehalt.

Wir können die Nucleotidsequenz einer codierenden Region in potentiell **nichtsynonyme** und **stille Positionen** einteilen:

- An nichtsynonymen Positionen verändert die Mutation die codierte Aminosäure. Der Effekt der Mutation (schädlich, neutral oder vorteilhaft) hängt von dem Ergebnis des Aminosäureaustauschs ab.
- An stillen Positionen ersetzt die Mutation nur ein synonymes Codon durch ein anderes, so daß es im Protein zu keiner Veränderung kommt. Die nichtsynonymen Positionen machen normalerweise 75 % einer codierenden Sequenz aus, die stillen Positionen 25 %.

Zusätzlich zur codierenden Sequenz enthält ein Gen auch nichttranslatierte Bereiche. Mutationen sind hier ebenfalls potentiell neutral, abgesehen von ihren Auswirkungen auf die Sekundärstruktur oder (die allgemein recht kurzen) regulatorischen Signalsequenzen.

Stille Mutationen sind zwar in Hinblick auf das Protein neutral, aber sie können sich auf die Genexpression durch Sequenzveränderungen der RNA auswirken. So kann zum Beispiel eine Veränderung der Sekundärstruktur die Transkription, die Weiterverarbeitung oder die Translation beeinflussen. Eine andere Möglichkeit besteht darin, daß eine Veränderung in synonymen Codons andere tRNAs an der Reaktion beteiligt, was die Effizienz der Translation beeinflußt.

Die Mutationen an nichtsynonymen Positionen sollten der Divergenz der Aminosäuren entsprechen, an der sich im Prinzip der Grad der Veränderung ablesen läßt. Eine Divergenz von 0,45 % an nichtsynonymen Positionen einer Nucleinsäure entspricht einer Divergenz der Aminosäuren von einem Prozent (unter der Annahme, daß die durchschnittliche Anzahl von nichtsynonymen Positionen pro Codon bei 2,25 liegt). Aufgund der gemessenen Divergenz werden also die Veränderungen, die während der Evolution eingetreten sind, zu gering eingeschätzt, da es in einem Codon zu mehreren Veränderungen gekommen sein kann. Im allgemeinen hebt man dies durch eine Korrektur auf.

Im Beispiel der menschlichen β- und δ-Globin-Ketten gibt es bei 146 Aminosäureresten zehn Unterschiede, die Divergenz beträgt also 6,9 %. Die DNA zeigt 31 Veränderungen in 441 Basen. Diese Abwandlungen verteilen sich jedoch sehr unterschiedlich auf nichtsynonyme und stille Positionen. An den 330 nichtsynonymen Stellen kam es zu 11 Mutationen, wohingegen an nur 111 stillen Positionen 20 Veränderungen zu beobachten sind. Das führt zu einer (korrigierten) Divergenzrate von 3,7 % für die nichtsynonymen und 32 % für die stillen Positionen, ein Unterschied von fast einer Größenordnung.

Der auffällige Unterschied bei der Divergenz nichtsynonymer und stiller Positionen verdeutlicht, daß Nucleotidpositionen, welche die Proteinstruktur beeinflussen, im Vergleich zu den anderen Positionen wesentlich stärkeren Einschränkungen unterliegen. Wahrscheinlich sind also nur sehr wenige Aminosäureveränderungen neutral.

Wir können aufgrund der Mutationsrate an stillen Positionen (unter der Annahme, daß es hier überhaupt keine Selektion gibt) die zugrundeliegende Geschwindigkeit der Mutationsfixierung berechnen. Demnach sollte es im Zeitraum seit der Trennung des β- und δ-Gens an 330 Positionen 32 % (also insgesamt 105) Veränderungen gegeben haben. Alle bis auf 11 wurden eliminiert; das bedeutet, daß etwa 90 % der Mutationen nicht überlebt haben.

Die Divergenz zwischen zwei Globinsequenzen ist zum Zeitraum seit der Verzweigung (mehr oder weniger) proportional. Dadurch erhält man eine **Evolutionsuhr**, die für ein Protein die Akkumulation von Mutationen während der Evolution in offenbar gleichmäßiger Geschwindigkeit mißt.

Die Geschwindigkeit der Divergenz läßt sich als prozentualer Unterschied pro einer Million Jahre messen. Möglich ist auch die Bestimmung des Kehrwertes, also der evolutionären Zeiteinheit (*unit evolutionary period*, UEP) beziehungsweise der Zeit in Millionen Jahren, die für die Entstehung von einem Prozent Divergenz erforderlich ist. Hat man die Uhr durch paarweisen Vergleich zwischen Spezies geeicht (dabei sind die praktischen Schwierigkeiten zu berücksichtigen, den tatsächlichen Zeitpunkt der Artbildung zu berechnen), kann man das Verfahren auf verwandte Gene *innerhalb* einer Spezies anwenden. Durch deren Divergenz können wir die Zeit seit der Duplikation berechnen, aus der die Gene hervorgegangen sind.

Durch paarweisen Sequenzvergleich homologer Gene bei verschiedenen Spezies läßt sich die Geschwindigkeit der Divergenz sowohl an nichtsynonymen als auch an stillen Positionen bestimmen.

Bei einem paarweisen Vergleich zeigt sich für die nichtsynonymen Positionen der α- und der β-Globin-Gene der Säuger jeweils eine Divergenz von etwa zehn Prozent. Diese Gene haben sich seit dem Entstehen der Säuger vor etwa 85 Millionen Jahren auseinanderentwickelt. Das entspricht einer nichtsynonymen Divergenzrate von 0,12 % pro einer Million Jahre.

Die Geschwindigkeit bleibt konstant, wenn der Vergleich auf Gene ausgedehnt wird, die sich schon vor längerer Zeit getrennt haben. So beträgt beispielsweise die durchschnittliche nichtsynonyme Divergenz zwischen einander entsprechenden Globingenen bei Säugern und Hühnern 23 %. In bezug auf die Verzweigung vor etwa 270 Millionen Jahren ergibt das eine Geschwindigkeit von 0,09 % pro einer Million Jahre.

Wenn wir noch weiter zurückgehen, können wir α- und β-Globin-Gene innerhalb einer Spezies vergleichen. Sie divergieren, seit sich die einzelnen Gentypen vor mehr als 500 Millionen Jahren getrennt haben, wie in Abbildung 23.7 dargestellt ist. Sie zeigen eine durchschnittliche nichtsynonyme Divergenzrate von etwa 50 %, was eine Geschwindigkeit von 0,1 % pro einer Million Jahre ergibt.

Diese Daten sind in Abbildung 23.8 graphisch dargestellt. Man erkennt, daß die Globingene eine durchschnittliche nichtsynonyme Divergenzrate von etwa 0,096 % pro einer Million Jahre (oder eine UEP von 10,4) zeigen. Wenn man die Unsicherheiten bei der Bestimmung von Zeitpunkten berücksichtigt, an denen die Divergenz zwischen den Spezies einsetzte, unterstützen die Ergebnisse die Vorstellung recht gut, daß es sich um eine lineare Uhr handelt.

Die Daten für die Divergenz der stillen Positionen sind weit weniger eindeutig. Es zeigt sich auf jeden Fall, daß die Divergenz der stillen Positionen wesentlich größer ist als die der nichtsynonymen Positionen (um einen Faktor zwischen zwei und zehn). Aber die Verteilung der stillen Divergenzen ist für einen paarweisen Vergleich zu groß, so daß sich keine Zeitskala anwenden läßt. Darum müssen wir Zeitvergleiche auf die nichtsynonymen Positionen beziehen.

In Abbildung 23.8 wird deutlich, daß die Divergenz an stillen Positionen in der Zeit nicht linear verläuft. *Wenn wir annehmen, daß zum Zeitpunkt von null Jahren nach der Verzweigung die Divergenz Null ist*, erkennen wir, daß die Divergenzgeschwindigkeit der stillen Positionen in den ersten 100 Millionen Jahren nach der Verzweigung wesentlich größer sein muß. Eine mögliche Interpretation besteht darin, daß etwa die Hälfte der stillen Positionen mit Mutationen schnell abgesättigt wird; dieser Anteil der Positionen verhält sich neutral. Der andere Teil akkumuliert Mutationen langsamer, etwa mit derselben Geschwindigkeit wie die nichtsynonymen Positionen. Diese Positionen verhalten sich im Hinblick auf das Protein neutral, unterliegen jedoch aus anderen Gründen einem Selektionsdruck.

Wir können jetzt die Berechnung der Divergenzgeschwindigkeit umkehren, um die Zeiträume abzuschätzen, die seit der Trennung von Genen innerhalb der Spezies vergangen sind. Der Unterschied zwischen dem menschlichen β- und δ-Gen beträgt an den nichtsynonymen Positionen 3,7 %. Bei einem UEP-Wert von 10,4 % müssen sich diese Gene vor 10,4 × 3,7, also etwa 40 Millionen Jahren getrennt haben, das ist ungefähr die Zeit seit der Verzweigung der Linien, die zu den Affen der Neuen Welt, den Affen der Alten Welt, den Menschenaffen und zum Menschen führen. Alle diese höheren Primaten besitzen sowohl β- als auch δ-Gene. Das deutet darauf hin, daß die divergente Entwicklung der Gene kurz vor diesem Zeitpunkt ihren Anfang nahm.

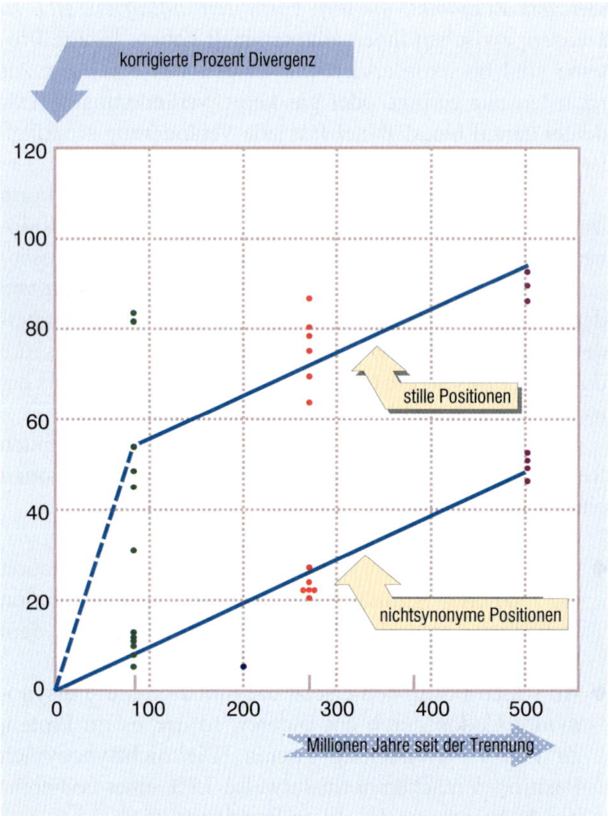

23.8 Die Divergenz von DNA-Sequenzen hängt davon ab, wann sie im Lauf der Evolution getrennt wurden. Jeder Punkt in der Graphik steht für einen Vergleich zwischen zwei Sequenzen.

Gehen wir noch weiter zurück, so beträgt die Divergenz der nichtsynonymen Positionen bei den Genen γ und ε zehn Prozent. Das entspricht einem Trennungszeitraum von etwa 100 Millionen Jahren. Die Verzweigung zwischen embryonalen und fetalen Globingenen erfolgte also möglicherweise kurz vor oder während der Zeit, in der die Säuger sich ausbreiteten.

Abbildung 23.9 zeigt einen Evolutionsstammbaum der menschlichen Globingene. Merkmale, die sich vor der Entstehung der Säuger entwickelt hatten, beispielsweise die Trennung zwischen β/δ und γ, sollten bei allen Säugern zu finden sein. Merkmale, die später entstanden, beispielsweise die Verzweigung der Globingene β und δ, sollten nur in bestimmten Linien der Säuger auftreten.

Bei jeder Spezies kam es vor vergleichsweise kurzer Zeit zu Strukturveränderungen der Cluster; es gibt Unterschiede in der Genzahl (ein adultes β-Globin-Gen beim Menschen, zwei bei der Maus) und bei den Proteintypen (bis jetzt ist unsicher, ob sich bei Kaninchen und Maus embryonale und fetale β-artige Globine unterscheiden).

Wenn man über die Sequenzen eines bestimmten Gens genügend Daten gesammelt hat, kann man die Argumentation umkehren und Vergleiche zwischen Genen in verschiedenen Spezies verwenden, um taxonomische Beziehungen herzustellen.

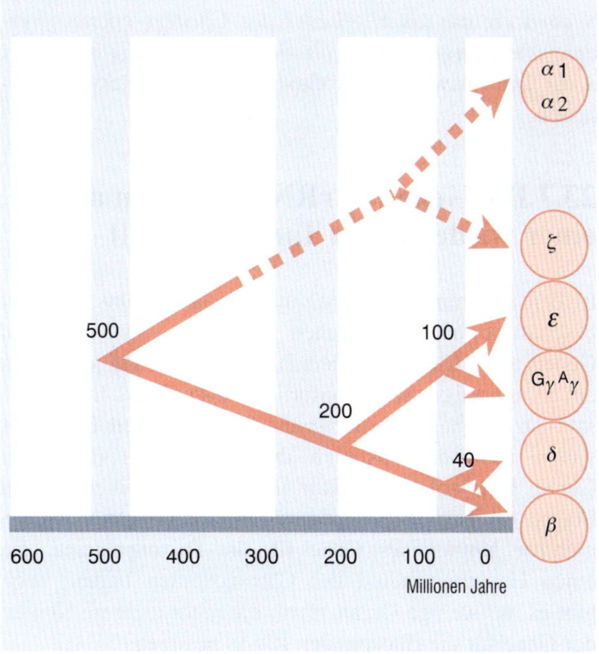

23.9 Die Divergenz von nichtsynonymen Positionen zwischen jeweils zwei β-Globin-Genen ermöglicht es, die Entwicklung des menschlichen Clusters zu rekonstruieren. Der Stammbaum erklärt die Verzweigung der Globingenklassen. Bei einzelnen Genen ist der Ursprung der Verdoppelung unbekannt. Der Zeitpunkt der Auftrennung zwischen α und ζ ist ebenfalls nicht bekannt.

23.6 Pseudogene sind Sackgassen der Evolution

Pseudogene werden so definiert, daß sie zwar zu funktionsfähigen Genen verwandte Sequenzen besitzen, diese jedoch nicht zu einem funktionsfähigen Protein translatieren können. Ein Pseudogen erhält häufig das Symbol ψ als Bezeichnung.

Einige Pseudogene haben dieselbe allgemeine Struktur wie funktionsfähige Gene, mit Exons und Introns an den normalen Positionen. Sie wurden jedoch durch Mutationen inaktiviert, die eine Phase (oder alle Phasen) der Genexpression blockieren. Durch die Veränderungen können die Signale für den Transkriptionsstart zerstört sein, das Spleißen an den Verbindungsstellen zwischen Exons und Introns unterbleibt oder die Translation wird vorzeitig beendet.

Ein Pseudogen enthält im allgemeinen mehrere schädigende Mutationen, wahrscheinlich weil nach der Inaktivierung die Akkumulation weiterer Mutationen nicht mehr verhindert wird. Pseudogene, die inaktive Versionen derzeit aktiver Gene darstellen, kommen in vielen Systemen vor, beispielsweise bei den Globinen, den Immunglobulinen und den Histokompatibilitätsantigenen, wo sie in der Nähe des Genclusters lokalisiert sind und häufig zwischen den aktiven Genen verstreut liegen.

Ein typisches Beispiel ist das $\psi\beta2$-Pseudogen des Kaninchens. Es zeigt die normale Organisation der Exons und Introns und ist mit dem funktionsfähigen Globingen $\beta1$ am engsten verwandt. Aber die Deletion eines Basenpaares in Codon 20 von $\psi\beta2$ hat zu einer Rasterverschiebung geführt, die kurz danach einen Syntheseabbruch bewirkt. Mehrere Punktmutationen haben später Codons verändert, die bei β-Globinen für hochkonservierte Aminosäuren stehen. Keines der beiden Introns besitzt noch erkennbare Grenzen zu den Exons, so daß die Introns wahrscheinlich nicht herausgespleißt werden können, falls das Gen transkribiert wird. Es gibt jedoch keine Transkripte, die dem Gen entsprechen, da wahrscheinlich auch in den 5′-flankierenden Regionen Veränderungen aufgetreten sind.

Da zu dieser Liste von Defekten Mutationen gehören, die jede Phase der Genexpression potentiell verhindern, können wir nicht sagen, welches Ereignis das Gen ursprünglich inaktiviert hat. Aufgrund der Divergenz zwischen dem Pseudogen und dem funktionsfähigen Gen läßt sich jedoch abschätzen, wann das Pseudogen entstand und wann sich die Mutationen zu akkumulieren begannen.

Wenn das Pseudogen in dem Augenblick inaktiviert wurde, als es durch eine Duplikation aus $\beta1$ hervorgegangen war, wäre zu erwarten, daß die Divergenzraten der nichtsynonymen Positionen und der stillen Positionen übereinstimmen. (Sie unterscheiden sich nur dann, wenn das Gen translatiert wird, so daß es zu einem Selektionsdruck auf die nichtsynonymen Positionen kommt.) Tatsächlich gibt es an den nichtsynonymen Positionen weniger Substitutionen als an den stillen Positionen. Das deutet darauf hin, daß zuerst (während das Gen exprimiert wurde) eine Selektion gegen Substitutionen an nichtsynonymen Positionen bestand. Aufgrund der relativen Substitutionsraten der beiden Positionstypen können wir berechnen, daß $\psi\beta 2$ vor etwa 55 Millionen Jahren von $\beta 1$ abzweigte, dann 22 Millionen Jahre als funktionsfähiges Gen existierte, aber nun seit 33 Millionen Jahren ein Pseudogen ist.

Ähnliche Berechnungen lassen sich auch für andere Pseudogene durchführen. Einige waren anscheinend eine Zeit lang aktiv, bevor sie zu Pseudogenen wurden, während andere offensichtlich seit dem Zeitpunkt ihres Entstehens inaktiv waren. Die Strukturen dieser Pseudogene führen zu der allgemeinen Feststellung, daß jedes während der Entwicklung des Globingenclusters in den verschiedenen Spezies eine unabhängige Evolution durchlaufen hat. Das unterstützt die Schlußfolgerung, daß die Erzeugung neuer Gene – gefolgt von der Etablierung als funktionsfähige Duplikate, der Modifikation zu neuen funktionsfähigen Genen oder der Inaktivierung zu Pseudogenen – ein kontinuierlicher Prozeß in einem Gencluster ist.

Das $\psi\alpha 3$-Globin-Gen hat eine interessante Eigenschaft: Es fehlen genau die beiden Introns. Die Gensequenz läßt sich entlang der α-Globin-mRNA ausrichten (so daß die akkumulierten Mutationen verglichen werden können). Der ermittelte Zeitpunkt der Inaktivierung entspricht dem Zeitpunkt der Duplikation. Das deutet darauf hin, daß das ursprünglich inaktivierende Ereignis mit dem Verlust der Introns zusammenhängt. Wie können die Introns verlorengegangen sein? Es besteht kein Grund, warum die Systeme für den DNA-Umbau die Grenzen zwischen Exons und Introns erkennen sollten. Das spricht dafür, daß die mRNA in einem gewissen Ausmaß selbst beteiligt gewesen sein muß. Wahrscheinlich wurde ein reverses Transkript der mRNA in das Genom eingebaut, möglicherweise durch ein Retrovirus (Kapitel 19).

Inaktive genomische Sequenzen, die dem RNA-Transkript entsprechen, sind sogenannte **prozessierte Pseudogene**. Sie entstehen nach einer Retrotransposition durch das zufällige Einfügen eines DNA-Produkts, das aus der RNA abgeleitet wurde, wie bereits in Kapitel 19 beschrieben wurde. Die Abbildung 19.17 zeigt eine Zusammenfassung der charakteristischen Merkmale.

Wie häufig kommen Pseudogene vor? Die meisten Genfamilien enthalten Pseudogene. Sie repräsentieren im allgemeinen einen sehr geringen Teil der Gesamtzahl der Gene. Bei der Maus gibt es den ungewöhnlichen Fall, daß von einem aktiven Gen, das ein ribosomales Protein codiert, etwa 15 prozessierte, verwandte Pseudogenkopien existieren. Dieses Phänomen gilt es zu berücksichtigen, wenn wir versuchen, die Anzahl der Gene aus Hybridisierungsergebnissen zu bestimmen.

Warum gibt es immer noch Pseudogene, wenn sie doch Sackgassen der Evolution sind, also unerwünschte Begleiterscheinungen bei der Umordnung funktioneller Gene? Haben sie irgendeine Funktion, oder sind sie vollkommen sinnlos, so daß es eigentlich keinen Selektionsdruck für ihre Beibehaltung gibt?

Es gilt zu bedenken, daß wir in den gegenwärtigen Populationen diejenigen Gene sehen, die überlebt haben. In der Vergangenheit kann eine beliebige Anzahl von Pseudogenen eliminiert worden sein. Dies könnte durch eine plötzliche Deletion der Sequenz oder durch die Zunahme von Mutationen erfolgt sein, bis schließlich das Pseudogen nicht mehr länger als Teil der ursprünglichen Sequenzfamilie erkennbar war (wahrscheinlich sieht so das endgültige Schicksal eines jeden Pseudogens aus, das nicht sofort beseitigt wurde).

Selbst Evolutionsrelikte können dupliziert werden. Bei den β-Globin-Genen der Ziege gibt es zwei adulte Gene βA und βC. Bei jedem liegt einige Kilobasenpaare stromaufwärts ein Pseudogen ($\psi\beta$Z, beziehungsweise $\psi\beta$X). Die beiden Pseudogene sind miteinander näher verwandt als mit den adulten β-Globin-Genen; im einzelnen stimmen mehrere inaktivierende Mutationen überein. Die zwei adulten β-Globin-Gene sind miteinander ebenfalls näher verwandt als mit den Pseudogenen. Daraus läßt sich schließen, daß eine ursprüngliche $\psi\beta$-β-Struktur verdoppelt wurde, wodurch zwei funktionsfähige β-Gene und zwei funktionslose Gene entstanden. Die funktionsfähigen Gene divergierten weiter zu den Genen βA und βC, die anderen wurden zu den jetzt vorhandenen Pseudogenen.

Die Mechanismen, die für Genduplikation, Deletion und Umordnung verantwortlich sind, wirken auf alle Sequenzen, die als Mitglieder des Clusters erkannt werden, unabhängig davon, ob sie funktionsfähig sind oder nicht. Die Auswahl der Produkte bleibt der Selektion überlassen.

23.7 Die Gene für rRNA bestehen aus einer wiederholten Tandemeinheit

In den meisten Beispielen, mit denen wir uns bis jetzt beschäftigt haben, bestehen zwischen den einzelnen Genen eines Clusters Unterschiede, so daß auf jedes Gen ein unabhängiger Selektionsdruck wirken kann. Im Gegensatz dazu stehen zwei Beispiele für große Gencluster mit vielen identischen Kopien desselben Gens (derselben Gene). Eine solche Struktur führt zu zwei interessanten Fragen der Evolution. Die meisten Organismen enthalten mehrere Kopien der Gene für die Histonproteine, die einen Hauptbestandteil der Chromosomen bilden; auch gibt es nur wenige Organismen, die nicht mehrere Kopien der Gene für die ribosomalen RNAs besitzen.

Die ribosomale RNA ist bei weitem das häufigste Produkt der Transkription; sie macht sowohl bei Eukaryoten als auch bei Prokaryoten 80 bis 90 % der gesamten RNA-Menge in der Zelle aus. Pro Ribosom gibt es zwar einige tRNA-Moleküle, sie sind jedoch zweifellos kleiner als die rRNAs. Sowohl rRNAs als auch tRNAs werden jeweils von mehreren Genkopien codiert.

Die Anzahl der Gene für die großen rRNAs variiert zwischen sieben bei *E. coli*, 100 bis 200 bei niederen Eukaryoten und mehreren Hundert bei höheren Eukaryoten. In praktisch allen Fällen bilden die Gene der größeren und der kleineren rRNA ein Tandempaar. (Die einzige Ausnahme sind die Mitochondrien der Hefe.)

Bei Bakterien und einigen niederen Eukaryoten ist das Gen der 5S-RNA Teil derselben Einheit, so daß die Gesamtzahl der 5S-Gene gleich der Zahl der Gene für die großen rRNAs ist. Bei Bakterien wird das 5S-Gen zusammen mit den Genen für die großen rRNAs cotranskribiert; bei den Eukaryoten erfolgt die 5S-Transkription unabhängig. Bei höheren Eukaryoten sind die 5S-Gene separat in eigenen Clustern organisiert, und ihre Zahl übersteigt die der Gene für die großen rRNAs.

Die genaue Zahl der tRNA-Gene läßt sich nur schwer bestimmen, da die ausgeprägte Sekundärstruktur des Moleküls bei einer Hybridisierungsreaktion zu technischen Problemen führt. Die tatsächliche Zahl wird wahrscheinlich zu gering eingeschätzt, aber normalerweise gibt es im Genom eines höheren Eukaryoten mehrere Hundert tRNA-Gene.

Da es bei den rRNAs keine nachweisbaren Sequenzvarianten der rRNA-Moleküle gibt, folgt daraus, daß alle Kopien eines jeden Gens identisch sein müssen oder sich zumindest so geringfügig unterscheiden, daß die Nachweisgrenze für rRNA unterschritten wird (etwa ein Prozent). Eine wichtige Frage ist dabei, welche Mechanismen eine Veränderung einzelner Sequenzen verhindern.

Bei Bakterien liegen die mehrfach vorhandenen 16S-23S-rRNA-Genpaare verstreut vor. In den meisten eukaryotischen Zellkernen bilden die rRNA-Gene eines oder mehrere Cluster. Man nennt diese Bereiche auch manchmal **rDNA**. (In einigen Fällen ist der Anteil der rDNA an der Gesamt-DNA groß genug, um eine Isolierung in Form einer abtrennbaren Fraktion, auch aufgrund der atypischen Basenzusammensetzung, direkt aus der gescherten genomischen DNA zu ermöglichen.) Ein wichtiges Merkmal für die Analyse eines Tandemclusters ist die zirkuläre Restriktionskarte, die aufgrund einer solchen Struktur entsteht (Abbildung 23.10).

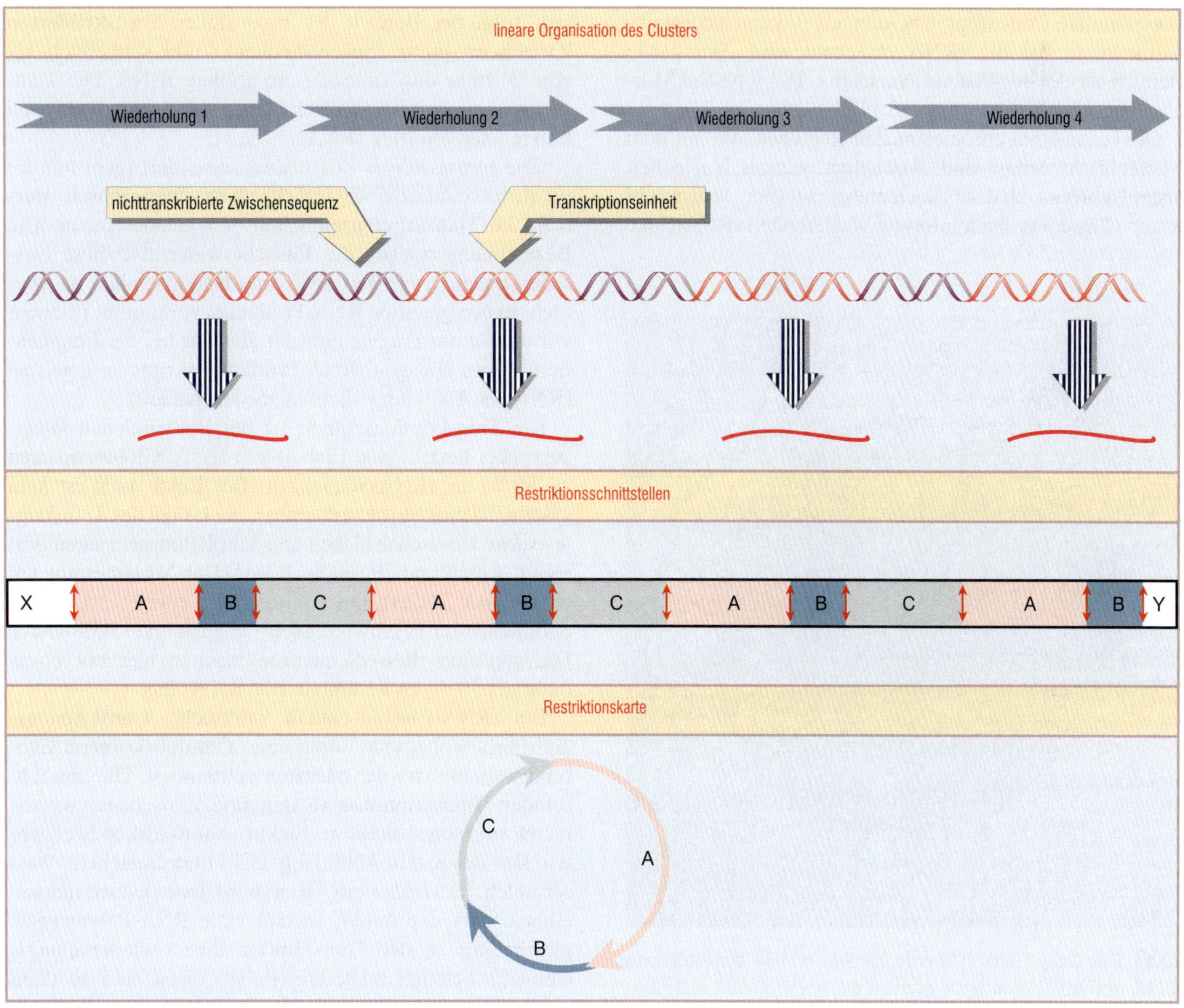

23.10 Ein Tandemgencluster besteht aus abwechselnden Transkriptionseinheiten und nichttranskribierten Zwischensequenzen, so daß eine zirkuläre Restriktionskarte entsteht.

Angenommen, jedes Wiederholungselement enthält drei Restriktionsschnittstellen. In dem dargestellten Beispiel liegen die Fragmente A und B vollständig innerhalb des Elements, und Fragment C enthält das Ende der einen und den Anfang der nächsten Wiederholung. Wenn wir diese Fragmente nach herkömmlicher Methode kartieren, stellen wir fest, daß A neben B, B neben C und C neben A liegt; auf diese Weise entsteht eine zirkuläre Karte. Bei einem großen Cluster sind die inneren Fragmente (A, B, C) in wesentlich größeren Mengen vorhanden als die randständigen Fragmente (X, Y), die den Cluster mit der anschließenden DNA verbinden. In einem Cluster von 100 Wiederholungen würden X und Y im Vergleich zu A, B und C nur ein Prozent ausmachen. Dadurch kann es schwierig sein, die Enden eines Genclusters für eine Kartierung zu isolieren.

Der Bereich des Zellkernes, in dem die rRNA-Synthese stattfindet, besitzt eine charakteristische Struktur. Ein fibrillärer Kernbereich (Core) ist von einer granulären Cortex-Region umgeben. Im fibrillären Core-Bereich findet die rRNA-Transkription der DNA-Matrize statt. Die granuläre Cortexregion besteht aus Ribonucleoproteinpartikeln, in die die rRNA eingebaut wird. Der ganze Bereich ist der sogenannte **Nucleolus**. Die typische Morphologie wird in Abbildung 23.11 deutlich.

Die besonderen chromosomalen Regionen, die mit dem Nucleolus assoziiert sind, bezeichnet man als **Nucleolusorganisatoren**. Jeder Nucleolusorganisator entspricht einem Cluster der tandemförmig wiederholten rRNA-Gene

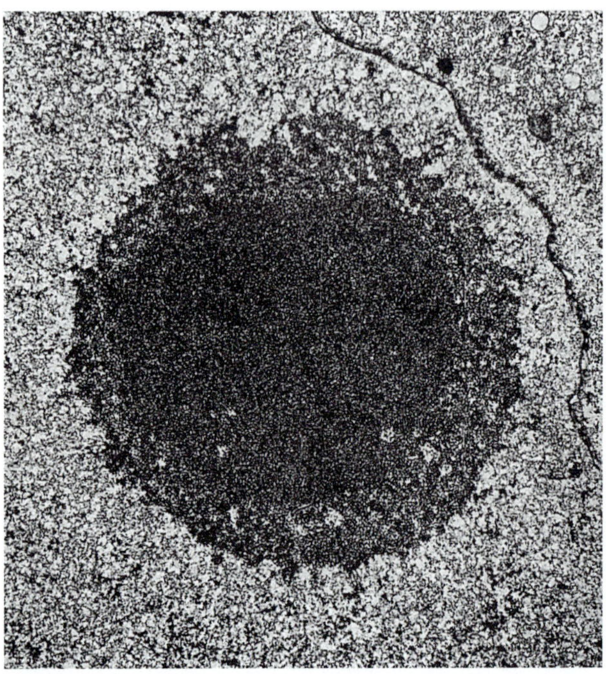

23.11 Der Core-Bereich des Nucleolus enthält transkribierte rDNA, und der umgebende granuläre Cortex besteht aus ribosomalen Untereinheiten. Der Dünnschnitt zeigt den Nucleolus beim Wassermolch *Notophthalmus viridescens*. (Aufnahme mit freundlicher Genehmigung von Oscar Miller.)

23.12 Eine einzelne Transkriptionseinheit enthält sowohl die Sequenz für die 18S- als auch für die 28S-rRNA.

auf einem Chromosom. Die Konzentration der rRNA-Gene und die intensive Transkription führt zur Ausprägung der charakteristischen Morphologie der Nucleoli.

Das Paar der großen rRNAs wird sowohl in Bakterien als auch in eukaryotischen Zellkernen in Form eines einzigen Vorläufers transkribiert. Die wichtigsten Merkmale der Genorganisation sind in Abbildung 23.12 dargestellt. Das Transkript beginnt mit einer 5′-Startsequenz (Leader-Sequenz), an die sich die kleinere rRNA anschließt; darauf folgt der Bereich der sogenannten **transkribierten Zwischensequenz** (Spacer-Sequenz) und schließlich bis zum 3′-Ende des Moleküls die größere rRNA. Die Transkriptionseinheit ist demnach länger als die aufsummierten Längen der gereiften rRNAs.

(Die *transkribierte Zwischensequenz* darf nicht mit der *nichttranskribierten Zwischensequenz* verwechselt werden, die Transkriptionseinheiten voneinander trennt. Die Bezeichnung spiegelt die Tatsache wider, daß diese Zwischensequenz zwar Teil der Transkriptionseinheit ist, aber nicht in den gereiften RNA-Produkten vorkommt. Erinnern wir uns an das Fragmentmuster, das wir bei der Fragmentierung des einzigen rRNA-Primärtranskripts zu gereiften rRNAs in Abbildung 12.49 analysiert haben.)

Die Transkriptionseinheit ist bei Bakterien am kürzesten. Hier besteht eine Einheit von sechs Kilobasenpaaren zu 80 % aus rRNA-Sequenzen. Bei Eukaryoten ist kein systematisches Muster erkennbar, die Länge des Transkriptes variiert zwischen sieben und acht Kilobasenpaaren (mit einem Anteil von 70–80 % rRNA). Das Vorläufermolekül ist bei den Säugern am längsten (die entsprechend ihrer Sedimentationsgeschwindigkeit sogenannte 45S-RNA). Die gereiften rRNA-Sequenzen machen hier nur etwas mehr als 50 % des gesamten Transkripts aus.

Ein rRNA-Cluster enthält zahlreiche Transkriptionseinheiten, wobei jede durch eine nichttranskribierte Zwischensequenz von der nächsten getrennt ist. Die abwechselnden Transkriptionseinheiten und Zwischensequenzen lassen sich sogar direkt im Elektronenmikroskop beobachten. Das Beispiel in Abbildung 23.13 findet sich beim Wassermolch *N. viridescens*. Hier wird jede Transkriptionseinheit stark exprimiert, so daß viele RNA-Polymerasen gleichzeitig an der Transkription eines Wiederholungselements beteiligt sind. Die Polymerasen sind so dicht gedrängt, daß durch die Längenzunahme ihrer Produkte eine charakteristische Matrix entsteht, die sich entlang der Transkriptionseinheit bewegt.

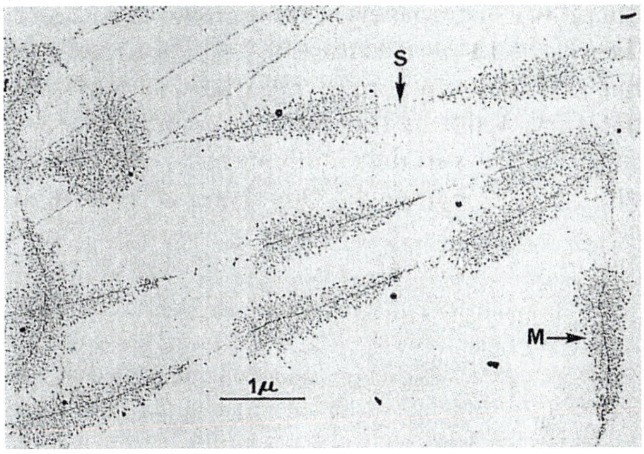

23.13 Die Transkription der rDNA-Cluster zeigt eine Folge von Matrizen, die jeweils einer Transkriptionseinheit entsprechen und von der nächsten durch eine nichttranskribierte Zwischensequenz getrennt sind. (Aufnahme mit freundlicher Genehmigung von Oscar Miller.)

Die Länge der nichttranskribierten Zwischensequenz variiert ziemlich stark zwischen den Spezies (teilweise auch innerhalb). Bei den Hefen gibt es eine kurze nichttranskribierte Zwischensequenz, die eine relativ konstante Länge aufweist. Bei *D. melanogaster* findet man zwischen verschiedenen Kopien des Wiederholungselements unterschiedlich lange Zwischensequenzen mit einer Variationsbreite fast um den Faktor zwei. Eine ähnliche Situation zeigt sich bei *X. laevis*. Bei allen Beispielen liegen die Wiederholungselemente in Form eines einzigen Tandemclusters auf einem bestimmten Chromosom. (Bei *D. melanogaster* handelt es sich zufällig um das Geschlechtschromosom. Der Cluster auf dem X-Chromosom ist größer als der auf dem Y-Chromosom, so daß die weiblichen Fliegen mehr rRNA-Gene besitzen als die männlichen.)

Bei Säugern ist das Wiederholungselement wesentlich größer. Es besteht aus einer Transkriptionseinheit von etwa 13 kb und einer nichttranskribierten Zwischensequenz von etwa 30 kb. Die Gene sind normalerweise in mehreren verstreuten Clustern angeordnet – beim Menschen und bei der Maus sind sie auf fünf beziehungsweise sechs Chromosomen verteilt. Eine interessante Frage ist dabei, wie die Korrekturmechanismen, die vermutlich innerhalb eines einzigen Clusters den Erhalt der rRNA-Sequenzen sichern, bei mehreren Clustern funktionieren.

Die Längenvariabilität der nichttranskribierten Zwischensequenzen in einem einzigen Gencluster steht im Kontrast zur Sequenzkonservierung der Transkriptionseinheit. Trotz dieser Variabilität sind die Sequenzen der längeren nichttranskribierten Zwischensequenzen homolog zu den kürzeren. Daraus folgt, daß sich jede nichttranskribierte Zwischensequenz *intern wiederholt*. Demnach entsteht die Längenvariabilität aufgrund der veränderten Zahl von Wiederholungen einer Untereinheit.

Die allgemeine Struktur der nichttranskribierten Zwischensequenzen läßt sich am Beispiel von *X. laevis* in Abbildung 23.14 veranschaulichen. Bereiche mit fixierter und variabler Länge wechseln einander ab. Jede der drei repetitiven Regionen besteht aus einer variablen Zahl von Wiederholungen einer relativ kurzen Sequenz. Ein Typ der repetitiven Regionen enthält Wiederholungen einer Sequenz von 97 bp; der andere, der an zwei Loci vorkommt, enthält ein Wiederholungselement, das in zwei Formen vorkommt (60 beziehungsweise 81 bp). Die unterschiedlichen Längen der Zwischensequenzen sind eine Folge der variablen Zahl von Wiederholungselementen in den repetitiven Bereichen.

Eine der fixierten Regionen (am Anfang der Zwischensequenz) ist durch eine besondere Sequenz und Länge gekennzeichnet. Die übrigen Bereiche sind kurze (sogenannte) **Bam-Inseln**. (Die Bezeichnung bezieht sich auf ihre Isolierung mit Hilfe des Restriktionsenzyms *Bam*H1.) Aufgrund dieser Art der Organisation können wir erkennen, daß das Cluster durch Duplikationen entstanden ist, die auch die Promotorregion betrafen.

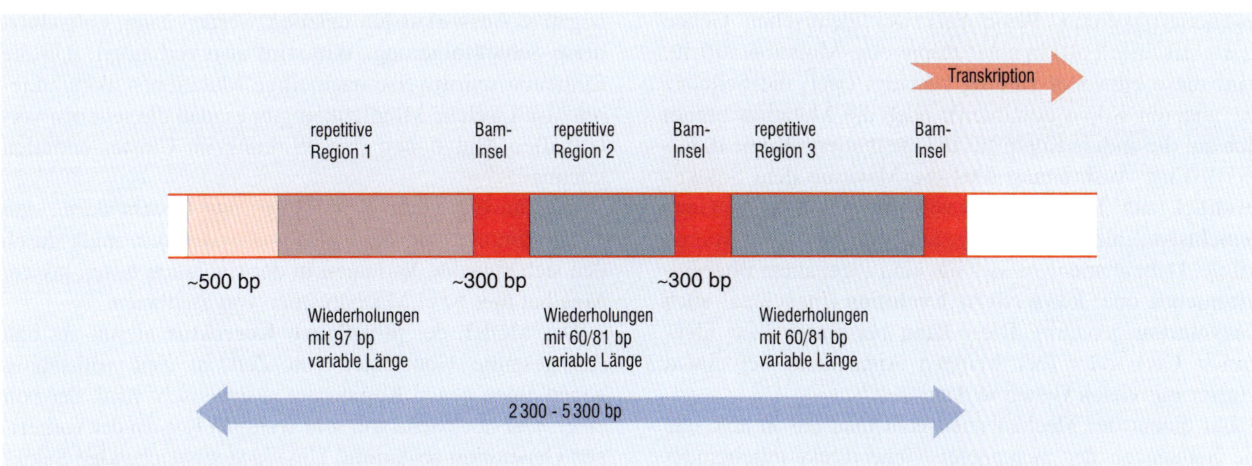

23.14 Die nichttranskribierten Zwischensequenzen in der rDNA von *X. laevis* besitzen eine innere Wiederholungsstruktur, die für die Längenvariabilität verantwortlich ist.

23.8 Ein Dilemma der Evolution: Wie bleiben mehrere aktive Kopien stabil erhalten?

Bei jeder Genverdoppelung stellt sich dasselbe Problem. Wie kann die Selektion die Anhäufung von nachteiligen Mutationen verhindern? Die Genduplikation führt wahrscheinlich zu einer sofortigen Abnahme des Evolutionsdruckes auf die Gensequenz. Da es jetzt zwei identische Kopien gibt, verliert der Organismus durch die Veränderung einer Sequenz kein funktionsfähiges Protein, da die ursprüngliche Aminosäuresequenz weiterhin von der anderen Kopie codiert wird. Der Selektionsdruck auf beide Gene wird ungenau, bis sich schließlich eines der Gene durch Mutationen weit genug von der ursprünglichen Funktion entfernt hat, so daß der Selektionsdruck wieder vollständig auf das andere Gen wirken kann.

Direkt nach einer Genduplikation kann es bei einer der beiden Kopien zu einer schnelleren Akkumulation von Veränderungen kommen, so daß schließlich eine neue Funktion entsteht (oder durch Abschalten ein Pseudogen). Wenn sich eine neue Funktion entwickelt hat, wird das Gen danach mit derselben (langsameren) Geschwindigkeit evolvieren wie die ursprüngliche Funktion. Diese Art von Mechanismus ist wahrscheinlich für die Trennung der Funktionen zwischen embryonalen und adulten Globingenen verantwortlich.

Es gibt jedoch Beispiele für duplizierte Gene, welche dieselbe Funktion beibehalten und identische (oder fast identische) Proteine codieren. Die beiden α-Globin-Gene codieren identische Proteine, und zwischen den beiden γ-Globinen besteht nur ein Unterschied von einer Aminosäure. Wie bleibt mit Hilfe des Selektionsdruckes die Übereinstimmung der Sequenzen erhalten?

Man hat dafür zwei allgemeine Mechanismen vorgeschlagen. Ihr gemeinsames Prinzip besteht darin, daß nichtallele Gene nicht unabhängig vererbt werden, sondern kontinuierlich aus *einer* Kopie der vorherigen Generation regeneriert werden. Wenn bei zwei identischen Genen (der einfachste Fall) in einer Kopie eine Mutation auftritt, wird diese entweder zufällig beseitigt (weil die Sequenz der anderen Kopie dominiert), oder die Mutation breitet sich auf die andere Kopie aus (da die mutierte Kopie dominiert). Eine Ausbreitung setzt die Mutation dem Selektionsdruck aus. Im Ergebnis evolvieren dann beide Gene gemeinsam, als ob nur ein einziger Locus existieren würde. Dabei handelt es sich um eine sogenannte **übereinstimmende** oder **konzertierte Evolution** (manchmal auch **Coevolution** genannt). Diese kann bei einem Paar identischer Gene oder (bei weiteren Annahmen) bei einem Cluster mit vielen Genen wirken.

Bei einem der Mechanismen geht man davon aus, daß die Sequenzen der nichtallelen Gene direkt miteinander verglichen und durch Enzyme vereinheitlicht werden, die jeden Unterschied erkennen können. Das ist durch den Austausch von Einzelsträngen zwischen den Genen möglich, so daß Gene entstehen, die je einen Strang aus der einen und der anderen Kopie enthalten. Alle Unterschiede treten in Form von Basenfehlpaarungen in Erscheinung, die von Enzymen erkannt werden. Diese können Basen herausschneiden und ersetzen, so daß schließlich nur A•T- und G•C-Paare überdauern. Ein solcher Vorgang ist eine sogenannte **Genkonversion** und mit einer genetischen Rekombination verknüpft, wie sie in Kapitel 17 beschrieben wurde.

Durch Sequenzvergleich duplizierter Gene können wir die Auswirkungen solcher Vorgänge feststellen. Wenn die Sequenzen der konzertierten Evolution unterliegen, sollten wir keine Anhäufung von stillen Substitutionen feststellen (da die Vereinheitlichung diese genauso betrifft wie die Substitutionen an nichtsynonymen Positionen). Wir wissen, daß sich die Wirkung des Erhaltungsmechanismus nicht über das Gen hinaus erstrecken muß, da es duplizierte Gene gibt, deren flankierende Sequenzen vollkommen verschieden sind. Tatsächlich können die Enden der angeglichenen Sequenzen durch scharfe Grenzen gekennzeichnet sein.

Dabei ist zu bedenken, daß es aufgrund dieser Mechanismen unmöglich sein kann, die Geschichte solcher Gene anhand ihrer Divergenz zu bestimmen, *da die Divergenz nur die Zeit widerspiegelt, die seit der letzten Vereinheitlichung/Wiederherstellung vergangen ist, nicht die Zeit seit der Duplikation.*

Wenn es von einem Gen viele Kopien gibt, kann der akute Effekt einer Mutation in einer beliebigen Kopie nur sehr gering sein. So gibt es beispielsweise beim rDNA-Cluster Hunderte von Genkopien, die anscheinend alle identisch sind. Die Folgen einer einzelnen Mutation fallen unter der großen Kopienzahl der Wildtypsequenz nicht ins Gewicht. Möglicherweise muß erst ein beträchtlicher Anteil an mutierten Kopien existieren, bevor der Effekt stark genug ist, um durch die Evolution eliminiert zu werden.

Die Letalität wird so zu einem quantitativen Problem. Die Beobachtung, daß die Hälfte der Geneinheiten des rDNA-Clusters bei *X. laevis* oder *D. melanogaster* ohne negative Auswirkungen deletiert werden kann, unterstützt diese Schlußfolgerung. Wie wird also verhindert, daß die Einheiten schrittweise nachteilige Mutationen akkumulieren? Und welche Möglichkeit gibt es, daß die seltenen vorteilhaften Mutationen ihre Wirkung im Cluster entfalten können?

Die unweigerliche Schlußfolgerung besteht darin, daß ein bestimmter Mechanismus vorhanden sein muß, durch den sich einzelne Varianten in der Evolution testen lassen. Man hat hier zwei Mechanismen vorgeschlagen.

Das Modell der **plötzlichen Korrektur** nimmt an, daß das gesamte Gencluster von Zeit zu Zeit vollständig gegen einen neuen Kopiensatz ausgetauscht wird, der von einer oder höchstens von sehr wenigen Kopien der vorherigen Generation abstammt. Um einen ausreichenden Selektionsdruck zu erzeugen, bedeutet „von Zeit zu Zeit" immer nach wenigen Generationen. Aus praktischen Gründen muß ein solcher Mechanismus auf einer regelmäßigen

Wiederholung beruhen, das heißt in jeder Generation vonstatten gehen.

Die wenigen Kopien, aus denen ein neuer Cluster hervorgeht, bilden eine „Hauptgruppe“ (*master set*), auf die die Selektion wirkt. Die ausgemusterten Kopien sind für die Selektion ohne Bedeutung. Die Hauptkopien können eine bestimmte Gruppe bilden oder zufällig ausgewählt werden. Bei dem Mechanismus handelt es sich vermutlich um eine Art Amplifizierung oder vielleicht um eine Genkonversion.

Die Schwierigkeit bei diesem Modell zeigt sich darin, daß die Regeneration des Clusters von einigen wenigen *repetitiven Einheiten* ausgehen soll. Das bedeutet, daß sowohl die Transkriptionseinheiten als auch die Zwischensequenzen wiederhergestellt werden müssen, damit die Wiederholungselemente in ihrer gesamten Sequenz vereinheitlicht werden (oder zumindest keine größere Variabilität aufweisen als die wenigen Hauptkopien). Tatsächlich zeigen die Zwischensequenzen jedoch ein kontinuierliches Spektrum an Variabilität, während nur die Transkriptionseinheiten konstant bleiben.

Das Modell der **Cross-Fixierung** geht davon aus, daß das gesamte Cluster durch ungleiche Crossover einer fortwährenden Umordnung unterliegt. Dabei wirken die Mechanismen, die bei den Globingenen eingeschränkt und unregelmäßig auftreten (siehe oben), vor allem auf das Tandemcluster in großem Maße ein. Durch solche Reaktionen läßt sich die konzertierte Evolution multipler Gene erklären, wenn das ungleiche Crossover dazu führt, daß alle Kopien aus einer einzigen Kopie physikalisch regeneriert werden.

Verfolgen wir die Reaktion, die in Abbildung 23.4 dargestellt ist. Die Chromosomen, die einen trimeren Locus enthalten, können beispielsweise durch eine Deletion eines der Gene verlieren. Von den verbliebenen Genen entsprechen eineinhalb der Sequenz einer der ursprünglichen Kopien; von der anderen Kopie ist nur eine Hälfte übriggeblieben. Alle Mutationen der ersten Region sind nun in beiden Genen enthalten und unterliegen dem Selektionsdruck.

Wir untersuchen die Folgen des ungleichen Crossovers genauer in Kapitel 25. Es ist aber bereits jetzt offensichtlich, daß Tandemcluster ausreichend Möglichkeiten für „Fehlpaarungen“ zwischen Genen bieten, deren Sequenzen zwar übereinstimmen, die in den Clustern jedoch an verschiedenen Positionen liegen. Durch eine fortgesetzte Vermehrung und Verringerung der Einheiten aufgrund ungleicher Crossover ist es möglich, daß alle Elemente eines Clusters von wenigen Elementen aus einem früheren Cluster abstammen. Die variablen Längen der Zwischensequenzen stimmen mit der Vorstellung überein, daß es in Zwischensequenzen, die innerhalb der Sequenz fehlgepaart sind, zu ungleichen Crossovers kommt. Das könnte die im Vergleich zur Variabilität der Zwischensequenzen vorhandene Homogenität der Gene erklären. Die Gene unterliegen der Selektion, wenn einzelne Wiederholungselemente innerhalb des Clusters amplifiziert werden; die Zwischensequenzen sind jedoch ohne Bedeutung und können Veränderungen akkumulieren.

Zusammenfassung

Die Gesamtzahl der Gene beträgt wahrscheinlich mehr als 2 000 bei Bakterien, mehr als 6 000 bei Hefe, 9 000 bei Insekten und mehr als 125 000 bei den Säugern. Wir können davon ausgehen, daß nicht alle Gene essentiell sind (wenn wir essentielle Gene durch das Auftreten zerstörerischer Effekte aufgrund einer Mutation definieren). Die Zahl nichtessentieller und essentieller Gene ist möglicherweise etwa gleich. Bei der Hefe sind anscheinend nur 60 % der Gene essentiell; bei *D. melanogaster* gibt es wahrscheinlich etwa 5 000 essentielle Gene. Wir wissen nicht, wie nichtessentielle Gene erhalten bleiben. Sie können selektive Vorteile bieten, die nicht offen erkennbar sind.

Fast alle Gene gehören zu Familien. Man definiert sie aufgrund verwandter Sequenzen der Exons einzelner Mitglieder. Familien entstehen durch die Duplikation eines Gens (oder mehrerer Gene) und die anschließende divergente Entwicklung der Kopien. Bei einigen Kopien kommt es zu inaktivierenden Mutationen, so daß sie zu Pseudogenen werden und keine Funktion mehr erfüllen. Pseudogene können auch aus DNA-Kopien von mRNA-Sequenzen entstehen.

Eine evolvierende Gruppe von Genen kann als Cluster erhalten bleiben oder durch chromosomale Umordnungen auf neue Positionen verteilt werden. Anhand der Organisation bestehender Cluster ist es manchmal möglich, die Abfolge der aufgetretenen Veränderungen nachzuvollziehen. Diese Veränderungen wirken sich eher auf die Sequenz als auf die Funktion aus und betreffen deshalb sowohl Pseudogene als auch aktive Gene.

Mutationen akkumulieren an stillen Positionen schneller als an nichtsynonymen Positionen (welche die Aminosäuresequenz beeinflussen). Mit Hilfe der Geschwindigkeit der Divergenz kann man eine Uhr definieren, die in Prozent Divergenz pro einer Million Jahre geeicht wird. Durch die Uhr ist es möglich, die Zeit der divergenten Entwicklung zweier Mitglieder einer Genfamilie zu berechnen.

Ein Tandemcluster besteht aus vielen Kopien eines Wiederholungselements, das aus transkribierte(n) Sequenz(en) und einer (oder mehreren) nichttranskribierten Zwischensequenz(en) besteht. rRNA-Gencluster codieren nur einen einzigen rRNA-Vorläufer. Der Fortbestand von aktiven Genen in einem Cluster beruht auf Mechanismen wie beispielsweise der Genkonversion oder ungleichen Crossovers, die zu einer Ausbreitung von Mutationen im Cluster führen, so daß diese dem Selektionsdruck ausgesetzt sind.

Weiterführende Literatur

Übersichtsartikel

Maniatis, T. et al. *The Molecular Genetics of Human Hemoglobins*. In: *Ann. Rev. Genet.* 14 (1980) S. 145–178.

Entdeckungen

Essentielle Gene

Judd, N. H.; Shen, M. W.; Kaufman, T. C. *The Anatomy and Function of a Segment of the X-Chromosome of D. melanogaster.* In: *Genetics* 71 (1972) S. 139–156.

Goebl, M. G.; Petes, T. D. *Most of the Yeast Genomic Sequences are not Essential for Cell Growth and Division*. In: *Cell* 46 (1986) S. 983–992.

Sequenzierung

Oliver, S. G. et al. *The Complete DNA-Sequence of Yeast Chromosome III*. In: *Nature* 357 (1992) S. 38–46.

Dujon, B. et al. *Complete DNA Sequence of Yeast Chromosome XI*. In: *Nature* 369 (1994) S. 371–378.

Johnston, M. et al. *Complete Nucleotide Sequence of Saccharomyces cerevisiae Chromosome VIII*. In: *Science* 265 (1994) S. 2077–2082.

Wilson, R. et al. *2.2 Mb of Contiguous Nucleotide Sequence from Chromosome III of C. elegans*. In: *Nature* 368 (1994) S. 32–38.

24. Die Genome der Organellen

Den ersten Hinweis auf die Existenz von Genen außerhalb des Zellkernes gaben **Nicht-Mendelsche Vererbungsmuster** bei Pflanzen (die zu Beginn dieses Jahrhunderts kurz nach der Wiederentdeckung der Mendelschen Gesetze beobachtet wurden). Eine Nicht-Mendelsche Vererbung tritt manchmal auch in Zusammenhang mit dem Phänomen der **somatischen Segregation** auf. Beide haben eine ähnliche Ursache:

- Die Nicht-Mendelsche Vererbung läßt sich dadurch definieren, daß die Nachkommenschaft keine Segregation elterlicher Merkmale nach Mendel aufweist. Dies spiegelt also den fehlenden Zusammenhang zwischen dem segregierenden Merkmal und der meiotischen Spindel wider.
- Die somatische Segregation beschreibt das Phänomen, wenn elterliche Merkmale in somatischen Zellen segregieren und dadurch innerhalb eines Organismus heterogen sind. Es besteht also zwischen dem segregierenden Merkmal und der mitotischen Spindel kein Zusammenhang.

Mit Hilfe der Nicht-Mendelschen Vererbung und der somatischen Segregation läßt sich daher zeigen, daß auch außerhalb des Zellkernes Gene existieren, deren Kopien nicht über die Segregation der meiotischen und mitotischen Spindel auf die Gameten beziehungsweise Tochterzellen verteilt werden.

Die extreme Form der Nicht-Mendelschen Genetik ist die uniparentale Vererbung, bei der der Genotyp des einen Elternteiles vererbt wird und der andere immer verlorengeht. Bei weniger extremen Beispielen überwiegen die Nachkommen des einen elterlichen Phänotyps die des anderen. Im allgemeinen ist es der mütterliche Genotyp, der bevorzugt (oder allein) vererbt wird. Diesen Effekt bezeichnet man manchmal auch als **maternale Vererbung**. Wichtig ist dabei, daß der Genotyp eines bestimmten Elternteiles geschlechtsspezifisch dominiert. Das zeigt sich in Form anormaler Segregationsmuster bei einer Kreuzung zwischen einer Mutante und dem Wildtyp. Im Gegensatz dazu kommt es in der Mendelschen Genetik bei Rückkreuzungen zu einer gleichmäßigen Vererbung der Beiträge beider Eltern (Kapitel 3).

Die Verschiebung der elterlichen Genotypen tritt während oder kurz nach Bildung der Zygote ein. Dafür kommen verschiedene Ursachen in Frage. Die Beiträge der mütterlichen oder väterlichen Erbinformation für die Organellen der Zygote müssen nicht gleich groß sein; im Extremfall ist nur ein Elternteil beteiligt. In anderen Fällen sind die Beiträge zwar gleich, aber die Information eines Elternteiles überlebt nicht. Es sind auch Kombinationen beider Effekte möglich. Was auch die Ursache ist, das ungleiche Verhalten der Erbinformation beider Eltern steht im Gegensatz zur Information im Zellkern, die von jedem Elternteil in gleicher Weise abstammt.

Die Nicht-Mendelsche Vererbung entsteht dadurch, daß in Mitochondrien und Chloroplasten DNA-Genome vorhanden sind, die unabhängig von den Genen im Zellkern vererbt werden. Letztendlich bestehen die Genome der Organellen aus DNA, die physikalisch abgetrennt in einem bestimmten Teil der Zelle vorliegt und einem eigenen Expressions- und Regulationssystem gehorcht. Das Genom eines Organells codiert normalerweise alle RNAs, aber nur einige der Proteine, die für den Fortbestand der Organelle erforderlich sind. Die anderen Proteine werden im Zellkern codiert, durch den Proteinsyntheseapparat des Cytosols exprimiert und in die Organelle importiert.

Gene außerhalb des Zellkerns bezeichnet man allgemein als **extranuclear**; sie werden in *demselben* Organellenkompartiment (Mitochondrium oder Chloroplast) transkribiert und translatiert, in dem sie sich befinden. Im Gegensatz dazu werden Gene des *Zellkernes* mit Hilfe der *cytoplasmatischen* Proteinsynthese exprimiert. (Manchmal bezeichnet man das Verhalten der Gene in Organellen mit dem Begriff der **cytoplasmatischen Vererbung**. Wir sollten diese Bezeichnung jedoch nicht verwenden, da es wichtig ist, zwischen Vorgängen im normalen Cytosol und in spezifischen Organellen zu unterscheiden.)

Eine Art der uniparentalen Vererbung zeigt sich bei höherentwickelten Tieren. Unter der Voraussetzung, daß die Mitochondrien vollständig aus der Eizelle stammen und nicht aus der Spermazelle, können wir hier von einer maternalen Vererbung sprechen. Die mitochondrialen Gene kommen also ausschließlich von der Mutter und werden bei Männern in jeder Generation verworfen.

In einer Organelle herrschen andere Bedingungen als im Zellkern, so daß die Organellen-DNA mit einer eigenen Geschwindigkeit evolviert. Bei uniparentaler Vererbung kann es zwischen den elterlichen Genomen keine Rekombination geben, und wenn die Genome der Organellen von beiden Eltern vererbt werden, kommt es normalerweise auch zu keiner Rekombination. Da die Organellen-DNA von einer anderen DNA-Polymerase als im Zellkern repliziert wird, kann auch die Fehlerrate während der Replikation eine andere sein; Reparatursysteme, welche die Genauigkeit der Replikation beeinflussen, unterscheiden sich ebenfalls. Bei Säugern akkumuliert die mitochondriale DNA Mutationen schneller als die DNA im Zellkern, bei Pflanzen erfolgt die Akkumulation im Mitochondrium jedoch langsamer (der Chloroplast zeigt einen mittleren Wert).

Eine Folge der maternalen Vererbung besteht darin, daß die mitochondriale DNA auf Verkleinerungen einer vermehrungsfähigen Population empfindlicher reagiert als die Kern-DNA. Mit Hilfe eines Vergleichs der mitochondrialen DNA-Sequenzen in verschiedenen menschlichen Populationen läßt sich ein Evolutionsstammbaum erstellen. Die Divergenz zwischen den mitochondrialen DNAs beim Menschen beträgt 0,57 %. Der Evolutionsstammbaum zeigt, daß die mitochondriale Varianten von einem gemeinsamen (afrikanischen) Vorfahr abstammen. Die Akkumulationsgeschwindigkeit für Mutationen in der mitochondrialen DNA der Säuger beträgt zwei bis vier Prozent pro einer Million Jahre und ist damit über zehnmal schneller als beim Globin. Eine solche Geschwindigkeit kann die beobachtete Divergenz innerhalb eines Evolutionszeitraumes von 140 000 bis 280 000 Jahren erreichen. Das bedeutet, daß der Mensch von einem einzigen weiblichen Lebewesen abstammt, das vor etwa 200 000 Jahren in Afrika lebte.

Eine andere Ursache für die uniparentale Vererbung findet sich bei der Alge *Chlamydomonas reinhardii*. Hier entsteht die Zygote durch Vereinigung gleich großer Gameten. Beide Eltern bringen Chloroplasten-DNA in die Zygote ein. Die Chloroplasten-DNA eines Elternteiles wird jedoch kurz nach der Zygotenbildung abgebaut, so daß die DNA des anderen Elternteiles als einzige im Organell zurückbleibt.

Das Bestehen von Selektionsmechanismen macht es unmöglich, die Ursache für die Dominanz eines elterlichen Phänotyps im Einzelfall zu bestimmen (beispielsweise bei höheren Pflanzen). Selbst wenn beide Eltern unterschiedliche Mengen an Cytoplasma zur Zygote beisteuern, so daß von einem Teil wahrscheinlich mehr Kopien des Organellengenoms stammen als vom anderen, können Selektionsmechanismen das Verhältnis später umkehren.

Wenn bei Pflanzen beide Genotypen der Organellen überleben, segregieren der Wildtyp und der mutierte Phänotyp während des somatischen Wachstums. Bei einer einzelnen heterozygoten Pflanze besitzen einige Gewebe den einen elterlichen Phänotyp, während andere Gewebe den anderen elterlichen Phänotyp zeigen. Diese somatische Segregation steht im Gegensatz zur Stabilität des gesamten Kerngenotyps, wie ihn die Mendelsche Genetik beschreibt.

Die Verknüpfung der somatischen Segregation mit der Nicht-Mendelschen Vererbung deutet darauf hin, daß es mehrere Kopien der Organellengene in der Zygote geben muß und daß sie während der somatischen Teilung auf verschiedene Zellen verteilt werden.

Die Frage, welche Organelle einen bestimmten genetischen Marker trägt, ist nicht immer trivial. Da das Mitochondrium die einzige Organelle ist, für die sich in den Zellen der höherentwickelten Tiere zeigen ließ, daß sie DNA enthält, existiert hier wahrscheinlich kein anderer Bereich außerhalb des Zellkernes mit genetischem Material. Bei Pflanzen und einigen einzelligen Eukaryoten gibt es jedoch sowohl Chloroplasten als auch Mitochondrien. Ein Marker, der eine zellkernunabhängige Vererbung anzeigt, kann in einem der beiden Kompartimente vorkommen. Manchmal ist die Zuordnung aufgrund der Eigenschaften des mutierten Phänotyps eindeutig, in anderen Fällen jedoch ist der Defekt nicht spezifisch genug, um das Kompartiment zu definieren, in dem das Gen liegt.

24.1 Die Genome der Organellen sind ringförmige DNAs, die Proteine der Organelle codieren

Die meisten bis jetzt charakterisierten Organellengenome besitzen die Form eines einzelnen ringförmigen DNA-Moleküls und enthalten eine spezifische Sequenz (mit der Bezeichnung **mtDNA** für Mitochondrien und **ctDNA** für Chloroplasten). Es gibt einige wenige Beispiele für lineare Moleküle der mitochondrialen DNA, insbesondere bei niederen Eukaryoten.

Im allgemeinen existieren mehrere Genomkopien in einer einzelnen Organelle. Da in jeder Zelle immer mehrere Organellen vorhanden sind, gibt es pro Zelle eine große Zahl von Organellengenomen. Diese sind zwar für sich genommen Unikate, sind jedoch repetitiv im Vergleich zu einer nichtrepetitiven Sequenz im Zellkern.

Die Genome der Chloroplasten sind verhältnismäßig groß, bei höheren Pflanzen etwa 140 kb und bei niederen Eukaryoten etwa 200 kb. Das entspricht einem großen Bakteriophagen (beispielsweise T4 mit etwa 165 kb). In jedem Organell gibt es mehrere Kopien des Genoms (bei einer höheren Pflanze sind es normalerweise 20 bis 40) und in jeder Zelle mehrere Kopien des Organells (ebenfalls 20 bis 40).

Die Genomgrößen der Mitochondrien variieren um mehr als eine Größenordnung. Tierische Zellen besitzen kleine mitochondriale Genome; beim Menschen, bei der Maus und bei der Kuh hat man sie vollständig sequenziert (alle haben eine Größe von 16,5 kb). Pro Zelle gibt es mehrere Hundert Mitochondrien. Jedes Mitochondrium enthält mehrere DNA-Kopien. Bei der Taufliege und beim Frosch ist das mitochondriale Genom geringfügig größer, es fehlen jedoch Informationen über die Zahl der Genome und Organellen. Die Gesamtmenge an mitochondrialer DNA ist im Vergleich zur Kern-DNA gering (unter einem Prozent).

Bei der Hefe ist das Genom der Mitochondrien viel größer. Die genaue Größe variiert bei *S. cerevisiae* zwischen den einzelnen Stämmen, sie beträgt jedoch etwa 84 kb. Es gibt etwa 22 Mitochondrien pro Zelle, was etwa vier Genomen pro Organelle entspricht. In wachsenden Zellen kann der Anteil der mitochondrialen DNA bis zu 18 % ausmachen. (Einige Hefen haben viel größere Genome in den Mitochondrien.)

Die DNA-Länge in den Mitochondrien ist bei Pflanzen außerordentlich variabel, das Minimum beträgt etwa 100 kb. Die Funktion der zusätzlichen DNA ist noch nicht endgültig geklärt, aber wahrscheinlich besitzt sie keine Codierungsfunktion. Die Größe der Genome macht es schwierig, die DNA intakt zu isolieren. Restriktionskartierungen bei verschiedenen Pflanzen deuten darauf hin, daß jedes Genom aus einer einzigen, ringförmig geschlossenen Sequenz besteht. Innerhalb dieser Sequenz gibt es kurze homologe Sequenzen. Eine Rekombination zwischen diesen Elementen führt zu kürzeren, subgenomischen ringförmigen Molekülen, die neben dem vollständigen

„Hauptgenom" bestehen bleiben. Dadurch läßt sich die offensichtliche Komplexität der mitochondrialen DNAs bei Pflanzen erklären.

Beide Organellen, die mit Energieumwandlung zu tun haben, zeigen einen gemischten Haushalt. Die meisten ihrer Proteinbausteine werden aus dem umgebenden Cytoplasma importiert. Die Synthese dieser Proteine ist die letzte Phase der Expression von Genen des Zellkernes. Aber jede Organelle hat auch eine eigene aktive Biosynthese. Wie in Abbildung 24.1 am Beispiel der Mitochondrien dargestellt ist, erzeugt diese Aktivität eine geringe Anzahl von Proteinen. Diese sind Bestandteile von oligomeren Komplexen, die auch importierte Proteinuntereinheiten aus dem Cytosol enthalten.

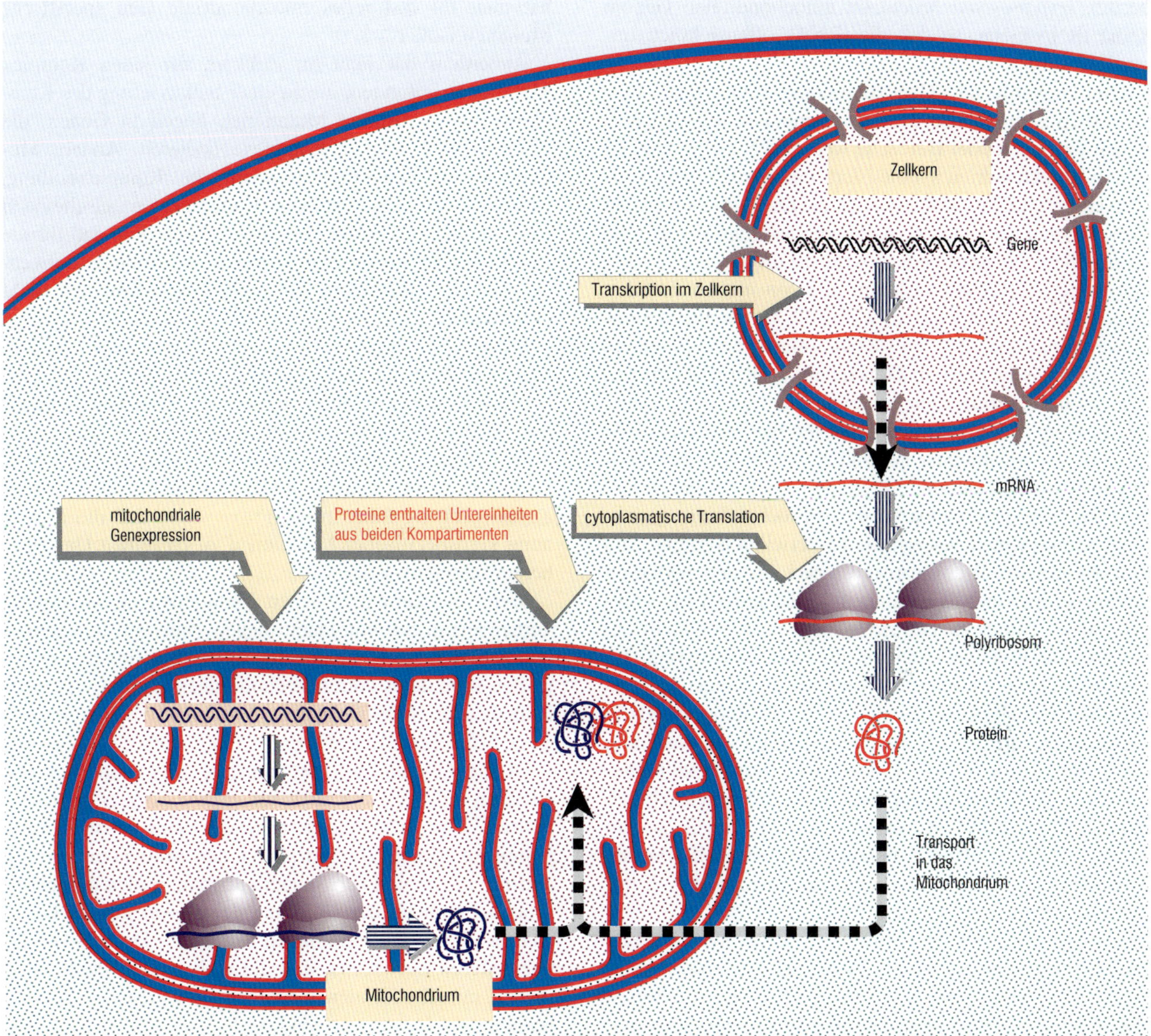

bei der Hefe stammen die Komponenten aller mitochondrialen Proteinkomplexe sowohl aus dem Mitochondrium als auch aus dem Cytosol

Proteinkomplex	im Mitochondrium synthetisierte Untereinheiten	im Cytoplasma synthetisierte Untereinheiten
oligomycinempfindliche ATPase	ATPase 6, 8, 9 (F0-Membranfaktor)	ATPase 1, 2, 3, 4, 7 (F1-ATPase)
Cytochrom *c*-Oxidase	CO 1, 2, 3	CO 4, 5, 6, 7
Cytochrom bc_1-Komplex	Cytochrom *b*-Apoprotein	6 Untereinheiten

24.1 *Übersicht:* Aggregate aus mitochondrialen Proteinen setzen sich aus Expressionsprodukten der Gene im Zellkern und im Mitochondrium zusammen.

Der Proteinsyntheseapparat der Organellen selbst enthält Komponenten verschiedenen Ursprungs. Die Proteine werden vorwiegend oder ausschließlich aus dem umgebenden Cytoplasma in das Organell transportiert. In den meisten Fällen codiert und synthetisiert die Organelle alle RNA-Komponenten ihres Proteinsyntheseapparats – mRNA, rRNA und tRNA. Es gibt jedoch Beipiele für tRNAs, die in die Mitochondrien transportiert werden. So besitzt *Trypanosoma brucei* im mitochondrialen Genom keine tRNA-Gene, so daß die tRNAs offensichtlich importiert werden.

Die Herkunft des Genexpressionssystems der Mitochondrien ist in Tabelle 24.1 zusamengefaßt. In einer normalen tierischen oder Hefezelle werden RNA-Bestandteile in den Mitochondrien synthetisiert, und die DNA im Zellkern codiert die Proteinkomponenten. Die mitochondrialen Gene werden von einer RNA-Polymerase transkribiert, die (vermutlich) im Kern codiert wird. In der Organelle werden nur die mRNAs translatiert, die von mitochondrialen Genen transkribiert wurden, wobei die Organelle das einzige Kompartiment ist, wo sie exprimiert werden können.

Die Proteinsynthese in Organellen ist dem bakteriellen System ähnlicher als dem eukaryotischen im Cytoplasma. Die Proteinsynthese der Chloroplasten und Mitochondrien ist z. B. im allgemeinen gegenüber Antibiotika empfindlich, welche die bakterielle Proteinbiosynthese blockieren. Der Proteinsyntheseapparat der Mitochondrien gleicht einer vereinfachten Version des bakteriellen Systems. Die mitochondrialen Ribosomen bestehen aus den normalen großen und kleinen Untereinheiten, die jeweils eine einzige rRNA enthalten. Die rRNA wird im Mitochondrium codiert, die Proteine kommen aus dem Cytoplasma. Im Vergleich zum Cytoplasma sind weniger verschiedene tRNAs erforderlich (Kapitel 9). Die Aminoacyl-tRNA-Synthetasen, die für die Beladung der tRNAs zuständig sind, stammen aus dem Cytoplasma. Alle Proteinkomponenten des Syntheseapparats kommen offensichtlich nur im Mitochondrium vor; obwohl sie von Genen im Zellkern codiert werden, unterscheiden sie sich von den Proteinen des Syntheseapparats im umgebenden Cytoplasma.

Die Komplexe, die in Hefemitochondrien synthetisierte Proteine enthalten, sind in Abbildung 24.1 dargestellt. Die ATPase besteht aus zwei Einheiten und ein Membranfaktor aus drei Untereinheiten, die jeweils vom mitochondrialen Genom codiert werden. Fünf Untereinheiten der löslichen F1-ATPase werden im Cytoplasma synthetisiert. Die Cytochrom *c*-Oxidase besteht ebenfalls aus Untereinheiten mit zweierlei Herkunft. Der Cytochrom bc_1-Komplex enthält ein einziges Protein aus dem Mitochodrium, das mit sechs cytoplasmatischen Untereinheiten assoziiert ist. Die kleine ribosomale Untereinheit enthält ein Protein (Var1), das im Mitochondrium codiert wird. Inzwischen hat man für fast jedes mitochondriale Gen spezifische Mutanten isoliert.

Tabelle 24.1: Der mitochondriale Proteinsyntheseapparat setzt sich zusammen aus RNA, deren Synthese im Mitochondrium stattfindet, und aus Proteinen, die aus dem Cytoplasma importiert werden

Komponenten	im Mitochondrium synthetisiert	im Cytoplasma synthetisiert
Matrizen	~ 10 mRNAs	RNA-Polymerase
Ribosomen	2 rRNAs	~ 75 Proteine
Adaptoren	22 tRNAs	22 tRNA-Synthetasen

Außerdem hat man im Zellkern für jeden Komplex Mutationen gefunden, die zu einer Inaktivierung des Komplexes führen. Einige Mutationen liegen in Genen, die Komponenten solcher Komplexe codieren. Andere Mutationen im Zellkern verhindern die Komplexbildung, wobei jedoch die einzelnen Komponenten anscheinend nicht verändert werden. Das deutet darauf hin, daß für die Zusammenlagerung einige kerncodierte Produkte notwendig sind, die jedoch im fertig gebildeten Komplex nicht vorkommen.

Sowohl bei organellen- als auch bei kernspezifischen Mutanten kann das Fehlen mehrerer Untereinheiten eine korrekte Komplexbildung verhindern. Das deutet darauf hin, daß bei der Zusammenlagerung jedes Komplexes in seine normale membranassoziierte Form das Fehlen einer Komponente die Anlagerung der anderen blockiert. Dieser Zusammenhang führt in der Praxis dazu, daß die Zuordnung kernspezifischer Mutationen zu einzelnen Untereinheiten schwierig ist.

Wenn die kernspezifischen Mutationen in nur einmal vorhandenen Strukturgenen liegen, müssen organellen- und kerncodierte Komponenten unterschiedlich häufig betroffen sein, da es vom mitochondrialen Genom viel mehr Kopien gibt. Möglicherweise werden die kerncodierten Gene effizienter exprimiert.

Ist die Organisation der Gene in Mitochondrien und Zellkern bei der Hefe auch für andere Spezies charakteristisch? Die Zusammensetzung der gemischten Proteinkomplexe stimmt zumindest mit den Mitochondrien von anderen Pilzen und von Säugern überein. In den mitochondrialen Genomen der Hefe und der Säuger gibt es Gene, welche dieselben Funktionen codieren. Deshalb gehen wir generell davon aus, daß die codierenden Funktionen in den mitochondrialen Genomen verschiedener Spezies grundlegend konserviert sind.

Ausnahmen von dieser Regel sind jedoch möglich. In Abbildung 24.2 ist der Aufbau der ATPase dargestellt. Das Enzym besteht aus zwei Untereinheiten, dem F0-Membranfaktor und der F1-ATPase. Die kleinste Untereinheit des F0-Membranfaktors wird bei der Hefe und bei *A. nidulans* im mitochondrialen Genom codiert. Bei einem anderen Pilz (*N. crassa*) wird jedoch das entsprechende Protein offensichtlich von einem Gen im Zellkern codiert. Dieses Gen muß also zwischen dem Mitochondrium und dem Zellkern übertragen worden sein. Die F1-ATPase der Chloroplasten wird in anderer Weise codiert; hier werden mehrere Untereinheiten aus dem Cytosol importiert.

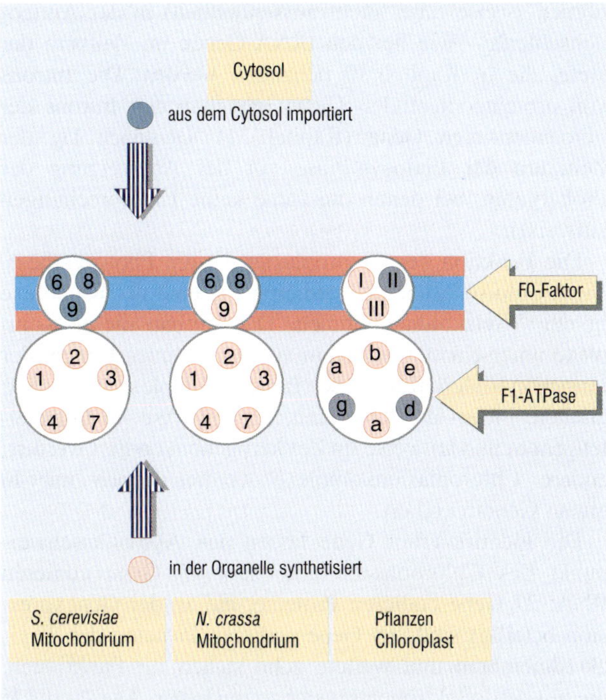

24.2 Die ATPase der Organelle besteht aus zwei Teilen, dem F0-Membranfaktor und der F1-ATPase. Ihre Untereinheiten stammen bei verschiedenen Spezies und Organellen aus unterschiedlichen Kompartimenten.

Sind die Genome der Mitochondrien und Chloroplasten einzigartig, oder gibt es Sequenzen, die zwischen den Organellen oder zwischen einer Organelle und dem Zellkern übereinstimmen? Die Mitochondrien der Pflanzen enthalten häufig Sequenzen, die anscheinend aus der Chloroplasten-DNA stammen. Bei einigen Organismen gibt es mitochondriale Sequenzen, die zu Bereichen in der Kern-DNA homolog sind. Ein DNA-Austausch zwischen Organellen und Zellkern ist zweifellos selten, kann aber im Lauf der Evolution vorkommen. Der Mechanismus ist nicht bekannt.

Wie konnte es zu der Situation kommen, daß eine Organelle die genetische Information für einige ihrer Funktionen besitzt, während andere im Zellkern codiert sind? Nehmen wir an, daß diese Organellen aus einer **Endosymbiose** hervorgegangen sind, das heißt, primitive Zellen haben Bakterien mit diesen Funktionen „gefangen", die sich dann zu Mitochondrien und Chloroplasten entwickelten. Zu diesem Zeitpunkt muß der Organellenprototyp alle notwendigen Gene für seine spezifischen Funktionen enthalten haben. Später gingen dann einige oder die meisten Gene der Organelle auf den Kern über. Das muß zu einer Zeit geschehen sein, in der die Kompartimente weniger streng getrennt waren. Sequenzhomologien deuten darauf hin, daß sich sowohl Mitochondrien als auch Chloroplasten getrennt aus Linien entwickelt haben, zu denen auch die Eubakterien gehören. Dabei haben Mitochondrien und α-Purpurbakterien beziehungsweise Chloroplasten und Cyanobakterien jeweils einen gemeinsamen Ursprung.

24.2 Das Chloroplastengenom codiert etwa 100 Proteine und RNAs

Welche Gene enthalten die Chloroplasten? Tabelle 24.2 zeigt zusammengefaßt, daß Chloroplasten dabei den Mitochondrien grundsätzlich ähnlich sind, außer daß sie mehr Gene enthalten. Das Chloroplastengenom codiert alle rRNA- und tRNA-Typen, die für die Proteinsynthese erforderlich sind. Das Ribosom enthält zusätzlich zu den großen zwei kleine rRNAs. Das tRNA-Spektrum ist insofern dem der Mitochondrien ähnlich, als weniger tRNA-Typen vorhanden sind, als für das Cytosol ausreichen würden. Das Chloroplastengenom codiert etwa 50 Proteine, darunter eine RNA-Polymerase und einige ribosomale Proteine. Auch hier gilt wieder die Regel, daß die Gene der Organelle von ihrem eigenen Syntheseapparat transkribiert und translatiert werden.

Die Größe des Chloroplastengenoms variiert bei höheren Pflanzen, es enthält jedoch ein charakteristisches Strukturmerkmal: Eine längere Sequenz von zehn bis 24 kb (abhängig von der Pflanze), die in Form einer umgekehrten Wiederholung zweier identischer Kopien vorliegt. (Gene, die innerhalb der Wiederholungssequenz codiert werden, kommen pro Genom in zwei Kopien vor; hierzu gehören die rRNA-Gene.) Die Organisation des Genoms ist in Abbildung 24.3 dargestellt. Durch eine Rekombination der beiden Wiederholungssequenzen kann es zu einer Inversion der dazwischenliegenden kurzen Einzelkopiesequenz (*short single copy sequence*, SSC) kommen. Die Inversion

Tabelle 24.2: Das Chloroplastengenom codiert vier rRNAs, 30 tRNAs und etwa 50 Proteine

Gene	Typen
RNA-codierend	
16S-rRNA	1
23S-rRNA	1
4,5S-rRNA	1
5S-rRNA	1
tRNA	30
Genexpression	
r-Proteine	19
RNA-Polymerasen	3
sonstige	2
Thylakoidmembranen	
Photosystem I	2
Photosystem II	7
Cytochrom *b/f*	3
H^+-ATPase	6
sonstige Komponenten	
NADH-Dehydrogenase	6
Ferredoxin	3
Ribulose-BP-Carboxylase	1
nicht identifiziert	29
gesamt	110

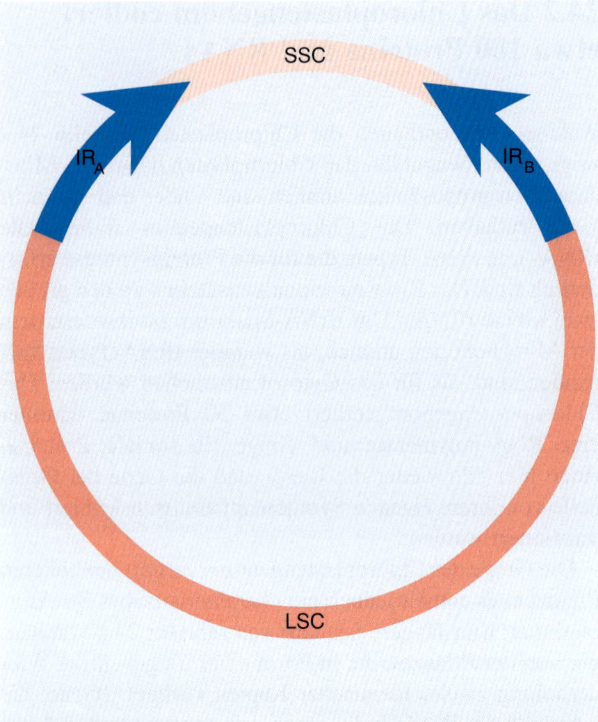

	Lebermoos	Tabakpflanze
umgekehrte Wiederholungssequenzen (IR)	10,058	25,339
kurze Einzelkopie (SSC)	19,813	18,482
lange Einzelkopie (LSC)	81,095	86,684
Genom insgesamt	121,024	155,844

24.3 Das Chloroplastengenom ist ein Ringmolekül, das durch zwei umgekehrte Wiederholungssequenzen in eine kurze und eine lange Einzelkopieregion geteilt wird.

erfolgt relativ zur langen Einzelkopiesequenz (*long single copy sequence*, LSC), die das übrige Genom bildet.

Für das Lebermoos und die Tabakpflanze wurde die Sequenz der Chloroplasten-DNA bestimmt. Trotz der deutlich unterschiedlichen Längen (121 und 155 kb) ist die Organisation der Gene ähnlich, und die Anzahl der Gene stimmt fast überein. Die meisten Genprodukte sind Komponenten der Thylakoidmembranen, oder sie sind an Redoxreaktionen beteiligt (Tabelle 24.2).

Der Proteinsyntheseapparat zeigt Ähnlichkeit mit dem bakteriellen System. Viele der ribosomalen Proteine sind mit denen von *E. coli* homolog, einige dieser Gene liegen in Clustern vor, die sich ebenfalls in vergleichbarer Form bei *E. coli* wiederfinden. Die Gene für die Untereinheiten σ, β und β' der RNA-Polymerase sind zu den Genen des Core-Enzyms bei *E. coli* homolog. Nur das Gen für die β'-Untereinheit besitzt ein Intron.

Die Introns der Chloroplasten gliedern sich in zwei allgemeine Klassen. Die Introns der tRNA-Gene liegen normalerweise (aber nicht ausschließlich) in der Anticodonschleife – wie bei den tRNA-Genen im Zellkern der Hefe, die in Kapitel 30 behandelt werden. Die Introns von proteincodierenden Genen gleichen den Introns der mitochondrialen Gene (Kapitel 31). Demnach lag der Zeitraum der Endosymbiose vor der Abzweigung der Prokaryoten, bei denen die Gene keine Unterbrechungen aufweisen.

Die Funktion der Chloroplasten ist die Photosynthese. Viele Chloroplastengene codieren Proteine der Komplexe in den Thylakoidmembranen. Der Aufbau dieser Komplexe unterscheidet sich vom vorherrschenden Prinzip der mitochondrialen Komplexe. Einige Komplexe sind zwar ähnlich, indem die Untereinheiten teilweise im Organellengenom und teilweise im Zellkerngenom codiert werden; andere Chloroplastenkomplexe werden jedoch nur in einem Genom codiert.

Die identifizierten Gene lassen den Aktivitätsschwerpunkt des Chloroplasten erkennen. 45 Gene codieren RNA, 27 Gene codieren Proteine, die an der Genexpression beteiligt sind, 18 Gene codieren Proteine der Thylakoidmembran und weitere zehn stehen für Funktionen, die mit dem Elektronentransfer zu tun haben. Die Produkte von etwa 30 offenen Leserastern müssen noch bestimmt werden.

24.3 Das mitochondriale Genom ist in Hefen groß und bei Säugern klein

Der Größenunterschied zwischen den mitochondrialen Genomen von *S. cerevisiae* (84 kb) und Säugern (16 kb) um den Faktor fünf zeigt schon allein, daß sich beide trotz der übereinstimmenden Funktion in ihrer genetischen Organisation stark unterscheiden müssen. Die Anzahl der endogen synthetisierten Produkte, die eine mitochondriale enzymatische Funktion besitzen, ist offensichtlich gleich. Codiert das zusätzliche genetische Material in den Hefemitochondrien weitere Proteine (vielleicht mit regulatorischen Funktionen) oder wird es nicht exprimiert?

Die Karte in Abbildung 24.4 zeigt die große RNA und auch Proteinprodukte der Hefemitochondrien. Das auffälligste Merkmal der Karte sind die verstreuten Loci.

Die Besonderheit dieses Genoms zeigt sich in einer sonst extrem seltenen Struktur der rRNA-Gene, die hier getrennt vorliegen. Das Gen der 15S-rRNA enthält keine Unterbrechungen; es liegt etwa 24 kb vom Gen der 21S-rRNA entfernt. Bei einigen Stämmen von *S. cerevisiae* besitzt letzteres ein einzelnes Intron (wie in der Karte); bei anderen Stämmen hat es keine Unterbrechungen.

Die beiden auffälligsten Loci sind die unterbrochenen Gene *box* (welches das Cytochrom *b* codiert) und *oxi3* (das die Untereinheit 1 der Cytochromoxidase codiert). Zusammen sind beide Gene fast so lang wie das gesamte mitochondriale Genom der Säuger! Viele der langen Introns in diesen Genen besitzen offene Leseraster in der-

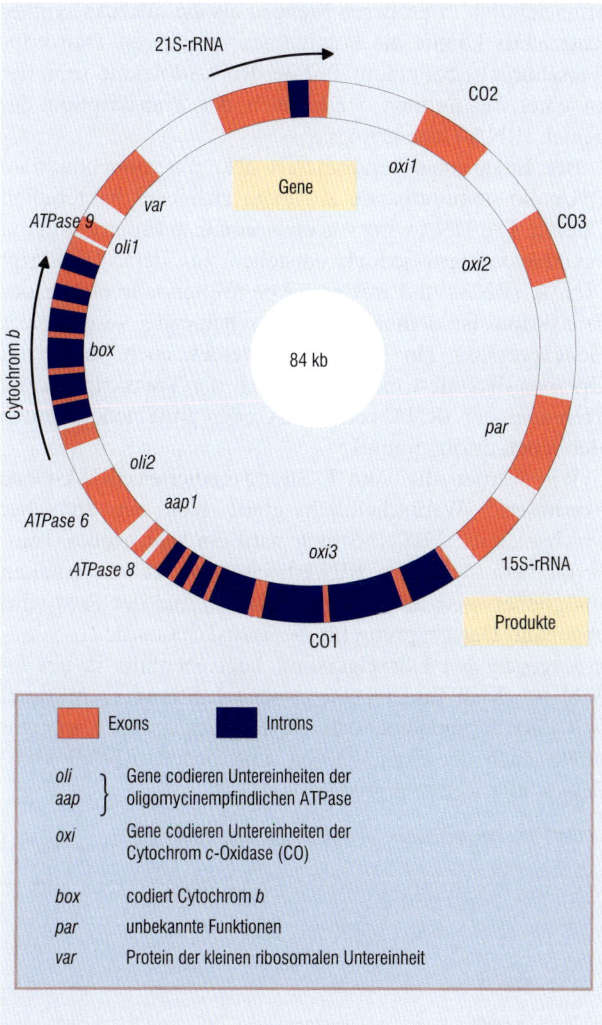

24.4 Das mitochondriale Genom von *S. cerevisiae* enthält sowohl unterbrochene als auch nichtunterbrochene proteincodierende Gene, rRNA-Gene und tRNA-Gene (nicht eingezeichnet). Die Pfeile geben die Transkriptionsrichtung an.

selben Phase wie das vorherige Exon; in zumindest einigen Fällen gibt es Hinweise auf eine Translation des Introns. (Mit dieser Situation beschäftigen wir uns in Kapitel 31.) Dadurch werden zur Vervollständigung des Hefemitochondriums weitere Proteine, deren Synthese wahrscheinlich jeweils in geringen Mengen erfolgt, hinzugefügt.

Die übrigen Gene besitzen offensichtlich keine Unterbrechungen. Sie codieren die anderen zwei Untereinheiten der Cytochromoxidase des Mitochondriums, die Untereinheit(en) der ATPase und ein Protein der mitochondrialen Ribosomen (*var1*).

Etwa 24 % des mitochondrialen Genoms der Hefe bestehen aus kurzen Abschnitten, die zahlreiche A•T-Basenpaare enthalten. Diese besitzen wahrscheinlich keine Codierungsfunktion. Es bleibt jedoch ein beträchtlicher Teil an genetischem Material übrig, für das es noch keine Erklärung gibt. Es sollte daher nicht überraschen, wenn sich in den offen gebliebenen Bereichen der Karte weitere unentdeckte Gene befinden. Selbst wenn wir diese Möglichkeit berücksichtigen, können wir davon ausgehen, daß es in den Hefemitochondrien nicht mehr als etwa 25 Gene gibt.

Ein anderes Bild zeigt die mitochondriale DNA von Tieren, die eine ziemlich kompakte Struktur besitzt. Die Organisation der Gene unterscheidet sich bei verschiedenen Tierstämmen im einzelnen zwar ziemlich stark, aber das allgemeine Prinzip eines kleinen Genoms, das eine begrenzte Anzahl von Funktionen codiert, wird beibehalten. Bei den Säugern ist die Organisationsstruktur außerordentlich kompakt; es gibt keine Introns, einige Gene überlappen sich sogar, und fast jedes einzelne Basenpaar läßt sich einem Gen zuordnen. Mit Ausnahme der D-Schleife, einer Region, die mit der Initiation der DNA-Replikation zusammenhängt, können nicht mehr als 87 der 16 569 bp des mitochondrialen Genoms des Menschen intercistronischen Bereichen zugerechnet werden.

Die vollständigen Nucleotidsequenzen der mitochondrialen Genome des Menschen und der Maus zeigen eine außerordentlich homologe Organisationsstruktur. In Abbildung 24.5 ist das menschliche Genom dargestellt. Es gibt

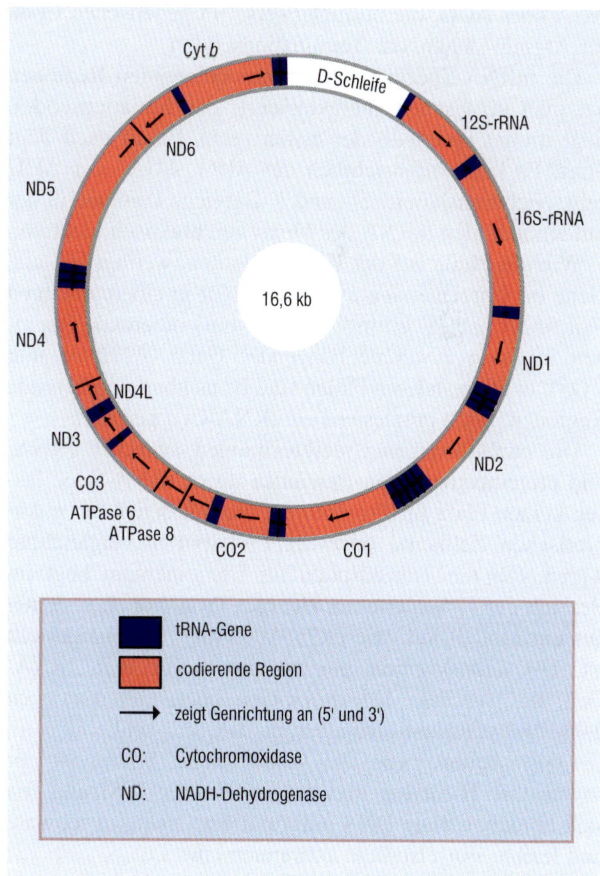

24.5 Die mitochondriale DNA des Menschen enthält 22 tRNA-Gene, zwei rRNA-Gene und 13 proteincodierende Bereiche. 14 der 15 protein- oder rRNA-codierenden Regionen haben dieselbe Transkriptionsrichtung. 14 tRNA-Gene werden im Uhrzeigersinn und acht entgegengesetzt exprimiert.

13 proteincodierende Bereiche. Übereinstimmend mit der Hefe enthalten sie die Gene für Cytochrom *b*, die üblichen drei Untereinheiten der Cytochromoxidase und eine Untereinheit der ATPase. Anders als bei der Hefe codiert das Mitochondrium der Säuger jedoch sieben Untereinheiten (beziehungsweise assoziierte Proteine) der NADH-Dehydrogenase.

Die Organisation der Gene zeigt einige auffällige Merkmale, welche die Besonderheiten der Genexpression in den Mitochondrien der Säuger widerspiegeln. Die meisten Gene werden in derselben Richtung exprimiert, und zwischen den Genen, die rRNAs oder Proteine codieren, liegen tRNA-Gene.

Häufig besteht überhaupt keine Abtrennung zwischen den Genen. An die letzte Base des einen Gens schließt sich direkt die Base des nächsten Gens an. In einigen Fällen gibt es sogar eine Überlappung, am häufigsten in Form von nur einer Base; das heißt, daß die letzte Base des einen Gens gleich der ersten Base des nächsten Gens ist. Bei fünf Leserastern fehlt ein Terminationscodon; sie enden auf U oder UA, so daß das *ochre*-Codon durch die Polyadenylierung des Transkripts entsteht (an das 3′-Ende von mitochondrialer mRNA wird eine kurze poly(A)-Sequenz angehängt). In drei Fällen bilden anscheinend AGA oder AGG, die normalerweise im genetischen Code für Arginin stehen, das Terminationscodon.

Die mRNA-Spezies aller proteincodierenden Regionen hat man inzwischen charakterisiert; das Initiationscodon liegt immer innerhalb der ersten sechs Basen nach dem Start. Es kann offensichtlich ein AUG, AUA oder AUU sein. Nichttranslatierte 5′- und 3′-Bereiche kommen in der mitochondrialen mRNA des Menschen praktisch nicht vor.

Wie die Pfeile auf der Karte andeuten, werden fast alle Gene im Uhrzeigersinn exprimiert. Nur in einem einzigen Fall findet man zwei im Uhrzeigersinn codierende Regionen in Form zusammenhängender Gene (*ATPase6* und *CO3*). In allen anderen Fällen sind benachbarte codierende Regionen durch mindestens ein tRNA-Gen getrennt.

Die punktförmigen Unterbrechungen zwischen rRNA- und proteincodierenden Bereichen durch tRNA-Gene lassen keinen Platz für Promotoren, die mit denen der eukaryotischen Zellkerne oder der Prokaryoten vergleichbar wären. Für die Transkription im Uhrzeigersinn liegt im Bereich der D-Schleife ein einziger Promotor. Das deutet auf ein Modell hin, wie es in Abbildung 24.6 dargestellt ist. Die Transkription beginnt direkt vor dem tRNA-Gen, das vor dem 12S-rRNA-Gen liegt, und setzt sich dann fast vollständig rundherum fort, um schließlich im D-Loop abzubrechen. Der transkribierte Strang ist der sogenannte **H-Strang** und der andere der **L-Strang** (da sich mitochondriale DNA aufgrund der Dichte in schwere und leichte Einzelstränge auftrennen läßt).

Die Bedeutung der mit rRNA- und proteincodierenden Genen abwechselnden tRNA-Gene besteht darin, daß die tRNAs Spaltstellen markieren. Durch Spaltung des primären Transkripts an den Rändern jedes tRNA-Gens entstehen monocistronische Produkte von jedem Gen, mit Ausnahme des *ATPase6*- und *CO3*-Gens. Die rRNAs werden offensichtlich in größeren Mengen als die mRNAs synthetisiert. Das könnte die Folge eines vorzeitigen Transkriptionsabbruchs bei einem Teil der RNA-Moleküle sein, der an einer bestimmten Stelle nach der Transkription der beiden rRNA-Gene erfolgt.

Bei Eukaryoten repräsentiert also die mitochondriale DNA die unmittelbarste Analogie zu einem bakteriellen Operon. Die DNA wird von einer einzigen Promotorregion aus transkribiert, jedoch entstehen aus dem Transkript tRNAs, rRNAs und mRNAs. Die Weiterverarbeitung des Transkripts ist demnach der entscheidende Vorgang der Genexpression. (In Kapitel 12 werden auch bakterielle Operons diskutiert, bei denen nach der Transkription die Trennung der tRNA von rRNA oder proteincodierenden Bereichen erfolgen muß.)

Wie werden die vom L-Strang codierten tRNA-Gene exprimiert? Wahrscheinlich greift hier ein ähnlicher Mechanismus: Vom L-Strang wird ein sehr großes Transkript hergestellt, die tRNA-Sequenzen bleiben erhalten (möglicherweise auch einige mRNAs) und der Rest wird abgebaut. Der Ursprung für die Transkription des L-Stranges (gegen den Uhrzeigersinn) liegt ebenfalls in der D-Schleife. Man findet keine großen L-Strang-Transkripte, was darauf hindeutet, daß die RNA mehr oder weniger direkt nach der Transkription einer jeden tRNA-Verbindungsstelle weiterverarbeitet wird.

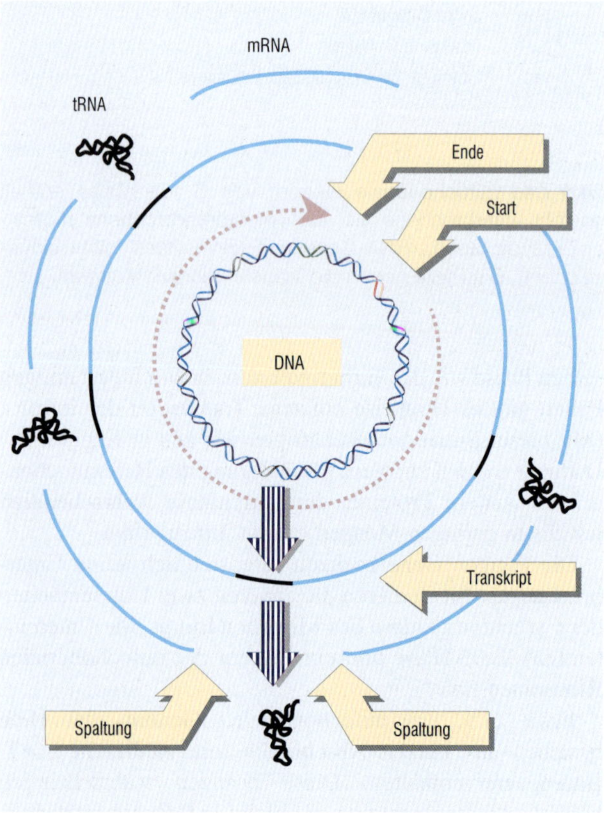

24.6 Die mitochondriale DNA des Menschen wird in Form einer einzigen RNA transkribiert, aus der die tRNAs herausgeschnitten werden, um die rRNAs und mRNAs freizusetzen.

24.4 Rekombination und Umordnung der Organellen-DNA

Damit es zu einer Rekombination kommen kann, müssen die Genome beider Eltern nebeneinander existieren. Diese Bedingung ist bei einer vollständig uniparentalen Vererbung nicht erfüllt. Da jedoch in bestimmten Fällen beide Organellengenome überleben, stellt sich sofort die Frage, ob die Genome in Wechselwirkung treten können. Kann es zwischen Mutanten zu einer Komplementation kommen und ist eine Rekombination zwischen den Genomen möglich?

Eine Komplementation erfordert die Vermischung der Expressionsprodukte; bei einer Rekombination muß es zu einem physikalischen Kontakt zwischen beiden Genomen kommen. Beide Voraussetzungen widersprechen der statischen Sichtweise von der unabhängigen Organelle. Diese ergibt sich aufgrund der Beschreibung der endogenen Genexpression der Organelle als ausschließlich auf das Organellkompartiment beschränkten Vorgang. Bei zumindest einer Spezies kann es jedoch zwischen Chloroplasten-DNAs zu einer Rekombination kommen. Bei einer anderen Spezies ist sowohl eine Komplementation als auch eine Rekombination zwischen mitochondrialen Genomen möglich.

Bei der Alge *C. reinhardii* wird die Chloroplasten-DNA normalerweise uniparental vererbt. Unter ungewöhnlichen Bedingungen (wenn die DNA des normalerweise dominanten Elternteiles mit ultraviolettem Licht bestrahlt wird), überleben auch die Chloroplastengene des anderen Elternteiles. In den resultierenden biparentalen Zygoten kommt es zwischen den Chloroplastengenomen zu einer Rekombination. Auf diese Weise läßt sich auch eine genetische Karte erstellen.

Bei der Hefe *S. cerevisiae* ist die Rekombination zwischen mitochondrialen Markern nichts Ungewöhnliches. Der Mechanismus der Rekombination ist unbekannt, jedoch entstehen bei einer Kreuzung von Elternzellen, deren mitochondriale DNAs starke Unterschiede aufweisen, Nachkommen mit einer physikalisch rekombinierten DNA. So läßt sich direkt erkennen, daß die mitochondriale DNA der einen Elternzelle mit der mitochondrialen DNA der anderen Zelle in Kontakt getreten ist.

Wie kann die Organellen-DNA des einen Elternteiles zur DNA des anderen gelangen? Die wahrscheinlichste Erklärung besteht darin, daß die Organellen fusionieren. Dabei entsteht ein einziges Kompartiment, das die Genome beider Eltern enthält. Dieses Prinzip wurde bei der Hefe weiterentwickelt: Anstelle zahlreicher einzelner Mitochondrien gibt es hier eine große, verzweigte Struktur (oder Strukturen), die einer Vielzahl von Mitochondrien entspricht. Vielleicht existiert in dieser Struktur ein Fließgleichgewicht, indem ständig Membranen auf- und abgebaut werden. Dadurch könnte ein Genom mit einer kleineren Einheit als der gesamten Organelle assoziiert sein. In diesem Fall würde die Anzahl der Genome pro Organelle durch die Zahl solcher Untereinheiten bestimmt.

Bei der Hefe vergehen nach Entstehung der Zygote mehrere Stunden, bevor es zu einer Rekombination kommt. In dieser Zwischenphase kann man zwischen verschiedenen Mutationen eine Komplementation feststellen. Dabei ist es möglich, die genetische Organisation des Organellengenoms zu bestimmen, da man Mutationen kartieren und den Komplementationsgruppen zuordnen kann. (Ein ähnliches Verfahren wurde bereits auf den Chloroplasten von *C. reinhardii* angewandt.)

Das Genom der Hefemitochondrien zeigt eine unerwartet veränderliche Struktur. Wir haben bereits erwähnt, daß in verschiedenen Stämmen von *S. cerevisiae* einige Gene in unterschiedlichen Formen vorliegen. Die Größe des mitochondrialen Genoms kann zwischen einzelnen Stämmen stark (um bis zu zehn Kilobasenpaare) variieren. Dabei kann es zu umfassenden Deletionen kommen, wie etwa bei den **Petite**-Stämmen von *S. cerevisiae* (und bestimmten anderen Hefen). Sie entstehen spontan, lassen sich aber auch durch bestimmte Verfahren induzieren (z. B. durch Behandlung mit Ethidiumbromid).

Allen Petite-Mutanten fehlen bestimmte mitochondriale Funktionen. Die Mutanten können dennoch existieren, da Hefezellen in der Lage sind, unter verschiedenen Bedingungen zu leben, das heißt aerob (dann ist die Atmung essentiell) oder anaerob (dann kommt die Zelle ohne Atmung aus). Daher verhalten sich mitochondriale Mutationen wie bedingt letale Defekte, das heißt, aerobe Bedingungen sind nichtpermissiv, während der Organismus durchaus anaerob überleben und wachsen kann.

Der Verlust von mitochondrialen Funktionen zwingt die Zellen zur Anpassung an eine anaerobe Lebensweise. Tierische Zellen zum Beispiel besitzen eine solche Auswahlmöglichkeit nicht; hier ist der Verlust letal. (Bei *C. reinhardii* zeigt sich im Zusammenhang mit Chloroplasten eine entsprechende genetische Situation, da die Photosynthese in Gegenwart von Acetat nicht erforderlich ist.)

Tabelle 24.3: Petite-Mutationen bei der Hefe führen zur Deletion oder Umlagerung der mitochondrialen DNA

Klasse	Bezeichnung	Typ der mtDNA
Wildtyp	*grande*	~ 84 kb Ringmolekül
Zellkern-Petite	–	variabel
Neutral-Petite	*rho*^{0}	keine DNA
Suppressions-Petite	*rho*$^-$	anormale DNA

Petite-Mutationen von *S. cerevisiae* lassen sich in drei Typen einteilen (Zusammenfassung in Tabelle 24.3).

- **Zellkern-Petite-Mutanten** (also im Zellkern vorliegende) zeigen Mutationen nach Mendelschen Gesetzen, die die Aktivität der Mitochondrien blockieren.
- **Neutral-Petite-Mutanten** (***rho***^{0}) sind eine extreme Erscheinungsform, da hier überhaupt keine mitochondriale DNA vorhanden ist. Es handelt sich dabei um einen rezessiven Genotyp.

◆ Die mitochondriale DNA von **Suppressions-Petite-Mutanten** (***rho***$^{-}$) besitzt eine besonders anormale Struktur. Die *rho*$^{-}$-Mitochondrien enthalten ringförmige DNA-Moleküle, die wesentlich kleiner sind als das normale Genom. Sie zeigen nur einen geringen Teil der sonst üblichen Komplexität (in den verschiedenen Fällen 0,2 bis 36 % des Genoms). Der deletierte Anteil ist also größer als der verbliebene.

Die Sequenz, die bei einer *rho*$^{-}$-Petite-Mutante übrigbleibt, wird häufig amplifiziert, so daß zahlreiche Kopien entstehen. Zur Amplifizierung kommt es entweder durch eine Erhöhung der Ploidität (der Anzahl der DNA-Moleküle) oder durch Bildung multimerer DNA-Moleküle, die jeweils zahlreiche Kopien der Sequenz enthalten. Die Mehrfachkopien können tandemartig in direkten oder umgekehrten Wiederholungen vorliegen. Die Sequenz der Petite-DNA muß nicht unbedingt einer vorher zusammenhängenden Region des mitochondrialen Genoms entsprechen, sondern es können verschiedene Bereiche aneinandergehängt sein. Einige Petite-Mutanten sind stabil, andere hingegen instabil, so daß es zu weiteren Umlagerungen der Sequenz kommen kann.

Die verbliebene DNA eines Petite-Stammes kann mit der DNA eines anderen Petite- oder eines Wildtypstammes (eines sogenannten *Grande*-Stammes) rekombinieren. So lassen sich genetische Marker der einzelnen Petite-Stämme der verbliebenen DNA-Sequenz zuordnen. Es ist also mit Hilfe dieser Deletionskartierung von Petite-Mutanten möglich, eine genetische Karte der Mitochondrien zu erstellen, wie Abbildung 24.4 veranschaulicht.

Wenn ein *rho*$^{-}$-Petite-Stamm der Hefe mit einem Wildtypstamm gekreuzt wird, enthält ein bestimmter Teil der Nachkommen nur den Petite-Genotyp. Die mitochondriale Wildtyp-DNA ist nicht mehr vorhanden. Diesen Effekt nennt man **Suppression**; mit **Suppressivität** bezeichnet man den Anteil der Nachkommen, bei denen eine Suppression auftritt.

Die bevorzugte Replikation der mitochondrialen Petite-DNA ist bei hochgradig suppressiven Petite-Mutanten die Ursache für die Suppression. Das liegt wahrscheinlich an der erhöhten Konzentration von Sequenzen des Replikationsursprungs, den sogenannten *rep*-Regionen in der Petite-DNA im Vergleich zur Wildtyp-DNA.

Die mitochondriale DNA der Hefe enthält zwar eine spezifische Sequenz (oder Sequenzen), die sich für die Initiation der Replikation eignet, sie ist jedoch nicht unbedingt notwendig, da auch Petite-Mutanten ohne diese Sequenz überleben können (sie sind allerdings weniger suppressiv). Tatsächlich *kann jede mitochondriale DNA-Sequenz in einer Petite-Mutante bestehenbleiben*. Daraus folgt, daß alle Abschnitte der DNA unabhängig repliziert werden können. Wir wissen nicht, wie das möglich ist und ob hier Strukturen zugrunde liegen, die einem Replikationsursprung entsprechen (Kapitel 14).

Das Verhalten der mitochondrialen DNA bei Petite- und Wildtypstämmen zeigt, daß die Organisationsstruktur des Genoms sowohl in Hinblick auf die Expression als auch für die Replikation außerordentlich flexibel ist. Der Unterschied zu anderen mitochondrialen DNAs besteht vielleicht darin, daß die Funktionen der Mitochondrien für Hefen insgesamt entbehrlich sind. Die Charakterisierung der Enzymsysteme, die auf die DNA einwirken, könnte interessante Ergebnisse bringen.

Zusammenfassung

Die Nicht-Mendelsche Vererbung läßt sich durch das Vorhandensein von DNA in den Organellen des Cytoplasmas erklären. Sowohl Mitochondrien als auch Chloroplasten bilden membranumschlossene Systeme, bei denen die Synthese einiger Proteine in der Organelle erfolgt, während andere importiert werden. Das Organellengenom ist im allgemeinen eine ringförmige DNA, die alle RNAs und einige der erforderlichen Proteine codiert.

Die Größen der mitochondrialen Genome variieren stark – von 16 kb beim kleinsten Genom der Säuger bis hin zu 570 kb bei höher entwickelten Pflanzen. Man nimmt an, daß größere Genome zusätzliche Funktionen codieren. Die Chloroplastengenome umfassen zwischen 120 und 200 kb. Einige dieser Genome hat man sequenziert, sie zeigen ähnliche Organisationsstrukturen und codierende Funktionen. Sowohl bei Mitochondrien als auch bei Chloroplasten bestehen viele wichtige Proteine aus Untereinheiten, die teilweise in der Organelle und teilweise im Cytosol synthetisiert werden.

Die mtDNAs der Säuger werden vom codierenden (Haupt-)Strang in Form eines einzigen Moleküls transkribiert; durch RNA-Prozessierung entstehen dann die einzelnen Produkte. In mitochondrialer DNA kann es bei Hefe ziemlich häufig zu Umordnungen kommen; außerdem gibt es Rekombinationen zwischen Genomen der Mitochondrien oder der Chloroplasten. Zwischen den Genomen der Mitochondrien und der Chloroplasten bestehen einige erstaunliche Homologien.

Weiterführende Literatur

Übersichtsartikel

Clayton, D. A. *Transcription of the Mitochondrial Genome*. In: *Ann. Rev. Biochem.* 53 (1984) S. 573–594.

Attardi, G. *Animal Mitochondrial DNA: an Extreme Example of Economy*. In: *Int. Rev. Cytol.* 93 (1985) S. 93–146.

Palmer, J. D. *Comparative Organization of Chloroplast Genomes*. In: *Ann. Rev. Genet.* 19 (1985) S. 324–354.

Gray, M. W. *Origin and Evolution of Mitochondrial DNA*. In: *Ann. Rev. Cell. Biol.* 5 (1989) S. 25–50.

Poyton, R. O.; McEwen, J. E. *Crosstalk Between Nuclear and Mitochondrial Genomes*. In: *Ann. Rev. Biochem.* 65 (1996) S. 563–608.

Entdeckungen

Anderson, S. *et al. Sequence and Organization of the Human Mitochondrial Genome*. In: *Nature* 290 (1981) S. 457–465.

Ohyama, K. *et al. Chloroplast Gene Organization Deduced from Complete Sequence of Liverwort M. polymorpha Chloroplast DNA*. In: *Nature* 322 (1986) S. 572–574.

Shinozaki. K. *et al. The Complete Nucleotide Sequence of the Tobacco Chloroplast Genome: its Gene Organization and Expression*. In: *EMBO J.* 5 (1986) S. 2043–2049.

Cann, R. L.; Stoneking, M.; Wilson, A. C. *Mitochondrial DNA and Human Evolution*. In: *Nature* 324 (1987) S. 31–36.

25. Einfach strukturierte DNA-Sequenzen

Repetitive DNA ist gekennzeichnet durch ihre schnelle Renaturierungsgeschwindigkeit und besteht normalerweise aus kurzen Sequenzen, die in Form identischer oder verwandter Kopien im Genom wiederholt werden (Kapitel 21). Der Bestandteil der DNA, der in eukaryotischen Genomen am schnellsten renaturiert, ist die sogenannte *hochrepetitive* DNA. Sie besteht aus sehr kurzen Sequenzen, die vielfach tandemartig wiederholt in großen Clustern angeordnet sind. Aufgrund des kurzen Wiederholungselements spricht man hier auch von **einfach strukturierten DNA-Sequenzen**. Dieser DNA-Typ kommt in fast allen eukaryotischen Genomen vor, jedoch in sehr unterschiedlichen Mengen. In Genomen der Säuger sind es im allgemeinen weniger als zehn Prozent, bei *Drosophila virilis* zum Beispiel jedoch etwa 50 %. Zusätzlich zu den langen Clustern, in denen dieser Sequenztyp ursprünglich entdeckt wurde, gibt es auch kurze Cluster, in die nichtrepetitive DNA eingestreut ist.

Durch die tandemartige Wiederholung einer kurzen Sequenz entstehen häufig DNA-Abschnitte mit besonderen physikalischen Eigenschaften, die sich für eine Isolierung nutzen lassen. Manchmal besitzt die repetitive Sequenz eine Basenzusammensetzung, die sich vom Genomdurchschnitt unterscheidet; dann läßt sich diese DNA aufgrund ihrer Schwebedichte als eigene Fraktion isolieren. Eine solche Fraktion nennt man **Satelliten-DNA**. Die Bezeichnung ist im Grunde genommen ein Synonym für einfach strukturierte DNA-Sequenzen.

Tandemartig wiederholte DNA-Sequenzen sind besonders anfällig für eine falsche Zusammenlagerung während der Chromosomenpaarung. Darum sind die Längen von Tandemclustern hochpolymorph und zeigen zwischen verschiedenen Individuen eine starke Variabilität. Die kürzeren Cluster eignen sich sogar für die Charakterisierung einzelner Genome mit Hilfe eines „DNA-Fingerabdruck"-Verfahrens.

Vergleicht man äquivalente Bereiche mit einfach strukturierter DNA innerhalb einer Spezies und auch zwischen verschiedenen Arten, erhält man Informationen über die Mechanismen, die in evolutionsrelevanten Zeiträumen die DNA-Sequenzen verändern. Es stellt sich die Frage nach der strukturellen Funktion dieser Sequenzen, wobei eine Antwort jedoch schwierig ist.

25.1 Die Satelliten-DNAs liegen häufig im Heterochromatin

Die Schwebedichte einer doppelsträngigen DNA hängt von ihrem G•C-Gehalt ab. Dabei gilt folgende empirische Formel:

$$\rho = 1,660 + 0,00098\ (\%\mathrm{G{\bullet}C})\ \mathrm{g\ cm^{-3}}$$

Die Schwebedichte wird im allgemeinen durch Zentrifugation der DNA in einem **CsCl-Dichtegradienten** bestimmt. Die DNA bildet eine Bande an der Position, die ihrer eigenen Dichte entspricht. DNA-Fraktionen, deren G•C-Gehalt sich um mehr als fünf Prozent unterscheidet, lassen sich normalerweise in einem Dichtegradienten auftrennen.

Bei der Zentrifugation von eukaryotischer DNA in einem Dichtegradienten kann man zwei verschiedene Substanzklassen unterscheiden:

- Der größte Teil des Genoms bildet ein kontinuierliches Spektrum von Fragmenten, die als verhältnismäßig breites Maximum erscheinen, wobei die Schwebedichte, die dem durchschnittlichen G•C-Gehalt entspricht, in der Mitte liegt. Das ist die sogenannte Hauptbande.
- Manchmal tritt bei einer anderen Dichte ein zusätzliches kleineres Maximum auf (oder auch mehrere Maxima). Dieses Material ist die Satelliten-DNA.

In vielen eukaryotischen Genomen gibt es Satelliten-DNAs. Sie sind entweder schwerer oder leichter als die Hauptbande; ungewöhnlich ist dabei, wenn sie mehr als fünf Prozent der Gesamt-DNA ausmachen. Ein gutes Beispiel ist die DNA der Maus (Abbildung 25.1). Die Kurve zeigt eine quantitative Bestimmung der Banden, die bei der Zentrifugation der Maus-DNA in einem CsCl-Dichtegradienten entstehen. Die Hauptbande enthält 92 % des

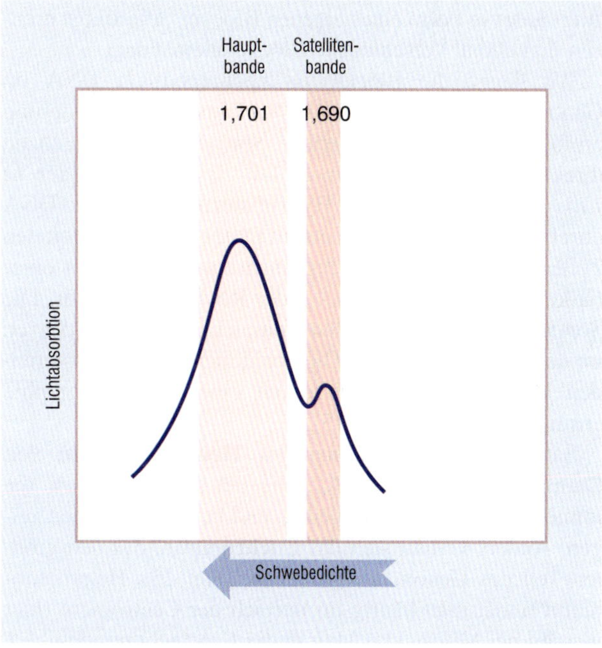

25.1 Die DNA der Maus läßt sich durch eine CsCl-Dichtegradientenzentrifugation in eine Haupt- und eine Satellitenbande auftrennen.

Genoms und verteilt sich um eine Schwebedichte von 1,701 g cm^{-3}. (Das entspricht dem durchschnittlichen G•C-Gehalt von 42 %, der für ein Säugetier charakteristisch ist.) Das kleinere Maximum entspricht acht Prozent des Genoms und hat eine andere Schwebedichte (1,690 g cm^{-3}). Hier befindet sich die Satelliten-DNA, deren G•C-Gehalt mit 30 % deutlich geringer ist als in jedem anderen Teil des Mausgenoms.

Satelliten-DNA verhält sich im Dichtegradienten häufig anormal. Wenn man die tatsächliche Basenzusammensetzung einer Satelliten-DNA bestimmt, stellt man im Vergleich zur Vorhersage aufgrund der Schwebedichte Unterschiede fest. Das liegt daran, daß ρ nicht nur eine Funktion der Basenzusammensetzung ist, sondern auch davon abhängt, welche Basen direkt benachbart sind (*nearest neighbour pairs*). Bei den einfach strukturierten Sequenzen kann dieses Muster von dem zufälligen Zusammentreffen benachbarter Basenpaare abweichen, das der Gleichung für die Schwebedichte zugrunde liegt. Darüberhinaus kann Satelliten-DNA methyliert sein, wodurch sich die Dichte ebenfalls verändert.

Häufig läßt sich der größte Teil der hochrepetitiven DNA eines Genoms in Form der Satelliten-DNA isolieren. Wenn ein hochrepetitiver Bestandteil der DNA nicht auf diese Weise abtrennbar ist, stellt sich nach der Isolierung dennoch oftmals heraus, daß die DNA ähnliche Eigenschaften besitzt wie die Satelliten-DNA. Das heißt, daß die Sequenz aus mehrfachen Tandemwiederholungen besteht, sich aber bei der Isolierung anormal verhält. Auf diese Weise isoliertes Material bezeichnet man manchmal als **kryptische Satelliten-DNA**. Im allgemeinen umfassen die kryptischen und die erkennbaren Satelliten-DNAs alle großen tandemartig wiederholten Blöcke hochrepetitiver DNA. Wenn ein Genom mehrere hochrepetitive DNA-Typen enthält, existiert jeder in Form eines eigenen Blockes (allerdings grenzen manchmal verschiedene Blöcke aneinander).

Wo liegen die Blöcke mit hochrepetitiver DNA im Genom? Eine modifizierte Nucleinsäurehybridisierung ermöglicht die Lokalisierung von Satellitensequenzen direkt in den Chromosomen. Für das Verfahren der ***in situ-*** oder **cytologischen Hybridisierung** wird die DNA durch Behandlung der auf einem Objektträger gespreiteten Zellen denaturiert. Dann fügt man eine Lösung mit einer radioaktiv markierten DNA- oder RNA-Sonde hinzu. Die Sonde hybridisiert mit den komplementären Sequenzen im denaturierten Genom. Die Positionen der hybridisierenden Bereiche lassen sich durch eine Autoradiographie ermitteln (Abbildung 26.15).

Satelliten-DNAs kommen im **Heterochromatin** vor. Damit bezeichnet man Bereiche der Chromosomen, die immer fest aufgewickelt bleiben und keine Reaktionen zeigen. Anders verhält sich das **Euchromatin**, das den größten Teil des Genoms ausmacht (Kapitel 26). Heterochromatin findet man häufig im Bereich der Centromere (hier werden bei Mitose und Meiose die Kinetochoren gebildet, welche die Bewegung der Chromosomen steuern).

Die Abbildung 25.2 zeigt ein Beispiel für die Lokalisierung der Satelliten-DNA in den Chromosomen der Maus.

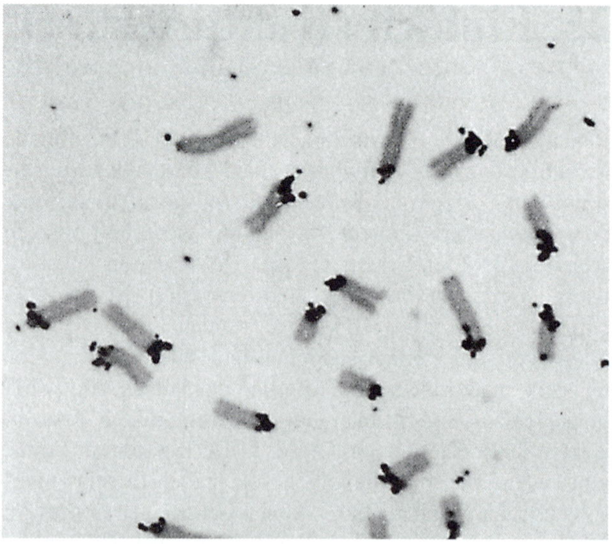

25.2 Die cytologische Hybridisierung zeigt, daß die Satelliten-DNA der Maus in den Centromeren lokalisiert ist. (Aufnahme mit freundlicher Genehmigung von Mary Lou Pardue und Joe Gall.

In diesem Fall ist an jedem Chromosom ein Ende markiert, da sich an diesen Stellen bei *M. musculus* die Centromere befinden.

Die Zugehörigkeit der Satelliten-DNA zu den Centromeren deutet darauf hin, daß diese DNA im Chromosom eine strukturelle Funktion besitzt, die offensichtlich mit der Segregation der Chromosomen zusammenhängt. Das ist jedoch alles, was wir über die Funktion der Satelliten-DNA wissen, die – abgesehen von dieser allgemeinen Vermutung – weiterhin unklar ist. Entsprechend ihrer einfachen Sequenz und der kondensierten Struktur wird Satelliten-DNA weder transkribiert noch translatiert.

25.2 Die Satelliten-DNAs der Arthropoden bestehen aus sehr kurzen identischen Wiederholungen

Bei den Arthropoden (Insekten und Krebse) erscheinen alle Satelliten-DNAs als relativ homogen. Im allgemeinen bestehen mehr als 90 % der Satelliten-DNA aus einem einzigen, sehr kurzen Wiederholungselement. So ist es verhältnismäßig einfach, die Sequenz zu bestimmen.

Drosophila virilis besitzt drei Hauptsatelliten-DNAs und eine kryptische Satelliten-DNA, die zusammen weniger als 40 % des Genoms ausmachen. In Tabelle 25.1 sind die Sequenzen zusammengefaßt. Die drei Hauptsatelliten-DNAs besitzen engverwandte Sequenzen. Eine einzige Basensubstitution genügt, um die Satelliten-DNA I in den Typ II oder III umzuwandeln.

Die Satelliten-DNA I kommt auch bei anderen mit *D. virilis* verwandten *Drosophila*-Spezies vor. Demnach ist diese DNA vor Bildung dieser Arten entstanden. Die

Tabelle 25.1: Die Satelliten-DNAs von *D. virilis* sind miteinander verwandt. Über 95 % jeder Satelliten-DNA besteht aus einer Tandemwiederholung einer vorherrschenden Sequenz

Satelliten-DNA	dominierende Sequenz	Gesamtlänge	Anteil am Genom
I	A C A A A C T T G T T T G A	$1{,}1 \times 10^7$	25 %
II	A T A A A C T T A T T T G A	$3{,}6 \times 10^6$	8 %
III	A C A A A T T T G T T T A A	$3{,}6 \times 10^6$	8 %
kryptisch	A A T A T A G T T A T A T C		

Sequenzen der Satelliten-DNAs II und III sind anscheinend für *D. virilis* spezifisch und haben sich daher erst nach der Artbildung aus der Satelliten-DNA I entwickelt.

Das wichtigste Merkmal dieser Satelliten-DNAs ist ihr besonders kurzes Wiederholungselement von nur sieben Basenpaaren. Bei anderen Spezies kommen ähnliche Satelliten-DNAs vor. *D. melanogaster* besitzt verschiedene solcher Sequenzen. Auch von diesen zeigen einige sehr kurze Wiederholungselemente (5, 7, 10 oder 12 bp). Vergleichbare Satelliten findet man auch bei Krebsen.

Die enge Sequenzverwandtschaft zwischen den Satelliten-DNAs von *D. virilis* trifft nicht zwangsläufig auf andere Genome zu. Satelliten-DNAs können auch aus nichtverwandten Sequenzen bestehen. *Jede Satelliten-DNA ist durch laterale Amplifizierung aus einer sehr kurzen Sequenz entstanden.* Diese Sequenz kann eine Variante einer vorher schon existierenden Satelliten-DNA sein (bei *D. virilis*) oder auch einen anderen Ursprung haben.

Die Satelliten-DNAs werden in Genomen kontinuierlich neu gebildet und gehen wieder verloren. Deshalb ist es schwierig, evolutionäre Beziehungen festzustellen; eine heute existierende Satelliten-DNA kann aus einer früheren Form entstanden sein, die jedoch inzwischen verlorengegangen ist. Das wichtige Merkmal dieser Satelliten-DNAs besteht darin, daß *sie sehr lange DNA-Abschnitte von sehr geringer Sequenzkomplexität bilden, wobei die Sequenz konstant erhalten bleibt.*

Ein Kennzeichen vieler solcher Satelliten-DNAs ist die stark asymmetrische Orientierung der Basenpaare der beiden Stränge. Bei *D. virilis* enthält einer der beiden Stränge in allen wichtigen Satelliten-DNAs wesentlich mehr T- und G-Basen als der andere (Tabelle 25.1). Dadurch erhöht sich die Schwebedichte, so daß es nach einer Denaturierung möglich ist, den **schweren Strang** (H) vom komplementären **leichten Strang** (L) zu trennen. Das kann bei einer Sequenzierung der Satelliten-DNA von Nutzen sein.

25.3 Die Satelliten-DNAs der Säuger bestehen aus hierarisch angeordneten Wiederholungen

Bei den Säugern (z. B. bei verschiedenen Nagetieren) zeigen die tandemartigen Wiederholungssequenzen der einzelnen Satelliten-DNAs eine starke Divergenz. Übereinstimmende kurze Sequenzen lassen sich dadurch erkennen, daß sie nach einer chemischen oder enzymatischen Behandlung unter den entstandenen Oligonucleotidfragmenten überwiegen. Diese vorherrschende kurze Sequenz macht dennoch nur einen geringenen Teil der Kopien aus. Die übrigen kurzen Sequenzen sind mit der gemeinsamen Sequenz verwandt und zeigen verschiedene Substitutionen, Deletionen und Insertionen.

Aber eine Folge von Varianten des kurzen Sequenzelements kann ein längeres Wiederholungselement bilden, das seinerseits in Abwandlungen tandemartig wiederholt wird. Auf diese Weise sind die Satelliten-DNAs der Säuger aus einer *Hierarchie* von Wiederholungselementen aufgebaut. Die längeren Elemente bilden die Sequenzen, die bei Reassoziationsanalysen renaturieren. Sie lassen sich auch durch Spaltung mit Restriktionsenzymen bestimmen.

Wenn eine Satelliten-DNA mit einem Enzym geschnitten wird, das in dem Wiederholungselement eine Erkennungsstelle besitzt, erhält man ein Fragment für jedes Wiederholungselement, in dem die Stelle vorkommt. Wenn die DNA eines eukaryotischen Genoms mit einem Restriktionsenzym gespalten wird, entstehen aufgrund der zufälligen Verteilung der Schnittstellen gleichmäßig „verschmierte" Fragmente. Satelliten-DNA erzeugt jedoch scharfe Banden, da durch die Spaltung an Restriktionsstellen in regelmäßigen Abständen eine große Zahl an Fragmenten entsteht, die alle gleich lang sind (oder fast gleich lang).

Die Sequenzbestimmung von Satelliten-DNA kann schwierig sein. Mit Hilfe der separaten Banden, die bei der Restriktionsspaltung entstanden sind, können wir versuchen, die Sequenz direkt zu ermitteln. Wenn jedoch einzelne Wiederholungselemente ausreichend divergieren, können sich bei verschiedenen Wiederholungen an derselben Position unterschiedliche Nucleotide befinden, so daß die Sequenzierungsgele nicht auswertbar sind. Wenn die Divergenz nicht zu groß ist (beispielsweise bis etwa zwei Prozent), ist die Bestimmung einer durchschnittlichen Sequenz möglich.

Einzelne Abschnitte der Satelliten-DNA können in Plasmide eingebaut und kloniert werden. Dabei ist problematisch, daß Satellitensequenzen in einem bakteriellen Wirt die Tendenz zeigen, durch Rekombinationen aus dem chimären Plasmid entfernt zu werden. Wenn jedoch die Klonierung gelingt, läßt sich die Sequenz des klonierten Abschnitts zweifelsfrei bestimmen. Auf diese Weise ist es zwar möglich, die tatsächliche Sequenz eines oder mehrerer Wiederholungselemente zu ermitteln, allerdings benötigen wir Informationen über viele einzelne solcher Sequenzen, um die Divergenz in der Satelliten-DNA insgesamt zu bestimmen.

Bei jedem Sequenzierungsverfahren ist die zu erhaltende Information durch die DNA-Länge begrenzt, die wir mit einem Satz von Sequenzierungsgelen abdecken können. Die Wiederholung divergenter Tandemkopien macht es unmöglich, längere Sequenzen durch Überlappungen zwischen einzelnen Restriktionsfragmenten zu rekonstruieren.

Die Satelliten-DNA der Maus *M. musculus* wird vom Enzym *Eco*RII in eine Folge von Fragmenten gespalten; dabei entsteht als vorherrschendes Produkt ein monomeres Fragment von 234 bp. Diese Sequenz wird anscheinend mit geringen Variationen in der gesamten Satelliten-DNA wiederholt, welche die monomere Bande bildet, und macht dort 60 bis 70 % aus. Bei der Analyse können wir feststellen, daß sich diese Sequenz schrittweise in immer kleinere Wiederholungselemente zerlegen läßt.

In Abbildung 25.3 ist die Sequenz in Form zweier Halbwiederholungen dargestellt. Wenn wir die Sequenz von 234 bp so niederschreiben, daß die ersten 117 bp mit den zweiten 117 bp zur Deckung gebracht werden, erkennen wir, daß die beiden Hälften relativ nah miteinander verwandt sind. Sie unterscheiden sich an 22 Positionen, was einer Divergenz von 19 % entspricht. Das bedeutet, daß das heutige Wiederholungselement von 234 bp in der Vergangenheit durch Verdoppelung der 117-bp-Sequenz entstanden sein muß und die Duplikate im Laufe der Zeit immer unterschiedlicher wurden.

Innerhalb der 117-bp-Einheit können wir zwei weitere Untereinheiten erkennen. Jede entspricht in bezug auf die gesamte Satelliten-DNA einem Viertel des Wiederholungselements. Abbildung 25.4 vergleicht die vier Viertelwiederholungen miteinander. Die beiden oberen Zeilen entsprechen der ersten Hälfte des Wiederholungselements in Abbildung 25.3, die beiden unteren Zeilen der zweiten Hälfte. Wir sehen, daß die Divergenz zwischen den vier Viertelwiederholungen auf 23 von 58 Positionen (oder 40 %) zugenommen hat. Die ersten drei Viertelwiederholungen sind untereinander etwas näher verwandt; ein großer Teil der Divergenz ist auf Veränderungen in der vierten Viertelwiederholung zurückzuführen.

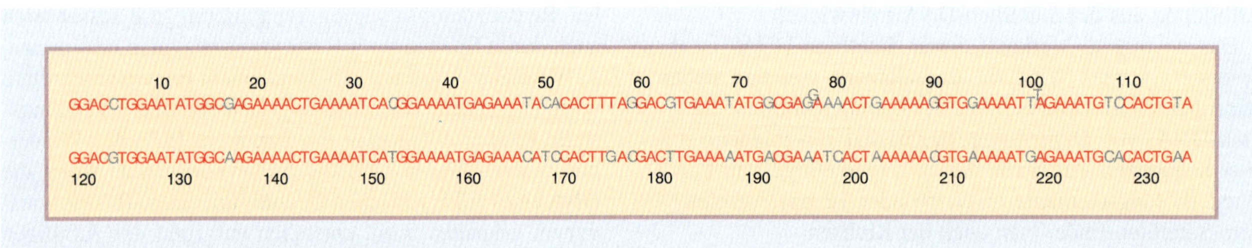

25.3 Das Wiederholungselement der Satelliten-DNA der Maus enthält zwei Halbwiederholungen, die hier so ausgerichtet sind, daß Übereinstimmungen deutlich werden (farbig markiert).

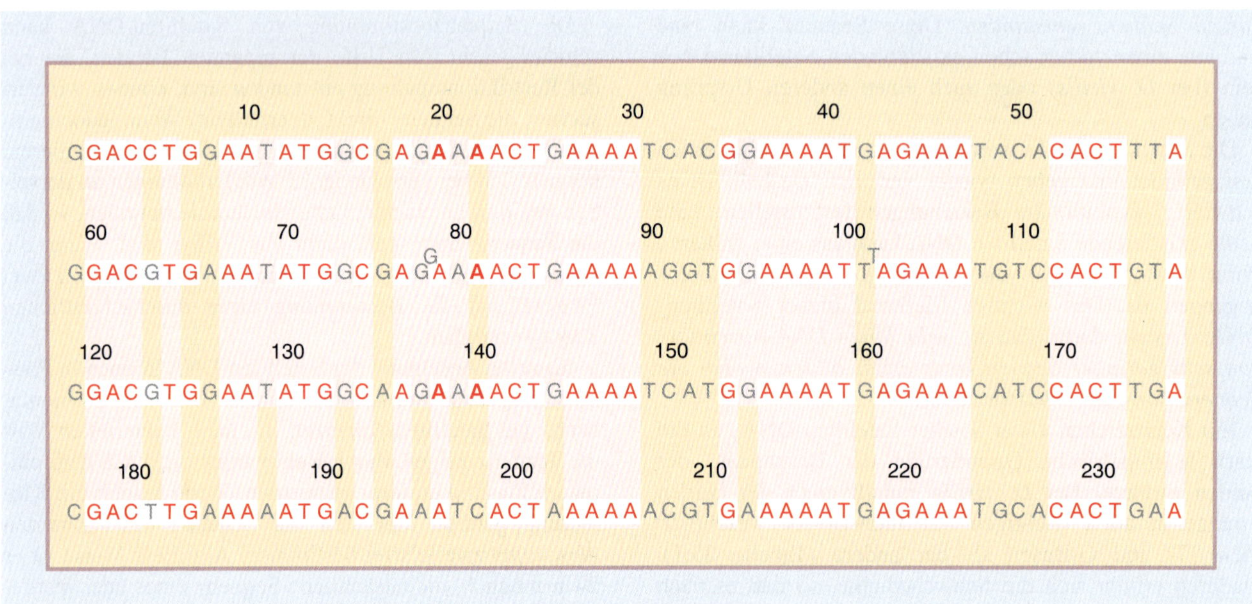

25.4 Durch die Ausrichtung der Viertelwiederholungen lassen sich Homologien zwischen der ersten und der zweiten Hälfte jeder Halbwiederholung erkennen. In allen vier Viertelwiederholungen übereinstimmende Positionen sind farbig dargestellt. Übereinstimmungen, die nur drei Viertelwiederholungen betreffen, sind in der rosafarbenen Fläche durch graue Buchstaben gekennzeichnet.

Bei Betrachtung der Viertelwiederholungen stellen wir fest, daß jede aus zwei verwandten Untereinheiten (Achtelwiederholungen) besteht. Diese sind in Abbildung 25.5 als α- und β-Sequenzen dargestellt. Verglichen mit einer gemeinsamen Consensussequenz zeigen alle α-Sequenzen ein eingefügtes C und alle β-Sequenzen ein eingefügtes Trinucleotid. Das deutet darauf hin, daß die Viertelwiederholung durch Duplikation einer Sequenz entstand, die der Consensussequenz ähnlich war; danach kam es zu Veränderungen, so daß die Komponenten entstanden sind, die wir jetzt als α und β definieren. Bei tandemartig wiederholten $\alpha\beta$-Sequenzen traten weitere Modifikationen auf, was schließlich zu den verschiedenen, heute existierenden Viertel- und Halbwiederholungen führte. Zwischen den Achtelwiederholungen liegt jetzt eine Divergenz von 19/31 = 61 %.

Eine direkte Analyse der Consensussequenz ist in Abbildung 25.6 dargestellt. Dabei zeigt sich, daß die jetzige Satellitensequenz als Abkömmling einer Sequenz von neun Basenpaaren anzusehen ist. Wir können in der Satelliten-DNA drei Varianten dieser Sequenz erkennen (Abbildung 25.5, unten). Wenn wir in einem Wiederholungselement an zwei Positionen anstelle der häufigsten Base die jeweils nächsthäufige einsetzen, erhalten wir drei nah verwandte Sequenzen von neun Basenpaaren.

G A A A A A C G T
G A A A A A T G A
G A A A A A A C T

Die Satelliten-DNA kann durch Amplifizierung eines der drei Nonamere entstanden sein. Die Consensussequenz der jetzigen Satelliten-DNA insgesamt lautet GAAAAA$^{AG}_{TC}$T, was letztendlich einer Verschmelzung der drei 9-bp-Einheiten entspricht.

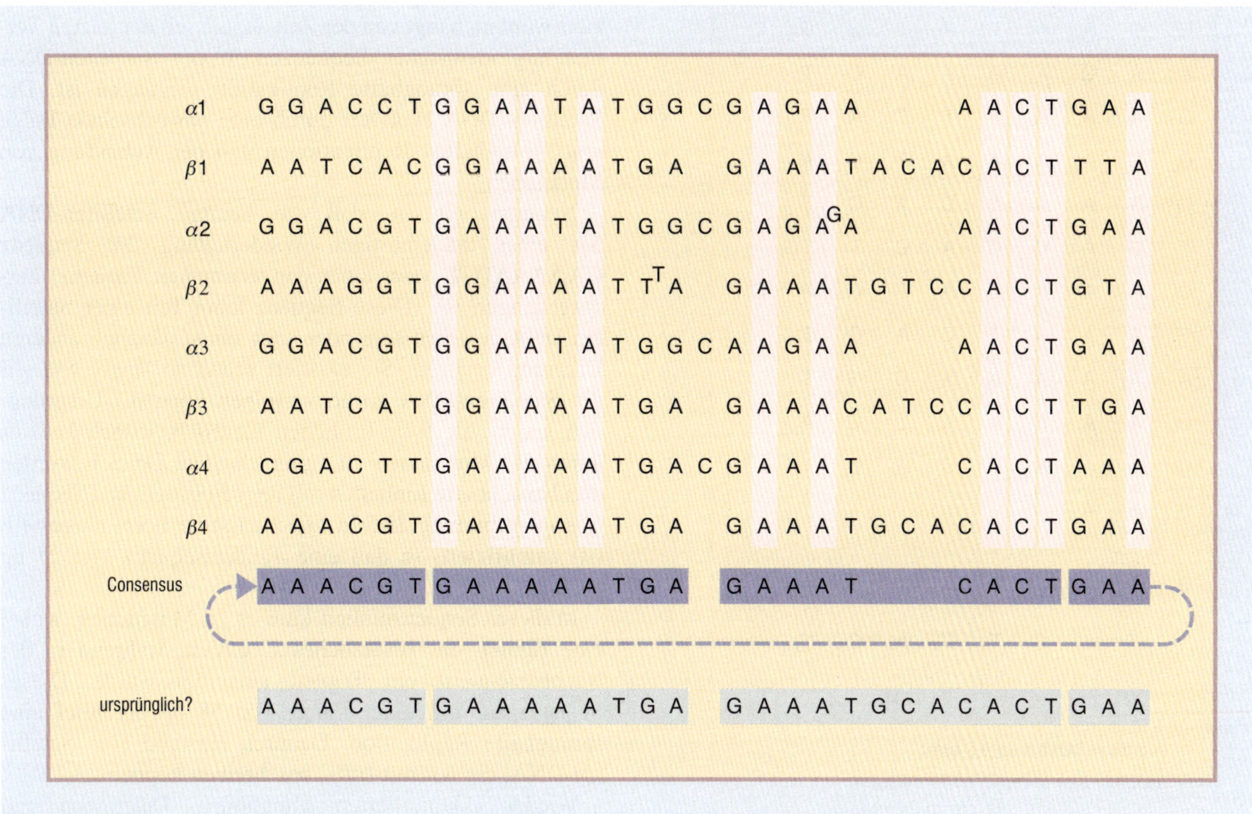

25.5 Die Ausrichtung der Achtelwiederholungen zeigt, daß jede Viertelwiederholung aus einer α- und einer β-Hälfte besteht. Die Consensussequenz enthält die an jeder Position häufigste Base. Die „ursprüngliche" Sequenz ist mit der Consensussequenz sehr eng verwandt, die ein Vorläufer des α- und des β-Elements sein könnte. (Die Satellitensequenz enthält keine Unterbrechungen, so daß wir für die Ermittlung der Consensussequenz von einer kreisförmigen Permutation ausgehen können; dies ist durch die Verbindungslinie zwischen dem letzten GAA-Triplett und den ersten sechs Basenpaaren angedeutet.)

			G	G	A	C	C	T	
G	G	A	A	T	A	T	G	G	C
G	A	G	A	A	A	A	C	T	
G	A	A	A	T	C	A	C		
G	G	A	A	A	A	T	G	A	
G	A	A	A	T	C	A	C	T	
T	T	A	G	G	A	C	G	T	
G	A	A	A	T	A	T	G	G	C
G	A	G	A^{G}	A	A	A	C	T	
G	A	A	A	A	A	G	G	T	
G	G	A	A	A	A	T	T^{T}	A	
G	A	A	A	T*	C	A	C	T	
G	T	A	G	G	A	C	G	T	
G	G	A	A	T	A	T	G	G	C
A	A	G	A	A	A	A	C	T	
G	A	A	A	A	T	C	A	T	
G	G	A	A	A	A	T	G	A	
G	A	A	A	C*	C	A	C	T	
T	G	A	C	G	A	C	T	T	
G	A	A	A	A	A	T	G	A	C
G	A	A	A	T	C	A	C	T	
A	A	A	A	A	A	C	G	T	
G	A	A	A	A	A	T	G	A	
G	A	A	A	T*	C	A	C	T	
G	A	A							
G_{20}	A_{16}	A_{21}	A_{20}	A_{12}	A_{17}	T_{8}	G_{11}	A_{5}	
	T		C	T_{7}	C_{5}	A_{8}	C_{9}	T_{15}	
						C_{7}			

* eingefügtes Triplett in der β-Sequenz
C zusätzliche Base an Position 10 der α-Sequenz

25.6 Durch die Darstellung der Satellitensequenz in Form einer Wiederholung von neun Basenpaaren ist die allgemeingültige Consensussequenz zu erkennen.

25.4 Die Evolution hierarchischer Varianten in der Satelliten-DNA

Nach Identifizierung der Sequenzkomponenten für jede Hierarchieebene der Satelliten-DNA können wir nun das Verfahren umkehren, um die Evolution der Satelliten-DNA zu rekonstruieren und ihre Eigenschaften zu erklären. Die Abbildung 25.7 zeigt ein Modell der möglichen Schritte, die zur heutigen Form der Satelliten-DNA führten.

Das allgemeine Prinzip dieses Modells besteht darin, daß zu verschiedenen Zeiten eine Gruppe von Wiederholungselementen schlagartig lateral amplifiziert wurde, so daß eine Vielzahl identischer Tandemkopien entstand. Ein solcher Vorgang ist eine sogenannte **sprunghafte Replikation**. Die Sequenzen der Kopien divergieren anschließend durch eine Anhäufung von Mutationen. Zu einem späteren Zeitpunkt durchläuft eine Gruppe dieser Kopien eine weitere sprunghafte Replikation. Das Ausmaß der Divergenz zwischen den Kopien, die bei jeder Replikation amplifiziert wurden, hängt von der Zeit ab, die seit der letzten Vermehrung identischer Sequenzen in der Satelliten-DNA durch eine sprunghafte Replikation vergangen ist. Die Satelliten-DNA evolviert durch eine abwechselnde Folge von sprunghaften Replikationen und der Anhäufung von Mutationen.

Nehmen wir an, daß die heutige Satelliten-DNA aus einer tandemartigen Wiederholung der Sequenz GAAAAATGT (oder einer engverwandten Sequenz) hervorgegangen ist. (Diese Sequenz kann Teil einer Satelliten-DNA gewesen sein oder auch einen gänzlich anderen Ursprung besitzen. Sie existiert schon so lange, wie wir die Satelliten-DNA zurückverfolgen können.) Ursprünglich waren alle 9-bp-Einheiten identisch, jedoch kam es durch die Mutationen zu Unterschieden. Danach wurden drei benachbarte Einheiten mit der ursprünglichen Sequenz (die in Abbildung 25.5 in hypothetischer Form dargestellt ist) amplifiziert, so daß eine Tandemsequenz von 27 bp entstand.

In dieser Sequenzeinheit kam es zu Mutationen, wobei eine Einheit ein zusätzliches C erhielt, während in der Nachbarsequenz ein Triplett eingefügt wurde. Dieses Sequenzpaar mit einer Länge von 58 bp durchlief eine sprunghafte Replikation. Dadurch entstand eine Satelliten-DNA, die wir mit $(\alpha\beta)_n$ beschreiben können.

Wieder akkumulierten Mutationen, Deletionen und Insertionen in der Satelliten-DNA, so daß die einzelnen Wiederholungselemente divergierten. Zwei benachbarte $\alpha\beta$-Paare durchliefen die nächste sprunghafte Replikation, so daß ein Wiederholungselement von 116 bp entstand ($\alpha_c\beta_c\alpha_d\beta_d$). Nach weiteren Mutationen wurden zwei dieser benachbarten Einheiten amplifiziert, was schließlich zur heutigen Satelliten-DNA führte.

Die Durchschnittssequenz eines monomeren Fragments der Satelliten-DNA bei der Maus gibt Auskunft über die Eigenschaften der DNA. Das längste Wiederholungselement von 234 bp läßt sich durch eine Restriktionsspaltung

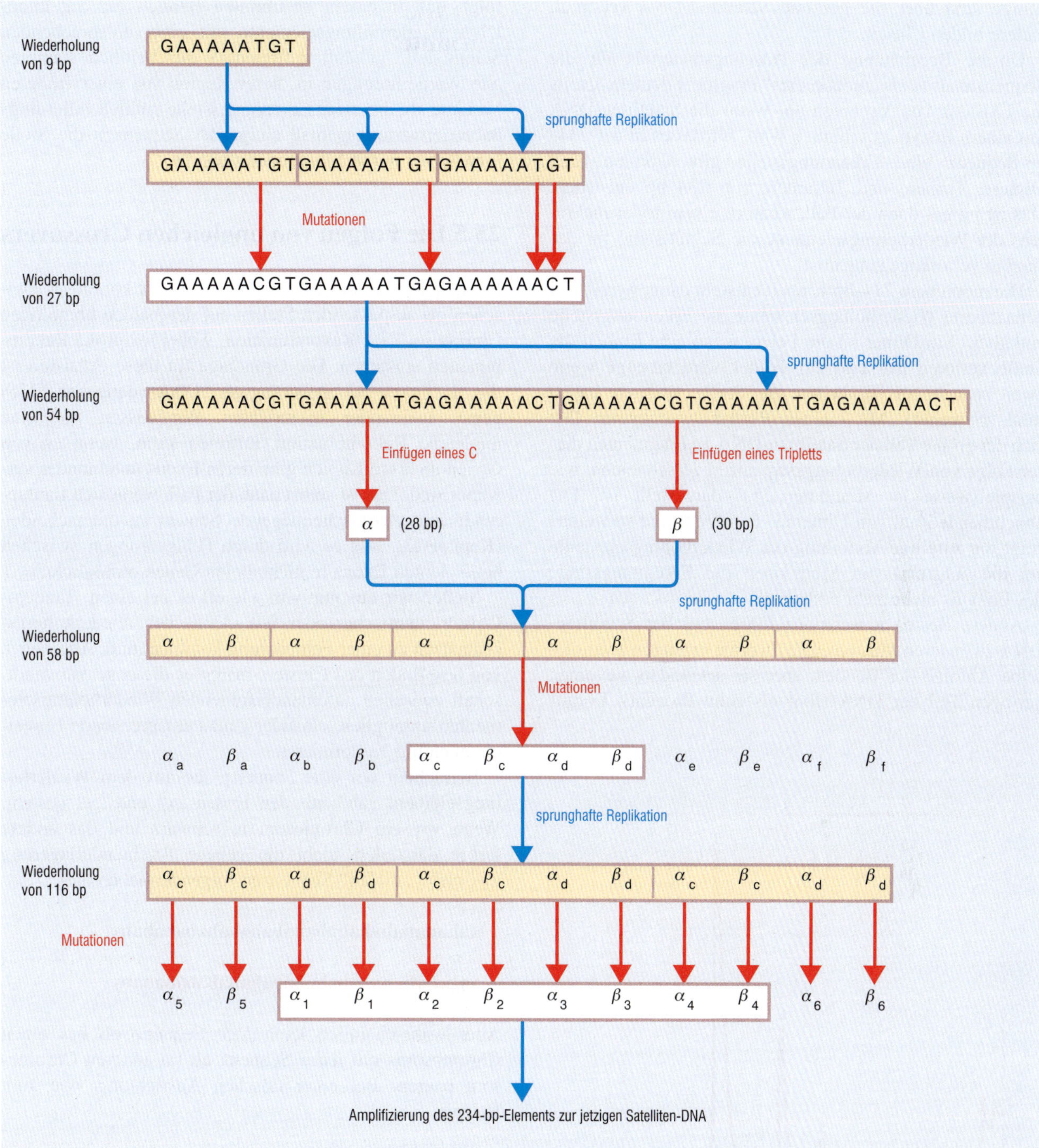

25.7 Die Evolution der Satelliten-DNA bei der Maus läßt sich durch das abwechselnde Auftreten von sprunghaften Replikationen und der Anhäufung von Mutationen erklären.

identifizieren. Die Sequenzeinheit, die bei Einzelsträngen von denaturierter DNA reassoziiert, umfaßt wahrscheinlich die Halbwiederholung von 117 bp, da sich die 234-bp-Fragmente sowohl in Phase als auch in Halbphase zusammenlagern können (im letzten Fall reassoziiert die erste Halbwiederholung des einen Stranges mit der zweiten Halbwiederholung des anderen Stranges). Bei einer Spaltung in Oligonucleotide treten die Fragmente GA_5TGA, GA_4TGA und GA_4CTGA am häufigsten auf. Alle kommen in der 234-bp-Einheit vor und sind mit den vermutlich ursprünglichen Sequenzeinheiten verwandt.

Bis jetzt haben wir die heute existierende Satelliten-DNA so betrachtet, als ob sie aus identischen Kopien des 234-bp-Wiederholungselements bestehen würde. Zwar besteht die Satelliten-DNA zum größten Teil aus dieser Sequenzeinheit, aber es kommen auch Varianten vor.

Einige sind über die gesamte Satelliten-DNA verstreut, andere bilden Cluster.

Unsere Bezeichnung des Ausgangsmaterials für die Sequenzanalyse als „monomeres“ Fragment deutete bereits die Existenz von Varianten an. Wenn die Satelliten-DNA mit einem Enzym geschnitten wird, für das es in der 234-bp-Sequenz eine Erkennungsstelle gibt, können auch Dimere, Trimere und Tetramere von 234 bp entstehen. Das ist immer dann der Fall, wenn in einem (oder mehreren) der Wiederholungselemente die Schnittstelle für das Enzym verlorengegangen ist.

Die monomere 234-bp-Einheit entsteht dann, wenn zwei benachbarte Wiederholungselemente die Erkennungsstelle enthalten. Ein Dimer ist die Folge, wenn eine Einheit die Stelle verloren hat, und ein Trimer wird erzeugt, wenn zwei benachbarte Einheiten die Stelle verloren haben (und so weiter). Mit einigen Restriktionsenzymen läßt sich der größte Teil der Satelliten-DNA zu Fragmenten dieser Folge von Wiederholungssequenzen zerschneiden, wie beispielsweise in Abbildung 25.8 dargestellt ist. Die abnehmende Zahl von Dimeren, Trimeren (und so weiter) zeigt die zufällige Verteilung der Wiederholungselemente an, die aufgrund von Mutationen die Erkennungsstelle des Enzyms nicht mehr enthalten.

Andere Restriktionsenzyme führen bei der Satelliten-DNA zu anderen Mustern. Die Enzyme erzeugen zwar dieselbe Abfolge der Banden, aber sie schneiden nur einen geringen Teil der DNA (fünf bis zehn Prozent). Daraus folgt, daß in einem bestimmten Bereich der Satelliten-DNA Wiederholungselemente mit einer entsprechenden Schnittstelle gehäuft auftreten. Wahrscheinlich stammen alle Wiederholungen in dieser Region von einer früheren Variante ab, die diese Erkennungsstelle enthielt (allerdings haben erwartungsgemäß einige der Sequenzen die Stelle inzwischen durch Mutationen verloren).

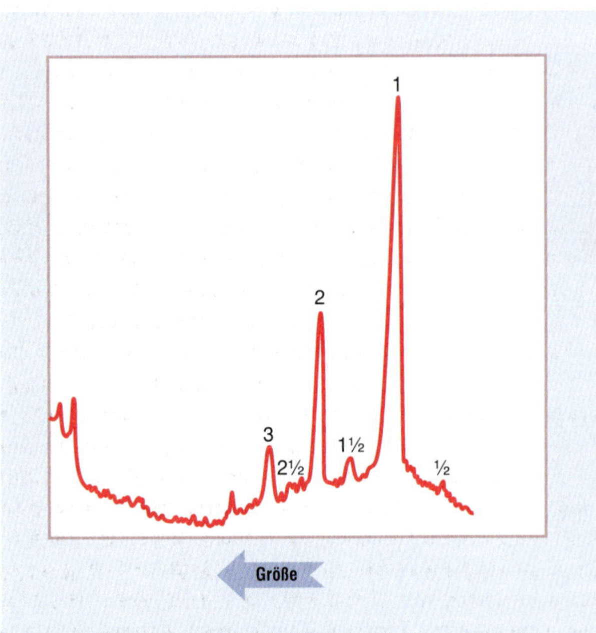

25.8 Nach Spaltung der Satelliten-DNA der Maus mit dem Restriktionsenzym *Eco*RII ist eine Folge von Wiederholungselementen (1, 2, 3) zu erkennen, die jeweils Multimere von 234 bp darstellen. Außerdem entsteht eine nachrangige Folge von Halbwiederholungen (½, 1½, 2½; siehe Text). Die Bande ganz links unten ist eine DNA-Fraktion, die sich nicht fragmentieren läßt.

25.5 Die Folgen von ungleichen Crossovers

In einer Region aus nichtrepetitiver DNA kommt es zwischen genau passenden Stellen auf den beiden homologen Chromosom zur Rekombination, wobei reziproke Rekombinanten entstehen. Die Grundlage für diese Präzision ist die Fähigkeit doppelsträngiger DNA-Sequenzen, sich genau aneinander auszurichten. Wir wissen, daß eine ungleiche Rekombination auftreten kann, wenn es von Genen mehrere Kopien gibt, deren Exons miteinander verwandt sind. Das ist selbst dann der Fall, wenn sich flankierende und dazwischenliegende Sequenzen unterscheiden (Kapitel 23), und es wird durch Fehlpaarungen zwischen äquivalenten Exons in nichtallelen Genen ermöglicht.

Stellen wir uns nun vor, wie oft es bei einem Tandem-Cluster identischer oder fast identischer Wiederholungssequenzen zu einer Fehlpaarung kommen muß. Abgesehen von den Enden des Clusters macht es die enge Verwandtschaft zwischen aufeinanderfolgenden Wiederholungselementen unmöglich, einander genau entsprechende Einheiten auch nur zu definieren.

Betrachten wir eine Sequenz, die aus dem Wiederholungselement „ab“ mit den Enden „x“ und „y“ besteht. Wenn wir ein Chromosom in schwarz und das andere farbig darstellen, sieht die genaue Aneinanderlagerung zwischen „allelen“ Sequenzen folgendermaßen aus:

xababababababababababababababababy

xababababababababababababababababy

Aber wahrscheinlich kann *jede* Sequenz **ab** des einen Chromosoms mit *jeder* Sequenz **ab** im anderen Chromosom paaren. Bei einer falschen Ausrichtung, wie zum Beispiel

xababababababababababababababababy

xababababababababababababababababy

ist die Paarungsregion nicht weniger stabil als bei einem perfekt ausgerichteten Sequenzpaar, obwohl sie kürzer ist. Wir wissen nicht viel darüber, wie es vor der Rekombination zu einer solchen Zusammenlagerung kommt, aber mit großer Wahrscheinlichkeit beginnt die Reaktion mit kurzen äquivalenten Bereichen und breitet sich dann aus. Wenn der Anfang in der Satelliten-DNA liegt, ist die Wahrscheinlichkeit größer, daß Wiederholungselemente an nicht genau äquivalenten Positionen beteiligt sind.

Nehmen wir nun an, daß die Rekombination in einer asymmetrisch gepaarten Region beginnt. Die Rekombinanten werden eine unterschiedliche Zahl von Wiederholungselementen enthalten. In einem Fall wurde der Cluster verlängert, im anderen Fall verkürzt.

xababababababababababababababababy

×

xabababababababababababababababababy

↓

xabababababababababababababababababababy

+

xababababababababababababy

(Wobei „x“ die Position des Crossovers markiert.)

Wenn diese Art der Rekombination häufig auftritt, können sich Cluster von Tandemwiederholungen ständig ausdehnen und verkürzen. Leider gibt es bis jetzt nur wenige Daten über die Größenunterschiede von Satelliten-DNA-Clustern in den verschiedenen Genomen einer Spezies.

Eine ungleiche Rekombination hat andere Konsequenzen, wenn es in dem Wiederholungselement eine innere Wiederholung gibt. Im oberen Beispiel sind die beiden Cluster relativ zu den Positionen der Wiederholungselemente ausgerichtet. Aber sie sind **in Phase** zusammengelagert, wie sich anhand der Übereinstimmung zwischen einzelnen ab- und ab-Wiederholungen zeigt.

Aber nehmen wir an, daß die Teile „a“ und „b“ des Wiederholungselements selbst genügend nah verwandt sind, um zu paaren. Dann richten sich beide Cluster in **Halbphase** aus, wobei sich die „a“-Sequenz des einen mit der „b“-Sequenz des anderen zusammenlagert. Wie oft dies auftritt, hängt davon ab, wie eng die Verwandtschaft zwischen den beiden Hälften des Wiederholungselements ist. Bei der Satelliten-DNA der Maus kommt es *in vitro* häufig zu einer Reassoziation in Halbphase.

Eine Rekombination verändert die Länge der Wiederholungselemente, die an der Reaktion beteiligt sind.

xababababababababababababy

×

xabababababababababababy

↓

xababababababababababa**abababy**

+

xabababababababababbababy

Im oberen rekombinierten Cluster wurde eine „ab“-Einheit durch eine „aab“-Einheit ersetzt. Im unteren Cluster wurde die „ab“-Einheit gegen eine „b“-Einheit ausgetauscht.

Dieser Mechanismus erklärt eine Besonderheit, die bei einer Restriktionsspaltung der Satelliten-DNA der Maus zu beobachten ist. Neben der Folge der ganzzahligen Wiederholungen gibt es noch eine Reihe schwächerer Banden bei Längen von $\frac{1}{2}$, $1\frac{1}{2}$, $2\frac{1}{2}$ und $3\frac{1}{2}$ Wiederholungselementen. Nehmen wir an, daß im vorhergehenden Beispiel „ab“ für eine 234-bp-Einheit der Satelliten-DNA der Maus steht, die durch Spaltung an einer Position im „b“-Abschnitt erzeugt wurde. Das „a“- und das „b“-Segment entsprechen jeweils einer 117-bp-Halbwiederholung.

Durch die „aab“-Einheit (im oberen Rekombinations-Cluster) entsteht ein Fragment, das $1\frac{1}{2}$ mal so lang ist wie das normale Wiederholungselement; durch die „b“-Einheit (im unteren Rekombinations-Cluster) entsteht ein Fragment der halben Länge. (Die Fragmente mit mehreren Einheiten kommen bei der Reihe der Halbwiederholungen auf dieselbe Weise zustande wie bei der ganzzahligen Reihe, wenn einige Wiederholungselemente die Restriktionsstelle durch eine Mutation verloren haben.)

Kehren wir den Gedankengang um. Die Analyse der Reihe der Halbwiederholungen zeigt, daß das 234-bp-Sequenzelement aus zwei Halbwiederholungen besteht, die nah genug verwandt sind, um für eine Rekombination zu paaren. In Abbildung 25.8 sind auch einige ziemlich schwache Banden zu erkennen, die $\frac{1}{4}$- und $\frac{3}{4}$-Abständen entsprechen. Diese entstehen auf dieselbe Weise wie die $\frac{1}{2}$-Abstände, aber bei einer Rekombination zwischen Clustern, die in Viertelphase ausgerichtet sind. Die im Vergleich zu Halbwiederholungen geringere Verwandtschaft der Viertelwiederholungen erklärt, warum $\frac{1}{4}$- und $\frac{3}{4}$-Banden seltener auftreten als $\frac{1}{2}$-Banden.

25.6 Die Crossover-Fixierung kann identische Wiederholungen stabilisieren

Eine allgemeine Annahme in bezug auf Satelliten-DNAs besagt, daß die Sequenzen keinem starken Selektionsdruck ausgesetzt sind (sofern sie überhaupt einem solchen unterliegen). Im Gegensatz zu einer proteincodierenden Sequenz, bei der Mutationen das Produkt inaktivieren, erfüllt die Satelliten-DNA wahrscheinlich Funktionen, die allein auf dem Vorhandensein dieser DNA (und nicht auf der exakten Sequenz) beruhen.

Diese Vorstellung paßt sehr gut zur Struktur von Satelliten-DNAs, deren Wiederholungselemente zwar miteinander verwandt, aber nicht identisch sind. Seit der Zeit, in der die Satelliten-DNA zuletzt eine einheitliche Sequenz besaß, haben sich Mutationen angesammelt. Wie aber läßt sich die Existenz von Satelliten-DNAs bei Arthropoden erklären, deren Wiederholungselemente sich nicht verändern? Selbst wenn die Sequenz von Bedeutung wäre, bliebe noch die Frage offen, wie die Selektion auf so viele Kopien wirken soll.

Um die Evolution der Satelliten-DNA zu erklären, hat man als Alternative zur sprunghaften Replikation die ungleiche Rekombination vorgeschlagen. Der Grundgedanke besteht darin, daß ungleiche Crossovers häufig an zufälligen Positionen auftreten. Eine Folge zufälliger Ereignisse führt schließlich dazu, daß die gesamte Satelliten-DNA nur noch aus einem einzigen Wiederholungselement aufgebaut ist. Diesen Vorgang nennt man **Crossover-Fixierung**.

Abbildung 25.9 zeigt die Ausbreitung eines bestimmten Wiederholungselements in der Satelliten-DNA. Nehmen wir an, eine Satelliten-DNA besteht ursprünglich aus der

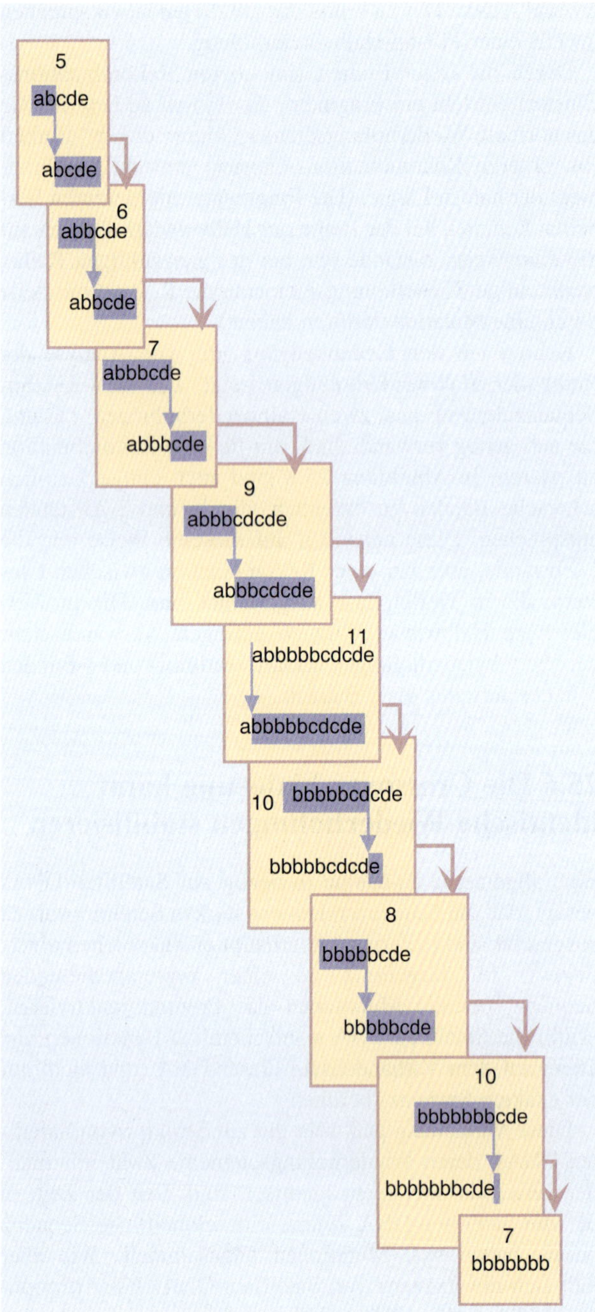

25.9 Durch eine ungleiche Rekombination kann sich ein bestimmtes Wiederholungselement über den gesamten Cluster ausbreiten. Die Zahlen geben die Länge der Wiederholungssequenz bei jedem Schritt an.

Sequenz *abcde*, wobei jeder Buchstabe für ein Wiederholungselement steht. Die verschiedenen Elemente sind nah genug miteinander verwandt, damit es bei einer Rekombination zu Fehlpaarungen kommen kann. Durch eine Folge ungleicher Rekombinationen wird der repetitive Bereich verlängert oder verkürzt, außerdem breitet sich ein Sequenzelement aus und ersetzt dabei alle anderen.

Es stellt sich die Frage, ob das Vorhandensein von Domänen mit bestimmten Wiederholungselementen (wie bei der Satelliten-DNA der Maus) auf eine partielle Ausbreitung des Elements (ausgehend von einer ursprünglichen Sequenz) hindeutet. Wir können dies beispielsweise in den Zwischenphasen der Sequenzausbreitung erkennen, wie sie in Abbildung 25.9 dargestellt sind; hier gibt es Cluster, die eine Domäne aus einer Folge von „b"-Varianten enthalten.

Das Modell der Crossover-Fixierung sagt aus, daß *jede DNA-Sequenz, die keinem Selektionsdruck unterliegt, durch eine Folge von identischen Tandemwiederholungen ersetzt wird.* Die entscheidende Annahme besteht darin, daß der Vorgang der Crossover-Fixierung im Vergleich zu Mutationen relativ schnell verläuft, so daß neue Mutationen entweder beseitigt werden (ihre Wiederholungselemente gehen verloren) oder schließlich den gesamten Cluster einnehmen.

25.7 Minisatelliten-DNAs lassen sich für genetische Kartierungen nutzen

In den Genomen der Säuger kommen häufig Sequenzen vor, die sich ähnlich wie Satelliten-DNAs aus tandemartigen Wiederholungen eines kurzen Sequenzelements zusammensetzen, aber wesentlich kürzer sind (beispielsweise zwischen fünf und 50 Wiederholungen). Sie wurden in DNA-Banken des menschlichen Genoms als Fragmente mit extrem variabler Länge zufällig entdeckt. Die Variabilität wird dann deutlich, wenn in einer Population für dieselbe genomische Region Fragmente mit stark unterschiedlichen Längen auftreten. Bei der Untersuchung einzelner Personen stellt man ausgeprägte Polymorphismen fest, das heißt, es finden sich zahlreiche unterschiedliche Allele.

Diese Sequenzen nennt man **Minisatelliten-** oder **VNTR-Regionen** (*variable number tandem repeats*). Die Variabilität wird dadurch verursacht, daß die einzelnen Allele unterschiedlich viele Wiederholungselemente enthalten. Eine dieser Minisatelliten-DNAs besteht beispielsweise aus Wiederholungen von 64 bp und kommt in der Bevölkerung mit folgender Verteilung vor:

7 %	18 Wiederholungen
11 %	16 Wiederholungen
43 %	14 Wiederholungen
36 %	13 Wiederholungen
4 %	10 Wiederholungen

Diese Variabilität läßt sich auf genetische Rekombinationen zwischen falsch zusammengelagerten Wiederholungselementen zurückführen, ähnlich wie bei den Satelliten-DNAs. Die genetische Austauschrate für Minisatellitensequenzen ist mit etwa 10^{-4} pro kb DNA recht hoch. (Man nimmt an, daß die Austauschhäufigkeit an einem bestimmten Locus zur Länge der Minisatellitensequenz proportional ist.) Dieser Wert ist etwa zehnmal größer als für die homologe Rekombination einer zufälligen DNA-Sequenz während der Meiose. Minisatelliten-DNAs könnten demnach bevorzugte Bereiche für eine meiotische Rekombination sein.

Manchmal kommt es in Zusammenhang mit einer Minisatelliten-DNA zu einer hohen DNA-Austauschrate. In einigen Fällen findet die Rekombination jedoch zwischen Schwesterchromatiden statt (dann verändert sich zwar die Länge der Minisatellitensequenz, aber es gibt keine Auswirkungen auf die flankierenden Marker, da diese in den beiden rekombinierenden DNA-Molekülen übereinstimmen).

Aufgrund ihrer hohen Variabilität eignen sich Minisatelliten-DNAs besonders gut für genomische Kartierungen: Die Wahrscheinlichkeit ist sehr groß, daß zwei Individuen an einem solchen Locus unterschiedliche Allele besitzen. In Abbildung 25.10 ist ein Beispiel für eine Minisatellitenkartierung dargestellt. Es handelt sich hier um einen Extremfall mit zwei Personen, die beide an einem Minisatellitenlocus heterozygot sind, so daß sich tatsächlich alle vier Loci unterscheiden. Alle Nachkommen erhalten auf die übliche Weise von jedem Elternteil ein Allel. Es ist nun möglich, den Ursprung eines jeden Allels zweifelsfrei zu bestimmen. In der Terminologie der Humangenetik bezeichnet man die Meiosen, die in der Abbildung dargestellt sind, aufgrund der Variabilität der Allele als hochinformativ.

Im menschlichen Genom gibt es eine Familie von Minisatelliten-DNAs mit einer gemeinsamen „Core-Sequenz“. Diese umfaßt zehn bis 15 bp, besitzt einem hohen G•C-

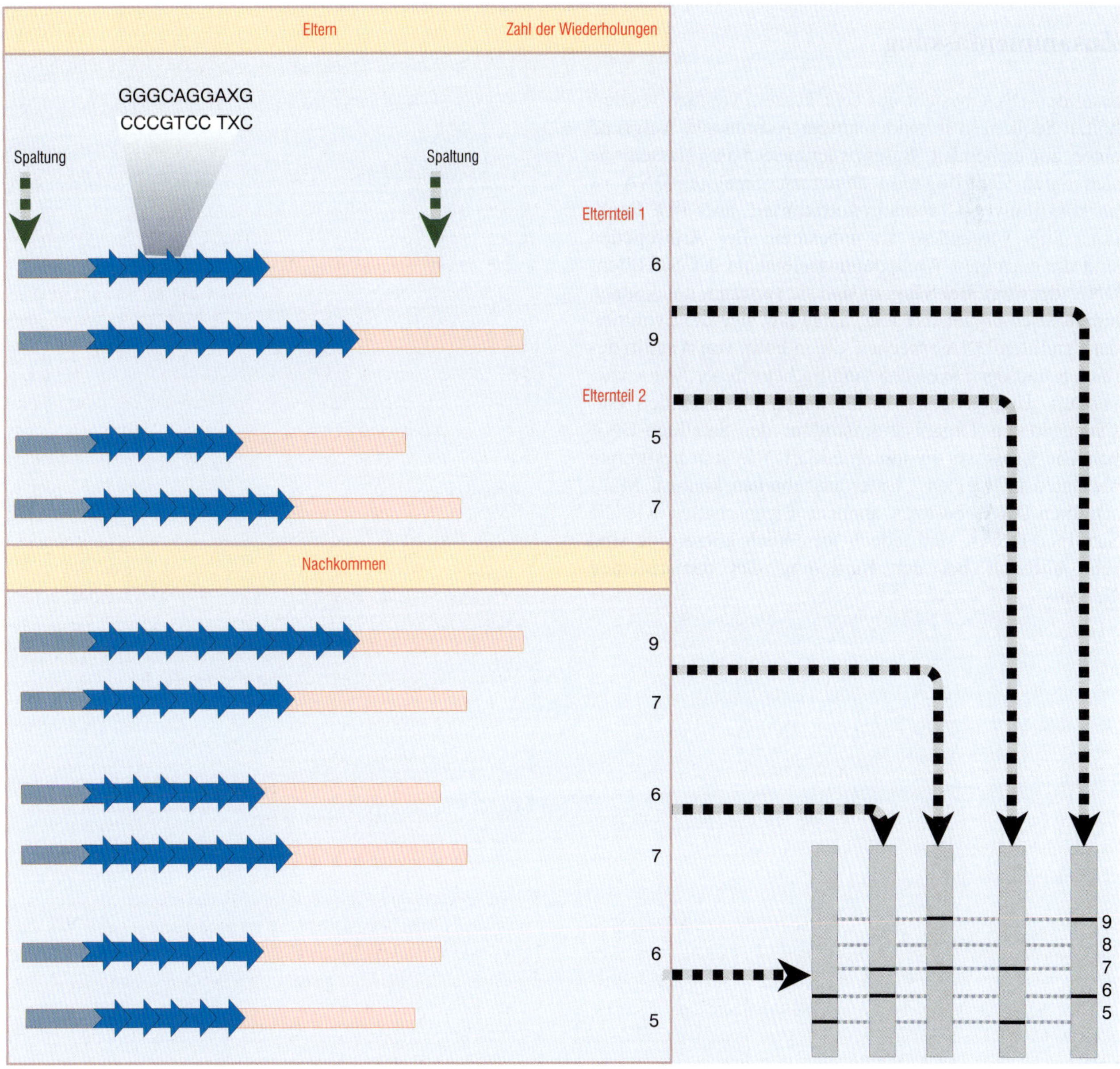

25.10 Allele eines Minisatellitenlocus können unterschiedlich viele Wiederholungen enthalten, so daß eine Spaltung an den Rändern zu verschieden langen Restriktionsfragmenten führt. Durch Verwendung einer Minisatelliten-DNA, deren Allele sich zwischen den Eltern unterscheiden, läßt sich das Vererbungsmuster nachvollziehen.

Gehalt und zeigt zwischen beiden Strängen eine asymmetrische Verteilung von Purin und Pyrimidin. Jede einzelne Minisatelliten-DNA enthält eine Variante der Core-Sequenz, aber man findet mit einer Sonde, die aus der Core-Sequenz besteht, in einem Southern Blot etwa 1 000 Minisatellitensequenzen.

Betrachten wir die in Abbildung 25.10 dargestellte Situation, nur um den Faktor 1 000 vervielfacht. Aufgrund der Variabilität an den einzelnen Loci kann man für jede Person ein spezifisches Muster erstellen. Auf diese Weise ist es möglich, die Vererbung zwischen Eltern und Nachkommen eindeutig zu bestimmen, indem man zeigt, daß 50 % der Banden, die bei einer Person zu finden sind, von einem bestimmten Elternteil stammen. Das ist die Grundlage für das sogenannte **DNA-Fingerprinting**-Verfahren.

Zusammenfassung

Satelliten-DNA besteht aus sehr kurzen, vielfach wiederholten Sequenzen in tandemartiger Anordnung. Aufgrund einer abweichenden Basenzusammensetzung lassen sie sich durch Zentrifugation abtrennen. Satelliten-DNA ist im konstitutiven Chromatin konzentriert, aber ihre Funktion (falls vorhanden) ist unbekannt. Bei Arthropoden sind die einzelnen Wiederholungselemente der Satelliten-DNA identisch. Bei Säugern sind sie verwandt und können hierarchisch organisiert sein; daran läßt sich die Evolution der Satelliten-DNA erkennen, die in Form von Amplifizierungen und der Divergenz zufällig betroffener Sequenzen verläuft. Ungleiche Crossover tragen offensichtlich entscheidend zur Organisationsstruktur der Satelliten-DNA bei. Die Crossover-Fixierung erklärt, wie sich bestimmte Varianten über einen Cluster auszubreiten können. Minisatelliten-DNAs besitzen ähnliche Eigenschaften wie die Satelliten-DNAs, sind jedoch wesentlich kürzer; sie sind sehr hilfreich bei der Kartierung des menschlichen Genoms.

Weiterführende Literatur

Übersichtsartikel

Smith, G. P. *Evolution of Repeated DNA Sequences by Unequal Crossover.* In: *Science* 191 (1976) S. 525–535.

Entdeckungen

Southern, E. M. *Long Range Periodicities in Mouse Satellite DNA*. In: *J. Mol. Biol.* 94 (1975) S. 51–70.

Jeffreys, A. J.; Wilson, V.; Thein, S. L. *Hypervariable ‚Minisatellite' Regions in Human DNA*. In: *Nature* 314 (1985) S. 67–73.

26. Chromosomen

Die Organisation des gesamten genetischen Materials einer Zelle folgt einem allgemeinen Prinzip. Das Material liegt in Form einer kompakten Masse vor, die nur ein begrenztes Volumen erfordert. Die verschiedenen Aktivitäten, wie Replikation und Transkription, müssen innerhalb dieser Grenzen bewerkstelligt werden und die Organisationsstruktur des Materials muß Übergänge zwischen aktiven und inaktiven Zuständen ermöglichen.

Die kondensierte Form der Nucleinsäuren beruht auf der Bindung von basischen Proteinen. Die positiven Ladungen dieser Proteine neutralisieren die negativen Ladungen der Nucleinsäure. Die Struktur des Nucleoproteinkomplexes ist durch die Wechselwirkungen der Proteine mit der DNA (oder RNA) festgelegt.

Ein allgemeines Problem stellt sich beim Verpacken von DNA in Phagen und Viren, in Bakterienzellen und eukaryotische Zellkerne. Die Länge des ausgestreckten DNA-Moleküls würde die Dimensionen des Kompartiments, welches das Molekül enthält, weit überschreiten. Die DNA (oder bei einigen Viren die RNA) muß außerordentlich stark komprimiert werden, um in das verfügbare Volumen hineinzupassen. *Im Gegensatz zum üblichen Bild der DNA als gestreckte Doppelhelix ist demnach die strukturelle Verformung der DNA, also ihre Krümmung und Faltung zu einer kompakteren Struktur, die Regel und nicht die Ausnahme.*

Die Größe der Diskrepanz zwischen der Länge der Nucleinsäure und dem Volumen des Kompartiments wird in den Beispielen von Tabelle 26.1 deutlich. Bei Bakteriophagen und eukaryotischen Viren paßt das Nucleinsäuregenom genau in das Behältnis. Dabei spielt es keine Rolle, ob es eine Stäbchen- oder Kugelform besitzt, und ob die DNA oder RNA einzelsträngig oder doppelsträngig ist.

Bei Bakterien oder eukaryotischen Zellkompartimenten ist es schwieriger, die Diskrepanz genau zu berechnen, da die DNA einen kompakten Bereich bildet, der nur einen Teil des Kompartiments ausfüllt. Das genetische Material ist in Bakterien als **Nucleoid** und in eukaryotischen Zellkernen während der Interphase (zwischen den Zellteilungen) als **Chromatin** zu erkennen.

Die DNA-Dichte in diesen Kompartimenten ist hoch. In einem Bakterium liegt die Dichte bei etwa 10 mg/ml, in einem eukaryotischen Zellkern bei etwa 100 mg/ml und im T4-Phagen bei mehr als 500 mg/ml. In Lösung würde eine solche Konzentration ein Gel von hoher Viskosität ergeben. Die physiologische Bedeutung ist noch nicht vollständig geklärt; was bedeuten diese Bedingungen beispielsweise für die Fähigkeit von Proteinen, ihre Bindungsstellen auf der DNA zu finden?

Die Packung des Chromatins ist flexibel und ändert sich während des eukaryotischen Zellzyklus. Während der Zellteilung (Mitose oder Meiose) wird das genetische Material sogar noch dichter gepackt und einzelne **Chromosomen** sind erkennbar.

Die Komprimierung der DNA insgesamt läßt sich mit dem **Packungsverhältnis** umschreiben, also mit der DNA-Länge dividiert durch die Länge des Bereichs, der die DNA enthält. So enthält beispielsweise das kleinste menschliche Chromosom etwa $4{,}6 \times 10^7$ bp DNA (die zehnfache Genomgröße des Bakteriums *E. coli*). Das entspricht 14 000 μm (= 1,4 cm) für die ausgestreckte DNA. Zum Zeitpunkt der Mitose, wenn die DNA am stärksten kondensiert ist, beträgt die Länge des Chromosoms etwa 2 μm. Das DNA-Packungsverhältnis im Chromosom kann also einen Wert von 7 000 annehmen. Das Packungsverhältnis der amorpheren Struktur des bakteriellen Nucleoids oder des eukaryotischen Chromatins läßt sich nicht mit derselben Sicherheit bestimmen. Man geht jedoch schätzungsweise davon aus, daß mitotische Chromosomen normalerweise fünf- bis zehnmal so fest gepackt sind wie das Chromatin der Interphase, das demnach ein Packungsverhältnis von 1 000 bis 2 000 besitzt.

Eine wichtige unbeantwortete Frage betrifft die *Spezifität* des Verpackens. Ist die DNA nach einem *bestimmten* Muster gepackt, oder ist es bei jeder einzelnen Kopie des

Tabelle 26.1: Nucleinsäuren sind viel länger als die Abmessungen des umgebenden Kompartiments

Kompartiment	Form	Größe	Art der Nucleinsäure	Länge
TMV	filamentös	$0{,}008 \times 0{,}3\ \mu$m	1 einzelsträngige RNA	2 μm = 6,4 kb
φd-Phage	filamentös	$0{,}006 \times 0{,}85\ \mu$m	1 einzelsträngige DNA	2 μm = 6 kb
Adenovirus	Ikosaeder	0,07 μm Durchmesser	1 doppelsträngige DNA	11 μm = 35 kb
T4-Phage	Ikosaeder	$0{,}065 \times 0{,}1\ \mu$m	1 doppelsträngige DNA	55 μm = 170 kb
E. coli	Zylinder	$1{,}7 \times 0{,}65\ \mu$m	1 doppelsträngige DNA	1,3 mm = $4{,}2 \times 10^3$ kb
Mitochondrium (Mensch)	abgeflachtes Spheroid	$3{,}0 \times 0{,}5\ \mu$m	~10 identische doppelsträngige DNAs	50 μm = 16 kb
Zellkern (Mensch)	Spheroid	6 μm Durchmesser	46 Chromosomen aus doppelsträngiger DNA	1,8 m = 6×10^6 kb

Genoms anders? Wie ändert sich das Packungsmuster, wenn ein DNA-Abschnitt repliziert oder transkribiert wird?

26.1 Die Verdichtung von viralen Genomen in der jeweiligen Hülle

In Hinblick auf das Verpacken einer *ganz bestimmten* Sequenz besteht ein entscheidender Unterschied zwischen einem zellulären Genom und einem Virus. Die Größe eines zellulären Genoms ist im Prinzip unbegrenzt. Die Zahl und die Positionierung einzelner Sequenzen kann sich durch Duplikationen, Deletionen und Umordnungen ändern. Also ist eine *allgemeine* Methode für das Verpacken zellulärer DNA erforderlich, die von der Zahl und der Verteilung der Sequenzen unabhängig ist. Im Gegensatz dazu unterliegt ein Virus zwei Einschränkungen. Die Menge an Nucleinsäure, die verpackt werden soll, ist vorbestimmt durch die Größe des Genoms. Und alles muß in eine Hülle aus Protein(en) hineinpassen, die von den viralen Genen codiert werden.

Ein Viruspartikel ist bei oberflächlicher Betrachtung täuschend einfach strukturiert. Das Nucleinsäuregenom ist in ein **Capsid** eingeschlossen – eine symmetrische (oder quasi-symmetrische) Struktur, die aus einem oder nur wenigen Proteinen zusammengesetzt ist. Weitere Strukturen, die für die Infektion einer Wirtszelle notwendig sind und aus anderen Proteinen bestehen, sind am Capsid befestigt (oder darin eingebaut).

Das Viruspartikel besitzt eine sehr kompakte Struktur. Das innere Volumen des Capsids ist meist nicht wesentlich größer als das Volumen der Nucleinsäure, die das Capsid aufnehmen muß (beide Volumina unterscheiden sich im allgemeinen weniger als um den Faktor zwei).

Die Anforderung, daß das Capsid aus Proteinen aufgebaut sein muß, die das Virus codiert, bedeutet im Extremfall, daß sich die gesamte Hülle nur aus einer einzigen Untereinheit zusammensetzt. Die Regeln für die Zusammenlagerung identischer Untereinheiten erlauben nur zwei Capsidtypen. Entweder stapeln sich die Proteinuntereinheiten in helicaler Anordnung und bilden eine **filamentöse** beziehungsweise Stäbchenform; oder sie bilden die Form einer „unechten" Kugel, einer Struktur in Form eines Polyeders mit **ikosaedrischer Symmetrie**. Einige virale Capside bestehen aus mehr als nur einem Typ von Proteinuntereinheiten. Dadurch erweitert sich zwar das Spektrum möglicher Strukturtypen, aber dennoch entsprechen alle viralen Capside dem allgemeinen Muster der quasikristallinen Filamente oder der Ikosaeder.

Für den Aufbau eines Capsids mit einer darin enthaltenen Nucleinsäure gibt es zwei Möglichkeiten:

- Der Zusammenbau der Proteinhülle kann um die Nucleinsäure herum erfolgen, so daß die DNA oder RNA durch Wechselwirkungen zwischen Protein und Nucleinsäure verdichtet wird.
- Oder das Capsid entsteht aus den Komponenten in Form einer leeren Hülle, in welche die Nucleinsäure eingeschleust und dabei verdichtet wird.

Bei Viren mit einzelsträngiger RNA wird das Capsid um das Genom herum zusammengefügt. Dabei gilt das Prinzip, daß *die Position der RNA im Capsid direkt durch ihre Bindung an die Hüllproteine festgelegt wird.* Das am besten untersuchte Beispiel ist das Tabakmosaikvirus (TMV). Der Zusammenbau beginnt an einer doppelsträngigen Haarnadelstruktur innerhalb der RNA-Sequenz. Von diesem **Nucleationszentrum** aus setzt sich der Prozeß entlang der RNA in beiden Richtungen bis an deren Enden fort. Das Grundelement des Capsids ist eine Scheibe aus zwei Schichten, wobei jede Schicht aus 17 identischen Proteinuntereinheiten besteht. Die Scheibe besitzt eine kreisförmig geschlossene Struktur und bildet bei Wechselwirkung mit der RNA eine Helix. Die RNA wird an der Innenseite der Proteinhülle in Form einer Helix aufgewikkelt, wie in Abbildung 26.1 dargestellt ist. Ein ähnliches Prinzip findet man bei kugelförmigen Capsiden, die einzelsträngige RNA enthalten, wie z. B. beim TYMV (*turnip yellow mosaic virus*).

Die kugelförmigen Capside von DNA-Viren werden auf andere Weise aufgebaut; beim Lambda- und T4-Phagen hat man das am eingehendsten untersucht. In beiden Fällen entsteht aus einem kleinem Satz von Proteinen die leere Kopfhülle. *Dann wird das doppelsträngige Genom in den Kopf eingesetzt*, wobei das Capsid seine Struktur verändert.

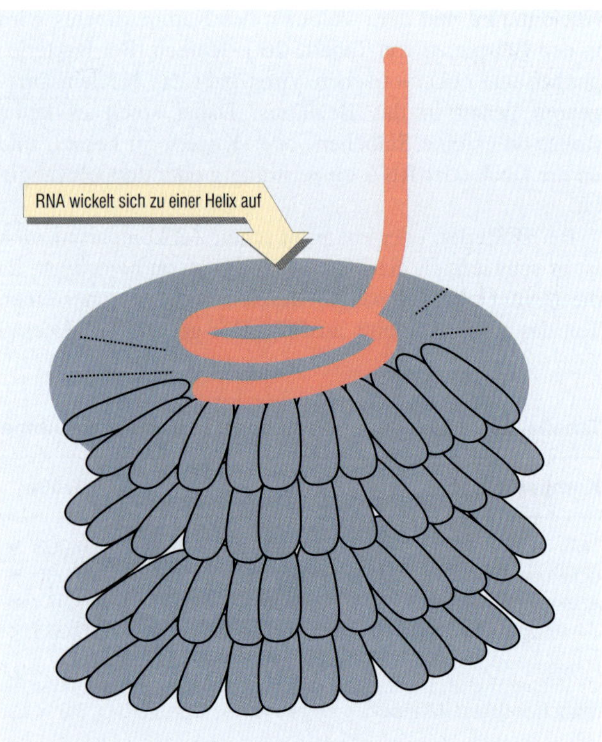

26.1 Der helicale Verlauf der TMV-RNA entsteht aufgrund der Stapelung der Proteinuntereinheiten im Virion.

In Abbildung 26.2 ist der Zusammenbau des Lambda-Phagen dargestellt. Der Vorgang beginnt mit einer kleinen Kopfhülle, die einen Protein-„Kern“ enthält. Daraus entsteht eine leere Kopfhülle mit einer stärker ausgeprägten Struktur. Danach beginnt das Verpacken der DNA, die Kopfhülle dehnt sich aus, behält aber dieselbe Form; schließlich wird der gefüllte Kopf durch Anfügen des Schwanzes verschlossen.

Doppelsträngige DNA verhält sich in kurzen Abschnitten wie ein relativ fester Stab. Dennoch muß die DNA zu einer kompakten Struktur zusammengepreßt werden, um in ein Capsid hineinzupassen. Dabei stellt sich die Frage, ob die DNA beim Verpacken in den Kopf allmählich aufgewickelt wird oder ob es zu Knicken in der DNA kommt.

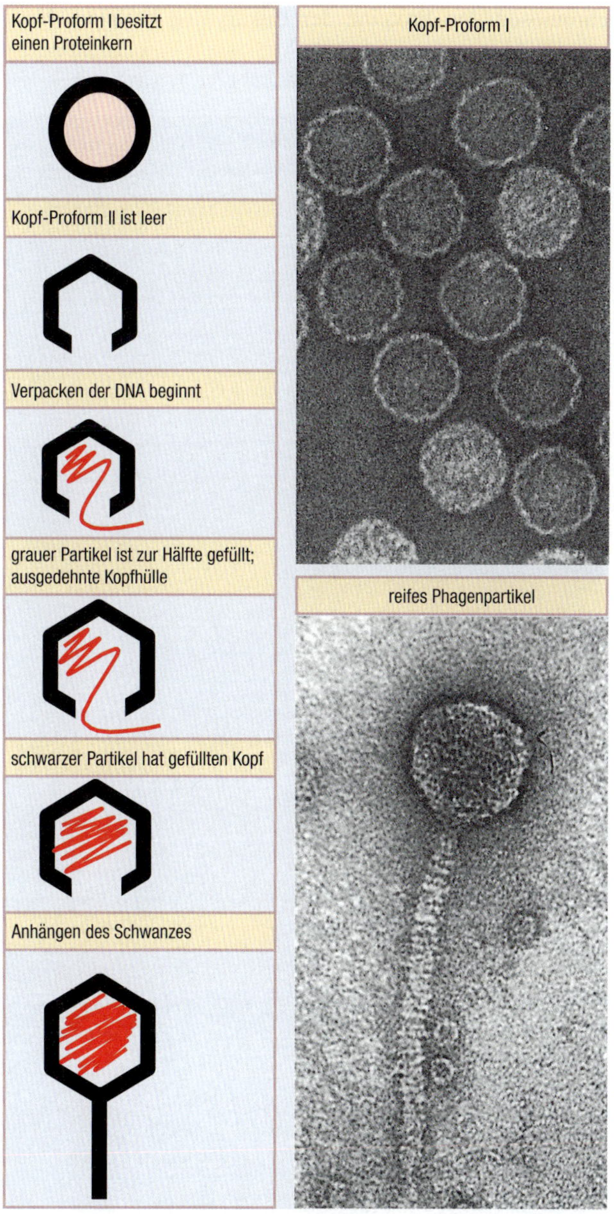

26.2 Die Reifung des Lambda-Phagen durchläuft verschiedene Phasen. Der leere Kopf verändert seine Form und dehnt sich aus, wenn die DNA eingebaut wird. Die elektronenmikroskopischen Aufnahmen zeigen die Partikel zu Beginn und am Ende des Reifevorgangs. (Aufnahmen mit freundlicher Genehmigung von A. F. Howatson.)

Beim Einschleusen der DNA in den Phagenkopf finden zwei Arten von Reaktionen statt: die Translokation und die Verdichtung (Kondensation); beide sind energetisch ungünstig.

Die Translokation ist ein aktiver Prozeß, bei dem die DNA durch einen ATP-abhängigen Mechanismus in den Kopf transportiert wird. Zum einen ist es möglich, daß die Terminasen, welche die DNA-Enden erzeugen (aus längeren DNA-Vorstufen), die DNA in den Kopf schieben. Zum anderen könnten auch die Capsidproteine die DNA hineinziehen.

Man weiß nur wenig über den Verdichtungsmechanismus. Das Capsid enthält sowohl „innere Proteine“ als auch die DNA. Eine mögliche Erklärung besteht darin, daß die Proteine eine Art Gerüst bilden, auf dem die DNA kondensiert. (Das würde der Funktion der Hüllproteine bei den pflanzlichen RNA-Viren entsprechen.)

Wie spezifisch ist das Verpacken? Es kann nicht von bestimmten Sequenzen abhängen, da Deletionen, Insertionen und Substitutionen den Zusammenbau nicht stören. Durch Bestimmung der DNA-Regionen, die sich mit den Capsidproteinen chemisch quervernetzen lassen, hat man die Beziehung zwischen DNA und Kopfhülle direkt untersucht. Das unerwartete Ergebnis war, daß alle DNA-Bereiche mehr oder weniger gleichmäßig reagierten. Das bedeutet wahrscheinlich, daß die Kondensation der DNA beim Einführen in den Kopf einer allgemeinen Regel folgt, das Muster jedoch nicht von bestimmten DNA-Sequenzen abhängt.

Die verschiedenen Mechanismen für den Zusammenbau von Viren haben alle dasselbe Ergebnis: das Verpacken eines einzelnen DNA- oder RNA-Moleküls in das Capsid. Einige Viren besitzen jedoch Genome, die aus mehreren Nucleinsäuremolekülen bestehen. Das Reovirus enthält zehn doppelsträngige RNA-Segmente, die alle in das Capsid verpackt werden müssen. Möglicherweise sind spezifische Sortierungssequenzen in den einzelnen Segmenten erforderlich, damit beim Zusammenbau von jedem der verschiedenen Moleküle nur eine Kopie genommen wird und ein vollständiger Satz der genetischen Information vorhanden ist.

Einige Pflanzenviren sind unterteilt: Ihr Genom besteht aus Segmenten, die jeweils einzeln in ein *anderes* Capsid verpackt sind. Ein Beispiel dafür ist das Luzernenmosaikvirus. Es enthält vier verschiedene einzelsträngige RNAs, die jeweils unabhängig in eine Hülle aus identischen Proteinen verpackt sind. Eine Infektion ist nur dann erfolgreich, wenn ein Virus von jedem Typ in die Zelle gelangt.

Die vier Bestandteile des Virus sind Partikel von jeweils unterschiedlicher Größe. Das bedeutet, daß dasselbe Capsidprotein jede RNA in Form eines charakteristischen Partikels verpacken kann. Das ist eine Abkehr von dem Prinzip, daß immer nur eine Nucleinsäure derselben Länge in ein Capsid mit festgelegter Form verpackt wird. Der Zusammenbau von Viren, deren Capside nur in einer einzigen natürlichen Form vorkommen, kann durch Mutationen so verändert werden, daß anormale **Monsterpartikel** mit einem ungewöhnlich langen Kopf entstehen. Solche Mutationen zeigen, daß Capsidproteine das Potential besitzen, sich zu einer bestimmten Struktur zusammenzulagern, wobei die genaue Größe und Form jedoch variieren können. Einige Mutationen treten in Genen auf, die **Assembly-Proteine** codieren. Diese sind für den Aufbau des Kopfes erforderlich, bilden aber selbst keinen Teil der Kopfhülle. Solche Hilfsproteine schränken die Beweglichkeit der Capsidproteine ein, so daß sie sich nur in einer bestimmten Weise zusammenlagern können. Ähnliche Proteine spielen beim Aufbau des zellulären Chromatins eine Rolle (Kapitel 27).

26.2 Das bakterielle Genom ist ein Nucleoid mit vielen überspiralisierten Schleifen

Die Bakterien weisen zwar keine Strukturen mit den typischen morphologischen Merkmalen der Eukaryoten auf, dennoch sind ihre Genome in definierte Bereiche gegliedert. Das genetische Material liegt als ziemlich kompakter Klumpen oder als Reihe solcher Klumpen vor. Es nimmt etwa ein Drittel des Zellvolumens ein. Die Abbildung 26.3 zeigt einen Dünnschnitt durch ein Bakterium, in dem das **Nucleoid** gut zu erkennen ist.

In Bakterien, die die DNA-Replikation noch nicht beendet haben, enthält das Nucleoid mehr DNA, als einem Genom entspricht. Zum Zeitpunkt der Zellteilung hat sich das Material in zwei Nucleoide getrennt, die auf die Tochterzellen verteilt werden. Ein Bakterium bildet anders als eine eukaryotische Zelle keine Spindel aus. Bei der Segregation wird wahrscheinlich das bakterielle Genom an der Zellhülle befestigt, so daß eine aktive Bewegung oder eine passive Trennung möglich ist (Kapitel 14). Auf jeden Fall befindet sich bei der Zellteilung jedes Nucleoid in einem anderen Kompartiment.

Bei der Lyse von *E. coli*-Zellen werden fadenförmige Schleifen freigesetzt, die mit der aufgebrochenen Zellhülle verknüpft sind. Die DNA in diesen Schleifen besitzt nicht die gestreckte Form eines freien Doppelstranges, sondern ist durch Assoziation mit Proteinen komprimiert, wie in der Abbildung 26.4 zu sehen ist.

Aus *E. coli* hat man verschiedene DNA-bindende Proteine isoliert, die ähnliche Oberflächenmerkmale wie die chromosomalen Proteine der Eukaryoten besitzen. Nach

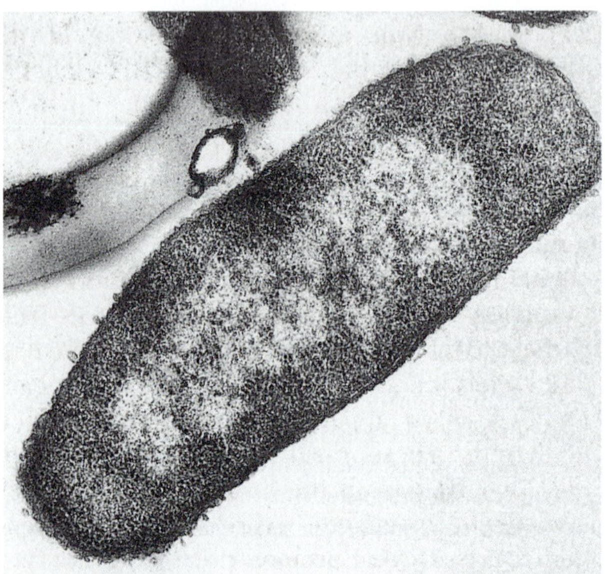

26.3 Der Dünnschnitt zeigt das bakterielle Nucleoid als kompakte Masse in der Zellmitte. (Aufnahme mit freundlicher Genehmigung von Jack Griffith.)

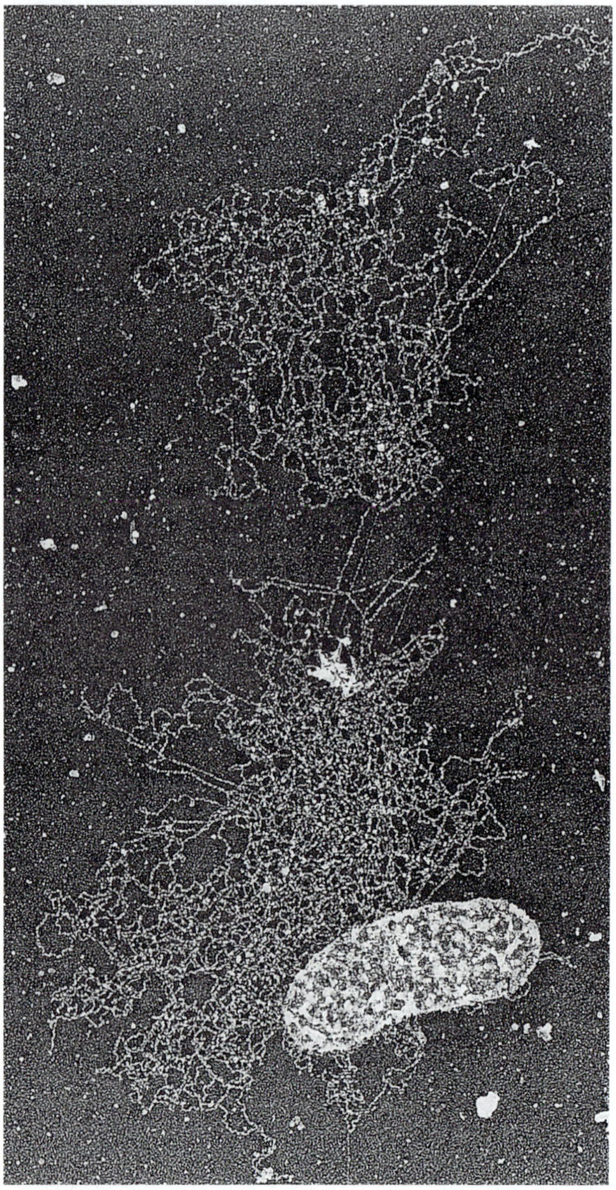

26.4 Das Nucleoid tritt aus einer lysierten *E. coli*-Zelle in Form von fädigen Schleifen aus. (Aufnahme mit freundlicher Genehmigung von Jack Griffith.)

welchen Kriterien läßt sich feststellen, ob ein DNA-bindendes Protein im Nucleoid eine strukturgebende Funktion besitzt? Es sollte in ausreichender Menge vorhanden sein, um überall im Genom binden zu können. Mutationen im zugehörigen Gen sollten Strukturen oder Funktionen stören, die mit dem Erhalt des Genoms verbunden sind (zum Beispiel die Segregation auf Tochterzellen). Keines der mutmaßlichen Proteine entspricht jedoch bis jetzt den genetischen Bedingungen.

Das HU-Protein ist ein Dimer, das DNA kondensiert. Das geschieht möglicherweise durch das Aufrollen der DNA zu perlenförmigen Strukturen. Außerdem stimuliert es die DNA-Replikation (Kapitel 15). Das Protein ist mit dem IHF (*integration host factor*) verwandt, der ebenfalls ein Dimer ist und bei bestimmten Rekombinationsreaktionen eine Rolle spielt, beispielsweise beim Einfügen (*integration*, daher der Name des Proteins) und Herausschneiden des Lambda-Phagen. Der IHF besitzt eine strukturgebende Funktion beim Aufbau eines Proteinkomplexes, der die reagierenden DNA-Sequenzen in der richtigen Position festhält, wie in Kapitel 17 beschrieben wurde. Null-Mutationen in einem der Gene, welche die Untereinheiten des HU-Proteins (*hupA,B*) codieren, zeigen nur geringe Auswirkungen, aber der Verlust beider Funktionen führt zu einem kälteempfindlichen Phänotyp und zu einem (teilweisen) Verlust der superhelicalen DNA-Struktur. Diese Ergebnisse sprechen dafür, daß das HU-Protein generell an der Verdichtung des Nucleoids beteiligt ist.

Das H1-Protein (auch H-NS genannt) bindet DNA, wobei es bevorzugt mit gekrümmten Sequenzen interagiert. Mutationen im zugehörigen Gen hat man bereits in verschiedenen Erscheinungsformen entdeckt: *osmZ*, *bglY*, *pilG*, wobei die einzelnen Funktionen in verschiedenenen Systemen als offensichtliche Regulatoren identifiziert wurden. Diese Ergebnisse sind wahrscheinlich so zu erklären, daß H1 auf die lokale Topologie der DNA einwirkt. Diese beeinflußt die Genexpression, die wiederum vom jeweiligen Promotor abhängt.

Das P-Protein wurde durch die Sequenzierung eines Gens identifiziert, dessen codierende Region eine den Protaminen ähnliche Aminosäurezusammensetzung besitzt (Protamine binden in bestimmten Spermien an die DNA). Die Proteinsequenz deutet darauf hin, daß es sich um ein DNA-bindendes Protein handelt, die vorhandene Menge und seine Funktionen sind jedoch unbekannt.

Es ist zu erwarten, daß das Fehlen eines Proteins, das für die Nucleoidstruktur erforderlich ist, gravierende Auswirkungen auf die Lebensfähigkeit der Zelle hat. Warum zeigen dann Deletionen in den Genen der Proteine HU und H1 nur relativ begrenzte Effekte? Eine Erklärung besteht darin, daß diese Proteine *redundant* sind und jedes von ihnen die anderen ersetzen kann. Um die Nucleoidstruktur ernsthaft zu beeinträchtigen, müßten demnach *alle* Gene deletiert sein. Es ist jedoch auch möglich, daß wir die Proteine, die für die entscheidenden Merkmale der Nucleoidstruktur verantwortlich sind, erst noch identifizieren müssen.

Das Nucleoid läßt sich in Form eines schnell sedimentierenden Komplexes direkt isolieren. Der Komplex besteht zu etwa 80 Gewichtsprozent aus DNA. (Die entsprechenden Komplexe der Eukaryoten enthalten etwa 50 Gewichtsprozent DNA; siehe unten.) Durch Behandlung mit Reagentien, die auf RNA oder Proteine einwirken, kann man den Komplex entfalten. Das beweist, daß Proteine bei der Stabilisierung der Struktur wahrscheinlich von Bedeutung sind. Die Funktion der RNA blieb den bisherigen Analysen aber ziemlich verschlossen.

Die DNA des komprimierten Komplexes verhält sich nach der Isolierung *in vitro* wie eine geschlossene Doppelstrangstruktur, wie sich aufgrund der Reaktion mit Ethidiumbromid zeigt. Das kleine Molekül interkaliert zwischen die Basenpaare und erzeugt dadurch in „geschlossenen" DNA-Molekülen (bei denen also beide Stränge kovalent intakt sind) *positive* Superhelixwindungen. (Bei „offenen" ringförmigen Molekülen, die in einem Strang eine Bruchstelle enthalten, oder bei linearen Molekülen kann die DNA als Reaktion auf die Interkalierung frei rotieren, so daß die Spannung abgebaut wird.)

In einer natürlichen geschlossenen DNA, die *negativ* überspiralisiert ist, beseitigt die Interkalierung von Ethidiumbromid zuerst die negativen Überspiralisierungen und erzeugt dann positive. Aufgrund der Menge an Ethidiumbromid, die zum Aufheben der Überspiralisierung erforderlich ist, läßt sich die ursprüngliche Dichte der negativen Überspiralisierung bestimmen.

Während der Isolierung des komprimierten Nucleoids kommt es zu einigen Einzelstrangbrüchen; diese lassen sich auch durch eine limitierte DNase-Behandlung erzeugen. Das Entstehen von positiven Überspiralisierungen durch das Ethidiumbromid wird dadurch jedoch nicht verhindert. Die Fähigkeit des Genoms, mit Ethidiumbromid zu reagieren, die selbst bei vorhandenen Einzelstrangbruchstellen erhalten bleibt, bedeutet, daß im Genom zahlreiche unabhängige **Domänen** existieren müssen; *die Überspiralisierung einzelner Domänen wird nicht durch die Veränderungen in anderen Domänen beeinflußt.*

Diese Autonomie deutet darauf hin, daß das bakterielle Chromosom eine allgemeine Organisationsstruktur besitzt, wie sie in Abbildung 26.5 schematisch dargestellt ist. Jede Domäne enthält eine DNA-Schleife, deren Enden auf eine bestimmte (unbekannte) Weise fixiert werden, so daß sich eine freie Rotation nicht von einer Domäne in die nächste fortsetzen kann. In jedem Genom gibt es etwa 100 solcher Domänen; jede Domäne umfaßt ungefähr 40 kb (13 μm DNA), die in einer noch kompakteren Fadenstruktur organisiert ist. Die Charakterisierung dieser Struktur steht allerdings noch aus.

Das Vorhandensein getrennter Domänen könnte es erlauben, daß in verschiedenen Domänen des Genoms verschiedene Überspiralisierungsgrade herrschen. Für die unterschiedliche Empfindlichkeit einzelner bakterieller Promotoren bezüglich der DNA-Überspiralisierung (Kapitel 11) ist das ein wichtiger Faktor.

Die DNA-Überspiralisierung kann im Genom grundsätzlich zwei Formen annehmen:

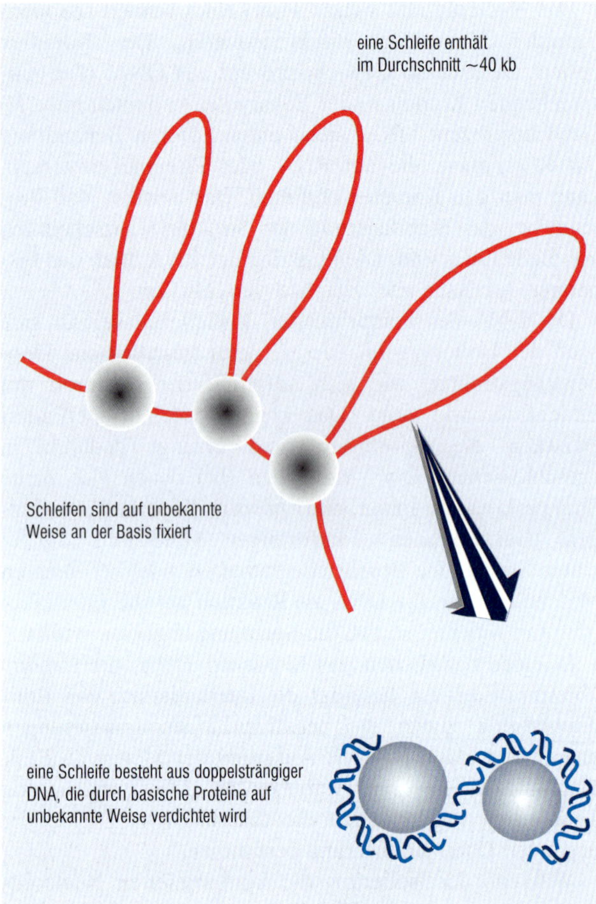

26.5 Das bakterielle Genom besteht aus einer großen Zahl von Schleifen aus doppelsträngiger DNA (in Form eines Fadens). Jede Schleife ist an der Basis fixiert und bildet so eine unabhängige Strukturdomäne.

- Wenn eine überspiralisierte DNA frei vorliegt, ist ihr Verlauf **nicht eingeschränkt**, so daß negative Überspiralisierungen eine Torsionsspannung erzeugen, die sich innerhalb einer Domäne entlang der DNA frei ausbreiten kann. Die Spannung läßt sich durch Entwinden der Doppelhelix aufheben (Kapitel 5). Die DNA befindet sich in einem dynamischen Gleichgewicht zwischen Spannungs- und Entspannungszuständen.
- Die Überspiralisierung kann durch Proteine **eingeschränkt** werden, die an die DNA binden, so daß die DNA in einer bestimmten dreidimensionalen Konfiguration festgehalten wird. In diesem Fall entsprechen die Überspiralisierungen der DNA dem fixierten Verlauf des Moleküls entlang der assoziierten Proteine. Die Energie der Wechselwirkungen zwischen den Proteinen und der DNA stabilisiert die Nucleinsäure, so daß entlang des Moleküls keine Spannung übertragen werden kann.

Sind bei *E. coli* die Überspiralisierungen der DNA *in vivo* unterdrückt, oder unterliegt die Doppelhelix der Torsionsspannung, die für freie DNA charakteristisch ist? Bei Messungen der Überspiralisierung *in vitro* zeigt sich das Problem, daß Proteine, welche die Beweglichkeit einschränken, bei der Isolierung verlorengehen können. Verschiedene Experimente *in vitro* deuten darauf hin, daß die DNA *in vivo* unter einer Torsionspannung steht, wobei es jedoch schwierig ist, den Überspiralisierungsgrad zu bestimmen.

Bei einem direkten Verfahren verwendet man die Substanz Psoralen, die an DNA leichter bindet, wenn die DNA unter Torsionsspannung steht. Die Reaktion von Psoralen mit der *E. coli*-DNA *in vivo* ergibt eine durchschnittliche Dichte von einer negativen Superhelixwindung pro 200 bp ($\sigma = -0{,}05$).

Bei einer anderen Methode untersucht man die Fähigkeit von Zellen, andere DNA-Strukturen zu bilden, beispielsweise Kreuzstrukturen in palindromischen Sequenzen. Aus der Veränderung von Koppelungszahlen, die für eine solche Reaktion erforderlich ist, kann man die ursprüngliche Überspiralisierungsdichte berechnen. Das Experiment ergibt eine durchschnittliche Dichte von $\sigma = -0{,}025$ beziehungsweise eine negative Superhelixwindung pro 100 bp.

Die Überspiralisierungen erzeugen also eine Torsionsspannung *in vivo*. Der durchschnittliche Torsionsgrad kann dabei variieren. Das genaue Dichtespektrum ist zwar schwierig zu messen, aber zweifellos reicht der Torsionsgrad aus, um sich auf die DNA-Struktur auszuwirken. Die Torsion kann beispielsweise in bestimmten Regionen Schmelzvorgänge unterstützen, wie etwa bei Replikationsursprüngen oder Promotoren.

Viele wichtige Strukturmerkmale des komprimierten Nucleoids müssen noch bestimmt werden. Mit welcher Spezifität bilden sich die Domänen, liegen bestimmte Sequenzen immer an denselben relativen Positionen oder kann sich der Inhalt von Domänen ändern? Wie wird die intakte Struktur einer Domäne aufrechterhalten? Die biochemische Analyse allein kann die Fragen nicht vollständig beantworten; aber wenn sich geeignete Selektionsverfahren finden lassen, sollte aufgrund der Eigenschaften von Strukturmutanten eine molekulare Analyse der Nucleoidstruktur möglich sein.

26.3 Schleifen, Domänen und Gerüste in eukaryotischer DNA

Das Chromatin der Interphase ist im Gegensatz zur hochorganisierten und reproduzierbaren Ultrastruktur der mitotischen Chromosomen eine verwickelte Masse, die einen großen Teil des Kernvolumens einnimmt. Wie wird die Verteilung des Interphasechromatins innerhalb des Zellkerns gesteuert?

Einen indirekten Hinweis auf die Natur des Interphasechromatins erhält man bei der Isolierung eines Genoms in Form eines einzelnen kompakten Gebildes. Mit denselben Methoden, wie sie bereits für die Isolierung des bakteriellen Nucleoids beschrieben wurden, kann man Zellkerne oben auf einem Saccharosegradienten lysieren. Dadurch wird das Genom in einer Form freigesetzt, die sich abzentrifugieren läßt. Nach der Isolierung aus *D. melanogaster* kann man das Genom als komprimiert gefalteten Faden (von 10 nm Durchmesser), der aus DNA und daran gebundenen Proteinen besteht, sichtbar machen.

Eine Überspiralisierungsmessung aufgrund der Reaktion mit Ethidiumbromid ergibt etwa eine negative Superhelixwindung pro 200 bp. Diese Überspiralisierungen lassen sich mit Hilfe von DNase beseitigen, die Einzelstrangbrüche erzeugt. Die DNA behält dabei jedoch die Fadenform mit 10 nm Stärke. Das deutet darauf hin, daß die Überspiralisierung durch die räumliche Struktur des Fadens verursacht wird und der bestehenden Torsion entspricht.

Für eine vollständige Entspannung der Überspiralisierungen ist alle 85 kb ein Einzelstrangbruch erforderlich; der Abstand stimmt mit der durchschnittlichen Länge der „geschlossenen" DNA überein. Ein solcher Bereich könnte aus einer Schleife oder Domäne bestehen, die in ihrer Art den Regionen ähnlich ist, die man im bakteriellen Genom gefunden hat. Es stellt sich die Frage, ob diese Schleifen spezifischen Sequenzen entsprechen oder eine funktionelle Bedeutung besitzen.

Nach Extraktion der meisten Proteine aus den mitotischen Chromosomen lassen sich die Schleifen direkt erkennen. Der dabei entstandene Komplex besteht aus der DNA, die noch mit etwa acht Prozent der ursprünglich vorhandenen Proteine assoziiert ist. Die von den Proteinen „befreiten" Chromosomen gleichen einem zentralen **Gerüst** (*scaffold*) mit einem Hof aus DNA, wie Abbildung 26.6 zeigt.

Das Gerüst eines Metaphasechromosoms besteht aus einem dichten Netzwerk von Fäden. Aus dem Gerüst ragen DNA-Fäden heraus, die offensichtlich Schleifen mit einer durchschnittlichen Länge von zehn bis 30 μm (30 bis 90 kb) bilden. Die DNA kann ohne Beeinträchtigung der Gerüststruktur gespalten werden, die aus einem Satz spezifischer Proteine besteht. Das deutet auf eine Organisationsstruktur hin, bei der Schleifen von etwa 60 kb in einem zentralen Proteingerüst verankert sind.

Das Erscheinungsbild des Gerüsts ähnelt einem Paar von Schwesterchromatiden während der Mitose. Die Gerüste der Schwesterchromatiden sind normalerweise fest miteinander verbunden, können aber manchmal auch getrennt sein, so daß die Verbindung nur aus wenigen Fäden besteht. Ob es sich dabei um die Struktur handelt, welche die Form der Chromosomen während der Mitose aufrechterhält? Läßt sich diese Struktur dadurch erzeugen, daß man die Proteinkomponenten zusammen inkubiert, die normalerweise die Basis der Schleifen von Interphasechromosomen bilden?

Zellen in der Interphase besitzen eine **Kernmatrix**, eine filamentöse Struktur im Inneren der Kernmembran. Häufig scheint das Chromatin an der Matrix befestigt zu sein, und es gibt viele Vermutungen darüber, daß dies für die Transkription oder Replikation notwendig ist. Wenn man aus Zellkernen die Proteine entfernt, stülpt sich die DNA aus der verbleibenden Kernmatrix in Form von Schleifen heraus.

26.6 Chromosomen, aus denen die Histone entfernt wurden, bestehen aus einem Proteingerüst, an dem DNA-Schleifen befestigt sind. (Aufnahme mit freundlicher Genehmigung von Ulrich K. Laemmli.)

Ist die DNA über spezifische Sequenzen an der Matrix oder dem Gerüst befestigt? DNA-Bereiche, die in Interphasekernen mit Proteinstrukturen verbunden sind, nennt man Matrixkontaktstellen (*matrix attachment regions*, **MAR**). Verwirrend ist dabei, daß dafür manchmal auch die Bezeichnung **SAR** (*scaffold attachment regions*) verwendet wird, obwohl die Kernmatrix gemeint ist.

Wie läßt sich zeigen, daß bestimmte DNA-Regionen wirklich mit der Matrix assoziiert sind? In Abbildung 26.7 sind *in vivo*- und *in vitro*-Verfahren zusammengefaßt. Bei beiden beginnt man mit der Isolierung der Matrix als grobe Präparation der Zellkerne, die das Chromatin und die Kernproteine enthalten. Mit verschiedenen Methoden ist es danach möglich, die DNA in der Matrix zu charakterisieren oder die DNA zu ermitteln, die mit der Matrix in Kontakt treten kann.

Durch Entfernen der Proteine kann man die chromosomalen Schleifen dekondensieren, um dann die vorhandenen MAR-Sequenzen zu analysieren. Mit Hilfe von

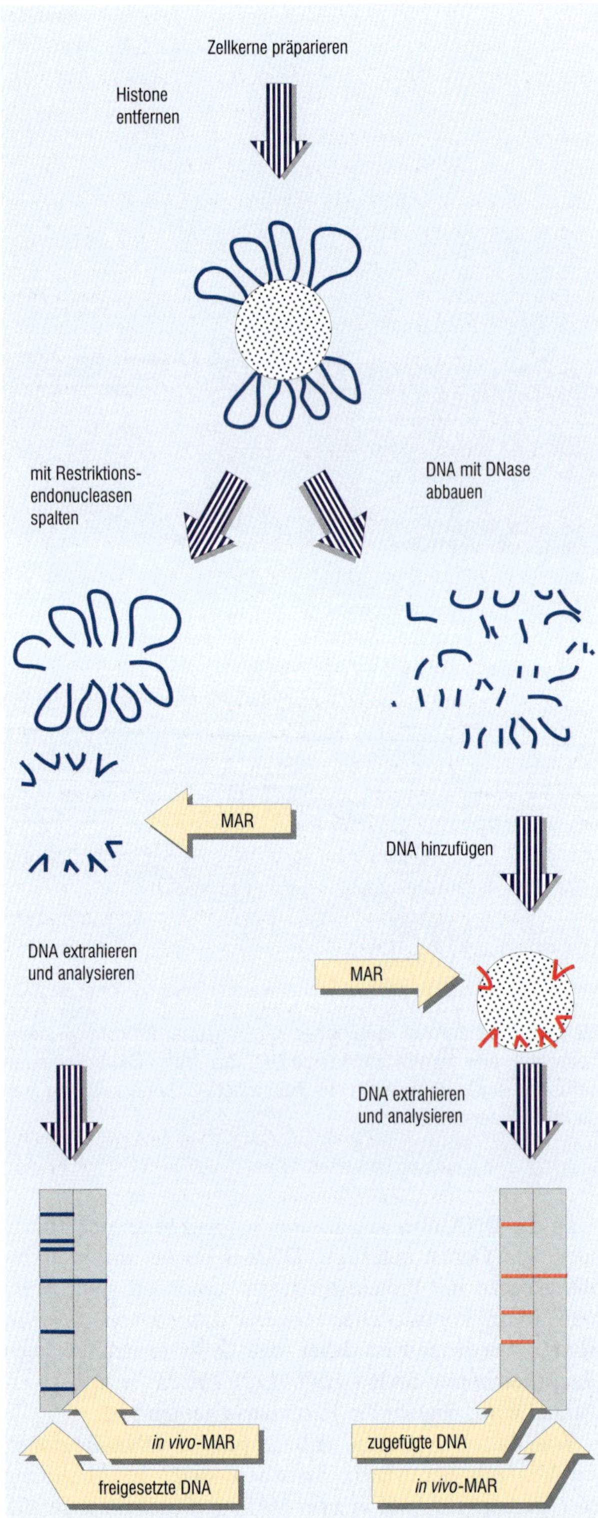

26.7 Matrixassoziierte Bereiche lassen sich durch Charakterisierung der DNA identifizieren, die nach Isolierung der Matrix *in vivo* übriggeblieben sind. Eine andere Methode ist die Bestimmung von Fragmenten, die an die Matrix binden, wenn *in vivo* die gesamte DNA entfernt wurde.

Restriktionsendonucleasen lassen sich die DNA-Schleifen beseitigen, so daß nur die (vermutete) MAR-Sequenz übrig bleibt, die *in vivo* an der Matrix befestigt ist.

Bei einem anderen Experiment entfernt man durch Behandlung mit DNase zuerst die *gesamte* DNA aus der Matrix; die danach isolierten DNA-Fragmente kann man dahingehend testen, ob sie *in vitro* an die Matrix binden.

Dieselben Sequenzen sollten mit der Matrix *in vitro* und *in vivo* assoziiert sein. Nach Bestimmung einer potentiellen MAR-Sequenz läßt sich durch Deletionen der minimale Bereich ermitteln, der für eine Assoziation *in vitro* erforderlich ist. Punktmutationen in der MAR-Sequenz sollten eine Assoziation mit der Matrix verhindern. Es ist zu erwarten, daß spezifische Matrixproteine an die MAR-Sequenz binden, so daß im Prinzip eine Identifizierung dieser Proteine aufgrund ihrer Fähigkeit möglich ist, spezifische DNA-Sequenzen der MAR zu erkennen.

Verschiedene MAR-Sequenzen wurden bereits über ihre Bindung an die Matrix *in vivo* oder *in vitro* bestimmt. Es ist jedoch noch nicht möglich, die Anheftungssequenzen durch Mutationen systematisch zu verändern, und es ist auch bis jetzt nicht gelungen, MAR-bindende Proteine zu charakterisieren.

In welchem Bezug zueinander steht das Chromosomengerüst sich teilender Zellen und die Kernmatrix der Interphasezellen; treten dieselben DNA-Sequenzen mit beiden Strukturen in Kontakt? In einigen Fällen kann man dieselben DNA-Fragmente, die *in vivo* in der Kernmatrix zu finden sind, auch aus einem Metaphasegerüst isolieren. Außerdem können Fragmente, die MAR-Sequenzen enthalten, an ein Metaphasegerüst binden. Es ist deshalb wahrscheinlich, daß die DNA nur einen einzigen Typ von Kontaktstellen enthält, der in Interphasezellen mit der Kernmatrix und in Mitosezellen mit dem Chromosomengerüst verknüpft ist.

Die Kernmatrix und das Chromosomengerüst bestehen zwar aus unterschiedlichen Proteinen, aber es gibt einige übereinstimmende Komponenten. Insbesondere die Topoisomerase II ist ein wichtiger Bestandteil des Chromosomengerüsts und auch ein Baustein der Kernmatrix. Man muß jedoch noch den jeweils matrix- beziehungsweise gerüstassoziierten Anteil des Enzyms in der Zelle bestimmen.

Überraschend ist die fehlende Sequenzkonservierung der MAR-Fragmente. Im allgemeinen bestehen sie zu etwa 70 % aus A•T, eine Consensussequenz gibt es allerdings nicht. Oft befinden sich jedoch andere interessante Sequenzen in den DNA-Abschnitten, die eine MAR-Sequenz enthalten. Häufig sind es *cis*-aktive Bereiche, die die Transkription regulieren. Außerdem gibt es normalerweise in der MAR-Sequenz eine Erkennungsstelle für die Topoisomerase II. MAR erfüllen deshalb wahrscheinlich mehr als eine Funktion; neben der Matrixkontaktstelle gibt es weitere Bereiche, die bei topologischen Veränderungen der DNA eine Rolle spielen.

26.4 Der Unterschied zwischen dem Interphasechromatin und den Chromosomen in der Mitose

Jedes Chromosom enthält einen einzigen, sehr langen DNA-Doppelstrang. Das erklärt, warum die Replikation der Chromosomen genauso semikonservativ verläuft wie bei einem einzelnen DNA-Molekül (Abbildung 4.16). Das wäre nicht unbedingt der Fall, wenn ein Chromosom mehrere unabhängige DNA-Moleküle enthalten würde. Der einzelne DNA-Doppelstrang ist in Form eines Fadens gefaltet, der als zusammenhängende Einheit das Chromosom durchläuft. *Wenn wir die Strukturen des Interphasechromatins und der mitotischen Chromosomen verstehen wollen, müssen wir erklären, wie ein einzelnes, außerordentlich langes DNA-Molekül in eine Form verpackt werden kann, welche die Transkription und Replikation erlaubt, und wie das Molekül zyklisch einmal mehr und einmal weniger komprimiert vorliegen kann.*

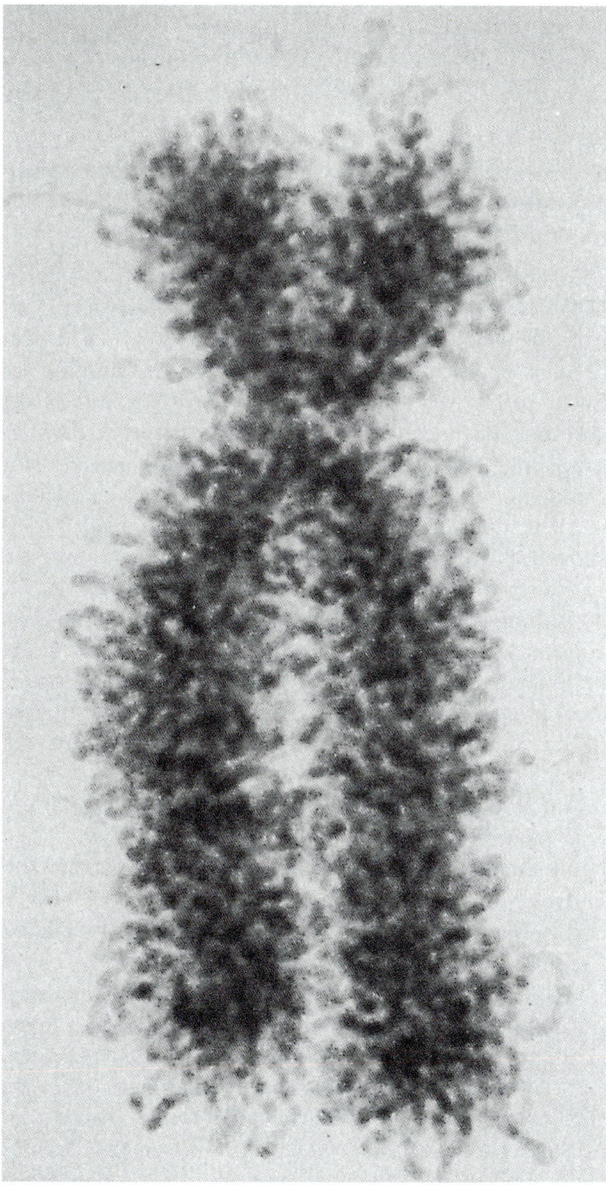

26.8 Die Schwesterchromatiden eines mitotischen Chromosomenpaares bestehen jeweils aus einem Faden (mit etwa 30 nm Durchmesser), der im Chromosom kompakt gefaltet ist. (Aufnahme mit freundlicher Genehmigung von E. J. DuPraw.)

Die eukaryotischen Chromosomen sind nur während einer kurzen Zeitspanne einzeln zu erkennen, das heißt während der Zellteilung. Dann wird jedes Chromosom als kompaktes Gebilde sichtbar. Die Abbildung 26.8 zeigt eine elektronenmikroskopische Aufnahme eines Paares von Schwesterchromatiden in der Metaphase. (Die Schwesterchromatiden sind Tochterchromosomen, die während der vorhergehenden Replikation entstanden sind und während dieser Mitosephase noch zusammenhängen; Kapitel 2.) Jedes Chromatid besteht aus einem Faden mit einem Durchmesser von etwa 30 nm und besitzt eine Oberfläche mit „Noppen". Die DNA ist in den Chromosomen fünf- bis zehnmal so stark verdichtet wie während der Interphase.

Während der Lebensdauer einer eukaryotischen Zelle füllt das genetische Material jedoch die meiste Zeit einen Bereich des Zellkernes, in dem sich einzelne Chromosomen nicht unterscheiden lassen. Die Struktur des Interphasechromatins zeigt während der Interphase keine sichtbare Veränderung. Während der Replikationsphase, wenn sich die Chromatinmenge verdoppelt, ist keine Auftrennung zu erkennen. Das Chromatin ist fibrillär, die Einzelheiten der räumlichen Konfiguration des Fadens lassen sich jedoch nur schwer wahrnehmen. Der DNA-Faden selbst stimmt allerdings mit dem Faden eines mitotischen Chromosoms überein oder ist ihm ähnlich.

Das Chromatin läßt sich in zwei Materialtypen einteilen, wie wir im Schnitt durch einen Zellkern sehen können (Abbildung 26.9):

- In den meisten Bereichen sind die Fäden wesentlich weniger dicht gepackt als in einem mitotischen Chromosom. Dieses Material ist das sogenannte **Euchromatin**. Im

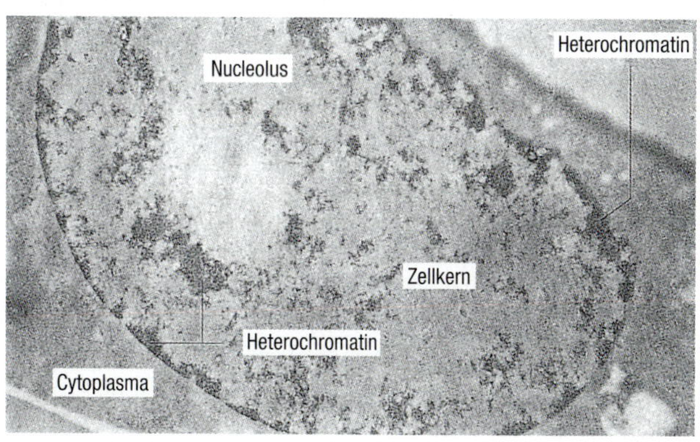

26.9 Der Dünnschnitt durch einen Zellkern, der mit dem Feulgen-Verfahren angefärbt wurde, läßt das Heterochromatin in Form von kompakten Bereichen erkennen, die in der Nähe des Nucleolus und der Kernmembran Cluster bilden. (Aufnahme mit freundlicher Genehmigung von Edmund Puvion.)

Zellkern scheint es relativ stark ausgebreitet zu sein und belegt den größten Teil der Kernregion in Abbildung 26.9.

- Einige Chromatinbereiche enthalten dichtgepackte DNA-Fäden. Dieser Zustand ist vergleichbar mit dem eines Chromosoms während der Mitose, und das Material ist das sogenannte **Heterochromatin**. Es durchläuft den Zellzyklus mit nur geringen Änderungen des Kondensationsgrades. In Abbildung 26.9 sind diese Bereiche als abgegrenzte Klumpen zu erkennen, häufig aggregieren die heterochromatischen Regionen zu einem **Chromozentrum**, das sich intensiv anfärben läßt.

Zwischen dem Euchromatin und dem Heterochromatin verlaufen dieselben DNA-Fäden, was darauf hindeutet, daß beide Zustände unterschiedliche Kondensationsgrade des genetischen Materials repräsentieren. Dementsprechend existieren euchromatische Bereiche während der Interphase und Mitose in verschiedenen Kondensationsphasen. Also ist das genetische Material auf eine Weise organisiert, die es erlaubt, verschiedene Zustände im Chromatin nebeneinander aufrechtzuerhalten. Außerdem kann die Packung des Euchromatins zwischen Interphase und Zellteilung zyklisch wechseln.

Die Struktur des genetischen Materials hängt mit der Transkriptionsaktivität zusammen: Das Chromatin wird im stärker kondensierten Zustand nicht exprimiert. Mitotische Chromosomen bilden einen Extremfall; sie zeigen keinerlei Transkription, da Zellen die Transkription während der Teilung praktisch einstellen. Interphasezellen enthalten zwei Klassen von Heterochromatin; zu jeder Klasse gehören andere Sequenztypen, und bei keinem der Typen wird die DNA transkribiert:

- Das **konstitutive Chromatin** besteht aus spezifischen nichtexprimierten Bereichen, beispielsweise den Satelliten-DNAs, die in Kapitel 25 besprochen wurden; es ist vielleicht für die Struktur der Chromosomen von Bedeutung. Diese Sequenzen sind häufig auf spezifische Bereiche konzentriert, im allgemeinen in der Centromerregion (siehe unten).
- Das **fakultative Heterochromatin** kann in einer Zellinie in Form von vollständig inaktiven Chromosomen vorliegen, die jedoch in anderen Zellinien exprimiert werden. Das typische Beispiel ist das X-Chromosom der Säuger. Hier wird bei einem weiblichen Individuum eine (zufällig ausgewählte) Kopie völlig inaktiviert. (Auf diese Weise wird die Existenz zweier X-Chromosomen im Vergleich zu einem X-Chromosom beim männlichen Individuum ausbalanciert.) Das inaktive X-Chromosom verbleibt im heterochromatischen Zustand, während das aktive X-Chromosom Teil des Euchromatins ist. Hier läßt sich der Zusammenhang zwischen transkriptioneller Aktivität und Organisationsstruktur erkennen, da *die gleichen DNA-Sequenzen in beiden Zuständen vorkommen*.

Die Kondensation des genetischen Materials hängt also mit dessen Inaktivität zusammen (oder ist vielleicht die Ursache dafür). Dabei ist jedoch zu beachten, daß das Gegenteil nicht zutrifft. Das Euchromatin enthält aktive Gene, aber nur ein geringer Teil der Sequenzen wird zu einem bestimmten Zeitpunkt transkribiert. Die Lokalisation im Euchromatin ist zwar für die Genexpression *notwendig*, aber *nicht ausreichend*. Es stellt sich die Frage, ob die starken Veränderungen zwischen Euchromatin und Heterochromatin durch Strukturveränderungen des Euchromatins in kleinerem Maßstab „nachgeahmt" werden, so daß transkribierte Regionen eine weniger kondensierte Struktur aufweisen als die nichttranskribierten Abschnitte.

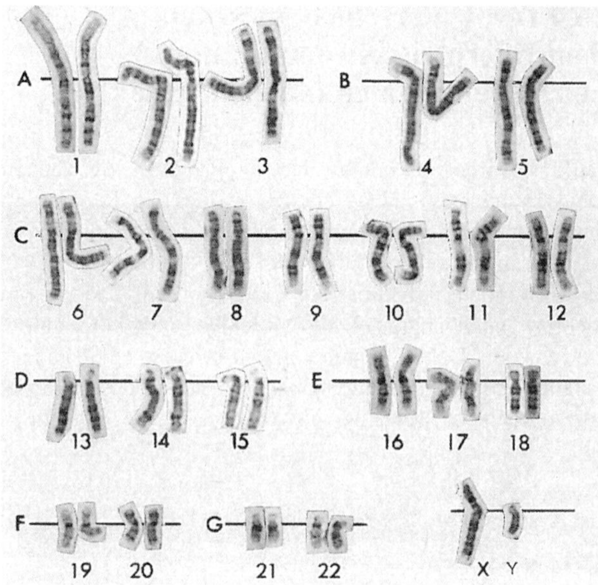

26.10 Die G-Bänderung führt bei jedem Chromosom zu einem charakteristischen Muster. (Aufnahme mit freundlicher Genehmigung von Lisa Shaffer.)

Aufgrund der undeutlichen Struktur des Chromatins können wir seine spezifische Organisation nicht direkt bestimmen. Aber es stellt sich die Frage, ob die Struktur des Chromosoms eine Ordnung besitzt. Liegen bestimmte Sequenzen immer an bestimmten Stellen, oder ist die Faltung des DNA-Fadens eher zufällig?

Auf chromosomaler Ebene besitzt jeder Teil des Ganzen eine andere und reproduzierbare Ultrastruktur. Nach bestimmten Behandlungsmethoden und einer chemischen Färbung mit Giemsa zeigen Chromosomen eine Folge von **G-Banden**. In Abbildung 26.10 ist ein menschlicher Chromosomensatz als Beispiel dargestellt.

Bis zur Entwicklung dieses Verfahrens konnte man Chromosomen nur aufgrund ihrer Größe und der relativen Position des Centromers (siehe unten) unterscheiden. Jetzt läßt sich jedes Chromosom aufgrund seines typischen Bandenmusters identifizieren. Die Reproduzierbarkeit der Muster reicht aus, um Translokationen von einem Chromosom zu einem anderen durch Vergleich des ursprünglichen diploiden Satzes zu erkennen. Abbildung 26.11 zeigt ein Bandendiagramm des menschlichen X-Chromosoms. Die Banden sind große Strukturen mit jeweils 10^7 kb DNA und sie können mehrere Hundert Gene enthalten.

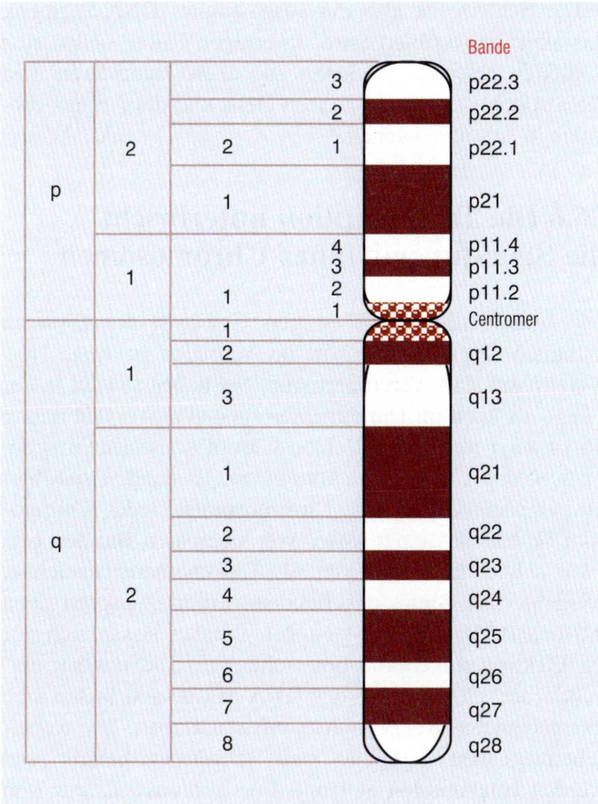

26.11 Das menschliche X-Chromosom läßt sich durch sein Bandenmuster in abgegrenzte Bereiche einteilen. Den kurzen Arm bezeichnet man mit *p* und den langen Arm mit *q*. Jeder Arm wird in größere Bereiche gegliedert, die weiter unterteilt werden. Die Karte zeigt eine gering aufgelöste Struktur; bei höherer Auflösung kann man einige Banden in kleinere Banden und Zwischenbanden zerlegen, zum Beispiel p21 in p21.1, p21.2 und p21.3. Abbildung 6.11 zeigt eine hochauflösende Karte.

Das Bänderungsverfahren ist von enormer praktischer Bedeutung, aber der Mechanismus der Bandenbildung ist weiterhin unklar. Man weiß nur, daß der Farbstoff unbehandelte Chromosomen mehr oder weniger gleichmäßig anfärbt. Die Erzeugung der Banden beruht auf verschiedenen Methoden, welche die Reaktionen des Chromosoms (möglicherweise durch das Herauslösen des entsprechenden Bestandteiles aus den „Nicht-Banden", der den Farbstoff bindet). Die anwendbaren Methoden sind jedoch so verschieden, daß sich bis jetzt keine allgemeine Ursache erkennen ließ. Diese Ergebnisse deuten darauf hin, daß eine definierte übergreifende Struktur existiert, ihre Grundlagen sind jedoch unbekannt.

26.5 Der ausgestreckte Zustand der Lampenbürstenchromosomen

Es wäre ausgesprochen hilfreich, wenn man die Genexpression in ihrem natürlichen Zustand sichtbar machen könnte, um festzustellen, welche strukturellen Veränderungen mit der Transkription einhergehen. Die Verdichtung der DNA im Chromatin, die die Schwierigkeit mit sich bringt, daß einzelne Gene nicht zu erkennen sind, verhindert, daß man die Transkription einzelner aktiver Gene sichtbar machen kann. (Diese Gene besitzen jedoch einige charakteristische biochemische Eigenschaften, die sich *in vitro* analysieren lassen; Kapitel 27.)

Die Genexpression kann in bestimmten Ausnahmesituationen, wenn die Chromosomen stark ausgestreckt sind, direkt sichtbar gemacht werden; einzelne Loci (oder Gruppen von Loci) lassen sich dann unterscheiden. Bei vielen Chromosomen tritt eine laterale Strukturierung in Erscheinung, wenn sie das erste Mal während der Meiose sichtbar werden. In dieser Phase gleicht ein Chromosom einer Kette von Perlen auf einer Schnur. Die Perlen sind intensiv anfärbbare Granula, die passend als **Chromomere** bezeichnet werden. Normalerweise gibt es jedoch bei der Meiose nur eine geringe Genexpression, so daß es nicht sinnvoll ist, dieses Material zur Identifizierung einzelner Genaktivitäten zu verwenden. Bei den **Lampenbürstenchromosomen** bietet sich jedoch die ungewöhnliche Situation, das Material untersuchen zu können. Am besten hat man solche Chromosomen bei bestimmten Amphibien analysiert.

Lampenbürstenchromosomen entstehen während einer ungewöhnlich ausgedehnten Meiose, die bis zu mehreren Monaten(!) andauern kann. Während dieser Zeit verbleiben die Chromosomen in ausgestreckter Form, so daß man sie im Lichtmikroskop gut betrachten kann. In einer späteren Phase der Meiose kehren die Chromosomen zu ihrer normalen komprimierten Form zurück. Der ausgestreckte Zustand stellt also im Grunde eine entfaltete Form des normalen Chromosoms dar.

Die Lampenbürstenchromosomen sind bivalente Strukturen der Meiose, wobei jedes Chromosom aus zwei Schwesterchromatiden besteht. In Abbildung 26.12 ist als Beispiel ein Paar von Schwesterchromatiden dargestellt, die sich bereits fast vollständig getrennt haben, so daß sie nur noch an den Chiasmata zusammengehalten werden. Jedes Schwesterchromatidenpaar bildet eine Reihe von

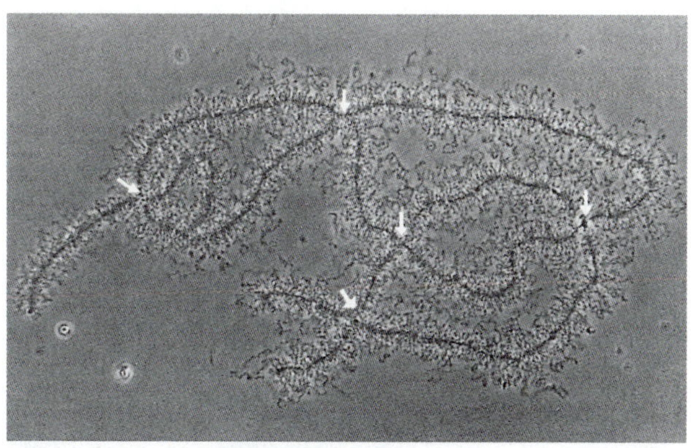

26.12 Ein Lampenbürstenchromosom ist eine bivalente Struktur der Meiose. Die beiden Schwesterchromatiden werden an den Chiasmata zusammengehalten (Pfeile; Aufnahme mit freundlicher Genehmigung von Joe Gall.)

ellipsenförmigen Chromomeren mit einem Durchmesser von ungefähr ein bis zwei Mikrometer aus. Diese sind durch einen sehr dünnen Faden verbunden, der zwei DNA-Schwesterdoppelstränge enthält und ohne Unterbrechung entlang des Chromosoms, beziehungsweise durch die Chromomere verläuft.

Beim Wassermolch *Notophthalmus viridescens* variieren die Längen der einzelnen Lampenbürstenchromosomen zwischen 400 und 800 μm. Im Vergleich zu einem Längenbereich zwischen 15 und 20 μm während der späteren Meiose sind die Lampenbürstenchromosomen etwa 30mal weniger dicht gepackt. Die Gesamtlänge des Lampenbürstenchromosomensatzes beträgt fünf bis sechs Millimeter, bei einer Organisationsstruktur mit etwa 5 000 Chromomeren.

Die Bezeichnung „Lampenbürstenchromosomen" beruht auf den seitlichen Schleifen, die an bestimmten Positionen der Chromomere herausragen. (Sie ähneln im Aussehen einer Lampen- oder Flaschenbürste.) Die Schleifen treten paarweise auf, jede Schleife stammt von einem Schwesterchromatid. Sie sind eine Fortsetzung des axialen Fadens. Das deutet darauf hin, daß sie aus chromosomalem Material bestehen, das aus der kompakteren Struktur des Chromomers herausragt.

Die Schleifen sind von einer Matrix aus Ribonucleoproteinen umgeben. Diese enthalten naszierende RNA-Ketten. Häufig läßt sich eine Transkriptionseinheit aufgrund der Längenzunahme der RNP-Struktur erkennen, die sich die Schleife entlangbewegt, wie in Abbildung 26.13 zu sehen ist.

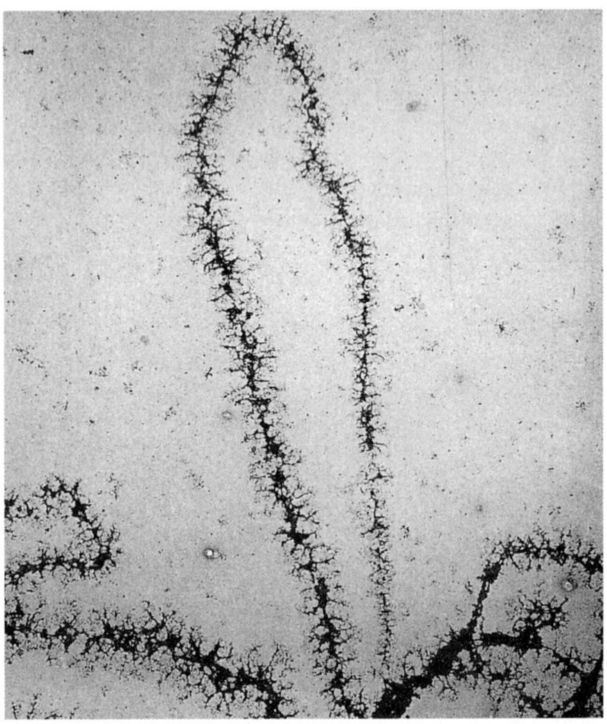

26.13 Eine Schleife eines Lampenbürstenchromosoms ist von einer Matrix aus Ribonucleoproteinen umgeben. (Aufnahme mit freundlicher Genehmigung von Oscar Miller.)

Die Schleife ist also ein ausgestülptes DNA-Segment, das aktiv transkribiert wird. In einigen Fällen ließen sich Schleifen bestimmten Genen zuordnen. Dann kann man die Struktur des transkribierten Gens und die Art des Produkts *in situ* untersuchen.

26.6 Die Transkription unterbricht die Struktur polytäner Chromosomen

Die Interphasekerne in einigen Geweben der Dipteren enthalten Chromosomen, die im Vergleich zu ihrem Normalzustand stark vergrößert sind. Sie haben sowohl in der Länge als auch im Durchmesser zugenommen. Abbildung 26.14 zeigt als Beispiel einen Chromosomensatz aus der Speicheldrüse von *D. melanogaster*. Es handelt sich hier um sogenannte **polytäne Chromosomen**. Jedes Chromosom besteht aus einer Folge von sichtbaren **Banden** (die zwar selten, aber korrekter als Chromomere bezeichnet werden). Die Breite der Banden variiert zwischen etwa 0,5 und 0,05 μm. (Die kleinsten Banden lassen sich nur im Elektronemikroskop unterscheiden.) Die Banden enthalten den größten Teil der DNA-Masse und lassen sich mit geeigneten Reagentien intensiv anfärben. Die dazwischenliegenden Bereiche sind schwächer gefärbt und werden **Interbanden** genannt. Im Chromosomensatz von *D. melanogaster* gibt es etwa 5 000 Banden.

Die Centromere aller vier Chromosomen von *D. melanogaster* aggregieren und bilden ein Chromozentrum, das vor allem aus Heterochromatin besteht (bei den Männchen ist das Y-Chromosom vollständig darin enthalten). Die Länge des Chromosomensatzes beträgt insgesamt etwa 2 000 μm. Die ausgestreckte DNA wäre 40 000 μm lang, bei einem Packungsverhältnis von etwa 20. Das zeigt deutlich, wie ausgestreckt das genetische Material im Vergleich zu den normalen Zuständen des Interphasechromatins oder mitotischer Chromosomen ist.

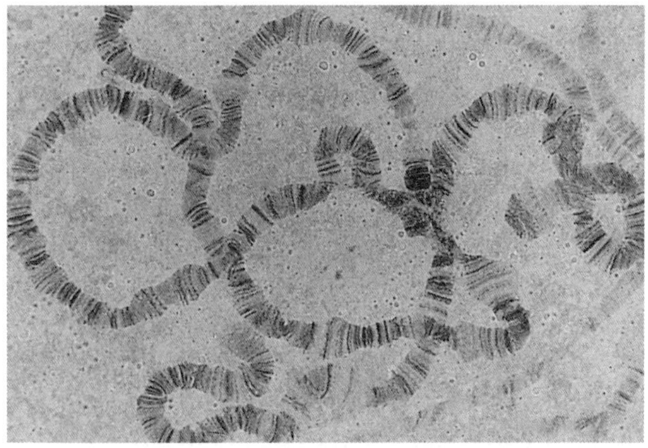

26.14 Die polytänen Chromosomen von *D. melanogaster* bilden eine abwechselnde Folge von Banden und Interbanden. (Aufnahme mit freundlicher Genehmigung von Jose Bronner.)

Welche Struktur haben diese Riesenchromosomen? Jedes wird in aufeinanderfolgenden Replikationen eines gekoppelten diploiden Chromosomenpaares erzeugt. Die Kopien trennen sich nicht, sondern bleiben im ausgestreckten Zustand miteinander verbunden. Zu Beginn des Vorgangs hat jedes gekoppelte Paar einen DNA-Gehalt von 2C (wobei C der DNA-Gehalt eines einzelnen Chromosoms ist). Dann kommt es neunmal zu einer Verdoppelung, so daß ein solches Gebilde schließlich einen DNA-Gehalt von 1 024C umfaßt. Die Anzahl der Verdoppelungen variiert in den verschiedenen Geweben der Larven von *D. melanogaster.*

Jedes Chromosom läßt sich in Form zahlreicher paralleler, längs verlaufender Fäden sichtbar machen. Die Fäden sind in den Banden stark, in den Interbanden weniger stark kondensiert. Wahrscheinlich entspricht jeder Faden einem einzigen (C) haploiden Chromosom. So entstand der Begriff „polytän". Der Polytäniegrad ist gleich der Anzahl haploider Chromosomen in einem Riesenchromosom.

Das Bandenmuster ist für jeden *Drosophila*-Stamm charakteristisch. Die konstante Zahl und die lineare Anordnung der Banden entdeckte man schon in den dreißiger Jahren, als man feststellte, daß die Banden eine **cytologische Karte** der Chromosomen bilden. Umlagerungen – wie Deletionen, Inversionen oder Duplikationen – führen zu einer Veränderung der Bandenreihenfolge.

Die lineare Anordnung der Banden läßt sich mit der linearen Anordnung der Gene gleichsetzen. Genetische Umlagerungen, wie sie anhand einer Koppelungskarte erkennbar sind, lassen sich mit strukturellen Umlagerungen der cytologischen Karte in Zusammenhang bringen. Letzendlich kann man eine bestimmte Mutation einer bestimmten Bande zuordnen. Da die Gesamtzahl der Gene in *D. melanogaster* offensichtlich die Zahl der Banden übersteigt, gibt es wahrscheinlich in den meisten (oder allen) Banden mehrere Gene (Kapitel 23).

Die Positionen der einzelnen Gene auf der cytologischen Karte lassen sich direkt durch die Methode der ***in situ***- oder **cytologischen Hybridisierung** bestimmen. Eine Zusammenfassung des Versuchsablaufs findet sich in Abbildung 26.15. Eine radioaktive Sonde, die einem Gen entspricht (meistens ein von der mRNA abgeleiteter markierter cDNA-Klon), wird mit der denaturierten DNA der polytänen Chromosomen *in situ* hybridisiert. Mit Hilfe einer Autoradiographie kann man dic Körnchen mit einer bestimmten Bande (oder Banden) zur Deckung bringen und so die Position(en) der entsprechenden Gene identifizieren, wie in Abbildung 26.16 zu sehen ist. Mit dieser Methode ist es möglich, direkt die Bande zu ermitteln, in der ein bestimmtes Gen liegt.

Eine der interessanten Eigenschaften der polytänen Chromosomen besteht darin, daß sich aktive Bereiche sichtbar machen lassen. Einige der Banden erscheinen vorübergehend in einem „ausgestülpten" (*puffed*) Zustand, wenn das chromosomale Material aus der Achse herausragt. Abbildung 26.17 zeigt ein Beispiel für einige sehr große solcher Ausstülpungen oder **Puffs** (die sogenannten Balbiani-Ringe).

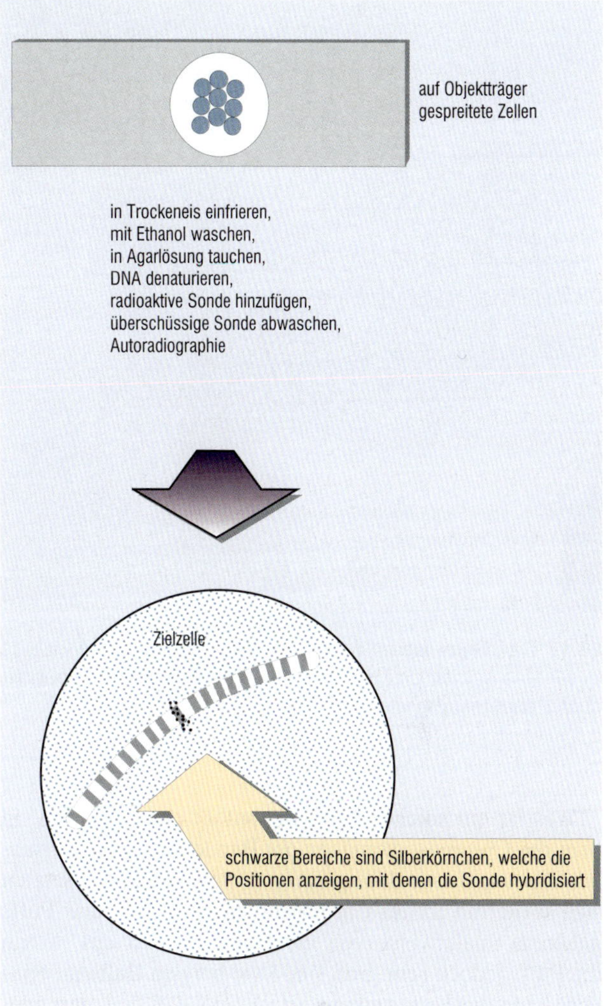

26.15 Einzelne Banden mit spezifischen Genen lassen sich durch eine *in situ*-Hybridisierung bestimmen.

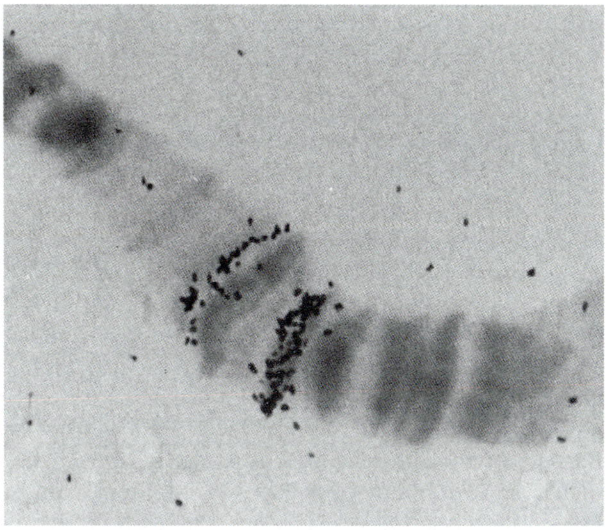

26.16 Eine vergrößerte Ansicht der Banden 87A und 87C zeigt deren *in situ*-Hybridisierung mit markierter RNA aus Hitzeschockzellen. (Aufnahme mit freundlicher Genehmigung von Jose Bronner.)

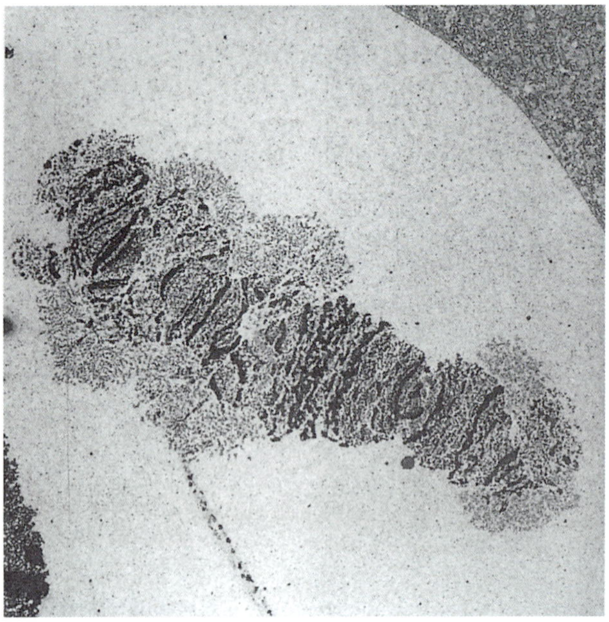

26.17 Das Chromosom IV aus der Speicheldrüse des Insekts *C. tentans* enthält drei Balbiani-Ringe. (Aufnahme mit freundlicher Genehmigung von Bertil Daneholt.)

Was ist ein solcher Puff? Er umfaßt einen Bereich, in dem die Chromosomenfäden der Bande aus ihrem normalen Packungszustand freigesetzt werden. Die Fäden setzten sich weiterhin in der Chromosomenachse fort, und Puffs gehen normalerweise von einzelnen Banden aus. Wenn die Puffs jedoch sehr groß sind (wie bei den Balbiani-Ringen) kann die Verformung so stark sein, daß die zugrundeliegenden Bandenfolgen verzerrt werden.

Das Muster der Puffs steht im Zusammenhang mit der Genexpression. Während der Larvenentwicklung erscheinen und verschwinden Puffs in einem bestimmten, gewebsspezifischen Muster. In jedem Gewebe gibt es zu jedem beliebigen Zeitpunkt ein charakteristisches Muster von Puffs. Sie werden durch das Hormon Ecdyson induziert, das die Entwicklung von *Drosophila* steuert. Einige Puffs werden direkt durch das Hormon ausgelöst, andere indirekt durch die Produkte aus früheren Puffs.

Die Puffs sind *Bereiche, in denen eine RNA-Synthese stattfindet*. Die Puffs werden allgemein so gedeutet, daß die erforderliche Relaxation der DNA (damit die RNA synthetisiert werden kann) die Ausdehnung der Bande bewirkt. Die Puffs sind deshalb als Folge der Transkription anzusehen. Jedes einzelne aktive Gen kann einen Puff verursachen.

Die Puffbereiche unterscheiden sich von den normalen Banden durch die Ansammlung zusätzlicher Proteine. Die Charakterisierung dieser Proteine hat noch keine großen Fortschritte gemacht. Wir wissen jedoch, daß die RNA-Polymerase II und andere Proteine beteiligt sind, die bei der Transkription eine Rolle spielen. Es ist notwendig, den gesamten Satz an Proteinen zu analysieren, die sich an den Puffs ansammeln. Dabei sind vor allem diejenigen Proteine interessant, welche die Puffs verursachen, und weniger die anderen, die als Folge auftreten. Dadurch sollte es möglich sein, die Art der molekularen Vorgänge zu bestimmen, die für die Ausdehnung des Materials verantwortlich sind.

Die Eigenschaften der Lampenbürsten- und der polytänen Chromosomen lassen eine allgemeine Schlußfolgerung zu. Das genetische Material wird für die Transkription aus dem normalen, festgepackten Zustand in eine ausgebreitete Form überführt. Dabei bleibt die Frage offen, ob diese Ausbreitung, wie sie hier im großen Maßstab auf chromosomaler Ebene stattfindet, den Vorgängen entspricht, die auf molekularer Ebene innerhalb des gewöhnlichen Interphase-Euchromatins auftreten.

26.7 Das eukaryotische Chromosom als Segregationsapparat

Während der Mitose wandern die Schwesterchromatiden zu den entgegengesetzten Polen der Zelle (Abbildung 2.19). Ihre Bewegung basiert auf der Anheftung der Chromosomen an Mikrotubuli, die mit ihrem anderen Ende an den Polen befestigt sind. (Die Mikrotubuli sind ein zelluläres filamentöses System, das während der Mitose umstrukturiert wird, so daß die Mikrotubuli die Chromosomen mit den Zellpolen verbinden.) Die beiden Bereiche, an denen die Mikrotubuli enden (die Umgebung der Centriolen an den Polen und die Chromosomen), besitzen eine organisierte Struktur. Dabei handelt es sich um die sogenannten **MTOCs** (Mikrotubuli-Organisationszentren).

Der Bereich des Chromosoms, der für die Segregation bei Mitose und Meiose verantwortlich ist, wird als **Centromer** bezeichnet. Es besitzt zwei wichtige Eigenschaften:

- Es enthält die Stelle, an der die Schwesterchromatiden vor der Aufteilung in die einzelnen Chromosomen zusammengehalten werden. Es sieht aus wie ein eingeschnürter Bereich, der alle vier Chromosomenarme verbindet. Das Photo von Abbildung 26.8 zeigt die Schwesterchromatiden während der Metaphase der Mitose.
- Die Bezeichnung „Centromer" wurde, historisch betrachtet, sowohl im funktionellen als auch im strukturellen Sinn gebraucht. Damit sollte diejenige Stelle des Chromosoms beschrieben werden, die dessen Bewegung ermöglicht. Das Centromer wird während der Mitose zum Pol gezogen und das befestigte Chromosom wird (ohne weitere Veränderung) nachgezogen. Das Chromosom ist also ein System, das eine große Anzahl von Genen am Zellteilungsapparat befestigt.

Das Centromer ist für die Segregation essentiell, wie sich am Verhalten von zerbrochenen Chromosomen zeigt. Ein einzelner Bruch erzeugt ein Fragment mit Centromer sowie ein **azentrisches Fragment** ohne Centromer. Das azentrische Fragment wird nicht an der mitotischen Spindel befestigt und fehlt deshalb in einem der beiden Tochterzellkerne.

(Da die Bewegung der Chromosomen auf jeweils gesonderten Centromeren beruht, kann es immer *nur* ein Centromer pro Chromosom geben. Wenn durch Translokationen Chromosomen mit mehr als einem Centromer entstehen, bilden sich bei der Mitose anormale Strukturen, da die beiden Centromere auf *demselben* Schwesterchromatid zu verschiedenen Polen gezogen werden können; dabei zerbricht das Chromosom. Bei einigen Spezies sind die Centromere jedoch „diffus“, die Situation ist hier also eine andere. Auf molekularer Ebene hat man bis jetzt nur genau abgegrenzte Centromere untersucht.)

Die flankierenden Bereiche des Centromers enthalten häufig zahlreiche Satellitensequenzen und eine beträchtliche Menge an konstitutivem Heterochromatin. Da das gesamte Chromosom kondensiert ist, kann man das Heterochromatin des Centromers in mitotischen Chromosomen nicht sofort erkennen. Es läßt sich jedoch mit Hilfe der sogenannten **C-Bänderung** sichtbar machen. In Abbildung 26.18 erscheinen alle Centromere als dunkel gefärbte Bereiche. Das konstitutive Heterochromatin kommt zwar häufig vor, ist aber nicht in *allen* Centromeren nachweisbar. Das deutet darauf hin, daß dieses Chromatin für den Zellteilungsmechanismus wahrscheinlich nicht essentiell ist.

Welches Merkmal des Centromers ist für die Segregation verantwortlich? Im Bereich des Centromers ist ein dunkel anfärbbares, fädiges Objekt mit einem Durchmesser beziehungsweise einer Länge von etwa 400 nm zu erkennen. Dieses **Kinetochor** scheint direkt mit den Mikrotubuli verknüpft zu sein. Man nimmt allgemein an, daß eine spezifische DNA-Sequenz gewissermaßen die Stelle definiert, an der sich das Kinetochor herausbildet. Bis jetzt ist es jedoch nicht gelungen, die molekulare Position und Organisation dieser Struktur zu bestimmen. Das Kinetochor stellt das MTOC eines Chromosoms dar.

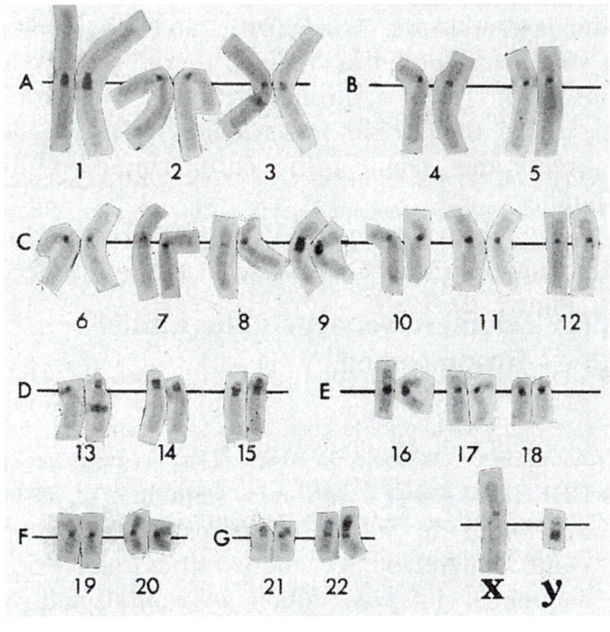

26.18 Die G-Bandierung führt bei allen Chromosomen zu einer intensiven Färbung der Centromeren. (Aufnahme mit freundlicher Genehmigung von Lisa Shaffer.)

Wenn eine centromerspezifische DNA-Sequenz für die Segregation verantwortlich ist, sollte jedes DNA-Molekül, das diese Sequenz enthält, bei der Zellteilung korrekt wandern. Jede DNA ohne diese Sequenz könnte nicht segregieren. Mit Hilfe dieser Annahme ist es gelungen, Centromeren-DNA aus der Hefe *S. cerevisiae* zu isolieren. Hefechromosomen besitzen keine sichtbaren Kinetochoren, die mit denen der höheren Eukaryoten vergleichbar wären. Andererseits erfolgt die Teilung bei der Mitose und die Segregation bei der Meiose nach denselben Mechanismen.

Durch die Gentechnik konnte man Hefeplasmide erzeugen, die wie chromosomale Sequenzen repliziert werden (Kapitel 20). Sie sind jedoch bei Mitose und Meiose instabil und gehen bei den meisten Zellen verloren, da sie unregelmäßig segregieren. Man hat chromosomale DNA-Fragmente aufgrund ihrer Eigenschaft isolieren können, diese Plasmide bei der Mitose zu stabilisieren.

Ein *CEN*-Fragment besitzt genau diese Eigenschaft. Durch Verkürzung der Fragmente, die in das Plasmid eingebaut werden, erhält man diejenige Region, die für eine Centromerfunktion bei der Mitose mindestens erforderlich ist. Mit Hilfe von Deletionen und anderen Veränderungen ist es möglich, die Sequenzmerkmale zu bestimmen, die bei der Centromerfunktion eine Rolle spielen.

In einem anderen Experiment modifiziert man die verfügbaren Centromersequenzen *in vitro* und führt sie dann wieder in die Hefezelle ein, wo sie das entsprechende Centromer auf dem Chromosom ersetzen. So kann man die Sequenzen, die für die die *CEN*-Funktion notwendig sind, direkt in Zusammenhang mit dem Chromosom bestimmen.

Ein *CEN*-Fragment aus einem Chromosom kann das Centromer eines anderen Chromosoms ohne erkennbare Auswirkungen ersetzen. Das deutet darauf hin, daß Centromere austauschbar sind. *Sie dienen einfach nur dazu, das Chromosom an der Spindel zu befestigen, bei der Unterscheidung zwischen Chromosomen spielen sie keine Rolle.*

Die Sequenzen, die für die Centromerfunktion notwendig sind, liegen innerhalb eines Bereichs von ungefähr 120 bp. Die Centromerregion ist in eine nucleaseresistente Struktur verpackt und bindet einen einzigen Mikrotubulus. Es ist daher möglich, die Centromerregion von *S. cerevisiae* zur Identifizierung von Proteinen zu verwenden, die an die Centromer-DNA binden, beziehungsweise das Chromosom mit der Spindel verknüpfen.

In der *CEN*-Region lassen sich drei Typen von Sequenzelementen unterscheiden, wie Abbildung 26.19 zeigt.

- CDE-I ist eine mit geringen Abweichungen konservierte Sequenz von neun Basenpaaren am linken Rand aller Centromere.
- CDE-II ist eine 80 bis 90 bp lange Sequenz mit einem A•T-Gehalt von mehr als 90 %, die in allen Centrome-

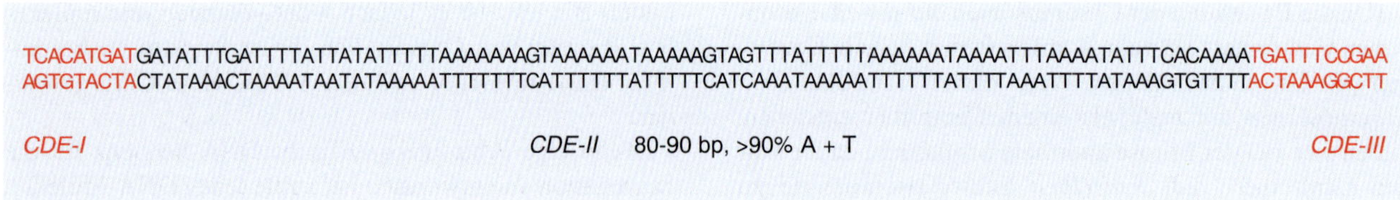

26.19 Die Sequenzhomologien zwischen *CEN*-Elementen der Hefe lassen drei konservierte Bereiche erkennen.

ren vorkommt. Ihre Funktion hängt wahrscheinlich mehr von der Länge ab als von der genauen Sequenz. Der Aufbau erinnert an einige kurze, tandemartig wiederholte (Satelliten-)DNAs bei höheren Eukaryoten (Kapitel 25), und die Basenzusammensetzung stört möglicherweise die Struktur der DNA-Doppelhelix in charakteristischer Weise.

- CDE-III ist eine hochkonservierte Sequenz von elf Basenpaaren Länge am rechten Rand aller Centromere. Die Sequenzen an den Seiten des Elements sind weniger stark konserviert und spielen vielleicht auch bei der Centromerfunktion eine Rolle. (CDE-III könnte durchaus länger als elf Basenpaare sein, falls sich herausstellt, daß die flankierenden Sequenzen ebenfalls von Bedeutung sind.

Mutationen in CDE-I oder CDE-II vermindern die Centromerfunktion, aber zerstören sie nicht. Punktmutationen in der zentralen Sequenz CCG von CDE-III führen jedoch zu einer vollständigen Inaktivierung des Centromers.

Lassen sich Proteine identifizieren, die für die Funktion der *CEN*-Sequenzen notwendig sind? An CDE-III bindet ein Komplex aus drei Proteinen mit einem Molekulargewicht von 240 kd. Dieser sogenannte Cbf-III-Komplex kann jedoch nicht an eine Sequenz mit einer Punktmutation binden, welche die Centromerfunktion nicht mehr besitzt. Mutationen in den Genen für die Komponenten von Cbf-III blockieren die Bewegung der Chromosomen bei der Mitose. Zudem besitzt der Proteinkomplex eine motorische Aktivität, die auf den Mikrotubuli basiert. Der Komplex kann sich selbst und am Komplex befestigte Objekte bewegen – beispielsweise Chromosomen entlang der Mikrotubuli. An eukaryotischen Centromeren hat man vergleichbare Proteine gefunden, die mit bekannten motorischen Proteinen verwandte Sequenzen enthalten. Insgesamt deuten diese Beobachtungen darauf hin, daß ein Proteinkomplex mit motorischer Aktivität die Centromerregion eines Chromosoms mit den Mikrotubuli verbindet und so zur Bewegung entlang der Spindel beiträgt. Mit der Entdeckung des Cfb-III-Komplexes ist es vielleicht jetzt möglich, die Verknüpfung zwischen dem Centromer und dem Apparat der Chromosomensegregation zu charakterisieren.

Die Versuche, die funktionellen Centromere der Hefe *S. pombe* zu analysieren, waren weniger erfolgreich. Sie lassen sich nicht aufgrund einer Stabilisierung von Plasmiden isolieren. *S. pombe* besitzt jedoch nur drei Chromosomen; durch Deletion des größten Teils der DNA-Sequenzen konnte man stabile Minichromosomen erzeugen und so die jeweilige Centromerregion bestimmen. Durch dieses Verfahren ist es gelungen, die Centromere auf Bereiche von 40 bis 100 kb einzugrenzen, die zu einem großen Teil oder ausschließlich aus repetitiver DNA bestehen. Unklar ist dabei noch, wieviel von jedem dieser relativ langen DNA-Bereiche für die Chromosomensegregation bei Mitose oder Meiose erforderlich ist.

Unklar ist auch, warum *S. cerevisiae* kurze und *S. pombe* lange Centromerregionen besitzt. Das übereinstimmende Merkmal besteht darin, daß die DNA aus nichtcodierenden, repetitiven Sequenzen besteht.

Wie Experimente zur Lokalisierung der Centromerfunktion in den *Drosophila*-Chromosomen andeuten, verteilt sich diese auf einen ausgedehnten Bereich von 200 bis 600 kb. Die außerordentliche Größe dieses Centromertyps könnte bedeuten, daß er mehrere abgegrenzte, spezialisierte Funktionen beinhaltet – beispielsweise Sequenzen für das Zusammenfügen des Kinetochors, für die Paarung der Schwesterchromatiden und so weiter.

Das Primärmotiv, aus dem sich das konstitutive Heterochromatin der Centromere zusammensetzt, ist bei Primaten die α-Satelliten-DNA. Diese besteht aus Tandemfolgen eines Wiederholungselements von 170 bp. Die einzelnen Wiederholungen variieren stark, allerdings sind die Sequenzen eines beliebigen Centromers tendenziell untereinander enger verwandt als mit Mitgliedern dieser Sequenzfamilie an anderen Positionen. Zweifellos befinden sich die Sequenzen für die Centromerfunktion innerhalb der Blöcke der α-Satelliten-DNA, aber es ist nicht geklärt, ob die α-Satellitensequenzen selbst diese Funktion vermitteln oder ob andere Sequenzen in die α-Satellitenfolgen eingebettet sind.

26.8 Telomere versiegeln die Enden der Chromosomen

Ein anderes wichtiges Merkmal aller Chromosomen ist das **Telomer**. Es „versiegelt" in bestimmter, aber noch ungeklärter Weise das Ende eines Chromosoms. Wir wissen, daß das Telomer eine besondere Struktur sein muß, da Chromosomenenden, die durch einen Bruch entstehen, „klebrig" sind und dazu neigen, mit anderen Chromosomen zu reagieren, wobei im Gegensatz dazu natürliche Enden stabil sind.

Zur Identifizierung einer Telomersequenz dienen zwei Kriterien:

- ◆ Eine solche Sequenz muß am Ende eines Chromosoms liegen (oder zumindest am Ende eines natürlichen linearen DNA-Moleküls).
- ◆ Sie muß ein lineares Molekül stabilisieren können.

Aus linearen DNA-Molekülen in den Genomen niederer Eukaryoten konnte man verschiedene Telomersequenzen isolieren. Da es dieselbe Art von Sequenzen auch bei Pflanzen und Menschen gibt, folgt der Aufbau eines Telomers anscheinend einem allgemeinen Prinzip. Jedes Telomer besteht aus einer langen Folge von kurzen tandemartig wiederholten Sequenzen. Die Wiederholungselemente, die man an den Enden linearer DNA-Moleküle gefunden hat, sind in Tabelle 26.2 aufgelistet. Sie lassen sich alle in der allgemeinen Form $C_n(A/T)_m$ darstellen, wobei $n > 1$ und $m = 1 - 4$.

Tabelle 26.2: Telomere enthalten eine übereinstimmende Art einer kurzen Tandemwiederholung. Das Wiederholungselement ist als Sequenz des einen Stranges in 5′→3′-Richtung vom Telomer zum Centromer angegeben

Telomer	Wiederholungselement
Makronucleus (Ciliaten: *Tetrahymena*)	CCCCAA
Makronucleus (Ciliaten: *Oxytricha*)	CCCCAAAA
Minichromosom (*Trypanosoma*)	CCCTA
rDNA (Schleimpilz: *Dictyostelium*)	CCCTA
Chromosom (Hefe: *Saccharomyces*)	C_{2-3} $A(CA)_{1-3}$
Chromosom (Pflanzen: *Arabidopsis*)	C_3TA_3
Chromosom (Mensch)	C_3TA_3

Innerhalb der Telomerregion gibt es eine spezifische Folge von Unregelmäßigkeiten in Form von Einzelstrangbrüchen. Ihre Struktur verhindert, daß sie von der Ligase geschlossen werden, die normalerweise auf solche Brüche in einem DNA-Strang reagiert. Die äußersten endständigen Basen sind auf bestimmte Weise blockiert – möglicherweise besitzen sie eine Haarnadelstruktur, so daß sie von Nucleasen nicht erkannt werden.

Auch hier ist es mit Hilfe der Hefe gelungen, ein Verfahren auf molekularer Ebene zu finden, mit dem sich die Funktion untersuchen läßt. Alle Plasmide, die in der Hefe überleben (aufgrund von *ARS*- und *CEN*-Elementen), sind zirkuläre DNA-Moleküle. Lineare Plasmide sind instabil (da sie abgebaut werden). Kann eine natürliche DNA-Telomersequenz ein lineares Plasmid stabilisieren?

Durch ein solches Experiment lassen sich DNA-Fragmente aus der Hefe identifizieren, die nachweislich aus Chromosomenenden stammen. Außerdem kann ein DNA-Abschnitt vom Ende eines natürlichen linearen DNA-Moleküls – die extrachromosomale rDNA von *Tetrahymena* – ein lineares Hefeplasmid stabilisieren. Die Einzelstrangbrüche in der Telomersequenz bleiben in der Hefe an denselben Positionen erhalten, was eine erstaunliche Konservierung zwischen zwei Spezies darstellt.

Einige ungewöhnliche Strukturmerkmale an den Enden von linearen DNA-Molekülen geben Hinweise auf die Funktion der Telomere. Bei einer Population von Trypanosomen variieren die Längen dieser Enden. Wenn man einen einzelnen Zellklon beobachtet, wächst das Telomer in jeder Generation um sieben bis zehn Basenpaare (ein bis zwei Wiederholungen). Die Entwicklung von Telomeren des Ciliaten, die in Hefezellen eingeschleust wurden, ist sogar noch aufschlußreicher. Nach der Replikation werden *Telomerwiederholungssequenzen der Hefe an die Enden der Tetrahymena-Wiederholungen angefügt.*

Das Anhängen von Telomerwiederholungssequenzen an die Chromosomenenden bei jedem Replikationszyklus könnte das Problem der Replikation linearer DNA-Moleküle lösen, das in Kapitel 14 besprochen wurde. Das Anfügen von Wiederholungssequenzen durch Neusynthese würde dem Verlust solcher Sequenzen aufgrund eines Replikationsabbruchs vor dem Ende des Chromosoms entgegenwirken. Verlängerung und Verkürzung wären in einem dynamischen Gleichgewicht.

Die Gesamtlänge eines Telomers unterliegt der genetischen Kontrolle; verschiedene Hefestämme zeigen unterschiedliche, aber charakteristische Telomerlängen. Verschiedene Mechanismen müssen verhindern, daß die Enden zu lang werden. Das kann beispielsweise durch das Entfernen einiger Wiederholungen geschehen. Mutationen in einem essentiellen Hefegen führen dazu, daß die Länge der Telomere ständig zunimmt. Die Funktion des Wildtypgens begrenzt vielleicht die Ausdehnung der Telomere.

Wenn Telomere kontinuierlich verlängert (und verkürzt) werden, ist ihre tatsächliche Sequenz wahrscheinlich unwichtig. Erforderlich ist nur, daß das Ende als geeignetes Substrat für das Anfügen von DNA erkannt wird. Das erklärt, wie das Telomer des Ciliaten in Hefe funktioniert. Wir wissen jedoch bis jetzt nicht, wie die Telomersequenzen einen Abbau der Chromosomenenden verhindern.

Wie werden die Telomerwiederholungssequenzen synthetisiert? Extrakte aus *Tetrahymena* enthalten ein Enzym – die sogenannte **Telomerase**, die das 3′-OH-Ende des G-C-Telomerstranges als Primer für die Synthese von tandemartigen TTGGGG-Wiederholungen verwendet. Für diese Aktivität sind nur dGTP und dTTP erforderlich. Die Telomerase ist ein großes Ribonucleoprotein. Es enthält eine kurze RNA-Komponente, die bei *Tetrahymena* 159 Basen und bei *Euplotes* 192 Basen lang ist. Jede RNA enthält eine Sequenz von 15 bis 22 Basen, die mit zwei Wiederholungen der C-reichen Wiederholungssequenz in Tabelle 26.2 übereinstimmt. Diese RNA ist komplementär zur G-reichen Wiederholungssequenz und bildet die Matrize für deren Synthese. Wie Abbildung 26.20 zeigt, werden die Basen einzeln in der entsprechenden Reihenfolge angehängt. Das Enzym bewegt sich diskontinuierlich vorwärts: Die RNA wird auf dem DNA-Primer positioniert, dann werden einige Nucleotide an den Primer angefügt. Anschließend springt das Enzym weiter, um von neuem zu beginnen. Die Telomerase ist ein spezielles Beispiel für eine Reverse Transkriptase – ein Enzym, das eine

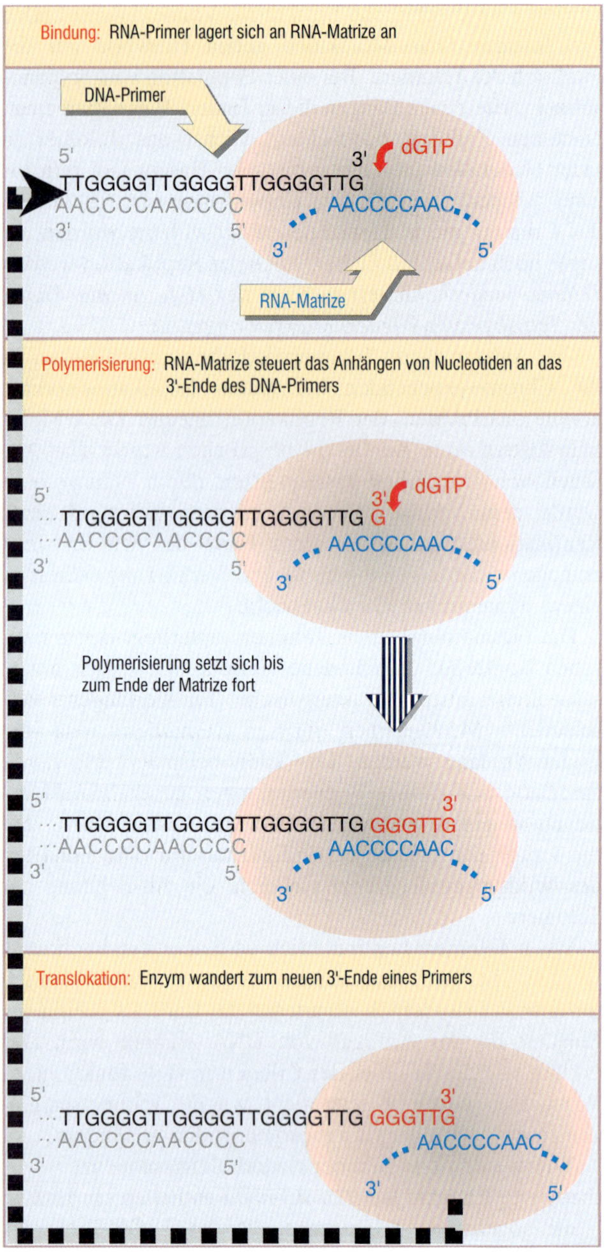

26.20 Die Telomerase positioniert sich durch Basenpaarung zwischen die RNA-Matrize und den überstehenden einzelsträngigen DNA-Primer. Das Enzym fügt, entsprechend der Matrize, G- und T-Basen einzeln an den Primer an. Sobald ein Wiederholungselement fertiggestellt ist, beginnt der Zyklus von vorne.

DNA-Sequenz synthetisiert und eine RNA-Matrize verwendet (Kapitel 19). Die Proteinkomponente enthält die katalytische Aktivität der Reversen Transkriptase und ist (wahrscheinlich) auf die Nucleinsäurekomponente als einzig mögliche RNA-Matrize beschränkt.

Die Organisationsstruktur des Telomers mit einer einzelsträngigen Fortsetzung des G-T-reichen Stranges (normalerweise 14 bis 16 Basen) ist in Abbildung 26.20 dargestellt. Isolierte Telomerfragmente verhalten sich jedoch nicht so, als ob sie einzelsträngige DNA enthalten; das läßt sich aufgrund der abweichenden elektrophoretischen Mobilität und anderer Eigenschaften erkennen.

Die Abbildung 26.21 zeigt ein Strukturmodell der DNA-Enden. Es ist zu vermuten, daß durch Assoziation je eines G-Nucleotids aus allen Wiederholungselementen ein Quartett von G-Resten entsteht. Im abgebildeten Beispiel ist jeweils das zweite G der vier aufeinanderfolgenden T_2G_4-Elemente an dem Quartett beteiligt. Der Rest des Elements bildet eine nach außen zeigende Schleife. Die Assoziation der G-Reste erfordert, daß sich bei zweien dieser Reste die Orientierung der Base relativ zum Zuckeranteil ändert (von der normalen *Anti-* zur ungewöhnlichen *Syn*-Konfiguration). Da jedes Wiederholungselement mehr als ein G enthält, können mehr Quartette entstehen, wenn auch die anderen G-Reste assoziieren. In diesem Fall stapeln sich die Quartette vielleicht nach einem helicalen Muster übereinander.

Wir wissen nicht, wie der komplementäre Strang des Telomers (der einem hohen C-A-Anteil besitzt) aufgebaut wird. Es ließe sich jedoch spekulieren, daß das 3′-OH-Ende der G-T-Haarnadelstruktur als Primer für die DNA-Synthese dient.

Welche Eigenschaft des Telomers ist für die Stabilität des Chromosomenendes verantwortlich? Telomerbindende Proteine erkennen *in vitro* die vorstehenden DNA-Stränge mit hohem G-Anteil und schützen so die endständige

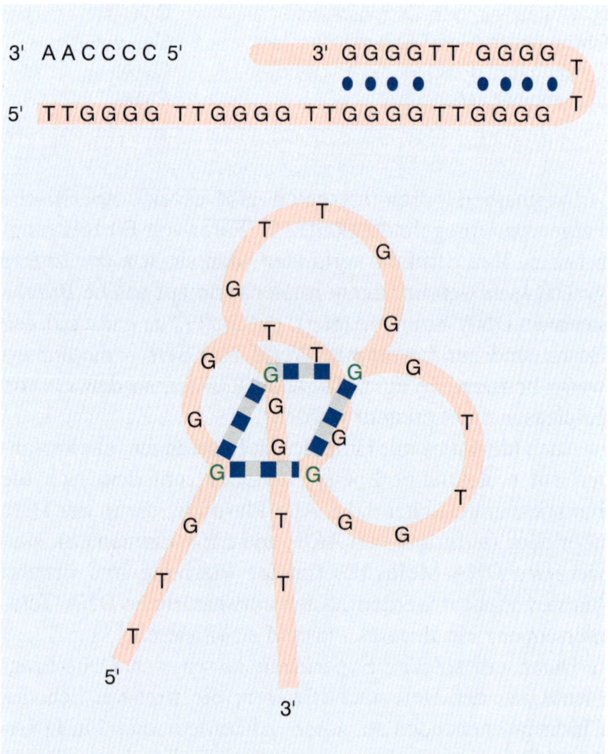

26.21 Das ungewöhnliche Verhalten der Telomere läßt sich möglicherweise durch G-G-Wechselwirkungen erklären. Im oberen Modell entsteht durch die G-G-Paarung eine doppelsträngige Haarnadelstruktur. Im unteren Modell bildet sich ein G-Quartett aus je einem G der vier Wiederholungseinheiten.

DNA. Diese Proteine bilden möglicherweise die „Kappe", die das Telomer *in vivo* schützen. Andere Proteine können spezifisch an benachbarte Bereiche der Wiederholungssequenzen binden; ihre Funktion muß jedoch noch bestimmt werden.

Die Mindestvoraussetzungen für die Existenz eines Chromosoms sind folgende Merkmale:

- Telomere zur Stabilisierung,
- ein Centromer zur Unterstützung der Segregation,
- ein Replikationsursprung (Kapitel 14).

Alle diese Elemente hat man zusammengefügt, um ein künstliches Hefechromosom zu erzeugen (*yeast artificial chromosome*, YAC). Wir haben die Verwendung solcher Chromosomen für die Stabilisierung fremder Sequenzen bereits in Kapitel 20 erwähnt. Es stellt sich heraus, daß das synthetische Chromosom nur dann stabil ist, wenn es länger als 20 bis 50 kb ist. Die Ursache für diesen Effekt ist uns nicht bekannt, aber die Herstellung künstlicher Chromosomen bietet die Möglichkeit, die Natur des Segregationsapparats unter kontrollierten Bedingungen zu untersuchen.

Zusammenfassung

Das genetische Material aller Organismen und Viren besitzt die Form eines dicht gepackten Nucleoproteins. Einige virale Genome werden in vorgeformte Virione eingeschleust, während sich bei anderen eine Proteinhülle um die Nucleinsäure herum aufbaut. Das bakterielle Genom bildet ein dicht gepacktes Nucleoid mit einem Massenanteil von 20 % Protein; Einzelheiten der Wechselwirkungen zwischen Proteinen und DNA sind jedoch unbekannt. Die DNA ist in Form von etwa 100 Domänen organisiert, die unabhängig voneinander überspiralisiert sind. Dabei liegt die Dichte nicht erzwungener Überspiralisierungen bei etwa einer pro 100 bis 200 bp. Sowohl das Interphasechromatin als auch die Metaphasechromosomen sind offensichtlich in großen Schleifen organisiert. Jede Schleife ist möglicherweise eine unabhängig überspiralisierte Domäne. Die Schleifen sind an der Basis über spezifische DNA-Bereiche am Metaphasegerüst oder an der Kernmatix befestigt.

Im Euchromatin, das den größten Teil des Interphasechromatins ausmacht, liegen die Sequenzen mit aktiver Transkription. Die Bereiche des Heterochromatins sind fünf- bis zehnmal dichter gepackt und zeigen keine Transkription. Während der Zellteilung, wenn die einzelnen Chromosomen zu unterscheiden sind, liegt das gesamte Chromatin dicht gepackt vor. Das Entstehen von G-Banden durch Behandlung mit dem Giemsa-Farbstoff deutet auf die Existenz einer reproduzierbaren Ultrastruktur der Chromosomen hin. Die Banden umfassen sehr große Bereiche von etwa 10^7 bp, mit deren Hilfe sich chromosomale Translokationen oder andere große Strukturveränderungen kartieren lassen.

Die Lampenbürstenchromosomen der Amphibien und die polytänen Chromosomen der Insekten besitzen ungewöhnlich ausgedehnte Strukturen mit einem Packungsverhältnis kleiner als 100. Die polytänen Chromosomen von *D. melanogaster* sind in etwa 5 000 Banden unterteilt. Sie umfassen im Durchschnitt ungefähr 25 kb und variieren dabei um eine Größenordnung. Bereiche mit aktiver Transkription sind in Gestalt noch stärker entfalteter („gepuffter") Strukturen zu erkennen. Hier ragt das genetische Material aus der Achse des Chromosoms heraus. Diese Strukturen gleichen möglicherweise den Veränderungen, die im kleineren Maßstab auftreten, wenn im Euchromatin eine Sequenz transkribiert wird.

Die Centromerregion enthält das Kinetochor, das der Befestigung des Chromosoms an der Mitosespindel dient. Das Centromer ist häufig von Heterochromatin umgeben. Centromersequenzen sind nur von der Hefe bekannt; hier bestehen sie aus kurzen konservierten Bereichen und einer langen Region mit hohem A•T-Anteil. Proteine, die an diese Sequenzen binden, wurden bereits identifiziert.

Die Telomere stabilisieren die Enden der Chromosomen. Fast alle bekannten Telomere bestehen aus mehrfachen Wiederholungen, wobei jeweils ein Strang die allgemeine Sequenz $C_n(A/T)_m$ besitzt (mit $n > 1$ und $m = 1 - 4$). Der andere Strang $G_n(T/A)_m$ hat ein überstehendes Ende, das als Matrize für das Anhängen einzelner Basen in definierter Reihenfolge fungiert. Die Telomertransferase ist ein Ribonucleoprotein, dessen RNA-Komponente die Matrize für die Synthese des G-haltigen Stranges bildet.

Weiterführende Literatur

Übersichtsartikel

Blackburn, E. H.; Szostak, J. W. *The Molecular Structure of Centromeres and Telomeres.* In: *Ann. Rev. Biochem.* 53 (1984) S. 163–194.

Clarke, L.; Carbon, J. *The Structure and Function of Yeast Centromeres.* In: *Ann. Rev. Genet.* 19 (1985) S. 29–56.

Drlica, K.; Rouviere-Yaniv, J. *Histone-Like Proteins of Bacteria.* In: *Microbiol. Rev.* 51 (1987) S. 301–319.

Brock, T. D. *The Bacterial Nucleus: a History.* In: *Microbiol. Rev.* 52 (1988) S. 397–411.

Black, L. W. *DNA-Packaging in dsDNA Bacteriophages.* In: *Ann. Rev. Microbiol.* 43 (1989) S. 267–292.

Zakian, V. A. *Structure and Function of Telomeres.* In: *Ann. Rev. Genet.* 23 (1989) S. 579–604.

Schulman, I.; Bloom, K. S. *Centromeres: an Integrated Protein/ DNA Complex Required for Chromosomal Movement.* In: *Ann. Rev. Cell. Biol.* 7 (1991) S. 311–336.

Blackburn, E. H. *Structure and Function of Telomeres.* In: *Nature* 350 (1991) S. 569–573.

Blackburn, E. H. *Telomerases.* In: *Ann. Rev. Biochem* 61 (1992) S. 113–129.

Hyman, A. A.; Sorger, P. K. *Structure and Function of Kinetochores in Budding Yeast.* In: *Ann. Rev. Biochem.* 11 (1995) S. 471–495.

Zakian, V. A. *Telomeres: Beginning to Understand the End.* In: *Science* 270 (1995) S. 1601–1607.

Greider, C. W. *Telomere Length Regulation.* In: *Ann. Rev. Biochem.* 65 (1996) S. 337–366.

Entdeckungen

Viren

Fraenkel-Conrat, H.; Williams, R. C. *Reconstitution of Active Tobacco Mosaic Virus from its Inactive Protein and Nucleic Acid Components* In: *Proc. Natl. Acad. Sci. USA* 41 (1955) S. 690–698.

Caspar, D. L. D.; Klug, A. *Physical Principals in the Construction of Regular Viruses.* In: *Cold Spring Harbor Quant. Biol.* 27 (1962) S. 1–24.

Centromere

Bloom, K. S.; Carbon, J. *Yeast Centromere DNA Is in a Unique and Highly Ordered Structure in Chromosomes and Small Circular Minichromosomes.* In: *Cell* 29 (1982) S. 305–317.

Murray, A.; Szostak, J. W. *Construction of Artificial Chromosomes in Yeast.* In: *Nature* 305 (1983) S. 189–193.

Telomere

Greider, C.; Blackburn, E. H. *The Telomere Terminal Transferase of Tetrahymena is a Ribonucleoprotein Enzyme with two Kinds of Primer Specifity.* In: *Cell* 51 (1987) S. 887–898.

Henderson, E.; Hardin, C. H.; Walk, S. K.; Tinoco, I.; Blackburn E. H. *Telomeric Oligonucleotides Form Novel Intramolecular Structures Containing Guanine-Guanine Base Pairs.* In: *Cell* 51 (1987) S. 899–908.

Williamson, J. R.; Raghuraman, K. R.; Cech, T. R. *Monovalent Cation-Induced Structure of Telomeric DNA: the G-Quartet Model.* In: *Cell* 59 (1989) S. 871–880.

Shippen-Lentz, D.; Blackburn, E. H. *Functional Evidence for an RNA Template in Telomerase.* In: *Science* 247 (1990) S. 546–552.

27. Nucleosomen

Das Chromatin besitzt eine kompakte Organisation, in der die meisten DNA-Sequenzen strukturell unzugänglich und funktionell inaktiv sind. Innerhalb dieser Masse liegt die geringere Zahl der aktiven Sequenzen. Wie sieht die allgemeine Struktur des Chromatins aus und worin besteht der Unterschied zwischen aktiven und inaktiven Sequenzen? Das insgesamt hohe Packungsverhältnis des genetischen Materials führt unmittelbar zu der Annahme, daß die DNA nicht direkt in die fertige Struktur des Chromatins verpackt werden kann, sondern daß es in der Organisation Stufen der *Hierarchie* geben muß.

Die Grundeinheit des Chromatins besitzt bei allen Eukaryoten dieselbe Struktur. Das **Nucleosom** enthält etwa 200 bp DNA und ist in Form eines Oktamers aus kleinen basischen Proteinen organisiert, die eine perlenförmige Struktur bilden. Die Proteinkomponente besteht aus **Histonen**. Sie bilden eine innere Kernstruktur (Core), an deren Oberfläche sich die DNA befindet. Nucleosomen sind ein unveränderlicher Bestandteil des Euchromatins und des Heterochromatins im Interphasekern sowie der mitotischen Chromosomen. Die Nucleosomenbildung ist die erste Organisationsstufe mit einem Packungsverhältnis von etwa sechs. Die Bestandteile und die Struktur der Nucleosomen wurden umfassend charakterisiert.

Die zweite Organisationsstufe ist das Aufwickeln der Nucleosomenreihe in eine helicale Struktur, so daß ein Faden von etwa 30 nm Stärke entsteht, den man sowohl im Interphasechromatin als auch in den mitotischen Chromosomen findet (Abbildung 26.8). Im Chromatin ergibt sich daraus ein DNA-Packungsverhältnis von etwa 40. Für die Struktur des Fadens sind zusätzliche Proteine erforderlich, aber die Einzelheiten sind noch unklar.

Das endgültige Packungsverhältnis wird durch die dritte Organisationsstufe bestimmt, also durch die Packung des Fadens selbst. Dadurch entsteht im Euchromatin schließlich ein Packungsverhältnis von etwa 1 000. Das Euchromatin unterliegt zyklischen Veränderungen, wobei durch das Verpacken in Chromosomen während der Mitose ein Packungsverhältnis von ungefähr 10 000 erreicht wird. Beim Heterochromatin ist eine ähnliche Dichtezunahme zu beobachten.

Wir müssen diese Organisationsstufen nacheinander betrachten, um die Reaktionen beschreiben zu können, die beim zyklischen Verpacken, bei der Replikation und der Transkription ablaufen. Es ist anzunehmen, daß es bei den Strukturveränderungen des Chromatins zu Wechselwirkungen mit weiteren Proteinen oder zur Modifikation bereits vorhandener chromosomaler Proteine kommt. Die entscheidenden Moleküle, die das zyklische Verpacken steuern, sind jedoch im einzelnen unbekannt. Sowohl die Replikation als auch die Transkription erfordern ein Entwinden der DNA. Dabei muß sich die Struktur entfalten, damit die entsprechenden Enzyme auf die DNA einwirken können. Dadurch kommt es wahrscheinlich auf allen Organisationsebenen zu Veränderungen, aber zur Zeit lassen sich diese Vorgänge nur in bezug auf die Nucleosomen beschreiben.

Bei der Replikation des Chromatins müssen die Nucleosomen für beide doppelsträngigen Tochtermoleküle reproduziert werden. Dabei stellt sich einerseits die Frage, wie das Nucleosom zusammengebaut wird, und andererseits, was mit den übrigen Proteinen im Chromatin geschieht. Da die Replikation die Chromatinstruktur aufbricht, tritt zum einen das Problem auf, daß Regionen mit einer spezifischen Struktur erhalten bleiben müssen, zum anderen bietet sich die Gelegenheit, die Struktur zu verändern.

Die Masse des Chromatins enthält bis zu zweimal soviel Protein wie DNA. Etwa die Hälfte der Proteinmenge verteilt sich auf die Nucleosomen. Die RNA-Menge macht weniger als zehn Prozent der DNA aus. Ein großer Teil der RNA besteht aus naszierenden Transkripten, die noch mit der DNA verbunden sind.

Wie die merkwürdig klingende Bezeichnung bereits andeutet, umfassen die **Nichthistone** alle Proteine des Chromatins mit Ausnahme der Histone. Die Nichthistone zeigen wahrscheinlich zwischen verschiedenen Geweben und Spezies eine größere Variabilität als die Histone – wobei unklar ist, wie groß die Unterschiede sind – und sie machen einen geringeren Teil der Proteinmenge aus als die Histone. Zudem umfassen sie eine viel größere Anzahl verschiedener Proteine, so daß jedes einzelne in wesentlich geringeren Mengen vorkommt als jedes Histon.

Zu den Funktionen der Nichthistonproteine gehört die Steuerung der Genexpression und die Aufrechterhaltung der übergeordneten Strukturen. Demnach kann man die RNA-Polymerase als besonders charakteristisches Nichthiston auffassen. Die HMG-Proteine (*high mobility group*) sind eine abgegrenzte und genau definierte Unterklasse der Nichthistone (zumindest einige von ihnen sind Transkriptionsfaktoren). Ein Hauptproblem bei der Arbeit mit anderen Nichthistonen besteht darin, daß sie häufig mit anderen Zellkernproteinen vermischt sind, so daß es bis jetzt schwierig war, diejenigen Nichthistone zu isolieren, die für die übergeordneten Strukturen verantwortlich sind.

27.1 Das Nucleosom ist die Untereinheit des gesamten Chromatins

Suspendiert man Interphasekerne in einer Lösung mit niedriger Ionenstärke, quellen sie auf und platzen, so daß die Chromatinfäden freigesetzt werden. Abbildung 27.1 zeigt einen lysierten Zellkern, aus dem die Fäden hervortreten. In einigen Bereichen bestehen die Fäden aus sehr dicht gepacktem Material, in ausgestreckten Bereichen ist jedoch zu erkennen, daß sie separate Partikel enthalten; dies sind die Nucleosomen. In besonders ausgestreckten Bereichen sind die einzelnen Nucleosomen durch den dün-

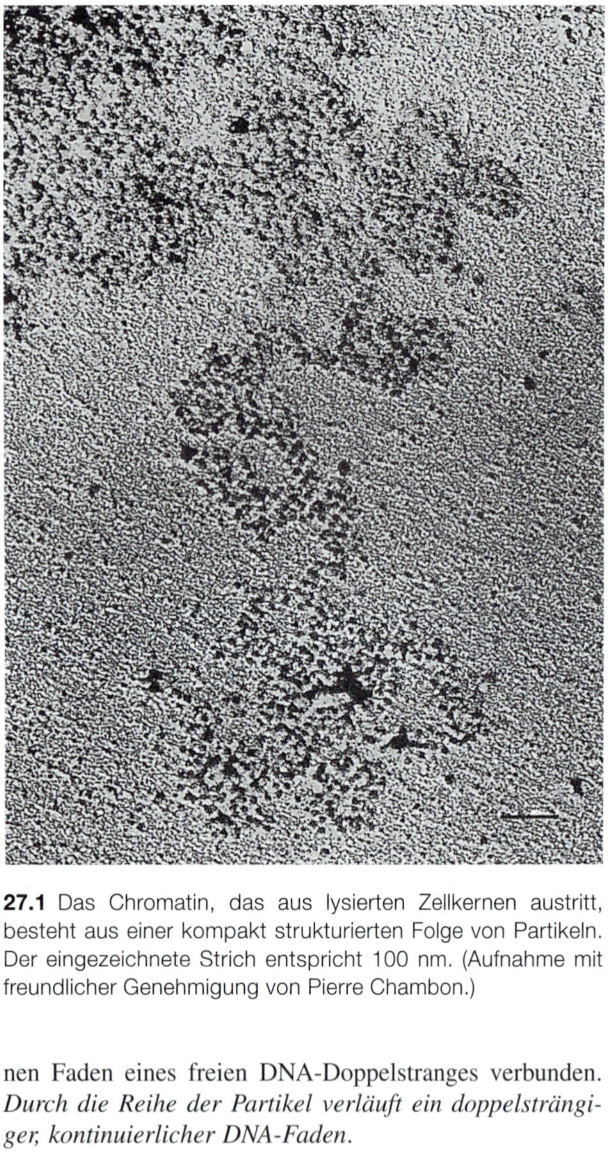

27.1 Das Chromatin, das aus lysierten Zellkernen austritt, besteht aus einer kompakt strukturierten Folge von Partikeln. Der eingezeichnete Strich entspricht 100 nm. (Aufnahme mit freundlicher Genehmigung von Pierre Chambon.)

nen Faden eines freien DNA-Doppelstranges verbunden. *Durch die Reihe der Partikel verläuft ein doppelsträngiger, kontinuierlicher DNA-Faden.*

Die einzelnen Nucleosomen lassen sich durch Behandlung des Chromatins mit dem Enzym ***Micrococcus*-Nuclease** isolieren. Dabei handelt es sich um eine Endonuclease, die den DNA-Faden an der Verbindungsstelle zwischen den Nucleosomen durchschneidet. Zuerst werden die Partikel in Gruppen freigesetzt, schließlich in Form einzelner Nucleosomen. In Abbildung 27.2 sind einzelne Nucleosomen als kompakte Partikel zu erkennen. Sie sedimentieren bei ungefähr 11S.

Das Nucleosom enthält etwa 200 bp DNA, die mit einem Histonoktamer assoziiert ist. Dieses besteht aus je zwei Kopien von H2A, H2B, H3 und H4, den sogenannten **Core-Histonen**. In Abbildung 27.3 ist ihre zusammengesetzte Struktur schematisch dargestellt. Das Modell zeigt die Stöchiometrie der Core-Histone im Chromatin: H2A, H2B, H3 und H4 sind in äquimolaren Mengen vorhanden, mit jeweils zwei Molekülen pro etwa 200 bp DNA.

Die Histone H3 und H4 gehören zu den am stärksten konservierten bekannten Proteinen. Das deutet darauf hin, daß ihre Funktionen bei allen Eukaryoten übereinstimmen. Die Typen H2A und H2B kommen bei allen Eukaryoten

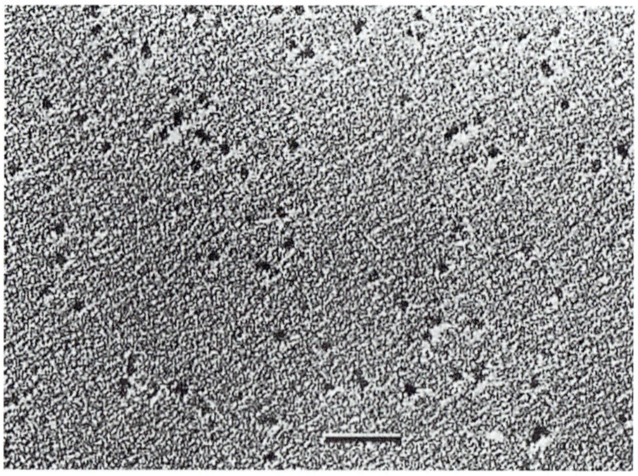

27.2 Bei Behandlung des Chromatins mit *Micrococcus*-Nuclease werden einzelne Nucleosomen freigesetzt. Der eingezeichnete Strich entspricht 100 nm. (Aufnahme mit freundlicher Genehmigung von Pierre Chambon.)

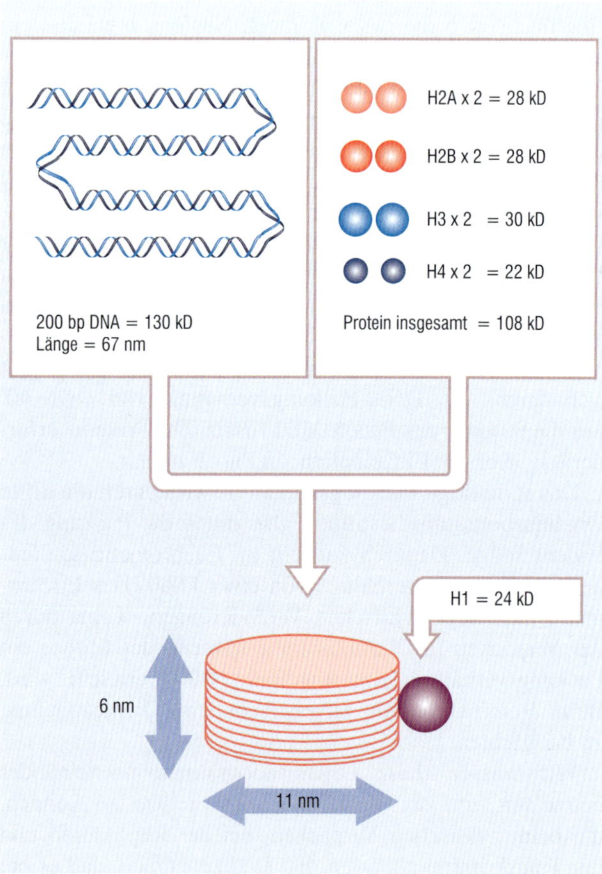

27.3 Das Nucleosom besteht zu etwa gleichen Teilen aus DNA und Histonen (einschließlich H1). Die abgeleitete Masse des Nucleosoms beträgt 262 kD.

vor, zeigen jedoch eine ausgeprägte artenspezifische Sequenzvariabilität.

Das Histon H1 umfaßt eine Gruppe von engverwandten Proteinen, die zwischen verschiedenen Geweben und Spe-

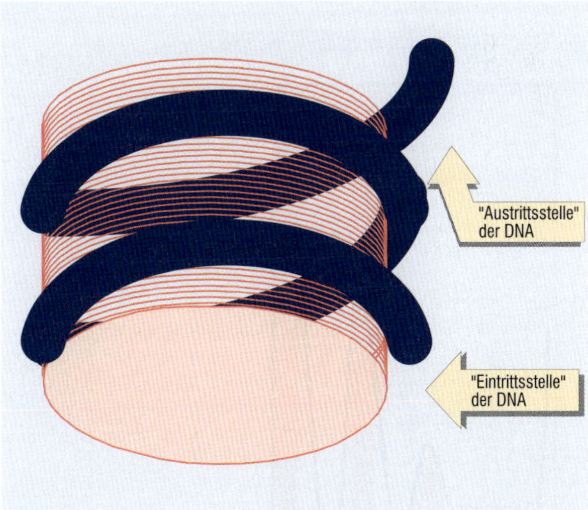

27.4 Das Nucleosom bildet wahrscheinlich einen Zylinder, um dessen Oberfläche herum die DNA in zwei Windungen verläuft.

zies stark variieren (und bei der Hefe fehlen). Die Funktion von H1 unterscheidet sich von den Funktionen der Core-Histone. Die Menge an H1 beträgt etwa die Hälfte der Menge der Core-Histone, und H1 läßt sich leichter aus dem Chromatin isolieren (normalerweise mit einer verdünnten 0,5 molaren Salzlösung). *Das H1-Protein kann man vollständig entfernen, ohne die Struktur des Nucleosoms zu verändern. Das deutet darauf hin, daß es außerhalb des Partikels lokalisiert ist.*

Die Form der Nucleosomen gleicht einem flachen Zylinder oder einer Scheibe mit einem Durchmesser von elf Nanometern und einer Höhe von sechs Nanometern. Die

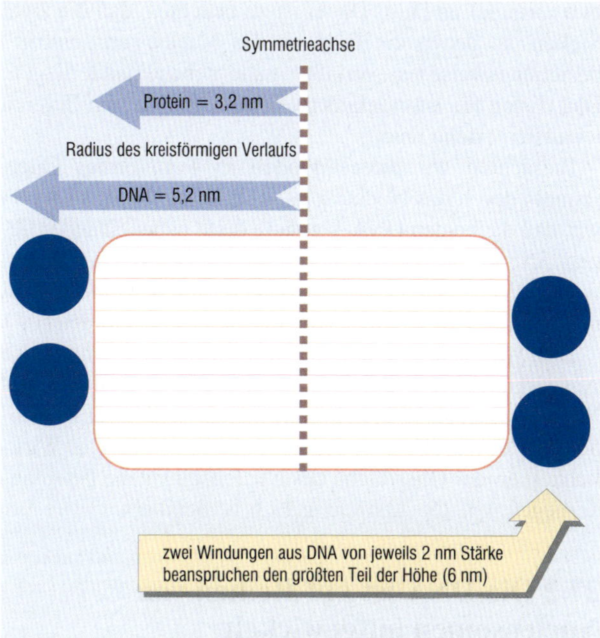

27.5 Die beiden Windungen der DNA liegen auf dem Nucleosom dicht nebeneinander.

Länge der DNA entspricht ungefähr dem doppelten Umfang des Partikels, der etwa 34 nm beträgt. Aufgrund dieser Abmessungen läßt sich unmittelbar schließen, daß die DNA nicht in dem Partikel zusammengedrückt sein kann, sondern außen liegen muß.

Die DNA verläuft symmetrisch um das Oktamer herum. Abbildung 27.4 zeigt den schematischen Verlauf der DNA in Form einer Helixwicklung, die das zylindrische Okta-

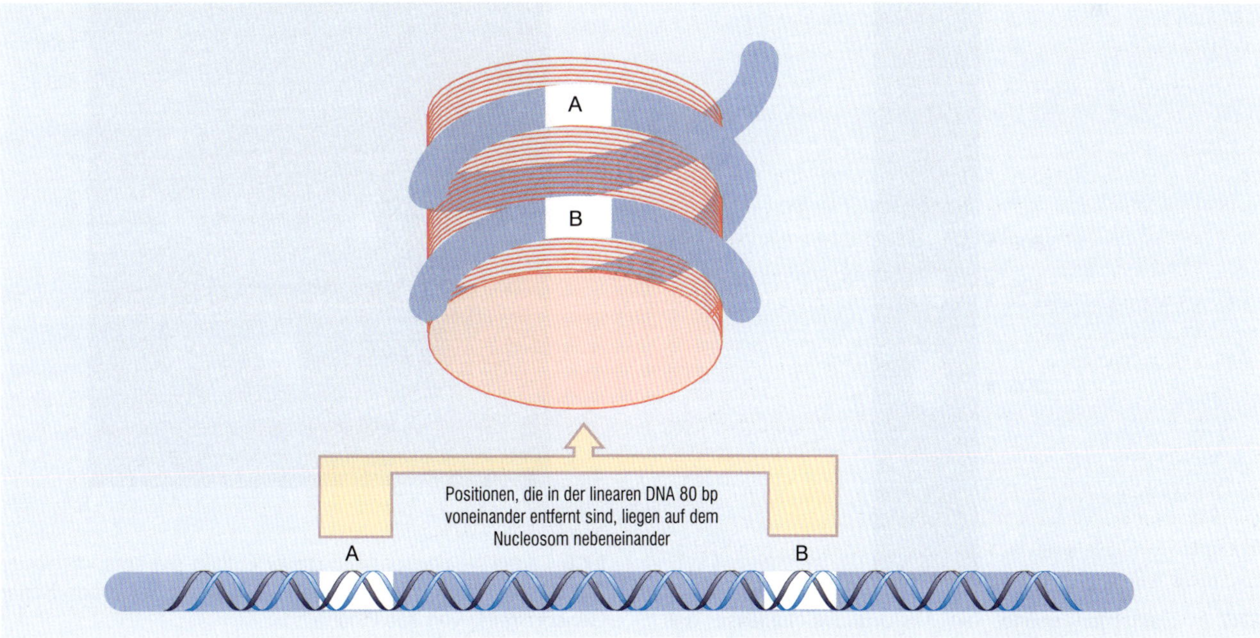

27.6 DNA-Sequenzen, die in verschiedenen Windungen um das Nucleosom enthalten sind, liegen möglicherweise dicht nebeneinander.

mer zweimal umläuft. Dabei ist zu beachten, daß die zwei Stellen, an denen die DNA in das Nucleosom „eintritt" beziehungsweise es „verläßt", nahe nebeneinanderliegen. Das Histon H1 ist möglicherweise auch in diesem Bereich lokalisiert (siehe unten).

Betrachten wir dieses Modell in Form eines Querschnitts durch das Nucleosom (Abbildung 27.5), so sehen wir, daß die beiden DNA-Umläufe dicht nebeneinander liegen. Die Höhe des Zylinders beträgt sechs Nanometer, wobei die beiden DNA-Windungen vier Nanometer einnehmen (bei einer Stärke von jeweils zwei Nanometer).

Das Muster der beiden Windungen hat möglicherweise Auswirkungen auf die Struktur. Da ein Umlauf um das Nucleosom etwa 80 bp DNA umfaßt, können zwei Positionen, die durch 80 bp voneinander getrennt sind, in Wirklichkeit an der Oberfläche des Nucleosoms nahe beieinanderliegen, wie die Abbildung 27.6 verdeutlicht.

27.2 Die DNA ist auf Reihen von Nucleosomen aufgewickelt

Behandelt man das Chromatin mit der *Micrococcus*-Nuclease, wird die DNA in ganzzahlige Vielfache einer Einheitslänge fragmentiert. Die Auftrennung in einer Gelelektrophorese führt zu einer „Leiter", wie sie in Abbildung 27.7 zu sehen ist. Solche Leitern erstrecken sich über etwa zehn Sprossen, und die Einheitslänge, die sich aufgrund der Abstände zwischen zwei aufeinanderfolgenden Sprossen ergibt, beträgt etwa 200 bp.

Abbildung 27.8 zeigt, daß die Leiter durch Gruppen von Nucleosomen erzeugt wird. Wenn man Nucleosomen in

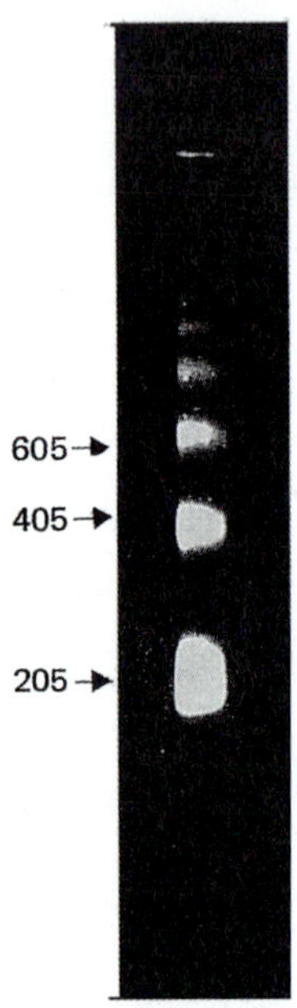

27.7 In Zellkernen spaltet die *Micrococcus*-Nuclease das Chromatin zu einer Reihe mehrerer DNA-Fragmente, die sich durch eine Gelelektrophorese sichtbar machen lassen. (Aufnahme mit freundlicher Genehmigung von Markus Noll.)

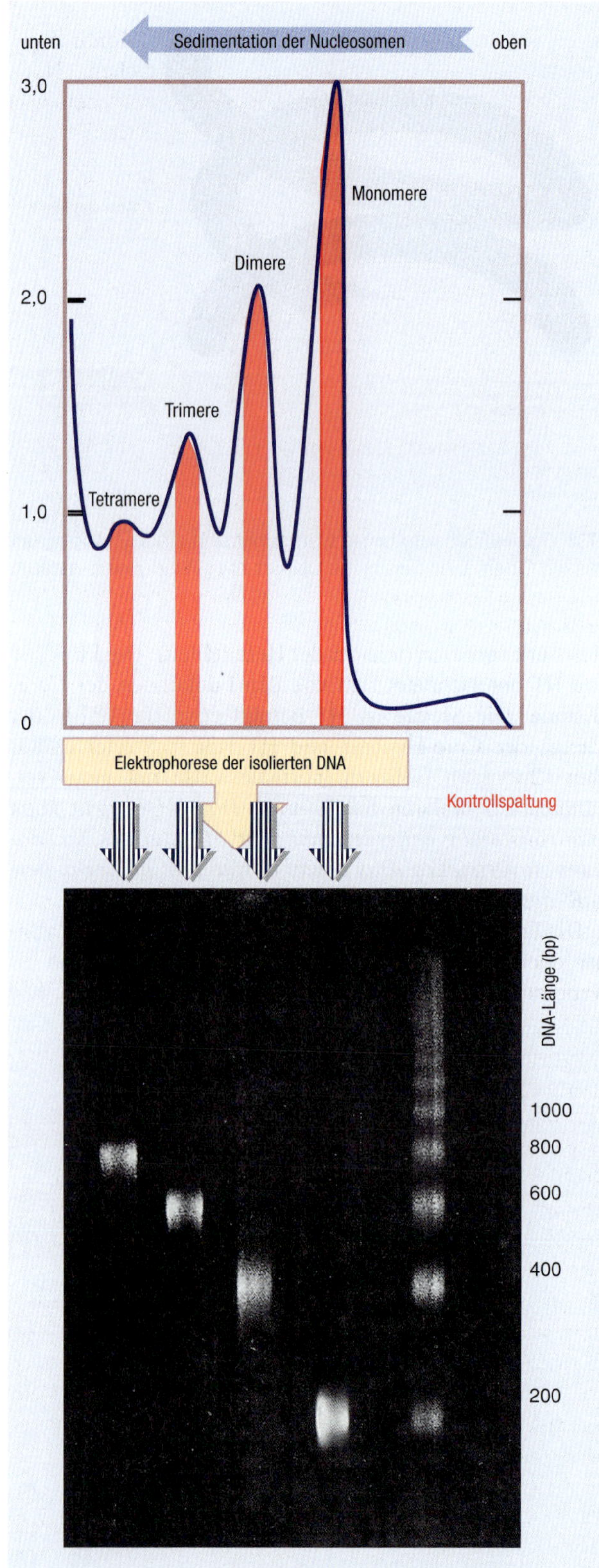

27.8 Jedes Nucleosomenmultimer enthält die entsprechende Anzahl von DNA-Einheitslängen. (Aufnahme mit freundlicher Genehmigung von Joe Finch.)

einem Saccharosegradienten auftrennt, erhält man eine Folge von getrennten Proteinschichten, die Monomeren, Dimeren, Trimeren und so weiter entsprechen. Nach Extraktion der DNA aus den einzelnen Fraktionen und einer anschließenden Elektrophorese zeigt jede Fraktion eine DNA-Bande, die einer Leitersprosse des gespaltenen Gesamtchromatins entspricht. Das monomere Nucleosom enthält eine Einheitslänge DNA, das Nucleosomendimer enthält zwei Einheitslängen und so weiter.

Also entspricht jede Leitersprosse der DNA, die aus einer bestimmten Zahl von Nucleosomen stammt. *Da sich die 200-bp-Leiter mit jedem Chromatin herstellen läßt, folgern wir daraus, daß die DNA in Nucleosomen organisiert ist.* Die Leiter der *Micrococcus*-Nuclease zeigt sich bereits, wenn durch das Enzym nur etwa zwei Prozent der Kern-DNA säurelöslich werden (abgebaut in kleine Fragmente). *Demnach wird nur ein geringer Teil der DNA spezifisch angegriffen; dies müssen die besonders empfindlichen Bereiche sein.*

Wenn das Chromatin aus dem Zellkern heraustritt, sehen wir häufig eine Reihe von Nucleosomen, die durch einen dünnen Faden aus freier DNA miteinander verbunden sind (wie Perlen auf einer Schnur). Jedoch deutet die erforderliche dichte Packung der DNA *in vivo* darauf hin, daß es normalerweise wahrscheinlich kaum freie DNA gibt (wenn überhaupt).

Die Tatsache, daß man in der 200-bp-Leiter mehr als 90 % der Chromatin-DNA wiederfinden kann, bestätigt diese Vorstellung. Demnach muß fast die gesamte DNA in Nucleosomen organisiert sein. Nucleosomen sind wahrscheinlich in ihrem natürlichen Zustand so dicht gepackt, daß die DNA von einem Nucleosom direkt zum nächsten verläuft. Freie DNA entsteht möglicherweise durch den Verlust von Histonoktameren während der Isolierung.

Die DNA-Längen der Nucleosomen können von dem „typischen" Wert von etwa 200 bp etwas abweichen. Das Chromatin jedes einzelnen Zelltyps zeigt einen charakteristischen Durchschnittswert (kann um fünf Basenpaare abweichen). Dieser Durchschnitt liegt meistens zwischen 180 und 200 bp, aber es gibt auch Extremfälle mit 154 bp (bei einem Pilz) oder bis zu 260 bp (bei Spermien des Seeigels). Der Durchschnittswert kann in den einzelnen Geweben eines ausgewachsenen Organismus variieren. Außerdem sind bei einem einzelnen Zelltyp zwischen verschiedenen Teilen des Genoms Unterschiede möglich; bekannte Beispiele für Abweichungen vom genomischen Durchschnittswert sind tandemartig wiederholte Sequenzen wie die Cluster der 5S-RNA-Gene.

Die DNA-Menge, die in Nucleosomen aus verschiedenen Quellen enthalten ist, variiert zwar, aber die DNA besitzt eine übereinstimmende Struktur. Durch die Assoziation der DNA mit dem Histonoktamer entsteht ein **Core-Partikel** mit 146 bp DNA – unabhängig von der DNA-Gesamtlänge im Nucleosom, welche die Core-Grundstruktur überlagert.

Der Core-Partikel läßt sich aufgrund der Auswirkungen der *Micrococcus*-Nuclease auf das Nucleosomenmonomer bestimmen. Die erste Reaktion des Enzyms ist ein Schnitt

27.9 Die *Micrococcus*-Nuclease verkürzt die Längen der Nucleosomenmonomere in einzelnen Schritten. (Aufnahme mit freundlicher Genehmigung von Roger Kornberg.)

zwischen den Nucleosomen. Läßt man die Reaktion jedoch nach Bildung der Monomere fortschreiten, wird auch in den einzelnen Nucleosomen ein Teil der DNA abgebaut. Bei dieser Reaktion wird die DNA von den Enden des Nucleosoms her verkürzt.

Die Verkürzung der DNA erfolgt dabei in einzelnen Schritten, wie die Abbildung 27.9 zeigt. Bei Zellkernen aus Rattenleber enthalten die Nucleosomen zu Beginn 205 bp DNA. Danach treten einige Monomere mit einer DNA-Länge von etwa 165 bp auf. Zum Schluß wird die DNA auf 146 bp, also auf die Länge im Core-Partikel verkürzt. (Der Core-Partikel ist einigermaßen stabil, aber wenn man die Reaktion darüber hinaus fortsetzt, führen die weiteren Schnitte zu einem **Spaltungslimit**, das heißt, die längsten Fragmente bestehen aus den 146 bp der Core-DNA, während die kürzesten 20 bp umfassen.)

Aufgrund dieser Analyse läßt sich die nucleosomale DNA offensichtlich in zwei Bereiche einteilen:

- Die **Core-DNA** besitzt eine konstante Länge von 146 bp und ist gegenüber einem Nucleaseabbau verhältnismäßig stabil.
- Die **Linker-DNA** enthält den übrigen Teil der sich wiederholenden Sequenzeinheit. Die Länge pro Nucleosom kann zwischen nur acht Basenpaaren und 114 bp betragen.

Die spezifische Größe des DNA-Fragments, das bei der ersten Reaktion der *Micrococcus*-Nuclease entsteht, deutet darauf hin, daß der Bereich, an dem das Enzym angreifen

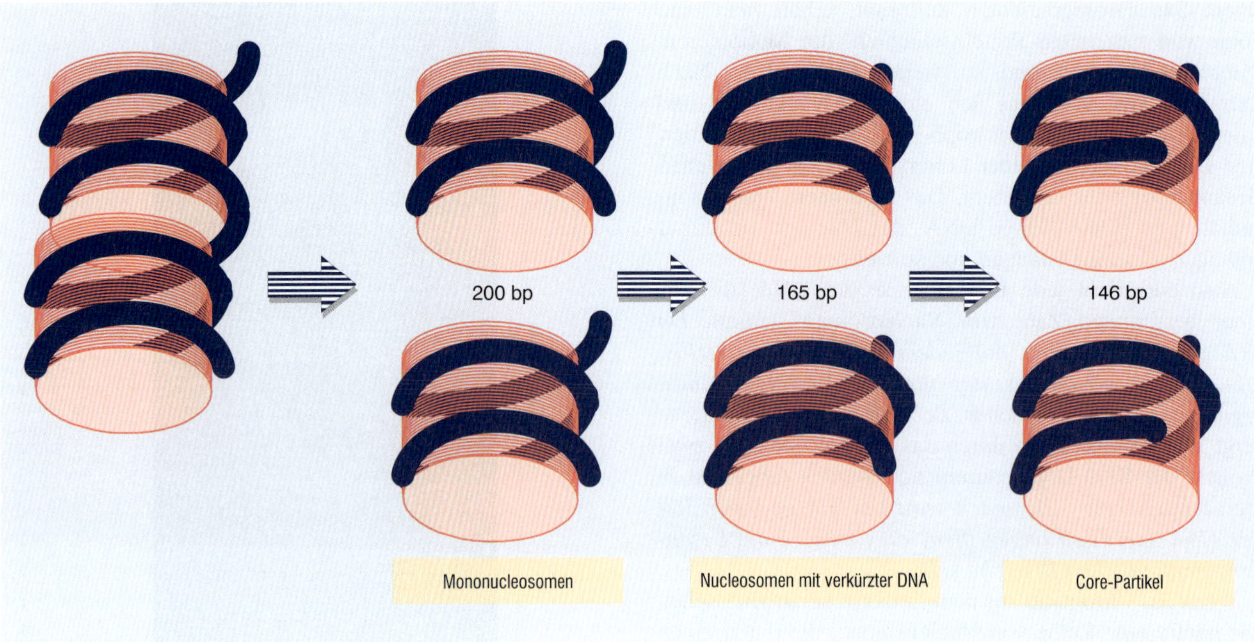

27.10 Die *Micrococcus*-Nuclease schneidet zuerst zwischen den Nucleosomen. Mononucleosomen enthalten normalerweise etwa 200 bp DNA. Die Verkürzung der Fragmente vom Ende her verringert die DNA-Länge zuerst auf etwa 165 bp und erzeugt schließlich Core-Partikel mit 146 bp.

kann, auf einen Teil der Linker-DNA begrenzt ist. (Wenn die gesamte Linker-DNA angreifbar wäre, müßten die Fragmente von 146 bp bis mehr als 200 bp reichen.) Wenn die Linker-DNA schließlich geschnitten wurde, wird auch die übrige Region angreifbar und durch die weitere enzymatische Aktivität relativ schnell abgebaut. In Abbildung 27.10 ist die Verknüpfung zwischen den Nucleosomen schematisch dargestellt.

Die Core-Partikel besitzen trotz ihrer geringeren Größe ähnliche Eigenschaften wie die Nucleosomen selbst. Umfang und Größe sind ähnlich, so daß wahrscheinlich die grundlegende geometrische Struktur der Partikel auf den Wechselwirkungen zwischen der DNA und dem Proteinoktamer des Core-Partikels beruht. Da sich die Core-Partikel leicht als homogene Präparation isolieren lassen, zieht man sie gegenüber den Nucleosomen für Strukturanalysen häufig vor. (Präparationen von Nucleosomen neigen zu Schwankungen, da es schwierig ist, die Verkürzung der DNA-Enden zu verhindern.)

Welche physikalischen Eigenschaften besitzen die Core- und die Linker-Region? *Diese Begriffe sind experimentell bedingte Bezeichnungen, die aufgrund der Empfindlichkeit dieser Bereiche gegenüber einer Nucleasebehandlung gewählt wurden.* Sie beziehen sich nicht auf die tatsächliche Struktur. In Wirklichkeit ist der DNA-Verlauf auf dem Histonoktamer wahrscheinlich kontinuierlich. Für zwei Windungen um das Oktamer sind 165 bp notwendig. Das ist ein konstantes Merkmal aller Nucleosomen. Der Übergang von einem Nucleosom zum nächsten erfolgt innerhalb des zusätzlichen DNA-Abschnitts. In diesem Bereich kann der Verlauf, je nach DNA-Länge pro Nucleosom, Unterschiede aufweisen.

Ob eine Linker-DNA vorhanden ist, hängt von anderen Faktoren als den vier Core-Histonen ab. Experimente zur Rekonstituierung *in vitro* zeigen, daß Histone von sich aus die Fähigkeit besitzen, DNA in Form von Core-Partikeln zu strukturieren; sie bilden jedoch nicht zwangsläufig Nucleosomen mit einer DNA-Einheitslänge, wie sie für den *in vivo*-Zustand charakteristisch ist. Der Überspiralisierungsgrad der DNA spielt eine wichtige Rolle. Das Histon H1 und/oder Nichthistonproteine beeinflussen die Länge der Linker-DNA, die in einer natürlichen Nucleosomenkette mit dem Histonoktamer assoziiert ist. Außerdem sind beim *in vivo*-Zusammenbau der Nucleosomen „Assembly-Proteine" beteiligt, die selbst nicht zur Struktur des Nucleosoms gehören (Abschnitt 27.7).

Wo ist das Histon H1 lokalisiert? Beim Abbau von Nucleosomenmonomeren geht es verloren. Bei Monomeren, die eine DNA von 165 bp enthalten, ist es noch vorhanden. Die Verkürzung auf die 146 bp des Core-Partikels führen jedoch immer zu einem Verlust. Das deutet darauf hin, daß H1 sich im Bereich der Linker-DNA befindet, die sich direkt an die Core-DNA anschließt.

Wenn H1 im Bereich des Linkers lokalisiert ist, könnte es die DNA im Nucleosom „versiegeln", indem es an die Stelle bindet, wo die Nucleinsäure in das Nucleosom eintritt und es wieder verläßt (Abbildung 27.4). Die Vorstellung, daß H1 in der Verbindungsregion zwischen benachbarten Nucleosomen liegt, stimmt mit den früheren Befunden überein, daß sich H1 leicht aus dem Chromatin entfernen läßt und daß sich Chromatin ohne H1 leichter „auflöst". Darüberhinaus zeigen neuere Ergebnisse, daß es leichter ist, eine ausgestreckte DNA-„Perlschnur" zu isolieren, wenn H1 entfernt wurde.

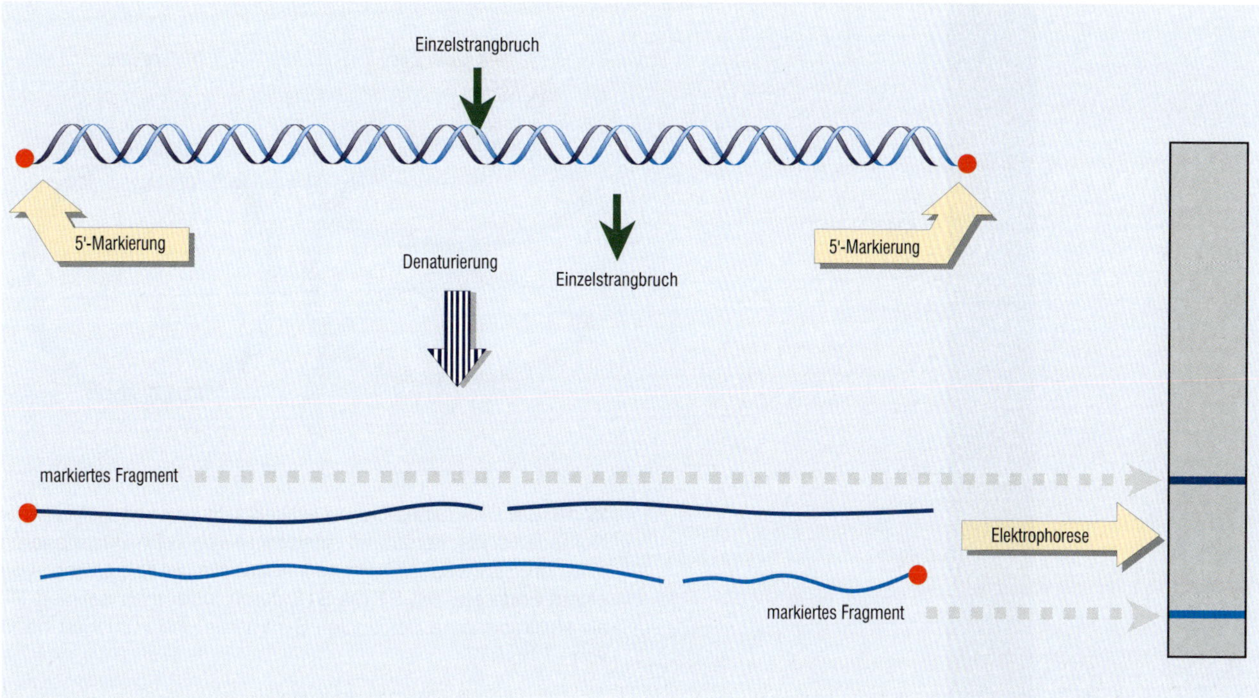

27.11 Die Einzelstrangbrüche in doppelsträngiger DNA werden aufgrund von Fragmenten sichtbar, die bei der Denaturierung der DNA zu Einzelsträngen entstehen. Wenn die DNA (beispielsweise) an den 5′-Enden markiert wurde, sind auch nur die 5′-Fragmente in einer Autoradiographie sichtbar. Die Länge eines Fragments entspricht dem Abstand zwischen dem Einzelstrangbruch und dem markierten Ende.

27.3 An der Oberfläche der Nucleosomen befinden sich unterschiedliche DNA-Strukturen

Die Tatsache, daß die DNA an der Oberfläche der Nucleosomen liegt, erklärt, warum sie der Spaltung durch bestimmte Nucleasen zugänglich ist. Besonders aufschlußreich ist dabei die Reaktion mit Nucleasen, die Einzelstränge angreifen. Die Enzyme DNase I und II erzeugen in der DNA Einzelstrangbrüche; sie spalten in einem Strang eine Bindung, der andere Strang bleibt jedoch an dieser Position intakt. So gibt es bei der doppelsträngigen DNA keinen sichtbaren Effekt. Aber durch die Denaturierung entstehen anstelle der Einzelstränge mit vollständiger Länge kurze Fragmente. Wenn die DNA an beiden Enden markiert wurde, kann man die Endfragmente in einer Autoradiographie sichtbar machen, wie in Abbildung 27.11 gezeigt wird. (Das entspricht genau dem Verfahren der Restriktionskartierung, die in Abbildung 6.5 dargestellt ist.)

Wenn die DNA frei in Lösung vorliegt, treten die Einzelstrangbrüche (einigermaßen) zufällig auf. In DNA auf Nucleosomen können Einzelstrangbrüche auch durch Enzyme erzeugt werden, *aber nur in regelmäßigen Abständen*. Wenn man die Schnittstellen mit Hilfe radioaktiv endmarkierter DNA bestimmt, entsteht bei der Elektrophorese der denaturierten DNA eine Leiter, wie sie in Abbildung 27.12 zu sehen ist.

Der Abstand zwischen aufeinanderfolgenden Leitersprossen beträgt zehn bis elf Basen. Die Leiter erstreckt sich über die gesamte Länge der Core-DNA. Die Schnittstellen sind von S1 bis S13 durchnumeriert (wobei S1 etwa zehn Basen, S2 etwa 20 Basen vom markierten 5′-Ende entfernt liegt, und so weiter). In Abbildung 27.13 sind ihre Positionen relativ zur DNA-Superhelix dargestellt.

Die Schnitte erfolgen nicht an allen Positionen mit derselben Häufigkeit: Einige Stellen werden ziemlich effizient geschnitten, andere nur sehr selten. Die DNasen I und II erzeugen dieselbe Leiter, die Banden erscheinen jedoch teilweise mit unterschiedlicher Intensität. Das zeigt, daß das Fragmentmuster einer spezifischen Reihe von Schnittstellen auf der DNA entspricht. Diese wird durch die Organisation der DNA festgelegt und zeigt bei bestimmten Positionen eine leichte Bevorzugung durch das jeweilige Enzym. Durch Spaltung mit einem Hydroxylradikal erhält man dasselbe Schnittstellenmuster. Das spricht dafür, daß das Muster die DNA-Struktur selbst widerspiegelt und nicht eine Sequenzpräferenz.

Die Empfindlichkeit der nucleosomalen DNA gegenüber Nucleasen entspricht einem DNA-„Footprinting"-Experiment. Auf diese Weise ist es möglich, das Ausbleiben der Reaktion an bestimmten Positionen auf die Struktur des Nucleosoms zu übertragen; innerhalb dieser Struktur sind bestimmte Positionen der DNA nicht zugänglich.

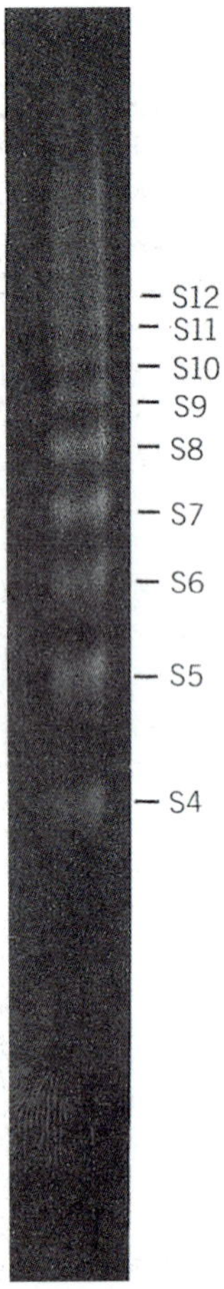

27.12 Die Einzelstrangbruchstellen liegen entlang der Core-DNA in regelmäßigen Abständen, wie anhand einer DNase-I-Behandlung von Zellkernen zu erkennen ist. (Aufnahme mit freundlicher Genehmigung von Leonard Lutter.)

Da es im Core-Partikel zwei DNA-Stränge gibt, werden bei einem Experiment zur Endmarkierung beide 5′- (oder 3′-)Enden markiert (eines an jedem Strang). Deshalb enthält das Spaltmuster Fragmente aus beiden Strängen. Das zeigt sich auch in Abbildung 27.11; hier stammt jedes Fragment aus einem anderen Strang. Daraus folgt, daß bei einem solchen Experiment jede markierte Bande in

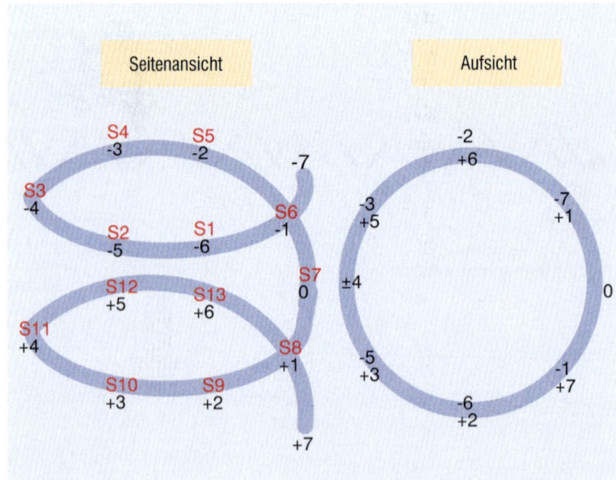

27.13 Die DNA eines Core-Partikels läßt sich mit Hilfe zweier Numerierungsschemata in Abschnitte von zehn Basenpaaren einteilen. Entweder numeriert man die Schnittstellen von einem Ende aus mit S1 bis S13 durch, oder man definiert S7 als Nullkoordinate der dualen Symmetrie und numeriert dann von –7 bis +7.

Wirklichkeit zwei Fragmenten entspricht. Diese entstehen aufgrund von Schnittstellen, die vom *jeweils* markierten Ende *gleich weit* entfernt sind.

Wie sollen wir also die erkennbare Bevorzugung bestimmter Schnittstellen erklären? Zum einen kann die DNA auf dem Partikel symmetrisch verlaufen (um eine horizontale Achse durch das Nucleosom, die in Abbildung 27.4 eingezeichnet ist). Wenn also beispielsweise die DNase I kein Fragment von 80 Basen ezeugt, kann das nur bedeuten, daß die Position in 80 Basen Entfernung vom 5′-Ende für das Enzym bei *keinem* Strang zugänglich ist. Das zweite Numerierungssystem in Abbildung 27.13 spiegelt diese Vorstellung wider und setzt S7 = Position 0 als Symmetriezentrum.

Wenn DNA auf einer glatten Oberfläche immobilisiert wird, liegen die Schnitte in regelmäßigen Abständen. Aus Abbildung 27.14 wird ersichtlich, daß dies der helicalen Periodizität der exponierten Stellen in der B-Form der DNA entspricht. Die **Schnittstellenperiodizität** (also der

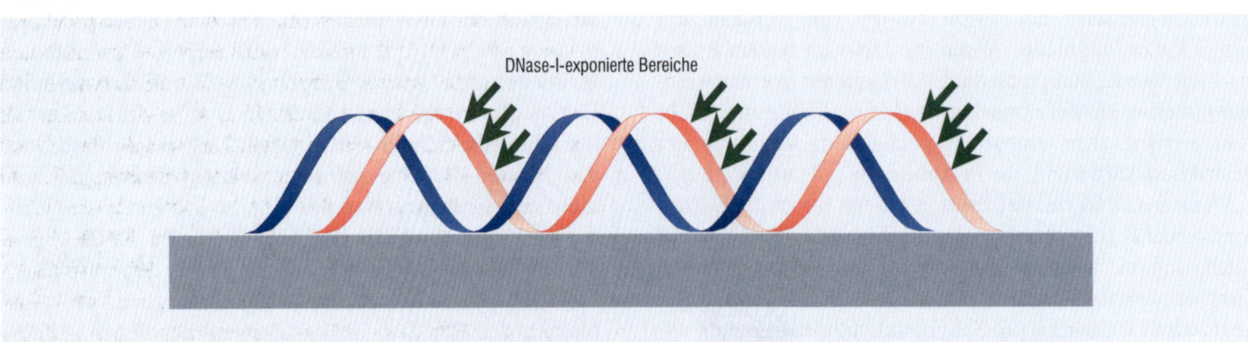

27.14 Die am stärksten exponierten DNA-Bereiche folgen einer Periodizität, die der Doppelhelixstruktur entspricht. (Zum besseren Verständnis sind die Bereiche nur für einen Strang eingezeichnet.)

27.15 Eine Analyse mit hoher Auflösung zeigt, daß jede Schnittstelle der DNase I aus mehreren benachbarten, zugänglichen Phosphodiesterbindungen besteht. Das läßt sich hier am Beispiel der Schnittstellen S4 und S5 erkennen, die in endmarkierten Core-Partikeln untersucht wurden. (Aufnahme mit freundlicher Genehmigung von Leonard Lutter.)

Abstand zwischen den Schnittstellen) korreliert tatsächlich mit der **strukturellen Periodizität** (der Anzahl der Basenpaare pro Doppelhelixwindung). Demnach entspricht die Entfernung zwischen den Schnittstellen der Zahl der Basenpaare pro Windung. Messungen dieser Art deuten darauf hin, daß eine Windung aus doppelsträngiger B-DNA durchschnittlich 10,5 bp enthält.

Welcher Art sind die Schnittstellen auf dem Nucleosom? Abbildung 27.15 zeigt, daß jede Stelle drei bis vier Positionen enthält, an denen ein Schnitt erfolgen kann. Die definitive Schnittstelle liegt also innerhalb eines Bereichs von ±2 bp und entspricht einer kurzen Folge von Bindungen in beiden Strängen, die der Nucleaseaktivität in einem Abschnitt von drei bis vier Basenpaaren ausgesetzt sind. Ein Vergleich der Intensitäten zeigt, daß einige Stellen gegenüber anderen bevorzugt werden.

Aufgrund dieses Musters können wir die „durchschnittliche" Position berechnen, an der ein Schnitt erfolgt. An den DNA-Enden (von S1 bis S4 und von S10 bis S13) liegen zwei Schnittstellen jeweils 10,0 Basen auseinander. In der Mitte des Partikels (S4 bis S10) beträgt der Abstand 10,7 Basen. (Da sich diese Analyse auf *durchschnittliche* Positionen bezieht, muß der Basenabstand zwischen den einzelnen Schnittstellen nicht unbedingt ganzzahlig sein.)

Die Variabilität des Schnittstellenabstands entlang der Core-DNA (10,0 an den Enden und 10,7 in der Mitte) bedeutet, daß auch die strukturelle Periodizität variiert. In der Mitte enthält die DNA mehr und an den Enden weniger Basenpaare pro Windung als in Lösung. Die durchschnittliche Periodizität (10,2 bis 10,4 bp pro Windung, je nach Meßmethode) liegt für das gesamte Nucleosom unter 10,5 bp pro Windung für DNA in Lösung.

Die Kristallstruktur des Core-Partikels deutet darauf hin, daß die DNA in Form einer flachen Superhelix organisiert ist, die sich in 1,8 Drehungen um das Histonoktamer wickelt. Die Steigung der Superhelix variiert, wobei sich in der Mitte ein Knick befindet. Bereiche mit starker Krümmung sind symmetrisch angeordnet; sie befinden sich an den Positionen ±1 und ±4. Diese entsprechen den Schnittstellen S6 und S8 sowie S3 und S11, die gegenüber DNase I am wenigsten empfindlich sind. Wahrscheinlich ist die starke Krümmung dafür verantwortlich, die Einzelheiten auf molekularer Ebene müssen jedoch noch bestimmt werden.

27.4 Die Überspiralisierung und die Periodizität von DNA

Wenn wir die vorhergesagte Überspiralisierung (*supercoiling*) des DNA-Verlaufs mit der dann tatsächlich gemessenen der nucleosomalen DNA vergleichen, erhalten wir einen Einblick in die Struktur dieser DNA. Sehr viel Arbeit an der Strukturaufklärung der Nucleosomengruppen hat man mit dem SV40-Virus durchgeführt. Die SV40-DNA ist ein ringförmiges Molekül mit 5 200 bp, wobei der Umfang des Ringes etwa 1 500 nm beträgt. Sowohl im Virion als auch im infizierten Zellkern ist die DNA in eine Kette von Nucleosomen verpackt und bildet das sogenannte **Minichromosom**.

Bei einer normalen Isolierung besitzt das Minichromosom einen Umfang von etwa 210 nm, was einem Packungsverhältnis von etwa sieben entspricht – im Prinzip derselbe Wert wie für das Nucleosom (etwa sechs). Veränderungen der Salzkonzentration können das Minichromosom in eine flexible Perlschnur umwandeln, die insgesamt ein wesentlich geringeres Packungsverhältnis besitzt. Das hebt noch einmal die Tatsache hervor, daß Nucleosomenketten abhängig von den Bedingungen *in vitro* mehr als nur eine Form annehmen können.

Der Überspiralisierungsgrad an den einzelnen Nucleosomen des Minichromosoms läßt sich wie in Abbildung 27.16 bestimmen. Zuerst werden die drei freien Überspiralisierungen des Minichromosoms entspannt, so daß die Nucleosomen eine ringförmige Schnur mit einer Superhelixdichte von 0 bilden. Dann extrahiert man die Histonoktamere, so daß die DNA frei verläuft. Jede Überspiralisierung, die im Minichromosom zwar vorhanden, aber unterdrückt war, erscheint in der proteinfreien DNA als

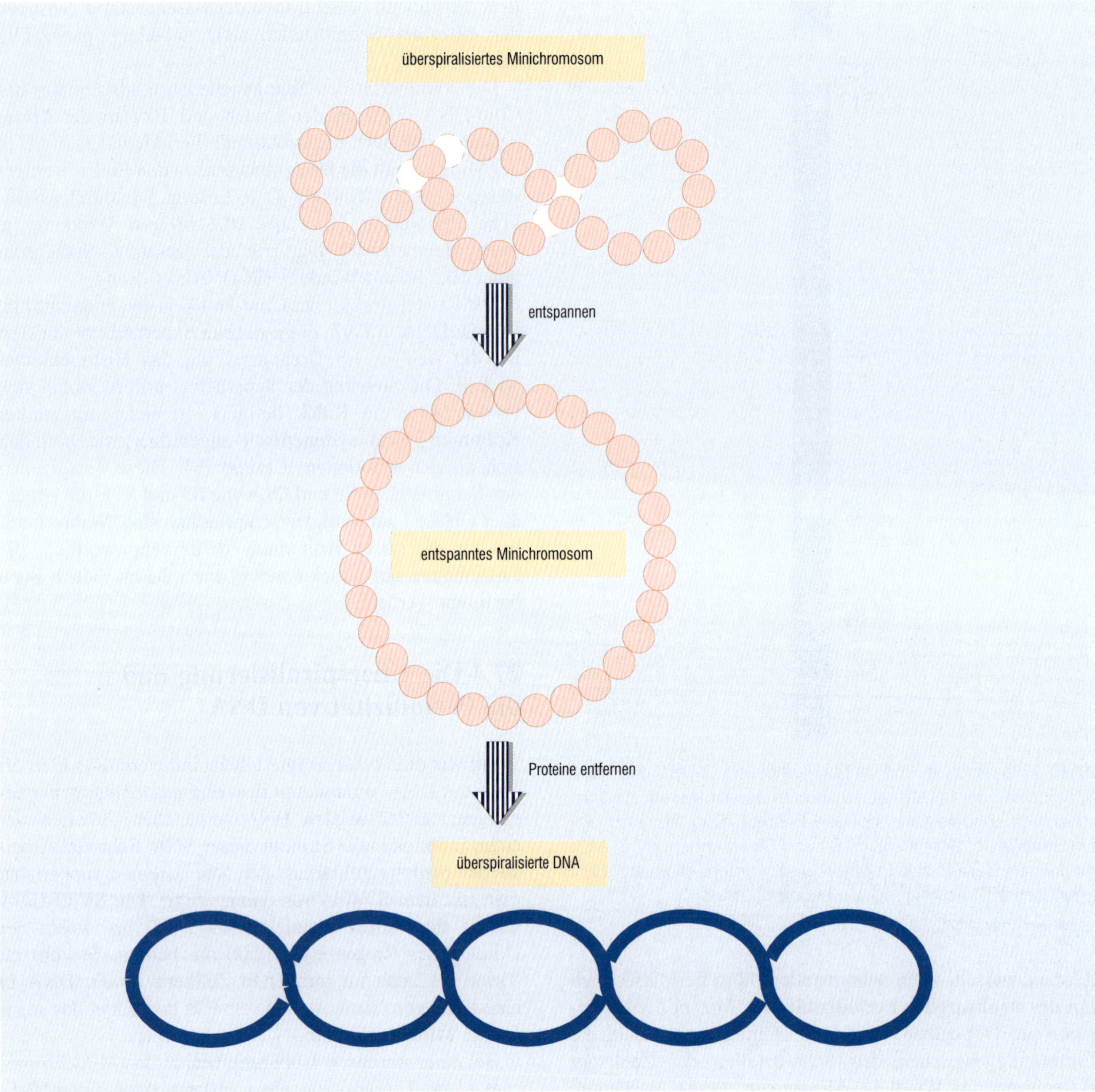

27.16 Die Überspiralisierungen des SV40-Minichromosoms lassen sich entspannen, so daß eine Ringstruktur entsteht, die nach einem Verlust der Histone als freie DNA wieder Überspiralisierungen bildet.

–1 Windung. So bestimmt man dann die Zahl der Überspiralisierungen der SV40-DNA.

Der gemessene Wert entspricht etwa der Anzahl der Nucleosomen. Wenn man Nucleosomen *in vitro* mit der überspiralisierten SV40-DNA zusammenbringt, erhält man das umgekehrte Ergebnis: Die Bildung jedes einzelnen Nucleosoms entfernt etwa eine negative Überspiralisierung.

Die DNA besitzt also auf dem Nucleosom einen Verlauf, der etwa eine negative Überspiralisierung erzeugt, wenn man das strukturgebende Protein entfernt. Der Verlauf der DNA auf dem Nucleosom entspricht jedoch –1,8 superhelicalen Windungen (Abbildung 27.4). Diesen Unterschied bezeichnet man auch als das **Verwindungszahlparadoxon** (*linking number paradoxon*).

Der Widerspruch läßt sich zumindest teilweise durch die Differenz zwischen den durchschnittlichen 10,2 bp pro Windung der Nucleosomen-DNA und den 10,5 bp pro Windung der freien DNA erklären. In einem Nucleosom mit 200 bp weist die DNA $200/10{,}2 \approx 19{,}6$ Windungen auf. Bei der Freisetzung der DNA aus dem Nucleosom verändert sich dieser Wert auf $200/10{,}5 \approx 19{,}0$ Windungen. Der Verlauf der dichter gewundenen DNA im Nucleosom absorbiert –0,6 Windungen, und dies erklärt zumindest zum Teil den Unterschied zwischen den –1,8 Superhelixwindungen im tatsächlichen Verlauf und dem gemessenen

Wert von –1,0. Tatsächlich führt ein Teil der Torsionsspannung zu einer Erhöhung der Basenpaare pro Windung; nur der Rest läßt sich in der Überspiralisierung messen. Berücksichtigt man noch die Schwierigkeiten bei der Durchführung dieser Messungen, so liefert die Veränderung der Periodizität möglicherweise eine vollständige Erklärung für das Verwindungszahlparadoxon.

27.5 Die Anordnung der Nucleosomen im Chromatinfaden

Bei der Untersuchung des Chromatins im Elektronenmikroskop sind zwei Arten von Fäden zu erkennen: der 10-nm- und der 30-nm-Faden. Die Bezeichnungen sind aus der ungefähren Stärke des Fadens abgeleitet (die beim 30-nm-Faden etwa zwischen 25 und 30 nm variiert).

Der **10-nm-Faden** ist im Prinzip eine durchgängige Kette von Nucleosomen. In einigen Bereichen geht die Schnur in eine ausgestrecktere Form über, so daß die Nucleosomen als Perlenkette, wie in Abbildung 27.17,

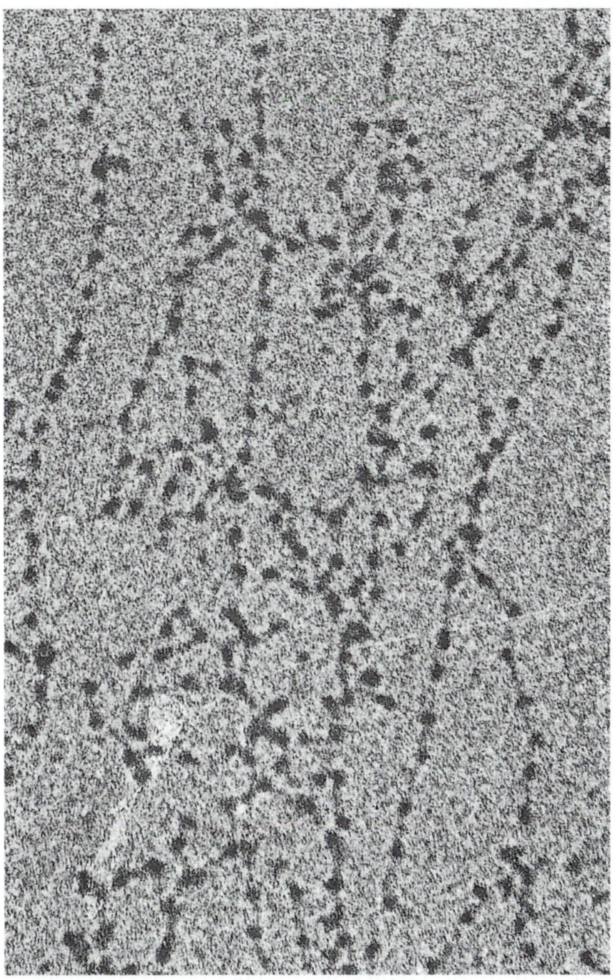

27.17 Der 10-nm-Faden zeigt in teilweise abgewickeltem Zustand die Struktur einer Schnur aus Nucleosomen. (Aufnahme mit freundlicher Genehmigung von Barbara Hamkalo.)

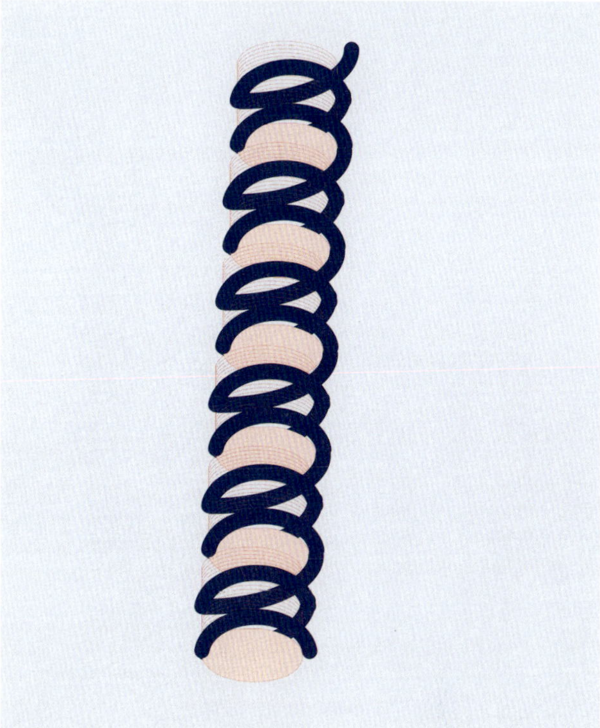

27.18 Der 10-nm-Faden ist eine durchgängige Schnur von Nucleosomen.

sichtbar werden. Die Struktur des 10-nm-Fadens bildet sich unter Bedingungen mit niedriger Ionenstärke; das Histon H1 muß dabei nicht vorhanden sein. Das bedeutet, daß es sich hier ausschließlich um eine Funktion der Nucleosomen handelt. Der 10-nm-Faden läßt sich im Prinzip in Form einer kontinuierlichen Folge von Nucleosomen sichtbar machen (Abbildung 27.18). Es ist unklar, ob eine solche Struktur *in vivo* existiert oder ob sie durch eine Entfaltung bei der Extraktion *in vitro* entstanden ist.

Wenn man das Chromatin bei höherer Ionenstärke betrachtet, bildet sich der **30-nm-Faden** (Abbildung 27.19). Erkennbar ist hier die zugrundeliegende überspiralisierte Struktur des Fadens. Jede Windung besteht aus etwa sechs Nucleosomen, was einem Packungsverhältnis von 40 entspricht (das heißt, daß pro 1 μm entlang der Achse 40 μm DNA enthalten sind). Für diese Struktur ist das Histon H1 erforderlich. Der 30-nm-Faden ist das Grundelement sowohl des Interphasechromatins als auch der mitotischen Chromosomen.

Die Nucleosomen sind im Faden mit größter Wahrscheinlichkeit in Form einer langgestreckten Spule (eines Solenoids, dargestellt in Abbildung 27.20) gepackt. Sie bilden eine Folge von Helixwindungen, wobei die Grundflächen benachbarter Nucleosomen in einem Winkel von etwa 60° zueinander stehen.

Der 30-nm- und der 10-nm-Faden lassen sich reversibel durch Veränderung der Ionenstärke ineinander überführen. Das deutet darauf hin, daß die lineare Anordnung der Nucleosomen im 10-nm-Faden bei niedriger Ionenstärke

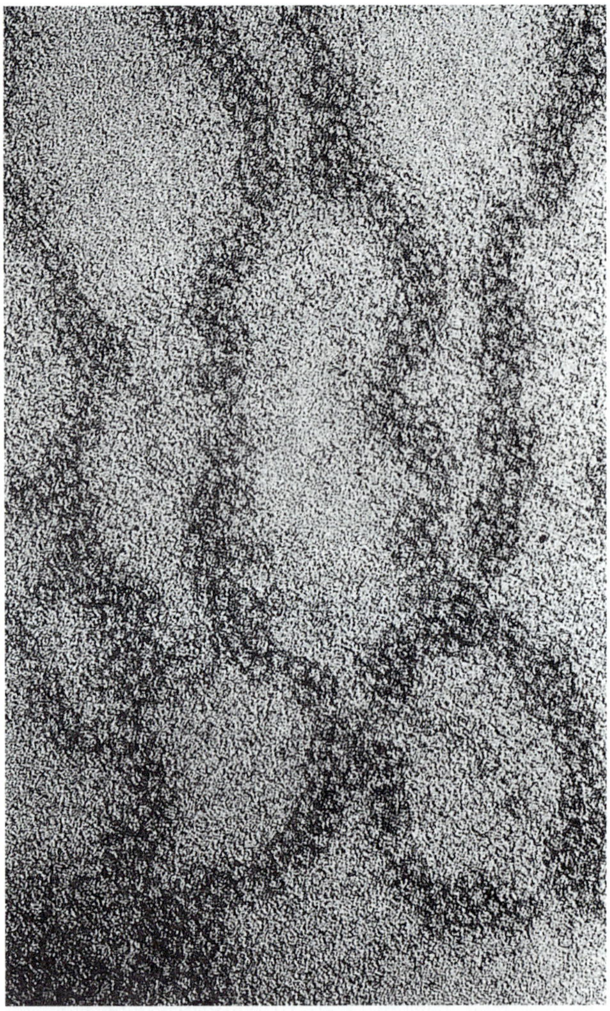

27.19 Der 30-nm-Faden besitzt eine spiralisierte Struktur (hier in demselben Größenmaßstab dargestellt wie der 10-nm-Faden in Abbildung 27.17; Aufnahme mit freundlicher Genehmigung von Barbara Hamkalo.)

durch eine Erhöhung der Ionenkonzentration und bei Anwesenheit von H1 zur 30-nm-Struktur überspiralisiert wird.

Obwohl H1 für die Bildung der 30-nm-Struktur notwendig ist, erhält man über dessen Lokalisierung widersprüchliche Informationen. Da sich H1 relativ leicht aus dem Chromatin extrahieren läßt, wäre zu vermuten, daß es entlang der Achse des Fadens an der Außenseite der Superhelix liegt. Beugungsdaten sowie die Tatsache, daß H1 in 30-nm-Fäden schlechter zu finden ist als in 10-nm-Fäden, die H1 noch enthalten, sprechen jedoch dafür, daß H1 innen lokalisiert ist.

Wie gelangen wir vom 30-nm-Faden zu den spezifischen Strukturen der mitotischen Chromosomen? Ist der Aufbau des Interphasechromatins ebenfalls spezifisch? Besteht zwischen den einzelnen Regionen der 30-nm-Fäden eine bestimmte Beziehung oder ist ihre Anordnung zufällig? Auf solche Fragen gibt es zur Zeit keine Antworten.

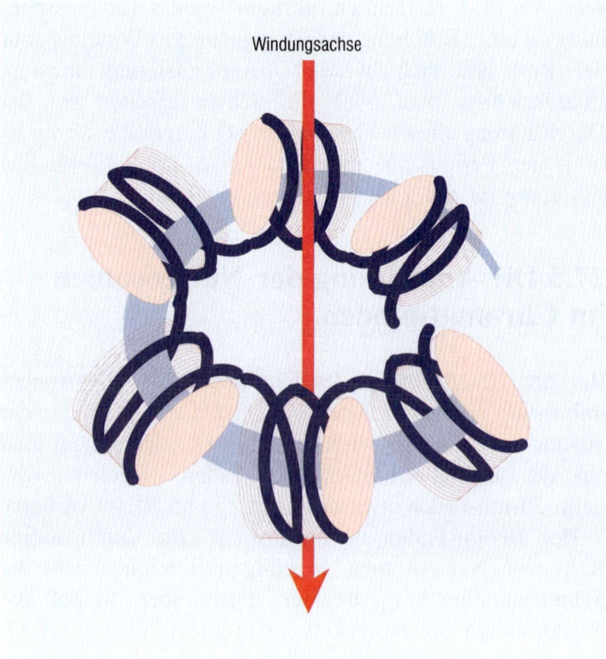

27.20 Der 30-nm-Faden besteht möglicherweise aus helicalen Windungen von sechs Nucleosomen pro Drehung mit radiärsymmetrischer Anordnung.

27.6 Die Organisationsstruktur des Histonoktamers

Bis jetzt sind wir bei der Betrachtung der Nucleosomenstruktur von der Organisation der DNA an der Oberfläche ausgegangen. Im Hinblick auf die Proteine stellt sich die Frage, welche Wechselwirkungen zwischen den Histonen und der DNA bestehen. Zeigen Histone nur in Gegenwart von DNA die richtige Reaktion, oder besitzen sie von sich aus die Fähigkeit, Oktamere zu bilden? Die meisten Hinweise über die Wechselwirkungen zwischen den Histonen erhält man durch ihre Fähigkeit, stabile Komplexe zu bilden, sowie durch Quervernetzungsexperimente mit dem Nucleosom.

Die Core-Histone bilden zwei Arten von Komplexen: zum einen das $H3_2$-$H4_2$-Tetramer der Histone H3 und H4, zum anderen verschiedene Komplexe aus H2A und H2B (insbesondere das H2A-H2B-Dimer).

Intakte Histonoktamere erhält man entweder durch Extraktion aus dem Chromatin oder (unter größeren Schwierigkeiten) durch *in vitro*-Assoziation der Histone unter Bedingungen mit hoher Salz- und niedriger Proteinkonzentration. Das Oktamer kann durch Dissoziation zu einem Hexamer werden, dem ein H2A-H2B-Dimer fehlt. In einem weiteren Schritt geht das andere Dimer verloren, so daß das $H3_2$-$H4_2$-Tetramer übrigbleibt. Das spricht für eine Organisationsstruktur, bei der das Nucleosom einen zentralen „Kern" (*kernel*) in Form des $H3_2$-$H4_2$-Tetramers besitzt. Das Tetramer kann mit DNA *in vitro* Partikel bilden, die bereits einige Eigenschaften des Core-Partikels besitzen.

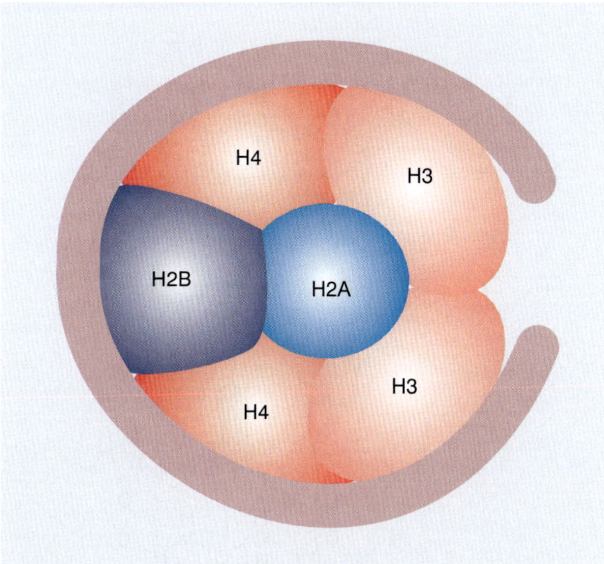

27.21 In einem symmetrischen Nucleosomenmodell bildet das $H3_2$-$H4_2$-Tetramer den Kern der Struktur. Von oben ist ein H2A-H2B-Dimer zu sehen, das andere befindet sich an der Unterseite.

Mit Hilfe von Quervernetzungsanalysen lassen sich diese Beziehungen noch genauer untersuchen. Man kann erkennen, welche Paare von Histonen im Nucleosom nahe beieinander liegen. (Solche Ergebnisse bringen jedoch das Problem mit sich, daß im allgemeinen nur ein geringer Teil der Proteine quervernetzt wird; deshalb muß man bei der Bewertung vorsichtig sein, ob die Befunde wirklich den entscheidenden Wechselwirkungen entsprechen.) Abbildung 27.21 zeigt schematisch ein Organisationsmodell für das Nucleosom, das aus diesen Daten entwickelt wurde.

Strukturanalysen ergeben, daß die Form des isolierten Histonoktamers insgesamt dem Core-Partikel ähnlich ist. Das deutet darauf hin, daß die Wechselwirkungen zwischen den Histonen die allgemeine Struktur festlegen. Die Positionen der einzelnen Histone lassen sich aufgrund ihrer Wechselwirkungen und ihrer Quervernetzungsreaktionen verschiedenen Bereichen der Oktamerstruktur zuordnen.

Die Kristallstruktur (mit 3,1 Å Auflösung) liefert das detaillierte Modell für das Histonoktamer in Abbildung 27.22. Wenn man den Verlauf des Rückgrats der einzelnen Polypeptidketten verfolgt, zeigt sich, daß die Histone nicht als einzelne globuläre Proteine organisiert sind, sondern mit dem jeweiligen Partner verzahnt sind – H3 mit H4, H2A mit H2B. Das Modell unterscheidet also das $H3_2$-$H4_2$-Tetramer (weiß) von den H2A-H2B-Dimeren (blau), zeigt aber keine einzelnen Histone.

Die Ansicht von oben entspricht derselben Perspektive, wie sie in der schematischen Darstellung von Abbildung 27.21 verwendet wurde. Das $H3_2$-$H4_2$-Tetramer ist für den Durchmesser des Oktamers ausschlaggebend und bildet die Form eines Hufeisens. Die H2A-H2B-Paare passen in Form zweier Dimere in die Struktur hinein, es ist jedoch

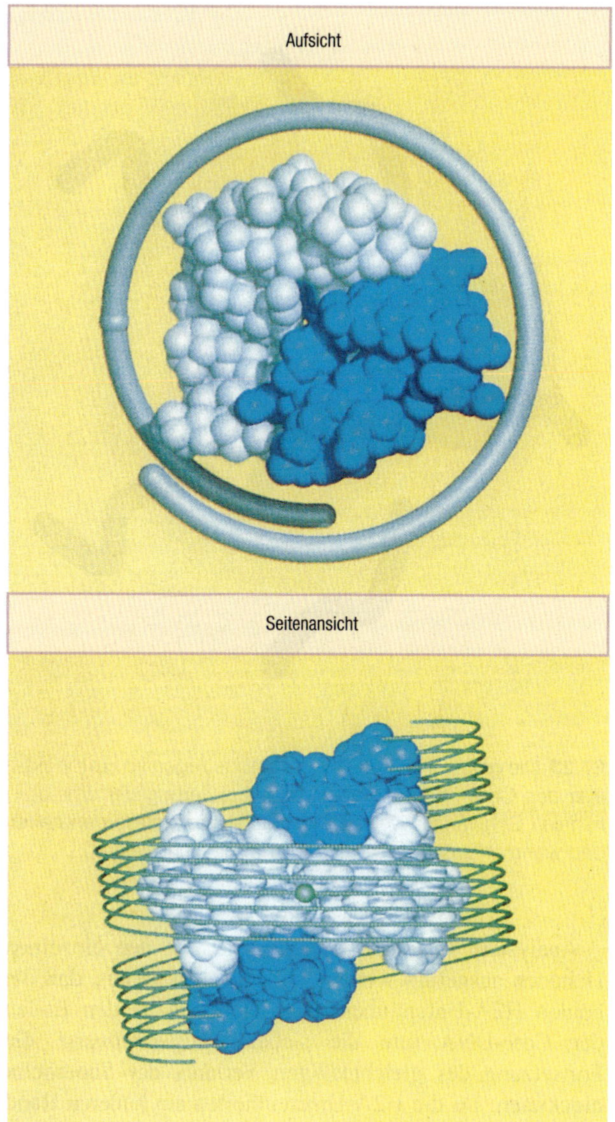

27.22 Die Kristallstruktur des Histon-Core-Oktamers ist hier in raumfüllender Darstellungsform abgebildet. Das $H3_2$-$H4_2$-Tetramer erscheint weiß und die H2A-H2B-Dimere blau. In der Aufsicht ist nur eines der beiden H2A-H2B-Dimere zu sehen, da das andere an der Unterseite verborgen ist. Der mögliche Verlauf der DNA ist in der Aufsicht als dünner Schlauch (mit einem Viertel des DNA-Durchmessers) und in der Seitenansicht als parallele Linien in einem Bündel von 20 Å Breite dargestellt. (Aufnahme mit freundlicher Genehmigung von Evangelos Moudrianakis.)

aus dieser Blickrichtung nur eines zu sehen. Die Seitenansicht entspricht der Perspektive von Abbildung 27.4. Hier lassen sich die jeweiligen Funktionen des $H3_2$-$H4_2$-Tetramers und der getrennten H2A-H2B-Dimere unterscheiden. Die Proteine bilden eine Art Spule mit einem helicalen Strukturverlauf, der möglicherweise der Bindungsstelle für die DNA entspricht. Die DNA würde sich dann in zwei Drehungen um das Nucleosom herumwickeln. Das Modell zeigt eine zweifache Symmetrie in bezug auf eine Achse, die zur Seitenansicht senkrecht steht.

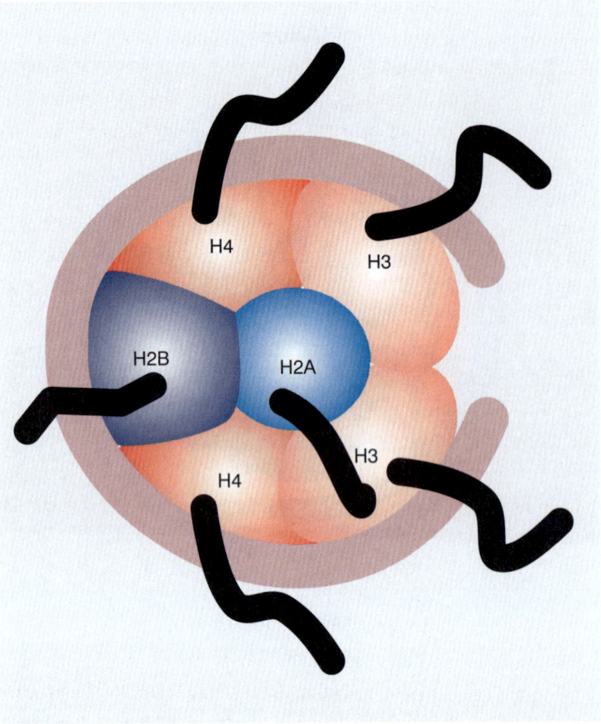

27.23 Die globulären Anteile der Histone liegen im Histonoktamer des Core-Partikels, aber die Lokalisierung der aminoterminalen Schwänze, welche die Modifikationsstellen enthalten und wahrscheinlich beweglicher sind, ist nicht geklärt.

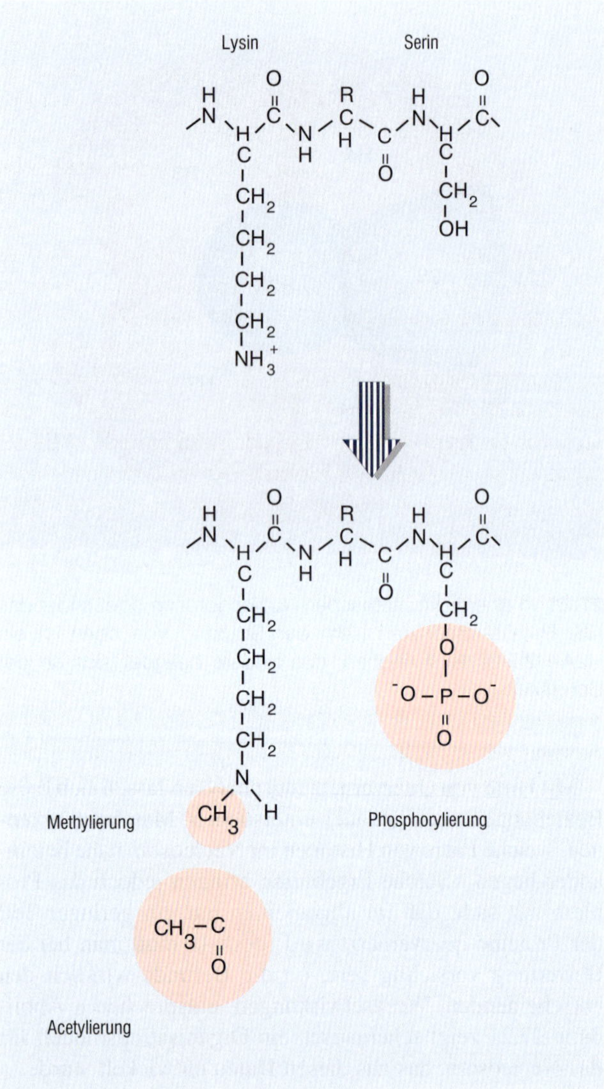

27.24 Die Acetylierung von Lysin und die Phosphorylierung von Serin verringern die positive Gesamtladung eines Proteins.

Analysiert man die Bereiche, die von den einzelnen Histonen ausgefüllt werden, so stellt sich heraus, daß die beiden H2A-Untereinheiten an Stellen nahe den Enden der Core-DNA (um die sieben) möglicherweise die Fortsetzung des gleichmäßigen Verlaufs der Superhelix blockieren. Da die H2A-Untereinheiten am äußeren Rand des Core-Partikels liegen, müßte die Linker-DNA in bezug auf den Verlauf der Core-DNA um etwa 50° abknicken. Der tatsächliche Verlauf der Linker-DNA bleibt eine der wichtigsten ungelösten Fragen zur Struktur der Nucleosomen.

Jedes Core-Histon besitzt einen globulären Strukturanteil, der an der zentralen Proteinmasse des Nucleosoms beteiligt ist. Jedes Histon enthält außerdem einen beweglichen aminoterminalen Schwanz mit Modifikationsstellen, die möglicherweise für die Chromatinfunktion von Bedeutung sind. Die Strukturen dieser Schwänze sind unbekannt; wir stellen sie uns als Gebilde vor, die vom Nucleosom frei abstehen, wie es in Abbildung 27.23 gezeigt ist.

Alle Histone werden modifiziert, indem an die freien Reste bestimmter Aminosäuren zusätzliche chemische Gruppen kovalent gebunden werden. Zu einer Acetylierung und Methylierung kommt es an den freien (ε-)Aminogruppen des Lysins. Dabei wird die positive Ladung der NH_3^+-Gruppe beseitigt, wie die Reaktion in Abbildung 27.24 zeigt. An Arginin und Histidin kommt es ebenfalls zu einer Methylierung. Die Phosphorylierung der Hydroxylgruppe von Serin und ebenso die Phosphorylierung von Histidin erzeugt jeweils eine negative Ladung in Form einer Phosphatgruppe.

Diese Modifikationen sind temporär. Da sie die Ladung des Proteinmoleküls verändern, beeinflussen sie möglicherweise die funktionellen Eigenschaften des Oktamers. Es gibt einige Hinweise darauf, daß die Modifikation der Histone mit strukturellen Veränderungen des Chromatins bei der Replikation und Transkription zusammenhängen.

Bei synchronisierten Zellen in Kultur werden anscheinend sowohl die bereits existierenden als auch die neusynthetisierten Core-Histone in der S-Phase acetyliert und methyliert (während der DNA-Replikation und der Histonsynthese). Im späteren Verlauf des Zellzyklus werden die modifizierenden Gruppen wieder entfernt.

Das Zusammentreffen von Modifikation und Replikation deutet darauf hin, daß die Acetylierung (und die Methylierung) mit dem Zusammenbau der Nucleosomen zusammenhängen kann. Es wird vermutet, daß eine Verringerung der positiven Ladungen möglicherweise die Affinität der Histone für die DNA herabsetzt; dadurch ließe sich die Reaktion besser steuern. Diese Vorstellung hat jedoch aufgrund der Beobachtung, daß sich Nucleosomen zumindest *in vitro* mit unmodifizierten Histonen rekonstituieren lassen, an Bedeutung verloren. Auch die Acetylierung korreliert mit der Genexpression (siehe unten).

H1 unterliegt einem Zyklus aus Phosphorylierung und Dephosphorylierung, aber die zeitliche Abstimmung unterscheidet sich vom Modifikationszyklus der übrigen Histone. Bei Säugerzellen in Kultur werden während der S-Phase eine oder zwei Phosphatgruppen eingeführt. Die wichtigste Phosphorylierungsreaktion ist jedoch das spätere Hinzufügen weiterer Gruppen während der Mitose, so daß schließlich bis zu sechs Phosphatgruppen vorhanden sind. Alle Phosphatgruppen werden am Ende der Zellteilung entfernt. Die M-Phasen-Kinase katalysiert die Phosphorylierung von H1 und bildet für die Mitose einen wichtigen Schalter (Kapitel 36). Die H1-Kinase-Aktivität des Enyzms wird jetzt häufig untersucht. Über die Phosphatasen, welche die Phosphatgruppen später entfernen, weiß man noch nicht viel. Die zeitliche Abstimmung der entscheidenden Phosphorylierungen von H1 hat zu der Vermutung geführt, daß sie mit der mitotischen Kondensation zusammenhängen. Dies paßt zweifellos zu der Beobachtung, daß die Existenz des 30-nm-Chromatinfadens von der Anwesenheit der H1-Histone abhängt.

27.7 Für die Reproduktion des Chromatins müssen sich die Nucleosomen neu formieren

Die Beschreibung des Chromatins als doppelsträngiger DNA-Faden, der um eine Reihe von Histonoktamere gewickelt ist, welche die Nucleosomen bilden, war der erste wichtige Schritt bei der Beschreibung der Struktur des genetischen Materials im Zellkern. Die etwas statische Sichtweise erklärt den Aufbau der einzelnen Untereinheiten und (zu einem gewissen Grad) auch die Beziehung zwischen benachbarten Untereinheiten. Die Organisation der Nucleosomen muß jedoch ausreichend *flexibel* sein, um die verschiedenen strukturellen und funktionellen Anforderungen zu erfüllen, die an das Chromatin gestellt werden.

Zyklische Veränderungen der Verpackung wirken sich auf das gesamte Euchromatin aus. Während der Zellteilung muß das Euchromatin in den mitotischen Chromosomen dichter gepackt werden. Der Übergang wird wahrscheinlich durch Veränderungen der Proteine gesteuert, die über das gesamte Chromatin verteilt sind.

Replikation und Transkription sind lokale Vorgänge, die eine Auflösung der Struktur erfordern. Die Replikation erfolgt als Summe von Einzelvorgängen in lokal begrenzten Bereichen (Replicons) und erzeugt duplizierte Bereiche aus doppelsträngiger DNA, die alle mit Histonoktameren assoziert sind. Die Reaktionen, die an der Reproduktion der Nucleosomenpartikel beteiligt sind, kennt man noch nicht. Es stellt sich die Frage, was mit den Nucleosomen während der Replikation passiert und wie neue Nucleosomen entstehen.

Die Trennung der elterlichen DNA-Stränge erfordert anscheinend zwangsläufig, daß zumindest die Struktur des 30-nm-Fadens (und wahrscheinlich auch die des 10-nm-Fadens) aufgebrochen wird. Dabei stellt sich die Frage, wie weit dieses Aufbrechen geht. Ist nur die unmittelbare Nachbarschaft des Bereichs betroffen, in der die DNA-Synthese stattfindet, oder handelt es sich um eine größere Region? Gibt es eindeutige strukturelle Unterschiede zwischen Bereichen, die bereits repliziert wurden und anderen Bereichen, denen dies noch bevorsteht? Der temporäre Charakter des Replikationsvorgangs stellt für die Strukturanalyse einer bestimmten DNA-Region während der Replikation ein entscheidendes Problem dar. Die Replikationsgabel bildet eine besondere Struktur. Sie ist gegenüber der *Micrococcus*-Nuclease widerstandfähiger und wird durch das Enzym in Fragmente geschnitten, die eine andere Größe besitzen als bei der nucleosomalen DNA. Das deutet darauf hin, daß an der DNA-Replikation ein großer Proteinkomplex beteiligt ist, wobei sich die Nucleosomen hinter dem entlangwandernden Komplex mehr oder weniger sofort wieder formieren.

Während der Vermehrung des Chromatins gibt es keinen längeren Zeitraum, in dem die DNA frei von Histonen ist. Nach der Replikation der DNA werden die Nucleosomen an beiden Doppelsträngen neu gebildet. Diese Situation ist in Abbildung 27.25 dargestellt; hier ist zu erkennen, daß in dem neu replizierten DNA-Bereich bereits beide doppelsträngige Tochtersegemente in Nucleosomen verpackt sind.

Wie Histone mit der DNA bei der Nucleosomenbildung assoziieren, war schon immer eine schwierige Frage, die für einige Verwirrung sorgte. Bilden die Histone *zuerst* das Oktamer, um das sich die DNA später herumwickelt? Oder bindet ein $H3_2$-$H4_2$-Kern die DNA, und danach werden die H2A-H2B-Dimere hinzugefügt?

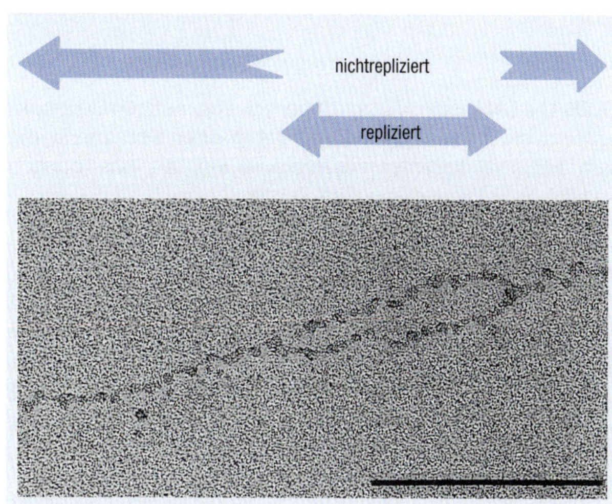

27.25 Die DNA wird sofort nach der Replikation in Nucleosomen verpackt.

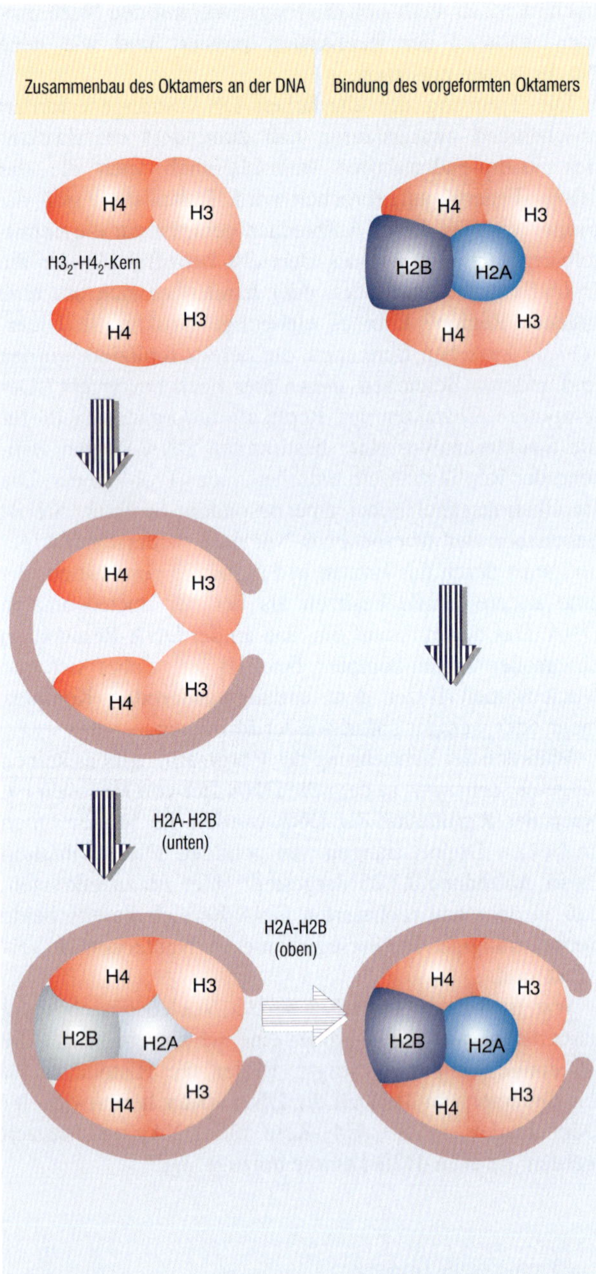

27.26 Die DNA kann *in vitro* mit dem quervernetzten Histonoktamer direkt in Wechselwirkung treten oder sich zuerst mit dem $H3_2$-$H4_2$-Tetramer zusammenlagern, an das danach die H2A-H2B-Dimere angefügt werden.

Die Selbstformierung ist *in vitro* eine langsame Reaktion und meist dadurch eingeschränkt, daß die sich bildenden Partikel zur Präzipitation neigen. Es ist schwierig herauszufinden, welche Bedingungen die physiologischen am besten nachahmen. Wie in Abbildung 27.26 dargestellt ist, sind *in vitro* beide Wege zur Formierung von Nucleosomen möglich.

An der Assoziation der Histone mit der DNA sind Hilfsproteine beteiligt. In *Xenopus*-Eiern hat man Proteine identifiziert, die möglicherweise diese Funktion besitzen. Aus den Eiern lassen sich Extrakte herstellen, die mit Histonen und exogener DNA Nucleosomen bilden. Die Eier enthalten zwei Proteine, die an Histone binden. Nucleoplasmin bindet H2A und H2B, N1 bindet H3 und H4. Antikörper gegen Nucleoplasmin oder N1 blockieren die Nucleosomenbildung in den *in vitro*-Extrakten.

Welche Funktionen besitzen diese Hilfsproteine? Sie können als „molekulare Anstandsdamen" (Chaperone) fungieren, die an Histone binden und entweder einzelne Histone oder Histonkomplexe (H3-H4 oder H2A-H2B) kontrolliert an die DNA übergeben. Das ist möglicherweise notwendig, da Histone als basische Proteine generell eine hohe Affinität zu DNA besitzen. Sowohl N1 als auch Nucleoplasmin sind saure Proteine, die durch die Bindung die positive Nettoladung der Histone vermindern. *Durch diese Wechselwirkungen können Histone Nucleosomen bilden, ohne daß sie in anderen kinetisch günstigen Zwischenstufen hängenbleiben (damit sind Komplexe gemeint, die aufgrund einer zu schnellen Bindung zwischen Histon und DNA entstehen).*

Versuche, Nucleosomen *in vitro* zu erzeugen, begannen mit der Analyse von Reaktionen zwischen freier DNA und Histonen. Nucleosomen bilden sich jedoch *in vivo* nur, wenn die DNA repliziert wird. Mit Extrakten aus menschlichen Zellen, welche die SV40-DNA replizieren und aus den Produkten Chromatin aufbauen, entwickelte man ein System, das die notwendigen Reaktionen simuliert. Die Chromatinbildung verläuft bevorzugt mit replizierender DNA. Dabei ist der Hilfsfaktor CAF-1 erforderlich, ein Komplex mit mehr als fünf Untereinheiten, der eine Masse von 238 kD besitzt. CAF-1 wirkt stöchiometrisch; seine Funktion besteht darin, neusynthetisierte H3- und H4-Histone zu binden und an der Replikationsgabel anzulagern. Die so gebildeten Nucleosomen enthalten in ihrer Wiederholungsstruktur 200 bp DNA, aber kein H1-Histon. Anscheinend lassen sich die korrekten Abstände auch ohne H1 einhalten.

Bei der Vermehrung des Chromatins wird ein DNA-Strang repliziert, *der bereits mit Nucleosomen assoziiert ist*; dabei entstehen zwei Tochterdoppelstränge. Was geschieht jetzt mit den existierenden Nucleosomen? Dissoziieren die Oktamere in freie Histone, die später wieder verwendet werden, oder bleiben sie in zusammengesetzter Form erhalten? Der Zustand der Oktamere läßt sich durch Quervernetzung der Histone bestimmen. In Abbildung 27.27 sind die möglichen Ergebnisse eines Experiments zusammengefaßt, bei dem man zuerst Zellen in Gegenwart schwerer Aminosäuren wachsen läßt, um diejenigen Histone identifizieren zu können, die vor der Replikation existierten. Dann wird in Gegenwart von leichten Aminosäuren die Replikation durchgeführt. An dieser Stelle erfolgt die Quervernetzung der Histonoktamere, die anschließend in einem Dichtegradienten zentrifugiert werden. Falls die ursprünglichen Oktamere erhalten bleiben, wird man sie in einem Bereich mit höherer Dichte finden, und die neuen Oktamere treten bei niedrigerer Dichte auf. Wenn jedoch die alten Histone freigesetzt und dann wieder mit neuen Histonen zusammengefügt wurden, besitzen die

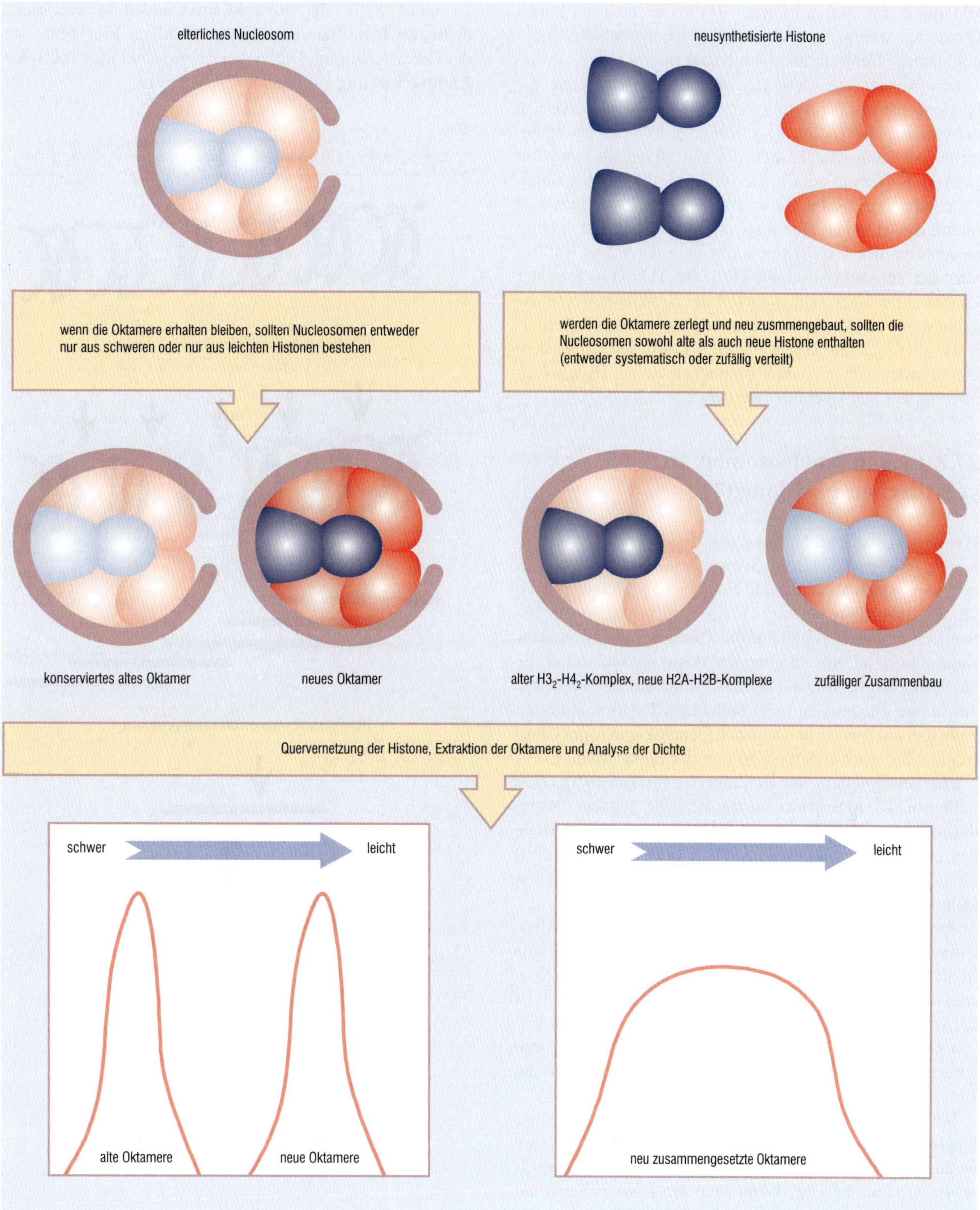

27.27 Falls die Histonoktamere erhalten bleiben, müssen alte und neue Oktamere bei verschiedenen Dichten erscheinen, sobald die Replikation „schwerer" Nucleosomen in Gegenwart „leichter" Aminosäuren erfolgt (links). Tatsächlich bilden die Oktamere jedoch diffuse Banden zwischen hoher und niedriger Dichte. Das deutet auf einen Mechanismus hin, bei dem die Oktamere zerlegt und wieder zusammengefügt werden (rechts).

Oktamere eine mittlere Dichte. Da im Bereich der hohen Dichte nur wenig Material zu finden ist, bleiben die Histonoktamere offensichtlich nicht bestehen.

Das Muster aus Zerlegen und Zusammensetzen der Nucleosomen ist bei weitem nicht geklärt. Möglicherweise dissoziieren die Oktamere vollständig in ihre Histonbausteine. Es kann jedoch sein, daß die Oktamere eines der H2A-H2B-Dimere oder beide verlieren, die zufällig durch neue oder alte Moleküle ersetzt werden. In diesem Fall bliebe das $H3_2$-$H4_2$-Tetramer erhalten. Vielleicht kommt es auch bei der Transkription zu einem ähnlichen Aufbrechen der Struktur (Abschnitt 27.9). Das $H3_2$-$H4_2$-Tetramer könnte in der Lage sein, während der Replikation vorübergehend mit einem Einzelstrang zu assoziieren; möglicherweise bleibt es tatsächlich mit dem Leitstrang verbunden. Das würde bedeuten, daß zumindest einige Histonoktamere an der DNA gebildet werden.

27.8 Liegen Nucleosomen an spezifischen Positionen?

Wir wissen, daß sich Nucleosomen *in vitro* rekonstituieren lassen, ohne daß die DNA-Sequenz eine Rolle spielt. Das bedeutet jedoch nicht, daß die Nucleosomenbildung *in vivo* sequenzunabhängig erfolgt. Liegt eine bestimmte DNA-Sequenz *in vivo* bezogen auf die Topographie des Nucleosoms immer an einer definierten Position? Oder sind die Nucleosomen zufällig auf der DNA angeordnet, so daß eine bestimmte Sequenz an einer beliebigen Position auftreten kann (beispielsweise bei der einen Genomkopie in der Core-Region, bei einer anderen Kopie in der Linker-Region)?

Zur Untersuchung dieser Frage ist es notwendig, eine definierte DNA-Sequenz zu verwenden; genauer ausgedrückt müssen wir die Position einer bestimmten Stelle der DNA im Verhältnis zum Nucleosom kennen. Abbildung 27.28 erläutert das Prinzip einer Methode, mit der sich das erreichen läßt.

Angenommen, die DNA-Sequenz kann mit den Nucleosomen nur eine einzige Konfiguration bilden, so daß jede Stelle der DNA an einer bestimmten Position des Nucleosoms zu liegen kommt. Diese Art der Organisation ist die sogenannte **Nucleosomenpositionierung** (oder *nucleosome phasing*). In einer Folge von positionierten Nucleosomen stellen die Linker-Regionen der DNA spezifische Bereiche dar.

Betrachten wir die Konsequenzen für ein einzelnes Nucleosom. Die Spaltung mit der *Micrococcus*-Nuclease erzeugt ein monomeres Fragment, das aus einer *spezifischen Sequenz* besteht. Wenn man die DNA isoliert und mit einem Restriktionsenzym behandelt, für das es in diesem Fragment nur eine einzige Erkennungssequenz gibt, sollte das Fragment an einer definierten Stelle geschnitten werden. Dabei entstehen zwei Fragmente, die jeweils eine festgelegte Größe besitzen.

Die Produkte der Doppelspaltung mit *Micrococcus*-Nuclease und Restriktionsenzym werden in einer Gelelektrophorese aufgetrennt. Eine Sonde, die der Sequenz an einer Seite der Restriktionsschnittstelle entspricht, dient der Identifizierung des zugehörigen Fragments aus der Doppelspaltung. Dieses Verfahren nennt man **indirekte Endmarkierung** (*indirect end labeling*).

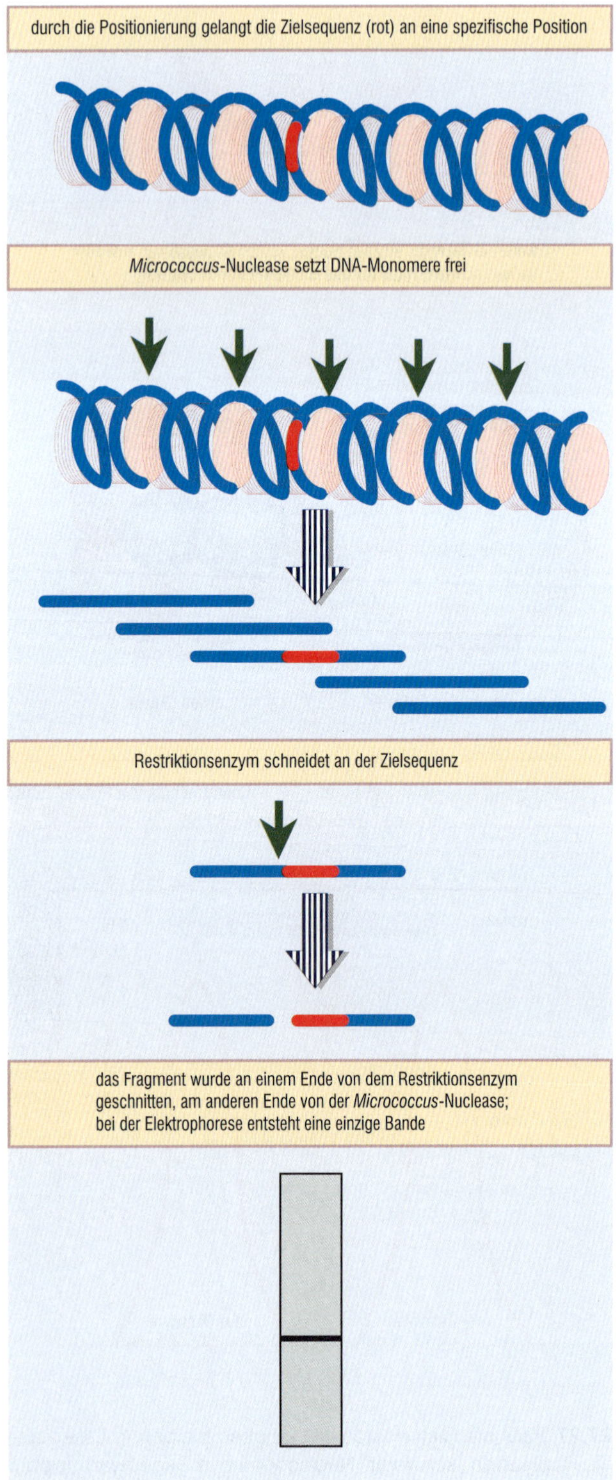

27.28 Durch die Nucleosomenpositionierung befinden sich Restriktionsschnittstellen relativ zu den Linker-Regionen, die von der *Micrococcus*-Nuclease gespalten werden, an spezifischen Positionen.

Kehren wir die Argumentation um: Eine einzige scharfe Bande zeigt, daß die Position der Restriktionsstelle im Verhältnis zum Ende der nucleosomalen DNA genau festgelegt ist (wobei dieses Ende durch den Schnitt der *Micrococcus*-Nuclease bestimmt wird). In diesem Fall kann das Nucleosom nur eine bestimmte DNA-Sequenz enthalten.

Was geschieht, wenn die Nucleosomen nicht an einer spezifischen Position liegen? Die Linker bestehen dann in jeder Kopie des Genoms aus *unterschiedlichen* DNA-Sequenzen und die Restriktionsstelle liegt dadurch jedes Mal an einer anderen Position. Tatsächlich kann die Stelle relativ zu den Enden der monomeren nucleosomalen DNA an jeder möglichen Position liegen. Abbildung 27.29 zeigt, daß die Doppelspaltung dann breit verschmierte Fragmente erzeugt, die vom kleinsten nachweisbaren DNA-Stück mit etwa 20 Basen bis zur gesamten Länge der monomeren DNA reichen.

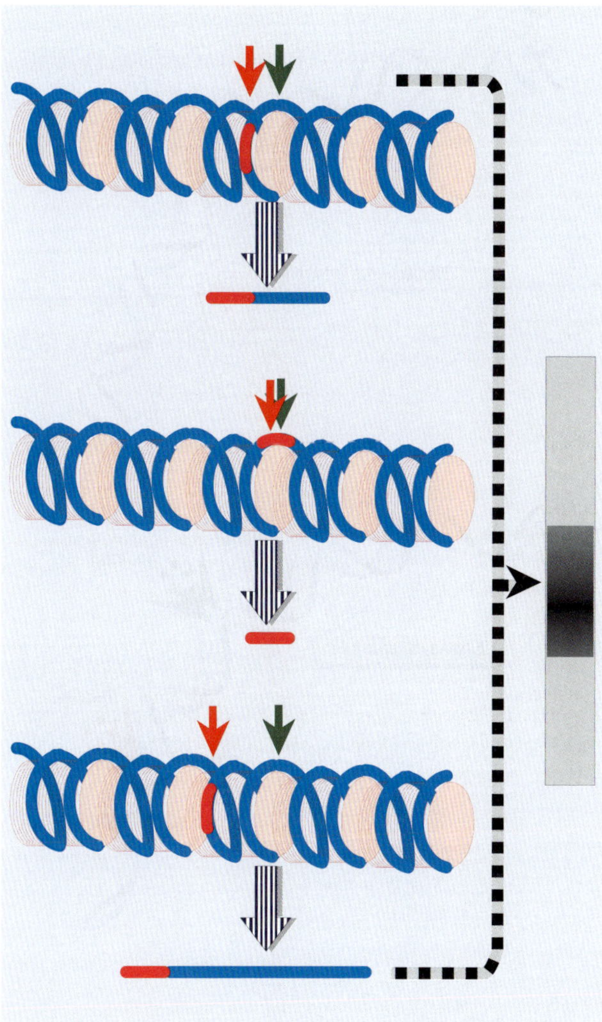

27.29 Ohne Nucleosomenpositionierung kann eine Restriktionsschnittstelle in verschiedenen Kopien eines Genoms an jeder möglichen Position liegen. Wenn ein Restriktionsenzym an einer Erkennungsstelle (rot) und die *Micrococcus*-Nuclease an den Verbindungssequenzen zwischen den Nucleosomen schneidet, entstehen Fragmente aller Größen (grün).

Bei der Bewertung dieser Experimente haben wir angenommen, daß die *Micrococcus*-Nuclease die DNA in den zugänglichen Linker-Bereichen ohne Sequenzspezifität schneidet. Tatsächlich besitzt das Enzym jedoch eine gewisse Spezifität für A•T-reiche Sequenzen. Darum können wir nicht davon ausgehen, daß eine scharfe Bande, die durch die indirekte Endmarkierung entsteht, der Entfernung zwischen der Restriktionsschnittstelle und der Linker-Region entspricht. Es kann sich auch um den Abstand zwischen der Restriktionsstelle und einer bevorzugten Spaltstelle der *Micrococcus*-Nuclease handeln!

Diese Möglichkeit läßt sich dadurch überprüfen, daß man die nackte DNA genauso behandelt wie das Chromatin. Wenn es in der entsprechenden Region Stellen gibt, die von der *Micrococcus*-Nuclease bevorzugt werden, müßte man ebenfalls spezifische Banden finden. Dieses Bandenmuster ließe sich dann mit dem Muster des Chromatins vergleichen.

Der *Unterschied* zwischen dem Bandenmuster der Kontroll-DNA und dem Chromatinmuster deutet auf eine Nucleosomenpositionierung hin. Einige Banden aus der Spaltung der Kontroll-DNA sind dann möglicherweise in der Nucleosomenspaltung nicht mehr zu sehen, da bevorzugt geschnittene Stellen nicht mehr zugänglich sind. Wenn aufgrund der Organisationsstruktur der Nucleosomen neue Schnittstellen zugänglich werden, können bei der Nucleosomenspaltung auch neue Banden auftreten.

Eine Nucleosomenpositionierung ließe sich auf zwei Weisen erreichen:

- Entweder inhärent: *Jedes Nucleosom wird spezifisch an einer bestimmten DNA-Sequenz angelagert.* Das würde unsere Vorstellung vom Nucleosom als Untereinheit verändern, die sich dann nicht mehr aus einem Histonoktamer und einer beliebigen DNA-Sequenz bilden könnte.
- Oder exogen: *Das erste Nucleosom lagert sich bevorzugt an einer bestimmten Stelle an.* Ein bevorzugter Startpunkt für die Postionierung der Nucleosomen entsteht dann, wenn in einem bestimmten Bereich keine Nucleosomen vorkommen. Diese Ausschlußregion erzeugt eine *Grenzlinie*, welche die Zahl der verfügbaren Positionen für das anschließende Nucleosom einschränkt. Hinter dieser kann sich eine Folge von Nucleosomen mit einer Wiederholungseinheit von definierter Länge bilden.

Jetzt ist klar, daß die Anlagerung der Histonoktamere an die DNA in bezug auf die Sequenz nicht zufällig erfolgt. Das Muster ist in einigen Fällen inhärent, wenn strukturelle Merkmale der DNA ausschlaggebend sind. In anderen Fällen, wenn das Muster aufgrund von Wechselwirkungen zwischen anderen Proteinen und der DNA und/oder den Histonen entsteht, ist es exogen festgelegt.

Bestimmte Strukturmerkmale der DNA beeinflussen die Plazierung der Histonoktamere. DNA neigt von sich aus dazu, sich in eine Richtung mehr zu krümmen als in eine andere. A•T-reiche Abschnitte lagern sich so, daß die kleine Furche zum Oktamer zeigt, während bei G•C-reichen Abschnitten die kleine Furche außen liegt. In der zentralen Superhelixwindung des Core-Bereichs kommen keine langen Bereiche aus dA•dT (mehr als acht Basenpaare) vor. Es ist bis jetzt noch nicht möglich, die Summe aller relevanten Struktureffekte zu berechnen, um die Position einer bestimmten DNA-Sequenz relativ zum Nucleosom zu bestimmen. Allgemein gilt jedoch, daß die Orientierung der DNA zum Nucleosom von der in einer bestimmten Richtung bevorzugten Krümmung der DNA abhängt. Zweifellos können Sequenzen, welche die Bildung ungewöhnlicher DNA-Strukturen hervorrufen, bestimmte Auswirkungen haben – beispielsweise den Ausschluß von Nucleosomen –, so daß Grenzlinien entstehen.

Die Positionierung von Nucleosomen in der Nähe von Grenzlinien kommt häufig vor. Wenn beim Aufbau der Nucleosomen eine gewisse Variabilität möglich ist (z. B. könnte der Linker um etwa zehn Basenpaare variieren), würde die Spezifität der Positionierung ab dem ersten definierten Nucleosom an der Grenzlinie abnehmen. In diesem Fall wäre zu erwarten, daß die Positionierung nur in relativer Nähe zur Grenzlinie genau eingehalten wird.

Die Positionierung der DNA auf den Nucleosomen läßt sich auf zwei Weisen beschreiben. Abbildung 27.30 zeigt, daß man mit der **translationalen Positionierung** die Position der DNA im Verhältnis zu den Nucleosomengrenzlinien beschreibt. Insbesondere wird auf diese Weise festgelegt, welche Sequenzen in den Linker-Bereichen liegen. Eine Verschiebung der DNA um zehn Basenpaare bringt die nächste Windung in den Linker-Bereich. Die translationale Positionierung bestimmt, welche Regionen zugänglicher sind (zumindest aufgrund der Empfindlichkeit gegenüber *Micrococcus*-Nuclease).

Da die DNA an der Außenseite des Histonoktamers liegt, wird eine Seite einer DNA immer von den Histonen bedeckt, die andere Seite ist jedoch zugänglich. Eine bestimmte Stelle der DNA, die von einem Regulatorprotein erkannt werden muß, kann in Abhängigkeit von ihrer Position relativ zum Nucleosom zugänglich oder unzugänglich sein. Die genaue Position des Histonoktamers in bezug auf die DNA-Sequenz ist also möglicherweise wichtig. Abbildung 27.31 zeigt, wie sich die **Rotationspositionierung** der Doppelhelix relativ zur Oberfläche

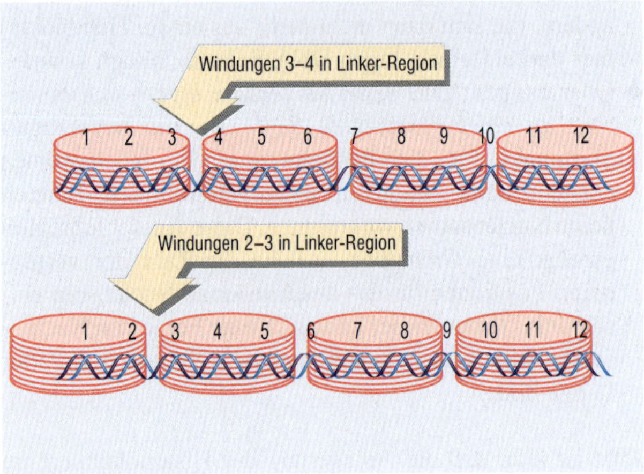

27.30 Die translationale Positionierung beschreibt die lineare Position der DNA relativ zum Histonoktamer. Eine Verschiebung der DNA um zehn Basenpaare verändert die Sequenzen der stärker exponierten Linker-Regionen, nicht jedoch die Seite der DNA, die durch die Histonoberfläche geschützt wird beziehungsweise von außen zugänglich ist. Die DNA windet sich in Wirklichkeit um das Nucleosom herum und ist hier nur zur Vereinfachung in linearer Form dargestellt.

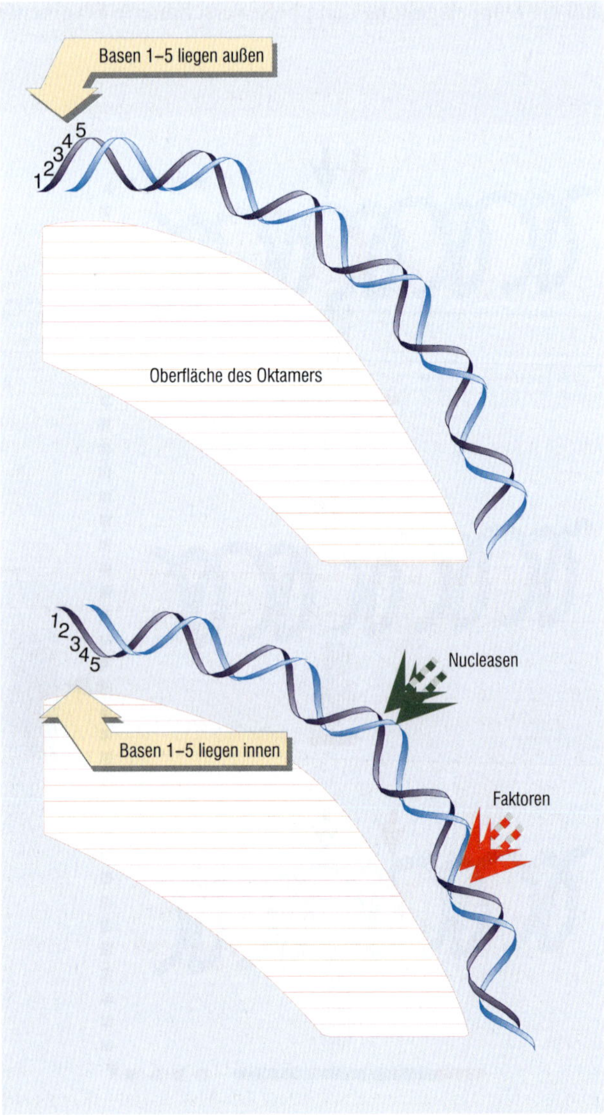

27.31 Die Rotationspositionierung beschreibt die Zugänglichkeit der DNA an der Oberfläche des Nucleosoms. Jede Drehung der Helix, die von der helicalen Wiederholungseinheit (etwa 10,2 bp/Windung) abweicht, verschiebt die DNA relativ zur Histonoberfläche. Die Nucleotide an der Innenseite sind besser gegen Nucleasen geschützt als Nucleotide an der Außenseite.

des Oktamers auswirkt. Wenn die DNA um eine begrenzte Anzahl von Windungen verschoben wird (dabei stellen wir uns vor, daß die DNA relativ zur Proteinoberfläche rotiert), gelangen unterschiedliche Sequenzen an die Außenseite.

Sowohl die translationale als auch die Rotationspositionierung können von Bedeutung sein, um den Zugang zur DNA zu steuern. Die am besten untersuchten Beispiele der Positionierung betreffen die spezifische Plazierung von Nucleosomen an Promotoren. Die translationale Positionierung und/oder der Nucleosomenausschluß bei bestimmten Sequenzen können bei der Bildung des Transkriptionskomplexes eine Rolle spielen. Einige Regulatoren können nur dann an die DNA binden, wenn dort kein Nucleosom liegt, so daß die DNA frei zugänglich ist; auf diese Weise entsteht eine Grenzlinie für die translationale Positionierung. In anderen Fällen können Regulationsfaktoren an die DNA an der Nucleosomenoberfläche binden; hier spielt jedoch die Rotationspositionierung eine wichtige Rolle, damit diejenige Seite der DNA nach außen zeigt, welche die passenden Kontaktstellen enthält. Wir befassen uns mit dem Zusammenhang zwischen nucleosomaler Organisation und Transkription in Kapitel 29.

27.9 Sind transkribierte Gene in Nucleosomen organisiert?

Die Versuche, Gene während der Transkription sichtbar zu machen, führten zu widersprüchlichen Ergebnissen. Die nächsten beiden Abbildungen zeigen jeweils einen Extremfall.

Stark transkribiertes Chromatin besitzt eine ausgestreckte Form (zu stark ausgestreckt, um von Nucleosomen bedeckt zu sein).

Bei den intensiv transkribierten rRNA-Genen in Abbildung 27.32 ist die DNA aufgrund der dichten Packung der RNA-Polymerasen kaum zu sehen. Wir können die Längen der rRNA-Transkripte nicht direkt bestimmen, da die RNA durch Proteine komprimiert wird. Wir wissen jedoch (durch die rRNA-Sequenz), wie lang die Transkripte sein müssen. Die Länge des transkribierten DNA-Abschnitts, die sich durch Vermessung der Achse des „Weihnachtsbaumes" bestimmen läßt, beträgt etwa 85 % der rRNA-Länge. Das bedeutet, daß die DNA fast vollständig ausgestreckt ist.

Auf der anderen Seite kann man Transkriptionskomplexe der SV40-Minichromosomen aus infizierten Zellen isolieren. Sie enthalten den normalen Anteil an Histonen und besitzen eine Perlenstruktur. In Abbildung 27.33 sind aus dem Minichromosom herausragende RNA-Ketten zu erkennen. Das ist ein Argument dafür, daß eine Transkription möglich ist, während die SV40-DNA in Form von Nucleosomen organisiert ist. Das SV40-Minichromosom wird aber zweifellos in geringerem Maß transkribiert als die rRNA-Gene.

Die Transkription bringt die Entwindung der DNA mit sich und erfordert möglicherweise eine Entfaltung des Fadens in begrenzten Regionen. Eine einfache Erklärung spricht hier von „Krümmungsräumen", die für diesen Vorgang notwendig sind. Die Besonderheiten der polytänen und der Lampenbürstenchromosomen in Kapitel 26 liefern Hinweise darauf, daß mit der Transkription eine Ausdehnung der Organisationsstruktur verbunden ist.

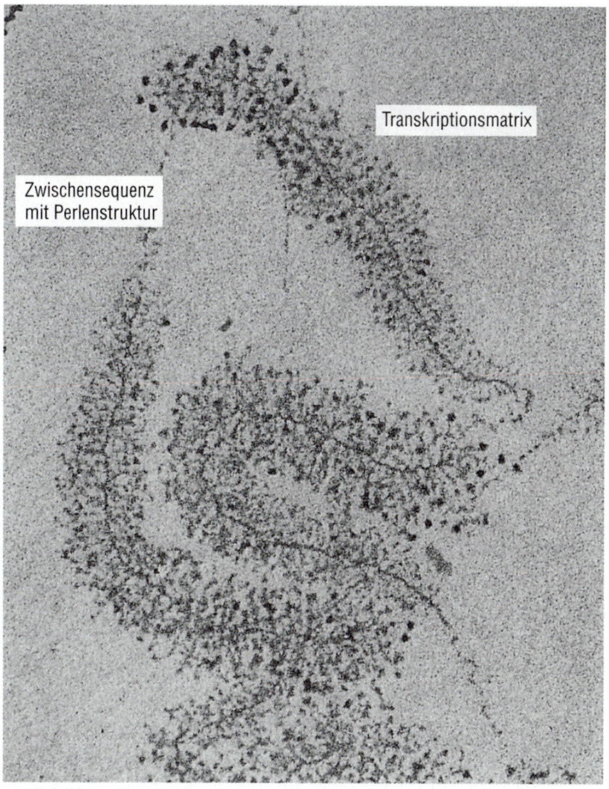

27.32 Die ausgedehnten Achsen der rDNA-Transkriptionseinheiten wechseln mit den nur unwesentlich kürzeren nichttranskribierten Zwischensequenzen ab. (Aufnahme mit freundlicher Genehmigung von Charles Laird.)

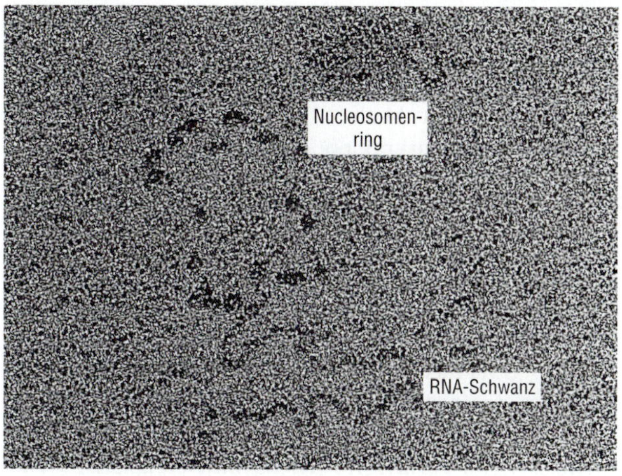

27.33 Transkription eines SV40-Minichromosoms. (Aufnahme mit freundlicher Genehmigung von Pierre Chambon.)

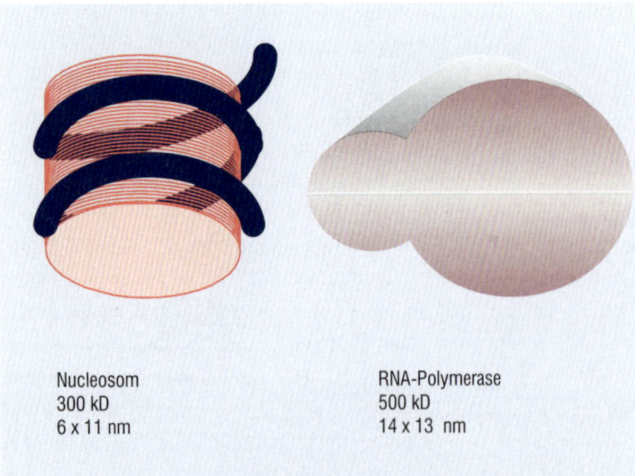

27.34 Die RNA-Polymerase ist in der Größe mit dem Nucleosom vergleichbar und hat möglicherweise Schwierigkeiten, entlang der DNA um das Histonoktamer herumzuwandern.

Bei Überlegungen zur Transkription müssen wir die relativen Größen der RNA-Polymerase und der Nucleosomen bedenken. Die eukaryotischen Enzyme sind große Proteine (normalerweise über 500 kD), die aus Untereinheiten bestehen. Im Vergleich dazu besitzt ein Nucleosom etwa 260 kD. Abbildung 27.34 veranschaulicht die Annäherung der RNA-Polymerase an die nucleosomale DNA. Selbst ohne genaue Kenntnisse über die Wechselwirkung können wir erkennen, daß es sich um zwei molekulare Gebilde mit vergleichbarer Größe handelt.

Das Nucleosom ist kein isoliertes Objekt, sondern steht zu anderen in Nachbarschaft; außerdem bildet die DNA zwei Windungen um das Nucleosom. Wäre die DNA für die RNA-Polymerase ausreichend zugänglich, wenn die Nucleinsäure auf den üblichen Verlauf um das Nucleosom herum beschränkt bliebe? Wenn die RNA-Polymerase während der Transkription die Matrize entlangwandert, bindet sie fest an eine Region von etwa 50 bp, der einen lokal entspiralisierten Abschnitt von etwa zwölf Basenpaaren enthält. Da die DNA entwunden werden muß, ist es wenig wahrscheinlich, daß der von der RNA-Polymerase gebundene Abschnitt an der Oberfläche des Histonoktamers bleibt.

Eine Strukturveränderung durch die Transkription erscheint demnach unvermeidlich. Die erste Frage zur Struktur aktiver Gene besteht also darin, ob die transkribierte DNA in Form von Nucleosomen organisiert bleibt. Wenn die Lage der Histonoktamere verändert wird, bleiben sie dann in gewisser Weise an der transkribierten DNA haften?

Für eine experimentelle Beantwortung der Frage kann man Chromatin mit der *Micrococcus*-Nuclease spalten und dann mit einer spezifischen Sonde (für ein oder mehrere Gene) testen, ob ein entsprechendes Fragment in der üblichen 200-bp-Leiter in der erwarteten Konzentration vorkommt. Die Schlüsse, die sich auf diese Weise ziehen lassen, sind zwar von begrenzter Aussagekraft, aber bedeutsam. *Gene enthalten während der Transkription Nucleosomen in derselben Konzentration wie nichttranskribierte Sequenzen.* Gene nehmen also für die Transkription nicht zwangsläufig eine andere Organisationsform an.

Da jedoch nur ein geringer Teil eines Gens mit RNA-Polymerasen assoziiert ist, läßt sich so nicht zeigen, was an den Stellen geschieht, die gerade von dem Enzym besetzt sind. Vielleicht bleiben dort die Nucleosomen erhalten; es ist jedoch wahrscheinlicher, daß die Nucleosomen vorübergehend durch die wandernde RNA-Polymerase verlagert werden, sich aber danach sofort wieder ordnen.

Diese Experimente zeigen auch, daß aktive Gene schneller in monomere Fragmente zerlegt werden als inaktive Sequenzen. Wahrscheinlich ist die Struktur eines aktiven Gens, trotz seiner Organisation in Form von Nucleosomen, auf gewisse Weise zugänglicher.

Arbeiten aus jüngerer Zeit deuten darauf hin, daß die Histonoktamere von der RNA-Polymerase verschoben werden, aber mit der DNA in Kontakt bleiben und sich hinter der Polymerase wieder an dieselbe Matrizensequenz anlagern. Experimente, die feststellen sollten, ob eine RNA-Polymerase direkt durch ein Nucleosom transkribieren kann, lassen darauf schließen, daß das Histonoktamer durch den Vorgang der Transkription verlagert wird. Abbildung 27.35 zeigt, was bei der Transkription eines kurzen

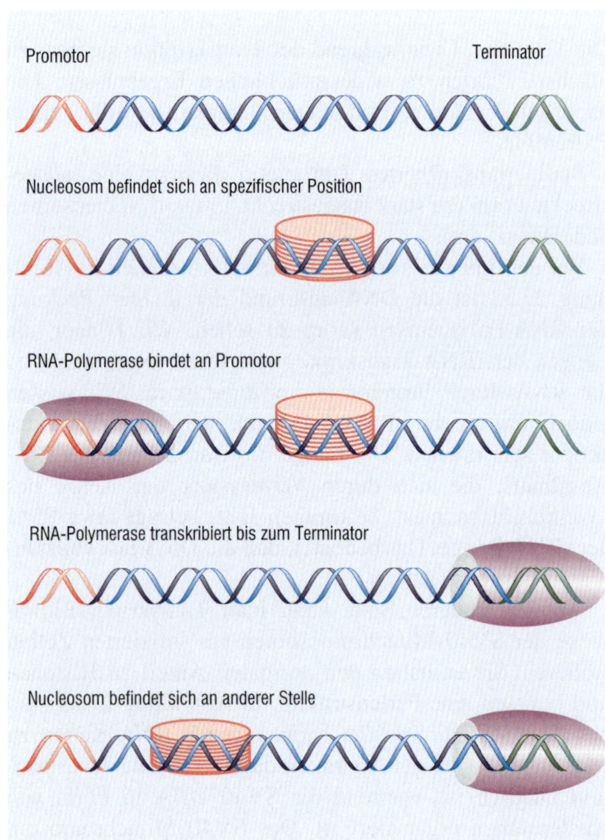

27.35 Die Transkription schiebt ein Histonoktamer von der DNA weg, und das Oktamer bindet danach an einer neuen DNA-Position.

DNA-Stückes mit einem einzigen Oktamer-Core durch die kleine RNA-Polymerase des Sp6-Phagen geschieht. Das Core-Partikel bleibt mit der DNA assoziiert, befindet sich jedoch an einer anderen Position. Das Core-Partikel bindet mit größter Wahrscheinlichkeit wieder an dasselbe DNA-Molekül, von dem aus es verlagert wurde.

In Abbildung 27.36 ist in einem Modell dargestellt, wie sich die RNA-Polymerase vorwärtsbewegt. Die DNA wird verschoben, sobald die Polymerase das Nucleosom erreicht. Schließlich gelangt die Polymerase an eine Stelle, an der sich die DNA zurückfaltet und sich wieder an das Nucleosom anlagert, so daß ein geschlossener Bereich entsteht. Wenn sich die RNA-Polymerase weiterbewegt und dabei die DNA entwindet, entsteht in dieser Schleife eine positive Überspiralisierung; der Effekt kann sehr stark sein, da jedes Basenpaar, das die Polymerase passiert, innerhalb einer geschlossenen Schleife von etwa 80 bp die Überspiralisierung deutlich verstärkt. Tatsächlich bewegt sich die Polymerase innerhalb der ersten 30 bp leicht durch das Nucleosom, bleibt dann aber bei jeder weiteren Base stehen, als ob die Schwierigkeit beim Vorwärtswandern zunimmt. Wenn das Enzym den Mittelpunkt des Nucleosoms erreicht (die nächsten Basen, die angefügt werden sollen, liegen im Prinzip auf der dualen Symmetrieachse), nehmen die Pausen ab, und die Polymerase bewegt sich wieder schnell vorwärts. Das deutet darauf hin, daß der Mittelpunkt des Nucleosoms die Stelle markiert, an der das Oktamer verlagert wird (möglicherweise weil die positive Überspiralisierung einen kritischen Wert erreicht hat, so daß das Oktamer aus der DNA herausgedrückt wird. Dadurch wird die Spannung vor der Polymerase aufgehoben und das Enzym kann vorwärtswandern. Das Oktamer bindet danach an die DNA hinter der Polymerase und bildet kein Hindernis mehr.

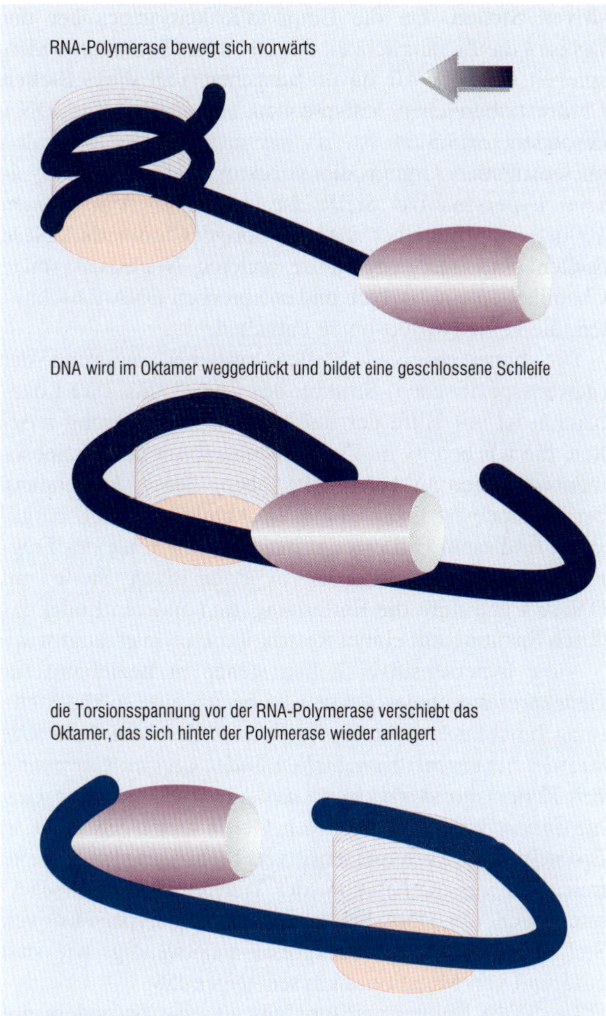

27.36 Bei der Vorwärtsbewegung hebt die RNA-Polymerase die DNA vom Nucleosom ab. Die DNA krümmt sich zurück und lagert sich wieder an (entweder an die Polymerase oder an das Oktamer, so daß eine geschlossene Schleife entsteht. Bei der Vorwärtsbewegung der Polymerase entstehen vor dem Enzym positive Überspiralisierungen. Dadurch wird das Oktamer verschoben; es behält aber Kontakt mit der DNA und/oder der Polymerase und wird hinter dem Enzym wieder in die DNA eingefügt.

Wird das Oktamer als intakte Einheit freigesetzt? Eine Quervernetzung der Oktamerproteine bildet kein Hindernis für die Transkription. Die Transkription wird selbst dann fortgesetzt, wenn die Quervernetzung stark genug ist, um die zentralen Bereiche des Core-Partikels zu verknüpfen. Daraus folgt, daß die Transkription nicht die Dissoziation des Oktamers in seine Histonkomponenten erfordert. Eine grundlegende Entfaltung der zentralen Struktur scheint ebenfalls nicht notwendig zu sein. Fügt man jedoch diesem System Histon H1 hinzu, nimmt die Transkriptionsrate schnell ab. Das erlaubt zwei Schlußfolgerungen: Das Histonoktamer (das entweder bleibt, wo es ist, oder verlagert wird) übt seine Funktion als intakte Einheit aus, und möglicherweise muß das Histon H1 aus dem aktiven Chromatin entfernt oder in seinen Wechselwirkungen in bestimmter Weise modifiziert werden.

Möglicherweise ändert die Transkription die Organisation der Nucleosomen. In Abbildung 27.37 ist die Transkription des *URA3*-Gens der Hefe unter der Kontrolle eines induzierbaren Promotors dargestellt. Die Transkriptionsrate ist hoch (was den Einwand entkräftet, daß die meisten der analysierten Gene in Wirklichkeit gar nicht transkribiert werden). Die Positionierung wird mit Hilfe der *Micrococcus*-Nuclease untersucht, indem man in bezug auf eine Restriktionsschnittstelle, die sich am 5′-Ende befindet, Spaltstellen der *Micrococcus*-Nuclease ermittelt. Zu Beginn zeigt das Gen ein Nucleosomenmuster, dessen Organisationsstruktur am Promotor beginnt und eine bestimmte Strecke das Gen entlangläuft; in der 3′-Region geht die Positionierung verloren. Wenn das Gen exprimiert wird, erhält man anstelle des Positionierungsmusters der Nucleosomen eine „verschmierte" Folge von Fragmenten. Das heißt, die Nucleosomen kommen zwar noch in derselben Dichte vor, sind aber nicht mehr in Phase organisiert. Das deutet darauf hin, daß die Transkription die nucleosomale Positionierung stört. Nach Abschalten des Gens wird die Positionierung innerhalb von zehn Minuten rekonstituiert (ist dann allerdings

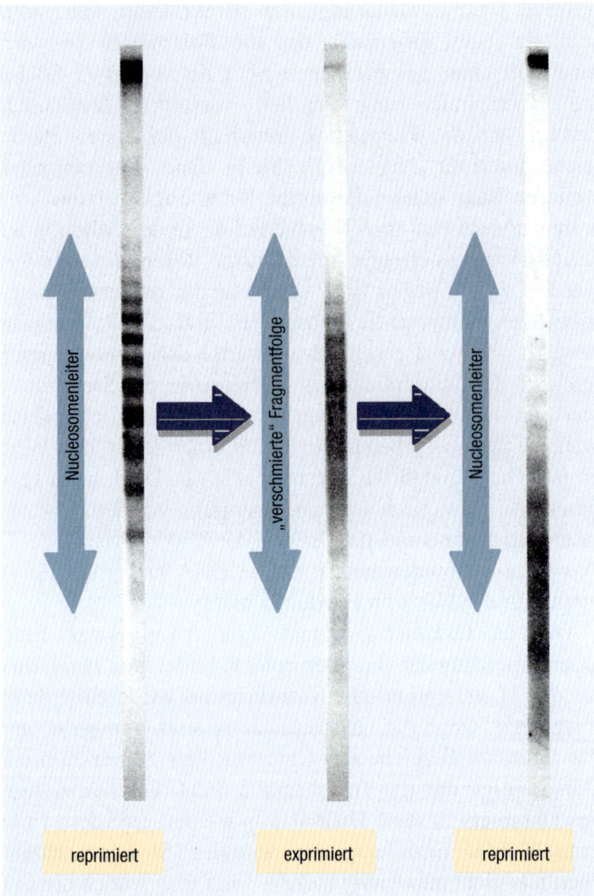

27.37 Die Nucleosomen des *URA3*-Gens sind vor der Transkription translational positioniert. Nach Auslösen der Transkription ist die Positionierung der Nucleosomen zufällig. Bei Beendigung der Transkription kehren die Nucleosomen an ihre spezifischen Positionen zurück. (Aufnahmen mit freundlicher Genehmigung von Fritz Thoma.)

noch nicht vollständig). Das Ergebnis bringt die wichtige Erkenntnis mit sich, daß die Positionen, vermutlich aufgrund einer lokalen Beweglichkeit der Nucleosomen, auch ohne Replikation richtig eingestellt werden können.

Zur Vereinheitlichung des Modells nimmt man an, daß die RNA-Polymerase die Histonoktamere bei ihrer Vorwärtsbewegung verschiebt. Wenn die DNA hinter der Polymerase wieder zugänglich ist, lagert sich das Oktamer dort an (wahrscheinlich ohne jemals den Kontakt zur DNA vollständig verloren zu haben). Es ist weiterhin ein Rätsel, wie das Oktamer den Kontakt zur DNA aufrechterhält, ohne daß es entfaltet wird oder Komponenten verloren gehen, wenn ein Objekt die DNA entlangwandert, das sogar noch größer ist als das Oktamer selbst. Vielleicht wird das Oktamer über Kontakte mit der RNA-Polymerase zur DNA „zurückgereicht". Falls die DNA nicht erreichbar ist, da beispielsweise eine andere Polymerase direkt auf die erste folgt, kann das Oktamer dauerhaft verschoben werden, und die ausgestreckte Form der DNA bleibt bestehen.

27.10 DNase-hypersensitive Bereiche verändern die Chromatinstruktur

Das Chromatin besteht aus DNA, die um eine Folge von Nucleosomen herumgewickelt ist und in Bereichen mit aktiven Genen lockerer gepackt ist. Neben den allgemeinen Veränderungen, die in aktiven oder potentiell aktiven Regionen auftreten, kommt es an spezifischen Stellen, die mit der Initiation der Transkription oder bestimmten strukturellen Eigenschaften der DNA zusammenhängen, zu Strukturveränderungen. Diese wurden ursprünglich aufgrund von Effekten entdeckt, die bei DNA-Spaltungen mit sehr geringen Konzentrationen von DNase I auftraten.

Wenn man Chromatin mit DNase I behandelt, kommt es zuerst zu Doppelstrangbrüchen an spezifischen, **hypersensitiven Stellen**. Da die Empfindlichkeit gegenüber der DNase I die Zugänglichkeit der DNA im Chromatin widerspiegelt, können wir davon ausgehen, daß diese Stellen Chromatinbereichen entsprechen, in denen die DNA besonders exponiert ist, da sie nicht in der normalen nucleosomalen Organisationsstruktur vorliegt. Eine typische hypersensitive Stelle ist gegenüber dem Enzym 100mal empfindlicher als das übrige Chromatin. Diese Stellen sind auch gegenüber anderen Nucleasen sowie Chemikalien empfindlich und entsprechen DNA-Abschnitten, die keine Nucleosomen enthalten.

Die hypersensitiven Stellen entstehen aufgrund der (gewebsspezifischen) Struktur des Chromatins. Ihre Lokalisation ist mit Hilfe der indirekten Endmarkierung möglich, die wir bereits im Zusammenhang mit der Nucleosomenpositionierung behandelt haben. Diese Anwendung der Methode ist noch einmal in Abbildung 27.38 dargestellt. In diesem Fall erzeugt man das eine Ende des Fragments durch Spaltung der hypersensitiven Stelle mit DNase I und mißt die Entfernung zum anderen Ende, das durch Spaltung mit einem Restriktionsenzym erzeugt wird.

Viele hypersensitive Stellen stehen in Beziehung zur Genexpression. Jedes aktive Gen besitzt eine solche Stelle (manchmal auch mehrere) im Bereich des Promotors. *Die meisten hypersensitiven Stellen findet man im Chromatin von Zellen nur dann, wenn das jeweils zugehörige Gen exprimiert wird*; bei inaktiven Genen treten sie nicht in Erscheinung. Die hypersensitiven Stellen an der 5′-Seite treten nur vor dem Beginn der Transkription in Erscheinung; und die DNA-Sequenzen an den hypersensitiven Stellen sind für die Genexpression notwendig, wie sich aufgrund von Mutationsanalysen zeigen läßt.

Im SV40-Minichromosom gibt es eine besonders gut charakterisierte nucleaseempfindliche Stelle. Die DNase I, die *Micrococcus*-Nuclease und andere Nucleasen (einschließlich der Restriktionsenzyme) schneiden bevorzugt dicht strangaufwärts des Promotors für die späte Transkriptionseinheit, und zwar in einem kurzen Bereich nahe dem Replikationsursprung.

Der Zustand des SV40-Minichromosoms läßt sich in einem Elektronenmikroskop sichtbar machen. Bei bis zu 20 % aller Proben erscheint in der Organisation der

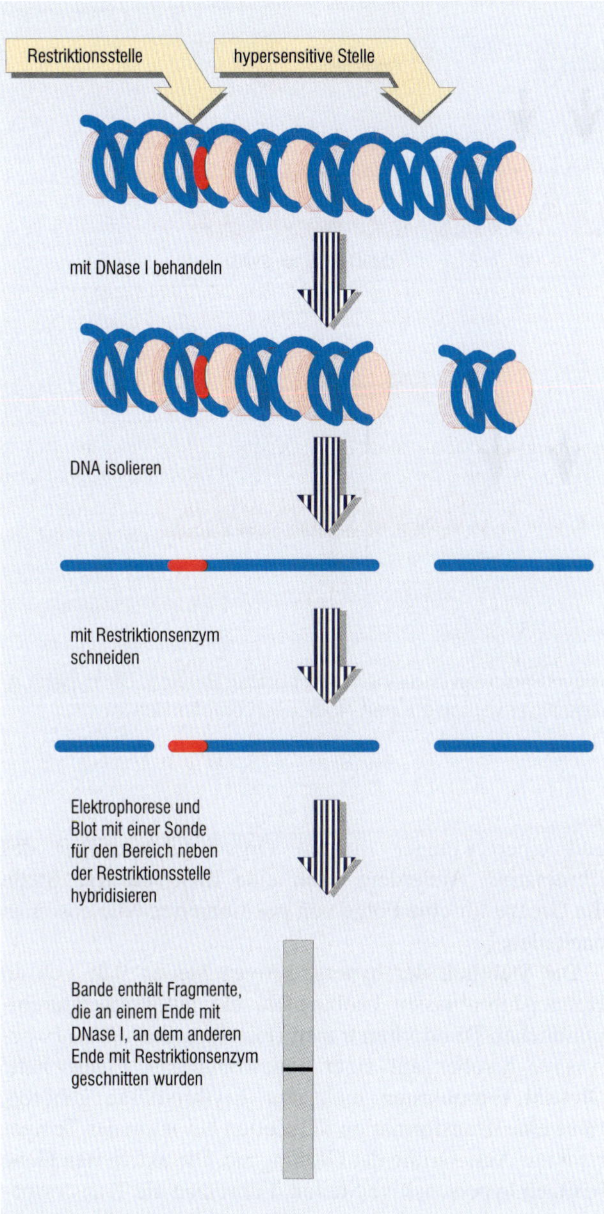

27.38 Der Abstand der DNase-hypersensitiven Stelle von einer Restriktionsschnittstelle läßt sich mit Hilfe der indirekten Endmarkierung ermitteln. Durch das Vorhandensein einer bestimmten DNase-I-Schnittstelle entsteht ein spezifisches Fragment, dessen Länge der Entfernung der DNase-I-hypersensitiven Stelle von der Restriktionsstelle entspricht.

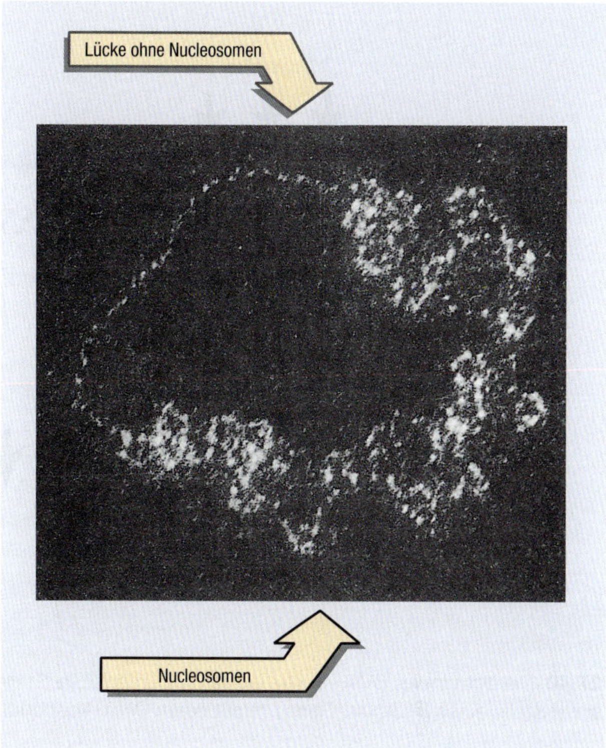

27.39 Das SV40-Minichromosom hat eine Nucleosomenlücke. (Aufnahme mit freundlicher Genehmigung von Moshe Yaniv.)

Nucleosomen eine „Lücke", wie in Abbildung 27.39 zu sehen ist. Die Lücke ist ein Bereich von etwa 120 nm Länge (etwa 350 bp), der an beiden Seiten von Nucleosomen flankiert wird. Die sichtbare Lücke entspricht der nucleaseempfindlichen Region. Hier läßt sich direkt erkennen, daß eine erhöhte Empfindlichkeit gegenüber Nucleasen mit dem Ausschluß von Nucleosomen zusammenhängt. Daraus folgt nicht, daß die DNA *in vivo* freiliegt, da bei der Isolierung des Minichromosoms eine andere proteinhaltige Struktur verlorengegangen sein kann.

Eine hypersensitive Stelle besitzt gegenüber Nucleasen nicht unbedingt überall dieselbe Empfindlichkeit. Abbildung 27.40 zeigt die Karten zweier hypersensitiver Stellen.

Innerhalb der SV40-Lücke auf einer Länge von etwa 300 bp gibt es zwei hypersensitive Stellen für die DNase I und eine „geschützte" Region. Dieser geschütze Bereich zeigt wahrscheinlich die Assoziation von (Nichthiston-) Proteinen mit der DNA an. Die Lücke enthält DNA-Sequenzelemente, die für die Promotorfunktion notwendig sind.

Die hypersensitive Stelle beim β-Globin-Promotor wird von verschiedenen Enzymen bevorzugt gespalten (beispielsweise durch die DNase I und II sowie die *Micrococcus*-Nuclease. Für die Enzyme gibt es bevorzugte Spaltstellen, die in demselben Bereich jeweils an etwas anderen Positionen liegen. Dadurch ist eine Region von etwa –70 bis –270 für Nucleasen besonders leicht zugänglich, wenn das Gen transkribiert werden soll. Welche Struktur besitzt die hypersensitive Stelle? Ihre leichte Zugänglichkeit für Nucleasen zeigt, daß sie nicht durch Histonoktamere geschützt ist. Daraus folgt jedoch nicht zwangsläufig, daß der Bereich frei von Proteinen ist. Ein freier DNA-Abschnitt kann für Beschädigungen anfällig sein; und warum soll es ausgerechnet hier keine Nucleosomen geben? Vermutlich entsteht die hypersensitive Stelle durch spezifische Regulatorproteine, welche die Bildung

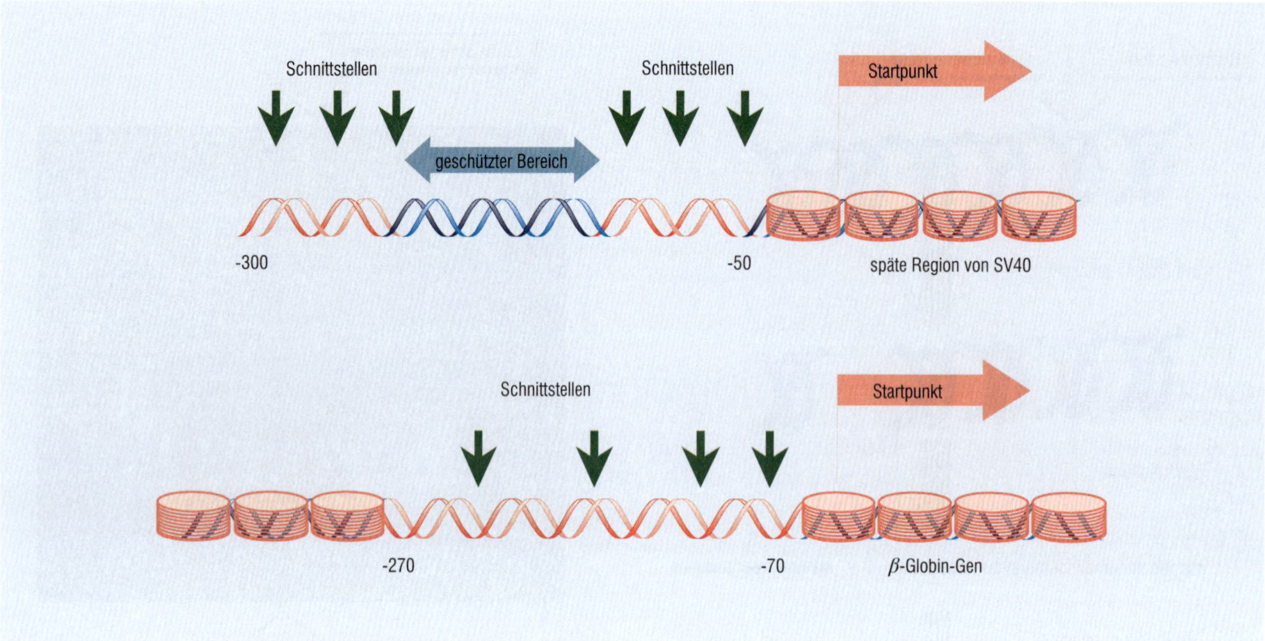

27.40 Die DNA in der SV40-Lücke enthält hypersensitive Stellen, sensitive Regionen und einen geschützten Bereich. Die hypersensitive Stelle eines β-Globin-Gens umfaßt einen DNA-Abschnitt, der gegenüber verschiedenen Nucleasen empfindlich ist.

von Nucleosomen verhindern. Wahrscheinlich ist die Bindung solcher Proteine tatsächlich die Ursache für die Existenz einer geschützten Region innerhalb des hypersensitiven Bereichs.

Hypersensitive Stellen, die mit der Transkription zusammenhängen, können durch Transkriptionsfaktoren entstehen. Wenn man ein Plasmid, das einen hypersensitiven Bereich aus dem adulten β-Globin-Gen von Hühnern enthält, mit Histonen und einem Zellkernextrakt aus roten Blutkörperchen inkubiert, wird die entsprechende Region hypersensitiv. Wenn man den Extrakt *nach* den Histonen zusetzt, entsteht keine Hypersensitivität. Das deutet darauf hin, daß Komponenten des Extrakts die DNA direkt erkennen und die Organisation des Bereichs vor oder während der Nucleosomenbildung verändern. In Kapitel 29 befassen wir uns mit ähnlichen Vorgängen an anderen Loci; dort können Transkriptionsfaktoren die Assoziation von Histonen mit der DNA verhindern und (in einigen Fällen) die Histone verschieben. Es gibt nicht unbedingt einen einheitlichen Weg zur Erzeugung hypersensitiver Stellen, aber das gemeinsame Merkmal besteht möglicherweise darin, daß ein Protein an eine spezifische DNA-Sequenz bindet und die Ausformung der Nucleosomen dort verhindert.

Die Proteine, die hypersensitive Stellen erzeugen, sind wahrscheinlich verschiedene Regulatoren, da hypersensitive Stellen im Zusammenhang mit Promotoren, anderen regulatorischen Elementen der Transkription, Replikationsursprüngen, Centromeren und Bereichen mit anderer struktureller Bedeutung auftreten. In einigen Fällen besteht ein Zusammenhang zwischen hypersensitiven Stellen und einer weniger dichten Organisationsstruktur des Chromatins. Außerdem kann eine hypersensitive Stelle die Grenze für eine Folge von positionierten Nucleosomen darstellen.

Die Stabilität der hypersensitiven Stellen läßt sich an Hühner-Fibroblasten beobachten, die mit temperaturempfindlichen Tumorviren transformiert wurden. Diese Experimente beruhen auf einer ungewöhnlichen Eigenschaft: Obwohl Fibroblasten nicht zur Erythroidlinie gehören, führt eine Transformation der Zellen bei normaler Temperatur zur Aktivierung der Globingene. Die aktivierten Gene besitzen hypersensitive Stellen. Führt man die Transformation bei einer höheren (nichtpermissiven) Temperatur durch, werden die Globingene nicht aktiviert, und die hypersensitiven Stellen treten nicht in Erscheinung. Wenn die Globingene durch eine Transformation bei niedriger Temperatur aktiviert wurden, lassen sie sich durch eine Temperaturerhöhung inaktivieren. Die hypersensitiven Stellen bleiben jedoch mindestens während der nächsten 20 Zellteilungen erhalten.

Dieses Ergebnis zeigt, daß das Entstehen einer hypersensitiven Stelle nur eines der notwendigen Ereignisse ist, um die Transkription auszulösen. Daraus folgt auch, daß sich die Reaktionen, die eine hypersensitive Stelle erzeugen, von den Reaktionen unterscheiden, die eine solche Stelle aufrechterhalten. Sobald die Stelle entstanden ist, bleibt sie über die Replikation hinaus bestehen, selbst wenn die Bedingungen für ihre Erzeugung gar nicht mehr vorhanden sind. Ist vielleicht ein spezifisches Ereignis erforderlich, um eine hypersensitive Stelle zu beseitigen?

27.11 Domänen definieren Regionen mit aktiven Genen

Ein Genombereich, der ein aktives Gen enthält, kann eine veränderte Struktur besitzen. Die Strukturveränderung erfolgt, bevor die Nucleosomenstruktur aufgrund der Wanderung der RNA-Polymerase aufgebrochen wird, und sie unterscheidet sich von diesem Vorgang.

Die erhöhte Empfindlichkeit des transkribierten Chromatins gegenüber dem Abbau durch die DNase I ist ein Hinweis auf die Strukturveränderung. Diese Empfindlichkeit definiert eine chromosomale **Domäne**, also eine Region mit einer veränderten Struktur, die zumindest eine Transkriptionseinheit betrifft und sich manchmal noch weiter erstreckt. (Dabei ist zu beachten, daß bei dem Begriff der „Domäne" nicht unbedingt ein Zusammenhang mit strukturellen Domänen besteht, die sich aufgrund von Schleifen des Chromatins oder Chromosoms identifizieren lassen.)

Wenn man Chromatin mit DNase I behandelt, wird es schließlich zu säurelöslichem Material abgebaut (zu sehr kleinen DNA-Fragmenten). Der Fortschritt der Reaktion läßt sich anhand des DNA-Anteils beschreiben, der bereits säurelöslich ist. *Wenn nur zehn Prozent der Gesamt-DNA säurelöslich werden, gehen mehr als 50 % der DNA eines aktiven Gens verloren.* Das deutet darauf hin, daß aktive Gene bevorzugt abgebaut werden.

Das Schicksal einzelner Gene läßt sich durch Bestimmung der DNA-Menge verfolgen, die noch mit einer spezifischen Sonde reagiert. Der Versuchsablauf ist in Abbildung 27.41 skizziert. Das Prinzip besteht darin, daß der Verlust einer bestimmten Bande anzeigt, daß die entsprechende DNA-Region durch das Enzym abgebaut wurde.

Abbildung 27.42 zeigt ein Experiment mit den β-Globin-Genen und einem Ovalbumingen im Chromatin aus roten Blutkörperchen des Huhnes (diese Zellen exprimieren die Globingene, das Ovalbumingen ist jedoch inaktiv). Die Restriktionsfragmente, die den β-Globin-Genen entsprechen, gehen schnell verloren, während die Fragmente der Ovalbumingene nur eine geringe Abbaurate zeigen. (Tatsächlich wird das Ovalbumingen mit derselben Geschwindigkeit abgebaut wie der größte Teil der übrigen DNA.)

Der größte Teil des Chromatins enthält nichtexprimierte Gene (sowie andere Sequenzen) und erweist sich gegenüber der DNase I als relativ widerstandsfähig. *Ein Gen wird spezifisch in denjenigen Geweben gegenüber der DNase I verhältnismäßig empfindlich, in denen es exprimiert wird.*

Ist die verstärkte Empfindlichkeit nur ein Charakteristikum von besonders stark exprimierten Genen oder von allen aktiven Genen? Experimente mit Sonden, welche die gesamte zelluläre mRNA-Population repräsentieren, deuten darauf hin, daß alle aktiven Gene, unabhängig davon, ob sie häufige oder seltene mRNAs codieren, gegenüber der DNase I besonders empfindlich sind. (Der Grad der Empfindlichkeit kann jedoch unterschiedlich sein.) Da die selten exprimierten Gene zu einem bestimmten Zeitpunkt wahrscheinlich nur sehr wenige Moleküle der RNA-Poly-

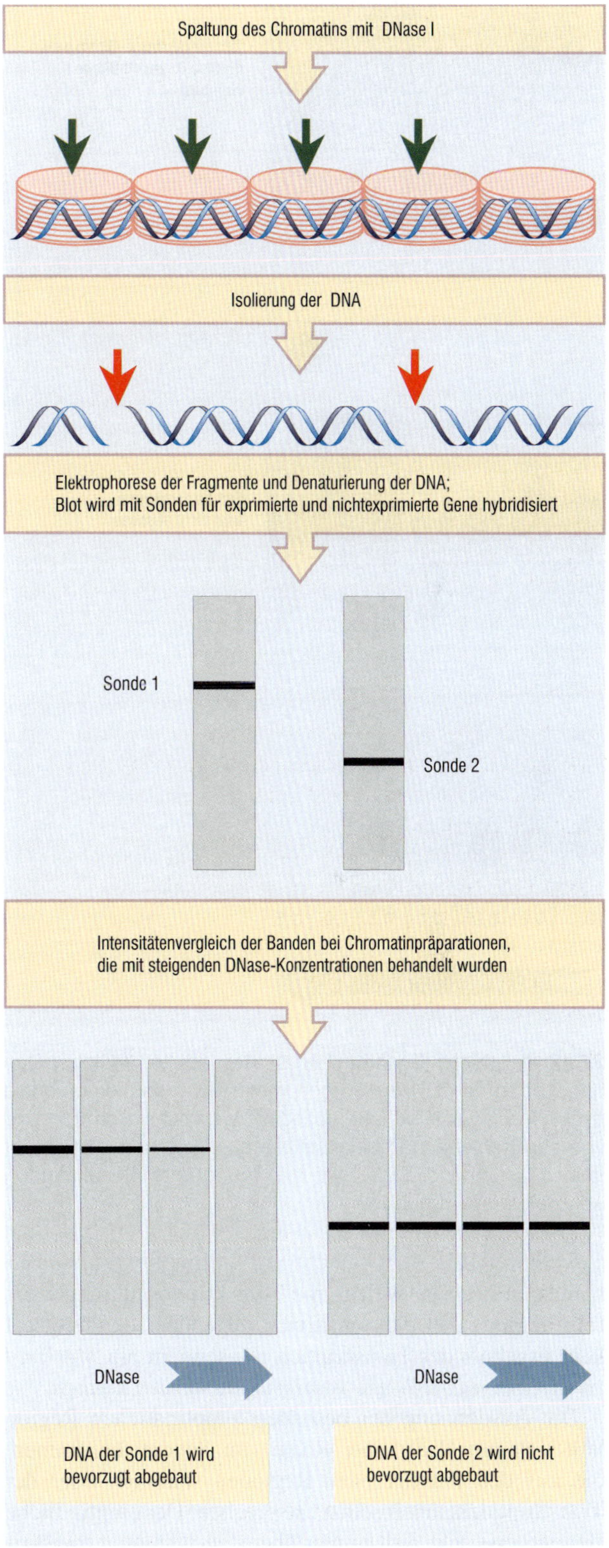

27.41 Die Empfindlichkeit gegenüber der DNase I läßt sich anhand der Geschwindigkeit feststellen, mit der DNA-Fragmente verschwinden, die mit einer bestimmten DNA-Sonde hybridisieren.

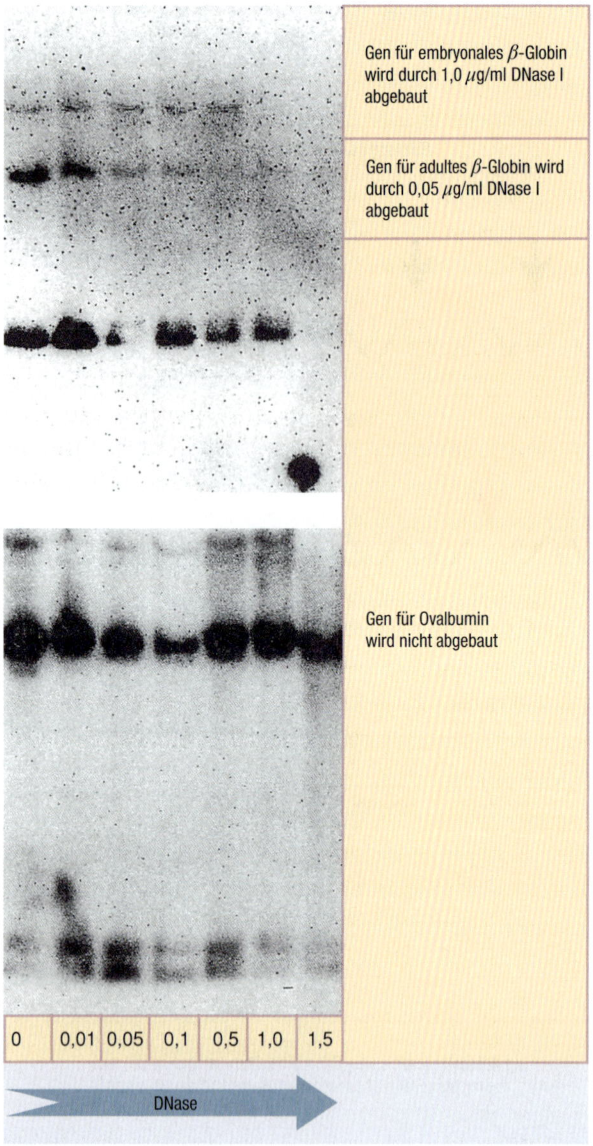

27.42 In adulten Erythrocyten ist das adulte β-Globin-Gen gegenüber der DNase I hochempfindlich, das embryonale β-Globin-Gen ist teilweise empfindlich (wahrscheinlich aufgrund von ausstrahlenden Positionseffekten), das Ovalbumingen ist jedoch unempfindlich. (Daten mit freundlicher Genehmigung von Harold Weintraub.)

merase aufweisen, welche die Transkription durchführen, folgt daraus, daß die Sensitivität gegenüber der DNase I kein Ergebnis der Transkription ist, sondern ein *Merkmal von Genen darstellt, die transkribiert werden können.*

Die Ausdehnung der besonders empfindlichen Region läßt sich mit Hilfe einer Reihe von Sonden bestimmen, die aus den flankierenden Regionen stammen oder der Transkriptionseinheit selbst entsprechen. Der empfindliche Bereich erstreckt sich immer über den gesamten transkribierten Abschnitt; zusätzliche Regionen von mehreren Kilobasen an jeder Seite können einen mittleren Empfindlichkeitsgrad aufweisen (wahrscheinlich als Ergebnis von Ausbreitungseffekten).

Das entscheidende Prinzip zur Beschreibung der Domänenstruktur besagt, daß sich ein Bereich mit hoher DNase-Empfindlichkeit über eine beträchtliche Entfernung erstreckt. Häufig betrachten wir die Regulation in Form von Ereignissen, die sich in abgegrenzten DNA-Bereichen abspielen – beispielsweise die Initiation der Transkription an einem Promotor. Selbst wenn das korrekt ist, müßte eine solche Regulation weiterreichende Strukturveränderungen bewirken oder von solchen Veränderungen begleitet sein. Hier unterscheiden sich Eukaryoten und Prokaryoten.

Die Acetylierung ist mit ähnlichen Veränderungen des Chromatins verbunden, wie sie auch bei der Genaktivierung auftreten. Der temporäre Charakter der Acetylierung erwies sich für eine Untersuchung zuerst als Hindernis. Das Problem läßt sich jedoch durch die Zugabe von Buttersäure zu Zellkulturen überwinden. Dadurch wird die Histondeacetylase inhibiert, so daß sich acetylierte Nucleosomen anreichern und alle Core-Histone acetyliert sind. Acetyliertes Chromatin ist gegenüber DNase I und (möglicherweise) gegenüber *Micrococcus*-Nuclease empfindlicher.

In bestimmten Chromatinbereichen lassen sich Veränderungen der Acetylierung nachweisen. In einer Domäne mit aktiven Genen erhöht sich offensichtlich die Acetylierung der Histone, es gibt jedoch noch keine genaue Untersuchung über die Veränderungen der Histone im einzelnen. Die auffälligste Veränderung der Histonmodifikationen, die man bis jetzt gefunden hat, ist die Unteracetylierung des Histons H4 im inaktiven X-Chromosom bei weiblichen Säugern. Das deutet darauf hin, daß das Fehlen von Acetylgruppen für eine stärker verdichtete Struktur notwendig ist. Auch wenn die Acetylierung die Eigenschaften des Chromatins beeinflussen kann, muß sich die Bedeutung dieser Veränderungen erst noch herausstellen.

27.12 Das Heterochromatin entsteht durch Wechselwirkungen mit Histonen

Das Heterochromatin besitzt eine Reihe charakteristischer Eigenschaften, die seinem inerten Charakter entsprechen. Es bleibt während der Interphase kondensiert, die Transkription ist unterdrückt, es wird spät in der S-Phase repliziert und manchmal liegt es an der Peripherie des Zellkernes. Die Bildung des Heterochromatins ist in bezug auf die Sequenzen nicht so genau festgelegt: Bei der Übertragung eines Gens (durch eine chromosomale Translokation oder durch eine Transfektion und Integration) an eine Position, die an das Heterochromatin angrenzt, wird das Gen inaktiviert.

Diese Inaktivität ist die Folge eines epigenetischen Effekts; sie kann sich bei den einzelnen Zellen eines Tieres unterscheiden und führt zu dem Phänomen der **Positionseffektvariegation**. Diese Erscheinung ist bei *Drosophila* am besten untersucht worden, da hier genetisch identische Zellen unterschiedliche Phänotypen besitzen.

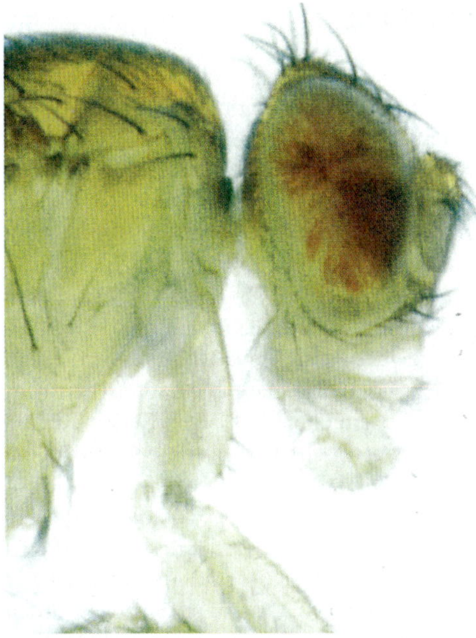

27.43 Die Positionseffektvariegation der Augenfarbe entsteht, wenn das *white*-Gen in der Nähe des Heterochromatins eingefügt wurde. Zellen mit einem inaktiven *white*-Gen erzeugen im Auge weiße Flecken, wohingegen Zellen mit einem aktiven *white*-Gen rote Flecken hervorbringen. Die Stärke des Effekts hängt davon ab, wie nahe zum Heterochromatin das Gen eingefügt wurde. (Aufnahme mit freundlicher Genehmigung von Steve Henikoff.)

Abbildung 27.43 zeigt ein Beispiel für die Positionseffektvariegation im Auge der Fliege. Einigen Bereichen im Auge fehlt die Farbe, während andere rot gefärbt sind, da in einigen Zellen das *white*-Gen durch das angrenzende Heterochromatin inaktiviert wurde und es in anderen Zellen hingegen aktiv ist. Das deutet darauf hin, daß zwischen der Aufrechterhaltung des aktiven Zustands und der Inaktivierung durch das Heterochromatin eine fein abgestimmte Konkurrenz besteht, die in verschiedenen Zellen zu unterschiedlichen Ergebnissen führt.

Diese ausstrahlenden Positionseffekte zeigen möglicherweise, daß die Existenz des Heterochromatins darauf beruht, daß sich eine inaktive Struktur von einem Nucleationspunkt (oder von mehreren solcher Punkte) aus fortsetzt. Je näher ein Gen zum Heterochromatin positioniert ist, um so wahrscheinlicher unterliegt es der Positionseffektvariegation und um so größer ist der Anteil der Zellen, in denen das Gen inaktiv ist. Das deutet darauf hin, daß der heterochromatische Bereich durch kooperative Wechselwirkung zwischen Proteinuntereinheiten entsteht, wobei die Wechselwirkung von der DNA-Sequenz abhängt, und vom Nucleationspunkt aus in benachbarte Regionen ausstrahlt. Die Abgrenzung des heterochromatischen Bereichs wird möglicherweise durch die Existenz einer spezifischen Sequenz bestimmt oder dadurch, daß ein benötigtes Protein nicht mehr zur Verfügung steht.

Das konstitutive (immer inaktive) Heterochromatin findet sich häufig in der Nähe von Centromeren und Telomeren. Das fakultative Heterochromatin (das aufgrund eines regulatorischen Effekts inaktiviert wurde) hat man in zwei Formen genau untersucht: das inaktive X-Chromosom der weiblichen Säuger und die stummen Paarungstypkassetten (*silent mating type cassettes*) der Hefe. Bei der Hefe kann man davon ausgehen, daß die Entstehung beider Heterochromatintypen auf derselben Grundlage basiert, da beide Typen dieselbe Gruppe von Genloci betreffen.

Der Paarungstyp der Hefe wird durch die Aktivität eines einzigen aktiven Locus (*MAT*) bestimmt, das Genom enthält jedoch zwei weitere Kopien der Paarungstypsequenzen (*HML* und *HMR*), die in einer inaktiven Form vorliegen. In Kapitel 32 befassen wir uns mit dem Beitrag dieser Loci zum Paarungstyp der Hefe. Viele Merkmale der stillen Loci *HML* und *HMR* zeigen Übereinstimmungen mit dem Heterochromatin. Deshalb kann man diese Loci als fakultatives Heterochromatin im kleinen Maßstab betrachten. Mutationen in einem von mehreren bestimmten Genen bewirken eine Aktivierung von *HML* und *HMR* und heben auch die Inaktivierung anderer Gene auf, die in der Nähe des Telomerheterochromatins eingefügt wurden. Die Produkte dieser Loci dienen also dazu, den inaktiven Zustand beider Heterochromatintypen aufrechtzuerhalten.

In Abbildung 27.44 ist ein Modell der Aktivitäten dieser Proteine dargestellt. Nur eines von ihnen ist ein sequenzspezifisches DNA-bindendes Protein: RAP1 bindet an $C_{1-3}A$-Wiederholungen in Telomeren und an *cis*-aktive Silencer-Sequenzen, die für die Repression von *HML* und *HMR* erforderlich sind. Die Proteine SIR3 und SIR4 treten mit RAP1 und auch untereinander in Wechselwirkung (möglicherweise sind sie in Form eines Heteromultimers aktiv). SIR3/SIR4 interagieren mit den aminoterminalen Schwänzen von H3 und H4. (Tatsächlich lieferte die Entdeckung, daß Mutationen, welche die Inaktivierung von *HML*/*HMR* aufheben, in den Genen von H3 und H4 lokalisiert sind, den ersten Hinweis auf eine eventuelle direkte Beteiligung der Histone an der Heterochromatinbildung.)

RAP1 besitzt die entscheidende Funktion, die DNA-Sequenzen festzustellen, an denen sich das Heterochromatin bildet. Es mobilisiert SIR3/SIR4, die direkt mit den Histonen H3/H4 in Wechselwirkung treten. Sobald SIR3/SIR4 an die Histone H3/H4 gebunden haben, polymerisiert der Komplex weiter und breitet sich entlang des Chromatinfadens aus. Das kann zu einer Inaktivierung des Bereichs führen, möglicherweise da SIR3/SIR4 selbst inhibitorisch wirken oder aufgrund einer weiteren Strukturveränderung durch die Bindung der Histone H3/H4. Wir wissen nicht, was die Ausbreitung des Komplexes begrenzt. Das Carboxylende von SIR3 besitzt Ähnlichkeiten mit Laminproteinen des Zellkernes (also mit Bausteinen der Kernmatrix). Vielleicht ist es für die Anbindung des Heterochromatins an die Kernperipherie verantwortlich.

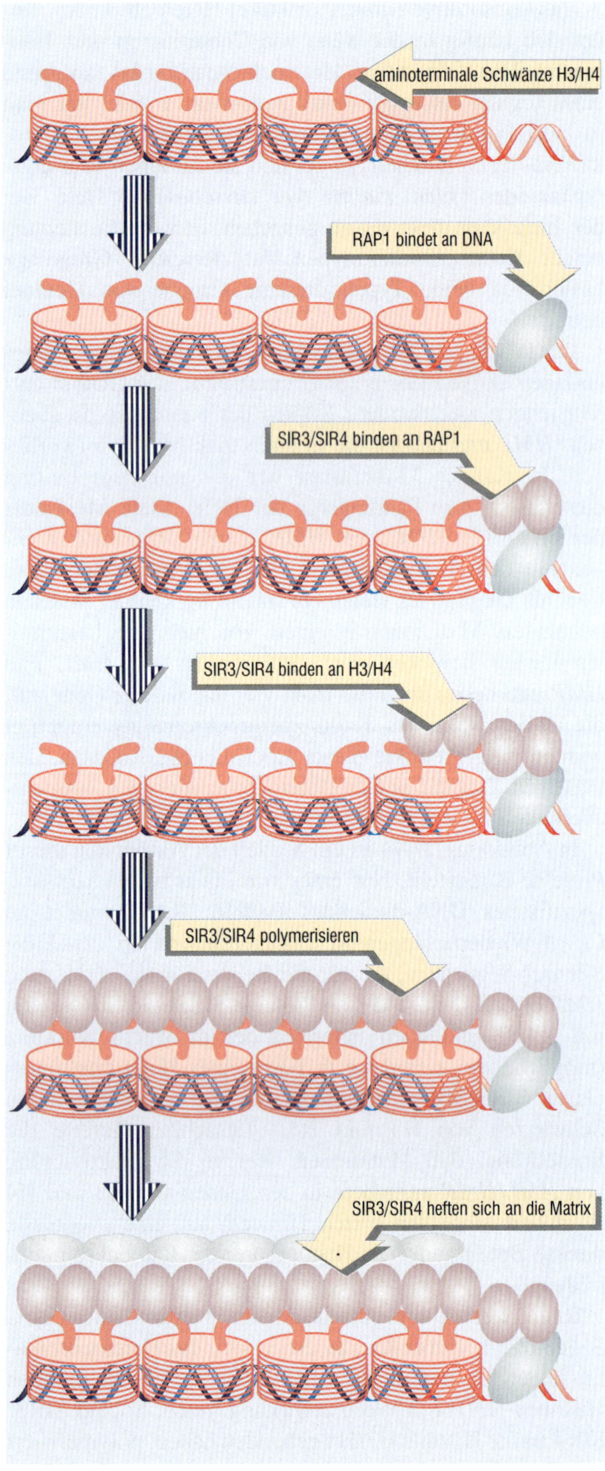

27.44 Die Bindung von RAP1 an DNA löst die Heterochromatinbildung aus. SIR3/SIR4 binden an RAP1 und auch an die Histone H3/H4. Der Komplex polymerisiert entlang des Chromatins und verbindet möglicherweise Telomere mit der Kernmatrix.

Zusammenfassung

Das gesamte eukaryotische Chromatin besteht aus Nucleosomen. Ein Nucleosom enthält DNA mit einer charakteristischen Länge von normalerweise etwa 200 bp. Die DNA ist um ein Oktamer aus jeweils zwei Kopien der Histone H2A, H2B, H3 und H4 gewickelt. Mit jedem Nucleosom ist ein einziges H1-Molekül assoziiert. Praktisch die gesamte genomische DNA ist in Form von Nucleosomen organisiert. Eine Behandlung mit der *Micrococcus*-Nuclease zeigt, daß sich die DNA, die in jedem Nucleosom verpackt ist, durch diese Methode experimentell in zwei Bereiche einteilen läßt. Die Linker-Region wird von der Nuclease schnell abgebaut; die Core-Region mit 146 bp widersteht einem solchen Angriff. H3 und H4 sind die am stärksten konservierten Histone, und ein $H3_2$-$H4_2$-Tetramer bestimmt den Durchmesser des Partikels. Die Histone H2A und H2B sind in Form zweier H2A-H2B-Dimere organisiert. Oktamere entstehen durch die aufeinanderfolgende Anlagerung zweier H2A-H2B-Dimere an einen $H3_2$-$H4_2$-Kern; man weiß jedoch nicht, ob es vor oder nach der Assoziation mit der DNA dazu kommt.

Der Verlauf der DNA um das Histonoktamer erzeugt –1,8 Überspiralisierungen (Superhelixwindungen). Die DNA „tritt" in das Nucleosom in demselben Bereich ein, an dem sie es wieder „verläßt", außerdem kann das Histon H1 die DNA „versiegeln". Entfernt man die Core-Histone, so erhält man –1 Überspiralisierungen. Der Unterschied läßt sich größtenteils durch eine Veränderung der helicalen Steigung der DNA von durchschnittlich 10,2 bp pro Windung in der nucleosomalen Form auf 10,5 bp pro Windung in freier Lösung zurückführen. Die Struktur der DNA variiert zwischen 10,0 bp pro Windung an den Enden eines Nucleosoms und 10,7 bp pro Windung in der Mitte. Der Verlauf der DNA auf den Nucleosomen zeigt einige Knicke.

Die Nucleosomen sind in Form eines Fadens mit einem Durchmesser von 30 nm organisiert. Dabei bilden sechs Nucleosomen eine Windung, und das Packungsverhältnis liegt bei 40. Entfernt man das Histon H1, so entfaltet sich dieser Faden zu einem 10-nm-Faden, der aus einer linearen Schnur von Nucleosomen besteht. Der 30-nm-Faden besteht wahrscheinlich aus dem 10-nm-Faden, der in Form einer Spule (eines Solenoids) aufgewickelt ist. Der 30-nm-Faden ist das Grundelement sowohl des Euchromatins als auch des Heterochromatins. Nichthistonproteine bewirken die weitere Organisation des Fadens zum Chromatin oder zur Chromosomenultrastruktur.

Die RNA-Polymerase verschiebt die Histonoktamere während der Transkription. Die Oktamere lagern sich nach dem Durchgang der Polymerase wieder an die DNA an, außer wenn die Transkription sehr intensiv ist (beispielsweise bei rDNA) und die Nucleosomen vollständig verschoben werden.

Die Empfindlichkeit gegenüber Nucleasen kann sich auf zwei Weisen verändern, die beide mit der Genaktivität zusammenhängen. Transkribierbares Chromatin zeigt allgemein eine erhöhte Empfindlichkeit gegenüber der DNase I. Dies ist Ausdruck einer Strukturveränderung in einem ausgedehnten Bereich, den man als Domäne mit aktiven oder potentiell aktiven Genen definieren kann. An bestimmten Positionen treten in der DNA hypersensitive Stellen auf, die sich aufgrund ihrer stark erhöhten Empfindlichkeit gegenüber der DNase I identifizieren lassen. Sie kommen in Regionen vor, welche die Transkription regulieren, an Replikationsursprüngen, an Centromeren und in anderen Bereichen. Eine hypersensitive Stelle besteht aus einer Sequenz von etwa 200 bp, die aufgrund der Anwesenheit anderer Proteine keine Nucleosomen besitzt. Eine hypersensitive Stelle bildet eine Grenze, welche die Positionierung der benachbarten Nucleosomen einschränkt. Die Nucleosomenpositionierung kann bei der Steuerung der DNA-Zugänglichkeit für regulatorische Proteine eine wichtige Rolle spielen.

Das inaktive Chromatin der Telomere und die stummen Paarungstyploci (*silent mating type-loci*) bei der Hefe lassen sich anscheinend auf dieselbe Ursache zurückführen. Dabei kommt es zu Wechselwirkungen zwischen verschiedenen Proteinen mit den aminoterminalen Schwänzen der Histone H3 und H4. Die Bildung des inaktiven Komplexes wird möglicherweise durch die Bindung eines Proteins an eine spezifische DNA-Sequenz ausgelöst; die übrigen Komponenten können dann in kooperativer Weise entlang des Chromosoms polymerisieren.

Weiterführende Literatur

Übersichtsartikel

Kornberg, R. D. *Structure of Chromatin*. In: Ann. *Rev. Biochem.* 46 (1977) S. 931–954.

McGhee, J. D.; Felsenfeld, G. *Nucleosome Structure*. In: *Ann. Rev. Biochem.* 49 (1980) S. 1115–1156.

Razin, A.; Riggs, A. D. *DNA Methylation and Gene Function*. In: *Science* 210 (1980) S. 604–610.

Wang, J. *The Path of DNA in the Nucleosome*. In: *Cell* 29 (1982) S. 724–726.

Felsenfeld, G.; McGhee, J. D. *Structure of the 30 nm Chromatin Fiber*. In: *Cell* 44 (1986) S. 375–377.

Travers, A. A.; Klug. A. *The Bending of DNA in Nucleosomes and Its Wider Implications*. In: *Phil. Trans. Roy. Soc. B* 317 (1987) S. 537–561.

Gross, D. S.; Garrard, W. T. *Nuclease Hypersensitive Sites in Chromatin*. In: *Ann. Rev. Biochem.* 57 (1988) S. 159–197.

Kornberg, R. D.; Lorch, Y. *Chromatin Structure and Transcription*. In: *Ann. Rev. Cell Biol.* 8 (1992) S. 563–587.

Thompson, J. S.; Hecht, A.; Grunstein, M. *Histones and the Regulation of Heterochromatin in Yeast*. In: *Cold Spring Harbor Symp. Quant. Biol.* 58 (1993) S. 247–256.

Loo, S.; Rine, J. *Silencing and Heritable Domains of Gene Expression*. In: *Ann. Rev. Cell. Biol.* 11 (1995) S. 519–548.

Entdeckungen

Nucleosomenmodelle

Kornberg, R. D. *Chromatin Structure: a Repeating Unit of Histones and DNA*. In: *Science* 184 (1974) S. 868–871.

Finch, J. T. *et al. Structure of Nucleosome Core Particles of Chromatin*. In: *Nature* 269 (1977) S. 29–36.

Richmond, T. J.; Finch, J. T.; Rushton, B.; Rhodes, D.; Klug, A. *Structure of the Nucleosome Core Particle at 7 Å Resolution*. In: *Nature* 311 (1984) S. 532–537.

Arents, G.; Burlingame, R. W.; Wang, B.-C.; Love, W. E.; Moudrianakis, E. N. *The Nucleosomal Core Histone Octamer at 3.1 Å Resolution: a Tripartite Protein Assembly and a Left-Handed Superhelix*. In: *Proc. Nat. Acad. Sci. USA* 88 (1991) S. 10148–10152.

Nucleosomen und Transkription

Weintraub, H.; Groudine, M. *Chromosomal Subunits in Active Genes Have an Altered Conformation*. In: *Science* 193 (1976) S. 848–856.

Schmid, V. M.; Fascher, K.-D.; Horz, W. *Nucleosome Disruption at the Yeast PHO5 Promoter upon PHO5 Induction Occurs in the Absence of DNA Replication*. In: *Cell* 71 (1992) S. 853–864.

Cavalli, G.; Thoma, F. *Chromatin Transitions During Activation and Repression of Galactose-Regulated Genes in Yeast*. In: *EMBO J.* 12 (1993) S. 4603–4613.

O'Neill, T. E.; Smith, J. G.; Bradbury, E. M. *Histone Octamer Dissociation Is not Required for Transcript Elongation Through Arrays of Nucleosome Cores by Phage T7 RNA Polymerase in vitro*. In: *Proc. Nat. Acad. Sci. USA* 90 (1993) S. 6203–6207.

Studitsky, V. M.; Clark, D. J.; Felsenfeld, G. *A Histone Octamer Can Step Around a Transcribing Polymerase Without Leaving the Template*. In: *Cell* 76 (1994) S. 371–382.

Hypersensitive Stellen

Varshavsky, A. J.; Sundin, O.; Bohn, M. J. *SV40 Viral Minichromosome: Preferential Exposure of the Origin of Replication as Probed by Restriction Endonucleases*. In: *Nuc. Acids Res.* 5 (1978) S. 3469–3479.

Scott, W. A.; Wigmore, D. J. *Sites in SV40 Chromatin Which Are Preferentially Cleaved by Endonucleases*. In: *Cell* 15 (1978) S. 1511–1518.

Wu, C.; Bingham, P. M.; Livak, K. J.; Holmgren, R.; Elgin, S. C. R. *The Chromatin Structure of Specific Genes: Evidence for Higher Order Domains of Defined DNA Sequence*. In: *Cell* 16 (1979) S. 797–806.

Stalder, J. *et al. Tissue-Specific DNA Cleavage in the Globin Chromatin Domain Introduced by DNAase I*. In: *Cell* 20 (1980) S. 451–460.

Groudine, M.; Weintraub, H. *Propagation of Globin DNAase I-Hypersensitive Sites in Absence of Factors Required for Induction: a Possible Mechanism for Determination*. In: *Cell* 30 (1982) S. 131–139.

van Assendelft, G. B.; Hanscombe, O.; Grosveld, F.; Greaves, D. R. *The β-Globin Dominant Control Region Activates Homologous and Heterologous Promoters in a Tissue-Specific Manner*. In: *Cell* 56 (1989) S. 969–977.

Histonacetylierung

Turner, B. M.; Birley, A. J.; Lavender, J. *Histone H4 Isoforms Acetylated at Specific Lysine Residues Define Individual Chromosomes and Chromatin Domains in Drosophila Polytene Nuclei.* In: *Cell* 69 (1992) S. 375–384.

Jeppesen, P.; Turner, B. M. *The Inactive X Chromosome in Female Mammals Is Distinguished by a Lack of Histone H4 Acetylation, a Cytogenic Marker for Gene Expression.* In: *Cell* 74 (1993) S. 281–289.

Heterochromatin

Shore, D.; Nasmyth, K. *Purification and Cloning of a DNA-Binding Protein from Yeast that Binds to both Silencer and Activator Elements.* In: *Cell* 51 (1987) S. 721–732.

Kayne, P. S.; Kim, U. J.; Han, M.; Mullen, R. J.; Yoshizaki, F.; Grunstein, M. *Extremely Conserved Histone H4 N Terminus Is Dispensable for Growth but Essential for Repressing the Silent Mating Loci in Yeast.* In: *Cell* 75 (1988) S. 27–39.

Palladino, F.; Laroche, T.; Gilson, E.; Axelrod, A.; Pillus, L.; Gasser, S. M. *SIR3 and SIR4 Proteins Are Required for the Positioning and Integrity of Yeast Telomeres.* In: *Cell* 75 (1993) S. 543–555.

Moretti, P.; Freeman, K.; Coodly, L.; Shore, D. *Evidence that a Complex of SIR Proteins Interacts with the Silencer and Telomere-Binding Protein RAP1.* In: *Genes Dev.* 8 (1994) S. 2257–2269.

Hecht, A.; Laroche, T.; Strahl-Bolsinger, S.; Gasser, S. M.; Grunstein, M. *Histone H3 and H4 N-Termini Interact with the Silent Information Regulators SIR3 and SIR4: a Molecular Model for the Formation of Heterochromatin in Yeast.* In: *Cell* 80 (1994) S. 583–592.

Genexpression bei Eukaryoten

VI

Im genetischen Programm findet also das Ergebnis aller vorausgegangenen Fortpflanzungsereignisse seine Niederschrift – als eine Dokumentation der Erfolge, sind doch alle Spuren des Mißlingens daraus getilgt. Die genetische Botschaft, das Programm eines heutigen Organismus, ähnelt somit einem Text ohne Verfasser, den ein namenloser Korrektor seit über zwei Milliarden Jahren unentwegt verbessert, verfeinert, ergänzt und dabei Schritt um Schritt von allen Unzulänglichkeiten befreit.

François Jacob, 1973

28. Initiation der Transkription

Im Zellkern eukaryotischer Zellen ist die Transkription in drei Klassen aufgeteilt. Eukaryotische Gene lassen sich nach ihren Promotoren in drei Hauptgruppen einordnen, und jede Hauptgruppe wird von einer eigenen RNA-Polymerase transkribiert:

- ◆ RNA-Polymerase I transkribiert rRNA,
- ◆ RNA-Polymerase II transkribiert mRNA, und
- ◆ RNA-Polymerase III transkribiert tRNA und andere kleine RNAs.

Zur Initiation der Transkription, dem Kettenstart, sind zusätzliche Faktoren notwendig, die nach Einsetzen der RNA-Synthese nicht mehr gebraucht werden. Die Arbeitsteilung zwischen Enzym und Hilfsfaktoren ist bei allen eukaryotischen RNA-Polymerasen ähnlich: Grundsätzlich sind es die *Faktoren*, welche die Sequenzelemente eines Promotors erkennen, und weniger die Enzyme selbst. Das steht im Kontrast zur Arbeitsweise der bakteriellen RNA-Polymerase, die als relativ eigenständiges Grundenzym die Transkription vornimmt und nur an bestimmten Promotoren von Hilfsfaktoren unterstützt wird.

Die Promotoren für die RNA-Polymerasen I und II liegen (meist) stromaufwärts vom Transkriptionsstartpunkt; einige Promotoren der RNA-Polymerase III hingegen befinden sich stromabwärts davon. Jeder Promotor enthält eine charakteristische Auswahl kurzer, konservierter Sequenzen, die von der passenden Faktorenklasse erkannt werden. RNA-Polymerase I und III binden jeweils an ein relativ begrenztes Promotorsortiment und kommen mit einer kleinen Zahl von Hilfsfaktoren aus.

Demgegenüber zeigen die von der RNA-Polymerase II benutzten Promotoren ausgeprägtere Sequenzvariationen. Sie sind modular aufgebaut: Stromaufwärts vom Startpunkt liegen kurze Sequenzelemente, die von Transkriptionsfaktoren erkannt werden. Gewöhnlich verteilen sich diese *cis*-aktiven Elemente über eine Region von mehr als 200 bp. Die Sequenzen dazwischen sind an sich irrelevant, doch können sie die Funktion von „Abstandhaltern" übernehmen. Manche dieser Elemente und die sie erkennenden Faktoren haben allgemeine Bedeutung: Sie kommen in vielen Promotoren vor und werden konstitutiv benutzt. Andere sind spezifisch: Sie kennzeichnen besondere Genklassen und unterliegen regulatorischen Vorgängen. Die einzelnen Promotoren enthalten unterschiedliche Kombinationen dieser *cis*-aktiven Elemente.

Mit der RNA-Polymerase II können sehr viele Faktoren zusammenarbeiten. Sie lassen sich in drei Hauptgruppen einteilen. Die ersten beiden werden in diesem Kapitel behandelt, die dritte im nachfolgenden.

- ◆ Die **allgemeinen Transkriptionsfaktoren** (*general factors*) sind an allen Promotoren zur Einleitung der RNA-Synthese notwendig. Sie legen die Initiationsstelle fest und bilden mit der RNA-Polymerase einen Komplex, der den Startpunkt umgibt. Zusammen mit der Polymerase stellen sie den **basalen Transkriptionsapparat** (*basal transcription apparatus*) dar, also die Grundausrüstung zur Transkription.
- ◆ Die ***upstream*-Faktoren** sind DNA-bindende Proteine, die bestimmte kurze Consensuselemente stromaufwärts (*upstream*) vom Startpunkt erkennen. Die Aktivität dieser Faktoren wird nicht reguliert; sie sind ubiquitär und wirken auf jeden Promotor, dessen DNA-Sequenz die passende Bindungsstelle enthält. Sie erhöhen die Effizienz des Transkriptionsstartes und tragen dazu bei, daß ein Promotor so arbeitet, wie es den Erfordernissen der Zelle oder des Organismus entspricht. Jeder Promotor benötigt einen für ihn charakteristischen Satz solcher Faktoren, um sein Gen zur vollen Expression zu treiben.
- ◆ Die **induzierbaren Faktoren** (*inducible factors*) agieren grundsätzlich wie die *upstream*-Faktoren, doch kommt ihnen überdies eine regulatorische Funktion zu. Sie werden zu bestimmten Zeiten oder in bestimmten Geweben synthetisiert oder aktiviert und sind mithin zuständig für die Kontrolle sich zeitlich oder räumlich ändernder Transkriptionsmuster. Die Sequenzen, an die sie binden, nennt man Reaktions- oder **Response-Elemente**.

Wenn ein Promotor nur Elemente enthält, die von allgemeinen und *upstream*-Faktoren erkannt werden, sollte er in jedem Zelltyp die Transkription seines Gens in Gang bringen. Solche Promotoren können für die Transkription zellulärer Gene verantwortlich sein, die konstitutiv exprimiert werden („Haushalts"- oder *housekeeping*-Gene), oder sie steuern Gene von Viren, die ein breites Spektrum von Wirtszellen infizieren und auf deren Transkriptionsapparat angewiesen sind. Es gibt keine bestimmte Kombination aus Sequenzelement und Erkennungsfaktor, über die ein Promotor unbedingt verfügen muß, damit Transkription stattfinden kann. Daraus folgt, daß die Initiation durch RNA-Polymerase II offenbar auf vielerlei Wegen zustande kommen kann. Ihnen allen gemeinsam ist, daß induzierbare oder *upstream*-Faktoren an Sequenzelemente binden, die stromaufwärts vom Startpunkt lokalisiert sind. Mit diesen Bindungsvorgängen geht der Aufbau eines Komplexes einher, der nicht nur auf den Wechselwirkungen zwischen Proteinen und der DNA, sondern auch auf solchen zwischen Proteinen untereinander beruht. Die *upstream*- und die induzierbaren Faktoren üben ihre Wirkung aus, indem sie mit dem basalen Transkriptionsapparat interagieren, typischerweise mit bestimmten allgemeinen Faktoren.

Die Sequenzbestandteile des Promotors sind operational definiert: Sie müssen sich in der näheren Umgebung des Startpunktes befinden und sind für die Initiation erforderlich. Doch kann auch ein Sequenzabschnitt an der Initiation beteiligt sein, der in beträchtlicher Entfernung vom

Startpunkt liegt, und dies stromauf- oder stromabwärts, zudem in beliebiger Orientierung. Einen solchen Abschnitt faßt man als eine vom Promotor abzugrenzende Kontrolleinheit auf und bezeichnet ihn als **Enhancer** („Verstärker“). Die Bestandteile eines Enhancers ähneln denen von Promotoren und sind ebenfalls modulare Sequenzelemente, doch liegen sie eng aneinandergereiht. Enhancer sind Ansatzpunkte für die zeitgebundene und die gewebsspezifische Genregulation. Ihre Wirkung beschränkt sich nicht nur auf die RNA-Polymerase II – sondern bestimmte Enhancer arbeiten vielmehr mit Promotoren der RNA-Polymerase I zusammen. Abbildung 28.1 veranschaulicht die Grundmerkmale von Promotoren und Enhancern.

Eine wesentliche Frage im Zusammenhang mit der eukaryotischen Genexpression ist, wie Enhancer und Promotor kooperieren. Auf welche Weise kann eine Sequenz die andere beeinflussen, wenn beide beträchtlich weit auseinanderliegen? Die Elemente des Enhancers arbeiten wie die des Promotors, sind dabei aber nicht auf eine bestimmte Positionierung relativ zum Startpunkt angewiesen. An Enhancerelemente gebundene Proteine treten mit solchen an Promotorelementen in Wechselwirkung. Die Unterscheidung zwischen Promotoren und Enhancern hat eher pragmatische Gründe, als daß sie eine grundsätzliche Verschiedenheit der Wirkungsmechanismen unterstellt. Im Hinblick auf die Regulation läßt sich die Bildung des Transkriptionskomplexes daher wohl am besten anhand der einzelnen Sequenzelemente und der sie erkennenden Proteinfaktoren beschreiben, zumal manche Elementtypen sowohl in Promotoren als auch in Enhancern vorkommen.

Jedes Protein, das für die Initiation der Transkription benötigt wird, selbst aber kein Bestandteil der RNA-Polymerase ist, entspricht der Definition eines Transkriptionsfaktors. Viele Faktoren üben ihre Funktion dadurch aus, daß sie *cis*-aktive Sequenzabschnitte erkennen, die man als Bestandteile von Promotoren oder Enhancern wertet. Doch ist die Bindung an DNA nicht der einzige Weg, über den ein Transkriptionsfaktor wirken kann. Statt dessen oder zusätzlich kann er einen zweiten Faktor oder die RNA-Polymerase erkennen oder sich dem Initiationskomplex nur in Gegenwart mehrerer anderer Proteine angliedern. Ob ein Protein zum Transkriptionsapparat gehört, läßt sich nur durch einen funktionellen Test eindeutig überprüfen: Es muß sich für die Transkription an einem bestimmten Promotor oder einer Gruppe von Promotoren als erforderlich erweisen.

Ein wesentlicher Unterschied zwischen der Transkription eukaryotischer und derjenigen prokaryotischer mRNAs besteht darin, daß bei der Initiation an einem eukaryotischen Promotor eine Vielzahl von Faktoren mitwirken, die an die verschiedenen *cis*-aktiven Elemente binden. Der Promotor entspricht dem DNA-Bereich, der alle diese Bindungsstellen enthält und so die Transkription mit der notwendigen Effizienz und unter geeigneter Kontrolle sicherstellen kann. Somit ist das Hauptkriterium,

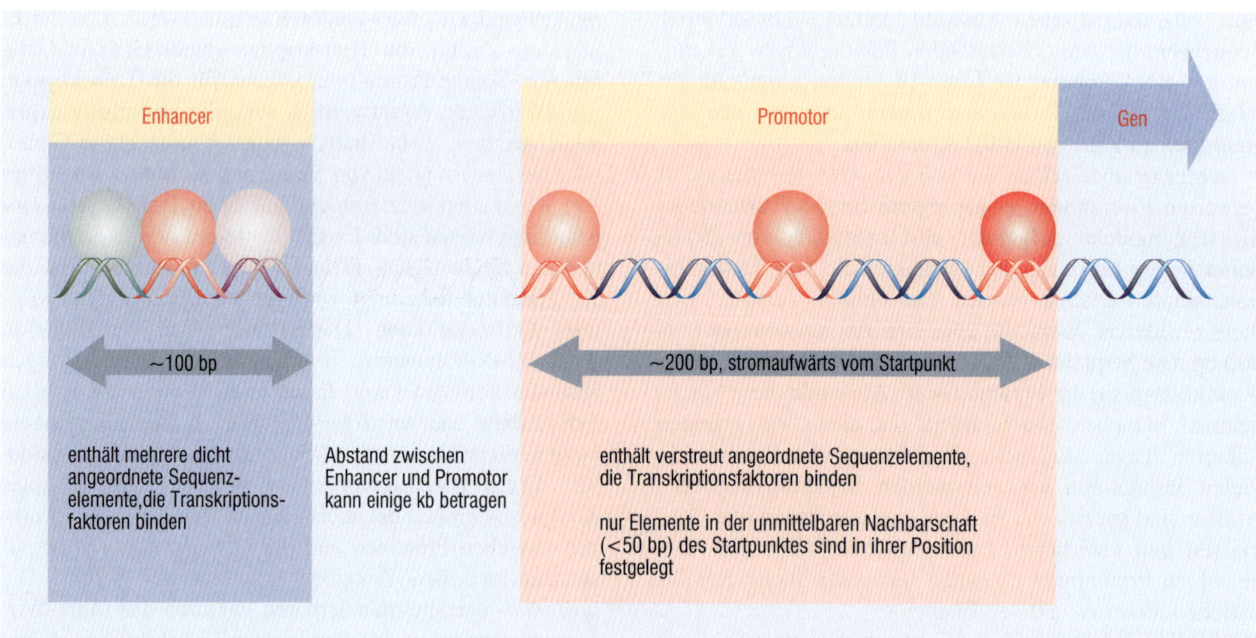

28.1 *Übersicht*: Der Promotor eines von der RNA-Polymerase II transkribierten Gens erstreckt sich gewöhnlich von der Basenposition, an der die Transkription beginnt, stromaufwärts. Meist enthält er mehrere kurze (weniger als zehn Basenpaare), über einen Bereich von 200 bp oder mehr verstreute Sequenzelemente, die Transkriptionsfaktoren binden. Eine weitere Kontrolleinheit, der Enhancer, kann bis zu mehreren Kilobasenpaaren vom Transkriptionsstart entfernt liegen. Die Sequenzelemente eines Enhancers, in der Regel dichter gepackt als die des Promotors, binden ähnliche oder die gleichen Faktoren wie dieser. (Die DNA-Achse kann gewunden oder gebogen sein, so daß die Transkriptionsfaktoren beider Kontrolleinheiten miteinander in Wechselwirkung treten und einen gemeinsamen Proteinkomplex bilden können.)

nach dem sich der Promotor für eine eukaryotische mRNA bestimmen läßt, die Lage der Bindungsstellen für Transkriptionsfaktoren. Die RNA-Polymerase bindet zwar in der Umgebung des Startpunktes, doch mit dem weiter stromaufwärts gelegenen Bereich des Promotors tritt sie nicht in direkten Kontakt. Demgegenüber definiert man bakterielle Promotoren im wesentlichen anhand der Bindungsstelle für die RNA-Polymerase unmittelbar beim Startpunkt (Kapitel 11). Weitere nahegelegene Sequenzen regulieren den Promotor zwar, werden jedoch gemeinhin nicht als dessen Bestandteil angesehen.

Der gängige Regulationsmodus der eukaryotischen Transkription ist ein positiver: Unter gewebsspezifischer Kontrolle wird ein Transkriptionsfaktor bereitgestellt, der den oder die Promotoren mit der entsprechenden Zielsequenz aktiviert. Transkriptionsfaktoren (und Proteine, die sie kontrollieren) bilden somit eine Hauptklasse regulatorischer Proteine. Negative Regulation durch spezifische Repression eines Zielpromotors ist selten.

In der Regel umfaßt eine eukaryotische Transkriptionseinheit nur ein Gen, und die Termination geschieht jenseits des Endes der codierenden Region. Dem Terminationsvorgang, auch wenn sein Mechanismus von Interesse sein mag, kommt hier nicht die regulatorische Bedeutung zu, die er in Prokaryoten besitzt. Die RNA-Polymerasen I und III terminieren an bestimmten Sequenzen und unter definierten Reaktionen; wie RNA-Polymerase II terminiert, ist unklar. Doch ohnehin ist der wesentliche Schritt, der das 3'-Ende einer mRNA festlegt, nicht das Terminationsereignis selbst, sondern eine Schnittreaktion im primären Transkript.

28.1 Eukaryotische RNA-Polymerasen bestehen aus vielen Untereinheiten

Gemäß ihren Aufgaben verteilen sich die drei eukaryotischen RNA-Polymerasen über unterschiedliche Zellkernbezirke. Tabelle 28.1 gibt eine Übersicht über ihre Merkmale.

Besonders stark ist die Aktivität der RNA-Polymerase I vertreten. Sie transkribiert im Nucleolus die Gene für ribosomale RNA und ist für den Hauptteil der zellulären RNA-Synthese verantwortlich.

Den größten Teil der übrigen Syntheseaktivität übernimmt die RNA-Polymerase II, die im Nucleoplasma vorkommt (also innerhalb des Zellkernes außer im Nucleolus). Sie ist für die Synthese der heterogenen Kern-RNA (*heterogeneous nuclear RNA*, hnRNA) zuständig, also der mRNA-Vorläufer.

Einen relativ kleinen Beitrag zur gesamten RNA-Synthese leistet die RNA-Polymerase III. Dieses nucleoplasmatische Enzym transkribiert tRNAs und andere kleine RNAs.

Ein wichtiges Unterscheidungsmerkmal der eukaryotischen RNA-Polymerasen ist ihre Empfindlichkeit gegenüber dem bicyclischen Octapeptid **α-Amanitin**, einem Giftstoff des Grünen Knollenblätterpilzes. Die RNA-Polymerase II aus den Zellen verschiedenster Organismen – etwa höheren Tieren, Pflanzen und Insekten – wird bereits durch geringe Konzentrationen von α-Amanitin rasch gehemmt, während die RNA-Polymerase I unempfindlich ist. Die Reaktion der RNA-Polymerase III auf das Pilzgift ist stammesgeschichtlich weniger konserviert: In den Zellen höherer Tiere wird dieses Enzym durch hohe Konzentrationen gehemmt, in Hefe- und Insektenzellen dagegen nicht.

Alle eukaryotischen RNA-Polymerasen sind große Proteinkomplexe mit einer relativen Molekularmasse von insgesamt 500 kD oder mehr. Gewöhnlich bestehen sie aus acht bis 14 Untereinheiten. Die gereinigten Enzyme können zwar an einer DNA-Matrize RNA transkribieren, sind jedoch alleine nicht imstande, gezielt an Promotoren zu initiieren. Bislang hat man keines der eukaryotischen Enzyme aus den gereinigten Untereinheiten rekonstituiert, so daß noch offen ist, ob wirklich alle Untereinheiten für die Enzymaktivität notwendig sind. Die einzige Art, bei der sämtliche Bestandteile bis auf die Ebene ihrer Gene charakterisiert sind, ist die Hefe *S. cerevisiae*, die für die Transkription zehn oder elf Untereinheiten braucht.

Einen Überblick über die generelle Zusammensetzung einer eukaryotischen RNA-Polymerase II nach dem Muster von *S. cerevisiae* gibt Abbildung 28.2. Die beiden größten Polypeptidketten enthalten wahrscheinlich das katalytische Zentrum. Sie und die nächstgrößte zeigen Homologien zu Untereinheiten der bakteriellen RNA-Polymerase. Drei der übrigen Untereinheiten sind allen im Zellkern arbeitenden RNA-Polymerasen gemeinsam, kommen also auch in RNA-Polymerase I und III vor.

Die größte Untereinheit der Polymerase II enthält eine carboxyterminale Domäne (**CTD**), die aus vielfachen Wiederholungen (*repeats*) einer Consensussequenz von sieben Aminosäuren besteht, wie sie in anderen RNA-Polymerasen nicht auftritt. Bei der Hefe wird die Sequenz etwa 26mal wiederholt, bei Säugern rund 50mal. Die Anzahl der *repeats* ist von Bedeutung, da Deletionen, bei denen

Tabelle 28.1: Eukaryotische Zellkerne verfügen über drei RNA-Polymerasen

Enzym	Aufenthaltsort	Produkt	relative Transkriptionsaktivität	Empfindlichkeit gegenüber α-Amanitin
RNA-Polymerase I	Nucleolus	ribosomale RNA	50–70 %	unempfindlich
RNA-Polymerase II	Nucleoplasma	mRNA-Vorläufer (hnRNA)	20–40 %	empfindlich
RNA-Polymerase III	Nucleoplasma	tRNA und andere kleine RNAs	etwa 10 %	speziesabhängig

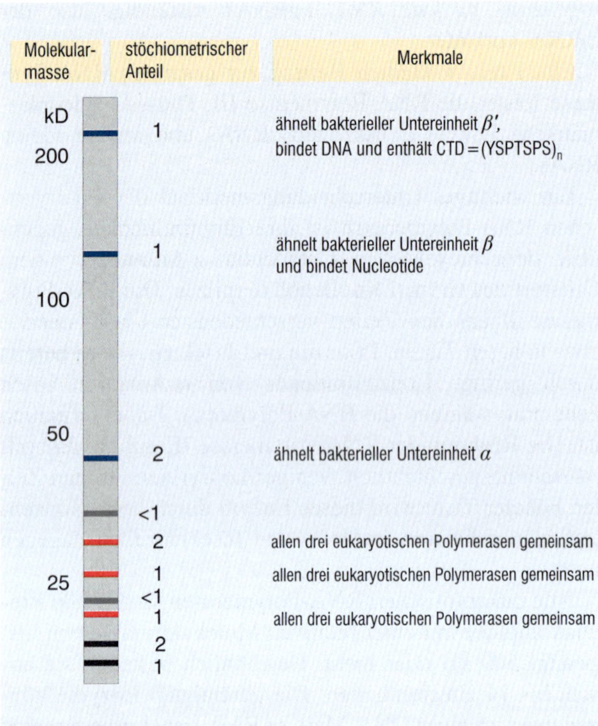

28.2 Die eukaryotische RNA-Polymerase II enthält mindestens zehn Untereinheiten.

mehr als die Hälfte von ihnen verlorengehen, in der Regel letal sind (zumindest bei der Hefe). Die CTD kann an Serin- und Threoninresten ausgiebig phosphoryliert sein. Ist dies der Fall, nennt man das Enzym RNA-Polymerase II_O; die nichtphosphorylierte Form heißt II_a. Wie wir noch sehen werden, ist die CTD an der Initiationsreaktion beteiligt.

Die RNA-Syntheseaktivität der Mitochondrien und Chloroplasten ist, gegenüber der im Zellkern, geringer. Die dort ansässigen RNA-Polymerasen ähneln eher ihrem bakteriellen Gegenstück als den Enzymen im Kern. Naturgemäß sind Organellengenome klein; eine RNA-Polymerase muß hier nur relativ wenige Gene transkribieren, die zudem vermutlich sehr einfachen Kontrollmechanismen unterstehen (wenn überhaupt). Daher sind diese Polymerasen mit den Phagenenzymen vergleichbar, die einem einzigen festgelegten Zweck dienen und nicht auf eine komplexere Umgebung reagieren müssen.

28.2 Die Promotorelemente werden durch Mutations- und Footprint-Analysen bestimmt

Promotoren lassen sich anhand ihrer Fähigkeit eingrenzen, in geeigneten Testsystemen Transkription zu initiieren. Hat man Sequenzen identifiziert, die für die Funktion eines Promotors notwendig sind, so kann man anschließend die daran bindenden Proteine charakterisieren. Verschiedene experimentelle Systeme werden benutzt:

- Das **Oocytensystem** beruht – analog zu seiner Verwendung für Translationsanalysen (Abschnitt 7.5) – auf der Injektion einer geeigneten DNA-Matrize in den Kern der *X. laevis*-Oocyte. Das entstehende RNA-Transkript läßt sich dann isolieren und analysieren. Wesentlicher Nachteil dieses Systems ist seine Begrenzung auf die in der Froschoocyte herrschenden Bedingungen. Es gestattet die Charakterisierung von DNA-Sequenzen, nicht jedoch der Faktoren, die sie normalerweise binden.
- **Transfektionssysteme** ermöglichen es, fremde (exogene) DNA in kultivierte Zellen einzubringen und von diesen exprimieren zu lassen (Näheres folgt in Abschnitt 32.9). Wahlweise kann man die anfängliche **transiente** oder die langfristige **stabile** Expression der transfizierten DNA verfolgen. Erstere beginnt gleich nach dem Eindringen der exogenen DNA in die Kerne der Zielzellen und dauert an, solange sie dort noch in Form intakter, eigenständiger Moleküle vorliegt. In manchen Zellen kommt es nachfolgend zur **Integration** der eingebrachten DNA, also zu deren Einbau in das genetische Material der Wirtszellen, so daß diese das Fremdgen nun stabil exprimieren. Damit hat man echte *in vivo*-Systeme zur Hand: Die Transkription der zu testenden DNA erfolgt durch denselben Apparat, der auch das wirtszelleigene Genom zur Expression bringt. Gleichwohl werden sie der natürlichen Situation nicht immer gerecht, da die eingebrachte Matrize oftmals ein Gen enthält, das in der Wirtszelle normalerweise nicht exprimiert wird. Durch Verwendung verschiedener Wirtszellen kann man den Nutzen des Systems häufig steigern. Mittels **Cotransfektion** von zwei (oder mehr) DNAs lassen sich überdies Wechselwirkungen zwischen zwei Faktoren untersuchen.
- **Transgene Systeme** beinhalten die Einführung eines fremden Gens in die Keimbahn eines Tieres. Die Expression dieses **Transgens** läßt sich dann in beliebigen oder allen Geweben seines Trägers verfolgen. Wie auch bei der stabilen Transfektion ist ein Nachteil dieser Systeme, daß das zusätzliche Gen häufig in mehrfacher Kopie vorliegt und nicht an seinem natürlichem Ort im Chromosomensatz eingebaut ist.
- Das ***in vitro*-System** entspricht der klassischen Vorgehensweise: Man isoliert sämtliche Komponenten und verändert die Bedingungen so lange, bis man eine realitätsgetreue Initiation beobachtet – das heißt, bis die RNA-Synthese genau an der Stelle beginnt, die dem 5′-Ende der jeweiligen mRNA (oder des rRNA- oder tRNA-Vorläufers) entspricht.

Der experimentelle Ansatz zur Charakterisierung eines Promotors ist bei allen diesen Systemen gleich. Man betreibt gewissermaßen künstliche Genetik am Ersatzobjekt (im Englischen sagt man dazu manchmal *surrogate genetics*): Die DNA-Matrize wird *in vitro* verändert und dann dem Transkriptionssystem zugegeben.

Man beginnt mit einem DNA-Fragment, an dem in einem dieser Systeme Transkription initiiert werden kann.

Die Grenzen des Sequenzbereichs, der dem Promotor entspricht, lassen sich bestimmen, indem man das Fragment jeweils an einer Seite allmählich verkürzt, so daß es irgendwann seine Aktivität einbüßt, wie in Abbildung 28.3 gezeigt wird. Um die stromaufwärts gelegene Grenze zu finden, entfernt man an diesem Ende Stück um Stück Sequenzmaterial, bis die Promotorfunktion verlorengeht. Die Grenze stromabwärts sucht man in entsprechender Weise, nur muß man hier den verkürzten Promotorbereich wieder mit der zu transkribierenden Sequenz verbinden, weil sonst kein nachweisbares Transkriptionsprodukt entstünde.

Einiges ist zu beachten, um externe Störeffekte zu vermeiden. Damit sich der Promotor von den Deletionen abgesehen immer im selben Kontext befindet, plaziert man ihn stets hinter die gleiche lange Stromaufwärtssequenz. Da in den *in vitro*-Systemen keine ordnungsgemäße Termination stattfindet, wird die Matrize in gewissem Abstand (meist etwa 500 bp) stromabwärts vom Promotor geschnitten, so daß alle Polymerasekomplexe am selben Punkt abspringen und dadurch eine identifizierbare Transkriptpopulation erzeugen.

Sind die Grenzen eines Promotors erst ermittelt, kann man die Bedeutung einzelner Basen in ihm untersuchen. Man führt dazu Punktmutationen ein oder nimmt Sequenzumstellungen vor. Wie bei der bakteriellen RNA-Polymerase können solche Veränderungen als *up*- oder *down*-Mutationen die Transkription zu- beziehungsweise abnehmen lassen. Neben der *Frequenz* können Mutationen auch den *Ort* der Initiation beeinflussen, also den Startpunkt verschieben. Um sicherzugehen, daß man vergleichbare RNA-Produkte erhält, muß man auf jeden Fall deren 5′-Ende analysieren.

Die funktionellen Sequenzbestandteile eines Promotors (oder eines beliebigen anderen Kontrollabschnitts auf der DNA) lassen sich anhand einer Reihe von Kriterien bestimmen:

- Mutationen an einer solchen Stelle unterbinden *in vitro* oder *in vivo* deren Funktion. (Es gibt inzwischen viele Verfahren, um gezielt Punktmutationen zu setzen. Prinzipiell kann man jede Basenposition innerhalb eines Promotors mutieren und die mutierte Sequenz *in vitro* oder *in vivo* testen.)
- Proteinfaktoren, die ihre Wirkung durch Bindung an eine solche Stelle ausüben, lassen sich durch Footprint-Analysen nachweisen. Wenn eine dort eingeführte Mutation die Funktion des Promotors außer Kraft setzt, sollte auch der Faktor nicht mehr binden und damit sein Footprint auf der DNA verschwinden.
- Wenn ein Faktor Sequenzstellen in vielen Promotoren erkennt, sollte sich daraus eine Consensussequenz herleiten lassen, an die der Faktor bindet. Stattet man einen Promotor, der zuvor noch keine besessen hat, mit einer geeigneten Kopie dieses Consensuselements aus, sollte er nunmehr auf den betreffenden Faktor ansprechen.

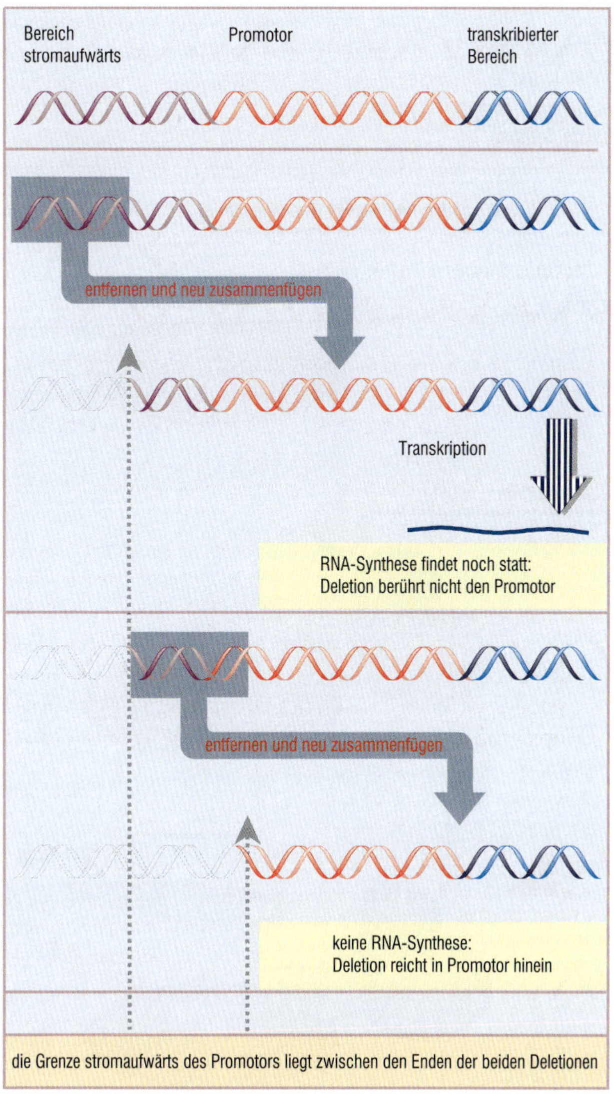

28.3 Um Promotorgrenzen zu ermitteln, setzt man an einer Seite des zu untersuchenden DNA-Abschnitts fortschreitende Deletionen, entfernt dort also immer mehr Sequenzmaterial. Wenn eine bestimmte Deletion noch Transkription zuläßt, die nächste jedoch nicht mehr, so muß die Grenze des Promotors zwischen den Endpunkten dieser beiden Deletionen liegen.

28.3 Der Promotor der RNA-Polymerase I besteht aus zwei Teilen

Die Promotoren der RNA-Polymerase I zeigen nur geringe Abweichungen. Das Enzym transkribiert ausschließlich Gene für ribosomale RNA und benutzt dabei nur einen Promotortyp. Das Transkript enthält die Sequenzen der größeren rRNAs (bei Säugern 5,8S, 18S und 28S; die 5S-RNA wird bei den meisten Eukaryoten separat durch die RNA-Polymerase III transkribiert), die im Zuge der Prozessierung später aus ihm herausgeschnitten werden (Abbildung 12.49). Es gibt viele Kopien dieser Transkriptionseinheit. Sie sind als Cluster angeordnet, also vielfach hintereinander, wobei je zwei Kopien durch eine Zwischensequenz, einen nichttranskribierten Spacer, voneinander getrennt sind, wie in Kapitel 23 näher behandelt wurde. Den Aufbau des Promotors und die Ereignisse bei der Initiation zeigt Abbildung 28.4.

Am besten ist der Promotor beim Menschen charakterisiert. Dort besteht er aus einer zweigeteilten Sequenz, die im Bereich vor und um den Startpunkt liegt. Der **Core-Promotor** (Promotorkern) umgibt den Startpunkt und erstreckt sich von –45 bis +20; er reicht für die Initiation aus. Doch wird seine Effizienz durch das stromaufwärts zwischen –180 und –107 gelegene zweite Kontrollelement UCE (*upstream control element*) sehr stark gesteigert. Die beiden Regionen haben eine für Promotoren ungewöhnliche

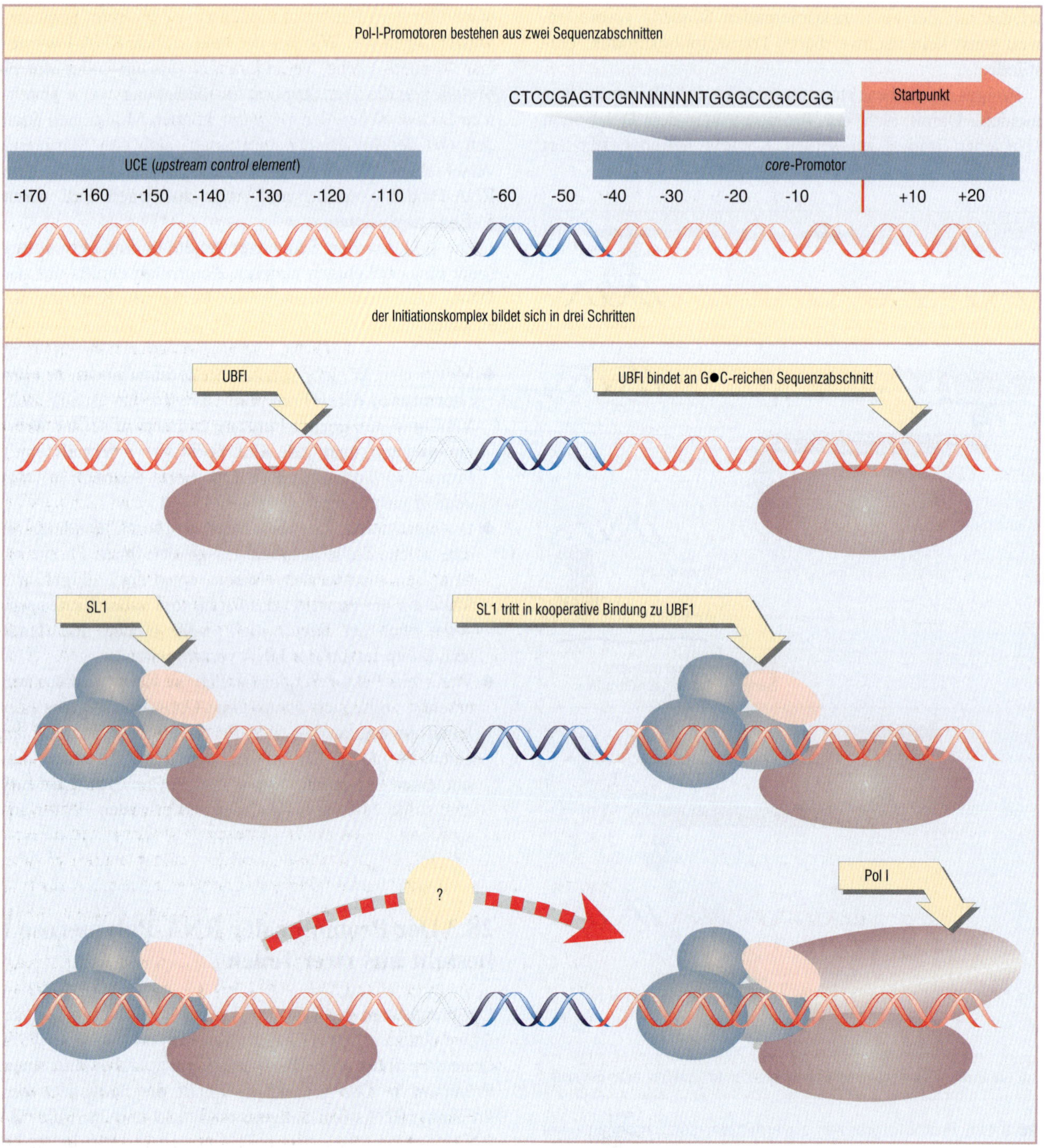

28.4 Transkriptionseinheiten der RNA-Polymerase I besitzen einen Core-Promotor, dem stromaufwärts im Abstand von etwa 70 bp das Kontrollelement UCE vorgeschaltet ist. Der Faktor UBF1 bindet an beide Bereiche, danach kann Faktor SL1 binden. Anschließend lagert sich RNA-Polymerase I an den Core-Promotor an. Die Art und Weise der Wechselwirkung zwischen den UCE- und den Core-Promotor-gebundenen Faktoren ist unbekannt.

Zusammensetzung; sie sind reich an G•C-Paaren und stimmen in rund 85 % ihrer Basen überein.

Die RNA-Polymerase I ist auf zwei Hilfsfaktoren angewiesen. UBF1 bindet spezifisch an ähnliche Sequenzen im Core-Promotor und im UCE. Der zweite Faktor, SL1, zeigt an sich keine spezifische Bindungsneigung für den Promotor; ist jedoch UBF1 bereits gebunden, kann SL1 hinzukommen und einen zusätzlichen DNA-Bereich bedecken. Wenn beide Faktoren gebunden sind, kann sich auch die RNA-Polymerase I an den Core-Promotor anlagern und die Transkription initiieren. Die am Core-Promotor gebundenen Faktoren treten vermutlich direkt mit der RNA-Polymerase I in Wechselwirkung, doch auf welche Weise die Bindung der gleichen Faktoren an das UCE die Initiation im Core-Bereich stimuliert, ist unklar. Wie wir noch sehen werden, sind Entfernungen überbrückende Wirkungen besonders bei der Initiation an Promotoren der RNA-Polymerase II beteiligt und dort auch eingehender untersucht worden.

UBF1 besteht aus einer einzelnen Polypeptidkette und bindet spezifisch an ein G•C-reiches Element im Core-Promotor und im UCE. UBF1 und RNA-Polymerase I arbeiten auch an heterologen Matrizen – Faktor und Enzym der Maus beispielsweise erkennen die menschlichen Gene. Faktor SL1 dagegen verleiht der Initiationsreaktion die Speziesspezifität: SL1 aus der Maus kann die Initiation an einer aus dem Menschen stammenden Matrize nicht unterstützen, ebensowenig geht es umgekehrt.

SL1 besteht aus vier Proteinen. Eines davon, TBP, ist auch Bestandteil von Faktoren, die zur Initiation durch die RNA-Polymerase II beziehungsweise III benötigt werden; seine Aufgabe dabei werden wir noch erörtern. Bezüglich der Polymerase I ist hervorzuheben, daß TBP stammesgeschichtlich gut konserviert ist und daher kaum für die Speziesspezifität von SL1 verantwortlich sein dürfte. Zudem bindet es nicht direkt an G•C-reiche DNA; mithin gehen Speziesspezifität und DNA-Bindung von SL1 offenbar auf dessen andere Komponenten zurück. Wahrscheinlich tritt TBP mit der RNA-Polymerase in Wechselwirkung, vielleicht mit einer der gemeinsamen Untereinheiten oder einer zwischen den RNA-Polymerasen konservierten Struktur.

Die Wirkungsweise von SL1 ähnelt der eines bakteriellen Sigma-Faktors. Als isolierter Proteinkomplex bindet SL1 nicht in spezifischer Weise an den Promotor, sondern nur in Kooperation mit anderen Proteinen. Der Faktor trägt möglicherweise die Hauptverantwortung dafür, daß die RNA-Polymerase den richtigen Startpunkt findet. Wie wir in den nächsten Abschnitten sehen werden, übernehmen Faktoren, die TBP und daran assoziierte weitere Proteine enthalten, eine vergleichbare Funktion für die RNA-Polymerasen II und III. Somit ist allen drei Polymerasen gemeinsam, daß sie bei der Initiation auf einen „Positionierungsfaktor" angewiesen sind, der aus TBP im Komplex mit zusätzlichen, je nach Promotortyp anderen Proteinen besteht.

28.4 Die RNA-Polymerase III benutzt stromauf- und stromabwärts gelegene Promotoren

Bei der Promotorerkennung durch die RNA-Polymerase III wird die Aufgabenverteilung zwischen Transkriptionsfaktoren und Enzym besonders deutlich. Es gibt zwei übergeordnete Klassen von Polymerase-III-Promotoren, die auf verschiedene Weise und durch unterschiedliche Faktorengruppen erkannt werden. 5S-RNA- und tRNA-Gene besitzen *interne* Promotoren, die stromabwärts vom Startpunkt liegen. Die Promotoren der Gene für die snRNA (*small nuclear RNA* oder kleine Kern-RNA) befinden sich dagegen nach üblicherem Muster stromaufwärts davon. In beiden Fällen bestehen die für die Promotorfunktion notwendigen einzelnen Elemente ausschließlich aus Sequenzen, die von Transkriptionsfaktoren erkannt werden, und diese wiederum sind es, welche die Bindung der RNA-Polymerase dirigieren.

Bevor man den Promotor der 5S-RNA-Gene bei *X. laevis* fand, war man bei der Suche nach Promotorsequenzen stets davon ausgegangen, daß sich diese stromaufwärts vom Startpunkt befänden. Doch Deletionsanalysen zeigten, daß das 5S-RNA-Produkt selbst dann noch synthetisiert wird, wenn man die gesamte dem Gen vorgeschaltete Sequenz entfernt!

Reicht eine Deletion ins Gen hinein, entsteht trotzdem ein Transkriptionsprodukt von nahezu gleicher Größe wie die ursprüngliche 5S-RNA, jedenfalls solange die Deletion vor Base +55 endet. Wie Abbildung 28.5 zeigt, entstammt der erste Teil dieses RNA-Produkts der Plasmid-DNA, in die man das 5S-Gen eingefügt hat; der zweite Teil entspricht dem verbleibenden Rest der ursprünglichen 5S-RNA-Sequenz. Wenn die Deletion jedoch über +55 hinausgeht, findet keine Transkription mehr statt. Der Promotor liegt also *stromabwärts von Position +55* und veranlaßt die RNA-Polymerase III, die Transkription in einem relativ festen Abstand davon zu initiieren.

Deletionen vom distalen Ende des Gens her lassen Transkription zu, solange die ersten 80 bp intakt bleiben. Sobald eine Deletion diesen Bereich erfaßt, hört die Transkription auf. Folglich liegt die Grenze des Promotors stromabwärts etwa bei Position +80.

Der Promotor für die Transkription der 5S-RNA befindet sich also zwischen den Positionen +55 und +80 innerhalb des Gens. In eine beliebige DNA eingefügt, kann ein Fragment mit diesem Abschnitt dort die Initiation an einem Startpunkt etwa 55 bp weiter stromaufwärts in Gang bringen. (Der Wildtypstartpunkt ist genau festgelegt; fehlt er bei einer Deletion, beginnt die Transkription an der Purinbase, die der Position 55 bp stromaufwärts vom Promotor am nächsten liegt.)

Die Struktur dreier Promotortypen für die RNA-Polymerase III ist in Abbildung 28.6 zusammengefaßt. Zwei davon sind interne Promotoren mit einem zweiteiligen Aufbau: Zwei kurze Sequenzelemente sind durch einen variablen Abschnitt voneinander getrennt. Im Typ 1 ist einem Element namens boxA in einigem Abstand das Element boxC nachgeschaltet, Typ 2 enthält boxA mit boxB. Der Abstand zwischen boxA und boxB im zweiten Typ kann recht unterschiedlich sein; wenn die beiden Elemente jedoch allzu dicht zusammenrücken, geht die Promotorfunktion in der Regel verloren. Auf die Organisation des stromaufwärts positionierten dritten Promotortyps werden wir später eingehen.

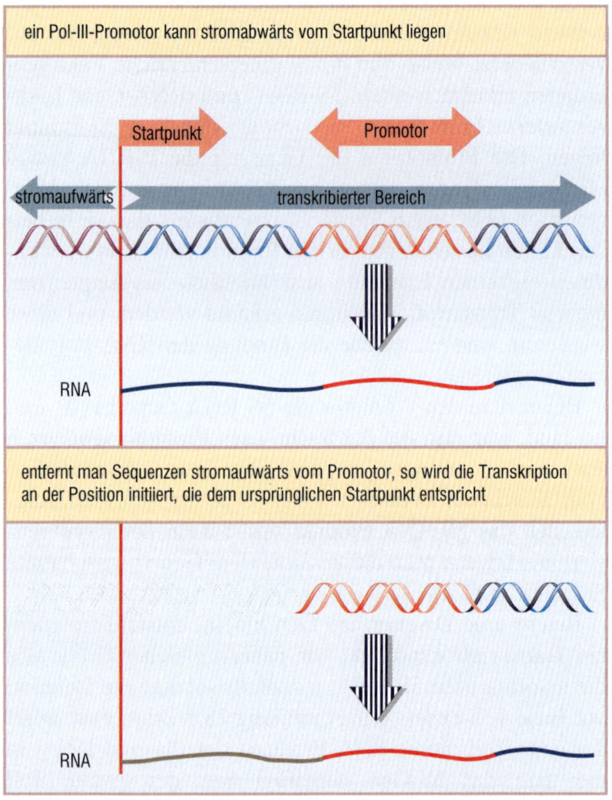

28.5 Wie Deletionsanalysen zeigen, liegt der Promotor der 5S-RNA-Gene innerhalb des transkribierten Bereichs. Die Initiation erfolgt im festen Abstand (etwa 55 bp) stromaufwärts vom Promotor.

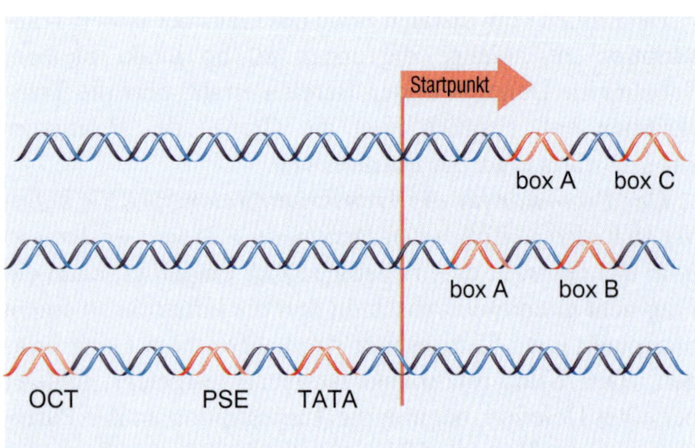

28.6 Promotoren für die RNA-Polymerase III können aus zwei stromabwärts vom Startpunkt liegenden und voneinander getrennten Sequenzelementen bestehen: boxA und boxC beziehungsweise boxA und boxB. Oder sie bestehen aus getrennten Elementen stromaufwärts vom Startpunkt (Oct, PSE, TATA).

Abbildung 28.7 skizziert den Reaktionsablauf an den internen Promotoren. Drei Hilfsfaktoren sind daran beteiligt. TFIIIA ist ein Vertreter der Zinkfingerproteine, einer bemerkenswerten Proteinklasse, auf die wir noch zurückkommen werden. TFIIIB besteht aus TBP und zwei weiteren Proteinen. TFIIIC schließlich ist ein umfangreicher, aus mindestens fünf Untereinheiten aufgebauter Proteinkomplex von ähnlicher Größe (größer als 500 kD) wie die RNA-Polymerase selbst.

Nicht alle an den Pol-III-Promotoren stattfindenden Wechselwirkungen sind vollständig verstanden, doch das Prinzip des Ablaufs ist bekannt. Bei den Promotoren des zweiten Typs, in Abbildung 28.7 rechts, erkennt TFIIIC das Element boxB, bindet aber an einen ausgedehnteren DNA-Bereich, der sowohl boxB als auch boxA umschließt. Beim ersten Promotortyp, links in der Abbildung, bindet zunächst TFIIIA an einen Sequenzabschnitt, der boxC enthält; dieser Bindungsvorgang ermöglicht nun auch TFIIIC, sich anzulagern. In beiden Fällen schafft die Bindung von TFIIIC die Voraussetzung dafür, daß schließlich TFIIIB seinen Platz an der Sequenzumgebung des Startpunktes einnehmen kann.

An diesem Punkt lassen sich TFIIIA und TFIIIC vom Promotor entfernen (durch hohe Salzkonzentrationen *in vitro*), ohne daß die Initiationsreaktion abbricht, was Wesentliches über die Funktion der Faktoren aussagt. *TFIIIB bleibt in der Umgebung des Startpunktes gebunden; seine Anwesenheit dort genügt, um der RNA-Polymerase III die Bindung an den Startpunkt zu ermöglichen.* Somit ist nur TFIIIB ein echter Initiationsfaktor – der einzige Faktor, den die RNA-Polymerase III hier unmittelbar benötigt. TFIIIA und TFIIIC sind demgegenüber Zusammenbau- oder ***assembly*-Faktoren** mit der Aufgabe, TFIIIB die Bindung an die richtige Stelle zu ermöglichen. Die geschilderte Ereignisfolge erklärt auch, wie die stromabwärtsgelegenen Promotorelemente die RNA-Polymerase an den Startpunkt stromaufwärts leiten können.

TFIIIB fungiert also als „Positionierungsfaktor“, verantwortlich dafür, die RNA-Polymerase III an die richtige Stelle zu bringen. Wie der Faktor SL1 des Pol-I-Promotors ähnelt er einem Sigma-Faktor insofern, als daß er nicht alleine an die DNA binden kann, sondern dazu der Mitwirkung anderer Proteine bedarf. Man erinnere sich, daß einer seiner Bestandteile, das Protein TBP, auch in SL1 enthalten ist; dieses Protein könnte diejenige Untereinheit von TFIIIB sein, die den direkten Kontakt zur RNA-Polymerase III herstellt.

Wenn auch die Transkription dieser Gene vom internen Promotor abhängt, können Veränderungen in der Region unmittelbar stromaufwärts vom Startpunkt die Transkriptionseffizienz beeinflussen.

Eine wesentlichere Rolle spielt der stromaufwärts gelegene Bereich in der dritten Gruppe der Polymerase-III-Promotoren. Das Beispiel hierzu in Abbildung 28.6 weist drei *upstream*-Elemente auf. Diese Elemente kommen auch in

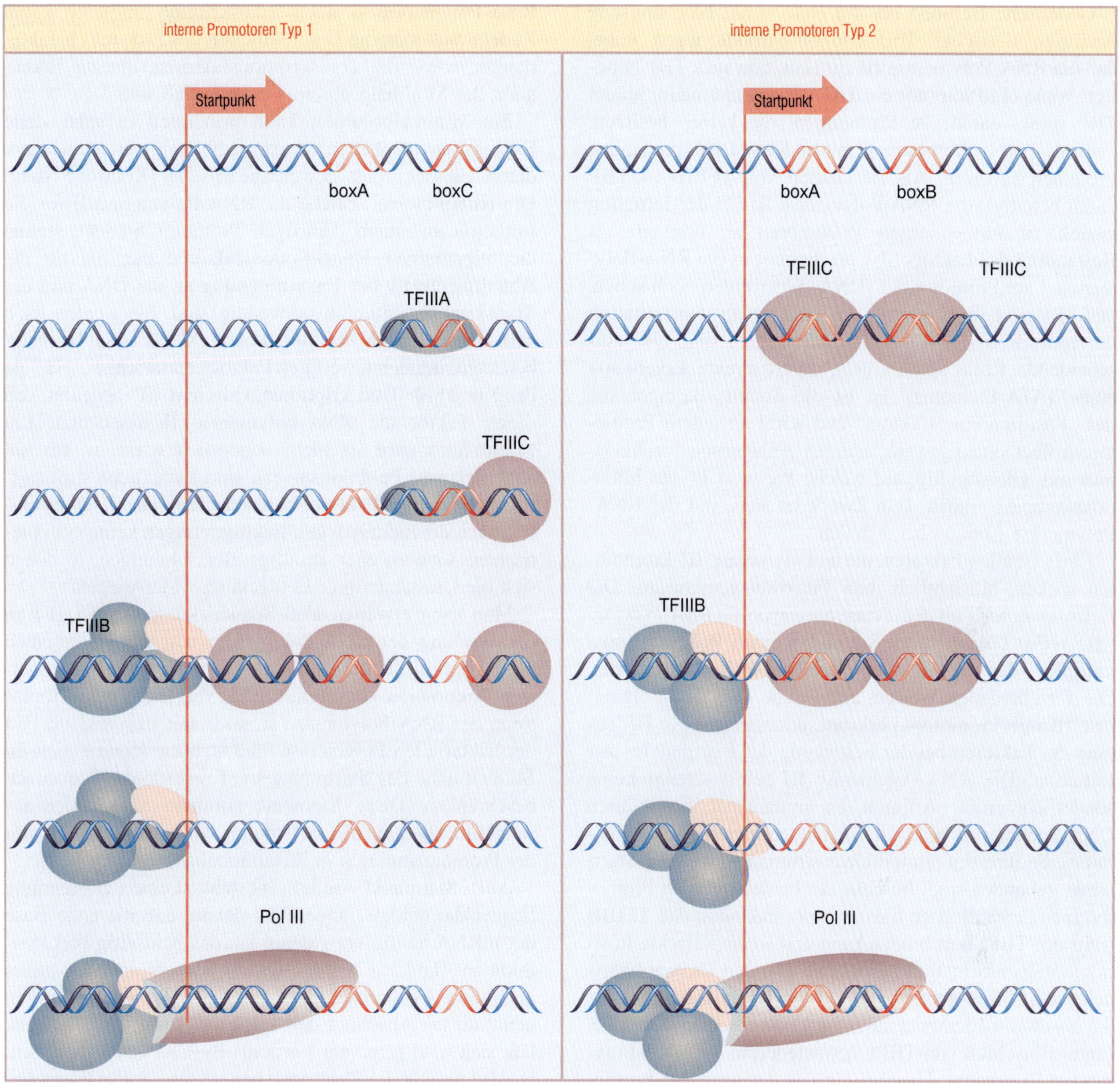

28.7 Bei der Initiation an internen Pol-III-Promotoren sind die *assembly*-Faktoren TFIIIA und TFIIIC, der Initiationsfaktor TFIIIB und die RNA-Polymerase III beteiligt.

Promotoren solcher snRNA-Gene vor, die von der RNA-Polymerase II transkribiert werden. (Einige snRNA-Gene werden von dieser, andere von der RNA-Polymerase III transkribiert.) In Promotoren für Polymerase II und solchen für Polymerase III funktionieren die *upstream*-Elemente auf ähnliche Weise. Das TATA-Element verleiht dem Promotor offenbar Spezifität für den Polymerasetyp.

Die Initiation an einem *upstream*-Promotor der RNA-Polymerase III kann auf einem kurzen Bereich erfolgen, der dem Startpunkt unmittelbar vorgelagert ist und nur das TATA-Element enthält. Allerdings ist die Effizienz der Transkription deutlich erhöht, wenn PSE und das OCT-Element anwesend sind. Die an diese Elemente bindenden Faktoren treten miteinander in kooperative Wechselwirkung. (PSE ist in Promotoren der RNA-Polymerase II mitunter essentiell, in solchen der Polymerase III hingegen wirkt es stimulatorisch; sein Kürzel steht für proximales Sequenzelement.)

An das entscheidende TATA-Element bindet ein Faktor, der TBP enthält, und hier ist es nun eben diese Untereinheit, die das betreffende Sequenzstück auf der DNA erkennt. TBP ist mit weiteren Proteinen assoziiert, von denen einige für Promotoren vom Pol-III-Typ spezifisch sind, und dies mag Ursache dafür sein, daß die RNA-Polymerase III an diesen Promotoren zum Einsatz kommt. TBP übernimmt zusammen mit seinen Assoziationspartnern die Funktion, die RNA-Polymerase III genau am Startpunkt zu positionieren.

Genetische Befunde bei der Hefe sowie biochemische Analysen tierischer Transkriptionsextrakte legen nahe, daß die RNA-Polymerase III zur Initiation stets TBP benötigt. Wenn ein Promotor ein TATA-Element enthält, bindet TBP direkt daran; an Promotoren, die keines besitzen, kann es sich in Verbindung mit anderen DNA-bindenden Proteinen anlagern. Als Bestandteil von TFIIIB ist TBP daran beteiligt, die RNA-Polymerase III bei der Initiation gezielt an ihre internen Promotoren zu bringen; als Bestandteil des Faktors SL1 positioniert es die RNA-Polymerase I am Promotor der rDNA. Wir werden noch sehen, daß TBP auch im Ensemble der Faktoren, die zur Initiation durch die RNA-Polymerase II erforderlich sind, eine entscheidende Rolle spielt (meist durch direkte Erkennung eines TATA-Elements). Es ist die Schlüsselkomponente des „Positionierungsfaktors" und wirkt an jedem Promotortyp über einen jeweils anderen Anlagerungsmechanismus mit. Gleichgültig, auf welche Weise es in den Initiationskomplex eintritt, sein Zweck ist stets, mit der RNA-Polymerase Kontakt herzustellen.

Eines ist allen Faktoren, die an Polymerase-III-Promotoren wirken, hinsichtlich ihrer Funktion gemeinsam. *Die Faktoren binden an den Promotor, bevor die RNA-Polymerase selbst binden kann.* Sie bilden einen **Präinitiationskomplex**, der die Bindung der RNA-Polymerase lenkt. Die verschiedenen Weisen, auf welche die RNA-Polymerase III ihre Promotoren erkennt, unterstreicht die Bedeutung der Faktoren bei der Festlegung des Startpunktes zur Initiation. Die RNA-Polymerase III selbst scheint keine sonderlich große Affinität zu irgendeiner bestimmten DNA-Sequenz zu besitzen. Sie bindet angrenzend an Faktoren, die ihrerseits unmittelbar stromaufwärts vom Startpunkt gebunden sind. Im Falle der beiden internen Promotortypen gewährleisten die *assembly*-Faktoren, daß TFIIIB (mitsamt TBP) dort binden kann und so die korrekte Positionierungsinformation bereitstellt. Bei den stromaufwärts gelegenen Promotoren bilden Transkriptionsfaktoren, die die *upstream*-Elemente direkt erkennen, einen Komplex (unter Einschluß von TBP), den wiederum die RNA-Polymerase III erkennt. Unabhängig von der Lage der Promotorelemente bindet also schließlich immer (mindestens) ein Faktor dicht am Startpunkt, um die RNA-Polymerase III dorthin zu leiten.

28.5 Der basale Transkriptionsapparat besteht aus RNA-Polymerase II und allgemeinen Faktoren

Die RNA-Polymerase II kann die Transkription nicht alleine initiieren, sondern ist in jedem Fall von zusätzlichen Transkriptionsfaktoren abhängig. Das Enzym und diese Hilfsfaktoren bilden zusammen den basalen Transkriptionsapparat, der für die Transkription an jedem Pol-II-Promotor benötigt wird. Um Einsicht in Aufbau und Funktionsweise eines Promotors zu gewinnen, ist es daher hilfreich, zunächst einen „Minimalpromotor" zu bestimmen, also die kürzestmögliche Sequenz, an der die RNA-Polymerase II noch Transkription initiieren kann. Zudem muß man die Untereinheiten des Enzyms charakterisieren sowie die Transkriptionsfaktoren, die zur Erkennung des Minimalpromotors erforderlich sind.

Ein Minimalpromotor kann prinzipiell in jeder Zelle Expression veranlassen: Er ist unabhängig von Sequenzen, deren Einsatz unter gewebsspezifischer Kontrolle steht. Die Hilfsproteine, welche die RNA-Polymerase II für die Initiation an einem derartigen Promotor braucht, stellen die allgemeinen Transkriptionsfaktoren dar, die für die Ablaufmechanik der Enzymbindung an die DNA und der Transkriptionsinitiation notwendig sind. Sie werden nach dem Muster **TFIIX** benannt, wobei „X" für einen Buchstaben steht, der den jeweiligen Faktor kennzeichnet. „TF" ist das Kürzel für Transkriptionsfaktor, und „II" bedeutet, daß dieser Faktor die RNA-Polymerase II unterstützt. Ein Minimalpromotor ist nicht sonderlich wirksam; für ein angemessenes Funktionsniveau sind zusätzliche stromaufwärts bindende Faktoren erforderlich. Diese *upstream*- wie auch die induzierbaren Faktoren tragen keine systematischen, sondern eher zufällige Bezeichnungen, in denen sich die Umstände ihrer Entdeckung widerspiegeln.

Man kann erwarten, daß Sequenzkomponenten, die an der Bindung der RNA-Polymerase und der allgemeinen Transkriptionsfaktoren mitwirken, in allen oder den meisten Promotoren konserviert sind. Vergleicht man Promotoren der RNA-Polymerase II, so findet man wie im Fall der bakteriellen Polymerase, daß sich die Homologien im Bereich nahe des Startpunktes auf recht kurze Sequenzen beschränken. Diese Elemente stimmen mit Sequenzabschnitten überein, die sich durch Mutationsanalysen mit der Promotorfunktion in Zusammenhang bringen lassen.

Am Startpunkt selbst besteht keine ausgeprägte Sequenzhomologie, abgesehen davon, daß die erste Base der mRNA häufig ein Adenin ist, das beidseitig von Pyrimidinen flankiert wird. (Dieser Basenfolge entspricht auch die CAT-Startsequenz bakterieller Promotoren.) Man nennt diesen Abschnitt den **Initiator** (**Inr**); seine Sequenz läßt sich in allgemeiner Form als Py_2CAPy_5 wiedergeben. Der Inr umfaßt die Positionen von –3 bis +5. Ein Promotor, der nur aus dem Inr besteht, hat die einfachste für die RNA-Polymerase II erkennbare Form.

Die meisten Promotoren besitzen eine als **TATA-Box** bezeichnete Sequenz, die in der Regel etwa 25 bp stromaufwärts vom Startpunkt liegt. Sie stellt das einzige Promotorelement dar, dessen Abstand zum Startpunkt relativ festgelegt ist, und kommt in allen Eukaryoten vor. Ihre Consensussequenz umfaßt acht A•T-Basenpaare (an zwei Positionen in beliebiger Orientierung); nur in einer Minderzahl der tatsächlichen Fälle ist ein G•C-Paar vorhanden. Die TATA-Box ist oft in G•C-reiche Sequenzen eingebettet, was für ihre Funktion eine Rolle spielen könnte. Sie stimmt fast mit der –10-Sequenz in bakteriellen Promotoren überein; man könnte sie durchaus damit verwechseln, bestünde nicht der Unterschied, daß sie bei –25 liegt statt bei –10.

Substitutionen einzelner Basen in der TATA-Box wirken als starke *down*-Mutationen, setzen also die Aktivität des

Promotors herab. Auch Mutationen, welche die Orientierung eines A•T-Paares umkehren, können so wirken; demnach ist die Funktion der TATA-Box nicht nur durch die Basenzusammensetzung als solche bedingt. Insgesamt ist die TATA-Box ein Element, dessen Eigenschaften sich auch in das beschriebene Konzept vom bakteriellen Promotor einfügen: Sie ist eine kurze, wohldefinierte Sequenz, dicht vor dem Startpunkt gelegen und für die Transkription erforderlich. Die Minderheit der Promotoren, die kein TATA-Element enthalten, nennt man **TATA-lose Promotoren** (*TATA-less promoters*).

Im ersten Schritt bei der Komplexbildung an einem Promotor mit TATA-Box bindet der Faktor **TFIID** an eine Region, die sich von der TATA-Box stromaufwärts erstreckt. TFIID besteht aus zweierlei Komponenten. Die Erkennung der TATA-Box übernimmt das bereits mehrfach erwähnte **TBP**, das **TATA-Bindeprotein** (*TATA-binding protein*), ein relativ kleines Proteinmolekül von etwa 30 kD. Außerdem enthält TFIID verschiedene weitere Untereinheiten, als **TBP-assoziierte Faktoren** oder kurz **TAFs** bezeichnet. Manche TAFs verhalten sich zu TBP stöchiometrisch, andere liegen in geringeren Anteilen vor. Unterschiedliche Varianten von TFIID mit einer jeweils anderen TAF-Zusammensetzung könnten unterschiedliche Promotoren erkennen. Die Gesamtmasse von TFIID beträgt typischerweise etwa 800 kD, wozu TBP und ungefähr neun TAFs mit Massen zwischen 30 und 250 kD beitragen.

Die Vorstellung, daß TBP sich mit verschiedenen TAFs zusammenlagert, erlaubt eine allgemeine Beschreibung seiner Arbeitsweise an allen drei Promotorklassen. Der Faktor TFIIIB, der an internen Pol-III-Promotoren, und der Faktor SL1, der an Pol-I-Promotoren zum Einsatz kommt, können beide als Komplex aus TBP und einem eigenen Sortiment von TAFs aufgefaßt werden. Die Art und Weise, wie der jeweilige Faktor seinen Promotor erkennt, ist von Fall zu Fall verschieden (Abbildung 28.8). TFIIIB bindet neben TFIIIC, SL1 in Kooperation mit UBF1; TFIID wiederum ist alleine für die Erkennung eines Polymerase-II-Promotors verantwortlich.

Ein gegebenes TBP-Molekül steht zwar theoretisch allen Promotoren zur Verfügung, de facto könnte es jedoch von seinen TAFs gleichsam beschlagnahmt sein und dadurch nur an einer bestimmten Promotorklasse zum Einsatz kommen. TBP muß über die Fähigkeit verfügen, an jedem Promotortyp mit den dort wirkenden Faktoren und/oder der jeweiligen Polymerase zweckentsprechend zu interagieren.

TBP ist der erste Faktor, der mit mit einem Pol-II-Promotor in Kontakt tritt, und wird mitunter als „Anbahnungs-" oder „Verpflichtungsfaktor" (*commitment factor*) angesehen, der einen Promotor zur Transkription regelrecht vorbestimmt. Da die TATA-Box einen festen Abstand zum Startpunkt hat, ist ihre Erkennung wichtig, um die RNA-Polymerase „in Stellung" zu bringen.

TBP besitzt die ungewöhnliche Eigenschaft, an die kleine Furche der DNA zu binden. (Nahezu alle anderen bekannten DNA-bindenden Proteine lagern sich an die große Furche an.) Aus der Kristallstruktur von TBP läßt sich ein detailliertes Modell für seine Bindung an die DNA ableiten. Wie Abbildung 28.9 zeigt, umgibt TBP die DNA einseitig und bildet dabei eine Art Sattel auf der Doppelhelix. Dessen Innenfläche berührt die DNA; die

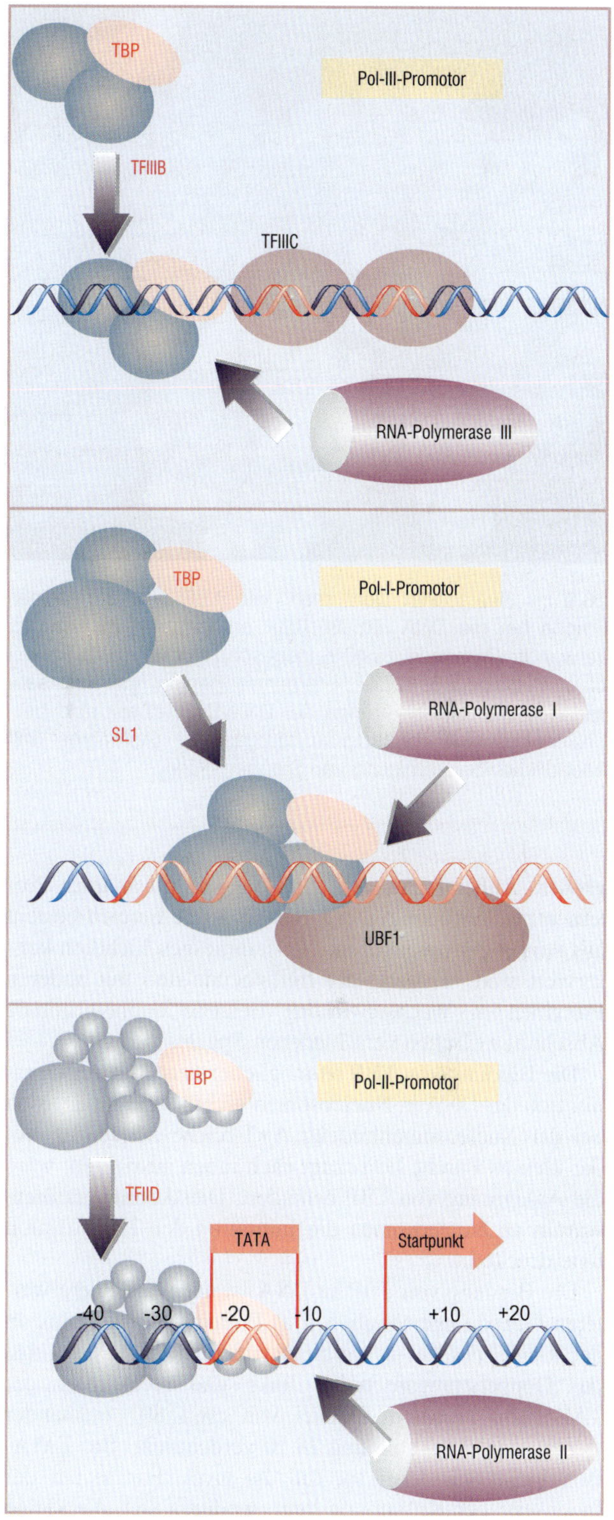

28.8 Eukaryotische RNA-Polymerasen werden an allen Promotoren durch Faktoren positioniert, die TBP enthalten.

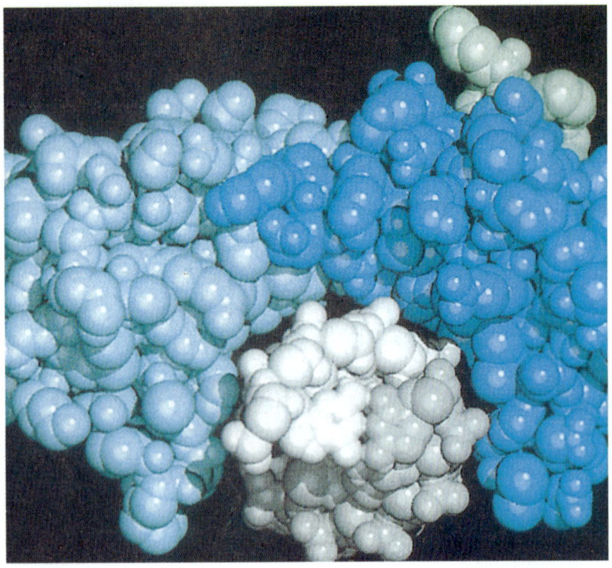

28.9 Im Querschnitt sieht man, wie TBP von der kleinen Furche her die DNA umfaßt. TBP enthält zwei miteinander verwandte Domänen (zu 40 % identisch), hier hell- und dunkelblau wiedergegeben. Die N-terminale Region (grün) ist sehr variabel. Die beiden Stränge der DNA-Doppelhelix sind hellbeziehungsweise dunkelgrau dargestellt. (Aufnahme mit freundlicher Genehmigung von Stephen Burley.)

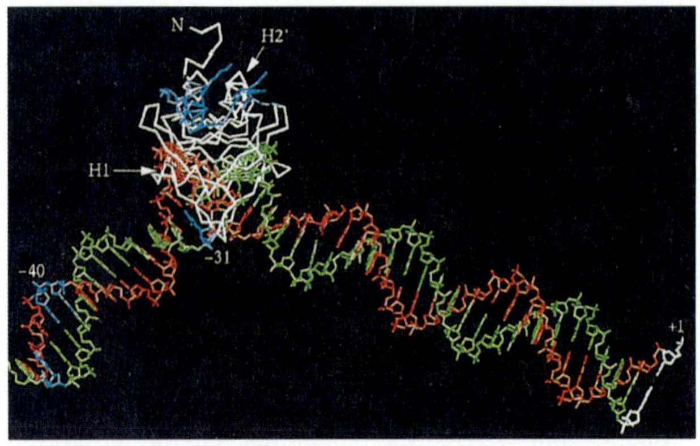

28.10 Die cokristalline Struktur von TBP mit einem DNA-Stück, das von Position –40 bis zum Startpunkt reicht, läßt auf einen Knick an der TATA-Box schließen, der die kleine Furche an der Stelle ausdehnt, wo TBP bindet. (Aufnahme mit freundlicher Genehmigung von Stephen Burley.)

größere Außenfläche steht für Kontakte mit anderen Proteinen zur Verfügung. Der DNA-bindende Bereich besteht aus Aminosäuresequenzen, die stammesgeschichtlich konserviert sind, während der freiliegende und mit anderen Proteinen in Wechselwirkung tretende aminoterminale Abschnitt zwischen verschiedenen Spezies variiert.

Die Bindung von TBP ist möglicherweise mit der Organisation der DNA in Nucleosomen nicht vereinbar. Da sich bei der Nucleosomenbildung A•T-reiche Sequenzen mit der kleinen Furche bevorzugt nach innen ausrichten, wäre die Anlagerung von TBP behindert. Dies könnte erklären, warum an Nucleosomen die Inititation der Transkription unterdrückt ist.

Die Bindung von TBP an DNA ist noch aus einem weiteren Grund ungewöhnlich. Das Protein sitzt nicht nur in der kleine Furche, es verbiegt zudem die DNA, so daß die Doppelstrangabschnitte links und rechts von der TATA-Box in einem Winkel von etwa 80° zueinander stehen, wie die Abbildung 28.10 verdeutlicht. Die TATA-Box biegt sich dabei so, daß die große Furche auf der Innenseite der Krümmung liegt, wodurch sich die kleine Furche aufweitet. Die Krümmung ist auf die acht Basenpaare der TATA-Box beschränkt: An den beiden Enden der Box ist die kleine Furche wie gewöhnlich etwa 5 Å breit, in der Mitte dagegen mehr als 9 Å. Trotz der Deformation werden die beiden Einzelstränge der DNA nicht voneinander getrennt; die Basenpaarung bleibt erhalten.

Die geknickte Struktur ist von funktioneller Bedeutung. Durch die veränderte Raumanordnung der DNA auf beiden Seiten der TATA-Box können Transkriptionsfaktoren und RNA-Polymerase im Komplex dichter zusammenrücken als dies an einem gestreckten DNA-Abschnitt möglich wäre. Die Biegung an der TATA-Box entspricht einer Entspiralisierung der Doppelhelix um etwa eine drittel Windung, was durch positive Krümmung der Helixachse kompensiert wird. Noch ist nicht bekannt, in welcher Beziehung dies zur Einleitung der Strangtrennung steht.

Die Gegenwart von TBP in der kleinen und die weiterer Proteine in der großen Furche bringt eine hohe Dichte von Protein-DNA-Kontakten in diesem Abschnitt mit sich. Wenn man zur Footprint-Analyse gereinigtes TBP *in vitro* an DNA binden läßt, wird an der TATA-Box etwa eine Windung der Doppelhelix geschützt, meist das Stück von –37 bis –25. Die Bindung des TFIID-Komplexes im Zuge der Initiationsreaktion schützt dagegen in der Regel den Abschnitt von –45 bis –10 und erstreckt sich auch in Bereiche noch weiter stromaufwärts vom Startpunkt. TBP ist der einzige allgemeine Transkriptionsfaktor, der mit DNA sequenzspezifische Kontakte eingeht.

Damit es zur Initiation kommt, müssen die Transkriptionsfaktoren in definierter Reihenfolge einen Komplex bilden, zu dem schließlich die RNA-Polymerase hinzutritt. Der Ablauf der Ereignisse läßt sich daran verfolgen, wie der mit der DNA assoziierte Proteinkomplex anwächst. Aus Footprint-Analysen weiß man, welche DNA-Bereiche in den einzelnen Schritten der Komplexerweiterung von Proteinen bedeckt sind, und daraus läßt sich das in Abbildung 28.11 skizzierte Modell folgern. Mit jedem TFII, der sich dem Komplex angliedert, wird der geschützte DNA-Abschnitt größer. Die RNA-Polymerase tritt erst in einem späten Stadium hinzu.

Wenn sich TFIIA dem Komplex anschließt, erlangt TFIID die Fähigkeit, seinen geschützten Bereich stromaufwärts auszudehnen. TFIIA aktiviert offenbar TBP, wahrscheinlich dadurch, daß er eine durch die TAFs bedingte Supression zurücknimmt.

Die Anlagerung von TFIIB führt zu einem partiellen Schutz des Matrizenstranges im Bereich um den Start-

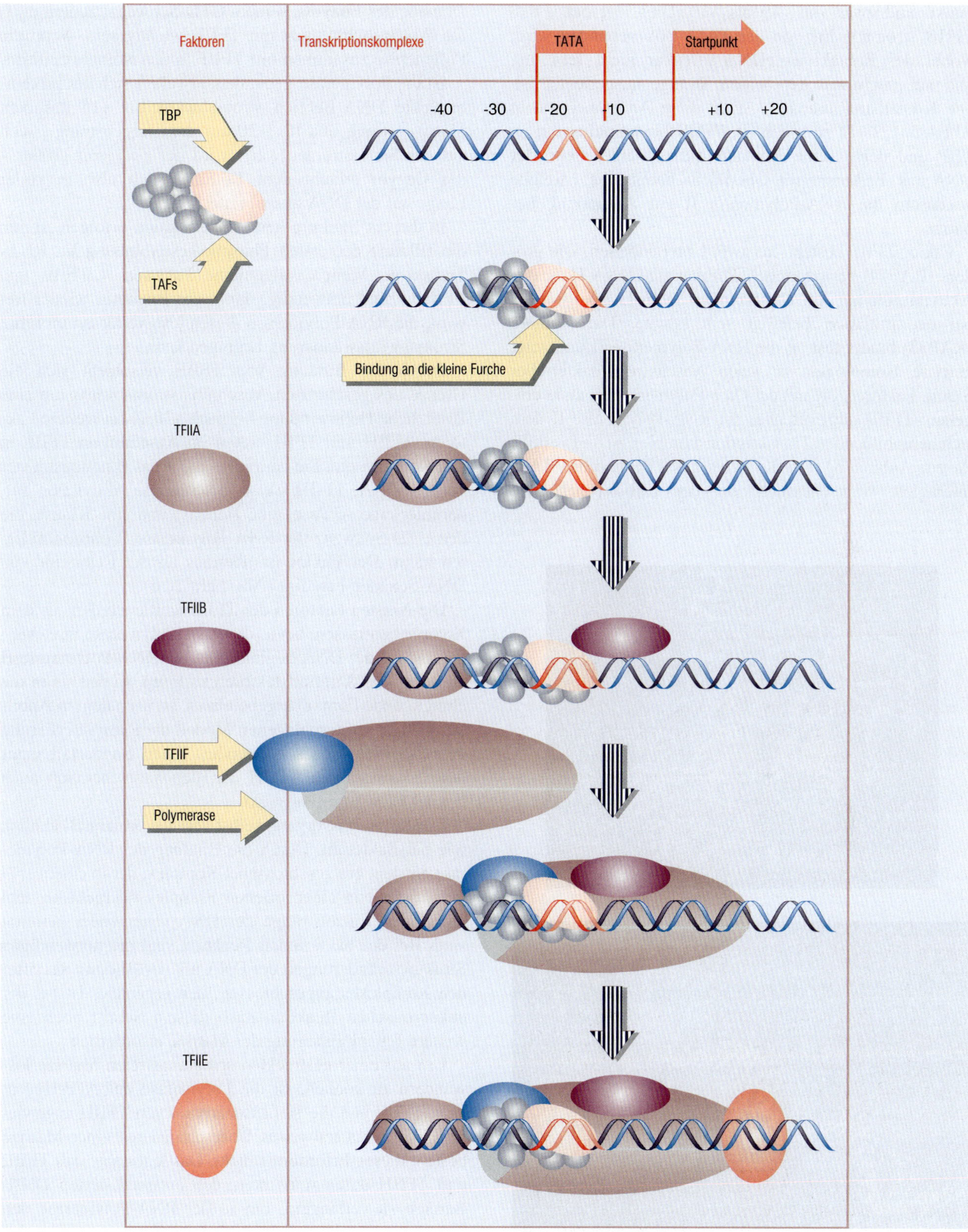

28.11 Initiationskomplexe an Promotoren der RNA-Polymerase II entstehen, indem sich dort Transkriptionsfaktoren in geordneter Reihenfolge anlagern.

punkt, und zwar von –10 bis +10. Dies legt nahe, daß TFIIB stromabwärts von der TATA-Box gebunden wird, wobei der Kontakt zur DNA offenbar nicht sehr eng und auf nur einen der beiden Stränge ausgerichtet ist. Die Kristallstrukturanalyse stützt diese Annahme, wie in Abbildung 28.12 zu sehen ist. TFIIB bindet anliegend an TBP und dehnt seine Kontakte entlang einer Seite der DNA aus. Er könnte die Oberfläche bereitstellen, welche wiederum die RNA-Polymerase II zur Anbindung benötigt.

Faktor TFIIF besteht aus zwei Untereinheiten. Die größere (RAP74) besitzt eine ATP-abhängige DNA-Helicase-Aktivität, die am Aufschmelzen des DNA-Doppelstranges bei der Initiation beteiligt sein könnte. Die kleinere (RAP38) bindet fest an die RNA-Polymerase II und zeigt gewisse Homologien zu jenen Abschnitten bakterieller Sigma-Faktoren, die mit der Core-Polymerase Kontakt eingehen. TFIIF führt offenbar die RNA-Polymerase II dem sich heranbildenden Transkriptionskomplex zu und verhilft ihr zur Anbindung. Der Komplex aus TBP und den TAFs interagiert wahrscheinlich mit der carboxyterminalen Domäne des Enzyms, seinem CTD-Schwanz; zudem dürften Wechselwirkungen mit TFIIB wichtig sein, wenn die Polymerase zusammen mit TFIIF in den Komplex eintritt.

Ist die Polymerase gebunden, erweitert sich der proteinbedeckte DNA-Bereich stromabwärts bis +15 auf dem Matrizenstrang und bis +20 auf dem Gegenstrang. Auch auf der Seite stromaufwärts wird der *Footprint* größer – das Enzym erlaubt dem Komplex sich also in voller Länge auf der DNA auszubreiten.

In diesem Stadium kann die Initiation erfolgen, sprich die Bildung der ersten Phosphodiesterbindung im RNA-Transkript. Weitere allgemeine Faktoren – TFIIE und TFIIH – sind notwendig, damit der Promotor wieder frei wird, die RNA-Polymerase diesen also verlassen und ihre Stromabwärtswanderung beginnen kann.

Durch die Bindung von TFIIE verschiebt sich die Grenze des geschützten Abschnitts stromabwärts um eine zusätzliche Helixwindung bis nach +30. Zwei weitere Faktoren, TFIIH und TFIIJ, treten im Anschluß an TFIIE in den Komplex ein. Sie verändern nicht das Bindungsmuster auf der DNA. TFIIH weist verschiedene Aktivitäten auf, darunter eine ATPase, eine Helicase und eine Kinase, die den CTD-Schwanz der RNA-Polymerase II phosphorylieren kann. Der Faktor ist überdies an der Reparatur von DNA-Schäden beteiligt (Abschnitt 28.6).

Die meisten Faktoren der TFII-Familie werden aus dem Komplex entlassen, bevor die RNA-Polymerase ihre Wanderung auf der DNA beginnt. Um die RNA-Polymerase II von den Transkriptionsfaktoren zu lösen, so daß sie in die elongierende Form übergehen kann, ist nach dem in Abbildung 28.13 vorgeschlagenen Modell die Phosphorylierung des CTD-Schwanzes notwendig. Einen Sonderfall unter den Faktoren stellt TFIIH dar, der wahrscheinlich auch bei der Elongation mitwirkt.

Der Initiationsvorgang selbst verläuft prinzipiell ähnlich wie bei Bakterien. Durch die Bindung der RNA-Polymerase entsteht ein geschlossener Komplex, der in einem späteren Schritt in einen offenen Komplex übergeht, in dem die beiden Einzelstränge der DNA voneinander getrennt sind. Bei der bakteriellen Reaktion sind die notwendigen Strukturveränderungen der DNA mit der Bildung des offenen Komplexes abgeschlossen; demgegenüber ist bei der eukaryotischen Reaktion nach diesem Schritt noch eine weitere Entspiralisierung der Matrize erforderlich.

Um auf einer gestreckten spannungsfreien Matrize loswandern zu können, ist die Polymerase auf ATP-Hydrolyse, TFIIE und die Helicaseaktivität von TFIIH angewiesen. Durch ein teilweises Überspiralisieren einer Matrize besteht dieses Erfordernis nicht. Das legt nahe, daß TFIIE und TFIIH daran mitwirken, den entspiralisierten DNA-Bereich zu verlängern, um so der RNA-Polymerase den Start ihrer Wanderung zu ermöglichen.

Was geschieht an TATA-losen Promotoren? Dort kommen dieselben allgemeinen Faktoren zum Einsatz wie sonst auch, einschließlich TFIID. Als Positionierungselement dient hier der Initiator; TFIID bindet daran aufgrund der Fähigkeit eines oder mehrerer TAFs, den Inr direkt zu erkennen. TBP übt seine Funktion an diesen Pro-

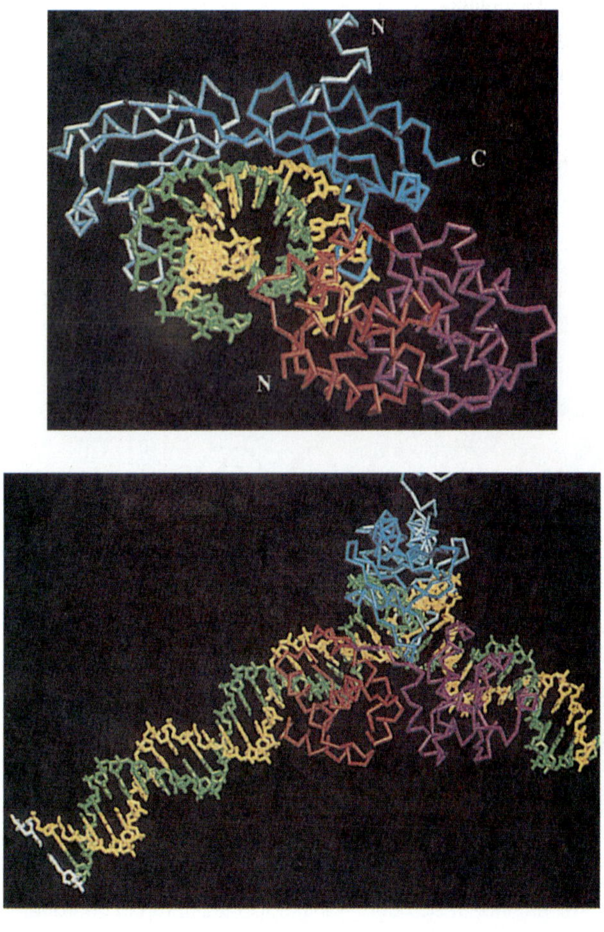

28.12 Die beiden Ansichten des ternären Komplexes aus TFIIB, TBP und DNA zeigen, daß sich TFIIB auf der Innenseite der DNA-Krümmung anlagert. Die Einzelstränge der DNA sind gelb und grün, TBP blau, und TFIIB rot und lila. (Aufnahme mit freundlicher Genehmigung von Stephen Burley.)

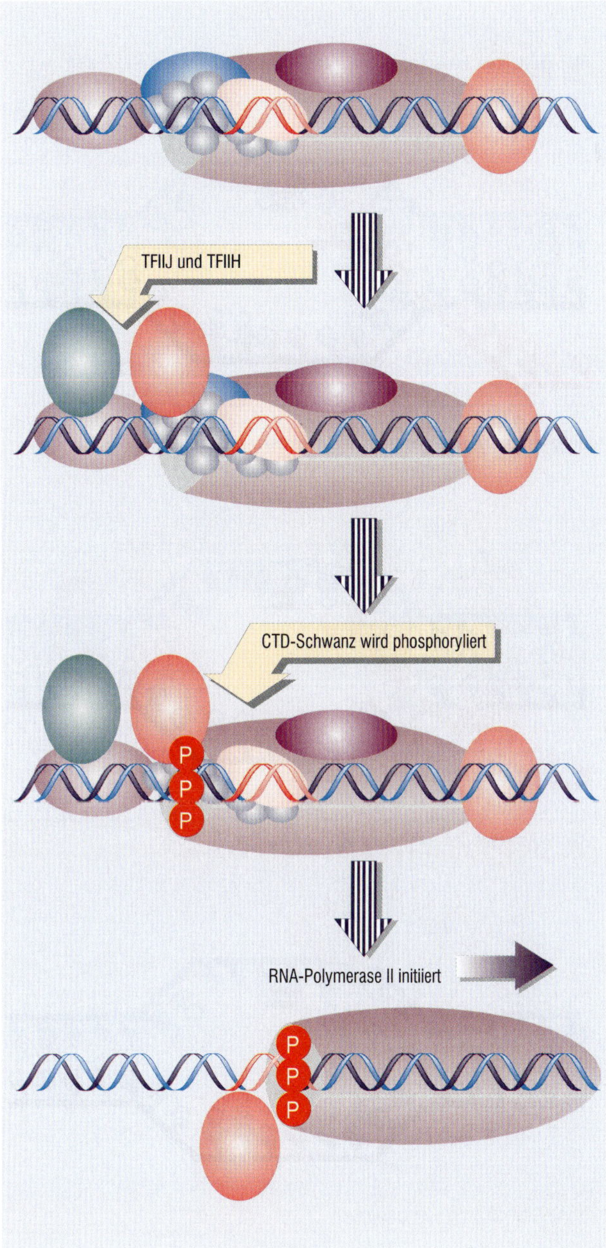

28.13 Damit die RNA-Polymerase aus dem Initiationskomplex freikommt und mit der Transkription beginnen kann, muß wahrscheinlich ihre carboxyterminale Domäne durch die Kinaseaktivität von TFIIH phosphoryliert werden.

motoren also in ähnlicher Weise aus wie an denen der RNA-Polymerase I und an internen Promotoren der RNA-Polymerase III.

Viele allgemeine Faktoren bestehen aus mehreren Untereinheiten; daher ist die Gesamtzahl der am basalen Apparat mitwirkenden Polypeptide ziemlich groß. Es sind wahrscheinlich etwa 20, mit einer Gesamtmasse von rund 500 kD. Hinzu kommen die zehn oder mehr Untereinheiten der RNA-Polymerase II mit noch einmal 500 kD – im Zuge der Initiation muß sich also ein Komplex von enormer Größe zusammenlagern.

Vergleicht man den Zusammenbau des Polymerase-II-Initiationskomplexes mit dem Initiationsablauf bei Prokaryoten, fällt ein bemerkenswerter Unterschied auf. Die bakterielle RNA-Polymerase ist im wesentlichen eine in sich geschlossene Funktionseinheit, der die Fähigkeit zur DNA-Bindung bereits innewohnt. Der Sigma-Faktor, notwendig für die Initiation, jedoch nicht für die Elongation, wird Teil des Enzyms, bevor es an DNA bindet, wenngleich er es auch später wieder verläßt. Die RNA-Polymerase II hingegen kann nur an den Promotor binden, *nachdem* sich getrennt von ihr dort Transkriptionsfaktoren angelagert haben. Die Aufgabe, welche die eukaryotischen Faktoren erfüllen, ist zu der des bakteriellen Sigma-Faktors analog: Sie ermöglichen dem Grundenzym die spezifische Erkennung von DNA-Sequenzen am Promotor; sie haben jedoch eine größere Eigenständigkeit entwickelt und übernehmen die spezifische Promotorerkennung jetzt hauptverantwortlich. Die Vorgänge, die den Transkriptionskomplex entstehen lassen, erinnern an den Zusammenbau der ribosomalen Untereinheiten, bei dem ribosomale Proteine an rRNA (oder an andere Proteine im Komplex) in einer festgelegten Reihenfolge binden müssen. Nur wenige Faktoren tragen zu Protein-DNA-Kontakten bei (und nur TBP geht sequenzspezifische Kontakte ein); demnach sind Protein-Protein-Wechselwirkungen bei der Zusammenlagerung des Initiationskomplexes sehr wichtig.

Die Sequenzen in der Umgebung des Startpunktes fungieren als „Core-Promotor", an dem sich der basale Transkriptionsapparat zusammenfügt. Wenn dort eine TATA-Box vorhanden ist, legt sie die Position des Startpunktes fest. Ist sie deletiert, ist die Initiationsstelle nicht mehr so festgelegt; insgesamt geht die Transkription jedoch vergleichsweise wenig zurück. Einigen TATA-losen Promotoren fehlt in der Tat die festgelegte Initiationsstelle; statt dessen erfolgt die Initiation an irgendeinem von mehreren dicht beieinander liegenden Startpunkten. Die TATA-Box richtet die RNA-Polymerase (über Wechselwirkungen mit TFIID und anderen Faktoren) so aus, daß diese an definierter Stelle initiiert. Das erklärt die feste Position der Box relativ zum Startpunkt. Die Bindung von TBP an TATA ist der herausragende Vorgang bei der Promotorerkennung, wenngleich zwei große TAFs (TAF_{250} und TAF_{150}) ebenfalls mit der DNA in der Umgebung des Startpunktes Kontakte eingehen und die Effizienz der Reaktion beeinflussen.

Obwohl der Zusammenbau *in vitro* schon am Core-Promotor erfolgen kann, reicht diese Reaktion für die Transkription *in vivo* nicht aus. Dort sind Wechselwirkungen mit zusätzlichen Faktoren erforderlich, welche die weiter stromaufwärts gelegenen Elemente erkennen. Diese Faktoren interagieren mit dem basalen Apparat in verschiedenen Phasen seines Zusammenbaus.

28.6 Eine Verbindung zwischen Transkription und DNA-Reparatur

Wenn die DNA eines transkribierten Gens beschädigt ist, wird bevorzugt der Matrizenstrang repariert. Die Frage drängt sich auf, woran ihn die Reparaturmaschinerie erkennt. Sowohl bei Bakterien als auch bei Eukaryoten besteht eine direkte Verbindung zwischen der RNA-Polymerase und der Aktivierung von Reparaturvorgängen.

Das Grundphänomen wurde zunächst in Form einer bevorzugten Reparatur transkribierter Gene beobachtet; später entdeckte man, daß davon nur der Matrizenstrang profitiert – der Gegenstrang hat die gleiche Reparaturrate wie die Hauptmasse der DNA. In Bakterien sorgt das Excisionsreparatursystem *uvr* (Kapitel 16), für diese besondere Reparaturaktivität. Durch Mutationen im *mfd*-Gen, dessen Produkt das Bindeglied zwischen der RNA-Polymerase und den Uvr-Enzymen darstellt, geht sie verloren.

Abbildung 28.14 zeigt ein Modell für die Verknüpfung zwischen Transkription und Reparatur. Wenn die RNA-Polymerase auf eine Schadstelle im Matrizenstrang trifft, kommt sie dort zum Stillstand, da sie an der defekten Sequenz keine komplementäre Basenpaarung bewerkstelligen kann. Das erklärt, warum sich der Effekt nur auf den Matrizenstrang auswirkt – eine Schadstelle im Gegenstrang behindert das Vorankommen der RNA-Polymerase nicht.

Das Mfd-Protein übernimmt zwei Aufgaben. Zum einen entfernt es den ternären Komplex der RNA-Polymerase von der DNA. Auf welche Weise Mfd die stillstehende Polymerase erkennt und sie verdrängt, ist nicht bekannt. Zum anderen veranlaßt es das UvrABC-Enzym, an die beschädigte DNA zu binden. Darauf wird der Schaden durch den Mechanismus der Excisionsreparatur behoben. Nachdem die DNA wieder intakt ist, kann die nächste am Gen entlangwandernde Polymerase ein normales Transkript erzeugen.

Eukaryoten benutzen einen ähnlichen Mechanismus, der allerdings auf anderen Komponenten beruht. Ursprünglich stieß man darauf, weil das Produkt des Gens *ERCC3* ein Bestandteil des allgemeinen Transkriptionsfaktors TFIIH ist. *ERCC3* codiert eine Helicase, deren Mangel oder Defekt zu DNA-Reparaturstörungen führt, die sich klinisch als Xeroderma pigmentosum und im Cockayne-Syndrom äußern. Inzwischen weiß man, daß Transkription und Reparatur über weitere Untereinheiten von TFIIH miteinander gekoppelt sind, die zum Teil ebenfalls von Reparaturgenen codiert werden.

TFIIH tritt in verschiedenen Varianten auf. Die an der Transkription beteiligte Grundform umfaßt einen Core-Komplex aus fünf Untereinheiten, eine Untereinheit, die von einem Reparaturgen codiert wird, und eine weitere Gruppe von Untereinheiten, die für die Kinaseaktivität zuständig sind. Eine zweite Form besitzt statt des CTD-Kinasekomplexes eine umfangreiche Gruppe von Proteinen, die allesamt Produkte von Reparaturgenen sind. Der Kinase- wie auch der Reparaturkomplex können reversibel mit dem Core-Komplex assoziieren und von ihm dissoziieren. Das läßt auf ein Modell schließen, nach dem die kinasehaltige TFIIH-Form zur Initiation benötigt wird, später aber durch Auswechseln der Teilkomplexe in die zweite

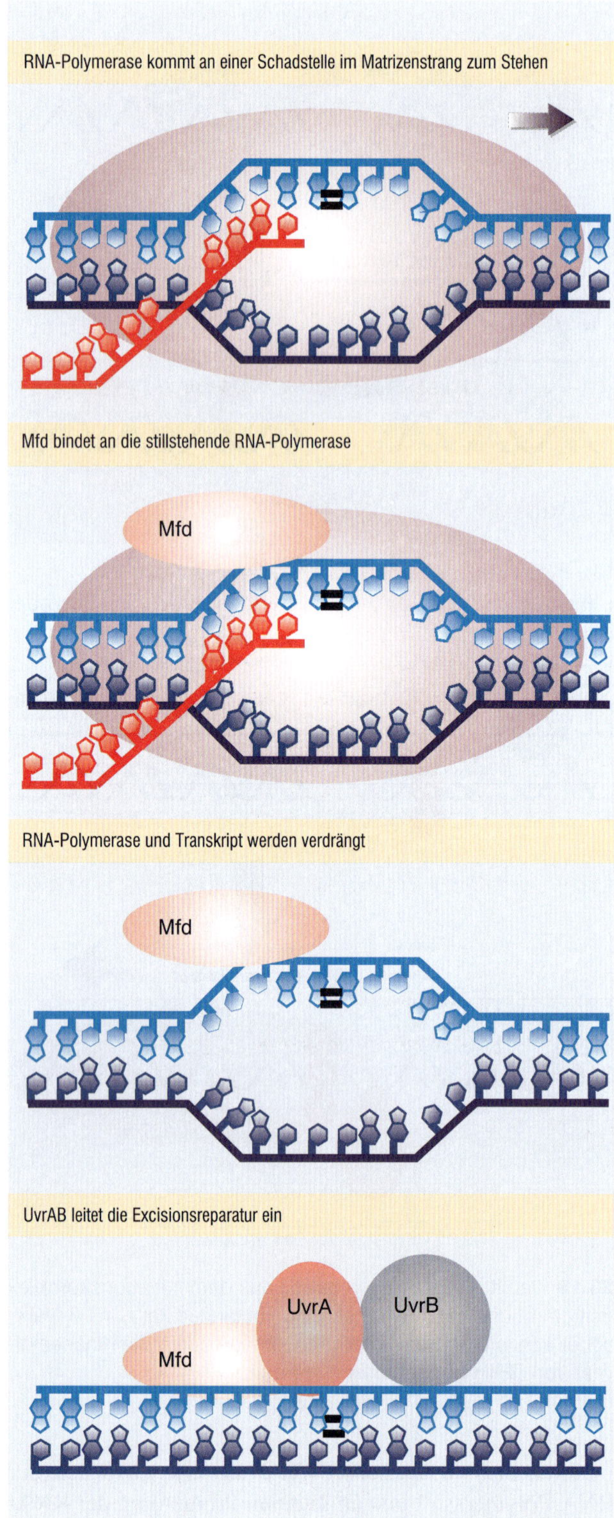

28.14 Mfd erkennt eine steckengebliebene RNA-Polymerase und veranlaßt die Reparatur des schadhaften Matrizenstranges.

Form übergehen kann (etwa in Reaktion auf das Antreffen einer DNA-Schadstelle). Diese Funktionskoppelung ermöglicht, daß der Matrizenstrang repariert wird, wenn die RNA-Polymerase eine Schadstelle vorfindet und dort anhält.

Möglicherweise kommt TFIIH die Aufgabe zu, eine ganze Reihe transkriptionsbeeinflussender Informationen zu integrieren. Die katalytische Untereinheit, welche die CTD der RNA-Polymerase phosphoryliert, gehört zu einer Gruppe von Kinasen, die an der Kontrolle des Zellzyklus mitwirken (Kapitel 36). Es ist denkbar, daß hier ein Ansatzpunkt besteht, über den sich das Zellzyklusstadium auf die Transkription auswirken kann.

28.7 Promotoren der RNA-Polymerase II enthalten kurze Sequenzelemente

Ein Promotor für die RNA-Polymerase II besteht aus zweierlei Bereichen. Der Startpunkt ist durch den Inr und/oder die nahegelegene TATA-Box gekennzeichnet. Zusammen mit den allgemeinen Transkriptionsfaktoren bildet die RNA-Polymerase II am Startpunkt einen Initiationskomplex wie vorhin beschrieben. Die Effizienz und Spezifität der Promotorerkennung hängt jedoch von weiter stromaufwärts gelegenen kurzen Sequenzstücken ab, an die *upstream-* oder induzierbare Faktoren binden. Diese Sequenzen und die sie erkennenden Faktoren können allgemein verbreitet sein und bei einer Vielzahl von Promotoren auftreten, oder sie sind spezifisch und mit der Transkription zu bestimmten Zeiten oder in bestimmten Geweben verknüpft. Gewöhnlich liegen solche Sequenzen bis zu etwa 100 bp stromaufwärts vom Startpunkt, mitunter sind sie auch weiter von ihm entfernt. Die Bindung von Faktoren an diese Elemente dürfte die Bildung des Initiationskomplexes (wahrscheinlich) während verschiedener Stadien beeinflussen.

Die Analyse eines typischen Promotors ist in Abbildung 28.15 zusammengefaßt. Hier wurden innerhalb der 100 bp stromaufwärts vom Startpunkt des β-Globin-Gens an nahezu jeder Position Einzelbasen ausgetauscht. Auffälligerweise zeigen *die meisten Mutationen keinen Einfluß auf die Fähigkeit des Promotors, nach seiner Einschleusung in eine HeLa-Zelle die Transkription zu initiieren. Down*-Mutationen konzentrieren sich an drei Stellen, die jeweils einem kurzen abgrenzbaren Element entsprechen. Die beiden stromaufwärts gelegenen Elemente beeinflussen die Transkriptionsrate stärker als das dem Startpunkt nächstgelegene. Nur in einem findet man auch *up*-Mutationen. Diese drei kurzen Sequenzen um die Positionen –30, –75 und –90 bilden folglich den Promotor. Alle drei decken sich mit Consensussequenzen für Elementtypen, die in Promotoren häufig vorkommen.

Die TATA-Box (um –30) ist, gemessen am Rückgang der Transkription in der Mutationsanalyse, unter den dreien das Element, das am wenigsten zur Promotoraktivität beiträgt. Zwar wird die Initiation durch eine mutierte TATA-Box nicht verhindert, aber die exakte Position des

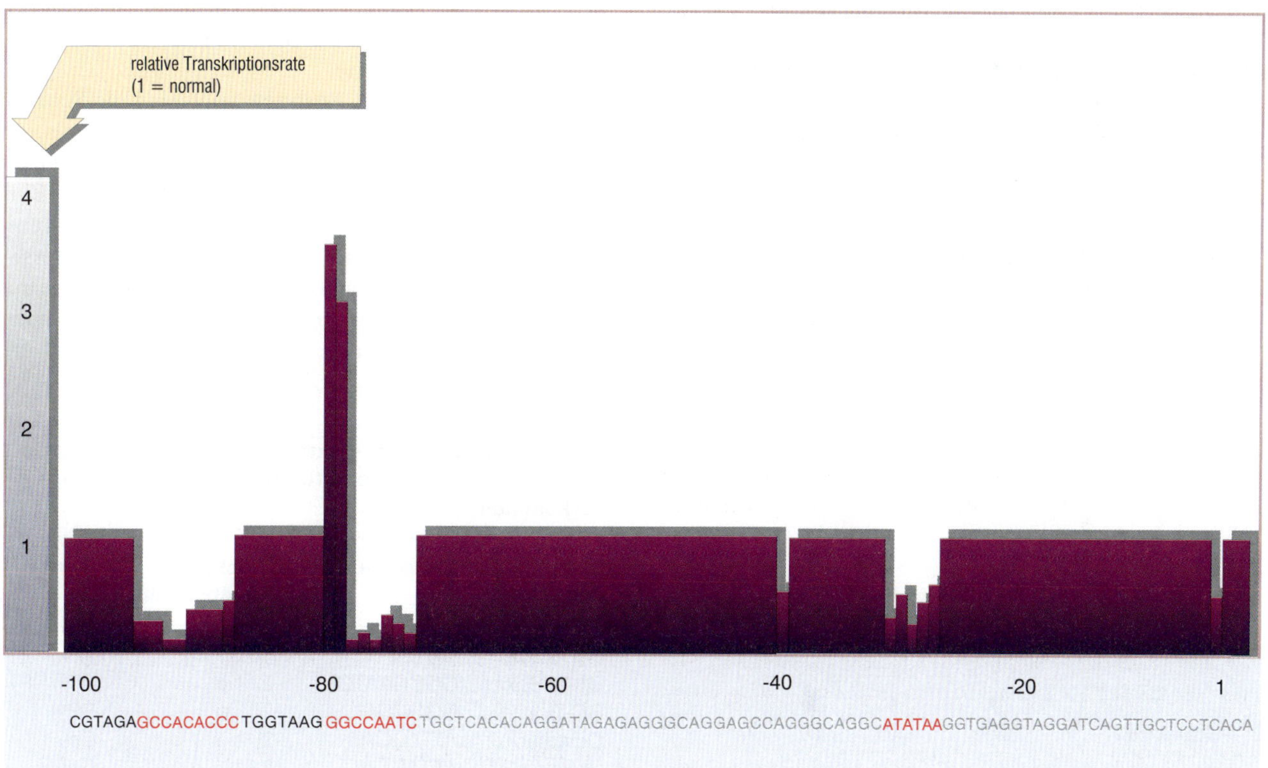

28.15 Die Sättigungsmutagenese in der *upstream*-Region des β-Globin-Promotors läßt drei kurze Bereiche (um –30, –75 und –90) erkennen, die zur Initiation der Transkription gebraucht werden. Sie entsprechen der TATA-, der CAAT- und der GC-Box.

Startpunktes geht verloren. Dies steht im Einklang mit der Funktion der TATA-Box als entscheidendes Positionierungselement des Core-Promotors.

Das Element bei –75 ist die nach ihrer Consensussequenz benannte **CAAT-Box**. Sie ist ein häufiges Element und eines der ersten, die beschrieben wurden. Oft liegt sie dicht bei Position –80, doch kann sie ihre Funktion in recht unterschiedlichen Abständen zum Startpunkt ausüben. Sie wirkt in beiden Orientierungen. Ihre Empfindlichkeit gegenüber Mutationen läßt darauf schließen, daß sie wesentlich zur Effizienz des Promotors beiträgt. An der Spezifität eines Promotors ist sie offenbar nicht direkt beteiligt, gleichwohl erhöht ihr Vorhandensein die Promotorstärke.

Die **GC-Box** bei –90 enthält die Sequenz GGGCGG. Oft sind in einem Promotor mehrere Kopien davon vorhanden, die unterschiedlich orientiert sein können. Auch die GC-Box ist eine recht häufige Promotorkomponente.

Promotoren der RNA-Polymerase II sind nach dem Prinzip der „richtigen Mischung" aufgebaut. Diverse Elemente können zur Promotorfunktion beitragen, doch gibt es keines, das unbedingt erforderlich ist und in allen Promotoren vorkommen muß. Einige Beispiele zeigt Abbildung 28.16. Die dargestellten Promotoren besitzen insgesamt vier Elementtypen: TATA-, GC- und CAAT-Box sowie das Octamer (ein Element aus acht Basenpaaren). Die Lage, Anzahl und Orientierung der Elemente ist in den einzelnen Promotoren unterschiedlich, und keines ist allen drei Promotoren gemeinsam. Ein Rätsel bei der Promotororganisation ist, daß einerseits der Promotor eine Richtungsinformation liefert (die Transkription verläuft nur stromabwärts), andererseits GC- und CAAT-Boxen offenbar in beiden Orientierungen funktionieren können (trotz der Asymmetrie ihrer Sequenzen).

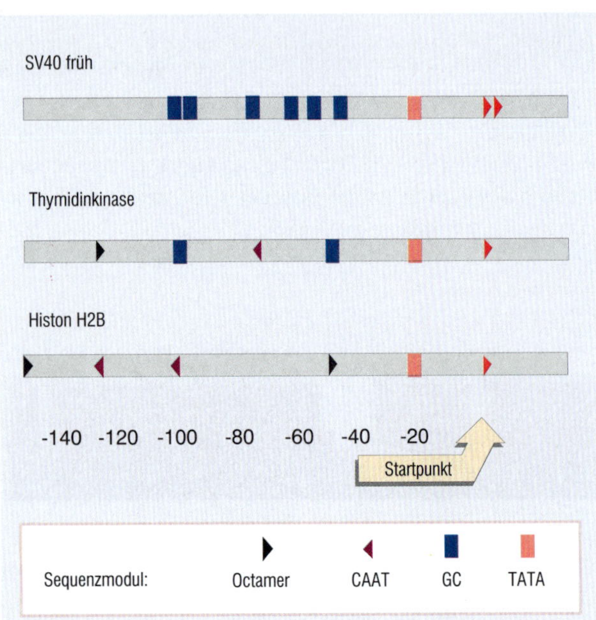

28.16 Promotoren enthalten TATA-Boxen, CAAT-Boxen, GC-Boxen und andere Elemente in unterschiedlicher Kombination.

Die Faktoren, die in so gut wie allen Zellen vorkommen, stehen vermutlich jedem Promotor zur Verfügung, der eine Kopie des passenden Elements enthält. Diese allgemeine Verfügbarkeit unterscheidet die *upstream*- von den induzierbaren Faktoren, auf die wir später noch näher eingehen werden. Die CAAT- und die GC-Box sowie das Octamer gehören zu der Elementkategorie, die von *upstream*-Faktoren erkannt wird. Wahrscheinlich brauchen alle Promotoren eines oder mehrere solcher Elemente, um effizient zu arbeiten.

Die GC-Box wird durch den Faktor SP1 erkannt. Der Erkennungsvorgang macht die Anforderungen deutlich, die an einen einzelnen Faktor gestellt werden. Die dem Startpunkt nächstgelegene GC-Box befindet sich gewöhnlich im Bereich zwischen –40 und –70, doch ist der Kontext der GC-Boxen bei jedem Promotor anders. So liegen im Thymidinkinase-Promotor GC-Boxen benachbart zu einer CAAT- und einer TATA-Box, während der SV40-Promotor eine tandemartig angeordnete Serie von GC-Boxen stromaufwärts von einer TATA-Box enthält. Die Untereinheit von SP1 ist ein Monomer von 105 kD, das mit einem Strang der DNA in Kontakt tritt, und zwar über einen Bereich von etwa 20 bp, in dem mindestens eine GC-Box (von sechs Basenpaaren) enthalten ist. Beim SV40-Promotor binden SP1-Monomere an alle Boxen zwischen –70 und –110, so daß der gesamte Bereich im Footprint-Experiment geschützt bleibt. Am Thymidinkinase-Promotor indes tritt SP1 vermutlich mit den benachbart bindenden Faktoren in Wechselwirkung, dem an der CAAT-Box auf der einen und mit TFIID an der TATA-Box auf der anderen Seite.

Wie sich in Footprint-Analysen zeigt, sind die Sequenzen, an die sich Faktoren anlagern, meist länger als die Consensussequenzen, die man durch Promotorvergleich gewinnt. Tabelle 28.2 gibt eine Übersicht über die Bindungsziele der häufigsten *upstream*-Faktoren bei Säugern. Sie bedecken in der Regel etwa 20 bp, die Consensussequenzen hingegen sind meist kürzer als zehn Basenpaare. Angesichts ihrer Größe und der Länge der von ihnen bedeckten DNA-Abschnitte kann man erwarten, daß die

Tabelle 28.2: *upstream*-Faktoren binden an Sequenzelemente, die in vielen Promotoren der RNA-Polymerase II vorkommen

Sequenzmodul	Consensus	bedeckter DNA-Abschnitt	Faktor
TATA-Box	TATAAAA	~10 bp	TBP
CAAT-Box	GGCCAATCT	~22 bp	CTF/NF1
GC-Box	GGGCGG	~20 bp	SP1
Octamer	ATTTGCAT	~20 bp	Oct-1
Octamer	ATTTGCAT	23 bp	Oct-2
κB	GGGACTTTCC	~10 bp	NFκB
ATF	GTGACGT	~20 bp	ATF

verschiedenen *upstream*-Faktoren den gesamten Sequenzbereich überziehen, in dem ihre Elemente eingebettet sind.

Die Vielfalt der Elemente, aus denen ein funktioneller Promotor zusammengesetzt sein kann, und die Verschiedenheit ihrer Positionen relativ zum Startpunkt sprechen dafür, daß die Faktoren die Fähigkeit besitzen, miteinander über Protein-Protein-Kontakte der unterschiedlichsten Art in Wechselwirkung zu treten. Der Kombinierbarkeit der Sequenzelemente scheinen keine Grenzen gesetzt. Die modulare Bauweise des Promotors wird aus Experimenten ersichtlich, in denen äquivalente Bereiche verschiedener Promotoren gegeneinander ausgetauscht werden. Hybridpromotoren, beispielsweise aus Teilen des Thymidinkinase- und des β-Globin-Promotors, arbeiten bestens. Der Hauptzweck der Elemente besteht demnach offenbar darin, die Faktoren, die sie binden, in die Nähe des Initiationskomplexes zu bringen, wo dann Protein-Protein-Wechselwirkungen für die Effizienz der Initiationsreaktion maßgebend sind.

Die Funktion der basalen und die der weiter stromaufwärts liegenden Elemente sind verschiedener Natur. Wie geschildert, legen die basalen Elemente (die TATA-Box und der Inr) in erster Linie die Position des Startpunktes fest, die Initiation können sie indes nur in geringem Umfang unterstützen. Sie bestimmen den *Ort*, an dem sich die allgemeinen Transkriptionsfaktoren zusammenlagern, um den basalen Komplex zu bilden. Die Sequenzelemente weiter stromaufwärts, etwa die GC- oder die CAAT-Box, beeinflussen die *Frequenz* der Initiation, und zwar höchstwahrscheinlich dadurch, daß sie mittels der an sie gebundenen Faktoren auf die allgemeinen Transkriptionsfaktoren einwirken, um deren Zusammenlagerung zum Initiationskomplex voranzutreiben (siehe unten).

Die Sequenzen zwischen den *upstream*-Elementen sind irrelevant, und ihr Abstand zueinander kann schwanken; er läßt sich um zehn bis 30 bp ändern, bevor sie ihre Funktionsfähigkeit verlieren. Es stellt sich die Frage, wie die Initiation durch Sequenzelemente beeinflußt wird, die sich über einen so großen DNA-Bereich verteilen, daß die RNA-Polymerase kaum mit allen direkte Kontakte herstellen kann. Die Initiation geht mit einer Hierarchie von Wechselwirkungen einher, wobei an *upstream*-Elementen gebundene Faktoren mit allgemeinen Faktoren und diese wiederum direkt mit der RNA-Polymerase interagieren (Abschnitt 28.9). Es müssen also nicht notwendigerweise alle beteiligten Faktoren zur RNA-Polymerase in unmittelbaren Kontakt treten; das hilft zu erklären, warum die Sequenzelemente veränderlich angeordnet und über einen weiten Bereich verstreut sein können.

Hinter dem einfachen Bau der von den *upstream*-Faktoren erkannten Elemente verbergen sich höchst komplexe Wechselwirkungen. Man kann nicht von vornherein davon ausgehen, daß zu einem gegebenen Element ein einziger Transkriptionsfaktor gehört. Die ubiquitäre CAAT-Box z. B. wird von einer Reihe verschiedener Faktoren erkannt.

Dazu zählen etwa die Faktoren der CTF-Familie, die Produkte eines einzigen Gens sind und durch alternatives Spleißen erzeugt werden. Die Vertreter dieser Familie haben offensichtlich gleiche Affinitäten für verschiedene CAAT-Boxen. Eine zweite Familie verhält sich anders: CP1 bindet mit hoher Affinität an die CAAT-Boxen im α-Globin-Promotor und im späten Promotor des Adenovirus, CP2 an eine CAAT-Box im Promotor eines γ-Fibrinogen-Gens, und CP3 hat wieder andere Spezifitäten. In Rattenleber fand man zwei weitere CAAT-bindende Proteine: C/EBP, das die Sequenz GCAAT bevorzugt, und ACF, das an die gängigere Sequenz CCAAT im Albumin-Promotor bindet. Die genauen Details der Erkennung sind hier weniger wichtig als die Tatsache, daß etliche Faktoren CAAT-Boxen erkennen.

Man weiß nicht, welche anderen Sequenzen die jeweiligen Vorlieben dieser verschiedenen Faktoren beeinflussen und ob oder wie manche von ihnen die Erkennung von CAAT-Boxen in bestimmten Promotoren ausschließlich oder häufiger als andere übernehmen. Ihre Existenz macht jedenfalls eines deutlich: *Die Identifizierung eines konservierten Elements bedeutet nicht zwangsläufig, daß es immer und in allen Promotoren vom gleichen Protein erkannt wird.*

Ein weiteres Beispiel für ein Element mit Mehrfacherkennung stellt das Octamer dar. Daran bindet ein ubiquitärer Transkriptionsfaktor namens Oct-1, der dadurch die Gene für das Histon H2B aktiviert (vermutlich nicht nur diese). Oct-1 ist der einzige octamerbindende Faktor in nichtlymphoiden Zellen. In lymphoiden Zellen gibt es indes einen weiteren, Oct-2, der dazu dient, das Gen für die leichte κ-Kette der Immunglobuline zu aktivieren. Mithin ist Oct-2 ein gewebsspezifischer Aktivator, Oct-1 ein ubiquitärer.

Die Verwendung desselben Octamers in den überall exprimierten H2B-Genen und in einem lymphoidspezifischen Immunglobulingen erscheint paradox. Eigentlich müßte das ubiquitäre Oct-1 Immunglobulingene auch in nichtlymphoiden Geweben aktivieren. Daß dem nicht so ist, muß an den Umständen der Komplexbildung liegen: Der *Kontext* der Elemente und Faktoren am Immunglobulinpromotor verlangt offensichtlich, daß Oct-2 dem Komplex beitritt und nicht Oct-1. Das bedeutet, daß sich allein anhand der Anwesenheit bestimmter Elemente im Promotor nicht schlüssig voraussagen läßt, ob das betreffende Gen auch tatsächlich durch einen bestimmten Faktor aktiviert wird.

Gewöhnlich wird eine bestimmte Consensussequenz von einem zugehörigen Transkriptionsfaktor (oder einem Mitglied einer Faktorenfamilie) erkannt. Doch in manchen Fällen kann die gleiche Sequenz (etwa das Octamer) von verschiedenen Proteinen (Oct-1 und Oct-2) gebunden werden. Es gibt auch den umgekehrten Fall, in dem ein bestimmtes Protein mehr als ein Sequenzelement erkennt. Das bestuntersuchte Beispiel hierfür ist das Protein C/EBP, das nicht nur an die CAAT-Box bindet, sondern auch an ein ganz anderes Sequenzelement.

Ein wichtiger Umstand bei Transkriptionsuntersuchungen *in vitro* ist die Tatsache, daß die Matrize dem System als zugängliches Molekül angeboten wird. *In vivo* ist sie dagegen in Nucleosomen organisiert, was vermuten läßt, daß ihre Erkennung durch die RNA-Polymerase I hier anderen Anforderungen unterliegt. Die Nucleosomenstruktur dürfte die Geometrie der Wechselwirkungen beeinflussen, die Transkriptionsfaktoren mit der DNA, miteinander und mit der RNA-Polymerase eingehen. Um die Bildung eines aktiven Transkriptionskomplexes unter natürlichen Bedingungen zu untersuchen, muß man als Matrize realistischerweise statt freier DNA eine in Chromatin eingebundene verwenden.

Die Repression der Transkription wird bei Eukaryoten im allgemeinen über die Beeinflussung der Chromatinstruktur erreicht. Regulatorische Proteine zur Transkriptionsblockade, die wie die *trans*-aktiven Repressoren der Bakterien arbeiten, sind vergleichsweise selten und nur in wenigen Beispielen bekannt. Ein Kandidat hierfür ist der Repressor Dr1, der sich an TBP anlagert und es *in vitro* daran hindert, mit anderen Komponenten des basalen Apparats in Wechselwirkung zu treten. Allerdings weiß man bislang nicht, unter welchen Bedingungen Dr1 Transkription *in vivo* reprimiert.

In einem etwas genauer untersuchten Fall ist die CAAT-Sequenz das Zielobjekt der Regulation. Zwei Kopien dieses Elements befinden sich im Promotor eines Histon-H2B-Gens (Abbildung 28.16) das bei einem Seeigel nur innerhalb der Spermatogenese zur Expression gelangt. Aus Hodengewebe wie auch aus embryonalen Geweben des Tieres lassen sich CAAT-erkennende Faktoren isolieren, doch binden sie nur in ersterem an die CAAT-Boxen dieses Gens. In embryonalen Geweben lagert sich dort ein anderes Protein an, das CAAT-Verdrängungsprotein (*CAAT-displacement protein*, CDP), und dieses *hindert den Transkriptionsfaktor daran, die CAAT-Boxen zu erkennen.*

Die Konsequenzen für die Genexpression veranschaulicht Abbildung 28.17. Im Hoden sind an der TATA-Box, den CAAT-Boxen und den Octameren des Promotors Transkriptionsfaktoren gebunden. In Embryonalgeweben verhindert CDP die Bindung des Faktors an die CAAT-Boxen, als Folge kommt kein Transkriptionskomplex zustande. Die Analogie zur Art und Weise, wie ein bakterieller Repressor die RNA-Polymerase daran hindert, am Promotor zu initiieren, ist augenfällig. Zudem zeigen diese Befunde, daß man die Funktion eines Proteins, das an ein bekanntes Promotorelement bindet, nicht unbedingt vorhersagen kann: Es kann ein Aktivator oder ein Repressor sein oder die Transkription sogar unbeeinflußt lassen.

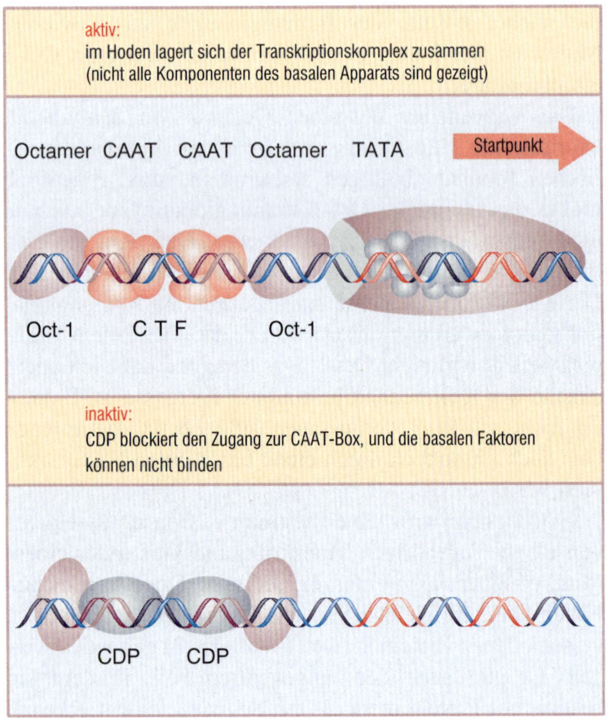

28.17 Wenn am H2B-Promotor im Seeigelhoden ein Transkriptionskomplex entsteht, sind eine Reihe von Elementen beteiligt. In Embryonalgewebe lagert sich der „Verhüllungsfaktor“ CDP an die CAAT-Boxen und verhindert so, daß der CAAT-erkennende Faktor dort anbindet. Dadurch kann sich hier kein aktiver Komplex bilden.

28.8 Enhancer enthalten bidirektionale Elemente, welche die Initiation unterstützen

Bis jetzt haben wir den Promotor als einen für sich stehenden Funktionsabschnitt betrachtet, der zuständig ist für die Bindung der RNA-Polymerase. Doch eukaryotische Promotoren arbeiten nicht unbedingt alleine. Zumindest in einigen Fällen wird die Aktivität eines Promotors durch die Präsenz eines **Enhancers** enorm heraufgesetzt. Ein Enhancer ist ein Sequenzabschnitt, der ebenfalls aus kurzen Elementen besteht, sich aber in variabler Entfernung zu der Elementgruppe befindet, die man als den eigentlichen Promotor ansieht.

Die begriffliche Unterscheidung der beiden Elementgruppen hat ihre Ursache in zwei Besonderheiten des Enhancers: Seine Position relativ zum Promotor und Startpunkt ist nicht notwendigerweise festgelegt, sondern kann beträchtlich variieren. Und er ist imstande, in beiden Orientierungen zu wirken. Wie DNA-Rekombinationsexperimente zeigen, kann ein Enhancer jeden Promotor stimulieren, den man in seinen Einflußbereich plaziert.

Für praktische Zwecke ist es bisweilen hilfreich, den Promotor als eine initiationsfördernde DNA-Sequenz oder Gruppe von DNA-Sequenzen zu definieren, *deren Position zum Startpunkt (in relativ engen Grenzen) festgelegt ist.* Somit gehören TATA-Box und andere stromaufwärts gelegene Elemente dazu, ein Enhancer jedoch nicht. Freilich ist dies mehr eine Arbeitsdefinition als eine starre Einteilung.

Bei der Hefe findet man zu Enhancern analoge Sequenzabschnitte, die man als *upstream activator sequences* (**UAS**, stromaufwärts gelegene Aktivatorsequenzen) bezeichnet. Sie wirken in beiden Orientierungen und in variablen Abständen stromaufwärts vom Promotor, arbeiten jedoch nicht aus einer Position stromabwärts. Sie übernehmen regulatorische Aufgaben: In mehreren Fällen binden eines oder einige regulatorische Proteine an die UAS, um die stromabwärts liegenden Gene zu aktivieren.

Einer der ersten Enhancer, der charakterisiert wurde, befindet sich im Genom des Polyomavirus SV40. Er liegt dort in einer Region, die sich etwa 200 bp stromaufwärts vom Startpunkt einer Transkriptionseinheit befindet und zwei identische, 72 bp lange Sequenzstücke enthält. Diese Einheiten, die **72-Wiederholungssequenzen**, sind als „Tandem" angeordnet, also gleichsinnig und direkt hintereinander. Der Bereich, in dem sie liegen, hat eine besondere Chromatinstruktur: Man findet dort eine stark erhöhte Empfindlichkeit gegenüber experimentellen Nucleaseangriffen (Nuclease-Hypersensitivität), was anzeigt, daß die DNA hier bloßliegt, also in geringerem Ausmaß mit Histonen komplexiert ist als gewöhnlich; dies zeigen auch die Beispiele in Abbildung 27.39 und 27.40. Wie Deletionskartierungen erkennen lassen, reicht die Anwesenheit einer der beiden Wiederholungssequenzen aus, um normale Transkription zu unterstützen; wenn jedoch beide Einheiten fehlen, geht die Transkription *in vivo* drastisch zurück.

Ein Unterschied zwischen Enhancern und Promotoren zeigt sich in der Anordnung der regulatorischen Elemente: Sie ist im Regelfall bei den Enhancern erheblich dichter. Abbildung 28.18 faßt die Auswirkungen von Punktmutationen auf die Funktionsfähigkeit des SV40-Enhancers zusammen. Wie man sieht, ist hier ein weit größerer Anteil von Sequenzpositionen an der Funktionsausübung beteiligt als im Falle des in gleicher Weise analysierten Promotors aus Abbildung 28.15. Damit einher geht auch eine höhere Dichte von Proteinbindungsstellen. Viele dieser Bindungsstellen sind auch häufige Promotorelemente, z. B. AP1 und das Octamer.

Oft zeigen Enhancer funktionelle Redundanzen. Der SV40-Enhancer läßt sich in zwei Hälften zerlegen, die allein jeweils nur als schwache Enhancer wirken, in Kombination jedoch sehr effektiv sind, selbst wenn man sie durch Einfügen einer Zwischensequenz voneinander trennt. Mutationen, welche die linke Hälfte inaktivieren, lassen sich durch Verdoppelung anderer Bereiche des Enhancers wieder kompensieren. Obwohl diese Bereiche unterschiedliche Sequenzen enthalten, erfüllen sie offenbar ähnliche Aufgaben. So läßt sich ein aktiver Enhancer herstellen, indem man beliebige Typen von Wildtypelementen in ausreichender *Anzahl* miteinander kombiniert. Eine derartige Redundanz tritt bei Enhancern häufig auf; sie führt dazu, daß ein Enhancer erst dann lahmgelegt wird, wenn gleich mehrere seiner Elemente durch Mutationen ausgeschaltet sind. Keine Einzelmutation im SV40-Enhancer kann dessen Aktivität auf ein Zehntel des Ursprungswertes herabsetzen.

Die zellulären Enhancer haben ähnliche Eigenschaften. Ein Enhancer wirkt auf den Promotor, der ihm am nächsten liegt, gleichgültig ob stromauf- oder stromabwärts. Gewebsspezifische Transkription kann durch einen Promotor oder durch einen Enhancer vermittelt werden: Der Promotor

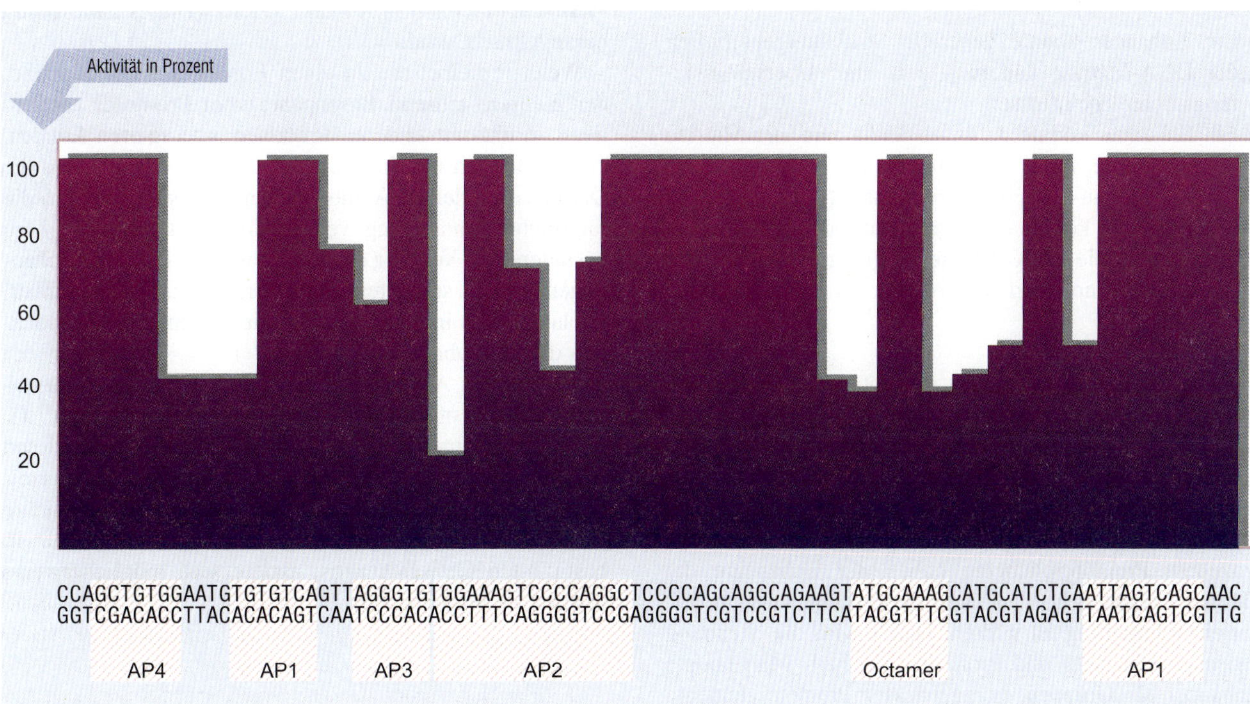

28.18 Ein Enhancer enthält mehrere Strukturmotive, die zu seiner Funktion beitragen können. Das Histogramm erfaßt alle Mutationen, die die Aktivität des Enhancers auf unter 75 % des Wildtypwertes sinken lassen. Bindungsstellen für Proteine sind unter dem Diagramm angegeben.

kann spezifisch reguliert sein, und ein nahegelegener Enhancer fördert nur die Effizienz der Initiation; oder der Promotor untersteht an sich keiner spezifischen Regulation, wird aber erst eingeschaltet, wenn der ihm zugeordnete Enhancer spezifisch aktiviert wird. Ein Beispiel für den letzteren Fall bieten die Immunglobulingene, deren Enhancer sich, nebenbei bemerkt, *innerhalb* der Transkriptionseinheit befinden. Die Immunglobulin-Enhancer sind offenbar nur in B-Lymphocyten aktiv, also dort, wo die Immunglobulingene auch exprimiert werden. Enhancer dieser Art sind Teil des regulatorischen Netzwerks, das die Genexpression kontrolliert.

Rekonstruktionsexperimente, in denen eine Enhancersequenz aus der DNA herausgenommen und an anderer Stelle wieder eingesetzt wird, zeigen, daß die Transkription normal weiterläuft, solange der Enhancer *irgendwo* in dem betreffenden DNA-Molekül vorkommt. Fügt man ein β-Globin-Gen in ein DNA-Molekül ein, das einen Enhancer enthält, steigt seine Transkriptionsrate *in vivo* auf mehr als das 200fache an, selbst wenn der Enhancer mehrere tausend Basenpaare vom Startpunkt entfernt ist – stromauf- oder stromabwärts und beliebig orientiert. Noch ist offen, in welchem Abstand ein Enhancer zu arbeiten aufhört.

Wie gelingt es einem Enhancer, die Initiation an einem Promotor zu stimulieren, der von ihm in beiderlei Richtung scheinbar beliebig weit entfernt sein kann? Als man die Enhancer entdeckte, zog man für ihre Wirkung mehrere Erklärungsmodelle in Betracht, wobei man davon ausging, daß sie sich von Promotoren grundsätzlich unterscheiden würden:

- Ein Enhancer könnte generelle Struktureigenschaften der DNA-Matrize ändern – z. B. ihre Überspiralisierungsdichte beeinflussen.
- Ein Enhancer könnte dafür zuständig sein, die Matrize an bestimmte Orte im Zellkern zu plazieren, etwa indem er sie an die Kernmatrix anheftet.
- Ein Enhancer könnte ein „Einfallstor" darstellen, einen Ort, an dem die RNA-Polymerase (oder ein anderes für die Initiation notwendiges Protein) mit dem Chromatin assoziiert.

Inzwischen neigt man zu der Ansicht, daß die Wirkung eines Enhancers durch die gleiche Art von Wechselwirkungen mit dem basalen Transkriptionsapparat zustande kommt, wie sie auch im Falle der *upstream*-Elemente entstehen. Enhancer sind wie Promotoren modular gebaut. Manche Sequenzelemente findet man in beiden. Manche einzelnen Promotorelemente haben mit Enhancern die Fähigkeit gemein, über variable Entfernungen und in beiderlei Orientierung zu wirken. Damit wird die Trennung zwischen Enhancer und Promotor unscharf: Man könnte Enhancer als Gruppen dichtgepackter Promotorelemente auffassen mit der Fähigkeit, ihre Funktion auch in größerem Abstand vom Startpunkt auszuüben.

Wenn der Enhancer einen Extremfall des Prinzips der „richtigen Mischung" von Promotorelementen darstellt, könnte man ihn als einen entlegenen Teil des Promotors ansehen. Die wesentliche Aufgabe des Enhancers mag darin bestehen, Transkriptionsfaktoren in der Nähe des Promotors zu konzentrieren (wobei „Nähe" hier relativ zu sehen ist). Abbildung 28.19 stellt zwei Experimente vor, die nahelegen, daß dies zutrifft.

Ein DNA-Fragment, das an einem Ende einen Promotor, am anderen einen Enhancer enthält, wird nicht sonderlich stark transkribiert. Doch kann der Enhancer die Transkriptionsaktivität des Promotors stimulieren, wenn beide über eine Proteinbrücke verbunden sind. Da sich strukturelle Effekte, etwa Veränderungen des Überspiralisierungszustands, über eine solche Brücke nicht übertragen lassen, kann man schließen, daß der entscheidende Vorgang in der räumlichen Annäherung von Promotor und Enhancer zu suchen ist.

Ein bakterieller Enhancer besitzt eine Bindungsstelle für den Regulator NtrC, der auf die RNA-Polymerase wirkt, wenn sie von σ^{54} erkannte Promotoren benutzt. Stattet man ein zirkuläres DNA-Molekül mit dem Enhancer aus, ein zweites mit dem Promotor, und koppelt man die beiden Ringmoleküle so, daß sie wie Kettenglieder ineinandergreifen, dann verläuft die Initiation fast ebenso effizient wie bei einem einzelnen Ringmolekül, das Promotor und Enhancer zusammen enthält. Wenn jedoch Promotor und Enhancer auf zwei getrennten, nicht miteinander verketteten Ringen liegen, beobachtet man keine Initiation. Auch hieraus läßt sich folgern, daß die räumliche Konstellation der beiden funktionellen Sequenzen zueinander entscheidend ist: Das am Enhancer gebundene Protein kann zu einem promotorgebundenen nur dann mit hinreichender Wahrscheinlichkeit in Kontakt treten, wenn es nahe genug herangebracht wird.

Wenn Proteine, die an einen Enhancer gebunden sind, der mehrere tausend Basenpaare vom Promotor entfernt liegt, direkt mit anderen Proteinen interagieren können, die im Bereich des Startpunktes angesiedelt sind, muß die Organisation der DNA entsprechend biegsam sein, um die räumliche Annäherung von Enhancer und Promotor zu gestatten. Der Vorgang erfordert etwa, daß die dazwischenliegende DNA schlaufenförmig herausragt. Solche Schlaufen lassen sich im Falle des bakteriellen Enhancers tatsächlich direkt beobachten.

In welchem Ausmaß Enhancer an der Initiation mitwirken, ist noch offen. Man weiß nicht, welcher Anteil der Promotoren einer Zelle auf einen Enhancer angewiesen sind, um das jeweils übliche Expressionsniveau zu erreichen. Unbekannt ist auch, wie häufig Enhancer Zielobjekte der Regulation sind. Manche Enhancer werden nur in bestimmten Geweben aktiv, andere sind möglicherweise in allen Zellen wirksam.

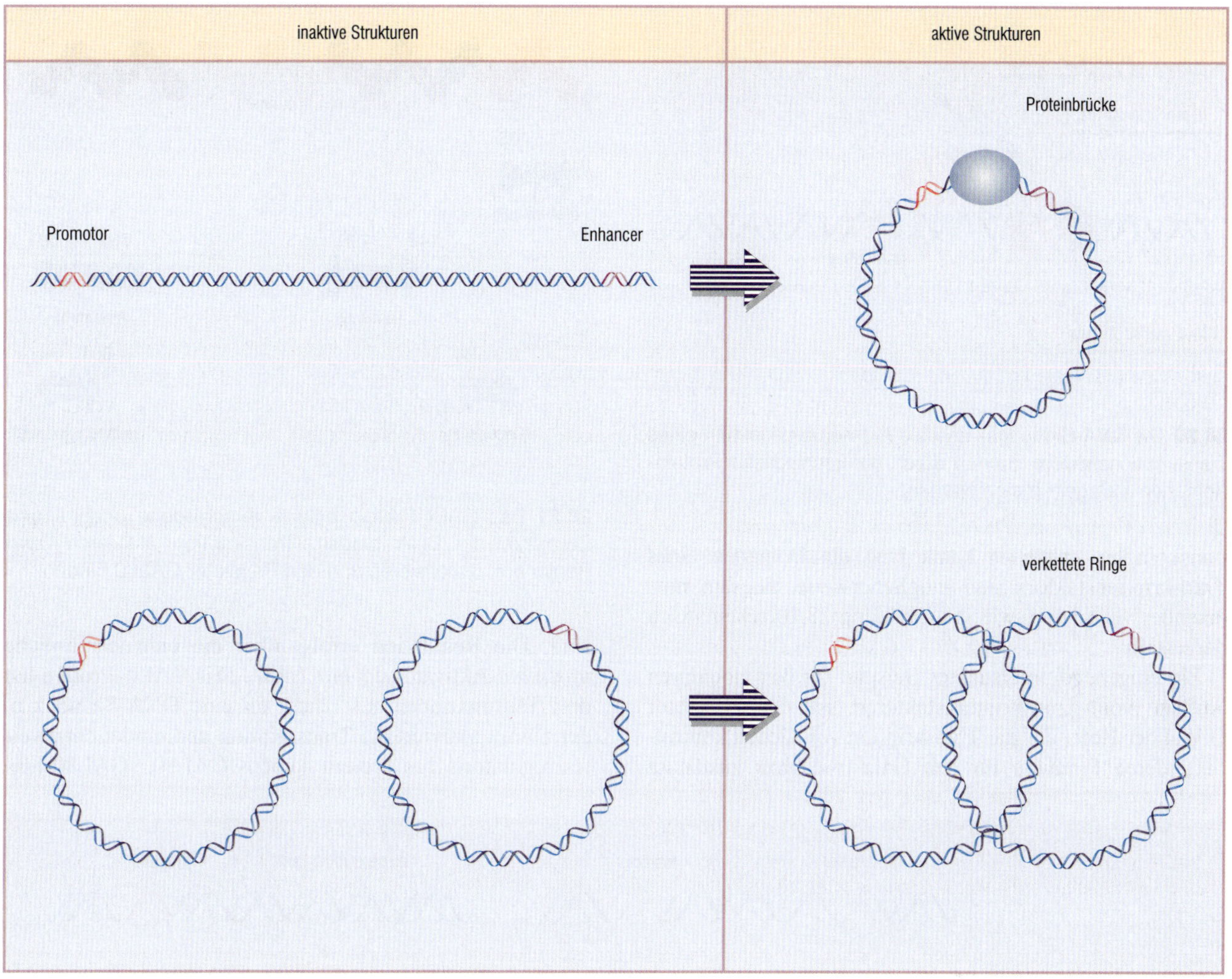

28.19 Ein Enhancer könnte seine Wirkung ausüben, indem er Proteine in die Nähe des Promotors bringt. Liegen Promotor und Enhancer auf den entgegengesetzten Enden eines linearen DNA-Moleküls, wirkt der Enhancer nicht; schließt man aber das Molekül durch eine Proteinbrücke zu einem Ring, funktioniert er. Befinden sich Enhancer und Promotor auf zwei getrennten zirkulären DNA-Molekülen, bleibt ersterer gleichfalls wirkungslos; doch kann eine Wechselwirkung mit dem Promotor erfolgen, wenn die beiden DNA-Ringe ineinanderhängen.

28.9 Unabhängige Proteindomänen binden an die DNA und aktivieren die Transkription

Transkriptionsfaktoren und sonstige positiv regulierenden DNA-Bindungsproteine müssen zwei Eigenschaften besitzen:

- Sie erkennen spezifische Zielsequenzen in Enhancern, Promotoren oder anderen regulatorischen Elementen, die jeweils ein bestimmtes Gen kontrollieren.
- Nach Anlagerung an die DNA üben sie ihre Funktion aus, *indem sie an weitere Komponenten des Transkriptionsapparats binden*.

Lassen sich in Transkriptionsfaktoren Domänen charakterisieren, die für diese Aktivitäten zuständig sind? Häufig enthält ein Faktor gesonderte Domänen für die DNA-Bindung und für die Aktivierung der Transkription. Beide Domänen verhalten sich wie separate, eigenständig arbeitende Module, die jedoch miteinander verbunden sein müssen, um die Gesamtfunktion des Faktors zu erfüllen. Die Geometrie des Transkriptionskomplexes als Ganzes muß der aktivierenden Domäne die Kontaktaufnahme mit dem basalen Apparat ermöglichen, und zwar unabhängig von der genauen Position und Orientierung der DNA-bindenden Domäne.

Die *upstream*-Elemente eines Promotors können vom Startpunkt relativ weit entfernt und in vielen Fällen beliebig orientiert sein. Enhancer arbeiten meist aus noch größerer Distanz, und dies stets unabhängig von ihrer Orientierung. Eine derartige Organisationsform stellt an die DNA wie auch an die Proteine einige Anforderungen. Die DNA wird wahrscheinlich in Schlaufen gelegt oder anderweitig zusammengezogen werden, damit der Transkrip-

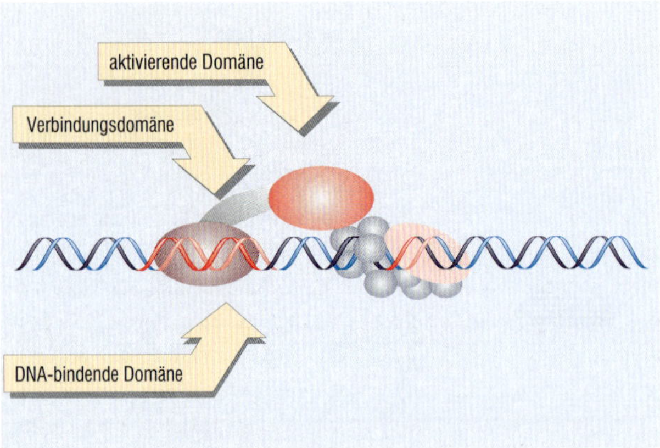

28.20 Die DNA-Bindungs- und die Aktivierungsfunktion eines Transkriptionsfaktors können durch unterschiedliche Proteindomänen wahrgenommen werden.

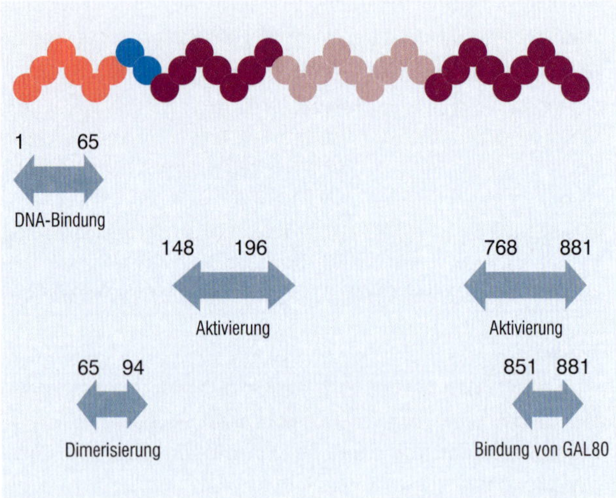

28.21 Das GAL4-Protein enthält verschiedene unabhängige Bereiche, die DNA binden, Transkription aktivieren (zwei Regionen), dimerisieren und den Regulator GAL80 binden.

tionskomplex entstehen kann. Und die Domänen eines Transkriptionsfaktors sind möglicherweise biegsam miteinander verbunden, wie in Abbildung 28.20 schematisch dargestellt.

Ein eingehend untersuchtes Beispiel für den modularen Aufbau von Transkriptionsfaktoren ist der Aktivator GAL4 der Hefe, der die Transkription von Genen kontrolliert, deren Produkte für den Galaktoseabbau zuständig sind. Die Regulation erfolgt über die enhancerähnliche *upstream*-Aktivatorsequenz UAS_G. Das GAL4-Protein hat drei Teilfunktionen: Es bindet an eine DNA-Sequenz in der UAS_G, aktiviert die Transkription und bindet ein zweites regulatorisches Protein namens GAL80. (GAL80 hin-

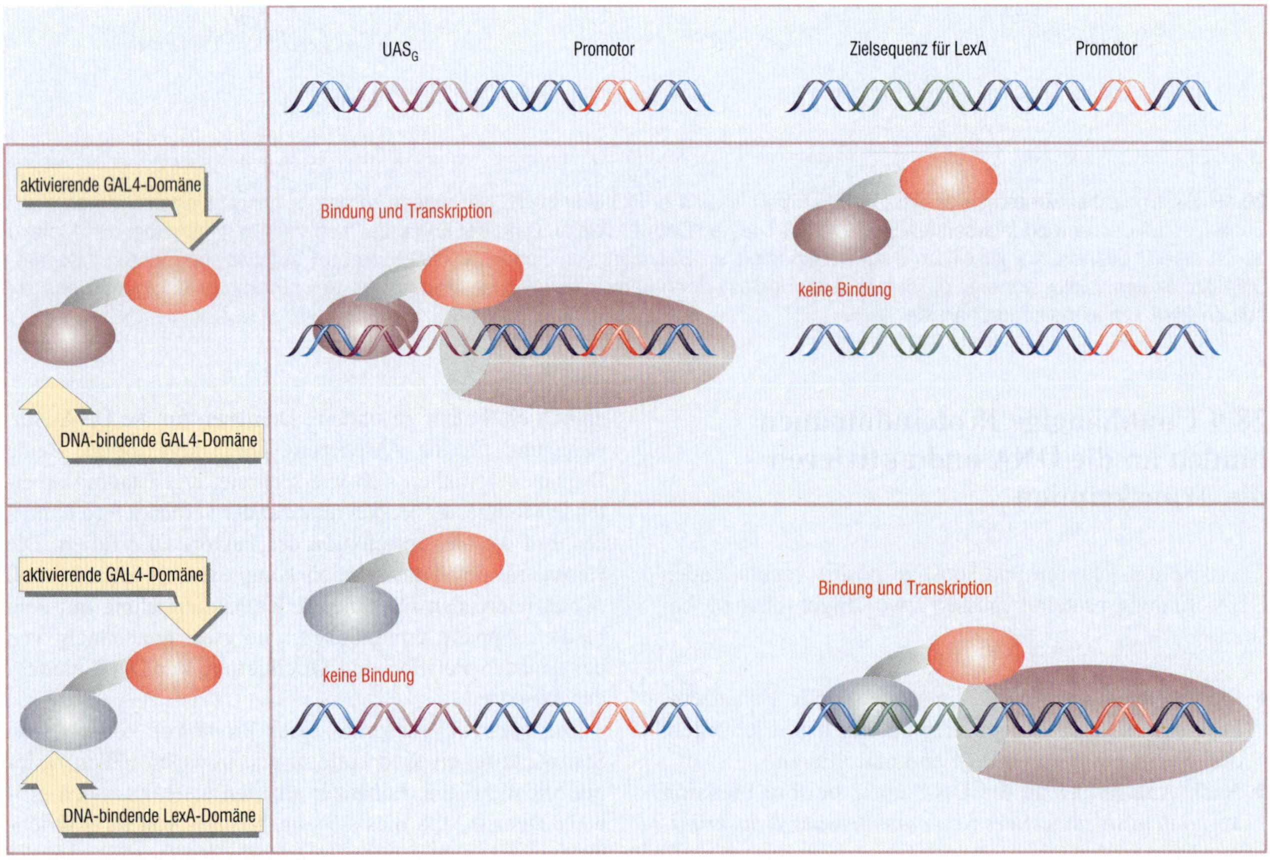

28.22 Die Fähigkeit von GAL4, die Transkription zu aktivieren, hängt nicht von seiner Bindung an eine ganz bestimmte DNA-Sequenz ab. Ersetzt man die DNA-Bindungsdomäne von GAL4 durch die von LexA, kann das entstandene Hybridprotein die Transkription an einem Promotor aktivieren, in dessen Nähe ein LexA-Operator eingefügt ist.

dert GAL4 daran, die Transkription zu aktivieren; in Anwesenheit von Galaktose löst es sich von GAL4, so daß dieses nun seine Zielgene einschalten kann.) Wie Abbildung 28.21 zeigt, lassen sich diese drei Funktionen auf jeweils anderen Abschnitten des GAL4-Proteins lokalisieren. Eine weitere Domäne verleiht ihm die Fähigkeit zu dimerisieren.

Die Bindung an DNA ist zweifellos Voraussetzung für die Aktivierung der Transkription. Doch stellt sich die Frage, ob der Aktivierungsvorgang auf eine *bestimmte* DNA-bindende Domäne angewiesen ist.

Abbildung 28.22 zeigt ein Experiment, das diese Frage beantwortet. Der bakterielle Repressor LexA hat eine aminoterminale DNA-Bindungsdomäne, die einen bestimmten Operator erkennt; die Bindung von LexA an diesem Operator reprimiert den benachbarten Promotor. Man kann ein „Austauschexperiment" durchführen, bei dem man die DNA-Bindungsdomäne des GAL4-Proteins durch die von LexA ersetzt. Dazu bringt man ein entsprechend konstruiertes Hybridgen in Hefezellen ein, zusammen mit einem Zielgen, das entweder die *UAS* oder den LexA-Operator enthält.

Das originale GAL4-Protein kann das Zielgen nur aktivieren, wenn dieses mit der *UAS* gekoppelt ist. Der LexA-Repressor als solcher aktiviert erwartungsgemäß weder die eine noch die andere Form des Zielgens. Das LexA/GAL4-Hybridprotein – welches die DNA-Bindungsdomäne von LexA und die Aktivierungsdomäne von GAL4 enthält – kann zwar kein Gen mit der *UAS* mehr aktivieren, statt dessen aber eines, das mit dem LexA-Operator ausgerüstet ist!

Dieses Ergebnis steht im Einklang mit der Vorstellung vom modularen Bau der Transkriptionsfaktoren. Die DNA-bindende Domäne dient dazu, das Protein an den richtigen Ort zu bringen. Wie und wo genau auf der DNA es bindet, ist unwichtig; ist es erst einmal am Platz, kann die transkriptionsaktivierende Domäne mit ihrer Aufgabe beginnen. Nach dieser Sichtweise ist es unerheblich, wie

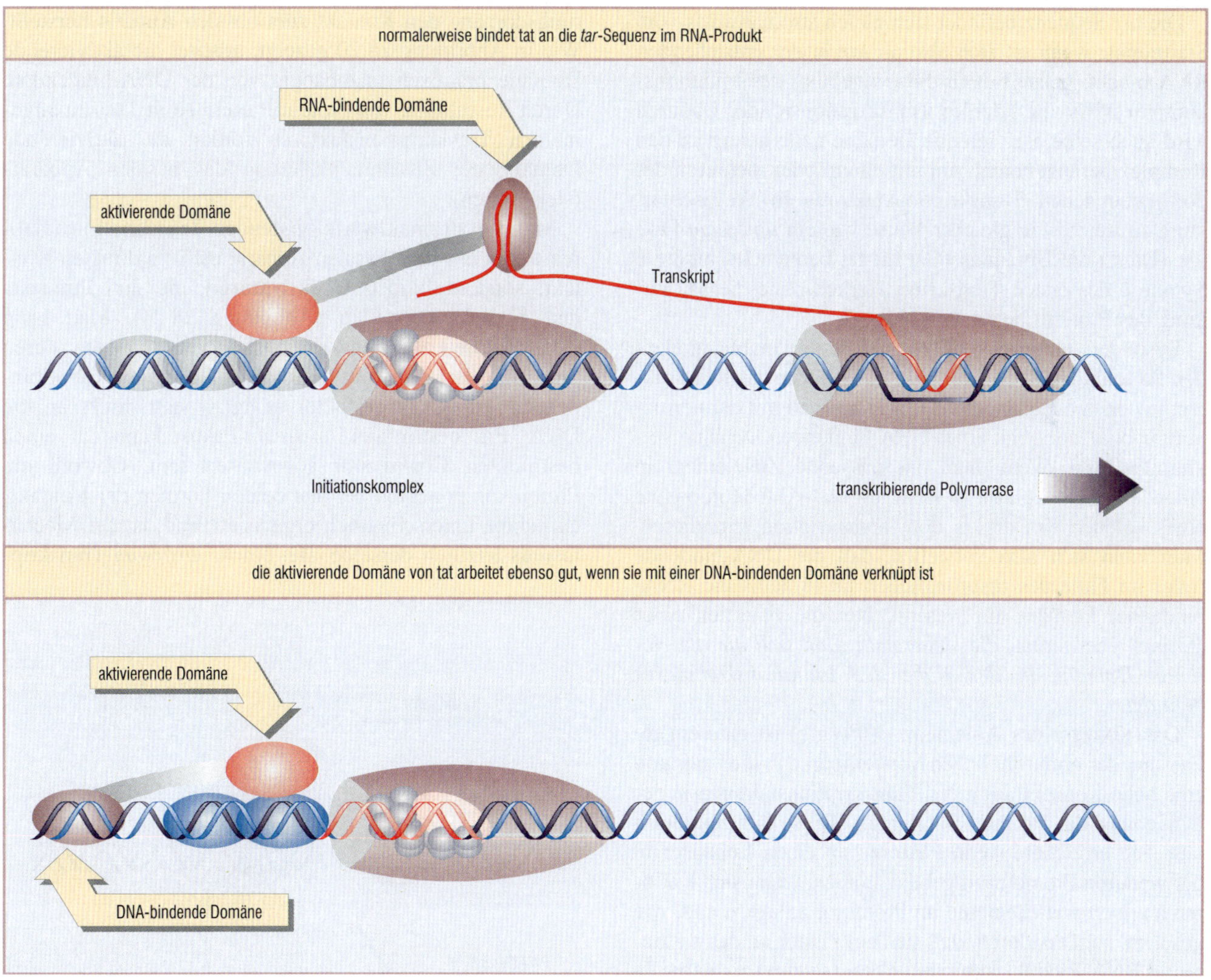

28.23 Die aktivierende Domäne des tat-Proteins von HIV kann die Initiation stimulieren, wenn sie in der Nähe des Initiationskomplexes „angeleint" ist. Dazu bindet tat an das RNA-Produkt einer bereits eingeleiteten Transkriptionsrunde. Die Aktivierungsfunktion hängt nicht davon ab, auf welche Weise das Anleinen geschieht: Sie bleibt erhalten, wenn man die RNA-bindende durch eine DNA-bindende Domäne ersetzt.

die Aktivatordomäne in die Nähe des Promotors gebracht wird – ob über die Erkennung einer *UAS* durch die DNA-bindende Domäne von GAL4 oder über die Erkennung eines LexA-Operators durch das LexA-spezifische Bindungsmodul. Daß beide Modulklassen in Hybridproteinen wirksam sein können, legt nahe, daß sich jede dieser Domänen des Proteins selbständig zu einer aktiven Struktur faltet, ohne dabei vom Rest des Proteins beeinflußt zu werden.

In die Vorstellung, daß Transkriptionsfaktoren unabhängige Domänen für die Anbindung an die DNA und für die Aktivierung der Transkription besitzen, fügt sich auch das tat-Protein des AIDS-Erregers HIV ein. Dieses Protein kann die Initiation stimulieren, ohne sich überhaupt an DNA anzulagern. Statt dessen bindet es an einen Bereich im entstehenden RNA-Produkt, der eine Sekundärstruktur ausbildet; dieser Teil der RNA, der für die tat-Wirkung erforderlich ist, wird als *tar*-Sequenz bezeichnet. Ein Modell für den Beitrag der tat-*tar*-Wechselwirkung zur Stimulation der Transkription zeigt Abbildung 28.23.

Die *tar*-Sequenz befindet sich gleich stromabwärts vom Startpunkt; wenn tat sich also an *tar* in der entstehenden RNA bindet, gelangt es in die Umgebung des Initiationskomplexes für die nächste Transkriptionsrunde. Dadurch wird auch seine aktivierende Domäne nahe genug an den Komplex herangebracht, um mit einem oder mehreren der dort gebundenen Transkriptionsfaktoren in Wechselwirkung zu treten – in gleicher Weise wie ein *upstream*-Faktor. (Damit die Bindungsstelle für tat bereitsteht, muß die Synthese des ersten Transkripts freilich ohne die Mitwirkung des Proteins beginnen.)

Besonders eindrucksvoll zeigt sich die Unabhängigkeit der Proteindomänen in einigen künstlichen tat-Konstrukten, in denen die aktivierende Domäne statt mit der normalen *tar*-bindenden mit einer DNA-bindenden Domäne verknüpft wurde. Wenn man das passende Zielelement in einen Promotor plaziert, kann die tat-Aktivatordomäne eines solchen Konstrukts dort Transkription stimulieren. Man kann sich also vorstellen, daß die DNA-bindende (oder im Falle des ursprünglichen tat-Proteins die RNA-bindende) Domäne im wesentlichen die Funktion einer „Leine" übernimmt, *die sicherstellt, daß sich die aktivierende Domäne in der Nähe des Initiationskomplexes befindet*.

Das Konzept des Anleinens (*tethering*) ist eine engere Fassung der grundsätzlichen Vorstellung, daß die Initiation eine hohe Konzentration von Transkriptionsfaktoren in der Umgebung des Promotors erfordert. Diese Konzentration läßt sich erreichen, wenn Faktoren an einen Enhancer in der weiteren Promotorumgebung binden, wenn sich Faktoren an *upstream*-Elemente im Promotor anlagern und, wie gesehen, sogar dadurch, daß sich ein Faktor an das naszierende RNA-Produkt anbindet. Voraussetzung ist dabei in jedem Fall, daß DNA und Proteine sich im Raum relativ flexibel anordnen können. Das Prinzip des Aufbaus aus unabhängigen Domänen ist vielen Transkriptionsaktivatoren gemein.

Man kann demnach der DNA-bindenden Domäne wohl die Funktion zuschreiben, *die aktivierende Domäne in die Nähe des Startpunktes zu bringen*. Dies erklärt, warum die Positionen von Bindungsstellen in der DNA-Sequenz eines Promotors mehr oder minder variieren können.

28.10 Die Interaktion stromaufwärts bindender Faktoren mit dem basalen Apparat

An *upstream*-Elemente oder Enhancer gebundene Transkriptionsfaktoren beeinflussen die Initiation der Transkription, indem sie mit Faktoren des basalen Apparats in Kontakt treten. Dieser Kontakt kann direkt oder indirekt sein. Anders als beim Aktivierungsmechanismus in prokaryotischen Systemen erstreckt er sich nicht auf die RNA-Polymerase.

Eine direkte Wechselwirkung liegt vor, wenn ein stromaufwärts gebundener Faktor mittels seiner eigenen Aktivierungsdomäne den Kontakt zum basalen Apparat herstellt. Wie in Abbildung 28.20 gezeigt, arbeitet die aktivierende Domäne praktisch unabhängig von der DNA-bindenden. Durch Ausbildung von Protein-Protein-Kontakten zu allgemeinen Transkriptionsfaktoren fördert die aktivierende Domäne die Zusammenlagerung des basalen Apparats (siehe unten).

Manche stromaufwärts bindenden Transkriptionsfaktoren treten mit dem basalen Apparat nicht in direkten Kontakt, sondern binden **Coaktivatoren**, die nun ihrerseits den Kontakt herstellen (Abbildung 28.24). Man kann Coaktivatoren als Transkriptionsfaktoren auffassen, deren Spezifität darauf beruht, daß sie sich an einen DNA-bindenden Transkriptionsfaktor anlagern statt direkt an die DNA. Ein bestimmter *upstream*-Faktor kann auf einen bestimmten Coaktivator angewiesen sein. Obwohl die Proteinkomponenten bei den beiden Formen der Kontaktaufnahme unterschiedlich organisiert sind, ist der Mechanismus letztlich derselbe. Bei einem *upstream*-Transkrip-

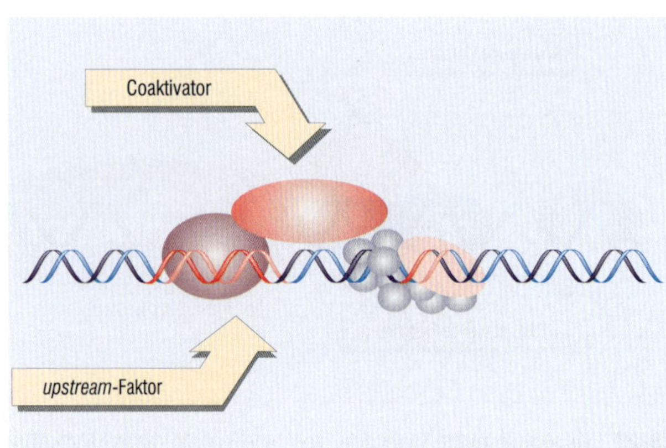

28.24 Manche *upstream*-Transkriptionsfaktoren binden einen Coaktivator, der den Kontakt zum basalen Apparat herstellt.

tionsfaktor, der direkt auf den basalen Apparat einwirkt, ist die Aktivierungsdomäne kovalent mit der DNA-bindenden Domäne verbunden. Wirkt ein Faktor über einen Coaktivator, so liegen die beiden Domänen auf verschiedenen Proteinuntereinheiten, zwischen denen eine nichtkovalente Bindung besteht, wie der Vergleich von den Abbildungen 28.20 und 28.24 zeigt. Für die Aktivierung sorgen stets die gleichen Wechselwirkungen, gleichgültig ob die einzelnen Domänen in einer einzigen Proteinuntereinheit enthalten oder auf mehrere Untereinheiten verteilt sind.

Die Kontaktaufnahme kann mit verschiedenen basalen Faktoren erfolgen, typischerweise mit TFIID, TFIIB oder TFIIA. Diese Faktoren gliedern sich dem basalen Apparat bereits in frühen Phasen seines Zusammenbaus an (Abbildung 28.11). Abbildung 28.25 veranschaulicht Situationen der Kontaktaufnahme. Nach diesem Modell liegt der wesentliche Effekt der *upstream*-Faktoren darin, daß sie den Zusammenbau des basalen Apparats beeinflussen, etwa indem sie einen geschwindigkeitsbestimmenden Schritt beschleunigen. (Die alternative Vorstellung wäre, daß ihre Wirkung erst nach dem Zusammenbau des basalen Apparats einsetzt und dessen Aktivität beeinflußt.)

TFIID dürfte für die *upstream*-Transkriptionfaktoren der häufigste Kontaktpartner sein, wobei sie an eine Reihe verschiedener TAFs herantreten können. Man kann es durchaus als eine wesentliche Aufgabe der TAFs ansehen, als Bindeglieder zwischen dem basalen Apparat und den *upstream*-Transkriptionsfaktoren zu fungieren. Unterschiedliche TAFs innerhalb von TFIID können verschiedenartige Oberflächen bereitstellen, die Wechselwirkungen mit unterschiedlichen *upstream*-Faktoren ermöglichen. Manche *upstream*-Faktoren interagieren nur mit bestimmten einzelnen TAFs, andere mit mehreren. Vermutlich

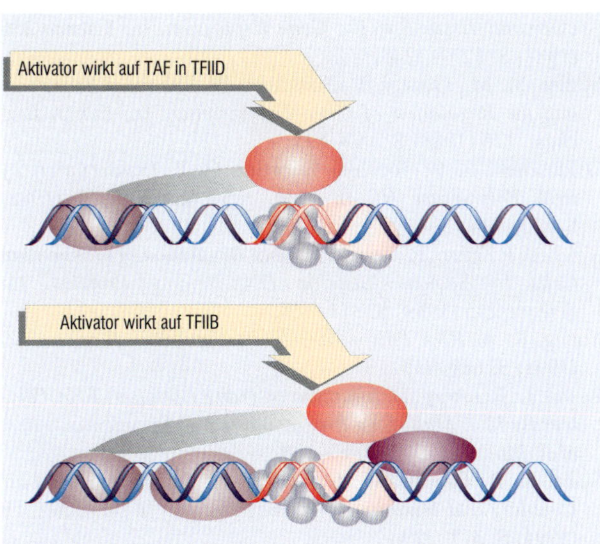

28.25 Stromaufwärts bindende Aktivatoren könnten ihre Wirkung während unterschiedlicher Phasen der Initiation ausüben, etwa indem sie mit den TAFs von TFIID oder mit TFIIB in Kontakt treten.

erleichtern solche Wechselwirkungen entweder die Bindung von TFIID an die TATA-Box oder die anderer Faktoren an den TATA-TFIID-Komplex. In beiden Fällen stabilisieren die Wechselwirkungen den basalen Transkriptionskomplex, was den Vorgang der Initiation beschleunigt und damit die Nutzung des Promotors steigert.

Auch Repressoren können in der Frühphase der Komplexbildung wirken. So kann ein Repressor Wechselwirkungen eines *upstream*-Faktors mit dem basalen Apparat blockieren. Der Repressor Dr1 hindert TFIIB daran, sich an den TFIID-Komplex anzulagern; er könnte die Funktion von TFIID blockieren, indem er einen TAF verdrängt. Repressoren, die in dieser Weise arbeiten, sind aktiv an der funktionellen Inhibition des basalen Apparats beteiligt (während ein bakterieller Repressor die Bindung oder Wanderung der RNA-Polymerase an beziehungsweise auf der DNA blockiert).

Die aktivierenden Domänen der Transkriptionsfaktoren GAL4 und GCN4 der Hefe weisen viele negative Ladungen auf, weshalb man sie auch als „saure Aktivatoren" (*acidic activators*) beschrieben hat. Ein besonders effektiver Aktivator dieses Typs ist im VP16-Protein des Herpes-simplex-Virus enthalten. (VP16 besitzt selbst keine DNA-bindende Domäne, sondern tritt mit dem Transkriptionsapparat durch ein Vermittlungsprotein in Wechselwirkung.) In Experimenten zur funktionellen Charakterisierung saurer Aktivatoren hat die aktivierende Domäne von VP16, gekoppelt an ein DNA-bindendes Motiv, schon vielfach Verwendung gefunden.

Es ist unklar, ob die negativen Ladungen für die Funktion „saurer" Aktivatoren notwendig sind. Einerseits zeigen Proteinsequenzen, die aktivierende Eigenschaften haben, wenn man sie an die DNA-bindende Domäne von GAL4 koppelt, als einzige Gemeinsamkeit den Besitz negativer Ladungen. Dies hat zu der Vorstellung geführt, die aktivierende Region sei gleichsam ein „saurer Klumpen" (*acid blob*), der in relativ unspezifischer Weise mit einem anderen an der Transkription beteiligten Protein reagiere. Ferner verringern Mutationen, bei denen saure Aminosäuren im GCN4-Protein verlorengehen, dessen Aktivierungsfähigkeit, während Mutationen, die zum Verlust basischer Aminosäuren führen, effektivere Aktivatoren entstehen lassen. Andererseits hat im Falle von GAL4 die Entfernung der geladenen Gruppen durch gezielte Mutation keinen Einfluß auf die Aktivierungsfähigkeit. Möglicherweise ist das Fehlen positiver Ladungen wichtig.

Solche sauren Aktivatoren wirken, indem sie die Neigung von TFIIB erhöhen, sich dem basalen Initiationskomplex anzuschließen. Wie *in vitro*-Experimente mit den Aktivatordomänen von GAL4 und VP16 zeigen, wird die Bindung von TFIIB an den Initiationskomplex an einem Adenovirus-Promotor durch saure Aktivatoren stimuliert; der VP16-Aktivator kann sich direkt an TFIIB binden. Der Einbau von TFIIB in den Komplex an diesem Promotor ist offensichtlich ein geschwindigkeitsbestimmender Schritt, der in Gegenwart eines sauren Aktivators schneller abläuft.

Die Toleranz eines Promotors der RNA-Polymerase II gegenüber der Anordnung und sogar der Zusammenstellung seiner Elemente legt nahe, daß die Ereignisse, durch die er aktiviert wird, von relativ allgemeiner Art sind. Jeder beliebige *upstream*-Faktor, dessen aktivierende Domäne in die Reichweite des basalen Initiationskomplexes gelangt, könnte imstande sein, dessen Zusammenbau zu stimulieren. In eindrucksvoller Weise wird diese Vielseitigkeit an Promotorkonstrukten deutlich, die aus neuen Elementkombinationen bestehen. Plaziert man beispielsweise das UAS_G-Element der Hefe in die Nähe eines Promotors für ein Gen eines höheren Eukaryoten, etwa eines Säugers, läßt sich dieses Gen in kultivierten Säugerzellen durch GAL4 stimulieren. Über welchen Mechanismus GAL4 den Promotor auch stimuliert, er scheint offensichtlich zwischen der Hefe und höheren Eukaryoten konserviert. Das GAL4-Protein muß irgendein Merkmal des Säuger-Transkriptionsapparats erkennen, das in ähnlicher Form auch bei seinen normalen Kontaktpartnern in der Hefe vorkommt.

Zusammenfassung

Es gibt drei eukaryotische RNA-Polymerasen: RNA-Polymerase I transkribiert rDNA und ist für den Hauptteil der RNA-Synthese verantwortlich, RNA-Polymerase II transkribiert die Strukturgene für mRNA und erzeugt die größte Vielfalt an Produkten, und RNA-Polymerase III transkribiert die Gene für kleine RNAs. Die Enzyme sind von ähnlicher Struktur und bestehen aus zwei großen und etlichen kleineren Untereinheiten; manche Untereinheiten kommen in allen drei Enzymen vor.

Keine der drei RNA-Polymerasen erkennt ihre Promotoren direkt. Nach einheitlichem Prinzip übernehmen Transkriptionsfaktoren die Hauptverantwortung für die Erkennung der charakteristischen Sequenzelemente eines jeden Promotors, binden dann die jeweilige RNA-Polymerase und bringen sie am Startpunkt in die korrekte Position. An jedem Promotortyp wird der Initiationskomplex in einer Abfolge von Reaktionen gebildet, bei denen einzelne Faktoren sich dem Komplex anschließen (oder ihn verlassen). Den Faktor TBP benötigen alle drei Polymerasen zur Initiation. In allen drei Fällen bildet er eine Untereinheit eines Transkriptionsfaktors, der sich in der näheren Umgebung des Startpunktes anlagert.

Die TATA-Box (falls vorhanden) nahe beim und die Initiatorregion unmittelbar am Startpunkt legen diesen in Promotoren der RNA-Polymerase II präzise fest. TBP bindet direkt an die TATA-Box, wenn sie fehlt, wird das Protein auf andere Weise in die Nähe des Startpunktes gebracht. Die allgemeinen Transkriptionsfaktoren für die RNA-Polymerase lagern sich am Promotor zum basalen Transkriptionsapparat zusammen und werden größtenteils wieder freigesetzt, wenn die RNA-Polymerase mit der Elongation beginnt.

Promotoren der RNA-Polymerase II enthalten verschiedene kurze *cis*-aktive Elemente, die jeweils von einem *trans*-aktiven Faktor erkannt werden. Die *cis*-aktiven Elemente liegen stromaufwärts von der TATA-Box; sie können verschiedene Entfernungen zum Startpunkt einnehmen und beliebig orientiert sein. Diese *upstream*-Elemente werden von Transkriptionsfaktoren erkannt, die mit dem basalen Transkriptionskomplex in Wechselwirkung treten, wodurch sie die Effizienz der Promotornutzung bestimmen. Manche *upstream*-Faktoren reagieren direkt mit Komponenten des basalen Apparats, andere über Coaktivatoren. Die Zielfaktoren dieser Wechselwirkungen sind im basalen Apparat die TAFs von TFIID oder TFIIB oder TFIIA. Die Wechselwirkungen stimulieren die Zusammenlagerung des basalen Apparats.

Promotoren können durch Enhancer stimuliert werden – durch Sequenzabschnitte, die über beträchtliche Entfernungen, in beiden Orientierungen und von beiden Seiten eines Gens wirksam sind. Enhancer bestehen ebenfalls aus Gruppen von Sequenzelementen, die aber kompakter angeordnet sind. Manche Elemente kommen sowohl in Promotoren als auch in Enhancern vor. Enhancer wirken wahrscheinlich dadurch, daß an ihnen ein Proteinkomplex entsteht, der mit den am Promotor gebundenen Proteinen in Wechselwirkung tritt. Dies erfordert, daß die DNA zwischen Promotor und Enhancer eine Schlaufe bildet, damit beide Komplexe in Kontakt kommen können.

Weiterführende Literatur

Übersichtsartikel

McKnight, S.; Tjian, R. *Transcriptional Selectivity of Viral Genes in Mammalian Cells.* In: *Cell* 46 (1986) S. 795–805.

Bird, A. P. *A Fraction of the Mouse Genome That Is Derived from Islands of Nonmethylated, CpG-Rich DNA.* In: *Nature* 321 (1986) S. 209–213.

Maniatis, T.; Goodbourn, S.; Fischer, J. A. *Regulation of Inducible and Tissue-Specific Gene Expression.* In: *Science* 236 (1987) S. 1237–1245.

Muller, M. M.; Gerster, T.; Schaffner, W. *Enhancer Sequences and the Regulation of Gene Transcription.* In: *Eur. J. Biochem.* 176 (1988) S. 485–495.

Geiduschek, E. P.; Tocchini-Valentini, G. P. *Transcription by RNA Polymerase III.* In: *Ann. Rev. Biochem.* 57 (1988) S. 873–914.

Mitchell, P.; Tjian, R. *Transcriptional Regulation in Mammalian Cells by Sequence-Specific DNA-Binding Proteins.* In: *Science* 245 (1989) S. 371–378.

Young, R. A. *RNA Polymerase II.* In: *Ann. Rev. Biochem.* 60 (1991) S. 689–715.

Zawel, L; Reinberg, D. *Initiation of Transcription by RNA Polymerase II: A Multi-Step Process.* In: *Prog. Nucleic Acids Res. Mol. Biol.* 44 (1993) S. 67–108.

Selby, C. P.; Sancar, A. *Mechanisms of Transcription-Repair Coupling and Mutation Frequency Decline.* In: *Mut. Res.* 58 (1994) S. 317–329.

Burley, S. K.; Roeder, R. G. *Biochemistry and Structural Biology of Transcription Factor IID (TFIID).* In: *Ann. Rev. Biochem.* 65 (1996) S. 769–800.

Friedberg, E. *Relationships Between DNA Repair and Transcription.* In: *Ann. Rev. Biochem.* 65 (1996) S. 14–42.

Entdeckungen

RNA-Polymerase III

Sakonju, S.; Bogenhagen, D. F.; Brown, D. D. *A Control Region in the Center of the 5S RNA Gene Directs Specific Initiation of Transcription: I. The 5' Border of the Region.* In: *Cell* 19 (1980) S. 13–25.

Bogenhagen, D. F.; Sakonju, S.; Brown, D. D. *A Control Region in the Center of the 5S RNA Gene Directs Specific Initiation of Transcription: II. The 3' Border of the Region.* In: *Cell* 19 (1980) S. 27–35.

Kassavatis, G. A.; Braun, B. R.; Nguyen, L. H.; Geiduschek, E. P. *S. cerevisiae TFIIIB Is the Transcription Initiation Factor Proper of RNA Polymerase III, While TFIIIA and TFIIIC Are Assembly Factors.* In: *Cell* 60 (1990) S. 235–245.

RNA-Polymerase II und allgemeine Faktoren

Buratowski, S.; Hahn, S.; Guarente L.; Sharp P. A. *Five Intermediate Complexes in Transcription Initiation by RNA Polymerase II.* In: *Cell* 56 (1989) S. 549–561.

Pugh, B. F.; Tjian, R. *Mechanism of Transcriptional Activation by Sp1: Evidence for Coactivators.* In: *Cell* 61 (1990) S. 1187–1197.

Dynlacht, B. D.; Hoey, T.; Tjian, R. *Isolation of Coactivators Associated with the TATA-Binding Protein That Mediate Transcriptional Activation.* In: *Cell* 66 (1991) S. 563–576.

Nikolov, D. B. et al., *Crystal Structure of TFIID TATA-Box Binding Protein.* In: *Nature* 360 (1992) S. 40–46.

Kim, Y. et al., *Crystal Structure of a Yeast TBP/TATA Box Complex.* In: *Nature* 365 (1993) S. 512–520.

Kim, J. L.; Nikolov, D. B.; Burley S. K. *Cocrystal Structure of TBP Recognizing the Minor Groove of a TATA Element.* In: *Nature* 365 (1993) S. 520–527.

Goodrich, J. A.; Tjian, R. *Transcription Factors IIE and IIH and ATP Hydrolysis Direct Promoter Clearance by RNA Polymerase II.* In: *Cell* 77 (1994) S. 145–156.

Martinez, E. et al., *TATA-Binding Protein-Associated Factor(s) in TFIID Function Through the Initiator to Direct Basal Transcription from a TATA-Less Class II Promoter.* In: *EMBO J.* 13 (1994) S. 3115–3126.

Nikolov, D. B. et al., *Crystal Structure of a TFIIB-TBP-TATA-Element Ternary Complex.* In: *Nature* 377 (1995) S. 119–128.

Verrijzer, C. P. et al., *Binding of TAFs to Core Elements Directs Promoter Selectivity by RNA Polymerase II.* In: *Cell* 81 (1995) S. 1115–1125

Upstream-Transkriptionsfaktoren

Kadonaga, J. et al., *Isolation of cDNA Encoding Transcription Factor Sp1 and Functional Analysis of the DNA Binding Domain.* In: *Cell* 51 (1987) S. 1079–1090.

Horikoshi, M. et al., *Transcription Factor ATD Interacts with a TATA Factor to Facilitate Establishment of a Preinitiation Complex.* In: *Cell* 54 (1988) S. 1033–1042.

Ma, J.; Ptashne, M. *A New Class of Yeast Transcriptional Activators.* In: *Cell* 51 (1987) S. 113–119.

Chen, J.-L. et al., *Assembly of Recombinant TFIID Reveals Differential Coactivator Requirements for Distinct Transcriptional Activators.* In: *Cell* 79 (1994) S. 93–105.

Hörlein, A. J. et al., *Ligand-Independent Repression by the Thyroid Hormone Receptor Mediated by a Nuclear Receptor Corepressor.* In: *Nature* 377 (1995) S. 397–404.

Koppelung zwischen Transkription und Reparatur

Selby, C. P.; Sancar, A. *Molecular Mechanism of Transcription-Repair Coupling.* In: *Science* 260 (1993) S. 53–58.

Schaeffer, L. et al., *DNA Repair Helicase: A Component of BTF2 (TFIIH) Basic Transcription Factor.* In: *Science* 260 (1993) S. 58–63.

Svejstrup, J. Q. et al., *Different Forms of TFIIH for Transcription and DNA Repair: Holo-TFIIH and a Nucleotide Excision Repairosome.* In: *Cell* 80 (1995) S. 21–28.

Enhancer

Banerji, J; Rusconi, S.; Schaffner, W. *Expression of β-Globin Gene Is Enhanced by Remote SV40 DNA Sequences.* In: *Cell* 27 (1981) S. 299–308.

Zenke, M. et al., *Multiple Sequence Motifs Are Involved in SV40 Enhancer Function.* In: *EMBO J.* 5 (1986) S. 387–397.

Mueller-Storm, H. P.; Sogo, J. M.; Schaffner, W. *An Enhancer Stimulates Transcription in trans When Attached to the Promoter via a Protein Bridge.* In: *Cell* 58 (1989) S. 767–777.

29. Die Regulation der Transkription

Die phänotypische Vielfalt unter den verschiedenen Zellarten eines höheren Eukaryoten beruht größtenteils auf Unterschieden in der Expression proteincodierender Gene, also solcher, die von der RNA-Polymerase II transkribiert werden. Grundsätzlich ist die Expression dieser Gene auf verschiedenen Kontrollebenen regulierbar. Einmal eingeleitet, muß die Expression eines Gens nicht unbedingt automatisch bis zum Ende, sprich bis zur Synthese des jeweiligen Proteins, weiterlaufen. Bevor ein Gen zur Expression gekommen ist, sind der Reihe nach (mindestens) fünf Schritte nötig:

1. die strukturelle Aktivierung des Gens,
↓
2. die Initiation seiner Transkription,
↓
3. die Prozessierung seines Transkripts,
↓
4. dessen Transport ins Cytoplasma und
↓
5. die Translation dieser mRNA.

Jeder Schritt bildet eine eigene potentielle Kontrollebene und ist möglicher Ansatzpunkt für Regulationsvorgänge, die von Gen zu Gen anders gestaltet sein können.

Für die Existenz des ersten Schrittes spricht die Beobachtung, daß Gene in zwei verschiedenen Strukturzuständen vorliegen können. Im Vergleich zum restlichen, überwiegenden Teil des Genoms zeigen Gene in den Zellen, in denen sie exprimiert werden, eine „aktive" Struktur wie in Kapitel 27 beschrieben. Die Strukturveränderung verläuft getrennt vom Transkriptionprozeß und zeigt an, daß das Gen „transkribierbar" geworden ist. Daraus läßt sich schließen, daß der Übergang in die „aktive" Struktur der erste Schritt der Genexpression sein muß.

Die Transkription eines Gens, das sich im aktiven Strukturzustand befindet, wird auf der Stufe der Initiation kontrolliert, das heißt, über die Wechselwirkungen der RNA-Polymerase mit ihrem Promotor. Dieser Schritt wird zunehmend für eine Analyse mittels der *in vitro*-Systeme zugänglich (Kapitel 28). Für die meisten Gene bildet er eine wesentliche Kontrollinstanz; wahrscheinlich stellt er die meistgenutzte Regulationsebene dar.

Für Kontrollvorgänge wie etwa die Antitermination, die während der nachfolgenden Stadien der Transkription greifen, gibt es bei eukaryotischen Zellen derzeit keine Hinweise.

Das primäre Transkript wird am 5′-Ende durch Anfügen einer Methylguanosingruppe (*capping*) und gewöhnlich am 3′-Ende durch Polyadenylierung modifiziert. Introns müssen aus den Transkripten unterbrochener Gene herausgespleißt werden. Die fertig prozessierte RNA muß dann aus dem Zellkern ins Cytoplasma befördert werden. Jeder dieser Schritte bietet einen potentiellen Ansatzpunkt für die Regulation der Genexpression, eine Möglichkeit, codierende Sequenzen auf der Ebene der Kern-RNA zu selektieren. Die meisten Hinweise auf regulatorische Eingriffe in diesem Stadium der Genexpression betreffen Veränderungen beim Spleißen: Die primären RNA-Produkte mancher Gene unterliegen alternativen Spleißmustern, deren Regulation die Beschaffenheit des schließlich entstehenden Proteinprodukts kontrolliert (Kapitel 30).

Schließlich kann die Translation einer mRNA im Cytoplasma spezifisch reguliert werden. Zwar deutet wenig darauf hin, daß dieser Mechanismus in adulten somatischen Zellen Anwendung findet, doch kommt er, wie in Kapitel 7 beschrieben, mitunter in embryonalen Geweben zum Einsatz. Dabei blockieren vermutlich spezifische Proteinfaktoren die Initiation der Translation mancher mRNAs.

Auch wenn feststeht, daß die Kontrolle der Genexpression auf mehreren Ebenen ansetzen kann und die Produktion einer RNA nicht zwangsläufig zur Produktion eines Proteins führt, erfolgt die überwältigende Mehrzahl der Regulationsvorgänge zweifellos bei der Initiation der Transkription. Die Regulation der gewebsspezifischen Gentranskription stellt das Herzstück der eukaryotischen Differenzierung dar, und tatsächlich erweisen sich viele Proteine, welche die Embryonalentwicklung steuern, als Transkriptionsfaktoren. Beispiele dafür werden wir in Kapitel 38 kennenlernen. Ein regulatorischer Transkriptionsfaktor dient dazu, eine große Zahl von Zielgenen gemeinsam zu kontrollieren. Wir werden zwei Fragen zu dieser Regulationsweise nachgehen: Woran erkennt ein Transkriptionsfaktor „seine" Gruppe von Zielgenen, und wie wird die Aktivität des Faktors selbst als Reaktion auf äußere oder innere Signale reguliert?

29.1 Responseelemente kennzeichnen Gene unter gemeinsamer Kontrolle

Untersucht man Gruppen gemeinsam kontrollierter Gene, so zeigt sich ein allgemeines Prinzip: *Die Gene einer solchen Gruppe haben ein Promotorelement gemeinsam, das von einem regulatorischen Transkriptionsfaktor erkannt wird.* Ein Sequenzelement, das ein Gen auf einen derartigen Faktor reagieren läßt, nennt man ein **Responseelement** (*response element*, Antwort- oder Reaktionselement); Beispiele sind das **HSE** (Hitzeschock-Responseelement), das **GRE** (Glucocorticoid-Responseelement) und das **SRE** (Serum-Responseelement).

Eigenschaften einiger induzierbarer Transkriptionsfaktoren und die von ihnen erkannten Elemente sind in Tabelle 29.1 zusammengefaßt. Responseelemente zeigen dieselben Grundmerkmale wie die *upstream*-Elemente von Promotoren oder Enhancern. Sie enthalten kurze Consensussequenzen; Kopien eines Responseelements, die man in verschiedenen Genen findet, sind eng miteinander ver-

Tabelle 29.1: Induzierbare Transkriptionsfaktoren binden an Responseelemente, die Gruppen von koordiniert regulierten Promotoren oder Enhancern kennzeichnen

regulatorisches Signal	Sequenzmodul	Consensus	Faktor
Hitzeschock	HSE	CNNGAANNTCCNNG	HSTF
Glucocorticoide	GRE	TGGTACAAATGTTCT	Rezeptor
Phorbolester	TRE	TGACTCA	AP1
Serum	SRE	CCATATTAGG	SRF

wandt, doch nicht notwendigerweise identisch. Der vom Faktor gebundene Sequenzabschnitt reicht auf beiden Seiten ein kurzes Stück über die Consensussequenz hinaus. Innerhalb von Promotoren befinden sich die Elemente nicht in einem festen Abstand vom Startpunkt, sondern gewöhnlich irgendwo bis zu 200 Basenpaare stromaufwärts davon. Die Anwesenheit eines einzigen Elements reicht normalerweise aus, um die regulatorische Antwort herbeizuführen, doch mitunter findet man mehrere Kopien.

Responseelemente können in Promotoren und in Enhancern vorkommen, doch zeigen manche Typen gewisse „Vorlieben“: HSEs befinden sich in der Regel in Promotoren, GREs dagegen in Enhancern. Vermutlich arbeiten alle Responseelemente nach demselben allgemeinen Prinzip: *Ein Gen wird reguliert durch eine Sequenz im Promotor oder Enhancer, die von einem spezifischen Protein erkannt wird. Das Protein fungiert als Transkriptionsfaktor, den die RNA-Polymerase zur Initiation braucht. Aktives Protein ist nur dann vorhanden, wenn das Gen exprimiert werden soll; fehlt es, wird der Promotor zumindest durch diesen Regelkreis nicht aktiviert.*

Ein Beispiel für die Situation, daß ein einzelner Faktor viele Gene kontrolliert, bietet die Hitzeschockreaktion. Sie ist unter Prokaryoten wie Eukaryoten weit verbreitet und geht mit einer Vielzahl von expressionswirksamen Kontrollvorgängen einher: Ein Anstieg der Temperatur schaltet die Transkription einiger Gene ab, die der **Hitzeschockgene** hingegen an; zudem führt er zu Veränderungen bei der Translation. Die Regulation der Hitzeschockgene verdeutlicht die Unterschiede zwischen prokaryotischen und eukaryotischen Kontrollstrategien. In Bakterien wird ein bestimmter Sigma-Faktor synthetisiert, der das RNA-Polymerase-Holoenzym dazu bringt, eine alternative –10-Sequenz zu erkennen, welche die Promotoren der Hitzeschockgene kennzeichnet (Kapitel 11). Die Hitzeschockgene der Eukaryoten besitzen ebenfalls eine gemeinsame Consensussequenz (das HSE), doch deren Position relativ zum Startpunkt ist nicht festgelegt, und sie wird von einem von der RNA-Polymerase unabhängigen Transkriptionsfaktor (HSTF) erkannt. Die Aktivierung dieses Faktors ermöglicht, daß in einer bestimmten Gruppe von etwa 20 Genen, deren Promotor die passende Zielsequenz enthält, die Transkription initiiert wird.

Alle Hitzeschockgene von *D. melanogaster* enthalten mehrere Kopien des HSE. HSTF bindet kooperativ an benachbarte Responseelemente. Sowohl das HSE als auch der HSTF sind stammesgeschichtlich konserviert: Ein Hitzeschockgen von *Drosophila* läßt sich sogar in so entfernten Verwandten wie Säugern oder Seeigeln aktivieren. Die HSTF-Proteine der Taufliege und der Hefe sind offenbar ähnlich, sie hinterlassen auf HSE-enthaltender DNA dasselbe Footprint-Muster. Der HSTF der Hefe wird in Reaktion auf den Hitzeschock phosphoryliert; diese Modifikation führt zu seiner Aktivierung.

Das Metallothionein-Gen (MT-Gen) ist ein Beispiel dafür, wie ein einzelnes Gen durch viele verschiedene Regelmechanismen gesteuert werden kann. Sein Proteinprodukt schützt Zellen vor übermäßigen Schwermetallkonzentrationen; es bindet Metalle und entfernt sie aus der Zelle. Das Gen hat ein basales Expressionsniveau, Schwermetallionen (etwa Cadmium) oder Glucocorticoide steigern seine Expression. Seine Kontrollregion enthält eine Kombination regulatorischer Elemente verschiedener Art und läßt auf folgendes Prinzip schließen: *Wenn ein Promotor auf mehr als eine Weise reguliert wird, beruht jedes einzelne regulatorische Ereignis auf der Bindung des jeweils dafür zuständigen Proteins an die entsprechende Sequenz.*

Den Aufbau des Promotors eines MT-Gens skizziert Abbildung 29.1. Ein wesentliches Merkmal dieses Promotors ist die hohe Dichte an Elementen, welche die Transkription aktivieren können. Die beiden „konstitutiven“ Promotorelemente sind die TATA- und die GC-Box, die wie gewöhnlich relativ dicht am Startpunkt liegen. Ferner sind für die konstitutive basale Expression zwei Elemente mit der Kurzbezeichnung BLE (für *basal level elements*, Basalniveauelemente) erforderlich, die der formalen Definition eines Enhancers entsprechen. Zwar befinden sie sich in Startpunktnähe, doch kann man sie versetzen, ohne daß sie ihre Wirksamkeit verlieren. Sie enthalten Sequenzen, wie man sie ähnlich in anderen Enhancern findet, und werden von Proteinen gebunden, die sich auch am SV40-Enhancer anlagern.

Das TRE ist eine Consensussequenz, die in verschiedenen Enhancern vorkommt, unter anderem in einem der BLEs des MT-Gens und in der 72-bp-Wiederholungseinheit des Virus SV40. Es besitzt eine Bindungsstelle für den Faktor AP1; im Einklang mit dessen Einstufung als *upstream*-Faktor, wie in Kapitel 28 beschrieben wurde, ist die entsprechende Wechselwirkung Teil des Mechanismus, der die konstitutive Expression herbeiführt. Freilich hat die Bindung von AP1 noch eine zweite Funktion. Das TRE vermittelt die Reaktion auf Phorbolester wie TPA (eine tumorfördernde Substanz), und zwar durch die Wechselwirkung mit AP1. Diese Bindungsreaktion ist ein Weg (nicht unbedingt der einzige), über den Phorbolester eine Reihe von Veränderungen der Transkription auslösen.

Die Induzierbarkeit des Promotors durch Metalle beruht auf den gleich mehrfach vorhandenen MRE-Sequenzen, die als Promotorelemente wirken. Schon ein MRE reicht aus, daß der Promotor auf Schwermetalle reagieren kann; durch die Anwesenheit mehrerer Elemente wird eine verstärkte Induktion erreicht.

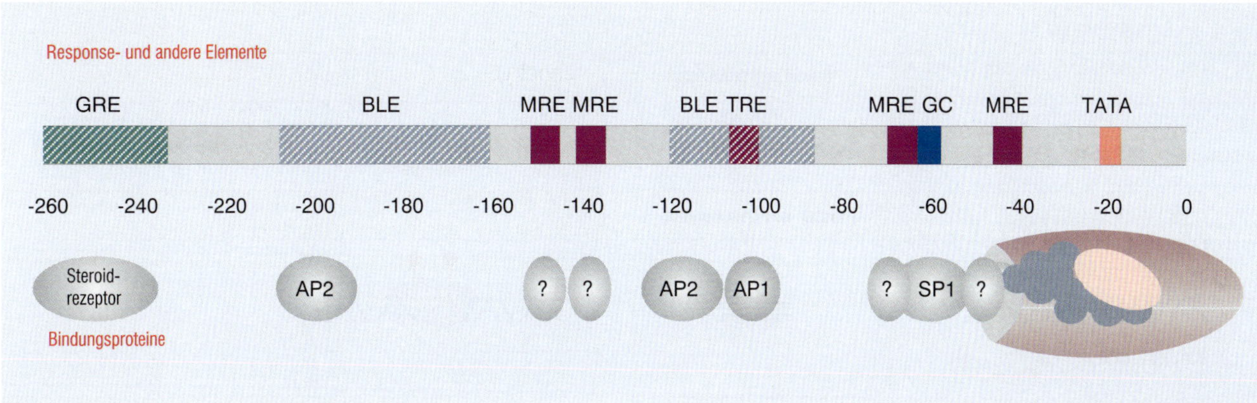

29.1 Die regulatorische Region eines menschlichen Metallothionein-Gens enthält konstitutiv wirkende Elemente in Promotor und Enhancer. Der Promotor besitzt überdies Elemente für die Induktion durch Metalle; ein Enhancer enthält eines für die Reaktion auf Glucocorticoide. Die Sequenzelemente sind über, die daran bindenden Proteine unter der Karte angegeben.

Die Reaktion auf Steroidhormone ist durch ein GRE bedingt, das 250 bp stromaufwärts vom Startpunkt liegt und sich wie ein Enhancer verhält. Eine Deletion dieses Abschnitts wirkt sich weder auf die basale noch auf die metallinduzierte Expression aus. Für die Reaktion auf Steroide ist der Abschnitt jedoch absolut notwendig.

Die Regulation des Metallothionein-Gens macht ein generelles Prinzip deutlich: *Von mehreren unterschiedlichen Sequenzelementen, seien sie im Promotor oder im Enhancer gelegen, ist jedes unabhängig von den anderen imstande, das zugehörige Gen zu aktivieren.* Fehlt ein Element, das für einen der Aktivierungswege gebraucht wird, ist die Aktivierung über die anderen Wege davon nicht betroffen. Die Vielfalt der Elemente, ihre unabhängige Wirkungsweise und die augenscheinlich unbegrenzte Flexibilität ihrer Anordnung zueinander lassen vermuten, daß jeder Faktor, der an irgendeines der Elemente bindet, für sich alleine fähig ist, die Effizienz der Initiation durch den basalen Transkriptionsapparat zu erhöhen – wahrscheinlich mittels Protein-Protein-Wechselwirkungen, welche die Bildung des Initiationskomplexes stabilisieren oder auf andere Weise unterstützen.

29.2 Es gibt viele Typen DNA-bindender Domänen

Aus Sequenzvergleichen zwischen vielen Transkriptionsfaktoren läßt sich schließen, daß gemeinsame strukturelle **Motive** existieren, die für die DNA-Bindung sorgen. Gewöhnlich sind sie recht kurz und umfassen nur einen kleinen Teil der gesamten Proteinstruktur. Ebenso ließen sich Motive identifizieren, die für transkriptionsaktivierende Wechselwirkungen unter den Proteinen des Transkriptionsapparats verantwortlich sind.

Über einige Gruppen von Proteinen, die die Transkription mit Hilfe bestimmter DNA-bindender Motive regulieren, ist näheres bekannt:

- Die **Steroidrezeptoren** lassen sich aufgrund ihrer ähnlichen Funktionsweise zu einer Gruppe zusammenfassen: Sie werden jeweils durch Bindung eines bestimmten Steroids aktiviert. Bestuntersuchtes Beispiel ist der Glucocorticoidrezeptor. Zusammen mit anderen Rezeptoren, so dem Thyroxinrezeptor (Schilddrüsenhormon) oder dem Retinsäurerezeptor, bilden die Steroidrezeptoren eine Überfamilie von Transkriptionsfaktoren mit prinzipiell gleicher Arbeitsweise.
- Das **Zinkfingermotiv** stellt eine DNA-bindende Domäne dar. Ursprünglich wurde es im Faktor TFIIIA entdeckt, den die RNA-Polymerase III zur Transkription der 5S-rRNA-Gene braucht. Inzwischen hat man es auch in verschiedenen anderen (teils mutmaßlichen) Transkriptionsfaktoren gefunden. Eine besondere Form des Motivs kommt auch in Steroidrezeptoren vor.
- Das ***helix-turn-helix*-Motiv** („Helix-Knick-Helix“) wurde zuerst als DNA-bindende Domäne von Bakteriophagenrepressoren beschrieben. Eine α-Helix des Proteins legt sich in die große Furche der DNA, die zweite liegt schräg über der DNA. Ein verwandtes Motiv ist in der **Homöodomäne** enthalten, einer Sequenz, die man ursprünglich in den Proteinprodukten einer Reihe von Genen charakterisierte, die mit der Entwicklungssteuerung bei *Drosophila* befaßt sind. In Gestalt ihrer codierenden DNA-Sequenz fand man die Homöodomäne auch in den Genen bestimmter Transkriptionsfaktoren von Säugern.
- Das amphipathische ***helix-loop-helix*-Motiv** (**HLH**, „Helix-Schleife-Helix“) entdeckte man in einigen entwicklungsregulierenden Proteinen und – in Form seiner codierenden DNA-Sequenz – in Genen, deren Produkte eukaryotische DNA-Bindungsproteine sind. Jede der beiden amphipathischen Helices trägt auf der einen Seite ihrer Oberfläche hydrophobe, auf der gegenüberliegenden geladene Aminosäurereste. Die Helices sind über eine Schleife verbunden, deren Länge zwischen 12 und 28 Aminosäuren schwankt. Das Motiv befähigt Proteine zu dimerisieren, und eine ihm nahe-

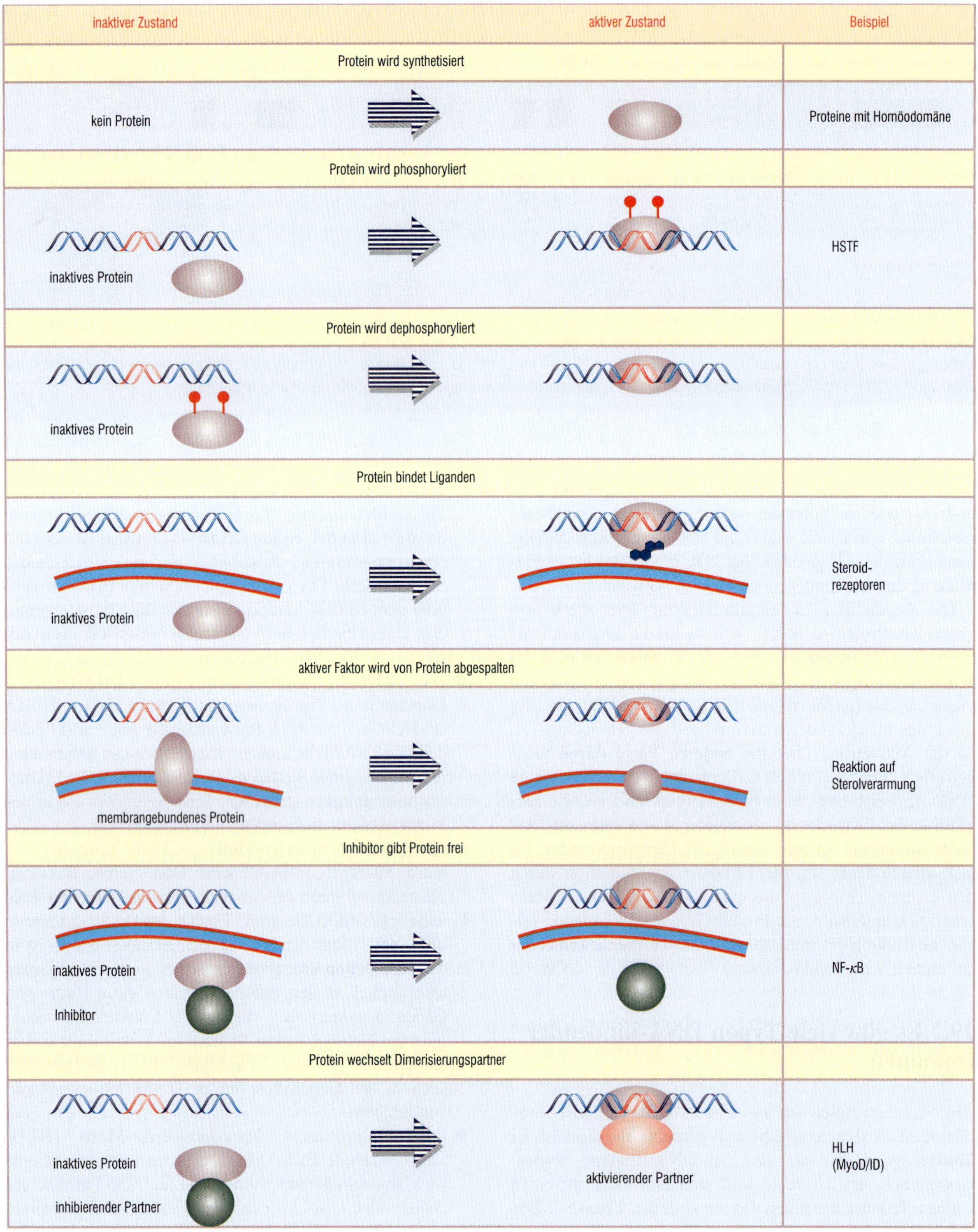

29.2 Die Aktivität eines regulatorischen Transkriptionsfaktors ist kontrollierbar über seine Synthese, durch kovalente Modifikation, durch Bindung eines Liganden oder durch Bindung eines Inhibitors, der den Faktor von seinem Wirkort fernhält beziehungsweise seine Fähigkeit zur DNA-Bindung blockiert.

gelegene basische Region tritt mit der DNA in Kontakt.

- Der **Leucin-Reißverschluß** (*leucine zipper*) besteht aus einer Folge von Aminosäuren mit Leucinresten an jeder siebten Position. Der Leucin-Reißverschluß eines Polypeptids tritt mit dem eines zweiten in Wechselwirkung, wodurch sich ein Dimer bildet. Benachbart zu jedem Reißverschluß befindet sich ein Abschnitt aus positiv geladenen Aminosäureresten, der an der DNA-Bindung beteiligt ist.

Wie in Abbildung 29.2 schematisch verdeutlicht, kann die Aktivität eines induzierbaren Transkriptionsfaktors auf verschiedene Weise reguliert werden:

- Ein Faktor wird nur in einem bestimmten Zelltyp synthetisiert, ist also gewebsspezifisch. Dies gilt für viele entwicklungssteuernde Faktoren, etwa solche mit einer Homöodomäne.
- Die Aktivität eines Faktors kann durch Modifikation direkt kontrolliert werden. HSTF wird durch Phosphorylierung in seine aktive Form überführt. AP1 (ein Heterodimer aus den Untereinheiten Jun und Fos) wird aktiv, wenn die Jun-Untereinheit phosphoryliert ist.
- Ein Faktor wird aktiviert oder inaktiviert, indem er einen Liganden bindet. Bestes Beispiel hierfür sind die Steroidrezeptoren. Die Bindung des Liganden kann die Verteilung des Faktors in der Zelle beeinflussen (etwa seinen Transport vom Cytoplasma in den Zellkern auslösen) wie auch über seine Fähigkeit zur DNA-Bindung entscheiden.
- Ein bestimmter Transkriptionsfaktor liegt nach seiner Synthese in einer Form vor, die an die Kernhülle und das endoplasmatische Reticulum gebunden ist. Bei Mangel an Sterolen (wie Cholesterin) wird die cytosolische Domäne abgespalten; sie wandert darauf in den Zellkern und fungiert dort als aktive Form des Transkriptionsfaktors.
- Die Verfügbarkeit eines Faktors kann sich ändern. Der Faktor NF-κB (der in B-Lymphocyten die κ-Gene der Immunglobuline aktiviert) kommt in vielen Zelltypen vor. Jedoch wird er durch das inhibitorische Protein I-κB im Cytoplasma zurückgehalten. In B-Lymphocyten kommt er von I-κB frei und gelangt in den Kern, wo er Transkription aktiviert.
- Ein dimerisierender Faktor kann sich mit alternativen Partnern zusammenlagern. Im Komplex mit dem einen Partner ist er inaktiv; wird der zweite synthetisiert, verdrängt dieser den ersten aus dem Komplex, und der Faktor wird aktiv. Wie wir noch sehen werden, ist diese Regulationsweise ausbaufähig: Es können ganze Netzwerke existieren, in denen viele verschiedene Partner miteinander kombinierbar sind, vor allem unter den HLH-Proteinen.

(Nebenbei sei angemerkt, daß Transkriptionsfaktoren aus einigen dieser Klassen, wenn sie mutiert sind, die Transkription in unangemessener Weise aktivieren oder unterdrücken können. Ihre Beteiligung an der Tumorentstehung werden wir in Kapitel 37 erörtern; man vergleiche auch Abbildung 29.2 mit Abbildung 37.17.)

Wir werden im folgenden die DNA-Bindungs- und Aktivierungsreaktionen bei einigen dieser Proteinklassen etwas näher betrachten. In vielen Fällen übernimmt eine kurze α-helicale Region die Bindung an die DNA, wobei der Kontakt entweder an den Basen oder am Zucker-Phosphat-Rückgrat in der großen Furche erfolgt.

29.3 Ein Zinkfingermotiv ist eine DNA-bindende Domäne

Der Zinkfinger erhielt seinen Namen nach seiner Struktur, die in Abbildung 29.3 zu sehen ist: Eine kleine Gruppe konservierter Aminosäuren bindet ein Zinkion, wobei im Protein eine relativ abgegrenzte Domäne entsteht. Zwei Klassen DNA-bindender Proteine haben Strukturen dieser Art: die klassischen „Zinkfinger"-Proteine und die Steroidrezeptoren.

Ein „Fingerprotein" hat typischerweise eine Serie von Zinkfingern, wie in Abbildung 29.3 dargestellt ist. Die Consensussequenz des Einzelfingers lautet:

$$\text{Cys-X}_{2-4}\text{-Cys-X}_3\text{-Phe-X}_5\text{-Leu-X}_2\text{-His-X}_3\text{-His}$$

Namensgebend für das Motiv ist die Schlaufe aus Aminosäuren, die von der Zinkbindungsstelle absteht und in diesem Fall als Cys_2/His_2-Finger bezeichnet wird. Das Zinkion wird innerhalb einer von den konservierten Cys- und His-Resten gebildeten tetraedrischen Struktur festgehalten. Der Finger umfaßt insgesamt etwa 23 Aminosäuren, das Verbindungsstück zwischen zwei Fingern besteht gewöhnlich aus sieben bis acht Aminosäuren.

Zinkfinger sind unter DNA-bindenden Proteinen ein verbreitetes Motiv. In der Regel sind alle Finger eines Proteins in einer Reihe tandemartig hintereinander angeordnet, gelegentlich findet man aber auch mehrere Fingergruppen. Der Fingerbereich kann neun Wiederholungen des Motivs enthalten, die fast das gesamte Protein ausmachen (wie bei TFIIIA); es gibt aber auch kleine Motivabschnitte mit nur zwei Fingern (so beim *Drosophila*-Regulatorprotein ADR1). Der allgemeine Transkriptionsfaktor SP1 hat eine DNA-Bindungsdomäne aus drei Zinkfingern.

Aus der Kristallstruktur eines von einem „dreifingerigen" Protein gebundenen DNA-Stückes läßt sich das in Abbildung 29.4 schematisch dargestellte Bindungsmodell ableiten. Der C-terminale Teil jedes Fingers bildet eine α-Helix, die an die DNA bindet, der N-terminale Teil bildet jeweils eine β-Faltblattstruktur. (Aus Gründen der Übersichtlichkeit sind im unteren Teil der Abbildung die β-Faltblattstruktur und die Zinkionen weggelassen.) Die drei α-helicalen Abschnitte passen in eine Windung der großen Furche. Jede Einzelhelix (und damit jeder Finger) geht zwei sequenzspezifische Kontakte mit der DNA ein (durch die Pfeile angedeutet). Man kann erwarten, daß

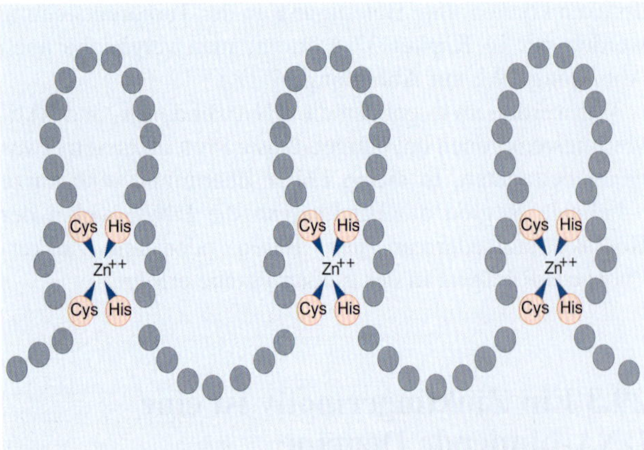

29.3 Im Transkriptionsfaktor SP1 liegen drei Zinkfinger hintereinander. Jeder hat ein charakteristisches Muster aus Cystein- und Histidinresten, welche die Zinkbindungsstelle bilden.

die nichtkonservierten Aminosäuren in der C-terminalen Seite jedes Fingers für die Erkennung spezifischer Zielsequenzen verantwortlich sind.

Da man nun weiß, daß Zinkfinger in nachweislichen Transkriptionsfaktoren für die RNA-Polymerasen II und III vorkommen, läßt sich die Betrachtungsweise umkehren: Findet man mehrere Zinkfinger in einem Protein, dann besteht zumindest ein begründeter Verdacht, daß es

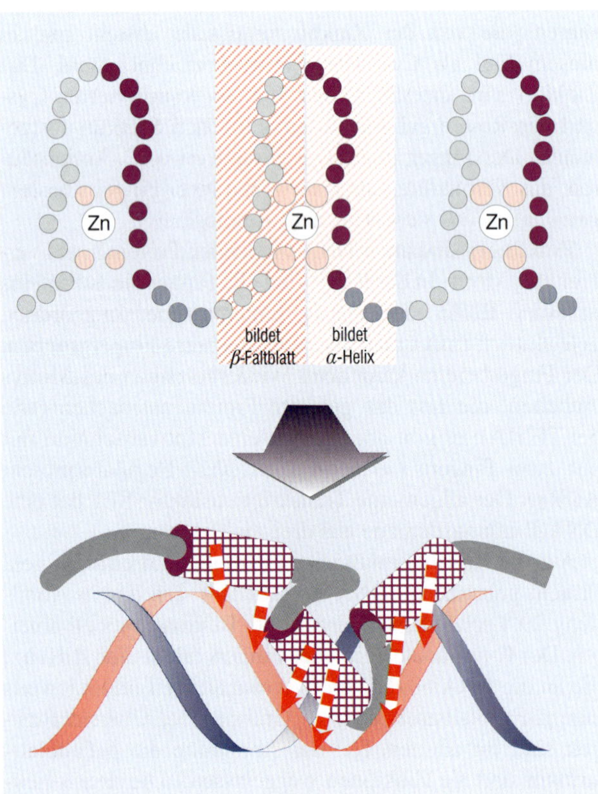

29.4 Zinkfinger bilden offenbar auf einer Seite β-Faltblattstrukturen, auf der anderen α-Helices. Letztere lagern sich in die große Furche ein.

die Aufgabe eines Transkriptionsfaktors wahrnimmt. Auf diese Weise schloß man, daß eine Reihe von Loci, die an der Embryonalentwicklung von *D. melanogaster* mitwirken, Transkriptionsregulatoren codieren.

Freilich ist Vorsicht bei der Interpretation geboten, wenn man (mutmaßliche) Zinkfinger ausfindig gemacht hat, zumal wenn das betreffende Protein nur ein solches Motiv enthält. Zinkfinger können statt DNA auch RNA binden, vielleicht haben sie manchmal mit der Bindung von Nucleinsäuren auch gar nichts zu tun.

Der Prototyp der Fingerproteine, TFIIIA, bindet sowohl an das 5S-Gen als auch an dessen Produkt, die 5S-rRNA. Ein Initiationsfaktor der Translation, eIF2β, besitzt einen Zinkfinger; Mutationen darin beeinflussen die Erkennung von Initiationscodons. Retrovirale Capsidproteine besitzen ein fingerähnliches Motiv, das möglicherweise an der Bindung des viralen RNA-Genoms beteiligt ist.

Steroidrezeptoren (und einige weitere Proteine) besitzen einen anderen Zinkfingertyp mit der Consensussequenz

$$\text{Cys-X}_2\text{-Cys-X}_{13}\text{-Cys-X}_2\text{-Cys.}$$

Diesen Typ nennt man Cys_2/Cys_2-Finger. Er unterscheidet sich von den Cys_2/His_2-Fingern. Während diese meist in tandemartiger Mehrfachgruppierung auftreten, haben Proteine mit dem Cys_2/Cys_2-Motiv häufig nur einzelne Finger. Die Bindungsstellen auf der DNA (soweit bekannt) sind kurz und palindromisch. Wie Mutationsanalysen zeigen, ist das Fingermotiv in den DNA-bindenden Abschnitten der betreffenden Regulatorproteine enthalten.

Der Glucocorticoid- und der Estrogenrezeptor besitzen jeweils zwei Finger. Jeder bindet ein Zinkion im Zentrum vier tetraedrisch angeordneter Cysteine. Die beiden Finger bilden α-Helices, die sich zu einer großen globulären Domäne zusammenfalten. Die aromatischen Seitenreste der α-Helices formen zusammen mit einer β-Faltblattstruktur, welche die beiden Helices verbindet, ein hydrophobes Zentrum. Eine Seite der N-terminalen Helix geht Kontakte mit der großen Furche der DNA ein. Im Zuge der DNA-Bindung dimerisieren zwei Glucocorticoidrezeptoren; zusammen bedecken sie zwei aufeinanderfolgende Windungen der großen Furche, was mit dem Palindromcharakter des Responseelements in Einklang steht (siehe unten).

Die beiden Finger kontrollieren jeweils eine wichtige Eigenschaft des Rezeptors. Welche Aminosäuren dabei relevant sind, zeigt Abbildung 29.5. Die auf der linken Seite des ersten Fingers kontrollieren die DNA-Bindung, die auf der rechten Seite des zweiten kontrollieren die Fähigkeit zur Dimerbildung (Abschnitt 29.4).

Direkte Hinweise, daß der erste Finger DNA bindet, gewann man aus Experimenten mit vertauschten Rezeptorspezifitäten: Der Finger des Estrogenrezeptors wurde deletiert und durch den des Glucocorticoidrezeptors ersetzt. Das neue Protein erkennt das GRE (die Zielsequenz des Glucocorticoidrezeptors) und nicht mehr das ERE (die Zielsequenz des Estrogenrezeptors). Demnach begründet dieser Abschnitt die Spezifität, mit der DNA erkannt wird.

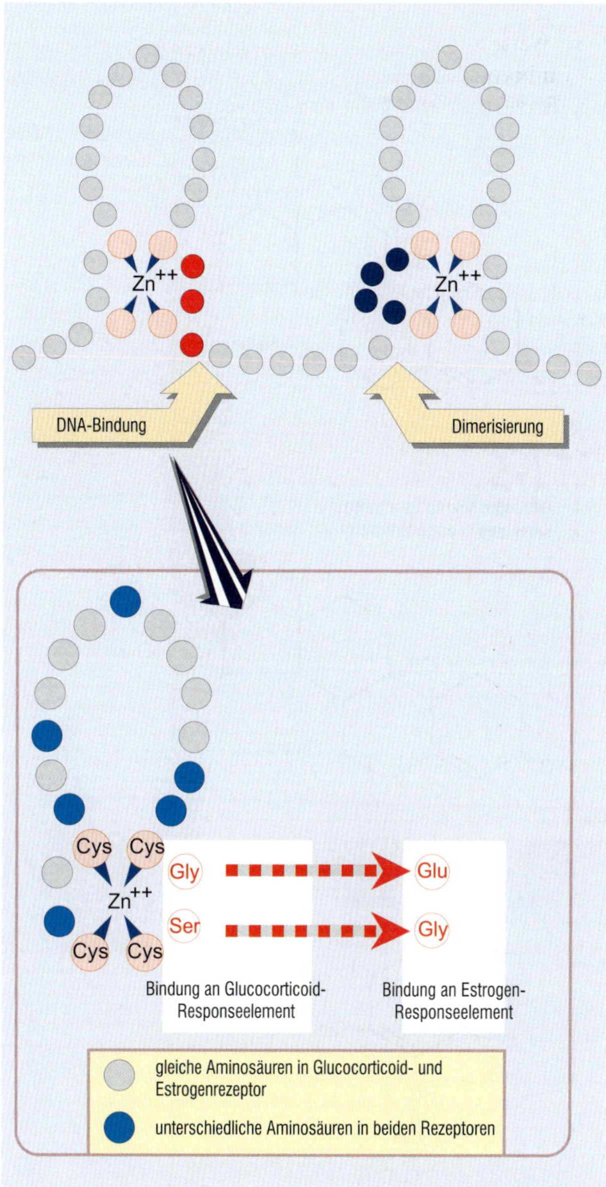

29.5 Der erste Zinkfinger eines Steroidrezeptors überwacht die Spezifität der DNA-Bindung (mittels der rot dargestellten Positionen), der zweite die Spezifität der Dimerisierung (blaue Positionen). Die Detailansicht des ersten Fingers zeigt, daß die Diskriminierung zwischen der GRE- und der ERE-Zielsequenz von zwei Aminosäuren an der Fingerbasis abhängt.

Die Unterschiede zwischen den Sequenzen des Glucocorticoidrezeptor- und des Estrogenrezeptorfingers liegen überwiegend an der Fingerbasis. Die beiden in Abbildung 29.5 gezeigten Substitutionen lassen den Glucocorticoidrezeptor an ein ERE statt an ein GRE binden.

29.4 Steroidrezeptoren haben mehrere unabhängige Domänen

Steroidhormone werden in Reaktion auf diverse neuroendokrine Impulse synthetisiert. Sie beeinflussen in der Tierwelt wesentlich das Wachstum, die Entwicklung von Geweben und die Homöostase des Organismus. Die Hauptgruppen der Steroide und einiger anderer Substanzen mit ähnlichen (molekularen) Aktivitäten zeigt die Abbildung 29.6.

Die Nebenniere sezerniert mehr als 30 verschiedene Steroide, vor allem Glucocorticoide und Mineralocorticoide. Viele Steroide sind fortpflanzungsrelevante Hormone (Androgene auf der männlichen, Estrogene und Progestine auf der weiblichen Seite). Vitamin D wird für die Knochenentwicklung gebraucht.

Daneben gibt es Hormone mit anderer Struktur und weiteren physiologischen Aufgaben, die auf molekularer Ebene ähnlich wie die Steroidhormone funktionieren. Schilddrüsenhormone – iodierte Abwandlungen der Aminosäure Tyrosin – steuern im tierischen Stoffwechsel den Grundumsatz. Schilddrüsenhormone wie auch Steroide können zudem die Metamorphose beeinflussen (die ersten bei Fröschen, Ecdysteroide bei Insekten).

Retinsäure (Vitamin-A-Säure, *retinoic acid*) ist ein Morphogen und sorgt in der Gliedmaßenknospe des Hühnerembryos für die Ausbildung der anterior-posterioren Achse. Ihr Metabolit 9-*cis*-Retinsäure kommt in Geweben vor, die Hauptorte für die Speicherung und den Stoffwechsel von Vitamin A sind.

Die Vielfalt dieser regulatorischen Wirkungen auf Entwicklung und Funktionen des Körpers läßt sich anhand von Kontrollmechanismen der Genexpression erklären. Alle genannten Substanzen wirken auf gleiche Weise: *Jede ist eine niedermolekulare Verbindung, die an einen spezifischen **Rezeptor** bindet, der wiederum die Transkription aktiviert.* (Die Bezeichnung „Rezeptor" ist vielleicht etwas irreführend: Die betreffenden Proteine sind für Steroide oder Schilddrüsenhormone Rezeptoren im gleichen Sinne wie der *lac*-Repressor für ein β-Galaktosid; es handelt sich also nicht um membranständige Rezeptoren auf der Zelloberfläche.)

Am meisten weiß man über die Wechselwirkungen der Glucocorticoide mit ihrem Rezeptor. Dessen Wirkungsweise veranschaulicht Abbildung 29.7. Steroidhormone können durch schlichte Diffusion die Zellmembran passieren und in die Zelle eindringen. Ein Glucocorticoid bindet dort an den Glucocorticoidrezeptor. (Bei der Untersuchung dieses Rezeptors benutzt man meist das synthetische Steroidhormon Dexamethason.) Wo sich die freien Rezeptoren in der Zelle befinden, ist nicht ganz klar; möglicherweise sind sie über Zellkern und Cytoplasma gleichmäßig verteilt. Sobald allerdings das Hormon an den Rezeptor bindet, geht dieser in eine aktivierte Form über, deren unspezifische Affinität für DNA auf das Zehnfache ansteigt; den Hormon-Rezeptor-Komplex findet man immer im Kern.

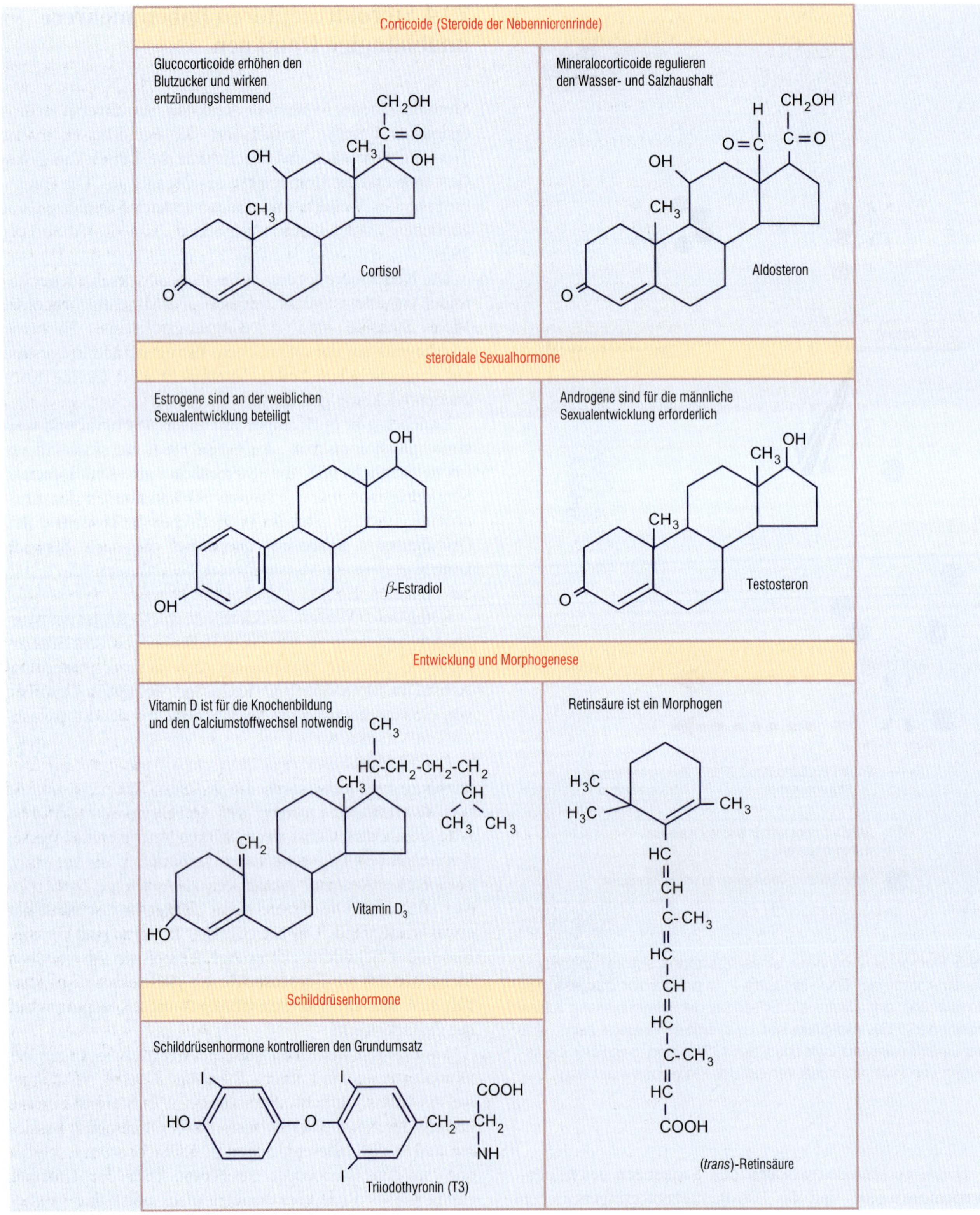

29.6 Verschiedene niedermolekulare, hydrophobe Verbindungen aktivieren Transkriptionsfaktoren. Corticoide und steroidale Geschlechtshormone werden aus Cholesterin synthetisiert; Vitamin D ist ebenfalls ein Steroid. Schilddrüsenhormone entstehen aus Tyrosin, und Retinsäure aus Isopren (in der Leber von Fischen).

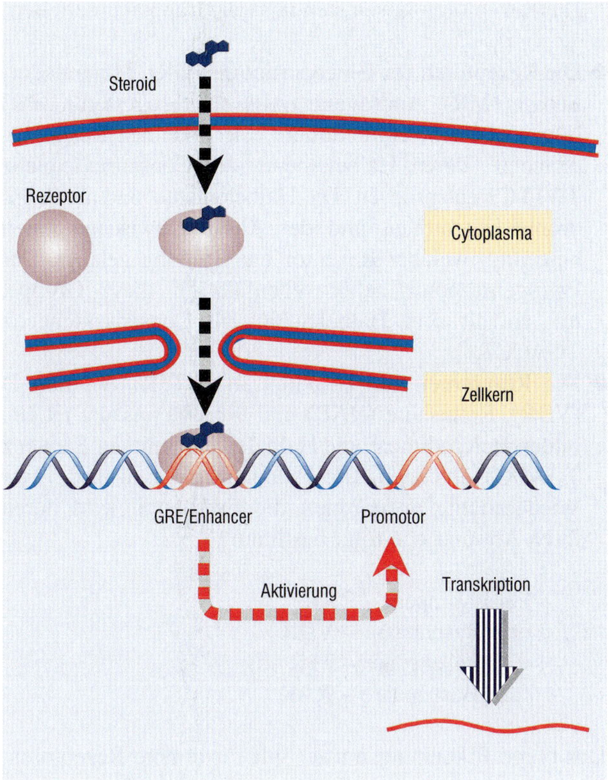

29.7 Glucocorticoide regulieren die Transkription, indem sie ihren Rezeptor dazu veranlassen, an einen Enhancer zu binden, dessen Wirkung für die Promotorfunktion notwendig ist.

Der aktivierte Rezeptor erkennt eine bestimmte Consensussequenz, die das GRE – das Glucocorticoid-Responseelement – kennzeichnet. Normalerweise befindet sich ein GRE in einem Enhancer in der näheren oder weiteren Umgebung eines Gens, das auf Glucocorticoide anspricht. Das GRE kann einige tausend Basenpaare stromauf- oder stromabwärts vom Promotor liegen. Wenn der Steroid-Rezeptor-Komplex sich am Enhancer anlagert, wird der zugehörige Promotor aktiviert, und es setzt dort die Transkription ein. Die Aktivierung von Enhancern ist der grundsätzliche Mechanismus, über den Steroide ein großes Sortiment von Zielgenen steuern. Formal entspricht der Aktivierungsvorgang dem Modell der bakteriellen Geninduktion durch einen positiven Regulator (Coinduktor aktiviert Induktorprotein; Abbildung 12.21).

Die Aminosäuresequenzen der Steroidrezeptoren ließen sich aus den Sequenzen ihrer klonierten cDNAs ableiten. Bringt man die klonierte cDNA eines Rezeptors in eine Zelle ein, so erlangt diese dadurch die Fähigkeit, auf das entsprechende Steroid zu reagieren und jedes Gen zu aktivieren, das mit dem passenden Responseelement gekoppelt ist. Dieses System läßt sich nutzen, um die Eigenschaften von Rezeptoren zu untersuchen, in deren cDNAs man Mutationen eingeführt hat. Derartige Analysen zeigten eine Aufgliederung der Rezeptoren in mehrere Bereiche, die in Abbildung 29.8 aufgeführt sind.

Die Rezeptoren der verschiedenen Steroidhormone, der Schilddrüsenhormone und der Retinsäure bilden zusammen eine neue „Superfamilie" von Genregulatoren: die ligandengesteuerten Transkriptionsfaktoren. Mit diesem Konzept schließt sich ein Kreis, denn die Arbeitsweise solcher Faktoren ähnelt unzweifelhaft dem klassischen Modell für prokaryotische Regulatoren, wie es im *lac*-Operon zum Ausdruck kommt.

Alle diese Rezeptoren besitzen an den gleichen relativen Positionen unabhängige Domänen für die DNA- und für die Hormonbindung.

Die zentralen DNA-bindenden Domänen sind bei den verschiedenen Steroidrezeptoren eng miteinander verwandt und lassen sich auch in den anderen Rezeptoren wiederfinden. Manche Liganden binden an mehrere sehr ähnliche Rezeptoren. So gibt es drei Rezeptoren für Retinsäure (RARα, β, γ) und drei für die 9-*cis*-Retinsäure (RXRα, β, γ). In den Sequenzübereinstimmungen spiegelt sich wahrscheinlich die gemeinsame Notwendigkeit zur DNA-Bindung wider, während die Abweichungen wohl für die richtige Wahl der jeweiligen Zielsequenz verantwortlich sind. Der Vorgang der Anbindung an die DNA läßt sich nicht von der Fähigkeit zur Transkriptionsaktivie-

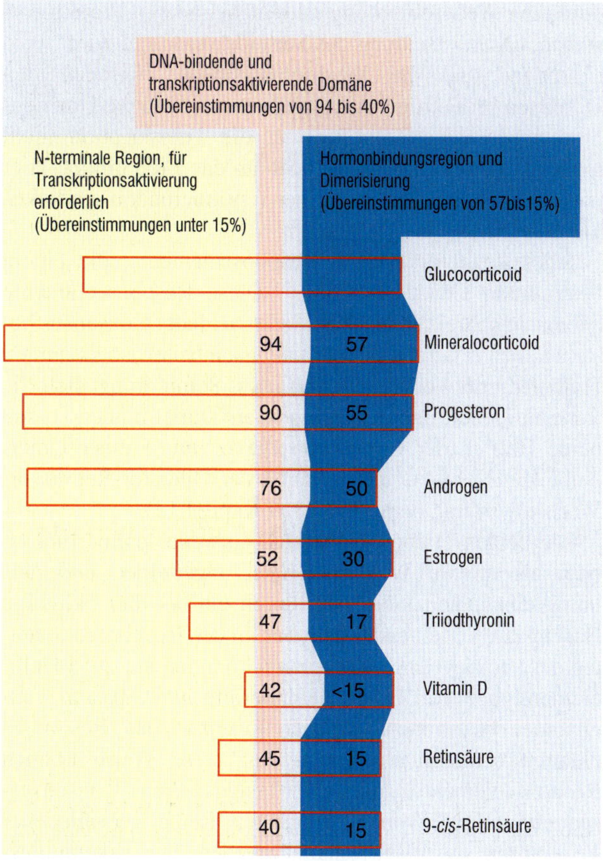

29.8 Rezeptoren für Steroid- und Schilddrüsenhormone haben einen ähnlichen Aufbau: Sie besitzen eine individuelle N-terminale Region, eine konservierte DNA-bindende Region und eine C-terminale Hormonbindungsregion.

rung trennen: Mutationen in der zentralen Domäne beeinflussen beide Funktionen zugleich.

Die N-terminalen Regionen der Rezeptoren zeigen die geringste Übereinstimmung. Sie enthalten unterschiedliche Abschnitte, die zur Aktivierung der Transkription erforderlich sind.

Die C-terminalen Domänen binden das jeweilige Hormon. Unter denen der Steroidrezeptorfamilie finden sich Übereinstimmungen von 30 bis 57 %, worin sich die Spezifität für die einzelnen Steroidhormone widerspiegelt. Ähnlichkeit zu den C-terminalen Domänen der anderen Rezeptoren besteht kaum, und spiegelt die Spezifität für eine Reihe unterschiedlicher Liganden – Schilddrüsenhormone, Vitamin D, Retinsäure – wider.

Wie die C-terminale Region die Aktivität des Rezeptors reguliert, ist je nach Rezeptor unterschiedlich. Deletiert man die Region im Glucocorticoidrezeptor, so ist das verbleibende N-terminale Protein dauerhaft aktiv: Es benötigt keine Steroide mehr, um zu wirken. Daraus läßt sich schließen, daß die steroidbindende Domäne bei Abwesenheit des Liganden den Rezeptor daran hindert, das GRE zu erkennen; sie wirkt also als interner negativer Regulator. Die Anlagerung des Steroids beseitigt die Inhibition, so daß der Rezeptor nunmehr ans GRE binden und Transkription aktivieren kann. Die Repression könnte auf internen Wechselwirkungen innerhalb des Rezeptors beruhen oder durch die Wechselwirkung mit einem anderen Protein entstehen, das bei Bindung des Steroids verdrängt wird.

Anders sind die Wechselwirkungen zwischen den Domänen im Estrogenrezeptor. Wenn diesem die Hormonbindungsdomäne fehlt, kann er die Transkription nicht mehr aktivieren, obwohl er noch an das ERE bindet. Hier hat die Domäne also statt einer reprimierenden eine aktivierende Funktion.

Jeder Rezeptor erkennt Responseelemente, die einem bestimmten Consensus folgen. Diese Responseelemente haben ein charakteristisches Merkmal: Jeder Consensus besteht aus zwei kurzen Wiederholungseinheiten, sogenannten **Halbelementen** oder auch ***half sites***. Somit drängt sich die Vermutung auf, daß der Rezeptor als Dimer bindet, so daß beide Hälften der Consensussequenz mit je einer Untereinheit in Kontakt steht (ähnlich der Operator-Repressor-Wechselwirkung beim Phagen λ; Kapitel 13).

Die beiden Halbelemente sind entweder palindromisch oder als direkte Wiederholungen angeordnet, und dies unmittelbar aneinander oder durch ein bis fünf beliebige Basenpaare voneinander getrennt. In den Responseelementen der verschiedenen Rezeptoren kommen nur zwei Halbelementtypen vor. Deren Orientierung und Abstand voneinander bestimmen, welcher Rezeptor das Responseelement schließlich erkennt. Auf diese Weise können Responseelemente, die einer enggefaßten Consensussequenz folgen, von einer ganzen Reihe verschiedener Rezeptoren spezifisch erkannt werden. Die Erkennungsregeln sind nicht absolut, sondern durch den Kontext beeinflußbar; in manchen Fällen wird ein palindromisches Responseelement sogar von mehreren Rezeptoren erkannt.

Die Rezeptoren lassen sich in zwei Gruppen unterteilen:

- Die Rezeptoren für Glucocorticoide (GR), Mineralocorticoide (MR), Androgene (AR) und Progesteron (PR) bilden allesamt Homodimere. Sie erkennen Responseelemente, deren Halbelemente der Consensussequenz TGTTCT entsprechen. Die Halbelemente sind als Palindrome angeordnet, und der Abstand zwischen ihnen bestimmt, welcher Rezeptor zur Bindung gelangt. Der Estrogenrezeptor gehört ebenfalls in diese Gruppe, nur enthält sein Halbelement die Consensussequenz TGACCT.
- Die Rezeptoren für Triiodthyronin (T3R), Vitamin D (VDR), Retinsäure (RAR) und 9-*cis*-Retinsäure (RXR) bilden Heterodimere, die Halbelemente mit der Sequenz TGACCT erkennen. Die Halbelemente sind in direkter Wiederholung angeordnet; die Erkennung wird durch ihren Abstand wie folgt bestimmt:

  ein Basenpaar – RXR
  drei Basenpaare – VDR
  vier Basenpaare – T3R
  fünf Basenpaare – RAR

Das obige Erkennungsmuster gilt für dimere Rezeptoren, deren eine Untereinheit der jeweils genannte Rezeptor ist; die andere ist RXR (bei einem Abstand von einem Basenpaar bindet also das RXR-RXR-Homodimer). Die Heterodimerbildung wurde dadurch entdeckt, daß der Retinsäure- und der Schilddrüsenhormonrezeptor (RAR und T3R) sehr viel effizienter an ihre Zielelemente binden, wenn auch RXR zugegen ist. Die heterodimeren Rezeptoren sprechen auf den Liganden der ersten Untereinheit an; RXR muß in einem solchen Dimer seinen Liganden offenbar nicht binden. Die Rezeptoren der zweiten Gruppe können auch Homodimere bilden, die dann palindromische Sequenzen erkennen.

Damit sind wir in der Lage, die Spezifität der Erkennung im Grundsatz zu verstehen. In Abbildung 29.5 sahen wir, wie die Aminosäuresequenz des ersten Fingers darüber entscheidet, welches Halbelement erkannt wird. Die Aminosäuren im zweiten Finger überwachen die Spezifität der Dimerbildung. Je nach entstehendem Dimer sind wiederum die Abstände zwischen den beiden in die große DNA-Furche einzulagernden Untereinheiten anders, und deshalb brauchen sie auch einen jeweils anderen Abstand der Halbelemente, um dort anbinden zu können.

Naturgemäß besteht zwischen den Homodimeren (wie GR oder ER) und den Heterodimeren (VDR, T3R oder RAR mit RXR) ein Strukturunterschied. Die Homodimere sind symmetrische „Kopf-an-Kopf"-Komplexe und erkennen daher palindromische DNA-Sequenzen. Die Heterodimere bilden asymmetrische „Kopf-an-Schwanz"-Strukturen; von der Kontaktzone zwischen den beiden Untereinheiten hängt es ab, welchen Abstand die gleichsinnig wiederholten Halbelemente voneinander haben müssen, um erkannt zu werden. Gleichwohl gelten dieselben Aufbauprinzipien: Jedes Rezeptormonomer besitzt zwei DNA-bindende Module, deren eines für die Sequenzspezifität des DNA-Kontakts sorgt und deren anderes für die Dimerisierung zuständig ist. (Welche Aminosäurepositionen im einzelnen die Dimerbildung überwachen, ist je nach Paarkombination verschieden.) Weitere Aminosäuren in beiden Modulen gehen mit dem Zucker-Phosphat-Rückgrat der DNA Kontakte ein.

Alle Rezeptoren dieser Superfamilie sind ligandenabhängige Aktivatoren der Transkription. Manche sind freilich auch dazu imstande, die Transkription zu reprimieren. T3R und RAR binden, im Komplex mit RXR und in Abwesenheit ihres Liganden, an bestimmte Loci und verhindern die Transkription, indem sie mit einem Corepressorprotein interagieren. (Dieses wiederum hemmt vermutlich den basalen Transkriptionsapparat.) Welche relative Bedeutung diese Funktion als Repressor gegenüber der als ligandenabhängiger Aktivator hat, ist unklar.

29.5 Homöodomänen binden an verwandte Ziele in der DNA

Die Homöobox ist eine DNA-Sequenz, welche eine Domäne aus 60 Aminosäuren codiert, die in bestimmten Proteinen vieler, wenn nicht aller Eukaryoten auftritt. Ihr Name rührt daher, daß man sie zuerst in homöotischen Genen von *Drosophila* entdeckt hat (also in Genen, die über die Identität von Körperstrukturen bestimmen). Sie kommt in vielen der Gene vor, die bei *Drosophila* die Frühentwicklung steuern, und ein verwandtes Motiv läßt sich in Genen der verschiedensten höheren Eukaryoten finden. Der Gedanke liegt nahe, daß die Homöobox Gene ausweist (oder zumindest in ihnen häufig vorkommt), welche die Entwicklung regulieren, wie es in Kapitel 38 beschrieben wird. Zur Homöodomäne ähnliche Sequenzen findet man in einer Reihe verschiedener Transkriptionsfaktoren von Tieren, doch von den ursprünglichen *Drosophila*-Homöodomänen bis hin zu Säuger-Transkriptionsfaktoren nimmt der Übereinstimmungsgrad der konservierten Sequenzen deutlich ab.

Im Falle der homöotischen Gene von *Drosophila* liegt die Homöodomäne häufig (aber nicht immer) dicht am C-terminalen Ende des Proteinprodukts. Einige Beispiele für Produkte von Genen mit Homöoboxen zeigt Abbildung 29.9. In vielen Fällen weisen solche Gene kaum Sequenzübereinstimmungen auf, außer in der Homöobox. Deren Konservierungsgrad schwankt allerdings. Innerhalb einer Hauptgruppe entsprechender Gene von *Drosophila* ist die Box gut konserviert; bei paarweisen Vergleichen findet man 80 bis 90 % Übereinstimmung. Unter Homöoboxen anderer Gene ist die Verwandtschaft jedoch weniger ausgeprägt. Bisweilen ist die Homöodomäne in tierischen Transkriptionsfaktoren mit anderen Motiven kombiniert. Ein Beispiel bieten die Oct-Proteine (die an das Octamer binden): In ihnen liegt ein konservierter Abschnitt von 75 Aminosäuren, die sogenannte Pou-Region, dicht neben einem Bereich, der der Homöodomäne ähnelt. Die Homöodomänen in der Gruppe der Pou-Proteine zeigen die geringste Ähnlichkeit zu den ursprünglichen *Drosophila*-Homöodomänen; diese Proteine bilden also den entlegensten Zweig der Familie.

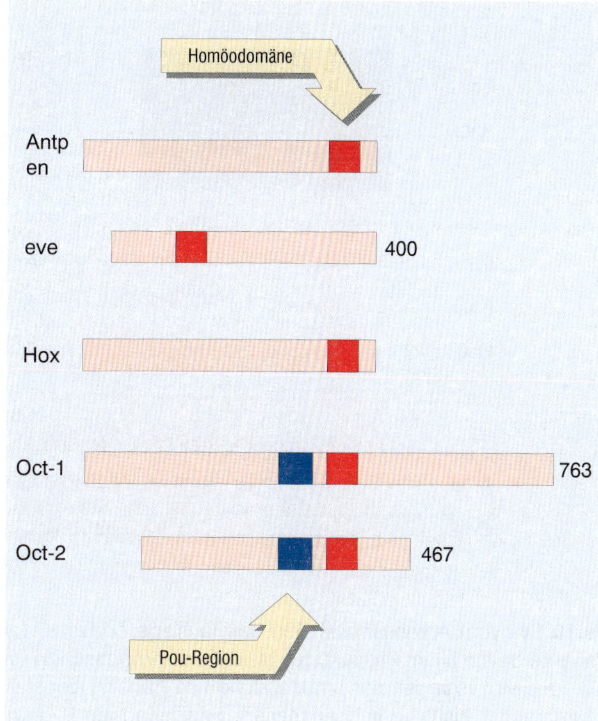

29.9 Die Homöodomäne kann in einem Transkriptionsfaktor als einziges DNA-bindendes Motiv oder mit anderen Motiven kombiniert auftreten. Sie umfaßt einen abgegrenzten Teil (60 Aminosäuren) des Proteins.

Die Homöodomäne sorgt für die Bindung an die DNA und bestimmt offenbar auch die Spezifität der Erkennung, wie Experimente nahelegen, in denen man die Homöodomänen verschiedener Proteine ausgetauscht hat. Allerdings läßt sich (wie schon im Falle der Phagenrepressoren) zwischen Protein- und DNA-Sequenz keine einfache Beziehung im Sinne eines „Bindungscodes" herleiten. Der C-terminale Abschnitt der Homöodomäne zeigt Homologien zum *helix-turn-helix*-Motiv prokaryotischer Repressoren. Wie in Kapitel 13 beschrieben wurde, besitzt der λ-Repressor eine „Erkennungshelix" (α-Helix 3), die Kontakte in der großen Furche der DNA eingeht, während die andere Helix (α-Helix 2) schräg über der DNA liegt. In der Homöodomäne lassen sich drei mögliche Helixregionen ausmachen; Abbildung 29.10 zeigt drei Sequenzbeispiele im Vergleich. Der höchstkonservierte Sequenzabschnitt umfaßt die dritte Helix. Ein Unterschied zwischen diesen Strukturen und jener der prokaryotischen Repressoren liegt in der Länge der DNA-erkennenden Helix (Helix 3): In der Homöodomäne besteht sie aus 17, im λ-Repressor aus neun Aminosäureresten.

Aus der Kristallstruktur der im Produkt des *Drosophila*-Gens *engrailed* enthaltenen Homöodomäne läßt sich das in

	1	N-terminaler Arm								10				Helix 1						20		
En	Glu	Lys	Arg	Pro	Arg	Thr	Ala	Phe	Ser	Ser	Glu	Gln	Leu	Ala	Arg	Leu	Lys	Arg	Glu	Phe	Asn	Glu
Antp	Arg	Lys	Arg	Gly	Arg	Gln	Thr	Tyr	Thr	Arg	Tyr	Gln	Thr	Leu	Glu	Leu	Glu	Lys	Glu	Phe	His	Phe
Oct2	Arg	Arg	Lys	Lys	Arg	Thr	Ser	Ile	Glu	Thr	Asn	Val	Arg	Phe	Ala	Leu	Glu	Lys	Ser	Phe	Leu	Ala

							30			Helix 2							40
En	Asn	Arg	Tyr	Leu	Thr	Glu	Arg	Arg	Arg	Glu	Glu	Leu	Ser	Ser	Glu	Leu	Gly	Leu
Antp	Asn	Arg	Tyr	Leu	Thr	Arg	Arg	Arg	Arg	Ile	Glu	Ile	Ala	His	Ala	Leu	Cys	Leu
Oct2	Asn	Glu	Lys	Pro	Thr	Ser	Glu	Glu	Ile	Leu	Leu	Ile	Ala	Glu	Gln	Leu	His	Met

	41									50			Helix 3							60
En	Asn	Glu	Ala	Gln	Ile	Lys	Ile	Trp	Phe	Gln	Asn	Lys	Arg	Ala	Lys	Ile	Lys	Lys	Ser	Asn
Antp	Thr	Glu	Arg	Gln	Ile	Lys	Ile	Trp	Phe	Gln	Asn	Arg	Arg	Met	Lys	Trp	Lys	Lys	Glu	Asn
Oct2	Glu	Lys	Glu	Val	Ile	Arg	Val	Trp	Phe	Cys	Asn	Arg	Arg	Gln	Lys	Glu	Lys	Arg	Ile	Asn

29.10 Die vom *Antennapedia*-Gen der Taufliege codierte Homöodomäne ist gleichsam der Prototyp dieses Proteinmotivs; eine Variante davon ist im Produkt des gleichfalls homöotischen *Drosophila*-Gens *engrailed* (*en*) enthalten. Eine entfernt verwandte Version des Motivs findet man unter anderem im Transkriptionsfaktor Oct-2 der Säuger. Der Konvention entsprechend sind die Aminosäuren von 1 bis 60 durchnummeriert, beginnend am N-terminalen Arm. Die drei helicalen Regionen umfassen die Reste 10–22, 28–38 und 42–58.

Abbildung 29.11 schematisch dargestellte Bindungsmodell folgern. Helix 3 senkt sich in die große DNA-Furche ein und übernimmt die Mehrzahl der Protein-DNA-Kontakte. Viele der Kontakte, mittels derer die Proteinhelix sich in die große Furche einlagert, erfolgen mit dem Zucker-Phosphat-Rückgrat, somit unabhängig von der DNA-Sequenz. Sie konzentrieren sich überwiegend auf einer Seite der DNA-Doppelhelix und flankieren die Basen, zu denen sequenzspezifische Kontakte hergestellt werden. Ebenfalls in Kontakt zur DNA tritt der N-terminale Arm der Homöodomäne, also der Abschnitt unmittelbar vor der ersten Proteinhelix. Er ragt in die kleine Furche hinein. Somit tragen die N- und die C-terminale Region der Homöodomäne die Hauptverantwortung für die DNA-Anbindung.

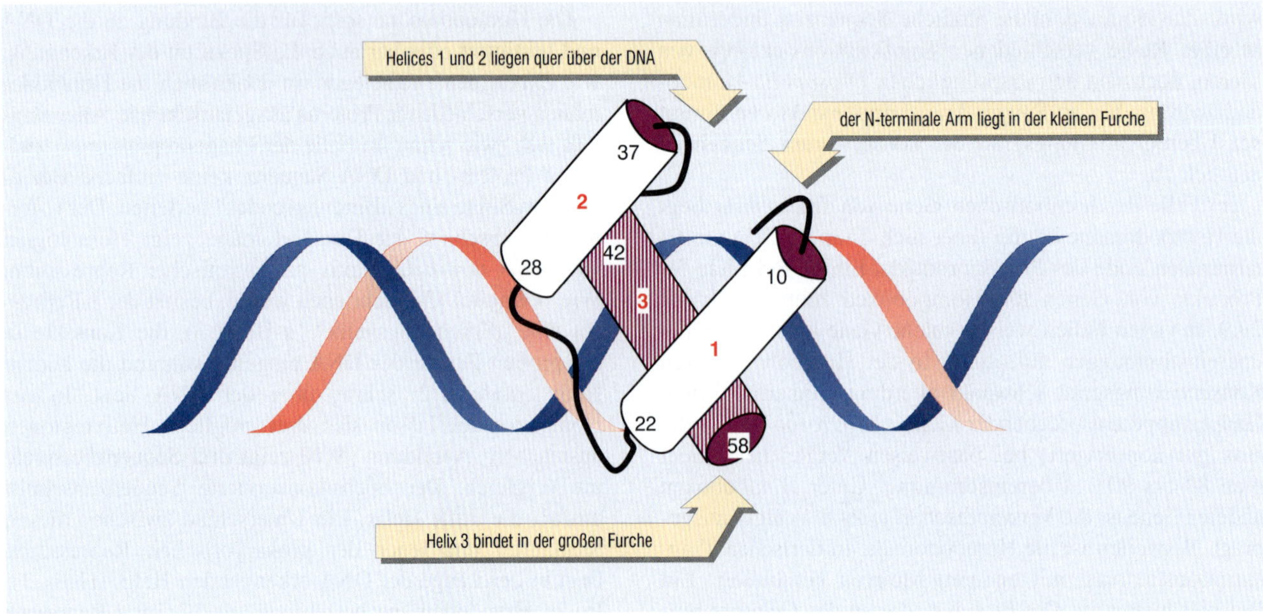

29.11 Die Helix 3 der Homöodomäne bindet in der großen Furche der DNA, die Helices 1 und 2 liegen über der Doppelhelix. Helix 3 geht Kontakte mit dem Zucker-Phosphat-Rückgrat und mit spezifischen Basen ein. Weitere Kontakte stellt der N-terminale Arm in der kleinen Furche her.

Für die Allgemeingültigkeit dieses Modells gibt es einen eindrucksvollen Hinweis. Die DNA-bindende Domäne des $\alpha 2$-Paarungsproteins der Hefe ähnelt der Homöodomäne und kann drei vergleichbare Helices ausbilden. Wenn man die Kristallstruktur dieser Domäne mit der der Homöodomäne des *engrailed*-Proteins vergleicht, kommt man für beide Domänen zu fast deckungsgleichen Modellen der DNA-Bindung. Dies legt nahe, daß alle Versionen der Homöodomäne in einheitlicher Weise an DNA binden. Dabei ist offenbar eine relativ kleine Zahl von Aminosäureresten in Helix 3 und im N-terminalen Arm zuständig für die Herstellung spezifischer Kontakte mit der DNA.

29.6 *Helix-loop-helix*-Proteine assoziieren miteinander in verschiedenen Kombinationen

Zwei häufige Kennzeichen DNA-bindender Proteine sind der Besitz helicaler Regionen, welche die DNA-Bindung übernehmen, und die Fähigkeit zu dimerisieren. Beide Merkmale sind in der Gruppe der ***helix-loop-helix*-Proteine** (HLH-Proteine) vorhanden. Diese Gruppe vereint ein gemeinsames Sequenzmotiv: einen Abschnitt von 40 bis 50 Aminosäuren, der aus zwei amphipathischen α-Helices besteht und einem dazwischenliegenden Verbindungsstück variabler Länge (der Schleife, englisch *loop*). Die Proteine dieser Gruppe bilden sowohl Homo- als auch Heterodimere, und zwar mittels Wechselwirkungen zwischen den hydrophoben Aminosäureresten auf den entsprechenden Seiten zweier Helices. Die helicalen Regionen umfassen 15 bis 16 Aminosäuren, von denen mehrere konserviert sind. Zwei Beispiele werden in Abbildung 29.12 verglichen. Die Fähigkeit zur Dimerbildung ruht in den amphipathischen Helices und ist allen HLH-Proteinen gemein. Die Schleife ist wahrscheinlich nur wichtig, um den beiden Helixregionen genügend Freiheit zu gewähren, so daß sie unabhängig voneinander agieren können.

Die meisten HLH-Proteine enthalten benachbart zum eigentlichen HLH-Motiv einen stark basischen Abschnitt, der für die DNA-Bindung notwendig ist. Er umfaßt 15 Aminosäuren, davon sind etwa sechs konserviert. Mitglieder der HLH-Gruppe mit einem solchen Abschnitt heißen basische HLH- oder **bHLH-Proteine**. Homo- und Heterodimere, deren beide Untereinheiten die basische Region enthalten, sind fähig, an DNA zu binden. Die HLH-Domänen richten wahrscheinlich die beiden basischen Abschnitte so aus, daß sie an die DNA passen. Bislang ist wenig darüber bekannt, auf welche Weise HLH-Proteine Transkription aktivieren.

Zu der bHLH-Gruppe gehören unter anderem die beiden Proteine E12 und E47, die an ein Element in einem Immunglobulingen-Enhancer binden, die Transkriptionsfaktoren MyoD, Myogenin und Myf-5, die an der Steuerung der Myogenese (Muskelbildung) beteiligt sind, die Myc-Proteine, die an der Wachstumsregulation mitwirken und die zellulären Gegenstücke zu Proteinprodukten bestimmter viraler Onkogene darstellen, sowie eine Gruppe von Genprodukten, welche die Entwicklung des Nervensystems in *D. melanogaster* steuern.

Die bHLH-Proteine lassen sich in zwei Hauptgruppen einordnen: Der Klasse A gehören Proteine an, die ubiquitär exprimiert werden, darunter E12/E47 der Säuger und das Genprodukt **da** der Taufliege; die Klasse B besteht aus Proteinen, die gewebsspezifisch auftreten, darunter MyoD der Säuger und **AC-S** der Taufliege. Die gewebsspezifischen bHLH-Proteine arbeiten als Transkriptionsregulatoren offenbar besonders effizient, wenn sie mit mit einem ubiquitären Partner ein Heterodimer bilden. Ob sich der Beitrag der ubiquitären bHLH-Proteine zur Transkriptionssteuerung auf diese Aufgabe beschränkt, ist unklar; vielleicht kommen sie in manchen Fällen auch als Homodimere zum Einsatz. Die Myc-Proteine bilden eine eigene Klasse von bHLH-Proteinen, mit andersartigen Partnern und Zielsequenzen.

Die Fähigkeit eines bHLH-Dimers, an DNA zu binden, hängt von seiner Zusammensetzung ab. Und bei der Dimerbildung wiederum lassen sich bestimmte Präferenzen beobachten. So bilden sich E47-Homodimere, E12/E47-Heterodimere und MyoD/E47-Heterodimere rasch

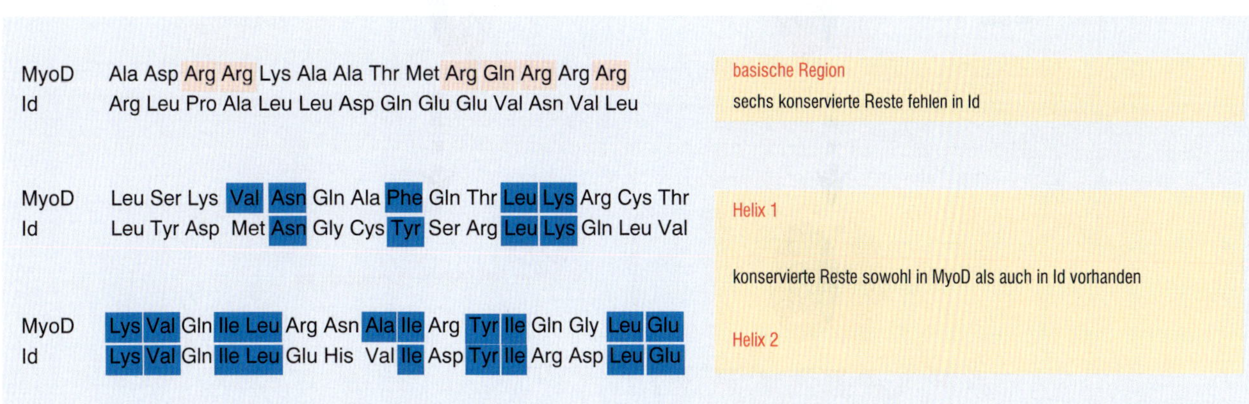

29.12 Alle HLH-Proteine besitzen zwei helicale Regionen (Helix 1 und Helix 2), die durch eine Schleife aus 10 bis 24 Aminosäureresten voneinander getrennt sind. Basische HLH-Proteine enthalten überdies unmittelbar benachbart zu Helix 1 eine Region mit konservierten positiven Ladungen.

und bereitwillig und binden fest an DNA. E12 homodimerisiert zwar gut, zeigt dann aber nur geringe Neigung, an DNA zu binden; und MyoD homodimerisiert von vornherein schlecht. Somit könnten Dimerbildung und DNA-Bindungsneigung der entstehenden Dimere wichtige Ansatzpunkte der Regulation darstellen. Zwar lassen sich inzwischen Gruppen von HLH-Proteinen definieren, die paarweise miteinander Dimere bilden, doch ist es gegenwärtig nicht möglich, allein aus der Proteinsequenz Dimerisierungspräferenzen herzuleiten oder die Affinität zur DNA vorauszusagen. Alle DNA-bindenden HLH-Dimere erkennen dieselbe Consensussequenz; ob individuelle Homo- oder Heterodimere im Zuge ihrer Funktionserfüllung bestimmte Varianten davon bevorzugen, ist derzeit unklar.

Unterschiedliche DNA-Bindungsfähigkeiten gehen auf Eigenschaften von Sequenzabschnitten innerhalb des HLH-Motivs oder in dessen Nachbarschaft zurück. E12 beispielsweise unterscheidet sich von E47 durch den Besitz einer inhibitorischen Region, welche an die basische Region angrenzt und verhindert, daß E12-Homodimere an DNA binden. Manchen HLH-Proteinen fehlt die basische Region ohnehin, oder sie enthalten im entsprechenden Sequenzbereich einen Prolinrest, der einen Knick in die Sekundärstruktur hineinbringt und anscheinend dadurch die Bindung an DNA unmöglich macht. Das Id-Protein in Abbildung 29.12 hat einen solchen Prolinrest (Pro). HLH-Proteine ohne DNA-Bindungsfähigkeit können gleichwohl mit bHLH-Proteinen dimerisieren; ein solches Dimer vermag jedoch nicht mehr spezifisch an DNA zu binden. Das zweifache Vorhandensein DNA-bindender Motive in einem DNA-bindenden Proteinkomplex ist also offenbar wichtig.

Daß die Unterscheidung zwischen nichtbasischen HLH- und bHLH-Proteinen von Belang ist, wird im Verhalten zweier Gruppen von HLH-Proteinen deutlich, und zwar der **da-AC-S/emc**-und der MyoD/Id-Gruppe. Ein Modell, wie diese Proteine ihre Funktion innerhalb eines regulatorischen Netzwerkes ausüben, veranschaulicht Abbildung 29.13.

Das Gen *emc* (*extramacrochaetae*) von *D. melanogaster* ist dafür zuständig, daß sensorische Organe der adulten Fliege sich ihrem normalen räumlichen Muster gemäß ausbilden. Seine Wirkung besteht darin, die Funktion einer Reihe weiterer Gene, darunter *da* (*daughterless*) und der *achaete-scute*-Komplex (*AC-S*), zu *unterdrücken* und so zu verhindern, daß diese Gene zusätzliche Zellen dazu veranlassen, den entsprechenden Entwicklungsweg einzuschlagen. *AC-S* und *da* codieren Proteine vom bHLH-Typ. Das Supressorgen *emc* hingegen codiert ein HLH-Protein, dem die basische Region fehlt. Man geht davon aus, daß die **da**- und **AC-S**-Proteine in Abwesenheit der

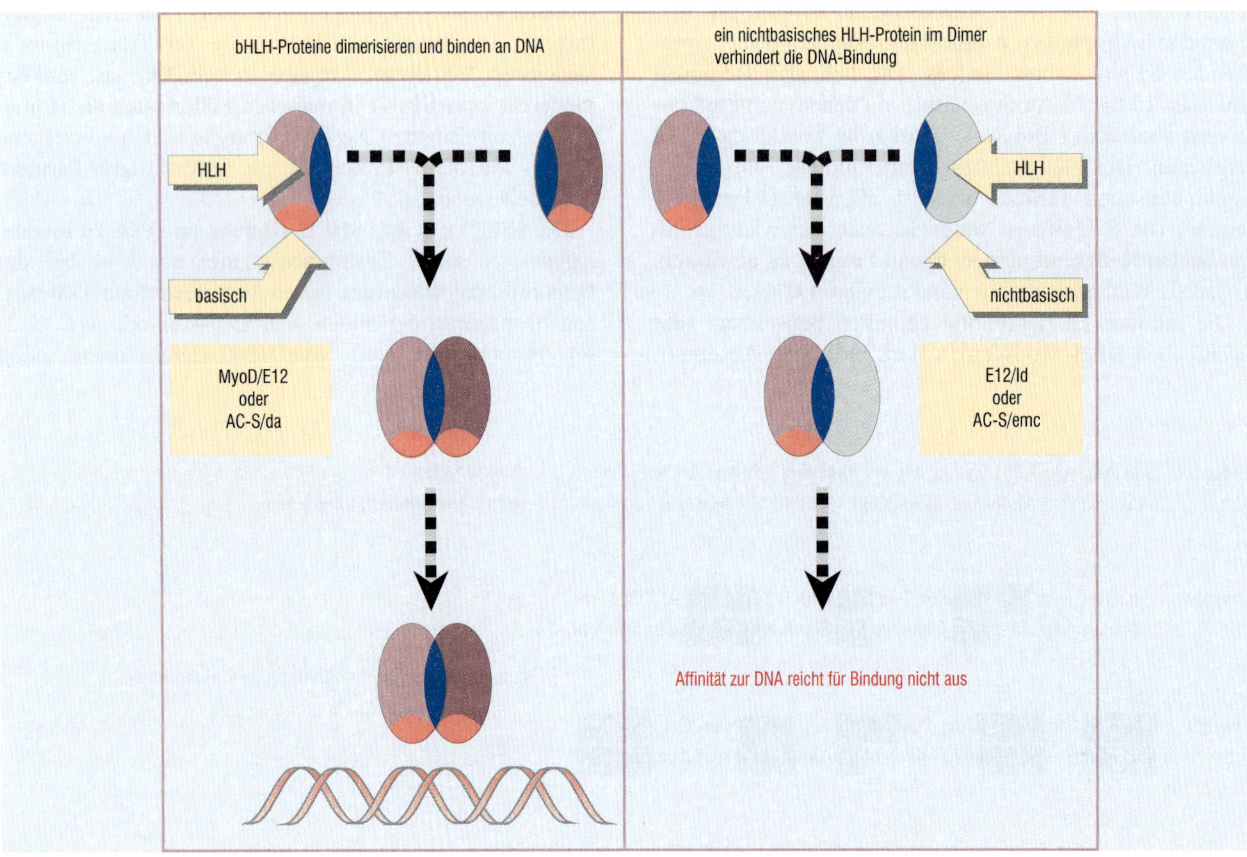

29.13 Ein HLH-Dimer aus zwei Untereinheiten vom bHLH-Typ kann an DNA binden; ein Dimer, das eine Untereinheit ohne die basische Region enthält, kann das nicht.

emc-Funktion Dimere bilden, welche die Transkription entsprechender Zielgene aktivieren. Wird jedoch das **emc**-Protein produziert, entstehen mit diesem Heterodimere, die nicht an DNA binden können. Die Produktion des **emc**-Proteins ist also notwendig, um die Funktion von **AC-S/da** in solchen Zellen zu unterdrücken, in denen sie nicht gebraucht wird.

Zur Bildung von Muskelzellen wird ein bestimmtes Transkriptionsprogramm eingeschaltet, wozu es verschiedener bHLH-Proteine bedarf, darunter MyoD. MyoD wird spezifisch in myogenen Zellen produziert, und seine Überexpression in bestimmten anderen Zellen kann diese in der Tat dazu veranlassen, ein Myogenese-Programm einzuleiten. Auslöser für die Muskeldifferenzierung ist wahrscheinlich nicht das MyoD-Homodimer, sondern ein Heterodimer aus MyoD und E12 oder E47. Vor dem Einsetzen der Myogenese bindet offenbar ein Mitglied der nichtbasischen HLH-Familie, das Id-Protein, an MyoD und/oder an E12 und E47, so daß Heterodimere entstehen, die zur DNA-Bindung unfähig sind. Id bindet besser an E12 und E47 als an MyoD, könnte also seine Funktion dadurch ausüben, daß es die ubiquitären bHLH-Dimerpartner gleichsam beschlagnahmt. Eine Überexpression von Id kann die Myogenese verhindern. Der Fortfall von Id würde demnach MyoD in die Lage versetzen, die Myogenese einzuleiten.

Die Wirkungsweise der HLH-Proteine läßt somit zwei allgemeine Prinzipien der Transkriptionsregulation erkennen. Erstens: Eine kleine Anzahl regulatorischer Proteine bildet Dimere in vielerlei Kombination. Es ist denkbar, daß eine gegebene Kombination eine jeweils eigene Funktion hinsichtlich DNA-Bindung und Transkriptionsregulation wahrnimmt. Allerdings weiß man über die Aufgabenverteilung zwischen gewebsspezifischen und ubiquitären bHLH-Proteinen nur lückenhaft Bescheid. Zweitens: Manche Mitglieder dieser Proteingruppe agieren als Suppressoren, wenn sie in den Prozeß der Dimerbildung gelangen. Die Präsenz oder der Wegfall eines bestimmten Suppressorproteins aus der nichtbasischen HLH-Klasse kann die Einleitung von Differenzierungsvorgängen veranlassen.

29.7 Leucin-Reißverschlüsse lassen Dimere entstehen

Wechselwirkungen zwischen Proteinen sind beim Zusammenbau eines Transkriptionskomplexes ein ständig wiederkehrendes Phänomen. Ein Motiv, das in einer Reihe von Transkriptionsfaktoren (und anderen Proteinen) vorkommt und zur Homo- und Heterodimerbildung beiträgt, ist der **Leucin-Reißverschluß** (*leucine zipper*). Er ist ein Proteinabschnitt mit mehreren Leucinresten, die das Dimerisierungsmotiv bereitstellen. Die Dimerbildung hat sich als häufiges Wirkungsprinzip von Proteinen erwiesen, die spezifische DNA-Sequenzen erkennen. Im Falle des Leucin-Reißverschlusses wird der Zusammenhang mit der DNA-Bindung besonders deutlich, da die Dimerisierung die DNA-bindenden Regionen der beiden Untereinheiten in unmittelbare Nachbarschaft zueinander bringt. Die Reaktion ist in Abbildung 29.14 schematisch dargestellt.

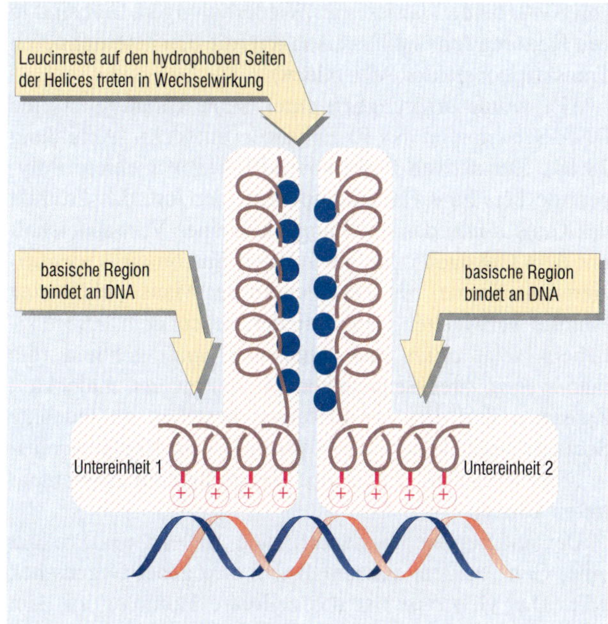

29.14 Die basischen Regionen des bZIP-Motivs werden zusammengehalten durch die Dimerisierung der benachbarten Reißverschlußregionen, wenn deren hydrophobe Seiten in paralleler Orientierung miteinander wechselwirken.

Bei einer amphipathischen α-Helix befinden sich die hydrophoben Gruppen (einschließlich Leucin) auf der einen Seite, die geladenen auf der anderen. Ein Leucin-Reißverschluß bildet eine amphipathische Helix. Die Leucinreste des Reißverschlusses auf einem Protein könnten aus der α-Helix herausragen und sich mit den Leucinresten des parallel ausgerichteten Reißverschlusses eines zweiten Proteins verzahnen, wobei eine „spiralisierte Spirale" (*coiled coil*) entsteht: Die beiden rechtsgängigen Helices winden sich umeinander, so daß auf eine Windung 3,5 Aminosäurereste kommen; das Muster wiederholt sich als Ganzes also alle sieben Aminosäuren.

In welchem Zusammenhang steht diese Struktur mit der DNA-Bindung? Der an die Leucin-Wiederholungen angrenzende Bereich ist in allen Reißverschluß-Proteinen stark basisch; er könnte also eine DNA-Bindungsstelle darstellen. Bei der Dimerisierung entsteht letztlich eine Y-förmige Struktur, bei der die beiden Leucin-Reißverschlüsse zusammen den Stamm formen und die beiden basischen Regionen sich symmetrisch abspreizen, um die DNA-bindenden Arme zu bilden. Man nennt diese Struktur das **bZIP**-Motiv. Aus ihr erklärt sich, warum die DNA-Zielelemente solcher Proteine umgekehrte Wiederholungssequenzen ohne Zwischensequenz sind.

Leucin-Reißverschlüsse können Homo- und Heterodimere entstehen lassen. Sie sind umfangreiche Motive. Leucin besetzt jede siebte Position eines potentiellen Reißverschlusses. Das Protein C/EBP (ein Faktor, der als Dimer sowohl an die CAAT-Box als auch an den Core-Enhancer von SV40 bindet) besitzt vier Wiederholungen, fünf sind in den Faktoren Jun und Fos enthalten (die den heterodimeren Transkriptionsfaktor AP1 bilden).

AP1 wurde ursprünglich durch seine Bindung an eine DNA-Sequenz im SV40-Enhancer entdeckt (Abbildung 28.18). Zur aktiven Form von AP1 tragen mehrere Polypeptide bei. Eine Hauptkomponente ist Jun, das Produkt des Gens *c-jun*, das man aufgrund seiner Verwandtschaft mit dem Onkogen *v-jun* eines Vogel-Sarcomvirus identifiziert hat (Kapitel 37). Das Genom der Maus enthält eine Familie verwandter Gene, zu der neben dem ursprünglichen Isolat *c-jun* auch *junB* und *junD* gehören (die man wegen ihrer Sequenzhomologien zu *jun* entdeckte). Zwischen den drei Jun-Proteinen bestehen ausgedehnte Sequenzähnlichkeiten; sie besitzen Leucin-Reißverschlüsse, über die sie zu Homo- und Heterodimeren zusammentreten können.

Der andere Hauptbestandteil von AP1 ist das Produkt eines Gens, zu dem es ebenfalls ein onkogenes Gegenstück gibt: Das Gen *c-fos* ist das zelluläre Homolog zu dem Onkogen *v-fos* aus einem Mäuse-Sarcomvirus. Die Expression von *c-fos* aktiviert Gene, deren Promotor oder Enhancer eine AP1-Zielsequenz besitzt. Das Produkt von *c-fos* ist ein Phosphoprotein des Zellkernes und gehört zu einer Proteingruppe, deren andere Mitglieder als Fos-verwandte Antigene (*Fos-related antigens*, FRA) bezeichnet werden. Diese bilden eine Familie Fos-ähnlicher Proteine.

Fos besitzt ebenfalls einen Leucin-Reißverschluß. Das Protein kann keine Homodimere bilden, jedoch Heterodimere mit Jun. Die Reaktion erfordert einen Leucin-Reißverschluß in jedem Protein. Die Fähigkeit zur Dimerisierung ist von entscheidender Bedeutung für die Wechselwirkung dieser Faktoren mit der DNA. Fos vermag alleine nicht an DNA zu binden, wahrscheinlich weil es keine Homodimere bilden kann. Das Jun-Fos-Heterodimer indes bindet mit der gleichen Sequenzspezifität an DNA wie das Jun-Jun-Homodimer; die Affinität des Heterodimers für die AP1-Zielsequenz ist etwa zehnmal so hoch wie die des Jun-Homodimers.

29.8 Genaktivierung im Chromatin: okkupatorische und dynamische Modelle

Bisher haben wir die eukaryotische Transkription anhand von Wechselwirkungen zwischen der DNA, individuellen Transkriptionsfaktoren und RNA-Polymerasen erörtert. Eine solche Beschreibung trifft zwar die Ereignisse *in vitro*, doch sie läßt einen wichtigen Umstand bei der Transkription *in vivo* außer acht. Das Genom einer Eucyte ist in Nucleosomen verpackt; die Initiation der Transkription ist in der Regel unterdrückt, wenn eine Promotorregion in Nucleosomen eingebunden vorliegt. In diesem Sinne fungieren Histone als allgemeine Repressoren der Transkription (eine übrigens recht alte Idee), doch werden wir sehen, daß es auch spezifischere Wechselwirkungen gibt. Die Aktivierung eines Gens bedarf der Veränderung des Chromatinzustands: Die entscheidende Frage ist, wie Transkriptionsfaktoren Zugang zur DNA des Promotors bekommen.

Es besteht hier also ein Unterschied zur bakteriellen Transkriptionsregulation, die man, wie in den Kapiteln 11 bis 13 geschehen, ausschließlich auf Grundlage von Wirkungen individueller Repressor- und Aktivatorproteine betrachten kann. Ob ein bakterielles Gen transkribiert wird, läßt sich voraussagen, indem man die Konzentrationen aller Faktoren aufsummiert, die das fragliche Gen aktivieren oder reprimieren. Änderungen dieser Konzentrationen werden *jederzeit* den Expressionszustand des Gens entsprechend verändern.

Die Stabilität des Chromatins schließt aus, daß dieses Modell für die eukaryotische Zelle gelten kann. Zwar ist vorstellbar, daß spezifische Transkriptionsfaktoren, in großen Mengen produziert, die Histone vom Zielpromotor verdrängen und so dessen Nucleosomenstruktur auflösen könnten. Jedoch würde ein simples Gleichgewichtsmodell kaum erklären, warum die Genexpression im Verlauf des Zellzyklus auch während der S-Phase stabil bleibt, in der gewaltige Mengen von Histonen synthetisiert werden.

In der Vergangenheit sind zwei gegensätzliche Modelle für Chromatinstrukturveränderungen entstanden. Das **Okkupationsmodell** oder „Modell des ersten Platzbesetzers" (*pre-emptive model*), in Abbildung 29.15 gezeigt, besagt, daß Histone und Transkriptionsfaktoren

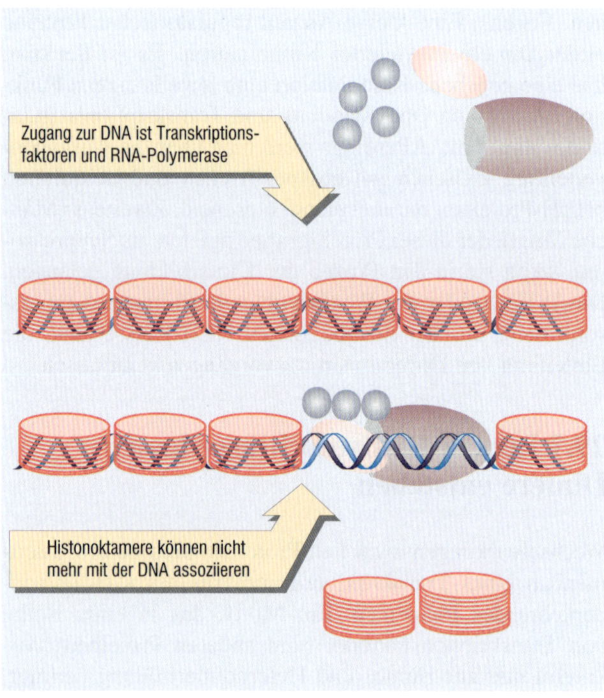

29.15 Nach dem Okkupationsmodell der Chromatintranskription können Transkriptionsfaktoren (und damit auch eine RNA-Polymerase) nicht an einen Promotor binden, wenn dort bereits Nucleosomen entstanden sind; somit unterbleibt die Transkription. Wenn jedoch ein Transkriptionsfaktor Zugriff auf den Promotor erlangt und dort die Bildung eines stabilen Initiationskomplexes vorbereitet, bleiben die Histone ausgeschlossen.

bei der Anbindung an die DNA im Wettbewerb stehen. Die Proteinklasse, die sich zuerst anlagert, kann von der anderen nicht mehr verdrängt werden. Wenn sich die Histonoctamere im Zuge der Replikation von der DNA lösen, erhalten Transkriptionsfaktoren Gelegenheit, an ihre Zielsequenz zu binden. Ihre dortige Präsenz müßte dann in nachfolgenden Replikationszyklen bewahrt bleiben, damit sich nicht erneut Histonoctamere „dazwischendrängeln".

Ergebnisse aus den ersten *in vitro*-Experimenten hierzu stehen mit diesem Modell im Einklang. TFIIIA, ein Transkriptionsfaktor, den die RNA-Polymerase III benötigt, um 5S-rRNA-Gene zu transkribieren, kann seine Zielgene *in vitro* nicht aktivieren, wenn sie mit Histonen assoziiert sind. Auf nackter DNA indes kann der Faktor den erforderlichen Komplex bilden; durch nachträgliche Hinzugabe von Histonen läßt sich die Aktivität des Gens nicht mehr unterdrücken. Hat der Faktor also einmal an den Promotor gebunden, bleibt er dort und wird einen RNA-Polymerase-Komplex nach dem anderen dazu veranlassen, Transkription zu initiieren. Entscheidender Punkt wäre demnach, ob der Faktor oder die Histone die Kontrollregion zuerst besetzen.

Eine ähnliche Situation fand man beim TFIID-Komplex an Promotoren der RNA-Polymerase II. Ein Plasmid, das einen Adenovirus-Promotor enthält, kann *in vitro* von der RNA-Polymerase II transkribiert werden, wenn das Reaktionsgemisch TFIID und weitere Transkriptionsfaktoren enthält. Durch Zugabe von Histonen läßt sich die Matrize in Nucleosomen verpacken. Fügt man *erst* die Histone und *dann* TFIID hinzu, unterbleibt die Transkription. Gelangt jedoch TFIID zuerst in die Reaktion, wird die Matrize auch in Chromatinform transkribiert. TFIID kann also nackte DNA erkennen, nucleosomale DNA hingegen erkennt er nicht oder ist außerstande, auf ihr seine Funktion auszuüben. Nur TFIID muß vor den Histonen zugegeben werden, damit die Transkription einsetzen kann; die anderen Transkriptionsfaktoren und die RNA-Polymerase können auch später hinzukommen. Folglich läßt TFIID durch seine Bindung am Promotor offenbar eine Struktur entstehen, an die sich die anderen Komponenten des Transkriptionsapparats anlagern können.

Aus diesem Modell ergibt sich eine wichtige Schlußfolgerung: Der Faktor muß wahrscheinlich dauerhaft an der DNA gebunden bleiben, um eine Nucleosomenbildung auszuschließen. Ist zum Zeitpunkt der Replikation kein Faktor verfügbar, um an die betreffende DNA-Sequenz zu binden, könnten dort Nucleosomen entstehen und die Transkription unmöglich machen. In diesen Beispielen für okkupatorische Mechanismen der DNA-Bindung heften sich die Faktoren nicht in wirksamer Weise an eine DNA, die bereits in Nucleosomen eingebaut ist. Bei der Interpretation von Beobachtungen an *in vitro*-Systemen sollte man freilich im Auge behalten, daß unter den jeweiligen Versuchsbedingungen häufig unverhältnismäßige Mengen der einzelnen Komponenten zum Einsatz kommen, so daß sich Konzentrationsgleichgewichte verschieben und neue entstehen könnten. Daher zeigen die geschilderten Ergebnisse nicht unbedingt, wie der Mechanismus *in vivo* verläuft; ihre Hauptbedeutung liegt vielmehr darin, daß sie ein Wirkungsprinzip erkennen lassen: Sind Transkriptionsfaktoren erst am Promotor zugegen, können sie ihn von Nucleosomen freihalten.

Wie man in neuerer Zeit entdeckt hat, können Histone unter Energieaufwand durchaus von der DNA verdrängt werden, was anzeigt, daß es molekulare Mechanismen zur Veränderung des Chromatins gibt. Aufgund der Vielzahl der Protein-Protein- und Protein-DNA-Kontakte, die aufgebrochen werden müssen, um Histone aus dem Chromatin zu entfernen, erscheint es unwahrscheinlich, daß Histonoctamere in nennenswertem Ausmaß spontan zu freien Histonen zerfallen. Aber nichts ist umsonst: Von irgendwo muß die Energie herkommen, um die entsprechenden Kontakte zu trennen. Abbildung 29.16 skizziert ein **dynamisches Modell**, in dem ein Faktor die Chromatinstruktur unter Hydrolyse von ATP verändert.

Der Prozeß der Nucleosomenzerlegung ließ sich *in vitro* am hsp70-Promotor von *Drosophila* nachvollziehen. Die Bindung des Transkriptionsfaktors GAGA an vier $(CT)_n$-reiche Sequenzstellen in diesem Promotor löst die Nucleosomenstruktur auf, erzeugt eine nucleasehypersensitive Region und veranlaßt die benachbart liegenden Nucleoso-

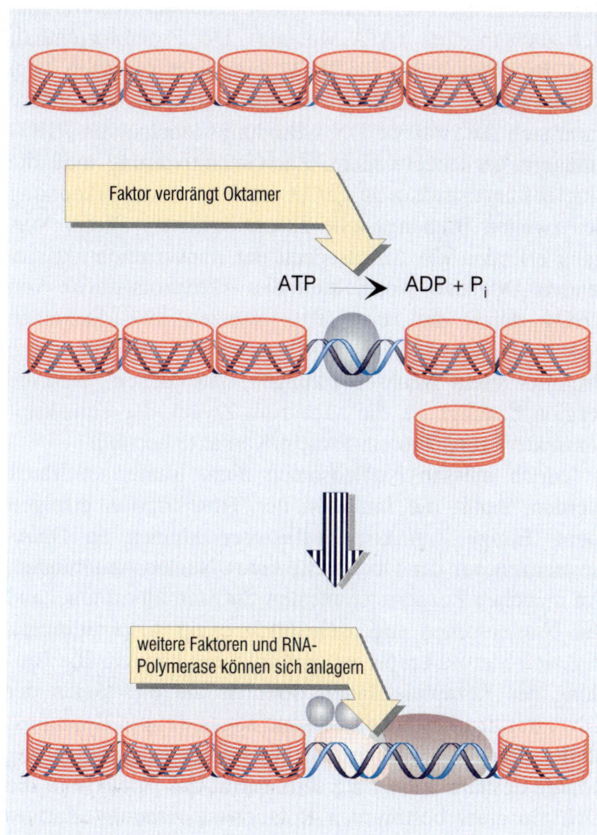

29.16 Das dynamische Modell der Chromatintranskription beruht auf Faktoren, die Energie aus der ATP-Hydrolyse verwenden können, um Histonoctamere von spezifischen DNA-Sequenzen zu verdrängen.

men dazu, sich so umzuordnen, daß sie keine zufälligen, sondern nunmehr relativ zur DNA bestimmte vorrangige Positionen einnehmen. Die Strukturauflösung ist ein energieabhängiger Vorhang und erfordert die Hydrolyse von ATP. Demnach demontiert GAGA offenbar das oder die Nucleosom(en) an seiner Bindungsstelle; und die entstehende Grenze zwischen nucleosomenfreier DNA und Chromatin führt zu einer positionierten Neuanordnung der benachbarten Nucleosomen. GAGA entfaltet diese Wirkung auch dann, wenn es erst nach der Zusammenlagerung der Nucleosomen hinzutritt; offenbar kann der Faktor also eine bereits bestehende Nucleosomenstruktur verändern. In Abwesenheit von ATP geht der Effekt verloren, was auf einen energieabhängigen, dynamischen Mechanismus hinweist.

Auch einige andere Transkriptionsfaktoren sind imstande, bei ihrer Bindung an die DNA Nucleosomen zu zerlegen und/oder eine Grenzstruktur zu schaffen, die eine bestimmte Positionierung der Nucleosomen um die Bindungsstelle herum erzwingt. Das *PHO*-System gehört zu den ersten genetischen Systemen, an denen sich nachweisen ließ, daß eine Änderung der nucleosomalen Organisation an der Genaktivierung beteiligt ist. Als Reaktion auf Phosphatverarmung induziert das bHLH-Regulatorprotein PHO4 am *PHO5*-Promotor die Auflösung von vier exakt positionierten Nucleosomen. Dieser Vorgang ist weder an Replikation noch an Transkription gebunden (er ereignet sich auch in einer TATA-Mutante). Der Promotor enthält zwei Bindungsstellen für PHO4; eine liegt zwischen zwei Nucleosomen, die andere auf einem solchen. An erstere kann sich die isolierte DNA-Bindungsdomäne von PHO4 anlagern, an letztere nicht. Zur Genaktivierung muß die Nucleosomenstruktur aufgelöst werden, um die Erkennung der zweiten Bindungsstelle zu ermöglichen. Dieser Vorgang erfordert die Anwesenheit der transkriptionsaktivierenden Domäne, wobei sich die Aktivatorsequenz von PHO4 durch die von VP16 ersetzen läßt. Demnach geschieht die Auflösung des Nucleosoms offenbar durch Protein-Protein-Wechselwirkungen, an denen dieselbe Region beteiligt ist, die auch zum Zweck der Transkriptionsaktivierung Protein-Protein-Kontakte herstellt.

Jedoch müssen Nucleosomen nicht immer verdrängt werden, damit die Initiation der Transkription erfolgen kann. Einige Transkriptionsfaktoren können an DNA-Sequenzen auf der Oberfläche eines Nucleosoms binden. An manchen Responseelementen für Steroidhormone sind die Nucleosomen augenscheinlich exakt so positioniert, daß sich Steroidrezeptoren dort anlagern können. Die Bindung des Rezeptors ändert offenbar die Interaktion der DNA mit den Histonen und kann sogar weitere Bindungsstellen freilegen. Die exakte Nucleosomenpositionierung könnte deshalb notwendig sein, damit das Nucleosom die DNA in einer bestimmten Rotationsausrichtung „darbietet“ oder damit Protein-Protein-Wechselwirkungen zwischen den Transkriptionsfaktoren einerseits und Histonen oder anderen Chromatinkomponenten andererseits stattfinden. Somit sind wir von der Sichtweise, das Chromatin sei eine ausschließlich repressorische Struktur, etwas abgerückt und stellen fest, daß Wechselwirkungen zwischen Transkriptionsfaktoren und dem Chromatin zur Aktivierung der Transkription durchaus erforderlich sein können.

Das am besten untersuchte Beispiel für solche Wechselwirkungen ist der Glucocorticoidrezeptor. Eine interessante Demonstration der unterschiedlichen Wirkung von Faktoren gelang durch das Einfügen des einzelnen, translational positionierten Nucleosoms B aus dem MMTV-Promotor (MMTV steht für Mausmammatumorvirus) in den *PHO5*-Promotor. („Translational“ bezieht sich auf die Position einer gegebenen DNA-Sequenz relativ zur Symmetrieachse des Nucleosoms, beschreibt also, wie eine DNA-Sequenz über das Nucleosom verläuft.) Das betreffende Nucleosom wurde zwischen zwei positionierte Nucleosomen des *PHO5*-Promotors gesetzt und dürfte dort dieselben Grenzen wie im MMTV-Promotor haben. Der Hybridpromotor reagiert sowohl auf Phosphatverarmung als auch auf die Zugabe von Glucocorticoiden. Bei Phosphatmangel werden die Nucleosomen wie gewöhnlich zerlegt. Nach Glucocorticoidzugabe erfolgt die Transkription jedoch ohne die massiven Strukturveränderungen, die der Phosphatmangel nach sich zieht. Dies zeigt, welch unterschiedliche Fähigkeiten zur Interaktion mit ihrem Zielbereich die jeweiligen Aktivatoren besitzen.

Der MMTV-Promotor ist ein Beispiel für die Notwendigkeit einer spezifischen nucleosomalen Organisation. Er enthält sechs teils palindromische Sequenzstellen in bestimmter Anordnung, die das Hormon-Responseelement (HRE) bilden und jeweils von einem Dimer des Hormonrezeptors (HR) gebunden werden. Zudem besitzt er eine einzelne Bindungsstelle für den Faktor NF1 und zwei benachbarte Elemente für den Faktor OTF. HR und NF1 können auf nackter DNA nicht gleichzeitig an ihre Sequenzelemente binden. Diese Beobachtung ließ vor einigen Jahren das *hit and run*-Modell entstehen, demzufolge HR zunächst die Nucleosomenstruktur zerstört, damit NF1 an die nunmehr freie DNA bindet und die Transkription aktivieren kann. Inzwischen ist das Modell überholt. Abbildung 29.17 faßt Ergebnisse zusammen, die auf die Bedeutung der nucleosomalen Organisation des Promotors hinweisen.

Nach Hormonzugabe schützt der Hormonrezeptor in der Footprint-Analyse seine Bindungsstellen im Promotor. Er wirkt sich jedoch nicht auf die gegenüber der *Micrococcus*-Nuclease empfindlichen Stellen aus, die die Grenzen des Nucleosoms (die Enden des im Nucleosom eingebundenen DNA-Abschnitts) kennzeichnen. Daraus folgt, daß das Nucleosom offenbar erhalten bleibt und HR an die DNA auf der Nucleosomenoberfläche bindet. Allerdings gestattet die rotationale Positionierung der DNA auf dem Nucleosom vor der Hormonzugabe nur den Zugang zu zwei der vier Bindungsstellen. Damit die beiden anderen Stellen gebunden werden können, muß sich die DNA auf dem Nucleosom etwas drehen. Daß dies geschieht, wird daran erkennbar, daß an der Symmetrieachse (die durch die Mitte der Bindungsstellen verläuft, die das HRE bilden) eine Nuclease-hypersensitive Stelle entsteht (HS in der Abbildung). Nach der Hormoninduktion hinterläßt

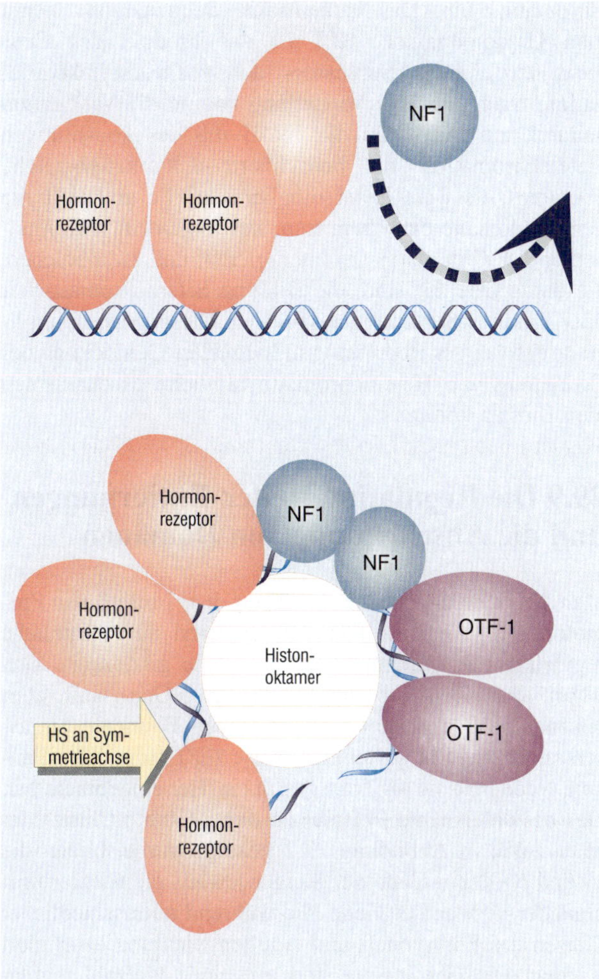

29.17 Der Hormonrezeptor und NF1 können nicht zugleich an den MMTV-Promotor binden, wenn dieser in Form linearer DNA vorliegt. Befindet er sich jedoch auf der Oberfläche eines Nucleosoms, ist dies möglich.

NF1 einen Footprint auf dem Nucleosom. Somit sind die geschilderten Strukturveränderungen offenbar notwendig, damit sich NF1 anlagern kann, weil sie vermutlich die DNA besser zugänglich machen und die sterische Behinderung, durch die HR die Bindung von NF1 an nackte DNA blockiert, außer Kraft setzen.

Es gibt einen Proteinkomplex, der mit der Aktivierung vieler Promotoren befaßt ist. Ursprünglich identifiziert wurde er durch die Analyse einer Gruppe von Hefegenen – *SWI1*, *2* und *3* –, welche für die Expression der HO-Nuclease erforderlich sind, die am Wechsel des Paarungstyps mitwirkt (*mating-type switching*; Kapitel 32). Mutationen in diesen Loci sind pleiotrop, und die vielfältigen Defekte ähneln jenen von Mutanten, die den CTD-Schwanz der RNA-Polymerase II verloren haben. Überdies zeigen diese Mutationen genetische Wechselbeziehungen zu Mutationen in Genen, die Chromatinkomponenten codieren, vor allem *SIN1*, dessen Produkt einem Nichthistonprotein des Chromatins ähnelt, und *SIN2*, das Histon H3 codiert. Die Expression einer Reihe verschiedener Loci ist nachweislich auf die Funktionen von *SWI1*, *2* und *3* angewiesen. Der Schluß liegt nahe, daß sie Komponenten eines Komplexes codieren könnten, der dazu beiträgt, die Chromatinstruktur so umzuändern, daß die Transkription einer ganzen Gruppe von Genen möglich wird. (Jedes Zielgen des Komplexes wird zudem individuell durch einen spezifischen Transkriptionsaktivator reguliert, der seine Wirkung auf konventionellere Weise als DNA-Bindungsprotein erzielt.)

Es gelang, den Komplex, der die SWI1,2,3-Proteine enthält, biochemisch zu reinigen. Er umfaßt zehn Proteine mit einer relativen Molekularmasse von insgesamt etwa 2×10^6. Man nennt ihn den SWI/SNF-Komplex, da einige seiner Komponenten von Genen codiert werden, die man zuerst anhand von *SWI*- und *SNF*-Mutationen identifiziert hat. Er hat eine ATPase-Aktivität, die von der Untereinheit SWI2 ausgeht. Man nimmt an, daß er katalytisch arbeitet, da es pro Zelle nur etwa 150 Komplexe gibt.

Die Expression des *GAL1*-Locus wird durch den Aktivator GAL4 reguliert, und dabei wirkt der SWI/SNF-Komplex mit. Er stimuliert *in vitro* die Anbindung von GAL4 an seinen Zielbereich auf nucleosomaler DNA etwa um den Faktor 30. Die Stimulation erfordert die Hydrolyse von ATP; durch eine Mutation in *SWI2*, welche die ATPase-Aktivität des Genprodukts lahmlegt, geht sie verloren. Unter dem Einfluß von SWI/SNF verändert sich die Empfindlichkeit von Nucleosomen gegenüber DNAase I in einer ATP-abhängigen Reaktion. SWI/SNF kann die GAL4-Bindung nicht stimulieren, wenn die Histonoctamere kovalent quervernetzt sind, was nahelegt, daß der Vorgang mit einer Auflösung oder Auflockerung der Nucleosomenstruktur einhergeht.

Man kann sich vorstellen, daß der SWI/SNF-Komplex an der **Umformung des Chromatins** (*chromatin remodeling*) mitwirkt; er bringt Nucleosomen offenbar dazu, ihre Struktur und/oder ihre Position so zu verändern, daß es Transkriptionsaktivatoren möglich wird, Zugang zu ihren Zielsequenzen zu finden. Ein Rätsel um die Wirkungsweise des SWI/SNF-Komplexes ist seine gewaltige Größe. Gegen ihn sind RNA-Polymerase und Nucleosom geradezu molekulare Zwerge, und es ist daher schwer zu verstehen, wie all diese Komponenten mit einer DNA interagieren können, die auf einer Nucleosomenoberfläche gehalten wird. Gleichwohl läßt sich ein unvermindert transkriptionsaktiver Komplex isolieren, RNA-Polymerase-II-Holoenzym genannt, der die RNA-Polymerase selbst, und außer TBP und TFIIA alle Faktoren der TFII-Familie sowie den SWI/SNF-Komplex enthält. Letzterer ist mit dem CTD-Schwanz der Polymerase assoziiert. Womöglich kommen sogar so gut wie alle SWI/SNF-Komplexe in solchen Holoenzym-Aggregaten vor; folglich würde ein und derselbe Komplex in koordinierter Weise sowohl die Umformung des Chromatins wie auch die Erkennung von Promotoren übernehmen.

Chromatin kann auch spezifisch reprimiert werden. Ein Beispiel ist die Bildung von Heterochromatin (Kapitel 27). Ein zweites bietet die Genetik der homöotischen

Gene von *Drosophila*: Man konnte einen Proteinkomplex identifizieren, der offenbar bestimmte Gene in einem reprimierten Zustand hält; Mutationen in dem Gen *Polycomb* (*Pc*) führen zu instabilen Expressionszuständen anderer Gene. Beispielsweise zeigen *Pc*-Mutanten Zelltyptransformationen der gleichen Art, wie sie auch bei funktionsverleihenden (*gain of function-*) Mutationen der Gene *Antennapedia* (*Antp*) und *Ultrabithorax* auftreten. Dies rührt daher, daß letztere Gene in den *Pc*-Mutanten in Geweben zur Expression gelangen, in denen sie normalerweise reprimiert bleiben. *Pc* steht also offenbar mit der Regulation der Transkription in Verbindung. Außerdem ist *Pc* der Prototyp einer Klasse von Loci, die man unter der Bezeichnung *Pc*-Gruppe (*Pc-G*) zusammenfaßt. Mutationen in diesen Genen führen häufig zum gleichen Ergebnis, nämlich zur Derepression homöotische Gene, was nahelegt, daß die Proteinprodukte der *Pc*-Gruppe möglicherweise eine gemeinsame regulatorische Aufgabe wahrnehmen. Auf eine Beziehung zwischen Chromatinumformung und Genrepression weisen die Eigenschaften von *brahma* hin, des *Drosophila*-Gegenstückes zu *SWI2*. Ein Verlust der *brahma*-Funktion kompensiert Mutationen in *Polycomb*.

Im Einklang mit der Pleiotropie von *Pc*-Mutationen ist Pc ein Zellkernprotein, das sich auf Riesenchromosomen an etwa 80 Stellen sichtbar machen läßt, darunter am *Antp*-Gen. Das Produkt des Gens *polyhomeotic*, eines weiteren Mitglieds der *Pc*-Gruppe, läßt sich an einer Reihe von Querbanden der Riesenchromosomen nachweisen, die mit den von Pc gebundenen identisch sind. Durch Immunpräzipitation lassen sich die beiden Proteine in einem gemeinsamen Komplex fällen, der ein Molekulargewicht von insgesamt rund $2{,}5 \times 10^6$ Dalton aufweist und zehn bis 15 Polypeptide enthält. Die Beziehungen zwischen diesen Proteinen und den Produkten der etwa 30 *Pc-G*-Gene müssen noch geklärt werden; unter anderem wäre es möglich, daß ein Großteil dieser Genprodukte einen generellen Repressorkomplex bildet, der von einigen der verbleibenden für bestimmte Zielgene modifiziert wird. Einige Mitglieder des Komplexes können wahrscheinlich direkt an DNA binden, andere dürften sich daran über Protein-Protein-Wechselwirkungen beteiligen. Pc ist kein sequenzspezifisches DNA-Bindungsprotein; die Sequenz von *polyhomeotic* hingegen läßt vermuten, daß dessen Produkt sich spezifisch an DNA anlagert.

Die Vorstellung von kooperativen Interaktionen innerhalb eines multimeren Komplexes wird durch die Beobachtung gestützt, daß sich infolge bestimmter Mutationen in *Pc* die Verteilung seines Genprodukts im Zellkern ändert und andere von *Pc-G* codierte Proteine gar nicht mehr dorthin gelangen. Wie Quervernetzungsexperimente *in vivo* zeigen, verteilt sich das Pc-Protein über weite Bereiche des *bithorax*-Komplexes, die inaktiv sind, fehlt jedoch an den Regionen, die aktive Gene enthalten.

Eine Region von 37 Aminosäuren nahe dem N-Terminus des Pc-Proteins zeigt Sequenzhomologien zu dem Nichthistonprotein HP1, das mit Heterochromatin assoziiert ist. Dies deutet auf eine Beziehung zwischen dem Pc-G-Komplex und allgemeineren Strukturumwandlungen des Chromatins hin. Das gemeinsame Sequenzmotiv nennt man Chromodomäne. HP1 ist das Produkt des Gens *Su(var)205*, eines Supressors der Positionseffektvariegation. Nach gängiger Vorstellung kommt die Variegation dadurch zustande, daß die Inaktivität des konstitutiven Heterochromatins auf benachbarte Chromatinbereiche übergreift. Es wäre daher möglich, daß Pc und HP1 die Chromodomäne dazu benutzen, mit allgemeinen Komponenten des Chromatins zu interagieren, und zwar solchen, die daran beteiligt sind, die Bildung heterochromatischer oder inaktiver Strukturen auszulösen. Dieses Modell impliziert, daß bei der Repression individueller Genloci und der Erzeugung von Heterochromatin ähnliche Mechanismen zum Einsatz kommen.

29.9 Die Regulation weiter Entfernungen und die Abschirmung von Domänen

Manche Gene unterstehen nicht nur dem Einfluß von Promotor und Enhancer, sondern reagieren auf zusätzliche regulatorische Elemente. Daß es solche gibt, zeigte sich daran, daß DNA-Abschnitte, die ein Gen samt aller bekannten zugehörigen regulatorischen Elemente umfassen, meist nicht in gewohnter Weise zur Expression gelangen, wenn man sie als Transgen in ein Tier eingebracht hat. Das bestuntersuchte Beispiel ist das β-Globin-Cluster der Maus. Wie in Abbildung 23.2 gezeigt wurde, bilden die α- und β-Globin-Gene der Säuger jeweils ein Cluster miteinander verwandter Gene, die während unterschiedlicher Phasen der Embryonal- und Adultentwicklung exprimiert werden. Die Globingene sind mit einer Vielzahl regulatorischer Elemente ausgestattet, die man bis ins Detail analysiert hat. Im Falle des adult exprimierten β-Globin-Gens des Menschen sind regulatorische Sequenzen sowohl auf der 5′- als auch auf der 3′-Seite des Gens vorhanden, darunter positive wie negative Elemente in der Promotorregion und weitere positive innerhalb der transkribierten Region und stromabwärts davon.

Ein menschliches β-Globin-Gen, das alle diese Kontrollregionen enthält, wird in einer transgenen Maus jedoch niemals in der gleichen Größenordnung exprimiert wie an seinem ursprünglichen Platz. Weitere regulatorische Sequenzen sind also notwendig. Die Regionen, welche die zusätzliche regulatorische Funktion bereitstellen, sind durch DNase-I-hypersensitive Stellen gekennzeichnet, die man an den Enden des Clusters findet. Wie aus der Genkarte in Abbildung 29.18 ersichtlich, ist in den 20 kb stromaufwärts vom ε-Gen eine Gruppe von fünf solcher Stellen enthalten; zudem liegt eine einzelne Stelle 30 kb stromabwärts vom β-Gen. Durch Transfektion verschiedener Konstrukte in Erythroleukämiezellen der Maus ließ sich zeigen, daß Sequenzen zwischen den einzelnen hypersensitiven Stellen in der 5′-Region ohne große Auswirkung entfernt werden können; wenn jedoch auch nur eine der Stellen selbst fehlt, geht die Expression insgesamt zurück. Das β-Globin-Cluster der Maus enthält eine Region, die dem entsprechenden *upstream*-Bereich des Menschen im

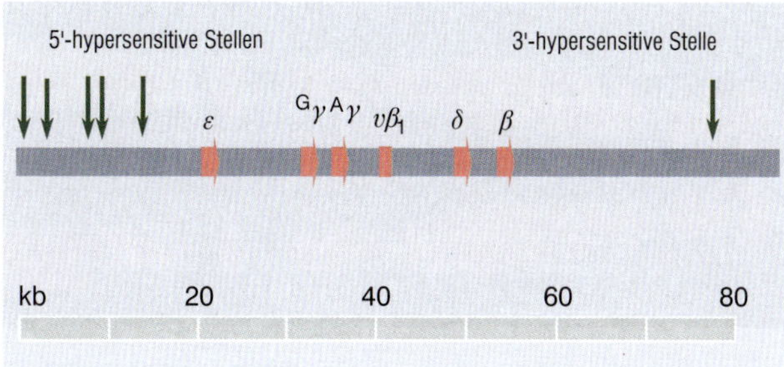

29.18 Die chromosomale Domäne der Globingene wird an beiden Seiten durch hypersensitive Stellen begrenzt. Am 5′-Ende tritt eine ganze Gruppe davon auf, welche die LCR bildet und für die Funktion aller Gene im Cluster notwendig ist.

großen und ganzen ähnelt und zu diesem Sequenzhomologien zeigt (Konservierungsgrad rund 70 % an den untersuchten Stellen).

Der regulatorische Bereich auf der 5′-Seite enthält äußerst wichtige Kontrollelemente; das Cluster der hypersensitiven Stellen wird als **LCR** (*locus control region*, Locuskontrollregion) bezeichnet. Ob die 3′-Stelle eine Funktion hat, ist unklar. Die LCR ist jedenfalls für die Expression aller Globingene innerhalb des Clusters unbedingt erforderlich. Jedes Gen wird zusätzlich durch spezifische eigene Kontrollmechanismen reguliert. Einige davon sind autonom: Die Fähigkeit zur gesteuerten Expression scheint dem ε-Gen und den γ-Genen selbst eigen zu sein, natürlich in Zusammenarbeit mit der LCR. Andere Kontrollfunktionen ergeben sich offenbar aus der jeweiligen Position im Cluster – ein Zeichen dafür, daß die *Genanordnung* in einem Cluster für die Regulation wichtig ist.

Diese gesamte Region aus Globingenen und ausgedehnten angrenzenden Sequenzen bildet eine chromosomale **Domäne**. Sie zeigt eine erhöhte Empfindlichkeit gegenüber DNase I (Abbildung 27.42). Die Deletion der LCR im 5′-Bereich verleiht der ganzen Region wieder normale Nucleaseresistenz. Möglicherweise ist die LCR also dazu erforderlich, die Domäne insgesamt zu „öffnen" und sie dadurch für die Transkription zugänglich zu machen.

Gilt dieses Modell auch für andere Gencluster? Der α-Globin-Locus ist ähnlich organisiert: Er enthält mehrere Gene, die zu unterschiedlichen Zeiten exprimiert werden, besitzt an einem Ende eine Anhäufung hypersensitiver Stellen und zeigt im gesamten Bereich eine erhöhte DNase-I-Sensitivität. Nur wenige weitere Fälle sind bekannt, in denen eine LCR eine Gruppe von Genen kontrolliert.

Sind die Enden einer chromosomalen Domäne durch definierte Grenzpunkte markiert oder klingen Wirkungen, die von bestimmten Kontrollabschnitten innerhalb der Domäne ausgehen, an deren Enden allmählich ab?

Elemente, die eine Region gegen aktivierende oder inaktivierende Wirkungen aus der Nachbarschaft abschirmen, nennt man **Isolatoren** (*insulators*). Zwei Umstände führten zu ihrer Identifizierung. Plaziert man einen Isolator zwischen einen Enhancer und einen Promotor, so verhindert er, daß der Enhancer den Promotor aktiviert. Dies könnte erklären, wie die Wirkung eines Enhancers auf einen bestimmten Promotor begrenzt wird. Und wenn man einen Isolator zwischen ein aktives Gen und einen Heterochromatinbereich einfügt, schützt er das Gen vor der inaktivierenden Wirkung, die vom Heterochromatin ausgeht. Die bislang charakterisierten Isolatoren besitzen beide genannten Fähigkeiten, was darauf hindeutet, daß sie sich auf die generelle Organisation des Chromatins auswirken.

Die am weitesten 5′ gelegene hypersensitive Stelle (HS4) in der β-Globin-LCR des Huhnes ist ein Isolator, der offenbar das 5′-Ende der funktionellen Domäne markiert. Bislang weiß man nicht, wodurch das andere Ende der Domäne gekennzeichnet ist.

Die ersten Daten zur Beschreibung einer abgegrenzten Domäne ergaben sich aus einer Analyse von *Drosophila*-Genen, die in Abbildung 29.19 zusammengefaßt ist. Zwei Gene für das Protein hsp70 liegen innerhalb einer Region von 18 kb, die im polytänen Chromosomensatz der Querbande 87A7 entspricht. Die Grenzen der Querbande sind durch die Sequenzen *scs* und *scs'* („spezialisierte Chromatinstrukturen") gekennzeichnet. Sie bestehen aus 350 bp (*scs*) beziehungsweise 200 bp (*scs'*), die gegenüber dem Abbau durch DNase I sehr resistent sind und die jeweils beidseitig im Abstand von etwa 100 bp wiederum von hypersensitiven Stellen flankiert werden. Wenn man die Gene durch Hitzeschock einschaltet, ändert sich das Nucleaseschnittmuster im Bereich der hypersensitiven Stellen.

Die *scs*-Elemente schirmen die hsp70-Gene vor regulatorischen Einflüssen aus den umliegenden Regionen ab.

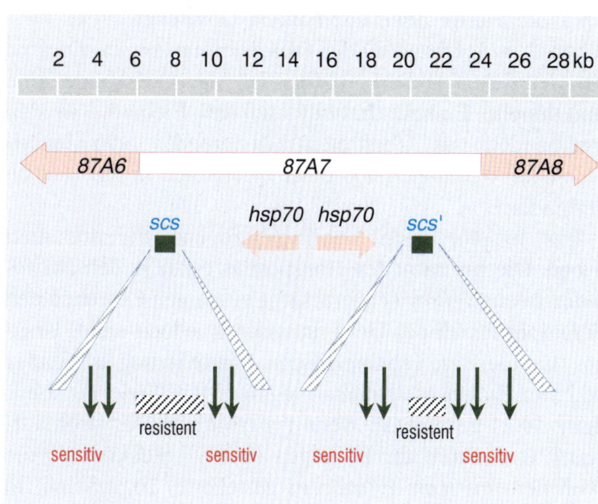

29.19 Spezialisierte Chromatinstrukturen, die hypersensitive Stellen enthalten, markieren die Enden einer Domäne im Genom von *D. melanogaster*. Gene, die sich zwischen ihnen befinden, schirmen sie gegen regulatorische Einflüsse umliegender Sequenzen ab.

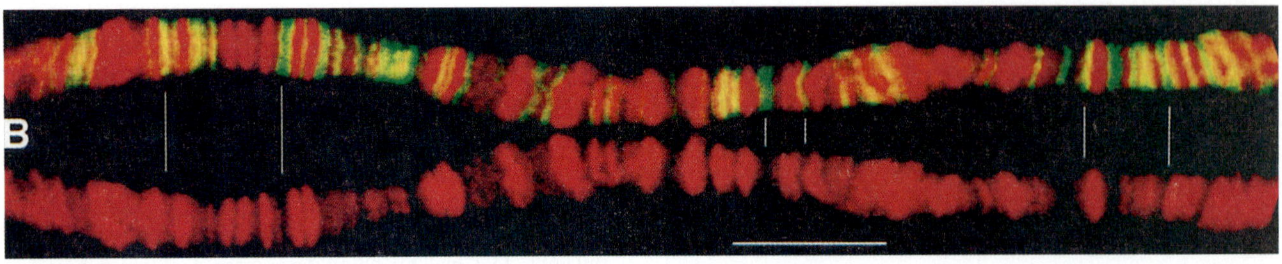

29.20 Ein Protein, das an den Isolator *scs'* bindet, läßt sich an Interbanden polytäner Chromosomen von *Drosophila* nachweisen. Rotfärbung kennzeichnet die DNA (und damit die Querbanden) im oberen wie im unteren Exemplar, Grünfärbung kennzeichnet BEAF-32 (häufig an Interbanden) im oberen Exemplar. Gelbfärbung entsteht, wenn beide Farbmarkierungen zusammenfallen. Einige der deutlicher gefärbten Interbanden sind durch weiße Linien markiert. (Aufnahme mit freundlicher Genehmigung von Uli Laemmli.)

Plaziert man *scs*-Einheiten auf beide Seiten des *white*-Gens, so kann dieses überall im Genom funktionell exprimiert werden, selbst an Orten, in denen es normalerweise durch den Kontext reprimiert wäre, beispielsweise in heterochromatischen Regionen.

Die *scs*-Einheiten scheinen bei der Kontrolle der Genexpression selbst keine aktiven Funktionen zu übernehmen, weder negative noch positive. Sie verhindern lediglich, daß regulatorische Wirkungen von einer Region in die nächste übergreifen. Gleichwohl können sie für die Genexpression entscheidend sein, etwa wenn von einer Nachbarregion repressorische Effekte ausgehen, die es abzufangen gilt. In einem solchen Fall könnte die Deletion der *scs*-Elemente zum Funktionsverlust der Gene in einer Querbande führen.

Die allgemeine Bedeutung dieses Elementtyps läßt sich aus der Verteilung des Proteins BEAF-32 im Zellkern der Taufliege ersehen. Dieses Protein bindet an *scs'* und tritt im Zellkern an eingrenzbaren Orten auf. Die eindrucksvollsten Befunde jedoch betreffen seine Lokalisation auf Riesenchromosomen. Wie Abbildung 29.20 zeigt, färbt ein fluoreszenzmarkierter Antikörper gegen BEAF-32 etwa die Hälfte aller Interbanden (Zwischenstücke zwischen den Querbanden) der Riesenchromosomen. Dies ist ein deutlicher Hinweis dafür, daß die Querbande eine funktionelle Einheit darstellt und daß Elemente in den Interbanden das Übertreten aktivierender oder inaktivierender Wirkungen von einer Querbande in die nächste verhindern.

Ein Isolator kann richtungsbezogene Eigenschaften haben. Die Insertion des Transposons *gypsy* in den *Drosophila*-Locus *yellow* (*y*) verursacht in einigen Geweben den Funktionsausfall des Gens, in anderen jedoch nicht. Ursache für diese gewebsspezifische Inaktivierung ist, daß *y* von vier Enhancerelementen reguliert wird, wie in Abbildung 29.21 gezeigt ist. Wenn *gypsy* unmittelbar stromaufwärts vom Promotor zu liegen kommt, blockiert es die (von den *upstream*-Enhancern gesteuerte) Expression im Flügel und in der Körpercuticula, beeinflußt jedoch nicht die (von den *downstream*-Enhancern kontrollierte) Expression in Borsten und Tarsenkrallen. Die Sequenz, die diesen Effekt herbeiführt, ist ein Isolator und liegt an einem Ende des Transposons. Wenn man den Isolator in systematischer Weise an verschiedenen Stellen des Gens einfügt, zeigt sich, daß er die Wirkung jedes Enhancers blockiert, den er vom Promotor trennt.

Da einige der Enhancer stromaufwärts, andere stromabwärts vom Promotor liegen, kann der Effekt des Isolators nicht von seiner Lage relativ zum Promotor abhängen, und Transkription durch den Isolator hindurch ist offensichtlich auch nicht erforderlich. Die Richtungsbezogenheit ist nicht auf eine bestimmte Orientierung des Isolators angewiesen; man kann ihn an jeder gegebenen Insertionsstelle „umdrehen“, ohne daß sich dort seine Abschirmungseigenschaften ändern – er unterdrückt stets nur den oder die Enhancer, die von ihm aus in der promotorabgewandten Richtung liegen. Mit den Modellen der DNA-Schleifenbildung (*looping models*) zur Erklärung der Enhancer-Promotor-Wechselwirkung steht der Isolatoreffekt kaum in Einklang, da man bei diesen Modellen davon ausgeht, daß die zwischen Promotor und Enhancer liegende Sequenz prinzipiell irrelevant ist. Eine Alternative

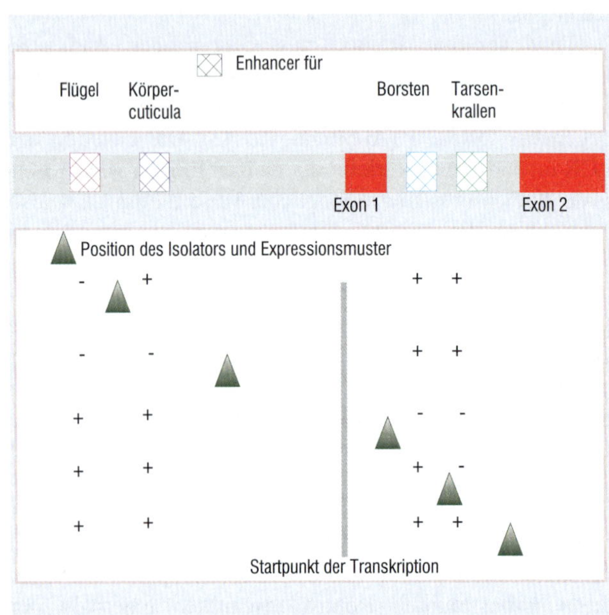

29.21 Der Isolator des *gypsy*-Transposons blockiert die Wirkung eines Enhancers, wenn er zwischen diesem und dem Promotor liegt.

wäre hier ein Kompetitionsmodell, wonach der Isolator Bindungsstellen besäße, die mit dem Enhancer um den Anschluß an den Promotor konkurrierten; damit wäre jedoch die Richtungsbezogenheit schwer zu erklären. Als plausibles Modell könnte man eine Art „Streckenläufermechanismus" postulieren, bei dem ein Faktor oder sonstiges Protein vom Enhancer entlang der DNA auf den Promotor zuwandern muß, doch paßt dies nicht zu früheren Befunden, in denen sich Enhancer als unabhängig von solchen Mechanismen erwiesen haben.

Auf den Isolator wirkende Proteine ließen sich anhand zweier Loci identifizieren beziehungsweise vorhersagen, welche die Isolatorfunktion in *trans* beeinflussen. Mutationen in *su(Hw)* beseitigen den Abschirmungseffekt: *y* wird dann auch in Anwesenheit des Isolators in allen genannten Geweben exprimiert. Demnach codiert *su(Hw)* offenbar ein Protein, das den Isolator erkennt und für seine Wirkung notwendig ist. su(Hw) ist ein Kernprotein und bindet an eine Vielzahl von Stellen auf Riesenchromosomen. Der Isolator enthält zwölf Bindungsstellen für su(Hw); wie viele davon für seine Funktion erforderlich sind, ist unbekannt.

Der zweite Locus ist *mod(mdg4)*, dessen Mutationen zum gegenteiligen Effekt führen, was darin zum Ausdruck kommt, daß die Richtungsbezogenheit verlorengeht. Diese Mutationen steigern die Effektivität des Isolators, indem sie seine Abschirmungswirkung ausweiten: Er unterdrückt nun die Enhancer auf seinen beiden Seiten, nicht mehr nur die, die er vom Promotor trennt. *su(Hw)* ist epistatisch über *mod(mdg4)*, Mutationen im ersteren Gen überdecken also solche im letzteren, was nahelegt, daß mod(mdg4) seine Funktion unter Vermittlung von su(Hw) ausübt. Das Wildtypprotein des *mod(mdg4)*-Locus hat demnach die wesentliche Aufgabe, der Wirkung von su(Hw), also der Abschirmung des Promotors, die geschilderte Richtungsbezogenheit zu verleihen.

Die Bindung von su(Hw) an DNA und die anschließende Bindung von mod(mdg4) an su(Hw) führen also dazu, daß eine nur in eine Richtung wirksame Sperre gegen die Aktivierung (oder Inaktivierung) eines Promotors entsteht. Die Tatsache, daß der Isolator in Abwesenheit von mod(mdg4) die Aktivierung in beide Richtungen unterdrücken kann, macht das Zustandekommen der gerichteten Wirkung freilich noch unbegreiflicher. Auf einem Streckenläufermechanismus kann sie kaum beruhen, da bei Abwesenheit von mod(mdg4) der Isolator auch die Wirkung eines Enhancers blockiert, ohne ihn vom Promotor zu trennen. Vielleicht sollte man die Betrachtungsweise umkehren und den Isolator als ein Element auffassen, von dem aus sich eine inaktivierende Wirkung in eine Richtung (vom Promotor fort) ausbreitet; das Fehlen von mod(mdg4) könnte man als Erklärung dafür heranziehen, daß der Effekt sich nunmehr in beide Richtungen ausbreiten kann. Doch bleibt das Problem ungelöst, worauf sich die Richtungsbezogenheit gründet; ebenso bleibt unerklärt, auf welche Weise die Positionseffektvariegation unterdrückt wird. Vielleicht hat das Chromatin selbst eine Art „Richtungssinn", der letztlich dazu führen würde, daß su(Hw), mod(mdg4) oder ein anderes Protein sich in einer bestimmten Orientierung anlagern, etwa infolge von Wechselwirkungen mit einer Chromatinkomponente, die ihrerseits eine bevorzugte Ausrichtung einnimmt. In jedem Fall müßte sich ein solcher Richtungssinn am Promotor umkehren. Derzeit gibt es also auf die Fragen, worauf die Richtungsbezogenheit beruht und wie der Isolator Enhancer-Promotor-Wechselwirkungen vereitelt, keine zufriedenstellenden Antworten.

Wenn wir nun die verschiedenen Typen von Strukturelementen, die man in unterschiedlichen Systemen gefunden hat, zu einem Gesamtbild zusammensetzen, können wir uns eine gewisse Vorstellung von der möglichen Natur einer chromosomalen Domäne machen. Die Abbildung 29.22 faßt die Strukturen zusammen, die an der Errichtung einer chromosomalen Domäne beteiligt sein könnten. Eine Domäne (etwa eine Querbande im Falle von *Drosophila*) kann mehrere Transkriptionseinheiten enthalten. Die **LCR** (Locuskontrollregion) ist eine wesentliche Struktur, deren Wirkung sich über die gesamte Domäne erstreckt und für die Expression jedes einzelnen Gens darin notwendig ist. Verschiedene Typen *cis*-agierender Elemente könnten für die Funktion der LCR erforderlich sein. Nach klassischer Definition beruhen die Funktionseigenschaften der LCR auf einer **enhancerähnlichen** hypersensitiven Stelle, die für die volle Aktivität des oder der Promotoren innerhalb der Domäne unverzichtbar ist. Ein **Isolator** kann verhindern, daß sich aktivierende oder reprimierende Effekte über die Grenzen der Funktionseinheit ausbreiten. Eine **Matrix-Anbindungsstelle** (*matrix attachment site*, **MAR**) kann die Domäne in der Kernperipherie verankern. Die genannten Elemente könnten sich an einem oder an beiden Enden einer Domäne befinden.

Diese Organisationsform könnte die umfangreiche Größe eukaryotischer Genome erklären helfen. Damit solch eine Struktur operieren kann, braucht sie vielleicht eine gewisse Ausdehnung, etwa als Voraussetzung dafür, daß das Chromatin hinreichend dekondensieren und zugänglich gemacht werden kann. Obwohl die genauen Sequenzen großer Teile der Funktionseinheit irrelevant sein mögen, könnte es einen Selektionsdruck für eine bestimmte Gesamtmenge an DNA darin geben oder zumindest dafür, daß die verschiedenen Transkriptionseinheiten nicht zu eng zusammenkommen.

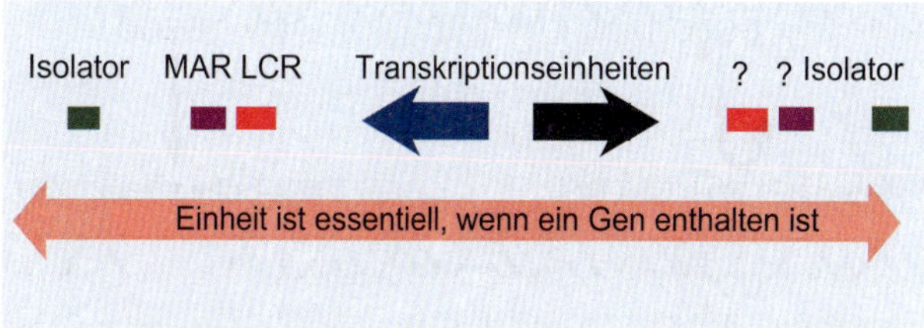

29.22 Chromosomale Domänen können drei Sorten von Elementen besitzen: Isolatoren, die das „Ausstrahlen" regulatorischer Effekte von einer in die andere Domäne verhindern, MARs, welche die Domäne an der Kernmatrix befestigen, und LCRs, die für die Initiation der Transkription erforderlich sind.

29.10 Genexpression ist mit Demethylierung verbunden

Die Methylierung von DNA geschieht an spezifischen Stellen. Bei Bakterien dient die DNA-Methylierung der Kennzeichnung bestimmter Bakterienstämme (Kapitel 16) und der Unterscheidung replizierter von nichtreplizierter DNA (Kapitel 15). In Eukaryoten steht sie, soweit bekannt, vor allem mit der Transkriptionskontrolle in Verbindung. In Wirbeltier-DNA sind, je nach Spezies, zwischen zwei und sieben Prozent aller Cytosinreste methyliert. Methylgruppen findet man hauptsächlich in CG-„Dubletten"; tatsächlich ist die Mehrzahl der CG-Dinucleotide im Vertebratengenom methyliert. Gewöhnlich tragen die C-Reste beider Stränge in dieser kurzen palindromischen Sequenz eine Methylgruppe, so daß folgende Struktur entsteht:

5′ ^{m}CpG 3′
3′ GpC^{m} 5′

Wenn eine Dublette nur an einem der beiden Stränge methyliert ist, nennt man sie hemimethyliert (Kapitel 16).

Die Verteilung solcher Methylgruppen in der DNA läßt sich mit Hilfe von Restriktionsenzymen untersuchen, die Zielsequenzen mit der CG-Dublette schneiden. Zwei Formen solcher Restriktionsaktivität sind in Abbildung 29.23 verglichen. Die gezeigten Enzyme schneiden die gleiche Zielsequenz, sind also **Isoschizomere**, doch reagieren sie jeweils anders auf deren Methylierungszustand.

Das Enzym *Hpa*II schneidet die Sequenz CCGG (nur ein Strang angegeben). Wenn das zweite C jedoch eine Methylgruppe trägt, kann *Hpa*II die Sequenz nicht mehr erkennen. Das Enzym *Msp*I indes schneidet die gleiche Zielsequenz *ungeachtet* des Methylierungszustands am zweiten C. Somit läßt sich *Msp*I dazu einsetzen, sämtliche CCGG-Sequenzen zu erfassen, und mit Hilfe von *Hpa*II kann man dann feststellen, welche davon methyliert sind und welche nicht.

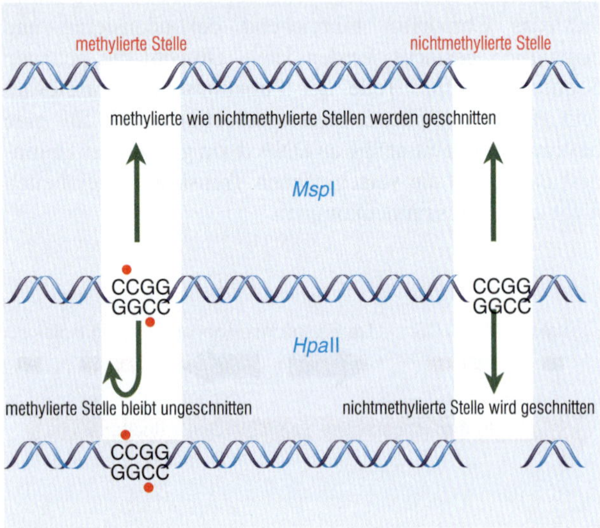

29.23 Das Restriktionsenzym *Msp*I schneidet eine DNA überall dort, wo die Sequenz CCGG auftritt, egal ob das zweite C methyliert ist oder nicht. *Hpa*II hingegen schneidet nur die nichtmethylierte Form des CCGG-Tetramers.

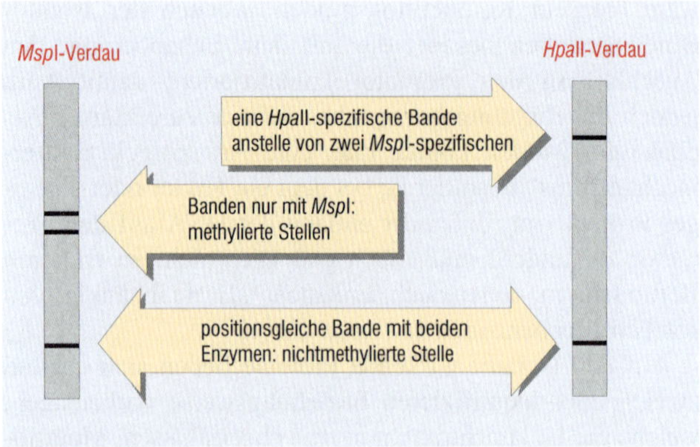

29.24 Vergleich von *Msp*I- und *Hpa*II-Schnittprodukten mit Hilfe der Gelelektrophorese.

Ist das Substrat eine nichtmethylierter DNA, so erzeugen beide Enzyme das gleiche Bandenmuster. Methylierte DNA hingegen wird an den modifizierten Positionen nur von MspI geschnitten und nicht von *Hpa*II. Jede solche Position läßt also prinzipiell zwei *Msp*I-Fragmente entstehen, aber nur ein *Hpa*II-Fragment (das die beiden *Msp*I-Fragmente umfaßt). Ein Beispiel dafür zeigt Abbildung 29.24.

In vielen Genen bleibt der Methylierungszustand an den meisten Sequenzstellen konstant, an einigen jedoch kann er wechseln. Manche Stellen sind in allen untersuchten Geweben methyliert, andere überall nichtmethyliert. *Ein kleiner Teil der Stellen ist nur in Geweben methyliert, in denen das Gen, zu dem sie gehören, nicht exprimiert wird; dort jedoch, wo das Gen aktiv ist, fehlen die entsprechenden Methylgruppen*. Man kann demnach ein aktives Gen als *untermethyliert* bezeichnen.

Nicht nur der Methylierungszustand natürlich vorhandener Gene läßt sich untersuchen, man kann auch methylierte und nichtmethylierte DNA in neue Wirtszellen einbringen und das Expressionsverhalten beider Formen vergleichen. Solche Experimente zeigen eine klare Beziehung: *Das methylierte Gen ist inaktiv, das nichtmethylierte wird exprimiert*.

Wie groß ist der untermethylierte Bereich eines Gens? Beim α-Globin-Gencluster des Huhnes ist in adulten erythroiden Zellen die Untermethylierung auf Stellen innerhalb einer Region beschränkt, die rund 500 bp stromaufwärts vom ersten der beiden adulten α-Gene beginnt und etwa 500 bp stromabwärts vom zweiten endet. Stellen für die Untermethylierung treten in der gesamten Region auf, auch in dem DNA-Abschnitt zwischen den beiden Genen. Die untermethylierte Region deckt sich mit dem Bereich größter DNase-I-Sensitivität, was dafür spricht, daß die Untermethylierung ein Merkmal von Domänen ist, die eins oder mehrere transkribierte Gene enthalten.

Das Methylierungsmuster am 5′-Ende eines Gens kann in direkter Beziehung zu dessen Expression stehen. Im Zustand aktiver Expression sind viele Gene am 5′-Ende nichtmethyliert, bleiben es aber am 3′-Ende. Wie andere Veränderungen des Chromatins scheint auch der Wegfall von Methylgruppen eher mit der *Transkribierbarkeit* eines Gens verknüpft zu sein als mit dem Transkriptionsvorgang selbst.

Wenn man den grundsätzlichen Zusammenhang zwischen Untermethylierung und Genaktivierung beurteilen will, stößt man auf das Problem, daß nur ein kleiner (mitunter sehr kleiner) Teil der methylierten Stellen eine Rolle spielt. Wahrscheinlich ist der Methylierungszustand bestimmter Stellen oder einer begrenzten Region entscheidend; beispielsweise könnte die Demethylierung des Promotors notwendig sein, um diesen für die Initiation der Transkription bereitzumachen. Denkbar ist auch, daß eine Verminderung des Methylierungsgrades (oder sogar die völlige Beseitigung aller Methylgruppen an einem bestimmten DNA-Abschnitt) zu einer Strukturveränderung beiträgt, die den Ablauf der Transkription erst ermöglicht.

Im γ-Globin-Gen z. B. wird die Transkription durch Methylgruppen im Bereich um den Startpunkt (zwischen –200 und +30) unterdrückt. Entfernt man die drei Methylgruppen stromaufwärts vom Startpunkt oder drei andere stromabwärts davon, besteht der Block nach wie vor. Nach Wegfall aller Methylgruppen jedoch kann der Promotor arbeiten. Demnach bedarf es zur Transkription offenbar eines unmethylierten Abschnitts am Promotor. Von der geschilderten allgemeinen Beziehung zwischen Methylierung und Transkription gibt es jedoch Ausnahmen.

Manche Gene gelangen auch zur Expression, wenn sie ausgiebig methyliert sind. Der Zusammenhang zwischen Methylierung und Expression gilt also in einem gegebenen Organismus nicht durchgängig, wenngleich man von der generellen Regel ausgehen kann, daß DNA-Methylierung die Genexpression verhindert und Demethylierung für deren Einsetzen notwendig ist.

Die **CpG-reichen Inseln** in den 5′-Regionen mancher Gene sind mit der Wirkung der Methylierung auf die Genexpression verknüpft. Diese Inseln enthalten das CpG-Dinucleotid in hoher Dichte.

Insgesamt ist die CpG-Dublette in Wirbeltiergenomen deutlich unterrepräsentiert: Ihre Häufigkeit beträgt nur etwa 20 % des Wertes, den man aufgrund des Anteils der G•C-Basenpaare erwarten würde. In bestimmten Regionen dagegen sind CpG-Dubletten so dicht angeordnet, daß der theoretische Wert erreicht wird; sie sind dort zehnmal häufiger als im restlichen Genom.

Die CpG-reichen Inseln haben einen mittleren G•C-Gehalt von rund 60 %, gegenüber durchschnittlich 40 % in der Hauptmasse der DNA. Üblicherweise sind sie ein bis zwei Kilobasenpaare lang. Das menschliche Genom enthält etwa 45 000 von ihnen. Restriktionsanalysen zufolge sind die Inseln unmethyliert. Das Inselchromatin zeigt einen verminderten Gehalt an Histon H1 (was auf eine aufgelockerte Chromatinstruktur schließen läßt), die anderen Histone sind ausgiebig acetyliert (ein Merkmal, das häufig mit Genexpression einhergeht), und es treten dort hypersensitive Stellen auf (wie man sie bei aktiven Promotoren erwartet).

In mehreren analysierten Fällen beginnen CpG-reiche Inseln unmittelbar stromaufwärts vom Promotor und reichen in die transkribierte Region hinein, wo sie allmählich auslaufen. Abbildung 29.25 zeigt die Dichte von CpG-Dubletten in einer „normalen" Genomregion und in einer CpG-reichen Insel, die man aufgrund ihrer DNA-Sequenz identifiziert hat. Man beachte, daß die gezeigte „normale" Region die 5′-Hälfte des γ^G-Globin-Gens ist, eines Gens also, das unter gewebsspezifischer Kontrolle steht. Die CpG-Insel dagegen umfaßt die 5′-Region des APRT-Gens, das konstitutiv exprimiert wird.

Alle konstitutiv exprimierten Haushalts-(*housekeeping-*) Gene besitzen CpG-reiche Inseln, was etwa die Hälfte aller Inseln ausmacht. Die andere Hälfte ist auf Promotoren gewebsabhängig regulierter Gene verteilt; derartig ausgestattet ist freilich nur eine Minderheit (weniger als 40 %) solcher Gene. Auch in diesen Fällen sind die Inseln unmethyliert, ob das jeweilige Gen exprimiert wird oder nicht. CpG-reiche Inseln sind also nicht hinreichend für die Transkription, jedoch in vielen Fällen offenbar notwendig. Somit kann man das Vorhandensein einer Insel in einem Gen als Zeichen dafür werten, daß das Gen zwar potentiell aktiv ist, aber nicht zwangsläufig auch transkribiert wird.

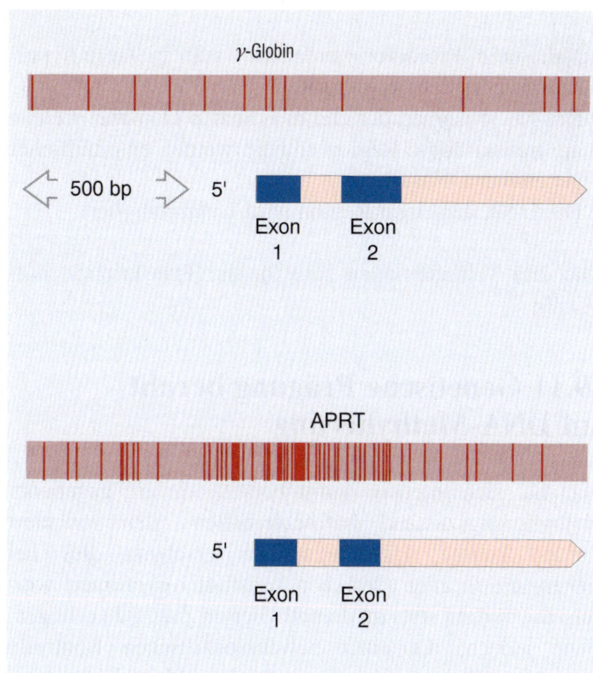

29.25 In Säuger-DNA findet man im Mittel alle 100 bp ein CpG, wie im hier gezeigten Gen für γ-Globin. In CpG-reichen Inseln erhöht sich die Dichte der Dubletten auf über zehn je 100 bp. Die Insel im APRT-Gen beginnt rund 100 bp stromaufwärts vom Promotor und reicht etwa 400 bp ins Gen hinein. Jede senkrechte Linie repräsentiert eine CpG-Dublette.

Viele Inseln, die im Tier nichtmethyliert sind, werden in kultivierten Zellinien allmählich methyliert, was in Zusammenhang mit der Unfähigkeit solcher Linien stehen könnte, sämtliche Funktionen ihres Ursprungsgewebes zu erfüllen.

Die Methylierung einer CpG-Insel um einen Promotor unterbindet in der Regel die Expression des zugehörigen Gens. Verursacht wird die Repression durch eines von zwei Proteinen, die an methylierte CpG-Sequenzen binden. Das Protein MeCP-1 ist zur DNA-Bindung auf die Gegenwart mehrerer Methylgruppen angewiesen; MeCP-2 kann schon an ein einzelnes methyliertes Basenpaar der CpG-Dublette binden. Dies erklärt, warum eine „methylfreie" Zone für die Initiation der Transkription erforderlich ist. Beide Proteine verhindern *in vitro* die Transkription durch einen Zellkernextrakt.

Die Abwesenheit von Methylgruppen steht also mit der Genexpression in Zusammenhang. Freilich kann man nicht ohne weiteres davon ausgehen, daß der Methylierungszustand der DNA ein universelles Kontrollinstrument für die Genexpression darstellt. Bei *Drosophila* (und anderen Dipteren) gibt es keine DNA-Methylierung. Gleichwohl zeigt die Taufliege ansonsten dieselben Unterschiede zwischen aktivem und inaktivem Chromatin wie DNA-methylierende Organismen. Somit wird die Aufgabe, welche die Methylierung in Vertebraten zu erfüllen scheint, bei *Drosophila* offenbar durch andere Mechanismen wahrgenommen.

Wir haben nunmehr drei Strukturveränderungen beschrieben, die an aktiven Genen stattfinden:

- Nahe beim Promotor werden eine oder mehrere hypersensitive Stellen ausgebildet.
- Die Nucleosomen der chromosomalen Domäne, welche die transkribierte Region enthält, werden empfindlicher gegenüber DNase I.
- Die DNA derselben Region wird untermethyliert.

Alle drei Veränderungen sind für die Transkription notwendig.

29.11 Genetische Prägung beruht auf DNA-Methylierung

Man hat sich intensiv damit befaßt, wie ein gegebener Methylierungszustand aufrechterhalten oder verändert werden könnte. Unproblematisch erscheint dies bei Genen, die in allen Geweben konstitutiv exprimiert werden: Sie dürften stets im demethylierten Zustand vorliegen. Gene jedoch, die einer gewebsspezifischen Kontrolle unterstehen, zeigen Veränderungen ihres Methylierungszustands. Im Sperma nehmen sie häufig den inaktiven Zustand ein: Sowohl die „konstanten" Stellen (die in allen Geweben methyliert sind) als auch die „variablen" (die in Geweben, in denen Expression stattfindet, spezifisch demethyliert sind) tragen dort Methylgruppen. Demnach stellt das Fehlen bestimmter Methylgruppen im aktiven Zustand einen *Verlust* von Modifikationen dar, die zuvor vorhanden waren.

Man weiß nicht, ob zelluläre Gene, sollten sie einmal nicht mehr exprimiert werden, die verlorenen Methylgruppen zurückerhalten. Die entscheidende Frage ist, wie Sequenzen als Ziele für gewebsspezifische Veränderungen des Methylierungszustands ausgewählt werden.

Ein einfaches Modell für die Weitergabe des Methylierungszustands beruht auf der Annahme, daß die DNA-Methylase an hemimethylierter DNA zum Einsatz kommt. Wie aus Abbildung 29.26 ersichtlich, führt die Replikation einer vollständig methylierten CG-Dublette zu zwei hemimethylierten Tochterdubletten. Das Enzym könnte diese hemimethylierten Stellen erkennen und dort die übliche vollständige Methylierung wiederherstellen. (Man vergleiche diesen Vorgang mit dem in Abbildung 16.1 dargestellten Methylierungszyklus bei bakterieller DNA.)

Ein solches Modell steht in Einklang mit der Beobachtung, daß eine von außen in eine Zelle eingebrachte methylierte DNA dort über unbegrenzt viele Replikationszyklen ihren Methylierungszustand beibehält, und dies mit einer Genauigkeit von rund 95 % pro methylierter Position. Transferiert man nichtmethylierte DNA in eine Zelle, wird sie dort nicht *de novo* methyliert. Daraus folgt, daß das

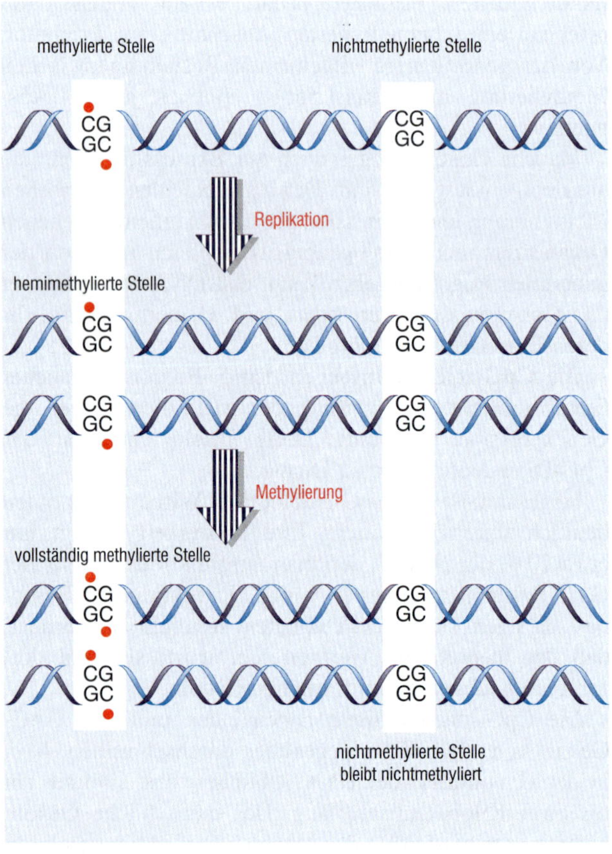

29.26 Eine Methylase, die nur hemimethylierte Stellen als Substrat annimmt, könnte ein bestimmtes Methylierungsmuster über viele Zellgenerationen stabil halten.

Enzym *ausschließlich* hemimethylierte Stellen erkennt. Seine Wirkungsweise ermöglicht, daß der Zustand einer gegebenen $^{CG}_{GC}$-Dublette – sei sie methyliert oder nicht – über Zellgenerationen hinweg erhalten bleibt.

Trifft dieses Modell zu, muß es für die Neuschaffung von methylierten Stellen (etwa in dem Fall, daß ein Gen nicht mehr transkribiert wird und sein methylierter Zustand wiederhergestellt werden soll) ein zweites Enzym geben. Verlorengehen könnte der methylierte Zustand auf zweierlei Weise. Zum einen könnte eine Demethylase aktiv Methylgruppen entfernen. Zum anderen wäre es möglich, daß nach der Replikation an einer hemimethylierten Stelle die Auffüllungsmethylierung schlicht ausbleibt. Nach der nächsten Replikation wäre die Stelle dann in einer der beiden entstandenen DNA-Doppelhelices vollständig unmethyliert.

Indirekte Hinweise, daß Demethylierung zur Genexpression führen kann, ergaben sich aus Experimenten mit der Substanz 5-Azacytidin. Diese Verbindung wird anstelle von Cytidin in die DNA eingebaut. Da bei ihr die Position 5 in der Base (die übliche Methylierungsstelle) blockiert ist, kann sie nicht methyliert werden. Dadurch entstehen neue demethylierte Stellen in der DNA.

5-Azacytidin hat vielfältige Auswirkungen auf den Phänotyp einer Zelle. So verändert es den zellulären Differenzierungszustand; es veranlaßt zum Beispiel bestimmte nichtmyogene Vorläuferzellen dazu, sich entgegen ihrer Bestimmung zu Muskelzellen zu entwickeln. Die Substanz aktiviert zudem Gene auf einem stummen X-Chromosom, was die Vermutung nahelegt, daß die Inaktivierung dieses Chromosoms mit seinem Methylierungszustand zusammenhängt.

Dem Genom von Keimzellen kann ein spezifisches Muster von Methylgruppen „eingeprägt" sein, wodurch offenbar das Phänomen der **genetischen Prägung** (*imprinting*) zustande kommt. Dieser Begriff beschreibt das unterschiedliche Expressionsverhalten maternal und paternal ererbter Allele: In Mäuseembryos hängt die Expression bestimmter Gene vom Geschlecht des Elternteiles ab, von dem sie stammen. Im Falle des Gens für IGF-II (*insulin-like growth factor II*, insulinähnlicher Wachstumsfaktor II) wird z. B. nur das vom Vater geerbte Allel exprimiert, das von der Mutter kommende dagegen nicht. Als wahrscheinlichste Erklärung gilt, daß das IGF-II-Gen in Oocyten methyliert und in Spermazellen unmethyliert vorliegt und die beiden Allele sich deswegen in der Zygote unterschiedlich verhalten. Dieses Muster ist das häufigere; bei manchen Genen ist die Abhängigkeit der Expression vom Geschlecht des Vererbers umgekehrt.

Das Modell erfordert, daß das Methylierungsmuster während der Gametogenese spezifisch erstellt wird und sich auch wieder umkehren läßt. Abbildung 29.27 zeigt das Schicksal der beiden IGF-II-Allele in einer Maus. Im frühen Embryo ist das väterliche Allel nichtmethyliert und expressionsaktiv, das mütterliche methyliert und stumm. Was aber geschieht, wenn diese Maus selbst Gameten bildet? Ist sie männlich, braucht sie für die Spermien nichtmethylierte Allele, ob diese nun vorher methyliert waren oder nicht. Wenn also das mütterliche Allel in ein Spermium gelangt, muß es demethyliert werden. Ist die Maus weiblich, benötigt sie für die Eizellen methylierte Allele; das vom Vater stammende Allel muß also mit Methylgruppen versehen werden. Demnach bedarf es eines Systems, das den Methylierungszustand in spezifischer Weise neu einstellen kann, indem es Methylgruppen je nach Erfordernis *de novo* entfernt oder anfügt.

Die Änderung des Methylierungsmusters erfolgt während der Embryogenese. Die allelischen Unterschiede verschwinden, wenn sich im Embryo die Urkeimzellen entwickeln. In beiden Geschlechtern wird das ursprüngliche Methylierungsmuster gelöscht; ein typisches Gen ist dann unmethyliert.

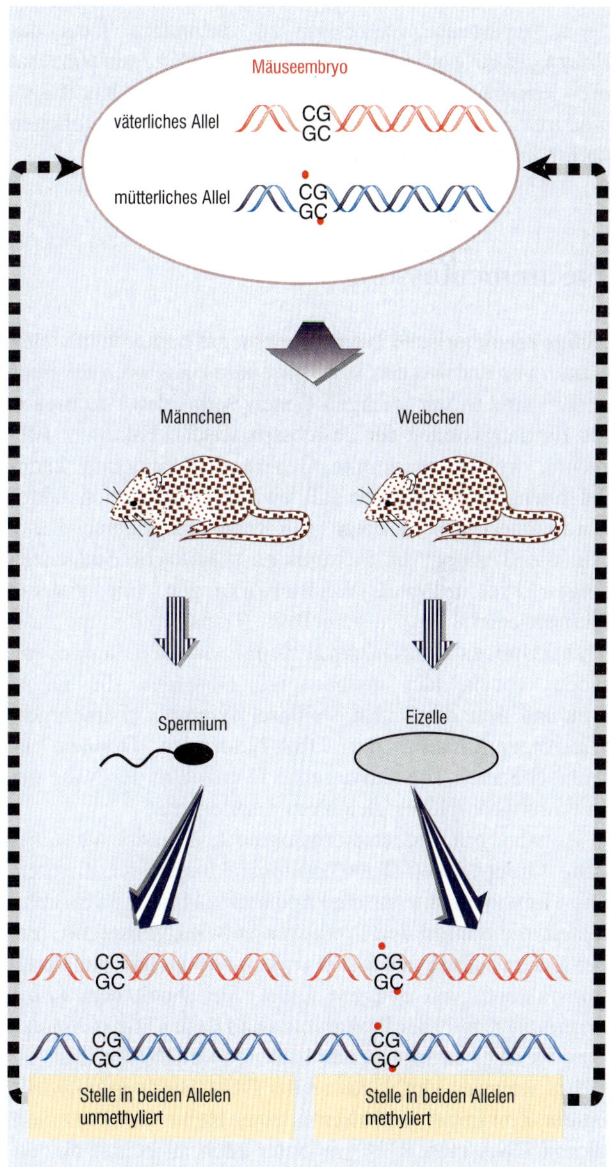

29.27 Durch ihr *imprinting* unterscheiden sich paternale und maternale Allele im Mäuseembryo. Diese epigenetische Prägung muß in jeder Generation während der Gametogenese erneut vorgenommen werden.

Je nach Geschlecht entstehen die erneut auszubildenden unterschiedlichen Methylierungsmuster während anderer Phasen der Gametogenese. Bei der männlichen Übertragung entwickelt sich das Muster in zwei Stufen. Spermatocyten weisen bereits den Methylierungszustand auf, der für reife Spermien typisch ist, so daß während späterer Phasen der Spermatogenese keine Änderungen mehr stattfinden. Nach der Befruchtung wird das Muster jedoch weiter verändert. In weiblichen Tieren wird das maternale Muster während der Oogenese erzeugt, wenn die Oocyten im Zuge von Meiosen nach der Geburt heranreifen.

Bislang kennt man nur eine einzige Methylase, die Methylgruppen an CpG-Dubletten anfügt. Ihr Gen ist essentiell; die Mäuseembryonen, in denen es defekt ist, überleben die frühe Embryogenese nicht. Vermutlich ist die Methylierung bestimmter Zielgene lebenswichtig, um deren unpassende Expression zu verhindern. Über das Enzym, das Methylgruppen aus der DNA entfernt, hat man keinerlei Kenntnis. Ungelöst ist auch die Kernfrage, wodurch die Spezifität der Methylierung in weiblichen und männlichen Gameten festgelegt wird.

Zusammenfassung

Einige regulatorische Promotorelemente kommen in vielen Genen vor und werden von ubiquitären Faktoren erkannt; andere sind in nur wenigen Genen vorhanden und dienen als Bindungsstellen für gewebsspezifische Faktoren. Elemente, welche bestimmte Gengruppen eindeutig kennzeichnen, die in Reaktion auf gewisse Transkriptionsfaktoren reguliert werden, nennt man Responseelemente (REs). Auf die Bindung von Faktoren an spezifische Sequenzen folgen Protein-Protein-Wechselwirkungen mit anderen Komponenten des allgemeinen Transkriptionsapparats. Transkriptionsfaktoren sind häufig modular aufgebaut, wobei voneinander unabhängige Domänen die DNA-Bindung und die Transkriptionsaktivierung übernehmen. Die Hauptfunktion der DNA-bindenden Domäne ist wahrscheinlich, die aktivierende Domäne in der Nähe des Initiationskomplexes gleichsam anzuleinen.

Anhand von Sequenzhomologien lassen sich verschiedene Gruppen von Transkriptionsfaktoren identifizieren. Die Homöodomäne ist eine Sequenz aus 60 Aminosäureresten, die man in den Produkten entwicklungsregulierender Gene von Insekten und Würmern wie auch in Transkriptionsfaktoren von Säugern findet. Sie ähnelt dem *helix-turn-helix*-Motiv der Prokaryoten und ist das Strukturmotiv, über welches entsprechende Faktoren an DNA binden.

Ein weiteres Motiv, das an der DNA-Bindung mitwirkt, ist der Zinkfinger, enthalten in einer Reihe von Proteinen, die an DNA oder RNA (mitunter auch an beide) binden. Ein Zinkfinger besitzt Cysteinreste, die Zink binden. Eine Form des Fingers kommt in Gruppen wiederholter Einheiten in bestimmten Transkriptionsfaktoren vor, andere Faktoren besitzen eine zweite Form, bei der der Finger nur einzeln oder als Paar auftritt.

Steroidrezeptoren sind die ersten bekannt gewordenen Mitglieder einer Familie von Transkriptionsfaktoren, die durch Bindung eines kleinen hydrophoben Hormons aktiviert werden. Der aktivierte Faktor gelangt in den Zellkern und bindet an sein spezifisches Responseelement, um die Transkription zu aktivieren. Die DNA-bindende Domäne dieser Rezeptoren enthält Zinkfinger.

Der Leucin-Reißverschluß umfaßt eine leucinreiche Aminosäuresequenz, die zur Dimerisierung von Transkriptionsfaktoren beiträgt. Zu ihr benachbart befindet sich eine basische Region, welche die DNA-Bindung übernimmt.

HLH-(*helix-loop-helix-*)Proteine verfügen über amphipathische Helices, die für die Dimerisierung zuständig sind, und über angrenzende basische Regionen, welche an DNA binden.

Viele Transkriptionsfaktoren arbeiten als Dimere. Häufig können verschiedene Mitglieder einer Faktorfamilie unterschiedliche Homo- und Heterodimere bilden, woraus sich die Möglichkeit mannigfaltiger Kombinationen ergibt, welche die Genexpression jeweils in gezielter Weise steuern können. In einigen Fällen gehören einer Familie auch inhibitorisch wirkende Mitglieder an, die innerhalb eines Dimers ihren Partner daran hindern, die Transkription zu aktivieren.

Die Gegenwart eines Präinitiationskomplexes am Promotor ist ein Zeichen dafür, daß das Gen sich in einem „aktiven“ Zustand befindet – bereit zur Transkription. Der Komplex ist stabil und kann mitunter viele Replikationszyklen überdauern. Die Bildung eines Präinitiationskomplexes könnte ein genereller regulatorischer Mechanismus sein. Indem ein Faktor an einen so vorbereiteten Promotor bindet und es dadurch wiederum der RNA-Polymerase ermöglicht, sich anzulagern, schaltet er das Gen schließlich ein.

Die Bandbreite der Situationen, in denen hypersensitive Stellen auftreten, legt nahe, daß ihre Existenz ein allgemeines Prinzip widerspiegelt. *Stellen der Doppelhelix, von denen eine Aktivität ausgeht, sind nicht in Nucleosomen organisiert.* Ein Transkriptionsfaktor oder ein anderes Nichthistonprotein, das mit der jeweiligen Funktion einer solchen Stelle in Zusammenhang steht, modifiziert die Eigenschaften eines kurzen DNA-Abschnitts derart, daß dort keine Nucleosomen entstehen können. Die Strukturen, die sich dabei jeweils bilden, müssen einander nicht unbedingt ähneln (abgesehen davon, daß sie alle definitionsgemäß eine Stelle schaffen, die gegenüber der DNase I hypersensitiv ist).

Gene, deren Kontrollregionen in Nucleosomen eingebunden sind, werden gewöhnlich nicht exprimiert. In Abwesenheit spezifischer regulatorischer Proteine erhalten Promotoren und andere Kontrollregionen durch die Assoziation mit Histonoctameren eine Organisationsform, in der sie kaum noch aktivierbar sind. Wenn Nucleosomen in der Umgebung eines Promotors jedoch in bestimmter Weise positioniert sind, so daß Kontrollelemente in passender Weise „dargeboten“ werden, können manche Transkriptionsfaktoren ihre Zielsequenz offenbar auch auf der Nucleosomenoberfläche erkennen und so möglicherweise Transkription herbeiführen.

Aktives und inaktives Chromatin stehen nicht miteinander im Gleichgewicht. Die Ereignisse, welche die eine in die andere Form überführen, sind plötzlicher und eingreifender Natur. Einige Transkriptionsfaktoren (oder mit ihnen assoziierte Proteine) vermögen Histonoctamere mittels eines Mechanismus zu verdrängen, der die Hydrolyse von ATP benötigt. Bei einer solchen Wechselwirkung verschwinden gewöhnlich ein oder mehrere Histonoctamere von spezifischen DNA-Sequenzen, und die entstandene Grenze zwischen nucleosomenfreier DNA und Chromatin führt zu einer exakten oder bevorzugten Positionierung der anliegenden Nucleosomen.

Eine Gruppe hypersensitiver Stellen stromaufwärts vom Cluster der β-Globin-Gene bildet eine Locuskontrollregion (LCR), die für die Expression aller Gene innerhalb der chromosomalen Domäne erforderlich ist. Die Enden solcher Domänen können durch Sequenzen markiert sein, die das Übertreten regulatorischer Effekt aus Nachbardomänen verhindern. Zudem kann eine Domäne Stellen zur Anheftung an das Proteinskelett des Zellkerns besitzen.

CpG-reiche Inseln enthalten gehäuft das Dinucleotid CpG und umlagern oft die Promotoren konstitutiv exprimierter Gene, können aber auch an Promotoren regulierter Gene vorkommen. Die Insel um einen Promotor muß unmethyliert sein, damit der Promotor Transkriptionsinitiation herbeiführen kann. Ein spezifisches Protein bindet an methylierte CpG-Dinucleotide und verhindert die Initiation der Transkription.

Die Genome von Spermien und Eizellen weisen jeweils eigene Methylierungsmuster auf, was dazu führt, daß mütterliche und väterliche Allele im Embryo unterschiedlich exprimiert werden. Dies ist offenbar die Grundlage der genetischen Prägung (*imprinting*). Dieser Begriff umschreibt die Beobachtung, daß bei manchen Genen nur das von einem Elter ererbte Allel aktiv und damit lebensnotwendig ist, während das andere stumm bleibt. Die entsprechenden Methylierungsmuster werden im Zuge der Gametenbildung in jeder Generation erneut erstellt.

Weiterführende Literatur

Übersichtsartikel

Brown, D. D. *The Role of Stable Complexes That Repress and Activate Eukaryotic Genes*. In: *Cell* 37 (1984) S. 359–365.

Weintraub, H. *Assembly and Propagation of Repressed and Derepressed Chromosomal States*. In: *Cell* 42 (1985) S. 705–711.

Yamamoto, K. R. *Steroid Receptor Regulated Transcription of Specific Genes and Gene Networks*. In: *Ann. Rev. Genet.* 19 (1985) S. 209–252.

Guarente, L. *Regulatory Proteins in Yeast*. In: *Ann. Rev. Genet.* 21 (1987) S. 425–452.

Evans, R. M. *The Steroid and Thyroid Hormone Receptor Superfamily*. In: *Science* 240 (1988) S. 889–895.

Ptashne, M. *How Eukaryotic Transcriptional Activators Work*. In: *Nature* 335 (1988) S. 683–689.

Evans, R. M.; Arriza, J. L. *A Molecular Framework for the Actions of Glucocorticoid Hormones in the Nervous System*. In: *Neuron* 2 (1989) S. 1105–1112.

Grunstein, M. *Histone Function in Transcription*. In: *Ann. Rev. Cell Biol.* 6 (1990) S. 643–678.

Harrison, S. C. *A Structural Taxonomy of DNA-Binding Proteins*. In: *Nature* 353 (1991) S. 715–719.

Weintraub, H., und andere *The MyoD Gene Family: Nodal Point During Specification of the Muscle Cell Lineage*. In: *Science* 251 (1991) S. 760–766.

Felsenfeld, G. *Chromatin as an Essential Part of the Transcriptional Mechanism*. In: *Nature* 355 (1992) S. 219–224.

Pabo, C. T.; Sauer, R. T. *Transcription Factors: Structural Families and Principles of DNA Recognition*. In: *Ann. Rev. Biochem.* 61 (1992) S. 1053–1095.

Gehring, W. J., et al. *Homeodomain-DNA Recognition*. In: *Cell* 78 (1994) S. 211–223.

Tsai, M.-J.; O'Malley, B. W. *Molecular Mechanisms of Action of Steroid/Thyroid Receptor Superfamily Members*. In: *Ann. Rev. Biochem.* 63 (1994) S. 451–486.

Entdeckungen

Kombinationen zwischen HLH-Proteinen

Davis, R. L., et al. *Expression of a Single Transfected cDNA Converts Fibroblasts to Myoblasts*. In: *Cell* 51 (1987) S. 987–1000.

Davis, R. L., et al. *The MyoD DNA Binding Domain Contains a Recognition Code for Muscle-Specific Gene Activation*. In: *Cell* 60 (1990) S. 733–746.

Benezra, R., et al. *The Protein Id: a Negative Regulator of Helix-Loop-Helix DNA-Binding Proteins*. In: *Cell* 61 (1990) S. 49–59.

Lassar, A. B., et al. *Functional Activity of Myogenic HLH Proteins Requires Hetero-Oligomerization with E12/E47-Like Proteins in vivo*. In: *Cell* 66 (1991) S. 305–315.

Struktur von Transkriptionsfaktoren

Miller, J., et al. *Repetitive Zinc Binding Domains in the Protein Transcription Factor IIIA from Xenopus Oocytes*. In: *EMBO J.* 4 (1985) S. 1609–1614.

Landschulz, W. H.; Johnson, P. F.; McKnight, S. L. *The Leucine Zipper: a Hypothetical Structure Common to a New Class of DNA Binding Proteins*. In: *Science* 240 (1988) S. 1759–1764.

Murre, C.; McCaw, P. S.; Baltimore, D. *A New DNA Binding and Dimerization Motif in Immunoglobulin Enhancer Binding, daughterless, MyoD, and myc Proteins*. In: *Cell* 56 (1989) S. 777–783.

Vinson, C. R.; Sigler, P. B.; McKnight, S. L. *Scissors-Grip Model for DNA Recognition by a Family of Leucine Zipper Proteins*. In: *Science* 246 (1989) S. 911–916.

Pavletich, N. P.; Pabo, C. O. *Zinc Finger-DNA Recognition: Crystal Structure of a Zif268-DNA Complex at 2.1 Å*. In: *Science* 252 (1991) S. 809–817.

Wolberger, C., et al. *Crystal Structure of a MATα2 Homeodomain-Operator Complex Suggests a General Model for Homeodomain-DNA Interactions*. In: *Cell* 67 (1991) S. 517–528.

Rastinejad, F.; Perlmann, T.; Evans, R. M.; Sigler, P. B. *Structural Determinants of Nuclear Receptor Assembly on DNA Direct Repeats*. In: *Nature* 375 (1995) S. 203–211.

Chromatinaktivierung

Bogenhagen, D. F.; Wormington, W. M.; Brown, D. D. *Stable Transcription Complexes of Xenopus 5S RNA Genes: a Means to Maintain the Differentiated State.* In: *Cell* 28 (1982) S. 413–421.

Workman, J. L.; Roeder, R. G. *Binding of Transcription Factor TFIID to the Major Late Promoter During in vitro Nucleosome Assembly Potentiates Subsequent Initiation by RNA Polymerase II.* In: *Cell* 51 (1987) S. 613–622.

Cairns, B. R.; Kim, Y.-J.; Sayre, M. H.; Laurent, B. C.; Kornberg, R. *A Multisubunit Complex Containing the SWI/ADR6, SWI2/1, SWI3, SNF5, and SNF6 Gene Products Isolated From Yeast.* In: *Proc. Nat. Acad. Sci. USA* 91 (1994) S. 1950–1954.

Franke, A.; DeCamillis, M.; Zink, D.; Cheng, N.; Brock, H. W.; Paro, R. *Polycomb and polyhomeotic are Constituents of a Multimeric Protein Complex in Chromatin of D. melanogaster.* In: *EMBO J.* 11 (1992) S. 2941–2950.

Peterson, C. L.; Herskowitz, I. *Characterization of the yeast SWI1, SWI2, and SWI3 Genes, Which Encode a Global Activator# of Transcription.* In: *Cell* 68 (1992) S. 573–583.

Tamkun, J. W.; Deuring, R.; Scott, M. P.; Kissinger, M.; Pattatucci, A. M.; Kaufmann, T. C.; Kennison, J. A. *brahma: a Regulator of Drosophila Homeotic Genes Structurally Related to the Yeast Transcriptional Activator SNF2/SWI2.* In: *Cell* 68 (1992) S. 561–572.

Kamakaka, R. T.; Bulger, M.; Kadonaga, J. T. *Potentiation of RNA Polymerase II Transcription by GAL4-VP16 During but Not After DNA Replication and Chromatin Assembly.* In: *Genes Dev.* 7 (1993) S. 1779–1795.

McPherson, C. E.; Shim, E.-Y.; Friedman, D. S.; Zaret, K. S. *An Active Tissue-Specific Enhancer and Bound Transcription Factors Existing in a Precisely Positioned Nucleosomal Array.* In: *Cell* 75 (1993) S. 387–398.

Coté, J.; Quinn, J.; Workman, J. L.; Peterson, C. L. *Stimulation of GAL4 Derivative Binding to Nucleosomal DNA by the Yeast SWI/SNF Complex.* In: *Science* 265 (1994) S. 53–60.

Kwon, H.; Imbaizano, A. N.; Khavari, P. A.; Kingston, R. E.; Green, M. R. *Nucleosome Disruption and Enhancement of Activator Binding of Human SWI/SNF Complex.* In: *Nature* 370 (1994) S. 477–481.

Truss, M.; Bartsch, J.; Schelbert, A.; Hache, R. J. G.; Beato, M. *Hormone Induces Binding of Receptors and Transcription Factors to a Rearranged Nucleosome on the MMTV Promoter in vivo.* In: *EMBO J.* 14 (1994) S. 1737–1751.

Tsukiyama, T.; Becker, P. B.; Wu, C. *ATP-Dependent Nucleosome Disruption at a Heat Shock Promoter Mediated by Binding of GAGA Transcription Factor.* In: *Nature* 367 (1994) S. 525–532.

Chromatinrepression

Zink, B.; Paro R. *In vivo Binding Patterns of a trans-Regulator of the Homeotic Genes in D. melanogaster.* In: *Nature* 337 (1989) S. 468–471.

Eissenberg, J. C.; James, T. C.; Fister-Hartnett, D. M.; Hartnett, T.; Ngan, V.; Elgin, S. C. R. *Mutation in a Heterochromatin-Specific Chromosomal Protein is Associated with Suppression of Position-Effect Variegation in D. melanogaster.* In: *Proc. Nat. Acad. Sci. USA* 87 (1990) S. 9923–9927.

Isolatoren

Kellum, R.; Schedl, P. *A Position-Effect Assay for Boundaries of Higher Order Chromosomal Domains.* In: *Cell* 64 (1991) S. 941–950.

Geyer, P. K.; Corces, V. G. *DNA Position-Specific Repression of Transcription by a Drosophila Zinc Finger Protein.* In: *Genes Dev.* 6 (1992) S. 1865–1873.

Chung, J. H.; Whiteley, M.; Felsenfeld. G. *A 5′ Element of the Chicken β-Globin Domain Serves as an Insulator in Human Erythroid Cells and Protects Against Position Effect in Drosophila. In:* *Cell* 74 (1993) S. 505–514.

Harrison, D. A.; Gdula, D. A.; Cyne, R. S.; Corces. V. G. *A Leucine Zipper Domain of the suppressor of hairy-wing Protein Mediates its Repressive Effect on Enhancer Function.* In: *Genes Dev.* 7 (1993) S. 1966–1978.

Roseman, R. R.; Pirotta, V.; Geyer, P. K. *The su(Hw) Protein Insulates Expression of the D. melanogaster white Gene from Chromosomal Position Effects.* In: *EMBO J.* 12 (1993) S. 435–442.

Methylierung und *imprinting*

Bird, A., et al. *A Fraction of the Mouse Genome That is Derived from Islands of Nonmethylated, CpG-rich DNA.* In: *Cell* 40 (1985) S. 91–99.

Boyes, J.; Bird, A. *DNA Methylation Inhibits Transcription Indirectly via a Methyl-CpG Binding Protein.* In: *Cell* 64 (1991) S. 1123–1134.

Chaillet, J. R.; Vogt, T. F.; Beier, D. R.; Leder, P. *Parental-Specific Methylation of an Imprinted Transgene is Established During Gametogenesis and Progressively Changes During Embryogenesis.* In: *Cell* 66 (1991) S. 77–83.

30. RNA-Spleißen im Zellkern

Unterbrochene Gene – also solche, in deren codierender Sequenz nichtcodierende Bereiche (Introns) eingebettet sind – findet man in allen Organismenklassen. Die Fähigkeit, codierende Sequenzen zu einem intakten Ganzen zusammenzusetzen, ist daher notwendigerweise weit verbreitet. Die Genome der niedersten Eukaryoten enthalten nur einen kleinen Anteil unterbrochener Gene, bei höheren Eukaryoten indes bilden sie die überwiegende Mehrheit. Hinsichtlich Anzahl und Länge ihrer Introns unterscheiden sich Gene erheblich. Im Mittel hat ein Säugergen sieben bis acht Introns, verteilt über einen Bereich von etwa 16 kb. Die codierenden Exons sind relativ kurz (um 100 bis 200 bp), die Introns relativ lang (um 1 000 bp; Kapitel 22).

Die Diskrepanz zwischen der unterbrochenen Organisationsform eines Gens und der kontinuierlichen seiner mRNA verlangt, daß die RNA zwischen Transkription und Translation verändert wird. Das primäre Transkript, manchmal auch **prä-mRNA** genannt, zeigt die gleiche Organisation wie sein Gen. Nach Entfernen der Introns bleibt ein Botenmolekül von durchschnittlich etwa 2,2 kb Länge übrig. Der Vorgang der Intronentfernung wird als **RNA-Spleißen** (*RNA splicing*) bezeichnet.

Einen der ersten Anhaltspunkte, wie bei höheren Eukaryoten der Größenunterschied zwischen den Genen des Zellkernes und deren Produkten zustande kommt, lieferte die Beschaffenheit der Kern-RNA. Sie ist äußerst instabil, im Durchschnitt sehr viel größer als mRNA und weist eine erheblich komplexere Sequenzzusammensetzung auf. Man bezeichnete sie nach ihrer Größenvielfalt als **heterogene Kern-RNA** (*heterogeneous nuclear RNA*, **hnRNA**). Die in diesen frühen Experimenten charakterisierte hnRNA-Population enthält die prä-mRNA-Moleküle.

Physisch liegt die hnRNA in Form von Ribonucleoproteinpartikeln (**hnRNP**) vor, also an Proteine gebunden. Untersuchungen *in vitro* zufolge gleicht ein solches Partikel einer Perlenkette; seine Struktur ist in Abbildung 30.1 skizziert. Die im Partikel meistvertretenen Proteine sind die Core-Proteine, daneben gibt es weitere, die in geringeren stöchiometrischen Anteilen vorliegen, so daß insgesamt etwa 20 Proteine zum Partikel beitragen. Sie sind im Zellkern in einer Kopienzahl von typischerweise rund 10^8 vorhanden, gegenüber etwa 10^6 Molekülen hnRNA. Die genaue Struktur der hnRNPs und die funktionelle Bedeutung dieser Art von RNA-Verpackung ist noch weitgehend unklar.

Das Spleißen geschieht im Zellkern, zusammen mit den anderen Modifikationen, die an neusynthetisierten RNAs stattfinden. Wie die Expression eines unterbrochenen Gens abläuft, zeigt Abbildung 30.2 im Überblick. Das Transkript wird am 5′-Ende mit der *cap*-Struktur versehen (Kapitel 7), verliert seine Introns und wird am 3′-Ende polyadenyliert (beides wird in diesem Kapitel geschildert). Anschließend wird die RNA durch die Poren der Kernhülle ins Cytoplasma transportiert, wo sie dann zur Translation bereitsteht.

Angesichts der verschiedenen Prozessierungsreaktionen, die sich im Zellkern ereignen, stellt sich die Frage, in welcher Reihenfolge sie ablaufen und an welchem Punkt das Spleißen geschieht. Findet Spleißen an einem besonderen Ort im Zellkern statt, und ist es verknüpft mit anderen Prozessen, etwa dem nucleocytoplasmatischen Transport? Unterscheidet sich die Expression nichtunterbrochener Gene aufgrund des Fortfalls der Spleißreaktionen von der unterbrochener Gene?

Eine wesentliche Frage im Hinblick auf die Spleißreaktion selbst ist, wie deren Spezifität kontrolliert wird. Wodurch ist gewährleistet, daß die Enden jedes Introns paarweise erkannt, somit nur die nichtcodierenden Sequenzen aus der RNA entfernt werden? Werden Introns in einer bestimmten Reihenfolge aus einer Vorläufer-RNA herausgeschnitten? Benutzt die Zelle die RNA-Reifung dazu, ihre Genexpression zu *regulieren*, etwa indem sie unter den verfügbaren Vorläufer-RNAs eine Auslese trifft oder das Spleißmuster verändert?

Verschiedene Spleißsysteme lassen sich unterscheiden:

- ◆ Aus den Kern-RNAs höherer Eukaryoten werden Introns durch ein System entfernt, das lediglich kurze Consensussequenzen an Exon-Intron-Grenzen und innerhalb von Introns erkennt. Die Reaktion erfordert einen umfangreichen Spleißapparat, der sich aus Proteinen und Ribonucleoproteinen zusammensetzt und als großer, partikulärer Komplex agiert (das Spleißosom oder *spliceosome*).

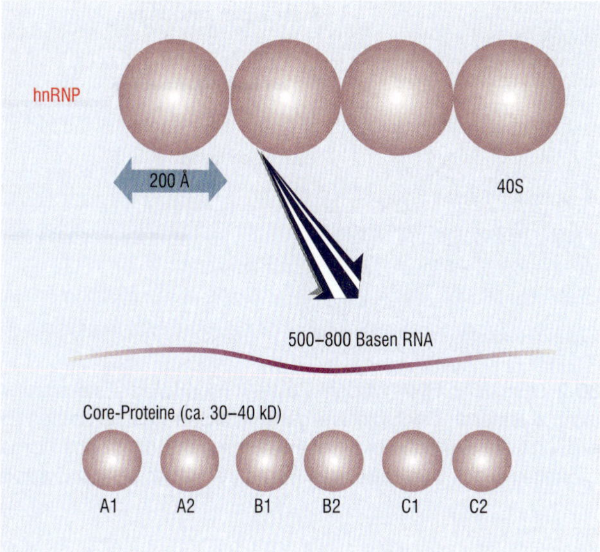

30.1 Die hnRNA tritt in Form von Ribonucleoproteinpartikeln auf, die wie Perlenketten angeordnet sind.

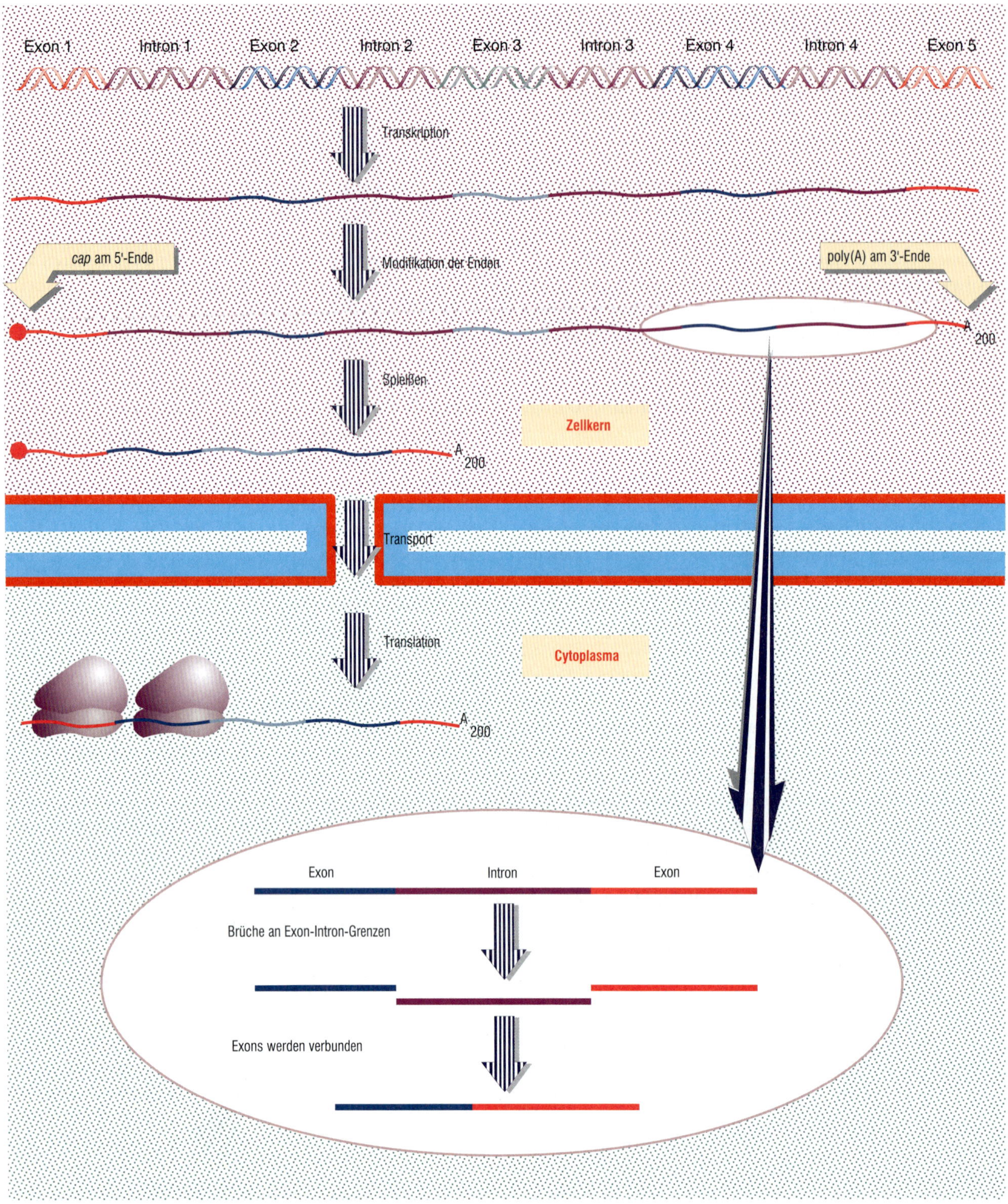

30.2 *Übersicht*: RNA wird im Zellkern modifiziert – sie erhält Anhängsel am 5′- und am 3′-Ende, und durch Spleißen werden ihre Introns entfernt. Der Spleißvorgang erfordert Brüche an den Exon-Intron-Übergängen und das Verknüpfen der Exonenden. Die vergrößerte Darstellung zeigt schematisch das Prinzip des Vorgangs, nicht jedoch die tatsächliche Reihenfolge der Einzelereignisse. Die reife mRNA wird durch die Poren der Kernhülle ins Cytoplasma transportiert und dort translatiert.

- RNA besitzt zudem die Fähigkeit, bestimmte Introns selbständig aus sich herauszuschneiden. Es gibt zwei Introngruppen mit dieser Eigenschaft, die recht weit verbreitet sind. Introns beider Gruppen bilden eine jeweils charakteristische Sekundärstruktur aus. Die Sequenzen der einen Gruppe ähneln denen der hnRNA-Introns. Daß RNA enzymatische Fähigkeiten haben kann, wird auch an der Selbstspaltung von Viroid-RNAs und der katalytischen Aktivität der RNase P deutlich. Diese Reaktionen werden wir in Kapitel 31 besprechen.
- Bei der Entfernung von Introns aus kernspezifischen tRNA-Vorläufern der Hefe kommen Enzymaktivitäten zur Wirkung, die offenbar in ähnlicher Weise an das Substrat herangehen wie die tRNA-prozessierenden Enzyme: In beiden Fällen ist die Konformation des tRNA-Vorläufers wesentlich.

Zwei grundsätzlich verschiedene Mechanismen kommen beim Spleißen zum Einsatz. Alle Introns außer denen der prä-tRNAs des Zellkernes werden durch Umesterungsreaktionen gespleißt. Die daran beteiligten katalytischen und sonstigen Komponenten sind freilich von Fall zu Fall verschieden. Die Introns der nucleären prä-tRNAs werden durch Strangspaltung und Ligation entfernt.

Viele Introns mit autonomer Spleißfähigkeit sind mobil, das heißt, sie können Kopien ihrer selbst in neue DNA-Orte einfügen. Man kann also wohl davon ausgehen, daß sie durch Insertion in bereits vorhandene Gene entstanden sind (Kapitel 31). Ob die Introns der Zellkerngene höherer Eukaryoten durch solche Insertionsereignisse entstanden sind oder ob sie sich zusammen mit ihrem Gen entwickelt haben, darüber läßt sich derzeit nur spekulieren. Was jedenfalls die Introns der kernlokalisierten prä-tRNAs anbetrifft, spricht sehr viel dafür, daß sie durch Insertion in ihre Gene gelangt sind.

30.1 Die Spleißstellen der hnRNA sind austauschbar, werden aber paarweise erkannt

Wenn man sich mit den molekularen Ereignissen beim Spleißen der Introns im Zellkern befaßt, muß man zunächst die Beschaffenheit der **Spleißstellen** untersuchen, also der beiden Exon-Intron-Grenzen, an denen der Strangbruch und die Neuverknüpfung erfolgt.

Die Übergänge zwischen Exons und Introns lassen sich ermitteln, indem man die Nucleotidsequenz einer mRNA mit der ihres Strukturgens vergleicht. Die beiden Enden eines Introns sind weder sonderlich homolog noch komplementär zueinander. Man findet jedoch an den Grenzen gut konservierte, wenngleich ziemlich kurze Consensussequenzen.

Ausgehend von der Konservierung der Exon-Intron-Grenzen kann man jedem Intron spezifische Enden zuweisen. Aus Sequenzvergleichen läßt sich die in Abbildung 30.3 gezeigte Consensussequenz ermitteln. (Wie sonst auch, ist hier die Sequenz desjenigen DNA-Stranges angegeben, die jener des RNA-Produkts entspricht.)

Die tiefgestellten Zahlen geben die prozentualen Häufigkeiten wieder, mit der eine bestimmte Base (beziehungsweise ein Basentyp) an der jeweiligen Consensusposition vorkommt. Eine hochgradige Konservierung findet man nur an den *äußersten Enden* des Introns, an den vermutlichen Grenzen zu den anliegenden Exons. Damit ergibt sich für ein Intron folgende Mustersequenz:

GT... ...AG

Da ein so festgelegtes Intron mit dem Dinucleotid GT beginnt und mit dem Dinucleotid AG endet, sagt man auch, daß die Grenzen der **GT-AG-Regel** gehorchen. (Die tatsächliche Sequenz in der RNA ist natürlich GU–AG.)

Man beachte, daß die beiden Stellen von unterschiedlicher Sequenz sind und somit dem Intron eine *Richtung*, einen Anfang und ein Ende, verleihen. Man bezeichnet sie daher nach ihrer Lage jeweils als die **linke** oder **5′**- und als die **rechte** oder **3′**-Spleißstelle, bisweilen auch als **Donor**- beziehungsweise **Akzeptorstelle**. Daß die Consensussequenzen mit der Erkennung der Spleißstellen in Verbindung stehen, wird an Punktmutationen ersichtlich, die das Spleißen *in vivo* und *in vitro* verhindern.

Die GT-AG-Regel beschreibt die Spleißstellen in den kernlokalisierten Genen vieler (vielleicht aller) Eukaryoten, was darauf hindeutet, daß es einen gemeinsamen Mechanismus zur Intronentfernung gibt. Die Consensussequenz gilt nicht für die Introns der Mitochondrien und Chloroplasten und auch nicht für die tRNA-Gene der Hefe. (Auf diese Fälle kommen wir später zurück.)

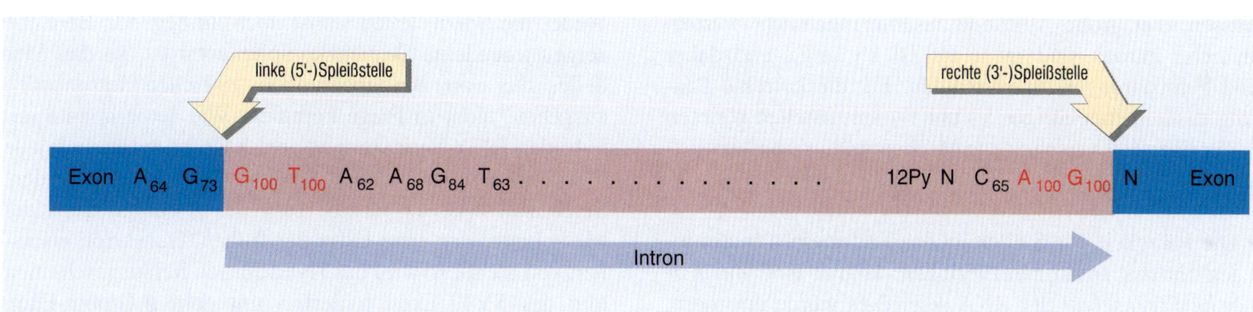

30.3 Die Enden nucleärer Introns sind durch die GT-AG-Regel definiert.

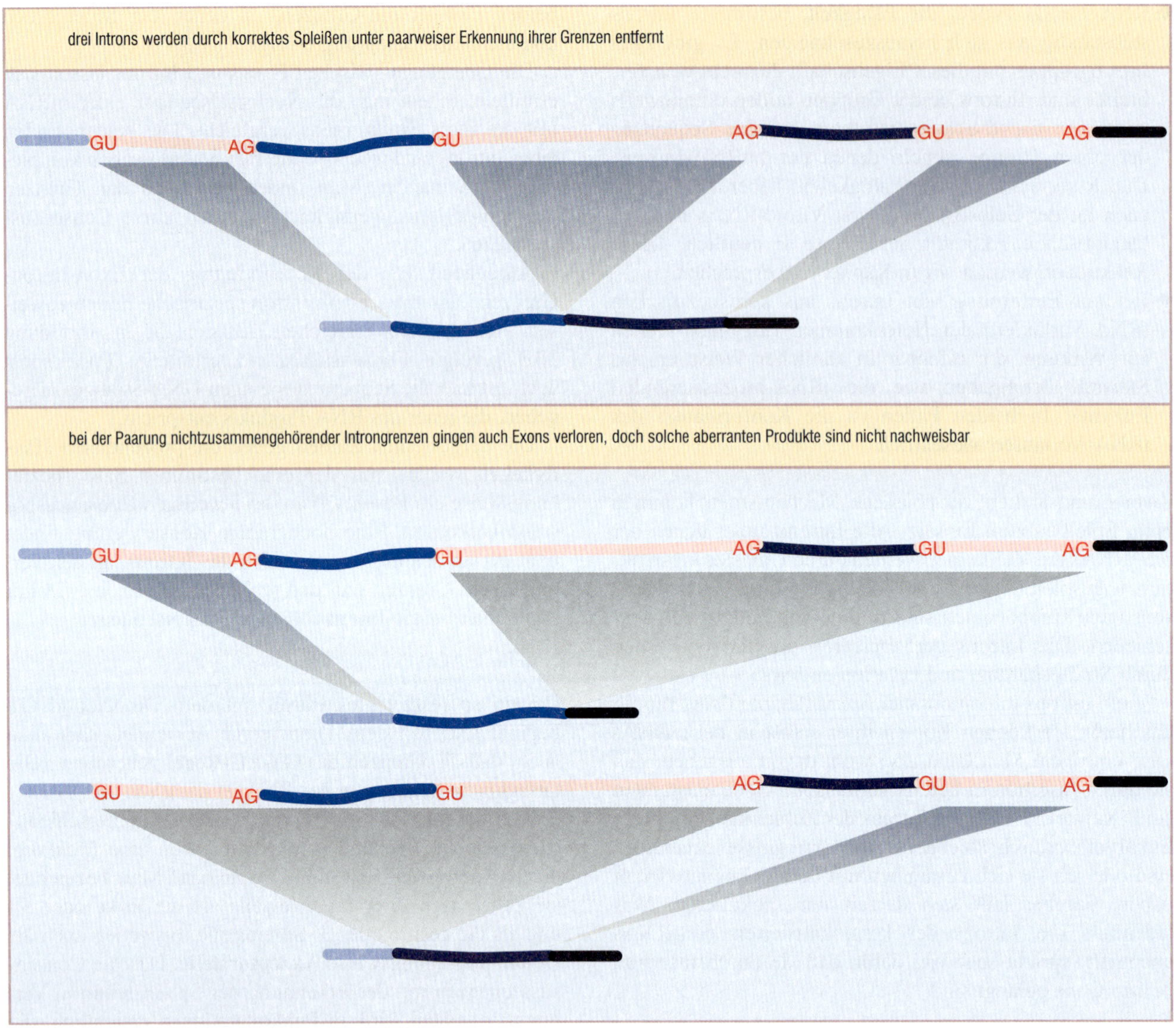

30.4 Spleißstellen werden nur in der richtigen Paarkombination erkannt.

Der Vorläufer einer typischen Säuger-mRNA enthält viele Introns. Das Grundproblem beim Spleißen im Zellkern, veranschaulicht in Abbildung 30.4, ergibt sich aus der Einfachheit der Spleißstellen: Wie wird erreicht, daß die Stellen in der richtigen Paarkombination zusammengespleißt werden? Die einander zugeordneten GU-AG-Paare müssen über große Abstände zusammengebracht werden (manche Introns sind mehr als 10 kb lang), und dabei sind Fehlpaarungen zu vermeiden. Für die korrekte Paarung zusammengehöriger 5′- und 3′-Spleißstellen könnten zwei prinzipiell verschiedene Mechanismen verantwortlich sein:

- Die Fähigkeit, die Stellen an den Enden eines bestimmten Introns zusammenzubringen, könnte eine *intrinsische Eigenschaft* der RNA sein. Dies würde erfordern, daß bestimmte Sequenzen oder Strukturen aufeinander passen.
- Alternativ könnten alle 5′-Spleißstellen funktionell gleichwertig sein, ebenso die 3′-Stellen. Das Spleißen würde dann nach bestimmten *Regeln* erfolgen, die sicherstellen, daß eine 5′-Stelle stets mit der in der RNA nächstgelegenen 3′-Stelle verbunden wird.

Weder die Spleißstellen selbst noch umliegende Bereiche zeigen irgendeine Sequenzkomplementarität, so daß Modelle, die von Basenpaarungen zwischen Intronenden ausgehen, nicht in Frage kommen. Wie Experimente mit hybriden RNA-Vorläufern zeigen, kann grundsätzlich jede 5′-Spleißstelle mit jeder 3′-Spleißstelle verknüpft werden. Setzt man z. B. das dritte Exon des β-Globin-Gens der Maus hinter das erste Exon der frühen Transkriptionseinheit von SV40, so wird das Hybridintron herausgeschnitten und das SV40-Exon fehlerfrei mit dem β-Globin-Exon verbunden. (Die in Abbildung 22.18 dargestellte Technik des *exon trapping*, der „Exonfalle“, beruht in der Tat darauf, daß solche Vorgänge möglich sind.) Derartige Experimente lassen zwei allgemeine Schlüsse zu:

- *Spleißstellen sind universell.* Sie zeigen keine Spezifität für bestimmte RNA-Vorläufer, und individuelle Vorläufer enthalten keine besonderen Informationen (etwa in Form bestimmter Sekundärstrukturen), die für das Spleißen erforderlich wären.
- *Der Spleißapparat ist nicht gewebsspezifisch.* Eine gegebene RNA wird gewöhnlich in jeder Zelle korrekt gespleißt, ob sie dort normalerweise zur Synthese gelangt oder nicht. (Das gewebsspezifische alternative Spleißen ist ein Ausnahmefall, auf den wir noch näher eingehen werden.)

Hier besteht ein Paradoxon. Wahrscheinlich wirken für den Spleißapparat alle 5'-Spleißstellen ähnlich, ebenso alle 3'-Stellen. *Im Prinzip könnte also jede 5'-Stelle mit jeder 3'-Stelle reagieren.* Doch unter normalen Umständen wird nur zwischen der 5'- und der 3'-Stelle *desselben* Introns gespleißt. *Durch welche Sicherungen ist die Erkennung von Spleißstellen derart eingeschränkt, daß der Spleißvorgang nur zwischen 5'- und 3'-Stellen stattfindet, die zum selben Intron gehören?*

Werden Introns einer bestimmten RNA in festgelegter *Reihenfolge* entfernt? Mit Hilfe des RNA-Blotting kann man im Zellkern RNA-Zwischenprodukte nachweisen, aus denen die Introns erst zum Teil entfernt worden sind. Abbildung 30.5 zeigt einen Northern Blot von Vorläufern der Ovomucoid-mRNA. Man erkennt eine Reihe abgrenzbarer Banden, was auf einen bestimmten Ablauf des Spleißens hindeutet. (Würden die sieben Introns in gänzlich zufälliger Reihenfolge entfernt, so gäbe es mehr als 300 Vorläufer mit unterschiedlichen Kombinationen noch enthaltener Introns, und einzelne Banden wären kaum zu sehen.)

Anscheinend gibt es keinen *obligatorischen* Verlauf, da sich Intermediate finden lassen, denen Introns in unterschiedlicher Kombination fehlen. Doch gibt es Hinweise für (mindestens) eine *bevorzugte* Abfolge der Intronentfernung. Wenn nur ein Intron fehlt, ist es praktisch immer das fünfte oder das sechste. Jedes von beiden kann zuerst verlorengehen. Sind bereits zwei Introns entfernt worden, handelt es sich meist wieder um Intron 5 und 6, doch gibt es auch andere Kombinationen. Die ersten drei Spleißschritte betreffen niemals oder nur sehr selten das Intron 3. Aus diesem Muster wird ein bevorzugter Verlauf der Spleißreaktionen ersichtlich, bei dem die Introns in der Reihenfolge 5/6, 7/4, 2, 3/1 aus der reifenden RNA verschwinden. Zweifellos gibt es hiervon Abweichungen; beispielsweise findet man auch Moleküle, bei denen Intron 4 oder 7 zuletzt entfernt werden. Bei der Interpretation dieser Ergebnisse ist allerdings Vorsicht angebracht, da man nicht weiß, ob aus sämtlichen dieser Zwischenstufen tatsächlich reife mRNA entsteht.

Die Konformation der RNA, so läßt sich aus dieser Analyse allgemein folgern, beeinflußt offenbar die Zugänglichkeit der Spleißstellen. Mit der Entfernung bestimmter

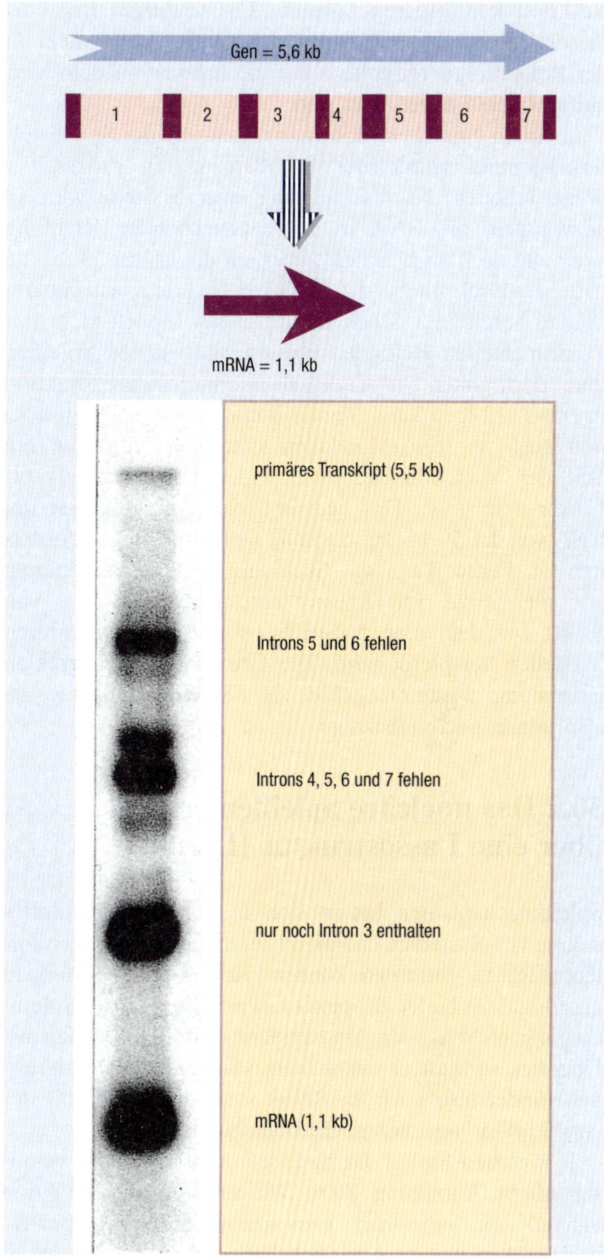

30.5 Ein Northern Blot von Kern-RNA, hybridisiert mit einer Ovomucoid-Sonde, macht verschiedene bevorzugt auftretende mRNA-Vorläufer sichtbar. Die Zusammensetzung der RNA-Moleküle in den deutlicher erscheinenden Banden ist angegeben. (Aufnahme mit freundlicher Genehmigung von Bert O'Malley.)

Introns ändert sich die RNA-Konformation, und neue Paare von Spleißstellen werden für den Spleißapparat erreichbar. Doch die Beobachtung, daß ein mRNA-Vorläufer seine Introns nicht nur in einer einzigen Reihenfolge verliert, legt nahe, daß jede Zwischenstufe in verschiedenen Konformationen vorliegen kann. Je länger das Molekül ist, desto mehr Konformationszustände wird es naturgemäß einnehmen können; bei größeren Genen wird es schwierig, sich vorzustellen, wie spezifische Sekundärstrukturen die

Reaktion kontrollieren könnten. Ein wichtiges Ergebnis dieser Untersuchungen lautet, daß die Reaktion nicht in der Reihenfolge verläuft, in der die Introns auf dem Vorläufermolekül angeordnet sind.

In einem einfachen Modell zur Kontrolle der Spleißstellenerkennung würde der Spleißapparat in prozessiver Weise arbeiten. Nach Erkennung einer 5′-Stelle wäre er gezwungen, die RNA in der entsprechenden Richtung nach und nach abzusuchen, bis er auf die nächste 3′-Stelle trifft. Dadurch bliebe der Spleißvorgang auf benachbarte Stellen beschränkt. Doch stimmt dieses Modell nicht mit experimentellen Befunden überein, nach denen Spleißen unter bestimmten Umständen als intermolekulare Reaktion in *trans* erfolgen kann (darauf kommen wir noch zurück) und auch an RNA-Molekülen stattfindet, in denen ein Teil der Nucleotidkette durch einen Polyethanolglycol-Linker ersetzt ist. Das bedeutet, daß ein Absuchen der RNA von der 5′- bis zur 3′-Stelle nicht unbedingt erforderlich ist. Ferner kann das Suchlaufmodell nicht erklären, wie alternative Spleißmuster entstehen, etwa jene von SV40, bei dem eine 5′-Stelle wahlweise mit mehreren 3′-Stellen verspleißt wird. Die Grundlage der korrekten Erkennung zusammengehörender Spleißstellenpaare ist also immer noch unbekannt.

30.2 Das nucleäre Spleißen erfolgt über eine Lassostruktur (Lariat)

Spleißmechanismen lassen sich *in vitro* unter Zuhilfenahme von Systemen charakterisieren, die Introns aus Vorläufer-RNAs entfernen können. Kernextrakte vermögen gereinigte Vorläufer zu spleißen, was zeigt, daß der Spleißvorgang nicht an den Transkriptionsprozeß gebunden ist. Überdies verläuft er unabhängig von RNA-Modifizierungen, findet also auch an RNAs statt, die weder mit der *cap*-Struktur versehen noch polyadenyliert sind.

In welchen Stufen das Spleißen *in vitro* abläuft, veranschaulicht Abbildung 30.6. Wir erörtern die Reaktion anhand der einzelnen identifizierbaren RNA-Spezies, doch sollten wir im Auge behalten, daß *in vivo* die exonhaltigen RNA-Fragmente nicht als freie Moleküle entlassen, sondern vom Spleißapparat weiterhin zusammengehalten werden.

Im ersten Schritt erfolgt an der 5′-Spleißstelle ein Schnitt, der das linke Exon vom rechten Intron-Exon-Molekül trennt. Das linke Exon liegt als lineares Molekül vor. Das rechte Molekül aus Intron und nachfolgendem Exon bildet eine Lassostruktur, ein **Lariat** (amerikanisches Lehnwort aus dem Spanischen: *la reata*, das Lasso), bei dem das entstandene freie 5′-Ende des Introns über eine 5′-2′-Bindung mit einer Base im Intron verknüpft wird. Die Zielbase ist ein A innerhalb einer Sequenz, die man ***branch site*** („Verzweigungstelle") nennt.

Beim zweiten Schritt wird das Intron durch einen Schnitt an der 3′-Spleißstelle in Lariatform freigesetzt und das rechte mit dem linken Exon ligiert (kovalent verknüpft), womit dieser Spleißvorgang vollendet ist. Die

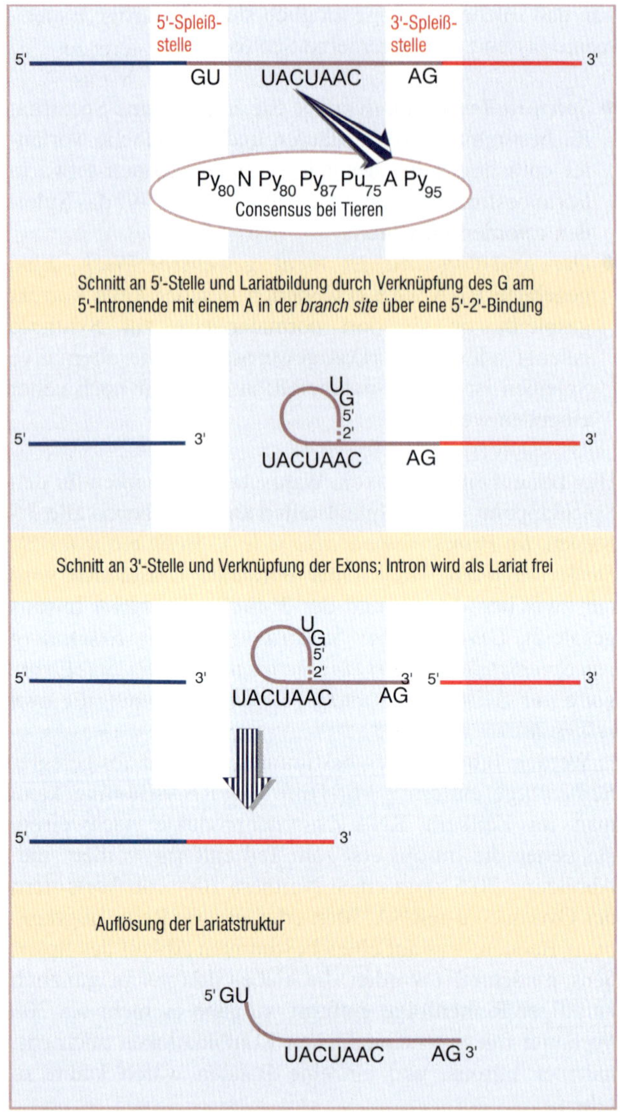

30.6 Der Spleißvorgang läuft in zwei Stufen ab. Zunächst wird das 5′-Exon vom 3′-Rest der RNA abgetrennt und anschließend mit dem 3′-Exon verknüpft.

Spaltungs- und Ligationsreaktionen sind in der Abbildung aus Gründen der Anschaulichkeit getrennt gezeigt, in Wahrheit erfolgen sie in Form eines einzigen koordinierten Transferschrittes.

Das freie Intron wird „entknüpft", verliert also seine Lassostruktur, und wird als nunmehr lineares Molekül rasch abgebaut.

Die zum Spleißen notwendigen Sequenzabschnitte sind die kurzen Consensussequenzen an der 5′- und der 3′-Spleißstelle und an der Verzweigungsstelle. Daraus und aus der Erkenntnis, daß der größte Teil eines Introns ohne Beeinträchtigung seiner Spleißbarkeit deletiert werden kann, läßt sich schließen, daß der Spleißvorgang keine spezifische Sekundärstruktur im Intron (oder Exon) verlangt.

Die *branch site* sorgt für die Erkennung der richtigen 3′-Spleißstelle. In der Hefe ist die *branch site* hochgradig konserviert und folgt der Consensussequenz UACUAAC.

Weniger konserviert ist sie in höheren Eukaryoten, doch zeigt sie in fast allen Positionen jeweils Präferenzen für Purine oder Pyrimidine und enthält natürlich das Zielnucleotid A, wie auch in Abbildung 30.6.

Die *branch site* liegt 18 bis 40 Nucleotide stromaufwärts von der 3′-Spleißstelle. Bei der Hefe verhindern Deletionen und andere Mutationen in der *branch site* das Spleißen. Höhere Eukaryoten können wegen der weniger festgelegten Consensussequenz ersatzweise auf nahegelegene ähnliche Sequenzen (kryptische *branch sites*) zurückgreifen, wenn die eigentliche *branch site* deletiert ist. Offenbar ist die Nähe zur 3′-Spleißstelle von Belang, denn eine kryptische *branch site* liegt immer dicht bei der Position der ursprünglichen. Wird eine kryptische Stelle in dieser Weise genutzt, so verläuft das Spleißen ansonsten augenscheinlich normal; es entstehen dieselben Produkte wie beim Wildtyp. *Demnach besteht die Aufgabe der branch site darin, die nächstgelegene 3′-Spleißstelle erkennbar zu machen, um so deren Verknüpfung mit der 5′-Spleißstelle zu ermöglichen.*

Die Bindung, durch die das Lariat entsteht, erstreckt sich von der 5′-Position des G, das sich stets am (vormaligen) 5′-Ende des Introns befindet, zur 2′-Position des stets vorhandenen A in der *branch site*. In der UACUAAC-Box der Hefe ist es der dritte A-Rest.

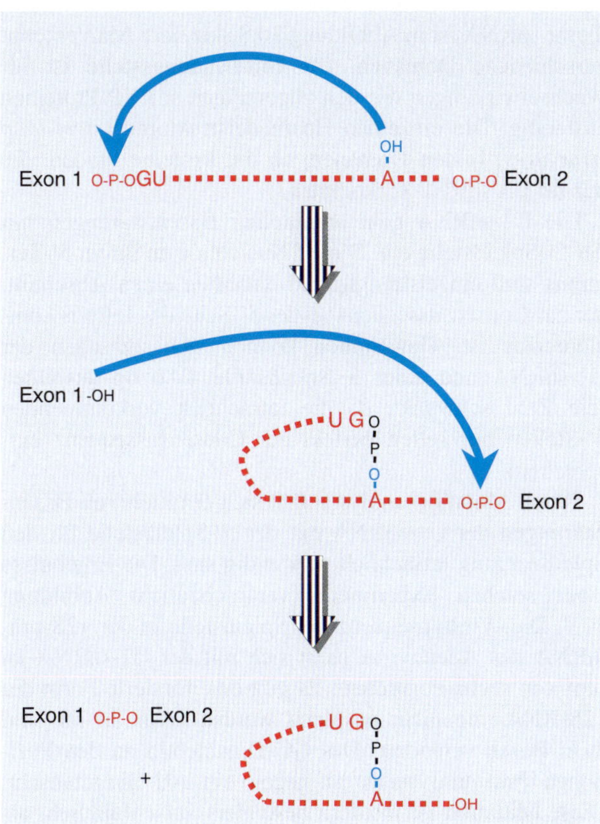

30.7 Spleißen im Zellkern erfolgt über zwei Umesterungsreaktionen, bei denen jeweils ein freies OH-Ende eine Phosphodiesterbindung angreift.

Chemisch gesehen ist die Spleißreaktion eine **Umesterung**: Es werden keine neuen Bindungen geschaffen, sondern vorhandene verschoben. Wie Abbildung 30.7 zeigt, ist der erste Schritt ein nucleophiler Angriff der 2′-OH-Gruppe des invarianten A in der UACUAAC-Sequenz auf die 5′-Spleißstelle. Im zweiten Schritt greift die freie 3′-OH-Gruppe des bei der ersten Reaktion abgespaltenen Exons nunmehr die Phosphodiesterbindung an der 3′-Spleißstelle an. (Am tatsächlichen Reaktionsverlauf sind wahrscheinlich allgemeine Säuren und Basen beteiligt, die in der Abbildung weggelassen sind: Eine allgemeine Base entzieht der 2′-OH-Gruppe ein Proton und eine allgemeine Säure gibt an den 3′-Sauerstoff des freigesetzten Exons ein Proton ab. Ähnliches geschieht in der zweiten Reaktion.) Man beachte, daß die Zahl der Phosphodiesterbindungen erhalten bleibt. Ursprünglich lagen zwei 5′-3′-Bindungen an den Exon-Intron-Grenzen vor; eine davon ist durch die 5′-3′-Bindung zwischen den nunmehr verknüpften Exons ersetzt, die andere durch die 5′-2′-Bindung, die das Lariat bilden.

30.3 Das Spleißen erfordert snRNAs, welche das Spleißosom bilden

Die 5′- und die 3′-Spleißstelle sowie die *branch site* werden durch Komponenten des Spleißapparats erkannt, die sich zu einem großen Komplex zusammenlagern. Dieser Komplex führt die Consensussequenzen zusammen, bevor irgendeine Reaktion erfolgt, was erklärt, weshalb eine Abweichung in einer der Sequenzstellen die Einleitung der Reaktion verhindern kann. Der Komplex bildet sich schrittweise – es lassen sich Komplexe verschiedener Größe fraktionieren und dadurch eine Reihe von Zwischenstufen identifizieren. Der Spleißvorgang setzt erst ein, wenn sich sämtliche Komponenten zusammengelagert haben. Die Reaktion geht mit der Freisetzung einiger Komponenten und der Umstrukturierung anderer einher.

Der Spleißapparat enthält sowohl Proteine als auch RNAs. Die RNAs sind relativ klein und liegen als Ribonucleoproteinpartikel vor. Zellkern wie auch Cytoplasma eukaryotischer Zellen enthalten viele einzelne kleine RNA-Spezies. Deren Größe reicht von 100 bis 300 Basen in höheren Eukaryoten bis zu rund 1 000 Basen in der Hefe. Ihre jeweilige Häufigkeit schwankt beträchtlich. Biochemischen Messungen zufolge sind die zahlreicheren unter ihnen in der Zelle mit 105 bis 106 Molekülen vertreten. Andere, deren Konzentrationen für einen biochemischen Nachweis zu niedrig sind, ließen sich mittels funktioneller Tests auf Prozessierungsreaktionen, an denen sie beteiligt sind, identifizieren.

Die entsprechenden RNAs, die nur im Zellkern vorkommen, heißen **kleine Kern-RNAs** (*small nuclear RNAs*, **snRNA**), solche im Cytoplasma **kleine cytoplasmatische RNAs** (*small cytoplasmic RNAs*, **scRNA**). Natürlicherweise kommen sie eingebunden in Ribonucleoproteinpartikeln vor (snRNP und scRNP), die man bisweilen salopp als ***snurps*** und ***scyrps*** bezeichnet. Im Nucleolus findet man eine weitere Klasse kleiner RNAs namens SnoRNAs, die an der Prozessierung ribosomaler RNA beteiligt sind.

Die am Spleißvorgang mitwirkenden snRNPs bilden zusammen mit einigen weiteren Proteinen einen großen partikulären Komplex: das **Spleißosom** (*spliceosome*). Aus *in vitro*-Spleißsystemen isoliert, umfaßt es einen Ribonucleoproteinkomplex von 50 S bis 60 S. Das Spleißosom bildet sich wahrscheinlich stufenweise unter allmählichem Hinzutreten der einzelnen snRNPs, wobei wohl mehrere „Präspleißkomplexe" durchlaufen werden. Es ist eine umfangreiche Struktur von ähnlicher Größe wie eine ribosomale Untereinheit.

Das Spleißosom formiert sich an einer intakten Vorläufer-RNA und nimmt dann einen Übergangszustand an, in welchem es das abgetrennte lineare 5′-Exon-Molekül und das „rechte" Intron-Exon-Molekül in dessen Lariatform enthält. Fertige Spleißprodukte lassen sich im Komplex kaum finden, was darauf hindeutet, daß nach der Spaltung der 3′-Stelle und der Ligation der Exons das Spleißprodukt den Komplex sofort verläßt.

Man kann davon ausgehen, daß die snRNP-Partikel die Struktur des Spleißosoms wesentlich gestalten. Wie das Ribosom wird auch das Spleißosom gleichermaßen durch RNA-RNA-, RNA-Protein- und Protein-Protein-Wechselwirkungen zusammengehalten. Einige der Reaktionen, an denen die snRNPs mitwirken, erfordern, daß deren RNAs in direkter Weise Basenpaarungen mit Sequenzen in der zu spleißenden RNA eingehen, andere erfordern Erkennungsvorgänge zwischen verschiedenen snRNPs oder zwischen ihren Proteinen und anderen Bestandteilen des Spleißosoms.

Welche Bedeutung den snRNAs zukommt, läßt sich in der Hefe direkt ermitteln, indem man Mutationen in den entsprechenden Genen setzt. Mutationen in fünf snRNA-Genen der Hefe können das Spleißen behindern und sind letal. Die betreffenden snRNAs sind in der Hefe recht rar, ihre Gegenstücke in höheren eukaryotischen Zellen sind reichlicher vorhanden. Sämtliche am Spleißen mitwirkenden snRNAs lassen sich in konservierter Form in Säuger-, Vögel- und Insektenzellen wiederfinden. Die entsprechenden RNAs der Hefe sind meist länger, doch enthalten sie konservierte Merkmale, die ähnlich auch in den snRNAs höherer Eukaryoten vorkommen. Daneben gibt es viele weitere snRNAs; einige der häufigeren davon sind offenbar entbehrlich, zumindest dem Mangel an Auswirkungen nach zu urteilen, den entsprechende Mutationen in der Hefe haben.

Die am Spleißen beteiligten snRNPs sind U1, U2, U5 und U4/U6. Namensgebend für diese *snurps* sind die enthaltenen snRNAs. Die snRNPs U1, U2 und U5 enthalten jeweils die entsprechende snRNA und diverse (weniger als 20) Proteine; das snRNP U4/U6 umfaßt die snRNAs U4 und U6 und ebenfalls eine Reihe von Proteinen. In den snRNPs kommen insgesamt etwa 40 verschiedene Proteine vor. Allen diesen snRNPs ist eine Kernstruktur aus acht Proteinen gemein, die sämtlich von einem Autoimmunantiserum namens **anti-Sm** erkannt werden. Konservierte Sequenzen innerhalb dieser Proteine bilden wahrscheinlich das Antigen, gegen das sich die Antikörper im Serum richten. Die fraglichen Proteine sind offenbar an der entsprechenden Autoimmunreaktion beteiligt; allerdings ist unklar, in welcher Beziehung sie zu den Symptomen der Autoimmunerkrankung stehen.

Manche der Proteine in den snRNPs dürften unmittelbar am Spleißvorgang mitwirken, andere übernehmen wahrscheinlich wesentliche strukturbildende Aufgaben oder sind für die Zusammenlagerung der snRNP-Partikel oder für die Wechselwirkungen zwischen ihnen erforderlich. Die meisten der am Spleißen beteiligten Proteine sind Bestandteile der snRNPs; zusätzlich werden einige weitere Proteine ins Spleißosom aufgenommen, die man unter dem allgemeinen Begriff „Spleißfaktoren" subsummiert.

Der Spleißvorgang läßt sich grob in zwei Phasen unterteilen. Zuerst werden die Consensussequenzen erkannt, und der Komplex lagert sich zusammen; anschließend ändern Spaltungs- und Ligationsreaktionen die Struktur der Substrat-RNA.

Bei der Erkennung der Consensussequenzen kommen sowohl RNAs als auch Proteine zum Einsatz. Bestimmte snRNAs enthalten Sequenzen, die zueinander oder zu den Consensussequenzen im Substrat komplementär sind; Basenpaarungen zwischen snRNAs und prä-mRNA und zwischen den snRNAs untereinander spielen beim Spleißen eine bedeutsame Rolle.

Das U1-snRNP des Menschen besteht aus acht Proteinen und der U1-RNA. Die wahrscheinliche Sekundärstruktur dieser snRNA ist in Abbildung 30.8 skizziert. Man erkennt verschiedene Domänen. Die Sm-Bindungsstelle ist für Wechselwirkungen mit den allgemeinen snRNP-Proteinen zuständig. Die einzelnen Haarnadelstrukturen (*stem-loop structures*) bilden Domänen, an die Proteine binden, die nur im U1-snRNP vorkommen.

Die U1-snRNA geht unmittelbar Basenpaarungen mit der 5′-Spleißstelle ein. Die elf Nucleotide an ihrem 5′-Terminus sind einzelsträngig und enthalten einen Abschnitt, der zur Consensussequenz an der 5′-Seite des Introns komplementär ist. Gewöhnlich können sich zwischen der U1-snRNA und einer 5′-Spleißstelle 4–6 bp ausbilden (die Zahl schwankt, da die tatsächlich vorkommenden 5′-Stellen nur selten perfekt der Consensussequenz entsprechen).

Durch Mutationsanalysen läßt sich ermitteln, ob Basenpaarungen der U1-snRNA mit der 5′-Spleißstelle für den Spleißvorgang tatsächlich notwendig sind. Die Ergebnisse eines solchen Experiments veranschaulicht Abbildung 30.9. Die Wildtypsequenz der Spleißstelle in der 12S-prä-mRNA des Adenovirus paart sich mit der U1-snRNA an fünf von sechs Positionen. Es gibt eine mutierte Form der 12S-RNA, die nicht gespleißt werden kann. In ihr sind zwei Basen verändert: Das GG-Dinucleotid an den Positionen fünf und sechs ist gegen ein AU ausgetauscht. Diese Mutation ist insofern besonders aufschlußreich, als durch sie die *Gesamtzahl* der Basenpaare nicht geändert wird: An der einen Position geht die Komplementarität zwar verloren, doch an der anderen entsteht ein neues Basenpaar. Somit ist nicht allein entscheidend, wie viele

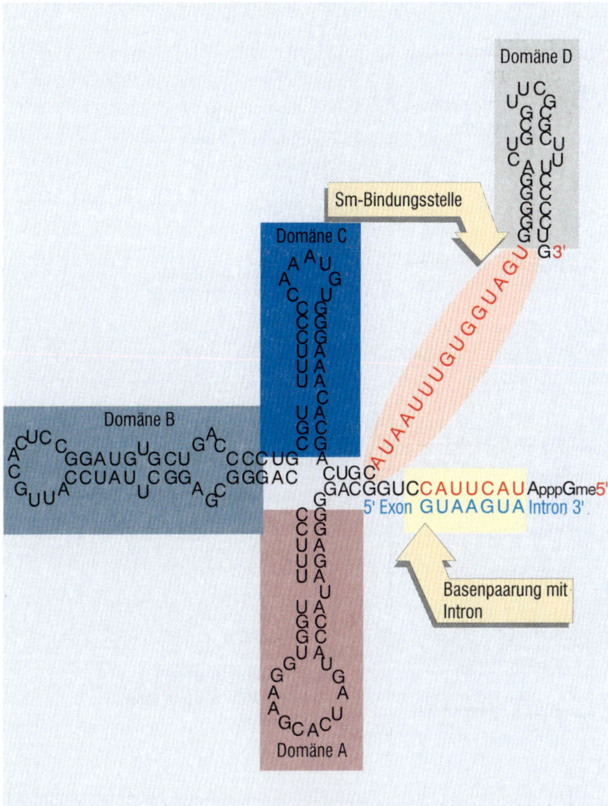

30.8 Durch intramolekulare Basenpaarungen entstehen in der U1-snRNA mehrere Domänen. Das 5′-Ende bleibt einzelsträngig und kann mit einer 5′-Spleißstelle Basenpaarungen eingehen.

Basenpaare insgesamt zwischen der U1-RNA und der 5′-Spleißstelle gebildet werden, es kommt offenbar auch darauf an, an *welchen* Positionen Paarungen erfolgen.

Setzt man ins U1-Gen eine Mutation, welche die Paarung in Position 5 wiederherstellt, kann die mutierte 12S-RNA normal gespleißt werden. Ähnliches läßt sich auch im Falle anderer mutierter Spleißstellen beobachten: Entsprechende „Gegenmutationen" in der U1-snRNA machen die nutzlos gewordene Spleißstelle wieder funktionstüchtig. Diese Befunde legen eine allgemeine Regel nahe: *Basenpaarungen zwischen der U1-snRNA und der 5′-Spleißstelle sind für den Spleißvorgang notwendig, doch wird die Effizienz des Spleißens nicht allein durch die Anzahl der Basenpaare bestimmt, die sich bilden können.*

Abbildung 30.10 zeigt die Funktionen der verschiedenen snRNPs in den einzelnen Phasen des Spleißvorgangs. Im ersten Schritt bildet sich der E-Komplex (*early presplicing complex*, der frühe Präspleißkomplex), der das U1-snRNP, den Spleißfaktor U2AF und einige weitere Proteine enthält. Der E-Komplex wird mitunter auch „Anbahnungskomplex" (*commitment complex*) genannt, da er eine prä-mRNA als Substrat für die Formierung des Spleißkomplexes kenntlich macht.

Zunächst lagert sich das U1-snRNP mittels Basenpaarungen an die 5′-Spleißstelle an. Der Spleißfaktor U2AF

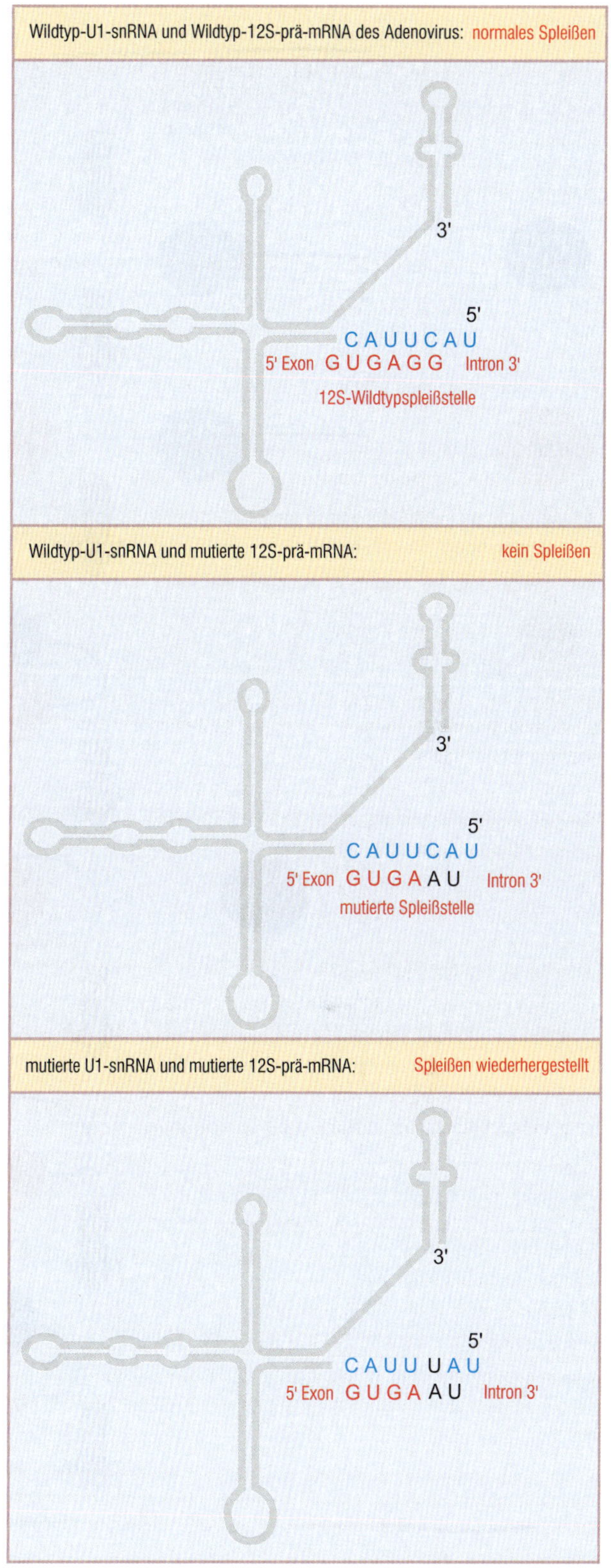

30.9 Mutationen, die eine 5′-Spleißstelle funktionsuntüchtig machen, können durch Mutationen in der U1-snRNA ausgeglichen werden, wenn dadurch die Basenpaarung wieder stimmt.

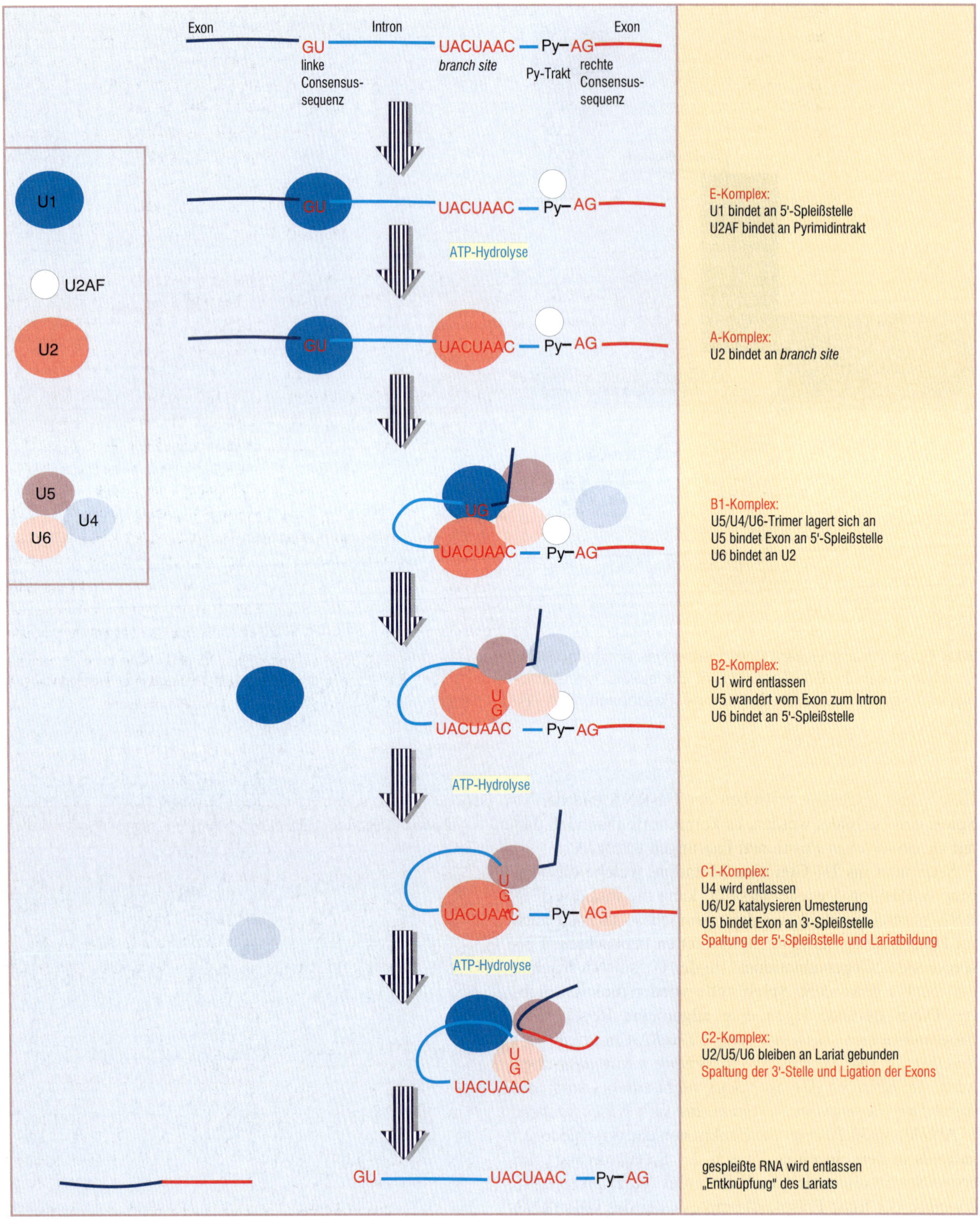

30.10 Die Spleißreaktion verläuft über mehrere abgrenzbare Schritte, in denen sich das Spleißosom nach und nach zusammenlagert. Dabei treten Komponenten, welche die Intron-Consensussequenzen erkennen, mit diesen und miteinander in Wechselwirkung.

bindet an einen Pyrimidintrakt stromabwärts von der *branch site*. Seine Bezeichnung rührt daher, daß er ursprünglich als Hilfsfaktor für U2 (*U2 auxiliary factor*) isoliert wurde. Sowohl das U1-snRNP als auch U2AF sind notwendig, damit sich das U2-snRNP an die *branch site* anlagern kann. Die U2-snRNA enthält einen Abschnitt, der zur *branch site* komplementär ist: Eine Sequenz nahe am 5′-Ende dieser snRNA paart sich mit der *branch site* im Intron. Dabei entsteht in der Hefe typischerweise ein doppelsträngiger Bereich von 7 bp, der die gesamte UACUAAC-Box umfaßt, wie in Abbildung 30.12 gezeigt wird. Mehrere Proteine des U2-snRNP binden unmittelbar stromaufwärts von der *branch site* an die Substrat-RNA. Mit dem Hinzutreten des U2-snRNP geht der E-Komplex in den A-Präspleißkomplex über. Die Anbindung des U2-snRNP verläuft unter Hydrolyse von ATP und designiert die prä-mRNA für den Spleißvorgang.

Der E-Komplex könnte auf verschiedene Weise entstehen. Abbildung 30.11 zeigt zwei Möglichkeiten. Der direkte Weg, links dargestellt, entspricht einer „Binnenerkennung" beider Spleißstellen quer über das Intron. Die Gegenwart des U1-snRNP an der 5′-Spleißstelle ist notwendig, damit U2AF in der Nähe der *branch site* bindet, was wiederum ermöglicht, daß das 5′- und das 3′-Ende das Introns in diesem Komplex zusammengeführt werden. Der E-Komplex geht in den A-Komplex über, wenn sich das U2-snRNP an die *branch site* anlagert. *Auf diese Weise werden die beiden Spleißstellen erkannt, ohne daß irgendwelche Sequenzen außerhalb des Introns dazu beitragen müssen.*

Der Komplex enthält Mitglieder der Familie der „SR-Proteine", die wichtige Spleißfaktoren und -regulatoren umfaßt. Sechs Vertreter dieser Gruppe sind inzwischen gut charakterisiert, freilich gibt es viele weitere. Sie enthalten einen serin- und argininreichen Abschnitt variabler Länge, von dem ihre Bezeichnung herrührt. Sie binden an RNA, ohne große Sequenzspezifität zu zeigen; gleichwohl sind sie unverzichtbare Bestandteile des Spleißosoms, da sie möglicherweise eine Art Grundgerüst auf dem RNA-Substrat bilden. Wie in der Abbildung skizziert, schlagen sie eine Brücke zwischen U2AF und U1. In einem Extremfall können SR-Proteine offenbar U2AF und dem U2-snRNP dazu verhelfen, *in vitro* auch in Abwesenheit von U1 an RNA zu binden, was vielleicht bedeutet, daß das Spleißen auch über einen Weg erfolgen kann, der ohne U1 auskommt.

Manche 3′-Spleißstellen sind „schwach", binden U2AF und das U2-snRNP nur unzureichend. Dann bedarf es zusätzlicher Sequenzen, die SR-Proteine binden, welche nun ihrerseits U2AF bei der Anlagerung an die *branch site* unterstützen. Solche Sequenzen nennt man „Spleißverstärker" (*splicing enhancers*); man findet sie zumeist im „rechten" Exon, also dem, das stromabwärts von der 3′-Spleißstelle liegt.

Der alternative Weg zur Spleißosombildung, in Abbildung 30.11 rechts gezeigt, könnte beschritten werden, wenn das Intron lang und die 3′-Spleißstelle schwach ist.

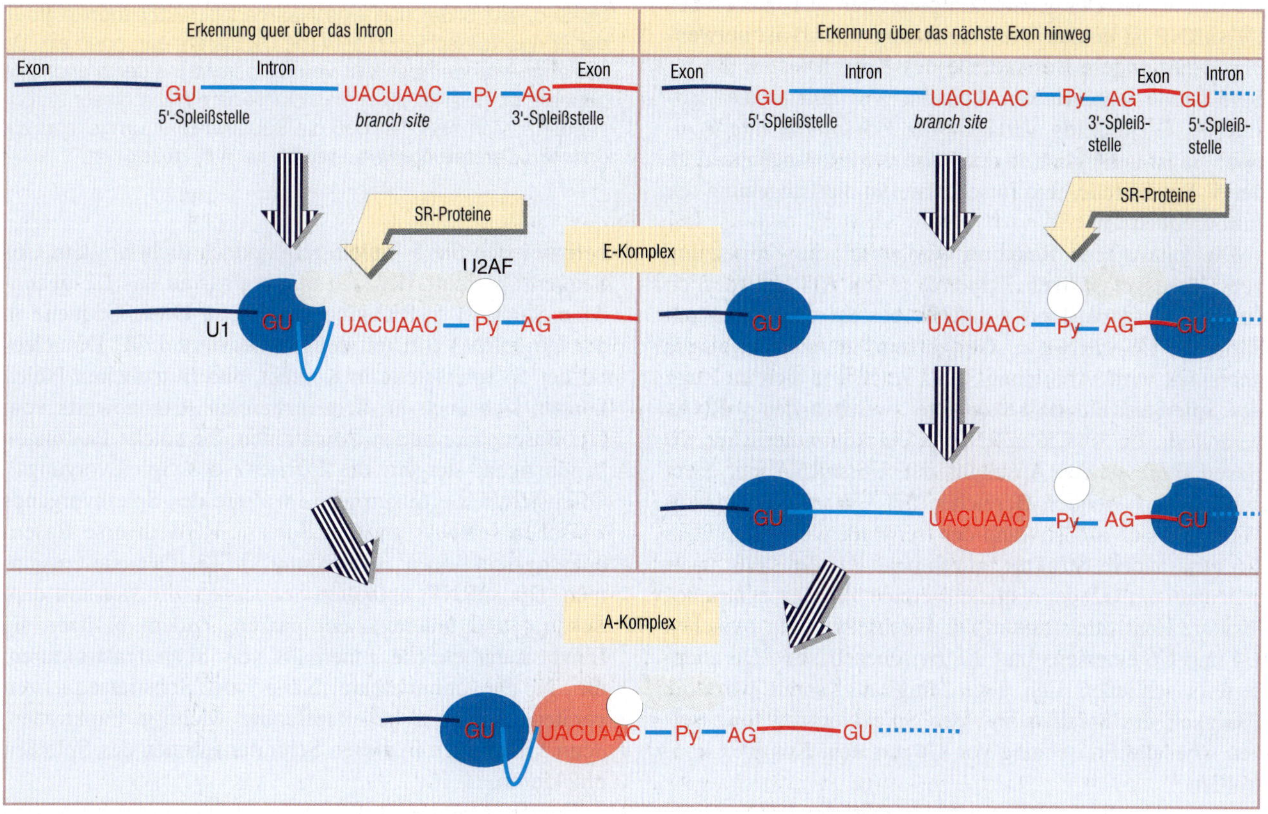

30.11 Für die Erkennung der beiden Spleißstellen eines Introns gibt es möglicherweise verschiedene Wege.

Wie gewöhnlich wird dabei zunächst die 5′-Spleißstelle durch die U1-snRNA erkannt. Die Erkennung der 3′-Stelle hingegen erfolgt durch einen Komplex, der das *nächste Exon überspannt*: Die 5′-Spleißstelle an dessen Ende bindet ebenfalls eine U1-snRNA. Diese U1-snRNA wird nun über SR-Proteine mit dem Spleißfaktor U2AF an der *branch site* im stromaufwärtigen Intron verbunden. Wenn das U2-snRNP hinzukommt und der A-Komplex entsteht, findet eine Umlagerung statt, bei der die richtige 5′-Spleißstelle – die des zu spleißenden Introns – die stromabwärts, jenseits des nächsten Exons gelegene falsche 5′-Spleißstelle im Komplex verdrängt. Im Gegensatz zum vorhin beschriebenen sind bei diesem Spleißweg Sequenzen involviert, die außerhalb des Introns (stromabwärts davon) liegen, im Falle des in der Abbildung skizzierten Modells also die nächstgelegene 5′-Spleißstelle.

Auf welche Weise die Auswahl der richtigen *branch site* und 3′-Spleißstelle für eine gegebene 5′-Spleißstelle getroffen wird, weiß man nicht. Der Schritt, bei dem die beiden Enden eines Introns zusammenkommen, mag von der Art der Spleißreaktion abhängen. Falls die Erkennung innerhalb des Introns erfolgt, könnte er im E-Komplex stattfinden; falls jedoch stromabwärts gelegene Sequenzen bei der Erkennung mitwirken, dürfte er sich kaum vor der Formierung des späten B-Komplexes ereignen.

Der B1-Komplex entsteht, wenn ein Trimer aus den U5- und U4/U6-snRNPs hinzutritt (Abbildung 30.10). Dieser Komplex wird als das eigentliche Spleißosom aufgefaßt, da er alle Komponenten enthält, die für die Spleißreaktion gebraucht werden. Er geht in den B2-Komplex über, wenn U1 sich ablöst. Der genaue Zeitpunkt der Dissoziation des U1-snRNP ist unklar. Die Freisetzung von U1 ist notwendig, damit andere Bestandteile des Komplexes an die 5′-Spleißstelle heranrücken können, vor allem die U6-snRNA. Gleichzeitig verlagert die U5-snRNA ihre Position; sie ist anfänglich in der Nähe der Exonsequenzen an der 5′-Spleißstelle, und rutscht dann in die Umgebung der Intronsequenzen.

Die katalytische Reaktion wird durch die Freisetzung von U4 ausgelöst, wobei Hydrolyse von ATP erforderlich ist. Die Aufgabe der U4-snRNA besteht wahrscheinlich darin, die U6-snRNA in „Gewahrsam" zu nehmen, bis sie gebraucht wird. Abbildung 30.12 zeigt, wie sich im Zuge des Spleißens die Basenkontakte zwischen den snRNAs verändern. Im U4/U6-snRNP ist ein kontinuierlicher, 26 Basen umfassender Abschnitt der U6-snRNA mit zwei auseinanderliegenden Bereichen der U4-snRNA gepaart. Wenn U4 sich ablöst, kann der freiwerdende Abschnitt in U6 eine andere Struktur einnehmen. Ein Teilstück paart sich dann mit U2, der restliche Bereich bildet eine intramolekulare Haarnadelstruktur. Die Wechselwirkung zwischen U4 und U6 einerseits und die zwischen U2 und U6 andererseits schließen sich gegenseitig aus; somit wird die Fähigkeit des Spleißosoms, den Spleißvorgang fortzusetzen, über die Freisetzung von U4 aus dem Komplex kontrolliert.

Zwar zeigt die Abbildung aus Gründen der Anschaulichkeit das RNA-Substrat in gestreckter Form, tatsächlich befindet sich die 5′-Spleißstelle jedoch dicht an dem U6-Sequenzabschnitt, der sich unmittelbar an das U2-gebundene Stück in 5′-Richtung anschließt. Diese Sequenz in der U6-snRNA tritt mit dem konservierten GU-Dinucleotid der 5′-Spleißstelle in Kontakt, und in manchen Fällen können sich auch im Sequenzbereich stromabwärts vom GU Basenpaare bilden (Mutationen, die solche Paarungen begünstigen, steigern die Effizienz des Spleißvorgangs). Offensichtlich erfolgen also im Zuge des Spleißvorgangs zwischen snRNAs und der Substrat-RNA diverse Basenpaarungsreaktionen; Abbildung 30.13 faßt sie zusammen. Die snRNPs enthalten Sequenzen, die sich mit dem Substrat und untereinander paaren. Zudem besitzen sie Einzelstrangbereiche innerhalb von Schleifenstrukturen, die in die unmittelbare Nähe von Substratsequenzen geraten. Auch sie haben offenbar wichtige Funktionen, denn Mutationen in diesen Schleifen können das Spleißen blockieren.

Derzeit ist unbekannt, welche Aufgaben die RNA- und die Proteinkomponenten des Spleißosoms im einzelnen

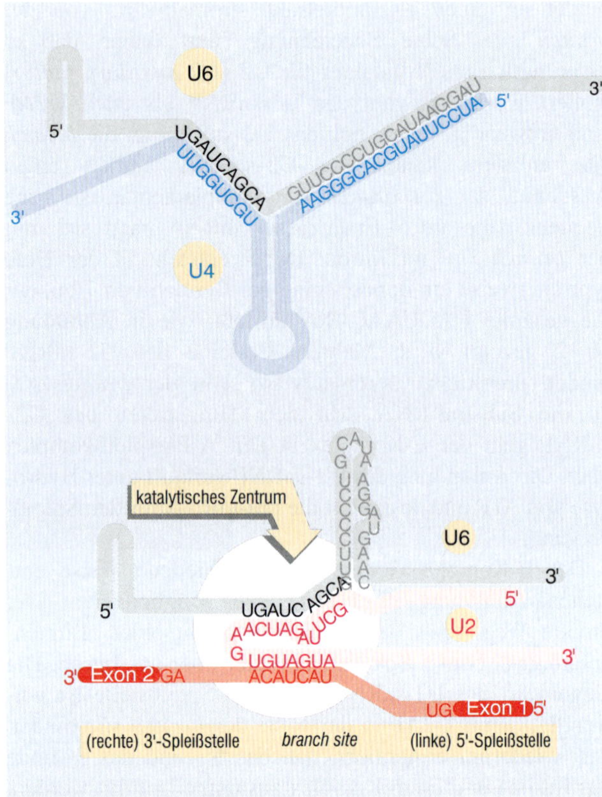

30.12 Die U6-U4-Paarung läßt keine Paarung zwischen U6 und U2 zu. Bei der Eingliederung ins Spleißosom ist U6 mit U4 gepaart. Wenn U4 den Komplex wieder verläßt, kann die U6-RNA ihre Konformation ändern: Ein Teil der freigewordenen U6-Sequenz bildet nun eine Haarnadelstruktur (dunkelgrau), der übrige Teil (schwarz) geht mit U2 Basenpaarungen ein. Da der angrenzende Abschnitt von U2 bereits mit der *branch site* gepaart ist, gelangt U6 in die unmittelbare Nähe dieser Intronsequenz. Man beachte, daß die Substrat-RNA umgekehrt zur üblichen Darstellungsweise von 3′ nach 5′ gezeigt ist.

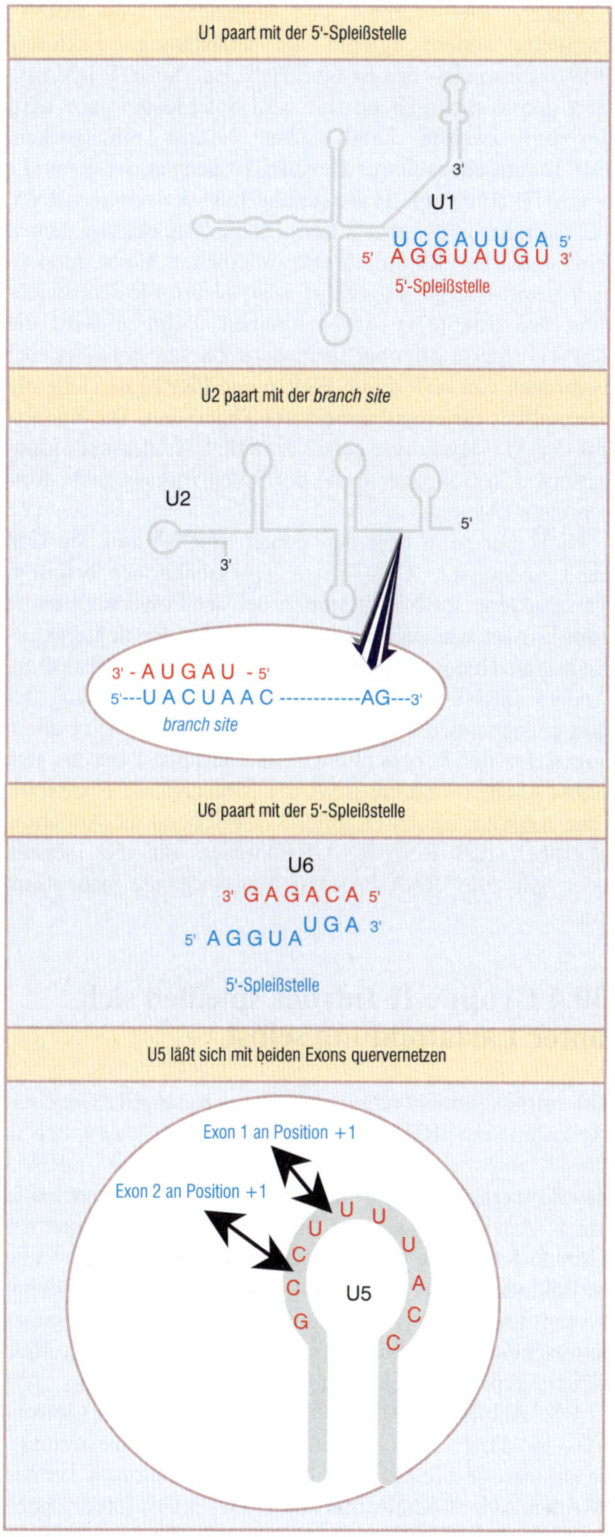

30.13 Spleißen geht mit einer Serie von Basenpaarungsreaktionen zwischen snRNAs und Consensussequenzen in der Substrat-RNA einher.

jeweils wahrnehmen. Wie man immerhin weiß, entsteht durch die Basenpaarung zwischen U2 und U6 eine Struktur, die dem aktiven Zentrum der im nächsten Abschnitt beschriebenen Gruppe-II-Introns ähnelt (Abbildung 30.17). Die katalytische Komponente ist also möglicherweise in einer RNA-Struktur lokalisiert, die aus der U2-U6-Interaktion erwächst. U6 geht Basenpaarungen mit der 5′-Spleißstelle ein; Vernetzungsexperimente zeigen, daß eine Schleife in der U5-snRNA in unmittelbarer Nähe der ersten Basenpositionen beider Exons zu liegen kommt. Obwohl man schließen kann, wie Substrat (5′-Spleißstelle und *branch site*) und *snurps* (U2 und U6) sich am katalytischen Zentrum einander annähern (Abbildung 30.12) ließen sich die Komponenten, welche die Umesterung in Gang setzen, bislang nicht direkt identifizieren.

Die Bildung des Lariats an der *branch site* legt fest, welche 3′-Spleißstelle benutzt wird, denn Angriffsziel der zweiten Umesterung wird diejenige 3′-Stelle, die der Anknüpfstelle des Lariats in 3′-Richtung am nächsten liegt. Die zweite Spleißreaktion folgt rasch. Damit sie ablaufen kann, muß das U5-snRNP an der 3′-Spleißstelle gebunden sein. Ob dabei die RNA-Komponente des snRNP die Consensussequenz der Spleißstelle über Basenkontakte erkennt, weiß man allerdings nicht. Eine komplementäre Region steht in einzelsträngiger Form jedenfalls nicht zur Verfügung. Vielleicht kommen hier Proteinbestandteile des snRNP zum Zuge. Es ließ sich zumindest ein Protein identifizieren, das an die Stelle bindet und Bestandteil des snRNP-Partikels sein könnte, möglicherweise als locker gebundenes Mitglied des Komplexes.

Aus all diesen Beobachtungen kann man eine wichtige Schlußfolgerung ziehen: *Die snRNA-Komponenten des Spleißapparats treten sowohl untereinander als auch mit der Substrat-RNA über Basenpaarungen in Wechselwirkung. Diese Interaktionen bringen Strukturübergänge mit sich, die reagierende Gruppen zusammenführen und möglicherweise sogar katalytische Zentren schaffen.* Zudem sind die Konformationsänderungen in den snRNAs reversibel. Die U6-snRNA beispielsweise wird bei einer Spleißreaktion nicht verbraucht; nach Abschluß des Vorgangs muß sie sich von der U2-snRNA ablösen, so daß sie erneut Doppelstrangstrukturen mit U4 ausbilden kann und für den nächsten Spleißvorgang wieder zur Verfügung steht.

Wir haben einzelne Reaktionen beschrieben, an denen die jeweiligen snRNPs mitwirken, doch kann man angesichts der komplexen Reaktionsfolge des Spleißprozesses erwarten, daß ein gegebenes snRNP mehr als nur eine Aufgabe erfüllt. So ist etwa die Fähigkeit des U1-snRNP, die Anbindung des U2-snRNP an die *branch site* zu fördern, nicht mit seiner Fähigkeit gekoppelt, sich an die 5′-Spleißstelle anzulagern. Ebenso lassen sich in der U2-snRNA verschiedene Bereiche eingrenzen, die unabhängig voneinander für die Bindung an die *branch site* beziehungsweise für Wechselwirkungen mit anderen Komponenten des Spleißapparats erforderlich sind.

Abbildung 30.14 zeigt eine elektronenmikroskopische Aufnahme von Säugerspleißosomen, bestehend aus den snRNPs U1, U2, U4, U5 und U6 sowie weiteren Proteinen. Die Spleißosomen erscheinen als Partikel mit einer Ausdehnung von etwa 25 nm × 50 nm und umfassen offenbar

30.14 Spleißosomen sind ellipsoide Partikel mit verschiedenen abgrenzbaren Regionen. Der Balken entspricht 50 nm. (Aufnahme mit freundlicher Genehmigung von Tom Maniatis.)

diskrete Domänen, die durch starre Strukturen zusammengehalten werden. Einzelne snRNP-Partikel weisen Durchmesser von mehr als acht Nanometer auf, so daß vier snRNP-Typen zusammen den größten Anteil an Masse und Volumen des Spleißosoms ausmachen könnten. Möglicherweise entsprechen die Domänen im Partikel individuellen snRNPs.

Man hat intensive Mutationsanalysen bei der Hefe durchgeführt, um sowohl die RNA- als auch die Proteinkomponenten des Spleißosoms zu identifizieren. Mutationen in spleißrelevanten Genen geben sich durch die Anhäufung ungespleißter Vorläufer-RNAs zu erkennen. Eine Gruppe von Loci, deren Gene Proteine codieren, die möglicherweise am Spleißen beteiligt sind, erhielt ursprünglich die Bezeichnung *RNA*, ist inzwischen jedoch unter dem Namen *PRP* (für Prä-RNA-Prozessierung) besser bekannt. Einige Produkte dieser Gene enthalten Motive, die sie als RNA-bindende Proteine ausweisen, und manche sind offenbar mit einer Familie ATP-abhängiger RNA-Helicasen verwandt. Vermutlich tragen neben RNA-RNA- auch Protein-RNA-Wechselwirkungen wesentlich dazu bei, daß zum Spleißen notwendige Strukturen in der prä-mRNA und den snRNA-Komponenten des Spleißosoms geschaffen und wieder aufgelöst werden.

Manche PRP-Proteine sind Bestandteile von snRNP-Partikeln, andere agieren als unabhängige Faktoren. PRP16 beispielsweise ist eine Helicase, die ATP hydrolysiert und vorübergehend mit dem Spleißosom assoziiert, um am zweiten katalytischen Schritt mitzuwirken. PRP22, um ein weiteres Beispiel zu nennen, ist ebenfalls eine ATP-abhängige Helicase und hilft der reifen mRNA, sich vom Spleißosom zu lösen. Da die Zahl der kovalenten Bindungen bei der Spleißreaktion erhalten bleibt, muß an sich keine Energie zugeführt werden, um die Umschichtung der Bindungen voranzutreiben. Folglich wird die ATP-Hydrolyse offenbar für andere Zwecke benötigt. Der Verbrauch von ATP durch PRP16 und PRP22 ist vielleicht beispielhaft für ein allgemeineres Phänomen: Die Energie aus der ATP-Hydrolyse setzt vermutlich Konformationsänderungen in Gang, ohne die der Spleißvorgang nicht fortschreiten könnte.

Nicht nur beim Spleißen wirken snRNPs mit, sie sind auch an anderen RNA-Prozessierungreaktionen beteiligt. Verschiedene snRNPs kommen bei der Polyadenylierung zum Einsatz wie auch bei der Erzeugung der richtigen 3′-Enden an Histon-mRNAs bei *Xenopus* (Abschnitt 30.8). Andere snRNPs sind im Zellkern zur Prozessierung der dort entstehenden rRNA-Vorläufer erforderlich. Vor allem angesichts der Beobachtungen, daß Gruppe-I-Introns sich selbst spleißen und die RNA der Ribonuclease P katalytische Aktivität besitzt (Kapitel 31), erscheint die Annahme plausibel, daß RNA-RNA-Reaktionen für die meisten oder gar alle RNA-Prozessierungsvorgänge bedeutsam sind.

30.4 Gruppe-II-Introns spleißen sich unter Lariatbildung selbst

Die Introns proteincodierender Gene (sogar aller Gene mit Ausnahme der tRNA-Gene des Zellkernes) lassen sich in drei Klassen einteilen. Den Introns in den prä-mRNAs des Zellkernes sind nur das GU- und das AG-Dinucleotid am 5′- beziehungsweise 3′-Ende gemeinsam. Introns der Gruppe I und der Gruppe II kommen in Organellen und in Bakterien vor (erstere auch im Zellkern niederer Eukaryoten) und lassen sich anhand ihrer internen Organisation unterscheiden: Sie können sich zu einer für die jeweilige Gruppe typischen Sekundärstruktur zusammenfalten.

Wie Abbildung 30.15 zeigt, werden diese drei Intronklassen durch zwei aufeinanderfolgende Umesterungsreaktionen gespleißt (im Falle der Zellkernintrons kennen wir den Ablauf bereits aus Abbildung 30.7). In der ersten Reaktion bricht eine freie Hydroxylgruppe (bei Zellkern- und Gruppe-II-Introns eine interne 2′-OH-Gruppe, bei Gruppe-I-Introns die 3′-OH-Gruppe eines freien Guaninnucleotids) die 5′-Exon-Intron-Verbindung auf. In der zweiten greift die freie 3′-OH-Gruppe am Ende des nunmehr abgetrennten 5′-Exons die 3′-Intron-Exon-Verbindung an.

Introns der Gruppe I sind häufiger als solche der Gruppe II. Die beiden Klassen sind einander kaum ähnlich, doch

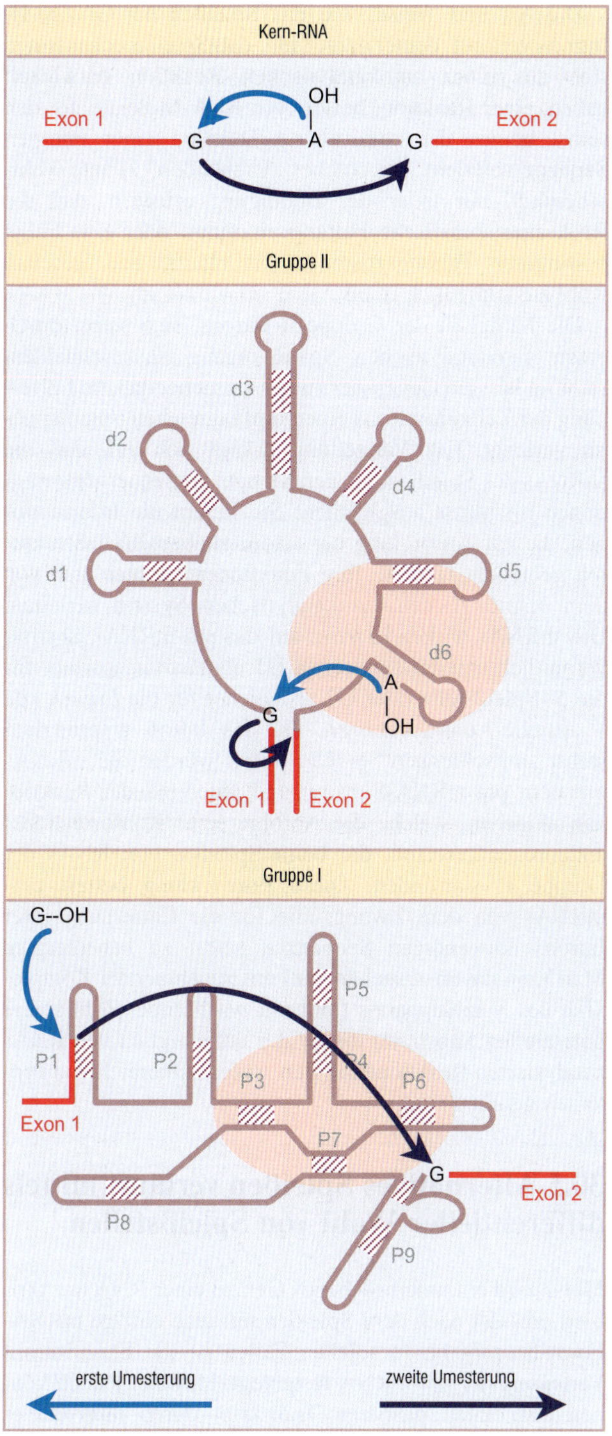

30.15 Drei Formen von Spleißreaktionen verlaufen über jeweils zwei Umesterungen. Zunächst greift eine freie OH-Gruppe die Phosphodiesterbindung zwischen Exon 1 und dem Intron an. Dadurch entsteht am 3′-Ende von Exon 1 wiederum eine freie OH-Gruppe, und diese reagiert nun ihrerseits mit der Phosphodiesterbindung zwischen Intron und Exon 2.

eine bemerkenswerte Eigenschaft eint sie: Eine entsprechende RNA kann die Spleißreaktion *in vitro* selbständig durchführen, ohne auf die Enzymaktivität von Proteinen angewiesen zu sein. Freilich brauchen solche RNAs *in vivo* mit ziemlicher Sicherheit die Mithilfe von Proteinen, um sich richtig zu falten. Auf die katalytische Reaktion bei den Introns der Gruppe I werden wir in Kapitel 31 eingehen; in diesem Kapitel untersuchen wir die Gemeinsamkeiten zwischen den Spleißvorgängen bei Gruppe-II- und Zellkernintrons.

Mitochondriale Introns der Gruppe II sind mit Spleißstellen ausgestattet, die denen der Zellkernintrons ähneln. Und wie bei diesen verläuft der Spleißvorgang über ein Lariat, das durch eine 5′-2′-Bindung zusammengehalten wird. Abbildung 30.16 zeigt ein solches durch das Spleißen eines Gruppe-II-Introns entstandenes Lariat. Inkubiert man eine RNA der Gruppe II *in vitro*, ohne weitere Faktoren hinzuzufügen, so erweist sich, daß sie die Spleißreaktion alleine durchführt. Demnach kann die RNA-Sequenz eines Gruppe-II-Introns die beiden in Abbildung 30.15 gezeigten Umesterungen also eigenständig vornehmen. Da die Zahl der Phosphodiesterbindungen im Zuge der Reaktion erhalten bleibt, ist keine Energiezufuhr von außen notwendig, ein Umstand, der für die Evolution des Spleißvorgangs vielleicht bedeutsam gewesen ist.

Ein Intron der Gruppe II nimmt eine Sekundärstruktur an, in der zwei Domänen dicht nebeneinander zu liegen kommen: Domäne 5 ist durch zwei Basen von Domäne 6 getrennt, und letztere enthält den A-Rest, der die 2′-OH-Gruppe für die erste Umesterungsreaktion zur Verfügung stellt. Insgesamt entsteht so in der RNA ein katalytisches Zentrum. In Abbildung 30.17 wird diese Sekundärstruktur mit der Struktur des Komplexes verglichen, der sich an Zellkernintrons infolge der Wechselwirkungen von U6

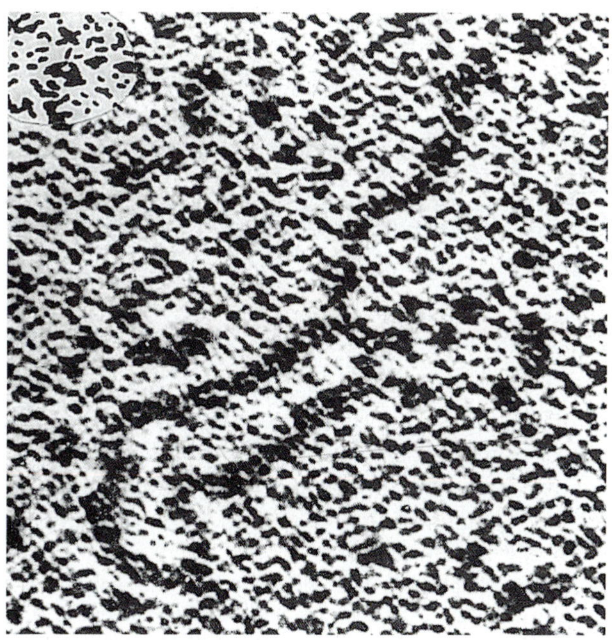

30.16 Mitochondriale Introns der Gruppe II gehen aus dem Spleißvorgang als stabile Lariate hervor. (Aufnahme mit freundlicher Genehmigung von Leslie Grivell und Annika Arnberg.)

mit U2 und von U2 mit der Verzweigungsstelle formiert. Auf der Ähnlichkeit beider Strukturen gründet die Annahme, daß U6 eine katalytische Funktion wahrnehmen könnte.

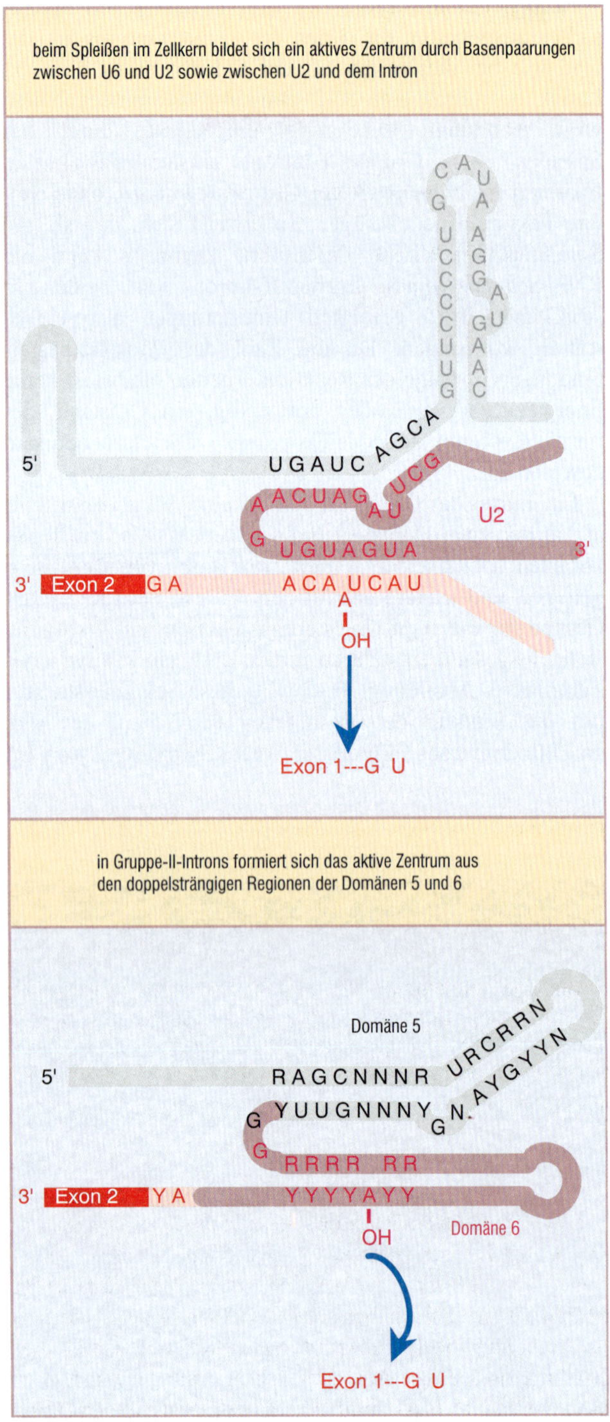

30.17 Beim Spleißen von Zellkernintrons und solcher der Gruppe II bilden sich ähnliche Sekundärstrukturen aus. Die beteiligten Sequenzen sind im Zellkern enger gefaßt als bei Gruppe-II-Introns: Letztere greifen auf Positionen zurück, die von einem der beiden Purine (R) beziehungsweise einem der beiden Pyrimidine (Y) besetzt sein können.

Die Art und Weise, wie das Spleißen bei Gruppe-II-Introns verläuft, deutet darauf hin, daß Spleißmechanismen sich aus einer autokatalytischen Reaktion entwickelt haben, einer Reaktion, bei der ein RNA-Molekül aus sich selbst heraus die kontrollierte Deletion einer internen Sequenz vollzieht. Ein solches „Urspleißen" konnte wahrscheinlich nur unter der Bedingung erfolgen, daß die RNA eine spezifische Faltung einnimmt oder eine Folge bestimmter Faltungszustände durchläuft, und geschah wohl ausschließlich in *cis*.

Die Fähigkeit der Gruppe-II-Introns, sich selbst durch einen autokatalytischen Spleißvorgang auszuschneiden, steht im krassen Gegensatz zu der Tatsache, daß die Entfernung der Zellkernintrons einen umfangreichen Spleißapparat verlangt. Die Vorstellung drängt sich auf, daß die snRNAs des Spleißosoms den Mangel an Sequenzinformationen im Intron ausgleichen: Sie liefern die Informationen, die zur Ausbildung der erforderlichen RNA-Strukturen gebraucht werden. Ihre Funktionen könnten sich von dem ursprünglichen autokatalytischen System herleiten. Die snRNAs wirken in *trans* auf das prä-mRNA-Substrat; vermutlich agieren sie – etwa U1 als Paarungspartner für die 5′-Spleißstelle oder U2 als solcher für die *branch site* – anstelle von Sequenzen, die das Intron ursprünglich selbst „mitschleppen" mußte. Somit würden die snRNAs mit dem prä-mRNA-Substrat und untereinander Reaktionen eingehen, welche die Abfolge jener Konformationsänderungen ersetzen, die beim Spleißen von RNAs der Gruppe II stattfinden. Diese Entwicklung befreit prä-mRNAs von dem Zwang, alle für die Entfernung ihrer Introns notwendigen Sequenzen selbst zu beherbergen. Man kann davon ausgehen, daß mit zunehmender Komplexität des Spleißapparats (und mit wachsender Zahl seiner potentiellen Substrate) einige der ursprünglich von RNAs katalysierten Reaktionen in den Aufgabenbereich von Proteinen gefallen sind.

30.5 Alternatives Spleißen verläuft mittels differentieller Wahl von Spleißstellen

Meist wird ein unterbrochenes Gen zu einer RNA transkribiert, aus der nach dem Spleißen nur eine einzige mRNA-Form hervorgeht. In solchen Fällen ist die Exon-Intron-Verteilung der prä-mRNA festgelegt. Mitunter jedoch können aus einem primären Transkript durch **alternatives Spleißen** unterschiedliche reife mRNAs entstehen. Dieser Mechanismus erlaubt variable Beziehungen zwischen einem Gen und seinem mRNA-Produkt. Manche Viren nutzen ihn, um die Möglichkeiten ihres knappen Genoms besser auszuschöpfen; man findet ihn aber auch bei verschiedenen zellulären Genen. Bisweilen bestimmt die Beschaffenheit des primären Transkripts, in welcher mRNA-Form das Gen zur Expression gelangt (welches Protein also letztlich entsteht): Das Spleißmuster kann nämlich davon abhängen, an welchem Startpunkt ein Transkript beginnt oder mit welcher Terminationssequenz es endet. Doch auch ein vorgegebenes Transkript kann unterschiedliche Spleißwege durchlaufen, in denen unter den vorhandenen potentiellen Exons eine jeweils andere Auswahl getroffen wird: Exons können ausgetauscht, weggelassen oder hinzugefügt werden. In manchen Fällen entstehen alle unterschiedlichen Spleißprodukte in derselben Zelle; in anderen wird der Prozeß reguliert, so daß bestimmte Spleißmuster nur unter bestimmten Bedingungen auftreten.

Die Frage drängt sich auf, was die Auswahl solch alternativer Spleißwege kontrolliert. Proteine, unter deren Einfluß der Spleißapparat bestimmte alternative Spleißstellen bevorzugt, ließen sich durch zwei Herangehensweisen ausfindig machen. Im Falle einiger Säugersysteme war es möglich, alternative Spleißvorgänge *in vitro* zu untersuchen und daran beteiligte Proteine zu identifizieren. Bei *D. melanogaster* können abweichende alternative Spleißmuster daher rühren, daß ein alternativ zu spleißendes Gen selbst mutiert ist oder daß Mutationen in Genen vorliegen, deren Produkte für die Reaktion notwendig sind.

Abbildung 30.18 zeigt Beispiele, bei denen eine Spleißstelle konstant bleibt und die andere wechseln kann. Das große (*large*) T- und das kleine (*small*) t-Antigen von SV40 wie auch die Produkte der E1A-Region des Adenovirus entstehen durch Verknüpfung wechselnder 5′-Stellen mit einer konstanten 3′-Stelle. Im Fall der T/t-Antigene fällt bei Verwendung der T-mRNA-spezifischen 5′-Stelle ein Terminationscodon weg, das in der t-mRNA enthalten bleibt; das T-Antigen ist also, trotz seiner kürzeren mRNA, größer als das t-Antigen. Bei den E1A-Produkten verschiebt eine der 5′-Stellen das Leseraster im letzten Exon, so daß sich auch hier die C-terminalen Abschnitte der entstehenden Proteine deutlich unterscheiden. In beiden Beispielen finden die alternativen Spleißereignisse in allen Zellen statt, die das Gen exprimieren; mithin werden stets sämtliche Proteinprodukte hergestellt.

Verschiedene Zelltypen produzieren das große T- und das kleine t-Antigen in unterschiedlichen Mengenverhältnissen. Extrakte aus Zellen, in denen während einer Infektion relativ viel t-Antigen entsteht, erzeugen in einem *in vitro*-System auch mehr RNA mit dem t-Spleißmuster. Ein aus diesen Zellen isoliertes Protein kann in Extrakten aus anderen Zelltypen die bevorzugte Produktion der RNA für das kleine t-Antigen bewirken. Dieses Protein, ASF (alternativer Spleißfaktor) genannt, erwies sich als identisch mit dem Spleißfaktor SF2, der für die ersten Schritte der Spleißosomformierung und für die erste Schnitt- und Ligationsreaktion benötigt wird. SF2 ist ein RNA-bindendes Protein aus der SR-Familie. Gehen in einer prä-mRNA zwei 5′-Spleißstellen einer 3′-Spleißstelle voraus, so begünstigt eine erhöhte SF2-Konzentration die Verwendung derjenigen 5′-Stelle, die der 3′-Stelle am nächsten liegt. Diesem Effekt von SF2 kann ein anderer Spleißfaktor, SF5, entgegenwirken. Welche molekularen Aufgaben diese Faktoren im einzelnen haben, ist noch unbekannt, doch in groben Zügen zeichnet sich ab, daß alternative Spleißvorgänge mit wechselnden 5′-Stellen offenbar durch Proteine beeinflußt werden können, die an der Spleißosomformierung beteiligt sind.

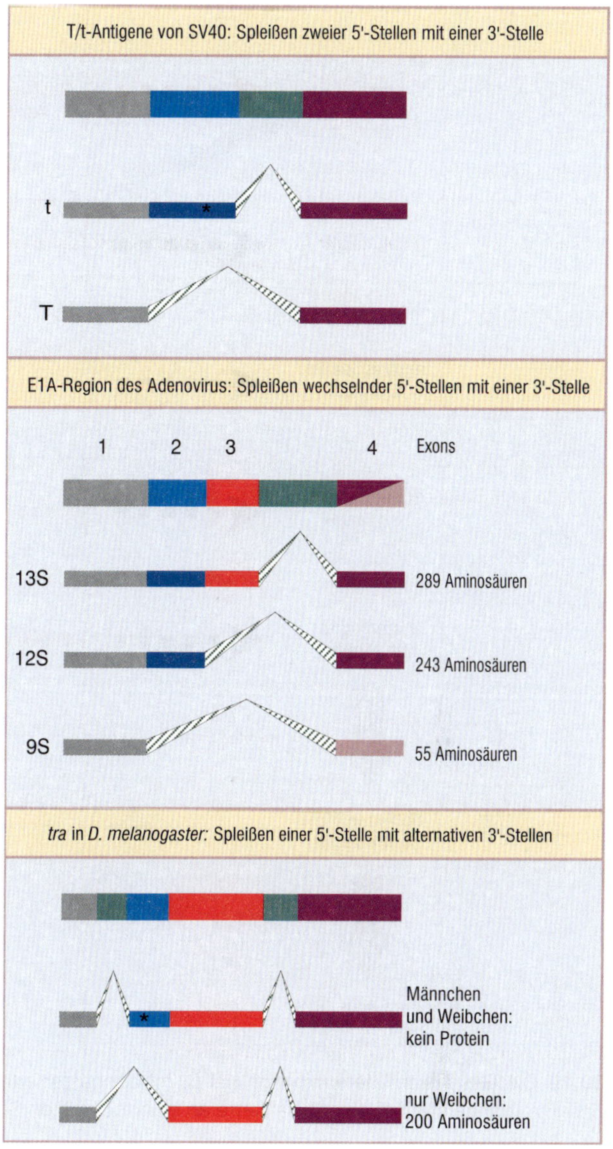

30.18 Durch alternative Spleißvorgänge können aus dem Transkript eines Gens verschiedene Proteinprodukte hervorgehen. Ein Wechsel der Spleißstellen kann ein Stopcodon (Sternchen) in die mRNA geraten lassen oder das Leseraster verschieben.

Der Regulationsweg der Geschlechtsbestimmung bei *D. melanogaster* beinhaltet Wechselwirkungen einer Serie von Genen, wobei alternative Spleißvorgänge Männchen und Weibchen unterscheiden. Der Ablauf ist in Abbildung 30.19 skizziert. Das Zahlenverhältnis von X-Chromosomen zu Autosomen bestimmt die Expression von *sex-lethal* (*sxl*), und Expressionsänderungen übertragen sich stufenweise auf die anderen Gene bis hin zu *doublesex* (*dsx*), dem letzten Glied in der Kette.

Die Kette beginnt mit dem geschlechtsspezifischen Spleißen von *sxl* nach dem gleichen Muster wie in Abbildung 30.20 für *dsx* gezeigt. Das Exon 3 des *sxl*-Gens enthält ein Terminationscodon, das die Synthese eines

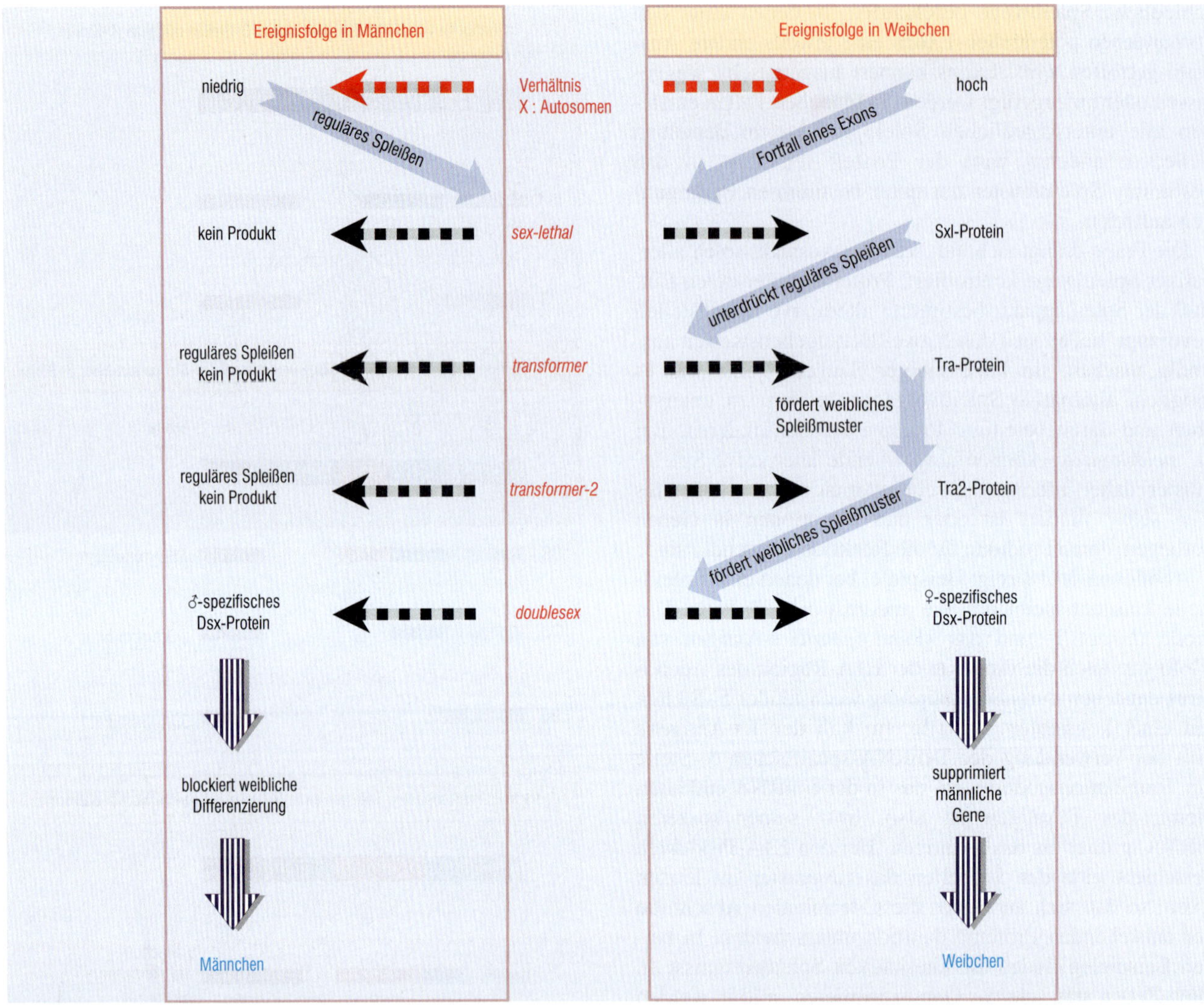

30.19 Die Geschlechtsdetermination bei *D. melanogaster* erfolgt über eine Kette von Reaktionen, bei der in Weibchen atypische Spleißvorgänge stattfinden. Ist die Kette an einer beliebigen Stelle unterbrochen, entwickelt sich der männliche Phänotyp.

funktionellen Proteins verhindert. Die mRNA von Männchen schließt dieses Exon ein, die von Weibchen nicht. Als Folge erzeugen nur Weibchen das Sxl-Protein. Es enthält eine Anhäufung basischer Aminosäuren, wie sie ähnlich auch in anderen RNA-bindenden Proteinen vorkommt.

In Gegenwart des Sxl-Proteins ändert sich das Spleißmuster des Gens *transformer* (*tra*). Wie in Abbildung 30.18 gezeigt, kann bei diesem Gen eine konstante 5′-Stelle an alternative 3′-Stellen gespleißt werden. Das eine Spleißmuster erfolgt sowohl in Männchen als auch in Weibchen und führt zu einer RNA, die ein frühes Terminationscodon enthält. Das Sxl-Protein unterdrückt die Verwendung der normalen 3′-Stelle, so daß die nächstfolgende 3′-Stelle zum Einsatz kommt, mithin ein zweites Spleißmuster entsteht, bei dem ein ganzes Exon fortfällt. Dadurch wird in Weibchen eine mRNA erzeugt, die ein Protein codiert.

Somit bringt *tra* nur in Weibchen ein Protein zur Synthese, und zwar einen Spleißregulator. Ebenso wird *tra2* nicht in Männchen, sondern nur in Weibchen als Protein exprimiert. Die Proteine Tra und Tra2 sind SR-Spleißfaktoren, die unmittelbar auf ihre Zieltranskripte wirken. Sie arbeiten (in Weibchen) zusammen, um das Spleißen von *dsx* zu beeinflussen.

Abbildung 30.20 zeigt Fallbeispiele, in denen je nach Spleißstellenwahl Exons oder Introns hinzugefügt oder ersetzt werden, wiederum mit dem Resultat, daß unterschiedliche Proteinprodukte entstehen. Beim *dsx*-Gen spleißen Weibchen die 5′-Stelle des dritten Introns an dessen 3′-Stelle; als Folge terminiert die Translation am Ende des vierten Exons. Männchen dagegen spleißen die 5′-Stelle des dritten Introns direkt an die 3′-Stelle des vierten, so daß Exon 4 aus der mRNA ausgespart wird und die Translation bis ins sechste Exon fortschreiten kann. Das Ergebnis des alternativen Spleißens ist, daß in beiden

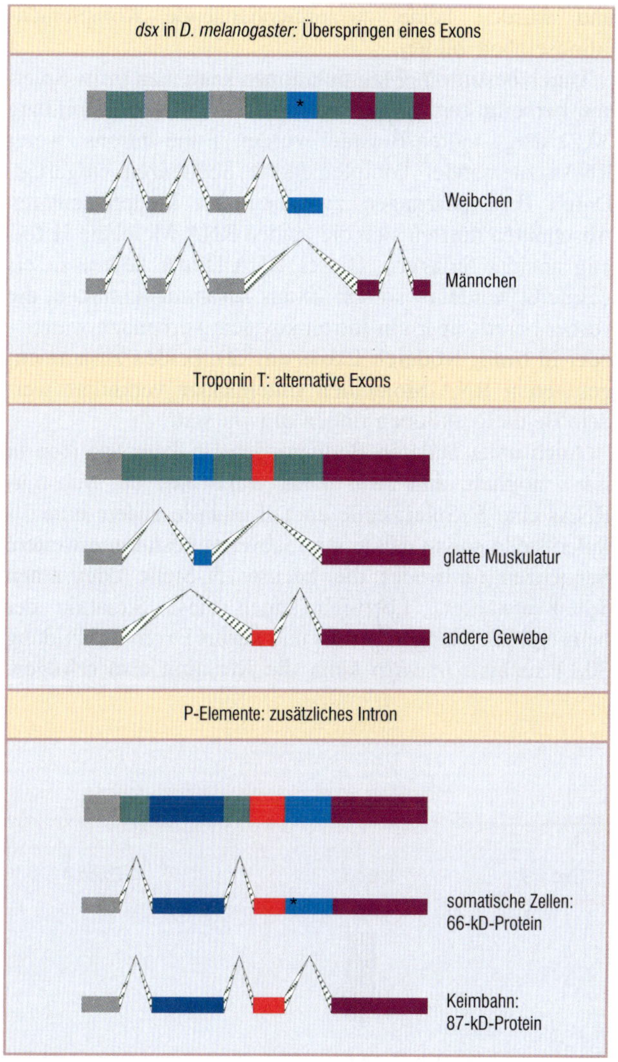

30.20 Durch alternative Spleißereignisse, an denen Spleißstellen auf beiden Seiten beteiligt sind, können neue Exons eingefügt oder vorhandene ausgetauscht werden.

Geschlechtern jeweils verschiedene Proteine erzeugt werden: Das Produkt des Männchens blockiert die weibliche Differenzierung, und das des Weibchens unterdrückt die Expression männlicher Gene.

Die Geschlechtsdetermination zeigt also eine reizvolle Symmetrie: Die Ereigniskette bei Weibchen beginnt mit einem Spleißvorgang, der ein Exon mit einem Terminationscodon ausspart, und endet mit einem, der ein ebensolches Exon nunmehr einschließt. Die beiden Vorgänge haben unterschiedliche molekulare Grundlagen. Am ersten Kontrollpunkt verhindert Sxl reguläres Spleißen (*default splicing*), und am letzten kooperieren Tra und Tra2, um das weibliche Spleißmuster zu fördern.

Alternatives Spleißen der *dsx*-RNA wird durch die Konkurrenz zwischen 3′-Spleißstellen kontrolliert. Die RNA besitzt ein Element, das stromabwärts von der linken der beiden fraglichen 3′-Stellen liegt und von Tra2 gebunden wird. Tra und SR-Proteine assoziieren mit Tra2 an dieser Stelle, die nunmehr als Spleißverstärker fungiert und U2AF bei der Bindung an die benachbarte *branch site* unterstützt. Als Folge wird bei der Zusammenlagerung des Spleißosoms in Weibchen diese 3′-Spleißstelle einbezogen statt der alternativen. Die Proteine erkennen den Spleißverstärker in kooperativer Weise, möglicherweise sowohl anhand einer Sekundärstruktur als auch an der Sequenz als solcher.

Für das Spleißen an sich werden die Proteine Tra und Tra2 nicht gebraucht, da in ihrer Abwesenheit eine normale männliche Entwicklung stattfindet. Als spezifische Regulatoren sind sie nicht notwendigerweise an der Ablaufmechanik der Spleißreaktion beteiligt; in dieser Hinsicht unterscheiden sie sich von SF2, der als allgemeiner Faktor beim Spleißen grundsätzlich benötigt wird, darüber hinaus jedoch auch die Wahl alternativer Spleißstellen beeinflussen kann.

Auch die Konkurrenz zwischen 5′-Spleißstellen kann der Kontrolle spezifischer Regulatoren unterliegen. So gibt es einen Fall, in dem die Bindung von SR-Proteinen nahe einer 5′-Stelle deren Verwendung begünstigt, vermutlich weil sich dort mit der Bindung die Affinität für U1 erhöht. Offenbar liegt hier also ein Typ von Spleißverstärker vor, der auf die 5′-Stelle wirkt.

Alternatives Spleißen kann auch durch die Repression von Spleißstellen beeinflußt werden. In der Maus schließen sich die Exons 2 und 3 des Gens für Troponin T gegenseitig aus, das zweite Exon wird in der glatten Muskulatur verwendet, das dritte in anderen Geweben. Glatte Muskeln enthalten Proteine, die an mehrfach vorkommende Sequenzelemente auf beiden Seiten von Exon 3 binden und so die Benutzung der für den Einschluß dieses Exons notwendigen 3′- und 5′-Spleißstelle verhindern.

P-Elemente von *D. melanogaster* zeigen ein gewebsspezifisches Spleißmuster. In somatischen Zellen finden zwei Spleißereignisse statt, in der Keimbahn hingegen wird zusätzlich ein drittes Intron entfernt. Da dieses ein Terminationscodon enthält, erzeugen Keimbahnzellen ein längeres Protein (mit anderen Eigenschaften) als somatische Zellen. Die Konsequenzen daraus für die Kontrolle der Transposition erörtern wir in Kapitel 18, an dieser Stelle sei angemerkt, daß die Gewebsspezifität aus Unterschieden des Spleißapparats resultiert.

Bietet man die entsprechende RNA einem heterologen (humanen) Spleißextrakt an, so erweist sich das keimbahnspezifische Spleißmuster, bei dem auch Intron 3 entfernt wird, als das reguläre. Extrakte aus somatischen Zellen der Taufliege enthalten jedoch ein Protein, welches das Spleißen dieses Introns inhibiert. Das Protein bindet an Sequenzen in Exon 3; sind diese deletiert, wird das Intron gespleißt. Demnach hat das Protein wahrscheinlich die Aufgabe, eine Assoziation des Spleißosoms mit der 5′-Stelle von Intron 3 zu verhindern.

30.6 Spleißreaktionen in *cis* und in *trans*

Im Hinblick auf seinen Mechanismus und seine Evolution faßt man den Spleißvorgang grundsätzlich als *intramolekulare* Reaktion auf, die im wesentlichen auf eine kontrollierte Deletion der Intronsequenzen auf der Ebene der RNA hinausläuft. In den Begriffen der Genetik erfolgt das Spleißen prinzipiell nur in *cis*. Demzufolge können im Regelfall *nur Sequenzen innerhalb desselben RNA-Moleküls zusammengespleißt werden*. Der obere Teil von Abbildung 30.21 zeigt diese Normalsituation. Die Zelle kann aus jedem RNA-Molekül die Introns entfernen und auf diese Weise die Exons dieses einen RNA-Moleküls lückenlos aneinanderknüpfen; *intermolekulares* Spleißen hingegen, das Exons aus verschiedenen RNA-Molekülen zusammenfügt, ist gewöhnlich ausgeschlossen. Spleißvorgänge in *trans* zwischen prä-mRNA-Transkripten desselben Gens sind zwar nicht undenkbar, doch wenn überhaupt, so ereignen sie sich extrem selten, andernfalls könnten sich die Exons eines Gens gegenseitig komplementieren und würden keine zusammenhängende Komplementationseinheit bilden.

Durch bestimmte Manipulationen kann man *trans*-Spleißen herbeiführen. In dem im unteren Teil von Abbildung 30.21 dargestellten Beispiel wurden in die Introns zweier RNAs zueinander komplementäre Sequenzen eingefügt. Durch Basenpaarungen zwischen den komplementären Abschnitten dürften sich die beiden RNA-Moleküle H-förmig aneinanderlagern. Dieses RNA-Dimer könnte in *cis* gespleißt werden – so daß Exons zusammenkommen, die vorher bereits über ein Intron kovalent verbunden waren – oder in *trans*, wodurch Exons aus den beiden zusammengetretenen RNA-Molekülen miteinander verknüpft werden. Beide Reaktionen finden *in vitro* statt.

Auch unter anderen Bedingungen ist *trans*-Spleißen *in vitro* möglich, und zwar dann, wenn eine der Substrat-RNAs eine 5′-Spleißstelle enthält und die andere eine 3′-Spleißstelle sowie davon stromabwärts bestimmte weitere Sequenzen (entweder die nächste 5′-Stelle oder einen Spleißverstärker). Letztlich ähnelt diese Situation der beim Spleißen langer Introns und kurzer Exons (Abbildung 30.11 rechts). *In vitro* kann die Reaktion also erfolgen,

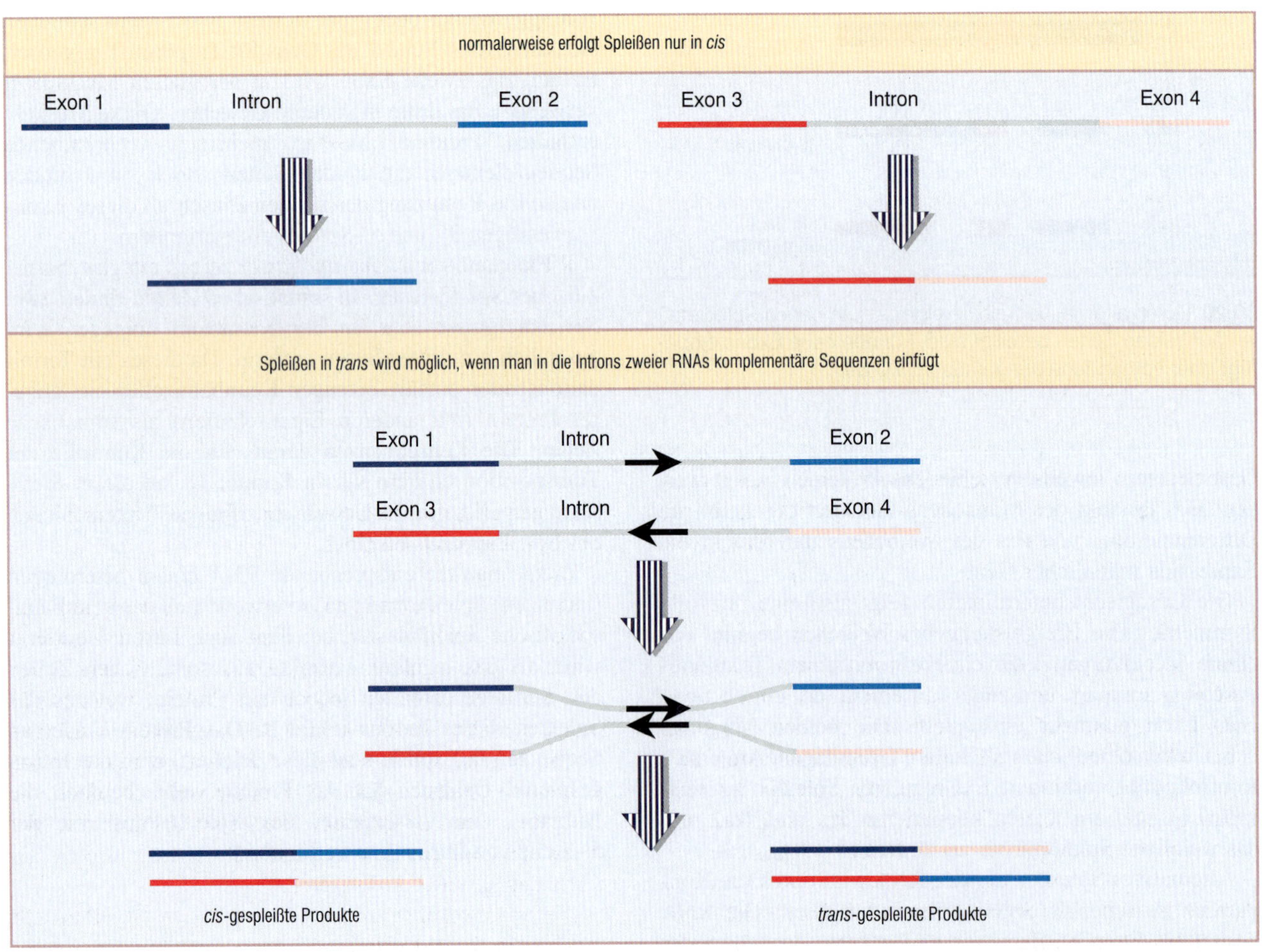

30.21 Gewöhnlich erfolgen Spleißvorgänge nur in *cis* zwischen Exons, die sich auf ein und demselben RNA-Molekül befinden. Doch kann Spleißen auch in *trans* stattfinden: zwischen besonderen Konstrukten, die Basenpaarungen zwischen Introns ermöglichen.

ohne daß linke und rechte Spleißstellen auf demselben RNA-Molekül liegen müssen.

Wie diese Ergebnisse zeigen, steht der Spleißmechanismus an sich einer *trans*-Reaktion nicht entgegen. Modelle, die einen „Suchlauf" des Spleißosoms entlang der RNA verlangen, werden dadurch ausgeschlossen. Offenbar ist es dem Spleißosom möglich, eine 5'- und eine 3'-Spleißstelle auf verschiedenen RNAs zu erkennen, wenn sie räumlich nur nahe genug beieinander liegen.

Obwohl selten, gibt es auch *in vivo* bestimmte Situationen, in denen Spleißen in *trans* vorkommt. So enthalten zahlreiche verschiedene mRNAs in Flagellaten der Gattung *Trypanosoma* an einem Ende eine gemeinsame Sequenz von 35 Basen, ein Leader-Transkript („Leitsequenz"). Diese 35 Basen stammen jedoch nicht vom Anfang der jeweiligen Transkriptionseinheiten der betreffenden mRNAs. Vielmehr werden sie an repetitiven Einheiten andernorts im Genom als unabhängige RNA-Moleküle transkribiert, die weitere Sequenzen am 3'-Ende enthalten. Wie in Abbildung 30.22 gezeigt, folgt in dieser RNA auf die 35 Basen des Leader-Transkript eine 5'-Spleißstelle. Die Transkriptionseinheiten der besagten mRNAs wiederum enthalten eine 3'-Spleißstelle unmittelbar vor der Sequenz, die sich jeweils in der reifen mRNA an den Leader anschließt.

Falls Leader und mRNA durch eine Spleißreaktion in *trans* verbunden werden, so stellt die 3'-Region der Leader-RNA formal die „linke" oder 5'-Hälfte eines Introns dar, die 5'-Region der mRNA entsprechend dessen „rechte" oder 3'-Hälfte. Wenn der Spleißvorgang nach dem im Zellkern üblichen Mechanismus verläuft, dürfte sich infolge der Reaktion zwischen dem GU in der „linken" Intronhälfte und einer *branch site* nahe dem AG in der „rechten" Intronhälfte eine 5'-2'-Bindung bilden. Da die beiden Teile des Introns nicht kovalent verknüpft sind, würde dadurch kein Lariat, sondern ein Y-förmiges RNA-Molekül entstehen. Tatsächlich ließen sich solche Moleküle nachweisen, was für das Modell spricht.

Eine ähnliche Situation findet man bei der Expression von Actingenen im Fadenwurm *C. elegans*. Drei Actin-mRNAs (und einige andere) haben ein gemeinsames Leader-Transkript von 22 Basen an ihrem 5'-Ende. Diese Sequenz ist im Actingen nicht enthalten, statt dessen wird sie als Teil einer RNA von 100 Basen an einem anderen Gen transkribiert.

Die RNA, die in diesen *trans*-Spleißvorgängen das 5'-Exon zur Verfügung stellt, nennt man **SL-RNA** (*spliced leader RNA*). Den SL-RNAs der Trypanosomen und des Fadenwurmes ist einiges gemeinsam. Sie falten sich zu einer Sekundärstruktur, die drei Haarnadelschleifen und eine Einzelstrangregion umfaßt; letztere ähnelt der Sm-Bindungsstelle. Demnach liegen die SL-RNAs als snRNPs vor, die man als Mitglieder der Sm-snRNP-Klasse auffassen kann. Trypanosomen verfügen über die snRNAs U2, U4 und U6, nicht jedoch über U1 und U5. Für die fehlende U1-snRNA springt offenbar die SL-RNA ein, welche die Funktionen, die U1 gewöhnlich an der 5'-Spleißstelle ausführt, übernehmen kann. Somit besteht die SL-RNA letztlich aus einer snRNA-Sequenz mit U1-Funktion und einem daran gekoppelten Exon-Intron-Übergang, den sie selbst erkennt.

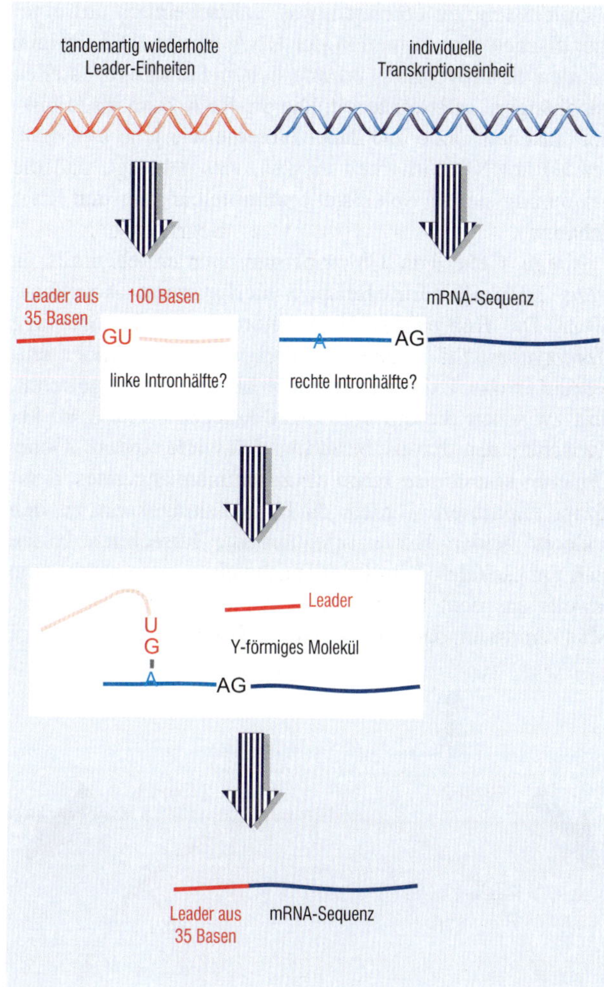

30.22 Die SL-RNA liefert ein Exon, das durch eine Spleißreaktion in *trans* dem ersten Exon einer mRNA vorangesetzt wird. Die Reaktion verläuft unter denselben Wechselwirkungen wie das *cis*-Spleißen im Zellkern, erzeugt jedoch eine Y-förmige RNA anstelle eines Lariats, da das Intron in zwei Teilen vorliegt.

In *C. elegans* kommen zwei Arten von SL-RNA vor. Die (zuerst entdeckte) SL1-RNA kommt bei Spleißvorgängen mit RNAs zum Einsatz, deren codierender Sequenz nur eine untranslatierte 5'-Region vorgeschaltet ist (der häufigere Fall). Die SL2-RNA wird demgegenüber in solchen Fällen benutzt, in denen eine prä-mRNA zwei codierende Sequenzabschnitte enthält: Das SL2-Exon wird dann vor die zweite Sequenz gespleißt, trennt sie dadurch von der ersten ab, und der zweite Abschnitt kann nunmehr als eigenständige mRNA fungieren.

Das *trans*-Spleißen unter Verwendung der SL-RNA läßt sich innerhalb der Evolution hin zum vollständigen Spleißapparat des Zellkernes als einen Schritt nach vorn auffassen. Die SL-RNA besitzt in *cis* die Fähigkeit, die

5′-Spleißstelle zu erkennen, was wahrscheinlich auf einer spezifischen Konformation der RNA beruht. Die übrigen für den Spleißvorgang erforderlichen Funktionen stellen unabhängige snRNPs bereit. Die SL-RNA kann ihre Funktion ausüben, ohne daß dabei Proteine wie jene innerhalb des U1-snRNP mitwirken müssen, was nahelegt, daß die Erkennung der 5′-Spleißstelle unmittelbar von der RNA abhängt.

Einige Gene von Chloroplasten werden ebenfalls in *trans* gespleißt. Ein Beispiel hierfür zeigt Abbildung 30.23. Das Gen *psa* aus dem Chloroplasten der Grünalge *Chlamydomonas* besteht aus drei weit voneinander entfernten Exons. Exon 1 ist durch 50 kb von Exon 2 getrennt, und zwischen diesem und Exon 3 liegen weitere 90 kb. Zwischen den Exons befinden sich viele andere Gene. Ohnehin könnte *psa* kaum als zusammenhängendes Transkript exprimiert werden, da Exon 1 umgekehrt zu den anderen beiden Exons orientiert ist. Tatsächlich lassen sich nur „lokale" Transkripte nachweisen, also solche, die jeweils aus dem Bereich eines der drei Exons stammen. Man nimmt an, daß die mRNA durch zwei Spleißvorgänge in *trans* zusammengesetzt wird. Verschiedene weitere Gene sind spezifisch für die eine oder die andere *trans*-Spleißreaktion erforderlich; der Vorgang, durch den schließlich die reife mRNA entsteht, ist also reichlich komplex.

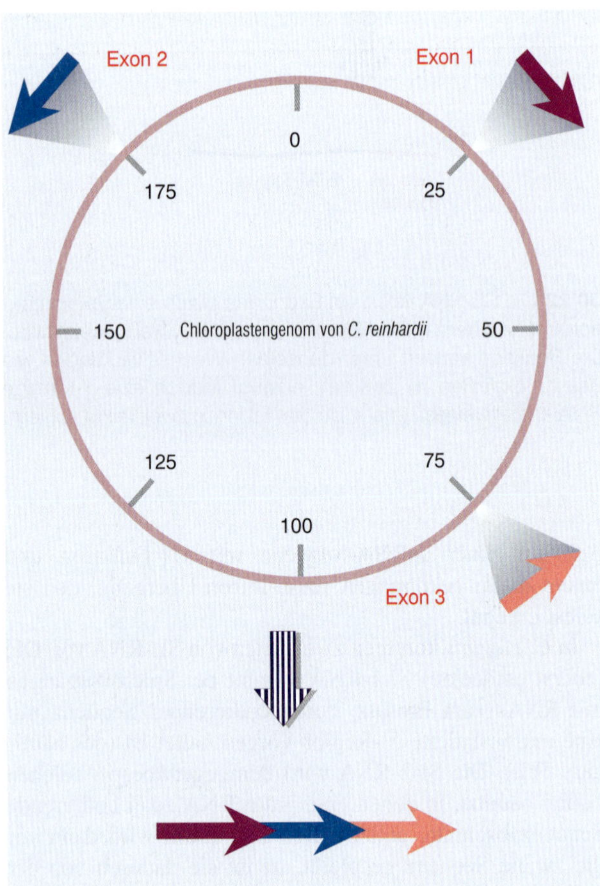

30.23 Die Exons des plastidären Gens *psa* sind weiträumig verstreut, teils gegensinnig angeordnet und werden als drei individuelle RNAs transkribiert. Die reife mRNA entsteht durch *trans*-Spleißen in zwei Schritten, die beide jeweils der Produkte spezifischer Gene des Zellkernes bedürfen.

30.7 Das Spleißen von tRNA bei der Hefe: Schneiden und Neuverknüpfen in getrennten Schritten

Die bisher behandelten Spleißreaktionen sind von kurzen Consensussequenzen abhängig und erfolgen durch Umesterungen, bei denen das Aufbrechen alter und Eingehen neuer kovalenter Bindungen in koordinierter Weise abläuft. tRNA-Gene werden über einen anderen Mechanismus gespleißt: Strangspaltung und Ligation sind hier getrennte Reaktionen.

Im Zellkern der Hefe sind von rund 400 tRNA-Genen etwa 40 unterbrochen. Jedes davon enthält nur ein Intron, das sich im Abstand von genau einem Nucleotid an die 3′-Seite des Anticodons anschließt. Die Länge der Introns schwankt zwischen 14 und 46 bp (beziehungsweise Basen). Solche in verwandten tRNA-Genen sind von ähnlicher Sequenz; vergleicht man jedoch Introns unter tRNA-Genen, deren Produkte für jeweils andere Aminosäuren spezifisch sind, findet man große Unterschiede. *Es gibt keine Consensussequenz, die von Spleißenzymen erkannt werden könnte.* Diese allgemeinen Regeln gelten auch für die kernlokalisierten tRNA-Gene der Pflanzen, Amphibien und Säuger.

All diese Introns enthalten eine Sequenz, die zum Anticodon der tRNA komplementär ist. Dadurch entsteht im Anticodonarm eine alternative Konformation, in der das Anticodon Basenpaarungen eingeht, so daß sich der Arm verlängert. Ein Beispiel zeigt Abbildung 30.24. Nur der Anticodonarm ist betroffen – der Rest des Moleküls behält seine übliche Struktur.

Genaue Größe und Sequenz des Introns sind unwesentlich. Die meisten Mutationen innerhalb des Introns verhindern das Spleißen nicht. *Das Spleißen von tRNAs beruht grundsätzlich auf der Erkennung einer gemeinsamen Sekundärstruktur in diesen Molekülen und hängt nicht von einer gemeinsamen Intronsequenz ab.* Verschiedene Bereiche des Moleküls sind hierbei von Bedeutung, darunter der Abschnitt zwischen dem Akzeptorstamm und dem D-Arm, der TψC-Arm und vor allem der Anticodonarm. Dies erinnert an die Anforderungen an die tRNA-Struktur bei der Proteinsynthese (Kapitel 9).

Gänzlich irrelevant ist das Intron freilich nicht. Der Spleißvorgang erfordert die Paarung einer Base in der Intronschleife mit einer ungepaarten Base im Stamm. Mutationen in anderen Positionen, die diesen Basenkontakt beeinflussen (etwa alternative Paarungen ermöglichen), wirken sich auch auf das Spleißen aus. Für die Spleißbarkeit von tRNA-Vorläufern gelten ähnliche Regeln wie für die Erkennung reifer tRNAs durch Aminoacyl-tRNA-Synthetasen (Kapitel 9).

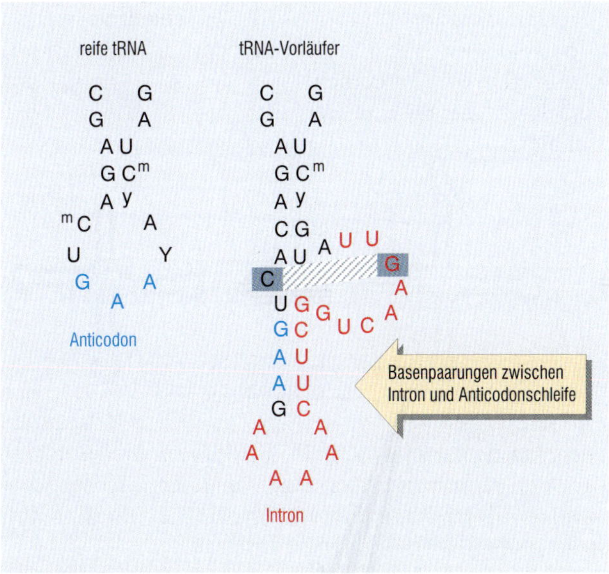

30.24 Das Intron in der $tRNA^{Phe}$ der Hefe geht Basenpaarungen mit dem Anticodon ein und verändert dadurch die Struktur des Anticodonarms. Offenbar ist die Paarung einer aus dem doppelsträngigen Stamm heraustretenden Base mit der Intronschleife des Vorläufermoleküls für die Spleißreaktion erforderlich.

Bei einer temperatursensitiven Hefemutante, die tRNA-Introns nicht entfernen kann, häufen sich die intronhaltigen Vorläufer im Zellkern an. Diese Vorläufer lassen sich als Substrat in einem zellfreien System einsetzen, das man aus Wildtypzellen gewinnt. Damit läßt sich das Spleißen des Vorläufers anhand seiner Größenabnahme verfolgen: In der Gelelektrophorese, dargestellt in Abbildung 30.25, verschiebt sich die Position der entsprechenden Bande. Zusammen mit dem verkürzten RNA-Produkt erscheint eine zweite Bande, die dem Größenverlust entspricht und das Intron repräsentiert.

Den zellfreien Extrakt kann man fraktionieren und die einzelnen Fraktionen daraufhin testen, ob sie die tRNA spleißen können. Die *in vitro*-Reaktion erfordert ATP. Analysiert man die Ereignisse, die mit und ohne ATP ablaufen, so zeigt sich, daß *die Reaktion in zwei getrennten Schritten erfolgt, die von verschiedenen Enzymen katalysiert werden.* Abbildung 30.26 skizziert den Gesamtverlauf.

- Der erste Schritt erfordert kein ATP. Er umfaßt das Aufbrechen der Phosphodiesterbindungen durch eine atypische nucleolytische Reaktion, die von einer Endonuclease katalysiert wird.
- Der zweite Schritt ist ATP-abhängig und beinhaltet die Ausbildung der neuen Bindungen. Er stellt eine Ligationsreaktion dar; das dafür verantwortliche Enzym ist eine **RNA-Ligase**.

Die Endonuclease spaltet den Vorläufer an beiden Enden des Introns. Dabei entstehen ein lineares Intron und zwei halbe tRNA-Moleküle. Diese Zwischenprodukte besitzen ungewöhnliche Enden: Ihre 5′-Termini tragen eine Hydroxylgruppe, die 3′-Termini eine 2′-3′-cyclische Phosphatgruppe. (Soweit bekannt, schneiden alle anderen RNA-Spleißenzyme auf der anderen Seite der Phosphodiesterbindung.)

Die beiden tRNA-Hälften lagern sich über Basenpaarungen zu einer tRNA-ähnlichen Struktur zusammen. Gibt man ATP hinzu, setzt die zweite Reaktion ein. Die beiden von der Endonuclease erzeugten ungewöhnlichen Enden müssen zunächst in eine üblichere Form umgewandelt werden.

Die Cyclophosphatgruppe wird durch eine Cyclophosphodiesterase geöffnet. Dadurch entstehen an diesem Ende eine 2′-Phosphat- und eine 3′-OH-Gruppe.

Die von der Nuclease hinterlassene 5′-OH-Gruppe wird phosphoryliert, so daß das zweite Ende nunmehr über ein 5′-Phosphat verfügt. Damit liegen an der Bruchstelle ein 3′-OH und ein 5′-Phosphat einander gegenüber. Die RNA-Ligase kann nun zwischen den beiden Gruppen eine Phosphodiesterbindung knüpfen und so die beiden Molekülhälften kovalent verbinden.

Das gespleißte Molekül ist jetzt nicht mehr unterbrochen, sondern wird an der Spleißstelle durch eine gewöhnliche 5′-3′-Phosphatbrücke zusammengehalten. Daneben besitzt es noch als Überrest des Spleißvorgangs die 2′-Phosphatgruppe, die durch eine Phosphatase entfernt werden muß.

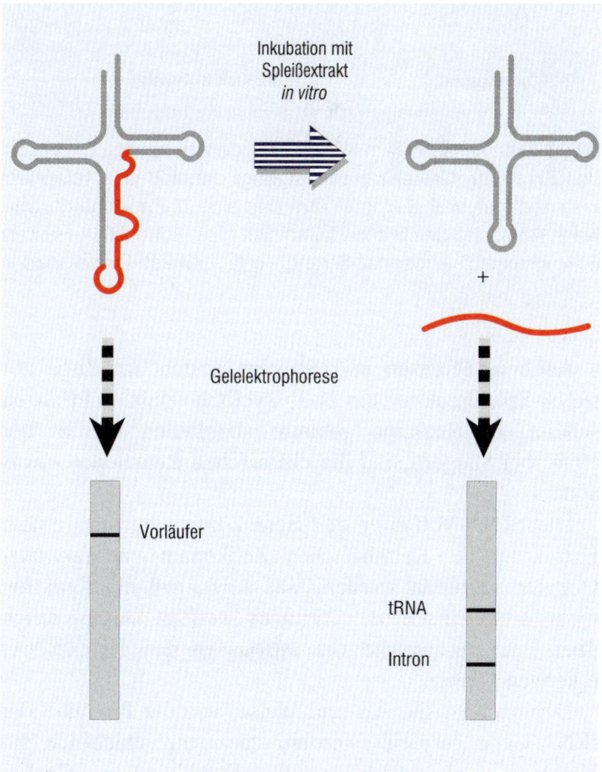

30.25 Das Spleißen von Hefe-tRNA *in vitro* läßt sich verfolgen, indem man Vorläufer-RNA und Spleißprodukte mittels Gelelektrophorese sichtbar macht.

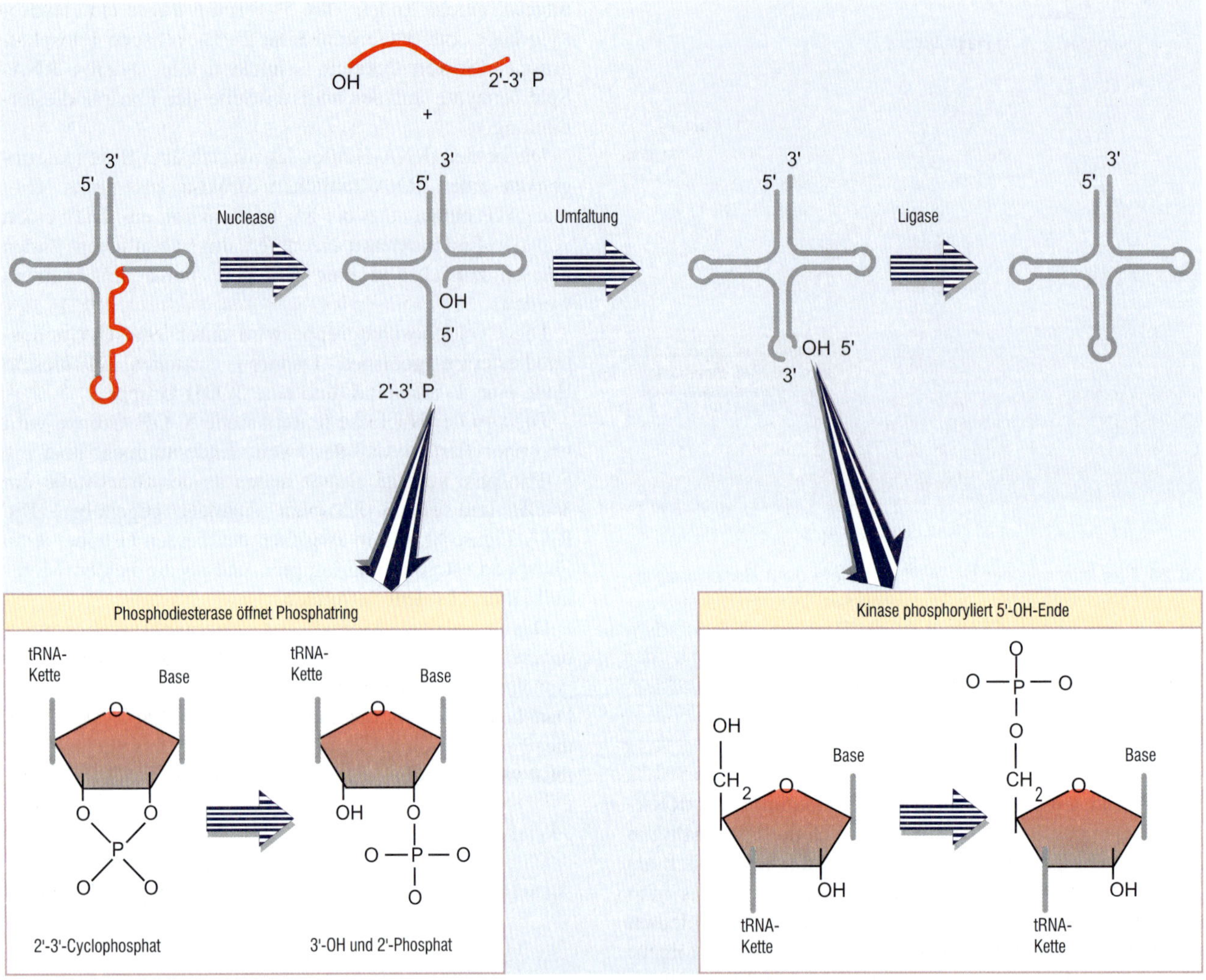

30.26 Das Spleißen von tRNAs erfordert getrennte Enzymaktivitäten: eine Nuclease und eine Ligase. Die Nuclease schneidet an den Exon-Intron-Grenzen und erzeugt dabei 2′-3′-Cyclophosphat- und 5′-OH-Enden. Die Cyclophosphatgruppe am ersten Ende wird geöffnet, wobei eine 3′-OH- und eine 2′-Phosphatgruppe entstehen. Die 5′-OH-Gruppe am zweiten Ende wird phosphoryliert. Nach Ablösung des Introns falten sich die beiden tRNA-Hälften gemeinsam zu einer tRNA-ähnlichen Struktur um, die nunmehr einen 3′-Hydroxyl/5′-Phosphat-Strangbruch aufweist. Dieser wird von einer Ligase geschlossen.

Auch in Pflanzen und Säugern ensteht im Zuge der tRNA-Spleißreaktion ein 2′-3′-Cyclophosphat. In Pflanzen scheint die Reaktion genauso abzulaufen wie in der Hefe; bei Säugern sind die chemischen Reaktionen etwas anders.

Die tRNA-Vorläufer der Hefe können auch in einem Extrakt aus den Keimbläschen (Zellkernen) von *Xenopus*-Oocyten gespleißt werden, was zeigt, daß die Reaktion nicht artspezifisch ist. *Xenopus* verfügt offensichtlich über Enzyme, welche die Introns in den Hefe-tRNAs erkennen können.

Demnach ist die Art und Weise, wie die Produkte der tRNA-Gene gespleißt werden, stammesgeschichtlich gut konserviert; gleichwohl ist dieser Spleißvorgang offenbar anderen Ursprungs als die übrigen Spleißmechanismen (etwa jener für die prä-mRNAs des Zellkernes). Die tRNA-Spleißreaktion ist auf externe Sequenzen und Faktoren angewiesen: Unterschiedliche Enzyme katalysieren jeweils das Aufbrechen und das Neuknüpfen chemischer Bindungen, und die für die Reaktion wichtigen Sequenzen befinden sich überwiegend außerhalb des Introns. Demgegenüber machen sich andere Spleißmechanismen die Umesterungsreaktion zunutze, bei der Bindungen vermittels Reaktionen verschoben werden, an denen die Exon-Intron-Übergänge und die Verzweigungsstelle im Intron mitwirken; die dafür notwendigen Sequenzen liegen zudem innerhalb des Introns. All diese Unterschiede lassen vermuten, daß die Introns der tRNA-Gene in der Evolution einen eigenen Ursprung haben.

30.8 3'-Enden entstehen durch Termination und Abspaltung

Unser Wissen über die Terminationsreaktion eukaryotischer RNA-Polymerasen geht längst nicht so weit wie das über deren Initiation. Für die RNA-Polymerasen I und III sind abgrenzbare Terminationsereignisse (wie für die bakterielle RNA-Polymerase) bekannt, doch ob die RNA-Polymerase II den Transkriptionsvorgang in ähnlicher Weise beendet, ist unklar.

Einziges Transkriptionsprodukt der RNA-Polymerase I ist ein umfangreiches Vorläufermolekül, das die Sequenzen der größeren rRNAs umfaßt. Dieser Vorläufer wird einer intensiven Prozessierung unterworfen. Die Termination erfolgt an einer bestimmten Stelle, die mehr als 1 000 bp stromabwärts von der Position des reifen 3′-Endes liegt, das seinerseits durch einen Schnitt im Transkript entsteht. An der Termination wirkt ein Hilfsfaktor mit, der eine Terminatorsequenz von 18 Basen erkennt.

Die RNA-Polymerase III erzeugt bei der Transkription *in vitro* Moleküle mit denselben 5′- und 3′-Enden wie *in vivo*. Die Terminationsreaktion ähnelt der intrinsischen Termination der bakteriellen RNA-Polymerase. Gewöhnlich terminiert die RNA-Polymerase III mit dem zweiten U aus einer Folge von vier Uridinen, doch besteht eine Heterogenität; manche Moleküle enden mit drei oder sogar allen vier U-Resten. Gleiches beobachtet man freilich auch an *in vivo* synthetisierten Molekülen; somit sind die heterogenen Enden offenbar ein kennzeichnendes Merkmal der Terminationsreaktion und kein Artefakt.

Wie bei prokaryotischen Terminatoren ist die Matrize für die U-Folge in eine G•C-reiche Region eingebettet. Palindromische Sequenzen sind zwar ebenfalls vorhanden, doch werden sie für die Termination nicht gebraucht, da Mutationen, die ihre Rotationssymmetrie aufheben, den normalen Abschluß der RNA-Synthese nicht behindern. Ebensowenig sind Abschnitte jenseits der U-Folge notwendig; alle davon stromabwärts gelegenen Sequenzen lassen sich ohne Einfluß auf die Termination austauschen.

Die U-Folge allein kann für die Termination nicht ausreichen, da auch innerhalb von Transkriptionseinheiten der RNA-Polymerase III im Matrizenstrang Abschnitte mit vier aufeinanderfolgenden A-Resten vorkommen, und durch diese liest die Polymerase hindurch. (Fünf interne Adenine hintereinander findet man allerdings nicht, was im Einklang mit der Beobachtung steht, daß U5 ein effizienterer Terminator ist als U4.) Offenbar ist der terminationsbestimmende Umstand die Erkennung einer U4-Sequenz in einem an G•C-Basenpaaren reichen Kontext.

Doch wie erfolgt die Termination genau? Der relativ schwache Zusammenhalt der rU•dA-Hybridregion aus RNA und DNA am Ende des Transkripts wird sie kaum auslösen können, da häufig nur die ersten beiden U-Reste transkribiert werden. Womöglich hat die G•C-reiche Region einen Einfluß, indem sie das Enzym abbremst. Eine Haarnadelstruktur, wie sie bei der prokaryotischen Termination mitwirkt, scheint es hier jedenfalls nicht zu geben. Es bleibt rätselhaft, wie die RNA-Polymerase III auf ein derart kurzes Signal so spezifisch reagieren kann. Und im Gegensatz zur Initiationsreaktion, die das Enzym alleine nicht zu bewerkstelligen vermag, ist die Termination offenbar eine Funktion, die der Polymerase selbst innewohnt.

Ähnliche Terminationsstellen hat man in einigen Transkriptionseinheiten der RNA-Polymerase II gefunden, doch ihre Bedeutung ist ungewiß. Es ist möglich, daß die RNA-Polymerase II an mehr oder weniger festgelegten Punkten gleichsam beiläufig terminiert. In manchen Transkriptionseinheiten verläßt sie die DNA-Matrize erst über tausend Basenpaare stromabwärts von dem Punkt, der dem 3′-Ende der reifen mRNA entspricht (deren Ende wird durch einen Schnitt an einer spezifischen Sequenz erzeugt). Anstatt auf bestimmte Terminatorsequenzen zu reagieren, beendet das Enzym die RNA-Synthese an vielen Stellen innerhalb recht langer „Terminatorregionen". Was die jeweiligen Terminationspunkte kennzeichnet, ist nicht bekannt.

Die 3′-Enden von mRNAs entstehen durch einen Schnitt im primären Transkript, an den sich die Polyadenylierung des Schnittendes anschließt. Das Anfügen des poly(A)-Schwanzes an Kern-RNAs läßt sich durch das Nucleosidanalog **3′-Desoxyadenosin**, oder **Cordycepin**, unterbinden. Obwohl Cordycepin die Transkription nicht blockiert, verhindert es, daß mRNA ins Cytoplasma gelangt. Dies zeigt, daß die Polyadenylierung *notwendig* ist, damit Kern-RNA zu mRNA reifen kann.

Die Erzeugung von 3′-Enden, an die der poly(A)-Schwanz angehängt wird, ist in Abbildung 30.27 darge-

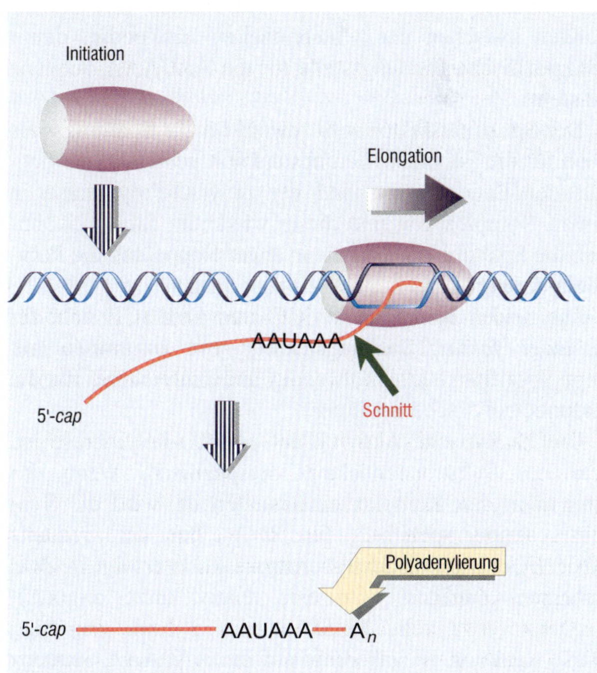

30.27 Die Sequenz AAUAAA dient als Signal für die Schnittreaktion, aus der das 3′-Ende für die Polyadenylierung hervorgeht.

stellt. Die RNA-Polymerase transkribiert über den Punkt hinaus, der dem 3′-Ende entspricht, und Sequenzen in der primären RNA werden als Zielstellen für die endonucleolytische Spaltung erkannt, auf welche die Polyadenylierung folgt.

Ein gemeinsames Merkmal von mRNAs in höheren Eukaryoten (jedoch nicht in der Hefe) ist die Sequenz AAUAAA kurz (11 bis 30 Nucleotide) vor der Stelle, an der die Polyadenylierung erfolgt. Die Sequenz ist hochkonserviert; nur gelegentlich weicht höchstens eine Basenposition davon ab. Eine Deletion des AAUAAA-Hexamers oder Mutationen darin verhindern, daß ein polyadenyliertes 3′-Ende entsteht. Das Signal ist für die Schnittreaktion und für die Polyadenylierung gleichermaßen notwendig.

Die Entwicklung eines Systems, in dem die Polyadenylierung *in vitro* stattfindet, eröffnet die Möglichkeit, die einzelnen Reaktionen zu analysieren. Bildung und Funktionen des Komplexes, der die 3′-Prozessierung durchführt, sind in Abbildung 30.28 dargestellt. Damit die korrekte 3′-terminale Struktur entsteht, bedarf es einer **Endonuclease** (bestehend aus den Komponenten CFI und CFII), welche die RNA schneidet, einer **poly(A)-Polymerase** (PAP), die den poly(A)-Schwanz synthetisiert, und einer **Spezifitätskomponente** (*specificity component*, CPSF), welche die AAUAAA-Sequenz erkennt und die anderen Aktivitäten lenkt. (Die Aufgabe einer weiteren möglicherweise beteiligten Komponente, CstF, ist unklar.)

Der Spezifitätsfaktor umfaßt drei Untereinheiten, die zusammen in spezifischer Weise an eine RNA binden, welche die Sequenz AAUAAA enthält. Die einzelnen Untereinheiten sind Proteine, die gemeinsame RNA-bindende Motive besitzen, sich alleine jedoch nur unspezifisch an RNA anlagern. Offenbar sind Protein-Protein-Wechselwirkungen zwischen den Untereinheiten notwendig, damit die spezifische Bindungsstelle für die AAUAAA-Sequenz entsteht.

Der Spezifitätsfaktor wird sowohl für die Spaltungs- als auch für die Polyadenylierungsreaktion gebraucht. Er liegt mit der Endonuclease und der poly(A)-Polymerase in einem Komplex vor, und dieser wiederum führt gewöhnlich die Spaltung aus, auf die in enger Koppelung die Polyadenylierung folgt.

Die beiden Komponenten CFI und CFII (CF steht für *cleavage faktor*, Spaltungsfaktor) sind zusammen mit dem Spezifitätsfaktor notwendig und hinreichend für die endonucleolytische Spaltung.

Die katalytische Aktivität der poly(A)-Polymerase ist, was das Substrat anbelangt, unspezifisch. Wenn das Enzym in den Komplex eingebunden ist, wird die Synthesereaktion spezifisch für RNAs mit der Sequenz AAUAAA. Die Polyadenylierungsreaktion erfolgt in zwei Schritten. Zunächst wird eine relativ kurze oligo(A)-Sequenz (etwa zehn Reste) an das 3′-Ende angefügt. Diese Reaktion ist unbedingt auf die AAUAAA-Sequenz angewiesen, und das Enzym führt sie unter der Regie des Spezifitätsfaktors aus. Im zweiten Schritt wird der oligo(A)- zum vollständigen poly(A)-Schwanz aus rund 200 Resten verlängert. Hierfür ist ein anderer stimulatorischer Faktor erforderlich, der den oligo(A)-Schwanz erkennt und die poly(A)-Polymerase in spezifischer Weise dazu veranlaßt, am 3′-Ende einer poly(A)-Sequenz weitere A-Reste anzuhängen.

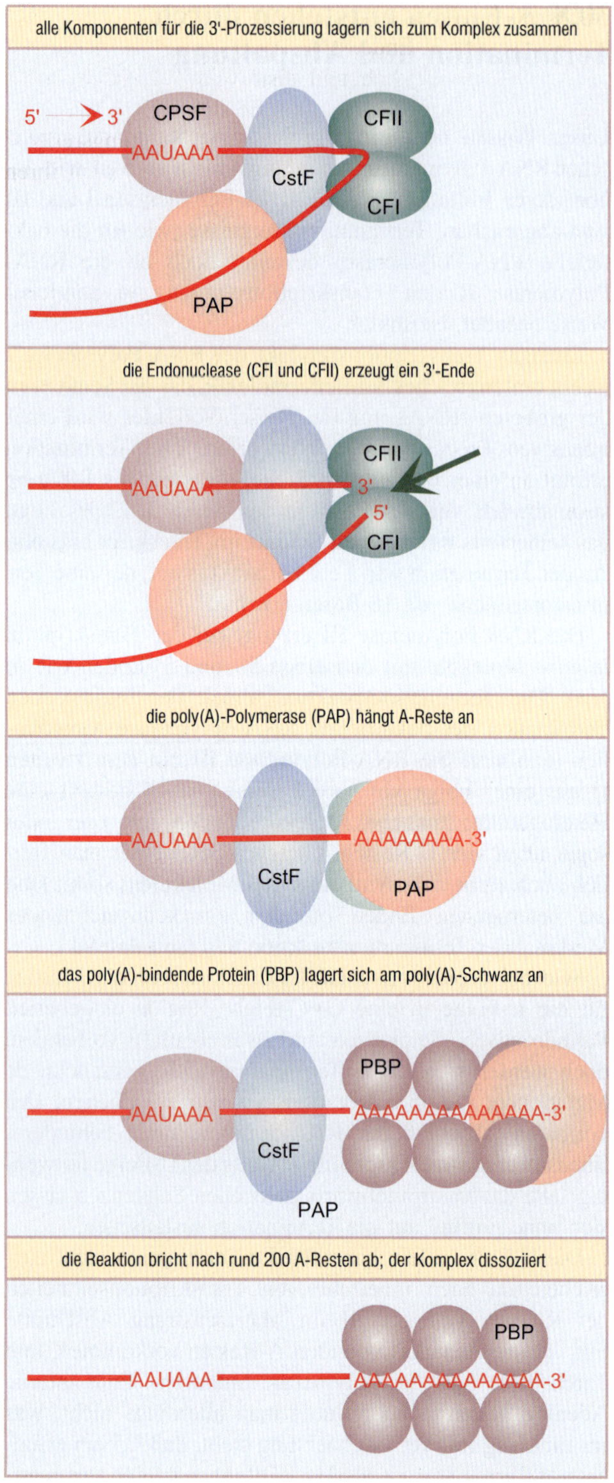

30.28 Der Komplex für die 3′-Prozessierung umfaßt verschiedene Aktivitäten. CPSF und CstF bestehen jeweils aus mehreren Untereinheiten; die anderen Komponenten sind Monomere. Die Gesamtmasse des Komplexes beträgt über 900 kD.

Die poly(A)-Polymerase setzt von sich aus jeden A-Rest einzeln an das 3′-Ende. Grundsätzlich ist ihre Wirkungsweise diskontinuierlich und distributiv: Immer wenn sie ein Nucleotid angefügt hat, löst sie sich vom Substrat und kann andernorts agieren. Nach der Spaltungsreaktion bleibt sie weiterhin auf CPSF angewiesen, um mit ihrem Substrat assoziieren zu können, zudem benötigt sie im weiteren Verlauf das poly(A)-bindende Protein (PABP). PABP ist ein Protein von 33 kD, das sich stöchiometrisch an die poly(A)-Folge bindet. Innerhalb dieses Komplexes arbeitet die poly(A)-Polymerase nunmehr prozessiv, sie verlängert also kontinuierlich nur eine poly(A)-Kette. PABP kontrolliert die Länge des poly(A)-Schwanzes und bringt die Reaktion nach rund 200 angefügten A-Resten auf unbekannte Weise zum Erliegen. Möglicherweise erreicht PABP auf dem poly(A)-Schwanz irgendwann eine kritischen Masse, die der Aktivität der poly(A)-Polymerase eine Grenze setzen könnte. PABP bleibt an der mRNA gebunden; seine genaue Aufgabe im weiteren mRNA-Stoffwechsel ist noch zu klären.

Manche mRNAs werden nicht polyadenyliert. Die Entstehung ihrer 3′-Enden unterscheidet sich daher von der koordinierten Schnitt- und Polyadenylierungsreaktion. Die wichtigsten Vertreter dieser Klasse sind die mRNAs der Histone. Die Erzeugung ihrer 3′-Enden hängt von einer bestimmten Sekundärstruktur ab. Die RNA endet in einer Haarnadelstruktur; Mutationen, welche die Bildung des doppelsträngigen Stammes dieser Struktur unterbinden, verhindern auch, daß die RNA das korrekte Ende erhält. Sekundärmutationen, welche die Doppelstrangstruktur wiederherstellen (jedoch nicht notwendigerweise die Originalsequenz), verhalten sich wie Rückmutationen. Demnach ist offenbar *die Ausbildung der Sekundärstruktur wichtiger als die genaue Sequenz*.

Prinzipiell könnten nur einer oder auch beide DNA-Stränge an der Bildung der Sekundärstruktur mitwirken. Dies läßt sich unterscheiden, indem man Heteroduplexmatrizen einsetzt, bei denen die beiden DNA-Einzelstränge nicht genau komplementär zueinander sind. Wie sich zeigt, muß der *codierende Strang* die Haarnadelstruktur ausbilden können und nicht der Strang, der als Matrize benutzt wird. Dies läßt vermuten, daß die Sekundärstruktur ihre Wirkung ausübt, indem sie sich während der Transkription in der naszierenden RNA ausbildet.

Ein *in vitro*-System ließ sich entwickeln, das korrekte 3′-Enden in Histon-mRNAs von *X. laevis* erzeugt. Injiziert man das Gen für das Histon H3 in *Xenopus*-Oocyten, so wird es dort unter Verwendung der richtigen Initiationsstelle transkribiert, die Termination hingegen erfolgt an wechselnden Punkten. Wenn man jedoch mit dem Gen zusammen einen Zellkernextrakt aus dem Seeigel injiziert, weist die transkribierte mRNA das richtige 3′-Ende auf.

Der Kernextrakt hat drei aktive Komponenten: einen hitzelabilen Faktor (unbekannter Funktion), einen Faktor, der an die Haarnadelstruktur dicht vor der 3′-Spaltstelle bindet, und eine RNA aus 56 Basen, die **U7-snRNA**, deren 5′-Terminus zu einer kurzen Sequenz dicht hinter der Spaltstelle komplementär ist.

Die Wechselwirkung zwischen der H3-mRNA und der U7-snRNA ist in Abbildung 30.29 skizziert. Die stromaufwärts gelegene Haarnadelstruktur und das Sequenzstück weiter stromabwärts, das sich mit dem entsprechenden Bereich in der U7-snRNA paaren kann, sind in den Histon-H3-mRNAs etlicher Spezies konserviert. Die U7-snRNA besitzt neben dem zur H3-Consensussequenz komplementären Abschnitt an ihrem 5′-Ende eine ausgedehnte Haarnadelstruktur am 3′-Ende. Zwischen Mensch und

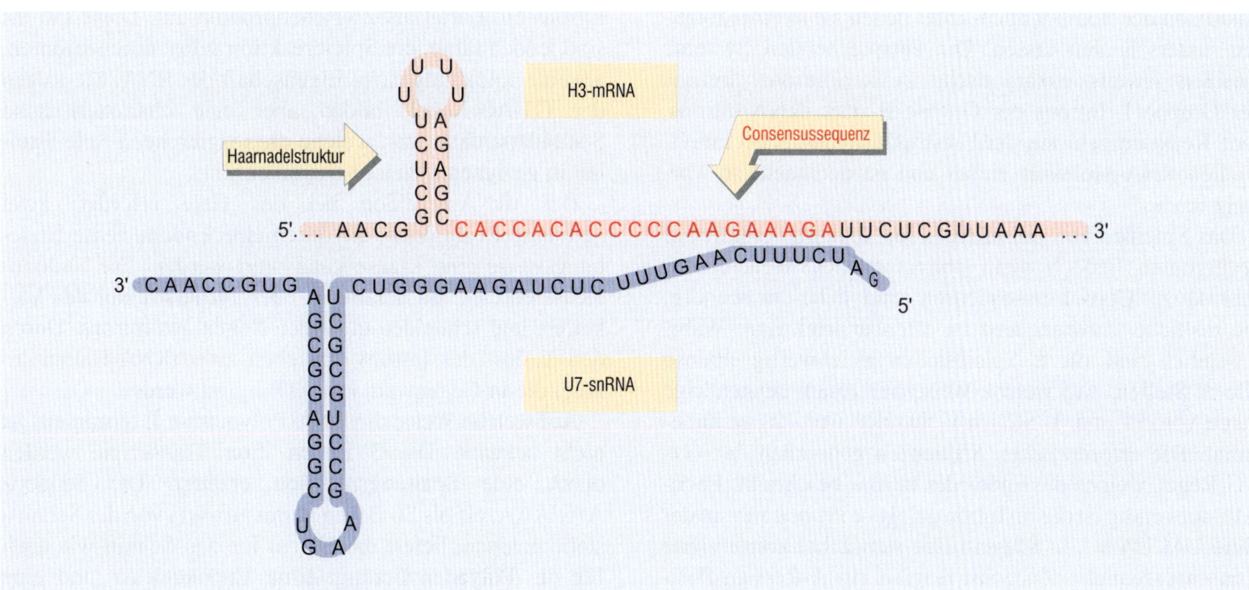

30.29 Die Erzeugung des 3′-Endes an der mRNA für das Histon H3 ist abhängig von einer konservierten Haarnadelstruktur sowie von einer Sequenz, die mit der U7-snRNA Basenpaarungen eingeht.

Seeigel sind Sequenz und Struktur von U7 weitestgehend konserviert.

Mutationen in der stromabwärts gelegenen H3-Consensussequenz hemmen die 3′-Prozessierung, wenn sie die Basenpaarungen mit der U7-snRNA beeinträchtigen. Gegenmutationen in der U7-snRNA, welche die Komplementarität wiederherstellen, können dies ausgleichen. Demzufolge übt die U7-snRNA ihre Funktion durch Basenpaarungen mit der Histon-mRNA aus. Die Schnittreaktion zur Erzeugung des 3′-Endes erfolgt in festgelegtem Abstand von dem Sequenzstück, das die U7-snRNA erkennt, was darauf hindeutet, daß die snRNA zu diesem Schritt funktionell beiträgt.

Die Beteiligung der U7-snRNA an der Generierung von 3′-Enden steht im Einklang mit der Vorstellung, daß viele, wenn nicht alle, Ereignisse bei der RNA-Prozessierung von RNA-RNA-Wechselwirkungen abhängig sind. (Wir werden im nächsten Kapitel diese Vorstellung weiter ausbauen.) Auch der erste Spaltungsschritt in der prä-rRNA ist auf eine kleine RNA, und zwar die U3-snRNA, angewiesen. Und weitere RNA-Moleküle dieser Klasse sind, wie gesehen, für das Spleißen erforderlich. Gewöhnlich agiert eine snRNA aus einem Ribonucleoproteinpartikel heraus, das neben ihr verschiedene Proteine enthält. Üblicherweise geht die RNA eines solchen Partikels Basenpaarungen mit einer kurzen Sequenz innerhalb der Substrat-RNA ein (wenngleich dies nicht der einzige Weg ist, über den snRNAs wirken können).

Zusammenfassung

RNA-Spleißen dient dazu, Introns zu entfernen und Exons zusammenzusetzen, so daß die Sequenz einer reifen RNA entsteht. Es gibt mindestens vier Formen von Spleißreaktionen, die sich anhand der entstehenden Zwischenprodukte und der Bedingungen, unter denen sie *in vitro* ablaufen, unterscheiden lassen. Die entsprechenden Systeme spleißen jeweils eukaryotische Zellkernintrons, Introns der Gruppe I, Introns der Gruppe II oder tRNA-Introns. Jede Reaktion geht mit der Umstrukturierung eines individuellen RNA-Moleküls einher und ist demnach ein Vorgang in *cis*.

Das Spleißen von prä-mRNAs im Zellkern verläuft auf bevorzugten, jedoch nicht obligatorischen Wegen. Nur sehr kurze Consensussequenzen sind dabei notwendig; die restliche Intronsequenz ist offenbar irrelevant. Wahrscheinlich sind alle 5′-Spleißstellen gleichwertig, ebenso alle 3′-Stellen. Auf welche Weise nur zusammengehörige Paare von 5′- und 3′-Stellen verbunden werden, ist unbekannt. Die erforderlichen Sequenzen gehorchen der GT-AG-Regel, welche die Enden des Introns beschreibt. Ebenfalls notwendig ist die im Intron gelegene *branch site*: in der Hefe UACUAAC, in Säugern eine schwächer konservierte Consensussequenz. Zunächst reagiert ein A-Rest an Position 6 der *branch site*, der Verzweigungsstelle, mit der 5′-Spleißstelle. Dadurch bildet sich das Lariat, eine Lassostruktur, bei der das linke GU-Ende des Introns über eine 5′-2′-Bindung mit dem erwähnten A-Rest verknüpft wird. Anschließend greift das nunmehr freie 3′-OH-Ende des linken Exons die 3′-Spleißstelle an. Als Folge werden linkes und rechtes Exon ligiert und das Intron als Lariat freigesetzt. Beide Reaktionen sind Umesterungen, bei denen die Zahl der Bindungen erhalten bleibt. Gleichwohl erfordert der gesamte Vorgang mehrfach die Hydrolyse von ATP, wahrscheinlich um Konformationsänderungen in den RNA- und/oder Proteinkomponenten des Spleißkomplexes voranzutreiben. Die Lariatbildung entscheidet über die Wahl der 3′-Stelle. Alternative Spleißmuster können entstehen, wenn Proteinfaktoren die Wahl einer neuen Spleißstelle begünstigen oder die Verwendung der üblichen Stelle blockieren.

Prä-mRNA-Spleißen im Zellkern erfordert die Bildung eines Spleißosoms, eines großen Partikels, das die Consensussequenzen in eine reaktive Konformation zusammenführt. Das Spleißosom enthält die snRNPs U1, U2, U4/U6 und U5 sowie einige zusätzliche Spleißfaktoren. Die snRNPs U1, U2 und U5 bestehen jeweils aus einer snRNA und mehreren Proteinen, das U4/U6-snRNP enthält neben Proteinen zwei RNAs. Bestimmte Proteine kommen in allen snRNPs vor. Die snRNPs erkennen Consensussequenzen. Die U1-snRNA geht Basenpaarungen mit der 5′-Spleißstelle ein, die U2-snRNA paart mit der *branch site*, und die U5-snRNA agiert an der 5′-Spleißstelle. Wenn sich U4 von U6 trennt, paart U6 mit U2, wodurch das katalytische Zentrum für die Spleißreaktion entstehen könnte. Möglicherweise übernehmen die snRNAs beim Spleißen und anderen RNA-Prozessierungsreaktionen enzymähnliche Aufgaben.

Spleißvorgänge erfolgen in der Regel intramolekular; es gibt jedoch einige Fälle, in denen Spleißen in *trans* (also intermolekular) stattfindet. Bei diesen Reaktionen bildet sich das Spleißosom wahrscheinlich unter Einbeziehung der entsprechenden Sequenzstellen beider Moleküle.

Wie bei den Zellkernintrons tritt auch bei Gruppe-II-Introns ein Lariat als Zwischenprodukt auf. Diese Introns sind jedoch fähig, die Spleißreaktion selbst durchzuführen, als eine autokatalytische Eigenschaft der RNA. Sie folgen der GT-AG-Regel, bilden aber eine charakteristische Sekundärstruktur aus, welche die reagierenden Spleißstellen in geeigneter Weise zusammenführt.

Das tRNA-Spleißen bei der Hefe erfordert zwei getrennte Reaktionen, die durch eine Endonuclease beziehungsweise eine Ligase katalysiert werden. Die Endonuclease erkennt die Sekundär- oder Tertiärstruktur des Vorläufers und schneidet an beiden Seiten des Introns. Durch den Verlust des Introns entstehen zwei tRNA-Halbmoleküle, die in Gegenwart von ATP ligiert werden.

Auf welche Weise die RNA-Polymerase II terminiert, ist nicht bekannt. Die 3′-Enden ihrer Transkripte werden durch eine Spaltungsreaktion erzeugt. Die Sequenz AAUAAA, elf bis 30 Basen stromaufwärts von der Schnittstelle gelegen, liefert das Signal für den Schnitt wie auch für die Polyadenylierung. Eine Endonuclease und eine poly(A)-Polymerase bilden einen Komplex mit anderen Faktoren, welche die spezifische Erkennung des AAUAAA-Signals ermöglichen.

Weiterführende Literatur

Übersichtsartikel

Birnstiel, M. L., et al. *Transcription Termination and 3′ Processing: the End Is in Site.* In: *Cell* 41 (1985) S. 349–359.

Padgett, R. A., et al. *Splicing of Messenger RNA Precursors.* In: *Ann. Rev. Biochem.* 55 (1986) S. 1119–1150.

Sharp, P. A. *Splicing of mRNA Precursors.* In: *Science* 235 (1987) S. 766–771.

Maniatis, T.; Reed, R. *The Role of Small Nuclear Ribonucleoprotein Particles in pre-mRNA Splicing.* In: *Nature* 325 (1987) S. 673–678.

Guthrie, C.; Patterson, B. *Spliceosomal snRNAs.* In: *Ann. Rev. Genet.* 22 (1988) S. 387–419.

Green, M. R. *Biochemical Mechanisms of Constitutive and Regulated pre-mRNA Splicing.* In: *Ann. Rev. Cell Biol.* 7 (1991) S. 559–599.

Guthrie, C. *Messenger RNA Splicing in Yeast: Clues to Why the Spliceosome Is a Ribonucleoprotein.* In: *Science* 253 (1991) S. 157–163.

Wahle, E.; Keller, W. *The Biochemistry of 3′-End Cleavage and Polyadenylation of Messenger RNA Precursors.* In: *Ann. Rev. Biochem.* 61 (1992) S. 419–440.

Dreyfuss, G., et al. *hnRNP Proteins and the Biogenesis of mRNA.* In: *Ann. Rev. Biochem.* 62 (1993) S. 289–321.

Nilsen, T. *trans-Splicing of Nematode pre-mRNA.* In: *Ann. Rev. Microbiol.* 47 (1993) S. 413–440.

Weiner, A. *mRNA Splicing and Autocatalytic Introns: Distant Cousins or the Products of Chemical Determinism.* In: *Cell* 72 (1993) S. 161–164.

Madhani, H. D.; Guthrie, C. *Dynamic RNA-RNA-Interactions in the Spliceosome.* In: *Ann. Rev. Genet.* 28 (1994) S. 1–26.

Sharp, P. A. *Split Genes and RNA Splicing.* In: *Cell* 77 (1994) S. 805–815.

Kramer A. *The Structure and Function of Proteins Involved in Mammalian pre-mRNA Splicing.* In: *Ann. Rev. Biochem.* 65 (1996) S. 367–410.

Entdeckungen

Erkennung von Spleißstellen

Reed, R.; Maniatis, T. *Intron Sequences Involved in Lariat Formation During pre-mRNA Splicing.* In: *Cell* 41 (1985) S. 95–105.

Reed, R.; Maniatis, T. *A Role for Exon Sequences and Splice-Site Proximity in Splice-Site Selection.* In: *Cell* 46 (1986) S. 681–690.

Zhuang, Y.; Weiner, A. M. *A Compensatory Base Change in U1 snRNA Suppresses a 5′ Splice Site Mutation.* In: *Cell* 46 (1986) S. 827–835.

Parker, R.; Siliciano, P. G.; Guthrie, C. *Recognition of the TACTAAC Box During mRNA Splicing in Yeast Involves Base Pairing to the U2-Like snRNA.* In: *Cell* 49 (1987) S. 229–239.

Patterson, B.; Guthrie C. *An Essential Yeast snRNA with a U5-Like Domain Is Required for Splicing in vivo.* In: *Cell* 49 (1987) S. 613–624.

Zhuang, Y. A.; Goldstein, A. M.; Weiner, A. M. *UACUAAC Is the Preferred Branch Site for Mammalian mRNA Splicing.* In: *Proc. Nat. Acad. Sci. USA* 86 (1989) S. 2752–2756.

Burgess, S.; Couto, J. R.; Guthrie, C. *A Putative ATP Binding Protein Influences the Fidelity of Branchpoint Recognition in Yeast Splicing.* In: *Cell* 60 (1990) S. 705–717.

Spleißosombildung und -funktion

Grabowski, P. J.; Seiler, S. R.; Sharp, P. A. *A Multicomponent Complex Is Involved in the Splicing of Messenger RNA Precursors.* In: *Cell* 42 (1985) S. 345–353.

Reed, R.; Griffith, J.; Maniatis, T. *Purification and Visualization of Native Spliceosomes.* In: *Cell* 53 (1988) S. 949–961.

Lamond, A. I. *Spliceosome Assembly Involves the Binding and Release of U4 Small Nuclear Ribonucleoprotein.* In: *Proc. Nat. Acad. Sci. USA* 85 (1988) S. 411–415.

Newman, A.; Norman, C. *Mutations in Yeast U5 snRNA Alter the Specificity of 5′ Splice Site Cleavage.* In: *Cell* 65 (1991) S. 115–123.

Madhani, H. D.; Guthrie, C. *A Novel Basepairing Interaction Between U2 and U6 snRNAs Suggests a Mechanism for the Catalytic Activation of the Spliceosome.* In: *Cell* (1992) S. 803–817.

Lesser, C. F.; Guthrie, C. *Mutations in U6 snRNA That Alter Splice Site Specificity: Implications for the Active Site.* In: *Science* 262 (1993) S. 1982–1988.

Sontheimer, E. J.; Steitz, J. A. *The U5 and U6 Small Nuclear RNAs as Active Site Components of the Spliceosome.* In: *Science* 262 (1993) S. 1989–1996.

trans-Spleißen

Murphy, W. J.; Watkins, K. P.; Agabian, N. *Identification of a Novel Y Branch Structure as an Intermediate in Trypanosome mRNA Processing: Evidence for trans-Splicing.* In: *Cell* 47 (1986) S. 517–525.

Sutton, R.; Boothroyd, J. C. *Evidence for trans-Splicing in Trypanosomes.* In: *Cell* 47 (1986) S. 527–535.

Krause, M.; Hirsh, D. *A trans-Spliced Leader Sequence of Actin mRNA in C. elegans.* In: *Cell* 49 (1987) S. 753–761.

Huang, X. Y.; Hirsh, D. *A Second trans-Spliced RNA Leader Sequence in the Nematode C. elegans.* In: *Proc. Nat. Acad. Sci. USA* 86 (1989) S. 8640–8644.

Hannon, G. J., et al. *trans-Splicing of Nematode pre-mRNA in vitro.* In: *Cell* 61 (1990) S. 1247–1255.

Bruzik, J. P.; Maniatis, T. *Enhancer-Dependent Interaction Between 5′ and 3′ Splice Sites in trans.* In: *Proc. Nat. Acad. Sci. USA* 92 (1995) S. 7056–7059.

Andere Systeme

Galli, G., et al. *Biochemical Complementation with RNA in the Xenopus Oocyte: a Small RNA Is Required for the Generation of 3′ Histone mRNA Termini.* In: *Cell* 34 (1983) S. 823–828.

Kass, S., und andere *The U3 Small Nucleolar Ribonucleoprotein Functions in the First Step of Preribosomal RNA Processing.* In: *Cell* 60 (1990) S. 897–908.

Erzeugung von 3′-Enden

Conway, L.; Wickens, M. *A Sequence Downstream of AAUAAA Is Required for Formation of SV40 Late mRNA 3′ Termini in Frog Oocytes.* In: *Proc. Nat. Acad. Sci. USA* 82 (1985) S. 3949–3953.

Gil, A.; Proudfoot, N. *Position-Dependent Sequence Elements Downstream of AAUAAA Are Required for Efficient Rabbit β-Globin mRNA 3′ End Formation.* In: *Cell* 49 (1987) S. 399–406.

Takagaki, Y.; Ryner, L. C.; Manley, J. L. *Separation and Characterization of a poly(A) Polymerase and a Cleavage/Specificity Factor Required for pre-mRNA Polyadenylation.* In: *Cell* 52 (1988) S. 731–742.

31. Katalytische RNA

Die Vorstellung, enzymatische Aktivitäten seien ausschließlich auf Proteine beschränkt, war in der biochemischen Wissenschaft einst tief verwurzelt. (Noch dazu waren Protagonisten der Proteinfunktion der Ansicht, nur Proteine seien vielseitig genug, um als genetisches Material in Frage zu kommen!) Der Hintergrund für die Gleichsetzung von Enzymen mit Proteinen liegt in der Auffassung, daß nur Proteine – mit ihren vielfältigen dreidimensionalen Strukturen und diversen Seitenketten – ausreichende Variationsmöglichkeiten bieten, um die aktiven Zentren zu schaffen, die biochemische Reaktionen katalysieren. Indes hat die Analyse von Systemen der RNA-Prozessierung gezeigt, daß diese Sichtweise einer groben Vereinfachung gleichkommmt.

Wie man inzwischen weiß, gehen eine Reihe verschiedener katalytischer Reaktionen auf RNAs zurück. Zur Bezeichnung einer RNA mit katalytischer Aktivität ist der allgemeine Begriff **Ribozym** entstanden. Die Aktivität eines Ribozyms läßt sich in gleicher Weise charakterisieren wie die eines konventionelleren Enzyms. Manche von RNAs ausgehenden katalytischen Aktivitäten richten sich auf gesonderte Substrate, andere wirken sich innerhalb desselben RNA-Moleküls aus (was die Katalyse auf einen einzigen Zyklus beschränkt):

- Das Enzym Ribonuclease P ist ein Ribonucleoprotein, das ein Protein und ein daran gebundenes RNA-Molekül enthält. Diese RNA verfügt über die Fähigkeit, Schnittreaktionen in einem tRNA-Substrat zu katalysieren, während der Proteinkomponente eine indirekte Funktion zukommt; wahrscheinlich stabilisiert sie die Struktur der katalytisch aktiven RNA.
- Kleine RNAs aus der Klasse der Virusoide sind imstande, eine Selbstspaltungsreaktion durchzuführen. Auch wenn die Reaktion intramolekular abläuft, läßt sich ein solches Molekül in einen „Enzym"- und einen „Substrat"-Bereich unterteilen, und durch gezieltes Entwerfen ähnlicher Sequenzen lassen sich „Enzyme" schaffen, die auf von ihnen getrennte „Substrate" wirken.
- Gruppe-I- und Gruppe-II-Introns können sich selbst aus einer prä-mRNA, die sie enthält, herausspleißen. Eine entsprechende RNA vollzieht diese Reaktion *in vitro* von sich aus, *in vivo* helfen zusätzliche Proteine dabei. Durch künstliche Veränderung von Introns der Gruppe I konnte man RNA-Moleküle mit verschiedenen katalytischen Aktivitäten erzeugen, die der ursprünglichen ähneln.

Gemeinsames Merkmal dieser katalytischen RNAs ist, daß sie jeweils eine intra- oder intermolekulare Reaktion ausführen können, bei der *in vitro* Phosphodiesterbindungen gespalten oder geknüpft werden. Für die Spezifität der Reaktion und die katalytische Aktivität sorgt grundsätzlich die RNA, gleichwohl können mit ihr assoziierte Proteine erforderlich sein, damit die Reaktion *in vivo* ausreichend effizient abläuft.

Nicht nur durch Spleißen kann der Informationsgehalt einer RNA verändert werden. Es gibt einen weiteren Bearbeitungsprozeß, das **RNA-Editing**, bei dem Veränderungen einzelner Basen vorgenommen oder Basen an bestimmte Positionen innerhalb einer mRNA eingefügt werden. Die Insertion von Basen (in der Regel Uridinreste) beobachtet man bei verschiedenen mitochondrialen Genen einiger niederer Eukaryoten. Wie das Spleißen geht auch dieser Vorgang mit dem Aufbrechen und Neuknüpfen von Bindungen zwischen Nucleotiden einher, daneben ist jedoch eine Matrize erforderlich, welche die Information über die neue Sequenz bereitstellt.

31.1 Gruppe-I-Introns spleißen sich selbst durch Umesterungsreaktionen

Introns der Gruppe I findet man in den verschiedensten Genen und Organismen. Bei den niederen Eukaryoten *Tetrahymena thermophila* (einem Wimpertierchen) und *Physarum polycephalum* (einem Schleimpilz) kommen sie in den rRNA-Genen des Zellkernes vor, ferner sind sie in mitochondrialen Genen der Pilze verbreitet, in drei Genen des Bakteriophagen T4 enthalten und treten auch in Bakterien auf. Gruppe-I-Introns haben die Fähigkeit zum **Selbstspleißen** (*self-splicing*, *autosplicing*), sie können sich also selbst aus einer RNA herausschneiden. (Diese Eigenschaft besitzen auch die in Kapitel 30 behandelten Introns der Gruppe II.)

Das Selbstspleißen entdeckte man an Transkripten der rRNA-Gene von *T. thermophila*. Die Gene für die beiden größeren rRNAs zeigen in dem Wimpertierchen den üblichen Aufbau; beide werden als Teil einer gemeinsamen Transkriptionseinheit exprimiert. Das Produkt ist eine 35S-Vorläufer-RNA, die in ihrem 5′-Bereich die Sequenz der kleineren rRNA enthält und im 3′-Bereich die der größeren (26S).

Bei einigen Stämmen von *T. thermophila* ist die Sequenz der 26S-rRNA durch ein einzelnes, kurzes Intron unterbrochen. Inkubiert man den 35S-Vorläufer *in vitro*, erfolgt eine autonome Spleißreaktion. Das Intron verschwindet aus dem Vorläufer und häuft sich als lineares Fragment von 400 Basen an, das nachfolgend in eine ringförmige RNA überführt wird. Abbildung 31.1 faßt den Ablauf zusammen.

Alles, was die Reaktion benötigt, ist ein monovalentes Kation, ein bivalentes Kation und ein Guaninnucleotid als Cofaktor. Keine andere Base kann das Guanin ersetzen. Ein Triphosphat ist jedoch nicht erforderlich: GTP, GDP, GMP und selbst Guanosin sind in der Reaktion gleichermaßen wirksam, somit bedarf sie auch keiner Energie-

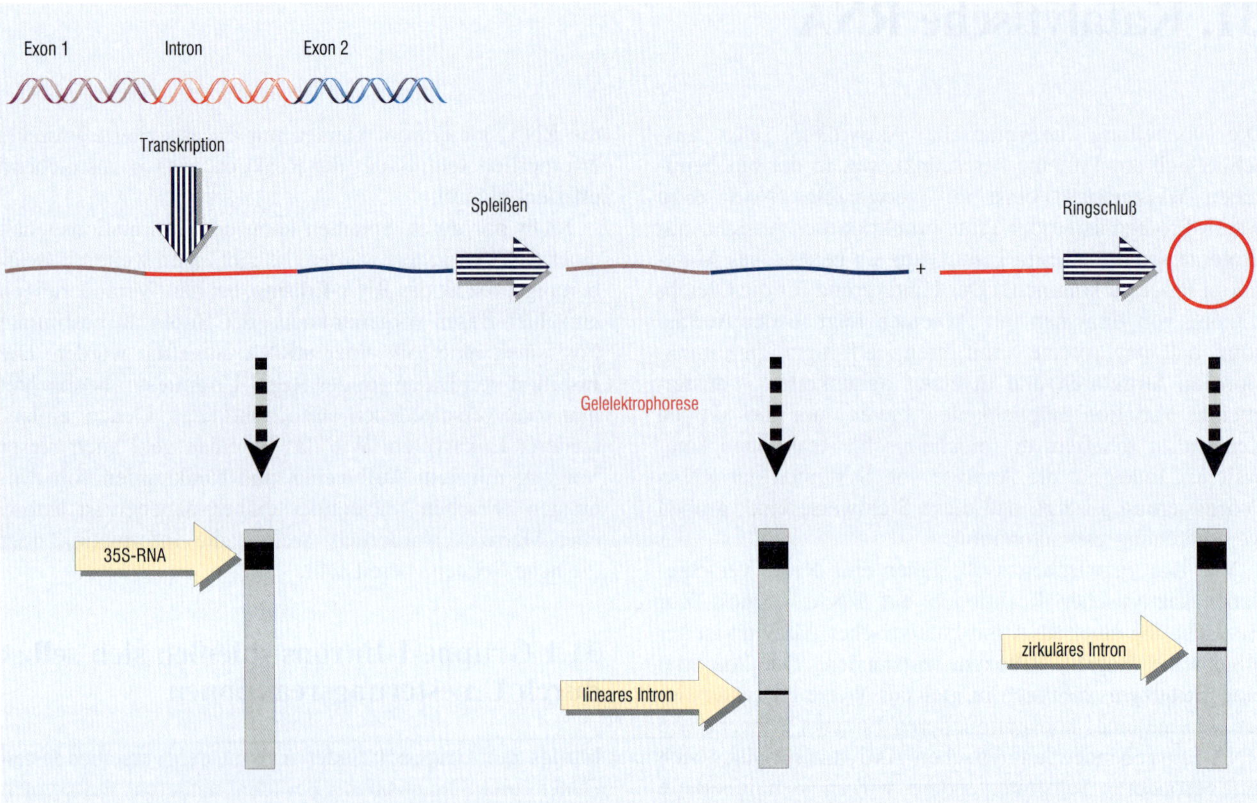

31.1 Das Spleißen des 35S-rRNA-Vorläufers von *Tetrahymena* läßt sich mittels Gelelektrophorese verfolgen. Die 35S-RNA bildet dabei eine relativ breite Bande. Das Freiwerden des Introns erkennt man daran, daß zusätzlich eine kleine, schnell wandernde Bande erscheint. (Die Bande der 35S-RNA zeigt wegen ihrer Breite und der relativ geringen Größenabnahme keine sichtbar veränderte Gelposition. Freie Exons lassen sich nicht beobachten.) Wenn sich das Intron zum Ring geschlossen hat, wandert es im Gel langsamer, daher verschiebt sich seine Bande nach oben.

zufuhr von außen. Das Guaninnucleotid muß eine 3′-OH-Gruppe besitzen.

Das Schicksal des Guaninnucleotids läßt sich verfolgen, indem man es radioaktiv markiert. Zunächst findet man die Markierung in dem ausgeschnittenen linearen Intronfragment wieder: Das Guaninnucleotid wird durch eine reguläre Phosphodiesterbindung mit dem 5′-Ende des Introns verknüpft.

Wie aus Abbildung 31.2 ersichtlich, finden im Verlauf des Spleißvorgangs drei Umlagerungen statt. Bei der ersten fungiert das Guaninnucleotid als Cofaktor, dem eine freie 3′-OH-Gruppe zur Verfügung stellt. Diese reagiert mit dem 5′-Ende des Introns, als Folge werden G-Rest und Intron miteinander verknüpft, und am Ende des ersten Exons entsteht eine freie 3′-OH-Gruppe. Diese wiederum greift nun im Zuge der in ähnlicher Weise ablaufenden zweiten Umlagerung das 5′-Ende des zweiten Exons an. Die beiden Umlagerungen sind miteinander gekoppelt: Freie Exons lassen sich nicht nachweisen – offenbar erfolgt ihre Ligation also als Teil derselben Reaktion, die auch das Intron freisetzt. Das Intron wird in linearer Form entlassen und geht schließlich im Verlauf der dritten Umlagerung in ein Ringmolekül über.

Jeder Schritt der Selbstspleißreaktion stellt eine Umesterung dar, bei der ein Phosphatester direkt, ohne Zwischenhydrolyse, in ein anderes übergeht. Bindungen werden lediglich verschoben, und die Energie bleibt erhalten; daher ist die Reaktion nicht auf eine energieliefernde Hydrolyse von ATP oder GTP angewiesen. (Hier besteht eine Parallele zu den ebenfalls ohne Nettoenergiezufuhr ablaufenden Bindungsverlagerungen durch Topoisomerasen (*nicking-closing*-Enzyme), die DNA-Einzelstrangbrüche setzen und verschließen, wie in Kapitel 17 besprochen wurde.)

Wenn alle drei aufeinanderfolgenden Umesterungen energetisch neutral verlaufen, stellt sich die Frage, wieso die Spleißreaktion bis zum Abschluß fortschreitet, anstatt auf ein Gleichgewicht zwischen gespleißtem Produkt und ungespleißtem Vorläufer zuzustreben. GTP liegt in höherer Konzentration vor als die RNA und treibt daher die Reaktion voran; zudem verhindert eine Veränderung der RNA-Sekundärstruktur die Rückreaktion (siehe weiter unten).

Das entsprechende in vitro-System enthält keine Proteine; die RNA ist also imstande, den Spleißvorgang von sich aus durchzuführen. Sie bildet eine spezifische Sekundär-/Tertiärstruktur aus, welche die relevanten Gruppen in räumliche Nähe zueinander bringt und das Guaninnucleotid an einer bestimmten Stelle bindet, so daß die in Abbil-

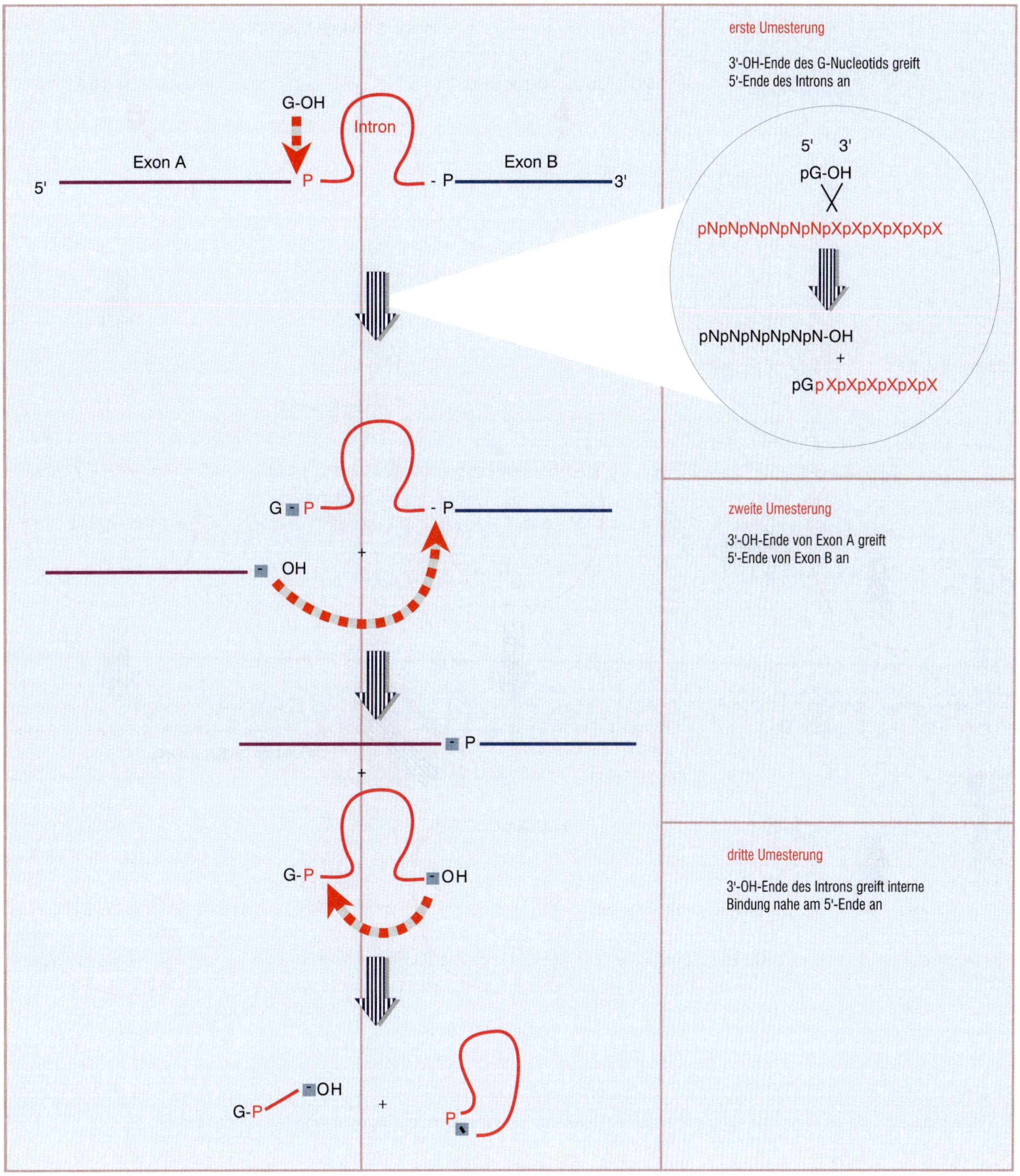

31.2 Die Selbstspleißung erfolgt durch Umesterungsreaktionen, bei denen chemische Bindungen in direkter Weise verschoben werden. Die in den Einzelschritten jeweils umgelagerten Bindungen sind durch blaue Kästchen hervorgehoben.

dung 30.2 gezeigten Umlagerungsreaktionen einsetzen können. Obwohl sie ein Kennzeichen der RNA selbst ist, wird die Reaktion *in vivo* zusätzlich von Proteinen unterstützt, welche die RNA-Struktur stabilisieren.

Die Fähigkeit der RNA, die Umesterungen vorzunehmen, ruht in der Sequenz des Introns. Nach seiner Freisetzung als lineares Molekül bleibt es, wie in Abbildung 31.3 zusammmengefaßt, zu weiteren Aktivitäten fähig:

- Das Intron kann sich zum Ring schließen, indem sein 3′-terminaler G-Rest eine von zwei Positionen in der Nähe seines 5′-Endes angreift. Die dortige interne Bindung

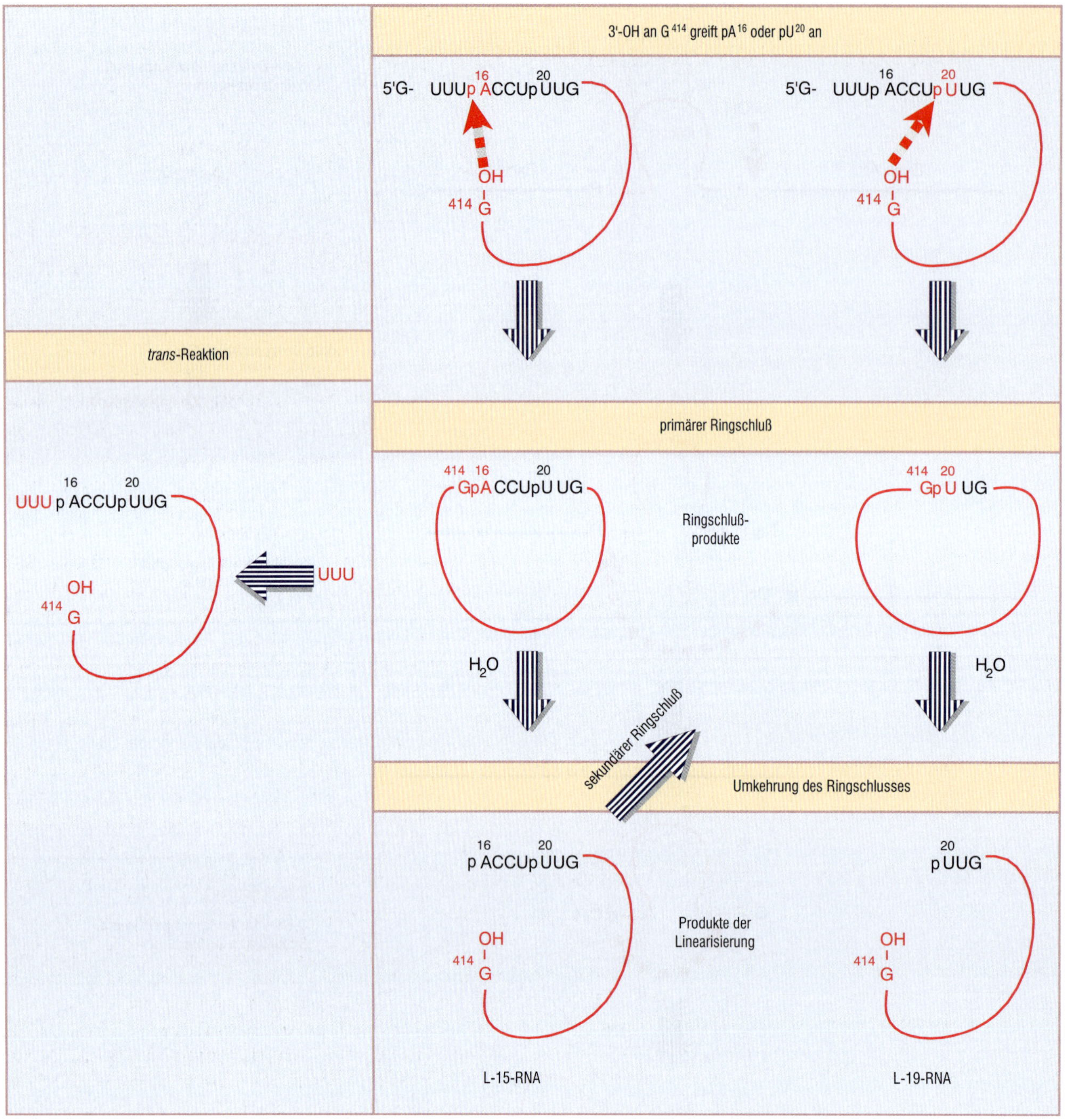

31.3 Das ausgeschnittene Intron kann sich zum Ring schließen, indem sein 3′-Ende mit einer von zwei internen Bindungen nahe am 5′-Ende reagiert, und es kann den Ring mittels einer Reaktion mit Wasser oder Oligonucleotiden wieder öffnen.

wird aufgebrochen und das neue 5′-Ende mit dem 3′-OH-Ende des Introns verknüpft. Beim *primären Ringschluß* verläuft die Reaktion gewöhnlich zwischen dem terminalen G^{414} und dem internen A^{16}. Dies ist die häufigste Reaktion; seltener reagiert G^{414} mit U^{20}. Beide Reaktionen führen zu einem zirkulären Intronrest und einem linearen Fragment (aus 15 Basen nach Angriff auf A^{16} oder 19 Basen nach Angriff auf U^{20}), das der ursprünglichen 5′-Region entspricht. Dieses Fragment enthält das Guaninnucleotid aus der Anfangsreaktion.

- Beide Ringformen können sich *in vitro* wieder in ein lineares Molekül zurückverwandeln, indem sie, in Umkehrung des Ringschlusses (*reverse cyclization*), spezifisch die Bindung hydrolysieren, die zu ihrer Entstehung geführt hat (also G^{414}–A^{16} beziehungsweise G^{414}–U^{20}). Das lineare Molekül, das aus der Umkehrung des primären Ringschlusses an A^{16} hervorgeht, bleibt reaktiv und kann einen sekundären Ringschluß durch einen Angriff auf U^{20} vollziehen.

- Das Endprodukt der spontanen Reaktionen, die auf die Freisetzung des Introns folgen, ist die L-19-RNA, ein lineares Molekül, das durch die Rücköffnung der kürzeren Ringform entsteht. Diese RNA besitzt enzymatische Aktivität und kann die Verlängerung kurzer Oligonucleotide katalysieren.
- Die Reaktivität des freigesetzten Introns geht über den Ringschluß und dessen Umkehrung hinaus. Gibt man das Oligonucleotid UUU hinzu, öffnet es die primäre Ringform, indem es mit der G^{414}–A^{16}-Bindung reagiert. Das Oligonucleotid (das dem 3′-Ende des beim primären Ringschluß abgespaltenen 15mers gleicht) wird an das dabei entstehende lineare Molekül gebunden und bildet nunmehr dessen 5′-Ende. Die Reaktion ist also *intermolekular* und zeigt, daß ein RNA-Molekül sich aus eigener Kraft mit einem anderen verknüpfen kann.

Diese Folge von Reaktionen ist ein eindrucksvoller Beleg dafür, daß die autokatalytische Aktivität der RNA weitreichende Fähigkeiten widerspiegelt: Sie muß ein aktives Zentrum bilden, das den Guanincofaktor binden, Oligonucleotide erkennen und die reagierenden Gruppen zu einer Konformation zusammenführen kann, die so das Aufbrechen und Umschichten kovalenter Bindungen ermöglicht. Andere Gruppe-I-Introns sind zwar nicht so detailliert untersucht wie das *Tetrahymena*-Intron, zeigen aber grundsätzlich ähnliche Fähigkeiten.

Die Selbstspleißreaktion ist eine intrinsische Eigenschaft der RNA *in vitro*, doch stellt sich die Frage, in welchem Ausmaß Proteine daran *in vivo* mitwirken. Einige Hinweise für die Beteiligung von Proteinen liefern mitochondriale Systeme, in denen das Spleißen von Introns der Gruppe I *trans*-aktive Produkte weiterer Gene erfordert. Ein bemerkenswertes Beispiel bietet die *cyt18*-Mutante des Schlauchpilzes *Neurospora crassa*, die eine Reihe mitochondrialer Gruppe-I-Introns nicht mehr hinlänglich spleißen kann. Wie sich herausstellte, codiert das betroffene Gen die mitochondriale Tyrosyl-tRNA-Synthetase! Man kann daraus vorsichtig schließen, daß das Intron eine tRNA-ähnliche Tertiärstruktur einnimmt, die von der Synthetase erkannt wird. Die Anlagerung des Enzyms würde sich dann auf den Spleißvorgang auswirken, entweder in direkter Weise oder, was wahrscheinlicher ist, indirekt, indem sich dadurch etwa die RNA-Konformation stabilisiert.

Die Beziehung zwischen der Synthetase und dem Spleißvorgang paßt zu der Vorstellung, daß das Spleißen als eine von der RNA selbst vermittelte Reaktion entstand, an der später RNA-bindende Proteine unterstützend mitzuwirken begannen, die ursprünglich andere Funktionen wahrnahmen. Die Selbstspleißfähigkeit *in vitro* repräsentiert offenbar den grundlegenden biochemischen Vorgang – aus der RNA-Struktur entsteht das aktive Zentrum; *in vivo* kann sie aber nur effizient funktionieren, wenn ein Proteinkomplex mithilft.

31.2 Gruppe-I-Introns nehmen eine charakteristische Sekundärstruktur ein

Für alle Introns der Gruppe I läßt sich eine charakteristische Sekundärstruktur mit neun Doppelstranghelices (P1 bis P9) herleiten. Abbildung 31.4 zeigt ein Modell für die Sekundärstruktur des *Tetrahymena*-Introns. Zwei der Doppelstrangregionen entstehen durch Basenpaarungen zwischen konservierten Sequenzelementen, die man in vielen Gruppe-I-Introns findet. P4 wird von den Sequenzen *P* und *Q* gebildet, die beide zehn Basen umfassen; davon beteiligen sich sechs bis sieben Basen an der Paarung. P7 formiert sich aus den Sequenzen *R* und *S*, die jeweils zwölf Basen lang sind, von denen aber nur fünf an der Paarung teilnehmen. Die anderen Doppelstrangregionen bestehen je nach individuellem Intron aus unterschiedlichen Sequenzen. Durch Mutationsanalysen ließ sich ein „Minimalintron" eingrenzen, das P3, P4, P6 und P7 enthält und den kleinsten noch katalytisch wirksamen Intronbereich darstellt. Die Länge verschiedener Gruppe-I-Introns schwankt erheblich, und die Consensussequenzen sind von den eigentlichen Spleißstellen relativ weit entfernt.

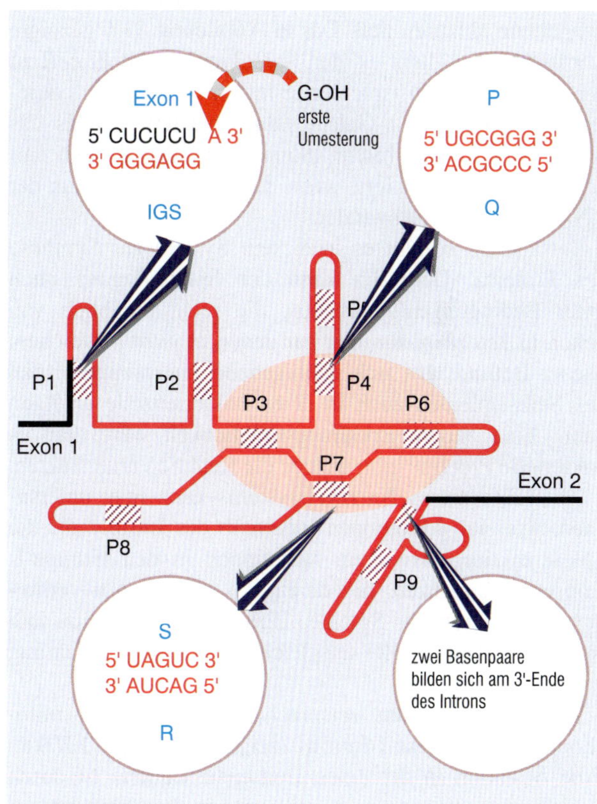

31.4 Gruppe-I-Introns haben eine gemeinsame Sekundärstruktur, die sich aus neun Doppelstrangabschnitten bildet. Die Abschnitte P4 und P7 bilden sich aus den konservierten Sequenzelementen P und Q beziehungsweise R und S. P1 entsteht durch Basenpaarungen zwischen dem Ende des linken Exons und der IGS im Intron. Ein kurzer Bereich zwischen P7 und P9 geht Paarungen mit dem 3′-Ende des Introns ein.

Einige der Basenpaarungsreaktionen wirken unmittelbar daran mit, die Spleißstellen in eine Konformation zu bringen, welche die enzymatische Reaktion unterstützt. So schließt P1 das 3′-Ende des linken Exons mit ein. Die Sequenz im Intron, die mit dem Exonstück Basenkontakte eingeht, wird als interne Führungssequenz oder IGS (*internal guide sequence*) bezeichnet. (In dem Begriff kommt die frühere Annahme zum Ausdruck, der Abschnitt unmittelbar 3′ von der in der Abbildung gezeigten IGS gehe Paarungen mit der 3′-Spleißstelle ein, so daß beide Stellen zusammengeführt würden. Solche Paarungen könnten durchaus stattfinden, doch offenbar sind sie für die Reaktion nicht entscheidend.) Eine sehr kurze Sequenz zwischen P7 und P9, die bisweilen nur aus zwei Basen besteht, paart sich mit dem Sequenzstück, das dem reaktiven G (Position 414 bei *Tetrahymena*) am 3′-Ende des Introns unmittelbar vorgeschaltet ist.

Wie wichtig Basenpaarungen bei der Schaffung der notwendigen Kernstruktur in der RNA sind, machen *cis*-wirksame Mutationen deutlich, die das Spleißen von Introns der Gruppe I verhindern. Solche Mutationen hat man bei den mitochondrialen Introns in Gestalt von Mutanten gefunden, die ein Intron *in vivo* nicht mehr entfernen können; und für das *Tetrahymena*-Intron konnte man sie identifizieren, indem man die Spleißreaktion in einer bakteriellen Umgebung ablaufen ließ. Das in Abbildung 31.5 gezeigte Konstrukt ermöglicht es, den Spleißvorgang in *E. coli* zu verfolgen. Das selbstspleißende Intron ist so in die codierende Sequenz der β-Galactosidase plaziert, daß es das zehnte Codon unterbricht. Somit wird das Protein nur dann korrekt translatiert, wenn das Intron vorher aus der RNA-Sequenz verschwindet.

Tatsächlich kommt es in diesem System zur Synthese des Proteins. Demnach kann der Spleißvorgang auch unter Bedingungen geschehen, die recht erheblich von denen in *Tetrahymena* oder gar denen *in vitro* abweichen. Dieser Befund läßt sich dahingehend interpretieren, daß das Selbstspleißen auch in einer Bakterienzelle erfolgen kann. Eine andere Erklärungsmöglichkeit wäre, daß es bakterielle Proteine gibt, welche die Reaktion unterstützen.

Mit Hilfe dieses Nachweissystems kann man untersuchen, wie sich Mutationen innerhalb des Introns auf die Spleißreaktion auswirken. Mutationen in den Gruppe-I-Consensussequenzen, die deren Basenpaarungen verhindern, blockieren das Spleißen. Eine solche Mutation läßt sich durch eine zweite ausgleichen, welche die Paarung wiederherstellt.

Mutationen in den entsprechenden Sequenzen mitochondrialer Gruppe-I-Introns zeigen ähnliche Effekte. Eine Mutation in der einen Consensussequenz ist durch Veränderung der anderen, zu ersterer komplementären Consensussequenz kompensierbar, wenn dadurch die Basen wieder zusammenpassen; beispielsweise lassen sich Mutationen der R-Consensussequenz durch Gegenmutationen in der S-Consensussequenz neutralisieren.

Insgesamt deuten diese Ergebnisse darauf hin, daß die Gruppe-I-Spleißreaktion von der Sekundärstruktur abhängig ist, die sich zwischen Paaren von Consensussequenzen innerhalb des Introns ausbildet. Die Befunde lassen folgendes Prinzip erkennen: *Sequenzen an anderer Stelle als an den Spleißgrenzen selbst sind erforderlich, um das aktive Zentrum zu bilden, welches die Selbstspleißreaktion möglich macht.*

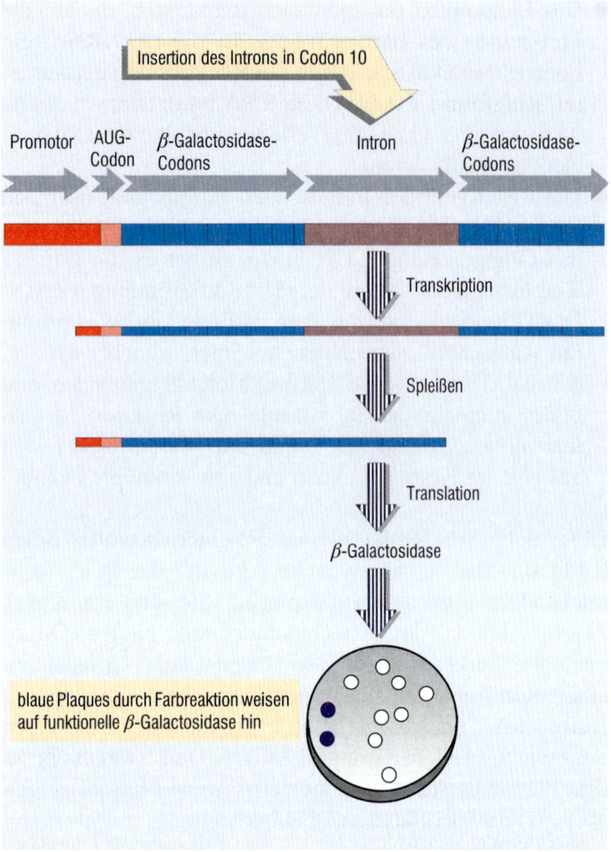

31.5 Wenn man das *Tetrahymena*-Intron in die codierende Sequenz des β-Galactosidase-Gens einfügt, kann man den Selbstspleißvorgang in *E. coli* nachweisen. Die Synthese der β-Galactosidase läßt sich anhand einer Reaktion verfolgen, bei der das Enzym eine bestimmte Substanz in einen blauen Farbstoff überführt. Enthält ein Bakteriophage das veränderte Gen, so zeigen blaue Plaques an, daß das Intron ordnungsgemäß herausgespleißt ist.

31.3 Ribozyme besitzen unterschiedliche katalytische Aktivitäten

Die katalytische Aktivität der Gruppe-I-Introns wurde anhand ihrer Selbstspleißfähigkeit entdeckt, doch sind sie imstande, *in vitro* weitere katalytische Reaktionen in Gang zu setzen. Diese Reaktionen basieren sämtlich auf Umesterungen. Wir wollen diese Reaktionen unter dem Aspekt ihrer Verwandtschaft mit der eigentlichen Spleißreaktion näher untersuchen.

Die katalytische Aktivität eines Gruppe-I-Introns beruht auf seiner Fähigkeit, eine bestimmte Sekundär- und Tertiärstruktur auszubilden, in der aktive Zentren entsteht, wie sie entsprechend auch in einem „konventionellen" Proteinenzym enthalten ist. Abbildung 31.6 veranschaulicht die Spleißreaktion anhand dieser Zentren (gezeigt ist dieselbe Reaktionsfolge wie in Abbildung 31.2).

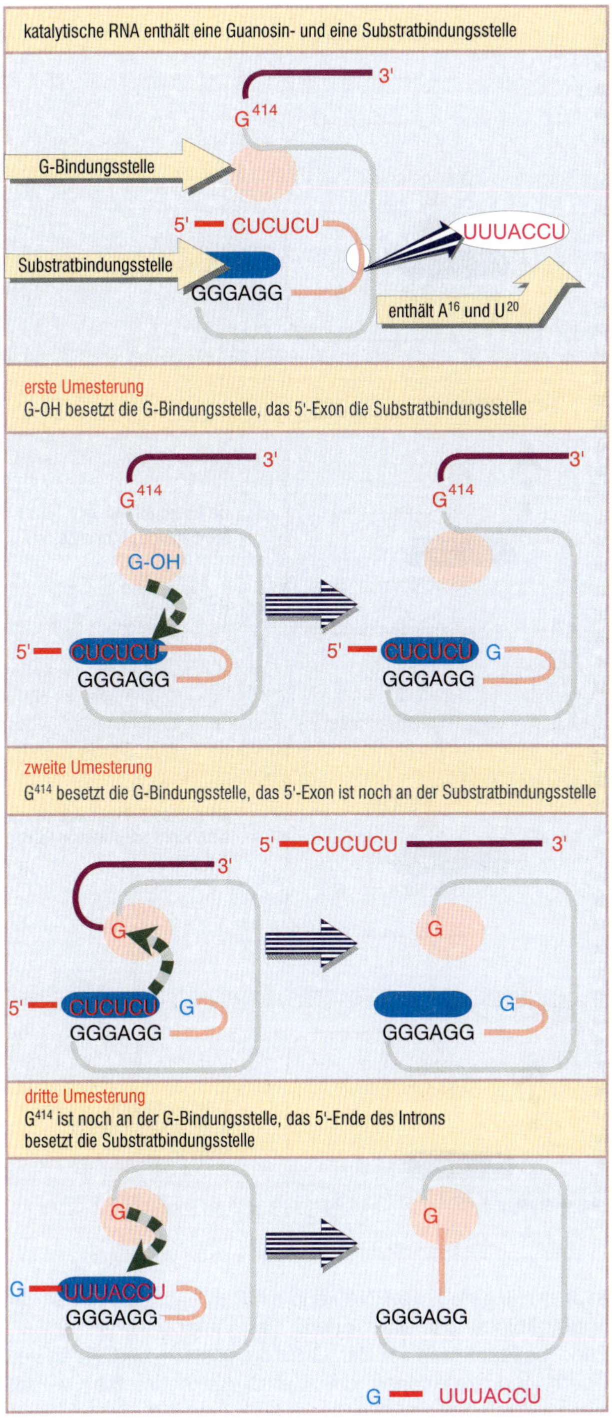

31.6 Die Excision des Gruppe-I-Introns in der *Tetrahymena*-rRNA erfolgt durch schrittweise ablaufende Reaktionen zwischen wechselnden Liganden der Guanosin- und der Substratbindungsstelle. Das linke Exon ist rot dargestellt, das rechte violett, rosa der Teil des Introns, der das reaktive 5'-Ende enthält.

Die P1-Helix entspricht einer besetzten Substratbindungsstelle: Das 3'-Ende des ersten Exons bindet hier über intramolekulare Basenpaarungen an die IGS. Die Guanosinbindungsstelle wird durch Sequenzen in P7 gebildet. Dort kann sich entweder ein freies Guaninnucleotid oder der G-Rest in Position 414 anlagern. In der ersten Umesterung wird die Stelle von einem freien Guaninnucleotid besetzt, nachfolgend bindet dort jedoch G^{414}. Die zweite Umesterung setzt die verknüpften Exons frei, die dritte läßt die Ringform des Introns entstehen.

Die Bindung des Substrats geht mit einer Konformationsänderung einher: Davor liegt das 5'-Ende der IGS in räumlicher Nachbarschaft zu den Doppelhelices P2 und P8. Nach der Bindung jedoch, wenn also die P1-Helix entstanden ist, befindet sich dieses Ende in der Nähe konservierter Basen zwischen P4 und P5. Die Umstrukturierung läßt sich an veränderten Kontakten in der Sekundärstruktur erkennen, wie in Abbildung 31.7 gezeigt wird. In der Tertiärstruktur liegen die beiden von der IGS alternativ berührten Stellen 3,7 nm auseinander; die Positionsänderung der IGS im Raum ist demnach recht erheblich.

Die L-19-RNA entsteht durch Öffnung einer Ringform des Introns (als letztes Stadium der in Abbildung 31.3 dargestellten intramolekularen Umlagerungen). Auch sie zeigt noch enzymatische Aktivitäten. Diese ähneln denen, die

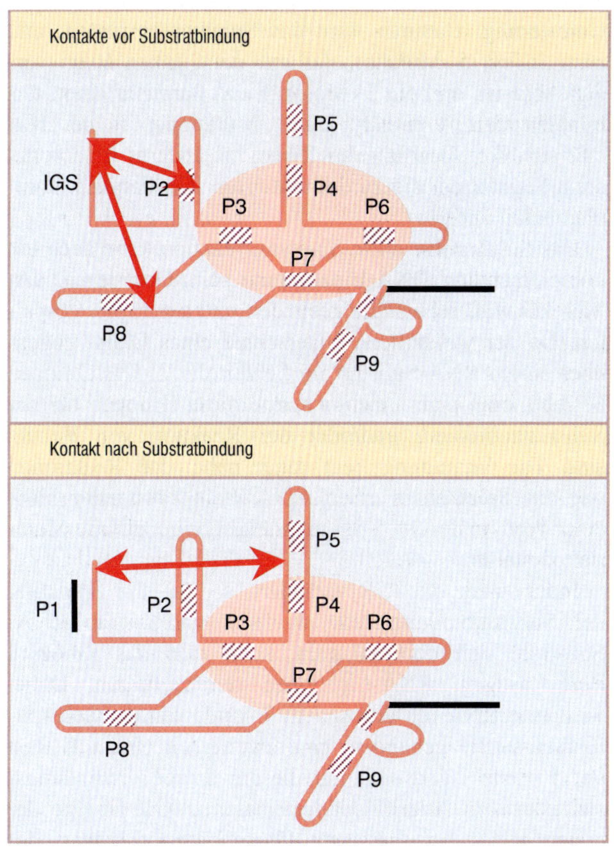

31.7 Die Position der IGS innerhalb der Tertiärstruktur verschiebt sich, wenn im Zuge der Substratbindung die P1-Doppelhelix entsteht.

bei der anfänglichen Spleißreaktion zum Einsatz kamen, und wir können die Funktionsweise des Ribozyms auf der Grundlage seiner Fähigkeit betrachten, eine intramolekulare, zur IGS komplementäre Sequenz an der Substratbindungsstelle zu binden und gleichzeitig entweder das terminale G^{414} oder ein freies Guaninnucleotid an seiner G-Bindungsstelle.

Abbildung 31.8 veranschaulicht den Mechanismus, durch den die L-19-RNA das Oligonucleotid C_5 zu einer C_6-Kette verlängert. Das C_5-Oligonucleotid bindet an die Substratbindungsstelle, während G^{414} die G-Bindungsstelle besetzt. Durch Umesterungsreaktionen wird ein C-Rest von der C_5-Kette zunächst auf das 3′-terminale G und anschließend von dort auf ein neues C_5-Molekül übertragen. Weitere Übertragungsvorgänge führen zur Entstehung längerer Cytosin-Oligonucleotide. Die Reaktion ist eine echte Katalyse, da die L-19-RNA daraus unverändert hervorgeht und den Zyklus erneut in Gang setzen kann. Das Ribozym wirkt als Nucleotidyltransferase.

Einige weitere Reaktionen stellt Abbildung 31.9 vor. Das Ribozym kann als sequenzspezifische Endoribonuclease wirken, wozu die Fähigkeit der IGS beiträgt, komplementäre Sequenzen zu binden. Im gezeigten Beispiel bindet sie ein externes RNA-Substrat, das die Sequenz CUCU enthält, wie sie auch in dem sich normalerweise dort anlagernden Ende des linken Exons auftritt. Ein Guaninnucleotid an der G-Bindungsstelle greift die CUCU-Sequenz genauso an wie das Exon bei der ersten Umesterung. Dadurch wird das Substrat gespalten, und zwar in ein 5′-Molekül, das mit dem linken Exon vergleichbar ist, und ein 3′-Molekül, das nunmehr einen terminalen G-Rest enthält. Durch Mutationen in der IGS läßt sich die Spezifität des Ribozyms ändern: Es erkennt dann Sequenzen, die zu der mutierten IGS-Sequenz komplementär sind.

Das Substrat für diese Spaltungsreaktion kann auch ein komplementärer DNA-Einzelstrang sein. Doch ein DNA-Molekül wird schwächer gebunden und langsamer gespalten. Da der wesentliche Unterschied eines DNA- gegenüber einem RNA-Substrat im Fehlen der 2′-OH-Gruppen besteht, kann man annehmen, daß diese Gruppen bei der Substratanbindung und/oder der Reaktion von Belang sind. Die Vermutung liegt daher nahe, daß Reaktionen wie das Spleißen in einer „RNA-Welt" entstanden sind, einer Welt, in der RNA das ursprüngliche genetische Material darstellte.

Indem man die IGS verändert, so daß die Spezifität der Substratbindungsstelle wechselt und andere RNA-Substrate sich dort anlagern, kann man das Ribozym dazu bringen, RNA-Ligationen durchzuführen. Dabei wird eine RNA mit passendem 3′-Ende von der Substratbindungsstelle gebunden, eine zweite mit einem G-Rest am 5′-Ende lagert sich mit diesem an die G-Bindungsstelle an. Ein Angriff der terminalen 3′-OH-Gruppe der ersten RNA auf die erste Phosphodiesterbindung der zweiten führt zu einer kovalenten Verknüpfung beider RNAs, unter Verlust des 5′-terminalen G-Restes der zweiten.

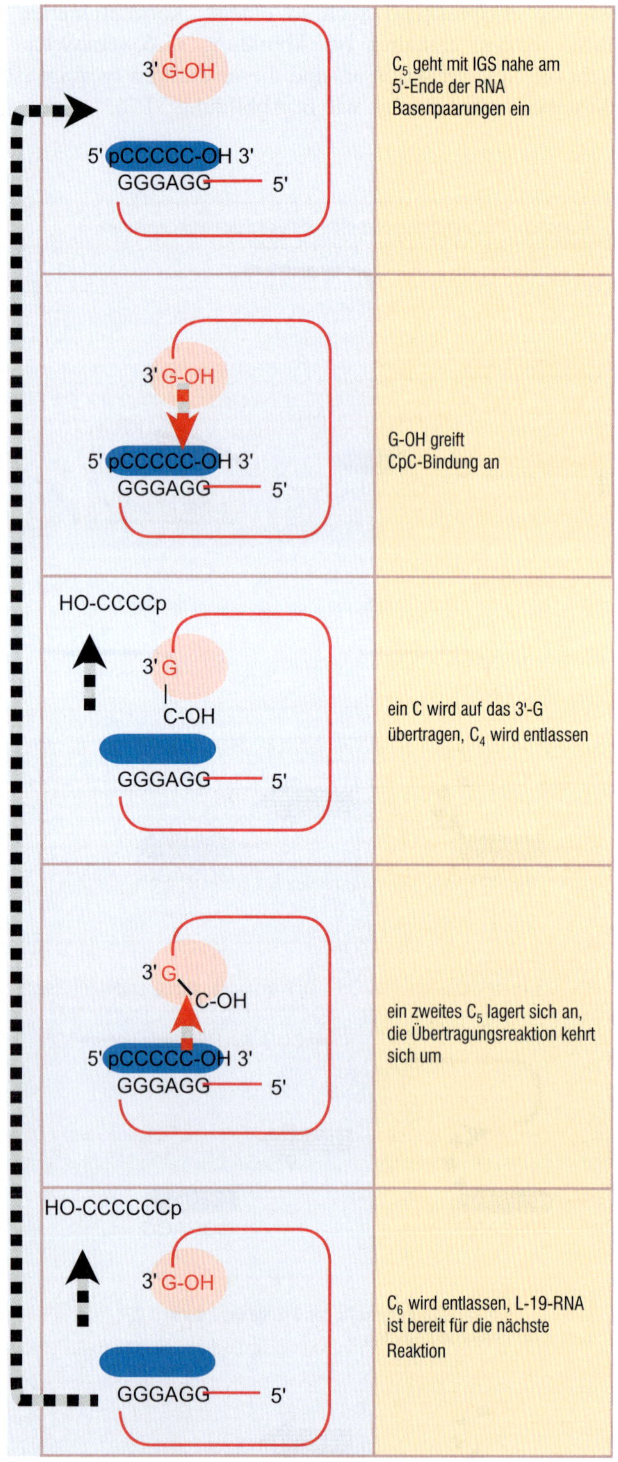

31.8 Die lineare L-19-RNA kann ein C_5-Oligonucleotid an der Substratbindungsstelle binden. Das reaktive G-OH am 3′-Ende befindet sich an der G-Bindungsstelle und katalysiert Übertragungsreaktionen, die zwei C_5-Ketten in eine C_4- und eine C_6-Kette umwandeln.

Die Phosphatasereaktion wiederum ist mit den Spleißreaktionen nur indirekt verwandt. Ein Oligonucleotid, das ein unübliches 3′-Phosphatende besitzt, zur IGS komplementär ist und dort anbindet, kann von G^{414} angegriffen

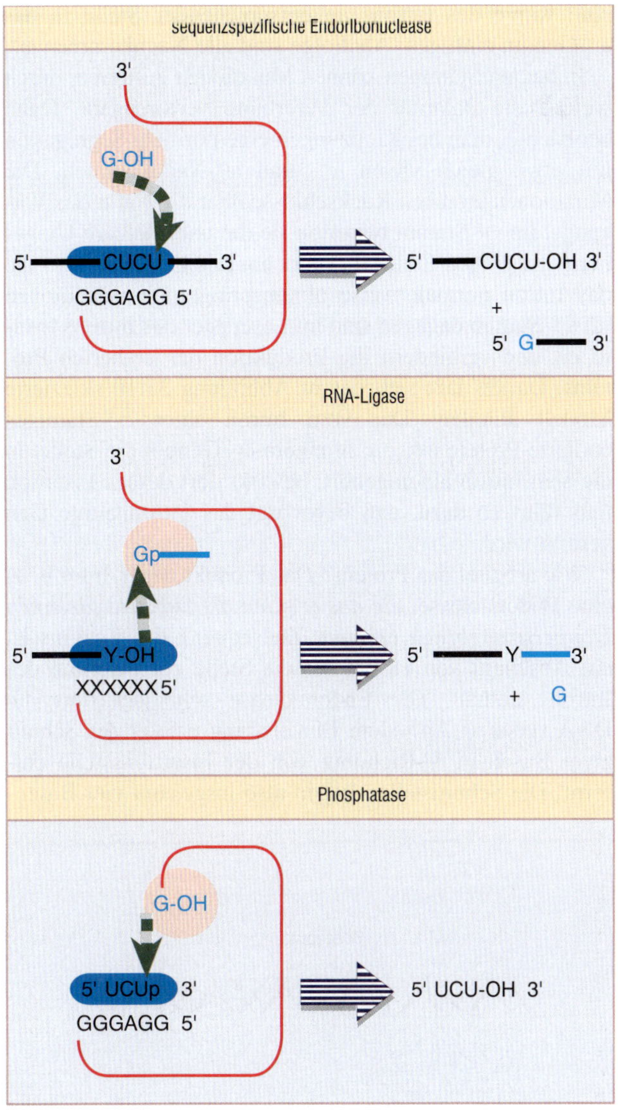

31.9 Das L-19-Ribozym kann verschiedene Reaktionen katalysieren. Allen gemeinsam sind Umesterungen zwischen einer Gruppe an der Substratbindungsstelle und einer Gruppe an der G-Bindungsstelle.

werden. Die 3′-Phosphatgruppe wird auf das G^{414} übertragen, und das Oligonucleotid verläßt die Reaktion mit einem 3′-OH-Ende. Die Phosphatgruppe kann anschließend (in Umkehrung der ersten Reaktion) auf das übliche 3′-OH-Ende eines zweiten Oligonucleotids übertragen werden oder aber auf ein Wassermolekül, so daß anorganisches Phosphat entsteht, und damit eine echte Phosphatasereaktion stattgefunden hat.

RNA-katalysierte Reaktionen lassen sich in gleicher Weise wie klassische Enzymreaktionen auf Grundlage der Michaelis-Menten-Kinetik beschreiben. Tabelle 31.1 faßt die Charakteristika einiger, durch RNAs katalysierter Reaktionen zusammen. Die K_M-Werte RNA-katalysierter Reaktionen sind niedrig, was anzeigt, daß RNAs ihre Substrate hochspezifisch binden können. Die Umsatzraten (Wechselzahlen) sind ebenfalls niedrig; die Reaktionen

Tabelle 31.1: RNA-katalysierte Reaktionen weisen dieselben Charakteristika auf wie die durch Proteine katalysierten; die Enzymaktivität ist jedoch langsamer. Der K_M-Wert gibt die Konzentration des Substrats an, die für eine halbmaximale Geschwindigkeit benötigt wird; dieses ist eine reziproke Einheit der Affinität des Enzyms für das Substrat. Die Wechselzahl (*turnover number*) gibt die Menge der Substratmoleküle an, die in einer Zeiteinheit durch eine katalytisch aktive Stelle umgesetzt werden.

Enzym	Substrat	K_M (mM)	Wechselzahl (min^{-1})
19-Basen-Virusoid	24-Basen-RNA	0,0006	0,5
L-19-Intron	CCCCCC	0,04	1,7
RNase P (RNA)	prä-tRNA	0,00003	0,4
RNase P (vollständig)	prä-tRNA	0,00003	29,0
RNase T1	GpA	0,05	5700
β-Galactosidase	Lactose	4,0	12500

verlaufen also nicht sonderlich rasch. Insgesamt entspricht das allgemeine Verhalten dieser RNA-Moleküle der klassischen Enzymdefinition, wenngleich sie langsamer arbeiten als Proteinkatalysatoren (deren Umsatzraten im Bereich von 10^3 bis 10^6 Substratmolekülen je Minute liegen).

31.4 Manche Introns codieren Proteine, die ihnen Mobilität verleihen

Bestimmte Introns der Gruppe I wie auch der Gruppe II enthalten offene Leseraster, die in Proteine translatiert werden. Durch die Expression dieser Proteine werden die entsprechenden Introns **mobil**: Sie können in neue Stellen des Genoms hineinspringen (entweder in ihrer ursprünglichen DNA-Form oder als DNA-Kopie der RNA-Form). Introns der Gruppe I und II sind sehr verbreitet und kommen sowohl in Prokaryoten als auch in Eukaryoten vor.

Drei funktionell verschiedene Proteintypen ließen sich den offenen Leserastern dieser Introns zuordnen. Alle drei betreffen entweder den DNA- oder den RNA-Stoffwechsel. Man findet

- *Endonucleasen*, die Zielstellen in der DNA schneiden, um dort die Insertion der Intronsequenzen zu ermöglichen,
- *Reverse Transkriptasen*, die DNA-Kopien der Intron-RNA herstellen, und
- *Maturasen*, die zum Herausspleißen des entsprechenden Introns aus der prä-mRNA notwendig sind.

Gruppe-I-Introns mit offenen Leserastern codieren Endonucleasen, die bisweilen zusätzlich eine Maturaseaktivität aufweisen. Die Leseraster der Gruppe-II-Introns, falls vorhanden, enthalten Sequenzen, die solchen von Endonucleasen und Reversen Transkriptasen ähneln; mitunter kann das jeweilige Protein ebenfalls als Maturase wirken. In welcher Beziehung die Maturaseaktivität zu den anderen Enzymfunktionen steht, ist für keine der beiden Gruppen bekannt; doch erfüllt die Maturase sehr wahrscheinlich den Zweck, eine zum Spleißen erforderliche Intronkonformation zu stabilisieren.

Am meisten weiß man über die Funktion der Endonucleasen, die von bestimmten Gruppe-I-Introns codiert werden. Sie helfen „ihrem" Intron, sich weiterzuverbreiten, wenn bei Kreuzungen Allele zusammentreffen, von denen eines das fragliche Intron enthält und das andere nicht.

Unter Pilzmitochondrien kommen solche Polymorphismen bezüglich des Introngehalts häufig vor, was für die Vorstellung spricht, die entsprechenden Introns seien durch Insertion ins Gen entstanden. Einen Einblick in die dabei möglicherweise ablaufenden Vorgänge bieten Rekombinationsanalysen an Kreuzungen, die das Gen für die große rRNA des Hefemitochondriums betreffen.

Dieses Gen kann ein Gruppe-I-Intron enthalten, das über eine codierenden Sequenz verfügt. Hefestämme mit diesem Intron bezeichnet man als ω^+, solche ohne es als ω^-. Kreuzungen zwischen ω^+ und ω^- sind *polar*: Daraus hervorgehende Zellen sind gewöhnlich ω^+.

Man kann sich den ω^+-Stamm gewissermaßen als Spender und den ω^--Stamm als Empfänger des Introns vorstellen. Kreuzt man beide Stämme, würde sich demgemäß eine Kopie des Introns an entsprechender Stelle in das ω^--Genom einfügen. Als Folge sind alle Nachkommen ω^+.

In beiden Stämmen können Mutationen auftreten, durch welche die Polarität der Vererbung verlorengeht. Dann beobachtet man bei Kreuzungen eine normale Segregation mit etwa gleich vielen ω^-- und ω^+-Nachkommen. Die Mutationen erlauben Rückschlüsse über die Natur des Vorgangs. Im ω^--Stamm betreffen sie die unmittelbare Umgebung derjenigen Stelle im mitochondrialen Genom, in die das Intron normalerweise hineinspringt. Die Mutationen im ω^+-Stamm dagegen sind im Leseraster des Introns lokalisiert und verhindern die Produktion des codierten Proteins. Daraus läßt sich das in Abbildung 31.10 skizzierte Modell ableiten: Das vom Intron eines ω^+-Stammes codierte Protein erkennt in einem ω^--Genom die Stelle, in die sein Intron hineingehört, bewirkt dort dessen Insertion und führt so dazu, daß bevorzugt das intronhaltige Gen vererbt wird.

Wie arbeitet das Protein? Das Produkt des ω-Introns ist eine Endonuclease, *die das ω^--Gen als Substrat für einen Doppelstrangbruch erkennt.* Zielsequenz des Enzyms ist ein Abschnitt von 18 bp, der die Stelle zur Insertion des Introns enthält. Die Endonuclease schneidet dort die DNA versetzt: An jedem Einzelstrang erfolgt der Schnitt zwei Basen in 3'-Richtung von der Insertionsstelle entfernt. Die Schnittstellen liegen also insgesamt vier Basen-

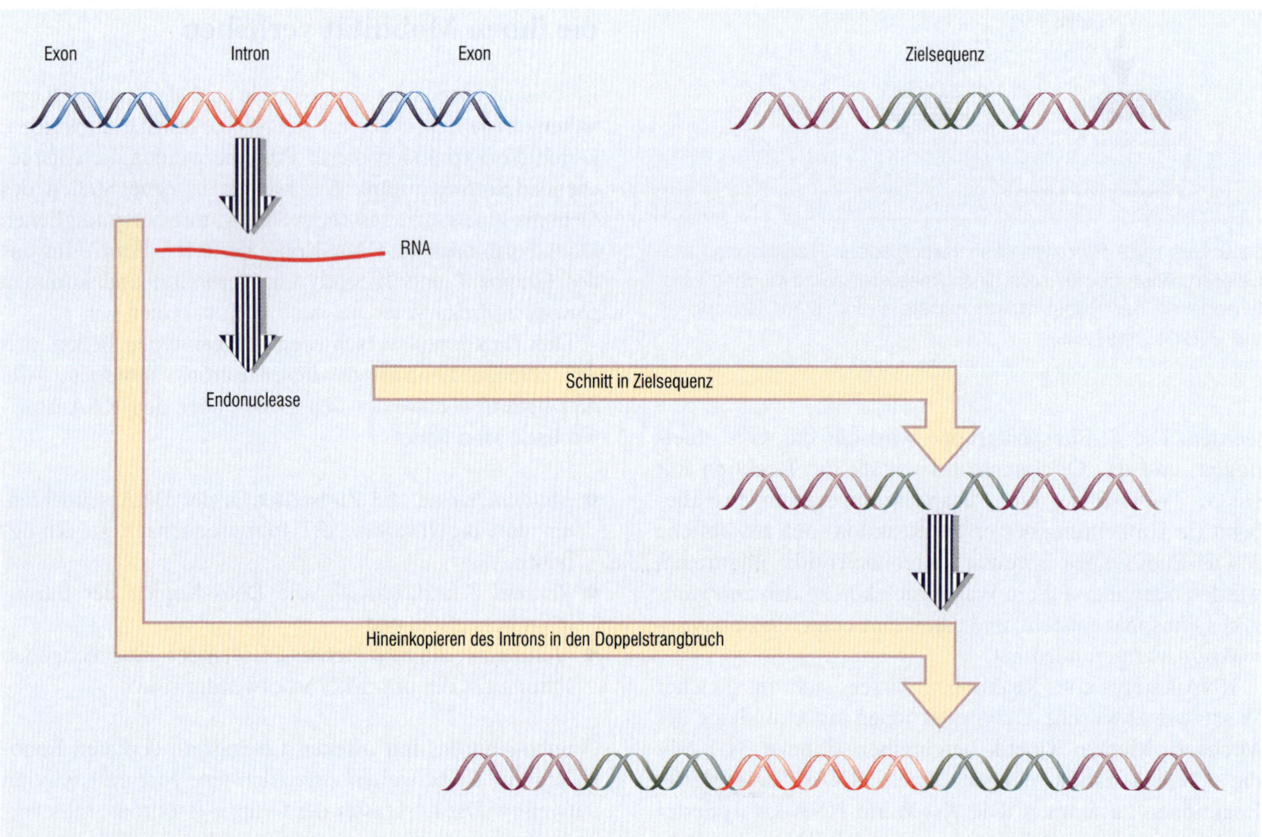

31.10 Ein Intron codiert eine Endonuclease, die an einer bestimmten Stelle einen DNA-Doppelstrangbruch setzt. Die Sequenz des Introns wird kopiert und dann in die Bruchstelle eingefügt.

paare auseinander, und es entstehen überhängende Einzelstrangenden.

Solche versetzten Schnitte findet man ähnlich auch beim Springen von Transposons (Kapitel 18). Der Doppelstrangbruch leitet wahrscheinlich eine Genkonversion ein, bei der Sequenzen des ω^{+}-Allels kopiert werden, um die des ω^{-}-Allels zu ersetzen. Der Transpositionsvorgang beinhaltet einen Verdoppelungsmechanismus allein auf der DNA-Ebene; die RNA spielt hierbei keine Rolle. Ist das Intron dann am Platz, so unterbricht es die Erkennungssequenz der Endonuclease, was seinen stabilen Sitz gewährleistet.

Andere Gruppe-I-Introns mit offenem Leseraster sind ebenfalls mobil. Der prinzipielle Mechanismus ihrer Weiterverbreitung ist offenbar stets derselbe: Das Intron codiert eine Endonuclease, die eine spezifische Zielsequenz spaltet, in die sich das Intron dann einfügt. Freilich gibt es Unterschiede in den Einzelheiten des Insertionsvorgangs. Beispielsweise erkennt die vom *td*-Intron des Phagen T4 codierte Endonuclease eine Zielsequenz, die 24 bp stromaufwärts von der eigentlichen Insertionsstelle des Introns liegt.

Trotz des gemeinsamen Mechanismus der Intronmobilisierung findet man zwischen den einzelnen Zielsequenzen

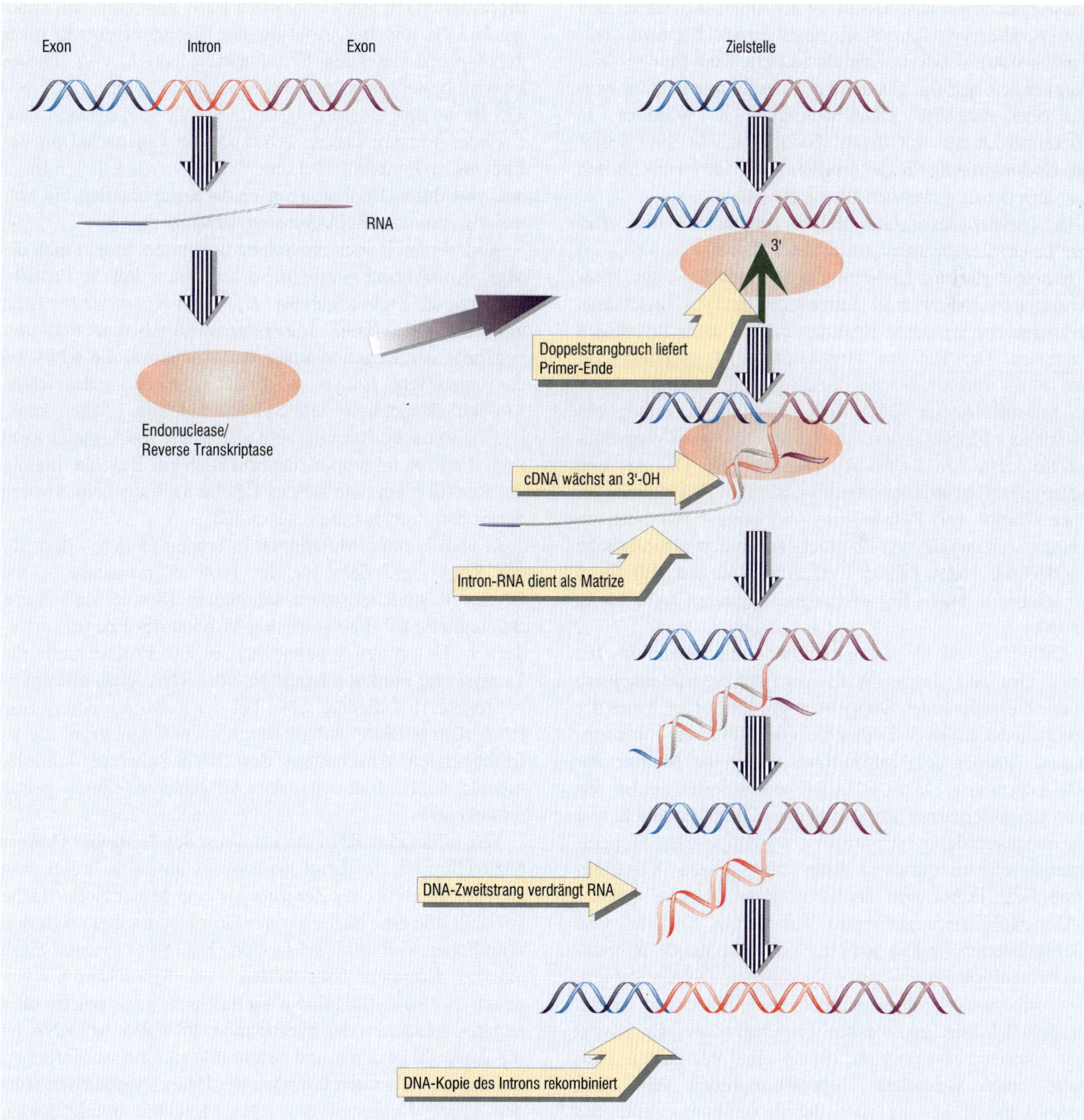

31.11 Eine introncodierte Reverse Transkriptase ermöglicht, daß eine DNA-Kopie der Intron-RNA in einen Doppelstrangbruch an der Zielstelle eingefügt wird.

oder den codierenden Intronabschnitten keine Homologien. Vermutlich haben die Introns zwar einen gemeinsamen entwicklungsgeschichtlichen Ursprung, doch ihre weitere Evolution verlief offensichtlich in sehr unterschiedliche Richtungen. Die Zielstellen zählen zu den längsten und daher spezifischsten Erkennungssequenzen, die man für Endonucleasen kennt. Die Spezifität gewährleistet, daß das Intron sich nur durch Insertion in eine ganz bestimmte Zielstelle ausbreitet und sich nicht andernorts ins Genom einfügt. Man bezeichnet dies als ***intron homing*** („Heimfindung" des Introns).

In einer ganzen Reihe von Bakterien und niederen Eukaryoten findet man Introns mit Sequenzen, die eine Endonuclease codieren. Diese Beobachtung stützt die These, daß proteincodierende Introns als unabhängige Elemente entstanden sind, wobei die jeweils codierte Funktion zu ihrer Tauglichkeit beitrug, aus der RNA herausgespleißt zu werden oder zwischen DNA-Molekülen zu wandern. In Übereinstimmung mit dieser Theorie weicht das Muster der Codonnutzung in den codierenden Intronabschnitten von dem der umgebenden Exons etwas ab.

Die meisten der in Gruppe-II-Introns enthaltenen, offenen Leseraster besitzen (neben der Endonucleaseregion) Abschnitte, die mit Codierungssequenzen Reverser Transkriptasen verwandt sind. Introns dieses Typs findet man in Organellen niederer Eukaryoten und auch in einigen Bakterien. Die Reverse Transkriptase ist spezifisch für das Intron und am *homing* beteiligt. Sie erzeugt anhand der prä-mRNA eine DNA-Kopie des Introns, ermöglicht also dessen Mobilität durch einen Mechanismus vergleichbar mit dem von Retroviren (Kapitel 19). Die Art und Weise der Retrotransposition in diesem Fall ähnelt der einer Gruppe von Retroposons, die keine LTRs besitzen und die sich das für den Polymerisationsstart erforderliche 3′-OH-Ende – den Primer – dadurch erzeugen, daß sie in der Zielstelle einen Einzelstrangbruch setzen (Abbildung 19.16).

Abbildung 31.11 veranschaulicht die Reaktion bei einem Gruppe-II-Intron. Wie zuvor führt die Endonuclease an der Zielstelle einen Doppelstrangbruch herbei. Eines der dabei entstehenden 3′-Enden dient der Reversen Transkriptase als Primer. Die Intron-RNA liefert die Matrize zur cDNA-Synthese. Da die RNA auf beiden Seiten des Introns auch Exonsequenzen umfaßt, ist das cDNA-Produkt länger als die eigentliche Intronregion, so daß es den Doppelstrangbruch überbrücken kann und dessen Reparatur ermöglicht. Dabei wird das Intron in die DNA integriert.

Der Mobilisierungsvorgang läßt sich *in vitro* teilweise nachvollziehen, indem man eine entsprechende Ribonucleoproteinpräparation mit einer Substrat-DNA inkubiert. Das Ribonucleoprotein enthält eine RNA mit einem Gruppe-II-Intron und dessen Proteinprodukt. Es besitzt eine Endonucleaseaktivität, die an einer geeigneten Zielstelle einen versetzten Doppelstrangbruch verursacht. Sowohl die RNA- als auch die Proteinkomponente des Ribonucleoproteins sind für die Schnittsetzung erforderlich; möglicherweise tragen beide gleichermaßen zur katalytischen Aktivität bei.

Wahrscheinlich sind solche mobilen Introns in ihre Trägergene eingedrungen, statt sich gemeinsam mit diesen entwickelt zu haben. Es ist denkbar, daß aus ihnen zumindest manche prä-mRNA-Introns des Zellkernes hervorgegangen sind. Selbstspleißende Introns könnten für die Evolution des Spleißens von erheblicher Bedeutung gewesen sein, etwa dadurch, daß sie in den Zellkern einwanderten und dort zu den Urahnen heutiger snRNAs wurden.

31.5 Manche RNAs besitzen Ribonucleaseaktivität

Einer der ersten Hinweise, wozu RNA imstande sein kann, ergab sich aus der Analyse der Ribonuclease P, einer tRNA-prozessierenden Endonuclease von *E. coli*. Dieses Enzym besteht aus zwei Komponenten, einer RNA aus 375 Basen und einem Polypeptid von 20 kD, die sich voneinander trennen lassen. Als man die Eigenschaften des Enzyms erstmals *in vitro* untersuchte, erwiesen sich unter den gewählten Bedingungen beide Komponenten als notwendig, um das tRNA-Substrat zu spalten.

Ändert man jedoch die Salzbedingungen, indem man die Mg^{2+}-Konzentration erhöht, so zeigt sich, daß die Proteinkomponente entbehrlich ist. *Die RNA-Komponente kann die Reaktion alleine katalysieren!* Analysiert man das Ergebnis der Reaktion unter der Annahme, die RNA sei das eigentliche Enzym, so findet man, daß jedes RNA-Molekül tatsächlich viele Substratmoleküle spalten kann. Die katalytische Aktivität ruht also in der RNA, gleichwohl trägt die Proteinkomponente erheblich zur Beschleunigung der Reaktion bei, wie sich in Tabelle 31.1 aus dem Anstieg der Substratumsatzrate ersehen läßt.

In vivo können Mutationen in beiden Genen – dem für die RNA- und dem für die Proteinkomponente – die RNase P gleichermaßen lahmlegen. Somit sind beide Bestandteile für die natürliche Aktivität des Enzyms erforderlich. Ursprünglich nahm man an, das Protein stelle die katalytische Funktion bereit, und die RNA leiste nur untergeordnete Hilfsdienste, etwa bei der Substratbindung (die RNA-Komponente enthält einige kurze Sequenzen, die zu freiliegenden Abschnitten des tRNA-Substrats komplementär sind). Indes ist die Aufgabenverteilung genau umgekehrt!

Wie bildet eine RNA ein katalytisches Zentrum? Daß sie dazu fähig ist, erscheint keineswegs abwegig, wenn man sich ein katalytisches Zentrum als eine Moleküloberfläche vorstellt, die eine Reihe aktiver Gruppen in einem fixierten räumlichen Verhältnis präsentiert. Bei Proteinen sind diese aktiven Gruppen Seitenketten von Aminosäuren, von denen es eine beträchtliche Vielfalt gibt, etwa positiv oder negativ geladene oder hydrophobe. Im Fall einer RNA ist die Auswahl geringer und beschränkt sich im wesentlichen auf die freistehenden Gruppen der Basen. Vermutlich werden kurze Regionen des RNA-Moleküls durch dessen Sekundär- und/oder Tertiärkonformation in einer bestimmten Struktur gehalten, so daß eine Oberfläche aus aktiven Gruppen entsteht, die ein molekulares Umfeld aufrechterhalten können, in dem das Aufbrechen und Neuknüpfen kovalenter Bindungen innerhalb eines zweiten Moleküls möglich wird. Die Wechselwirkungen zwischen RNA-Katalysator und RNA-Substrat dürften zwangsläufig auf Basenpaarungen beruhen, die dieses Umfeld schaffen. Bivalente Kationen (vornehmlich Mg^{2+}) sind an der Ausbildung der Struktur wesentlich beteiligt; typischerweise befinden sie sich am aktiven Zentrum und koordinieren dort die räumlichen Positionen der verschiedenen Gruppen. Zur endonucleolytischen Aktivität der Virusoidribozyme leisten sie auch einen direkten Beitrag (siehe unten).

Diese Entdeckungen erlauben einige bemerkenswerte Rückschlüsse über die Evolution. Wie der zweigeteilte Apparat zur Genexpression – bestehend aus RNA, die in allen Komponenten vertreten ist, und Proteinen, welche die katalytischen Reaktionen vornehmen – sich entwickelt hat, war schon immer schwierig zu erklären. Es ist unwahrscheinlich, daß die allerersten replizierenden Systeme sowohl über Nucleinsäuren als auch über Proteine verfügten. Möglicherweise enthielten die ursprünglichen Systeme lediglich eine selbstreplizierende Nucleinsäure, die mit primitiven katalytischen Fähigkeiten ausgestattet war, gerade ausreichend, um Phosphodiesterbindungen zu knüpfen und zu lösen. Wenn man weiter annimmt, daß die Mitwirkung von 2′-OH-Bindungen an Spleißreaktionen heutiger Lebewesen auf diese primitiven katalytischen Aktivitäten zurückgeht, kann man folgern, daß die ursprünglichere Nucleinsäure die RNA ist – der DNA fehlt ja die 2′-OH-Gruppe, daher kann sie derartige Reaktionen nicht ausführen und war demzufolge für die ersten Systeme ungeeignet. Proteine könnten aufgrund ihrer Fähigkeit hinzugekommen sein, RNA-Strukturen zu stabilisieren. Ihre größere Vielseitigkeit machte es ihnen in diesem Szenario dann möglich, die katalytischen Reaktionen zu übernehmen, was schließlich den komplexen und hochdifferenzierten Expressionsapparat entstehen ließ, den wir heute kennen.

Die RNase P entfaltet ihre katalytische Aktivität in der Weise, daß eine RNA als Katalysator an einem externen Molekül wirkt. Einige kleine pflanzliche RNAs (um 350 Basen lang) haben ebenfalls Endonucleasewirkung. Normalerweise spalten sie sich selbst, doch wie im Falle des Gruppe-I-Introns von *Tetrahymena* lassen sich Konstrukte schaffen, die externe Substrate bearbeiten.

Diese kleinen Pflanzen-RNAs bilden zwei Hauptgruppen: Viroide und Virusoide. **Viroide** sind infektiöse RNA-Moleküle, die eigenständig agieren und keiner Ummantelung durch ein Proteincapsid (Kapitel 6) bedürfen. **Virusoide** sind ähnlich organisiert, werden jedoch zusammen mit dem Genom eines Pflanzenvirus in dessen Capsid verpackt. Virusoide können sich nicht selbständig replizieren, sondern sind dabei auf ihr Helfervirus angewiesen. Gelegentlich nennt man sie auch **Satelliten-RNAs**.

Viroide und Virusoide replizieren sich offenbar durch fortlaufende Synthese an abrollenden Ringmatrizen (*rolling circles*, Kapitel 14). Der sich weiterverbreitende RNA-Strang (bei den Virusoiden also der ins Helfercapsid verpackte) ist der Plus-, der bei der RNA-Replikation entstehende komplementäre RNA-Strang der Minusstrang. Von beiden Formen findet man Multimere. Plusstrang- und Minusstrangmonomere werden wahrscheinlich jeweils durch Abspaltung vom kontinuierlichen Replikationsprodukt – dem „Schwanz" – eines *rolling circle* erzeugt; zirkuläre Plusstrangmonomere entstehen durch Ligation der Enden des linearen Monomers.

Sowohl Plus- als auch Minusstränge von Viroiden und Virusoiden führen *in vitro* eine Selbstspaltung durch. Die Reaktion wird durch bivalente Metallkationen gefördert; sie läßt 3′-OH- und zyklische 2′-3′-Phosphodiesterenden entstehen. Manche dieser RNAs spalten sich *in vitro* unter physiologischen Temperaturen, andere erst, wenn man sie einmal erhitzt und wieder abkühlen läßt. Demnach haben letztere RNAs nach der Isolation offenbar eine Konformation, welche die Reaktion nicht zuläßt, können aber durch De- und Renaturierung in eine aktive Form übergehen.

Die meisten Viroide und Virusoide, bei denen Selbstspaltung nachgewiesen ist, können prinzipiell die im oberen Teil von Abbildung 31.12 gezeigte „Hammerkopf"-sekundärstruktur bilden. Die Sequenz innerhalb dieser Struktur ist für die Spaltungsreaktion hinreichend. Entfernt man die umgebenden Sequenzen, so erübrigen sich Hitzedenaturierung und Abkühlung, und die kleine RNA spaltet sich spontan selbst. Offenbar stören also die Sequenzen außerhalb des Hammerkopfes dessen Ausbildung.

Der aktive Bereich ist eine Sequenz von nur 58 Nucleotiden. Der Hammerkopf enthält drei Haarnadelstrukturen mit einer konstanten Größe und Position sowie 13 konservierte Nucleotide, die überwiegend in den Verbindungsstücken in der Mitte der Struktur liegen. Die konservierten Basen und die doppelsträngigen Stammstrukturen lassen eine RNA entstehen, der die Fähigkeit zur Spaltung innewohnt.

Eine aktive Hammerkopfstruktur kann sich auch bilden, wenn zwei RNA-Moleküle, von denen eines der einen, das zweite der anderen Seite der Struktur entspricht, sich über Basenkontakte zusammenlagern. Der untere Teil von Abbildung 31.12 zeigt ein Beispiel für einen Hammerkopf, der durch Hybridisierung zweier RNAs aus 19 beziehungsweise 24 Basen entstand. Das Hybrid ahmt die Hammerkopfstruktur nach, allerdings fehlen ihm zwei Schleifen. Gibt man die 19-Basen-RNA zur 24-Basen-RNA hinzu, erfolgt die Spaltung an der korrekten Position im Hammerkopf.

Man kann den oberen Strang in der Abbildung (den aus 24 Basen) als das „Substrat", den unteren (aus 19 Basen) als das „Enzym" auffassen. Mischt man die 19-Basen-RNA mit einem Überschuß an 24-Basen-RNA, werden viele Moleküle der letzteren gespalten. Der Reaktionsablauf – Paarung der beiden Moleküle, Spaltung, Dissoziation der Spaltfragmente von dem 19-Basen-Molekül und dessen Paarung mit einem neuen 24-Basen-Molekül – muß sich also mehrfach wiederholen. Demnach ist die 19-Basen-RNA ein Ribozym mit Endonucleaseaktivität. Die Parameter der Reaktion ähneln denen anderer RNA-katalysierter Reaktionen (Tabelle 31.1).

Die Kristallstruktur eines Hammerkopfes zeigt, daß er eine kompakte V-Form einnimmt. Dabei liegt das kata-

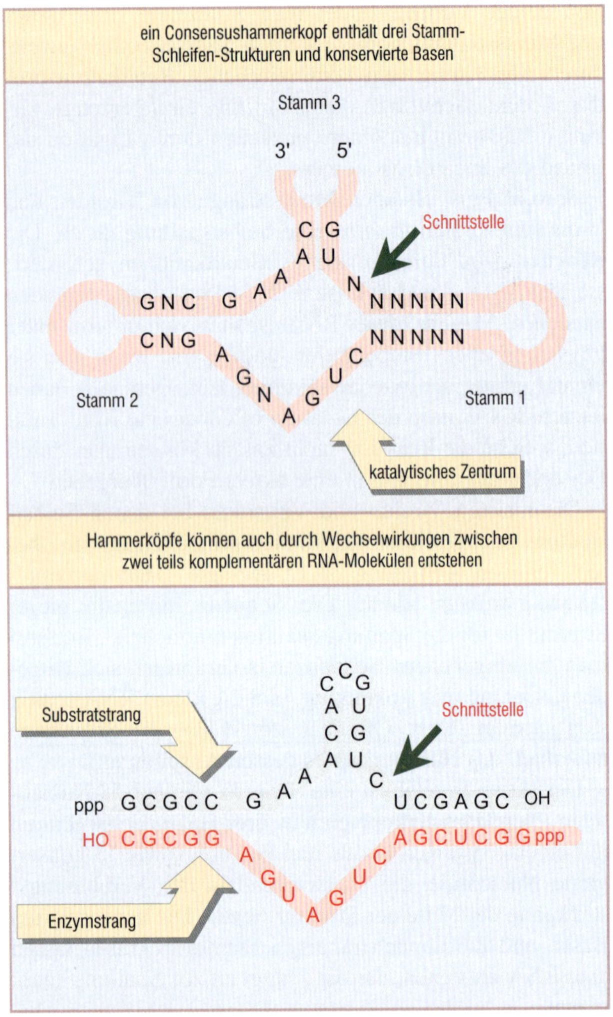

31.12 Der Bereich um die Selbstspaltungsstelle von Viroiden und Virusoiden enthält eine Consensussequenz und bildet über intramolekulare Basenpaarungen eine hammerkopfförmige Sekundärstruktur. Hammerkopfstrukturen lassen sich auch durch Hybridisierung eines „Substrat"-Stranges mit einem „Enzym"-Strang erzeugen.

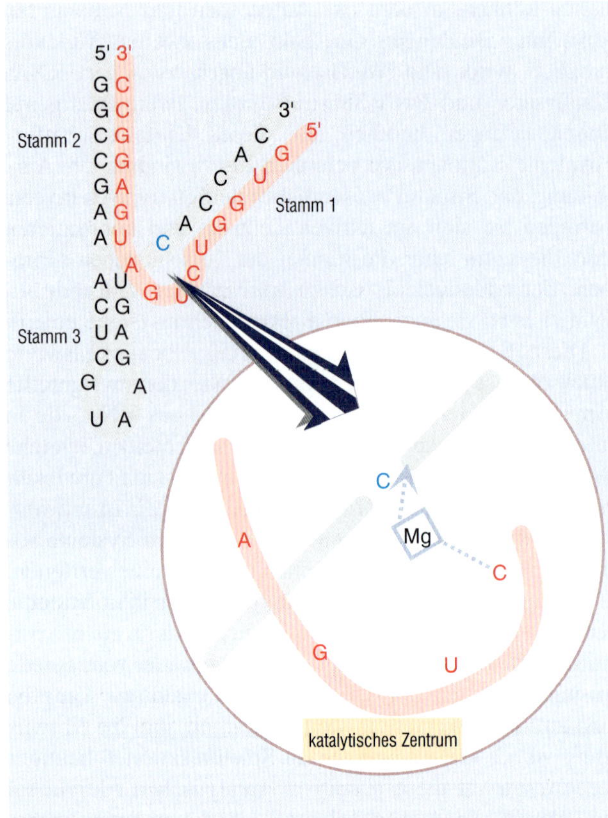

31.13 Ein Hammerkopfribozym nimmt eine V-förmige Tertiärstruktur ein, in der Stamm 2 und Stamm 3 einander geradlinig gegenüberstehen. Das katalytische Zentrum befindet sich zwischen Stamm 1 und der von den Stämmen 2 und 3 gebildeten Achse. Es enthält ein Magnesiumion, das die Hydrolysereaktion einleitet.

lytische Zentrum, wie in Abbildung 31.13 schematisch gezeigt ist, in einer Biegung des Moleküls. Ein Mg^{2+}-Ion am katalytischen Zentrum wirkt an der Reaktion entscheidend mit. Es wird durch das Zielcytidin und das Cytidin an der Basis von Stamm 1 in Position gehalten, möglicherweise auch von dem benachbarten Uridin. Es verdrängt Proton von der 2′-OH-Gruppe des Zielcytidins und greift dann direkt die labile Phosphodiesterbindung an.

Es ist möglich, Enzym-Substrat-Kombinationen maßzuschneidern, die Hammerkopfstrukturen bilden können. Wenn man solche Moleküle in eine Zelle einbringt, kann man nachweisen, daß die enzymatische Reaktion auch *in vivo* abläuft. Ein auf diese Weise erzeugtes Ribozym besitzt eine hochspezifische Aktivität, ähnlich der eines Restriktionsenzyms, nur daß sie sich gegen ein RNA-Substrat richtet. Unterstellt man das Gen für ein solches Ribozym der Kontrolle eines regulierbaren Promotors, kann man es in gleicher Weise wie etwa *antisense*-Konstrukte dazu einsetzen, die Expression eines spezifischen Zielgens unter definierten Bedingungen auszuschalten.

31.6 RNA-Edieren benutzt unterschiedliche Informationsquellen

Ein Grundsatz der Molekularbiologie besagt, daß die Sequenz einer mRNA nur das wiedergeben kann, was in der DNA codiert ist. Das zentrale Dogma fordert eine lineare Beziehung: Eine zusammenhängende DNA-Sequenz wird in eine mRNA-Sequenz umgeschrieben, die ihrerseits direkt in ein Protein übersetzt wird. Die Existenz unterbrochener Gene und die Entfernung ihrer Introns im Zuge des RNA-Spleißens erweitern den Vorgang der Genexpression um einen zusätzlichen Schritt: Die codierenden Sequenzstücke (Exons) der DNA müssen in der RNA auf Stoß aneinandergefügt werden. Gleichwohl bleibt bei der Informationsweiterleitung die codierende Sequenz als solche unversehrt.

In Ausnahmefällen kann sich die in der DNA niedergelegte Information ändern. Paradebeispiel hierfür ist die Erzeugung neuer Sequenzzusammenhänge zur Codierung der Immunglobuline bei Säugern und Vögeln. Die entsprechenden Änderungen erfolgen nur in denjenigen somatischen Zellen, die Immunglobuline synthetisieren (B-Lymphocyten; Kapitel 33). Die DNA ordnet sich dort um, um funktionelle Immunglobulingene zu schaffen, wobei neue genetische Information entsteht, die in dieser Form nicht ererbt worden ist. Überdies wird der Informationsgehalt der DNA durch somatische Mutationen verändert. Die nach Abschluß dieser Vorgänge in der DNA entstandene Information wird dann wie üblich basengetreu in RNA überschrieben.

Das **RNA-Editing** – das „Redigieren" oder „Edieren" einer RNA – ist hingegen ein Prozeß, bei dem sich *die Information auf der Ebene der mRNA ändert*. Der Vorgang wird dann offenbar, wenn die codierende Sequenz einer RNA abweicht von der Sequenz der Exonfolge in der DNA, an der sie transkribiert wurde. Man kennt zwei Situationen, in denen das der Fall ist; die Mechanismen sind dabei jeweils andere. In Säugerzellen kann es unter Umständen vorkommen, daß in einer mRNA an einer einzelnen Base eine Substitution stattfindet, wodurch das codierte Protein eine abgeänderte Sequenz erhält. Ausgedehntere Umänderungen erfahren die Transkripte mehrerer Gene in den Mitochondrien von Geißeltierchen der Trypanosomenfamilie: Hier werden Basen systematisch eingefügt oder entfernt.

Abbildung 31.14 gibt einen Überblick über die Sequenzen des Gens für Apolipoprotein B (apoB) und seiner mRNA-Varianten in Darm und Leber von Säugern. Im Genom gibt es für das Protein nur ein (unterbrochenes) Gen, dessen Sequenz in allen Geweben identisch ist und einen codierenden Anteil von 4 563 Codons enthält. Die mRNA dieses Gens wird in der Leber in ein Protein von 512 kD translatiert, das die gesamte codierende DNA-Sequenz darstellt.

Im Darm entsteht eine kürzere Proteinform mit einem Molekulargewicht von rund 250 kD. Sie umfaßt die N-terminale Hälfte des vollständigen Proteins. Als Translationsvorlage dient eine mRNA, deren Sequenz mit der ihres Gegenstückes in der Leber identisch ist – mit einer kleinen Ausnahme: Codon 2 153 beginnt statt mit einem G mit einem U. Damit wird aus CAA für Glutamin das Ochrecodon UAA, und das bedeutet Termination.

Wie kommt dieser Austausch zustande? Im Genom gibt es weder ein zweites Gen noch ein alternatives Exon, das diese Sequenz codieren könnte, ebensowenig läßt sich ein verändertes Spleißmuster feststellen. Somit bleibt kein anderer Schluß als der, daß die Änderung in der Sequenz des Transkripts selbst vorgenommen wird.

RNA-Editing dieser Art ist selten, freilich ist apoB nicht der einzige Fall. Ein weiteres Beispiel bieten Glutamatrezeptorkanäle des Rattenhirnes. Die Nachbearbeitung einer einzigen Basenposition macht hier aus einem Glutamincodon in der DNA ein Arginincodon in der RNA. Das betreffende Arginin hat wesentlichen Einfluß auf den transmittergesteuerten Ionenfluß durch den Rezeptorkanal; der Edierungsvorgang ist also für die physiologische Funktion des Proteins zweifelsohne notwendig.

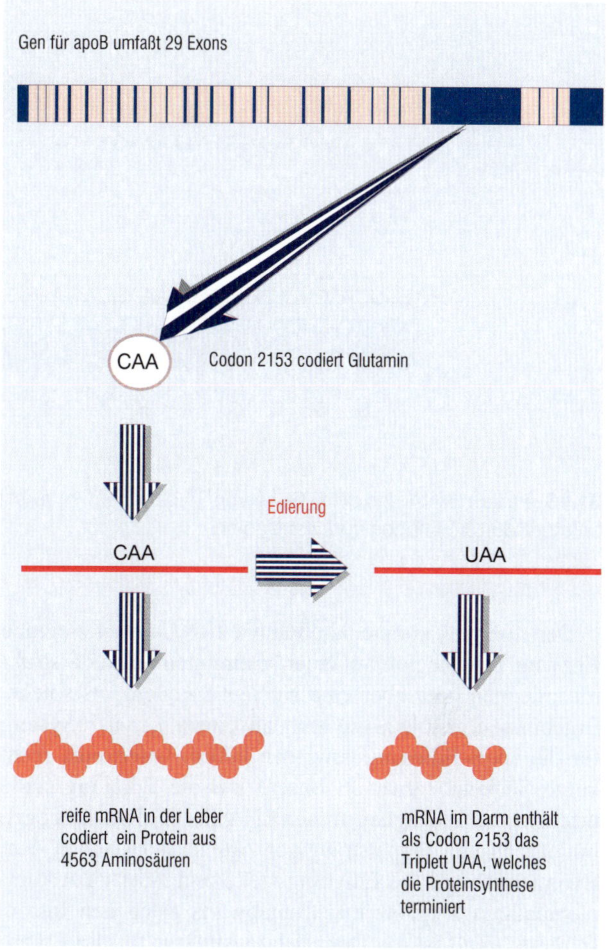

31.14 Die Sequenz des Gens für Apolipoprotein B ist in Darm und Leber gleich. Seine mRNA jedoch wird im Darm an einer bestimmten Base verändert, so daß dort ein Terminationscodon entsteht.

Das Edierungsereignis bei apoB ändert C_{2153} in U; bei der Glutamatrezeptoruntereinheit GluR-B wird aus einem A ein G. Beide Vorgänge sind *Deaminierungen*: Die jeweilige Nucleotidbase verliert eine Aminogruppe. Cytidin- beziehungsweise Adenosindeaminasen katalysieren solche Reaktionen.

Was kontrolliert die Spezifität dieser Edierungsvorgänge? Deaminierende Enzyme sind an sich nicht besonders wählerisch – die bestuntersuchte Adenosindeaminase z. B. wirkt auf jeden A-Rest einer RNA-Doppelstrangregion. Das RNA-Edieren jedoch findet in einem Komplex statt, der neben der katalytischen Deaminaseuntereinheit weitere Komponenten enthält, welche die Spezifität der Reaktion beeinflussen. Im Falle der apoB-Edierung ähnelt die katalytische Untereinheit bakteriellen Cytidindeaminasen, besitzt jedoch eine zusätzliche RNA-bindende Region, mit deren Hilfe sie die zu edierende Zielstelle spezifisch erkennt.

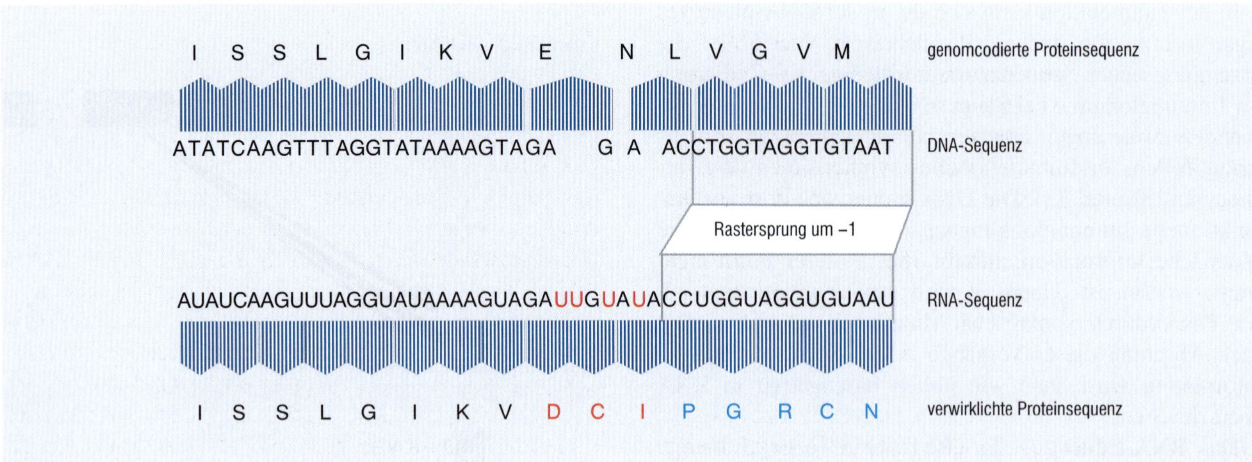

31.15 In der mRNA des *coxII*-Gens von Trypanosomen verschiebt sich das Leseraster relativ zur DNA um –1. Das gültige Raster entsteht durch Einfügen von vier Uridinen.

Der Komplex könnte, ähnlich wie tRNA-modifizierende Enzyme, eine Region mit einer bestimmten Sekundärstruktur erkennen oder aber eine Nucleotidsequenz als solche. Ergebnissen zufolge, die sich an einem *in vitro*-System für die apoB-Edierung gewinnen ließen, liefert eine recht kurze Sequenz (etwa 26 Basen) um die Edierungsstelle offenbar das Zielsignal. In der RNA für GluR-B hingegen bildet sich ein doppelsträngiger Abschnitt zwischen dem Exonbereich um die Edierungsstelle und einer dazu komplementären Sequenz im stromabwärts gelegenen Intron. In diesem Fall ist die Doppelstrangstruktur für die Erkennung der zu verändernden Base notwendig. Demnach sind die Bedingungen der Substraterkennung offenbar je nach Ediersystem unterschiedlich.

Um einiges massiver sind die Sequenzumänderungen in den RNAs einiger mitochondrialer Gene von Trypanosomen. Zuerst entdeckt wurde dies an der Untereinheit II der Cytochromoxidase: Ein Teil ihrer Aminosäuresequenz ist das Ergebnis einer Leserasterverschiebung um –1 gegenüber der Sequenz ihres Gens. Die in Abbildung 31.15 gezeigten Sequenzen des *coxII*-Gens und des Proteins sind in mehreren *Trypanosomidae* konserviert. Wie erfüllt dieses Gen seine Funktion?

In die *coxII*-mRNA sind im Bereich um die Rasterverschiebung vier zusätzliche Nucleotide eingefügt (alles Uridine). Dadurch entsteht in der nachfolgenden Sequenz das richtige Leseraster, also das, welches im Protein zum Ausdruck kommt. Überdies codiert die mRNA nunmehr eine zusätzliche Aminosäure, und auch vor dem eigentlichen Rastersprung ändern sich Aminosäuren. Es ließ sich kein zweites Gen finden, das als Matrize für diese Sequenz dienen könnte; daher muß man schließen, daß die zusätzlichen Basen während oder nach der Transkription eingeschoben werden. Eine ähnliche Diskrepanz zwischen mRNA- und genomischen Sequenzen, hier mit zusätzlichen G-Resten in der mRNA, findet man bei Genen von SV5 und dem Masernvirus, die beide zu den Paramyxoviren zählen.

RNA-Edierungsvorgänge dieser Art – unter Einschub oder auch Herausnahme von U-Resten – gibt es auch bei anderen Genen. Ein Extrembeispiel ist wohl das *coxIII*-Gen von *Trypanosoma brucei*.

Wie in Abbildung 31.16 gezeigt, besteht die mRNA dieses Gens *zu über 50 % aus Uridinresten, für die es in der DNA-Matrize nichts Entsprechendes gibt*. Vergleicht man mRNA und genomische DNA im Detail, so zeigt sich,

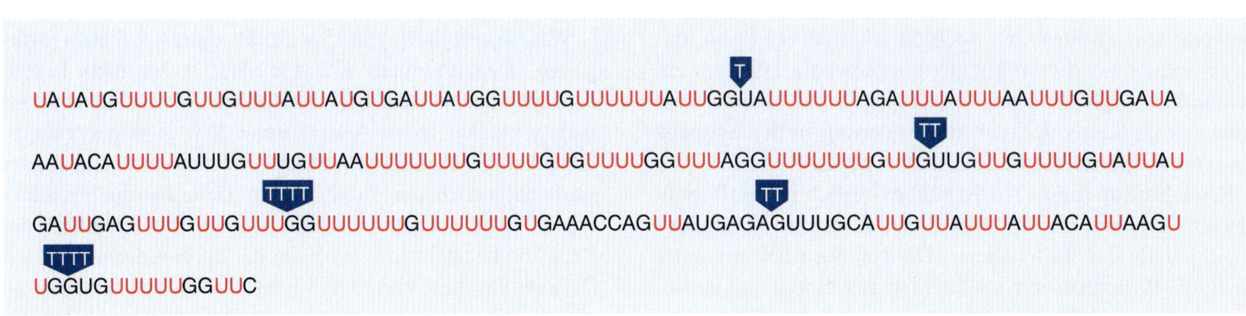

31.16 Die mRNA des Gens *coxIII* von *T. brucei* enthält eine Vielzahl von Uridinen (rot), die nicht in der DNA vorgeschrieben sind. Zudem werden einige aus der Transkription stammende Uridine wieder entfernt (angedeutet als T-Folgen über der Sequenz).

daß in der RNA kein Abschnitt von mehr als sieben Nucleotiden vorkommt, der nicht gegenüber der DNA verändert ist. Die eingefügten Uridinfolgen umfassen ihrerseits bis zu sieben Nucleotide.

Woher stammt die Information für diese spezifischen U-Einschübe? Offenbar dient eine zweite RNA als Korrekturvorlage. Eine solche Korrektur- oder ***guide*-RNA** enthält einen Sequenzbereich, der zum fraglichen Abschnitt der fertig edierten mRNA komplementär ist. Abbildung 31.17 zeigt ein Modell für die Wirkung einer Korrektur-RNA im Falle des Gens für Cytochrom *b* bei *Leishmania* (einer Flagellatengattung, die ebenfalls zur Familie der Trypanosomen gehört).

In der Abbildung sind Sequenzen des noch unedierten Transkripts und der zugehörigen *guide*-RNA gegenübergestellt. Lücken in ersterer Sequenz zeigen an, wo Basen beim Edierungsvorgang eingeschoben werden müssen. Acht Uridine sind in die fragliche Region einzufügen, damit die mRNA-Sequenz entsteht, die schließlich translatiert wird.

Die *guide*-RNA ist über einen signifikant langen Abschnitt zur mRNA komplementär. Dieser Abschnitt paart sich mit der Edierungsregion selbst und mit weiteren Basen in 5′- und 3′-Richtung. Typischerweise dehnt sich die Komplementarität nach 3′ weiter aus als nach 5′. Bei der Doppelstrangbildung bleiben zunächst Lücken – nicht alle A-Reste der *guide*-RNA finden in der unedierten mRNA einen Paarungspartner. Genau diese A-Reste liefern offenbar die Information zur richtigen Edierung: In die mRNA werden entsprechend U-Reste eingebaut, so daß ein lückenloser Doppelstrang entsteht. Wenn die Reaktion abgeschlossen ist, löst sich die *guide*-RNA von der mRNA, und letztere ist nunmehr bereit zur Translation.

Eine fertig edierte Sequenz kann auf recht komplexe Weise zustande kommen. In diesem Beispiel wird ein ziemlich ausgedehnter Abschnitt unter Einfügung von insgesamt 39 U-Resten nachbearbeitet. Offenbar sind dazu zwei verschiedene *guide*-RNAs notwendig, die entweder gleichzeitig oder nacheinander an benachbarten Abschnitten der Ziel-RNA zum Einsatz kommen. Denkbar sind noch verwickeltere Fälle: Beispielsweise könnte eine erste *guide*-RNA eine RNA-Sequenz so vorkorrigieren helfen, daß diese anschließend mit einer zweiten *guide*-RNA Basenpaare bilden kann, um ein weiteres Mal ediert zu werden.

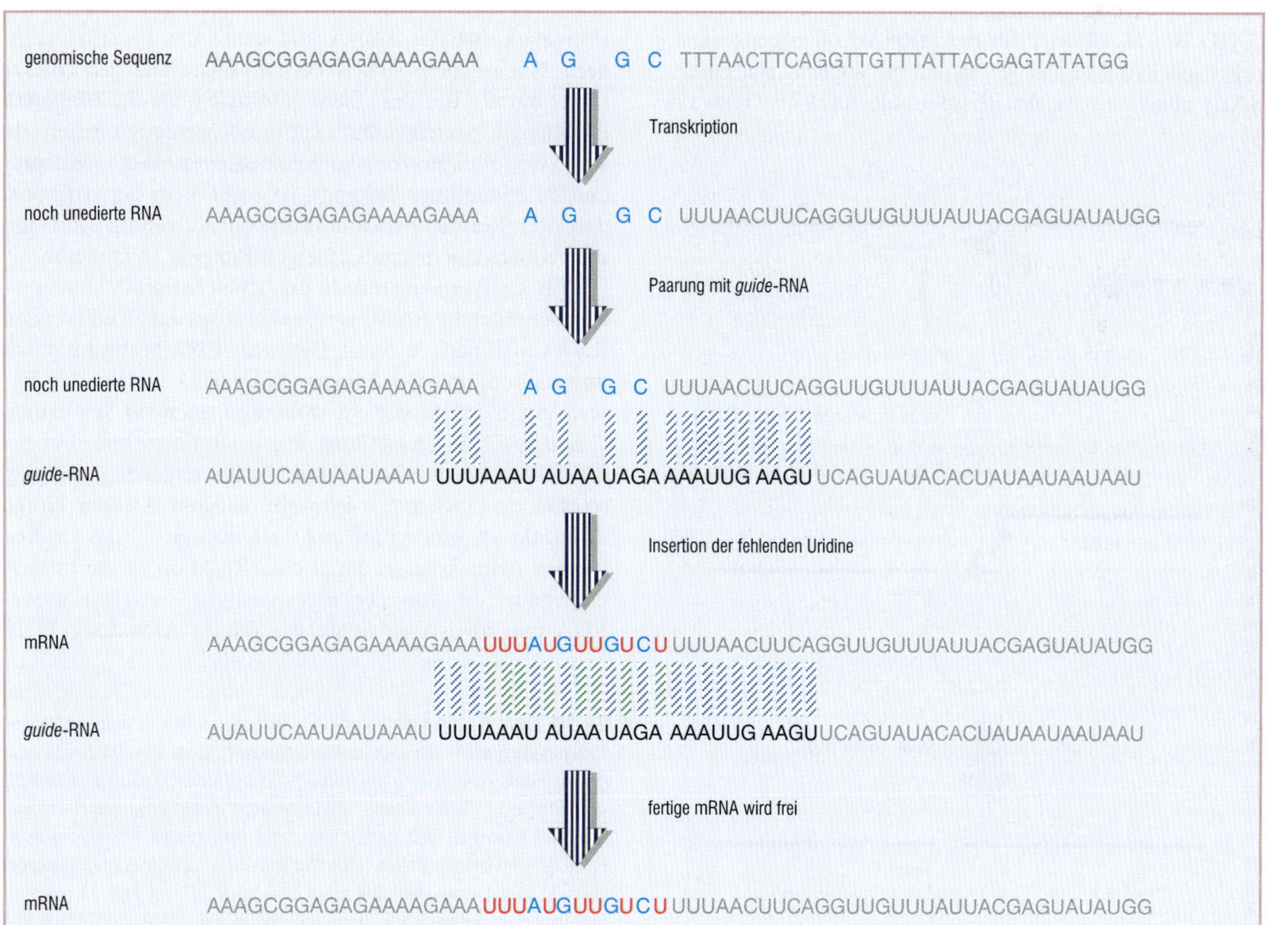

31.17 Eine noch unedierte mRNA geht auf beiden Seiten der zu edierenden Region Basenpaarungen mit einer Korrektur-RNA oder *guide*-RNA ein. Diese dient als Vorlage zur Einfügung von U-Resten in die mRNA: Paarungslücken werden aufgefüllt, bis beide RNAs im betreffenden Bereich zueinander vollständig komplementär sind.

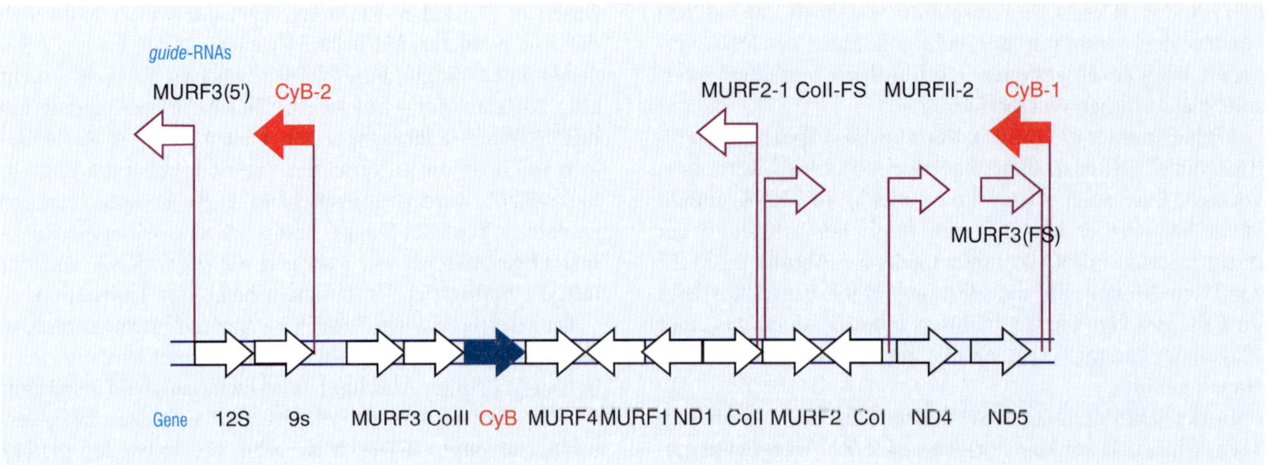

31.18 Das mitochondriale Genom von *Leishmania* enthält „Gene", die als Transkriptionsvorlagen für zu edierende mRNAs dienen. Dazwischen eingestreut sind Transkriptionseinheiten für *guide*-RNAs, die den mRNAs zu ihrer endgültigen Sequenz verhelfen. Für manche Gene gibt es mehrere *guide*-RNAs.

Die *guide*-RNAs entstammen eigenen Transkriptionseinheiten. Abbildung 31.18 zeigt eine Genkarte der betreffenden Region in der mitochondrialen DNA von *Leishmania*. Der Bereich enthält das „Gen" für Cytochrom *b* (CyB), das als Matrize für die mRNA-Rohsequenz dient, sowie zwei Abschnitte, von denen die zugehörigen *guide*-RNAs abgelesen werden (CyB-1 und CyB-2). Gene für die zu edierenden mRNAs und solche für deren *guide*-RNAs sind in diesem Bereich verstreut angeordnet.

Grundsätzlich könnten Mutationen sowohl im „Gen" selbst als auch in einer der zugehörigen *guide*-RNAs die Primärsequenz der mRNA und damit das Protein verändern. Nach genetischen Kriterien könnte man jede dieser Einheiten als Teil des „Gens" auffassen. Da die Einheiten unabhängig voneinander exprimiert werden, dürften sie sich zweifellos in *trans* komplementieren. Wären entsprechende Mutationen bekannt, so sollte man herausfinden, daß drei Komplementationsgruppen notwendig sind, um die Primärsequenz eines einzigen Proteins zu codieren.

Wie Analysen von teiledierten Zwischenprodukten ergaben, schreitet die Reaktion offenbar längs der zu edierenden RNA von 3′ nach 5′ voran. Die *guide*-RNA bestimmt durch ihre Paarung mit der Substrat-RNA nicht nur, wo Uridinreste eingefügt werden, sie stellt diese auch zur Verfügung.

Guide-RNAs terminieren mit einer Folge von drei bis fünf U-Resten, an die weitere Uridine angehängt werden, so daß ein 3′-oligo(U)-Schwanz entsteht. Dessen Länge schwankt zwischen fünf und 24 U-Resten. Diese Uridine werden beim Edieren durch eine Reaktion in die mRNA eingebaut, die von der Basenpaarung zwischen *guide*-RNA und mRNA abhängig ist. Wie in Abbildung 31.19

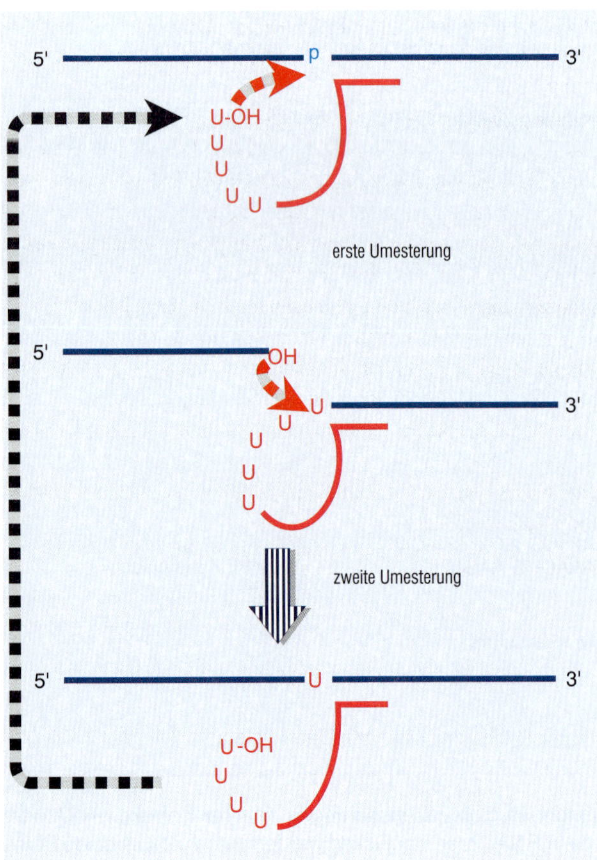

31.19 Der Edierungsvorgang verläuft unter zwei Umesterungsreaktionen. In der ersten reagiert das 3′-OH-Ende der *guide*-RNA mit einer internen Phoshodiesterbindung in der zu edierenden mRNA. Diese wird dadurch in ein lineares 5′-Molekül und einen 3′-Teil gespalten; letzterer bildet mit der *guide*-RNA ein Hybridmolekül. Bei der zweiten Umesterung reagiert das 3′-OH-Ende des linearen 5′-Moleküls mit der U-reichen Region der *guide*-RNA, wonach die *guide*-RNA und die (teil)-edierte mRNA wieder als eigenständige und intakte Moleküle vorliegen. Der Vorgang wird unter der Regie von Basenpaarungen zwischen der *guide*-RNA und der zu edierenden Region wiederholt, bis das Edieren dort abgeschlossen ist.

gezeigt, erfolgt die Einbaureaktion über zwei Umesterungen.

Bei der ersten greift die *guide*-RNA mit dem 3′-OH-Ende ihres oligo(U)-Schwanzes eine Edierungsstelle in der mRNA an, an der sie angelagert ist. Als Folge bricht die zu edierende mRNA in zwei Teile auseinander. Der eine umfaßt die 5′-Region und besitzt ein 3′-OH-Ende; der andere geht in ein Hybridmolekül, da er mit dem 3′-Schwanz der *guide*-RNA kovalent verknüpft ist. Dieses Zwischenprodukt ist ein lineares Molekül, dessen Struktur durch Basenpaarungen zusammengehalten wird.

Bei der zweiten Umesterung reagiert die in der ersten entstandene 3′-OH-Gruppe mit einer Bindung zwischen zwei U-Resten in der Schwanzregion der *guide*-RNA. Dadurch gewinnt die zu edierende mRNA ein zusätzliches Uridin, zugleich wird ihre Integrität wiederhergestellt. Die *guide*-RNA erhält ebenfalls ihre alte Struktur zurück, hat aber an ihrem Schwanz einen U-Rest weniger. Der gesamte Vorgang kann dann aufs Neue beginnen.

Die Strukturen teiledierter RNA-Moleküle lassen darauf schließen, daß die U-Reste nicht gruppenweise, sondern einzeln eingfügt werden. Möglicherweise schreitet das RNA-Edieren in wiederholten Zyklen voran, in denen jeweils ein U-Rest eingebaut, auf Komplementarität zur *guide*-RNA geprüft und, falls er paßt, beibehalten, andernfalls wieder entfernt wird. Die korrekt edierte Sequenz würde also schrittweise entstehen. Es ist unbekannt, ob dieselbe Art von Reaktionen auch an Edierungsvorgängen beteiligt sind, bei denen U-Reste entfernt beziehungsweise C-Reste eingeschoben werden.

Zusammenfassung

Das Selbstspleißen ist eine Eigenschaft von Gruppe-I-Introns, die in den Zellkernen von *Tetrahymena* und *Physarum*, in Pilzmitochondrien und im Phagen T4 vorkommen. Die für den Vorgang notwendige Information liegt in der Intronsequenz selbst (wenngleich die Reaktion *in vivo* von Proteinen unterstützt wird). Der Prozeß erfordert die Ausbildung einer spezifischen Sekundär- und vermutlich auch Tertiärstruktur der RNA, woran kurze Consensussequenzen beteiligt sind. Dabei wird die Substratsequenz von der IGS-Region des Introns in Position gehalten, und andere Consensussequenzen formen eine Guaninnucleotidbindungsstelle. Die Spleißreaktion erfolgt durch Umesterungen, wobei ein Guanosinrest als Cofaktor mitwirkt. Energiezufuhr ist nicht notwendig. Das Guanosin bricht die Phosphodiesterbindung am 5′-Exon-Intron-Übergang auf und wird kovalent an das Intron gebunden. Anschließend greift die Hydroxylgruppe am Ende des freien Exons den 3′-Intron-Exon-Übergang an. Das nunmehr freie Intron schließt sich zum Ring und verliert dabei das Guanosin aus der ersten Reaktion und weitere 15 Nucleotide am 5′-Ende. Eine Reihe verwandter Reaktionen können katalysiert werden, indem der 3′-terminale G-Rest des Introns interne Phosphodiesterbindungen angreift. Es ließen sich Ribozyme entwickeln, die an geeigneten Substraten als Katalysatoren verschiedener Reaktionen wirken, unter anderem als Nucleotidyltransferase.

Manche mitochondrialen Introns der Gruppe I wie auch der Gruppe II enthalten offene Leseraster. Die von bestimmten Gruppe-I-Introns codierten Proteine sind Endonucleasen, die an Zielstellen in der DNA einen Doppelstrangbruch setzen. Durch die DNA-Spaltung wird ein Genkonversionsprozeß in Gang gesetzt, bei dem die Sequenz des betreffenden Introns in die Zielstelle hineinkopiert wird. Das könnte bedeuten, daß Introns dieses Typs durch Insertionsereignisse in ihre Trägergene hineingelangt sind.

In der Ribonuclease P, einem Enzym, das aus RNA und Protein besteht, ist die RNA-Komponente katalytisch aktiv. Virusoid-RNAs können sich unter Ausbildung einer „Hammerkopf"sekundärstruktur selbst spalten. Hammerkopfstrukturen können sich auch zwischen einem RNA-Substrat und einem Ribozym formen, was gezielte Spaltungen ganz bestimmter Sequenzen ermöglicht. Diese Befunde sind ein Beleg dafür, daß RNA-Moleküle aktive Zentren mit spezifischen katalytischen Fähigkeiten ausbilden können.

Das „Edieren" von RNA (RNA-Edieren) ändert die Sequenz einer RNA während oder nach der Transkription. Davon betroffene RNAs erhalten meist erst durch diese Nachbearbeitung eine sinnvolle Codierungssequenz. In RNA-Edierungssystemen von Säugern werden einzelne Basen durch Deaminierung verändert: Ein C wird in ein U überführt oder ein A in ein G. Zuständig dafür ist ein größerer Proteinkomplex, der die Edierungsstelle spezifisch erkennt und eine katalytische Untereinheit enthält, die bekannten Cytidin- beziehungsweise Adenosindeaminasen ähnelt.

In den Mitochondrien von Trypanosomen und bei Paramyxoviren werden im Zuge des RNA-Edierens neue Nucleotide (meist Uridinphosphate) in die RNA eingefügt oder vorhandene entfernt. Bei Trypanosomen geschieht dies mitunter in großem Umfang: In manchen ihrer mRNAs stammt die Hälfte der Basen aus Edierungsvorgängen und nicht aus der Transkription. Die Edierungsreaktion erfolgt mit Hilfe einer spezifischen *guide*-RNA, die zur fertigen mRNA-Sequenz komplementär ist und als Korrekturvorlage dient. Die *guide*-RNA geht mit der zu edierenden mRNA Basenpaarungen ein und steuert aus ihrem 3′-oligo(U)-Schwanz auch die Uridinreste bei, die durch Umesterungsreaktionen in die zu edierende mRNA eingebaut werden.

Weiterführende Literatur

Übersichtsartikel

Cech, T. R. *Self-Splicing RNA: Implications for Evolution.* In: *Int. Rev. Cytol.* 93 (1985) S. 3–22.

Cech, T. R. *The Chemistry of Self-Splicing RNA and RNA Enzymes.* In: *Science* 236 (1987) S. 1532–1539.

Cech, T. R. *Self-Splicing of Group I Introns.* In: *Ann. Rev. Biochem.* 59 (1990) S. 543–568.

Symons, R. H. *Small Catalytic RNAs.* In: *Ann. Rev. Biochem.* 61 (1992) S. 641–671.

Lambowitz, A. M.; Belfort, M. *Introns as Mobile Genetic Elements.* In: *Ann. Rev. Biochem.* 62 (1993) S. 587–622.

Michel, F.; Ferat, J.-L. *Structure and Activities of Group II Introns.* In: *Ann. Rev. Biochem.* 64 (1995) S. 435–461.

Entdeckungen

Katalytische Introns

Cech, T. R. et al. *In vitro Splicing of the rRNA Precursor of Tetrahymena: Involvement of a Guanosine Nucleotide in the Excision of the Intervening Sequence.* In: *Cell* 27 (1981) S. 487–496.

Kruger, K. et al. *Self-Splicing RNA: Autoexcision and Autocyclization of the rRNA Intervening Sequence of Tetrahymena.* In: *Cell* 31 (1982) S. 147–157.

Belfort, M.; Pedersen-Lane, J.; West, D.; Ehrenman, K.; Maley, G.; Chu, F.; Maley, F. *Processing of the Intron-Containing Thymidylate Synthase (td) Gene of Phage T4 Is at the RNA Level.* In: *Cell* 41 (1985) S. 375–382.

Been, M. D.; Cech, T. R. *One Binding Site Determines Sequence Specificity of Tetrahymena pre-rRNA Self-Splicing, Trans-Splicing, and RNA Enzyme Activity.* In: *Cell* 47 (1986) S. 207–216.

Burke, J. M. et al. *Role of Conserved Sequence Elements 9L and 2 in Self-Splicing of the Tetrahymena Ribosomal RNA Precursor.* In: *Cell* 45 (1986) S. 167–176.

Michel, F.; Wetshof, E. *Modeling of the Three-Dimensional Architecture of Group I Catalytic Introns Based on Comparative Sequence Analysis.* In: *J. Mol. Biol.* 216 (1990) S. 585–610.

Leseraster in Introns und Intronmobilität

Carignani, G. et al. *An RNA Maturase Is Encoded by the First Intron of the Mitochondrial Gene for the Subunit I of Cytochrome Oxidase in S. cerevisiae.* In: *Cell* 35 (1983) S. 733-742.

Zimmerly, S. et al. *Group II Intron Mobility Occurs by Target DNA-Primed Reverse Transcription.* In: *Cell* 82 (1995) S. 545–554.

Zimmerly, S. et al. *A Group II Intron Is a Catalytic Component of a DNA Endonuclease Involved in Intron Mobility.* In: *Cell* 83 (1995) S. 529–538.

RNA-Ribonucleasen

Guerrier-Takada, C. et al. *The RNA Moiety of Ribonuclease P Is the Catalytic Subunit of the Enzyme.* In: *Cell* 35 (1983) S. 849–857.

Forster, A. C.; Symons, R. H. *Self-Cleavage of Virusoid RNA Is Performed by the Proposed 55-Nucleotide Active Site.* In: *Cell* 50 (1987) S. 9–16.

Scott, W. G.; Finch, J. T.; Klug, A. *The Crystal Structure of an All-RNA Hammerhead Ribozyme: a Proposed Mechanism for RNA Catalytic Cleavage.* In: *Cell* 81 (1995) S. 991–1002.

RNA-Edieren in Wirbeltieren

Powell, L. M.; Wallis, S. C.; Pease, R. J.; Edwards, Y. H.; Knott, T. J.; Scott, J. *A Novel Form of Tissue-Specific RNA Processing Produces Apolipoprotein-B48 in Intestine.* In: *Cell* 50 (1987) S. 831–840.

Sommer, B. et al. *RNA Editing in Brain Controls a Determinant of Ion Flow in Glutamate-Gated Channels.* In: *Cell* 67 (1991) S. 11–19.

Higuchi, M. et al. *RNA Editing of AMPA Receptor Subunit GluR-B: a Base-Paired Intron-Exon Structure Determines Position and Efficiency.* In: *Cell* 75 (1993) S. 1361–1370.

Navaratnam, N. et al. *Evolutionary Origins of apoB mRNA Editing: Catalysis by a Cytidine Deaminase That Has Acquired a Novel RNA-Binding Motif at Its Active Site.* In: *Cell* 81 (1995) S. 187–195.

RNA-Edieren in Trypanosomen

Benne, R.; Van den Burg, J.; Brakenhoff, J. P.; Sloof, P.; Van Boom, J. H.; Tromp, M. C. *Major Transcript of the Frameshifted coxII Gene from Trypanosome Mitochondria Contains Four Nucleotides That Are Not Encoded in the DNA.* In: *Cell* 46 (1986) S. 819–826.

Feagin, J. E.; Abraham, J. M.; Stuart, K. *Extensive Editing of the Cytochrome c Oxidase III Transcript in Trypanosoma brucei.* In: *Cell* 53 (1988) S. 413–422.

Blum, B.; Bakalara, N.; Simpson, L. *A Model for RNA Editing in Kinetoplastid Mitochondria: „Guide" RNA Molecules Transcribed from Maxicircle DNA Provide the Edited Information.* In: *Cell* 60 (1990) S. 189–198.

Blum, B.; Sturm, N. R.; Simpson, A. M.; Simpson, L. *Chimeric gRNA-mRNA Molecules with oligo(U) Tails Covalently Linked at Sites of RNA Editing Suggest That U Addition Occurs by Transesterification.* In: *Cell* 65 (1991) S. 543–550.

32. Umbauvorgänge in der DNA

Wie Genkartierungen zeigen, ist der Aufbau des Genoms bei verschiedenen Mitgliedern einer Art grundsätzlich gleich. Und molekulare Analysen lassen erkennen, daß das Genom gewöhnlich auch in den somatischen Zellen eines Individuums eine konstante Organisation beibehält. Der Kontext eines gegebenen Genlocus ist daher im allgemeinen statisch. Seine Aktivität wird durch *trans*-aktive Faktoren kontrolliert, die an die DNA binden. Die DNA-Sequenz bleibt in der Regel unverändert. Doch es gibt Ausnahmen: Unter bestimmten Umständen werden DNA-Sequenzen als Folge natürlicher Vorgänge im Genom rearrangiert – verschoben, abgeändert, vervielfältigt oder sogar ganz entfernt. Und wenn man neue Sequenzen auf künstlichem Wege in Zellen einbringt, können sie ins Genom aufgenommen werden. Quantitative oder qualitative Veränderungen innerhalb des Genoms in der somatischen Linie wie auch in der Keimbahn sind aber eher die Ausnahme als die Regel, wenn man die Gesamthäufigkeit ihres Auftretens betrachtet oder den Anteil des Genoms, der jeweils betroffen ist. Dennoch sind sie beachtenswert, nicht zuletzt auch deshalb, weil die Flexibilität des Genoms uns dessen künstliche Veränderung ermöglicht.

Beispiele für Umstellungen oder Verluste spezifischer Sequenzen gibt es bei niederen Eukaryoten zuhauf. Gewöhnlich betreffen diese Veränderungen nur somatische Zellen; die Keimbahn bleibt unangetastet. (Allerdings gehen die Fortpflanzungszyklen mancher Organismen mit dem Verlust ganzer Chromosomen oder sogar Chromosomensätze einher.) In höheren Tieren ist der Umbau bestimmter Sequenzen selten; ein umfassendes Beispiel, bei dem recht massive Rearrangements erfolgen, bieten Zellen des Immunsystems (Kapitel 33).

Umstellungen in der DNA erzeugen bei Eukaryoten wie bei Prokaryoten genetische Vielfalt. Die Folgen daraus sind hauptsächlich zweierlei Art:

- Es können dabei *neue Gene entstehen*, deren Expression unter bestimmten Bedingungen gebraucht wird, wie im Fall der Immunglobulingene.
- Ein bislang stummes Gen kann dadurch aktiviert, ein aktives Gen stillgelegt werden. Dies ermöglicht eine *Expressionsumschaltung* von einem Gen auf ein anderes, stellt also einen Mechanismus zur Genregulation dar.

Auf einer solchen Kontrolle der Genexpression durch Umlagerung von DNA-Sequenzen beruhen der Paarungstypwechsel (*mating type switch*) der Hefe und die Antigenvariation bei Trypanosomen. Das Genom enthält in diesen Fällen einen Vorrat an wahlweise benutzbaren Genkopien, von denen nur eine aktiv ist. Diese befindet sich an einem besonderen Locus und bestimmt von dort aus den Phänotyp. Eine stumme Kopie aus dem Vorrat kann nur durch Einbau in diesen Locus aktiviert werden, wobei sie das dort vorher vorhandene Exemplar ersetzt. Ein derartiger Austausch entspricht einer unidirektionalen Transposition in eine spezifische Zielstelle.

Das einfachste Beispiel für diese Strategie findet man bei der Hefe *Saccharomyces cerevisiae*. Haploide Hefezellen können einem von zwei Paarungstypen angehören – welchem, hängt von der Sequenz ab, die sich am aktiven Paarungstyplocus (*MAT*-Locus) befindet. Neben dem aktiven enthält das Genom zwei stumme Loci: einen für jeden Paarungstyp. Der Paarungstyp wechselt, wenn die am aktiven Locus vorhandene Sequenz ersetzt wird durch die von jenem stummen Locus, der die Information für den anderen Paarungstyp enthält.

Eine ganze Reihe von Variationen infolge von DNA-Umlagerungen beobachtet man bei afrikanischen Trypanosomen. Diese parasitischen Einzeller entgehen der Immunantwort ihres Wirtes durch Wechsel ihrer Oberflächenantigene. Welche Art von Antigen sich auf der Zelloberfläche befindet, wird von der Gensequenz eines aktiven Locus bestimmt. Diese Sequenz ist jedoch wandelbar; sie kann gegen eine andere aus einem Sortiment von vielen stummen Loci ausgetauscht werden. Es kommt wohl nicht von ungefähr, daß der Parasit die Immunabwehr mit Hilfe eines Mechanismus unterläuft, wie ihn ähnlich auch sein Wirt zur Erzeugung immunologischer Vielfalt benutzt: Durch Umbauten im Genom wird die Zahl der exprimierbaren Sequenzen erhöht.

Ein anderes Mittel, um die genetischen Möglichkeiten zu erweitern, kommt mitunter bei Parasit-Wirt- oder bei symbiontischen Wechselbeziehungen zum Einsatz, und zwar wenn Bakterien DNA in Wirtszellen einschleusen. Der Mechanismus ähnelt dem der bakteriellen Konjugation. Die Expression der bakteriellen DNA in der Wirtszelle ändert deren Phänotyp. Im Falle des phytopathogenen Bakteriums *Agrobacterium tumefaciens* ist dies von Nachteil für den Wirt, da eine infizierte Pflanzenzelle zu einem Tumor auswächst.

Der relative Anteil einer Genomkomponente kann sich während der somatischen Entwicklung ändern. Dies geschieht etwa bei Insektenlarven, wenn sich in ihnen die Kopienzahl bestimmter Gene erhöht. Gelegentlich findet eine Vervielfältigung oder **Amplifikation** von Genen auch in kultivierten Säugerzellen statt, denn man kann Zellvarianten mit einem vervielfachten Gen selektieren. Die durch das Amplifikationsereignis entstandenen zusätzlichen Kopien können in extra- oder intrachromosomaler Form überdauern.

Wenn DNA von außen in eukaryotische Zellen eingebracht wird, kann sie dort extrachromosomale Formen bilden oder sich ins Genom integrieren. Das Verhältnis zwischen extrachromosomalen und integrierten Formen folgt keiner Regel, sondern ist – anders als der Wechsel zwischen freien und integrierten Formen bakterieller Plasmide – vom Zufall und von kaum voraussagbaren Ereignissen abhängig.

Wie auch immer er erfolgen mag, der Integrationsvorgang führt offenbar zu einer stabilen Änderung im Genom. Nach Injektion in eine befruchtete Eizelle kann eine exogene DNA ins Genom aufgenommen und dann als ein integrativer, nicht selten auch funktionsfähiger Bestandteil weitervererbt werden. Die fremde DNA kann sowohl ins Soma als auch in die Keimbahn gelangen, so daß ein **transgenes** Tier entsteht. Das Einbringen spezifischer Gene in menschliche Zellen, um diese mit einer benötigten Funktion auszustatten, könnte sich zu einem wichtigen medizinischen Verfahren zur Heilung genetisch bedingter Krankheiten entwickeln.

Statt neue Gene einzuschleusen, kann man auch vorhandene in gezielter Weise ausschalten: In ein Gen lassen sich zusätzliche Sequenzen einfügen, die seine Expression verhindern und ein „Null-Allel" erzeugen. Kreuzungen zwischen Tieren mit einem Null-Allel können zu einem homozygoten „Knockout"-Individuum führen, das keine aktive Kopie des Gens mehr besitzt. Mit Hilfe dieser Methode lassen sich Funktion und Bedeutung eines Gens direkt untersuchen.

Natürliche Vorgänge und experimentelle Eingriffe können also gleichermaßen zu beträchtlichen Veränderungen der DNA-Sequenz führen. Welche Mechanismen es der Zelle ermöglichen, in Reaktion auf Selektionsdruck ihren Sequenzbestand umzugestalten oder eingedrungene Sequenzen im Genom unterzubringen, beginnt man gerade erst aufzuklären.

32.1 Der Reaktionsweg der Paarung bei der Hefe wird durch Signaltransduktion eingeleitet

Die Hefe *S. cerevisiae* vermehrt sich problemlos in haploider wie in diploider Form. Der Übergang von einem in den anderen Zustand geschieht durch Kopulation (Paarung zweier haploider zu einer diploiden Zelle) beziehungsweise durch Sporulation (Bildung haploider Sporen unter Meiose einer diploiden Zelle). Die Fähigkeit eines Stammes, diese Vorgänge durchzuführen, ist von seinem **Paarungstyp** (*mating type*) abhängig.

Die Merkmale der beiden Paarungstypen sind in Tabelle 32.1 zusammengefaßt. Man kann ihren Zweck darin sehen, den Generationswechsel in gewissen Bahnen zu halten: Eine Paarung ist nur sinnvoll, wenn die haploiden Partner genetisch verschieden sind, eine Sporulation nur dann, wenn die diploide Zelle heterozygot ist und somit Rekombinanten hervorbringen kann.

Der Paarungstyp einer (haploiden) Zelle wird durch die genetische Information am *MAT*-Locus bestimmt. Zellen mit dem *MATa*-Allel an diesem Genort sind **a**-Zellen, solche, die dort das *MATα*-Allel tragen, gehören dem *α*-Typ an. Zellen gegensätzlichen Typs können miteinander kopulieren, solche desselben Typs nicht.

Tabelle 32.1: Der Paarungstyp kontrolliert mehrere Aktivitäten

	MATa	*MATα*	*MATa/MATα*
Zelltyp	**a**	*α*	**a**/*α*
Paarung	ja	ja	nein
Sporulation	nein	nein	ja
Pheromon	**a**-Faktor	*α*-Faktor	keine
Rezeptor	bindet *α*-Faktor	bindet **a**-Faktor	keine

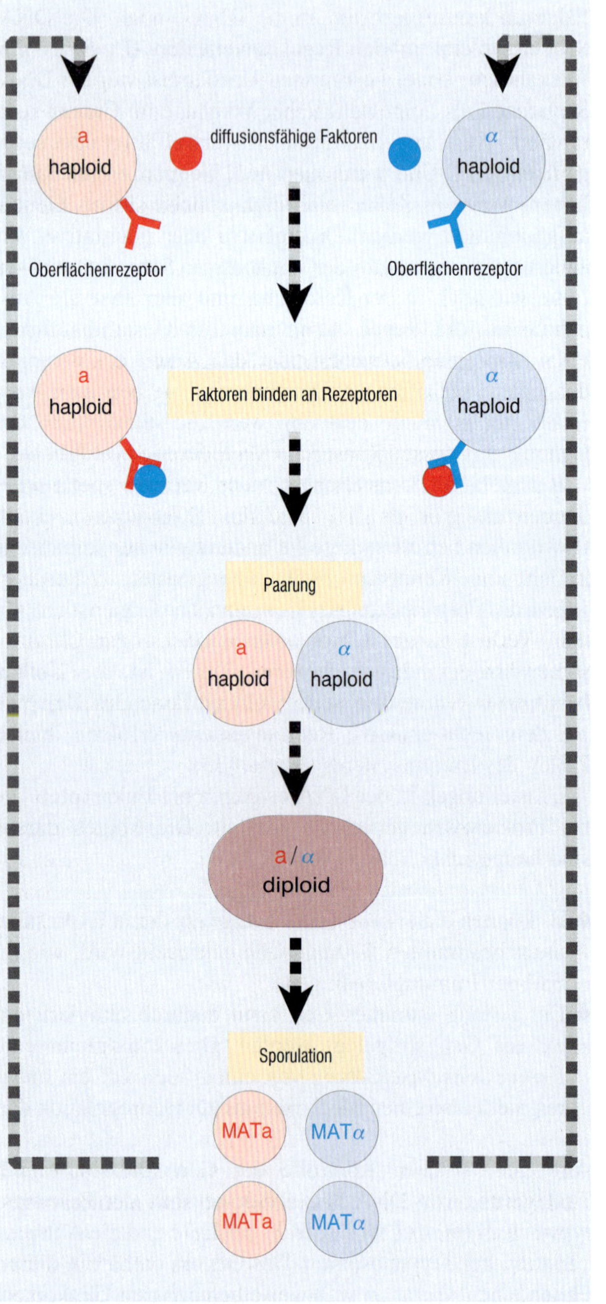

32.1 *Übersicht*: Der Fortpflanzungszyklus der Hefe wechselt zwischen haploider und diploider Phase. Haploide *MATa*- und *MATα*-Zellen können miteinander paaren, so daß heterozygote diploide Zellen entstehen. Diese wiederum können haploide Sporen hervorbringen.

Zellen entgegengesetzten Paarungstyps erkennen einander mit Hilfe von **Pheromonen**: α-Zellen sezernieren den α-Faktor, **a**-Zellen den **a**-Faktor. Der α-Faktor ist ein Peptid aus 13 Aminosäuren; der **a**-Faktor umfaßt zwölf Aminosäuren und ist durch Carboxymethylierung und Anfügung eines lipophilen Farnesylrestes modifiziert. Beide Peptide entstehen durch Spaltung größerer Vorläuferpolypeptide.

Zellen des einen Paarungstyps tragen auf ihrer Oberfläche Rezeptoren für das Pheromon des anderen Typs. Wenn eine **a**-Zelle und eine α-Zelle sich annähern, wirken ihre Pheromone gegenseitig, so daß beide Zellen in der G1-Phase des Zellzyklus stehenbleiben und eine Reihe morphologischer Veränderungen durchlaufen. Bei einer erfolgreichen Paarung folgt nach der Arretierung des Zellzyklus die Zell- und Kernverschmelzung, und eine diploide **a**/α-Zelle entsteht.

Die **a**/α-Zelle hat sowohl das *MATa*- als auch das *MAT*α-Allel und zeigt Eigenschaften, die sich von denen der haploiden Zellen deutlich unterscheiden (Tabelle 32.1). Vor allem besitzt sie die Fähigkeit zur Sporulation. Wie in Abbildung 32.1 gezeigt, wird auf diese Weise ein zyklischer Wechsel zwischen haploiden und diploiden Generationen ermöglicht. Anzumerken ist, daß *nur heterozygote* Diploide sporulieren können, homozygote (**a/a** oder α/α) dagegen nicht.

Ein Großteil der Erkenntnisse über die molekularen Vorgänge bei der Hefepaarung ließ sich anhand von Mutationen gewinnen, durch die **a**- und/oder α-Zellen paarungsunfähig werden. Die entsprechenden Gene erhielten die Bezeichnung *STE* (für steril). Mutationen in den Genen *STE2* und *STE3* wirken sich jeweils nur in einem der beiden Paarungstypen aus; solche in den anderen *STE*-Genen hingegen lassen gleichermaßen **a**- und α-Zellen das Paarungsvermögen verlieren. Das deutet darauf hin, daß *im Anschluß an die Faktor-Rezeptor-Wechselwirkung in beiden Zelltypen dieselben Ereignisse ablaufen.*

Die Paarung ist ein symmetrischer Prozeß, der durch die Interaktion zwischen dem Pheromon des einen Zelltyps und dem Rezeptor des anderen in Gang kommt. Die einzigen Gene, die dabei spezifisch auf einen Paarungstyp zugeschnitten sind, sind die für die Rezeptoren. Die Faktor-Rezeptor-Interaktion löst in Zellen beiden Typs ein und dieselbe Reaktionskette aus. Somit haben Mutationen, die Schritte innerhalb dieser gemeinsamen Reaktionskette blockieren, denselben Effekt in beiden Paarungstypen.

Welche molekularen Vorgänge die Paarung einleiten, zeigt Abbildung 32.2. Die beteiligten Komponenten ähneln denen „klassischer" G-Protein-gekoppelter Rezeptorsysteme zur Signaltransduktion, wie sie in Kapitel 35 besprochen werden. Die Pheromonrezeptoren sind membranintegrierte Proteine. (STE2 ist der α-Rezeptor auf **a**-Zellen, STE3 der **a**-Rezeptor auf α-Zellen.) Beide Rezeptoren reagieren nach ihrer Aktivierung mit dem gleichen G-Protein. Dieses ist ein Trimer aus den Untereinheiten α, β und γ. Die α-Untereinheit bindet ein Guaninnucleotid; innerhalb des kompletten Trimers trägt sie ein GDP. Wird der Pheromonrezeptor aktiviert, so veranlaßt er das G-Protein dazu, das GDP gegen ein GTP auszutauschen. Als Folge löst

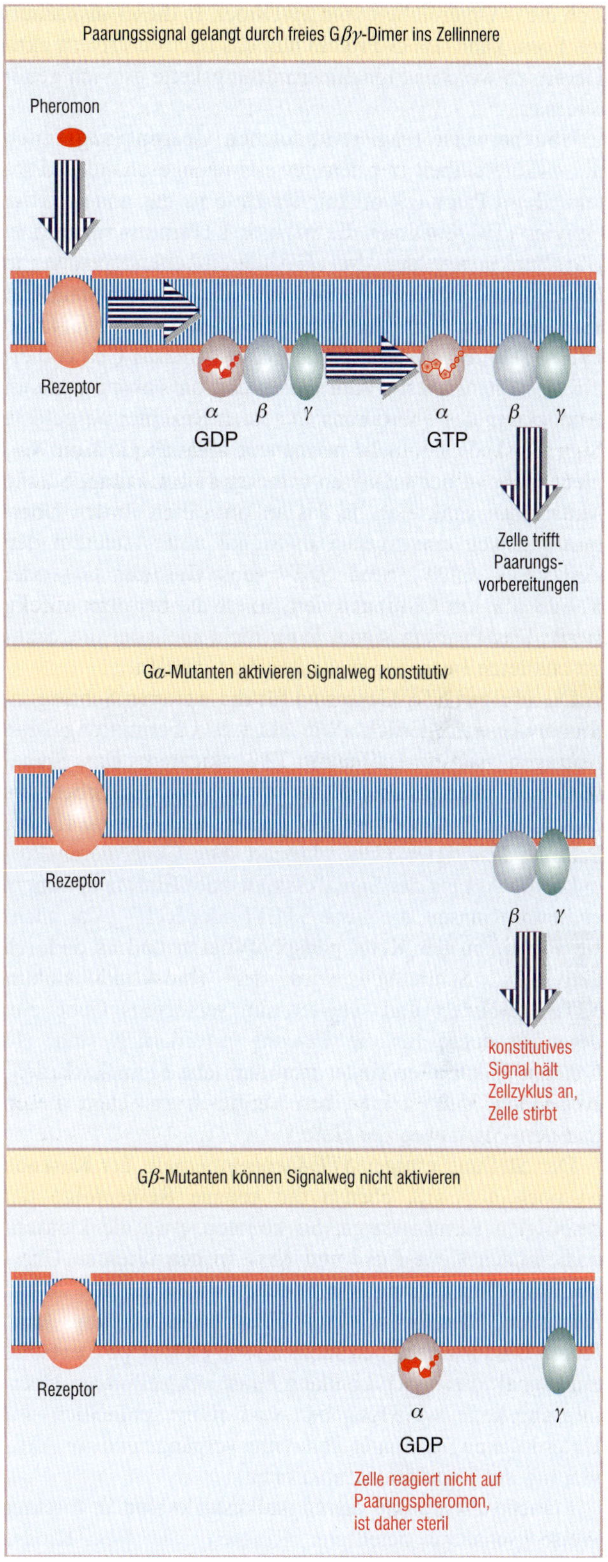

32.2 Die Bindung des **a**- wie auch des α-Faktors an den jeweiligen Rezeptor führt zur Aktivierung des gleichen G-Proteins. Dessen $\beta\gamma$-Komplex leitet das Paarungssignal an das nächste Glied der intrazellulären Übermittlungskette weiter.

sich die α-Untereinheit vom $\beta\gamma$-Dimer. In dieser dissoziierten Form kann das G-Protein nun das nächste Protein aktivieren, zu welcher Signalübermittlungskette es auch gehören mag.

Üblicherweise reagiert in solchen Übermittlungsketten die α-Untereinheit mit dem jeweils nachgeschalteten Protein. Beim Paarungsvorgang der Hefe ist das anders: Hier aktiviert das $\beta\gamma$-Dimer die nächste Übermittlungsinstanz. Die Funktionen der drei G-Untereinheiten werden an Mutationen deutlich, die sich auf die Pheromonantwort auswirken; die betroffenen Gene heißen *SCG1*, *STE4* und *STE18*. Die Inaktivierung von *SCG1* – dieses Gen codiert die G_α-Untereinheit – führt dazu, daß die sonst nur durch Andockung des Pheromons an seinen Rezeptor ausgelöste Signalkaskade nunmehr permanent abläuft: G_α kann $G_{\beta\gamma}$ nicht mehr in der inaktiven trimeren Form halten. Solche Mutationen sind letal, da das unkontrolliert in den Übermittlungsweg eingespeiste $\beta\gamma$-Signal unter anderem den Zellzyklus anhält. Sind *STE4* (das Gen für G_β) oder *STE18* (das für G_γ) inaktiviert, so ist die betroffene Zelle steril: Das Paarungssignal kann nicht mehr an die nachgeschalteten Instanzen weitergegeben werden.

Die übrigen *STE*-Gene sind für die weiteren Schritte im Signalweg erforderlich. Wie sie zur Übermittlungskette beitragen, ist in Abbildung 32.3 skizziert. Das Signal wird von einer Instanz an die nächste weitergegeben, bis es schließlich in den Zellkern gelangt und dort die für die Paarung benötigten Gene aktiviert. Die Gene, deren Produkte am Anfang der Signalkaskade zum Einsatz kommen, codieren Kinasen, die – wie STE11 oder STE7 – das nächste Protein in der Kette phosphorylieren und es dadurch aktivieren. Schließlich wird der Transkriptionsfaktor STE12 aktiviert und schaltet nun seinerseits Gene ein, deren Produkte für die Paarung erforderlich sind. (In höheren Eukaryoten findet man ähnliche Signalkaskaden; Abbildung 35.24 zeigt einen Vergleich zwischen diesen und dem Signalweg der Hefe.)

Die Stellung einiger *STE*-Gene innerhalb der Kaskade ist noch ungewiß, ebenso die genaue Reihenfolge der beteiligten Komponenten. So könnten etwa die kinasencodierenden Gene *Fus3* und *Kss1* in den direkten Übermittlungsweg hineingehören oder Abzweigungen davon darstellen. Gleichwohl ist das Prinzip des Vorgangs klar: Durch Bindung des Pheromons an seinen Rezeptor entsteht ein Signal; dieses wird entlang einer intrazellulären Übermittlungskette weitergegeben und führt schließlich zur Unterdrückung normaler Zellzyklusvorgänge und zur Aktivierung der Kopulationsfunktionen.

Manche Zielpunkte der Signalkaskade sind in direkter Weise Substrate beteiligter Kinasen; die Fus3-Kinase zum Beispiel wirkt auf CLN3, eines der drei CLN-Proteine, ohne die der Zellzyklus nicht fortschreitet. Andere Ziele werden über die Kontrolle der Genexpression angesteuert; beispielsweise ist CLN2, ein weiteres CLN-Protein, Zielobjekt für die Wirkung des Proteins far1, dessen Expression wiederum der Transkriptionsfaktor STE12 aktiviert.

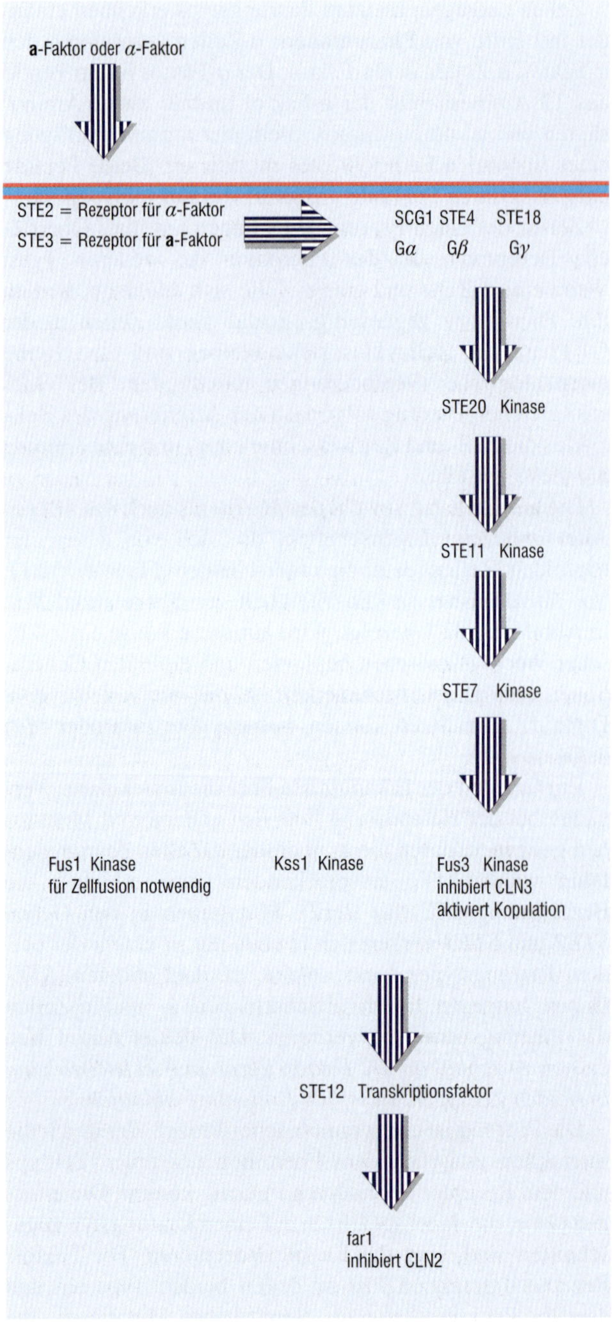

32.3 Durch Bindung an ihren Rezeptor lösen beide Pheromone die gleiche paarungsvorbereitende Reaktionsfolge aus. Das Signal wird über eine Kette von Kinasen schließlich auf einen Transkriptionsfaktor übertragen. Möglicherweise verzweigt sich der Übermittlungsweg, um alle zu aktivierenden Funktionen erreichen zu können.

32.2 Die Hefe kann den aktiven Paarungstyplocus mit einem zuvor stummen Gen umbesetzen

Manche Hefestämme besitzen die bemerkenswerte Fähigkeit, ihren Paarungstyp zu **wechseln**. Diese Stämme, ausgestattet mit dem dominanten Allel *HO, können ihren Paarungstyp in nahezu jeder Generation ändern*. Stämme mit dem rezessiven Allel *ho* zeigen einen stabilen Paarungstyp, der nur mit einer Wahrscheinlichkeit von $1{:}10^6$ umspringt.

Der Besitz des *HO*-Allels macht den Genotyp einer Hefepopulation veränderlich: Gleichgültig, welchem Paarungstyp eine gegebene Anfangspopulation angehört, sie wird innerhalb weniger Generationen in großer Zahl Zellen beider Paarungstypen aufweisen, die sich nach und nach zu diploiden *MATa/MATα*-Zellen verpaaren, so daß die Population zum Schluß praktisch nur noch aus solchen besteht. Die Erzeugung stabiler diploider Zellen aus einer haploiden Population mag wohl der Hintergrund für die „Erfindung" des Paarungstypwechsels gewesen sein.

Die Möglichkeit des Wechsels zeigt, daß *alle Zellen die genetische Information für beide Paarungstypen besitzen, jedoch nur einen davon exprimieren*. Woher stammt die Information zum Umspringen auf den anderen Typ? Neben dem *MAT*-Locus selbst bedarf der Wechsel zweier weiterer Loci: *HMLα* und *HMRa*. Der erste liefert die Information zum Umschalten auf den *MATα*-Typ, letzterer die für den *MATa*-Typ. Beide Loci liegen auf demselben Chromosom wie *MAT*, *HML* weit links (stromaufwärts) von *MAT*, und *HMR* weit rechts davon.

Abbildung 32.4 zeigt das **Kassettenmodell** für den Paarungstypwechsel. Danach befindet sich am *MAT*-Locus eine **aktive Kassette** (*active cassette*), entweder für Typ **a** oder für Typ *α*. Die beiden Loci *HML* und *HMR* beherbergen das Repertoire, auf das zugegriffen werden kann, die **stummen Kassetten** (*silent cassettes*). In der Regel enthält *HML* die *α*-, *HMR* die *a*-Kassette. An allen drei Loci sind also paarungstypbestimmende Gene vorhanden, doch nur dasjenige, das sich am *MAT*-Locus befindet, wird als aktive Kassette exprimiert. Paarungstypwechsel erfolgt, wenn die am *MAT*-Locus „abgespielte" Kassette durch die Information einer zuvor stummen ersetzt wird. Dann gelangt die neuinstallierte Kassette zur Expression.

Der Wechsel ist nichtreziprok: Die Kopie vom *HML*- oder *HMR*-Locus *ersetzt* das Allel am *MAT*-Locus einseitig, ein gegenseitiger Austausch findet nicht statt. Dies zeigt sich daran, daß eine Mutation am *MAT*-Locus für immer verlorengeht, wenn dort eine neue Kassette eingesetzt wird.

Ist die stumme Kopie am *HML*- oder *HMR*-Locus mutiert, so gelangt das mutierte Allel beim entsprechenden Paarungstypwechsel in den *MAT*-Locus, bleibt aber – über unbegrenzt viele Umschaltvorgänge – an seinem Ursprungsort ebenfalls erhalten. Wie bei einer replikativen Transposition entsteht an der empfangenden Stelle im Genom eine neue Kopie des Donorelements; Position und Sequenz der Ursprungskopie werden dabei nicht verändert.

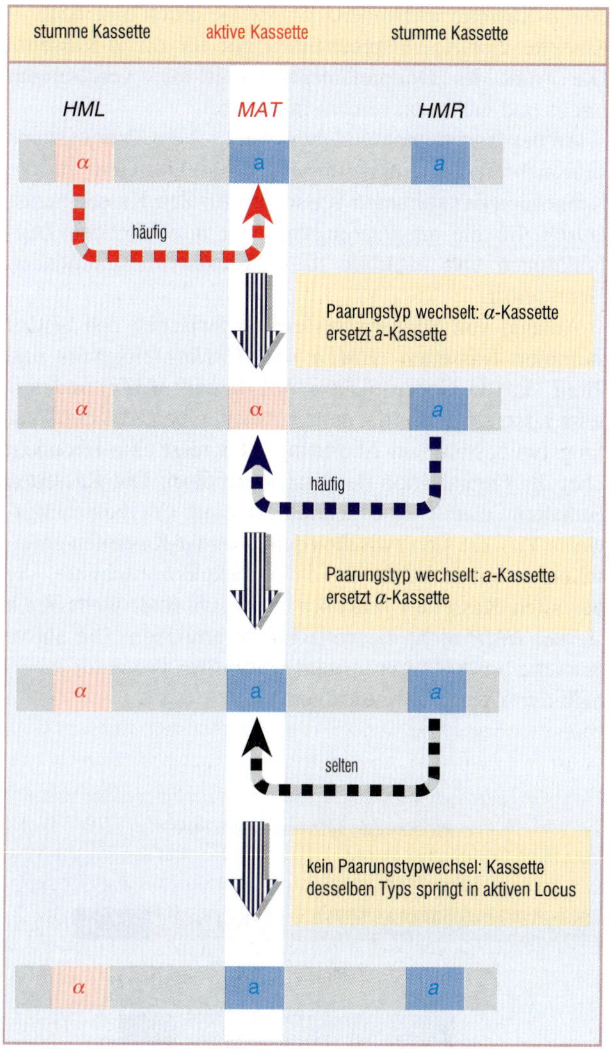

32.4 Der Paarungstyp wechselt, wenn eine zuvor stumme Genkassette des andern Typs die bislang aktive Kassette am *MAT*-Locus ersetzt. Wenn eine Kassette desselben Typs dorthin transponiert wird, bleibt der Paarungstyp gleich.

Der Paarungstypwechsel ist ein gerichteter Vorgang, bei dem genetische Information von zwei potentiellen Spenderloci (*HML* und *HMR*) auf nur einen Empfängerlocus (*MAT*) übertragen wird. In 80 bis 90 % der Fälle ändert der Kassettenwechsel die Information am *MAT*-Locus, das heißt, *MATa* wird durch eine Kopie von *HMLα* beziehungsweise *MATα* durch eine Kopie von *HMRa* ersetzt. Diese Präferenz für einen echten Austausch hängt offenbar mit dem Phänotyp der jeweiligen Zelle zusammen: **a**-Zellen benutzen vorrangig *HML* als Spenderlocus, *α*-Zellen hingegen bevorzugen *HMR*.

(Man kann Hefestämme gewinnen, bei denen die stummen Kassetten gegenüber der üblichen Anordnung vertauscht sind, die *a*-Kassette also am *HML*- und die *α*-Kassette am *HMR*-Locus liegt. In solchen Zellen – mit dem Genotyp *HMLa* beziehungsweise *HMRα* – sind 92 % der Austauschvorgänge am *MAT*-Locus homolog: Ist dort eine a-Kassette vorhanden, so wird sie durch eine neue α-Kassette ersetzt; entsprechendes gilt für die α-Kassette. Die Wahl des Donorelements hängt also von seinem Locus und nicht von seinem Inhalt ab.)

An der Ausprägung und dem Wechsel des Paarungstyps sind mehrere Gengruppen beteiligt, darunter Gene für die Repression der stummen Kassetten, für den Kassettenaustausch, für die am Paarungsvorgang mitwirkenden Zellfunktionen und natürlich die paarungstypbestimmenden Gene selbst.

Anhand von Sequenzvergleichen zwischen den beiden stummen Kassetten (*HMLα* und *HMRa*) einerseits und ihren aktiven Gegenstücken (*MATα* und *MATa*) andererseits lassen sich die Sequenzen beschreiben, die den Paarungstyp bestimmen. Abbildung 32.5 zeigt eine Übersicht über die Organisation der Paarungstyploci. Die Kassetten enthalten jeweils eine zentrale Region (Ya beziehungsweise Yα), die sich zwischen den a- und α-Kassetten unterscheidet, sowie beidseitig davon Sequenzabschnitte, die bei allen Kassetten praktisch identisch sind, wenngleich sie bei *HMR* nicht die volle Länge erreichen. Die aktive Kassette am *MAT*-Locus wird von einem Promotor innerhalb der Y-Region transkribiert.

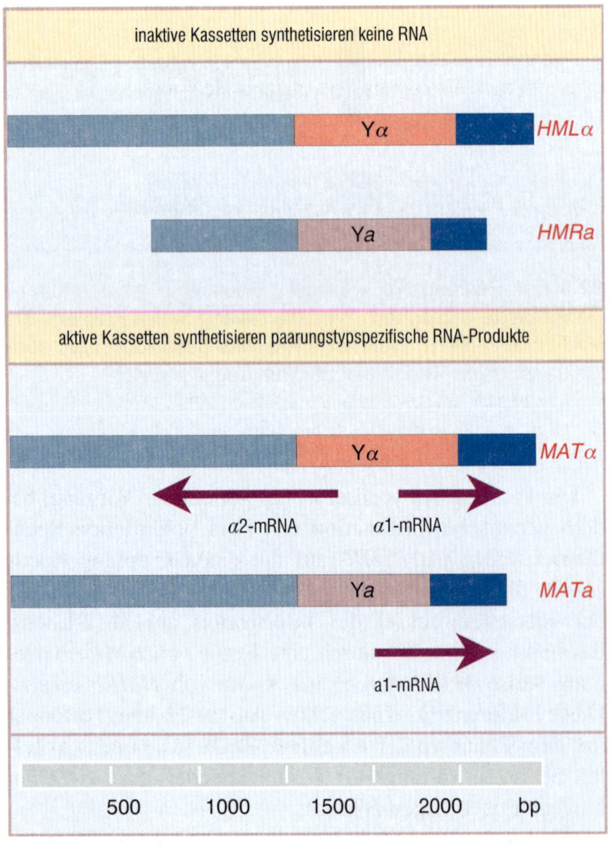

32.5 Die stummen Kassetten haben jeweils die gleiche Sequenz wie ihre aktiven Gegenstücke, nur in *HMRa* fehlen die äußersten Abschnitte der flankierenden Bereiche. **a**- und α-Zellen unterscheiden sich lediglich durch die Y-Region am *MAT*-Locus.

Die wesentliche Aufgabe des *MAT*-Locus ist, die Expression der Pheromon- und Rezeptorgene sowie weitere an der Paarung beteiligte Funktionen zu kontrollieren. *MATα* codiert zwei Proteine, α**1** und α**2**, *MATa* nur eines, **a1**. Die **a**- und α-Proteine steuern in direkter Weise die Transkription verschiedener Zielgene; dabei wirken sie als positive wie auch als negative Regulatoren. In haploiden Zellen agieren sie unabhängig, in diploiden arbeiten sie zusammen. Wie in der Tabelle rechts in Abbildung 32.6 zusammengefaßt, treten sie mit drei Gruppen von Zielgenen in Wechselwirkung:

- **a**-spezifische Gene werden in **a**-Zellen konstitutiv exprimiert, in α-Zellen eigens reprimiert. Zu diesen Genen gehören jenes für den **a**-Faktor sowie *STE2*, das den Rezeptor für den α-Faktor codiert. Zellen des **a**-Phänotyps sind also ohne besondere Vorkehrungen bereit, das Pheromon des anderen Paarungstyps zu erkennen.
- α-spezifische Gene werden in α-Zellen eigens induziert, in **a**-Zellen kommen sie gar nicht erst zur Expression. Zu ihnen gehören das Strukturgen für den α-Faktor und *STE3*, das Gen für den Rezeptor des **a**-Faktors. Auch hier geht die Expression des typspezifischen Pheromons einher mit der Expression des Rezeptors für das Pheromon des anderen Typs.
- Zu den haploidspezifischen Genen zählen solche, die für die Transkription der Pheromon- und Rezeptorgene nötig sind, ferner das *HO*-Gen, das am Paarungstypwechsel mitwirkt, und *RME*, ein Repressor der Sporulation. Diese Gene werden in beiden haploiden Zelltypen konstitutiv exprimiert und in diploiden *a*/α-Zellen eigens reprimiert. Als Folge kommen dort auch die **a**- und α-spezifischen Gene nicht zur Expression.

Wir können die Aufzählung wiederholen, diesmal aus der Perspektive der am *MAT*-Locus codierten Regulatoren, wie in der Schemazeichnung links in Abbildung 32.6 skizziert ist. Die beiden Paarungstypen werden durch unterschiedliche Mechanismen reguliert:

- In *MATa*-Haploiden werden die **a**-spezifischen Gene konstitutiv exprimiert. Welche Funktionen das Produkt (oder die Produkte) des *MATa*-Allels in **a**-Zellen übernimmt, weiß man nicht. Vielleicht ist es (sind sie) hier sogar überflüssig. Gebraucht wird es allerdings in diploiden Zellen, um dort haploidspezifische Funktionen zu unterdrücken.
- In *MATα*-Haploiden schaltet das α**1**-Protein α-spezifische Gene ein, deren Produkte den α-Paarungstyp ausprägen. Zugleich reprimiert das α**2**-Protein die ansonsten für die Ausbildung des **a**-Paarungstyps zuständigen Gene, indem es an stromaufwärts davon gelegene Operatorsequenzen bindet.
- In *MATa*/*MATα*-Diploiden arbeiten das **a1**- und das α**2**-Protein zusammen, um haploidspezifische Gene zu reprimieren. Kombiniert erkennen sie eine andere Operatorsequenz als das α**2**-Protein alleine.

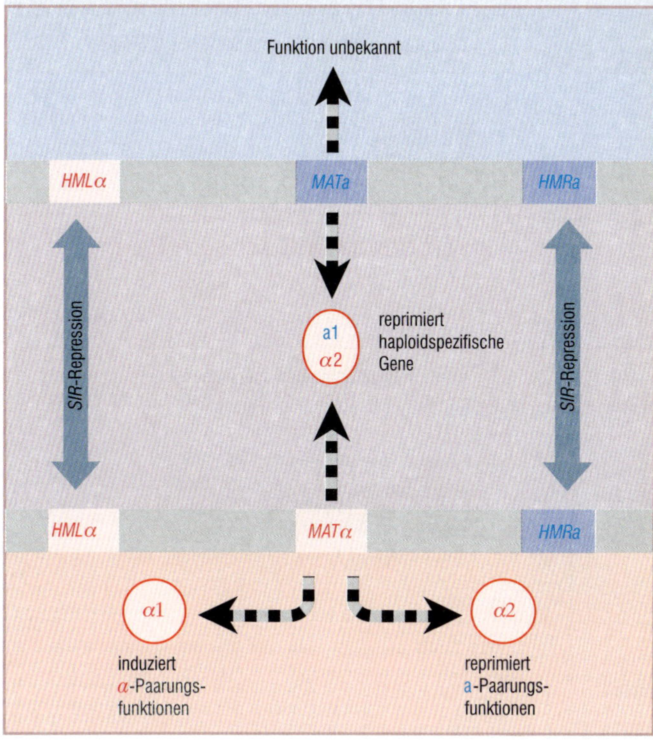

	a-Funktionen	α-Funktionen	haploidspezifische Funktionen
haploid a	konstitutiv	nicht exprimiert	konstitutiv
diploid a/α	nicht exprimiert	nicht exprimiert	reprimiert
haploid α	reprimiert	induziert	konstitutiv

32.6 In diploiden Hefezellen kooperieren das **a1**- und das α**2**-Protein, um haploidspezifische Funktionen zu unterdrücken. In *MATa*-Haploiden werden die für die Paarungsfunktionen zuständigen Gene konstitutiv (unabhängig vom *MATa*-Produkt) exprimiert. In *MATα*-Haploiden reprimiert das α**2**-Protein **a**-spezifische Funktionen, und das α**1**-Protein setzt α-spezifische Funktionen in Gang.

Die Fähigkeit der Proteine α**2**, **a1** und α**1** zur Transkriptionsregulation beruht auf einer Reihe bemerkenswerter Protein-Protein-Wechselwirkungen, sowohl untereinander als auch mit (mindestens) einem weiteren Protein. Die Art und Weise der Genkontrolle in **a**-, α- und diploiden Zellen ist in Abbildung 32.7 zusammengefaßt.

An vielen der fraglichen Wechselwirkungen ist das Protein PRTF beteiligt (das selbst für keinen Paarungstyp spezifisch ist). PRTF bindet an eine kurze Consensussequenz, die P-Box. Das Protein scheint in recht umfangreicher Weise an Genregulationsvorgängen mitzuwirken, denn P-Boxen kommen im Genom an einer Vielzahl von Stellen vor. Bei manchen Genen hat die Box eine aktivierende Funktion, andere hingegen werden durch PRTF reprimiert. Welcher Effekt sich einstellt, hängt wahrscheinlich von anderen Proteinen ab, die sich an Sequenzen in der Umgebung der P-Box anlagern.

Offenbar kann PRTF **a**-spezifische Gene im Alleingang aktivieren. Dies reicht aus, um deren Expression in haploiden **a**-Zellen zu gewährleisten.

In haploiden α-Zellen wirken PRTF und das α**2**-Protein zusammen, um die **a**-spezifischen Gene zu reprimieren. Das α**2**-Protein enthält zwei Domänen. Die C-terminale bindet an kurze palindromische Elemente an den Enden einer Operatorconsensussequenz von 32 bp. Freilich reicht die Bindung dieses Proteinabschnitts an die DNA nicht aus, um reprimierend zu wirken. Zur Repression ist auch die N-terminale Domäne erforderlich, die mit PRTF Kontakte herstellt. Die Bindungsstelle für PRTF ist eine P-Box im Zentrum der Operatorsequenz. Tatsächlich binden das α**2**-Protein und PRTF kooperativ an den Operator.

Die α-spezifischen Gene sind zur Expression auf den α**1**-Aktivator angewiesen, ein kleines Protein aus 175 Aminosäuren. Sequenzen innerhalb von *UAS*-Elementen (*upstream activator sequences*, die Enhancer der Hefe; Kapitel 28) vermitteln die α-spezifische Transkription. Die Consensussequenz umfaßt 26 bp und läßt sich in zwei Teile gliedern. Die ersten 16 bp bilden die P-Box, an die PRTF bindet; daran schließt sich ein Element von zehn Basenpaaren an, das als Bindungsstelle für α**1** dient. Der α**1**-Faktor bindet *nur dann*, wenn auch PRTF anwesend ist und sich an die P-Box anlagert. Keines der beiden Proteine kann alleine an seine Zielsequenz binden, zusammen jedoch gelingt ihnen das, vermutlich infolge von Protein-Protein-Wechselwirkungen.

In haploiden **a**-Zellen müssen die α-spezifischen Gene nicht eigens reprimiert werden: Sie kommen nicht zur Expression, weil dort das α**1**-Protein fehlt, PRTF daher nicht binden und sie folglich auch nicht aktivieren kann.

Das α**2**-Protein kann auch mit dem **a1**-Protein zusammenarbeiten. In Kombination erkennen die beiden Proteine einen eigenen Operator. Er besitzt an seinen Enden die

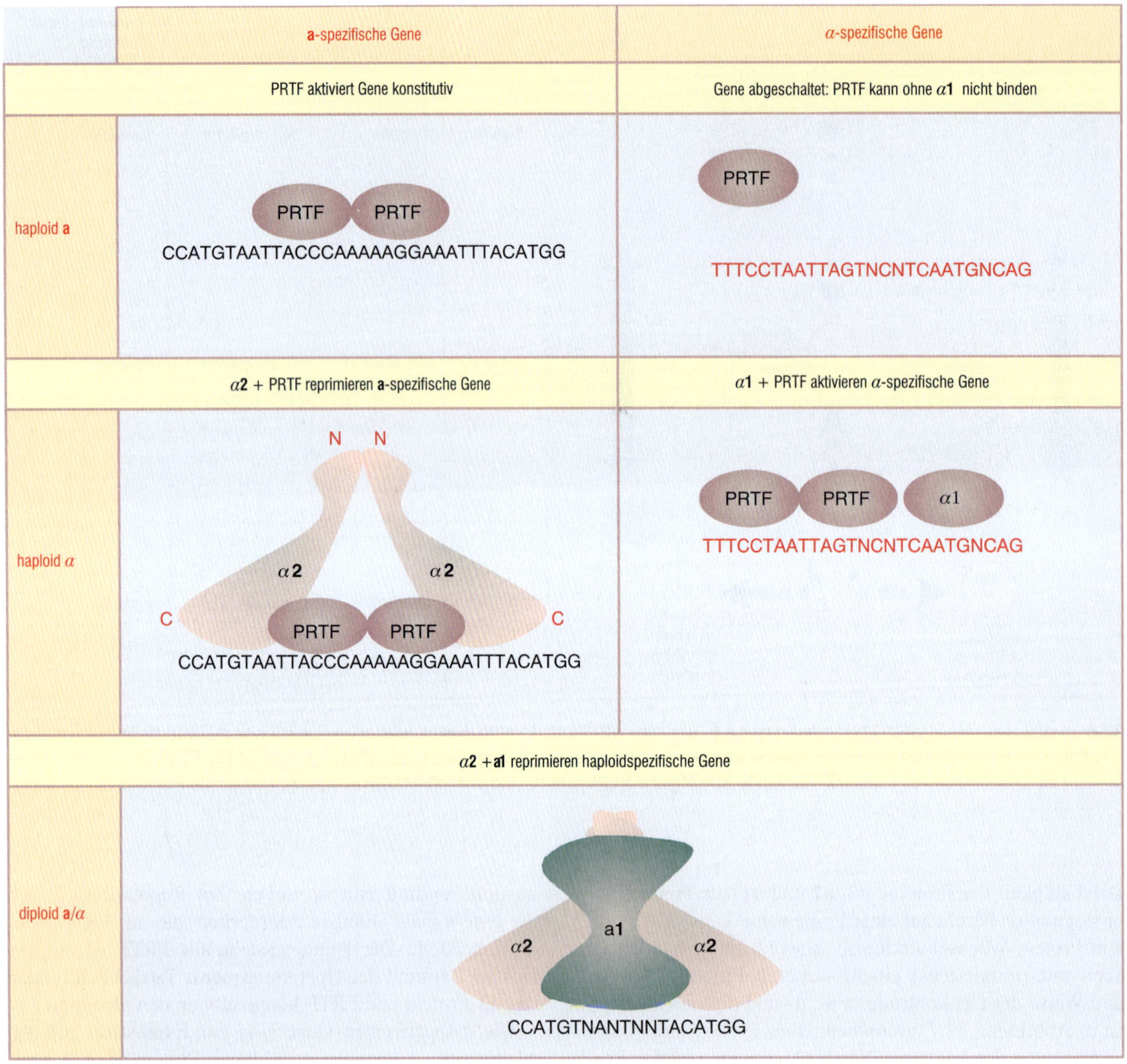

32.7 PRTF, **a1**, α**1** und α**2** arbeiten in unterschiedlichen Kombinationen zusammen, um spezifische Gengruppen zu reprimieren oder zu aktivieren und so den entsprechenden Paarungstyp zur Ausprägung zu bringen.

gleichen palindromischen Sequenzen, die α**2** auch im α**2**/PRTF-Operator erkennt, ist jedoch insgesamt kürzer als dieser, da er eine andere Zentralsequenz enthält. Zusammen reprimieren α**2** und **a1** in diploiden Zellen Gene mit diesem Sequenzmotiv.

32.3 Die stummen Kassetten in *HML* und *HMR* werden reprimiert

An der Transkriptionskarte in Abbildung 32.5 fällt ein interessanter Umstand auf. Bei *MATa* wie bei *MATα* wird die Transkription innerhalb der Y-Region initiiert. Nur der *MAT*-Locus wird exprimiert, *doch ist jeweils dieselbe Y-Region auch in der entsprechenden nichttranskribierten Kassette enthalten* (also in *HML* beziehungsweise *HMR*). Daher kann die Expressionsregulation nicht durch direkte Erkennung eines Sequenzelements im Promotorbereich erfolgen. *Offenbar sorgen Sequenzabschnitte außerhalb der Kassetten dafür, daß HML und HMR von MAT unterschieden werden können.*

Wie Deletionsanalysen zeigen, sind Sequenzen auf beiden Seiten der stummen Kassetten notwendig, um deren Expression zu reprimieren. Man nennt sie **Silencer** (*to silence*, zum Schweigen bringen). Der jeweils links von einer Kassette gelegene Kontrollabschnitt heißt *E*-Silencer, der auf der jeweils rechten Seite *I*-Silencer. Die Silencer besitzen zwei bemerkenswerte Eigenschaften:

- Sie verhalten sich wie negative Enhancer, das heißt, sie können ihre Funktion über einen recht großen Abstand vom Promotor (bis zu 2,5 kb) und in beiden Orientierungen ausüben.
- Sie sind mit *ARS*-Sequenzen verknüpft. Solche Sequenzen kennzeichnen Replikationsursprünge (*origins of replication*; Kapitel 14).

Worauf beruht die Kontrolle der Kassettenaktivität? Lassen sich Gene finden, welche die Kassetten stumm halten? Mutationen in solchen Genen müßten sich relativ einfach nachweisen lassen: Wenn eine Mutation die normalerweise stummen Kassetten an *HML* und *HMR* zur Expression kommen läßt, entstehen sowohl **a**- als auch α-Produkte; folglich verhalten sich die betroffenen Zellen wie *MAT***a**/*MAT*α-Diploide.

Tatsächlich bringen Mutationen in einer Reihe von Loci die Silencerwirkung zum Erliegen und führen zur Expression von *HML* und *HMR*. Zuerst entdeckte man in diesem Zusammenhang die vier *SIR*-Loci (*silent infomation regulators*, Regulatoren der „stummen Information"). Zur Repression von *HML* und *HMR* müssen alle vier *SIR*-Loci das Wildtypallel tragen. Enthält einer der Loci ein mutiertes *sir*$^-$-Allel, so hat dies zweierlei Folgen. Zum einen können sowohl *HML* als auch *HMR* transkribiert werden. Zum anderen werden sie beide zu Zielen für den Kassettenwechsel! *Derselbe regulatorische Vorgang trägt also nicht nur dazu bei, daß die stummen Kassetten reprimiert bleiben, sondern verhindert zugleich, daß sie als Empfängerstellen für den Austausch gegen eine andere Kassettensequenz dienen.*

Weitere für die Silencerwirkung erforderliche Loci sind unter anderem *RAP1* (ein Gen, das auch dazu notwendig ist, den inaktiven Zustand von telomerem Heterochromatin aufrechtzuerhalten) und die Gene für Histon H4. Deletionen, die den N-Terminus von H4 betreffen, sowie bestimmte Punktmutationen im H4-Gen aktivieren die stummen Kassetten. Die Effekte dieser Mutationen lassen sich wiederum durch bestimmte Mutationen in *SIR3* oder durch Überexpression von *SIR1* neutralisieren, was auf spezifische Wechselwirkungen zwischen dem Histon H4 und den SIR-Proteinen hindeutet.

Diese Beobachtungen legen ein allgemeines Modell nahe, wonach die SIR-Proteine die Genexpression dadurch unterdrücken, daß sie auf die Chromatinstruktur wirken. Da *SIR*-Mutationen sich in entsprechender Weise auch auf Gene auswirken, die infolge ihrer Nachbarschaft zu telomerem Heterochromatin inaktiviert sind, ist anzunehmen, daß die SIR-Proteine über Wechselwirkungen mit Histonen generell an der Ausbildung heterochromatischer Strukturen beteiligt sind. Wir haben dies bereits im Zusammenhang mit nucleosomalen Strukturen erörtert und in Abbildung 27.44 ein detailliertes Modell hierzu kennengelernt.

Eine aktive Kassette weist eine Reihe von DNase-I-hypersensitiven Stellen auf, wie in Abbildung 32.8 gezeigt wird. In stummen Kassetten fehlen sie, werden dort jedoch ebenfalls ausgebildet, wenn die Zelle eine *sir*$^-$-Mutation

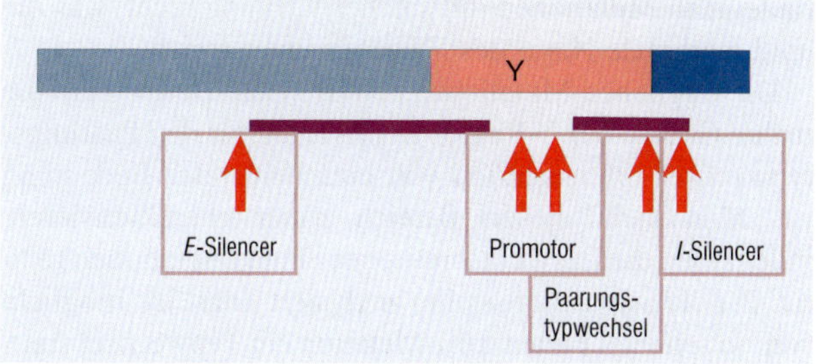

32.8 Aktive (*MAT*-)Kassetten zeigen nucleasehypersensitive Stellen im Promotor und in den flankierenden Regionen.

trägt. Die hypersensitiven Stellen am Promotor hängen vermutlich unmittelbar mit der Exprimierbarkeit des Locus zusammen; eine weitere steht mit dem Kassettenaustausch beim Paarungstypwechsel in Verbindung. Die Funktion der Stellen in den Silencern ist unbekannt.

An temperatursensitiven *sir*-Mutanten ließ sich testen, ob Replikation stattfinden muß, damit *HML* und *HMR* ihren reprimierten Zustand einnehmen. Inkubiert man Zellen mit einer *sir*^{ts}-Mutation bei hoher Temperatur, so exprimieren sie *HML* und *HMR*. Nach Absenken der Temperatur kehrt die *SIR*-Aktivität zurück. Doch *HML* und *HMR* werden weiterhin exprimiert, wenn man die Zellen in der G1-Phase anhält. Erst wenn man Replikation zuläßt, gehen die beiden Kassetten in ihren reprimierten stummen Zustand über. *Demnach müssen offenbar die ARS-Sequenzen im Bereich der E-Silencer zum Einsatz kommen, um die Repression von HML und HMR herbeizuführen.*

An die *ARS*-Consensussequenz bindet ein großer Proteinkomplex namens ORC, der zur Einleitung der Replikation gebraucht wird (Kapitel 14). Mutationen in den Genen *ORC2* und *ORC5*, die Komponenten dieses Komplexes codieren, lassen die Silencerwirkung verlorengehen. Diese Beobachtung ist ein direkter Hinweis dafür, daß die Anbindung von ORC an die *ARS*-Sequenzen für die Stummschaltung der Kassetten notwendig ist. Möglicherweise schafft ORC einen Ausgangspunkt, von dem aus sich der Silencereffekt ausbreiten kann, etwa indem der Komplex eine Bindungsstelle für ein weiteres Protein bereitstellt. Freilich weiß man nicht, ob die ORC-Anbindung allein für die Repression ausreicht oder ob dazu weitere oder alle nachfolgenden Stadien der Replikation durchlaufen werden müssen.

32.4 Die unidirektionale Transposition wird am Empfängerlocus *MAT* eingeleitet

Der Paarungstypwechsel erfolgt durch eine Genkonversion, wobei der empfangende *MAT*-Locus die Sequenz eines der Spenderloci *HML* oder *HMR* übernimmt. Anhand von Mutationen, die den Paarungstypwechsel unterbinden, ließen sich Sequenzbereiche in *MAT* identifizieren, die für den Austauschprozeß notwendig sind. In *HML* oder *HMR* findet man Mutationen mit solcher Wirkung nicht, was die unidirektionale Natur des Vorgangs unterstreicht.

Die fraglichen Mutationen betreffen den Bereich um die rechte Grenze der Y-Region in *MAT*, der für den Paarungstypwechsel offensichtlich von entscheidender Bedeutung ist. Man kann diesen Bereich näher charakterisieren, indem man die Lage entsprechender Punktmutationen relativ zur Transpositionsstelle analysiert (das ist möglich, weil in seltenen Fällen trotz Mutation ein Typwechsel stattfindet). Manche Mutationen liegen in der Region, die ersetzt wird (und sind daher nach dem Austausch aus dem *MAT*-Locus verschwunden), andere liegen knapp außerhalb davon (bleiben also bestehen und stören weiterhin den Kassettenaustausch). Mithin ist der Typwechsel abhängig von Sequenzen sowohl innerhalb als auch außerhalb der zu ersetzenden Region.

Der Austauschvorgang beginnt mit einem Doppelstrangbruch dicht an der Y-Z-Grenze, wo sich auch, wie in Abbildung 32.8 gezeigt wird, eine DNase-hypersensitive Stelle befindet. Wahrscheinlich fehlt dort ein Nucleosom, so daß die Stelle frei zugänglich ist. Sie wird von der am *HO*-Locus codierten Endonuclease erkannt. In der *in vitro* gemessenen erhöhten Empfindlichkeit gegenüber der DNase I spiegelt sich also ganz offensichtlich eine natürliche *in vivo*-Empfindlichkeit gegenüber der *HO*-Endonuclease wider!

Die *HO*-Endonuclease vollführt einen versetzten Doppelstrangschnitt knapp rechts neben der Y-Grenze. Der Schnitt läßt, wie in Abbildung 32.9 gezeigt, Einzelstrangüberhänge mit vier Basen entstehen. Die Nuclease schneidet nicht an mutierten *MAT*-Loci, welche die Fähigkeit zum Kassettenwechsel verloren haben. Deletionsanalysen zufolge benötigt das Enzym für den Schnitt *in vitro* eine weithin oder gänzlich invariable Erkennungssequenz von 24 bp, wie sie um die Y-Grenze vorliegt. Für eine Nuclease ist dies eine recht lange Erkennungssequenz, und wahrscheinlich kommt sie im Hefegenom nur in den drei Paarungstypkassetten vor.

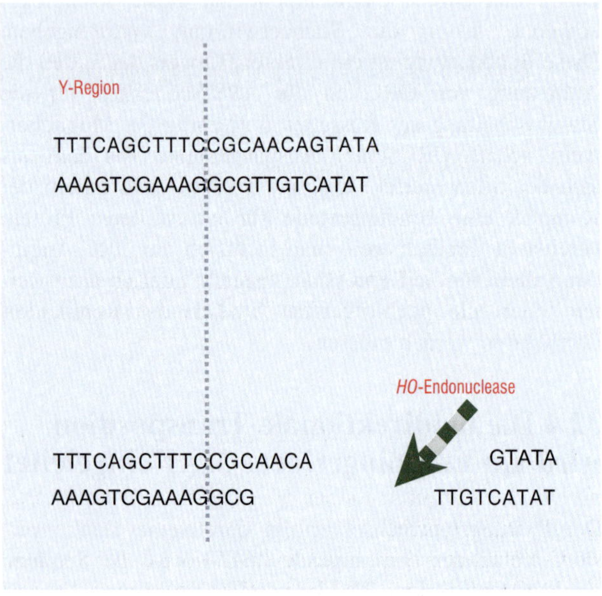

32.9 Die *HO*-Endonuclease schneidet *MAT* dicht neben dem 3′-Ende der Y-Region und erzeugt dabei überhängende Einzelstrangenden aus vier Basen.

Ausschließlich der *MAT*-Locus ist Zielsubstrat der Endonuclease, nicht der *HMR*- und nicht der *HML*-Locus. Es ist durchaus naheliegend, daß *dieselben Mechanismen, welche die Transkription der stummen Kassetten verhindern, dort auch der HO-Endonuclease den Zugang verwehren. Diese Unzugänglichkeit gewährleistet, daß der Kassettenwechsel nur in eine Richtung erfolgt.*

Die Vorgänge, die im Anschluß an den Doppelstrangschnitt zwischen Spender- und Empfängerlocus ablaufen, sind in Abbildung 32.10 schematisch dargestellt. Auf der Ebene der DNA-Einzelstränge verläuft der Prozeß nach dem Schema einer Rekombination über einen Doppelstrangbruch, wie in Abbildung 17.5 gezeigt wurde. Für die Schritte nach dem anfänglichen Schnitt sind Enzyme erforderlich, die bei allgemeinen Rekombinationsereignissen mitwirken. Mutationen in einigen Genen dieser Enzyme verhindern den Paarungstypwechsel.

Man kann annehmen, daß das homologe freie *MAT*-Ende sich entweder dem *HML*- oder dem *HMR*-Locus annähert und die beiden Loci dann im rechten Bereich (in der Abbildung blau) miteinander paaren. Die Y-Region in *MAT* wird abgebaut, bis der zum Spenderlocus homologe Bereich auf der linken Seite freiliegt. An diesem Punkt ist *MAT* im linken wie im rechten Bereich mit *HML* beziehungsweise *HMR* gepaart. Die Y-Region von *HML* beziehungsweise *HMR* wird in den *MAT*-Locus hineinkopiert, um das abgebaute Stück (das über die Y-Region hinausgehen kann) zu ersetzen. Anschließend trennen sich die gepaarten Loci wieder. (Die einzelnen Ereignisse könnten auch in anderer Reihenfolge ablaufen.)

Wie im Doppelstrangbruchmodell für die Rekombination wird der Austauschprozeß am *MAT*-Locus eingeleitet, also an dem *Locus, der ersetzt werden soll*. Demgemäß bezieht sich die Bezeichnung „Spenderlocus" für *HMR* und *HML* auf deren grundsätzliche Funktion, keineswegs auf die Art und Weise, wie der Prozeß verläuft. Wie bei der replikativen Transposition bleibt die Spenderregion unverändert, nur im empfangenden Bereich kommt es zu einer Sequenzänderung. Anders als bei Transpositionen erfährt der Empfängerlocus jedoch einen Austausch von Sequenzmaterial anstelle einer Einfügung.

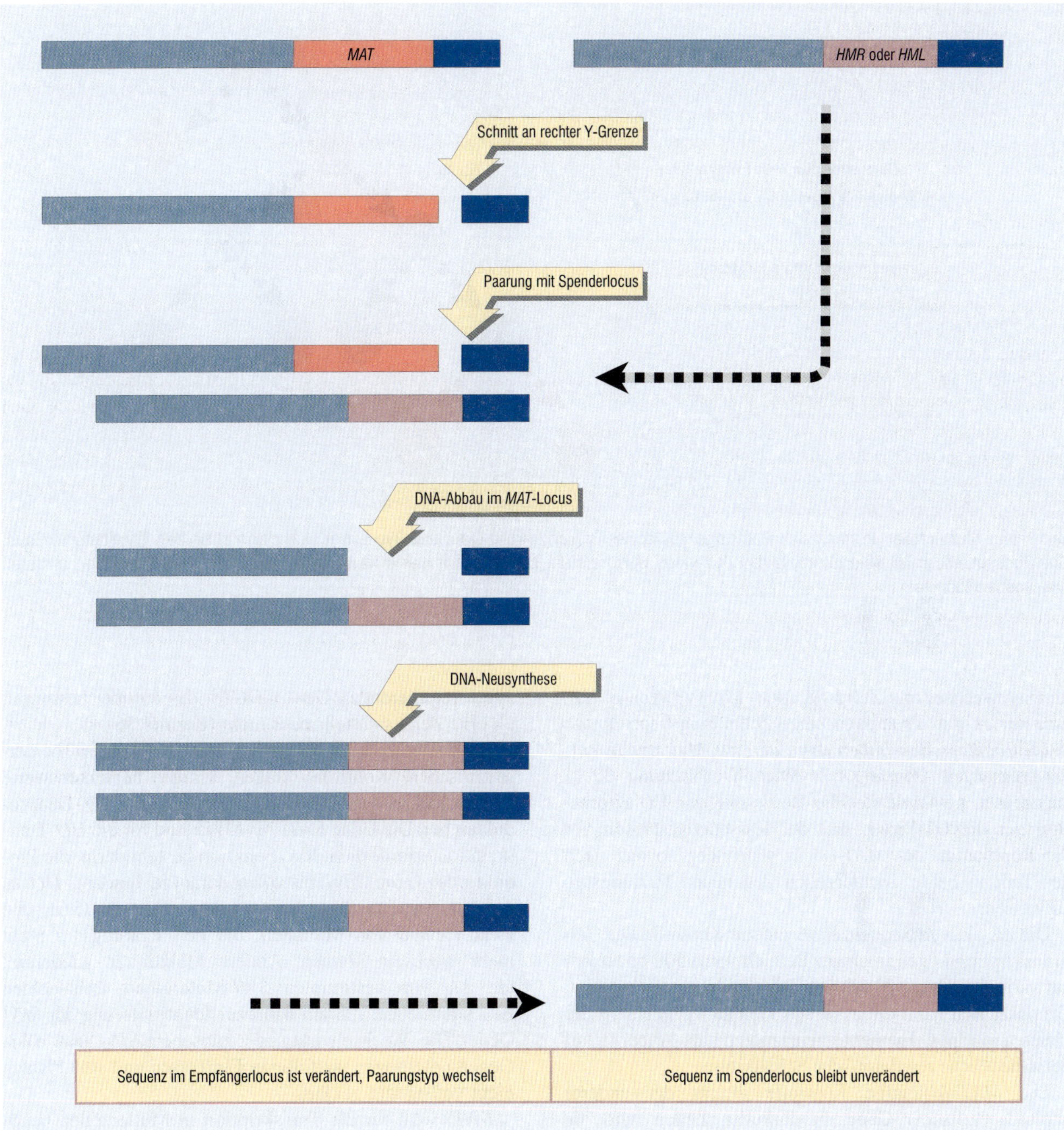

32.10 Der Kassettenaustausch beginnt mit einem Doppelstrangbruch im Empfängerlocus (*MAT*). Wahrscheinlich lagern sich dann Empfänger- und Spenderlocus (*HMR* oder *HML*) auf beiden Seiten der Y-Region aneinander an. Der abgebaute und anschließend ersetzte Sequenzabschnitt kann über das linke Ende der Y-Region hinausgehen.

32.5 Die Regulation der *HO*-Expression

Das Produkt des *HO*-Gens leitet den Paarungstypwechsel ein, und dieses Gen wird auf interessante Weise reguliert. Seine Transkription unterliegt verschiedenen Kontrollen:

- ◆ *HO* steht unter dem Einfluß des *MAT*-Locus – sein Produkt gelangt in diploiden *MATa*/*MATα*-Zellen nicht zur Synthese. Teleologisch interpretiert, besteht kein Bedarf für einen Typwechsel, wenn ohnehin beide *MAT*-Allele exprimiert werden.
- ◆ *HO* wird nur in Mutterzellen exprimiert, in Tochterzellen dagegen nicht.
- ◆ *HO* reagiert auf den Zellzyklus: Es wird nur am Ende der G1-Phase in einer Mutterzelle transkribiert.

Aus der zeitlich eingeschränkten Produktion der *HO*-Endonuclease erklärt sich die Beziehung zwischen Paa-

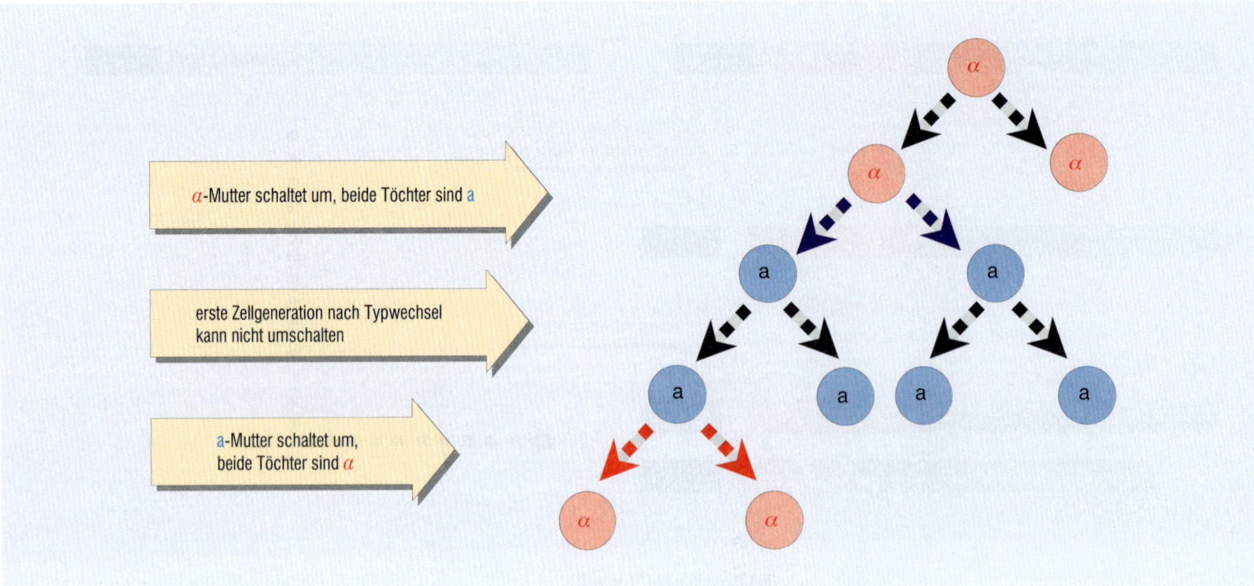

32.11 Nur Mutterzellen können den Paarungstypwechsel durchführen. Der neue Typ prägt sich dann in beiden Tochterzellen aus. Eine Tochterzelle muß einen kompletten Zellzyklus durchlaufen, bevor aus ihr eine Mutterzelle wird, die wieder auf den anderen Typ umschalten kann.

rungstypwechsel und Zellgeneration. Ein Typwechsel läßt sich nur an den Produkten einer Zellteilung beobachten: *Beide Tochterzellen haben dann den zur Mutterzelle entgegengesetzten Paarungstyp.* Wie in Abbildung 32.11 angedeutet, gewährleistet die Befristung der *HO*-Expression auf die G1-Phase, daß der Kassettenaustausch vor der Replikation des *MAT*-Locus stattfindet, so daß nach der Teilung beide Tochterzellen den neuen Paarungstyp aufweisen.

Die *cis*-aktiven Sequenzelemente zur Kontrolle der *HO*-Transkription liegen in einem Bereich von 1 500 bp stromaufwärts des Gens. Abbildung 32.12 gibt eine Übersicht. Grundsätzlich kann die Zelle das Gen an irgendeinem der vielen einzelnen Elemente reprimieren, als Antwort auf verschiedenene regulatorische Schaltkreise.

Die *MAT*-abhängige Kontrolle gleicht der anderer haploidspezifischer Gene. In diploiden Zellen wird die Transkription durch den **a1**/α**2**-Repressor unterdrückt. Die stromaufwärts gelegene Region enthält zehn potentielle Bindungsstellen für diesen Repressor (rot in der Abbildung). Die Stellen weichen in unterschiedlichem Ausmaß von der entsprechenden Consensussequenz ab; es ist unbekannt, welche und wie viele von ihnen für die **a1**/α**2**-Repression notwendig sind.

Die zellzyklusabhängige Kontrolle erfolgt über neun Kopien eines Octanucleotidelements (blau), die sich innerhalb des Bereichs zwischen –150 und –900 befinden. Koppelt man eine Kopie der betreffenden Consensussequenz mit einem beliebigen Gen, so wird dessen Expression in der Regel zellzyklusabhängig: Es wird nur in einem Zeitfenster gegen Ende der G1-Phase aktiv, ansonsten bleibt es reprimiert. Seine Aktivität hängt ab von dem Produkt des zellzyklusregulierenden Gens *CDC28*, das darüber bestimmt, ob eine Zelle sich teilt oder nicht (Kapitel 36).

Zu der zellzyklusabhängigen und der Mutter/Tochter-spezifischen Kontrolle tragen einige bemerkenswerte Wechselbeziehungen zwischen den *SWI*- und *SIN*-Genprodukten bei. Die Gene *SWI1* bis *SWI5* sind für die *HO*-Transkription erforderlich. Ihre Funktion besteht darin, die Produkte der Gene *SIN1* bis *SIN6* daran zu hindern, *HO* zu reprimieren. Die *SWI*-Gene wurden zuerst entdeckt, und zwar anhand von Mutanten, die den Paarungstyp nicht mehr wechseln können. Andere Mutationen wiederum, die den von bestimmten *SWI*-Mutationen verursachten Block aufheben, führten dann zur Identifizierung der *SIN*-Gene. Die Wechselwirkungen zwischen *SIN*- und *SWI*-Genen unterliegen vielfältigen Einflüssen und sind bislang nicht vollständig geklärt.

SWI5 wird für die Transkription in Mutterzellen benötigt. Sein Produkt wirkt der Repression durch die Produkte von *SIN3* und *SIN4* entgegen. In Mutantenstämmen, denen letztere Proteine fehlen, wird *HO* gleichermaßen in Mutter- und in Tochterzellen transkribiert. Dieses Kontrollsystem setzt an Sequenzelementen an, die sich relativ weit stromaufwärts befinden (zwischen –1 260 und –1 300). *SWI5* unterliegt seinerseits der Kontrolle durch den Zellzyklus – es wird später exprimiert als *HO*. Tochterzellen fehlt die SWI5-Funktion. Wenn also *SWI5* im ersten Zellzyklus einer Tochterzelle aktiviert wird, erhält sein Proteinprodukt erst im Verlauf des zweiten Zyklus Gelegenheit, *HO* zu aktivieren und somit den Paarungstypwechsel auszulösen. Das erklärt die Verzögerung, mit der die Fähigkeit zum Typwechsel bei Tochterzellen wieder einsetzt – sie müssen erst zu Mutterzellen heranreifen (Abbildung 32.11). Das

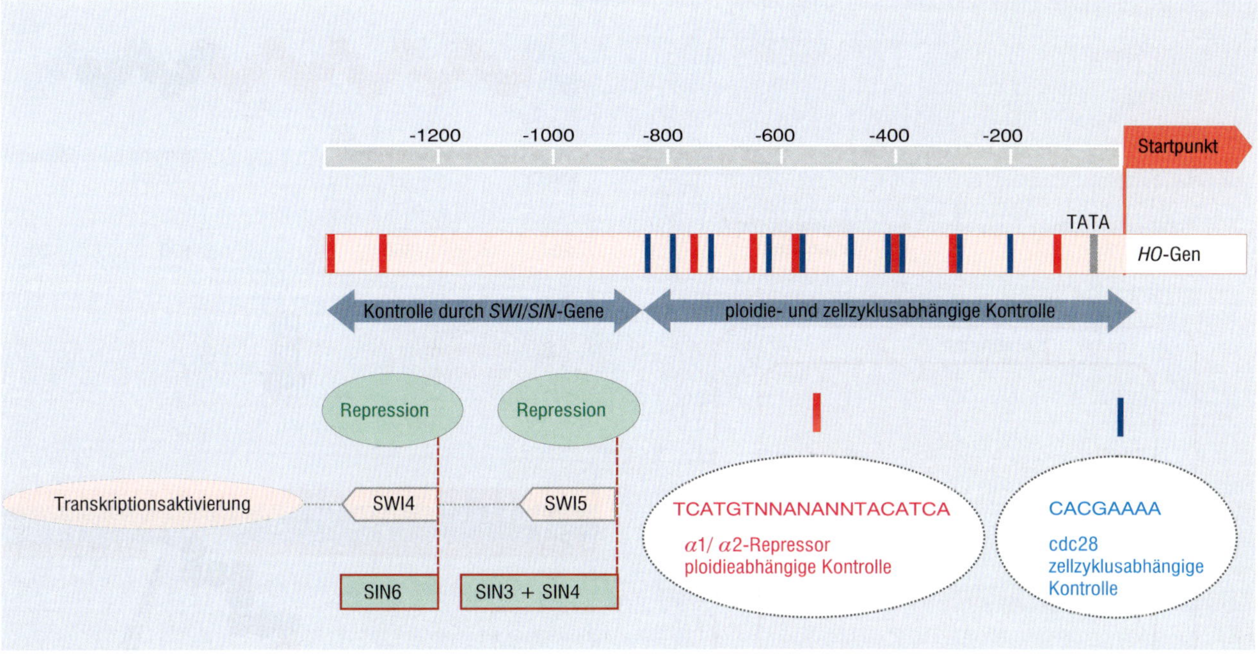

32.12 Das *HO*-Gen kann mittels diverser Kontrollsysteme reprimiert werden. Transkription setzt erst ein, wenn alle Einzelrepressionen wegfallen.

Produkt von *SWI4* wirkt in analoger Weise: Es hindert das SIN6-Protein daran, das *HO*-Gen zu reprimieren.

Einige der *SWI*- und *SIN*-Gene sind nicht nur mit der Kontrolle des Paarungstyps befaßt, vielmehr sind sie globale Regulatoren der Transkription und übernehmen Funktionen, die zur Expression vieler Loci gebraucht werden. Beispiele sind der Aktivatorkomplex SWI1,2,3 und die Loci *SIN1* und *SIN2*, die chromosomale Proteine codieren. Ihre Mitwirkung an der Ausprägung des Paarungstyps erfolgt gleichsam nebenbei.

32.6 Trypanosomen rearrangieren ihre DNA, um neue Oberflächenantigene zu exprimieren

Die Schlafkrankheit des Menschen (und eine verwandte Krankheit bei Rindern) wird durch Infektion mit afrikanischen *Trypanosoma*-Arten verursacht. Der Lebenszyklus dieser parasitischen Einzeller pendelt, wie in Abbildung 32.13 gezeigt ist, zwischen Tsetsefliege und Säugetier hin und her. Durch ihren Stich kann die Fliege den Parasiten auf den Säuger übertragen oder sich selbst infizieren.

Während seines Lebenszyklus durchläuft der Parasit eine Reihe von morphologischen und biochemischen Veränderungen. Die wichtigste unter den letzteren betrifft das **variable Oberflächenglycoprotein** (*variable surface glycoprotein*, **VSG**), den Hauptbestandteil der äußeren Hülle. Diese Hülle überzieht die Plasmamembran und besteht aus einer monomolekularen Schicht von 5 bis 10×10^6 Molekülen eines einheitlichen VSG-Typs; dieses VSG ist die einzige antigene Struktur auf der Zelloberfläche. Ein Trypanosom exprimiert zu einer gegebenen Zeit immer nur ein bestimmtes VSG, doch kann es den Typ wechseln, um im Infektionszyklus zwischen Insekt und Säugetier zu überleben.

Lassen wir den Zyklus damit beginnen, daß eine Fliege ein infiziertes Säugetier sticht und den Parasiten mit dem gesaugten Blut aufnimmt. Das Trypanosom gelangt in der „procyclischen Form“ in den Darm der Fliege und verliert sein VSG. Nach etwa drei Wochen differenzieren sich seine Nachkommen zur „metacyclischen Form“, die nun wieder eine VSG-Hülle besitzt. Diese Form wird durch einen erneuten Stich der Fliege in die Säugerblutbahn übertragen. Dort vermehren sich die Trypanosomen und exprimieren das metacyclische VSG noch etwa eine Woche lang. Dann beginnt die Synthese eines anderen VSG, und im weiteren Verlauf der Infektion findet alle ein bis zwei Wochen ein erneuter VSG-Austausch statt.

Jedes neue VSG unterscheidet sich immunologisch von seinen Vorgängern. Folglich wird dem Immunsystem des Säugerwirtes ein ständig wechselndes Antigen präsentiert – eine Strategie, die man als **Antigenvariation** bezeichnet. Da die Immunantwort des Säugers dem Antigenwechsel stets hinterherhinkt, kann sich der Parasit der Immunüberwachung immer wieder entziehen und vermehrt sich daher unablässig weiter. Jeder VSG-Wechsel geht mit einer neuen Welle von Parasitämie (Auftreten des Parasiten im Blut), mit Fieber, Ausschlägen und anderen Symptomen einher. Irgendwann dringen die Parasiten ins Zentralnervensystem ein, woraufhin der befallene Säuger, Mensch oder Tier, zunehmend lethargisch wird und schließlich ins Koma fällt.

Trypanosomen haben unterschiedliche Wirtsspektren. Die bestuntersuchte Art ist *Trypanosoma brucei*, von der eine Varietät sich gut in Labortieren vermehrt (aber nicht im Menschen). Laborstämme von *T. brucei* wechseln ihre VSGs spontan mit einer Frequenz von 10^{-6} bis 10^{-4} je

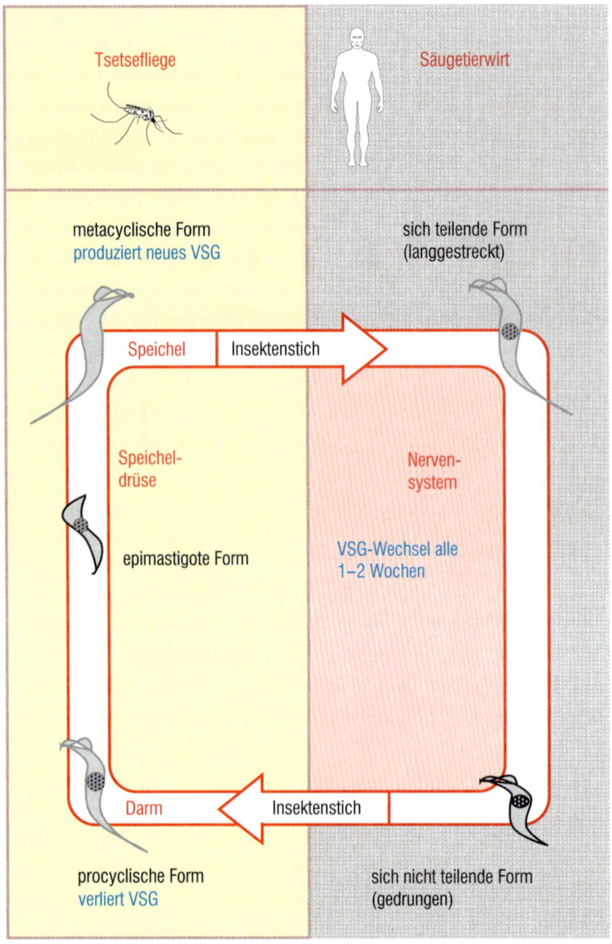

32.13 *Übersicht*: Im Verlauf des periodischen Wirtswechsels zwischen Tsetsefliege und Säuger nehmen Trypanosomen eine Reihe verschiedener morphologischer Formen an.

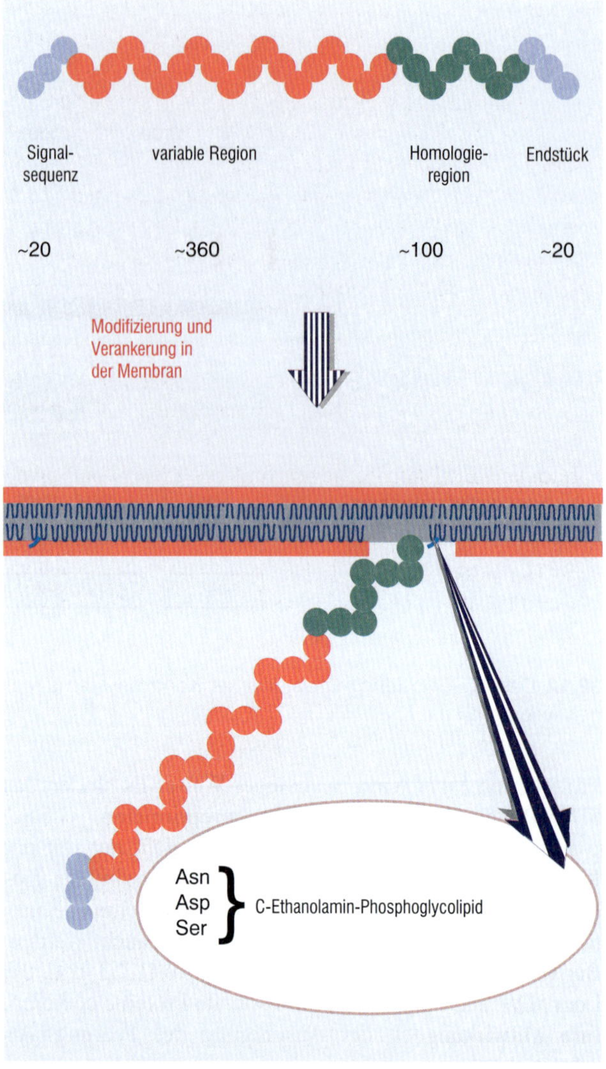

32.14 VSG entsteht zunächst als Vorläuferprotein. Im Zuge seiner Reifung werden die N-terminale Signalsequenz und das C-terminale hydrophobe Endstück abgespalten und zudem Kohlenhydratseitenketten angefügt. Der C-Terminus des fertigen Proteins wird kovalent mit einem Glycolipid in der Zellmembran verknüpft.

Zellteilung. Der Austausch geschieht unabhängig vom Immunsystem des Wirtes. Doch *de facto* selektiert der Wirt dann die neuen Varianten heraus, da sein Immunsystem eine Abwehr gegen das alte VSG aufgebaut hat und dessen Träger vernichtet, das neue VSG aber erst „kennenlernen" muß; daher kann sich dessen Träger geraume Zeit unbehelligt vermehren.

Einen Grundriß der VSG-Struktur zeigt Abbildung 32.14. Das Vorläuferprotein umfaßt etwa 500 Aminosäuren. Es hat eine N-terminale Signalsequenz für den Export aus der Zelle, daran anschließend eine lange *variable Region*, welche die jeweils charakteristische antigene Determinante bildet, und eine C-terminale *Homologieregion*, die in ein kurzes hydrophobes Endstück (*tail*) ausläuft. Der VSG-Vorläufer wird bei seiner Reifung an beiden Enden prozessiert: Die Signalsequenz wird während der Sekretion abgespalten und das hydrophobe Endstück entfernt, bevor das Protein an der Zelloberfläche anlangt. Schließlich wird der nunmehr neue C-Terminus kovalent in der Zellmembran des Trypanosoms verankert. Je nach C-terminaler Aminosäure lassen sich drei verschiedene Homologieregionen unterscheiden.

VSG ist über ein Phosphoglycolipid an die Membran gebunden. Durch ein fettsäureabspaltendes Enzym kann das Antigen daher von der Membran abgelöst werden. Diese Reaktion – im Labor zur Isolierung von VSG genutzt – ist vielleicht auch *in vivo* bedeutsam, da sie das Auswechseln eines vorhandenen VSG-Typs gegen einen neuen auf der Trypanosomenoberfläche ermöglicht.

Wie viele VSG-Variationen mag ein Trypanosom herstellen können? Es ist ungewiß, ob das Variationspotential überhaupt ausgeschöpft werden kann, ehe der Wirt stirbt. Ein einziges Trypanosom kann mindestens 100 verschiedene VSGs produzieren, deren Sequenzunterschiede ausreichen, daß ein Antikörper gegen eines von ihnen die anderen nicht erkennt.

Das Variationspotential ist im Trypanosomengenom enthalten. Jede einzelne Trypanosomenzelle verfügt über das gesamte VSG-Repertoire ihres Stammes. *Die Antigenvielfalt entsteht durch Expressionsumschaltung von einem auf ein anderes bereits bestehendes Gen.*

Das Genom von Trypanosomen ist ungewöhnlich organisiert. Es besteht aus einer Vielzahl segregierender Einheiten: Neben einer unbekannten Zahl von Chromosomen umfaßt es etwa 100 „Minichromosomen" mit einem DNA-Gehalt von je 50 bis 150 kb. Hybridisierungsexperimente lassen rund 1 000 VSG-Gene erkennen, verteilt über alle Größenklassen von chromosomalem Material.

Jede VSG-Variante ist in einem **Basiskopiegen** (*basic-copy gene*) verschlüsselt. Diese Gene lassen sich nach ihrer chromosomalen Position in zwei Gruppen einteilen:

- Telomere Basiskopien liegen fünf bis 15 kb von einem Telomer entfernt. Wenn an jedem Telomer ein solches Gen vorkäme, würde es davon mehr als 200 geben.
- Interne Basiskopien befinden sich innerhalb von Chromosomen (das heißt mehr als 50 kb vom Telomer entfernt).

Wie man bei einer so großen Genfamilie erwarten kann, zeigen die einzelnen Basiskopien zueinander unterschiedliche Verwandtschaftsgrade, in denen sich wahrscheinlich ihre Entstehung durch Duplikation und nachfolgende Abwandlung widerspiegelt. Naheverwandte Gene, deren Produkte die gleiche Immunantwort hervorrufen, bezeichnet man als Isogene.

Wie kommt nun ein bestimmtes VSG-Gen zur Expression? Zu einem gegebenen Zeitpunkt wird in einer Trypanosomenzelle immer nur ein VSG-Gen transkribiert. Die aktive Kopie dieses Gens nennt man **expressionsgekoppelte Kopie** (*expression-linked copy*, **ELC**), der Ort, an dem sie sich befindet, heißt **Expressionsstelle** (*expression site*). Eine Expressionsstelle hat ein charakteristisches Merkmal: *Sie liegt in der Nähe eines Telomers.*

Daraus ergibt sich, daß der Vorgang, durch den eine Basiskopie zur Expression ausgewählt wird, je nach ihrer chromosomalen Position – telomer oder intern – ein anderer sein kann. Wie in Abbildung 32.15 skizziert, kann eine neue ELC auf zwei Weisen entstehen:

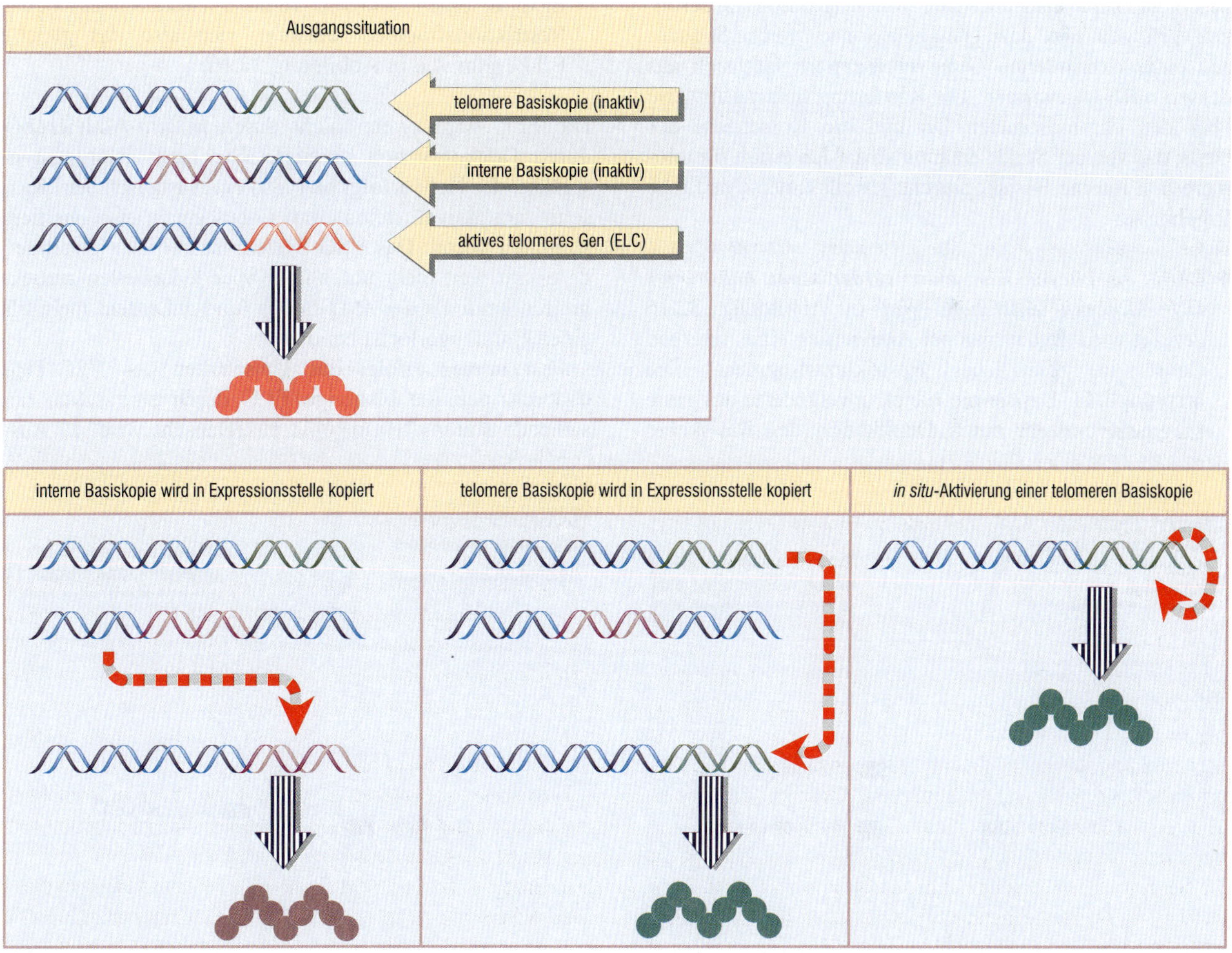

32.15 Ein neues aktives VSG-Gen kann durch duplikativen Sequenztransfer einer Basiskopie (intern oder telomer) in eine Expressionsstelle entstehen oder aber durch Aktivierung einer telomeren Basiskopie, die sich bereits an einer potentiellen Expressionsstelle befindet.

- *Die Expressionsstelle bleibt dieselbe, die dortige ELC wird verändert.* Die Sequenz einer Basiskopie wird dupliziert, und das Duplikat ersetzt sodann die bislang an der Expressionsstelle befindliche Sequenz. Durch eine solche Duplikation in die Expressionsstelle hinein können sowohl interne als auch telomere Basiskopien aktiviert werden. *Der Austausch der vorhandenen Kassette gegen eine neue beeinträchtigt nicht die Aktivität der Expressionsstelle.*
- *Die Expressionsstelle verlagert sich.* Ohne Duplikation und Austausch wird eine Basiskopie an ihrem eigenen Genort (*in situ*) aktiv. Das ist nur bei telomeren Basiskopien möglich. Da bei der *in situ*-Aktivierung eine neue Expressionsstelle entsteht, muß die bisherige abgeschaltet werden.

Interne Basiskopien lassen sich wahrscheinlich ebenso wie in Expressionsstellen auch in nichtexprimierte telomere Positionen hineinkopieren. Somit ließe sich ein internes Gen über einen zweistufigen Prozeß aktivieren: Erst gelangt es in einen inaktiven telomeren Genort, anschließend wird dieser zur Expressionsstelle.

Was mit einem VSG-Gen bei seiner Aktivierung geschieht, kann man mit Hilfe von Restriktionskartierungen verfolgen. Eine dazu geeignete Sonde, welche Sequenzen eines exprimierten Gens repräsentiert, läßt sich aus dessen mRNA gewinnen. Die Kartierung liefert Hinweise über den chromosomalen Ort und die Kopienzahl des Gens, das von der Sonde erkannt wird. Man erhält für telomere und interne Basiskopiegene jeweils unterschiedliche Ergebnisse:

- *Damit ein internes Gen aktiv werden kann, muß neues DNA-Material entstehen.* Wie in Abbildung 32.16 gezeigt wird, findet man bei Aktivierung eines internen Gens ein zusätzliches Restriktionsfragment. Die ursprüngliche Basiskopie bleibt unverändert; das neue Fragment entsteht durch Duplikation der Basiskopie und Einfügen des Duplikats in einen neuen Sequenzkontext. (Die Erkennungsstellen für das Restriktionsenzym liegen in den umgebenden Sequenzen, die am Einfügungsort anders sind als am Ursprungsort; daher sind die beiden Fragmente verschieden lang und somit unterscheidbar.) Das neue Fragment repräsentiert eine in Telomernähe liegende ELC. Diese ELC erscheint, wenn ihr Ursprungsgen zur Expression ausgewählt wird; nach Umschalten auf ein anderes Gen verschwindet sie wieder. Die Duplikation als ELC in eine Expressionsstelle hinein ist der *einzige* Weg, eine interne Basiskopie zu aktivieren.
- *Ein telomeres Gen kann an Ort und Stelle aktiviert werden.* Abbildung 32.17 zeigt, daß bei der Aktivierung eines telomeren Gens dessen Kopienzahl sich nicht zwangsläufig ändern muß. Restriktionsanalysen zufolge bleibt offenbar auch die Struktur des Gens erhalten. Die Größe des von der Sonde markierten Fragments kann etwas schwanken, da die Telomerlänge veränderlich ist. Telomere Basiskopien können zudem – wie ihre internen Gegenstücke – durch Duplikation aktiviert werden. Dann bleibt die Basiskopie an ihrem Telomer inaktiv, und ein Duplikat von ihr erscheint als aktive ELC an einem anderen Telomer (wodurch ein neues Restriktionsfragment entsteht, sich also das gleiche Bild ergibt wie in Abbildung 32.16).

Die ELC wird (wenn nicht durch *in situ*-Aktivierung) durch Genkonversion erzeugt. Wie beim Paarungstypwechsel der Hefe erfolgt hier also ein Austausch der „Kassette“ am aktiven (telomeren) Locus gegen eine aus dem stummen Vorrat. Das VSG-System ist freilich vielseitiger, da es auf weit mehr potentielle Spenderkassetten zurückgreifen kann als der *MAT*-Locus (und außerdem mehr als einen Empfängerlocus benutzt).

Fast immer erfolgt das Umschalten des VSG-Typs dadurch, daß die bisherige ELC durch eine schon bestehende stumme Basiskopie ausgetauscht wird. In Aus-

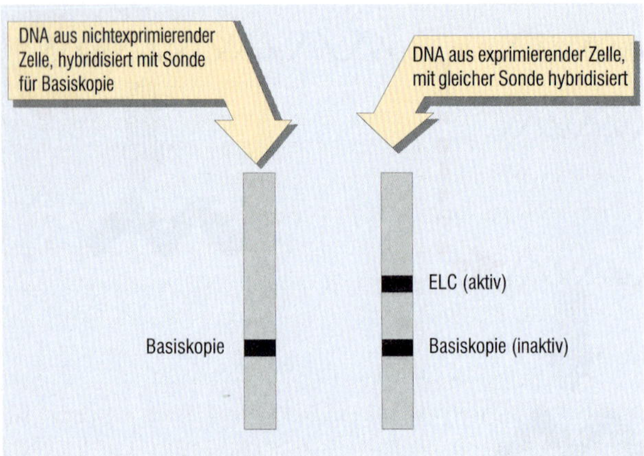

32.16 Eine interne Basiskopie kann nur dadurch aktiviert werden, daß an einer Expressionsstelle ein Duplikat von ihr entsteht.

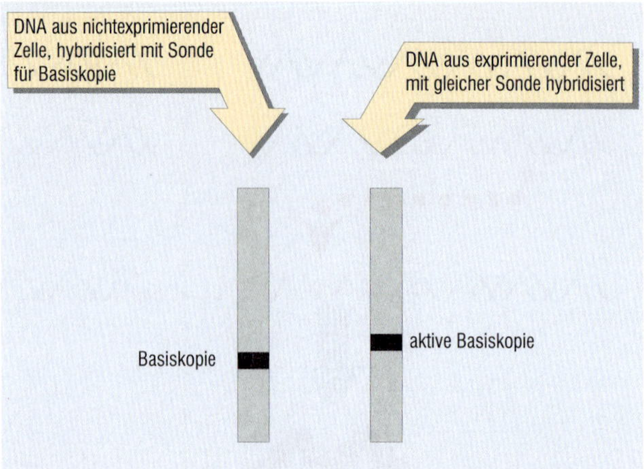

32.17 Eine telomere Basiskopie ist auch *in situ* aktivierbar. Die Größe des entsprechenden Restriktionsfragments kann infolge der veränderlichen Telomerlänge schwanken.

nahmefällen kann es jedoch vorkommen, daß die Sequenz der ELC mit keiner der Basiskopien im Fundus des Genoms übereinstimmt. Eine solche neue Sequenz kann durch eine Serie unvollständiger Genkonversionen entstehen, wobei kurze Abschnitte aus verschiedenen Basiskopien miteinander verknüpft werden. Auf ähnliche Weise erzeugt das Huhn die Vielfalt bei seinen λ-Immunglobulinen (Kapitel 33). Obwohl selten, erweitern solche Prozesse die VSG-Variabilität zusätzlich.

Wie viele potentielle VSG-Expressionsstellen gibt es? Bislang hat man erst einige wenige erfassen können, was nahelegt, daß nur bestimmte Telomere eine Expressionsstelle bereithalten. Doch ist nicht auszuschließen, daß jedes Telomer benutzt werden kann; vielleicht sind manche lediglich tauglicher als andere.

Die Struktur eines VSG-Gens an der ELC-Position (Abbildung 32.18) ist etwas ungewöhnlich. In die Expressionsstelle wird ein DNA-Stück von 2 500 bis 3 500 bp transferiert, also einiges mehr als die VSG-codierende Region, die nur 1 500 bp umfaßt. Die zusätzlichen Sequenzen liegen überwiegend stromaufwärts des Gens. Die Crossoverpunkte, an denen die duplizierte Basiskopie in die Expressionsstelle hineingelangt, scheinen nicht exakt festgelegt zu sein.

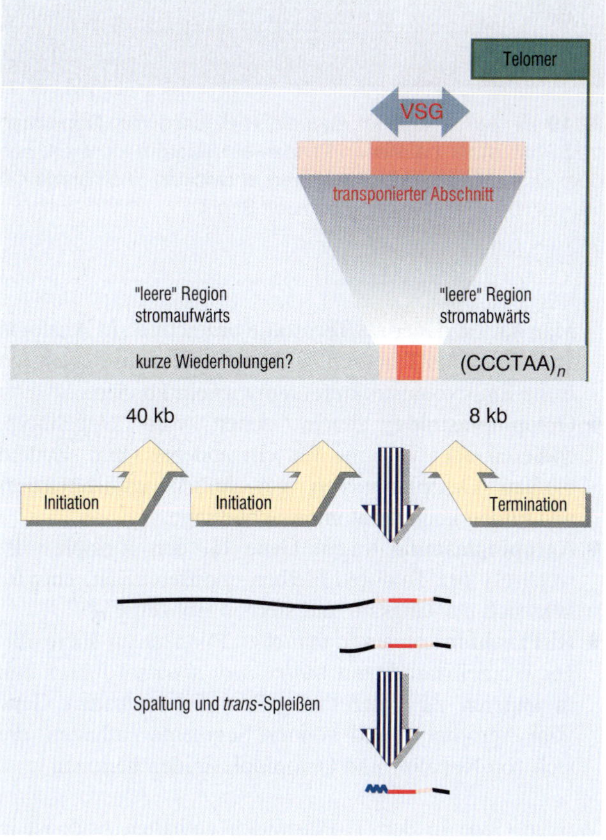

32.18 Die expressionsgekoppelte Kopie eines VSG-Gens enthält „leere" Regionen (*barren regions*) auf beiden Seiten des transponierten Abschnitts. Dieser umfaßt die VSG-codierende Region sowie weitere 1 000 bp stromaufwärts davon und endet an einer Stelle nahe dem 3′-Terminus der mRNA.

Untersuchungen des 5′-Endes der VSG-mRNA werden durch den Umstand erschwert, daß die reife mRNA mit einer Sequenz aus 35 Basen beginnt, die andernorts im Genom transkribiert und in einer *trans*-Reaktion an das neusynthetisierte 5′-Ende angeknüpft wird (Kapitel 30). Die Signalsequenzen für Initiation und Termination der Transkription (und bisweilen auch das Ende der codierenden Region selbst) liegen außerhalb des transponierten DNA-Abschnitts. Tatsächlich kann die Transkription mehrere Kilobasen stromaufwärts vom eigentlichen VSG-Gen initiieren: Promotoren findet man vier beziehungsweise rund 60 kb stromaufwärts von der VSG-Sequenz. Wenn der weiter entfernte Promotor zum Einsatz kommt, entsteht ein Transkript, das neben dem aktiven VSG-Gen auch andere Gene umfaßt. Die VSG-Sequenz (und die anderen Gensequenzen) muß aus dem Transkript herausgeschnitten werden, anschließend wird der 35 Basen lange Leader an das 5′-Ende angespleißt.

Beiderseits des transponierten Abschnitts befinden sich ausgedehnte Regionen, die sich nicht mit Restriktionsenzymen schneiden lassen. Diese „leeren" Regionen (*barren regions*) bestehen aus repetitiver DNA und erstrecken sich etwa acht Kilobasen stromabwärts und bis zu 40 kb stromaufwärts von der ELC. Die „leere" Region stromwärts reicht bis zum Telomer und enthält hauptsächlich Wiederholungen der Sequenz CCCTAA. Die stromaufwärts gelegene Region umfaßt wahrscheinlich ebenfalls repetitive Sequenzen, doch ist über deren Natur bislang wenig bekannt. Auf jeden Fall erschweren die „leeren" Regionen die Klonierung von ELC-Genen und damit deren Analyse.

Die Aktivierung einer Expressionsstelle geht einher mit Veränderungen der stromaufwärts von der Transkriptionseinheit gelegenen Region. Tauscht man den Promotor einer ELC gegen einen anderen aus, so läßt sich die ELC weiterhin inaktivieren und auch wieder aktivieren; die Regulation kann also nicht auf der Wirkung *trans*-aktiver Faktoren am Promotor beruhen. Entscheidendes Regulationsereignis könnte eine Veränderung der Chromatinstruktur sein, die in der stromaufwärts gelegenen Region beginnt.

Die Reihenfolge, in der die VSG-Gene während einer Infektion exprimiert werden, ist unvorhersehbar, wenn auch nicht gänzlich zufällig. Für das Überleben des Trypanosoms ist diese Unberechenbarkeit sicherlich eine wichtige Eigenschaft. Kämen die VSG-Gene in festgelegter Folge zur Expression, so könnte der Wirt die Infektion überwinden, indem er eine Immunabwehr gegen eines der frühen Antigene aufbaut. Der Vorteil, der sich für den Parasiten aus der Unberechenbarkeit seiner VSG-Produktion ergibt, mag dafür verantwortlich gewesen sein, daß sich dieses genetische System mit vielen Spender- und mehreren Empfängerloci in der Evolution herausgebildet hat.

Antigenvariation kommt nicht nur bei Trypanosomen vor. Das Bakterium *Borrelia hermsii* verursacht beim Menschen das Rückfallfieber und in anderen Säugern ähnliche Erkrankungen. In der Bezeichnung für die Krankheit kommt ihr unregelmäßiger Verlauf zum Ausdruck: Akute Krankheitsphasen wechseln ab mit symptomfreien Perioden. Während der Fieberschübe findet man die *Borrelia*-

Spirochäten im Blut; sie verschwinden wieder in den symptomfreien Phasen, da der Wirt schließlich mit spezifischen Antikörpern reagiert.

Wie die Trypanosomen überlebt auch *Borrelia* durch das Auswechseln eines Oberflächenproteins, hier VMP (*variable major protein*, variables „Hauptprotein") genannt. Die Änderungen des VMP gehen mit Umlagerungen im Genom einher. Das aktive VMP-Gen befindet sich nahe am Telomer eines linearen Plasmids. Bislang weiß man nicht, wie viele codierte Varianten es gibt und über welchen Mechanismus ihre Expression umgeschaltet wird. Es ist jedenfalls bemerkenswert, daß sich sowohl der Eukaryot *Trypanosoma* als auch der Prokaryot *Borrelia* der Antigenvariation bedienen, um die Immunabwehr des Wirtes zu unterlaufen.

32.7 Wechselwirkungen zwischen Ti-Plasmid und Pflanzengenom

Die meisten Umbau- oder Amplifizierungsvorgänge in der DNA betreffen nur *ein* Genom. Zwischen bestimmten Bakterien und Pflanzen hingegen finden Wechselwirkungen statt, bei denen DNA aus dem bakteriellen ins pflanzliche Genom übertragen wird. Das Bodenbakterium *Agrobacterium tumefaciens* kann in den meisten zweikeimblättrigen Pflanzen Wurzelhalsgallen (*crown gall disease*) und andere Tumoren hervorrufen, (Abbildung 32.19). Es ist ein Parasit, der die eukaryotische Wirtszelle genetisch verändert, was Auswirkungen auf beide „Partner" hat. Das Bakterium schafft sich bessere Lebensbedingungen, und die Pflanzenzelle wächst zum Tumor aus.

Zur Entstehung des Tumors bedarf es zwar der Bakterien, für sein weiteres Wachstum sind sie jedoch entbehrlich. Wie bei Tumoren in Tier und Mensch sind die Pflanzenzellen in einen Zustand transformiert, in dem veränderte Mechanismen Wachstum und Differenzierung steuern. *Ursache der Transformation ist die Expression genetischer Information aus dem Bakterium in der Pflanzenzelle.*

Das *tumorinduzierende* Prinzip von *Agrobacterium* ist im **Ti-Plasmid** enthalten, einem eigenständigen Replicon in der Bakterienzelle. Das Plasmid enthält Gene, die für eine Reihe von Aktivitäten des Bakteriums wie auch der transformierten Pflanzenzelle verantwortlich sind. Darunter befinden sich Gene, die den transformierten Zustand der Pflanzenzelle herbeiführen, und ein Sortiment von Genen, die mit der Synthese beziehungsweise Verwertung von **Opinen** (ungewöhnlichen Argininderivaten) befaßt sind.

Ti-Plasmide (und damit die Agrobakterien, die sie enthalten) lassen sich nach dem von der befallenen Pflanze synthetisierten Opin in vier Gruppen einteilen:

- **Nopalinplasmide** enthalten Gene für die Nopalinsynthese im Pflanzentumor und für die Nopalinverwertung durch die Bakterien. Nopalintumoren können sich zu Schößlingen mit abnormen Strukturen differenzieren. Man hat sie daher als **Teratome** bezeichnet, in Analogie zu bestimmten Tumoren bei Säugetieren, aus denen sich frühe Embryonalstrukturen entwickeln können.
- **Octopinplasmide** ähneln denen vom Nopalintyp, codieren aber Enzyme für ein anderes Opin. Zudem bleiben Octopintumoren gewöhnlich undifferenziert und bilden keine teratomen Schößlinge.
- **Agropinplasmide** tragen Gene für den Agropinstoffwechsel; ihre Tumoren bleiben undifferenziert, entwikkeln sich nur langsam und sterben frühzeitig ab.
- **Ri-Plasmide** können in manchen Pflanzen zu übermäßiger Wurzelhaarbildung (*hairy root disease*) führen und in anderen zu Wurzelhalsgallen. Sie enthalten Gene vom Agropintyp und können Segmente enthalten, die sich von Nopalin- und Octopinplasmiden herleiten.

32.19 Ein *Agrobacterium*, das ein Ti-Plasmid vom Nopalintyp trägt, hat in der befallenen Pflanze ein Teratom induziert, aus dem sich differenzierte Strukturen entwickeln. (Aufnahme mit freundlicher Genehmigung von Jeff Schell.)

Welche Gene in den Ti-Plasmiden enthalten sind, ist in Tabelle 32.2 zusammengefaßt. Die bakterienspezifischen Gene codieren Funktionen für die Replikation des Plasmids, seine Inkompatibilität mit anderen Plasmiden, seine Übertragung auf andere Bakterienzellen, für die Empfänglichkeit gegenüber Bakteriophagen sowie für die Synthese

Tabelle 32.2: Ti-Plasmide tragen Gene, die sowohl an Pflanzen- als auch an Bakterienfunktionen beteiligt sind

Locus	Funktion	Ti-Plasmid
vir	DNA-Transfer in die Pflanze	alle
shi	Sproßinduktion	alle
roi	Sproßinduktion	alle
nos	Nopalinsynthese	Nopalin
noc	Nopalinkatabolismus	Nopalin
ocs	Octopinsynthese	Nopalin
occ	Octopinkatabolismus	Nopalin
tra	bakterielle Transfergene	alle
inc	Kompatibilitätsgene	alle
oriV	Replikationsursprung	alle

einer Reihe von Substanzen, von denen einige für andere Bodenbakterien toxisch sind. Die pflanzenspezifischen Gene codieren Funktionen für den DNA-Transfer in die Pflanze, für die Herbeiführung des transformierten Zustands und für die Induktion der Wurzel- und Sproßbildung.

Die Spezifität der Opingene hängt vom Plasmidtyp ab: Gene für die Synthese eines bestimmten Opins sind mit solchen gekoppelt, deren Produkte eben dieses Opin abbauen können. Jeder *Agrobacterium*-Stamm veranlaßt also die pflanzlichen Tumorzellen dazu, ein Opin zu bilden, das für sein eigenes Überleben nützlich ist. Die Opine können dem induzierenden Stamm als ausschließliche Kohlenstoff- und/oder Stickstoffquelle dienen. *Die transformierte Pflanzenzelle synthetisiert genau die Opine, die das Bakterium verwerten kann.*

Die Wechselwirkungen zwischen *Agrobacterium* und einer Pflanzenzelle sind in Abbildung 32.20 skizziert. Das Bakterium dringt nicht in die Pflanzenzelle ein, vielmehr *transferiert es einen Teil des Ti-Plasmids in deren Kern*. Das transferierte DNA-Stück nennt man **T-DNA**. Die T-DNA integriert ins Pflanzengenom und exprimiert dort die Proteine, welche die Opinsynthese und die Transformation der Zelle bewerkstelligen.

Agrobacterium besitzt dreierlei Funktionen, die zur Transformation der Pflanzenzelle erforderlich sind:

- Drei Loci im Chromosom von *Agrobacterium* – *chvA*, *chvB* und *pscA* – sind zuständig für die Anfangsphase der Anlagerung des Bakteriums an die Pflanzenzelle. Ihre Produkte sind an der Synthese eines Polysaccharids beteiligt, das die Bakterienzelle auf ihrer Oberfläche trägt.
- Die *vir*-Region im Ti-Plasmid (aber außerhalb der T-DNA) ist erforderlich, um die T-DNA zu mobilisieren und ihren Transfer in die Pflanzenzelle einzuleiten.
- Die T-DNA schließlich transformiert die Pflanzenzelle.

Den Aufbau der beiden Hauptformen des Ti-Plasmids zeigt Abbildung 32.21. Etwa 30 % der rund 200 kb, die das Plasmid umfaßt, sind der Nopalin- und der Octopinform gemeinsam. Die gemeinsamen Regionen enthalten Gene, die an allen Stadien der Interaktion zwischen *Agrobacterium* und dem pflanzlichen Wirt mitwirken; allerdings findet man zwischen den beiden Plasmidformen beträchtliche Umstellungen dieser Sequenzen.

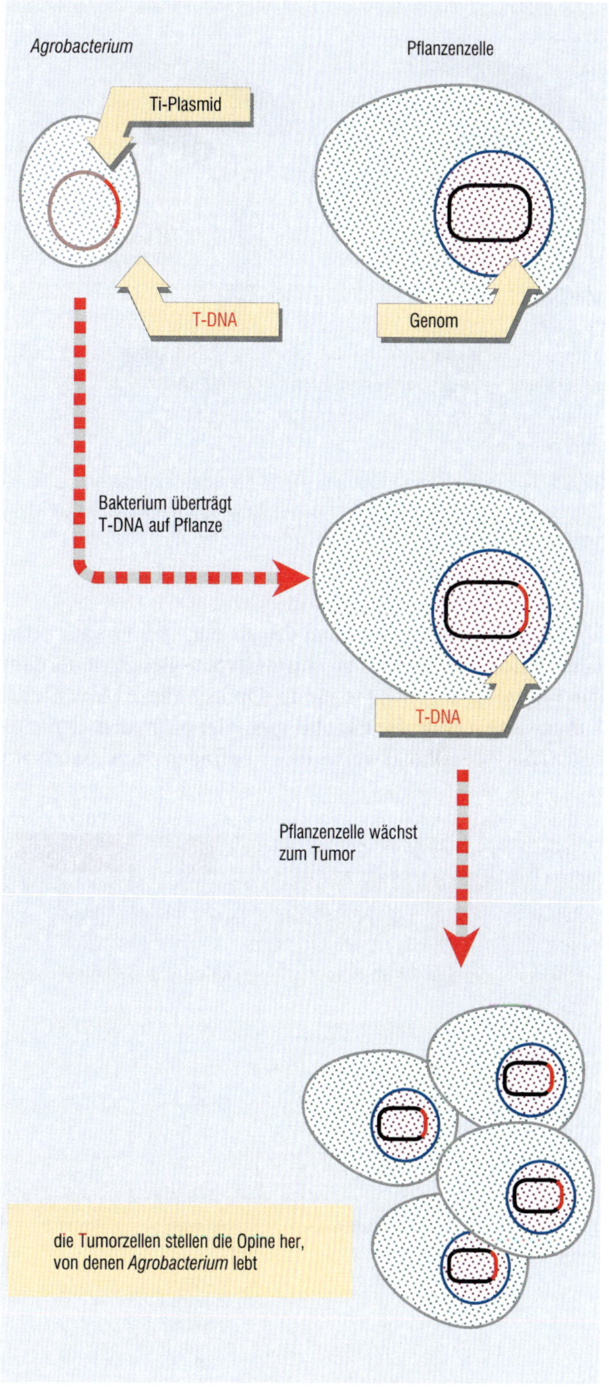

32.20 Ein *Agrobacterium* schleust die T-DNA seines Ti-Plasmids in eine Pflanzenzelle ein. Die T-DNA wird in das Genom des Zellkernes aufgenommen und exprimiert dort Funktionen, welche die Pflanzenzelle transformieren.

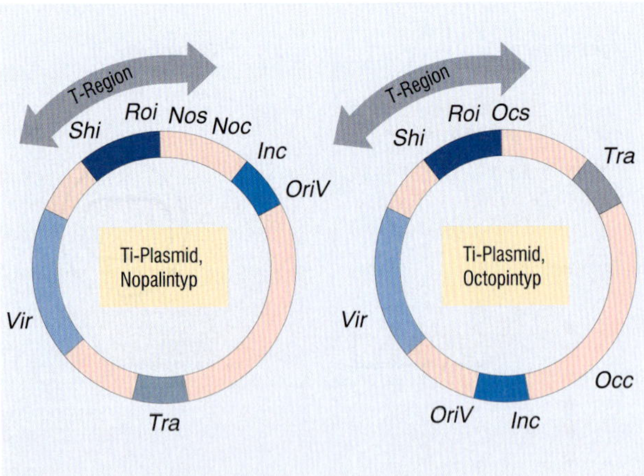

32.21 Nopalin- und Octopin-Ti-Plasmide enthalten etliche Gene, darunter die T-Region, in welcher gemeinsame Funktionen codiert sind.

Die T-Region nimmt rund 23 kb ein, davon sind etwa neun Kilobasen in beiden Plasmidtypen gleich. Innerhalb der T-Region liegen Gene für die Opinsynthese (*Nos* beziehungsweise *Ocs*); die zugehörigen Gene für den Opinabbau (*Noc* beziehungsweise *Occ*) befinden sich anderswo auf dem Plasmid. Die beiden Plasmide codieren ähnliche, allerdings nicht identische morphogenetische Funktionen, wie sich an der Induktion jeweils charakteristischer Tumorformen erkennen läßt.

Funktionen im Zusammenhang mit der Onkogenität – also der Fähigkeit, Tumoren hervorzurufen – sind nicht nur auf die T-Region beschränkt. Entsprechende Gene außerhalb der T-Region sind offenbar an der Erzeugung des Tumors mitbeteiligt, doch für dessen weiteres Fortschreiten nicht mehr notwendig. Sie können für den Transfer der T-DNA in den Kern der Pflanzenzelle zuständig sein oder auch Hilfsfunktionen übernehmen, etwa die Konzentration von Pflanzenhormonen im infizierten Gewebe beeinflussen. Manche ihrer Mutationen sind wirtsspezifisch und verhindern die Tumorinduktion in bestimmten Pflanzenarten, in anderen dagegegen nicht.

Die *Virulenz*gene codieren Produkte, die für den Transferprozeß erforderlich sind. Sechs Loci, *virA* bis *virE* sowie *virG*, befinden sich in einem Bereich von 40 kb außerhalb der T-Region. Eine Übersicht über ihre Organisation zeigt Abbildung 32.22. Jeder Locus wird als selbständige Einheit transkribiert; einige von ihnen enthalten mehr als ein offenes Leseraster.

Der Transformationsprozeß läßt sich in (mindestens) zwei Schritte gliedern:

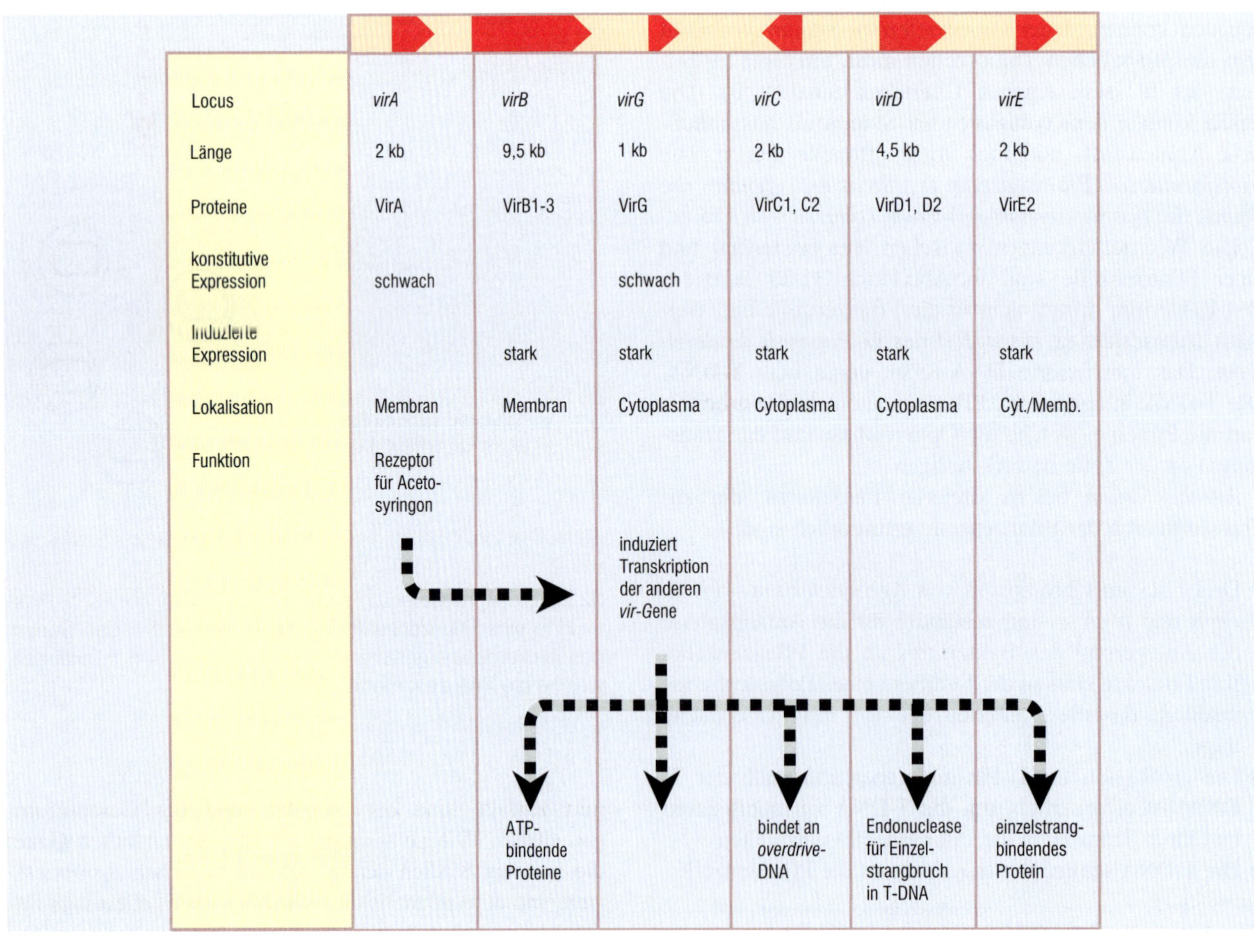

32.22 Die *vir*-Region des Ti-Plasmids umfaßt sechs Loci, die für den Transfer der T-DNA in eine infizierte Pflanze zuständig sind.

- *Agrobacterium* gerät in Kontakt mit einer Pflanzenzelle, und seine *vir*-Gene werden induziert.
- Die *vir*-Genprodukte setzen die Übertragung der T-DNA in den Kern der Pflanzenzelle in Gang, wo sie ins Wirtsgenom integriert wird.

Entsprechend ihren Aufgaben in diesen beiden Phasen bilden die *vir*-Gene zwei Gruppen. Die Gene *virA* und *virG* sind Regulatoren, deren Produkte in Reaktion auf pflanzliche Signale die übrigen Gene induzieren. *virA*- und *virG*-Mutanten sind daher avirulent und können die anderen *vir*-Gene nicht mehr exprimieren. Die Gene *virB*, *C*, *D* und *E* codieren Proteine, die am DNA-Transfer mitwirken. *virB*- und *virD*-Mutanten können keine Pflanzen mehr befallen; die Auswirkungen von Mutationen in *virC* und *virE* sind dagegen je nach Art der Wirtspflanze unterschiedlich.

virA und *virG* werden konstitutiv (freilich recht schwach) exprimiert. Das Signal, auf das sie reagieren, sind phenolische Verbindungen, welche Pflanzen nach einer Verletzung freisetzen. Abbildung 32.23 zeigt ein Beispiel für eine solche Substanz. Die Tabakpflanze *Nicotiana tabacum* synthetisiert die Verbindungen Acetosyringon und α-Hydroxyacetosyringon. Der Kontakt mit diesen Substanzen aktiviert das Produkt von *virA*, dieses wirkt auf das *virG*-Produkt, welches nun seinerseits die Expression der übrigen *vir*-Gene einschaltet. Aus dieser Reaktionsfolge erklärt sich, warum *Agrobacterium* nur verwundete Pflanzen befallen kann.

VirA und VirG sind ein Beispiel für ein klassisches bakterielles „Zweikomponentensystem", in dem die Stimulation eines Sensorproteins dessen Autophosphorylierung und die nachfolgende Übertragung der Phosphatgruppe auf ein Effektorprotein bewirkt. Abbildung 32.24 veranschaulicht den Vorgang. Das VirA/VirG-System ähnelt dem EnvZ/OmpR-System (Abbildung 12.43), das auf Osmolarität anspricht. Die *virA*-Sequenz ist mit der von *envZ* verwandt, und die Sequenzen von *virG* und *ompR* zeigen sogar einen sehr hohen Übereinstimmungsgrad, was nahelegt, daß die Effektorproteine auf ähnliche Weise arbeiten.

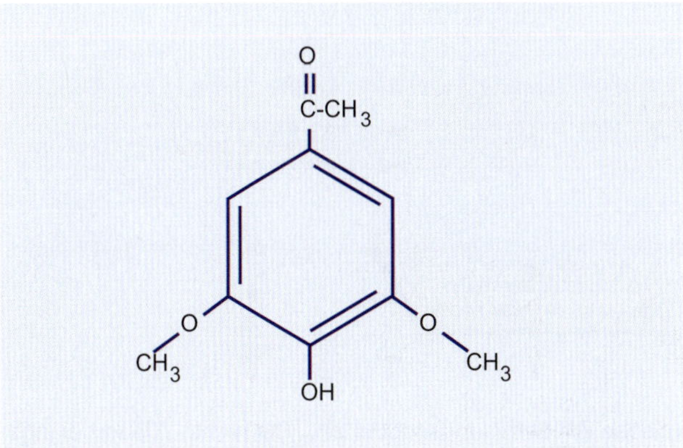

32.23 Nach einer Verletzung produziert *N. tabacum* Acetosyringon (4-Acetyl-2,6-dimethoxyphenol), das die Übertragung der T-DNA von *Agrobacterium* auf die Pflanze auslöst.

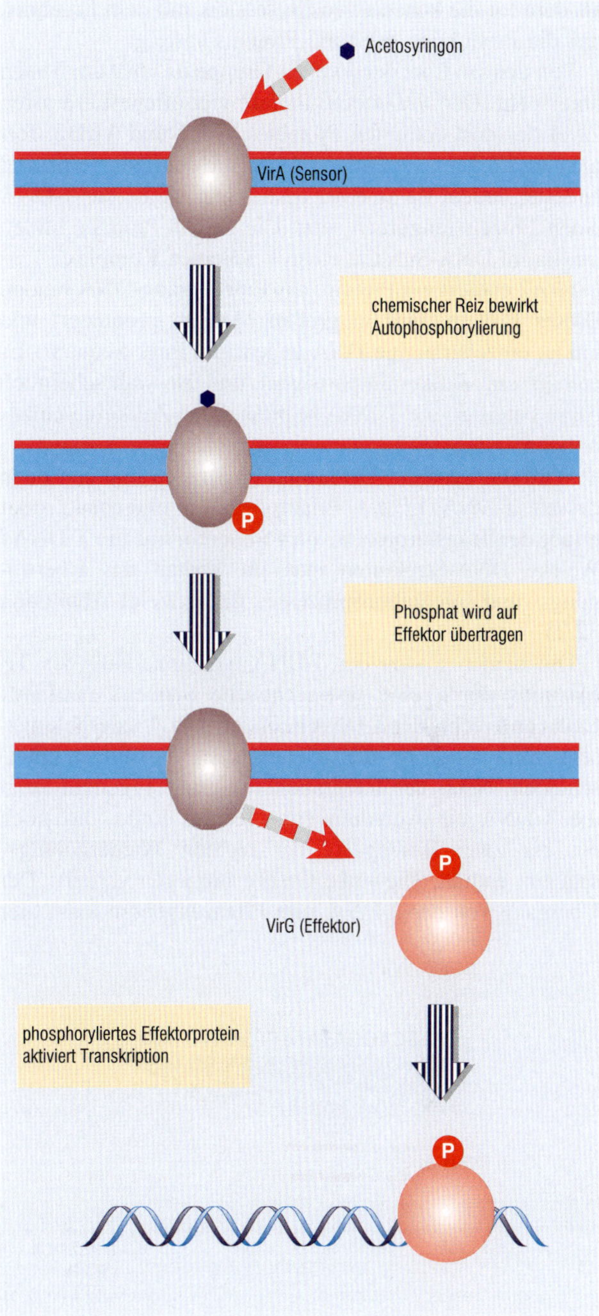

32.24 Das Zweikomponentensystem aus VirA und VirG aktiviert in Reaktion auf phenolische Substanzen die Transkription der anderen *vir*-Gene.

VirA bildet ein Homodimer in der inneren Membran und reagiert offenbar auf die Anwesenheit phenolischer Verbindungen im periplasmatischen Raum. Bei Kontakt mit solchen Substanzen autophosphoryliert sich VirA an einem Histidinrest. Die Phosphatgruppe wird anschließend auf einen Asp-Rest in VirG übertragen, und die nunmehr phosphorylierten VirG-Moleküle binden an die Promotoren der Gene *virB*, *C*, *D* und *E*, um deren Transkription zu aktivieren. Wenn das *virG*-Gen aktiviert wird, beginnt seine Transkription an einem anderen Startpunkt als dem für die konstitutive Expression, mit dem Ergebnis, daß die Produktion des VirG-Proteins ansteigt.

Von den *vir*-Loci der zweiten Gruppe ist *virD* am besten untersucht. Der *virD*-Locus umfaßt vier offene Leseraster. Zwei der dort codierten Proteine, VirD1 und VirD2, formen zusammen eine Endonuclease, die den Transferprozeß einleitet, indem sie an einer bestimmten Stelle der T-DNA einen Einzelstrangbruch setzt. Die beiden Proteine bilden mit ihrem DNA-Substrat einen kovalenten Komplex.

virE2 codiert ein Protein, das Einzelstrang-DNA bindet. Dieses Protein wird in großen Mengen produziert und bindet einzelsträngige DNA ungeachtet ihrer Sequenz. Es enthält ein Zellkernimportsignal und ist wahrscheinlich daran beteiligt, die T-DNA in pflanzliche Zellkerne einzubringen.

Wird das gesamte Ti-Plasmid übertragen und erst dann dessen T-DNA in das Pflanzengenom eingebaut, oder erfaßt der Transferprozeß von vornherein nur die T-DNA? Welche DNA-Strukturen man im Verlauf des Übertragungs- und Integrationsprozesses findet, zeigt Abbildung 32.25.

Die beiden Enden der T-DNA sind innerhalb des Ti-Plasmids durch eine fast identische Sequenz markiert: Links und rechts der T-DNA befinden sich Wiederholungssequenzen von 25 bp, die sich nur in zwei Positionen unterscheiden. Nach der Integration ins Pflanzengenom zeigt die T-DNA ein wohldefiniertes rechtes Ende, das noch ein bis zwei Basenpaare der rechten Wiederholungssequenz enthält. Die linke Grenze hingegen variiert: Der Übergang von der T-DNA zum Pflanzengenom kann hier an der 25-bp-Wiederholungssequenz liegen oder an einer von mehreren Positionen bis zu 100 bp in die T-DNA hinein. Mitunter werden mehrere T-DNA-Kopien tandemartig nebeneinander in eine Genomstelle eingebaut.

Der Übertragungsprozeß bedient sich offenbar einzelsträngiger DNA. Nach Aktivierung eines Nopalinplasmids wird eine Einzelstrang-DNA erzeugt, die der T-Region entspricht. Je Zelle entsteht etwa eine Kopie dieses T-Stranges. Er wird wahrscheinlich in Form eines DNA-Protein-Komplexes übertragen, bedeckt vom einzelstrangbindenden VirE2-Protein.

Ein Modell des Transfers zeigt Abbildung 32.26. In der rechten Wiederholungssequenz wird zunächst ein Einzelstrangbruch gesetzt. Das entstehende 3′-Ende dient als Primer für die Synthese eines neuen DNA-Einzelstranges. Dieser verdrängt den alten Strang aus der Doppelhelix. Die Synthese terminiert an einem zweiten Strangbruch in oder nahe der linken Wiederholungssequenz. Der alte T-Einzelstrang ist nun frei und steht für den Transfer zur Verfügung. Aus diesem Modell erklärt sich, warum die rechte Wiederholungssequenz für den Prozeß so wichtig ist; ebenso wird die Verschiedenheit der Integrationsenden verständlich. Wenn der Einzelstrangbruch an der linken Wiederholungssequenz nicht erfolgt, kann die Synthese weiter ins Ti-Plasmid fortschreiten, so daß ein längeres DNA-Stück in die Pflanze transferiert werden könnte.

Außerhalb der T-DNA, gleich neben ihrem rechten Ende, befindet sich eine kurze Sequenz, die den Transferprozeß massiv stimuliert; ihr fiel die Bezeichnung *overdrive* zu. Die *overdrive*-Sequenz wirkt ähnlich wie ein

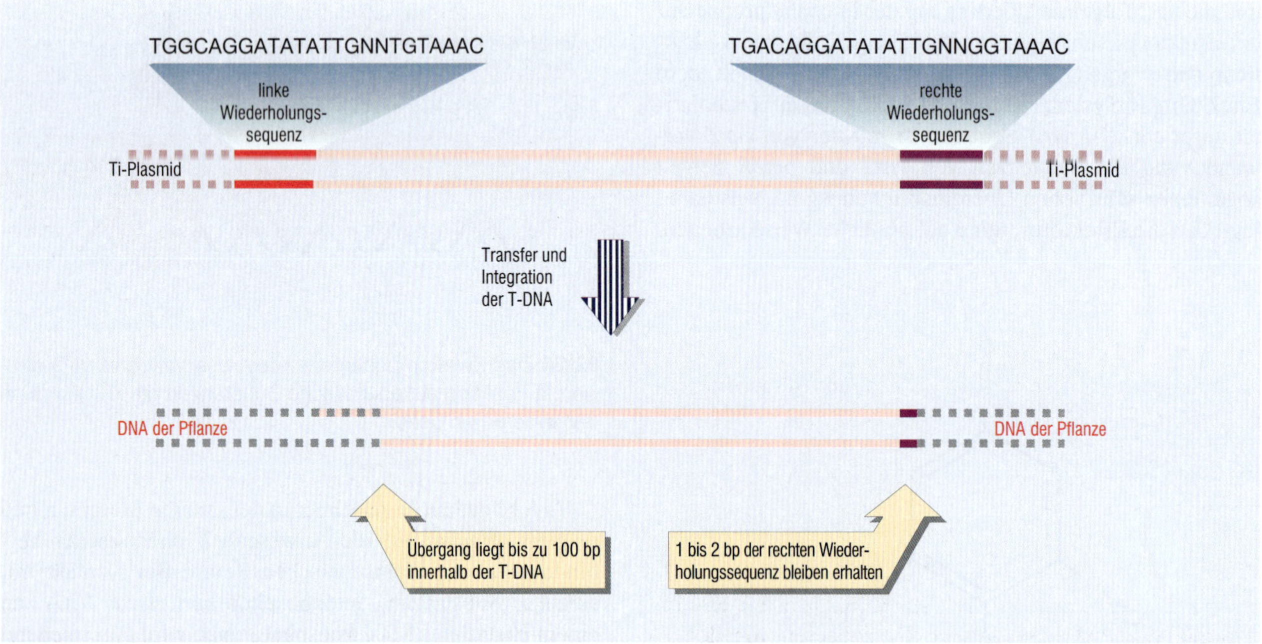

32.25 Die T-DNA zeigt im Ti-Plasmid an ihren beiden Enden fast identische Wiederholungssequenzen. Die rechte Wiederholungssequenz ist für den Transfer und den Einbau ins Pflanzengenom von entscheidender Bedeutung. Ins Pflanzengenom integrierte T-DNA hat rechts eine festgelegte Grenze, an der man noch ein oder zwei Basenpaare der rechten Wiederholungssequenz vorfindet. Der linke Übergang zur Wirts-DNA hingegen variiert, wobei die gesamte linke Wiederholungssequenz und bis zu 100 weitere Basenpaare der T-DNA verlorengehen können.

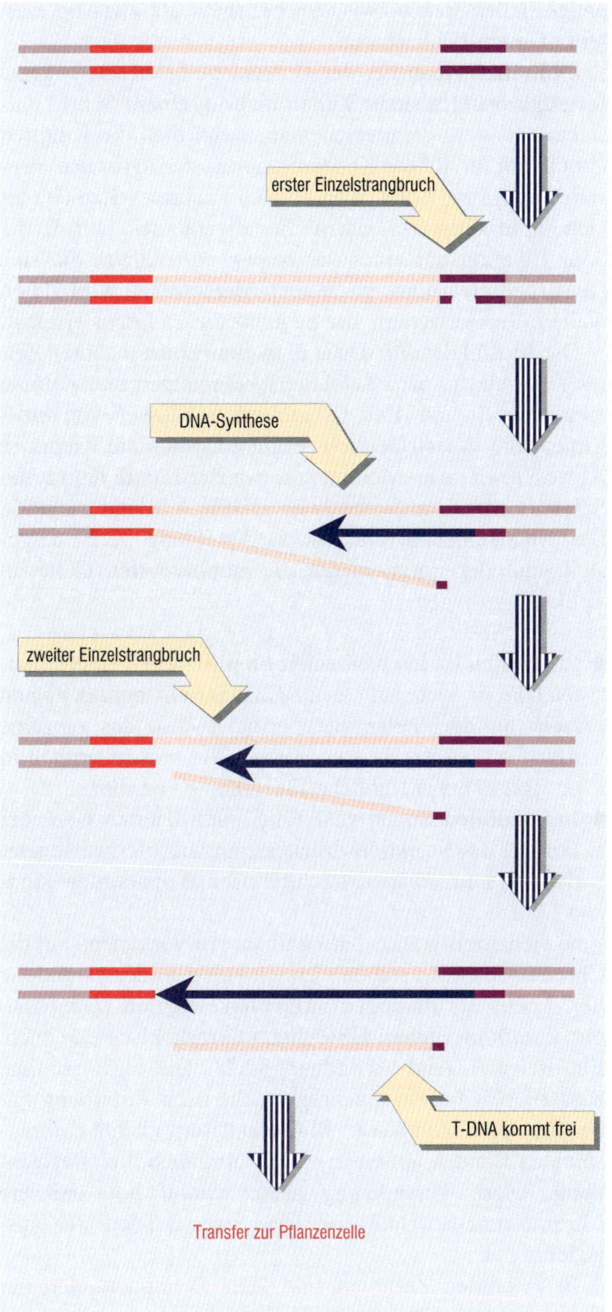

32.26 Transferbereite T-DNA wird durch Verdrängung eines alten Einzelstranges erzeugt. An einem Einzelstrangbruch in der rechten Wiederholungssequenz startet die Synthese des neuen Einzelstranges; sie endet an einem zweiten Bruch in der linken Sequenz. Der alte Strang wird dabei frei.

Enhancer: Sie muß zwar im selben DNA-Molekül enthalten sein, doch kann sie die Transfereffizienz auch im Abstand von mehreren tausend Basenpaaren von der T-DNA massiv steigern. VirC1 und möglicherweise auch VirC2 entfalten offenbar ihre Wirkung an diesem Sequenzstück.

T-DNAs aus Octopinplasmiden zeigen komplexere Integrationsmuster als solche aus Nopalinplasmiden. Ebenso ist bei ihnen das Muster der T-Einzelstränge komplexer: Man findet mehrere verschiedene Molekülspezies, die abgrenzbaren Elementen in der T-DNA entsprechen. Demnach besitzt die Octopin-T-DNA offenbar mehrere Zielpunkte für Einzelstrangbrüche und/oder für die Termination der Neustrangsynthese.

Das geschilderte Modell für die Übertragung der T-DNA gleicht den Ereignissen, die bei der bakteriellen Konjugation stattfinden. Auch das *E. coli*-Chromosom wird in Einzelstrangform von einer Zelle auf die andere übertragen (Kapitel 14). Nur ist hier der Transfer an DNA-Material nicht durch einen Schnitt begrenzt, wie er an der linken Wiederholungssequenz der T-DNA erfolgt.

Wie die transferierte DNA ins Pflanzengenom eingebaut wird, ist unbekannt. Der freigesetzte Einzelstrang muß irgendwann in einen Doppelstrang überführt werden. In infizierten Pflanzenzellen findet man ringförmige T-DNAs, die offenbar durch Rekombination zwischen den endständigen Wiederholungssequenzen entstehen. Ob dies Vorstufen zur Integration sind, weiß man nicht.

Wird die T-DNA als integrale Einheit ins Pflanzengenom eingebaut? Wie viele Kopien fügen sich dort ein? Wie sind die Aufnahmestellen beschaffen? Werden die übertragenen Gene nur durch Funktionen reguliert, welche die T-DNA selbst mitbringt? Diese Fragen stellen sich, wenn man den Prozeß erfassen will, durch den das Ti-Plasmid aus einer gesunden Pflanzenzelle eine Tumorzelle macht.

Betrachtet man die Struktur der Aufnahmestelle, so findet man häufig rings um die integrierte T-DNA viele A•T-Basenpaare (ein Merkmal, das auch für die Zielstellen einiger transponierender Elemente zutrifft). Die Sequenzumstellungen, die an den Enden der integrierten T-DNA stattfinden, erschweren die Analyse des Integrationsortes. Ob die Integration zu Sequenzverdoppelungen an der Zielstelle führt, wie man es von Transpositionsvorgängen kennt, ist unklar.

Die T-DNA wird an ihrem Integrationsort exprimiert. Sie umfaßt mehrere Transkriptionseinheiten, die wahrscheinlich alle ein Gen mit einem eigenen Promotor darstellen. Die Genfunktionen beeinflussen den Zustand der Pflanzenzelle, sie erhalten ihren Tumorcharakter, kontrollieren Sproß- und Wurzelbildung und unterdrücken die Differenzierung in andere Gewebe. Keines dieser Gene ist für den T-DNA-Transfer nötig.

Das Ti-Plasmid zeigt eine bemerkenswerte funktionelle Organisation. Außerhalb der T-Region enthält es Gene, die zur Einleitung der Tumorentstehung erforderlich sind und von denen zumindest einige an der Übertragung der T-DNA mitwirken; unklar ist, ob andere Gene das Verhalten der Pflanzenzelle in diesem Stadium beeinflussen. Gleichfalls außerhalb der T-Region befinden sich die Gene, die es *Agrobacterium* ermöglichen, das von der transformierten Pflanzenzelle hergestellte Opin zu verwerten. Und innerhalb der T-Region liegen zum einen Gene, die den transformierten Zustand der Pflanze kontrollieren, zum anderen solche, die sie dazu bringen, genau die Opine herzustellen, die dem *Agrobacterium*, aus dem die T-DNA ursprünglich stammt, von Nutzen sind.

Die Fähigkeit von *Agrobacterium*, T-DNA ins Pflanzengenom zu übertragen, bietet Anwendungsmöglichkeiten: Man kann sie ausnutzen, um neue Gene in Pflanzen hineinzubringen. Da sich die Funktionen für Transfer und Integration einerseits und für die Tumorerzeugung andererseits trennen lassen, kann man neue Ti-Plasmide konstruieren, in denen die onkogenen Funktionen durch andere Gene ersetzt sind, deren Auswirkung auf die Pflanze man untersuchen will. Die Verfügbarkeit eines natürlichen Systems, um Gene in pflanzliche Genome einzuschleusen, dürfte die gezielte genetische Veränderung von Pflanzen erheblich erleichtern.

32.8 Die Selektion amplifizierter genomischer Sequenzen

Das eukaryotische Genom besitzt die Fähigkeit, zusätzliche Sequenzen exogenen wie endogenen Ursprungs einzugliedern. Exogene Sequenzen können durch **Transfektion** in Zellen eingebracht werden (Abbildung 4.3 und Abschnitt 32.9). Zusätzliche endogene Sequenzen können durch **Amplifikation** einer bereits vorhandenen Sequenz entstehen. Ein gemeinsames Merkmal beider Vorgänge ist, daß die zusätzlichen Sequenzen oft eine tandemartige Anordnung einnehmen, bei der viele Kopien einer sich wiederholenden Einheit gleichsinnig miteinander verknüpft sind. Enthält die Wiederholungssequenz ein Gen, so wird dieses nicht zwangsläufig in jeder Kopie exprimiert, jedoch steigt mit der Kopienzahl häufig auch das Ausmaß der Gesamtexpression.

Eine solche Tandemkette aus vielen Kopien, sei sie durch Transfektion oder Amplifikation entstanden, kann in der Zelle in zwei Formen existieren. Sie kann eine extrachromosomale Einheit bilden und wird dann unregelmäßig vererbt – in tierischen Zellen gibt es kein Äquivalent zu der Fähigkeit bakterieller Plasmide, bei einer Zellteilung gleichmäßig zu segregieren. Die Einheit geht daher mit hoher Frequenz wieder verloren. Anders liegt der Fall, wenn die Kette ins Genom integriert wird: Sie wird dann ein fester Bestandteil des Genotyps und wie jede andere genomische Sequenz weitervererbt.

Die Amplifikation endogener Sequenzen läßt sich beobachten, wenn man Zellen mit bestimmten Wirkstoffen unter Selektionsdruck setzt, so daß sie eine Resistenz gegen die verwendete Substanz entwickeln. Am besten untersucht sind die Amplifikationsvorgänge, die man in bestimmten Zellkulturlinien bei Behandlung mit **Methotrexat** (mtx) findet. Dieser Wirkstoff blockiert den Folsäurestoffwechsel. Durch Mutationen, welche die Aktivität des Enzyms Dihydrofolatreductase (DHFR) verändern, kann eine Zelle gegen die Substanz resistent werden. Als zweite Möglichkeit der Resistenzbildung kann sie auch die Produktion des (unveränderten) Enzyms steigern, was sich durch Amplifikation der *dhfr*-Strukturgene erreichen läßt. Solche Amplifikationen ereignen sich mit einer Rate von 10^{-6} bis 10^{-4}, also häufiger als spontane Punktmutationen. Ähnliche Vorgänge ließen sich inzwischen bei mehr als zwanzig weiteren Genen beobachten.

Meist stellt man bei der Untersuchung dieser Systeme fest, daß hochresistente Zellen nicht in einem Schritt entstehen, sondern dann erscheinen, wenn man die Kulturen allmählich an höhere Konzentrationen der toxischen Substanz „gewöhnt". Es scheint also mehrere Stadien der Genamplifikation zu geben. Im allgemeinen betrifft die Amplifikation nur eines der beiden *dhfr*-Allele; die sich steigernde Resistenz gegenüber Methotrexat wird durch weitere Vervielfachung der Sequenz dieses Locus erreicht.

Die Anzahl der *dhfr*-Gene in methotrexatresistenten Zellen schwankt je nach Selektionsbedingungen und Zellinie zwischen 40 und 400. Es gibt zwei Klassen von *mtx*^{r}-Linien, die unterschiedlich reagieren, wenn sie wieder in Abwesenheit von Methotrexat wachsen und damit der Selektionsdruck auf eine hohe DHFR-Aktivität wegfällt. Der Unterschied beruht, wie in Abbildung 32.27 dargestellt, auf der Form, in der die amplifizierten Gene im Zellkern vorliegen:

- In **stabilen** Linien bleiben die amplifizierten Gene erhalten, da sie sich auf einem Chromosom befinden, und zwar an der Stelle, die normalerweise das einzelne *dhfr*-Gen besetzt. Das homologe Chromosom enthält in der Regel nur die übliche Einzelkopie von *dhfr*.
- In **instabilen** Linien gehen die amplifizierten Gene bei Fortfall des Selektionsdruckes zumindest teilweise wieder verloren, da sie extrachromosomal angeordnet sind.

Eine Genamplifikation hat sichtbare Auswirkungen auf die Chromosomen. In stabilen Linien läßt sich der veränderte *dhfr*-Locus als **homogen anfärbbare Region** (*homogenously staining region*, **HSR**) lichtmikroskopisch erkennen. Ein Beispiel zeigt Abbildung 32.28. Die HSR ist eine zusätzliche Chromosomenregion, die nach Anfärbung mit bestimmten Techniken (z. B. G-Bänderung) keine chromosomalen Banden aufweist; daher rührt auch ihre Bezeichnung. Diese Veränderung deutet darauf hin, daß ein Chromosomenabschnitt zwischen zwei Banden sich ausgedehnt hat.

In instabilen Zellinien sind keine Veränderungen der *dhfr*-tragenden Chromosomen erkennbar. Statt dessen findet man, wie in Abbildung 32.29 zu sehen ist, eine Vielzahl kleiner Strukturen, die man ***double-minute*-Chromosomen** („doppelte Winzlinge") nennt. In vielen Zellinien enthält ein solches Element zwei bis vier *dhfr*-Gene. *Double minutes* können sich offenbar autonom replizieren, doch besitzen sie kein Centromer. Daher werden sie nicht von der Mitosespindel erfaßt, segregieren also zufällig, so daß Tochterzellen häufig zuwenig oder auch keines mitbekommen. Ungeachtet ihrer Bezeichnung sieht man *double-minute*-Chromosomen als extrachromosomale Gebilde an.

Die unregelmäßige Vererbung der *double minutes* erklärt die Instabilität der Methotrexatresistenz in entsprechenden Zellinien. Bei jeder Zellteilung gehen Exemplare verloren, und in Gegenwart von Methotrexat sterben diejenigen Zellen, die das *dhfr*-Gen nicht mehr in genügender

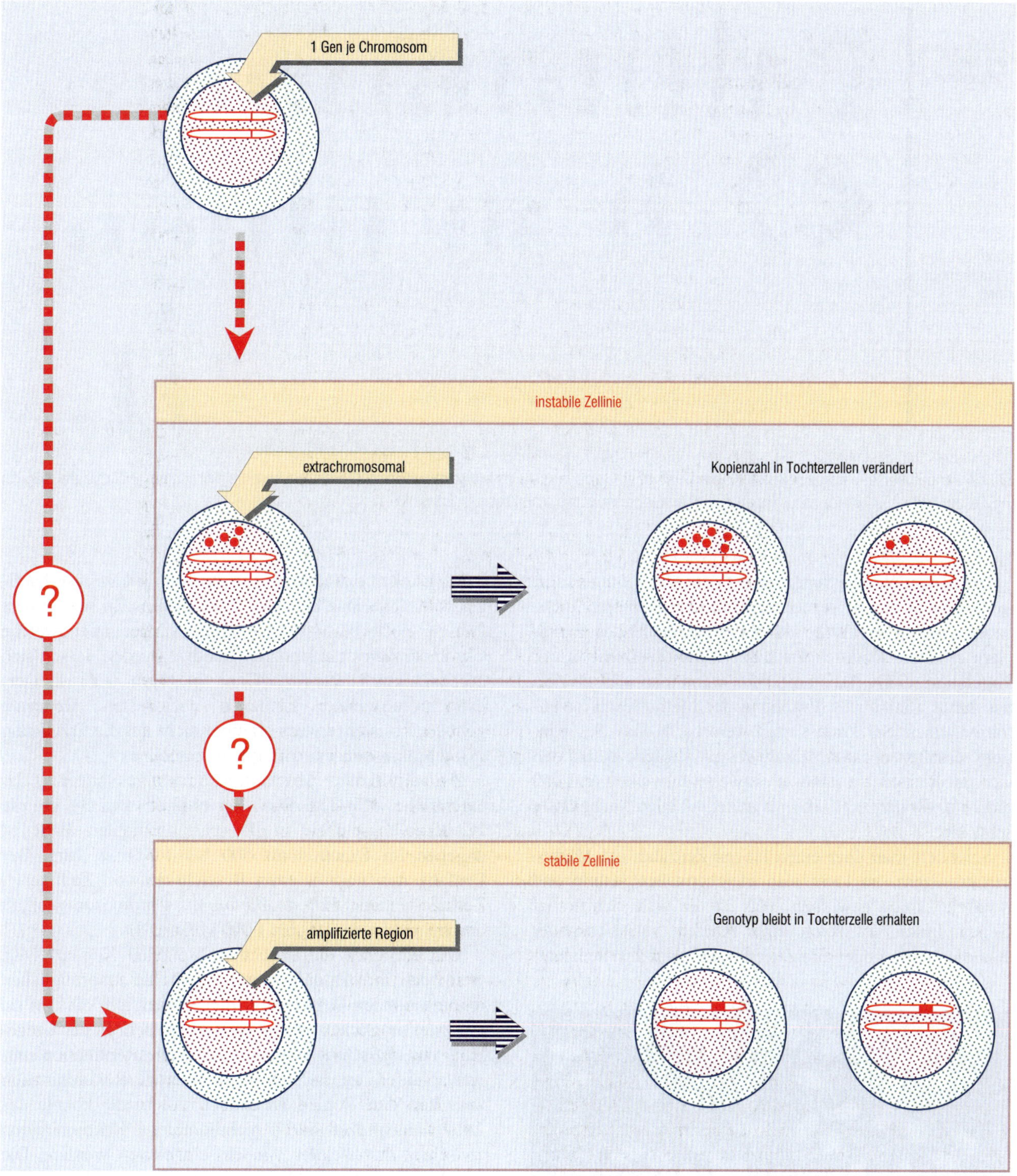

32.27 Die Amplifikation des *dhfr*-Gens kann zu instabilen Kopien führen, die extrachromosomal vorliegen (*double-minute*-„Chromosomen"), oder zu stabilen, die im Chromosom eingebaut sind. Extrachromosomale Kopien erscheinen frühzeitig. Ob sie Vorstufen der stabilen chromosomalen Kopien darstellen oder ob diese direkt aus dem Ursprungsallel im Chromosom entstehen, ist nicht bekannt.

Zahl besitzen. Die überlebende Population wird daher nur aus Zellen bestehen, die mit hinreichend vielen *double minutes* ausgestattet sind.

Andererseits wachsen solche Zellen langsamer. Wenn also der Selektionsdruck entfällt, sind Zellen ohne das amplifizierte Gen im Vorteil; sie vermehren sich schneller und übernehmen bald die Population. Das erklärt, warum die amplifizierten Kopien in der Zellinie nur beibehalten werden, solange man sie in Gegenwart von Methotrexat kultiviert.

32.28 Amplifizierte chromosomale Kopien des *dhfr*-Gens lassen im entsprechenden Chromosom eine homogen anfärbbare Region (HSR) entstehen. (Aufnahme mit freundlicher Genehmigung von Robert Schimke.)

Die unregelmäßige Segregation der *double minutes* führt freilich nicht nur zu Verlusten: Natürlich kann eine Tochterzelle auch mehr als die Hälfte der aufzuteilenden Exemplare erhalten. Dadurch kann die *dhfr*-Kopienzahl in der Population relativ rasch ansteigen, wenn man solchen Zellen durch allmähliche Erhöhung der Methotrexatkonzentration einen Selektionsvorteil verschafft. Das Segregationsverhalten der *double minutes* ist Ursache dafür, daß sich der Resistenzzustand schrittweise entwickelt und daß die *dhfr*-Kopienzahl in instabilen Linien unablässig schwankt.

Selektiert man über einen langen Zeitraum auf Methotrexatresistenz, so kann man gleichermaßen stabile und instabile Linien gewinnen. Was ist der erste Schritt der Genamplifikation? Nach einer kurzen Selektionsdauer sind die meisten oder alle Zellen noch instabil. Offensichtlich entstehen extrachromosomale Amplifikate also häufiger als solche innerhalb des Chromosoms. In sehr frühen Phasen, noch bevor *double minutes* oder irgendwelche Chromosomenveränderungen sichtbar werden, lassen sich bereits amplifizierte *dhfr*-Gene in Form (sehr kleiner) extrachromosomaler Einheiten nachweisen. Demnach geht der Resistenzerwerb offenbar meist auf die Erzeugung extrachromosomaler Amplifikate zurück.

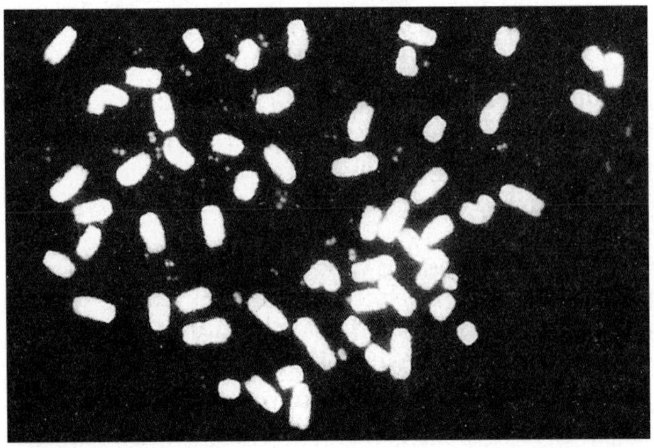

32.29 Amplifizierte extrachromosomale *dhfr*-Gene bilden sogenannte *double-minute*-Chromosomen, hier als kleine weiße Punkte erkennbar. (Aufnahme mit freundlicher Genehmigung von Robert Schimke.)

Der amplifizierte Abschnitt ist um einiges länger als das eigentliche *dhfr*-Gen. Das Gen umfaßt etwa 31 kb, die Wiederholungseinheit in der chromosomalen HSR ist dagegen im Durchschnitt 500 bis 1 000 kb lang. Der Umfang des amplifizierten Bereichs ist von Zellinie zu Zellinie anders. Ein *double-minute*-Chromosom enthält anscheinend etwa 100 bis 1 000 kb an DNA.

Wie entstehen die extrachromosomalen Kopien? Man weiß, daß ihre Bildung unter Erhalt der ursprünglichen chromosomalen Genkopie erfolgt. Prinzipiell könnten sie auf zwei möglichen Wegen erzeugt werden. In der Umgebung des *dhfr*-Gens könnten zusätzliche Replikationsrunden ablaufen, an die sich nichthomologe Rekombination zwischen den Kopien anschließt. Alternativ könnte der Entstehungsprozeß durch nichthomologe Rekombination zwischen den beiden Allelen eingeleitet werden. Die Zusatzkopien könnten dann etwa durch einen rekombinationsähnlichen Vorgang aus dem Chromosom freikommen. Je nach Art dieses Vorgangs könnte dabei ein extrachromosomales DNA-Molekül entstehen, das ein oder mehrere Kopien des Gens enthält. Sollten die *double minutes* aus ringförmiger DNA bestehen, so ist es jedenfalls wahrscheinlich, daß Rekombinationsereignisse zwischen ihnen zu multimeren DNA-Molekülen führen.

Einige Hinweise darüber, wie sich die *double minutes* vermehren, liefert eine instabile Zellinie, deren amplifizierte Genkopien ein mutiertes DHFR-Enzym codieren.

Dieses Enzym ist in der ursprünglichen (diploiden) Zellinie nicht vorhanden; die Mutation muß sich also im Zuge der Amplifikation ereignet haben. Trotz schwankender Kopienzahl der Amplifikate weisen die Zellen *ausschließlich* die mutierte Form des Enzyms auf. Demzufolge können die *double minutes* nicht ständig aufs neue aus den chromosomalen Wildtypgenen hervorgehen, jedenfalls nicht in großer Zahl, denn dann würden sie irgendwann wieder das normale Enzym zur Synthese bringen.

Sind amplifizierte extrachromosomale Gene also erst einmal entstanden, *so hängt der Resistenzzustand der Zelle von ihnen ab und nicht von den ursprünglichen chromosomalen Genen.* Wenn dem Kulturmedium kein Methotrexat mehr zugegeben wird, verliert die Zellinie ihre *double minutes* auf die übliche Weise. Wird sie dann der Substanz wieder ausgesetzt, amplifiziert sie ihre *normalen* Gene, um eine neue Population von *double minutes* zu schaffen. Das zeigt, daß keine der extrachromosomalen Kopien des mutierten Gens in ein Chromosom integriert worden ist.

Noch etwas fällt bei der Analyse dieser mutierten Linie auf: Ihre *double minutes* enthalten *ausschließlich* das mutierte Gen – wenn sie also aus mehr als einer Kopie bestehen, so sind alle mutiert. Das deutet darauf hin, daß sich aus einzelnen extrachromosomalen Genen *double minutes* mit vielen Kopien bilden können.

Was die chromosomalen Amplifikate betrifft, so ist unklar, ob sie durch Integration von extrachromosomalen Kopien entstehen oder über einen eigenen Mechanismus. Intrachromosomale Amplifikationen könnten sich als seltene *de novo*-Vorgänge ereignen, sie könnten aber auch auf extrachromosomale Vorstufen angewiesen sein. Welche Form die amplifizierten Gene annehmen, wird durch den Genotyp beeinflußt: Manche Zellinien lassen bevorzugt *double minutes* entstehen, andere zeigen eher die HSR-Konfiguration.

Zudem ist die Art der Amplifikation abhängig vom Locus, der amplifiziert wird. Dies zeigt sich bei der Resistenz gegen einen Inhibitor des Enzyms Transcarbamylase, die sich durch Amplifikation des CAD-Gens entwickelt (CAD ist ein Protein, das die ersten drei Reaktionsschritte im Syntheseweg für UMP katalysiert). Amplifizierte CAD-DNA befindet sich stets innerhalb eines Chromosoms. In diesem Fall beobachtet man, das sich die amplifizierten Kopien über mehrere chromosomale Regionen und oft sogar auf verschiedene Chromosomen verteilen.

32.9 Exogene DNA läßt sich durch Transfektion in Zellen und Tiere einschleusen

Das Verfahren, exogene DNA in Empfängerzellen einzubringen, nennt man **Transfektion**. Bei den ersten Transfektionsexperimenten inkubierte man Zellsuspensionen mit Präparationen von Metaphasechromosomen. Doch nahmen die Zellen die Chromosomen kaum auf, und wenn, entstanden nur wenige instabile Varianten. Nur selten bleibt ein Chromosom bei dieser Prozedur unbeschädigt; in der Regel gelangen in die Empfängerzellen höchstens Bruchstücke hinein, die zudem instabil sind, da sie meist kein Centromer besitzen. Die in Einzelfällen gewonnenen stabilen Linien sind wahrscheinlich durch Integration von Donormaterial in eines der endogenen Chromosomen entstanden.

Ähnliche Ergebnisse erhält man, wenn man einer Präparation von Empfängerzellen gereinigte DNA zugibt. Anders als bei der Verwendung zufälliger Chromosomenbruchstücke lassen sich jedoch mit gereinigter DNA definierte Sequenzen einsetzen. Die Transfektion mit DNA führt zu instabilen wie auch zu stabilen Linien. (Diese Experimente sind, wie in Abbildung 4.3 bereits angedeutet wurde, in direkter Weise analog zu den Transformationsexperimenten bei Bakterien. Sie werden jedoch als Transfektion bezeichnet, da der Begriff „Transformation" in bezug auf eukaryotische Zellen historisch bereits besetzt war – er umschreibt Veränderungen, die ein unkontrolliertes Wachstum ermöglichen.)

Instabile oder **transiente Transfektanten** entstehen, wenn die transfizierte DNA in der Empfängerzelle in extrachromosomaler Form verbleibt; stabile Linien erhält man, wenn sie in deren Genom integriert wird. In beiden Fällen kann es zur Expression der exogenen DNA kommen. Da jedoch nur ein kleiner Teil der behandelten Zellen die Donor-DNA tatsächlich aufnimmt, muß man diese mit einem genetischen Marker versehen, der eine anschließende Selektion der erfolgreich transfizierten Zellen erlaubt. Bei den meisten Transfektionsexperimenten kommen Marker zum Einsatz, die leicht nachweisbare enzymatische Funktionen codieren; prinzipiell kann man aber jeden beliebigen selektierbaren Marker verwenden. Dadurch lassen sich etwa Gene isolieren, die für morphologische Veränderungen verantwortlich sind. Insbesondere kann man transfizierte Zellen auf den Erwerb eines transformierten, also tumorbildenden, Phänotyps hin selektieren. Auf diese Weise ließen sich eine Reihe zellulärer Protoonkogene identifizieren (Kapitel 37).

Cotransfektionen unter Verwendung mehrerer Marker erbrachten Aufschlüsse über die Ereignisse bei der Transfektion und haben das Spektrum der Fragestellungen erweitert, die sich mit dieser Technik untersuchen lassen. Ein bei Transfektionen häufig benutzter Marker ist das *tk*-Gen. Es codiert das Enzym Thymidinkinase, das einen wesentlichen Schritt bei der Synthese des DNA-Bausteins Thymidintriphosphat katalysiert.

Transfiziert man tk^--Zellen mit einer DNA-Präparation, die ein gereinigtes tk^+-Gen sowie das Genom des Phagen ΦX174 enthält, *dann tragen alle* tk^+*-Transfektanten auch die Phagensequenz.* Diese Beobachtung ist nützlich, denn sie zeigt, daß man zusammen mit einem Marker, auf den man nachfolgend selektiert, routinemäßig einen zweiten unselektierten Marker einbringen kann.

Die Anordnung der *tk*- und der ΦX174-Sequenzen zueinander ist in jeder erfolgreich transfizierten Zellinie anders, bleibt aber innerhalb derselben Linie gleich. Häufig gelangen die transfizierten Sequenzen in vielfachen Kopien ins Empfängergenom; die Kopienzahl variiert wiederum je nach entstandener Transfektantenlinie. Revertanten verlieren die *Φ*X174- zusammen mit den *tk*-Sequenzen. Stellt man eine Transfektantenlinie hinsichtlich eines Markers unter erhöhten Selektionsdruck, werden alle Donorsequenzen zusammen amplifiziert. Offensichtlich sind also die Donorsequenzen, auch wenn sie aus verschiedenen Quellen stammen, nach der Transfektion aneinander gekoppelt und folgen dann einem gemeinsamen Schicksal.

Bei der Durchführung eines Transfektionsexperiments erhöht man die den Empfängerzellen zugesetzte DNA-Menge, indem man der DNA, die man eigentlich transfizieren will, eine Träger-DNA (*carrier-DNA*; eine unspezifischen DNA-Präparation, die meist aus Lachs- oder Heringssperma stammt) im Überschuß beimischt. In erfolgreich transfizierten Zellen wird man beidseitig der selektierten Sequenz Sequenzen aus der Träger-DNA wiederfinden. Der Prozeß der Eingliederung ins Empfängergenom erfaßt also offensichtlich eine große Sequenzeinheit, in der die in der Donor-Präparation enthaltenen DNAs miteinander verknüpft sind.

Somit nehmen erfolgreich transfizierte Zellen offenbar nur eine einzige große DNA-Einheit in ihr Genom auf. Dafür spricht auch, daß Revertanten bezüglich des selektierten Markers nicht nur diesen, sondern das gesamte transfizierte Material verlieren. Das „Transfektionspaket" umfaßt etwa 1 000 kb und entsteht durch Concatemerisierung der Donorsequenzen. Diese Verknüpfungsreaktion erfolgt im Vergleich zu den anderen Ereignissen, die bei der Transfektion stattfinden, recht rasch.

Wegen der Größe der aufgenommenen Einheit läßt sich durch Southern-Blot-Experimente nicht immer feststellen, ob sie kovalent in ein Chromosom integriert ist. Vermutlich liegt sie zunächst extrachromosomal vor und wird dann irgendwann in ein Chromosom der Empfängerzelle fest eingebaut.

Daß ein solcher Einbau tatsächlich erfolgt, läßt sich durch *in situ*-Hybridisierung nachweisen. Eine gegebene Transfektantenlinie zeigt nur eine einzige Integrationsstelle; von Linie zu Linie liegt diese jedoch anderswo. Die Auswahl der Integrationsstelle ist offenbar ein Zufallsereignis, und mitunter geht die Integration einher mit Umlagerungen innerhalb des Zielchromosoms.

Der Bereich, in den das exogene Material eingebaut wird, hat mit diesem gewöhnlich keine offenkundigen Sequenzähnlichkeiten. Die Integration geschieht als nichthomologe Rekombination zwischen der eingebrachten DNA-Masse und einer zufälligen Stelle im Empfängergenom. Initiiert wird der Vorgang wahrscheinlich durch einen Doppelstrangbruch in einem Chromosom der empfangenden Zelle; dieser wiederum geht vermutlich auf die Aktivität von DNA-Reparaturenzymen zurück, die durch die freien Enden der exogenen DNA dazu veranlaßt werden könnten.

Eine beeindruckende Entwicklung ist die Anwendung von Transfektionstechniken zum Einbringen von Genen in Tiere. Ein Tier, das neue genetische Information in Gestalt fremder, von außen zugeführter DNA trägt, bezeichnet man als **transgen**. Zur Erzeugung eines solchen Tieres kann man die DNA direkt in Eizellen injizieren, wie in Abbildung 32.30 für den Fall einer Maus gezeigt ist. Plasmide, die das einzubringende Gen enthalten, werden in den Kern einer Oocyte oder in einen Vorkern eines befruchte-

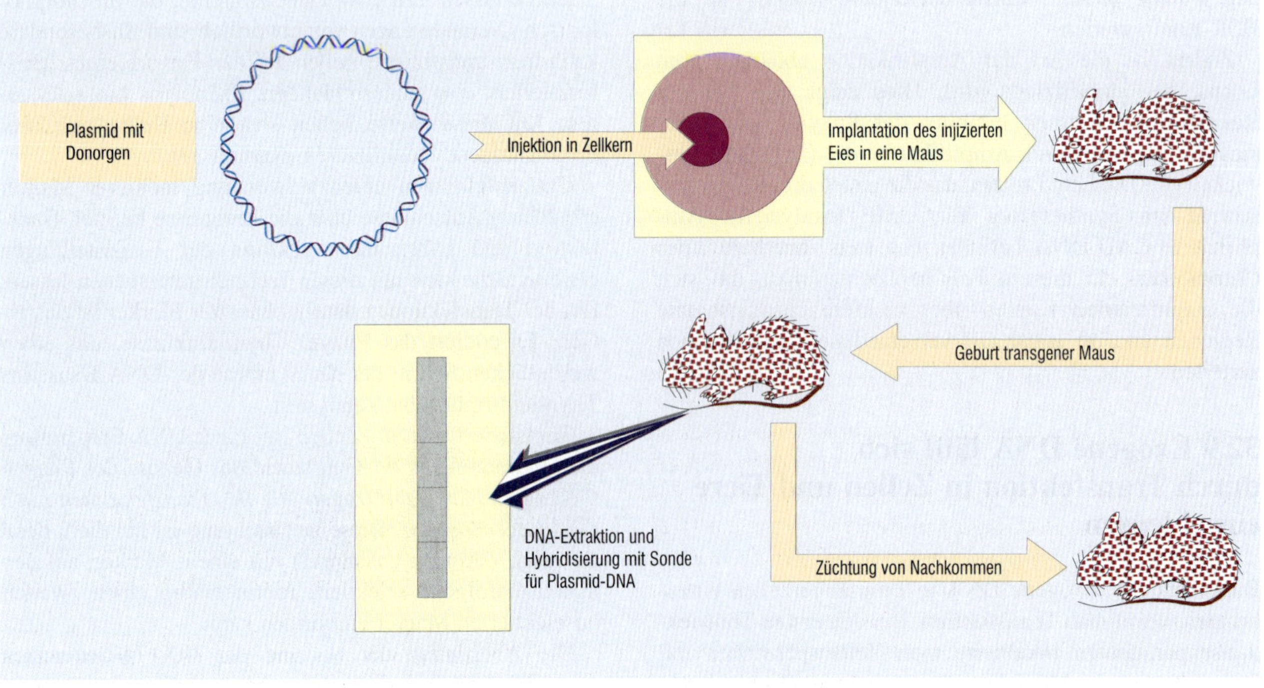

32.30 Durch Transfektion kann man fremde DNA in die Keimbahn von Tieren hineinbringen.

ten Eies injiziert. Das Ei implantiert man dann in den Uterus einer pseudoschwangeren Maus. Nach seiner Geburt untersucht man das daraus hervorgegangene Tier, ob es die fremde DNA aufgenommen hat und, wenn ja, ob es sie exprimiert.

Dabei ist zunächst von Interesse, wie viele Kopien des Fremdmaterials aufgenommen wurden, wo im Genom sich diese befinden, ob sie in die Keimbahn gelangt sind und sich nach den Mendelschen Regeln weitervererben. Als Ergebnis eines solchen Experiments trägt gewöhnlich ein kleiner, doch ausreichender Anteil (etwa 15 %) der behandelten Mäuse die transfizierte Sequenz. Meist sind mehrere Kopien des Plasmids tandemartig hintereinander in eine einzige chromosomale Stelle integriert. Die Kopienzahl schwankt zwischen eins und 150. Die betreffende Maus vererbt diese Kopien wie einen gewöhnlichen Locus nach den Mendelschen Regeln an ihre Nachkommen weiter.

Eine wichtige Frage, die sich durch Experimente mit transgenen Tieren beantworten läßt, betrifft die regulatorische Eigenständigkeit von Genen und den Einfluß der genomischen Region, in der sie sich befinden. Wenn man ein Gen samt der flankierenden Sequenzen, die seine regulatorischen Elemente enthalten, transfiziert, wird es dann unabhängig von seiner Position im Genom exprimiert? Anders ausgedrückt, arbeiten die regulatorischen Elemente selbständig, oder wird die Genexpression zusätzlich durch weitere Umstände kontrolliert, etwa durch die Lage in einer geeigneten chromosomalen Domäne?

Zeigen transfizierte Gene ein korrektes entwicklungsspezifisches Expressionsmuster? Inzwischen kann man als Grundregel annehmen, daß die ursprüngliche Kontrolle weitgehend nachgeahmt wird: Transfizierte Gene werden meist in den richtigen Zellen und zur richtigen Zeit exprimiert. Doch gibt es Ausnahmen, in denen ein transfiziertes Gen in einem Gewebe aktiv wird, wo es von Natur aus nicht zur Expression käme.

In der Nachkommenschaft der manipulierten Maus zeigt das eingebrachte Gen mitunter sehr unterschiedliche Expressionsniveaus. Die Expression kann ganz abgeschaltet werden, nur leicht zurückgehen oder auch ansteigen. Selbst in den behandelten Ausgangsmäusen korreliert das Ausmaß der Expression nicht mit der Zahl der integrierten Genkopien. Wahrscheinlich sind nur einige der Kopien aktiv. Doch ist nicht nur unklar, wie viele der Genkopien aktivierbar sind, sondern auch, inwieweit ihre Anzahl an sich die Regulation beeinflußt: Eine große Zahl von Promotoren könnte nämlich ein regulatorisches Protein, das nur in begrenzter Menge vorhanden ist, gleichsam ausverdünnen.

Wie kommt es, daß die Expression so unterschiedlich hoch ist? Immer wieder hat man die Möglichkeit diskutiert, daß für die Aktivität eines transfizierten Gens (wie auch die eines integrierten Retrovirusgenoms) die Integrationsstelle bedeutsam ist. Vielleicht kommt ein Gen dann zur Expression, wenn es in eine aktive Domäne integriert, nicht aber nach seinem Einbau in andere Chromatinregionen. Ebenso könnten epigenetische Modifikationen, etwa Veränderungen im DNA-Methylierungsmuster, die Aktivität beeinflussen. Und schließlich ist auch möglich, daß ein in der ursprünglich behandelten Maus aktives Gen in ihren Nachkommen deletiert oder amplifiziert wurde.

Ein besonders eindrucksvolles Beispiel für die Wirkungen eines eingebrachten Gens bietet ein Stamm transgener Mäuse, der durch Injektion eines Konstrukts aus dem MT-Promotor und dem Strukturgen für das Wachstumshormon der Ratte entstanden ist. In manchen dieser transgenen Mäuse übersteigt die Konzentration an Wachstumshormon den Normalwert um einen Faktor von mehreren hundert. Wie in Abbildung 32.31 zu sehen ist, werden die Mäuse fast doppelt so groß wie üblich.

Führt man Sequenzen von Onkogenen ein, können sich Tumoren bilden. Transgene Mäuse, deren Genom die frühe Codierungsregion von SV40 samt regulatorischer Elemente enthält, exprimieren die viralen Gene für das große T- und das kleine t-Antigen nur in einigen Geweben, zumeist in Gehirn, Thymus und Niere. (Die beiden T/t-Antigene werden von der früh transkribierten Region des Virusgenoms codiert und entstehen durch alternatives Spleißen; sie können Zellen in Kultur zum krebsartigen Phänotyp transformieren; Kapitel 37.) Gewöhnlich sterben diese Mäuse noch vor ihrem sechsten Lebensmonat an Hirntumoren; bisweilen findet man auch Tumoren in der Niere und im Thymus. Mit Hilfe weiterer Onkogene lassen sich Mäuse erzeugen, die andere Krebsformen entwickeln, so daß man eine Reihe verschiedener Modellsysteme gewinnen kann. Bringt man z. B. ein *myc*-Gen, das unter der Kontrolle eines aktiven Promotors steht, ins Mausgenom ein, so bilden sich in den transgenen Tieren Adenocarcinome und andere Tumoren.

Durch transgene Verfahren lassen sich auch defekte Gene in der Keimbahn durch funktionsfähige ersetzen.

32.31 Eine transgene Maus (links), ausgestattet mit einem aktiven Gen für das Wachstumshormon der Ratte, ist doppelt so groß wie eine normale Maus (rechts). (Aufnahme mit freundlicher Genehmigung von Ralph Brinster.)

Ein Beispiel hierfür liefert die erfolgreiche Heilung von Mäusen mit erblichem Hypogonadismus. Das Genom der *hpg*-Maus zeigt eine Deletion von mehr als 3 kb, durch die der distale Teil des Gens verschwunden ist, das den Polyproteinvorläufer für GnRH (Gonadotropin-Releasing-Hormon) und das GnRH-assoziierte Peptid (GAP) codiert. Mäuse mit dieser Deletion in beiden Allelen sind steril.

Bringt man ein intaktes *hpg*-Gen durch transgene Techniken in eine Maus ein, so wird es dort in den richtigen Geweben exprimiert. In Abbildung 32.32 ist der Ablauf eines Experiments zusammengefaßt, bei dem das Transgen durch Kreuzungen schließlich in Mäuse gelangt, deren endogene *hpg*-Allele beide defekt sind. Diese Mäuse sind nunmehr normal. Das Ergebnis macht deutlich, daß ein Transgen, das unter angemessener regulatorischer Kontrolle steht, ein Expressionsverhalten zeigen kann, das sich von dem des normalen endogenen Allels nicht unterscheiden läßt.

Bei der Anwendung solcher Techniken zur Korrektur erblicher Defekte gibt es derzeit noch einige Hindernisse: So muß das Transgen in die Keimbahn der vorhergehenden Generation eingebracht werden; ob es exprimiert wird, ist nicht voraussagbar, und häufig läßt sich die gewünschte Expressionsstärke nur in einer kleinen Minderzahl der transgenen Tiere erzielen. Da zudem viele Kopien des Transgens in die Keimbahn gelangen können und deren Expression unberechenbar ist, könnten sich Probleme für das Tier ergeben, falls es zu einer eventuell schädlichen Überexpression kommt.

Bei dem Experiment mit den *hpg*-Mäusen beispielsweise entwickelten sich transgene Tiere nur aus zwei der 250 Eizellen, in die man das intakte Gen injiziert hatte. Beide Tiere enthielten mehr als 20 Kopien des Transgens. Nur 20 ihrer 48 Nachkommen erbten das Transgen. In der nächsten Generation jedoch konnte das Transgen (beziehungsweise seine vielen Kopien) den Defekt der endogenen *hpg*-Allele in homozygoten Tieren ausgleichen. Wie sich also zeigt, ist der Ersatz eines defekten Gens durch ein Transgen nur unter bestimmen Bedingungen effektiv.

Nachteile der DNA-Injektionsmethode sind der Einbau multipler Kopien, deren schwankende Expression sowie mögliche Sequenzumlagerungen im Empfängergenom, die das Klonieren der Insertionsstelle erschweren. Als Alternative bietet sich die Verwendung eines Retrovirusvektors an, in den man das einzuschleusende Gen einbaut. Nur eine Kopie des Provirus (also der Virus-DNA) integriert ins Empfängergenom, und Umlagerungen finden dabei praktisch nicht statt. Zudem lassen sich mit dieser Methode Zellen in unterschiedlichen Stadien der Entwicklung behandeln; man kann also gezielt ein bestimmtes somatische Gewebe genetisch verändern. Freilich ist es schwierig, Keimzellen mit Retrovirusvektoren zu infizieren.

Neue Möglichkeiten bei der Erzeugung transgener Mäuse eröffnet die Verwendung von embryonalen Stammzellen (ES-Zellen), die man aus Blastocysten gewinnt. (Die Blastocyste ist ein frühes Embryonalstadium vor der Einnistung in den Uterus.) Abbildung 32.33 veranschaulicht das Prinzip dieses Verfahrens.

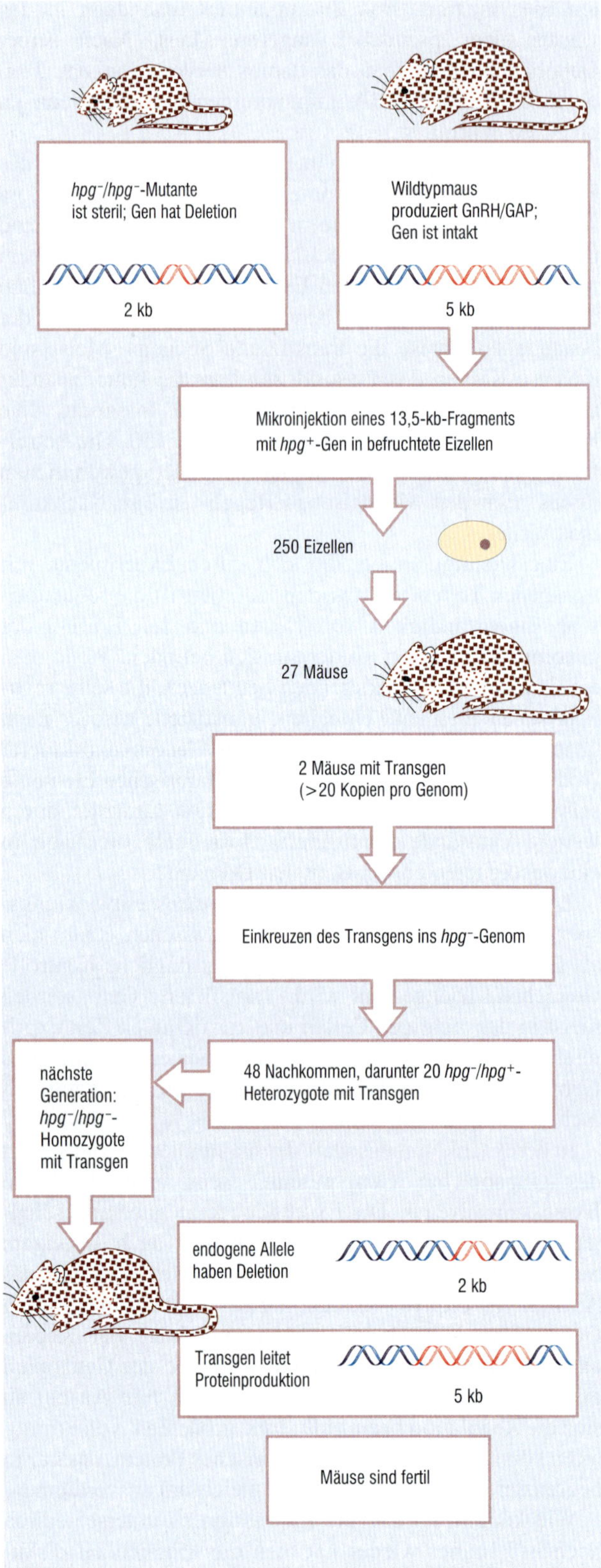

32.32 Der Hypogonadismus von *hpg*-Mäusen läßt sich durch ein Transgen korrigieren, das die Wildtypsequenz enthält.

Das Gen, das man in eine Maus einbringen will, transfiziert man zunächst auf übliche Weise (meist durch Mikroinjektion oder Elektroporation) in ES-Zellen. Vorher hat man es an einen Marker gekoppelt, etwa an ein Gen für die Resistenz gegenüber einem Wirkstoff oder für ein bestimmtes Enzym, so daß man die ES-Zellen, die das zukünftige Transgen stabil aufnehmen, selektieren kann. Alternativ kann man mit Hilfe der Polymerasekettenreaktion (PCR) feststellen, ob das Transgen integriert ist, und entsprechende ES-Zellen anreichern.

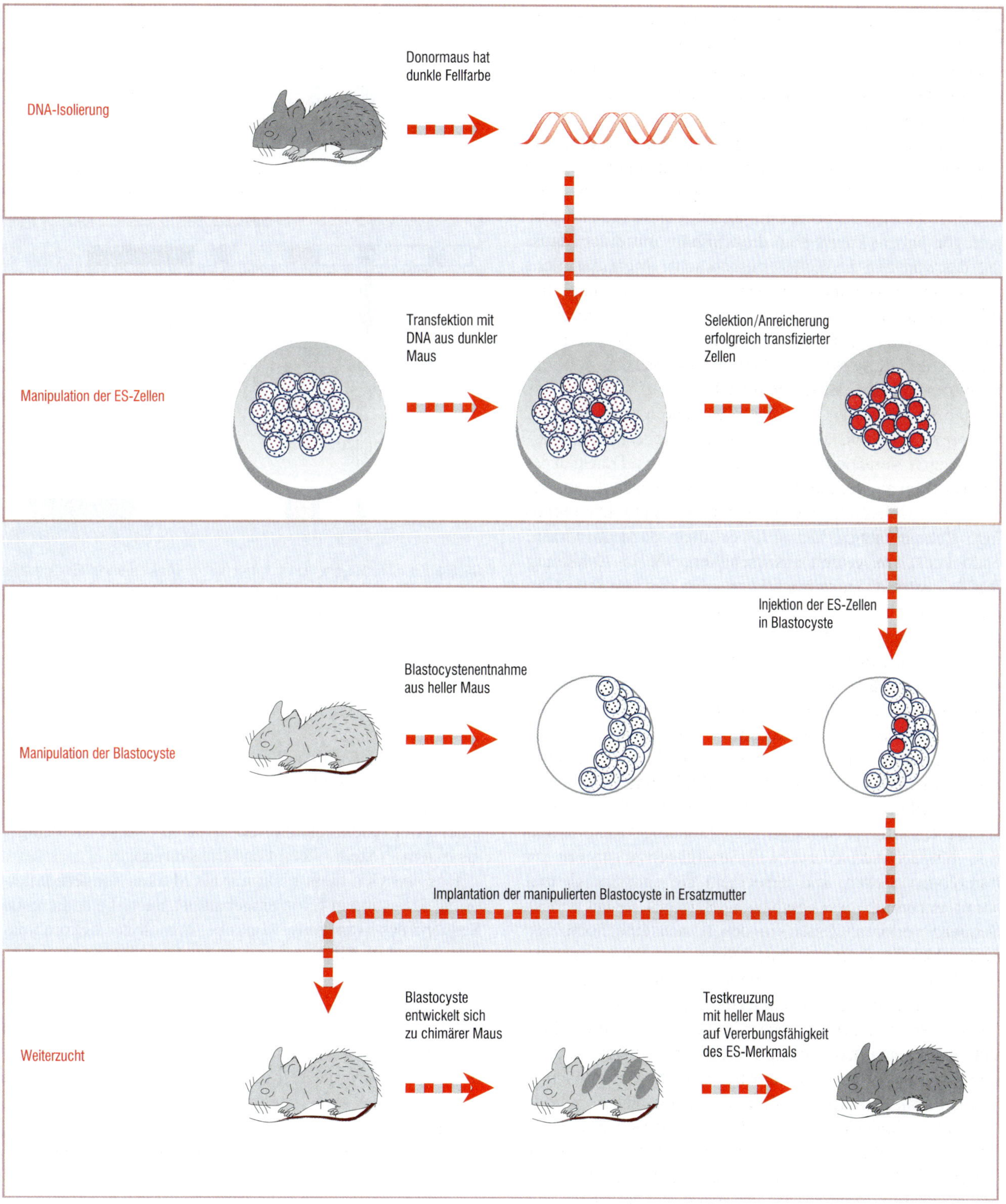

32.33 Mit Hilfe embryonaler Stammzellen (ES-Zellen) lassen sich chimäre Mäuse erzeugen, die eine transfizierte DNA weitervererben, wenn die ES-Zellen zur Keimbahn beitragen.

Die so genetisch veränderten ES-Zellen injiziert man dann in eine Blastocyste. Sie werden sich mit deren Zellen mischen und zur weiteren Entwicklung des Embryos gleichberechtigt beitragen, was das Verfahren überhaupt erst ermöglicht. Die Blastocyste wird in den Uterus eines als Ersatzmutter fungierenden Mäuseweibchens implantiert und entwickelt sich dort weiter. Wenn alles wie gewünscht verläuft, wirft die Ersatzmutter ein **chimäres** Mäusejunges, ein genetisches Mosaik, dessen Gewebe sich teils von der Empfängerblastocyste, teils von den injizierten ES-Zellen herleiten. Die jeweiligen Anteile können sehr verschieden sein. Hat man einen augenfälligen Marker verwendet (etwa ein Gen, das die Fellfarbe bestimmt), so wird die unterschiedliche Herkunft verschiedener Körperbezirke direkt sichtbar.

Um festzustellen, ob die ES-Zellen zur Keimbahn beigetragen haben, kreuzt man die Chimäre mit einer Maus, die das von den ES-Zellen mitgebrachte Merkmal nicht besitzt. Nachkommen aus einer solchen Kreuzung, die das Merkmal dann aufweisen, müssen aus einer Keimzelle entstanden sein, die von den injizierten ES-Zellen abstammt. Auf diese Weise kann man aus einer ES-Zelle im Prinzip eine ganze Maus erzeugen!

Eine Weiterentwicklung dieser Techniken ermöglicht es, Mäuse zu schaffen, die ein durch homologe Rekombination gezielt verändertes Gen enthalten: Das Transgen ist dann an genau der Stelle ins Genom integriert, an der sich vorher sein endogenes Gegenstück befand. Die homologe Rekombination läßt sich vor allem dazu ausnutzen, endogene Gene gezielt auszuschalten, wie in Abbildung 32.34 illustriert. Dazu modifiziert man das gewählte Gen *in vitro*, indem man eine Markersequenz in eines seiner Exons einfügt. Meist benutzt man als Marker das *neo*-Gen, welches Resistenz gegen die toxische Substanz G418 verleiht. Seitlich an das gewählte Gen wird ein zweiter Marker angeknüpft, etwa das *TK*-Gen des Herpesvirus. Bringt man dieses DNA-Konstrukt nun in eine ES-Zelle ein, so kann es entweder durch homologe oder durch nichthomologe Rekombination in deren Genom integrieren. Durch letztere wird das gesamte Konstrukt eingebaut, einschließlich der *TK*-Sequenz. Eine homologe Rekombination hingegen erfordert zwei Strangüberkreuzungen an homologen Stellen, und dabei geht die endständige und somit außerhalb des homologen Bereichs liegende *TK*-Sequenz verloren. Zellen, in denen sich eine homologe Rekombination ereignet hat, lassen sich daher bequem selektieren: Sie haben mit dem Transgen die *neo*-Resistenz erworben, nicht aber die *TK*-Aktivität. Und diese verleiht keine Resistenz, sondern macht im Gegenteil empfindlich, und zwar gegen den Wirkstoff Ganciclovir. Setzt man der transfizierten Kultur Ganciclovir zu, sterben folglich diejenigen Zellen ab, die das Transgen durch nichthomologe Rekombination – also unter Beibehalt des *TK*-Gens – aufgenommen haben, und die homologen Rekombinanten bleiben übrig. (Zellen, die es gar nicht aufgenommen haben, sterben durch die gleichzeitige Selektion mit G418.) Falls man einen selektierbaren Marker wie *TK* nicht verwenden will, kann man die erfolgreich transfizierten Zellen auch mittels PCR daraufhin untersuchen, ob das Transgen an homologer Stelle integriert ist. Homologe Rekombinationen ereignen sich bei Transfektionen mit einer Wahrscheinlichkeit von etwa 10^{-7}, also in weniger als einem Prozent aller Integrationsvorgänge.

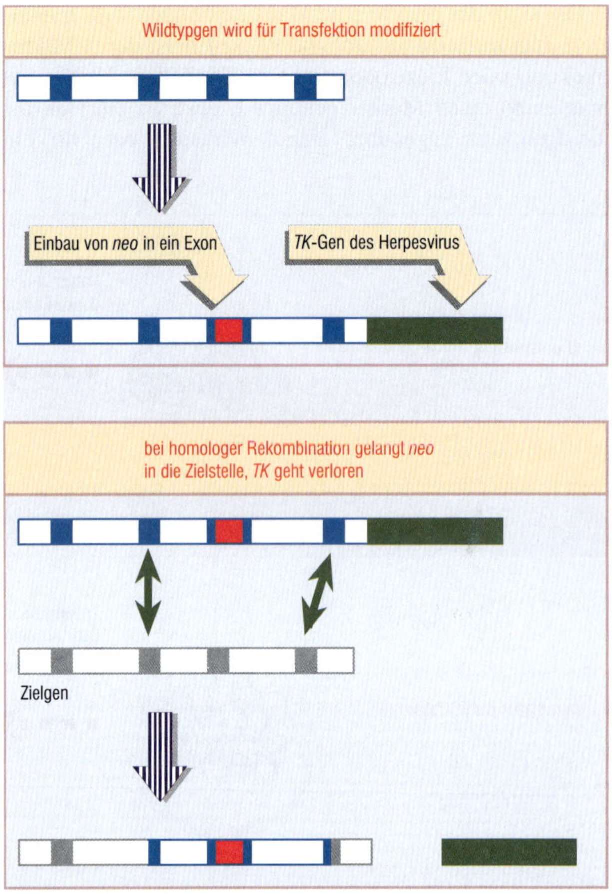

32.34 Ein Transgen, das innerhalb eines seiner Exons die *neo*- und seitlich angekoppelt die *TK*-Sequenz enthält, verliert letztere bei einer homologen Rekombination. Die transfizierten Zellen sind dann resistent gegen G418 (durch *neo*) und reagieren nicht auf Ganciclovir (da ihnen *TK* fehlt), so daß man sie entsprechend selektieren kann.

Das *neo*-Gen dient nicht nur als Marker, sondern unterbricht, da es in ein Exon eingebaut ist, auch die codierende Sequenz des Transgens, womit bei homologer Rekombination ein Null-Allel entsteht. Auf diese Weise kann ein gewähltes Gen gezielt lahmgelegt werden („Knockout“). Injiziert man ES-Zellen mit einem so erzeugten Null-Allel in Blastocysten, kann man ganze Mäuse mit dem Null-Allel gewinnen. Diese kreuzt man dann untereinander, um homozygote Tiere zu erhalten, die der Genfunktion völlig beraubt sind. Aus den Abweichungen, die diese Tiere gegenüber dem Wildtyp zeigen, läßt sich erschließen, welche Funktionen das Gen normalerweise übernimmt.

Eine elegante Methode, um neue DNA-Sequenzen in *D. melanogaster* einzuführen, bedient sich des P-Elements. Abbildung 32.35 zeigt, wie man dabei vorgeht. Das gewählte Gen wird in ein defektes P-Element eingebaut

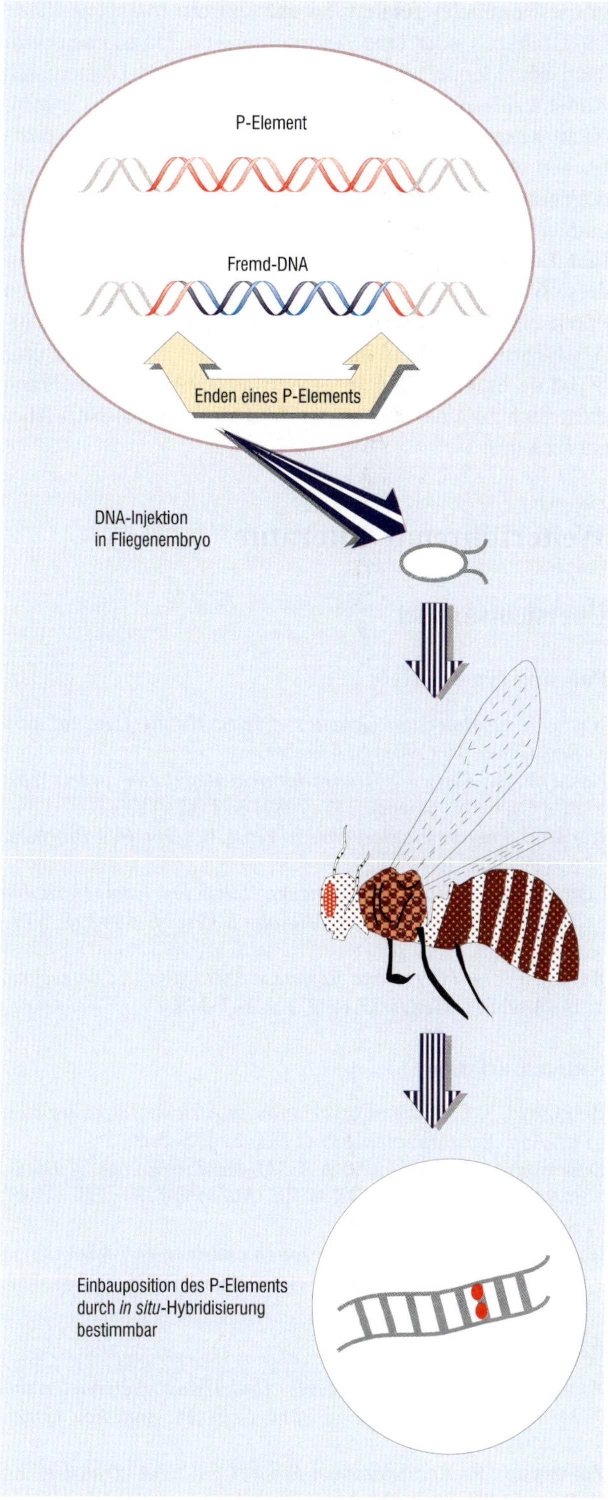

32.35 Transgene Taufliegen mit einer einzelnen, normal exprimierten Kopie des eingebrachten Gens lassen sich erzeugen, indem man das gewählte Gen zwischen die Enden eines P-Elements setzt und dieses zusammen mit einem aktiven P-Element in Fliegenembryonen injiziert.

und dieses zusammen mit einem intakten P-Element in Embryonen aus dem Präblastodermstadium injiziert. Das intakte P-Element codiert eine Transposase, die nicht nur dessen eigene Enden erkennt, sondern auch die des defekten Elements, so daß beide Elemente ins Genom integriert werden können.

Nur die Abschnitte zwischen den Enden der P-DNA werden eingebaut; Sequenzen außerhalb davon sind nicht Teil der transponierbaren Einheit. Ein Vorteil der Methode liegt darin, daß der Einbauvorgang jeweils nur ein Element erfaßt; die entstehenden transgenen Fliegen tragen also gewöhnlich nur eine Kopie des Fremdgens, was die Untersuchung seines Verhaltens erheblich erleichtert.

Mehrere auf diese Weise eingebrachte Gene zeigen das gleiche Verhalten: Sie werden ungeachtet ihrer Integrationsstelle im Laufe der Entwicklung korrekt exprimiert – im richtigen Gewebe und zum richtigen Zeitpunkt. Offenbar enthält also bei *D. melanogaster* ein Genlocus alle zur Expressionsregulation notwendigen Informationen selbst, so daß er für Einflüsse aus seiner Sequenzumgebung weitgehend unzugänglich sein kann.

Mit Hilfe solcher Experimente läßt sich die Analyse regulatorischer Vorgänge von Zellkulturen auf ganze Tiere ausdehnen. Die Methoden, mit denen man DNA von außen in einen Genotyp einbringen kann, erlauben es, ihn zu verändern, ihm neue Gene hinzuzufügen, die man *in vitro* in bestimmter Weise modifiziert hat, oder bestehende Gene zu inaktivieren. Damit sollte es möglich werden, die Mechanismen genauer aufzuklären, auf denen die gewebsspezifische Genexpression beruht. Und schließlich bieten diese Verfahren die Möglichkeit, defekte Gene im Genotyp in gezielter Weise zu ersetzen.

Zusammenfassung

Der Paarungstyp der Hefe wird durch den *MAT*-Locus bestimmt, der entweder die **a**- oder die α-Sequenz trägt. In haploiden Zellen führt die Expression der jeweiligen *MAT*-Sequenz zur Aktivierung von Genen, die für den entsprechenden Paarungstyp spezifisch sind, und zur Repression der Gene für den anderen Paarungstyp. Sowohl Aktivierung als auch Repression erfolgen durch Kontrolle der Transkription, und daran sind neben dem jeweiligen Produkt des *MAT*-Locus weitere Faktoren beteiligt, die nicht paarungstypspezifisch sind. Zu den Funktionen, die in beiden Paarungstypen aktiviert werden, gehören die Sekretion des typspezifischen Pheromons und die Expression des Zelloberflächenrezeptors für das Pheromon des anderen Typs. Die Bindung des Pheromons an den Rezeptor aktiviert in beiden Paarungstypen ein G-Protein an der Membran, das eine gemeinsame Signalkette in Gang setzt, welche die Zellen zur Kopulation vorbereitet. Diploide Zellen exprimieren die Paarungstypfunktionen nicht.

Zusätzliche stumme Kopien der Paarungstypgene befinden sich an den Loci *HMLa* und *HMRa*. Sie werden durch die Wirkung der *sir*-Loci reprimiert. In Hefezellen mit einer aktiven *HO*-Endonuclease ereignet sich ein gerichteter Transferprozeß, der die Sequenz am *HMLα*-Locus durch eine *α*-Sequenz am *MAT*-Locus beziehungsweise die Sequenz am *HMLα*-Locus durch eine **a**-Sequenz am *MAT*-Locus ersetzt. Die Endonuclease erzeugt einen Doppelstrangbruch am *MAT*-Locus, und ein freies DNA-Ende reagiert entweder mit den *HMLa*- oder dem *HMLα*-Locus. Der Transferprozeß geht vom *MAT*-Locus aus, der zugleich Empfänger der neuen Sequenz ist. Die *HO*-Endonuclease wird nur in Mutterzellen und nicht in Tochterzellen exprimiert; ihre Expression steht unter der Kontrolle des Zellzyklus. Daher läßt sich ein Paarungstypwechsel erst in den Produkten einer Zellteilung beobachten: Beide Tochterzellen haben dann den zur Mutterzelle entgegengesetzten Paarungstyp.

Trypanosomen können zur Codierung ihres Oberflächenantigens (VSG) auf mehr als tausend verschiedene Sequenzen zurückgreifen. In einer gegebenen Zelle wird nur ein einziges VSG exprimiert, dessen Gen sich an einer aktiven Stelle nahe eines Telomers befindet. Ein neues VSG entsteht, wenn durch Genkonversion an die gerade aktive Stelle eine neue Codierungssequenz plaziert wird oder wenn die Expressionsstelle auf ein anderes Telomer wechselt. Solche Expressionsumschaltungen ereignen sich einmal je 10^4 bis 10^6 Zellteilungsvorgänge.

Agrobakterien regen verletzte Pflanzenzellen zur Tumorbildung an. Eine verletzte Zelle gibt phenolische Substanzen ab, welche die *vir*-Gene auf dem Ti-Plasmid des Bakteriums aktivieren. Durch die Wirkung der *vir*-Genprodukte wird eine DNA-Einzelstrangkopie der T-Region im Ti-Plasmid in den Kern der Pflanzenzelle übertragen. Der Transfer beginnt immer mit dem gleichen Ende der T-DNA und endet an wechselnden Positionen am anderen Ende. Der Einzelstrang wird in einen Doppelstrang überführt und ins Pflanzengenom integriert. Die in der T-DNA enthaltenen Gene transformieren die Pflanzenzelle und veranlassen sie, Opine (bestimmte Argininderivate) zu produzieren. Die Gene seines Ti-Plasmids ermöglichen es *Agrobacterium*, die von der transformierten Pflanzenzelle gebildeten Opine zu verwerten.

Eine Zelle kann eigene Sequenzen amplifizieren, wie sich in Zellkulturen zeigt. Bei Methotrexatbehandlung häufen sich Zellen an, die zusätzliche Kopien des *dhfr*-Gens besitzen. Diese Zusatzkopien können extrachromosomale Strukturen bilden, sogenannte *double-minute*-„Chromosomen", oder umgeben eines der *dhfr*-Allele an seiner chromosomalen Position. *Double-minute*-Chromosomen sind instabil und gehen bei Wegfall des Selektionsdruckes rasch verloren. Die amplifizierten Kopien entstehen wahrscheinlich durch zusätzliche Replikationsvorgänge, gefolgt von Rekombinationsereignissen.

Fremde DNA-Sequenzen lassen sich durch Transfektion in Gewebekulturzellen und durch Mikroinjektion in tierische Eizellen hineinbringen. Die zugeführten Sequenzen können ins Genom der Zielzelle integrieren, offenbar an zufälliger Position und oft in Form vieler tandemartig hintereinander angeordneter Kopien. Eine solche Anordnung wird von der Zelle anscheinend als geschlossene Einheit weitervererbt. Erfolgt die Integration in ein Genom, das in die Keimbahn gelangt, so entsteht ein transgenes Tier. Ein Transgen oder eine Anordnung von Transgenen wird nach den Mendelschen Regeln vererbt, doch können sich Kopienzahl und Aktivität in den Nachkommen ändern. Nicht selten unterliegt das Transgen einer gewebsspezifischen und zeitabhängigen Regulation, die der seines endogenen Gegenstückes ähnelt. Unter bestimmten Bedingungen lassen sich Zellen anreichern, bei denen die Integration als homologe Rekombination erfolgt ist. Auf diese Weise kann man ein funktionelles endogenes Gen durch eine inaktive Sequenz ersetzen, wodurch ein Null-Allel entsteht. Wenn man entsprechend behandelte embryonale Stammzellen in eine Blastocyste injiziert, kann diese sich zu einer transgenen Maus mit einem Null-Allel entwickeln.

Weiterführende Literatur

Übersichtsartikel

Paarungstyp der Hefe

Nasmyth, K. *Molecular Genetics of Yeast Mating Type*. In: *Ann. Rev. Genet.* 16 (1982) S. 439–500.

Nasmyth, K.; Shore, D. *Transcriptional Regulation in the Yeast Life Cycle*. In: *Science* 237 (1987) S. 1162–1170.

Kurjan, J. *Pheromone Response in Yeast*. In: *Ann. Rev. Biochem.* 61 (1992) S. 1097–1129.

Laurenson, P.; Rine, J. *Silencers, Silencing, and Heritable Transcriptional States*. In: *Microbiol. Rev.* 56 (1992) S. 543–560.

Kurjan, J. *The Pheromone Response Pathway in S. cerevisiae*. In: *Ann. Rev. Genet.* 27 (1993) S. 147–179.

Antigenvariation

Boothroyd, J. C. *Antigenic Variation in African Trypanosomes*. In: *Ann. Rev. Microbiol.* 39 (1985) S. 475–502.

Donelson, J. E.; Rice-Ficht, A. C. *Molecular Biology of Trypanosome Antigenic Variation*. In: *Microbiol. Rev.* 49 (1985) S. 107–125.

Borst, P. *Discontinuous Transcription and Antigenic Variation in Trypanosomes*. In: *Ann. Rev. Biochem.* 55 (1986) S. 701–732.

Agrobacterium

Zambryski, P. *Basic Processes Underlying Agrobacterium-Mediated DNA Transfer to Plant Cells*. In: *Ann. Rev. Genet.* 22 (1988) S. 1–30.

Zambryski, P. *Agrobacterium-Plant Cell DNA Transfer*. In: Berg, D. E.; Howe M. M. (Hrsg.) *Mobile DNA*. Washington DC (American Society for Microbiology) 1989. S. 309–334.

Winans, S. C. *Two-Way Chemical Signaling in Agrobacterium-Plant Interactions*. In: *Microbiol. Rev.* 56 (1993) S. 12–31.

Genamplifikation

Pellicer, A. et al. *Altering Genotype and Phenotype by DNA-Mediated Gene Transfer*. In: *Science* 209 (1980) S. 1414–1422.

Schimke, R. T. et al. *Chromosomal and Extrachromosomal Localization of Amplified DHFR Genes in Cultured Mammalian Cells*. In: *Cold Spring Harbor Symp. Quant. Biol.* 45 (1981) S. 785–797.

Stark, G. R.; Wahl, G. M. *Gene Amplification*. In: *Ann. Rev. Biochem.* 53 (1984) S. 447–491.

Transgene Mäuse

Jaenisch, R. *Transgenic Animals*. In: *Science* 240 (1988) S. 1468–1474.

Capecchi, M. R. *Altering the Genome by Homologous Recombination*. In: *Science* 244 (1989) S. 1288–1292.

Entdeckungen

Paarungstyp

Hicks, J.; Strathern, J. N.; Herskowitz, I. *The Cassette Model of Mating Type Interconversion*. In: Bukhari, A.; Shapiro, J.; Adhya, S. (Hrsg.) *DNA Insertion Elements*. New York (Cold Spring Harbor Laboratory) 1977. S. 457–462.

Strathern, J. N. et al. *Homothallic Switching of Yeast Mating Type Cassettes Is Initiated by a Double-Stranded Cut in the MAT Locus*. In: *Cell* 31 (1982) S. 183–192.

Bender, A.; Sprague, G. F. jr. *Yeast Peptide Pheromones, a-Factor and alpha-Factor, Activate a Common Response Mechanism in Their Target Cells*. In: *Cell* 47 (1986) S. 929–937.

T-DNA

Stachel, S. E.; Timmerman, B.; Zambryski, P. *Generation of Single-Stranded T-DNA Molecules During the Initial Stages of T-DNA Transfer from A. tumefaciens to Plant Cells*. In: *Nature* 322 (1986) S. 707–712.

P-Elemente

Spradling, A. C.; Rubin, G. M. *Transposition of Cloned P Elements into Drosophila Germline Chromosomes*. In: *Science* 218 (1982) S. 341–353.

Transgene Tiere

Brinster, R. L. et al. *Transgenic Mice Harboring SV40 T-Antigen Genes Develop Characteristic Brain Tumors*. In: *Cell* 37 (1984) S. 367–379.

33. Die molekulare Vielfalt im Immunsystem

Ein Grundsatz der Genetik lautet, daß die Erbinformation in der Konfiguration, wie sie bei der Verschmelzung von Spermium und Eizelle in der Zygote entsteht, an alle somatischen Zellen des Organismus weitergegeben wird. Die Ursache für die unterschiedlichen Phänotypen somatischer Zellen sind also eher in der differentiellen Kontrolle der Genexpression zu suchen als in Veränderungen des DNA-Gehalts.

Gleichwohl gibt es Ausnahmefälle, in denen zur Regulation der Genexpression oder zur Schaffung neuer Gene bestimmte DNA-Sequenzen umgebaut werden. Das Immunsystem bietet hierfür ein eindrucksvolles Beispiel: Der Inhalt des Genoms ändert sich, wenn in Lymphocyten aktive Gene durch Rekombination erzeugt werden.

In anderen Fällen werden genomische Sequenzen ausgetauscht, so beim Paarungstypwechsel der Hefe oder bei der Antigenvariation in Trypanosomen (Kapitel 32). Die Skala der Veränderungen im eukaryotischen Genom reicht von unvorhersehbaren und seltenen Transpositionen bis hin zu regelmäßig erfolgenden gewebsspezifischen Umbauvorgängen.

Die **Immunantwort** der Wirbeltiere stellt ein Abwehrsystem dar, das fremde von körpereigenen Stoffen unterscheidet. Ein fremdes Molekül (oder eine Teilstruktur davon), das vom Immunsystem erkannt wird, wirkt als **Antigen**. Gewöhnlich sind Antigene Proteine (oder an Proteine geknüpfte Molekülgruppen), die in die Blutbahn des Wirbeltieres eingedrungen sind – etwa das Hüllprotein eines infizierenden Virus. Der Kontakt mit einem Antigen ruft eine Immunantwort hervor, die *genau dieses Antigen spezifisch erkennt und es zerstört.*

Bewerkstelligt wird die Immunantwort von weißen Blutzellen – von B- und T-Lymphocyten und von Makrophagen. Die Lymphocyten sind nach den Geweben benannt, in denen sie heranreifen: Bei Säugern reifen **B-Zellen** im Knochenmark (*bone marrow*) und **T-Zellen** im Thymus. *Lymphocyten beider Klassen bauen ihre DNA um und stellen so die Proteine her, mittels derer sie an der Immunantwort mitwirken.*

Das Immunsystem verfügt über viele Mittel, einen als Antigen wirkenden Eindringling zu vernichten. Es ist zweckmäßig, zwei Hauptstrategien zu unterscheiden. Welche davon das Immunsystem beim Vorfinden einer Fremdstruktur einschlägt, hängt zum Teil von der Natur des fraglichen Antigens ab. Je nach Typ der Immunantwort tragen entweder B-Zellen oder T-Zellen die Hauptlast der Abwehr:

- Die **humorale Immunantwort** geht von den B-Zellen aus. Sie beruht auf der Wirkung bestimmter, von den B-Zellen sezernierter Proteine: der **Antikörper** oder **Immunglobuline (Ig)**. *Die Produktion eines Immunglobulins, das für ein jeweiliges Antigen spezifisch ist, bildet die Voraussetzung für die Antigenerkennung durch das Immunsystem.* Der Erkennungsvorgang erfordert, daß der Antikörper an ein Teilstück oder eine Teilstruktur des Fremdmoleküls bindet.

Abbildung 33.1 zeigt die Wirkungsweise von Antikörpern. Fremdmaterial, das in der Butbahn zirkuliert, etwa ein Toxin oder ein pathogenes Bakterium, präsentiert auf seiner Oberfläche Antigene. Diese werden von jeweils spezifischen Antikörpern erkannt und gebunden, so daß Antigen-Antikörper-Komplexe entstehen. Ein derartiger Immunkomplex zieht die Aufmerksamkeit anderer Komponenten des Immunsystems auf sich.

Die humorale Antwort hängt in zweierlei Hinsicht von solchen weiteren Komponenten ab. Zum einen sind die B-Zellen auf Signale von T-Zellen angewiesen, um Anti-

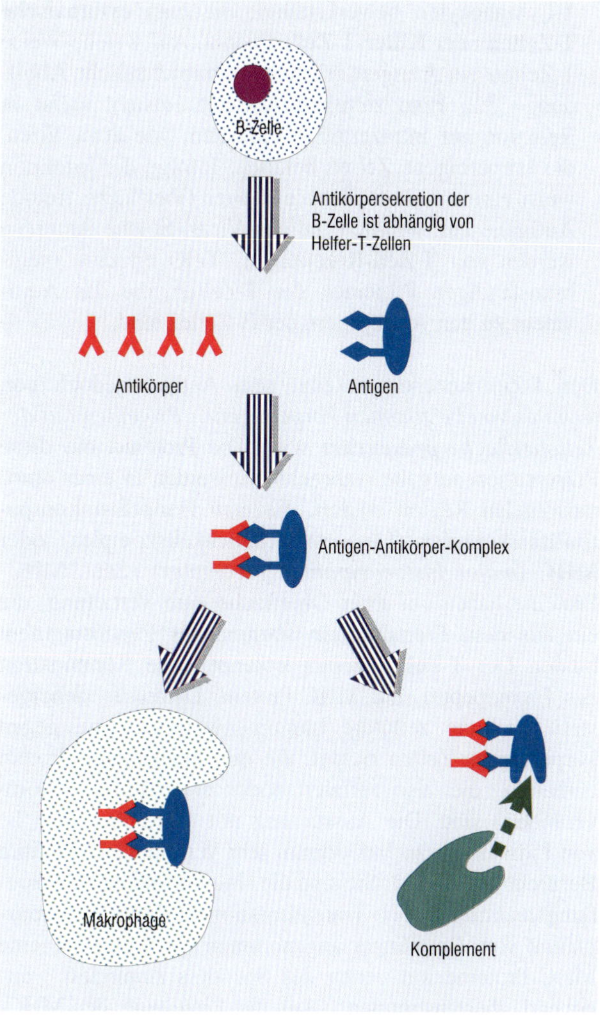

33.1 *Übersicht*: Die humorale Immunität beruht auf der Bindung im Blut gelöster Antikörper an das Antigen. Die dabei entstehenden Antigen-Antikörper-Komplexe werden von Makrophagen aufgenommen und/oder setzen das Komplementsystem in Gang.

körper sezernieren zu können. Diese T-Zellen nennt man daher naheliegenderweise **Helfer-T-Zellen**. Zum anderen treten bei der Zerstörung des Antigens Komponenten hinzu, die durch die Immunkomplexe aktiviert werden. Dies ist vor allem das **Komplementsystem**, dessen Bezeichnung daher rührt, daß es die Wirkung der Antikörper komplementiert, also ergänzt. Das Komplementsystem besteht aus rund 20 Proteinen, die sich in einer Kaskade von proteolytischen Reaktionen nacheinander aktivieren. Ist das Antigen Teil einer Zelle, etwa eine Oberflächenstruktur auf einem Bakterium, so gipfelt die Wirkung des Komplements in der Lyse dieser Zelle. Darüber hinaus locken Komplementaktivitäten Makrophagen (Freßzellen) herbei, welche die Fremdzelle oder ihre Zerfallsprodukte buchstäblich verschlingen. Daneben können Makrophagen Antigen-Antikörper-Komplexe auch ohne Mitwirkung des Komplementsystems aufnehmen und so vernichten.

- Die **zelluläre Immunantwort** wird von einer Klasse von T-Lymphocyten bewerkstelligt, die man **cytotoxische T-Zellen** oder **Killer-T-Zellen** nennt. Auf welche Weise T-Zellen ein Antigen erkennen, veranschaulicht Abbildung 33.2. Eine zelluläre Antwort entsteht meist in Reaktion auf intrazelluläre Parasiten, wie etwa Viren, die körpereigene Zellen befallen. Infolge der Infektion weist eine infizierte Zelle auf ihrer Oberfläche fremde Antigene auf, nämlich die des Virus. Solche Antigene werden von **T-Zell-Rezeptoren** (**TcR**) erkannt, membranständigen Proteinen der T-Zellen, die das Äquivalent zu den Antikörpern der B-Zellen sind.

Der T-Zell-Rezeptor erkennt sein Antigen jedoch nur, *wenn es von bestimmten körpereigenen Proteinen auf der Zelloberfläche* ***präsentiert*** wird. Die Proteine, die diese Präsentationsaufgabe wahrnehmen, werden in einer chromosomalen Region codiert, die man **Haupthistokompatibilitätskomplex** (Gewebsverträglichkeitskomplex) oder **MHC** (*major histocompatibility complex*) nennt. MHC-Proteine haben auf ihrer Oberfläche eine Vertiefung, die ein aus dem Fremdprotein stammendes Peptidfragment bindet. Der T-Zell-Rezeptor erkennt diese Kombination aus Fremdpeptid und MHC-Protein. Damit ist sichergestellt, daß die zelluläre Immunantwort sich nur gegen körpereigene Zellen richtet, die ein unbekanntes Protein enthalten, die also infiziert (oder anderweitig abnorm verändert) sind. Die Ausstattung mit MHC-Proteinen ist von Individuum zu Individuum sehr verschieden, was ihre Bezeichnung erklärt: Sie sind die Hauptursache von Abstoßungsreaktionen nach Transplantationen. Damit ein Transplantat vom Empfänger angenommen wird, müssen seine MHC-Proteine mit denen des Spenders zumindest weitgehend übereinstimmen. (Auf die Einteilung der MHC-Proteine in die beiden Hauptklassen I und II werden wir am Ende des Kapitels kurz eingehen.)

Das Ziel einer jeden Immunantwort ist der Angriff auf Fremdmaterial. Dessen Erkennung übernehmen die Immunglobuline der B-Zellen und die T-Zell-Rezeptoren.

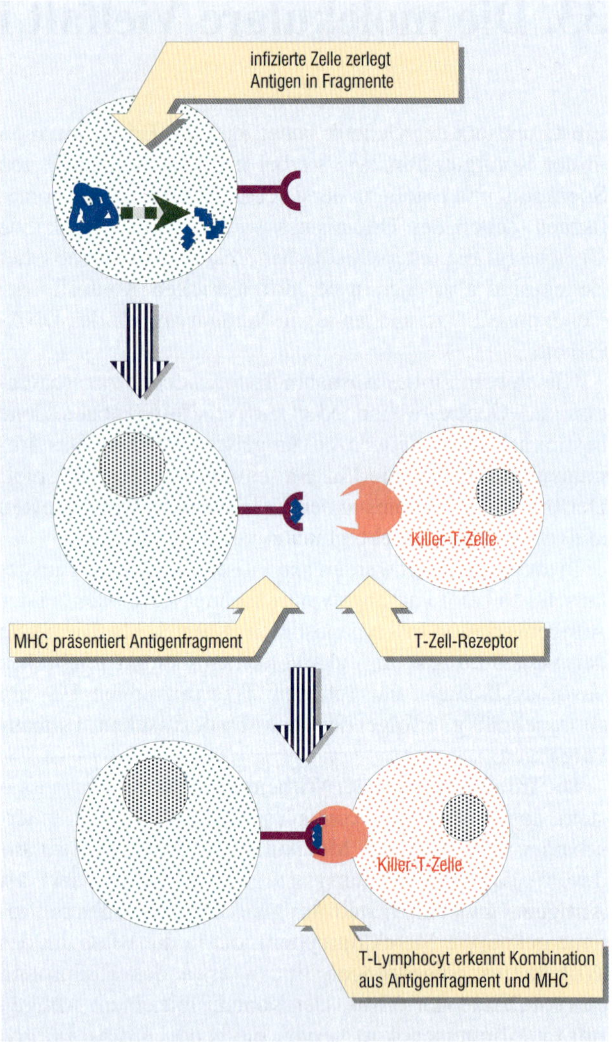

33.2 *Übersicht*: Die zelluläre Immunität beruht auf Killer-T-Zellen. Ihre T-Zell-Rezeptoren erkennen fremde Antigenfragmente, die auf der Oberfläche einer infizierten körpereigenen Zelle von MHC-Proteinen „präsentiert" werden.

Dabei müssen sie, und das ist ein ganz entscheidender Aspekt ihrer Funktion, „Selbst" und „Fremd" auseinanderhalten können. Die normalen Proteine und Zellen des eigenen Körpers dürfen *niemals* angegriffen werden, Fremdes dagegen ist *vollständig zu vernichten*. Die Fähigkeit des Immunsystems, das „Selbst" unbehelligt zu lassen, heißt **Toleranz** (oder genauer, Selbst- oder Eigentoleranz). Verliert es diese Eigenschaft, entsteht eine **Autoimmunkrankheit**: Das Immunsystem greift dann Strukturen des eigenen Körpers an, oft mit fatalen Konsequenzen.

Warum gibt es normalerweise keine Lymphocyten, die auf ein „Selbst"-Protein reagieren? Wahrscheinlich entsteht die Eigentoleranz in der frühen Lymphocytenentwicklung: Heranreifende B- und T-Zellen, die körpereigene Strukturen als Angriffsziel erkennen könnten, gehen zugrunde. Man nennt das **klonale Deletion**. Neben dieser negativen Selektion gibt es auch eine positive, welche angehende T-Zellen erfaßt, deren jeweiliger T-Zell-Rezeptor vorteilhafte Eigenschaften erfüllt.

Infolge der Toleranz kann ein Organismus mitunter keine Antikörper gegen ein Fremdprotein bilden, das mit einem seiner eigenen eng verwandt ist. Wenn man also für Anwendungszwecke Antikörper etwa gegen ein Humanprotein gewinnen will, das in der Evolution der Säuger weitgehend unverändert geblieben ist, sind Mäuse oder Kaninchen als Lieferanten nicht unbedingt geeignet. Die Toleranz dieser Säuger gegenüber ihrem eigenen Protein mag in solchen Fällen auch das menschliche Homolog mit einschließen.

Jede der drei Proteingruppen, die für die Immunantwort erforderlich sind – Immunglobuline, T-Zell-Rezeptoren und MHC-Proteine –, zeigt eine hochgradige Vielfalt. Wenn man viele Individuen untersucht, findet man eine große Zahl von Varianten bei allen drei Proteinsorten. Jede Sorte wird von einer großen Genfamilie codiert, und im Falle der Antikörper und der T-Zell-Rezeptoren erhöht sich die Vielfalt durch Umbauten im Genom der betreffenden Lymphocyten.

Immunglobuline und T-Zell-Rezeptoren sind direkte Gegenstücke, jedes ein Produkt der jeweils eigenen Lymphocytenklasse. Beide Proteine sind strukturverwandt, und ihre Gene zeigen einen ähnlichen Aufbau. Auch ist der Ursprung ihrer Vielfalt der gleiche. Die MHC-Proteine haben mit den Antikörpern ebenfalls gewisse Eigenschaften gemein; gleiches gilt für eine Reihe weiterer lymphocytenspezifischer Proteine. Somit lassen sich bei der Betrachtung der genetischen Grundlagen des Immunsystems mehrere miteinander verwandte Genfamilien erkennen: eine **Superfamilie** also, die sich wohl aus einem gemeinsamen Ursprungsgen entwickelt hat, welches an einer primitiven Immunantwort beteiligt gewesen sein könnte.

Säuger besitzen eine große Zahl von Genen aus dieser Superfamilie – offensichtlich war die Weiterentwicklung der Immunantwort für ihren Evolutionserfolg bedeutsam. Die fraglichen Gene, als massive Cluster angeordnet, sind der Analyse zugänglich. Damit wird es möglich, die Vorgänge bei Immunantworten anhand der Eigenschaften der beteiligten Genprodukte zu erfassen.

33.1 Klonale Selektion: Lymphocyten, die auf ein Antigen reagieren, vermehren sich

Der Begriff „Immunantwort" umschreibt bereits, was bei dieser Reaktion geschieht: Nach Kontakt mit einem Antigen wird der Organismus *immun* gegenüber den Auswirkungen einer erneuten Infektion. Vor dem Erstkontakt hatte er kaum Möglichkeiten, den schädlichen Auswirkungen der Infektion entgegenzutreten. Er erwirbt diese Fähigkeit im Zuge der Immunantwort. Ist die Infektion zum Erliegen gebracht, bleibt dem Organismus die Fähigkeit erhalten, bei einem Zweitkontakt mit demselben Antigen eine rasche Gegenreaktion aufzubauen.

Wie dies zustande kommt, läßt sich durch die Theorie der **klonalen Selektion** erklären, skizziert in Abbildung 33.3. Die Gesamtheit der Lymphocyten aus B- und T-Zellen verfügt über eine Vielzahl von Immunglobulinen beziehungsweise T-Zell-Rezeptoren, jedoch: *Jede B-Zelle produziert nur eine Sorte von Antikörpern, die nur ein bestimmtes Antigen erkennt. Und ebenso trägt jede T-Zelle nur einen bestimmten T-Zell-Rezeptor auf ihrer Oberfläche.*

In der Population der unreifen Lymphocyten lassen sich unstimulierte B- und T-Zellen morphologisch nicht unterscheiden. Nach Kontakt mit einem Antigen jedoch wird eine B-Zelle, deren Antikörper dieses Antigen binden kann, oder eine T-Zelle, deren T-Zell-Rezeptor das Antigen erkennt, dazu angeregt, sich zu teilen. Auslöser dafür ist wahrscheinlich die an der Zelloberfläche stattfindende Reaktion zwischen Antigen und Antikörper beziehungsweise T-Zell-Rezeptor. Die so stimulierten Zellen nehmen die Eigenschaften reifer B- beziehungsweise T-Zellen an, was (unter anderem) mit einer Größenzunahme einhergeht (besonders ausgeprägt bei B-Zellen).

Die Expansion einer spezifischen B- oder T-Zell-Population nach dem Erstkontakt mit dem passenden Antigen nennt man **primäre Immunantwort**. Dabei entstehen in großer Zahl B- oder T-Lymphocyten, die für das fragliche Antigen spezifisch sind. Jede solche Population ist ein Klon, hervorgegangen aus der ursprünglich reagierenden Zelle. B-Zellen eines expandierenden Klons bilden ihren Antikörper in großen Mengen, so daß dieser den Hauptanteil aller im Blut vorhandenen Antikörper ausmachen kann.

Nach einer erfolgreichen primären Immunantwort bleiben im Organismus B- und T-Zellen zurück, die den entsprechenden Antikörper beziehungsweise T-Zell-Rezeptor tragen. Diese **Gedächtniszellen** befinden sich in einem Differenzierungszustand, der zwischen dem eines unreifen und eines reifen, stimulierten Lymphocyten liegt. Sie sind langlebig und können, wenn der Organismus erneut mit dem Antigen in Kontakt gerät, im Zuge einer **sekundären Immunantwort** rasch zu reifen Zellen ausdifferenzieren.

Ein Säuger besitzt 10^6 bis 10^8 unreife Lymphocyten, deren Antikörper beziehungsweise Rezeptoren zusammengenommen unzählige Antigene erkennen können. Die Gesamtzahl der reifen Lymphocyten beträgt etwa 10^{12}. Was ihre Antigenspezifität anbelangt, sind manche dieser Zellen einzigartig (da sie dem betreffenden Antigen nie begegnet sind), andere sind mit bis zu 10^6 Exemplaren vertreten (da sie auf ihr Antigen reagiert und sich im Zuge der klonalen Selektion vermehrt haben).

Welche Merkmale eines Antigens werden erkannt? Gewöhnlich sind Antigene Makromoleküle. Niedermolekulare Verbindungen können zwar ebenfalls antigen wirksam sein und von Antikörpern gebunden werden, doch in der Regel rufen sie keine Immunantwort hervor. Dazu muß man sie erst mit einem größeren Trägermolekül (*carrier*, meist ein Protein) kovalent verknüpfen. Eine niedermolekulare Verbindung, die auf diese Weise eine Immunantwort auslöst, bezeichnet man als **Hapten**.

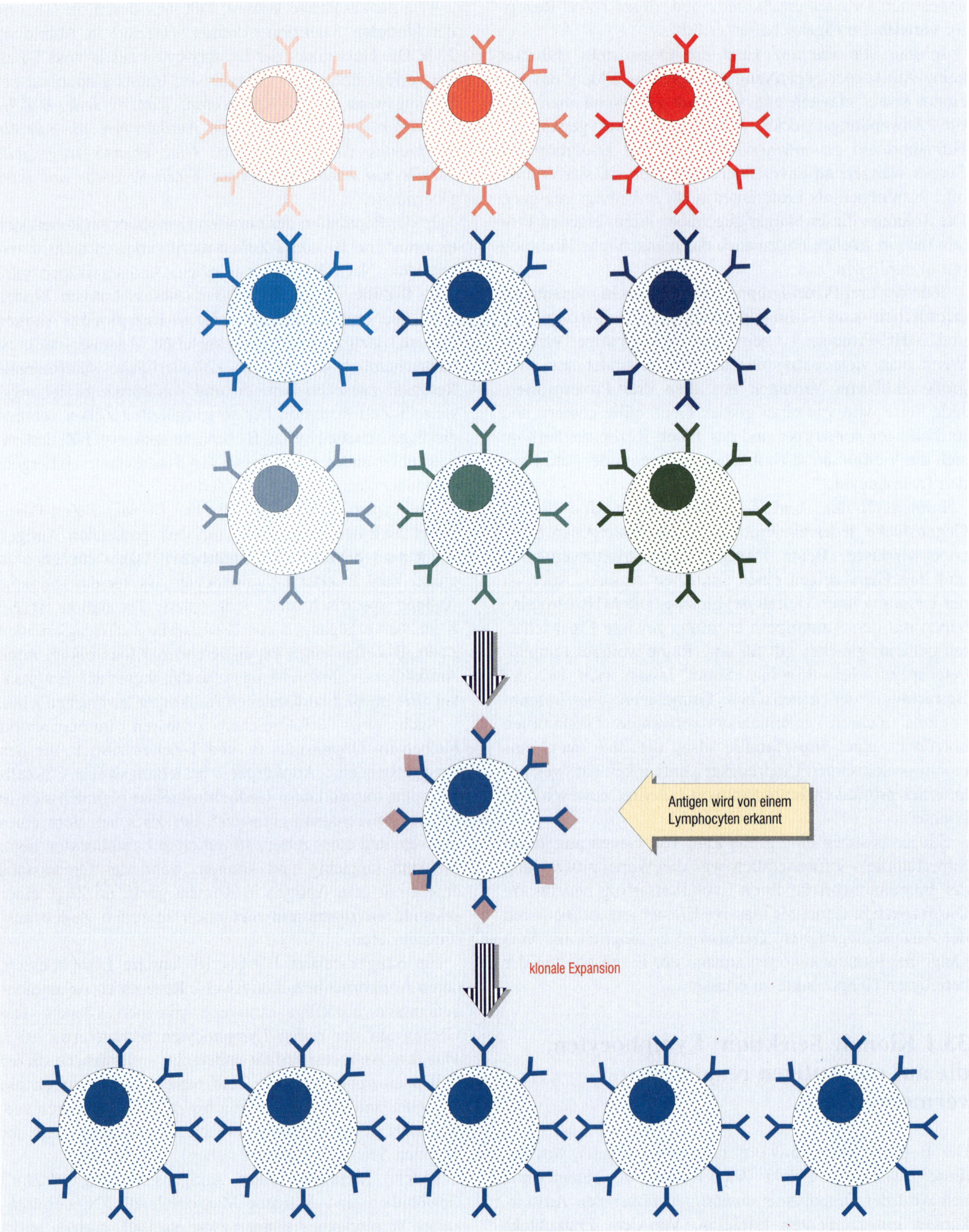

33.3 Der Pool der unreifen Lymphocyten umfaßt B- und T-Zellen mit Antikörpern beziehungsweise Rezeptoren für die verschiedensten Antigene. Ein gegebener Lymphocyt stellt jedoch nur eine Art von Antikörper (B-Zelle) oder Rezeptor (T-Zelle) her. Die Reaktion mit dem dazu passenden Antigen führt zur klonalen Expansion, also zur Vermehrung der betreffenden Zelle.

Ein gegebener Antikörper erkennt nur einen kleinen Anteil der Oberfäche eines makromolekularen Antigens. Bei einem Protein umfaßt der Bindungsbereich offenbar nur fünf oder sechs Aminosäuren. Natürlich kann ein bestimmtes Protein auch mehr als einen solchen Bindungsbereich enthalten und wird dann das Immunsystem dazu veranlassen, verschiedene Antikörper zu produzieren, die jeweils für die einzelnen Bereiche spezifisch sind. Eine Teilstruktur, die eine Immunantwort hervorruft, heißt **antigene Determinante** oder **Epitop**. Wenn ein Antigen mehrere Epitope enthält, können sich diese in ihrer Wirksamkeit, eine Immunantwort auszulösen, unterscheiden, so daß unter Umständen nur eines oder einige wenige die gesamte Abwehrreaktion dominieren.

Wie finden Lymphocyten ihr jeweiliges Zielantigen, und wo findet ihre Reifung statt? Lymphocyten sind vagabundierende Zellen. Sie entwickeln sich aus unreifen Stammzellen, die ihren Sitz im Knochenmark des ausgewachsenen Organismus haben, und gelangen von dort über die Blutbahn entweder direkt (B-Zellen) zu den peripheren lymphatischen Geweben (unter anderem in die Milz und die Lymphknoten) oder machen einen Umweg über den Thymus (wo sie sich zu T-Zellen differenzieren). Lymphocyten wandern ständig zwischen Blut und Lymphe hin und her. Dieses „Umherstreifen" stellt sicher, daß ein eingedrungenes Antigen mit Lymphocyten jedweder Spezifität zusammentrifft, bis es schließlich auf eine Zelle stößt, deren Antikörper oder Rezeptor es bindet. Diese Zelle leitet dann ihre klonale Expansion und damit die Immunantwort ein.

33.2 Immunglobulingene werden in Lymphocyten aus Teilstücken zusammengesetzt

Eine bemerkenswerte Fähigkeit des Immunsystems ist, gegen jedes neue Antigen einen passenden Antikörper bereitzustellen. Wie gelingt es einem Organismus, Antikörperproteine zu bilden, die wie maßgeschneidert Antigene erkennen, deren Strukturen gar nicht vorauszuahnen sind?

In der Praxis geht man davon aus, daß ein Säugetier 10^6 bis 10^8 verschiedene Antikörper produzieren kann. Jeder Antikörper ist ein tetrameres Immunglobulin, das aus zwei identischen **leichten Ketten** (*light chains*, **L-Ketten**) und zwei identischen **schweren Ketten** (*heavy chains*, **H-Ketten**) besteht. Wenn jede leichte mit jeder schweren Kette kombinieren kann, bedarf es von beiden Formen jeweils 10^3 bis 10^4 Varianten, damit 10^6 bis 10^8 verschiedene Antikörper entstehen können.

Die Struktur des Immunglobulintetramers ist in Abbildung 33.4 dargestellt. Jede der Proteinketten besteht aus zwei Hauptabschnitten: der N-terminalen **variablen** oder **V-Region** und der C-terminalen **konstanten** oder **C-Region**. Ursprünglich wurden sie durch Vergleich der Aminosäuresequenzen verschiedener Immunglobulinketten identifiziert. Wie die Bezeichnungen bereits andeuten, weichen die variablen Regionen von Antikörper zu Antikörper erheblich voneinander ab, während die konstanten Regionen untereinander weitgehend homolog sind.

Die leichten und schweren Ketten lagern sich mit ihren jeweils entsprechenden Regionen aneinander an, wobei im kompletten Immunglobulinmolekül mehrere abgrenzbare Domänen entstehen:

- Die variable (V-) Domäne setzt sich zusammen aus den variablen Regionen der leichten und der schweren Kette. *Die V-Domäne ist für die Antigenerkennung zuständig*. Ein Immunglobulin hat eine Y-förmige Struktur mit zwei identischen Armen, die jeweils ein Exemplar derselben V-Domäne enthalten. Die Bildung von V-Domänen mit unterschiedlichen Bindungseigenschaften ermöglicht es dem Immunsystem, auf die verschiedensten Antigene zu reagieren. Die Gesamtzahl der Codierungssegmente für die variablen Regionen sowohl bei leichten als auch bei schweren Ketten beläuft sich auf mehrere hundert. *Damit zeigen Immunglobuline ihre größte Vielfalt in der Region, die das Antigen bindet.*
- Durch die Zusammenlagerung der konstanten Regionen ergeben sich mehrere C-Domänen innerhalb des Moleküls. Die erste bildet sich aus der konstanten Region der leichten Kette (C_L) und dem C_{H1}-Teil der konstanten Region der schweren Kette. Zwei gleiche Exemplare dieser Domäne vervollständigen die beiden Arme des Y-förmigen Moleküls.

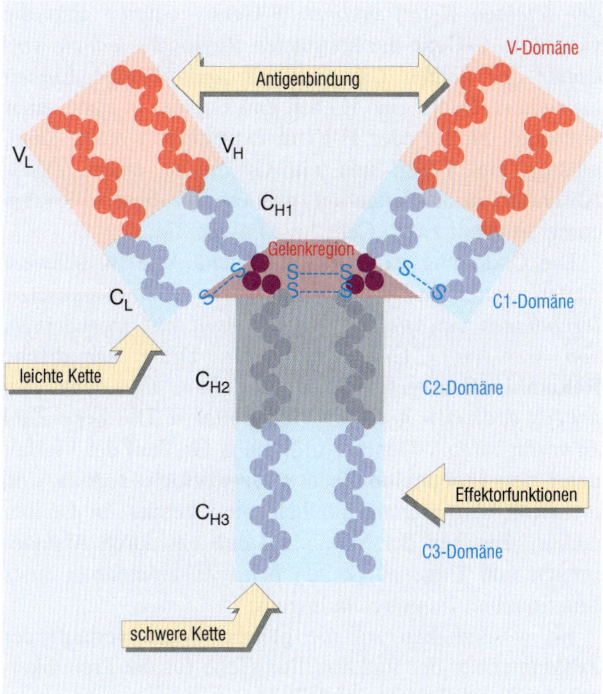

33.4 Schwere und leichte Ketten lagern sich zum Immunglobulinmolekül zusammen, wobei mehrere abgrenzbare Domänen entstehen.

Das Gelenk zwischen den Armen und dem Stamm des Y entsteht durch Wechselwirkung zwischen den beiden schweren Ketten. Es gibt etwa zehn verschiedene Typen schwerer Ketten. Im Beispiel aus Abbildung 33.4 verbindet eine kurze Gelenkregion die beiden ersten (C1 in jedem Arm) mit den übrigen konstanten Domänen (C2 und C3) im Stamm. Letztere werden von den entsprechenden Regionen (CH2 und CH3) der schweren Ketten gebildet. Bei manchen Typen schwerer Ketten entstehen weitere C-Domänen.

Es gibt mehrere Immunglobulinklassen mit unterschiedlichen Effektorfunktionen. *Welcher Klasse ein Immunglobulin angehört, hängt von der C-Region seiner schweren Kette ab, die auch die Effektorfunktion übernimmt.* Die Regionen des Moleküls mit festgelegter Funktion sind strukturell konserviert, was die geringe Variabilität in der C-Region der schweren Ketten erklärt.

Betrachtet man die Merkmale der variablen und konstanten Regionen, wird das Kernproblem bezüglich der Immunglobulingenstruktur augenfällig: Wie kann das Genom ein Sortiment von Proteinen codieren, in dem jede einzelne Polypeptidkette aus einer von weniger als zehn möglichen konstanten Regionen und einer von mehreren hundert möglichen variablen Regionen besteht? Wie sich herausstellt, entspricht die Zahl der codierenden Sequenzen für beiderlei Regionen auch deren Variabilität. Es gibt viele Gene für die V-Region und nur einige wenige für die C-Region.

In diesem Zusammenhang *bezeichnet der Begriff „Gen" eine DNA-Sequenz, die einen abgegrenzten Teilbereich des fertigen Immunglobulinpolypeptids (der schweren oder der leichten Kette) codiert.* **V-Gene** codieren also die variablen, **C-Gene** die konstanten Regionen; *jedoch wird keiner der beiden Gentypen als unabhängige Einheit exprimiert.* Damit eine Einheit entsteht, die in Form einer vollständigen L- oder H-Kette exprimiert werden kann, müssen ein V-Gen und ein C-Gen zu einem DNA-Abschnitt zusammengefügt werden. In diesem System codieren somit zwei „Gene" ein Polypeptid.

Die Codierungssequenzen für leichte und für schwere Ketten werden auf die gleiche Weise zusammengesetzt: *Irgendeines von vielen V-Genen wird mit irgendeinem von wenigen C-Genen verknüpft.* Diese **somatische Rekombination** geschieht *in B-Zellen, die dann den jeweils codierten Antikörper exprimieren.* Die hohe Zahl an verfügbaren V-Genen ist für einen Großteil der Vielfalt unter den Immunglobulinen verantwortlich. Jedoch sind nicht alle Ausprägungsmöglichkeiten bereits im Genom codiert: Ein Teil der Variabilität entsteht durch Abänderungen und Ungenauigkeiten beim Zusammenbau eines funktionellen Immunglobulingens.

Im wesentlichen auf die gleiche Weise verläuft der Zusammenbau der funktionellen Gene für die Proteinketten des T-Zell-Rezeptors. T-Zellen tragen einen von zwei Typen dieses Rezeptors: Der eine setzt sich aus einer α- und einer β-, der zweite aus einer γ- und einer δ-Kette zusammen. Wie die Immunglobulingene bestehen auch die Gene für die einzelnen Polypeptidketten des T-Zell-Rezeptors aus getrennten Teilstücken, darunter V- und C-Segmente, die erst in der reifenden T-Zelle zusammengeführt werden (Abschnitt 33.9).

Ein bedeutsamer Aspekt der Immunglobulinsynthese ist demnach, daß *die Anordnung der V- und der C-Gene in denjenigen Zellen, die Immunglobuline produzieren, anders ist als in den übrigen somatischen Zellen und in den Keimzellen, und gleiches gilt im Falle der T-Zell-Rezeptoren.*

Der Zusammenbau eines funktionellen Immunglobulin- oder T-Zell-Rezeptor-Gens mag auf den ersten Blick wie eine genetische Anpassung im Sinne Lamarcks erscheinen, da sich das Genom verändert, um auf einen äußeren Einfluß (das Antigen) zu reagieren. Doch dem ist nicht so. Bei seiner Geburt besitzt ein Organismus zwar weder für Antikörper noch für T-Zell-Rezeptoren funktionelle Gene. Er verfügt über ein großes Sortiment von V- und über ein kleines von C-Genen. Die spätere Konstruktion aktiver Gene aus diesen Teilstücken ermöglicht ihm die Synthese von Antikörpern beziehungsweise T-Zell-Rezeptoren, die dann gegen Antigene reagieren können. Die klonale Selektionstheorie verlangt, daß die entsprechenden DNA-Umbauten *vor dem Antigenkontakt* erfolgt sind. Der Kontakt erzwingt nicht den Umbau, er führt lediglich zur *Selektion* solcher Lymphocyten, die zufällig ein auf das Antigen passendes Protein tragen. Der Umbauprozeß beschränkt sich auf Lymphocyten, also auf somatische Zellen, und berührt nicht die Keimbahn. Die Fähigkeit, auf ein bestimmtes Antigen zu reagieren, wird als solche daher nicht an die nächste Generation vererbt.

Die Rekombinationen zwischen V- und C-Genen zu funktionellen Loci ereignen sich in der Population unreifer Lymphocyten. Eine B-Zelle zeigt gewöhnlich nur eine produktive Umlagerung der Gene für die leichte Kette und gleichfalls nur eine für die schwere Kette. Ebenso setzt eine T-Zelle nur ein produktives Gen für die α- und eines für die β-Kette ihres Rezeptors zusammen oder alternativ ein γ- und ein δ-Gen. Wie der Antikörper oder der T-Zell-Rezeptor, den ein bestimmter Lymphocyt produziert, dann aussieht, hängt davon ab, welches der V- und welches der C-Gene er miteinander verknüpft hat.

Für die leichten Ketten der Immunglobuline gibt es zwei Genfamilien, κ und λ, für die schweren Ketten eine (H). Alle drei Familien sind auf verschiedenen Chromosomen lokalisiert und umfassen sowohl V- als auch C-Gene. Dabei befinden sich die V- und C-Gene einer Familie jeweils auf einem Chromosom. In dieser Anordnung, der **Keimbahnkonfiguration**, werden sie auf die nächste Generation vererbt. Die Keimbahnkonfiguration findet man in den Keimzellen und in allen somatischen Zellen mit Ausnahme der entsprechenden Zellen des Immunsystems.

In einer Zelle, die einen Antikörper produziert, werden beide seiner Ketten – eine vom leichten Typ (entweder κ oder λ) und eine vom schweren Typ – von jeweils einem einzigen, vollständigen Gen codiert. Durch das Rekombinationsereignis, das ein V- und ein C-Gen zusammenbringt, entsteht ein aktives Gen, dessen Exons sich exakt mit den funktionellen Domänen des Proteins decken. Die Introns werden wie gewöhnlich durch RNA-Spleißen entfernt.

Die Anzahl der V- und der C-Gene in den einzelnen Familien ist je nach Säugerart unterschiedlich, wie in Tabelle 33.1 am Beispiel von Maus und Mensch gezeigt wird. Typischerweise verfügt ein Säuger über einige hundert V-Gene. Ein deutlicher Unterschied zwischen Mensch und Maus ist bei den λ-V-Genen erkennbar: Die Maus hat diese weitgehend verloren.

Tabelle 33.1: Jede Immoglobulinfamilie besteht aus einem Cluster von V-Genen, die mit den C-Genen verbunden sind

Familie	V-Gene		C-Gene	
	Mensch	Maus	Mensch	Maus
Lambda	<300	2	>6	4
Kappa	<300	~1000	1	1
Schwere Kette	~300	>1000	9	8

Grundsätzlich erfolgt der Zusammenbau der funktionellen Gene in allen drei Familien auf die gleiche Weise. Allerdings sind die V- und C-Gene im Detail jeweils anders organisiert, so daß auch der Rekombinationsverlauf in jeder Familie ein wenig anders ist. Neben den V- und C-Genen enthalten die somatischen Loci weitere kurze Sequenzabschnitte, die in das aktive Gen eingebaut werden. Um Verwechslungen zu vermeiden, bezeichnen wir die Genomabschnitte als „Segmente" und die Abschnitte im Protein als „Regionen".

Ein funktionelles Gen für die leichte Kette vom λ-Typ wird aus zwei Teilstücken zusammengesetzt, wie Abbildung 33.5 veranschaulicht. Das V-Gen besteht aus einem vorgeschalteten Leader-Exon (L), dem variablen V-Segment und einem dazwischenliegenden Intron. Das C-Gen umfaßt das J-Segment, ein Intron und ein Exon mit dem konstanten C-Segment.

Das **J-Segment** ist das verbindende (*joining*) Segment zwischen den beiden Teilstücken: Das V-Segment wird daran angeknüpft und nicht direkt an das C-Exon. Wenn

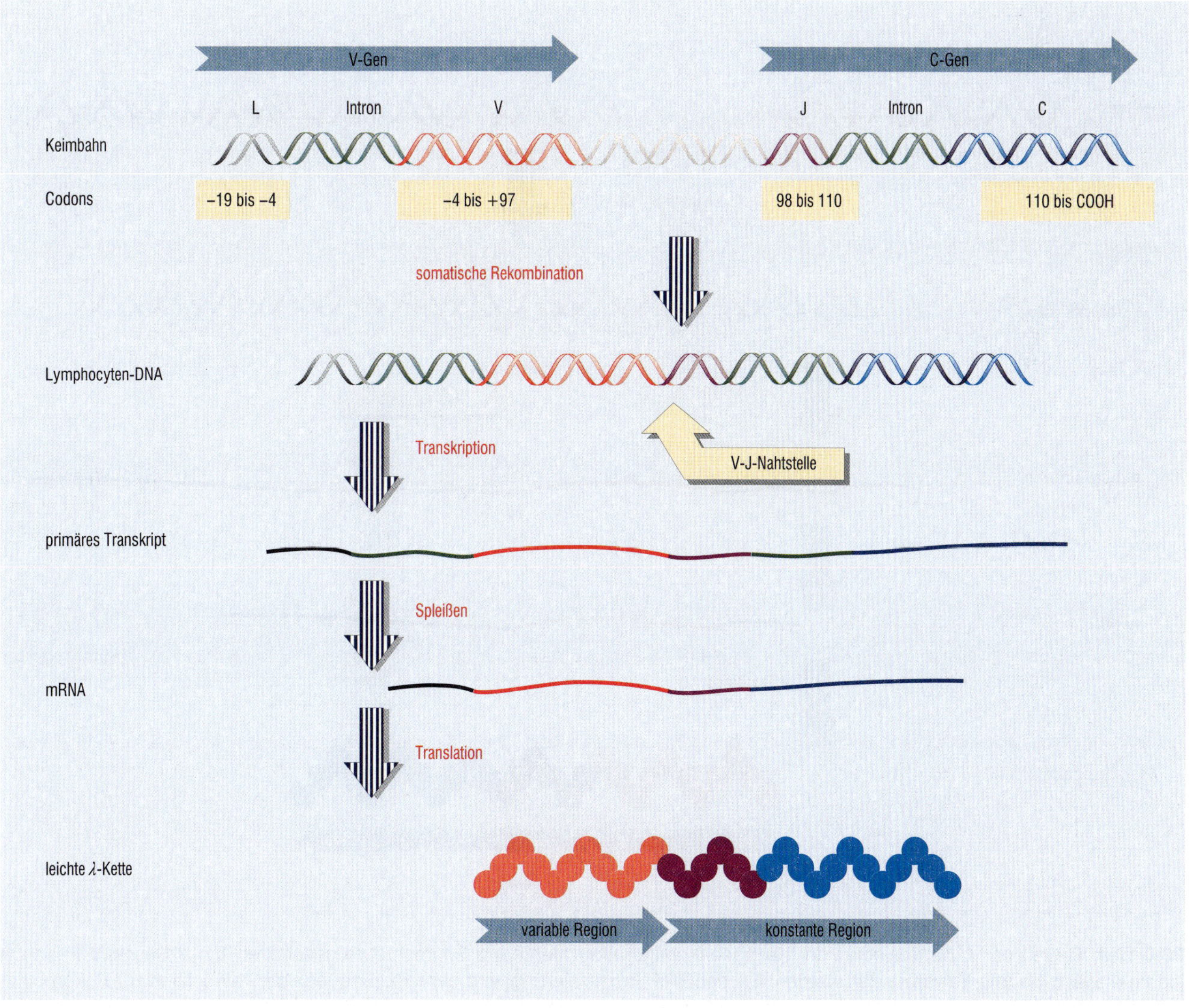

33.5 Dem C-Gen der λ-Kette ist ein J-Segment vorgeschaltet. Das funktionelle λ-Gen entsteht durch V-J-Rekombination.

wir also vom Zusammenbau der V- und C-„Gene" sprechen, meinen wir eigentlich die V-JC-Verknüpfung.

Das J-Segment ist kurz und codiert die letzten 13 Aminosäuren der variablen Region. Im fertigen, also durch Rekombination geschaffenen λ-Gen bilden das V- und das J-Segment zusammen ein gemeinsames Exon, das die gesamte variable Region codiert, so wie sie sich auch durch Vergleich von Aminosäuresequenzen eingrenzen läßt.

Was beim Zusammenbau des Gens für die κ-Kette geschieht, zeigt Abbildung 33.6. Das funktionelle Gen entsteht ebenfalls aus zwei Teilstücken, doch ist hier das C-„Gen" anders organisiert als bei der λ-Kette: Es enthält fünf J-Segmente, die sich über einen Bereich von 500 bis 700 kb verteilen und durch ein Intron von zwei bis drei Kilobasen vom Cκ-Exon getrennt sind. In der Maus ist das mittlere J-Segment funktionslos (ψJ3). Ein Vκ-Segment kann mit jedem dieser J-Segmente verknüpft werden.

Dasjenige J-Segment, das zur Verknüpfung benutzt wird, bildet danach den 3′-terminalen Teil des Exons für die variable Region. J-Segmente stromaufwärts von diesem J-Segment gehen ganz verloren (wie J1 in Abbildung 33.6), solche stromabwärts davon werden als Teil des Introns zwischen dem V- und dem C-Exon behandelt (in der Abbildung ist J3 im herausgespleißten Intron enthalten).

Alle funktionellen J-Segmente besitzen an ihrer linken Grenze ein Signal, das die Rekombination mit dem V-Segment ermöglicht, und an ihrer rechten Grenze eines, das in der künftig zu transkribierenden RNA als Spleißstelle zur Verknüpfung mit dem C-Exon dienen kann. Tatsächlich zum Spleißen benutzt wird dann die Spleißstelle desjenigen J-Segments, das mit dem V-Segment rekombiniert hat.

Beim Zusammenbau der Gene für die schwere Kette kommt ein weiteres Segment hinzu: das **D-Segment** (*diversity segment*). Man entdeckte es anhand von zusätzlichen Abschnitten aus zwei bis 13 Aminosäuren, die im Protein zwischen die vom V- und vom J-Segment codierten Aminosäuresequenzen eingeschoben sind. In der Keimbahnkonfiguration befinden sich mehr als zehn D-Segmente zwischen den V_H- und den vier J_H-Segmenten (die zwischen vier und sechs Codons umfassen).

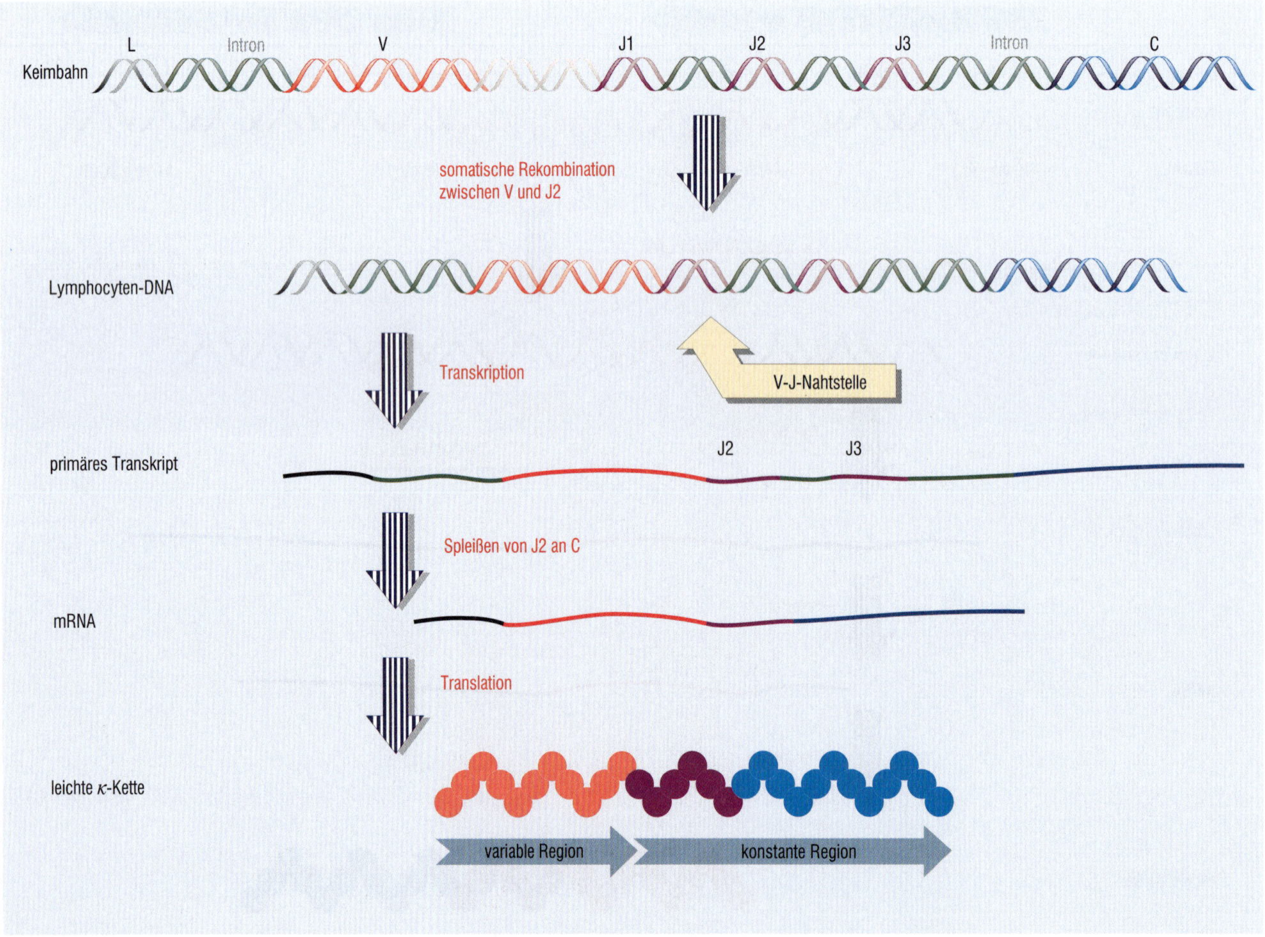

33.6 Dem C-Gen der κ-Kette sind in der Keimbahnkonfiguration mehrere J-Segmente vorgeschaltet. Ein V-Segment kann mit jedem dieser J-Segmente verbunden werden. Bei der RNA-Prozessierung wird dann die Sequenz des tatsächlich zur Rekombination benutzten J-Segments an das C-Exon gespleißt (wobei eventuell verbliebene stromabwärts gelegene J-Segmente, hier J3, als Teil des Introns entfernt werden).

Der V-D-J-Zusammenbau findet in zwei Schritten statt, veranschaulicht in Abbildung 33.7. Zunächst rekombiniert eines der D-Segmente mit einem J_H-Segment, anschließend rekombiniert eines der V_H-Segmente mit dem entstandenen D_{JH}-Doppelsegment. Die Umlagerungen führen zur Expression auch des benachbarten C_H-Gens (das hier mehrere Exons enthält). (Auf die Verwendung verschiedener C_H-Gene werden wir bei der Besprechung des Klassenwechsels noch zurückkommen.)

Die D-Segmente sind tandemartig hintereinander angeordnet. Bei der Maus enthält der Locus für die H-Kette zwölf D-Segmente unterschiedlicher Länge, beim Menschen sind es etwa 30 (doch nicht unbedingt alle davon werden benutzt). An beiden Verknüpfungsreaktionen – der zwischen D und J und der zwischen V und D – ist ein und dasselbe D-Segment beteiligt, so daß nur dieses ins fertige Gen gelangt und nicht mehrere Kopien. Durch welchen Mechanismus das erreicht wird, ist noch unbekannt. (Wenn wir in diesem Kapitel, auch schon weiter oben, vom Zusammenbau der V- und C-Gene für die schweren Ketten sprechen, sind dabei die V-D- und die D-J-Verknüpfung gleichermaßen miteingeschlossen.)

Die V-Gene aller drei Familien ähneln einander im Aufbau. Das erste Exon (das Leader-Exon) codiert eine Signalsequenz, welche die Membrananheftung steuert, das zweite codiert mit seinem V-Segment den größten Teil der eigentlichen variablen Region (knapp 100 Codons). Die Codierung des restlichen Teiles der V-Region übernehmen ein D-Segment (nur bei der H-Familie) und ein J-Segment (alle drei Familien), die beide nach der Umlagerung mit zum zweiten Exon gehören.

Die Genstruktur für die konstante Region hängt vom Kettentyp ab. Bei den leichten Ketten, κ wie λ, wird die konstante Region von nur einem Exon codiert (dem nunmehr dritten Exon des umgebauten aktiven Gens). Bei den H-Ketten gibt es für die konstante Region mehrere Exons; jedes davon codiert eine der in Abbildung 33.4 dargestellten Subregionen (C_{H1}, Gelenkregion, C_{H2} und C_{H3}). Die C_H-Exons umfassen jeweils etwa 100 Codons, das Exon für die Gelenkregion ist kürzer. Die Introns sind gewöhnlich recht klein (etwa 300 bp). (Zur Kongruenz der Gen- und Proteinstruktur bei den Immungloguline siehe auch Abbildung 22.19.)

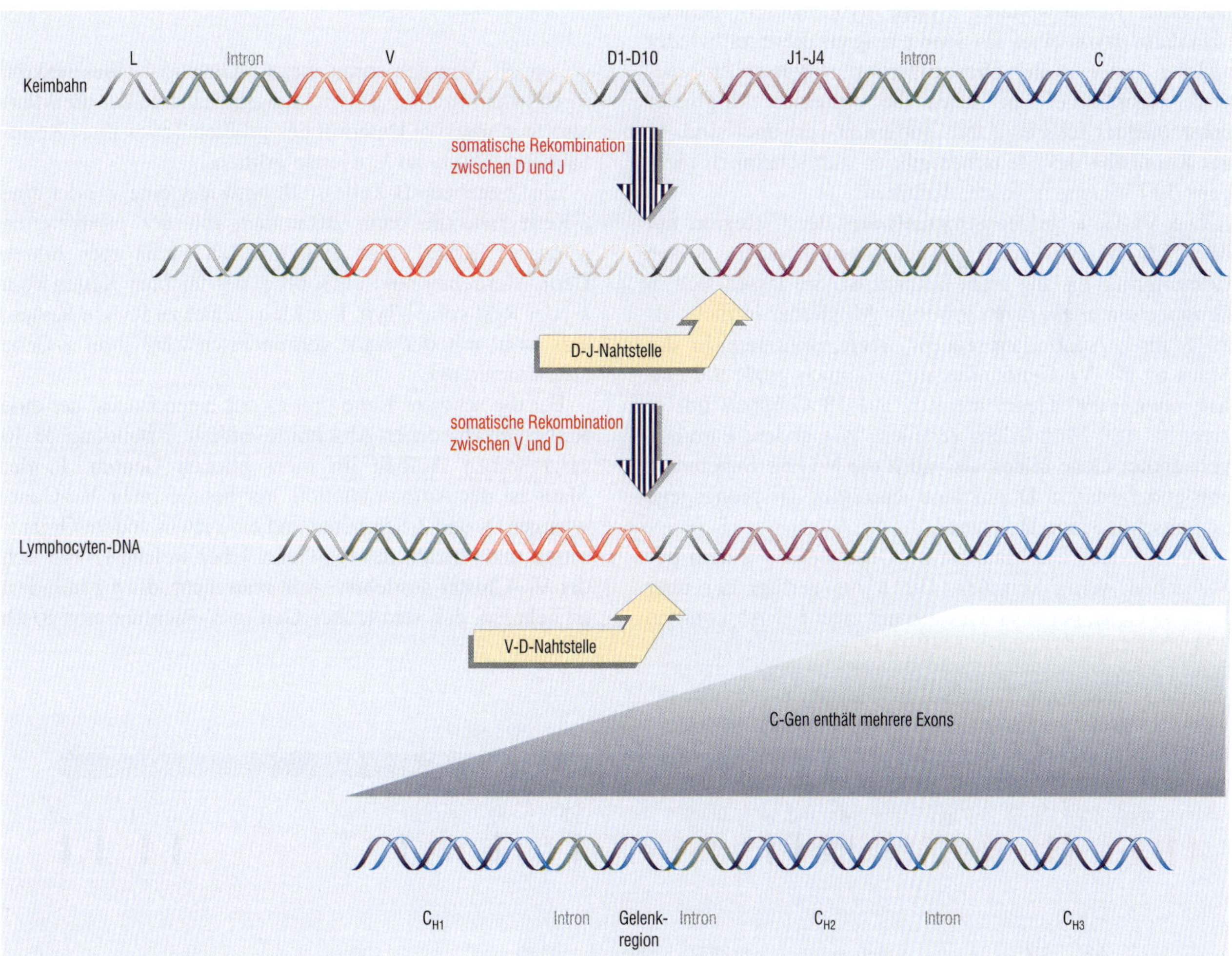

33.7 Aktive Gene für die schwere Kette entstehen durch aufeinanderfolgende Verknüpfungsreaktionen. Erst wird ein J-Segment mit einem D-Segment verbunden, dann dieses D-Segment an ein V-Gen angefügt.

33.3 Informationsvielfalt des Keimbahnvorrats an Immunglobulingensequenzen

Um herauszufinden, welche Antikörpervielfalt mit dem in der Keimbahn enthaltenen Sortiment an Codierungssegmenten erzielt werden kann, müssen wir die verschiedenen Typen von V- und C-Genen genauer betrachten. In den beiden Genfamilien für die L-Ketten sind zahlreiche V-Gene mit einer deutlich kleineren Anzahl von C-Genen gekoppelt:

- Der λ-Locus umfaßt etwa sechs C-Gene, jedes mit einem eigenen J-Segment, wie in Abbildung 33.8 gezeigt.
- Der κ-Locus enthält nur ein C-Gen, dem aber fünf J-Segmente (eines davon inaktiv) vorgeschaltet sind, wie in Abbildung 33.9 dargestellt.

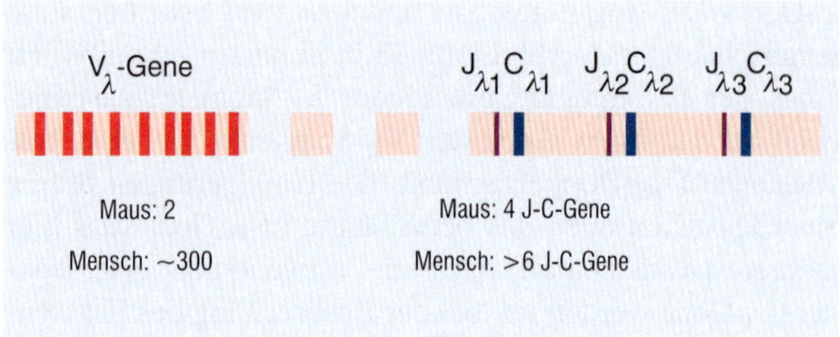

33.8 Die λ-Genfamilie besteht aus V-Genen und einer kleinen Zahl von J-C-Genen auf demselben Chromosom.

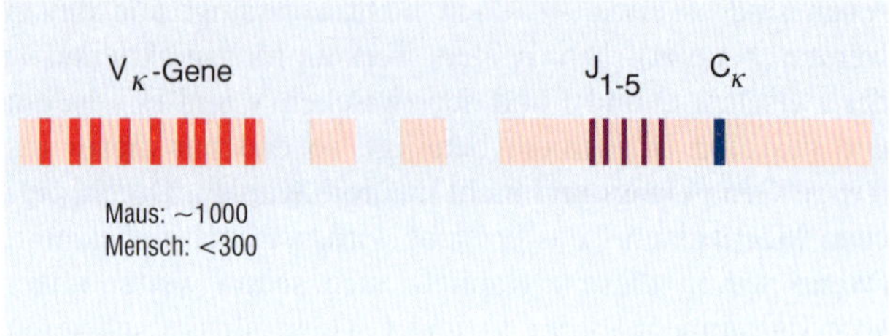

33.9 Die κ-Genfamilie bei Mensch und Maus besteht aus vielen V-Genen und einem mit fünf J-Segmenten gekoppelten C-Gen auf demselben Chromosom.

Die Zahl der Vκ- und Vλ-Gene zu schätzen ist schwierig, da die Sequenzen der einzelnen Genexemplare unterschiedlich stark voneinander abweichen. Eine Sonde, die man von einem bestimmten V-Gen gewonnen hat, wird mit einer Reihe weiterer V-Gene hybridisieren; benutzt man dann davon eines als Sonde, reagiert diese mit wieder anderen und so weiter. Diese Situation ist typisch für repetitive Genfamilien, in denen die einzelnen Mitglieder untereinander teils eng, teils entfernter verwandt sind. In der Keimbahn des Menschen gibt es wahrscheinlich nicht ganz 300 V-Gene in beiden Familien.

Die Vκ-Gene bilden stromaufwärts der C-Region auf dem Chromosom einen ausgedehnten Cluster, dessen Gesamtgröße bislang nicht bekannt ist. Sie lassen sich in Gruppen einteilen, deren jeweilige Mitglieder in mehr als 80 % ihrer Aminosäuresequenz übereinstimmen. In der Maus ist die Vκ-Genfamilie ungewöhnlich groß: Sie enthält etwa 1 000 Gene, die sich auf 18 Gruppen mit je zwei bis 100 Mitgliedern verteilen. Wie andere Familien verwandter Gene bilden also auch die V-Gene Subcluster, entstanden durch Duplikation einzelner Ursprungsgene und anschließende Divergenz.

Der λ-Locus der Maus ist im Unterschied zu dem des Menschen wenig komplex. Die Maus verfügt nur über zwei V_λ-Gene, beide sind jeweils mit zwei J-C-Abschnitten gekoppelt. Von den somit vier C_λ-Genen ist eines inaktiv. Irgendwann in ihrer Entwicklungsgeschichte hat die Maus also eine massive Deletion des größten Teiles ihrer Keimbahnausstattung an V_λ-Genen erlitten.

Eine gegebene B-Zelle stellt entweder eine κ- oder eine λ-Kette her, die dann zusammen mit der produzierten schweren Kette einen individuellen Antikörper bildet. Beim Menschen sind etwa 60 % der leichten Ketten vom κ-, der Rest vom λ-Typ. Die Maus bildet zu 95 % κ-Ketten, was wohl mit der stark verminderten Zahl ihrer λ-Gene zusammenhängt.

Für die schwere Kette gibt es nur einen Locus, der eine Reihe verschiedener Abschnitte enthält. Abbildung 33.10 zeigt seinen Aufbau im menschlichen Genom. In der Maus ist der Aufbau ähnlich, nur hat sie mehr V_H-Gene, weniger D- und J-Segmente und eine etwas andere Organisation und Anzahl der C_H-Gene. Über welche Länge sich der V_H-Cluster ausdehnt, weiß man nicht, doch zumindest ist bekannt, daß sein letztes Gen in 3′-Richtung nur 20 kb

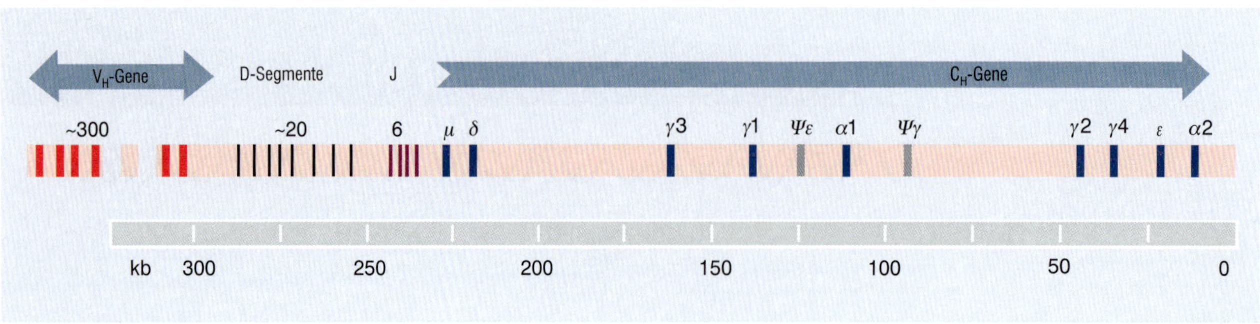

33.10 Die gesamte Information zur Herstellung schwerer Immunglobulinketten ist beim Menschen in einem Gencluster vereint.

vom ersten D-Segment entfernt liegt. Die D-Segmente verteilen sich über rund 50 kb, und daran schließt sich das Cluster der J-Segmente an. Die C_H-Gene folgen dann sämtlich innerhalb der nächsten 220 kb. Von ihnen gibt es neun funktionsfähige Gene und zwei Pseudogene. Ihre Anordnung legt nahe, daß einst ein γ-Gen mehrfach dupliziert worden ist, so daß der Subcluster γ-γ-ε-α entstand, der dann als Ganzes erneut dupliziert wurde.

Wie viele verschiedene V-Regionen lassen sich in Immunglobulinen mit Hilfe des Codierungsvorrats der Keimbahn schaffen? Wenn man bei den Loci für die L-Ketten von 300 V-Genen und vier bis fünf J-Segmenten ausgeht, haben sie jeweils das Potential für etwa 1 200 bis 1 500 Varianten. Noch größer sind die Möglichkeiten zur Vielfalt beim Locus für die H-Kette: Durch Kombination von z. B. 300 V_H-Genen, 20 D- und vier J-Segmenten würden sich 24 000 verschiedene variable Regionen ergeben, die mit jeder der von den verschiedenen C_H-Genen codierten konstanten Regionen zusammengesetzt werden könnten. Doch ist dies bei Säugern erst der Grundstock an Vielfalt: Zusätzliche Mechanismen führen zu weiteren Abwandlungen. *Wenn man eng verwandte Immunglobulinvarianten untersucht, findet man häufig mehr Formen, als sich durch die Zahl der entsprechenden V-Gene erklären läßt.* Die neuen Varianten entstehen infolge von somatischen Veränderungen in einzelnen Genen, die sich während des Rekombinationsprozesses oder danach ereignen. Auf die dafür verantwortlichen Mechanismen werden wir in diesem Kapitel noch eingehen.

Das Immunsystem der Vögel benutzt eine andere Strategie. Ein Extrembeispiel dafür, wie im Genom vorhandene Sequenzen zur Erzeugung von Vielfalt kombinatorisch ausgeschöpft werden können, bietet etwa das Huhn. Der fragliche Mechanismus kommt in ähnlicher Form sowohl beim einzigen Locus für die L-Kette (vom λ-Typ) und als auch bei dem für die H-Kette zum Einsatz. Die Organisation des λ-Locus ist in Abbildung 33.11 skizziert. Er besitzt nur *ein* funktionelles V-Gen ($V_{\lambda 1}$), ein J-Segment und ein C-Gen. Stromaufwärts von $V_{\lambda 1}$ liegen 25 V_λ-Pseudogene in unterschiedlicher Orientierung. Man faßt sie als Pseudogene auf, weil ihnen codierende Sequenzen an einem oder beiden Enden fehlen und/oder Signalsequenzen für die Rekombination. Für ihren Pseudogencharakter spricht auch, daß nur das $V_{\lambda 1}$-Gen mit dem J-C_λ-Gen rekombiniert.

Dennoch zeigen die Sequenzen aktiver, rearrangierter V_λ-J-C_λ-Gene eine erhebliche Diversität! Ein rearrangiertes Gen enthält eine oder mehrere Stellen, an denen sich Sequenzveränderungen häufen. Diese neuen Sequenzabschnitte lassen sich fast immer in identischer Form in

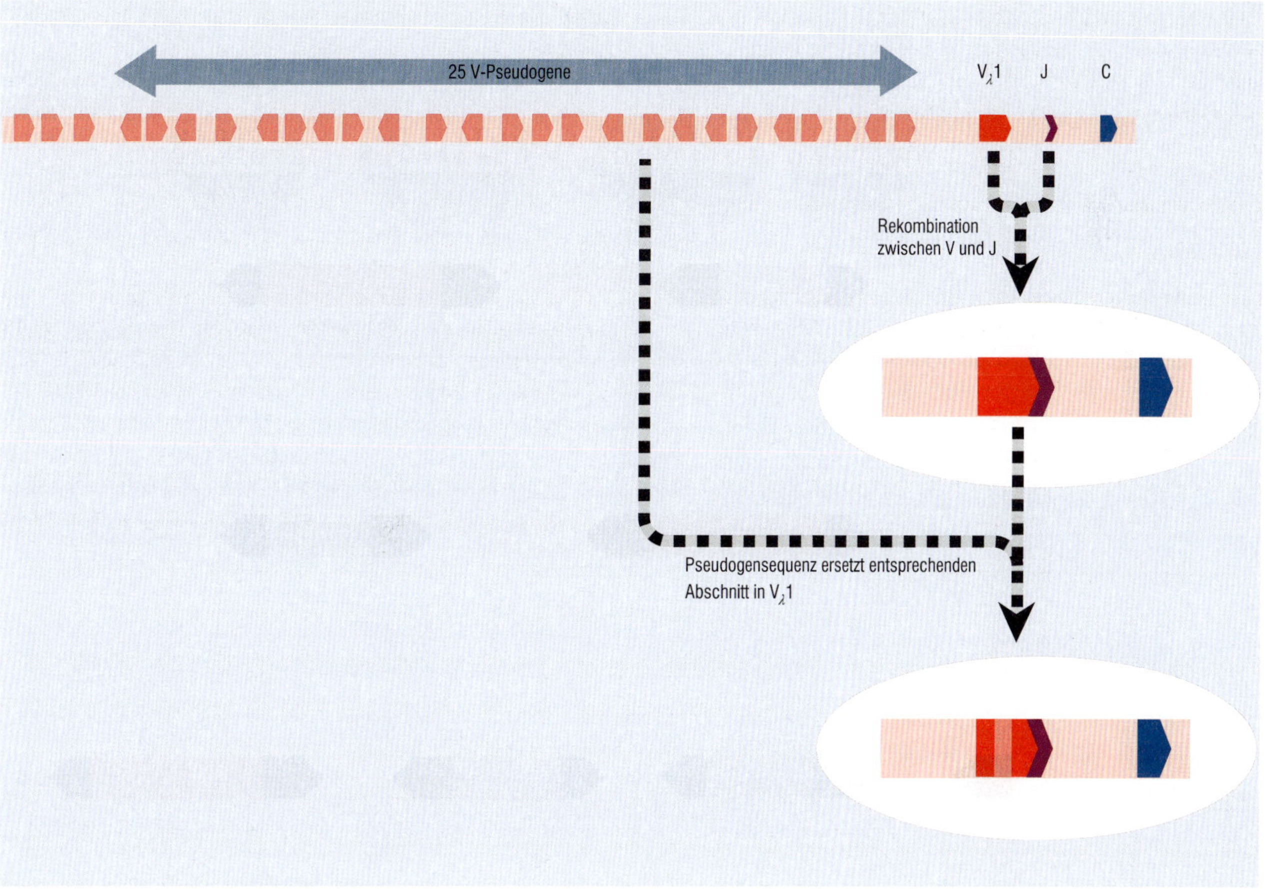

33.11 Beim Huhn enthält der Locus für die λ-Kette nur eine funktionelle V-J-C-Region; dieser sind stromaufwärts 25 Pseudogene vorgelagert. In aktiven rearrangierten V-J-C-Genen finden sich jedoch Sequenzen, die aus diesen Pseudogenen stammen.

einem der Pseudogene wiederfinden (die ihrerseits unverändert bleiben). Und die Ausnahmefälle, in denen eine Sequenzänderung mit keiner Pseudogensequenz übereinstimmt, betreffen stets nur die Übergangsbereiche zwischen der ursprünglichen und der neuen Sequenz.

Somit verfügen die Vögel offenbar über einen eigenen Mechanismus zur Erzeugung von Antikörpervielfalt. Dabei ersetzen aus den Pseudogenen stammende, zwischen zehn und 120 bp lange Sequenzen – vermutlich im Vorgang der Genkonversion – Abschnitte in der aktiven $V_{\lambda 1}$-Region. Die ursprüngliche $V_{\lambda 1}$-Sequenz wird gar nicht exprimiert, auch nicht in frühen Phasen einer Immunantwort. Wahrscheinlich findet an jedem rearrangierten $V_{\lambda 1}$-Gen etwa alle zehn bis zwanzig Zellteilungen eine Genkonversion statt. Am Ende der Reifungsphase enthält der $V_{\lambda 1}$-Bereich vier bis sechs neue Sequenzabschnitte, die aus unterschiedlichen Pseudogenen stammen und zusammen praktisch seine gesamte Länge einnehmen. Wenn alle Pseudogene an diesem Prozeß mitwirken, sind $2{,}5 \times 10^8$ verschiedene Sequenzkombinationen möglich!

33.4 Die Rekombination zwischen V- und C-Genen erzeugt Deletionen und Insertionen

Der Zusammenbau der L- und der H-Ketten-Gene verläuft nach dem gleichen Mechanismus (wenn auch die Zahl der Bauteile unterschiedlich ist): An den Grenzen aller an den Umlagerungsreaktionen teilnehmenden Keimbahnsegmente findet man dieselben Consensussequenzen. Sie bestehen aus einem konservierten Heptamer und einem konservierten Nonamer, die entweder zwölf oder 23 bp weit auseinanderliegen.

Abbildung 33.12 zeigt die Anordnung der Consensussequenzen in den Immunglobulinloci der Maus. Im κ-Locus folgt unmittelbar auf jedes V_κ-Gen eine Consensussequenz mit dem Zwischenstück oder auch Spacer genannt aus zwölf Basenpaaren. Und eine mit einem Spacer aus 23 bp liegt, in entgegengesetzter Orientierung, unmittelbar vor jedem J_κ-Segment. Umgekehrt ist die Anordnung am λ-Locus: Hier ist den V_λ-Genen die Consensussequenz mit dem 23-bp-Spacer nach- und den J_λ-Segmenten die mit dem 12-bp-Spacer vorgeschaltet.

Für die geschilderten somatischen Rekombinationen gilt folgende Regel: *Verknüpfungen erfolgen nur zwischen Consensussequenzen mit unterschiedlichem Komponen-*

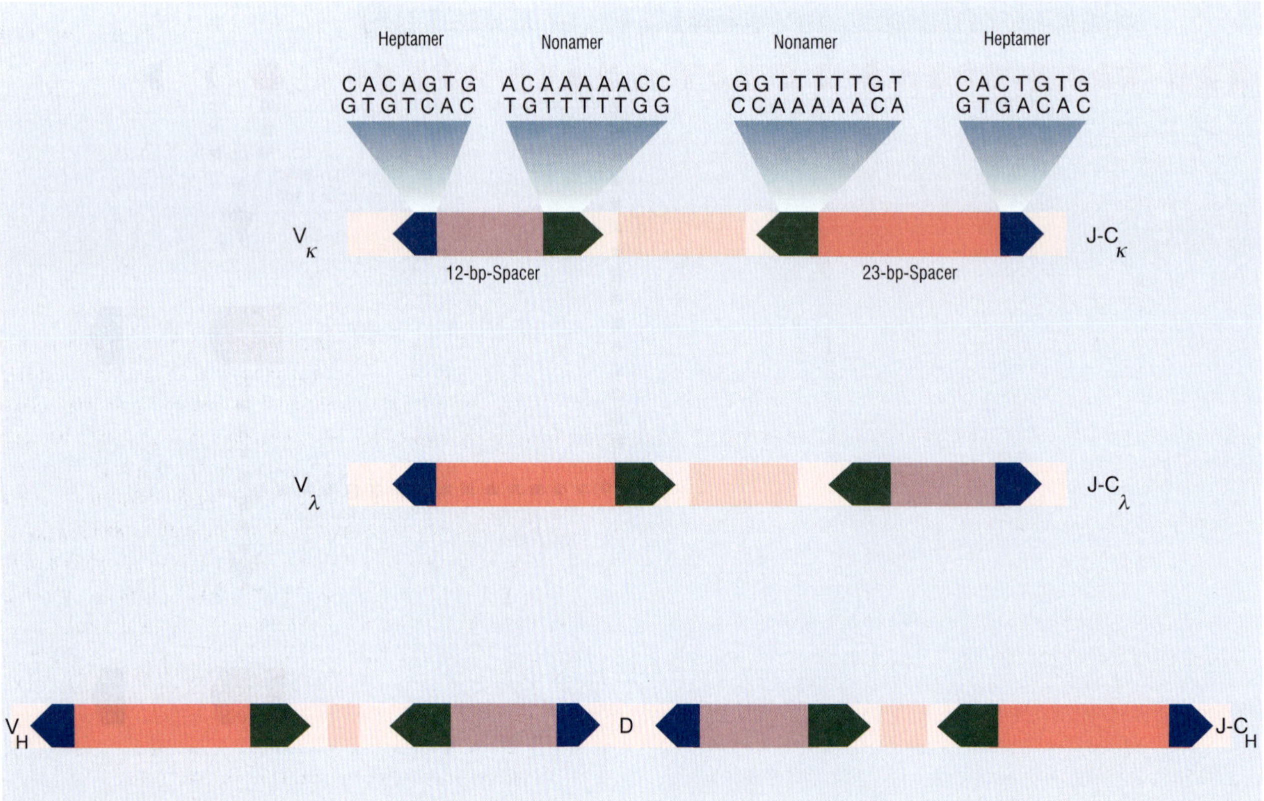

33.12 Verknüpfbare Paare von Rekombinationsstellen enthalten Consensussequenzen in entgegengesetzter Orientierung und mit unterschiedlichem internen Abstand. In einem Rekombinationspartner liegen die Consensuskomponenten zwölf, im anderen 23 bp auseinander.

tenabstand. Der Spacer verleiht keine Richtungsinformation, da die Lage der Consensussequenzen mit unterschiedlichem Spacer, wie gesehen, an den V- und J-Segmenten austauschbar ist. Jedoch verhindern gleiche Spacer, daß die mit ihnen ausgestatteten Segmente miteinander rekombinieren: Weder die V-Gene noch die J-Segmente können mit ihresgleichen verknüpft werden.

Dieses Konzept findet sich auch in der Struktur der Bauteile für die H-Ketten-Gene wieder. Jedes V_H-Gen endet in der Consensussequenz mit dem 23-bp-Spacer; jedes D-Segment ist von Consensussequenzen mit 12-bp-Spacern umrahmt; und jedes J_H-Segment beginnt wieder mit dem 23-bp-Spacer-Consensus. Folglich muß ein V-Gen mit einem D-Segment verknüpft werden und dieses mit einem J-Segment. Eine Rekombination zwischen V und J ist nicht möglich, da beide mit dem gleichen Consensustyp ausgestattet sind.

Der Abstand zwischen den Komponenten der Consensussequenzen entspricht etwa einer beziehungsweise zwei Windungen der Doppelhelix. Möglicherweise spiegelt sich darin eine raumgeometrische Voraussetzung für den Rekombinationsvorgang wider. So könnten sich das oder die für die Rekombination erforderlichen Proteine der DNA von einer bestimmten Seite annähern, in ähnlicher Weise wie sich die RNA-Polymerase und Repressoren an Erkennungselemente wie Promotoren und Operatoren anlagern.

Wenn wir für das Zusammenknüpfen der Bauteile für die Immunglobulingene den Begriff „Rekombination" verwenden, unterstellen wir damit nicht, daß es sich hierbei um eine wechselseitige Rekombination zwischen homologen Sequenzen handelt. Was sich ereignet, sind Sequenzumlagerungen, die ein Aufbrechen und Neuknüpfen kovalenter Bindungen erfordern, doch der Mechanismus ist ein anderer als bei der homologen Rekombination. Den grundsätzlichen Ablauf der Reaktion veranschaulicht Abbildung 33.13 am Beispiel des κ-Locus. (Die Reaktion verläuft am H-Locus ähnlich, nur daß hier zwei Rekombinationsereignisse stattfinden: erst zwischen D und J, dann zwischen V und DJ.)

Strangbruch und Neuverknüpfung erfolgen in getrennten Schritten. Die Enden der Codierungsregionen sind durch die Heptamere gekennzeichnet, und dort wird jeweils der Doppelstrangbruch gesetzt. Dadurch wird das gesamte DNA-Stück zwischen dem V-Gen und dem J-C-Gen, die zusammengebracht werden sollen, herausgetrennt. Die Schnittenden des herausgetrennten Fragments nennt man **Signalenden** (*signal ends*), die des gewählten V- und J-C-Locus heißen **Codierungsenden** (*coding ends*). Die beiden Codierungsenden werden dann kovalent verknüpft, so daß an dieser Nahtstelle V- und J-Segment nunmehr unmittelbar zusammenhängen und einen geschlossenen Codierungsbereich bilden. Werden die beiden Signalenden ebenfalls verbunden, so geht das herausgetrennte Fragment in ein Ringmolekül über.

Die Verknüpfungsreaktion verändert die Sequenz an den Nahtstellen – bei den leichten Ketten also am V-J-Übergang, bei den schweren am V-D- und am D-J-Übergang –, so daß sich dort auch die Aminosäurecodierung ändern kann. Diese Veränderungen sind Folge der enzymatischen Vorgänge beim Aufbrechen und Neuverknüpfen der DNA. An den Nahtstellen zwischen den zusammengeführten Segmenten können im Zuge des Rekombinationsprozesses Basenpaare verlorengehen oder hinzukommen. Abbildung 33.14 zeigt am Beispiel der D-J-Verknüpfung eines H-Locus den prinzipiellen Reaktionsablauf und verdeutlicht, wie zusätzliche Basenpaare eingefügt werden. Auch der Zusammenbau von V_L- und J_L-Segmenten kann mit Deletionen oder Insertionen einhergehen; Einfügungen von N-Nucleotiden (siehe unten) sind hier allerdings nicht die Regel.

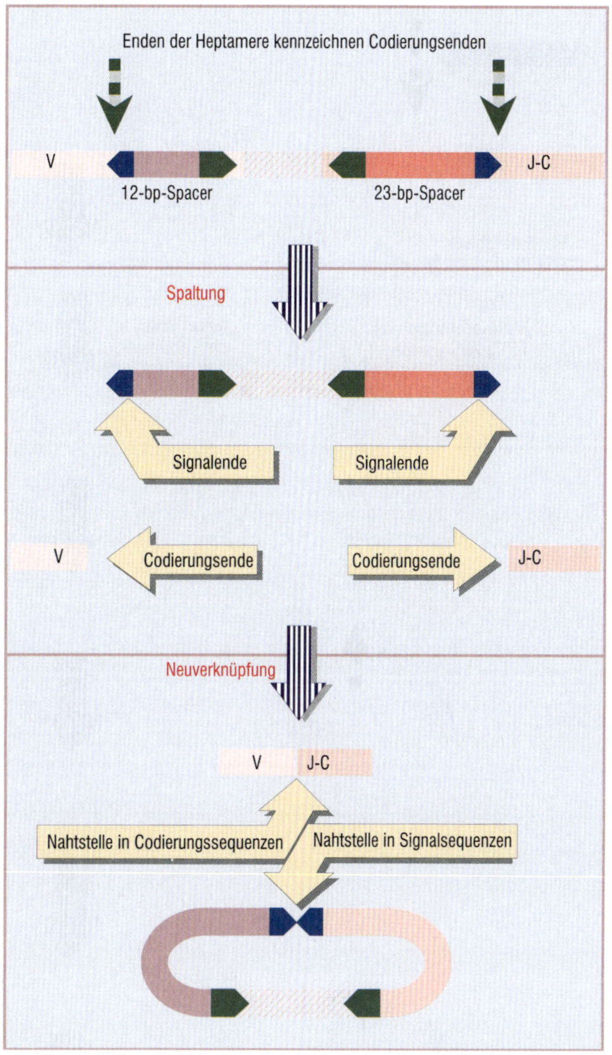

33.13 Immunglobulingene werden durch Strangbrüche an den Consensussequenzen und anschließende Neuverknüpfung zusammengesetzt.

Die ersten Schritte des Umlagerungsvorgangs ließen sich anhand von Zwischenprodukten charakterisieren, die man aus Lymphocyten von Mäusen mit der *SCID*-Mutation gewann. Diese Mutation behindert den Zusammenbau reifer Immunglobulin- und T-Zell-Rezeptor-Gene. In *SCID*-Mäusen findet man gehäuft DNA-Moleküle mit Doppel-

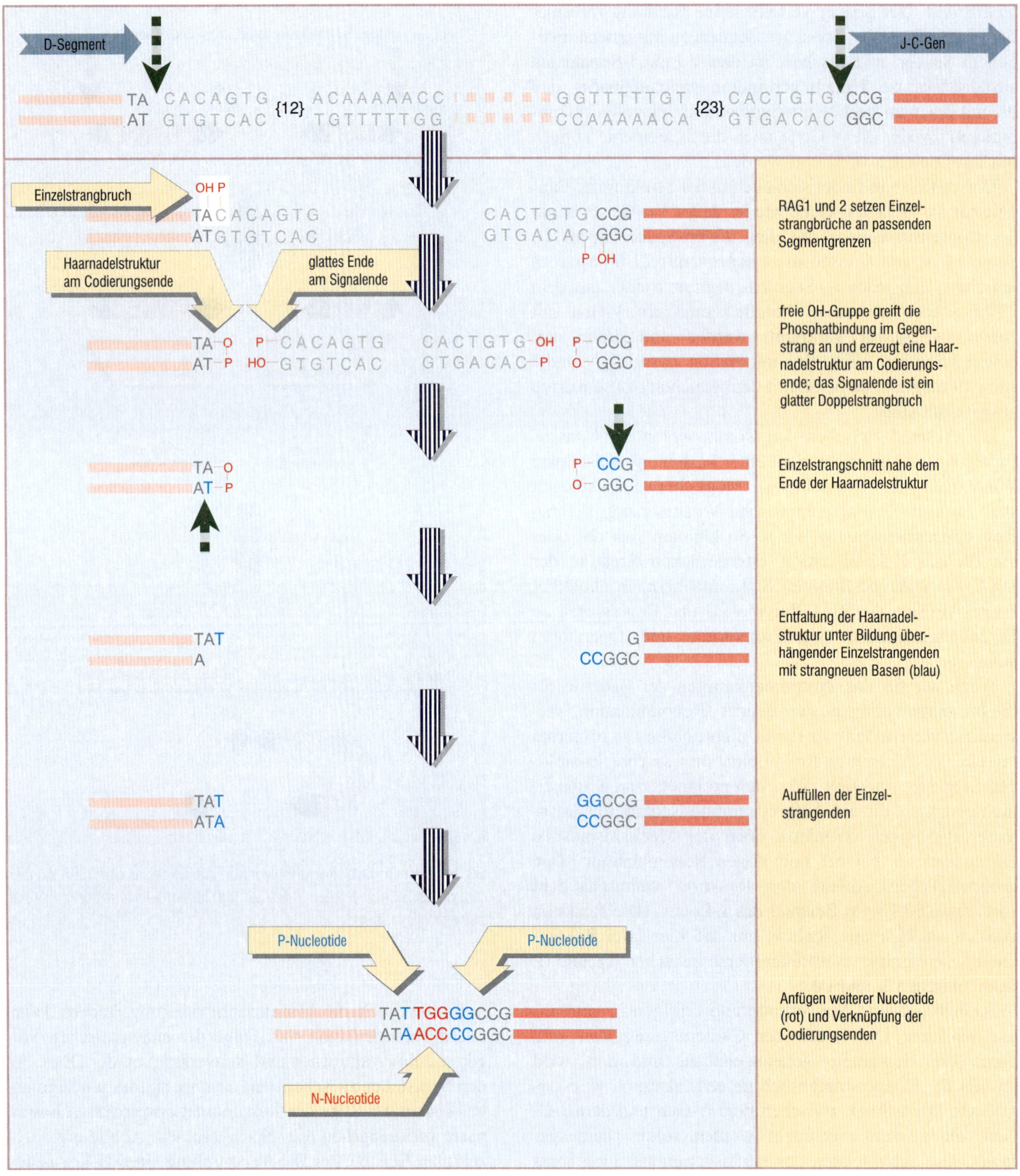

33.14 Die Verknüpfung von Codierungsenden nach dem Strangbruch erfolgt nicht basengetreu, sondern erlaubt den Einbau zusätzlicher P- und N-Nucleotide.

strangbrüchen an den Codierungsenden; die Schnitte werden also gesetzt, doch kommt die Verknüpfungsreaktion nicht recht zum Abschluß. Die Mutation betrifft eine DNA-abhängige Proteinkinase. Ob diese in direkter Weise an der Rekombinationsreaktion teilnimmt oder ob sie mittelbar agiert, indem sie auf andere Komponenten der Reaktion einwirkt, ist nicht bekannt.

Man fand eine Reihe von Proteinen, die mit der V(D)J-Verknüpfung in Zusammenhang stehen könnten, darunter solche mit heptamerbindenden, nonamerbindenden oder endonucleolytischen Eigenschaften. Nachgewiesen ist bislang nur die Beteiligung der *RAG*-Produkte. Die entsprechenden Gene, *RAG1* und *RAG2*, sind knapp zehn Kilobasen auf einem Chromosom voneinander entfernt.

Transfiziert man die beiden Gene in Fibroblasten, so beginnen diese, an geeigneten DNA-Substraten V(D)J-Verknüpfungen vorzunehmen. Mäuse, denen die *RAG1*- oder die *RAG2*-Funktion fehlt, können ihre Immunglobulin- und T-Zell-Rezeptor-Gene nicht mehr umlagern und haben deshalb nur unreife B- und T-Lymphocyten.

Wie Transfektions- und *in vitro*-Experimente zeigen, sind RAG1 und RAG2 für die frühen Ereignisse allein verantwortlich. Sie erkennen die Heptamer-Nonamer-Signalsequenz, berücksichtigen dabei in korrekter Weise deren Komponentenabstand (12-bp- oder 23-bp-Spacer) und setzen an passenden Segmentgrenzen jeweils einen Einzelstrangbruch. Das dabei entstehende 3′-OH-Ende *greift dann die ihm gegenüberliegende Phosphodiesterbindung im anderen Strang derselben Doppelhelix an*. Dadurch bildet sich eine Haarnadelstruktur (*hairpin*) am Codierungsende: Der 3′-Terminus des unterbrochenen Stranges geht mit dem 5′-Phosphat an der Komplementärposition des Gegenstranges eine kovalente Bindung ein. Als Folge bricht der Doppelstrang ganz auseinander. Das Codierungsende wird dabei wie geschildert als Haarnadelstruktur frei, das Signalende als *blunt end*, also „glattes" Doppelstrangende mit freier 3′-OH- und 5′-Phosphatgruppe.

Die Haarnadelstrukturen der Codierungsenden sind das Substrat für den nächsten Reaktionsschritt. Wieder erfolgt ein Einzelstrangschnitt, nicht direkt am Haarnadelende, sondern einige Basen daneben. Der Doppelstrang kann sich in diesem Bereich nunmehr „entpaaren", so daß ein überhängendes Einzelstrangendstück freikommt. Dieses wird zum Doppelstrang aufgefüllt. Als Folge ist das Codierungsende jetzt länger als in der Keimbahnkonfiguration. Die eingefügten Nucleotide nennt man **P-Nucleotide**, da sie die ursprüngliche Sequenz palindromisch erweitern. Welches Enzym die Auffüllungsreaktion katalysiert, ist unbekannt.

Darüber hinaus können zwischen den Codierungsenden weitere, offenbar zufällig gewählte Nucleotide eingefügt werden, für die es in der ursprünglichen Sequenz kein Gegenstück gibt. Diese gänzlich neuen Nucleotide bezeichnet man als **N-Nucleotide**. Sie werden durch die terminale Desoxynucleotidyltransferase (von der man weiß, daß sie in Lymphocyten aktiv ist) an die 3′-OH-Gruppe der im Zuge des Rekombinationsprozesses entstehenden freien Codierungsenden angehängt.

Durch diese Mechanismen entsteht zusätzliche Vielfalt. Sie bringen mit sich, daß die Nahtstellen zwischen Codierungsenden nicht unbedingt die Sequenz aufweisen, die sich bei präziser basengetreuer Verknüpfung von V-, D- und J-Segmenten ergeben würde.

Die Sequenzabänderungen an den Segmentübergängen führen dazu, daß an diesen Stellen eine besonders große Vielfalt an Aminosäuren codiert werden kann. Zu erwähnen ist, daß das Codon für die Aminosäure in Position 96 durch die V-J-Rekombination entsteht. Diese Position ist Teil der Antigenbindungsstelle und zudem an der Kontaktherstellung zwischen leichter und schwerer Kette beteiligt. Die größte Diversität wird also an der Stelle erzeugt, die das Antigen binden soll.

Wenn sich an einer Nahtstelle zwischen codierenden Segmenten die Zahl der Basenpaare ändert, kann das Leseraster umspringen. Offenbar wird bei den im Zuge der Verknüpfungsreaktionen erfolgenden Sequenzveränderungen auf den Erhalt des Leserasters keine Rücksicht genommen, so daß wahrscheinlich nur in einem Drittel der Umbauvorgänge die Segmente sich rastergetreu zusammenfügen. Wenn etwa bei einer V-J-Verknüpfung eine nicht durch drei teilbare Zahl von Nucleotiden eingeschoben wird, wechselt die Codierung im J-C-Segment in ein anderes Raster, das mit hoher Wahrscheinlichkeit ein Terminationscodon enthält, an dem die Translation vorzeitig abbricht. Die Bildung solcher aberranten Gene ist wohl der Preis, den der Organismus dafür zahlen muß, daß er durch die Veränderung der Segmentübergänge das Arsenal seiner Abwehrwaffen erweitern kann.

Ähnliche, sogar noch größere Vielfalt entsteht im H-Ketten-Gen, da hier mit dem Einbau des D-Segments eine weitere Verknüpfungsreaktion hinzukommt. Das Leseraster kann sich auch hier verschieben: Unproduktive Gene entstehen, wenn infolge der Verknüpfungsereignisse das J- und C-Segment in ein anderes Raster fallen als das vorgebaute V-Segment.

In der Regel sind die V- und J-C-Loci auf dem Chromosom gleichsinnig orientiert. Als Folge wird nach den Schnittreaktionen in den Consensussequenzen das dazwischenliegende DNA-Stück als lineares Fragment frei. Wenn dessen Signalenden miteinander verknüpft werden, entsteht ein zirkuläres Molekül, das in Abbildung 33.13 gezeigt wird. Eine Deletion unter Freisetzung eines Ringmoleküls ist der vorherrschende Rekombinationsmodus in den Immunglobulin- und T-Zell-Rezeptor-Genen.

Mitunter jedoch ist ein V-Gen gegenüber den J-C-Loci entgegengesetzt orientiert. In einem solchen Fall führen Strangbrüche und Neuverknüpfung nicht zur Deletion, sondern zur Inversion des Zwischenstückes. Das jeweilige Ergebnis einer Deletion beziehungsweise Inversion entspricht dem einer homologen Rekombination zwischen direkten beziehungsweise umgekehrte Wiederholungssequenzen, wie in den Abbildungen 18.8 und 18.9 gezeigt wurde. Bei der Rekombination mit einem invertierten V-Gen besteht die unbedingte Notwendigkeit, daß die Signalenden verknüpft werden, andernfalls bleibt im Locus ein Bruch zurück. Inversionen findet man bei der Rekombination der T-Zell-Rezeptor-Gene und gelegentlich auch im Locus für die leichte κ-Kette.

Wie hängt der Zusammenbau von V- und C-Genen mit ihrer Aktivierung zusammen? Solange V-Gene nicht umgeordnet sind, läßt sich keine von ihnen stammende RNA finden, sie werden also nicht transkribiert. Ist ein V-Gen aber in produktiver Weise mit einem C-Gen verknüpft, so wird die entstandene Einheit transkriptionsaktiv. Da jedoch die Sequenz stromaufwärts vom V-Gen durch den Umbau nicht verändert wird, *muß der Promotor in nicht rearrangierten, in unproduktiv rearrangierten und in produktiv rearrangierten Genen der gleiche sein.*

Jedem V-Gen ist ein Promotor vorgeschaltet, der aber inaktiv ist. Erst durch die Umlagerung in die C-Region wird er aktiviert. Dieser Effekt beruht offenbar auf stromabwärts gelegenen Sequenzen. Worin besteht deren Aufgabe? Ein Enhancer innerhalb des C-Gens oder stromabwärts davon aktiviert den Promotor des V-Gens. Dieser Enhancer ist gewebsspezifisch; er arbeitet nur in B-Zellen. Somit ergibt sich das in Abbildung 33.15 skizzierte Modell: Der Promotor des V-Gens wird aktiviert, sobald er in den Einflußbereich des Enhancers gelangt.

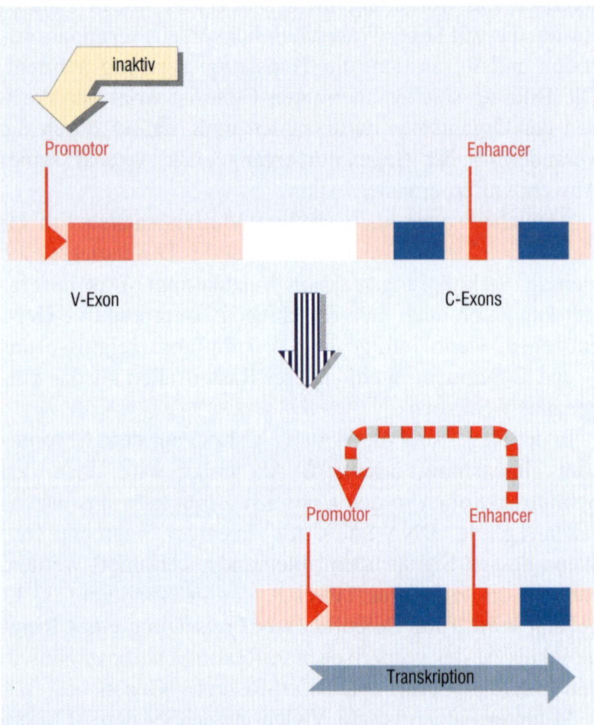

33.15 Der Promotor eines V-Gens bleibt so lange inaktiv, bis er infolge der Rekombination in die Nähe eines Enhancers im C-Gen rückt. Der Enhancer ist nur in B-Zellen aktiv.

33.5 Ein produktiver Genzusammenbau führt zur allelen Exklusion

Eine gegebene B-Zelle exprimiert nur einen Typ von leichter Kette und nur einen Typ von schwerer Kette, da sie jeweils nur ein L-Ketten- und ein H-Ketten-Gen produktiv zusammenbaut. Der Rekombinationsvorgang betrifft jeweils nur das Gen auf *einem* der beiden homologen Chromosomen, daher wird das Allel *auf dem anderen Chromosom in derselben Zelle nicht exprimiert*. Dieses Phänomen nennt man **Allelausschluß** oder **allele Exklusion** (*allelic exclusion*).

Die allele Exklusion erschwert die Analyse der somatischen Rekombination. Eine DNA-Sonde, die mit einer umgelagerten Region auf dem einen Chromosom reagiert, wird auch mit der allelen Sequenz auf dem homologen Chromosom hybridisieren. Man ist daher häufig gezwungen, das unterschiedliche Schicksal beider Allele gleichzeitig zu untersuchen.

Das Bandenmuster, das ein aktives rearrangiertes Gen in einer solchen Analyse zeigt, läßt sich gewöhnlich aufgrund der Deletion des Abschnitts zwischen den rekombinierten V- und C-Loci interpretieren.

In aktiven B-Zellen findet man zwei Formen von Genanordnungen:

- Sonden für ein aktives Gen machen eine rearrangierte Anordnung und die usprüngliche Keimbahnanordnung nebeneinander sichtbar. Man kann daraus schließen, daß die Umlagerung in einem Chromosom stattgefunden hat, während das andere unverändert geblieben ist.
- Man beobachtet zwei verschiedene rearrangierte Anordnungen. Dann sind in beiden Chromosomen Umlagerungen erfolgt. Mitunter ist in einer solchen Zellinie DNA-Material, das ursprünglich zwischen den rekombinierten V- und J-Genen gelegen war, völlig verschwunden. In beiden Chromosomen muß sich dann jeweils eine Deletion ereignet haben, die sich zumindest teilweise mit der anderen überschneidet.

Falls beiden homologen Chromosomen das Keimbahnmuster fehlt, heißt das nicht, daß zwei aktive Allele entstanden sind: Gewöhnlich hat dann nur eines der Allele eine **produktive Umlagerung** erfahren, die es zu einem funktionellen Gen macht. Im anderen ist eine **nichtproduktive Umlagerung** erfolgt, die verschiedene Ursachen haben kann; in jedem Falle ist eine solche Gensequenz nicht als Immunglobulinkette exprimierbar. (Das Gen kann unvollständig sein, etwa weil die D-J-Verknüpfung stattgefunden hat, die V-D-Verknüpfung jedoch unterblieben ist; oder es ist aberrant, das heißt, der Rekombinationsprozeß kam zwar zum Abschluß, doch das zusammengebaute Gen codiert kein funktionelles Protein.)

Daß zwei rearrangierte Allele nur dann nebeneinander vorkommen, wenn eines unproduktiv ist, läßt auf eine Rückkopplungsschleife schließen, die den Rekombinationsprozeß kontrolliert. Abbildung 33.16 zeigt ein Modell dazu. Eine reifende B-Zelle hat zunächst zwei Allele mit der ursprünglichen Keimbahnkonfiguration Ig0. Jedes der Allele kann zu einem produktiven Gen – Konfiguration Ig^+ – oder einem nichtproduktiven (Ig^-) zusammengesetzt werden.

Kam ein produktiver Umbau zustande, so entsteht mit der Synthese der funktionellen Kette ein Signal, das den Umbau des anderen Allels verhindert. Die Zelle hat jetzt die Konfiguration Ig^0/Ig^+.

War der Umbau nicht produktiv, hat die Zelle vorerst die Konfiguration Ig^0/Ig^-, und nichts hindert sie daran, das zweite Keimbahnallel umzuordnen. Gelingt ihr das in produktiver Weise, kann sie die Kette exprimieren und zeigt nunmehr die Konfiguration Ig^+/Ig^-. Auch in diesem Fall unterdrückt die aktive Expression der Kette weitere Umordnungen.

Nach zwei aufeinanderfolgenden nichtproduktiven Umlagerungen entsteht eine Zelle mit der Konfiguration Ig^-/Ig^-. Mitunter versucht eine solche Zelle offenbar einen erneuten Umbau: Man kann Anordnungen finden,

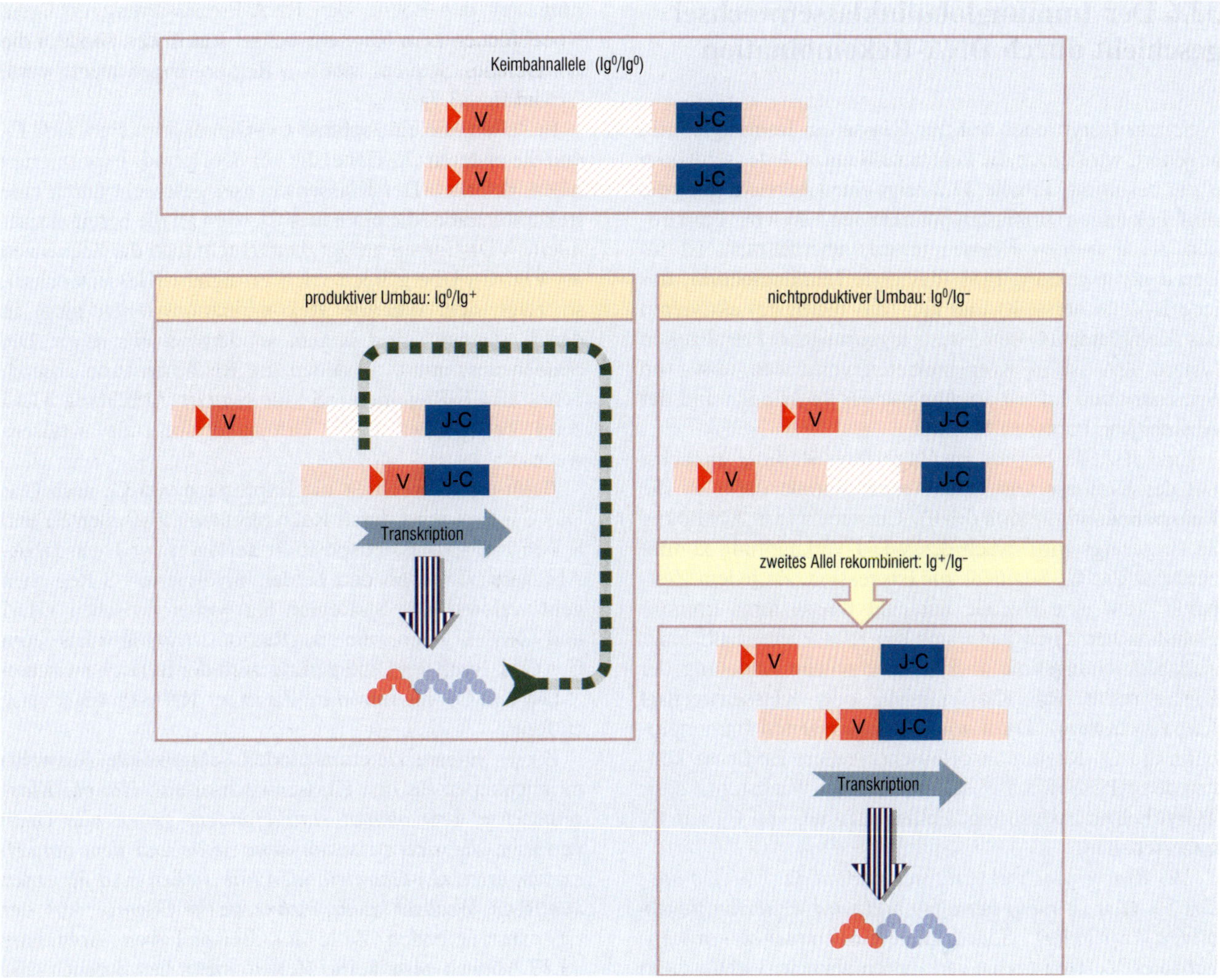

33.16 Wenn ein Allel erfolgreich umgebaut ist und eine funktionstüchtige leichte beziehungsweise schwere Kette exprimiert wird, unterbleibt der Umbau des homologen Allels – die Folge ist die allele Exklusion.

die sich nur durch mehrere Rekombinationsereignisse erklären lassen.

Quintessenz des Modells ist, daß die Zelle so lange V- und C-Gene zu rekombinieren versucht, bis sie einen produktiven Umbau erreicht hat. Sobald ein solcher zustande gekommen ist, somit eine funktionelle Kette produziert wird, bleiben weitere Umbauten aus; die Folge ist allele Exklusion. Einen Beweis für dieses Modell liefern transgene Mäuse, deren Keimbahn ein produktiv umgeordnetes Ig-Gen enthält: Die Expression dieses Transgens unterdrückt in B-Zellen den Umbau seiner endogenen Gegenstücke.

Der Allelausschluß erfolgt für den H- und den L-Ketten-Locus jeweils unabhängig. Gewöhnlich werden die H-Gene zuerst umgelagert, danach die L-Gene. Bei letzteren muß der Allelausschluß beide Loci gleichermaßen erfassen – eine B-Zelle synthetisiert ja nur eine leichte Kette, entweder die vom κ- oder die vom λ-Typ. Wahrscheinlich beginnt die Zelle den Umbau am κ-Locus; schlägt er an dessen beiden Allelen fehl, so greift sie auf den λ-Locus zurück.

Diese Ereignisfolge birgt ein Paradoxon. An den Rekombinationsvorgängen in allen drei Loci – H, κ und λ – kommen sowohl die gleichen Consensussequenzen als auch die gleichen V(D)J-Rekombinasen zum Einsatz. Dennoch ist die Reihenfolge der Umbauvorgänge festgelegt. Wodurch wird erreicht, daß der Umbau des H-Locus dem der L-Loci vorausgeht und von diesen erst das κ- und dann gegebenenfalls das λ-Gen rearrangiert wird? Wahrscheinlich werden die einzelnen Loci den fraglichen Enzymen zu unterschiedlichen Zeitpunkten zugänglich, möglicherweise infolge ihrer Transkription. Denn Transkription setzt schon vor dem Umbau ein, auch wenn die RNA-Produkte noch nichts Sinnvolles codieren. Mit beginnender Transkription mag sich die Chromatinstruktur des jeweiligen Locus ändern, so daß die für die Rekombination erforderlichen Consensussequenzen den Rekombinationsenzymen zugänglich werden.

33.6 Der Immunglobulinklassenwechsel geschieht durch DNA-Rekombination

Welchem Isotyp oder welcher **Klasse** ein Immunglobulin angehört, wird durch die konstante Region seiner schweren Kette bestimmt. Tabelle 33.2 zeigt eine Übersicht über die fünf bekannten Immunglobulinklassen. Welche Funktionen die einzelnen Klassen jeweils übernehmen, ist im Detail nicht geklärt. IgM (das erste Immunglobulin, das jede B-Zelle herstellt) und IgG (das häufigste) aktivieren das Komplementsystem, das eingedrungene Fremdzellen lysiert. IgA ist in Körpersekreten vorhanden (etwa im Speichel), und IgE ist an allergischen Reaktionen und der Abwehr von Parasiten beteiligt.

Eine B-Zelle beginnt im Zuge ihrer Reifung zunächst mit der Synthese von IgM. Ausgangspunkt dafür ist die Keimbahnkonfiguration des C_H-Clusters, wie in Abbildung 33.10 gezeigt wird. Nach der V-D-J-Verknüpfung kommt zunächst das C_μ-Segment zur Expression. Zu jedem Zeitpunkt stellt eine B-Zelle nur eine Klasse ihres Immunglobulins her, doch kann sich die Klasse innerhalb einer Zellabstammungslinie ändern. Eine solche Änderung der Klasse nennt man Klassensprung oder **Klassenwechsel** (*class switching*). Dazu wird im exprimierten Immunglobulin die C_H-Region ausgetauscht. Äußere Einflüsse können den Klassenwechsel stimulieren; der Wachstumsfaktor TGFβ beispielsweise regt Zellen dazu an, von C_μ auf C_α umzuschalten.

Der Klassenwechsel wirkt sich nur auf das C_H-Gen aus; das V_H-Gen ist nicht betroffen und wird weiterhin unverändert exprimiert. Somit kann ein einmal zusammengebautes V_H-Gen (genaugenommen also ein V_HDJ_H-Gen) in Kombination mit einer Folge verschiedener C_H-Gene exprimiert werden. Die L-Kette bleibt währenddessen in einem gegebenen B-Zell-Klon die gleiche. Der Klassenwechsel erlaubt also, die Effektorfunktion eines Immunglobulins (vermittelt durch dessen C_H-Region) zu ändern, und dies unter Erhalt der Antigenspezifität (vermittelt durch die unverändert gebliebenen V-Regionen).

Zur Abänderung der C_H-Expression gibt es zwei Möglichkeiten. In der Mehrzahl der Fälle finden weitere DNA-Rekombinationsereignisse statt, die nach einem anderen Muster verlaufen als bei der V-D-J-Verknüpfung (und die eine B-Zelle erst in späteren Stadien ihrer Entwicklung durchführen kann). Alternativ kann die Änderung auf der Ebene der RNA-Prozessierung erfolgen, wobei jedoch kein Klassenwechsel stattfindet, sondern die C-terminale Sequenz der C_H-Region abgewandelt wird, (Abschnitt 33.7).

In Zellen, die ein „spätes" C_H-Gen exprimieren, sind C_μ und die anderen C_H-Gene, die vor dem gerade exprimierten lagen, deletiert. Der Klassenwechsel geschieht durch eine Rekombination, die ein neues C_H-Gen an die bereits exprimierte VDJ-Einheit anfügt. Untersucht man die Sequenzen an VDJ-C_H-Übergängen nach erfolgtem Klassenwechsel, so zeigt sich, daß die Rekombinationsstellen nicht in den C_H-Genen selbst liegen, sondern jeweils davor. Die Sequenzabschnitte, an denen die Rekombination ansetzt, nennt man **S-Regionen** („S" für *switch*). Abbildung 33.17 zeigt beispielhaft zwei aufeinanderfolgende Klassenwechsel.

Beim ersten wechselt die Expression von C_μ nach $C_{\gamma1}$. Das $C_{\gamma1}$-Gen wird durch Rekombination zwischen S_μ und $S_{\gamma1}$ in die Expressionsposition verlagert, und der DNA-Abschnitt zwischen den beiden involvierten S-Regionen geht verloren. Die S_μ-Region lag vorher zwischen V-D-J und dem C_μ-Gen, die $S_{\gamma1}$-Region stromaufwärts vom $C_{\gamma1}$-Gen. Nach der Umlagerung wird der Bereich zwischen V-D-J und $C_{\gamma1}$ als Intron im Zuge der RNA-Prozessierung entfernt.

Dieses lineare Deletionsmodell schränkt die Auswahlmöglichkeiten für den Klassenwechsel ein: *Hat ein Klassenwechsel erst einmal stattgefunden, gehen alle Gene verloren, die sich zwischen dem zuvor und dem danach exprimierten C_H-Gen befanden; sie stehen also für einen künftigen Wechsel nicht mehr zur Verfügung*. Aus der $C_{\gamma1}$-exprimierenden Zelle im Beispiel von Abbildung 33.17 können also keine Zellen mehr hervorgehen, die $C_{\gamma3}$ exprimieren, da dieses Gen deletiert wurde.

Doch dürfte es für die $C_{\gamma1}$-Zelle noch möglich sein, auf eines der *stromabwärts* vom exprimierten Gen gelegenen CH-Gene umzuschalten. Die Abbildung zeigt einen zweiten Klassenwechsel, der zur Expression von $C_{\alpha1}$ führt. Die Rekombination erfolgt zwischen $S_{\alpha1}$ und der zusammengesetzten S-Region $S_{\mu,\gamma1}$, die beim ersten Wechsel entstand.

Vermutlich besitzen alle C_H-Gene stromaufwärts von ihrer codierenden Sequenz eine S-Region. Es ist unbekannt, ob der Einsatz der S-Regionen Einschränkungen unterliegt. Innerhalb eines Klons kann die Klasse mehrfach wechseln, doch weiß man nicht, ob die einzelnen Sprünge

Tabelle 33.2: Immunglobulinklasse und Funktion werden durch die H-Kette bestimmt. J ist ein „Verbindungsprotein" bei IgM; alle anderen Ig-Typen liegen als Tetramere vor

Klasse	IgM	IgD	IgG	IgA	IgE
H-Kette	μ	δ	γ	α	ε
Struktur	$(\mu_2L_2)_5J$	δ_2L_2	γ_2K_2	α_2L_2	ε_2L_2
Anteil	5 %	1 %	80 %	14 %	<1 %
Effektorfunktion	Komplement-aktivierung	Aufbau der Toleranz (?)	Komplement-aktivierung	wird in Sekreten gefunden	allergische Reaktion

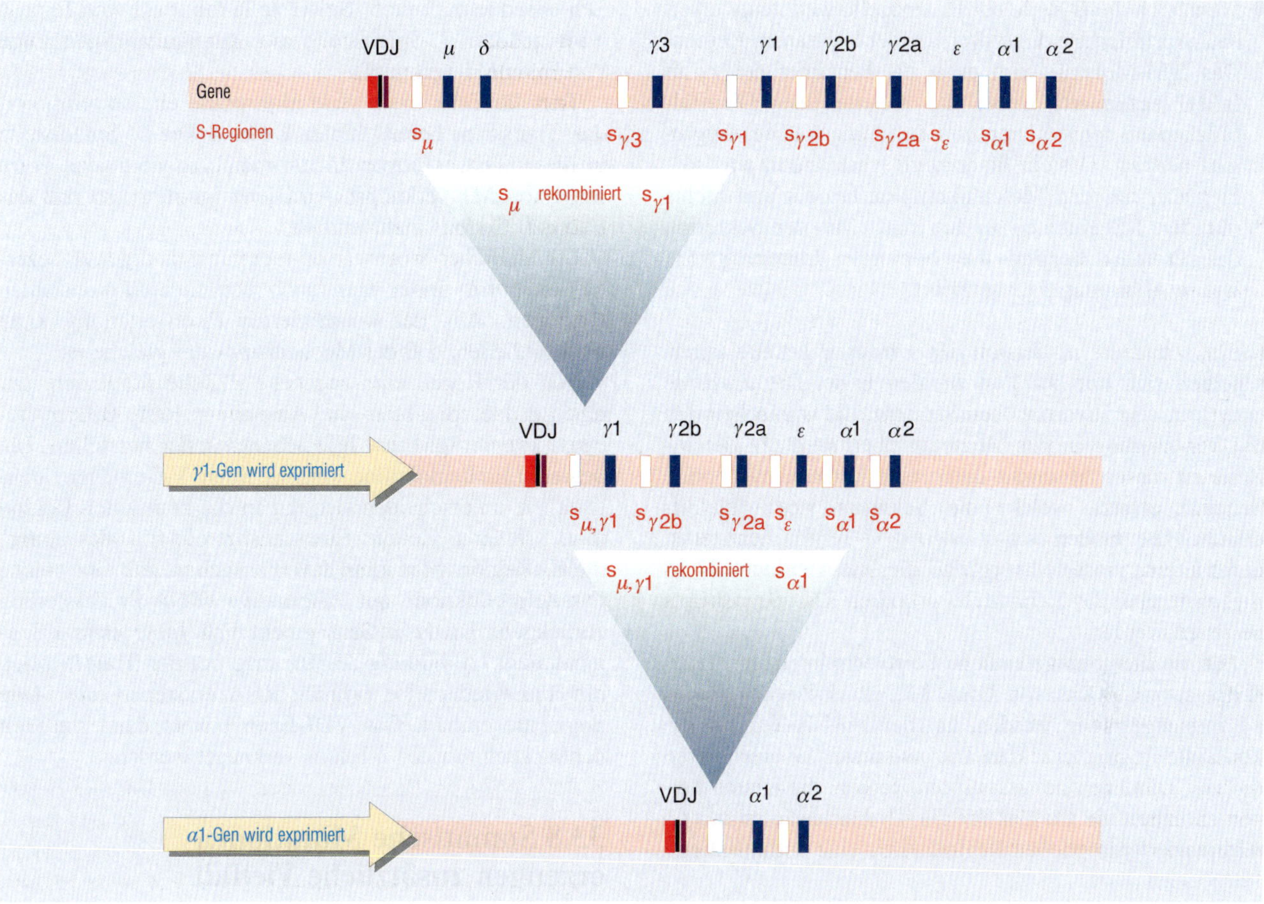

33.17 Der Klassenwechsel der H-Ketten-Gene erfolgt offenbar durch Rekombination zwischen den S-Regionen, wobei der jeweils dazwischenliegende DNA-Bereich deletiert wird. Die Klasse kann mehrfach hintereinander wechseln.

frei wählbar sind oder obligatorische Voraussetzung, um ein weiter stromabwärts gelegenes C_H-Gen zur Expression zu bringen. So wäre es interessant zu wissen, ob eine Zelle von IgM direkt auf *jede* beliebige andere Klasse wechseln kann.

Die Rekombinationsstellen sind nicht präzise festgelegt: Wie sich zeigt, haben verschiedenen Zellen, die das gleiche C_H-Gen exprimieren, die Rekombination häufig an unterschiedlichen Positionen durchgeführt. Sobald man ausreichend viele S-Regionen sequenziert hat, lassen sich vielleicht die Grenzen ermitteln, innerhalb derer sie miteinander rekombinieren können. Die Suche nach gemeinsamen Sequenzmerkmalen, die für den Prozeß bedeutsam sein könnten, ist jedenfalls noch nicht abgeschlossen.

Die S-Regionen liegen etwa zwei Kilobasen stromaufwärts vom jeweils zugehörigen C_H-Gen. Sie sind zwischen ein und zehn Kilobasen lang und enthalten Gruppen kurzer, homologer Wiederholungssequenzen. Die Rekombinationsreaktion erfolgt nicht an einer bestimmten Sequenzstelle, doch zumeist nahe einer der konservierten Wiederholungseinheiten. Über die molekularen Grundlagen der Reaktion ist wenig bekannt; immerhin weiß man, daß der deletierte Abschnitt zwischen den Rekombinationsstellen als ringförmiges DNA-Molekül frei wird. Da die S-Regionen innerhalb der Introns vor den C_H-Codierungsabschnitten liegen, beeinflußt der Klassenwechsel nicht das Leseraster für die Translation.

33.7 Während ihrer frühen Expression kann die schwere Kette mittels RNA-Prozessierung verändert werden

Die Phase der IgM-Synthese in einer frühen B-Zelle gliedert sich in zwei Abschnitte, während derer sie verschiedene Versionen der $C\mu$-Region erzeugt:

- Wenn eine Stammzelle sich zu einem Prä-B-Lymphocyten differenziert, beginnt sie neben der schweren μ- auch eine L-Kette herzustellen, und das IgM-Molekül erscheint als $L_2\mu_2$-Tetramer auf ihrer Oberfläche. Diese IgM-Form enthält die μ_m-Version der konstanten Region – das „m“ deutet an, daß das Molekül in der Membran verankert ist. Seine Membranständigkeit ist Voraussetzung dafür, daß die Zelle sich nach der Ersterkennung ihres Antigens zu vermehren beginnt und sich weiter differenziert.

- Wenn sich die B-Zelle zur Plasmazelle weiterentwickelt hat, exprimiert sie die μ_s-Version der konstanten Region. Das IgM-Molekül wird dann als Pentamer der Form IgM_5J sezerniert, wobei die J-Kette über Disulfidbrücken mit den μ-Ketten zum Zusammenhalt des Aggregats beiträgt. (J steht für *joining* (verbinden), was sich hier aber auf den Molekülkomplex bezieht und nichts mit den J-Segmenten zu tun hat.) Mit der Sekretion des Proteins beginnt die humorale Immunantwort, wie in Abbildung 33.1 skizziert.

Die μ_m- und die μ_s-Version der schweren μ-Kette unterscheiden sich nur am C-terminalen Ende. Die μ_m-Kette endet mit einer hydrophoben Sequenz, die wahrscheinlich die Verankerung in der Membran übernimmt. In der μ_s-Kette ist dieser Abschnitt durch eine kürzere, hydrophile Sequenz ersetzt, welche die Sekretion des Moleküls erlaubt. Die beiden verschiedenen C-Termini entstehen durch alternative Spleißvorgänge, die, wie Abbildung 33.18 illustriert, über das 3′-Ende des primären RNA-Transkripts gesteuert werden.

Für die membrangebundene Form terminiert das Transkript stromabwärts von Exon M2, so daß sechs Exons zusammengespleißt werden, um den mRNA-Teil für die konstante Region zu bilden. Die ersten vier davon codieren die vier Domänen der konstanten Region, die letzten beiden enthalten die Codons für die 41 Aminosäuren der C-terminalen hydrophoben Region sowie eine untranslatierte Schlußsequenz. Eine 5′-Spleißstelle innerhalb von Exon 4 wird mit der 3′-Spleißstelle am stromaufwärtigen Ende von Exon M1 verknüpft.

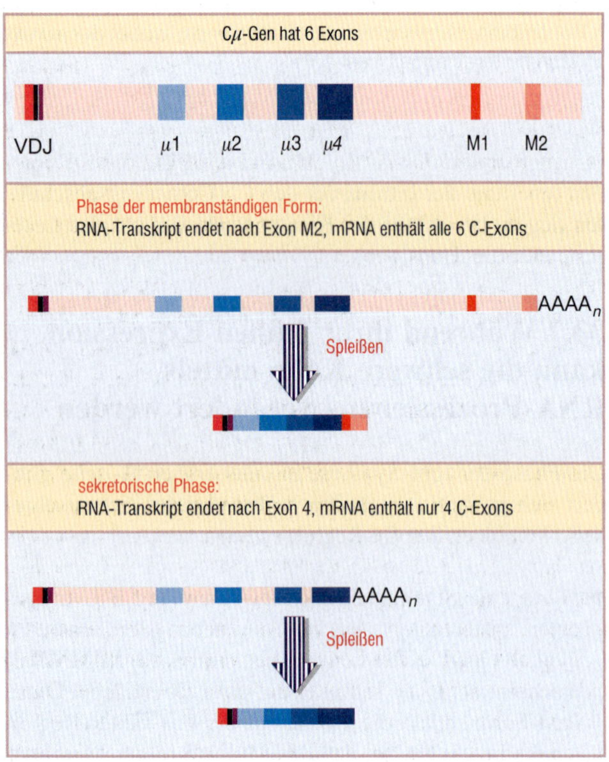

33.18 Eine Spleißstelle im vierten Exon der C-Region wird nur benutzt, wenn die transkribierte RNA über Exon M1 hinausgeht. Das 3′-Ende des Transkripts bestimmt also darüber, welche Form der schweren Kette exprimiert wird.

Tritt die Zelle in die Sekretionsphase ein, so terminiert das Transkript bereits hinter Exon 4. Die 5′-Spleißstelle in diesem Exon, zuvor für die membrangebundene Form mit Exon M1 verknüpft, wird jetzt ignoriert, so daß das Exon 20 Codons mehr umfaßt.

Ein ähnlicher Wechsel von membranständiger zu sezernierter Form findet man auch bei anderen konstanten Regionen. Aus der konservierten Exonverteilung kann man schließen, daß der Mechanismus der gleiche ist.

Von der Regel, eine gegebene B-Zelle produziere nur einen Ig-Isotyp, gibt es eine Ausnahme: Reife B-Lymphocyten können IgM und IgD nebeneinander herstellen. Die beiden Immunglobuline sind in ihren V-Domänen identisch, sie unterscheiden sich nur in der konstanten Region ihrer schweren Ketten: Eines besitzt die C_μ-, das andere die C_δ-Region. Man kann davon ausgehen, daß eine solche Parallelproduktion auf alternative RNA-Prozessierung zurückgeht. Da das δ-Gensegment dicht hinter dem μ-Segment liegt (Abbildung 33.10), mag bei der Transkription hin und wieder eine primäre RNA entstehen, die beide Segmente enthält. Das VDJ-Exon könnte dann statt mit den μ- auch mit den δ-Exons verknüpft werden.

33.8 Somatische Mutationen erzeugen zusätzliche Vielfalt

Vergleicht man die Sequenzen exprimierter Immunglobulingene mit denen der zugehörigen V-Gene in der Keimbahnkonfiguration, so stellt man fest, daß neue Sequenzen auftauchen. Einen großen Teil dieser zusätzlichen Variabilität konnten wir durch die Sequenzveränderungen an den V-J beziehungsweise V-D-J-Übergängen erklären. Doch gibt es weitere Abwandlungen stromaufwärts, an Positionen innerhalb des V-Segments, und diese sind das Ergebnis **somatischer Mutationen**, die in aktiven B-Zellen gezielt herbeigeführt werden.

Mittels einer Sonde, die ein exprimiertes V-Gen repräsentiert, lassen sich alle zugehörigen Fragmente aus der Keimbahnkonfiguration nachweisen. Ihre Sequenzen sollten das komplette Informationsrepertoire beinhalten, mit dem der Organismus für dieses Gen ausgestattet ist. Findet man ein aktives Gen, dessen Sequenzen im Repertoire nicht enthalten sind, so muß es durch somatische Veränderungen entstanden sein.

Soweit der theoretische Ansatz. In der Praxis stellt sich jedoch das Problem, daß es schwierig ist, alle V-Gene der Keimbahn, also jede mögliche Sequenzquelle, zu erfassen. Einen Ausweg bietet hier der einfach gebaute λ-Locus der Maus (Tabelle 33.1 und Abbildung 33.8). Eine Analyse von $\lambda 1$-Ketten aus Myelomen (B-Zell-Tumoren) der Maus ergab, daß viele die Sequenz aufweisen, die im Keimbahngen vorgegeben ist. *Andere jedoch enthielten neue Sequenzen, die durch Mutation des Keimbahngens entstanden sein mußten.*

Um die Frequenz somatischer Mutationen zu ermitteln, muß man eine große Zahl von Zellen untersuchen, die dasselbe V-Gen exprimieren. Eine geeignete Vorgehensweise dafür ist, die Immunglobuline einer Population von Lymphocyten zu analysieren, die alle an der Immunantwort gegen ein ganz bestimmtes Antigen mitwirken. (Als Epitop benutzt man für diesen Zweck eine niedermolekulare Verbindung – ein Hapten –, das eine überschaubare Struktur besitzt und daher mit hoher Wahrscheinlichkeit eine Immunantwort auf Basis einander ähnlicher Antikörper hervorruft. Ein großes Protein wäre weniger geeignet, da es viele Epitope enthält und somit die Produktion stark divergierender Antikörper induzieren würde. Das Hapten wird an ein immunologisch neutrales Protein gekoppelt, um als Antigen wirken zu können. Damit impft man Mäuse und gewinnt deren darauf reagierenden Lymphocyten. Man kann diese mit unsterblichen Myelomzellen fusionieren und dadurch **Hybridome** erzeugen, die den jeweiligen Antikörper zeitlich unbegrenzt herstellen.)

In einem solchen Experiment ergab sich, daß von 19 verschiedenen Zellinien, die Antikörper gegen das Hapten Phosphorylcholin produzierten, zehn dieselbe V_H-Sequenz aufwiesen. Die Sequenz stammte aus dem Keimbahngen T15, einem von vier einander ähnlichen V_H-Genen. Die übrigen neun Linien exprimierten Gene, die sowohl voneinander als auch von allen vier Keimbahngenen der T15-Familie abwichen. Am meisten ähnelten sie dem T15-Gen selbst, und ihre flankierenden Sequenzen waren mit denen von T15 identisch. Offensichtlich waren sie also durch somatische Mutationen aus T15 hervorgegangen.

Die Sequenz eines exprimierten Ig-Gens kann sich von seinem Keimbahnvorläufer an jeder Stelle innerhalb des variablen Abschnitts unterscheiden. Man findet Sequenzveränderungen innerhalb der Codierungsregion wie auch stromabwärts davon; stromaufwärts werden sie seltener. Sämtliche Abwandlungen betreffen einzelne Basenpaare. Je nach beobachtetem Fall ist die Variabilität unterschiedlich; im Mittel findet man gegenüber der Keimbahn ein bis vier Prozent Abweichungen. (Was mit bis zu zehn Aminosäuresubstitutionen im Protein einhergeht. Nicht alle Mutationen wirken sich auf die Proteinsequenz aus, da viele in der meist neutralen dritten Position eines Codons oder im untranslatierten Bereich liegen.)

Der hohe Anteil neutraler Mutationen läßt darauf schließen, daß die somatischen Veränderungen im Bereich des V-Gens und seiner näheren Sequenzumgebung mehr oder weniger zufällig erfolgen. An bestimmten Basenpositionen findet man eine erhöhte Mutationsfrequenz (Hotspots), was mit einer Neigung des zuständigen Systems zusammenhängen mag, die betreffenden Positionen vorrangig zu bearbeiten. Auf welchen molekularen Grundlagen dieses Mutationssystem beruht, ist unbekannt.

Somatische Mutationen ereignen sich im Zuge der klonalen Proliferation, mit einer Frequenz von offenbar rund 10^{-3} je Basenpaar und Zellgeneration. Etwa die Hälfte der Abkömmlinge einer aktivierten B-Zelle erwirbt eine Mutation – innerhalb eines auswachsenden Klons bildet sich also ein massiver Anteil an Zellen, deren Antikörper gegenüber dem der Gründerzelle verändert ist.

In vielen Fällen greift das Immunsystem bei seiner Reaktion auf ein bestimmtes Antigen immer wieder auf dieselbe Familie von V-Genen zurück. Vermutlich bilden Zellen mit derjenigen V-Region, die am besten auf das fragliche Antigen paßt, den Ausgangspunkt für die Immunantwort. Durch somatische Mutationen erweitert sich dann das Repertoire der verfügbaren Antikörper. Da die Mutationen zufällig sind, ändert sich die Proteinfunktion in unvorhersehbarer Weise; manche der neuen Varianten mögen funktionslos sein, andere binden das Antigen vielleicht besser. Lymphocyten, die aufgrund einer Mutation wirksamer gegen das Antigen reagieren als ihre Klonmutterzelle, werden positiv selektiert, so daß ihr Anteil in der Lymphocytengesamtpopulation beständig steigt.

Wir haben nun das Rüstzeug, um zusammenfassen zu können, wie hochspezifische Antikörper im Zuge der B-Zell-Differenzierung zustande kommen. Abbildung 33.19 gibt einen Überblick über den Ablauf der Ereignisse. B-Zellen entwickeln sich aus Stammzellen im Knochenmark, deren Population sich immerzu selbst erneuert. Die Reifung einer Stammzelle zu einer B-Zelle erfordert die Umlagerung von Immunglobulingensequenzen aus dem Keimbahnvorrat. Dieser Vorgang ist seinerseits vom Wirken anderer Gene abhängig, darunter *SCID*, *RAG1* und *RAG2*. Ist der Zusammenbau behindert, so können sich keine reifen B-Zellen entwickeln. Eine B-Zelle erkennt mittels ihres zunächst membranständigen Antikörpers ein bestimmtes antigenes Epitop. Welches, hängt von der Auswahl der V-, D- und J-Segmente ab, die sie aus ihrem Keimbahnvorrat zu funktionellen Genen verknüpft hat, sowie von den zusätzlichen Nucleotiden, die beim Verknüpfungsprozeß in die beiden nunmehr aktiven Gene (eines für die H-, eines für die L-Kette) mit eingebaut worden sind.

Eine solche B-Zelle durchstreift nun das Blut- und Lymphsystem, sie sucht gleichsam nach dem Epitop, das sie zu erkennen imstande ist. Findet sie es, so entsteht eine Immunreaktion, und dabei geschieht zweierlei. Zum einen erfolgt die Primärantwort: Die B-Zelle vermehrt sich, expandiert zu einem Klon von vielen Plasmazellen, die den entsprechenden Antikörper in großer Menge herstellen. Klassenwechsel erfolgen, damit geeignete Effektortypen bereitstehen. Die Population der Zellen, die für die Primärantwort zuständig sind, ist allerdings kurzlebig; nach Abschluß der Primärantwort gehen die Zellen zugrunde.

Zum anderen wird jedoch Vorsorge für einen Zweitkontakt mit demselben Epitop getroffen, und zwar in Form der Gedächtniszellen. Durch somatische Mutationen entstehen B-Zellen, deren Antikörper eine erhöhte Affinität für das Epitop besitzen. Diese Zellen beteiligen sich nicht an der Primärantwort, gleichwohl können sie bereits einen Klassenwechsel durchführen und dadurch die künftige Massenproduktion von Antikörpern mit verschiedenen C_H-Isotypen vorbereiten. Sie verbleiben im Körper als langlebige Gedächtniszellen, ausgestattet mit der vorge-

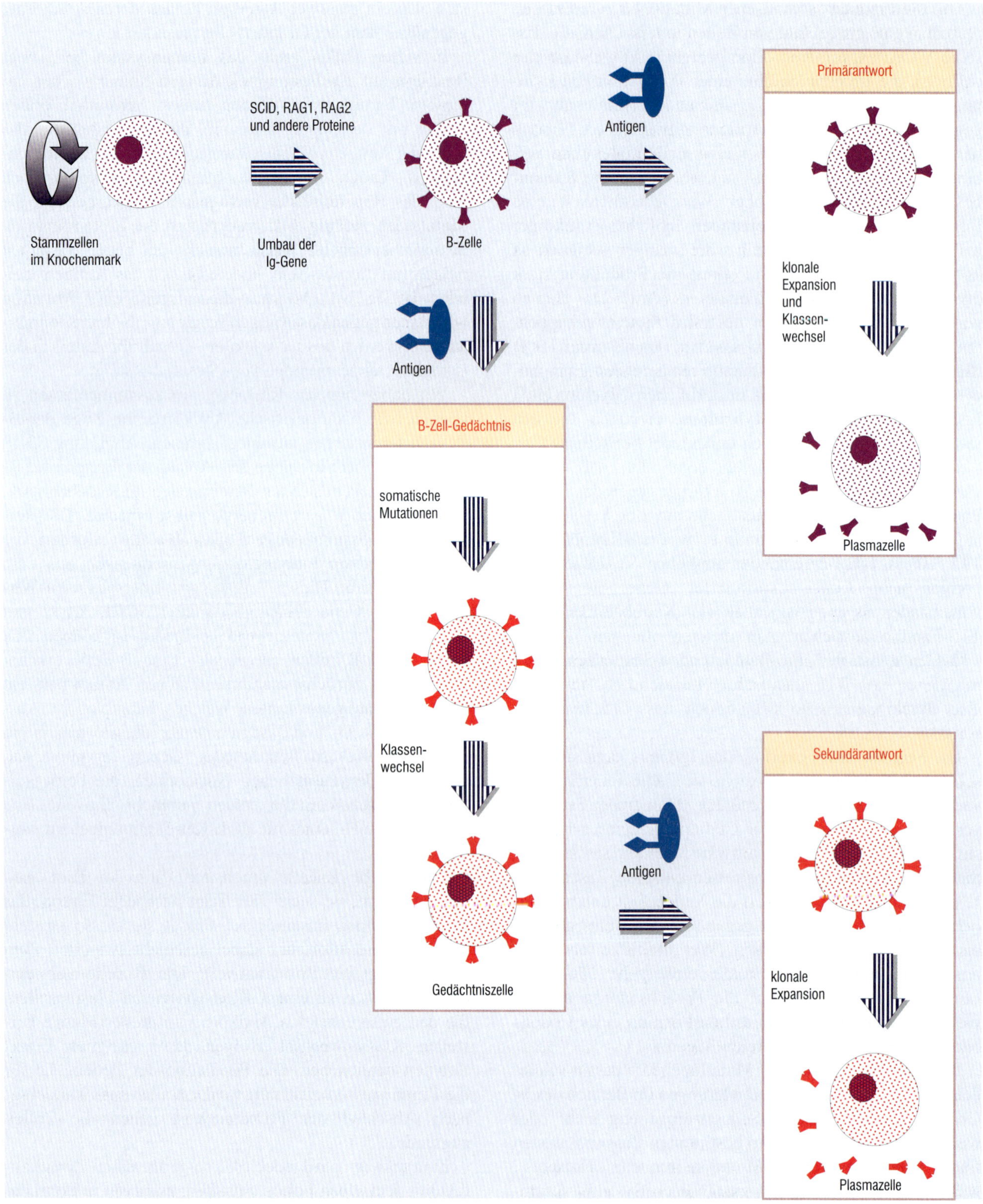

33.19 *Zusammenfassung*: Die B-Zell-Differenzierung führt zur erworbenen Immunität. Vorläufer der B-Zellen sind Stammzellen im Knochenmark, die sich beständig erneuern. Wenn eine solche Stammzelle ihre Immunglobulingene umordnet, wird sie zu einer B-Zelle. Der Erstkontakt mit einem Antigen führt zur Primärantwort und zur Entstehung langlebiger B-Gedächtniszellen. Diese leiten bei einem Zweitkontakt eine rasche Sekundärantwort ein.

prägten Antigenspezifität und dem vorbereiteten Immunglobulinisotyp, doch verharren sie im Ruhezustand. Erst wenn sie auf das Antigen treffen, das die Primärantwort ausgelöst hat, werden sie aktiv. Sie „erinnern“ sich an den Erstkontakt und leiten die Sekundärantwort ein. Und diese verläuft sehr rasch, schlicht durch klonale Expansion; Klassensprünge und somatische Mutationen zur Steigerung der Abwehreffizienz sind nicht mehr notwendig, da bereits erfolgt.

Abbildung 33.19 zeigt, wie sich in Reaktion auf ein Antigen eine erworbene Immunität entwickelt. Daneben gibt es die angeborene Immunität, eine dem Immunsystem innewohnende Fähigkeit, auf bestimmte Antigene sofort zu reagieren. Auch daran sind vielleicht B-Zellen beteiligt; in Frage kommt hier eine bestimmte Subgruppe namens Ly-1. Diese Zellen haben ihre V-Gene bereits rearrangiert und sind offenbar auf ein bestimmtes Repertoire von Antikörperspezifitäten hin selektiert worden. Sie machen keine somatischen Mutationen durch und tragen nicht in üblicher Weise zum B-Zell-Gedächtnis bei.

33.9 T-Zell-Rezeptoren sind mit Immunglobulinen verwandt

Lymphocyten sind ein Beispiel für evolutionären Opportunismus: Ein Mechanismus, der sich als brauchbar erweist, gelangt gleich mehrfach zur Anwendung. Denn auf ähnliche Weise wie B-Lymphocyten erzeugen auch T-Lymphocyten Proteine – und zwar T-Zell-Rezeptoren (TcR) – mit einer hochvariablen und einer relativ konstanten Region. Auch hier dient erstere zur Erkennung vielgestaltiger Fremdmoleküle, während letztere die Effektorfunktionen vermittelt. Wie in Abbildung 33.20 zusammengefaßt dargestellt ist, gibt es zwei Formen von T-Zell-Rezeptoren, die zu unterschiedlichen Zeiten der T-Zell-Entwicklung exprimiert werden.

Den $\gamma\delta$-Rezeptor findet man auf weniger als fünf Prozent der T-Zellen. Er wird nur in einem frühen Stadium der T-Zell-Differenzierung exprimiert. In Mäusen ist bis Tag 15 der Embryonalentwicklung nur dieser Rezeptor nachweisbar; zur Geburt an Tag 20 ist er jedoch praktisch verschwunden. Seine Funktion ist nicht ganz klar; möglicherweise verleiht er entsprechenden T-Zellen die Fähigkeit, Zielzellen *ohne* die Mitwirkung von MHC-Proteinen zu lysieren.

Der $\alpha\beta$-TcR ist auf mehr als 95 % der T-Lymphocyten zu finden. Er wird später in der Lymphocytenentwicklung als $\gamma\delta$-Rezeptor synthetisiert. In Mäuseembryos läßt er sich ab Tag 15 bis 17 nachweisen, und zum Zeitpunkt der Geburt ist er die vorherrschende Form. Er wird von anderen T-Zellen synthetisiert als der $\gamma\delta$-TcR, und seine Expression erfordert den Umbau anderer Keimbahngene.

T-Zellen mit $\alpha\beta$-Rezeptoren lassen sich verschiedenen Subtypen zuordnen, je nach ihrer Funktion innerhalb der Wechselwirkungen zwischen den an der Immunantwort beteiligten Zellen. **Cytotoxische** oder **Killer-T-Zellen** besitzen die Fähigkeit, infizierte Zellen zu lysieren.

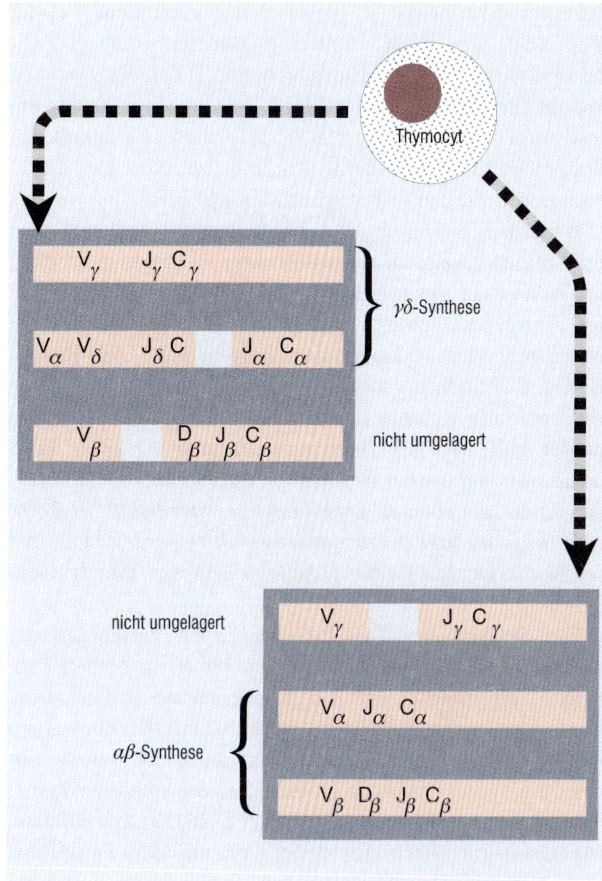

33.20 Der $\gamma\delta$-Rezeptor wird in der frühen T-Zell-Entwicklung synthetisiert. Der $\alpha\beta$-TcR erscheint später und ist für die „klassische“ zelluläre Immunität zuständig, die auf der Erkennung eines Fremdantigens im Zusammenhang mit einem körpereigenen MHC-Protein beruht.

Helfer-T-Zellen unterstützen diesen Vorgang oder wirken bei der B-Zell-vermittelten Antigen-Antikörper-Reaktion mit.

T-Zellen leiten eine Immunantwort ein, wenn sie körpereigene Zellen antreffen, die ein Fragment eines Fremdproteins auf ihrer Oberfläche tragen. Sie erkennen solche Antigenfragmente, wenn diese an ein MHC-Protein gebunden sind (Abbildung 33.2). Sowohl Helfer- als auch Killer-T-Zellen arbeiten auf diese Weise, stellen aber unterschiedliche Anforderungen an die Präsentation des Antigens: Sie benötigen zur Erkennung ein jeweils anderes MHC-Protein (Abschnitt 33.10). Helferzellen erkennen das Antigen nur, wenn es an ein MHC-Molekül der Klasse II gebunden ist, und Killerzellen sind auf die Präsentation durch ein MHC-Molekül der Klasse I angewiesen.

Der $\alpha\beta$-TcR vermittelt sowohl die Funktion der Helfer-T-Zellen in der humoralen als auch die der Killer-T-Zellen in der zellulären Immunität. Er muß dazu gleichzeitig das fremde Antigen und das körpereigene MHC-Protein erkennen. Das MHC-Protein bindet ein kurzes Peptidfragment, das aus dem Antigen stammt, in einer Vertiefung – gleichsam einer Schüssel – auf seiner Oberfläche, und der T-Zell-

Rezeptor erkennt das in dieser Weise gebundene Peptid. Man sagt, das MHC-Protein **präsentiert** dem T-Zell-Rezeptor das Antigen. Ein gegebener T-Zell-Rezeptor ist sowohl für ein bestimmtes MHC-Protein als auch für ein bestimmtes Antigen spezifisch. Wie diese Fähigkeit zur Doppelerkennung zustande kommt, ist eine der interessantesten Fragen in bezug auf den $\alpha\beta$-TcR.

Wie ein Immunglobulin muß auch ein T-Zell-Rezeptor ein Antigen erkennen, dessen Struktur nicht vorauszusehen ist. Wenn man davon ausgeht, daß die Natur das Problem der Antigenerkennung für B- und T-Zellen in gleicher Weise gelöst hat, so kann man erwarten, daß T-Zell-Rezeptor-Gene ähnlich organisiert sind wie Immunglobulingene und ebenfalls variable und konstante Teile enthalten. Das ist der Fall: *Wie die Immunglobulingene ist jeder TcR-Locus aus separaten Segmenten aufgebaut, die durch – für einen gegebenen Lymphocyten spezifische Rekombinationsvorgänge – zusammengeführt werden.* Die Art der Komponenten ist die gleiche wie in den drei Ig-Genfamilien.

Die Struktur der TcR-Proteine ähnelt derjenigen der Immunglobuline. Die V-Sequenzen haben in beiden Proteinklassen grundsätzlich die gleiche interne Organisation. Die C-Region der T-Zell-Rezeptoren ist mit den konstanten Regionen der Immunglobuline verwandt. Sie besteht aus einer einzigen konstanten Domäne, an die sich eine Transmembran- und eine cytoplasmatische Region anschließen. Die Exon-Intron-Struktur deckt sich mit den Funktionsabschnitten im Protein.

Die gleichartige Organisation der TcR- und der Ig-Gene ist augenfällig. Wie in Abbildung 33.21 skizziert ist, ähnelt der TcRα-Locus in seinem Aufbau dem Igκ-Locus: Auf eine Gruppe von V-Genen folgt ein J-Cluster und darauf ein einziges C-Gen. Diese Locusstruktur findet sich gleichermaßen in der Maus wie im Menschen, nur die Zahl der V_α- und J_α-Segmente ist unterschiedlich. (Neben den α- enthält der Locus auch δ-Segmente, auf die wir noch zu sprechen kommen.)

Die Komponenten von TcRβ entsprechen denen von IgH; die Segmentverteilung ist jedoch etwas anders. Wie Abbildung 33.22 zeigt, liegen die V-Gene in recht großem Abstand zu zwei Clustern, die jeweils aus einem D-, mehreren J- und einem C-Segment bestehen. Auch hier unterscheiden sich die Loci von Mensch und Maus nur durch die Anzahl der V_β- und J_β-Einheiten.

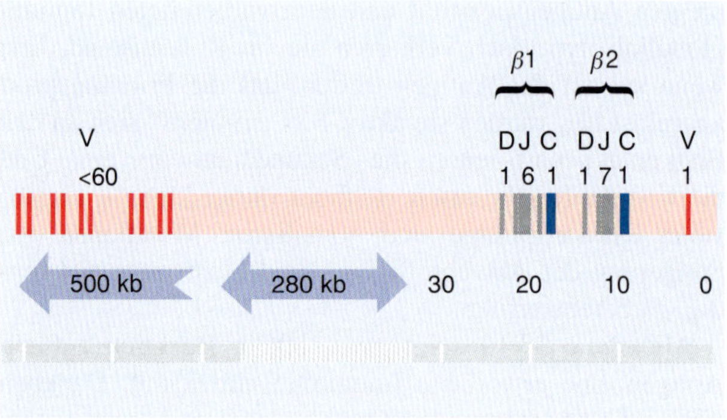

33.22 Der TcRβ-Locus umfaßt viele V-Gene, die sich über rund 500 kb verteilen, und etwa 280 kb weiter stromabwärts zwei D-J-C-Cluster.

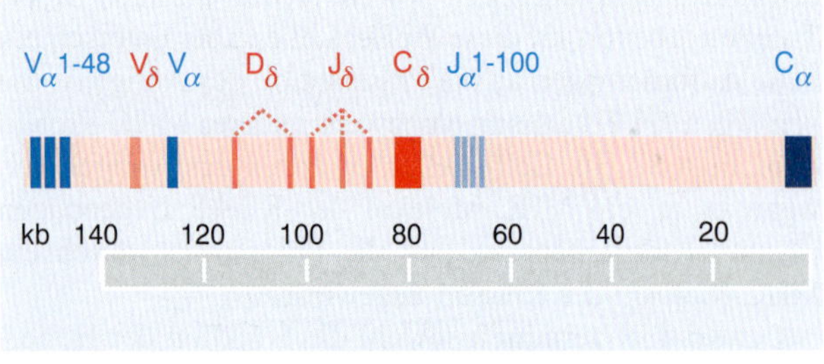

33.21 Im TcRα-Locus des Menschen sind α- und δ-Segmente verstreut angeordnet. Ein V_δ-Segment liegt innerhalb des V_α-Clusters. Die D-, J- und C-Segmente vom δ-Typ liegen zwischen den V-Genen und den J-C_α-Segmenten. Der Locus der Maus ist ähnlich aufgebaut, besitzt aber mehr V_δ-Segmente.

Die Vielfalt der T-Zell-Rezeptoren entsteht durch die gleichen Mechanismen wie bei den Immunglobulinen. Grundlage bilden auch hier die unterschiedlichen Kombinationen der verschiedenen V-, D-, J- und C-Segmente. Zusätzlich werden an den Verknüpfungsstellen zwischen den Segmenten gleichfalls neue Sequenzen in Form von P- und N-Nucleotiden eingefügt, wie bereits in Abbildung 33.14 gezeigt wurde. Bei TcRβ-Ketten findet man mitunter auch den Zusammenbau von zwei D-Segmenten, was durch die entsprechende Anordnung der Heptamer- und Nonamersequenzen möglich ist. Anders als in den Ig-Loci ereignen sich in den TcR-Loci jedoch keine somatischen Mutationen.

Wahrscheinlich sind an den Rekombinationsvorgängen, durch welche die TcR-Gene in T-Zellen zusammengebaut werden, dieselben Mechanismen beteiligt, die auch beim Zusammenbau der Ig-Gene in B-Zellen zum Einsatz kommen. Die rekombinierenden TcR-Segmente sind von denselben Heptamer- und Nonamerconsensussequenzen umrahmt wie die Segmente in den Ig-Genen. Das spricht sehr dafür, daß in beiden Fällen dieselben Enzyme am Umbau mitwirken. Die meisten Umlagerungen erfolgen nach dem Deletionsmodell (Abbildung 33.13). Es stellt sich die Frage, was den Prozeß so steuert, daß nur B-Zellen die Ig-Gene und nur T-Zellen die TcR-Gene umlagern.

Der Aufbau des TcRγ-Locus ähnelt dem für die λ-Kette der Immunglobuline. Auch hier sind V-Gene getrennt von einer Reihe von J-C-Segmenten angeordnet. Wie aus Abbildung 33.23 ersichtlich ist, zeigt der Locus mit nur etwa acht funktionellen V-Segmenten eine relativ geringe Komplexität. Zwischen Mensch und Maus gibt es einige Unterschiede in der Organisation des Locus. Die Maus besitzt drei funktionelle J-C-Gene, und einige ihrer Segmente sind gegensinnig zu den anderen orientiert. Beim Menschen findet man zu jedem der beiden C-Gene mehrere J-Segmente.

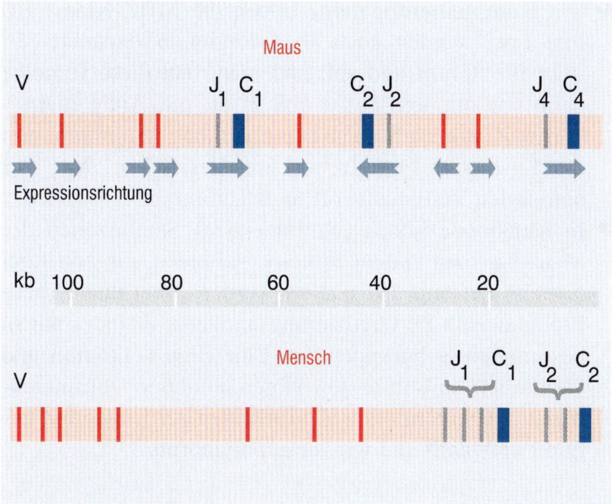

33.23 Der TcRγ-Locus enthält eine kleine Zahl funktioneller V-Gene (sowie einige Pseudogene; nicht gezeigt) und stromabwärts davon die J-C-Gene.

Die TcRδ-Kette wird von Segmenten codiert, die innerhalb des TcRα-Locus liegen (Abbildung 33.21). Die Segmente D_δ-D_δ-J_δ-C_δ sind zwischen den V-Genen und den J_α-C_α-Segmenten angeordnet. Beide D-Segmente können bei der Umlagerung zum aktiven Gen zusammen eingebaut werden, so daß sich die Struktur VDDJ ergibt. Welche V-Gene bei der δ-Umlagerung benutzt werden, ist eine interessante Frage. In aktiven TcRδ-Ketten findet man nur sehr wenige unterschiedliche V-Sequenzen. Beim Menschen wird in der Regel nur ein einziges V-Gensegment für die Umlagerung zu einem δ-Gen verwendet. Bei der Maus ist die Auswahl zwischen mehreren V_δ-Segmenten möglich; einige davon kommen nur bei der δ-Umlagerung zum Einsatz, andere auch bei α-Umlagerungen. Auf welcher Grundlage die spezifische Auswahl von V-Segmenten für α- und δ-Umlagerungen getroffen wird, ist nicht bekannt. Möglicherweise kann die Zelle viele der V_α-Gene mit dem DDJ_δ-Segment verknüpfen, doch nur einige davon (dadurch als V_δ definiert) führen zu aktiven Proteinen.

Auch wenn man derzeit die V-Segmente, die für die Produktion aktiven TcRδ-Ketten verwendet werden, als V_δ-Gene bezeichnet, ist damit nicht unbedingt gesagt, daß sie ausschließlich an δ-Umlagerungen teilnehmen. Die ineinandergeschachtelte Anordnung der Gene bringt es mit sich, daß jedes Allel entweder nur zur Synthese des $\alpha\beta$- oder nur zu der des $\gamma\delta$-Rezeptors beitragen kann: Der δ-Locus geht vollständig verloren, wenn eine V_α-J_α-Verknüpfung erfolgt.

Umlagerungen von TcR-Loci können, wie im Falle der Immunglobulingene, produktiv oder nichtproduktiv sein. Der TcRβ-Locus zeigt allele Exklusion in ganz ähnlicher Weise wie die Ig-Loci: Weitere Umlagerungen werden unterdrückt, sobald ein produktives Allel entstanden ist. Der TcRα-Locus verhält sich möglicherweise anders. Es ließen sich hier einige Fälle fortgesetzter Umlagerungen beobachten, so daß nicht auszuschließen ist, daß die V_α-Sequenz auch nach der Bildung eines produktiven Allels weiterhin ausgetauscht werden kann.

Der T-Zell-Rezeptor ist mit einem Komplex von Proteinen assoziiert, **CD3** genannt, der ein Signal ins Zellinnere leitet, wenn der zugehörige Rezeptor durch Antigenbindung aktiviert wird. Die gegenwärtige Vorstellung, wie sich der Rezeptorkomplex auf einer T-Zelle zusammensetzt, ist in Abbildung 33.24 zusammengefaßt. Die Wechselwirkung der variablen Regionen des TcR mit dem Antigen führt dazu, daß die ζ-Untereinheiten des CD3-Komplexes die T-Zell-Antwort auslösen. Durch die Aktivierung von CD3 signalisiert ein $\alpha\beta$- oder ein $\gamma\delta$-TcR, daß er ein Antigen erkannt hat.

Ein Kernproblem bei der T-Zell-Funktion ist noch ungelöst. Die zelluläre Immunität erfordert zwei Erkennungsprozesse. Zur Erkennung eines fremden Antigens müssen T-Zellen imstande sein, Strukturen zu binden, die nicht vorauszuahnen sind. Und zugleich müssen sie ein MHC-Protein erkennen. Dessen Struktur ist zwar im eigenen Genom festgelegt, gleichwohl gibt es viele verschiedene MHC-Proteine. In beiden Erkennungsprozessen spielt also eine gewaltige Strukturvielfalt mit. Helfer- und Killer-T-Zellen erkennen zwar verschiedene Klassen von MHC-Proteinen, doch schöpfen sie aus dem gleichen Vorrat von α- und β-Gensegmenten, um ihre Rezeptoren

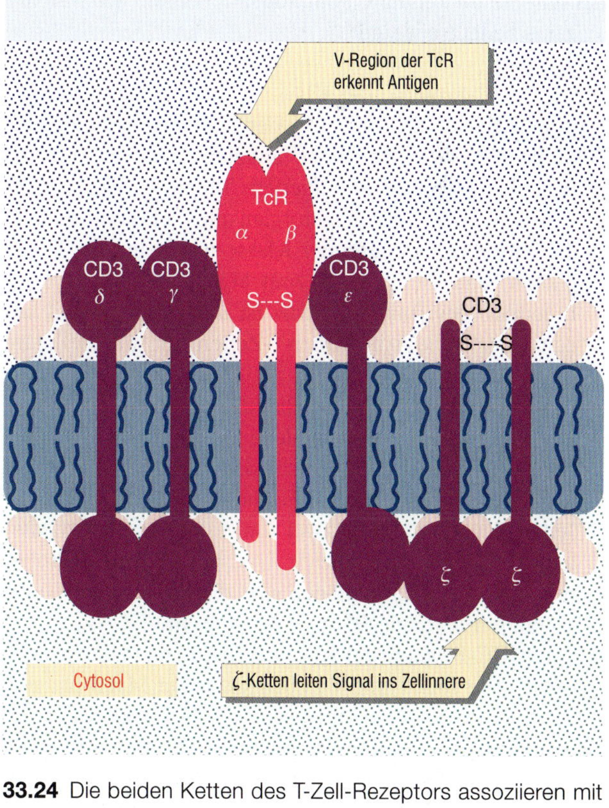

33.24 Die beiden Ketten des T-Zell-Rezeptors assoziieren mit den Polypeptiden des CD3-Komplexes. Die variablen Regionen des TcR ragen aus der Zelloberfläche heraus. Die cytoplasmatischen Domänen der ζ-Ketten von CD3 übernehmen die Effektorfunktion.

zusammenzubauen. Selbst wenn man die zusätzliche Einfügung zufälliger Nucleotide im Verlauf des Umbaus der TcR-Gene mitberücksichtigt, ist nicht klar, wie eine ausreichend hohe Zahl von verschiedenen TcR-Versionen entstehen kann, um all diesen Anforderungen gerecht zu werden.

33.10 Der MHC-Locus enthält viele immunrelevante Gene

Der Haupthistokompatibilitätskomplex (*major histocompatibility complex*, MHC) ist ein zusammenhängender Abschnitt im Genom der Säuger. Den MHC der Maus nennt man auch ***H2***-Locus, den des Menschen ***HLA***-Locus. Der Abschnitt umfaßt viele Gene, die an Funktionen des Immunsystems mitwirken. Für einzelne Gene innerhalb des MHC-Locus hat man zahlreiche verschiedene Allele gefunden; der Locus ist also sehr **polymorph**, was heißt, daß Genome verschiedener Individuen in diesem Genomabschnitt mit hoher Wahrscheinlichkeit unterschiedliche Sequenzen enthalten. Neben immunrelevanten Genen enthält der MHC-Locus auch Gene für eine Reihe anderer Funktionen.

Die im MHC codierten Histokompatibilitätsantigene fallen je nach ihren immunologischen Eigenschaften in drei Klassen. Daneben gibt es weitere Proteine von ähnlicher Struktur, die man auf Lymphocyten und Makrophagen findet und die für zelluläre Funktionen innerhalb des Immunsystems bedeutsam sind:

- Die MHC-Proteine der Klasse I sind die **Transplantationsantigene**. Sie sind auf jeder Zelle eines Säugetieres vorhanden. Wie ihr Name andeutet, sind sie für die Abstoßung von transplantiertem Fremdgewebe verantwortlich: Der Empfängerorganismus erkennt anhand der Zusammenstellung der Klasse-I-Proteine im Transplantat, daß dieses nicht zum eigenen Körper gehört. Innerhalb des Immunsystems ist ihre Anwesenheit auf der Oberfläche von Killer-T-Zellen für die zelluläre Immunität erforderlich.

  Serologisch lassen sich anhand ihrer jeweiligen antigenen Eigenschaften verschiedene Gruppen von Proteinen der MHC-Klasse I unterscheiden. Die Klasse-I-Gene der Maus codieren die H2-K und die H2-D/L-Proteine. Jeder Mausstamm trägt zwei von vielen möglichen Allelen für jedes dieser Proteine. Unter den Klasse-I-Proteinen des Menschen befinden sich die klassischen Transplantationsantigene HLA-A, HLA-B und HLA-C.
- Die MHC-Proteine der Klasse II findet man auf der Zelloberfläche von B- und T-Zellen sowie auf Makrophagen. Diese Proteine wirken an der für die Immunantwort notwendigen Zellkommunikation mit und sind insbesondere für die Funktion der Helfer-T-Zellen erforderlich. Bei der Maus unterscheidet man I-A- und I-E-Gene; beim Menschen gliedert sich die Klasse-II-Region (auch als HLA-D bezeichnet) in die vier Subregionen DR, DQ, DZ/DO und DP.
- Die **Komplementproteine** bilden die MHC-Klasse III. Ihre Loci werden auch als S-Region bezeichnet; „S" steht für Serum und soll andeuten, daß diese Proteine darin vorkommen. Ihnen obliegt es, mit Antigen-Antikörper-Komplexen in Wechselwirkung zu treten, um die Lyse von Fremdzellen im klassischen Weg der humoralen Immunantwort herbeizuführen.
- In hämatopoetischen (blutbildenden) Stammzellen der Maus hat man zudem Proteine gefunden, die von Loci namens *Qa* und *Tla* codiert werden. Man nennt diese Proteine auch Differenzierungsantigene, da jedes nur in bestimmten Subgruppen von Blutzellen vorkommt und vermutlich mit ihrer jeweiligen Funktion zusammenhängt. Sie sind mit den H2-Proteinen der Klasse I strukturell verwandt und wie diese polymorph.

Wir können jetzt diese verschiedenen Proteine zu den Genen in Beziehung setzen, von denen sie codiert werden.

Der MHC-Locus der Maus ist auf der Genkarte in Abbildung 33.25 skizziert. Die klassische *H2*-Region umfaßt 0,3 Centi-Morgan (cM, auch *map units* oder Rekombinationseinheiten, entsprechend 0,3 % Rekombinationshäufigkeit), hinzu kommt der anliegende Bereich (mit den *Qa*- und *Tla*-Loci) von einem Zentimorgan. Dieses „kleine" Chromosomensegment hat auf molekularer Ebene einen beachtlichen Umfang: Die 1,3 cM repräsentieren zusammen wohl rund 2 000 kb an DNA.

Die $H2^{K}$-Gene liegen am „linken", die $H2^{D/L}$-am „rechten" Ende der klassischen Region, dazwischen finden sich die Klasse-II- und Klasse-III-Gene. Den stärksten Polymorphismus in einzelnen Genen beobachtet man bei denen vom *H2*-Typ. Die benachbarte Region erstreckt sich eine weitere Rekombinationseinheit nach „rechts"; in ihr liegen die Gene für die Differenzierungsantigene. Man kann also sagen, daß der gesamte chromosomale Abschnitt für Funktionen zuständig ist, die mit der Entwicklung von Lymphocyten und Makrophagen in Verbindung stehen. Unterschiede zwischen verschiedenen Mausstämmen in der Zahl der Gene betreffen offenbar vor allem die *Qa*- und *Tla*-Loci.

Die Klasse-I-Gene der Maus sind in Clustern organisiert. Die Gene innerhalb eines Clusters zeigen in der Regel eine gleichsinnige Orientierung, und meist ist ein Gen mit seinen direkten Nachbarn enger verwandt als mit entfernter liegenden Mitgliedern des Clusters. Dies deutet darauf hin, daß die Gene durch mehrfache Tandemduplikationen eines Ursprungsgens entstanden sind. Der MHC-Locus enthält auch andere Gene. So befinden sich innerhalb der Klasse-I-Region D/L die Gene für die Untereinheiten des Tumornekrosefaktors (TNF), eines Proteins, das an Entzündungsvorgängen beteiligt ist. Innerhalb der S-Region (Klasse III) liegen die Gene für die Untereinheiten der Steroid-21-Hydroxylase.

An den H2-D/L-Locus schließen sich die Qa- und Tla-Loci an. Die etwa zehn Qa-Gene sind mit den H2-Genen engverwandt. Die Tla-Region enthält rund 20 Gene, die aber stärkere Abweichungen zu den klassischen H2-Sequenzen zeigen.

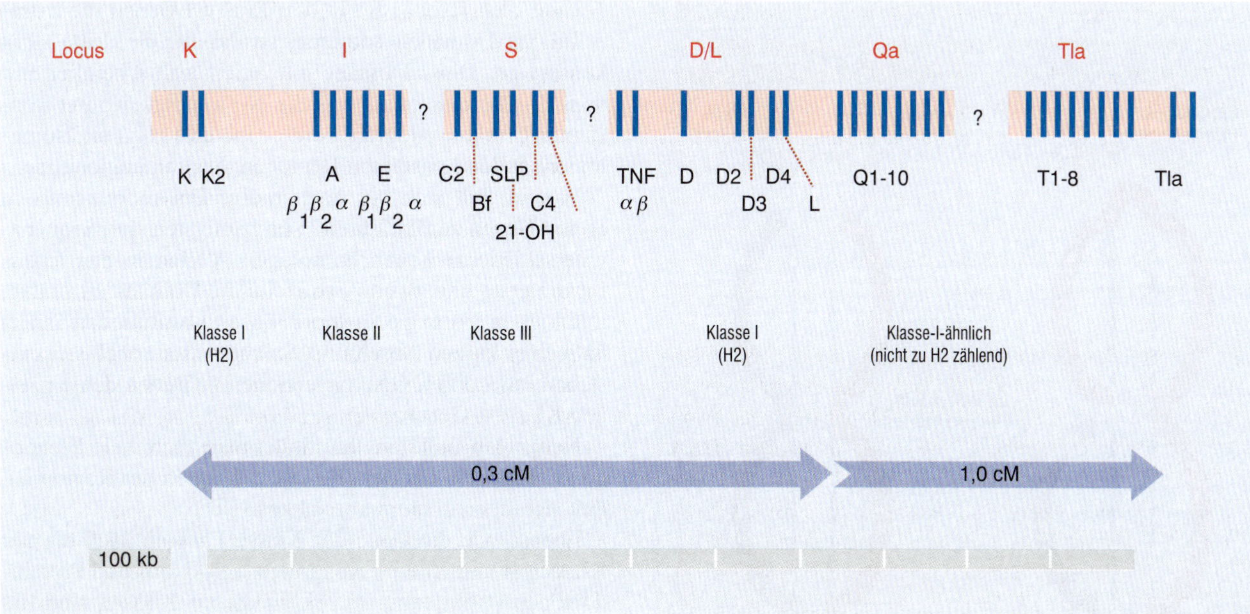

33.25 Die MHC- oder H2-Region der Maus enthält eine Reihe von Loci, die ursprünglich genetisch definiert worden sind. Jeder Locus umfaßt zahlreiche Gene. Fragezeichen deuten an, daß der physikalische Abstand zwischen zwei Clustern noch unbekannt ist.

Die MHC-Region des Menschen ist mit mehr als 3 800 kb etwa doppelt so lang wie die der Maus. Wie in Abbildung 33.26 skizziert, enthält die Region ähnliche Genfunktionen, wenngleich in anderer Reihenfolge als bei der Maus. Während ihre Klasse-I-Loci H2-K und H2-D/L getrennt angeordnet sind, liegen die Klasse-I-Loci des Menschen, HLA-A, -B und -C, alle in einem zusammenhängenden chromosomalen Bereich. Ansonsten ist die relative Anordnung der Klasse-I-, Klasse-II- und Klasse-III-Gene grundsätzlich ähnlich.

Die Gene für HLA-A, -B und -C verteilen sich über eine Region von mehr als 600 kb. Sie sind durch einen Bereich von etwa 550 kb, in dem sich Gene anderer Art befinden, darunter die für TNFα und TNFβ, von den Komplementgenen (Klasse III) getrennt. Auf die Klasse-III-Gene folgen dann die der Klasse II für DR, DQ und DP.

Alle MHC-Proteine sind Dimere, die in die Plasmamembran eingelagert sind, wobei der Hauptteil des Proteins aus der extrazellulären Seite der Membran herausragt. Die MHC-Proteine der Klassen I und II ähneln sich in ihrer Struktur, sind aber, wie in Abbildung 33.27 gezeigt wird, aus jeweils anderen Komponenten zusammengesetzt.

Klasse-II-Proteine bestehen aus zwei Ketten, α und β, die zusammen eine Struktur mit zwei extrazellulären Domänen ausbilden. In der Maus werden die Ketten von den I-A- und I-E-Loci codiert; beide Loci enthalten Gene sowohl für die α- als auch für die β-Kette.

Die MHC-Proteine der Klasse I sind Dimere aus der Klasse-I-Kette selbst und einem Protein namens β_2-Microglobulin. Die Klasse-I-Kette ist ein Transmembranprotein von 45 kD und besitzt drei **extrazelluläre Domänen** (aus jeweils etwa 90 Aminosäuren, eine dieser Domänen tritt mit dem β_2-Microglobulin in Wechselwirkung), eine **Transmembranregion** aus rund 40 Aminosäuren und eine kurze **cytoplasmatische Domäne** aus etwa 30 Aminosäuren, die ins Zellinnere ragt.

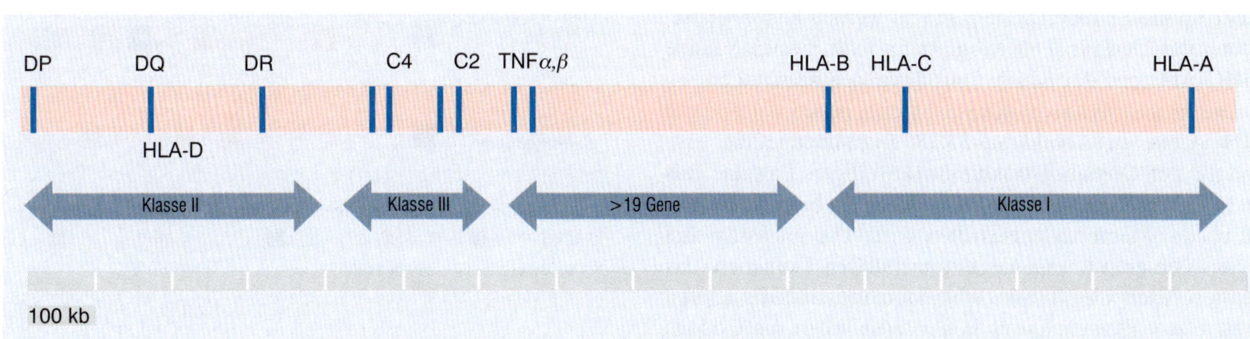

33.26 Die MHC-Region des Menschen umfaßt ähnliche Genfunktionen wie die der Maus, allerdings ist die Anordnung etwas anders. Auch hier liegen innerhalb der Region Gene, die für andere als Immunfunktionen zuständig sind.

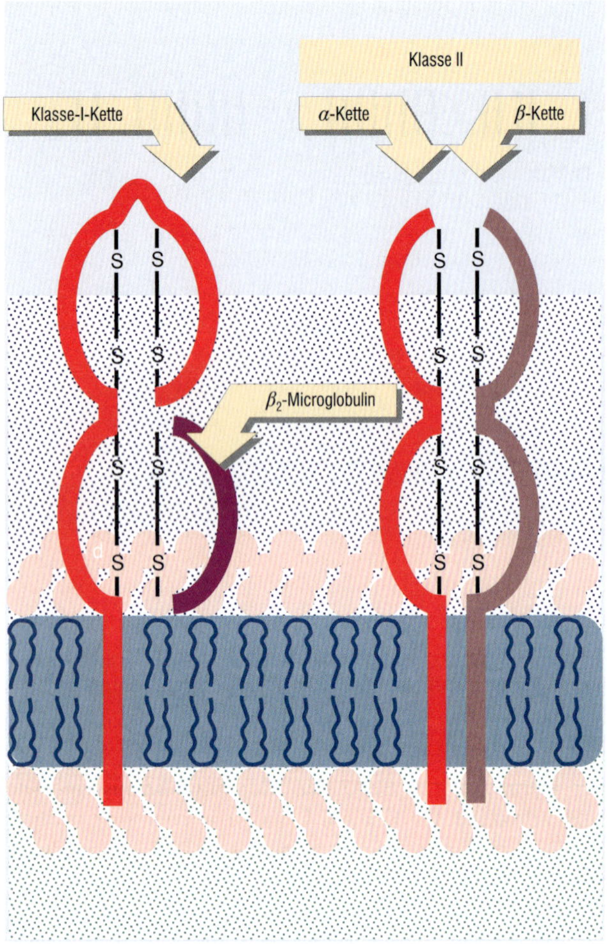

33.27 Klasse-I- und Klasse-II-Histokompatibilitätsantigene haben verwandte Strukturen. Die Antigene der Klasse I sind Dimere aus einer α-Polypeptidkette, die drei extrazelluläre Domänen (α_1, α_2, α_3) besitzt, und dem β_2-Microglobulin. Die Antigene der Klasse II bestehen aus zwei Polypeptidketten (α und β) mit jeweils zwei extrazellulären Domänen (α_1 und α_2 beziehungsweise β_1 und β_2). In beiden Klassen führen die Wechselwirkungen zwischen den jeweiligen Komponenten insgesamt zu einer ähnlichen Domänenstruktur.

Das β_2-Microglobulin ist ein sezerniertes Protein von zwölf Kilodalton. Es ist notwendig, damit die Klasse-I-Kette an die Zelloberfläche gebracht werden kann. Mäuse, denen das Gen für β_2-Microglobulin fehlt, besitzen keine MHC-Antigene der Klasse I auf ihren Zellmembranen.

Die Exonstruktur der Klasse-I-Gene, neben der anderer MHC-Gene in Abbildung 33.28 zusammengefaßt, entspricht der Domänenstruktur im jeweiligen Protein. Das erste Exon codiert eine Signalsequenz, die beim Transport durch die Membran abgespalten wird. Die nächsten drei Exons codieren je eine der extrazellulären Domänen, das fünfte codiert die Transmembrandomäne, und die letzten drei relativ kleinen Exons liefern zusammen die Codons für den cytoplasmatischen Teil. Beim Menschen ist der Genaufbau der gleiche, außer daß die cytoplasmatische Domäne von nur zwei Exons codiert wird.

Unter den Exons, die in den Klasse-I-Genen die extrazellulären Domänen codieren, ist das für die dritte stark konserviert. Diese Domäne interagiert wahrscheinlich mit dem β_2-Microglobulin, was die Notwendigkeit ihrer konstanten Struktur erklären würde. Überdies zeigt sie Homologien zu den konstanten Regionen der Immunglobuline.

Worauf läßt sich der hochgradige Polymorphismus in diesen Genen zurückführen? Am häufigsten sind Sequenzunterschiede zwischen homologen Allelen in den Exons für die erste und zweite extrazelluläre Domäne zu finden, mitunter in Form geclusterter Basensubstitutionen innerhalb eines kurzen Abschnitts. Solche Austauschcluster entstehen etwa durch Genkonversionen zwischen den einzelnen Klasse-I-Genen.

Neben den funktionellen findet man auch viele Pseudogene. Wie hoch der Anteil aktiver Gene in der Region ist, läßt sich derzeit kaum abschätzen.

Ebenso wie die Gene der Klasse I zeigen auch die der Klassen II und III eine Kongruenz von Exons und Proteindomänen (Abbildung 33.28). In diesen Klassen sind die Gene mit etwa zehn je Locus weniger zahlreich.

Das Gen für β_2-Microglobulin befindet sich nicht in der MHC-Region, sondern auf einem anderen Chromosom. Es umfaßt vier Exons. Das erste codiert eine Signalsequenz, das zweite den Hauptteil des Proteins (die Aminosäuren 3 bis 95), das dritte die letzten vier Aminosäuren und geht dann in einen nichttranslatierten Trailer über, der mit dem letzten Exon abschließt.

Der Codierungsteil des Gens für β_2-Microglobulin ist etwa so lang wie ein Immunglobulin-V-Gen; zudem gibt es gewisse Ähnlichkeiten in der codierten Aminosäurezusammensetzung. Ferner bestehen begrenzte Homologien zwischen den Codierungssequenzen für β_2-Microglobulin und solchen für C-Domänen der Immunglobuline oder für

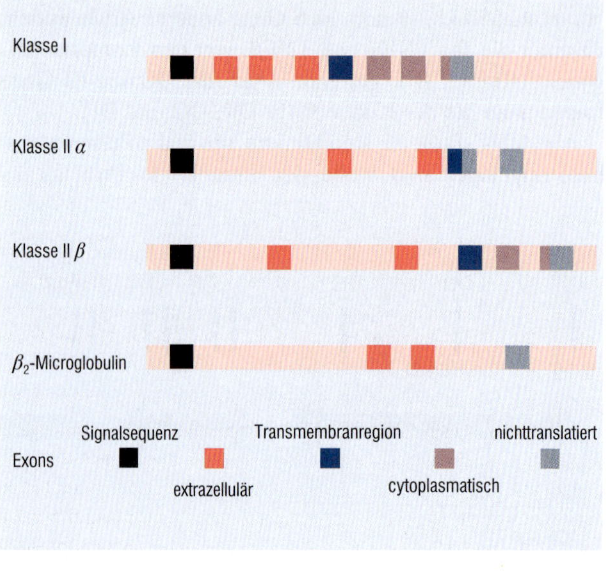

33.28 Jede Klasse von MHC-Genen zeigt eine charakteristische Exonaufteilung, die sich mit der Domänenstruktur des jeweiligen Proteins deckt.

die dritte extrazelluläre Domäne der Klasse-I-Proteine. Sämtliche Gengruppen, die wir in diesem Kapitel besprochen haben, sind wahrscheinlich aus einem gemeinsamen Ursprungsgen hervorgegangen, das eine primitive Urdomäne codierte.

Zusammenfassung

Immunglobuline (Ig) und T-Zell-Rezeptoren (TcR) sind Proteine, die in der Funktion der B- beziehungsweise T-Zellen innerhalb des Immunsystems jeweils analoge Aufgaben erfüllen. Um ein nur ihm eigenes Ig- beziehungsweise TcR-Protein zu erzeugen, baut ein gegebener reifender Lymphocyt seine DNA individuell um. Der Kontakt mit dem Antigen, das von eben diesem Ig oder TcR erkannt wird, führt zur klonalen Expansion des Lymphocyten, so daß aus ihm viele Zellen mit derselben ursprünglichen Antigenspezifität hervorgehen. Da in der frühen Entwicklung der Lymphocyten zusammengenommen viele verschiedene DNA-Umbauvorgänge ablaufen, entsteht ein gewaltiges Repertoire an Zellen mit unterschiedlichen Antigenspezifitäten.

Jedes Immunglobulin ist ein Tetramer aus zwei identischen leichten und zwei identischen schweren Ketten. Ein T-Zell-Rezeptor ist dagegen ein Dimer aus zwei unterschiedlichen Ketten. Die aktiven Gene zur Expression der Ig- und TcR-Polypeptidketten entstehen durch Umlagerung von Gensegmenten aus dem Keimbahnvorrat. Dabei wird jeweils eines von vielen V-Segmenten über D- und J-Segmente mit einem von wenigen C-Segmenten verknüpft. Die leichten Ig-Ketten (vom κ- wie vom λ-Typ) zeigen die allgemeine Struktur V-J-C, die schweren Ig-Ketten V-D-J-C. Die α- und γ-Ketten des T-Zell-Rezeptors gleichen in der Zusammensetzung ihrer Bauteile den leichten, die TcR-β- und -δ-Ketten entsprechen diesbezüglich den schweren Ig-Ketten.

Die Keimbahnloci für alle Kettentypen enthalten jeweils einen großen Cluster von V-Segmenten und, davon getrennt angeordnet, einen Cluster von (gegebenenfalls) D-, J- und C-Segmenten. Die jeweilige Anzahl der Segmente und ihre genaue Anordnung zueinander ist je nach Kettentyp unterschiedlich, doch Prinzip und Mechanismus der Segmentverknüpfung sind bei allen Ketten offenbar gleich. Rekombinationen finden zwischen Consensussequenzen statt, welche die Segmente jeweils einrahmen und die stets aus der gleichen Nonamer- und der gleichen Heptamerkomponente bestehen. Die beiden Komponenten liegen entweder zwölf oder 23 bp auseinander; eine Verknüpfung erfolgt nur zwischen Consensussequenzen mit unterschiedlichem Komponentenabstand. Durch Verknüpfung jeweils unterschiedlicher V-, D- und J-Segmente mit einem C-Segment entsteht diese molekulare Vielfalt; zusätzlich erhöht wird sie durch Sequenzveränderungen an den Segmentnahtstellen und im Falle der Immunglobuline auch durch somatische Mutationen.

Ein gegebener Lymphocyt produziert nur eine Form von Immunglobulin oder T-Zell-Rezeptor, für jede Kette wird also nur ein Allel aktiv. Der produktive Umbau eines Allels unterdrückt weitere Umbauvorgänge in diesem Locus, was zur allelen Exklusion führt. Durch die ursprüngliche produktive Umlagerung wird zwar die VDJ-Region einer schweren Kette festgelegt, doch können B-Zellen im Zuge des Klassenwechsels das C-Segment ihres aktiven Gens austauschen: Die ersteingebaute C_μ-Region wird dabei durch eine der weiter stromabwärts codierten C-Regionen ersetzt. Dieser Rekombinationsmechanismus ist ein anderer als beim Erstzusammenbau. Er verläuft unter Deletion des Abschnitts zwischen dem aktiven VDJ-Segment und dem einzuschaltenden C_H-Gen. Eine B-Zell-Linie kann eine Folge verschiedener C_H-Gene zur Expression bringen, also mehrere Klassenwechsel hintereinander durchführen. Daneben findet in der Frühphase der Ig-Produktion ein Umschaltvorgang statt, der zur Synthese eines sezernierten statt membrangebundenen Immunglobulins führt. Diese Umstellung geht auf alternatives RNA-Spleißen zurück.

Weitere immunrelevante Proteine werden in der MHC-Region des Genoms codiert, darunter Proteine, die Fremdpeptide binden und auf der Oberfläche betroffener (etwa virusinfizierter) Zellen präsentieren. Auf eine solche Präsentation sind T-Zell-Rezeptoren angewiesen; sie erkennen im Gegensatz zu Immunglobulinen ein Antigen nicht in isolierter Form. MHC-Proteine sind hochpolymorph (wirken daher als Transplantationsantigene) und besitzen Regionen, die solchen von Immunglobulinen und T-Zell-Rezeptoren strukturell ähneln.

Weiterführende Literatur

Übersichtsartikel

Tonegawa, S. *Somatic Generation of Antibody Diversity.* In: *Nature* 302 (1983) S. 575–581.

Steinmetz, M.; Hood, L. *Genes of the MHC Complex in Mouse and Man.* In: *Science* 222 (1983) S. 727–732.

Alt, F. W.; Blackwell, T. K.; Yancopoulos, G. D. *Development of the Primary Antibody Repertoire.* In: *Science* 238 (1987) S. 1079–1087.

Blackwell, T. K.; Alt, F. W. *Mechanism and Developmental Program of Immunoglobulin Gene Rearrangement in Mammals.* In: *Ann. Rev. Genet.* 23 (1989) S. 605–636.

Flavell, R. A.; Allen, H.; Burkly, L. C.; Sherman, D. H.; Waneck, G. L.; Widera, G. *Molecular Biology of the H-2 Histocompatibility Complex.* In: *Science* 233 (1986) S. 437–443.

Kronenberg, M.; Siu, G.; Hood, L. E.; Shastri, N. *The Molecular Genetics of the T-Cell Antigen Receptor and T-Cell Antigen Recognition.* In: *Ann. Rev. Immunol.* 4 (1986) S. 529–591.

Yancopoulos, G. D.; Alt, F. W. *Regulation of the Assembly and Expression of Variable-Region Genes.* In: *Ann. Rev. Immunol.* 4 (1986) S. 339–368.

Marrack, P.; Kappler, J. *The T-Cell Receptor.* In: *Science* 238 (1987) S. 1073–1079.

Storb, U. *Transgenic Mice with Immunoglobulin Genes.* In: *Ann. Rev. Immunol.* 5 (1987) S. 151–174.

French, D. L.; Laskov, R.; Scharff, M. D. *The Role of Somatic Hypermutation in the Generation of Antibody Diversity.* In: *Science* 244 (1989) S. 1152–1157.

Kocks, C.; Rajewsky, K. *Stable Expression and Somatic Hypermutation of Antibody V Regions in B-Cell Developmental Pathways.* In: *Ann. Rev. Immunol.* 7 (1989) S. 537–559.

Raulet, D. H. *The Structure, Function, and Molecular Genetics of the Gamma/Delta T-Cell Receptor.* In: *Ann. Rev. Immunol.* 7 (1989) S. 175–207.

Davis, M. M. *T-Cell Receptor Gene Diversity and Selection.* In: *Ann. Rev. Biochem.* 59 (1990) S. 475–496.

Gellert, M. *Molecular Analysis of V(D)J Recombination.* In: *Ann. Rev. Genet.* 26 (1992) S. 425–446.

Schatz, D. G.; Oettinger, M. A.; Schlissel, M. S. *V(D)J Recombination: Molecular Biology and Regulation.* In: *Ann. Rev. Immunol.* 10 (1992) S. 359–383.

Entdeckungen

Hozumi, N.; Tonegawa, S. *Evidence for Somatic Rearrangement of Immunoglobulin Genes Coding for Variable and Constant Regions.* In: *Proc. Nat. Acad. Sci. USA* 73 (1976) S. 3628–3632.

Max, E. E.; Seidman, J. G.; Leder, P. *Sequences of Five Potential Recombination Sites Encoded Close to an Immunoglobulin κ Constant Region Gene.* In: *Proc. Nat. Acad. Sci. USA* 76 (1979) S. 3340–3344.

Hood, L.; Kronenberg, M.; Hunkapiller, T. *T Cell Antigen Receptors and the Immunoglobulin Supergene Family.* In: *Cell* 40 (1985) S. 225–229.

Lewis, S.; Gifford, A.; Baltimore, D. *DNA Elements Are Asymmetrically Joined During the Site-Specific Recombination of Kappa Immunoglobulin Genes.* In: *Science* 228 (1985) S. 677–685.

Reynaud, C. A.; Anquez, V.; Grimal, H.; Weill, J. C. *A Hyperconversion Mechanism Generates the Chicken Light Chain Preimmune Repertoire.* In: *Cell* 48 (1987) S. 379–388.

Roth, D. B. et al. *V(D)J Recombination: Broken DNA Molecules with Covalently Sealed (Hairpin) Coding Ends in* SCID *Mouse Thymocytes.* In: *Cell* 70 (1992) S. 983–991.

McBlane, J. F. et al. *Cleavage at a V(D)J Recombination Signal Requires only RAG1 and RAG2 Proteins and Occurs in Two Steps.* In: *Cell* 83 (1995) S. 387–395.

VII Zellwachstum, Krebs und Entwicklung

Maischromosomen enthalten Elemente ..., deren Aufgabe es ist, die Aktivität eines Gens zu kontrollieren und im Gen selbst vererbbare Veränderungen einzuführen, die wiederum diese Aktivität beeinflussen. Die Elemente wurden ursprünglich entdeckt, weil sie im Chromosomensatz nicht an einer Stelle bleiben, sondern die Positionen, an denen sie gefunden wurden, verlassen und an anderen Stellen wieder auftauchen können. Befindet sich ein solches Element am oder in der Nähe des Locus eines bekannten Gens, kann es unter Umständen die Aktivität dieses Gens beeinflussen. Dabei müssen die Wirkmöglichkeiten der genetischen Substanz an diesem Locus nicht unbedingt mit verändert werden. Man bezeichnete diese Elemente daher als Kontrollelemente ... Man könnte sich ein Kontrollelement als eine Art extrachromosomale Substanz vorstellen, die sich an verschiedene Stellen des Chromosomensatzes anlagert oder diesen in sonstiger Weise ihren Stempel aufdrückt und so dort die Aktivität der Erbsubstanz verändern kann. Geht man allerdings von der Funktionsweise der Kontrollelemente aus, kommt man zu der Annahme, daß Kontrollelemente ein integraler Bestandteil der Chromosomen selbst sind, daß sie spezifische Aufgaben haben und eine spezielle Art, diese auszuführen – ganz wie man es Genen zuschreibt ... Die Transposition der Kontrollelemente beruht entweder auf noch unbekannten Mechanismen oder erfolgt bei der Replikation der Chromosomen und wäre dann eine Folge dieses Prozesses.

Barbara McClintock, 1956

34. Der Transport von Proteinen

Eine Vielzahl von Molekülen verläßt die Zelle oder dringt in sie ein. An einem Ende der Größenskala stehen die Proteine, die von der Zelle in die extrazelluläre Flüssigkeit ausgeschieden oder von der Zelloberfläche aufgenommen werden. Am anderen Ende dieser Skala finden wir Ionen wie K^+, Na^+ und Ca^{2+}, die aus der Zelle heraus- oder in sie hineingepumpt werden. Dieses Kapitel befaßt sich damit, wie Proteine über Membransysteme zur Plasmamembran oder zu anderen Organellen gelangen oder innerhalb der Zelle von der Zelloberfläche zu Organellen transportiert werden. Im nächsten Kapitel besprechen wir die Vorgänge bei der Signalübertragung, bei denen durch Interaktionen an der Oberfläche Reaktionen im Zellinneren ausgelöst werden können.

Wie in Kapitel 10 beschrieben, beginnt für die Proteine der Sekretionsprozeß mit einem cotranslationalen Transfer direkt von den Ribosomen zu den Membranen des endoplasmatischen Reticulums (ER). Von dort gelangen sie zum Golgi-Apparat, wo sie entsprechend ihrer späteren Bestimmung **sortiert** werden. Abbildung 34.1 gibt einen Überblick darüber, wie Proteine transportiert oder auf andere Organellen verteilt werden. Wohin sie transportiert werden sollen, bestimmen spezifische Signale; dies können kurze Aminosäuresequenzen oder kovalente Veränderungen des Proteins sein.

Als Transportmittel dienen kleine Membranvesikel. Ein lösliches Protein wird im Lumen eines Vesikels transpor-

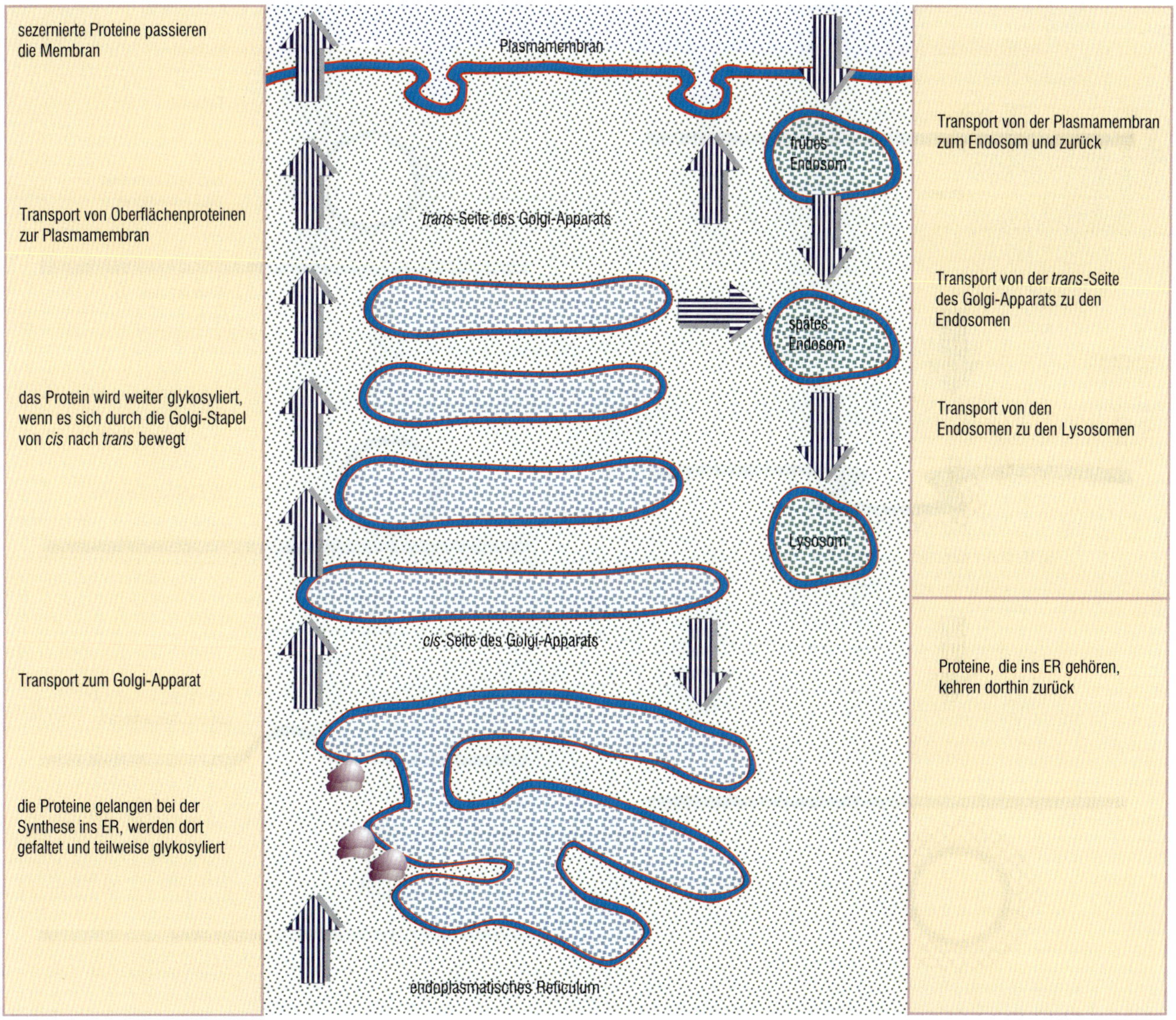

34.1 *Übersicht:* Proteine, die ins endoplasmatische Reticulum gelangen, werden zum Golgi-Apparat und zur Plasmamembran transportiert. Anschließend sorgen spezifische Signale dafür, daß die Proteine entweder vom Golgi-Apparat wieder ins ER zurückkehren, im Golgi-Apparat oder der Plasmamembran gespeichert oder zu den Endosomen und Lysosomen gebracht werden. Zwischen der Plasmamembran und den Endosomen können Proteine hin- und hertransportiert werden.

tiert, ein integrales Membranprotein in seiner Membran. Abbildung 34.2 zeigt die Abschnürungs- und Fusionsprozesse, mit deren Hilfe sich die Vesikel zwischen benachbarten Kompartimenten hin- und herbewegen. Dabei löst sich ein Vesikel von einer Oberfläche ab und verschmilzt dann mit einer anderen. Es entlädt die in ihm enthaltenen Proteine je nach ihrer Art in das Lumen oder in die Membran des Zielkompartiments; für den Weitertransport in das nächste Kompartiment müssen sie in neue Vesikel verpackt werden. Diese Abfolge wiederholt sich bei jedem Transport von einer Membranoberfläche zur nächsten, sei es bei der Proteinpassage vom ER zum Golgi-Apparat oder beim Übergang von einer Zisterne des Golgi-Stapels zur anderen.

Dringt ein Protein in eine Membran ein, bleibt es dort, bis es seinen Bestimmungsort erreicht hat. Gelangt ein Membranprotein ins endoplasmatische Reticulum, wird es entsprechend ausgerichtet – bei Gruppe-I-Proteinen zeigt der N-Terminus in Richtung Lumen und der C-Terminus in Richtung Cytosol, bei Gruppe-II-Proteinen ist es umgekehrt – und behält diese Orientierung bei, solange es sich durch das System bewegt. Unabhängig davon, ob das Protein für den Golgi-Apparat, ein Lysosom oder eine Plasmamembran bestimmt ist, beginnt der Transport immer auf die gleiche Art und Weise: Das Protein wird in Membranvesikeln auf dem Sekretionsweg zu seinem jeweiligen Bestimmungsort gebracht, wo es dann anhand bestimmter Struktureigenschaften erkannt, dauerhaft gespeichert oder wieder aus der Zelle ausgeschieden wird.

Im endoplasmatischen Reticulum erfährt das Protein zwei entscheidende Veränderungen: Es wird richtig gefaltet und glykosyliert.

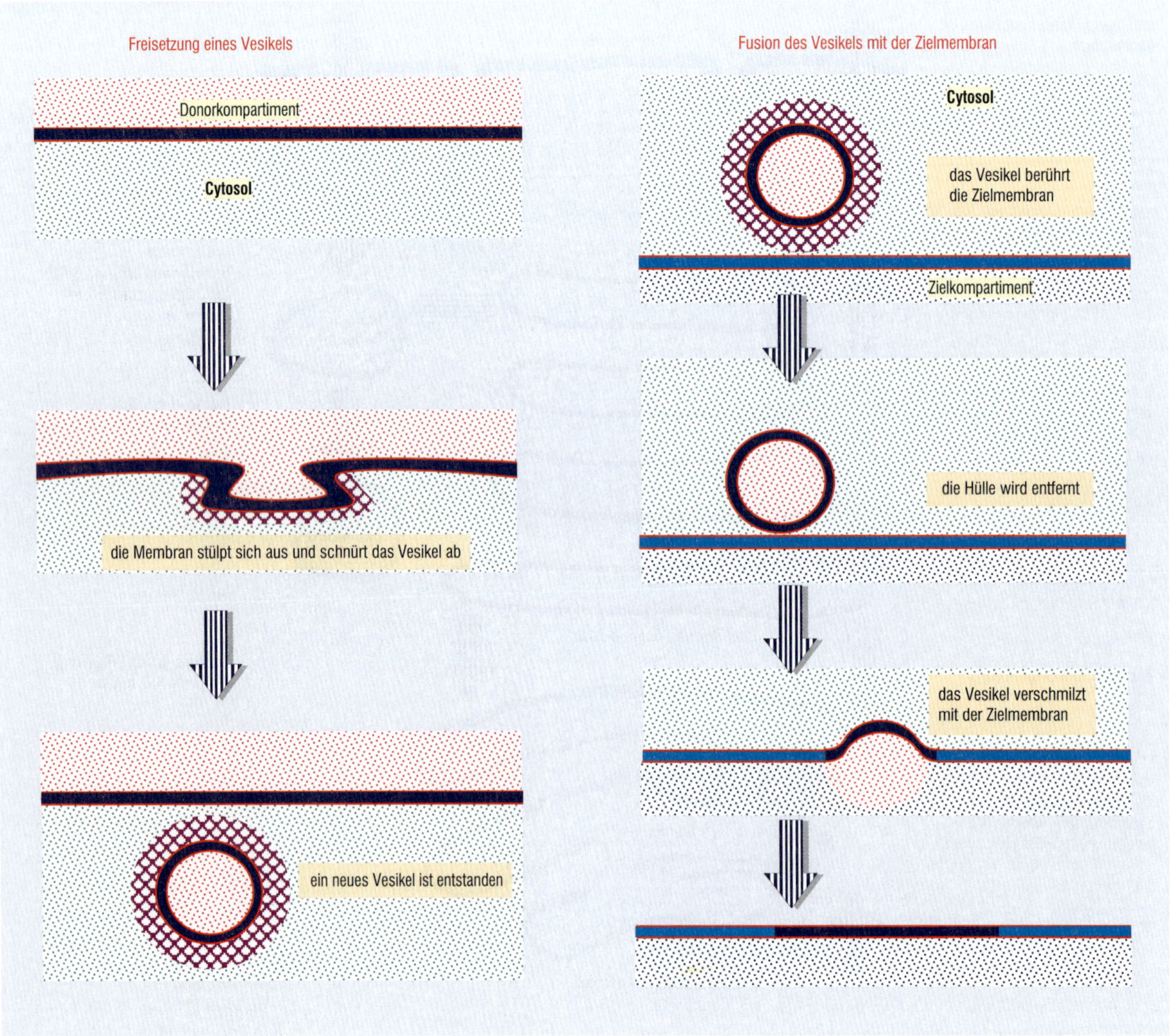

34.2 *Übersicht:* Durch Ausstülpen und Abschnüren der Membran eines Donorkompartiments bilden sich Membranvesikel, die von Hüllproteinen umgeben sind. Nach ihrer Abschnürung binden die Vesikel mit ihrer Hülle an ein Zielkompartiment. Sie verlieren ihre Hülle und setzen durch Fusion mit der Zielmembran ihren Inhalt frei.

Das Protein kommt in ungefaltetem Zustand im ER an. Erst beim Eintritt ins Lumen erhält es seine Faltstruktur; bei der Passage durch die Membran faltet sich wahrscheinlich jede seiner Domänen unabhängig von den anderen. Die vollständige Faltung eines 50-kD-Proteins braucht etwas weniger als drei bis vier Minuten; synthetisiert wird die Kette dagegen in etwa einer Minute.

Mit der Faltung im ER, die von zusätzlichen Proteinen unterstützt wird, sind Modifikationen verbunden. Möglicherweise müssen für eine korrekte Faltung Kohlenhydrate angefügt werden; damit hätten die Modifikationen tatsächlich eine wichtige Aufgabe. Dazu zählt unter Umständen auch, daß Disulfidbrücken durch das Enyzm PDI (Proteindisulfidisomerase) umgelagert werden. Eventuell ist auch noch eine Assoziation mit spezifischen ER-Proteinen erforderlich. Dies alles oder auch nur Teile davon könnte ein Enzymkomplex durchführen, wenn ein Protein ins ER gelangt; das heißt, alle erforderlichen Funktionen wären mit dem Protein an der Stelle verknüpft, an der es durch die Membran schlüpft. Berechnungen der spontanen Faltungs- und Oligomerisierungsgeschwindigkeiten lassen vermuten, daß die Hilfsproteine für die Katalyse des Prozesses benötigt werden, damit dieser schnell genug in der Zelle ablaufen kann.

Ein solches Protein mit einer Faltfunktion ist BiP; es gehört zur Hsp70-Chaperonfamilie (Tabelle 1.5). BiP erleichtert die Oligomerisierung und/oder Proteinfaltung im Lumen des ER. Das ER besitzt möglicherweise mehrere solcher Hilfsproteine, deren Aufgabe es ist, die Struktur teilweise gefalteter Proteine zu erkennen und ihnen zu einer Konformation zu verhelfen, die es ihnen erlaubt, an ihren nächsten Bestimmungsort zu gelangen.

In der Regel oligomerisieren multimere Glykoproteine im ER. Die Oligomerisierung ist unter Umständen für den weiteren Transport erforderlich. Oligomere werden schnell vom ER zum Golgi-Apparat transportiert, nicht eingebaute Untereinheiten oder falsch zusammengesetzte Proteine werden dagegen zurückgehalten. Falsch gefaltete Proteine sind oft mit ER-spezifischen Chaperonen assoziiert und werden zu gegebener Zeit abgebaut und entfernt. Daher findet man im Golgi-Apparat oder in den späteren Transportstadien nur Proteine, die richtig gefaltet sind.

BiP hat zwei Funktionen: Es hilft bei der Faltung neu angekommener Proteine und entfernt falsch gefaltete Proteine. Beiden Aktivitäten liegt wahrscheinlich jeweils dieselbe Aktionsweise zugrunde. Angenommen, BiP erkennt bestimmte Peptidsequenzen, die unzugänglich sind, wenn das Protein in reifer, richtig gefalteter Form vorliegt. Diese Sequenzen sind exponiert und ziehen BiP an, wenn das Protein in einer mehr oder weniger eindimensionalen Form ins ER-Lumen gelangt. Ist ein Protein falsch gefaltet oder denaturiert, sind diese Sequenzen möglicherweise auf seiner Oberfläche exponiert und nicht wie üblich in seinem Innern verborgen. Wie signalisiert wird, daß ein permanent falsch gefaltetes Protein abgebaut werden soll, wissen wir noch nicht.

34.1 Im ER und im Golgi-Apparat werden Oligosaccharide an die Proteine angehängt

Praktisch alle Proteine, die den Sekretionsapparat passieren, sind glycosyliert. Glykoproteine entstehen durch Anheften von Oligosaccharidgruppen entweder an die NH_2-Gruppe des Asparagins (*N*-Glykosylierung; Abbildung 1.12) oder an die OH-Gruppe des Serins, Threonins oder Hydroxylysins (*O*-Glykosylierung). Die *N*-Glykosylierung beginnt im endoplasmatischen Reticulum und wird im Golgi-Apparat vervollständigt, die *O*-Glykosylierung erfolgt ausschließlich im Golgi-Apparat. Die Abbildungen 34.3 bis 34.5 skizzieren die Stadien der *N*-Glykosylierung.

Das Anheften aller *N*-gekoppelten Oligosaccharide im ER beginnt auf eine allgemein übliche Art und Weise, die in Abbildung 34.3 beschrieben wird. An einem speziellen

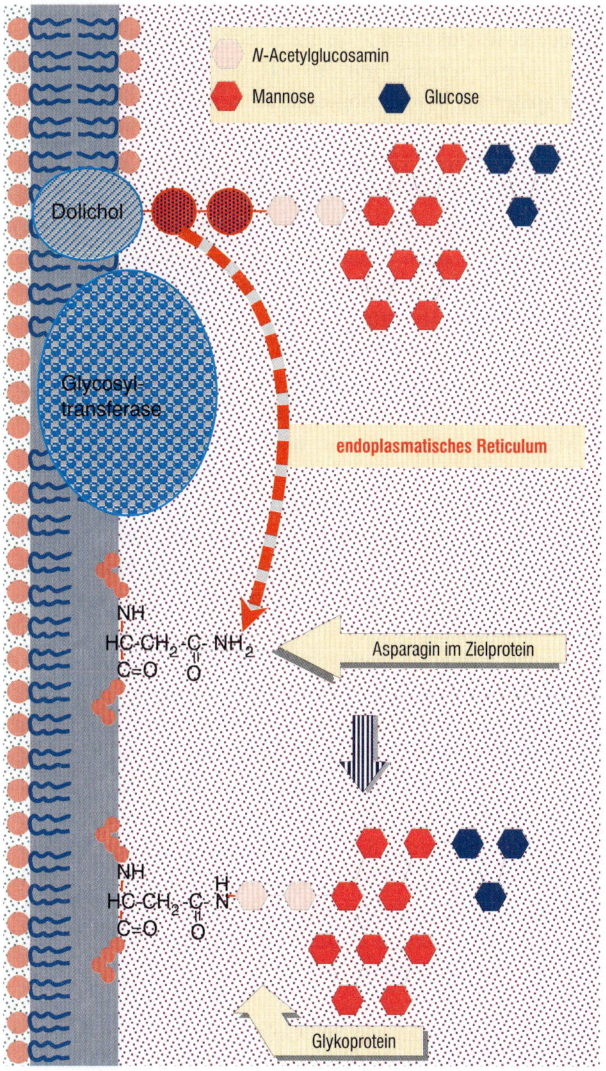

34.3 An Dolichol wird ein Oligosaccharid gebildet und von einer Glycosyltransferase auf das Asparagin eines Zielproteins übertragen.

Lipid, dem **Dolichol**, entsteht ein Oligosaccharid aus zwei *N*-Acetylglucosamin-, neun Mannose- und drei Glucoseresten. Dolichol ist ein hochgradig hydrophobes Lipid aus der ER-Membran, dessen aktive Gruppe zum Lumen hin orientiert ist. Das Oligosaccharid wird durch Anheften einzelner Zuckerreste aufgebaut; es ist über eine Pyrophosphatgruppe an Dolichol gekoppelt und wird als Ganzes von einer membrangebundenen Glycosyltransferase, deren aktives Zentrum in das Lumen des endoplasmatischen Reticulums hineinragt, auf ein Zielprotein übertragen.

Die Akzeptorgruppe besteht aus einem Asparaginrest in der Sequenz Asn-X-Ser oder Asn-X-Thr, wobei X jede Aminosäure außer Prolin sein kann. Der Asparaginrest wird sofort erkannt, wenn die Zielsequenz auf der anwachsenden Proteinkette, welche die ER-Membran durchquert, im Lumen erscheint.

Im ER wird das Oligosaccharid etwas zurechtgestutzt und anschließend wird ein naszierendes Glykoprotein an den Golgi-Apparat übergeben. Beim Transport durch das ER und den Golgi-Apparat entstehen zwei Arten von Oligosaccharidstrukturen – je nach Schicksal der Mannosereste. Diese werden nur im ER angeheftet, sie können aber später auch noch abgespalten werden.

- **Mannosereiche Oligosaccharide** enthalten nur Zuckerreste, die im ER dazugekommen und nach dem Spaltprozeß übrig geblieben sind (Abbildung 34.4). Fast unmittelbar nach Anheftung der Oligosaccharide werden die drei Glucosereste von den ER-Enzymen Glucosidase I und II entfernt. Eine ER-Mannosidase spaltet einige Mannosereste von den Proteinen ab, die sich im ER befinden; so entsteht die endgültige Oligosaccharidstruktur. Die Mannosidase aus dem ER löst die erste Mannose schnell ab, die nächsten drei dagegen langsamer. Wieviele Mannosereste entfernt werden, hängt vom jeweiligen Proteinsubstrat ab.
- **Komplexe Oligosaccharide** entstehen nach zusätzlichem Trimmen und weiteren Zugaben im Golgi-Apparat. Die Veränderungen dort erfolgen in einer festgelegten Reihenfolge (Abbildung 34.5). Im ersten Schritt werden weitere Mannosereste durch die Mannosidase-I des Golgi-Apparats abgespalten. Anschließend hängt das Enzym *N*-Acetylglucosamintransferase einen einzelnen Zuckerrest an. Dadurch wird es möglich, das Glykoprotein weiter zu verarbeiten, wenn die Mannosidase-II des Golgi-Apparats weitere Mannosereste entfernt. Damit wird das Oligosaccharid resistent gegenüber einem Abbau durch Endoglycosidase H (EndoH). *Daher wird die Empfindlichkeit gegenüber EndoH als Test benutzt, um zu bestimmen, ob das Protein das ER bereits verlassen hat.*

Bei den Modifikationen im Golgi-Apparat wird letztlich alles bis auf die **innere Core-Struktur** (NAc-Glc•NAc-Glc•Man3) entfernt. Durch Zusätze an der inneren Core-Struktur entsteht die **Endregion**. Zu den Resten, die an ein komplexes Oligonucleotid angehängt werden können,

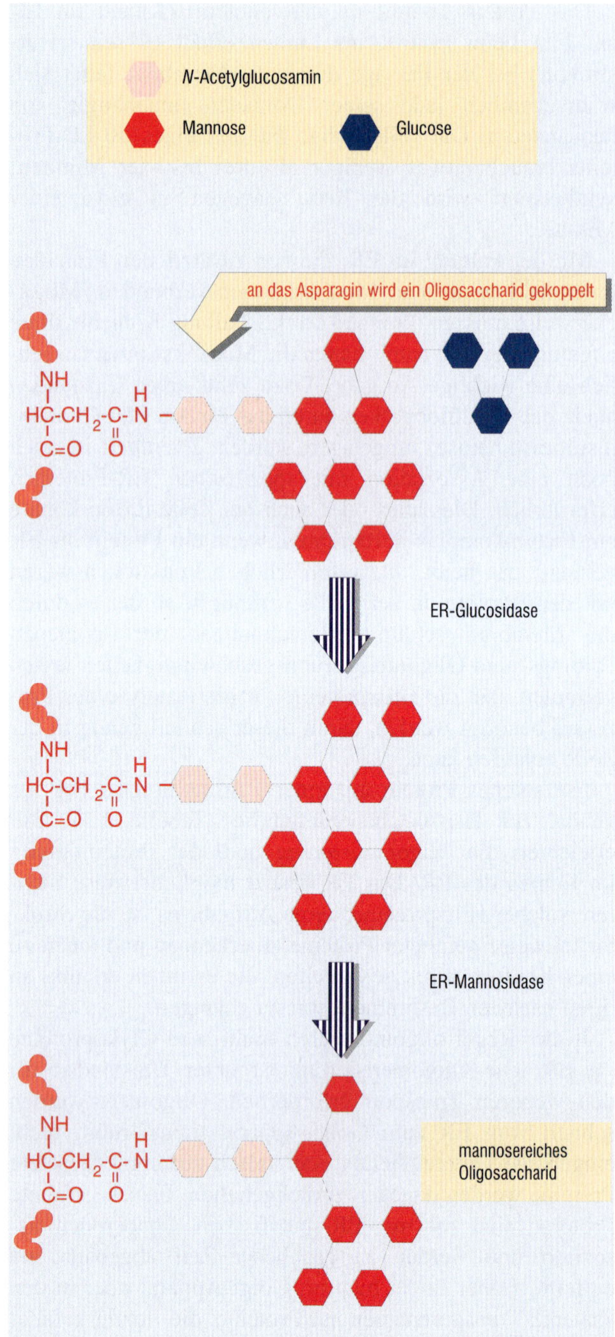

34.4 Die Reihenfolge, mit der im ER Zucker abgespaltet werden, ist genau festgelegt: Sie beginnt mit drei Glucose- und ein bis vier Mannoseresten. Auf diese Weise entsteht ein mannosereiches Oligosaccharid.

gehören *N*-Acetylglucosamin, Galactose und Sialinsäure (*N*-Acetylneuraminsäure). Die Weiterverarbeitungs- und Glykosylierungsreaktionen sind hochgradig geordnet; beide Reaktionstypen kommen darin vor. Eventuell muß ein Zuckerrest angekoppelt werden, damit man einen anderen entfernen kann; so wird beispielsweise *N*-Acetylglucosamin zugegeben, bevor die letzten Mannosereste entfernt werden.

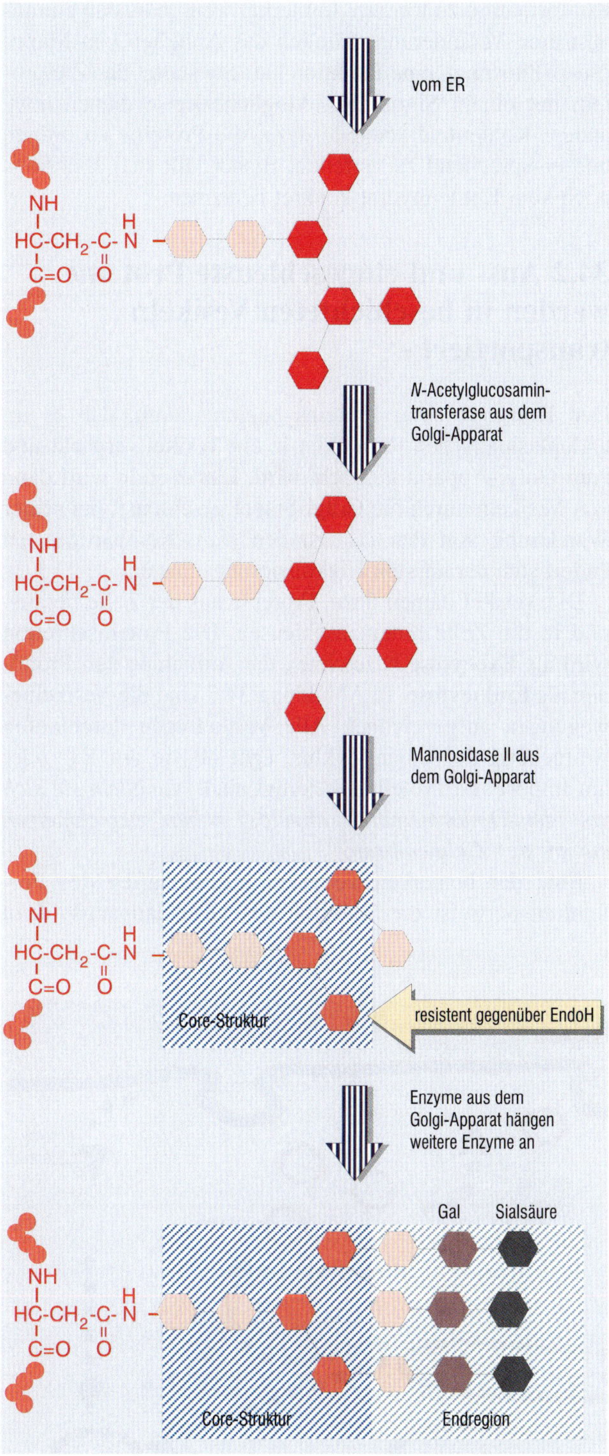

34.5 Die Verarbeitung zum komplexen Oligosaccharid erfolgt im Golgi-Apparat; dabei wird die ursprünglich vorhandene Einheit auf eine innere Core-Struktur aus zwei *N*-Acetylglucosamin- und drei Mannoseresten reduziert. Die letzten Mannosereste können erst entfernt werden, nachdem ein (drittes) *N*-Acetylglucosamin angefügt wurde. Dann können weitere Zuckerreste in der Reihenfolge angehängt werden, in der sie auf die Transferenzyme stoßen; so entsteht eine Endregion aus *N*-Acetylglucosamin, Galactose und Sialsäure.

Wir wissen nicht, auf welche Informationen hin jedes Protein sein charakteristisches Verarbeitungs- und Glykosylierungsmuster durchläuft. Wir nehmen an, daß die Information dafür in der Struktur der Polypeptidkette verborgen ist. Sie kann nicht im Oligosaccharid liegen, da bei allen Proteinen, die *N*-glykosyliert werden, die Verarbeitung mit der Zugabe derselben vorgeformten Oligosaccharide beginnt.

In den einzelnen Zisternen des Golgi-Apparats sind die Stapel in einer Weise organisiert, die in etwa einem Tellerstapel ähnelt (Abbildung 2.9). Ein typischer Stapel besteht aus vier bis acht abgeflachten Zisternen. Ein wesentliches Charakteristikum des Golgi-Apparats ist seine *Polarität*. Seine *cis*-Seite ist zum endoplasmatischen Reticulum hin ausgerichtet, die *trans*-Seite einer sekretorischen Zelle zur Plasmamembran. Der Golgi-Apparat besteht aus Kompartimenten, die von der *cis*- zur *trans*-Seite als *cis*, *Mitte*, *trans* und *TGN* (*trans-Golgi-Netzwerk*) bezeichnet werden. Proteine dringen auf der *cis*-Seite in einen Golgi-Stapel ein und werden beim Transport durch die weiteren Zisternen des Stapels modifiziert. Wenn sie die *trans*-Seite erreichen, sind sie auf ihren Bestimmungsort hin adressiert.

Die Membranstruktur im Golgi-Stapel ändert sich. Der Hauptunterschied besteht darin, daß der Cholesteringehalt von *cis* nach *trans* zunimmt. Daher entsteht bei der Fraktionierung von Golgi-Präparationen ein Gradient, dessen dichteste Fraktionen die *cis*-Zisternen enthalten und dessen leichteste Fraktionen die *trans*-Zisternen. Aufgrund der Position der Enzyme im Gradienten sowie der *in situ*-Immunchemie, bei der Antikörper gegen einzelne Enzyme eingesetzt werden, kann man vermuten, daß bestimmte Enzyme von *cis* nach *trans* unterschiedlich verteilt sind. Der Unterschied zwischen der *cis* und *trans*-Seite des Golgi-Apparats ist offensichtlich; unklar ist jedoch, wie sich die Vorstellung einer Aufteilung in Kompartimente mit den einzelnen Zisternen in Verbindung bringen läßt; möglicherweise kommt es auf dem Weg durch die Zisternen tatsächlich zu kontinuierlich aufeinanderfolgenden Veränderungen.

Die entstehenden Proteine treffen während ihres Transports durch die Golgi-Stapel auf die modifizierenden Enzyme. Abbildung 34.6 zeigt, in welcher Reihenfolge die Enzyme aktiv werden. Die Anordnung ergibt sich zum Teil wohl aus der Tatsache, daß die Modifizierung durch das eine Enzym das Substrat für das folgende Enzym liefern muß, zum Teil aber auch daraus, welche Enzyme beim Transport durch die Zisternen jeweils zur Verfügung stehen.

Durch Anfügen eines komplexen Oligosaccharids können sich die Eigenschaften eines Proteins drastisch verändern. Das Oligosaccharid macht häufig einen wesentlichen Teil der Gesamtmasse eines Glykoproteins aus. Welche Bedeutung hat eine solche extensive Glykosylierung? In einigen Fällen hat der Zuckeranteil strukturelle Aufgaben, etwa bei Oberflächenproteinen, die an der Zelladhäsion beteiligt sind. Er könnte aber auch eine Rolle spielen, wenn es darum geht, die Auffaltung in eine bestimmte

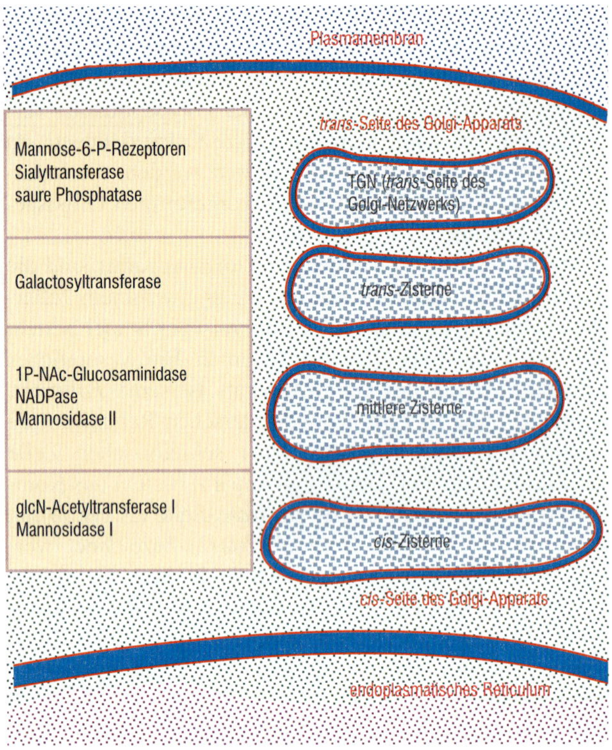

34.6 Ein Golgi-Stapel besteht aus einer Reihe von Zisternen mit einer *cis-trans*-Polarität. Im Verlaufe ihrer Wanderung von der *cis*- auf die *trans*-Seite werden die Proteine modifiziert.

Konformation zu fördern. Immerhin weiß man, daß zumindest eine Veränderung, nämlich das Anheften von Mannose-6-Phosphat, eine Funktion hat: Sie stattet das Zielprotein mit einem Signal aus. Möglicherweise dienen noch andere Kohlenhydratanteile dazu, die Proteine zu ordnen und entsprechend zu verteilen. Bisher läßt sich allerdings noch kein Kohlenhydrat konkret benennen.

34.2 Aus- und eingeschleuste Proteine werden in beschichteten Vesikeln transportiert

Der Transport eines Proteins beginnt damit, daß es im endoplasmatischen Reticulum in ein **Vesikel** verpackt und zum Golgi-Apparat gebracht wird. Das Protein wird dann von Vesikeln durch die Golgi-Stapel geschleust; bei seiner Wanderung von den *cis*- zu den *trans*-Kompartimenten ändert sich darauf sein Glykolisierungsmuster.

Die Vesikel dienen dazu, Proteine aus der Zelle heraus- und in die Zelle hineinzuschleusen. Die Proteinsekretion wird als **Exocytose** bezeichnet, die Aufnahme von Proteinen als **Endocytose**. In Abbildung 34.7 sind die Vesikelbewegungen aufgezeichnet. Alle Vesikeltypen durchlaufen weitgehend denselben Zyklus, egal ob sie am Ex- oder am Import von Proteinen beteiligt sind: *Nachdem sie sich von der Donormembran abgelöst haben, verschmelzen sie mit der Zielmembran.*

Eine der bemerkenswertesten Eigenschaften des Proteintransports ist die Stabilität des Vesikelapparats; dazu

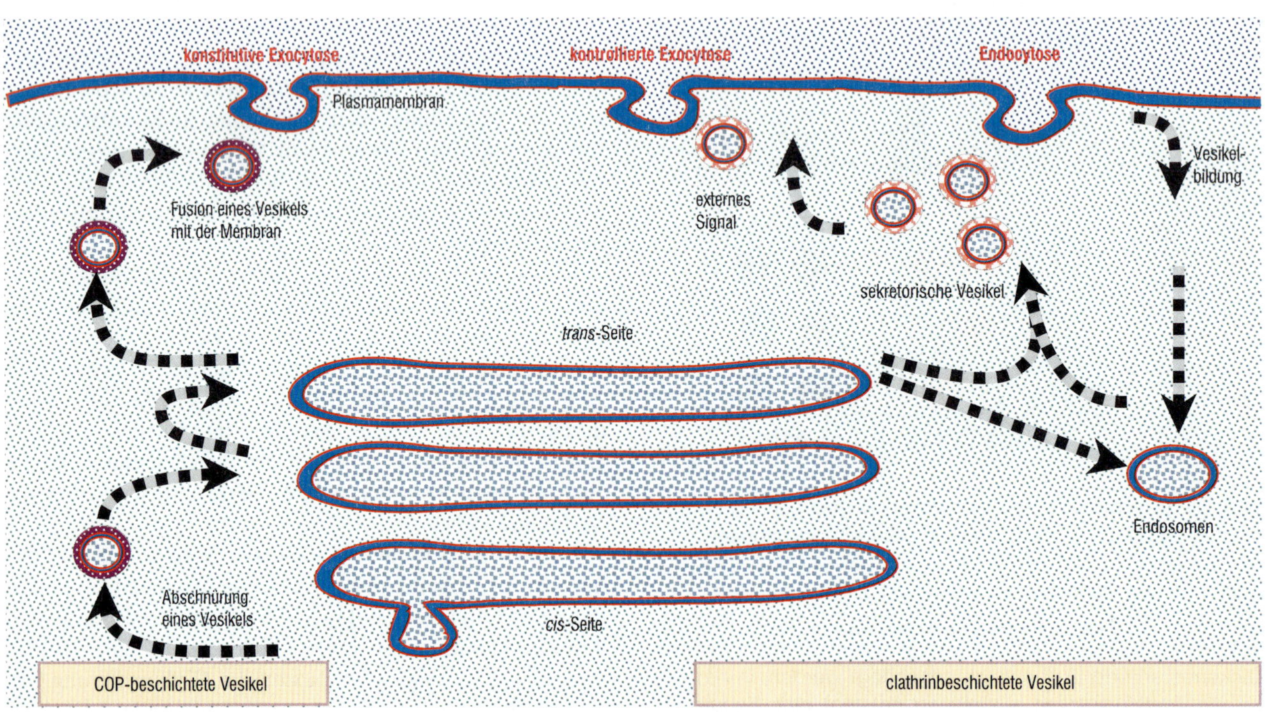

34.7 Von Hüllproteinen umgebene Vesikel übernehmen den Proteintransport. Dabei erfolgt der konstitutive (Massenstrom-)Transport vom ER durch den Golgi-Apparat in COP-beschichteten Vesikeln, die kontrollierte Exocytose sowie die Endocytose in clathrinbeschichteten Vesikeln.

gehören die Strukturelemente der Vesikel sowie die Proteine, die für das Ablösen oder die Fusion benötigt werden. Viele der dazu nötigen Funktionen konnten aufgrund von Mutationen des *sec*-Genotyps in *S. cerevisiae* entschlüsselt werden. Solche Mutanten sind nicht in der Lage, Proteine über den ER-Golgi-Weg auszuschleusen. Für viele Gene, die über *sec*-Mutanten in Hefe entdeckt wurden, kennt man ein unmittelbares Pendant in Tierzellen. So existieren speziell bei Proteinen für das Ablösen, die Fusion und die Zielsteuerung im Gehirn von Säugern – dort regt das Freisetzen von Zellproteinen Nervenimpulse an – entsprechende Homologe im Sekretionsweg der Hefe.

Bei Vesikeln, die am Transport von Proteinen beteiligt sind, sind die Membranen mit Protein beschichtet; man bezeichnet sie daher als **beschichtete Vesikel** (***coated vesicles***). Abbildung 34.8 zeigt eine elektronenmikroskopische Aufnahme solcher Vesikel. Den verschiedenen Arten von Proteinhüllen werden wir uns später zuwenden. Die Hülle hat zwei Funktionen: Sie ermöglicht die Identifizierung des Vesikeltyps, so daß das Vesikel zur richtigen Zielmembran geschickt werden kann. Außerdem ist sie am Ablösungsprozeß und der Fusion beteiligt. Vielleicht ist sie auch für die Auswahl der zu transportierenden Proteine zuständig.

Damit Vesikel gebildet werden können, muß sich aus einer Membrandoppelschicht ein Vesikel vorstülpen und letztlich von der Membran abschnüren (Abbildung 2.11); dafür muß die Membran deformiert werden (Abbildung 34.9). Die daran beteiligten Proteine werden vor allem für den Ablösungsprozeß benötigt und werden zu einem Teil der Hülle.

Die umgekehrte Reaktion, die Fusion, hängt wesentlich von den Eigenschaften der Membranoberflächen ab. Um mit einer Zielmembran zu fusionieren, muß die Proteinschicht des Vesikels entfernt werden. Ein beschichtetes Vesikel erkennt seinen Bestimmungsort anhand einer Reaktion zwischen einem Protein in der Vesikelmembran und einem Rezeptor der Zielmembran.

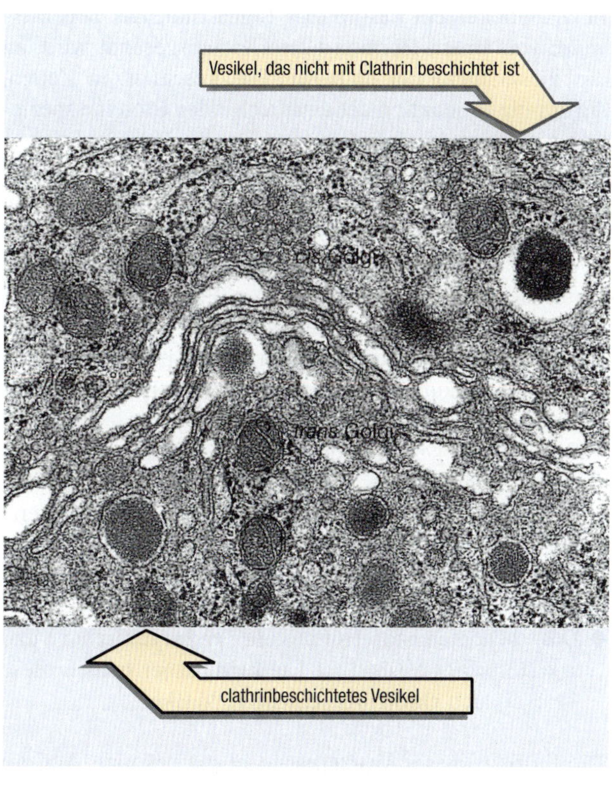

34.8 Die beschichteten Vesikel werden an der *trans*-Seite des Golgi-Apparats freigesetzt. Der Durchmesser eines Vesikels beträgt etwa 70 nm. (Aufnahme mit freundlicher Genehmigung von Lelio Orci.)

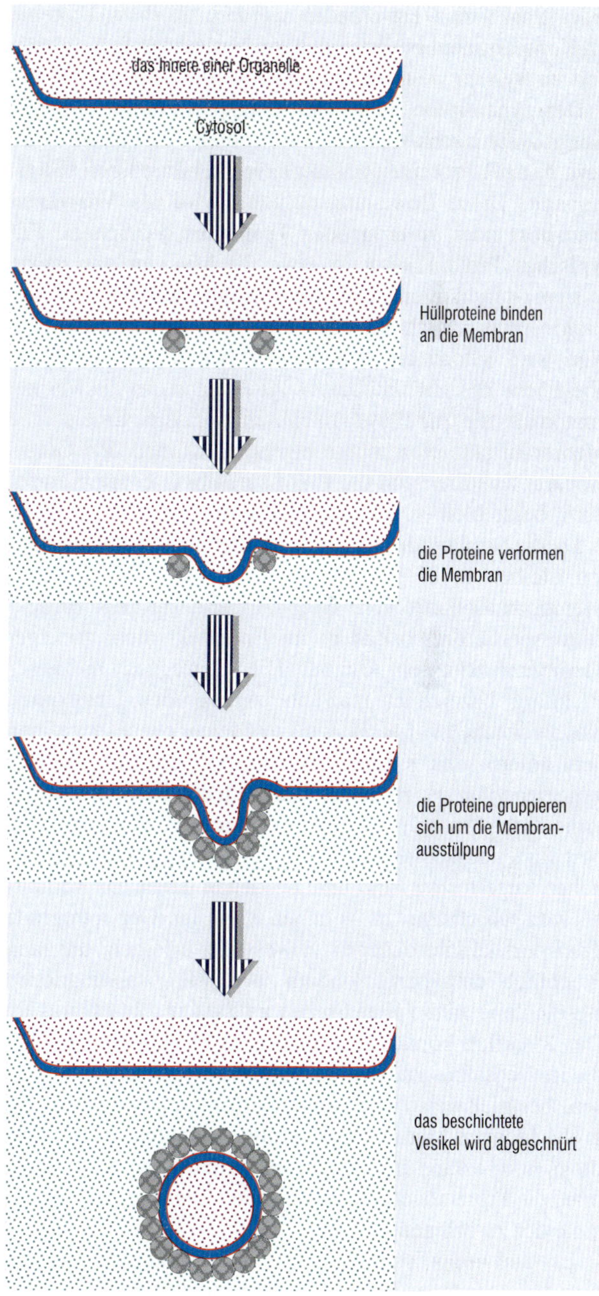

34.9 Ein Vesikel entsteht, wenn Hüllproteine an eine Membran binden, sie ausbuchten und dann einen Membranbereich umgeben, der sich schließlich abschnürt.

Ein Vesikel durchläuft daher einen Zyklus, in dem es seine Hülle erhält, sich von der Donormembran ablöst, zur nächsten Membran wandert, dort die Hülle wieder verliert und mit der Zielmembran fusioniert. Wird ein Vesikel gebildet, besitzt es Proteine, die in dem Membranstück, von dem es sich abgeschnürt hat, vorhanden oder damit assoziiert waren. Das Vesikel enthält dieselben Inhaltsstoffe wie das Lumen der Organelle, aus der es entstanden ist. Fusioniert das Vesikel mit seiner Zielmembran, werden seine Bestandteile Teil der Membran oder des Lumens des entspechenden Kompartiments. Die Proteine, die von den Vesikeln transportiert werden, die also nicht zur Vesikelstruktur selbst gehören, werden als **Fracht** bezeichnet. In jeder Phase muß entschieden werden, ob diese Proteine im Kompartiment bleiben oder von Vesikeln aufgenommen und im System weitertransportiert werden sollen.

Der dynamische Status des Transports durch das ER-Golgi-System schafft jedoch ein Problem. Permanent wandern mit ER-Proteinen beladene Vesikel durch den Golgi-Apparat. Diese Bewegungsrichtung wird als **Vorwärtstransport** oder **anterograder Transport** bezeichnet. Ein typisches Protein kann in etwa 20 Minuten das ganze System durchlaufen. Der Nettogehalt und die Art der Lipide muß jedoch in jeder Membran erhalten bleiben. Nun wird jedoch ein bedeutender Anteil der Membranoberfläche des ER und des Golgi-Apparats in die Vesikel eingebaut, die zur Plasmamembran wandern. Eine solche Membranfluktuation müßte eigentlich schnell den Golgi-Apparat zerstören und die Plasmamembran enorm vergrößern; beide bleiben jedoch gleich groß.

Da die Struktur des reticuloendothelialen Systems erhalten bleiben muß, gibt es vermutlich eine Möglichkeit, Membranabschnitte vom Golgi-Apparat zum ER zurückzutransportieren, so daß es im Endeffekt nicht zu einer Membranfluktuation kommt. Die Bewegung in dieser Richtung bezeichnet man als **retrograden Transport**. Noch verstehen wir nicht, wie ein Gleichgewicht zwischen dem antero- und retrograden Transport erreicht wird; es wäre jedoch z. B. möglich, daß in jeder Richtung unterschiedliche Strukturen benutzt werden. Der Vorwärtstransport findet ausschließlich in Vesikeln statt, die im wesentlichen kugelförmig sind und bei denen daher das Verhältnis von Oberfläche zu Volumen klein ist. Der retrograde Transport könnte dagegen in Vesikeln erfolgen, die kein Frachtgut enthalten, sondern nur die ursprünglichen Bestandteile an die alten Stellen im System zurückbringen. Der Rückfluß könnte aber auch über Strukturen erfolgen, die im Verhältnis zum Volumen große Oberflächen aufweisen, beispielsweise über röhrchenförmige Strukturen, die große Mengen Material zurückführen könnten. Es ist allerdings noch völlig unklar, wie sich Lipide recyceln lassen, ohne die Proteinbauteile von ER und Golgi-Apparat durcheinander zu bringen.

Ex- und Import sind getrennt. Je nach Transporttyp kann man verschiedene Gruppen beschichteter Vesikel ausmachen. In einigen Fällen können die Vesikel anhand der biochemischen Komponenten ihrer Hülle unterschieden werden.

Neusynthetisierte Proteine gelangen ins ER und können dann von dort aus durch das ER-Golgi-System geschleust werden. Diesen Weg nimmt der Massenstrom an Proteinen und Lipiden. Der Apparat dafür ist in jeder Zelle vorhanden. Dieser Transport erfolgt in **Transitionsvesikeln**. Anhand der Hüllen unterscheidet man zwei verschiedene Arten dieser Vesikel.

- Die Vesikel, die man zuerst beim Transport zwischen den Golgi-Zisternen gefunden hat, bezeichnet man heutzutage als **COP-I-beschichtete Vesikel**; COP ist die Abkürzung für ein Hüllprotein. Es gibt mittlerweile Hinweise, daß diese Vesikel am retrograden Transport beteiligt sind; sie können jedoch genausogut auch beim Vorwärtstransport eine Rolle spielen.
- Transitionsvesikel, die vom ER zum Golgi-Apparat wandern, besitzen dagegen eine andere Hülle namens **COP-II**. Diese Vesikel sind bisher noch nicht vollständig charakterisiert, ihre Hauptaufgabe scheint jedoch der Vorwärtstransport zu sein.
- Einige Proteine werden **konstitutiv sezerniert** und wandern von der *trans*-Seite des Golgi-Apparats zur Plasmamembran. Die für diesen Prozeß zuständigen Vesikel konnten bisher noch nicht biochemisch charakterisiert werden.

Bei einigen Proteinen wird der Export kontrolliert. Sie werden zu diesem Zweck in **sekretorische Vesikel** verpackt. Diese Vesikel fungieren als Speicher, die ihren Inhalt nur auf ein bestimmtes Signal hin, das beispielsweise von einem Hormon oder Ca^{2+} ausgesandt wird, an der Plasmamembran entladen. Das geschieht in Zellen, die auf die Produktion der entsprechenden Proteine spezialisiert sind:

- Die Vesikel für den kontrollierten Export bilden sich an der *trans*-Seite des Golgi-Apparats und fusionieren wohl zu **sekretorischen Granula**. Eventuell transportieren sie ihre Fracht auch zu den Endosomen. An den Endosomen entstehen sekretorische Vesikel, welche die Proteine zur Plasmamembran transportieren. Wahrscheinlich läuft der kontrollierte Transport normalerweise über das Endosom.
- Proteine dringen in **endocytotische Vesikel** verpackt in die Zelle ein. Diese Vesikel stammen aus der Plasmamembran und transportieren ihren Inhalt ins Zellinnere. Sie setzen ihre Ladung frei, wenn sie mit einer Membran eines Zielkompartiments, etwa eines Endosoms, verschmelzen.
- Das bedeutendste Hüllprotein endocytotischer und sekretorischer Vesikel ist **Clathrin**; daher heißen diese Vesikel auch **clathrinbeschichtete Vesikel**.

Die Struktur dieser Vesikel ist recht gut bekannt. Auf der Oberfläche des beschichteten Vesikels entsteht aus der 180-kD-Kette des Clathrins und einer kleineren 35-kD-Kette eine polyedrische Hülle. Die Untereinheit dieser Hülle besteht aus einem **Triskelion**, einem dreizackigen

Proteinkomplex aus drei leichten und drei schweren Ketten. Das Triskelion bildet, wie auf der elektronenmikroskopischen Aufnahme in Abbildung 34.10 zu sehen ist, auf der Oberfläche des beschichteten Vesikels ein gitterartiges Netzwerk aus. Ausgebildet und umhüllt werden die endocytotischen Vesikel in Einbuchtungen der Plasmamembran, den sogenannten ***coated pits***. Ähnliche Strukturen kann man auch an der *trans*-Seite des Golgi-Apparats beobachten, wo Vesikel, die für die Endosomen bestimmt sind, und sekretorische Vesikel entstehen.

Wie clathrinbeschichtete Vesikel aufgebaut sind, zeigt Abbildung 34.11. Die innere Schicht der Hülle besteht aus Proteinen, die als **Adaptoren** bezeichnet werden; diese binden sowohl an Clathrin als auch an integrale Membranproteine der Vesikel. Bisher kennt man die Charakteristika von zwei Adaptorentypen. Ihre Verteilung legt den Schluß nahe, daß es sich um beschichtete Vesikel verschiedener Herkunft handelt. Den HA-2-Adaptor findet man in *coated pits* der Plasmamembran; er ist charakteristisch für endocytotische Vesikel. Der HA-1-Adaptor gehört zu den *coated pits* des Golgi-Apparats; er ist typisch für Vesikel, die für Endosomen bestimmt sind. Jeder Adaptor ist ein Heterotetramer aus einzelnen Untereinheiten, den sogenannten **Adaptinen**. Den beiden clathrinbindenden Adaptoren entsprechen die Untereinheiten β- und β'-Adaptin.

Ein wesentlicher Anteil des Clathrins und der Adaptoren liegt in der Zelle ungebunden vor; das läßt vermuten, daß beide Komponenten mit entfernt werden, wenn die Vesikel vor der Fusion mit ihrer Zielmembran ihre Hülle verlieren. Man findet Clathrin in allen endocytotischen und sekretorischen beschichteten Vesikeln; die verschiedenen Arten clathrinbeschichteter Vesikel müssen sich daher durch andere Hüllproteine voneinander unterscheiden, damit gewährleistet ist, daß sie ihre Proteinfracht zum richtigen Bestimmungsort bringen. Die Adaptoren binden an die cytoplasmatischen Schwänze der Membranproteine in den Vesikeln. Sie sind daher anscheinend dafür verantwortlich, daß die richtige Proteinfracht erkannt und in die Vesikel verpackt wird.

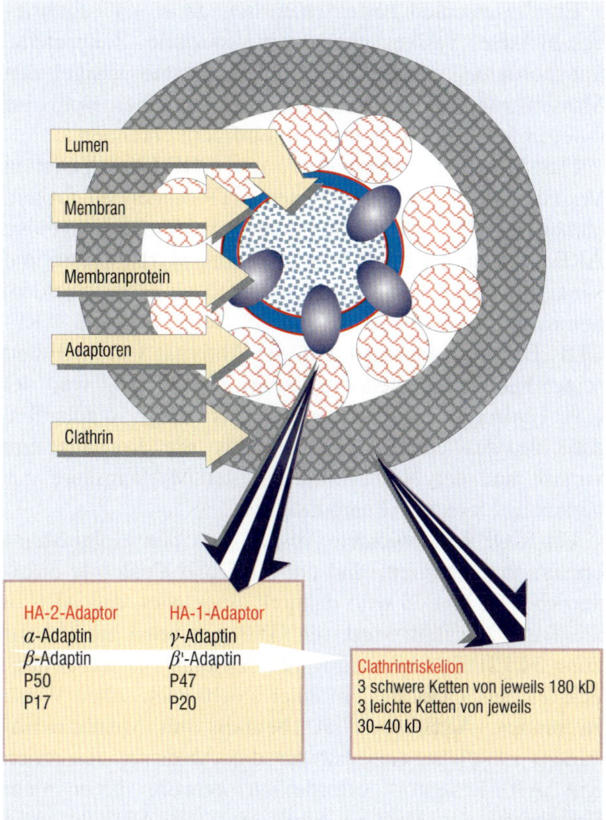

34.11 Die Hülle clathrinbeschichteter Vesikel besteht aus zwei Lagen: einer äußeren Clathrinschicht und einer inneren Schicht aus Adaptoren, die zwischen dem Clathrin und den integralen Membranproteinen liegen.

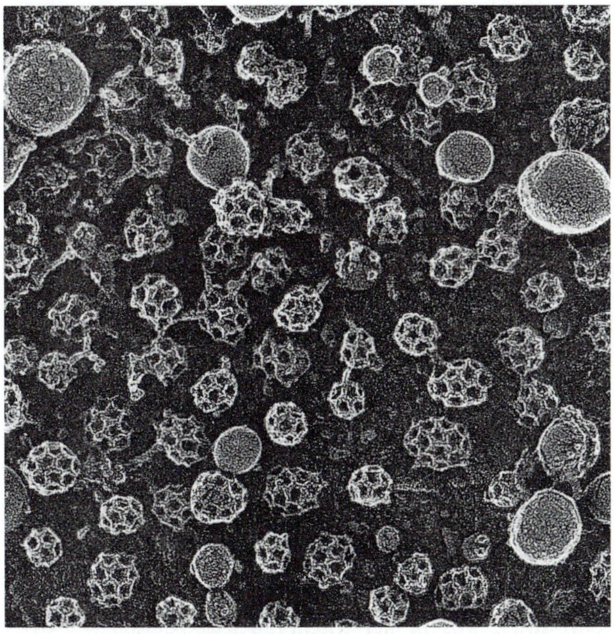

34.10 Beschichtete Vesikel zeigen auf der Oberfläche eine polyedrische Gitterstruktur aus Clathrintriskelionen. (Aufnahme mit freundlicher Genehmigung von Tom Kirchhausen).

Wieviele verschiedene Proteintypen kann ein einzelnes endocytotisches Vesikel verfrachten? Noch ist unklar, wieviel Vesikelarten es gibt und wie viele Arten von Hüllen und Fracht sie haben. Sicher ist, daß einige endocytotische Vesikel mehr als eine Art Protein befördern. Im allgemeinen gelten sie jedoch als ein recht spezifisches Transportmittel.

Die Hüllen der COP-I-beschichteten Transitionsvesikel bestehen im wesentlichen aus sieben Proteinkomponenten, den sogenannten COPs. Diese bilden einen hochmolekularen Komplex von etwa 700 kD, den sogenannte **Coatomer**, einen Vorläufer der COP-Hülle. Die β-COP-Komponente weist eine gewisse Homologie zu den β- und β'-Adaptinen auf. Das läßt auf eine ähnliche Organsiation schließen, in der β-COP bei der Koppelung eines äußeren Hüllproteins, eines Clathrinanalogs, an die Membranproteine des Vesikels eine ähnliche Rolle spielt wie die β- und β'-Adaptine.

Ein Unterschied besteht natürlich darin, daß clathrinbeschichtete Vesikel eher recht spezielle Zielproteine transportieren, während COP-I-beschichtete Vesikel den Massenstrom übernehmen. Sie werden daher wohl auf unterschiedliche Weise ihre Proteinfracht erkennen.

Das Abschnüren der clathrin- und COP-I-beschichteten Vesikel wird von einem kleinen GTP-bindenden Protein namens ARF (ADP-Riboxylierungsfaktor) ausgelöst. ARF trägt an seinem N-Terminus eine Myristinsäure und kann spontan in Lipiddoppelschichten eingebaut werden. Seine aktive Form ist ARF-GTP, seine inaktive ARF-GDP. Das läßt vermuten, daß die Aktivität von ARF und seine Fähigkeit, wiederverwertet zu werden, von der GTP-Hydrolyse reguliert werden. Das könnte so ablaufen, daß die Art des Guaninnucleotids die Konformation vorgibt und der N-Terminus mit der Myristinsäure nur herausragt, wenn GTP gebunden ist.

Um COP-I-beschichtete Vesikel von den Golgi-Membranen abzuschnüren, sind nur ARF und Coatomer erforderlich. Der Prozeß wird dadurch eingeleitet, daß ARF in die Form überführt wird, die GTP gebunden hat (Abbildung 34.12). Es fügt sich in die Membran ein und ermöglicht es dem Coatomer, in einer stöchiometrischen Weise zu binden. ARF assoziiert ebenfalls mit Membranproteinen; möglicherweise ist für die Ablösung zusätzlich ein „ARF-Rezeptor" erforderlich, obwohl dieser nicht Bestandteil des Vesikels wird. Auf ein ARF kommen zwei bis drei Coatomere, und ARF wird in die Vesikelhülle integriert. Die Funktion von ARF besteht im wesentlichen darin, Bindungsstellen zur Verfügung zu stellen, an denen sich Coatomer ansammeln kann. Die Membran muß von Coatomer umgeben sein, damit sich der Vesikel ablösen kann; doch damit der Ablösungsprozeß abgeschlossen werden kann, ist möglicherweise noch eine andere Funktion erforderlich. Bei clathrinbeschichteten Vesikeln verläuft die Reaktion wahrscheinlich ähnlich.

Wenn ein Vesikel mit einer Zielmembran verschmilzt, müssen die einzelnen Vorgänge bei der Ablösung in umgekehrter Reihenfolge ablaufen. Da die Vesikelhülle die Fusion behindert, muß sie entfernt werden. Wenn man davon ausgeht, daß unbeschichtete Vesikel spontan mit allen möglichen Zellmembranen fusionieren könnten, kann man in der Hülle eine Schicht sehen, die das Vesikel schützt, bis es seinen Bestimmungsort erreicht hat. Wahrscheinlich leitet die Hydrolyse des an ARF gebundenen GTP die Ablösung der Hüllschicht ein. Daraufhin zieht sich ARF von der Vesikelmembran zurück und setzt das Coatomer frei. Damit ist ARF die Schlüsselsubstanz, die je nach Zustand seines Guaninnucleotids die Abschnürungs- oder Fusionsprozesse einleitet.

Welche Komponenten an der Fusion zwischen der Donormembran des Vesikels und der Zellmembran beteiligt sind, fand man mit Hilfe eines Säugerproteins namens NSF heraus, das man aufgrund seiner Sensitivität gegenüber dem Sulfhydrylreagenz NEM (*N*-Ethylmaleimid) entdeckte. NSF ist ein Homolog des Produkts, das vom Hefegen *sec18* gebildet wird und für die Fusion der Vesikel bei der Wanderung der Transistionsvesikel benötigt wird. Für die Fusion muß ein 20S-Komplex aus NSF (einer löslichen ATPase), einem SNAP (löslichem NSF-Attachment-Protein) sowie aus in der Membran lokalisierten SNAREs (SNAP-Rezeptoren) gebildet werden (Abbildung 34.13). Bei der Reaktion wird ATP hydrolysiert; wahrscheinlich dissoziiert der NSF-SNAP-Komplex während der Fusion,

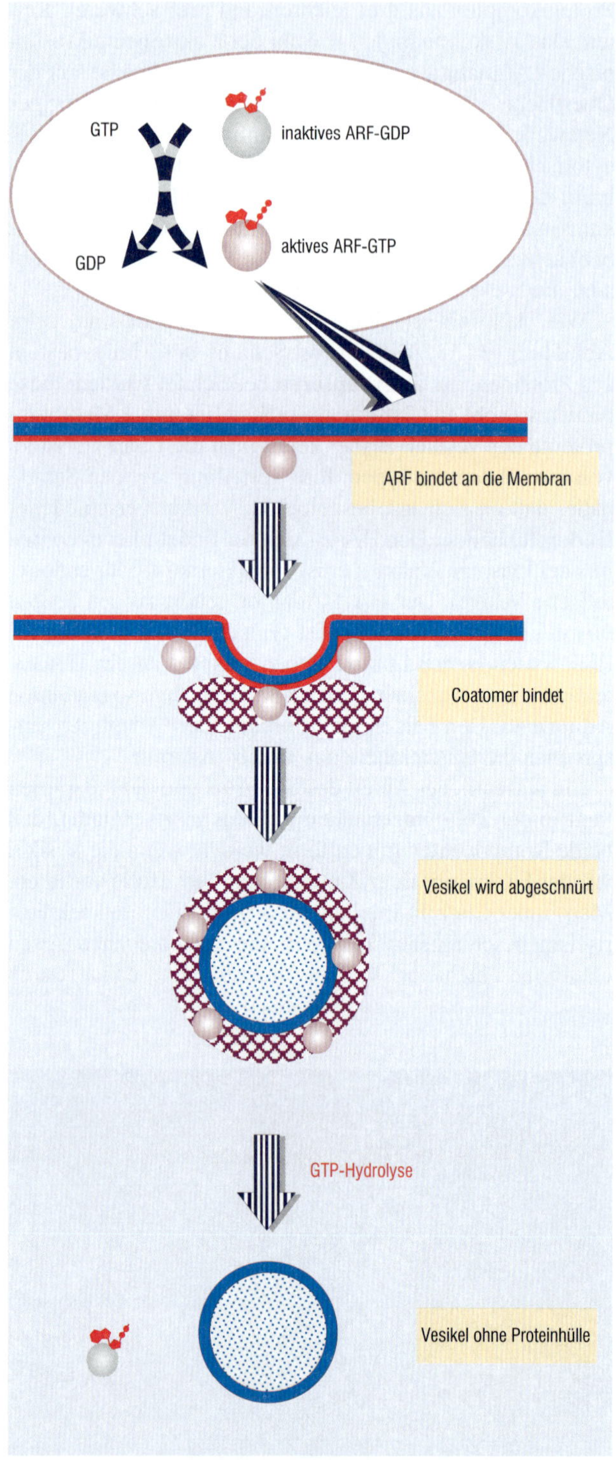

34.12 Für die Ausstülpung und Abschnürung der COP-I-beschichteten Vesikel sind lediglich ARF und Coatomer erforderlich.

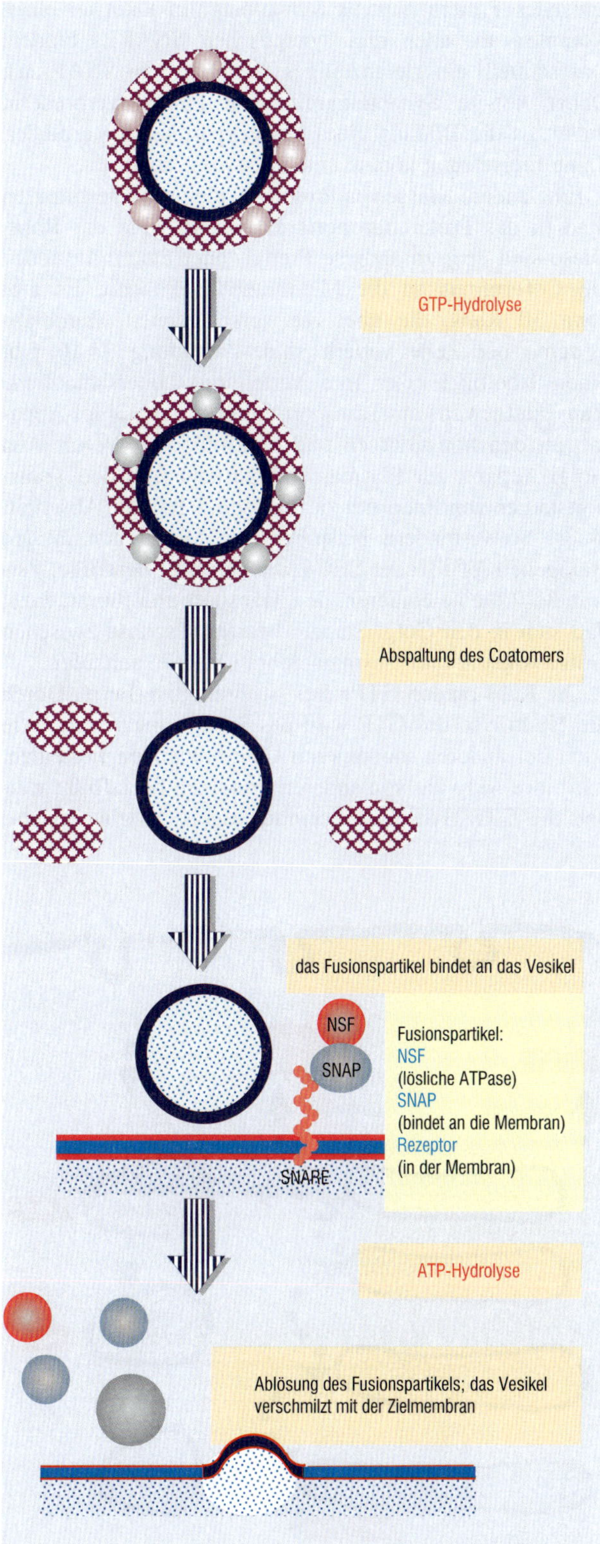

34.13 Das Vesikel kann erst mit der Membran fusionieren, wenn die Beschichtung entfernt und das Fusionspartikel aktiviert ist.

sobald ATP hydrolysiert ist, und ermöglicht so, daß NSF und SNAPs wieder regeneriert werden können. Das Fusionspartikel ist ein wesentlicher Bestandteil des Vesikelapparats; es tritt auf allen Oberflächen in Aktion, auf denen Vesikel bei sekretorischen und endocytotischen Vorgängen fusionieren.

Wie wird sichergestellt, daß das Vesikel sein spezifisches Ziel ansteuert? Das Vesikel hat, wenn es sich von einer bestimmten Membran abschnürt, ein festes Ziel: Vesikel, die das ER verlassen, wandern zur *cis*-Seite des Golgi-Apparats, Vesikel, welche die *trans*-Seite des Golgi-Apparats verlassen, fusionieren mit der Plasmamembran und so weiter. Der Apparat für das Ablösen und die Fusion ist überall vorhanden; daher sind einige zusätzliche Komponenten erforderlich, damit ein Vesikel seine Zielmembran erkennt.

Der SNARE-Hypothese zufolge erkennt das Vesikel das richtige Ziel aufgrund der Interaktion eines v-SNARE-Membranproteins des Vesikels mit einem t-SNARE-Membranprotein der Zielmembran.

Um die Proteine, welche die Ziele erkennen, zu charakterisieren, muß man eine große Anzahl Vesikel isolieren, die alle dasselbe Ziel haben. Ein System, das diese Bedingungen erfüllt, ist die Synapse. Im Nervensystem werden Impulse durch einen Materialfluß von einer Donor- oder präsynaptischen Zelle zu einer Empfänger- oder postsynaptischen Zelle weitergeleitet. In Abbildung 34.14 ist eine

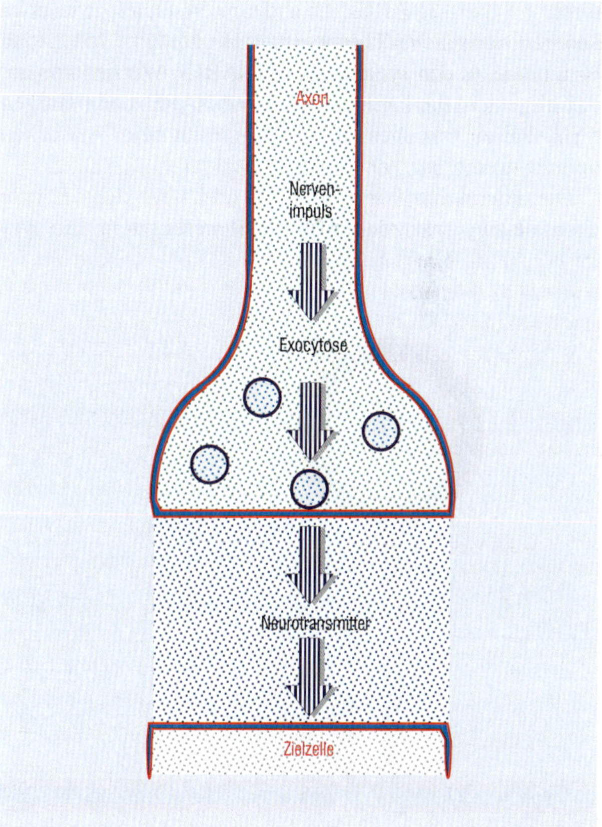

34.14 Sobald ein Impuls die Exocytose auslöst, schüttet die präsynaptische Donorzelle Neurotransmitter aus. Die synaptischen beschichteten Vesikel verschmelzen dann mit der Plasmamembran und geben ihre Inhaltsstoffe, die Neurotransmitter, in die extrazelluläre Flüssigkeit ab, von wo aus sie auf die postsynaptische Zielzelle einwirken.

solche Nervenendigung dargestellt. Eine Erregung der Donorzelle führt zur Exocytose. Gespeicherte beschichtete Vesikel, sogenannte synaptische Vesikel, wandern zur Plasmamembran, fusionieren mit ihr und sezernieren ihre Neurotransmitterladung in die extrazelluläre Flüssigkeit. Die Neurotransmitter wiederum wirken auf die Rezeptoren in der Plasmamembran der Empfängerzelle.

Abbildung 34.15 zeigt eine Vergrößerung der synaptischen Vesikel und der Plasmamembran einer präsynaptischen Zelle, um die Rolle der SNAREs zu demonstrieren. Diese wurden entdeckt, als man in Gegenwart eines nichthydrolysierbaren ATP-Analogons Fusionspartikel isolierte. Setzt man ATP zu, dissoziiert das Fusionspartikel und man findet weitere Komponenten, die an die nun freigesetzten SNAPs gebunden sind. v-SNARE ist ein Transmembranprotein des Vesikels. Die t-SNAREs enthalten zwei Proteine: Syntaxin, ein Transmembranprotein, sowie SNAP-25, das über eine Fettacylbindung an die Membran gekoppelt ist. Die Bezeichnung SNAP-25 hat nichts mit den SNAPs des Fusionspartikels zu tun. Bei allen SNAREs ragt der Hauptteil des Proteins ins Cytoplasma hinein, und die cytoplasmatischen Domänen haben alle *coiled-coil*-Strukturen, die häufig an Protein-Protein-Wechselwirkungen beteiligt sind. Der v-SNARE der Synapse bindet sogar ohne die anderen Bestandteile des Fusionspartikels direkt an die t-SNAREs. In anderen Systemen, wie etwa anderen tierischen Zelltypen und Hefezellen, findet man Homologe zu den synaptischen SNAREs. Wir nehmen an, daß allgemein die Fähigkeit eines v-SNARE, den richtigen t-SNARE zu erkennen, für die Spezifität beim Andocken verantwortlich ist.

Die Interaktion von v-SNARE und t-SNAREs könnte ebenfalls ein Ansatzpunkt für die Steuerung sein. Ein synaptisches Protein namens Synaptotagmin kann an einen Komplex aus allen drei synaptischen SNAREs binden. Das schließt ein gleichzeitiges Anheften von SNAP aus. Daher könnte Synaptotagmin eine Fusion verhindern, indem es die Bildung eines Fusionspartikels unterbindet. Seine Freisetzung könnte eine Exocytose auslösen.

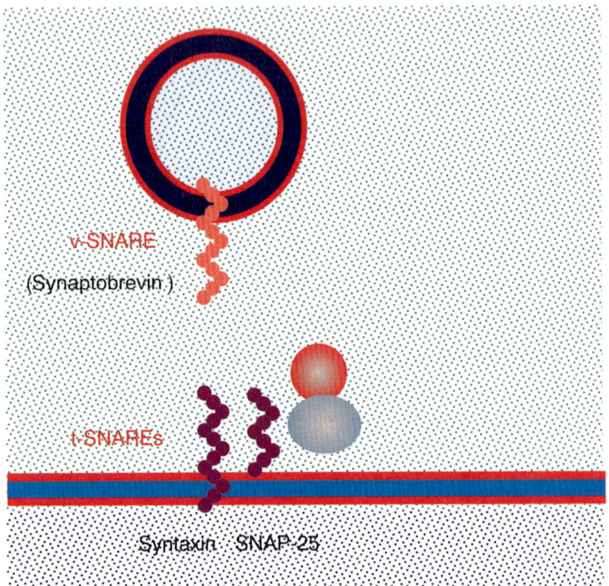

34.15 Für die Spezifität beim Ankoppeln sorgen SNAREs. Das v-SNARE des Vesikels erkennt das t-SNARE auf der Plasmamembran. Beide SNAREs binden an das Fusionspartikel.

Eine andere Klasse von Proteinen, die nur in bestimmten Stadien des Proteintransports aktiv sind, sind die **Rabs**. Diese sind über zusätzliche Prenyl- oder Palmitylgruppen am C-Terminus an die Membranen gekoppelt. Es gibt etwa 30 Rabs, die über die verschiedenen Membransysteme der Zelle verteilt sind. Abbildung 34.16 gibt einen Überblick über ihre Verteilung: Unterschiedliche Rabs sind jeweils am Transport vom ER zum Golgi-Apparat, an den konstitutiven und kontrollierten Wegen vom Golgi-Apparat zur Plasmamembran sowie an den Transportstadien von Endosom zu Endosom beteiligt (Abschnitt 34.3). So verhindern beispielsweise Mutationen in den Hefegenen YPT1 oder SEC4, die für zwei derartige, verwandte Proteine codieren, den Transport und führen dazu, daß sich in den Golgi-Stapeln beziehungsweise zwischen Golgi-Apparat und Plasmamembran Vesikel anhäufen.

Die Rabs binden GTP; dies ist ihre aktive Form. Durch die Hydrolyse des GTP wird das Protein inaktiviert. Wie auch bei anderen monomeren GTP-bindenden Proteinen, wird ihre Aktivität von anderen Proteinen beeinflußt, welche die GTP-Hydrolyse beeinträchtigen. Möglicherweise

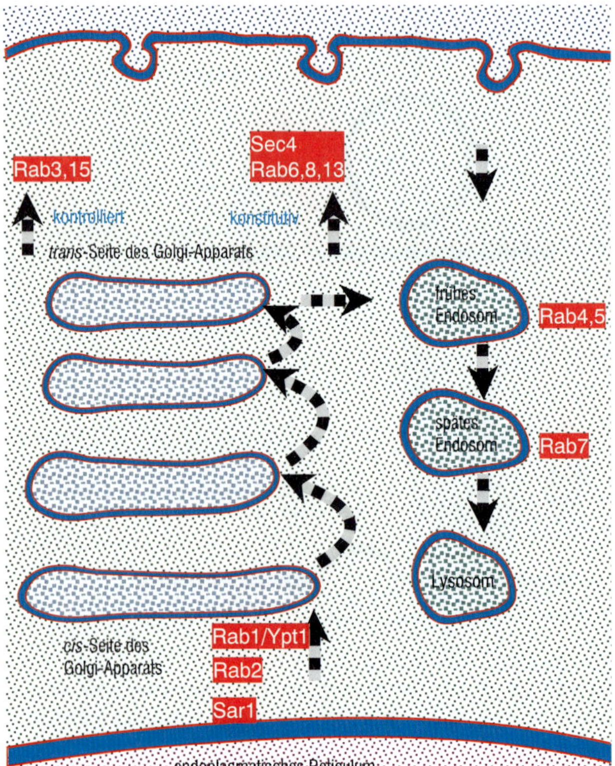

34.16 In bestimmten Phasen des Vesikeltransports spielen Rab-Proteine eine Rolle.

sind GAP-(GTP-hydrolysierende-)Aktivitäten für bestimmte Rabs spezifisch, ferner GEP-Proteine, welche die Dissoziation des Guaninnucleotids fördern, sowie GDI-Proteine, die eine solche Dissoziation verhindern.

Daß zumindest einigen Rab-Proteinen in bestimmten Transportphasen beteiligt sind, führt zu dem Schluß, daß die Rabs möglicherweise eine Funktion bei der Ausrichtung auf das Ziel haben; welche Rolle sie dabei spielen, ist allerdings noch unklar.

34.3 Wohin die Proteine transportiert werden, hängt von weiteren Signalen ab

Wir glauben, daß jedes Protein, das auf seinem Weg nicht extra aufgehalten wird, unausweichlich vom endoplasmatischen Reticulum durch den Golgi-Apparat zur und/oder durch die Plasmamembran transportiert wird: Ohne Signal wandert jedes Protein mit dem Massenstrom zur Plasmamembran. Welche Signale sorgen jeweils in den einzelnen Phasen dafür, daß die Proteine erkannt werden? Über einige Signaltypen wissen wir genau Bescheid: So kennen wir eine Konformation, die Proteine annehmen müssen, um endocytotisch aufgenommen zu werden; eine Aminosequenz, die dafür sorgt, daß Proteine für das ER bestimmt sind, sowie eine Modifikation, welche die Proteine zu den **Lysosomen** treibt – kleine Membrankörper, in denen Proteine abgebaut werden (siehe unten).

Damit Rezeptoren über *coated pits* internalisiert werden können, müssen ihre cytoplasmatischen Schwänze Informationen enthalten. Die Sequenz NPXY (Asn-Pro-X-Tyr) befindet sich in der Nähe des C-Terminus. Dies ist zwar ein fundamentales Signal für die Internalisierung, Einfluß auf die Effizienz haben jedoch andere Sequenzen innerhalb des cytoplasmatischen Schwanzes.

Enzyme, die zu den Lysosomen transportiert werden sollen, werden cotranslational zum endoplasmatischen Reticulum transferiert. Sie tragen die Information, daß sie viele Mannosegruppen erhalten sollen und werden im ER zurechtgestutzt (Abbildung 34.5). Anschließend entstehen im Golgi-Apparat in zwei Schritten Mannose-6-Phosphatreste: Zuerst hängt eine GlcNAac-Phosphotransferase einen *N*-Acetylglucosamin-1-Phosphatanteil an Position 6 der Mannose, dann entfernt eine Glucosaminidase das *N*-Acetylglucosamin (GlcNAc).

Auf dem Weg vom ER zum Golgi-Apparat wirkt ein Enzym nach dem anderen (Abbildung 34.6). Die Aktivität der Phosphotransferase ist entscheidend, um anzuzeigen, daß ein Protein zu den Lysosomen transportiert werden soll. Sie setzt bereits früh beim Übergang vom ER zum Golgi-Apparat ein, möglicherweise zwischen dem ER und der *cis*-Seite dieses Apparats. Die Spezifität dieses Enzyms beruht darauf, daß es eine Struktur erkennen kann, die alle lysosomalen Proteine besitzen. Diese Struktur besteht aus zwei kurzen Sequenzen, die in der Primärsequenz getrennt sind, in der Tertiärstruktur aber eine zusammenhängende Oberfläche bilden. Jede dieser Sequenzen enthält einen entscheidenden Lysinrest. Die Art dieses Signals erklärt, weshalb selbst Proteine, deren Sequenzen nur wenig übereinstimmen, zum selben Bestimmungsort geschleust werden können.

Lysosomale Proteine werden solange durch die Golgi-Stapel transportiert, bis sie auf Rezeptoren für Mannose-6-Phosphat treffen. Für diese Aufgabe stehen zwei verwandte Proteine zur Verfügung: ein großes (215 kD) und ein kleineres (46 kD). Wird das Mannose-6-Phosphat erkannt, ist die Entscheidung gefallen: Das Protein wird in einem beschichteten Vesikel zum Lysosom transportiert. Diese letzte Auslese der für das Lysosom bestimmten Proteine erfolgt im *trans*-Teil des Golgi-Apparats; dort werden die Proteine in spezifischen, clathrinbeschichteten Transportvesikeln gesammelt. Die Vesikel transportieren die lysosomalen Proteine zum späten Endosom und erreichen dort den Weg, der zum Lysosom führt. Um Proteine – seien sie nun neusynthetisiert oder endocytotisch aufgenommen worden – zum Lysosom zu dirigieren, wird wahrscheinlich nur ein einziger Pool von Mannose-6-Phosphat-Rezeptoren benutzt. Die meisten Rezeptoren sind in der Tat auf Endosomen lokalisiert, wo sie per Endocytose aufgenommene Proteine erkennen können.

Proteine aus dem Lumen des endoplasmatischen Reticulums besitzen an ihrem C-Terminus die kurze Sequenz Lys-Asp-Glu-Leu, im Einbuchstabencode KDEL; in Hefe findet man statt dessen HDEL oder DDEL. Wird diese Sequenz entfernt oder durch zusätzliche Aminosäuren erweitert, bleibt das Protein nicht im Lumen, sondern wird aus der Zelle ausgeschleust. Hängt man dieses Tetrapeptid dagegen an den C-Terminus eines Lysozyms, bleibt das Enzym im ER-Lumen und wird nicht aus der Zelle exportiert. Daraus läßt sich schließen, daß es einen Mechanismus gibt, das C-terminale Tetrapeptid zu erkennen, der dazu führt, daß es im Lumen bleibt.

Für die Lokalisierung von Transmembranproteinen im ER ist ein anderes Signal zuständig; sein Name ist KKXX. Es besteht aus zwei Lysinresten, die sich im cytoplasmatischen Schwanz direkt vor dem C-Terminus befinden.

Das Verhalten von Proteinen mit einem Signal, das sie dem ER zuordnet, wirft eine interessante Frage auf: Ist dieses Signal nur die Ursache dafür, daß das Protein festgehalten wird und das ER nicht verlassen kann, oder ist das Signal der Ausgangspunkt für ein aufwendigeres Lokalisationsverfahren? Das in Abbildung 34.17 skizzierte Modell läßt vermuten, daß *die KDEL-Sequenz die Ursache dafür ist, daß ein Protein aus einem frühen Golgi-Stapel zum ER zurückgebracht wird.* Führt man dasselbe Experiment mit KKXX-Proteinen durch, erhält man das gleiche Ergebnis.

Da die Proteine auf ihrem Weg durch den Golgi-Apparat in immer gleichen, feststehenden Schritten modifiziert werden, kann man die verschiedenen Zuckergruppen, die auf der jeweiligen Proteinspezies vorhanden sind, als Marker benutzen, um abzuschätzen, in welchem Stadium der Exocytose sich das Protein befindet. Wird eine KDEL-Sequenz an ein Protein angehängt, das im Normalfall für das Lysosom bestimmt ist, weil seine Oligosaccharide 6-Mannose-Phosphat-Reste erhalten, dann wird das Protein

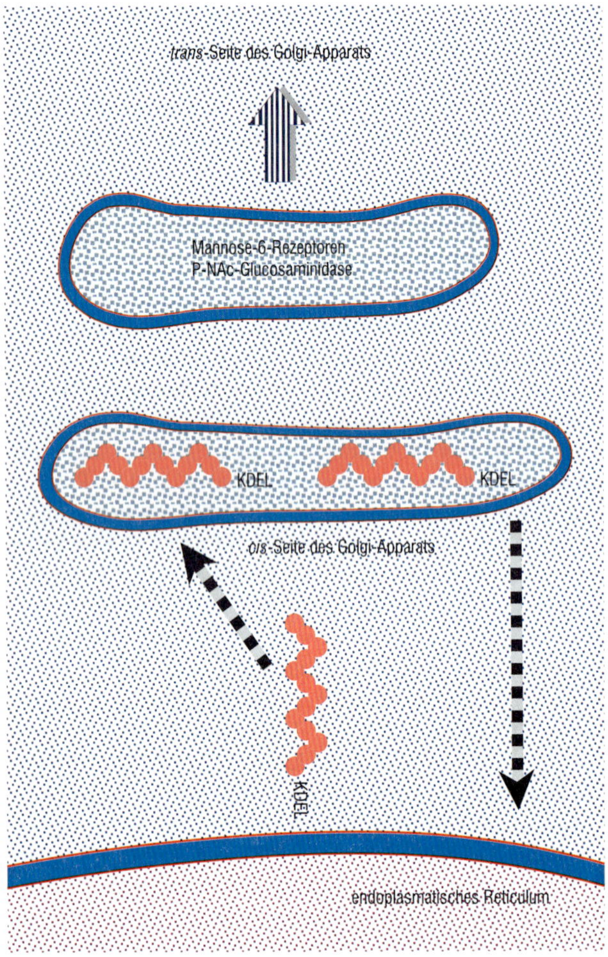

34.17 Ein künstliches Protein, das Signale für die Lysosomen und das ER enthält, zeigt, wie die ER-Lokalisation vor sich gehen könnte. Das Protein wird dem ersten, aber nicht dem zweiten Enzym präsentiert, das im Golgi-Apparat für die Bildung von Mannose-6-Phosphat zuständig ist. Danach sorgen die KDEL-Sequenzen dafür, daß es zum ER zurückgebracht wird.

aufgrund dieser Sequenz im ER festgehalten. An das Protein wird nur GlcNAc-P gehängt; dies geschieht ausschließlich im Golgi-Apparat. Das GlcNAc wird nicht entfernt; daher kann das Protein auf seiner Reise durch die Golgi-Stapel nicht weit genug kommen, um auf das zweite Enzym auf dem Mannose-6-Phosphatweg zu stoßen. Daraus läßt sich schließen, daß der Rezeptor, der KDEL erkennt, so plaziert ist, daß er nach dem Eindringen des Proteins in den Golgi-Apparat aktiv wird, jedoch noch vor dem Stapel, der das zweite Enzym enthält.

Mutationen in den Genen ERD1 und ERD2 von *S. cerevisiae* verhindern, daß Proteine mit einem HDEL-Signal im ER festgehalten werden; sie werden vielmehr aus der Zelle herausgeschleust. Die Produkte dieser beiden Gene sind integrale Membranproteine. Die ERD1-Mutation führt zu einem generellen Defekt im Golgi-Apparat. Diese Tatsache untermauert die Vorstellung, daß die ER-Proteine sortiert werden, indem sie aus dem Golgi-Apparat „geborgen" werden. Mit Hilfe der ERD2-Mutation kann man den Rezeptor für die HDEL-Sequenz finden. Die Rolle, die er spielt, könnte so aussehen, daß er zwischen dem Golgi-Bergungskompartiment und dem ER hin- und herpendelt. Diese Arbeitshypothese wird durch die Position des entsprechenden Rezeptors in Säugerzellen gestützt: Er ist überwiegend im Golgi-Apparat anzutreffen. Wird ein Protein mit der KDEL-Sequenz jedoch zu stark exprimiert, ist er im ER konzentriert. Durch Bindung an ein KDEL-Protein wird der Rezeptor also veranlaßt, vom Golgi-Apparat zum ER zu wandern. Unter den Bedingungen, die im Golgi-Apparat herrschen, ist er möglicherweise hochaffin für die HDEL-Sequenz, zeigt aber nur eine geringe Affinität im ER. Dies könnte ERD2 dazu befähigen, Proteine im Golgi-Apparat an ihrem HDEL-Schwanz zu ergreifen und sie zum ER zurückzuschleppen, wo sie dann freigesetzt werden.

Das Motiv der zwei Lysine in KKXX-Proteinen bindet an die β' und α-COP-Komponenten des Coatomers. Hefemutanten, bei denen β'-, α- oder γ-COPs verändert sind, sind nicht mehr in der Lage, KKXX-Proteine aus dem Golgi-Apparat zurückzugewinnen. Man kann daher annehmen, daß Vesikel mit einer COP-I-Hülle daran beteiligt sind, Proteine im Golgi-Apparat aufzugreifen und zum ER zurückzubringen.

Der Proteintransport verläuft generell in eine Richtung: Die Proteine gelangen in das ER und werden, wenn sie nicht unterwegs aufgehalten werden, durch den Golgi-Apparat geschleust. Wie bereits erwähnt, nimmt man an, daß vor allem COP-II-beschichtete Vesikel für den anterograden Transport vom ER zum Golgi-Apprat verantwortlich sind. COP-I-beschichtete Vesikel besorgen dagegen den Transport durch die Golgi-Stapel. Man kann jedoch beobachten, daß sich sowohl COP-I- als auch COP-II-beschichtete Vesikel vom ER ablösen; es wäre daher auch möglich, daß die beiden Vesikeltypen jeweils unterschiedliche Gruppen von Frachtproteinen befördern.

Es kommt zu einem Transport in umgekehrter Richtung, wenn die Zellen mit Brefeldin A (BFA) behandelt werden. Dieses Mittel blockiert die Umwandlung von ARF-GDP in ARF-GTP und verhindert so, daß sich beschichtete Vesikel abschnüren. Aufgrund dessen bildet sich ein Netzwerk von Röhrchen zwischen den Zisternen des Golgi-Apparats aus, durch das diese die Unabhängigkeit, die sie üblicherweise haben, verlieren und mit dem ER verbunden werden. Die meisten Membranen des *cis*- und mittleren Bereichs des Golgi-Apparats werden in das endoplasmatische Reticulum resorbiert, und die Golgi-Proteine im ER neu verteilt, so daß es zu einem retrograden Transport kommt.

Es gab eine lange Kontroverse darüber, wie dieser Effekt zu interpretieren sei. Eine These war, daß aufgrund der Brefeldinbehandlung ein ohnehin kontinuierlich vorhandener Rücktransport offenbar wird, der nur normalerweise durch den anterograden Transport verdeckt wird; wenn aber Brefeldin gezielt den Vorwärtstransport blockiert, tritt der Rücktransport klar zu Tage, weil die Vesikel, die an der Vorwärtsbewegung beteiligt sind, anfälliger für dieses Mittel sind, als die am Rücktransport beteiligten. Daraus kann man schließen, daß der Rücktransport zu einem

System gehört, mit dem die Membrankomponenten zurückgewonnen werden, um die Vorwärtsbewegung des Massenstroms auszugleichen; der Rücktransport könnte allerdings natürlich auch das Recycling der ER-Proteine aus dem Golgi-Apparat besorgen.

Einer anderen Ansicht nach können Membranoberflächen wie ER- und Golgi-Membranen spontan fusionieren; normalerweise wird das verhindert – eventuell, weil ein Coatomer an die miteinander fusionsbereiten Stellen bindet. Dies könnte dadurch gelingen, daß die Hülle einfach sämtliche v-SNAREs abdeckt. Können jedoch derartige Stellen nicht mehr geschützt werden, kommt es zu einer ungehemmten Fusion und zu einem Rücktransport im großen Stil als Artefakt. Natürlich ist es durchaus möglich, daß der Rücktransport auch normalerweise stattfindet, wenn auch in geringeren Ausmaß oder nur bei speziellen Proteinen.

Brefeldin wirkt ganz allgemein auf den Transport vom ER zum Golgi-Apparat; darüber hinaus blockiert die Substanz aber auch andere Transportprozesse in verschiedenen Zellen unterschiedlich. In einigen Zelltypen inhibiert sie die Transcytose, also den Transport von der basolateralen zur apikalen Oberfläche polarisierter Zellen. In anderen Zellen hemmt sie den Transport vom *trans*-Golgi-Netzwerk zu den Endosomen. Das deutet darauf hin, daß es eine Reihe verschiedener adaptinartiger Proteine gibt, die jeweils für die beschichteten Vesikel, die an diesen speziellen Transportprozessen beteiligt sind, charakteristisch sind. Wahrscheinlich können auch nur einige dieser Proteine Brefeldin binden, so daß dann die Funktionen ihres jeweiligen Vesikeltyps blockiert sind.

34.4 Rezeptoren werden durch Endocytose zurückgewonnen

Die Systeme, welche die Proteine in die Zelle einschleusen, sind engverwandt mit denen, über die sezernierte Proteine exportiert werden. Der erste Teil der Rezeptoraufnahme ist für alle gleich; daran schließen sich verschiedene Reaktionen an, auf denen die Rezeptoren jeweils unterschiedlich behandelt werden. Einige von ihnen werden kontinuierlich internalisiert, andere bleiben auf der Oberfläche, bis sie einen Liganden gebunden haben und dann in die Zelle aufgenommen werden können. Die Signale für diese Aufnahme unterscheiden sich, je nachdem, ob die Endocytose unabhängig von Liganden erfolgt oder von Liganden induziert wird.

In jedem Fall gleiten die Rezeptoren seitlich in die *coated pits* – die clathrinbeschichteten Einstülpungen der Plasmamembran. Man weiß nicht genau, ob dieses Gleiten in die *coated pits* durch eine simple Lateraldiffusion angemessen erklärt werden kann, oder ob dafür eine zusätzliche Kraft erforderlich ist. Die *coated pits* stülpen sich in das Cytoplasma vor und lösen sich als clathrinbeschichtete Vesikel von der Membran ab. Diese Vesikel wandern zu den frühen Endosomen, verlieren ihre Hülle, fusionieren mit der Zielmembran und setzen ihren Inhalt frei. Diesen Prozeß bezeichnet man als **rezeptorvermittelte Endocytose**.

Das unmittelbare Ziel endocytotischer, clathrinbeschichteter Vesikel ist das **Endosom**, eine recht heterogene Struktur aus membrangebundenen Röhrchen und Vesikeln. Es gibt mindestens zwei Arten von Endosomen (Abbildung 34.18). **Frühe Endosomen** liegen direkt unterhalb der Plasmamembran; in die Zelle aufgenommene Proteine können in etwa einer Minute zu ihnen gelangen. **Späte Endosomen** befinden sich näher am Kern und sind innerhalb von fünf bis zehn Minuten zu erreichen.

Die Proteine für die Endocytose werden vor allem im frühen Endosom sortiert. Seine Aufgabe entspricht der Rolle, die der Golgi-Apparat für neusynthetisierte Proteine spielt. Das Endosomenmilieu ist sauer, sein pH-Wert liegt unter 6. Werden Proteine zum Endosom transportiert, ändert sich aufgrund des geringeren pH-Wertes ihre Struktur. Diese Strukturveränderung ist für ihr weiteres Schicksal entscheidend.

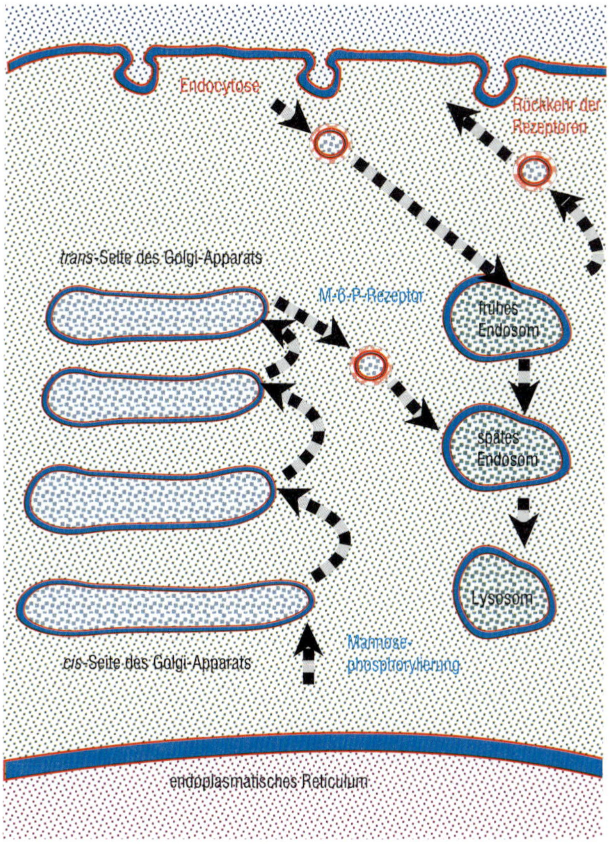

34.18 Die Endosomen sortieren die von der Zelle aufgenommenen Proteine und bieten eine Möglichkeit, zum Lysosom zu gelangen. In clathrinbeschichteten Vesikeln gelangen die Proteine von der Plasmamembran zum frühen Endosom; von dort kehren sie entweder zur Plasmamembran zurück oder wandern weiter zu späten Endosomen und Lysosomen. Neusynthetisierte Proteine können aus den Golgi-Speichern zu den späten Endosomen und dann zu den Lysosomen weitergeleitet werden. Erkennt ein spezieller Rezeptor Mannose-6-Phosphat, ist das in der Regel das Signal für den Transport zu den Lysosomen.

Rezeptoren, die endocytotisch ins frühe Endosom aufgenommen wurde, haben zwei Möglichkeiten. Sie können in Vesikeln zur Plasmamembran zurückkehren oder zu den Lysosomen weitergeleitet und dort abgebaut werden. Der „Ausschuß" wird ins Lysosom befördert: Jegliches Material, das kein Signal besitzt, mit dem es einem bestimmten Ziel zugewiesen würde, wird dorthin dirigiert.

Das Lysosom enthält den zellulären Vorrat an hydrolytischen Enzymen, die für den Abbau von Makromolekülen verantwortlich sind. Wie das Endosom besitzt es ein saures Milieu, dessen pH-Wert auf dem niedrigen Wert von 5 gehalten wird.

In welcher Beziehung die verschiedenen Arten von Endosomen und Lysosomen zueinander stehen, ist noch unklar. Vesikel können benutzt werden, um Proteine von einer bereits vorhandenen Struktur zur nächsten zu schleusen; es können aber auch frühe Endosomen zu späten Endosomen „heranreifen", die sich dann wiederum zu Lysosomen „weiterentwickeln". Auf alle Fälle werden die Proteine immer in eine Richtung transportiert: Ein Protein, welches das frühe Endosom in Richtung des späten Endosoms verlassen hat, landet schließlich im Lysosom.

Es gibt zwei Möglichkeiten, ins Lysosom zu kommen. Werden Proteine von der Plasmamembran aufgenommen, können sie über das frühe Endosom ins späte Endosom geschickt werden. Neusynthetisierte Proteine können, wie bereits skizziert, von der *trans*-Seite des Golgi-Apparats über das Endosom ins Lysosom geschleust werden.

Was mit einem Rezeptor-Liganden-Komplex geschieht, hängt von seiner Reaktion auf das saure Milieu des Endosoms ab. Durch den geringen pH-Wert verändert sich die Konformation der externen Domäne des Rezeptors, so daß sein Ligand freigesetzt und/oder die Ligandenstruktur eine andere wird. Der Rezeptor darf durch den sauren pH-Wert allerdings nicht irreversibel denaturiert werden: Die Tatsache, daß die externe Domäne mehrere Disulfidbrücken enthält, spielt möglicherweise eine wichtige Rolle dabei, diese ungewöhnliche Stabilität zu erhalten.

In den Abbildungen 34.19 bis 34.23 sind vier alternative Transportwege für Rezeptor-Liganden-Komplexe skizziert:

- *Der Rezeptor kehrt in beschichteten Vesikeln zur Oberfläche zurück, während der Ligand abgebaut wird.* Dieser Weg wird von Rezeptoren benutzt, die mit hoher Frequenz Liganden in Zellen einschleusen (Abbildung 34.19). Dabei wird der Rezeptor alle ein bis 20 Minuten zurückgewonnen und kann in den etwa 20 Stunden, die er existiert, über 100 Zyklen durchlaufen. Das klassische Beispiel für diesen Verkehrsweg ist der LDL-Rezeptor mit den Liganden Apolipoprotein E und B, zwei Plasmalipidproteinen mit einem niedrigen Molekulargewicht, die allgemein nur als LDLs (*low density lipoproteins*) bezeichnet werden. Apo-B ist ein sehr großes Protein von 500 kD, das Cholesterin und Cholesterinester transportiert. Der Rezeptor setzt das LDL im Endosom frei und kehrt anschließend für den nächsten Einsatz zur Oberfläche zurück. LDL und Cholesterin trennen sich im Endosom; das LDL wird ins Lysosom geschickt und dort abgebaut, das freigesetzte Cholesterin ist für den Eigenbedarf der Zelle bestimmt. Dieser Weg wird am häufigsten beschritten, um Cholesterin aus dem Kreislauf zu entfernen. Bei Personen mit mutiertem LDL-Rezeptor sammeln sich infolgedessen große Mengen Cholesterin im Plasma an und verursachen die familiäre Hypercholesterinämie.

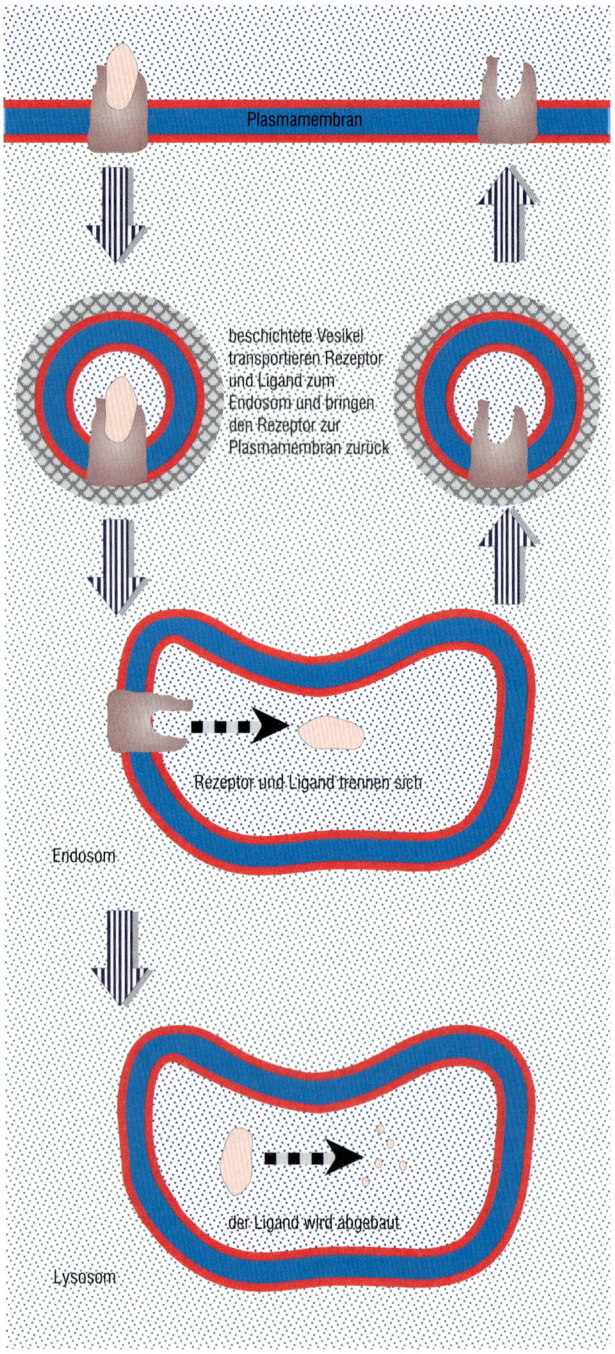

34.19 Ein LDL-Rezeptor transportiert Apo-B (und Apo-E) in die Endosomen; dort trennen sich Rezeptor und Ligand. Der Rezeptor kehrt zur Oberfläche zurück. Apo-B (oder Apo-E) wandert weiter zum Lysosom, wo es abgebaut und Cholesterin freigesetzt wird (nicht dargestellt).

◆ *Rezeptor und Ligand werden zurückgewonnen.* Das klassische Beispiel für diese Möglichkeit ist der Transferrinrezeptor (Abbildung 34.20). Der Ligand dieses Rezeptors ist die eisentragende Form des Transferrins. Erreicht dieses das Endosom, setzt es aufgrund des sauren Milieus das Eisen frei. Ohne Eisen bleibt der nun als Apotransferrin bezeichnete Ligand an den Transferrinrezeptor gebunden und kehrt zur Plasmamembran zurück. Erst im neutralen pH der Plasmamembran dissoziiert das Apotransferrin vom Rezeptor. Das ermöglicht es dem Apotransferrin, ein neues Eisen zu binden, während der Transferrinrezeptor wieder für die Aufnahme eines eisentragenden Transferrins zur Verfügung steht. Auch dieser Zyklus wird recht intensiv benutzt. Ein Transferrinrezeptor ist alle 15 bis 20 Minuten wieder zum Transport bereit und besitzt eine Halbwertszeit von über 30 Minuten. Mit seiner Hilfe ist die Zelle in der Lage, Eisen aufzunehmen.

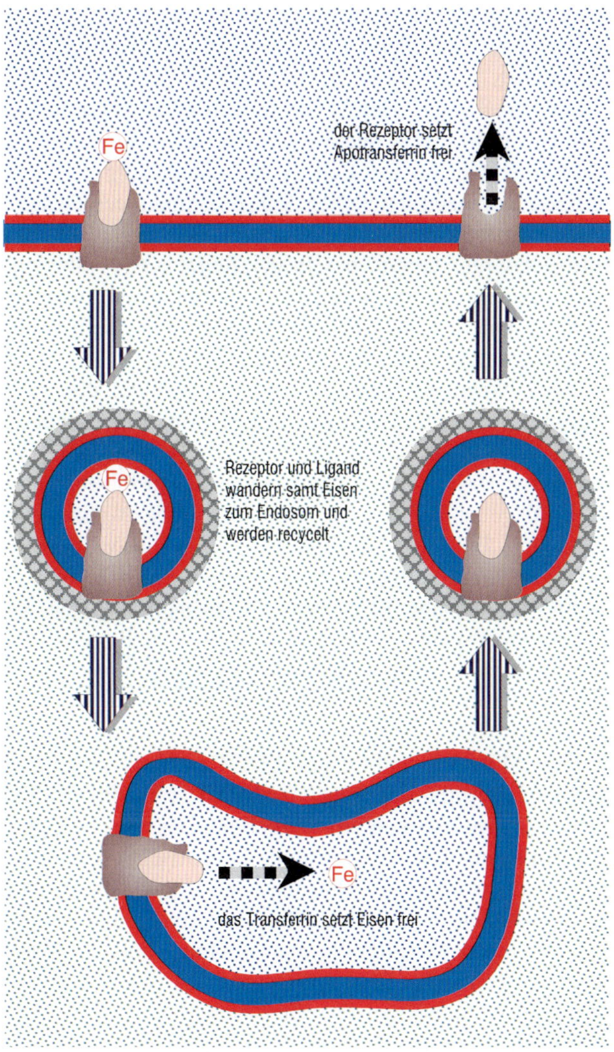

34.20 Ein an Transferrin gekoppelter und eisentransportierender Transferrinrezeptor setzt im Endosom sein Eisen frei; der jetzt an Apotransferrin (ohne Eisen) gekoppelte Rezeptor kehrt zur Oberfläche zurück; dort trennen sich Rezeptor und Ligand.

◆ *Rezepor und Ligand werden abgebaut.* Der EGF-Rezeptor bindet an seinen Liganden, ein kleines Polypeptid namens epidermaler Wachstumsfaktor (EGF); nur so kann EGF internalisiert werden. Obwohl es so aussieht, als dissoziierten EGF und sein Rezeptor bei niedrigem pH-Wert, werden beide zum Lysosom transportiert und dort abgebaut, wie die Abbildung 34.21 verdeutlicht. Man weiß nicht, inwieweit und ob dieser Prozeß etwas damit zu tun hat, daß EGF über seine Bindung an den Rezeptor den Phänotyp der Zielzelle ändern kann.

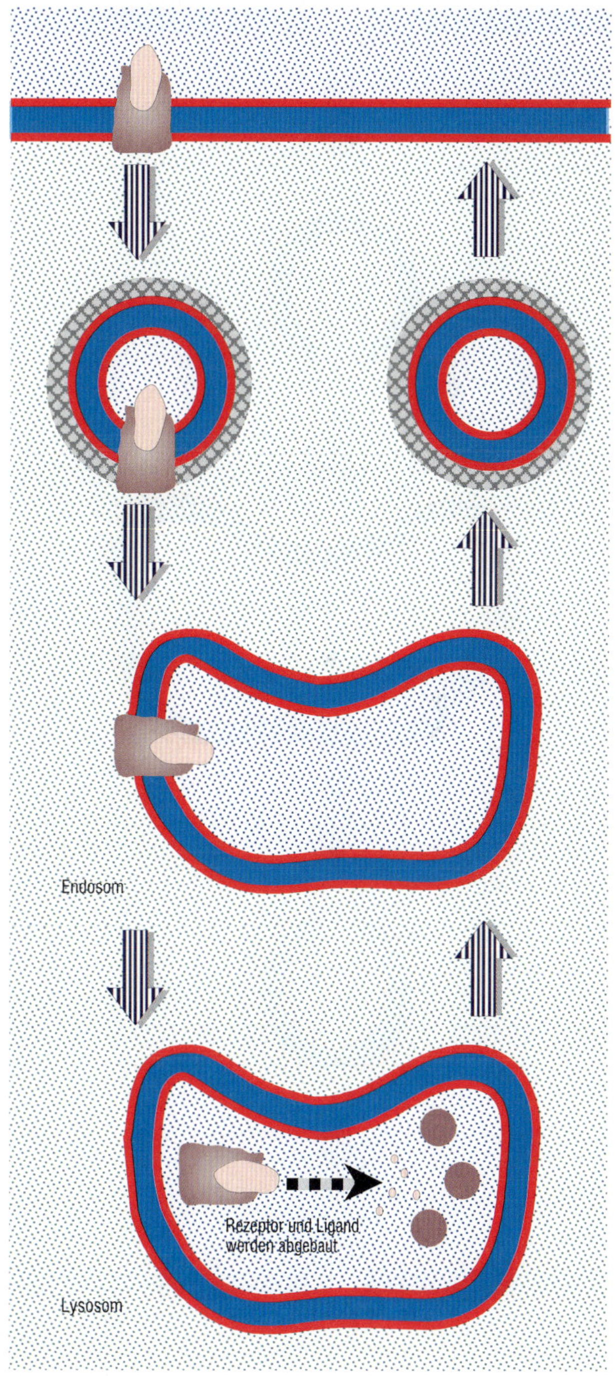

34.21 Ein EGF-Rezeptor transportiert EGF ins Lysosom; dort werden Rezeptor und Ligand abgebaut.

◆ *Rezeptor und Ligand werden an einen anderen Ort transportiert*. Diese in Abbildung 34.22 aufgezeigte Möglichkeit ist in bestimmten polarisierten Zellen verwirklicht. Eine Komplex aus Rezeptor und Ligand wird an einer Zelloberfläche aufgenommen, zum Endosom transportiert und dann freigesetzt, um zur entgegengesetzten Zelloberfläche transportiert zu werden; man nennt das **Transcytose**. Auf diese Weise können Rezeptoren Immunglobuline quer durch Epithelzellen transportieren.

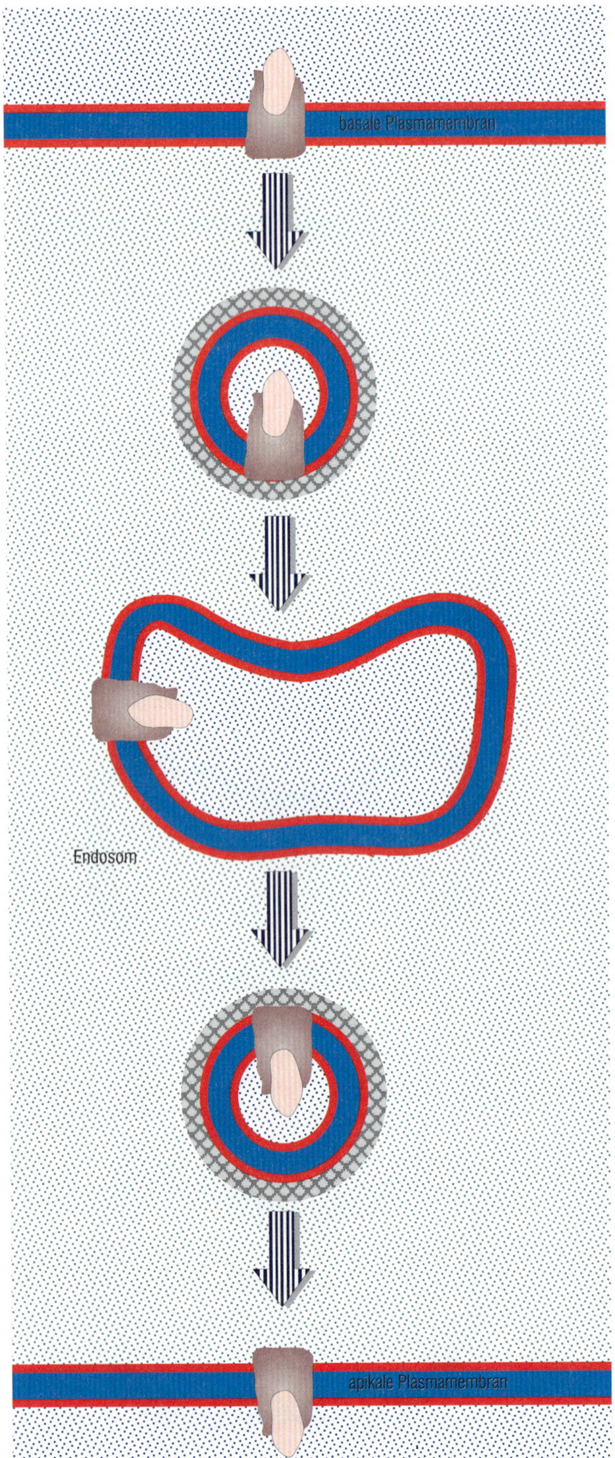

34.22 Ein Ig-Rezeptor transportiert ein Immunglobulin quer durch die Zelle von einer Oberfläche zur anderen.

Rezeptoren, die Liganden in die Zelle einschleusen, werden im allgemeinen schnell recycelt, solche, die eine Signalübertragung auslösen, dagegen nicht. Rezeptoren, die Veränderungen auf der Oberfläche signalisieren, werden in der Regel abgebaut, wenn sie endocytotisch aufgenommen werden.

Wie muß ein Protein strukturiert sein, damit es zu einer Endocytose kommt? Mit Hilfe von Mutationen, die eine Internalisierung verhindern, kann man die entscheidenden Sequenzen in den Rezeptoren identifizieren. Tatsächlich lieferte die genaue Untersuchung eines Internalisierungsdefekts Hinweise darauf, daß LDL nur nach Eintritt in *coated pits* mittels Rezeptor in die Zelle aufgenommen werden kann. In Zellen von Patienten mit solchen fehlerhaften LDL-Rezeptoren häuft sich der Rezeptor auf der Plasmamembran in kleinen Clustern an und kann nicht so in die *coated pits* eindringen, wie man es bei Wildtypzellen beobachtet.

Die für diesen Defekt verantwortlichen Mutationen befinden sich alle in der *cytoplasmatischen Domäne* des Rezeptors, welche die Endocytose unabhängig von den übrigen Domänen unterstützt. Ein rekombinantes Protein, dessen extrazelluläre Domäne vom Hämagglutinin des Influenzavirus stammt, das in der Regel nicht endocytotisch aufgenommen wird, kann internalisiert werden, wenn es eine cytoplasmatische Domäne aus einem endocytotisch aufgenommenen Rezeptor enthält.

Noch haben wir keinen genauen Überblick über alle Signale, die zur Endocytose führen; zwei Eigenschaften haben jedoch alle diese Signalproteine gemeinsam: Für die Endocytose ist ein relativ kurzer, nahe der Plasmamembran gelegener Teil des cytoplasmatischen Schwanzes entscheidend. Bei vielen Rezeptoren muß in diesem Bereich ein Tyrosinrest vorhanden sein. Ohne Tyrosin kommt es nicht zu einer Internalisierung. Setzt man dagegen ein Tyrosin in den entscheidenden Bereich eines Proteins ein, das ansonsten nicht endocytotisch aufgenommen wird, wie etwa beim Hämagglutinin des Influenzavirus, so kann es internalisiert werden.

Eine Mutationsanalyse des LDL-Rezeptors zeigt, daß die kurze Aminosäuresequenz NPXY (Asn-Pro-X-Tyr) für die Internalisierung erforderlich ist. Das entscheidende Tyrosin kann ausschließlich durch aromatische Aminosäuren ersetzt werden. Mehrere internalisierte Gruppe-I-Proteine enthalten das NPXY-Motiv; es befindet sich normalerweise in der Nähe der Plasmamembran. Möglicherweise ist es ein generelles Endocytosesignal. Es ist jedoch nicht in allen internalisierten Proteinen enthalten. In Proteinen, die aufgrund der Bindung an einen Liganden internalisiert werden, könnte das Internalisierungssignal auch von einem bindungsbedingten Konformationswechsel ausgelöst werden.

Gibt es eine direkte Wechselwirkung zwischen den internalisierten Rezeptoren und den Proteinen auf den

Transportvesikeln? Auf clathrinbeschichteten Vesikeln besteht die äußere polyedrische Schicht aus Clathrin, die innere Schicht dagegen aus anderen Proteinen. Die Adaptine erkennen in den cytoplasmatischen Domänen der Rezeptoren, die internalisiert werden sollen, die entsprechenden Sequenzen (Abbildung 34.11). Abbildung 34.23 zeigt ein Modell, in dem die Adaptine an die cytoplasmatische Domäne des Rezeptors binden, wenn sich ein *coated pit* bildet, und so den Rezeptor im *pit* fixieren. Dadurch wird der Rezeptor im beschichteten Vesikel festgehalten, wenn das Vesikel sich von der Plasmamembran abschnürt.

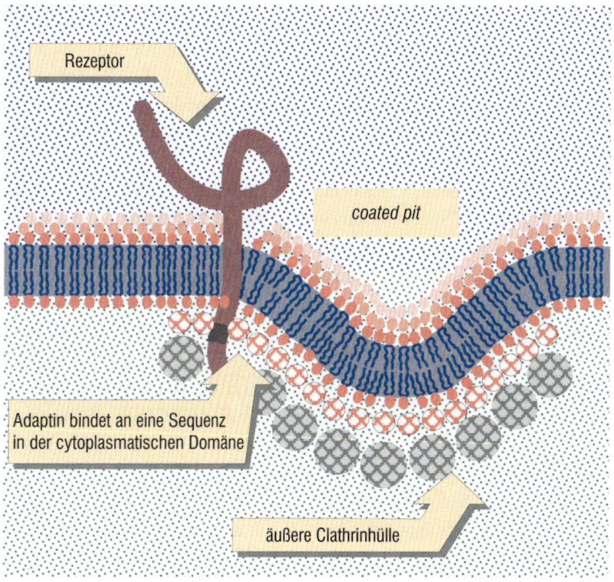

34.23 Die cytoplasmatische Domäne eines internalisierten Rezeptors interagiert mit Proteinen auf der Innenseite eines *coated pits*.

Zusammenfassung

Die Proteine werden in anterograder Richtung vom ER durch den Golgi-Apparat geschleust. Besitzen Proteine, die ins endoplasmatische Reticulum gelangen, keine speziellen Signale, die sie im ER zurückhalten, werden sie automatisch mit dem Massenstrom weiter in den Golgi-Apparat befördert. Der retrograde Transport ist noch nicht ausreichend charakterisiert; Proteine, die sich im ER befinden, werden jedoch aufgrund von speziellen Signalen wie etwa der C-terminalen KDEL-Sequenz aus dem Golgi-Apparat zurückgewonnen. Es gibt keinen Nettomembranstrom vom ER zum Golgi-Apparat und/oder zur Plasmamembran; eine Membran, die mit dem Massenstrom transportiert wird, muß daher zum ER zurückkehren.

Im endoplasmatischen Reticulum beginnt die Veränderung der Proteine durch Anfügen von vorgeformten Oligosacchariden; mannosereiche Oligosaccharide werden zurechtgestutzt. Durch weitere Modifikationen auf dem Transport durch den Golgi-Apparat entstehen komplexe Oligosaccharide; um welche Modifikationen es sich handelt, ergibt sich aus der Reihenfolge, in denen das Protein in den verschiedenen Golgi-Stapeln auf die Enzyme trifft. Auf der *trans*-Seite des Golgi-Apparats werden die Proteine ihren Bestimmungsorten entsprechend sortiert. Besitzt ein Protein ein Mannose-6-Phosphat, ist es das Zeichen, daß es zu den Lysosomen transportiert werden soll.

Die Proteine werden in beschichteten Vesikeln vom ER durch die Golgi-Stapel geschleust. Die Vesikel entstehen durch Abschnüren von Donormembranen. Sie setzen ihren Inhalt frei, indem sie mit bestimmten Membranen fusionieren. Bei ihrer Ausformung erhalten die Vesikel eine Proteinhülle; diese muß wieder entfernt werden, bevor sie mit einer Membran fusionieren können. Im ER-Golgi-System gibt es zwei Arten von Vesikeln, solche mit COP-I- und solche mit COP-II-Hüllen. Cop-I umhüllte Vesikel sind mit Coatomer beschichtet. Eines dieser Coatomerproteine, β-COP, ist verwandt mit dem β-Adaptin der clathrinbeschichteten Vesikel; daher haben COP-I- und clathrinbeschichtete Vesikel möglicherweise eine gemeinsame Struktur. COP-II-beschichtete Vesikel sind am anterograden Transport beteiligt, COP-I-beschichtete Vesikel scheinen beim retrograden Transport mitzuwirken.

Bei der kontrollierten Proteinsekretion werden die Proteine auf der *trans*-Seite des Golgi-Apparats in clathrinbeschichtete Vesikel verpackt. Einige Vesikel können zu sekretorischen Granula fusionieren. Manche Vesikel wandern zu den Endosomen, die den Verkehr zur Zelloberfläche kontrollieren. Extrazelluläre Signale veranlassen die sekretorischen Vesikel, ihren Inhalt an der Plasmamembran freizusetzen. Ähnliche Vesikel kommen bei der Endocytose zum Einsatz, dem Prozeß, durch den Proteine von der Zelloberfläche aufgenommen werden. In clathrinbeschichteten Vesikeln enthält die innere Hülle Adaptine, die an Clathrin binden. In endocytotischen Vesikeln findet man β-Adaptin; β'-Adaptin ist für Vesikel charakteristisch, die vom Golgi-Apparat zu den Endosomen wandern.

Die Rezeptoren werden kontinuierlich oder aufgrund einer Bindung an einen extrazellulären Liganden internalisiert. Die rezeptorvermittelte Endocytose beginnt damit, daß der Rezeptor seitlich in ein *coated pit* einwandert. Die cytoplasmatische Domäne des Rezeptors besitzt ein Signal, das von Proteinen erkannt wird, die vermutlich mit dem *coated pit* assoziiert sind. Als Signal findet man häufig ein in der Nähe der Transmembrandomäne exponiertes Tyrosin, das möglicherweise zur NPXY-Sequenz gehört. Sobald ein Rezeptor in ein *pit* eingedrungen ist, schnürt die Clathrinhülle ein Vesikel ab, das dann zum frühen Endosom wandert.

Aufgrund des sauren Milieus im Endosom setzen einige Rezeptoren ihre Liganden frei; diese werden zu Lysosomen transportiert und dort abgebaut, während die Rezeptoren in beschichteten Vesikeln zur Plasmamembran zurückkehren. Ein Ligand, der nicht dissoziiert, wird möglicherweise mitsamt seinem Rezeptor recycelt. In einigen Fällen werden auch Rezeptor und Ligand als Komplex zum Lysosom gebracht und dort abgebaut.

Weiterführende Literatur

Übersichtsartikel

Farquhar, M. G. *Progress in Unraveling Pathways of Golgi Traffic*. In: *Ann. Rev. Cell Biol.* 1 (1985) S. 447–488.

Goldstein, J. L.; Brown, M. S.; Anderson, R. G.; Russell, D. W.; Schneider, W. J. *Receptor-Mediated Endocytosis: Concepts Emerging from the LDL Receptor System*. In: *Ann. Rev. Cell Biol.* 1 (1985) S. 1–39.

Griffiths, G.; Simons, K. *The trans Golgi Network: Sorting at the Exit Site of the Golgi Complex*. In: *Science* 234 (1986) S. 438–443.

Figura, K. von; Hasilik, A. *Lysosomal Enzymes and their Receptors*. In: *Ann. Rev. Biochem.* 55 (1986) S. 167–193.

Pfeffer, S. R.; Rothman, J. E. *Biosynthetic Protein Transport and Sorting by the Endoplasmic Reticulum and Golgi*. In: *Ann. Rev. Biochem.* 56 (1987) S. 829–852.

Rose, J. K.; Doms, R. W. *Regulation of Protein Export from the Endoplasmic Reticulum*. In: *Ann. Rev. Cell Biol.* 4 (1988) S. 257–288.

Hurtley, S. M.; Helenius, A. *Protein Oligomerization in the Endoplasmic Reticulum*. In: *Ann. Rev. Cell Biol.* 5 (1989) S. 277–307.

Kornfeld, S.; Mellman, I. *The Biogenesis of Lysosomes*. In: *Ann. Rev. Cell Biol.* 5 (1989) S. 483–525.

Pelham, H. R. *Control of Protein Exit from the Endoplasmic Reticulum*. In: *Ann. Rev. Cell Biol.* 5 (1989) S. 1–23.

Rotham, J. E. *Polypeptide Chain Binding Proteins: Catalysts of Protein Folding and Related Processes in Cells*. In: *Cell* 59 (1989) S. 591–601.

Pearse, B. M.; Robinson, M. S. *Clathrin, Adaptors, and Sorting*. In: *Ann. Rev. Cell Biol.* 6 (1990) S. 151–171.

Rothman, J. E.; Orci, L. *Molecular Dissection of the Secretory Pathway*. In: *Nature* 355 (1992) S. 409–415.

Nuoffer, C.; Balch, W. E. *GTPases: Multifunctional Molecular Switches Regulating Vesicular Traffic*. In: *Ann. Rev. Biochem.* 63 (1994) S. 949–990.

Rothman, J. E. *Mechanisms of Intracellular Protein Transport*. In: *Nature* 372 (1994) S. 55–68.

Entdeckungen

Novick, P.; Field, C.; Schekman, R. *Identification of 23 Complementation Groups Required for Posttranslational Events in the Yeast Secretory Pathway*. In: *Cell* 21 (1980) S. 205–215.

Munro, S.; Pelham, H. R. *A C-Terminal Signal Prevents Secretion of Luminal ER Proteins*. In: *Cell* 48 (1987) S. 899–907.

Wieland, F. T.; Gleason, M. L.; Serafini, T. A.; Rothman, J. E. *The Rate of Bulk Flow from the Endoplasmic Reticulum to the Cell Surface*. In: *Cell* 50 (1987) S. 289–300.

Griffiths, G.; Hoflack, B.; Simons, K.; Mellman, I.; Kornfeld, S. *The Mannose 6-Phosphate Receptor and the Biogenesis of Lysosomes*. In: *Cell* 52 (1988) S. 329–341.

Lippincott-Schwartz, J.; Yuan, L. C.; Bonifacino, J. S.; Klausner, R. D. *Rapid Redistribution of Golgi Proteins into the ER in Cells Treated with Brefeldin A: Evidence for Membrane Cycling from Golgi to ER*. In: *Cell* 56 (1989) S. 801–813.

Malhotra, V.; Serafini, T.; Orci, L.; Shepherd, J. C.; Rothman, J. E. *Purification of a Novel Class of Coated Vesicles Mediating Biosynthetic Protein Transport Through the Golgi Stack*. In: *Cell* 58 (1989) S. 329–336.

Clary, D. O.; Griff, I. C.; Rothman, J. E. *SNAPs, a Family of NSF Attachment Proteins Involved in Intracellular Membrane Fusion in Animals and Yeast*. In: *Cell* 61 (1990) S. 709–721.

Collawn, J. F. et al. *Transferrin Receptor Internalization Sequence YXRF Implicates a Tight Turn as the Structural Recognition Motif for Endocytosis*. In: *Cell* 63 (1990) S. 1061–1072.

Karrenbauer, A.; Jeckel, D.; Just, W.; Birk, R.; Schmidt, R. R.; Rothman, J. E.; Wieland, F. T. *The Rate of Bulk Flow from the Golgi to the Plasma Membrane*. In: *Cell* 63 (1990) S. 259–267.

Lewis, M. J.; Sweet, D. J.; Pelham, H. R. B. *The ERD2 Gene Determines the Specificity of the Luminal ER Protein Retention System*. In: *Cell* 61 (1990) S. 1359–1363.

Semenza, J. C.; Hardwick, K. G.; Dean, N.; Pelham, H. R. B. ERD2, *a Yeast Gene Required for the Receptor-Mediated Retrieval of Luminal ER Proteins from the Secretory Pathway*. In: *Cell* 61 (1990) S. 1349–1357.

Wilson, D. W.; Whiteheart, S. W.; Wiedmann, M.; Brunner, M.; Rothman, J. E. *A Multisubunit Particle Implicated in Membrane Fusion*. In: *J. Cell Biol.* 117 (1992) S. 531–538.

Ostermann, J. et al. *Stepwise Assembly of Functionally Active Transport Vesicles*. In: *Cell* 75 (1993) S. 1015–1025.

Sollner, T.; Whiteheart, S. W.; Brunner, M.; Erdjument-Bromage, H.; Geromanos, S.; Tempst, P.; Rothman, J. E. *SNAP Receptors Implicated in Vesicle Targeting and Fusion*. In: *Nature* 362 (1993) S. 318–324.

Barlowe, C. et al. *COP-II: a Membrane Coat Formed by Sec Proteins that Drive Vesicle Budding from the ER*. In: *Cell* 77 (1994) S. 895–907.

Letourneur, F. et al. *Coatomer is Essential for Retrieval of Dilysine-Tagged Proteins to the ER*. In: *Cell* 79 (1994) S. 1199–1207.

35. Signalübertragung

Zu den elementaren Fähigkeiten jeder Zelle gehört es, auf die Umwelt zu reagieren und zu kontrollieren, welche Moleküle über ihre Plasmamembran in sie eindringen oder sie verlassen. Für diese Prozesse sind Proteine in der Plasmamembran verantwortlich. Im Zentrum des vorliegenden Kapitels stehen die Funktionen der Plasmamembran; sie sollen anhand der in der Membran vorhandenen Proteinstrukturen betrachtet werden.

Wasserlösliche Stoffe wie Ionen, kleine anorganische Moleküle, Polypeptide und Proteine können die Plasmamembran nicht passieren. Damit hydrophile Substanzen in die Zelle eindringen oder sie beeinflussen können, müssen sie mit einem Protein in der Plasmamembran reagieren. Als extrazelluläre Liganden können organische wie anorganische Moleküle oder ein kleines Polypeptid dienen. Das Protein, an das ein solcher Ligand bindet, nennt man **Rezeptor**. Fettlösliche Moleküle wie beispielsweise Steroidhormone sind nicht auf solche Interaktionen angewiesen, da sie durch die Plasmamembran in das Cytoplasma diffundieren und dort an ihr Zielprotein binden können.

Die Abbildung 35.1 zeigt, welche beiden grundsätzlichen Möglichkeiten die Zelle hat, um auf einen externen Stimulus zu reagieren, der die Membran nicht passieren kann:

- *Material* – sei es molekulares oder makromolekulares – wird physikalisch durch die Lipiddoppelschicht der Membran in die Zelle geschleust.
- Ein *Signal* wird durch Änderung des Aggregatzustands eines Membranproteins übertragen. Aufgrund des neuen Aggregatzustands ändert sich die Aktivität der Cytosoldomäne des Membranproteins oder eines anderen Proteins, das mit diesem verbunden ist.

Der *physikalische Stofftransport* reicht von Ionen über niedermolekulare Verbindungen wie Zucker bis zu Makromolekülen wie Proteinen. Abbildung 35.2 gibt einen Überblick über die drei wichtigsten Arten des Transports:

- Die in der Membran ansässigen Proteine können **Kanäle** bilden, die den Ionendurchfluß kontrollieren: Für Kalium-, Natrium- und Calciumionen gibt es jeweils unterschiedliche Kanäle. Indem die Kanäle auf entsprechende Signale hin geöffnet oder geschlossen werden, sorgen sie in der Zelle für konstante Ionenkonzentrationen; diese Eigenschaft ist besonders für Zellen des neuronalen Netzwerks von Bedeutung.
- Eine Möglichkeit, niedermolekulare Verbindungen einzuschleusen, besteht darin, daß der Rezeptor selbst das Molekül von einer Seite der Membran auf die andere Seite transportiert. Für den Import von Molekülen wie Zucker durch die Membran sind **Transportproteine** verantwortlich. Das geschieht durch einen Prozeß, bei dem das Zielmolekül extrazellullär an den Rezeptor bindet und dann im Cytoplasma freigesetzt wird.
- Durch Bindung eines Liganden kann der Prozeß der **Internalisierung** ausgelöst werden; dabei wird der Komplex aus Rezeptor und Ligand per **Endocytose** in die Zellen eingeschleust. Zu gegebener Zeit trennen sich Rezeptor und Ligand; der Rezeptor kann für einen weiteren Zyklus zur Oberfläche zurückkehren oder abgebaut werden. Wie in Kapitel 34 beschrieben, werden die Membranproteine bei der Endocytose in beschichteten Vesikeln von einer Oberfläche zur anderen transportiert.

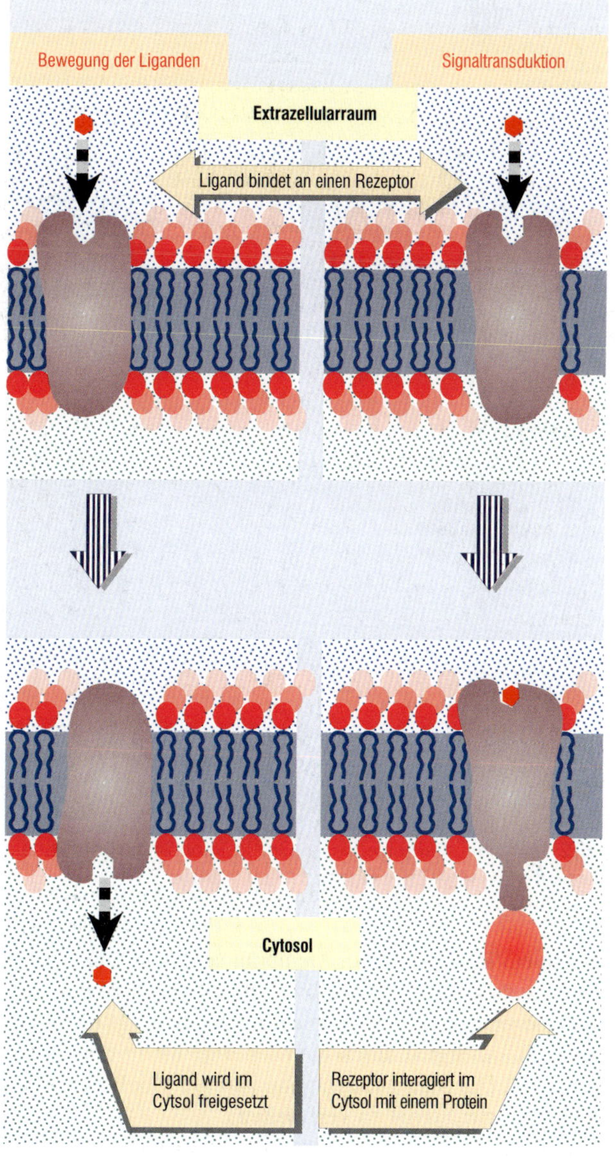

35.1 *Übersicht:* Eine Information kann entweder mit Hilfe eines Liganden oder per Signaltransduktion in das Innere einer Zelle eingeschleust werden.

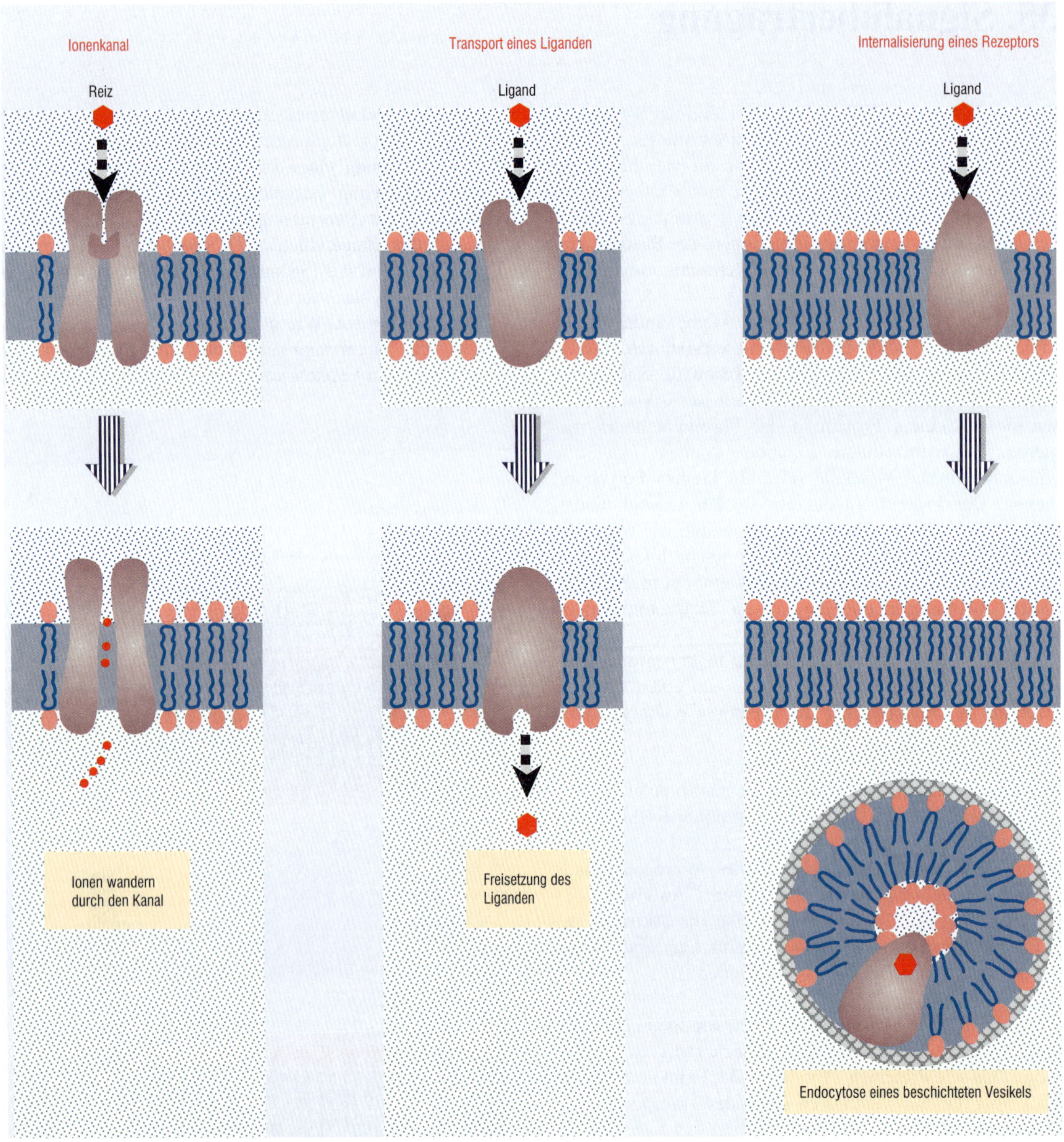

35.2 Material unterschiedlicher Größe kann über Ionenkanäle, rezeptorvermittelten Ligandentransport oder Internalisierung eines Rezeptors in eine Zelle eingeschleust werden.

Bleibt ein Rezeptor in der Membran verankert und löst auf eine Ligandenbindung hin im Cytosol eine Reaktion aus, bezeichnet man das als **Signalübertragung**, da dabei tatsächlich ein Signal durch die Membran hindurch übertragen wird. Die Signalübertragung ist eine Möglichkeit, das ursprüngliche Signal zu **verstärken**.

Bei diesem Prozeß reagiert ein extrazellulärer Ligand mit einem Rezeptor – einem Transmembranprotein mit Domänen auf der extrazellulären und der cytoplasmatischen Seite. Durch die Bindung des Liganden wird der Rezeptor aktiviert. Das Grundprinzip dieser Interaktion besteht darin, daß eine extrazelluläre Ligandenbindung die Aktivität der Domäne auf der cytoplasmatischen Seite beeinflußt.

In seiner aktiven Form stimuliert der Rezeptor eine katalytische Aktivität, die im Cytosol ein Signal erzeugt; intrazellulär ist die Amplitude sehr viel größer als beim ursprünglichen Signal des extrazellulären Liganden. Manchmal führt das Signal im Cytosol dazu, daß im Innern der Zelle die Konzentration einer niedermolekularen Verbindung ansteigt. Ein Molekül, das auf die Übertragung eines extrazellulären Signals hin entsteht, nennt man einen ***second messenger***, also einem „zweiten Boten" – im Gegensatz zum „ersten Boten", dem extrazellulären Liganden.

In Abbildung 35.3 sind zwei Arten der Signalübertragung dargestellt:

- Der Rezeptor kann in seiner Cytosoldomäne eine Proteinkinase besitzen. Die Aktivität dieser Kinase wird aktiviert, wenn der Ligand an die extrazelluläre Domäne bindet. Die Kinase phosphoryliert ihre eigene cytoplasmatische Domäne. Diese **Autophosphorylierung** ermöglicht es dem Rezeptor, mit einem Zielprotein eine Assoziation einzugehen und es zu aktivieren; dieses wirkt dann wiederum auf neue Substrate in der Zelle. Die Kinaserezeptoren sind in der Regel Tyrosinkinasen, es gibt jedoch auch einige Serin/Threoninkinaserezeptoren.
- Der Rezeptor kann mit einem **G-Protein** interagieren, das mit der Membran assoziiert ist. Der Name G-Protein weist auf die Fähigkeit hin, Guaninnucleotide zu binden. In seiner inaktiven Form besteht das G-Protein aus einem an GDP gebundenen Trimer. Nach Bindung eines Liganden wirkt ein Rezeptor auf das G-Protein ein und veranlaßt es, GDP durch GTP zu ersetzen. Die Folge ist, daß das G-Protein dissoziiert: in eine Untereinheit, die das GTP trägt, und in ein Dimer aus den beiden anderen Untereinheiten. Daraufhin wirkt entweder das Monomer oder das Dimer auf ein Zielprotein ein, das häufig ebenfalls mit der Membran assoziiert ist

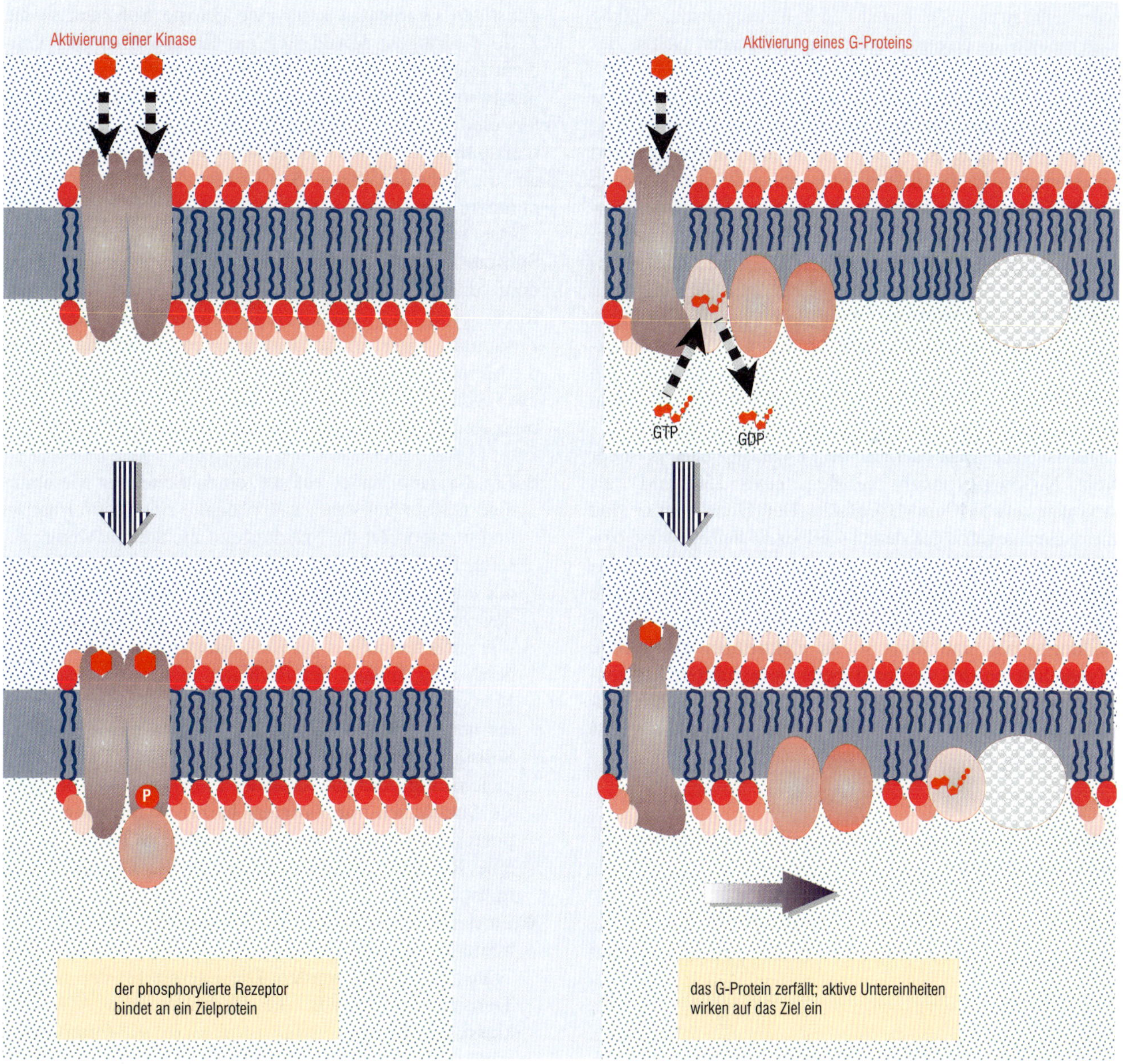

35.3 Ein Signal kann durch Aktivierung einer Kinase in der cytoplasmatischen Domäne eines Transmembranrezeptors ausgelöst werden oder dadurch, daß ein G-Protein in Untereinheiten zerfällt und diese dann auf Zielproteine in der Membran einwirken.

und selber wiederum mit einem oder mehreren Zielmolekül(en) im Cytoplasma reagiert. Diese Reaktionskette löst oft die Produktion eines *second messenger* aus; das klassische Beispiel dafür ist die Bildung von zyklischem AMP.

35.1 Carrier und Kanäle bahnen wasserlöslichen Molekülen einen Weg durch die Membran

Eine Membran hat die wichtige Aufgabe, auf beiden Seiten unterschiedliche wäßrige Bedingungen aufrechtzuerhalten. Die Plasmamembran ist im großen und ganzen für wasserlösliche Substanzen undurchlässig. Die Ionenzusammensetzung des Cytosols ist vollkommen anders als die im Extrazellularraum. In Tabelle 35.1 ist aufgelistet, welche allgemeinen Ionenkonzentrationen auf beiden Seiten der Plasmamembran vorherrschen.

Die verschiedenen Organellen im Cytoplasma haben jeweils eine andere Ionenzusammensetzung. Ein gutes Beispiel ist der saure pH-Wert, der in den Endosomen und Lysosomen aufrechterhalten wird – mit sofortiger Wirkung für die Funktion der Proteine, die in diese Organellen eindringen, wie schon in Kapitel 34 besprochen wurde. Hierzu zählt auch die Wahrung einer anderen Ca^{2+}-Konzentration im endoplasmatischen Reticulum. Nur der Kern macht eine entscheidende Ausnahme. Die Bedingungen in ihm unterscheidet sich nicht von denen im Cytosol, sondern stimmen im wesentlichen überein. Das liegt an den relativ großen Poren in der Kernhülle, durch die Ionen und andere kleine Moleküle frei diffundieren können.

Es ist eine Besonderheit des Cytosols, daß es mehr freie Kationen (positiv geladen, etwa 150 mM) als Anionen (etwa 10 mM) enthält. Der Grund dafür sind die vielen negativ geladenen Zellbestandteile; so ist beispielweise jede Phosphatgruppe im Phosphodiesterrückgrat der Nucleinsäuren mehrfach negativ geladen. Die Superfluidität der Kationen gleicht diese fixierten Ladungen aus und führt so zu elektrischer Neutralität. (Zusätzlich zu den in der Tabelle aufgeführten Konzentrationen der freien Ionen besitzen die Zellen noch Ionenspeicher; z. B. speichern verschiedene Organellen Ca^{2+}-Ionen.)

Tabelle 35.1: Ionenkonzentration (mM) innerhalb und außerhalb der Zelle

Ionen	innen	außen
Na^+	~10	145
K^+	140	5
Mg^{2+}	0,5	~1,5
Ca^{2+}	0,0001	~1,5
H^+	8×10^{-5}	4×10^{-5}
Cl^-	~10	110

Ein Vergleich des intrazellulären und extrazellulären Milieus zeigt, daß manche Ionen sehr ungleich verteilt sind: Die extrazelluläre Na^+-Ionenkonzentration liegt eine Größenordnung über der Konzentration in der Zelle. Bei den K^+-Ionen sind die Verhältnisse genau umgekehrt: Die Cl^--Ionen sind extrazellulär im Überschuß. Auf diese Weise bildet sich für jedes Ion ein **Konzentrationsgradient** quer durch die Membran.

Da die Plasmamembran innen andere Phospholipide enthält als außen, ist sie elektrisch geladen. Es entsteht ein **elektrischer Gradient**, bei dem die Innenseite gegenüber der Außenseite negativ geladen ist. Diese Spannungsdifferenz begünstigt das Eindringen von Kationen, erschwert dagegen den Zutritt von Anionen.

Konzentrationsgradient und elektrischer Gradient bilden zusammen den **elektrochemischen Gradienten**; er ist für jede gelöste Substanz charakteristisch. Bei einem für sie günstigen Gradienten kann eine gelöste Substanz in die Zelle eindringen, sobald sich ein Kanal öffnet; der Gradient reicht aus, um gelöste Substanzen wie Na^+ oder Cl^- **passiv** in die Zelle hereinzulassen. Ist der Gradient jedoch für eine gelöste Substanz ungünstig, muß diese **aktiv transportiert** werden; dabei wird Energie aufgewendet, um die Substanz gegen den Gradienten in die Zelle zu pumpen.

Den Transport von Ionen oder anderen kleinen gelösten Substanzen durch die Membran besorgen fest in der Membran verankerte Transmembranproteine. Diese sind in der Regel groß und durchqueren mehrfach die Membran. Zusammen sorgen diese beiden Eigenschaften dafür, daß die Membran relativ statisch ist. In Abbildung 35.4 werden zwei generelle Transportmöglichkeiten durch die Membran vorgestellt:

- Ein **Carrier** bindet auf der einen Seite der Membran eine gelöste Substanz, ändert dann seine Konformation und transportiert die Substanz auf die andere Membranseite. Dadurch daß der Carrier die gelöste Substanz auf der einen Seite bindet und auf der andern entläßt, kann das Substrat die Membran auf direktem Weg passieren – je nach Anzahl der gelösten Substanzen, die sie befördern, oder anhand der Richtung, in der es geschieht. Man unterscheidet mehrere Arten von Carriern. **Uniporter** nennt man die Carrier, die nur eine einzige gelöste Substanz durch die Membran schleusen. Carrier, die gleichzeitig oder nacheinander zwei verschiedene gelöste Substanzen tranportieren, heißen **Symporter**. **Antiporter** sind Carrier, die eine gelöste Substanz in die eine Richtung und eine andere in die Gegenrichtung transportieren.
- Carrier-Proteine können für den passiven oder – in Verbindung mit einer Energiequelle – auch für den aktiven Transport benutzt werden. Die Energie für den aktiven Transport liefert z. B. die Hydrolyse von ATP. Das klassische Beispiel dafür ist die Na^+-K^+-Pumpe. Sie arbeitet wie ein Antiporter: Sie pumpt Natrium aus der Zelle heraus und Kalium in sie hinein. Eine andere Energiequelle ist der elektrochemische Gradient selber:

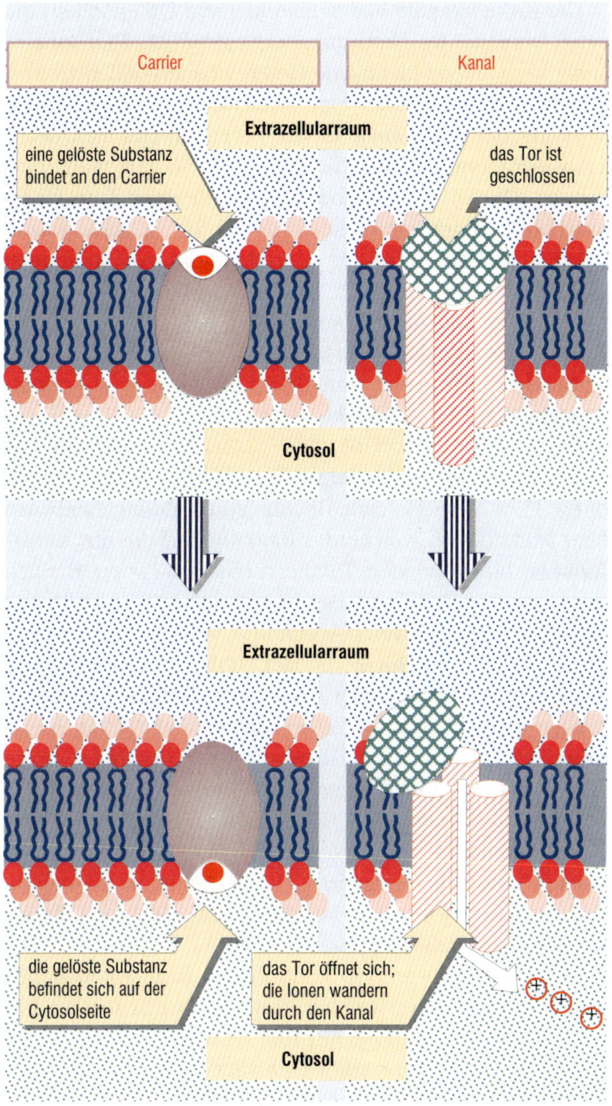

35.4 Ein Carrier schleust eine gelöste Substanz in die Zelle ein, indem er seine Konformation so ändert, daß die Stelle mit der extrazellulär gebundenen Substanz ins Innere gelangt. Ein Ionenkanal wird über die Öffnung eines Tors kontrolliert; dieses kann sich im Prinzip auf beiden Seiten der Membran befinden.

Ein Symporter schleust Na^+ zusammen mit einigen anderen gelösten Substraten in die Zelle hinein; dabei benutzt er den günstigen Na-Gradienten, um den ungünstigen Gradienten für das andere Substrat zu überwinden.

- Ein **Ionenkanal** besteht aus einer wasserlöslichen Pore in der Membran. Seine Aktivität wird durch Öffnen und Schließen des Kanals kontrolliert. Ist er offen, können Ionen passiv, vom elektrochemischen Gradienten getrieben hineindiffundieren. Ionenkanäle erlauben nur einen passiven Transport. Im Ruhezustand ist ein Ionenkanal geschlossen; die **Tore**, die seine Aktivität regulieren, öffnen sich in der Regel nur kurz auf ein spezifisches Signal hin. In Tabelle 35.2 sind die Ionenkanäle verschiedenen Gruppen zugeordnet, je nachdem, welche Art von Signal das Öffnen der Tore kontrolliert. **Ligandenkontrollierte** Kanäle sind Rezeptoren, die auf die Bindung bestimmter Moleküle reagieren; wichtige Beispiele sind etwa die Neurotransmitter Acetylcholin, Glycin, GABA (γ-Aminobuttersäure) und Glutamat. **Spannungskontrollierte** Kanäle reagieren auf elektrische Veränderungen, ebenfalls eine wichtige Eigenschaft des Nervensystems. Signale können auch über Kanäle, die von ***second messenger*** kontrolliert werden, übertragen werden; ein interessantes Beispiel sind Kanäle, die auf die Aktivierung von G-Proteinen reagieren.

Die Strukturen von Carriern und Kanälen stellen ein Paradoxon dar. Es sind Transmembranproteine mit mehreren membrandurchspannenden Domänen; jede von ihnen besteht aus einem Aminosäurestrang, der so hydrophob ist, daß er in die Lipiddoppelschicht integriert ist. Inmitten dieser hydrophoben Bereiche muß ein hochselektiver Weg voller Wasser entstehen, der es Ionen ermöglicht, die Membran zu passieren.

Eine Lösung für dieses Problem ergibt sich aus der Struktur der Transmembranregionen. Im Gegensatz zu den ausschließlich hydrophoben Bereichen von beispielsweise einzelnen Proteinen, welche die Membran passieren, enthalten sie einige polare Aminosäuren. Wahrscheinlich sind sie als amphipathische Helices (Abbildung 35.5), organisiert, bei denen die hydrophobe Seite mit der Lipiddoppelschicht assoziiert ist, während die polaren Seiten zusammen den Kanal bilden.

Tabelle 35.2: Klassifizierung der Ionenkanäle

Kanalklasse	Selektivität der Ionen	Kanal
gap junction	Kationen und Anionen	
ligandenkontrolliert	Na^+, K^+	Acetylcholinrezeptor
	Cl^-	Glycinrezeptor
	Cl^-	GAB-Rezeptor
spannungskontrolliert	einzelne Kationen	Na^+-Kanal
		K^+-Kanal
		Ca^{2+}-Kanal
über *second messenger* kontrolliert	Kationen und Anionen	

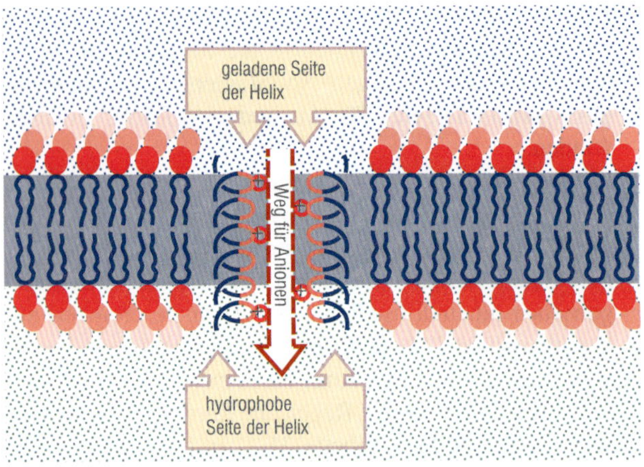

35.5 Amphipathische Helices können einen Kanal bilden. Dabei zeigen ihre hydrophoben Seiten zur Lipiddoppelschicht, während ihre geladenen Seiten von der Doppelschicht abgewandt einander gegenüberliegen. In dieser Zeichnung erleichtert ein Kanal mit positiven Ladungen den Durchstrom von Anionen.

Wie wichtig das Innere des Kanals ist, zeigt sich an der **Ionenselektivität**. Für die Passage verschiedener Ionen oder Ionengruppen gibt es jeweils unterschiedliche Kanäle. Sie sind so extrem eng, daß die Ionen die an sie gekoppelten Wassermoleküle abstreifen müssen, um durch sie hindurch kommen zu können. Kaliumkanäle sind mit etwa 3 Å am engsten. Der Durchmesser der Na^+-, K^+- und Ca^{2+}-Ionen ist aber kleiner als 2 Å und die Permeabilität für K^+-Ionen kann mehr als einen Faktor 10^3 größer sein als für andere Kationen. Die Ionenselektivität beruht daher nicht auf dem kleinen Kanallumen. Vielmehr befindet sich am Eingang der Pore ein Filter, der vermutlich aufgrund seiner Geometrie und elektrostatischen Ladung für das gewünschte Ion spezifisch ist.

Nach und nach werden die generellen Eigenschaften im Aufbau bestimmter Ionenkanäle immer klarer. Gemeinsam ist ihnen allen, daß sie aus großen Proteinen mit mehreren membrandurchspannenden Bereichen bestehen. Ein Kanal wird wahrscheinlich aus einem Ring von vier, fünf oder sechs Untereinheiten gebildet, die symmetrisch oder quasisymmetrisch angeordnet sind. Die mit Wasser gefüllte Pore befindet sich in der zentralen Symmetrieachse. Die Porengröße nimmt im allgemeinen mit der Anzahl der Untereinheiten im Ring zu. Die Untereinheiten sind immer strukturell verwandt, manchmal sogar identisch. Sie können aus einzelnen Proteinen bestehen oder aus einem einzigen großen Protein mit verwandten Domänen.

Spannungskontrollierte Natriumkanäle haben nur einen einzigen Typ von Untereinheiten, ein Protein aus 1 820 Aminosäuren mit einer repetitiven Struktur aus vier miteinander verwandten Domänen. Jede Domäne besitzt mehrere Abschnitte, welche die Membran durchqueren. Die vier Domänen sind wahrscheinlich innerhalb der Membran pseudosymmetrisch angeordnet. Mit dem großen Protein sind zwei kleinere Untereinheiten assoziiert.

Die Kaliumkanäle haben eine kleinere Untereinheit, die einer Domäne des Natriumkanals entspricht. Vier miteinander verbundene identische Untereinheiten bilden zusammen den Kanal. Durch eine Analyse ihrer hydrophoben Wirkung entdeckte man in der Proteinuntereinheit sechs Transmembrandomänen, die von S1 bis S6 durchnumeriert werden. Die S4-Domäne besitzt eine für einen Transmembranbereich ungewöhnliche Struktur: Sie ist stark positiv geladen und alle drei bis vier Aminosäuren stößt man auf einen Arginin- oder Lysinrest. Man findet dieses S4-Motiv in spannungskontrollierten K^+-, Na^+- und Ca^{2+}-Kanälen; es ist daher wahrscheinlich mit einer Eigenschaft verbunden, die sie alle gemeinsam haben: dies ist vermutlich das Öffnen des Kanals.

Bei der Untersuchung des *shaker*-Kaliumkanals der Fliege entdeckte man einige neue Eigenschaften (Abbildung 35.6). Den Bereich für die Porenbildung fand man über Mutationen, welche die Reaktion auf die die Kanalfunktion blockierenden Toxine verändern. Dieser Bereich liegt zwischen den Transmembrandomänen S5 und S6 und führt zur Bildung zweier Abschnitte, welche die Membran durchqueren und nicht in der üblichen hydrophoben α-Helixstruktur, sondern wohl eher in einer ziemlich breiten β-Haarnadelstruktur organisiert sind. Ob der Kanal offen oder geschlossen ist, kontrolliert der N-terminale Bereich; dieser ähnelt einer Kugel, die sich an einer Kette befindet. Die Kugel ist in der Tat über eine Kette mit dem Kanal verbunden und verschließt ihn auf der cytoplasmatischen Seite. Die Länge der Kette bestimmt die Geschwindigkeit, mit welcher der Ball den Kanal nach der Öffnung wieder verschließen kann.

Von Neurotransmittern kontrollierte Rezeptoren bilden eine Superfamilie verwandter Proteine. Wie es scheint, bilden sie eine Kanalklasse mit fünf Mitgliedern. Der nicotinische Acetylcholinrezeptor ist bisher am besten charakterisiert. Er besteht aus dem Pentamer $\alpha_2\beta\delta\gamma$. Ein Großteil der fünf Untereinheiten ragt aus der Plasmamembran in

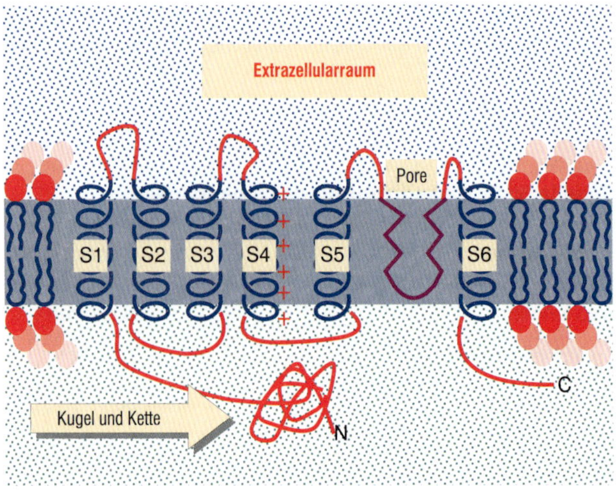

35.6 Die Pore eines Kaliumkanals besteht nicht aus den üblichen Transmembranbereichen; ihr Verschlußmechanismus ähnelt einer Kugel, die an einer Kette hängt.

den extrazellulären Raum hinein, wie es Abbildung 35.7 verdeutlicht. Die Öffnungen des Kanals verengen sich von einem Durchmesser von etwa 25 Å bis auf Porengröße. Auf der extrazellulären Seite ist der Eingang mit etwa 60 Å sehr tief; auf der Zellinnenseite ist der Abstand bis zur Membran mit 20 Å wesentlich kürzer. Die Pore erstreckt sich über die 30 Å der Lipiddoppelschicht; sie hat einen Durchmesser von nur etwa 7 Å.

Die Ligandenbindung findet an den α-Untereinheiten statt. Damit sich das Tor öffnet, müssen beide α-Untereinheiten an das Acetylcholin binden. Wo befindet sich nun aber das Tor? Da der Kanal nur innerhalb der Lipiddoppelschicht sehr eng ist, liegt es wahrscheinlich im Innern des Rezeptors. Die strukturellen Veränderungen, die bei der Öffnung auftreten, scheinen gerade auf der cytoplasmatischen Seite der Lipiddoppelschicht am größten zu sein. Möglicherweise liegt das Tor also auf Höhe der Phospholipidköpfe an der Grenze zum Cytoplasma. Wie viele andere Rezeptoren muß der Acetylcholinrezeptor daher die Information über die Bindung eines Liganden nach innen weiterleiten, von der extrazellulären Bindungsstelle des Acetylcholins bis zum Tor an der Grenze zum Cytoplasma.

Wie funktioniert das Tor? Es könnte über eine elektrostatische Abstoßung wirken, bei der positive Gruppen in den Kanal hineinragen und so verhindern, daß Kationen durchschlüpfen können. Es könnte aber auch aus einer physikalischen Barriere bestehen, bei der sperrige Gruppen nach einer Konformationsänderung die Passage durch die Pore blockieren.

Welche Ionen passieren dürfen, wird möglicherweise durch die Wände der weiten Eingangspassage vorgegeben. Die Wände, welche die Poreneingänge auskleiden, enthalten negativ geladene Gruppen; jede Untereinheit besitzt in ihrem extrazellulären Anteil etwa zehn negative Ladungen. Diese Ladungscluster verändern unter Umständen das Ionenmilieu am Eingang des Kanals, indem sie die richtigen Ionen anreichern und die Konzentration der Ionen herabsetzen, die nicht durchgelassen werden sollen. Aufgrund der Struktur des Acetylcholinrezeptors könnten Na^+-, K^+- und Ca^{2+}-Ionen passieren; die vorhandenen Gradienten sorgen jedoch dafür, daß er in der Praxis vor allem benutzt wird um Na^+ in die Zelle zu lassen.

Der Acetylcholinrezeptor ist ein Beispiel für eine Superfamilie von Rezeptoren, die von Neurotransmittern kontrolliert werden. Sie scheinen alle gleich aufgebaut zu sein: Sie bestehen aus fünf Untereinheiten, deren Strukturen miteinander verwandt sind. Alle Untereinheiten haben mit etwa 50 kD ungefähr die gleiche Größe, in der Membran besteht wahrscheinlich jede aus einer Gruppe von vier Helices mit jeweils einer Transmembrandomäne. Eine der vier Transmembrandomänen, M2, hat immer eine amphipatische Struktur; sie ist wahrscheinlich an der Auskleidung der Porenwände mitbeteiligt. Serin- und Threoninreste sowie einige gepaarte saure und basische Reste erleichtern möglicherweise die Ionenpassage. Die Sequenzen der Untereinheiten von Glycin- und GABA-Rezeptoren sind mit den Untereinheiten des Acetylcholinrezeptors verwandt. Einige Sequenzveränderungen sind wahrscheinlich durch die Ionenselektivität zu erklären. So findet man in den Eingangswänden von Glycin- und GABA-Rezeptoren positiv geladene Gruppen – in Übereinstimmung mit ihrer Eigenschaft, Anionen wie Cl^- zu transportieren.

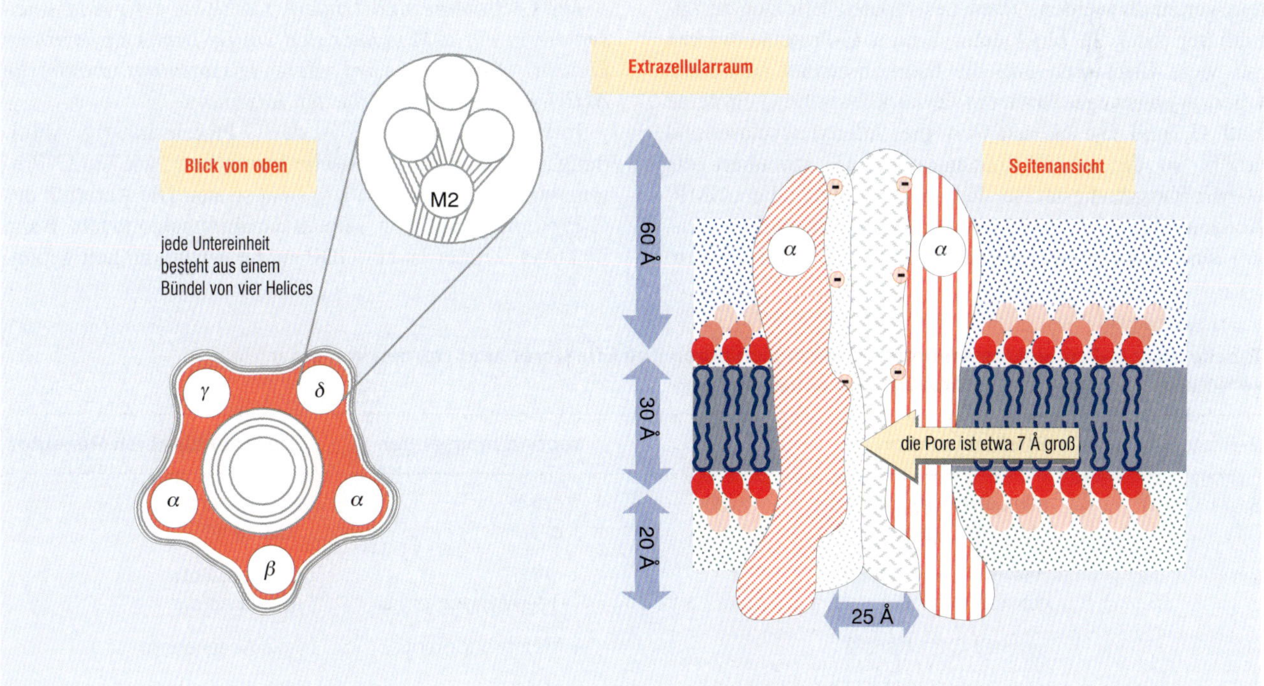

35.7 Der Acetylcholinrezeptor besteht aus einem Ring mit fünf Untereinheiten; diese ragen in den Extrazellularraum hinein und bilden zusammengedrängt einen Ionenkanal durch die Membran.

35.2 G-Proteine können Proteine aktivieren oder hemmen

Die G-Proteine übertragen Signale von einer Vielzahl von Rezeptoren auf viele verschiedene Moleküle. Man kann die einzelnen Elemente einer typischen Signalübertragung folgendermaßen charakterisieren:

- Ein **Rezeptor** ist ein in der Membran fest verankertes Protein, das durch ein extrazelluläres Signal aktiviert wird.
- Ein **G-Protein** erhält dann seine aktive Form, wenn das mit ihm verbundene GDP aufgrund einer Reaktion mit dem aktivierten Rezeptor durch GTP ersetzt wird.
- Unter einem **Effektor** versteht man ein Molekül, das durch ein G-Protein aktiviert – oder seltener inhibiert – wird; manchmal ist es ein anderes membrangebundenes Protein.
- Ein ***second messenger*** ist eine niedermolekulare Verbindung, die durch Aktivierung bestimmter Arten von Effektoren freigesetzt wird.

Manchmal benutzt man eine andere Terminologie, um zu beschreiben, in welcher Beziehung die einzelnen Übertragungselemente zueinander stehen: Man sagt, daß sich der Rezeptor in der Signalkette vor *(upstream)* und der Effektor hinter *(downstream)* dem G-Protein befindet.

Tabelle 35.3 gibt einen Überblick über die Effektoren, die mit verschiedenen Typen von G-Proteinen gekoppelt sind. Wichtig ist, daß es viele verschiedene G-Proteine gibt, die von einem breiten Spektrum von Rezeptoren aktiviert werden. Durch Aktivierung kann ein einzelnes G-Protein veranlaßt werden, einen bestimmten Effektor zu stimulieren oder zu blockieren. Einige G-Proteine wirken auf viele Effektoren ein, die dann ihrerseits zahlreiche Übertragungswege aktivieren. Zwei klassische G-Proteine sind G_s und G_t: Gs aktiviert die Adenylatcyclase und erhöht so die cAMP-Konzentration; G_t stimuliert die cGMP-Phosphodiesterase und senkt dadurch die cGMP-Konzentration. Eine wichtige Klasse von *second messenger* sind die zyklischen Nucleotide; eine weitere bedeutende Gruppe besteht aus kleinen Lipidmolekülen wie Inositolphosphat oder Diacylglycerin (DAG).

Obwohl die an G-Proteine gekoppelten Rezeptoren auf ein breites Spektrum von Liganden reagieren, sind sie gleich strukturiert und binden ihre Liganden alle auf die gleiche Weise. Diese sogenannten **Serpentin**rezeptoren haben sieben Transmembranbereiche und wirken als Monomere. In ihren hydrophoben Transmembranregionen ist die Sequenz am besten erhalten; daher benutzt man diese Regionen, um die Serpentinrezeptoren einzelnen Familien zuzuordnen.

In den Transmembranregionen befinden sich auch die Ligandenbindungsstellen der Serpentinrezeptoren; das heißt, der Ligand wird tatsächlich in der Membranebene gebunden. Bindungsstellen für kleine Liganden wie biogene Amine liegen gesondert und können in einem einzigen Transmembranabschnitt lokalisiert sein. Größere Liganden, beispielsweise größere Peptide, werden unter Umständen großflächiger gebunden, wobei extrazelluläre Domänen zusätzliche Anheftungspunkte bieten. Die Bindung großer Peptidhormone wird dann hauptsächlich von extrazellulären Domänen übernommen.

Bindet ein Ligand an seine Bindungsstelle, führt das im Rezeptor zu einer Konformationsänderung, aufgrund der dann der Rezeptor mit einem G-Protein reagiert. Gut charakterisiert, wenn auch nicht typisch, ist das Rhodopsin. Es enthält ein Retinalchromophor, das kovalent an eine Aminosäure einer Transmembrandomäne gebunden ist. Bei Lichteinfall klappt das Retinal von der 11-*cis*- in die all-*trans*-Konformation um; dadurch ändert das Rhodopsin seine Konformation, und seine cytoplasmatische Domäne geht mit dem G_t-Protein (Transducin) eine Verbindung ein.

Die G-Proteine sind Trimere. Damit sie aktiv sind, müssen sie in ein α-Monomer und ein βγ-Dimer dissoziieren können. Ausgelöst wird diese Dissoziation durch die Aktivierung eines assoziierten Rezeptors.

In Form eines Trimers ist das G-Protein inaktiv. Abbildung 35.8 zeigt die klassische Vorstellung, wie ein G-Protein wirkt. Das Grundprinzip sieht so aus: Die Aktivität des G-Proteins hängt von seinem Guaninnucleotid ab. Beim inaktiven Trimer ist ein GDP an die α-Untereinheit gebun-

Tabelle 35.3: G-Proteinklassen unterscheiden sich durch ihre Effektoren und werden von einer Vielzahl verschiedener Transmembranrezeptoren aktiviert

G-Protein	Effektorfunktion	*second messenger*	Beispiel für einen Rezeptor
S	stimuliert Adenylcyclase	↑ cAMP	β-adrenergisch
Olf	stimuliert Adenylcyclase	↑ cAMP	Odorant
I	hemmt Adenylcyclase	↓ cAMP	Somatostatin
	öffnet K^+-Kanäle	↑ Membranpotential	Somatostatin
O	schließt Ca^{2+}-Kanäle	↓ Membranpotential	m2-Acetylcholin
T (Transducin)	stimuliert die cGMP-Phosphodiesterase	↓ cGMP	Rhodopsin
Q	aktiviert Phospholipase Cβ	↑ InsP3, DAG	m1-Acetylcholin

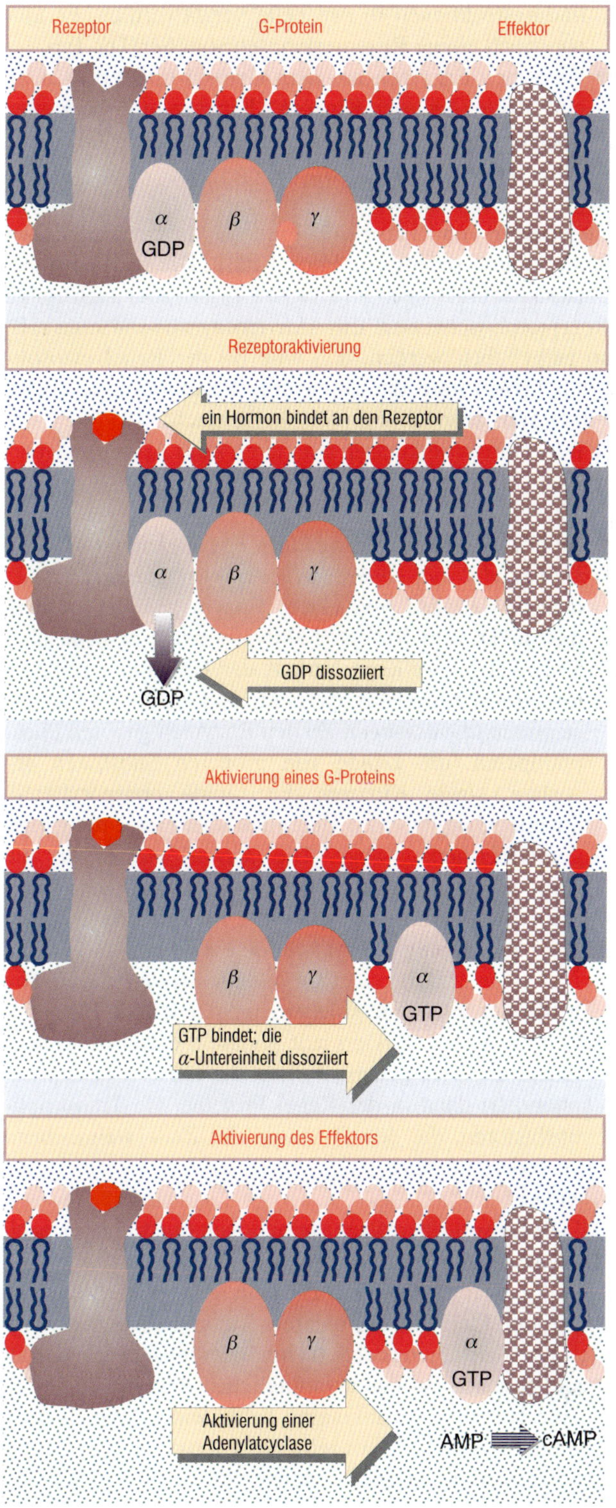

35.8 Wird ein Rezeptor durch die Bindung eines Hormons aktiviert, sorgt er dafür, daß GDP auf einer Gα-Untereinheit durch GTP ersetzt wird. Diese Untereinheit löst sich dann vom $\beta\gamma$-Dimer und aktiviert einen Effektor wie die Adenylatcyclase.

den; die aktive Form besteht aus einem α-Monomer, das an GTP gebunden ist und sich vom $\beta\gamma$-Dimer gelöst hat.

Das inaktive Trimer ist konstitutiv mit dem Rezeptor verbunden. Wird der Rezeptor aktiviert, ändert sich seine Konformation. Das wiederum führt in der α-Untereinheit zu einer Konformationsänderung, durch die GDP freigesetzt wird. Da im Cytosol sehr viel mehr GTP als GDP vorhanden ist, besetzt GTP die vakante Nucleotidbindungsstelle. Diese GTP-Bindung führt dazu, daß die α-Untereinheit vom Rezeptor und dem $\beta\gamma$-Komplex dissoziiert.

Wie lange ein G-Protein aktiviert ist, hängt von der α-Untereinheit ab. Alle α-Untereinheiten sind GTPasen, die ihr gebundenes GTP jeweils langsam mit einer charakteristischen Geschwindigkeit zu GDP hydrolysieren. Anschließend verbindet sich die α-Untereinheit erneut mit dem $\beta\gamma$-Dimer.

Die Wechselwirkung zwischen Rezeptor und G-Protein ist katalytisch. Nachdem sich ein G-Protein vom aktivierten Rezeptor gelöst hat, bindet dieser erneut an ein inaktives Trimer und der Zyklus beginnt wieder von vorne. Auf diese Weise kann ein Komplex aus Ligand und Rezeptor in kurzer Zeit viele G-Proteine aktivieren und verstärkt so das ursprüngliche Signal.

In der Regel muß die aktivierte α-Untereinheit für den nächsten Schritt in der Signalübertragung mit dem Effektor reagieren. Bei der G_s aktiviert die α_s-Untereinheit die Adenylcyclase; bei G_t aktiviert die α_t-Untereinheit die cGMP-Phosphodiesterase. In anderen Fällen ist es das $\beta\gamma$-Dimer, das mit dem Effektorprotein reagiert. Man findet auch einige G-Proteine, bei denen sowohl die α-Untereinheit als auch das $\beta\gamma$-Dimer mit den Effektoren interagieren.

In Übereinstimmung mit der These, daß die α-Untereinheiten wesentlich öfter mit den Effektoren reagieren, gibt es bei den α-Untereinheiten mehr Arten (bei Säugern sind 16 bekannt) als bei den β- (fünf) oder γ-Untereinheiten (elf). Doch unabhängig davon, ob die α- oder die $\beta\gamma$-Untereinheiten das Signal übertragen, *wirkt bei allen Reaktionen ein G-Protein auf ein Effektorenzym ein und dieses wiederum ändert die Konzentration einer oder mehrerer niedermolekularer Verbindungen in der Zelle.*

Ob in intaktem oder dissoziertem Zustand, in beiden Fällen sind die G-Proteine an die cytoplasmatische Seite der Plasmamembran gekoppelt. Die einzelnen Untereinheiten sind allerdings vollkommen hydrophil; keine von ihnen scheint eine Transmembrandomäne zu besitzen. Das $\beta\gamma$-Dimer zeigt eine Affinität für die Membran, da die γ-Untereinheit eine Prenylgruppe besitzt. Die α_i und α_o-Typen enthalten Myristinsäure, was ihre Fähigkeit erklärt, nach Freisetzung des $\beta\gamma$-Dimers mit der Membran verbunden zu bleiben. Die α_s-Untereinheit ist palmityliert.

Da dasselbe G-Protein jeweils von verschiedenen Rezeptoren aktiviert werden kann und da zumindest in einigen Fällen ein bestimmtes G-Protein mehr als einen Effektor besitzt, stellt sich die Frage, wie die Spezifität kontrolliert wird. Meist nimmt man an, daß Rezeptoren, G-Proteine und Effektoren alle frei in der Membranebene diffundieren können. In diesem Fall wären die Konzentration der Reaktionspartner bei der Übertragung sowie ihre relativen Affinitäten füreinander die entscheidenden Parameter bei der Aktivitätskontrolle. Man könnte sich vorstellen, daß eine aktivierte α-GTP-Untereinheit entlang der cytoplasmatischen Seite der Membran vom Rezeptor zum Effektor rast. Es ist jedoch auch möglich, daß die Position der Proteine durch die Membran derart eingeengt ist, daß sie nur in begrenzten Bereichen miteinander reagieren können. Aufgrund einer solchen Kompartimentierung könnte es zu lokalen Reaktionen kommen.

35.3 Proteintyrosinkinasen lösen Phosphorylierungskaskaden aus

Die Rezeptoren von Wachstumsfaktoren werden nach ihren Liganden benannt. Bei diesen handelt es sich in der Regel um kleine Polypeptide, die manchmal einfach Wachstumsfaktoren, genauer aber **Cytokine** genannt werden, und die das Wachstum bestimmter Zelltypen stimulieren. Diese Faktoren haben viele Funktionen: Sie verändern die Aufnahme niedermolekularer Verbindungen, starten oder stimulieren den Zellzyklus und sorgen schließlich für die Zellteilung. Die Liganden werden in der Regel von einer Zelle sezerniert und wirken auf den Rezeptor einer anderen Zelle. Zu den sezernierten Cytokinen gehören der epidermale Wachstumsfaktor (EGF, *epidermal growth factor*), der von den Blutplättchen sezernierte Wachstumsfaktor (PDGF, *platelet-derived growth factor*) sowie Insulin. In einigen Fällen haben die Liganden die Form von Elementen der extrazellulären Matrix oder von Membranproteinen auf der Oberfläche einer anderen Zelle.

Diese Rezeptoren haben alle eine allgemeine charakteristische Struktur: Es sind integrale Membranproteine der Gruppe I; als solche durchqueren sie einmal die Membran und haben auf der extrazellulären Seite der Membran eine N-terminale und auf der cytoplasmatischen Seite eine C-terminale Proteindomäne. Einige Rezeptoren, wie die für EGF oder PDGF, bestehen aus einer einzigen Polypeptidkette, andere wie der Insulinrezeptor sind Dimere, die jeweils zu den Gruppe-I-Proteinen gehören und über Disulfidbrücken zusammengehalten werden.

Diese Rezeptoren wirken alle auf dieselbe Weise. Sie sind **Proteinkinasen**, die Phosphatgruppen auf Proteine übertragen. Es gibt zwei Gruppen von Kinasen, die über ihre Lokalisation definiert werden: Rezeptorproteinkinasen sitzen in der Membran, und cytosolische Proteinkinasen bewegen sich frei im Cytosol. Zu jeder Gruppe gehören zwei Haupttypen von Kinasen; sie werden danach eingeteilt, welche Aminosäuren sie im Zielprotein phosphorylieren:

- Bei den Rezeptoren mit Kinaseaktivität überwiegen die **Tyrosinkinasen**; es gibt aber auch viele cytosolische Tyrosinkinasen. Man kennt über 50 Rezeptortyrosinkinasen.
- Cytosolkinasen sind meist **Serin/Threoninkinasen**; diese sind für die überwiegende Anzahl der Phosphorylierungsreaktionen in der Zelle verantwortlich. Es gibt aber auch einige Rezeptorkinasen vom Ser/Thr-Typ.
- Unter den Enzymen aus dem Cytosol findet man noch eine dritte Art von Kinasen: **Kinasen mit doppelter Spezifität** können Proteine am Tyrosin oder am Serin/Threonin phosphorylieren.

Zu jeder Art von Kinase gibt es eine für die entsprechenden Aminosäuren spezifische Phosphatase. Die meisten Phosphatasen befinden sich im Cytosol, es gibt aber auch einige Rezeptorphosphatasen. Ein Aktivierungszustand kann z. B. so aufgehoben werden, daß eine (in der Regel cytosolische) Phosphatase die durch eine Rezeptorkinase eingeführte Phosphorylierung rückgängig macht.

Rezeptortyrosinkinasen aktivieren zwei Arten von Übertragungsreaktionen:

- *Aufgrund der Aktivierung einer Enzymaktivität wird ein kleines Molekül, ein second messenger, gebildet.* Dieser kann unmittelbar von einem Enzym gebildet werden, das direkt vom Rezeptor aktiviert wird; er kann aber auch erst im weiteren Verlauf der Übertragung entstehen. Bei der Signalübertragung sind Lipide die häufigsten *second messenger.* Zu den Enzymen gehören Phospholipasen, die Lipide von größeren Substraten abspalten, sowie Kinasen, die Lipide phosporylieren. Tabelle 35.4 gibt einen Überblick über einige der gängigen Übertragungswege. Die *second messenger*, die dabei jeweils freigesetzt werden, aktivieren oder inaktivieren in der üblichen Weise ihre Zielproteine.
- *Die Übertragung erfolgt über eine* ***Kaskade****, in der eine Reihe von Makromolekülen miteinander reagieren.* Die häufigsten Elemente solcher Signalketten sind Proteinkinasen. Dabei aktiviert jede Kinase die nächste Kinase, indem diese sie phosphoryliert; die letzte Kinase phosphoryliert dann in der Regel Proteine wie Transkriptionsfaktoren, die den Phänotyp der Zelle weitreichend verändern können.

Alle Arten von Übertragungsreaktionen funktionieren nach dem gleichen Grundprinzip: Sie verstärken das Signal beim Übergang von einem Element auf das nächste. Wirken einige Elemente auf mehrere Zielmoleküle, verzweigt sich der Übertragungsweg; dadurch erhöht sich die Vielfalt der Reaktionen auf den ursprünglichen Reiz hin.

Alle Rezeptortyrosinkinasen haben einige gemeinsame Eigenschaften: Ihre extrazelluläre Domäne besitzt häufig charakteristische repetitive Motive und eine Bindungsstelle für den Liganden. Die katalytische Domäne erstreckt sich über etwa 250 Aminosäuren und macht den Hauptteil des cytoplasmatischen Proteinanteils aus. Alle katalytischen Domänen von Kinasen stimmen in bestimmten Eigenschaften überein. Die katalytische Domäne kann gelegentlich durch eine zusätzliche Sequenz in zwei Teile zerfallen; diese Sequenz kann bei der Auswahl des Substrats eine wichtige Rolle spielen.

Bindet ein Ligand an die extrazelluläre Domäne eines Rezeptors für Wachstumsfaktoren, wird die katalytische

Tabelle 35.4: Zu den Effektoren für Rezeptortyrosinkinasen gehören Phospholipasen und Kinasen, die auf Lipide einwirken, um *second messenger* zu erzeugen

Effektor	Substrat		Produkte
PLC (Phospholipase C mit den 3 Familien PLCα, β und γ	PIP2 (Phosphatidylinositol-4,5-diphosphat)	⇛	DAG (Diacylglycerin) + IP3 (Inositol-1,4,5-triphosphat) DAG aktiviert Proteinkinase C IP3 mobilisiert Ca^{2+}
PLA2 (Phospholipase A2)	Phospholipide (Phosphatidylcholin, Phosphatidylethanolamin, Phosphatidylinositol)	⇛	Arachidonsäure wird in Prostaglandine und Leukotriene umgewandelt
PI3-Kinase (Phosphatidylinositol-3-kinase)	Phosphatidylinositol	⇛	PI3 (Phosphatidylinositol-3-phosphat)
PI-Kinase (Phosphatidylinositol-4-kinase)	Phosphatidylinositol	⇛	PI4 (Phosphatidylinositol-4-phosphat) wird in PIP2 (Phosphatidyldiphosphat) umgewandelt

Aktivität der cytoplasmatischen Domäne aktiviert. *Man fand heraus, daß die Phosphorylierung des Tyrosins das entscheidende Ereignis für die Funktion von Rezeptoren von Wachstumsfaktoren ist; denn Mutanten, bei denen die Domäne der Tyrosinkinase verändert ist, sind biologisch inaktiv, obwohl sie weiterhin Liganden binden können.*

Für die Frage, wie ein Signal über eine Membran hinweg übertragen wird, ist entscheidend, wie die katalytische Domäne im Cytoplasma durch die Bindung des Liganden an die extrazelluläre Domäne aktiviert wird. *Generell gilt, daß eine Konformationsänderung induziert wird, die sich auf die Gesamtorganisation des Rezeptors auswirkt.* Ein wichtiger Faktor dabei ist, daß Membranproteine nur in begrenztem Ausmaß seitlich diffundieren können – im Gegensatz zu Lipiden, die in der Doppelschicht dauernd in Bewegung sind. Das führt dazu, daß ihr Aggregationszustand von außen her kontrolliert werden kann.

Die seitliche Bewegung spielt bei der Informationsübertragung von einer Seite der Membran zur anderen eine entscheidende Rolle. Durch die Bindung eines Liganden werden die extrazellulären Domänen der Gruppe-I-Rezeptoren veranlaßt, Dimere zu bilden. Das führt dazu, daß die Transmembrandomänen seitlich diffundieren und die cytoplasmatischen Domänen zusammengebracht werden. Diese interagieren dann miteinander, ändern dabei ihre Konformation und aktivieren so die Kinaseaktivität. In einigen Fällen führt die Phosphorylierung dazu, daß der Rezeptor mit Proteinen auf der cytoplasmatischen Oberfläche eines *coated pit* interagiert und via Endocytose in die Zelle aufgenommen wird. Ein extremes Beispiel einer Lateraldiffusion sind bestimmte Fälle von Rezeptorinternalisierung, bei denen Rezeptoren eines bestimmten Typs auf ein extrazelluläres Signal hin zu einer „Kappe" (*cap*) aggregieren.

Abbildung 35.9 zeigt, wie die durch die Liganden induzierten Dimere im allgemeinen gebildet werden, und welche Konsequenzen das hat. Die Domäne für die Bindung des Liganden im extrazellulären N-terminalen Bereich des Proteins übernimmt dabei eine regulatorische Funktion. Das konnte am besten für den EGF-Rezeptor gezeigt werden. Wenn der Ligand bindet, ändert sich die Struktur in diesem Bereich so, daß sich das einzelne Monomer mit einem anderen Monomer zu einem Dimer zusammenschließt. Durch die Dimerbildung der extrazellulären Domänen kommen auch die Cytosoldomänen zusammen.

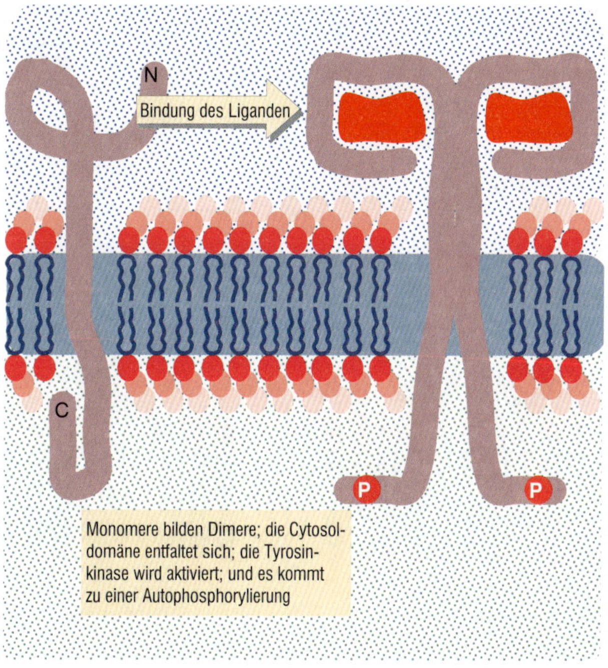

35.9 Das Prinzip der Signaltransduktion durch einen Tyrosinkinaserezeptor besteht darin, daß aufgrund der Bindung eines Liganden an die extrazelluläre Domäne Dimere gebildet werden. Dadurch ändert die cytoplasmatische Domäne ihre Konformation, was wiederum die katalytische Aktivität der Tyrosinkinase aktiviert.

Die Stabilisierung der Kontakte zwischen den C-terminalen Cytosoldomänen führt zu einer Konformationsänderung, durch welche die Kinaseaktivität ausgelöst wird.

Die Dimere können auf drei Arten gebildet werden (Abbildung 35.10): Ein Ligand bindet an eines oder beide Monomere und veranlaßt es so zur Dimerbidung; ein dimerer Ligand bindet an zwei Monomere und bringt sie so zusammen; oder ein Ligand bindet an einen dimeren Rezeptor (einen, der von extrazellulären Disulfidbrücken stabilisiert wird), um die Konformation intramolekular zu ändern. Vor allem auf diese Weise kann eine Konformationsänderung von der extrazellulären auf die cytoplasmatische Domäne übertragen werden, ohne daß sich die Struktur der Transmembranregion ändern muß.

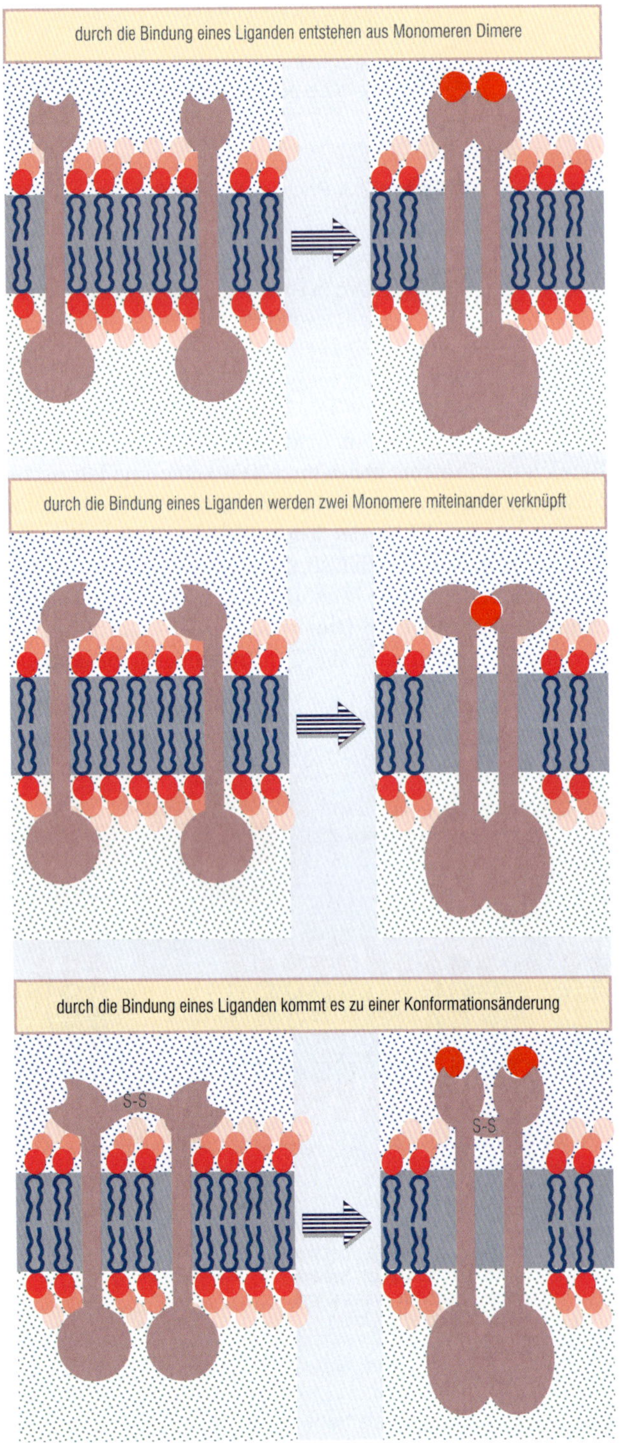

35.10 Die Bindung eines Liganden an die extrazelluläre Domäne kann auf verschiedenen Wegen zu einer Aggregation führen. Doch bilden sich dabei stets neue Kontakte zwischen den cytoplasmatischen Domänen aus.

Das entscheidende Ereignis, das die Signalübertragung im Cytoplasma auslöst, ist die Aktivierung der Kinase. Die Dimerbildung führt dazu, daß eine „Aktivierungsschleife" eine starre Konformation annimmt. Durch diesen Übergang kommt es zu einer **Autophosphorylierung**, bei der die eine Untereinheit des Dimers durch die Kinase der anderen phosphoryliert wird. Tatsächlich müssen beide Untereinheiten Kinaseaktivitäten besitzen, damit der Rezeptor aktiviert wird. Ist die Kinaseaktivität einer Untereinheit defekt, kann das Dimer nicht aktiviert werden.

Die Autophosphorylierung hat zwei Konsequenzen. Zum einen erhöht eine Phosphorylierung in der Kinaseregion die katalytische Aktivität und führt daher zu einer positiven Rückkoppelung. Zum anderen kann das Signal durch die Phosphorylierung von Tyrosinresten an einer anderen Stelle in der cytoplasmatischen Domäne auf das nächste Element der Signalkette übertragen werden; denn die phosphorylierten Tyrosinreste sorgen dafür, daß sich die cytoplasmatische Domäne mit ihren Zielproteinen verbindet.

Wir unterscheiden drei Arten von Proteinen, mit denen der aktivierte Rezeptor reagieren kann:

- Ein Protein kann ein Zielmolekül sein, das zwar durch seine Assoziation mit dem Rezeptor aktiviert, selber aber nicht phosphoryliert wird. Aktiviert das Zielmolekül, was die Regel ist, selbst wieder ein Enzym, so wird das Signal an dieser Stelle verstärkt. Als Zielmoleküle kommen Adaptoren in Frage, die selber keine katalytische Aktivität besitzen (Beispiel Grb2; siehe unten) oder auch Enzyme, die durch die Bindung des Rezeptors aktiviert wurden (Beispiel PI3-Kinase; Tabelle 35.4).
- Ist das Protein ein *Substrat* eines Enzyms, wird es phosphoryliert. Ist das Substrat selbst ein Enzym, kann es durch diese Phosphorylierung aktiviert werden (beispielsweise c-Src oder PLCγ; Tabelle 35.4). Manchmal ist das Substrat eine Kinase; dann wird die Signalübertragung in Form einer Kaskade von Kinasen fortgesetzt, die sich nacheinander gegenseitig aktivieren.
- Einige Substrate können Endziele sein – etwa Proteine des Cytoskeletts, deren Eigenschaften durch eine Phosphorylierung verändert werden, und die dafür sorgen, daß eine neue Struktur entsteht.

Um Proteine mit den Komponenten vor und hinter ihnen in der Signalkette zu verbinden, werden zwei Motive benutzt, die in vielen, an der Signalübertragung beteiligten cytoplasmatischen Proteinen anzutreffen sind. Diese Domänen werden als **SH2** und **SH3** bezeichnet; SH steht für Src-

Homologie, da diese Domänen ursprünglich in der c-Src-Tyrosinkinase des Cytosols gefunden wurden, wie in Kapitel 37 besprochen wird.

In Abbildung 35.11 sind verschiedene Proteine angeführt, in denen diese Domänen vorhanden sind. Die cytoplasmatischen Tyrosinkinasen sind eine der Proteingruppen, die diese Domänen besitzen; andere wichtige Proteine sind die Phospholipase Cγ und die regulatorische Untereinheit p85 der PI3-Kinase (beide werden von Rezeptortyrosinkinasen aktiviert; Tabelle 35.4). Ein außergewöhnliches Beispiel eines solchen Proteins ist Grb2/sem5; es besteht aus *nichts anderem* als einer SH2-Domäne, die von zwei SH3-Domänen umgeben ist (siehe unten).

Die SH2-Domäne umfaßt etwa 100 Aminosäuren, die mit der sogenannten **SH2-Bindungsstelle** in anderen Proteinen reagieren. Abbildung 35.12 zeigt eine solche Reaktion. Durch die Aktivierung eines Tyrosinkinaserezeptors wird eine Stelle im cytosolischen Schwanz autophosphoryliert. Die nichtphosphorylierte Sequenz ist inaktiv. Erst die Phosphorylierung verwandelt sie in eine SH2-Bindungsstelle. Ein Protein mit einer korrespondierenden SH2-Domäne bindet daher nur dann an den Rezeptor, wenn dieser phosphoryliert ist.

Eine SH2-Domäne bindet spezifisch an eine bestimmte SH2-Bindungsstelle. Jede SH2-Domäne hat eine andere Spezifität; eine Ausnahme bildet lediglich eine Gruppe von Src-verwandten Kinasen, die dieselbe Spezifität zu haben scheinen. Eine typische SH2-Bindungsstelle besteht nur aus drei bis fünf Aminosäuren: einem Phosphotyrosin und den c-terminalen Aminosäuren. Eine SH2-Bindung ist hochaffin und im Vergleich mit der üblichen Kinase-Substrat-Bindung um den Faktor 10^3 fester.

Einige Proteine enthalten mehrere SH2-Domänen; das verleiht ihnen bei der Bindung von Phosphoproteinen eine noch größere Affinität beziehungsweise die Fähigkeit,

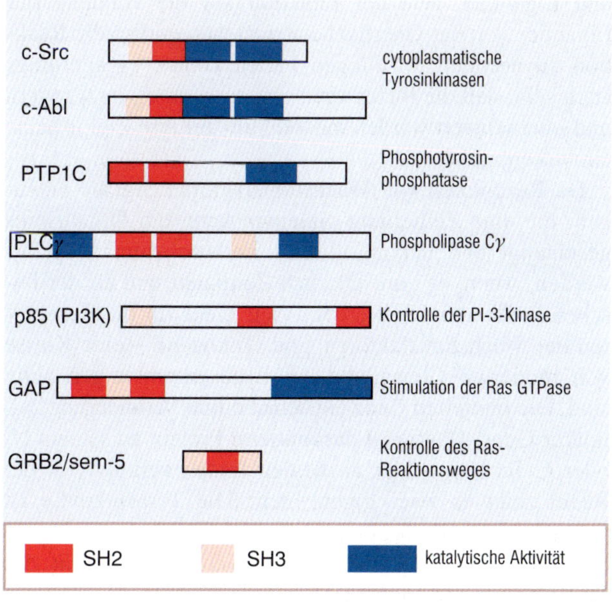

35.11 Verschiedene Arten von Signalproteinen mit SH2- und SH3-Domänen.

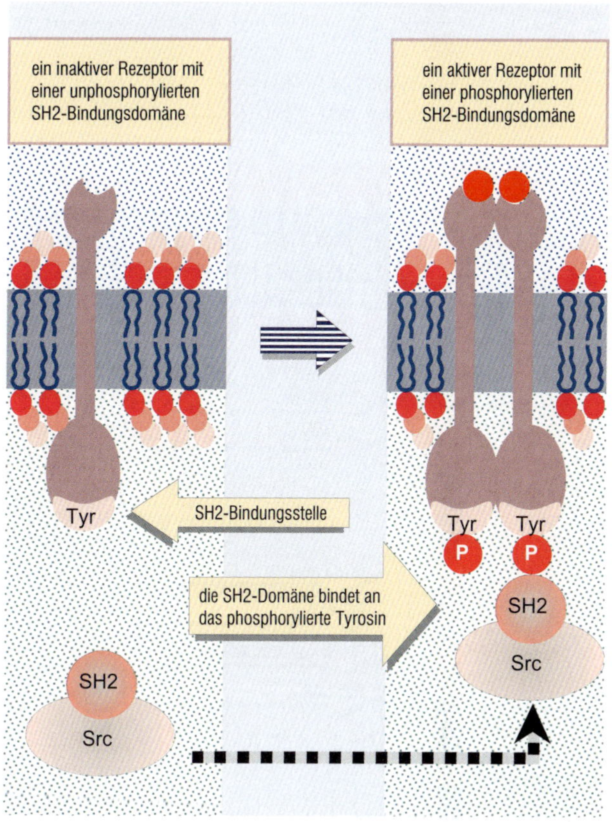

35.12 Durch Phosphorylierung eines Tyrosins, das sich in einer SH2-Bindungsdomäne befindet, entsteht eine Bindungsstelle für ein Protein mit einer SH2-Domäne.

verschiedene Phosphoproteine zu binden. Ein Rezeptor mit verschiedenen SH2-Bindungsstellen kann viele verschiedene Proteine aktivieren. Die Abbildung 35.13 zeigt, wie die cytoplasmatische Domäne des PDGF-Rezeptors aufgebaut ist; sie besitzt etwa 10 verschiedene SH2-Bindungsstellen, von denen jede durch eine spezielle Phosphorylierung entstanden ist.

Die SH2-Domäne hat eine globuläre Struktur, in der N- und C-Terminus nah beieinander liegen; ihre Form ist daher vom restlichen Protein relativ unbeeinflußt. Phosphotyrosin bindet, wie man aus Abbildung 35.14 ersehen kann, in einer von der SH2-Domäne gebildeten Tasche.

Durch Bindung an eine SH2-Bindungsstelle wird ein Protein, das eine SH2-Domäne enthält, aktiv. Über diese Reaktion können z. B. Enzyme – in der Regel Kinasen, Phosphatasen und Phospholipasen – aktiviert werden. Besitzt das SH2-Protein selbst eine Enzymwirkung, ist es vielleicht direkt an der Aktivierung beteiligt, ansonsten kann es indirekt mitwirken. Ein Beispiel für ein Protein mit SH2-Domäne, aber ohne katalytische Aktivität ist p85, die regulatorische Untereinheit der PI3-Kinase; wenn p85 an einen Rezeptor bindet, wird die assoziierte katalytische Untereinheit PI3K aktiviert.

Die SH3-Domäne liefert die Effektorfunktion, mit deren Hilfe einige SH2-Proteine an ein Element binden, das sich in der Signalkette weiter hinten befindet. Der nur aus SH2-

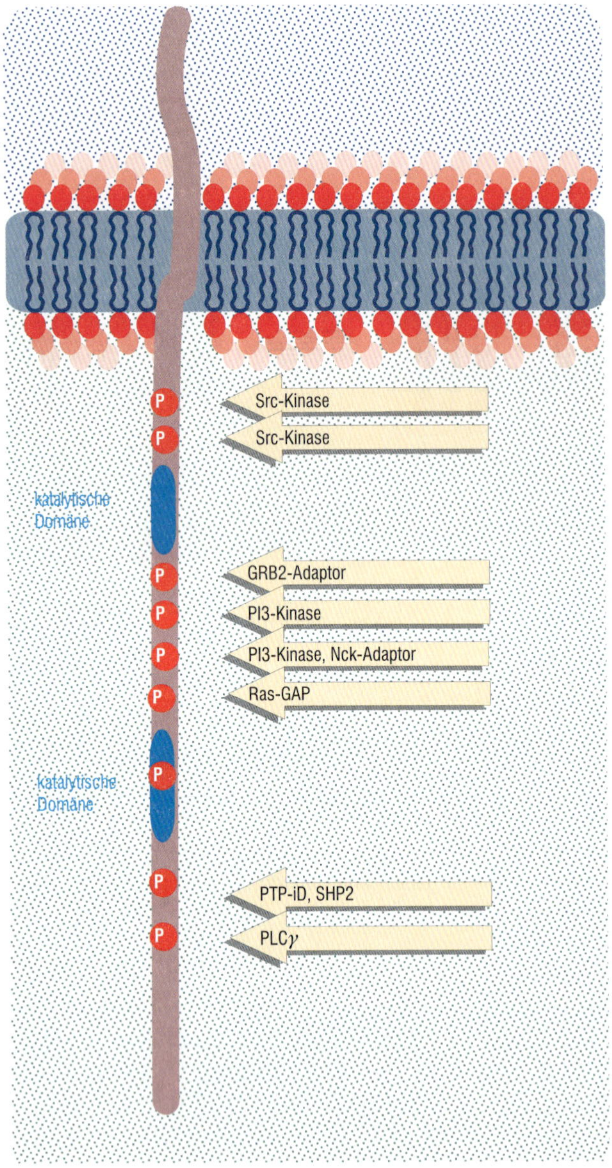

35.13 Durch Autophosphorylierung der Cytosoldomäne des PDGF-Rezeptors entstehen an mehreren Proteinen SH2-Bindungsstellen. Einige Stellen können mehr als nur eine Art von SH2-Domänen binden, und ein paar SH2-haltige Proteine können mit mehr als einer Bindungsstelle reagieren. Die Kinasedomäne besteht aus zwei getrennten Bereichen (blau) und wird über ihre Phosporylierungsstelle aktiviert.

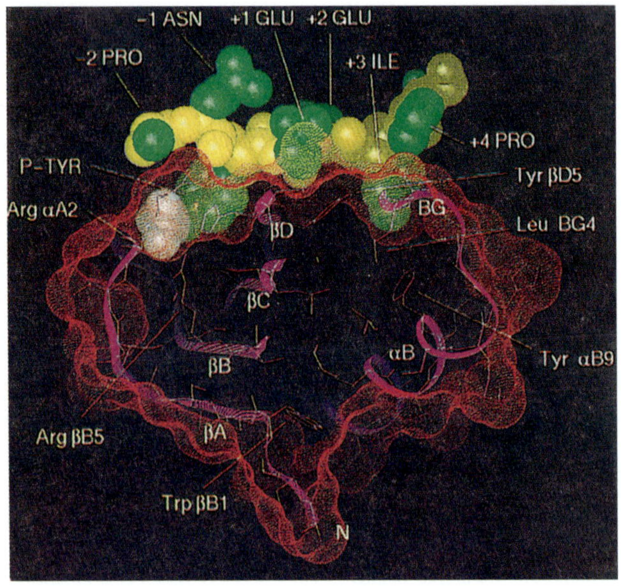

35.14 Die Kristallstruktur einer SH2-Domäne (violette/lila Stränge) – hier an ein Peptid mit einem Phosphotyrosin gekoppelt – zeigt, daß das P-Tyr (weiß) genau in die SH2-Domäne paßt; die vier C-terminalen Aminosäuren im Peptid (Rückgrat gelb, Seitenketten grün) stehen ebenfalls miteinander in Kontakt. (Aufnahme mit freundlicher Genehmigung von John Kuriyan.)

und SH3-Domänen bestehende Grb2-“Adaptor“ untermauert diese Vorstellung. Er benutzt die SH2-Domäne, um die davorliegende Komponente, und die SH3-Domäne, um die dahinterliegende Komponente der Signalkette zu binden. SH3 lagert sich sequenzspezifisch an das PXXP-Motiv an. Grb2 aktiviert, wenn es an den aktivierten Rezeptor bindet, genau das Element, das PXXP enthält.

Eine Rezeptortyrosinkinase kann an der Membran eine Signalkaskade auslösen. In vielen Fällen wird die Kinase allerdings nach ihrer Aktivierung internalisiert; das heißt, sie wird von der Membran entfernt und durch Endocytose eines Vesikels mit einem Stückchen Plasmamembran ins Zellinnere geschleust. Welche Beziehung zwischen Kinaseaktivität und Endocytose besteht, ist unklar. Möglicherweise müssen bestimmte Reste phosphoryliert sein, damit es zu einer Endocytose kommt. Ob dafür die Kinaseaktivität als solches erforderlich ist, ist wohl von Rezeptor zu Rezeptor verschieden. Möglicherweise dient die Endocytose von Rezeptorkinasen grundsätzlich dazu, Rezeptoren und Liganden nach der Reaktion auf die Bindung des Liganden von der Oberfläche abzuziehen und so die Reaktion zu beenden. In einigen Fällen könnte es allerdings auch sein, daß die Rezeptoren erst zu *coated pits* wandern und internalisiert werden müssen, um auf ihre Zielproteine einwirken zu können.

Da Rezeptoren von Wachstumsfaktoren Signale erzeugen, die eine Zellteilung einleiten, kann ein Organismus geschädigt und unkontrolliertes Zellwachstum ausgelöst werden, wenn sie zum falschen Zeitpunkt und an der falschen Stelle aktiviert werden. Viele Gene für die Rezeptoren der Wachstumsfaktoren sind **Onkogene** – eine Klasse von mutierten Genen, die bei Krebserkrankungen aktiv sind. Die mutierten Gene entstehen durch Veränderung zellulärer Gene. Häufig ist das mutierte Protein an seinem N- oder C-Terminus oder an beiden Enden verkürzt; in der Regel zeigt es zwei Eigenheiten: Die Tyrosinkinase ist aktiviert, reagiert aber nicht mehr auf den normalen Liganden. So kommt es, daß die Tyrosinkinaseaktivität des Rezeptors erhöht oder auf neue Ziele ausrichtet ist. Welche Veränderungen eine Zelle zur Tumorzelle werden lassen, wird in Kapitel 37 beschrieben.

35.4 Der Ras-Reaktionsweg

Der Reaktionsweg, der bisher am besten charakterisiert wurde, wird von Rezeptortyrosinkinasen ausgelöst und aktiviert Kinasen im Cytosol. Das Prinzip dieser Signalkette ist in Abbildung 35.15 skizziert. Die Aktivierung des Rezeptors führt direkt oder indirekt zur Aktivierung einer Cytosolkinase, in der Regel einer Serin/Threonin-Kinase. Anschließend können mehrere aufeinanderfol-

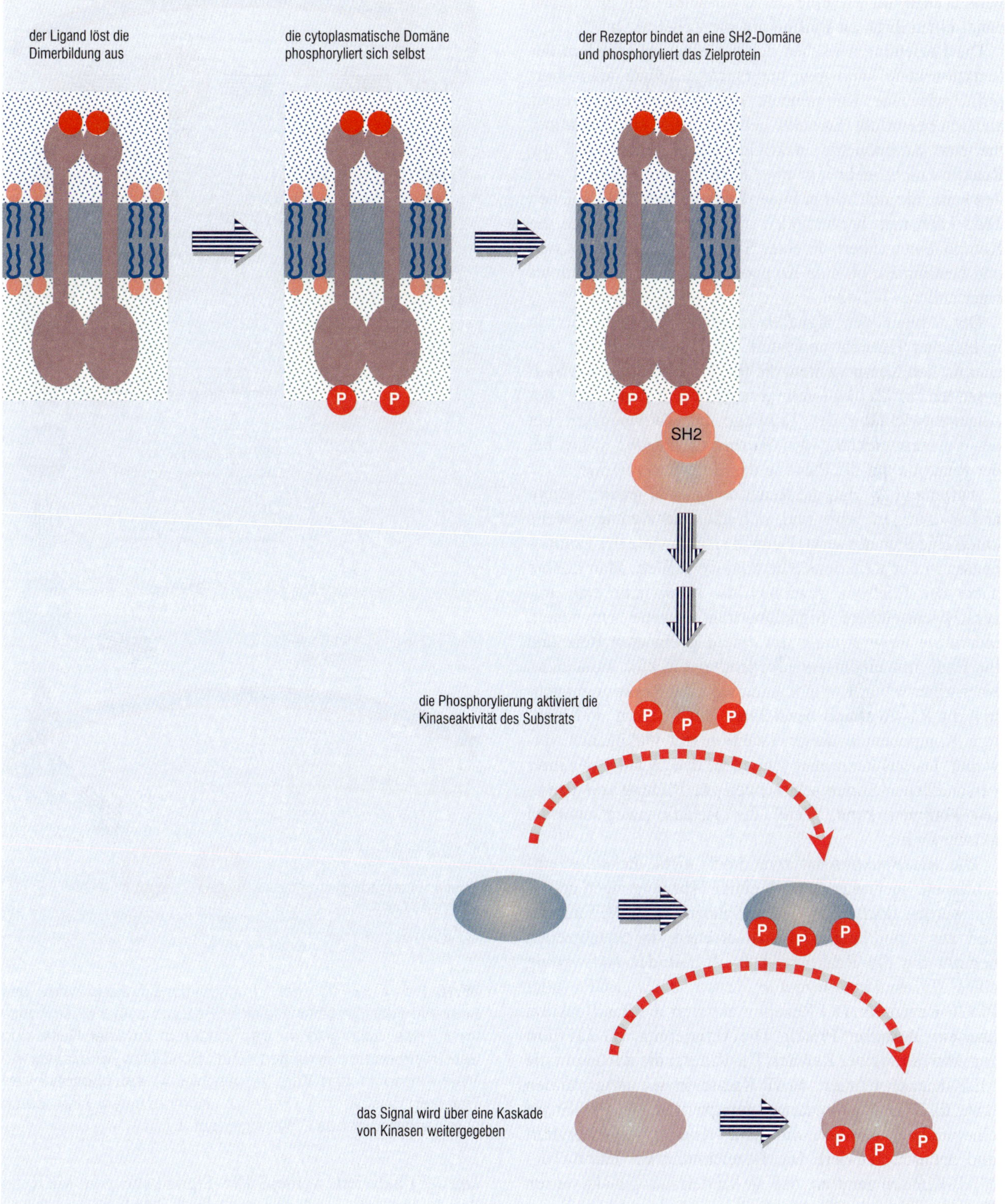

35.15 Die Kinaseaktivität der cytolasmatischen Domäne eines Rezeptors wird durch Autophosporylierung aktiviert. Das Zielprotein kann anhand einer SH2-Domäne erkannt und das Signal dann anschließend über eine Kaskade von Kinasen weitergeleitet werden.

gende Kinasen ihrerseits weitere Kinasen phosphorylieren, so daß es zu einer Folge von Phosphorylierungen kommt, die letztendlich zur Phosphorylierung von Transkriptionsfaktoren führen; diese lösen dann Veränderungen des Zellphänotyps aus, wobei die Palette vom Zelltyp abhängt und vom Wachstum bis zur Differenzierung reicht. Die Kinasen wirken auch auf Proteine des Cytoskeletts ein und haben daher einen direkten Einfluß auf die Zellstruktur.

Die Beziehung zwischen den einzelnen Mitgliedern der Reaktionskette kann man untersuchen, indem man überprüft, wie eine Komponente die Wirkungsweise einer anderen beeinflußt. So sollte beispielsweise eine Mutation, die eine Komponente inaktiviert, dazu führen, daß die Reaktion nicht mehr von einer Komponente aktiviert werden kann, die sich vorher in der Kette befindet. Mit solchen Tests kann man herausfinden in welcher Reihenfolge die Komponenten innerhalb einer Signalkette angeordnet sind und bestimmen, ob eine Komponente sich vor oder hinter einer anderen befindet.

Der Ablauf der Signalübertragung wurde bereits in mehrfacher Hinsicht analysiert: im Hinblick auf die biochemischen Komponenten, die für das Wachstum von Säugerzellen in Zellkulturen verantwortlich sind, bei der Augenentwicklung der Taufliege *D. melanogaster*, bei der Vulvaentwicklung des Wurms *C. elegans* sowie bei der Reaktion auf die Paarung der Hefe *S. cerevisiae*.

Auffallend ist, daß die Reaktionskette in jedem System anders aktiviert wird und sich die Aktivierung jeweils unterschiedlich auswirkt. Denoch spielen viele der Komponenten in der Reaktionskette analoge Rollen. Man könnte daher den Eindruck gewinnen, die Natur hätte eine universell einsetzbare Signalübertragungskette entwickelt, indem sie ihren Anfang mit einem geeigneten Reiz und ihr Ende mit einem entsprechenden Effektor ausstattete. Nach einer seiner Komponenten wird die Reaktion manchmal als Ras-Reaktion bezeichnet. Bei Säugern sind mehrere Komponenten dieser Reaktion mit Onkogenen verwandt. Daraus kann man schließen, daß es auf jeder ihrer verschiedenen Stufen sehr schnell zur Bildung von Tumoren kommen kann, wenn der Reaktionsweg anormal aktiviert wird.

Die Ras-Reaktion ist zwar noch nicht lückenlos entschlüsselt, auch müssen noch einige Abzweigungen gefunden werden, doch im großen und ganzen ist ihr Verlauf klar und aus Abbildung 35.16 zu ersehen. In Säugerzellen beginnt die die Reaktionskette oft mit der Aktivierung eines Tyrosinkinaserezeptors, etwa eines EGF- oder PDGF-Rezeptors. Der Rezeptor aktiviert die Ras-Reaktion über ein „Adaptor"-Protein. Die Aktivierung von Ras führt zur Aktivierung der Raf-Ser/Thr-Kinase, die wiederum die MEK-Kinase (früher: MAP-Kinasekinase) tätig werden läßt. Ihr Name geht darauf zurück, daß sie als Kinase eine andere, nämlich die MAP-Kinase, phosphoryliert und dadurch aktiviert. Die Bezeichnung der Familie der MAP-Kinasen zeigt an, daß sie zu den mitogenaktivierten Kinasen gehören. Die Mitglieder einer der MAPK-Familien wurden auch ERKs genannt, weil sie über eine „extrazelluläre Signalkontrolle" (*extracellular signal-regulated*

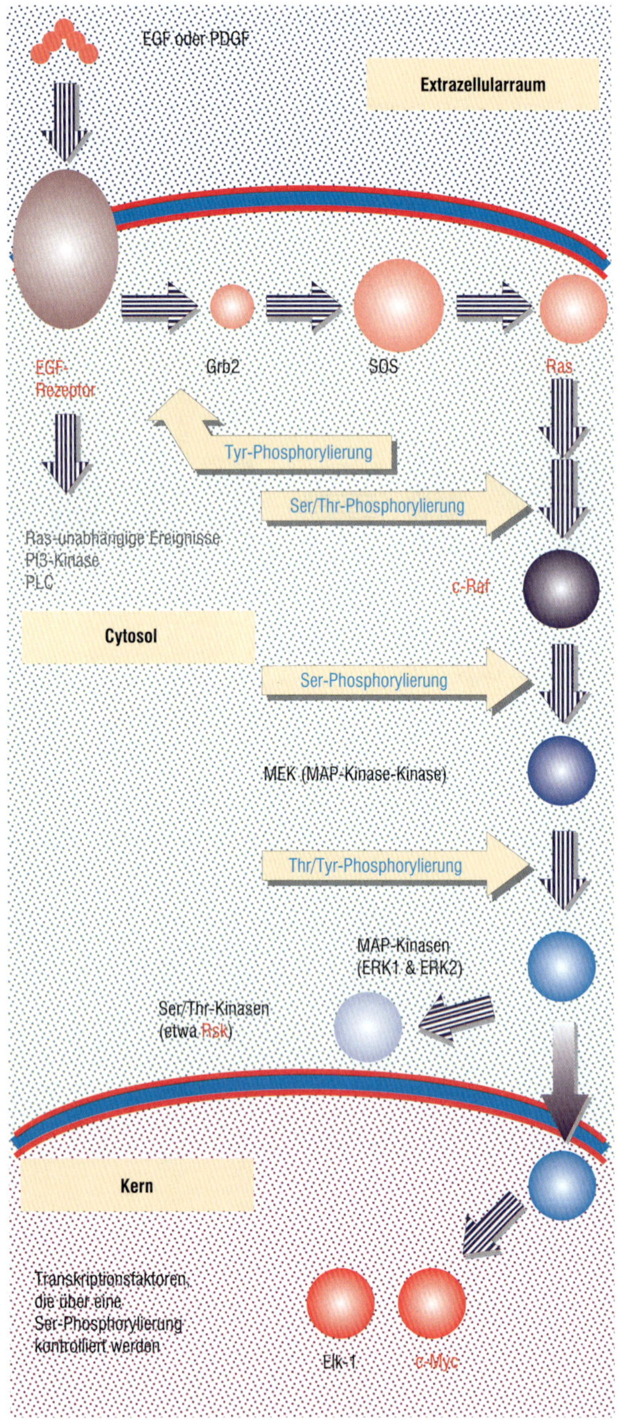

35.16 Bei einer üblichen Transduktionskaskade wird das Signal von der Tyrosinkinase eines Rezeptors über einen Adaptor zu Ras weitergeleitet, das wiederum zu einer Reihe von Ser/Thr-Phosphorylierungen führt. Schließlich wird aktivierte MAP-Kinase in den Kern eingeschleust und phosphoryliert Transkriptionsfaktoren. Fehlende Komponenten sind durch aufeinander folgende Pfeile angedeutet.

kinases) aktiviert werden. Die Signalkette von MEK zu den Endprodukten wird manchmal als MAP-Kinase-Reaktionsweg bezeichnet. Jede Kinase in diesem Abschnitt der Signalkette phosphoryliert eine andere, bestimmte Kinase, und diese Phosphorylierung regt wiederum die Kinaseaktivität des Zielenzyms an.

Die Signalkette beginnt an der Plasmamembran (Abbildung 35.17). Die aktivierte Rezeptortyrosinkinase lagert sich an das Adaptorprotein Grb2 an, das zwar an den Rezeptor bindet, aber nicht phosphoryliert wird. Grb2 bindet an das Protein SOS und aktiviert es durch seine eigene Aktivierung; SOS aktiviert dann wiederum Ras (siehe unten). Mit der Bindung an SOS scheint Grb2 seine Aufgabe bei der Aktivierung von SOS erfüllt zu haben. Aufgrund der Bindung gelangt SOS an die Membran und damit in die Nähe von Ras; das genügt, um Ras zu aktivieren. (Grb2 ist nicht der einzige Adaptor, der Ras aktivieren kann; das kann auch der Adaptor SHC. Welcher Adaptor benutzt wird, hängt vom Zelltyp ab.)

Grb2 benutzt seine SH3-Domäne, um mit SOS in Kontakt zu kommen; das stimmt mit der generellen Vorstellung überein, daß SH3-Domänen eine Verbindung mit kleinen GTP-bindenden Proteinen herstellen können, für die Ras ein typisches Beispiel ist. Ein anderer Vorschlag geht dahin, daß SH3-Domänen und besonders die SH3-Domäne von c-Src, die Fähigkeit besitzen, mit Proteinen des Cytoskeletts in Wechselwirkung zu treten und dadurch die Zellstruktur zu verändern. Wir wenden uns nun zunächst den Vorgängen zu, die an der Ras-Aktivierung beteiligt sind, und kehren später zur Interaktion zwischen Ras und seinem Effektor Raf zurück; diese findet, wie man in der Abbildung sehen kann, ebenfalls an der Membran statt.

Ras gehört zu den monomeren guaninnucleotidbindenden Proteinen. Andere Proteine dieser Art wie die Rabs sind am Proteinverkehr oder der Proteinsynthese (EF-Tu) beteiligt. Die generellen Prinzipien, nach denen solche Proteine reguliert werden, sind in Abbildung 35.18 skizziert. Die Aktivität des G-Proteins hängt davon ab, ob es an GTP (aktiver Zustand) oder GDP (inaktiver Zustand)

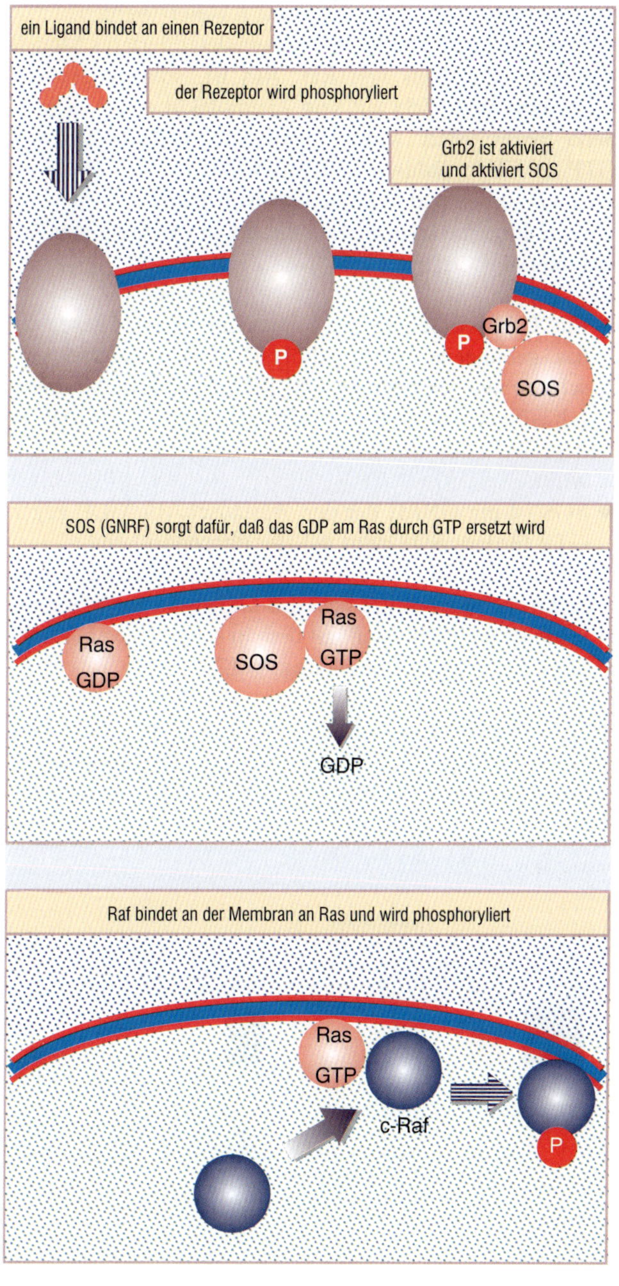

35.17 Die Ras-Kaskade beginnt mit einer Reihe von Aktivierungsprozessen auf der cytoplasmatischen Seite der Plasmamembran.

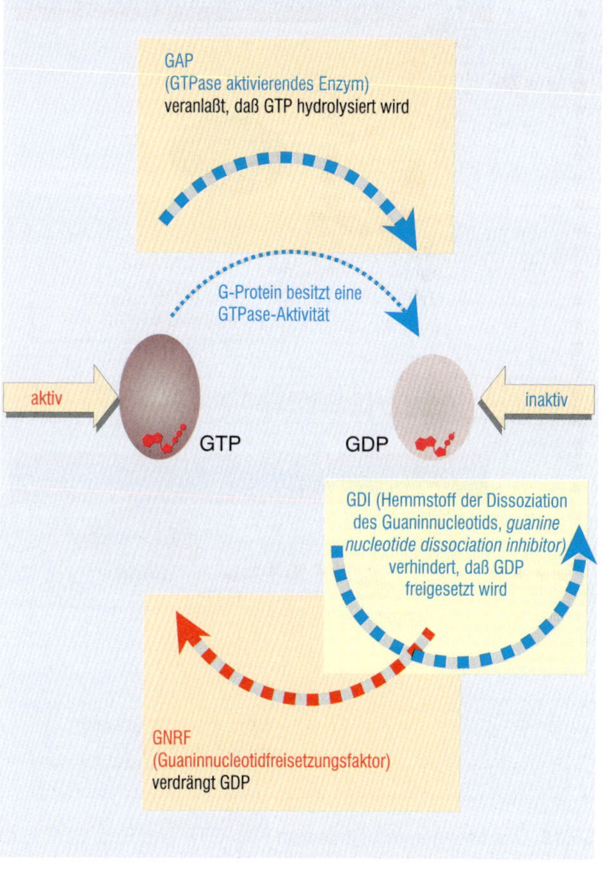

35.18 Monomere G-Proteine sind aktiv, wenn sie an GTP gebunden sind, und inaktiv, wenn sie an GDP gebunden vorliegen. Ihre Aktivität wird durch andere Proteine kontrolliert; inaktivierende Funktionen sind blau, aktivierende rot dargestellt.

gekoppelt ist. Wie trimere G-Proteine besitzt ein monomeres G-Protein eine GTPase-Aktivität, durch die es inaktiviert wird. Drei Arten von Proteinen fördern diese Reaktion oder machen sie rückgängig:

- Die GTPase-Aktivität kann durch GAP (GTPase-aktivierendes Protein) stimuliert werden; *GAP-Aktivität inaktiviert daher das G-Protein.*

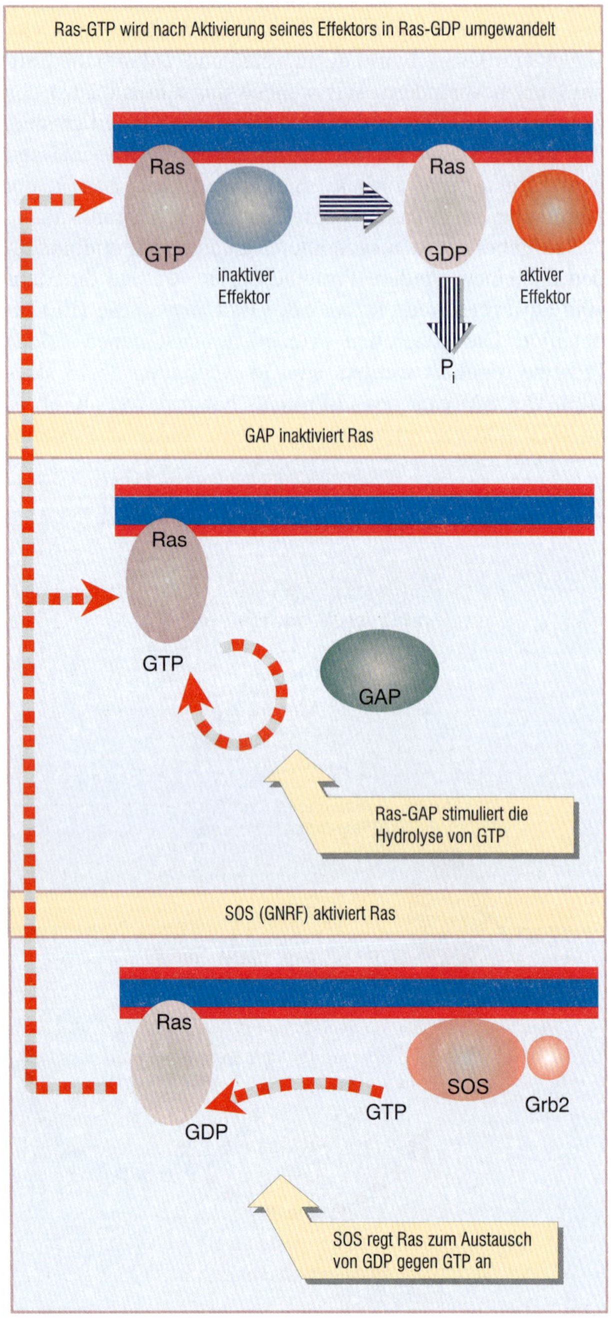

35.19 Das Mengenverhältnis von Ras-GTP und Ras-GDP wird von zwei Proteinen kontrolliert. Ras-GAP inaktiviert Ras, indem es die Hydrolyse von GTP stimuliert. SOS (GNRF) aktiviert Ras, indem es den Austausch von GDP gegen GTP veranlaßt; es ist außerdem für das Recycling des inaktivierten Ras verantwortlich.

- Das an das inaktive G-Protein gebundene GDP kann durch Reaktion mit einem Faktor, der des Guaninnucleotid freisetzt (GNRF, *guanine nucleotide release factor*), verdrängt werden; da im Cytosol die GTP-Konzentration höher ist als die GDP-Konzentration, *führt das dazu, daß GDP durch GTP ersetzt und das Protein aktiviert wird.*
- Dieser Austausch kann durch einen Stoff, der die Dissoziation des Guaninnucleotids hemmt (GDI, *guanine nucleotide dissociation inhibitor*), blockiert werden, *so daß das G-Protein inaktiv bleibt.*

Jedes monomere G-Protein kann durch einen dieser Mechanismen oder alle zusammen reguliert werden.

In Abbildung 35.19 findet man ein detaillierteres Modell des Aktivitätszyklus von Ras. Ras ist, solange es GTP trägt, aktiv und wirkt auf sein Zielmolekül ein. Anschließend hydrolysiert seine immanente GTPase-Aktivität GTP zu GDP; dadurch fällt Ras wieder in den inaktiven Zustand zurück und die Reaktion ist beendet.

Zwei Proteine kontrollieren diese Umwandlung von Ras aus dem aktiven in den inaktiven Zustand:

- Ein GAP stimuliert die immanente Ras-GTPase, die das gebundene GTP hydrolysiert. Man hat bei verschiedenen GTP-bindenden Proteinen jeweils unterschiedliche spezifische GAPs gefunden: Ras-GAP ist das GAP, das in Kulturen von Säugerzellen auf Ras wirkt.
- SOS ist ein GNRF, der den Austausch von GDP gegen GTP fördert. SOS wird auf die Phosphorylierung einer Rezeptortyrosinkinase hin von Grb2 aktiviert. Das geht wahrscheinlich so vor sich, daß Grb2 SOS zur Membran schleust und SOS dann mit dem in seiner Nähe befindlichen Ras reagiert (Abbildung 35.17).

Wie die Ras-Proteine bei Säugern generell aufgebaut sind, ist in Abbildung 35.20 dargestellt. Für die charakteristischen Aktivitäten von Ras sind drei Bereiche verantwortlich:

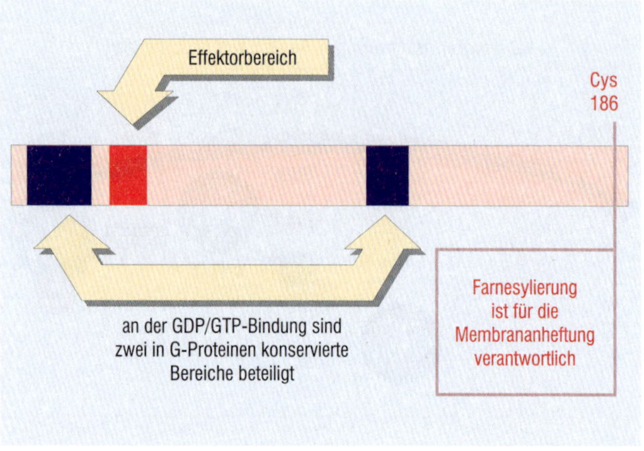

35.20 Für die Bindung des Guaninnucleotids, die Effektorfunktion und die Anheftung an die Membran sind beim Ras-Protein jeweils separate Domänen zuständig.

- ◆ Die Abschnitte zwischen den Resten 5 und 22 sowie zwischen 109 und 120 sind aufgrund ihrer Homologie mit anderen G-Bindungsproteinen an der Guaninnucleotidbindung beteiligt.
- ◆ Ras ist über eine Farnesylgruppe nahe am C-Terminus an die cytoplasmatische Seite der Membran gekoppelt. Mit Mutationen, die diese Modifikation verhindern, hebt man auch seine potentielle onkogene Wirkung auf; das zeigt, daß für die Funktion von Ras seine Lokalisation an der Membran entscheidend ist. Nach der Farnesylierung werden die drei C-terminalen Aminosäuren vom Protein abgespalten und die Carboxylgruppe des jetzt C-terminalen Cys^{186} methyliert. Darüberhinaus sind weitere Cys-Reste in der Nachbarschaft reversibel palmityliert. Diese Veränderungen steigern noch die Affinität für die Membran.
- ◆ Die Effektordomäne (Reste 30 bis 40) ist die Region, die mit dem Zielmolekül reagiert, wenn Ras aktiviert ist. Dieser Bereich ist für die onkogene Aktivität von Ras-Proteinen erforderlich, die durch Mutation an Position 12 aktiviert wurden. Dieselbe Region wird auch für die Interaktion mit Ras-GAP benötigt.

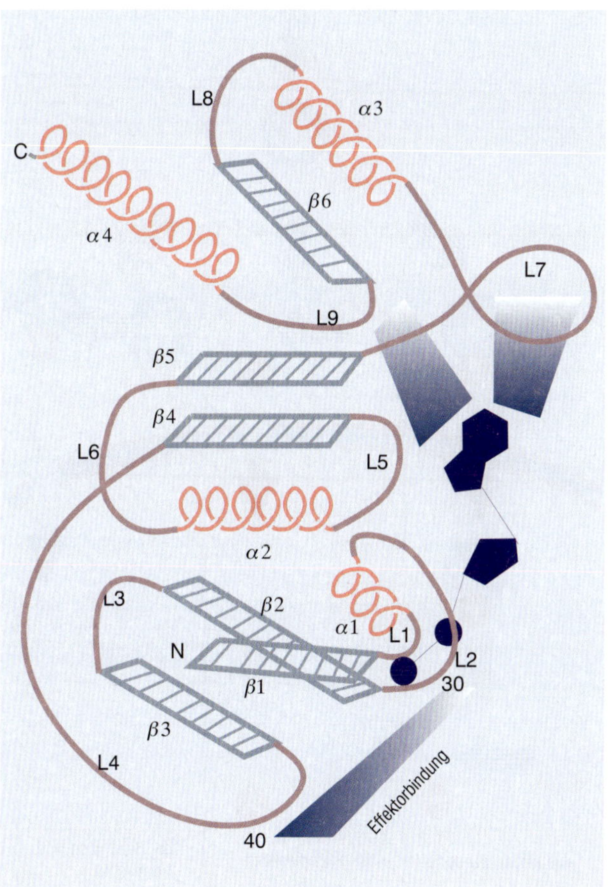

35.21 In der Kristallstruktur des Ras-Proteins offenbaren sich sechs β-Stränge, vier α-Helices und neun Verbindungsschleifen. GTP wird in einer von den Schleifen L9, L7, L2 und L1 gebildeten Tasche gebunden. Der Effektorbereich von 30 bis 40 liegt relativ exponiert, dies gilt jedoch auch für andere Bereiche.

Die Kristallstruktur des Ras-Proteins ist in Abbildung 35.21 schematisch wiedergegeben. Die Bereiche in der Nähe des Guaninnucleotids enthalten die Domänen, die in anderen GTP-Bindungsproteinen konserviert sind. Die potentielle Effektorschleife befindet sich neben den Phosphaten; sie besteht aus hydrophilen Resten und ragt möglicherweise ins Cytoplasma hinein.

Mit der Hydrolyse von GTP ändert das Ras-Protein seine Konformation. Davon ist auch die Schleife L4 betroffen; in ihr liegt Position 61, an der mehrere onkogene Mutationen möglich sind. Mutationen, die Ras konstitutiv aktivieren und daher, wie in Kapitel 37 noch beschrieben wird, Krebs auslösen, befinden sich in Position 12 von Schleife 1; sie beeinträchtigen direkt die GTP-Bindung. Die Unterschiede zwischen dem Wildtyp und den onkogenen Formen sind auf diese Bereiche beschränkt; sie behindern die Fähigkeit des mutierten Ras, nach der GTP-Hydrolyse seine Konformation zu ändern. Die onkogene Wirkung von Ras basiert daher primär darauf, daß es nicht mehr in vollem Umfang sein GTP hydrolysieren kann.

35.5 Die Aktivierung von MAP-Kinasereaktionen

Bei der Signalübertragung reagieren die Zellen unterschiedlich auf einen Reiz: Qualitative Unterschiede lösen jeweils unterschiedliche Reaktionen aus; unterscheiden sich die Stimuli quantitativ, variieren Intensität und Dauer des aktivierten Übertragungsweges. Ein einzelner Reiz kann einen oder mehrere Übertragungswege aktivieren. Bei bestimmten Reaktionsabläufen kann die Aktivierungsintensität das Endergebnis beeinflussen: In einigen Fällen ruft ein intensiverer und länger andauernder Reiz eine andere Reaktion hervor als ein schwächerer und kürzerer Stimulus. Es ist eines unserer Hauptanliegen zu entschlüsseln, wie solche Reizunterschiede in typische Zellantworten übersetzt werden.

Es gehört zu den wichtigen Charakteristika der Signalketten, daß ihre Übertragungsreaktionen sowohl auseinanderstreben als auch zusammenlaufen; unter Umständen kann es so zu unterschiedlichen, aber überlappenden Reaktionen kommen. Die Divergenz setzt möglicherweise schon gleich zu Beginn beim auslösenden Ereignis ein. Die Aktivierung einer Rezeptortyrosinkinase kann mehrere Übertragungsreaktionen auslösen: So eröffnet die Aktivierung des EGF-Rezeptors beispielsweise sowohl die Ras-Reaktion als auch Ras-unabhängige Reaktionen, an denen dann *second messenger* beteiligt sind (Abbildung 35.16). Es können sich aber auch erst im späteren Verlauf Reaktionen abzweigen.

Eine Konvergenz von Übertragungsreaktionen zeigt sich darin, daß unterschiedliche Startsignale MAP-Kinasen aktivieren können. Von den diversen Reaktionen, die zur Aktivierung von MAP-Kinasen führen, umfaßt das ursprüngliche Paradigma und mittlerweile am besten charakterisierte Beispiel die Aktivierung von Ras (Abbildung

35.16). Kehren wir noch einmal zu den frühen Stationen dieser Reaktion zurück; auf Ras folgt als nächste Komponente die Ser/Thr-Cytosolkinase Raf. Die Beziehung zwischen Ras und Raf hat schon für ziemlich viel Verwirrung gesorgt. Wir wissen, daß Ras und Raf zum selben Übertragungsweg gehören, da sie alle beide für die Phosphorylierung der Proteine erforderlich sind, die sich – wie die MAP-Kinase – weiter hinten in der Reaktionskette befinden. Ras muß in der Signalkette vor Raf kommen, da es für die Aktivierung von Raf durch extrazelluläre Liganden benötigt wird. Gleichermaßen muß sich Raf hinter Ras befinden, da man die von Ras ausgelöste Reaktion blockieren kann, wenn man eine dominant-negative Kinasemangelmutante von Raf exprimiert. Ras hat seinen Platz auf der cytoplasmatischen Seite der Plasmamembran; seine Aktivierung führt zur Bindung von Raf, das dadurch selber in die Nähe der Plasmamembran gebracht wird. Welche Ereignisse dann zur Aktivierung von Raf führen und insbesondere durch welche Kinase es phosphoryliert wird, ist bis jetzt noch unbekannt. Augenblicklich wird das Modell favorisiert, daß Ras Raf indirekt aktiviert; vielleicht ist das so, weil Raf an der Plasmamembran, an der immer irgendeine mit der Membran assoziierte Kinase konstitutiv aktiv ist, zum Substrat wird, wie die Abbildung 35.16 zeigt. Für die Wirkung eines Enzyms ist es wichtig, an welchem Ort es sich befindet; das wird auch dadurch bestätigt, daß die beiden vor und nach Ras liegenden Komponenten, SOS und Raf, ihre Aktivierungsfunktion nur ausüben können, wenn sie vom Cytosol zur Plasmamembran geschleust wurden.

Das aktivierte Raf löst die MEK-Wirkung aus. Dies geschieht, indem Raf direkt zwei Serinreste von MEK phosphoryliert. MEK ist ein außergewöhnliches Enzym mit einer doppelten Spezifität: es kann sowohl Threonin als auch Tyrosin phosphorylieren; sein Substrat ist dabei die ERK-MAP-Kinase.

Um eine MAP-Kinase zu aktivieren, sind beide Arten der Phosphorylierung erforderlich. Es gibt mindestens drei MAP-Kinase-Familien. Diese sind wichtige Schaltstellen in ihren Reaktionsketten, werden auf ein breites Spektrum vom Reizen hin aktiviert, wozu auch die Stimulation von Zellwachstum oder Differenzierung zählt, und scheinen eine zentrale Rolle bei der Kontrolle von Veränderungen des Phänotyps der Zelle zu spielen. Die MAP-Kinasen sind Serin/Threonin-Kinasen. Nach diesem Punkt werden die Substrate in der Signalkette nur noch durch Phosphorylierung von Serin/Threonin aktiviert.

Der MAP-Kinase-Reaktionsweg soll letztlich das Transkriptionsmuster verändern. Ausgelöst wird diese Reaktion zwar an der Zelloberfläche, abgelesen wird sie jedoch im Kern, wo die Transkriptionsfaktoren aktiviert oder inaktiviert werden. Eine Komponente der Kette muß daher in den Kern gelangen. Welche generellen Möglichkeiten es gibt, das zu erreichen, zeigt Abbildung 35.22. Beim klassischen MAP-Kinase-Reaktionsweg wandert die MAP-Kinase selbst in den Kern und phosphoryliert dort ihre Transkriptionsfaktoren. Eine andere Möglichkeit besteht darin, einen Faktor im Cytoplasma zu phosphorylieren. Das kann ein Transkriptionsfaktor sein, der dann zum Kern wandert, oder ein Protein, das einen Transkriptionsfaktor kontrolliert und ihn dann für seinen Weg in den Kern freisetzt. Welche Möglichkeit der Kerntranslokation durch die Phosphorylierung ausgelöst wird, ist unbekannt.

Die MAP-Kinasen bearbeiten mehrere Substrate, auch andere Kinasen wie Rsk; das führt dazu, daß sich die Reaktion in verschiedene Richtungen auffächert. Die Fähigkeit einiger MAP-Kinasen, nach der Aktivierung in den Kern zu gelangen, erweitert das Substratspektrum zusätzlich. Bei der klassischen Reaktion phosphoryliert MEK ERK1 und ERK2; anschließend wandert ERK2 in den Kern. Das Ende eines Zweiges der Kaskade ist erreicht, wenn Tran-

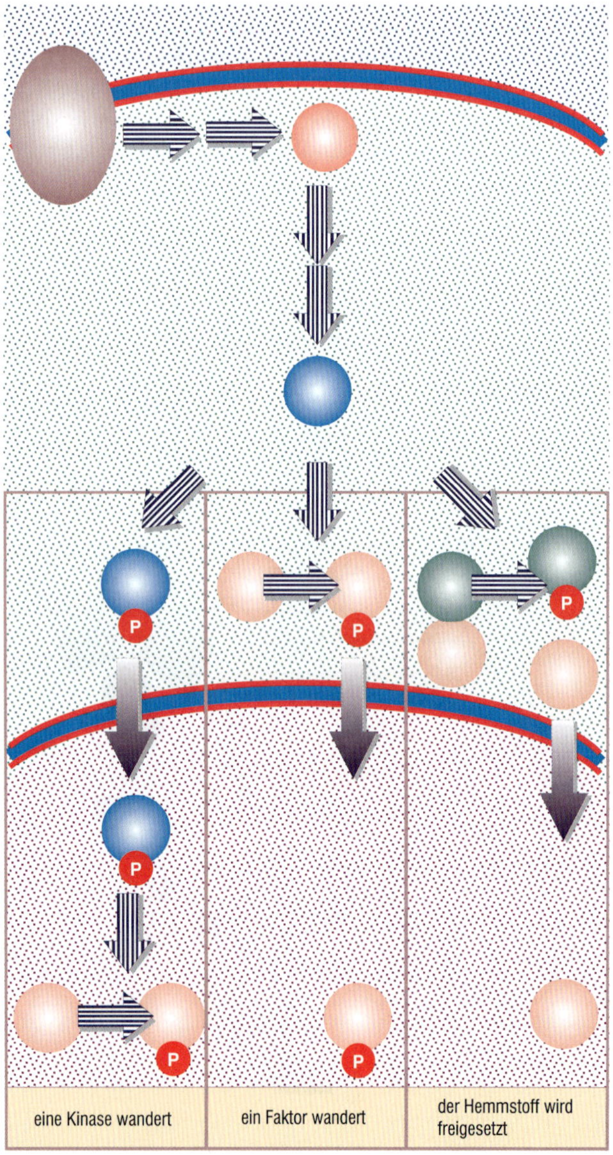

35.22 Eine Signaltransduktionskaskade erreicht den Kern, indem eine Komponente dieses Weges oder ein Transkriptionsfaktor dorthin wandert. Der Faktor kann durch eine Phosphorylierung direkt transloziert oder aber durch Phosphorylierung eines Hemmstoffes freigesetzt werden.

skriptionsfaktoren, einschließlich c-Myc und Elk-1, das mit dem Serumantwortfaktor (SRF) kooperiert, phosphoryliert sind. Dadurch kann die Signalkette die Aktivität eines breiten Spektrums von Genen kontrollieren. (Der entscheidende Transkriptionsfaktor c-Jun wird durch eine andere MAPK namens JNK phosphoryliert; siehe unten).

In der MAP-Kinase-Reaktion bildet MEK einen Konvergenzpunkt. Ras aktiviert Raf und dieses wiederum MEK. Das kann auch eine andere Kinase, MEKK (MEK-Kinase), die von G-Proteinen aktiviert wird (Abbildung 35.23). (Welche Elemente das aktivierte G-Protein mit der MEKK verbinden, ist noch nicht genau bekannt.) Die MAP-Kinase-Kaskade kann also hauptsächlich durch zwei verschiedene Reize auf der Zelloberfläche – die Aktivierung einer Rezeptortyrosinkinase oder von trimeren G-Proteinen – aktiviert werden. Formal gesehen erfüllen Raf und MEKK in parallelen Reaktionen analoge Funktionen.

Abbildung 35.24 gibt einen Überblick darüber, welche Komponenten sich bei der Übertragung in diversen Organismen jeweils entsprechen.

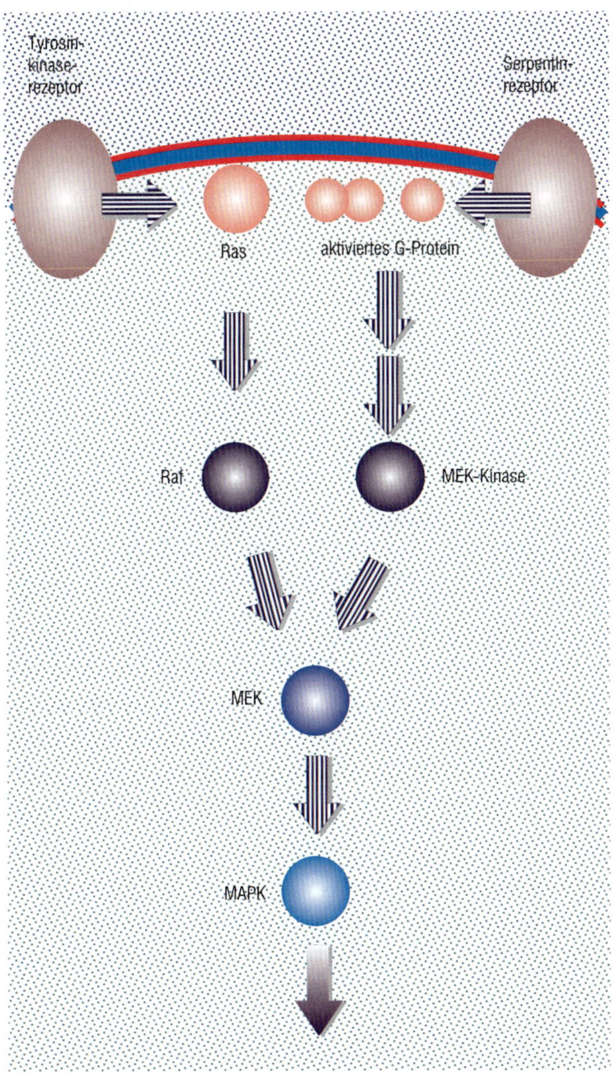

35.23 Die durch Tyrosinkinasen des Rezeptors und Serpentinrezeptoren aktivierten Wege laufen bei MEK zusammen.

In Säugern, Fliegen und Würmern beginnt die Signalkette mit der Aktivierung einer Rezeptortyrosinkinase: Bei den Säugern ist der Ligand ein Polypeptidwachstumsfaktor, in der Retina von *D. melanogaster* ein Oberflächentransmembranprotein auf einer benachbarten Zelle (ein Gegenrezeptor); bei der Vulvabildung von *C. elegans* kennt man den Induktor noch nicht. Bei den Säugern wird die Reaktion mit Grb2 selbst fortgesetzt, beim Wurm und der Fliege über nahe Verwandte von Grb2. Auf der nächsten Stufe erfüllt ein SOS-Homolog bei Fliegen und Säugern jeweils die gleiche Funktion. Bei allen drei höheren Eukaryoten führt der weitere Übertragungsweg über Ras-artige, das heißt monomere guaninnucleotidbindende Proteine. Mutationen in einem GAP-Homolog können auch bei *D. melanogaster* den Weg verändern; das führt zu der Vermutung, daß zumindest in Fliegen andere regulatorische Kreisläufe existieren. Interessant ist, daß die Mutationen in den SOS- und GAP-Funktionen bei *Drosophila* für die Augenentwicklung spezifisch sind, obwohl der Ras-abhängige Weg in einer Vielzahl von Zellen benutzt wird. Das führt zu der Annahme, daß gewebsspezifische Elemente einen allgemein üblichen Übertragungsweg kontrollieren. Die Funktion wird hochgradig konserviert; Grb2 kann beispielweise das Sem-5 von Würmern ersetzen.

In Hefe wird die Signalübertragung durch Interaktion eines Polypeptidpaarungsfaktors mit einem trimeren G-Protein ausgelöst; das $\beta\gamma$-Dimer (STE2,3) des G-Proteins aktiviert die STE20-Kinase und diese wiederum MEKK, STE11. Wir wissen nicht, ob es zwischen $G\beta\gamma$ und STE11 noch andere Elemente außer STE20 gibt. Dennoch ist die Übertragung in der Hefe augenblicklich die am besten charakterisierte Route von einem G-Protein zur MAP-Kinasekette. Die Reaktion führt anschließend über Komponenten, für die man bei Hefe und Säugern entsprechende Pendants findet. STE7 ist homolog zu MEK; FUS3 und KSS1 codieren Kinasen, die wie die MAP-Kinase durch Phosphorylierung von Threonin und Tyrosin aktiviert werden müssen. Ihre Zielsubstrate reagieren direkt auf die Signalkette.

Die MAP-Kinasekette (Abbildung 35.24) ist am besten charakterisiert, parallel dazu gibt es aber noch andere Kaskaden mit verwandten Komponenten. Signale, die auf einem Wechsel der Osmolarität oder der Aktivierung von Proteinkinase C (PCK) in *S. cerevisiae* beruhen, können in Hefe – außer dem Paarungsreaktionsweg – noch Signalketten über Kinasen auslösen, die zu MEKK, MEK und MAPK homolog sind.

Wie entwickelt die Kaskade eine Spezifität? Was hindert die Komponente einer MAP-Kinasekette daran, in einem parallelen Weg das Enzym der nächsten Stufe zu aktivieren? Möglicherweise sind die Komponenten nur an bestimmten Orten vorhanden. STE5 gehört zwar bei der Signalübertragung der Hefe zwischen STE2,3 und Fus3, KSS1, befindet sich aber nicht an einer bestimmten Position. Die Abbildung 35.25 zeigt, daß STE5 an die drei Kinasen STE11 (MEKK), STE7 (MEK) und Fus3 (MAPK) bindet; wahrscheinlich muß sich also erst dieser

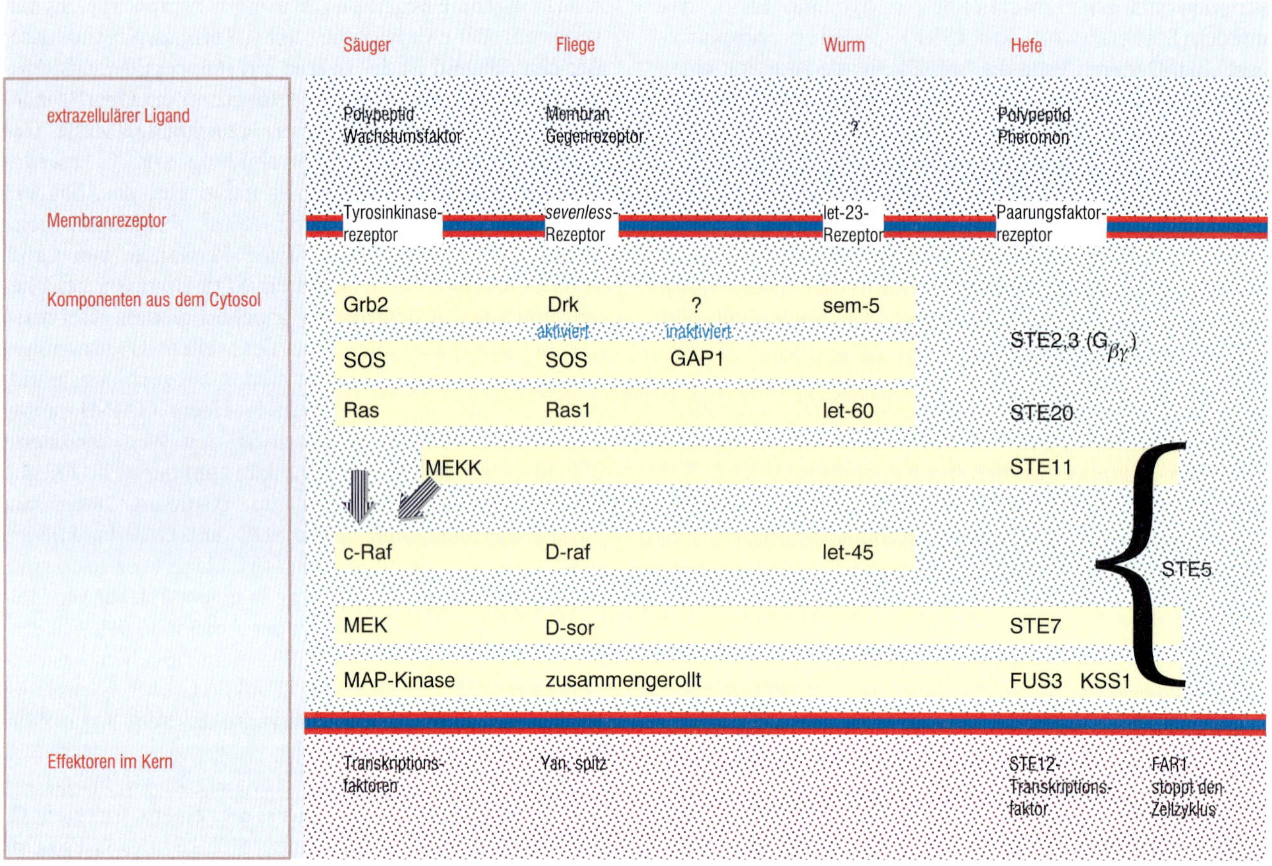

35.24 Bei einem breiten Spektrum von Organismen findet man in Signaltransduktionskaskaden homologe Proteine.

Komplex bilden, bevor eine Kinase die nächste Kinase in der Signalkette aktivieren kann. Jede Kinase bindet an unterschiedliche Bereiche von STE5. Das könnte ihren Aktionsradius so einschränken, daß sie sich nur gegenseitig phosphorylieren können und an der Einwirkung auf Kinasen aus anderen Reaktionswegen gehindert werden.

Wie sehr kann die Ras/MAPK-Reaktion das Signal verstärken? In der Regel verstärkt jede Ebene der Kinasekette das Signal um das Zehnfache, so daß es in der Reaktion insgesamt 10^4-fach vervielfältigt wird. Eine Vereinigung der letzten drei Kinasen zu einem Komplex würde allerdings die Amplifizierung für diese Stadien einschränken. In Säugerzellen können selbst äußerst schwache Signale die Übertragung voll aktivieren; beispielsweise werden die ERK1,2 MAP-Kinasen bereits maximal aktiviert, wenn weniger als fünf Prozent der Raf-Proteine an Ras binden.

Ein anderes Beispiel für eine Übertragung per MAP-Kinase stellt die Aktivierung des Transkriptionsfaktors Jun aufgrund von Streßsignalen dar. Die Abbildung 35.26 zeigt, daß die Aktivierung der Kinase JNK konvergent und divergent erfolgt. JNK wird über zwei Arten von extrazellulären Signalen kontrolliert: durch UV-Licht, das üblicherweise zu einer Streßreaktion führt, sowie durch Aktivierung von Ras – über eine bisher nicht identifizierte Abzweigung der Ras-Reaktion. JNK ist entfernt mit MAP-Kinasen wie den ERKs verwandt und zeigt deren klassische Eigenschaften: Es wird über eine Phosphorylierung von Thr und Tyr aktiviert und phosphoryliert seine Zielsubstrate am Serin.

Es ist eine verwirrende Eigenheit der Ras/MAPK-Reaktion, daß die Aktivierung desselben Übertragungsweges unter verschiedenen Umständen zu unterschiedlichen Ergebnissen führen kann. Werden PC12-Zellen mit dem Wachstumsfaktor NGF behandelt, differenzieren sie zu neuronalen Zellen und hören auf, sich zu teilen. Bei einer Behandlung mit EGF empfangen sie jedoch das Signal, sich weiter zu teilen. In beiden Fällen besteht das Hauptsignal in einer Aktivierung der ERK-MAP-Kinase-Reaktion. Die unterschiedlichen Ergebnisse könnte man natürlich durch andere noch nicht identifizierte Reaktionswege erklären, die durch die jeweiligen Rezeptoren aktiviert werden. Der wesentliche Unterschied in beiden Situationen besteht jedoch darin, daß die NGF-Stimulierung die Konzentration von Ras-GTP längerfristig anhebt, während der EGF-Reiz dies nur vorübergehend bewirkt. (Ein Grund für diese Differenz ist, daß der EGF-Rezeptor für Rückkoppelungsmechanismen, die seine Aktivierung rückgängig machen, empfänglicher ist.)

Diese Vorstellung, daß der entscheidende Parameter die Dauer ist, mit der ein Reiz auf den ERK-MAPK-Reaktionsweg einwirkt, wird noch von anderen Befunden bestätigt; sie zeigen, daß eine Vielzahl von Bedingungen, wel-

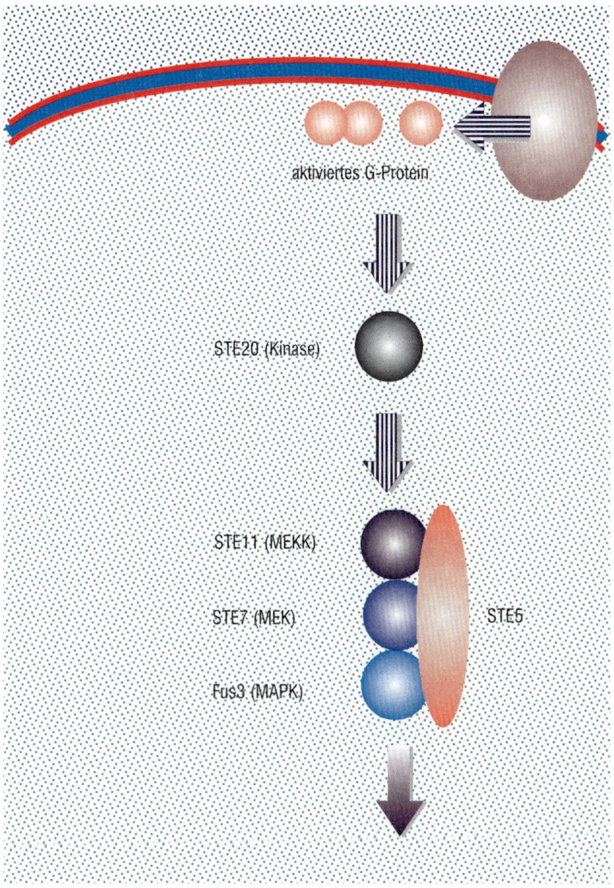

35.25 STE5 bildet möglicherweise ein Gerüst, das MEKK, MEK und MAPK brauchen, um sich zu einem aktiven Komplex zusammenzulagern.

che die ERK-MAP-Kinase permanent aktivieren, einschließlich der konstitutiven Aktivierung des EGF-Rezeptors, allesamt zur Differenzierung führen. Dagegen lösen alle Bedingungen, bei denen die Aktivierung nur vorübergehend ist, eine Proliferation aus. Noch deutlicher zeigt sich die Rolle der ERK-MAPK-Reaktion darin, daß Mutationen, die MEK aktivieren, zur Differenzierung von PC12-Zellen führen. Die Aktivierung der ERK-MAPK-Reaktion reicht daher aus, eine Differenzierung auszulösen. Ein anderer Punkt ist die Tatsache, daß sich dieselbe MEK-Mutation in verschiedenen Wirtszellen unterschiedlich auswirkt; in Fibroblasten stimuliert sie eine Proliferation. Hier haben wir ein weiteres Beispiel für die Fähigkeit einer Zelle, auf dieselbe Signalübertragung unterschiedlich zu reagieren.

Welchen Einfluß hat die Signaldauer darauf, wie die Zelle reagiert? Mit der Dauer der Aktivierung könnte auch die Konzentration irgendeiner aktiven Reaktionskomponente ansteigen und zu einem bestimmten Zeitpunkt einen Schwellenwert überschreiten, von dem an eine neue Reaktion ausgelöst wird. Ein Modell für ein solches Verhalten liefert die in Kapitel 38 beschriebene *Drosphila*-Entwicklung, bei der der Konzentrationsanstieg eines Transkriptionsfaktors durch kombinatorischen Assoziationen mit anderen Faktoren, die auf relativen Konzentrationen beruhen, verschiedene Zielgene aktiviert. Eine andere Möglichkeit, das Ergebnis zu beeinflussen, ergibt sich daraus, daß ERK2 nur über eine längere Aktivierung zum Kern gelangen kann. Der genaue Mechanismus ist nicht bekannt, er könnte jedoch dafür sorgen, daß die Phosphorylierung und Aktivierung der Transkriptionsfaktoren im Kern nicht durch einen vorübergehenden Reiz erzielt werden kann; auf diese Weise würde die Expression neuer Funktionen, wie sie für die Differenzierung erforderlich ist, davon abhängen, ob die Dauer des Reizes ausreicht, ERK2 zu translozieren.

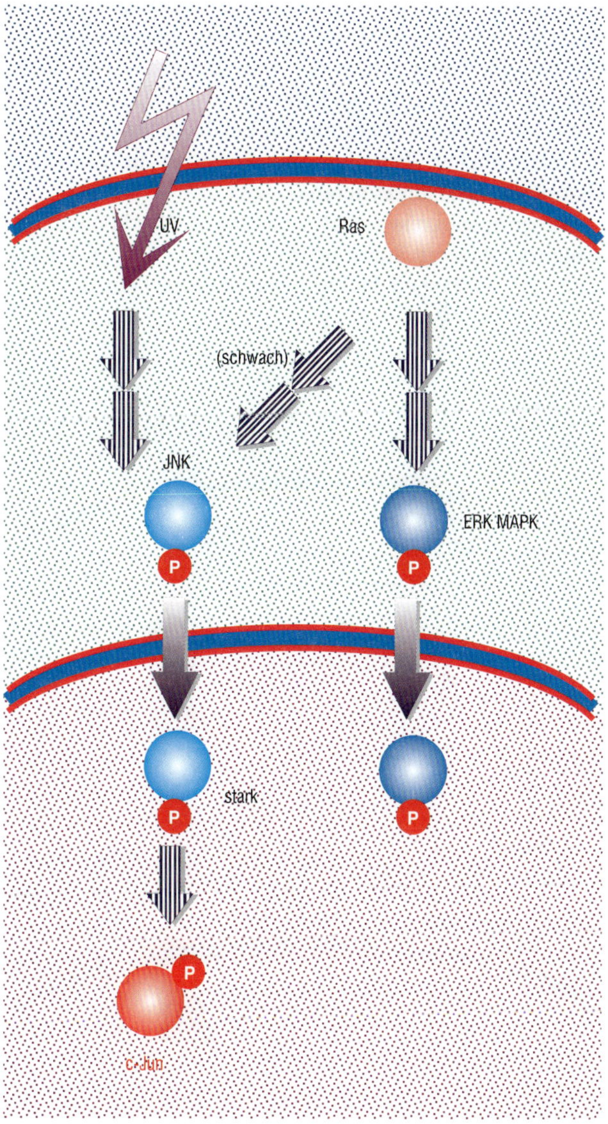

35.26 JNK, eine MAP-artige Kinase, kann durch UV-Licht oder Ras aktiviert werden.

35.6 Cyclisches AMP und die Aktivierung von CREB

Der klassische *second messenger* ist cyclisches AMP; es ist über die Aktivierung von CREB (Bindungsprotein des cAMP-Responseelements) mit der Transkription verbunden. Abbildung 35.27 zeigt, wie die Reaktion über die Ser/Thr-Kinase PKA verläuft.

Zuerst wird die Adenylatcyclase durch ein aktiviertes G-Protein an der Plasmamembran aktiviert, wie aus Tabelle 35.3 zu ersehen ist. Aufgrund seines Konzentrationsanstiegs bindet cAMP an die regulatorische Untereinheit R von PKA, die im perinukleären Raum an die Membranen gekoppelt ist. Die cAMP-R-Untereinheit setzt aus PKA die katalytische Untereinheit (C) frei, die dann zum Kern wandern kann. Die Translokation erfolgt über eine passive Diffusion; daran ist allerdings nur ein Teil der freigesetzten C-Untereinheiten beteiligt, die Substrate in Kern und Cytoplasma phosphorylieren können.

Dieser Schaltkreis enthält auch einige Rückkoppelungsschleifen. Auf die Substrate, die Endziele der PKA-Aktivität sind, wirkt auch die Phosphatase PPase I ein, die letztendlich die Aktion von PKA rückgängig macht. Aber auch PKA phosphoryliert ein Zielprotein, das sich dadurch in einen Inhibitor der PPase-I verwandelt und so eine Dephosphorylierung verhindert.

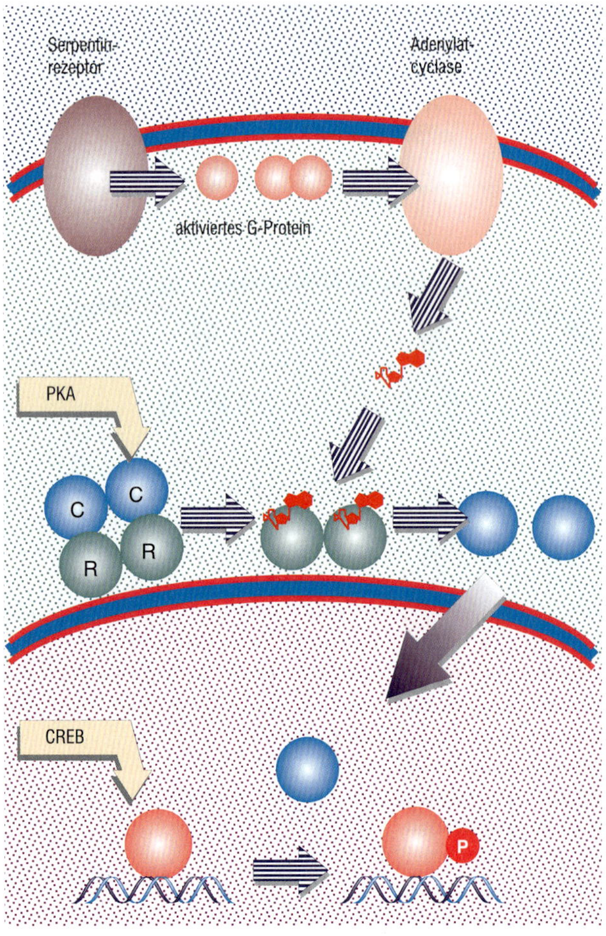

35.27 Bindet cyclisches AMP an die R-Untereinheit von PKA, wird die C-Untereinheit freigesetzt; einige C-Untereinheiten diffundieren zum Kern und phosphorylieren dort CREB.

Im Zellkern ist CREB eines der wesentlichen Substrate der PKA. Bereits die Phosphorylierung eines einzigen Serinrestes steigert die an das Responseelement CRE gebundene CREB-Aktivität erheblich; CRE findet man bei Genen, deren Transkripton durch cAMP induziert wird, wie in Kapitel 29 beschrieben wurde. Die Transkriptionsgeschwindigkeit dieser Gene ist direkt proportional zur Konzentration des phosphorylierten CREB im Kern. Die Reaktionskinetiken sind durch die relativ langsame Geschwindigkeit begrenzt, mit der die freie C-Untereinheit in den Kern diffundiert. Die phosphorylierte C-Untereinheit erreicht in der Regel nach etwa 30 Minuten die höchste Konzentration im Kern und wird dann in einem Prozeß, der sich über Stunden hinzieht, allmählich wieder dephosphoryliert. An der Phosphorylierung sind möglicherweise mehrere Kreisläufe beteiligt – einschließlich einer direkten und indirekten Kontrolle. Die erste Art der Kontrolle ist Aufgabe der Phosphatasen, die zweite wird durch den Eintritt des Proteins PKI in den Kern ausgeübt. PKI bindet an die C-Untereinheit und sorgt dafür, daß es wieder in das Cytoplasma geschleust wird. Die Reaktionskinetik der PKC-Aktivierung im Kern kann für mehrere Situationen wichtig sein; so zeitigt etwa beim Lernvorgang ein schwacher c-AMP-Reiz nur Kurzzeiteffekte, während langandauernde Wirkungen wie Veränderungen in der Transkription einen starken Reiz erfordern. Das entspricht den unterschiedlichen Konsequenzen der Kurz- und Langzeitstimulation bei der MAPK-Reaktion (Abschnitt 35.5).

35.7 Der JAK-STAT-Reaktionsweg

An einigen Signalketten sind zahlreiche Komponenten beteiligt, welche die Übertragung hochgradig verstärken können, sowie viele Rückkoppelungsprozesse, über die Länge und Stärke des Signals genau eingestellt werden können. Die JAK-STAT-Reaktion ist dagegen viel einfacher; sie besteht aus drei Komponenten, deren Funktion in Abbildung 35.28 beschrieben wird.

Die JAK-STAT-Reaktionen werden über verschiedene Cytokinrezeptoren aktiviert. Diese Rezeptoren besitzen keine eigene Kinaseaktivitäten. Die Bindung eines Cytokins führt jedoch dazu, daß sein Rezeptor Dimere bildet; das ist das Signal, eine JAK-Kinase zu binden und zu aktivieren. Die JAK-Kinasen hießen ursprünglich Janus-Kinasen, weil in jedem Molekül charakteristischerweise zwei Kinasedomänen vorhanden sind. Man kennt mehrere Mitglieder dieser Familie (JAK1,2,3 und so weiter); jede ist mit einer bestimmten Reihe von Cytokinrezeptoren assoziiert. Die Wechselwirkung des aktivierten dimeren Cytokinrezeptors mit der(n) JAK-Kinase(n) führt zum selben Ergebnis wie die ligandeninduzierte Dimerbildung eines Tyrosinkinaserezeptors. Der Unterschied liegt darin, daß

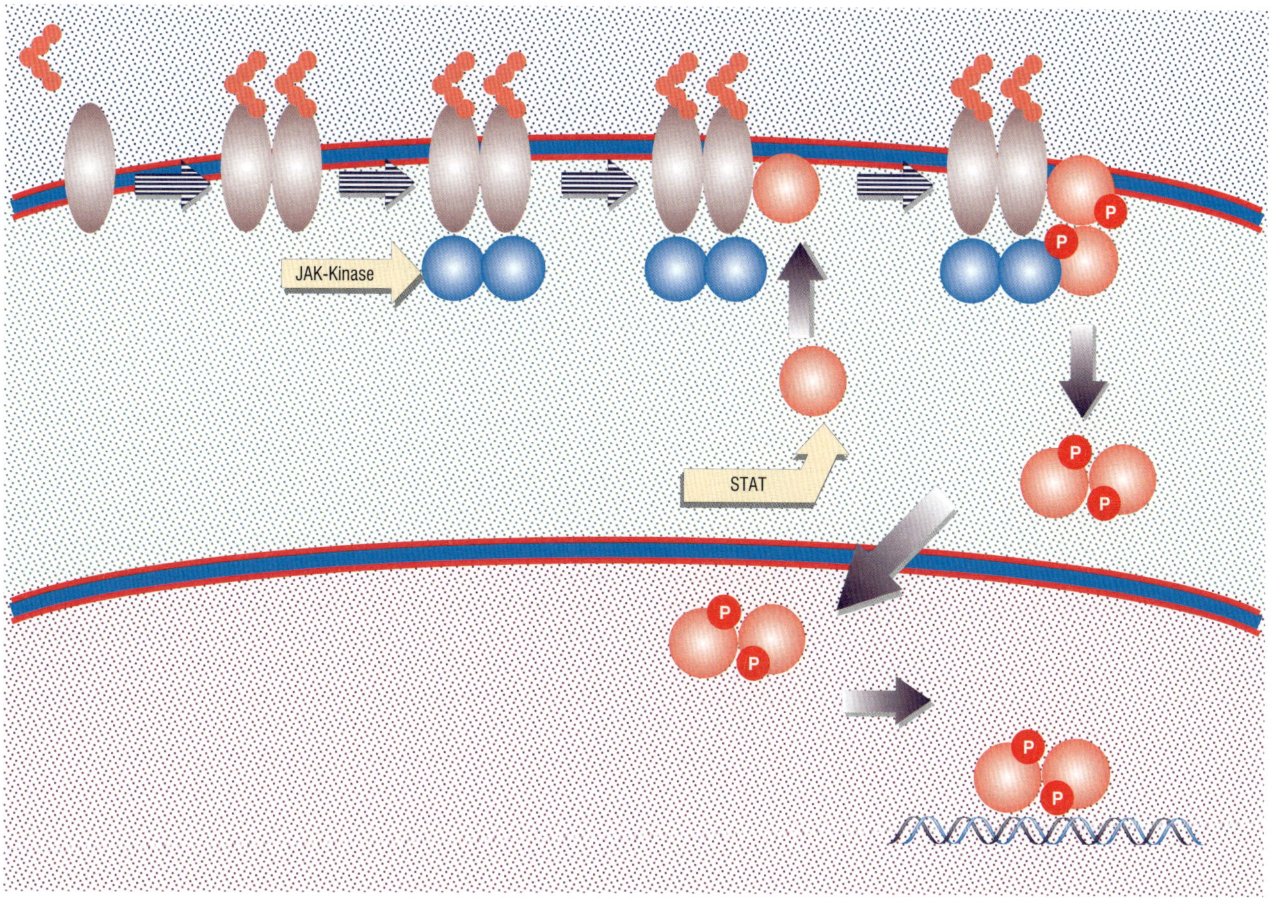

35.28 Cytokinrezeptoren lagern sich an JAK-Kinasen und aktivieren sie. An diesen Komplex binden STATs, die dadurch phosphoryliert werden. Sie bilden Dimere und wandern zum Kern. Der Komplex bindet an die DNA und aktiviert die Transkription.

sich die Rezeptor- und die Kinaseaktivitäten auf verschiedenen Proteinen befinden und nicht auf einem.

Die JAK-Kinasen sind Tyrosinkinasen, die vor allem auf die STAT-Transkriptionsfaktoren einwirken. Es gibt über sieben STATs; jedes von ihnen wird durch einen bestimmten Gruppe von JAK-Kinasen phosphoryliert. Die Phosphorylierung erfolgt, wenn JAK an der Plasmamembran mit dem Rezeptor assoziiert ist. An einen aktivierten Rezeptor binden zwei, zu einem Paar verbundene JAK-Kinasen; mit nur einer Kinase allein könnte die Reaktion wahrscheinlich ihre Funktion nicht erfüllen. So erfordert beispielsweise die Stimulierung durch Interferon IFNγ JAK1 und JAK2.

Aufgrund der STAT-Phosphorylierung werden Homo- und Heterodimere gebildet. Die Dimere bilden sich, weil eine SH2-Domäne in der einen und ein phosphoryliertes Tyrosin in der anderen Untereinheit reziprok miteinander interagieren.

Die STAT-Dimere wandern in den Kern und assoziieren in einigen Fällen mit anderen Proteinen. In den Zielgenen, deren Transkription aktiviert wird, binden sie an bestimmte Erkennungselemente.

Wie kann es angesichts der Vielzahl verwandter Cytokinrezeptoren, JAK-Kinasen und STAT-Transkriptionsfaktoren noch zu spezifischen Reaktionen kommen? Die Lösung dieses Problems wird noch dadurch zusätzlich erschwert, daß viele Rezeptoren zwar dieselben JAKs aktivieren können, in Wirklichkeit aber unterschiedliche STATs aktivieren. Die Spezifität wird durch die Bildung eines aus vielen Komponenten bestehenden Komplexes kontrolliert, der den Rezeptor sowie JAKs und STATs enthält. Dabei reagieren die STATs mit dem Rezeptor wie den JAKs direkt; eine SH2-Domäne in einem bestimmten STAT erkennt eine Bindungsstelle in einem bestimmten Rezeptor. Die Kontrolle der Spezifität geht also im wesentlichen von STAT aus.

Die JAK-STAT-Reaktionen werden nur vorübergehend stimuliert. Ihre Aktivierung kann durch eine Phosphatase beendet werden. Ein Beispiel dafür ist die Reaktion, die durch Bindung von Erythropoetin, dem Hormon der roten Blutzellen, an seinen Rezeptor aktiviert wird. Dadurch wird die JAK2-Kinase aktiviert. Eine weitere Komponente beendet die Reaktion: Die Phosphatase SH-PTP1 bindet über ihre SH2-Domäne an eine Phosphotyrosinstelle im Erythropoetinrezeptor. Diese Stelle im Rezeptor wird wahrscheinlich durch JAK2 phosphoryliert. Die Phosphatase dephosphorlyiert daraufhin JAK2 und stoppt die Aktivierung der entsprechenden STATs. Auf diese Weise kommt es zu einer einfachen Rückkopplung: der Erythropoetinrezeptor aktiviert JAK2, JAK2 wirkt auf eine Stelle im Rezeptor, und diese Stelle wird durch eine Phosphatase erkannt, die auf JAK2 einwirkt. Das unterstreicht erneut, daß die Bildung eines Multikomponentenkomplexes durchaus bei der Kontrolle der Reaktion für die Spezifität sorgen kann.

Das Verblüffende an der JAK-STAT-Reaktion ist, wie einfach sie etwa im Vergleich zum Ras-MAPK-Reaktionsweg ist. Die Komponente, die an der Plasmamembran phosphoryliert wird, das STAT, ist auch gleichzeitig die Einheit, die zum Kern wandert und die Transkription aktiviert – die vielleicht eindrucksvollste Demonstration dafür, wie wichtig die Lokalisation ist.

Zusammenfassung

Die integralen Proteine der Plasmamembran bieten mehrere Möglichkeiten für eine Kommunikation zwischen dem extrazellulären Milieu und dem Cytoplasma. Dazu gehören Ionenkanäle, Transportproteine und Rezeptoren. Alle diese Proteine sind aufgrund ihrer hydrophoben Domänen in der Plasmamembran ansässig. Während Lipide die Plasmamembran ohne Hilfsmittel durchqueren können, erfordert der Durchtritt hydrophiler Proteine spezielle Transportmechanismen.

Ionen können durch Carrier-Proteine transportiert werden. Diese nutzen die passive Diffusion oder sind mit Energiequellen verbunden, so daß eine aktive Diffusion möglich wird. Wie genau der Carrier-Transport erfolgt, ist noch unbekannt. Man nimmt aber an, daß dabei Konformationsänderungen im Carrier eine Rolle spielen, die es dem Ion direkt oder indirekt erlauben, von einer Membranseite zur anderen zu gelangen. An der passiven Diffusion, die vom einem Gradienten angetrieben wird, sind auch Ionenkanäle beteiligt. Sie können durch Spannung, extrazelluläre Liganden oder cytoplasmatische *second messenger* kontrolliert werden. Die Kanäle bestehen in der Regel aus vielen Untereinheiten, von denen jede mehrere Transmembrandomänen enthält; in den Transmembrandomänen sind die hydrophilen Reste nach innen gerichtet und sie bahnen so einen hydrophilen Weg durch die Membran.

Die Rezeptoren sind in der Regel Gruppe-I-Proteine; sie haben eine einzige Transmembrandomäne, die ausschließlich aus ungeladenen Aminosäuren besteht und die extrazellulären mit den Cytosoldomänen verbindet. Viele Rezeptoren für Wachstumsfaktoren sind Tyrosinkinasen. Solche Rezeptoren haben in ihrer extrazellulären Domäne eine Bindungsstelle für ihren Liganden und in der cytoplasmatischen Domäne eine Kinaseaktivität. Durch die Bindung eines Liganden dimerisieren die extrazellulären Domänen des Rezeptors – meist bilden sie ein Homodimer, in einigen Fällen aber auch ein Heterodimer. Die Bildung von Dimeren der extrazellulären Domänen sorgt dafür, daß die Transmembrandomänen seitlich in die Membran hineindiffundieren und die cytoplasmatischen Domänen miteinander in Kontakt kommen. Das löst eine Autophosphorylierung aus, bei der sich alle monomeren Untereinheiten gegenseitig phosphorylieren.

Durch diese Phosphorylierung entsteht eine Bindungsstelle für das SH2-Motiv eines Zielproteins. Die Spezifität der SH2-Bindungsstelle wird in der Regel vom Phosphotyrosin zusammen mit vier bis fünf C-terminalen benachbarten Aminosäuren festgelegt. Die nächste aktive Komponente der Reaktion kann indirekt oder direkt aktiviert werden. Einige dieser Zielproteine sind Adaptoren, die durch Bindung an den phosphorylierten Rezeptor aktiviert werden und dann wiederum andere Proteine anregen. Ein Adaptor benutzt meist seine SH2-Domäne für die Bindung an den Rezeptor, und seine SH3-Domäne, um an die nächste Komponente in der Reaktionskette zu binden. Andere Zielproteine werden phosphoryliert und durch die neue Phosphatgruppe aktiviert.

Eine Gruppe von Effektoren besteht aus Enzymen, die *second messenger* erzeugen – in der Regel Phospholipasen und Kinasen, die kleine Lipide bilden oder phosphorylieren. Eine andere Art der Übertragung arbeitet mit der Aktivierung einer Kinasekaskade, in der sich eine Reihe von Kinasen nacheinander aktivieren; das führt schließlich zur Phosphorylierung und Aktivierung von Transkriptionsfaktoren im Kern. Der MAP-Kinase-Reaktionsweg ist ein Paradebeispiel für eine solche Reaktionskette.

Die Rezeptortyrosinkinasen sind über Ras mit dem MAP-Kinase-Reaktionsweg verbunden. Ein Adaptor (Grb2 in Säugerzellen) wird durch Bindung an den phosphorylierten Rezeptor aktiviert. Grb2 bindet an SOS, und SOS sorgt dafür, daß das GDP an Ras durch GTP ersetzt wird. Ras ist auf der cytoplasmatischen Seite der Membran verankert. Das aktivierte Ras bindet an die Ser/Thr-Kinase Raf und schleust Raf auf diese Weise zur Membran; dort wird es aktiviert – wahrscheinlich, weil es von einer Kinase phosphoryliert wird, die mit der Membran assoziiert ist. Raf phosphoryliert MEK, eine Kinase mit zwei Spezifitäten, die ERK-MAP-Kinasen sowohl am Tyrosin als auch am Threonin phosphoryliert. ERK-MAP-Kinasen aktivieren andere Kinasen, und eine ERK2-MAP-Kinase wandert in den Kern, wo sie Transkriptionsfaktoren phosphoryliert; diese initiieren Übertragungswege, wie sie für das Zellwachstum von Säugerzellen, für die Differenzierung in der Fliegenretina, die Wurmvulvaentwicklung oder für die Paarung der Hefe erforderlich sind.

Eine andere Verbindung mit der MAP-Kinasekaskade besteht durch die Serpentinrezeptoren. Die Aktivierung eines trimeren G-Proteins sorgt dafür, daß MEKK aktiviert wird. Eine Komponente der Reaktion zwischen $G\beta\gamma$ und MEKK in *S. cerevisiae* ist die Kinase STE20. MEKK (STE11), MEK (STE7) und MAPK (Fus3) bilden mit STE5 einen Komplex, der wahrscheinlich für die Funktionstüchtigkeit der Kinase erforderlich ist.

Der Übertragungsweg des cyclischen AMP, mit dem die Transkription aktiviert wird, arbeitet mit der Freisetzung der katalytischen Einheit von PKA im Cytosol. Diese diffundiert in den Kern und phosphoryliert dort den Transkriptionsfaktor CREB. Die Aktivität dieses Faktors ist für die Aktivierung cAMP-induzierbarer Gene verantwortlich. Die Reaktion wird durch Phosphatasen herunterreguliert, die CREB dephosphorylieren, sowie durch einen Inhibitor, der die C-Untereinheit zurück ins Cytosol schleust.

Die JAK-STAT-Reaktionen werden durch Cytokinrezeptoren in Gang gesetzt. Der aktivierte Rezeptor assoziiert mit einer JAK-Kinase und aktiviert sie. Das Ziel der Kinase ist ein STAT(s). STATs assoziieren mit einem Komplex aus Rezeptor und JAK-Kinase. Sie werden durch die JAK-Kinase phosphoryliert, bilden Dimere, wandern zum Kern und bilden einen DNA-bindenden Komplex, der in einer Gruppe von Zielgenen die Transkription aktiviert.

Weiterführende Literatur

Übersichtsartikel

Hunter, T.; Cooper, J. A. *Protein-Tyrosine Kinases*. In: *Ann. Rev. Biochem.* 54 (1985) S. 897–930.

Hunter, T. *A Thousand and One Protein Kinases*. In: *Cell* 50 (1987) S. 823–829.

Neer, E. J.; Clapham, D. E. *Roles of G Protein Subunits in Transmembrane Signaling*. In: *Nature* 333 (1988) S. 129–134.

Unwin, N. *The Structure of Ion Channels in Membranes of Excitable Cells*. In: *Neuron* 3 (1989) S. 665–676.

Miller, C. *Genetic Manipulation of Ion Channels: A New Approach to Structure and Mechanism*. In: *Neuron* 2 (1989) S. 1195–1205.

Ullrich, A.; Schlessinger, J. *Signal Transduction by Receptors with Tyrosine Kinase Activity*. In: *Cell* 61 (1990) S. 203–212.

Koch, C. A. et al. *SH2 and SH3 Domains: Elements that Control Interactions of Cytoplasmic Signaling Proteins*. In: *Science* 252 (1991) S. 668–674.

Boguski, M. S.; McCormick, F. *Proteins Regulating Ras and its Relatives*. In: *Nature* 366 (1993) S. 643–654.

Clapham, D. E.; Neer, E. J. *New Roles of G Protein βγ-Dimers in Transmembrane Signaling*. In: *Nature* 365 (1993) S. 403–406.

Cohen, G. B.; Ren, R.; Baltimore, D. *Molecular Binding Domains in Signal Transduction Proteins*. In: *Cell* 80 (1995) S. 237–248.

Darnell, J. E.; Kerr, I. M.; Stark, G. R. *JAK-STAT Pathways and Transcriptional Activation in Response to IFNα and other Extracellular Signaling Proteins*. In: *Science* 264 (1994) S. 1415–1421.

Strader, D. et al. *Structure and Function of G Protein-Coupled Receptors*. In: *Ann. Rev. Biochem.* 63 (1994) S. 101–132.

van der Geer, P.; Hunter, T.; Lindberg, R. A. *Receptor Protein-Tyrosin Kinases and their Signal Transduction Pathways*. In: *Ann. Rev. Cell Biol.* 10 (1994) S. 251–337.

Divecha, N.; Irvine, R. F. *Phopholipid Signaling*. In: *Cell* 80 (1995) S. 269–278.

Heldin, C.-H. *Dimerization of Cell Surface Receptors in Signal Transduction*. In: *Cell* 80 (1995) S. 213–223.

Herskowitz, I. *MAP Kinase Pathways in Yeast: for Mating and more*. In: *Cell* 80 (1995) S. 187–198.

Hill, C. S.; Treisman, R. *Transcriptional Regulation by Extracellular Signals: Mechanisms and Specificity*. In: *Cell* 80 (1995) S. 199–212.

Hunter, T. *Protein Kinases and Phosphatases: the Yin and Yang of Protein Phosphorylation and Signaling*. In: *Cell* 80 (1995) S. 237–248.

Marshall, C. J. *Specificity of Receptor Tyrosine Kinase Signaling: Transient versus Sustained Extracellular Signal-Regulated Kinase Activation*. In: *Cell* 80 (1995) S. 179–186.

Neer, E. J. *Heterotrimeric G Proteins: Organizers of Transmembrane Signals*. In: *Cell* 80 (1995) S. 249–257.

Schindler, C.; Darnell, J. E. *Transcriptional Responses to Polypeptide Ligands: the JAK-STAT Pathway*. In: *Ann. Rev. Biochem.* 64 (1995) S. 621–651.

Entdeckungen

Rezeptorkinasen

Aroian, R. V. et al. *The let-23 Gene Necessary for* C. elegans *Vulval Induction Encodes a Tyrosine Kinase of the EGF Receptor Subfamily*. In: *Nature* 348 (1990) S. 693–699.

Cunningham, B. C. et al. *Dimerization of the Extracellular Domain of the Human Growth Hormone Receptor by a Single Hormone Molecule*. In: *Science* 254 (1991) S. 821–825.

Fantl, W. J. et al. *Distinct Phophotyrosines on a Growth Factor Receptor Bind to Specific Molecules that Mediate Different Signaling Pathways*. In: *Cell* 69 (1992) S. 413–423.

Hafen, E. et al. *Sevenless, a Cell-Specific Homeotic Gene of Drosophila, Encodes a Putative Transmembrane Receptor with a Tyrosine Kinase Domain*. In: *Science* 236 (1987) S. 55–63.

Interaktionen zwischen Proteinen

Dale, T. C. et al. *Rapid Activation by Interferon α of a Latent DNA-Binding Protein Present in the Cytoplasm of Untreated Cells*. In: *Proc. Nat. Acad. Sci. USA* 86 (1989) S. 1203–1207.

Simon, M. A. et al. *Ras1 and a Putative Guanine Nucleotide Exchange Factor Perform Crucial Steps in Signaling by the Sevenless Protein Tyrosine Kinase*. In: *Cell* 67 (1991) S. 701–716.

Lowenstein, E. J. et al. *The SH2 and SH3-Domain Containing Protein Grb2 Links Receptor Tyrosine Kinases to Ras Signaling*. In: *Cell* 70 (1992) S. 431–442.

Velazquez, L. et al. *A Protein Tyrosine Kinase in the Interferon α/β Signaling Pathway*. In: *Cell* 70 (1992) S. 313–322.

Booker, G. W. et al. *Solution Structure and Ligand-Binding Site of the SH3 Domain of the p85α Subunit of Phosphatidylinositol 3-Kinase*. In: *Cell* 73 (1993) S. 813–822.

Buday, L.; Downward, J. *EGF Regulates p21ras through the Formation of a Complex of Receptor, Grb2 Adaptor Protein, and SOS Nucleotide Exchange Factor*. In: *Cell* 73 (1993) S. 611–620.

Chardin, P. et al. *Human SOS1: a Guanine Nucleotide Exchange Factor for Ras that Binds to Grb2*. In: *Science* 260 (1993) S. 1338–1343.

Vojtek, A. B.; Hollenberg, S. M.; Cooper, J. A. *Mammalian Ras Interacts Directly with the Serine/Threonine Kinase Raf*. In: *Cell* 74 (1993) S. 205–214.

Fu, X.-Y.; Zhang, J.-J. *Transcription Factor p91 Interacts with the EGF Receptor and Mediates Activation of the c-fos Gene Promoter*. In: *Cell* 74 (1993) S. 1135–1145.

Songyang, Z. et al. *SH2 Domains Recognize Specific Phosphopeptide Sequences*. In: *Cell* 72 (1993) S. 767–778.

Aronheim, A. et al. *Membrane Targeting of the Nucleotide Exchange Factor SOS is Sufficient for Activating the Ras Signaling Pathway.* In: *Cell* 78 (1994) S. 949–961.

Choi, K.-Y. et al. *Ste5 Tethers Multiple Protein Kinases in the MAP Kinase Cascade Required for Mating in S. cerevisiae.* In: *Cell* 78 (1994) S. 499–512.

Cowley, S. et al. *Activation of MAP Kinase is Necessary and Sufficient for PC12 Differentiation and for Transformation of NIH 3T3 Cells.* In: *Cell* 77 (1994) S. 841–852.

Leevers, S. J.; Paterson, H. F.; Marshall, C. J. *Requirement for Ras in Raf Activation is Overcome by Targeting Raf to the Plasma Membrane.* In: *Nature* 369 (1994) S. 411–414.

Shuai, K. et al. *Interferon Activation of the Transcription Factor STAT91 Involves Dimerization through SH2-Phophotyrosyl Peptide Interactions.* In: *Cell* 76 (1994) S. 821–828.

Klingmuller, U. et al. *Specific Recruitment of SH-PTP1 to the Erythropoetin Receptor Causes Inactivation of JAK2 and Termination of Proliferative Signals.* In: *Cell* 80 (1995) S. 729–738.

Kinaseaktivierung

Wood, K. W. et al. *Ras Mediates Nerve Growth Factor Receptor Modulation of Three Signal-Transducting Protein Kinases: MAP Kinase, Raf-1, and RSK.* In: *Cell* 68 (1992) S. 1041–1050.

Hagiwara, M. et al. *Transcriptional Attenuation Following cAMP Induction Requires PPA-Mediated Dephosphorylation of CREB.* In: *Cell* 70 (1992) S. 105–113.

Hagiwara, M. et al. *Coupling of Hormonal Stimulation and Transcription via the cAMP-Responsive Factor CREB is Rate Limited by Nuclear Entry of PKA.* In: *Mol. Cell. Biol.* 13 (1993) S. 4852–4859.

Lange-Carter, C. A. et al. *A Divergence in the MAP Kinase Regulatory Network Defined by MEK Kinase and Raf.* In: *Science* 260 (1993) S. 315–319.

Dérijard, B. et al. *JNK1: A Protein Kinase Stimulated by UV Light and Ha-Ras that Binds and Phosphorylates the c-Jun Activation Domain.* In: *Cell* 76 (1994) S. 1025–1037.

36. Zellzyklus und Wachstumskontrolle

Die Teilung einer Zelle ist der Abschluß einer Folge von Ereignissen, die seit der vorhergehenden Zellteilung abgelaufen sind. Den Zeitraum zwischen zwei mitotischen Teilungen bezeichnet man als somatischen **Zellzyklus**. Die Zeit vom Ende einer Mitose bis zum Beginn der nächsten wird **Interphase** genannt. Die Phase, in der sich die Zelle tatsächlich teilt, die also dem sichtbaren Teil der Mitose entspricht, heißt **M-Phase**.

Um sich teilen zu können, muß eine eukaryotische somatische Zelle ihre Masse verdoppeln und ihre Bestandteile gleichmäßig auf die beiden **Tochterzellen** verteilen. Die Größenzunahme ist ein kontinuierlicher Prozeß, der dadurch zustande kommt, daß die für den Phänotyp der Zelle charakteristischen Gene transkribiert und translatiert werden. Das Genom verdoppelt sich dagegen nur in einer bestimmten Periode der DNA-Synthese.

Bei der Mitose einer somatischen Zelle entstehen zwei identische Tochterzellen, von denen jede einen diploiden Chromosomensatz besitzt. Die Interphase ist in Abschnitte eingeteilt, die in bezug auf den Zeitpunkt der DNA-Synthese definiert werden (Abbildung 36.1).

- Im Anschluß an die Mitose beginnt für die Zellen die **G1-Phase**. In ihr werden RNAs und Proteine synthetisiert; eine DNA-Replikation findet jedoch nicht statt.
- Der Beginn der DNA-Replikation markiert den Übergang von der G1- in die **S-Phase**. *Per definitionem* dauert die S-Phase so lange, bis die gesamte DNA verdoppelt ist. Während der S-Phase steigt daher der DNA-Gehalt vom diploiden Zustand $2n$ bis zum Abschluß der Replikation auf $4n$ an.
- Den Zeitraum vom Ende der S-Phase bis zur Mitose bezeichnet man als **G2-Phase;** in dieser Phase besitzt die Zelle zwei vollständige diploide Chromosomensätze.

Die S-Phase heißt so, weil sie die Syntheseperiode darstellt, in der die DNA repliziert wird; die Buchstaben G1 und G2 bezeichnen dementsprechend die beiden „Lücken" (*gaps*) des Zellzyklus, in denen keine DNA synthetisiert wird.

Die Abbildung 36.2 faßt die Mengenzunahme der Zellbestandteile zusammen. Während der Interphase ändert sich das Erscheinungsbild der Zelle kaum. Während der Anstieg von RNA und Protein mehr oder weniger kontinuierlich erfolgt, ist die DNA-Verdoppelung ein besonderes, in sich abgeschlossenes Ereignis. Der Kern wächst vor allem in der S-Phase, wenn sich für die DNA-Synthese Proteine ansammeln. Das Chromatin bleibt kompakt; sein Zustand zeigt keine sichtbare Veränderung.

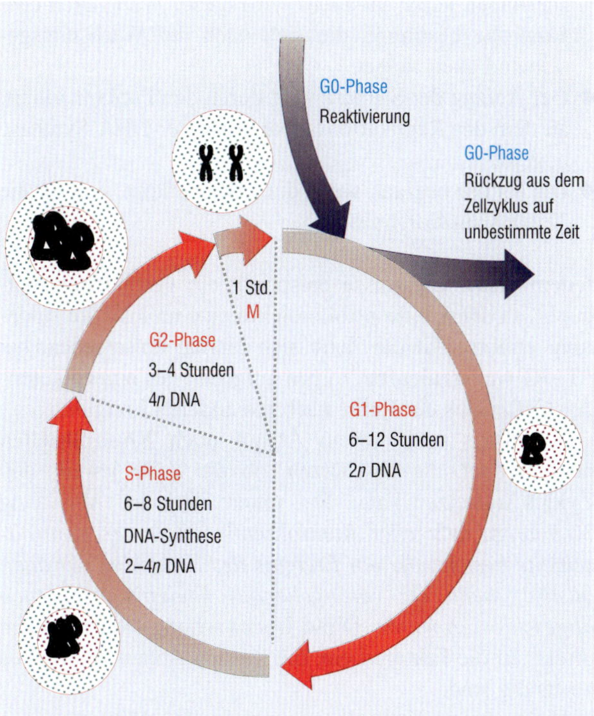

36.1 *Übersicht*: Die Interphase ist in die G1-, die S- und die G2-Phase unterteilt. Die Mitose (M) trennt einen Zellzyklus vom nächsten. Zellen können den Zyklus verlassen (G0) oder erneut in ihn eintreten.

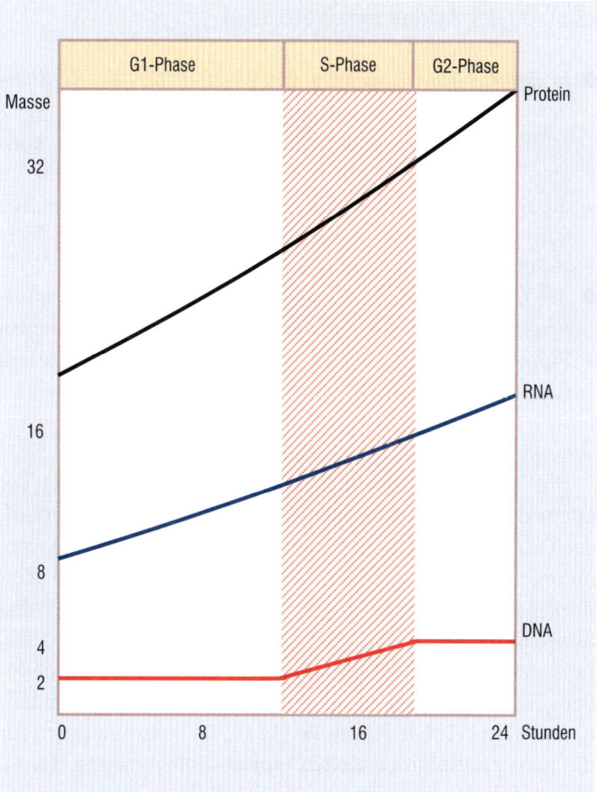

36.2 RNA und Proteine werden permanent synthetisiert, die DNA dagegen nur in der S-Phase. Die Angaben zur Masse wurden willkürlich gewählt.

Bei der Mitose erhält jede Tochterzelle einen diploiden Chromosomensatz (Segregation). Die einzelnen Chromosomen werden nur in dieser Zeit sichtbar, wenn sich die Kernhülle auflöst und sich die Zelle mit Hilfe einer **Spindel** neu organisiert. Nur bei den Chromosomen kommt es zu einer gezielten Segregation des Materials; die anderen Bestandteile werden hauptsächlich durch den Cytoplasmafluß auf die beiden Tochterzellen verteilt. Während der Mitose ruhen praktisch alle Syntheseprozesse.

Im Zellzyklus einer somatischen Tierzelle wiederholt sich diese Folge von Ereignissen alle 18 bis 24 Stunden. Die Abbildung 36.1 zeigt, daß die G1-Phase in der Regel den größten Teil des Zyklus ausmacht; sie dauert von etwa sechs Stunden bei einer ziemlich schnell wachsenden Tierzelle bis zu etwa 12 Stunden bei einer langsamer wachsenden Zelle. Die Dauer der S-Phase wird durch die Zeit bestimmt, die benötigt wird, um das ganze Genom zu replizieren; in der Regel sind das sechs bis acht Stunden. G2 ist normalerweise der kürzeste Teil der Interphase; in diesem wird möglicherweise die Mitose vorbereitet. Die M-Phase (Mitose) ist ein kurzes Zwischenspiel im Zellzyklus; sie dauert in der Regel weniger als eine Stunde.

36.1 Das Voranschreiten des Zellzyklus wird an speziellen Kontrollpunkten entschieden

Im Zyklus gibt es zwei Stellen, an denen sich entscheiden kann, ob der Zyklus fortgesetzt wird:

- *In der G1-Phase werden die Weichen für die Replikation der Chromosomen gestellt.* Sind die Bedingungen erfüllt, um diese „Zulassungsstelle" passieren zu können, tritt die Zelle nach einer kurzen Verzögerung in die S-Phase ein. Diese Stelle ist in Hefezellen am besten definiert; dort wird sie als **START** bezeichnet. In Tierzellen heißt dieser Übergang **Restriktionspunkt**.
- *Am Ende der G2-Phase werden die Zellen auf die mitotische Teilung festgelegt.* Wenn sich die Zelle an diesen Punkt nicht teilt, behält sie weiterhin den doppelten Chromosomensatz.

Wie nutzt die Zelle diese beiden Kontrollpunkte?

Bei Tierzellen, die in Kultur wachsen, entscheidet vor allem die G1-Kontrolle über den weiteren Zyklusverlauf, der G2/M-Kontrollpunkt spielt dagegen nur eine untergeordnete Rolle. Die Zellen befinden sich die meiste Zeit über in G1. Die Länge von G1 richtet sich nach den Wachstumsbedingungen. Hat eine Zelle G1 verlassen, wird sie, falls keine Zwischenfälle auftreten, die S-Phase abschließen, G2 durchlaufen und sich teilen. Kultivierte Zellen halten nicht in G2. Die Kontrolle bei G1 ist wahrscheinlich für die meisten diploiden Zellen typisch – unabhängig davon, ob sie sich *in vitro* oder *in vivo* befinden.

Einige Zelltypen teilen sich überhaupt nicht. Bei diesen Zellen nimmt man häufig an, daß sie vom Zellzyklus in einen anderen Zustand übergewechselt sind; dieser ähnelt zwar G1, doch im Unterschied zu G1 können die Zellen dieser Phase nicht mehr in die S-Phase gelangen. Diesen Zustand außerhalb des Zyklus nennt man **G0**. Bestimmte Zelltypen kann man anregen, G0 zu verlassen und erneut in den Zellzyklus einzutreten. Austritt wie Wiedereintritt in den Zellzyklus erfolgen vor dem Restriktionspunkt in G1 (Abbildung 36.1).

Manche Zelltypen ruhen in G2. In der diploiden Welt sind das in der Regel Zellen, die sich wahrscheinlich erneut teilen sollen. So teilen sich beispielsweise bei Insekten in bestimmten Stadien der Embryogenese die Kerne und bleiben tetraploid. Für haploide Zellen ist es nicht ungewöhnlich, in G2 zu verharren. Das erfordert einigen Schutz gegenüber DNA-Schäden, da in G1 zwei Genome statt einem vorhanden sind. Einige Hefen können je nach Ernährungslage zwischen G1 oder G2 als primären Kontrollpunkt wählen. Manche haploide Moose benutzen in der Regel G2 zur Kontrolle.

Im oberen Teil von Abbildung 36.3 sind die entscheidenden Stellen im Zellzyklus skizziert:

- Ist für den Zellzyklus die G1-Kontrolle entscheidend, dann markiert START den Punkt, an dem die Zelle die grundsätzliche Entscheidung darüber trifft, ob sie sich teilt oder nicht. Dabei wird sie von verschiedenen Parametern beeinflußt: die Reaktion auf externe Reize wie die Versorgung mit Nahrungsmitteln, sowie eine Abschätzung, ob ihre Zellmasse ausreicht, einen Teilungszyklus zu durchlaufen. Im allgemeinen gibt es keinen absoluten Wert, bei welcher Zellmasse eine Teilung stattfinden kann; vielmehr wird dieser Wert durch eine Kontrolle bestimmt, die sich nach der Wachstumsgeschwindigkeit richtet.
- Der Anfang der S-Phase wird durch den Punkt markiert, an dem der Replikationsapparat mit der DNA-Synthese beginnt.
- Die Mitose beginnt, wenn die Zelle anfängt, sich für die Teilung umzuorganisieren.

Jedem dieser Ereignisse entspricht ein gesonderter Zeitpunkt, an dem ein Kontrollmolekül eine molekulare Änderung erfährt. Hat die Zelle sich einmal entschieden, bei START weiterzulaufen, folgen aufgrund des nun ablaufenden Zellzyklus der Reihe nach die anderen Ereignisse.

Allerdings sind diesem Ablauf noch **Kontrollstellen** übergeordnet, die abschätzen, ob die Zelle jeweils den Zyklus fortsetzen kann. Der untere Teil von Abbildung 36.3 zeigt, daß *jeder Kontrollpunkt aus einer Kontrollschleife besteht, die ein Ereignis des Zellzyklus nur dann auslöst, wenn ein vorangehendes Ereignis erfolgreich abgeschlossen wurde.* Diese Überwachungsstellen wirken direkt auf die Faktoren ein, die für den Ablauf des Zyklus zuständig sind.

Viele dieser Kontrollstationen in der Mitose sorgen dafür, daß die Zelle sich nur dann teilt, wenn alle erforderlichen früheren Ereignisse abgeschlossen sind. Bei einem wichtigen Kontrollpunkt wird überprüft, ob die gesamte DNA repliziert wurde; andere bestimmen, ob DNA

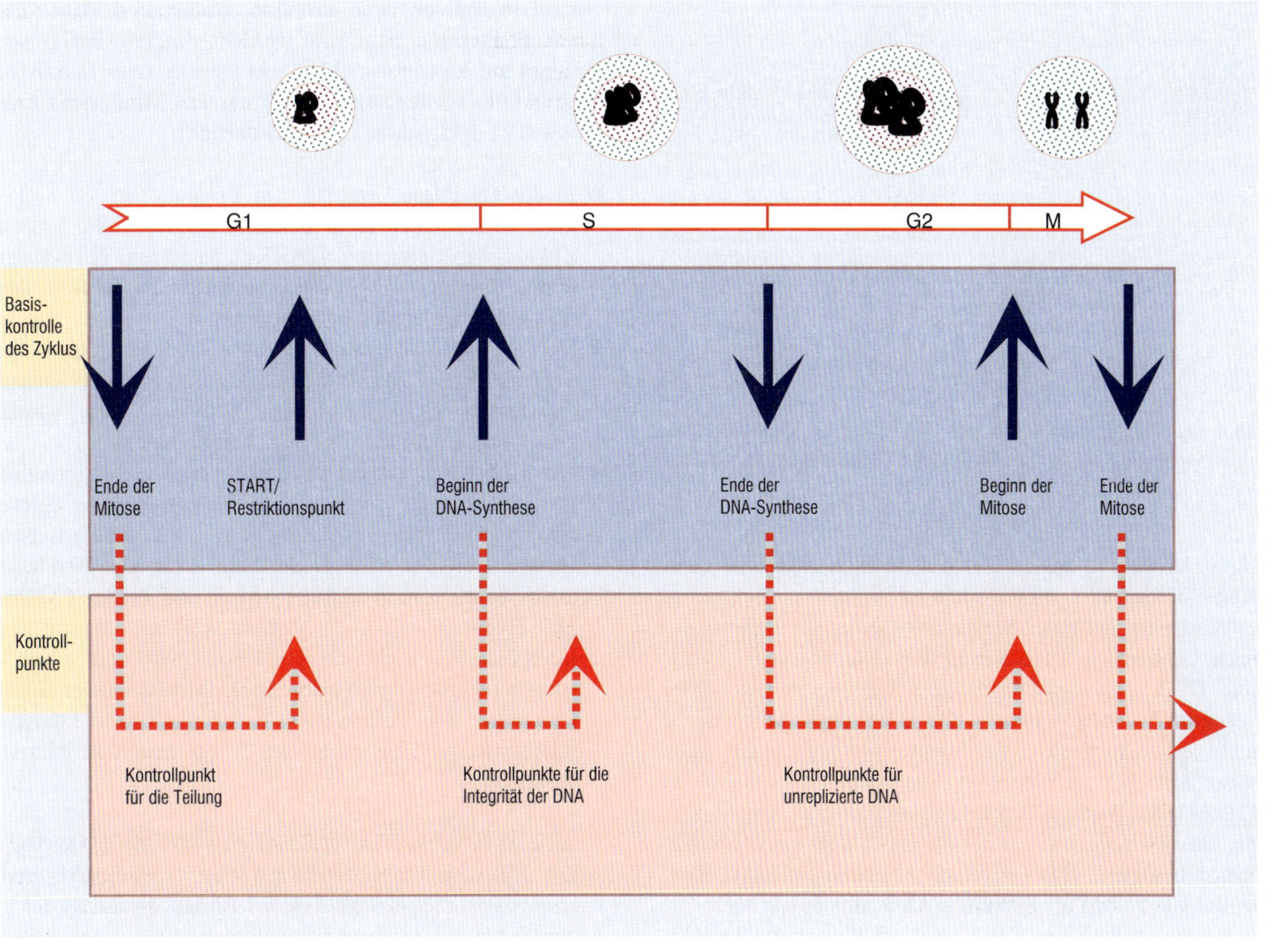

36.3 Kontrollpunkte überprüfen, ob eine Zelle den Zyklus durchlaufen kann; zu diesem Zweck analysieren sie, ob frühere Stadien erfolgreich abgeschlosssen wurden.

geschädigt wurde, und verschieben die Mitose solange, bis sie repariert worden ist. Das erklärt, warum die DNA-Replikation bei sämtlichen somatischen eukaryotischen Zellen abgeschlossen sein muß, bevor sich die Zelle teilen kann. Weitere Kontrollpunkte innerhalb der Mitose sorgen dafür, daß keine Phase beginnt, bevor nicht die vorherige abgeschlossen wurde. Kontrollen in der S-Phase verhindern, daß weiter repliziert wird, wenn die DNA nicht intakt ist – etwa weil sie zerbrochen oder anderweitig beschädigt ist. Schließlich gibt es einen Kontrollpunkt, der sicherstellt, daß die letzte Mitose erfolgreich abgeschlossen wurde, bevor eine Zelle START durchlaufen und einen weiteren Zyklus in Angriff nehmen kann.

Damit sich eine Zelle teilen kann, muß sie zwei verschieden Arten von Zyklen miteinander koordinieren:

- Eine Zelle muß jede DNA-Sequenz einmal und nur einmal verdoppeln. Das überprüft ein sogenannter Lizenzfaktor, der in Kapitel 15 besprochen wurde. Eine einmal begonnene Replikation muß auch abgeschlossen werden; *vor Abschluß der Replikation darf sich die Zelle nicht teilen.* Das wird am entsprechenden Kontrollpunkt in der Mitose überprüft.
- Die Zellmasse muß sich verdoppeln, damit genügend Zellmaterial auf beide Tochterzellen verteilt werden kann. *Die Zelle darf folglich nur dann einen Replikationszyklus starten, wenn ihre Masse für eine Teilung ausreicht.* Die Zellmasse beeinflußt die Fähigkeit der Zelle, START zu durchlaufen; möglicherweise wird auch sie bei der Mitose an einem dafür vorgesehenen Kontrollpunkt überprüft.

Manche embryonale Zyklen umgehen einige dieser Kontrollen und reagieren statt dessen auf einen Zeitgeber oder Oszillator. Der Zellzyklus kann folglich je nach Bedarf über die Zeit, die Wachstumsrate, die Zellmasse und den Abschluß der Replikation kontrolliert werden.

Durch Experimente, bei denen man Zellen in verschiedenen Zyklusstadien miteinander fusionierte, entdeckte man schon früh, daß in jedem Stadium verschiedene Kontrollelemente vorhanden sind. Die Zellen werden miteinander fusioniert (Abbildung 36.4), indem man sie in Gegenwart einer Chemikalie oder eines Virus zusammengibt, so daß ihre Plasmamembranen miteinander verschmelzen. Auf diese Weise entsteht eine Hybridzelle, ein sogenanntes

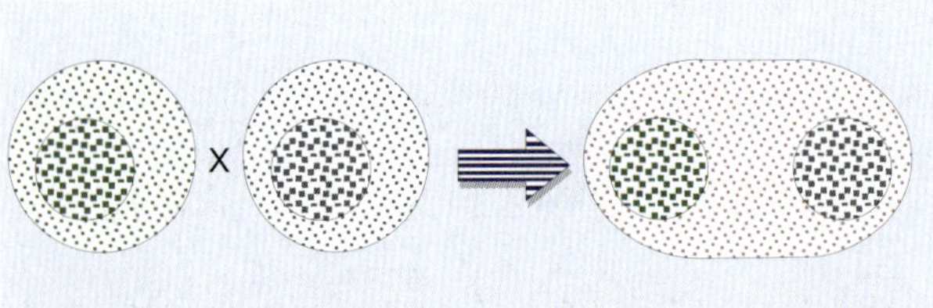

Zelle		Zelle	Kern	Kern
S-Phase	x	G1-Phase	Replikation	Replikation
S-Phase	x	G2-Phase	Replikation	Stop
Mitose	x	Interphase	Mitose	Teilung
G1-Phase	x	G2-Phase	Interphase	Stop

36.4 Durch Zellfusion entstehen Heterokaryen. Das Verhalten ihrer Kerne wird durch den Status der Zellen bestimmt, die miteinander verschmolzen sind.

Heterokaryon, in dessen Cytoplasma sich zwei oder mehr Kerne befinden.

Wird eine Zelle der S-Phase mit einer G1-Zelle fusioniert, replizieren beide Kerne des Heterokaryons jeweils ihre DNA. *Das Cytoplasma der S-Phase enthält daher vermutlich einen Aktivator der DNA-Replikation.* Es ist nicht unwichtig, *wieviel* Aktivator vorhanden ist; denn wenn sich bei Fusionen von mehreren Zellen mehr S-Phase- als G1-Phase-Kerne entstanden sind, erhöht sich die Geschwindigkeit, mit der die G1-Nuclei mit der Replikation beginnen. Das bei diesen Fusionen entdeckte Kontrollelement wird als **S-Phasen-Aktivator** bezeichnet.

Fusioniert man eine Zelle aus der S-Phase mit einer G2-Zelle, repliziert der Kern, der sich in der S-Phase befindet weiter, während der G2-Kern seine DNA nicht vermehrt. Daraus kann man schließen, daß der S-Phasen-Aktivator bei replizierter DNA keine Wirkung zeigt; auf diese Weise wird sichergestellt, daß jede Sequenz nur einmal repliziert wird. Man kann jedoch bei solchen Fusionen beobachten, daß beim Zeitpunkt der Mitose ein Kompromiß geschlossen wird. Der S-Phase-Kern tritt eher in die M-Phase ein, als er es mit seinem früheren Cytoplasma getan hätte, *die G2-Zelle dagegen beginnt ihre Mitose erst, wenn der S-Phase-Kern zu Ende repliziert hat.* Dies könnte bedeuten, daß in der S-Phasenzelle irgendein Regulator – vielleicht der S-Phasenaktivator selbst – den Eintritt in die Mitose verhindert.

Fusioniert man eine mitotische Zelle mit einer Zelle, die sich in einem Stadium der Interphase befindet, wird der Interphasekern veranlaßt, eine Pseudomitose einzuleiten, bei der seine Chromosomen vorzeitig kondensiert werden. *Zellen, die sich teilen, enthalten daher vermutlich einen **M-Phasen-Induktor**.*

Sowohl die S-Phasen- wie die M-Phasen-Induktoren sind nur vorübergehend vorhanden; denn Fusionen von G1- und G2-Zellen lösen in keinem der Kerne des Heterokaryons eine Replikation oder Mitose aus.

Abbildung 36.5 zeigt, wann im Zellzyklus die molekulare Basis für die Prozesse gelegt wird, welche die Phasenübergänge im Zyklus kontrollieren. Für einige Kontrollereignisse müssen neue Proteine synthetisiert oder vorhandene Proteine abgebaut werden. Andere Ereignisse beruhen auf einer reversiblen Aktivierung oder Inaktivierung bereits vorliegender Komponenten. Mindestens drei molekulare Aktivitäten sind erforderlich:

- In der G1-Phase veranlaßt ein Ereignis, dessen molekulare Basis noch nicht bekannt ist, die Zelle, in den Zyklus einzutreten und START zu passieren. Wir wissen nicht, warum es vor dem eigentlichen Beginn der S-Phase zu einer Verzögerung kommt.
- Der S-Phasen-Aktivator ist ein Charakteristikum der S-Phase. Er ist eine Proteinkinase und mit der Kinase verwandt, welche die Mitose aktiviert; diese wurde zuerst entdeckt und ist besser charakterisiert.
- Die Mitose hängt davon ab, daß ein bereits existierendes Protein aktiviert wird, die **M-Phasen-Kinase**. Diese besteht aus zwei Untereinheiten: einer katalytischen Untereinheit der Kinase, die beim Start der M-Phase durch Modifikation aktiviert wird, und einem **Cyclin**. Das Cyclin trägt seinen Namen, weil es während der Interphase kontinuierlich synthetisiert wird und sich entsprechend anhäuft und während der Mitose wieder abgebaut wird. Sein Abbau sorgt dafür, daß die M-Phasen-Kinase inaktiviert wird und die Tochterzellen die Mitose verlassen.

Es ist eine bemerkenswerte Eigenschaft der Zellzykluskontrolle, daß sich ihre Aktivitäten in (wahrscheinlich) allen eukaryotischen Systemen ähneln. Einige dieser Systeme haben Zyklen, die sich oberflächlich gesehen anscheinend völlig vom normalen somatischen Zyklus unterscheiden. So sind beispielsweise für die Entwicklung im *Xenopus*-Ei sehr schnelle Teilungen charakteristisch, bei denen die Mitose direkt im Anschluß an die S-Phase erfolgt; den Übergang in die Mitose überwacht die M-Phasen-Kinase – derselbe Faktor, der auch die somatische Mitose kontrolliert. Hefezellen sind Einzeller, und bestimmte Spezies teilen sich asymmetrisch. Der Eintritt in die S-Phase und die Mitose werden jedoch von Prozessen und Proteinen kontrolliert, die mit denen im *Xenopus*-Ei verwandt sind. In Organismen, die evolutionär so weit auseinanderliegen wie Hefen, Insekten und Säuger, übernehmen homologe Gene Rollen, die einander sehr ähneln.

36.2 Die M-Phasen-Kinase ist ein Dimer, das den Eintritt in die Mitose kontrolliert

An der Frühentwicklung der Eier des Krallenfrosches *X. laevis* lassen sich besonders gut die Gegebenheiten analysieren, die eine Zelle zur Mitose veranlassen. Abbildung 36.6 gibt einen Überblick über die frühen Teilungen in der *Xenopus*-Embryogenese.

Die noch unreife Oocyte von *Xenopus* verharrt im ersten meiotischen Teilungszyklus – gerade im Anfangsstadium der Chromosomenkondensation. Das entspräche im somatischen Zyklus noch am ehesten der G2-Phase. Wenn

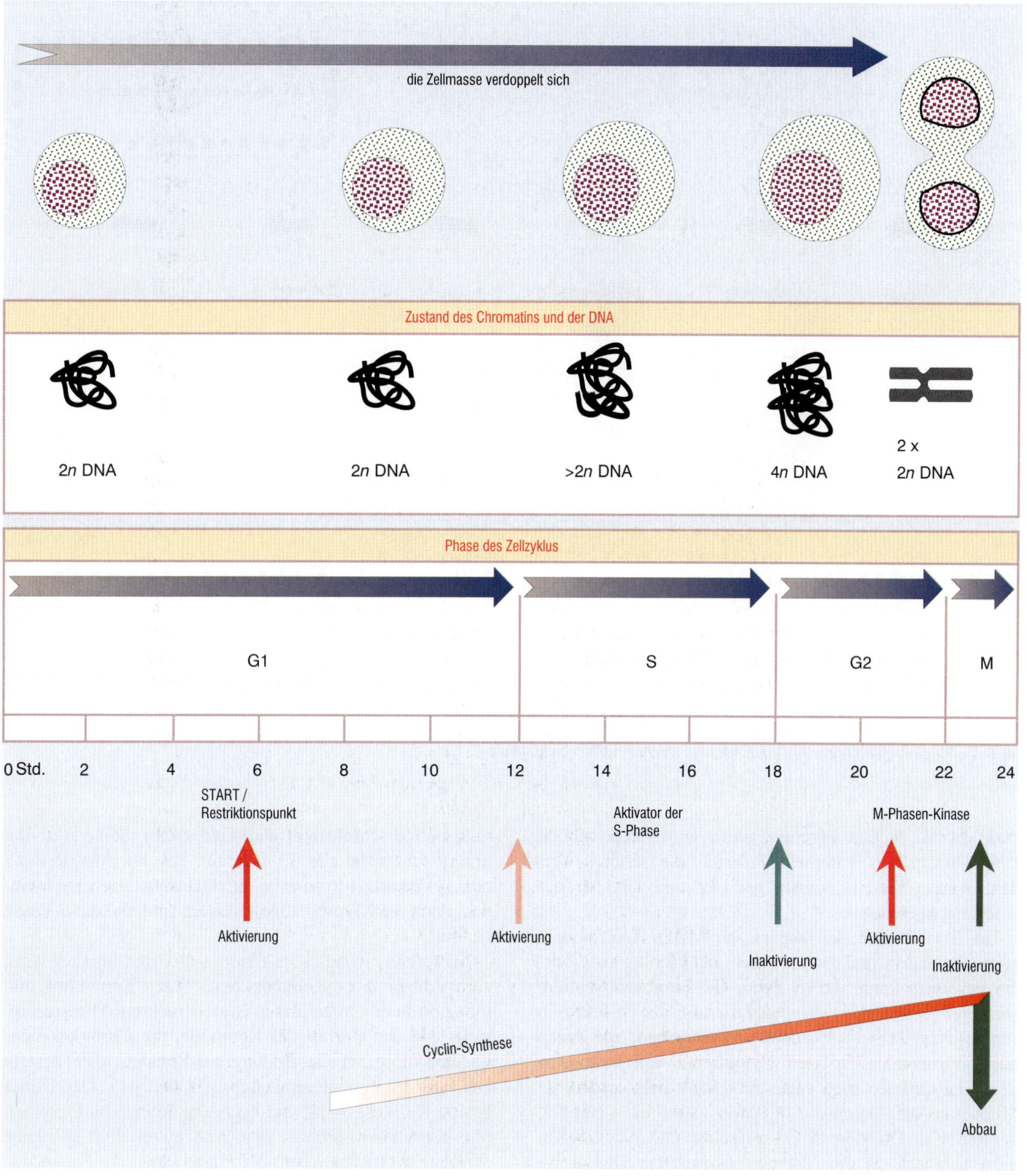

36.5 Die Phasen des Zellzyklus werden durch einzelne Ereignisse kontrolliert, die sich in der G1-, S-Phase und Mitose ereignen.

durch die Einwirkung von Hormonen die zweite meiotische Teilung ausgelöst wurde, erfolgt die Ovulation. Ist das Ei gelegt, verbleibt es im Endstadium der zweiten Meiose; dabei herrschen Bedingungen, die der somatischen M-Phase entsprechen.

Das Ei ist relativ groß – bei *X. laevis* hat es z. B. einen Durchmesser von ungefähr einem Millimeter. Es speichert einen gewaltigen Vorrat, der für die ersten Teilungen gebraucht wird. Die Befruchtung löst eine Reihe sehr schneller Teilungszyklen aus. Die erste Teilung beansprucht etwa 90 Minuten. Im Furchungsstadium finden gleichzeitig elf Teilungen statt; jede von ihnen dauert etwa 30 Minuten. Die Teilungen bestehen eigentlich aus einem Wechsel von S-Phase

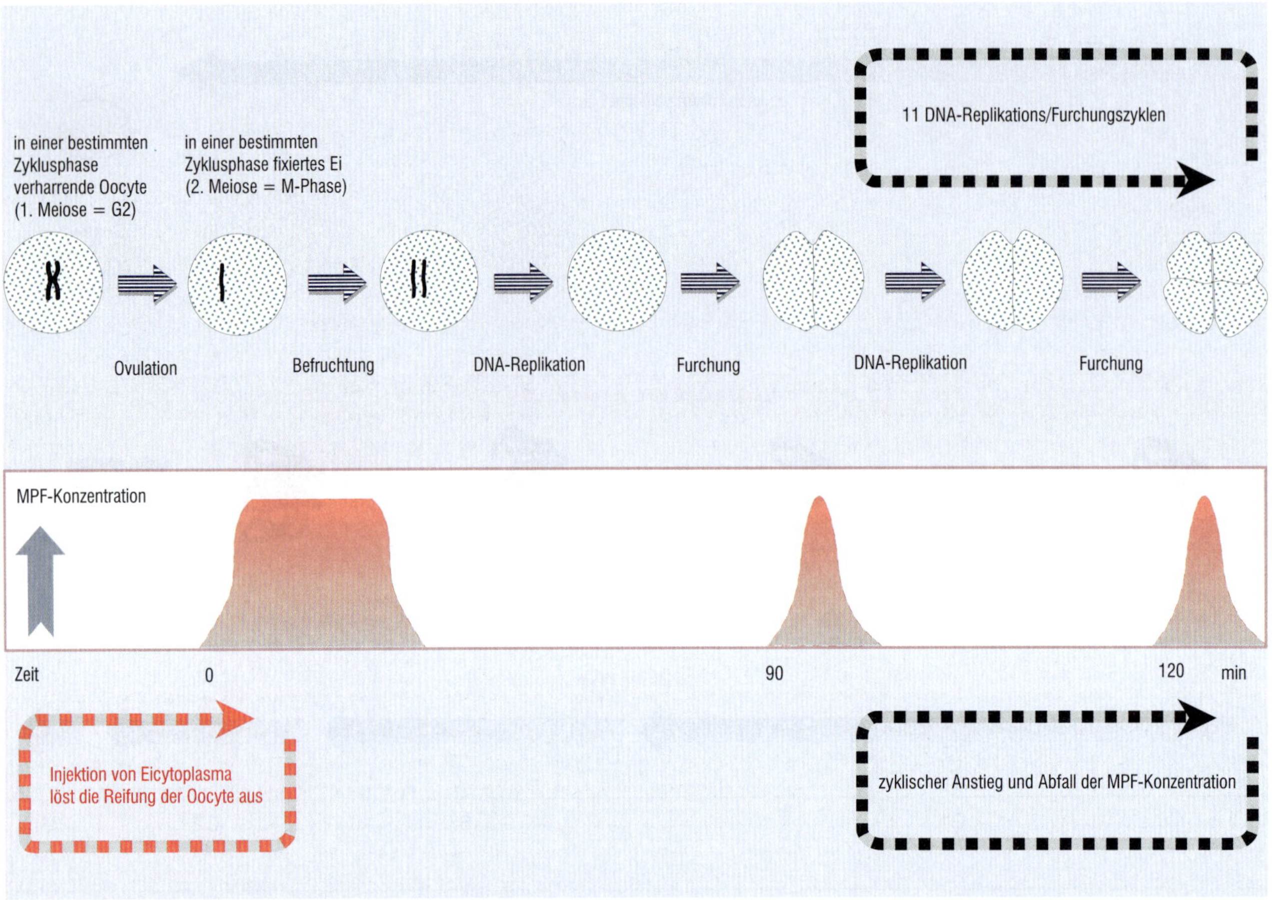

36.6 Zu Beginn der *Xenopus*-Entwicklung induziert MPF die M-Phase.

und Mitose. In den Furchungseiern wird hauptsächlich DNA synthetisiert; sämtliche Proteine, die benötigt werden, wurden bereits vorher gebildet und sind in der Oocyte gespeichert.

Das Ei ist so groß, daß man aus ihm Material aufreinigen kann. Besonders praktisch ist, daß man problemlos Oocyten gewinnen kann, die in einem G2-ähnlichen Stadium verharren, sowie Eier, deren Arretierung der M-Phase in somatischen Zellen entspricht. In Versuchen, bei denen man in ruhenden Oocyten Cytoplasma von arretierten Eiern einspritzte, stieß man auf einen Faktor, der die Mitose auslöst. Durch die Injektion wurde die Fixierung der unreifen Oocyten in G2 aufgelöst und die Eizellen dazu gebracht, in die M-Phase einzutreten. Die aktive Komponente des Extrakts wurde daher als **Reifungsfaktor** (*maturation promoting factor*, **MPF**) bezeichnet. MPF ist zwar in den ruhenden Eiern vorhanden; es sind jedoch andere Faktoren, die verhindern, daß es zur Teilung kommt.

Mittlerweile hat sich herausgestellt, daß MPF allgemein für den Eintritt somatischer Zellen in die M-Phase zuständig ist; daher steht das Kürzel MPF nun für **M-Phasen-Promotor**. Welche Bedeutung MPF für die Induktion der Mitose hat, läßt sich daraus ersehen, daß seine Konzentration im nächsten Entwicklungsstadium, wenn sich das Ei teilt, periodisch ansteigt und wieder fällt. Seine Aktivität nimmt zu, wenn das Ei während der Furchungsteilung eine synchrone Mitosewelle durchläuft, und sie verschwindet, wenn die Mitosen abgeschlossen sind und die S-Phase beginnt.

MPF führt, wenn es in *Xenopus*-Oocyten injiziert wird, zum Abbau des „Keimbläschens" (der Kernhülle) und induziert in einem zellfreien System mehrere Mitoseereignisse wie den Zerfall der Kernhülle, die Chromosomenkondensation und die Bildung der Spindel. MPF besteht aus zwei Proteinuntereinheiten, p34 und p45. Das Dimer besitzt Kinaseaktivität und kann eine Reihe von Proteinen phosphorylieren. Daraus kann man unmittelbar auf seine Wirkungsweise schließen: *MPF überwacht die Funktionsfähigkeit bestimmter Proteine, indem es sie an einem bestimmten Punkt des Zellzyklus phosphoryliert.* Die Aktivität des Enzyms testet man tatsächlich darauf, ob es Zielproteine phosphorylieren, und nicht darauf, ob es eine Mitose induzieren kann. Seine Arbeitsweise wäre daher mit der Bezeichnung **M-Phasen-Kinase** besser charakterisiert. Seine verschieden gearteten Untereinheiten haben unterschiedliche Aufgaben:

- p34 ist die *katalytische Untereinheit*, die in Zielproteinen Serin und Threonin phosphoryliert.

◆ p45 ist ein Cylin, eine *Kontrolluntereinheit*, die erforderlich ist, damit die Kinase mit den richtigen Substraten funktioniert.

Die Kristallstruktur eines solchen Dimers zeigt, daß das Cyclin bei seinem Partner eine Konformationsänderung auslöst; diese ist notwendig, damit die aktive Kinasestelle entsteht. Die katalytische Untereinheit ist daher für sich genommen nicht aktiv; sie wird es erst durch die Bindung an den Partner Cyclin.

Bei einer M-Phasen-Kinase trifft man in der Regel nur auf eine Art von katalytischer Untereinheit (p34); diese kann jedoch mit einem von mehreren möglichen Cyclin-Partnern gekoppelt sein. Es gibt generell zwei Arten von mitotischen Cyclinen: A und B; beide sind nur entfernt miteinander verwandt. Charakteristisch für sie ist eine Folge von etwa 150 Aminosäuren, die manchmal als Cyclin-Box bezeichnet wird. Bei Säugern und Fröschen kann man die B-Cycline in die Untertypen B1 und B2 unterteilen.

Es gibt bei der M-Phasen-Kinase also mindestens zwei allgemeine Formen: p34-Cyclin-A und p34-Cyclin-B. Aufgrund der gemeinsamen Cyclin-Eigenschaften kann man schließen, daß sie auch in ihrer Wirkungsweise übereinstimmen und die katalytische Untereinheit der M-Phasen-Kinase in ihrer Aktivität beeinflussen. Dennoch haben die beiden Cyclin-Arten nur wenig Ähnlichkeiten und zeigen ein unterschiedliches zeitliches und räumliches Verteilungsmuster. Obwohl sie daran mitwirken, wann und wo die M-Phasen-Kinase aktiv wird, wissen wir nicht, wie sie regulierend eingreifen, wenn es darum geht, die Spezifität von p34, der katalytischen Untereinheit, festzulegen. Wir würden insbesondere gern wissen, ob p34-Cyclin-A und p34-Cyclin-B unterschiedliche Proteine als Substrate erkennen.

Die Aktivierung der M-Phasen-Kinase am G2/M-Übergang sowie die Inaktivierung in der M-Phase erfolgen an entscheidenden Stellen innerhalb des Zellzyklus. Sie werden durch unterschiedliche Prozesse ausgelöst:

◆ *Für die Aktivierung muß die katalytische p34-Untereinheit modifiziert werden.* Ihre Konzentration bleibt in den meisten Zellen während des Zyklus konstant; im Vergleich zu den Cyclinen ist p34 im Überschuß vorhanden. Die Cycline werden benötigt, um die für die M-Phase spezifische Kinaseaktivität von p34 zu stimulieren, sie liefern aber dafür nicht das Aktivierungssignal; sie haben bereits ihre maximale Konzentration erreicht, bevor die Kinase aktiv wird. Das intakte p34-Cyclin-Dimer akkumuliert in inaktiver Form; das entscheidende Ereignis, das dann den Übergang von G2 nach M auslöst, ist die Veränderung von p34.
◆ *Die Inaktivierung erfolgt dann durch physikalischen Abbau von Cyclin.* Die Cycline erhielten ihren Namen ursprünglich, weil sie sich kontinuierlich im Zellzyklus anreichern; während der Mitose werden sie dann plötzlich proteolytisch zerstört (Abbildung 36.5). Die zeitliche Reihenfolge des Cyclin-Abbaus ist bezeichnend: In der Regel erfolgt erst A, dann B – bei den Embryonalteilungen liegen wenige Minuten dazwischen, in Zellkultur dauert es dagegen länger; dieser Unterschied gilt offensichtlich für alle Zellen.

Wodurch wird die katalytische Aktivität der M-Phasen-Kinase aktiviert? p34 ist selbst ein Phosphoprotein; der Grad seiner Phosphorylierung ist entscheidend für seine Aktivität. Die Ereignisse, die an der Aktivierung und Inaktivierung der M-Phasen-Kinase beteiligt sind, sind in Abbildung 36.7 zusammengefaßt. Damit die M-Phasen-Kinase aktiviert wird, müssen an einigen Positionen die Phosphatgruppen fehlen, an anderen aber vorhanden sein.

Bei Mauszellen müssen an der ATP-Bindungsstelle zwei Reste dephosphoryliert sein, um die Kinase zu aktivieren: Thr-14 und Tyr-15; beide Phosphate werden von derselben Phosphatase, die eine duale Spezifität aufweist, entfernt (siehe unten). Die M-Phasen-Kinase wirkt autokatalytisch: Die Aktivierung einer geringen Kinasemenge reicht aus, um die restliche Kinase zu aktivieren. Das könnte man dadurch erklären, daß die M-Phasen-Kinase selbst die Phosphatase aktiviert.

Thr-161 von p34 wird ebenfalls phosphoryliert. Diese Phosphatgruppe wird in G2 eingeführt und gegen Ende der Mitose wieder entfernt. Ohne sie wird p34 nicht aktiviert. Wurde an dieser Stelle durch Mutation eine Aminosäure eingeführt, die nicht phosphoryliert werden kann, kann die Kinase nicht aktiviert werden.

Die Bindung der katalytischen und Cyclin-Untereinheiten sowie die Phosphorylierung und Dephosphorylierung erfolgen in einer bestimmten Reihenfolge. *In vitro* bindet Cyclin B spezifisch an die Form von p34, bei der das Tyrosin *dephosphoryliert* ist. So entsteht ein potentiell aktives Dimer. Aufgrund der Dimerbildung werden dann jedoch wieder Thr-14 und Tyr-15 phosphoryliert. *Durch die Assoziation mit Cyclin kommt es so letztlich zu einer Inaktivierung.* Das Dimer verbleibt in dieser inaktiven Form, bis die Phosphate entfernt sind.

Cyclin A und B besitzen beide in der Nähe ihres N-Terminus ein kurzes Motiv – die Cyclin-Abbaubox; sie ist nötig, damit das Cyclin für die Proteolyse zugänglich wird. Cycline werden durch ein allgemeines proteolytisches System abgebaut, das Proteasom – ein Komplex aus proteolytischen Aktivitäten, der seine Ziele erkennt, wenn man ihnen, wie in Kapitel 10 besprochen, Ubiquitin anhängt.

Der Abbau der Cyclin-Untereinheiten ist für die Inaktivierung der M-Phasen-Kinase während der Mitose verantwortlich; in der Tat können die Zellen die Mitose nicht ohne ihn verlassen. Ohne N-Terminus wird Cyclin B nicht abgebaut. Wird dieses Protein in *Xenopus*-Eiern oder in einem zellfreien Extrakt synthetisiert, in dem einige der typischen Zyklusreaktionen ablaufen, kommt es zu einem Stop in der Anaphase. Man nimmt daher an, *daß die Mitose nicht ohne Verlust der Kinaseaktivität beendet werden kann.*

Es ist eine wichtige Frage, worin sich die Rollen von Cyclin A und B bei der Mitose unterscheiden. Daß sie nicht zu den gleichen Zeiten synthetisiert und wieder abgebaut werden, spricht zwar dafür, daß sie unterschiedliche

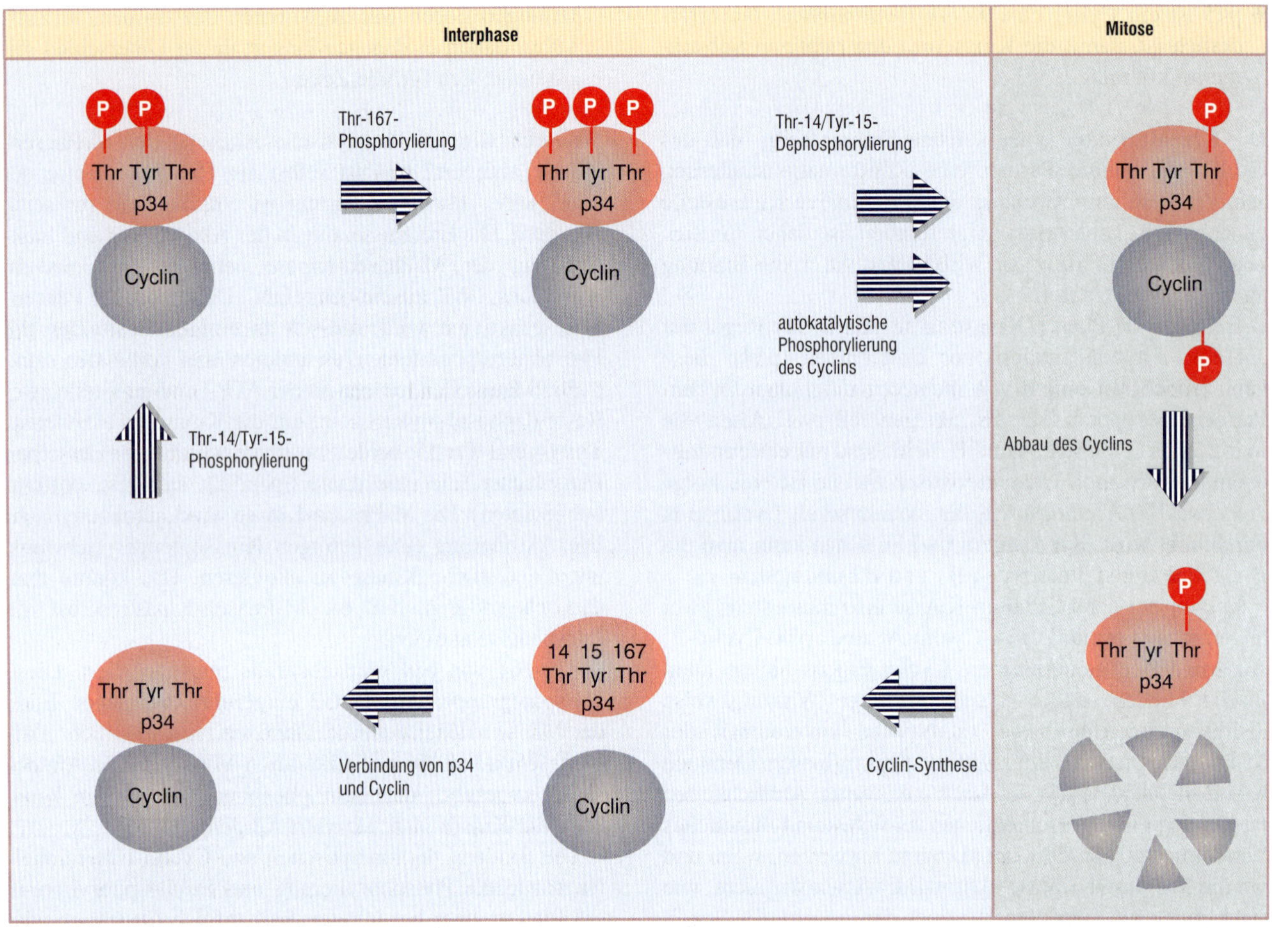

36.7 Die Aktivität der M-Phasen-Kinase wird über Phosphorylierung, Dephosphorylierung und Proteinproteolyse kontrolliert. Die drei phosphorylierten Aminosäuren sind: Thr-14, Tyr-15 und Tyr-165. Die beiden ersten befinden sich in der ATP-Bindungsstelle. In welchem zeitlichen Abstand voneinander alle diese Ereignisse stattfinden, ist noch unklar.

Aufgaben erfüllen; bisher fehlt aber ein unmittelbarer Hinweis dafür, ob in einer Tierzelle wirklich beide Cycline für die Mitose erforderlich sind oder ob vielleicht eines der beiden überflüssig ist.

36.3 Phosphorylierung und Dephosphorylierung von Proteinen kontrollieren den Zellzyklus

Mit der Aktivierung der M-Phasen-Kinase setzt die M-Phase ein; die Kinase muß inaktiviert werden, damit die M-Phase abgeschossen werden kann. Die von der M-Phasen-Kinase regulierten Ereignisse sind daher vermutlich reversibel: *Die Zelle kann nur nach Phosphorylierung von Substraten mit Hilfe einer Mitosespindel neu organisiert werden; und dieselben Substrate müssen dephosphoryliert werden, damit die Zelle zur Organisation der Interphase zurückfindet.*

Die Aktivität der Regulatoren in der Interphase und der Mitose wird vor allem durch Phosphorylierung und Dephosphorylierung von Proteinen gesteuert. Eine Reihe von Kinasen und Phosphatasen kontrollieren die Aktivitäten der M-Phasen-Kinase und anderer mit ihr verwandter Kontrollproteine. Diese Interaktionen bilden zusammengenommen einen komplizierten Kontrollzyklus, der in der Regulation der M-Phasen-Kinase gipfelt.

Welche Substrate phosphoryliert die M-Phasen-Kinase? In der Mitose wird die Zelle vollkommen neu organisiert. Da MPF eine Mitose induzieren kann, muß die M-Phasen-Kinase in der Lage sein, auch diese Aktivitäten direkt oder indirekt mit auszulösen. Die Reorganisation der Struktur besprechen wir später, jetzt geht es erst einmal um die Frage, ob die M-Phasen-Kinase direkt oder indirekt auf die verschiedenen potentiellen Substrate einwirkt. Generell wären für die Rolle der M-Phasen-Kinase zwei Modelle denkbar:

- Sie könnte als übergeordnete Kontrollstation fungieren und Zielproteine phosphorylieren, die wiederum andere notwendige Funktionen kontrollieren – eine klassische Kaskade.
- Sie könnte aber auch selbst als eine Art „Arbeitstier“ die entscheidenden Substrate direkt phosphorylieren, die für die Steuerung oder die zum Zyklus gehörenden Zellorganisation benötigt werden.

Das einzige, was die von der M-Phasen-Kinase phosphorylierten Substrate gemeinsam haben, ist das von basischen Resten flankierte Duo Ser und Pro – meist in der Form: Ser-Pro-X-Lys. Wenn man davon ausgeht, welche Moleküle eine M-Phasen-Kinase-Präparation *in vitro* phosphorylieren kann, dann zählen folgenden Proteine zu den potentiellen Substraten: H1-Histone, die eventuell für die Kondensation der Chromosomen benötigt werden; Lamine, die möglicherweise für den Abbau der Kernhülle gebraucht werden; Nucleolin, das eventuell an der Blockade der Ribosomensynthese beteiligt ist, sowie andere strukturelle und enzymatische Aktivitäten. Noch ist nicht für alle endgültig bewiesen, daß sie auch *in vivo* zyklisch phosphoryliert werden und daß tatsächlich die M-Phasen-Kinase das aktive Enzym ist. In Anbetracht der Vielfalt der Substrate scheint es jedoch wahrscheinlich zu sein, daß die M-Phasen-Kinase auf viele der am Zellstrukturwechsel in der Mitose beteiligten Proteine einwirkt.

Nach welchen Kriterien läßt sich beurteilen, ob p34 tatsächlich im Zellzyklus auf ein potentielles Substrat einwirkt? *In vitro* sollten dieselben Stellen modifiziert werden, die p34 auch *in vivo* periodisch und immer dann, wenn es mit Sicherheit aktiv ist, phosphoryliert. Idealerweise sollte man zeigen können, daß eine Mutation in der p34-Kinase-Aktivität die Phosphorylierung *in vivo* blockiert; das gelingt jedoch augenblicklich nur bei der Hefe. Erst wenn sich einige seiner Funktionen durch das Vorhandensein von Phosphat verändern, kann man beweisen, daß die Phosphorylierung eines Proteins ein signifikantes Ereignis im Zellzyklus ist. Dies kann man testen, indem man die Aminosäure mutiert, die phosphoryliert wird; damit läßt sich feststellen, ob das Fehlen der Phosphorylierung eine Mitosefunktion blockiert.

Am besten gesichert sind die Daten, die sich auf die Phosphorylierung des H1-Histons beziehen – einem der fünf Histone, welche die Hauptbestandteile des Chromatins sind, wie es schon in Kapitel 27 besprochen wurde. Man weiß bereits seit langem, daß H1 während des Zellzyklus phosphoryliert wird: Zwei Phosphate werden während der S-Phase angehängt und vier weitere im Laufe der Mitose; dafür ist in der Zelle im wesentlichen die M-Phasen-Kinase zuständig.

Darüber, welchen Zweck die H1-Phosphorylierung im Zellzyklus erfüllt, läßt sich nur spekulieren, da bislang noch keine unmittelbaren Auswirkungen auf die Chromatinstruktur beobachtet werden konnten. Es liegt auf der Hand anzunehmen, daß sie mit der Kondensation der Chromosomen in der M-Phase zusammenhängt; man weiß jedoch über den Zeitpunkt der Modifikation in der S-Phase nicht genug, um darüber nachzudenken, ob sie mit der Vorbereitung der Replikation zu tun hat, bei der die DNA entspiralisiert werden muß, oder mit den Folgen der Replikation, wenn die Vorbereitungen für die Mitose beginnen könnten. Das H1-Histon ist jedoch ein außergewöhnlich gutes Substrat für Kinasen, die auf p34-Aktivität basieren; daher wurde es üblich, das Enzym *in vitro* über die H1-Kinase-Aktivität zu testen. Wie attraktiv dieser Test offenbar ist, zeigt seine Anwendung bei *S. cerevisiae*. Dort wird die H1-Kinase-Aktivität routinemäßig gemessen, um die zyklische Aktivität der M-Phasen-Kinase zu bestimmen; in Wirklichkeit ist diese Hefe jedoch eine Ausnahme und enthält überhaupt kein H1-Histon!

Die Aktivität der M-Phasen-Kinase und verwandter Kinasen, welche die S-Phase kontrollieren, wird durch Phosphorylierung und Dephosphorylierung gesteuert. Ist bei Zellen der Zyklus mutiert, sind häufig Kinasen, seltener Phosphatasen betroffen. Durch Einwirkung auf die M- oder auch S-Phasen-Kinase bilden die Kinasen Reaktionsketten, die auf externe Signale und Kontrollpunkte reagieren. Obwohl die Dephosphorylierung im Zellzyklus ähnlich häufig und wichtig ist wie die Phosphorylierung, weiß man über entsprechende Aktionen spezifischer Phosphatasen sehr viel weniger. Ein Grund dafür könnte sein, daß die Phosphatasen eine breitere Spezifität haben oder redundant sind, so daß man Mutationen nicht anhand ihrer Auswirkung auf den Zellzyklus erkennen kann. Vielleicht sind bei den spezifischen Zellzyklusmutanten aber auch noch nicht identifizierten Kontrolluntereinheiten verändert. Bei Zellzyklusmutanten mit veränderten Phophatasen ist meistens die Mitose betroffen. Diese Phosphatasen könnten dafür verantwortlich sein, daß von den Substraten für p34 die Phosphatgruppen entfernt werden.

Wesentliche Erkenntnisse über Art und Funktion der M-Phasen-Kinase brachte die Entdeckung, daß p34 das *Xenopus*-Homolog zu Genen ist, die am Zellzyklus von zwei Hefen beteiligt sind: *cdc2* von *S. pombe* und *CDC28* von *S. cerevisiae*. Diese beiden Hefegene sind zueinander homolog; dies erkannte man daran, daß ihre Sequenzen verwandt sind und daß man Mängel in Mutanten des einen Gens mit dem anderen Gen kompensieren konnte. Die Proteinprodukte heißen p34Cdc2 beziehungsweise p34CDC28; manchmal werden sie jedoch einfach als Cdc2 oder CDC28 bezeichnet. In beiden Hefen binden Proteine, die Cyclinen vom B-Typ ähneln, am G2/M-Übergang an p34Cdc2/CDC28. Da sich die M-Phasen-Kinasen von Hefe und Tierzellen ähnlich verhalten, hat sich – dem am besten charakterisierten Vorbild in der Hefe folgend – als Bezeichnung für die katalytische Komponente der Tierzellen weitgehend die Bezeichnung Cdc2 eingebürgert.

Organismen, die evolutionär so verschieden sind wie Hefen, Frösche und Säugetiere, benutzen alle eine katalytische p34-Untereinheit zur Zellzykluskontrolle. Die Verwandtschaft zwischen dem Hefegen und dem entsprechenden menschlichen Homolog, deren Sequenz zu 63 % übereinstimmen, zeigt, wie stark p34/Cdc2 in der Evolution konserviert worden ist. Daß die Funktion erhalten geblieben ist, verdeutlicht die Tatsache, daß das klonierte menschliche Gen den Defekt von *cdc2*-Mutanten in *S. pombe* ausgleichen kann.

Man hat diese Fähigkeit, den Mangel einer speziellen Hefemutante auszugleichen, sehr geschickt und mit vollem Erfolg ausgenutzt, um höhere eukaryotische Gene zu identifizieren, die zu mehreren Zellzykluskontrollproteinen der Hefe homolog sind. Dieser Versuch besteht im Grunde darin, die geklonten Gene in eine Hefemutante einzuführen und Zellen zu identifizieren, die wieder wachsen können.

Es ist wirklich erstaunlich, daß die Kontrolle des Zellzyklus so gut erhalten geblieben und daher ein solcher Test möglich ist. Man sollte allerdings daran denken, daß er manchmal nicht genau genug ist und zur Identifizierung eines Gens führt, das nur wenig mit der mutierten Funktion zu tun hat.

Der Kontrollpartner von p34/Cdc2 ist immer ein Cyclin, obwohl Cycline nicht so gut wie die katalytischen Untereinheiten zwischen den Spezies konserviert wurden. Bei der Kinase, die früher im Zellzyklus aktiv ist und die den Übergang von G1 nach S kontrolliert, hat sich die Struktur im Prinzip erhalten (siehe unten).

36.4 p34 (Cdc2 oder CDC28) ist das entscheidende Kontrollprotein bei Hefen

Um zu zeigen, wie komplex die Zellzykluskontrolle ist, müssen wir die Gene identifizieren, die den Verlauf des Zyklus steuern. Wir sprechen von einer Zellzyklusmutation, *wenn sie den Zellzyklus an einer bestimmten Stelle blockiert*: Bei dieser Definition sind Mutationen in Genen ausgeschlossen, die kontinuierliche Wachstums- und Stoffwechselprozesse steuern. Es war jedoch nicht einfach, einen Versuch zu konzipieren, mit dem Mutanten charakterisiert werden sollten, die unfähig sind, den Zellzyklus zu durchlaufen. Aber eine Mutation, welche die Zelle daran hindert, sich zu teilen, ist letal. Und das Gegenteil ist ebenfalls richtig: Jede letale Mutation hindert Zellen daran, sich zu teilen. Es war daher schwierig, Verfahren zu ersinnen, mit denen man aus tierischen Zellen Zellzyklusmutanten isolieren oder zeigen kann, daß potentielle Mutanten den Zellzyklus tatsächlich spezifisch blockieren.

Wegen dieser Probleme darf man nur konditional letale Zellzyklusmutanten verwenden; diese können zwar nicht unter den Bedingungen wachsen, unter denen sie isoliert wurden, sie können aber unter anderen Verhältnissen gehalten werden (Kapitel 3). In zwei Hefearten konnte eine Reihe solcher Mutanten isoliert werden; bei ihnen kann man sehen, daß die Blockade des Zellzyklus offensichtlich den Phänotyp der Zelle verändert.

Abbildung 36.8 gibt einen Überblick über die Mitosezyklen der Spalthefe (*S. pombe*) und der Bäckerhefe (*S. cerevisiae*).

Der Zellzyklus von *S. pombe* ist in die üblichen Phasen aufgeteilt. Die Zelle wächst in die Länge und teilt sich dann; wie weit der Zellzyklus fortgeschritten ist, kann man in etwa an der Länge der Zelle abschätzen, die sich von sieben bis acht Mikrometer auf 14 bis 16 Mikrometer verdoppelt.

Der Zyklus von *S. cerevisiae* ist ungewöhnlich. Die Zellen teilen sich beinahe unmittelbar nach der S-Phase; daher entfällt die G2-Phase oder sie ist nur sehr kurz. In dieser und den folgenden Abbildungen ist die G2-Phase kurz dargestellt, damit genügend Platz für die zeitliche Abfolge der Ereignisse vorhanden ist, die am Übergang zur M-Phase beteiligt sind. Anstatt sich in zwei gleiche Teile zu teilen, knospt eine Tochterzelle von einer Mutterzelle ab und wird schließlich als einzelne kleine Zelle freigesetzt. Auch bei dieser Hefe kann man daher den Zellzyklus am Wachstum der **Knospe** gut verfolgen. Die Mitose selber verläuft in beiden Hefearten etwas ungewöhnlich. Die Kernmembran wird nicht abgebaut; daher müssen die Chromosomen im Kern segregieren.

Beide Hefearten wurden lange auf **Zellteilungs-** (*cell division cycle*, **cdc-**)Mutanten hin abgesucht. Eine erste Isolation beruhte auf dem Kriterium, daß sich die Zellen in einem bestimmten Stadium des Zellzyklus bei erhöhter Temperatur (36 °C) ansammelten, bei 23 °C jedoch normal den Zellzyklus durchliefen. Der Phänotyp der Mutante erlaubt es den Zellen, während der Zyklusblockade kontinuierlich weiterzuwachsen, was zu einer gut erkennbaren Anomalie führt: Die Zellen von *S. pombe* werden sehr lang und die von *S. cerevisiae* können keine Tochterzellen

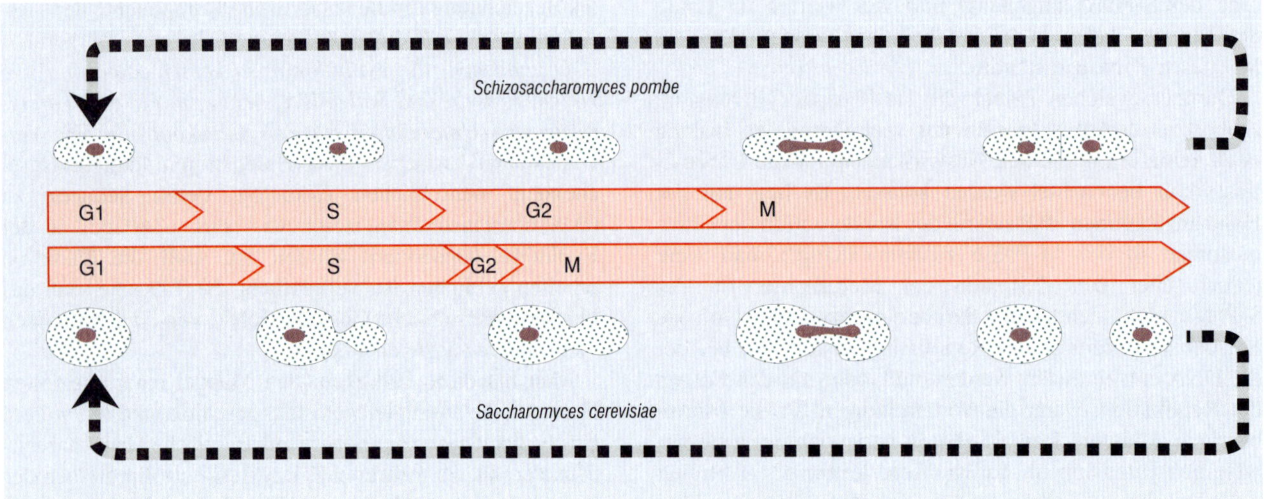

36.8 *S. pombe* nimmt an Länge zu und teilt sich dann in einem konventionellen Zellzyklus. Von *S. cerevisiae* knospt dagegen ein Teil ab; dies geschieht im Verlaufe eines Zyklus, der im wesentlichen aus M besteht, während G2 nur sehr kurz ist oder sogar völlig fehlt.

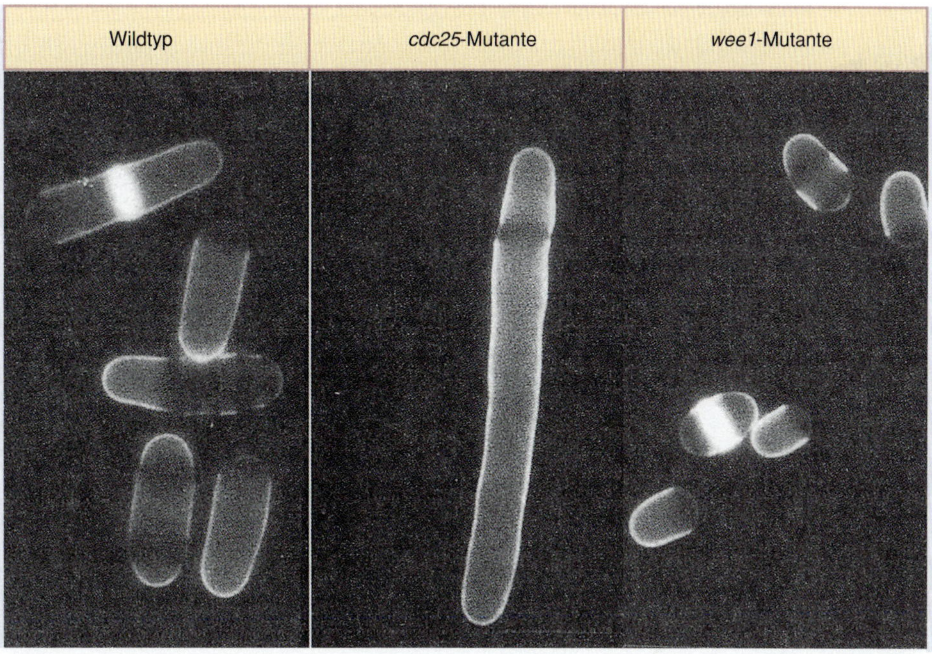

36.9 Die *S. pombe*-Zellen sind mit Calcofluor gefärbt; es färbt die Zellwand an, welche die Hefezelle umgibt, und das Septum, das sich bei der Zellteilung in der Zellmitte bildet. Wildtypzellen verlängern sich genau auf das Doppelte und teilen sich dann in der Mitte, *cdc*-Mutanten werden sehr viel länger und *wee*-Mutanten teilen sich bei einer sehr viel geringeren Größe. (Aufnahme mit freundlicher Genehmigung von Paul Nurse.)

freisetzen. In Abbildung 36.9 werden Zellzyklusmutanten und der Wildtyp von *S. pombe* einander gegenübergestellt. Das linke Bild zeigt ein Gruppe normaler Zellen; in der Mitte erkennt man eine *cdc*-Mutante, deren Teilungsfähigkeit blockiert ist; ihr Wachstum ist nicht beeinträchtigt, und sie ist sehr viel länger.

Da die Mutanten temperatursensitiv sind, kann man mit Hilfe von Experimenten, in denen man zu einem bestimmten Zeitpunkt des Zyklus die Temperatur für die Zellen erhöht, den Zeitpunkt bestimmen, an dem sich eine Mutation auswirkt. Erhöht man die Temperatur an einer Stelle des Zyklus, die vor dem Punkt liegt, an der die Mutation greift, bleiben die Zellen an dem Punkt stehen, an dem sich die Mutation auswirkt; erfolgt die Temperaturerhöhung hinter dieser Stelle, setzen die Zellen ihren Zyklus fort.

In jeder Spezies wurden etwa 80 *cdc*-Gene gefunden. Allerdings sind nicht alle diese Loci an der Zellzykluskontrolle beteiligt, sondern größtenteils Gene, deren Produkte für strukturelle Zwecke benötigt werden. So kann beispielsweise die S-Phase blockiert werden, wenn Enzyme fehlen, welche die DNA replizieren oder Nucleotidbausteine synthetisieren.

Hefezellen können haploid oder diploid sein. Ihr Lebenszyklus kann auf zweierlei Weise ablaufen (Abbildung 36.10). Haploide Zellen verdoppeln sich durch die Mitose. Es gibt bei ihnen zwei **Paarungstypen**: **a** oder *α*. Sind zwei haploide Zellen entgegengesetzte Paarungstypen, nehmen sie den sexuellen Paarungsweg und fusionieren zu diploiden Zellen. Diese bilden dann Sporen und in einer Meiose erneut haploide Zellen. (Wie der Paarungstyp gesteuert wird, wurde in Kapitel 32 besprochen.)

Ein wichtiger Punkt im Zellzyklus haploider Zellen wird von ihrem Verhalten bestimmt. Bereits früh in G1 entscheiden sie je nachdem, wie die Umweltverhältnisse sind, ob sie den Teilungszyklus durchlaufen oder sich paaren. Damit eine Konjugation stattfinden kann, müssen beispielsweise Zellen mit beiden Paarungstypen vorhanden sein. Wie in Kapitel 32 besprochen wurde, veranlaßt ein Paarungsfaktor – ein Polypeptidhormon, das von einer Zelle des einen Typ sezerniert wird – eine Zelle des anderen Typs, ihren Zyklus anzuhalten und an dieser Stelle zu verharren. Dieser Faktor kann die Zelle jedoch nur zu Beginn von G1 zum Paarungsweg umleiten; im weiteren Verlauf von G1 wird die Zelle auf den Teilungszyklus festgelegt. Dann kann sie nicht mehr dazu gebracht werden, den Paarungsweg einzuschlagen. Mit Hilfe dieses Tests fand man ursprünglich den Punkt in G1, den die Zelle passieren muß, um in die S-Phase zu gelangen: START.

Abbildung 36.11 gibt einen Überblick über Ereignisse und Gene, die im Zyklus von *S. pombe* eine Rolle spielen. Verschiedene *cdc*-Mutanten von *S. pombe* blockieren den Zellzyklus an jeweils einem von zwei Stadien: am Übergang von der G2- zur M-Phase oder an START in G1.

Es stellte sich heraus, daß *Cdc2* ein entscheidendes Kontrollprotein ist, da es an beiden Formen der Zellzyklusblockade beteiligt ist. *cdc2*-Mutanten können vor START oder vor der M-Phase blockiert sein – je nachdem, welchen Punkt im Zellzyklus eine Zelle erreicht hat, wenn die Mutation greift. Wenn man sich daran erinnert, daß *cdc2* zum p34-Gen von *Xenopus* homolog ist, dann wird deutlich, daß *cdc2* an beiden Kontrollpunkten die katalytische Komponente des entscheidenden Kontrollproteins ist.

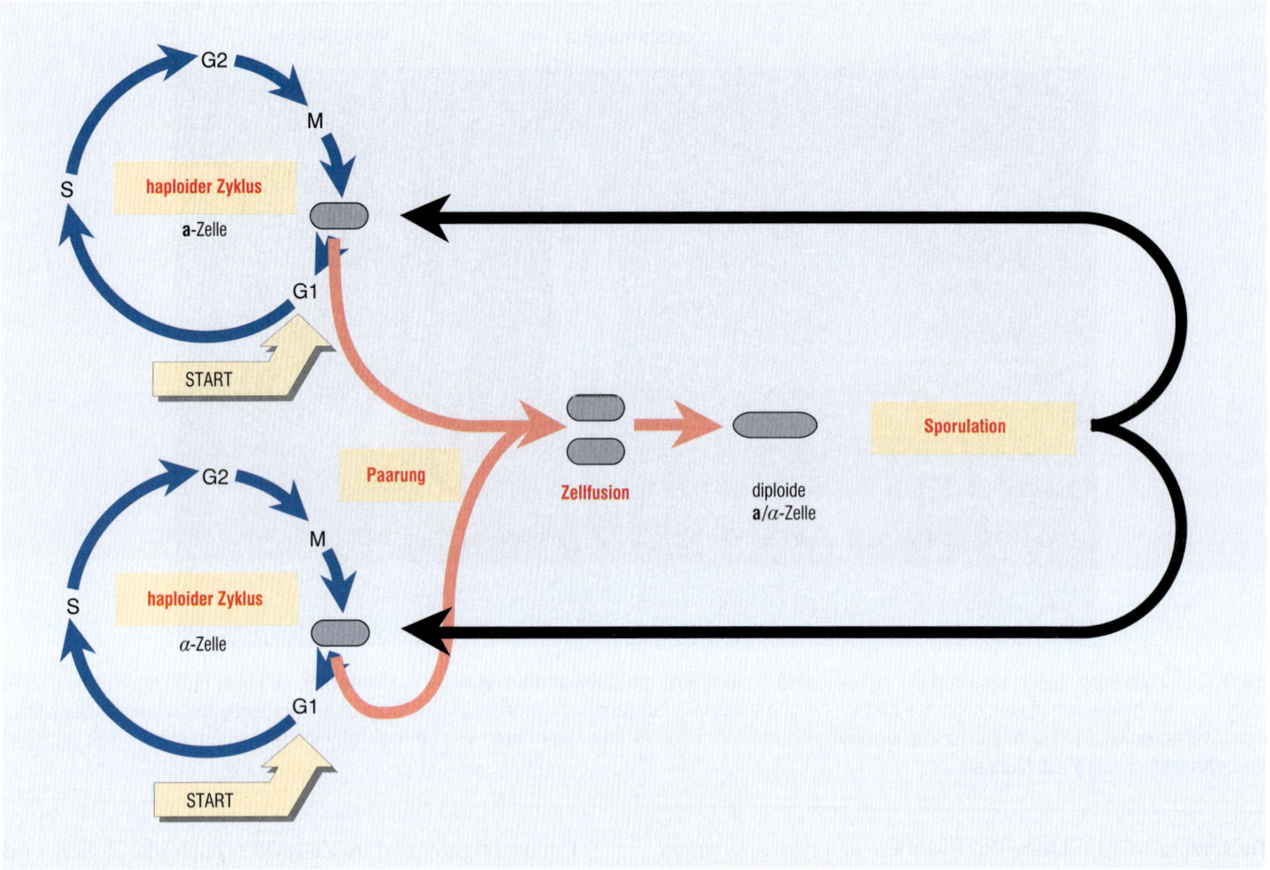

36.10 Haploide Hefezellen vom **a**- oder *α*-Paarungstyp haben die Möglichkeit, sich in einem Mitosezyklus zu vermehren; treffen jedoch entgegengesetzte Zelltypen aufeinander, paaren sie sich und bilden eine diploide **a**/*α*-Zelle. Die diploide Zelle kann sporulieren und haploide Sporen vom Typ **a** und *α* bilden.

Cdc2 hat in jedem Stadium des Zellzyklus unterschiedliche Partner. In der Mitose bildet es zusammen mit dem Produkt von *cdc13* eine M-Phasen-Kinase, die dem p34-B-Cyclindimer tierischer Zellen ähnelt. In G1 hat das aktive Cdc2 das B-artige Cyclin Cig2 als Partner (ein weiteres verwandtes Cyclin ist Cig1).

Die Aktivität der katalytischen Cdc2-Untereinheit in diesen Dimeren sowie die seines *S. cerevisiae*-Pendants CDC28 wird – wie p34 in Tierzellen – durch eine Phosphorylierung gesteuert. In Hefe fehlt allerdings Thr-14; daher gibt es dort nur zwei relevante Stellen: Tyr-15, dessen Phosphorylierung sich hemmend auswirkt, und Thr-161, das phosphoryliert werden muß.

In Abbildung 36.12 ist skizziert, wie sich die Phosphorylierung der alternativen Dimere während des Zellzyklus ändert.

Im oberen Teil der Abbildung ist der Zustand der M-Phasen-Kinase angegeben. In der Mitose ist die Cdc2-Untereinheit des Cdc2/Cdc13-Dimers aktiv, das heißt Thr-161 ist phosphoryliert, Tyr-15 dagegen nicht. Gegen Ende der Mitose geht mit dem Abbau von Cdc13 auch die Kinaseaktivität verloren. An der Phosphorylierung von Cdc2 ändert sich zu diesem Zeitpunkt nichts. Neusynthetisiertes Cdc13 bindet zwar an Cdc2, das Dimer wird jedoch durch ein anderes Protein in seinem aktiven Zustand gehalten (Abbildung 36.15). Erst nach START wird die Aktivität des Cdc2/Cdc13-Dimers durch die Phosphorylierung von Tyr-15 gehemmt. Die Entfernung dieses inhibitorischen Phosphats ist dann das Signal, das die Mitose auslöst.

Der untere Teil der Abbildung zeigt, daß Cdc2 in G1 mit Cig2 ein Dimer bildet. Cig2 ähnelt einem Cyclin vom B-Typ. Mit oder nach START wird dieses Dimer durch Dephosphorylierung des Tyr-15-Restes von Cdc2 aktiviert. Was mit ihm am S-/G2-Übergang passiert, wissen wir nicht.

Da im Zellzyklus alternative Dimere vorhanden sind, könnte man die *Cycline nach der Phase, in der sie mit Cdc2 zusammenarbeiten*, in **G1-Cycline** und **Mitose-** oder **G2-Cycline** einteilen. (Die so klassifizierten Cycline, die also mit Cdc2 oder einem ähnlichen Protein zusammenarbeiten, müssen nicht unbedingt zyklisch abgebaut werden – obwohl dies die Eigenschaft ist, über welche die Cycline ursprünglich definiert worden waren. Zyklischer Abbau ist eine Eigenschaft, die generell für Mitose-Cycline in Tierzellen spezifisch ist.)

Aufgrund der vorgeschlagenen Cyclin-Einteilung könnte man *die Phasen im Zellzyklus sogar nach der Art der aktiven Cdc2-Cyclin-Dimere definieren.* Die G1- und S-Phasen sind durch die Existenz eines aktiven Cdc2/G1-Cyclin-

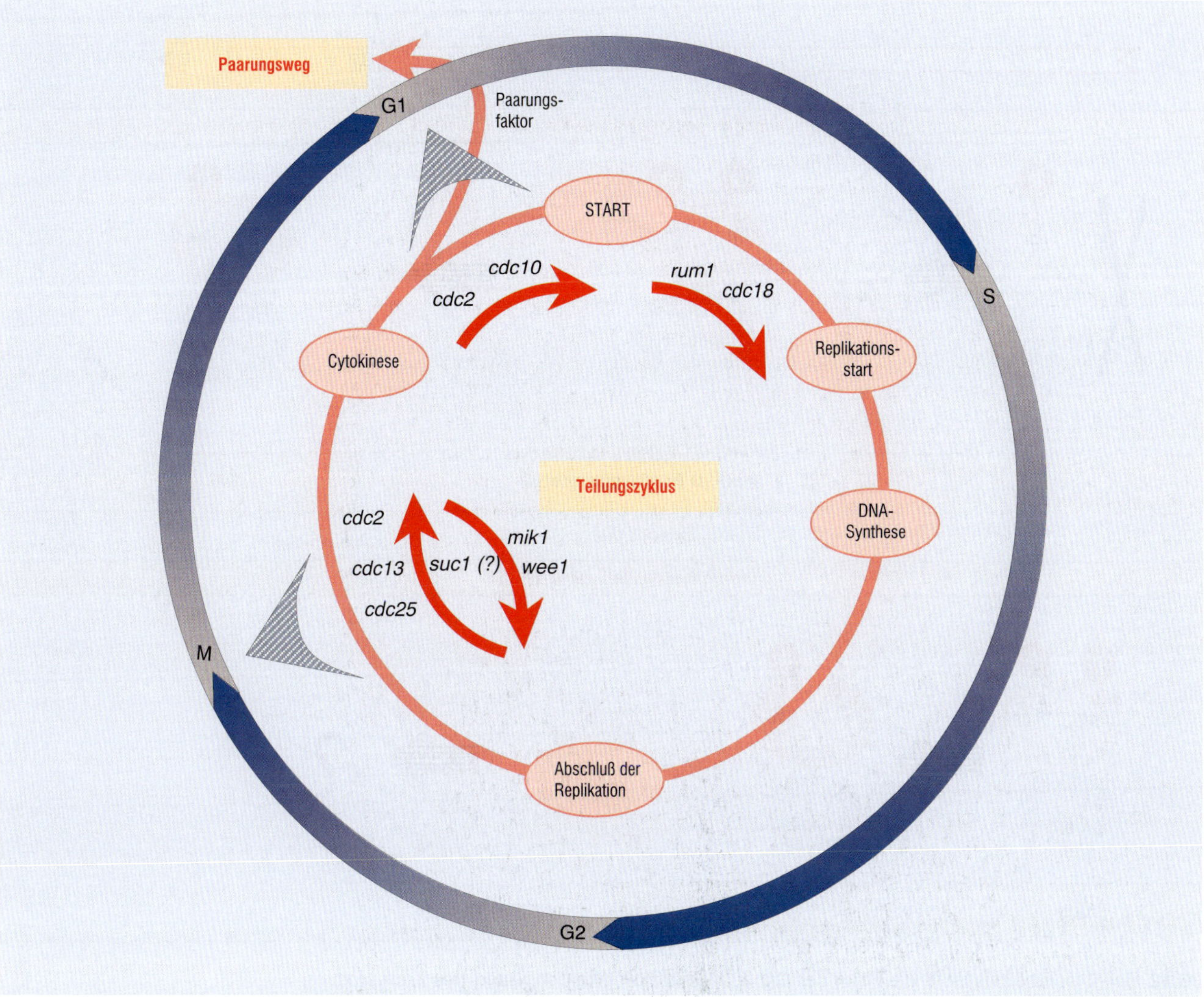

36.11 Damit *S. pombe* bestimmte Phasen des Zellzyklus passieren kann, benötigt es *cdc*-Gene; der Zellzyklus kann dabei durch Gene verzögert werden, die wie *wee1* auf die Zellgröße reagieren. Die Zellen können zu Beginn der G1-Phase auf den Paarungsweg umgeleitet werden.

Dimers charakterisiert, die G2-Phase und die Mitose dagegen durch ein aktives Cdc2-Mitose-Cyclin-Dimer. Der Übergang von G1 nach S wird durch die Aktivierung des Cdc2-G1-Cyclins, der Übergang von G2 in die Mitose durch Aktivierung des Cdc2-Mitose-Cyclins kontrolliert.

Ursprünglich stellte man sich den Einsatz von Cdc2 so vor, daß die Form, in der das Cdc2-Cyclin-Dimer zur Verfügung steht, einfach durch Austausch des einen Cyclins gegen ein anderes reguliert wird. Mittlerweile sieht es jedoch eher so aus, daß in der Hefezelle gleichzeitig Mitose- und G1-Formen vorhanden sind, ihre Aktivitäten aber in jeder Phase des Zyklus unterschiedlich gesteuert werden.

Wir können die *cdc*-Gene nach den Stadien des Zellzyklus in zwei Klassen einteilen, je nachdem, wann sich die Mutation auswirkt. Am besten wissen wir über die Gene Bescheid, deren Produkte den Status des Cdc2/Cdc13-Dimers in der Mitose beeinflussen.

Abbildung 36.13 gibt einen Überblick über den Zustand der Cdc2-Komplexe und der Enzyme, die auf sie im Verlaufe des Zellzyklus von *S. pombe* einwirken. Wir wissen nicht, welche Enzyme in G1 das Cdc2/Cig2-Dimer beeinflussen. Für G2 ist das Cdc2/Cdc13-Dimer die bestimmende Form; seine Aktivität wird durch antagonistisch wirkende Kinasen und Phosphatasen kontrolliert, die auf Kontrollpunkte oder Signale aus dem Umfeld reagieren.

Um das Cdc2 im Cdc2/Cdc13-Dimer zu dephosphorylieren, wird das Produkt von *cdc25* benötigt. Die Sequenz von *cdc25* hat überhaupt keine Ähnlichkeit mit der Basenfolge einer der üblichen Phosphatasen; daher hielt man es ursprünglich für einen Regulator einer Phosphatase. Mittlerweile wissen wir jedoch, daß es eine Tyrosinphosphataseaktivität besitzt; vermutlich ist Tyr-15 des phosphorylierten Cdc2 sein natürliches Substrat. Es sorgt wahrscheinlich bei der Aktivierung der M-Phasen-Kinase für die entscheidende Dephosphorylierung. Da Cdc25 keine sehr starke Phosphatase ist und seine Menge etwa der von Cdc2 entspricht, scheint die Reaktion eher stöchiometrisch als katalytisch zu sein.

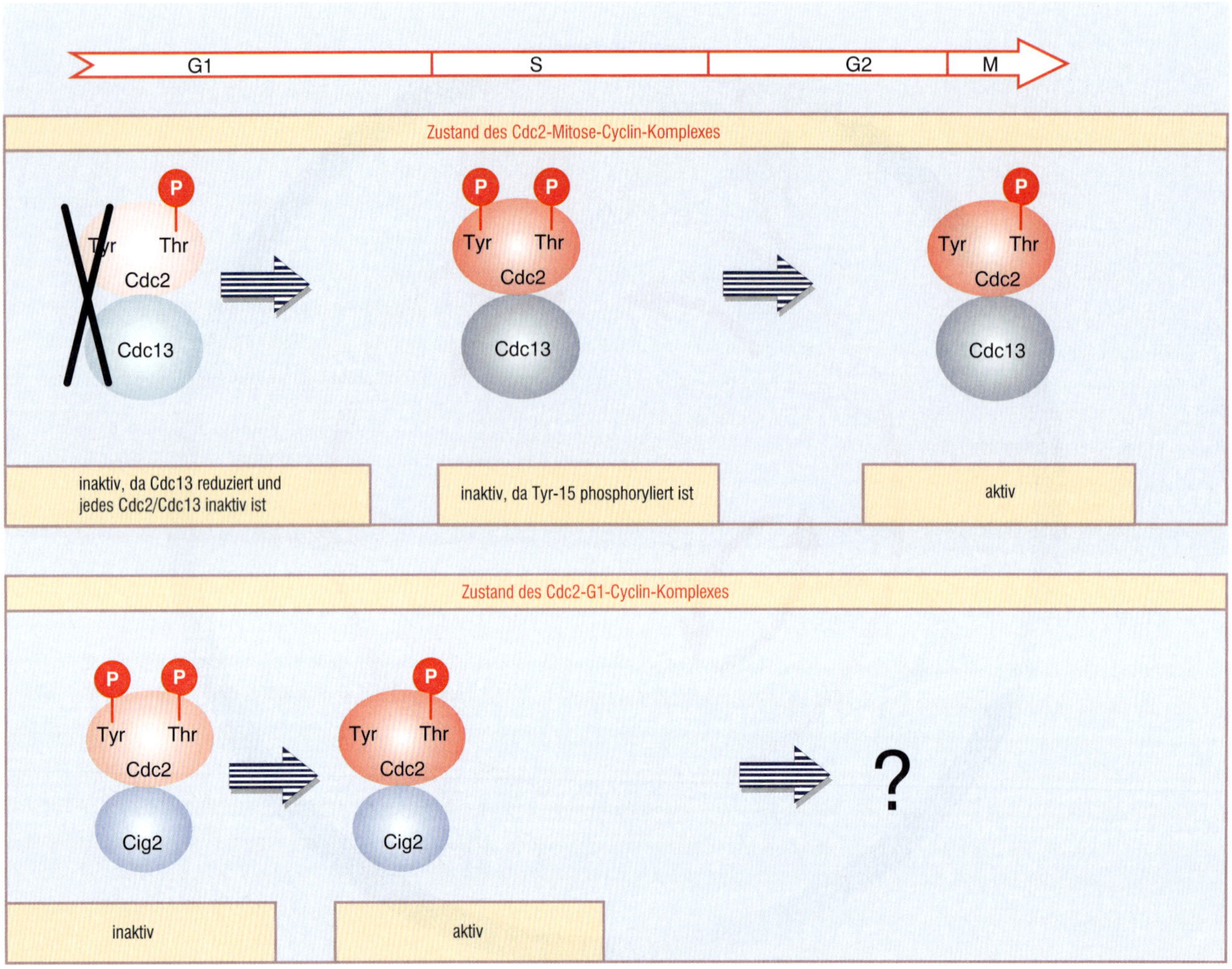

36.12 Bei *S. pombe* bestimmt die Form der Cdc2-Cyclin-Komplexe den Stand des Zellzyklus.

In der Mitose nimmt die Cdc25-Menge zu. Die Anhäufung über einen bestimmten Schwellenwert hinaus könnte von Bedeutung sein. In *cdc2*-Mutanten, die ohne *cdc25* auskommen, oder in Stämmen, die *cdc25* zu stark exprimieren, stellt eine blockierte DNA-Replikation kein Hindernis für die Mitose dar. (Wildtypzellen bleiben dagegen im Zellzyklus stehen, wenn man z. B. mit Hydroxyharnstoff die DNA-Synthese verhindert. Die Mutanten versuchen sich jedoch trotz der fehlenden Replikation zu teilen – mit tödlichen Folgen.) Es ist also wahrscheinlich Cdc25, das an dem entsprechenden Kontrollpunkt dafür sorgt, daß die S-Phase beendet ist, bevor die M-Phase aktiviert werden kann.

Unter normalen Bedingungen richtet sich der Zellteilungszyklus nach der Größe der Zelle. Unter schlechten Wachstumsbedingungen, wenn die Zellen langsamer wachsen, wird G1 verlängert, da die Zellen START nicht passiert können, bevor sie nicht eine bestimmte Größe erreicht haben. Das ist eine Schutzmaßnahme, damit die Zellen kein Zellteilungszyklus beginnen und eine Teilung riskieren, bevor das Material in der Zelle nicht für zwei Tochterzellen ausreicht. Bei *cdc*-Mutanten ist typischerweise der Beginn der Mitose verzögert und führt entweder dazu, daß der Zellzyklus gestoppt wird oder daß die Zelle zu groß ist, wenn sie sich teilt (siehe *cdc25* in Abbildung 36.9).

Die Gene, die an der Kontrolle der Zellgröße beteiligt sind, fand man mit Hilfe von Mutanten, welche die entgegengesetzte Eigenschaft haben: Sie veranlassen, daß die Zellen in die Mitose vorrücken und sich teilen, wenn sie noch zu klein sind. Das *wee1*-Gen hat seinen Namen daher, daß Mutanten in diesem Gen einen Zellphänotyp haben, so wie er rechts im Bild in Abbildung 36.9 zu sehen ist. Aufgrund dieses Verhaltens kann man vermuten, daß *wee1* im Normalfall Zellen daran hindert, in die Mitose einzutreten, bevor sie nicht die richtige Größe erreicht haben. Nach dem aus diesen Befunden entwickelten, allgemeinen Modell gehört *wee1* zu einem Kontrollpunkt, der die Aktivierung von *cdc2* verhindert, bis die Zelle eine entsprechende Masse hat. *wee1* codiert eine ungewöhnliche Kinase: Sie kann Serin/Threonin und Tyrosin phosphorylieren (andere Kinasen dieses Typs besprechen wir in Kapitel 37). Sie blockiert Cdc2, indem sie Tyr-15 phosphoryliert. Ein anderes Gen, *mik1*, hat eine

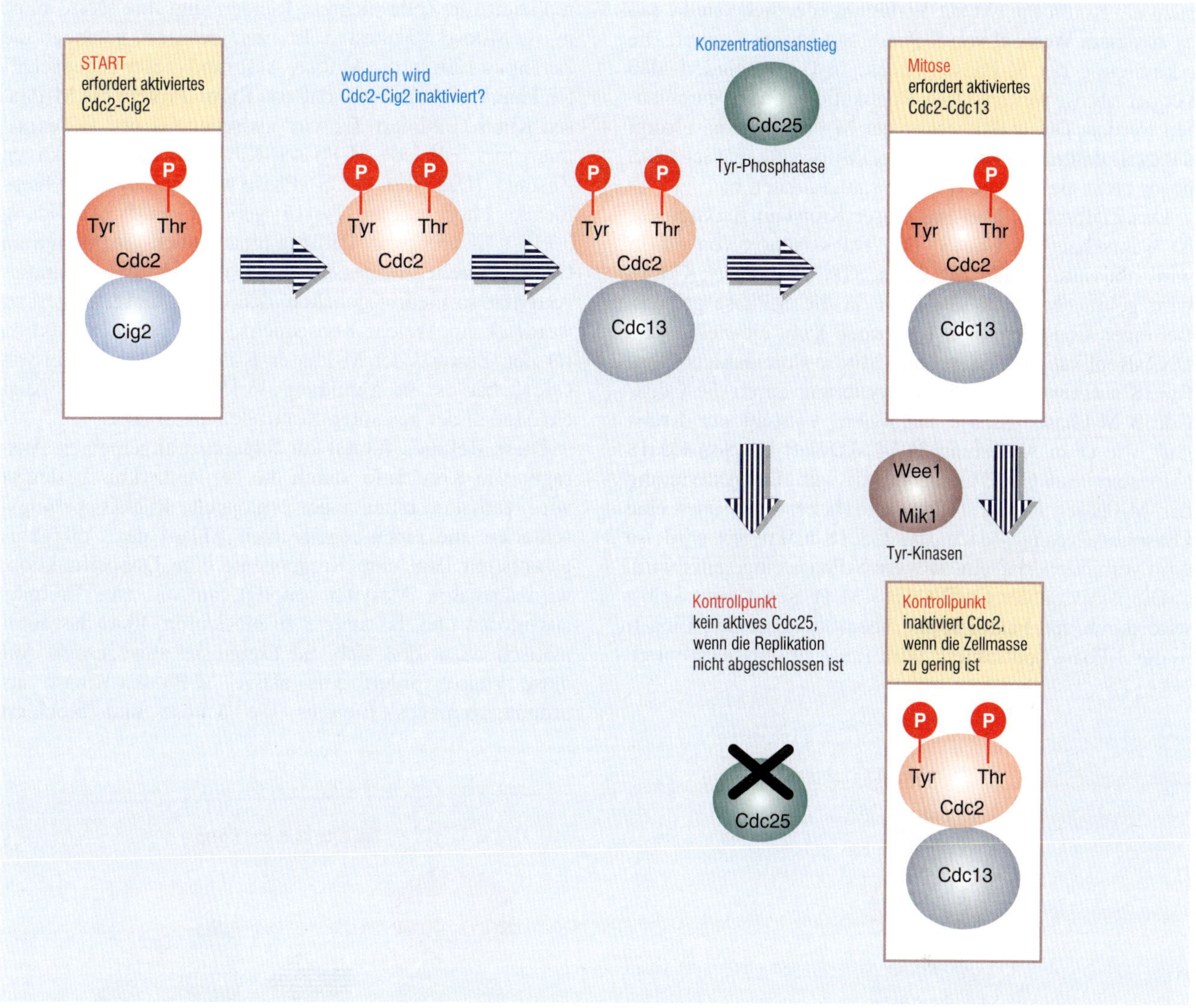

36.13 Zur Zellzykluskontrolle in *S. pombe* gehören aufeinanderfolgende Phosphorylierungen und Dephosphorylierungen von Cdc2. Die Kontrollpunkte erfüllen ihre Aufgabe, indem sie den Zustand der Tyr- und Thr-Reste verändern.

ähnliche Wirkung. Sind *wee1* und *mik1* deletiert, sterben die Zellen. Vermutlich haben daher beide Gene dieselbe Funktion. Das findet man häufig im Zellzyklus der Hefe.

Die Produkte von *wee1* und *cdc25* agieren antagonistisch. Die Kinaseaktivität von *wee1* wirkt auf Tyr-15 und blockiert Cdc2. Die Phosphataseaktivität von *Cdc25* bearbeitet dieselbe Stelle und aktiviert Cdc2. Mutanten, die *cdc25* zu stark exprimieren, haben denselben Phänotyp wie Mutanten, denen *wee1* fehlt. Die Kontrolle der Cdc2-Aktivität ist daher wichtig, um zu bestimmen, *wann* die Zelle bereit ist, einen Teilungsszyklus zu durchlaufen. Die Hemmung durch Wee1 und die Aktivierung durch Cdc25 erlauben es der Zelle, auf ihre Umgebung oder andere Signale zu reagieren, von denen diese Regulatoren gesteuert werden.

Es ist verblüffend, daß sämtliche Gene, von denen man weiß, daß sie den G2/M-Übergang beeinflussen, in der Evolution anscheinend weitgehend konserviert wurden. Bei *cdc25* sind nicht nur die Komponenten der M-Phasen-Kinase erhalten geblieben, *cdc25* besitzt darüber hinaus noch ein Pendant im *string*-Gen von *D. melanogaster*; analoge Proteine findet man auch in Amphibien- und Säugerzellen.

Als grundlegendes Prinzip läßt sich aus diesen Arbeiten ableiten, daß die Aktivität des Schlüsselkontrollproteins cdc2 durch Kinase- und Phosphataseaktivitäten reguliert wird, die selbst wieder auf andere Signale reagieren. Cdc2 ist das Protein, das letztlich aufgrund all der verschiedenen Signale entscheidet, ob die Zelle den Zyklus durchläuft oder nicht.

Für den Übergang in die S-Phase muß zum einen die G1/S-Kinase (cdc2/cig2 in *S. pombe*) aktiviert und zum anderen die M-Phasen-Kinase (Cdc2/Cdc13) inaktiviert werden. *cdc13*-Mutanten können natürlich nicht in die Mitose eintreten; sie replizieren jedoch ebenfalls mehrere Runden lang ihre DNA; man kann daher annehmen, daß die M-Phasen-Kinase die S-Phase unterbindet. Damit steht ein Kontrollpunkt zur Verfügung, der sicherstellt, daß es zu einem Wechsel von S-Phase und Mitose kommt. Die Aktivierung der M-Phasen-Kinase in G2 verhindert, daß vor der Mitose weitere DNA-Replikationsrunden durchlaufen werden. Die Inaktivierung der M-Phasen-Kinase sorgt dagegen dafür, daß keine weitere Mitose eingeleitet wird, bevor nicht die nächste S-Phase stattgefunden hat.

Das Zielprotein, über das dieser Kreislauf funktioniert, ist wahrscheinlich Cdc18. Die Transkription von *cdc18* wird aktiviert, sobald die Zelle START passiert; Cdc18 wird gebraucht, damit die Zelle in die S-Phase gelangt. Bei einer Überexpression von *cdc18* kann die Zelle viele DNA-Replikationsrunden ohne Mitose durchlaufen. Wird Cdc18 aufgrund einer Phosphorylierung durch die Cdc2/Cdc13-M-Phasen-Kinase inaktiviert, entsteht ein Kreislauf, wie er in Abbildung 36.14 skizziert ist. Soll Cdc18 aktiv sein, muß Cdc2/Cdc13 inaktiv sein. Die Aktivierung der M-Phasen-Kinase führt – möglicherweise über eine Phosphorylierung – dazu, daß Cdc18 inaktiviert wird; so wird verhindert, daß eine weitere S-Phase eingeleitet wird.

Die Aktivität der Cdc2/Cdc13-M-Phasen-Kinase selbst wird durch den Faktor Rum1 beeinflußt, der den Eintritt in die S-Phase kontrolliert. Wird *rum1* zu stark exprimiert, repliziert die Zelle mehrere Runden lang ihre DNA, ohne in die Mitose einzutreten. Ist *rum1* deletiert, gelangen die Zellen zu früh in die Mitose. Aufgrund dieser Eigenschaften kann man vermuten, daß das Rum1-Protein die M-Phasen-Kinase inhibiert. Es wird zwischen G1 und G2 exprimiert und hält jede M-Phasen-Kinase in einem inaktiven Zustand. (Das ist in der G1-Phase wichtig, bevor das hemmende Phosphat an Tyr-15 gehängt wird; Abbildung 36.12.) Es verringert darüber hinaus auch die Menge an Cdc13-Protein. Insgesamt wird die M-Phasen-Kinase-Aktivität so niedrig gehalten, daß die S-Phase fortgesetzt werden kann. Welche Konsequenzen die Rum1-Produktion für den Zustand der M-Phasen-Kinase und daraufhin von Cdc18 hat, ist in Abbildung 36.15 dargestellt; sie zeigt ein Modell der gesamten Kontrolle der S-Phase.

Diese Befunde führen zur folgenden allgemeinen Aussage: Die Kreisläufe, durch die der Zellzyklus gesteuert wird, enthalten miteinander verkoppelte Rückkoppelungsschleifen, die einen regelrechten Ablauf des Zellzyklus garantieren. Hat eine Komponente eine Doppelfunktion, wird also ihre Aktivität benötigt, um das eine Ereignis auszulösen und das andere zu blockieren, führt das automatisch dazu, daß sich die Ereignisse abwechseln. Auf diese Weise fördert eine aktive M-Phasen-Kinase als ordnungsgemäßes Ereignis die Mitose und blockiert

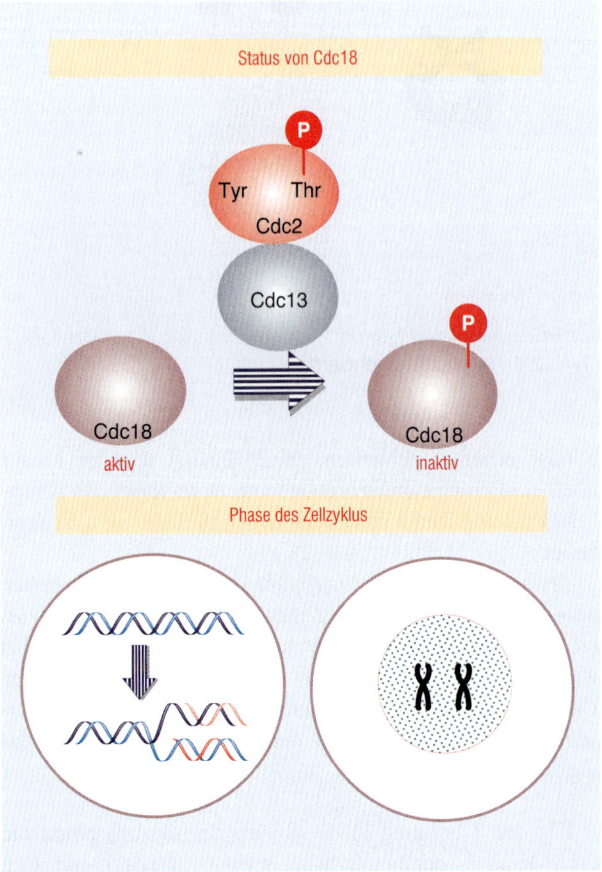

36.14 Cdc18 ist nötig, um die S-Phase einzuleiten; es gehört zu einem Kontrollpunkt, der die Reihenfolge von S-Phase und Mitose regelt. Die aktive M-Phasenkinase inaktiviert Cdc18, so daß sich S-Phase und Mitose in dieser Beziehung reziprok zueinander verhalten.

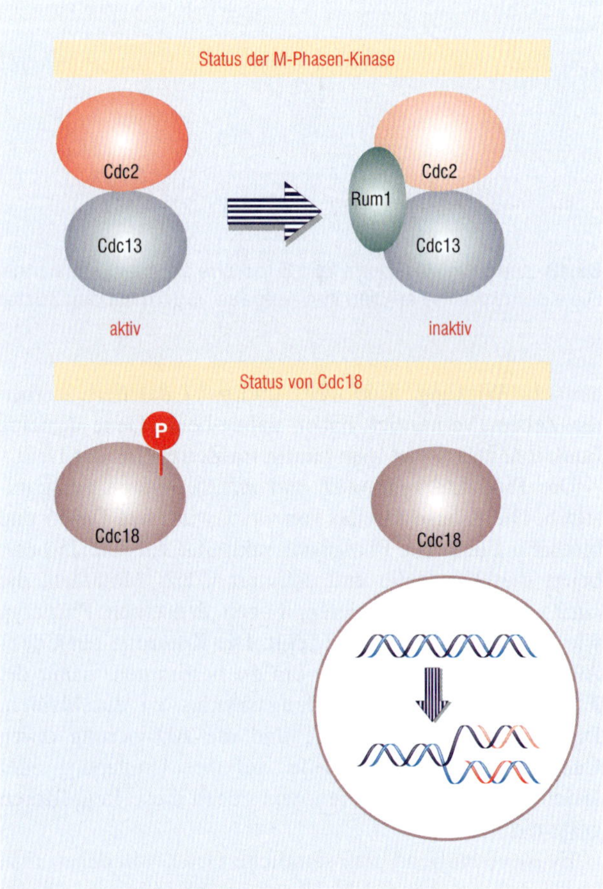

36.15 Rum1 inaktiviert die M-Phasen-Kinase und verhindert so, daß sie den Beginn der S-Phase blockiert.

gleichzeitig den illegitimen Übergang in die S-Phase. So entsteht zwangsläufig ein Kontrollpunkt: Ein Ereignis kann nicht beginnen, solange sich nicht der Status der für das vorhergehende Ereignis zuständigen Komponente umgekehrt hat.

36.5 CDC28 wirkt bei START und Mitose von *S. cerevisiae*

Die Analyse von *cdc*-Mutanten in *S. cerevisiae* zeigt, daß es nicht nur eine Zyklusform gibt; die Zyklen sind allerdings an entscheidenden Punkten miteinander vernetzt. (Zur Erinnerung: In *S. cerevisiae* verläuft die Mitose ungewöhnlich und die Chromosomen segregieren in einem intakten Kern; Abbildung 36.8.) Abbildung 36.16 verdeutlicht, in welcher Beziehung die drei Zyklen bei *S. cerevisiae* zu den konventionellen Phasen des gesamten Zellzyklus stehen.

- Zum **Chromosomenzyklus** gehören alle Ereignisse, die für die Verdoppelung und Teilung der Chromosomen erforderlich sind; er umfaßt Beginn, Verlauf und Vollendung der S-Phase sowie die Kernteilung. Daher hält eine Mutation wie die von *cdc8* den Zyklus in der S-Phase an.
- Mutationen im Chromosomenzyklus unterbrechen nicht den **cytoplasmatischen Zyklus** aus Knospung und Kernwanderung in die Knospe – ein Vorgang, der in Abbildung 36.8 zu Beginn der M-Phase dargestellt ist. Dieser Zyklus kann durch *cdc24* vor der Knospenbildung blokkiert werden. Eine solche Mutation verhindert jedoch nicht, daß die Chromosomen repliziert werden.
- Der **Centrosomenzyklus** besteht aus den Ereignissen, die mit der Verdoppelung und anschließenden Aufteilung des Spindelpolkörpers (SPB, *spindle pole body*) verbunden sind. Durch sie wird im Endeffekt das Centrosom ersetzt und die Mikrotubuli so organisiert, daß die Chromosomen im Kern segregieren können.

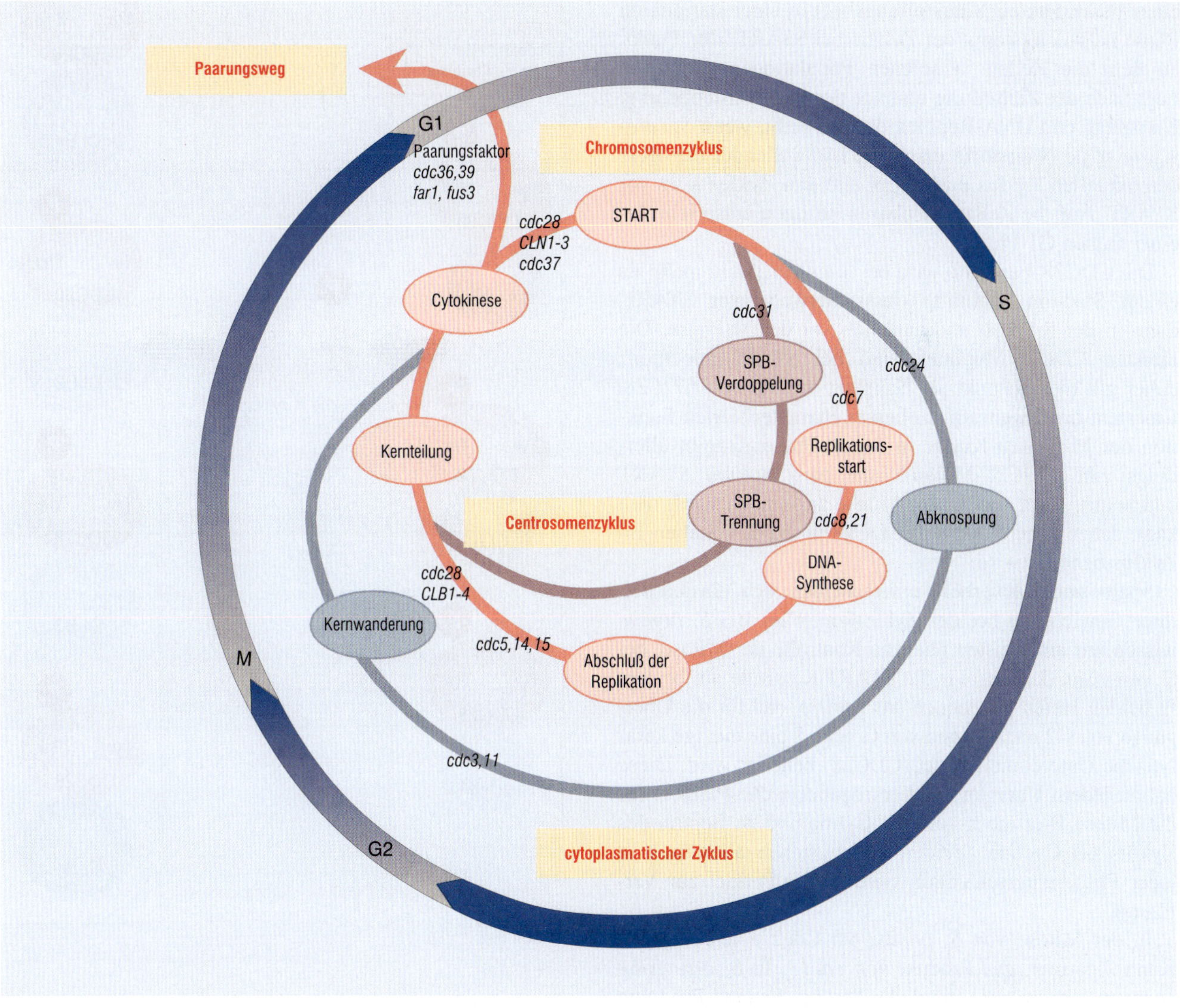

36.16 Der Zellzyklus von *S. cerevisiae* besteht aus drei Zyklen, die sich nach START trennen und vor der Cytokinese wieder vereinigen. Früh in der G1-Phase können die Zellen auf den Paarungsweg umgeleitet werden.

Blockiert man diesen Zyklus, etwa mit *cdc31*, verhindert man weder die S-Phase noch das Abknospen.

Da für die Kernteilung sowohl der Chromosomen- als auch der Centrosomenzyklus und für die Cytokinese beide Zyklen sowie zusätzlich der cytoplasmatische Zyklus erforderlich sind, müssen für einen gesamten Zellzyklus alle drei ihn konstituierenden Zyklen funktionstüchtig sein.

Die Entscheidung, ob eine Zelle in den Teilungszyklus eintritt, wird vor START getroffen. Paarungsfaktoren können die Zellen auf den Paarungsweg bringen; *cdc36* und *cdc39* unterbrechen anscheinend den Zellzyklus vor START und agieren auch tatsächlich in der für den Paarungstyp zuständigen Reaktion. Mutanten, die den Zellzyklus blockieren, sorgen wahrscheinlich dafür, daß sich die Zellen auch ohne Paarungsfaktor paaren.

Das entscheidende Gen, um START zu passieren, ist *CDC28* – das Homolog zu *cdc2* von *S. pombe*. *CDC28*-Mutationen bringen alle drei Zyklen zum Erliegen. Die Fähigkeit, START zu passieren, wird von Faktoren aus dem Umfeld bestimmt; in Populationen, die sich aufgrund eines beschränkten Nährstoffangebots in einer stationären Phase befinden, stoppt der Zyklus bei START. Der Punkt, an dem die Zellen in solchen Populationen verharren, liegt nach der Zellteilung und vor der SPB-Verdoppelung, Knospung und DNA-Replikation; das heißt, wenn *S. cerevisiae* seine Nährstoffe erschöpft hat, vollendet die Hefe den aktuellen Zyklus und stoppt alle drei Zyklen kurz vor START. Auf die Zellzyklusphasen bezogen entspricht das einer frühen G1-Phase.

Die CDC28-Funktion wird bei *S. cerevisiae* in mehr als einem Stadium benötigt: klassischerweise vor START, dann in der S-Phase und natürlich vor der M-Phase. Die meisten *CDC28*-Mutanten sind bei START blockiert; daher gilt dieser Punkt als Hauptaktionsfeld von *CDC28*. Das steht im Gegensatz zur besser charakterisierten Funktion der M-Phasen-Kinase in der M-Phase. Es gibt allerdings eine *CDC28*-Mutante, die ganz normal START durchläuft, dann aber in der Mitose angehalten wird; man kann daher annehmen, daß CDC28 an beiden Stellen im Zyklus benötigt wird.

Spalt- und Bäckerhefe unterscheiden sich hinsichtlich ihrer Gewichtung bei der Zykluskontrolle: Bei *S. pombe* wissen wir am meisten über die Kontrolle der Mitose, bei *S. cerevisiae* kennen wir die START-Kontrolle am besten. In beiden Hefen gilt jedoch das Prinzip, daß für die Übergänge von G2 nach M und von G nach S eine einzige katalytische Untereinheit (Cdc2/CDC28) benötigt wird. Diese hat an jedem Übergang andere regulatorische Partner: für die Mitose B-artige mitotische Cyline und zu Beginn des Zyklus G1-Cycline. Beiden Hefen stehen allerdings in jeder Phase unterschiedlich viele Cyclin-Partner zur Verfügung.

In der Mitose von *S. pombe* hat Cdc2 einen einzigen Kontrollpartner, das Produkt von *cdc13*. In *S. cerevisiae* dagegen gibt es viele mögliche Partner. Es sind Produkte der Gene *CLB1–4*; diese codieren Proteine, die B-Cyclinen ähneln und in der Mitose mit CDC28 assoziiert sind. Man kann die Gene *CLB1–4* aufgrund ihrer Sequenzverwandtschaft in die beiden Paare *CLB1–2* und *CLB3–4* unterteilen. Mutationen in einem der Gene blockieren nicht die Teilung, der Verlust des Genpaares *CLB1–2* ist jedoch letal. Eine konstitutive Expression von *CLB1* hindert die Zellen daran, die Mitose zu verlassen.

Man kann in Abbildung 36.17 verfolgen, wie sich der Status von CDC28 im Verlauf des Zellzyklus von *S. cerevisiae* ändert. Es gelang, G1-Cycline zu charakterisieren, die den Zellzyklus in G1 blockieren; allerdings entdeckte man sie nicht direkt über Mutationen. Daß man solche Mutanten nicht findet, erklärt sich durch die Entdeckung, daß ins-

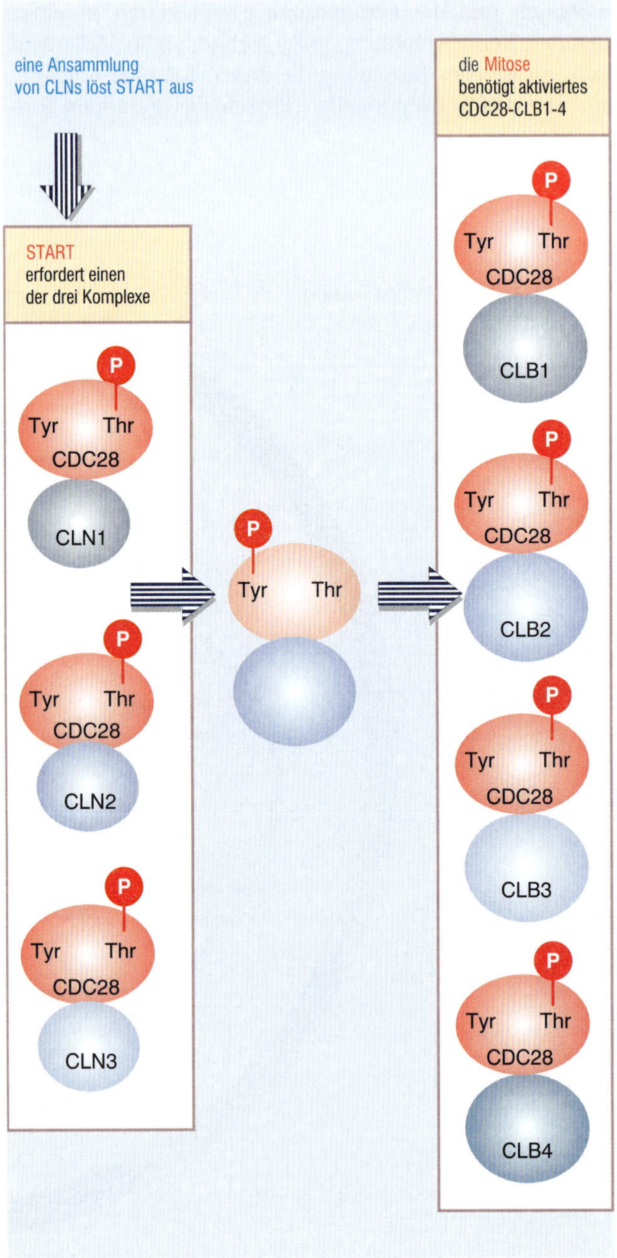

36.17 Zur Zellzykluskontrolle in *S. cerevisiae* gehört eine Assoziation von CDC28 mit redundanten Cyclinen bei START und am G2/M-Übergang.

gesamt drei voneinander unabhängige Gene, *CLN1*, *CLN2* und *CLN3, inaktiviert werden müssen*, um *S. cerevisiae* am Überlaufen von START zu hindern. Mutationen in einem oder gar zwei dieser Gene reichen nicht aus, um den Zellzyklus zu blockieren. Daher sind die *CLN*-Gene **funktionell redundant**. Sie sind nur entfernt mit Cyclinen verwandt – und haben weder mit der A- noch mit der B-Klasse viel Ähnlichkeit; dennoch werden sie in der Regel als G1-Cycline bezeichnet.

Die Ansammlung der CLN-Proteine ist der geschwindigkeitsbestimmende Schritt bei der Kontrolle des G1/S-Übergangs. Wird die Proteinsynthese blockiert, stoppt der Zyklus, weil sich die Proteine dann nicht anhäufen können. Die Halbwertszeit des CLN2-Proteins liegt bei etwa 15 Minuten; überschreitet seine Konzentration einen kritischen Wert, könnte dies das Ereignis sein, das der Zelle die Passage ermöglicht. Diese Instabilität ist eine andere Form der Kontrolle als die durch den plötzlichen Abbau der A- und B-Cycline. Dominante Mutationen, die das Protein verkürzen, stabilisieren es, indem sie den C-terminalen Bereich entfernen (dieser enthält Sequenzen, die das Protein auf den Abbau vorbereiten). Das führt dazu, daß praktisch die G1-Phase ausfällt und die Zellen von der M- direkt in die S-Phase gelangen. Ein ähnliches Verhalten zeigt auch das CLN3-Produkt.

Man findet auch in einigen anderen Zyklusstadien redundante *CLN*- und *CLB*-Gene. Hemmt man den G2/M-Übergang durch *wee1* und *mik1*, stößt man auf ein redundantes Kinasenpaar und bei der Mitose von *S. pombe* auf überzählige Phosphatasen. In all diesen Fällen ist es bezeichnend, daß auch nach Deletion eines einzelnen Gens der Phänotyp des Zellzyklus erhalten bleibt, die Deletion von beiden oder allen Mitgliedern der Gruppe aber letal ist. Innerhalb einer Gruppe haben die Mitglieder möglicherweise eher überlappende als identische Funktionen. Aufgrund dieser Form der Organisation ist es praktisch sehr schwer, für die entsprechende Funktion Mutanten zu finden.

36.6 In Tierzellen findet man viele cdk-Cyclin-Komplexe

Da die Struktur der M-Phasen-Kinase bei Tierzellen und Hefen so gut konserviert ist und in *S. pombe* und *S. cerevisiae* verwandte Dimere den START-Punkt kontrollieren, kann man annehmen, daß der Zyklus der Tierzellen ähnlich kontrolliert wird. Tierzellen unterscheiden sich von den Hefezellen hauptsächlich dadurch, daß sie eine größere Vielfalt an Kinaseuntereinheiten haben. Sie verwenden bei START und dem G2/M-Übergang nicht dieselbe katalytische Untereinheit, sondern benutzen für den G1/S-Übergang andere Einheiten als die mitotischen. Außerdem besitzen sie eine große Anzahl von Cyclinen.

Abbildung 36.18 gibt einen Überblick über die Kinasekomponenten, die in Hefen und Tierzellen die Übergänge von G1 nach S und von G2 nach M kontrollieren. Ihr gemeinsamer Nenner ist die Zusammensetzung der Kinase mit einem katalytischen und einem regulatorischen (Cyclin-)Teil; dieses Prinzip wird jedoch auf verschiedene Arten variiert.

Bei der Mitose von Hefen und Tierzellen wird die katalytische p34-Untereinheit von einem einzigen Gen codiert (*cdc2/CDC28* in den beiden Hefen, bei Tierzellen hat sich aufgrund seiner Analogie mit *S. pombe* normalerweise die Bezeichnung *cdc2* eingebürgert). Normalerweise gibt es nicht nur einen regulatorischen Partner in der Mitose; vielmehr stammt er aus einer Cyclin-Familie vom B-Typ und in Tierzellen auch vom A-Typ.

In Tierzellen beteiligen sich mehrere Kinasen mit verschiedenen katalytischen und regulatorischen Untereinheiten an der Zellzykluskontrolle von G1; bei den Hefen kann im Gegensatz dazu nur jeweils die Kontrolleinheit ausgetauscht werden.

Genauso wie man Familien von Cyclinen aufgrund ihrer Fähigkeit definieren kann, mit Cdc2 zu reagieren, kann man Familien von katalytischen Untereinheiten über ihre Fähigkeit zur Reaktion mit Cyclinen definieren. Katalytische Untereinheiten, die an Cycline binden, nennt man **cyclinabhängige Kinasen** (*cyclin-dependent kinases*, **cdks**). Höhere Eukaryoten besitzen viele Gene (etwa zehn), die mit dem wahren *cdc2*-Homolog verwandt sind. Man weiß nicht genau, wie viele dieser Genprodukte eine Rolle im Zellzyklus spielen und wie viele Kinasen mit anderen Funktionen codieren. Cdk/Cyclin- und Cdc2/Cyclin-Dimere haben im Prinzip die gleiche Kinaseak-

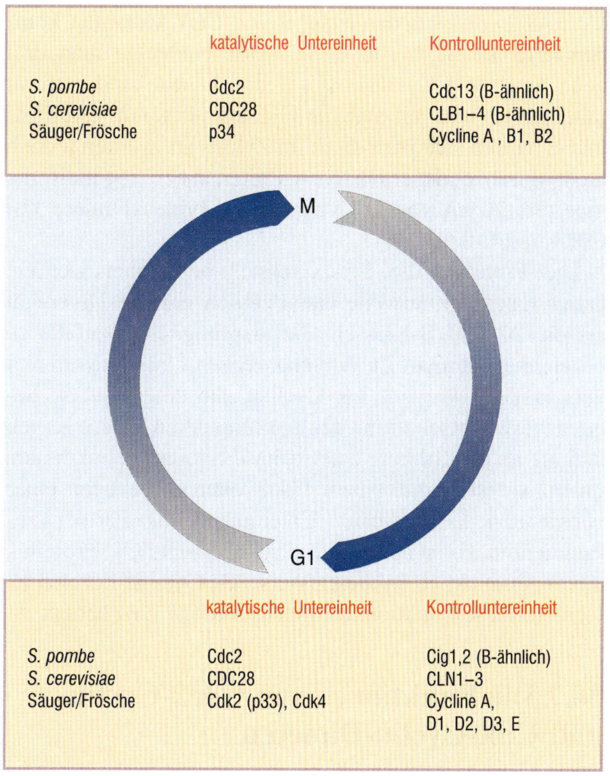

36.18 Für den Aufbau der M-Phasen-Kinase und eines Pendants aus G1 werden ähnliche oder überlappende Komponenten verwendet.

tivität; Cdk/Cyclin-Dimere werden ebenfalls häufig über ihre H1-Histonkinaseaktivität ausgetestet. Die Cdc2/ Cdk2-Kinase-Maschine (und/oder andere, die mit ihnen verwandt sind) sind an zwei Kontrollen beteiligt; dies steht in Einklang mit einem Anstieg der H1-Kinase-Aktivität in der S- und M-Phase.

Die Paare, die durch Zusammenlagerung katalytischer und regulatorischer Untereinheiten entstehen, sind nicht auf bestimmte Partner beschränkt; vielmehr kann ein bestimmtes Cyclin an verschiedene potentielle katalytische Untereinheiten binden und eine katalytische Untereinheit an mehrere potentielle Cycline. Die Kunst besteht darin herauszufinden, welche Paare sich in der Zelle bilden und bei der Kontrolle des Zellzyklus eine Rolle spielen.

Beim Übergang von G1 nach S findet man in Tierzellen mehrere Kinasetypen mit jeweils mehreren Möglichkeiten für die katalytischen Untereinheiten wie für das Cyclin. Die Cdc2-Untereinheit wird in dieser Phase des Zyklus nicht benutzt. Zwei *cdk*-Gene, *cdk2* und *cdk4*, codieren Proteine, die mit verschiedenen potentiellen G1-Cyclinen kombiniert werden. Das Gen, das zuerst und am besten charakterisiert wurde, ist *cdk2*. Es ähnelt zu 66 % dem *cdc2*-Homolog desselben Organismus und codiert ein Protein, das ursprünglich als p33 bezeichnet wurde und einen anderen Aktivitätszyklus aufweist als Cdc2 (p34). Seine H1-Kinase-Aktivität ist in G1 gering, im übrigen Teil des Zyklus aber höher. Da das Histon H1 wahrscheinlich nicht sein natürliches Ziel ist, kann man nur schwer abschätzen, wie stark seine Aktivität wirklich schwankt.

G1-Cycline wurden ursprünglich über Gene identifiziert, die in *S. cerevisiae* den Mangel von *CLN*-Mutanten kompensieren konnten. Auf diese Weise entdeckte man drei neue Arten von Cyclinen (C, D und E). Sie sind entfernt miteinander und mit anderen Cylinen verwandt. Cyclin C und E häufen sich periodisch im Zyklus an, werden jedoch nicht durch den periodischen Proteinabbau reguliert. Es gibt drei Arten von D-Cyclinen; sie bilden Dimere mit Cdk4 und Cdk6.

Die Proteine, die als „Cycline" bezeichnet werden, haben daher mittlerweile eine deutlich größere Diversität als die A- und B-Klassen, die ursprünglich ebenfalls so bezeichnet wurden. Zu Arbeitszwecken klassifizieren wir verschiedene Proteine als Cycline, die eine gewisse Sequenzverwandtschaft mit der ursprünglichen Klasse zeigen und die an der Bildung einer Kinase beteiligt sein können, indem sie sich mit einem Cdc2 oder Cdk2 oder einer verwandten katalytischen Untereinheit als Partner zusammentun. Es ist noch nicht sicher, ob sämtliche Proteine, die augenblicklich in dieser Weise als Cycline bezeichnet werden, diese Funktion auch tatsächlich *in vivo* haben.

36.7 Die Funktionen von Cdc2-Cyclin- und Cdk-Cyclin-Dimeren

Aufgrund der zeitliche Abstimmung, in der die verschiedenen Formen der Cdk- und Cdc2-Cycline während des Tierzellzyklus jeweils aktiv werden, entstand ein Modell, in dem Cdk2-G1-Cyclin-Dimere das Durchlaufen der G1- und der S-Phase, Cdc2-Cyclin-A,B-Dimere dagegen die Passage durch die Mitose kontrollieren. Am besten wissen wir darüber Bescheid, wie der G2/M-Übergang kontrolliert wird; für den Übergang von der G1- zur S-Phase gelten wahrscheinlich ähnliche Prinzipien, da sich bei den katalytischen Cdc2- und Cdk-Untereinheiten die Reste erhalten haben, die an der Regulation beteiligt sind.

Abbildung 36.19 zeigt, daß die Komponenten und Ereignisse einer tierischen Zelle denen in Hefezellen ähneln, vergleicht man sie mit Abbildung 36.13. Im unteren Teil der Abbildung sind die Veränderungen der M-Phasen-Kinase skizziert, im oberen Teil die Enzyme, die zu diesen Änderungen führen. Da die Cycline A und B während der Mitose abgebaut werden, besitzt eine Zelle nach der Mitose zwar Cdc2-Monomere, aber keine mitotischen Cycline. Die Cycline werden anschließend neusynthetisiert; nach einer Verzögerung erreichen sie wieder eine Konzentration, bei der sie zusammen mit Cdc2 Dimere bilden. Das löst jedoch keine Kinaseaktivität aus. Wie wir bereits in Abbildung 36.7 gesehen haben, wird die Aktivität des Dimers über den Zustand bestimmter Tyr- und Thr-Reste kontrolliert:

- Das Phosphat, das an Thr-161 benötigt wird, wird von CAK, der Cdc2-aktivierenden Kinase, angehängt. Die CAK-Aktivität ist wahrscheinlich konstitutiv vorhanden.
- Die Wee1-Kinase, ein Pendant zum *S. pombe*-Enzym, phosphoryliert Tyr-15, um die M-Phasen-Kinase inaktiv zu halten.
- Die Cdc25-Phosphatase, ein Pendant zum Hefeenzym, dephosphoryliert Tyr-15. Cdc25 selbst wird durch eine Phosphorylierung aktiviert; die M-Phasen-Kinase kann diese Phosphorylierung durchführen und so eine positive Rückkoppelungsschleife erzeugen. Die Dephosphorylierung von Tyr-15 ist das Ereignis, das die Mitose auslöst. Cdc25 selbst wird auf mehrere Weisen kontrolliert; eine Möglichkeit sind die Phosphatasen, durch die es inaktiviert wird. Bis jetzt kennen wir allerdings noch nicht die genaueren Umstände.
- Man fand keine speziellen Kinasen und Phosphatasen, die auf Thr-14 einwirken; in einigen Fällen arbeiten an Thr-14 und Tyr-15 möglicherweise dieselben Enzyme.

Die Kontrolle über die Tyr- und Thr-Reste ist weit verbreitet, aber nicht universell, da in einigen Zellen die Phosphorylierung des Tyrosins nicht ausschlaggebend zu sein scheint und daher müssen andere Möglichkeiten benutzt werden, um die Aktivität der M-Phasen-Kinase zu kontrollieren.

Die Abbildung 36.20 zeigt, wann die Ereignisse stattfinden, welche die Mitose steuern. Gestartet wird die Mitose, wie wir gesehen haben, durch die Aktivierung der M-Phasen-Kinase. Damit die Mitose durchlaufen werden kann, müssen Cycline und andere Proteine abgebaut werden. Für die Segregation der Chromosomen in der Anaphase ist ein proteolytisch wirkendes Proteasom nötig; der

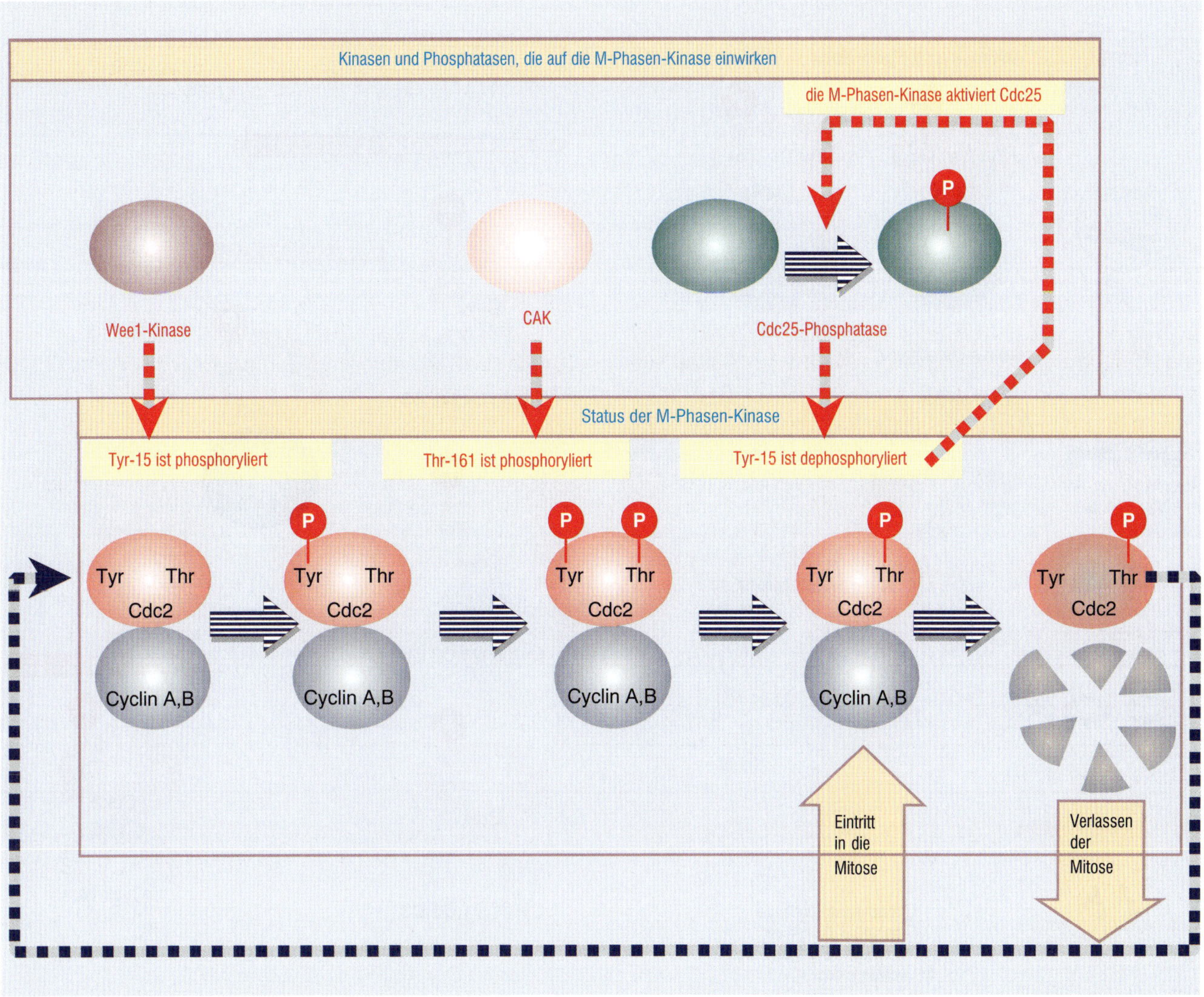

36.19 Bei Tierzellen muß die M-Phasen-Kinase für die Kontrolle der Mitose von Enzymen phosphoryliert und dephosphoryliert werden, die selber ähnlich kontrolliert werden oder auf die M-Phasenkinase reagieren.

Abbau der Cycline ist dagegen nicht direkt erforderlich. Das alles führt zu der Vermutung, daß das Abbausystem mindestens drei Ziele hat. Als erstes wird in der Metaphase Cyclin A abgebaut, zwei weitere Zielmoleküle folgen in der Anaphase. Um die Schwesterchromatiden zu trennen, ist ein unbekanntes Protein zu entfernen, das sie möglicherweise tatsächlich mechanisch aneinanderkoppelt. Und schließlich müssen die B-Cycline abgebaut werden, um die M-Phasen-Kinase zu inaktivieren. Gegen Ende der Mitose müssen die Substratproteine, die von der M-Phasen-Kinase mit einem Phosphat versehen wurden, wieder dephosphoryliert werden.

In tierischen Zellen kontrollieren möglicherweise unterschiedliche Cdk-Cyclin-Dimere den Eintritt in die S-Phase und ihren Verlauf. Einige von ihnen sind vermutlich mit dem Übergang von G0 in den Zyklus oder vom Zyklus nach G0 beschäftigt. Dimerkombinationen, die sich während G1 und S bilden, sind in Abbildung 36.21 zusammengefaßt. Um sie in eine aktive Form zu bringen, muß bei allen Thr-161 phosphoryliert werden; dafür ist CAK zuständig.

Die Synthese von D-Cyclinen wird dadurch ausgelöst, daß Wachstumsfaktoren Zellen dazu anregen, von G0 aus wieder in den Zyklus zurückzukehren. Die D-Cycline haben kurze Halbwertszeiten und ihre Konzentration sinkt schnell, wenn der Wachstumsstimulus entfällt. Die D-Cycline reagieren also im Gegensatz zu anderen Cyclinen auf extrazelluläre Signale. In Zellen, die gerade den Zyklus durchlaufen, schwankt die D-Cyclin-Konzentration weniger, so daß sie möglicherweise mit dazu beiträgt, ruhende Zellen wieder in den Zyklus einzuschleusen. Der Verlust der D-Cycline könnte für eine Zelle ein Auslöser sein, vom Zellzyklus in den G0-Zustand überzuwechseln.

Die Aktivität der D-Cycline wird im späteren Teil von G1 benötigt, allerdings kurz vor dem Übergang von G1 nach S nicht mehr. Ihre Funktionen können teilweise redundant sein, sie sprechen jedoch unterschiedlich auf Zellzyklusinhibitoren an. Welche Bedeutung es hat, daß

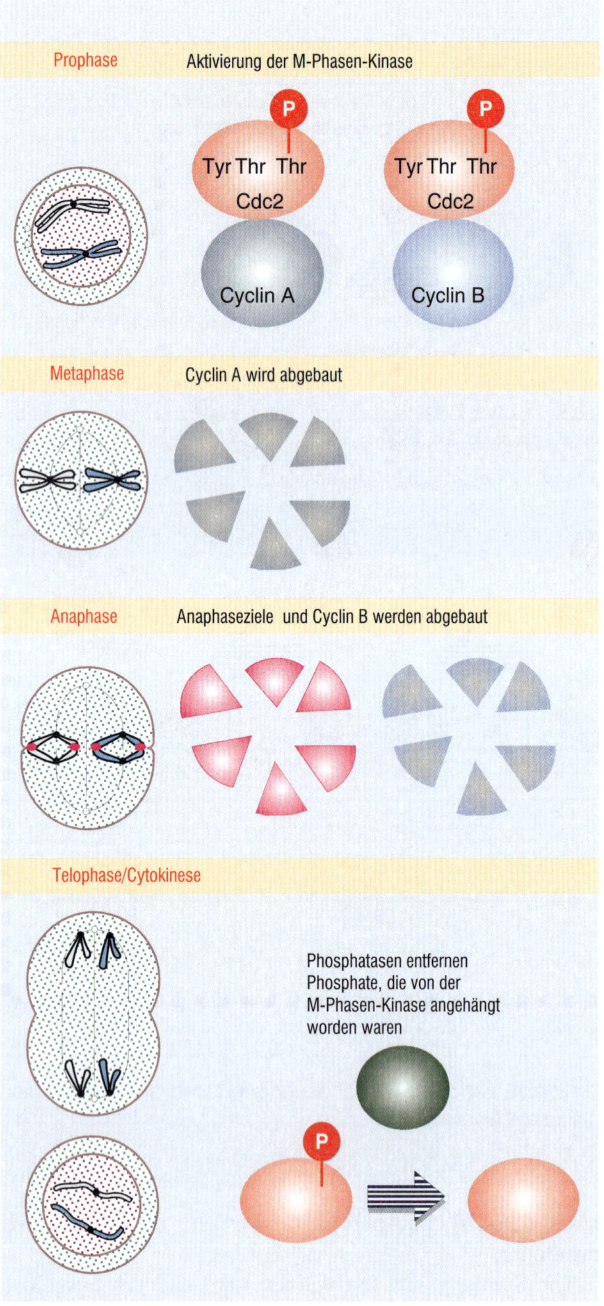

36.20 Für das Durchlaufen der Mitose müssen Cycline und andere Substrate abgebaut werden.

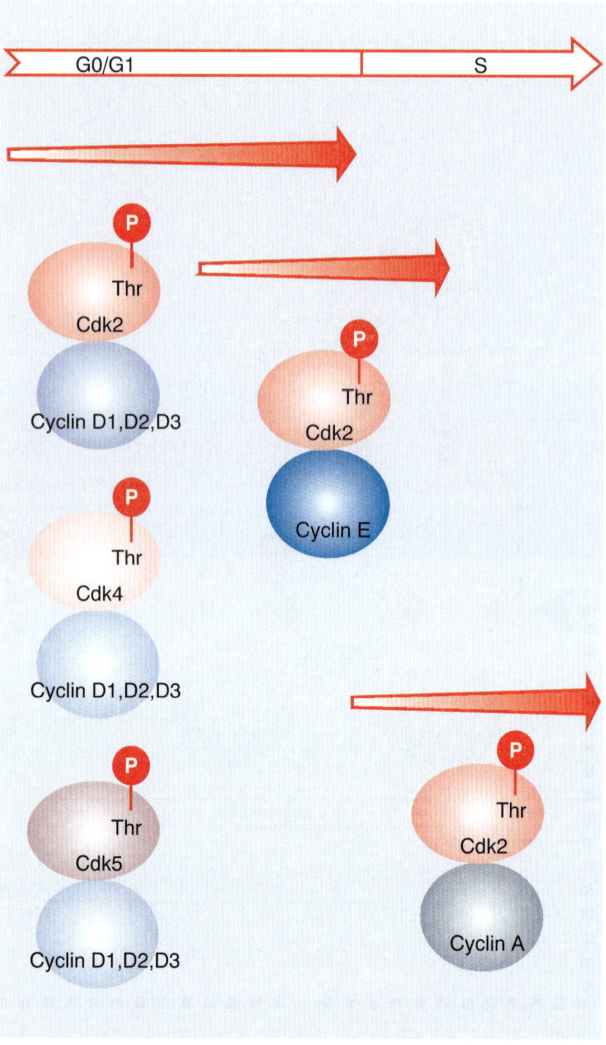

36.21 Während der G1- und S-Phase sind verschiedene Cdk-Cyclin-Komplexe aktiv. Die gefärbten Pfeile zeigen an, wie lange das der Fall ist.

jedes D-Cyclin an drei verschiedene Cdk-Untereinheiten binden kann, ist noch unklar.

Für den Übergang in die S-Phase wird die Aktivität des Cdk2-Cyclin-E-Komplexes benötigt. Die Synthese von Cyclin E erfolgt in dem Zeitraum, in dem der Wechsel von G1 in die S-Phase stattfindet. Wir wissen aber bislang noch nicht, wie und wann es inaktiviert oder zu welchem Zeitpunkt es entbehrlich wird. Dabei spielt Cyclin E mit Sicherheit eine besondere Rolle.

Die Zelle braucht den Cdk2-Cyclin-A-Komplex, um die S-Phase zu durchlaufen. Cyclin A muß darüber hinaus vor dem Eintritt in die Mitose an Cdc2 binden. Die doppelte Verwendung von Cyclin A in tierischen Zellen scheint der einzige Fall zu sein, in dem ein Cyclin sowohl beim G1/S- als auch beim G2/M-Übergang eingesetzt wird.

Der Anfang und das Ende der S-Phase sind entscheidende Stellen im Zellzyklus. Genau wie eine Zelle wissen muß, wann sie bereit ist, mit der Replikation zu beginnen, muß sie erkennen können, ob die Replikation abgeschlossen ist. Eine Möglichkeit könnte darin bestehen, den Zustand der DNA zu überprüfen.

Hemmstoffe der DNA-Replikation können den Zellzyklus blockieren. Diese Wirkung beruht möglicherweise darauf, daß auf der DNA Replikationskomplexe sitzen. Wie sie die Aktivierung der M-Phasen-Kinase blockieren, ist nicht bekannt.

Eine andere interessante Verbindung zwischen DNA und Zellzyklus wurde aufgrund der Eigenschaften der *RAD9*-Mutante von *S. cerevisiae* aufgedeckt. Hefezellen vom Wildtyp können nicht von G2 nach M gelangen, wenn ihre DNA zerstört ist – etwa durch Röntgenstrahlen oder aufgrund einer Replikation mit beispielsweise mutiertem *cdc9* (DNA-Ligase). Eine *RAD9*-Mutation erlaubt es diesen Zellen, sich trotz des DNA-Schadens zu teilen. *RAD9* stellt daher einen Kontrollpunkt dar, der den Eintritt der Zelle in die Mitose unterbindet, wenn die DNA zerstört ist; diese Reaktion kann durch Doppelstrangbrüche ausgelöst werden. In Gegenwart von Cycloheximid kann *RAD9*-abhängig eine Ruhephase eingeleitet und auch wieder aufgehoben werden; es ist daher anzunehmen, daß *RAD9* auf der posttranslationalen Ebene wirkt. An dieser Reaktion sind noch mindestens sechs andere Gene beteiligt. Worauf ihre Kontrolle letztlich abzielt, muß noch herausgefunden werden.

Es gibt noch andere Kontrollmechanismen, die einen ordnungsgemäßen Verlauf des Zellzyklus sicherstellen und an Kontrollpunkten sichtbar gemacht werden können. Dazu gehört, daß der Abschluß der DNA-Replikation überprüft und die Zellgröße gemessen wird. Unter Umständen muß die Zelle einige dieser Kontrollpunkte in der frühen Embryogenese umgehen. So finden beispielsweise die ersten Teilungen in *Drosophila* tatsächlich nur im Kern statt, da es noch keine Zellkompartimente gibt (Kapitel 37). Es ist möglicherweise von Bedeutung, daß in diesen frühen Zyklen viel vom Produkt des *string*-Gens vorhanden ist – das Pendant zum *cdc25* von *S. pombe*, das seine Kontrolle an der Zellgröße orientiert. Nach dem 14. Zyklus wird die Teilung davon abhängig, daß *string* exprimiert wird. Jetzt entwickeln sich die Zellkompartimente zur angemessenen Kontrollinstanzen für die Zellgröße. Diese Kontrolle könnte *string* ausüben.

36.8 An den G0/G1- und G1/S-Übergängen sind Cdk-Inhibitoren beteiligt

Einen wichtigen Einblick in die Kontrolle der G1-Phase des Zellzyklus ermöglichte die Entdeckung der Tumorsuppressorgene. Diese codieren Produkte, die mit Cdk-Cyclin-Komplexen oder späteren Elementen des Schaltkreises reagieren. Tumorsuppressoren wurden generell über Gene gefunden, bei deren Funktionsverlust Tumoren entstehen. Das kann man entweder anhand der Transformation von Zellkulturen beobachten oder anhand von Tumoren, die sich bei Mutationen in Tieren ausbilden (Kapitel 37).

Das Produkt des Tumorsuppressorgens *RB* ist ein Substrat für Cdk-Cyclin-D-Komplexe; es wirkt in dem Abschnitt der G1-Phase, der vor dem Restriktionspunkt liegt. Die Abbildung 36.22 zeigt den zugrundeliegenden Kreislauf. In ruhenden Zellen oder im ersten Abschnitt von G1 ist RB an den Transkriptionsfaktor E2F gebunden. Das wirkt sich auf zweierlei Weise aus: Zum einen sind einige Gene, deren Produkte für die S-Phase essentiell sind, von der E2F-Aktivität abhängig. Wenn also RB E2F bindet, sorgt es dafür, daß die S-Phase nicht beginnen kann. Außerdem unterdrückt der E2F-RB-Komplex die Transkription anderer Gene.

Am Restriktionspunkt oder in der Nähe davon, wird RB durch Cdk4,6-Cyclin-D-Kinasen phosphoryliert. Das führt dazu, daß RB E2F entläßt; dieser aktiviert die Transkription der Gene, deren Funktion für die S-Phase erforderlich ist; darüber hinaus wird durch die Phosphorylierung auch die Repression der Gene durch den E2F-RB-Komplex aufgehoben. Wie wichtig E2F ist, ergibt sich daraus, daß ruhende Zellen DNA synthetisieren können, wenn E2F exprimiert wird.

Im nichtphosphorylierten Zustand bildet RB einen Komplex mit cdk-Cyclinen. Dabei ist der Komplex mit Cdk4,6-Cyclin-D1,2,3 am bedeutendsten, doch RB ist auch ein Substrat für Cdk2-Cyclin-E. Zwischen RB und Cyclin-D1 besteht eine besonders enge Beziehung. Wird D1 zu stark exprimiert, gelangen die Zellen früh in die S-Phase. Unterdrückt man die Expression von D1, kommt der Zellzyklus vor der S-Phase zum Erliegen. Die Aufgabe von Cyclin D1 könnte also einzig und allein darin bestehen, RB zu inaktivieren und den Übergang in die S-Phase zu ermöglichen.

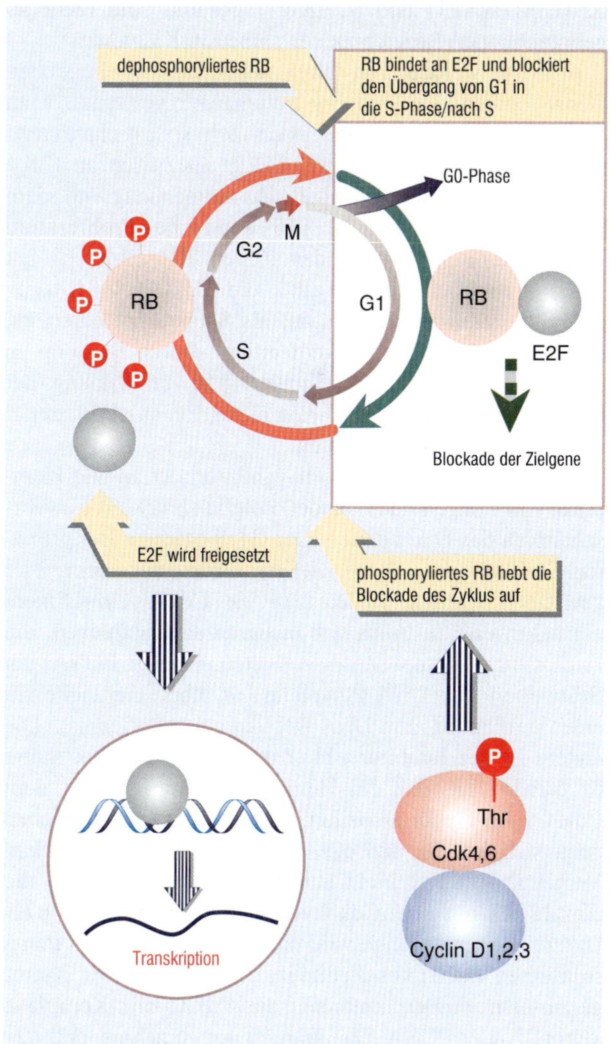

36.22 Wenn Cdk-Cyclin RB phosphoryliert, wird eine Blockade des Zellzyklus aufgehoben.

In der E2F-Familie gibt es mehrere miteinander verwandte Transkriptionsfaktoren, die allesamt Gene mit derselben Consensussequenz erkennen können. RB bindet drei dieser Faktoren. Zwei weitere mit RB verwandte Proteine, p107 und p130, verhalten sich ähnlich und binden die anderen Mitglieder der E2F-Gruppe. Möglicherweise kontrollieren also RB und p107 zusammen die Aktivität der Gruppe der E2F-Faktoren.

Auf RB sind mehrere Reaktionen ausgerichtet, die das Zellwachstum hemmen. RB könnte das Mittel sein, über das wachstumshemmende Signale Zellen in der G1- oder G0-Phase verharren lassen. Einige dieser Signale einschließlich des wachstumshemmenden TGFβ-Faktors agieren über Inhibitoren von Cdk-Cyclin-Kinasen. Diese Hemmstoffe nennt man **Ckis**. Man findet sie als Proteine, die in inaktiven Komplexen – etwa von ruhenden Zellen – an Cdk-Cyclin-Dimere gebunden sind. Indem sie die Cdk-Cyclin-Komplexe inaktiv halten, verhindern sie, daß RB phosphoryliert wird und dadurch die Zellen in die S-Phase gelangen. Drei Cki-Proteine sind gut charakterisiert; nach ihrer Molekülgröße werden sie p15/p16(Ink4), p21(Cip1/WAF1) und p27(Kip1) genannt (die nicht so gebräuchlichen Bezeichnungen stehen in Klammern).

p15/p16 werden von zwei nebeneinander liegenden Genen codiert; sie sind eng miteinander verwandt. Man hat noch weitere verwandte, noch nicht so gut charakterisierte Proteine gefunden. p16 bindet spezifisch an Cdk4 und Cdk6. Das läßt an einen Zusammenhang mit dem G0/G1-Übergang denken. p16 kann die Proliferation nicht unterbinden, wenn den Zellen RB fehlt; es hat daher vermutlich die Aufgabe, die Cdk-Cyclin-Kinase-Aktivität daran zu hindern, RB als Substrat zu benutzen, wie die Abbildung 36.23 verdeutlicht. Durch Bindung an die Cdk-Untereinheiten verhindert p16 die Bildung der Cdk4- und Cdk6-Cyclin-D-Komplexe. Eventuell blockiert es auch ihre Kinaseaktivitäten.

p21 ist ein universeller Cdk-Inhibitor, der an alle Komplexe von Cdk2, 4 und 6 bindet. Folglich blockiert es wahrscheinlich das Durchlaufen aller G1/S-Stadien. Bei primären Zellkulturen, deren Zellen direkt aus dem Tier gewonnen wurden, findet man die Cdk-Cyclin-Dimere normalerweise in Form von quaternären Komplexen, die zwei weitere Komponenten enthalten. Eine ist PCNA, ein Bestandteil der DNA-Polymerase δ, über die vielleicht eine Verbindung zur DNA-Replikation möglich ist. Die andere ist der Inhibitor p21. Auf den ersten Blick mutet es paradox an, daß ein Hemmstoff durchweg mit dem Cdk-Cyclin-Dimer assoziiert ist; bei genauerem Hinsehen zeigt sich jedoch, daß p21 bei einem stöchiometrischen Verhältnis von 1:1 nicht hemmend wirkt. Erst wenn die Anzahl der mit dem Cdk-Cyclin-Dimer assoziierten p21-Untereinheiten ansteigt, wird die Kinase inhibiert. In transformierten Zellen von Zellinien, die erfolgreich in Kultur genommen wurden, enthalten die Cdk-Cyclin-Komplexe kein p21 oder PCNA. Das führt zu der Annahme, daß p21 an der G1/S-Kontrolle beteiligt ist und daß diese Kontrolle gelockert werden muß, damit die Zellen permanent in Kultur genommen werden können.

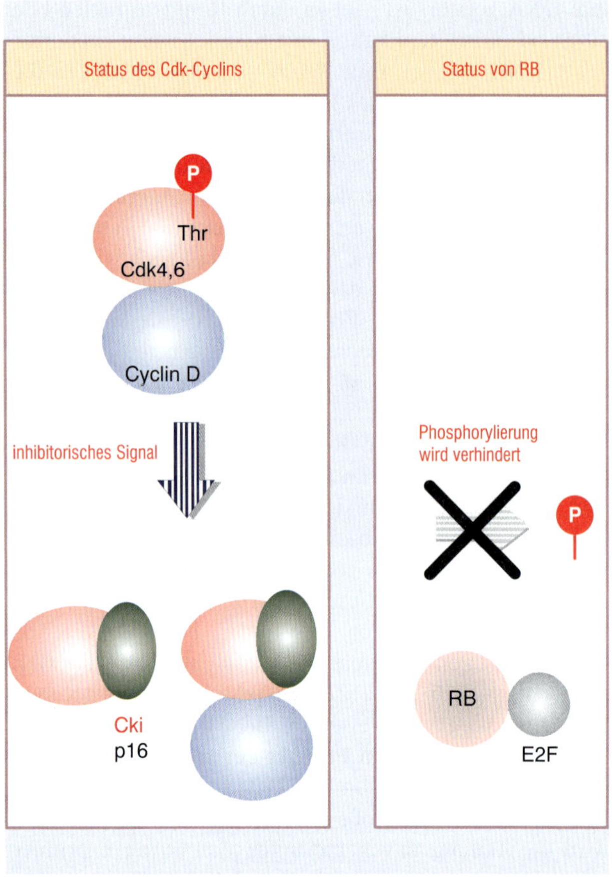

36.23 p16 bindet an Cdk4, Cdk6 sowie an Cyclindimere aus Cdk4 und Cdk6. Durch Blockade der Cdk-Cyclin-D-Aktivität verhindert p16 die Phosphorylierung von RB und bindet E2F, so daß es die S-Phase nicht starten kann.

Die Sequenz von p27 ist teilweise mit der von p21 verwandt; p27 bindet ebenfalls wahllos alle möglichen Cdk-Cyclin-Komplexe. Seine Überexpression blockiert das Durchlaufen der S-Phase; die p27-Konzentration steigt an, wenn Zellen durch eine TGFβ-Behandlung in einen Ruhezustand versetzt werden. p21 und p27 verhindern, daß die katalytische Untereinheit der Cdk-Cyclin-Dimere von CAK phosphoryliert und dadurch aktiviert wird. Sie blockieren darüber hinaus die katalytische Aktivität des Cdk-Cyclin-Komplexes. In welchen Stadien sie wirken, zeigt die Übersicht über die hemmenden Reaktionen in Abbildung 36.24.

p21 und p27 haben wahrscheinlich teilweise die gleichen Aufgaben. Man weiß nicht genau, wie sie den Zellzyklus hemmen, es ist aber klar, daß es nicht auf der Kontrolle von RB beruht, da sie auch die Proliferation von Zellen unterbinden können, die kein RB enthalten. Das kann bedeuten, daß in diesem Fall ihre Hemmung von Cdk2-Cyclin-E-Dimeren den Ausschlag gibt. Da in proliferierenden Zellen p21 und p27 vorhanden sind, muß für den normalen Verlauf des Zellzyklus die Konzentration der Cdk-Cyclin-Dimere erhöht sein, um diese Hemmschwelle zu überwinden. p27 scheint die Hauptverbindung

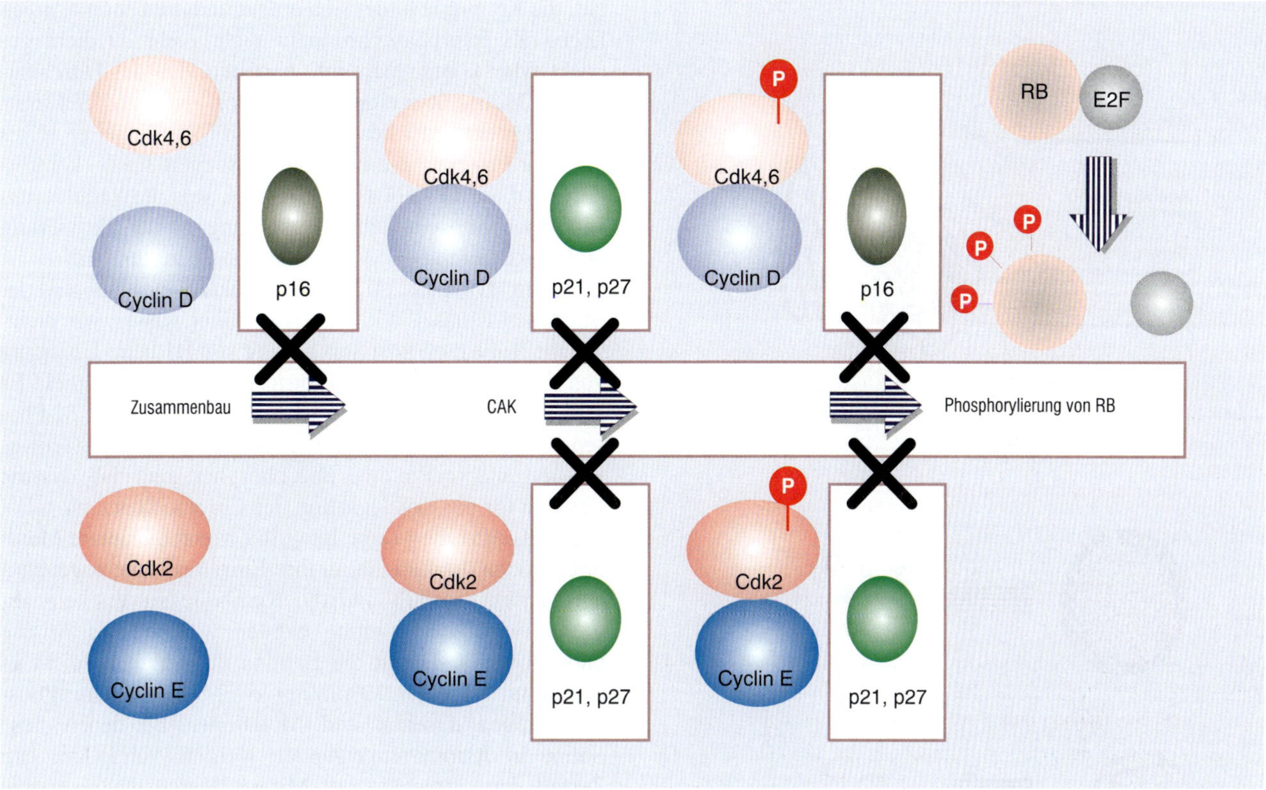

36.24 p21 und p27 verhindern, daß CAK Cdk4,6-Cyclin-D und Cdk2-Cyclin-E zusammensetzt und aktiviert. Zusätzlich blockieren sie unabhängig von der RB-Aktivität den weiteren Zyklus. p16 verhindert, daß Cdk4,6-Cyclin D zusammengesetzt und aktiviert wird.

zwischen extrazellulären Mitogenen und dem Zellzyklus zu sein; dabei ist Fähigkeit zur Proliferation umso geringer, je größer die p27-Aktivität ist.

Für die Bedeutung der Cki-Proteine bei der Kontrolle des Zellzyklus *in vivo* spricht die Entdeckung, daß p16 ein Tumorsuppressor ist. Daraus folgt, daß in der Regel p16 und möglicherweise auch andere Cki-Proteine nötig sind, um ein ungehemmtes Zellwachstum zu verhindern.

Wie wichtig der Reaktionsweg von den Cki-Proteinen zu RB ist, wird durch die Tatsache unterstrichen, daß man in jedem Stadium Tumorsuppressoren findet – unter anderem Cki-Proteine, die Cycline D1,2 und RB (Abbildung 37.21). Dieser Weg ist sicher von zentraler Bedeutung, wenn es darum geht, das Zellwachstum einzudämmen; und er könnte sogar entscheidend daran mitwirken, daß die Zellen in die Lage versetzt werden, einen Teilungszyklus einzuleiten – indem sie z. B. den Restriktionspunkt passieren, wenn sie bereits im Zellzyklus stehen, oder indem sie wieder in G1 eintreten, wenn sie sich in der Ruhephase G0 befinden.

36.9 Die Umorganisation der Zelle in der Mitose

Der Zellzyklus endet mit der Zellteilung. Dabei segregieren die Chromosomen in zwei diploide Chromosomensätze, und die andere Zellbestandteile werden zwischen den beiden Tochterzellen aufgeteilt. Die Zellstruktur ändert sich drastisch (Abbildung 36.25). Die Trennung von Kern und Cytoplasma wird aufgehoben und das Cytoskelett vollkommen neu organisiert. Die entscheidenden Ereignisse sind die folgenden:

- Das Chromatin wird so stark kondensiert, daß man Chromosomen erkennen kann.
- Lamina und Hülle des Kernes werden aufgelöst. Die Lamina dissoziiert in einzelne Laminuntereinheiten, und die Kernhülle, das endoplasmatische Reticulum sowie der Golgi-Apparat zerfallen zu kleinen Membranvesikeln. Die Auflösung des Kernes ist typisch für Tierzellen; bei den Hefen *S. cerevisiae* und *S. pombe*, bei denen die Mitose auch mit einer Kernteilung einhergeht, findet dieser Vorgang nicht statt.
- Die Mikrotubuli zerfallen und formieren sich erneut zu einer Spindel. Die Mikrotubuli dissoziieren zu Tubulindimeren, die sich von den mitotischen mikrotubuliorganisierenden Zentren aus wieder zu Mikrotubuli zusammenlagern.
- Es kommt zu einer Reorganisation der Actinfilamente, so daß das gewöhnliche Netzwerk durch einen kontraktilen Ring ersetzt wird, der die Tochterzellen bei der Cytokinese abschnürt.

Alle diese Veränderungen sind reversibel. Nach der Trennung der Tochterzellen nehmen die Actinfilamente wieder ihre normale Form an, löst sich die Mikrotubulispindel

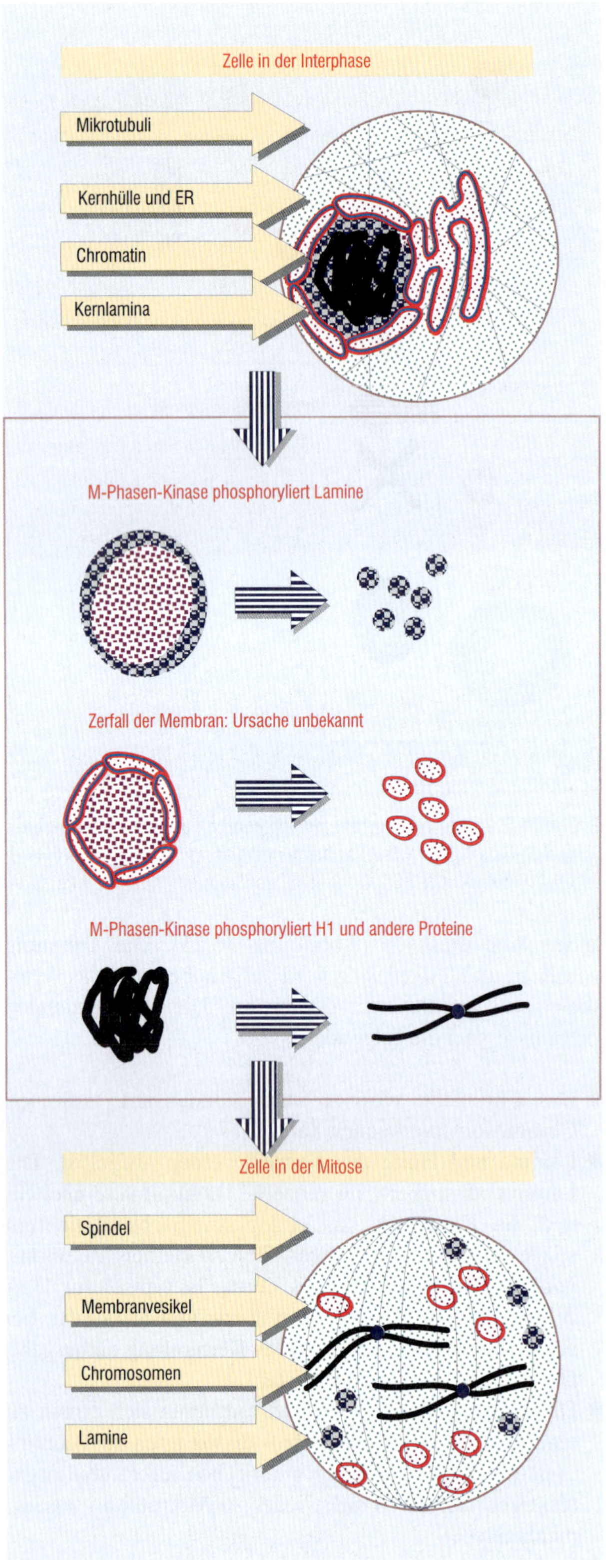

36.25 Die Änderungen bei der Mitose betreffen hauptsächlich die Chromosomen, die Kernhülle, die Kernlamina und die Mikrotubuli.

auf, die Kernhülle bildet sich erneut und die Chromosomen liegen als Interphasechromatin nicht mehr so dicht gepackt. Man könnte sich gut vorstellen, daß das Durchlaufen der Mitose über eine Modifikation geeigneter Substratproteine – entweder der strukturellen Untereinheiten selbst oder der Proteine, die mit ihnen assoziiert sind – kontrolliert wird. Dann stellt sich die Frage, was die Veränderungen in der Mitose und ihre Umkehrung mit der Aktivierung und Inaktivierung der M-Phasen-Kinase zu tun hat.

Histon H1 ist das am besten charakterisierte Substrat der M-Phasen-Kinase. Wie bereits erwähnt wissen wir nicht, welche Rolle die Phosphorylierung von H1 beim Übergang von G1 nach S oder beim Eintritt in die M-Phase spielt. Es scheint jedoch vernünftig, anzunehmen, daß die M-Phasen-Kinase direkt auf das Chromatin einwirkt, indem es H1 und andere Proteine phosphoryliert und daß das die Ursache für die Kondensation der Chromosomen ist.

Der Kern verliert seine Integrität, wenn die untere Membranschicht, die Lamina, in ihre Einzelteile, die sogenannten Lamine, zerfällt und die Kernhülle zu Vesikeln abgebaut wird. Die Lamine werden während der Mitose phosphoryliert. Damit die Lamina dissoziieren, reicht es aus, wenn bei jedem Lamin nur zwei Serinreste mit Phosphatgruppen versehen sind. Mutationen, bei denen diese Serine in Alanin umgewandelt werden, verhindern den Zerfall der Lamina in der Mitose. Durch die reversible Phosphorylierung dieser beiden Serinreste ändert sich folglich die Struktur jeder einzelnen Laminuntereinheit, über die ihr Vermögen kontrolliert wird, sich zur Lamina zusammenzulagern.

Für diese Phosphorylierung scheint die M-Phasen-Kinase direkt verantwortlich zu sein; sie kann *in vitro* die Kernlamina zur Auflösung veranlassen. Die Phosphorylierung und Dephosphorylierung der Lamine und der laminassoziierten Proteine reicht wahrscheinlich schon aus, um die Auflösung und Neubildung der Kernhülle zu erklären. Wie das endoplasmatische Reticulum und der Golgi-Apparat umstrukturiert werden, muß noch genauer untersucht werden.

Die Reorganisation der Mikrotubuli zur Spindel wurde ausführlich beschrieben, kann bisher aber nicht mit der M-Phasen-Kinase in Verbindung gebracht werden. Die Mikrotubuli gehen aus den Organisationszentren hervor, die in den Centrosomen und an den Kinetochoren gefunden werden. Die Mikrotubuli selbst bestehen aus Dimeren von α- und β-Tubulin. Im Centrosom gibt es ein verwandtes Protein, γ-Tubulin, das für die Tubuli wie ein Kristallisationskeim wirken könnte. In der Spindel bildet das γ-Tubulin möglicherweise mit Hilfe von Pericentrin, einer kleineren Centrosomkomponente, eine Struktur, in der die Fäden zusammenlaufen.

Der Aufbau der Centrosomen liegt noch nicht genau fest. Man weiß jedoch, daß in Tierzellen ein Centrosom ein Paar **Centriole** enthält, die von einem dichten amorphen Bereich umgeben sind. Ein Centriol ist ein kleiner Hohlzylinder, dessen Wände aus einer Reihe von jeweils drei zusammenhängenden Mikrotubuli bestehen. Abbildung 36.26 zeigt einen Querschnitt durch ein Centriol.

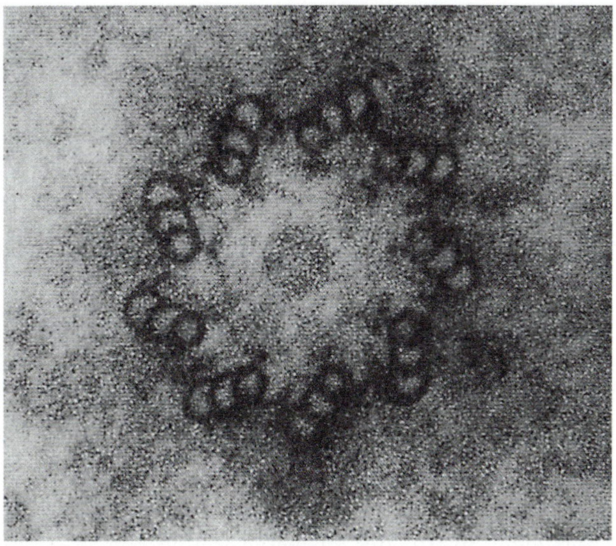

36.26 Das Centriol besteht aus neun Mikrotubulitripletts; im Querschnitt sind sie als die Wand eines Hohlzylinders sichtbar. (Aufnahme mit freundlicher Genehmigung von A. Ross.)

Welche Funktion das Centriol in der Mitose hat, ist noch nicht geklärt. Ursprünglich hielt man es für die Struktur, an der die Mikrotubuli am Pol verankert sind. Die Fasern scheinen jedoch in dem amorphen Bereich um die Centriolen zu enden. Das Centriol ist möglicherweise an der Ausrichtung der Spindel beteiligt. Es könnte auch eine Rolle bei der Ausrichtung der Zellbewegung spielen. Es gibt allerdings auch Zelltypen, bei denen die Centrosomen anscheinend keine Centriole enthalten.

Die Centriolen haben einen eigenen Verdoppelungszyklus. Bei ihrer Entstehung in der Mitose bekommt jede Zelle zwei Centriolen mit. Diese verdoppeln sich in der Interphase, so daß zu Beginn der Mitose vier Centriolen vorhanden sind, an jedem Pol zwei. Doch wahrscheinlich sind nur die elterlichen Centriolen funktionstüchtig.

In Abbbildung 36.27 ist der Zyklus der Centriole skizziert. Bald nach der Mitose entwickelt sich im rechten Winkel zum Elterncentriol ein **Procentriol**. Es besitzt die gleiche Struktur wie das reife Elterncentriol, ist aber nur halb so lang. Erst im weiteren Verlauf der Interphase erreicht es seine volle Länge. Bei der darauffolgenden Mitose spielt es keine Rolle, wird aber zum Elterncentriol, wenn es auf eine der Tochterzellen verteilt wird. Je nachdem, wie die Elterncentriolen am Mitosepol ausgerichtet sind, entscheidet sich, wie die Spindel orientiert ist.

Wie verdoppeln sich Centriole? Da das Procentriol in der Nähe des Elterncentriols so exakt und sorgfältig gestaltet wird, kann man davon ausgehen, daß eine Art von Matrizenfunktion dabei eine Rolle spielt. Beim elterlichen Centriol läßt sich zwar weder eine Reproduktion noch eine Teilung beobachten, es könnte aber als Ausgangspunkt für die Entwicklung irgendeine Struktur zur Verfügung stellen, an der sich Tubulindimere ansammeln, um das Procentriol aufzubauen. Kann ein Centriol auch ohne bereits vorhandenes Centriol aufgebaut werden?

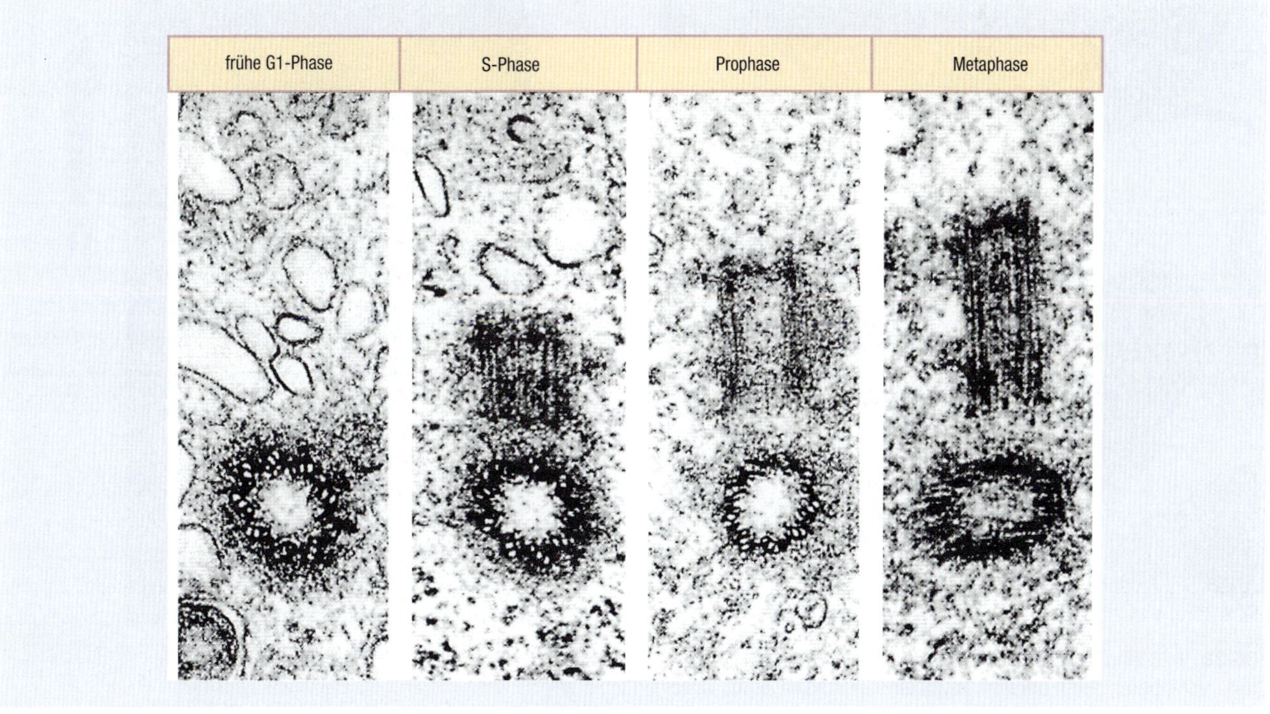

36.27 Ein Centriol verdoppelt sich, indem es in einem rechten Winkel zu sich selbst ein Procentriol ausbildet. Das Procentriol streckt sich anschließend zu einem reifen Centriol. (Aufnahme mit freundlicher Genehmigung von J. B. Rattner und S. G. Phillips.)

36.10 Apoptose

Es gehört zur normalen Entwicklung eines vielzelligen Eukaryoten, daß einige Zellen sterben. Bei der Embryogenese ebenso wie bei der Metamorphose und der Zellerneuerung in den Geweben – ständig werden unerwünschte Zellen eliminiert. Man bezeichnet diesen Prozeß als **programmierten Zelltod** oder **Apoptose**. Durch ihn erfolgt die entscheidende Kontrolle, wie viele Zellen ein Organismus hat. In *C. elegans*, bei dem man sämtliche somatische Zellinien kennt, durchlaufen 131 der 1 090 somatischen Zellen, die im Laufe der Entwicklung zum adulten Tier gebildet werden, den progammierten Zelltod; die Zellen sterben in jedem Tier zu einem bestimmten Zeitpunkt und an einer bestimmten Stelle. Auf ähnliche Weise, wenn auch nicht so exakt festgelegt, sterben Zellen auch bei der Entwicklung der Wirbeltiere. Die prominentesten Stellen dafür sind das Immun- und Nervensystem.

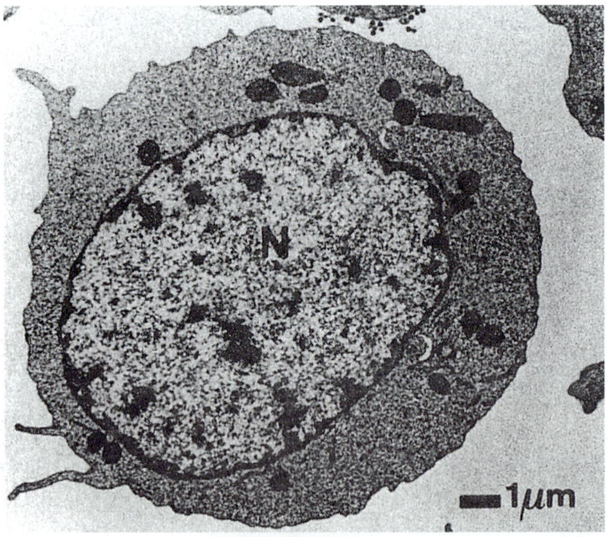

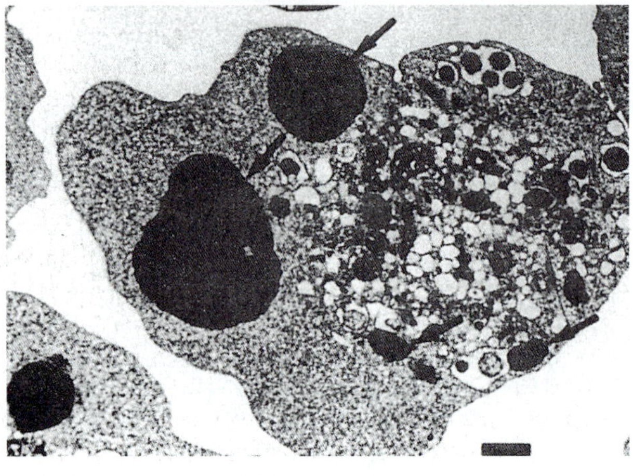

36.28 Während der Apoptose verändern sich die Zellstrukturen. Im oberen Bild erkennt man eine normale Zelle; unten eine apoptotische Zelle. Die Pfeile zeigen auf kondensierte Kernfragmente. (Aufnahmen mit freundlicher Genehmigung von Shigekazu Nagata.)

Bei der Apoptose wird eine Reaktion aktiviert, die in charakteristischer Weise zum Selbstmord der Zelle führt: Die Zelle wird kompakter, in den Membranen bilden sich Blasen, das Chromatin verdichtet sich, und die DNA zerfällt. Dieser Prozeß ist ein aktiver Vorgang, für den die sterbende Zelle RNA und Protein synthetisieren muß. In Abbildung 36.28 sieht man die typischen Eigenschaften einer Zelle, die heteropyknisch wird, sich also verdichtet und einen kleinen fragmentierten Kern bekommt; die Abbildung 36.29 zeigt, wie die DNA in einzelne Teile zerfällt. Zum Schluß zerfallen die toten Zellen in membrangebundene Stücke und werden je nachdem von den umliegenden Zellen resorbiert.

Die Apoptose kann auf verschiedene Weise ausgelöst werden: durch Entzug essentieller Wachstumsfaktoren, durch eine Behandlung mit Glucocorticoiden, durch γ-Strahlen oder durch Aktivierung bestimmter Rezeptoren (Abbildung 36.30). Bei all diesen Reizen kommt es zu einem molekularen Angriff auf die Zelle. Das Immunsystem arbeitet mit anderen Mitteln; um die Apoptose zu aktivieren, attackieren cytotoxische T-Lymphocyten die betreffenden Zellen. Die Fähigkeit des Tumorsuppressors p53, den programmierten Zelltod zu aktivieren, ist ein wichtiger Verteidigungsmechanismus gegen eine Krebserkrankung; dies wird in Kapitel 37 besprochen. Die Apoptose ist daher nicht nur für die Entwicklung von Geweben wichtig, sondern auch für die Immunabwehr und das Aufspüren von Krebszellen.

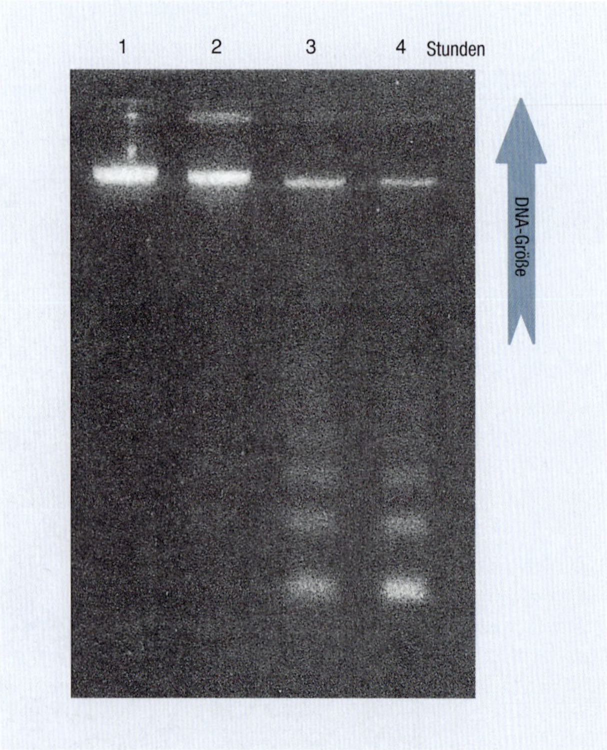

36.29 In den Zellen einer Zellkultur zerfällt die DNA etwa zwei Stunden nach Auslösen des programmierten Zelltodes. (Aufnahme mit freundlicher Genehmigung von Shigekazu Nagata.)

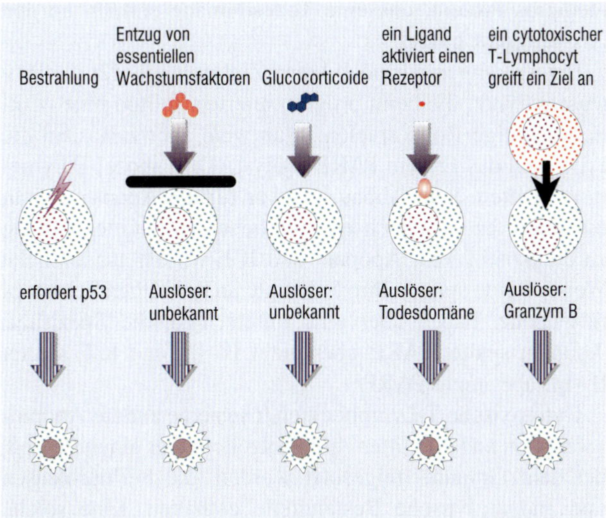

36.30 Es gibt eine Vielzahl von Möglichkeiten, Apoptose auszulösen.

Die Art, wie es zur Apoptose kommt, ist in jedem Fall anders, die Reaktionen sind jedoch im wesentlichen gleich. In einigen, wenn auch nicht in allen Fällen münden die diversen Auslöser in einen gemeinsamen Effektorweg. Das zeigt sich beispielsweise daran, daß bei allen Signalen ein einziges Protein, das Bcl-2, ausreicht, um die Apoptose zu unterbinden (siehe unten).

Bei einer Untersuchung der Eigenschaften des **Fas-Rezeptors** entdeckte man eine wichtige Reaktion, die in Säugerzellen zum programmierten Zelltod führt. Ein Antikörper gegen Fas tötet Zellen, die das Protein auf ihrer Oberfläche exprimieren. Das liegt daran, daß die Antikörper-Fas-Reaktion Fas aktiviert und dieses wiederum die Apoptosereaktion auslöst. Daß diese Art, den programmierten Zelltod auszulösen, auch *in vivo* beschritten wird, zeigte der Befund, daß die Mausmutation *lpr* zu einem Fas-Mangel führt. *lpr* ist eine rezessive Mutation, welche die Lymphocyten zur Proliferation veranlaßt und damit zu einer komplexen Immunkrankheit führt, von der sowohl B- als auch T-Zellen betroffen sind. Ähnlich wirkt sich auch eine andere Mutation aus: *gld* führt zu einer generalisierten lymphoproliferativen Erkrankung. Bei der *gld*-Mutation ist ein Gen betroffen, das den Liganden für den Fas-Rezeptor codiert. Da sich die beiden Loci in ihren Eigenschaften so ähneln, kann man annehmen, daß diese Apoptosereaktion über eine Interaktion zwischen dem Liganden (*gld*-Produkt) und Fas (*lpr*-Produkt) zustande kommt. Sie ist erforderlich, um die Anzahl der reifen Lymphocyten zu begrenzen. Wie ihre Mitwirkung im einzelnen aussieht, muß noch geklärt werden.

Fas ist ein Zelloberflächenrezeptor, der Ähnlichkeiten mit dem Tumornekrosefaktor-(TNF-)Rezeptor hat. Sein Ligand ist ein Transmembranprotein, das mit TNF verwandt ist. In einer mit TNF verwandten Rezeptorfamilie findet man neben zwei TNF-Rezeptoren und Fas auch mehrere Rezeptoren, die man auf T-Lymphocyten antrifft. Zu einer entsprechenden Ligandenfamilie gehören eine Reihe von Transmembranproteinen. Man kann daher annehmen, daß jede dieser Apoptosereaktionen durch eine Interaktion von zwei Zellen ausgelöst wird, bei der ein „Ligand" auf der einen Zelloberfläche mit dem Rezeptor auf der Oberfläche einer anderen Zelle reagiert.

Fas- und TNF-Rezeptoren sind die Familienmitglieder, die den programmierten Zelltod auslösen. TNF existiert auch in einer gespaltenen, löslichen Proteinform, die wie ein löslicher Wachstumsfaktor wirkt. In dieser vor allem von Makrophagen produzierten Form ist TNF ein pleiotroper Faktor, der viele Zellantworten einschließlich der Cytotoxizität signalisiert. Die meisten seiner Reaktionen werden durch Interaktion mit dem TNF-Rezeptor TNF-R1 ausgelöst.

Um zu testen, inwieweit diese Interaktion zwischen Ligand und Rezeptor in der Lage ist, Apoptose auszulösen, führt man den Rezeptor in eine Zellkultur ein, in der er normalerweise nicht exprimiert wird. Nach Zugabe des Liganden sterben die transfizierten Zellen einen programmierten Zelltod, die Elternzellen aber nicht. Dieser Versuch bringt ähnliche Ergebnisse, wenn man ihn mit dem *gld*-Liganden und dem Fas-Rezeptor beziehungsweise mit TNF und TNF-R1 durchführt. Nimmt man Rezeptormutanten, dann zeigt sich, daß eine etwa 80 Aminosäuren umfassende intrazelluläre Domäne in der Nähe des C-Terminus die Apoptosereaktion auslöst. Diese Region, die sogenannte **Todesdomäne**, ist bis zu einem gewissen Grad (zu etwa 28 %) in Fas wie TNF-R1 erhalten geblieben.

Wir wissen nur wenig über die Komponenten, die innerhalb dieses zum Zelltod führenden, in Abbildung 36.31 zusammengefaßten, Reaktionsweges direkt mit TNF-R1 oder dem Fas-Rezeptor interagieren. Man fand mehrere Proteine, die spezifisch mit der Todesdomäne reagieren und eine Apoptose auslösen, wenn sie in eine Zelle transfiziert werden. Alle diese Proteine haben selbst Todesdomänen und es ist möglich, daß das Signal über eine homomere Interaktion zweier Todesdomänen vom Rezeptor an das nächste Element der Reaktionskette weitergegeben wird. Die Proteine scheinen alle dieselbe Apoptosereaktion zu aktivieren. Wir wissen aber noch nicht, ob sie einander ausschließende Komponenten der Reaktion sind, die beispielsweise in unterschiedlichen Zelltypen agieren, oder ob sie bei der Aktivierung parallel wirken und daher in einem einzigen Zelltyp eine gewisse Redundanz darstellen.

Mitglieder der ICE-Proteasefamilie sind wichtige Elemente für den späteren Verlauf der Reaktion. Der Prototyp ist das IL-1β-umwandelnde Enzym, eine Cysteinprotease, die den pro-IL-1β-Vorläufer durch Spaltung aktiviert. Transfiziert man ICE in eine Zellkultur, löst das den programmierten Zelltod aus. Der Prozeß wird durch crmA, einem vom Kuhpockenvirus gebildeten ICE-Inhibitor, sowie durch Bcl-2, einem zellulären Inhibitor der Apoptose (siehe unten), verhindert. Es stellte sich allerdings heraus, daß ICE nicht selbst als Protease an der Apoptose beteiligt ist; denn bei einer Maus bleibt der normale Ablauf der Apoptose erhalten, auch wenn das ICE-Gen inaktiviert wird.

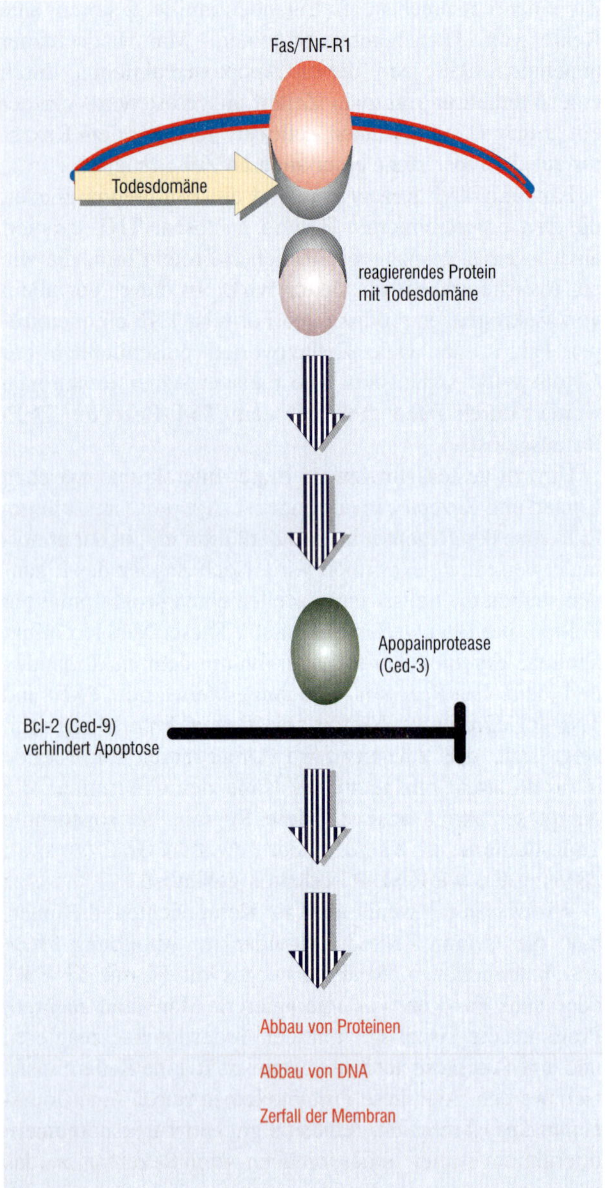

36.31 Die Apoptose kann durch die Aktivierung eines Rezeptors ausgelöst werden, der eine Todesdomäne enthält. Dieser reagiert im nächsten Schritt mit intrazellulären Proteinen, die ebenfalls Todesdomänen besitzen. Eine entscheidende Station auf diesem Weg ist die Aktivierung einer Protease. Anschließend kann die Apoptose noch durch Bcl-2 blockiert werden.

Bei Säugern gehören zu der ICE-ähnliche Familie etwa acht Mitglieder, von denen eines, das Apopain, für den programmierten Zelltod erforderlich ist. Möglicherweise ist mehr als eine Protease daran beteiligt, vielleicht eine ganze Kaskade von Proteasen, in der sich die Mitglieder nacheinander durch gegenseitige Spaltung aktivieren. Man hielt Proteasen üblicherweise für Komponenten, die sich in der Reaktionskette relativ weit hinten befinden; sie könnten jedoch durchaus auch schon früher beteiligt sein. Man hat sogar eine ICE-ähnliche Protease gefunden, die als Teil eines trimeren Komplexes über ein intermediäres Protein, das eine Todesdomäne enthält, an den Fas-Rezeptor bindet

Bisher kennen wir noch keine Zielmoleküle für die Proteaseaktivität, die beim programmierten Zelltod eine wirklich wichtige Rolle spielen. Man weiß aber z. B., daß die Proteasen das Enzym PARP (Poly-[ADP-Ribose]-Polymerase) spalten. Sein Abbau ist zwar für die Apoptose nicht essentiell, es ist jedoch ein nützliches Hilfsmittel, um sie zu diagnostizieren. Apopain und ICE wirken auf ähnliche Weise. Beide spalten ihre Substrate an der selben Tetrapeptidsequenz, haben aber eine unterschiedliche Spezifität: Apopain spaltet PARP, aber nicht IL-1β, und ICE spaltet IL-1β, aber nicht PARP.

Cytotoxische T-Lymphocyten lösen eine andere Apoptosereaktion aus. Sie töten ihre Zielzellen über einen Prozeß, bei dem Granula freigesetzt werden, die Serinproteasen und andere lytische Bestandteile enthalten. Eine solche Komponente ist Perforin, das Zellmembranen durchlöchern und so die Zielzellen unter bestimmten Voraussetzungen töten kann. Die Serinproteasen in den Granula nennt man Granzyme. In Gegenwart von Perforin kann Granzym B viele Apoptosesymptome auslösen, einschließlich der Zerstörung der DNA. Es aktiviert ein ICE-ähnliches Enzym namens Ich-3, das für diese Apoptosereaktion gebraucht wird.

Wir verstehen noch nicht, in welcher Beziehung die verschiedenen Mitglieder der ICE-Familie funktionell zueinander stehen. Möglicherweise überschneiden sich ihre Funktionen teilweise, so daß bis zu einem gewissen Grad einer für den anderen einspringen kann. Vielleicht bilden aber auch einige Mitglieder eine Kaskade, in der einer den anderen spaltet und so aktiviert. Als dritte Alternative könnte es aber auch zu parallelen Reaktionen kommen, die von verschiedenen Effektoren ausgelöst werden. Wahrscheinlich sprechen sie alle auf eine Hemmung durch CrmA an, einen Inhibitor ICE-ähnlicher Proteasen, der vom Kuhpockenvirus gebildet wird. CrmA verhindert Apoptosen, die auf ganz verschiedene Weise aktiviert wurden; das zeigt, daß die ICE-artigen Proteasen beim programmierten Zelltod eine wichtige Rolle spielen.

An der Kontrolle der Apoptose beteiligen sich neben Komponenten, die den Weg blockieren, auch solche, die ihn aktivieren. Das wurde erstmals deutlich, als der Zelltod bei *C. elegans* genetisch untersucht wurde und man Mutanten fand, die ihn aktivieren, und solche, die ihn verhindern. Sind die Gene *ced-3* und *ced-4* mutiert, überleben Zellen, die normalerweise untergegangen wären; das zeigt, daß diese Gene für den Zelltod essentiell sind. *ced-3* codiert eine Proteaseaktivität; anhand dieses Gens wurde diese Funktion erstmals mit der Apoptose in Zusammenhang gebracht. Es ist die einzige Protease dieses Typs in *C. elegans*. Die Funktion von *ced-4* ist noch unbekannt, genetische Befunde deuten jedoch darauf hin, daß es ähnlich wie *ced-3* wirkt, aber nicht zur selben Reaktionslinie gehört.

ced-9 verhindert die Apoptose. Eine Mutation, die *ced-9* inaktiviert, ist letal, da sie dazu führt, daß Zellen sterben, die eigentlich überleben sollten. Dieser Vorgang erfordert *ced-3* und *ced-4*, so daß also vermutlich *ced-9* Apoptosereaktionen blockiert, an denen *ced-3* und *ced-4* beteiligt sind. Diese Beziehung zwischen den drei Genen ist ein entscheidender Punkt: *ced-3* und *ced-4* werden nicht nur in Zellen exprimiert, die dazu bestimmt sind zu sterben, sondern auch in Zellen, in denen ihre Aktivität normalerweise durch *ced-9* unterbunden wird. Die richtige Kontrolle der Apoptose erfordert daher wahrscheinlich ein ausgewogenes Verhältnis von Aktivierung und Inaktivierung.

Bei Wirbeltieren heißt das entsprechende Gen zu *ced-9* *bcl-2*. Es wurde ursprünglich als Protoonkogen entdeckt, das in Lymphomen aufgrund von Translokationen aktiviert wird, die zu einer Überexpression führen. (Wie ausführlicher in Kapitel 37 diskutiert wird, gehört Bcl-2 zu einer Klasse von Proteinen, die eine Proliferation oder Tumorbildung auslösen, wenn sie nicht adäquat exprimiert werden.) Man stieß auf seine Rolle als Apoptoseinhibitor, als man zeigen konnte, daß man lymphoide und myeloide Zellen vor dem Tod schützen kann, wenn man es entsprechenden Kulturen zusetzte, denen der essentielle Faktor IL-3 entzogen wurde.

Säugerzellen, bei denen man durch ein breites Spektrum von Reizen, einschließlich der Aktivierung der Fas/TNF-R1-Reaktion, Apoptose auslösen kann, kann man durch Expression von *bcl-2* retten. Das legt die Vermutung nahe, daß diese Reaktionen alle in einen einzigen Zelltötungsmechanismus münden und daß *bcl-2* in einem gemeinsamen späten Stadium des Zelltodes aktiv ist. (Bei ein paar Systemen kann Bcl-2 die Apoptose nicht verhindern; der Weg, den es blockiert, ist also vielleicht der übliche, aber nicht der einzige.)

Welche Funktion Bcl-2 erfüllt, ist noch ein Rätsel. Es besitzt einen C-terminalen Membrananker, und man findet es auf den äußeren Membranen von Mitochondrien, des Kernes und des ER. An allen diesen Stellen, besonders aber in den Mitochondrien, werden Sauerstoffradikale gebildet. Daher liegt die Vermutung nahe, daß Bcl-2 antioxidativ wirkt. Diese Aktivität konnte aber bisher nicht direkt mit der Apoptose in Zusammenhang gebracht werden.

Bcl-2 gehört zu einer Familie, deren Mitglieder Homo- und Heterodimere bilden können. Zwei andere Mitglieder sind das im Huhn charakterisierte Bcl-x sowie Bax, das beim Menschen gefunden wurde. Bcl-x wird alternativ gespleißt, und die verschiedenen Formen haben unterschiedliche Eigenschaften. In Zellen transfiziert ähnelt Bcl-x_L Bcl-2 und verhindert die Apoptose. Bcl-x_s neutralisiert die Fähigkeit von Bcl-2, vor Apoptose zu schützen. Bax zeigt dasselbe Verhalten wie Bcl-x_s. Es ist daher anzunehmen, daß Bcl-2-Homodimere gebildet werden müssen, damit die schützende Form entsteht und daß Bcl-2/Bax oder Bcl-2/Bcl-x_s-Heterodimere keinen Schutz vor Apoptose bieten. Ob Bax oder Bcl-x_s-Homodimere die Apoptose aktiv unterstützen oder sie eher zulassen, bleibt abzuwarten. Aufgrund dieser Befunde ergibt sich die allgemeine Schlußfolgerung, daß durch Kombination verschiedener Mitglieder der Familie Dimere entstehen, die sich auf die Apoptose unterschiedlich auswirken, und daß es wichtig ist, in welchem Verhältnis die einzelnen Familienmitglieder exprimiert werden. Wie anfällig eine Zelle für einen programmierten Zelltod ist, ist möglicherweise proportional zum Verhältnis von Bax zu Bcl-2.

Daß es Mechanismen gibt, die den Prozeß der Apoptose verhindern oder auslösen, läßt den Schluß zu, daß viele, möglicherweise sogar alle Zellen diesen Prozeß durchlaufen können. Wenn die Elemente dieser Reaktion überall vorhanden sind, liegt die Entscheidung, ob eine Zelle weiterlebt oder stirbt, bei den Kontrollmechanismen. Sie bestimmen, ob die Apoptosereaktion aktiviert oder blockiert wird.

Zusammenfassung

Der Zellzyklus besteht aus Übergängen von einem regulatorischen Zustand zum anderen. Wechselt ein solcher Zustand, folgt eine Verzögerungsphase, die den alten Status von den folgenden Veränderungen im Phänotyp der Zelle abgrenzt. Die Übergänge erfolgen in Form einer Aktivierung oder Inaktivierung einer oder mehrerer Kinasen; dabei werden Substrate modifiziert, die den physikalischen Zustand der Zelle bestimmen. An Kontrollpunkten kann der Übergang hinausgezögert werden, bis irgendwelche innere oder äußere Anforderungen erfüllt sind.

Die beiden entscheidenden Kontrollpunkte im Zellzyklus liegen in G1 und am Ende von G2. In G1 wird die Zelle darauf vorbereitet, einen Replikationszyklus zu starten. Wie die Entscheidung ausfällt, wird in Tierzellen vom Restriktionspunkt und in Hefezellen von START erkannt. Nachdem das Urteil gefällt ist, müssen die Zellen die S-Phase einleiten; die eigentliche DNA-Replikation beginnt dann allerdings erst nach einer kurzen Verzögerung. Am Ende von G2 steht wiederum eine Entscheidung, die sofort ausgeführt wird, damit die Mitose beginnt.

Es gibt ein gemeinsames Merkmal in den Zellzyklen von Hefen und Tieren: Beide besitzen eine M-Phasen-Kinase, die aus zwei Untereinheiten besteht – aus p34, das eine katalytischen Serin/Threonin-Proteinkinaseaktivität hat, sowie einem mitotischen Cyclin vom A- oder B-Typ. Wahrscheinlich können alle eukaryotischen Zellen homologe Untereinheiten erkennen. In der Spalthefe *S. pombe* wird p34 durch das Zellzyklusgen *cdc2* codiert, in der Bäckerhefe *S. cerevisiae* wird es vom homologen Gen *CDC28* codiert. Tierzellen enthalten in der Regel zahlreiche Cycline (A, B1, B2). *S. pombe* dagegen bildet in der M-Phase nur ein einziges Cyclin, ein Cyclin vom B-Typ, das von *cdc13* codiert wird. Es hat jedoch mehrere CLB-Proteine.

Die Aktivität der M-Phasen-Kinase wird über den Grad der Phosphorylierung ihrer katalytischen Untereinheit gesteuert. Um aktiviert zu werden, muß in Hefen Tyr-15, in Tierzellen Thr-14/Tyr-15 dephosphoryliert und Thr-161 phosphoryliert werden. Die Cycline werden ebenfalls phosphoryliert; die Bedeutung dieser Modifikation liegt allerdings noch im Dunkeln. In Tierzellen wird die Kinase durch Abbau der Cyclin-Komponente inaktiviert; dieser Vorgang erfolgt abrupt während der Mitose. Cycline vom

A-Typ werden in der Regel vor den B-Cyclinen abgebaut. Damit die Zellen die Mitose verlassen können, müssen zumindest die B-Cycline, wahrscheinlich aber beide Cyclin-Typen abgebaut sein.

Bei einer umfassenden Analyse der Gene, die im Zellzyklus eine Rolle spielen, stieß man in *S. pombe* wie in *S. cerevisiae* auf *cdc*-Mutanten. Am besten charakterisiert sind die Mutationen, welche die Komponenten oder die Aktivität der M-Phasen-Kinase beeinträchtigen. *cdc25*- und *wee1*-Mutationen in *S. pombe* wirken bei der Kontrolle der M-Phasen-Kinase auf die Zellgröße und andere Signale hin antagonistisch. Wee1 ist eine Kinase, die auf Tyr-15 einwirkt und Cdc2 inaktiv hält. Cdc25 ist eine Phosphatase, die auf Tyr-15 wirkt und Cdc2 aktiviert. Daß es in höheren Eukaryoten Homologe zu *wee1* und *cdc25* gibt, legt die Vermutung nahe, daß der Apparat für die Zellzykluskontrolle in der Evolution weitgehend erhalten geblieben ist.

Durch die Phosphorylierung der entsprechenden Substrate sorgt die Kinase für die MPF-Aktivität; diese löst die Mitose aus – oder auch die Meiose, denn ursprünglich wurde sie für *Xenopus*-Oocyten beschrieben. Ein wichtiges Substrat ist das Histon H1; die H1-Kinase-Aktivität wird mittlerweile routinemäßig als Test für die M-Phasen-Kinase benutzt. Die Phosphorylierug von Histon H1 könnte damit zusammenhängen, daß das Chromatin in der Mitose kondensiert sein muß. Eine andere Art von Substrat sind die Lamine; durch ihre Phosphorylierung wird die Kernlamina aufgelöst. Ein generelles Prinzip, durch welches dieses und wahrscheinlich noch andere Ereignisse gesteuert werden, besteht darin, daß der Status der Substrate reversibel über die Phosphorylierung kontrolliert wird. In phosphorylierter Form ist das Protein beispielsweise für die Organisation in der Mitose erforderlich, in dephosphorylierter Form für die Organisation der Interphase. Phosphatasen werden benötigt, um durch die M-Phasen-Kinase eingeführte Modifikationen wieder rückgängig zu machen. Mutationen in einigen Phosphatasen führen dazu, daß Hefezellen in der Mitose festgehalten werden.

Für den Übergang von G1 in die S-Phase wird eine Kinase benötigt, die mit der M-Phasen-Kinase verwandt ist. In Hefen hat sie zwar dieselben katalytischen Untereinheiten wie die M-Phasen-Kinase, aber andere Cycline: Kombinationen aus CDC28/Cig1,2 bei *S. pombe* und Cdc2/CLN1,2,3 bei *S. cerevisiae*. Um G1 zu durchlaufen, muß die G1/S-Phasenkinase aktiv und die M-Phasen-Kinase inaktiv sein. Für den Start der S-Phase muß Rum1 in *S. pombe* Cdc2/Cdc13 inaktivieren und so die Aktivierung von Cdc18 ermöglichen – dem potentiellen Aktivator der S-Phase.

In Säugerzellen codieren die *cdk*-Gene eine Familie von katalytischen Untereinheiten. Die Bezeichnung *cdk* weist darauf hin, daß diese Gene katalytische Untereinheiten von cyclinabhängigen Kinasen liefern. Ein Tiergenom enthält etwa zehn *cdk*-Gene. Abgesehen vom klassischen Cdc2 ist Cdk2 das am besten charakterisierte Produkt; ursprünglich wurde es als Gen für p33 identifiziert, das mit p34 eng verwandt ist. Im normalen Zellzyklus hat Cdk2 beim G1/S-Übergang Cyclin E und in der S-Phase Cyclin A als Partner. Cdk2, Cdk4 und Cdk5 können sich alle jeweils mit D-Cyclinen zusammentun, um Kinasen zu bilden, die beim G0/G1-Übergang eine Rolle spielen. Diese Cdk-Cyclin-Komplexe phosphorylieren RB und sorgen dafür, daß es den Transkriptionsfaktor E2F freisetzt; dieser aktiviert dann Gene, deren Produkte für die S-Phase benötigt werden. Eine Gruppe von Cki-(Inhibitor-) Proteinen werden durch eine wachstumshemmende Behandlung aktiviert und können an die Cdk-Cyclin-Komplexe binden und sie inaktiv halten.

Die Apoptose ist ein aktiver Prozeß, bei dem ein Programm abläuft, an dessen Ende die Zelle stirbt. Die Komponenten, die dazu führen, können in vielen, vielleicht sogar allen höheren eukaryotischen Zellen vorhanden sein. Die Apoptose kann auf verschiedene Weise ausgelöst werden. Eine der üblichen Reaktionen führt über die Protease Apopain; sie kann durch Bcl-2 gehemmt werden.

Weiterführende Literatur

Historisches

Howard, A.; Pelc, S. *Synthesis of DNA in Normal and Irradiated Cells and its Relation to Chromosome Breakage*. In: *Heredity Suppl.* 6 (1953) S. 261–273.

Hartwell, L. et al. *Genetic Control of the Cell Division Cycle in Yeast*. In: *Science* 183 (1974) S. 46–51.

Übersichtsartikel

Murray, A. W.; Szostak, J. W. *Chromosome Segregation in Mitosis and Meiosis*. In: *Ann. Rev. Cell Biol.* 1 (1985) S. 289–315.

Mitchison, T. J. *Microtubule Dynamics and Kinetochore Function in Mitosis*. In: *Ann. Rev. Cell Biol.* 4 (1988) S. 527–549.

Hartwell, L. H.; Weinert, T. A. *Checkpoints: Controls that Ensure the Order of Cell Cycle Events*. In: *Science* 246 (1989) S. 629–534.

McIntosh, J. R.; Koonce, M. P. *Mitosis*. In: *Science* 246 (1989) S. 622–628.

Murray, A. W.; Kirschner, M. W. *Dominoes and Clocks: The Union of Two Views of the Cell Cycle*. In: *Science* 246 (1989) S. 614–621.

Nurse, P. *Universal Control Mechanism Regulating Onset of M Phase*. In: *Nature* 344 (1990) S. 503–508.

Forsburg, S. L.; Nurse, P. *Cell Cycle Regulation in the Yeasts Saccharomyces cerevisiae and Schizosaccharomyces pombe*. In: *Ann. Rev. Cell Biol.* 7 (1991) S. 227–256.

Ellis, R. E.; Yuan, J.; Horvitz, H. R. *Mechanisms and Functions of Cell Death*. In: *Ann. Rev. Cell Biol.* 7 (1991) S. 663–698.

Norbury, C.; Nurse, P. *Animal Cell Cycles and their Control*. In: *Ann. Rev. Biochem.* 61 (1992) S. 441–470.

Reed, S. I. *The Role of p34 Kinases in the G1 to S Phase Transition*. In: *Ann. Rev. Cell Biol.* 8 (1992) S. 529–561.

Herr, C. J. *Mammalian G1 Cyclins*. In: *Cell* 73 (1993) S. 1059–1065.

Nurse, P. *Ordering S Phase and M Phase in the Cell Cycle*. In: *Cell* 79 (1994) S. 547–550.

Sherr, C. J. *G2 Phase Progression: Cycling on Cue*. In: *Cell* 79 (1994) S. 551–555.

King, R. W.; Jackson, P. K.; Kirschner, M. W. *Mitosis in Transition*. In: *Cell* 79 (1994) S. 563–571.

Hunter, T.; Pines, J. *Cyclins and Cancer II: Cyclin D and CDK Inhibitors Come of Age*. In: *Cell* 79 (1994) S. 573–582.

Sherr, C. J.; Roberts, J. M. *Inhibitors of Mammalian G1 Cyclin-Independent Kinases*. In: *Genes & Dev.* 9 (1995) S. 1149–1163.

Weinberg, R. A. *The Retinoblastoma Protein and Cell Cycle Control*. In: *Cell* 81 (1995) S. 323–330.

Entdeckungen

M-Phasenkinase und Mitose

Evans, T. et al. *Cyclin: A Protein Specified by Maternal mRNA in Sea Urchin Eggs that is Destroyed at Each Cleavage Division*. In: *Cell* 33 (1983) S. 389–396.

Simanis, V.; Nurse, P. *The Cell Cycle Control Gene cdc2^C of Fission Yeast Encodes a Protein Kinase Potentially Regulated by Phosphorylation*. In: *Cell* 45 (1986) S. 261–268.

Arion, D.; Meijer, L.; Brizuela, L.; Beach, D. *cdc2 is a Component of the M Phase-Specific Histone H1 Kinase: Evidence for Identity with MPF*. In: *Cell* 55 (1988) S. 371–378.

Dunphy, W. G.; Brizuela, L.; Beach, D.; Newport, J. *The Xenopus cdc2 Protein is a Component of MPF, a Cytoplasmic Regulator of Mitosis*. In: *Cell* 54 (1988) S. 423–431.

Gautier, J.; Norbury, C.; Lohka, M.; Nurse, P.; Maller, J. *Purified Maturation-Promoting Factor Contains the Product of a Xenopus Homolog of the Fission Yeast Cell Cycle Control Gene cdc2$^+$*. In: *Cell* 54 (1988) S. 433–439.

Draetta, G.; Luca, F.; Westendorf, J.; Brizuela, L.; Ruderman, J.; Beach, D. *cdc2 Protein Kinase is Complexed with Both Cyclin A and B: Evidence for Proteolytic Inactivation of MPF*. In: *Cell* 56 (1989) S. 829–838.

Labbe, J. C.; Picard, A.; Peaucellier, G.; Cavadore, J. C.; Nurse, P.; Doree, M. *Purification of MPF from Starfish: Identification as the H1 Histone Kinase p34^{cdc2} and a Possible Mechanism for its Perodic Activation*. In: *Cell* 57 (1989) S. 253–263.

Murray, A. W.; Solomon, M. J.; Kirschner, M. W. *The Role of Cyclin Synthesis and Degradation in the Control of Maturation Promoting Factor Activity*. In: *Nature* 339 (1989) S. 280–286.

Riabowol, K.; Draetta, G.; Brizuela, L.; Vandre, D.; Beach, D. *The cdc2 Kinase is a Nuclear Protein that is Essential for Mitosis in Mammalian Cells*. In: *Cell* 57 (1989) S. 393–401.

Glotzer, M.; Murray, A. W.; Kirschner, M. W. *Cyclin is Degraded by the Ubiquitin Pathway*. In: *Nature* 349 (1991) S. 132–138.

Cyclinabhängige Kinasen und die S-Phase

Blow, J. J.; Nurse, P. *A cdc2-Like Protein is Involved in the Initiation of DNA Replication in Xenopus Egg Extracts*. In: *Cell* 62 (1990) S. 855–862

Hayles, J. et al. *Temporal Order of S Phase and Mitosis in Fission Yeast is Determined by the State of the p34^{cdc2} Mitotic B Cyclin Complex*. In: *Cell* 78 (1994) S. 813–822.

Kontrolle der Cdk-Cyclin-Komplexe

Gould, K. L.; Nurse, P. *Tyrosine Phosphorylation of the Fission Yeast cdc2$^+$ Protein Kinase Regulates Entry into Mitosis*. In: *Nature* 342 (1989) S. 39–45.

Gautier, J.; Solomon, M. J.; Booher, R. N.; Bazan, J. F.; Kirschner, M. W. *cdc25 is a Specific Tyrosine Phosphatase that Directly Activates p34^{cdc2}*. In: *Cell* 67 (1991) S. 197–211.

Xiong, Y.; Zhang, H.; Beach, D. *Subunit Rearrangement of the Cyclin-Dependent Kinases is Associated with Cellular Transformation*. In: *Genes & Dev.* 7 (1993) S. 1572–1583.

Fisher, R. P.; Morgan, D. O. *A Novel Cyclin Associates with MO15/cdk7 to Form the cdk-Activation Kinase*. In: *Cell* 78 (1994) S. 713–724.

Jeffrey, P. D. et al. *Mechanism of cdk Activation Revealed by the Structure of a Cyclin A-cdk2 Complex*. In: *Nature* 376 (1995) S. 313–320.

Substrate der M-Phasenkinase

Peter, M. et al. *In vitro Disassembly of the Nuclear Lamina and M Phase-Specific Phosphorylation of Lamins by cdc2 Kinase*. In: *Cell* 61 (1990) S. 591–602.

Foisner, R.; Gerace, L. *Integral Membrane Proteins of the Nuclear Envelope Interact with Lamins and Chromosomes, and Binding is Modulated by Mitotic Phosphorylation*. In: *Cell* 73 (1993) S. 1267–1279.

Kontrollpunkte

Weinert, T. A.; Hartwell, L. H. *The RAD9 Gene Controls the Cell Cycle Response to DNA Damage in Saccharomyces cerevisiae*. In: *Science* 241 (1988) S. 317–322.

Apoptose

Ito, N. et al. *The Polypeptide Encoded by the cDNA for Human Cell Surface Antigen Fas Can Mediate Apoptosis*. In: *Cell* 66 (1991) S. 233–243.

Watanabe-Fukunaga, R. et al. *Lymphoproliferation Disorder in Mice Explained by Defects in Fas Antigen that Mediates Apoptosis*. In: *Nature* 356 (1992) S. 314–317.

Suda, T. et al. *Molecular Cloning and Expression of the Fas Ligand, a Novel Member of the TNF Family*. In: *Cell* 76 (1993) S. 1169–1178.

Tartaglia, L. A. et al. *A Novel Domain within the 55 kD TNF Receptor Signals Dell Death*. In: *Cell* 74 (1993) S. 845–853.

Miura, M. et al. *Induction of Apoptosis in Fibroblasts by IL-1β-Converting Enzyme, a Mammalian Homolog of the C. elegans Death Gene ced-3*. In: *Cell* 75 (1993) S. 653–660.

37. Onkogene und Krebs

Eine wesentliche Eigenschaft aller höherer Eukaryoten ist die begrenzte Lebensdauer eines Organismus; das setzt sich bis in die einzelne somatische Zelle fort, bei der Größe und Teilung einer strengen Kontrolle unterliegen. Eine bemerkenswerte Ausnahme von dieser Regel bilden Krebszellen; es sind Zellvarianten, die ihre normale Wachstumskontrolle verloren haben. Ihre Fähigkeit, an ungeeigneten Stellen zu wachsen oder sich unbegrenzt zu vermehren, kann für den einzelnen Organismus, der sie enthält, tödlich sein.

In Abbildung 37.1 sind drei Arten von Veränderungen dargestellt, die eine Zelle bei der Verwandlung in eine tumorbildende Zelle durchläuft:

- Der Begriff **Immortalisierung** beschreibt die Fähigkeit einer Zelle, unbegrenzt zu wachsen, ohne daß sich dabei zwangsläufig auch ihr Phänotyp ändert.
- Nach einer **Transformation** ist die Zelle nicht in der Lage, die normalen Wachstumsbeschränkungen einzuhalten; so werden beispielsweise transformierte Zellen von Faktoren unabhängig, die sie normalerweise für das Zellwachstum benötigen.
- Die **Metastasierung** bezeichnet das Stadium, in dem die Krebszelle die Fähigkeit erlangt, in normales Gewebe einzudringen; sie kann damit ihr ursprüngliches Gewebe verlassen und irgendwo im Körper eine neue Zellkolonie gründen.

Um die Abweichungen benennen zu können, die Zellen befähigen, die normalen Kontrollen zu unterlaufen und Tumoren zu bilden, muß man *in vitro* die charakteristischen Vorgänge beim Wachstum normaler und transformierter Zellen miteinander vergleichen. Transformierte Zellen können leicht in Kultur genommen werden, bei normalen Zellen ist dies jedoch sehr viel schwieriger.

Wenn man einem Wirbeltier Zellen entnimmt und sie in Zellkultur überführt, durchlaufen sie einige Teilungen, erreichen dann aber ein Altersstadium, in dem sie aufhören zu wachsen. Es kommt zu einer **Krise**, einem Punkt, an dem die meisten Zellen sterben. Die Überlebenden, die dies überstehen, können sich unbegrenzt weiter teilen; doch die Eigenschaften der Zellen, die aus der Krise wiederauftauchen, haben sich geändert. Darüber, was für eine Krise das ist, gibt es wenig klare Aussagen, und die molekularen Veränderungen, durch die sich die Zelle an das Wachsen in Zellkultur anpaßt, verstehen wir nicht. Im Grunde gehört dies alles zum Prozeß der Immortalisierung. (Die Eigenschaften der Krise hängen sowohl von der Spezies als auch vom Gewebe ab. Mauszellen durchlaufen diesen Punkt typischerweise nach etwa zwölf Generationen; menschliche Zellen erreichen ihn erst nach etwa 40 Generationen. Es ist allerdings selten, daß menschliche Zellen diese Krise überstehen; tatsächlich gelingt es nur wenigen Zelltypen des Menschen.)

Da die Lebensdauer der meisten Zellen aufgrund der Krise begrenzt ist, bleiben für die Untersuchung von nichttransformierten Zellen lediglich zwei Möglichkeiten. Beide sind nicht ganz befriedigend:

- **Primärzellen** stammen unmittelbar von Zellen ab, die direkt dem Organismus entnommen wurden. Sie entsprechen exakt dem *in vivo*-Phänotyp, überleben jedoch in den meisten Fällen nur eine relativ kurze Zeit, weil die Zellkultur in der Krise zugrunde geht.
- Zellen, die den Wendepunkt durchlaufen haben, sind ausreichend **etabliert**, um eine Zellinie zu bilden, aus der keine Tumoren entstehen. Sie können unbegrenzt weiter vermehrt werden, ihre Eigenschaften haben sich jedoch beim Durchgang durch die Krise verändert und können sich auch weiterhin bei der Anpassung an das Wachsen in einer Zellkultur ändern. Diese Veränderungen können teilweise den Umwandlungen ähneln, die zur Tumorbildung beitragen; das verringert den Nutzen dieser Zellen.

Eine etablierte Zellinie kann *per definitionem* nicht sterben, sie bildet aber im allgemeinen keine Tumoren. Solche Zellinien zeigen charakteristische Eigenschaften, die denen der Primärzellkulturen ähneln; dazu gehört meist:

- **Abhängigkeit von der Verankerung**: Die Zellen brauchen eine feste Oberfläche, an die sie sich anheften können.
- **Abhängigkeit von Serum (oder Wachstumsfaktor)**: Das Serum wird benötigt, um essentielle Wachstumsfaktoren bereitzustellen.
- **Dichteabhängige Inhibition**: Die Zellen wachsen infolge einer Wachstumshemmung nur bis zu einer bestimmten Dichte; möglicherweise wird diese Hemmung durch Vorgänge ausgelöst, bei denen die Kontakte zwischen den Zellen eine Rolle spielen.
- **Organisation des Zellgerüsts**: Die Zellen sind flach und breiten sich auf der Oberfläche aus, auf der sie wachsen; sie zeigen ein typisches, in die Länge gezogenes Netzwerk von Tonofibrillen, die aus Actinfilamenten bestehen.

Aufgrund dieser Eigenschaften wachsen die Zellen einschichtig, als **Monolayer** auf einem Substrat.

Diese Zelleigenschaften liefern Parameter, mit deren Hilfe sich beurteilen läßt, wie normal die Zellen sind. Natürlich zeigt eine etablierte Zellinie nur annähernd eine Kontrolle, wie sie *in vivo* stattfindet. Bei Untersuchungen der genetischen Basis der Wachstumskontrolle in solchen Linien ist daher auf jeden Fall Vorsicht geboten; das wird besonders deutlich, wenn man sich vor Augen hält, daß bei diesen Zellinien beinahe immer die Chromosomenzahl verändert ist und sie daher nicht mehr wirklich diploid

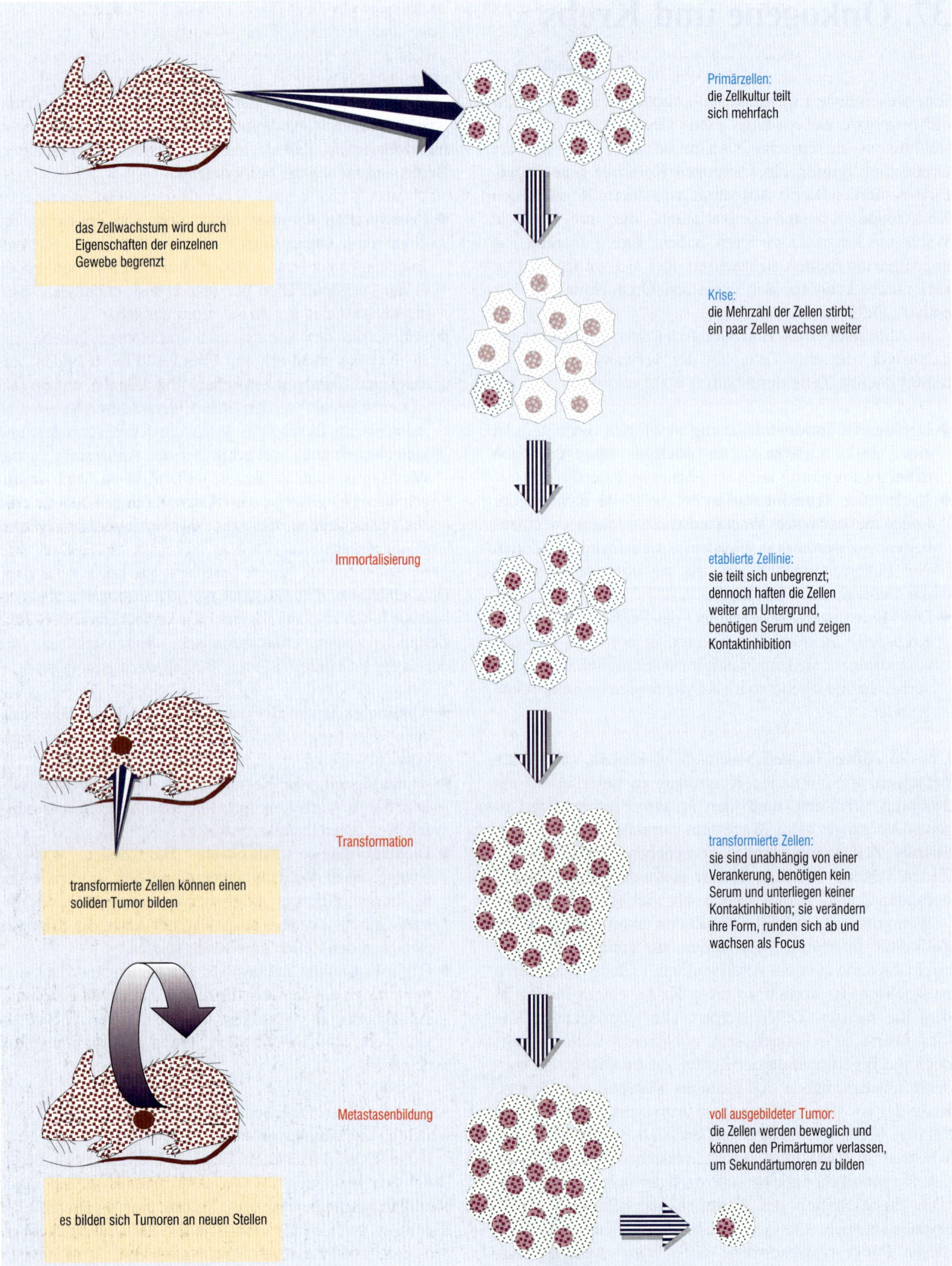

37.1 *Übersicht*: Eine Krebszelle unterscheidet sich in drei verschiedenen Eigenschaften von einer normalen Zelle. Man kann aufeinanderfolgende Veränderungen in Zellkulturen mit Veränderungen der Tumorigenität in Zusammenhang bringen.

sind. Hat sich in einer Zelle der chromosomale Status geändert, so daß sie nicht mehr diploid ist, wird sie als **aneuploid** bezeichnet.

Bei Zellkulturen, die nicht aus normalem Gewebe, sondern aus Tumoren gewonnen wurden, sind einige, wenn nicht alle genannten Merkmale verändert. Sie werden als **transformiert** bezeichnet. Das Wachstum einer transformierten Zelle unterliegt längst nicht so vielen Beschränkungen: In der Regel benötigt sie keine feste Oberfläche, um sich anzuheften, so daß sich die einzelnen Zellen „abrunden" anstatt sich flach auszubreiten. Sie ist nicht so stark vom Serum abhängig, wächst zu einer dichten Zellmasse heran, einem sogenannten **Focus**, anstatt nur eine Zellschicht auf der Oberfläche zu bilden und kann die Bildung von Tumoren auslösen, wenn sie in geeignete Versuchstiere injiziert wird. In Abbildung 37.2 wird das Wachstum eines „normalen" Fibroblasten mit dem einer „transformierten" Variante verglichen.

Es wäre naiv anzunehmen, daß es eine einheitliche Basis für die Entstehung von Krebszellen gibt; eine Zelle kann ihre Konstitution auf viele verschiedene Arten verändern und damit zur Tumorbildung befähigt werden. Allerdings ist die Kombination aus Immortalisierung und Transformation von in Zellkultur wachsenden Zellen ein Musterbeispiel für eine Tumorbildung im Tier. Durch den Vergleich transformierter Zellinien mit normalen Zellen hoffen wir, die genetische Basis für die Bildung von Tumoren zu finden und die phänotypisch ablaufenden Prozesse zu verstehen, die an der Umwandlung beteiligt sind.

Es gibt bestimmte Ereignisse, durch die normale Zellen transformiert werden; sie liefern uns Modelle für die Vorgänge, die bei der Tumorbildung eine Rolle spielen. Für gewöhnlich sind viele verschiedene genetische Veränderungen nötig, damit Krebs entsteht. Manchmal wird der Tumor durch eine progressive Folge von Veränderungen immer bösartiger. Aufgrund der Tatsache, daß sich beim Menschen im Alter vermehrt Tumoren entwickeln, kann man vermuten, daß in der Regel etwa sechs bis sieben Ereignisse im Laufe von 20 bis 40 Jahren erforderlich sind, um Krebs auszulösen. In bestimmten, seltenen Fällen wird die Anlage, Krebs auszubilden, nach einem Mendelschen Erbgang vererbt; das bedeutet, daß bereits eine einzige genetische Veränderung eine wichtige oder notwendige Voraussetzung für Krebs ist, obwohl andere Veränderungen natürlich noch dazukommen müssen.

Es gibt eine Reihe von Agentien, die bei Zellen oder Tieren die Frequenz erhöhen, mit der sie transformiert werden; sie werden daher als **karzinogen** bezeichnet. Manchmal unterteilt man diese **Karzinogene** in solche, welche die Tumorbildung „auslösen" und solche, die sie „unterstützen"; man setzt damit voraus, daß es verschiedene Stadien der Krebsentwicklung gibt. Karzinogene verursachen unter Umständen epigenetische Veränderungen oder können häufiger direkt oder indirekt den Genotyp der Zelle verändern.

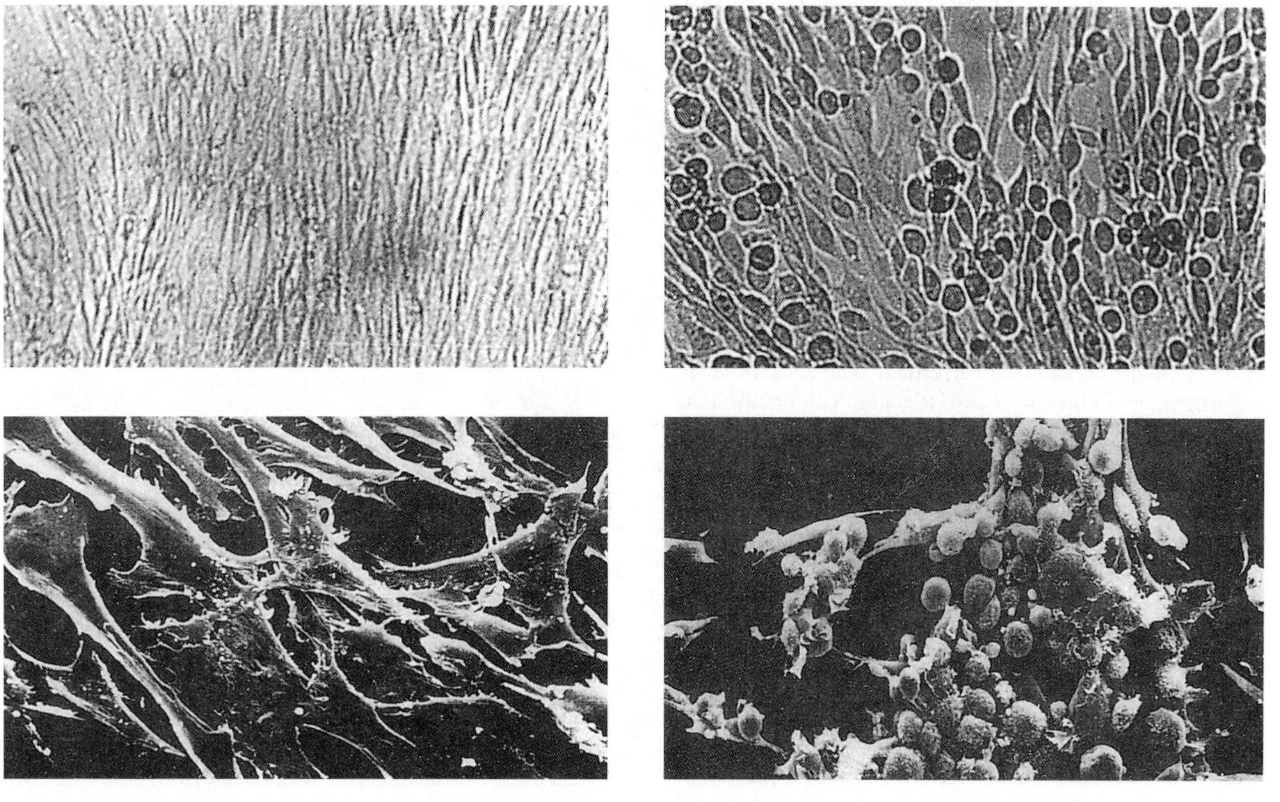

37.2 Normale Fibroblasten bilden eine Schicht aus flachen, ausgebreiteten Zellen, transformierte Fibroblasten sind dagegen abgerundet und wachsen in Zellhaufen, sogenannten Foci. Die Kulturen auf der linken Seite enthalten normale, die auf der rechten transformierte Zellen. Die obere Reihe zeigt den Blick durch ein konventionelles Mikroskop, die untere elektronenmikroskopische Vergrößerungen. (Aufnahmen mit freundlicher Genehmigung von Hidesaburo Hanafusa und J. Michael Bishop.)

Es gibt zwei Arten von Genen, deren Mutation zur Transformation führen:

- **Onkogene** sind Gene, die ursprünglich in Viren gefunden wurden und die ihre Zielzellen transformieren. Zu jeder wichtigen Klasse viraler Onkogene gibt es entsprechende zelluläre Gene, die an normalen Zellfunktionen mitwirken. Diese zellulären Gene nennt man **Protoonkogene**. Unter bestimmten Bedingungen ist ihre Mutation oder anomale Aktivierung mit der Bildung von Tumoren assoziiert. Bisher wurden etwa 100 Onkogene gefunden. Sie gehören verschiedenen Gruppen mit unterschiedlichen Funktionen an. Diese reichen von Transmembranproteinen bis zu Transkriptionsfaktoren. Eine genaue Beschreibung dieser Funktionen könnte daher dazu führen, daß man die diversen Veränderungen, die zur Tumorbildung gehören, besser versteht. Die Entstehung eines Onkogens stellt einen Funktionsgewinn dar, bei dem das zelluläre Protoonkogen falsch aktiviert wird. Dies kann eine mutationsbedingte Veränderung in einem Protein sein, eine konstitutive Aktivierung, eine Überexpression oder das Unvermögen, die Expression rechtzeitig zu beenden.
- **Tumorsuppressoren** entdeckt man durch Deletionen oder andere inaktivierende Mutationen, die zur Bildung von Tumoren führen. Ihr Charakter offenbart sich am deutlichsten in bestimmten erblich bedingten Krebserkrankungen, bei denen die Patienten mit fortschreitender Krankheit Tumoren entwickeln, deren Zellen beide Allele verloren haben und denen daher das aktive Gen fehlt. Mittlerweile gibt es auch Hinweise, daß Veränderungen in diesen Genen mit einem breiten Spektrum von Krebserkrankungen verknüpft sein können. Man kennt heute etwa zehn Tumorsuppressoren. Sie stehen für einen Funktionsverlust in Genen, die gewöhnlich eine Art Kontrolle auf den Zellzyklus oder das Zellwachstum ausüben; wird diese Beschränkung gelockert, bilden sich Tumoren.

Im ersten Teil dieses Kapitels behandeln wir, woran man diese beiden Genklassen erkennen kann; wir fragen außerdem, wie Onkogene aktiviert und Tumorsuppressoren inaktiviert werden. Anschließend widmen wir uns der molekularen Basis dieser Ereignisse und der Frage, welche Rolle Onkogene in Reaktionswegen spielen, die von der Signalübertragung auf der Zelloberfläche bis hin zur Aktivierung von Transkriptionsfaktoren im Kern reichen.

37.1 Transformierende Viren enthalten Onkogene

Eine Transformation kann spontan erfolgen, durch bestimmte chemische Agentien verursacht werden oder kann – als dritte und bedeutendste Möglichkeit – das Ergebnis einer Infektion mit **Tumorviren** sein. Es gibt viele Arten von Tumorviren, zu denen sowohl DNA- als auch RNA-Viren gehören. Sie sind bei Vögeln und im Tierreich allgemein weit verbreitet.

Die transformierende Wirkung eines Tumorvirus ist in einem bestimmten Gen oder bestimmten Genen des viralen Genoms lokalisiert. Onkogene bekamen ihren Namen, weil sie Zellen in einen onkogenen oder tumorigen Zustand bringen können. Ein Onkogen initiiert eine Reihe von Ereignissen, die von zellulären Proteinen ausgeführt werden. In der Tat legt das Virus eine Regulationsweiche um und ändert so die Wachstumseigenschaften seiner Zielzelle. In Tabelle 37.1 sind die allgemeinen Eigenschaften der wesentlichen Gruppen transformierender Viren aufgelistet. Die Onkogene in Polyoma- und Adenoviren codieren Proteine, die Tumorsuppressoren inaktivieren; daher ähnelt ihre Wirkung zum Teil einem Funktionsverlust der Tumorsuppressoren. Die Onkogene der Retroviren stammen von zellulären Genen ab; sie können daher die Auswirkungen von Mutationen, die mit einem Funktionsgewinn verbunden sind, in tierischen Protoonkogenen nachahmen.

Man hat Polyomaviren und Adenoviren aus vielen verschiedenen Säugetieren isoliert. Obwohl ein Virus als Wildform nur in einer einzigen Spezies Bestand hat, kann es durchaus in Kultur in einer Vielzahl von Zellen verschiedener Spezies wachsen. Wie eine Zelle auf eine Infektion reagiert, hängt von der Spezies und dem Phänotyp ab; man unterscheidet zwei Zelltypen (Abbildung 37.3):

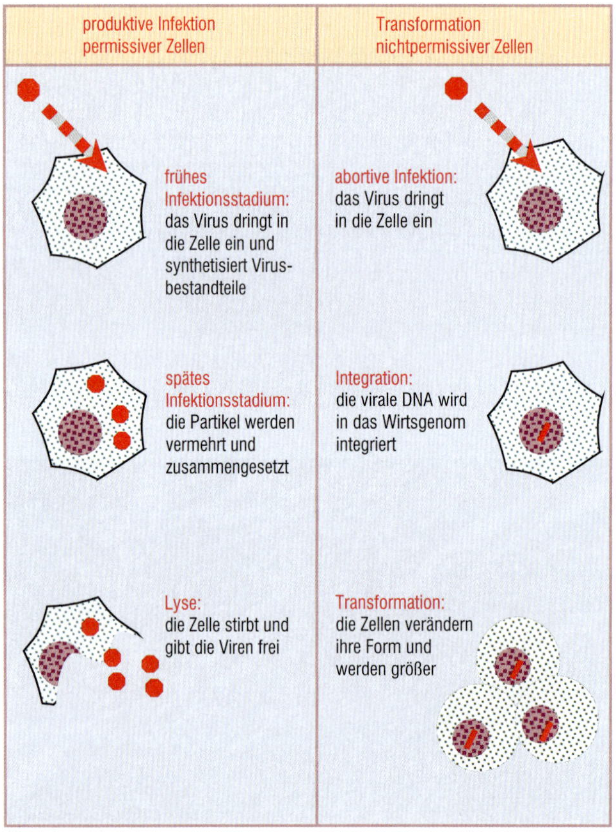

37.3 Permissive Zellen werden von einem DNA-Tumorvirus, das in den lytischen Zyklus eintritt, produktiv infiziert, nichtpermissive Zellen werden dagegen transformiert, so daß sich ihr Phänotyp ändert.

Tabelle 37.1: Transformierende Viren können Onkogene enthalten

Virustyp	Nucleinsäure	Größe des Genoms	Onkogene	Herkunft der Onkogene
Polyoma	DNA-Doppelstrang	5–6 kb	T-Antigene	frühe Virusgene
HPV	DNA-Doppelstrang	~8 kb	E6 und E7	frühe Virusgene
Adeno	DNA-Doppelstrang	~37 kb	E1A und E1B	frühe Virusgene
Retrovirus (akut)	RNA-Einzelstrang	6–9 kb	individuell verschieden	zelluläre Gene

- **Permissive Zellen** werden produktiv infiziert. Das Virus durchläuft einen lytischen Zyklus, der in die üblichen frühen und späten Phasen eingeteilt wird. Er endet damit, daß die neu gebildeten Viren freigesetzt werden und die Zelle schließlich stirbt.
- **Nichtpermissive Zellen** können nicht produktiv infiziert werden. Die virale Replikation ist abortiv. Einige infizierte Zellen werden transformiert; in diesem Fall ändert sich der Phänotyp der einzelnen Zelle, und die Zellen in der Kultur vermehren sich unkontrolliert.

DNA-Tumorviren transformieren nach einem allgemein verbreiteten Mechanismus. *Das onkogene Potential befindet sich in einer einzigen Funktion oder einer Gruppe miteinander verwandter Funktionen, die früh im viralen lytischen Zyklus wirksam werden. Bei der Transformation werden die relevanten Gene oder das Gen in die Genome der transformierten Zellen integriert und konstitutiv exprimiert.* Das führt zu dem allgemeinen Modell für die von diesen Viren ausgelöste Transformation, wie es in Abbildung 37.4 zu sehen ist. Danach entstehen die transformie-

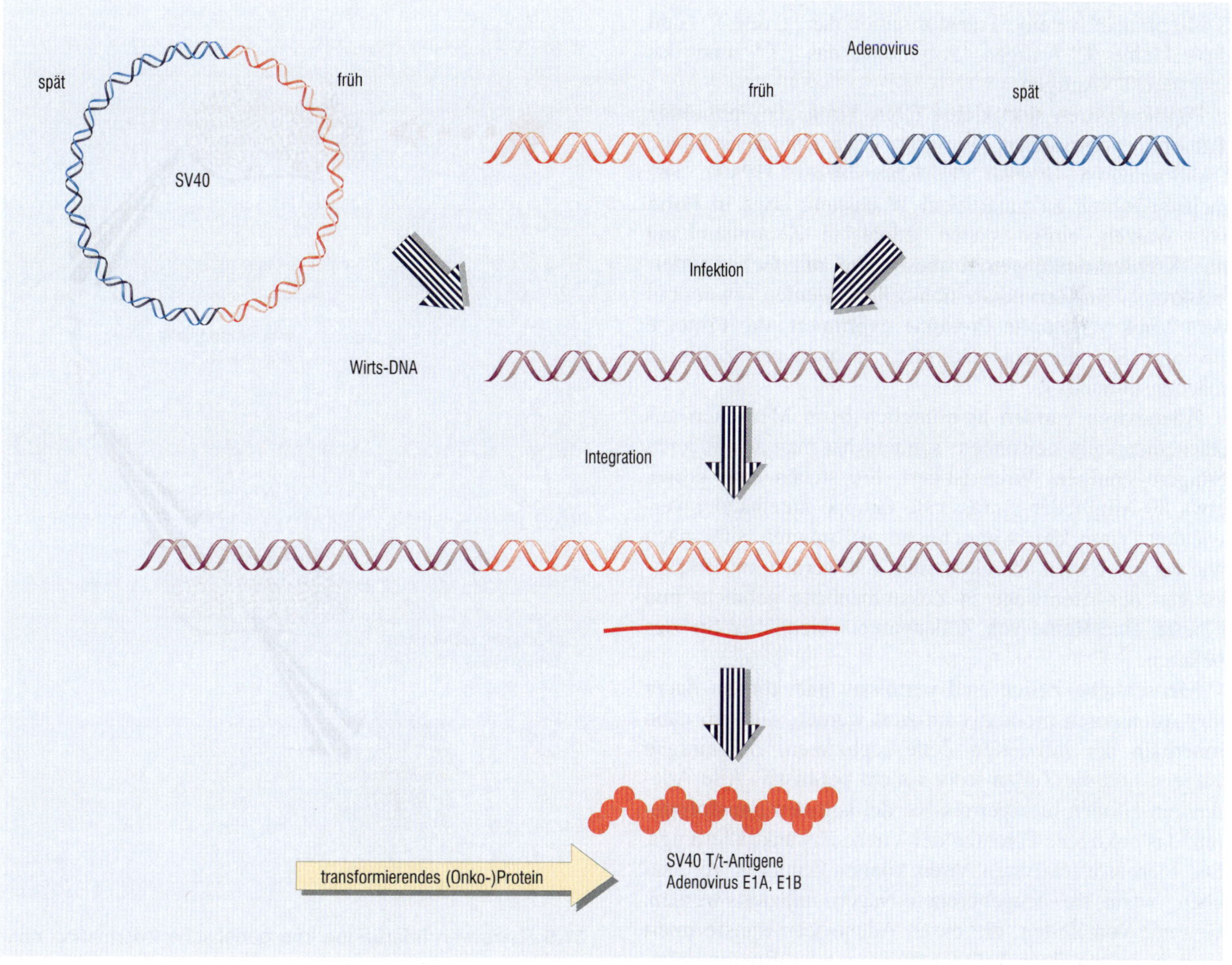

37.4 Zellen, die von Polyoma- oder Adenoviren transformiert wurden, haben virale Sequenzen, zu denen auch der ins Zellgenom integrierte frühe Bereich gehört. Die Integrationsstellen sind dem Zufall überlassen.

renden Proteine oder Onkoproteine durch die konstitutive Expression der Onkogene.

Polyomaviren sind klein. Das eigentliche Polyomavirus kommt gewöhnlich in Mäusen vor, das analoge SV40-Virus (*simian virus 40*) wurde aus Zellen von Rhesusaffen gewonnen; vor kurzem konnten beim Menschen die Viren BK und JC charakterisiert werden. Alle Polyomaviren können Tumoren verursachen, wenn man sie neugeborenen Nagern injiziiert.

Im Laufe einer produktiven Infektion kommt es bei jedem Virus in der frühen Region zu einem alternativen Spleißvorgang, um überlappende Proteine zu synthetisieren; man nennt sie T-Antigene, weil die Proteine ursprünglich aus **T**umorzellen isoliert wurden. Die verschiedenen T-Antigene haben im lytischen Zyklus viele verschiedene Funktionen. Sie werden für die Expression in der späten Region sowie für die DNA-Replikation des Virus benötigt.

Zellen, die von Polyomaviren transformiert wurden, enthalten Kopien des gesamten viralen Genoms oder eines Teils von ihm. Zu den integrierten Sequenzen gehört immer die frühe Region. Die transformierende Wirkung der T-Antigene beruht darauf, daß sie – unabhängig von ihrer Fähigkeit, direkt mit dem viralen Genom zu interagieren – mit zellulären Proteinen reagieren können. SV40 braucht für eine Transformation das „große T"- und das „kleine T"-Antigen, Polymoma das „T"- und das „mittlere T"-Antigen.

Papillomaviren sind kleine DNA-Viren, die epitheliale Tumoren verursachen; es gibt etwa 75 menschliche Papillomaviren (*human papillomaviruses*, HPVs). Die meisten führen zu gutartigem Wachstum, etwa in Form von Warzen, einige stehen jedoch in Zusammenhang mit Krebserkrankungen, insbesondere mit Gebärmutterhalskrebs; in Zervixkarzinomzellen werden zwei mit dem Virus verknüpfte Produkte exprimiert: die Proteine E6 und E7, die aus Zielzellen permanente Zellinien machen können.

Adenoviren wurden ursprünglich beim Menschen aus Rachenmandeln gewonnen; seitdem hat man aus anderen Säugern ähnliche Viren isoliert. Sie stellen eine große, etwa 80 Mitglieder umfassende Gruppe miteinander verwandter Viren dar. Menschliche Adenoviren sind nach wie vor am besten charakterisiert. Sie werden mit Erkrankungen der Atemwege in Zusammenhang gebracht und können eine Reihe von Zellen unterschiedlicher Spezies befallen.

Menschliche Zellen sind permissiv und können daher von Adenoviren produktiv infiziert werden, die sich dann innerhalb der infizierten Zelle replizieren. Bei einigen Nagern sind die Zellen jedoch nicht permissiv. Alle Adenoviren können nichtpermissive Zellkulturen transformieren, das onkogene Potential der Viren schwankt allerdings. Die hierbei effektivsten Viren können Tumoren verursachen, wenn sie neugeborenen Nagern injiziert werden. Genome von Zellen, die durch Adenoviren transformiert wurden, haben einen Teil der frühen viralen Region erhalten; in ihm befinden sich die E1A- und E1B-Gene, die verschiedene Kernproteine codieren.

Das Epstein-Barr-Virus ist ein menschliches Herpesvirus, das mit einer Vielzahl von Krankheiten in Verbindung steht: dazu gehört die Mononucleosis infectiosa (Pfeiffer-Drüsenfieber), das Nasen-Rachenraum-Karzinom, das Burkitt-Lymphom und andere lymphoproliferative Erkrankungen. EBV hat ein eingeschränktes Wirtsspektrum sowohl bei der Spezies als auch beim Phänotyp der Zelle. Es immortalisiert menschliche B-Lymphozyten, die *in vitro* infiziert wurden, und kann einige Nagerzellinien transformieren. In den transformierten Zellen findet man virale DNA; es hat allerdings Kontroversen darüber gegeben, ob diese DNA integriert wird. Unklar ist nach wie vor, welche viralen Gene genau für die Transformation nötig sind.

Bei Retroviren zeigt sich eine von den DNA-Tumorviren abweichende Situation. Sie können genetische Information horizontal und vertikal übertragen (Abbildung 37.5). Die horizontale Übertragung erfolgt über einen normalen Infektionsprozeß des Virus, wobei in ein und demselben Wirt eine immer größer werdende Anzahl von Zellen befallen wird. Das Virus wird immer dann vertikal übertragen, wenn es als endogenes Provirus in die Keimbahn eines Organismus integriert wird. Wie ein lysogener Bakterio-

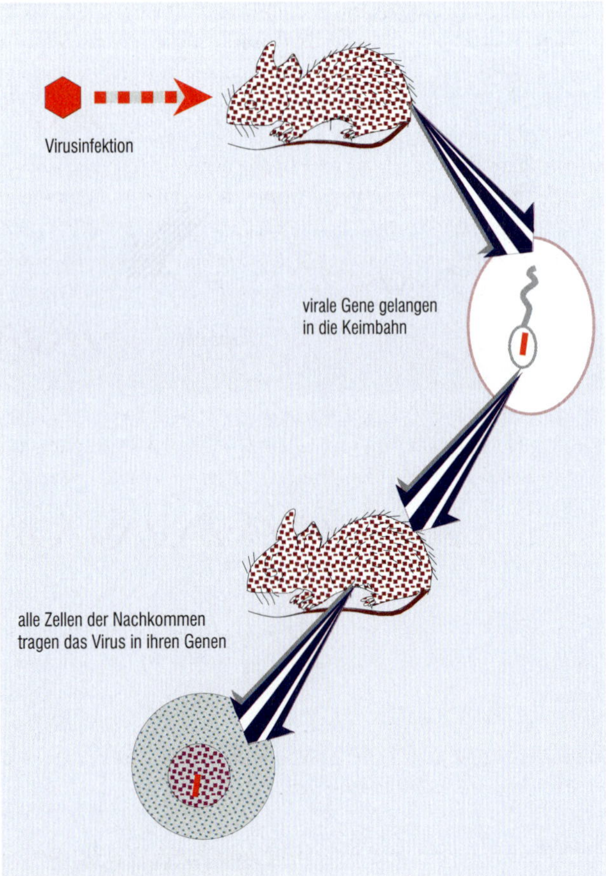

37.5 Retroviren übertragen ihre genetische Information horizontal, indem sie neue Wirte infizieren; die Information wird vertikal weitervererbt, wenn ein Virus in das Keimbahngenom eingebaut wird.

phage wird es, wie in Kapitel 19 beschrieben, als Mendelscher Locus auf die Nachkommen vererbt.

Im Lebenszyklus von Retroviren wird genetische Information sowohl in Form von RNA- als auch von DNA-Matrizen verbreitet. Eine retrovirale Infektion durchläuft die in Abbildung 19.2 skizzierten Phasen. Dabei wird die RNA in eine einzelsträngige DNA rückübersetzt, anschließend in doppelsträngige DNA umgewandelt und schließlich in das Genom integriert. Dort wird sie unter Umständen erneut in infektiöse RNA transkribiert. Durch die Integration in das Genom wird das Provirus vertikal übertragen. Durch die Expression des Provirus können darüber hinaus Retroviruspartikel gebildet werden, die horizontal weitergegeben werden. Die Integration gehört zum Lebenszyklus eines jeden Retrovirus, unabhängig davon ob er transformiert oder nichttransformiert ist.

Die Tumorretroviren werden, je nachdem worauf ihr Potential zur Tumorbildung beruht, in zwei allgemeine Gruppen eingeteilt:

- **Nichtdefektive Viren** durchlaufen den normalen Lebenszyklus der Retroviren. Sie liefern infektiöse Agentien, die oft lange latent bleiben, und lösen häufig Leukämien aus. Zwei klassische Modelle sind das Katzenleukämievirus (*feline leukemia virus*, FeLV) und das Mausmammakarzinomvirus (*mouse mammary tumor virus*, MMTV). *Die Fähigkeit zur Tumorbildung hängt nicht von einem einzelnen viralen Onkogen ab, sondern davon, ob es dem Virus gelingt, ein oder mehrere zelluläre Protoonkogene zu aktivieren.*
- **Akut transformierende Viren** haben sich neue genetische Information in Form eines Onkogens angeeignet. Dieses Gen fehlte dem Vorläufer, einem nichttransformierenden Virus. Es war ursprünglich ein zelluläres Gen, das vom Virus im Laufe eines Infektionszyklus durch ein Transduktionsereignis eingefangen wurde. *In vivo* lösen diese Viren in der Regel recht schnell eine Tumorbildung aus; darüber hinaus können sie auch Zellkulturen *in vitro* transformieren. Die Tatsache, daß jedes akut transformierende Virus einen spezifischen Zielzelltyp infiziert, spiegelt sich in der Einteilung der Viren in Klassen wider – entsprechend dem Tumortyp, den sie im Tier auslösen: Leukämie, Sarkom, Karzinom und so weiter.

Wenn ein Virus ein zelluläres Gen einfängt und einen Teil seiner eigenen Sequenz gegen eine zelluläre Sequenz austauscht (Abbildung 19.9), ergibt sich die in Abbildung 37.6 skizzierte Struktur. Dies ist ein seltenes Ereignis; dabei entsteht jedoch ein transduzierendes Virus, das zwei wichtige Eigenschaften besitzt:

- Normalerweise kann es sich nicht selbst replizieren, weil es durch den Austausch mit den zellulären Sequenzen virale Gene verloren hat, die für die Vermehrung nötig sind. Daher ist die Fähigkeit zu replizierern bei beinahe allen diesen Viren beeinträchtigt. Sie können sich allerdings vermehren, wenn die Zelle gleichzeitig von einem Wildtyp infiziert wird. Dieses „Helfervirus" stellt ihnen dann die beim Rekombinationsereignis verlorengegangenen Funktionen zur Verfügung. Eine Ausnahme bildet hierbei RSV; es kann auch als transduzierendes Virus weiter replizieren.
- Bei der Infektion besitzt das transduzierende Virus in seinem Genom die zellulären Gene (oder das zelluläre Gen), die es beim Rekombinationsereignis erhalten hat. Werden sie exprimiert, können sie den Phänotyp der infizierten Zelle verändern. Transduzierende Viren, deren zelluläre genetische Information das Wachstum der entsprechenden Zielzelle fördert, haben dadurch möglicherweise einen Vorteil in späteren Infektionszyklen. Stimuliert beispielsweise das Produkt des zellulären Gens das Zellwachstum, könnte sich das Virus dank seiner Neuerwerbung dadurch verbreiten, daß es das Wachstum der von ihm infizierten Zielzellen anregt. Dies ist auch von Bedeutung, weil ein Retrovirus nur in einer proliferierenden Zelle replizieren kann, wie in Kapitel 19 besprochen wurde. Hat ein Virus ein zelluläres Gen einmal in Besitz genommen, kann das Gen mutiert werden und so das Virus befähigen, den Phänotyp der Zielzelle noch mehr zu beeinflussen.

Natürlich ist die Transformation nicht der einzige Mechanismus, durch den Retroviren ihre Wirte beeinträchtigen. Hier muß als weiteres Beispiel das HIV-1-Retrovirus erwähnt werden, das zur Gruppe der Lentiviren gehört. Das Virus infiziert und tötet T-Lymphozyten, die einen CD4-Rezeptor präsentieren; auf diese Weise vernichtet es das Immunsystem des Wirtes und löst AIDS aus. Das Virus besitzt die üblichen *gag-pol-env*-Bereiche und darüber hinaus eine Reihe einander überlappender Leseraster, auf denen seine letale Wirkung beruht.

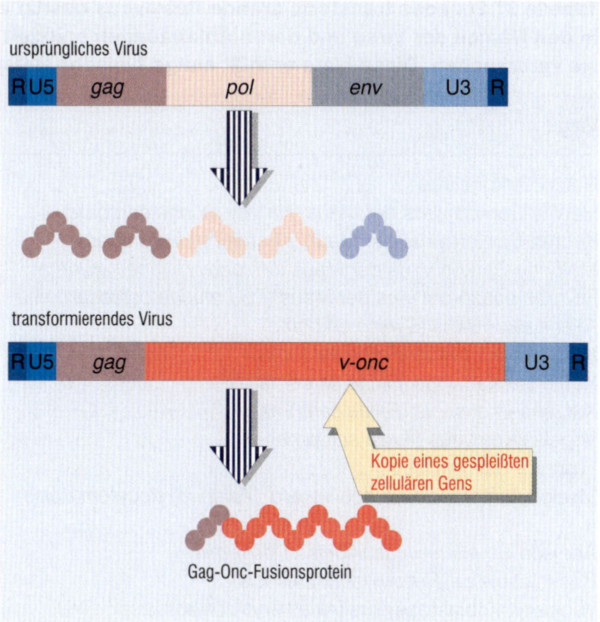

37.6 Ein transformierendes Retrovirus besitzt anstelle einiger eigener Gene die Kopie einer zellulären Sequenz.

37.2 In der Zelle gibt es Gene, die retroviralen Onkogenen entsprechen

In Tabelle 37.2 sind die Onkogene einiger Retroviren zusammengestellt. Welcher Tumor jeweils ausgelöst wird, ergibt sich aus dem Zusammenspiel zwischen dem entsprechenden Onkogen sowie der Zeit und dem Ort seiner Expression. Es ist erstaunlich, daß die onkogene Wirkung in der Regel auf einem einzigen Gen beruht. AEV ist eines der seltenen Ausnahmen, bei denen ein Retrovirus mehr als ein Onkogen enthält.

Man kann die in einem akut transformierenden Retrovirus vorhandenen neuen Sequenzen durch einen Vergleich der Sequenz mit der des Vorläufervirus beschreiben, der noch keine Tumorbildung auslösen konnte. Dabei findet man immer einen neuen Bereich, der mit einer Sequenz des zellulären Genoms nahe verwandt ist. Die normale zelluläre Sequenz selbst ist nicht onkogen – wäre es anders, hätte der Organismus kaum überlebt; sie besteht aber aus einem Protoonkogen, einem normalen Gen der Zelle, das jedoch, wenn es von einem Retrovirus eingefangen und anschließend modifiziert wird, zu einem Onkogen wird.

Man kennzeichnet die viralen Onkogene dadurch, daß man ihnen ein *v* und ihrem zellulären Pendant ein *c* voranstellt. So wird beispielsweise das Onkogen des Rous-Sarkomvirus *v-src* genannt und sein verwandtes Protoonkogen im Zellgenom *c-src*. Vergleicht man die *v-onc-* und *c-onc-*Gene, so kann man herausfinden, welche Eigenschaften die Fähigkeit zur Tumorbildung vermitteln.

Bisher wurden etwa 32 *c-onc*-Gene aufgrund der Tatsache entdeckt, daß sie in Retroviren vorkommen. Gelegentlich findet man dasselbe *c-onc*-Gen in verschiedenen transformierenden Viren; so haben das Affenvirus SSV und der PI-Stamm des Katzenvirus FeSV beide ein *v-onc*, das von *c-sis* abstammt. Einige Viren enthalten verwandte *v-onc*-Gene, wie die *v-ras*-Gene in den Harvey- und Kirsten-Stämmen von MuSV, die von zwei verschiedenen Mitgliedern der *c-ras*-Genfamilie abstammen. In anderen Fällen repräsentieren die *v-onc*-Gene verwandter Viren zelluläre Vorläufer, die nicht miteinander verwandt sind; so sind wahrscheinlich drei verschiedene Isolate von FeSV von demselben nichttransformierenden Virus abgeleitet, haben aber entweder das *sis-*, *fms-* oder *fes*-Onkogen aufgenommen. Die Ereignisse, die an der Bildung eines transduzierenden Virus beteiligt sind, können komplex sein; einige Viren besitzen Sequenzen, die von mehr als einem zellulären Gen abstammen.

In Anbetracht dessen, daß Transduktionsereignisse selten sind, ist es von Bedeutung, daß mehrfach unabhängig voneinander Viren isoliert wurden, die dasselbe *v-onc*-Gen enthielten. Einige Viren haben z. B. *v-myc*-Gene, die unterschiedlich enden und die aufgrund einer recht kleinen Anzahl von Punktmutationen miteinander verwandt sind. Daß es solche Isolate gibt, bedeutet wahrscheinlich, daß die meisten Gene des *c-onc*-Typs bereits identifiziert sind, die durch virale Transduktion aktiviert werden können.

Den ersten unmittelbaren Beweis dafür, daß es durch die Expression der *v-onc*-Sequenz zur Transformation kommt, lieferte RSV. Bei temperaturempfindlichen *v-scr*-Mutanten konnte man den transformierten Phänotyp durch eine Temperaturerhöhung wieder aufheben und durch Absenken der Temperatur wiederherstellen. Das zeigt deutlich, daß in diesem Fall das *v-scr*-Gen sowohl benötigt wird, um den Transformationszustand auszulösen, als auch, um ihn aufrechtzuerhalten.

Tabelle 37.2: Jedes transformierende Retrovirus besitzt ein Onkogen, das von einem zellulären Gen abstammt. In den Namen der Viren und deren Abkürzungen spiegelt sich wider, wie sie gewonnen wurden und welche Tumortypen sie verursachen. Diese Liste enthält einige typische Beispiele für retrovirale Onkogene.

Virus	Name	Spezies	Tumor	Onkogen
Rous-Sarkomvirus	RSV	Huhn	Sarkom	*src*
Harvey-Sarkomvirus der Maus (*Harvey murine sarcoma*)	Ha-MuSV	Ratte	Sarkom und Erythrämie	*H-ras*
Kirsten-Sarkomvirus der Maus (*Kirsten murine sarcoma*)	Ki-MuSV	Ratte	Sarkom und Erythrämie	*K-ras*
Moloney-Sarkomvirus der Maus (*Moloney murine sarcoma*)	Mo-MuSV	Maus	Sarkom	*mos*
FBJ-Osteosarkomvirus der Maus (*FBJ murine osteosarcoma*)	FBJ-MuSV	Maus	Chondrosarkom	*fos*
Affensarkomvirus (*Simian sarcoma*)	SSV	Affe	Sarkom	*sis*
Katzensarkomvirus (*Feline sarcoma*)	PI-FeSV	Katze	Sarkom	*sis*
Katzensarkomvirus (*Feline sarcoma*)	SM-FeSV	Katze	Fibrosarkom	*fms*
Katzensarkomvirus (*Feline sarcoma*)	ST-FeSV	Katze	Fibrosarkom	*fes*
Vogelsarkomvirus (*Avian sarcoma*)	ASV-17	Huhn	Fibrosarkom	*jun*
Fujinami-Sarkomvirus	FuSV	Huhn	Sarkom	*fps*
Myelocytomatosevirus des Vogels (*Avian myelocytomatosis*)	MC29	Huhn	Carcinom, Sarkom und Myelocytom	*myc*
Abelson-Leukämievirus (*Abelson leukemia*)	MuLV	Maus	B-Zell-Lymphom	*abl*
Retikulosevirus (*Reticuloendotheliosis*)	REV-T	Truthahn	lymphatische Leukämie	*rel*
Vogelerythroblastosevirus (*Avian erythroblastosis*)	AEV	Huhn	Erythrämie und Fibrosarkom	*erbB, erbA*
Vogelmyeloblastosevirus (*Avian myeloblastosis*)	AMV	Huhn	Myeloblastenleukämie	*myb*

Zwei allgemeine Theorien können möglicherweise die Unterschiede in den Eigenschaften der *v-onc-* und *c-onc-*Gene erklären:

- Einem quantitativen Modell zufolge kann man die Gene der Viren funktionell nicht von den zellulären Genen unterscheiden; ihre onkogene Wirkung beruht darauf, daß sie sehr viel stärker oder aber in den falschen Zelltypen exprimiert werden oder daß ihre Expression nicht abgestellt werden kann.
- Das qualitative Modell besagt, daß die *c-onc*-Gene keine onkogenen Eigenschaften haben, daß sie aber durch Mutationen in Onkogene umgewandelt werden; deren zerstörerische Wirkung ist dann ein Spiegel der neugewonnenen beziehungsweise der verlorenen alten Eigenschaften.

Wie nah verwandt sind *v-onc-* und die entsprechenden *c-onc*-Gene? In einigen Fällen bestehen die Änderungen lediglich aus einer sehr geringen Anzahl von Punktmutationen. Bei den *mos-*, *sis-* und *myc*-Genen hat das Virus beispielsweise das gesamte *c-onc*-Gen aufgenommen; in diesem Fall scheint die Proteinfunktion nicht durch die wenigen Aminosäuresubstitutionen gestört zu sein – und für die Transformation sind sie tatsächlich nicht erforderlich. Das *v-onc*-Produkt erfüllt daher wahrscheinlich dieselben beispielsweise enzymatischen Aufgaben wie das *c-onc*-Produkt, nur daß es anders kontrolliert wird; in diesem Fall ist eine Überexpression für die onkogenen Eigenschaften verantwortlich. Ein gutes Beispiel dafür ist *c-myc*, bei dem die onkogene Wirkung wohl durch Überexpression verursacht wird – entweder durch das *v-myc*-Gen eines transformierenden Virus oder durch Veränderungen im zellulären Genom, die zur Überexpression von *c-myc* führen.

ras und *src* sind zwei Fälle, in denen Punktmutationen für die Entstehung des onkogenen Proteins eine entscheidende Rolle spielen.

Bei *ras* kann man die Veränderungen in der Regulation der Ras-Aktivität, die zur Aktivierung des Proteins führen, direkt den einzelnen Punktmutationen im *v-onc*-Gen zuordnen. Wird *c-ras* zu stark exprimiert, wirkt sich das wohl nur schwach onkogen aus; damit die volle onkogene Wirkung erzielt wird, muß die Proteinsequenz verändert werden.

In einigen Fällen ist ein *v-onc*-Gen verkürzt, weil am C- oder N-Terminus (oder auch an beiden Enden) des *c-onc*-Gens Sequenzen verlorengegangen sind; das ist wahrscheinlich auf die am Rekombinationsereignis beteiligten Stellen zurückzuführen. Dadurch daß diese Bereiche verlorengegangen sind, fehlen unter Umständen einige Kontrollmechanismen, die normalerweise die Aktivität des *c-onc*-Produkts einschränken. *Src* braucht solche Sequenzveränderungen, um onkogen wirken zu können. *V-src* ist bereits bei geringen Proteinmengen onkogen, *c-src* dagegen selbst bei hohen Proteinmengen, die über dem Zehnfachen des normalen Niveaus liegen, nicht. Die viralen und zellulären *src*-Gene sind gleichlang, bei *v-src* sind jedoch die 19 C-terminalen Aminosäuren von *c-src* durch eine andere Folge von zwölf Aminosäuren ersetzt worden. Dies hat entscheidende Konsequenzen für die Regulation, denn damit ist das Src-Protein konstitutiv aktiv. In Fällen, in denen die *v-onc*-Gene verstümmelte *c-onc*-Gene sind, können auch Punktmutationen zur onkogenen Wirkung des *v-onc*-Produkts beitragen. Bei Src wirken sich Veränderungen an zwei Tyrosinresten, die normalerweise phosphoryliert werden, erheblich auf die onkogene Wirkung aus (Abschnitt 37.6).

Die Charakterisierung transformierender Retroviren ist wichtig für die Definition der Onkogene. Die Vorstellung, daß Onkogene durch Aktivierung von Protoonkogenen entstehen, ist ein wichtiges Paradigma für Krebserkrankungen bei Tieren. An den meisten Fällen, in denen sich beim Menschen Krebs entwickelt, sind jedoch keine Viren beteiligt, sondern andere Mechanismen für die Entstehung der Onkogene verantwortlich.

37.3 *ras*-Protoonkogene können durch Mutationen aktiviert werden

Einige Onkogene kann man mit einem direkten Transformationstest nachweisen, bei dem „normale“ Empfängerzellen mit DNA aus Tiertumoren transfiziert werden. Heute nimmt man als Empfänger in der Regel die etablierte NIH-3T3-Fibroblastenlinie der Maus. Eine schematische Darstellung des Verfahrens findet sich in Abbildung 37.7. Ist ein bestimmtes Gen an der Ausbildung des transformierten Zustand beteiligt, werden die Zellen transformiert, wenn man es neu in Zellen einführt. Bei einem anderen Versuch spritzt man Zellen in „nackte“ Mäuse, die keine Immunabwehr gegen solche Transplantate entwickeln können. Man kann dann direkt im Tier die Fähigkeit zur Tumorbildung messen.

Wird eine Zelle einer 3T3- oder irgendeiner anderen „normalen“ Kultur transformiert, bilden ihre Abkömmlinge zusammen einen sogenannten Focus. Man benutzt die Focusbildung als Maß dafür, wie stark die DNA-Präparation transformierend wirkt. Arbeitet man mit einer DNA, die aus Tumorzellen isoliert wurde, ist die Fähigkeit zur Focusbildung gering. Hat man jedoch erst einmal das transformierende Gen isoliert und kloniert, steigt die Effizienz der Focusbildung. Tatsächlich kann die „Transformationsstärke“ eines Gens dadurch charakterisiert werden, mit welcher Effizienz die klonierte Sequenz die Focusbildung auslöst.

DNA mit transformierender Wirkung kann man nur aus tumorbildenden Zellen isolieren; eine solche Wirkung ist in normaler DNA nicht vorhanden. Die transformierenden Gene, die man durch diesen Versuch isolieren kann, haben zwei aufschlußreiche Eigenschaften:

- *Ihre Sequenzen in der DNA normaler Zellen sind nahe miteinander verwandt.* Das spricht dafür, daß die Transformation durch die Mutation eines normalen zellulären Gens, eines Protoonkogens, verursacht wurde; dadurch

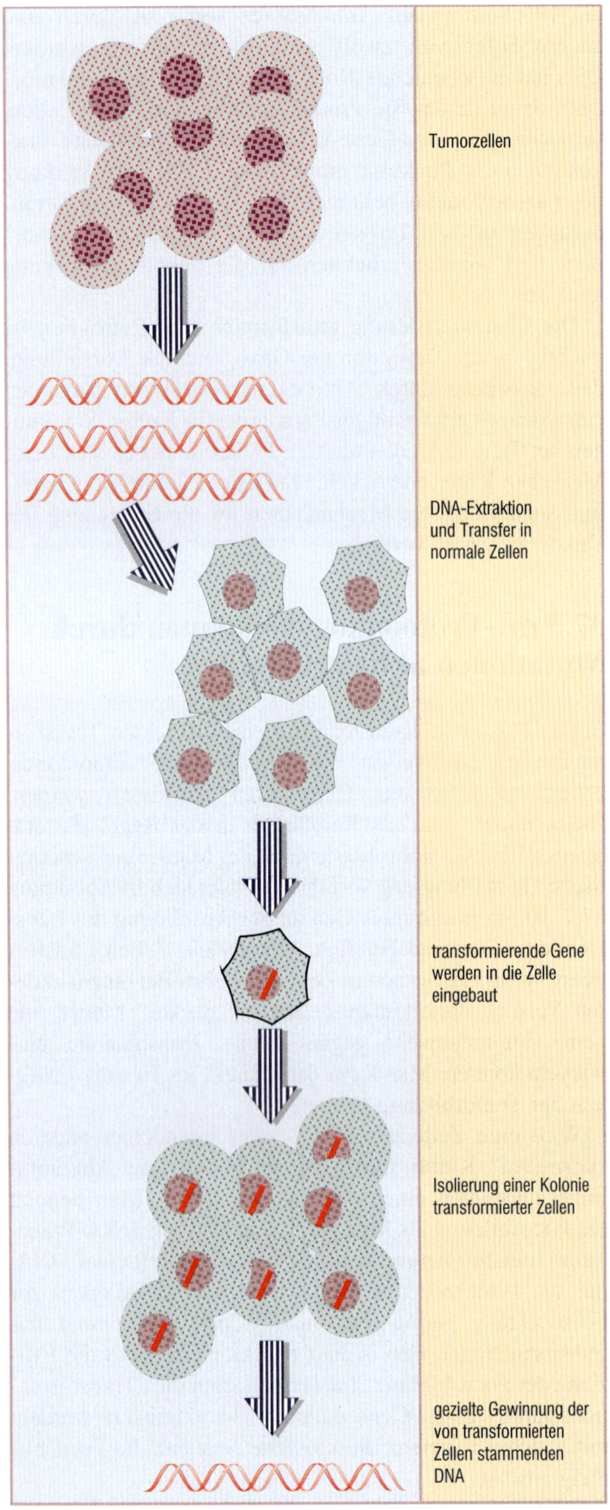

37.7 Beim Transfektionsversuch kann man einige Onkogene direkt isolieren, indem man die DNA von Tumorzellen darauf testet, ob sie normale Zellen zu tumorbildenden Zellen transformieren kann.

entstand ein Onkogen. Diese Veränderung kann aus einer Punktmutation oder einer größeren Umorganisation der DNA rund um das *c-onc*-Gen bestehen.

- *Es gibt entsprechende Pendants in den Onkogenen bekannter transformierender Viren.* Das läßt vermuten, daß das Repertoire an Protoonkogenen begrenzt ist; wahrscheinlich werden immer dieselben Gene mutiert, so daß sie zu Onkogenen im Zellgenom oder aber viralen Onkogenen werden.

Im Transfektionstest entdeckt man häufig Onkogene, die aus der *c-ras*-Familie stammen. Diese Familie besteht aus mehreren aktiven Genen, die im Genom von Menschen und Ratten verstreut sind; es gibt auch ein paar Pseudogene. Die einzelnen Gene *N-ras*, *H-ras* und *K-ras* sind eng miteinander verwandt und codieren Proteine von etwa 21 kD, die unter der Bezeichnung $p21^{ras}$ zusammengefaßt werden.

Die Gene *H-ras* und *K-ras* haben jeweils ein *v-ras*-Gegenstück in Harvey- beziehungsweise Kirsten-Stämmen des Maussarkomvirus (Tabelle 37.2). Jedes *v-ras*-Gen ist mit dem entsprechenden *c-ras*-Gen nahe verwandt; lediglich ein paar vereinzelte Aminosäuren wurden ausgetauscht. Die Harvey- und Kirsten-Virusstämme müssen durch voneinander unabhängige Rekombinationsereignisse entstanden sein, bei denen ein Vorläufervirus die entsprechende *c-ras*-Sequenz aufgenommen hat.

Man findet onkogene Varianten der *c-ras*-Gene in transformierenden DNA-Präparationen, die man aus verschiedenen Primärtumoren und Tumorzellinien gewonnen hat. Jedes *c-ras*-Protoonkogen kann schon durch eine einzige Basenmutation zu einem transformierenden Onkogen werden. *In verschiedenen voneinander unabhängigen menschlichen Tumoren wird aufgrund von Mutationen, die meist in Position 12 oder 61 erfolgen, in einem der Ras-Proteine eine einzige Aminosäure ausgetauscht.*

Eine der Stellen, die in *v-H-ras-* und *v-K-ras*-Genen mutiert ist, ist Position 12. *Sowohl v-ras-Gene von Retroviren also auch c-ras-Gene von vielen verschiedenen Tumoren in Ratten und Menschen sind an den gleichen Positionen mutiert.* Daraus kann man schließen, daß das normale c-Ras-Protein – bei Ratten oder Menschen und vielleicht sogar bei allen Säugern – durch eine Mutation in einem der wenigen Codons in eine tumorbildende Form umgewandelt werden kann.

Aufgrund dieser Untersuchungen hat sich als allgemeines Prinzip herauskristallisiert, daß *ein zelluläres Protoonkogen durch eine Substitution in der codierenden Sequenz in ein Onkogen verwandelt werden kann.* Ein derartiges Onkogen kann mit dem spontanen Auftreten eines Tumors im jeweiligen Organismus verbunden sein. Es kann aber auch in einem Retrovirus enthalten sein; in diesem Fall löst dann eine virale Infektion die Bildung des Tumors aus.

Die *ras*-Gene scheinen am Übergang zur Onkogenese fein aufeinander abgestimmt zu sein. Beinahe jede Mutation in Position 12 oder 61 kann ein *c-ras*-Protoonkogen in ein aktives Onkogen verwandeln. Alle drei *c-ras*-Gene besitzen ein Glycin in Position 12. Wenn man es *in vitro* durch irgendeine andere der 19 Aminosäuren außer Prolin ersetzt, dann kann das mutierte *c-ras*-Gen Zellkulturen transformieren. Wie stark die Fähigkeit zur Transformation ausgeprägt ist, hängt vom jeweiligen Austausch ab.

An Position 61 befindet sich bei Wildtyp-*c-ras*-Genen ein Glutamin. Wird es gegen eine andere Aminosäure ausgetauscht, entsteht für gewöhnlich ein Gen, das zur Transformation fähig ist. Manche Substitutionen sind effektiver als andere; nur Prolin und Glutaminsäure haben überhaupt keine Wirkung.

Wird ein normales *c-ras*-Gen verstärkt exprimiert, werden die Empfängerzellen transformiert. Eine solche Expressionssteigerung kann man hervorrufen, indem man das Gen unter die Kontrolle eines stärkeren Promotors stellt oder indem man mehrere Kopien des Gens in transfizierte Zellen einführt. Bei einigen mutierten *c-ras*-Genen, deren Proteinsequenz verändert wurde, findet sich in einem Intron eine zusätzliche Mutation, die das Expressionsniveau anhebt, indem die mRNA etwa zehnmal so schnell verarbeitet wird. In einigen Tumorzellinien findet man ebenfalls mehr *ras*-Gene. Um einige wenige Zellen transformieren zu können, reicht es aus, wenn die Menge an nichttransformierendem Ras-Protein um das Zwanzigfache zunimmt. Dieser Effekt läßt sich noch nicht ganz genau quantifizieren, führt aber zu der generellen Schlußfolgerung, daß die Onkogenese auf einer Überaktivität des Ras-Proteins beruht und entweder durch Zunahme der Proteinmenge oder – was wesentlich wirkungsvoller ist – durch Mutationen verursacht wird, welche die Proteinaktivität steigern.

Mit einer DNA-Transfektion kann man lediglich bestimmte Zelltypen transformieren. Die geringe Wirkung dieses Ansatzes erklärt, warum relativ wenige Onkogene durch Transfektion entdeckt wurden. Dieses System war besonders bei *ras*-Genen sehr effektiv, weil bei ihnen die Mutationen, die *c-ras*-Gene bei der Transfektion aktivieren, weitgehend mit dem Auftreten von Tumoren korreliert sind.

Ras ist ein monomeres guaninnucleotidbindendes Protein, das in Verbindung mit GTP aktiv und in Verbindung mit GDP inaktiv ist. Es besitzt eine eigene GTPase-Aktivität. Abbildung 37.8 faßt noch einmal die Erörterungen von Kapitel 35 zusammen, daß der Übergang zwischen den beiden Ras-Formen von anderen Proteinen katalysiert wird. GAP-Proteine regen Ras an, GTP zu hydrolisieren, und sorgen so dafür, daß aktives Ras inaktiviert wird. GNRF-Proteine sorgen dafür, daß GDP durch GTP ersetzt und damit das Protein erneut aktiviert wird.

Ras kann durch Mutationen konstitutiv aktiviert werden, durch die auch die an GDP-gebundene Ras-Form aktiviert wird oder die die Hydrolyse von GTP verhindern. Wie wirken sich die Mutationen aus, durch die onkogene *ras*-Gene entstehen? Viele Mutationen mit einer transformierenden Wirkung blockieren die GTPase-Aktivität. GAP kann die GTPase-Aktivität von Ras-Proteinen nicht steigern, wenn diese durch onkogene Mutationen aktiviert wurden. Mit anderen Worten: Ras reagiert nicht mehr auf die inaktivierende Wechselwirkung mit GAP. Aufgrund der Tatsache, daß Ras GTP nicht hydrolysieren kann, bleibt es permanent aktiv; durch ständiges Einwirken auf sein Zielprotein wirkt es onkogen.

Damit ist ein entscheidendes Prinzip gefunden: *durch konstitutive Aktivierung kann ein zelluläres Protein onkogen wirken.* Ras wirkt aufgrund der Aktivierung des ERK-MAP-Kinase-Reaktionsweges und vielleicht auch noch anderer. Das Expressionsniveau ist gut ausbalanciert, denn wenn Ras zu sehr stimuliert wird, sei es durch Steigerung der Expression oder durch Mutation des Proteins, dann wirkt es unweigerlich onkogen.

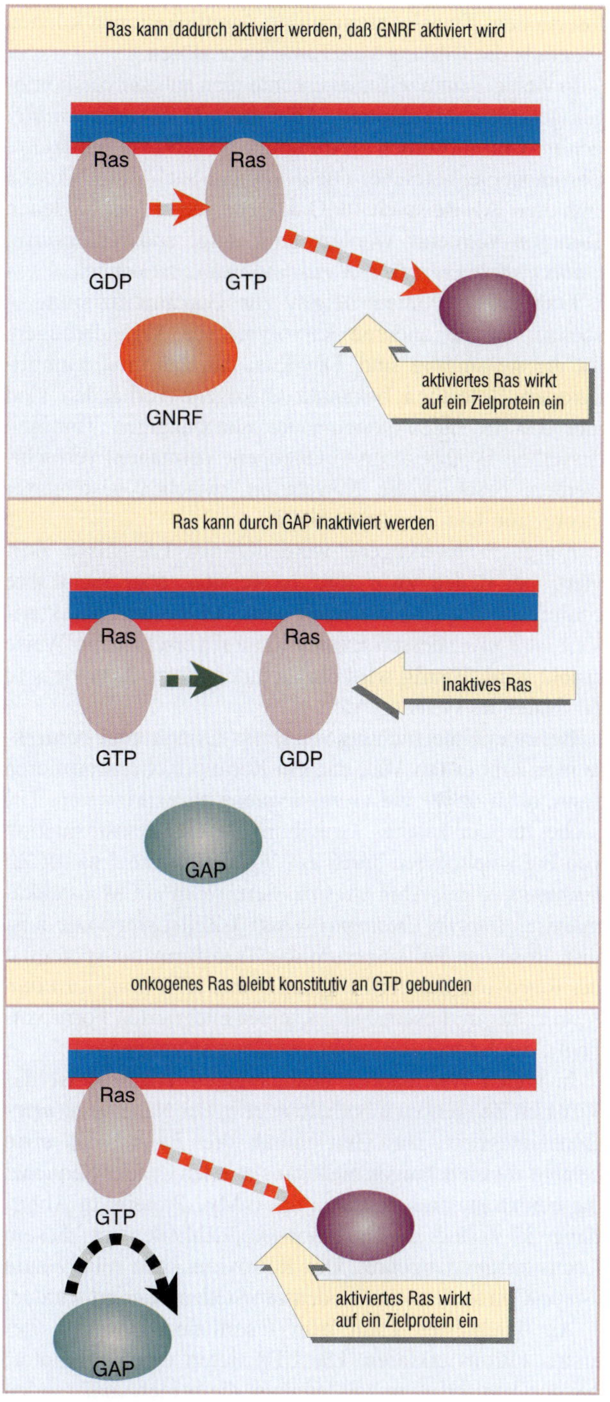

37.8 Stoffwechselwege, die auf Ras beruhen, funktionieren möglicherweise deshalb, weil sie GNRF oder GAP kontrollieren. Onkogene Ras-Mutanten widersetzen sich dieser Steuerung, da Ras seine aktive Form beibehält.

37.4 Protoonkogene können durch Insertion, Translokation oder Amplifikation aktiviert werden

Protoonkogene können durch eine Vielzahl genomischer Veränderungen aktiviert werden, manchmal durch Veränderungen im Zielgen selbst, manchmal aber auch, ohne daß das Proteinprodukt verändert wird. Vorgänge wie Insertionen, Translokationen und Amplifikationen können ebenfalls die Bildung von Tumoren auslösen.

In vielen Tumorzellinien erkennt man anhand von homogen gefärbten Abschnitten (Abbildung 32.28) oder *double-minute*-Chromosomen (Abbildung 32.29) amplifizierte Chromosomenbereiche. Diese können auch ein Onkogen enthalten. Als Beispiele für Onkogene, die in verschiedenen Tumoren vermehrt werden, sind unter anderem *c-myc*, *c-abl*, *c-myb*, *c-erbB*, *c-K-ras* und *mdm2* zu nennen.

Etablierte Zellinien neigen zur Genamplifizierung – ebenso wie zu anderen karyotypischen Veränderungen, für die sie anfällig sind. Die Tatsache, daß in den amplifizierten Bereichen bekannte Onkogene vorhanden sind und daß in vielen voneinander unabhängigen Tumoren desselben Typs bestimmte Onkogene permanent vermehrt werden, bestätigt die Korrelation zwischen gesteigerter Expression und Tumorwachstum.

Einige Protoonkogene werden durch Ereignisse aktiviert, bei denen zwar ihre Expression, aber nicht ihre codierende Sequenz verändert wird. Am besten charakterisiert ist *c-myc*, dessen Expression auf verschiedene Weise erhöht wird. Häufig wird ein nichtdefektives Retrovirus in der Nähe des Gens inseriert.

Bei einer Untersuchung von Bursa-Lymphomen bemerkte man zum ersten Mal, daß ein Retrovirus transformieren kann, auch ohne eine *v-onc*-Sequenz zu exprimieren. Ursache für ein solches Lymphom ist die Transformation von B-Lymphocyten durch ein Vogelleukämievirus (*avian leukemia virus*). Ähnliches passiert, wenn ein Mausleukämievirus (*murine leukemia virus*) T-Zell-Lymphome auslöst. In beiden Fällen beruht das Transformationspotential des Retrovirus auf der Fähigkeit seines LTR (*long terminal repeat*, das in diesem Fall in seiner integrierten Form vorliegt), die Expression zellulärer Gene anzuregen.

In vielen voneinander unabhängigen Tumoren ist das Virus im Zellgenom innerhalb oder in der Nähe des *c-myc*-Gens integriert. Das Gen enthält drei Exons: das erste besteht aus einer langen nichttranslatierten Leader-Sequenz, die beiden anderen codieren das c-Myc-Protein. In Abbildung 37.9 sind die Insertionsmöglichkeiten an diesem Locus zusammengefaßt. Das Retrovirus kann relativ zum *c-myc*-Gen an den verschiedensten Stellen inseriert werden.

Am leichtesten kann man Insertionen innerhalb des ersten Introns erklären. Die LTR liefert einen Promotor; bei der Transkription werden dann die beiden codierenden Exons hintereinander abgelesen. Eine Transkription von *c-myc* unter viraler Kontrolle unterscheidet sich in folgenden Punkten von der üblichen Transkription: Das Expressionsniveau ist höher, weil eine LTR einen effizienten Promotor hat; in B- oder T-Zellen kann die Expression nicht auf die üblichen Differenzierungssignale hin abgeschaltet werden; das Transkript hat nicht seine gewöhnliche nichttranslatierte Leader-Sequenz, die wohl im Normalfall die Expression limitiert. All diese Veränderungen führen zu einer erhöhten konstitutiven Expression.

Die *c-myc*-Aktivierung bei den anderen beiden Insertionsmöglichkeiten beruht auf anderen Mechanismen. Das retrovirale Genom kann sich innerhalb des ersten Introns befinden oder stromaufwärts angesiedelt sein, es ist aber in jedem Fall andersherum orientiert, so daß sein Promotor in die falsche Richtung weist. Es kann genausogut strom-

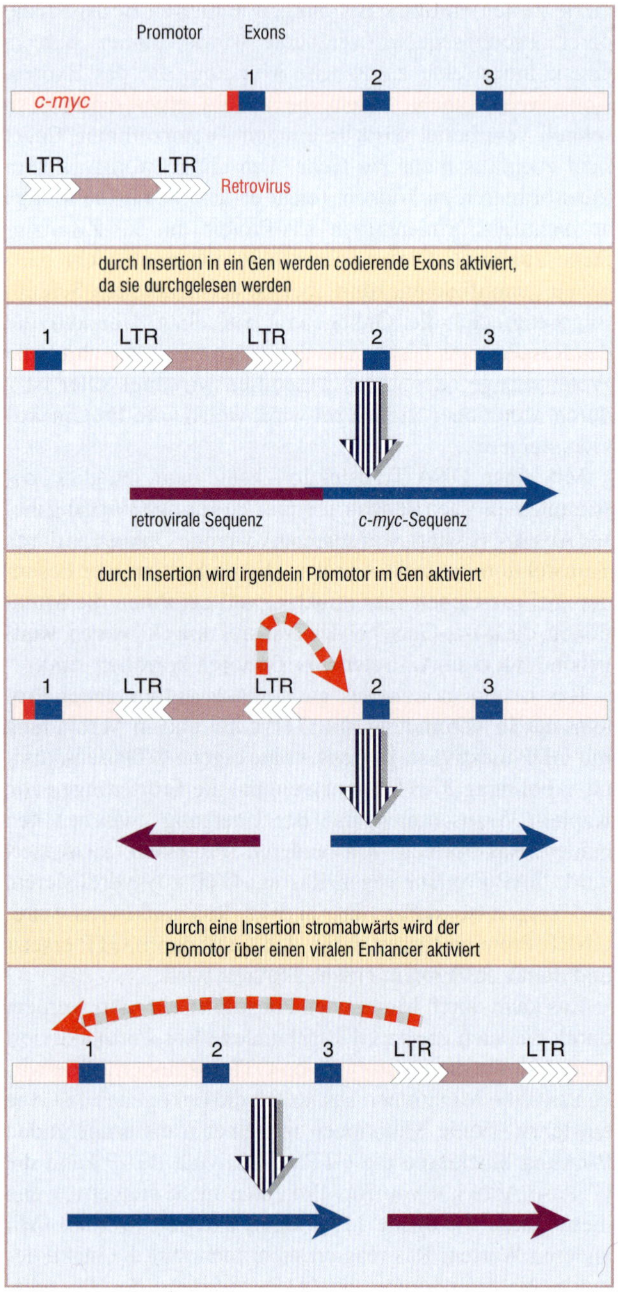

37.9 ALV wird an verschiedenen Positionen im *c-myc*-Locus inseriert und aktiviert dadurch das Gen auf unterschiedliche Weise.

abwärts vom *c-myc*-Gen eingebaut sein. In diesen Fällen könnte der Enhancer der viralen LTR für die Aktivierung der *c-myc*-Transkription verantwortlich sein. Diese beginnt dann am normalen oder einem zufälligen Promotor.

In allen diesen Fällen ist die codierende Sequenz von c-myc unverändert, so daß die onkogene Wirkung auf den Verlust der normalen Kontrolle und die erhöhte Genexpression zurückgeführt werden muß.

c-erB, *c-myb*, *c-mos*, *c-H-ras* und *c-raf* gehören zu einer weiteren Gruppe von Onkogenen, die in Tumoren durch die Insertion eines Retrovirusgenoms aktiviert werden. Bis zu zehn andere zelluläre Gene, die früher nicht aufgrund ihrer Anwesenheit in transformierenden Viren als Onkogene identifiziert wurden, zählt man nach diesem Kriterium mit zu den potentiellen Onkogenen. Von ihnen sind *wnt1* und *int2* am besten charakterisiert. *wnt1* codiert ein Protein, das an der frühen Embryogenese beteiligt und mit dem *wingless*-Gen von *Drosophila* verwandt ist; *int2* ist zuständig für FGF, den Wachstumsfaktor von Fibroblasten (*fibroblast growth factor*).

Onkogene können auch durch Translokation an eine andere Stelle im Chromosom aktiviert werden. Bei einer illegitimen Rekombination zweier Chromosomen kommt es zu einer **reziproken Translokation** (Abbildung 37.10). Daß derartige Vorgänge an der Entstehung von Tumoren beteiligt sind, fand man dadurch heraus, daß zwischen den Loci für die Immunglobuline und dem Auftreten bestimmter Tumoren ein Zusammenhang besteht. Spezifische Chromosomentranslokationen sind häufig mit Tumoren verbunden, die sich aus undifferenzierten B-Lymphocyten entwickeln. Im Prinzip läuft es so ab, daß ein Onkogen des einen Chromosoms durch Translokation in die Nähe eines Ig-Locus auf einem anderen Chromosom verlagert wird. Ähnliches passiert in T-Lymphocyten, wo Onkogene in die Nähe eines TcR-Locus transloziert werden.

Bei Maus und Mensch ist der Partner, der nicht zum Immunsystem gehört, häufig der *c-myc*-Locus. Beim Mensch ist an den Translokationen in B-Zelltumoren im allgemeinen Chromosom 8 beteiligt, das *c-myc* enthält, sowie Chromosom 14, zu dem der IgH-Locus gehört. Bei etwa zehn Prozent aller Fälle werden Chromosom 8 und Chromosom 2 (Kappa-Locus) oder Chromosom 22 (Lambda-Locus) aneinandergekoppelt. Bei den Translokationen in T-Zelltumoren spielen häufig neben Chromosom 8 entweder Chromosom 14, bei dem der TcR-α-Locus am anderen Ende vom Ig-Locus liegt, oder Chromosom 7 mit dem TcR-β-Locus eine Rolle. Translokationen in der Maus verlaufen analog.

Man kann die Translokationen am IgH-Locus in B-Zellen in zwei Gruppen einteilen. Der eine Typ ähnelt dem, den man in anderen Ig-Loci und in TcR-Loci findet; an ihm sind die Consensussequenzen beteiligt, die für die somatische V-D-J-Rekombination aktiver Ig-Gene benutzt werden. Im anderen Typus erfolgt die Translokation an einer Schaltstelle für den Klassenwechsel; diese Fälle können daher mit der Funktion des Systems verbunden sein, die Expression von einem C_H-Gen auf ein anderes umzuschalten.

Wird *c-myc* zum Ig-Locus transloziert, erhöht sich normalerweise sein Expressionsniveau. Wie stark es ansteigt, ist von Tumor zu Tumor sehr unterschiedlich – im allgemeinen liegt es zwischen einem Faktor zwei und einem Faktor zehn. Warum wird das *c-myc*-Gen durch die Translokation aktiviert? Der Vorgang selbst hat zwei Konsequenzen: *c-myc* wird in einen neuen DNA-Abschnitt eingebaut, und zwar in einen, in dem ein Ig- oder TcR-Gen exprimiert wurde. Die Struktur des *c-myc*-Gens selbst kann sich ändern, allerdings normalerweise nicht die codierenden Regionen. So können wahrscheinlich – genauso wie Insertionen eines Retrovirus *c-myc* auf vielfältige Weise aktivieren können – verschiedene Mechanismen die Expression des Gens an seinem neuen Platz aktivieren.

Aus der Korrelation zwischen tumorbildendem Phänotyp und der Aktivierung von *c-myc* durch Insertion oder Translokation kann man schließen, daß eine dauerhaft

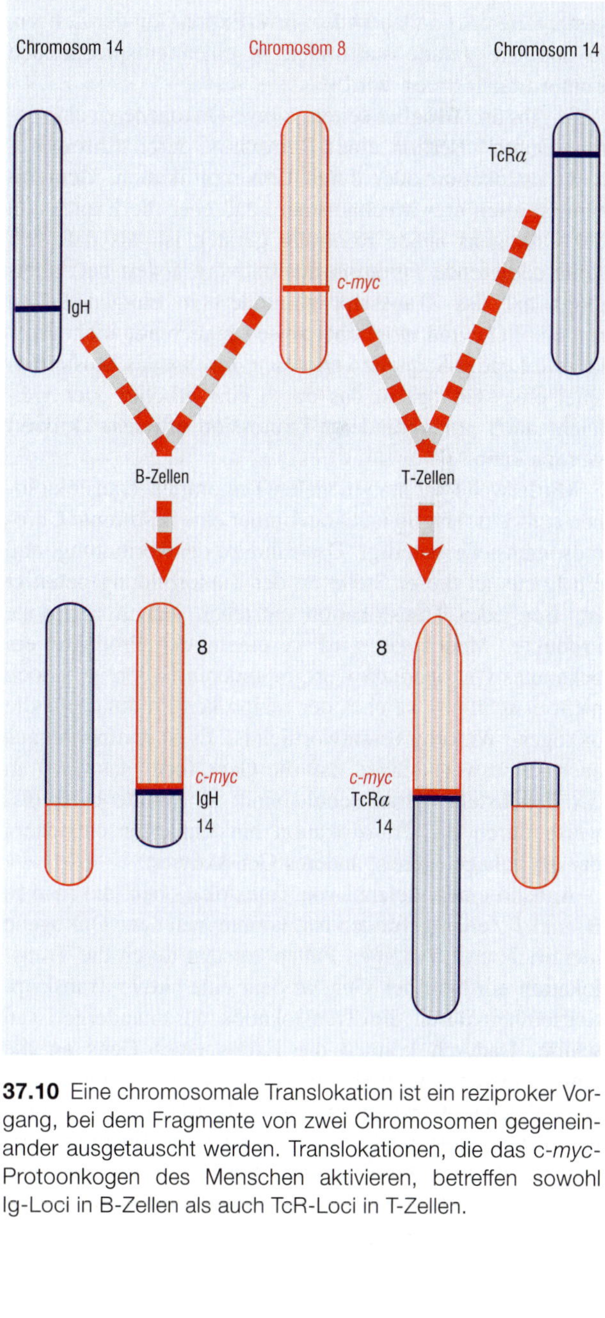

37.10 Eine chromosomale Translokation ist ein reziproker Vorgang, bei dem Fragmente von zwei Chromosomen gegeneinander ausgetauscht werden. Translokationen, die das *c-myc*-Protoonkogen des Menschen aktivieren, betreffen sowohl Ig-Loci in B-Zellen als auch TcR-Loci in T-Zellen.

hohe Expression des c-Myc-Proteins onkogen wirkt. Die Expression von *c-myc* muß abgeschaltet werden, damit sich unreife Lymphozyten zu reifen B- und T-Zellen differenzieren können; unterbleibt dies, dann bleiben die Zellen undifferenziert und sind immer teilungsbereit. Mit Hilfe von transgenen Mäusen, bei denen ein normales *c-myc*-Gen mit einem Enhancer gekoppelt war, konnte man das onkogene Potential von *c-myc* direkt demonstrieren. Bei transgenen Mäusen, bei denen ein *c-myc*-Gen mit einem B-Lymphocyten-spezifischen Enhancer (IgH-Enhancer) verbunden war, entwickelten sich Lymphome. Diese bestehen aus unreifen und reifen B-Lymphocyten, was den Schluß zuläßt, daß die Überexpression von *c-myc* sich auf die gesamte B-Zellinie onkogen auswirkt. Wird jedoch das *c-myc*-Gen bei transgenen Mäusen vom LTR eines Mausmammakarzinomvirus (*mouse mammary tumor virus*) aus kontrolliert, bilden sich viele verschiedene Krebsformen, darunter auch Mammakarzinome. Das wiederum gibt Anlaß zu der Vermutung, daß durch eine gesteigerte oder andauernde *c-myc*-Expression der Zelltyp, in dem sie gerade stattfindet, in einen entsprechenden Tumor transformiert wird.

Es gibt drei Möglichkeiten, *c-myc*-Onkogene zu aktivieren: Durch Insertion eines Retrovirus, durch Chromosomentranslokation oder durch Genamplifikation. Gemeinsam ist allen drei Mechanismen, daß eher die Expression des Onkogens außer Kontrolle geraten ist, als daß sich seine codierende Funktion qualitativ verändert hat; allerdings hat das Transkript zumindest in einigen Fällen seine übliche und möglicherweise regulierende nichttranslatierte Leader-Sequenz verloren. *c-myc* ist das Musterbeispiel eines Onkogens, das durch eine erhöhte oder vielleicht auch nur veränderte Expression effizient aktiviert werden kann.

Mittlerweile hat man in vielen Tumorarten Translokationen entdeckt. Häufig ist daran immer eine bestimmte Chromosomenstelle beteiligt. Das führt zu der Vermutung, daß ein Locus an dieser Stelle an der Tumorbildung beteiligt ist. Bei jeder Translokation entstehen jedoch reziproke Produkte. Manchmal wird in einem der Produkte ein bekanntes Onkogen aktiviert, in anderen Fällen ist jedoch nicht ersichtlich, welches der reziproken Produkte für die onkogene Wirkung verantwortlich ist. Es ist darüber hinaus auch keineswegs sicher, daß die Gene (oder das Gen) an der Bruchstelle daran schuld sind; so könnte beispielsweise durch die Translokation ein Enhancer entstehen, der ein nahegelegenes, anderes Gen aktiviert.

Anhand einer Vielzahl von Translokationen, die man in B- und T-Zellen gefunden hat, konnte man neue Onkogene identifizieren. In einigen Fällen entsteht durch die Translokation ein hybrides Gen, in dem eine aktive Transkriptionseinheit durch die Translokation auseinandergerissen wurde. Dadurch können die Exons eines Gens an die eines anderen gekoppelt werden. In solchen Fällen kann die onkogene Wirkung zwei Ursachen haben. So könnte der Protoonkogenanteil des Proteins unabhängig vom anderen Teil aktiviert werden, etwa weil er unter den neuen Kontrollbedingungen überexprimiert wird – eine Situation, die mit dem *c-myc*-Beispiel direkt vergleichbar ist. Es könnte sich aber auch der andere Partner im Hybridgen positiv auswirken, so daß es zu einem Funktionsgewinn in dem vom Protoonkogen codierten Proteinteil kommt.

Einer der am besten charakterisierten Fälle, in denen eine Translokation zu einem hybriden Onkogen führt, ist das Philadelphia-(*PH*^{1}-)Chromosom von Patienten mit chronisch-myeloischer Leukämie (CML). Diese reziproke Translokation ist zu klein, als daß man sie im Karyotyp erkennen könnte; sie verbindet aber eine 5 000-kb-Region am Ende des Chromosoms 9, die *c-abl* enthält, mit dem *bcr*-Gen von Chromosom 22. Die Bezeichnung *bcr* (*breakpoint cluster region*) wurde ursprünglich gewählt, um auf Chromosom 22 einen Bereich von etwa 5,8 kb zu beschreiben, in dem Bruchstellen entstehen.

Welche Konsequenzen diese Translokation hat, ist in Abbildung 37.11 zusammengefaßt. Die *bcr*-Region liegt innerhalb eines großen, über 90 kb langen Gens, das mittlerweile als *bcr*-Gen bezeichnet wird. Bei der CML bricht die DNA in der Regel innerhalb von ein oder zwei Introns in der Mitte des Gens. Dieses Gen spielt auch bei Translokationen eine Rolle, die zu einer anderen Erkrankung führen, der akuten lymphoblastischen Leukämie (ALL), bei der die Bruchstelle des *bcr*-Gens im ersten Intron liegt.

Das *c-abl*-Gen wird durch alternatives Spleißen exprimiert, bei dem eines der ersten beiden Exons benutzt wird. Die Brüche in CML und ALL befinden sich in dem Intron, das vor dem ersten gemeinsamen Exon liegt. Obwohl die genaue Lage der Bruchstellen in den beiden Chromosomen 9 und 22 von Fall zu Fall variiert, wird im allgemeinen ein Transkript gebildet, das ein Bcr-Abl-Fusionsprotein codiert; in ihm sind N-terminale Sequenzen vom *bcr* an *c-abl*-Sequenzen gekoppelt. Bei ALL enthält das Fusionsprotein etwa 45 kD vom Bcr-Protein, bei CML etwa 70 kD. Auf jeden Fall enthält es etwa 140 kD des normalen c-Abl-Proteins (ungefähr 145 kD); es hat also lediglich ein paar N-terminale Aminosäuren der c-Abl-Sequenz verloren.

Warum wirkt das Fusionsprotein onkogen? Das Bcr-Abl-Protein scheint die zur Transformation führende Ras-Reaktion zu aktivieren. Es kann das möglicherweise auf viele verschiedene Art tun – etwa indem es die Adaptoren Grb2 und Shc aktiviert (Kapitel 35). Bcr- und Abl-Bereiche des Hybridproteins sind möglicherweise beide für die Transformation wichtig.

Bei der Aktivierung der onkogenen Wirkung von *v-abl*, einer transformierenden Version des retroviralen Gens, spielen Veränderungen am N-Terminus eine Rolle. Das *c-abl*-Gen codiert eine Tyrosinkinase, deren Aktivität für das Transformationspotential onkogener Varianten essentiell ist. Die Aktivität und damit die Transformationskapazität der Kinase wird durch Deletion oder Austausch der N-terminalen Region aktiviert. Am N-Terminus befindet sich daher eine Domäne, die im Normalfall die Kinaseaktivität reguliert; geht sie verloren, kann es zu einer unangemessenen Aktivierung kommen.

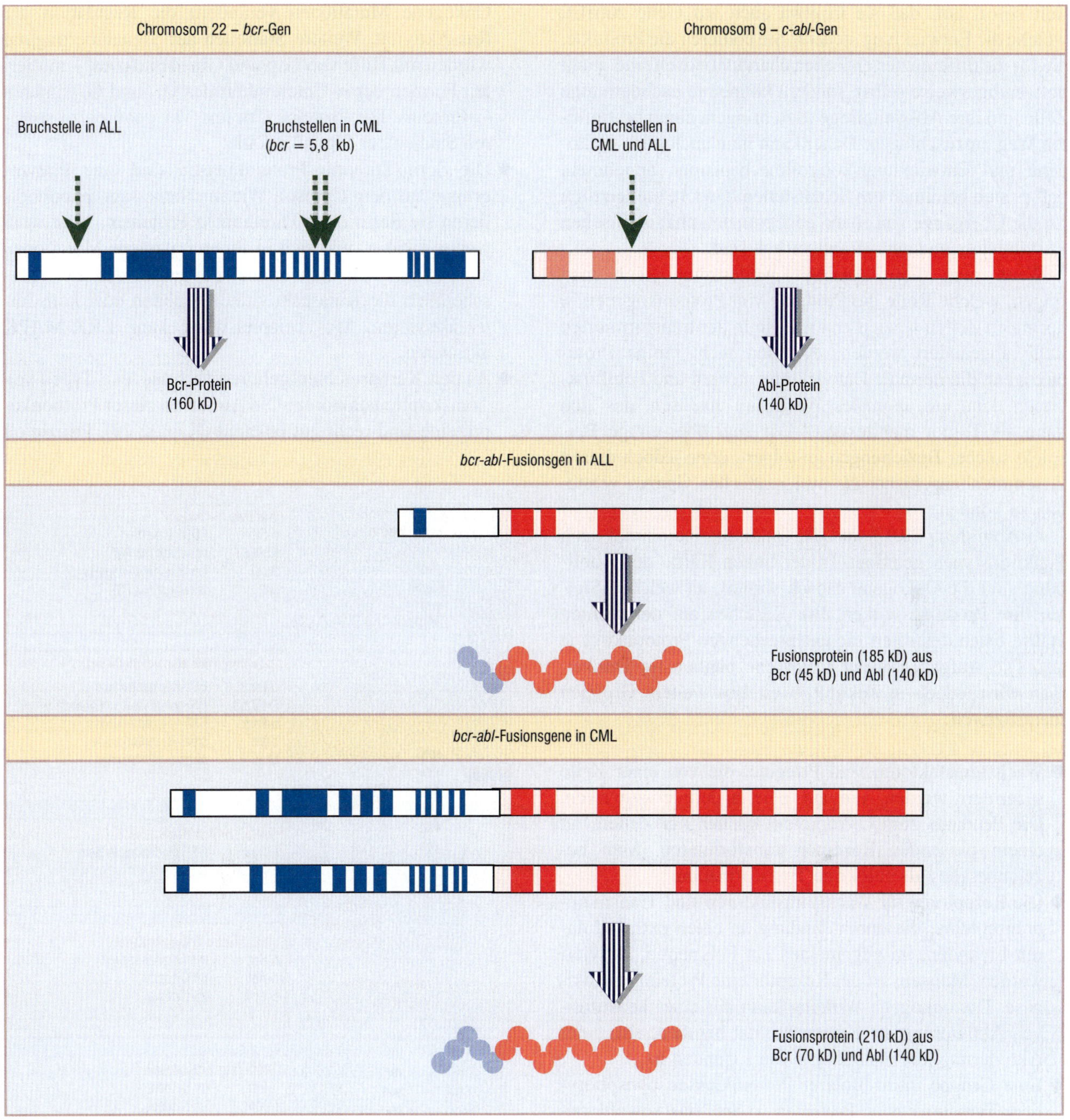

37.11 Durch Translokation zwischen den Chromosomen 9 und 22 entstehen Philadelphia-Chromosomen, die *bcr-abl*-Fusionstranskripte bilden; diese sind für zwei Arten von Leukämie verantwortlich.

37.5 Onkogene codieren Komponenten von Signalkaskaden

Man geht davon aus, daß Onkogene unabhängig davon, ob sie durch quantitative oder qualitative Veränderungen aktiviert wurden, direkt oder indirekt Funktionen beeinflussen, die mit dem Zellwachstum zusammenhängen. Im Gegensatz zu normalen Zellen unterliegen transformierte Zellen keinen Beschränkungen, etwa indem sie vom Serum abhängig sind oder bei Zellkontakt im Wachstum gehemmt sind. Sie können neue Fähigkeiten, wie etwa die zur Bildung von Metastasen, erwerben. Vergleicht man eine normale Zelle mit ihrem tumorbildenden Pendant, sind viele phänotypische Eigenschaften verändert, und es ist wirklich erstaunlich, daß man einzelne Gene identifizieren kann, die viele der mit der Transformation verbundenen Veränderungen auslösen.

Wir nehmen an, daß Onkogene einzeln oder gemeinsam eine Reihe phänotypischer Veränderungen bewirken, die Produkte vieler Gene betreffen. Bei dieser Beschreibung fällt sofort auf, daß sie in etwa auch auf Gene zutrifft, welche die Entwicklung steuern: Sie codieren die Produkte, die für die differenzierten Zellen charakteristisch sind, nicht notwendigerweise selbst, sondern können je nachdem eine Zelle und ihre Abkömmlinge dazu bringen, einen bestimmten Weg einzuschlagen. Daher kann man analog für Onkogene und Entwicklungskontrollmechanismen annehmen, daß es sich bei ihnen um Schaltstellen handelt, die letztlich für die Übergänge von einem abgegrenzten phänotypischen Zustand zum anderen verantwortlich sind.

Wenn man diese Analogie weitertreibt, kann man fragen, welche Rolle die Produkte von Protoonkogenen in normalen Zellen spielen und wie sie in der transformierten Zelle abgeändert werden? Könnten nicht einige Protoonkogene die normale Entwicklung steuern und Fehlfunktionen dann ein anomales Wachstum auslösen, das sich dann als Tumor manifestiert? Wir sind über einige Beispiele solcher Beziehungen gestolpert, ohne jedoch diesen Zusammenhang bisher als systematisches Ganzes verstehen zu können.

In Abbildung 37.12 sind die Onkoproteine einmal nach Funktionstypen geordnet. In der linken Hälfte der Abbildung sind die Onkogene danach sortiert, an welchen Stellen ihre Produkte wirken. Die Kästchen auf der rechten Hälfte listen detailliert die entsprechenden Protoonkogene auf. Die Aufgaben vieler Onkogene bleiben im Dunkel; man wird jedoch in Zukunft zweifellos weitere Gruppen identifizieren:

- ◆ Wachstumsfaktoren sind Proteine, die von einer Zelle sezerniert werden, um auf eine andere einzuwirken. Die Pendants zum Onkoprotein können nur Zellen mit einem passenden Rezeptor transformieren. Man bezeichnet dies als autokrine Transformation.
- ◆ Die Rezeptoren für Wachstumsfaktoren sind Transmembranproteine, die durch Bindung an einen extrazellulären Liganden, im allgemeinen ein Polypeptid, aktiviert werden. Meistens ist der Rezeptor eine Proteintyrosinkinase. Die onkogene Wirkung kann auf einer konstitutiven Aktivierung der Kinaseaktivität beruhen, also einer Aktivierung, die unabhängig von Liganden ist.
- ◆ Eine Gruppe intrazellulärer Proteinkinasen phosphoryliert Tyrosinreste in Proteinen. c-Src, das sowohl mit dem Zellgerüst als auch mit der Zellmembran assoziiert sein kann, ist der Prototyp einer Kinasefamilie mit ähnlichen katalytischen Eigenschaften; c-Yes, c-Fgr, Lck, c-Fps und Fyn gehören ebenfalls zu dieser Familie. Darüber, wie sich onkogene Mutationen auf die Src-Kinase-Aktivität auswirken, wissen wir recht gut Bescheid, wir haben jedoch noch keine Erklärung dafür, warum eine Veränderung dieser Aktivität onkogen wirkt. Andere Proteintyrosinkinasen der intrazellulären Gruppe sind im Cytosol anzutreffen; c-Abl findet man sowohl im Cytosol als auch im Kern.
- ◆ Häufig sind Signalübertragungswege an der Onkogenese beteiligt. Das am besten charakterisierte Beispiel ist c-Ras; es spielt bei der Übermittlung eines Signals von Rezeptortyrosinkinasen eine zentrale Rolle (Kapitel 35). Onkogene Mutationen verändern die Regulation der Ras-Aktivität. Weitere Stationen der Signalübertragung wurden mit Hilfe von Gsp und Gip identifiziert – mutierten Formen der α-Untereinheit des G_s- und G_i-trimeren G-Proteins. Die Proteine Crk und Vav gehören zu späteren Stadien der Signalkaskade.
- ◆ Die Serin/Threonin-Proteinkinasen sind eine Enzymgruppe aus dem Cytosol. Wie ihr Name sagt, phosphorylieren sie Serin oder Threonin in Proteinen. Man weiß wenig darüber, wie sich in ihnen onkogene Mutationen auswirken, sieht man einmal davon ab, daß sie wahrscheinlich die Kinaseaktivitäten erhöhen oder konstitutiv aktivieren. Mos beispielsweise kann ERK-MAPK aktivieren.
- ◆ Zu den Kernproteinen gehören verschiedene Typen von Transkriptionsfaktoren. Die Aufgaben dieser Protoonkoproteine sind recht gut bekannt (Kapitel 29). Prinzipiell

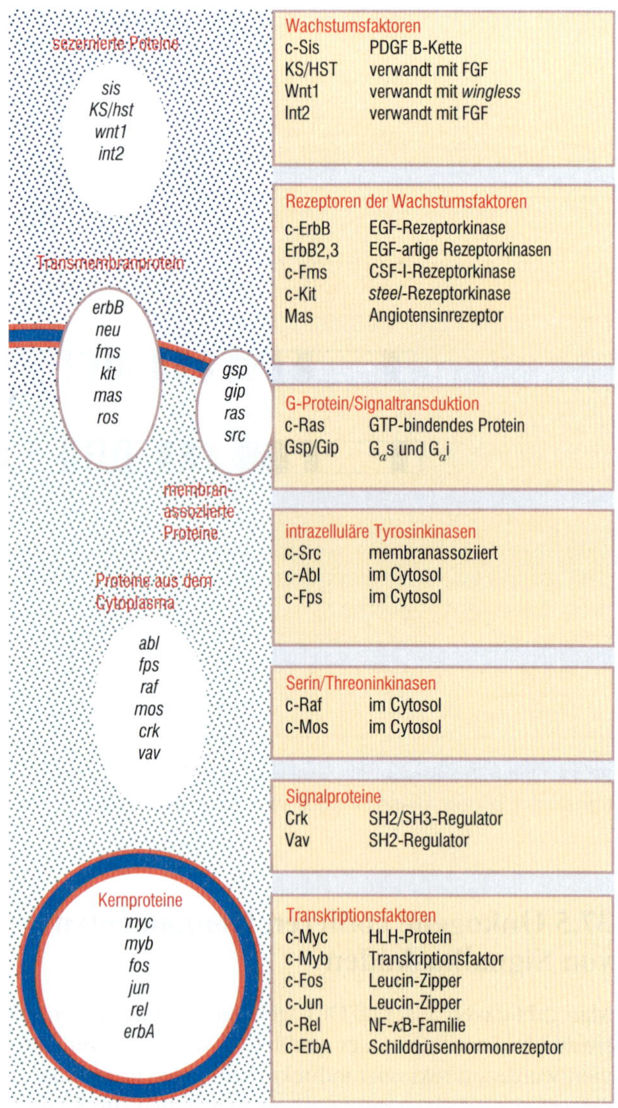

37.12 Onkogene können sezernierte Proteine, Transmembranproteine, Proteine aus dem Cytoplasma oder Kernproteine codieren.

verstehen wir, wie sich onkogene Mutationen auf diese Faktoren auswirken, wir können jedoch diese Veränderungen noch nicht in Zusammenhang mit der Aktivierung oder Unterdrückung bestimmter Zielgene bringen, die zum onkogenen Zustand beitragen.

Allen diesen Proteintypen ist gemeinsam, daß sie generelle Veränderungen im Phänotyp der Zelle auslösen können, indem sie entweder Veränderungen der Genexpression auslösen, auf solche Veränderungen reagieren oder die Genexpression direkt verändern. Bevor wir uns bei jeder Gruppe genauer ansehen, inwieweit sie eine Abfolge von Ereignissen aktivieren kann, die zur Bildung von Tumoren führt, müssen wir zuerst betrachten, an wie vielen voneinander unabhängigen Reaktionswegen diese Faktoren beteiligt sind.

Rufen wir uns noch einmal das Beispiel des am besten charakterisierten mitogenen Reaktionsweges ins Gedächtnis, der MAPK-Reaktionsweg, der aus den folgenden Schritten besteht:

Wachstumsfaktor
↓
Rezeptor für den Wachstumsfaktor (Tyrosinkinase)
↓
Ras
↓
Kinasekaskade (Serin/Threoninkinasen)
↓
Transkriptionsfaktor(en)

Ein Wachstumsfaktor aktiviert durch Reaktion mit seinem Rezeptor die Tyrosinkinasewirkung. Das Signal wird über einen Adaptor an Ras weitergeleitet. An diesem Punkt schaltet der Reaktionsweg auf eine Reihe von Serin/Threoninkinasen um. Die Zielmoleküle am Ende des Weges – unter ihnen Transkriptionsfaktoren, die das Expressionsmuster der Gene stark verändern können – werden je nachdem direkt oder indirekt durch eine Phosphorylierung kontrolliert.

Verläuft eine Reaktionskette linear, so daß das Signal direkt von einem Element der Kette zum nächsten weitergegeben wird, müßte eine konstitutive Aktivierung aller Komponenten zum selben Ergebnis führen; eine Aktivierung durch das Signal eines vorhergehenden Elements wäre dann überflüssig.

Natürlich verzweigt sich ein Signalübertragungsweg an einigen Stellen, so daß das ursprüngliche Signal unter Umständen mehrere Reaktionen auslöst. Durch Aktivierung stromabwärts gelegener Einzelkomponenten werden daher letztlich weniger Endfunktionen aktiviert als durch Aktivierung der Komponenten zu Beginn des Weges. Man kann jedoch jeden einzelnen Teil der Reaktionskette analysieren, indem man das Signal bis zum Beginn zurückverfolgt, als ob es streng linear übertragen würde.

Vom Ras-Reaktionsweg wissen wir, daß er von vielen Wachstumsfaktoren aktiviert wird, um eine mitogene Antwort auszulösen. Mutationen von frühen Elementen dieser Reaktionskette, wie etwa in den *ras*- und *raf*-Genen, können sich onkogen auswirken. In den darauffolgenden Komponenten der Kette, den MEK- und MAP-Kinasen, findet man dagegen keine onkogenen Mutationen. Daraus läßt sich schließen, daß sich die Kette in Höhe von *ras* oder *raf* verzweigt und daß die Aktivierung dieses Seitenweges wahrscheinlich ebenfalls für die onkogene Wirkung erforderlich ist. Ras aktiviert eine GTPase des Zellgerüsts namens Rac, die eventuell für diese Verzweigung charakteristisch ist. Natürlich endet die ERK-MAPK-Reaktion mit der Aktivierung mehrerer „früher Sofortgene" (*immediate early genes*), zu denen auch *fos* und *jun* zählen; da diese wiederum onkogene Pendants haben, kann man annehmen, daß die von dem MAPK-Reaktionsweg betroffenen Zielsequenzen für die onkogene Wirkung ausreichen.

Daß dieser Reaktionsweg eine zentrale Rolle spielt, erkennt man daran, wieviele seiner Komponenten von Protoonkogenen codiert werden. MAP-Kinasen und andere Bestandteile sind unterschiedlich für onkogene Mutationen empfänglich. Diese Diskrepanz läßt sich möglicherweise damit erklären, daß Stärke oder Dauer der Expression entscheidend sind. Es könnte sein, daß Mutationen in MEK- oder MAP-Kinasen nicht ausreichen, um die Enzyme soweit zu aktivieren, daß eine onkogene Wirkung erzielt wird. Oder aber die onkogenen Mutationen, die letztlich alle zu einem Funktionsverlust führen, sorgen dafür, daß zusätzlich zum normalen Reaktionsablauf neue Zielmoleküle aktiviert werden. Das allgemeine Prinzip ist jedoch klar: *Eine vom Normalen abweichende Aktivierung der mitogenen Reaktionswege kann zur onkogenen Wirkung beitragen*; bisher ist es allerdings nicht gelungen, eine Beziehung zwischen der Aktivierung dieser Abläufe und einzelnen Reaktionen in Form einer Immortalisierung oder Transformation herzustellen.

37.6 Wachstumsfaktorrezeptorkinasen und cytoplasmatische Tyrosinkinasen

Die Proteintyrosinkinasen sind eine wichtige Klassen von Onkoproteinen. Man unterscheidet generell zwei Gruppen: Transmembranrezeptoren für Wachstumsfaktoren und cytoplasmatische Enzyme. Von den biologischen Aufgaben der Rezeptoren verstehen wir mehr; wir wissen nämlich, welche generellen Eigenschaften die Signalkaskaden haben, die diese Rezeptoren auslösen, und wir können beobachten, auf welche Weise ihre inadäquate Aktivierung zu unkontrolliertem Wachstum führt. Die Rollen, die cytoplasmatische Tyrosinkinasen innerhalb der Zellen normalerweise spielen, stehen nicht so eindeutig fest; in einigen Fällen scheinen sie jedoch bei Rezeptoren ohne eigene Kinaseaktivität katalytische Aufgaben zu erfüllen – die Aktivierung des Rezeptors zieht die der cytoplasmatischen Tyrosinkinase nach sich. Wir wissen viel über ihre enzymatischen Aktivitäten und darüber, wie sich onkogene Mutationen molekular auswirken; es war jedoch viel schwieriger herauszufinden, welches ihre physiologischen Ziele sind.

Rezeptoren für viele Wachstumsfaktoren haben Kinaseaktvität. Es sind meist große integrale Membranproteine mit Domänen, die modular aus vielen Elementen zusammengesetzt werden. In Kapitel 35 haben wir bereits die generellen Eigenschaften von Transmembranrezeptoren sowie die Möglichkeiten diskutiert, wie sie aktiviert werden, um dann ihrerseits Signalketten auszulösen. Der EGF-Rezeptor ist das Paradebeispiel eines Tyrosinkinaserezeptors. Er gehört zu den Rezeptoren der Gruppe I, deren N-Terminus sich auf der extrazellulären Oberfläche und deren C-Terminus sich innerhalb der Zelle befindet und die eine einzige Transmembranregion besitzt. Die extrazelluläre N-terminale Region bindet den Liganden, der den Rezeptor aktiviert. Der intrazelluläre C-terminale Bereich umfaßt eine Domäne mit der Tyrosinkinaseaktivität. Die meisten, von zellulären Protoonkogenen codierten Rezeptoren sind ähnlich aufgebaut.

Durch die Dimerbildung der extrazellulären Domäne eines Rezeptors wird die Tyrosinkinaseaktivität der intrazellulären Domäne aktiviert. Abbildung 35.10 gibt einen Überblick über die verschiedenen Formen, in denen eine solche Reaktion ablaufen kann. Kommen die cytoplasmatischen Domänen des Monomers miteinander in Kontakt, lösen sie eine Autophosphorylierungsreaktion aus, bei der sich die Monomere jeweils gegenseitig phosphorylieren.

Die Abbildung 37.13 zeigt verallgemeinert die Verwandtschaft zwischen einem Wachstumsfaktorrezeptor und seiner onkogenen Variante. Ein Wildtyprezeptor läßt sich über die Ligandenbindung steuern. Fehlt der Ligand, reagieren die Monomere nicht miteinander. Durch Bindung an den Wachstumsfaktor wird diese Blockade aufgelöst, so daß der Rezeptor Dimere bilden kann. Das wiederum aktiviert den Rezeptor und löst die Signalübertragung aus. Im Gegensatz dazu bildet die onkogene Variante spontan Dimere, die konstitutiv aktiv sind. Für

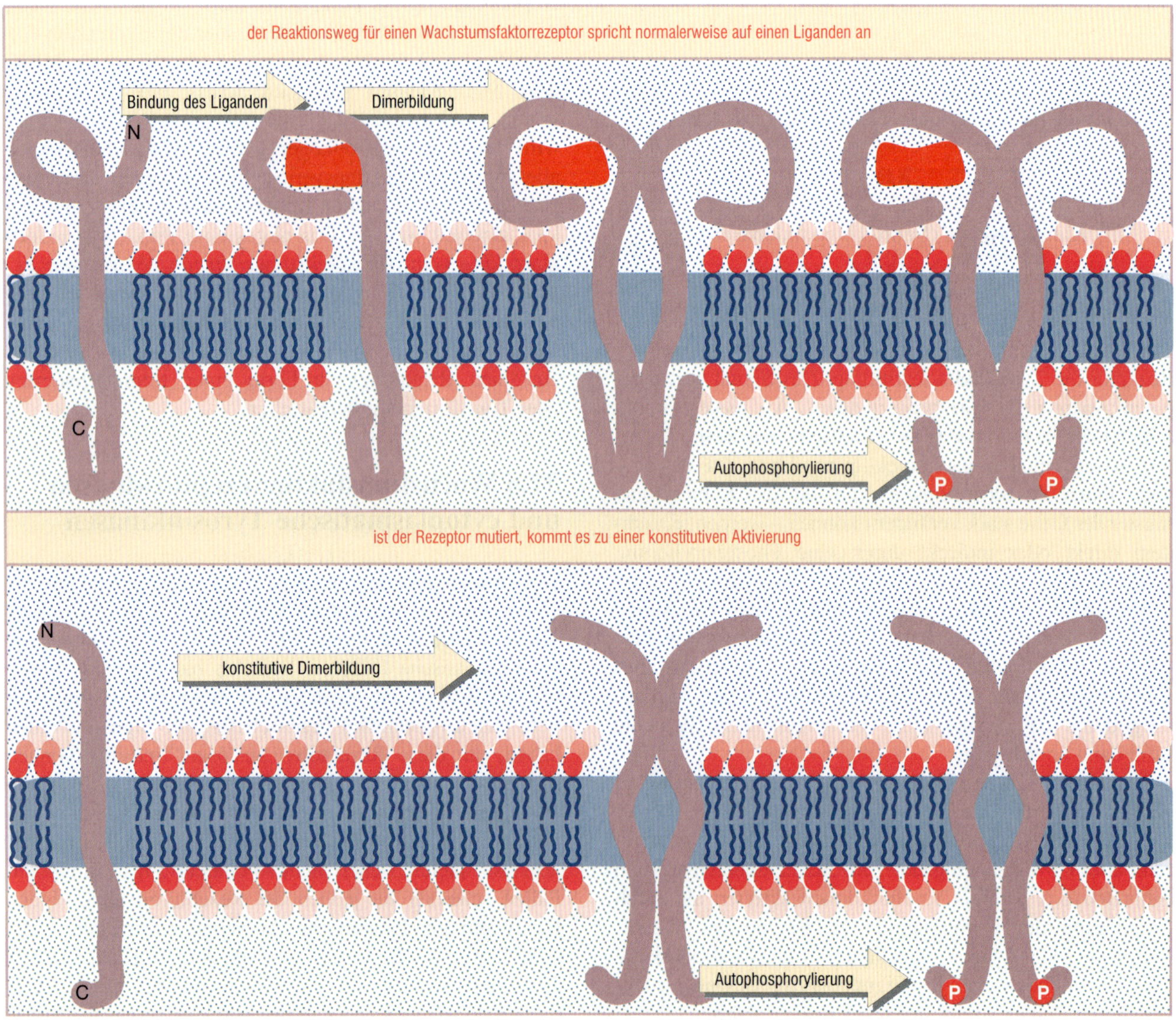

37.13 Damit der Rezeptor eines Wachstumsfaktors aktiviert wird, bindet er einen Liganden, bildet Dimere und phosphoryliert sich selbst. Ein verkürzter onkogener Rezeptor, bei dem der Bereich für die Ligandenbindung fehlt, ist konstitutiv aktiv, weil er nicht von der N-terminalen Domäne reprimiert wird.

diese konstitutive Bildung von Dimeren und die Aktivierung von unterschiedlichen Rezeptoren von Wachstumsfaktoren können unterschiedlichste Ereignisse verantwortlich sein; darüber hinaus laufen wahrscheinlich auch in jedem einzelnen Rezeptor vielfältige Prozesse ab.

Das Onkogen *v-erb* ist eine verkürzte Version des *c-erbB*-Gens, das den EGF-Rezeptor codiert. Das Onkoprotein enthält die Tyrosinkinase und Transmembrandomänen, ihm fehlt jedoch der C-Terminus und der N-terminale Proteinanteil, der EGF bindet. Wahrscheinlich sind die Deletionen an beiden Enden für die onkogene Wirkung verantwortlich. Die Veränderung in der extrazellulären N-terminalen Domäne erlaubt es dem Protein, spontan Dimere zu bilden; durch die C-terminale Deletion verliert das Protein eine Cytosoldomäne, welche die transformierende Wirkung unterbindet. Außerdem gibt es eine aktivierende Mutation in der katalytischen Domäne. Daher beruht die onkogene Wirkung auf der Kombination aller Mutationen, die den Rezeptor in einen konstitutiv aktiven Zustand versetzen.

Das allgemeine Prinzip, daß je nachdem eine konstitutive oder veränderte Aktivität für die onkogenen Aktivitäten verantwortlich ist, läßt sich auch auf die Gruppe der Wachstumsrezeptoren übertragen, die in Abbildung 37.12 aufgelistet sind. *ErbB2*, das einen dem EGF-Rezeptor nahe verwandten Rezeptor codiert, ist ein weiteres Beispiel für eine Aktivierung. In der Transmembranregion seiner onkogenen Form befindet sich eine Schlüsselmutation; sie erhöht die Neigung der Rezeptormonomere, Dimere zu bilden.

Einige Protoonkogene codieren Rezeptoren oder Faktoren, die bei der Differenzierung bestimmter Zelltypen eine Rolle spielen. Die Mutation eines solchen Rezeptors oder Wachstumsfaktors kann das ungehemmte Wachstum des entsprechenden Zelltyps fördern. Das Protoonkogen *c-fms* codiert den CSFI-Rezeptor, der die Wirkung des koloniestimulierenden Faktors I weiterleitet; dieser Wachstumsfaktor von Makrophagen stimuliert das Wachstum und die Reifung myeloider Vorläuferzellen. Eine Mutation in der extrazellulären Domäne kann dazu führen, daß *c-fms* zu einem Onkogen wird; sie steigert die Dimerbildung und versetzt das Protein auch ohne CSF-I in einen konstitutiv aktiven Zustand. Die onkogene Wirkung wird durch C-terminale Mutationen verstärkt, die auf eine intrazelluläre hemmende Domäne inaktivierend wirken könnten.

Welche Aktivitäten und Strukturen der Zelle bei der onkogenen Wirkung der cytoplasmatischen Proteintyrosinkinasen eine Rolle spielen, liegt noch weitgehend im Dunkeln. Charakteristisch für die Gruppe der cytoplasmatischen Kinasen sind die viralen Onkogene *src*, *yes*, *fgr*, *fps/fes*, *abl* und *ros*. (c-Src ist eigentlich mit Membranen assoziiert). All diese Gene ähneln sich in einem größeren Sequenzabschnitt, der wiederum den Aminosäureresten 80 bis 516 von *c-src* entspricht. In ihm befinden sich die SH2- und SH3-Domänen und die für die Kinaseaktivität zuständige „katalytische Domäne". Die Aktivitäten der einzelnen Familienmitglieder werden vermutlich von Regionen außerhalb dieser Domäne kontrolliert. Nur in einigen wenigen Fällen kennen wir die zelluläre Funktion eines *c-onc*-Elements dieser Gruppe.

Die Src-Proteine sind das Paradebeispiel für die Suche nach einer Rolle für eine cytoplasmatische Tyrosinkinase. Seit seiner Isolierung durch Rous im Jahre 1911 wurde RSV unter vielen verschiedenen Bedingungen weitergezüchtet; mittlerweile gibt es mehrere „Stämme", die *v-src*-Varianten enthalten. In jeder *v-src*-Basenfolge ist jeweils die C-terminale *c-src*-Sequenz ausgetauscht. Bei den verschiedenen Stämmen befinden sich in der *src*-Sequenz jeweils unterschiedliche Punktmutationen.

Die ersten Onkoproteine vom Kinasetyp, die charakterisiert wurden, waren Proteine aus der Src-Familie. Src war auch das erste Beispiel für eine Kinase, die einen Tyrosinrest im Protein zum Ziel hatte. Die Phosphotyrosinkonzentration stieg in Zellen, die von RSV transformiert worden waren, um etwa das Zehnfache. Src kann nicht nur auf andere Proteine einwirken, sondern auch sich selbst phosphorylieren. Die katalytische Aktivität befindet sich in der C-terminalen Proteinhälfte.

Src-Proteine haben einige interessante Eigenschaften. In Abbildung 37.14 sind die Aktivitäten der einzelnen Proteindomänen zusammengestellt.

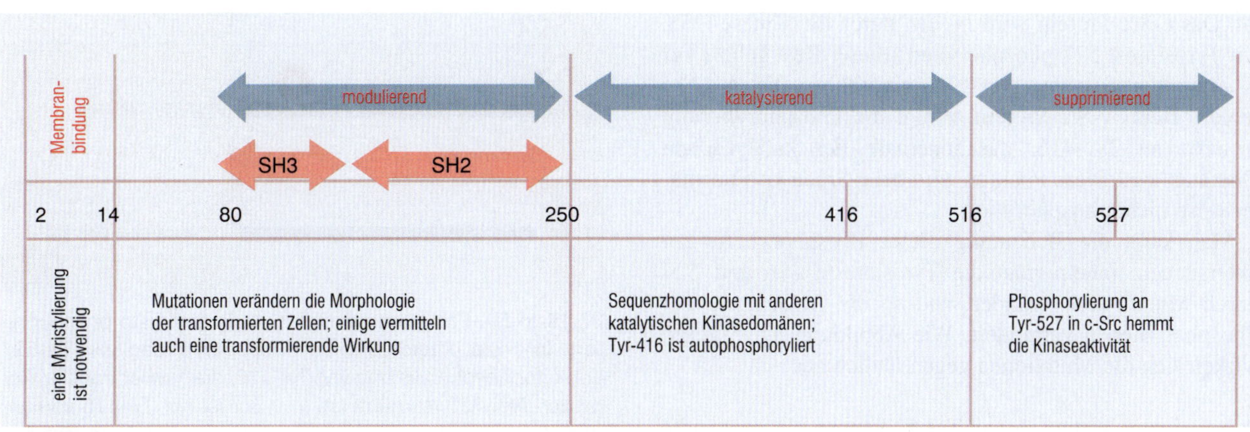

37.14 Ein Src-Protein besitzt eine N-terminale Domäne, die mit der Membran verbunden ist, eine modulierende Domäne mit SH2 und SH3-Motiven sowie eine katalytische Kinasedomäne; nur c-Src hat zusätzlich noch eine supprimierende Domäne.

v-Src und c-Src sind beide am N-Terminus modifiziert. Die N-terminale Aminosäure wird abgespalten und Myristinsäure, eine seltene Fettsäure mit 14 C-Resten, kovalent an das N-terminale Glycin gebunden. Diese Myristilierung ermöglicht es den Src-Proteinen, sich im Cytoplasma an die Cytosolseite von Membranen anzuheften, obwohl sie keine Bereiche mit hydrophoben Aminosäuren besitzen. Der größte Teil des Proteins ist mit der cytoplasmatischen Seite der Endosomen assoziiert; es ist vermehrt in der Umgebung von Zell-Zell-Kontakten und an Adhäsionsplaques angereichert.

Die Myristilierung ist für die onkogene Aktivität von v-Src entscheidend; bei N-terminalen Mutanten, die nicht myristiliert werden können, ist die Fähigkeit zur Tumorbildung reduziert. Zwei mögliche Gründe werden diskutiert, warum die Transformation davon abhängt, daß c-Src an der Membran lokalisiert ist: Dort könnten wichtige Substrate von Src vorhanden sein; oder andere, mit Src assoziierende Proteine benutzen das Protein, um sich selbst an der Membran zu verankern und erkennen dann im Gegenzug benachbarte Zielmoleküle.

Der entscheidende Unterschied zwischen v-Src und c-Src liegt in ihren Kinaseaktivitäten. Die Aktivität von v-Src ist etwa zwanzigfach größer als die von c-Src. Die transformierende Wirkung von *src*-Mutanten korreliert mit dem Niveau der Kinaseaktivität, und man glaubt, daß die onkogene Wirkung auf der Phosphorylierung der Zielproteine oder des Zielproteins beruht. Wir wissen nicht, ob die erhöhte Aktivität selbst schon onkogen wirkt oder ob außerdem noch die Spezifität verändert wird, mit der die Zielproteine erkannt werden.

Die Kinaseaktivität hat in der Src-Funktion zwei Aufgaben. Erstens haben sich Versuche, der Phosphorylierung eine Funktion innerhalb der Zelltransformation zuzuweisen, bisher darauf konzentriert, zelluläre Substrate auszumachen, die möglicherweise Ziele von v-Src sind – besonders solche, die von c-Src nicht erkannt werden. So hat man eine Vielzahl von Substraten gefunden, keines von ihnen ist aber für die Transformation verantwortlich. Zweitens könnte der phosphorylierte Zustand von Src selbst für seine Transformationsaktivität wichtig sein.

Zwei Bereiche von Src kontrollieren seine Kinaseaktivität. Das c-Src-Protein wird *in vivo* durch die Kinase CSK am Tyrosinrest 527 phosphoryliert; dieser Rest gehört zur C-terminalen Sequenz von 19 Aminosäuren, die in v-Src fehlen. Beim v-Src-Protein erfolgt die Phosphorylierung *in vivo* an Tyr-416, das innerhalb der katalytischen Domäne liegt. Diese Position wird bei c-Src *in vivo* normalerweise nicht phosphoryliert.

Man kann die Bedeutung dieser Phosphorylierungen untersuchen, indem man die Tyrosinreste 416 und 527 durch Mutationen verändert und so die Anlagerung der Phosphatgruppen verhindert. Wie Abbildung 37.15 zeigt, wirken sich die Mutationen gegensätzlich aus:

- Bei einem Austausch von Tyr-527 gegen die verwandte Aminosäure Phenylalanin, wird das transformierende Potential von c-Src aktiviert. Protein c-Src$^{Phe\text{-}527}$ wird am Tyr-416 phosphoryliert; seine Kinaseaktivität ist um etwa das Zehnfache erhöht und es transformiert Zielzellen, allerdings nicht so effektiv wie v-Src. *Die Phosphorylierung von Tyr-527 unterdrückt folglich die onkogene Wirkung von c-Src. Wird dieser Rest entfernt, wenn bei der Entstehung von c-Src die C-terminale Region verloren geht, so erhöht das deutlich das onkogene Potential des transformierenden Proteins.*
- Eine Mutation am Tyr-416 eliminiert dagegen in c-Src die noch verbliebene Fähigkeit zur Transformierung. Sie reduziert außerdem erheblich die Aktivität der c-Src$^{Phe\text{-}527}$-Mutante und darüber hinaus das Transformationspotential von v-Src, wenn auch weniger effektiv. *Die Phosphorylierung von Tyr-416 aktiviert daher die onkogene Wirkung von Src-Proteinen.*

Die onkogene Wirkung nimmt zu, wenn die Phosphorylierung an Tyr-527 reduziert und an Tyr-416 verstärkt wird. Punktmutationen an anderen Positionen von c-Src bestätigen diese Korrelation. In welchem Zustand sich diese

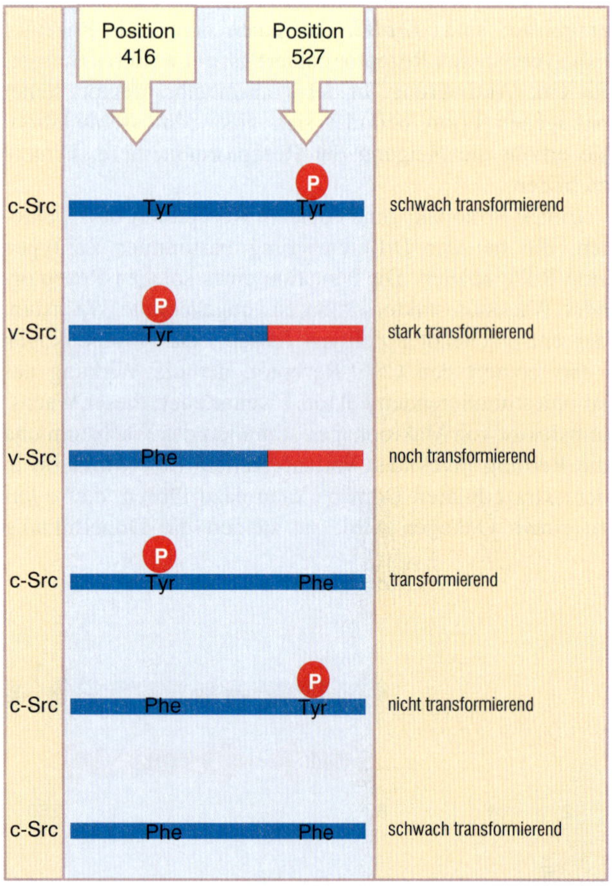

37.15 In Src-Proteinen werden zwei Tyrosinreste phsophoryliert. In c-Src unterdrückt die Phosphorylierung von Tyr-527 die Autophosphorylierung von Tyr-416, die mit der transformierenden Aktivität verknüpft ist. In v-Scr ist nur Tyr-416 vorhanden. Das Transformationspotential von c-Src kann aktiviert werden, wenn Tyr-527 entfernt wird, oder unterdrückt werden, wenn Tyr-416 entfernt wird.

Tyrosinreste befinden, könnte daher ein genereller Indikator für das onkogene Potential von c-Src sein. Die verringerte Phosphorylierung von Tyr-527 könnte für eine stärkere Phosphorylierung von Tyr-416 verantwortlich sein, die möglicherweise für die Tumorbildung entscheidend ist. v-Src ist allerdings vom Zustand des Tyr-416 sehr viel weniger abhängig, und Mutationen an dieser Position beeinträchtigen seine transformierende Wirkung nicht; vermutlich hat *v-src* andere Mutationen angehäuft, die sein Transformationspotential erhöhen.

Welche Funktion hat c-Src? Und wie hängt es mit der onkogenen Wirkung von c-Src zusammen? c-Src und v-Src sind einander sehr ähnlich: sie haben dieselbe N-terminale Modifikation, befinden sich in der Zelle an derselben Stelle und besitzen beide eine Proteintyrosinkinaseaktivität. c-Src wird in großen Mengen in verschiedenen, ausdifferenzierten Zelltypen exprimiert. Es hat daher vermutlich nichts mit der Regulation der Zellproliferation zu tun. Bisher konnte allerdings noch nicht geklärt werden, welche Aufgabe es normalerweise hat.

Der modulare Bereich von c-Src enthält zwei Motive, die man in vielen verschiedenen Proteinen des Cytoplasmas antrifft, die an der Signalübertragung beteiligt sind: Sie verbinden ein Protein mit den Komponenten in der Signalkette, die vor und hinter ihm liegen. Aus der Bezeichnung SH2 und SH3 für diese beiden Domänen geht noch hervor, daß man sie zuerst als Src-homologe Bereiche entdeckt hat. Welche Funktion sie haben, wird in Kapitel 35 diskutiert.

Wie wird c-Src normalerweise aktiviert? Mutationen in der SH2-Region verringern zumeist seine transformierende Wirkung, Mutationen der SH3-Region erhöhen sie dagegen. Man kann daher annehmen, daß die SH2-Region erforderlich ist, um c-Scr zu aktivieren, während SH3 eher reprimierend wirkt. Abbildung 37.16 zeigt ein detaillierteres autoregulatorisches Modell für die Funktion der SH2-Domäne. Entscheidend ist die Phosporylierung an Tyr-527. Im inaktiven Zustand ist Tyr-527 phosphoryliert, so daß der C-terminale Bereich von c-Src selbst an die N-terminale SH2-Domäne binden kann. Wenn die richtige Rezeptortyrosinkinase, etwa der PDGF-Rezeptor, aktiviert wird, entsteht durch Autophosphorylierung eine Phosphopeptidsequenz, die an die SH2-Region des c-Src bindet. Dadurch wird die Region, die Tyr-527 enthält, freigesetzt und Tyr-527 dabei wahrscheinlich dephosphoryliert. Was dann passiert, ist noch nicht vollkommen geklärt; möglicherweise führt diese Dephosphorylierung zur Phosphorylierung von Tyr-416 und zur Aktivierung der Kinaseaktivität. Auf diese Weise würde die Src-Kinaseaktivität auf die Aktivierung der Rezeptorkinase reagieren. In jedem Fall fehlt dem onkogenen v-Src-Protein natürlich das Tyr-527; daher ist es konstitutiv aktiv.

Bei einigen onkogenen Reaktionen kann c-Src auch anders aktiviert werden. So aktiviert beispielsweise das mittlere Polymoma-T-Antigen c-Src, indem es an die C-terminale Region bindet, zu der auch Tyr-527 gehört; auf diese Weise verhindert es seine Phosphorylierung. Einige Mutationen in der SH2-Domäne von c-Src können, ver-

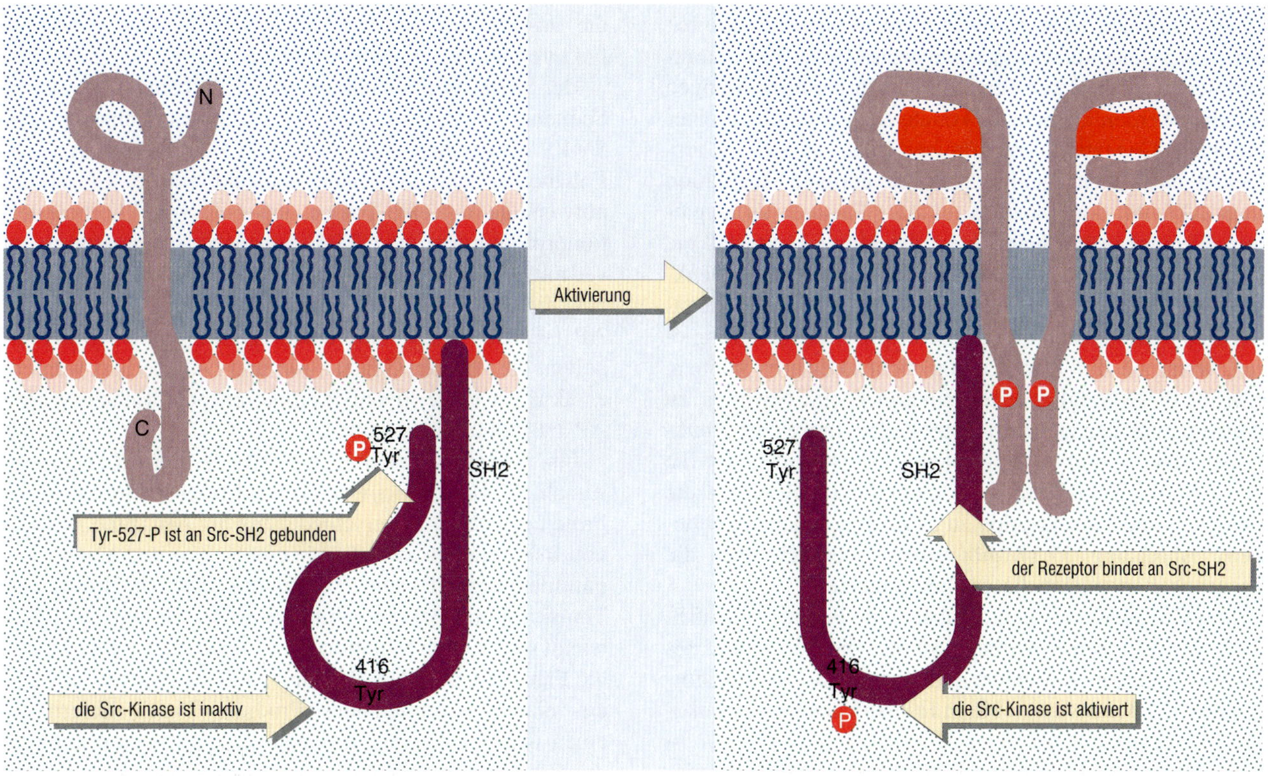

37.16 Wird eine Rezeptortyrosinkinase aktiviert, entsteht durch die Autophosphorylierung eine Bindungsstelle für die SH2-Domäne von Src, Tyr-527 wird freigesetzt und dephosphoryliert, Tyr-416 wird phosphoryliert und die Src-Kinase aktiviert.

mutlich weil sie SH2 daran hindern, Tyr-527 wieder an sich zu ziehen, die Kinaseaktivität anregen – mit onkogenen Folgen. Mutationen in den SH2- und SH3-Domänen können die Spezifität von c-Src beeinflussen, die es bezüglich der Transformation verschiedener Typen von Zielzellen hat. Daraus läßt sich schließen, daß diese Bereiche die Verbindung mit anderen zellspezifischen Proteinen innerhalb der Reaktion vermitteln.

37.7 Onkoproteine steuern möglicherweise die Genexpression

Es muß vermutlich nicht extra erwähnt werden, daß eine Zelle nicht transformiert werden kann, ohne daß ihre Genexpression verändert wird. Viele Onkogene wirken in Frühstadien von Reaktionsketten, die letztlich zu Änderungen in der Genexpression führen. Einige agieren auch direkt auf der Transkriptionsebene. Es gibt beispielsweise retrovirale Onkogene, die aus der bedeutendsten Klasse der zellulären Transkriptionsfaktoren stammen. Mit Hilfe von *v-onc*-Genen entdeckte man mehrere prominente Genfamilien, die Transkriptionsfaktoren codieren: *rel, jun, fos, erbA, myc* und *myb.* Die c-Onc- und v-Onc-Versionen der Rel-, Jun- und ErbA-Proteine unterscheiden sich in ihrer Transkriptionsaktivität; möglicherweise gibt es einen Zusammenhang zwischen diesen Unterschieden und der Transformationskapazität.

v-onc-Gene können im Prinzip quantitativ und qualitativ wirken; Aktionen, welche die Transkription betreffen, steigern oder vermindern jeweils die Expression bestimmter Gene. Aufgrund einer erhöhten Expression oder Aktivität der *v-onc*-Gene könnten beispielsweise Gene stärker transkribiert werden, deren Produkte nur in geringen Mengen toleriert werden können. Es könnte auch dadurch zu einer erhöhten Genexpression kommen, daß es den *v-onc*-Genen nicht mehr gelingt, auf die normale Regulation ihrer Aktivität durch andere zelluläre Faktoren zu reagieren. Weniger wahrscheinlich ist die Möglichkeit, daß sie eine Spezifität für neue Zielpromotoren bekommen. Denkbar wäre dagegen, daß Onkoproteine als dominante negative Suppressoren zellulärer Transkriptionsfaktoren fungieren, wenn sie die Transkription nicht aktivieren können. Um all diese Möglichkeiten einordnen und bewerten zu können, muß man zunächst festgestellen, in welchen Funktionen sich v- und c-Onc-Proteine unterscheiden: Ist die DNA-Bindung qualitativ oder quantitativ anders? Ist die Fähigkeit, die Transkription zu aktivieren, erhalten geblieben? Abbildung 37.17 gibt einen Überblick über die Eigenschaften einiger dieser Onkoproteine.

Das Onkogen *v-rel* konnte über seine Funktion identifiziert werden; seine Aufgabe ist es, die Zielzellen des Vogel-(Truthahn-)Reticuloendotheliosevirus zu transformieren. Das Retrovirus wirkt in Hühnern hochgradig onkogen; es verursacht bei ihnen B-Zell-Lymphome. *v-rel* ist eine verkürzte *c-rel*-Version; ihm fehlen etwa 100 C-terminale Aminosäuren, in der übrigen Basenfolge gibt es einige wenige Punktmutationen.

Das *rel*-Gen bildet eine Familie mit mehreren Mitgliedern, die in unterschiedlichen Kombinationen die Transkription kontrollieren. Es werden z. B. bei der Stimulation eines T-Lymphocyten mindestens vier Proteine aktiviert, die immunologisch mit v-Rel verwandt sind. Das am besten charakterisierte Familienmitglied ist der Transkriptionsfaktor NF-κB. Es ist ein Dimer mit den beiden Untereinheiten p65 und p50 und wird im Cytoplasma durch den Regulator I-κB festgehalten, der die Kernlokalisationssequenz verdeckt. Wird I-κB phosphoryliert, wird er abgebaut und gibt dann NF-κB frei. Dieses dringt in den Kern ein und aktiviert die Transkription von Genen, deren Promotoren oder Enhancer das κB-Motif enthalten (Kapitel 29). Die wesentlichen Teile dieser Regulation werden bei der Behandlung der *Drosophila*-Entwicklung in Kapitel 38 wiederholt, die dabei codiert *dorsal* ein NF-κB-Homolog, das durch ein I-κB-Homolog, das *cactus*-Produkt, im Cytoplasma gehalten wird. Die Sequenzen der beiden NF-κB-Untereinheiten sind miteinander verwandt; *c-rel* stimmt zu 60 % mit p50 überein.

NF-κB gehört zu den Transkriptionsfaktoren, die am stärksten pleiotrop sind; man hat es sogar schon für einen allgemeinen *second messenger* gehalten. Die Zelle reagiert auf viele unterschiedliche Reize mit der Aktivierung von NF-κB; über vorhandene κB-Bindungsstellen werden die verschiedensten Gene aktiviert. Noch kennen wir nicht die Aktivitäten aller Familienmitglieder. Offen ist noch, durch welche Veränderungen *v-rel* onkogen wird und wie diese die Transkriptionskontrolle der mit Rel verwandten Proteine beeinflussen. Möglicherweise bildet das *v-rel*-Produkt mit zellulären Familienmitgliedern Dimere, die inaktiv sind, so daß v-Rel NF-κB- oder verwandte Faktoren an ihrer Funktion hindert.

Der Transkriptionsfaktor AP-1 erkennt die kurze Sequenz TGACTCA, die als erstes im Enhancer von SV40, inzwischen jedoch auch in den Promotoren und Enhancern zellulärer Gene entdeckt wurde. Er ist der notwendige nucleäre Faktor, um eine von Phorbolestertumorpromotoren wie TPA induzierte Transkription zu vermitteln; mit einer solchen AP-1-Bindungsstelle kann ein Zielgen über TPA induziert werden. Der normale AP-1-Faktor besteht aus einem Dimer zweier Untereinheiten, die von den Genen *c-jun* und *c-fos* codiert werden; er aktiviert Gene, deren Promotoren oder Enhancer eine AP-1-Bindungsstelle haben.

Jun und Fos gehören zur Klasse der „Leucinreißverschluß"-(*leucine zipper*-)Transkriptionsfaktoren. Beide Proteine gehören zu verschiedenen Familien. Eine Abfolge von Interaktionen zwischen je einem Jun- und einem Fos-Familienmitglied kann dazu führen, daß eine Reihe von Transkriptionsfaktoren gebildet werden, die mit AP-1 verwandt sind. Durch Mutationen von *v-jun* oder *v-fos*, welche die Fähigkeit zur DNA-Bindung zunichte machen, entsteht ein nichttransformierendes Produkt. Damit liefern sie einen direkten Beweis, daß eine Transformationsaktivität die Fähigkeit zur DNA-Bindung voraussetzt. Davon abgesehen ist jedoch nicht klar, wie die Transkription verändert werden muß, damit es zur Transformation kommt: Es

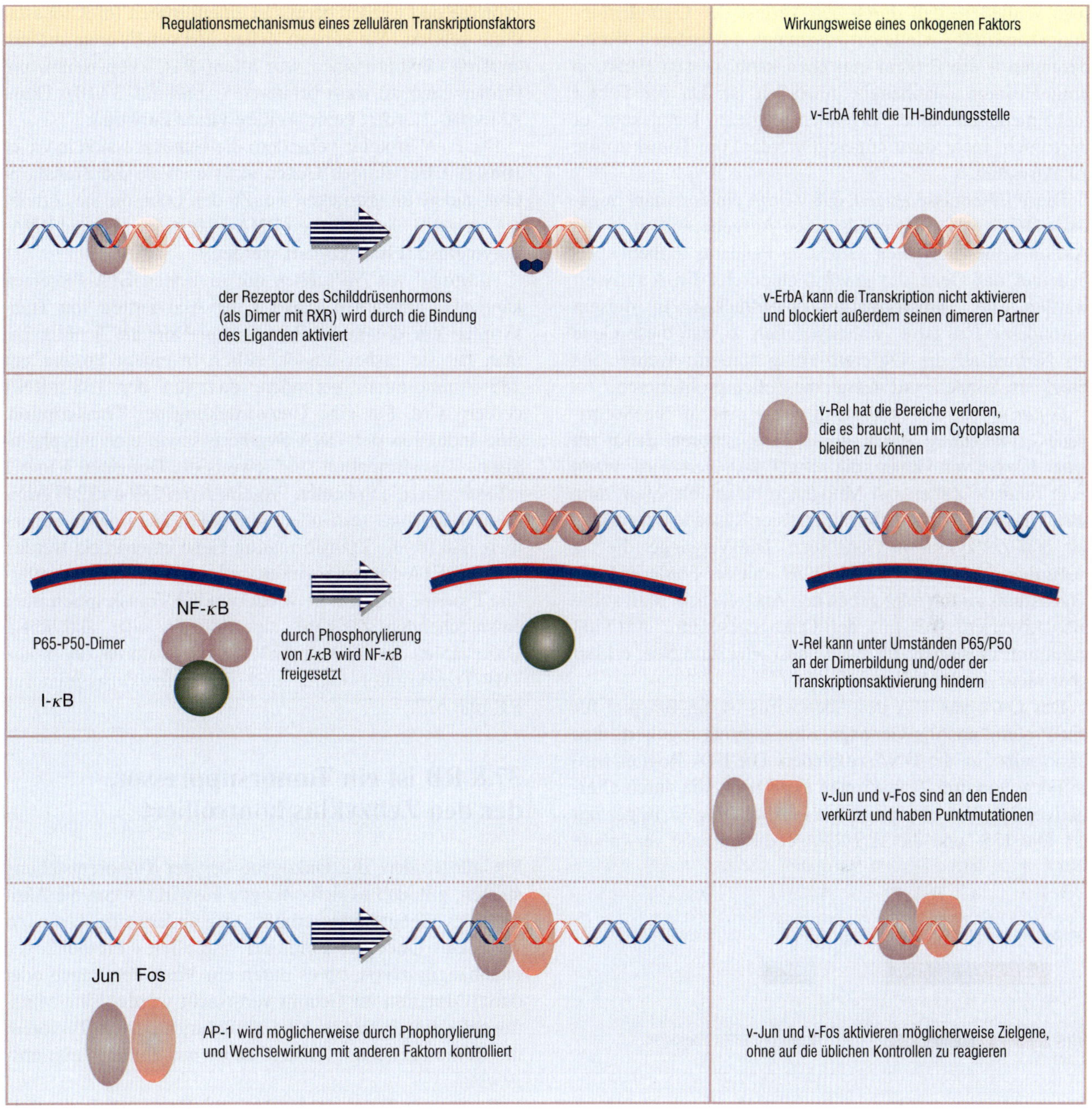

37.17 Bei Onkogenen, die Transkriptionsfaktoren codieren, gibt es Mutationen, die die Transkription inaktivieren (*v-erbA* und möglicherweise auch *v-rel*) oder aktivieren (*v-jun* und *v-fos)*.

könnten quantitative Veränderungen sein wie die Über- oder Unterexpression bestimmter Zielgene, aber auch qualitative, etwa indem ein anderes Genmuster auf den Faktor reagiert.

Das zelluläre Gen *c-erbA* codiert einen Schilddrüsenhormonrezeptor, ein Mitglied einer allgemeinen Klasse von Steroidhormonrezeptoren (Kapitel 29). Ein typischer Steroidrezeptor aktiviert nach Bindung seines Liganden die Expression bestimmter Gene, indem er an sein spezifisches Responseelement in einem Promotor oder Enhancer bindet. Der Schilddrüsenhormonrezeptor hat eine spezielle Wirkungsweise: Er hat seinen festen Sitz im Kern und bindet an sein Responseelement, unabhängig davon, ob der Ligand vorhanden ist oder nicht. Die Bindung des Schilddrüsenhormons hat dann wahrscheinlich den Effekt, daß der bereits gebundene Rezeptor die Transkription nun erst aktiviert.

Ohne die Fähigkeit zur DNA-Bindung ist keine Transformation möglich. *v-erbA* ist an beiden Enden verstümmelt, nur wenige Aminosäuren sind gegenüber *c-erbA* ausgetauscht. Die Hormonbindung ist verändert; das *c-erbA*-Produkt bindet hochaffin Trijodthyronin (T3), das *v-erbA*-Produkt zeigt dagegen in Säugerzellen nur eine geringe oder gar keine Affinität für diesen Liganden. Daraus kann man schließen, daß durch den Verlust der Ligandenbindungskapazität – vielleicht zusammen mit anderen Veränderungen – ein Protein entstehen kann, dessen Funktion vom Hormon unabhängig geworden ist. Da der Faktor nicht mehr auf seinen Liganden reagieren kann, kann er auch nicht mehr dazu angeregt werden, die Transkription zu aktivieren.

Diese Ergebnisse zeigen, daß *v-erbA* ein dominant negatives Onkogen ist: Es erfüllt seine Aufgabe, indem es die Aktion seines normalen zellulären Pendants aufhebt. Das bedeutet, daß Gene, die gewöhnlich durch c-ErbA aktiviert werden, die Transformation unterdrücken. In diesem besonderen Fall ist es wahrscheinlich so, daß diese Gene im Normalfall die Differenzierung fördern; werden sie blockiert, können statt dessen die Zellen proliferieren.

C-jun, *c-fos*, *c-rel* und auch *c-myc* sind „frühe Sofortgene" (*immediate early genes*); sie gehören damit zu einer Klasse von Genen, die schnell induziert wird, wenn man ruhende Zellen mit Mitogenen behandelt. Man kann daher davon ausgehen, daß sie in einer Kaskade mitwirken, die den Zellzyklus in Gang setzt. Die Vorgänge, die sie beeinflussen, haben wahrscheinlich mit der Förderung des Wachstums zu tun oder geben den Anstoß dazu. Man sollte also erwarten, daß mit der Onkogenese ihre Aktivität zunimmt; diese mag für *v-fos* und *v-myc* zutreffen, erklärt aber nicht das Verhalten von *v-rel*.

Das Onkogen E1A des Adenovirus ist ein Beispiel für ein Protein, das die Genexpression indirekt reguliert, also ohne selbst an die DNA zu binden. Die E1A-Region wird in Form von drei Transkripten exprimiert, die durch alternatives Spleißen entstehen, wie in Abbildung 37.18 gezeigt ist. Die 13S- und die 12S-RNA codieren nahe verwandte

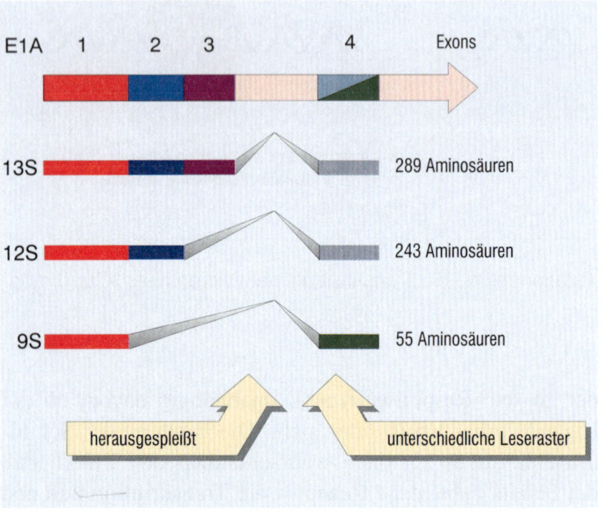

37.18 Der E1A-Bereich des Adenovirus wird in drei Transkripte gespleißt, die überlappende Proteine codieren. Die Domäne 1 ist in allen Proteinen vorhanden, die Domäne 2 in den 289- und 243-Aminosäure-Proteinen, Domäne 3 dagegen nur in den Proteinen mit 289 Aminosäuren. Die C-terminale Domäne des Proteins mit 55 Aminosäuren wird in einem anderen Leseraster als die üblichen C-terminalen Domänen der beiden anderen Proteine translatiert.

Proteine und werden bereits in einem frühen Infektionsstadium gebildet. Sie können Zellen immortalisieren und mit anderen Onkoproteinen, vor allem Ras, kooperieren, um Primärzellen zu transformieren (Abschnitt 37.10). Diese Aktivität erfordert keine weitere virale Funktion.

Die E1A-Proteine verändern die Genexpression in vieler Hinsicht: Bei einigen Genen aktivieren sie die Transkription, andere unterdrücken sie. Zu den Loci, die sie aktivieren, gehören Gene, die von RNA-Polymerase III und RNA-Polymerase II transkribiert werden.

Aufgrund von Versuchen mit mutierten E1A-Proteinen kann man annehmen, daß für die Aktivierung von Transkripten nur die kurze Region von Domäne 3 nötig ist; man hat sie bisher ausschließlich in einem Protein mit 289 Aminosäuren gefunden, das von der 13S-mRNA codiert wird. Für eine Unterdrückung der Transkription, eine Induktion der DNA-Synthese sowie eine morphologische Transformation sind jeweils die Domänen 1 und 2 erforderlich, die in beiden Proteinen von 289 und 243 Aminosäuren Länge vorhanden sind. Man kann daher annehmen, daß für die Transformation Gene unterdrückt werden müssen. E1A-Proteine wirken, indem sie an mehrere zelluläre Proteine binden, die wiederum die Transkription ihrer entsprechenden Zielgene unterdrücken oder aktivieren. Dazu zählen die CBP- und p300-Coaktivatoren, der basale TBP-Transkriptionsfaktor und die Zellzyklusregulatoren RB und p27.

37.8 RB ist ein Tumorsuppressor, der den Zellzyklus kontrolliert

Für alle Rollen, die Onkogene bei der Tumorentstehung spielen, gilt, daß es sich onkogen auswirkt, wenn die Aktivität des Genprodukts erhöht oder anderweitig verändert wird. Das Onkogen dominiert sein alleles Protoonkogen unabhängig davon, ob es durch ein Virus übertragen oder durch Mutation im Genom verursacht wurde. Eine Mutation, die ein einzelnes Allel aktiviert, induziert Tumoren; die Tumorentstehung basiert dabei auf einem Funktionsgewinn.

Bestimmte Tumoren werden allerdings auf eine andere Art verursacht: Sie entstehen nach dem Verlust beider Allele an einem Locus. Die Anfälligkeit dafür kann über die Keimbahn vererbt werden oder durch eine individuelle somatische Veränderung entstehen. Anhand solcher Fälle stieß man auf Tumorsuppressoren: Gene, deren Produkte für die normale Zellfunktion nötig sind und bei deren Funktionsausfall sich Tumoren bilden. Die zwei am besten charakterisierten Gene dieser Klasse codieren die Proteine RB und p53.

Das Retinoblastom ist eine Krankheit, die im Kindesalter auftritt und zu einem Tumor der Retina führt. Es kann erblich bedingt sein oder auch sporadisch durch somatische Mutation auftreten. Oft ist es mit Deletionen in der Bande q14 von Chromosom 13 verbunden. Man konnte das *RB*-Gen durch eine molekulare Klonierung dieser Region zuordnen.

Die Abbildung 37.19 verdeutlicht die Situation. Das Retinoblastom entsteht, wenn beide Kopien des RB-Gens inaktiviert wurden. In der ererbten Krankheitsform ist eines der elterlichen Chromosomen in diesem Bereich verändert. Führt ein Ereignis im Soma der Retinazellen zum Verlust der anderen Kopie des *RB*-Gens, entsteht ein Tumor. Bei der spontanen Form der Krankheit sind die elterlichen Chromosomen normal; die beiden *RB*-Allele gehen durch einzelne somatische Prozesse verloren.

Die Ursache für das Retinoblastom liegt daher im Verlust einer Proteinfunktion; er ergibt sich normalerweise infolge von Mutationen, welche die Genexpression verhindern – im Gegensatz zu Punktmutationen, welche die Funktion des Proteinprodukts betreffen. Der Verlust von *RB* kann auch an anderen Krebsformen wie Osteosarkomen und kleinzelligen Lungenkarzinomen beteiligt sein.

RB ist ein nukleäres Phosphoprotein, das den Zellzyklus beeinflußt (Kapitel 36). In ruhenden (G0/G1)-Zellen ist RB nicht phosphoryliert. Es wird im Verlaufe des Zellzyklus – meist gegen Ende von G1 – durch Cyclin/Cdk-Komplexe phosphoryliert und während der Mitose wieder dephosphoryliert. In nichtphosphorylierter Form bindet RB spezifisch mehrere Proteine; diese Interaktionen können daher nur während eines Teiles des Zellzyklus vor der S-Phase geschehen. Durch die Phosphorylierung werden diese Proteine freigesetzt und stehen dann zur Verfügung.

Zu den Zielproteinen gehört auch die E2F-Gruppe der Transkriptionsfaktoren; sie aktiviert Zielgene, deren Produkte für die S-Phase essentiell sind. Durch die Bindung an RB wird die E2F-Gruppe daran gehindert, die Transkription zu aktivieren. RB unterdrückt daher vermutlich die Expression der Gene, die von E2F abhängig sind. Es hindert auf diese Weise die betroffenen Zellen indirekt daran, in die S-Phase einzutreten. Darüber hinaus unter-

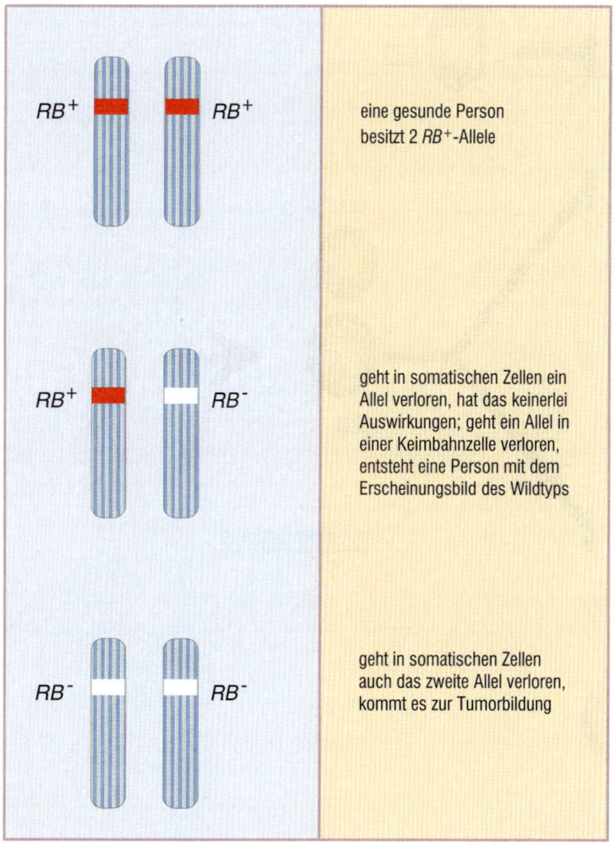

37.19 Ein Retinoblastom entwickelt sich durch den Verlust beider Kopien des *RB*-Gens im Chromosomenabschnitt 13q14. Bei der erblichen Form besitzt die betreffende Person ein Chromosom mit einer Deletion in diesem Bereich und die zweite Kopie ist durch somatische Mutation verlorengegangen. Beim spontan auftretenden Retinoblastom sind beide Kopien jeweils durch somatische Ereignisse verlorengegangen.

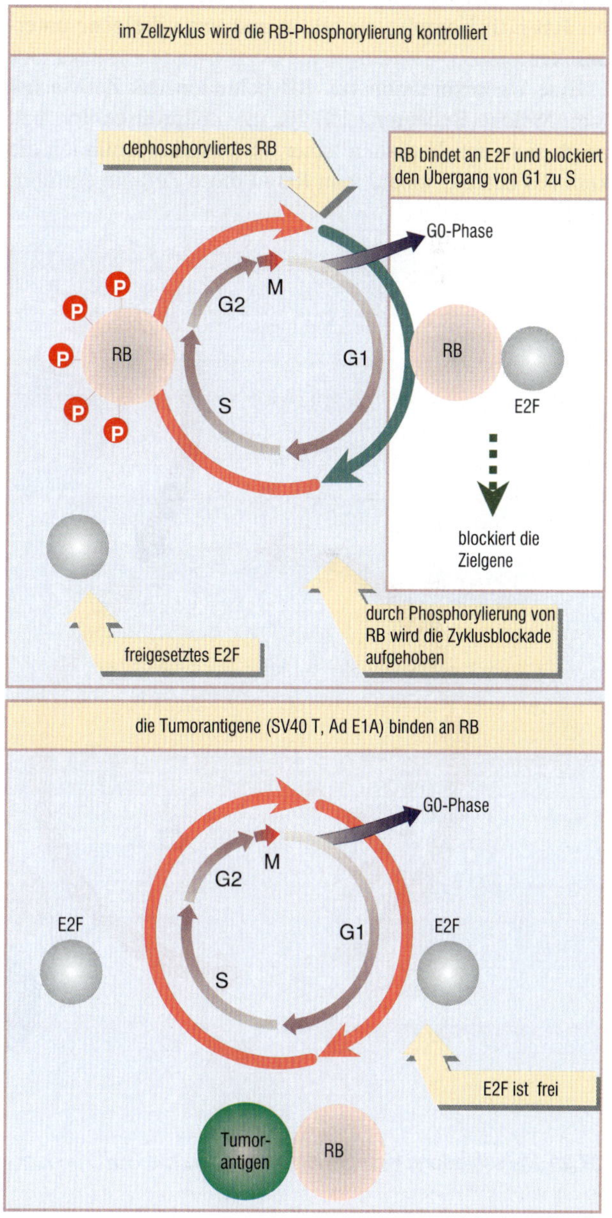

37.20 Ist in einer normalen Zelle der Zyklus blockiert, wird die Blockade durch Phosphorylierung von RB aufgehoben; in transformierten Zellen geschieht dies, wenn RB von einem Tumorantigen in Beschlag genommen wird.

drückt der RB-E2F-Komplex einige Zielgene direkt; sie können erst exprimiert werden, wenn er dissoziiert ist.

Bestimmte virale Tumorantigene binden spezifisch die nichtphosphorylierte Form von RB. Am besten charakterisiert sind das SV40-T-Antigen und das Adenovirus E1A. Abbildung 37.20 zeigt das Modell, das sich aus den vorhandenen Daten ableiten läßt. Das nichtphosphorylierte RB verhindert die Zellproliferation; seine Aktivität muß daher unterdrückt werden, damit der Zellzyklus ablaufen kann. Das wird durch die zyklische Phosphorylierung erreicht, möglicherweise aber auch dadurch, daß ein Tumorantigen das nichtphosphorylierte RB abfängt. Der RB-Tumorantigen-Komplex bindet E2F nicht; E2F ist daher dauerhaft frei und ermöglicht dementsprechend den Eintritt in die S-Phase; außerdem kann sich dadurch nicht der RB-E2F-Komplex ausbilden und seine Zielgene unterdrücken.

Eine Überexpression von RB behindert das Zellwachstum. Welche Bedeutung RB für die Zellproliferation hat, zeigt sich am Verhalten einer Osteosarkomzellinie, die kein RB besitzt; sobald man RB in diese Zellinie einführt, wird ihr Wachstum gehemmt. Diese Hemmung kann allerdings durch Expression von D-Cyclinen überwunden werden; diese bilden Cdk-Cyclin-Kombinationen, die das RB phosphorylieren. RB ist nicht das einzige Protein dieser Art: p107 und p130, Proteine mit verwandten Sequenzen, haben ähnliche Eigenschaften.

Die Abbildung 37.21 zeigt, welche Verbindung zwischen Zellzyklus und Tumorentstehung besteht. Durch inaktivierende Mutationen in den Tumoren fand man heraus, daß mehrere Regulatoren Tumorsuppressoren sind. Zusätzlich zu RB gibt es die kleinen hemmenden Proteine, vor allem p16 und eventuell auch p21, sowie das oder die D-Cyclin(e). Obwohl diese Proteine, allen voran RB, im Zyklus einer proliferierenden Zelle eine Rolle spielen, ist für die Tumorgenese wahrscheinlich eher ihre Funktion in der Ruhe-(G0-)Phase relevant. In ruhenden Zellen ist RB nicht phosphoryliert, die D-Cyclin-Konzentration gering oder gar nicht vorhanden, und p16, p21 und p27 sorgen dafür, daß Cdk-Cyclin-Komplexe nicht aktiv sind. Erst wenn dieser Kreislauf ausfällt, kann es zu ungehemmtem Wachstum kommen.

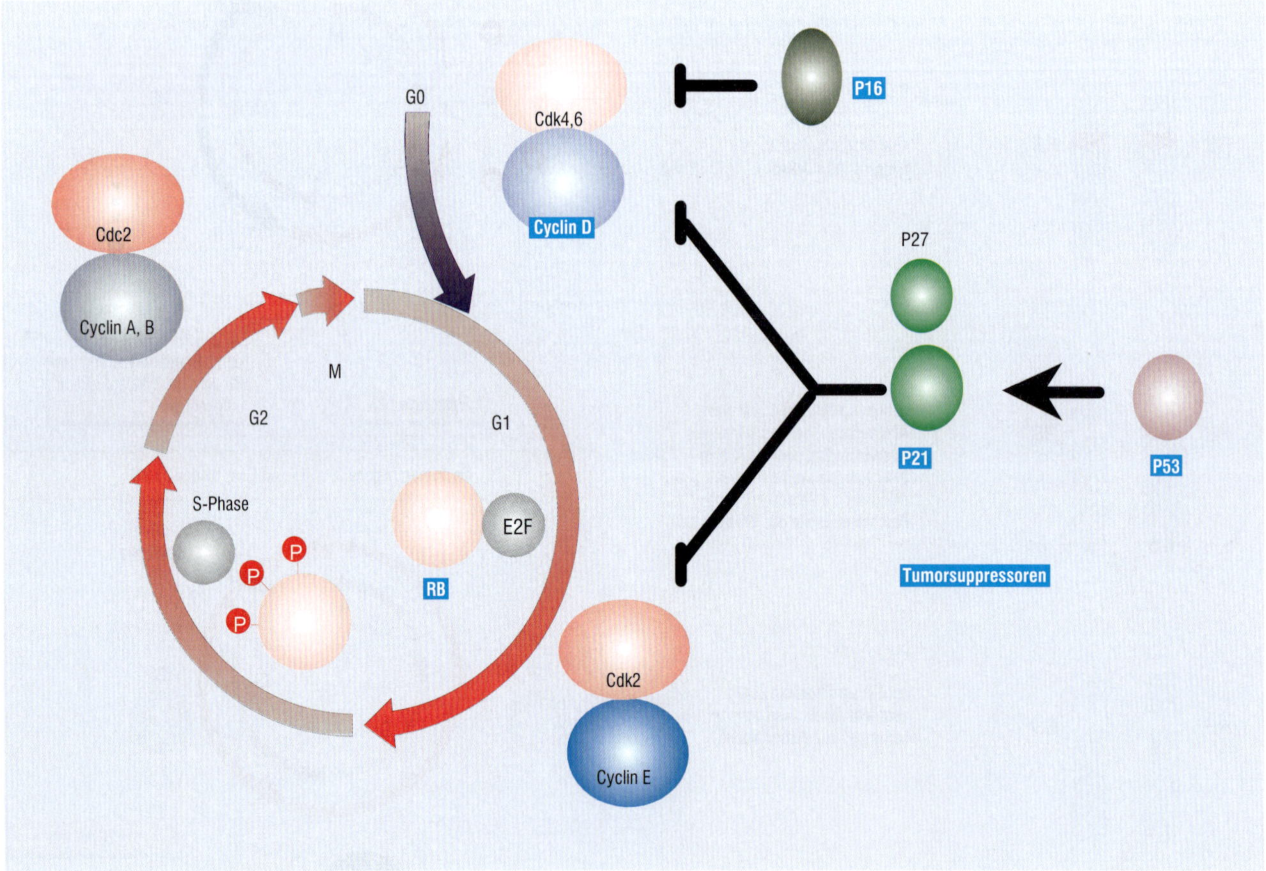

37.21 Verschiedene Komponenten, welche die G0/G1- oder G1/S-Übergänge kontrollieren, fungieren als Tumorsuppressoren.

37.9 Der Tumorsuppressor p53 unterdrückt das Wachstum oder löst den programmierten Zelltod aus

Der bedeutendste Tumorsuppressor ist p53; sein Name bezieht sich auf seine Molekulargröße. Bei über der Hälfte aller menschlichen Krebserkrankungen fehlt entweder das p53-Protein oder man findet Mutationen im dazugehörigen Gen. p53 ist ein nukleäres Phosphoprotein. Es wurde als erstes in Zellen entdeckt, die von SV40 transformiert worden waren; dort war es mit dem T-Antigen assoziiert. In vielen transformierten Zellen oder Zellinien, die aus Tumoren entstanden sind, findet man sehr viel mehr p53-Protein. Sehr früh fand man heraus, daß man die Zellen durch Einführen von kloniertem *p53* immortalisieren konnte. Aufgrund dieser Experimente ordnete man *p53* den Onkogenen zu – mit der üblichen Eigenschaft eines dominanten Funktionsgewinns.

Es stellte sich jedoch heraus, daß alle transformierenden Formen von p53 mutierte Formen dieses Proteins waren! Sie fielen in die Kategorie der dominant-negativen Mutanten, deren Funktion es ist, an das Wildtypprotein zu binden und es an der Erfüllung seiner Aufgaben zu hindern. Meist bildet eine dominant-negative Mutante ein heteromeres Protein, das sowohl mutierte wie Wildtypuntereinheiten enthält; die Wildtypuntereinheiten sind jedoch funktionsunfähig. p53 liegt wahrscheinlich als Tetramer vor. Wenn mutierte und Wildtypuntereinheiten von p53 zusammen einen Komplex bilden, ändert das Tetramer seine Konformation.

Abbildung 37.22 zeigt, daß derselbe Phänotyp durch Deletion beider Allele oder einer Missense-Punktmutation in einem Allel entsteht, das eine dominant-negative Untereinheit codiert. Beide Situationen findet man bei menschlichen Krebsformen. Mutationen in *p53* häufen sich bei vielen Krebsarten des Menschen an, wahrscheinlich weil der Verlust von p53 für die Zellen einen Wachstumsvorteil verschafft. Das bedeutet: Der Wildtyp von *p53* ist erforderlich, um das Wachstum auf irgendeine Weise zu einzudämmen. Aufgrund der Tatsache, daß die Krebstypen so unterschiedlich sind, kann man vermuten, daß p53 nicht gewebsspezifisch wirkt, sondern bei einer recht verbreiteten Kontrolle der Zellproliferation; diese Kontrolle kann sekundär verloren gehen und so das Wachstum vieler Tumoren fördern.

Aus dieser Interpretation folgt, daß eine normale Zelle in der Lage ist, uneingeschränkt zu wachsen; normaler-

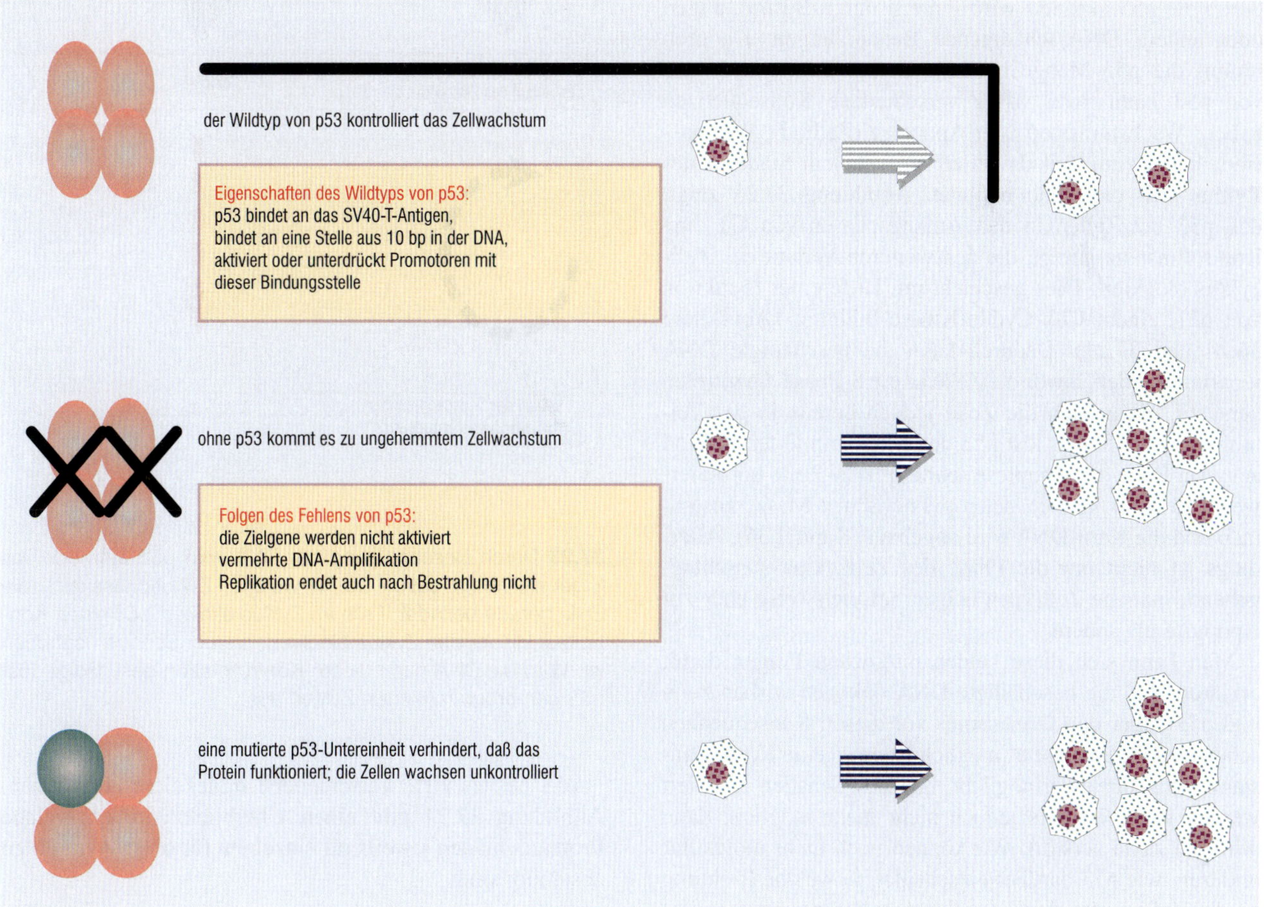

37.22 Der Wildtyp von p53 ist erforderlich, um das Zellwachstum in Grenzen zu halten. Das Protein kann durch Deletionen beider Wildtypallele oder durch eine dominante Mutation in einem der beiden Allele seine Aktivität verlieren.

weise wird dieses Wachstum aber durch p53 gehemmt. Der Verlust von p53 führt dann natürlich zu ungehemmtem Wachstum. Wenn die dominanten Missense-Mutationen so wirken, daß sie die Wildtypuntereinheiten in heteromeren Komplexen direkt an der Erfüllung ihrer Aufgaben hindern, dann könnten sie bei einer Überexpression des mutierten Allels alle p53-Funktionen zerstören; es könnte sich allerdings auch eine Reduzierung der Wildtyp-p53-Menge verheerend auswirken. p53 zeigt sich auch darin als Tumorsuppressor, daß der p53-Wildtyp die Transformation von Zellkulturen durch verschiedene Onkogene unterdrücken oder hemmen kann. Mutierte Mäuse, denen p53 fehlt, sind lebensfähig, entwickeln aber bereits recht früh eine Vielzahl von Tumoren. Damit kann man die Möglichkeit ausschließen, daß Missense-Mutationen für einen Funktionsgewinn verantwortlich sein müssen, der dann uneingeschränktes Zellwachstum auslöst.

Eine *p53*-Mutation ist die Ursache für das Li-Fraumeni-Syndrom – eine seltene, autosomal dominant vererbte Krebsform. Die Betroffenen haben in vielen verschiedenen Geweben Tumoren; sie sind heterozygot und haben Missense-Mutationen in einem der beiden Allele. Diese Mutationen verhalten sich dominant-negativ und heben die Funktion des Wildtypallels auf.

In normalen Zellen ist nur wenig p53 vorhanden. Seine Funktion zeigt sich am ausgeprägtesten bei Vorgängen, durch die p53 aktiviert wird – meist durch Bestrahlungen oder andere DNA-schädigende Behandlungen. Dadurch nimmt die p53-Menge beträchtlich zu. Die Aktivierung von p53 kann zwei völlig verschiedene Konsequenzen haben: Wachstumsstop oder Apoptose (Zelltod). Was passiert, hängt zum Teil davon ab, in welchem Stadium des Zyklus sich die Zelle befindet. Abbildung 37.23 zeigt, daß p53 bei Zellen in den Anfangsphasen von G1 eine Kontrollinstanz anregt, die den weiteren Verlauf des Zellzyklus blockiert. Dies geschieht mit Hilfe einer Induktion von p21, einem Cdk-Cyclin-Kinase-Inhibitor (Abbildung 36.24 und 37.21). Dadurch kann die beschädigte DNA repariert werden, bevor die Zelle in die S-Phase einzutreten versucht. Wenn sich die Zelle jedoch bereits in der Teilungsphase befindet, löst p53 den programmierten Zelltod aus. Am Ende der Apoptose schrumpft die Zelle normalerweise zu einer kleinen heteropyknotischen Masse zusammen und die Kern-DNA wird abgebaut (Kapitel 36). Allerdings ist nicht nur die Phase des Zellzyklus ausschlaggebend; manche Zelltypen neigen beispielsweise eher zur Apoptose als andere.

Man kann sich diese beiden möglichen Folgen damit erklären, daß die beschädigte DNA onkogen wirken kann und p53 daher den Organismus vor diesen Konsequenzen schützen soll. Solange es möglich ist, wird eine Kontrollinstanz tätig, die es ermöglicht, daß der Schaden repariert werden kann. Ist dies jedoch nicht mehr möglich, dann wird die Zelle zerstört. Wir können noch nicht molekular erklären, wie p53 darüber entscheidet, in welche Richtung es die Zelle unter den herrschenden Bedingungen treibt; wir verstehen jedoch in etwa einzelne Aktivitäten von p53, die für diese Wege jeweils relevant sein könnten.

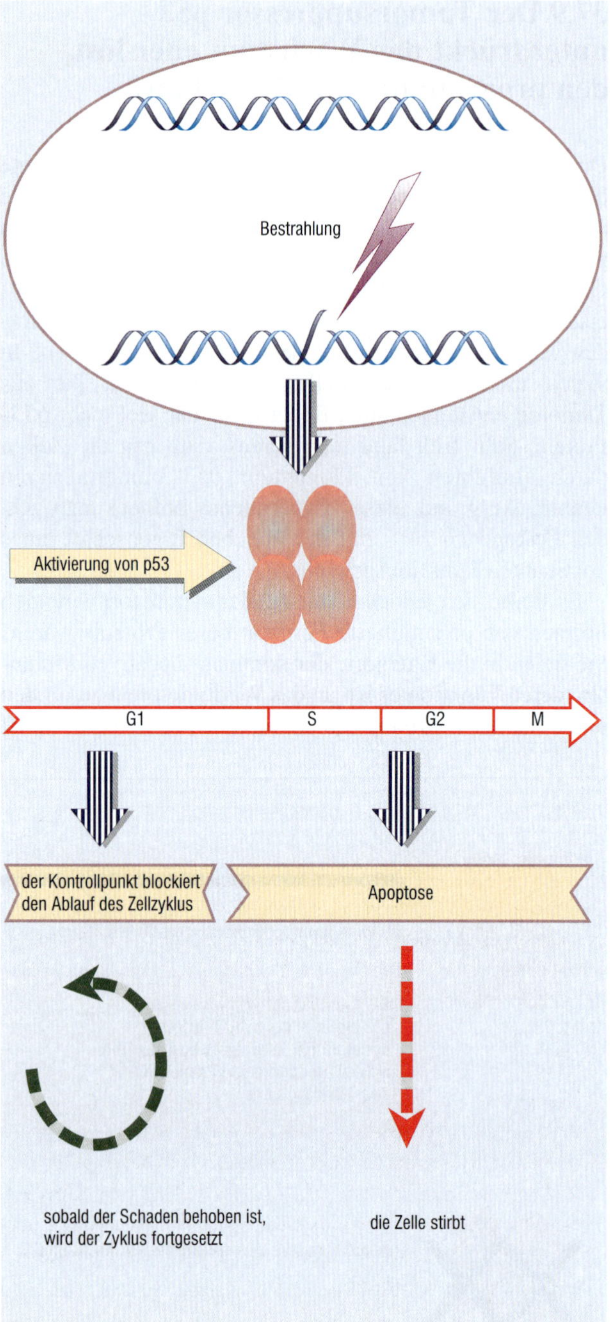

37.23 Durch Beschädigung der DNA wird p53 aktiviert. Das Ergebnis hängt davon ab, in welcher Zyklusphase sich die Zelle gerade befindet. Früh im Zyklus aktiviert p53 einen Kontrollpunkt, der den Zyklus blockiert, bis der Schaden behoben ist. Wird die DNA nach dieser Kontrollstation geschädigt, löst p53 den programmierten Zelltod aus.

p53 besitzt viele verschiedene molekulare Aktivitäten. Abbildung 37.24 gibt einen Überblick darüber, welche Proteindomänen jeweils im einzelnen für diese Aktivitäten zuständig sind:

- p53 ist ein DNA-bindendes Protein, das ein unterbrochenes palindromisches 10-bp-Motiv erkennt. Diese

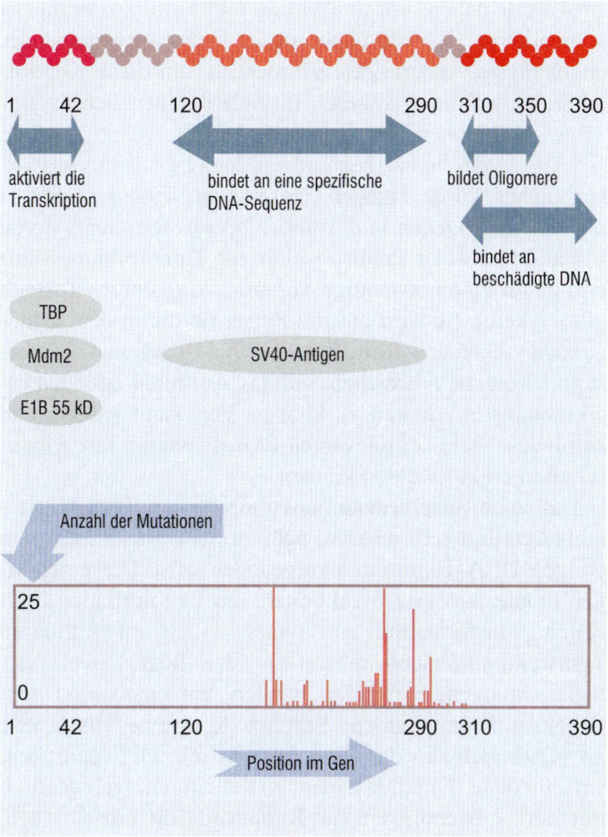

37.24 Für die Aktivitäten von p53 sind jeweils verschiedene Domänen verantwortlich. Proteine, mit denen es interagiert, binden an individuelle Domänen. Beim Menschen kartieren die meisten tumorauslösenden Mutationen in den Genen für die zentrale DNA-bindende Domäne.

Fähigkeit, an seine spezifischen Zielsequenzen zu binden, verdankt es seiner zentralen Domäne.

- p53 aktiviert die Transkription an Promotoren, die mehrere Kopien dieses Motivs enthalten. Der Bereich unmittelbar am N-Terminus stellt die Transaktivierungsdomäne. p53 kann je nachdem auch Gene unterdrücken, die nicht sein Bindungsmotiv enthalten; wie das geschieht, ist noch unbekannt.
- p53 ist außerdem in der Lage, an beschädigte DNA zu binden. Die C-terminale Region erkennt solche einzelsträngigen DNA-Bereiche.
- p53 liegt als Tetramer vor. Diese Oligomerisierung ist eine Grundvoraussetzung dafür, daß Mutanten dominant-negativ wirken können; für sie ist die C-terminale Region erforderlich.

Mutationen wirken sich höchst unterschiedlich auf die Eigenschaften von p53 aus: z. B. können sie seine Halbwertszeit von 20 Minuten auf mehrere Stunden erhöhen, sie können einen Konformationswechsel auslösen, den man mit einem Antikörper entdecken kann, sie können dazu führen, daß es im Cytoplasma und nicht im Kern vorkommt, und verhindern, daß es an das SV40-T-Antigen oder an die DNA bindet. Die meisten Mutationen kartieren in der zentralen DNA-bindenden Domäne (Abbildung 37.24). Das zeigt, wie wichtig ihre Aktivität sein muß.

Wirkt p53 als Transkriptionsfaktor, benutzt es die zentrale Domäne, um an seine Zielsequenz zu binden. Die N-terminale Transaktivierungsdomäne reagiert direkt mit TBP, dem TATA-Box-bindenden Protein. An dieser Region von p53 setzen auch andere Proteine an, die mit ihm interagieren; dazu gehört beispielsweise das zelluläre Onkoprotein Mdm2 sowie das 55-kD-Onkoprotein E1B des Adenovirus (Abbildung 37.24). Mdm2 ist ein zelluläres Protein, das die p53-Aktivität hemmt, indem es an den N-Terminus bindet und die Transaktivierung blockiert. p53 induziert die Transkription von *mdm2*. Die Wechselwirkung zwischen p53 und Mdm2 bildet daher eine negative Rückkoppellungsschleife, in der jede der beiden Komponenten die Aktivitäten der anderen einschränkt. Durch die Interaktion seines E1B-55-kD-Proteins mit p53 kann das Adenovirus die p53-Wirkung blockieren – ein entscheidender Teil seiner Transformationskapazität. An anderen p53-Bereichen kann eine Hemmung ansetzen; das SV40-T-Antigen bindet an die spezifische DNA-bindende Region und verhindert so die Erkennung von Zielgenen.

Als Transkriptionsfaktor aktiviert p53 mehrere Gene, unter anderem die für p21 und GADD45. p21 hemmt den Zellzyklus und wird als G1-Kontrolle benötigt; GADD45 ist ein Reparaturprotein, das auch durch andere, auf Strahlungsschäden reagierende Stoffwechselwege aktiviert wird. Beide Gene tragen dazu bei, daß der Zellzyklus angehalten wird. Wahrscheinlich erreicht p53 durch Aktivierung dieser und anderer Zielgene, daß das Wachstum gestoppt wird.

Zellen, in denen *p53* mutiert ist, neigen verstärkt dazu, ihre DNA zu amplifizieren. Man hat vermutet, daß dies ein Grund für die charakteristische Instabilität des Genoms ist, wie man sie in Krebszellen findet.

Die C-terminale Domäne von p53 bindet ohne Sequenzspezifität an weniger als 40 Basen lange Einzelstrangbereiche der DNA sowie an Fehlpaarungen, die aufgrund von Insertionen oder minimalen, etwa ein bis drei Basen umfassenden Deletionen entstanden sind. Solche Angriffsstellen entstehen aufgrund von DNA-Schäden. Durch diese Interaktion wird die sequenzspezifische Bindungsaktivität der zentralen Domäne aktiviert, damit p53 die Transkription seiner Zielgene stimulieren kann. Wie dieses Zusammenspiel im einzelnen aussieht, ist nicht klar; es könnte sich um einen Zweistufenprozeß handeln. Wenn p53 mit seiner C-terminalen Domäne an einen beschädigten DNA-Bereich bindet, ändern sich seine Eigenschaften; es dissoziiert von der beschädigten Stelle ab, bindet an ein Zielgen und aktiviert es.

Über die Fähigkeit von p53, Apoptose auszulösen, wissen wir nicht so viel. Zwischen seiner Fähigkeit, Zielgene transaktivieren zu können, und seiner Fähigkeit, programmierten Zelltod auszulösen, scheint es keinen Zusammenhang zu geben. Das adenovirale E1B-19-kD-Protein blockiert die apoptotische Aktivität von p53, nicht aber seine Fähigkeit, Zielgene zu aktivieren. Daß p53 von Wachstumsstop und Apoptosefunktion unabhängig ist, wird durch die Tatsache unterstützt, daß das E1B-55-kD-Protein seinerseits zwar die Transaktivierungskapazität von p53 blockiert, nicht aber das Apoptoseprogramm stört. Möglicherweise löst p53 die Apoptose durch irgendeine Reaktion aus, für die keine Zielgene aktiviert werden müssen.

Wie wichtig der Zusammenhang zwischen Tumorentstehung und dem Versagen der Apoptose ist, zeigt sich angesichts der Eigenschaften des *bcl2*-Onkogens. Ursprünglich als Sequenz identifiziert, die durch Translokationen in bestimmten Tumoren aktiviert wird, stellte sich bald heraus, daß es die Eigenschaft hat, die meisten Reaktionswege in Richtung Apoptose zu hemmen (Kapitel 36). Die Apoptose spielt daher vermutlich bei der Unterdrückung der Tumorbildung eine wichtige Rolle, wahrscheinlich weil sie potentiell tumorauslösende Zellen eliminiert. Wird die Apoptose durch Aktivierung von *bcl2* verhindert, überleben diese Zellen anstatt zu sterben.

Zellen mit fehlerhafter p53-Funktion zeigen vielfältige Phänotypen; diese Pleiotropie erschwert die Entscheidung, welche dieser Effekte direkt an der Tumorsuppression beteilig sind – sofern sie überhaupt etwas damit zu tun zu haben. Das meiste, was wir über p53-Aktivitäten wissen, stammt aus Situationen, in denen es aktiviert war. Wir vermuten, daß es eine Verbindung gibt zwischen den Reaktionswegen, die durch p53 angeregt werden – Wachstumsstop oder Apoptose – und der Fähigkeit von p53, die Tumorbildung zu verhindern. Es ist natürlich klar, daß sich wahrscheinlich die Anfälligkeit für mutationsbedingte, onkogen wirkende Veränderungen erhöht, wenn p53 nicht auf DNA-Schäden reagieren kann. Wir wissen jedoch nicht, ob dies die einzige Aufgabe von p53 ist, und wir haben keinerlei Hinweis, ob und welche Rolle p53 unter normalen Bedingungen spielt, wenn es nicht durch DNA-Schäden aktiviert worden ist. $p53^-$-Mäuse leben ganz normal; der Transkriptionsfaktor ist also für die Entwicklung nicht unbedingt erforderlich.

Die Eigenschaften von RB und p53 zeigen generell, daß beide Tumorsuppressoren sind, die normalerweise irgendwie die Zellproliferation kontrollieren. Fehlen sie, unterbleibt auch die Kontrolle; das trägt zur Tumorbildung bei. Beide Proteine haben Funktionen, die mit dem Verlauf des Zellzyklus verbunden sind. Es muß aber noch formell gezeigt werden, daß diese Aktivität für die Tumorsuppression verantwortlich ist, und es muß noch beschrieben werden, wie es ohne sie zum ungehemmten Wachstum kommt.

37.10 Immortalisierung und Transformation

Die meisten Tumoren entstehen aufgrund vieler verschiedener Ereignisse: Bei einigen werden wahrscheinlich Onkogene aktiviert, bei anderen Tumorsuppressoren inaktiviert. Daß es diese Vielfalt geben muß, zeigt sich in der Tatsache, daß die normalen Zellen mehrere Mechanismen entwickelt haben, um ihre Größe und Differenzierung zu kontrollieren. Es sind daher sicher mehrere, voneinander unabhängige Änderungen erforderlich, um diese Kontrollen zu unterlaufen. Würden in vielen Genen bereits einzelne Mutationen zur Tumorentstehung führen, würde sich das zweifellos verheerend auf den Organismus auswirken; daher wurde dagegen selektioniert. Trotzdem gibt es mit den Onkogenen und Tumorsuppressoren Gene, deren Mutation zu einer Prädisposition zur Tumorbildung führt und damit eine notwendige Voraussetzung dafür ist. Noch gibt es keine Antwort auf die Frage, ob die in den vorliegenden Versuchen identifizierten Onkogene und Tumorsuppressorgene ausreichen, um das Auftreten aller Krebserkrankungen erklären zu können. Fest steht jedoch, daß zumindest viele der relevanten Prozesse durch ihre Eigenschaften erklärt werden können.

Daß viele verschiedene Funktionen an der Tumorentstehung beteiligt sein müssen, paßt zu dem Muster, das von einigen DNA-Tumorviren vorgegeben wird. Diese benötigen mindestens zwei Funktionen, um ihre normalen Zielzellen transformieren zu können. Auch im zellulären Transfektionsversuch müssen in der Regel zwei oder mehr Onkogene exprimiert werden, um eine direkt dem Organismus entnommene Primärzelle in eine Tumorzelle zu verwandeln. In der Literatur wird die Notwendigkeit, verschiedene Funktionstypen zu beteiligen, gelegentlich mit der Notwendigkeit zur **Kooperativität** umschrieben. Diese Funktionen könnte man grob in solche unterteilen, die dafür sorgen, daß aus den Zellen permanente Zellinien werden, und andere, die an der Transformation beteiligt sind.

Adenoviren haben eine *E1A*-Region, die Primärzellkulturen dazu bringt, unbegrenzt zu wachsen, und eine *E1B*-Region, welche die für den transformierten Status charakteristischen morphologischen Veränderungen verursacht.

Polyoma synthetisiert drei T-Antigene. Das große T-Antigen ruft unbegrenztes Wachstum hervor, das mittlere ist für die morphologischen Veränderungen verantwortlich; die Funktion des kleinen T-Antigens ist noch unbekannt. Das große und das mittlere T-Antigen können zusammen Primärzellen transformieren.

In Übereinstimmung mit der Einteilung der Onkogenfunktionen kann E1A von Adenovirus zusammen mit dem mittleren T-Antigen von Polyoma Primärzellen transformieren. Daraus läßt sich schließen, daß zwei verschiedene Funktionstypen erforderlich sind.

Im 3T3-Transfektionsversuch hat man mehrere zelluläre Onkogene anhand ihrer Transformationsfähigkeit identifiziert. In einem solchen Versuch zeigt die DNA von zehn bis 20 % aller spontan auftretenden menschlichen Tumoren eine transformierende Aktivität. Die 3T3-Zellen wurden natürlich daran angepaßt, in der Kultur viele Jahre lang unbegrenzt zu wachsen, und haben einige für Tumorzellen charakteristische Veränderungen durchlaufen. Wir können diese Veränderung noch nicht genau beschreiben, generell läßt sich jedoch sagen, daß dazu Funktionen gehören, die mit der Immortalisierung zu tun haben. Im Transfektionsversuch hängt die onkogene Aktivität folglich von der

Fähigkeit ab, in der etablierten Zellinie morphologische und andere phänotypische Veränderungen hervorzurufen. In 3T3-Transfektionsversuchen werden vor allem *c-ras*-Gene mutiert. Sie sind nicht in der Lage, *in vitro* Primärzellen zu transformieren. Das spricht dafür, daß ihre Funktionen bei Zellen, die bereits immortalisiert sind, etwas mit dem Prozeß der Transformation zu tun haben. *Ras*-Onkogene sind offensichtlich ein entscheidendes Mittel, um bereits immortalisierte Zellen zu transformieren; wir wissen nicht, wie viele andere, *ras* unabhängige Wege es zur Transformierung gibt.

Sämtliche für die Immortalisierung erforderlichen Funktionen können andere Onkogene liefern oder auch vereiteln. Zwar kann man primäre Fibroblasten nicht allein durch *ras*-Onkogene transformieren, wohl aber mit Hilfe einer Doppeltransfektion mit *ras* und einem weiteren Onkogen. Ob sie zusammen mit *ras* Primärzellen transformieren können oder nicht, ist ein allgemeiner Test für Onkogene mit einer der Immortalisierung ähnelnden Funktion. Zu dieser Gruppe gehören mehrere retrovirale Onkogene wie *v-myc*, *v-jun* und *v-fos* sowie *E1A* des Adenovirus und das große T-Antigen von Polyoma. Mutierte *p53*-Gene haben denselben Effekt, woraus sich schließen läßt, daß der Verlust von p53 eine Möglichkeit ist, Zellen zu immortalisieren. In vielen Fällen kann man jedoch nicht klar zwischen Immortalisierungs- und Transformierungsproteinen unterscheiden. Obwohl beispielsweise E1A als Träger einer Immortalisierungsfunktion eingestuft wird, hat es auch einige Funktionen, die normalerweise transformierenden Proteinen zugeschrieben werden; darüber hinaus führt der Verlust von p53 zu Eigenschaften, die in der Regel als transformierend eingestuft werden.

Um das onkogene Potential einzelner Onkogene unabhängig von den Beschränkungen zu erforschen, denen ihre Expression normalerweise unterliegt, hat man unter anderem transgene Tiere erzeugt, bei denen das Onkogen der Kontrolle eines gewebsspezifischen Promotors unterstellt ist. Nach einem allgemeinen Muster kommt es in dem Gewebe, in dem das Onkogen exprimiert wird, häufig zu einer vermehrten Proliferation. Zu den Onkogenen, deren Expression in einer Vielzahl von Geweben diesen Effekt hat, gehören das SV40-T-Antigen, *v-ras* und *c-myc*.

Häufig schädigt eine vermehrte Proliferation (Hyperplasie) das Tier, gelegentlich tötet sie es – in der Regel weil der Anteil eines Zelltyps auf Kosten eines anderen erhöht wird. Im Normalfall führt jedoch die Expression eines einzigen Onkogens nicht unbedingt gleich zu einer malignen Transformation (Neoplasie), aus der Tumoren hervorgehen, die für das Tier tödlich sind. Tumoren, die entstehen, weil etwa in transgenen Mäusen ein Onkogen eingebaut wurde, bilden sich wahrscheinlich, weil noch ein zweites Ereignis dazu kommt.

Daß für eine Entartung mindestens zwei verschiedene Vorgänge erforderlich sind, beweisen Versuche mit transgenen Mäusen. Die eine Gruppe hatte entweder das *v-ras*- oder das aktivierte *c-myc*-Onkogen, die Vergleichsgruppe beide Onkogene. Bei den Mäusen der ersten Gruppe kam es mit *c-myc* in zehn Prozent der Fälle und mit *v-ras* in 40% zu bösartigem Wachstum; die Mäuse mit beiden Onkogenen zeigten dagegen in derselben Zeit alle malignes Wachstum. Diese Befunde bei transgenen Mäusen sind sogar noch überzeugender als vergleichbare Resultate zur Kooperation der Onkogene in Zellkulturen.

DNA-Tumorviren haben interessante Übereinstimmungen in den Eigenschaften ihrer Tumorantigene: Alle Antigene können an die zellulären Tumorsuppressorprodukte RB und p53 binden. Diese beiden zellulären Proteine werden unabhängig voneinander erkannt. Unterschiedliche T-Antigene des Virus oder verschiedene Domänen desselben Antigens binden jeweils an RB und p53. So bindet beispielsweise E1A von Adenovirus an RB, E1B dagegen an p53; HPV-E7 bindet RB, E6 jedoch p53. SV40-T-Antigen kann RB oder p53 binden. Welche Konsequenzen die Funktion des Tumorsuppressors hat, weiß man besonders gut bei HPV-E6, das den Abbau von p53 auslöst. Tatsächlich macht HPV seine Zielzelle frei von p53. Wahrscheinlich ist der Verlust von p53 (und/oder RB) ein wichtiger Schritt bei der Transformation der DNA-Tumorviren und erklärt einen erheblichen Teil der Wirkung des T-Antigens. Entscheidend ist, daß die Transkriptionsaktivierung von p53 inhibiert wird und RB seine Fähigkeit verliert, an Substrate wie E2F zu binden. Der Verlust der Tumorsuppressoren könnte auch für die Immortalisierung entscheidend sein.

Noch hat man bei den für die Immortalisierung erforderlichen Veränderungen nicht speziell diejenigen charakterisiert, die sich auf die zellulären Eigenschaften auswirken. Hier muß daran erinnert werden, daß eine Immortalisierung erforderlich ist, um Zellen beliebig lange in Gewebskultur zu halten, und daß wir nicht wissen, in welcher Beziehung die dafür relevanten Ereignisse zur Bildung eines Tumors *in vivo* stehen. Es ist klar, daß einige der Tumorsuppressoren und Onkogene, die an der Immortalisierung der Zellkultur beteiligt sind, auch bei der Tumorentwicklung eine Rolle spielen; die Ereignisse bei der Tumorbildung müssen aber nicht zwangsläufig genauso verlaufen wie die Ereignisse, die daran mitwirken, daß die Krise durchlaufen und dadurch die Kultur immortalisiert wird.

Unter diesem Vorbehalt ist es interessant, daß p53 eine wichtige Funktion bei der Immortalisierung erfüllt. Etablierte Zellinien haben in der Regel ihre p53-Funktion verloren; demnach hat die Rolle von p53 vermutlich etwas damit zu tun, langandauerndes Wachstum zu fördern. Da eine *p53*$^-$-Maus beispielsweise lebensfähig und daher in der Lage ist, das normale Muster von Zellzyklusarrest und Differenzierung zu durchlaufen, kann man die Immortalisierung jedoch nicht allein mit dem Verlust der bekannten p53-Funktionen erklären. Primärzellen einer solchen Maus können allerdings leichter in einen etablierten Status überführt werden als Zellen, die noch eine p53-Funktion haben; folglich erleichtert wohl der Verlust der p53-Aktivität die Immortalisierung; möglicherweise ist er aber sogar dafür erforderlich.

Man könnte in diesem Sinn p53 als immortalisierenden Faktor betrachten; denn es führt zwangsläufig zu permanentem Wachstum, wenn weder ein Wachstumsstop noch der programmierte Zelltod ausgelöst werden kann. Wir wissen nicht, ob für die Immortalisierung *in vitro* nur eine oder beide Aktivitäten erforderlich sind. Man sollte auch bedenken, daß diese p53-Aktivitäten weitgehend in Zusammenhang mit der Reaktion auf Bestrahlung beschrieben worden sind. Es ist sicher nur folgerichtig, daß Zellen, die nach einem DNA-Schaden weder zum Wachstumsstop noch zur Auslösung der Apoptose fähig sind, genau die Chromosomenabweichungen aufweisen, die man oft bei Tumorzellen findet. Wir dürfen jedoch nicht davon ausgehen, daß das Versagen bei der Reaktion auf Bestrahlung für alle in *p53*$^-$-Zellen erkennbaren Mängel verantwortlich ist. Beispielsweise wird das Wachstum normaler Körperzellen von vielen verschiedenen Signalen sowie unter anderem von der Kontaktinhibition zwischen den Zellen kontrolliert; zu den Signalen zählen etwa diffundierbare Faktoren wie TGFβ. Die Unfähigkeit, auf solche Signale zu reagieren, könnte zur Bildung von Tumoren beitragen; wir wissen aber noch nicht, wie p53 daran beteiligt ist. Wir sind uns darüber im klaren, daß der zum Wachstumsstop führende Reaktion als p53-Beitrag allein nicht ausreicht, damit ein Tumor entsteht. Denn *p21*$^-$-Mäuse machen erwartungsgemäß Fehler bei der G1-Kontrolle; dennoch entwickeln sich keine Tumoren. Vergleicht man das mit der erhöhten Tumoranfälligkeit einer *p53*$^-$-Maus, dann zeigt sich, daß p53 zusätzlich zur Kontrolle von p21 noch mit anderen Funktionen an der Tumorentwicklung beteiligt sein muß.

In einigen Zellsystemen hängt die Immortalisierung möglicherweise damit zusammen, daß die Zellen sich nicht differenzieren können. Wachstum und Differenzierung schließen sich oft gegenseitig aus, weil eine Zelle die Teilung einstellen muß, um sich differenzieren zu können. Mit Hilfe eines Onkoproteins, das die Differenzierung blokkiert, kann die Zelle jedoch weiter proliferieren – vergleichbar etwa der Immortalisierung von Zellkulturen; diese fortgesetzte Proliferation wiederum könnte weitere onkogene Mutationen begünstigen. Damit ließe sich vielleicht erklären, daß sich unter den Onkoproteinen auch Produkte befinden, die normalerweise die Differenzierung regulieren.

Beim Vogelerythroblastosevirus (AEV) gibt es eine Verbindung zwischen Differenzierung und Tumorentstehung. Während der AEV-E54-Stamm die beiden Onkogene *v-erbB* und *v-erbA* enthält, findet man beim AEV-H-Stamm nur *v-erbB*. Die Transformationsaktivität von AEV beruht vor allem auf *v-erbB*, einer verkürzten Form des EGF-Rezeptors. Dieses Gen entspricht dem einzigen in anderen Tumorretroviren vorhandenen Onkogen; es kann Erythroblasten und Fibroblasten transformieren. *v-erbA*, das andere Gen, kann Zielzellen nicht alleine transformieren, steigert jedoch die Transformationseffizienz von *v-erbB*. Die Expression von *v-erbA* ändert in doppelter Hinsicht den Phänotyp der Zielzellen: Sie verhindert die spontane Differenzierung der von *v-erbB* transformierten Erythroblasten zu Erythrocyten; und sie sorgt dafür, daß sich transformierte Erythroblasten auch noch unter Bedingungen verbreiten, unter denen ihnen das vorher nicht möglich gewesen wäre. *v-erbA* trägt daher wohl durch eine Kombination aus Differenzierungshemmung und Stimulation der Proliferation zur Entstehung von Tumoren bei. In ähnlicher Weise steigert es die Effizienz der Transformation durch andere, sarkominduzierende Onkogene, vor allem von *v-src*, *v-fps* und *v-ras*.

In einigen Fällen gibt es eine starke Korrelation zwischen der Aktivierung von Onkogenen und dem erfolgreichen Tumorwachstum. Im großen und ganzen gibt es jedoch noch keine Antwort auf die Frage, wie dieser Prozeß ausgelöst wird. Es scheint klar zu sein, daß onkogene Aktivität das Tumorwachstum fördert, aber diese Aktivierung kann erst nach dem auslösenden Ereignis und während des frühen Tumorwachstums erfolgen – und auch erst dann kann darauf selektiert werden. Wir hoffen, daß uns die Funktionen der *c-onc*-Gene Einblicke in die Regulation des Zellwachstums normaler und entarteter Zellen gewähren, so daß wir dann definieren können, welche Ereignisse notwendig sind, um Tumoren entstehen zu lassen und sie zu etablieren.

Zusammenfassung

Eine Tumorzelle unterscheidet sich von einer normalen Zelle durch ihre Immortalität, ihre morphologische Veränderungen und in manchen Fällen durch ihre Fähigkeit, Metastasen zu bilden. Onkogene kann man anhand von genetischen Veränderungen identifizieren, die einen Funktionsgewinn darstellen, der mit dem Erwerb dieser Eigenschaften gekoppelt ist. Ein Onkogen kann sich durch Mutationen, die seine Funktion oder sein Expressionsniveau verändern, aus einem Protoonkogen entwickeln.

DNA-Tumorviren tragen Onkogene, für die es in der Zelle kein entprechendes Pendant gibt. Ihre Onkogene wirken wahrscheinlich dadurch, daß sie die Aktivitäten zellulärer Tumorsuppressoren hemmen. RNA-Tumorviren dagegen haben *v-onc*-Gene, die sich von den mRNA-Transkripten zellulärer (*c-onc*-)Gene ableiten lassen. Einige *v-onc*-Onkogene bestehen aus dem gesamten *c-onc*-Protoonkogen, andere sind an einem oder beiden Enden verstümmelt. Die meisten werden als Fusionsproteine exprimiert, die ein Produkt eines Retrovirus enthalten. Src ist eine Ausnahme, bei der das Retrovirus (RSV) replizieren kann und das Protein daher als ein unabhängiges Ganzes exprimiert wird.

Einige *v-onc*-Gene unterscheiden sich qualitativ von ihrem jeweiligen *c-onc*-Pendant. Denn das *v-onc*-Gen wirkt bereits bei geringen Proteinmengen onkogen, während das *c-onc*-Gen selbst bei großen Mengen nicht aktiviert wird. In solchen Fällen werden Protoonkogene nur nach Veränderungen der proteincodierenden Sequenz effizient aktiviert. Andere Protoonkogene können aktiviert werden, wenn das Expressionsniveau mindestens um das Zehnfache gesteigert ist; *c-myc* ist ein solches Beispiel, das auf verschiedene Art quantitativ aktiviert werden kann, etwa durch Translokationen von Ig- oder TcR-Loci oder Insertionen von Retroviren.

Die *v-onc*-Gene der Retroviren entsprechen den *c-onc*-Genen; einige Protoonkogene konnte man jedoch aufgrund ihrer Verbindung mit zellulären Tumoren identifizieren. Mit dem Transfektionsversuch kann man bestimmte aktivierte *c-onc*-Sequenzen aufgrund ihrer Fähigkeit identifizieren, Nagerfibroblasten zu transformieren. In diesen Versuchen findet man vor allem *ras*-Gene. Durch Herstellung transgener Mäuse kann man das Transformationspotential bestimmter Onkogene direkt demonstrieren.

Zelluläre Onkoproteine können von mehreren Gentypen abgeleitet sein. Eine gemeinsame Eigenschaft aller dieser Typen ist, daß ihre Genprodukte wahrscheinlich an Reaktionswegen mitwirken, die das Wachstum regulieren; darüber hinaus kann das Onkoprotein nicht kontrolliert werden oder zeigt eine erhöhte Aktivität.

Wachstumsfaktorrezeptoren, die in der Plasmamembran lokalisiert sind, sind in *v-onc*-Genen verstümmelt. Die zellulären Rezeptoren haben oft eine Proteintyrosinkinaseaktivität. Die onkogenen Versionen sind dagegen konstitutiv aktiv oder werden anders kontrolliert. Ebenso entstehen Onkogene aufgrund einer Mutation in den Genen für Polypeptidwachstumsfaktoren, weil ein Rezeptor nicht adäquat aktiviert wird.

Einige Onkoproteine sind cytoplasmatische Tyrosinkinasen; ihre Substrate sind weitgehend unbekannt. Sie werden wahrscheinlich aufgrund der Autophosphorylierung der Tyrosinkinaserezeptoren aktiviert. Die SH2-Domäne von Src erkennt die Phosphopeptidsequenz, die bei der Autophosphorylierung des PDGF-Rezeptors entsteht; der PDGF-Rezeptor konkurriert mit der C-terminalen Src-Region um die SH2-Domäne; dadurch kommt es zu einem Konformationswechsel, der die Kinaseaktivität von Src anregt. v-Src hat den repressiven C-Terminus verloren und ist daher konstitutiv aktiv.

Ras-Proteine können GTP binden. Sie sind mit den α-Untereinheiten der G-Proteine verwandt, die an der Signalübertragung durch die Zellmembran beteiligt sind. Die onkogenen Varianten haben eine geringere GTPase-Aktivität und sind daher konstitutiv aktiv. Die Aktivierung von Ras ist ein obligatorischer Schritt in einer Signalkette; sie wird dadurch angestossen, daß ein Tyrosinkinaserezeptor wie der EGF-Rezeptor aktiviert wird; das Signal wird auf eine ERK-MAP-Kinase übertragen, die eine Serin/Threoninkinase ist, und endet mit der nukleären Phosphorylierung von Transkriptionsfaktoren, zu denen auch Fos gehört.

Nukleäre Onkoproteine können direkt an der Regulierung der Genexpression beteiligt sein; dazu zählen Jun und Fos, die Teile des AP1-Transkriptionsfaktors sind. v-ErbA leitet sich von einem anderen Transkriptionsfaktor ab, dem Schilddrüsenhormonrezeptor; es ist eine dominant-negative Mutante, die den zellulären Faktor an der Erfüllung seiner Funktion hindert. v-Rel ist mit dem dem weit verbreiteten Faktor NF-κB verwandt; es ist jedoch unbekannt, wie er seine onkogene Wirkung erzielt.

Tumorsuppressoren werden anhand von Funktionsverlustmutationen identifiziert, welche die Zellproliferation erhöhen. Wenn beide Kopien des *RB*-Gens zerstört oder inaktiviert sind, entsteht ein Retinoblastom (RB). Das *RB*-Produkt ist ein nukleäres Phosphoprotein, das über den Grad der Phosphorylierung den Eintritt in die S-Phase kontrolliert. Nichtphosphoryliertes RB fängt den Transkriptionsfaktor E2F ab. Dieser wird freigesetzt, wenn RB durch Cyclin/Cdk-Komplexe phosphoryliert wird; ist E2F freigesetzt, können Gene transkribiert werden, deren Produkte für die S-Phase benötigt werden. Ohne RB kann E2F nicht abgefangen, und die Zelle nicht daran gehindert werden, den Zyklus fortzusetzen. Adenovirus-E1A und Papovavirus-T-Antigene binden unphosphoryliertes RB und sorgen auf diese Weise dafür, daß es E2F nicht abfangen kann.

p53 wurde ursprünglich als Onkogen angesehen, weil sich Missense-Mutationen in ihm onkogen auswirken. Mittlerweile ordnet man es der Klasse der Tumorsuppressoren zu, weil die Missense-Mutanten in Wirklichkeit die Aktivität der Wildtypform von p53 hemmen. Gehen beide Wildtypallele verloren, entsteht derselbe Phänotyp. Die Menge an p53 ist normalerweise gering, erhöht sich jedoch, wenn die DNA beschädigt wird. Diese gesteigerte Aktivität induziert je nach Zyklusphase und Phänotyp der Zelle einen von zwei Reaktionswegen. In frühen Stadien ist p53 ein Kontrollpunkt, der verhindert, daß der Zyklus weiter durchlaufen wird; so können DNA-Schäden vor der Replikation repariert werden. In späteren Phasen löst p53 den programmierten Zelltod aus, so daß die Zelle mit der beschädigten DNA stirbt, anstatt sich weiter zu vermehren. Etablierte Zellinien verlieren generell ihre p53-Funktion; das könnte für die Immortalisierung *in vitro* von Bedeutung sein. In menschlichen Tumoren fehlt p53 im allgemeinen; dies könnte dazu beitragen, daß sich ein breites Spektrum von Tumoren entwickelt, bei der der Zelltyp keine Rolle spielt.

p53 wird von viralen Onkogenen wie SV40-T-Antigen gebunden, dessen onkogenen Eigenschaften zumindest zum Teil darauf beruhen, daß es die p53-Funktion blockieren kann. Es wird ebenso vom zellulären Protoonkogen Mdm2 gebunden, das seine Aktivität hemmt. p53 hat eine sequenzspezifische DNA-bindende Domäne, die ein etwa zehn Basenpaare langes Palindrom erkennt; zu den Genen, deren Promotoren diese Sequenz enthalten und die von p53 aktiviert werden, gehören der cdk-Inhibitor p21 und das Protein GADD45; letzteres wird über mehrere Signalketten aktiviert, wenn die DNA beschädigt ist. Durch Aktivierung dieser oder anderer Gene mit einer direkt mit TBP reagierende Transaktivierungsdomäne bringt p53 wahrscheinlich den Zellzyklus zum Stillstand. Die Fähigkeit von p53, diese Zielgene zu aktivieren, ist stärker ausgeprägt, wenn es beschädigte DNA gebunden hat. Dafür benutzt es eine andere, nicht sequenzspezifische DNA-Bindungsdomäne. Weniger gut charakterisiert ist seine Fähigkeit, auch einige Gene zu unterdrücken. Mutiertem p53 fehlen diese Aktivitäten; daher können Zellen mit beschädigter DNA weitervermehrt werden. Der Verlust von p53 kann mit einer vermehrten Amplifizierung von DNA-Sequenzen einhergehen.

Weiterführende Literatur

Übersichtsartikel

Bishop, J. M. *Cellular Oncogenes and Retroviruses*. In: *Ann. Rev. Biochem.* 52 (1983) S. 301–354.

Varmus, H. *The Molecular Genetics of Cellular Oncogenes*. In: *Ann. Rev. Genet.* 18 (1984) S. 553–612.

Heldin, C.-H.; Westermark, B. *Growth Factors: Mechanisms of Action and Relation to Oncogenes*. In: *Cell* 37 (1984) S. 9–20.

Bishop, J. M. *Viral Oncogenes*. In: *Cell* 42 (1985) S. 23–38.

Berk, A. J. *Adenovirus Promoters and E1A Transactivation*. In: *Ann. Rev. Genet.* 20 (1986) S. 45–79.

Barbacid, M. *Ras Genes*. In: *Ann. Rev. Biochem.* 56 (1987) S. 779–827.

Showe, L. C.; Croce, C. M. *The Role of Chromosomal Translocations in B- and T-Cell Neoplasia*. In: *Ann. Rev. Immunol.* 5 (1987) S. 253–277.

Haluska, F. G.; Tsujimoto, Y.; Croce, C. M. *Oncogene Activation by Chromosome Translocation in Human Malignancy*. In: *Ann. Rev. Genet.* 21 (1987) S. 321–335.

Nevins, J. R. *Regulation of Early Adenovirus Gene Expression*. In: *Microbiol. Rev.* 51 (1987) S. 419–430.

Jove, R.; Hanafusa, H. *Cell Transformation by the Viral src Oncogene*. In: *Ann. Rev. Cell Biol.* 3 (1987) S. 31–56.

Cory, S.; Adams, J. M. *Transgenic Mice and Oncogenesis*. In: *Ann. Rev. Immunol.* 6 (1988) S. 25–48.

Hanahan, D. *Dissecting Multistep Tumorigenesis in Transgenic Mice*. In: *Ann. Rev. Genet.* 22 (1988) S. 479–519.

Adams, J. M.; Cory, S. *Transgenic Models of Tumor Development*. In: *Science* 254 (1991) S. 1161–1167.

Cantley, L. C.; Auger, K. R.; Carpenter, C.; Duckworth, B.; Graziani, A.; Kapeller, R.; Soltoff, S. *Oncogenes and Signal Transduction*. In: *Cell* 64 (1991) S. 281–302.

Cross, M.; Dexter, T. M. *Growth Factors in Development, Transformation, and Tumorigenesis*. In: *Cell* 64 (1991) S. 271–280.

Hunter, T. *Cooperation between Oncogenes*. In: *Cell* 64 (1991) S. 249–270.

Marshall, C. J. *Tumor Suppressor Genes*. In: *Cell* 64 (1991) S. 313–326.

Levine, A. J.; Momand, J.; Finlay, C. A. *The p53 Tumor Suppressor Gene*. In: *Nature* 351 (1991) S. 453–456.

Lowy, D. R. *Function and Regulation of Ras*. In: *Ann. Rev. Biochem.* 62 (1993) S. 851–891.

Entdeckungen

Onkogene

Brugge, J.; Erikson, R. L. *Identification of a Transformation-Specific Antigen Induced by an Avian Sarcoma Virus*. In: *Nature* 269 (1977) S. 346–348.

Collet, M. S.; Erikson, R. L. *Protein Kinase Activity Associated with the Avian Sarcoma Virus src Gene Product*. In: *Proc. Nat. Acad. Sci. USA* 75 (1978) S. 2021–2024.

Hunter, T.; Sefton, B. *Transforming Gene Product of Rous Sarcoma Virus Phosphorylates Tyrosine*. In: *Proc. Nat. Acad. Sci. USA* 77 (1980) S. 1311–1315.

Waterfield, M. D. et al. *Platelet Derived Growth Factor Is Structurally Related to the Putative Transforming Protein p28^{sis} of Simian Sarcoma Virus*. In: *Nature* 304 (1983) S. 35–39.

Bohmann, D.; Bos, T. J.; Admon, A.; Nishimura, T.; Vogt, P. K.; Tijan, R. *Human Proto-Oncogene c-jun Encodes a DNA Binding Protein with Structural and Functional Properties of Transcription Factor AP-1*. In: *Science* 238 (1987) S. 1386–1392.

Angel, P.; Allegretto, E. A.; Okino, S. T.; Hattori, K.; Boyle, W. J.; Hunter, T.; Karin, M. *Oncogene jun Encodes a Sequence-Specific Transactivator Similar to AP-1*. In: *Nature* 332 (1988) S. 166–171.

Bos, T. J.; Bohmann, D.; Tsuchie, H.; Tijan, R.; Vogt, P. K. *v-jun Encodes a Nuclear Protein with Enhancer Binding Properties of AP-1*. In: *Cell* 52 (1988) S. 705–712.

Onkogene Reaktionswege und Kooperativität

Stewart, T. A.; Pattengale, P. K.; Leder, P. *Spontaneous Mammary Adenocarcinomas in Transgenic Mice that Carry and Express MTV/myc Fusion Genes*. In: *Cell* 38 (1984) S. 627–637.

Sinn, E.; Muller, W.; Pattengale, P.; Tepler, I.; Wallace, R.; Leder, P. *Coexpression of MMTV/v-Ha-ras and MMTV/c-myc Genes in Transgenic Mice: Synergistic Action of Oncogenes in vivo. In: Cell* 49 (1987) S. 465–475.

Vaux, D. L.; Cory, S.; Adams, J. M. *bcl-2 Gene Promotes Hematopoietic Cell Survival and Cooperates with c-myc to Immortalize Pre-B Cells*. In: *Nature* 335 (1988) S. 440–442.

Howe, L. R.; Leevers, S. J.; Gomez, N.; Nakielny, S.; Cohen, P.; Marshall, C. J. *Activation of the Map Kinase Pathway by the Protein Kinase raf*. In: *Cell* 71 (1992) S. 335–342.

Tumorsuppressoren

Linzer, D. I. H.; Levine, A. J. *Characterization of a 54K Dalton Cellular SV40 Tumor Antigen Present in SV40-Transformed Cells and Uninfected Embryonal Carcinoma Cells*. In: *Cell* 14 (1979) S. 43–52.

Sarnow, P. et al. *Adenovirus E1B-58 kD Tumor Antigen and SV40 Large T Antigen are Physically Associated with the Same 54 kD Cellular Protein in Transformed Cells*. In: *Cell* 28 (1982) S. 387–394.

Cavanee, W. K. et al. *Expression of Recessive Alleles by Chromosomal Mechanisms in Retinoblastoma*. In: *Nature* 305 (1983) S. 779–784.

Finlay, C. A.; Hinds, P. W.; Levine, A. J. *The p53 Proto-Oncogene Can Act als a Suppressor of Transformation*. In: *Cell* 57 (1989) S. 1083–1093.

Malkin, D. et al. *Germ line p53 Mutations in a Familial Syndrome of Breast Cancer, Sarcomas, and Other Neoplasms*. In: *Science* 250 (1990) S. 1233–1238.

Momand, J.; Zambetti, G. P.; Olson, D. C.; George, D.; Levine, A. J. *The mdm-2 Oncogene Product Forms a Complex with the p53 Protein and Inhibits p53-Mediated Transactivation*. In: *Cell* 69 (1992) S. 1237–1245.

Seto, E.; Usheva, A.; Zambetti, G. P.; Momand J.; Horikoshi, N.; Weinmann, R.; Levine, A. J.; Shenk, T. *Wild-Type p53 Binds to the TATA-Binding Protein and Represses Transcription*. In: *Proc. Nat. Acad. Sci. USA* 89 (1992) S. 12028–12032.

Donehower, L. A. et al. *Mice Deficient for p53 are Developmentally Normal but Susceptible for Spontaneous Tumors*. In: *Nature*, 356 (1992) S. 215–221.

38. Gradienten und Signalketten

Die Entwicklung beginnt mit einer einzelnen befruchteten Eizelle; aus ihr entstehen aber schon bald Zellen mit unterschiedlichen Anlagen für die Entwicklung. Die Anfangsstadien dieser Entwicklung werfen die Frage auf, wie es zu einer solchen Asymmetrie kommen kann: Wie gelingt es einer einzelnen Zelle, innerhalb weniger Zellteilungen Zellen mit unterschiedlichen Eigenschaften hervorzubringen? Bei den diversen Organismen bildet sich die Asymmetrie auf unterschiedliche Art und Weise aus. Die Eizelle selbst kann zunächst homogen sein und dann – wie im Falle der Säuger – je nach Verlauf der ersten Teilungszyklen eine Asymmetrie erhalten. In ihr können aber auch wie bei *Drosophila* bereits von Anfang an die cytoplasmatischen Komponenten asymmetrisch verteilt sein und so im Verlauf der Entwicklung zu weiteren Unterschieden führen.

Alle Untersuchungen über die molekulare Basis der Entwicklung beruhen auf der Annahme, daß man jeden Zelltyp anhand seines Genexpressionsmusters, das heißt anhand der jeweiligen Genprodukte charakterisieren kann. Kontrolliert wird die Genexpression hauptsächlich auf der Transkriptionsebene; die verschiedenen Elemente, welche die Transkription steuern, stellen eine wichtige Klasse von Entwicklungsregulatoren dar. Die transkriptionellen Regulatoren haben noch zahlreiche andere Aktivitäten: Sie können zum Beispiel dafür sorgen, daß sich die Struktur einer Promotorregion ändert, die Transkription von einem Promotor aus gestartet, die Aktivität eines Enhancers kontrolliert oder manchmal sogar die Aktivität eines Transkriptionsfaktors blockiert wird. Meist sind die Transkriptionsregulatoren jedoch DNA-bindende Proteine, welche die Transkription von bestimmten Promotoren und Enhancern aus aktivieren.

Die Systematik, mit der diese Steuerelemente an- und abgeschaltet werden, um Kreisläufe zu bilden, durch die einzelne Körperteile determiniert werden, wurde in allen Einzelheiten für *D. melanogaster* ausgearbeitet. Das zugrundeliegende Prinzip besteht darin, daß die primäre Asymmetrie der Eizelle über eine Reihe entsprechender Ereignisse auf die Kontrolle der Genexpression übertragen wird; auf diese Weise erhalten bestimmte Bereiche der Eizelle unterschiedliche Eigenschaften. In jedem der vier Systeme, die man im Insektenei ausmachen kann, erfolgt dieser Transfer auf unterschiedliche Weise: Etwa über die Lokalisation von Kontrollfaktoren der Transkription oder Translation innerhalb der Eizelle oder dadurch, daß die Aktivität solcher Faktoren an einer bestimmten Stelle kontrolliert und gezielt eingesetzt wird. Das Ergebnis ist jedoch immer dasselbe: eine räumliche und zeitliche Steuerung der Genexpression.

Auf diese erste Entwicklungsphase folgt ein Stadium, in dem die Identität von Teilen des Embryos festgelegt wird: Bereiche werden abgesteckt, aus denen sich im weiteren Verlauf bestimmte Körperteile entwickeln. Die Gene, die diesen Prozeß regulieren, konnten anhand von Loci entdeckt werden, die im mutierten Zustand dazu führen, daß ein Körperteil fehlt, doppelt vorhanden ist oder sich zu einem völlig anderen Körperteil entwickelt. Solche Loci sind bevorzugte Kandidaten für Gene, die als genetische Schaltstellen fungieren. Ursprünglich wurden nur die genetischen Funktionen dieser Gene beschrieben, inzwischen hat man jedoch die Gene selbst isoliert; dabei hat sich herausgestellt, daß viele ihrer Produkte die Transkription steuern. Diese Gene wirken in hierarchischer Ordnung aufeinander, aber auch auf andere Gene ein, deren Produkte dann für die Ausprägung eines Expressionsmusters verantwortlich sind. Sie beeinflussen dabei Gene, die Kinasen, Elemente des Zellgerüsts, sezernierte Proteine und Transmembranrezeptoren codieren.

Insgesamt gesehen verläuft der Prozeß folgendermaßen: Die vorhandenen Unterschiede in den Transkriptionsmustern verschiedener Bereiche des Embryos aktivieren eine *Kontrollkaskade*, in der Regulationsprozesse so miteinander verknüpft sind, daß ein Gen, das in dem einen Stadium an- oder abgeschaltet wird, in einem anderen Stadium wiederum die Expression anderer Gene kontrolliert. Formal ähnelt eine solche Kette den bereits für Bakteriophagen oder die bakterielle Sporulation in den Kapitel 12 und 13 beschriebenen Kaskaden, sie ist aber bei der Entwicklung der Eukaryoten viel komplizierter. Bei ihr sind alle regulatorischen Proteine Transkriptionsfaktoren, welche die Expression anderer Transkriptionsfaktoren sowie anderer Proteine kontrollieren. Wie bei der prokaryotischen Regulation beruht die grundlegende Beziehung zwischen dem Kontrollprotein und dem Zielgen darauf, daß der Regulator eine kurze DNA-Sequenz im Promotor oder Enhancer des Zielgens erkennt. Charakteristisch für alle Zielsequenzen eines bestimmten Regulators ist, daß sie eine Kopie der passenden Consensussequenz besitzen.

Von der befruchteten Eizelle bis zum erwachsenen Organismus verläuft die Entwicklung in vorgeschriebenen Bahnen, wobei zu bestimmten Zeiten bestimmte Gene an- und abgeschaltet werden. Hinsichtlich des Mechanismus wissen wir am besten über die Transkriptionskontrolle Bescheid; die späteren Phasen der Genexpression werden jedoch ebenfalls reguliert. Natürlich sind an der Kaskade der Genregulation auch andere Arten von Signalübertragung beteiligt – beispielsweise Zell-Zell-Interaktionen, welche die Grenzen zwischen einzelnen Zellgruppen festlegen.

In bezug auf die zellulären Ereignisse unterscheidet sich der Ablauf der Entwicklung bei den diversen Spezies; wir nehmen jedoch an, daß das bei *Drosophila* erarbeitete Prinzip auch für alle anderen Fälle gilt: In den embryonalen Zellen und schließlich im adulten Tier bestimmt eine Kontrollkaskade, in welcher Reihenfolge die Gene exprimiert werden sollen. Tatsächlich spielen homologe Gene auch bei entfernt miteinander verwandten Organismen innerhalb der Entwicklung ähnliche Rollen. So findet man z. B. in Fliegen und Säugetieren dieselben Entwicklungswege; allerdings entstehen dabei recht unterschiedliche Strukturen.

Die Gene, die an der Entwicklungskontrolle beteiligt sind, können durch Mutationen entdeckt werden, die bereits in den ersten Entwicklungsphasen tödlich sind oder die zur Entwicklung anormaler Strukturen führen. Für die Forschung ist eine Mutation, welche die Entwicklung eines bestimmten Körperteiles verändert, von besonderem Interesse, weil ein einziger Körperteil eine komplexe Struktur hat, für die viele Gene in einer bestimmten Reihenfolge exprimiert werden müssen. Man kann daher über einzelne Mutationen, welche die Struktur des gesamten Körperteiles beeinflussen, potentielle Kontrollgene identifizieren, die zwischen möglichen Entwicklungswegen hin- und herschalten oder auswählen. Im Falle von *Drosophila* wählte man für die Analyse das Segment aus, die Grundeinheit des Fliegenkörpers, die man beim erwachsenen Tier gut erkennen kann. Man kann die Mutationen in mindestens drei Gruppen einteilen. Diese sind dadurch definiert, wie sie sich auf die Segmentstruktur auswirken:

- Die **maternalen Gene** werden während der Oogenese in der Mutter exprimiert. Sie wirken auf die reifende Eizelle ein oder wirken innerhalb der Eizelle.
- Die **Segmentierungsgene** werden nach der Befruchtung exprimiert. Mutationen in diesen Genen verändern Anzahl oder Polarität der Segmente. Nacheinander legen drei Gruppen dieser Gene immer kleinere Bereiche des Embryos fest.
- **Homöotische Gene** bestimmen die Identität eines Segments, beeinflussen jedoch weder Anzahl noch Polarität oder Größe der Segmente. Sind diese Gene mutiert, führt das dazu, daß sich ein Körperteil phänotypisch wie ein anderer Körperteil entwickelt.

Die Gene in jeder Gruppe werden nacheinander aktiv und prägen die Eigenschaften zunehmend kleinerer Teile des Embryos. Die maternalen Gene stecken größere Areale der Eizelle ab. Die Expression der Segmentierungsgene wird über Unterschiede in der Verteilung der maternalen Genprodukte gesteuert. Die homöotischen Gene bestimmen die Identität der Segmente etwa zu der Zeit, in der gerade die letzte Gruppe der Segmentierungsgene dabei ist, die Segmente zu definieren.

38.1 Aus einem Gradienten müssen einzelne Felder entstehen

In Abbildung 38.1 ist das Grundproblem der *Drosophila*-Entwicklung für die drei Stadien Eizelle, Larve und adulte Fliege skizziert.

Zu Beginn der Entwicklung bilden sich innerhalb der Eizelle zwei **Gradienten** aus; sie verlaufen entlang der **anterior-posterioren** und **dorsoventralen Achse** (Längs- und Querachse). Die Eizelle entwickelt sich vorne zum Kopf des erwachsenen Tieres, das hintere Ende zum Schwanz. Der Rücken befindet sich oben, wenn man auf die Larve draufsieht, die Bauchseite unten. Die Gradienten bestehen aus Molekülen, Proteinen oder RNAs, die unterschiedlich im Cytoplasma verteilt sind. Der Gradient, der für die Ent-

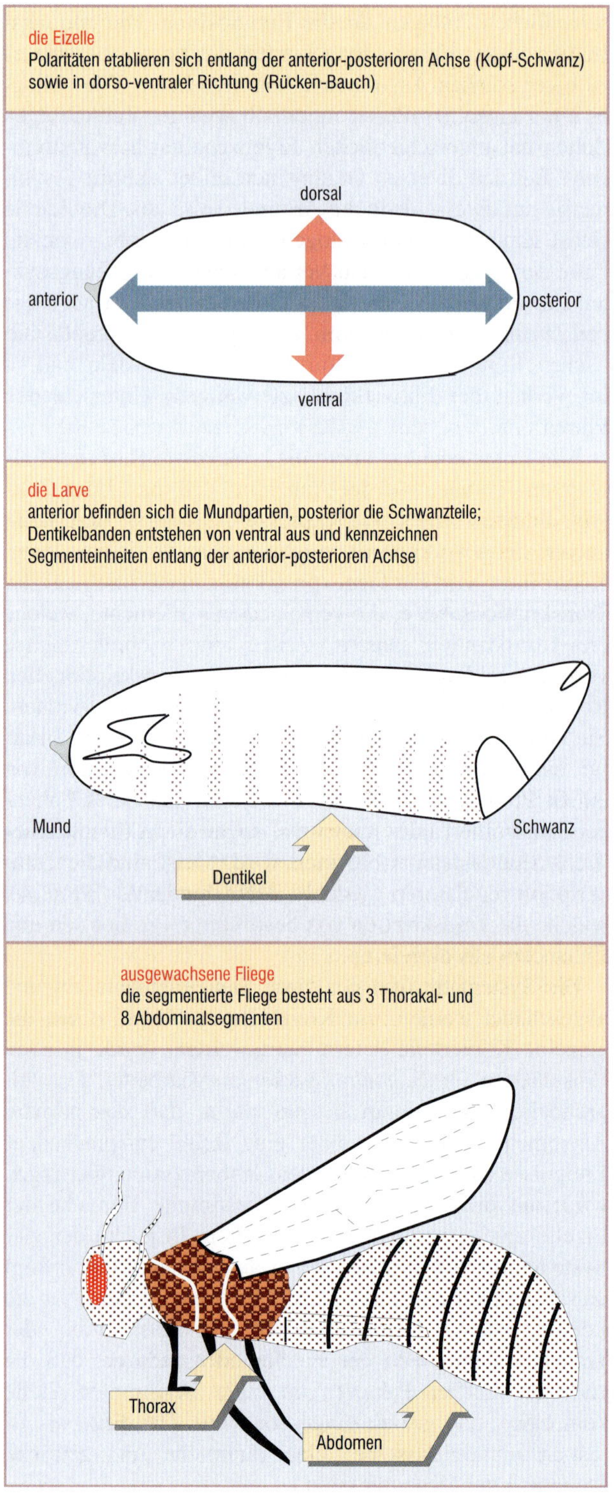

38.1 *Übersicht*: Gradienten im Ei werden auf der anterior-posterioren Achse der Larve in Segmente übersetzt, in dorsoventraler Richtung in spezielle Strukturen und anschließend in die Segmentstruktur der ausgewachsenen Fliege.

wicklung der Längsachse zuständig ist, bildet sich bald nach der Befruchtung aus, der Gradient für die Querachse etwas später. Etwas vereinfacht gesagt überwachen die anterior-posterior ausgerichteten Systeme die Information über die räumliche Anordnung entlang der Larve, während das dorsoventrale System die Differenzierung der Gewebe steuert, das heißt die Identität der einzelnen embryonalen Gewebe wie Mesoderm, Neuroektoderm und dorsales Ektoderm festlegt.

In der Insektenentwicklung werden zwei völlig verschiedene Strukturen ausgeprägt. In der ersten Entwicklungsphase entsteht eine Larve; anschließend durchläuft die Larve eine Metamorphose zur Fliege. Das bedeutet, daß die Struktur des Embryos, der Larve, völlig anders ist als die des erwachsenen Tieres, der Fliege. Im Gegensatz dazu sind bei der Entwicklung beispielsweise der Säuger bereits im Embryo dieselben Körperteile angelegt, die man auch beim erwachsenen Tier findet. Bei der Entwicklung der Larve entstehen einige, ausschließlich larvale Körperteile, aus denen später keine adulten Gewebe hervorgehen; sie sind oft polyploid. Andere Körperteile sind dagegen als Vorläufer angelegt, die sich im Verlauf der Metamorphose zu Strukturen des erwachsenen Tieres verwandeln; sie sind in der Regel diploid. Trotz der unterschiedlichen Entwicklung von Insekten und Wirbeltieren scheinen bei beiden Prozessen die gleichen allgemeinen Prinzipien zu herrschen und man findet Verwandtschaft zwischen *Drosophila*- und Säugerregulatoren.

Bestimmte embryonale Bereiche entsprechen bestimmten Teilen des erwachsenen Körpers. Sie sind im mittleren Teil von Abbildung 38.1 an der Oberflächenorganisation der Larve dargestellt. So hat die Larve auf ihrer Cuticula ein bestimmtes Streifenmuster von **Dentikeln** (kleine Härchen). Das Muster der Cuticula zeigt Eigenschaften, die durch die Längs- und Querachse festgelegt werden:

- Die Dentikel bilden entlang der anterior-posterioren Achse einzelne Querstreifen. Jeder Streifen entspricht dabei einem Segment der erwachsenen Fliege: Tatsächlich entsprechen die elf Dentikelbanden sogar exakt den elf Segmenten des erwachsenen Tieres.
- Die Dentikelquerstreifen, die von der ventralen Oberfläche ausgehen, sind grob gezeichnet, diejenigen, die von der dorsalen Oberfläche ausgehen, erscheinen dagegen viel feiner.

Obwohl die Cuticula nur die Außenschicht des Körpers darstellt, läßt sich an ihrem Aufbau die gesamte embryonale Organisation entlang beider Achsen ablesen. Man hat daher häufig Phänotypen von Mutanten der *Drosophila*-Entwicklung anhand des Dentikelmusters und seiner Verzerrung in Längs- oder Querrichtung analysiert.

Da die Gradienten der Eizelle und die Segmente der erwachsenen Fliege sehr unterschiedlich ausfallen, ergeben sich vor allem folgende Fragen: Wie entstehen die Gradienten in der Eizelle? Wie wird der kontinuierliche Gradient in diskrete Unterschiede überführt, über die dann einzelne Zelltypen festgelegt werden können? Wie können sich aus einem einzigen Gradienten so viele einzelne Entwicklungsfelder herausbilden?

Innerhalb der *Drosophila*-Entwicklung gibt es einige Besonderheiten, die sowohl die Art der Gradienten als auch ihre Fähigkeit betreffen, die Entwicklung der vielen, überall im Embryo entstehenden Zelltypen zu beeinflus-

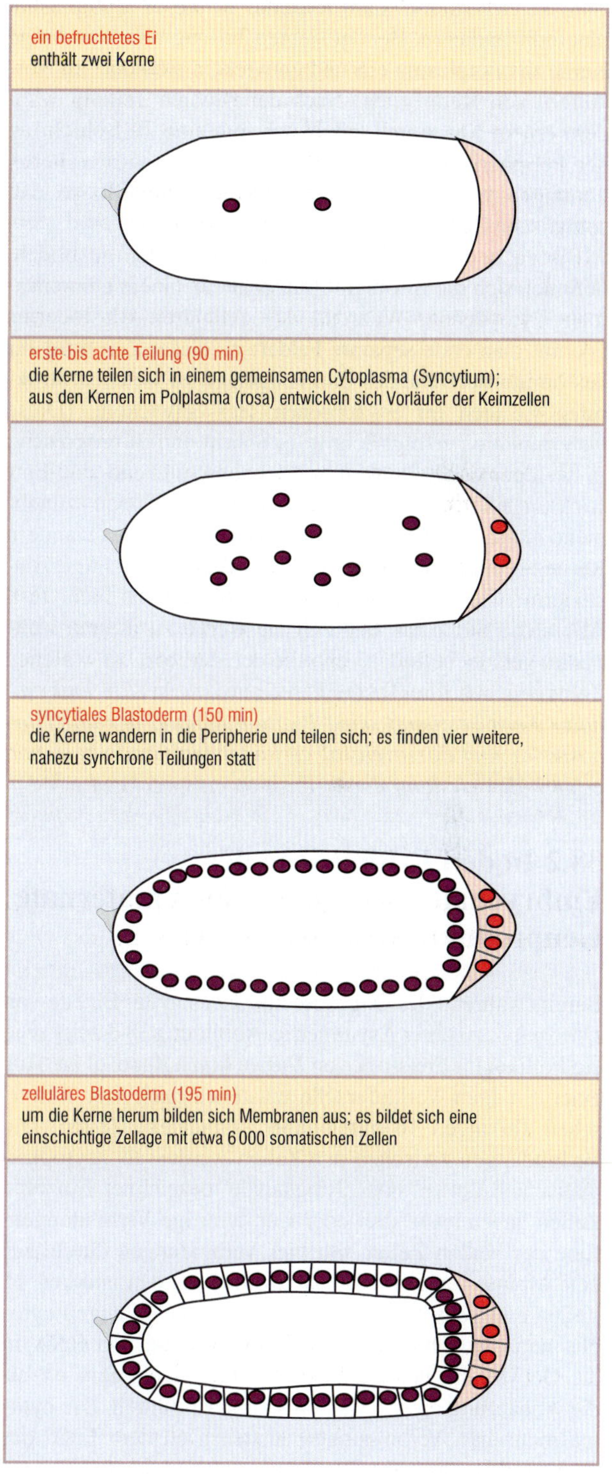

38.2 Bis zum Stadium des zellulären Blastoderms erfolgt die frühe Entwicklung des *Drosophila*-Eies in einem gemeinsamen Cytoplasma.

sen. Abbildung 38.2 gibt einen Überblick über die frühen Stadien.

Zur Zeit der Befruchtung besitzt die Eizelle die beiden Kerne der Eltern. Ihr Hinterende ist durch einen Bereich gekennzeichnet, der als Polplasma bezeichnet wird. In den ersten neun Zellteilungen teilen sich die Kerne im gemeinsamen Cytoplasma. Soweit es die Organisation des Cytoskeletts zuläßt, kann Material in dieses Cytoplasma hineindiffundieren. Bei der siebten Teilung wandern einige Kerne ins Polplasma ein und entwickeln sich dort zu Vorläufern von Keimzellen. Nach der neunten Teilung wandern erneut Kerne und teilen sich, um eine Zellschicht an der Peripherie der Eizelle zu bilden. Nach vier weiteren Teilungen werden sie von Membranen umhüllt, so daß somatische Zellen entstehen.

Bis zu dem Zeitpunkt, an dem sich Zellen ausbilden, befinden sich die Kerne im Prinzip alle in einem gemeinsamen Cytoplasma. Während des zellulären Blastoderms erkennt man erste separate Felder; zu dieser Zeit wird für bestimmte Bereiche des Eies **festgelegt**, zu welchen Strukturen sie sich im erwachsenen Tier entwickeln. (Diese Determination erfolgt Schritt für Schritt und ist progressiv; in wenigen Zellteilungen werden anschließend die Entwicklungsmöglichkeiten der einzelnen Eizonen zunehmend eingeschränkt.) Zu Beginn dieses Prozesses wandern Kerne an die Peripherie und bilden das einschichtige Blastoderm; wie das geschieht, steht vorher noch nicht fest. Allein die Stelle, an der sich die Kerne zu diesem Zeitpunkt gerade befinden, entscheidet darüber, zu welchen Zelltypen sich ihre Tochterkerne entwickeln. *Ein embryonaler Kern bestimmt seine Position anhand der anterior-posterior und dorsoventral verlaufenden Gradienten und er verhält sich dann dieser Position entsprechend.*

38.2 In den Frühphasen der Embryonalentwicklung bilden maternale Genprodukte Gradienten aus

Bereits während der Oogenese kommt es in der Eizelle von *Drosophila* zu einer Asymmetrie. Abbildung 38.3 zeigt, wie ein Follikel im Eierstock von *Drosophila* aufgebaut ist. Aus einer einzigen Vorläuferzelle entstehen nach vier mitotischen Teilungen 16 miteinander verbundene Zellen. Die Verbindungen zwischen den Zellen werden als „cytoplasmatische Brücken" oder „Ringkanäle" bezeichnet. Einzelne Zellen haben zwei, drei oder vier derartige Verbindungen. Eine der beiden Zellen mit vier Verbindungen durchläuft eine Meiose und wird so zur Eizelle; aus den anderen 15 Zellen entstehen Nährzellen. Aus letzteren gelangen cytoplasmatische Inhaltsstoffe wie etwa Protein und RNA in die Oocyte; ein beträchtlicher Teil des Eivolumens ist auf die Anhäufung dieses Materials zurückzuführen. Die cytoplasmatischen Verbindungen entstehen an dem Ende der Oocyte, das später zum Vorderteil des Eies wird.

Für die frühe Entwicklung sind Gene ausschlaggebend, die in der Mutterfliege exprimiert werden. Man findet diese maternalen Gene über Mutationen, durch welche

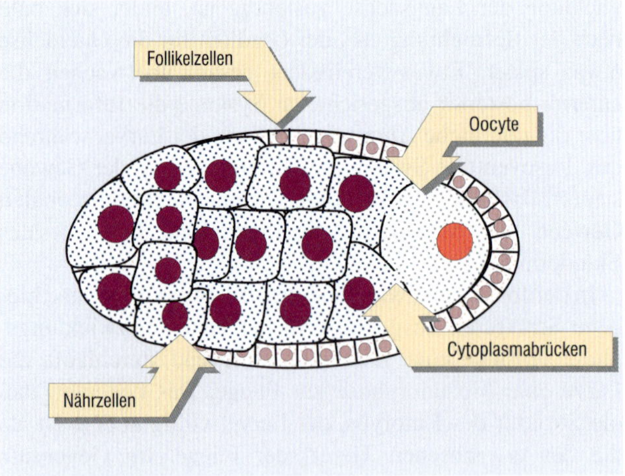

38.3 In einem *Drosophila*-Follikel besteht die äußere Oberfläche aus Follikelzellen; sie umgeben Nährzellen, die mit der Oocyte in engem Kontakt stehen. Die Nährzellen sind durch Cytoplasmabrücken miteinander und mit dem Vorderteil der Oocyte verbunden. Follikelzellen sind somatisch; Nährzellen und Oocyte entstammen dagegen der Keimbahn.

die **Weibchen steril** werden; die Mutter selbst ist nicht davon beeinträchtigt. Diese Gene werden nur benötigt, um Nachwuchs hervorzubringen. Weibchen mit solchen Mutationen legen Eier, aus denen keine erwachsenen Tiere hervorgehen. Man erkennt solche Embryonen an Fehlern im cuticulären Muster; sie sterben noch während der Entwicklung.

Allen maternalen Genen ist gemein, daß sie vor der Befruchtung exprimiert werden. Ihre Produkte können zur Zeit der Expression zum Einsatz kommen, aber auch für später aufbewahrt werden. Man teilt die maternalen Gene in zwei Klassen ein, je nachdem an welcher Stelle sie exprimiert werden. Geschieht dies in somatischen Zellen der Mutter, die an der Eientwicklung beteiligt sind, werden sie als **maternale somatische Gene** bezeichnet; sie sind beispielsweise in den Follikelzellen aktiv. Gene, die in der Keimbahn exprimiert werden, heißen **maternale Keimbahngene**. Sie wirken in den Nährzellen oder der Oocyte, einige auch in beiden Stadien.

Anhand von Mutationen in maternalen Genen unterscheidet man vier Gruppen von Genen, die an der Entwicklung bestimmter embryonaler Bereiche beteiligt sind. In allen Gruppen können die Gene so miteinander reagieren, daß darin die Reihenfolge, in der sie aktiv werden, wiedergegeben wird. Das kann man mit konventionellen genetischen Tests herausfinden, bei denen man die Eigenschaften von Doppelmutanten mit denen einfacher Mutanten vergleicht, aber auch durch biochemische Untersuchungen, die zeigen, welche Mutanten Komponenten enthalten, mit denen die von anderen Mutanten blockierten Schritte umgangen werden können.

Die Abbildung 38.4 gibt einen Überblick über die einzelnen Elemente dieser Reaktionsabläufe. Daraus erkennt man, daß sie alle ein gemeinsames Wirkungsprinzip haben. *Jede Reaktion wird durch Ereignisse ausgelöst,*

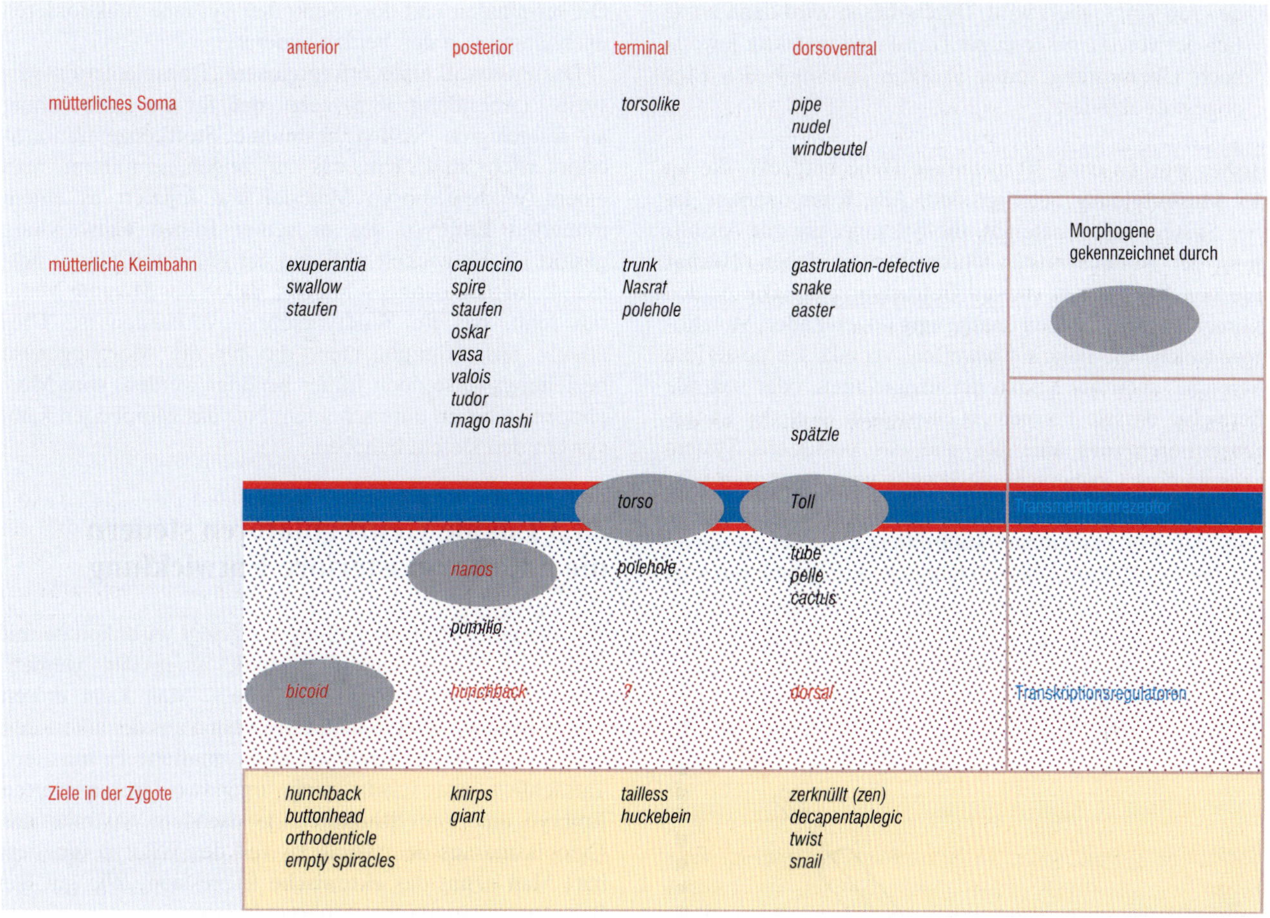

38.4 Jedes der vier mütterlichen Systeme, die im Ei wirken, wird außerhalb der Eizelle in Gang gesetzt. Die Reaktion wird jeweils in das Ei eingebracht; dort entsteht bei jeder dieser Reaktionen an einer bestimmten Stelle ein Produkt, das Morphogen. Das kann ein Rezeptor oder ein Kontrollprotein der Genexpression sein. Das letzte Glied der Signalkette ist ein Transkriptionsfaktor; er wirkt in der Zygote auf Zielmoleküle ein, die für das nächste Entwicklungsstadium verantwortlich sind.

die an bestimmten Stellen innerhalb oder außerhalb des Eies stattfinden; dadurch wird an einer bestimmten Stelle im Innern des Eies ein Signal erzeugt. Es besteht aus einem asymmetrisch verteilten Protein, einem sogenannten **Morphogen**. Formal können wir ein Morphogen als ein Protein definieren, dessen lokale Konzentration oder Aktivität dazu führt, daß seine Umgebung eine bestimmte Struktur annimmt oder einen bestimmten Entwicklungsweg einschlägt. In den abgebildeten Systemen kontrolliert das Morphogen entweder die Transkription oder löst in einem bestimmten Bereich die Aktivierung eines Transkriptionsfaktors aus. Für die Längsachse sind drei Systeme, für die Querachse nur eines zuständig.

- Das **anteriore System** ist für die Entwicklung von Kopf und Brust verantwortlich. Das *bicoid*-Produkt kann nur mit Hilfe der maternalen Keimbahnprodukte am Vorderpol des Eies lokalisiert werden. Transkribiert wird die *bicoid*-mRNA in den Nährzellen; anschließend wird sie in die Oocyte eingeschleust. Das Bicoid-Protein ist das Morphogen: Es wirkt als Transkriptionsregulator und kontrolliert die Expression des Gens *hunchback* sowie wahrscheinlich auch die anderer Segmentierungs- und Homöogene.
- Das **posteriore System** ist für die Hinterleibssegmente zuständig. Durch welches Ereignis die Asymmetrie entsteht, wissen wir nicht. Viele Produkte arbeiten an der Lokalisation des Morphogens mit, das ein *nanos*-Produkt ist. Es führt lokal über eine Translationskontrolle der mRNA zur Unterdrückung der *hunchback*-Expression.
- Das **terminale System** sorgt für die Entwicklung spezieller Strukturen an den unsegmentierten Enden des Eies (das Acron am Kopf, das Telson am Schwanz). Wie die Abhängigkeit von maternalen somatischen Genen schon vermuten läßt, finden die ersten Ereignisse, die zur Asymmetrie führen, in den Follikelzellen statt. Sie aktivieren lokal den von *torso* codierten Transmembranrezeptor; das Endprodukt der Reaktion konnte jedoch bisher noch nicht identifiziert werden.
- Das vierte System ist für die **dorsoventrale Entwicklung** verantwortlich. Diese wird von einem Signal aus einer Follikelzelle auf der Bauchseite des Eies ausgelöst. Es wird von einen Transmembranrezeptor übertragen,

der von *Toll* codiert wird. Durch diesen wird dann letztlich der von *dorsal* erzeugte Transkriptionsfaktor jeweils nach Überprüfung seiner Position innerhalb des Eies abgestuft aktiviert.

Bisher wurden etwa 30 maternale Gene entdeckt, die an der Musterbildung beteiligt sind. Alle Komponenten der vier Systeme sind maternal; die Systeme, die zur Ausbildung der Anfangsmuster führen, hängen daher offenbar alle von Ereignissen vor der Befruchtung ab. Die beiden Körperachsen entstehen unabhängig voneinander. Mutationen, welche die Polarität betreffen, veranlassen posteriore Bereiche, anteriore Strukturen anzunehmen, oder ventrale Bereiche, dorsale Formen zu entwickeln. Auf der Längsachse liefern das anteriore und das posteriore System gegenläufige Gradienten, die jeweils vom anterioren oder posterioren Ende des Embryos ausgehen und die Entwicklung der Körpersegmente kontrollieren. Fehler in einem der beiden Systeme beeinträchtigen die Segmentierung.

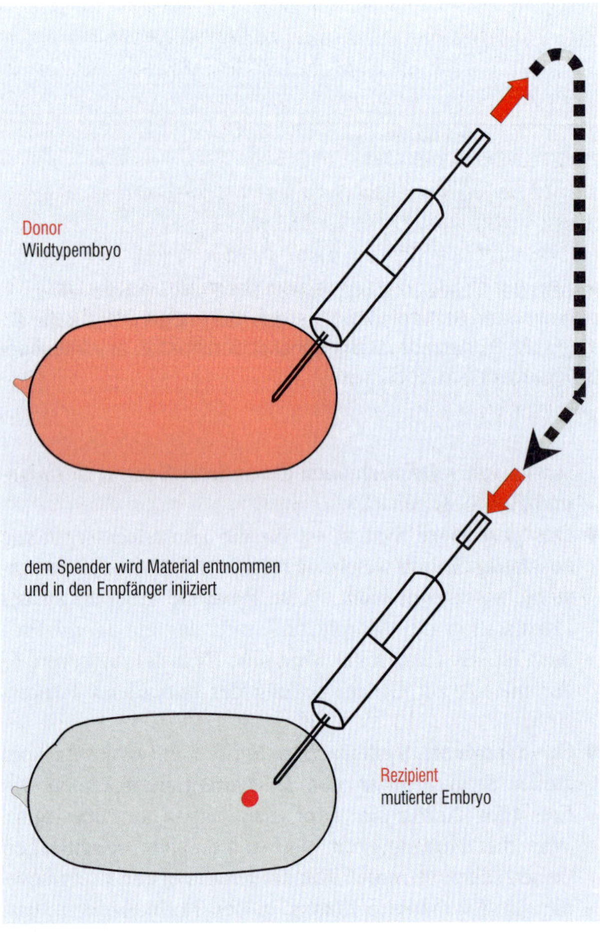

38.5 Mutierte Embryos, die sich nicht entwickeln können, kann man retten, indem man ihnen Cytoplasma eines Wildtypembryos injiziert. Man kann beim Spender testen, in welchem Stadium die rettende Aktivität gebildet wird und wo sie lokalisiert ist, und beim Empfänger, wann für ihn die günstigste Zeit für die Transplantation ist, und wie es sich auswirkt, wenn man das Material an verschiedenen Stellen injiziert.

Die terminalen und dorsoventralen Systeme funktionieren unabhängig von den beiden anderen.

Das Protokoll eines erfolgreichen „Transplantationsversuchs“ (Abbildung 38.5) zeigt, daß für die Entwicklung an festgelegten Stellen bestimmte Stoffkonzentrationen erforderlich sind. Um das zu zeigen, entnimmt man einem Wildtypembryo Material und injiziert es einem mutierten Embryo, der in seiner frühen Entwicklung gestört ist. Entwickelt sich nun der mutierte Embryo normal, kann man daraus schließen, daß in der Mutante Material fehlt, das im Wildtypembryo vorhanden ist. Dies erlaubt uns, Komponenten, die für die Morphogenese beziehungsweise noch früher benötigt werden, vom Morphogen selbst zu unterscheiden: Nur das Morphogen kann vor Ort den Defekt beheben.

38.3 Lokale Genregulatoren steuern die anterior-posteriore Entwicklung

Wie die anteriore Entwicklung festgelegt wird, konnte mit Hilfe der Transplantationstechnik aufgeklärt werden. *bicoid*-Mutanten haben keine Köpfe. Man kann diesen Fehler beheben, indem man Cytoplasma aus der anterioren Spitze eines Wildtypembryos in das mutierte Ei injiziert. Tatsächlich entwickeln sich irgendwo im mutierten Embryo anteriore Strukturen, je nachdem wo man das Cytoplasma aus dem vorderen Teil des Wildtyp injiziert hat! Man nennt das **ektopische** Expression. Wie gut der Schaden im mutierten Embryo kompensiert wird, hängt von der injizierten Menge Wildtypcytoplasma ab. Die Effizienz des Donorcytoplasmas richtet sich danach, wieviele Wildtyp-*bicoid*-Gene der Donor besitzt. Es ist daher anzunehmen, daß die Konzentration eines Produkts im vorderen Bereich eines Wildtypembryos von der Menge der *bicoid*-Gene abhängt. Man kann diese aktive Komponente in der Präparation reinigen und identifizieren: Im Fall von *bicoid* erzielt man den gleichen Erfolg, wenn man anstelle des anterioren Cytoplasmas des Wildtyps gereinigte *bicoid*-mRNA injiziert. *Aus diesen Befunden kann man schließen, daß die Substrate für bicoid überall vorhanden sind und es vor allem auf die richtige Konzentration des bicoid-Produkts ankommt, wenn die Bildung anteriorer Strukturen angeregt werden soll.*

Es bildet sich ein Gradient des *bicoid*-Produkts aus, dessen Quelle und damit dessen höchste Konzentration am anterioren Pol des Embryos liegt. Das *bicoid*-Gen wird in den Nährzellen transkribiert. Die mRNA wird über die cytoplasmatischen Brücken in die Oocyte geschleust. Die RNA befindet sich am Kopfende des Embryos, wird aber während der Oogenese nicht translatiert. Die Translation beginnt bald nach der Befruchtung. Im Embryo entsteht dann ein Gradient des Proteins (Abbildung 38.6), der sich, ausgehend von der lokalen Quelle am anterioren Pol, durch Diffusion des Proteins ausbilden kann. Mit der siebten Teilung ist er etabliert und bleibt mindestens bis zum Ende des Blastodermstadiums stabil. In derselben Richtung bilden sich auch Gradienten der Gene *swa* und *exu*,

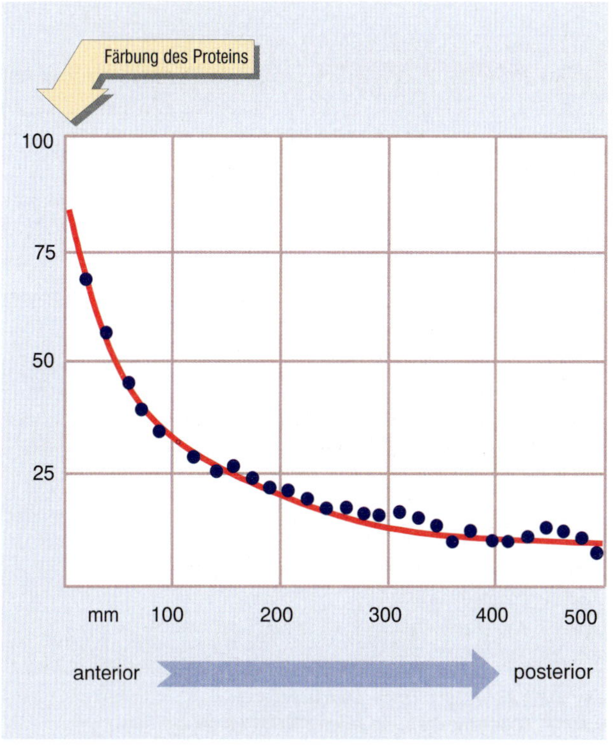

38.6 Das Bicoid-Protein bildet in der Entwicklung von *D. melanogaster* einen Gradienten, der sich in einer 500 mm großen Eizelle etwa 200 mm weit erstreckt. Dieser Gradient könnte von einer anterioren Quelle aus mit einer Geschwindigkeit von weniger als 10 mm^2/sec durch Diffusion entstehen, wenn die Halbwertszeit des Proteins unter 30 Minuten liegt. Man beachte, daß die Technik, die zur Messung der Proteinmengen benutzt wurde, nicht besonders exakt ist, und daß die Form des Gradienten im Detail variieren kann.

die ebenfalls für die anteriore Entwicklung benötigt werden; diese Gradienten sind allerdings flacher. Die Funktion dieser Gene könnte darin bestehen, die *bicoid*-mRNA in die Oocyte zu schleusen oder ihre Diffusion vom vorderen Ende einzudämmen. Daß die *bicoid*-RNA am Vorderpol lokalisiert ist, hängt mit Sequenzen an ihrem 3′-untranslatierten Ende zusammen.

Wie wirkt sich der *bicoid*-Gradient aus? Man kann den Konzentrationsgradienten erhöhen oder erniedrigen, indem man die Anzahl der funktionellen Gene in der Mutter ändert. Die Entwicklung der anterioren Strukturen steht und fällt mit der Konzentration des *bicoid*-Produkts. Ist der Gradient schwächer, zeigen die anterioren Segmente verstärkt Merkmale posteriorer Segmente. Erhöht man den Gradienten, erstrecken sich die anterioren Strukturen sehr viel weiter in den Embryo hinein. Das Bicoid-Protein verhält sich also wie ein Morphogen, das konzentrationsabhängig die Position auf der anterior-posterioren Achse des Embryos festlegt.

Was aus den Zellen im vorderen Teil des Embryos wird, hängt davon ab, wie hoch die Konzentration des Bicoid-Proteins an der Stelle ist, an der sie sich befinden. Das *bicoid*-Produkt ist ein sequenzspezifisches DNA-Bindungsprotein, das die Transkription der Gene steuert, an deren Promotor es bindet. *bicoid* wirkt unmittelbar auf andere Gene, die wiederum die Entwicklung weiterer Gene regulieren. Ein wichtiges Ziel von *bicoid* ist das Gen *hunchback* (siehe unten). Die Transkription von *hunchback* wird konzentrationsabhängig durch *bicoid* ausgelöst; *hunchback* wird also erst oberhalb eines bestimmten Schwellenwertes des Bicoid-Proteins aktiviert. Das führt dazu, daß der Konzentrationsgradient wie ein räumlich orientierter An-Aus-Schalter wirkt. *Auf diese Weise entstehen während der Embryonalentwicklung durch quantitativ unterschiedliche Morphogen-(Bicoid-Protein-)Konzentrationen* qualitative Unterschiede wie z. B. Zellstrukturen. *bicoid* spielt eine **instruktive** Rolle bei der anterioren Entwicklung, da es ein positives Kontrollelement ist, das *für die Expression* von Genen *benötigt* wird, die wiederum die Synthese anteriorer Strukturen festlegen. Die Wirkung von Bicoid auf Hunchback ist, ein Expressionsband zu schaffen, das den anterioren Teil des Embryos beherrscht, wie in Abbildung 38.14 zu sehen ist.

Die posteriore Entwicklung beruht auf der Expression einer großen Gruppe von Genen. Embryonen von Fliegenmüttern, bei denen eines dieser Gene mutiert ist, bilden normale Kopf- und Thoraxsegmente, haben aber kein Abdomen. Einige dieser Gene schleusen Material aus den Nährzellen in die Eizelle, andere sind erforderlich, um das Material innerhalb des Eies zu transportieren oder an einer bestimmten Stelle zu fixieren.

Die hintere Hälfte des Embryos entwickelt sich in einer Reihe von Ereignissen, bei denen jeweils ein Produkt für die Lokalisation des nächsten verantwortlich ist. In Abbildung 38.7 wird die Reihenfolge der Genaktivierung den Wirkungen ihrer entsprechenden Produkte im Embryo gegenübergestellt. Die Funktionen von *spir* und *capu* sind erforderlich, um das Staufen-Protein am Pol zu verankern. Das Staufen-Protein fixiert wiederum die *oskar*-RNA. Möglicherweise bildet sich ein Komplex aus Staufen-Protein und *oskar*-RNA. Diese Funktionen werden benötigt um Vasa, ein RNA-Bindungsprotein, zu positionieren. Seine Spezifität und seine Zielmoleküle sind allerdings nicht bekannt.

Wird *oskar* im Embryo zu stark oder an einer falschen Stelle exprimiert, induziert es eine ektopische Bildung von Keimzellen. Es benötigt dafür nur die Produkte von *vasa* und *tudor*. Es ist daher anzunehmen, daß sämtliche Aktivitäten vor *oskar* nur gebraucht werden, um die *oskar*-RNA an der richtigen Stelle zu plazieren. *Oskar* besitzt in Verbindung mit *vasa* und *tudor* sowie natürlich allen Komponenten, die überall im Ei exprimiert werden, die Fähigkeit, beide Polzellen zu bilden und die Entstehung von Abdominalstrukturen auszulösen. Ein Effekt der *oskar*-Funktion besteht darin, das Vasa-Protein am posterioren Pol zu verankern. Welche Funktionen *valois* und *tudor* haben, ist nicht bekannt; möglicherweise gehört *valois* nicht zum Hauptreaktionsweg.

Am posterioren Pol kann das Muster auf zwei verschiedene Arten festgelegt werden; bei *tudor* verzweigt sich die

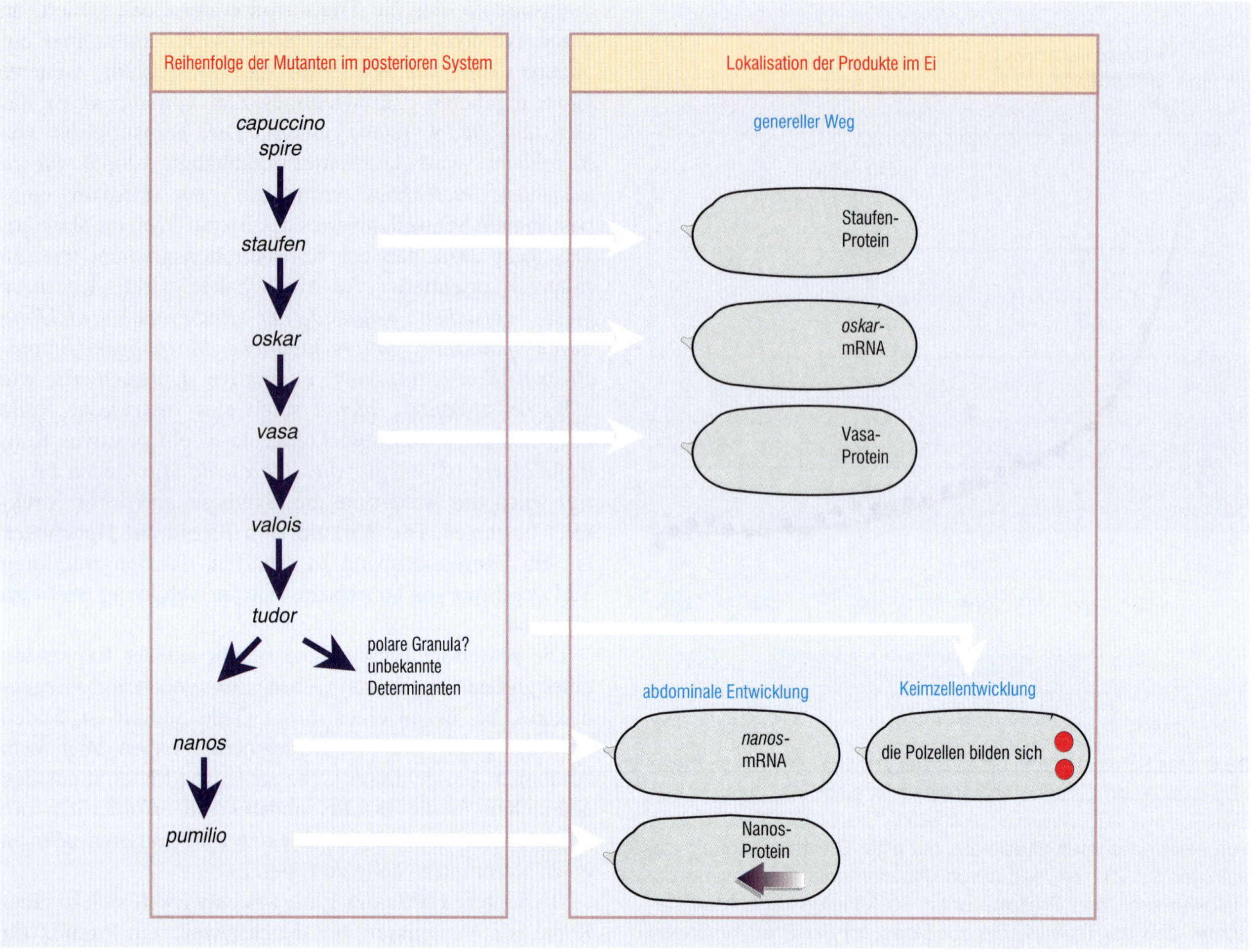

38.7 Posterior verzweigt sich die Entwicklung in zwei Linien, die für die Abdominalentwicklung und die Bildung der Keimzellen zuständig sind.

Entwicklung. Das Polplasma enthält zwei Morphogene: hinten bestimmt Nanos die Abdominalentwicklung; außerdem steuert ein noch nicht identifiziertes Signal die Bildung der Polzellen, aus denen die Keimbahn hervorgeht (Abbildung 38.2). Für beide Vorgänge werden sämtliche posterioren Gene mit Ausnahme von *nanos* und *pumilio* benötigt; das heißt, Mutanten für diese Gene zeigen Fehler in der Abdominalentwicklung und bei der Bildung der Polzellen. *nanos* und *pumilio* charakterisieren die abdominale Abzweigung des Entwicklungsweges (Abbildung 38.7). Wir wissen nicht, ob es auch eine spezielle Reaktionsvariante mit zusätzlichen Funktionen für die Keimzellentwicklung gibt oder ob der gemeinsame Weg bis *tudor* dafür schon ausreicht.

In bezug auf die Morphogenese ähnelt das posteriore System prinzipiell dem anterioren: Auch am posterioren Pol wird eine hier von *nanos* codierte, maternale mRNA plaziert, die das Morphogen liefert. Die beiden Systeme unterscheiden sich jedoch in zwei wichtigen Punkten. Die Lokalisation ist posterior komplizierter als im anterioren System, da hintere Determinanten, die aus den Nährzellen stammen, durch die gesamte Eizelle hindurch zum entgegengesetzten Pol transportiert werden müssen. Das Nanos-Protein wirkt, indem es die Translation eines Transkriptionsfaktors – in diesem Fall Hunchback – verhindert; damit ist seine Rolle, wie man sagt, **permissiv**. Seine Funktion besteht darin, Gene zu unterdrücken, deren Produkte die posteriore Entwicklung beeinträchtigen könnten.

Woher wissen wir, daß Nanos das Morphogen am Ende der Reaktion ist? Anhand von Transplantationsexperimenten (Abbildung 38.5) mit Mutanten aus der posterioren Gruppe konnte man zeigen, daß sich die posteriore Determinante in allen Fällen bis auf eine Ausnahme im Cytoplasma der Nährzelle befand, am posterioren Ende der Oocyte selbst aber fehlte. Das weist darauf hin, daß diese Mutanten alle eine untergeordnete Rolle spielen; wahrscheinlich sind sie für den Transport und die Plazierung des Morphogens im Ei verantwortlich. Die Ausnahme ist Nanos; seine Mutanten besitzen keinerlei Aktivität, um die posterioren Defekte auszugleichen. Gereinigte *nanos*-RNA kann jedoch die Mutanten aller anderen posterioren Gene retten; das spricht dafür, daß es die letzte Komponente des Entwicklungsweges ist. Injiziert man *nanos*-RNA in ektopische Bereiche des Embryos, so kann sie die Bildung abdominaler Strukturen induzieren; das zeigt, daß sie das Morphogen liefert.

Das obere Photo der Abbildung 38.8 zeigt, an welcher Stelle des posterioren Endes im frühen Embryo *nanos*-mRNA zu finden ist. Diese Position ist aber problematisch: Die Aktivität von *nanos* wird für die Entwicklung der Abdominalsegmente benötigt, das heißt für die Strukturen, die beinahe die gesamte posteriore Hälfte des Embryos einnehmen. Wie kann die *nanos*-RNA vom Pol aus die Abdominalentwicklung steuern? Das untere Photo der Abbildung 38.8 zeigt, daß das Nanos-Protein von der Translationsstelle wegdiffundiert und einen Gradienten bildet, der sich entlang des Abdominalbereichs erstreckt. Die Bildung des Nanos-Proteins wird zusätzlich durch Repression sämtlicher *nanos*-mRNAs außerhalb des posterioren Bereichs kontrolliert. Lokalisation und Repression der *nanos*-mRNA hängen von Sequenzen im 3′-untranslatierten Bereich ab. Damit Nanos seine Aufgabe ordnungsgemäß ausführen kann, wird außerdem Pumilio benötigt; man kann allerdings noch nicht sagen, in welcher Form.

bicoid und *nanos* beeinflussen beide die Expression des *hunchback*-Gens. *hunchback* codiert einen Repressor für die Transkription: Er wird für die Bildung anteriorer Strukturen im Bereich des Thorax benötigt und darf bei der Entwicklung von Strukturen des Hinterleibes nicht vorhanden sein. Sein Expressionsmuster ist komplex. Während der Oogenese wird *hunchback* in eine mRNA transkribiert, die gleichmäßig im Ei verteilt ist. Nach der Befruchtung ändert sich das *hunchback*-Muster in zweifacher Hinsicht. Der Bicoid-Gradient aktiviert anterior die Synthese der *hunchback*-RNA; und Nanos verhindert posterior die Translation der *hunchback*-mRNA. Aufgrund dieser Hemmung wird unter anderem die mRNA abgebaut. Insgesamt gesehen erhöhen das anteriore und das posteriore System die Hunchback-Konzentration in der anterioren und verringern sie in der posterioren Eihälfte. Wie wir noch sehen werden, hat diese Verteilung vor allem Bedeutung für die Gene, die unter der Kontrolle von Hunchback stehen. Es hemmt die Gene *knirps* und wohl auch *giant*, die für die Bildung von Abdominalstrukturen erforderlich sind. *Im Grunde genommen hat daher Hunchback die Aufgabe, die Bildung von Abdominalstrukturen zu verhindern, indem es weiter anterior die Expression von knirps und giant unterbindet.*

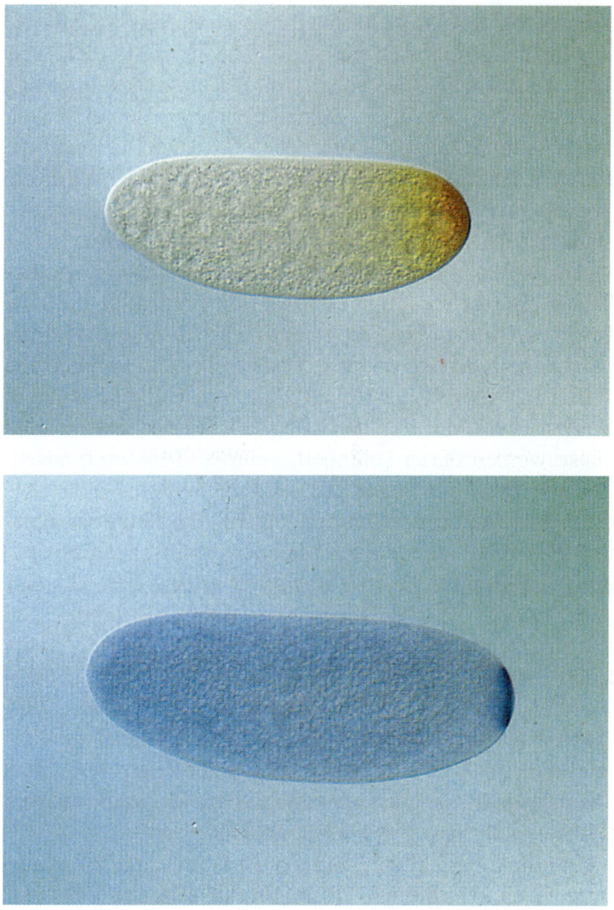

38.8 Die Produkte von *nanos* befinden sich beim *Drosophila*-Embryo am posterioren Pol. Die obere Photographie zeigt die genau festgelegte Lokalisation der RNA in einem sehr frühen Embryonalstadium, zur Zeit der dritten Kernteilung. Die untere Photographie zeigt, wie weit sich das *nanos*-Protein zur Zeit der achten Kernteilung verteilt hat. (Aufnahmen mit freundlicher Genehmigung von Ruth Lehmann.)

38.4 Bei der dorsoventralen Entwicklung spielen lokale Wechselwirkungen zwischen Rezeptoren und Liganden eine Rolle

Bei der dorsoventralen Entwicklung kommt es zu einem komplizierten Wechselspiel zwischen Oocyte und Follikelzellen. Die Musterbildung beginnt damit, daß in der Eizelle die Gene exprimiert werden, die für eine ordnungsgemäße Entwicklung der Follikelzellen benötigt werden. Durch die Expression der Gene in den Follikelzellen wird an die Oocyte ein Signal weitergeleitet, das die Entwicklung ventraler Strukturen veranlaßt. Für die Entstehung der dorsalen Strukturen des sich entwickelnden Eies ist ein anderer Vorgang verantwortlich. Beide Systeme aktivieren jeweils an einer bestimmten Stelle die Interaktion eines Liganden mit einem Rezeptor, durch die es zu einer Signalübertragungsreihe kommt.

Der Prozeß beginnt mit der Plazierung der *gurken*-mRNA. Dies geschieht in zwei Stadien, von denen das erste eine Rolle bei der Musterbildung in anterior-posteriorer und das zweite in dorsoventraler Richtung spielt. Dies sind entscheidende Prozesse; sie legen die räumliche Asymmetrie in der Eikammer fest. Bis auf den Punkt, daß sie beide *gurken* benötigen, verlaufen jedoch beide völlig unabhängig voneinander.

Die erste *gurken*-mRNA wird im posterioren Bereich der Oocyte plaziert. Dies löst ein Signal aus, durch das die benachbarten Follikelzellen zu posterioren Zellen werden. Die Follikelzellen senden das Signal an die Eizelle zurück; so entsteht ein polarisiertes Netzwerk von Mikrotubuli, das erforderlich ist, um die maternalen Transkripte von *bicoid* und *oskar* an entgegengesetzte Pole zu transportieren (siehe oben).

Die dorsoventrale Polarität wird später festgelegt, wenn die *gurken*-mRNA auf der Dorsalseite der Oocyte plaziert wird. Wie die Reaktion verläuft und welche Folgen sie hat, ist in Abbildung 38.9 skizziert. Um die *gurken*-mRNA an die richtige Stelle zu bringen und das Protein zu aktivieren, werden die Produkte von *cornichon* und *brainiac* benötigt. Von der Gruppe der früher aktiven Loci werden die Produkte von *K10* und *squid* gebraucht, um die RNA zu verankern. *cappucino*- und *spire*-Mutanten haben eine Reihe von Defekten, die vermuten lassen, daß ihre Produkt in vieler Hinsicht eine Rolle bei der Organisation des Cytoskeletts der Oocyte spielen. Entsprechend werden *cappucino* und *spire* auch für die frühe Lokalisation der *gurken*-mRNA benötigt, die an der Musterbildung in anterior-posteriorer Richtung beteiligt ist.

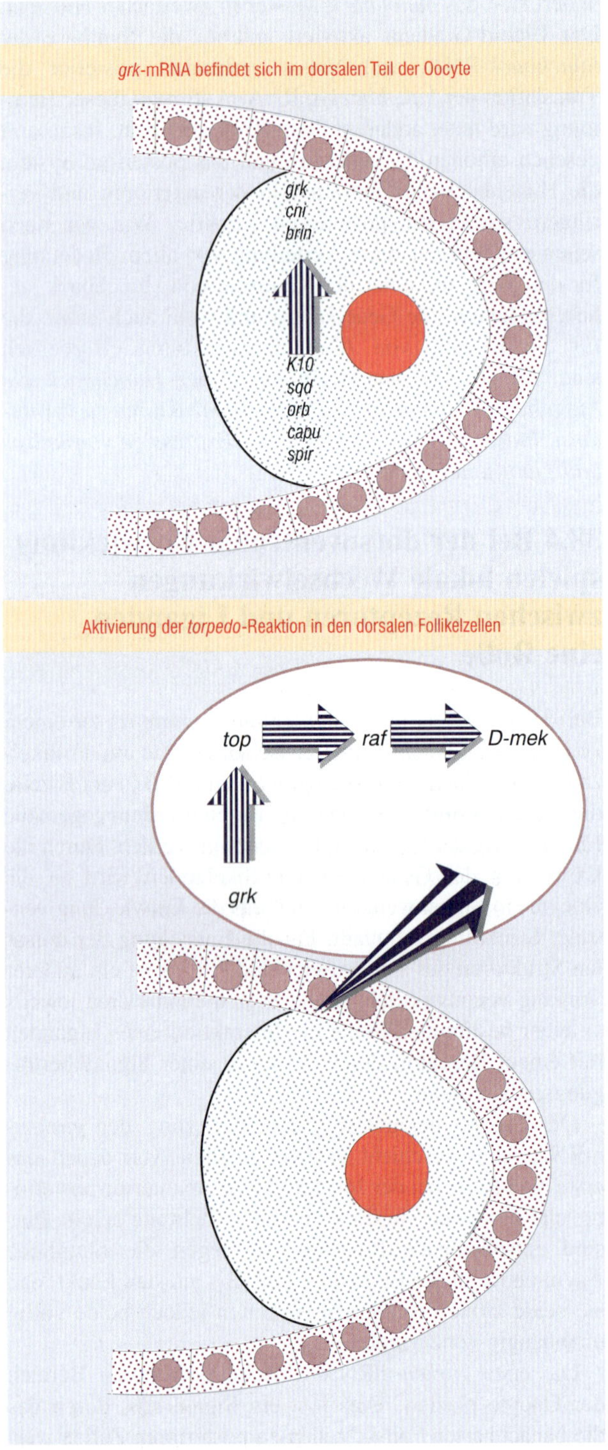

38.9 Sobald sich *grk*-mRNA auf der Dorsalseite der Oocyte befindet, kann man zum ersten Mal dorsal und ventral unterscheiden. Die Synthese von Grk aktiviert den von *torpedo* codierten Rezeptor, der in den Follikelzellen einen MAPK-Weg anregt.

gurken codiert ein Protein, das dem Wachstumsfaktor TGFα ähnelt. Der nächste Locus auf diesem Weg ist *torpedo*, das den EGF-Rezeptor von *Drosophila* codiert. Er wird in den Follikelzellen gebildet. Die Reaktion läuft daher von der Eizelle zu den Follikelzellen, wenn der Ligand Gurken – möglicherweise in seiner Transmembranform, bei der die extrazelluläre Domäne auf der Eizelle exponiert ist – mit dem Rezeptor Torpedo auf der Plasmamembran einer Follikelzelle interagiert.

Ein interessantes und generelles Prinzip läßt sich aus der Aktivierung von Torpedo, einer typischen Rezeptortyrosinkinase, ableiten. Diese Aktivierung regt eine Ras-Signalkette an, die über Raf und D-mek, dem Pendant zu MAPKK, verläuft und einen klassischen MAP-Kinase-Reaktionsweg auslöst. Wie sich diese Signalübertragung letztlich auswirkt, ist unbekannt; sie führt aber dazu, daß die Reaktion, durch welche die dorsoventrale Seite festgelegt wird, die sogenannte ventralbestimmende Reaktion (siehe unten), nicht auf der Rückseite des Embryos aktiviert wird.

Die Nutzung dieser Reaktion zeigt, daß unter verschiedenen Umständen ähnliche Reaktionen ablaufen, um eine hochspezifische Wirkung zu erzielen. Ausgelöst wird die Aktivierung der Interaktion zwischen Ei- und Follikelzelle durch die spezifische Lokalisation von Gurken. Dadurch ändern sich die Eigenschaften der Follikelzellen, und diese werden daran gehindert, ventrale Strukturen auszuprägen. Die Grundelemente der Reaktion sind allerdings dieselben wie bei der Übertragung von Proliferationssignalen in Wirbeltieren oder auch bei der spezifischen Entwicklung der Retinazelle in *Drosophila* selber. Dort aktiviert eine andere Wechselwirkung zwischen Rezeptor und Gegenrezeptor die Ras-Reaktion mit spezifischer, wenn auch sehr unterschiedlicher Wirkung auf die Zelldifferenzierung. Es wird also ein im wesentlichen gleicher Übertragungsweg dazu benutzt, um das Anfangssignal zu interpretieren und eine Reaktion hervorzurufen; diese kann dann aber völlig unterschiedlich ausfallen, weil sie vom Phänotyp der jeweiligen Zelle abhängt.

Für die Entwicklung ventraler Strukturen sind elf maternale Gene erforderlich, deren Produkte in der Zeit zwischen der Befruchtung und dem zellulären Blastoderm die dorsoventrale Achse bilden (Abbildung 38.4). Abbildung 38.10 zeigt, daß das dorsoventrale Muster in der Seitenansicht an der Gestaltung der Cuticula zu erkennen ist; im Querschnitt kann man sehen, daß es die Bildung unterschiedlicher Gewebstypen widerspiegelt. Das *dorsal*-System ist erforderlich, um die ventralen Strukturen ein-

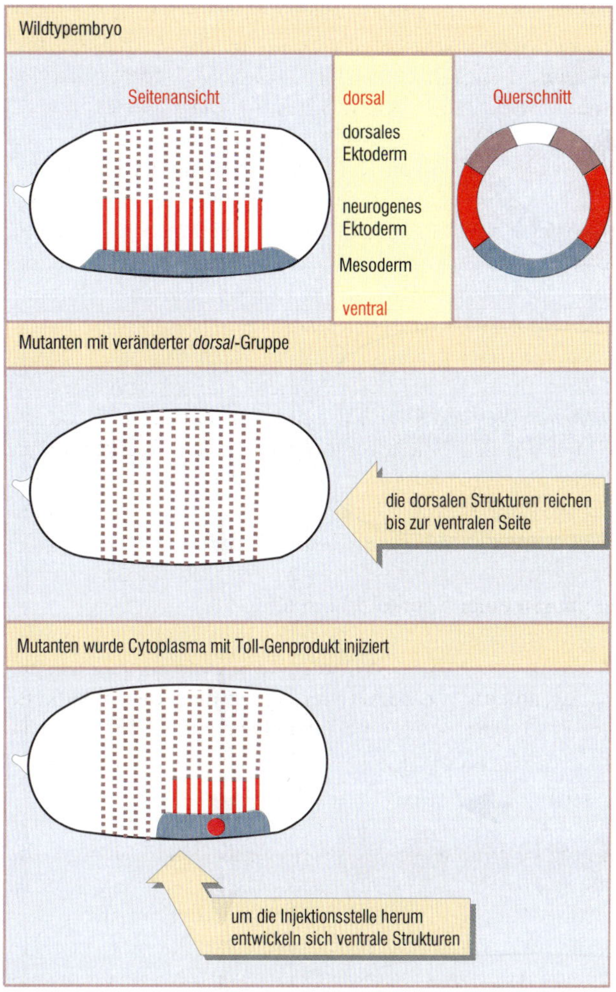

38.10 Wildtypembryos von *Drosophila* haben unterschiedliche dorsale und ventrale Strukturen. Mutationen in den Genen der *dorsal*-Gruppe verhindern, daß sich ventrale Strukturen ausbilden; dann erhält auch die Ventralseite des Embryos dorsale Charakteristika. Sie kann jedoch wieder ihre normale Form annehmen, wenn man Cytoplasma injiziert, in dem das Toll-Genprodukt enthalten ist.

schließlich des Mesoderms und des neurogenen Ektoderms auszuprägen. Das System wurde nach Mutationen benannt, bei denen vermehrt dorsale Strukturen gebildet werden, und nicht nach der Rolle der Genprodukte, die für eine stärkere Ventralisierung sorgen. Bei Mutanten mit Defekten in irgendeinem Gen der *dorsal*-Gruppe fehlen, wie in der Abbildung 38.10 zu sehen ist, die Ventralstrukturen; statt dessen entstehen auf der Bauchseite Dorsalstrukturen. Injiziert man Wildtypcytoplasma in die mutierten Embryonen läßt sich dieser Mangel beheben, und es entwickeln sich ventrale Strukturen.

Die Reaktion, die festlegt, welches die Ventralseite ist, beginnt ebenfalls in der Follikelzelle und endet in der Eizelle (Abbildung 38.11). Die ersten Schritte liegen noch nicht fest, doch müssen dafür auf der Bauchseite der Follikelzellen drei Loci exprimiert werden. Diese Loci treten vor der Befruchtung in Aktion, die Eizelle erhält das Signal aber erst nach der Befruchtung. Was für ein Signal das ist, wissen wir nicht, obwohl wir die meisten Prozesse kennen, die anschließend in der Eizelle stattfinden.

Das Signal führt im Perivitellinraum, der äußersten Zone der Eizelle, zu einer Reihe proteolytischer Spaltprozesse. Das *snake*-Produkt spaltet wahrscheinlich das Produkt von *easter* und aktiviert es, so daß dieses wiederum das *spätzle*-Produkt spaltet. Das so aktivierte Spätzle kann dann einen Liganden für einen Rezeptor bereitstellen, der vom *Toll*-Gen codiert wird. Toll ist die erste Reaktionskomponente, die in der Eizelle wirkt.

Transplantationen von Cytoplasma zeigen, daß *Toll* das entscheidende Gen ist, welches das Signal in die Eizelle schleust. $Toll^{-}$-Mutanten haben keinen dorsoventralen Gradienten; injiziert man jedoch Toll, entwickeln sich dorsoventrale Strukturen. Die anderen Gene der *dorsal*-Gruppe codieren Produkte, die entweder die Aktivität von *Toll* kontrollieren oder für dessen Aktivität benötigt werden, sie erzeugen jedoch nicht die primäre Polarität.

Es gibt ein Paradoxon in der Verteilung des Toll-Proteins. Wenn man Cytoplasma extrahiert und per Injektion austestet, findet man, daß die Aktivität des *Toll*-Genprodukts in allen Teilen des Donorembryo vorhanden ist. Trotzdem induziert es bei einer normalen Entwicklung die ventralen Strukturen immer an der richtigen Stelle. Die zunächst gleichmäßige Verteilung des Produkts von *Toll* muß also in irgendeiner Weise durch lokale Ereignisse so verändert werden, daß sich das aktive Produkt an den dafür vorgesehenen Stellen anreichert.

Toll ist ein Transmembranprotein, das homolog zum Interleukin-1-Rezeptor der Wirbeltiere ist. Man weiß nicht, wie es wirkt; die Bindung des Liganden reicht aber aus, um die Reaktion auszulösen, die festlegt, welches die Ventralseite ist. Diese Reaktion findet auf der Ventralseite des Perivitellinraumes statt. Der Spätzle-Ligand kann sich entweder nicht weit von der Furchungsstelle entfernen oder bindet sehr schnell an Toll; daher wird Toll nur auf der Ventralseite des Embryos aktiviert. Funktionsverlustmutationen von Toll wirken dorsalisierend, da der Rezeptor nicht aktiviert werden kann. Es gibt auch dominante ($Toll^{D}$)-Mutationen, durch die dorsale Bereiche ventrale Eigenschaften erhalten. Das sind Funktionsgewinnmutationen, die ventralisierend sind, da der Rezeptor konstitutiv aktiv ist. Auf welche Weise auch immer, Toll vermittelt seine Wirkung über *tube* und *pelle*. Die Funktion von *tube* ist unbekannt, *pelle* codiert eine Kinase. Deren Ziel ist wahrscheinlich das Produkt von *cactus*, dem letzten Regulator des Transkriptionsfaktors, der von *dorsal* codiert wird; es ist aber auch möglich, daß die Pelle-Kinase zusätzlich oder überhaupt nur direkt auf das Dorsal-Protein einwirkt.

Dorsal und Cactus bilden ein interagierendes Paar von Proteinen, die mit dem Transkriptionsfaktor NF-κB und seinem Regulator IκB verwandt sind. NF-κB besteht aus zwei Untereinheiten mit ähnlichen Sequenzen, die durch IκB im Cytoplasma verankert werden. Wird IκB phosphoryliert, setzt es NF-κB frei. Dieses wandert dann in den Kern und wirkt dort als Transkriptionsfaktor bei Genen,

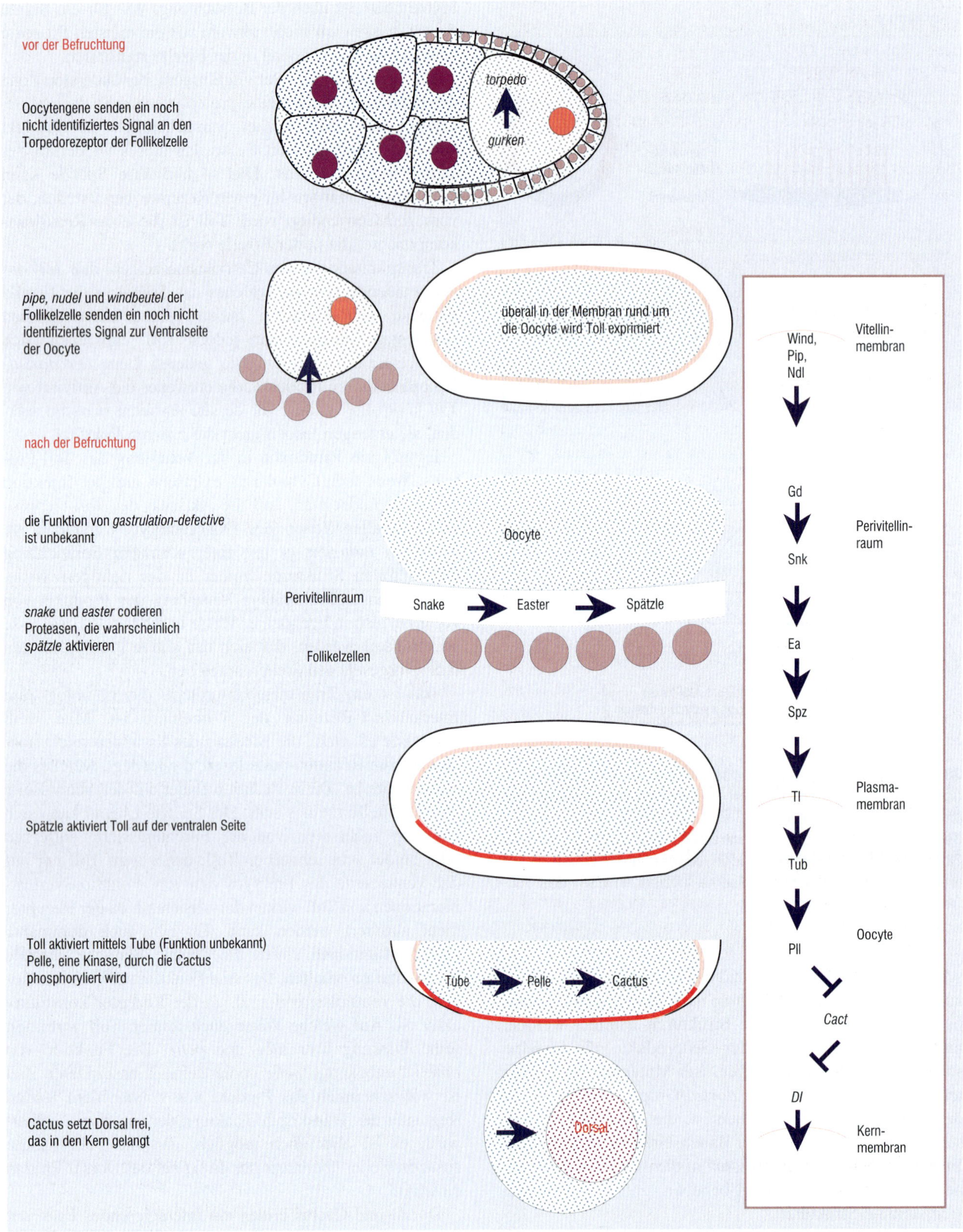

38.11 Die rechte Seite gibt einen Überblick über die dorsoventrale Entwicklung, links finden sich die Einzelheiten. Dabei kommt es zu Interaktionen zwischen Follikelzellen und Oocyte. Der Reaktionsverlauf verlagert sich in die Oocyte, wenn Spätzle an Toll bindet, und aktiviert das Morphogen. Er endet damit, daß der Transkriptionsfaktor Dorsal in den Kern transportiert wird.

deren Promotoren das κB-Motiv besitzen. Ein Beispiel für eine solche Reaktion ist in Abbildung 29.2 skizziert. Wahrscheinlich kontrolliert Cactus Dorsal genauso wie IκB NF-κB kontrolliert: Ein Komplex aus Cactus und Dorsal ist im Cytoplasma inaktiv; wird aber Cactus phosphoryliert, setzt es Dorsal frei und dieses wandert dann in den Kern. Diese Reaktion ist vom Rezeptor bis zum Effektor in der Evolution erhalten geblieben, denn auch die Aktivierung des Interleukin-1-Rezeptors wirkt sich vor allem so aus, daß NF-κB aktiviert wird.

Durch die Aktivierung von Toll entsteht im Kern ein Gradient des Dorsal-Proteins, der sich im Embryo von ventral nach dorsal erstreckt. Auf der ventralen Seite wird das Dorsal-Protein zum Kern hin entlassen, auf der dorsalen Seite bleibt es im Cytoplasma. Im Stadium des syncytialen Blastoderms bildet sich ein steil ansteigender Gradient aus, der beim Übergang zum zellulären Blastoderm noch schärfer wird. Je höher der Anteil an Dorsal-Protein im Kern ist, umso mehr wird in dieser Region der ventrale Phänotyp ausgeprägt. Für das Photo in Abbildung 38.12 wurde der Gradient durch Färbung mit einem Antikörper gegen Dorsal-Protein sichtbar gemacht. Insgesamt ändert sich die Menge an Dorsal im Embryo nicht: Der Gradient entsteht ausschließlich dadurch, daß das Protein zwischen Kern und Cytoplasma umverteilt wird.

Dorsal aktiviert und unterdrückt die Genexpression. Es aktiviert die für die Entwicklung ventraler Strukturen erforderlichen Gene *twist* und *snail*; gleichzeitig reprimiert es die Gene *dpp* und *zen*, die für die Entwicklung dorsaler Strukturen nötig sind. Daher werden diese Gene nur in den 40 % des Embryos exprimiert, die der dorsalen Seite am nächsten liegen.

Das Produkt von *dpp* gehört zur Familie der TGFβ-Wachstumsfaktoren. Da das Gen auf ventral unterdrückt wird, wird das Dpp-Protein nur von Zellen auf der Dorsalseite des Embryos sezerniert. Dpp ist daher das Morphogen, das die Synthese dorsaler Strukturen induziert. Die Rezeptoren für die Mitglieder dieser Familie sind in der Regel Heterodimere, die Transmembranproteine mit Serin/Threoninkinaseaktivität bilden. Das Heterodimer enthält eine Typ-I- und eine Typ-II-Komponente. Auf dem *dpp*-Weg befinden sich zwei Typ-I-Proteine, die von *thick veins* und *saxophone* codiert werden, sowie eine von *punt* codierte Typ-II-Komponente. *tkv*- und *punt*-Mutanten haben denselben Phänotyp wie *dpp*-Mutanten. Es ist daher anzunehmen, daß das Tkv/Punt-Heterodimer der entscheidende Rezeptor ist. Wie der Reaktionsweg nach der Wechselwirkung von Ligand und Rezeptor verläuft, muß noch geklärt werden; eine Komponente auf diesem Abschnitt ist jedoch der Transkriptionsfaktor Zen, der von *zerknüllt* codiert wird.

Verschiedene Loci beeinflussen vor allem auf posttranslationalem Wege die Produktion von Dpp. Dadurch wird letztlich die Dpp-Aktivität auf der dorsalen Seite des Embryos erhöht und auf der Ventralseite unterdrückt. Die Dpp-Konzentration beeinflußt direkt den Phänotyp der Zelle; dabei benötigen die Strukturen, die am meisten dorsal liegen sollen, die höchsten Konzentrationen.

38.12 Das Dorsal-Protein bildet entsprechend seiner Verteilung in den Kernen einen von der ventralen zur dorsalen Embryoseite verlaufenden Gradienten. Auf der ventralen Seite (unten) läßt das darin enthaltene Protein die Kerne hell erscheinen; auf der Dorsalseite (oben) fehlt den Kernen das Protein; sie erscheinen daher im helleuchtenden Cytoplasma als schwarze Löcher. (Aufnahme mit freundlicher Genehmigung von Michael Levine.)

Besonders wichtig bei der Entwicklung in der dorsoventralen Richtung ist die Beziehung zwischen den Systemen, wie in Abbildung 38.13 verdeutlicht. Die Fähigkeit eines Systems, das andere zu unterdrücken, ist dafür verantwortlich, daß die lokalen Aktivitäten auf die entsprechenden Stellen im Embryo beschränkt bleiben. Die anfängliche Interaktion zwischen Gurken und Torpedo führt auf der dorsalen Seite des Embryos zur Repression der Spätzle-Aktivität. Dadurch wird das Dorsal-Protein nur auf der ventralen Seite des Embryos aktiviert. Die Lokalisation des Dorsal-Proteins im Kern verhindert wiederum die Expression von *dpp*, das daher einen Gradienten bildet, der von der dorsalen Seite wegdiffundiert. Auf diese Weise bilden sich ventrale Strukturen im Kerngradienten des Dorsal-Proteins und dorsale Strukturen im Gradienten des Dpp-Proteins.

Das terminale System wird ähnlich wie das dorsoventrale System aktiviert. Nach der Befruchtung entsteht

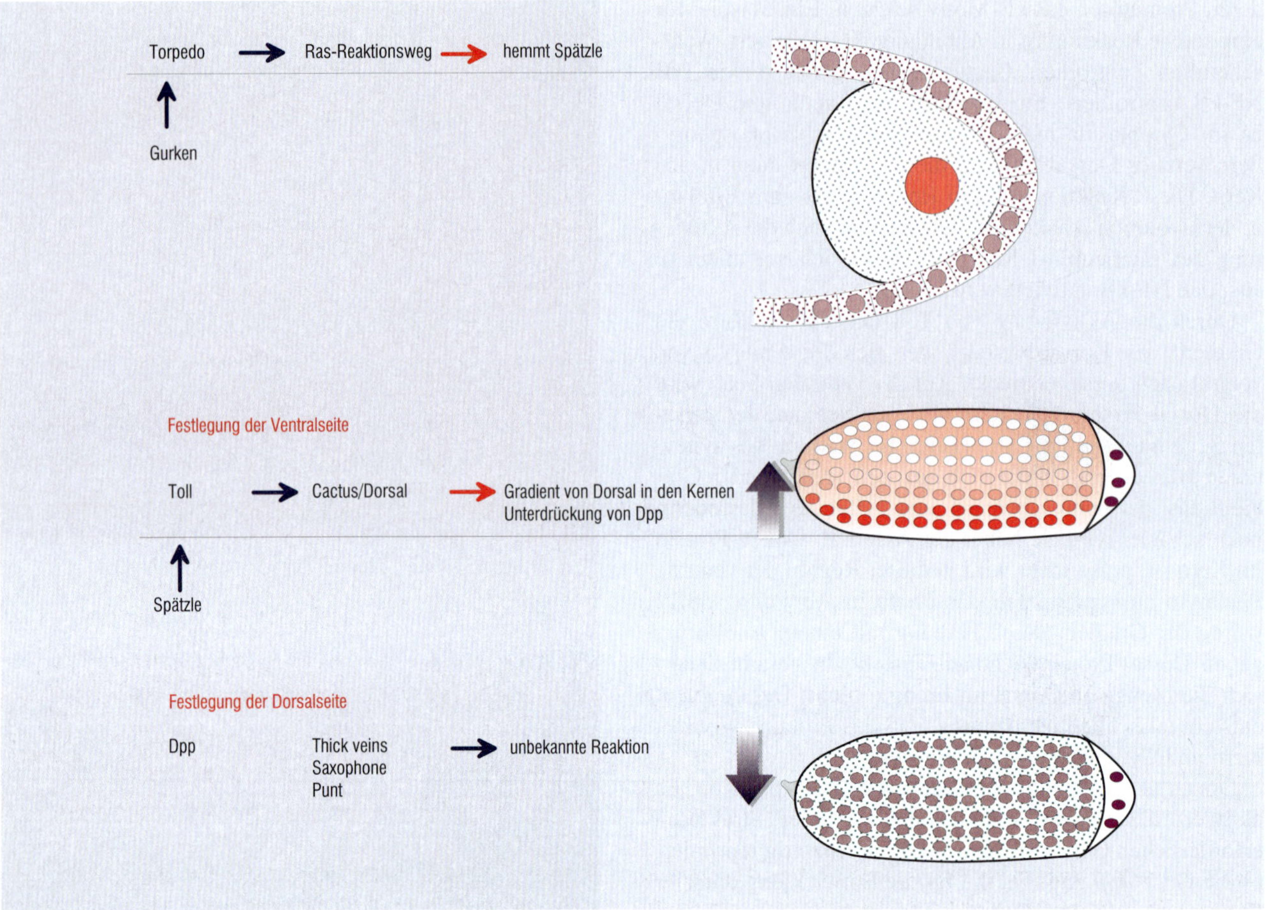

38.13 Damit das Muster in dorsoventraler Richtung festgelegt werden kann, müssen nacheinander drei fest lokalisierte Systeme in Aktion treten.

durch Translation einer maternalen RNA ein vom *torso*-Gen codierter Transmembranrezeptor; dieser ist überall im Embryo vorhanden. Er wird an den Polen durch lokale Synthese eines extrazellulären Liganden aktiviert. Das Torso-Protein besitzt eine Kinaseaktivität. Diese initiiert eine Kaskade, die zur lokalen Expression der *tailless*- und *huckebein*-RNAs führt; diese wiederum codieren Faktoren, welche die Transkription kontrollieren.

Die Abbildung 38.14 gibt einen Überblick darüber, welche Regulatoren jeweils an den einzelnen Entwicklungsphasen und Systemen beteiligt sind. Die anfängliche Asymmetrie entsteht auf zweierlei Weise. Um anterior von posterior zu unterscheiden, wird jeweils eine RNA an einem Pol des Eies plaziert – im anterioren System *bicoid*, im posterioren *nanos*. Wo sie positioniert werden, hängt von der Interaktion der Sequenzen am 3′-Ende der RNA mit maternalen Proteinen ab. Beim dorsoventralen und beim terminalen System wird an einer bestimmten Stelle gezielt ein Rezeptor aktiviert; das ergibt sich dadurch, daß der entsprechende Ligand nur an bestimmten Stellen vorhanden ist. Alle diese Wechselwirkungen beruhen auf RNAs und/oder Proteinen, die von maternalen Genen exprimiert werden.

Durch das lokale Ereignis wird ein Morphogen synthetisiert, das quantitativ (Bicoid) oder aufgrund der Verteilung zwischen Kern und Cytoplasma (Dorsal) einen Gradienten bildet oder in einer breiten, aber begrenzten Zone vorhanden ist (Nanos). Das Ausmaß der Region, in der das Morphogen aktiv ist, beträgt bei jedem dieser Systeme etwa 50 % des Eies. Die Morphogene werden von maternalen RNAs translatiert und die Entwicklung hängt daher bis zu diesem Stadium von maternalen Genen ab.

Die Orientierung und räumliche Organisation des Embryos wird durch die Bildung der anterior-posterior und dorsoventral verlaufenden Gradienten eingeleitet. Unter der Regie der maternalen Gene bilden sich im gemeinsamen Cytoplasma Gradienten und beeinflussen das Verhalten der darin enthaltenen Kerne. Im nächsten Schritt entstehen einzelne Bereiche, aus denen sich unterschiedliche Körperteile entwickeln. Dafür muß das Genom der Zygote exprimiert werden. Die Loci, die dann aktiviert werden, sind die sogenannten *zygotischen Gene*. Die Gene, die in diesem Stadium aktiv sind, erkennt man anhand von Segmentierungsmutanten.

Die Produkte der Segmentierungsgene bilden Streifen, die einzelne Bereiche auf der anterior-posterioren Achse unterscheiden. Zusammengenommen ergeben sich aus den Aktivitäten des anterioren und des posterioren Systems mehrere breite Bereiche (die beiden Zonen, die das ante-

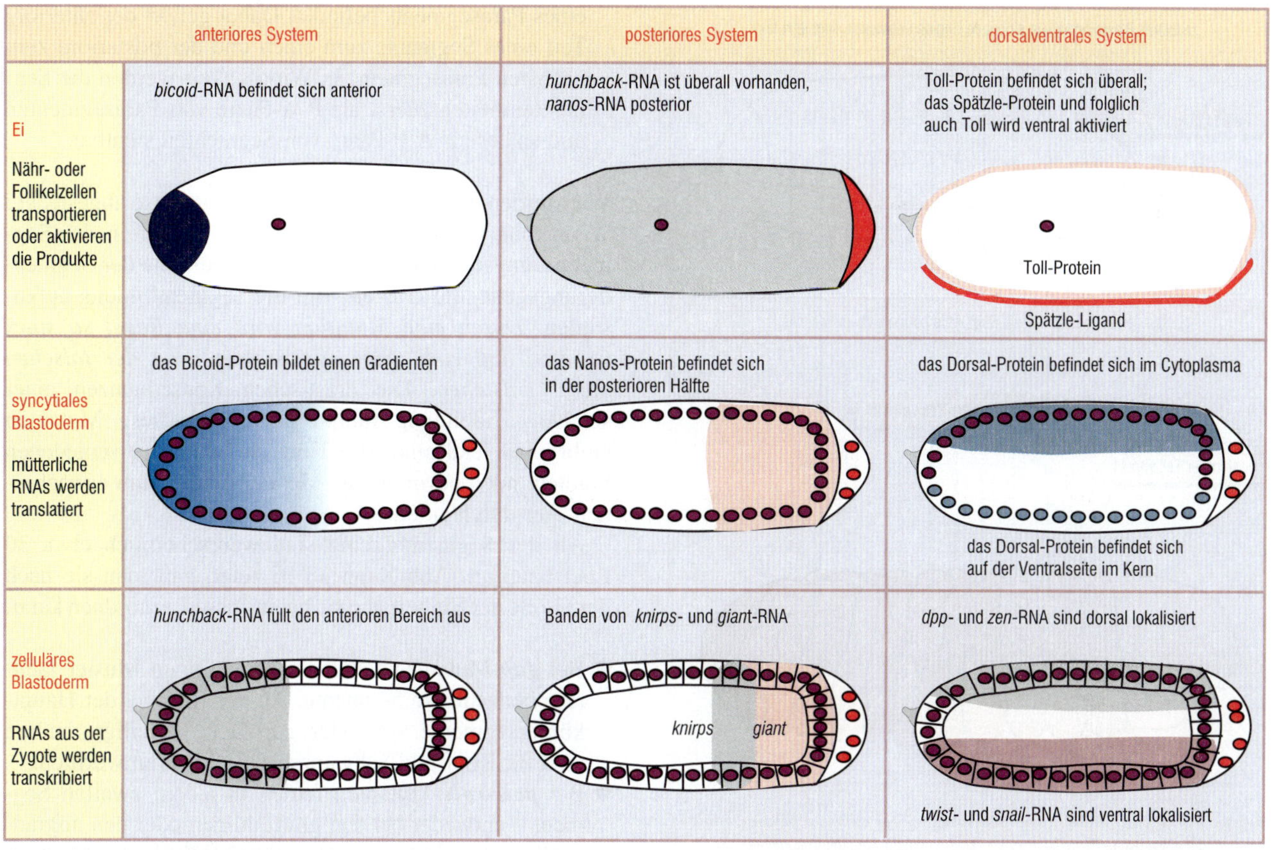

38.14 Bei jedem System zur Festlegung der Achsen sorgen an bestimmten Stellen im Ei Produkte dafür, daß andere mütterliche RNAs oder Proteine im syncytialen Blastoderm in einem größeren Bereich vorhanden sind; im zellulären Blastoderm werden RNAs aus der Zygote in Banden transkribiert.

riore System bildet, befinden sich direkt neben den beiden, die sich vom posterioren System herleiten; siehe unten). Auf der dorsoventralen Achse gibt es drei recht breite Banden, die den Bereichen entsprechen, aus denen im weiteren Verlauf – von ventral nach dorsal – Mesoderm, Neuroektoderm und dorsales Ektoderm hervorgehen.

38.5 Das Schicksal einer Zelle hängt von Bereichen ab, die sich im Blastodermstadium ausbilden

Im Blastodermstadium kann man eine Entwicklungskarte (*fate map*) des Embryos erstellen; in ihr kann man die Bereiche für die späteren adulten Segmente finden, die sich aus den Tochterzellen der embryonalen Zellen entwikkeln. Das ist möglich, weil die Zellen bereits vor diesem Stadium erste Informationen darüber erhalten haben, welchem Entwicklungsweg sie folgen und welche Strukturen sie daher bilden werden. Diese Information stammt von maternalen Regulatoren, die bereits beschrieben wurden, und wird durch die Expression zygotischer Gene noch präziser ausformuliert. Der *fate map* liegt folgendes Konzept zugrunde: Der im Blastoderm auszumachende Bereich besteht aus einer Gruppe von Zellen, aus dem spezifisch eine bestimmte Struktur des erwachsenen Tieres hervorgeht.

Die Entwicklung von *D. melanogaster* läßt sich anhand zweier verschiedener Bauelemente des Körpers betrachten, die in Abbildung 38.15 dargestellt sind: das Segment und das Parasegment.

- Das **Segment** ist eine sichtbare morphologische Struktur. Eine adulte Fliege besteht aus einer Reihe klar gegeneinander abgegrenzter Segmente. Diese sind im Prinzip schon bei der Larve angelegt, sind bei dieser aber durch Einschnürungen voneinander getrennt. Uns interessieren vor allem die drei Thorax-(T-) und acht Abdominal-(A-)Segmente, über deren Entwicklung am meisten bekannt ist. Wenn der größte Teil des Embryos in eine Reihe alternierender anteriorer (A) und posteriorer (P) Felder aufgeteilt ist, liegt das Muster der segmentalen Einheiten fest; dieser Vorgang ist bereits zu Beginn des Blastoderms abgeschlossen. Ein Segment besteht daher aus einem A-Feld, an das sich ein P-Feld anschließt; Segment A3 setzt sich also aus den Feldern A3A und A3P zusammen.
- Die zweite Art der Einteilung zeichnet sich schon früher ab, wenn in der Gastrulation die ersten Teilungen sichtbar werden. Man kann den Embryo in **Parasegmente**

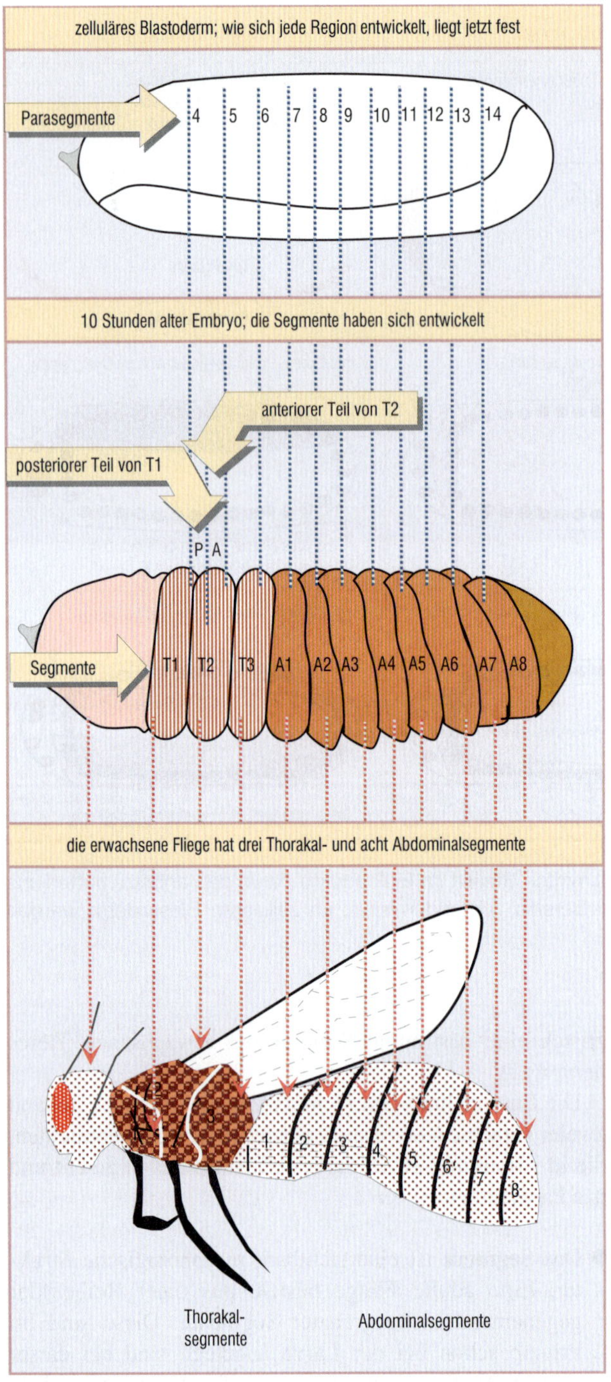

38.15 Bei *Drosophila* kommt es im Laufe der Entwicklung zur Ausbildung von Kompartimenten, welche die Segmente und Parasegmente festlegen.

einteilen, von denen jedes aus einem P-Feld besteht, auf das ein A-Feld folgt. Parasegment 8 etwa enthält die Felder A2P und A3A. Im fünf bis sechs Stunden alten Embryo sind benachbarte Parasegmente durch leichte Einschnürungen auf der Oberfläche voneinander getrennt. Wenn sich nach etwa neun Stunden die Segmente bilden, vertiefen sich die Einschnürungen und wandern, bis sich jede Segmentgrenze in der Mitte eines Parasegments befindet. Daher gehört der anteriore Teil eines Segments zum einen und der posteriore zum nächsten Parasegment. In Wirklichkeit werden die Segmenteinheiten zuerst als P-A-Paare von Parasegmenten und später als A-P-Paare von Segmenten sichtbar.

Wie werden diese Felder in der Embryogenese abgesteckt? Wenn man von den allgemeinen Eigenschaften der Segmentierungsmutanten ausgeht, ist es Aufgabe der Segmentierungsgene, die „Regeln" für die Segmentbildung aufzustellen. *Durch eine Mutation wird eine Regel so stark verletzt, daß viele oder alle Segmente an der falschen Stelle entstehen*. Die drastischen Konsequenzen einer solchen Mißbildung führen dazu, daß diese Mutanten embryonal letal sind; die Tiere sterben in verschiedenen Stadien, noch bevor sie die Metamorphose zum erwachsenen Tier durchlaufen.

An der Segmentbildung sind wahrscheinlich etwa 30 Loci beteiligt. Abbildung 38.16 zeigt, daß man sie nach der Größe der Einheit, die sie beeinflussen, einordnen kann:

- Bei ***gap***-Mutanten fehlen im endgültigen Muster mehrere benachbarte Segmente. An der Bildung der Hauptkörpersegmente sind vier *gap*-Gene beteiligt; andere sind für Kopf und Schwanzstrukturen verantwortlich.
- Bei ***pair-rule***-Mutanten fehlen in jedem zweiten Segment – entweder bei den gradzahligen oder den ungradzahligen Segmenten – entsprechende Teile des Musters. Es gibt acht *pair-rule*-Gene.
- **Segmentpolaritätsmutanten** fehlt meist in jedem Segment ein Teil des P-Feldes. Es ist durch eine spiegelbildliche Kopie des A-Feldes ersetzt. Einige Mutanten haben keine A-Felder oder mittlere Segmente. Man kennt 16 Segmentpolaritätsgene und wird wahrscheinlich noch mehr finden.

Diese Gengruppen werden nacheinander in der Entwicklung exprimiert. Sie determinieren immer kleinere Bereiche der Eizelle (Abbildung 38.17). Die maternalen Gene erzeugen Gradienten, die vom anterioren und posterioren Pol ausgehen. Diese maternalen Gradienten aktivieren oder unterdrücken die *gap*-Gene; sie gehören zu den ersten, die nach der Befruchtung – etwa nach der elften Kernteilung – transkribiert werden. Sie unterteilen den Embryo in vier Zonen. Die *gap*-Gene kontrollieren die *pair-rule*-Gene, die etwas später transkribiert werden und nur auf Segmentpaare wirken können. Die *pair-rule*-Gene wiederum steuern die Segmentpolaritätsgene, die während der 13. Kernteilung exprimiert werden und deren Zielgröße nun das *einzelne* Segment ist.

Viele maternale Gene sowie die *gap*- und *pair-rule*-Gene steuern die Transkription, indem sie sie aktivieren oder hemmen. In einigen Fällen aktiviert ein bestimmtes Protein je nach Konzentration oder Umfeld einen Teil seiner Zielgene, während es andere unterdrückt. Die Gene jeder Klasse kontrollieren sich gegenseitig und darüber hinaus die Gene der nächsten Klasse. Erst auf der Ebene der Segmentpolaritätsgene findet man Produkte, die anders wir-

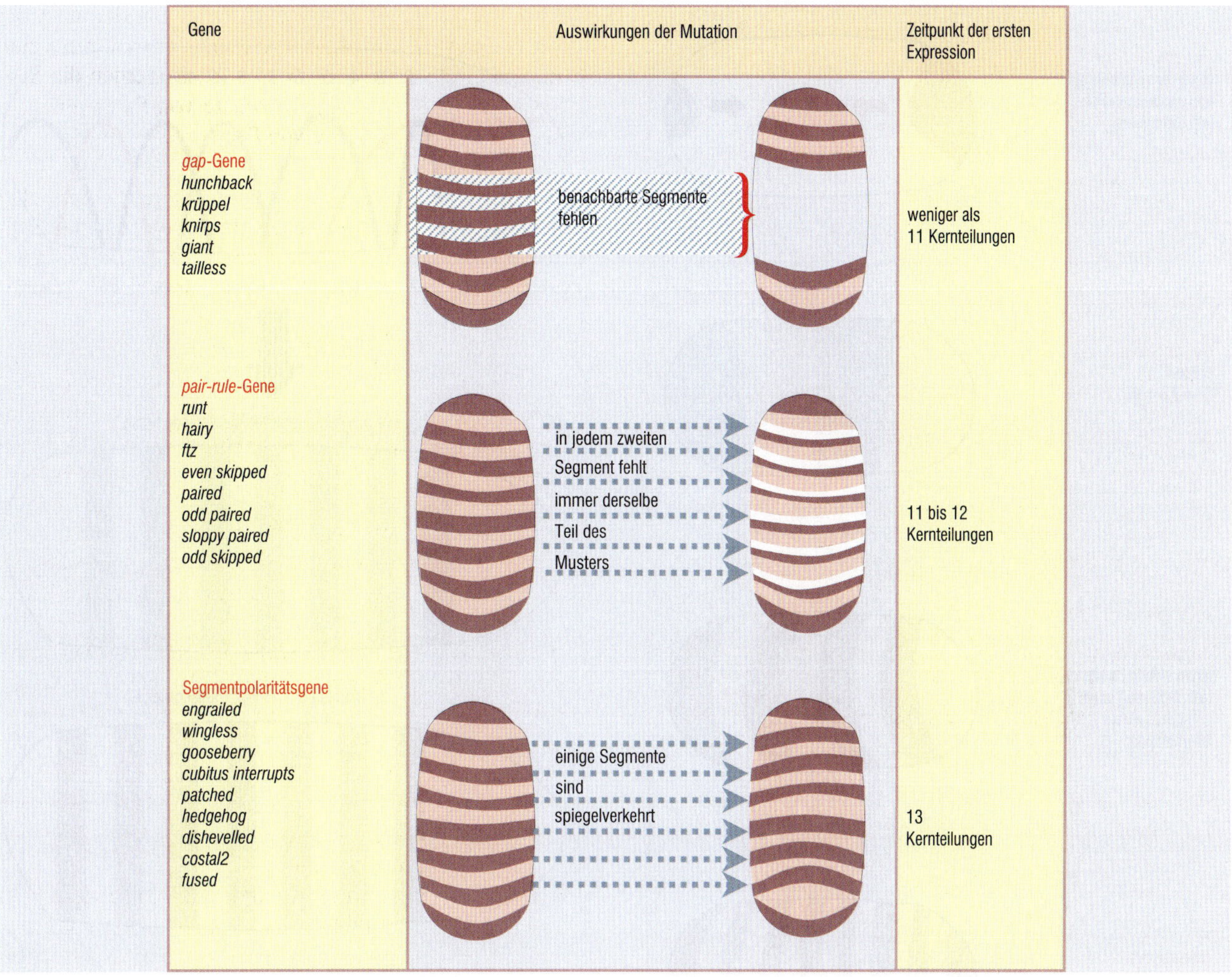

38.16 Die an der Segmentierung beteiligten Gene beeinflussen die Anzahl der Segmente; sie lassen sich in drei Gruppen einteilen.

ken: Etwa indem eine Zelle ein Protein sezerniert, um damit ihre Nachbarzelle zu beeinflußen.

Aufgrund dieser Untersuchung ergibt sich folgendes Prinzip: *In jedem Stadium legen einige wenige maternale, gap- und pair-rule-Kontrollproteine in wechselnden Kombinationen für einen bestimmten Bereich des Embryos das Muster der Genexpression fest.*

Die *gap*-Gene werden auf zwei Arten kontrolliert: Sie können direkt auf das Bicoid-Morphogen reagieren und sich gegenseitig regulieren. Die vier Zonen aus Abbildung 38.17 kommen folgendermaßen zustande: Die Zone am anterioren Pol besteht aus Hunchback-Protein. Dieses wurde von der *hunchback*-RNA transkribiert, deren Synthese durch Bicoid aktiviert wurde. Die nächste Zone enthält Krüppel-Protein, dessen Transkription durch das Hunchback-Protein aktiviert wird. Die folgenden beiden Zonen setzen sich aus Knirps- und Giant-Protein zusammen. Die Transkription dieser Gene wird durch Hunchback unterbunden; die Gene werden im posterioren Teil des Embryos exprimiert, weil dort Nanos die Expression von *hunchback* verhindert hat.

Abbildung 38.18 zeigt weitere Details des Überganges vom Vierzonen- zum Siebenstreifenstadium. Welche Interaktionen im einzelnen zwischen den Gap-Proteinen stattfinden, ermittelt man, indem man in einer Mutante, der ein bestimmtes Gap-Protein fehlt, das Verteilungsmuster der anderen Gap-Proteine untersucht. Dabei spielt Hunchback eine besonders wichtige Rolle. Es wird anterior in einem breiten Bereich exprimiert – mit einem Gradienten, der zur Mitte des Embryos hin abfällt. Hohe Hunchback-Konzentrationen unterdrücken Krüppel; die dadurch bestimmte anteriore Grenze der Krüppel-Expression befindet sich genau dort, wo die Hunchback-Konzentration absinkt: im Parasegment 3. Für die Krüppel-Expression ist aber dennoch eine gewisse Konzentration von Hunchback erforderlich. Fällt daher die Hunchback-Konzentration noch weiter, wird Krüppel abgestellt; dies passiert etwa bei Parasegment 5. Ähnlich wirken sich schrittweise aufeinanderfolgende Veränderungen der Hunchback-Konzentration auf die Expression von *giant* aus. Damit *knirps* exprimiert werden kann, darf kein Hunchback vorhanden sein.

Durch Proteinwechselwirkungen wird die Kontrolle noch weiter verfeinert. *Generell gilt, daß lediglich eine*

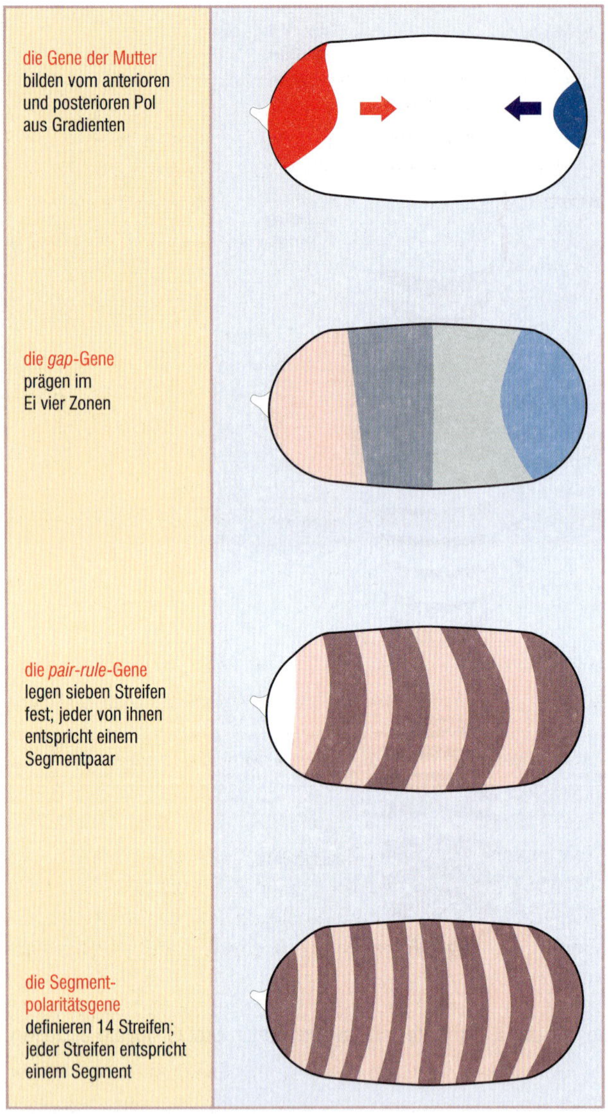

38.17 Maternale und Segmentierungsgene wirken auf immer kleinere Bereiche des Embryos ein.

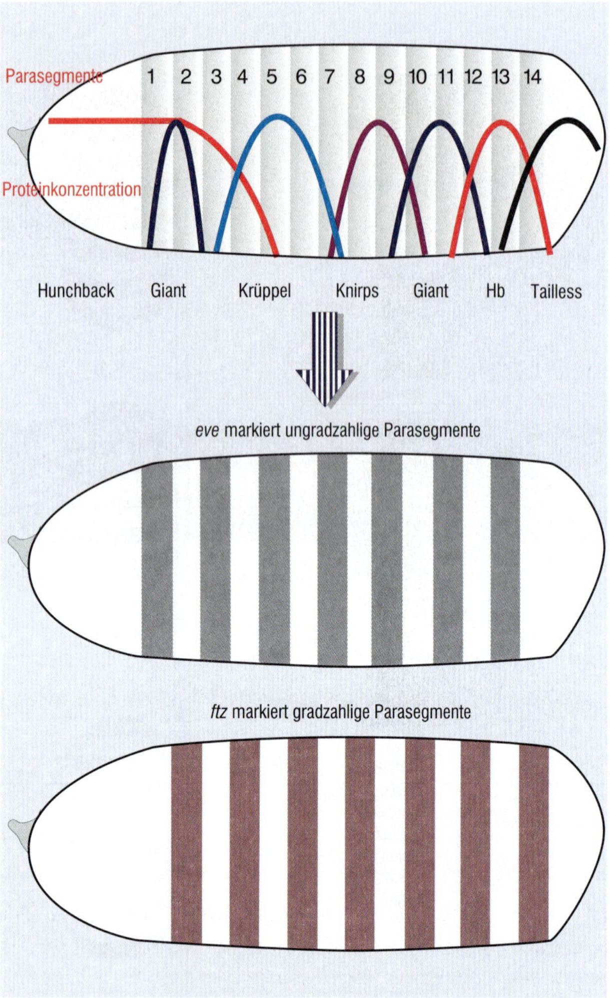

38.18 Durch die Expression der *gap*-Gene wird im Embryo festgelegt, welche Bereiche benachbart sind. Die *gap*-Gene kontrollieren die *pair-rule*-Gene; diese werden jeweils in sieben Streifen exprimiert.

Interaktion erforderlich ist, um ein Protein in einem bestimmten Bereich zu exprimieren, daß jedoch weitere Wechselwirkungen nötig sind, seine Expression an den Grenzen zu unterbinden. Das wurde durch Untersuchung von interagierenden Proteinpaaren herausgefunden. Bei einer Überexpression von Giant beispielsweise fällt die Krüppel-Bande viel schmaler aus. Man kann daher annehmen, daß Giant zur Unterdrückung der Krüppel-Banden beiträgt. Die posterioren Grenzen von Knirps und Giant werden von den Aktivitäten des terminalen Systems bestimmt. Insgesamt gesehen bedeuten diese Interaktionen, daß sämtliche Positionen des Eies von der anterioren Seite bis zum posterioren Pol durch die Konzentrationen der verschiedenen Gap-Proteine festgelegt werden.

Alle Gap-Proteine fungieren als Transkriptionskontrolle und dies nicht nur innerhalb ihrer Genklasse, sondern zusätzlich noch bei den *pair-rule*-Gene, die im nächsten Stadium exprimiert werden. Jedes Pair-rule-Protein bildet längs des Embryos ein Muster aus sieben Querstreifen. Die Abbildung 38.18 verdeutlicht die ungefähre Lage dieser Streifen, die sich aus der Expression der Gap-Gene ergeben. (Natürlich existieren noch keine Parasegmente; sie sind nur eingezeichnet, um ihre Position besser mit der Proteinverteilung vergleichen zu können.) Die sieben Streifen eines *pair-rule*-Gens markieren sämtliche ungradzahligen Parasegemente wie *eve* oder alle gradzahligen Parasegmente wie *ftz*. Die beiden *pair-rule*-Gene *hairy* und *eve* werden als primäre *pair-rule*-Gene bezeichnet, da sie zuerst exprimiert werden und ihr Expressionsmuster die Expression der anderen *pair-rule*-Gene beeinflußt.

Zur Erinnerung: Durch Mutationen in *pair-rule*-Genen geht die Hälfte der Segmente verloren. In Abbildung 38.19 sieht man Photos vom Segmentierungsmuster des Wildtyps und von *fushi tarazu*-(*ftz*-)Larven. Die Mutante hat nur halb so viele Segmente, da bei ihr jedes zweite Segment fehlt.

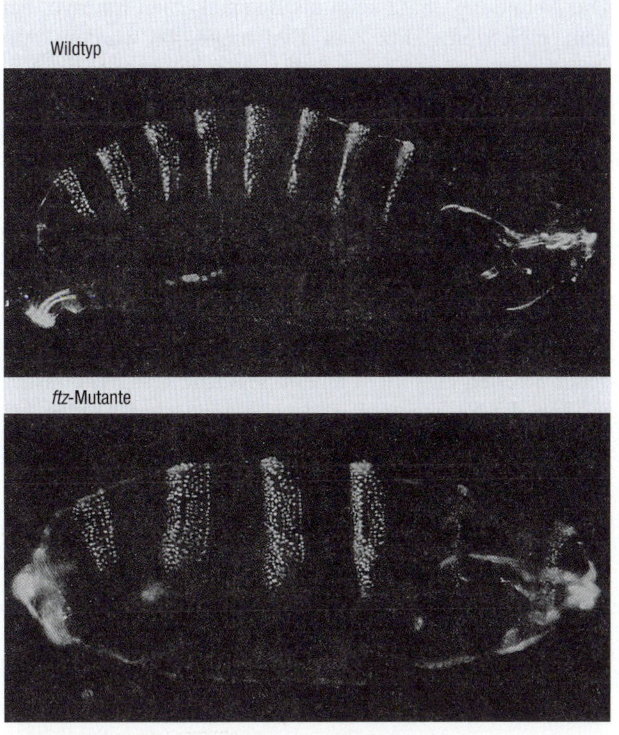

38.19 *ftz*-Mutanten weisen nur halb so viele Segmente auf wie der Wildtyp. (Aufnahme mit freundlicher Genehmigung von Walter Gehring.)

Die *ftz*-mRNA ist vom frühen Blastoderm bis zu den Gastrulationsstadien der Entwicklung vorhanden. In Abbildung 38.20 erkennt man, wo sich *in situ* beim Wildtypblastoderm die Transkripte befinden. *Das Gen wird in sieben Streifen exprimiert, von denen jeder drei bis vier Zellen breit quer über den Embryo verläuft.* Die Streifen entsprechen den gradzahligen Parasegementen (Abbildung 38.18; 4 = T1P/T2A, 6 = T3P/A1A, 8 = A2P/A3A und so weiter).

Aufgrund dieses Musters kann man annehmen, daß das *ftz*-Gen folgende Aufgabe hat: *Es muß im Blastoderm exprimiert werden, damit die Strukturen entstehen können, die sich von den gradzahligen Parasegmenten ableiten.* Bei Mutanten, in denen *ftz* defekt ist, fehlen diese Parasegmente, da das Genprodukt zu der Zeit, in der sie gebildet werden müssen, nicht vorhanden ist. Anders gesagt: Fehlt an den entsprechenden Stellen die Expression von *ftz* können die Zellen in diesen Bereichen nicht überleben.

38.20 Transkripte des *ftz*-Gens findet man in den Banden, die den geradzahligen Parasegmenten entsprechen. Die exprimierten Bereiche entsprechen den Regionen, die in der *ftz*-Mutante von Abbildung 38.19 fehlen. (Aufnahmen mit freundlicher Genehmigung von Walter Gehring.)

Die *ftz*-Expression ist ein Beispiel für die allgemeine Regel, daß die Streifen, in denen ein *pair-rule*-Gen exprimiert wird, den Bereichen entsprechen, die bei einem Embryo fehlen, in dem dieses Gen mutiert ist. *Die Felder werden daher durch das Expressionsmuster der Segmentierungsgene festgelegt.* Die Breite des Streifens, in dem ein Gen exprimiert wird, entspricht der Größe der segmentalen Einheit, die es beeinflußt. Es gibt unterschiedliche Mechanismen, um die Expressionsmuster der verschiedenen *pair-rule*-Gene genauer zu bestimmen. Am besten wissen wir über *ftz* und *eve* Bescheid.

Im frühen Embryo wird *ftz* gleichmäßig exprimiert. Wird die Proteinsynthese blockiert, bevor die Streifen ausgeprägt werden, behält der Embryo sein ursprüngliches Muster bei. Die Streifenbildung hängt daher davon ab, daß die *ftz*-RNA zwischen den Banden sowie am anterioren und posterioren Ende des Embryos gezielt abgebaut wird. Sind die Streifen einmal vorhanden, stoppt die Transkription von *ftz* zwischen den Banden und an den Enden des Embryos. Die Transkriptionsspezifität beruht auf Sequenzen stromaufwärts vom *ftz*-Promotor sowie der Wirkung mehrerer anderer Segmentierungsgene. Die Transkription von *ftz* ist eine Reaktion auf andere *pair-rule*-Gene und möglicherweise auch *gap*-Gene über Elemente, die auf alle Streifen einwirken.

Das Expressionsmuster von *eve* ist komplementär zu *ftz*, basiert jedoch auf anderen Mechanismen: Es wird in jedem Streifen extra kontrolliert. Eine ausführliche Rekonstruktion mit Subregionen des *eve*-Promotors zeigt, daß die Information für die Plazierung in jedem Streifen in einem eigenen Teil des Promotors codiert ist. Man kann den Promotor in Abschnitte einteilen, die den lokalen Konzentrationen der *gap*-Genprodukte in bestimmten Parasegmenten entsprechen. Beispielsweise hat die Promotorregion, die für die Expression von *eve* in Parasegment 3 verantwortlich ist, Bindungsstellen für die Gap-Proteine Bicoid, Hunchback, Giant und Krüppel. In Abbildung 38.21 sieht man, daß dieser Teil des Promotors 480 bp lang ist und auf folgende Weise funktioniert: Die *eve*-Transkription wird durch Hunchback und Bicoid aktiviert. Zur Abgrenzung wird *eve* anterior von Giant, posterior von Krüppel reprimiert, wie die Abbildung 38.18 zeigt. Andere Teile des Promotors reagieren auf die Proteinkonzentrationen in anderen Teilen des Embryos. Die unterschiedlichen Streifen der primären *pair-rule*-Genprodukte werden daher von unterschiedlichen Reaktionen kontrolliert, die alle leicht von einer bestimmten Kombination aus *gap*-Genprodukten und anderen Regulatoren zu aktivieren sind.

Hier zeigt sich im kleinen das allgemeine Prinzip, daß mehrere Proteine zusammen vor Ort die Genexpression

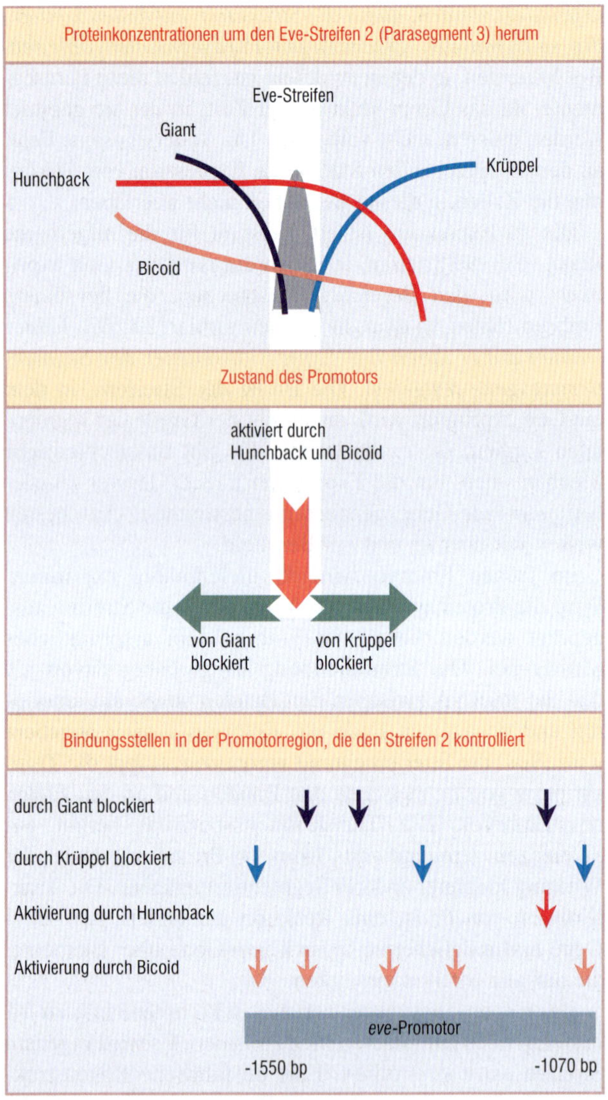

38.21 Hunchback und Bicoid aktivieren den Eve-Streifen in Parasegment 3. Eine Hemmung durch Giant markiert die vordere Grenze und eine Hemmung durch Krüppel die hintere Grenze. In einer 480-bp-Region des Promotors kontrollieren zahlreiche Bindungsstellen für diese Proteine die Expression des Gens.

steuern. Generell gilt, daß für eine Aktivierung Proteine wie Bicoid und Hunchback im ganzen Embryo verteilt sein müssen, während die Grenzen durch selektive Repression entstehen – in diesem speziellen Fall durch Giant und Krüppel. Es ist zu betonen, daß sich die Hierarchie der Genkontrolle nicht nur auf Wechselwirkungen zwischen aufeinanderfolgenden Kontrollelementen beschränkt (maternal→*gap*→*pair rule); beispielsweise zeigt die Beteiligung des Bicoid-Proteins an der Regulation der eve*-Transkription in Parasegment 3, daß ein maternales Gen auch direkt auf ein *pair-rule*-Gen einwirken kann.

Die Eve- und Ftz-Streifen sind am Anfang verschwommen, werden allerdings im Laufe der Entwicklung schärfer, entsprechend der genaueren Festlegung der Einheiten. Die Abbildung 38.22 zeigt als Beispiel einen Embryo, bei dem gleichzeitig Ftz und Eve angefärbt wurden. Am Anfang erkennt man eine Reihe alternierender verschommener Streifen. Diese werden dann schmaler, weil sich ihr posteriorer Rand nach vorne schiebt, und zeichnen sich an der anterioren Seite deutlicher ab, während sie im Laufe der Entwicklung an Intensität zunehmen. Dies beruht möglicherweise auf einem autoregulatorischen Prozeß, in dem die Expression des Gens von seinem eigenen Produkt kontrolliert wird.

Die *pair-rule*-Gene kontrollieren die Expression der Segmentpolaritätsgene in einem Muster mit 14 Streifen. Jeder Streifen entspricht einem Segment. Das Feldmuster, in dem die Segmentpolaritätsgene exprimiert werden, ist außerordentlich präzise. Wie präzise es ist, zeigt vielleicht am besten das Muster des Gens *engrailed*. Es wird in allen Segmenten benötigt und hat die Funktion, A- und P-Felder zu unterscheiden. *engrailed* wird in jedem P-Feld, aber nicht in A-Feldern exprimiert. Mutanten in diesem Gen können die anterioren und posterioren Felder der Segmente nicht auseinanderhalten.

38.22 Färbt man gleichzeitig *ftz* (rotbraun) und *eve* (grauschwarz), erkennt man, daß sie in der Entwicklungsstufe des Blastoderms zunächst als breite alternierende Streifen exprimiert werden (oben), im Laufe der nächsten Stunde der Entwicklung aber immer schmaler werden (unten). (Aufnahmen mit freundlicher Genehmigung von Peter Lawrence.)

Antikörper gegen das von *engrailed* codierte Protein richten sich gegen den Zellkern, der es exprimiert. Die Bereiche, in denen *engrailed* exprimiert wird, bilden ein Streifenmuster. Wenn die Streifen des Engrailed-Proteins erstmals erscheinen, *haben sie nur die Breite einer Zelle*. Das Photo in Abbildung 38.23 ist genau in diesem Stadium aufgenommen, doch beginnen die Streifen bereits, sich auf mehrere Zellbreiten auszudehnen.

Tatsächlich erreicht das Streifenmuster, das sich erst anterior ausprägt, in einem Zeitraum von 30 Minuten das hintere Ende des Embryos. Erst erscheint nur ein Streifen, dann besitzt jedes zweite Segment einen Streifen. Im vollständigen Muster sind die Streifen dann schließlich drei bis vier Zellen breit und entsprechen jeweils dem P-Feld der Segmente.

Die Expression von *engrailed* ist besonders wichtig, da es die Grenzen der aktuellen Felder vorgibt, aus denen sich dann die adulten Strukturen ableiten. Die ersten, eine Zelle breiten Streifen des Engrailed-Proteins bilden sich an den anterioren Grenzen der *ftz*- und *eve*-Streifen, und sie markieren die anterioren Grenzen der späteren P-Felder. Die Frage, warum *engrailed* innerhalb der breiteren *ftz*- und *eve*-Expressionstreifen zunächst nur an diesem anterioren Rand exprimiert wird, ist ein konkretes Beispiel für ein allgemeineres Problem: Wie kann eine breitere Zone in enger begrenzte, schmalere Streifen unterteilt werden? Als Erklärung kommen im Prinzip zwei verschiedene Modelle in Betracht:

- Das Kombinationsmodell geht davon aus, daß unterschiedliche Gene in überlappenden Streifenmustern exprimiert werden. Jedes der *pair-rule*-Gene bildet ein Streifenmuster. Die diversen *pair-rule*-Genstreifen überlappen sich, da sie nicht miteinander in Phase sind. Daher exprimieren im zellulären Blastoderm verschiedene Zellen jeweils andere Kombinationen. Jedes Feld wird von einer speziellen Kombination der exprimierten Gene beherrscht, die auch noch im nächsten Entwicklungsstadium die Reaktionen der Zellen prägt. Mit anderen Worten: Die Segmentierungsgene werden prinzipiell genauso von den *pair-rule*-Genen gesteuert wie die *pair-rule*-Gene von den *gap*-Genen.
- Folgt man dem Grenzmodell, wird ein Feld durch das exprimierte Streifenmuster festgelegt. Durch Wechselwirkungen, bei denen die Zellen an den Grenzen miteinander kommunizieren, werden dann die Felder unterteilt. Angewandt auf *engrailed* sähe das dann so aus, daß Zellen, die Ftz oder Eve enthalten, auf Zellen treffen, die diese Gene nicht exprimieren; dadurch kommt es zu irgendeinem singulären Ereignis, das stattfinden muß, um die Expression von *engrailed* zu aktivieren.

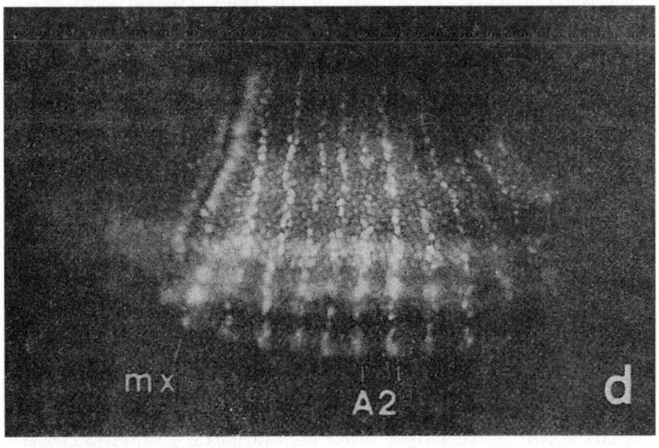

38.23 Das Engrailed-Protein ist in den Kernen lokalisiert und bildet Streifen, die exakt eine Zelle breit sind. (Aufnahme mit freundlicher Genehmigung von Patrick O'Farrell.)

Jedes der 14 Segmente wird durch die Aktivität der Segmentpolaritätsgene weiter unterteilt. Das geschieht bei allen Segmenten auf die gleiche Art und Weise. So unterscheidet beispielsweise *engrailed* A- und P-Felder. Engrailed ist ein Transkriptionsfaktor, andere Segmentpolaritätsgene entsprechen dagegen anderen Funktionstypen. *wingless* codiert ein Protein, das sezerniert und von benachbarten Zellen aufgenommen wird. Hier spielen also sicherlich Zell-Zell-Kontakte einen Rolle. *wingless* wird als erstes in einer Zellreihe exprimiert, die unmittelbar anterior vor Zellen liegt, die *engrailed* exprimieren. Es markiert daher die posteriore Grenze des vorherigen Parasegments. Die ursprüngliche Expression von *engrailed* als Reaktion auf Ftz und Eve wird bald durch eine Autoregulation ersetzt, bei der das Wingless-Protein von den benachbarten Zellen sezerniert werden muß, damit *engrailed* exprimiert werden kann; und *engrailed* muß für die Expression von *wingless* exprimiert werden. Dadurch bleiben die Konturen scharf. Wir wissen noch nicht genau, wie die anderen Segmentpolaritätsgene Segmente oder Segmentteile prägen. Zu ihren Produkten gehören sezernierte Proteine, Transmembranproteine, Kinasen, Proteine des Cytoskeletts sowie Transkriptionsfaktoren. Daher spielt vermutlich in diesem Stadium die Kommunikation zwischen den Zellen eine entscheidende Rolle.

38.6 An der Entwicklungskontrolle sind extrem große komplexe Loci beteiligt

Segmentpolaritätsgene kontrollieren das Muster innerhalb eines Segments – einschließlich der Polarität. **Homöotische Gene** bestimmen mit ihrem Programm, wie sich jedes Segment differenzieren soll. Homöotische Mutationen führen dazu, daß Zellen eines Feldes den Phänotyp eines anderen Feldes annehmen. Einige dieser Mutationen „transformieren" Teile eines Segments oder ganze Segmente in einen anderen Segmenttyp. Die meisten homöotischen Gene werden nur in dem engbegrenzten Bereich exprimiert, der den Parasegmenten entspricht.

Die Interaktionen homöotischer Gene sind auf komplizierte Weise miteinander vernetzt. Viele homöotischen Gene codieren Transkriptionsfaktoren, die wieder auf andere homöotische Gene und andere Loci einwirken. So beeinflußt eine Mutation in einem homöotischen Gen auch gleichzeitig die Expression anderer homöotischer

Gene. *Daher hängt der Phänotyp einer Mutante letztlich nicht nur vom Verlust einer homöotischen Genfunktion ab, sondern auch davon, wie andere homöotische Gene ihr räumliches Muster auf diesen Verlust hin ändern.*

Homöotische Gene sind während der Embryogenese aktiv. Ihre Expression hängt von der vorausgehenden Expression der Segmentationsgene ab. Wir könnten die homöotischen Gene als Integrationsfaktoren für die von den Segmentationsgenen vermittelten Signalmuster betrachten. Homöotische Mutationen führen dazu, daß aus einem Segment des Abdomens ein anderes Segment entsteht, sich anstelle von Antennen Beine entwickeln oder Flügel anstelle von Augen wachsen. Homöotische Gene erzeugen jedoch nichts Neues, sondern modifizieren lediglich das Schicksal der Zellen, das von Genen wie den Segmentpolaritätsgenen bestimmt wird, indem sie einen Gensatz anschalten, der dann an einer bestimmten Stelle aktiv wird. Tatsächlich sind die Segementpolaritätsgene etwa zur selben Zeit aktiv, wenn die homöotischen Gene am stärksten exprimiert werden.

Die ungewöhnlichen genetischen Eigenschaften einiger homöotischer Mutationen haben zur Entdeckung **komplexer Loci** geführt. Ein konventionelles Gen – selbst eines, das unterbrochen ist – kann man auf der genetischen Karte anhand eines Clusters von sich nicht gegenseitig komplementierenden Mutationen erkennen. Bei einem großen Gen können die Mutationen in einzelnen Clustern kartieren, die Exons entsprechen. Ein Kennzeichen komplexer Loci ist, daß Mutationen in ihnen recht gleichmäßig auf Gruppen verteilt sind, die sich über einen relativ großen Bereich der Karte erstrecken. Darüber hinaus zeigen sie komplizierte Komplementationsmuster, bei denen sich einige Mutationspaare komplementieren können, andere aber nicht. Die einzelnen Mutationen können sich auf den Phänotyp morphologisch unterschiedlich und komplex auswirken. Wir wissen mittlerweile, daß diese Verhältnisse aufgrund einer ganzen Reihe von Steuerelementen zustandekommen, die sehr groß sein können und weit außerhalb der Transkriptionseinheiten liegen, die sie kontrollieren. Bei vielen seltsamen Ergebnissen von Komplementationsversuchen stellte sich heraus, daß sie auf Mutationen in Promotoren und Enhancern beruhen, welche die Expression in dem einen, aber nicht im anderen Zelltyp beeinflussen. Inzwischen haben wir erkannt, daß komplexe Loci genetisch nicht grundsätzlich anders organisiert sind, sondern nur viele Steuerelemente enthalten, welche die Expression in unterschiedlichen Bereichen des Embryos kontrollieren.

Zwei dieser komplexen Loci steuern unter anderem die Entwicklung des adulten Insektenkörpers. Die Funktionen der *ANT-C-* und *BX-C*-Komplexe greifen lückenlos ineinander, so daß sie zusammen die Identität sämtlicher segmentierter Einheiten der Fliege bis ins Kleinste festlegen. Jeder dieser Komplexe besteht aus mehreren homöotischen Genen. Beide sind möglicherweise durch Trennung aus einem einzigen Vorläuferkomplex hervorgegangen, wie man aufgrund der Evolution entsprechender Gene in anderen Spezies vermuten kann. Im Käfer *Tribolium* befinden sich die *ANT-C-* und *BX-C*-Komplexe zusammen an einer bestimmten Stelle auf einem Chromosom. Die einzelnen Gene können durch Verdoppelungen und Mutationen aus dem ursprünglichen Gen entstanden sein. In Säugern gibt es Blöcke von Genen, die einander ähnlich sind und deren einzelne Mitglieder der Reihe nach mit den Genen der ANT-C- und BX-C-Komplexe verwandt sind (Abschnitt 38.7).

Bei den homöotischen Genen der *ANT-C-* und *BX-C-*Komplexe korreliert die Reihenfolge der Gene mit der Position, in der sie im Körper der Fliege exprimiert werden. *Von links nach rechts fortlaufend, beeinflußt jedes homöotische Gen im Komplex einen weiter posterior gelegenen Abschnitt der Fliege. Das Grundprinzip ist, daß für die Bildung eines Feldes die Genprodukte benötigt werden, die im vorherigen Feld exprimiert werden sowie eine zusätzliche Funktion, die vom nächsten Gen im Cluster codiert wird. loss of function*-Mutationen sorgen daher in der Regel dafür, daß ein Feld phänotypisch dem anterior gelegenen Nachbar entspricht. Das einzelne Gen codiert einen Satz von Transkriptionsfaktoren mit verwandten DNA-Bindungsdomänen (Abschnitt 38.7).

Die Identität der Teile, die sich ganz anterior in der Fliege befinden (Parasegmente 1–4) wird vom *ANT-C-*Komplex festgelegt. Dieser umfaßt mehrere homöotische Gene wie *labial* (*lab*), *proboscipedia* (*pb*), *Deformed* (*Dfd*), *Sex combs reduced* (*Scr*) und *Antennapedia* (*Antp*). Die homöotischen Gene befinden sich in einem etwa 350 kb langen Cluster; dazwischen liegen jedoch noch andere Gene, von denen die meisten in unterschiedlichen Entwicklungsstadien als Regulatoren dienen.

In Abbildung 38.24 wird die Organisation von *ANT-C* seiner Wirkung auf die Körperteile gegenübergestellt. Benachbarte Gene werden in den in posteriorer Richtung aufeinanderfolgenden Teilen des Embryos exprimiert; das reicht von dem ganz links gelegenen Gen *labial*, das ganz anterior aktiv ist und an der Kopfbildung beteiligt ist, bis zum ganz rechts gelegenen Gen *Antp*, das ganz posterior wirkt und die Segmente T2–T3 prägt.

Der Komplex ist nach dem *Antp*-Gen benannt. Unter den Mutationen in diesem Gen gibt es Allele, durch die sich Antennen in das zweite Beinpaar oder zweite und dritte Beinpaare in das erste verwandeln. *Antp* ist in der Regel im Thorax aktiv; es wird benötigt, um die Bildung der Segmente T2–T3 voranzutreiben und die Anlage von Kopfstrukturen zu verhindern. Geht diese Funktion verloren, ähnelt T2–T3 der weiter vorne gelegenen T1-Struktur. Eine *gain of function*-Mutation – etwa bei einer zu starken Expression im Kopf – führt dazu, daß sich im Vorderbereich Thoraxstrukturen ausbilden.

Die Abbildung gibt einen Überblick über die Struktur des Gens. Es besteht aus acht Exons, die durch sehr große Introns voneinander getrennt sind und zusammen etwa 103 kb ausmachen. Das einzige offene Leseraster beginnt erst in Exon 5; von ihm wird anscheinend ein 43-kD-Protein exprimiert. Die Diskrepanz zwischen der Länge des Locus und der Proteingröße bedeutet, daß die Codierung des Proteins nur ein Prozent der DNA in Anspruch nimmt.

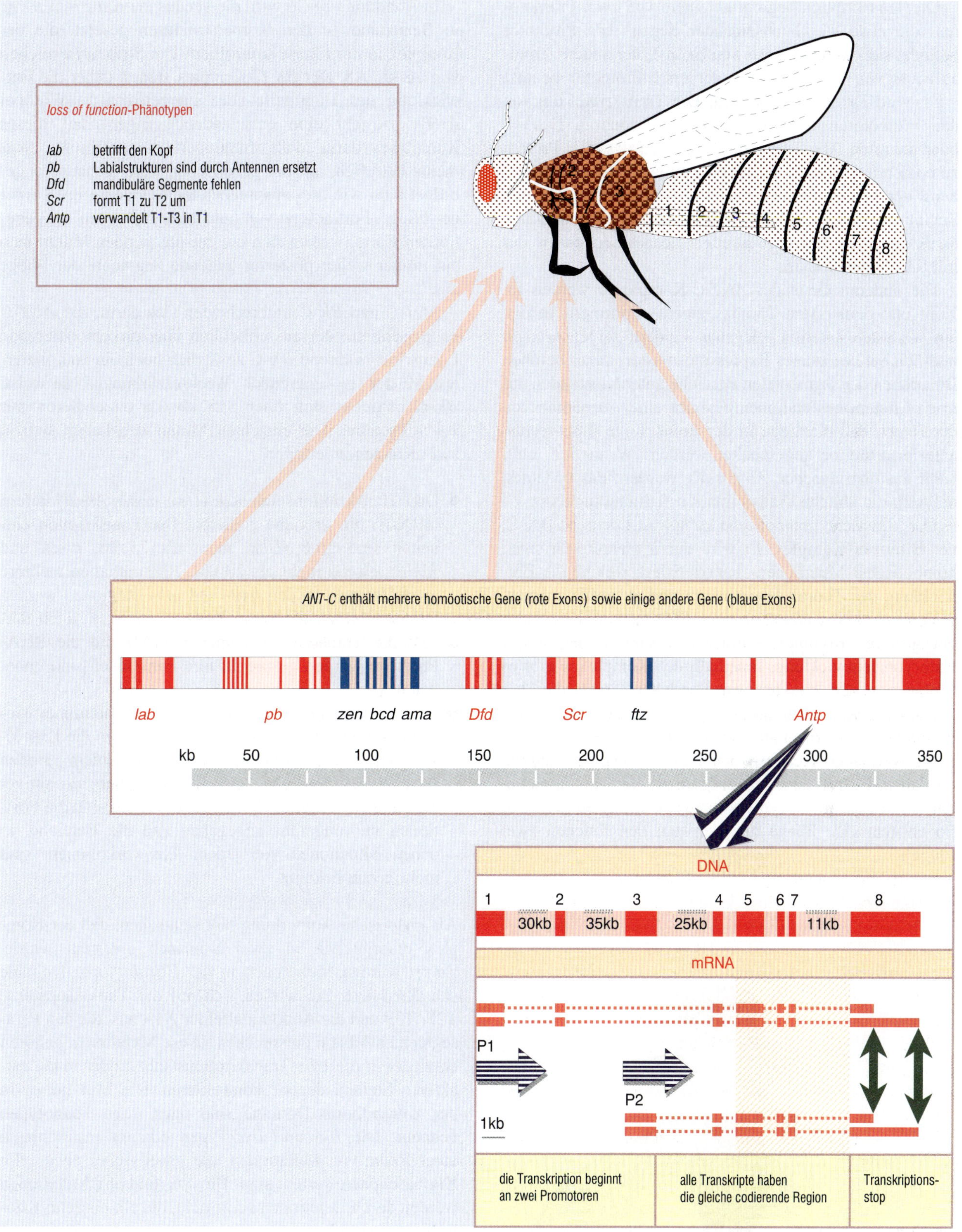

38.24 Die homöotischen Gene des *ANT-C*-Komplexes geben den meisten anterioren Segmenten der Fliege ihre Identität. Die Größe der Gene variiert, und zwischen ihnen liegen andere Gene. Das *Antp*-Gen ist sehr groß und wird auf verschiedene Weise exprimiert.

Die Transkription beginnt an einem von zwei Promotoren, die etwa 70 kb auseinander liegen! Ein Promotor befindet sich stromaufwärts von Exon 1, der andere stromaufwärts von Exon 3. Wenn der erste Promotor benutzt wird, wird Exon 3 übergangen. Die Transkripte, die von den Promotoren aus erstellt werden, enden in Exon 8 oder dahinter. Alle Transkripte scheinen dasselbe Protein zu codieren. Bisher ist noch keine unterschiedliche Benutzung der beiden Promotoren zu erkennen. Das läßt den Schluß zu, daß ihre Bedeutung in den unterschiedlichen Strukturen der nichttranslatierten Leader-Sequenzen der mRNAs liegen könnte.

Die anderen Gene des *ANT-C*-Komplexes werden im Kopf und dem ersten Thoraxsegment exprimiert. In den am weitesten anterior gelegenen Feldern zeigen *lab*, *pb* und *Dfd* ein besonderes Expressionsmuster; daher beruhen Deletionen der segmentalen Bereiche unter Umständen auf *loss of function*-Mutationen. Es gibt eine Ausnahme von der Regel, daß die Gene in der Reihenfolge links-rechts/anterior-posterior angeschaltet werden: Wenn *Scr* fehlt, kann das überlappende *Antp* aktiv werden; das bedeutet, daß sich die übliche Transformationsrichtung umkehrt.

Der klassische homöotische komplexe Locus ist BX-C, der **Bithorax-Komplex**. Er wird durch mehrere Gruppen homöotischer Mutationen charakterisiert, welche die Entwicklung des Thorax beeinflussen und zu größeren morphologischen Veränderungen des Abdomens führen. Fehlt der gesamte Komplex, stirbt das Insekt in der späten Embryonalentwicklung. Innerhalb des Komplexes gibt es Mutationen, die das Tier zwar überleben lassen, die aber den Phänotyp bestimmter Segmente verändern. Einen besonders krassen Fall homöotischer Transformation zeigt Abbildung 38.25, wo sich T3A, an dem die Halteren (verkürzte Flügel) ansetzen, aufgrund dreier Mutationen in ein Gewebe vom T2-Typ verwandelt hat, das Flügel trägt. So entsteht eine Fliege mit vier statt der üblichen zwei Flügel.

38.25 Durch drei Mutationen in *abx*, *bx* und *pbx* des *BX-C*-Komplexes entsteht eine vierflügelige Fliege. (Aufnahme mit freundlicher Genehmigung von Ed Lewis.)

In Abbildung 38.26 wird die genetische Karte von *BX-C* in Beziehung zu den Körperstrukturen gesetzt, die der Komplex in der Fliege kontrolliert. Die Strukturen reichen von T2 bis A8. Der *BX-C*-Komplex steuert daher die Entwicklung des Hauptteiles des Fliegenkörpers. Wie bei *ANT-C* besteht eine entscheidende Eigenschaft dieses Komplexes darin, daß Mutationen, die bestimmte Segmente betreffen, auf der genetischen Karte genauso angeordnet sind wie die entsprechenden Segmente im Körper der Fliege. Fortlaufend von links nach rechts auf der genetischen Karte, wirken sich die entsprechenden Mutationen auf immer weiter posterior liegende Segmente der Fliege aus.

ANT-C und *BX-C* unterscheiden sich darin, daß *ANT-C* hauptsächlich oder ausschließlich über proteincodierende Loci wirkt, während *BX-C* zusätzlich noch ein kompliziertes Muster *cis*-agierender Wechselwirkungen aufweist. *BX-C* erstreckt sich über 315 kb; davon codieren nur 1,4 % Proteine. Die einzelnen Mutationen lassen sich in zwei Klassen unterteilen:

- Drei Transkriptionseinheiten (*Ubx*, *abdA*, *AbdB*) liefern mRNAs, die Proteine codieren. Die Transkriptionseinheiten sind groß (*Ubx*: mehr als 75 kb; *abdA* und *AbdB*: jeweils mehr als 20 kb). Alle enthalten mehrere große Introns. In den *bxd*- und *iab4*-Regionen werden RNAs gebildet, die keine Proteine codieren; auch dort sind die Transkriptionseinheiten groß, und die RNA-Produkte werden gespleißt; ihre Funktionen sind unbekannt.
- Über das gesamte Cluster verteilt findet man immer wieder *cis*-aktive Mutationen. Sie kontrollieren die Expression der Transkriptionseinheiten. In einem großen Bereich können alle speziellen Formen *cis*-aktiver Mutationen vorhanden sein. Auf der Karte sind die Positionen nur ungefähr angegeben und die Bereiche, in denen Mutationen von jedem Typ vorkommen, sind nicht genau bekannt.

Als historische Anmerkung läßt sich sagen, daß der Komplex ursprünglich in zwei Domänen unterteilt wurde. Zuerst wurden Mutationen in der *Ultrabithorax*-Domäne charakterisiert. Sie wirken sich auf die Thoraxsegmente T2P–T3P und die Abdominalfelder A1A aus, die den Parasegmenten 5 bis 6 entsprechen. Diese Mutationen gehören entweder in die *Ubx*-Transkriptionseinheit oder in die *cis*-aktiven Stellen, die sie kontrollieren. Die Mutationen in der Ultrabithorax-Domäne sind nach ihren Phänotypen benannt. Die *bx*- und *bxd*-Typen erkennt man anhand einer Reihe von Mutationen, die jeweils über etwa zehn Kilobasenpaare verteilt sind. Die *abx*- und pbx-Mutationen werden durch Deletionen verursacht, die ein bis zehn Kilobasenpaare groß sind.

Mutationen in der *Infraabdominal*-Domäne wurden erst später gefunden. Sie betreffen die Abdominalsegmente A1P bis A8P (Parasegmente 7 bis 14). Diese Mutationen liegen entweder in den *AbdA,B*-Transkriptionseinheiten oder in den *cis*-aktiven Stellen, die sie kontrollieren. Inner-

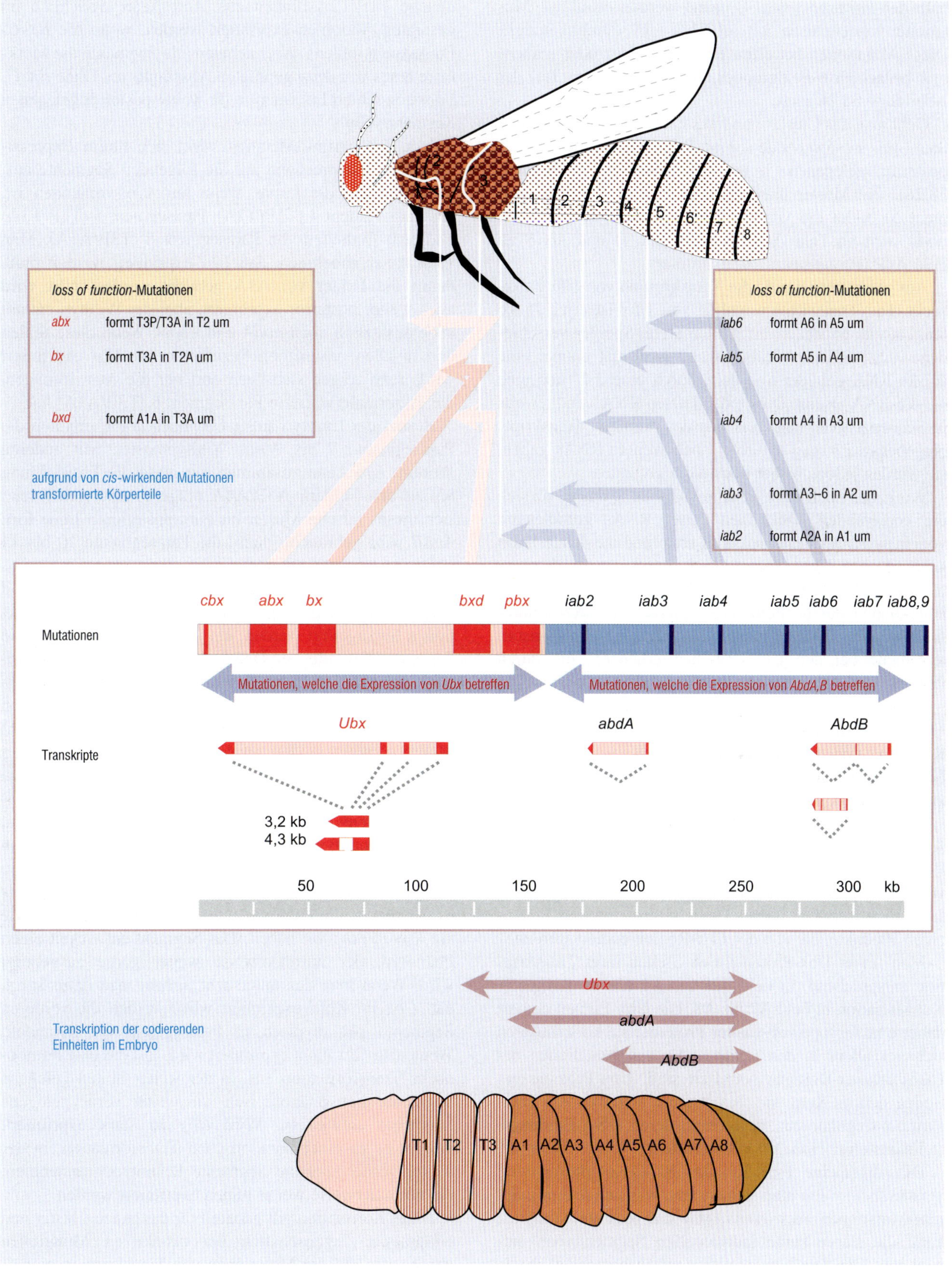

38.26 Der *bithorax*-(*BX-C*-)Locus enthält drei codierende Einheiten. Eine Reihe von Mutationen, welche die Regulation verändern, betrifft aufeinanderfolgende Segmente der Fliege. Die Stellen, an denen diese Mutationen erfolgten, verweisen auf die Regionen, die nach Deletionen, Insertionen und Translokationen den vorliegenden Phänotyp hervorrufen.

halb der *Infraabdominal*-Domäne werden *cis*-aktive Mutationen systematisch mit *iab2* bis *iab9* durchnumeriert. Diese Mutationen betreffen einzelne Felder oder manchmal benachbarte Feldgruppen, wie es der obere Teil der Abbildung 38.26 zeigt.

Geht man das Cluster von links nach rechts durch, findet man die entsprechenden Transkripte in immer weiter posterior gelegenen Teilen des Embryos (Abbildung 38.26). Die Muster überlappen sich. Feld T2P (Parasegment 5) bildet die vordere Expressionsgrenze von *Ubx*, *abdA* wird ab Feld A1P (Parasegment 7) und *AbdB* ab Feld A4P (Parasegment 10) exprimiert.

Am genauesten wurde die Transkription von *Ubx* untersucht. Die Transkriptionseinheit von *Ubx* ist etwa 75 kb lang; aus ihr entstehen durch alternatives Speißen verschiedene kurze RNAs. Vorübergehend wird erst einmal eine 4,7-kb-RNA gebildet und dann durch eine 3,2- und eine 4,3-kb-RNA ersetzt. Die beiden letzten RNAs sind jeweils in Sequenzen von beiden Enden des primären Transkripts eingebettet. Es mag natürlich noch weitere RNAs geben, sie wurden jedoch bisher noch nicht gefunden.

Wir haben noch keine genaue Vorstellung davon, ob sich die codierenden Funktionen dieser RNAs grundlegend voneinander unterscheiden. Das erste und das letzte Exon sind ziemlich lang, die Exons dazwischen sind dagegen recht kurz. Kleine Exons in einer langen Transkriptionseinheit können durch alternatives Spleißen in mRNA überführt werden. Bisher können wir noch keine Funktionsunterschiede bei den Ubx-Proteinen erkennen, die durch verschiedene Arten der Expression gebildet werden.

Einer Arbeitshypothese für die Expression des *Ubx*-Transkripts zufolge entstehen durch alternatives Spleißen RNAs, bei denen der codierende Bereich jeweils an derselben Stelle beginnt und endet; sie unterscheiden sich demzufolge lediglich in ihren inneren Exons; dazu zählen beispielsweise auch, aber nicht ausschließlich die 3,2- und 4,3-kb-RNAs. Auf diese These hin wurden sämtliche Proteine, die von dieser Einheit codiert werden, mit Hilfe von Antikörpern lokalisiert, die gegen das erste gemeinsame Exon gerichtet waren. Die Ubx-Proteine sind die einzigen Produkte, die von der *Ubx*-Region codiert werden.

Man findet Ubx-Proteine, den Stellen ihrer Transkription entsprechend, in Feld T2P bis A1 und in geringerer Konzentration in Feld A2 bis A8. Die Ubx-Einheit codiert daher eine Gruppe verwandter Proteine; sie konzentrieren sich vor allem in den Feldern, die von Mutationen der *Ultrabithorax*-Domäne betroffen sind. Ubx-Proteine befinden sich im Kern; sie sind generell dem Typ von Transkriptionsregulatoren zuzuordnen, deren DNA-Bindungsstelle aus einer Homöodomäne besteht.

Die allgemeine Funktion des *BX-C*-Komplexes wird verständlich, wenn man sich ansieht, wie sich *loss of function*-Mutationen auswirken. Fehlt der gesamte Komplex, kann die Larve keine individuellen Segmenttypen entwickeln. Alle Parasegmente – sie sind wahrscheinlich die betroffenen Einheiten – entwickeln sich wie Parasegment 4. Anstelle der normalen Felder zwischen Parasegment 5 und 14 bildet der Embryo zehnmal hintereinander die gleiche T1P/T2A-Einheit aus. *Antp* kann tatsächlich im gesamten Abdomen exprimiert werden, wenn die *BX-C*-Funktionen fehlen; daher nehmen alle Segmente die Merkmale eines von *Antp* geprägten Abschnitts an. Ohne *BX-C*-Funktion fehlen Information für weiter posterior gelegenen Segmenttypen.

Jede Transkriptionseinheit wirkt sich ihrem Expressionsmuster entsprechend auf die folgenden Segmente aus. Daher besteht die Larve, wenn nur *Ubx* vorhanden ist, aus Parasegment 4 (T1P/T2A), Parasegment 5 (T2P/T3A) und acht Einheiten von Parasegment 6 (T3P/A1A). Man kann daher annehmen, daß *Ubx* exprimiert werden muß, damit die Felder vor A1A gebildet werden. *Ubx* wird auch weiter posterior exprimiert, aber der Wildtyp enthält auch zusätzlich noch *abdA* und *AbdB*. Wenn diese fehlen und in allen posterioren Segmenten nur *Ubx* exprimiert wird, dann zeigen sich auch dort nur die Auswirkungen, die es normalerweise in Parasegment 6 (T3P/A1A) hat.

Besitzt der Embryo außer *Ubx* noch *abdA*, erhalten die Parasegmente 7 bis 9 ein Wildtypmuster. Mit anderen Worten: *Ubx* kann zusammen mit *abdA* die Entwicklung bis zu den Feldern A3P/A4A prägen; ohne *AbdB* setzt sich dieses falsche Muster bis zum posterioren Ende fort. *AbdB* wird gebraucht, damit die Parasegmente 10 bis 14 richtig ausgebildet werden.

Das allgemeine Modell für die Funktion der *ANT-C*- und *BX-C*-Komplexe geht davon aus, daß immer weitere Funktionen hinzugefügt werden, um jeweils posterior folgende Segmente festzulegen. Dabei wird auf ein kombinatorisches Muster gesetzt, bei dem dadurch, daß sukzessiv Genprodukte hinzukommen, die Segmente neue Eigenschaften erhalten. Das erklärt die Regel, daß eine *loss of function*-Mutation in einem Gen der *ANT-C*/*BX-C*-Komplexe generell dem weiter anterior gelegenen Gen, das vor dem mutierten Gen liegt, ermöglicht, den Phänotyp zu bestimmen; das heißt, eine *loss of function*-Mutation führt dazu, daß posteriore Bereiche durch homöotische Transformation den Phänotyp weiter anterior gelegener Bereiche annehmen.

Wird dagegen Ubx anterior des üblichen Segments exprimiert, sollte das eine entgegengesetzte Wirkung wie ein *loss of function* haben: Das Segment entwickelt einen Phänotyp, der normalerweise weiter vorne ausgeprägt wird. Wenn man das untersucht, indem man dafür sorgt, daß *Ubx* im Kopf exprimiert wird, werden die vorderen Segmente phänotypisch in Parasegment 6 verwandelt. Wenn also *Ubx* nicht exprimiert wird, löst das eine homöotische Transformation aus, in der weiter hinten gelegene Segmente sich phänotypisch wie weiter vorne gelegene Segmente entwickeln. Wird *Ubx* zu stark exprimiert, kommt es zu einer homöotischen Transformation, in der weiter vorne gelegene Segmente Phänotypen annehmen, die normalerweise weiter hinten exprimiert werden.

Diese Korrelation gilt generell für das ganze Cluster und erklärt die Eigenschaften der *cis*-aktiven Mutationen ebenso wie die der Mutationen von Transkriptionseinheiten. Diese Mutationen, welche die Steuerung beeinträchtigen, führen dazu, daß Teile der Expressionsdomäne eines Proteins verloren gehen oder daß neue Domänen exprimiert werden. Sie können daher phänotypisch eine Funktion verlieren oder dazu bekommen – manchmal auch beides. Meist verliert ein einzelnes Feld eine Funktion. So kontrolliert beispielsweise *bx* spezifisch die Expression von *Ubx* im Feld T3A; wenn *bx* mutiert ist, wird *Ubx* in diesem Feld nicht mehr exprimiert, und T3A nimmt den Phänotyp des weiter vorne gelegenen Feldes T2A an. Dieses Beispiel ist typisch für die generelle Regel, die für alle *cis*-aktive Mutationen im Komplex gilt. Jede führt dazu, daß sich ihr Zielfeld so entwickelt, *als ob es sich an der entsprechenden Stelle im vorherigen Segment befände*. In der Reihenfolge der *cis*-aktiven Mutationsstellen auf den Chromosomen spiegelt sich wider, in welcher Reihenfolge die Felder aktiviert werden. Die Expression von *Ubx* in den Parasegmenten 4 bis 6 wird daher nacheinander durch *abx* (wirkt auf Parasegment 5), *bx* (wirkt auf T3A) und so weiter kontrolliert.

Die Tatsache, daß der *BX-C*-Komplex nur drei Gene enthält, wirft zwei wichtige Fragen auf. Erstens: Wie können Kombinationen aus nur drei Proteinen die Identität von zehn Parasegmenten festlegen? Eine mögliche Erklärung liegt vielleicht in quantitativen Unterschieden der verschiedenen Bereiche; diese könnten in den Zielgenen die gleiche Art von unterschiedlichen Antworten hervorrufen, wie wir sie bereits bei der kombinatorischen Wirkungsweise der Segmentierungsgene kennengelernt haben. Zweitens: Wie wirken sich die Proteine in verschiedenen Gewebstypen aus? Das hier beschriebene Expressionsmuster gilt generell für die Epidermis. Die Entwicklung anderer Gewebe wird entsprechend, aber nicht genauso kontrolliert. So wird *Ubx* zwar in der Epidermis in allen posterioren Segmenten bis zu A8 exprimiert, im Mesoderm aber hinter Segment A7 unterdrückt. Diese posteriore Grenze wird über eine Repression durch *abdA* vorgegeben; denn im Mesoderm von *abdA*-Mutanten wird *Ubx* auch weiter hinten exprimiert.

Warum unterscheiden sich Loci, welche die Entwicklung des adulten Insekts aus der embryonalen Larve mit überwachen, von Genen, welche die „Haushaltsproteine" des Organismus codieren? Müssen sie so enorm groß sein, damit aus ihnen alternative Produkte hervorgehen können? Könnte das mit irgendeinem Mechanismus zusammenhängen, der die einzelnen Abläufe zeitlich abstimmt – entsprechend der Zeit, die für die Transkription der Einheit nötig ist? Bei normaler Transkriptionsgeschwindigkeit würde es etwa 100 Minuten dauern, *Antp* zu transkribieren; das wäre ein beträchtlicher Teil der Embryogenese von *D. melanogaster*, die 22 Stunden dauert.

In der anterior-posterioren Richtung des Embryos werden dauernd andere Gene der *ANT-C-* und *BX-C*-Loci exprimiert. Wie wird ihre Transkription kontrolliert? Wie bei den Segmentierungsloci werden die homöotischen Loci *teils durch die Gene kontrolliert, die in früheren Entwicklungsstadien exprimiert wurden, teils indem sie miteinander interagieren*. Beispielsweise ändert sich die *Ubx*-Expression durch Mutationen in *bicoid*, *hunchback* oder *Krüppel*. Die anteriore Grenze der Expression hält sich an die durch *ftz* und *eve* festgelegte Parasegmentgrenze. Generell gilt, daß all diese Kontrollgene die Transkription steuern, indem sie sie aktivieren oder unterdrücken, und daß die Genprodukte spezifische Wirkungen erzielen können, indem sie qualitativ und quantitativ miteinander kombiniert werden.

38.7 Homöotische Gene enthalten eine Homöobox

Die drei Gengruppen, welche die Entwicklung von *D. melanogaster* steuern – maternale Gene, Segmentierungsgene und homöotische Gene – kontrollieren sich gegenseitig sowie vermutlich Gene, die Strukturproteine codieren. Wie die Kontrollgene aufeinander einwirken, wurde in Untersuchungen von Mutanten eines Gens geklärt, bei denen durch diese Mutation Defekte bei der Expression eines anderen Gens auftraten. Wir kennen bisher allerdings nur wenige Strukturen, auf die diese Gengruppen einwirken, um ihre Differenzierung in einzelne Körperteile auszulösen.

Übereinstimmend mit der Vorstellung, daß die Segmentierungsgene Proteine codieren, welche die Transkription steuern, enthalten die Gene der drei *gap*-Loci (*hb*, *Kr*, *kni*) Zinkfingermotive. Diese Motive, die erstmals bei den Transkriptionsfaktoren TFIIIA und Sp1 (Abbildung 29.3) gefunden wurden, sind für die Bindung an die DNA verantwortlich. Die Produkte anderer Loci der Gap-Klasse enthalten ebenfalls DNA-Bindungsmotive: *giant* codiert ein Protein mit einem basischen Reißverschlußmotiv, und *tailless* codiert ein Protein, das einem Steroidrezeptor ähnelt. Es ist daher anzunehmen, daß die *gap*-Gene allgemein der Transkriptionssteuerung dienen.

In vielen homöotischen Genen und Segmentierungsgenen findet man konservierte Motive. Am häufigsten ist die **Homöobox**, ein Abschnitt von 180 bp Länge, der sich bei mehreren Segmentierungsloci und homöotischen Loci in der Nähe des 3′-Endes der Transkriptionseinheit befindet. Diese Sequenz gehört zu einem offenen Leseraster, in dem häufig an der dritten Stelle des Codons eine Base ausgetauscht ist. Die Homöobox ist immer gleich groß und hat eine recht basische Sequenz. Etwa 40 Gene enthalten eine Homöobox; von fast allen weiß man, daß sie an der Entwicklungskontrolle beteiligt sind. Die Sequenz wurde als Homöobox bezeichnet, weil sie ursprünglich vor allem in homöotischen Genen gefunden wurde. Die von der Homöobox codierte Proteinsequenz wird als Homöodomäne bezeichnet. In Kapitel 29 wird geschildert, wie sie bis in alle Einzelheiten als DNA-Bindungsmotiv von Transkriptionsfaktoren charakterisiert wurde (Abbildung 29.11).

Die Fliege enthält mehrere Gruppen von Homöodomänen. Eine wichtige Gruppe bei *Drosophila* sind die homöotischen Gene der *BX-C/ANT-C*-Komplexe; sie werden als *Antennapedia*-Gruppe bezeichnet. Ihre Homöodomänen stimmen zu 70–80 % überein (Abbildung 29.9), und befinden sich in der Regel am C-terminalen Ende des Proteins.

In den verwandten Genen *engrailed* und *invected* findet man eine andere Homöodomäne; ihre Sequenz stimmt nur zu 45 % mit der der *Antennapedia*-Gruppe überein. (Ihre Sequenzen wurden bereits in Abbildung 29.10 miteinander verglichen.) Andere Arten von Homöodomänen sind in jeweils zwei bis vier Genen enthalten.

Viele *Drosophila*-Gene mit Homöoboxen sind in Clustern organisiert. Drei homöotische Gene des *BX-C*-Clusters haben Homöoboxen, der *ANT-C*-Komplex enthält eine Gruppe von fünf derartigen Genen und vier andere Gene in *ANT-C* besitzen ebenfalls Homöoboxen. Die homöotischen Gene von *BX-C* und *ANT-C* werden manchmal unter dem Oberbegriff *HOM-C*-Gene zusammengefaßt.

Was ist die entscheidende Funktion der *HOM-C*-Gene, durch die die Identität der Zellen auf der Längsachse festgelegt wird? Vermutlich erkennen Homöodomänen mit unterschiedlichen Aminosäuresequenzen in der DNA unterschiedliche Zielsequenzen. Versuche, bei denen man Abschnitte verschiedener Proteine gegeneinander ausgetauscht hat, lassen vermuten, daß diese Proteine ihre Spezifität größtenteils der Homöodomäne verdanken. Die Fähigkeit, an eine bestimmte Stelle auf der DNA zu binden, erklärt aber wohl nicht alle ihre Eigenschaften. So können beispielsweise einige dieser Proteine die Transkription den jeweiligen Umständen entsprechend aktivieren oder reprimieren; das heißt, ihre Wirkung hängt von einer Reihe anderer gebundener Proteine ab, nicht nur von der Erkennung der DNA-Bindungsstelle.

Aufgrund der Ähnlichkeiten zwischen den Homöodomänen der näher miteinander verwandten Mitglieder der Gruppe kann man annehmen, daß sie einander überlappende Sequenzmuster erkennen. Dadurch könnte sich die Wirkung, die auf quantitativen und qualitativen Unterschieden beruht, summieren; das heißt, Proteine mit verwandten Homöodomönen könnten um dieselben Stellen konkurrieren. In einigen Fällen erkennen unterschiedliche Homöoproteine dieselben Stellen in der DNA. Das gibt in Hinsicht auf die Frage, wie sie spezifisch reagieren können, Rätsel auf. Wir nehmen an, daß man noch feine Unterschiede in der DNA-Bindung entdecken wird oder daß auch andere Wechselwirkungen wie etwa Protein-Protein-Interaktionen eine Rolle spielen.

Das Homöoboxmotiv hat sich im Laufe der Evolution weit verbreitet. Die Bedeutung der Homöoboxen wurde schlagartig klar, als man entdeckte, daß eine DNA-Sonde der Homöobox mit dem Genom zahlreicher Eukaryoten hybridisiert. Gene mit Homöoboxen wurden vor allem in Frosch, Maus und Mensch gefunden. Die Frosch- und Säugergene werden in der frühen Embryogenese exprimiert. Das ist eine weitere Parallele zu den Fliegengenen und führt zu der Vermutung, daß Gene mit Homöoboxen bei vielen verschiedenen Spezies an der Steuerung der Embryogenese beteiligt sind.

Mit der *HOM-C*-Gruppe verwandte Gene von Säugern, vielleicht sogar allen Tieren, haben eine auffallende Gemeinsamkeit mit den Genen aus den *BX-C/ANT-C*-Komplexen: Sie alle sind in Clustern organisiert. Ein einzelnes Säugergen dieser Art wird als *Hox*-Gen bezeichnet. Ein Cluster von *Hox*-Genen kann sich über 20–100 kb erstrecken und bis zu zehn Gene enthalten. In Genomen von Maus und Mensch entdeckte man vier *Hox*-Cluster von Genen mit Homöoboxen. In Abbildung 38.27 wird ihre Organisation mit den beiden großen Clustern der Fliege verglichen.

Vergleicht man die Sequenzen der Homöoboxen und vereinzelt auch anderer kurzer DNA-Abschnitte, kann man die Gene der Säuger zu Gruppen zusammenfassen, die den Fliegengenen entsprechen. Das zeigt sich, wenn man wie in der Abbildung die Sequenzen parallel zueinander anordnet. So sind beispielsweise *HoxA4* und *HoxB4* sehr nahe mit *Dfd* verwandt. Untersucht man diese Beziehungen für das gesamte Cluster, dann kann man anscheinend in jedem Cluster eine Reihe von Genen erkennen, die mit den Genen der *ANT-C*- und *BX-C*-Cluster verwandt sind. Die Gruppen 1 bis 9 der Säugerloci entsprechen danach den Genen der *ANT-C*- und *BX-C*-Loci, wenn sich deren Enden in anterior-posteriorer Richtung gegenüberstehen. Die Gruppen 10 bis 13 scheinen durch direkte Verdoppelung der Gruppe 9 (dem Homolog zu *AbdB*) entstanden zu sein und haben sich dann auseinanderentwickelt. Die einander entsprechenden Loci eines jeden Clusters werden manchmal als **Paraloge** bezeichnet; so sind beispielsweise *HoxA4* und *HoxB4* zueinander paralog.

Zu dieser Situation könnte es dadurch gekommen sein, daß sich die Fliegen- und Säuger-Loci zu einem Zeitpunkt auseinanderentwickelt haben, als es nur einen einzigen Komplex mit all den Genen gab, welche die Polarität in anterior-posteriorer Richtung vorgeben. *Amphioxus*, ein Organismus, der sich in der Evolution parallel zu den Wirbeltieren entwickelt hat, besitzt lediglich ein *Hox*-Cluster mit jeweils nur einem Mitglied aus jeder paralogen Gruppe; es ist wahrscheinlich unmittelbar aus dem ursprünglichen Cluster hervorgegangen. Im Rahmen der Evolution wurden die *Drosophila*-Gene auf zwei Cluster aufgeteilt, während sich die Gruppe der Säugergene insgesamt verdoppelte und nach dieser Duplikation aus jedem Komplex einzelne Elemente verloren gingen.

Auch das räumliche Expressionsmuster der Maus- und Fliegengene zeigt Parallelen. Die Gene im *Hox*-Cluster werden im Embryo entsprechend ihrer Organisation im Genom exprimiert. Geht man im Cluster von links nach rechts (Abbildung 38.27), dann werden die entsprechenden Gene im Embryo in Bereichen exprimiert, die immer enger begrenzt sind, je näher sie am posterioren Ende lokalisiert sind. Im Schema von Abbildung 38.28 werden die Expressionsmuster der Fliege und der Maus miteinander verglichen. Der Bereich der Expression dehnt sich in Richtung der in der Abbildung gezeigten Grenze zum posterioren Teil immer weiter aus und wird dann in den weiter hinten liegenden Segmenten wieder enger.

So außergewöhnlich es auch sein mag, diese Befunde lassen es nicht nur möglich erscheinen, daß sich die Gencluster in der Evolution gemeinsam entwickelt haben, sondern auch, daß beide immer noch die generelle Funktion haben, die Genomorganisation auf die räumliche Expres-

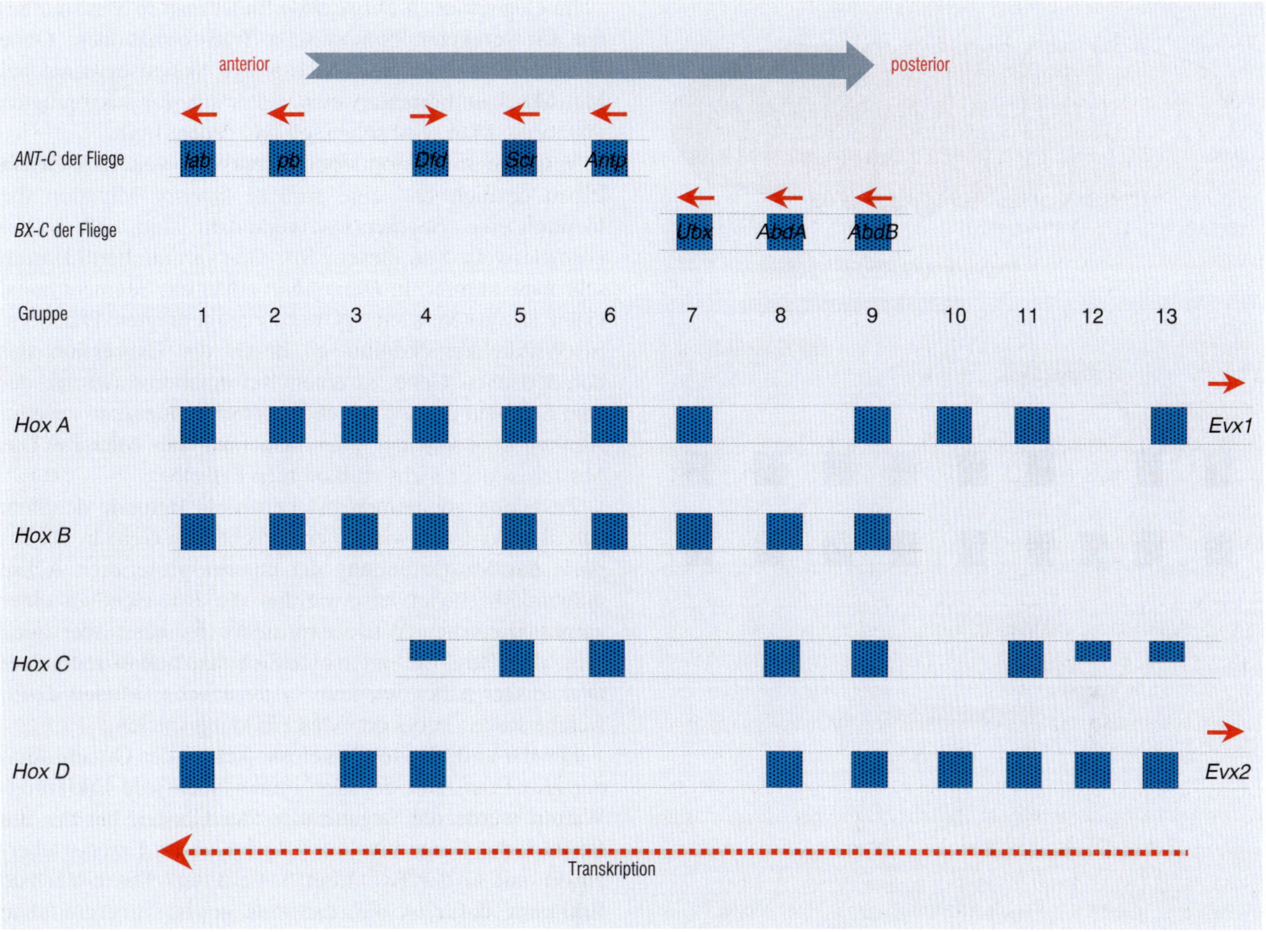

38.27 Die Genome von Maus und Mensch enthalten jeweils vier Gencluster, die Homöoboxen enthalten. Die Reihenfolge der Gene spiegelt die Bereiche wider, in denen sie entlang der anterior-posterioren Achse exprimiert werden. Die *Hox*-Gene sind parallel zu den Fliegengenen der Homologie entsprechend aufgereiht; in den Gruppen 1, 2, 4 und 9 ist die Homologie besonders stark ausgeprägt. Die Gene sind nach der Gruppe und dem Cluster benannt, zu denen sie gehören; *HoxA1* beispielsweise ist das vorderste Gen der *HoxA*-Gruppe. Alle *Hox*-Gene sind in Menschen wie Mäusen vorhanden; nur einigen Mausgenen fehlt das Cluster C (angedeutet durch die halben Kästchen).

sion in der Fliege und der Maus zu beziehen; ferner stimmen die homologen Gene in gewissem Umfang überein. Die Vorstellung einer solch weitreichenden Beziehung wird durch die Beobachtung untermauert, daß es bei einer ektopischen Expression von *HoxD4* oder *HoxB6* der Maus in *Drosophila* zu homöotischen Transformationen kommt, die praktisch einer homöotischen Expression von *Dfd* beziehungsweise *Antp* entspricht! Die Tatsache, daß sich die Homologie zwischen diesen Maus- und Fliegenproteinen nahezu ausschließlich auf ihre Homöodomänen beschränkt, unterstützt die Auffassung, daß diese Domänen die Spezifität bestimmen.

Die *Hox*-Cluster der Wirbeltiere und die *ANT-C/BX-C*-Cluster der Fliege zeigen gewisse Unterschiede in ihrem Verhalten:

- Die *Hox*-Gene sind klein und es gibt eine größere Anzahl von Einheiten, die Proteine codieren. Das *HoxB*-Cluster der Maus erstreckt sich über etwa 120 kb und enthält neun Gene. Die Beziehung zwischen der Position der Gene und ihrer Expression im Embryo ist dieselbe wie in *Drosophila* – das gilt aber nur für die Gene selbst; über *cis*-aktive Sequenzen liegen keine Daten vor. Das kann natürlich daran liegen, daß es bei Wirbeltieren sehr viel schwieriger ist, Mutanten zu erzeugen. Nach unserem gegenwärtigen Kenntnisstand werden die *Hox*-Gene nur über Promotoren und Enhancer stromaufwärts vom Startpunkt aus kontrolliert. Es bleibt abzuwarten, ob es eine Parallele zu den ausgedehnten und komplexen Kontrollregionen der homöotischen Gene von *Drosophila* gibt.
- In *Drosophila* ist jedes Gen nur einmal vorhanden; bei den Wirbeltieren können aufgrund der Verdoppelung der Cluster mehrere Gene (Paraloge) dasselbe oder ein sehr ähnliches Expressionsmuster haben. Haben die Paraloge redundante oder wenigstens teilweise redundante Funktionen, so daß ein fehlendes Produkt zumindestens zum Teil durch ein entsprechendes Protein aus dem anderen Cluster ersetzt werden kann, sind die Auswirkungen von Mutationen minimal.

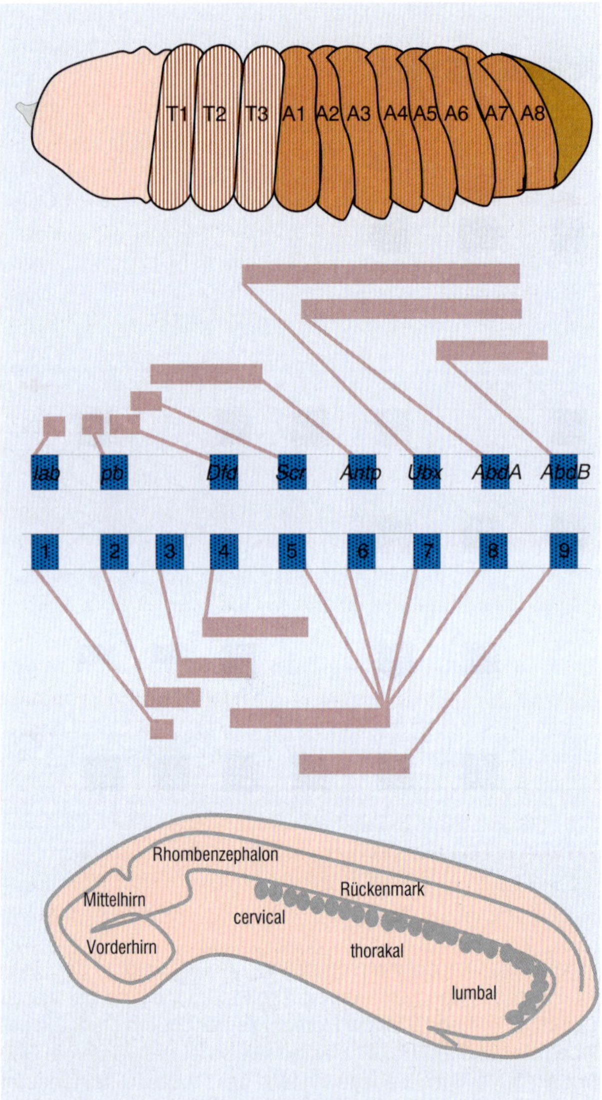

38.28 Beim Vergleich der Expressionsmuster von *ANT-C/BX-C* und *HoxB* erkennt man, daß bei allen Produkten einzelner Gene die Expression stufenweise in Richtung der weiter posterior gelegenen Teile des Tieres voranschreitet; dabei wird das Gencluster von links nach rechts durchlaufen. Die Expressionsmuster zeigen die Transkriptionsbereiche in einer zehn Stunden alten Fliegenepidermis und für das Zentralnervensystem eines zwölf Tage alten Mausembryos.

Man kann *Hox*-Gene in Mäusen durch Techniken unterbrechen und ausschalten, die wir bereits in Kapitel 32 beschrieben haben. Auf diese Weise entstehen häufig rezessiv-letale Mutanten. Bei *HoxA1*- und *HoxA3*-Mutanten werden verschiedene Kopf- und Thoraxelemente nicht ausgeprägt. Es fehlen jedoch nicht alle Strukturen, die normalerweise von den mutierten Genen exprimiert werden. Daher ist anzunehmen, daß tatsächlich eine gewisse funktionelle Redundanz vorhanden ist; das bedeutet, daß in einigen, wenn auch nicht in allen anderen Geweben die fehlenden *HoxA*-Gene durch andere *Hox*-Gene der Gruppe 1 oder 3 ersetzt werden können.

Im Gegensatz zu *Drosophila* findet man in Mausmutanten nur vereinzelt homöotische Transformationen. Ohne *HoxC8* zeigen beispielsweise einige Skelettsegmente bei Mäusen einen normalerweise weiter anterior ausgeprägten Phänotyp. Man wird sehen, ob das generell gilt.

Versuche mit ektopischer Expression von *Hox*-Genen haben gezeigt, daß eine *gain of function*-Mutation die Identität eines Segments so verändern kann, daß sie der normalerweise von diesem *Hox*-Gen vermittelten Identität sehr nahe kommt. In *Drosophila* erhält ein Segment meist einen ansonsten weiter posterior ausgeprägten Phänotyp. In Wirklichkeit kommt es durch die Expression der homöotischen Gene zu einem Informationszuwachs, der dem Segment diese sonst eher posteriore Identität verleiht. Ähnliches beobachtet man manchmal bei Mäusen. Das Muster ist aber nicht vollkommen dasselbe.

Zusammengenommen machen diese Befunde deutlich, daß die *Hox*-Gene wie die entsprechenden Gene in *Drosophila* das Muster entlang der anterior-posterioren Achse prägen. Möglicherweise werden die *Hox*-Gene in einer kombinatorischen Weise exprimiert. Es kann aber auch sein, daß Paraloge unterschiedlich funktionell redundant sind; bisher haben wir kein systematisches Modell dafür, welche Rolle sie bei der Musterbildung spielen.

Für die auffälligste Gemeinsamkeit in der Organisation der *Hox*-Loci fehlt dagegen immer noch jede Erklärung: Warum wurde die Organisation der Cluster, bei der die Position der Gene mit ihrer Expression im Embryo übereinstimmt, in der Evolution beibehalten? Die einfachste Erklärung dafür ist die, daß eine gewisse übergreifende Kontrolle der Genexpression dafür sorgt, daß die Expression das Cluster durchläuft und ein Gen *nur* dann richtig exprimiert werden kann, wenn es sich im Cluster befindet. Das scheint aber nicht der Fall zu sein – zumindest nicht bei Mäusen, in denen Gene aus dem Cluster entfernt wurden. Untersuchungen der Promotorbereiche lassen den Schluß zu, daß ein *Hox*-Gen möglicherweise von einer Reihe von Promotoren oder Enhancer kontrolliert wird, die alle zusammen für das gesamte Expressionsmuster verantwortlich sind. In der Regel befinden sich diese Elemente stromaufwärts von der Startstelle. So kann man beispielsweise experimentell zeigen, daß die *HoxB4*-Expression auf den gemeinsamen Eigenschaften einer Reihe von Elementen beruht. Getestet wurde das, indem man durch Insertion entsprechender Konstrukte transgene Mäuse herstellte. Warum sollte es aber dann einen evolutionären Druck geben, die Gene in einer bestimmten Reihenfolge im Cluster zu erhalten? Möglicherweise ist ein Enhancer für das eine Gen in ein anderes Gen integriert, so daß selbst dann, wenn ein einzelnes Gen, das anderswohin transloziert wäre, funktionieren würde, sein Ausfall die Expression der anderen Gene behindern würde.

Zusammenfassung

Die Segmente in *Drosophila* entwickeln sich aufgrund der Aktion von Segmentierungsgenen, die nach und nach immer kleinere Bereiche des Embryos festlegen. Durch Wechselwirkung der Oocyte mit benachbarten Zellen werden die Produkte der maternalen Gene asymmetrisch verteilt. Das führt zur Expression der *gap*-Gene in vier Zonen des Embryos. Diese Gene wiederum kontrollieren die *pair-rule*-Gene, von denen jedes auf sieben Streifen verteilt ist. Die *pair-rule*-Gene geben das Expressionsmuster der Segmentpolaritätsgene vor, die bestimmen, wo die Grenzen der einzelnen Felder liegen. In diesem Expressionsstadium werden die entscheidenden Gene sowohl von Genprodukten kontrolliert, die in früheren Phasen exprimiert wurden, als auch durch Interaktionen untereinander. Die Segmentierungsgene wirken auf die homöotischen Gene ein, welche die Identität der einzelnen Felder festlegen.

Jedes der vier maternalen Systeme besteht aus einer Kaskade, die ein lokal verteiltes oder lokal aktives Morphogen hervorbringt. Das Morphogen ist entweder selbst ein Transkriptionsfaktor oder veranlaßt die Aktivierung eines Transkriptionsfaktors. Ein solcher Faktor ist in jeder Kaskade das letzte Element.

Zwei Systeme legen die wichtige anterior-posteriore Achse fest: Das anteriore System erzeugt vom anterioren Pol aus einen Bicoid-Gradienten, und das posteriore System synthetisiert in der posterioren Hälfte der Eizelle Nanos-Proteine. Diese Systeme bilden vom anterioren Pol aus einen Gradienten von Hunchback-Protein mit Knirps- und Giant-Zonen in der posterioren Hälfte. Das terminale System löst an beiden Enden lokale Ereignisse aus. Das dorsoventrale System erzeugt auf der Bauchseite einen Gradienten des im Kern lokalisierten Dorsal-Proteins, das die Expression von *dpp* und *zen* unterdrückt. Das führt dazu, daß auf der Ventralseite *twist* und *snail* sowie auf der Dorsalseite *dpp* und *zen* aktiviert werden.

Der frühe Embryo besteht aus einem Syncytium, in dem sich die Kerne in einem gemeinsamen Cytoplasma befinden. Daher können alle vier maternalen Systeme die Funktion eines Kernes entsprechend seiner Position auf der anterior-posterioren und dorsoventralen Achse steuern. Sobald im zellulären Blastoderm die RNAs der Zygote transkribiert werden, wird der sich entwickelnde Embryo von seinen eigenen Genen abhängig. Im Blastodermstadium bilden sich dann richtige Zellen; anschließend kommt es zu einer Folge von Interaktionen, die eine Kaskade von Transkriptionsregulatoren einschließt.

Drei *gap*-Gene sind Zinkfingerproteine, eines ist ein basisches Reißverschlußprotein. Diese Proteine kontrollieren über ihre Konzentration die Expression der *pair-rule*-Gene, die ebenfalls Transkriptionsfaktoren sind. *Eve* und *ftz* sind in jedem zweiten Segment aktiv und bestimmen über ihre Expression vor allem die Feldgrenzen. Die Segmentpolaritätsgene stellen den ersten Schritt in der Entwicklungskaskade dar, an der andere Funktionen als die von Transkriptionsfaktoren beteiligt sind. Dadurch daß die Produkte von Segmentierungsgenen miteinander reagieren, wird in jedem Segment eine ganz spezielle Genkombination exprimiert.

Die homöotischen Gene geben mit ihrem Programm jedem Segment eine spezielle Differenzierung vor. Die *ANT-C*- und *BX-C*-Komplexe enthalten ein Cluster von Funktionen, deren räumliche Expression auf der Längsachse sich in ihrer genetischen Position im Cluster widerspiegelt. Jedes Cluster enthält eine extrem große Transkriptionseinheit sowie zusätzlich kürzere Einheiten. Viele Transkriptionseinheiten einschließlich der größeren Gene *Ubx* und *Antp* werden alternativ gespleißt; bisher ist noch nicht klar, welche Bedeutung das hat. Wenn man die Cluster von links nach rechts durchgeht, werden die entsprechenden Gene in immer weiter hinten gelegenen Geweben exprimiert – und zwar überlappend, so daß eine zusätzliche Funktion dazu führt, daß immer weitere posterior gelegene Merkmale dazukommen. Eine *loss of function*-Mutation führt daher dazu, daß es zu einer homöotischen Transformation eines posterioren in einen eher anterioren Phänotyp kommt. Die Gene werden in komplexer Weise durch eine Reihe von Kontrollelementen gesteuert, die sich über weite Bereiche erstrecken. Mutationen an diesen Stellen wirken sich in *cis* aus und können zum Verlust oder Gewinn einer Funktion führen. Über die Expressionskontrolle der homöotischen Proteine wirken sich *cis*-aktive Mutationen leicht auf die jeweils nachfolgenden Segmente der Fliege aus.

Die Gene der *ANT-C*- und *BX-C*-Loci sowie viele Segmentierungsgene – einschließlich des maternalen Gens *bicoid* und der meisten *pair-rule*-Gene – besitzen ein gemeinsames Motiv, die Homöobox. Man findet Homöoboxen auch in Genen anderer Eukaryoten – etwa bei Würmern, Fröschen und Säugern. Diese Gene werden jeweils in der frühen Embryogenese exprimiert. In Säugern sind die *Hox*-Gene, welche die Homöodomänen der *Antennapedia*-Klasse prägen, in Clustern organisiert. Mensch und Maus haben vier *Hox*-Cluster. Man kann diese Cluster so den *ANT-C/BX-C*-Clustern gegenüberstellen, daß man an einander entsprechenden Stellen in den Genen Homologien erkennen kann. Je weiter rechts sich ein Gen im Gencluster befindet, umso weiter hinten wird es im Embryo exprimiert. Die *Hox*-Gene wirken daran mit, Segmenten von Hirn und Skelett und anderen Geweben eine Identität zu verleihen. Die analogen Cluster fungieren bei Säugern und Fliegen als Kontrollelemente der Embryogenese. Möglicherweise haben alle Tiere *Hox*-Cluster.

Drosophila-Gene mit Homöoboxen bilden ein kompliziertes regulatorisches Netzwerk, in dem ein Gen ein anderes aktiviert oder hemmt. Welche Beziehung zwischen der Sequenz der Homöodomäne, der Ziel-DNA, die sie erkennt, und den Kontrollsequenzen besteht, muß noch im einzelnen geklärt werden. Die Spezifität für das Ziel scheint hauptsächlich von der Homöodomäne bestimmt zu werden. Warum und wie ein bestimmtes Homöoprotein die Gentranskription an seinen verschiedenen Zielen aktiviert oder unterdrückt, liegt noch im dunkeln. Generell gilt, daß Segmentierungsgene und homöotische Gene in einer Transkriptionskaskade aktiv sind, in der nach einer Reihe hierarchischer Wechselwirkungen zwischen den regulatorischen Proteinen strukturelle Gene aktiviert werden, die bestimmte Körperteile codieren.

Weiterführende Literatur

Historisches

Nüsslein-Vollhard, C.; Wieschaus, E. *Mutations Affecting Segment Number and Polarity in Drosophila.* In: *Nature* 287 (1980) S. 795–801.

Übersichtsartikel

Mahowald, A. P.; Hardy, P. A. *Genetics of Drosophila Embryogenesis.* In: *Ann. Rev. Genet.* 19 (1985) S. 149–177.

Regulski, M.; Harding, K.; Kostriken, R.; Karch, F.; Levine, M.; McGinnis, W. *Homeo Box Genes of the Antennapedia and Bithorax Complexes of Drosophila.* In: *Cell* 43 (1985) S. 71–80.

Scott, M. P. *Complex Loci of Drosophila.* In: *Ann. Rev. Biochem.* 56 (1987) S. 195–227.

Scott, M. P.; Carroll, S. B. *The Segmentation and Homeotic Gene Network in Early Drosophila Development.* In: *Cell* 51 (1987) S. 689–698.

Ingham, P. W. *The Molecular Genetics of Embryonic Pattern Formation in Drosophila.* In: *Nature* 335 (1988) S. 25–34.

Scott, M. P. et al. *The Structure and Function of the Homeodomain.* In: *Biochem. Biophys. Acta* 989 (1989) S. 25–48.

Hunt, P.; Krumlauf, R. *Hox Codes and Positional Specification in Vertebrate Embryonic Axes.* In: *Ann. Rev. Cell Biol.* 8 (1992) S. 227–256.

Lawrence, P. *The Making of a Fly.* Blackwell Scientific (1992) Oxford.

Ingham, P. W.; Martinez-Arias, A. *Boundaries and Fields in Early Embryos.* In: *Cell* 68 (1992) S. 221–235.

Krumlauf, R. *Hox Genes in Vertebrate Development.* In: *Cell* 78 (1994) S. 191–201.

McGinnis, W.; Krumlauf, R. *Homeobox Genes and Axial Patterning.* In: *Cell* 68 (1992) S. 283–302.

St. Johnston, D.; Nüsslein-Vollhard, C. *The Origin of Pattern and Polarity in the Drosophila Embryo.* In: *Cell* 68 (1992) S. 201–219.

Morisato, D.; Anderson, K. V. *Signaling Pathways that Establish the Dorsal-Ventral Pattern of the Drosophila Embryo.* In: *Ann. Rev. Genet.* 29 (1995) S. 371–399.

Entdeckungen

Bender, W. et al. *Molecular Genetics of the Bithorax Complex in D. melanogaster.* In: *Science* 221 (1983) S. 23–29.

Scott, M. P. et al. *The Molecular Organization of the Antennapedia Locus of Drosophila.* In: *Cell* 35 (1983) S. 763–766.

McGinnis, W. et al. *A Homologous Protein-Coding Sequence in Drosophila Homeotic Genes and its Conservation in Other Metazoans.* In: *Cell* 37 (1984) S. 403–408.

Anderson, K. V.; Bokla, L.; Nüsslein-Vollhard, C. *Establishment of Dorsal-Ventral Polarity in the Drosophila Embryo: The Induction of Polarity by the Toll Gene Product.* In: *Cell* 42 (1985) S. 791–798.

Anderson, K. V.; Jürgens, G.; Nüsslein-Vollhard, C. *Establishment of Dorsal-Ventral Polarity in the Drosophila Embryo: Genetic Studies on the Role of the Toll Gene Product.* In: *Cell* 42 (1985) S. 779–789.

Beachy, P. A.; Helfand, S. L.; Hogness, D. S. *Segmental Distribution of Bithorax Complex Proteins During Drosophila Development.* In: *Nature* 313 (1985) S. 545–551.

Karch, F.; Weiffenbach, B.; Pfeifer, M.; Bender, W.; Duncan, I.; Celniker, S.; Crosby, M.; Lewis, E. B. *The Abdominal Region of the Bithorax Complex.* In: *Cell* 43 (1985) S. 81–96.

Schupbach, T. *Germ Line and Soma Cooperate During Oogenesis to Establish the Dorsoventral Pattern of Egg Shell and Embryo in Drosophila melanogaster.* In: *Cell* 49 (1987) S. 699–707.

Driever, W.; Nüsslein-Vollhard, C. *A Gradient of Bicoid Protein in Drosophila Embryos.* In: *Cell* 54 (1988) S. 83–93.

Driever, W.; Nüsslein-Vollhard, C. *The Bicoid Protein Determines Position in the Drosophila Embryo in a Concentration Dependent Manner.* In: *Cell* 54 (1988) S. 95–104.

Graham, A.; Papalopulu, N.; Krumlauf, R. *The Murine and Drosophila Homeobox Gene Complexes Have Common Features of Organization and Expression.* In: *Cell* 57 (1989) S. 367–378.

Ferrandon, D.; Elphick, L.; Nüsslein-Vollhard, C.; St. Johnston, D. *Staufen Protein Associates with the 3' UTR of Bicoid mRNA to Form Particles that Move in a Microtubule-Dependent Manner.* In: *Cell* 79 (1994) S. 1221–1232.

Garcia-Fernandez, J.; Holland, P. W. H. *Archetypal Organization of the Amphioxus Hox Gene Cluster.* In: *Nature* 370 (1994) S. 563–566.

Malicki, J.; Schughart, K.; McGinnis, W. *Mouse hox-2.2 Specifies Thoracic Segmental Identity in Drosophila Embryos and Larvae.* In: *Cell* 63 (1990) S. 961–967.

Roth, S.; Stein, D.; Nüsslein-Vollhard, C. *A Gradient of Nuclear Localization of the Dorsal Protein Determines Dorsoventral Pattern in the Drosophila Embryo.* In: *Cell* 59 (1989) S. 1189–1202.

St. Johnston, D.; Nüsslein-Vollhard, C. *The Origin of Pattern and Polarity in the Drosophila Embryo.* In: *Cell* 68 (1992) S. 201–219.

Sprenger, F.; Nüsslein-Vollhard, C. *Torso Receptor Activity is Regulated by a Diffusible Ligand Produced at the Extracellular Terminal Regions of the Drosophila Egg.* In: *Cell* 71 (1992) S. 987–1001.

Struhl, G.; Johnston, P.; Lawrence, P. A. *Control of Drosophila Body Pattern by the Hunchback Morphogen Gradient.* In: *Cell* 69 (1992) S. 237–249.

Martin, C. H. et al. *Complete Sequence of the Bithorax Complex of Drosophila.* In: *Proc. Nat. Acad. Sci. USA* 92 (1995) S. 8398–8402.

Epilog

Denkt man über zukünftige Entwicklungen nach, so ist man versucht in einen romantischen Pessimismus zu verfallen: Alles, was bleibt, sind entweder Anwendungen oder erkenntnistheoretische Untersuchungen. Genauso war die Stimmung in der Physik um 1900 – nach Maxwell und Boltzmann, und kurz bevor Curie, Planck, Rutherford, Einstein und Bohr auf der Bildfläche erschienen. Und somit besteht Hoffnung für junge Biologen, die von Entdeckungen träumen.

Salvador Luria, 1986

Meilensteine der Molekulargenetik

Schaut man, ausgehend von den neunziger Jahren, zurück, so bemerkt man Veränderungen in der Sichtweise über das Wesen von Genen seit den ersten genetischen und biochemischen Entdeckungen in den vierziger Jahren. Einige bedeutende theoretische oder praktische Entdeckungen waren:

1941 Beadle und Tatum zeigen, daß ein Gen für ein einzelnes Protein codiert.

1944 Avery weist nach, daß DNA das genetische Material ist.

1953 Watson und Crick entdecken die Doppelhelixstruktur der DNA.

1958 Meselson und Stahl zeigen, daß sich die DNA semikonservativ repliziert.

1961 Der Triplettcharakter des genetischen Codes wird entschlüsselt. Entdeckung der Messenger-RNA. Jacob und Monod schlagen das Operonmodell für die Genregulation vor.

1970 Temin und Baltimore berichten über die Entdekkung der Reversen Transkriptase bei Retroviren.

1974 Eukaryotische Gene werden in bakteriellen Plasmiden kloniert.

1976 Retrovirale Onkogene werden als Verursacher von Transformationen identifiziert.

1977 DNA-Sequenzierung wird möglich. Entdeckung der unterbrochenen Gene läßt Schlüsse auf das Spleißen ihrer Transkripte zu.

1979 Zelluläre Onkogene werden durch Transfektion entdeckt.

1981 Entdeckung der katalytischen Aktivität von RNA. Entwicklung transgener Mäuse und Fliegen durch das Einbringen neuer DNA in die Keimbahn.

Weitere Entwicklungen werden folgen. Dabei wird es mehr um eingegrenzte Fragestellungen gehen, als bei den großen Entdeckungen in früheren Zeiten – heute sind wir mit der Umordnung und Transfektion der DNA beschäftigt und nicht mit der Aufklärung der Grundstruktur oder der Replikationsweise. Es ist kein Ende in Sicht, was die theoretischen und praktischen Entdeckungen hinsichtlich DNA und ihrer Expression angeht.

Seit der Erkenntnis, daß ein Gen ein isolierter und festgelegter Locus ist, der für ein einzelnes Protein codiert, haben wir schon einen langen Weg der Forschung hinter uns gebracht. Gene können in Form großer Cluster organisiert sein und verwandte Sequenzen haben. Diese können als verschiedene Versionen eines Proteins exprimiert werden. So können sie beispielsweise während der somatischen Entwicklung durch Umordnung von Sequenzen (Rearrangements) verändert werden. Heutzutage können Gene sogar in die Keimbahn gelangen, indem DNA in Eizellen eingeschleust wird. Jede Entdeckung, die zum jeweiligen Zeitpunkt mit den bis dahin gewonnenen Erkenntnissen im Widerspruch stand, konnte in das Gesamtbild eingefügt werden und erweiterte den Blick für die Bedeutung eines Gens.

Die drängendsten Fragen betreffen derzeit die Genexpression, und dabei im wesentlichen das Zusammenspiel regulatorischer Ereignisse, die an der Entwicklung eines Embryos bis zum adulten eukaryotischen Organismus beteiligt sind. Werden die Gene in einer zeitlichen Kaskade kontrolliert? Wie wird zwischen Teilen des Organismus, die zunächst angelegt werden und dann wachsen und sich entwickeln, räumlich unterschieden? Inwieweit können Netzwerke, die an der Genregulation beteiligt sind, Entwicklungsprozesse erklären?

Unsere Ideen zur Lösung solcher Probleme sind sicherlich diffuser als jene vor 20 bis 30 Jahren – wir können uns nicht vorstellen, daß es analog zu dem genetischen Code einen einheitlichen Code zur Entschlüsselung der entwicklungsgenetischen Fragen gibt. Vielleicht gibt es noch grundlegende Erkenntnisse, die darauf warten, von uns entdeckt zu werden, und wir müssen uns fragen, welche Grundsätze der Genetik als nächstes fallen werden.

Glossar

abundante mRNA Wenige mRNA-Typen, die in einer Zelle jeweils in hoher Kopienzahl vorliegen.

Abundanz Durchschnittliche Molekülzahl einer mRNA pro Zelle.

Achterform Zwei DNA-Ringe, die durch einen noch nicht abgeschlossenen Rekombinationsvorgang miteinander verbunden sind.

Akzeptorspleißstelle → **rechte Spleißstelle**

akrozentrisches Chromosom Chromosom, dessen Centromer sich in der Nähe des einen Chromosomenendes befindet.

aktives Zentrum Bereich eines Proteins, an den das Substrat bindet.

Allel Eine von mehreren möglichen Formen eines Gens, die einen Locus auf dem Chromosom besetzen.

allele Exklusion (Allelausschluß) Expression nur eines Allels für das in einem bestimmten Lymphocyten exprimierte Immunglobulin.

allosterische Kontrolle Einfluß von Wechselwirkungen an einer Bindungsstelle eines Proteins auf die Aktivität einer anderen Stelle.

Alu-äquivalente Familie Gruppe von Sequenzen in Säugetiergenomen, die mit der menschlichen Alu-Familie verwandt ist.

Alu-Familie Gruppe von verstreut liegenden verwandten Sequenzen von je etwa 300 bp Länge im menschlichen Genom. Die einzelnen Mitglieder der Familie besitzen alle eine Alu-Spaltstelle an jedem Ende (daher der Name).

α-Amanitin Bicyclisches Octapeptid aus dem Gipftpilz *Amanita phalloides*, das die Transkription durch bestimmte eukaryotische RNA-Polymerasen, insbesondere die RNA-Polymerase II, hemmt.

Amber-Codon Nucleotidtriplett UAG; eines von drei Nonsense-Codons, welche die Termination der Proteinsynthese bewirken.

Amber-Mutation Veränderung in der DNA, durch die ein Amber-Codon an einer Stelle entsteht, an der zuvor ein Codon eine Aminosäure eines Proteins codierte.

Amber-Suppressoren Mutierte Gene, die für tRNAs codieren, deren Anticodons so verändert sind, daß sie entweder statt ihres bisherigen Codons oder zusätzlich dazu auch ein UAG-Codon erkennen können.

Aminoacyl-tRNA Transfer-RNA, die eine Aminosäure trägt; die kovalente Bindung liegt zwischen der NH_2-Gruppe der Aminosäure und der 2′- oder 3′-OH-Gruppe der letzten Base in der tRNA.

Aminoacyl-tRNA-Synthetasen Enzyme, welche die kovalente Bindung zwischen Aminosäuren und der 2′- oder 3′-Position der tRNA herstellen.

amphipathisch Bezeichnung für eine Struktur, die eine hydrophile und eine hydrophobe Oberfläche besitzt. Lipide sind amphipathisch; manche Proteinabschnitte können amphipathische Helices ausbilden, die auf einer Seite geladen und auf der anderen neutral sind.

Amplifikation Produktion zusätzlicher Kopien einer chromosomalen Sequenz, die dann als intra- oder extrachromosomale DNA vorliegen kann.

aneuploid Bezeichnung für eine Chromosomenzusammensetzung, die durch Verlust oder Verdoppelung von Chromosomen oder Chromosomenabschnitten vom normalen diploiden Zustand abweicht.

Annealing Paarung von komplementären DNA-Einzelsträngen unter Ausbildung einer Doppelhelix.

Anticodon Spezifisches Nucleotidtriplett in einem tRNA-Molekül, das zu einem Codon in einer mRNA komplementär ist und mit ihm Basenpaare ausbildet.

Antigen Molekül, dessen Eindringen in einen Organismus die Synthese spezifischer Antikörper (Immunglobuline) hervorruft.

Antikörper Protein (Immunglobulin), das von B-Lymphocyten produziert wird und im Rahmen der Immunantwort ein bestimmtes fremdes Antigen erkennt.

antiparallel Anordnung der Stränge in der Doppelhelix: Das 5′-Ende des einen Stranges liegt neben dem 3′-Ende des anderen Stranges.

Antisense-RNA RNA, die zu einem bestimmten RNA-Transkript komplementär ist und daher mit diesem spezifisch hybridisieren kann, so daß dessen Funktion unterdrückt wird.

Antisense-Strang Strang in der DNA-Doppelhelix, der als Matrize für die Synthese der RNA dient und zu ihr komplementär ist.

Antiterminationsfaktoren (-proteine) Proteine, die der RNA-Polymerase die Transkription über bestimmte Terminatorstellen hinweg ermöglichen.

AP-Endonucleasen Enzyme, welche die DNA an der 5′-Seite von purin- oder pyrimidinfreien Stellen schneiden.

Apoinduktor Protein, das an die DNA bindet und damit die Transkription durch die RNA-Polymerase in Gang setzt.

Archaebakterien Besondere Gruppe der Prokaryoten, die möglicherweise Introns im Genom haben.

Ascus Sporenbehälter von Pilzen, der eine Tetrade oder Octade von (haploiden) Sporen enthält, die das Produkt einer einzigen Meiose darstellen.

Attenuation Regulation der Transkriptionstermination zur Kontrolle der Expression mancher Bakterienoperons.

Attenuator Terminatorsequenz, an der die Attenuation stattfindet.

***att*-Stellen (*attachment sites*)** Loci auf Phagen- und Bakterienchromosomen, an denen der Phage durch Rekombination in das Bakteriengenom integriert oder ausgeschnitten wird.

autogene Kontrolle Wirkungsweise eines Genprodukts, das seine eigene Expression entweder inhibiert (negative autogene Kontrolle) oder aktiviert (positive autogene Kontrolle).

autonomes (Kontroll-)Element Aktives Transposon in der Maispflanze.

Autoradiographie Methode, radioaktiv markierte Moleküle anhand der Schwärzung eines photographischen Filmes nachzuweisen.

Autosomen Alle Chromosomen mit Ausnahme der Geschlechtschromosomen. Eine diploide Zelle besitzt von jedem Autosom zwei Kopien.

azentrisches Fragment Chromosomenbruchstück, das kein Centromer mehr besitzt und bei der Zellteilung verlorengeht.

Bakteriophagen Viren, die Bakterien infizieren und oft kurz als Phagen bezeichnet werden.

Balbiani-Ring Extrem großer Puff an einer Bande im polytänen Chromosom.

Banden (von Chromosomen) Bei polytänen Chromosomen dunkel erscheinende Bereiche, welche die Hauptmenge der DNA enthalten. Die Banden normaler **Chromosomen** sind wesentlich größer und entstehen durch Anfärben mit bestimmten Farbstoffen.

Basenpaarung Paarung der Basen A mit T oder G mit C in der DNA-Doppelhelix. Unter bestimmten Umständen können sich in RNA auch andere Paarungen ergeben.

bidirektionale Replikation Replikation, bei der sich zwei Replikationsgabeln vom Startpunkt aus in die entgegengesetzten Richtungen bewegen.

Bivalent Struktur zu Beginn der Meiose, die alle vier Chromatiden (zwei für jedes homologe Chromosom) enthält.

Blasen Ungepaarte Abschnitte innerhalb einer sonst gepaarten Doppelhelix.

Blastoderm Stadium in der Embryonalentwicklung der Insekten, in dem eine Schicht aus Zellkernen oder Zellen des Embryos die im Innern gelegene Dottermasse umgibt.

blockiertes Leseraster Leseraster, das nicht in ein Protein translatiert werden kann, weil es von Terminationscodons unterbrochen ist.

B-Lymphocyten, B-Zellen Zellen, die Antikörper produzieren.

bp Abkürzung für Basenpaare; Einheit für DNA-Längenangaben.

Bruch und Wiedervereinigung (*breakage and reunion*) Mechanismus der genetischen Rekombination, bei dem zwei DNA-Doppelhelices an den entsprechenden Stellen gebrochen sind und sich dann überkreuzt wieder verbinden (dabei kommt es an der Verbindungsstelle zur Bildung eines Heteroduplexbereichs).

CAAT-Box Teil einer konservierten Sequenz, die stromaufwärts vom Startpunkt eukaryotischer Transkriptionseinheiten liegt und von zahlreichen Transkriptionsfaktoren erkannt wird.

Cap Struktur am 5′-Ende der eukaryotischen mRNA, die nach der Transkription durch Verbindung der terminalen Phosphatgruppe des 5′-GTP mit der endständigen Base der mRNA entsteht. Das hinzugefügte G (und manchmal auch andere Basen) ist methyliert und gibt der Struktur die Form $^{7Me}G^{5'}ppp^{5'}Np$...

CAP (*catabolite activator protein;* CRP, *catabolite repressor protein*) Durch cyclisches AMP aktiviertes positives Regulatorprotein, das von der RNA-Polymerase benötigt wird, um die Transkription einiger (katabolitsensitiver) Operons von *E. coli* in Gang zu bringen.

Capsid Proteinhülle eines Viruspartikels.

C-Bänderung Methode zur Anfärbung der Bereiche um die Centromere herum.

cDNA DNA-Einzelstrang, der zu einer RNA komplementär ist und durch reverse Transkription *in vitro* synthetisiert wird.

cDNA-Klon Doppelsträngige DNA-Sequenz, die eine RNA repräsentiert und Bestandteil eines Klonierungsvektors ist.

Centriolen Kleine, hohle Zylinder aus Mikrotubuli, die sich während der Mitose in der Nähe der Zellpole anordnen und sich in den Centrosomen befinden.

Centromer Eingeschnürter Bereich eines Chromosoms, der die Anheftungsstelle der Mitose- oder Meiosespindel enthält. → **Kinetochor**

Centrosomen Zellbereiche an den Polen von Mitosezellen, die Mikrotubuli aufbauen. In Tierzellen enthält jedes Centrosom ein Centriolenpaar, das von einem dichten, amorphen Bereich umgeben ist, an den sich die Mikrotubuli anheften. → **mikrotubuliorganisierendes Zentrum (MTOC)**

C-Gene Gene für die konstante Region der Immunglobulinkette.

Chaperon Protein, das für den Aufbau oder die richtige Faltung anderer Proteine benötigt wird, aber selbst kein Bestandteil des jeweiligen Proteinkomplexes ist.

chemische Komplexität Der mit chemischen Verfahren ermittelte Anteil einer DNA-Komponente.

***chi*-Sequenz** Oktamer, das einen **Hotspot** für RecA-vermittelte Rekombination in *E. coli* darstellt.

Chi-Struktur Verbindung zwischen zwei DNA-Doppelhelices, die durch Spaltung einer Zwischenform aus zwei miteinander verbundenen ringförmigen DNA-Molekülen entsteht, wobei aus jedem Ring zwei lineare Enden hervorgehen. Die entstehende Form ähnelt dem griechischen Buchstaben *chi* (χ).

Chiasma (Plural Chiasmata) Bereich, in dem zwei homologe Chromosomen während der Meiose genetisches Material austauschen (Crossover).

Chromatiden Chromosomenkopien, die durch Replikation entstehen. Der Begriff wird meist im Stadium kurz vor der Zellteilung verwendet.

Chromatin Komplex aus DNA und Proteinen im Kern der Interphasezelle. Einzelne Chromosomen lassen sich darin nicht unterscheiden. Ursprünglich durch die Reaktion mit DNA-spezifischen Farbstoffen nachgewiesen.

Chromomeren Intensiv anfärbbare Körnchen, die unter bestimmten Umständen in den Chromosomen sichtbar sind. Besonders zu Beginn der Meiose scheint ein Chromosom aus einer Reihe von Chromomeren zu bestehen.

Chromosom Abgegrenzter Teil des Genoms, der viele Gene trägt. Jedes Chromosom besteht aus einer sehr langen DNA-Doppelhelix und einer schätzungsweise gleichen Masse an Proteinen. Als morphologische Einheit ist es lediglich während der Zellteilung sichtbar.

Chromosomenfehlverteilung (Nondisjunction) Ausbleiben der Trennung von (Schwester-)Chromatiden während der Mitose oder Meiose.

Chromosomenverteilung Bewegung der beiden Teile eines Chromosoms zu den entgegengesetzten Polen während der Zellteilung. In der Mitose und der zweiten meiotischen Teilung werden Schwesterchromatiden verteilt, in der ersten meiotischen Teilung dagegen Schwesterchromatidenpaare.

Chromosomwanderung (*chromosome walking*) Isolierung von Klonen mit überlappenden DNA-Sequenzen, die große Bereiche des Chromosoms abdecken können. Diese Methode wird zur Lokalisierung spezifischer Genloci eingesetzt.

Chromozentrum Aggregat aus dem Heterochromatin mehrerer Chromosomen.

***cis*-aktiver Locus** Bereich der DNA, der nur die DNA-Sequenzen desselben Moleküls beeinflussen kann und in der Regel kein Protein codiert.

***cis*-aktives Protein** Protein mit der ungewöhnlichen Eigenschaft, nur auf das DNA-Molekül zu wirken, von dem aus es synthetisiert wurde.

***cis*-Konfiguration** Positionierung zweier Loci auf demselben DNA-Molekül.

***cis/trans*-Test** Bestimmung des Effekts der relativen Konfiguration auf die Expression zweier Mutationen. Bei doppelt Heterozygoten sind zwei Mutationen im selben Gen in *trans*-Konfiguration als mutanter Phänotyp, in *cis*-Konfiguration als Wildtyp sichtbar.

Cistron Genetische Einheit, die durch den *cis/trans*-Test definiert wird. Ein Cistron entspricht einem → **Gen**, weil es eine genetische Einheit darstellt, die ein Protein repräsentiert.

coated vesicles Vesikel mit einer äußeren Hüllschicht aus Protein (beispielsweise Clathrin).

codierender Strang DNA-Strang, der mit der mRNA übereinstimmt (Sinn-Strang).

codominante Allele Allele, die beide zum Phänotyp beitragen, wobei keines über das andere dominant ist.

Codon Nucleotidtriplett, das eine Aminosäure oder ein Terminationssignal codiert.

Coevolution (von Genen) → **konzertierte Evolution**

cognate tRNAs tRNAs, die gemeinsam von einer bestimmten Aminoacyl-tRNA-Synthetase erkannt werden.

Cointegrat Produkt aus der Fusion zweier Replicons, von denen eines ursprünglich ein Transposon besitzt. Das Fusionsprodukt besitzt an beiden Verbindungsstellen der Replicons je eine Kopie des Transposons, die als direkte Wiederholungssequenzen angeordnet sind.

Cokonversion Gleichzeitige Korrektur zweier Loci während der Genkonversion.

Consensussequenz Idealisierte Sequenz, in der jede Base derjenigen entspricht, die man in verschiedenen realen Sequenzen am häufigsten findet.

Cordycepin 3′-Desoxyadenosin, ein Inhibitor der RNA-Polyadenylierung.

Corepressor Eine niedermolekulare Verbindung, welche die Repression der Transkription auslöst, indem sie an ein Regulatorprotein bindet.

Core-Partikel Abbauprodukt des Nucleosoms, das noch das Histonoktamer und 146 bp DNA enthält. Seine Struktur ähnelt der des Nucleosoms.

Core-DNA 146 bp DNA, die in einem Core-Partikel liegen.

Cosmide Plasmide, in die *cos*-Stellen des λ-Phagen eingebaut wurden und die daher *in vitro* in eine Phagenhülle verpackt werden können.

Cot Produkt aus DNA-Konzentration und Inkubationszeit in einer Reassoziationsreaktion.

$Cot_{\frac{1}{2}}$ Der zum halbkompletten Ablauf der Reaktion erforderliche Cot-Wert, welcher der Einheitslänge der reassoziierenden DNA direkt proportional ist.

Cotransfektion Gleichzeitige Transfektion mit zwei Genmarkern.

Crossover Reziproker (wechselseitiger) Austausch von Genmaterial zwischen zwei Chromosomen während der Meiose; Ursache der genetischen Rekombination.

Crossover-Fixierung Mögliche Folge eines ungleichen Crossovers, das einer Mutation in einem Mitglied eines Tandemclusters ermöglicht, sich über das ganze Cluster auszubreiten (oder zu verschwinden).

ctDNA Chloroplasten-DNA.

C-Wert Gesamtmenge an DNA in einem haploiden Genom.

cyclisches AMP (cAMP) AMP-Molekül, in dem die Phosphatgruppe mit der 3′- und der 5′-Position der Ribose verbunden ist. Seine Bindung aktiviert CAP, einen positiven Regulator der Transkription bei Prokaryoten.

Cycline Proteine, die sich kontinuierlich während des Zellzyklus ansammeln und während der Mitose durch Proteolyse wieder abgebaut werden. → **MPF**

Cytokinese Vorgang am Ende der Mitose, bei dem sich die beiden Tochterzellen trennen und auseinander bewegen.

cytologische Hybridisierung → ***in situ*-Hybridisierung**

Cytoplasma Substanz zwischen Plasmamembran und Zellkern.

cytoplasmatische Vererbung Weitergabe der Gene der Mitochondrien und Chloroplasten (und möglicherweise weiterer Zellorganellen).

Cytoskelett Fasernetz im Cytoplasma von eukaryotischen Zellen.

Cytosol Grundsubstanz des Cytoplasmas, in welche die Organellen (beispielsweise Mitochondrien) eingebettet sind.

Degeneration Wechsel in der dritten Base eines Codons, der sich häufig nicht auf die codierte Aminosäure auswirkt. → **Wobble-Hypothese**

Deletion Verlust eines DNA-Abschnitts, wobei sich die Enden der angrenzenden Bereiche miteinander verbinden.

Denaturierung Übergang vom doppel- zum einzelsträngigen Zustand bei DNA und RNA. Strangtrennung kann oft durch Erhitzen erreicht werden. Bei Proteinen spricht man vom Übergang der biologisch aktiven in eine andere, inaktive Konformation.

dereprimiert Zustand eines aktiven Gens; gleichbedeutend mit *induziert* bei normalen Genen und *konstitutiv* bei der Beschreibung von Mutationen.

Determinationskarte Kartenartige Darstellung eines Embryos, die zeigt, welche Gewebe des erwachsenen

Organismus sich aus den Zellen und den einzelnen Teilen des Embryos entwickeln werden.

diploid Chromosomensatz, der zwei Kopien von jedem Autosom und zwei Geschlechtschromosomen enthält.

direkte Wiederholungssequenzen (*direct repeats*) Identische (oder verwandte) Sequenzen, die in zwei oder mehr Kopien in gleicher Orientierung in einem DNA-Molekül vorliegen; sie müssen nicht nebeneinander liegen.

diskontinuierliche Replikation DNA-Synthese in Form kurzer (Okazaki-)Fragmente, die später zu einem kontinuierlichen Strang verbunden werden.

divergente Transkription Transkription, die an zwei entgegengesetzt orientierten Promotoren beginnt, so daß sie von einem Zentralbereich aus in entgegengesetzte Richtungen verläuft.

Divergenz Prozentualer Unterschied zwischen zwei verwandten Nucleotid- oder Aminosäuresequenzen.

dizentrisches Chromosom Fusionsprodukt aus zwei Chromosomenfragmenten mit je einem Centromer. Es ist instabil und zerbricht häufig, wenn die Centromere in der Mitose zu den entgegengesetzten Zellpolen gezogen werden.

DNA-getriebene Hybridisierung Reaktion eines DNA-Überschusses mit RNA.

***dna*-Mutanten** Temperatursensitive Bakterienmutanten, deren DNA-Synthese bei 37 °C, nicht jedoch bei 42 °C abläuft.

DNA-Polymerase Enzym, das einen DNA-Tochterstrang anhand einer DNA-Matrize synthetisiert und an DNA-Reparatur und -Replikation beteiligt sein kann.

DNA-Replikase DNA-synthetisierendes Enzym, speziell für die Replikation.

DNase Enzym, das Bindungen in DNA-Molekülen spaltet.

DNase-I-(hyper)sensitive Stelle Kurzer Chromatinbereich mit hoher Empfindlichkeit gegenüber einer Spaltung durch DNase I und andere Nucleasen, vermutlich aufgrund des Fehlens von Nucleosomen.

Domäne Abgegrenzter Strukturbereich innerhalb eines Chromosoms, in dem Überspiralisierungen unabhängig von anderen Domänen bestehen bleiben, oder auch ein größerer Bereich, der ein exprimiertes Gen mit erhöhter Empfindlichkeit gegenüber DNase-I-Abbau enthält. Bei Proteinen bezeichnen Domänen einen abgegrenzten Teil der Aminosäuresequenz, dem man eine bestimmte Funktion zuordnen kann.

dominant Eigenschaft eines Allels, das in einer Heterozygote den Phänotyp bestimmt, wenn es zusammen mit einem anderen (rezessiven) Allel vorliegt.

Donorspleißstelle → **linke Spleißstelle**

***down*-Promotormutation** Mutation, welche die Häufigkeit der Transkription vermindert.

Drehungszahl (*twisting number*) Zahl an Basenpaaren geteilt durch die Zahl der Basenpaare pro Drehung der Doppelhelix.

D-Schleife Bereich in der Mitochondrien-DNA, in dem ein kurzer RNA-Abschnitt mit einem Strang der DNA gepaart ist und damit den anderen DNA-Strang verdrängt. Der gleiche Begriff bezeichnet auch allgemein die Verdrängung (*displacement*) eines Stranges aus dem DNA-Doppelstrang durch einen Einzelstrang in einer durch das RecA-Protein vermittelten Reaktion.

Einzelkopieplasmide Plasmide, die in der Bakterienzelle stets mit einer Kopie pro Bakterienchromosom vorliegen.

Einzelstrangassimilation Fähigkeit des RecA-Proteins, mit einem DNA-Einzelstrang den entsprechend homologen Strang aus dem DNA-Doppelstrang zu verdrängen und den Einzelstrang in den Doppelstrang zu assimilieren.

Einzelstrangaustausch Reaktion, bei der ein Strang der DNA-Doppelhelix seinen Partner verläßt und sich statt dessen mit dem komplementären Strang eines anderen Moleküls paart, wobei dort der homologe Strang verdrängt wird.

Einzelstrangbruch Fehlen oder Spaltung einer Phosphodiesterbindung zwischen zwei benachbarten Nucleotiden in einem Strang der DNA-Doppelhelix.

ektopische Expression Genexpression in einem Gewebe, in dem das Gen normalerweise nicht exprimiert wird; beispielsweise in einem transgenen Tier oder aufgrund einer Injektion an einem ungewöhnlichen Ort im Embryo.

Elongationsfaktoren (EF bei Prokaryoten, eEF bei Eukaryoten) Proteine, die zyklisch mit den Ribosomen in Wechselwirkung treten, während jeweils eine Aminosäure an die Polypeptidkette angehängt wird.

Endmarkierung Anfügen einer radioaktiv markierten Gruppe an das 3′- oder 5′-Ende der DNA.

Endocytose Mechanismus, mit dem die Zelle Proteine und andere Substanzen von der Zelloberfläche aufnimmt und in Membranvesikeln ins Zellinnere transportiert.

Endocytosevesikel Membranumhüllte Partikel, die Proteine auf dem Weg der Endocytose transportieren; werden wegen ihrer zusätzlichen Proteinbedeckung auch als clathrinbeschichtete Vesikel (*clathrin-coated vesicles*) bezeichnet.

Endonucleasen Enzyme, die Bindungen innerhalb einer Nucleotidkette spalten; sie können spezifisch für RNA oder für einzel- oder doppelsträngige DNA sein.

endoplasmatisches Reticulum Stark gefaltetes Membransystem, das sich von der äußeren Schicht der Kernhülle aus ins Cytoplasma erstreckt.

Endprodukthemmung Fähigkeit eines Stoffwechselendprodukts, die Aktivität eines Enzyms, das einen früheren Schritt im Stoffwechsel katalysiert, zu hemmen.

Enhancer *Cis*-aktive Sequenz, welche die Aktivität (mancher) eukaryotischer Promotoren steigert und unabhängig von Orientierung und Position (stromaufwärts oder -abwärts) relativ zum Promotor wirkt.

epigenetisch Bezeichnung für Veränderungen des Phänotyps ohne Auswirkungen auf den Genotyp, basierend auf veränderten Zelleigenschaften, die zwar vererbt werden, jedoch auf keinerlei Veränderungen der genetischen Information zurückgehen.

Episom Plasmid, das in Bakterien-DNA integrieren kann.

Epistase Die Expression eines Gens überdeckt den phänotypischen Effekt eines anderen Gens.

essentielles Gen Gen, dessen Deletion für den Organismus tödlich ist. → **letaler (tödlicher) Genlocus**

etablierte Zellinien (Unsterbliche) Eukaryotenzellen, die sich an das unbegrenzte Wachstum in der Zellkultur angepaßt haben.

Eubakterien Hauptgruppe der Prokaryoten.

Euchromatin Gesamtmasse des Genoms im Interphasekern mit Ausnahme des Heterochromatins.

Eukaryoten Organismen mit Zellkern.

Evolutionsuhr Geschwindigkeit, mit der sich Mutationen in einem Gen ansammeln.

Excision Freisetzung einer Phagen-, Episom- oder sonstigen Sequenz aus dem (Wirts-)Chromosom in Form eines selbständigen DNA-Moleküls.

Excisionsreparatursysteme Systeme, die einzelsträngige DNA-Abschnitte, welche beschädigte oder falsch gepaarte Basen enthalten, entfernen und den ausgeschnittenen Bereich im DNA-Doppelstrang ersetzen, indem eine zum verbleibenden Strang komplementäre Sequenz neusynthetisiert wird.

Exocytose Ausscheidung von Proteinen und anderen Substanzen aus einer Zelle in die Umgebung. Der Stofftransport erfolgt in Membranvesikeln ausgehend vom endoplasmatischen Reticulum über den Golgi-Apparat und die Speichervesikel bis zur Plasmamembran, wo auf ein Regulationssignal hin die Freisetzung stattfindet.

Exon Abschnitt eines unterbrochenen Gens, der in der reifen RNA repräsentiert ist.

Exonucleasen Enzyme, die Nucleotide von einem Ende einer Polynucleotidkette abspalten, wobei sie spezifisch für das 3′- oder 5′-Ende der DNA oder RNA sein können.

Expression → **Genexpression**

Expressionsvektor Klonierungsvektor, der so konstruiert ist, daß eine an einer bestimmten Stelle eingebaute codierende Sequenz transkribiert und in Protein translatiert wird.

extranucleäre Gene Gene, die sich außerhalb des Zellkernes in Organellen (wie Mitochondrien oder Chloroplasten) befinden.

fakultatives Heterochromatin Inaktive Sequenzen, von denen es auch aktive Kopien gibt (wie etwa ein X-Chromosom bei weiblichen Tieren).

F-Faktor (F-Plasmid) Geschlechts- oder Fertilitätsplasmid der Bakterien.

F_1-Generation Erste Generation von Nachkommen nach Kreuzung zweier (homozygoter) Linien.

Filterhybridisierung Inkubation einer denaturierten, auf einem Nitrocellulosefilter immobilisierten DNA- (oder RNA-)Präparation mit einer Lösung radioaktiv markierter DNA oder RNA.

Fingerabdruck (Fingerprint) Muster polymorpher DNA-Restriktionsfragmente, durch die sich einzelne Genome unterscheiden (RFLP), oder Muster aus Proteinfragmenten (meist auf einem zweidimensionalen Elektrophoresegel aufgetrennt), das durch Spaltung mit einem Enzym (z. B. Trypsin) entsteht.

Flüssigkeitshybridisierung Reaktion zwischen komplementären Nucleinsäuresträngen in einer Lösung.

Fluidität Membraneigenschaft, welche die Fähigkeit der Lipidmoleküle, sich in ihrer Membranschicht in seitlicher Richtung zu bewegen, bezeichnet.

Focusbildung Eigenschaft transformierter Eukaryotenzellen, in dichten übereinanderliegenden Schichten zu wachsen.

focusbildende Einheit (ffu) Maßeinheit für die Focusbildung.

Folgestrang (*lagging strand*) DNA-Strang, der während der DNA-Replikation insgesamt in 3′→5′-Richtung wachsen muß und deshalb in Form kurzer (Okazaki-)Fragmente gebildet wird, die in 5′→3′-Richtung synthetisiert und später kovalent verbunden werden.

Footprinting Methode zum Nachweis von Proteinbindungsstellen auf der DNA aufgrund der Schutzwirkung der Proteine gegenüber dem Abbau der DNA durch Nucleasen.

Freisetzungs- oder Terminationsfaktoren (*release factors*) Faktoren, die als Reaktion auf ein Terminationscodon die fertige Polypeptidkette und das Ribosom von der mRNA trennen.

frühe Entwicklungsphase Zeitraum bei einer Phageninfektion vor Beginn der DNA-Synthese.

G1-Phase Zeitabschnitt im Zellzyklus der Eukaryoten, der zwischen dem Ende der Mitose und dem Beginn der DNA-Replikation liegt.

G2-Phase Zeitabschnitt im Zellzyklus der Eukaryoten, der zwischen dem Ende der DNA-Replikation und dem Beginn der nächsten Mitose liegt.

***gain of function*-Mutation** Mutation, die sich in einer neuerworbenen oder verstärkten Funktion äußert.

Gamet Geschlechtszelle (Ei- oder Samenzelle) mit haploidem Chromosomensatz.

G-Bänderung Färbemethode zur Erzeugung eines Streifenmusters bei Metaphasechromosomen, mit Hilfe dessen man die einzelnen Chromosomen des haploiden Chromosomensatzes unterscheiden kann.

Gen (Cistron) DNA-Abschnitt, der eine Polypeptidkette codiert. Ein Gen enthält zudem Bereiche vor und hinter der codierenden Sequenz (Leader und Trailer) sowie intervenierende Sequenzen (Introns) zwischen den codierenden Abschnitten (Exons).

Gencluster Gruppe benachbarter Gene, die gleich oder verwandt sind.

Gendosis Kopienzahl eines bestimmten Gens im Genom.

genetische Prägung (*imprinting*) Veränderung in einem Gen während der Spermien- oder Eireifung mit dem Ergebnis, daß die paternalen und maternalen Allele im sehr frühen Stadium des Embryos unterschiedliche Eigenschaften besitzen. Der Vorgang beruht vermutlich auf einer Methylierung der DNA.

genetischer Code Zuordnungsvorschrift zwischen DNA- (oder RNA-)Tripletts und den Aminosäuren im Protein.

Genexpression Umsetzung der Information eines Gens durch Transkription und Translation.

Genfamilie Gruppe von Genen, deren Exons verwandt sind. Die Mitglieder einer Familie sind durch Duplikation und Variation aus einem gemeinsamen Vorläufergen entstanden.

Genombibliothek (Genombank) Sammlung von klonierten DNA-Fragmenten, die zusammen ein ganzes Genom darstellen.

Genkonversion Veränderung in einem Strang einer Heteroduplex-DNA, um die Stellen mit ungepaarten Basen an den anderen Strang anzupassen.

Genlocus Position des Gens auf dem Chromosom (Genort). Der Locus kann von jedem beliebigen Allel dieses Gens besetzt sein.

Genmarker Allel, das für ein bestimmtes Experiment von Interesse ist.

Genom Gesamtgenbestand einer Zelle.

genomische (chromosomale) DNA-Klone Sequenzen aus dem Genom, die in einen Klonierungsvektor eingebaut sind.

Genotyp Genetische Konstitution eines Organismus.

Geschlechtschromosomen Chromosomen, in denen sich die Geschlechter unterscheiden. Gewöhnlich nennt man sie X- und Y- oder W- und Z-Chromosom, wobei ein Geschlecht XX (oder WW), das andere XY (oder WZ) trägt.

Geschlechtskoppelung Vererbungsmuster der Gene auf einem Geschlechtschromosom (meist X).

Geschlechtsplasmid Episom, das den Konjugationsvorgang in Gang setzen kann, durch den Chromosomenmaterial von einem Bakterium auf ein anderes übertragen wird.

glattes ER Bereich des endoplasmatischen Reticulums, der frei von Ribosomen ist.

Golgi-Apparat Anhäufung von flachen Membranstapeln in der Nähe des endoplasmatischen Reticulums, die für die Glycosylierung von Proteinen wichtig sind und diese für den Transport zu verschiedenen Bestimmungsorten in der Zelle sortieren.

G-Proteine GTP/GDP-bindende, trimere Proteine in der Plasmamembran. Wird das Trimer von GDP gebunden, so bleibt es intakt und inaktiv; wird das an die α-Untereinheit gebundene GDP jedoch durch GTP ersetzt, so trennt sich die α-Untereinheit vom $\beta\gamma$-Dimer. Eines der freigesetzten Molekülteile (entweder das α-Monomer oder das $\beta\gamma$-Dimer) aktiviert oder reprimiert dann ein Zielprotein.

gratuitious inducer → **künstlicher Induktor**

Gründereffekt Vorkommen vieler Individuen in einer Population, die alle ein gemeinsames Chromosom (oder eine gemeinsame Chromosomenregion) tragen, das von einem gemeinsamen Vorläufer abstammt.

GT-AG-Regel Regel, nach der diese beiden Dinucleotide stets am Anfang und Ende von Introns in den Genen des Zellkernes liegen.

Gyrase Topoisomerase II aus *E. coli,* die eine negative Überspiralisierung in die DNA einführen kann.

Haarnadelstruktur Doppelhelixbereich, der durch Basenpaarung zwischen benachbarten, komplementären Sequenzen innerhalb eines DNA- oder RNA-Stranges entsteht.

haploid Chromosomensatz, der je eine Kopie der Autosomen und ein Geschlechtschromosom enthält. Die haploide Chromosomenzahl n ist charakteristisch für die Gameten diploider Organismen.

Haplotyp Allelkombination in einem begrenzten Chromosomenabschnitt, also ein Ausschnitt aus dem Genotyp. Ursprünglich bezeichnete dieser Begriff Kombinationen von MHC-Allelen, heute wird er aber auch auf RFLP-Kombinationen angewandt.

Hapten Niedermolekulare Verbindung, die als Antigen wirkt, wenn sie an ein Protein gekoppelt ist.

Hauptbande Hauptmenge der genomischen DNA, die auf einem Dichtegradienten eine breite Fraktion darstellt, während die sichtbare Satelliten-DNA Banden bei anderer Dichte bildet.

Haupthistokompatibilitätslocus(-komplex) Großer Chromosomenbereich mit einem riesigen Gencluster, das die Transplantationsantigene und andere Oberflächenproteine der Lymphocyten codiert.

Haushaltsgene → **konstitutive Gene**

Helfervirus Virus, das einem defekten Virus bestimmte Funktionen zur Verfügung stellt, so daß dieses sich bei einer gemischten Infektion vermehren kann.

Hemizygote Diploider Organismus, der eine Kopie eines Gens verloren hat (etwa durch Verlust eines Chromosoms), so daß von diesem Gen nur noch eine Kopie vorhanden ist.

Heterochromatin Genombereiche, die stets stark kondensiert sind und nicht exprimiert werden. Man unterscheidet fakultatives und konstitutives Heterochromatin.

Heteroduplex-(Hybrid-)DNA DNA-Molekül, dessen Einzelstränge von verschiedenen Elternmolekülen stammen und sich während der genetischen Rekombination durch Basenpaarung verbunden haben.

heterogametisches Geschlecht Geschlecht mit dem diploiden Chromosomensatz 2A+XY.

heterogene Kern-RNA (hnRNA) Durch RNA-Polymerase II hergestellte Transkripte der nucleären Gene, die ein breites Größenspektrum besitzen und instabil sind.

heteromultimere Proteine Proteine aus mehreren verschiedenen Untereinheiten, die von verschiedenen Genen codiert werden.

Heterokaryon Zelle mit zwei (oder mehr) Zellkernen in einem gemeinsamen Cytoplasma, die durch eine Fusion somatischer Zellen entsteht.

Heterozygote Individuum mit unterschiedlichen Allelen an einem bestimmten Genlocus.

Histone Konservierte DNA-bindende Proteine bei Eukaryoten, die das Nucleosom und somit die Grundeinheit des Chromatins bilden.

hochrepetitive DNA Aufgrund ihrer geringen Komplexität schnell reassoziierende DNA; sie ist mit der Satelliten-DNA gleichzusetzen.

Homöobox Konservierte Sequenz im codierenden Bereich der homöotischen Gene von *D. melanogaster*, die sich auch bei Amphibien und Säugern in Genen findet, welche in der frühen Embryonalentwicklung exprimiert werden.

homöotische Gene Definiert durch Mutationen, die einen Körperteil in einen anderen umwandeln. So kann beispielsweise ein Insektenbein anstelle einer Antenne entstehen.

homogametisches Geschlecht Geschlecht mit dem diploiden Chromosomensatz 2A+XX.

homologe Chromosomen Chromosomen mit den gleichen Genloci. Eine diploide Zelle besitzt von jedem homologen Chromosom zwei Kopien, von denen jeweils eine von jedem Elternteil stammt.

homomultimeres Protein Protein aus identischen Untereinheiten.

Homozygote Individuum mit gleichen Allelen an den entsprechenden Loci homologer Chromosomen.

Hotspot Stelle, an der die Mutations- (oder Rekombinations-)Häufigkeit stark erhöht ist.

***Hox*-Gene** Gencluster bei Säugern, das Homöoboxgene enthält. Die einzelnen Mitglieder sind verwandt mit den Genen der Komplexloci *ANT-C* und *BX-C* bei *D. melanogaster.*

hybridarretierte Translation Methode zur Identifizierung der cDNA, die einer mRNA entspricht, aufgrund ihrer Fähigkeit, mit dieser mRNA zu hybridisieren und damit deren Translation zu unterbinden

Hybrid-Dysgenese Kreuzungsunverträglichkeit zwischen bestimmten Stämmen von *D. melanogaster*, da die Hybride steril (ansonsten aber phänotypisch meist normal) sind.

Hybrid-DNA → **Heteroduplex-DNA**

Hybridisierung Basenpaarung zwischen komplementären DNA- oder RNA-Strängen.

Hybridom Zellinie, die durch Fusion einer Myelomzelle mit einem Lymphocyten entsteht und unbegrenzt die Immunglobuline beider Elternzellen produziert.

Hybridzelle Somazelle, die Chromosomen von verschiedenen Spezies enthält (z. B. eine somatische Mensch-Maus-Hybridzelle). Hergestellt durch Zellfusion, wobei zuerst ein Heterokaryon entsteht, in dem dann die Kerne verschmelzen.

Hydrolyse Chemische Reaktion, bei der eine kovalente Bindung unter Wasseranlagerung gespalten wird.

Hydropathiekurve Quantitative Darstellung der Hydrophobizität eines Proteinabschnitts und damit der Wahrscheinlichkeit seiner Lokalisierung in einer Membran.

hydrophil Bezeichnung für chemische Gruppen, die mit Wasser interagieren, so daß hydrophile Proteinbereiche oder die hydrophilen Außenseiten der Lipiddoppelschicht in einer wäßrigen Umgebung liegen.

hydrophob Bezeichnung für chemische Gruppen, die Wasser abstoßen und untereinander in Wechselwirkung treten, so daß ein nichtwäßriges Milieu entsteht.

Hyperchromie Ansteigen der optischen Dichte durch das Denaturieren von DNA.

hypervariable Regionen Teile der variablen Region eines Immunglobulins, die beim Vergleich verschiedener Antikörper die größten Unterschiede aufweisen.

Ideogramm Schematische Darstellung des G-Bandenmusters eines Chromosoms.

Immortalisierung Prozeß, in dem eine Eukaryotenzelllinie die Fähigkeit erlangt, unbegrenzt in Zellkultur zu wachsen.

Immunglobulin → **Antikörper**

Immunität Bei Prophagen die Fähigkeit, durch die Produktion eines Phagenrepressors die Infektion der Zelle mit einem zweiten Phagen desselben Typs zu verhindern. Bei Plasmiden die Fähigkeit, die Etablierung eines zweiten Plasmids vom gleichen Typ in der Zelle zu verhindern; meist liegt eine Störung der Replikationsfähigkeit zugrunde. Bei Transposons bezieht sich Immunität auf die Fähigkeit mancher Transposons, durch unterschiedliche Mechanismen die Transposition eines zweiten Transposons in dasselbe DNA-Molekül zu verhindern.

Indikator Radioaktiv markierte Nucleinsäure in einer Reassoziationsreaktion, die in so geringer Menge eingesetzt wird, daß sie den normalen Ablauf der Reaktion nicht beeinflußt.

indirekte Endmarkierung Methode zur Untersuchung des DNA-Aufbaus durch Schneiden an einer bestimmten Stelle und Isolierung aller Fragmente, welche die dem Schnitt benachbarte Sequenz enthalten. Auf diese Weise kann man die Entfernung zwischen dem Schnitt und den nächsten Brüchen in der DNA messen.

Induktion Eigenschaft von Bakterien (oder Hefen), die bestimmte Enzyme nur dann synthetisieren, wenn deren Substrate vorhanden sind. Die Transkription der Gene wird also als Folge der Wechselwirkung zwischen Induktor und Regulatorprotein angeschaltet.

Induktion eines Prophagen Ausschneiden des Prophagen aus dem Wirtsgenom und Eintritt in den lytischen (infektiösen) Vermehrungszyklus aufgrund der Zerstörung des lysogenen Repressors.

Induktor Niedermolekulare Verbindung, die durch Bindung an ein Regulatorprotein die Transkription eines Gens auslöst.

induzierte Mutationen Mutationen, die durch die Wirkung eines Mutagens entstehen.

Initiationsfaktoren (IF bei Prokaryoten, eIF bei Eukaryoten) Proteine, die sich zu Beginn der Proteinsynthese spezifisch mit der kleinen Ribosomenuntereinheit verbinden.

Inkompatibilität Unfähigkeit mancher Bakterienplasmide (aufgrund der Plasmidimmunität), in der gleichen Zelle zu coexistieren.

Insertion Einbau neuer Basenpaare in die DNA.

Insertionssequenz (IS) Kleines Bakterientransposon, das nur die Gene für seine eigene Transposition trägt.

***in situ*-Hybridisierung** Denaturierung der DNA in Zellen, die auf einem Objektträger gespreitet wurden, und anschließende Hybridisierung mit radioaktiv markierter, einzelsträngiger DNA oder RNA. Die Hybridisierungsreaktion verfolgt man mittels Autoradiographie.

integrales Membranprotein Protein, das nichtkovalent in die Membran eingelagert ist und über einen Abschnitt aus ungefähr 25 ungeladenen und/oder hydrophoben Aminosäuren mit der Membran in Verbindung steht.

Integration Insertion einer Virus- oder anderen DNA in ein Wirtsgenom, wobei der neu eingebaute Abschnitt kovalent mit den flankierenden Sequenzen verbunden ist.

interallele Komplementation Wechsel in den Eigenschaften eines heteromultimeren Proteins aufgrund von Wechselwirkungen zwischen Untereinheiten, die von zwei verschiedenen mutierten Allelen codiert werden.

Das gemischte Protein kann aktiver oder weniger aktiv sein als ein Protein, das nur aus einer Art von Untereinheiten besteht.

Interbanden Relativ verstreute Bereiche, die bei Polytänchromosomen zwischen den Banden liegen.

intercistronischer Bereich Abschnitt zwischen dem Terminationscodon des einen und dem Initiationscodon des nächsten Gens.

Interphase Zeitraum zwischen den Zellteilungen der Mitose, die man in Gl, S und G2 unterteilt.

Intron DNA-Abschnitt, der zunächst transkribiert und anschließend durch Zusammenspleißen der beidseitig gelegenen Sequenzen (Exons) aus dem Transkript entfernt wird.

Inversion Chromosomenveränderung, bei der ein Abschnitt relativ zu den flankierenden Bereichen um 180° gedreht und wieder eingebaut wird.

inverted repeats → **umgekehrte Wiederholungssequenzen**

***in vitro*-Komplementationstest** Nachweis eines Bestandteils einer Wildtypzelle, der einem Extrakt aus einer Mutante Aktivität verleihen kann. Mit dem Test läßt sich feststellen, welche Komponente der mutierten Zelle inaktiv ist.

IS → **Insertionssequenz**

isoakzeptierende tRNAs tRNA-Typen, welche die gleiche Aminosäure tragen.

Isotyp Gruppe engverwandter Immunglobulinketten.

kältesensitiv Mutanten, die nur bei normaler und nicht bei niedriger Temperatur funktionieren.

Kartierungsabstand Maß für den Abstand von Genen auf einem Chromosom, gemessen in cM (Centi-Morgan); entspricht der Rekombinationsfrequenz in Prozent (manchmal korrigiert).

Karyotyp Gesamtchromosomensatz einer Zelle oder einer Spezies, wie man ihn in der Mitose beobachten kann.

Katabolitrepression Verminderte Expression vieler bakterieller Operons nach Zugabe von Glucose. Ursache ist eine Abnahme der Konzentration an cyclischem AMP und die damit verbundene Inaktivierung des CAP-Regulatorproteins.

kb (Kilobase) Abkürzung für 1000 bp DNA oder 1000 Basen einer RNA.

Kernhülle Schicht aus zwei Membranen, die den Zellkern umgibt, von Kernporen durchbrochen ist und auf der Innenseite eine Kernfaserschicht (Kernlamina) trägt.

Kernlamina, Kernfaserschicht Proteinschicht auf der Innenseite der Kernhülle, die aus bis zu drei Lamininproteinen besteht.

Kernmatrix Fasergeflecht, das den Zellkern durchzieht und ihn umgibt.

Kernporen Strukturen, die über die Kernhülle verteilt sind und dem Transport von Makromolekülen dienen.

Kinase Enzym, das ein Substrat phosphoryliert. Als Substrate für Proteinkinasen, die entweder tyrosinspezifisch oder threonin-/serinspezifisch sind, dienen Aminosäuren in anderen Proteinen.

kinetische Komplexität Komplexität einer DNA-Komponente, die anhand ihrer Reassoziationskinetik gemessen wird.

Kinetochor Strukturbestandteil des Chromosoms, an den sich die Mikrotubuli der Mitosespindel anheften. → **Centromer**

Klassenwechsel Wechsel in der Expression der C-Region einer schweren Immunglobulinkette während der Lymphocytendifferenzierung.

Klon Große Zahl von Zellen oder Molekülen, die mit einer gemeinsamen Vorläuferzelle beziehungsweise einem Vorläufermolekül identisch sind.

Klonierungsvektor Plasmid oder Phagen-DNA, in die Fremd-DNA eingebaut werden kann, welche dann in dieser Form zum Zweck der Vermehrung oder der Produktion eines Proteins in eine Zelle eingeschleust wird.

Knock-out Gezielte Ausschaltung eines Gens (etwa um transgenen Tier) durch homologe Rekombinationstechniken.

kohäsive Enden → **überhängende Enden**

Koloniehybridisierung Methode der *in situ*-Hybridisierung zum Nachweis von Bakterien, die einen Hybridvektor enthalten, bei dem die eingebaute Fremd-DNA zu einer bestimmten Sequenz komplementär ist.

Kompatibilitätsgruppe Gruppe von Plasmiden, die nicht gleichzeitig in einer Bakterienzelle existieren können.

komplementär Bezeichnung für Nucleotide oder Nucleotidsequenzen, die Basenpaare miteinander bilden können.

Komplementation Fähigkeit unabhängiger (nichtalleler) Gene, diffusionsfähige Produkte herzustellen, die phänotypisch zum Wildtyp führen, wenn man zwei Mutanten in *trans*-Konfiguration in einer Heterozygote testet.

Komplementationsgruppe Reihe von Mutationen, die sich nicht komplementieren können, wenn man sie in *trans*-Konfiguration paarweise untersucht; definiert eine genetische Einheit (Cistron), die besser den Namen „Nichtkomplementationsgruppe" tragen müßte.

Komplexlocus Genlocus bei *D. melanogaster*, der Eigenschaften besitzt, die nicht mit denen eines proteincodierenden Gens übereinstimmen. Komplexloci sind auf molekularer Ebene meist sehr groß (über 100 kb).

Komplexität Gesamtlänge unterschiedlicher Sequenzen in einer DNA-Präparation.

Kondensationsreaktion Chemische Reaktion, bei der unter Verlust eines Wassermoleküls eine kovalente Bindung gebildet wird, wie etwa beim Anhängen einer Aminosäure an eine Polypeptidkette.

konditional letale Mutationen Mutationen, die eine Zelle oder ein Virus unter bestimmten (nichtpermissiven) Bedingungen zum Absterben bringen und ihr/ihm unter anderen (permissiven) Bedingungen das Überleben ermöglichen.

Konjugation „Paarung" zwischen zwei Bakterienzellen, wobei Teile des Chromosoms von einer Zelle in die andere gelangen.

Konkatemer DNA-Molekül, das mehrere hintereinander angeordnete Genomeinheiten enthält.

konservative Rekombination Bruch und Wiedervereinigung bereits existierender DNA-Stränge ohne Neusynthese.

konservative Transposition Bewegung großer DNA-Elemente, die ehemals als Transposons und nun als Episomen bezeichnet werden. Der Mechanismus der Bewegung entspricht dem des λ-Phagen.

konstante Regionen Teile der Immunglobulinpolypeptidkette, die von den C-Genen codiert werden und sich zwischen verschiedenen Immunglobulinen am wenigsten unterscheiden. Die konstanten Teile der schweren Ketten bestimmen den Immunglobulintyp.

konstitutive Gene (Haushaltsgene, *housekeeping genes*) Gene, die ohne weitere Regulation allein aufgrund der Wechselwirkungen zwischen RNA-Polymerase und Promotor exprimiert werden. Sie codieren oft Funktionen, die in allen Zellen gebraucht und deshalb überall in geringem Maße exprimiert werden.

konstitutives Heterochromatin Ruhende, nichtexprimierte Sequenzen, meist Satelliten-DNA.

konstitutive Mutationen Mutationen, die zur unregulierten (dereprimierten) Expression eines normalerweise regulierten Gens führen.

kontraktiler Ring Ring aus Actinfilamenten, der sich am Ende der Mitose am Zelläquator bildet und die Tochterzellen abschnürt.

Kontrollelemente „Springende" Einheiten (Transposons) beim Mais, die ursprünglich ausschließlich aufgrund ihrer genetischen Eigenschaften nachgewiesen wurden. Sie können autonom (allein) oder nichtautonom (nur in Gegenwart eines autonomen Elements) zur Transposition fähig sein.

konzertierte Evolution Die Fähigkeit zweier verwandter Gene, sich gemeinsam zu entwickeln, als ob es sich um einen einzigen Genlocus handeln würde.

koordinierte Regulation Gemeinsame Regulation einer Gengruppe.

Koppelung Tendenz von Genen, gemeinsam vererbt zu werden, weil sie auf demselben Chromosom liegen. Die Rekombinationshäufigkeit zwischen den Genloci in Prozent ist ein Maß für die Koppelung.

Koppelungsgruppe Alle Genloci, die direkt oder indirekt durch Koppelung verbunden sind. Eine Koppelungsgruppe entspricht einem Chromosom.

Koppelungsungleichgewicht Situation, in der einige Genmarkerkombinationen häufiger oder seltener in einer Population auftreten, als man es aufgrund ihres genetischen Abstands erwarten würde. Dies läßt auf eine koordinierte Vererbung dieser Markergruppe schließen. Ursache kann eine geringere Rekombination in diesem Bereich oder der Gründereffekt sein, wobei seit Eindringen des Markers in die Population noch nicht genügend Zeit zur Gleichgewichtseinstellung vergangen ist.

Korrekturlesen Mechanismen zur Korrektur von Fehlern der Protein- oder Nucleinsäuresynthese, wobei einzelne Bausteine nach der Synthese überprüft und eventuell ausgeschnitten und ersetzt werden.

Kreuzform Struktur, die an den umgekehrten Wiederholungssequenzen einer DNA entsteht, wenn sich die Wiederholungssequenz mit dem komplementären Abschnitt im gleichen Strang paart (und nicht mit ihrem normalen Partner im Gegenstrang).

Kreuzungspunktwanderung (*branch migration*) Fähigkeit eines DNA-Einzelstranges, der teilweise mit seinem Gegenstück in einer DNA-Doppelhelix gepaart vorliegt, den gepaarten Abschnitt zu vergrößern und dabei den ursprünglich im Doppelstrang vorhandenen Strang, mit dem er homolog ist, zu verdrängen.

kryptischer Satellit Satelliten-DNA-Sequenz, die man nicht als eigene Fraktion im Dichtegradienten findet, weil sie zusammen mit dem Hauptteil der DNA sedimentiert.

künstlicher Induktor Molekül, das dem eigentlichen Induktor der Transkription ähnelt, aber kein Substrat für das induzierte Enzym darstellt.

kurzphasige Einstreuung (*short-period interspersion*) Muster in der Genomstruktur, bei dem sich mäßigrepetitive DNA-Sequenzen von etwa 300 bp Länge mit nichtrepetitiven Sequenzen von etwa 1000 bp abwechseln.

Lampenbürstenchromosomen Große Chromosomen, die man während der Meiose in den Oocyten von Amphibien findet.

langphasige Einstreuung (*long-period interspersion*) Muster in der Genomstruktur, bei dem sich lange Abschnitte mäßig- und nichtrepetitiver DNA abwechseln.

langsame Komponente Komponente, die gewöhnlich aus nichtrepetitiver DNA besteht und in einer Reassoziationsreaktion zuletzt reassoziiert.

Leader-Sequenz Bei mRNAs eine nichttranslatierte Sequenz am 5′-Ende, die dem Initiationscodon vorausgeht. Die Leader-Sequenz eines Proteins ist eine kurze N-terminale Peptidsequenz, die für den Proteintransport in oder durch eine Membran verantwortlich ist.

***leaky*-Mutation** Mutation, bei der ein geringes Maß an Genexpression erhalten bleibt.

Leerlaufreaktion Produktion von pppGpp und ppGpp an den Ribosomen, wenn an der A-Bindungsstelle eine unbeladene tRNA liegt; löst die stringente Reaktion aus.

Leitstrang (*leading strand*) DNA-Strang, der kontinuierlich in $5' \rightarrow 3'$-Richtung synthetisiert wird.

Leseraster Eine von drei Möglichkeiten, eine Nucleotidsequenz als Folge von Tripletts zu lesen.

Leserasterverschiebung Mutation durch Deletion oder Insertion, deren Länge kein Vielfaches von 3 bp ist und die dadurch das Leseraster bei der Translation der Tripletts in das Protein verändert.

letaler (tödlicher) Genlocus Gen, dessen Mutation (gewöhnlich eine Deletion) letal sein kann.

Ligation Bildung einer Phosphodiesterbindung zwischen zwei Basen, die durch einen Einzelstrangbruch in einem Strang der DNA-Doppelhelix getrennt sind. Der Begriff wird auch auf die Ligation glatter Enden und das Verbinden von RNA-Fragmenten angewandt.

Ligation glatter Enden Reaktion, die zwei DNA-Moleküle direkt an den Enden verbindet.

LINES (*long interspersed sequences*) Langphasig eingestreute (lange verteilte) Sequenzen in Säugergenomen, die Retroposons darstellen und von RNA-Polymerase-II-Transkripten abstammen.

Linker Kurzes, künstlich hergestelltes, doppelsträngiges Oligonucleotid, das eine Restriktionserkennungsstelle enthält; wird bei DNA-Rekombinationsexperimenten häufig an die Enden von DNA-Fragmenten angefügt.

Linker-DNA DNA, die zusätzlich zur 146 bp langen Core-Partikel-DNA in einem Nucleosom vorhanden ist.

Linker-Scanner-Mutation *in vitro*-Einbau einer Linker-Sequenz an der Rekombinationsstelle zweier DNA-Moleküle, die man beide an ihrem Ende mit einem Restriktionsfragment versehen hat.

linke Spleißstelle Verbindungsstelle zwischen dem rechten Ende eines Exons und dem linken (5'-)Ende eines Introns.

Lipid Verbindung mit einem polaren Kopf, der ein Phosphat (Phospholipid), ein Sterol (wie Cholesterin) oder ein Saccharid (Glycolipid) enthält, und einem hydrophoben Schwanz aus Fettsäure(n).

Lipiddoppelschicht Aggregat aus Lipiden, in dem die hydrophoben Fettsäuren nach innen und die polaren Köpfe nach außen weisen.

Locus → **Genlocus**

Lod-Wert Maßeinheit für die genetische Koppelung. Er ist definiert als Zehnerlogarithmus des Verhältnisses der Wahrscheinlichkeiten, daß die beobachteten Befunde bei gekoppelten oder bei ungekoppelten Loci entstanden sind. Ab einem LOD-Wert von 3,0 geht man von gekoppelten Genen aus, was einem Verhältnis von 1 000:1 entspricht (im Vergleich dazu liegt die Wahrscheinlichkeit, daß zwei beliebige Loci nicht gekoppelt sind, bei 50:1).

***loss of function*-Mutation** Mutation, die sich im Verlust oder in der Abschwächung einer Funktion äußert.

LTR Abkürzung für *long terminal repeat* (lange terminale Wiederholungssequenz), die eine direkte Wiederholungssequenz an beiden Enden einer Retrovirus-DNA bezeichnet.

Lumen Innenraum eines membranumhüllten Kompartiments, etwa des endoplasmatischen Reticulums oder des Mitochondriums.

Luxusgene Gene, deren Proteine für ganz spezielle Funktionen synthetisiert und meist nur in bestimmten Zelltypen in großer Menge produziert werden.

Lyse Bei Bakterien der Tod einer Zelle am Ende einer Phageninfektion. Die Bakterienzelle bricht auf und setzt die Phagennachkommen frei. Bei Eukaryotenzellen bezeichnet die Lyse den Tod einer infizierten Zelle, die vom Immunsystem angegriffen wird.

lysogene Immunität Fähigkeit eines Prophagen, den Einbau eines anderen Phagen des gleichen Typs in das Genom der Wirtszelle zu verhindern.

lysogener Repressor Protein, das einen Prophagen am Eintritt in den lytischen Zyklus hindert.

lysogenes Bakterium Bakterium in dessen Genom ein reprimierter Prophage eingebaut ist.

Lysogenie Fähigkeit eines Phagen, sich als stabiler Prophage in das Bakteriengenom zu integrieren.

Lysosomen Kleine, membranumhüllte Vesikel in der Zelle, die hydrolytische Enzyme enthalten.

lytische Infektion Infektion einer Bakterienzelle mit Phagen, die mit der Zerstörung des Bakteriums und der Freisetzung von Phagennachkommen endet.

Markergen → **Genmarker**

maternale Vererbung Bevorzugtes Überleben von mütterlichen Genmarkern in der Nachkommenschaft.

Mb (Megabase) Abkürzung für 10^6 bp DNA.

Mehrfachkopieplasmide (***multicopy plasmids***) Plasmide, die in Bakterienzellen in mehr als einer Kopie pro Chromosom vorliegen.

Meiose Zwei aufeinanderfolgende Zellteilungen (Meiose I und II), welche die Anfangszahl von $4n$ Chromosomen auf $1n$ in jeder der vier entstehenden Zellen reduzieren. Die Produkte reifen zu Gameten (Ei- oder Samenzellen).

Membran Asymmetrische Lipiddoppelschicht, die laterale Fluidität besitzt und Proteine enthält.

Membranproteine Proteine mit hydrophoben Bereichen, mittels derer sie sich über nichtkovalente Bindungen ganz oder teilweise in die Membran einlagern können.

Metastase Tochtergeschwulst an einem vom Primärtumor entfernten Ort im Organismus.

Metastasierung Fähigkeit von Tumorzellen, ihren Entstehungsort zu verlassen und an andere Stellen im Körper zu wandern, um dort neue Kolonien zu bilden.

MHC → **Haupthistokompatibilitätslocus**

***Micrococcus*-Nuclease** DNA-spaltende Endonuclease; im Chromatin wird die DNA bevorzugt zwischen den Nucleosomen gespalten.

Mikrosomen Fragmentierte Teile des endoplasmatischen Reticulums, die mit Ribosomen assoziiert sind.

Mikrotubuli Filamente aus Tubulindimeren; die Mikrotubuli der Interphase werden in der Mitose zu Spindelfasern umgebaut und sorgen dann für die Chromosomenbewegung.

mikrotubuliassoziierte Proteine (MAPs) Proteine, die mit den Mikrotubuli verbunden sind und dadurch deren Stabilität und Organisation beeinflussen.

mikrotubuliorganisierendes Zentrum (MTOC) Zellstruktur, von der aus die Mikrotubuli aufgebaut werden; in einer mitotischen Zelle gleichbedeutend mit den Centrosomen.

Minichromosom Mit Nucleosomen besetzte Form der ringförmigen Virus-DNA bei SV40 und Polyomavirus.

Minizelle Kernlose Bakterienzelle (*E. coli*), die durch ungleiche Zellteilung entsteht.

Mitose Zellteilung einer eukaryotischen Somazelle.

mittlere Komponente Komponente in einer Reassoziationsreaktion, die zwischen der schnellen (Satelliten-DNA) und der langsamen Komponente (nichtrepetitive DNA) reassoziiert und mäßigrepetitive DNA enthält.

Modifikation Chemische Veränderung der Nucleotide bei DNA oder RNA, die nach deren Einbau in die Polynucleotidkette stattfindet.

modifizierte Basen Alle Basen mit Ausnahme der vier Basen, aus denen DNA und RNA aufgebaut sind (C, A, G und T beziehungsweise U); sie entstehen durch Veränderungen nach Einbau in die Polynucleotidkette.

monocistronische mRNA mRNA, die genau ein Protein codiert.

Monolayer Wachstum von Eukaryotenzellen in Zellkultur in Form einer einzelligen Schicht.

Morphogen Faktor, der abhängig von seiner Konzentration die Entwicklung bestimmter Zelltypen induziert.

MPF (*maturation-/M phase-promoting factor*) Dimere Kinase, welche die katalytische p34-Untereinheit und ein

Cyclin als regulatorische Untereinheit enthält und durch ihre Aktivität den Eintritt der Zelle in die Mitose bewirkt.

mtDNA Mitochondriale DNA.

multimere Proteine Proteine, die aus mehreren Untereinheiten bestehen.

Mutagene Wirkstoffe, die durch DNA-Veränderungen die Mutationshäufigkeit erhöhen.

Mutation Jede Veränderung der Sequenz der genomischen DNA.

Mutationshäufigkeit Häufigkeit, mit der eine bestimmte Mutante in einer Population vertreten ist.

Mutationsrate Häufigkeit, mit der eine Mutation pro Gen und Generation auftritt.

Myelom Tumorzellinie, die von einem (B-)Lymphocyten abstammt und gewöhnlich nur eine Art von Antikörper bildet.

negative Komplementation Interallele Komplementation, bei der eine mutierte Untereinheit in einem multimeren Protein die Wildtypuntereinheit supprimiert.

negatives Regulatorprotein Molekül, das die Transkription oder Translation abschaltet.

negative Überspiralisierung „Unter-Windung" eines DNA-Doppelstranges im Raum, entgegengesetzt zur Windungsrichtung der Doppelhelix.

neutrale Substitution Aminosäureaustausch in einem Protein, der dessen Aktivität nicht beeinflußt.

nichtautonome (Kontroll-)Elemente Defekte Transposons, die nur mit Hilfe eines autonomen Elements des gleichen Typs transponieren können.

nichtinduzierbare Mutanten Mutanten, die keine Fähigkeit zur Induktion zeigen.

nichtpermissive Bedingungen Bedingungen, unter denen eine konditional letale Mutante nicht überleben kann.

nichtrepetitive DNA DNA, welche die Reassoziationskinetik einmal vorkommender Sequenzen hat.

nichtreplikative Transposition Ein springendes Gen (Transposon) verläßt (meist unter DNA-Doppelstrangbruch) die sogenannte Donorstelle und bewegt sich zu einer neuen Stelle im Genom.

nichttranskribiertes Zwischenstück (Spacer) Region zwischen den Transkriptionseinheiten in einer Gengruppe (Tandemcluster).

Nick → **Einzelstrangbruch**

Nick-Translation Fähigkeit der DNA-Polymerase I aus *E. coli*, von einem Einzelstrangbruch aus einen DNA-Strang abzubauen und mit neuem Material wieder aufzufüllen. Diese Methode wird zum *in vitro*-Einbau radioaktiv markierter Nucleotide in DNA-Doppelstränge benutzt.

Nondisjunction → **Chromosomenfehlverteilung**

Nonsense-Codons Tripletts UAG, UAA und UGA, die zur Termination der Proteinsynthese führen; UAG wird auch Amber, UAA auch Ochre genannt.

Nonsense-Mutation Veränderung in der DNA, die zu einem Terminationscodon (Nonsense-Codon) anstelle eines codierenden Codons führt.

Nonsense-Suppressor Gen, das eine mutierte tRNA codiert, die an einem oder mehreren Nonsense-Codons eine Aminosäure einbauen kann.

Northern Blotting Methode zur Übertragung von RNA von einem Agarosegel auf einen Nitrocellulosefilter, auf dem sie mit komplementärer einzelsträngiger DNA hybridisieren kann.

Nucleoid Kompaktes Gebilde, das bei Bakterien das Genom enthält.

Nucleolus Abgegrenzter Bereich des Zellkernes, der durch die Transkription der rRNA-Gene entsteht.

Nucleolusorganisator Chromosomabschnitt, der Gene für rRNA trägt.

nucleolytisch Bezeichnung für Reaktionen, bei denen Phosphodiesterbindungen in einer Nucleinsäure hydrolysiert werden.

Nucleosom Grunduntereinheit der Chromatinstruktur, die aus ungefähr 200 bp DNA und einem Oktamer aus Histonproteinen besteht.

Null-Mutation Mutation, bei der meist das ganze Gen deletiert wird und somit die Genfunktion völlig verschwindet.

Null-Zeit-bindende DNA DNA, die zu Beginn einer Reassoziationsreaktion aufgrund der intramolekularen Reassoziation umgekehrter Wiederholungssequenzen in den doppelsträngigen Zustand übergeht.

Ochre-Codon Triplett UAA; eines der drei Nonsense-Codons, die für die Termination der Proteinsynthese sorgen.

Ochre-Mutation Veränderung in der DNA, die ein Ochre-Codon anstelle eines anderen Codons entstehen läßt.

Ochre-Suppressor Gen, das für eine mutierte tRNA codiert, die ein Ochre-Codon erkennen kann. Dadurch wird die Proteinsynthese nicht beendet, sondern eine Aminosäure eingebaut. Ein Ochre-Suppressor supprimiert auch Amber-Codons.

offenes Leseraster (*open reading frame*, ORF) Reihe von Tripletts, die für Aminosäuren ohne Terminationscodons codieren; die Sequenz kann also (möglicherweise) in ein Protein translatiert werden.

Okazaki-Fragmente Kurze DNA-Stücke aus 1 000–2 000 Basen, die während der diskontinuierlichen DNA-Replikation entstehen und später kovalent zu einem intakten DNA-Strang verbunden werden.

Onkogene Gene, deren Produkte Eukaryotenzellen transformieren können, so daß diese wie Krebszellen wachsen. Onkogene der Retroviren haben die allgemeine Bezeichnung *v-onc*. → **Protoonkogene**

Operator DNA-Bereich, an den ein Repressorprotein binden kann und damit die Transkription vom benachbarten Promotor aus verhindert.

Operon Einheit der bakteriellen Genexpression und Genregulation, die Strukturgene und Kontrollstellen auf der DNA enthält, die von den Produkten der Regulationsgene erkannt werden.

Organellen Membranumhüllte Kompartimente im Cytoplasma.

orphans Isolierte, vereinzelt liegende Gene, die jedoch mit Mitgliedern einer Gengruppe verwandt sind.

ortsspezifische Rekombination → **sequenzspezifische Rekombination**

Packungsverhältnis Verhältnis der DNA-Länge zur Länge der Faser, in der die DNA verpackt ist.

Palindrom DNA-Sequenz, die von links nach rechts und von rechts nach links gelesen gleich ist und aus benachbarten umgekehrten Wiederholungssequenzen besteht.

Papovaviren Klasse von tierischen Viren mit kleinem Genom; beispielsweise SV40 und Polyomaviren.

paranemische Verbindung Region, in der zwei komplementäre DNA-Sequenzen nebeneinander liegen, anstatt in Doppelhelixstruktur umeinander gewunden zu sein.

pBR322 Ein als Standardklonierungsvektor genutztes Plasmid.

PCR (*polymerase chain reaction*) Polymerasekettenreaktion; Methode, mit der DNA zyklisch denaturiert, mit Primern verbunden und mit DNA-Polymerase verlängert wird. Dadurch kann man eine DNA-Sequenz mehr als 10^6-mal vermehren.

perinucleärer Raum Zwischenraum zwischen innerer und äußerer Membran der Kernhülle.

permissive Bedingungen Bedingungen, unter denen konditional letale Mutanten überleben können.

Petite-Hefen Hefestämme, denen die mitochondriale Funktion fehlt.

Phagen → **Bakteriophagen**

Phänotyp Äußere Erscheinungsform eines Organismus, wie sie durch die Wechselwirkung zwischen seiner genetischen Konstitution (Genotyp) und seiner Umwelt entsteht.

Phosphatase Enzym, das Phosphatgruppen von seinem Substrat abspaltet.

Plasmamembran Geschlossene Membranhülle, von der alle Zellen umgeben sind.

Plasmid Autonomes, selbstreplizierendes, extrachromosomales ringförmiges DNA-Molekül.

Playback-Experiment Isolierung von DNA, die mit RNA hybridisiert hat, um in einer weiteren Reassoziationsreaktion zu überprüfen, ob die DNA bei nichtrepetitiv ist.

pleiotrop Eigenschaft von Genen, die mehrere (scheinbar nicht verwandte) Merkmale des Phänotyps beeinflussen.

plektonemische Verbindung Umeinanderwindung der beiden Stränge in der normalen DNA-Doppelhelix.

Ploidie Anzahl der Chromosomensätze in einer Zelle; eine haploide Zelle trägt eine Kopie des Chromosomensatzes, eine diploide Zelle zwei, und so weiter.

Polarität Auswirkung einer Mutation in einem Gen auf die Expression (Transkription oder Translation) der folgenden Gene in der gleichen Transkriptionseinheit.

Polyadenylierung Anfügen einer Sequenz aus Polyadenylsäure an das 3′-Ende der eukaryotischen RNA nach der Transkription.

polycistronische mRNA mRNA, welche die codierenden Bereiche mehrerer Gene enthält.

Polymorphismus Gleichzeitiges Auftreten von Genomen mit unterschiedlichen Allelkombinationen in einer Population. Die Unterschiede können sich in Form verschiedener Phänotypen oder beispielsweise in Form unterschiedlicher Restriktionsschnittmuster zeigen.

polyploide Zelle Zelle mit mehr als zwei Kopien des haploiden Chromosomensatzes.

Polyprotein Genprodukt, das in mehrere unabhängige Proteine gespalten wird.

Polysom (Polyribosom) mRNA, die mit einer Reihe aktiv translatierender Ribosomen besetzt ist.

polytäne Chromosomen Riesenchromosomen, die durch wiederholte Replikation des Chromosomensatzes ohne anschließende Trennung der Kopien entstehen.

Positionseffekt Änderung der Genexpression aufgrund der Translokation des Gens an eine andere Stelle im Genom; ein vorher aktives Gen kann dadurch inaktiviert werden, wenn es in die Nähe des Heterochromatins gelangt.

Positionsinformation Räumliche Signale, die während der Embryonalentwicklung die Spezialisierung von Zellen vorgeben.

positives Regulatorprotein Protein, das zur Aktivierung einer Transkriptionseinheit benötigt wird.

positive Überspiralisierung „Über-Windung" der Doppelhelix im Raum in der gleichen Richtung, in der die Einzelstränge normalerweise umeinander gewunden sind.

postmeiotische Segregation Segregation zweier Stränge einer DNA-Doppelhelix, die unterschiedliche Information tragen (entstanden durch Heteroduplexbildung während der Meiose), wenn eine anschließende Replikation die Trennung der Stränge ermöglicht.

Primärzellen Eukaryotenzellen, die unmittelbar aus dem Tier in die Zellkultur genommen werden.

Primärtranskript Ursprüngliches, unmodifiziertes RNA-Produkt, das einer Transkriptionseinheit entspricht.

Primer Kurze Sequenz (oft RNA), die sich mit einem Strang der DNA paart und ein freies 3′-OH-Ende besitzt, an dem die DNA-Polymerase mit der Synthese einer Desoxyribonucleotidkette beginnen kann.

Primosom Proteinkomplex, der am Start der Synthese jedes einzelnen Okazaki-Fragments während der diskontinuierlichen DNA-Replikation beteiligt ist. Das Primosom kann sich an der DNA entlangbewegen und an mehreren aufeinanderfolgenden Startvorgängen teilnehmen.

Procentriol Unreifes Centriol, das sich in der Nähe eines reifen Centriols bildet.

Prokaryoten Organismen ohne Zellkern (Bakterien).

Promotor DNA-Region, die an der Bindung der RNA-Polymerase beteiligt ist, um die Transkription zu starten.

Prophage Phagengenom, das in gestreckter (linearer) Form in das Bakterienchromosom eingebaut ist.

proteolytisch Bezeichnung für Reaktionen, bei denen Peptidbindungen eines Proteins hydrolysiert werden.

Protoonkogene Gene im Eukaryotengenom, die den Onkogenen mancher Retroviren entsprechen. Sie werden mit der allgemeine Form *c-onc* bezeichnet.

Provirus Doppelsträngige DNA-Sequenz im Eukaryotenchromosom, die dem Genom eines RNA-Retrovirus entspricht.

prozessiertes Pseudogen Inaktive Kopie eines Gens ohne Introns, die durch reverse Transkription der mRNA und Insertion einer Doppelstrangkopie in das Genom entsteht.

prozessive Enzyme Enzyme, die wiederholt ein bestimmtes Substratmolekül bearbeiten, ohne sich zwischen den Katalysevorgängen von ihm zu lösen.

Pseudogene Inaktive, aber stabile Bestandteile des Genoms, die durch Mutation eines aktiven Vorläufergens entstanden sind.

Puff Ausweitung einer Bande eines polytänen Riesenchromosoms, wobei an mindestens einem Genlocus in der Bande RNA-Synthese stattfindet.

pulse-chase Experiment, in dem man Zellen kurz mit einem radioaktiv markierten Vorläufer eines Stoffwechselweges oder eines Makromoleküls inkubiert und dann bei anschließender Inkubation in unmarkiertem Medium das Verhalten der Markierung beobachtet.

Punktmutation Veränderung in der DNA, die ein einzelnes Basenpaar betrifft.

Quartärstruktur Multimere Konstitution eines Proteins.

Quick-stop-Mutanten *dna*-Mutanten von *E. coli*, die ihre DNA-Synthese nach einer Temperaturerhöhung auf 42 °C sofort einstellen.

***rapid lysis*-Mutanten (r-Mutanten)** Phagenmutanten, die einen veränderten Ablauf der *E. coli*-Lyse zeigen.

rauhes ER Endoplasmatisches Reticulum, das mit Ribosomen besetzt ist.

Reassoziation Paarung komplementärer DNA-Einzelstränge unter Ausbildung einer Doppelhelix.

RecA Protein des *recA*-Locus von *E. coli*, das Doppelaktivität besitzt: Es aktiviert Proteasen und bewirkt den Austausch von Einzelsträngen zwischen DNA-Molekülen. Die proteaseaktivierende Wirkung ist für die SOS-Antwort verantwortlich, und die Wirkung auf Nucleinsäuren ist wichtig bei der Rekombinationsreparatur.

rechte Spleißstelle Verbindungsstelle zwischen dem rechten (3′-)Ende eines Introns und dem linken Ende des benachbarten Exons.

Regulatorgen Gen, das eine RNA oder ein Protein codiert, dessen Aufgabe es ist, die Expression anderer Gene zu kontrollieren.

reinerbig Organismen, die für das untersuchte Merkmal homozygot sind.

rekombinante Nachkommen Nachkommen, deren Genotyp sich von dem beider Eltern unterscheidet.

Rekombinationsknoten Dichte Gebilde im synaptischen Komplex, die möglicherweise am Crossover beteiligt sind.

Rekombinationsreparatur Methode zum Schließen einer Lücke in einem Strang der DNA-Doppelhelix durch Übernahme eines homologen Einzelstranges aus einem anderen Doppelstrang.

Rekombinationsstelle Verbindungsstelle zweier rekombinierender DNA-Doppelstränge (Ende der Heteroduplexregion).

relaxierte Mutanten Mutanten von *E. coli*, die bei Aminosäuremangel (oder anderen Mängeln im Medium) keine stringente Reaktion zeigen.

relaxierte Replikationskontrolle Eigenschaft mancher Plasmide, sich auch nach beendeter Zellteilung der Bakterien weiterzuvermehren.

Renaturierung Reassoziation denaturierter, komplementärer DNA-Einzelstränge zur Doppelhelix.

Repetitionsfrequenz Kopienzahl einer bestimmten Sequenz im haploiden Genom. Der Wert für nichtrepetitive DNA ist 1, für repetitive DNA größer als 2.

repetitive DNA DNA, die sich in einer Reassoziationsreaktion wie eine aus vielen (gleichen oder ähnlichen) Sequenzen bestehende Komponente verhält, in der sich jedes Paar komplementärer Sequenzen zusammenfinden kann.

Replicon Genomeinheit, die einen Replikationsstartpunkt (*origin*) enthält und in der die DNA repliziert wird.

Replikationsblase Replizierter DNA-Bereich in einem längeren nichtreplizierten Abschnitt.

replikationsdefektes Virus Virus, das ein oder mehrere essentielle Gene für den vollständigen Ablauf des Infektionszyklus verloren hat.

Replikationsgabel Stelle, an der sich die Stränge der parentalen DNA-Doppelhelix trennen, so daß die Replikation ablaufen kann.

Replikationsursprung (*origin*, ori) DNA-Sequenz, an der die Replikation beginnt.

replikative Transposition Nach der Replikation eines Transposons (springenden Gens) bewegt sich eine Kopie an eine andere Stelle im Genom.

Replisom Struktur aus mehreren Proteinen (DNA-Polymerase und weiteren Enzymen), die sich an der Replikationsgabel von Bakterien bildet und die DNA-Synthese bewirkt.

Reportergen Codierende Einheit mit leicht nachweisbarem Genprodukt (wie etwa Chloramphenicoltransacetylase), die mit jedem zu untersuchenden Promotor verbunden werden kann, so daß man anhand ihrer Expression Aufschlüsse über die Promotorfunktion gewinnen kann.

Repression Eigenschaft von Bakterien, die Synthese bestimmter Enzyme einzustellen, wenn deren Produkte vorhanden sind. Die Hemmung der Transkription oder Translation erfolgt durch die Bindung eines speziellen Repressorproteins an bestimmte Stellen auf der DNA oder RNA.

Repressorprotein Protein, das an einen Operator auf der DNA oder RNA bindet und damit die Transkription beziehungsweise die Translation verhindert.

Resolvase Enzymaktivität, die an der sequenzspezifischen Rekombination zwischen zwei Transposons beteiligt ist, die als direkte Wiederholungssequenzen in einem Fusionsprodukt vorliegen.

Restriktionsenzyme Enzyme, die kurze Sequenzen in (meist) unmethylierter DNA erkennen und den Doppelstrang an dieser Erkennungsstelle oder ein Stück davon entfernt schneiden.

Restriktionsfragmentlängenpolymorphismus (RFLP) Erbliche Unterschiede in den Restriktionserkennungsstellen (beispielsweise durch Basenaustausch), die nach Schneiden durch die Restriktionsenzyme zu Längenunterschieden bei den erzeugten Fragmenten führen. RFLPs benutzt man, um genetische Kartierungen vorzunehmen.

Restriktionskarte Anordnung der von verschiedenen Restriktionsenzymen geschnittenen Stellen in einer DNA.

Retroposon Transposon, das sich über eine RNA-Zwischenstufe bewegt. Das DNA-Element wird in RNA umgeschrieben und durch reverse Transkription wieder in eine DNA-Kopie verwandelt, die an einer anderen Stelle in das Genom eingebaut wird.

Retroregulation Fähigkeit einer stromabwärts gelegenen Sequenz, die Translation einer mRNA zu regulieren.

Retrovirus RNA-Virus, das sich über die Umwandlung seines RNA-Genoms in einen DNA-Doppelstrang vermehrt.

reverse Transkription DNA-Synthese nach einer RNA-Matrize durch das Enzym Reverse Transkriptase.

reverse Translation Methode, Gene (oder mRNAs) zu isolieren, indem man sie mit kurzen Oligonucleotidsequenzen hybridisieren läßt, die gemäß der bekannten Proteinsequenz hergestellt werden.

Reversion DNA-Veränderung, die eine Mutation entweder rückgängig macht (echte Reversion) oder ausgleicht (*second-site*-Reversion im gleichen Gen).

Revertanten Zellen oder Organismen, die durch Reversion mutierter Zellen oder Organismen entstehen.

Rezeptor Transmembranprotein, das in der Plasmamembran verankert ist und einen Liganden an der extrazellulären Seite binden kann, wodurch sich die Aktivität des cytoplasmatischen Proteinbereichs verändert. Der gleiche Begriff wird auch für die Steroidrezeptoren benutzt, die Transkriptionsfaktoren darstellen und durch die Bindung von Steroiden oder anderen niedermolekularen Verbindungen aktiviert werden.

rezessiv Eigenschaft eines Allels, das im Phänotyp einer Heterozygote häufig aufgrund der Inaktivität oder des Fehlens des Genprodukts des rezessiven Allels vom dominanten Allel verdeckt wird.

rezessiv letal Eigenschaft eines Allels, das im homozygoten Zustand für die Zelle tödlich ist.

reziproke Rekombination Entstehung eines neuen Genotyps durch Austausch väterlicher und mütterlicher Allele.

reziproke Translokation Austausch von zwei Abschnitten verschiedener Chromosomen.

Rho-Faktor Protein, das die RNA-Polymerase von *E. coli* bei der Termination der Transkription an bestimmten (Rho-abhängigen) Stellen unterstützt.

Rho-unabhängige Terminatoren DNA-Sequenzen, an denen die RNA-Polymerase von *E. coli* die Transkription *in vitro* ohne Rho-Faktoren beenden kann.

Rifamycine Transkriptionsinhibitoren bei Bakterien (etwa Rifampicin).

RNA-getriebene Hybridisierung Reaktion, bei der unter RNA-Überschuß alle komplementären Sequenzen einer Einzelstrang-DNA-Präparation hybridisieren.

RNA-Polymerase Enzym, das DNA als Matrize benutzt, um RNA zu synthetisieren (DNA-abhängige RNA-Polymerase).

RNA-Replikase Enzym, das RNA als Matrize benutzt, um RNA zu synthetisieren (beispielsweise bei der Replikation von RNA-Virusgenomen).

RNase RNA-abbauendes Enzym.

rollender Ring (*rolling circle*) Art der Replikation, bei der sich die Replikationsgabel unbegrenzt oft um eine ringförmige Matrize herumbewegen kann. In jedem Umlauf verdrängt der neusynthetisierte Strang den beim vorherigen Umlauf gebildeten, so daß ein Schwanz mit einer Reihe hintereinander angeordneter Sequenzen entsteht, die jeweils zu dem ringförmigen Matrizenstrang komplementär sind.

Rot Produkt aus RNA-Konzentration und Inkubationszeit in einer RNA-getriebenen Hybridisierungsreaktion.

R-Schleife Struktur, die sich durch Hybridisierung zwischen einer RNA und ihrem komplementären Strang in einer doppelsträngigen DNA bildet; der andere DNA-Strang wird dabei durch Ausbildung einer Schleife verdrängt.

rückgefaltete DNA Umgekehrte Wiederholungssequenzen, die durch Reassoziation innerhalb eines Stranges einer denaturierten DNA renaturiert sind.

Rückkreuzung Kreuzung eines unbekannten Genotyps mit einer rezessiven Homozygote, so daß der Phänotyp der Nachkommen unmittelbar dem des Elternteiles mit dem unbekannten Genotyp entspricht.

Rückmutation Umkehrung der Wirkung einer Mutation, die Gene inaktiviert hat; Wiederherstellung des Wildtyps.

Sättigungsdichte Dichte, bis zu der Eukaryotenzellen in Zellkultur wachsen, bevor die Vermehrung durch Zell-Zell-Kontakte gehemmt wird.

Sättigungshybridisierung Hybridisierungsexperiment mit einem großen Überschuß einer Komponente, wodurch alle Sequenzen der anderen Komponente in die Doppelstrangform übergehen können.

saltatorische Replikation Plötzliche Amplifikation bestimmter DNA-Sequenzen zur Produktion einer großen Anzahl von Kopien.

Satelliten-DNA DNA aus vielen kurzen, hintereinander angeordneten, gleichen oder ähnlichen Wiederholungssequenzen.

Schleife Einzelsträngiger Bereich am Ende einer Haarnadelstruktur in RNA oder einzelsträngiger DNA, welcher der Sequenz zwischen umgekehrten Wiederholungssequenzen in einem DNA-Doppelstrang entspricht.

Schmelzen Denaturierung von DNA.

Schmelztemperatur (T_m) Mittlerer Temperaturbereich, in dem eine DNA denaturiert wird.

schnelle Komponente Zuerst reassoziierende Komponente in einer Reassoziationsreaktion, die meist hochrepetitive DNA enthält.

Schrotschußexperiment Klonierung eines ganzen Genoms in Form zufällig entstandener Fragmente.

Schwebedichte Maß für die Beweglichkeit einer Substanz, gemäß ihrer spezifischen Dichte, in einer Standardlösung (wie etwa CsCl).

Schwesterchromatiden Durch Replikation entstandene Kopien eines Chromosoms.

scRNA (*small cytoplasmic RNA*) Verschiedene kleine RNA-Moleküle, die man im Cytoplasma und (manchmal) im Zellkern findet.

scRNPs (*small cytoplasmic ribonucleoproteins*) Kleine, cytoplasmatische Ribonucleoproteine (mit Proteinen assoziierte scRNAs).

Segmentpolaritätsgene Gene, welche die Anzahl oder Orientierung der Körpersegmente von Insekten steuern.

Segregation Verteilung von genetischem Material während der Zellteilung, etwa die Trennung der Chromosomen.

Selektion Nutzung von speziellen Bedingungen, unter denen nur Zellen mit einem bestimmten Phänotyp überleben können.

seltene oder **komplexe RNA** Große Anzahl einzelner mRNA-Typen, die jeweils nur in wenigen Kopien in der Zelle vorhanden sind.

semidiskontinuierliche Replikation Replikation, bei der ein Strang kontinuierlich, der andere diskontinuierlich synthetisiert wird.

semikonservative Replikation DNA-Replikation, bei der die beiden Stränge des parentalen Doppelstranges voneinander getrennt werden und beide als Matrize für die Bildung eines neuen Doppelstranges dienen.

Septum Durchschnürung der Bakterienzelle in zwei Tochterzellen durch das Wachsen einer Wand am Ende eines Teilungszyklus.

–10-Sequenz Consensussequenz TATAATG, die sich ungefähr 10 bp vor dem Beginn (Transkriptionsstartpunkt) eines Bakteriengens befindet und am ersten Aufschmelzen der DNA durch die RNA-Polymerase beteiligt ist.

–35-Sequenz Consensussequenz, die sich ungefähr 35 bp vor dem Beginn (Transkriptionsstartpunkt) eines Bakteriengens befindet und an der ersten Erkennung durch die RNA-Polymerase beteiligt ist.

sequenzspezifische Rekombination Rekombination zwischen zwei spezifischen (nicht notwendigerweise homologen) Sequenzen, beispielsweise bei der Integration und Excision von Phagen oder bei der Auflösung des Cointegrats während der Transposition.

Serumabhängigkeit Eigenschaft von Eukaryotenzellen, in Zellkultur nur in Gegenwart bestimmter Serumfaktoren zu wachsen.

Shine-Dalgarno-Sequenz Unvollständige oder vollständige Polypurinsequenz AGGAGG, die in der bakteriellen mRNA unmittelbar vor dem Initiationscodon AUG liegt und komplementär zu der Sequenz am 3′-Ende der 16S-rRNA ist. Sie trägt zur Bindung des Ribosoms an die mRNA bei.

Shuttle-Vektor Plasmid mit Replikationsstartpunkten für zwei Wirtszellen (beispielsweise für *E. coli* und *S. cerevisiae*), so daß sich eine Fremdsequenz sowohl in Pro- als auch in Eukaryotenzellen vermehren läßt.

Sigma-Faktor Untereinheit der RNA-Polymerase von Bakterien, die für die Initiation erforderlich ist und die entscheidende Rolle bei der Auswahl von Bindungsstellen (Promotoren) spielt.

Signalhypothese Erklärung für die Funktion der N-terminalen Sequenz sezernierter Proteine, die während ihrer Entstehung an Membranen geheftet sind: mRNA und Ribosom werden über das N-terminale Ende des entstehenden Proteins an der Membran festgehalten.

Signalsequenz Proteinregion (meist N-terminal), die während der Translation für das Einschleusen des Proteins in die Membran des endoplasmatischen Reticulums sorgt.

Signalübertragung(-transduktion) Vorgang, bei dem ein Rezeptor an der Zelloberfläche mit einem Liganden interagiert und dadurch einen Stoffwechselweg in der Zelle in Gang setzt.

SINES (*short interspersed sequences*) Klasse von Retroposons, die als kurze, verstreut liegende Wiederholungssequenzen in Säugergenomen auftreten und von RNA-Polymerase-III-Transkripten abstammen.

Slow-stop-Mutanten Mutanten von *E. coli*, die bei 42 °C die laufende Replikationsrunde beenden, aber keine neue mehr initiieren können.

snRNAs (*small nuclear RNAs*) Kleine RNA-Moleküle verschiedener Typen, die sich im Zellkern befinden und manchmal am Spleißen oder anderen RNA-prozessierenden Reaktionen beteiligt sind.

snRNPs (*small nuclear ribonucleoproteins*) Kleine Ribonucleoproteine im Zellkern (mit Proteinen assoziierte snRNAs).

S1-Nuclease Enzym, das spezifisch ungepaarte einzelsträngige DNA abbaut.

somatische Mutation Mutation in einer Somazelle, die nur deren Abkömmlinge betrifft und daher nicht vererbt wird.

somatische Zellen Alle Zellen eines Organismus mit Ausnahme der Keimbahnzellen.

SOS-Antwort Gleichzeitige Induktion vieler Enzyme (darunter auch Reparaturenzyme) bei *E. coli*, die als Reaktion auf bestrahlungsbedingte oder andere Beschädigungen der DNA aktiv werden. Ursache ist die Aktivierung der RecA-Protease, die den LexA-Repressor spaltet.

SOS-Box DNA-Sequenz (Operator) von ungefähr 20 bp, die vom LexA-Repressorprotein erkannt wird.

Southern Blotting Methode zur Übertragung denaturierter DNA von einem Agarosegel auf einen Nitrocellulosefilter, wo sie mit einer komplementären Nucleinsäure hybridisiert werden kann.

Spacer → **nichttranskribiertes Zwischenstück** und **transkribierter Spacer**

späte Entwicklungsphase Zeitraum der Phagenentwicklung im Infektionszyklus, der nach dem Start der DNA-Replikation beginnt.

Sphäroblast Bakterien- oder Hefezelle, deren Zellwand großenteils oder gänzlich entfernt wurde.

S-Phase Zeitabschnitt im Zellzyklus der Eukaryoten, in dem DNA synthetisiert wird.

Spindel(apparat) Hochorganisierte Struktur, die sich während der Zellteilung von Eukaryotenzellen ausbildet. Nach Auflösung des Zellkernes werden die Chromosomen an die Mikrotubuli des Spindelapparats geheftet.

Spleißen Herausschneiden der Introns und Verbinden (Zusammenspleißen) der Exons in der RNA.

Spleißstellen Sequenzen, die unmittelbar an den Intron-Exon-Grenzen liegen.

Spontanmutationen Mutationen, die sich ohne erkennbaren äußeren Einfluß ereignen.

Sporulation Entstehung einer Spore bei einem Bakterium (durch morphologische Umwandlung) oder bei Hefe (als Produkt der Meiose).

SSB-Protein Einzelstrangbindendes Protein aus *E. coli*.

Stamm Doppelsträngiger Teil einer Haarnadelstruktur.

Stopcodons Die Tripletts UAA, UAG, UGA, welche die Proteinsynthese beenden.

Strangverdrängung Replikationsmechanismus mancher Viren, bei dem ein neuentstehender DNA-Strang den alten (homologen) Strang aus der Doppelhelix verdrängt.

Streptolydigine Hemmstoffe für die Elongation der Transkription durch bakterielle RNA-Polymerase.

stringente Reaktion (stringente Kontrolle) Fähigkeit eines Bakteriums, in einem nährstoffarmen Medium die Synthese von tRNA und Ribosomen einzuschränken.

stringente Replikation Replikationsweise von Einzelkopieplasmiden, die sich nur zusammen mit dem Bakterienchromosom verdoppeln können.

stromabwärts (*downstream*) Sequenzen, die weiter entfernt in Expressionsrichtung liegen. Die codierende Region liegt beispielsweise stromabwärts des Initiationscodons.

stromaufwärts (*upstream*) Sequenzen, die entgegengesetzt zur Expressionsrichtung liegen. Bei Bakterien liegt der Promotor beispielsweise stromaufwärts von der Transkriptionseinheit, das Initiationscodon liegt stromaufwärts von der codierenden Region.

Strukturgen Gen, das RNA oder ein Protein ohne Regulationsfunktion codiert.

stumme (stille) Mutationen Mutationen, die das Genprodukt nicht verändern.

stumme (stille) Positionen in einem Gen Positionen, an denen eine Mutation das Genprodukt nicht beeinflussen würde.

superreprimiert Nicht induzierbar.

Suppression Veränderungen, welche die Auswirkungen einer Mutation eliminieren, ohne daß die DNA-Veränderung rückgängig gemacht wird.

Suppressor (extragener) Gen für eine mutierte tRNA, die ein mutiertes Codon genau wie das ursprüngliche Triplett erkennt oder aber einen geeigneten Ersatz für die ursprüngliche Codonbedeutung bietet.

Suppressor (intragener) Kompensierende zweite Mutation, die nach einer Leserasterverschiebung das ursprüngliche Leseraster wiederherstellt.

Synapsis Zusammenlagerung der zwei Schwesterchromatidenpaare, welche die homologen Chromosomen darstellen, zu Beginn der Meiose. Die dabei entstehende Struktur nennt man Bivalent.

synaptischer (synaptonemaler) Komplex Morphologische Struktur der in der Synapsis zusammengelagerten Chromosomen.

tandemartige Wiederholungssequenzen (*tandem repeats*) Hintereinanderliegende Kopien einer Sequenz.

Tandem(gen)cluster → **Gencluster**

TATA-Box Konserviertes, AT-reiches Heptamer, das man ungefähr 25 bp vor dem Startpunkt aller eukaryotischen RNA-Polymerase-II-Transkriptionseinheiten findet. Sie ist möglicherweise an der Ausrichtung des Enzyms zur korrekten Initiation beteiligt.

Telomer Normales Ende eines Chromosoms. Seine DNA-Sequenz besteht aus einer einfachen Wiederholungssequenz mit einem vorstehenden Einzelstrang, der sich zu einer Haarnadelstruktur falten kann.

Telomerase Ribonucleoproteinenzym, das durch Anfügen einzelner Basen die Wiederholungssequenzen in einem Strang des Telomers bildet.

temperatursensitive Mutation Mutation, die ein Genprodukt entstehen läßt, welches bei niedriger Temperatur funktioniert, bei höherer jedoch inaktiv ist. Bei umgekehrten Verhältnissen spricht man von kältesensitiver Mutation.

terminale Redundanz Wiederholung derselben Sequenz beispielsweise an beiden Enden eines Phagengenoms.

Terminationscodons Triplettsequenzen UAG (Amber), UAA (Ochre) und UGA, die zur Termination der Proteinsynthese führen und auch Nonsense-Codons genannt werden.

Terminator (Terminationsstelle) DNA-Sequenz, die das Ende des Transkripts darstellt und der RNA-Polymerase das Ende der Transkription anzeigt.

Tertiärstruktur Räumliche Struktur der Polypeptidkette eines Proteins.

Testkreuzung → **Rückkreuzung**

Thalassämie Erkrankung der roten Blutzellen aufgrund des Fehlens von α- oder β-Globin.

Thymindimer Chemisch verbundenes Paar benachbarter Thyminreste in der DNA, das durch Schädigung der DNA mit UV-Strahlen entsteht.

Topoisomerase Enzym, das die Verwindungszahl der DNA verändern kann (in Einer-Schritten durch den Typ I; in Zweier-Schritten durch den Typ II).

topologische Isomere DNA-Moleküle, die bis auf eine Differenz in ihrer Verwindungszahl gleich sind.

T_m Abkürzung für Schmelztemperatur der DNA.

Trailer Nichttranslatierte Sequenz am 3′-Ende einer mRNA hinter dem Terminationscodon.

***trans*-Konfiguration** Positionierung zweier Loci auf zwei verschiedenen DNA-Molekülen (Chromosomen).

Transduktion Übertragung eines Bakteriengens von einem Bakterium zum anderen durch einen Phagen. Phagen, die neben ihrem eigenen Genom auch Wirtsgene tragen, nennt man transduzierende Phagen. Der Begriff bezeichnet auch die Übertragung von Eukaryotengenen durch Retroviren.

Transfektion Einführen zusätzlicher DNA für neue Gene in eukaryotische Zellen.

Transformation Einführung zusätzlicher DNA für neue Gene in Bakterienzellen. Der Begriff wird auch für den Übergang zu unbegrenztem Wachstum bei Eukaryotenzellen verwendet, was dem Verhalten von Tumorzellen entspricht.

transgen Eigenschaft etwa von Tieren, die durch Einführung neuer DNA-Sequenzen in die Eizelle in ihrer Keimbahn verändert wurden.

Transition Mutation, bei der ein Purin durch ein anderes Purin oder ein Pyrimidin durch ein anderes Pyrimidin ersetzt wird.

transkribierter Spacer Teil einer rRNA-Transkriptionseinheit, der zwar transkribiert, während der Molekülreifung jedoch entfernt wird, und somit kein Bestandteil der rRNA ist.

Transkription RNA-Synthese an einer DNA-Matrize.

Transkriptionseinheit Bereich zwischen Initiations- und Terminationsstelle der RNA-Polymerase, der mehrere Gene enthalten kann.

Transkriptionsstartpunkt Stelle auf der DNA, die der ersten in die RNA eingebauten Base entspricht.

Translation Proteinsynthese an einer mRNA-Matrize.

Translokation 1) Chromosomenrearrangement, bei dem sich von einem Chromosom ein Bruchstück löst und an ein anderes angeheftet wird. 2) Auftreten einer neuen Kopie eines Gens an einer Stelle im Genom abweichend von der Position der Originalsequenz. 3) Proteintransport durch eine Membran. 4) Bewegung eines Ribosoms um eine Codonlänge entlang der mRNA nach dem Anhängen einer Aminosäure an die Polypeptidkette.

Transmembranprotein Membranprotein, dessen hydrophobe Abschnitte in der Membran liegen, während die hydrophilen Bereiche auf einer oder auf beiden Seiten exponiert sind.

Transplantationsantigen Protein, das vom Haupthistokompatibilitätslocus codiert wird, an der Oberfläche aller Säugerzellen vorkommt und an den Wechselwirkungen zwischen Lymphocyten beteiligt ist.

Transportpeptid Kurze Signalsequenz am Anfang von Proteinen, die durch posttranslationalen Membrantransport in zelluläre Organellen importiert werden.

Transposase Enzymaktivität, die am Einbau eines Transposons an einer neuen Position beteiligt ist.

Transpositionsimmunität Eigenschaft bestimmter Transposons, andere Transposons der gleichen Art an der Transposition in dasselbe DNA-Molekül zu hindern.

Transposon DNA-Sequenz, die sich an einer neuen Stelle ins Genom einbauen kann, ohne mit dem Zielort eine Sequenzähnlichkeit zu besitzen.

Transposition Bewegung eines Transposons an eine neue Stelle im Genom (siehe auch nichtreplikative, replikative und konservative Transposition).

Transvektion Einfluß eines Genlocus auf die Aktivität eines Allels auf dem homologen Chromosom während der Synapsis der beiden homologen Chromosomen.

Transversion Mutation, bei der ein Purin durch ein Pyrimidin oder umgekehrt ersetzt wird.

T-Zellen Lymphocyten der Thymuslinie, die in mehrere Untertypen mit unterschiedlicher Funktion unterteilt werden können. Sie tragen den T-Zell-Rezeptor (TcR) und sind an der zellvermittelten Immunantwort beteiligt.

Über-Windung → **positive Überspiralisierung**

überhängende Enden (*sticky ends*) Komplementäre DNA-Einzelstränge, die durch versetzte Schnitte in DNA-Doppelsträngen erzeugt werden und an den entgegengesetzten Enden eines oder zweier Doppelstränge herausragen.

Überspiralisierung (*supercoiling*) Räumliche Windung eines ringförmig geschlossenen DNA-Doppelstranges, dessen Achse sich dadurch überkreuzt.

umgekehrte Wiederholungssequenzen (*inverted repeats*) Zwei Kopien einer DNA-Sequenz, die in entgegengesetzter Orientierung in einem Molekül liegen. Direkt benachbarte umgekehrte Sequenzen bilden ein Palindrom.

umgekehrte terminale Wiederholungssequenzen Kurze, verwandte oder identische Sequenzen, die in entgegengesetzter Orientierung an den Enden mancher Transposons liegen.

ungleiches Crossover Rekombinationsereignis, bei dem die zwei rekombinierenden Stellen in den beiden Elternmolekülen nicht an der gleichen Stelle liegen.

unidirektionale Replikation Bewegung einer einzelnen Replikationsgabel von einem Startpunkt aus.

Unter-Windung → **negative Überspiralisierung**

***up*-Promotormutation** Mutation, welche die Häufigkeit der Transkriptionsinitiation steigert.

URF (*unidentified reading frame*) Offenes Leseraster, das vermutlich für ein Protein codiert, dessen Produkt jedoch noch nicht nachgewiesen werden konnte.

V-Gen Sequenz, die den Hauptteil der variablen (N-terminalen) Region einer Immunglobulinkette codiert.

variable Region Bereich der Immunglobulinkette, der vom V-Gen codiert wird und der sich in den einzelnen Immunglobulinen stark unterscheidet. Ursache sind die vielen unterschiedlichen Genkopien und Unterschiede bei der Synthese aktiver Immunglobuline.

Variegation Modifikationen im Phänotyp aufgrund von Änderungen im Genotyp während der somatischen Entwicklung.

Vektor → **Klonierungsvektor, Expressionsvektor**

Verankerungsabhängigkeit Eigenschaft von normalen Eukaryotenzellen, nur unter Anheftung an eine Oberfläche in Zellkultur wachsen zu können.

versetzte Schnitte Schnitte in den beiden DNA-Strängen, die einander nicht unmittelbar gegenüberstehen, aber eng benachbart sind.

Verwindungszahl (*linking number*) Zahl der Strangüberkreuzungen in einem ringförmig geschlossenen DNA-Doppelstrang.

Verwindungszahlparadoxon Diskrepanz zwischen den zwei negativen Überspiralisierungen, die durch den Verlauf der DNA am Nucleosom entstehen, und der einen negativen Überspiralisierung, die man mißt, wenn die Histone entfernt sind.

Vesikel Kleine, membranumhüllte Körperchen, die sich von einer Membran abschnüren und oft mit anderen Membranen verschmelzen können.

Virion Viruspartikel (unabhängig von seiner Fähigkeit, Zellen zu infizieren und sich zu reproduzieren).

virulent Phagenmutanten, die nicht in den lysogenen Zustand übergehen können.

Vorwärtsmutation Mutation, die den Wildtyp inaktiviert.

Wiederholungseinheit(-element) Sequenz, die sich in einem Tandemcluster (Gengruppe) häufig wiederholt. Sie erscheint in der Restriktionskarte ringförmig.

Windungszahl (*writhing number*) Zahl, die angibt, wie oft sich die Achse eines Doppelstranges im Raum selbst überkreuzt.

wirksame Stellen (*replacement sites*) Stellen in einem Gen, an denen Mutationen die codierte Aminosäure ändern.

Wobble-Hypothese Eine bestimmte tRNA kann mehrere Codons erkennen, da mit der dritten Base des Codons eine ungewöhnliche Paarung (nicht G•C oder A•T) stattfindet.

Zellzyklus Zeitraum zwischen zwei (mitotischen) Zellteilungen.

Zinkfingerprotein Protein mit einem sich mehrmals wiederholenden Motiv von Aminosäuren, in dem Cysteine charakteristisch angeordnet sind und Zink binden können. Dieses Protein hat einen für DNA- und/oder RNA-bindende Proteine charakteristischen Aufbau.

Zoo-Blot Untersuchung (unter Verwendung eines Southern Blot), ob eine DNA-Sonde aus einer Spezies mit der DNA verschiedener anderer Spezies hybridisieren kann.

zusammengesetzte Transposons Transposons mit einem Zentralbereich und flankierenden Insertionssequenzen, die einzeln oder gemeinsam dem Element die Fähigkeit zur Transposition verleihen.

Zygote Befruchtete Eizelle als Produkt der Verschmelzung zweier Gameten.

Index

A

B

C

D

E

F

H

I

J

K

L

N

O

P

Q

R

S

T

X

Y

Z